中国蔬菜栽培学

Olericulture in China

国家科学技术学术著作出版基金资助出版

中国蔬菜栽培学

第二版

中国农业科学院蔬菜花卉研究所　主编

中 国 农 业 出 版 社

图书在版编目（CIP）数据

中国蔬菜栽培学/中国农业科学院蔬菜花卉研究所主
编. —2版. —北京：中国农业出版社，2009.7（2020.11重印）
ISBN 978-7-109-13478-2

Ⅰ. 中… Ⅱ. 中… Ⅲ. 蔬菜-栽培学 Ⅳ. S63

中国版本图书馆 CIP 数据核字（2009）第 082320 号

中国农业出版社出版
（北京市朝阳区农展馆北路 2 号）
（邮政编码 100125）
责任编辑 孟令洋

北京通州皇家印刷厂印刷 新华书店北京发行所发行
2010 年 2 月第 2 版 2020 年 11 月北京第 2 次印刷

开本：889mm×1194mm 1/16 印张：88.25 插页：32
字数：3200 千字
定价：298.00 元
（凡本版图书出现印刷、装订错误，请向出版社发行部调换）

内容简介

ZHONGGUO SHUCAI ZAIPEIXUE

全书内容分总论、各论、保护地蔬菜栽培、采后处理及贮藏保鲜4篇。总论篇概要地论述了中国蔬菜栽培的历史、蔬菜产业现状及展望，中国蔬菜的种类和起源、来源，蔬菜作物生长发育和器官形成与产品质量的关系，蔬菜生产分区、栽培制度和技术原理，蔬菜栽培的生理生态基础以及环境污染与蔬菜的关系等；各论篇较详细地介绍了根菜类、薯芋类、葱蒜类、白菜类、芥菜类、甘蓝类、叶菜类、瓜类、茄果类、豆类、水生蔬菜、多年生蔬菜、芽苗菜以及食用菌的优良品种（菌种）、栽培技术、病虫害综合防治、采收等方面的技术经验和研究成果；保护地蔬菜栽培篇论述了中国蔬菜保护地的类型、构造和应用，主要栽培设施的设计、施工，保护地环境及调节，保护地蔬菜栽培技术方面的内容；采后处理及贮藏保鲜篇重点介绍了蔬菜采后处理技术及贮藏原理和方法等。

该书内容全面、系统，科学性、学术性强，亦有较强的实用性，并配有500多幅彩色照片。可供相关科研人员、农业院校师生、专业技术人员或管理人员等阅读参考。

编写人员 （第二版）

（以姓氏笔画为序）

马大燮	马延松	马承伟	王 南	王 素	王志刚
王松涛	王泽生	王宝义	王贵臣	王德槟	王耀林
毛罕平	亢秀萍	孔庆东	卢育华	叶元英	冯双庆
冯志勇	朱国仁	刘义满	刘世琦	刘明池	刘佩瑛
刘宜生	刘厚诚	关慧明	江解增	安志信	许 勇
许慕农	孙忠富	苏小俊	杜胜利	杨曙湘	李 彬
李天来	李式军	李亚灵	李光永	李花粉	李秀秀
李良俊	李建伟	李树德	李润淮	李海真	吴 震
吴定华	吴毅明	肖 进	肖 祥	邱仲华	何启伟
何晓明	何晓莉	何媛媛	余纪柱	邹学校	汪奎宏
汪昭月	汪隆植	汪雁峰	沈美娟	张长远	张世德
张光星	张志斌	张谷曼	张金霞	张真和	张福墁
张德纯	陈日远	陈汉才	陈国良	陈忠纯	陈学好
陈清华	范双喜	林 密	林德佩	罗剑宁	尚小冬
竺庆如	金培造	金黎平	周 倩	周中建	周长吉
郑云林	郑世发	郑光华	孟庆良	赵有为	柯卫东
祝 旅	夏志兰	徐 坤	徐师华	高凤菊	高丽朴
高丽红	高霞红	郭 倩	郭砚翠	郭美英	朗莉娟
黄丹枫	黄年来	黄建春	黄新芳	曹 晖	曹碚生
葛长鹏	葛晓光	蒋卫杰	蒋有条	蒋先明	蒋毓隆
程继红	程勤阳	鲍忠洲	谢大森	蔡令仪	蔡象元
谭 琦	滕光辉	颜 蕴			

编写人员（第一版）

（以姓氏笔画为序）

马大燮　马光灼　王　化　王志刚　王　坚　王宝义

王昌明　王松涛　王贵臣　王惠永　王德槟　王槐英

王耀林　邓桂森　朱明凯　朱兰宝　刘　红　刘佩瑛

刘步洲　刘宜生　邢禹贤　关佩聪　李友霖　李式军

李志澄　李纪蓉　李树德　李春圃　李家文　李积琪

李盛萱　李景佳　李曙轩　李鸿渐　何园素　何启伟

安志信　吕继麟　宋世君　许秀莲　寿诚学　沈明珠

吴远藩　吴　梅　吴毅明　邹祖申　林冠白　林孟勇

林蔚杉　郑光华　郑云林　阮雪珠　陈学平　陈秀明

陈锦屏　杨伯杰　杨新美　杨曙湘　宗汝静　张世德

张纪增　张谷曼　张福墁　祝　旅　徐师华　徐昭晞

顾智章　姚玉清　聂和民　陆子豪　陆帼一　居如生

郎令乔　陶辛秋　曹　侃　曹寿椿　程宜春　葛晓光

解淑贞　蒋名川　蒋先明　蒋毓隆　谭俊杰　赵荣琛

赵德婉　熊助功　潘锦泉　潘传孝　樊鸿修　蔡克华

中国蔬菜栽培的历史,可以追溯到 6 000 年前的仰韶文化时期。几千年来,中国在蔬菜栽培技术方面积累了丰富的经验。1949 年以后,尤其是 20 世纪 80 年代以来,蔬菜生产迅猛发展,菜田面积迅速扩大,并逐步形成了全国性蔬菜商品大生产、大市场、大流通的局面。随着"菜篮子工程"的实施,中国的蔬菜市场呈现出前所未有的繁荣,数量充足、种类丰富、质量改善、价格稳定,基本上满足了城乡居民的需求,蔬菜种植业已成为农村产业结构调整、农民增收的支柱产业。同时,蔬菜亦已成为中国出口创汇的主要农产品。另一方面,在各级政府对蔬菜科技工作的大力支持下,一批重大蔬菜科技项目被列入国家、部门及地方重点科技攻关课题,并在新品种选育和应用、蔬菜栽培理论及"无公害蔬菜"生产技术研究、蔬菜保护地栽培技术研究、病虫害综合防治技术、蔬菜贮藏保鲜技术等方面取得了许多新的研究成果,积累了新的经验,使蔬菜整体科技水平有了明显的提高,成为中国蔬菜产业发展的重要技术支撑。

20 世纪 80 年代初,由原农牧渔业部宣传司组织,中国农业科学院蔬菜研究所主编的《中国蔬菜栽培学》于 1987 年出版发行。该书较系统地总结了从新中国成立到 80 年代初期中国蔬菜生产及科研方面取得的成果和进展,较全面地反映了中国蔬菜栽培的历史和独特技术经验,成为农业大专院校、科研工作者和管理者、生产者主要的学习参考书,受到广大读者的欢迎,曾 2 次加印,总计发行近 15 000 册。1990 年荣获第五届全国优秀科技图书一等奖。

随着中国社会经济的快速发展,近 20 年来,中国蔬菜科技与生产又有了长足的进步,原版《中国蔬菜栽培学》中的许多内容已经滞后于蔬菜栽培技术和理论研究的新进展,满足不了读者对新理论、新知识、新技术的渴求。为此,中国农业科学院蔬菜花卉研究所于 2000 年开始组织全国部分专家、学者及技术人员编撰第二版《中国蔬菜栽培学》,以适应新时期蔬菜生产和科技发展的要求。

《中国蔬菜栽培学》(第二版)除保留了原著中关于蔬菜栽培技术理论和原理、蔬菜栽培的历史经验和独特技术等内容外,和原著相比,具有如下特点:

1. 重点增加了自 20 世纪 80 年代后期以来,中国在蔬菜栽培理论、无公害蔬菜栽培技术、保护地蔬菜栽培技术、推广应用的新品种、病虫害综合防治技术,以及在蔬菜产品质量控制、产品采后处理及贮藏保鲜原理和技术等方面取得的新成果、新进展;概述了改革开放以来中国蔬菜产、销通过商品基地建设、流通体系建设等在解决周年生产和供应方面所取得的成绩;展望 21 世纪蔬菜生产、科技发展的方向和趋势。

2. 依据现有资料,对蔬菜栽培历史,蔬菜的起源、来源,分类,蔬菜学名,病虫害学名及无公害综合防治技术等进行了复核、校勘。

3. 在学术方面，本书尽可能地反映不同学术思想、不同学术观点；在内容上，尽量反映不同生态区，包括台湾地区在内的栽培技术特点。

4. 删去了"蔬菜的加工"和"野生蔬菜"两章，将其列入附表，以使本书的内容更加切题。另在附录中增加了"主要野生蔬菜简表"、"主要野生食用菌简表"和"主要香辛类蔬菜简表"3个附表。

《中国蔬菜栽培学》（第二版）是中国蔬菜学科一部重要的学术性著作。它反映了21世纪初中国蔬菜栽培科学研究和蔬菜生产技术的水平，对促进中国蔬菜产业和蔬菜科学技术的全面发展，促进国际间的学术交流，将起到重要作用。

本书的策划编写始于2000年4月。同期主编单位成立了"编撰办公室"，负责该书的组织编撰、协调和统稿工作。具体编写工作由章主编邀请有较高学术水平和实际工作经验的相关专家、学者和技术人员130余人参与，并负责初审。

在该书编写过程中，得到了章主编、修订（编写）者、原著作者及其他有关同志的大力支持和帮助，提出了很多宝贵意见和建议；方智远、丁宝华、陆国一、沈征言、张金霞先生等分别审阅了该书的有关章节，在此一并表示感谢！

中国农业科学院蔬菜花卉研究所李树德、王德槟、祝旅、刘宜生、朱国仁、王贵臣先生负责了全书的统稿和清稿工作。

由于该书篇幅浩大，参与编撰人员较多，在编写过程中，难免有不足之处，敬请读者指正。

中国农业科学院蔬菜花卉研究所

2007年12月

第一版引言

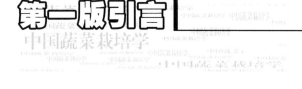

[第一版]

早在 1959 年，原农业部和中国农业科学院曾组织编辑出版一套以农作物栽培学为主的农业科学著作。到 1966 年共出版了水稻、小麦、棉花、花生等 11 种。其余著作因"文化大革命"而中断。这 11 种著作的出版，在当时不仅对国内农业科研、教学和生产起了一定的作用，而且在国外也受到重视。近 20 多年来，我国农业生产的各个方面都发生了很大变化，在科研和生产中出现了许多新成果、新经验、新问题。因此，重新编写一套反映我国主要农作物栽培科学研究的重要成果和生产实践经验的科学理论著作，是农业科学技术工作的一项基本建设，对于培养、提高科技人员水平，促进农业生产的发展，加速实现农业现代化以及加强国际经济合作与技术交流，都具有重要意义。为此，我们协同农业出版社和上海科学技术出版社组织中国农业科学院部分直属所和有关省、自治区、直辖市科研单位以及部分高等院校的科研、教学人员编写了一套《中国主要农作物栽培学》，共 22 个分册。

其中：由农业出版社出版的有：

《中国稻作学》　　　　　　　　《中国高粱栽培学》

《中国小麦栽培学》　　　　　　《中国谷子栽培学》

《中国马铃薯栽培学》　　　　　《中国甘蔗栽培学》

《中国油菜栽培学》　　　　　　《中国蔬菜栽培学》

《中国大豆育种与栽培》　　　　《中国果树栽培学》

《中国麻类作物栽培学》　　　　《中国热带作物栽培学》

《中国甜菜栽培学》　共 13 个分册

由上海科学技术出版社出版的有：

《中国棉花栽培学》　　　　　　《中国桑树栽培学》

《中国玉米栽培学》　　　　　　《中国茶树栽培学》

《中国甘薯栽培学》　　　　　　《中国养蚕学》

《中国花生栽培学》　　　　　　《中国肥料概论》

《中国烟草栽培学》　共 9 个分册

这套农业科学理论著作，是在两个出版社和各主编单位及参加编写的同志共同努力下完成的。因此，谨向他们致以谢意。

我国农业生产及农业科学研究工作在党的十一届三中全会以后，有了很大发展。书中不足之处请读者予以指正，以便再版时修改补充。

农牧渔业部宣传司

1982 年 9 月 28 日

第一版序言

中国是一个有几千年历史的文明古国。她地域辽阔，气候类型复杂，蔬菜品种资源丰富，栽培历史悠久，具有许多独特的栽培经验。新中国诞生以来，在蔬菜生产、栽培理论研究及技术推广等方面又积累了新的经验和取得了许多新的成果。全面而系统地总结这些经验和成果，促进蔬菜生产和科技工作的进一步发展，以适应人民生活日益提高及实现农业现代化的需要，就是《中国蔬菜栽培学》的编写目的。

在农牧渔业部宣传司的主持下，我所接受主编《中国蔬菜栽培学》的任务，并成立了编辑委员会，确定了编写大纲，提出了编写方针和编审方案。《中国蔬菜栽培学》的编写方针是：(1) 全面反映中国蔬菜栽培的历史和现状；(2) 突出中国蔬菜栽培中独特的技术经验；(3) 系统总结中国蔬菜生产及科技方面取得的成果；(4) 吸取外国蔬菜栽培先进技术和理论；(5) 展望中国蔬菜生产及科技现代化的前景。编审方案是"分章编审、集体定稿"。在有关单位的积极支持下，经过全体编写人员、编委会及各章主编的共同努力，于1983年3月由全书审稿会集体审定了书稿，顺利地完成了《中国蔬菜栽培学》的编写任务。

《中国蔬菜栽培学》分总论、各论、保护地栽培、贮藏加工四篇，共二十八章。总论篇包括一至八章，主要内容是：中国蔬菜栽培的概况、中国蔬菜的种类和起源、中国蔬菜栽培分区和栽培制度、蔬菜栽培生理、蔬菜育苗、蔬菜栽培技术原理及蔬菜的污染等。各论篇包括第九至二十二章，该篇按农业生物学分类，分别论述了根菜类、薯芋类、葱蒜类、白菜类、芥菜类、甘蓝类、绿叶菜类、瓜类、茄果类、豆类、水生蔬菜类、多年生蔬菜类、食用菌类及野生蔬菜共179个栽培种和野生种的起源、分布、品种、形态特征、生理特性及栽培技术。保护地栽培篇含第二十三章至二十六章，分别阐述了蔬菜保护地设备的类型、设计施工、环境调控和主要蔬菜的栽培技术。贮藏加工篇，即第二十七、二十八章，系统地介绍了蔬菜贮藏、加工的原理和方法。

在分章审编阶段，还有（以章次为序）刘洪顺、林毅雄、鲁仁庆、李跃华、贾翠莹、李家慎、顾源生等同志分别审阅了有关章节，并提出了宝贵的意见，在此谨表谢意！

我所陶辛秋、王贵臣、刘宜生、祝旅四同志进行了全书的清稿工作。

在该书编写过程中，由于时间仓促，水平有限，错误遗漏之处在所难免，敬请读者指正。

中国农业科学院蔬菜研究所

1984 年 5 月

目 录

第一篇 总 论

第二篇　各　论

第三篇　保护地蔬菜栽培

第四篇　采后处理及贮藏保鲜

第一篇

总

论

中 国 蔬 菜 栽 培 学

ZHONGGUOSHUCAIZAIPEIXUE

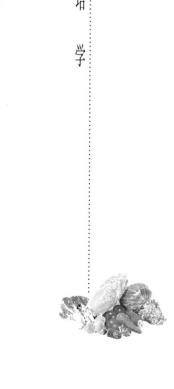

第一章

中国蔬菜栽培概况

第一节　蔬菜的经济地位

　　蔬菜在人们膳食结构中占有重要地位，是人体需要的维生素和矿物盐的重要来源，对保证人们身体健康十分重要。据统计，中国各地栽培的蔬菜（含食用菌和西、甜瓜）至少有298种（含亚种、变种），分属于50科。按照商品名统计，在大中城市日常生产供应的蔬菜有70～80种。中国蔬菜栽培历史悠久，积累了丰富的栽培经验，并形成了许多特有的栽培技术。但是，由于受封建社会小农经济的限制，蔬菜生产发展缓慢，市场供应丰、缺不定，蔬菜栽培科学技术研究甚少，影响了蔬菜生产技术的提高和发展。1949年中华人民共和国成立以后，蔬菜生产受到重视，蔬菜栽培由自给自足的个体小农经济，走向集体所有制，商品蔬菜生产得到了极大的发展。特别是20世纪80年代改革开放以来，蔬菜购销体制进行了改革，市场机制逐步形成，随着农业产业结构的调整，蔬菜生产飞速发展，使长期存在的蔬菜供、需矛盾基本得到解决。全国城乡蔬菜市场供应充足，花色品种不断增多，商品质量明显改进，基本做到周年均衡供应，不同季节上市量差距和差价缩小，满足了不同层次消费者的需求。蔬菜业的发展也使菜农得到了实惠，并带动了种子、农药、化肥、农机具、农膜等生产资料生产，以及蔬菜贮运、加工、销售等行业的发展。与此同时，成立了蔬菜科研、教学、推广机构，使蔬菜科学技术有了明显的提高，取得不少成果，对促进蔬菜优质、高产、规范化栽培技术的发展做出了贡献。

　　蔬菜生产是农业生产的重要组成部分。随着国民经济的发展、农村产业结构的调整、市场经济的确立、人民生活水平的不断提高，蔬菜生产迅猛发展，已成为中国农业及农村经济的支柱产业。如从1952年至1981年间除去1958—1962年特殊原因外，蔬菜播种面积基本保持在330万 hm^2 左右。从1982年以后每年均有较大的增长。特别是近10年来蔬菜播种面积平均每年增加约15.55%，年增长73.3万～110万 hm^2。据中华人民共和国农业部统计，2003年蔬菜播种面积为1 795.37万 hm^2，比1980年（316.2万 hm^2）增加467.8%，比1990年（660.9万 hm^2）增加171.6%，比2000年（1 523.65万hm^2）增加17.8%，比2001年（1 633.9万 hm^2）增加9.8%。而2004年，随着粮食等其他作物价格的调整及蔬菜产业内部调整，蔬菜播种面积自1990年以来首次出现负增长，其播种面积为1 756.06万 hm^2，比2003年减少2.18%（－39.31万 hm^2）。随着蔬菜播种面积的扩大，蔬菜总产量也大幅度增加。2003年蔬菜总产量为54 032.3万 t，较1980年（8 062.6万 t）增长570.1%，较1990年（19 518.9万 t）增长176.8%，较2000年（42 400.1万 t）增长27.4%，较2001年（4 833 7.3万 t）增长11.7%，较2002年（52 908.8万 t）增长2.1%。2004年虽然播种面积减少，但总产量有所增加，达到55 064.7万 t，比2003年增加1.91%，说明单产有所提高。

由于蔬菜生产总量的增加，蔬菜人均占有量也有大幅度的增加。2003 年全国蔬菜年平均人均占有量为 415.6kg，较 1980 年（79.8kg）增加 427.4%，较 1990 年（172.8kg）增加 140.0%，较 2000 年（326.1kg）增加 27.4%，较 2001 年（371.8kg）增加 11%，较 2002 年（406.9kg）增加 2.1%。2004 年为 423.5kg，较 2003 年增加 1.9%。比世界人均年占有量（110.5kg）多 283.2%。另据有关资料统计，1981—1982 年度，全国保护地蔬菜栽培面积为 7 200hm²，总产量 20 万 t，人均占有保护地蔬菜 0.2kg。2001—2002 年度保护地面积 190 万 hm²，总产量 1 068.5 万 t，人均占有保护地蔬菜 82.2kg。此外，还有塑料遮阳网、防虫网和地膜覆盖的蔬菜栽培。随着保护地蔬菜生产量的增加，大大改善了蔬菜市场的供应，也改变了过去蔬菜淡、旺季供应丰、缺不均的状况。

蔬菜生产的发展、市场经济的确立和人民消费水平的提高，促使蔬菜的总产值也大幅度增加。2000 年全国蔬菜总产值达 3 150 多亿元，较 1997 年 2 500 亿元增加 26%。同年粮食总产值 4 600 多亿元，水果总产值约 1 000 亿元，棉花 400 亿元，烟草 300 亿元。另据中国蔬菜流通协会资料，2000 年全国农产品的城乡集市贸易额：蔬菜 3 000 多亿元，果品 2 000 亿元，肉、蛋、禽 3 557 亿元，水产品 1 659 亿元。2002 年蔬菜全国总产值达 3 915 亿元，较 2000 年增加 24.3%。蔬菜种植业年总产值在农业中高于果业及渔业，仅次于粮食。可以确认，蔬菜在种植业中是仅次于粮食的第二大产业，是农业及农村经济的支柱产业。蔬菜播种面积占农作物播种面积的 10%，而产值约占种植业总产值的 30% 以上。根据国家统计局统计，1998 年城镇居民人均消费支出中用于食品消费比例（恩格尔系数）为 46.4%，达到 8 489 亿元，1999 年为 41.9%，如按同期蔬菜产值计算，蔬菜消费支出约占食品消费总支出的 30%。随着人民生活水平的提高，收入的增加，恩格尔系数会逐年降低。又据国家统计局公布，2002 年城市恩格尔系数为 37.7%，农村为 45.0%，分别比 1990 年（54.2% 和 58.8%）下降 16.5 和 13.8 个百分点。但人均食品消费支出的绝对值则大幅度增加，2002 年城市人均食品支出 2 575.21 元，比 1990 年（781.58 元）增加 2.29 倍；农村 2002 年人均食品消费 849.5 元，比 1990 年（287.7 元）增加 1.95 倍。餐桌经济的发展将进一步促进蔬菜业的发展。

蔬菜产业的发展成为农民提高收入的主要增长点。据有关数据统计显示，中国 2000 年蔬菜种植面积超过 6 667hm² 的 850 多个县，4.7 亿农民的人均收入中，有 350 多元来自蔬菜生产。其中蔬菜种植面积超过 20 000hm² 的 160 多个县，9 900 多万农民人均收入中，有 650 多元来自蔬菜生产。特别是目前随着城市的发展，农业生产布局的改变，蔬菜生产约 80% 的面积在农区，蔬菜业已成为这些地区的重要经济来源之一，并同时带动了与蔬菜业相关产业的发展。

中国蔬菜种类繁多，其中一些蔬菜不仅适用于鲜食消费，也适宜作为食品加工原料。随着农村产业化经营的发展及对外贸易出口的需要，蔬菜加工业也相应地发展，并建立了蔬菜加工原料生产基地。蔬菜通过加工、包装，使蔬菜产品增值。目前加工蔬菜种类有腌渍菜：包括盐渍、糖渍、醋渍等；蔬菜干制品：包括人工脱水和自然脱水蔬菜，如脱水洋葱、大蒜、胡萝卜、白菜、姜、菜豆、花椰菜、红辣椒、莴笋条等 20 多个品种；冷冻保鲜蔬菜（速冻蔬菜）：如速冻菠菜、豌豆、姜块、芦笋、冬瓜、菜豆等；罐藏蔬菜：主要有罐藏芦笋、番茄、蘑菇、菜豆、豌豆、荸荠等产品；汤菜类：目前中国生产量较少。这些加工菜除部分供应国内市场外，大部分用于出口创汇。

随着中国对外贸易的发展，蔬菜及其制品的出口也逐年增加。中国是世界蔬菜出口贸易量增长最快的国家，1970 年出口 56.1t，而 1999 年增至 349.7 万 t，增加 523.3%。其中鲜菜出口占总出口量的 58.5%，其余为蔬菜加工产品的出口。据中国海关总署统计，1999 年出口超万吨的蔬菜有大蒜、豆类、食用菌、黄瓜、芥菜类、大葱、番茄、姜、洋葱、青葱、菠菜、茄子、水生蔬菜、萝卜、胡萝卜、马铃薯、花椰菜、甘蓝等。年进口中国蔬菜超过 10 万 t 的国家和地区有日本、香港、韩国、荷兰、美国、新加坡、俄罗斯等。不同加工产品的出口国家和地区不同，如腌渍菜主要向日本、韩国等出口，向日本出口约 20 万 t。干制品主要出口中、西欧、日本、美国等地，年出口超过 10 万 t，约占世界出口量的 1/3。2000 年出口罐藏蔬菜 68.86 万 t，冷冻保鲜蔬菜 31.4 万 t。汤菜类产品中国出口很少，主要向香港、日本、西欧等地出口。2000 年全国种植业产品出口总金额约 62.02 亿美元，蔬菜出口总金额为 20.34 亿美元，约占出口总金额的 1/3。种植业产品进出口总逆差为 10 亿多美元，但蔬菜顺差 19.67 亿美元，居出口农产品之首。据中国农业信息网资料，2002 年 1～10 月，中国出口蔬菜 319.89 万 t，出口额 21.19 亿美元，进口蔬菜 7.68 万 t，进口额 0.62 亿美元，蔬菜进出口顺差 20.56 亿美元，相当于农产品进出口顺差的 46.60％。2004 年出口 601.5 万 t，比 2003 年增加 9.16％，出口额 37.95 亿美元，同比增加 24.22％。2005 年出口 681.2 万 t，出口额 44.8 亿美元。蔬菜及其产品的出口不仅增加了菜区农民的收入和国家外汇的收入，而且在平衡农产品国际贸易中的作用也十分突出。

中国蔬菜近年来播种面积、产量和人均占有量，以及我国台湾省蔬菜播种面积、收获面积及产量见表 1-1、表 1-2。

表 1-1　中国蔬菜播种面积、产量和人均占有量

年份	播种面积 （万 hm²）	总产量 （万 t）	单产 （t/hm²）	人均占有量 （kg）	备　　注
1952	248.6*				资料来源：《中国农村经济统计大全》（1949—1986），农业部计划司编，1989 年 5 月
1953	263.9*				
1954	371.4*				
1955	306.6				
1956	341.8				
1957	373.7				
1958	640.6*				
1959	510.7				
1960	739.6				
1961	728.0				
1962	504.8				
1963	429.5				
1964	384.0				
1965	594.1*				146（75 个城市平均），人均占有菜地 30.3m²
1966	680.0**				
1967	675.5**				
1968	615.8**				
1969	679.9**				
1970	265.6				
1971	295.0				158.8（75 个城市平均），人均占有菜地 30.68m²
1972	283.8				158.8（75 个城市平均），人均占有菜地 32.0m²
1973	279.8				
1974	269.1				
1975	280.2				

（续）

年份	播种面积 （万 hm²）	总产量 （万 t）	单产 （t/hm²）	人均占有量 （kg）	备　注
1976	313.9			180.6（35 个城市平均）	资料来源：《中国蔬菜专业统计资料》第 1 号（1990），农业部农业司
1977	330.1			187.9（35 个城市平均）	
1978	333.1				
1979	322.9				
1980	316.2	8 062.6***	25.49***	79.8	
1981	344.8				
1982	388.8				
1983	410.2				
1984	432.0				
1985	475.3	12 447.5	26.25	119.8	
1986	530.4				
1987	557.2	15 463.2	27.75	144.6	
1988	603.1				
1989	629.0	17 630.0	28.50	160.0	
1990	660.9	19 518.9	29.55	172.8	资料来源：《中国蔬菜专业统计资料》第 2 号（1992），农业部农业司
1991	691.6	20 409.7	29.55	178.7	
1992	571.2	16 858.5	29.10	192.7	资料来源：《中国蔬菜专业统计资料》第 3 号（1995），农业部农业司
1993	661.0	19 694.8	29.85	217.5	
1994	700.5	20 904.6	29.84	248.2（总产值 1 259.2 亿）	
1995	951.4	25 722.0	27.03	217.2	《全国农牧渔业统计资料》，农业部编
1996	1 049.0	30 379.1	28.95	233.6	
1997	1 128.8	34 471.8	30.52	265.1	
1998	1 229.1	38 484.4	31.31	296.0	
1999	1 334.6	40 513.5	30.35	311.6	
2000	1 523.6	42 400.1	27.82	326.1	
2001	1 633.9	48 337.3	29.58	371.8	资料来源：《中国农业统计资料》，中华人民共和国农业部编，2002
2002	1 735.3	52 908.8	30.48	406.9	资料来源：《中国蔬菜》，2004（1）
2003	1 795.3	54 032.3	30.10	415.6	资料来源：《中国农业统计资料》中华人民共和国农业部编，2004
2004	1 756.1	55 064.7	31.35	423.5	资料来源：《中国农业统计资料》中华人民共和国农业部编，2005

注：①＊其他农作物面积减去绿肥饲料作物所得；＊＊因未列绿肥面积，按历年其他作物面积 1/2 左右为绿肥等面积计算所得；＊＊＊资料来源于《无公害蔬菜生产技术》2002 年。②未包括台湾省、香港、澳门地区的数据。

表 1-2　台湾省蔬菜种植面积、收获面积及产量

年份	种植面积（hm²）	收获面积（hm²）	产量（t）
1992		187 884	2 874 059
1993	186 105	182 582	2 876 899
1994	172 603	169 228	2 630 235
1995	174 749	173 055	2 887 017
1996	178 521	176 427	3 098 097
1997	182 393	178 307	3 056 290
1998	180 072	177 265	2 911 734
1999	183 600	181 882	3 513 788
2000	177 074	174 054	3 262 194
2001	173 672	171 003	3 045 605

注：资料来源于《台湾省农业统计年报》（2001 年）。

蔬菜生产和农业其他方面一样，也面临着诸多新的问题和新挑战，有待进一步解决，主要是：

1. 蔬菜生产发展具有较大的盲目性　在农村产业结构调整的高潮中，蔬菜被作为高产出的项目而被各地首选，因此近年来除城市郊区仍保留一部分菜地外，因种菜的比较效益比种粮、棉等高，所以农区的蔬菜生产迅猛发展，已成为城市蔬菜供应的主要生产地区。但由于在发展过程中对市场需求的信息了解不够，对本地生产蔬菜的市场流向不甚明确的情况下大规模发展蔬菜生产，因此造成：①蔬菜产品总量严重过剩，全国人均年占有量已达 423.5kg，如按吃商品菜人口计算，则远远高于这个数字，大大超过了市场的需求量；②由此而引出了结构性、季节性、地区性的蔬菜"卖难"、滞销，特别是一些普通菜，数量大、品种单一、上市时间集中，销售难度更大；③与此相关菜价大幅度下降，据估计近年设施栽培蔬菜价格一般下降 50% 左右，露地菜价下降约 20%，影响了菜农的收入，"菜贱伤农"的现象较普遍。蔬菜生产是高投入、高产出的产业，但目前尚未能全部达到高产出的目标；④"卖菜难"也造成土地、人力资源、生产资料，以及运输等资源的浪费，同时还会造成城市的污染。

2. 蔬菜质量有待提高　近几年蔬菜商品外观质量虽有所提高，但地区间、品种间质量参差不齐，重数量轻质量的数量型生产观念尚未完全扭转，因此，产量高的品种容易推广。但当前卫生品质已是人们关注的焦点，政府对解决蔬菜无公害的问题已提到日程上。由于常年重茬连作、设施栽培的发展，使病虫危害日趋严重，导致不合理的喷施农药，加之盲目追求产量而大量不合理地施用化学肥料，菜田环境恶化，结果造成蔬菜农药残留和硝酸盐以及一些重金属含量严重超标，给消费者的健康造成不良影响。2001 年中国启动了"无公害食品行动计划"，颁布了《无公害食品管理办法》和《无公害食品标准》，现有关部门已制定出农药有关成分、硝酸盐以及一些重金属等允许含量的标准，作为检测蔬菜产品是否符合食品安全的依据，同时规范了数种蔬菜的无公害生产操作规程，以推动无公害蔬菜生产的进一步发展。蔬菜营养的内含品质在一些发达国家早已引起重视，对某些蔬菜维生素、矿物盐、纤维素，以及一些生理活性物质和功能性成分的含量高低，视为蔬菜重要营养品质。这在中国尚未或刚刚引起重视，尚谈不上有何工作的进展。当然以上所列有关品质问题造成的原因，有认识问题、科学技术问题、行政管理问题、生产者素质问题，以及很重要的市场价格这一经济杠杆问题。目前蔬菜市场质量与价格尚未能紧密挂钩，市场价格尚不能充分体现其优质菜的价值。没有差价或差价很小，不足以弥补生产者生产高质量无公害蔬菜所增加的成本及降低产量的损失，生产者无此积极性；而差价拉大则会增加消费者的负担又难以被接受。因此质量问题的解决既要靠生产领导部门加强

管理，又要靠科学技术及农民素质的进一步提高，还要靠经济的繁荣、消费者购买力提高等诸多因素整合，才能得到很好的解决。

3. 蔬菜产业化程度不高　受目前农村经济体制的局限和小规模分散生产的制约，农村蔬菜生产和流通仍处于较原始的商品流通阶段，特别在一些经济不甚发达的地区，蔬菜产品多由生产者直接送市场出售，或等待菜贩上门收购。采取产、供、销、贸、工、农等一体化形式进行蔬菜产业化经营的仍不十分普遍。在产品流通过程中，各经营环节间的利益分配有欠公平，菜农的利益得不到保障。据有关资料介绍，菜农生产蔬菜的劳动价值仅占蔬菜零售价的1/4～2/5。

4. 蔬菜出口量少　中国是蔬菜生产大国，总产量占世界蔬菜和瓜类总量的1/2以上，但出口蔬菜仅为中国蔬菜总产量的1%，为552.68万t（2003年）。虽然从蔬菜出口贸易顺差看，居中国出口农产品之首，但与中国蔬菜生产之规模及总量相比，实在太少。当然这其中与许多问题有关，如首先是品质问题，特别是卫生、无污染品质方面；其次是受消费习惯限制，品种也不十分对路；三是采后处理、清洗、分级、包装、预冷、贮藏、冷链流通等条件差；四是外贸体制也有待进一步完善。充分利用加入WTO后的有利因素扩大出口，将有利于蔬菜生产的发展和创汇收入的增加。

5. 蔬菜生产单产不高，劳动生产率低　蔬菜生产近10余年发展很快，蔬菜总产量大幅攀升，但从统计数据看，总产量的增加，主要是依靠扩大菜田面积。如1995年比1985年栽培面积增加100%，总产量增加106.1%，但单产仅增加3%。自1996年以来情况略有变化，单产水平有所提高，如1997年单产较1985年提高16.6%，较1995年提高13.2%；1998年蔬菜单产较1985年提高19.2%，较1995年提高15.8%，是历年单产最高的一年。然而随后即下降到2000年单产与1985年比提高6%，与1995年相比仅提高2.9%，2001年又稍有回升。2003年蔬菜每公顷单产为30.1t，较1980年提高17.9%，较1985年提高14.6%，较2000年提高8.2%。较2002年下降1.2%。2004年蔬菜每公顷产量为31.3t，较2003年增加3.9%。由此可以看出蔬菜单产近20余年来，较1980年的单产提高幅度一直在2%～19%之间徘徊，蔬菜单位面积产量提高甚微。反映出蔬菜的生产仍属于粗放型，总体上规模化、集约化栽培管理程度不高。如果再按在一定面积上投入的工作日和产出的产品来统计，则中国与蔬菜生产先进国家相比也有不小差距。造成这种情况也是多方面原因，如管理技术水平低、生产资料不配套、技术服务体系服务不到位、生产面积小而分散、现代化程度不高、生态条件改变、病虫危害日趋严重等。因此，进一步提高蔬菜单产和劳动生产率，改善品质仍是今后中国蔬菜栽培的重要课题。

中国农业已步入新的发展阶段，产业结构调整将进一步深化，蔬菜生产也将逐步实现现代化、规模化、标准化，人们生活也将逐步进入小康水平，这些无疑会对蔬菜生产提出更高的要求。为了适应这些发展的要求，研究解决蔬菜栽培中的主要问题，如何进一步提高产量、提高质量，特别是食用安全质量，推行规模化、标准化集约栽培，提高劳动生产率及经济效益已迫在眉睫。中国已加入世界贸易组织（WTO），为劳动密集型的蔬菜业的发展提供了新的机遇，应充分利用中国丰富的种质资源、自然气候和人力资源的优势，合理调整区划布局，在发扬传统的精湛的栽培技术的同时，引进、吸收新的理念和技术，使中国蔬菜栽培再上一个新台阶，并为蔬菜产业的进一步发展，满足消费者不断增长的需求和进一步提高生产者的经济收入，而充分发挥蔬菜栽培科学的作用。

第二节　蔬菜的营养

蔬菜是人民生活中的重要副食品，蔬菜生产也是农业生产的重要组成部分。就中国人民饮食习惯和食物构成而言，蔬菜的地位尤其重要。

蔬菜的营养作用，早在公元前3世纪中国古代医书《素问》一书中就提出："五谷为养、五果为助、五畜为益、五菜为充"的较为朴素的食物营养学概念。中国明朝著名的科学家李时珍（1518—

1593）在《本草纲目》（1578）一书中对于蔬菜的营养意义又作了进一步阐述："五谷为养、五菜为充，所以辅佐谷气，疏通壅滞也……谨和五味，脏腑以通，气血以流，骨正筋柔，腠理以密，可以长久，是以内则有训，食医有方，菜之于补非小也"。提出了蔬菜对人体多方面的影响。

随着现代营养学的发展，蔬菜对人体的营养功能有了更加深入的了解，蔬菜除有刺激食欲、促进消化、维持体内酸碱平衡等作用外，并且供给人体所必需的多种维生素、矿物质、微量元素、酶及具有保健和医疗功能的其他成分。此外，薯、芋、豆类等蔬菜含有较多的碳水化合物和蛋白质等，也可以补充人体中一部分热量和蛋白质的需要。

一、多种维生素的来源

蔬菜含有对人体极为重要的多种维生素，维生素是人们健康、生长、生殖和生活必需的有机物质。在食物中虽然含量少，但必须有这些物质，因为它们大多数不能在人体中合成，又不能在体内充分贮存。维生素分两大类，即脂溶性和水溶性，如维生素 A、D、E 是脂溶性，而维生素 B_1、B_2 和 C 是水溶性。此外，还有类维生素物质。

蔬菜是维生素 C（抗坏血酸）的主要来源，其广泛地存在于新鲜蔬菜中。缺乏维生素 C 早期会出现体重下降、倦怠、疲劳、肌肉和关节瞬息性疼痛，急躁、呼吸急促，齿龈肿胀、出血、溃烂，牙齿松动，骨骼畸形易弯，毛细管脆弱，导致全身出血，大片青肿；关节增大，贫血；肌肉纤维衰退，严重内出血和心脏衰竭等。维生素 C 还有增强抗病力，解毒，并能阻断致癌物质亚硝铵的形成，以及防止动脉硬化的作用。

蔬菜中含有丰富的维生素 A 源的胡萝卜素。中国人的膳食中维生素 A 主要来源于胡萝卜素和动物的肝及一些奶制品。胡萝卜素吸入人体内则能转变成维生素 A。胡萝卜素有 α-胡萝卜素、β-胡萝卜素和 γ-胡萝卜素。其中 β-胡萝卜素生物效应最高，每分子 β-胡萝卜素在人体内可分解为两个分子的维生素 A。蔬菜中 β-胡萝卜素含量较高，而橙色蔬菜中 α-胡萝卜素含量较高。缺乏维生素 A 易发生夜盲症和皮肤干燥及干眼病；易引起儿童生长受阻，骨骼生长缓慢、变形，牙齿不健全、珐琅质变态和龋齿；皮肤干燥似鳞状，咽喉溃疡，耳朵、口腔或唾液腺脓肿，腹泻，甚至引发生殖失调、妊娠不良、胎儿生长异常、胎盘损伤等。维生素 A 还具有保持上皮组织细胞的健康，防止多种类型上皮肿瘤发生和发展的作用。

蔬菜还含有维生素 B 族，如维生素 B_1（硫铵酸）、维生素 B_2（核黄素）、维生素 PP（烟酸、尼克酸）、维生素 B_6（吡哆素）、泛酸、叶酸等人体生理所必需的维生素。缺乏这类 B 族维生素易患脚气病、口腔炎、皮炎等，缺少时同样影响人体正常的生理活动。

二、无机盐（矿物质）的来源

常量矿物质和微量矿物质（微量元素）是人们身体保持适当生理功能所必需的元素，虽然有的元素摄入量很少。常量矿物质如钙、磷、钠、氯、镁、钾和硫；微量矿物质如铁、锌、铜、锰、铬、钼、碘、氟等。其中钙是人体含量最多的无机盐，约占体重的 2.0%，或占矿物质总量的 40%，99% 的钙存在于骨骼及牙齿中。另外，钙还有凝血、维持心脏的正常搏动、肌肉的收缩和舒张等作用。磷约占人体矿物质总量的 1/4，80% 的磷与钙以无机结合形式存在于骨骼和牙齿中。另外，磷对正常泌乳、构成肌肉组织，以及对遗传物质的传递和控制细胞代谢至关重要的核酸，都是重要的物质。铜有利于铁在肠道中的吸收，铜又是生成血红蛋白所必需，血管和骨骼结构的发育维持需要铜，中枢神经系统结构和功能需要铜，并与生殖繁育有关。铁与蛋白质结合形成血红蛋白，它是血红细胞中含铁的化合物；铁与氧的输送有关，铁也是与能量代谢有关的成分。

三、纤维素含量丰富

蔬菜含有丰富的纤维素，食用纤维包括非水溶性纤维（纤维素、半纤维素、木质素）和水溶性纤维（果胶、植物分泌胶等）两大类。人们难消化这种物质，而且营养价值很低，但是它们在消化道中有重要的生理作用，因此，又叫"无营养纤维"，也称为粗纤维。目前人们膳食中几乎所有粗纤维都来源于植物性食物。纤维虽不能被人体消化，但是人体不可缺少的营养物质，它有助于预防多种疾病。纤维可以加快食物通过速度，减少致癌物与肠组织的接触时间；有刺激结肠蠕动通便的作用，能预防和治疗便秘，减少肠癌发病率。纤维还有解毒作用，各种类型纤维，可以使有害物质凝固，这些物质来源于食物和肠微生物对食物组分的作用。此外，纤维还能明显降低糖尿病患者空腹时的血糖水平，降低胆固醇和甘油三酸酯，预防动脉粥样硬化和冠心病等心血管疾病。

四、维持体内的酸碱平衡

人们摄入食物后，在体内经代谢后产生反应，从而释放矿物元素所表现的酸度或碱度。一般成酸元素是氯、硫、磷，而成碱元素是钙、钠、钾、镁。食品按其矿物质含量可分为酸性食品、碱性食品和中性食品三类，一般谷物类、肉类、蛋类及部分奶酪制品等为酸性成分食品，而蔬菜、水果等为碱性成分食品。通常，在合理的膳食情况下，蔬菜、水果消化水解后的碱性灰分中和酸性食品产生的酸性灰分，因此蔬菜对于维持人体内酸、碱平衡起着重要作用，并有利于人体正常的生理代谢。

五、其他营养保健功能

蔬菜除含有多种维生素、大量及微量矿物质、粗纤维，以及蛋白质、脂肪和碳水化合物等人体所需、有各种营养功能的营养素之外，不少蔬菜还含有一些特殊的具有生理调节和保健功能的元素。这些元素具有与生物防御、生物节律调节、防止疾病、恢复健康等有关的功能因素。随着现代食品营养学的发展，不少功能性保健食品已从食疗、食补的传统经验和民间秘方发展到不仅了解到该保健食品的保健功能，还确知具有该功能的有效成分。其中一些产品即原于蔬菜的特有成分。如近期的一些研究结果表明，长期食用番茄及其制品，可以降低患某些癌症和心脏病的风险，番茄所含番茄红素是自然界的一种较强的抗氧化剂，能帮助人体细胞免遭自由基的伤害。在甜菜、茄子、萝卜、紫甘蓝、花椰菜、青花菜、洋葱、大蒜、马铃薯、辣椒等蔬菜中含有极丰富的生物类黄酮，黄酮类化合物具有即刻保护心肌的作用。大蒜素有延缓衰老和脂褐素沉淀出现，提高人体对自由基侵害诱发疾病的抵抗能力。魔芋含有大量葡萄糖甘露聚糖成分，不仅能抑制膳食中过量胆固醇被吸收，还能降低血压及心血管病人的潜在危险，同时对人体血糖值及尿糖值有降低作用。洋葱含有硫化丙烯的挥发物，有杀菌作用。胡萝卜含有槲皮素、山奈酸等，有促进肾上腺合成、降低血脂、改善动脉血流量作用等。南瓜除含有丰富的矿物质、维生素、粗纤维外，还含有瓜氨酸、精氨酸、天门冬氨酸、腺嘌呤和有机酸、甘露聚糖、果胶等十分有益的营养成分，它能促进人体胰岛素的分泌，对治疗糖尿病有显著效果，能增强肝肾细胞的再生能力；南瓜中的果胶具有固定胆固醇的作用，可预防和辅助治疗动脉硬化等。多种蔬菜的特异成分均具有良好的保健功能。

此外，蔬菜中含有柠檬酸、苹果酸和琥珀酸等多种有机酸，有些蔬菜含有特殊味道的挥发性物质，如葱、姜、大蒜、洋葱、茴香、芫荽、芹菜等，均具有特殊香味。

总之，蔬菜是人们生活中所必需的食物，与其他食物互相配合而又不可代替，是人体中不可缺少的营养物质的重要来源。现将主要蔬菜营养成分列表，以供参考（表1-3）。

表 1-3 主要蔬菜营养成分表

（摘编自：《食物与营养百科全书》，1989）

蔬菜种类	重量 (g)	水分 (%)	蛋白质 (g)	脂肪 (g)	碳水化合物 (g)	粗纤维 (g)	矿物质（常量）				
							钙 (mg)	磷 (mg)	钠 (mg)	镁 (mg)	钾 (mg)
甘蓝	100	92.4	1.4	0.2	0.4	0.8	49.0	29.0	20.0	13.0	233.0
大白菜	100	95.0	1.2	0.1	3.0	0.6	43.0	40.0	23.0	14.0	253.0
胡萝卜	100	59.0	1.2	0.2	9.7	1.0	37.0	36.0	47.0	18.5	341.0
花椰菜	100	91.0	2.7	0.2	5.2	1.0	25.0	56.0	13.0	24.0	295.0
抱子甘蓝	100	85.2	4.9	0.4	8.3	1.6	36.0	80.0	14.0	29.0	390.0
青花菜	100	89.1	3.6	0.3	5.9	1.5	103.0	78.0	15.0	18.5	382.0
黄瓜	100	95.1	0.9	0.1	3.4	0.6	25.0	27.0	6.0	12.0	160.0
番茄	100	93.5	1.0	0.2	4.7	0.5	13.0	27.0	3.0	17.7	244.0
青甜椒	100	93.4	1.2	0.2	4.8	1.4	9.0	22.0	13.0	18.0	213.0
辣椒	100	88.8	1.3	0.2	9.1	1.8	10.0	25.0	5.0	23.0	260.0
茄子	100	92.4	1.1	0.2	5.6	0.9	12.0	26.0	2.0	82.0	214.0
叶用芥菜	100	89.5	3.0	0.5	5.6	1.1	183.0	50.0	32.0	27.0	377.0
莴苣	100	95.1	1.2	0.2	2.5	0.5	35.0	26.0	9.0	16.0	264.0
菠菜	100	90.7	3.2	0.3	4.3	0.7	93.0	51.0	71.0	88.0	470.0
西葫芦	100	94.0	1.1	0.1	4.2	0.6	28.0	29.0	1.0	16.0	202.0
笋瓜	100	85.1	1.4	0.3	12.4	1.4	22.0	38.0	1.0	17.0	369.0
小萝卜	100	94.5	1.2	0.1	3.6	0.7	30.0	31.0	18.0	15.0	322.0
南瓜	100	—	0.7	痕量	3.3	0.5	39.1	18.9	1.0	—	308.0
马铃薯	100	79.8	2.1	0.1	17.1	0.5	7.0	53.0	3.0	14.0	407.0
青豌豆	100	83.3	3.4	0.2	12.0	1.2	62.0	90.0	—	6.0	170.0
菜豆	100	90.1	1.9	0.2	7.1	1.0	56.0	44.0	7.0	32.0	243.0
芹菜	100	94.1	0.9	0.1	3.9	0.6	39.0	28.0	126.0	8.7	341.0
洋葱	100	89.1	1.5	0.1	8.7	0.6	27.0	36.0	10.0	12.0	157.0

蔬菜种类	矿物质（微量）			脂溶性维生素			水溶性维生素							
	铁 (mg)	锌 (mg)	铜 (mg)	维生素A (IU)	维生素D (IU)	维生素E (mg)	维生素C (mg)	维生素B₁ (mg)	维生素B₂ (mg)	烟酸 (mg)	泛酸 (mg)	维生素B₆ (mg)	叶酸 (μg)	生物素 (μg)
甘蓝	0.40	0.40	0.06	130.0	—	0.06	47.0	0.05	0.05	0.30	0.21	0.16	66.0	2.40
大白菜	0.60	—	—	150.0	—	—	25.0	0.05	0.04	0.06	—	—	83.0	—
胡萝卜	0.70	0.40	0.01	11 000	—	0.45	0	0.06	0.05	0.06	0.28	0.15	32.0	2.50
花椰菜	1.10	0.34	0.41	60.0	0	0.22	78.0	0.11	0.19	0.70	1.00	0.21	55.0	17.0
抱子甘蓝	1.50	—	—	550.0	—	—	102.0	0.10	0.16	0.90	0.72	0.23	49.0	—
青花菜	1.10	0.65	0.08	2 500.0	0	1.30	113.0	0.10	0.23	0.90	1.00	0.21	130.0	0.60
黄瓜	1.10	0.12	0.01	250.0	0	痕量	11.0	0.03	0.04	0.20	0.25	0.04	16.05	0.41
番茄	0.50	—	—	270.0	—	—	20.0	0.06	0.04	0.50	—	—	—	—
青甜椒	0.70	0.03	0.04	420.0	0	0.81	128.0	0.08	0.08	0.50	0.23	0.26	19.0	—
辣椒	0.70	0.02	—	770.0	—	—	235.0	0.09	0.06	1.70	0.69	—	—	—

（续）

蔬菜种类	矿物质（微量）			脂溶性维生素			水溶性维生素							
	铁 (mg)	锌 (mg)	铜 (mg)	维生素 A (IU)	维生素 D (IU)	维生素 E (mg)	维生素 C (mg)	维生素 B₁ (mg)	维生素 B₂ (mg)	烟酸 (mg)	泛酸 (mg)	维生素 B₆ (mg)	叶酸 (μg)	生物素 (μg)
茄子	0.70	—	0.01	10.0	—	—	5.0	0.05	0.05	0.06	0.22	0.08	—	—
叶用芥菜	3.00	—	—	7 000.0	—	—	97.0	0.11	0.22	0.80	0.21	0.13	60.0	—
莴苣	2.00	0.40	0.04	970.0	—	0.06	8.0	0.06	0.06	0.30	0.20	0.06	21.0	3.10
菠菜	3.10	0.80	0.20	8 100.0	—	—	51.0	0.01	0.20	0.60	0.30	0.28	193.0	6.90
西葫芦	0.40	—	—	410.0	—	—	22.0	0.05	0.09	1.00	0.36	0.08	31.0	—
笋瓜	0.60	—	—	3 700.0	—	—	13.0	0.05	0.11	0.60	0.40	0.15	17.0	—
小萝卜	1.00	0.02	0.13	10.0	0	0	26.0	0.03	0.03	0.03	0.18	0.08	24.0	—
南瓜	0.41	0.23	0.09	2 500.0	0	痕量	5.3	0.04	0.04	0.03	0.41	0.06	13.8	0.40
马铃薯	0.60	0.30	0.05	40.0	—	0.05	20.0	0.10	0.04	1.50	0.38	0.25	19.0	0.13
青豌豆	0.70	—	—	680.0	—	—	21.0	0.28	0.12	—	0.82	0.15	25.0	9.40
菜豆	0.80	0.40	—	600.0	—	—	19.0	0.11	0.50	0.19	0.50	0.19	27.5	—
芹菜	0.30	0.07	0.01	240.0	0	0.46	9.0	0.03	0.03	0.03	0.03	0.06	6.05	痕量
洋葱	0.40	0.15	0.08	0	0	痕量	7.0	0.03	0.03	0.11		0.07	13.0	0.66

（李树德）

第三节 中国蔬菜栽培历史简述

一、先秦时期的蔬菜栽培

（公元前 221 年前）

"蔬菜"二字，《尔雅·释天》（公元前 2 世纪）释"蔬不熟为馑"；郭璞注："凡草菜之可食者，通名为蔬"。又《尔雅·释器》："菜谓之蔬"，郭璞注："蔬者菜茹之总名"。另据《说文》："蔬，菜也"，"菜，艸之可食者"。可见，可食之草即曰蔬菜。当然，草之野生可食者为野生蔬菜，经驯化培育者为栽培蔬菜。

中国蔬菜栽培的历史可以追溯到 6 000 年前的仰韶文化时期。原始农业发生以后，蔬菜、果树与粮食作物一样，逐渐为人们所栽培，但在很长的时期内，蔬果作物与谷类作物大多混种在一起，后来才逐渐有所区分，即分别种在大田的疆畔与住宅的四旁。专门种植蔬菜、果树的园圃，可能产生于商代，而且至迟在西周晚年，园圃已经专门化。先秦的园圃业与后世的园艺业有所不同，即先秦园圃合一，不像后世"园"中专种果树，"圃"中专种蔬菜。先秦园圃中，除种果蔬外，还兼种经济林木，因而比后世园艺业的范围更广。两周初年至春秋时期黄河中下游地区的诗歌总集《诗经》（前 11 世纪至前 477 年）中涉及的植物共 132 种，其中以蔬食的达 50 多种，但大半是采食的野菜。作为栽培及受到重视的野菜共约 25 种，即瓜（薄皮甜瓜）、瓠、菽（藿，即大豆）、韭、蓼、葵（冬寒菜）、荼（苦菜）、苣（一种野菜，似苦菜）、蒿类（蒌、蘩）、荠、薇、莱（藜）、堇（一种野菜，紫花，味苦）、杞、菲（萝卜）、葛、荷（莲藕）、茆（莼菜）、荇（荇菜，龙胆科，生长于淡水中，叶背紫色，叶深心形）、蒲（香蒲）、笋（竹笋）、蕨、蕿（金针菜）。见于其他先秦文献的蔬菜有：芥、葱、薤、姜、菱、芝栭（食用菌）、荏（荏，紫苏类香草）、芋、藷萸（薯蓣）、苴蒪（襄荷）、蘧蔬（茭白）、凫茈（荸荠）、苋、小蒜、芡等 15 种。以上约 40 种蔬菜中绝大多数原产中国。其中可以肯定当时已有栽培的只有瓜、瓠、菽、韭、葵、大葱、芋和姜等近 10 种。如韭菜，西汉·戴德编辑的《大戴礼》（公元前 1 世纪）中的《夏小正》篇："囿有见韭。"《诗经·豳风·七月》："四之日（夏历二月）其蚤（早），献羔祭韭。"《周礼·天官·醢人》："朝事之豆，其实韭菹。"说明韭菜栽培时间久远，不仅作为食用和腌制，并也作为祭品；又如瓜，《小雅·信南山》描写西周田野景象："中田有庐，疆场有瓜，是剥是菹。"还有瓠，也称"壶"，即瓠瓜、瓠子、葫芦，是世界最古老的作物之一。《诗经·豳风·七月》："七月食瓜，八月断壶"，指 7 月吃瓜，8 月采瓠。在西周的栽培蔬菜中，瓜类占有重要地位。

园圃经营的专业化，为园艺技术的提高开辟了道路。春秋战国时期园圃经营已有了较高的集约化程度。战国时吕不韦集合门客编写的《吕氏春秋·尊师》（公元前 3 世纪）："治唐园（唐通场，唐园即场园），疾浸灌。"贾谊《新书》："昔梁大夫宋就为边县令，与楚邻界，梁亭、楚亭皆种瓜，梁亭劬力数灌，其瓜美，楚人窳而稀灌，其瓜恶"等记述，都反映了当时人们已经认识到灌溉对提高瓜菜质量的重要性。《吕氏春秋·上农》："齿年未长，不敢为园圃。"则说明了园圃业对生产技术的较高要求。另外，园圃中较早地实行了井灌，桔槔这种新的灌溉机械，很大程度上是基于园圃业的需要而推广的，而畦这种新的农田形式，也是为了便于灌溉而首先出现于园圃中。

二、秦汉时期的蔬菜栽培

（公元前 221—公元 220 年）

随着大田作物栽培管理技术的成熟、丝绸之路的开辟以及各民族的融合所带来的农业文化的交流，秦汉时期的园艺技术也得到了相应的发展。

（一）园圃业专业性的加强　秦汉时期，园与圃已经分开，并各有其特定的生产内容。《说文》载："种菜曰圃"，"园，所以树果也"。东汉时还有"场圃筑前，果园树后"之说。可见园圃业中果树和蔬菜生产的区分已经相当明确了。

秦汉时期，不但一般农民从事小规模的园艺生产，地主阶层也已普遍经营园圃，并出现了大规模的园圃经营。西汉·司马迁《史记·货殖列传》（公元前 1 世纪前期）记载："安邑千树枣，燕、秦千树栗，蜀、汉、江陵千树桔，……，及名国万家之城，带郭……千亩栀茜，千畦姜韭：此其人皆与千户侯等。"即是说，在今山西夏县、运城一带出现了枣树特产区，今陕西和河北北部一带出现了栗树特产区，今四川、陕南和湖北一带出现了橘树特产区，蔬菜种植业也很发达。可见，当时园艺产品专业化和商品化生产有了一定的发展。

（二）蔬菜种类和品种的增加　秦汉时期，由于大一统局面的出现，各民族农业文化交流和园艺生产技术进一步提高，见诸记载的蔬菜种类和品种显著增多。

与前一时期相比，黄河中下游地区的栽培蔬菜有蓼、薤、芥（芥子菜和叶用芥菜）、苏、胡葱（丝葱）、芜菁、豍豆（豌豆）、胡豆（豇豆）、苜蓿（紫花苜蓿）、襄荷等。其他地区栽培的有菱、莲藕、冬瓜、茄子等。这一时期从国外引入的蔬菜，如大蒜、苜蓿、胡葱等已开始有文献记载。在这些种类中，约有一半以上是在汉代才有人工栽培的明确记载。同时，在蔬菜品种结构中，辛香调味类蔬菜已占有很大的比重。

栽培蔬菜中已出现了一些优良品种或名特产。据《史记·萧相国》记载，西汉初年前秦东陵侯邵平培育出了著名的"东陵瓜"，并可能有了较大面积的推广。据南北朝后魏·郦道元《水经注·渭水三》（5 世纪末或稍后）所引三国·阮籍《咏怀诗》："昔闻东陵瓜，近在青门外，连畛拒阡陌，子母相钩带。"此外，《吕氏春秋·本味》所记述，敦煌之瓜、昆仑之蘋、阳华之芸、云梦（今湖北省）之芹、具区（今太湖）之菁、阳朴（在蜀郡）之薑、招摇之桂、越骆之菌、荔浦之冬笋等也都是当时各地的名产。

（三）蔬菜栽培技术的进步　　秦汉时期，随着园艺业的发展，为了改善品质，增加产量，延长蔬菜供应期，人们在蔬菜栽培技术方面有了很多创新，其中较有代表性的有：

1. 作畦、播种技术　　公元前239年前在蔬菜的作畦、播种等方面已初步形成了一套简单、粗略的栽培技术。如《吕氏春秋》记载："上田弃亩，下田弃甽，故，亩欲广以平，甽欲小以深"。即干旱的地方要种在平坦土地上，而多雨的地方种在高出地面的高畦上。作畦时要宽一些、平一些，排水沟要小而深。在播种方面，如慎其种，勿使疏，亦勿使数。说明播种不可过稀或过密。"予其施土，勿使不足，亦勿使有余。"是说覆土不可太厚或太薄。

蔬菜分期播种一年多熟的栽培方法至迟在东汉时代已被采用。东汉·崔寔撰《四民月令》（2世纪）提到20余种蔬菜，其中瓜、芥、葵、大葱、小蒜、苜蓿等蔬菜在一年内记载了两次或两次以上的播种期。例如在6月、7月都提到播芜菁，在6、7、8月都提到播小蒜等。通过分期播种，提高土地的利用率和延长供应期。

2. 葫芦嫁接技术　　先秦时期的嫁接技术主要应用于果木生产，至汉代，嫁接技术已被应用于蔬菜生产中。西汉·氾胜之撰《氾胜之书》（公元前1世纪后期）详细记载了促进葫芦结大果实的嫁接方法，即"下瓠子十颗，……，既生，长二尺余，便总聚十茎一处，以布缠之五寸许，复用泥泥之，不过数日，缠处便合为一茎。留强者，余悉掐去，引蔓结子。子外之条，亦掐去之，勿令蔓延。"也就是说将十株瓠嫁接为一蔓，蔓上仅留三果，以十株之营养滋一蔓之三果，自然能求得大果。这也是我国文献中有关蔬菜嫁接的最早记载。

3. 葫芦摘心　　西汉时代的先民通过精心观察和细致研究，已认识到摘心可以有效地控制株高，防止营养生长过旺，从而促进生殖生长。《氾胜之书》说："（瓠）著三实，以马箠殼其心，勿令蔓延，多实，实细。"即一株葫芦蔓上结出3个果实时，就用马鞭打去蔓心，不让其继续生长，以免实多而小。

4. 蔬菜渗灌　　黄河流域气候干旱，为节约用水，汉代已开始在蔬菜栽培中使用渗灌技术。其法始见于《氾胜之书》："区种瓜，一亩为二十四科，……，以三斗瓮埋诸科中央，令瓮口与地平，盛水瓮中，令满。种瓜，瓮四面各一子，以瓦盖瓮口。水或减，辄增，常令水满。"该法主要是利用粗陶的渗透作用，以经常保持瓜田湿润，达到减少水分蒸发、节约用水的目的。

5. 保护地栽培　　早在秦始皇时代，人们就开始利用临潼附近丰富的地热资源冬天种瓜（应该是甜瓜）。东汉·班固撰，班昭续成《汉书·儒林传》（公元前1世纪后期）颜注引东汉卫宏文说，"冬种瓜于骊山阬谷中温处，瓜实成。"这是中国最早利用地形小气候于冬天种瓜，并获得成功的实践。到了汉代，利用人工小气候栽培蔬菜的技术业已出现。《汉书·召信臣传》记载了室内生火升温的温室栽培技术，"太官园种冬生葱韭菜茹，覆以屋庑，昼夜爇（燃）蕴火，待温气乃生。"这是最早的温室栽培记载。南北朝宋·范晔撰《后汉书·邓皇后传》（5世纪前期）则记载了利用地下火道加温的促成栽培法，采用"郁养强孰，穿凿萌芽"的办法，培育"不时之物"。当然，这些栽培法主要为官府所用。

6. 蔬菜移栽　　东汉时代，不少蔬菜已实行移栽。《四民月令》有"正月别芥、蓼，三月别小葱，六月别大葱，七月别藬"的记载，这里提到的"别"即是移栽。

三、魏晋南北朝时期的蔬菜栽培

（220—589年）

魏晋南北朝时期是中国历史上第1次大分裂的时期，北方长期处于战乱之中，农业生产虽遭到严重影响，但战争带来的人口大迁移与民族大融合，也在一定程度上促进了各民族农业文化的交流，以种植业为主的农业结构和精耕细作的农业生产方式经受住了这样巨大的冲击并继续向前发展。农业科学技术巨著《齐民要术》也在这一时期出现。

（一）蔬菜种类与品种　南北朝后魏·贾思勰《齐民要术》（6 世纪 30 年代或稍后）记载了栽培蔬菜 30 余种，与汉代的记载相比，黄河中下游地区又增加了越瓜、胡瓜（黄瓜）、芦菔（萝卜）、菘（白菜）、芸薹、胡荽（芫荽）、兰香（罗勒）、芹、蘧（瞿麦）、蓳、胡葸（苍耳）、芡、蓴（莼菜），长江下游的太湖地区增加的有苋和茭白，至此栽培的蔬菜达 40 种，分别隶属于现代农业生物学分类法的 12 大类，只有食用菌类尚未见栽培的记载。这一时期的主要栽培蔬菜因地区而异，黄河中下游是葵与芜菁，长江下游太湖地区是菘，西北一带是蓝菜。

这一时期蔬菜的品种也大大增加，以瓜类为例，仅据《齐民要术》引《广雅》、《广志》、陆机《瓜赋》等资料的不完全统计，瓜的品种就有 30 种，著名的产地则有辽东、庐江、敦煌、蜀地等。葵的品种也有丘葵、胡葵、鸭脚葵等。

（二）蔬菜栽培技术　《齐民要术》论述了当时黄河中下游地区栽培的 31 种蔬菜的栽培技术，其要点主要是强调精耕细作，包括增加复种指数、提高土地利用率、精细整地、畦作、粪大水勤、适时中耕与收获等方面。

1. 提高复种指数和土地利用率　当时蔬菜种类较多，播期有先后，生长期又较短，因此，周年蔬菜生产种收频繁，复种程度较高，生产实践中充分地运用了间作套种技术，大大提高了土地利用率。《齐民要术·种葵》篇说："三掐更种，一岁之中，凡得三辈"。《蔓菁》篇说："剪讫更种，从春至秋得三辈"，都是一年内连续种植 3 次。这是复种的情形，至于间套作的情形，则有《种葱》篇的记载，即"葱中亦种胡荽"。这样的多种种植方式，其复杂情况远远超过谷类作物生产，因此，蔬菜生产的土地利用率相当高。

2. 重视选地、整地、作畦和浇水　在蔬菜地的选择方面，《齐民要术》从"量地利"的原则出发，强调因地种植，尤其要选择较肥沃的土壤。例如瓜、葵、蔓菁、蒜、胡荽等都要求选择"良田"、"良软地"种植，并且指出什么蔬菜种在什么地上，产量高，品质好，不如此则产量、品质都受到影响。如《种蒜》指出，"白软地，蒜甜美而科大；黑软次之；刚强之地，辛辣而瘦小也"。

蔬菜地要熟耕作畦。《齐民要术》强调菜地要早耕、多耕、细耕、细耙，达到精细。如《种瓜》篇记载，"刈讫即耕，频繁转之"。种蒜、胡荽等都要"三遍熟耕"，种姜最好"纵横七遍"等。《齐民要术》对作畦的具体技术要求作了总结。为了便于灌溉和管理，菜畦要小，"畦长两步，广一步"。畦大"则水难均，（畦小）又不用人足入"。据《齐民要术》所载，当时多数蔬菜都要像种葵那样作低畦。对于栽培韭菜，强调畦一定要作得深，因韭菜每采收一次都要加粪，而且韭菜有"跳根"的习性。

蔬菜大都柔嫩多汁，生长期中耗水量多，必须经常浇水。《齐民要术》讲到葵、蓼、韭等畦种浇水的要求，甚至种苜蓿也要"畦种水浇，一如韭法"。北方畦种大都采用井灌。

3. 播种技术和留种　注意播种要适时。如《齐民要术·蔓菁第十八》："七月初种之。一亩用子三升。从处暑至八月白露节皆得。早者作菹，晚者作干"。此处七月初系指中国农历。又如在《种葵第十七》一章中写到："早种者，必秋耕；十月末，地将冻，散子劳之。一亩三升，正月末散子亦得。人足践踏之乃佳。践者菜肥。地释即生，锄不厌数。"说明了近冬播种的方法，在土壤结冻之前播种，播种后要镇压；早春土壤解冻后，即可出土。《齐民要术·种瓜第十四》："食瓜时，美者收取。""收瓜子法：常岁岁先取'本母子瓜'，截去两头，止取中央子。""近蒂子，瓜曲而细；近头子，瓜短而喎（即歪）。""本母子者，瓜生数叶便结子，子复早熟。用中辈瓜子者，蔓长二、三尺，然后结子。用后辈子者，蔓长足，然后结子，子亦晚熟。"说明了瓜的留种、选种的重要性。

4. 上足基肥，勤追肥　种菜强调要施足基肥。基肥通常用大粪，粪肥要求腐熟，就是要用充分

发酵了的粪，即"熟粪"。《齐民要术·种葵》篇说："薄即粪之，不宜妄种"。在作畦时，要"深掘，以熟粪对半和土覆其上，令厚一寸"。《蔓菁》篇说："唯须良地，故墟新粪坏墙垣乃佳"。足见对蔬菜施基肥的普遍重视。也有用绿肥作基肥的。先于菜地播种绿豆，至适当的时期进行压青，充作基肥。播种后还常施盖子粪，如"下葵子，又以熟粪和土覆其上，令厚一寸余"。蔬菜生长期中要施追肥，尤其是分批采收的蔬菜，如葵、韭等每次采收后都要"下水加粪"。

在耕作方面，已注意到作物茬口及压绿肥肥田。在《种瓜第十四》中说："良田，小豆底佳；黍底次之"。叙述了以豆科为前茬好。《蔓菁》："取根者用大小麦底"。

5. 蕹菜的无土栽培　旧题西晋·稽含撰《南方草木状》（304）载，"蕹，叶如落葵而小，姓冷味甘。南人编苇为筏，作小孔，浮于水上，种子于中，则如萍根浮水面，及长，茎叶皆出苇筏孔中。随水上下，今南方之奇蔬也。"

此外，这一时期还出现了"助苗出土技术"、"甜瓜引蔓技术"以及"促使莲子早发芽的技术"等。

四、隋唐五代时期的蔬菜栽培

（581—960 年）

隋唐五代时期蔬菜栽培很受重视，在唐·韩鄂《四时纂要》（9 世纪末或稍后）所记载的农事活动中，蔬菜和大田作物所占的分量很大。

（一）栽培蔬菜种类的变化　隋唐时期中国的蔬菜种类大为增加。茼蒿、莙荙菜、茴香、莴苣、菠菜、百合、枸杞、薯蓣、构菌、术、黄精、决明、牛膝、牛蒡、西瓜等是这一时期首次见诸史籍记载的栽培蔬菜。其中莴苣、菠菜、莙荙菜、茴香和西瓜是从国外引入的。另外，竹笋是先秦时期即已食用的蔬菜，五代后期，食用的竹笋种类已相当多，并已掌握了采收鞭笋的方法，反映这一时期竹笋的栽培已相当普遍。至此，现代农业生物学分类法的 13 大类蔬菜都已有了栽培，总数达 50 余种。在这些蔬菜种类中，约 1/4 的种类是隋以前所没有栽培的，包括菌、百合、枸杞、莴苣、术、黄精、决明、牛膝、牛蒡和薯蓣，其中有些菌以及百合、枸杞、牛蒡系中国原产蔬菜。这一时期各地的当家蔬菜基本上与前一时期相同。

莴苣，原产西亚，中国始见于唐代有关文献，如杜甫《种莴苣》诗里提到它。北宋初年成书的《清异录》（宋·陶谷，10 世纪中期）载，"呙国使者来汉，隋人求得菜种，酬之甚厚，故因名千金菜，今莴苣也。"说明莴苣是隋代才引入的外来菜，但具体引入过程尚无史料记载。

（二）蔬菜栽培技术的成就　隋唐时期蔬菜栽培技术较前有一定的进步，主要表现在以下几方面：

1. 食用菌的培养　这一时期留下了人工培养食用菌的最早记载。据《四时纂要·三月》："种菌子，取烂构木及叶，于地埋之。常以泔浇令湿，两三日即生。又法，畦中下烂粪，取构木可长六七尺，截断磓碎，如种菜法，于畦中匀布，土盖，水浇，长令润。如初有小菌子，仰杷推之；明旦又出，亦推之；三度后出者甚大，即收食之。本自构木，食之不损人。构又名楮。"从这段文字看，当时已经知道食用菌的生长需要有一定的温、湿度条件，要选择适宜的树种，而且还知道保留小菌子以帮助菌种扩散生大菌的方法，这项技术是一个重要的突破。

2. 地热的利用　前面提及，早在汉代就开始利用温室进行蔬菜的促成栽培。到了唐代，都城长安附近有比较丰富的地热资源，唐政府更设温汤监管理相关事务。据宋·欧阳修等《新唐书·百官志》（1060）载，"庆善、石门、温泉等监，每监一人……凡近汤所润瓜蔬，先时而熟者，以荐陵庙。"可见当时蔬菜促成栽培已颇具规模。又据诗人王建的《宫词》："酒幔高楼一百家，宫前杨柳寺前花。内园分得温汤水，二月中旬已进瓜。"可见当时促成栽培的效果也很不错。

五、宋元时期的蔬菜栽培

（960—1368 年）

　　宋元时期的社会经济生活繁荣，人们对蔬菜等园艺产品的需求不断增加，要求不断提高，蔬菜生产有了新的发展，生产技术也有了新的进步。

　　（一）蔬菜种类与品种的变化　宋元时期蔬菜种类繁多。据宋·吴自牧《梦粱录》（1274）的记载，仅南宋临安一地的蔬菜就有近 40 种。元·王祯《农书·百谷谱》（1313）载有常用蔬菜 30 多种，皆列有栽培方法。芥蓝、丝瓜、胡萝卜、豆芽菜、荸荠、慈姑、甘露子、蒟蒻（魔芋）、蒲（香蒲）、香菇、香芋（菜用土圝儿）是这一时期新增加的栽培蔬菜。

　　这一时期，在各种蔬菜的类型与品种培育方面取得了显著成就，其中较突出的为白菜、萝卜与莴苣。到这一时期为止，栽培的白菜（菘）都是不结球的。不过，南宋时已出现了多种类型与品种，如耐寒性较强的塌地菘、较耐热的夏菘、蔬油兼用以幼嫩的花茎入蔬的薹心等，因而在长江下游太湖地区，不结球白菜成了可以周年供应的当家叶菜。但是，在其他地区，特别是黄河中下游，葵仍然是当家的叶菜，被人们誉为"百菜之主"。这一时期培育了春种夏收、初夏种仲夏收的水萝卜，因而在长江以南广为栽培。不过在北方，芜菁仍然栽培较多。莴苣在隋唐时引入后，经过几百年的培育，到元代形成了中国特有的茎用莴苣变种——莴笋。

　　（二）蔬菜栽培技术的创新

　　1. 白菜黄化技术　白菜性喜冷但不耐冻，经受不了长期−5℃以下的低温。宋代的气候趋于由暖变寒，其温度比现代为低，冬季屡有严寒发生。人们为了保护白菜过冬，便采取白菜上盖草的措施。春天来临，人们发现白菜老叶虽枯萎了，而心叶却"黄白纤莹"，白嫩异常，口味大有改进。于是，在生产上有意识地盖草黄化，并赋之以"黄芽菜"之名。南宋《临安志》首次记载"黄芽菜"这一白菜品种，即"冬间取巨菜，覆以草，积久而去其腐叶，黄白纤莹"。这就是我国最早的白菜黄化技术。

　　2. 豆芽菜栽培技术　中国古代的蔬菜无土栽培，主要应用在豆芽菜的生产上。汉代已利用豆芽，当时称为"黄卷"，长沙马王堆西汉墓出土的竹简上有"黄卷一石"的记载。但最初的黄卷是从大豆初出土时取得，并非浸水发芽生成，用途主要取其干制品作药剂。宋代始有用豆芽作蔬菜的记载。宋·林洪《山家清供》（约 13 世纪中期）有大豆芽生产方法的记载："以水浸黑豆，曝之，及芽，以糠皮置盒内，铺沙植豆，用板压，及长，覆以桶，晓则晒之，欲其齐而不为风日侵也。"当时称这种豆芽为"鹅黄豆生"。其方法采用浸泡豆子，以糠和沙作基质保水，常晒取暖，保持温度，放桶中勿令见风日。已形成豆芽菜无土栽培的传统生产技术。

　　3. 育苗技术　蔬菜育苗措施在蔬菜栽培中占有重要的地位，而且中国农民多年来累积了许多经验。在宋·陈旉《陈旉农书》（1149）的《善其根苗》一篇中说："种植先始其苗，以善其本。本不善而末善者鲜矣。欲根苗壮好，在夫种之以时，择地得宜，用粪得理；三者皆得，又从而勤勤顾省修治，俾无干旱水潦虫兽之害，则尽善矣。根苗既善，徙植得宜，终必结实丰阜；若初苗不善，方且萎悴微弱。……欲其充实，盖亦难矣。"说明了培育壮苗对生长、结果的重要性。

　　对育苗及带土移栽及移栽后提高成活率方面，元·鲁明善撰《农桑衣食撮要》（即《农桑撮要》，1314）正月项记有：种茄、瓟（一种比葫芦大的瓜）、黄瓜、菜瓜的育苗方法。"此月（正月）预先以粪和灰土，以瓦盆盛，或桶盛储。候发热过，以瓜、茄子插于灰中，常以水洒之，日间朝日景，夜间收于灶侧暖处，候生甲处，分种于肥地。常以少粪水浇灌，上用低棚盖之，待长茂，带土移栽，则易活。"这里的"低棚盖之"，实际上就是现代所说的"冷床"，只是当时没有"冷床"这个名词。同时，已经懂得利用粪肥发酵热进行育苗。

　　在元代，蔬菜播种已普遍采用了浸种催芽方法。元·司农司撰《农桑辑要》（1273）说："莴苣：

作畦下种，如前法（指菠薐法——引者）。但可生芽：先用水浸一日，于湿地上布衬，置子于上，以盆碗合之。候芽微出，则种。春正月二月种之，可为常食，秋社前一二日种者，霜降后可为腌菜。如欲出种，正月二月种之，九十日收。"此处介绍了种莴苣浸种催芽的方法，也介绍了莴苣的栽培方法。据有关资料考证，在《齐民要术》中也曾讲述了浸种催芽的有关内容，如确实，则中国蔬菜栽培采用浸种催芽技术的时间就更早了。

4. 灰茭的防治　早在唐代，灰茭就引起了人们的注意，陈藏器《本草拾遗》曾指出，茭白不少是"内有黑灰如墨者"的灰茭，当时称为乌郁，食用品质很差。宋代开始研究防治灰茭的方法，认为是栽种不当所致，创造了用经常移栽以治灰茭的办法。宋·温革撰《分门琐碎录》（12世纪前期）说："茭首根逐年移动，生者不黑。"灰茭的形成与地力长期消耗有关，缺乏肥分后黑菰粉菌产生厚垣孢子，而使茭白变黑。移栽改善了水肥条件，所以能防止灰茭的产生。延至明代，除采用逐年移栽外，还配合深栽，并用河泥壅培根际，能更有效地防止灰茭的出现。

5. 食用菌人工接种　食用菌的人工栽培，唐代《四时纂要》已有记载，但只是利用天然菌孢子的自身扩展，至宋元时期，人工接种的方法已经出现。王祯《农书·百谷谱四》称："经年树朽，以蕈碎剉，匀布坎内，以蒿叶及土覆之，时用泔浇灌，越数时，则以槌棒击树，谓之'惊蕈'。雨露之余，天气蒸暖，则蕈生矣。"文中所说"以蕈碎剉，匀布坎内"就是人工接种。这一技术上的突破，加速了后世食用菌培育技术与生产的发展。

6. 软化栽培和阳畦栽培　北宋时期已产生了韭黄软化促成技术。庆历时梅尧臣有描写汴京卖韭黄的诗，见《宛陵文集》卷11《闻卖韭黄蓼甲》。诗中提到的韭黄是冬天用粪土栽培的。南宋时的韭黄生产已扩展到浙江杭州、四川新津、江西庐陵（今吉水）等地。元代王祯《农书·百谷谱五》记载了培植韭黄的具体方法："至冬，移根藏于地屋荫中，培以马粪，暖而即长，高可尺许，不见风日，其叶黄嫩，谓之韭黄，比常韭易利数倍，北方甚珍之。"

元代已开始建立风障阳畦植韭。王祯《农书·百谷谱五》说："就旧（韭）畦内，冬月以马粪覆阳处，随畦以蜀黍篱障之，用遮北风。至春，其芽早出，长可二、三寸，则割而易之，以为尝新韭。"这一技术简便易行，且蔬菜还可提早上市。

六、明清时期的蔬菜栽培

（1368—1911 年）

明中叶以后，随着商品经济的发展，商品性蔬菜生产基地随之兴起，蔬菜栽培技术也有了明显的进步。

（一）栽培蔬菜种类与品种的变化

1. 白菜、萝卜成为主要栽培蔬菜　南北朝时，中国栽培的蔬菜以葵和蔓菁为主，当时白菜和萝卜虽有栽培，但所占比重很小。这由贾思勰《齐民要术·种葵篇》中可见。到宋代，白菜和萝卜逐渐受到重视，但元代的《农桑辑要》和《王祯农书》中虽记述了葵，而未提到白菜。到明清时期，大多数文献在记述蔬菜时，则只提及白菜和萝卜，而不提葵和蔓菁。李时珍《本草纲目》（1578）将葵编入草部，并且特别注明是"自菜部移入此"，理由是"古者葵为百菜之主，今不复食之，故移入此。"

明清时期，白菜的地位上升是与其品种大量增加紧密相关的，尤其是15～16世纪太湖地区结球白菜的培育成功，更是这一时期蔬菜栽培的重大成就。如据成化《杭州府志》、万历《秀水县志》、康熙《仁和县志》、咸丰《南浔镇志》、同治《安吉县志》、《菽园杂记》、《便民图纂》等记载，当时的白菜品种主要有瓢儿菜、矮青、箭杆白、乌菘菜、塌棵菜、长梗白、香青菜、矮脚白、薹菜等许多品种。由于白菜品种多，四季可种，加上结球白菜品质好、产量高，因而很受欢迎，并最终成为人们生活中的主要蔬菜。

2. 国外蔬菜的引进　辣椒、番茄、马铃薯、菜豆、南瓜等均非中国原产，自 16 世纪下半叶至 17 世纪末，随着中、外经济和文化交流的发展，它们被很快引入中国。根据研究，南瓜首见于《本草纲目》；辣椒最早见于明·高濂《遵生八笺》和《草花谱》（16 世纪后期），称它为"番椒"；番茄最早见于明·朱国桢《涌幢小品》和明·王象晋《群芳谱》（1621），起初被当作观赏植物，后来才用作蔬菜；马铃薯首见于康熙年间福建省《松溪县志》；菜豆首见于清·张宗法《三农纪》（1760）；洋葱首见于清·吴震方《岭南杂记》（18 世纪），先是由欧洲引入澳门，然后再引入广东内陆；荷兰豆最早见于乾隆年间福建省《泉州府志》，当时还是刚开始引入，至道光年间已是"遍岭海皆有之"，（道光《白云·越秀二山合志》卷 43，志蔬药）。国外蔬菜的引进，大大丰富了中国的蔬菜品种。

此外，甘蓝类蔬菜也在此期间引入。"甘蓝"一词早在唐代的《本草拾遗》中已见著录，唯其"阔叶可食"四字很难判断它是什么植物。至明代，《本草纲目·草部》虽记有"甘蓝"一物，但从所述性状看，似《务本新书》中所说的蓝菜，而非现在的甘蓝类蔬菜。清·吴其濬《植物名实图考》（19 世纪中期）卷四蔬菜中有甘蓝，从其所绘的图及描述看，应是指球茎甘蓝。球茎甘蓝产于北方，土名"玉蔓菁"。至于结球甘蓝，在清《龙沙纪略》中所记述："老铨菜，即俄罗斯菘也。抽薹如莴苣，高二尺余。叶出层层，删之其末，层叶相抱如球，取次而舒，已舒之叶，老不堪食。割球烹之，似安肃冬菘。郊圃种不满二百本。八月移盆，官弁分偿之，冬月包纸以贡。"《黑龙江外纪》还说："有蔬类莴苣，而叶深碧，上有紫筋，名老羌白，其种自俄罗斯来。"从以上记述说明，甘蓝确经由沙俄传入中国黑龙江省，是结球甘蓝引入途径之一。另有从中亚细亚由新疆天山南路传入的，清代在西北各地得到缓慢发展。

3. 几种新发展起来的蔬菜

（1）马铃薯　于 15 世纪从新大陆带来。清·吴其濬《植物名实图考》（19 世纪中叶）曰："阳芋黔滇有之，绿茎青叶，叶大小、疏密、长圆形状不一，根多白须，下结圆实，压其茎则根实繁如番薯，茎长则柔弱如蔓，盖即黄独也。疗饥救荒，贫民之储，秋时根肥连缀，味似芋而甘，似薯而淡，羹臡煨灼，无不宜之。叶味如豌豆苗，按酒侑食，清骨隽永。开花柴筒五角，间以青纹，中擎红的，绿蕊一缕，亦复楚楚，山西种之为田，俗呼山药蛋，尤硕大，花白色，闻终南山岷，种植尤繁，富者岁收数百石云。"记载了马铃薯在中国的栽培省份，以及其根、茎、叶、花、地下茎的形态。

（2）水芹　先秦时期的文献已提到以水芹入蔬，其栽培至晚清时始见记载。光绪三年（1897）广西《容县志》载："芹，种陂塘者为水芹。"

（3）荸荠　古已有之，但以采食野生者为主，南宋时始见栽培。晚清时人工栽培有大量发展。同治十一年（1872）《衡阳县志》载："（荸荠）初无之，近岁大盛"。1930 年浙江《遂安县志》载："（荸荠）清末始盛"。

（4）乌菜　普通白菜的一种，产于安徽省江淮地区，明代安徽府县志中已见著录。清末，光绪十九年（1893）安徽《五河县志》记有："菊花青，或曰菊花心，亦有两种，春种者曰乌菜，味清淡，冬种者曰菊花青，叶厚茎圆而攒聚如菊瓣，味浓而美，霜雪不凋，远近争购之。"

（5）茎用芥菜　芥菜的一个变种，是制作榨菜的原料，清末育成。光绪二十六年（1900）四川《南溪县乡土志》载："青菜，有弘干、扁干二种……又一种菱角菜，叶不可食，茎之四周凸起如菱角形，嫩而脆。"清后期育成的还有叶用芥菜，当时称包心芥，见之于清末成书的四川省农书《老农笔记》，文中所载"青菜"即指包心芥，"青菜……如俗人所称包包菜也者，则指其能包心而言"。1948年《醴陵县志》载："青菜即芥也。"

（二）栽培技术的改进

1. 豆芽菜生产技术　培育豆芽作为蔬菜的技术始于宋代，明代以后，豆芽菜的生产发展很快，在种类上除黄豆芽以外，还有绿豆芽，明·俞贞木《种树书》（14 世纪）已有明确记载。在生产技术上，早期生产豆芽菜系用米糠和沙做基质，以后发展为不用基质。然而综观古籍中叙述的生产豆芽菜

的方法，不管是否采用基质，生产原则概括起来不外三点：不见风日、供应适量的水分和保持一定的温度。

2. 早春蔬菜的冷床育苗　明代，育苗移栽已是蔬菜栽培中普遍采用的方法，《便民图纂》（1502或稍后）中共记述了40余种蔬菜的栽培方法，其中半数以上采用育苗移栽，而且不仅有喜温的春播蔬菜，也有喜冷凉的秋播蔬菜，但对具体方法文献中均未作说明。

清代文献中已出现"苗地"这一名称，而且对早春培育辣椒的苗地，注意到整地要精细，选地要肥沃、高燥，苗地要施基肥，并明确指出早春培育喜温蔬菜的秧苗时，苗地上要搭棚保护秧苗。由于当时搭棚所用的材料是不透光的"草"，所以出苗后，遇上不晴朗的日子，应揭去覆草，保证光照时间。见清·杨巩编《农学合编·番椒》（19世纪末）引《种植新书》。

3. 瓜类的整蔓　清·祁寯藻《马首农言》（1836）发展了瓜类作物的整蔓技术，指出"葫芦切去正顶，瓠子独留正顶，甜瓜则又切其正顶，留其支顶，见瓜又切其支顶，切时必正午方好。黄瓜任其支蔓，不用切顶"。说明当时已掌握了各种瓜类作物的结果习性，并分别采取不同的整蔓方法。如对侧蔓结果的甜瓜，采取摘心法促进多生侧蔓多结瓜的技术。显然，这种技术比《齐民要术》记载的使甜瓜攀缘在谷荏上多结瓜的办法有所进步。

4. 火室火坑的推广应用　早在汉唐时期已有利用温室栽培蔬菜的记载，但具体方法不详。直到明中叶以后，文献中才有比较具体的火室火坑生产黄瓜、韭黄等记载。如谢肇淛《五杂俎》说："京师隆冬有黄芽菜、韭黄，盖富室地窖火坑中所成，贫民不能办也。今大内进御，每以非时之物为珍，元旦有牡丹花、有新瓜，古人所谓二月中旬进瓜不足道也，其他花果无时无之，善置坑中，温火逼之使然。"火室火坑除用于生产蔬菜外，亦生产果品和花卉，这在当时有很多记载，如李时珍《本草纲目》中的"菘（白菜）"；徐光启《农政全书》中的"果蔬"；王象晋《二如亭群芳谱》中的"芫荽"、"韭黄"。

（三）蔬菜病虫害的防治　明清时期，蔬菜病虫害的防治又有进一步的发展。徐光启在《农政全书》中指出："蔓菁遇连日阴雨，易生青虫，须勤扑治。"虽然所述防治方法仅仅是人工捕捉，但已注意到菜白蝶幼虫的发生与气候条件有一定关系。清·张宗法《三农纪》（1760）说："凡菜生虫，用苦参根浸水泼，百部水亦可，或撒石灰。"说明已注意到用药物防治蔬菜害虫。

（四）蔬菜科技的引进及科教事业的开展　甲午战争（1894—1895）以后，中国各地开始筹办学堂和设立农事试验场，编译西方农业科技书籍。1896年，清政府设立官书局，园艺方面的科技书籍开始翻译传入中国。《农学报》译载的《蔬菜栽培法》、《甘蓝栽培法》等在中国产生了较大的影响。进入20世纪，上海新学会社编译了《蔬菜栽培学》、《蔬菜教科书》等，其内容体现了近代蔬菜科技的特点，对促进中国近代蔬菜科技的产生和发展，培养中国近代蔬菜科技人才起到了重要作用。与此同时，中国选派了部分科技人员去国外深造，吴耕民先生就是在此期间赴日本兴津园艺场深造的。

这期间，各地兴办了一些试验机构，如直隶农事试验场（1902）、山东农事试验场（1903）、奉天农事试验场（1906）、黑龙江省农林试验场（1907）、吉林农事试验场（1908）、中央农事试验场（1908）等，开始了以引进的国内外蔬菜新品种试种为主的科学试验活动。

七、民国时期的蔬菜栽培

（1912—1949年）

开办农业学校和建立试验农场，讲授和引进西方近代园艺理论及技术，是民国初年近代园艺科技在中国起步的一项重要内容。1916年，全国省级以上的综合试验场已有18所。到1937年，中国设立园艺系科的高等农业院校，已从1927年的5所发展到12所，如北京农业大学、中山大学、金陵大学、东南大学、浙江大学等，并设立了园艺试验场。这些大学和试验机构虽然均处于初创阶段，短期内不可能有可资入史的科研成果，但却标志着中国蔬菜园艺事业开始从传统的经验农业向近代实验农业的转变。

民国初期，刚刚建立起来的农业研究机构和农业院校比较注重蔬菜生产技术的推广和保护地促成栽培的研究，在一定程度上缓解了当时蔬菜供应的匮乏。同时，在基础研究、栽培技术和良种繁育等方面也取得了一些成果。但这种良好的发展势头，却因为战争而遭到破坏。

民国时期蔬菜科技的进步表现在以下几方面：

（一）施肥技术　吴畊《蔬菜栽培新法》（1913）对中国常用的农家肥进行了氮、磷、钾及有机物含量的理化分析，为蔬菜科学施肥提供了科学依据。同时指出，中国传统的灰肥即大粪、厩肥与草木灰相混的混合肥料，造成了氮素损失，肥效降低，是不科学的。科技工作者还对氮、磷、钾三要素的不同作用进行了阐述，指出："叶菜类多施氮肥，叶片柔嫩多汁。果菜类多施磷肥，则成熟提早。薯类多施钾肥，块形整齐，品质优良，耐贮藏……"为指导农民科学施肥提供了依据。

（二）轮作复种　民国时，对中国长期停留在经验上的轮作复种进行了理论上的分析。吴畊指出："夫蔬菜易遭病虫，且有厌性，苟不交换其地，年年连作，则厌性易生，即病虫之遗传亦难于驱除矣。"这里所说的"厌性"，是指根系分泌物对其自身生长所产生的抑制作用。陆费执在《中国园艺学》（1926）中进一步从理论上明确：蔬菜不单要进行轮作，而且在茬口上必须以不同科之蔬菜相接才能起到轮作杜绝病虫害的作用。周开惠《蔬菜轮作问题》（1932）、李醒愚《蔬菜栽培的研究》（1931）及一些地方志中记载了菜—粮、菜—菜、菜—棉等间、套、复种方法。如胡瓜—芜菁，豌豆—玉米（畦上）—白菜，菜豆—玉米（畦上）—芜菁，茄子—苋菜，豇豆—苋菜，辣椒—苋菜，瓠子—小白菜，棉花—西瓜、甜瓜、豇豆间套种等，以及珠江流域一年四收（粟—大麻—水稻—萝卜）的种植方法。

（三）保护地栽培　民国期间在发展保护地蔬菜生产的过程中，一些科技书籍相继出版发行，如徐友文《茄子促成栽培法》（农林新报，1936）、尤孝棪《番茄、胡瓜促成栽培之技术谈》（1937）等，详细介绍了温室栽培中的育苗、移栽、授粉、肥水管理以及温度控制等具体技术要求，反映了民国时期促成栽培技术研究的状况。

（四）病虫害综合防治　民国初期，中国植保界投入了相当多的力量从事病虫害防治研究。1936年出版的《农报》第3卷第6期在《蔬菜害虫》中介绍了大猿叶虫、小猿叶虫、地老虎、菜蚜、守瓜虫、菜螟等害虫的防治方法：防治菜蚜可喷洒石油乳剂50～100倍液，喷洒60倍肥皂液或160倍除虫菊皂液，或硫酸烟精1 000倍液，以及利用蚜虫天敌等项措施；防治地老虎可在播前用杂草堆于田畦诱杀幼虫，毒饵诱杀，虫害盛期灌水入田，当虫避水爬出地面时捕杀等措施。1938年，广西柳支英、严家显研制出一种木制胶箱，用以黏杀蔬菜害虫黄条跳甲，除虫效率达60%～80%。四川省从1944—1949年应用上述综合防治措施，防治面积达1 800hm^2，增产蔬菜235万kg。

在病害防治方面，《农报》（1934）载文提出了白菜根瘤病、白腐病和根腐病的防治方法：在根部施入硫磺或木灰；种子用0.5%硫酸铜溶液处理；喷洒波尔多液。1935年，管家骥提出甘蓝根瘤病、黑腐病的防治方法：烧毁病株，避免连作，在染病菜地上使用过的农具要清洗消毒等。在当时化学农药工业还不发达的情况下，科技工作者研究提出采用经济、实用的种子处理、人工捕杀或诱杀、喷施植物农药、避免连作、烧毁病残株等综合防治措施，均取得了良好的效果。

1942年凌立、林开仁开展了茄科蔬菜炭疽病病菌的研究，搞清了成都地区为害辣椒、茄子、番茄等果实的炭疽病是属于同一菌源，为该病的防治提供了依据。说明农业科技工作者已开始进行有关蔬菜作物病原菌鉴定方面的研究。

总之，中国蔬菜经过几千年的栽培实践，培育了丰富多彩的种类与品种，经过长期不断的选优汰劣，至明清时期，已基本奠定了当今栽培蔬菜种类结构的格局。长期的蔬菜栽培实践中还创造、积累了丰富而独特的经验，成为中国农业宝库中的珍贵遗产。客观地说，基于科技水平的限制，有些蔬菜

生产技术，特别是一些特殊技术，普遍存在费工、费时、效率不高的缺点，但也应该肯定，有些蔬菜生产技术在今天仍有实用价值，只不过需我们用现代科学的原理加以总结和提高。

（周中建　祝　旅）

第四节　中国蔬菜栽培技术的发展

中国蔬菜栽培历史悠久，蔬菜种类繁多，受生态气候条件多样、地区间消费习惯不同的影响，以及为适应社会经济条件的变化，在长期的生产实践过程中，形成了多种多样的蔬菜生产栽培方式，创造了许多独特的栽培技术。这些宝贵的栽培技术经验，在长期的蔬菜生产中，都发挥了重要作用，并为中国独特的蔬菜栽培技术的发展创造了条件。但在新中国成立以前，受个体生产方式的限制，以及缺乏专业的蔬菜科研机构及相应的蔬菜科学技术人员，丰富的蔬菜栽培技术长期停留在蔬菜生产技术能手积累的经验中，未能得到充分的发展及在较大范围内发挥作用。新中国成立后，为了保证城市供应，政府十分重视蔬菜生产，为发展蔬菜生产制订了一系列方针政策和措施，从中央到地方建立了蔬菜生产、销售的领导机构，建立了蔬菜研究、技术推广、种子管理、蔬菜专用生产资料及供应、植物保护等专业机构，为蔬菜生产服务。在农业大专院校设立了蔬菜专业，加强蔬菜专业技术人才的培养。使蔬菜栽培技术从个人的技术经验的局限中，走向科学的、综合集成的、发展提高的新阶段。

一、蔬菜栽培经验的总结与推广

新中国成立后，依据政府对科技人员要面向生产、面向基层的要求，以及总结农民经验为蔬菜生产服务的精神，科技、教学人员下乡蹲点，调查研究，总结蔬菜生产能手的经验，取得了很好的效果，为蔬菜科学技术的发展与提高打下了基础。例如各地方都对当地蔬菜丰产栽培技术、育苗技术、蔬菜早熟栽培技术、蔬菜传统的保护地栽培技术、蔬菜采种技术、一些蔬菜病虫害综合防治技术，以及蔬菜贮藏技术等，特别是对一些蔬菜生产技术能手进行了深入系统的调查总结。如北京、天津、河北、山东大白菜丰产栽培技术；山东大蒜、生姜栽培技术；北京、天津、大连、广州黄瓜早熟栽培技术；河南、湖南冬瓜栽培技术；北京、山东的萝卜栽培技术等。在调查总结的基础上各地科技、教学单位经过系统整理，结合蔬菜生理等理论知识，编写出版大量的蔬菜栽培技术书籍，普及推广先进的蔬菜栽培生产技术。调查总结与推广先进的蔬菜生产技术，也受到政府有关部门的重视，如1954年农业部和北京市农林水利局组织有关单位参加的"北京市郊区蔬菜栽培"调查组，全面调查总结北京市蔬菜栽培生产经验。经过一年多的点面结合的调查，收集了大量的资料，并编写出版了《北京市郊区温室蔬菜栽培技术》、《北京市郊区阳畦蔬菜栽培技术》、《北京市郊区露地蔬菜栽培技术》、《北京市郊区蔬菜贮藏》四本书，其中温室和阳畦蔬菜栽培技术两书也是首次系统介绍中国保护地蔬菜栽培的书籍。这些经验的总结对迅速发展的蔬菜生产发挥了重要作用，也对教学和科学研究的提高有很大帮助。在调查总结的基础上一些单位开展了蔬菜生物学特性、产量形成、群体结构、育苗、病虫害综合防治、生长调节剂应用等方面的研究。全国各地还开展了丰产试验，丰产记录层出不穷，从而大大地推动了蔬菜生产。此后在有关管理部门的支持下，先后组织了北京、天津、西安、沈阳、上海等地17个城市的大白菜、番茄等高产协作组、长江流域蔬菜高产协作组、夏淡季蔬菜栽培协作组、塑料大棚蔬菜栽培协作组等，总结丰产经验，推广先进技术，对大面积蔬菜生产的提高，起了很好的作用。

二、蔬菜种质资源的整理和新品种的引种

中国地跨热、温、寒三带，地形地貌千差万别，加上中国悠久的作物栽培历史，从而形成了中国

特有的植物种群，也是世界栽培植物的起源中心之一。中国蔬菜种质资源十分丰富多样，其中 50 多种蔬菜起源于中国，大量的农家品种是我国的宝贵财富。为了防止这些资源的丢失，从 20 世纪 50 年代初开始，先后进行了 3～4 次蔬菜品种资源的调查整理、研究和利用。各省、自治区、直辖市也多次进行本地区的调查整理工作，并先后编写出版《中国主要蔬菜优良品种》及地方蔬菜品种目录或品种志。"八五"期间农作物品种资源搜集、整理、入库保存列为国家重点项目，至 1995 年，已搜集、整理、入库约 3 万份。同时对白菜、辣椒、菜豆、黄瓜等 7 种作物的抗病性和 12 种蔬菜的部分营养品质进行了分析和鉴定，并筛选出一批优异种质资源。在此基础上编写出版了《中国蔬菜品种资源目录》（第一、二册）和《中国蔬菜品种志》（上、下卷）。此外，还先后对云南、西双版纳、西藏、神农架、秦岭地区蔬菜资源进行考察，调查整理了 1 400 份资源材料，发掘和挽救了一批珍贵或濒危的蔬菜资源。蔬菜品种资源工作在蔬菜育种和生产上发挥着越来越重要的作用。

新的遗传资源的引种对蔬菜育种及生产是最易见效的措施，特别是国外品种资源的引种，对丰富中国蔬菜基因库、提高育种水平、增加蔬菜花色品种，效果显著。20 世纪 50 年代起中国陆续引入番茄、甘蓝、花椰菜、甜椒、菜豆、洋葱、西葫芦、胡萝卜、豌豆等一大批国外品种，以及近年引入的春种大白菜、西洋芹菜、青花菜、嫩荚豌豆、结球莴苣、菊苣、彩色甜椒等蔬菜品种，直接应用于蔬菜生产，大大丰富了中国蔬菜生产和市场供应。另外，从国外先后引进一批具有优异基因的材料，如含有抗烟草花叶病毒、枯萎病、叶霉病基因的番茄；黄瓜雌性系；胡萝卜、洋葱雄性不育系，辣（甜）椒优质、抗病材料等。这些具有抗病或抗逆基因、早熟性、优质、适于加工等优良性状的育种材料，对提高中国蔬菜育种水平发挥了促进作用。此外，还引入一些对中国蔬菜研究有用的材料，如研究番茄花叶病毒（ToMV）株系分化的 GCR 系统番茄材料，含有 nor、alc 和 rin 迟熟基因和单性结实等番茄材料等，对中国蔬菜有关问题的研究都有积极的作用。据有关资料估计，中国先后通过多种途径引入国外蔬菜资源 20 000 份以上。现政府相关部门对农作物国外引种工作十分重视，制订了专门项目计划，并加以实施。

三、蔬菜育种与杂种优势利用

中国蔬菜育种工作在 20 世纪 50 年代末才逐步开展，根据育种目标采用单交、复合杂交、世代分离、自交选育、品种比较等培育新品种。开始比较早的有番茄、茄子、甜椒、黄瓜、萝卜等蔬菜，并于 60 年代中期选育出一些新品种，如早粉 2 号、沈农 4 号、农大 23 番茄、农大红萝卜，以后又相继育成了津研黄瓜、之豇-28 豇豆，以及番茄、甜（辣）椒、菜豆、芹菜、莴苣等一批优良常规品种，在蔬菜生产上发挥了很好的作用，不少品种并成为优良育种亲本。但常规品种整齐度、抗性、产量等优势都有一定限度，并且较难保护品种的所有权。20 世纪 70 年代初，一些研究单位开展了蔬菜杂种优势利用研究，陆续育成甘蓝、黄瓜、大白菜、白菜等蔬菜一代杂种，并选育出甘蓝、白菜、大白菜自交不亲和系、雄性不育两用系和黄瓜雌性系。此后在茄果类、瓜类、葱类、菜薹类、甘蓝类、芥菜类、根菜类等 27 种蔬菜中均选育出一代杂种。目前杂种优势育种已成为中国蔬菜育种的主要途径，对提高蔬菜生产水平发挥了重要作用。此外，萝卜胞核互作型雄性不育系、结球白菜显性核不育互作型雄性不育系、甘蓝显性核基因雄性不育系的选育达到国际先进水平。韭菜、大葱、辣（甜）椒、胡萝卜等雄性不育系和菠菜雌性系的选育也取得可喜的进展。70 年代末根据蔬菜病害严重发生的情况，以及蔬菜育种工作发展的需要，全国开展了白菜、番茄、黄瓜、辣（甜）椒、甘蓝等主要蔬菜抗病育种。首次采用室内人工接种鉴定技术，同时与田间观察相结合，以提高抗病性鉴定的准确性及育种频率，并结合进行主要蔬菜产区病原菌（毒原）种群及生理小种（株系）分化的研究，为抗病育种提供依据。至 1983 年，蔬菜抗病育种列为国家重点攻关课题，也是蔬菜科研第一次列入国家项目。此后，研究工作取得较快进展，至 20 世纪末育成抗 2～4 种病害的蔬菜品种约 200 个，以及 100 余份抗源材

料，对蔬菜高产稳产及减少农药使用量发挥了重要作用。近年，随着蔬菜市场需求的变化，品质育种、生态育种也都取得新的进展，蔬菜优良品种已成为各种新技术应用的载体，在蔬菜生产中发挥着重要作用。

四、蔬菜栽培技术的改进与新技术的应用

新中国成立以后，随着农村经济体制的改变和蔬菜市场需求的增加，蔬菜生产迅速发展，在改变一家一户分散生产的情况下，为蔬菜栽培技术的发展与提高创造了条件。先进的栽培经验、科技教学部门的科研成果、引进的实用技术等不断地在蔬菜生产中推广，使蔬菜栽培技术有了较快的发展。

（一）蔬菜栽培的基本技术条件的改进　20世纪50年代大力推广了平整土地、菜园规划、排灌渠系配套、合理施用化肥和农药、使用2,4-D等生长调节剂，以及排开播种、冷床育苗、简易覆盖、选用优良品种、引进新蔬菜种类、合理灌溉、种子处理、根外施肥等多项基本栽培技术，使蔬菜栽培技术、单位面积产量，以及技术的科学性和合理性都有明显提高，为以后蔬菜栽培技术的发展打下了基础。

（二）设施蔬菜栽培技术的发展与提高　20世纪50～60年代在总结农民经验的基础上，设施栽培推广应用了改良式玻璃温室、玻璃窗覆盖阳畦或温床，以及风障、草席等简易覆盖等。随着化学工业发展，农用塑料薄膜的生产，使设施栽培发生根本性的变化。60年代末，长春等少数地区开始使用塑料大棚生产蔬菜，取得了很好的效果。70年代中期在全国，特别是中、北部地区推广，并逐渐分化出大、中、小棚。同时，在推广过程中研究总结了一套栽培管理和病虫害防治技术，并创造了黄瓜每公顷产量超过225t和番茄超过150t的高产典型，而且栽培蔬菜种类也不断扩大，使蔬菜的栽培及供应期提前或延后，缓解了春、秋淡季的蔬菜供应矛盾，同时质量也有明显提高。经过几十年的发展，目前用于各种塑料棚栽培的棚架、薄膜及其他配套材料都有很大改进和提高，塑料拱棚已成为中国设施栽培的最主要的形式。

20世纪80年代末至90年代初，高效节能型日光温室首先在辽宁省鞍山市海城和大连市瓦房店试验成功。通过加强墙体、屋顶的保温层厚度，调整屋面角度，最大限度地利用日光照度，提高屋面覆盖物防寒性能，并结合揭盖覆盖物、提高地温、合理施肥、浇水、选用耐寒、耐阴品种、注意防治病虫害等一套栽培措施，达到在北纬40°～41°地区的严寒冬季，不加温生产喜温蔬菜的良好效果。此项技术已被列为国家"八五"至"九五"期间重大农业技术开发项目，并迅速在中国中北部地区推广，大大丰富了中北部地区春、冬季节蔬菜的供应。目前节能型日光温室已逐步形成了多套规范化设计，并通过相应的新型保温材料的开发，卷帘机、CO_2发生器和短期加温用的热风炉等设备的应用，进一步提高了节能型日光温室的生产水平。与此同时，塑料遮阳网等新型覆盖材料使用，可以起到降温、遮光、防暴雨、抗冰雹及早春防霜冻的效果，已在广大菜区夏季栽培中广泛应用。各地根据不同遮光度的要求还可选用不同规格的遮阳网。在北方设施蔬菜栽培迅速发展的同时，中国热带、亚热带设施蔬菜栽培在海南、广东、广西、云南、福建和川、贵、湘南部及台湾省也迅速得到发展。主要是防雨棚、塑料小拱棚、华南型大棚和华南型温室，并配之以遮阳网或防虫网覆盖，对解决蔬菜夏秋淡季和发展冬春早熟栽培，以及夏秋季育苗等都发挥了很好的作用。

20世纪70年代一些单位或地区开始引进蔬菜现代化温室设备，以期达到展示的目的。先后引进的有日本、荷兰、以色列、罗马尼亚、保加利亚、法国、西班牙等国的大型连栋自动化钢架玻璃、硬质膜或硬质板屋面温室。这些大型温室透光好，植物生长空间大，土地利用率高，操作简便，受外界气候条件影响相对较少，在发达国家创造了黄瓜每公顷产量100多t的成绩。但由于中国能源价格和蔬菜产品价格剪刀差过大，以及适应大型温室的蔬菜栽培技术尚在研究阶段，产量尚未达到应有水平，而且一次性投资过大，因而在中国的发展受到限制。

据统计，1999—2000 年度中国设施栽培面积达到 178.9 万 hm²，其中塑料大、中棚约占 39.1%，塑料小拱棚占 38.2%，节能型日光温室占 21.1%，其他类型的温室占 1.6%。

（三）蔬菜地膜覆盖栽培的引进与推广　蔬菜地面覆盖栽培在中国有悠久的历史，覆盖物主要是稻草、秸秆、马粪、砂石等。20 世纪 60 年代曾在一些科研和推广部门用废旧棚膜进行覆盖试验，观察到土壤增温、保墒、促进蔬菜早熟、高产的作用。但由于覆盖材料的限制，未能推广。1978 年经考察从日本引进地膜覆盖栽培技术，包括制膜工艺、覆膜机具和应用农艺，并首先在 10 多种蔬菜栽培上应用，取得了早熟、增产、增收的效果。在此基础上组织有关单位对制膜、覆盖方式、覆盖效果、增产机理、杂草防治、施肥和浇水方式等进行了试验研究，并大面积推广。其覆盖方式在小高畦覆盖栽培基本模式上，创造了"沟畦地膜覆盖栽培"、"高畦沟植地膜覆盖栽培"、"高垄沟植地膜覆盖栽培"、"阳坡深穴地膜覆盖栽培"、"低畦地膜覆盖栽培"等方式。这些栽培方式除护根、保墒的作用外，在生长早期有植株覆盖的作用，可达到防霜、保温的效果，在植株长大后再落下覆盖畦面，使早熟、增产的效果更为明显。现不少地区应用茬口多样，并研究制定了地膜覆盖栽培技术规程。同时工业部门也研制出微薄地膜、除草膜、黑白膜、银灰膜、光降解膜等不同用途的地膜。通过地膜覆盖栽培，普遍取得提早成熟、增加产量、提高品质、节水抗旱、消除杂草、管理简便、节省劳力的效果，已成为露地蔬菜栽培重要的技术措施，同时在设施栽培中也广为应用。除有上面效果外，还可以降低塑料棚、温室内的湿度，减少病虫害的发生。全国蔬菜覆盖面积 2001 年达 302.8 万 hm²。

（四）专业化育苗技术的研究与发展　中国传统的蔬菜育苗一般是露地用苗在阳畦冷床育苗。设施栽培用苗在温室中育苗。随着蔬菜生产技术的提高，育苗技术日新月异。首先研究和推广了营养钵育苗，该项技术有利于培养壮苗，保护根系，增强抗逆能力，缩短苗期，从而提高了蔬菜产量。20 世纪 70 年代末研究、示范、推广的以铺设电热线、土壤加温为主要措施的在日光温室中规模化、专业化育苗技术，初步改变了分散的小规模一家一户的育苗状况，取得培育壮苗、早熟增产、节能省工的效果。如甜椒阳畦育苗从播种到定植约需 127d，而用此技术仅需 57d，而且苗齐苗壮、早熟增产、增值，因此迅速在全国推广，并被冠以"工厂化育苗"的美称。随着设施栽培的迅速发展和装备的提高，以及引进国外先进的育苗设施和技术，20 世纪 80 年代末在北京、上海等大城市郊区开展了现代工厂化育苗示范。在现代化温室中进行穴盘育苗，采用草炭、蛭石育苗基质，机械作业，自动装盘、精量播种、覆盖、喷水，温室内控温、控湿管理，使蔬菜育苗达到快速、整齐、高效、成批稳定的生产水平。穴盘育苗还有便于包装运输的优点，并有利于达到工厂化育苗的水平。目前大棚和温室育苗仍是中国的主要育苗方式。

（五）蔬菜无土栽培技术的研究进展　20 世纪 30 年代少数国家在试验室或小规模地开始进行营养液栽培植物，直至第二次世界大战以后才有规模化蔬菜无土栽培。中国在 60 年代参照国外一些经验，少数单位在试验室或温室中开始进行小规模的试验。其后，70 年代初山东农业大学及北京农业大学进行了实用性蔬菜等无土栽培试验。随着设施栽培的迅速发展，蔬菜无土栽培也作为新的配套技术，在北京、南京、上海、广东、黑龙江等地部分温室中示范推广，并在南极、边疆、海岛等特殊地区应用。从国内外应用无土栽培的结果看，一般都表现产量高、品质好；节约水分和营养，省工、省力，易于管理；清洁卫生，更重要的是有利于避免连作障碍，防止土传病害而达到持续增产的目的。目前我国采用的无土栽培蔬菜方式有袋培、雾培、槽培。由中国农业科学院蔬菜花卉研究所研制出的有机肥基质栽培技术（也称有机生态型无土栽培技术），是从 1989 年开始研究利用以高温消毒固态有机肥为主，添加少量磷钾肥的配方施肥，代替化肥配制营养液，并就地取材，以锯末、炭化稻壳、秸秆、草炭、炉渣等多种物质作基质，并按基质的不同成分，配入一定比例的固态有机肥进行蔬菜栽培的一项技术。栽培系统采用基质槽培，槽下铺塑料薄膜，膜上设排水层。灌溉采用软管滴灌，上盖地膜。这种无土栽培方式与营养液无土栽培方式比较具有投资少、管理容易、减少环境污染、降低硝酸盐含量等优点，为无土栽培的扩大利用创造了更有利的条件。

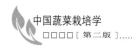

据不完全统计，中国无土栽培蔬菜至 2000 年达到 500hm² 以上，比 1996 年的 100hm² 增加了 5 倍多。随着农业现代化的发展，蔬菜无土栽培将会更迅速地发展。

（六）芽苗菜栽培技术的创新与香草料蔬菜逐步受到重视

1. 芽苗菜栽培技术的创新与生产的发展 芽苗菜栽培在我国有悠久的历史，早在秦汉时期的《神农本草》（公元前 221～公元 475）就有豆芽的记载，以后并有所发展。芽苗菜的栽培技术流传下来，并传至东南亚、欧、美等国，成为无污染、富营养的优质蔬菜而受到消费者的欢迎。中国传统的芽苗菜以豆类为主，如绿豆芽、黄豆芽、黑豆芽、豌豆芽等，还有少量的萝卜芽、苜蓿芽、香椿芽。芽苗菜的栽培特点主要是优良的种子、适宜的温度、弱光或无光、有充足的氧气、合适的水分等条件，另外注意适时采收，采收不及时或过于徒长或纤维化则将影响商品品质。20 世纪 90 年代中国农业科学院蔬菜花卉研究所芽苗菜课题组进行了芽苗菜规范化生产技术研究，有力地推动了芽苗菜的生产发展。首先重新界定了芽苗菜的定义，明确提出"籽芽菜"和"体芽菜"的概念；将芽苗菜的种源扩大到了十字花科、禾本科、菊科等 20 多个科属近 30 多个种类；利用大棚、温室及工厂厂房开始进行大规模、集约化、工厂化生产，制订了规范的工艺流程，并引进了菊苣芽球、独行菜芽、黄芥芽等新的芽菜种类，使芽菜成为一种绿色保健蔬菜在全国迅速发展与推广。

2. 香草蔬菜栽培逐步受到重视 香草蔬菜包括罗勒、薄荷、香蜂草、龙艾、紫罗兰、薰衣草、迷迭香、百里香、金盏花、俄力冈、琉璃苣、孔雀草等。

香草类植物含有的特殊芳香物质，具有一定消毒杀菌、提神醒脑、疏压助眠、安抚情绪及料理调味等作用，除可作蔬菜（凉拌、生食解腥、炒食、作馅、调味等）外，还是加工食品、化妆品、药品的主料或辅料，在工艺装饰、绿化等方面也有广泛的用途，因此逐步受到人们的重视。20 世纪 80 年代末至 90 年代初，北京市农林科学院蔬菜研究中心等单位对香草料蔬菜进行了引种研究，筛选出一批优良品种，并总结出配套的栽培技术。台湾省台南区农业良种改良场从 2000 年开始，建立了香草园圃并进行品种评估，研究其栽培特性、栽培方式及利用途径。

中国香草植物资源丰富，但对其开发利用还不够，许多资源仍处于野生状态，应在对市场需求进行调查研究的基础上，有计划地重点引进、试种，了解其用途、栽培和加工技术，避免盲目发展。

（七）初步建立无公害蔬菜生产栽培技术体系
随着人民生活水平日益提高，蔬菜卫生安全的问题越来越受到关注。工业三废的超标排放、农业技术措施不当、化学农药和化学肥料的不合理的使用，造成了空气、水、土壤等环境的污染，致使蔬菜产品不同程度地受到重金属、农药残留、硝酸盐、激素以及其他有害元素的污染，严重地影响着蔬菜产品的食用品质，影响着消费者的身体健康，已引起政府部门的高度重视并在近几年大力推行无公害蔬菜生产，建立了一批示范基地。蔬菜科研教学单位也相应地及时开展无公害蔬菜生产技术研究，并结合菜区调查和产品的检测技术研究，有关部门制订了无公害蔬菜产品安全质量标准。并在此基础上制订了韭菜、白菜、番茄、甘蓝等多种蔬菜无公害生产技术规程，为蔬菜产品安全性检查及监测提供了依据。

（八）蔬菜病虫害的综合防治
蔬菜病虫害在基本情况调查的基础上采取了有针对性的农业和化学药剂防治，取得一定的效果。但随着蔬菜连片规模种植、重茬、多茬种植、土壤有机肥的匮乏等情况的出现，加之大规模发展保护地生产、不合理地使用农药和病虫抗药性的增强等原因，蔬菜病虫害的危害日趋严重。近年来通过调查研究，根据预防为主、综合防治的原则，提出了优化农业防治措施，如选用抗病品种、种子消毒、实行轮作倒茬、田园清洁、合理水肥促控、培育无病虫壮苗、注意防雨排涝、合理配置植株营养面积、及时整枝打杈、优化群体结构；合理的设施栽培微环境调控及土壤和设施消毒等。根据无公害栽培蔬菜的要求，采用生物防治技术，如害虫天敌、生物农药和昆虫生长调节剂的利用、无害的植物源农药和低毒、低残留化学农药的合理使用，以及多种物理化学害虫诱杀和网膜隔离等多种病虫害安全防治措施，可有效地抑制病虫害的发生发展和危害程度。

（李树德）

第五节　中国蔬菜的生产、流通与消费

中国蔬菜的生产和流通，不仅具有商品生产和流通的一般规律，而且有其自身的特殊性，这是由蔬菜商品本身的特点和产、销中的矛盾所决定的。因为蔬菜是一种季节性很强的农产品，集中表现为生产的周期性和季节性。周期间衔接不好，一般情况下就会出现商品的积压或脱节，严重时就出现淡季或旺季。蔬菜又是人们天天不可缺少的重要副食品，而且随着生活水平的不断提高，人们要求市场数量充足、供应均衡、花色品种多样、营养丰富、卫生安全。蔬菜商品一般鲜嫩易腐，不耐贮运，再加上其生产过程中易受自然灾害的影响以及经营数量大等因素，使得蔬菜商品在从生产到消费的过程中，产生了许多错综复杂的问题和矛盾，其中最基本的矛盾是蔬菜生产的季节性与消费的均衡性要求之间的矛盾。这些问题和矛盾如果解决不好，往往使蔬菜的产销处于一种被动的局面，而难以做到生产者、经营者和消费者都满意。

在蔬菜"产"和"销"这一对矛盾中，一般说来"产"是矛盾的主要方面，"产"的目的是为了消费。当"产"和"销"发生矛盾时，常由分配或流通来调节，从这个意义上讲，流通对生产也有反作用。

中国政府对蔬菜的生产、消费、流通十分重视。根据经济形势的发展和市场需求，在不同的历史时期制定并建立了相应的蔬菜产销政策和体制，并在这个过程中，逐渐了解和认识中国蔬菜产、销的特点及规律，从而在蔬菜商品生产基地建设、市场建设、放开搞活流通、政策扶持等方面创造了许多宝贵的经验，使蔬菜产销体制不断完善，蔬菜市场日见繁荣，基本满足了不同消费者的需求。

一、蔬菜产销的基本任务和发展方针

（一）1949—1957 年自由购销时期　中华人民共和国成立初期，由个体农民或者农业生产合作社在交易市场把蔬菜卖给商贩或消费者，蔬菜供应量不能满足大中城市居民的基本需求。随着经济的发展，蔬菜的供求矛盾日趋突出，因而国家制定了相关政策发展生产，改善大、中城市蔬菜供应状况。

1953 年中共中央批转了中央农村工作部《关于大城市蔬菜生产和供应情况及意见的报告》，提出了"大城市郊区的农业生产，应以生产蔬菜为中心"的方针，开始加强对蔬菜生产的管理。

1955 年 11 月，商业部、农业部、全国供销合作总社召开第一次全国大中城市、工矿区蔬菜工作会议。1956 年 3 月国务院转发了这次会议的总结报告。报告指出国家对于大中城市、工矿区蔬菜生产和供应采取"发展生产、保证供应，稳定价格"和"以当地生产为主，外来调剂为辅"的方针。

1956 年 9 月，中国发展国民经济的第二个五年计划和《1956—1967 年全国农业发展纲要》再一次提出：城市附近和工矿区附近，应该把增产蔬菜等各种副食品供应城市和工矿区的需要作为首要任务。

1957 年，国务院召开 13 个省、直辖市蔬菜会议，出台了发展蔬菜生产的相关政策，如对菜农供应粮油煤等生活资料和化肥、农机具、种子等生产资料，以及提供贷款等政策；在蔬菜经营上实行国家财政补贴，基本保证菜价稳定。

（二）1958—1980 年前后统购包销时期　1958 年 12 月，国家在进一步加强蔬菜生产和供应工作的指示中明确规定了"就地生产，就地供应，划片包干，保证自给，必要时支援外地"的方针。同时，党和政府加强了对产、供、销的领导，实行了"计划种植，计划上市"的原则和"统一收购"的制度。各大中城市先后形成了统购包销的蔬菜产销体制。它的主要特点是：生产上国家对郊区社队实行指令性的计划，社队依据下达的计划安排种植面积、作物茬口和上市日期；经营上由国营商业统一购销；价格上执行物价部门事先制定的固定价。这在当时的社会经济条件下，对于促进蔬菜生产发展

和保障供应发挥了良好的作用。这一时期北京市蔬菜播种面积由 1956 年的 1.5 万 hm² 迅速增加到 1958 年的 2.8 万 hm²，居民人均每天消费量由 300g 上升到 600g。

1960 年前后，中国国民经济处于困难时期，菜田面积虽一度有所扩大，但因为广种薄收，蔬菜供应仍很紧张。

1978 年以后，中国共产党第十一届三中全会决定在全国实行经济体制改革，很快，在广大农村实行联产承包责任制。在新形势下，农业部于 1979 年 7 月在北京召开 3 省和 12 个大城市蔬菜生产工作座谈会，同时和商业部一起对北京郊区蔬菜产销工作进行调查研究。在此基础上农业部、商业部在 1981 年向国务院提呈了《关于加强大中城市和工矿区蔬菜生产及经营工作的报告》。报告以北京、上海、武汉三市为例，反映了当时蔬菜供应"数量少、质量差、价格高的问题比较严重"，其主要原因是"在经济政策和经营上存在的一些实际问题长期得不到解决"。例如："实行的包销办法，好处是有利于统筹安排和稳定价格，问题是包得过死不利于调动菜农和商业经营的主动性、积极性。"报告还具体分析了生产资料价高质次，经营环节多，种菜收入降低，群众买菜难等问题。报告明确要求"各地要结合当前情况，对蔬菜的购销形式、淡旺调剂、价格政策、网点增设、贮存设施、经营环节等，有计划地、稳步地进行改革"。国务院向全国批转了这个报告，标志中国蔬菜产销体制改革已拉开序幕。

（三）1984—1991 年放管结合时期 20 世纪 80 年代初，北京、天津、太原、西安、成都、杭州、郑州等许多城市针对当时蔬菜产供销存在的问题，进行了农民自产自销、农商联营、大管小活等形式的改革试点。1984 年武汉市政府作出决定，自 7 月 10 日开始，放开蔬菜市场和蔬菜价格，打破了延续 30 多年的统购包销体制。接着在广州、西安、郑州、石家庄、成都等许多城市相继取消了统购包销的蔬菜产销体制，开放了蔬菜市场和价格。

这一时期蔬菜产销体制改革的基本内容：一是在计划管理上由单一的指令性计划改为指令性与指导性相结合的计划体制，商品菜产区的菜地必须种菜，这是指令性的。但种什么品种、茬口怎样安排，实行指导性计划，供生产者参考，没有强制性；二是在经营上由过去国营商业单一渠道购销，改为国营、集体、个体一起上的多渠道流通；三是在价格上由过去主管部门制定的计划价格，改为买卖双方议价成交，必要时，由地方政府制定临时性指导价以控制菜价不致过高。全国大中城市实行的这种改革，形成了一种放管结合的蔬菜产销格局。如南京市是"大管小活"，市管品种占上市品种的 80%，主要品种实行合同定购和计划价格，其余 20% 议价议销。上海市是"两头统，中间包"，即实行产前和产后统一规划和服务，田间管理承包到户。

为了加强对蔬菜体制改革的领导，国务院责成农业部、商业部从 1985 年开始至 1994 年共举办了 8 次 10 大城市蔬菜产销体制改革经验交流会议。每次会议，认真总结各地的改革经验，并针对改革中的问题，进行讨论、提出解决办法，把改革引向深入。随着改革的不断深化，进一步提高了生产者、经营者的积极性：①根据市场需求调整了品种结构，增加了细菜和淡季供应种类；②多渠道经营打破了过去国营商店独家经营的局面，集体、个人参与流通，搞活了市场，方便了市民；③拉开了品种差价和质量差价，缓和了淡旺季蔬菜供应不均的矛盾；④蔬菜经营部门的工作得到改善。武汉市 1989 年蔬菜产量达到 64 万 t，市场蔬菜总供应量 62 万 t，分别比改革前的 1984 年增长 66% 和 60%，平均年增长 10%，常年上市蔬菜近 200 种，基本做到了淡季不断，旺季不烂，菜价稳定。1989 年蔬菜社会综合零售价格指数比上年同期仅上升 6.4%。

但是，改革进行到"放管结合"的阶段，蔬菜产销中一些问题虽得以缓解，但还有不少问题，尤其是一些深层次上的问题并未得到解决，例如：政府的财政补贴越来越多。1985 年北京市补贴 8 300 多万元，1988 年 9 400 万元，1989 年上升到 1.15 亿元。上海市 1988 年补贴 6 100 万元，1989 年为 6 900 万元，其他大中城市也有同样的趋势；蔬菜生产基础设施差，单产低，主要依靠扩大面积来满足社会消费需求；蔬菜产、供、销一体化和菜农组织化程度低；蔬菜批发交易市场的建设落后于蔬菜生产的发展和产品流通的需求等。这些问题客观上要求进一步深化改革。

（四）1992—2001 年蔬菜市场全面放开时期　　1992 年中国共产党第十四次全国代表大会明确提出，中国经济体制改革的目的是建立社会主义市场经济体制。这一决定，为彻底解决蔬菜产销中的问题指明了道路。此后，各地结合实施经国务院同意，由国家计委批复、农业部组织的全国"菜篮子工程"，制定了一系列政策和扶持措施，创造了丰富的经验。①放开价格、放开经营，积极建立市场机制。各大中城市的蔬菜生产、经营基本放开，多种经营并存，价格随行就市，实行市场调节。这不仅减少了流通环节，降低了成本，节约了财政补贴，而且调动了生产者的积极性。在市场机制的调节下，蔬菜供应量不断上升，质量不断提高；蔬菜产销一体化经营实体也有了一定发展，经济实体内部的市场、加工、销售利益得到了协调，基本实现了生产、销售的均衡发展。②加强大中城市商品蔬菜生产基地建设，为市场提供了稳定、优质的商品菜，满足了不同层次的消费需求。蔬菜生产基地实行规模生产，与流通衔接，为批发市场提供稳定、充足的货源。③把加强市场体系建设放在流通改革的重要位置，在商品蔬菜生产基地、主要产区建立批发市场，在城镇附近建立集贸市场，形成城市蔬菜供应网络。④领导重视，部门配合，各级政府制定并实施了一系列扶持政策。如北京市对郊区蔬菜生产设立菜田耕地保证金，补助蔬菜基地的开发与建设；设立蔬菜生产风险金，对自然灾害及滞销给菜农带来的损失给予补贴。此外，还设立了蔬菜生产服务补助金、生产资料补助金等。⑤建立市场销售信息网络。为了及时了解全国大中城市市场蔬菜销售情况以及价格，以便确定调运目标市场，避免盲目调运，造成经济损失，各大蔬菜生产基地的批发市场往各大城市派出驻场信息员，了解当地蔬菜余缺情况，及时反馈到生产基地，供调拨菜时参考。随着计算机网络的发展，中央及各地农商部门建立了蔬菜营销网络，定时发布地方蔬菜销售情况及价格，各地的批发市场相互联网，为蔬菜生产和销售的安排提供参考信息。⑥科技投入为实施"菜篮子工程"提供了有力的支撑。选育出一大批抗病、高产、优质的新品种在生产中起到了明显的抗灾夺丰收的作用；研究推广了保护地高产栽培技术，对缓解南方"夏淡季"和北方"冬春淡季"缺菜起到了重要作用；扩大引种名、特、优蔬菜，增加市场有效供应；研究推广了主要蔬菜病虫害综合防治技术，保证了蔬菜的丰产、稳产；蔬菜贮藏保鲜、加工技术的进步，有效地减少了鲜菜的损耗，通过加工增值增效。

随着社会主义市场经济的逐步确立和"菜篮子工程"深入实施，中国的蔬菜市场呈现出持续供销两旺的局面，总体上达到了数量充足、供应均衡、品种多样、质量改善、价格稳定，基本上满足了城乡居民生活从温饱向小康迈进的初始阶段的需要。蔬菜种植业成为农村产业结构调整、农民增收的有效途径之一。1999 年，全国蔬菜播种面积约 1 300 万 hm²，总产量 4.05 亿 t，人均年占有量311.2kg。蔬菜总产量在世界上占第 1 位，年人均占有量超过了世界人均占有量105kg 的水平。蔬菜生产用地只占全国耕地面积的 8%，获得了 2 800 亿元的总产值，在种植业中居第 2 位。1952—2002年中国蔬菜播种面积、产量及人均占有量见表 1-1。

到 20 世纪 90 年代中后期，中国蔬菜产销形势出现了新特点：由卖方市场变为买方市场，价格平稳，供需基本平衡，甚至出现了地区性、季节性过剩；社会需求进一步提高，迫切要求蔬菜商品由数量型向质量型转变，调整产品结构，增加优质蔬菜和细菜的生产和供应；农户经营规模偏小，农民不能及时得到市场信息，在产品的销售上不能掌握主动权，在一定程度上影响了菜农收入的提高；化学农药残留超标问题时有发生，产品质量尤其是安全卫生质量有待提高；产业化程度低，尤其是产后环节薄弱；蔬菜出口量虽逐年增加，但出口贸易还没有形成体系，缺乏有效的运行保障机制，盲目性较大，有时造成出口秩序混乱，效益下降。这些深层次上的问题的出现，是蔬菜产业发展到一定阶段后的必然反映。

针对蔬菜乃至整个副食品产销的新情况、新问题，1995 年农业部提出在认真总结经验的基础上，建设好新一轮"菜篮子工程"：规划建设一批全国性"菜篮子"基地；紧紧依靠科技进步，全面提高产品质量；大力发展农民合作购销组织和贸易、工业、农业，生产、加工、销售一体化，以逐步实现农业产业化；大力发展以批发市场为中心的农副产品销售体系，积极推动流通方式的创新。2001 年，

农业部指出，中国蔬菜生产要通过产业化经营和培植龙头企业带动农户的小规模生产，使千家万户的生产与千变万化的市场连接；高度重视优质蔬菜产品、尤其是无公害蔬菜的生产和供应，推行标准化生产和从生产到餐桌的全面质量控制；进一步优化蔬菜种植布局，形成资源和要素配置更加合理的生产能力及稳定的商品量；建立统一完整、覆盖面广的农业信息系统，衔接、沟通蔬菜生产、加工、销售各个环节，以应对 21 世纪中国面临的各种挑战。

二、商品蔬菜生产基地建设

建设足够面积的稳产高产的商品蔬菜生产基地是保证蔬菜供应的首要基本条件。20 世纪 50 年代中期，国家制定了"大城市郊区农业生产，应以生产蔬菜为中心"和"就地生产、就地供应"的方针。1957 年，农业部和城市服务部向各省（自治区、直辖市）农业厅（局）、服务厅（局）发出《关于在城市、工矿区建立副食品生产基地的联合通知》，要求各农业和服务部门按照当地的土壤、气候、栽培技术、水源条件、消费水平来确定菜田面积，并采取相应的措施，积极促进商品菜基地建设。如长江以南人均按 $15\sim20m^2$、长江以北的中部地区按人均 $25\sim35m^2$、东北及其他高纬度地区人均 $40\sim60m^2$ 的标准建立常年菜地。50 年代末至 60 年代初，各大中城市把化肥、农药、植保及排灌机械、架材等生产资料列入地方计划，积极组织供应，并向菜农提供粮、油、煤等生活资料，使商品菜基地不断巩固和发展。

70 年代之后，商品菜基地建设标准逐步提高，一般都能做到土地平整、能灌能排、运输方便、肥源充足。为了制止菜田被非法占用，许多大中城市和部分省、自治区、直辖市人民政府相继采取了保护蔬菜生产基地的有效措施。1982 年浙江省第五届人民代表大会常委会第十三次会议通过了《浙江省关于保护蔬菜基地暂行规定》，明确规定城市和工矿区、县城的成片蔬菜基地，均应划为保护区，设立标志列入城市总体建设规划。一些城市在加强近郊区菜地（一线基地）建设和保护的同时，有计划地开拓远郊菜田，建设二、三线蔬菜基地，逐步形成了近郊、远郊及外地相结合的菜田布局。北京市于 70 年代就在延庆、密云等远郊开辟番茄、大白菜生产基地；1981 年开始，在河北省的万全、三河、怀来、玉田等县开辟了季节性蔬菜基地，每年 8、9 月为北京淡季蔬菜市场提供 5 000 多万 kg 的商品菜。上海市从 1980 年开始，对 1.3 万 hm^2 常年菜地和 1 万 hm^2 保淡季节性菜地进行了有计划、分步骤的改造和建设，10 年间，总计投资 4 亿多元。

十一届三中全会以后，中国社会经济在改革开放中得到全面迅速发展，原来的商品蔬菜生产布局已不能适应社会的需求。主要原因是城市发展建设大量征占近郊老菜田、城市人口大量增加，对商品菜的数量和质量要求越来越高，给当地蔬菜生产带来很大的压力；80 年代中期开始的蔬菜产销体制改革，放开了市场和价格，促进了蔬菜生产布局发生变化，城市远郊区和农区商品菜生产迅速发展。1984—1993 年，全国蔬菜播种面积由 448.7 万 hm^2 扩大到 813.3 万 hm^2，增长 91.5%，所增加的 388.7 万 hm^2 菜田主要在广大农区。

1990 年，国务院在召开的全国大中城市副食品工作会议上，把过去大中城市"就地生产、就地供应"的方针调整为"近郊为主，远郊为辅，外埠调剂，保证供应"。国务院在 1994 年印发的《关于加强"菜篮子"和粮棉油工作的通知》中，又修改为"郊区为主，农区为辅，外埠调剂"。修改后的方针，全面反映了新形成的商品菜生产布局体系对蔬菜供应的影响。同年，经国务院同意，农业部又向各省、自治区、直辖市和大中城市人民政府印发了《关于切实稳定大中城市郊区蔬菜基地的意见》，强调指出："因受经济、技术、交通、运输和稳定粮食面积等条件的制约，在目前乃至今后相当长的时间内，农区的商品菜生产不可能取代城市郊区的蔬菜生产"。为此，文件要求"大中城市的蔬菜规划，一律纳入城市的总体规划，要建立城市基本菜田保护区，并立法加以保护。"

农区的商品蔬菜生产基地，即通常所说的三线蔬菜基地，遍布全国各地农村，其中比较集中的有以下五大片：①南方北运冬菜基地。主要分布在广东、广西、云南、四川、福建和海南。地处中亚热带以南，当地农民利用冬闲地种植蔬菜，于1～4月上旬向北方大中城市运销洋葱、花椰菜、甘蓝、甜（辣）椒、芹菜、番茄、蒜薹、茄子、菜豆等。90年代中期，北运冬菜生产面积13.3万hm²，每年北运20多亿kg鲜菜，为丰富北方大中城市元旦、春节的蔬菜市场以及改善整个冬春季蔬菜供应，起到了重要作用。②黄淮早春菜生产基地。包括江苏、安徽、山东、河南省的部分地区，是国内最大的一片商品菜基地。这片基地种菜历史悠久，气候条件好，土壤肥沃，地理位置优越，交通发达，是发展保护地蔬菜生产的理想地区，每年正当北方露地蔬菜尚未上市，黄淮地区的番茄、黄瓜、菜豆、白菜、韭菜、芹菜、蒜薹等开始收获，刚好满足北方春淡季期间的蔬菜供应。90年代中期每年约有16.7万hm²菜田，提供80亿～100亿kg鲜菜。③冀鲁豫秋菜基地。是历史上形成的大白菜、大葱等冬贮秋菜生产基地。90年代中期三省大白菜生产面积约24.0万hm²，总产约150亿kg，每年向外运销10多亿kg。④西菜东运基地。主要分布在甘肃省的河西走廊、天水和宁夏回族自治区的河套一带。这一地区夏秋季气候凉爽，昼夜温差大，日照充足，适于生产夏秋蔬菜。90年代中期每年8～10月，向全国供应洋葱、马铃薯、大蒜、韭菜、甘蓝、番茄、甜椒及西瓜等2亿～3亿kg，对缓解东部地区一些城市夏秋淡季蔬菜供应起到了一定作用。⑤张家口经济区夏秋菜基地。90年代每年夏秋淡季向北京、天津等大城市供应约2亿kg鲜菜。

除了以上近郊、远郊和农区3个层面上的商品菜基地外，还有一些中国名、特、优蔬菜产区及特殊气候条件下的蔬菜产区，如山东苍山、江苏太仓、上海嘉定、新疆昌吉的大蒜基地；山东章丘大葱基地；甘肃兰州和江苏宜兴的百合基地；湖南邵东、山西大同的黄花菜基地；山东莱芜生姜基地；四川涪陵榨菜基地；陕西耀县辣椒基地；江苏、浙江、湖南、湖北、四川等水生蔬菜基地以及蕨菜、发菜、薤头、香椿等多种特产蔬菜基地。1983年，浙江省首先在海拔400～800m、坡度在25°以下的山地发展蔬菜生产，利用其冷凉的气候条件在夏秋季节生产蔬菜，供应当地市场，起到了良好的补淡作用。到90年代末，中国蔬菜生产逐步形成了城市近郊与远郊结合、城市郊区与农区结合的一、二、三线蔬菜产区、名、特、优蔬菜产区、高山蔬菜产区、加工蔬菜原料产区、出口蔬菜产区等交混在一起的多层次、多流向的网状布局。

台湾省蔬菜主产区集中在其中南部地区，如云林县、彰化县、台南县、屏东县、嘉义县、高雄县、南投县。1989年7个县蔬菜总产量占全省总产量的76%，产值占总产值的76.6%。

三、商品蔬菜流通

商品蔬菜的流通，是将蔬菜产品销售到消费者手中的过程和必经环节，其流通方式和渠道，与蔬菜产销体制密切相关。

在新中国建立初期的蔬菜自由购销时期，其产品由个体菜农或农业生产合作社在交易市场把蔬菜卖给商贩或消费者。这种流通方式是一种短距离、封闭式、单向的自由交易，价格由买卖双方议定，随行就市。

到蔬菜统购包销时期，蔬菜产品由国营商业统一包销。国营蔬菜公司将收购来的蔬菜产品通过各个蔬菜市场和蔬菜商店按照物价部门事先制定的价格卖给消费者。和上一时期相比，在流通渠道上有了很大的不同。

进入20世纪80年代中期，蔬菜产销体制的改革打破了国营商业独家经营的局面，出现了国营、集体、个人多渠道的流通方式，搞活了市场，方便了市民。

90年代以后，中国蔬菜市场全面开放，积极建立市场机制，价格放开，多渠道经营并存。这时期蔬菜生产和消费急速发展，必须建立和完善与之相适应的市场流通体系，发展以批发交易市场为中心，批发市场、农贸市场与零售商业相结合的市场网络。这种经营灵活的流通机制，有利于货畅其

流，供应均衡，稳定市场，稳定价格。这一时期，国家在政策上鼓励多渠道筹资、多方兴建批发市场，实行"谁兴办，谁管理，谁经营，谁受益"的原则，调动了各方面的积极性。1994 年底，中国有蔬菜批发市场 1 099 个，其中城市市场 435 个，农村市场 664 个。

尽管蔬菜批发市场建设有了很大发展，但基础较差，远满足不了蔬菜商品流通的需要。进入 90 年代中期，随着生产的进一步发展和改革的深入，蔬菜流通已成为蔬菜产销过程中的突出问题，具体表现在流通效率不高、市场管理不严、宏观管理不力、经营规模过小、流通费用过高等方面或盲目建场、有场无市。国家在实施新一轮"菜篮子"工程的文件中指出，必须做到生产与流通并重，进一步加大流通体制改革与发展的力度，加快农副产品市场体系建设。市场体系建设要以批发市场建设为中心，搞好统一规划，积极推动流通方式的创新，如连锁经营、配送中心、直销市场、拍卖市场、早晚市市场等，逐步改变市场设施、流通方式、市场管理落后的局面。

四、蔬菜消费

中国人对蔬菜的消费历来以鲜菜为主，辅之以腌渍菜、干菜、蔬菜罐头等加工制品，不仅要有一定数量，而且要求种类多样、市场供应均衡，同时人们对蔬菜商品的选择，既要求新鲜，食用卫生安全，又要符合不同的消费习惯，即在数量问题基本解决之后，对质量便提出了更高的要求。

新中国建立初期，蔬菜生产水平较低，这期间，大、中城市每人日均消费仅 150～200g。1958—1960 年国家经济困难时期，粮食供应紧张，蔬菜的人均日消费量增加到约 600g，在"以瓜、菜代粮"方面，发挥了一定作用。此后，随着中国经济的迅速发展，农村产业结构的调整，再加上蔬菜产销体制改革后生产面积迅速扩增，全国人均蔬菜占有量得到明显提高，而且大中城市蔬菜市场常年上市的蔬菜种类和品种成倍增加。

进入 20 世纪 80 年代末至 90 年代初，中国消费者对蔬菜的需求逐步由数量型向质量型转变。蔬菜产品的质量主要包括以下几个方面：

（一）商品品质 指商品的外观品质，通过人们的感官来评定。主要指：同一品种的成熟度、整齐度、新鲜度、形状、颜色、有无腐烂、畸形、异味、冷害、冻害、病虫机械伤等。中国不同地区的消费者对蔬菜商品有不同的消费习惯。如北方的消费者大多喜食粉红色的番茄，而南方的消费者往往喜食红色番茄；北京、天津地区一般喜食深紫色圆茄，而江苏、浙江、黑龙江省的消费者则喜食紫色或绿色长茄。另外，对萝卜、结球白菜、黄瓜等的颜色、形状、大小、刺瘤的多少等方面，各地也有不同要求。

（二）营养品质 蔬菜的营养成分（维生素、氨基酸、纤维素、各种矿物质等）含量，主要决定于蔬菜品种本身的遗传特性，但同一品种在不同的条件下种植，其营养成分含量会产生一定的差异。目前，人们一般还不能在同一种蔬菜商品中，根据其营养成分的高低来选择购买不同的品种，但已经注意选择那些营养丰富、保健价值高的蔬菜种类来食用。

（三）口感、风味品质 是人们的味觉和嗅觉器官作用于食物后的综合反应，包括风味、脆度、糖酸比、芳香味和辛辣味等。新鲜蔬菜的口感和风味品质一般难以用具体的指标来衡量，主要靠人为的感官品尝来评定。消费者对蔬菜商品的口感、风味品质也有各自的爱好和选择。

（四）安全、卫生品质 影响蔬菜产品食用的安全性，一是某些蔬菜自身产生的一些毒素，如马铃薯的芽眼及周围的薯肉含有龙葵素、新鲜的黄花菜含有秋水仙碱、菜豆含有血球凝聚素等，如食用方法不当，会造成中毒。二是蔬菜在生产、运输、加工过程中被化学农药、化学肥料、激素、除草剂以及某些工业和生活废弃物超标污染，食用后对人体有害。影响蔬菜商品安全、卫生品质的主要是后者。20 世纪 80 年代，一些地方的蔬菜产品被化学农药超标污染引起的中毒事件时有发生，引起农业部及有关部门的重视，提出要大力提倡生产"无公害"蔬菜。1990 年由农业部发起推进绿色食品计划，组建了管理机构"中国绿色食品发展中心"，建立绿色食品生产基地，负责蔬菜生产环境质量检测评价和产品质量认证。20 世纪末至 21 世纪初，中国副食品，包括蔬菜的食用安全问题已成为社会关注的焦点，引起中央和各级地方政府高度重视。2002 年 5 月，农业部和国家质量监督检验总局联合发布"无公害农产品管理办法"，同年 7 月，国务院召开"全国菜篮子工作会议"，并发出了《关于加强新阶段"菜篮子"工作的通知》，提出力争用 5 年左右的时间，基本实现农产品无公害生产，保障消费安全。对农副产品生产实行"生产监管、市场准入、质量跟踪、技术推广、产品认证"，加强标准化管理和市场信息管理，建立既符合中国国情又与国际接轨的农产品质量管理制度。农业部决定以北京、天津、上海和深圳市为试点，实施"无公害食品行动计划"。

（祝　旅）

（本章主编：李树德）

◇ 主要参考文献

[1] 全国农牧渔业丰收计划办公室等．无公害蔬菜生产技术．北京：中国农业出版社，2002

[2] 周普国，迈向 21 世纪的蔬菜发展构想．中国蔬菜，2001（1）：2～4

[3] 刘玉萍，张明娜．入世后我国蔬菜产业面临的形势及对策．中国蔬菜，2002．（1）：1～3

[4] 中华人民共和国农业部．中国农业统计资料．北京：中国农业出版社，2002

[5] 王放，王显伦．食品营养保健原理及技术．北京：中国轻工业出版社，1997

[6] A. H. 恩斯明格等著．王淮洲等译．食物与营养百科全书．北京：农业出版社，1989

[7] 王芸，李星．蔬菜营养菜谱与食疗方法．北京：中国轻工业出版社，1999

[8] 山东农业大学．蔬菜栽培学总论．北京：中国农业出版社，2000

[9] 杜永臣．美国加工番茄的生产．中国蔬菜，2001（5）：55～56

[10] 梁家勉等．中国农业科学技术史稿．北京：农业出版社，1989

[11] 张芳，王思明．中国农业科技史．北京：中国农业科技出版社，2001

[12] 叶静渊．蔬菜栽培史．见：中国农业百科全书·农业历史卷．北京：中国农业出版社，1995

[13] 陈俊生等．建设商品蔬菜基地．见：保证蔬菜均衡供应——建设高产优质高效农业．北京：中国农业科技出版社，1994

[14] 山东农业大学．蔬菜栽培学（北方本）．第三版．北京：中国农业出版社，1999

[15] 张福墁等．设施园艺学．北京：中国农业大学出版社，2001

[16] 中华人民共和国农业部．中国菜篮子工程．北京：中国农业出版社，1995

[17] 王德槟，张德纯．芽苗菜及栽培技术．北京：中国农业出版社，1998

[18] 朱荣．当代中国的农作物业．北京：中国社会出版社，1988

[19] 丁保华，封槐松，高俭德．在计划经济与市场调节相结合的原则下继续深化蔬菜体制改革．见：中国科学技术协会学会工作部编．菜篮子工程发展途径．北京：中国科学技术出版社，1991

[20] 陈俊生．生产流通全面抓　促进"菜篮子工程"再上新台阶．见：中华人民共和国农业部编．中国菜篮子工程．北京：中国农业出版社，1995

[21] 丁保华．不断优化蔬菜生产布局　为"菜篮子工程"服务．见：中华人民共和国农业部编．中国菜篮子工程．北京：中国农业出版社，1995

[22] 吴明哲，连忠勇．蔬菜产业之发展．见：蔬菜生产与发展研讨会专刊．台湾省农业试验所．台中县：1993

[23] 郑义雄．蔬菜生产专业区执行概况及未来发展方向．见：台湾蔬菜产业演进四十年专集．台湾省农业实验所．台中县：1993

[24] 李占江．蔬菜产销的特点、矛盾和对策．见：论蔬菜商品流通．北京：北京日报出版社，1987

[25] 郑华，单佑习，陆长旬．香料蔬菜及其发展趋势．中国蔬菜，2003（5）：39～41

[26] 白鹤文等．中国农业近代科技史稿．北京：中国农业科技出版社，1996

第二章

中国蔬菜作物的来源、种类及演化

中国是世界古文化中心之一，也是古老的农业中心。在新石器时期的遗址西安半坡原始村落中，发现有菜籽（芸薹类），距今已六七千年。栽培蔬菜起源于采集野生植物和相继的栽培驯化。《诗经·谷风》（前11世纪—前477）中载有采葑（蔓菁、菘菜）、采菲（萝卜）的采集活动；《齐风东方未明》中有"折柳樊圃"，即折柳枝围菜园准备栽培的活动。在河南省安阳商朝（前1562—前1066）都城遗址发掘出来的甲骨文中有"囿"、"圃"字样，说明3 000年前中国已有园艺式集约栽培的菜园了。

中国地域辽阔，地形差异极大，气候变化甚为复杂，因而形成了各种不同的地理环境与生态条件。植物的水平分布，跨寒温带、中温带、暖温带、亚热带和赤道带；垂直分布，自海拔－155m的吐鲁番盆地至高达8 844.4m的喜马拉雅山。地形有江河、平原、高山、溪谷、湖泽、盆地、砂丘、岛屿、碱地、瀚海及戈壁等。气候类型则大陆性气候与海洋性气候兼具，年降水量少者终年无雨，多者达3 000mm以上。另外，从地质史上看，北极的冰河曾数度南下，使许多植物遭冰河之害而致灭绝，然而第四纪的冰河在中国中南部的分布是局部的山地冰河，而非横亘全境的整地巨冰，所以冰下植物遭其摧残，而无冰之处的植物则得以继续生存。同时，由于中国内部没有巨大沙漠或海湾等植物传播的障碍，又与欧洲、西伯利亚、印度等地陆陆相连，为植物的传播汇集创造了优越的地理条件。因此，中国的植物种类极多，为世界温带中的最繁富者，其中有许多是古型珍异植物或特产植物。瓦维洛夫（Н. И. Вавилов）在《关于达尔文之后栽培植物起源的学说》（1939—1940）一文中，论述栽培植物有七大中心，中国占有其中两个中心，中国南部的热带包括在南亚热带中心内，中部、东部的温带、亚热带包括在东亚中心内。后来瓦氏（1951）在《栽培植物的起源、变异、免疫和育种》一文中，将中国从南亚和东亚中心分出，单列出一个中国中心。最后确定将世界的栽培植物起源中心划分为8个（图2-1），而为世界许多学者所公认。在瓦氏分区的基础上，达宁顿（Darlington）等（1945、1955、1966）又将世界的栽培植物起源中心划分为12个，中国仍保留为一个独立中心。达氏并没有增辟任何中心，只是把瓦氏的亚区独立出来成为一区。如把中美区北部划出来成为北美中心。瓦氏指出，中国中部和西部山区及相邻的低地乃是栽培植物和世界农业最早和最大的起源中心，原产的蔬菜植物有大豆及其他豆类、竹、十字花科的一些蔬菜、葱、莴苣、茄子、某些葫芦科蔬菜等。所以，中国也应是世界最早的一个驯化蔬菜植物的中心。除驯化本国原产的蔬菜外，又相继驯化从其他起源中心引进的蔬菜植物。

汉初张骞（公元前2世纪）开辟"丝绸之路"，沟通了中国与西北各国的交往，以及随后自东南向外开拓与日本、南洋群岛、欧洲、美洲的海运交往，中国从陆、海两路引入了其他起源中心的蔬菜。这些蔬菜在中国多态的自然条件影响和精耕细作的园艺技术培育下，发生了各种变异，形成了许多新的亚种、变种、类型和品种，使中国又成为许多蔬菜的次生起源中心。因此，中国栽培的蔬菜在

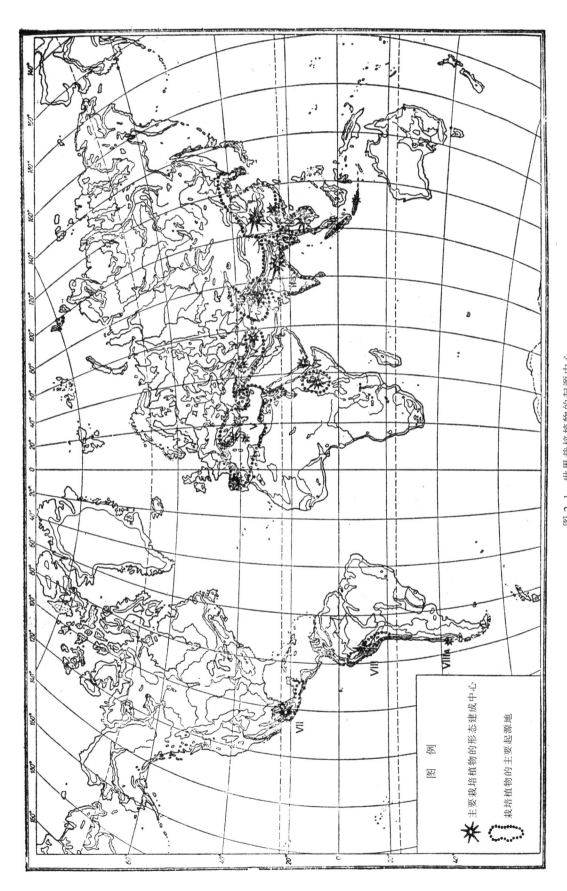

图 2-1　世界栽培植物的起源中心
（引自：《主要栽培植物的世界起源中心》，1982）

图　例

主要栽培植物的形态建成中心
栽培植物的主要起源地

植物界中包括的范围之广和种类之多，与世界各国相比，毋庸讳言独占鳌头，为丰富世界蔬菜种质资源作出了巨大贡献。英国著名植物学家勃尔基（I. H. Burkill，1953）对此作了一个恰当的评价，他指出："中国做了许多的起源工作，这是由于一个特殊的人种与一个特殊的气候斗争的结果"。

第一节　中国蔬菜作物的来源

中国蔬菜栽培的历史可以追溯到有文字记载以前，传说周民族的祖先已经种植大豆、粟、麻、麦、瓜果等作物，正是新石器时期的早期母系氏族社会的神农时代。西安半坡村六千年前仰韶文化遗址的发掘，其出土的文物清楚地说明这一传说的某种真实性。至于文字记载，则散见于夏、商、西周以来浩瀚的典籍之中。通过这些典籍可以追溯中国蔬菜栽培驯化的源流，探寻其演变轨迹。

西周、东周初年至春秋时期黄河中、下游的诗歌总集《诗经》、秦汉期间的志书《尔雅》（公元前2世纪）、《吕氏春秋》（公元前3世纪）等所录的蔬菜，都属中国固有，且主要在华北地区栽培。蔬菜名称多半以一个字代表，如"菁"（芜菁）、"尗"（大豆）、"葵"（萝卜）、"芰"（菱角）、"杶"（香椿）等。但早期的记载往往一个字代表几种蔬菜，如芜菁、芸薹、萝卜一般笼统地称为"葑"或"菲"。

西汉·司马迁《史记》（公元前1世纪前期）、东汉·班固撰《汉书》（公元1世纪后期）、西汉·氾胜之撰《氾胜之书》（公元前1世纪后期）、东汉·崔寔撰《四民月令》（2世纪）、西晋·嵇含撰《南方草木状》（304）、南北朝后魏·贾思勰《齐民要术》（6世纪30年代或稍后）、唐·苏恭等撰《唐本草》（7世纪50年代）、元·王祯《王祯农书》（1313）、明·李时珍《本草纲目》（1578）、明·徐光启撰《农政全书》（1628）、明·王象晋《群芳谱》（1621）、清·鄂尔泰、张廷玉等修《授时通考》（1742）、清·吴其濬《植物名实图考》（19世纪中期）等所著录的蔬菜，既包括先秦时期中国固有的蔬菜，又包括先秦以后从陆路和海路引入的蔬菜，还包括这些蔬菜的变种、品种。自汉唐到元末引入的蔬菜主要通过"丝绸之路"引进，蔬菜名称大都冠以"胡"字。明清以后的蔬菜除从陆路引入外，还经海路引进，蔬菜名称大都冠以"番"字或"洋"字。

综上所述，中国蔬菜的来源，最早为本土野生植物的采集、栽培和驯化，继而从陆路和海路引入其他起源中心的蔬菜，并加以改良。

一、中国固有的蔬菜

周（前11世纪—前771）、秦（前221—前206）以至汉（前206—公元220）初的古文献中，所载蔬菜的种类，主要是中国文化摇篮——黄河中、下游地区的蔬菜，范围包括现在的陕西、河南、湖北、山东、河北等省。当时中国与外界隔绝，所以这时期利用的蔬菜，无疑绝大多数都原产中国。在这一地区栽培和采食的主要蔬菜有芜菁、萝卜、芥菜、紫苏、冬寒菜、大豆、大葱、韭菜、薤、甜瓜、姜、百合、萱草、莲藕、菱、水芹、蒲菜、茭白、竹笋、蒿、藜、堇、荇、藻、薇、苹、蓼、蕨、荼、卷耳、泽蒜、瓠（葫芦）、芋、香椿等。

西晋嵇含所著《南方草木状》（304）是中国最早的植物学典籍，共举华南植物79种，包括草、木、果、竹。稍后又有一些记载南方蔬菜的文献。这些文献所载的蔬菜，虽然见文献较晚，但必然自古以来即已在当地栽培。蔬菜种类计有刀豆、越瓜、冬寒菜、白菜、荠菜、芥菜、苋菜、蕹菜、茼蒿、紫苏、甘露子、芋、山药、姜、蘘荷、百合、金针菜（黄花菜）、丝葱、韭菜、薤、莼菜、茭、菱、莲藕、慈姑、荸荠、水芹、茭白、竹笋、食用菌等，这些蔬菜绝大多数也是中国起源的植物。

甜瓜、芜菁、萝卜、芥菜、葫芦等几种蔬菜在春秋战国时期的古文献中已有记载。如《诗经·幽风·七月》有："七月食瓜（甜瓜），八月继壶（葫芦）"，当然这里的瓜也可能是嫩食的葫芦。《周官

•天官•醢人》（公元前 3 世纪）记有："朝豆之事，其实菁菹"；《吕氏春秋•本味篇》说："菜之美者，具区之菁"，"菁"就是芜菁，"菹"为其腌制品。关于萝卜《尔雅》记有："葖，芦萉，紫花大根"。芥菜在《左传》（前 375—前 340）有记载。可见，这些蔬菜在中国黄河流域古已有之。

但上述蔬菜在国外文献中一般都记载起源于其他地方，如甜瓜起源中心为埃塞俄比亚，芜菁和萝卜起源中心为地中海沿岸，葫芦是从非洲传到亚洲。海明威（J. S. Hemingway，1976）认为芥菜系染色体 x＝8 的黑芥和染色体 x＝10 的芸薹、芜菁等在中亚——喜马拉雅山脉地区杂交而形成的异源四倍体 [2n＝2（8＋10）＝36]，据此则中国为芥菜的第二起源中心。

茭白在古时为野茭，古人称菰，三国魏•张揖撰《广雅》（公元 3 世纪前期）说："菰蒋也，其米谓之雕胡。"也叫菰米，在唐朝以前视为珍品，非寻常平民百姓得以食用。因为，茭穗种子成熟期不一，又易脱粒，产量极低。东晋•葛洪撰《西京杂记》有一段话："菰之有米者长安人谓之雕胡……菰之有首者谓之绿节"。绿节为茭受黑粉菌（*Ustilago esculenta* P. Henn）侵染后花茎发生肥大的结果，是对病菌具有一定抗性的特征。在宋代以前的茭白，不少都是"内有黑灰如墨者"的"灰茭"，当时称为乌郁。到宋代，人们认识到乌郁的产生和"岁久不易地"有关。采用分根繁殖的方法，改善茭草的水肥条件，可避免厚垣孢子过早形成。这是中国古代在利用微生物改善蔬菜品质上的一项重要成就。

现代中国农业科学技术史研究成果表明，葵（冬寒菜）、韭、瓜（可能是一种果菜兼用的瓜）、瓠、白菜等是中国最古老的蔬菜，大约出现在西周时的园圃中；春秋战国时期姜、葱、蒜亦已栽培，当时称为荤菜，至今发展成为一类重要的调味蔬菜；先秦时代能确定的人工栽培的水生蔬菜有蒲和芹（水芹），东汉初年在鱼池中种植莲、芡，南北朝后魏•贾思勰《齐民要术》（6 世纪 30 年代或稍后）首次记载了水生蔬菜如蓴（莼菜）、藕、芡、芰（菱）的栽培方法，至今水生蔬菜仍是中国的特产蔬菜；宋代，白菜、萝卜逐渐受到重视，到了明、清时期，白菜、萝卜成为重要的栽培蔬菜，尤其是明代中叶结球白菜的出现，对中国蔬菜生产和消费，产生了重要影响。

二、经陆路引入的蔬菜

公元前 2 世纪西汉张骞，奉汉武帝之命出使西域，正式沟通中国与西北各国的交流。当然实际上已经存在的民间沟通还要更早些。此后每年有十二批骆驼队沿着这条举世称著的"丝绸之路"的路线西行。当时骆驼队从西安出发穿过河西走廊出嘉峪关，到达新疆罗布泊东邻，如今一片荒芜空寂的废墟楼兰古城，并以此作为中间站稍事休整。然后，开始更加艰巨严酷的长途跋涉，绕过世界最大的沙漠之一——塔克拉玛干沙漠的南侧，穿越沙漠西行，过和田、莎车，越过乌孜别里山口走出国境。从此而与阿富汗、伊朗、印度以至非洲、欧洲等地发生影响深远的交流。

继西路开辟之后，于晋唐之际开辟了与越南、柬埔寨、缅甸等东南亚地区的交通。

此后，通过"丝绸之路"经由中亚细亚陆续传入中国的蔬菜有：豌豆、蚕豆、扁豆、瓠瓜、西瓜、甜瓜、黄瓜、芸薹、恭菜、菠菜、胡萝卜、白芥（胡戎）、芫荽、大蒜、大葱、小茴香、芹菜、莴苣等。这些蔬菜来自 4 个起源中心，即中亚细亚中心、小亚细亚中心、地中海中心、阿比西尼亚中心。

通过东南亚传入的蔬菜，即从云南、广西与缅甸、柬埔寨、老挝、越南毗连之处的通道进入中国的蔬菜，包括南亚中心印度、缅甸起源的绿豆、矮豇豆、丝瓜、茄子等，印度、马来亚起源的龙爪豆、冬瓜、苦瓜、落葵、魔芋、山药等。

上述蔬菜由陆路传入的时代，只少数有文献可考。秦汉时期有大蒜、芫荽、苜蓿、黄瓜、蚕豆、豌豆；西瓜传入在五代（公元 907—960）；莴苣在唐以前无文献记录，当在唐代或其后引入。关于莴苣最早的记载见于 13 世纪元代司农司所著《农桑辑要》，说："莴苣……其茎嫩，如指大，高可踰尺，

去皮蔬菜，又可糟藏，谓之莴笋。"胡萝卜为元代自西亚传来，菠菜来自波斯，《齐民要术》中未列入，传入中国当在盛唐时代。茄子在《齐民要术》时代还不具重要地位，被列于《种瓜第十四》之后，果形极小，且为圆茄。贾文曰："大小如弹丸，园中生食，味如小豆角。"传入中国当在北魏以前。英人勃基尔转引柏勒启奈德"中古的研究"（Mediaeval Research，Vol.1，89，1910）一文关于茄子的一段话说："茄子梵文名'Varta'或'Vavtaka'……意思是圆形。圆形的茄传入到中国，所以当一个中国人在公元1221年来到撒马尔罕时看到长形的果表示惊异"。据此，长茄传入中国当在南宋时代。

三、经海路引入的蔬菜

明、清两代（1368—1911）中国和外国的海运交通逐渐发达，通过海路引入的蔬菜种类也很多。美洲大陆被发现（1492）后，北美、中美中心及南美中心起源的蔬菜都是间接由欧洲经海道传入，计有：墨西哥起源的菜豆、红花菜豆、豆薯、南瓜、西葫芦、笋瓜、佛手瓜、辣椒、甘薯；秘鲁起源的马铃薯、番茄；北美起源的菊芋等。此外还有地中海沿岸起源的甘蓝类蔬菜、四季萝卜、豆瓣菜、香芹、结球莴苣、菜蓟（朝鲜蓟）和伊朗起源的根恭菜、洋葱等，也是经由海道传入的。有些蔬菜虽然在汉代已经由中亚传入，但它们经过在欧美改良的新类型如西洋芹菜、菜用豌豆等，也是近代才由海路传入的。凡是由海路传入中国的蔬菜，都不见于明代以前的中国文献。

四、近30余年来引进的蔬菜

据中国农业科学院蔬菜花卉研究所资料，自1971年以来的30多年间，中国从全球40多个国家或地区引入14科、48属、72种（变种），共11 410份蔬菜种质资源。包括：抗番茄花叶病毒（ToMV）、枯萎病、叶霉病等，以及耐热、高固形物和茄红素含量、果柄无离层番茄；抗白粉病及雌性系黄瓜；抗根腐病、砧木用黑籽南瓜；甘蓝的雄性不育系及抗黑腐病种质；花椰菜的雄性不育系、保持系，以及抗鳞翅目害虫和橘黄及持久白色花球的种质；菜豆抗锈病、抗线虫、耐白粉病和病毒病，抗枯萎病、根腐病、白霉病、褐斑病的种质及耐热、耐低温种质；芹菜雄性不育种质；马铃薯高淀粉含量及2n配子种质等具有各种重要性状的优良蔬菜种质共130余份。

从以上国外引进的蔬菜种质资源中筛选出的优良蔬菜品种，直接在生产上应用推广的面积已超过26.1万 hm²。例如：从美国引进的"优胜者"和"供给者"及自荷兰引进的"碧丰"菜豆、日本引进的"久留米丰"豌豆，以及荷兰的早花椰菜和意大利夏芹、冬芹等。

除此之外，还引进了耐热大白菜、耐热萝卜、菊苣、结球生菜、油麦菜、荷兰豆等几十种蔬菜，在生产中迅速推广应用，受到消费者欢迎。

第二节 中国蔬菜作物的种类

中国人民在漫长的历史岁月中，通过对本地野生植物的采集、食用选择、栽培驯化，或通过引种筛选、定向选择、自主选育才形成了今天丰富多彩的蔬菜栽培种群。

一、中国蔬菜作物栽培种群的形成

有关中国农业技术史的研究指出，中国蔬菜栽培种群的形成，主要有以下几种途径：

第1类是野生植物在长期采集利用过程中逐步演变为栽培蔬菜。《诗经》中涉及的植物132种，其中作为栽培或受到重视的蔬菜有 25 种，当中可以肯定为人工栽培的是韭、芸（有人推断是芸薹，即油菜）、瓜（可能是甜瓜—类的瓜，瓜菜兼用的瓜）和瓠。春秋战国时期，又增加了葵（冬寒菜）、姜、葱、蒜、笋与蒲菜。葵和韭菜曾被用于祭祀，只是葵的栽培在这个时期才有明确的记载。因此，韭、芸、瓠、瓜和葵，应该是中国最古老的栽培蔬菜。在以后的各个历史时期中，都陆续增加了许多新的栽培种类，如南北朝后魏·贾思勰撰《齐民要术》（6 世纪 30 年代或稍后）就记述了 30 多种蔬菜的栽培方法。

第 2 类是从国外引进的。有文献记载的从国外引进蔬菜的时期，最早在隋唐五代，如莴苣、恭菜、菠菜、西瓜等，在以后的各个历史时期均有引进和利用。这些品种经过菜农的种植、选择，在中国不断繁衍下来，同时也在不同的生态条件下逐步演化成许多新品种或新类型。

第 3 类是人们根据食用要求和蔬菜作物特性，进行了有意识的定向选择，逐步形成了蔬菜品种、类型。有关蔬菜品种、类型的记载，最早出自西汉时期。如西汉初在长安城东的邵平，培养出东陵瓜，品质好，很受人们欢迎，现在看来，这种瓜很可能就是邵平培育出的新品种。宋元时期蔬菜生产专业化趋向十分明显，因而出现了扬州菘（白菜）、浙江金坛萝卜、西湖菱等名特产蔬菜。菘的品种就有台心、矮黄、大白头、黄芽等，还有适宜腌制的品种箭杆白。萝卜因生长期不同，有"春曰破地锥，夏曰夏生，秋曰萝卜，冬曰土酥" 4 种类型。

第 4 类是自主选育的新品种。中国蔬菜新品种选育研究，始于民国初期。1920 年广州岭南大学从澳洲引进番茄新品种，并以此为材料进行新品种选育研究，5 年后选育成比原有品种早熟、结果多、果形圆正、性状稳定的新品种。此后，科技工作者采用系统选择、杂交育种、辐射育种、杂种优势利用，乃至生物技术育种等手段，利用前人从自然界中选择保留下来的基因资源为材料，培育出一批批新品种，成为中国蔬菜生产的重要物质基础。

目前中国栽培的蔬菜种类很多，其中有不少蔬菜为中国特产蔬菜，如茭白、莼菜、黄花菜、百合、大葱、大白菜、香椿、木耳、香菇等。1955 年农业部发出了"加速调查、搜集农家品种，整理祖国农业遗产"的通知。1956 年华北农业科学研究所园艺系蔬菜室（中国农业科学院蔬菜花卉研究所前身）开始组织华北四省有关单位进行北方蔬菜品种调查。此后，国家又多次组织各地进行全面、系统的调查、征集、整理和研究的工作，同时将搜集到的资源材料逐步进行性状鉴定，入国家种质资源库长久保存。现今中国拥有的主要栽培蔬菜（含食用菌和西、甜瓜），至少有 298 种（包括亚种、变种），分属于 50 科。

二、中国蔬菜作物的分类

中国蔬菜作物的种类繁多。蔬菜作物的产品器官，有的是柔嫩的叶片（叶球），有的是新鲜的果实或种子，有的是膨大的肉质根或茎（块茎、鳞茎），还有的是嫩茎、花球或幼芽等。根据生长周期的不同，有的是一、二年生植物，有的是多年生植物；除了草本植物外，有的还属于木本植物、菌类或藻类。所以，对中国蔬菜作物的分类，可以有多种方法，但通常有 3 种方法。

（一）植物学分类法　根据蔬菜作物的形态特征，按照科、属、种（亚种）、变种进行分类。现按植物学分类法，列出中国各类栽培蔬菜作物名称及其学名。

中国栽培蔬菜的名称及学名

1	异隔担子菌纲	**Heterobasidiomycetes**
1.1	银耳科	**Tremellaceae**
1.1.1	银耳	*Tremella fuciformis* Berk.
1.1.2	血耳	*Tremella sanguinea* Peng.
1.1.3	金耳	*Tremella aurantialba* Bandoni et Zhang

1.2	木耳科	**Auriculariaceae**
1.2.1	黑木耳	*Auricularia auricula*（L. ex Hook.）Underw.
1.2.2	毛木耳	*Auricularia polytricha*（Mont.）Sacc.
2	层菌纲	**Hymenomycetes**
2.1	光柄菇科	**Pluteaceae**
	草菇	*Volvariella volvacea*（Bull. ex Fr.）Sing.
2.2	侧耳科	**Pleurotaceae**
2.2.1	香菇	*Lentinus edodes*（Berk.）Sing.
2.2.2	平菇（糙皮侧耳）	*Pleurotus ostreatus*（Jacq ex Fr.）Quel.
2.2.3	凤尾菇	*Pleurotus sajor-caju*（Fr.）Sing.
2.2.4	刺芹侧耳（杏鲍菇）	*Pleurotus eryngii*（DC. ex Fr.）Quel.
2.2.5	阿魏侧耳（阿魏菇）	*Pleurotus ferudoe* Lenzi
2.2.6	盖囊侧耳（鲍鱼菇）	*Pleurotus cystidiosus* O. K. Miller.
		（*Pleurotus abalonus* Han，K. M. Chen et S. Cheng）
2.2.7	金顶侧耳（榆黄蘑）	*Pleurotus citrinopileatus* Sing.
2.2.8	白灵侧耳（白灵菇）	*Pleurotus nebrodensis*（Inzenga）Quél.
		［syn. *Pleurotus eryngii*（DC. ex Fr.）Quel. var. *nebrodensis* Inzenga］
2.2.9	黄白侧耳（美味侧耳）	*Pleurotus cornucopiae*（Paul. ex pers.）Roll.
2.3	蘑菇科	**Agaricaceae**
2.3.1	双孢蘑菇（白蘑菇）	*Agaricus bisporus*（Lange）Sing.
2.3.2	大肥菇	*Agaricus bitorquis*（Quel.）Sacc.
2.3.3	美味蘑菇	*Agaricus edulis* Vitt.
2.3.4	姬松茸（巴西蘑菇）	*Agaricus blazei* Mürvill
2.4	粪锈伞科	**Bolbitiaceae**
	杨树菇	*Agrocybe cylindracea*（DC. ex Fr.）R. Maire［*A. aegerita*（Brig.）Sing.］
2.5	球盖菇科	**Strophariaceae**
2.5.1	滑菇	*Pholiota nameko*（T. Ito）S. Ito et Imai.
2.5.2	黄伞	*Pholiota adiposa*（Fr.）Quél.
2.5.3	皱环球盖菇	*Stropharia rugosoannulata* Farlow ex Muss.
2.6	鬼伞科	**Coprinaceae**
	毛头鬼伞（鸡腿菇）	*Coprinus comatus*（Müll. ex Fr.）S. F. Gray
2.7	白（口）蘑科	**Tricholomataceae**
2.7.1	金针菇	*Flammulina velutipes*（Curt. ex Fr.）Sing.
2.7.2	真姬菇（斑玉蕈）	*Hypsizygus marmoreus*（Peck）Bigelow
2.7.3	松口蘑（松茸）	*Tricholoma matsutake* S. Ito et Imai
2.8	牛舌菌科	**Fistulinaceae**
	牛舌菌	*Fistulina hepatica*（Schaeff.）Fr.
2.9	猴头菌科	**Hericiaceae**
	猴头菇	*Hericium erinaceus*（Bull.）Pers.
2.10	多孔菌科	**Polyporaceae**
	灰树花	*Grifola frondosa*（Dicks. ex Fr.）S. F. Gray
3	腹菌纲	**Gasteromycetes**

3.1	鬼笔科	**Phallaceae**	
3.1.1	短裙竹荪	*Dictyophora duplicata*（Bosc.）Fisch.	
3.1.2	长裙竹荪	*Dictyophora indusiata*（Vent. ex Pers.）Fisch.	
4	薄囊蕨纲	**Leptosporangiopsida**	
4.1	凤尾蕨科	**Pteridaceae**	
	蕨菜	*Pteridium aquilinum*（L.）Kuhn.	
		var. *latiusculum*（Desv.）Underw.	
5	双子叶植物纲	**Dicotyledoneae**	
5.1	藜科	**Chenopodiaceae**	
5.1.1	菠菜	*Spinacia oleracea* L.	2n＝2x＝12
	有刺菠菜	var. *spinosa* Moench	
	无刺菠菜	var. *inermis* Peterm	
5.1.2	莙荙菜（甜菜）	*Beta vulgaris* L.	2n＝2x＝18
	叶莙荙菜	var. *cicla* L.	
	根莙荙菜	var. *rapacea* Koch.	
5.1.3	榆钱菠菜	*Atriplex hortensis* L.	2n＝2x＝18
5.2	番杏科	**Aizoaceae**	
	番杏	*Tetragonia expansa* Murray	2n＝4x＝32
5.3	落葵科	**Basellaceae**	
5.3.1	落葵	*Basella* sp.	
	红花落葵	*Basella rubra* L.	2n＝4x＝48
	白花落葵	*Basella alba* L.	2n＝5x＝60
	广叶落葵	*Basella cordifolia* Lam.	
5.3.2	藤三七	*Anredera cordifolia*（Ten.）Steenis	
5.4	苋科	**Amaranthaceae**	
5.4.1	苋菜	*Amaranthus mangostanus* L.	2n＝2x＝34
5.4.2	青葙	*Celosia argetea* L.	
5.5	豆科	**Leguminosae**	
5.5.1	菜豆	*Phaseolus vulgaris* L.	2n＝2x＝22
	矮生菜豆	var. *humilis* Alef.	
5.5.2	多花菜豆	*Phaseolus coccineus* L.	2n＝2x＝22
	白花菜豆	var. *albus* Alef.	
5.5.3	莱豆（棉豆）		
	大莱豆（利马豆）	*Phaseolus limensis* Macf.	
	小莱豆	*Phaseolus lunatus* L.	2n＝2x＝22
5.5.4	豇豆	*Vigna unguiculata*（L.）Walp.	2n＝2x＝22
	普通豇豆	ssp. *unguiculata*（L.）Verdc.	
	长豇豆	ssp. *sesquipedalis*（L.）Verdc.	
5.5.5	蚕豆	*Vicia faba* L.	2n＝2x＝12
	大粒种	var. *major*	
5.5.6	大豆（毛豆）	*Glycine max*（L.）Merr.	2n＝2x＝40
5.5.7	豌豆	*Pisum sativum* L.	2n＝2x＝14

菜用豌豆	var. *hortense* Poir.	
软荚豌豆	var. *macrocarpon* Ser.	
5.5.8 蔓性刀豆	*Canavalia gladiata* (Jacq.) DC.	2n＝2x＝22
5.5.9 矮生刀豆	*Canavalia ensiformis* (L.) DC.	
5.5.10 黎豆	*Stizolobium capitatum* Kuntze	
	[syn. *Mucuna pruriens* (L.) DC. var. *utilis* (Wall. ex Wight) Baker ex Burck]	
5.5.11 黄毛黎豆	*Stizolobium hassjoo* Piper et Tracy	
	(syn. *Mucuna bracteta* DC.)	
5.5.12 四棱豆	*Psophocarpus tetragonolobus* (L.) DC.	2n＝2x＝18
5.5.13 扁豆	*Lablab purpureus* (L.) Sweet	2n＝2x＝22
5.5.14 豆薯	*Pachyrhizus erosus* (L.) Urban.	2n＝2x＝22
5.5.15 葛	*Pueraria thomsonii* Benth.	2n＝2x＝24
5.5.16 菜用土圞儿	*Apios fortunei* Maxim.	2n＝22
5.5.17 苜蓿	*Medicago hispida* Gaertn.	2n＝2x＝14
5.6 锦葵科	**Malvaceae**	
5.6.1 黄秋葵	*Abelmoschus esculentus* (L.) Moench	2n＝4x＝29, 36
5.6.2 冬寒菜	*Malva verticillata* L.	
	(syn. *M. crispa* L.)	
5.7 十字花科	**Cruciferae**	
5.7.1 芸薹	*Brassica campestris* L.	
白菜	ssp. *chinensis* (L.) Makino	2n＝2x＝20
普通白菜	var. *communis* Tsen et Lee	
乌塌菜	var. *rosularis* Tsen et Lee	
菜薹	var. *utilis* Tsen et Lee	
紫菜薹	var. *purpurea* Bailey	
薹菜	var. *taitsai* Hort	
大白菜	ssp. *pekinensis* (Lour) Olsson	2n＝2x＝20
	[*Brassica campestris* subspecies *pekinensis* (Lour) Olsson]	
散叶大白菜	var. *dissoluta* Li	
半结球大白菜	var. *infarcta* Li	
花心大白菜	var. *laxa* Tsen et Lee	
结球大白菜	var. *cephalata* Tsen et Lee	
芜菁	ssp. *rapifera* Metzg	2n＝2x＝20
5.7.2 芥菜	*Brassica juncea* (L.) Czern. et Coss.	2n＝4x＝36
		2n＝2x＝36
大头芥	var. *megarrhiza* Tsen et Lee	
笋子芥	var. *crassicaulis* Chen et Yang	
茎瘤芥	var. *tumida* Tsen et Lee	
抱子芥	var. *gemmifera* Lee et Lin	
花叶芥	var. *multisecta* Bailey	
白花芥	var. *leucanthus* Chen et Yang	
长柄芥	var. *longepetiolata* Yang et Chen	

凤尾芥	var. *linearifolia* Sun	
叶瘤芥	var. *Strumata* Tsen et Lee	
宽柄芥	var. *latipa* Li	
卷心芥	var. *involuta* Yang et Chen	
分蘖芥	var. *multiceps* Tsen et Lee	
大叶芥	var. *rugosa* Bailey	
小叶芥	var. *foliosa* Bailey	
结球芥	var. *capitata* Hort ex Li	
薹芥	var. *utilis* Li	
5.7.3　甘蓝	*Brassica oleracea* L.	$2n=2x=18$
结球甘蓝	var. *capitata* L.	
羽衣甘蓝	var. *acephala* DC.	
抱子甘蓝	var. *germmifera* Zenk.	
花椰菜	var. *botrytis* L.	
青花菜	var. *italica* Plenck	
球茎甘蓝	var. *caulorapa* DC.	
皱叶甘蓝	var. *bullata* DC.	
赤球甘蓝	var. *rubra* DC.	
5.7.4　芥蓝	*Brassica alboglabra* L. H. Bailey	$2n=2x=18$
5.7.5　芜菁甘蓝	*Brassica napobrassica* Mill.	$2n=2x=38$
5.7.6　萝卜	*Raphanus sativus* L.	$2n=2x=18$
长羽裂萝卜（中国萝卜）	var. *longipinnatus* L. H. Bailey	
四季萝卜（樱桃萝卜）	var. *radiculus* Pers.	
5.7.7　辣根	*Armoracia rusticana*（Lam.）Gaertn.	$2n=4x=32$
5.7.8　豆瓣菜	*Nasturtium officinale* R. Br.	$2n=2x=33$，34，36，48，60
5.7.9　荠菜	*Capsella bursapastoris*（L.）Medic.	$2n=4x=32$
5.7.10　山葵	*Eutrema wasabi*（Siebold）Maxim	
5.7.11　独行菜	*Lepidium sativum* L.	
5.7.12　芝麻菜	*Eruca sativa* Mill.	$2n=2x=22$
5.8　葫芦科	**Cucurbitaceae**	
5.8.1　黄瓜	*Cucumis sativus* L.	$2n=2x=14$
5.8.2　甜瓜	*Cucumis melo* L.	$2n=2x=24$
网纹甜瓜	var. *reticulatus* Naud.	
硬皮甜瓜	var. *cantalupensis* Naud.	
冬甜瓜	var. *inodorus* Naud.	
菜瓜（蛇形甜瓜）	var. *flexuosus* Naud.	
越瓜	var. *conomon* Makino	
薄皮甜瓜	var. *makuwa* Makino	
5.8.3　冬瓜	*Benincasa hispida* Cogn.	$2n=2x=24$
节瓜	var. *chiehqua* How.	
5.8.4　瓠瓜	*Lagenaria siceraria*（Molina）Standl.	$2n=2x=22$

	瓠子	var. *clavata* Hara	
	长颈葫芦	var. *cougourda* Hara	
	圆扁蒲（大葫芦）	var. *depressa*（Ser.）Hara	
	细腰葫芦	var. *gourda*（Ser.）Hara	
5.8.5	南瓜	*Cucurbita moschata* Duch. ex Poir.	$2n=2x=40$
	圆南瓜	var. *melonaeformis* Bailey	
	长南瓜	var. *toonas* Mak.	
5.8.6	笋瓜	*Cucurbita maxima* Duch. ex Lam.	$2n=2x=40$
5.8.7	西葫芦	*Cucurbita pepo* L.	$2n=2x=40$
	西葫芦	var. *giraumontia* Duch.	
	弯颈角瓜	var. *verrucosa* L.	
	棱角瓜	var. *fordhuk* Cast	
	飞碟瓜	var. *patisson* Duch.	
	珠瓜	var. *ovifera*（L.）Alef.	
	搅瓜	var. *medullosa* Alef.	
5.8.8	黑籽南瓜	*Cucurbita ficifolia* Bouchè	$2n=2x=40$
5.8.9	灰子南瓜	*Cucurbita mixta* Pang	$2n=2x=40$
5.8.10	西瓜	*Citrullus lanatus*（Thunb.）Matsum. et Nakai	$2n=2x=22$
5.8.11	普通丝瓜	*Luffa cylindrica*（L.）M. J. Roam.	$2n=2x=26$
5.8.12	有棱丝瓜	*Luffa acutangula*（L.）Roxb.	$2n=2x=26$
5.8.13	苦瓜	*Momordica charantia* L.	$2n=2x=22$
5.8.14	佛手瓜	*Sechium edule*（Jacq.）Swartz	$2n=2x=26$
5.8.15	蛇瓜	*Trichosanthes anguina* L.	$2n=2x=22$
5.9	伞形科	**Umbelliferae**	
5.9.1	胡萝卜	*Daucus carota* L. var. *sativa* DC.	$2n=2x=18$
5.9.2	美洲防风	*Pastinaca sativa* L.	$2n=2x=22$
5.9.3	芹菜（旱芹）	*Apium graveolens* L.	$2n=2x=22$
	叶用芹菜	var. *dulce* DC.	
	根芹菜	var. *rapaceum* DC.	
5.9.4	茴香（小茴香）	*Foeniculum vulgare* Mill.	$2n=2x=22$
	意大利茴香（大茴香）	var. *azoricum*（Mill.）Thell.	
	球茎茴香	var. *dulce* Batt. et Trab.	
5.9.5	芫荽	*Coriandrum sativum* L.	$2n=2x=22$
5.9.6	香芹（荷兰芹）	*Petroselinum crispum*（Mill.）Nym. ex A. W. Hill	$2n=2x=22$
5.9.7	水芹	*Oenanthe javanica*（Bl.）DC.	
		〔syn. *Oenanthe stolonifera*（Roxb）Wall.〕	$2n=2x=22$
5.9.8	莳萝	*Anethum graveolens* L.	$2n=2x=10$
5.9.9	鸭儿芹	*Cryptotaenia japonica* Hassk.	$2n=2x=22$
5.9.10	欧当归	*Levisticum officinale* W. D. J. Koch	
5.10	蔷薇科	**Rosaceae**	
	草莓（凤梨草莓）	*Fragaria ananassa* Duch.	$2n=8x=56$
5.11	菱科	**Trapaceae**	

5.11.1	两角菱	*Trapa bispinosa* Roxb.	2n＝2x＝36
5.11.2	四角菱	*Trapa quadrispinosa* Roxb.	2n＝2x＝36
	无角菱	var. *inermis* Mao	
5.12	茄科	**Solanaceae**	
5.12.1	茄子	*Solanum melongena* L.	2n＝2x＝24
	圆茄	var. *esculentum* Nees	
	长茄	var. *serpentinum* L. H. Bailey	
	矮茄	var. *depressum* Bailey	
5.12.2	栽培番茄	*Lycopersicon esculentum* Mill.	2n＝2x＝24
	普通番茄	var. *commune* Bailey	
	樱桃番茄	var. *cerasiforme* Alef.	
	大叶番茄	var. *grandifolium* Bailey	
	梨形番茄	var. *pyriforme* Alef.	
	直立番茄	var. *validum* Bailey	
5.12.3	辣椒	*Capsicum annuum* L.	2n＝2x＝24
	甜椒（灯笼椒）	var. *grossum* Bailey	
	樱桃椒	var. *cerasiforme* Bailey	
	圆锥椒（朝天椒）	var. *conoides* Bailey	
	长辣椒（牛角椒）	var. *longum* Bailey	
	簇生椒	var. *fasciculatum* Bailey	
5.12.4	马铃薯	*Solanum tuberosum* L.	2n＝4x＝48
5.12.5	枸杞	*Lycium chinense* Mill.	2n＝2x＝24
			2n＝3x＝36
			2n＝4x＝48
5.12.6	宁夏枸杞	*Lycium barbarum* L.	2n＝2x＝24
5.12.7	酸浆	*Physalis alkekengi* L.	2n＝2x＝24
	挂金灯（红果酸浆）	var. *francheti*（Masf.）Makino	
5.12.8	灯笼果（小果酸浆）	*Physalis peruviana* L.	
5.12.9	毛酸浆（黄果酸浆）	*Physalis pubescens* L.	
5.12.10	香瓜茄（香艳茄）	*Solanum muricatum* Ait.	
5.12.11	树番茄	*Cyphomandra betacea*（Cav.）Sendtn.	
5.12.12	少花龙葵	*Solanum photeinocarpum* Nakamura et Odashima	
5.13	唇形科	**Labiatae**	
5.13.1	甘露子（草石蚕）	*Stachys sieboldii* Miq.	
5.13.2	薄荷（中国薄荷）	*Mentha haplocalyx* Briq.	2n＝2x＝12，60，72，54，64，92
5.13.3	欧薄荷	*Mentha longifolia*（Linn.）Huds.	
5.13.4	罗勒	*Ocimum basilicum* L.	2n＝2x＝48
5.13.5	留兰香	*Mentha cpicata* Linn.	
5.13.6	紫苏	*Perilla frutescens*（L.）Britt	
	耳齿变种	var. *auriculato-dentata* wu et Li	
	尖叶紫苏（野生紫苏）	var. *acuta*（Thunb.）Kudo	

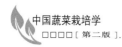
5.13.7	裂叶荆芥	*Schizonepeta tenuifolia*（Benth.）Briq.	
5.13.8	薰衣草	*Lavandula angustifolia* Mill.（*L. spica* L.）	
5.13.9	迷迭香	*Rosmarinus officinalis* L.	
5.13.10	鼠尾草	*Salvia officinalis* L.	
5.13.11	麝香草（百里香）	*Thymus vulgaris* L.	
5.13.12	牛至	*Origanum vulgare* L.	
5.13.13	香蜂花	*Melissa officinalis* L.	
5.13.14	藿香	*Agastache rugosa*（Fisch. et Mey.）O. Kuntze	
5.14	楝科	**Meliaceae**	
	香椿	*Toona sinensis* Roem.	2n＝56，52
5.15	旋花科	**Convolvulaceae**	
5.15.1	蕹菜	*Ipomoea aquatica* Forsk	2n＝2x＝30
5.15.2	甘薯	*Ipomoea batatas* Lamk.	
5.16	菊科	**Compositae**	
5.16.1	莴苣	*Lactuca sativa* L.	2n＝2x＝18
	皱叶莴苣	var. *crispa* L.	
	直立莴苣（长叶莴苣）	var. *longifolia* Lam.	
	结球莴苣	var. *capitata* L.	
	茎用莴苣（莴笋）	var. *asparagina* Baiey	
5.16.2	茼蒿	*Chrysanthemum* sp.	2n＝18，2n＝36
5.16.3	小叶茼蒿	*Chrysanthemum coronarium* L.	
5.16.4	南茼蒿（大叶茼蒿）	*Chrysanthemum segetum* L.	
		(syn. *Ch. coronarium* L. var. *spatiosum* Bailey)	
5.16.5	蒿子秆	*Chrysanthemum carinatum* Schousb	
5.16.6	菊芋	*Helianthus tuberosus* L.	2n＝6x＝102
5.16.7	苦苣	*Cichorium endivia* L.	
	碎叶苦苣	var. *crispa* Hort.	
	阔叶苦苣	var. *latifolia* Hort.	
5.16.8	菊苣	*Cichorium intybus* L.	
5.16.9	苣荬菜	*Sonchus arvensis* L.	
5.16.10	苦苣菜	*Sonchus oleraceus* L.	2n＝4x＝32
5.16.11	苦荬菜	*Ixeris denticulata*（Houtt.）Stebb.	
5.16.12	牛蒡	*Arctium lappa* L.	2n＝2x＝32
5.16.13	婆罗门参	*Tragopogon porrifolius* L.	2n＝2x＝12
5.16.14	黑婆罗门参（菊牛蒡）	*Scorzonera hispanica* L.	2n＝2x＝14
5.16.15	菊花脑	*Chrysanthemum nankingense* H. M.	2n＝2x＝18 2n＝4x＝36
5.16.16	紫背天葵	*Gynura bicolor* DC.	
5.16.17	菜蓟（朝鲜蓟）	*Cynara scolymus* L.	2n＝2x＝34
5.16.18	马兰	*Kalimeris indica*（L.）Sch. -Bip.	
5.16.19	蒲公英	*Taraxacum mongolicum* Hand. -Mazz.	
5.16.20	珍珠菜（角菜）	*Artemisia lactiflora* wallich ex DC.	

5.16.21 蜂斗菜	*Petasites japonicus*（Sieb. et Zucc.）F. Shidt.（曾被误称为"款冬"）	
5.16.22 款冬	*Tussilago farfara* L.	
5.16.23 果香菊	*Chamaemelum nobile*（L.）All.	
5.16.24 菊花（食用菊）	*Chrysanthemum morifolim* Ram.	
	［syn. *Dendranthema morifolim*（Ramat.）Tzvel.］	
5.17 桔梗科	**Campanulaceae**	
桔梗	*Platycodon grandiflorus*（Jacq.）A. DC.	2n＝2x＝18
5.18 马齿苋科	**Portulacaceae**	
5.18.1 马齿苋	*Portulaca oleracea* L.	
5.18.2 土人参	*Talinum crassifolium* Willd.	
5.19 三白草科	**Saururaceae**	
蕺菜（鱼腥草）	*Houttuynia cordata* Thunb.	
5.20 睡莲科	**Nymphaeaceae**	
5.20.1 莲藕	*Nelumbo nucifera* Gaertn.	2n＝2x＝16
5.20.2 芡实	*Euryale ferox* Salisb.	2n＝2x＝58
5.20.3 莼菜	*Brasenia schreberi* J. F. Gmel.	2n＝6x＝72
5.21 蓼科	**Polygonaceae**	
5.21.1 食用大黄	*Rheum rhaponticum* L.	2n＝4x＝44
5.21.2 酸模	*Rumex acetosa* L.	
5.22 败酱科	**Valerianaceae**	
窄叶败酱（苦菜）	*Patrinia heterophylla* ssp. *angustifolia*（Hemal.）H. J. Wang	
5.23 仙人掌科	**Cactaceae**	
5.23.1 霸王花（量天尺）	*Hylocereus undatus*（Haw.）Britt. et Rose	
5.23.2 仙人掌	*Opuntia ficus-indica*（L.）Mill.	
5.24 五加科	**Araliaceae**	
辽东楤木（龙牙楤木）	*Aralia elata*（Miq.）Seem.	
5.25 椴树科	**Tiliaceae**	
长蒴黄麻（菜用黄麻）	*Corchorus olitorius* L.	
5.26 白花菜科	**Capparidaceae**	
白花菜	*Cleome gynandra* L.	
5.27 紫草科	**Boraginaceae**	
琉璃苣	*Borago officinalis* L.	
6 单子叶植物纲	**Monocotyledoneae**	
6.1 泽泻科	**Alismataceae**	
慈姑	*Sagittaria sagittifolia* L.	2n＝2x＝22
6.2 百合科	**Liliaceae**	
6.2.1 韭（叶韭）	*Allium tuberosum* Rottl. ex Spr.	2n＝4x＝32
6.2.2 根韭（宽叶韭）	*Allium hookeri* Thwaites	2n＝2x＝22
6.2.3 葱	*Allium fistulosum* L.	
大葱	var. *giganteum* Makino	2n＝2x＝16
分葱	var. *caespitosum* Makino	2n＝2x＝16
楼葱	var. *viviparum* Makino	2n＝2x＝16

6.2.4	洋葱	*Allium cepa* L.	$2n=2x=16$
	分蘖洋葱	var. *aggregatum* G. Don	
	顶球洋葱	var. *viviparum* Metz.	
6.2.5	大蒜	*Allium sativum* L.	$2n=2x=16$
6.2.6	薤	*Allium chinense* G. Don	$2n=4x=32$
			$2n=3x=24$
6.2.7	胡葱	*Allium ascalonicum* L.	$2n=2x=16$
6.2.8	细香葱	*Allium schoenoprasum* L.	$2n=2x=16$
6.2.9	韭葱	*Allium porrum* L.	$2n=4x=32$
6.2.10	芦笋	*Asparagus officinalis* L.	$2n=2x=20$
6.2.11	黄花菜（金针菜）	*Hemerocallis citrina* Baroni	$2n=2x=22$
6.2.12	北黄花菜	*Hemerocallis lilio-asphodelus* L.	$2n=2x=22$
6.2.13	小黄花菜	*Hemerocallis minor* Mill.	$2n=2x=22$
6.2.14	萱草	*Hemerocallis fulva* L.	$2n=2x=22$
			$2n=3x=33$
6.2.15	卷丹百合	*Lilium lancifolium* Thunb.	$2n=3x=36$
6.2.16	野百合	*Lilium brownii* F. E. Br. ex Miellez	
	龙牙百合	var. *viridulum* Baker	
6.2.17	川百合	*Lilium davidii* Duch.	$2n=2x=24$
			$2n=3x=36$
	兰州百合	var. *unicolor*（Hoog）Cotton	$2n=2x=24$
6.2.18	中国芦荟	*Aloe vera* L. var. *chinensis*（Haw.）Berg.	
6.3	**莎草科**	**Cyperaceae**	
	荸荠	*Eleocharis tuberosa*（Roxb.）Roem. et Schult.	
6.4	**薯蓣科**	**Dioscoreaceae**	
6.4.1	山药	*Dioscorea batatas* Decne.	$2n=4x=40$
	长山药	var. *typica* Makino	
	棒山药	var. *rakuda* Makino	
	佛掌薯	var. *tsukune* Makino	
6.4.2	田薯（大薯）	*Dioscorea alata* L.	$2n=3x=30$
			$2n=8x=80$
6.5	**姜科**	**Zingiberaceae**	
6.5.1	姜	*Zingiber officinale* Rosc.	$2n=2x=22$
6.5.2	襄荷	*Zingiber mioga*（Thunb.）Rosc.	$2n=6x=72$
6.6	**禾本科**	**Gramineae**	
6.6.1	毛竹	*Phyllostachys pubescens* Mazel ex H. De Lehaie	
6.6.2	早竹	*Phyllostachys praecox* C. D. Chu et C. S. Chao	
6.6.3	石竹	*Phyllostachys nuda* McClure	
6.6.4	红哺鸡竹（红壳竹）	*Phyllostachys iridenscens* C. Y. Yao et S. Y. Chen	
6.6.5	白哺鸡竹	*Phyllostachys dulcis* McClure	
6.6.6	乌哺鸡竹	*Phyllostachys vivax* McClure	
6.6.7	花哺鸡竹	*Phyllostachys glabrata* S. Y. Chen et C. Y. Yao	

6.6.8	甜笋竹	*Phyllostachys elegans* McClure	
6.6.9	尖头青竹	*Phyllostachys acuta* C. D. Chu et C. S. Chao	
6.6.10	曲杆竹（甜竹）	*Phyllostachys flexuosa* A. et C. Rivere	
6.6.11	水竹	*Phyllostachys congesta* Rendle	
6.6.12	麻竹	*Sinocalamus latiflorus* （Munro） McClure	
6.6.13	绿竹	*Sinocalamus oldhami* （Munro） McClure	
6.6.14	吊丝球竹	*Sinocalamus beecheyanus* （Munro） McClure	
6.6.15	大头典竹	*Sinocalamus beecheyanus* var. *pubescens* P. E. Li	
6.6.16	玉米（菜用玉米）	*Zea mays* L.	$2n=2x=20$
	甜玉米	var. *rugosa* Bonaf.	
	糯玉米	var. *sinensis*	
6.6.17	茭白	*Zizania caduciflora* （Turcz.） Hand. -Mazz.	$2n=2x=34$
6.6.18	香茅	*Cymbopogon citratus* （DC. ex Nees） Stapf	
6.7	天南星科	**Araceae**	
6.7.1	芋	*Colocasia esculenta* （L.） Schott	$2n=2x=28$
			$2n=3x=42$
	叶柄用芋	var. *petiolatus* Chang	
	球茎用芋	var. *cormosus* Chang	
6.7.2	魔芋（花魔芋）	*Amorphophallus konjac* K. Koch	$2n=2x=26$
6.7.3	白魔芋	*Amorphophallus albus* Liu et Chen	$2n=2x=26$
6.8	香蒲科	**Typhaceae**	
6.8.1	宽叶蒲菜	*Typha latifolia* L.	$2n=2x=30$
6.8.2	狭叶蒲菜	*Typha angustifolia* L.	
6.9	美人蕉科	**Cannaceae**	
	蕉芋	*canna edulis* Ker.	$2n=2x=18$
			$3x=27$

　　关于蔬菜作物的名称、学名以及分类，由于生产者、消费者以及专家学者等各自命名，名称众多，因而同名异物或同物异名的现象比比皆是，导致了同一种蔬菜，在不同的著作中其名称、学名、分类有时也不尽相同。在修订原著"中国蔬菜的名称及学名表"时，主要参考了以下著作：《农学名词》（1994）、《新编拉汉英植物名称》（1996）、《中国植物志》、《蔬菜名汇集》（1992）、《中国农业百科全书·蔬菜卷》（1990）、《中国大型真菌》（2000）、《中国蔬菜植物核型研究》（1989），以及近年出版的其他有关专著、大学教材等。

　　（二）食用器官分类法　这种分类方法是根据蔬菜作物食用器官的不同来进行分类。因为蔬菜生产必须满足其食用器官生长发育所需要的环境条件，才能获得高产，而相同器官的形成，如萝卜和胡萝卜，虽然它们分属于十字花科和伞形科，但对环境条件的要求常常相近，所以这种分类方法对掌握栽培关键技术有一定的意义。存在的问题是：如食用器官相同，而生长习性和栽培方法相差很大，如莴笋和茭白，同是茎类蔬菜，但一个陆生，一个水生；有些蔬菜虽然食用器官不同，按食用器官分类，不属于同一类，但在栽培方法上却很相近，如甘蓝、花椰菜、球茎甘蓝。具体可分为：

　　1. 根菜类　以肥大的肉质根（短缩茎、下胚轴及主根上部膨大）为产品的蔬菜作物。可分为：

　　（1）直根类　以肥大的主根为产品，如萝卜、芜菁、胡萝卜、根芥菜、根恭菜等。

　　（2）块根类　以肥大的直根或营养芽发生的根为产品，如牛蒡、豆薯、葛等。

　　2. 茎菜类　以肥大的茎部为产品的蔬菜作物。可分为：

（1）肉质茎类　以肥大的地上茎为产品，如莴苣、茭白、茎芥菜、球茎甘蓝等。

（2）嫩茎类　以嫩茎（芽）为产品，如芦笋、竹笋等。

（3）块茎类　以肥大的地下茎为产品，如马铃薯、菊苣、甘露子等。

（4）根茎类　以地下肥大的根茎为产品，如姜、莲藕等。

（5）球茎类　以地下的球茎为产品，如芋、慈姑等。

（6）鳞茎类　以肥大的鳞茎（形态上是叶鞘基部膨大而成）为产品，如大蒜、洋葱、百合等。

3. 叶菜类　以叶片及叶柄为产品的蔬菜。可分为：

（1）普通叶菜类　白菜、菠菜、茼蒿、苋菜、莴苣等。

（2）结球类　大白菜、甘蓝、结球莴苣、包心芥等。

（3）香辛类　薄荷、芫荽、葱、韭、茴香等。

4. 花菜类　以花器或肥嫩的花枝为产品的蔬菜。可分为：

（1）花器类　黄花菜、菜蓟（朝鲜蓟）等。

（2）花枝类　花椰菜、青花菜、菜薹等。

5. 果菜类　以果实和种子为产品的蔬菜。可分为：

（1）瓠果类　南瓜、黄瓜、冬瓜、苦瓜、瓠瓜等。

（2）浆果类　番茄、茄子、辣椒等。

（3）荚果类　菜豆、豇豆、刀豆、豌豆、蚕豆等。

（4）杂果类　菜用玉米、菱等。

（三）农业生物学分类法　这种分类法是将蔬菜作物的生物学特性和栽培技术基本相似的蔬菜作物归为一类，综合了上述两种分类方法的优点，比较适合蔬菜生产上的要求。可分为 14 类：

1. 白菜类　以柔嫩的叶片或叶球、花薹为产品，植株生长迅速，对氮肥要求较高。大多为二年生植物，生长期间要求温和的气候条件，能耐寒而不耐热；均以种子繁殖，适于育苗移栽；在栽培上，除采收花球或菜薹（花茎）外，要避免未熟抽薹。如大白菜、白菜、乌塌菜、薹菜等。

2. 甘蓝类　以柔嫩的叶球、花球、肉质茎等为产品。生长特性和对环境条件的要求与白菜类相近。如甘蓝、花椰菜、青花菜、球茎甘蓝等。

3. 根菜类　以肥大的直根为产品，均为二年生作物。种子繁殖，不宜移栽；生长中要求冷凉的气候；第一年形成肉质根，贮藏大量的水分和糖分；土壤深厚、肥沃有利于形成良好的肉质根。如萝卜、胡萝卜、根芥菜、根恭菜等。

4. 叶菜类　均以叶片及叶柄、嫩茎为产品。这类蔬菜作物一般生长期较短，生长迅速，植株矮小，适宜间套作；用种子繁殖，除芹菜外，一般不进行育苗移栽；要求肥水充足，尤以速效氮肥为主；对温度的要求差异较大，其中苋菜、蕹菜、落葵等较耐热，其他则较耐寒或喜温。如菠菜、茼蒿、芹菜、莴苣、茴香、荠菜等。

5. 葱蒜类　多属于百合科植物。根系不发达，要求土壤肥沃、湿润，气候温和，但耐寒和抗热性都很强。鳞茎形成需要长日照条件，其中洋葱、大蒜在炎夏时进入休眠。一般为二年生作物，多为无性繁殖。如大蒜、葱、洋葱、韭等。

6. 茄果类　为喜温的一年生作物，不耐寒冷，只能在无霜期生长，根群发达，要求有较深厚的土层，对日照长短要求不严格。一般用种子繁殖，适宜育苗移栽。如番茄、茄子、辣椒等。

7. 瓜类　属葫芦科植物。雌雄同株异花。要求温暖的气候而不耐寒，生育期要求较高的温度和充足的阳光。茎蔓生，要求支架栽培并进行整枝。用种子繁殖。如黄瓜、西瓜、冬瓜、西葫芦、丝瓜等。

8. 豆类　属豆科一年生植物。其中除蚕豆、豌豆较耐寒外，均要求较温暖的气候条件，豇豆和扁豆较耐高温。根系发达，有固氮能力。一般用种子直播栽培。如菜豆、豌豆、豇豆、菜用大豆、蚕豆等。

9. 薯芋类　一般以含淀粉丰富的块茎、块根为产品，多用无性繁殖。除马铃薯不耐炎热外，其

余都喜温、耐热。要求湿润、疏松、肥沃的土壤环境。如马铃薯、芋、姜、山药等。

10. 水生蔬菜类　这类蔬菜作物一般都生长在沼泽地区及河、湖、塘的浅水中，为多年生植物，多用无性繁殖。根系欠发达，但体内具有发达的通气系统能适应水下空气稀少的环境。每年在温暖或炎热的季节生长，到气候寒冷时，地上部分枯萎。如莲藕、菱、慈姑、茭白、荸荠等。

11. 多年生及杂类蔬菜类　为多年生植物。繁殖一次可连续收获产品多年。在温暖季节生长，冬季休眠。对土壤条件要求不太严格，一般管理较粗放。如香椿、黄花菜、芦笋、笋用竹等。

杂类分属不同的科、食用器官、对环境条件的要求均不相同，因此栽培技术差异较大。如菜用玉米、黄秋葵、菜蓟（朝鲜蓟）等。

12. 芽苗菜类　是指利用植物的种子或其他营养贮存器官，在遮光或不遮光条件下，直接生长出可供食用的幼芽、芽苗、幼梢、幼茎等。在生产过程中，一般无需施肥。种芽菜的生长期一般较短，适宜工厂化周年生产。其中在遮光条件下生产的产品为软化产品，其色泽金黄或黄白、翠绿，质地柔嫩，有的风味独特。如黄豆芽、绿豆芽、豌豆苗、芽球菊苣、香椿芽等。

13. 食用菌类　可供菜用的食用菌类。如香菇、草菇、木耳、金针菇、双孢蘑菇等。

14. 香草类蔬菜　含有特殊芳香物质、可作蔬菜食用的一年生或多年生草本植物群。一般可凉拌、炒食、作馅、烧烤、烘烤等，具有一定消毒杀菌、提神醒脑、疏压助眠、安抚情绪及料理调味等作用，还可作加工食品、化妆品、药品的主料或辅料，在工艺装饰、绿化等方面也有广泛的用途。香草类蔬菜包括罗勒、薄荷、香蜂草、薰衣草、迷迭香、百里香、琉璃苣等。

第三节　中国蔬菜种质资源对世界蔬菜多样性的贡献

中国蔬菜种类之多为现今世界各国所罕见。德国人柏勒启奈德（Bretschneider，1892）对此有过中肯的评价，他说："世界各民族，所种蔬菜及豆类，种类之多，未有逾于中国农民者。"中国各族人民不仅发掘、驯化和改进了中国起源中心的蔬菜植物，又先后把其他起源中心传入的蔬菜植物驯化过来并加以改进、发展。中国蔬菜种质资源对丰富和改进世界蔬菜种类是有卓越贡献的。自 20 世纪 80 年代开始，我国蔬菜科技工作者对全国 29 个省、自治区、直辖市的蔬菜品种资源进行调查、搜集、整理，至 1995 年已搜集、整理、保存入库 28 457 份。这不仅对中国，而且对世界蔬菜资源多样性，以及生产和品种改良都是极其宝贵的财富。

中国的芸薹属植物白菜类对丰富世界蔬菜种类有着极大的贡献。如芸薹（*Brassica campestris* L.）是榨油和菜食两用植物，于汉代传到日本，16 世纪传到欧洲。由它演化的白菜 [ssp. *chinensis* (L.) Makino] 和大白菜 [ssp. *pekinensis* (Lour.) Olsson]，现今为世界许多国家引种栽培。根据高岛四郎等所著《原色日本蔬菜图鉴》的记载，白菜在明治初年（1868）由我国华中地区传至日本，结球大白菜在明治时期由我国东北及华北传至日本，明治 40 年（1907）普及日本全国。日本现今培育和栽培的形形色色的结球大白菜，毫无疑问其始祖都来自中国。欧美栽培结球大白菜的记录始见于 1800 年。

中国与日本交往甚早。唐代扬州大明寺鉴真法师东渡日本之后，推动了日本古代文明的建立。中国的文化是日本古代文化重要的源流，传入日本的蔬菜种类自然也很早、很多。据日本学者研究，确切由中国传入日本的蔬菜有 16 种之多。芜菁古代就已传入；原产中国江南的毛竹于 1736 年经琉球传入；慈姑、大蒜、紫苏在 10 世纪传入；西瓜在 1579 年从中国引进种子，一说由隐元禅师从中国带到日本；苦瓜在 1600 年传入；甘露子在 17 世纪末引到日本，20 世纪才传到欧美；莴笋在明治初期传入；1943 年传入中国刺黄瓜。其他还有白菜、山药、茄子等。

大豆起源中国，对世界的贡献巨大。18 世纪末传入欧洲，19 世纪初引入美国。20 世纪 30 年代引起美国重视，大力发展。大豆除主要供榨油外，现今各国也大量用来生产豆芽菜，还选育出菜用大豆品种供作菜食，以及制作各种植物蛋白等食品。

中国人民对南洋群岛的开发有过很大贡献。早在公元 600 年前后从中国输入马来亚的蔬菜有蒲菜、韭菜、芹菜、枸杞等。

中国很多蔬菜的变种或品种具有优良的遗传种质。如中国的刺黄瓜具耐病、抗病性，20 世纪 40 年代美国利用它作为筛选抗镰刀菌枯萎病的亲本。它的单性结实性、结瓜的节成性以及花芽分化对短日照的不敏感性等，深为前苏联、日本等地温室栽培和早熟栽培所欢迎，并被列为温室品种，常以"中国长"命名。

有些蔬菜的独特品种，在世界上也享有较高声誉，如香菇、黄花菜、章丘大葱、莴笋、长山药、线丝瓜、茭白和各种竹笋等。

第四节　中国蔬菜的演化

中国是世界农业八个起源中心之一，是野生植物最早被驯化的三大地点（中国、西南亚和埃及、热带亚洲）之一（德·堪多，1855），不言而喻，也是栽培植物的演化中心之一。

中国封建社会的小农经济持续了几千年，加之国土辽阔，境内山川纵横梗阻，交通不便，影响交流，长期以来各个地区的农业生产几乎都处于封闭的自给自足状态。由于蔬菜产品具有需要量大和易于腐烂的特点，更是造成就地生产、就地供应的重要因素。各种蔬菜受到这种特殊社会和自然隔离的影响，自然地形成了各地自己的地方品种。因此，中国的多种蔬菜都有极丰富的品种。例如大白菜在全国大约有地方品种 2 000 个左右，仅山东省就约有 300 个。山东各县一般都有 2～3 个大白菜地方品种：一个是秋末冬初收获的早熟品种，一个是耐贮藏供冬春食用的晚熟品种；有些地方还有特别晚熟的大型高产品种。黄瓜在山东省大约有 180 多个品种。其他蔬菜的地方品种也极其繁多，其中包括许多闻名于世的珍贵的地方蔬菜品种。这些都是中国农民数千年来勤劳智慧的结晶，更是世世代代留存下来的一份宝贵资源。

一、中国独特的亚种和变种

中国是一些蔬菜的第二起源中心。这些蔬菜在中国形成了不同于外国同种蔬菜的独特的亚种和变种。埃塞俄比亚基因中心起源的甜瓜（*Cucumis melo* L.）引至欧美各国以及中国西北部的新疆和甘肃等地，产生了果皮坚厚的硬皮系统的卡沙巴甜瓜（var. *cassaba*）、硬皮甜瓜（var. *cantalupensis*）等变种。中国起源的甜瓜，则产生了薄皮系统的越瓜（var. *conomon*）、薄皮甜瓜（var. *makuwa*）和观赏甜瓜（var. *dudain*）等变种。据李家文试验，两个系统的品种可以自由杂交并产生生殖力正常的后代。这可以证明它们是同一个种的植物。但这两个系统的甜瓜不但形态不同，而且对气候条件的适应性也不同。中国的薄皮系统甜瓜，与外国的厚皮甜瓜有巨大的差异，它可列为一个亚种（ssp. *conomon*）。

还有一些国外原产的蔬菜，引入中国后由于变异的方向不同，而产生了不同的变种。莴苣（*Lactuca sativa* L.）在国外只有叶用的皱叶莴苣（var. *crispa* L.）、直立莴苣（var. *longifolia* Lam.）和结球莴苣（var. *capitata* L.）等变种，引入中国后产生了独特的莴笋（var. *asparagina* Baiey）变种。东南亚原产的豇豆在国外都以种子为粮食，而在中国则向果荚发达的方向变异，产生了以嫩荚作为蔬菜的长豇豆亚种［ssp. *sesquipedalis*（L.）Verdc.］。芸薹（*Brassica campestris* L.）在欧洲和其他地区停留在油料作物上，而在中国则演变发展为普通白菜［ssp. *chinensis*（L.）Makino］和大白菜［ssp. *pekinensis*（Lour）Olsson］两个亚种，这两个亚种各自还有若干变种。

二、丰富的多态型变异

甘蓝（*Brassica oleracea* L.）在一个种中产生了很多形态特征，尤其是产品器官差异很大的类型，这是园艺学上形态型变异的典型例子。但是，中国的芥菜［*Brassica juncea*.（L.）Czern. et Coss］的多态型性变异更有甚于此。在《礼记》中载有"鱼脍芥酱"，可见周代是以芥菜原始类型的种子作为香辛调料。后来除了演化为芥末菜和芥菜型油菜外，在蔬菜方面还演化成以发达的叶为产品的分蘖叶芥（var. *multiceps* Tsen et Lee）、以肥大嫩茎为产品的茎瘤芥（var. *tumida*）、以肥大直根为产品的大头芥（var. *megarrhiza*）、以花薹为产品的薹芥（var. *utilis* Li）等变种。再如芸薹（*B. campestris* L.）发生变异产生了油菜（var. *oleifeva*）、普通白菜（var. *communis* Tsen et Lee）、乌塌菜（var. *rosularis* Tsen et Lee）、菜薹（var. *utilis*）及大白菜［ssp. *pekinensis*（Lour）Olssn］、芜菁（ssp. *rapifera* Metzg）等亚种、变种。

大葱（var. *giganteum* Makino）在国外很少栽培，而在我国却发展成为人民生活中重要的调味蔬菜，形成有着肥大白嫩假茎（葱白）的蔬菜作物。

三、生态型的变异

中国各地生态条件差异很大，长期在不同地区栽培的蔬菜，在不同生态条件下发生相应的变异而形成了许多的生态型。西瓜原产于非洲，原来是典型的热带大陆性气候生态型植物，被引入中国西北部和中部大陆性气候地区栽培的仍保持着原来的生态特性，即要求昼夜温差大、空气干燥、阳光充足，而且生长期长、果型大。但长期在东南沿海各地栽培的则发生了相应的变异，产生了能适应昼夜温差小、湿润多雨、阴天多的气候，而且生长期短、果型小的生态型。黄瓜在中国有两个明显的生态型。南方型的黄瓜直接由东南亚传入，现在主要分布于华南，仍保持着要求温暖湿润气候的特性，而且一般为短日性植物，短日照有利于雌花分化，果实粗短，无明显的棱刺。北方型的黄瓜约于2 000年前经由中亚细亚传入，经过长期在华北地区栽培，生态特性变异很大，它适应了北方的大陆性气候，能耐变化激烈的温度和干燥气候，除早熟品种外一般为长日性，能在长日照下分化雌花，而且果实细长，有明显的棱刺。大白菜亚种的结球变种由于原产的地区不同而形成了3个形态不同的生态型：①卵圆型（ecotp. *ovata* Li.），原产于山东半岛，为海洋性气候生态型，严格要求温和湿润的气候；②平头型（ecotp. *depressa* Li.），原产于河南中部，为大陆性气候生态型，能适应变化激烈的温度和干燥空气，要求充足阳光；③直筒型（ecotp. *cylindrica* Li.），原产于海洋性气候和大陆性气候经常交替的冀东地区，为交叉性气候生态型，对气候有较强的适应力。

在中国大部分地区为了保证蔬菜周年供应而进行周年生产，由于各个生产季节的不同气候条件，因此要求有能适应相应条件的生态型品种或同一生态型不同熟期的品种。例如，山东省露地栽培的黄瓜即形成了春、夏、秋黄瓜类型，而春黄瓜类型能适应早春低温或先低后高温度变化；夏秋黄瓜类型能适应夏季炎热、夜温较高的气候条件；秋冬类型的品种则能适应由高温到低温的气候条件，在短日照条件下开花结果；设施栽培类型品种则能适应低温、弱光及短日照条件。而不同生态型的品种又有不同成熟期的品种群，可以调节产品的收获期。

又如菜豆有春型和秋型，春型为短日性植物，秋型则为长日性植物。大蒜在春、秋两季均可栽种的地区有冬蒜和春蒜两个生态型。冬蒜在秋末栽种，露地越冬，6月收获，它的耐寒性强，生长期长。春蒜则为春种夏收。春蒜和冬蒜最大的区别是冬性强弱不同。冬蒜需要经过较长期低温才能完成其春化过程，然后抽薹，长成侧芽，产生正常分瓣的蒜头。冬性很强的冬蒜品种如果进行春种，由于低温时间不足，常发生多数不抽薹也不分瓣的"独蒜"。春蒜则不需要长期低温也能抽薹和分瓣。

上述种种中国蔬菜的亚种、变种和品种，极大多数都是中国农民在长期栽培活动中，无意识或有意识地通过发掘变异和利用最原始的人工选择手段演变而来的。它们对中国和世界的蔬菜生产有着不可磨灭的作用，并还将继续起着重要作用。但是，随着生产的发展、社会的进步、生态条件的变化和对品质的更高要求，人们迫切期望有更多的蔬菜新品种和新类型问世。采用旷日持久的古老选择法，

远远不能满足上述日益增长的需要。这就必须依靠近代发展起来的遗传理论和育种手段，来加快中国蔬菜的演变过程。事实正是这样，近几十年来，由于广泛引进和交流国内与国际的蔬菜品种资源，并开展了杂交育种工作，使得中国蔬菜的基因发生了大规模的交流和重组，从而创造了新的品种和类型。甚至在过去少有蔬菜栽培的青藏高原，也都拥有了能适应当地特殊自然条件的新的蔬菜生态类型。

（林德佩　颜　蕴）

（本章主编：林德佩）

◆ 主要参考文献

[1] 中国农业科学院蔬菜研究所. 中国农业百科全书·蔬菜卷. 北京：农业出版社，1990

[2] 黄年来. 中国食用菌百科. 北京：农业出版社，1993

[3] 上海市农业科学院食用菌研究所. 中国食用菌志. 北京：中国林业出版社，1991

[4] 赵有为. 中国水生蔬菜. 北京：中国农业出版社，1999

[5] 邹学校. 中国辣椒. 北京：中国农业出版社，2002

[6] 王素等. 国外蔬菜遗传资源的引进、研究与利用进展. 园艺学报，1998，25（3）：264～269

[7] 洪立，黄涵，严新富. 蔬菜名汇集. 台北：台湾大学园艺系. 1992

[8] 梁家勉. 中国农业科学技术史稿. 北京：农业出版社，1992

[9] 山东农业大学等. 蔬菜栽培学总论. 北京：中国农业出版社，2000

[10] 中国科学院植物研究所. 新编拉汉英植物名称. 北京：航空工业出版社，1996

[11] 全国自然科学名词审定委员会. 农学名词（1993）. 北京：科学出版社，1994

[12] 卯晓岚等. 中国大型真菌. 郑州：河南科学技术出版社，2000

[13] 利容千. 中国蔬菜植物核型研究. 武汉：武汉大学出版社，1989

第三章

中国自然气候与蔬菜生产分区

第一节　中国自然气候条件与蔬菜生产

一、中国自然气候环境概述

中国位于亚洲大陆东南部，东临太平洋，西部深入欧亚大陆腹地，西南为"世界屋脊"——青藏高原。

中国疆域辽阔，北起漠河以北的黑龙江江心，南至南沙群岛的曾母暗沙，南北相距 5 500km，跨纬度近 50°；东始黑龙江与乌苏里江汇合处，西到帕米尔高原，东西横越 5 200km，跨经度 62°。国土面积 960 万平方公里，约占亚洲面积的 1/4，世界陆地面积的 1/15。

在地理气候学上中国地处北纬 20°～50°之间的中纬度地带，具有各种气候带，全年太阳辐射总量 33.5×10^8～58.6×10^{8}J，大部分地区达到 46×10^8～54.4×10^{8}J，年日照时数在 1 200～2 800h，大部分地区达 1 600～2 600h，≥0℃的积温在 2 000～10 000℃，湿润和半湿润区年降水量在 400～2 000mm。总体来看光资源、热量条件优越，尤其是占各种气候带 1/4 面积的亚热带、热带地区，气候温暖，雨量充沛，农产丰富。中国农业历史悠久，2 000 多年前就有栽培蔬菜，是世界上最古老的农业国之一。

中国东部地区由于濒临海洋，受东亚季风强烈影响，具有明显的季风气候特点，夏季炎热湿润，冬季气温较低；而内陆西北部地区，海洋暖湿气流不易达到，呈现夏季高温、冬季严寒、昼夜温差大、干旱少雨，日照充足的大陆性气候。从雨量分布看，自大兴安岭西麓往南，经太行山山麓，向西南延伸至青海、西藏自治区那曲至拉萨附近，大致自东北斜贯西南，也正好分为东南和西北两部分，东南部为湿润、半湿润区，西北部为干旱和半干旱区。

季风气候最大优点是雨热同期，从全球范围看，亚热带处于高压控制下，干旱少雨，大多是荒漠和干草原，而中国广大的亚热带地区与世界同类地区迥然不同，全年降水量 80%以上集中于作物生长期，季风暑雨，相得益彰。同时，由于受季风影响，中国东南部下半年的温度显著高于同纬度其他国家和地区，因而使一年生喜温蔬菜作物大大向北推进。从而使东南广大地区成为我国主要的农业区和蔬菜产地，几大片主要蔬菜生产基地和重要出口蔬菜基地都分布在这里。夏秋季和秋冬季盛产喜温、耐热的瓜果类蔬菜和喜温和、冷凉的叶类蔬菜等，其产品竞相上市，远销国内外。而中国西北部地区虽然气候干燥、蒸发量大，但日照充足、太阳辐射总量强、昼夜温差大，只要有良好的灌溉条件，特别适合于瓜果类蔬菜生长，故新疆、甘肃等地已成为中外驰名的优质西甜瓜产地和大面积罐藏番茄生产基地。

中国蔬菜栽培学

Olericulture in China

　　中国不但疆域辽阔，而且地形也十分复杂，有峰峦重叠的高山、起伏绵延的丘陵和山冈，也有广袤的平原和盆地，其中高原丘陵山地约占国土的2/3，平原约占1/3。从分布看，大致上从东北的大兴安岭向西南到西藏的波密、墨脱一线为低地和高山的分界。高山和平原相互影响着气候，一些对气候有着重要影响的山脉大多由东横贯向西，北有天山、阴山，中有昆仑山、秦岭，南有南岭。天山横穿新疆，将塔里木和准噶尔盆地分成两种不同类型的气候，造就了以盛产哈密瓜闻名于世的吐鲁番盆地特殊气候；而昆仑山和秦岭则成为自然地理上区分南北气候的分界线。由于高原、山区气温较低，无霜期较短，限制了许多喜温瓜果类等蔬菜作物的发展，但却是夏季生产喜温和、冷凉蔬菜的理想地。而河谷、平坝地带气候条件较好，一般均适宜种植蔬菜，常形成基础良好的生产基地。

　　中国幅员广大、地形多变，气候类型也复杂多样，有各种不同气候带、不同干湿气候、平原和山地高原气候、海洋和大陆性气候，因此植物资源非常丰富，也是世界栽培植物重要的起源中心之一，许多园艺植物起源于此。目前，中国蔬菜（未含食用菌）种质资源有31 000余份，是世界蔬菜种质资源最丰富的国家之一。中国栽培蔬菜（含食用菌和西、甜瓜）至少有298种（含亚种、变种），分属于50科。

　　然而，中国自然气候环境也有对农业生产不利的因素：西北干旱或半干旱地带全年降雨稀少、冬季严寒，多为流沙、戈壁或荒漠，约占全国地域面积的一半，很难发展种植业；东南部夏季多高温天气，时有暴雨、台风频繁，常给夏季蔬菜生产带来灾害并造成严重损失。还有，每年冬春季来自内陆西伯利亚的狂风、寒流，长驱侵袭西北、华北甚至波及东南的亚热带地区，常引起冬春季蔬菜的冻害、霜害和寒害，有时还严重影响南方北运冬菜的上市量。此外，冬春季连阴雨或连阴雪天气，造成较长时间的连续寡照、低温，也常严重危及冬春季日光温室、塑料大棚等保护地蔬菜的安全生产。

二、中国气温分布与蔬菜生产的关系

　　蔬菜作物对温度各有不同的要求，温度是决定各地区不同蔬菜分布的主要因素之一。农业气候学中常用活动积温即作物某生育期内日活动温度（高于或等于其生物学零度的日平均温度）的总和，来表示作物生长发育速度与温度条件的关系以及某一地区的热量资源。人们一般用全年稳定在10℃以上持续期的累积温度（活动积温），来相对地表示某地在一定时期内能为蔬菜生长所提供的热量。不同蔬菜种类由播种到成熟所要求的≥10℃以上活动积温各不相同。

　　中国从北到南随着纬度的变化，跨越寒温带、中温带、暖温带、亚热带、热带和赤道带，其中大部分地区为温带、暖温带和亚热带。其全年气温和北半球同纬度地区相比，冬季要冷得多，夏季要热得多。由于处在欧亚大陆东岸西风带内，冬季受极地高压的强烈影响，绝大部分地区最冷月份在1月份，最热在7月份。从温度（热量资源）分布看：日平均气温全年≥10℃的活动积温由黑龙江省北部漠河的1 650℃至西沙的9 672℃，平均纬度每降低1°，≥10℃的活动积温增加217℃。中国东北平原全年≥10℃的活动积温为2 000～3 000℃、华北平原为3 700～4 500℃、长江流域以南为5 000～6 000℃、南岭以南为6 500℃、四川盆地为5 400℃、青海柴达木盆地为1 500～2 000℃、藏北高原大部分地区仅为500℃、藏南雅鲁藏布江河谷为1 000～2 300℃、藏东南可达2 000～3 000℃。

　　在中国极北的无夏区以及青藏高原（除藏东南部分地区外）等高纬度、高海拔严寒地区，冬季漫长，无霜期在120d以下，全年≥10℃活动积温少于2 200℃，这一地区不能满足喜温和生长期较长的茄果类、西瓜等蔬菜作物对温度的要求，除非采取保护措施，否则难以栽培。

　　东北平原（除极北部分外）、华北平原等地，处于全年≥10℃活动积温在2 500～4 500℃的温带地区，四季分明，无霜期为120～220d，这一地区露地栽培的蔬菜作物种类多，资源也丰富，间或有少量水生蔬菜。从光热资源来看，其中无明显夏季的地区将是发展夏季蔬菜"北菜南运"具有潜力之地。此外，北纬33°～43°的广大地域又是发展日光温室等保护地栽培较为有利的地方。

而黄土高原，大部分地区全年≥10℃活动积温介于东北平原与华北平原之间。积温较高地区的气温变化类似于华北平原。

在北纬34°以南至23°30′，包括长江流域、东南部部分地区，处于全年≥10℃活动积温在4 250～8 000℃的亚热带地区，无霜期长，全年日平均温度≥10℃的持续天数在220～350d，这一地区喜温的瓜果、豆类及叶类蔬菜分布较多，水生蔬菜资源极为丰富。此外，≥10℃年活动积温在6 000℃以上地区基本为无冬区，不仅可以种植多种喜温耐热蔬菜、水生蔬菜，而且也可以栽培喜高温的竹笋等特色蔬菜和胡椒等香辛蔬菜。如不利用高海拔的特定条件，甘蓝类蔬菜采种有一定的困难。从光热资源看，其中部分"无冬区"是发展喜温瓜果、豆类蔬菜冬季生产，进行"南菜北运"的最好地点。

在包括台湾省南部、云南省滇南西双版纳和沅江河谷、广东省雷州半岛以及海南岛等地的热带地区，全年日平均温度≥10℃活动积温在8 000～10 000℃，终年无霜，最冷月份平均气温在15℃或18℃以上。这一地区盛产耐热喜温蔬菜，资源非常丰富，也是发展冬季蔬菜生产，进行"南菜北运"的适宜地点。海南省三亚、云南省沅江等地则是蔬菜育种和良种繁育工作者进行加代繁育的首选之地。但是这一地区以及亚热带无冬区夏季的高温天气，也对蔬菜正常生长带来不利影响。

中国是多山国家，山地高原面积占国土面积的65%以上。随着海拔的升高，其气温（热量资源）也随之变化。例如南岭山脉是中亚热带和南亚热带的分界线，在海拔300～400m的山地，全年≥10℃的活动积温为6 500℃，当海拔上升到400～800m、800～1 200m和1 200m以上时，则其活动积温分别为4 800～5 300℃、4 300～4 800℃和小于4 300℃。再如云贵高原，在河谷平坝区全年≥0℃的积温为8 000℃，而山顶则小于1 600℃，其变化更为突出。这种因垂直高度变化所形成的"立体气候"，包括了从北热带、南亚热带、中亚热带、北亚热带、南温带、中温带至北温带7个不同的气候带标。故此一般认为，海拔每上升1 000m，则气温下降6℃。利用夏秋季山地较冷凉气候，在海拔500～1 000m的地带发展高山蔬菜，作为对平原地区（尤其是热带和亚热带）因夏季高温而难以生产的一种补充，对均衡市场蔬菜供应具有重要意义，同时也是开发山区、提高山区农民收入的一项很有潜力的产业。

自改革开放以来，由于"菜篮子工程"的实施，促使蔬菜生产有了长足的进步，不仅应用了许多优良新品种，发展了露地蔬菜生产，而且保护地栽培面积和技术水平也都得到迅速的扩大和提高，大大突破了自然条件的限制。华北地区在早春如果气温或土壤温度（地下10cm）提高3～4℃，约相当于使蔬菜生育期提早15d，也就是相当于将地理位置向南推移近500km。利用塑料中、小棚和地膜覆盖技术完全可以达到和超过上述指标，而利用塑料大棚和节能日光温室等性能更为优越的保护地设施，还将使部分喜温蔬菜的分布进一步向高纬度和高寒地区推进。例如番茄等喜温蔬菜由于采取保护地栽培现已推广到北纬50°以北地区。西藏拉萨原七一农业试验场1984年利用塑料大棚引种茭白获得成功。拉萨市利用多种形式的保护地进行育苗和栽培的蔬菜作物已有30多种。

另外还必须指出：温度和降水在相当程度上相互限制着气候资源的利用。西北干旱地区光热资源相当丰富，但因降水量少而限制了对它的开发利用。青藏高原许多地区水资源相当丰富，但夏季温度不高，也使水资源的利用受到影响。在东部季风区的中纬度地区，雨热同季、相得益彰，从而成为全球亚热带农业最为发达的地区之一。

三、中国日照分布与蔬菜生产的关系

太阳是地球上一切光、热的根本来源，阳光也是植物进行光合作用所必需的物质。日照时间的长短和强弱直接影响蔬菜作物的产量和质量。日照的多少和云雾的多少呈负相关。从中国日照地理的分布来看：从北到南总的趋势是由多到少，并存在两条年日照3 000h的日照等值线，东边一条由北向南经内蒙古锡林浩特、呼和浩特、宁夏石嘴山、甘肃省酒泉、青海省大柴旦、恰卜恰、格尔木向南到

拉萨；西部一条向南从青河经新疆吐鲁番、阿克苏、且末到扎达；在西线以西，东线以东、以南年日照均不足 3 000h。其地区分布如下：东北平原（包括松辽平原和三江平原）年日照时数为 2 400～3 000h；黄淮海平原（包括黄河、淮河、海河的中下游地区亦称华北平原）日照百分率为 50%～60%，年日照时数 2 000～2 700h；黄土高原（北起长城、西界日月山、南抵秦岭、东至太行山）年日照时数为 2 200～3 000h；蒙、新干旱地区（包括新疆全部、甘肃河西走廊、宁夏中北部、内蒙古西部）全年日照时数为 2 600～3 400h，日照百分率为 60%～75%；青藏高原（东起横断山区、西至喀喇昆仑山、南至喜马拉雅山、北达昆仑山祁连山一线，海拔 4 000m 以上）太阳辐射强、日照百分率高，如拉萨全年日照时数为 3 005.7h，冷湖的日照时数是我国的最高值，其年平均达 3 602.9h；云贵高原（包括云南玉龙雪山—点苍山—哀牢山一线以东、贵州大部及四川西南部边缘地区）日照少，全年日照时数贵阳为 1 420h，成都仅为 1 267h；长江流域、东南的亚热带地区（即北纬34°以南，至北纬23°30′以北），如长江中下游、珠江流域及南海沿岸全年日照时数为 1 750～2 000h，日照百分率为 40%～50%；华南热带地区（包括台湾省南部、云南省南部、广东省雷州半岛、海南省及南海诸岛）年日照时数多为 1 800～2 600h，如广西部分地区为 1 800h 左右、海南为 2 400～2 600h、台湾为 1 400～2 200h。此外，在地区内也不乏有较大差异，例如号称世界屋脊的西藏以阳光丰富著称，但据西藏有关台站观测，其年日照时数差别很大，葛尔县为 3 395.7h、丁青县 2 342.0h、易贡农场 1 803.1h、林芝县则仅为 1646.2h。

从上述日照分布可见，川黔、湘西、鄂西是中国云雾最多、日照时数最少的地区。这里正是"天无三日晴"和"蜀犬吠日"之地，全年阴多晴少，阳光不足，湿度较大，日照时数在 1 500h 以下，年日照率只有 30% 左右，很不利于瓜果、豆类蔬菜的生长发育。常表现为植株容易徒长，病虫害重，不易坐果，即使能结果，果实也较小、色泽欠鲜艳、干物质含量低，难以生产出优质产品。近年来，由于育种工作者致力于选育优质、耐阴、抗病新品种，并取得了较大进展，如重庆市农业科学研究所陆续育成渝抗系列番茄、渝抗系列辣椒、渝早系列茄子、渝杂系列黄瓜等，已能较好地适应当地的栽培环境，使这些蔬菜的抗病性、产品外观和内在品质得到改善和提高，基本扭转了过去难以生产出优质产品的局面。此外，由于该地区冬季气候温暖，夏季又不很酷热，加之山地气温垂直分布差异明显，因此野生蔬菜资源也异常丰富。

而西北部的蒙新干旱区以及青藏高原，则是中国日照最充足、日照时数最多的地区，一般年日照时数都在 3 000h 以上（除蒙新干旱区新疆西北部 2 500～3 000h 以外），日照率在 60% 以上，而且昼夜温差较大，极有利于蔬菜作物的光合作用和干物质的累积。当地产的萝卜、马铃薯、胡萝卜和甘蓝等产品都要比内地个头大且耐贮性强。新疆所产的西瓜、甜瓜其含糖量要比内地相同品种高 3%～5%。西藏所产菠菜、莴苣单株重可达 1.5kg 以上；大蒜单个鳞茎（蒜头）一般在 100～150g，最大可达 200～350g；露地栽培的洋葱单株重都在 1.5～2.0kg；白皮马铃薯单株结薯可达 42 个，重 11kg。西藏军区后勤部曾展出过单个块茎重高达 3kg 的马铃薯。

中国其他地区的日照时数和强度，则介于上述两者之间。大致由珠江流域和南海沿海、长江中下游、华南热带地区、华北平原、东北平原到黄土高原（大部分），渐次增加，年日照时数约从 1 700h 递增至 3 000h，日照率从 40% 递增至 60%。其日照特点对蔬菜生产的影响，长江中下游和珠江流域类似于四川和贵州，而黄土高原则相似于蒙新干旱区。

值得注意的是日照时数在年内的分配，除云南省昆明等少数地区外，均以夏季为多，冬季为少。最多一般在 6～7 月，最少通常在 12 月至翌年 1 月（东南部有些地区推迟至 2 月）。这一特点直接影响到冬季保护地蔬菜生产管理和保护地蔬菜品种选育的方向。

此外，蔬菜作物阶段发育对光周期的不同反应或不同生态类型对日照长短的不同要求，与蔬菜作物在不同日照分布区之间的异地引种能否获得成功，有密切的关系。例如洋葱鳞茎的形成，生态类型差别十分明显。南方地区行秋冬栽培，多采用短日型品种（日照 11.5～13h 以下），而北方地区则须采用长日型品种（日照 13.5～15h）才能适应夏季收获的栽培方式。大蒜也有类似情况，例如台湾省在普通平原地区自 9 月上旬至 12 月下旬均可生产不同用途的大蒜，但生产蒜头必须用短日型品种，长日型品种（北蒜）只能用于蒜薹生产。又如马铃薯的块茎是在短日条件下形成的，北方的早熟品种和晚熟品种引种到南方进行秋冬栽培其熟性几乎没有差别。另外还有较特殊的情况，如有的草莓在 15℃ 以下表现为长日性，在温度较高的条件下却又呈短日性。故此从不同日照分布地区引种必须考虑不同蔬菜作物的光周期的特性，一般认为在日照长短相似的同纬度或纬度相近地区之间的引种，其成功的可能性较大。但两地日照时间相近而温度不同时，有时也会导致生育日期不一致，这点也应加以注意。

四、中国降水分布与蔬菜生产的关系

作物的各种生命活动都离不开水。当水分不能满足时，作物的生命活动就不能正常进行。就蔬菜作物而言，对水分的需求比粮食作物要多得多。主要表现在两个方面：其一是蔬菜作物的产品含水量高。例如胡萝卜的肉质根含水量为 88.2%，马铃薯的块茎为 79.0%，黄瓜、西瓜、番茄的果实含水量均在 90% 以上，莴苣和结球甘蓝的叶片含水量分别为 94.8% 和 90.0%。其二是蔬菜作物形成单位重量干物质所消耗水分的倍数（即蒸腾系数）大大高于玉米、小麦等粮食作物。例如蚕豆为 794，豌豆为 778，黄瓜、菜豆分别为 713 和 682；而玉米、小麦仅分别为 368 和 543。降水和水资源状况将直接影响蔬菜作物的分布、产量以及产品的品质。

从中国降水量分布看：全国年平均降水量约 600mm，大体从东南沿海向西北内陆递减，南方多于北方、山地多于平原。东北平原年降水量为 400～750mm，华北平原为 500～800mm，黄土高原 150～700mm，长江流域、东南亚热带和华南热带地区为 1 000～2 000mm，蒙新干旱区普遍少于 250mm，云贵高原为 1000～1 400mm。

台湾、海南、广东、福建、浙江省的大部分地区年降水量为 1 500～2 000mm，长江中下游地区在 1 000～1 500mm，个别年份海南岛可达 2 340.9mm，台湾省可达 6 557.8mm，这是中国年降水量最多或较多的地区。这些地区水资源丰富，雨水多数集中在农作物需水较多的温暖季节，很有利于蔬菜作物的生长发育。但常常由于大雨、暴雨成涝，加之地下水位较高，因此菜田排水系统的建设成了蔬菜基地建设中一项尤为重要的任务。

而新疆、甘肃河西走廊、宁夏中部及内蒙古西部的干旱荒漠则是中国年降水量最少的地区，其年降水量一般在 250mm 以下，其中有一半以上不到 100mm。新疆吐鲁番 1961—1970 年 10 年间平均降水量仅为 12.6mm，1968 年只有 2.9mm。该区主要靠河流、高山冰雪融水和使用地下坎儿井引水灌溉。另外，这里冬春季还多强风，蒸发强烈，风蚀沙害严重，土壤次生盐渍化较普遍，因此也限制了一些蔬菜作物的分布。

其他广大地区如东北平原、华北平原以及云贵高原、黄土高原、青藏高原部分地区的年降水量大致介于上述两者之间，主要靠地下水或河水灌溉。其中华北平原全年降水不匀，秋、冬、春季少，夏季多，大多集中在 7～8 月，约占全年的 45%～65%，春季最易出现春旱，常常对露地春播蔬菜出苗造成严重影响。东北平原因直接受北太平洋和北冰洋海洋气候及大兴安岭森林湿润气候的影响，雨量比较充沛，其年降水量比华北部分地区为多。但由于东北北部处于高寒气候，生长期短，因此限制了一些喜温、生长期较长的蔬菜作物的生长和分布。黄土高原除汾渭河谷年降水量可达 600～700mm外，其他均较低，降水多集中在 6～9 月，约占全年的 60%～79%。云贵高原、青藏高原由于气候复杂，各地年降水量变化较大。

另外，降水的时间性与蔬菜作物需水的经常性和需水量之间的矛盾还要靠节水、蓄水、排水等农业措施来调节。如甘肃等西北内陆干旱地区采用砂田、地膜覆盖等措施，可有效地进行蓄水和节水。

华北、东北和中原（部分）等主要靠地面灌溉和夏季雨水的地区，为便利灌溉，同时防备夏季雨涝，多采取田间排灌沟渠配套的平畦（或垄作）进行蔬菜栽培。雨量丰沛的广大南方地区，则普遍采用高畦栽培，以利排水。夏季多台风、多雨、湿害严重的台湾，提倡采用"折中式整地法"栽培蔬菜，即在田间事先做好排水沟并施下基肥，然后再整地，等土壤湿度适宜时再按畦的宽度将畦沟的土壤犁起堆在畦上，打碎后再行播种或栽植。这样畦底部未犁松，质地较坚实（孔隙小），一旦雨后积水，就不会有太多水分进入根底层，可有效地减少湿害。另外，台湾夏季栽培的蕹菜、落葵、叶用甘薯等叶菜类蔬菜，因耐湿性较强，若雨后土壤太湿，田间作业不便，难于换茬，则常常留其老根，进行"宿根栽培"，以延长其采收时间。

不同蔬菜种类对淹水的忍耐力差异很大。据王进生报道，芋头、蕹菜能耐4～5d，而莲藕仅能耐1d；紫苏、韭菜、葱、姜能耐2～3d，而黄瓜、甘蓝、番茄、萝卜、白菜等经数小时淹水即能导致死亡。故此一旦发生涝灾，必须分清轻重缓急及时排涝。

降水除引起渍涝、积水造成减产甚至绝收外，还可使番茄、甘蓝等发生裂果、裂球，或使蔬菜因虫害伤口着雨而引起腐烂。降水即使没有导致以上情况发生，但由于雨水覆盖叶面使气孔关闭、二氧化碳交换受到影响而削弱光合作用；雨水还会溶失部分光合产物。近年生产上广泛应用遮阳网、防虫网和防雨棚等覆盖技术，显著地降低了雨害、虫害等所带来的损失。

五、蔬菜生产中的灾害性气象

（一）旱灾 长时间的无雨或少雨常对农作物造成严重的损害。但是，由于蔬菜需水量大，生长期间必须多次浇水，故一般菜田均有灌溉设备，除非在地下水或河水等流量不足、不能正常灌溉的特殊干旱年份，才会造成灾害，严重影响蔬菜作物的产量和品质；一般干旱只会对蔬菜造成间接危害，例如引起蚜虫、红蜘蛛、茶黄螨、病毒病以及日灼病等病虫害及生理病害的严重发生等。

中国各地旱灾的发生季节不完全相同，北方4～5月间易发生春旱，民间有"十年九春旱"之说；长江中下游地区常多伏旱，华南和华北部分地区则时有秋旱。一般春旱和秋旱易引起直播蔬菜出苗不齐或缺苗断垄，伏旱则常因减产而造成蔬菜市场临时性的局部供应紧张。

（二）雨涝 雨涝是湿（渍）、涝、洪的总称，它是中国主要农业气象灾害之一。由于长期阴雨、地下水位升高，使土壤水分长时间处于饱和状态，从而造成蔬菜作物根系缺氧和腐烂，称为湿害或渍害。雨水过多，地面积水长期不退，使蔬菜受淹死亡，称为涝害。雨量过大、过于集中或江河泛滥成灾称为洪害。

按雨涝发生的季节可分为春涝、春夏涝、夏涝、夏秋涝和秋涝。春涝和春夏涝多发生在华南及长江中下游一带，主要由阴雨连绵造成，使蔬菜作物烂根及大面积烂菜。夏涝发生的地区较广泛，黄淮海平原、长江中下游、华南、西南、东北等地发生的都较多。多由暴雨或连日大雨造成涝灾或湿渍害。

秋涝和夏秋涝以西南、华南和长江中下游地区发生几率最高，其次是江淮和华北地区。

在蔬菜基地的建设中，正确设计和落实田间排灌系统的建设，是抵御雨涝灾害的最根本措施。此外，良好的田间管理，采用高畦、高垄、瓦垄畦栽培，及时排除田间积水，雨后追化肥、提高植株抗性，及时中耕散墒，破除土表板结，增加土壤通透性等都是防治雨涝灾害有效的农业措施。

（三）低温灾害 每年入秋以后至翌年春季，由于受季风控制，中国大部分地区时有冷空气南下，引起急剧降温，给蔬菜生产带来损失。一般温度降至0℃或0℃以下的低温危害称为霜冻或冻害；有时温度虽然还没有降至0℃或0℃以下，但对某些蔬菜已造成伤害，即称为低温冷害或寒害。为便于叙述，这里将霜冻、冻害、低温冷害和寒害统一称之为低温灾害。

1. 霜冻 霜冻是主要的农业气象灾害之一，对蔬菜生产影响很大。早霜一般多危害蔬菜作物的

成株，使单产降低；晚霜多危害幼苗，使幼苗受冻以至死亡，甚至不得不改变种植计划，改种其他蔬菜。

霜冻一般是指在蔬菜生长期间，土壤表面、植株表面及近地面空气层的温度降低到足以引起蔬菜作物遭受冻害或者死亡的短时间的低温。通常是在 0℃ 或 0℃ 以下。在一般情况下，出现霜冻时，如空气中的水汽达到饱和，则水汽会直接凝华成冰晶，凝结在植株表面而形成霜。若空气中的水汽未达到饱和，则不会出现霜。但因此时温度已降至 0℃ 或 0℃ 以下，蔬菜作物会同样受到伤害，致使植株体内结冰，茎叶呈水浸状，其后茎叶枯萎、死亡，变成灰黑色。这种看不见霜的霜冻称为"黑霜"冻。

中国出现霜冻的季节主要在春、秋两季，秋霜和春霜也分别称早霜冻、晚霜冻。早霜冻出现时，当时天气还比较暖和，许多蔬菜正处在生长和结果的中后期，受冻后产量明显下降；而晚霜冻出现时，正是温暖的春天，受害的常是刚播种出苗或定植的蔬菜幼苗。幼苗最怕低温，尤其是喜温蔬菜，一遇霜冻就会引起幼苗的局部冻害或造成幼苗大量死亡。

各地霜冻出现的具体日期也略有差异，早霜一般是南方晚、北方早，沿海晚、内陆早；晚霜日期正好相反。东北地区最早 8 月中旬即可出现早霜，平均早霜出现在 9 月中旬；黄河以北及华北地区约在 10 月中旬；长江流域在 11 月中旬；华南地区在 12 月中旬以后；东部沿海平均早霜日期比上述时间要晚一些；西部内陆、高原地区要比华北地区早半个月以上；四川盆地、海南岛、台湾省平均早霜出现日期比华南地区更晚一些，有些年份甚至没有霜冻。晚霜日期以华南最早，平均在 1 月中、下旬；长江以南约 2 月底；长江以北在 3 月上、中旬；黄河以北在 4 月上旬；黑龙江最晚，甚至到 6 月下旬还有霜冻。东部沿海终霜日期要比长江流域提前一些，西部高原要比黄河流域推迟半个月以上。

根据当地的无霜期长短，科学地安排播种期和定植期是避免蔬菜作物受霜冻危害的主要措施之一。在霜冻发生时，则可采取覆盖、熏烟、灌水、喷水、临时加温等措施，以预防或减轻霜冻的危害。

2. 春季低温冷害　华南 2～3 月间，长江中、下游 3～4 月间，时有冷空气南下，形成阴雨低温天气，引起蔬菜幼苗沤根死亡。春季阴雨低温又分成：①湿冷（阴雨低温）型。这种天气的特点是日平均温度不很低，日温差小，阴雨连绵，缺少阳光，且持续时间长，在华南有的年份可达 20d 以上，常常导致新栽蔬菜幼苗生长不良，以致烂苗、沤根。②干冷（晴冷）型。这是因为冷空气势力较强，过境后天气晴朗，出现霜冻或较低的温度，如不及时防寒，就会使蔬菜幼苗遭受冷害、冻害或死亡。

3. 夏季低温冷害　夏季冷害是影响东北地区蔬菜作物产量的重要灾害。如番茄在东北各地（包括高寒地区）均属夏季栽培蔬菜，每年一茬，春播秋收，如 8 月上旬出现低温，就会引起植株生长不良、出现僵果，大大影响番茄的产量。在这里夏季的低温冷害成了番茄栽培的主要限制因素。

4. 冬季热带、亚热带的冷害　每年入冬以后，北方冷空气频频南侵，也常对南方热带、亚热带作物造成伤害，严重时也有一些喜温蔬菜幼苗受到不同程度的侵害。

（四）台风　台风是发生在热带海洋上的暖性强气旋。台风也是一种灾害性天气，每年夏、秋季节，陆续侵袭中国沿海，有时深入内陆，常给蔬菜生产造成严重损失。多台风的台湾省，菜农多以少种蔓生、需要搭大架的蔬菜，多种矮生或地爬的叶用甘薯、密播蕹菜、紫背天葵等耐热、抗风蔬菜来抵御风害。

（五）冰雹　冰雹也是中国常见的一种突发性灾害天气。一场雹灾，可在几分钟内将田间的蔬菜作物砸烂，温室等设施也难幸免。中国冰雹的地区分布特征是山区多于平原，内陆多于沿海，中纬度多于高、低纬度。冰雹常出现在蔬菜作物生长季节，尤以春夏、夏秋之交为多，大部分冰雹多发生在 14：00～16：00，每次降雹时间大致为 5～15min，间隙性降雹可持续 3～4h。农谚说"雹打一条线"，降雹地区通常呈长条形，面积不超过几个乡或 1～2 县，但也有波及到十多个县的大面积雹灾。一般长江以南广大地区为春雹区，以 2～4 月或 3～5 月为多雹时节，是全国降雹日数最少、危害最轻

的地区；长江以北、淮河流域、四川盆地及南疆地区为春夏雹区，以4～7月降雹最多；青海、黄河流域及其以北地区为夏雹区，以6～10月为最多，是全国降雹最多的地区；四川西北部和东北东部，雹日多出现在5～6月和9～10月，呈双峰型，故称为双峰型雹区。

现将中国八大蔬菜生产区主要城市的地理位置、温度和雨量列于表3-1。

表3-1　中国八大蔬菜生产区主要城市地理位置、温度和雨量
（摘引自：《中国农业百科全书·农业气象卷》，1986）

区名	地名	北纬	东经	海拔高度 (m)	年平均气温 (℃)	1月平均气温 (℃)	7月平均气温 (℃)	年降水量 (mm)	年日照时数 (h)
东北 单主 作区	嫩江	49°10′	125°13′	224	−0.4	−25.5	20.6	478.7	2 676.3
	齐齐哈尔	47°23′	123°55′	147	3.2	−19.5	22.8	415.5	2 867.1
	牡丹江	44°34′	129°36′	242	3.5	−18.5	22.0	531.9	2 558.6
	哈尔滨	45°41′	126°37′	173	3.6	−19.4	22.8	523.3	2 641.0
	长春	43°54′	125°13′	239	4.9	−16.4	23.0	593.8	2 643.5
	通化	41°41′	125°54′	403	4.9	−16.0	22.2	881.7	2 329.9
	沈阳	41°46′	123°33′	41.6	7.8	−12.0	24.6	734.5	2 574.0
	大连	38°54′	121°38′	97	10.2	−4.9	23.0	658.7	2 764.7
华北 双主 作区	张家口	40°47′	114°53′	726	7.8	−9.7	23.2	427.1	2 863.3
	北京	39°48′	116°28′	32	11.5	−4.6	25.8	644.2	2 780.2
	天津	39°06′	117°10′	5	12.2	−4.0	26.4	569.9	2 724.4
	石家庄	38°04′	114°26′	82	12.9	−2.9	26.6	549.9	2 737.8
	济南	36°41′	116°59′	58	14.2	−1.4	27.4	685.0	2 737.3
	郑州	34°43′	113°39′	111	14.2	−0.3	27.3	640.9	2 385.3
长江 中下 游三 主作 区	南京	32°00′	118°48′	13	15.3	2.0	28.0	1 031.3	2 155.2
	合肥	31°51′	117°17′	32	15.7	2.1	28.3	988.4	2 163.3
	上海	31°07′	121°23′	8	15.7	3.5	27.8	1 123.7	2 014.0
	武汉	30°38′	114°04′	24	16.3	3.0	28.8	1 204.5	2 058.4
	杭州	30°14′	120°10′	43	16.2	3.8	28.6	1 398.9	1 903.9
	南昌	28°40′	115°58′	50	17.5	5.0	29.6	1 596.4	1 903.9
	长沙	28°12′	113°04′	45	17.2	4.7	29.3	1 396.1	1 677.1
	福州	26°05′	119°17′	85	19.6	10.5	28.8	1 343.7	1 848.2
华南 多主 作区	台北	25°02′	121°31′	9	22.1	15.2	28.4	2 100.0	
	南宁	22°49′	108°21′	73	21.6	12.8	28.7	1 300.6	1 827.0
	广州	23°08′	113°19′	7	21.8	13.3	28.4	1 694.1	1 906.0
	海口	20°02′	110°21′	15	23.8	17.2	28.4	1 684.5	2 239.8
西北 黄土 高原 双主 作区	大同	40°06′	113°20′	1 069	6.5	−11.3	21.8	384.0	2 821.6
	银川	38°29′	106°13′	1 113	8.5	−9.0	23.4	202.8	3 039.6
	太原	37°47′	112°33′	779	9.5	−6.6	23.5	459.5	2 675.8
	西宁	36°45′	101°36′	2 296	5.7	−8.4	17.2	368.2	2 762.0
	兰州	36°03′	103°53′	1 518	9.1	−6.9	22.2	327.7	2 607.6
	西安	34°18′	108°56′	398	13.3	−1.0	26.6	580.2	2 038.2
	汉中	33°04′	107°02′	509	14.3	2.1	25.6	871.8	1 769.9

（续）

区名	地名	北纬	东经	海拔高度 （m）	年平均气温 （℃）	1月平均气温 （℃）	7月平均气温 （℃）	年降水量 （mm）	年日照时数 （h）
西南 双主 作区	成都	30°40′	104°01′	508	16.2	5.5	25.6	947.0	1 228.3
	贵阳	26°35′	106°43′	1 074	15.3	4.9	24.0	1 174.7	1 371.0
	昆明	25°01′	102°41′	1 893	14.7	7.7	19.8	1 006.5	2 470.3
青藏 高原 单主 作区	玉树	33°06′	96°45′	3 704	2.9	−7.8	12.5	480.5	2 454.7
	昌都	31°11′	96°59′	3 243	7.5	−2.6	16.1	477.7	2 293.1
	拉萨	29°42′	91°08′	3 659	7.5	−2.2	15.1	446.5	3 007.7
蒙新 单主 作区	伊宁	43°58′	81°32′	771	8.4	−10.0	22.6	257.5	2 802.4
	乌鲁木齐	43°54′	87°28′	654	5.7	−15.4	23.5	277.6	2 733.6
	吐鲁番	42°56′	89°12′	35	13.9	−9.5	32.7	16.4	3 049.5
	呼和浩特	40°49′	114°41′	1 065	5.8	−13.1	21.9	417.5	2 970.5
	喀什	39°28′	75°59′	1 291	11.7	−6.4	25.8	61.5	2 784.0

注：记录年代为20世纪50年代初至1980年。年日照时数摘引自中国地面气候资料，1984。

（徐师华　安志信　葛长鹏）

第二节　中国蔬菜生产的分区

根据各地的自然地理、农业环境条件、耕作制度、复种指数、蔬菜特色、栽培特点等的雷同和差异，可将中国的蔬菜生产分为东北、华北、长江中下游、华南、西南、西北、青藏和蒙新八个大区。其中东北、华北、长江中下游和华南四个区位于中国东半部，地形以平原和低山为主，降水量比较充足，≥10℃的活动积温由东北到华南渐次增高，全年蔬菜栽培茬次逐渐由单主作、双主作、三主作过渡到多主作。其他西南、西北、蒙新和青藏四个区位于中国的西半部，地势普遍较高，除西南外大部分地区气候干燥，≥10℃的活动积温较低，但日照充足、昼夜温差大，具特别适于某些蔬菜生长发育的优异气象条件。

农业区划是自然区划的一个重要方面，是充分利用自然资源、因地制宜、分区发展农业、保持农业持续发展的主要依据。蔬菜是农业种植业中重要经济作物之一，然而蔬菜作物种类繁多，分有草本、木本，一年生、两年生、多年生，陆生、水生，生长期长的、生长期短的，并且对生长发育所需温度、光照、水分、营养等环境条件的要求也极为复杂、多样，因此进行蔬菜区划，自然也要复杂得多。此外，蔬菜栽培比较零散，不像粮食作物那样集中连片，加之栽培方式多样，茬口安排又极其复杂，有露地栽培、各种保护地栽培，有春播茬、晚春早夏茬、夏播茬、秋播茬、恋秋茬、秋冬茬、冬茬、冬春茬和长周期栽培等不同茬口，因此在进行蔬菜生产分区时还必须考虑到这些特点。

中国蔬菜生产区划为8个一级区（图3－1），主要是根据自然地理与气候条件区分的，同时也适当地结合了行政区划。然而，由于蔬菜生产区划比较复杂，如若区分过细，不免过于繁杂，因此在本区划的8个一级区内，有的区可能东西、南北的地域跨度较大，有的区可能局部地存在单主作区与双主作区、双主作区与三主作区以及三主作区与多主作区之间相互交叉、相互渗透的现象，但这些并不影响区分各蔬菜生产大区之间的主要界限。

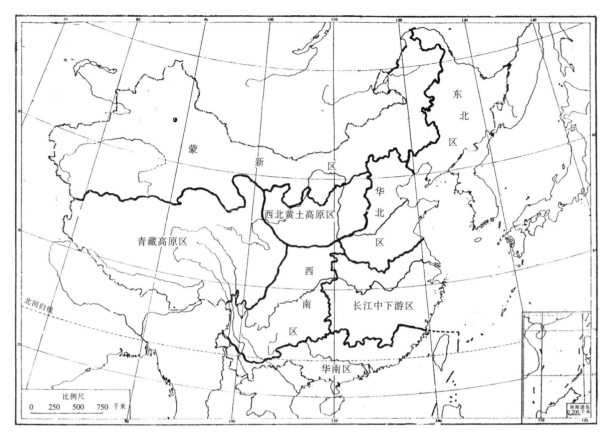

图 3-1　中国蔬菜生产分区

一、东北单主作区

本区包括：黑龙江、吉林、辽宁三省，位于北纬 40°～49°、东经 117°～130°之间，属于高纬度地区。

该区的自然环境气候特点是：全区多为平原、漫岗和丘陵，土壤肥沃，富含有机质，多为黑钙土，含钾钙较多，对根茎类蔬菜生长有利。冬季气候寒冷；夏秋生长季节，气候较温和湿润，一年有 4～5 个月平均气温在 0℃ 以下，最冷 1 月份平均气温大致在 −12～−28℃，最热 7 月份平均气温在 20～25℃，无霜期只有 90～165d，年平均降水量约 500mm，年日照时数 2 400～3 000h。主要蔬菜作物如大白菜、萝卜、胡萝卜及瓜、果、豆类等，每年只能种一季，故本区为单主作区。本区夏季短，且无炎热天气，尤其适合马铃薯栽培。除北部地区外，茄子、辣（甜）椒、黄瓜等都可安全越夏、良好生长，单位面积产量也较高，但大白菜和根菜类因适宜生长期较短，产量不如华北地区。此外，生长期短的菠菜、白菜、芫荽等叶菜类蔬菜每年可种两季。

据《中国蔬菜品种资源目录》记载，本区列入资源目录的地方蔬菜品种计 12 类 51 种，共 2 532 份。其中菜豆资源丰富，品种繁多。此外，还有历史上曾经比较著名并具有某些特色的遗传资源，如黑龙江的王兆红萝卜、雁脖青胡萝卜，吉林的大马连韭，辽宁的今早生甘蓝、大锉菜白菜等。

本区大部地区将近有 7 个月不能在露地种植蔬菜，故冬春季缺菜较严重，尤其是 20 世纪 90 年代之前，主要靠冬贮大白菜、甘蓝、萝卜、马铃薯以及酸渍白菜等渡过蔬菜淡季。近年，由于区内冬季保护地蔬菜的发展和全国蔬菜市场大流通局面的形成，冬春季蔬菜供应已经得到改善。本区辽宁省南部的旅大、鞍山等局部地区，因其气候相近于华北地区，故一年可种两季蔬菜。而黑龙江省北部的伊春、鹤岗、海拉尔、满洲里、牙克石等地，由于气温低、无霜期短，故一些喜温、生长期长的蔬菜，多数是处于"茄子、辣椒刚结果，番茄、黄瓜爬半架"的时候，即临早霜，即使遇到丰年，产量也不高，故一般均选用早熟瓜果品种进行栽培。总体来看，本区蔬菜复种指数低，平均单位面积产量不高。

　　20世纪70年代和80年代，吉林长春和辽宁鞍山首先将塑料大棚和节能日光温室成功地应用于蔬菜生产，此后迅速在全国适宜发展的地区得到推广。本区的塑料大棚、日光温室等蔬菜保护地冬春季生产也有了很大发展，其中辽宁省东南地区已形成了著名的以节能日光温室为主体的保护地蔬菜生产基地。这对于丰富当地冬春季蔬菜市场起到了一定作用。

　　本区冬季严寒，耐寒蔬菜遗传资源丰富。例如黑龙江有刺种菠菜双城冻根菠菜耐寒力极强，冬季用马粪、地膜等进行适当的地面覆盖，即可在露地−30℃温度下安全越冬。因此，本区应是进行刺子菠菜等耐寒蔬菜选种和良种繁育的首选之地。

　　进入21世纪后，随着中国加入世贸组织，蔬菜出口贸易将取得迅速进展。东北拥有与俄罗斯、韩国、日本等国发展贸易的主要口岸，拓增向俄罗斯西伯利亚、韩国等地出口蔬菜将成为该区今后蔬菜生产发展中的一项重要内容。

　　此外，在全国蔬菜产品大流通中，由于本区所处的区位优势，夏菜的"北菜南运"也具有一定的开发潜力和发展前景。

二、华北双主作区

　　本区包括北京、天津、河北、山东、河南等省、直辖市，以及辽宁省南部，江苏、安徽省的北部地区。

　　本区大部分位于长城以南、黄河及陇海路以北、太行山以东地区，河北北部、山东西南部多为丘陵山地，河北中、南部及山东大部分则为华北最大的冲积平原，地势平旷、土层深厚，土壤肥沃，灌溉方便，为中国主要农业区之一，但沿海的部分地区则多为盐碱地。

　　本区主要部分属于温带、半干旱区，全区绝大部分属于暖温带气候，最冷1月份平均气温大致在−1～−10℃，最热7月份平均气温大致在23～28℃，无霜期为150～220d，年降水量为400～800mm，年日照时数2 000～2 700h。除河北坝上张家口地区，因气候寒冷，生长期短，每年只能种一茬外，大部分地区一年可种植两季蔬菜，一般春茬种植洋葱、莴笋、甘蓝、花椰菜、番茄、茄子、辣（甜）椒、黄瓜、西葫芦、菜豆、豇豆、马铃薯等，秋茬种植大白菜、萝卜、胡萝卜、秋甘蓝、芥菜等，故本区为双主作区。但是，采取间套作或在晚秋种植一茬越冬菠菜，则两年可种植五茬。

　　本区列入《中国蔬菜品种资源目录》的地方蔬菜品种计有12类68种，共7 053份（不含苏北、皖北、辽南），其中萝卜、大白菜、黄瓜和菜豆等品种资源尤其丰富。从地区看，北京的蔬菜栽培历史最为悠久，据调查整理于20世纪70年代初的《北京市主要蔬菜品种介绍》记载，当时就有10类60多种226份蔬菜地方品种。此外，还有历史上曾经比较著名、并具有某些特色的遗传资源，如北京的大青口和核桃纹小青口大白菜、北京大刺和小刺黄瓜、铁丝苗韭菜、血红瓤心里美萝卜；天津的青麻叶大白菜、卫青萝卜；山东的山东大刺黄瓜、胶州大白菜、章丘大葱、莱芜生姜、苍山大蒜等。

　　由于双主作的特点，加之冬季寒冷，露地不能生产蔬菜，因此除冬淡季外，还在春秋两季换茬的8、9月份以及春季蔬菜未及大量上市的3、4月份，形成了夏秋和早春两个蔬菜淡季。在20世纪90年代以前，淡季期间市场蔬菜供应常常紧张，冬季及早春也主要靠大白菜、萝卜等冬贮菜满足市场需求。近年，本区北京、天津等大城市蔬菜供应已基本不存在淡季。冬季，海南、广东等瓜果豆类蔬菜"南菜北运"；早春，山东省寿光、青州保护地蔬菜以及江苏省、上海市部分露地白菜北上；夏秋季，河北坝上、山西晋北以及甘肃省中部等夏季冷凉地区甜椒、番茄、黄瓜、生菜、青花菜、洋葱、甘蓝等"高原蔬菜下平原"、"西菜东调"，从而使蔬菜市场繁荣、种类品种多样，淡季不淡。

　　华北双主作区是大、中城市比较集中的大区之一，尤其是北京、天津、唐山地区，蔬菜消费人口多、消费水平较高，几乎成为全国蔬菜生产者争相销售产品的"黄金"市场。这也成了推动周边地区蔬菜生产蓬勃发展的重要因素之一。

本区河北中南部，河南、山东中北部等地冬春季晴天多、光照好，光热资源丰足，本来就具备发展蔬菜保护地生产的适宜条件，加之市场蔬菜需求的刺激，自20世纪80年代中期以后，蔬菜生产迅速发展，陆续形成了山东寿光、青州等鲁中南，河北廊坊、无极等冀中以日光温室为主的保护地蔬菜生产基地，这些基地目前仍在发展中。

北京、天津等大城市郊区，为了适应改革开放后涉外饭店、宾馆和人民生活水平不断提高的需要，不断引进和开发新的蔬菜种类和品种，并建立基地，进行规模化种植，使蔬菜种类品种更趋于丰富，也成了北京、天津等大、中城市郊区蔬菜生产的一大特色。

此外，本区拥有塘沽、青岛、北京等优良的海港和空港，又拥有全国规模最大的寿光、青州鲁中南等蔬菜生产基地。山东在全国蔬菜对外贸易中，无论是蔬菜出口量还是出口金额均高居各省之首，故本区将是进一步发展蔬菜对外贸易最具潜力的地区之一。

三、长江中下游三主作区

本区包括湖北、湖南、江西、浙江、上海等省、直辖市以及安徽、江苏省南部、福建省北部等地区。

本区位于长江中下游，兼有平原和丘陵山地。平原主要为长江三角洲平原。丘陵山地以低山丘陵面积较广。本区一般海拔在1 000m以下，个别地区达到2 000m。此外，全区水面占全国内陆水面一半左右。气候温暖湿润，属亚热带北缘、东亚季风区，四季分明，冬夏长、春秋短。最冷1月份平均气温1～8℃，最热7月份平均气温28～30℃，年降水量为1 000～1 500mm，年日照时数为1 750～2 000h。气候条件非常适合于喜温蔬菜的生长。但夏季高温多雨，在东部沿海和长江下游，夏秋季节时有台风。

由于生长季节较长，本区每年露地可种植三茬主要蔬菜，因此为三主作区。栽培制度大致可分为两种类型。第1种类型：番茄、黄瓜、菜豆、豇豆、马铃薯等春季或秋季栽培；大白菜、甘蓝、萝卜、胡萝卜、花椰菜、青花菜、芥菜等秋季栽培；白菜、菠菜等越冬生长，形成"春、秋、冬三大茬"栽培。第2种类型：莴苣、豌豆、蚕豆、春甘蓝等秋种越冬，翌年晚春收获；冬瓜、丝瓜、豇豆等春播套种，夏秋收获；秋季种一茬白菜、菠菜或芹菜等叶类菜，形成"春、夏、秋三大茬"栽培。

本区列入《中国蔬菜品种资源目录》的地方蔬菜品种计有13类79种，共7 138份（包括江苏、安徽全部，不含福建）。由于长江中下游地区雨量充沛，江河纵横，湖泊众多，水域面积广大，水生蔬菜栽培广泛，因此是中国最主要的水生蔬菜产地，其种类品种繁多，遗传资源极其丰富。全区有莲藕、茭白、芡实、莼菜等水生蔬菜品种资源11种，共639份，约占全部入志品种的66%，其中尤以湖北、江苏省为最多。湖北省武汉市蔬菜研究所还建有国家种质武汉水生蔬菜资源圃，负责水生蔬菜资源的收集、保存、研究和利用。此外，本区的普通白菜、芥菜、辣椒、豇豆、莴笋、芋头等地方品种也非常丰富。

本区自然气候条件比较优越，全年蔬菜就地均衡供应状况比东北单主作区和华北双主作区明显要好。但是由于阴雨天较多，昼夜温差较小，常引起蔬菜植物生长不良，易导致产量和品质的下降。另外，本区冬季寒流过境频繁、迅速，如南襄盆地、长江三角洲平原有时气温急剧下降至零度以下，甚至降至－5～－15℃，直接威胁到露地冬季蔬菜的生产，常使1～2月份蔬菜的生产和供应受到影响。此外，由于夏季月均温度都在28℃以上，只有少数耐热的瓜类蔬菜和少数叶菜类蔬菜能良好生长，因此在8～9月份，当地上市蔬菜的种类和品种相对较少，往往要靠夏季冷凉的高海拔或高纬度地区生产的蔬菜加以补充。近年采用遮阳网、防虫网覆盖，已使越夏蔬菜栽培和秋菜育苗有了新发展。

长江三角洲平原是中国轻工业最发达的地区之一，拥有上海、宁波、连云港等优良港口，又有强大的食品工业作支撑，近年牛蒡、芦笋、大蒜、菜用大豆、薤等蔬菜及其加工品的对外贸易增长较快。今后这一地区，也将是全国出口蔬菜发展较有潜力的地区之一。

四、华南多主作区

本区包括海南、广东、广西等省、自治区以及福建、台湾省的南部地区。

本区地形以丘陵为主，约占土地面积的90%，平原仅占10%，大部分地区河网稠密，地表水径流量大。由于高温、多雨，土壤可溶性盐类及腐殖质极易流失而形成红色土壤。土壤质地黏重，酸性强，肥力低，土壤保肥、保水、通气、透水性能均较差。本区受热带海洋性气团影响，热量资源丰富，为全国之冠。除部分山区外，终年暖热，长夏无冬。最冷1月份平均气温在10℃或12℃以上，最热7月份平均气温在28℃或30℃以上。年降水量在1 000mm或1 500mm以上，背山面海的迎风坡可达2 000~4 000mm，最高的台湾火烧寮，多年平均降水量高达6 489mm。年日照时数多为1 800~2 600h。一般降水量多集中在4~10月份的雨季，雨季又多台风，强台风又常常带来暴雨。

由于这一地区全年温暖无霜，全年≥10℃活动积温在6 000℃以上，生长季节长，故可在露地周年栽培蔬菜。如喜冷凉的大白菜、萝卜、甘蓝、花椰菜等秋、冬两季皆可栽培，且适播期范围较大；喜温的番茄、黄瓜等春、秋、冬三季均可种植；耐热的冬瓜、南瓜、豇豆等除可在炎热多雨的夏季栽培外，还适宜在春、秋两季种植；还有一些生长期短的白菜、菜薹、苋菜、叶用莴苣、茼蒿、菠菜等叶菜，若安排得当则一年内可种植8~12茬；就是生长期较长的水生蔬菜如莲藕、慈姑、荸荠等，若与豆瓣菜、蕹菜等适当搭配，一年内至少也可种植三茬，故本区为多主作区。

华南多主作区列入《中国蔬菜品种资源目录》的地方蔬菜品种计有12类68种，共2 728份（含福建省全部，缺台湾省）。其中耐热蔬菜遗传资源比较丰富，尤其是苦瓜、丝瓜、节瓜、芋头、竹笋等栽培广泛，地方品种繁多。此外，芥蓝、菜薹、蕹菜、叶用莴苣、茼蒿、花椰菜、豇豆、豆薯等品种资源也十分丰富。

本区虽然一年四季均可在露地栽培蔬菜，但6~9月份炎热多雨，经常有30~35℃的高温，加之台风、暴雨频繁，病虫害严重，致使番茄、黄瓜、菜豆等蔬菜以及大多数叶类菜难以正常生长，即使是耐热的冬瓜、南瓜、豇豆等，其产量和品质也常受到影响。因此，夏季也是当地蔬菜上市比较困难的时期。近年，台湾、广东等省，大面积推广应用了遮阳网和防虫网覆盖技术，还利用丘陵山地较多的特点，在海拔700m左右的山地发展高山夏秋蔬菜生产。此外，台湾省还大力开发、推出耐热、抗病虫、较少受农药污染、具较强抗灾能力的佛手瓜梢、藤三七、土人参、马齿苋、青葙、菊芹、少花龙葵等"乡土蔬菜"，对补充当地夏季蔬菜的市场供应起到了一定的作用。

在广东省南部以及海南省等地，利用有"天然温室"之称的温暖冬季，种植喜温瓜、果、豆类蔬菜，于1~2月份将产品北运至上海、北京以及其他各大、中城市，现已在本区形成大面积远运蔬菜基地，不但发展了当地农村经济、提高了农民收入，而且对促进全国蔬菜市场大流通，进一步改善北方冬季蔬菜的市场供应，做出了重要贡献。

广东、福建等省也是全国蔬菜对外贸易主要省份，更是出口蔬菜远销东南亚及港、澳地区的重要门户。此外，海南省三亚等地近年已成为全国主要蔬菜和西甜瓜良种繁育及南繁加代基地最集中的地区。

五、西北双主作区

本区包括山西省、陕西省秦岭以北、甘肃省中部、宁夏回族自治区南部、青海省靠西宁的局部地区。

本区大部分位于黄土高原，最冷1月份平均气温在−2~−14℃，最热7月份平均气温在20~

24℃，无霜期 150～250d，年降水量在 150～700mm，年日照时数除西安、汉中较低外，一般为 2 200～3 000h。本区处于内陆半湿润与半干旱气候的过渡地带，气温差异也较大，实际上是双主作和单主作混合区，但以双主作为主。例如：陕西省关中、陕南，甘肃省的陇中、陇南，宁夏的银川等，一年均可种植两茬蔬菜，属于双主作区，其栽培制度与华北双主作区相类似；而陕北、陇西和宁夏部分地区则为单主作区。

本区列入《中国蔬菜品种资源目录》的地方蔬菜品种计有 12 类 66 种，共 2 739 份（含山西及陕西省、甘肃省、宁夏回族自治区全部）。在历次考察中，发现本区不少优良蔬菜地方品种，如丰产、质优的陕西省铜川球茎甘蓝、耀县线辣椒、大荔野鸡红胡萝卜，宁夏固原冬萝卜、平罗红瓜子、银川枸杞，甘肃兰州百合、白兰瓜等。此外，还有每一叶节结两个果的山西山阳县双果茄、开白花的广灵县白花茄等一些罕见品种。

陕西省关中平原属暖温带半湿润气候，土壤肥沃、灌溉条件好，蔬菜种植业发达。其中西安市为中国文化古城，农业发展历史悠久，蔬菜栽培经验丰富，栽培制度与华北双主作区相类似，除喜温蔬菜番茄、茄子、辣（甜）椒、黄瓜、西瓜、甜瓜等均能良好生长外，也适合莲藕、荸荠、慈姑、茭白等水生蔬菜生长。甘肃省陇中、陇南因日照充足、空气较干燥、昼夜温差大，故对瓜果类和鳞茎类蔬菜生长十分有利。其中兰州蔬菜栽培历史悠久，远在 1 400 多年前，栽培蔬菜种类已达 20 余种，栽培经验丰富，早有关于韭菜促成栽培"韭黄用暖炕烘成"的记载，以后又发展为"麦秸盖韭法"，为韭菜促成栽培积累了宝贵的经验。在清嘉庆年间，甘肃劳动人民针对当地气候干旱、浇水量少的自然环境特点，因地制宜地创造了"压砂栽培"，也称"砂田栽培"。这一特殊栽培方法对于增加地温、保墒防旱、促进早熟、提高产量、增进品质等，均有显著的效果。砂田栽培最早仅应用于瓜类蔬菜，现已广泛应用于玉米、棉花等农作物的栽培。宁夏地处黄河中游，"天下黄河富宁夏"，宁夏农业生产条件好，尤其是银川平原，土壤肥沃、引黄灌溉方便，历史上属于旱涝无虞地区。由于生长期较短，虽然一年可种植两茬或两年三茬，但春季需种生长期较短的蔬菜，故多种植小萝卜、白菜、菠菜等速生叶菜，秋季种植大白菜、萝卜、胡萝卜、芥菜等。或在越冬菠菜等收获后，定植番茄、茄子、辣（甜）椒、黄瓜等，待 8～9 月果类菜收获后，再播种大蒜、菠菜等。

本区蔬菜市场供应特点类似于华北双主作区，但由于生长季较短，冬季较长，加之部分地区为单主作区，因此冬春季蔬菜市场供应仍较紧缺。不过因为夏季气温较低，自然气候环境又适合于鳞茎类和瓜果类蔬菜恋（延）秋生长，所以本区夏秋蔬菜供应反而比较丰富。近年，利用这一优势，甘肃省黄河河套地区已形成夏秋蔬菜"西菜东调"大面积远运基地，每年 8～9 月份，大量的甘蓝、洋葱、马铃薯等蔬菜远销至东北、华北等地各大城市。另外，为了充分发挥本区光、热资源的优势，尤其是甘肃省中部和宁夏银川地区，冬春季日光温室栽培迅速发展。此外，本区将是发展和建立鳞茎类蔬菜良种繁育基地的适宜地点。

六、西南三主作区

本区包括四川、云南、贵州和重庆三省一市以及陕西省秦岭以南南半部和甘肃省陇南地区。

本区地形复杂，高原、盆地、山地、丘陵、坝子、平原等纵横交错，但以山地为主，丘陵为次，最大的平原为成都平原。由于山地、丘陵面积大，故土壤贫瘠，土层薄、肥力低。本区多山，海拔一般在 1 000m 以上。四川盆地在 400～700m 之间，而川滇横断山峡谷区，海拔多在 2 000～3 000m，许多高山超过 4 000m 或 5 000m，因此呈垂直分布的气候带极其显著。本区地处亚热带，但因地形以山地为主，因此降水量、云雾多，日照少的亚热带山地气候特征非常明显。其中云南和西藏昌都南部属亚热带夏雨气候，冬暖夏凉，四季如春；而四川和贵州高原为亚热带湿润温和气候，最冷的 1 月份平均气温为 0～10℃，最热的 7 月份平均气温为 24～28℃。本区一般降水量为 800～1 000mm，高的可达 1 400mm 以上。年日照时数成都和贵阳均不足 1 500h。

由于四川和贵州高原喜温蔬菜可春、秋两季栽培，喜冷凉蔬菜适宜秋季种植，耐寒蔬菜可在露地越冬生长，因此一年内可在露地栽培三茬主要蔬菜，属三主作区。而滇东一带气候冬暖夏凉，蔬菜播种期无严格的限制，一般喜温蔬菜 2～7 月均可随时播种，喜冷凉蔬菜则可四季栽培。

本区列入《中国蔬菜品种资源目录》的地方蔬菜品种计有 12 类 63 种，共 4 461 份（不含陕南和陇南）。本区气候条件复杂、多样，蔬菜遗传资源异常丰富，尤其是云南有"中国蔬菜种质资源宝库"之称。其中又以芥菜、莴笋、甘蓝、苤蓝、菜豆等品种资源为最多。20 世纪 70 年代末，科技人员在一次对玉溪、勐腊等 9 个地区（州）20 个县的考察中，就收集到茄子、辣椒、白菜、瓜类、豆类等蔬菜遗传资源 250 多份，其中包括国内其他地方没有的栽培种和野生种。如云南野生黄瓜：果实核桃大小，椭圆形，果面布满小瘤，染色体 2n＝24；西双版纳黄瓜：果实圆至短圆柱形，单果重 2～2.5kg，外形类似于网纹甜瓜，但具有黄瓜的瘤刺；黑子南瓜：种子黑色，现已作为优良的砧木大量用于黄瓜嫁接；涮辣：可谓辣椒之王，一锅热汤用一个辣椒在汤锅中一涮，全锅皆辣；小米辣：果小如麦粒，辣味浓烈。上述这些地方品种、新种或近缘野生种的发现，对丰富蔬菜育种材料、研究蔬菜的起源具有重要意义。此外，该区还有茎瘤芥（加工重庆涪陵榨菜的原料）、根用芥菜（加工云南大头菜的原料）、根用韭菜、建水草芽、贵州的马蔺韭等特色蔬菜。

由于云南省滇东一带气候四季如春，四川省成都平原气候温暖，其良好的蔬菜作物生长条件，加之近年栽培技术的不断提高，花色品种的陆续增加，当地蔬菜周年生产、均衡供应情况一般较好，市场蔬菜供应无明显的淡旺季。但川北和贵州高原，因气候和茬口安排等原因，在春季 4～5 月份及秋季 9～10 月份，市场蔬菜供应时有紧张。值得注意的是云南省沅江、元谋等地，由于气候特殊，冬季温暖，因此当地已成为冬季瓜果豆类南菜北运蔬菜大面积生产基地及加代良繁基地；还有四川省也形成了豆类、草莓、蒜薹等北运蔬菜基地。此外，本区临近青海、西藏及西北几省，其蔬菜生产的进一步发展，对改善西北和西藏等地的蔬菜周年供应具有重要意义。

七、青藏高原单主作区

本区包括青海、西藏、四川阿坝甘南自治州以及新疆阿尔泰山南部高原。

本区属于高寒地区，空气干燥，7～8 月间时有冰雹，四季多风，气候变化激烈，纯属高原大陆性气候。最冷 1 月份平均气温拉萨为－2.2℃、西宁为－8.4℃，最热 7 月份平均气温拉萨为 15.1℃、西宁为 17.2℃。年降水量拉萨为 446.5mm、西宁为 368.2mm，年日照时数拉萨为 3 000h 以上。

青藏高原因海拔过高，生长季节短，绝大部分地区不适合种植农作物。青海的农业区主要在日月山以东、湟水、黄河贵德和大通河门源以南的谷地，以及青海的西北部柴达木盆地。青海省西宁市主要蔬菜有白菜、甘蓝、大蒜、大葱、萝卜、胡萝卜、马铃薯等，喜温瓜果类蔬菜如番茄、茄子、辣（甜）椒、黄瓜、西葫芦等早春在温室育苗，于 5 月中下旬定植露地，8～9 月收获上市，一年种植一茬。西藏拉萨由于最热的 7 月份，夜间气温也仅有 5～6℃，因此露地只能在 5～9 月栽培一茬较耐寒的蔬菜。当地人历史上较少吃菜，过去仅种植马铃薯、芜菁、萝卜、大葱、散叶白菜等少数几种蔬菜。自 20 世纪 50 年代在拉萨建立农业试验场以来，随着经济发展、人民生活水平提高、对蔬菜需求的增长和人们消费习惯的改变，当地的蔬菜研究和生产也相应取得了巨大的进步。随着保护地的发展，现今不但能种植喜冷凉、耐寒性强、适应性广的蔬菜，而且能栽培甘蓝、花椰菜、球茎甘蓝等喜冷凉蔬菜，茄果类、瓜类、豆类等喜温蔬菜，结球生菜、茴香、瓢儿菜、苋菜等叶类菜以及洋葱等其他葱蒜类蔬菜。近年拉萨市等大、中城市蔬菜的自给率有了大幅度的提高，加之四川省等外省市商品蔬菜的进入，当地蔬菜市场繁荣，花色品种多样。

本区青海、西藏列入《中国蔬菜品种资源目录》的地方蔬菜品种计有 10 类 32 种，共 118 份。

青藏高原气候条件比较特殊，日照时间长、太阳辐射能强、昼夜温差大、夜间气温较低、蒸发量大、平均温度低，蔬菜生长较缓慢，特别有利于蔬菜作物养分的累积，许多结球叶菜、根茎类和鳞茎类蔬菜的个体一般都超常的大，繁种蔬菜的种子产量也比其他地区要高。曾有甘蓝单球重量达22kg、冬萝卜单根重量达15kg，甘蓝单株采种量高达268.1g，冬萝卜高达130.5g，刺子菠菜采种量高达5 428.5kg/hm²。但是也正因为特殊的自然气候条件，冬性较弱的大白菜、萝卜等蔬菜作物，在夏季栽培有时也会发生未熟抽薹。此外，由于海拔高、紫外线强，常有蔬菜被灼伤的现象发生。

从长远发展看，由于特殊的地理位置，不断提高本区蔬菜的自给率，将仍是今后需要继续努力的主要目标。

八、蒙新单主作区

本区包括内蒙古自治区、新疆维吾尔自治区以及宁夏回族自治区固原以北、甘肃省河西走廊等部分地区。

蒙、新地区位于中国内陆，地势较高，绝大部分属于干旱荒漠地带，大陆性气候明显，但气候冷热无常、变化剧烈，早晚气温悬殊。本区光热资源丰富，全年降水不匀，夏秋农作物生长季节雨水稀少。最冷1月份平均气温乌鲁木齐为−15.4℃、呼和浩特为−13.1℃，最热7月份平均气温乌鲁木齐为23.5℃、呼和浩特为21.9℃。年降水量乌鲁木齐为277.6mm、呼和浩特为417.5mm。日照充足，年日照时数一般在2 600h以上。

内蒙古地区海拔较高，大致在1 000～1 500m之间。依气候条件可分为高寒区（集宁一带）、前山区（呼和浩特、包头等地）及河套区（乌达、临河等地）三个区，其种植温度依次各相差10d左右。该地区可种植生长期较长的甘蓝、大白菜、萝卜、胡萝卜、洋葱、马铃薯以及番茄、辣椒、西瓜、甜瓜等蔬菜作物，一年一般种植一茬，这是本区主要的栽培茬口。但在生长期较长的地区，早春也可种一茬菠菜、白菜、小萝卜、芫荽、莴笋等速生叶菜，然后在7月再播种大白菜、萝卜、胡萝卜或芥菜等。新疆地区边缘多山，盆地面积广大，沙漠约占全区面积的22%，中部横亘天山山脉，天山以北称北疆，天山以南称南疆，东部的哈密、吐鲁番、鄯善盆地称东疆。农作物和蔬菜作物主要集中在北疆伊犁、石河子、巩乃斯、玛纳斯河流域以及大中城市附近地区。新疆地区蔬菜基本上为一年一作。北疆石河子等地瓜类面积较大，为北疆哈密瓜的主要产区；东疆盆地在地理构造上属于天山断陷盆地，为暖温带极端干旱荒漠地区，地势低凹，吐鲁番海拔为34.5m，最热7月份平均气温在32.7℃，绝对最高温47.6℃，为全国著名的"火洲"，该地热量资源极为丰富，年降水量只有16.4mm，但天山融雪雪水资源丰富，远在2 000多年前当地人民即利用地下水利系统"坎儿井"引天山雪水灌溉农田。当地所产哈密瓜味甜、品质好、风味佳，驰名国内外。南疆喀什、和田等地，气温较高，最冷1月份平均气温喀什为6.4℃、和田为5.6℃，最热7月份平均气温喀什为25.8℃、和田为25.5℃，因此蔬菜一年可种植两茬，栽培制度也类似于华北双主作区。

本区内蒙古、新疆列入《中国蔬菜品种资源目录》的地方蔬菜品种计有10类46种，共1137份。内蒙古葱、韭资源尤其是野生资源比较丰富，有蒙古韭（又称沙葱）、山韭、矮韭、线韭、马蔺韭、茖葱、一点红大葱等，并已在伊犁新源发现野生分瓣大蒜。新疆的西瓜、甜瓜资源也十分丰富，种植历史悠久，在鄯善发现有野生甜瓜。

自20世纪70年代以来，新疆开始逐步发展番茄加工等食品工业，并同时发展罐藏番茄的栽培，至80年代已建成大面积罐藏番茄原料基地，成为中国番茄罐藏制品的主要出口基地，番茄酱、整装番茄等番茄加工产品的出口，近年已在新疆农产品对外贸易中占有重要位置。另外，随着日光温室等蔬菜保护地在本区的蓬勃发展，哈密等地还发展了在全国有一定影响的大面积瓜类作物等保护地无土栽培基地。

本区地处中国西北边境，与俄罗斯以及哈萨克斯坦、乌兹别克斯坦等中亚国家相邻，具有发展蔬菜、瓜果对外贸易的潜力。

（徐师华　王德槟）

第三节　中国蔬菜产地布局与周年供应的关系

由于各种蔬菜作物生物学特性不同，对栽培环境条件也各有不同的要求，它们只有在适宜的地点、适宜的季节才能良好地生长，并获得高产和优质的产品，因此蔬菜作物的生产具有明显的地域性和季节性。然而人们对蔬菜的需求却要求四季不断、均衡供应、种类、品种多样，由此便产生了蔬菜生产季节性与消费经常性之间的矛盾，这一矛盾实际上是由地域性蔬菜淡旺季所引起的。处在蔬菜淡季时往往数量不足，花色品种单调，难以满足消费者的需求；而旺季时数量充足，又常常供大于求。

中国幅员辽阔，各个地区气候条件不同，蔬菜栽培制度各异，因此蔬菜淡、旺季形成的时期也有所不同。从淡季分布来看：单主作区主要是冬春淡季，其持续的时间较长，有的地方可长达半年；双主作区主要为冬春（早春）淡季和夏秋淡季；三主作区有短暂的冬淡季和夏秋淡季；多主作区主要是夏秋淡季。大致上越往北冬春淡季越严重、时间越长，越往南则夏秋淡季越严重、时间越靠后。值得注意的是某个地区处在淡季的时候，恰正好是其他气候区的旺季。

由于全国各地都不同程度地存在着蔬菜的淡旺季问题，因此如何解决好这一问题，不断提高蔬菜周年生产均衡供应的水平，历来就是中国蔬菜工作者为之而努力奋斗的一个重要目标。

自 1949 年新中国成立至 1978 年改革开放，由于当时所处历史时期和经济体制的限制，中国蔬菜的产销体系一直保留"以大中城市工矿区为中心，就地生产就地供应"的体制，这种体制不能充分地利用资源和最大限度地发挥资源优势，已不能适应社会、经济发展的新形势。自 20 世纪 80 年代以来，随着中国社会主义市场经济的不断发展、农业体制的改革和种植业结构的调整以及交通运输的改善、科学技术的进步，蔬菜产销体系开始逐步打破这种以城市为中心、自给自足、基本封闭的"城郊型"格局，进而向着具有不同自然资源、不同地理、气候、人文环境以及不同经济技术优势的区域间彼此依存、相互补充的"区域互补型"方向发展。这一发展趋势符合社会经济发展规律。尽管我国目前还受到经济技术仍不够发达、商业运作、交通运输和冷链系统仍较落后、发展还不平衡等条件限制，但这一趋势已不可逆转。它的强大生命力在于：可利用不同自然经济区域，在最适当的地点和最适宜的气候条件下，用最适宜的品种，种植最适合生长的蔬菜，从而能用最低的成本获得最佳的生产效果，并取得最大的经济效益和社会效益。

蔬菜产销体制的改变、城市建设的飞速发展，迫使城市郊区蔬菜生产基地重新进行布局，逐步由近郊向中远郊和农区转移，而且也促使南北农区形成了大面积远地调运商品蔬菜生产基地，从而形成了城市和区域内外，多层次、多流向、互动的网状蔬菜产销布局。

一、生产基地布局与蔬菜周年供应

中国自 20 世纪 50 年代中期至 70 年代后期，一直对蔬菜生产实行计划管理，生产格局是按城划片、就地生产，销售方式为国营商业部门统购包销，经济亏损由政府补贴，然而生产的季节性与消费的经常性之间的矛盾并没有得到很好解决。从 1978 年起，部分城市开始进行蔬菜自产自销和农、商联营等多种方式的试点，探索、酝酿改革措施。1984 年 7 月武汉市率先开放蔬菜市场和蔬菜价格，随后其他城市也纷纷仿效，告别延续了约 30 年的统购包销体制，从而使蔬菜产销体制起了根本性的变化。1985 年蔬菜市场开放，并指出菜田向远郊发展是必然趋势。实施允许菜农、商贩进城卖菜，欢迎外地公司进城设点、设栈卖菜等政策，使蔬菜产销向市场经济转轨。与此同时，又在调整农作物

种植结构的作用下促使蔬菜种植业向农区发展。1988 年经国务院批准由农业部组织实施的"菜篮子工程"，进一步促进了蔬菜业的发展。1992 年以后，全国蔬菜产销已走上了社会主义市场经济体制的轨道，市场机制、竞争意识、价值规律发挥了重要作用，使蔬菜基地建立和产品流向更趋合理，基地的生产规模和技术水平也明显提高。在此基础上，蔬菜生产基地实际上已进行了重新布局，新的蔬菜产销体系正在逐步形成和完善。

（一）城市郊区蔬菜生产基地　城市郊区蔬菜生产基地一般具有较长的蔬菜栽培历史，由于紧靠经济文化、科学技术较为发达的城市，因此具有农区所不具备的许多优势，例如：距消费地点近、技术水平较高、资金较雄厚、信息灵通、生产者市场、商品经营意识较强等。

历史经验说明，单靠城市郊区蔬菜生产，难以解决当地蔬菜生产季节性与消费经常性的矛盾。随着产销体制的变化，近年，外地蔬菜占市场的份额有逐步上升的趋势。例如上海、北京等大城市，外地蔬菜的供应份额已上升至 45％以上。但是，城市郊区蔬菜生产基地在目前的蔬菜产销体系中，仍然占据主导地位。首先，郊区生产的蔬菜，仍然是当地蔬菜市场供应的主要货源。其次，郊区具有农区所不及的地理、技术优势，适于生产不耐长途运输、要求技术水平较高的精细蔬菜。再次，城郊也是发挥当地地理区位和资源优势，利用有利的销售渠道，将优势蔬菜及其加工产品，融入蔬菜市场大流通、销往国内外最有潜力的基地。此外，城郊又是发展农业旅游、休闲、观光等都市农业和高科技现代化农业园区比较适宜的地点。

随着城市建设步伐的加速和城市规模的不断扩大，郊区蔬菜生产基地也逐渐由近郊向中、远郊转移和发展。同时郊区的蔬菜生产还面临着生产成本相对较低、具有较强竞争力的外地农区蔬菜产品的市场竞争压力。因此，城市郊区蔬菜生产基地的发展，必须在市场经济的驱动下，充分利用自身优势，根据近、中、远郊的不同特点，以市场为导向，积极扩充保护地设施，及时调整种类品种，努力提高产品质量，积极开拓产品外销市场，不断提高经济效益，才能在竞争中求得发展。

目前，在城市郊区大致形成了近郊以保护地精细蔬菜为主、中郊以露地或保护地大众蔬菜为主、远郊以季节性蔬菜为主的多层次蔬菜生产基地。其产品销路也已趋于多流向。

在近 20 年的产销体制变革过程中，许多大中城市的蔬菜生产面貌也随之发生了很大的变化。例如北京市自 20 世纪 80 年代中期以后，已逐步形成以日光温室为主的平谷、顺义中近郊保护地蔬菜生产基地以及远郊延庆的夏秋淡季和出口蔬菜生产基地等；同时还发展了特色蔬菜，1996 年种植面积已达 2 667hm²，年产 6 982 万 kg，现今，樱桃番茄、彩色椒、紫甘蓝、抱子甘蓝、羽衣甘蓝、青花菜、结球莴苣、苦苣、西芹、红梗叶甜菜、豆瓣菜、樱桃萝卜、球茎茴香、佛手瓜和菊苣等原为特需供应的种类品种不仅能基本满足宾馆、餐厅、驻京使馆、商社的需要，而且已进入普通百姓家庭，完全扭转了过去必须依靠远运、进口的局面，仅此一项每年即可节约外汇 100 多万美元。天津市也在郊区建立了保护地蔬菜生产基地和出口蔬菜生产基地，2000 年不同型式的塑料棚、温室已发展到 2.33 万 hm²，占常年菜田的 40％以上，外贸出口蔬菜 11 万 t。上海市在闵行、嘉定、青浦、奉贤、崇明等区县的 18 个乡镇建立了 1 334hm² 的洁净蔬菜生产基地。基地贯彻实施引用优质抗病品种、调控施肥、改进灌水技术、合理使用农药、严格掌握安全间隔期、做好采收后的卫生工作等项关键措施，制定生产技术规范，建立健全管理制度，并对产品进行抽样检验，从而保证了蔬菜的品质，提高了蔬菜产品的竞争力。上海农工商集团总公司以加入世贸组织为契机，充分发挥规模经营优势，发展标准化、规范化的外销蔬菜经营，确立"利用国内外两种资源、开拓国内外两个市场，实现与科研院校和分散农户两个对接"的产业发展方针。2000 年组建上海星辉蔬菜有限公司后，为强化出口营销功能又与日商组建了中日合资鑫田果蔬有限公司，当年种植出口蔬菜 733hm²，其中带动农户 266.7hm²；同时还外延到江苏、浙江等省收购农户蔬菜，2000 年出口鲜菜的总量达 8 000t。外销地区从日本又扩展到韩国和新加坡，内销市场扩展到山东等省。

（二）农区蔬菜生产基地　这里指的农区，是指以种植粮食作物为主的地区。农区蔬菜生产基地分布广泛，有不同的地理区位和自然环境，可利用不同区位、不同地形和不同气候条件，在不同的季节，种植各种不同种类品种的蔬菜。农区种菜历史短，土壤耕作环境好、病原少，故病虫害一般较轻。由于有较廉价的劳动力、较低的生产成本，故蔬菜产品具有较强的市场竞争能力，蔬菜生产在当地具有较高的经济比较效益。此外，农区往往有自己独特的植物资源和传统的名特优蔬菜产品，可供进一步开发和利用。

农区蔬菜生产基地的产品流向，除少数在当地销售外，绝大多数都通过远途运输销往外地。其主体产品多在蔬菜淡季期间供应蔬菜消费量大而集中的大中城市。在"区域互补"的产销体系中，对南北各地不同时期蔬菜淡季的市场供应，起到了必不可少的补充作用。此外，一些拥有特殊资源农区所开发的（或传统的）山野菜、食用菌、水生蔬菜以及其他名特优蔬菜产品，对丰富各地的蔬菜市场也至关重要。

建立农区蔬菜生产基地，虽然农民积极性很高，但由于信息相对闭塞，对市场需求缺乏了解，在发展速度和蔬菜种类品种的布局上，常常带有盲目性。一般来看农区基地基础设施较差、土地较贫瘠、栽培技术水平较低。此外，农区农民市场和商品意识薄弱，常常缺少自主的销售渠道。这些不足往往限制了基地的稳定发展和提高，是今后农区蔬菜生产基地建设中必须加以注意的问题。

经过近 20 年蔬菜产销体制的变革，从全国区域化生产和周年均衡供应的角度，从已经形成的或具有发展潜力的蔬菜基地来看，农区蔬菜生产基地大致可分为：

1. 大面积远运蔬菜基地群 自 20 世纪 90 年代后，在农区蔬菜生产迅速发展的基础上，逐渐形成冬季、早春和夏秋三大淡季大面积远运蔬菜基地群，其主体产品的供应时期，大多在各消费地的蔬菜淡季。

（1）冬淡季远运蔬菜基地群 主要利用当地冬季温暖的气候条件，在露地种植瓜类、茄果类、豆类等喜温蔬菜或喜冷凉蔬菜，或于秋季种植贮冬菜。先后于 12 月至翌年 2 月上市，远运至山东寿光等商品蔬菜集散地或上海、北京及华北、东北等北方城市。该基地群由六大片集成：①闽东南片，分布于福建省闽侯、连江、同安、晋江、南安、龙海、漳浦等 16 个县市，1994 年蔬菜播种面积达 13.26 万 hm^2。冬季主要种植甘蓝、花椰菜、青花菜、芹菜、软荚豌豆等喜冷凉蔬菜；②粤西、海南片，包括广东省吴川、遂溪、高州、化州以及海南省三亚、琼山、澄迈、乐东等 14 个县市，1994 年蔬菜播种面积达 16.20 万 hm^2。冬季除种植花椰菜、芹菜等蔬菜外，主要种植甜椒、番茄、黄瓜等喜温蔬菜；③广西片，分布于博白、玉林、邕宁、柳江、临桂等 13 个县市，1994 年蔬菜播种面积达 12.30 万 hm^2。冬季主要产品有辣椒、菜豆、蒜薹、甘蓝、芹菜等；④四川片，包括四川盆地金堂、长寿、巴县、乐至、简阳、广汉等 19 个县市，1994 年蔬菜播种面积达 19.10 万 hm^2。主要种植莴笋、芥菜、花椰菜、软荚豌豆、韭菜、菠菜、蒜薹等；⑤云南片，主要在元谋、建水、蒙自和沅江 4 个县市，尤其是元谋素有"天然温室"之称，1994 年蔬菜播种面积达 1.53 万 hm^2。主要种植辣椒、茄子、番茄、黄瓜、菜豆、洋葱等；⑥冀鲁豫片，本片主要种植冬贮大白菜。分布于河北省唐山、山东省的青岛—诸城—新泰—东平一带以及河南省的豫东平原等 39 个县市，1995 年 3 省大白菜播种面积为 26.7 万 hm^2。近年，随着冬季市场蔬菜供应的显著改善，大白菜的市场地位虽有所下降，但仍然是北方最重要的秋冬季上市蔬菜之一。

（2）早春淡季远运蔬菜基地群 黄淮海地区冬季气温虽然比南方要低，但比华北北部、西北、东北等地要高，菠菜、小葱等耐寒性蔬菜可在露地安全越冬，甚至耐寒性强的甘蓝、白菜品种稍加覆盖（小拱棚等）也可安全越冬，一些喜温瓜果豆类蔬菜冬春季可在日光温室中进行生产。其产品除部分在冬季供应外，大部分于早春 3～4 月上市。菠菜、莴笋、芹菜、甘蓝等大量销往东北或出口到俄罗斯，番茄、辣椒、茄子、黄瓜、西葫芦、菜豆等大量销往北京、上海等大中城市，从而缓和了早春蔬菜淡季，并增添了市场蔬菜的种类和品种。该基地群主要有 4 大片组成：①鲁中南片，分布于山东南部滕州、苍山、邹城、金乡、兖州、费县等 6 县市和青州、寿光等地，其中寿光、青州蔬菜生产基地

闻名全国。1994年仅鲁南6县市蔬菜播种面积就达10.11万hm²；②苏北片，包括江苏省丰县、沛县、铜山、邳州等9个县市，1994年蔬菜播种面积达12.23万hm²；③皖北片，主要分布于安徽省阜阳地区和怀远、灵璧、凤阳等14个县市，1994年蔬菜播种面积达14.77万hm²；④豫南片，分布于河南省信阳、固始以及正阳、确山等7个县市，1994年蔬菜播种面积达5.13万hm²。

（3）夏秋淡季远运蔬菜基地群　每年8～9月份当华北及南方各地正面临夏秋蔬菜淡季时，该基地群却好利用高原（或高纬度）夏季凉爽的气候条件，大量生产瓜果豆类和其他蔬菜。该基地群主要包括：①河北坝上、晋北片，分布于河北省北部的张北、丰宁、康保、阳原以及山西省北部的阳高、天镇等地。当地无酷暑炎夏，结球生菜、花椰菜、甘蓝、青花菜、甜椒、黄瓜、番茄、菜豆以及洋葱、马铃薯等蔬菜均能在夏季良好生长，产品多于8～9月供应北京、天津、唐山、石家庄等大中城市，以补充淡季市场蔬菜的不足；②甘、青、宁片，分布于甘肃省的河西走廊、宁夏区的西吉、青海省的湟中等地。当地地处黄土高原，无明显的夏季，为单主作区，洋葱、甘蓝、青花菜、甜椒、黄瓜、软荚豌豆等蔬菜成熟上市时，正好是东部地区夏秋蔬菜淡季；③东北北部片，包括黑龙江省等无明显夏季的高纬度地区。以菜豆（油豆角）、菜用大豆、甜玉米、紫长茄、旱黄瓜、洋葱、山野菜等蔬菜在夏秋季"北菜南运"至华北及南方各地。

2. 高山蔬菜基地群　在热带或亚热带山区，利用海拔较高地带的冷凉气候条件，种植喜冷凉或喜温蔬菜作物，其产品主要销往因夏季炎热、蔬菜生长不良、正好处在夏秋淡季的低海拔或平原地区。高山蔬菜基地群比较分散，珠江三角洲、湖北、福建、浙江、安徽、山东等地的山区均有不同规模的分布。其中珠江三角洲的广东省起步较早，在20世纪50～70年代已粗具规模，乐昌、新丰等地已生产夏番茄出口外销。1987年阳山发展番茄、豆瓣菜、软荚豌豆等十多种蔬菜，除供应当地外还大量销往港、澳。近年英德、连县、信宜、揭西等地也相继发展，除利用山区气候特点外，还利用石灰岩洞地下水（水温20℃左右）在夏季种植豆瓣菜于6～11月上市外销。浙江省也是发展高山蔬菜的较早地区之一，自20世纪80年代开始起步，经过十几年的发展，已形成一批有一定规模和特色的高山蔬菜生产基地。主要分布在浙东的天台、仙居，浙南的温州、丽水，浙北的临安、安吉和浙西的衢州一带。其中临安已形成以天目山脉和昱岭山脉周边乡镇为主体的两大产区。并且按不同海拔高度种植不同的蔬菜，海拔800m以上以种植番茄为主，600～800m以菜豆为主，500～600m以瓠瓜、日本南瓜为主，形成了以番茄、菜豆为主体，日本南瓜、瓠瓜、辣椒、西芹、青花菜为辅的喜冷凉和喜温蔬菜多种类搭配的种植结构。同时组建了一支以产销大户为骨干的营销队伍，成为振兴和发展山区经济的重要支柱产业。

（三）保护地蔬菜生产基地　保护地蔬菜生产基地可通过因地制宜地使用地面覆盖、塑料棚、日光温室、大型温室以及遮阳网、防虫网覆盖等各种保护设施，在当地不适宜蔬菜生产的季节，创造良好的栽培环境，进行反季节栽培或使蔬菜作物能正常生长。另外，也有一些专门设施用来进行软化栽培等生产一些特殊的蔬菜。保护地蔬菜的大部分产品，主要在各地冬季、早春、夏秋蔬菜淡季或晚秋上市。因此，保护地蔬菜生产基地建设，对改善蔬菜周年生产、均衡供应和增添市场花色品种极为重要。

自20世纪80年代以来，中国蔬菜保护地栽培迅速在城市郊区和条件适宜的农区广泛发展，大致上北方以发展日光温室和塑料大棚、中小拱棚为主，南方以发展防雨降温棚和遮阳网覆盖为主。但到20世纪90年代，塑料大棚等保护地栽培不断向南延伸，而遮阳网、防虫网的使用逐渐向北扩展，从而形成各种保护地南北互相交融，城郊、农区并行发展的局面。目前，除已融入城市郊区的保护地蔬菜生产基地外，农区比较集中、成片的主要保护地蔬菜基地有：①辽南基地群，分布于辽宁省南部地区，以发展节能日光温室和塑料大棚为主，产品主要供应当地以及东北各地；②冀、鲁、豫基地群，分布于河北省中南部、山东省中部、河南省北部，其大部分融入在黄淮早春蔬菜基地群，也以发展日光温室和塑料大棚为主，产品主要销往北方地区，部分向南销往上海等地；③淮海基地群，分布于江苏省、安徽省北部、山东省南部菏泽等地，其一部分也融入在黄淮早春蔬菜基地，以发展塑料大棚为主，产品主要销往长江流域的大、中城市，部分销往北方；④长江中下游基地群，分布于江苏、浙江、湖北、湖南等省经济较发达的地区，以发展塑料大棚、遮阳网、防虫网覆盖为主，其产品主要供应当地的大、中城市。⑤南方基地群，主要分布于广东、海南等地，以发展遮阳网、防虫网和防雨降温棚等夏季覆盖为主，其产品一般在当地销售，部分销往港澳等地；⑥甘、宁基地群，主要分布于甘肃河西走廊和宁夏回族自治区的银川、石嘴山等地区，当地光热资源较好，有较大的发展前景。

广大农区塑料棚、温室的面积已超过城郊菜区。黑龙江省 1997—1998 年塑料棚温室面积为 1.3 万 hm²，其中节能日光温室 1 866.7hm²，全省蔬菜淡季自给率已达 48%。青海省乐都县 2000 年节能日光温室面积为 200.38hm²，比 1997 年增加 69.17%；普通温室 245.3hm²，比 1997 年增加 25.75%。

在南方蔬菜设施栽培的发展中，节能日光温室因地理气候条件的限制，最南只能在安徽的北部、江苏徐州、连云港大部及淮阴、盐城的局部地区发展，但塑料大棚已成为南方地区以果菜类为主的冬春茬早熟栽培和秋冬茬延后栽培的主要保护地形式。同时，栽培的种类和品种也渐趋多样化，安徽、江苏、湖北、浙江等地还利用塑料大棚栽培水生蔬菜；江苏省睢宁县魏集乡和东台市三仓镇大棚西瓜的每公顷产值 7.5 万～9 万元；安徽省淮北市杜集区石台镇 2001 年大棚藕扩大到 33hm²，每公顷纯收入在 6 万元以上，是传统栽培的 2.7 倍。

20 世纪世纪 70 年代末期，江苏省无锡、镇江、常州、南京等地进行了遮阳网覆盖栽培试验、示范。1987 年常州市开始批量生产国产遮阳网。1995 年镇江市开始生产 22～25 目的防虫网，1996 年进行了试验、示范，经过十几年的发展，2000 年遮阳网覆盖面积已达到 18 670hm²，防虫网发展到 500hm²。遮阳网和防虫网主要具有遮光、降温、防暴雨、防风、保湿、避虫等作用。现今，大面积采用遮阳网和防虫网覆盖栽培，或与防雨降温棚结合使用，使夏季难于栽培的叶类菜稳产、高产，从而缓解了蔬菜的"伏缺"，已成为南方地区蔬菜保护地栽培的特色之一。

（四）出口蔬菜生产基地　20 世纪 80 年代以前，中国出口蔬菜很少，其迅速发展始于改革开放以后的 90 年代，各地通过对传统名、特产品在继承的基础上谋求新的发展，将产品打入国际市场，把资源优势转化为外贸优势，同时还根据国际市场和外销的需要，引入适销品种、吸取先进技术，培育新的出口产品。2002 年 1～10 月全国出口蔬菜达到 319.89 万 t，出口金额 21.19 亿美元，蔬菜出口已在农产品出口中占有重要位置。与此同时，出口蔬菜生产基地也开始逐步形成。由于出口蔬菜生产要求较高的专业化水平，故基地一般都建在适宜的产地，因此栽培种类比较单一、种植也比较分散。目前，出口蔬菜基地大致可分为：①主要出口加工蔬菜生产基地。主要包括出口量较大的罐藏食用菌、番茄、芦笋、菜豆、荸荠等，速冻菠菜、豌豆、姜块、芦笋等以及脱水洋葱、大蒜、胡萝卜、姜、花椰菜等蔬菜。食用菌基地分布于福建、浙江东南等地；加工番茄基地主要分布在新疆、甘肃等地；芦笋分布于江苏、山东、浙江省；菜豆主要分布于广西、福建、广东等省、自治区。②特产出口蔬菜生产基地。包括大葱、大蒜、洋葱、生姜、莲藕、干椒、青麻叶大白菜和卫青萝卜等蔬菜。大蒜基地分布于山东、江苏、河南等省；洋葱基地分布于甘肃、云南等省；大葱基地分布于山东、福建、上海等省、直辖市；生姜基地主要于山东；莲藕基地分布于江苏、湖北等省；干椒基地分布于河北、陕西、湖南等地；青麻叶大白菜和卫青萝卜基地主要在天津。③专销种类出口蔬菜生产基地。包括牛蒡、山葵等，这类蔬菜国内消费量极少，一般由进口国或地区指定专销。前者分布于山东、江苏、浙江等省，后者主要在云南省。④其他出口蔬菜生产基地。包括菜用大豆、甘蓝、菜薹、青花菜等鲜销蔬菜，多分布于各自的产区。

出口蔬菜基地的合理布局，将使出口蔬菜的质量和出口时间大幅度地得以提高和延长。例如山东省章丘大葱在国内早已久负盛名，现又面向国际市场，2000 年向日本出口鲜葱 43 600t，据统计，比 1999 年增加 2.5 倍，市场占有率从 1999 年的 3.3% 上升到 7.7%。为增强国际市场竞争力，当地一

方面引用日本品种，一方面发展塑料棚、温室保护地栽培，使产品在12月至翌年1月分期收获。这样山东省的大葱可以从6月一直向日本出口至翌年1月，此后1～3月转由上海市崇明向日本出口，3～6月由福建省厦门地区出口。从而使出口日本的大葱基本实现区域化生产和周年供应。又如山东省出口胡萝卜的时间为10月至翌年1月，福建省为1～7月，8月以后由山西省、内蒙古自治区提供，也实现了周年供货出口。

出口蔬菜基地虽与国内蔬菜的周年均衡供应没有直接的关系，但由于蔬菜出口不很稳定，每年某种蔬菜出口量的增减，也常常影响到国内蔬菜市场某种蔬菜的上市量和价格。

二、中国名特产蔬菜的产地分布

在长期农业生产实践中，中国各地涌现出许多名、特蔬菜产品。凡产名、特产品的地方大多有特殊的地理条件和人文环境，有久远的栽培历史，有优良的品种和与之相应的栽培技术。今后，如何持续利用好这些条件，在继承的基础上，融合现代技术，进一步提高名特产蔬菜产品的档次，形成品牌，不断开拓国内外市场，对发展蔬菜外贸、提高国内蔬菜市场周年供应水平和丰富花色品种，对发展地方和农村经济具有重要意义。

（一）菌（蕈）、藻、蕨类蔬菜 中国食用菌资源丰富，现已有许多种从过去的野生、半野生状态转变成集约化设施栽培，产品在国内和国际市场上占有一定份额。1997年日本进口干制香菇9 000t，中国占98%的市场份额，保鲜香菇1999年10.2万t。腌渍蕨菜日本进口7 000t，中国占80%。

食用菌种类很多，从生产量看，香菇、黑木耳为大宗传统出口商品。香菇主产区为广西壮族自治区（金秀、融水、恭城、灵川、罗城等县）、福建省（闽北和闽西山区）、浙江省（龙泉、庆元、景宁等县）、安徽省（以黟县为主的黄山山脉西南麓）、湖北省（鄂西及鄂西北的山区都有出产，京山县冬季昼夜温差大、产品质量好）。另外台湾省也产香菇。黑木耳在南北方均有生产，主要产区为吉林省（安图、和龙、延吉、珲春、汪清、教化、蛟河、舒兰、桦甸、长白、抚松、柳河等）、甘肃省（康县）、河南省（伏牛山区栾川、卢氏等县）、广西壮族自治区（百色、田林、乐业、西林等县）、四川省（绵阳、达县、万县、凉山等），云南和台湾省亦有出产。猴头菇历来被视为珍品，主要产区为黑龙江省（大小兴安岭及张广才岭林区）、吉林省（长白山区年产10t左右）、内蒙古自治区（大兴安岭林区）、云南省（东北部及西北部山区），此外河北、山西、河南、四川、湖北、广西等省、自治区山林亦有出产。近年由于大力发展人工栽培，现已比较普遍。松茸号称菌类之王，主要产区为黑龙江省（牡丹江林区和赤松林地）、云南省（滇中及滇西北）和吉林省。此外，河北省张家口地区的口蘑，黑龙江、吉林省的榛蘑、榆蘑、松蘑、元蘑，云南省思茅、临沧的树花（树胡子）、楚雄彝族自治州和丽江县的虎掌菌，四川省竹荪，贵州省鸡枞，青海省白蘑菇，内蒙古自治区草原蘑菇，江苏省的燕来蕈和雁来蕈，湖北省的黄山石耳等都是具有一定声誉的名特产品。

藻类蔬菜中的发菜产于西北半荒漠地区和东南沿海。以宁夏回族自治区同心、中卫、海原等地所产质量最佳，早在唐宋时代就已远销国外。此外，内蒙古乌兰察布盟北部牧区、甘肃省与腾格里沙漠接壤的山丹、张掖、永昌、民勤、景泰、靖远等县和新疆维吾尔自治区也有出产。发菜是荒漠植物群落的组成部分，由于它对外界环境条件要求严格，目前还不能进行人工栽培。过度采集对生态环境已造成破坏，现国家已明令禁止野生采集。

中国可采食的蕨菜有10多种，主要为菜蕨、水蕨、星毛蕨、凤尾蕨、东北蹄盖蕨、假蹄盖蕨和荚果蕨等。其分布非常广泛，从东北、西北到东南、西南及华中、华南，在山区海拔200～1 800m地带均有出产。东北长白山区和云、贵、川地区为主要出口基地，此外内蒙古东部和乌兰察布盟山区、甘肃省的临夏、平凉、甘南、定西和广东省的英德等地亦有出产。

薇菜属蕨类植物紫萁科紫萁属，主要有紫萁和分株紫萁。在辽宁、吉林、黑龙江、贵州、四川、湖南、广西、江西和福建等省、自治区生于海拔 800～1 800m 地带的山林或灌木丛湿地。

（二）水生蔬菜　中国水（淡水）生蔬菜主要产区为长江流域及其以南地区，栽培历史悠久，品种资源丰富。不论从分布区域、生产面积，乃至栽培种类，在世界上均占有突出地位。

莲藕在水生蔬菜中面积最大、分布最广，南起海南省，北至辽宁省均有栽培。主要产区为福建、湖南、江西、浙江、湖北和江苏等省。福建省的建莲（建宁籽莲）产于闽北山区，以建宁、建阳、浦城、崇安、政和等县为主，其中建宁的莲子最为有名。湖南湘莲是历史悠久的著名特产，分布在洞庭湖地区和湘江流域，其中尤以湘潭、汉寿、安乡、华容、衡阳、祁阳等地的白莲最为有名。江西省广昌县的通心白莲、湖北省武汉的汉州藕、浙江省湖州市（道场、双漾）的雪藕（早白荷）、江苏省宝应的贡藕、苏州的无花早藕、安徽省潜山县的雪湖藕、河南省灵宝县的阌莲（九孔莲）均驰名全国。

菱的栽培面积仅次于莲藕，全国种植面积约在 4 万 hm^2 以上。主要产区为江苏省的苏州和无锡，浙江省的杭州、嘉兴，湖北省的孝感、嘉鱼和安徽省的巢湖地区。嘉兴南湖菱素享盛名，2001 年已发展到 300hm^2。

荸荠以浙江省余杭的大红袍、广西壮族自治区桂林的马蹄比较著名。福建省闽侯尾梨以及湖北省孝感、安徽巢县、江苏省苏州的荸荠均各具特色。荸荠的种植面积仍处于发展的势头，如桂林 2000 年已达 600hm^2。

茭白是中国的特有蔬菜，分布较广，北至北京，南至广东、台湾省均有栽培。其主要产区为太湖周围地区（江苏省、上海市、浙江省），台湾省南投的茭白也是当地名产。

莼菜在江苏、浙江、江西、湖南、湖北、四川、云南等省均有栽培，但作为名特产则以太湖莼菜（江苏吴县东山）和浙江杭州西湖莼菜最为有名。

此外，江苏省常州、扬州的水芹，广西壮族自治区梧州的慈姑，广东省肇东的芡实，云南省建水的香蒲（建水草芽），山东省济南大明湖的红蒲，广东省广州和江西省吉安的水蕹菜均为水生蔬菜中的名特产品。

（三）多年生蔬菜　黄花菜是我国传统名特蔬菜出口商品之一，它包含黄花菜、北黄花菜和小黄花菜 3 个栽培种，均具有适应性强、耐旱、耐寒、耐阴等特性，在中国栽培历史悠久，南北 20 多个省（自治区）均有生产。甘肃省庆阳、镇远、西峰，山西省大同，陕西省大荔，河南省淮阳，四川省渠县，湖北省天门，湖南省邵东、祁阳、祁东、零陵，江苏省宿迁、泗阳、淮阴均为主要产区。湖南全省产量约占全国一半。江苏省宿迁的黄花菜产品蛋白质、糖分含量均超过国家规定标准，质量位居前列。另外，内蒙古大兴安岭林区在林缘、山坡、草甸等处都有自然生长，无须种植，进入 6 月即可采摘。

中国是主要产竹国之一，竹笋既可鲜食，又可加工干制或罐藏，内销、出口均很受欢迎。中国竹林分布很广，但名、特产区主要在长江流域和珠江流域，秦岭以北由于气候条件所限仅有少数矮小竹类生长。长江中下游以毛竹、早竹为主，珠江流域及福建、台湾以麻竹和绿竹为主。作为名特产安徽省宁国竹笋主要品种有绿竹、红壳竹、桂竹、广竹、金竹和燕竹等；四川天府鲜笋主产雅安地区天全、芦山和荥经诸县。江西省主产区为井冈山、遂川、宁冈、宜丰、铜鼓、寿新、靖安、武宁、修水、上犹、会昌、全南、崇义、赣州、吉安、乐安、永丰和吉水等 18 个县（市）。云南省滇东北地区的罗汉竹笋和思茅地区墨江县的甜竹笋均为云南省特产。广西壮族自治区苗山冬笋、田林八渡笋和梧州大头竹甜笋均为优质名产。湖南省邵阳、怀化、郴州及江苏省宜兴的毛笋加工后即为玉兰片，浙江省天目山区所产的石笋干——"天目笋干"早在 400 年前已闻名于世。台湾省的二水、大浦是著名的竹产区，竹笋罐头也是当地的主要出口商品。

香椿分布很广，主要分布于黄河与长江流域之间。现在陕西省界内的秦岭、甘肃省天水小陇山和康南以及河南省栾川、西峡等地仍有天然分布。至于人工栽培则以山东、河南、安徽和河北等省为多。此外，陕西省华县、长安、宝鸡、石泉、旬阳等县，甘肃省文县、康县、兰州等也有较多栽培。

云南省香椿也有不少栽培。香椿最负盛名的产区当属安徽省太和，品种资源丰富，栽培历史悠久。

（四）辛辣蔬菜 主要包括大葱、大蒜、薤头和辣椒等。大葱主要产于北方，经过长期选择在中原地区形成了许多优良品种，如辽宁省铁岭独棵白大葱、山西省晋城巴公乡的扁担葱、河北省隆尧鸡腿葱、天津市宝坻六叶齐大葱和陕西省华县孤葱等，其产品主要在国内销售。此外，驰名国内外的山东省章丘梧桐葱，株高可达 1.8m 左右，葱白长 50～60cm，近年开展规模生产和保护地栽培，除内销外，还大量向日本出口鲜葱。

大蒜在中国分布很广，不同地区有不同生态型优良品种：如黑龙江省阿城大蒜、辽宁省海城大蒜、甘肃省民乐大蒜、新疆维吾尔自治区昌吉回族自治州大蒜、西藏自治区拉萨大蒜、陕西省蔡家坡大蒜、山西省应县紫皮蒜、河南省宋城大蒜、河北省安国大蒜、山东省苍山大蒜、湖北省荆州麦蒜、上海市嘉定白蒜、广西壮族自治区全州大蒜、贵州省毕节八芽蒜（贵州白蒜）、四川省德阳紫皮蒜、广东省金山火蒜和台湾恒春大蒜等。许多产区都出口外销。上海嘉定白蒜在日本和东南亚早已负有盛名。山东省金乡、苍山是目前我国对外出口最大的生产基地。主产于新疆昌吉回族自治州和乌鲁木齐的白皮蒜，近年也远销日本和西欧，成为引人瞩目的畅销产品。

薤又称薤头，中国南方自古栽培，是特有蔬菜之一。湖南、湖北、江西、广西、云南、贵州等省、自治区栽培较多，其中又以湖北省梁子湖薤头和云南省开远甜（糯）薤头最为有名。

姜主要分布于我国中部和南部，山东、河南、安徽、湖北、浙江、江西、四川、云南、广东、广西和台湾等省、自治区均有生产。其中山东省莱芜片姜、河南省博爱清化姜、安徽省铜陵白姜、湖北省来凤生姜、浙江省红爪姜、黄爪姜、云南省玉溪黄姜、广东省大肉姜、细肉姜和台湾省黄肉姜、水姜均为优良品种和著名产品。此外，四川竹根姜具有适宜软化栽培的特性；江西省兴国九山生姜在唐代即为贡品，品质尤佳。

辣椒是人民喜食的鲜菜和调味菜，四川、湖南、贵州省人尤为喜爱，几乎每餐必备。干椒是传统名特蔬菜出口产品之一。甘肃省的甘谷羊角椒远销东南亚。陕西省宝鸡、咸阳、西安等地的线椒外贸部门命名为"西安椒干"。河北省鸡泽干椒产量和出口量居全省第一，望都羊角椒则是传统出口的"三都"名牌产品（山东益都、四川成都、河北望都）。西亚和斯里兰卡对河南永城辣椒极为欢迎。湖北省石首的七姐妹尖椒为当地三宝之一，是适于加工的优良品种。湖南省辣椒的主产区为邵阳、醴陵、攸县、衡山等地，主要出口马来西亚、新加坡和斯里兰卡。四川大海椒主要用于炒食和做泡菜，小海椒适于制成干椒后外销和出口。云南涮椒产于思茅、临沧和西双版纳，具有强烈的辣味，在当地种植后可连续采摘 3～5 年。

（五）其他蔬菜 萝卜在蔬菜中属于大路菜，但有的品种甜脆可口，可生食代替水果，其产品远销香港等地；有的品种可腌渍、加工。名、特品种有北京心里美萝卜、天津卫青萝卜、山东潍县青萝卜等以及江苏如皋白萝卜、安徽阜阳练丝萝卜（鸭蛋酥，原为贡品）、山西高平白萝卜、浙江萧山一刀种萝卜、江西永丰碟子萝卜、云南昆明湖沿岸的三月萝卜、四川涪陵的胭脂萝卜（红心萝卜）、拉萨冬萝卜（家萝卜）等，均品质优良，各具特色。

百合既是蔬菜又可入药，是滋补保健佳品，它可鲜食、可干制，又可制粉。百合在中国南北均有分布，其中甘肃省的兰州百合为北方名产。此外，山西省平陆亦盛产百合。江苏宜兴百合、浙江湖州的太湖百合、江西万载百合、广西平乐百合等则为南方名产。

芋（芋头、芋艿）是中国原产的蔬菜之一，栽培历史悠久，品种资源丰富。主要分布在长江以南，但山东等地也有栽培。其中尤以广西荔浦芋最负盛名。此外，浙江省奉化火芋、台湾槟榔芋也是名产。食用叶柄的还有广东红柄水芋、四川武隆叶菜芋（旱芋）等品种。

魔芋（蒟蒻）由于自身的特殊营养价值和市场需求，推动了近年魔芋种植和加工业的发展。湖南新化县 2000 年栽培面积达 1 200hm²。四川金沙江河谷的白魔芋以"金江芋角"品牌出口日本。湖北长阳魔芋亦颇受青睐。

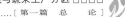

　　此外，湖北武汉洪山菜薹、甘肃白兰瓜、新疆哈密瓜、山东德州西瓜、益都银瓜（薄皮甜瓜）、甘肃"大片"籽用西瓜、江西信丰红瓜子、山东胶州、河北徐水和天津的大白菜、云南宣威、大理、腾冲的"披菜"（根用韭菜）、河南开封、江苏徐州的黄韭、天津市的"卫韭"（青韭）等也都是驰名产品。

　　（六）传统蔬菜加工产品　中国传统的蔬菜腌渍加工名品有：具有百年历史的老字号北京六必居酱菜、四川涪陵榨菜、河北保定槐茂的酱菜、在清康熙年间就列为贡品的辽宁锦州虾油小菜。还有山西临猗酱玉瓜、云南曲靖韭菜花、江苏扬州乳黄瓜、上海崇明酱包瓜、贵州独山腌酸菜、陕西潼关酱莴笋和半发酵腌品、浙江萧山萝卜干、河北沧州及天津市的冬菜等以及糖渍产品江西蜜茄、湖北荆州酸甜独蒜和干制品安徽涡阳蔓干、山西平定黄瓜干、浙江天目笋干和台湾脱水菜等。这些产品久负盛名，驰名国内外，有的产品随着现代加工工艺和技术的发展，已在加工原料、产品种类、产品风味、包装等方面有了很大的变化和发展。

（安志信　孟庆良　葛长鹏）

（本章主编：安志信）

◆ 主要参考文献

[1] 程纯枢等．中国农业百科全书·农业气象卷．北京：农业出版社，1986

[2] 马成广．中国土特产大全（上、下册）．第二次印刷．北京：新华出版社，1987

[3] 中国园艺学会编．中国名特蔬菜论文集．北京：中国科学技术出版社，1988

[4] 李顺凯．西藏蔬菜栽培技术．北京：中国农业出版社，1992

[5] 杨绍荣．蔬菜浸水处理暨灾害受损实例调查．台南：台南区农业改良场，1996

[6] 中国农业科学院等．中国农业气象学．北京：中国农业出版社，1999

[7] 侯光良，李继由，张谊光．中国农业气候资源．北京：中国人民大学出版社，1993

[8] 中国副食品市场需求与菜篮子工程课题组．中国副食品市场需求与菜篮子工程布局．北京：气象出版社，1998

[9] 汪兴汉．南方蔬菜设施栽培现状及前景对策．长江蔬菜，2000，（12）：1～6

[10] 吕银华．以外销蔬菜为重点推进蔬菜产业化经营．长江蔬菜，2001，（6）：4～5

[11] 钱忠好．国际蔬菜市场展望及我国出口对策．长江蔬菜，2001，（12）：4～6

[12] 杨新琴，赵建阳．推进农业种植结构调整积极稳妥发展蔬菜生产．长江蔬菜，2001，（增刊）：15～17

[13] 安徽省菜篮子生产办公室．安徽省蔬菜产销现状与发展前景．长江蔬菜，2001，（增刊）：18～23

[14] 汪兴汉．蔬菜环境污染的控制与治理对策．长江蔬菜，2001，（10）：4～5

[15] 赵丽兰，陈维新．试论山东省蔬菜产业结构调整的策略．蔬菜，2001，（10）：4～5

[16] 神谷義之．いろいろな視点からみに中国山东省の野菜生産．施設園芸，2001，（12）：1～6

[17] 小林彰一．指定規格で評される中国ネギと業者の努力．農耕と園芸，2001，（9）：94～97

第四章

中国蔬菜栽培制度

中国农业历史悠久，素有精耕细作的优良传统，且幅员辽阔，地跨温带、亚热带和热带3个气候带，自然资源十分丰富。勤劳智慧的劳动人民在长期的农业生产实践中，因地制宜地创造了极其丰富的农业耕作制度，例如：因地种植、一年多熟制、间套轮作、用地养地、精耕细作、水土保持等卓越技术，在世界农业中久负盛名。

回顾中国农业栽培制度的演变历程，从原始人类的采摘食物发展到破土耕作是一大飞跃，进而发展到以间套作为特点的集约耕作制度以及到复种轮作制，再到休闲耕作制、绿肥耕作制又是一次飞跃。这种栽培制度演变过程的本质在于合理有效地提高了对太阳光能和土壤肥力的利用率，从而获得更高的产量。

栽培制度不是一成不变的，它受资源环境、经济水平和科技发展的影响，因而也随着这些条件的变化而发生变化。中国是耕地资源短缺的国家，因此充分利用间、套、轮作和复种等栽培制度，高效利用光热和土壤资源，以获得在单位时间和单位面积上的最大产出，无疑是中国长期应该坚持的栽培制度。从新中国成立后到改革开放以前，由于受多方面因素影响，中国一直没有摆脱农产品供应短缺的状况，蔬菜供应问题更为严重。在有限的蔬菜耕地面积上生产出更多的蔬菜产品，以满足城乡居民的消费需求，是中国几代蔬菜科研、生产和经营管理工作者追求的目标。值得指出的是自20世纪80年代中国农村随着经济改革对外开放政策的深入实施和科技的进步，特别是进入21世纪，以中国参加WTO为契机，农业的区域化、专业化、规模化和产业化经营迅速发展，传统农业加速向现代农业转型。广大农村和农民，根据各自的地域、资源优势和比较经济效益的原则，实行农业结构的大调整，把经济效益和科技含量高、在国际农产品贸易中具有竞争优势的劳动力科技密集型产业——蔬菜业作为发展高效农业的优选项目进行调整，终于实现了中国蔬菜供需的基本平衡，丰年有余的历史转折。蔬菜的播种面积、总产量和人均占有量均居世界第一，至2002年中国蔬菜产值仅次于粮食，达到3 915亿元，在许多省市，其播种面积仅次于粮食而居经济作物之首，成为农村经济发展和外向型农业中的主导产业。显而易见，蔬菜业在农业中的地位得到了提升而经营方式也进行了转型。为了提高中国蔬菜在国际市场的竞争力，必须彻底提高蔬菜产品的内在品质。因此，无公害蔬菜生产、绿色食品和有机蔬菜生产成为发展方向。在这种情况下，蔬菜栽培制度也应进行相应的改革，在强调间作套种和轮作的同时，在有条件的规模化蔬菜生产基地和企业，也应该适当降低复种指数，并有计划地安排冻垡、晒垡、休闲，或与绿肥、牧草等轮作，这也应该是中国蔬菜栽培制度的又一次改革和创新。

第一节　耕作制度与蔬菜栽培制度

耕作制度亦称农作制度（farming system），是指一个地区或生产单位的农作物种植制度以及与之相适应的养地制度的综合技术体系。种植制度（cropping system）在蔬菜栽培学上习惯称作栽培制度，本书将沿用此术语，是指一个地区或生产单位农作物的组成、配置、熟制与间套作、轮作等种植方式所组成的一套相互联系并和当地农业资源、生产条件和养殖业生产相适应的技术体系。蔬菜种植制度，即蔬菜栽培制度是耕作制度的主体，与其相适应的养地制度则是耕作制度的基础，前者侧重于土壤等农业资源的合理利用，而后者则侧重于土地的保护、培养与更新，做到用地与养地间相互协调。蔬菜是人民生活与健康不可缺少且不可替代的副食品，其种类品种繁多，生长周期短、复种指数高，多实行间套轮作和一年多熟制种植，栽培制度多种多样，具有高度集约性的特点，也是中国农业耕作制度的重要组成部分。

一、栽培制度在蔬菜生产中的地位

　　蔬菜栽培制度，俗称蔬菜的品种布局与茬口安排。科学合理的蔬菜栽培制度，不仅能充分有效均衡地利用当地的自然资源、社会经济资源和生产技术条件，提高太阳光能等环境资源和人工辅助能源的转换效率，而且又能保护资源、培养地力，维持农田环境的生态平衡，实现可持续生产，对于发展当地优质高效农业、提高土地利用效率、满足人们日益增长的需求，均具有十分重要意义。

　　随着农产品贸易国际化，蔬菜业已成为中国多数省市出口创汇农业中的支柱产业，合理的蔬菜栽培制度，是提高蔬菜这种劳动力、科技密集型产品在国际市场中竞争力的重要保证。

　　一定时期的栽培制度反映了当地、当时的农业生产力水平和社会经济条件。在今后相当长的时期内，中国仍面临人口越来越多、耕地越来越少的压力，研究进一步提高土地利用率和培养地力，实现农业的可持续发展，仍是耕作制度和栽培制度所面临的中心任务。中国南北各地、各种类型的蔬菜生产基地，如何充分发挥土地生产潜力，提高土地利用率和产出率，连年均衡生产与供应城乡居民优质的鲜嫩蔬菜，又要做到用地、养地相结合；在发展生产的同时，保护资源与环境不被破坏、污染，实现蔬菜高产稳产的可持续生产等，是必须深入研究的课题。

二、栽培制度与自然及社会经济条件

　　（一）气候条件　栽培蔬菜多属喜温性和喜凉性作物，既不耐严寒、霜冻，也不耐高温酷暑、台风、暴雨和渍涝。中国自北至南，适合蔬菜生长发育的适宜季节，长短迥异。像北方的哈尔滨（按气象学标准划分，日平均10℃以下为冬天，22℃以上为夏天，10～22℃为春、秋天气）冬季就有7个月，春、秋合计3个月，夏天只有2个月；而近热带的广州，则有7个月夏季，春、秋季5个月，全年无冬天，所以露地生产条件下，适于蔬菜生产的季节和日期相差很大，这就使得南北不同地区的复种指数也存在很大差别。又如北京地区，早霜平均日期为10月18日，晚霜平均日期为4月16日，全年生长期为161～202d，而且11月份土壤就开始冻结，直到翌春3月下旬才开始解冻，像哈尔滨和北京那样漫长的冬春季节，就不具备露地生产蔬菜的气候条件，只有采用保护地栽培方式，才能进行冬春季蔬菜的生产。再如夏秋8、9月间，尤其在南方地区，是高温、台风、雨涝灾害性天气频繁出现的季节，也不利于各种露地蔬菜的生产，造成了8、9月份蔬菜生产与供应的淡季。由于全年各个季节的气候变化，往往造成蔬菜的淡季和旺季的供需矛盾，所以在蔬菜生产上，因地、因时制宜，采取露地与保护地栽培相结合的方式进行种植，很有必要。

　　中国属大陆性季风气候区，特别是夏季季风形成与热同季，这给农业的高产与精耕细作的多熟制栽培制度带来有利条件。例如，中国广阔的亚热带地区，如长江流域，其雨量充沛、雨热同季，从而成为著名的集约农业耕作区，素有鱼米之乡的称号。而处于同一纬度的埃及开罗，与中国的上海7月份平均气温只相差1℃，但由于开罗的降水量仅50mm，而上海为1 126mm，造成开罗若没有灌溉就

没有农业，而上海则属于一年三熟制地区。但是，季风气候也带来旱、涝不均，冷、热交替快等问题。中国各地降水量的年间与季节差异较大，例如华北、东北的春旱、夏秋涝，长江流域的春夏渍涝、伏旱和台风，西北的严重干旱等。在春季或秋季的过渡季节，时有西伯利亚冷空气南下，造成骤然降温，有的年份偏早或偏晚，则造成晚霜冻或早霜冻等灾害性天气。因此，在蔬菜的种类品种布局、熟制、间套作等栽培制度的安排上要注意趋利避害，减灾保收。

（二）土壤肥力 中国自北至南、自东而西、从平原到高山，土壤的自然地理分布具有明显的地带性和多样性，例如东北的黑土、黑钙土，西北荒漠地带的灰棕漠土、棕钙土，中北部地带的沙壤土，南方的红壤等。了解自然土壤的地带性有助于因地制宜进行蔬菜作物种类品种的布局，也有助规划蔬菜栽培制度如何与农林牧副渔大农业的合理配合。但由于中国农耕历史悠久，自然土壤经千百年的耕种熟化已成为耕作土壤，尤其是菜园土，经过长期的人工施肥、灌溉与耕作，土壤肥力普遍提高，但不同地区、不同田块的土壤质地、有机质和养分含量，千差万别。土壤肥力状况的好坏，包括人工施肥量的多寡，势必影响其复种次数和种植蔬菜作物的种类。

蔬菜种类、品种多种多样，对土壤营养要求不一，有的需氮素含量高，有的则需含磷、钾高的土壤。像大白菜、甘蓝等蔬菜，需氮量较多，而菜用大豆、豌豆、菜豆、豇豆等豆科作物，则能利用根瘤菌固氮，若适当安排轮种，则可提高蔬菜产量、品质和土壤肥力。又如有的蔬菜根系分布浅（如葱蒜类），只能吸收土壤表层的养分；有的根系分布深，如根菜、果菜类，能吸收利用土壤下层的养分，如果连年种植同一种作物，势必造成土壤养分失衡、劣化，同时，连作也使同类病虫害的病菌虫卵在土壤中连年积累，基数递增，危害加重，如根结线虫、瓜类枯萎病菌等，都需通过合理的轮作等栽培制度的调整来改变其生存条件，抑制其繁殖危害。再次，同种作物连作，往往其根系分泌物或分解物对其自身有毒害作用，如芋、豌豆等忌连作，就是这个道理。由上可见栽培制度与土壤肥力的合理利用、持续提高有密切的关系。

（三）水资源状况 虽然中国的总降水量丰富，水资源的总量达 2.8 万亿 m^3，位居世界第六，但人均仅 2 300 m^3，不足世界平均水平的 1/4，属于世界 13 个贫水国之一。随着工业及城市用水的激增，农业用水匮缺，有 11% 的河水水质达不到农田灌溉用水质量标准，水资源的严重不足和利用效率低下，使得中国必须发展节水型农业，才能保持农业的可持续发展。在蔬菜栽培制度设计中，要面对这一现实。特别是中国的水资源分布极不平均，西北内陆面积占全国 36%，平均降水量只有 164mm，全年降水总量只占全国的 9.5%，而东部、南部面积占全国 64%，平均年降水量 896mm，全年总降水量占全国 90.5%。前者地域广阔，属大陆性气候，东南季风很难深入，但耕地不足全国的 10%，大部分地区为荒漠或草原，栽培制度较粗放，以一年一熟为主；而后者属湿润和半湿润地区，90% 以上的人口、耕地、湖泊水面、森林都集中于此，农业集约化程度高，属于多熟制地区。可见，土壤水分状况是直接影响作物栽培制度的主要因素。综上所述，热量和水分状况，决定复种次数的多少，而水、肥的量，又决定所种植的作物产量高低和效益的大小。

（四）社会经济技术条件 除自然因素外，社会经济、技术条件对栽培制度的影响有时也显得很重要。在社会生产力低下的年代，蔬菜以自给性生产为主。随着社会生产力发展，蔬菜作为一种商品性农产品生产，不仅首先要满足人口集中的大中城市和工矿区消费者的需要，还要满足广大小城镇和农村消费者的需求，还要使生产者菜农获得经济效益。同时，不仅要满足国内消费者的需求，还要出口外销满足国际市场的需求。而蔬菜作为一种不耐贮运的特殊商品，必须根据市场的需求、结合当地的自然条件、生产者的技术经济条件进行栽培制度的合理安排，使适销对路的产品被安排在种植制度中，以便最大限度地减少市场风险。

蔬菜生产是一种在单位土地面积上投入较多劳力、资金、科技的高效集约型农业，合理的栽培制度，要依据当地和生产者的经济、技术条件和市场情况来规划。例如中国经济较不发达的年代或一些地区，曾引进国外现代化温室进行蔬菜生产，由于折旧成本和运行成本高昂，栽培管理技术不能到位，产出效益太低，造成颇多经营亏损，而无法持续运营。

栽培制度的集约化程度与当时当地生产者投入的劳力、肥料、水利设施、机械化水平、资金的多少以及技术的熟练程度密切相关。如果经济技术水平、生产力水平低，过于集约化的多熟制栽培，往往达不到增产、增效的目的。

第二节　蔬菜的栽培方式

随着社会经济的发展和科技的进步，人类对自然环境，特别是灾害性气候和不利环境条件的调控能力逐步提高，农业生产也逐渐从被动的受控农业向可控农业方向发展，如设施农业的发展，使农产品的稳定安全生产得到了更大的保障。蔬菜的栽培方式，概括起来分为露地蔬菜栽培和保护地蔬菜栽培两种基本栽培方式，各种露地与保护地栽培形式与蔬菜产品的贮藏运输加工相配合，为实现蔬菜多品种的周年均衡供应提供了有利的条件。

一、露地蔬菜栽培方式

露地蔬菜栽培是一种选择对蔬菜产品器官生长发育适宜的季节，利用自然光热资源进行露地直播或育苗移栽的栽培方式。其成本低，在适地、适作的条件下，蔬菜作物的产量、品质、风味都能得到充分的表现，是中国蔬菜生产的一种主要栽培方式。它可充分利用当地的气候条件、土地、肥力资源和生长季节，高度发挥土地潜力，进行蔬菜的专业化、规模化乃至产业化的运营管理，是一种最经济有效的栽培方式。

由于露地栽培受气候条件、无霜期长短的限制，如寒温带地区冬季严寒，温度很低，就不具备露地蔬菜栽培的气候条件。因此，从北至南中国蔬菜栽培制度就有东北、蒙、新等高寒地区的一年一熟，西北、华北的一年两熟，西南、长江流域一带的一年三熟和华南一年多熟等栽培制度之区分。

为了充分利用太阳能发掘露地生产潜力，采取一些突破无霜期界限，延长蔬菜作物生长和产品供应期的栽培措施，例如北方露地生产时在冬春季采用苇毛、草苫（席）、无纺布浮面覆盖、地膜覆盖等简易覆盖技术，使近地面气温和地温提前升温，土壤提前解冻，防止霜冻、寒流，使露地喜温果菜类得以提早定植，提前上市。又如将耐寒蔬菜于上年秋季播种、土壤结冻前度过苗期阶段，以宿根越过冬季，到来年土壤解冻，根株即返青生长，可以提早生长发育。再如把喜温果菜的苗期安排在冬季有保温或加温设备的温室、大棚、温床或冷床中进行育苗，待露地终霜后定植到露地，可大大缩短露地蔬菜栽培的占地时间，提高复种指数与土地利用率，并生产出早熟、高产、优质的蔬菜产品。而在秋冬初霜之时，对露地蔬菜采用各种覆盖材料进行浮面覆盖防寒，或对白菜、芹菜等进行假植贮藏，以及对大白菜、萝卜、胡萝卜等耐贮蔬菜进行冬季贮藏，以延长鲜菜供应期，扩大露地蔬菜的生产潜力。

此外，在干旱少雨的西北兰州等地，在瓜田上覆盖一层砂石，用来防止地面水分蒸发，保持水土，增加地温，叫做"砂田栽培"。江西等地，夏季在畦面铺蕨类植物防旱保墒、降低地温，实行抗高温蔬菜栽培。目前各地试验推广的畦面覆盖银灰色反光薄膜，降低地温，进行夏季蔬菜抗高温栽培，就是传统夏季降温覆盖栽培技术的延伸。这些因地制宜的简易覆盖技术，都具有发挥露地蔬菜生产潜力的良好效益。

二、保护地蔬菜栽培方式

保护地蔬菜栽培是一种在不适宜蔬菜生长的季节或地区，或为了高度集约化生产，利用保温、加

温、降温、遮光或防雨、防虫等设施，人为创造适于蔬菜生长发育的小气候和环境条件，以获得高产、稳产、优质的蔬菜产品的一种栽培方式。主要用来进行蔬菜的"反季节"（不时）栽培，缓解露地蔬菜生产淡季缺菜期间蔬菜供应的不足，以及在有限的面积上获得较高的劳动生产效率。中国目前主要的保护地栽培方式有：日光温室栽培、单屋面加温温室栽培、塑料棚栽培、连栋温室栽培、遮阳网和防雨棚覆盖栽培、防虫网（纱网）覆盖栽培、无土栽培等。此外，中国保护地栽培方式还有传统的风障、阳畦、改良阳畦栽培；工厂化（穴盘）育苗技术，包括催芽、绿化、驯化等配套技术，以及专用作韭黄、菊苣等的软化栽培和各种食用菌栽培等。

第三节　栽培制度与生态农业

新中国成立以来，各地的蔬菜栽培制度在继承发扬精耕细作的优良农艺传统的基础上，得到了发展与提高，并在扭转国内蔬菜供应上存在的长期短缺的局面，实现当今供需平衡、丰年有余和成为出口创汇农业中的支柱产品的大转变中，发挥了重要的保证作用。但在发展过程中，也出现了自然和社会资源未能合理利用、种植种类或品种单一、土壤肥力下降、病虫害多发、污染严重等问题，影响了蔬菜的可持续发展。建立与蔬菜优质、高产、稳产、高效、多品种相适应的且又不污染环境的蔬菜栽培制度，是实现蔬菜可持续发展的重要保证。

一、农田生态系统与栽培制度

现代农业生态系统的基本观点，乃是建立科学的蔬菜栽培制度的理论基础。自 1935 年汤斯勒提出"生态系统"的概念以来，至 20 世纪 70 年代，现代生态学已发展成为当今极为重要的基础生物科学。所谓"生态系统"是指某个地区内生存的生态群落与该地区的无机环境要素（气候、地形、土壤等）互相依存、互相平衡，具有一定自我调节能力的综合体系。

自然界的生态系统均由绿色植物、动物、微生物以及包括光、温、水、气、土、矿物盐类等的无机环境共四个基本部分组成。

农业生产的主要对象是生物，农业生产实质是生物与无机环境进行物质循环与能量转化，所以农业生产应是生态系统的一种，称之为农业生态系统。它是在人类的干预下，在一定的气候、土壤等环境条件下，以农业生产为目的，包括作物、家畜、森林、草地乃至病虫杂草、微生物所构成的特有的能量转移与物质循环系统。

建立优质的高生产力水平的农业生态系统，有赖于人类对其实施正确的系统调控，其中建立科学的栽培制度和耕作制度，就是人类对农业生态系统的发展所进行的最积极的干预和调控，任何栽培制度的改变，都有可能影响生态系统的发展，即向好的方面或向坏的方面发展。因此，建立科学的蔬菜栽培制度，必须以农业生态系统的基本观点作为理论依据。迄今中国已积累许多宝贵的经验。

（一）建立菜区优化的农业生态结构　一个合理高效的农业生态系统应是生物物种的多样性要得到保持，土地要越种越肥，产量要越种越高，环境质量要越来越好，品质与效益也要不断提高。这也是现代农业耕作学与蔬菜栽培制度所面临的重要课题。

我国在过去相当长一段时间，大、中城市郊区的农业生产以蔬菜为主，当时是十分必要和正确的，但也有不少城市、工矿区在执行过程中，片面理解为就是单纯种菜，而忽视了与林、牧、渔、副各业的结合，造成农业结构过分单一化，从而失去物种多样性和生态平衡，反过来影响了郊区蔬菜生产的稳定性，甚至出现蔬菜供应上长期短缺的状况。

其实，在中国传统农业的小农经济的田园经营中，就有十分重视菜—桑（果、林）—畜—渔相结合的事例。例如，江南地区许多城市的郊区菜农，往往在村前屋后挖塘蓄水，塘中养鱼，沿岸栽桑，在塘四周排灌方便的土地上种菜。利用蔬菜残体、桑叶饲养家畜（猪、牛、羊等）和家蚕，部分人畜粪与蚕粪喂鱼，鱼粪肥塘，塘泥肥田，维持着一种良好的营养物质循环体系，提高了有机物质的转化效率，从而保证了这种自给型农业的生态平衡。这样的事例，至今仍有可借鉴之处。

自 20 世纪 50 年代以后，随着社会主义经济建设的发展和城市工矿区人口的迅速增长，对商品性蔬菜的要求越来越高，党和政府及时制订了近郊区的农业生产"应当以生产蔬菜为主，同时生产其他副食品"的方针。并号召在每一城市工矿郊区建设两个基地——蔬菜基地和其他副食品（肉、鱼、禽、乳、蛋等）基地。这是完全符合生态系统概念中的"大农业"和物种多样化的观点的。当时，各地涌现的连年持续稳产高产的先进蔬菜生产单位，无一不是实行以菜为主、多种经营（与林、牧、副、渔结合）的。例如，各地根据自身的自然经济条件，有的搞菜、畜、渔、副结合，有的搞菜、桑（果）、畜、副相结合，或菜、花、畜、副结合，菜、粮、畜、副结合，充分做到实行以菜为主，多种经营的方针，促进农业生态结构的多样化，为蔬菜的高产稳产、均衡供应奠定可靠基础。相反，如若城市郊区单一经营蔬菜，由于结构单纯化，降低了生态系统自我调节机能，易使菜田生态系统的稳定性遭到破坏，极易受病虫侵袭、异常气候干扰、肥力下降，导致单产下降，产量不稳定。因此，蔬菜栽培制度研究的对象应着眼于菜区整个农业生态系统中物质与能量转化循环的整个链条，而蔬菜作物只是其中一个链节，要实现蔬菜的持续高产稳产，就要调节这根链条的整体，建立最优的能量转化和物质循环的结构，通过多种途径调节营养物质的供求关系，使"能流"和"物流"更多地流入作物库，这就是栽培制度中要遵循的生态农业的物种多样性、农业结构优化的"大农业"的观念。

（二）进行生产基地和种类、品种的合理布局 因地制宜，扬长避短，充分发挥地区优势进行蔬菜种类与品种的合理布局，以提高对自然资源的利用率并保持其持续的利用，乃是蔬菜栽培制度中必须研究的课题。"适地适作"是中国农业生产的优良传统，在中国蔬菜的长期栽培历史过程中，各地形成的许多名特产菜区，如山东省胶县的大白菜、章丘的大葱、莱芜的生姜；陕西省大荔和江苏宿迁的黄花菜；江苏省无锡、苏州的茭白；四川省涪陵的榨菜；广西壮族自治区的荔浦芋和浙江省的竹笋等，都是"适地适作"的典范。即使在同一城市郊区，往往也有平地、丘陵、水面、圩区、山地等地貌、地形的差别，各地也都有因地制宜布局蔬菜的优良传统。中国 20 世纪 80 年代改革开放以后逐渐形成的五大农区商品蔬菜基地，就是适地适作的典型。五大商品菜生产基地的建立，初步形成了大生产、大市场、大流通的局面，都是利用不同地域的环境资源优势，发挥各自的特色而形成的区域优势，从而形成优化的农业结构，取得较高的功能效率而获得最佳的经济效益。

除了充分利用不同地理纬度的气候资源优势外，在中国西南部和各地高山或高原环境进行高山或高冷地蔬菜栽培，利用其较平原地区气温垂直分布的显著差异，还可进行秋冬菜夏季栽培。这也是中国能实现各种名优蔬菜全年生产与供应的显著优势。

（三）不断提高菜区生态系统的光能利用率 绿色植物接受太阳光能通过光合作用转化为化学潜能，制造有机物质，这是菜区生态系统最基础性的生产。人们可以有意识地创造有利于光能的条件，使能源流和物流更多地流入作物库，持续生产出优质高产的产品。

在菜区的栽培制度中，包括种类品种的选择、配置、间套轮作、熟制、种植密度与方式等，都能显著地影响蔬菜作物第一次物流和能流的流向与流速。据现代科学分析，地球上植物的光能利用率仅 0.1%，中国耕地上作物的年平均光能利用率约 0.4%，而科学家对于太阳光能最高利用率的理论估算为 12%～14%，可见提高农田作物对太阳光能的利用率的潜力还很大。中国蔬菜科技工作者，在总结菜农有关蔬菜轮、间、套种、复种轮作、立体种植、合理密植、改革栽培制度等的丰富经验方面，做了大量工作。20 世纪 60 年代，曾对每种蔬菜的田间群体结构与光能利用的关系进行了研究，指出一个丰产的群体结构应具有较高的叶面积指数，并维持较长的叶的功能期，同时消光系数要小，使群体各层次通风透光条件好，以提高光能利用率和净同化率及蔬菜的产量与品质，为蔬菜的优质高

产栽培与高光效育种奠定了基础。近年来，越来越多的菜农，重视提高光能利用率的栽培制度的开发。例如，长江中下游菜区，改传统的一年 3 熟为 4 熟制，将原有的番茄—大白菜—过冬青梗白菜一年 3 熟改为番茄间套种冬瓜—大白菜—过冬青梗白菜一年 4 熟，年每公顷产量从 75 000kg 增长到 150 000kg，并为夏淡季增加了供应品种。还有的菜区，改原来的冬瓜、瓠子、南瓜和豆薯的地爬栽培为支架栽培，成倍地提高了单位面积产量，并提前采收，改进了品质。又如粮、菜间套混作，有玉米或甜玉米与菜用大豆、马铃薯、豇豆间作；小麦间套西、甜瓜、豌豆；冬季果、桑园间作越冬白菜等，都是充分利用光能、获得增产增收的好经验。另外，随着科技的进步，高光效育种、选育经济系数高的蔬菜新品种等新途径不断涌现，对菜区生态系统中光能利用率的提高，也起到重要作用。

（四）栽培制度与农田生态系统的环境保护 20 世纪欧、美、日等经济发达国家或地区，凭借其强大的工业基础，推动了现代农业的发展，农田养分逐年得到改善，养分的输入量大于支出量（农产品所吸收消耗的养分），农产品产量大幅度提高，保证了人口迅速增长对粮食的需求。但这些经济发达国家农业产量的增长是凭借其强大的工业基础、机械设备、石油燃料、化学合成的肥料、农药和除草剂以及塑料工业产品等称为"辅助能源"的大量投放，即凭借一种高能耗的生产体系来获得高产的。据估测，这些国家农田的收获量每增加 1 倍，就需投入 10 倍辅助能量，其结果使传统的有机农业转变为现代化的无机农业，劳动生产率虽大大增长，但单产增长速度并不快，有机物质循环失去平衡，病虫害愈益猖獗，能源日益枯竭，成本迅速增加，土壤、水质、大气污染日益严重，并成为公害。中国在 20 世纪 80 年代以来，随着农村城市化、工业化的迅速发展，以大量施用化肥、农药、除草剂所换来的农业增产的同时，也出现了农田生态失衡，土壤有机质含量和肥力下降，农田生物多样性遭破坏，病、虫、草害猖獗，农田环境和农产品污染日益严重的负面效应。如何做到在获得农产品优质高产高效的同时，不污染农田生态环境，菜田栽培制度、耕作制度的改革创新将起到重要作用：

1. 生物养地改善菜田土壤生态系统 土壤管理是蔬菜栽培制度的基础，保持作物与土壤间的物质循环和能量转化的动态平衡，才能保证土壤肥力的恢复和发展，满足作物扩大再生产的需要。良好的土壤生态系统要求土层深厚肥沃、水肥气热协调，为土壤微生物和作物根系生长创造良好的生态环境，从而促进蔬菜等作物的正常生长发育与持续高产。农田生态系统中作物产量的增加和生产力的提高，虽然与气候条件、技术经济条件均有密切关系，但肥料在中国农业增产中的贡献率，估测为 40% 以上。中国人多地少，能源不丰富，工业基础较差，不适宜搞高能耗的无机农业，而宜走低能耗的生态农业与有机农业的道路，即通过农业结构的调整，搞农、林、牧、渔、副结合，因地制宜发展名优特色品种，采取轮作复种、生物固氮、秸秆还田、增施绿肥、厩肥、堆肥等有机肥料等生物养地措施，以生物养地为主，来改善农田生态环境，实现蔬菜的优质高产高效可持续生产。这一途径在产量、成本、效益、能耗、水土保持和土壤肥力变化等方面，较之大量使用化肥农药的无机农业，能获得更好的效果。当然，也不能完全排除无机肥料的重要作用，而有机肥料本身也存在迟效、恶臭、运输困难等问题，但在保护环境、资源再利用及保持生态平衡方面的作用是及其突出的。由此可见，建立符合国情的菜田低耗、高效的、以有机为主的有机—无机相结合施肥制度是十分必要的。

2. 建立以农业、生物、物理防治为主的病虫害综合防治体制 化学农药的使用，虽给农业的高产、稳产做出了不可估量的贡献，但过量和不恰当地使用，造成对产品和环境的污染、物种多样性的破坏和天敌的消灭，甚至屡屡发生人、畜在食用过程中的中毒，已成为当今人们十分关注的"公害"。无农药、少农药栽培的呼声日益高涨。采用选择抗病虫品种、砧木嫁接换根、改革耕作栽培制度进行合理的轮作换茬和间套作等病虫害农业防治方法，备受青睐。例如在栽培制度上不宜采取连作制度，因连作不仅从土壤中吸收大量相同养分，破坏养分平衡，降低土壤肥力，而且还会降低作物抗逆性，利于病虫害的发生和流行。合理轮作换茬，不仅使土壤养分得以均衡利用，而且能使蔬菜植物生长健壮，抗病能力增强，并可切断专性寄主和单一病虫食物链及世代交替环节，也能使生态适应性窄的病虫因条件恶化而难以生存、繁衍，从而改善菜田生态系统。如西瓜枯萎病、炭疽病，在轮作条件下发病较连作显著减轻。水旱轮作可防治多种病虫。茄子可嫁接到赤茄、托鲁巴姆等具免疫或高抗的砧木上防黄萎病、黄瓜嫁接黑子南瓜可防枯萎病等，在生产上均已见效。此外通过肥水管理、设施环境调控、清洁田园等农业技术，可有效防治病虫害。至于物理防治，最有效的如防虫网隔离栽培、频振杀虫灯和黄板诱杀等。以及生物防治，包括天敌的保护与饲放、微生物天敌的使用、植物源农药的使用、性诱剂和昆虫激素的利用等为主的综合防治技术，辅以必要的化学农药的科学合理施用，可以有效地防止化学农药过量使用所造成的环境污染。

3. 建立无公害蔬菜生产基地　从源头上控制污染，选择无工业"三废"污染，水质、土壤、大气的环境质量都能达到国家规定的质量要求标准的地区建立蔬菜生产基地，并持续对环境实行监管，防止污染。

利用园艺设施进行封闭式的全天候人工环境控制下的农业工厂化生产，由于是一种可控的人工生态系统，因此较露地和一般设施园艺技术，能更有效地实行优质、高产和无公害蔬菜生产。

二、生化他感与栽培制度

随着现代科学的发展，从20世纪70年代开始，生态学的研究从以生物与环境及其相互关系为主的野外定性调查观察为主的描述阶段，进入到对一些生态现象和过程的机理进行定量深入研究阶段，化学生态学应运而生，它是现代生态学向纵深发展的产物，是探讨生物与生物、生物与环境间的相互关系的机制，是现代生态学的前沿学科。而生化他感（Allelopathy）则是化学生态学研究的最活跃领域，它是指生物通过向环境释放（挥发、淋洗、腐解等方式）或分泌化学物质而对周围有机体（植物、动物或微生物）直接或间接产生有害或有利的作用而影响其他生物的生长发育的现象。包括植物（含微生物）与植物间的相互作用、植物与昆虫、动物间的相互作用。生化他感物质大约有14类，包括水溶性有机酸、直链醇、脂肪旋醛和酮；简单的不饱和内酯；长链脂肪酸和多炔；萘、醌、蒽酯和复合醌；酚；肉桂酸及其衍生物；苯甲酸及其衍生物；香豆素类；类黄酮；单宁；类萜和甾类化合物；氨基酸和多肽；生物碱和氰醇；硫化物和芥子油苷；嘌呤和核苷，其中最常见的是酚类和萜类。他感物质相互作用的形式分为：自毒、相生（互利）、相克（相互抑制）、偏利、偏害、寄生、中性等不同方式，这些将影响生物间的不同生长关系。

应用生化他感的理论与实践，利用他感物质的正效应，避免其负效应，指导蔬菜栽培中的轮作、间套作和复种，建立科学合理的栽培制度，对于达到防除杂草、防治病虫、减少化学合成农药和除草剂的使用，以及提高土壤肥力，防止连作障碍并利用他感物质基因优化，选育抗杂草、抗病虫和其他抗逆性强的作物新品种，都具有重要指导意义。中国对生化他感作用的研究虽然起步较晚，但自20世纪80年代以来，在大田、蔬菜作物、抗虫植物与昆虫他感作用方面的研究，已取得了重要进展。

常见的蔬菜作物的他感现象有：

（一）异株相克现象　国内外资料表明，约90种农田杂草，如麦仙翁、刺苋、艾蒿、田蓟、狗牙根、香附子、曼陀罗、马齿苋、繁缕等；数十种作物如番茄、大豆、玉米、苜蓿等，它们的根系分泌物或植株的水淋溶物或残株腐败物中分离出的有毒性的有机酸、酚酸类或酚类化合物、倍半萜类、醌类、黄酮类以及生氰配糖物等相克物质，有抑制农作物的种子萌发、抑制根系发育或抑制豆科根瘤形成的作用。周志红等（1997）对番茄的实验表明，番茄植株不仅具有自毒作用，且其水提液对黄瓜、萝卜、生菜、白菜、甘蓝的幼苗生长均有明显的抑制作用；其根系分泌物也对黄瓜的生长有明显的抑制，但对生菜生长的抑制不明显。Kim Y. S.（1987）的研究也表明，番茄植株水提液抑制茄子、生菜种子的发芽和幼苗的生长，根分泌物和挥发性物质能降低生菜和葡萄的干物重，并从其植株水提液中分离出鞣酸、苯甲酸、香草酸、水杨酸、单宁酸和氢醌等化合物。还有报道称，马铃薯与豌豆、白菜和甜玉米间作生长良好，但与黄瓜、向日葵、番茄间作则生长受抑制，马铃薯的根系分泌物可抑制

番茄生长。Song N. H.（1985）报道，大白菜植株残体会抑制后茬番茄、甘薯、大豆和甜玉米的发芽，并降低其出苗率。还有报道大白菜后茬应避免栽培绿豆，否则绿豆生长不良。

此外，种植过向日葵、南瓜、冬瓜的地块，能明显抑制杂草的生长。

（二）植物与昆虫间的生化他感现象 能为生物防治提供科学依据，也是化学生态学中活跃的研究领域。已发现苦楝、除虫菊、鱼藤根、烟草、野茄等植物的抗虫化学机制，并从中开发出天然杀虫剂除虫菊酯、鱼藤酮、尼古丁、印楝素等。另一方面，许多植物对病虫害具有抑制作用，例如大蒜套种玉米，可减轻玉米螟的危害，大蒜植株分泌和释放的大蒜素，具有抑制玉米螟卵发育的作用。日本有报道，黄瓜与孔雀草、万寿菊间作，能减轻根结线虫的危害。又如番茄的根腐病是由尖镰孢子引起的，是一种很难防治的镰刀菌类病害，但可通过番茄间作叶用莴苣来进行防治。这些实例都说明，通过合理的轮间套作等栽培制度的改变，能有效防治病虫，减少化学农药过量使用所带来的环境污染问题。

（三）自毒作用 随着近代化学分析技术的进步，证明了蔬菜作物连作障碍的直接原因是由植物自身产生的毒素引起的，这些毒素或由残体分解产生，或由重茬下的微生物真菌所产生，或由致病菌引导植物分泌的毒素。这些有毒化合物向根际分泌，已经发现这些分泌物中的苯酸类、酚类、有机酸等十多种化合物，都能抑制其他作物及自身的种子萌发和植株的生长。最著名的试验是利用豌豆的培养液残液培养豌豆，其根部生长明显受抑。大豆连作时，也发现游离脯氨酸累积造成对大豆生长的胁迫，并随连作年限的增加而胁迫强度也增大。对连作敏感的蔬菜，除豌豆等豆科作物外，还有芋、芦笋等，必须注意与其他作物种类实行轮作。

（四）互利共生 有些植物或微生物的他感物质对其他植物或微生物具有生长刺激或调节的作用，例如苜蓿有利于番茄、黄瓜、莴苣等作物的生长，有研究报道是由于苜蓿含有三十烷醇的刺激作用所致。

愈来愈多的生物生化他感现象及其本质的揭示，必将进一步推动科学合理的蔬菜栽培制度的建立和创新。

（李式军）

第四节　蔬菜栽培制度

一、蔬菜的栽培制度

蔬菜作物栽培制度包括一个生产单位种植的蔬菜种类品种布局及其休闲、轮作、连作、复种及间作套种等栽培形式。采用何种栽培制度取决于当地的经济发展状况、自然资源条件、栽培技术水平及生活消费习惯。世界不同地区蔬菜栽培制度大体上可分为休闲制、一年1熟制、一年2熟制和一年多熟制。休闲制主要在人口密度低、土地资源丰富、季节变化明显的地区被利用。美国、俄罗斯、澳大利亚等国家多采用这种制度。休闲制度的一般方式是一年种1茬蔬菜作物后，第2年或者第3年休闲，不种植任何作物。一年1熟制多在土地资源比较丰富而且冬季气候比较寒冷的地区被利用，如中国的东北地区及欧洲的部分地区，一年只栽培1茬蔬菜。一年多熟制主要见于人口多、耕地少、气候温暖、光热资源丰富、土壤肥沃的地区。中国的长江流域、华南地区及东南亚国家均为典型的多熟制茬口，一年栽培蔬菜至少两茬以上，多者可达5～10茬。不过一年种几茬又与种植蔬菜种类的熟期有关，种快熟菜如白菜、小萝卜及早熟瓜果蔬菜品种在东北、西北也可以一年2熟，华北等地可以一年3熟或更多。

从社会需求和生态学角度理解，要求栽培制度既要满足国内外市场需求，充分利用土地资源和光热水资源，同时还必须注意蔬菜生产的可持续发展。因此，在中国完全推行休闲耕作制度是不现实的，但过分强调复种指数也是不可取的。

中国拥有 2000 多年的蔬菜栽培历史，积累了丰富的耕作制度和茬口安排的经验，但由于几千年小农经济传统的束缚和人多地少的现实状况的制约，中国蔬菜生产多实行以多熟制为基础的集约型栽培制度。这与规模化、机械化和可持续生产的现代农业的理念存在一定矛盾。如何从中国的实际情况出发，建立优质、高效与可持续发展相协调的蔬菜栽培制度，是摆在蔬菜科研、生产和管理工作者面前的一项重要任务。

（一）蔬菜种类品种的选择与组成　中国现有栽培蔬菜（含食用菌和西、甜瓜）至少有 298 种（包括亚种、变种），分属于 50 个科。一个地区、一个生产单位，选择什么蔬菜种植，要根据市场的需求和当地的自然环境、经济、技术条件而定。20 世纪 70 年代前的计划经济时代，为满足城市工矿区消费者的需求，当时实行"就地生产，就地供应"的政策。由于当时交通运输条件很差，城市近郊生产蔬菜基本自给自足，很少调运，即使不适于当地生长的蔬菜，例如性喜北方冷凉气候或需特殊环境生长的大白菜、马铃薯、生姜等，也要求南方的大中城市郊区自行种植，就地供应，因此常造成环境资源的浪费，投入大，收效少，蔬菜供应处于长期短缺的状态。80 年代以后，农村实行改革开放政策，按国内外市场需求进行农业结构调整，并根据当地的地域、资源优势和比较效益的原则，因地制宜地选择和种植适销对路的蔬菜种类品种，且实行区域化、规模化生产，企业化经营。例如全国五大农区商品蔬菜生产基地的形成，每一农区的蔬菜种类品种，像山东、河北省的大白菜等秋菜基地、黄淮海的早熟茄瓜豆蔬菜等，都是适地适作的典范。又例如安徽省和县的近 4 000hm² 的大棚早熟番茄、浙江省富阳近 1 300hm² 的大棚芦笋、上海市嘉定的近 3 000hm² 的大棚西、甜瓜，以及山东省安丘、诸城的近 6 000hm² 的青葱（大葱）、浙江省临海近 4 000hm² 的青花菜、江苏省东陇海一带近 6 000hm² 的白芦笋等都是适地适作而发展起来的出口加工蔬菜基地和名品牌蔬菜品种。

中国地域辽阔，可以充分利用不同纬度、不同海拔高度的地理气候条件，周年生产国内外市场所需求的各种蔬菜，这也是我国在地理气候资源上的一大优势和特点。再加上劳动力资源丰富，像蔬菜这种劳力科技密集型的农产品生产，在国际市场上很有竞争优势，这对今后扩大出口加工蔬菜种类、品种具有十分重要意义。近来除传统的干菜、腌制菜出口东南亚诸国外，对日、美等国各种新鲜蔬菜的出口也有较快的增长，主要品种有：芦笋、大蒜、青花菜、大葱、菜用大豆、蚕豆、西瓜、甜瓜、洋葱、胡萝卜、甘蓝、菠菜、黄瓜、辣椒、蘑菇、马铃薯、草莓等。

在满足国内消费需求的蔬菜种类品种布局方面，各地农业部门都有许多经验，例如根据当地消费习惯以当地品种为主，引进品种为辅，大众化蔬菜与精细蔬菜并举，豆薯菜并举，并优先安排能缓解冬春淡季和夏秋淡季蔬菜供应的种类品种，对耐贮藏、加工品种和温室、大棚栽培的种类、品种及香辛类蔬菜都要给予适当安排。

（二）连作与轮作　在同一地块上不同年份内连续重复地种植相同种类的蔬菜作物称连作。与连作相反，按一定的生产计划，在同一地块上按一定年限轮换种植不同种类的蔬菜作物称轮作。由于每一茬栽培的蔬菜作物种类都不相同，轮作也称换茬或倒茬。休闲应该看成是一种特殊的轮作，即空茬轮作。在有条件的情况下，适当安排休闲茬口，对于改善土壤结构，恢复土壤肥力，减少病虫害发生，是一项非常有效的措施。

连作和轮作各有特点，都是由于受一定的客观条件要求或制约而进行的。根据生态学原理，长期连作，会导致蔬菜作物生长的微生态环境发生改变，这种改变最终会反过来作用于蔬菜本身并对其生长发育产生不利影响甚至危害。连作的不利影响称为连作障碍，其主要表现在以下几个方面：第一，病虫害发生严重。同种蔬菜作物连年种植，易造成专门危害这种蔬菜的病原微生物和有害昆虫大量繁殖和积累，使病虫害逐年加重，严重影响蔬菜作物的生长发育，进而影响产量和品质。由于病原微生物和有害昆虫基数的不断增加，防治也将越来越困难。这类病害如番茄晚疫病、青枯病、黄瓜枯萎病、茄子黄萎病、甜瓜蔓枯病、西瓜枯萎病、白菜软腐病等，以及害虫如危害十字花蔬菜的菜青虫、

蚜虫、危害瓜类蔬菜的黄守瓜、危害茄果类蔬菜的红蜘蛛等，大多以本科植物为专门寄主。上述病虫害的病原物孢子、害虫或虫卵均可在土壤或蔬菜植物残体上越冬，第2年继续危害寄主。第二，造成某些元素的缺乏和矿质营养构成不平衡。每一种蔬菜作物都有其自身的需肥特点，在对氮磷钾三要素平衡吸收的基础上，茄果类、瓜类对钾、钙、镁需求量较多，叶菜对钙、硼需求量较高，而根茎类蔬菜对钾、钙、硼的需求量较高。长期连作，就会导致某些元素因过度吸收而发生缺素症，有些元素则因为吸收较少而发生积累，造成单盐毒害。长期连作，则导致土壤元素供应的不平衡。第三，发生植物的自毒作用。某些植物可以通过地上部分的淋溶、根系的分泌和植株残体的分解等途径向土壤中释放一些物质，这些物质可以对同茬或下茬同类或同科植物的生长产生抑制作用，这种作用称之为自毒作用。在蔬菜作物中，茄科、葫芦科、豆科、菊科及葱蒜类等植物均存在自毒现象。

连作障碍在露地栽培形式下普遍发生，在保护地栽培条件下更为严重，常成为制约设施蔬菜可持续发展的一个重要因素。

进入21世纪，特别是中国加入WTO后，农业结构调整不断深入，国内、外市场对蔬菜生产的专业化、规模化、产业化要求愈来愈高，这些变化也对蔬菜轮作制的实施带来很大的影响。如青花菜、牛蒡、芦笋等出口基地，不仅连年种植同一种出口蔬菜，甚至一年要连种2~3茬。在一些蔬菜生产专业村、专业乡，也大面积栽培同一种类蔬菜，如黄瓜、番茄、辣椒、西瓜、甜瓜、白菜、甘蓝等，形成了所谓一乡一品、一区一品的种植格局，导致连作的加重。

克服土壤连作障碍，最有效的办法是轮作，但由于前述原因，不可能完全实现轮作。因此，在生产上，必须根据蔬菜作物对连作的忍耐程度确定合理的连作年限。同时，配合晒垡、冻垡、土壤消毒、土壤改良和无土栽培等技术措施，以保证某种蔬菜的持续、稳定、周年生产和供应，但这些仍不能取代合理的轮作。

不同蔬菜所要求的轮作年限不同。需要间隔1~2年的有马铃薯、豆薯、芋、菜豆、蚕豆、芹菜等；需间隔2~3年的有黄瓜、辣椒、山药、姜等；需要间隔3~4年的有大白菜、番茄、茄子、冬瓜、大蒜、茭白、豌豆、芫荽等；甜瓜、西瓜要求间隔年限更长，需要5~6年。而耐连作的蔬菜则有萝卜、胡萝卜、南瓜、洋葱；连作后受害轻的如：芜菁、莲藕、慈姑、山葵、水芹、花椰菜、白菜、甘蓝、莴苣、芦笋、菠菜、葱等。

轮作是实现蔬菜可持续生产的必要保证条件之一，合理轮作，包括蔬菜作物之间的轮作及蔬菜作物与大田作物之间的轮作。无论是蔬菜作物之间的轮作还是蔬菜与大田作物之间的轮作，在前后茬安排上应注意以下原则：①同科或同类蔬菜不可连作，因为他们易被同样的病虫害侵染、拥有相同或相似的吸肥特性和相同的自毒物质。如瓜类作物、茄果类作物之间，甚至葱蒜之间都不能多次连作；②根系分布深浅不同的蔬菜作物可进行轮作，这样可以吸收和利用不同耕层的矿质营养。如深根性的根菜类、茄果类、瓜类（黄瓜除外）应与浅根性的叶菜类、葱蒜类等蔬菜作物轮作；③矿质营养需求差别较大的蔬菜作物可进行轮作，如消耗氮肥较多的叶菜类与消耗钾肥较多的根茎类蔬菜轮作；④分泌物质不同的蔬菜作物能产生相互促进或相互影响，可进行轮作。如葱蒜类蔬菜的分泌物有杀菌作用，可作为大白菜、茄果类蔬菜的前作。豆类作物有固氮作用，能增加土壤中氮素含量，可安排为叶菜类的前作；⑤注意不同蔬菜作物对土壤酸碱度的要求和影响。如甘蓝、马铃薯能增加土壤酸度，而玉米、南瓜能降低土壤酸度。洋葱对酸性土壤比较敏感，因此，将其作为玉米、南瓜的后作可获高产，而作为甘蓝、马铃薯的后作则会造成减产。

典型的轮作实例：①茄果类为主作，第1年：茄果类蔬菜、秋冬白菜；第2年：瓜类蔬菜、萝卜、莴苣；第3年：豆类蔬菜、甘蓝、白菜；第4年：茄果类蔬菜；②豆类为主作，第1年：豆类蔬菜、秋冬白菜、春白菜；第2年：茄果类蔬菜、根菜类蔬菜、茎菜类蔬菜；第3年：瓜类蔬菜、甘蓝、葱蒜类蔬菜；第4年：豆类蔬菜。

除了蔬菜作物之间轮作外，还可以进行蔬菜与大田作物轮作，或蔬菜与绿肥、牧草轮作。

中国目前应用较普遍的蔬菜与大田作物轮作主要有麦茬或玉米茬后作蔬菜，如第 1 年种白菜类、根菜类、瓜类及茄果类蔬菜，第 2 年再种植小麦或玉米；又如第 1 年芋、小麦，第 2 年水稻、小麦；第 3 年再种芋。另一种成功的轮作方式是前作为瓜类（西瓜、甜瓜）、茄果类蔬菜、草莓、洋葱等，后作为水稻，也称水、旱轮作。这种轮作方式是典型的生态型栽培制度，在农区有很好的经济效益和生态效益，水稻可保证粮食需求，蔬菜可获得经济收入，而水、旱轮作可有效抑制病虫害的发生。

（三）间作和套作（种）　间作是指在同一块耕地上，两种或两种以上的作物隔畦、隔行或隔株有规则种植的一种栽培制度。两种或两种以上作物在同一块耕地上没有一定规则的混合种植则被称为混作。

套种是指在一种作物生育后期，于行间或株间种植另一作物的栽培制度。与间作相比，套种时两种作物共同生长的时间相对较短。

间作套种不仅在蔬菜作物之间经常进行，而且在蔬菜作物与大田作物、甚至蔬菜作物与果树和桑树间也进行间作套种。

间套、混作是一种充分利用气候、土地和劳动力资源的栽培制度，只有依照各类蔬菜品种的特性，合理掌握生物群体结构，科学选择间套混种搭配蔬菜作物，才能有效利用光能和土壤肥力，达到高产、稳产和优质生产之目的。

间作蔬菜，不论是主作或副作，都需要充分阳光进行光合作用。密度减小时，阳光充分，叶面积多向四方开展；密度大，阳光不足，两种蔬菜则竞争阳光，叶面积变小，又多向上方生长。因此在蔬菜间作时，首先要考虑哪些蔬菜的光饱和点高，哪些蔬菜的光饱和点低，然后合理搭配，以减少相互干扰。同时蔬菜种类不同，叶面积的大小与着生方式也有一定差异。叶面宽大的蔬菜，如大白菜等，需光量大；韭菜、葱类的叶片面积小，又是向上倾斜生长，需光量就小。

其次是掌握不同蔬菜的生物学特性，将其安排在最适合于生长发育的时期。如茼蒿、菠菜、白菜等生长适温是 10～15℃，能耐较低温度，应安排在早春播种。而瓜类、茄果类蔬菜，适温是 20～30℃，应根据当地温度及时育苗，适时于露地进行间、套作，这样两种蔬菜都能得到充分发育。

再次是掌握同种蔬菜不同品种的生物学特性。同一蔬菜种类、品种之间的生物学特性也有很大差异。依生长期而言，有早、中、晚熟之分；有耐寒、耐热之别，有喜短日照与长日照之分。只有掌握各个品种的特性，才能在统筹规划时，合理安排某一蔬菜品种适宜生长期，在主、副作之间才能避免争光、争肥、争水的矛盾。

此外，还要熟悉各种蔬菜的植株大小，以及适宜的播种方法。这样在进行种植时，才能确定哪种蔬菜宜于撒播，哪种宜于条播或点播。例如在北方应用平畦栽培的地区，畦宽约 150cm，周围是畦埂，这样可在畦中撒播茼蒿、白菜等，在畦埂上点种蔓生菜豆等。同时对高秆或蔓生蔬菜，定植时应比单作时适当增加株距密度，以发挥其边行优势效应。对于以需要向空间发展、要求搭架的蔬菜为主作时，其播种带幅也要比单作时适当放宽。夏季光照强，温度高，本不适于喜冷凉蔬菜生长，但借助攀架蔬菜的遮荫，可创造适宜生长的环境条件，使之得到正常生长。

套作不同于间作。间作时，主作与副作共同生长的时间较长。而套作则是将前作与后作蔬菜的生长时间紧密地衔接起来，往往是在前作还未收获的生长后期，在其株行间播种后作蔬菜。因此，凡是后作蔬菜利用前作蔬菜之生长后期，或是前作蔬菜利用后作蔬菜之生长前期，宜有一段生长时期发生重叠时，都可谓之套作。这种栽培特点，不仅能高度利用空间，而且还能高度地利用时间，这对于解决前后茬单作生长期不足或使后茬提早成熟起到一定作用。这种栽培措施，最适用于城郊人多地少、肥源充分的地方。通过增加复种指数，也就等于扩大了土地面积，有的地区通过间套作其栽培（复种）面积比耕地面积增长 2～3 倍，甚至 4～5 倍之多。

在套作时，首先要考虑蔬菜的植株高度问题，要分清哪些蔬菜属于高秆植物，如黄瓜、冬瓜、豇豆、蔓生菜豆等；哪些蔬菜属于矮生植物，如葱、蒜、茼蒿、菠菜、苋菜、芹菜、白菜等。将高秆蔬

菜与矮秆蔬菜互相配合以避免因争光而发生徒长现象。其次要考虑各种蔬菜需要的营养元素问题，如叶菜类需要的氮素较多，对磷、钾元素要求较少，果菜类与根菜类蔬菜需要磷、钾元素较多，对氮素要求较少，如根据营养需求特性来安排套种种类，则可互利补益。再次是在进行套作时，要考虑前作拉秧时间与后茬蔬菜在前茬行间允许的生长时间，既不能影响后茬蔬菜的生长，也不能使套种菜过分长大而使前后茬蔬菜相互影响。如早春菠菜地中套种菜豆，约在菠菜收获前 20 余天在畦埂上点播菜豆，待菜豆长出真叶后，菠菜已长大，即全部采收，为菜豆生长发育创造条件。此外，在套作上解决肥、水、光、热矛盾时，也要合理安排，如菠菜、芹菜需光量较弱，在受到高秆蔬菜遮荫时，不仅不会影响生长，还会因遮荫而受益。例如大白菜幼苗期，如遇阳光过强、地温过高时，经常发生病毒病，但与黄瓜、蔓生菜豆套作，可减少强光，降低地温，对防治病毒病反而有良好效果。因此栽培大白菜，可先在苗床育苗，定植时再将幼苗定植于即将成熟的甜（糯）玉米行间借玉米的庇荫，既可降低地温防止病毒病，又可在大白菜缓苗时提高成活率，待白菜成活后恰好采收玉米，这样既有利于大白菜生长，也有利于因肥水作用而延长玉米成熟时期。

马铃薯种薯退化原因除病毒因素外，还有高温影响，若采取二季作于夏秋际播种，则可避免高温。如 8 月初若玉米行间套种马铃薯，则可借玉米茎叶的庇荫，降低地温，有利于秋马铃薯的生长发育，对防止马铃薯的种薯退化能起到一定作用。

间套作是一种适合中国地少人多这一国情的栽培制度，是增加复种指数、提高单位面积产量、保证市场均衡供应的一项有效措施。当然，这种栽培制度，对于实现农业机械化增加了不少困难，农艺、农机如何密切结合，尚待进一步探讨、研究。

此外，在一些蔬菜种类中，也有不适于套种的，如黄瓜套作白菜，由于白菜生长需要一定的水量，而黄瓜后期则需水量并不太多，而且黄瓜又有茎叶郁闭，不能顺利通风，容易造成高湿度环境，易为黄瓜霜霉病的发生制造有利条件。再如茄子套种小白菜时，不利于茄子的中耕培土，对茄子发育不利；若培土后再套作白菜，则易被茄子茎叶遮荫，影响白菜的生长发育。

1. 粮、菜间套作 蔬菜作物与大田作物进行间作套种是一种常见的耕作制度，特别是在农区更为普遍。但应注意根据各种作物的生物学特性和本地自然条件，选择好搭配作物的种类和品种。

（1）高矮秆作物间套作 如高秆的玉米与矮生的菜豆、菜用大豆等间套作，既能发挥边行效应，充分利用光能，又能解决复合群体高密度种植的通风透光问题，防止因争光而发生徒长现象。据测定，夏玉米间作蔬菜，叶面积一般增加 15%～30%，光能利用率可提高 10%～20%。

（2）直立与塌地蔬菜作物间套作 如直立的麦、油菜套作塌地早熟的西瓜、甜瓜、草莓，不仅可以利用直立作物为塌地蔬菜幼苗挡风御寒，还可以显著提高叶面积系数和作物产量，并增加收入；直立的百合套种矮生的花生，前期百合披针形叶和不分枝的地上茎不会影响花生前期生长，进入夏季百合生长已接近后期，此时花生已经封行，从而起到为土壤表面降温保湿作用，为百合后期生长创造了良好的生态条件。

（3）生长期长短搭配 如小麦间作耐寒的白菜、菠菜等，马铃薯田套种玉米等，既充分利用时间、空间与土壤条件，玉米又为进入结薯期的马铃薯创造相对低的地温条件，有利于提高其品质和产量。

（4）需肥不同的品种搭配 豆科蔬菜与禾本科作物间套作，可以有效利用氮素，使禾本科作物产量提高，并能增加土壤的有机质含量，改良土壤结构。例如玉米同菜用大豆间作过的土壤比没有间作过的土壤氮素含量增加 3%～5%；大葱或大白菜地套种小麦，可显著提高麦田肥力而增产。

（5）喜光与耐阴搭配 如玉米、高粱同生姜、茼蒿、芫荽等蔬菜间套作，玉米、高粱属高光效作物，生姜等蔬菜是耐阴作物，夏季玉米、高粱进入生长盛期，可为生姜创造避免阳光直射的天然荫棚。茼蒿、白菜、芫荽生长期短，春天芫荽、茼蒿收获后，正是玉米进入拔节抽穗期，因此不会影响玉米生长。

（6）根系深、浅搭配 如小麦、玉米等谷类作物是须根系，没有明显的主根，入土不深，主要分布在耕作层内,吸收耕层上部土壤养分;而萝卜、胡萝卜等根菜类蔬菜作物,都有明显的主根,吸收较深层土壤的养分,同时,萝卜以秋种为主,玉米收获后萝卜仍有一定的生长时间。这两类作物合理间作套种,能充分利用土壤肥力。

(7)抑制病虫草害 玉米套种大白菜、秋马铃薯以及冬瓜、南瓜等地爬蔓性瓜类,一方面可借玉米茎遮荫,减弱光照,降低地湿,既可以防止蚜虫危害和病毒病的发生,也有利于秋马铃薯的生长发育,防止种薯退化。另一方面,瓜蔓匍地生长可抑制杂草生长。

进行粮、菜间套作,要特别注意化学农药的施用问题,不要因为给粮食、棉花等作物用药而使蔬菜受到污染。

2. 菜、菜之间相互间套作

(1)保护地蔬菜作物的间作套种 间作的原则,要以主作为主,主次分明或主次兼顾,充分发挥间作的增产潜力,要避免以宾欺主的情况发生。如以黄瓜为主作,采用隔畦间作方式,把黄瓜栽在一个畦内,另一畦则间作芹菜、芫荽、白菜、青蒜、莴苣等速生蔬菜;以番茄为主作,畦埂上可间作萝卜、豌豆(收豌豆苗)、白菜等。再如以辣椒为主作,可采用宽窄行种植方式,使作物通风受光良好,扩大边际效应,并在宽行以间作方式栽培矮小速生蔬菜,如芫荽、茼蒿、莴苣、豌豆(收豌豆苗)等。目前,日光温室茄果类蔬菜栽培,往往采取秋冬茬与越冬茬长短生长期套作,以充分利用土地空间并实现整个冬季都有茄果类供应。此外,日光温室种植高杆的茄果类蔬菜、瓜类蔬菜,温室前部低矮空间,可间作耐寒叶菜、青蒜、囤栽韭菜和食用菌等。

塑料大棚、温室蔬菜的套种,也是充分利用其土地和空间,提高经济效益的一种有效方法。

套种的形式有多种,如以黄瓜为主作,行距为1m,株距为20~24cm,在黄瓜畦内套种两行芫荽,或套种莴苣、茼蒿等速生叶菜;以番茄、辣椒、茄子为主作,行间套种芫荽、小萝卜、莴苣等植株矮小速生菜;以黄瓜、番茄等秋延后搭架为主作的蔬菜,可在霜冻前套种芹菜、耐寒青菜等,当黄瓜、番茄拉秧后,留下芹菜、耐寒白菜,继续加强管理,以促进生长。华北、华中地区常见的是2~6月在日光温室、大棚内栽培茄果类蔬菜、黄瓜,4~9月套种丝瓜或苦瓜,并在揭开棚膜后使其爬上棚架,然后在茄果类蔬菜、黄瓜收获后,再栽植耐阴速生叶菜等。

(2)露地蔬菜作物的间作套种 ①春黄瓜套种豇豆。长江流域一带春黄瓜或春瓠瓜在5~6月份采收上市,豇豆可在5月中下旬播种。黄瓜等收获后,豇豆充分生长,在7~8月份收获;②春播大蒜套种黄瓜。早春土壤消冻达3~4cm时播种大蒜,大蒜采收前20~30d直播黄瓜。大蒜和黄瓜分别采用平畦和高畦种植。这种方式在北方地区较常见;③豇豆与辣椒间作。不仅可解决豇豆行间通风问题,还可避免强光对辣椒的伤害,可获得豇豆、辣椒双丰收;④洋葱间作越冬菠菜套种冬瓜。冬季利用直立性洋葱的行间播种菠菜,3月采收后,洋葱生长,6月收获洋葱,收获前1个月套入冬瓜,8~9月采收。是华东地区常见的一种栽培方式。

此外,春番茄间作冬瓜在南方地区也很普遍,是一种典型的高产间套栽培方式。

(四)复种(多次作) 在同一块土地上在一年的生产季节内连续种植超过一茬(1熟)作物的种植制度称复种。通过复种,可以连续栽培1种作物,也可以连续栽培多种作物,可实现多次种植,多次收获,因此也称多次作或复种轮作。复种是中国以精耕细作为特点的传统蔬菜栽培技术模式的主要体现。合理地安排蔬菜的多次作,并尽可能结合间作套种等方式,能显著提高土地和光能的利用率,是实现蔬菜周年均衡供应和高产、稳产及品种多样化的有效途径。

蔬菜的复种制度,通常从两方面来理解其含义:从空间上说,即在一年中,在同一块菜田上,连续栽培蔬菜的次数,例如一年2熟、两年5熟、一年3熟、一年4熟……而从时间上说,是在一个地区、在一年的生产季节中,栽培蔬菜的季节茬数,例如长江、黄河中、下游各大中城市郊区,业已形成的三大季(即越冬茬、春茬、秋茬)、二小季(即早春茬、伏茬)、一年五个季节茬口的复种制度。通常将前者简称为"土地(利用)茬口",后者称"(生产)季节茬口"。各地区在落实蔬菜周年生产

与供应计划时，都要同时重视这两种复种制度的规划与设计。

各地的复种制度，反映了该地区的自然和经济条件以及栽培技术水平。通常以"复种指数"作为衡量各地菜田利用程度的指标。例如中国东北及西部高寒地区，气候严寒，生长季节短，一年一般只能种植一季主要蔬菜，基本上属于1年1熟制或两年3熟制，复种指数为1.0～1.5。而华北地区一年内可栽培两季主要蔬菜，华中、华东和西南地区一般一年可栽培三季主要蔬菜，华南则可栽培四季以上，复种指数可达4以上。即便是同一地区或同一城市郊区，一般也是近郊老菜区比中远郊菜区的复种指数高。例如长江、黄河中、下游各城郊的近郊老菜区，多实施一年3、4茬以上的复种制度，而中远郊多实行一年三大季或两大季的复种制度。这是由于蔬菜的多次作，除必须具有适于蔬菜生长的较长的生长季节外，还要求具有充足的劳力、肥源、水利设施和设备条件，并要求有较高的耕作技术水平。

在一年1熟的单作区，通过选用早熟品种、培育大苗、采用套种等技术措施，也可以实现复种指数的增加。例如，早熟辣椒套种早熟甘蓝、大白菜等，可使复种指数提高到2.5～3.0。

因此，复种的方式不仅是连作或轮作，也可采用间作套种。复种实际上也就是把年与年之间的轮作和间作套种等方式运用到一年之内的不同栽培季节。

二、露地蔬菜栽培制度

这里主要讨论露地蔬菜的复种（多次作）栽培制度。

（一）土地茬口及其基本类型　　在同一块土地上，从一年中的利用茬次来考察中国各地的复种制度，大致上有以下几种基本类型：

1. 二年3熟制或一年1熟制（东北及西部高寒地区）　　该地区两年3熟制的典型茬口是一茬夏菜、一茬越冬菜、一茬秋菜。例如：夏茄果类—越冬菠菜或葱—大白菜或胡萝卜等。

2. 一年2熟制（华北及华中、华东、东北部分地区）　　本地区的一年两熟制的典型茬口是春夏菜和秋菜。春夏菜多为喜温的茄果类蔬菜、瓜类蔬菜、豆类蔬菜和马铃薯等，秋菜主要为喜冷凉蔬菜，如大白菜、萝卜、芹菜、甘蓝、花椰菜等。例如：番茄（茄子、黄瓜等）—大白菜（萝卜、花椰菜、芹菜等）。

3. 一年3熟制　　一年3熟制可以在华北地区实施，也可以在江淮地区实施。华北地区的一年3熟制春季采用耐寒性较强、生长期较短的早春菜，如白菜、菠菜、小萝卜、芫荽及春甘蓝、春花椰菜等；夏季采用喜温耐热的果菜类，如茄果类蔬菜、瓜类蔬菜、豆类蔬菜；秋冬季采用喜冷凉的叶菜、根菜，如大白菜、萝卜、芹菜、菠菜、花椰菜等。例如：白菜、小萝卜、春茼蒿等—茄子、菜椒、菜豆、冬瓜等—大白菜、甘蓝、萝卜等。

春菜—早秋菜—晚秋菜（江淮地区），例如：早茄子—早萝卜—白菜或菠菜。

越冬早茬菜或早春菜—早熟夏菜—秋冬菜（华北、江淮地区），例如：早中熟春白菜或萝卜、白菜等绿叶菜—黄瓜、菜豆、番茄—大白菜、萝卜、甘蓝等。

越冬晚茬菜或早春菜—晚熟夏菜—晚秋菜（江淮地区），例如：春甘蓝或马铃薯—套作冬瓜、丝瓜、晚豇豆—菠菜、雪里蕻、芹菜等。

另外，江淮地区一年3熟制茬口安排不同于华北地区，还有早熟喜温蔬菜接秋季喜冷凉蔬菜和越冬耐寒蔬菜。早熟喜温果菜包括茄果类、瓜类、豆类蔬菜，秋茬为大白菜、萝卜、胡萝卜、秋甘蓝、花椰菜等，越冬茬为菠菜、白菜、早莴笋等。例如：番茄或黄瓜—白菜或萝卜—越冬白菜、菠菜等。

4. 一年4熟制　　一年4熟制常见于长江流域地区，茬口类型不完全相同，主要有3种类型：

（1）越冬早白菜（不结球白菜矮脚黄、苏州青、三月白等）—早熟夏菜（早熟番茄）—套作冬瓜—秋冬白菜（江淮地区）；

（2）春马铃薯、春大白菜等—伏黄瓜、伏豇豆等—早秋甘蓝（或花椰菜）或早大白菜—越冬菠菜；

（3）番茄—早秋白菜—秋菠菜—越冬白菜。

5. 一年多熟制 主要在长江流域以南地区，特别是华南地区以叶菜为主可以达到七熟，甚至更多。

（1）长江流域的一年多茬典型茬口 ①一年5熟：越冬早春菜（二月白菜）—早春菜（春白菜）—春夏菜（春夏茄子）—早秋菜（早大白菜）—晚秋菜（秋菠菜等）；②一年6熟：越冬早春菜（二月白菜）—早春菜（春白菜）—春夏菜（春夏瓠瓜、黄瓜等）—伏菜（伏白菜）—早秋菜（早大白菜）—晚秋菜（菠菜）。

（2）华南地区一年多熟典型茬口 ①以早熟瓜类、豆类、茄果类为主的一年5熟制茬口，如冬春黄瓜（苦瓜、节瓜等）—套种冬春菜豆—春夏辣椒（番茄、茄子）—夏叶菜（苋菜、小白菜、菜心）—早秋生菜；②以供应秋淡季为主的一年5熟制茬口，如夏叶菜（白菜、薹菜、苋菜）—早秋叶菜（白菜、薹菜、苋菜）—晚秋黄瓜（9月下旬直播）—秋冬球茎甘蓝—早春番茄（茄子、辣椒）；③以果菜为主的一年六熟制茬口，如秋冬番茄—套种早春菠菜—春黄瓜—夏豇豆—套种夏苋菜—秋芥蓝；④以叶菜为主的一年十熟制茬口，如三月薹菜（12月至翌年2月）—菠菜（1～2月套种）—白菜（2月育苗，3月上旬定植，4月上旬采收）—芥菜（4～5月）—苋菜（5～6月）—薹菜（6～7月）—白菜（7～8月）—芥蓝（7月中旬育苗，8月中旬定植，9～10月采收）—菠菜（9～10月套种）—生菜（10月上旬育苗，11月上旬定植，12下旬采收）。

（二）季节茬口及其基本类型 从一年中栽培蔬菜的季节茬次考察其复种制度，可见各地区之间存在较大的差异。中国不同地区蔬菜的主要季节茬口类型及适宜该茬口种植的蔬菜种类如下：

1. 越冬茬 俗称过冬菜、过寒菜、越冬根茬菜等，是由耐寒或半耐寒蔬菜组成的茬口。如华北地区的根茬菠菜、芹菜、小葱、韭菜、芫荽、菜薹等；长江流域的菜薹、乌塌菜、春白菜、莴苣、洋葱、大蒜、甘蓝、蚕豆、豌豆等。一般是秋季露地直播或夏秋育苗，冬前定植，以幼苗或半成株状态露地过冬，翌春或初夏收获，是解决春淡季的主要茬口。其中在翌年2～3月份能腾茬出地的早茬，如菜薹、菠菜、乌塌菜、早熟春白菜、覆盖芹菜等，均是早春菜和覆盖（中、小塑料棚）早熟果菜的良好前茬，也是夏菜茄果类、瓜类、豆类蔬菜的前茬。东北和华北地区为加速越冬菜翌春返青，早收多收，多采用简易保护设施如在畦北侧设风障防寒或覆盖小拱棚增温，以提早上市。

2. 早春茬 又叫早春菜，是指在早春播种的蔬菜，多为耐寒性较强、生长迅速的绿叶菜，如白菜、小萝卜、茼蒿、菠菜、叶用莴苣等（也有春马铃薯和冬季在保护地中育苗，早春定植的耐寒或半耐寒的春白菜、春甘蓝、春花椰菜；覆盖栽培的早熟果菜类西葫芦、早番茄也可包括在这一茬口类型中）。一般在早春土地解冻后即可露地直播或定植，生长期40～60d，可采收供应。在长江中下游地区，一般在2～3月份播种，4～5月份上市，正好在夏季茄果类、瓜类和豆类蔬菜大量上市以前、过冬菜大量下市后的"小淡季"供应市场。这一季节茬口多与晚熟夏菜中的各种匍匐栽培的冬瓜、西甜瓜、中国南瓜等瓜类和辣椒、茄子、豇豆、早熟菜用大豆、菜豆等间套作或作为伏茬的前茬。

3. 春夏茬 是指在终霜后才能在露地定植的喜温好热蔬菜以及初夏直播的蔬菜，例如：茄果类、瓜类和豆类蔬菜，是各地最主要的季节茬口。长江中、下游多在清明前后定植，黄河中、下游地区多在谷雨前后定植，通常在6～7月份大量上市，形成旺季，故各地均将该期蔬菜按早、中、晚熟品种排开播种，分期分批上市。这茬蔬菜一般在立秋前腾茬出地，后茬接伏茬或经晒垡后种秋、冬蔬菜。

4. 伏茬 又称伏菜、火菜，是专门用来解决"夏秋淡季"的一类耐热蔬菜，在长江流域大多于6～7月份播种或定植，8～9月份供应。如：伏菜秧（伏白菜）、早汤菜（早秋白菜）、火苋菜、蕹菜、伏豇豆、伏黄瓜、伏萝卜等。华北地区把晚茄子、辣椒、冬瓜延长到9月份腾茬拉秧的称为"恋秋菜"或"晚夏菜"。长江中下游在伏茬中把白菜分期分批播种，一般播后20～30d即可上市，作为缓解"伏缺"期间蔬菜供应的主要品种，其后茬是秋、冬菜。

5. 秋冬茬 又叫秋茬。秋茬蔬菜通常叫秋菜或秋冬菜，主要是一类喜冷凉而不耐热的蔬菜，如大白菜、甘蓝类、根菜类及部分喜温的茄果类和绿叶菜类蔬菜等，是全年播种面积最大的季节茬口。秋茬蔬菜一般均在立秋前后播种定植，10～12月份上市供应，也是冬春贮藏菜的主要茬口，其后作是越冬菜或冻垡休闲后翌年春栽种早春菜或夏菜。

在20世纪70年代以前，华北、华东等地各大中城市的蔬菜生产基地都把合理安排上述五个季节茬口之间的比例，作为保证周年供应均衡上市的重要内容。

上述常年菜地的五茬安排，加上保护地蔬菜和季节性菜地（包括水生菜地，粮、菜间作菜地）的复种安排，可保证蔬菜供应达到品种多样、数量充足、周年均衡。

（三）各区的基本茬口类型 由于不同地区气候资源条件、栽培技术水平和消费习惯不同，上述五种季节性基本茬口在不同地区的安排和衔接也不同。典型安排如下：

1. 东北及蒙新、青藏地区 一大季和二小季是这一地区典型的季节茬口类型。一大季为夏茬类，有一茬到底的特点。春茬和秋茬作为夏茬的有效连接，形成两个小季。夏茬一大季主要栽培喜温蔬菜和耐热蔬菜，而耐寒、半耐寒及喜冷凉蔬菜则安排在两个小季中进行。

2. 华北、西北地区 华北、西北双主作区露地蔬菜生产的典型季节茬口是两大季和三小季。前述五个基本季节茬口在本地区调整为越冬茬、早春茬（春茬）、春夏茬（夏茬）、早秋茬（伏茬）和秋茬（秋冬茬）。

两大季指一年内可生产两季主茬蔬菜：春夏茬播种或定植喜温蔬菜，如茄果类、瓜类、豆类等果菜类蔬菜及洋葱、大蒜和春马铃薯等。秋茬主要在夏末秋初播种，不仅供应秋冬季节市场，还作为冬春贮藏的主要蔬菜，包括喜冷凉的叶菜、根菜类蔬菜，如大白菜、萝卜、胡萝卜、芹菜、甘蓝、青花菜、花椰菜等。

三小季是指早春菜、早秋菜和越冬菜。早春菜主要是一些耐寒性较强、生长迅速的绿叶蔬菜如小白菜（本地区指大白菜的幼苗）、油菜（本地区指不结球白菜）、菠菜等。早秋菜主要是一些耐热速生叶菜如蕹菜、苋菜和果菜如番茄、黄瓜、苦瓜、丝瓜等。越冬菜则为菠菜、芫荽、小葱等根茬耐寒蔬菜。

3. 长江流域和西南地区 长江流域和西南地区露地蔬菜有3种基本的季节茬口。

（1）早熟三大季或四大季 夏茬以早熟茄果类、瓜类和豆类为主；秋茬以大白菜、甘蓝、萝卜、胡萝卜为主；冬春茬以越冬白菜、菠菜为主。是近郊老菜区的主要茬口，也是解决冬春蔬菜供应淡季的茬口。

（2）晚熟二大季或三大季 以晚熟冬瓜、茄子、辣椒、笋瓜（印度南瓜）、豇豆及西瓜、甜瓜为主，前茬为越冬白菜、萝卜、菠菜、芹菜等。本茬口特点是紧接早熟三大季之后，是解决夏淡季"伏缺"与4～5月份农忙小淡季的主要茬口类型，是远郊、农区的主要茬口类型。

（3）以速生叶菜为主的一年多熟茬口 以长江流域喜食的速生叶菜不结球白菜（小白菜）为主，一年种植4次以上，是城市近郊老菜区常见茬口。

在长江流域，高产高效、均衡供应的季节茬口多安排为三大季两小季茬口。三大季是指春（夏）茬种植的喜温果菜类，秋茬的萝卜、白菜等喜冷凉蔬菜，越冬茬的耐寒蔬菜如洋葱、甘蓝、不结球白菜等。两小季一是立春前后的早春速生菜如白菜、小萝卜、菠菜、茼蒿等；另一茬是伏茬菜，即夏季利用遮阳网、防雨棚、防虫网等夏季保护设施种植的夏季速生菜，如白菜、苋菜等。由于这两个季节播种面积和蔬菜种类少，因此被称为两小季。但由于长江流域一年中两个蔬菜供应淡季分别出现在这两个季节，因此这两个茬口对缓解蔬菜供应旺淡矛盾作用很大。

4. 华南地区 由于华南地区热量资源丰富，终年温暖，大部分地区全年无霜冻，因此周年可进行露地蔬菜生产，蔬菜季节性茬口类型也最为丰富。

本地区的季节茬口可分为早春茬、春茬、夏茬、伏茬、秋茬、冬茬和越冬茬等7种类型，全年均可种植蔬菜。

早春茬主要是早熟瓜类、茄果类、豆类蔬菜和甘蓝、晚芥蓝、晚生菜等；春茬主要有喜温的茄果类、瓜类和豆类蔬菜；夏茬主要是耐热迟熟的瓜类如苦瓜、丝瓜、冬瓜和豆类如豇豆及茄子、辣椒等茄果类蔬菜；伏茬是指夏季播种的速生叶菜如白菜、蕹菜、苋菜、落葵等；秋茬主要种植耐冷凉的白菜类、甘蓝类、根菜类及喜温的瓜类、豆类和茄果类蔬菜；冬茬是在初冬季节播种的喜冷凉叶菜和根菜类蔬菜，如大白菜、甘蓝和萝卜等；越冬茬是指越冬种植的大蒜、洋葱、芹菜、蚕豆、豌豆等。

三、保护地蔬菜栽培制度

保护地蔬菜的复种栽培制度，是根据不同地区自然气候和保护地类型，确定适当的栽培季节、茬口安排和种类、品种合理布局等，以充分利用保护地设施，达到提高单位面积产量、降低生产成本和淡季时供应多样化新鲜蔬菜的目的。

（一）季节茬口 根据中国气候特点，将保护地蔬菜栽培按气候特点划分为4个气候区，不同气候区保护地蔬菜栽培的季节、茬口和设施类型不同。

1. 东北、蒙新区 无霜期仅3～5个月，在这一区域保护地蔬菜的主要茬口类型为：

（1）日光温室秋冬茬栽培 此茬口类型主要解决喜温果菜深秋初冬淡季问题。一般在7月下旬至8月上旬播种，9月初定植，10月中旬至11月上旬开始收获，新年前后拉秧。

（2）日光温室早春茬栽培 早春茬栽培的目的在于早春提早上市，解决早春淡季蔬菜供应问题。例如，用日光温室进行黄瓜早熟栽培，其上市期可比塑料大棚早熟栽培提早45d以上。喜温果菜一般利用电热温床，在加温温室或节能日光温室内育苗，于12月中旬至翌年1月中旬播种，2月中旬至3月上旬定植，7月中下旬拉秧。

（3）塑料大棚春夏秋一大茬栽培 该茬口是充分考虑当地气候特点和光热资源，充分利用大棚设施，在日光温室或加温温室内，采用电热温床或冷床加小拱棚于2月上旬至3月中旬播种育苗，4月上旬至5月上旬定植，6月上旬开始采收上市的茬口类型。该茬口夏季应加强肥水管理和环境调控，主要是通风降温防暴风雨，夏季顶膜一般不揭，只去掉四周裙膜，防止植株早衰，秋末早霜来临前将棚膜全部盖好保温，使采收期后延30d左右。此茬口类型产量高峰期常与露地喜温果菜相遇，应通过加强管理和栽培措施上的改进，尽量提高早期产量和后期产量，以提高其经济效益。

2. 华北区 全年无霜期200～240d，冬季晴日多，又不及东北、蒙新区寒冷，日光温室和塑料拱棚（大棚和中棚）是这一地区的主要设施类型，对应的主要栽培茬口有日光温室早春茬、秋冬茬、冬春茬和塑料拱棚（大棚、中棚）春提前、秋延后栽培。

（1）早春茬 一般是初冬播种育苗，1月上旬至2月上中旬定植，3月始收。早春茬是目前日光温室生产采用较多的种植茬口，几乎所有蔬菜都可生产，如早春茬的黄瓜、番茄、茄子、辣椒、冬瓜、西葫芦及各种速生叶菜等。

（2）秋冬茬 一般是夏末秋初播种育苗，8月中下旬至10月定植，秋末到初冬开始收获，直到深冬的1月结束。如秋冬茬番茄、黄瓜、辣椒、芹菜等。

（3）冬春茬 冬春茬在越冬一大茬生产，一般是夏末到中秋育苗，初冬定植到温室，冬季开始上市，直到第二年夏季，连续采收上市，其收获期一般120～160d。目前有冬春茬黄瓜、番茄、茄子、辣椒、西葫芦等。这是本地区目前日光温室蔬菜生产应用较多、效益也较高的一种茬口类型。多在节能型日光温室中进行，通称长季节栽培。

（4）春提前栽培 一般于温室内育苗，苗龄依据不同蔬菜种类30～90d不等，可按苗龄提前安排播种。3月中旬在大棚定植，4月中下旬始收获（黄瓜）供应市场，一般比露地栽培可提早收获30d

以上。目前许多喜温果菜如黄瓜、番茄、豆类蔬菜及耐热的西瓜、甜瓜等均有此栽培茬口。

（5）秋延后栽培　一般是7月上中旬至8月上旬播种，7月下旬至8月下旬在大棚定植，9月上中旬以后开始供应市场至12月结束。同类蔬菜其供应期一般可比露地延后30d左右，大部分喜温果菜和部分叶菜均有此栽培茬口。

3. 长江流域　无霜期240～340d，年降水量1 000～1 500mm，且夏季雨量最多。本地区适宜蔬菜生长的季节很长，一年内可在露地栽培主要蔬菜3茬，即春茬、秋茬、越冬茬。这一地区保护地栽培方式冬季多以大棚为主，夏季则以遮阳网、防虫网覆盖为主。其蔬菜保护地栽培主要茬口有：

（1）大棚春提前栽培　一般是初冬播种育苗，早春（2月中下旬至3月上旬）定植，4月中下旬始收，6月下旬至7月上旬拉秧的栽培茬口。如大棚黄瓜、甜瓜、西瓜、番茄、辣椒等的春提前栽培。

（2）大棚秋延后栽培　此茬口类型苗期多在炎热多雨的7、8月份，故一般采用遮阳网加防雨棚育苗，定植前期进行防雨遮荫管理，采收期延迟到12月至翌年1月份。后期通过多层覆盖保温及保鲜措施可使番茄、辣椒等的采收期延迟至元旦前后。

（3）大棚多层覆盖越冬栽培　此茬口仅适于茄果类蔬菜，也叫茄果类蔬菜的特早熟栽培。其栽培技术核心是选用早熟品种，实行矮密早栽技术，运用大棚进行多层覆盖（二道幕＋小拱棚＋草帘＋地膜），使茄果类蔬菜安全越冬，上市期比一般大棚早熟栽培的提早30～50d，多在春节前后供应市场，故栽培效益很高，但技术难度大，近年此茬口类型在该地区有较大发展。该茬口一般在9月下旬至10月上旬播种，12月上旬定植，2月下旬至3月上旬开始上市，持续到4～5月结束。

（4）遮阳网、防雨棚越夏栽培　此茬口多为喜凉叶菜的越夏栽培茬口。大棚果菜类早熟栽培拉秧后，将大棚裙膜去除以利通风，保留顶膜，上盖黑色遮阳网（遮光率60％以上），进行喜凉叶菜的防雨降温栽培，是南方夏季保护地栽培的主要茬口类型。

4. 华南区　1月份月均温也在12℃以上，全年无霜。由于生长季节长，同一蔬菜可在一年内栽培多次，喜温的茄果类、豆类蔬菜，甚至西瓜、甜瓜也可在冬季栽培，但夏季高温、多台风、暴雨，形成蔬菜生产与供应上的夏淡季。这一地区保护地栽培主要以防雨、防虫、降温为主，故遮阳网、防雨棚和防虫网栽培在这一地区有较大面积。

此外，在上述4个蔬菜栽培区域，均可利用大型连栋温室所具有的优良环境控制能力，进行果菜一年一大茬生产。一般均于8月播种育苗，9月定植，10月上旬至12月中旬始收，第2年6月底拉秧。对于多数地区而言，此茬茄果类蔬菜采收期正值元旦、春节及早春淡季，蔬菜价格好、效益高。但也要充分考虑不同区域冬季加温和夏季降温的能耗成本，对温室选型、结构及栽培作物种类、品种等均应慎重选择，以求得高投入、高产出。

（二）土地茬口

1. 土地茬口的安排原则　保护地蔬菜生产的土地茬口安排应以提高设施的利用率和增加蔬菜产量为前提，以市场为导向，必须从周年生产均衡供应考虑，以淡季供应为重点，按照蔬菜不同品种间的轮作次序、品种的特征特性、生长期和产品供应期长短，以及两种或两种以上蔬菜前后组合后，彼此对温、光、水及土壤营养的利用应相互有利等，统筹兼顾，全面安排。

（1）按不同保护地类型的温光条件安排茬口　不同的保护地类型有不同的温光等性能，就是同一类型或同一结构的设施，在不同地区其温光性能也不一样。所以，必须按已建成塑料棚、温室的温光条件安排蔬菜作物的茬口，这是保证蔬菜高产高效的关键，否则将会导致减产或失败。如一般性的日光温室，室内最低气温常低于8℃，甚至一些日光温室会出现3℃以下的低温，秋冬茬只宜种耐寒性的叶菜类，若用来生产喜温性的瓜果类蔬菜，则是很难成功的。

（2）按不同蔬菜对温度的要求安排茬口　一般说来，蔬菜栽培季节的确定，应把其产品器官正常生长期安排在温、光等条件最适季节里，以保证产品的高产优质。设施栽培是一种反季节的保护性栽培，必须提供满足蔬菜正常生长发育的环境条件，其中最重要的条件之一是温度。各类蔬菜生长的适宜温度范围见表4-1。安排保护地蔬菜茬口时，应考虑蔬菜的生长发育适温。

表4-1 各类蔬菜对温度的适应范围

类 别	适宜生长温度（℃）	生长适应温度范围（℃）	
耐寒多年生宿根菜	15～25	5～30	最低-10～-15
耐寒性蔬菜	15～20	5～25	短期-3～-5
半耐寒性蔬菜	17～20	5～25	短期-1～-2
喜温性蔬菜	20～30	10～35	零下温度冻死
耐热蔬菜	25～30	10～40	零下温度冻死

（3）根据市场需要安排茬口 根据生产条件和市场需要，既要结合当地的自然经济条件和消费习惯，又要考虑到全国的大市场乃至出口需要来安排。在具体的茬口安排上既要考虑效益，也应注意市场的均衡供应，优先安排淡季菜主要种类和品种，以使蔬菜品种全面搭配，上市均衡。

（4）要有利于轮作倒茬 保护地茬口安排既要考虑短期效益，也要考虑到长期利益。因为保护地栽培中连作障碍难于避免，在安排茬口时，对那些忌连作的蔬菜必须给予重视。应通过适当的轮作倒茬来防止连作病害等的危害。如在连年种植瓜类蔬菜的大棚中，定期插入一茬韭菜或青蒜能受到良好的效果。

（5）根据当地的技术水平安排茬口 保护地蔬菜栽培是一项高投入、高产出的集约化产业，要求技术水平较高。所以，在技术水平低的地区，宜安排一些技术较简单、成功率高的蔬菜和茬口；技术水平高的地区，可安排效益高、生产技术难度大的蔬菜和茬口。

2. 主要保护地类型蔬菜栽培制度（土地茬口安排）

（1）日光温室的种植制度 日光温室是淮河以北广大地区冬季蔬菜生产的主要设施类型，在日光温室蔬菜生产过程中逐渐形成了越冬一大茬（冬春茬）生产、秋冬—早春二茬生产和三茬或多茬生产的栽培制度。

①越冬一大茬（冬春茬）生产。随着节能型日光温室的推广，越冬一大茬生产成为日光温室新发展的栽培制度。此茬生产要经历从光照强到光照弱，从温度高到温度低；再从光照弱到光照强，从温度低到温度高的过程，要跨越一年当中光照最弱、温度最低的低温寡照时期。所以，要求温室必须具有良好的采光和保温能力，同时也要具备配套的技术。目前，日光温室越冬一大茬栽培的蔬菜作物主要有黄瓜、番茄、西葫芦、茄子、辣椒、香椿和草莓等。

②秋冬—早春二茬生产。是日光温室传统的栽培制度，它不仅能把栽培作物安排在相对有利的生产季节，而且可以利用换茬的有利时机，采取措施避免低温寡照带来的不利影响，使日光温室生产更加安全可靠。

③三茬生产或多茬生产。在高纬度和高寒地区，上、下两茬衔接之间有较长的空闲时间，可插种1茬（冬茬）速生蔬菜，这样就形成了3茬生产的栽培制度。

此外，有的日光温室也种植速生蔬菜或芽苗菜，常排开播种，连续生产，从而形成了多茬种植的茬口类型，如生产芽苗菜、生菜的温室就可连续不断地播种、收获。日光温室蔬菜重要茬口安排参见第二十三章。

（2）塑料大棚的栽培制度 塑料大棚是中国南北方普遍推广应用的保护地蔬菜栽培类型，由于各地气候条件的差异，栽培制度也不完全相同，但春提前、秋延后则是各地塑料大棚的主要栽培茬口。此外，在淮河以南，通过夏季采用遮阳防雨栽培可实现喜凉蔬菜大棚的周年多茬生产；冬季利用大棚内多层覆盖保温等方式实现喜温蔬菜的越冬栽培。因此，对于塑料大棚而言，通常的栽培制度是春夏茬接秋冬茬两茬制，也有年内三茬、四茬甚至五茬的种植茬口。塑料大棚主要茬口安排参见第二十

三章。

①春夏—秋冬二茬生产。是塑料大棚传统种植制度，该种植制度充分利用了大棚内温光条件优越的两个黄金季节，而避开了盛夏和严寒的不利环境，确保蔬菜生产的优质和高产。种植的蔬菜主要以喜温果菜为主，如黄瓜、番茄、辣椒、茄子、西葫芦等。

②年内三茬或多茬生产。此种植制度是在大棚春夏—秋冬二茬生产的空闲，夏季利用遮阳网覆盖或在冬闲季种植1～2茬速生喜凉叶菜如白菜、生菜、菠菜等。

（3）大型连栋温室蔬菜栽培制度　大型连栋温室主要是指环境基本不受自然条件的影响，可自动化调控，能全天候进行蔬菜作物生产的设施类型，也是保护地生产的最高级类型。因这类温室环境调控能力强，因此，蔬菜生产的茬口安排不同于环境调控能力差的日光温室和塑料大棚，在茬口安排上多采用一年1茬的种植制度，种植蔬菜种类也以冬季经济价值较高的黄瓜、番茄、辣椒为主；也有些温室以种植生菜和生育期短的蔬菜为主，采取一年多茬的栽培制度。大型连栋温室主要蔬菜栽培制度参见第二十三章。

（吴　震　高丽红）

（本章主编：李式军）

◆ 主要参考文献

[1] 蔬菜卷编辑委员会．中国农业百科全书·蔬菜卷．北京：农业出版社，1990
[2] 刘巽浩，牟正国等．中国耕作制度．北京：农业出版社，1993
[3] 杨培岭，苏艳平．水资源保护与中国粮食安全的对策研究．农业工程学报，1998，14（增）．：233～238
[4] 马永清．蔬菜之间的生化他感作用及其在生产中的应用．中国蔬菜，1993，（6）：53～55
[5] 祝心如．植物化学生态研究促进生态农业建设．生态学杂志，1993，12（4）：36～40
[6] 周志红，骆世明等．番茄的他感作用研究．应用生态学报，1997，8（4）：445～449
[7] 高之功，张淑君．连作障碍与根际微生态研究．应用生态学报，1998，9（5）：549～554
[8] 李式军等．蔬菜生产的茬口安排．北京：中国农业出版社，1998
[9] 申健波，张福锁．他感作用与可持续农业．生态农业研究，1999，7（4）：34～37
[10] 李光远，郑世发．蔬菜间作套种高效栽培技术．深圳：海天出版社，2000
[11] 喻景权，杜尧舜．蔬菜设施栽培可持续发展中的连作障碍问题．沈阳农业大学学报，2000，31（1）：124～126
[12] 吴凤芝，赵凤艳，刘光英．设施蔬菜连作障害原因综合分析与防治措施．东北农业大学学报，2000，31（3）：241～247
[13] 吴兴国等．日光温室蔬菜栽培技术大全．北京：中国农业出版社，1998
[14] 张志斌．设施蔬菜优质高产栽培．北京：中国农业出版社，1997
[15] 张福墁等．设施园艺学．北京：中国农业出版社，2002

第五章

··

蔬菜栽培的生态生理基础

蔬菜作物良好的生长发育必须要有适宜的环境，而为了满足这一要求的栽培措施基本上离不开对环境的创造与改变，栽培措施与环境的变化均对蔬菜的生理活性有一定的影响。蔬菜栽培，就是应用蔬菜生态学与蔬菜生理学和遗传学原理，采用一系列的栽培措施控制或促进蔬菜的生长与发育，达到高产、优质的目的。

第一节　蔬菜作物的生长与发育

一、蔬菜作物的生长发育特性

根据现代科学的概念，生长是植物直接产生与其相似器官的现象，生长的结果，引起体积或重量的增加；发育是植物通过一系列的质变以后，才产生与其相似个体的现象，发育的结果，产生新的器官——花、果实、种子等。所以生长与发育既有密切联系，又有所区别。

对于植物个体的生长，不论是整个植株的增重，还是部分器官的增长，都不是无限的。一般的生长过程是初期生长较缓，中期生长逐渐加快，当速度达到高峰以后，又逐渐缓慢下来，到最后生长停止。这个过程就是一般的所谓 S 型曲线。从数学的概念来看，生长可以看作是鲜重的增加或干物质的积累。这两个变数，重量（W）与时间（t），在其指数增长的初期，都服从于"复利"的法则。如果一个器官的初始重量为 W_0，其增长率为 r，则在一定时间 t 以后的总重量就是 W_t。在这里 $W_t = W_0(1+r)^t$。这个基本公式对于许多自然现象，即一个数量的增长率，按照其本身数量多少而变异的现象，都可以适用。把生长量与时间联系起来，就可以将上述公式写成为：$\ln W_t = \ln W_0 + rt$。这里 ln 为以 e 为底的对数。这种对数的形式，可以很容易在半对数坐标纸上绘成一条直线。至于以单位重量，在 t 时期内的增长率，则其相对生长率（Relative Growth Rate，RGR）可用两个时间 t_1 及 t_2 间的全株干物重 W_1 及 W_2 来表示：

$$RGR = \frac{1}{W} \cdot \frac{dW}{dt} = \frac{\ln W_2 - \ln W_1}{t_2 - t_1}$$

在生长过程中还有一个器官的不同生长方向的生长速度问题。许多器官的不同方向的生长速度及生长量往往是不相同的。例如，许多蔬菜果实的形状，虽然和子房的形状有关，但不是在子房发育过程中固定不变的。一个果实体积的生长，它的长、宽、厚 3 个方向的生长速度也往往是不一致的。因而器官生长的结果是形状的改变。瓜类蔬菜果实形状的改变，是很突出的例子，茄果类蔬菜果实也是这样。一个果实的长度（Y）与宽度（X）的生长率的不同，可以用"相对生长关系"公式来表示：

即：
$$Y = bX^k$$

$$\ln y = \ln b + k \ln X$$

把 X 与 Y 两个变数的对数绘在图上，就成为一个直线，这条直线的斜度 k，叫做"相对生长的系数"。当系数 $k=1$ 时，表示果实在生长过程中形状不变；$k>1$ 时，形状变长；而 $k<1$ 时，形状变扁。

在蔬菜生长过程中，每一生长时期的长短及其速度，一方面受外界环境的影响，同时又受该器官的生理机能的控制。比如，对于果实的生长速度，还受其中种子的发育及种子量的影响。利用这些关系，可以通过栽培措施来调节环境与蔬菜生理状态以控制产品器官——叶球、块茎、果实等的生长速度及生长量，达到优质高产的目的。

蔬菜作物的生长与发育之间，营养生长与生殖生长之间，都有密切的相互促进，但又有相互制约的关系。产品器官的形成，不论是果实、叶球或块茎，都要具有较大的营养生长基础，又要适时地发育，才能实现。也即要求在产品器官形成以前，有繁茂的茎叶生长，才能达到高产的目的。这就涉及到生长与发育的速度问题。由于蔬菜种类的不同，它们生长发育的类型、产品器官以及对外界环境的要求也不同，必须根据栽培的要求，适当促控蔬菜的生长与发育，才能形成高产、优质的产品。

阶段发育学说，只能说明起源于亚热带及温带蔬菜作物的发育条件及过程。因为这些蔬菜如白菜、芥菜、甘蓝和各种根菜类，是在一年中的温度及日照长度有明显差别的条件下通过发育的，都要求低温通过春化，而在较长的日照下，通过光照阶段。对许多二年生蔬菜来讲，春化及光周期的作用是主要的，而且是不可替代的。如甘蓝必须长到一定大小的幼苗时通过低温春化，在长日照作用下才能抽薹开花；白菜、萝卜等，其花芽分化和抽薹开花要求的条件，与甘蓝类似，但早在萌动的种子时期即可通过春化。然而，即使是二年生植物，也不是生长发育初期都要求低温通过春化，如莴笋以及芥菜和菠菜的某些品种，生长初期处在高温条件下，才能促进提早开花。至于起源于热带的植物，如番茄、茄子、辣椒、绿豆、菜豆、豇豆等，由于热带地区全年温度较高，一年四季日照时数长短的差别不大，都在 12h 左右。应用上述的阶段发育理论，就难以说明其花芽分化、开花、结果与温度及日长的关系，因为这些蔬菜并非一定要有低温才能进行发育，对日照的长短反映也不敏感，它们的花芽分化，受营养水平的影响很大，如氮、磷、钾等养分充足，植株的生长加快，其花芽分化则显著提早。这一类蔬菜，可以称为发育上的"营养感应型"。可见，不应把一种学说如阶段发育理论套在每一种蔬菜上，即使同一种蔬菜作物，不同品种之间，其发育所要求的条件也有一定的甚至明显的差别。

由此可以看出，蔬菜作物生长发育的另一个主要特点，就是它们在栽培条件上要求的多样性。对于二年生的叶菜类、根茎类蔬菜等，在生长的第一年不要求很快地通过春化和光照阶段，以免影响产品器官的形成；对于果菜类蔬菜，则应在一定的营养生长以后，及时地进行花芽分化，为果实生长奠定良好的基础。这类蔬菜的花芽分化一般对温度及光周期的要求并不严格，而对营养基础的要求较高，所以，其产量的高低与土、肥、水的关系更为密切。

二、蔬菜作物生长发育时期与类型

（一）生长发育时期　通常所说的蔬菜作物生长与发育过程，是指从种子发芽到重新获得种子的整个过程。其中可分为种子期、营养生长期和生殖生长期，每一个时期都有其特点。

1. 种子期

（1）胚胎发育期　从卵细胞受精开始到种子成熟为止。由胚珠发育成为种子，有显著的营养物质的合成和积累过程。在这个过程中，应使母体有良好的生长发育条件，以保证种子健壮发育。

（2）种子休眠期　不少蔬菜种子成熟后，都有不同程度和不同长短的休眠期，有的营养繁殖器官如块茎、块根等也是一样。处于休眠状态的种子，代谢水平很低；如果将种子保存在冷凉而干燥的环境中，也同样可以减低其代谢水平，强迫其休眠，保持更长的种子寿命。

（3）发芽期 经过休眠期后，若遇到适宜的温度、水分和氧气等环境，种子就会吸水发芽。发芽时，呼吸旺盛，其所需的能量靠种子本身的贮藏物质提供。所以，种子的大小及饱满程度，对于发芽的快慢及幼苗生长关系很大，因此，在播种前测定种子的发芽力是十分必要的。

2. 营养生长期

（1）幼苗期 种子发芽后，就进入营养生长期的幼苗期。对于子叶出土的瓜类、茄果类及十字花科等蔬菜，子叶与幼苗的生长关系很大。幼苗期间生长迅速，代谢旺盛，生长速度较快，但光合合成的营养物质较少，应创造适宜的苗期生长环境，增强光合，减少呼吸消耗，保证供给新生的根、茎、叶正常生长所需要的营养。幼苗生长的好坏，对以后的生长及发育影响很大。

（2）营养生长旺盛期 幼苗期结束后，即进入一个营养生长的旺盛时期。无论对那一种蔬菜作物，根系及地上部茎叶的营养生长，都是以后产品器官形成的基础，营养生长的基础好，就为以后开花结实、叶球或地下块茎、鳞茎等的形成创造良好的营养基础。

一些以养分贮藏器官为产品的蔬菜如结球叶菜、洋葱、马铃薯等，在这个时期结束后，即转入养分积累期，也即产品器官的形成期。栽培上应把这一时期，安排在最适宜的生长季节或栽培环境中。

（3）营养休眠期 对于部分二年生蔬菜及多年生蔬菜，在贮藏器官（也是产品器官）形成以后，都有一个休眠期。有的属生理休眠，多数则是强制休眠。它们休眠的性质与种子休眠有所不同。但对于一年生的果菜类或二年生蔬菜中不形成叶球或肉质根的蔬菜如菠菜、芹菜、不结球白菜等，则没有营养休眠期。

3. 生殖生长期

（1）花芽分化期 花芽分化是蔬菜作物由营养生长过渡到生殖生长的形态标志。对于二年生的叶、根、茎菜类蔬菜通过一定的发育阶段后，其生长点开始花芽分化，然后现蕾、开花。除了采种外，应控制其通过发育阶段的条件，防止花芽分化与抽薹、开花；而果菜类蔬菜，则应创造良好的环境，促进花芽正常形成，为高产、优质奠定基础。

（2）开花期 从现蕾开花到授粉、受精，是生殖生长的一个重要时期。这一时期，对外界环境（温度、光照、水分）的反应敏感，抗性较弱，环境不适会妨碍授粉及受精，引起落蕾、落花。

（3）结果期 对于果菜类蔬菜栽培，此期是形成产量的主要时期。在结果期间，多次采收的瓜果、豆类蔬菜营养生长与生殖生长同时进行，调节好二者生长的关系是果菜栽培的关键。但对于叶菜类、根菜类等蔬菜，营养生长期和生殖生长期则有着明显的区别。

以上所说的是蔬菜作物一般的生长发育过程，对于某一种蔬菜或其栽培的特定时期而言，并不一定都具备所有的这些时期。如用营养器官繁殖的蔬菜，一般不经过种子期；绿叶菜类蔬菜就没有明显的营养休眠期等。

（二）生长发育类型 由于蔬菜种类的多样性，因而产生了特性各异的不同生育类型：

1. 一年生蔬菜 是指当年播种，当年开花结果，并可以采收果实或种子的蔬菜，如茄果类、瓜类及喜温性的豆类蔬菜等。这些蔬菜在幼苗期很早就开始花芽分化，开花、结果期较长，除了很短的基本营养生长期外，营养生长与生殖生长几乎在整个生长周期内都同时进行。

2. 二年生蔬菜 在播种的当年为营养生长，经过一个冬季，到第二年才抽薹、开花与结实。在营养生长期中形成叶球、鳞茎、块根、肉质根、肉质茎，如大白菜、甘蓝、萝卜、胡萝卜、芜菁、茎用芥菜以及一些耐寒的叶菜类蔬菜等。其特点是营养生长与生殖生长有着明显的界线。

3. 多年生蔬菜 在一次播种或栽植以后，可以采收多年，不需每年繁殖，如黄花菜、食用大黄、芦笋、辣根、菊芋、韭菜等。

4. 无性繁殖蔬菜 有些蔬菜在生产上是用营养器官，如块茎、块根或鳞茎等进行繁殖的，如马铃薯、甘薯、山药、菊芋、姜、大蒜、分蘖洋葱等。这些蔬菜的繁殖系数低，但遗传性比较稳定，一旦获得优良的后代，不会很快发生遗传上的分离，产品器官形成后，往往要经过一段休眠期。无性繁

殖的蔬菜一般也能开花，但除少数种类外，很少能正常结实。即使有的蔬菜作物也可以用种子繁殖，但不如用无性器官繁殖生长速度快，产量高，因此，除了作为育种手段外，一般都采用无性器官来繁殖。

以上的划分仅是按蔬菜作物正常播种期的生长发育而言。随着环境条件的不同或播种期的改变，它们之间也是可以相互转换的，如大白菜这种典型的二年生蔬菜，如果在春季寒冷条件下播种，就会不经过结球期而成为一年生蔬菜。

三、蔬菜作物生长相关性与产品器官的形成

（一）蔬菜作物的生长相关性　生长相关性是指同一植株的一部分或一个器官与另一部分或另一器官在生长过程中的相互关系。蔬菜作物生长的相关性普遍存在，如营养器官与结实器官之间、幼嫩果与成熟果之间的关系等，其主要生理基础是营养物质的运转与分配以及与之有关的内源生长物质的种类、数量及相互间比例关系等方面的变化。各器官生长得到平衡，经济产量就可能提高；反之，经济产量就会降低。掌握蔬菜生长的相关性及其内在物质的变化规律，就可以通过环境与栽培措施的调控，如土壤、肥料及水分的管理，温度及光照的控制以及包括整枝、整蔓、疏花、摘叶、打顶等植株调整，来调节生长，提高产量与改善产品质量。

1. 地上部与地下部的相关　地上部茎叶只有在根系供给充足的养分与水分时，才能生长良好；而根系的生长又有赖于地上部供给的光合有机物质。所以，一般来说，根冠比大致是平衡的，根深叶茂也就是这个道理。但是，茎叶与根系生长所要求的环境条件不完全一致，对环境条件变化的反应也不相同，因而当外界环境变化时，就有可能破坏原有的平衡关系，使根冠比值发生变化。另外，在一棵植株总的净同化生产量一定情况下，由于不同生长时期的生长中心不同或由于生长中心的转移的影响，也会使地上部与地下部的比例发生改变。同时，一些栽培措施如摘叶及采果等也会影响根冠比的变化。例如，把花或果实摘除，可以使根的营养供给更为充裕从而增加其生长量；如果把叶摘除一部分，会减少根的生长量，因为减少了同化物质对根的供给。施肥及灌溉也会大大影响地上部与地下部的比例。如果氮肥及水分充足，则地上部的枝叶生长旺盛，消耗了大量的碳水化合物，相对来说，根系的比例有所下降。反之，如果土壤水分较少时，根会优先利用水分，所受的影响较小，而地上部分的生长则受影响较大，根冠比便有所增大。蹲苗就是通过适当控制土壤水分以使蔬菜作物根系扩展，同时，控制地上茎叶徒长的一种有效措施。

在蔬菜栽培中，培育健壮的根系是蔬菜植株抗病、丰产的基础，然而，健壮根系的形成也离不开地上茎叶的作用，二者是相辅相成的。因此，根冠比的平衡是很重要的，但是，不能把根冠比作为一个单一指标来衡量植株的生长好坏及其丰产性，因为根冠比相同的两个植株，有可能产生完全不同的栽培结果。

2. 营养生长和生殖生长的相关　对于果菜类蔬菜，营养生长与生殖生长相关性研究比叶菜类蔬菜更为重要，因为除了花芽分化前很短的基本营养生长阶段外，几乎整个生长周期中二者都是在同步进行的。从栽培的角度来看，如何调节好二者的关系至关重要。

（1）营养生长对生殖生长的影响　营养生长旺盛，根深叶茂，果实才有可能发育得好，产量高，否则，会引起花发育不全、花数少、落花、果实发育迟缓及结果周期性更加显著等生殖生长障碍。但是，如果营养生长过于旺盛，则将使大部分的营养物质都消耗在新的枝叶生长上，也不能获得果实的高产。

营养生长对生殖生长的影响，也因品种、类型不同而不同。例如番茄，有限生长类型的品种，其营养生长对生殖生长的推迟及控制作用较小，而生殖生长对营养生长的控制作用较大；无限生长类型的品种则不同，其营养生长对生殖生长的控制作用较大，早期肥水过多，容易徒长，但生殖生长对营

养生长的控制作用较小。这种差异主要是与结果期间，特别是结果初期二者的营养生长基础大小不同有关。

（2）生殖生长对营养生长的影响 在果菜类蔬菜的营养生长与生殖生长的相关关系中，比较容易被忽视的是生殖生长对营养生长的反作用。正如前述，因为这二者几乎是同步进行的，果实生长对营养生长的影响必然会反馈到对生殖生长的影响上。值得提出的是，早在花芽分化前的小苗时期，二者的矛盾就已表现非常剧烈，只是一般不容易观察到这种现象。例如，番茄在第一片真叶破心时，幼苗干重相对生长速度为 0.369 7，而到花芽开始分化的三叶期时，下降到 0.003 4，二者相差百倍；即使苗期肥水条件改善，这种变化规律仍然不变，只不过降低的幅度小一些，恢复得快一些，恢复后上升得更高一些（图 5-1）。另外，番茄开始花芽分化对幼苗根系生长的影响也非常显著，通常苗期的根重比值（根系干重占全株干重的%）为 10%～15%，而在三叶期时骤然下降到 3.0%左右（葛晓光，1982）。显然，生长量的下降以及根系比重的降低都反映出生殖生长对营养生长的影响。

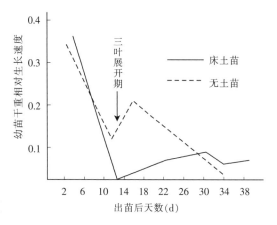

图 5-1 番茄花芽分化前后相对生长速度的变化
（葛晓光等，1982）

进入结果期后，由于果实与种子的产生，出现了生长中心的转移。这时，生殖生长对营养生长的影响更为显著。如番茄植株的最初 2、3 序花着果以后，随着果实的生长，营养生长显著减弱，主茎伸长缓慢，已经开放或正在开放的花往往就不易迅速坐果、膨大；如果把果实摘掉，则茎叶可以恢复旺盛生长。

同样都是茄果类蔬菜栽培，采收嫩果的与采收成熟果实的，对营养生长的抑制作用及对营养物质的争夺程度有所不同，采收成熟果的影响远远大于采收嫩果的影响。例如，采收成熟果实的番茄及采收红熟果的辣椒，其养分争夺程度比采收嫩果的茄子大，结果周期现象也比茄子显著。同样道理，结实量的多少，直接影响营养生长。墨尼克（1963）对于番茄的试验指出，每采摘一次幼果，植株的高度会迅速地增长一次，因为在果实发育过程中，大量的同化物质都运转到果实及种子中去了（图 5-2）。

应该认识到，植物生殖生长对营养生长既有抑制作用，也有促进作用。如授粉受精不仅对子房的膨大有刺激作用，而且对营养生长也有刺激作用，因

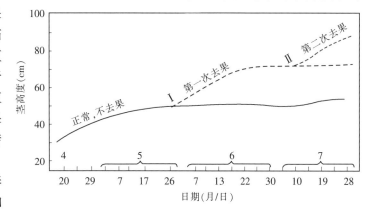

图 5-2 番茄的果实发育对茎生长的影响
（墨尼克，1963）

为在花粉形成过程中的联会期（synapsis）及受精这两个时期的过氧化氢酶活性及生长素的含量均大为增加（Wittwer，1944）。如果在幼果时进行适当的疏除幼果，因为这时已经过联会期及受精期，比疏蕾与疏花对营养生长的刺激作用更大。

蔬菜作物生长的相关性除了表现在以上两个主要方面以外，还有其他种种的反应，如正在生长的果实对本株上其他花与幼果生长发育的影响，植株顶端生长对侧芽的抑制作用等，了解与掌握它们的相关规律，可以有针对性地采取农艺措施进行有效的植株生长调控。

（二）生长发育与产品器官的形成 从以上也可看出，蔬菜作物的生长相关性与产量形成的关系

极为密切，实际上，所同化的全部干物质量，并不都形成有经济价值的产品器官（经济产量），而只有其中一部分形成产品器官。因此在整个蔬菜栽培过程中，都在不断地采取技术措施调整器官之间的相互关系，使植株生长良好，以达到高产、优质的目标。

不论是一年生蔬菜或二年生蔬菜，在它们生活周期中的不同生长发育时期，各有其不同的生长中心，当生长中心转移到产品器官的形成时，即是构成产量的主要时期。

由于蔬菜作物的种类不同，所以形成产品器官的类型也不同：

1. 以果实及种子为产品的一年生蔬菜 如瓜类、茄果类、豆类蔬菜的产品器官（果实或嫩种子）的形成与高产，要有足够的同化器官供给有机营养和强大根系供给水分和无机营养为基础。但如果枝叶徒长，以致更多的同化产物都运转到新生的枝叶中去，那也难以获得果实和种子的高产。

2. 以地下贮藏器官为产品的蔬菜 如薯芋类、根菜类及鳞茎类蔬菜等，在营养生长到一定的阶段，而又有适宜的环境时，才形成地下贮藏器官。如马铃薯块茎的形成要求有较短的日照、较低的夜温，而洋葱鳞茎的形成要求较长的日照及较高的温度。如果产品器官形成条件已经具备，但若地上茎叶生长量不足，那么产品器官生长因营养供应源的匮乏也不可能很好。如果地上部茎叶生长过旺，也会适得其反，因为地下块茎或鳞茎等迅速膨大生长时，形成新的生长中心，如果这时地上部的生理活性仍然很强，即会限制营养物质向地下生长中心转运。应采取措施对地上部生长进行必要的控制，以保证产品器官的形成。

3. 以地上部茎叶为产品器官的蔬菜 如白菜、甘蓝、茎用芥菜、绿叶蔬菜等，其产品器官为叶丛、叶球、球茎或一部分变态的短缩茎。对于不结球的叶菜类蔬菜，在营养生长不久以后，便开始形成产品器官；而对于结球的叶菜类蔬菜，其营养生长要到一定程度以后，产品器官才能形成。不论是果实、叶球、块茎、鳞茎等都要首先生长出大量的同化器官，没有旺盛的同化器官的生长，就不可能有贮藏器官的高产。应该指出，同化器官与贮藏器官生长所要求的外界环境条件不一定完全一致，如在凉爽而具有较大昼夜温差且光照充足的气候条件下，更有利于叶球的形成和充实。因此，在安排播种期时应考虑到产品器官形成的气候条件。

第二节　蔬菜作物生长发育与环境条件

一、蔬菜作物生长发育与温度

（一）蔬菜作物对温度的要求与反应 在各种环境条件中，蔬菜作物对于温度最为敏感。各种蔬菜的生长与发育，对温度都有一定的要求，而且都各自具有最低温度、最适温度和最高温度"三基点"。最适温度虽然不同种类之间有所不同，但是它有一定的范围。在这个范围内，蔬菜的生长与发育最好，产量也最高（图5-3）。由于蔬菜的原产地不同，对温度的要求与适应范围差异很大，大致可将其分为五类：耐寒的多年生蔬菜，以地下的宿根越冬，能耐−15～−10℃的低温，如黄花菜、韭菜、芦笋、茭白、辣根等；一般耐寒性蔬菜，通常能耐−2～−1℃的低温，或短期的−10～−5℃，如菠菜、大葱、大蒜以及白菜类中某些耐寒品种；半耐寒蔬菜，可以抗霜，但不耐长期的−2～−1℃低温，在长江以南可以露地越冬，如萝卜、胡萝卜、芹菜、白菜类、甘蓝类、莴苣、豌豆、蚕豆等；喜温性蔬菜，最适同化温

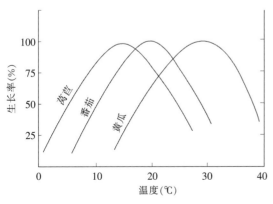

图5-3　温度对蔬菜生长的影响
（田畸忠良，1978）

度 20～30℃，超过 40℃生长几乎停止，如黄瓜、番茄、茄子、辣椒、菜豆等；耐热性蔬菜，在 30℃
左右同化作用最高，在 40℃高温下仍能生长，如南瓜、丝瓜、苦瓜、西瓜、甜瓜、豇豆、刀豆等。
前三类均有一定的耐霜性，除个别种类外，对高温的忍耐力较差；后二者不耐霜，必须在无霜期
内才能在露地栽培。但是，这种分类并非绝对的，原因有三：其一，蔬菜作物的不同器官对温度
的反应不完全相同。例如，一般来说，这一方面因为土壤温度比气温的变化要小，冬季地温高于
气温；另一方面根的生长温度比地上部要求低些，如越冬蔬菜在早春根系生理机能的活动比地上
部要早些，这也是北方地区蔬菜春季可以适当早定植的原因。其二，同一种蔬菜作物不同的品种
对温度反应不同，如菠菜，有的品种耐热性较强，耐低温能力较弱，在北方严寒地区不能露地越
冬，而有的品种则耐寒性很强，可以安全越冬。其三，即使同一种蔬菜作物的同一品种，其不同
生育期对温度的要求差异也很大。如喜温蔬菜发芽温度以 25～30℃最适。幼苗期最适温度比种
子发芽期要低些，否则幼苗容易徒长。营养生长期要求温度高于幼苗期。一些结球蔬菜和根菜
类蔬菜在叶球及肉质根形成时要求较低温度，而生殖生长期（抽薹、开花、结实）则要求较高
的温度。

　　温度对蔬菜作物营养生长的重要影响之一是影响一些果菜的分枝，而对果菜来说，分枝却是
结果的基础。中村英司等（1963）在 10～15℃范围内研究了温度对豌豆的分枝性指出，低温
（10℃左右）可促进基部节位侧枝的发生与伸长，而较高温度（15～20℃）对上部发生侧枝有利。
温度对叶菜叶片生长的影响关系到产量构成因素的变化，直接影响产量。大竹良之（1981）观察
了高温、中温、低温（日/夜温度分别为 30℃/25℃、23℃/18℃、15℃/10℃）条件下对大白菜叶
片分化、生长、叶形、大小等变化：叶片的生长速度以高温区最高，但叶片的分化速度却以中温
最大。因此，在刚处理时，因为叶片数相差不大，直观感觉高温区的生长量大，但随着生育进程
的发展，中温区与高温区的叶片数拉开距离，前者的生长量逐渐赶上并超过后者，生长量最大。
试验指出，高温促进了中肋的伸长生长，叶身则以中、低温较大。因此，高温下叶长/叶幅比增
加，相反，在低温区则有所降低，从而有利于结球。由于低温区叶片分化与生长较慢，最后还是
中温区早结球、早发育。

　　从另一角度来看，积温（温度的强度与持续的时间）——作为一种热量指标，对于栽培有着更加
重要的意义。虽然不同蔬菜种类栽培所需的积温数大致相对稳定，但还因不同品种、不同播期、不同
栽培条件而有所变化。正因为蔬菜栽培时期、方式的多样化，所以更应注意它们之间的差异，以便依
据不同条件确定播期。也正因为有这样的变化，往往可以把改变某一生育阶段的积温数作为改进栽培
条件的标志，或作为判断温度适宜程度的一个参考指标。

　　（二）温度对蔬菜作物的生理作用　蔬菜作物生育过程中的生理变化必须首先从生态学的观点来
研究，才能更加接近于生产实际，因为很多生理作用都受生态条件变化的影响，温度条件就是其中突
出的一个因子。

　　1. 温度对蔬菜作物光合作用的影响　李家文（1983）研究了大白菜光合作用与温度的关系，其
强度的变迁可分为以下几个阶段：①温度在 10℃以下，光合作用几乎无实际价值，为有效光合的温
度始限；②温度达 10℃以上，光合作用随温度上升而加强，但 10～15℃仍为光合微弱的温度范围；
③温度在 15～22℃范围内，为光合作用的适温范围；④22～32℃为光合作用衰落的温度范围；
⑤32℃以上是有效光合作用的终点。

　　其实，大白菜光合作用与温度的生态关系也完全适用于其他蔬菜，只不过蔬菜种类不同，始、终
值及适温范围有所差别。愈是要求温度较高的蔬菜，其光合作用的适温也愈高。但是，有的蔬菜在自
然条件下，并未因温度变化而引起光合作用的特殊变化（表 5-1）。一般来说，蔬菜作物适宜于光合
作用的温度比适宜于生长的温度要高些。光合作用的同化量大小不仅决定于昼温，与夜温高低关系也
很密切，因为夜温影响同化产物的转移量及转移速度。

表5-1 在自然条件下蔬菜光合作用的适宜温度

（引自:《作物的光合成与物质生产》，户苅义次编）

作 物	测定范围（℃）	温度反应	研究者
玉 米	18～34	$Q_{10}=1$*	倍特因等
马铃薯	18～38	$Q_{14}=1$	却颇蒙等
甘 薯	29～35	$Q_{10}=1$	村田等
黄 瓜	20～40	适温26℃	津野
甜 瓜	20～40	适温28℃	津野
南 瓜	20～45	适温32～40℃	津野
西 瓜	17～45	适温24～35℃	津野
茄 子	20～45	适温32℃	津野
甜 椒	16～44	适温30℃	津野

* 表示没有因温度变化引起的特殊变化。

2. 温度对蔬菜作物呼吸的影响 蔬菜作物呼吸作用与光合作用一样，随着温度升高而增强，但随之增强的温度范围宽于光合作用，如马铃薯叶片的呼吸，在50℃以下范围内都直线上升。由于有光照情况下光合成量并非真正光合量，而是应减去呼吸消耗后的表观光合成量，所以当温度上升到一定程度后（如白菜为22℃左右），呼吸强度急剧上升，表观光合强度因呼吸作用的急剧上升而有所下降；当温度上升至32℃时，表观光合强度与呼吸强度交叉；如超过32℃，则呼吸强度超过表观光合强度，真正光合作用也就下降（图5-4）。由此可以看出，依据昼间温度及光照强度调节夜温的重要性。

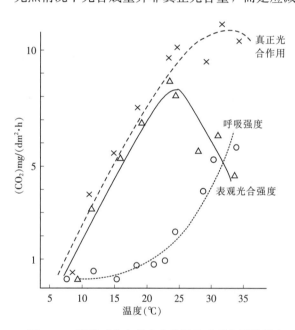

图5-4 温度对大白菜光合作用及呼吸作用的影响

（李家文等，1983）

3. 温度对蔬菜作物养分吸收的影响 大量资料都已充分证明，温度，特别是地温对蔬菜作物养分吸收影响显著。应该指出的是，在不同温度下生长的蔬菜植株，即使以后给予完全相同的生长环境，也会由于已有的温度对植株生长及生理活性产生的影响而产生养分吸收力的差异（王化，1982）。不同蔬菜种类或同一种蔬菜对不同形态的养分吸收亦依地温的不同而异。例如，在20℃地温下，番茄对NH_4^+、茄子对NO_3^-的吸收达到高峰；在25℃时，番茄对NO_3^-、茄子对NH_4^+吸收达到高峰。但从总的吸收来看，在10～25℃地温条件下，番茄对NH_4^+的吸收显著高于NO_3^-，而茄子则不同，在20～25℃条件下，对NO_3^-的吸收却高于NH_4^+。不同地温下，植株各部分器官的养分吸收量也不同。例如，在0～10℃范围内，温度越低，洋葱根系吸收的磷素往叶片及鳞茎内运转率越低（蔬菜生态学，1996）。

（三）温周期的作用 大部分蔬菜作物的正常生育，都要求昼夜有温度变化的环境。处在热带地区的植物，昼夜温差较小，为3～6℃；温带植物为5～7℃；而对沙漠或高原地带，则要相差10℃或更多。这种现象称为温周期。温周期现象的产生与以上所表达的温度对蔬菜的生理作用有关。

起源于热带的蔬菜如番茄，营养生长适宜的温度一般为20～25℃，但较低的夜间温度，如在15～20℃，花芽分化往往会早些，而每一花序着生的花数也会较多，第一花序着生节位较低。花芽分化及开花结实的适宜温度，都要求有昼夜温差。夜温比日温低5～10℃，日温最好在20～25℃，夜温最好在15～20℃，如果比这个范围更高或更低，花芽分化都会延迟，每一花序的花数较少，花亦较小，则容易脱落。

但是如果夜温比日温还要高时，对于番茄的花芽分化及结果都不利。试验表明（杉山直仪，1970），当日温为25℃，而夜温为30℃的时候，番茄花芽分化就延迟，而每一花序的花数亦较少。

昼夜的温度变化也影响到二年生植物的开花与结实。二年生蔬菜作物中冬性较强的品种，如中、晚熟甘蓝，在中国东北北部、新疆、西藏高原等地，由于温差大，白天阳光充足，光合作用比较旺盛，夜间气温低，呼吸消耗大大降低，因此叶球产量远比长江以南地区为高。但对易抽薹的萝卜，在高原地区栽培，往往因为每天都有一定时间的低温，这种低温与连续的低温一样，对春化有相同的作用，使萝卜产生未熟抽薹的现象，从而失去商品价值。

在自然界中，温周期的变化与光周期的变化是密切相关的。植物一昼夜间对光照强度变化的反应，也有相应的对温度变化的反应。从开花生理的意义上讲，高温相当于强光照的作用，而低温相当于黑暗的作用。根据自然界日、夜温度的变化规律，日本学者对蔬菜温室温度采用四段变温管理，可以提高果菜的产量和品质，并节省能源。

（四）春化作用　这里讨论的"春化作用"是指低温对蔬菜作物发育所引起的诱导作用。

1. 种子春化的条件　对于耐寒及半耐寒的二年生植物的低温诱导，可以在0～10℃的范围，但品种间有一定差异。根据试验（浙江农业大学，1957），白菜及芥菜春化的有效温度为0～8℃；萝卜适宜的春化温度为5～6℃。至于温度处理的时间，二年生蔬菜作物大都在10～30d的范围内，但种类及品种之间差异较大，如白菜及芥菜在0～3℃或6～8℃处理20d就够了，其中有些要求春化不严格的品种，如"火白菜"（不结球白菜的一个品种）、菜薹等，春化5d就有促进开花的诱导效果（李曙轩、寿诚学，1954）。也就是说春性品种，春化的时间较短；冬性品种春化的时间较长。处理时植株年龄及温度的高低也与处理的时间长短有关。如大白菜，株龄60d（播种后天数）比株龄为2d的，如果处理时间相同（30d），则前者抽薹开花会比后者早。

2. 绿体春化的条件　绿体春化是指这种蔬菜要在植株长到一定大小的株体后，才能对低温起反应。如甘蓝、洋葱等就是如此。但是不同种类与品种之间，通过春化阶段对植株大小的"最小限度"要求不同，有要求严格的，也有要求不严格的，即使同一种类不同品种之间也有差异。至于对低温范围及时间的要求，大体上与种子的春化相似。绿体春化还要求具有完整的植株。克鲁季里和雪得斯卡亚（1961）把甘蓝植株生长53d以后，在3～5℃下春化70d，带叶的植株会抽薹，不带叶的就不会抽薹。

芹菜也是要求低温春化的蔬菜，基本规律与甘蓝和洋葱相似。植株越大，低温处理（在8℃以下，4周）对开花的促进作用也越大。如果植株的年龄相同，而低温处理时的植株的大小不同，则抽薹时期没有区别（Pawer，1950）。而在其他的绿体春化蔬菜中，植株的年龄相同，低温处理时的植株大小不同，则对抽薹的时期及能否抽薹均有很大的影响。

3. 关于春化的积累与消除问题　这是一个还没有准确结论的研究问题，前人研究的结果也不完全一致。但有一点可以肯定，即低温对春化的作用是可以积累的，问题是是否能被高温消除。有的研究者（蔬菜生态学，1996）试验认为，在感受低温进行春化的初期，可能出现向基本营养相逆转的现象，即高温对低温的消除作用；在连续低温的作用下，一旦奠定了形成花芽的基础，逆转的可能性就不大。关于低温作用的积累，还有这样的看法（中村英司，1961），至少有些甘蓝品种，在种子发芽的早期就可以接受低温感应，但这种感应并不能导致种子春化的完成，只是在绿体春化不足情况下给予必要的补充而起作用（图5-5）。

植物在春化过程中或春化以后，会引起一系列的生物化学的反应及生长点形态上的变化，然后促进花芽分化，由营养生长转变为生殖生长。

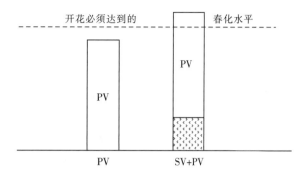

图 5-5 甘蓝种子春化（SV）与植株春化（PV）
对开花的协同作用模式图
（中村英司，1961）

（五）低温及高温障碍生态生理 超过蔬菜作物适宜的温度范围，过高或过低的温度，都会造成植株的各种生理障碍，甚至死亡。

低温危害分为冷害和冻害两种。冷害又称寒害，是指作物在 0℃ 以上的低温环境中所受到的损害，是蔬菜生产中经常可能遇到的主要低温障碍。喜温蔬菜和耐热蔬菜如番茄在苗期遇到 10℃ 以下的低温，即导致花芽分化异常，并在以后形成畸形果。冻害是指 0℃ 以下的低温造成作物组织内的细胞间隙水分结冰而引起的部分细胞或全株死亡。蔬菜的种类及品种的不同，细胞液的浓度也不同，甚至同一种蔬菜在不同的发育时期及不同的栽培季节，其细胞液的浓度也有不同，因而它们的耐寒性也有一定差异。一般地讲，细胞液浓度高，冰点低，较能耐寒。如白菜及甘蓝的叶汁，在寒冷的季节，糖的含量往往比温暖季节的高，也比较能耐寒。为了防止冻害，除采用保护设施栽培外，增加植物体本身的抗寒能力，也是一个重要的方面，幼苗的抗寒锻炼就是重要的措施之一。也可以施用一些抗寒保护剂提高蔬菜作物的抗寒能力。

高温可引起原生质的解体，生物胶体的分散性下降，电解质与非电解质的外渗，脂类化合物成层状，细胞器官的结构破坏，有丝分裂停止，细胞核膨大，DNA 的数量减少。高温使一些可逆反应的代谢变为不可逆的变化，这是高温障碍产生的重要原因。高温持续的时间愈长，或温度愈高，引起的障碍也愈严重。在一般情况下，作物因高温的直接影响而枯死的现象是少有的。但因高温所引起的蒸腾量加大，根系吸收水分不足，而致植株体内的水分不足，导致原生质脱水和原生质的蛋白质部分凝固。所以高温的影响，往往与日照强烈所引起的蒸腾作用过度而联系在一起。当气温升高到最适温度以上时（30～35℃ 以上），生长速度就会急剧下降。温度升高，呼吸作用也会增强。当呼吸作用大于光合作用时，不但没有物质的积累，还要消耗原有的贮藏物质。因此，当光照不足时，气温升高所引起的障碍就将更大。从蔬菜生理的角度看，过高的昼温和夜温对蔬菜生长都不利。

高温所引起的障碍是多方面的，包括日伤（灼）、落花落果、雄性不育、生长瘦弱，严重的导致死亡。高温干燥，而蒸腾量又小，以致果温高于气温，是造成果实表面枯斑，从而引起"日伤（灼）"的原因。高温或低温妨碍了花粉的发芽与花粉管的伸长是产生落花、落果的主要生理原因。如番茄在开花初期遇到高温（40℃ 以上），就会引起落花；菜豆在温度高于 30℃ 或低于 15℃，则花粉的发芽率及花粉管的伸长都大为降低。

从栽培角度，克服高温障碍的途径主要有遮荫与喷水等措施；从生态学角度，应该提倡利用地理上的适宜自然环境进行栽培，如纬度差、海拔差、小气候差的利用等。耐高温的品种，在高温下可以维持较高的净同化率（NAR），并能开花结实，可作为筛选耐高温品种的指标之一。

二、蔬菜作物生长发育与光

不论是光的强度、光的组成以及光照时间的长短（即光周期），对于蔬菜作物的生长及发育都是非常重要的。

（一）光照强度对蔬菜作物生长发育的影响 光照强度直接影响到光合作用，光照强度依地理位置、地势高低以及大气中的云量、烟尘的多少而不同。在南方无云天气太阳光照为 4 万～5 万 lx，而西北及东北可达 10 万 lx 以上。蔬菜的种类不同，对于光照强度的要求也不同。一般可分为 3 大类：

1. 要求强光照的蔬菜作物 如西瓜、甜瓜、南瓜、黄瓜、番茄、茄子以及薯芋类中的芋、豆薯

等，其光饱和点一般都在 5 万 lx 以上。光照不足，产量及产品质量就会下降。如中国西北各地西瓜、甜瓜含糖量高，甘蓝、萝卜个体大，与当地光照强度有密切关系。

2. 对光强要求适中的蔬菜作物　主要是一些白菜类、根菜类蔬菜，如白菜、甘蓝、萝卜、胡萝卜等，葱蒜类蔬菜亦属此类，其光饱和点大致在 4 万 lx 左右。

3. 对光强要求较弱的蔬菜作物　主要是一些绿叶蔬菜，如莴苣、菠菜、茼蒿等。此外，姜的光饱和点比较低，要求的强度也较低。

蔬菜作物的光合作用受光照强度的影响，不同蔬菜作物的光饱和点和光补偿点也不同（表 5-2）。

表 5-2　主要蔬菜作物光合作用的光补偿点、光饱和点和光合速率

（张振贤、艾希珍等，1997，2001）

种 类	品 种	光补偿点 [μmol/(m²·s)]	光饱和点 [μmol/(m²·s)]	饱和时光合速率 [(CO₂) μmol/(m²·s)]
甜瓜	齐甜 1 号	66.7	1 146.6	11.6
西瓜	丰收 2 号	42.7	1 361.1	10.5
黄瓜	新泰密刺	51.0	1 421.0	21.3
西葫芦	阿太 1 号	50.1	1 181.0	17.1
冬瓜	粉皮冬瓜	46.9	1 138.9	13.8
丝瓜	普通丝瓜	27.0	1 269.4	13.9
苦瓜	槟城苦瓜	20.8	1 179.5	13.8
佛手瓜	白皮瓜	58.4	1 101.3	14.7
南瓜	云南黑籽南瓜	35.6	1 021.9	15.3
番茄	中蔬 4 号	53.1	1 985.0	24.2
茄子	鲁茄 1 号	51.1	1 682.0	20.1
辣椒	茄门椒	35.0	1 719.0	19.2
大白菜	鲁白 8 号	25.0	950.0	19.3
甘蓝	中甘 11	47.0	1 441.0	23.1
菜花（花椰菜）	法国雪球	43.0	1 095.0	17.3
薹菜		27.0	1 361.0	17.7
白菜	南农矮	32.0	1 324.0	20.3
菜豆	丰收 1 号	41.0	1 105.0	16.7
豇豆	之豇 28-2	31.9	1 208.5	13.2
扁豆	青扁豆	59.6	1 480.5	14.9
萝卜	鲁萝卜 1 号	48.0	1 461.0	24.1
牛蒡	泷野川	73.3	1 469.6	16.2
大葱	章丘大葱	49.0	775.0	12.9
洋葱	紫锣圆葱	44.5	912.0	6.8
大蒜	苍山大蒜	41.0	707.0	11.4
韭菜	791	29.0	1 076.0	11.3
菠菜	圆叶菠菜	29.5	857.0	17.3
莴笋	济南莴笋	45.0	889.0	13.2
小白菜（白菜）	上海青	70.3	1 299.1	18.4
芹菜	美国西芹	60.9	1 128.3	11.0
结球莴苣	皇帝	38.4	851.1	
生菜	玻璃生菜	59.6	1 320.0	13.3
马铃薯	泰山 1 号	37.2	1 143.0	16.5
生姜	莱芜生姜	30.8	827.6	10.8
芋头	多子芋	41.5	1 232.0	12.2
香椿	红香椿	60.0	1 216.5	12.2

　　一般喜温蔬菜作物光合作用的饱和点要求高一些，而耐寒的叶类蔬菜作物的光合作用的饱和点相对低一些。在光饱和点的光照度内，光照愈强，则光合速率也愈大。但当超过光饱和点以上时，光照度再增加，其光合速率不再增加。有时强光伴随着高温，反会抑制作物的生长而造成减产。如辣椒属于喜温而不耐热的蔬菜作物，其光饱和点为3万lx，而华北地区春夏季晴天光照度可达10万lx，强光伴随着高温，促进叶绿素的光氧化作用，出现光合作用抑制现象。因此，许多研究和生产实践证明，适度遮荫可提高辣椒产量（表5-3）。

表5-3　光照度对辣椒产量及净光合速率的影响
（蒋建箴等，1995）

品　种	小区平均产量（kg）			净光合速率 [(CO_2) $\mu mol/(m^2 \cdot s)$]		
	100%光照度	70%光照度	35%光照度	100%光照度	70%光照度	35%光照度
津椒1号	2.87	5.35	1.71	12.7	21.8	13.0
农大21	2.44	5.26	0.83	15.9	23.1	13.2
津椒2号	1.69	5.18	1.59	15.7	27.4	11.6
苏宁1号	1.71	4.50	2.03	15.3	22.7	12.4
甜杂6号	1.57	3.83	1.52	15.2	23.0	11.5

　　光照强度不仅影响到光合作用的强弱，同时也影响到植株的形态，如叶片的大小、节间的长短、茎的粗细、叶片的厚薄等。这些形态上的变化，又关系到幼苗的素质、植株的生长及产量的高低。

　　在栽培上，晴天条件下，植株群体最上层的入射光强度完全可以满足各种蔬菜生育的要求，但在植物群体的下部，由于叶层的相互遮荫，往往达不到所要求的强度，应该在栽培密度、方式及有关的管理方面采取措施，以保证蔬菜作物生育的适宜光照条件。光照的强弱必须与温度的高低相互配合，才有利于作物的生长与发育及产品器官的形成。如果在弱光环境下，而温度又高，会引起呼吸作用的加强，增加养分的消耗，尤其在冬季温室栽培中应该注意这一点。

　　（二）光质对蔬菜作物生长发育的影响　光质也称光的组成。太阳的可见光部分占全部太阳辐射的52%，不可见的红外线占43%，而紫外线只占5%。太阳光中被叶绿素吸收最多的是红光，作用亦最大；黄色光次之，蓝紫光的同化作用效率仅为红光的14%。但在太阳散射光中，红光和黄光占50%～60%，而在直射光中，红光和黄光最多只有37%。所以散射光比直射光对在弱光下生长的蔬菜作物有较大的效用，然而由于散射光的强度总是比不上直射光，因而光合产物也不如直射光的多。在一年四季的太阳光中，光的组成，由于气候的关系有明显的变化。如在春季的太阳光中，紫外线的成分比秋季的少。夏季中午紫外线的成分增加，比冬季各月份可以多达20倍，而蓝紫光线比冬季各月份仅多4倍。这种光质的变化，会影响到同一种蔬菜在不同生产季节的产量及品质。

　　马铃薯、球茎甘蓝等块茎及球茎的形成，也与光质有关。有试验表明，球茎甘蓝的膨大球茎，在蓝光下容易形成，而在绿光下不会形成。在长光波下生长的植株节间较长，而茎较细；在短光波下生长的植株节间短而较粗。这种关系对于培育壮苗及决定栽培密度有特别重要的意义。光的组成还与蔬菜的品质有关。许多水溶性的色素如花青甙，都要求有强的红光。紫外光有利于维生素C的合成，所以一般在温室中栽培的番茄或黄瓜因得不到充足的紫外光照射，其维生素C含量往往低于露地栽培的。植物对不同光质的一些主要生理反应见表5-4。

表5-4　植物对不同光质的生理反应

(World Vegetables，Mas Yamaguchi，1983)

生　理　反　应	光波长（nm）	典型蔬菜
茎伸长	1 000～720（远红光）	
抑制某些植物的种子发芽	1000～720	莴苣
促进洋葱鳞茎的膨大	1000～720	
抑制洋葱鳞茎的膨大	690～650（红光）	
有利于茄红素的合成	690～650	番茄果实
促进长日照植物开花	690～650	
抑制短日照植物开花	690～650	
促进某些植物的种子发芽	690～650	莴苣
促进红色素（花青甙）的合成	690～650	紫甘蓝的红色
光合作用	700～400	
叶绿素的形成	650～400	
向光性	500～350	

（三）光周期对蔬菜作物生长发育的影响　Garner 及 Allard（1920）以烟草为研究材料，发现植物开花对昼夜（周期的明暗两期）长度的反应，而将这种现象称为光周期现象（ photoperiodism）。光周期现象是从植物的开花反应而被发现，继之观察到对各类植物营养生长、分枝习性、花芽分化、抽薹、开花、结实，以及地下贮藏器官的形成等方面的影响与作用。对于光周期的生理机理研究，尤其是光敏色素（phytochrome）发现以后，有了很大的发展（高尔斯顿等，1972）。

所谓"光周期"，即光期与暗期长短的周期性的变化，是指一天中从日出到日落的理论日照时数。这样，在不同纬度地区之间相差较大，且一年中日照时数在季节之间相差也很大，如哈尔滨冬季每天日照只有 8～9h 而夏季可达 15.6h。南方季节之间相差较小，如广州冬天每日日照时数为 10～11h，而夏季为 13.3h（图 5-6）。

1. 对蔬菜作物光周期现象的基本认识　依照蔬菜作物对光周期的反应大致可分为 3 类：

（1）长光性作物　在较长的日照条件下（一般在 12～14h 以上）促进开花，而在较短的日照条件下不开花或者延迟开花，如白菜、甘蓝、萝卜、胡萝卜、芹菜、菠菜、莴苣、蚕豆、豌豆以及大葱、大蒜等。一般都是在春季开花的二年生蔬菜作物，起源于亚热带及温带。

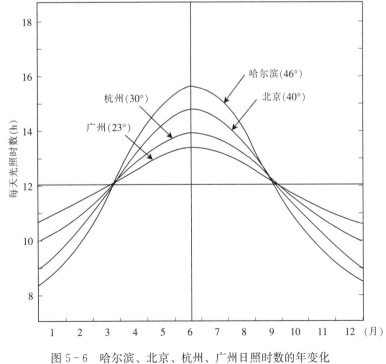

图 5-6　哈尔滨、北京、杭州、广州日照时数的年变化

（中央纵线为夏至日期）

（2）短光性作物　在较短的日照条件下（一般在 12～14h 以下）促进开花，而在较长的日照下不开花或延迟开花，如大豆、豇豆、茼蒿、赤豆、刀豆、苋菜、蕹菜等起源于热带的蔬菜作物。

（3）中光性作物　适应的光照长短范围很广，许多在理论上属于短光性的蔬菜，如菜豆、早熟大豆（四月拔、五月拔等）、黄瓜、番茄、辣椒等，实际上可归类为中光性或近中光性的蔬菜作物，只要温度适宜，可以在春季、秋季或冬季开花结实。

（4）限光性作物　要在一定的日照长度范围内才能开花，日照长些或短些都不能开花。如菜豆中的一种野生菜豆（*Phaseolus polystachus*）只能在 12～16h 之间才开花。

光周期与花芽分化关系问题：最早研究光周期现象，是以不同的光照长度对于植物开花迟早的影响作为标志的。后来发现植物发育的最初标志，应以花芽分化更为确切些。花芽分化期与抽薹开花时间的迟早，一般应该是一致的，但不同作物也有差别。江口（1937）依据花芽分化前和花芽分化后对日照长短要求的不同配合成 9 种日照反应类型，如菠菜为 LL 型（长—长），即花芽分化前要求长光照，而花芽分化后也要求长光照；又如草莓为 SL 型（短—长），辣椒为 NN 型（中—中）等。

关于临界日照长度问题：长光性植物，在短于一定光照时数的环境下都不开花。这个不开花状态的日照长度的界限叫做"临界日长"，这个临界日长时数，一般为 12～14h，对于这类作物黑暗并不需要，连续光照下也能开花，如白菜和芥菜的很多品种在不间断光照下都能开花。而短日性植物，并不一定要求较短的日照，黑暗期的长短更为重要，即每天要有一定的黑暗期。如大豆的晚熟种，只要有 10h 的黑暗，则不论在每一周期 24h 中有 14h 的光照或 4h 光照，都会诱导花原基的产生（Hamner，1940）。

光周期质的反应与量的反应：对不同植物光周期反应的研究认为，真正"质的光周期反应"的蔬菜作物极少，多数属于"量的光周期反应"，即日照长短都可开花，只是促进或延迟而已。品种之间对日长的反应差异很大，因而长日照与短日照之间的临界时数是会互相交叉的。在生产上可以利用品种间对光周期要求的不同，而选育出早、中、晚熟的品种。

温度对光周期的影响：如果温度过低，由于生长缓慢，也会延迟开花时期。对短日植物在黑暗期间，如果温度过低，就会无效。如日照长度相同，在一定范围以内，温度升高可以促进开花。

光周期效应中的温度是一个重要的环境因素。许多长日照作物，如白菜、菠菜、芹菜、萝卜等，如果温度很高，即使处在长日照下亦不开花，或者其开花期大大延迟。在生产上应把光周期与温度结合起来考虑。但在温带及亚热带地区的自然条件下，长日和高温（夏季）及短日和低温（冬季）总是伴随着的。因此，对具有光周期性的许多蔬菜作物来说，往往将日照条件看作是形成花芽的重要因素，但并不是唯一的因素。这就是根据光周期反应来进行分类时，往往发现有不确切现象的原因。因为植物的光周期效应，除了日照以外，还和温度等其他因子的影响有关。

植株年龄对光周期的影响：植株年龄也是影响光周期反应的一个因素，不论是长日照或短日照作物，都不是在其种子发芽以后，即对光周期有反应，而是要生长到一定程度。一般来说，植株年龄愈大，对光周期反应愈敏感。例如，就大多数白菜品种而言，当植株年龄很大时，在 8h 以下的短日照条件下，也能现蕾开花。光周期刺激的接收器官是叶子，而叶子的年龄不同，对光周期的反应也不一样，一般以充分展开的叶片最有效果，种子阶段不可能接受感应。

光照强度和光质的影响：试验结果表明，光周期效应并不是取决于太阳辐射的总能量，而是取决于日照的长短。为了满足光周期效应的要求，即使利用较弱的电灯光也能产生效果。当然，全部都是弱光也不行，在黑暗前，要有强光，或在强光后补充以弱光，才有效应。弱光虽有效果，但强光效果更为明显。如白菜生长在短日照下，用强光来补充时，现蕾开花早；用弱光补充时，现蕾开花迟。除此而外，光质对光周期效应也有一定的影响，在可见光中，红光和橙黄光效应最显著，蓝光较差，而绿光几乎没有效果。

此外，在光周期效应的局限性以及光周期诱导的传递等方面都有一定的研究。

2. 光周期对蔬菜作物的效应　光周期的作用首先是对生殖发育的诱导作用。不同蔬菜作物在这方面的反应不完全相同。白菜类蔬菜，通过春化后，抽薹开花的迟早与日照长短有关，更决定于当时的温度（香川）；甘蓝花芽分化基本上不受光照时间的影响，长日照仅对花芽分化后的抽薹开花稍有促进作用（Miller，1929；香川，1956）；日照长短是芹菜花芽分化和抽薹的重要因素之一，低温长日照处理比低温短日照处理容易形成花芽，至于花芽分化后的抽薹，日照越长抽薹越早，温度越高抽薹越快（川口氏）；菠菜是典型的长日照植物，花芽分化与抽薹的温度及日长范围都很广，但长日照有促进菠菜花芽分化及抽薹的作用（陆帼一，1963—1965）。

光周期效应除了主要诱导花芽的分化外，也影响到营养生长与产品器官的形成。短日照作物如豆类蔬菜中的蔓生豇豆、蔓生刀豆等，在短日照下，可使原来的蔓性变为矮生性，可以促进主茎基部节位发生侧枝；而在长日照下侧枝着生节位显著提高，第1花序着生节位亦以在短日照下的低些。许多地下贮藏器官如马铃薯的块茎、甘薯的块根、芋的球茎等在短日照下促进形成，而洋葱、大蒜的鳞茎则要求在长日照下形成；短日照植物如甘薯在缩短光照条件下，薯重增加，而地上部茎叶则相对减少；菊芋也是要求短日照才能形成块茎，只要其植株中有一片叶子用短日照处理，就能引起块茎形成；马铃薯的块茎形成，当然要求短日照（晚熟品种），同时与温度相关，在适合于形成块茎的温度下，短日照可刺激块茎的形成。其实，从生产要求来看，并不希望在作物生长初期接受光周期的影响而形成营养贮藏器官，而是在贮藏器官形成前，有较长的促进营养生长的时间，扩大其同化面积。因为在不徒长的情况下，块根或块茎的重量是与地上部同化器官重量呈正相关的。

三、蔬菜作物生长发育与水分

蔬菜产品都是柔嫩多汁的器官，含水量在90％以上；植物体内的营养物质的运转，必须在水溶液中进行；植物细胞内水分的含量，影响物质合成与分解的方向，水分充足时促进合成作用，水分缺乏时促进分解作用。水是植物光合最重要的物质之一，配合CO_2的吸收合成各种有机物，缺水时，代谢作用就不能进行；大量的水分蒸腾，降低了植物的体温，可以免受烈日的灼伤。

（一）蔬菜作物的需水特性　影响蔬菜作物水分吸收的因素很多。首先是蔬菜作物根系的大小。Doneen、Macgillivray（1943）根据蔬菜作物的根系深浅作如下分类：浅根性（分布于60cm土层以内），如甘蓝、花椰菜、芹菜、莴苣、洋葱、马铃薯、菠菜、甜玉米等；中间性（120cm以内），如菜豆、甜菜、胡萝卜、黄瓜、茄子、辣椒、豌豆等；深根性（180cm以内），如石刁柏、甜瓜、南瓜、番茄、西瓜等。环境因子不仅关系根系的生长，也影响根系的活力即吸水力。影响水分吸收的主要因素是温度。在地温低的条件下，根系细胞原生质黏性增大，使水分子不容易透过原生质，并使根系的吸水能力降低。同时，低温也会降低土壤水分的流动性，使水分在土壤中扩散减慢；低温还会抑制根系的呼吸作用，减少能量供应，使主动吸水过程受到抑制。在这种情况下，由于根系吸水量满足不了地上部叶片的蒸腾，就会出现生理萎蔫现象。土壤通气不良、土壤空气成分中CO_2含量增加、氧气不足，以及土壤溶液浓度过大等因素，都会影响根系的吸水能力。

蔬菜作物吸收的水量中，绝大部分消耗于蒸腾，只有很少的一部分用于有机物质的合成。因此，在灌溉用水中，土壤—植物—大气三者之间存在着水分转移的连续系统。田间水分散失的途径，有地面的蒸发与叶面的蒸腾两种。在蔬菜作物生长初期，叶层还没有盖满地面，这时土表蒸发会大于叶面蒸腾。但到生长后期，叶层盖满地面，则叶面蒸腾大于地面蒸发。在整个生长季中，蒸发/蒸腾的比例的平均值大致接近于1。叶面蒸腾分角质层蒸腾与气孔蒸腾两种，水分以气孔蒸腾为主，角质层蒸腾只有气孔蒸腾的1/10左右。叶面的蒸腾是和叶面积成比例的，群体叶面积指数愈大，叶面的蒸腾

量也愈大。

　　蔬菜作物的需水特性，主要决定于以上所述的两方面特性，即根系的吸水特性和叶片的水分消耗特性。依据这两方面特性大致可将蔬菜作物分为5类：①耗水量大，吸水力强，如西瓜、甜瓜、南瓜等；②耗水量大，吸水力弱，如黄瓜、甘蓝类、白菜类、芥菜类和大部分绿叶菜类蔬菜；③耗水量及吸水力中等，如茄果类、根菜类和豆类蔬菜；④耗水量小，吸水力弱，如葱蒜类蔬菜；⑤耗水量大，吸水力弱，如水生蔬菜。

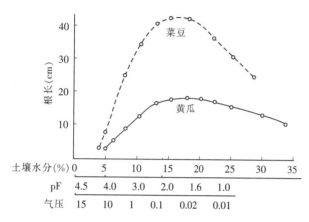

图5-7　沙土条件下土壤水分张力和根的生长
(位田藤久太郎，1961)

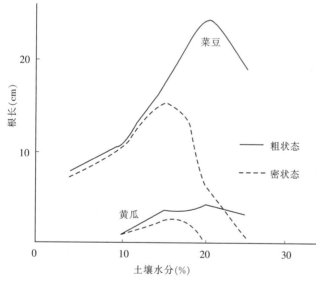

图5-8　土壤的密度和水分对根生长的影响
(位田藤久太郎，1961)

（二）土壤水分与蔬菜作物根系生长的关系

　　土壤水分对蔬菜作物根系的发育有着明显的影响。位田（1961）研究了不同土壤水分对菜豆、黄瓜根系生长的影响，结果指出：两种蔬菜作物根系生长的适宜土壤水分范围为 pF2.0（13%，0气压）至pF1.1（20%，0.012气压）。两种蔬菜作物比较，黄瓜要求的水分稍高且适应范围较广。与根系生长最适水分状态相比，处于水分当量（pF2.7）条件下的根系生长量只有74%（菜豆）与58%（黄瓜）（图5-7）。蔬菜作物根系生长最适指标与土壤通气状况关系密切。在土壤含水量较低时，土壤通气较好，土质粗、密对根系生长影响不大；随着土壤含水量的增加，较粗状态土壤的根长继续上升，而较密状态的则开始下降，显出土壤通气不足的问题（图5-8）。值得注意的是，蔬菜根系生长的最适土壤水分不一定是蔬菜生育与形成产量的最适条件。Salter（1954）以番茄为试材研究指出，土壤愈湿润，根愈接近于地表发展，随着土壤逐渐干燥，表层根系则愈少愈短，且有向下发展的趋势，但高产处理的总根量不一定高。

　　根系的发展又会通过对水分的吸收影响土壤的水分。位田（1963）于温室内对茄子根系吸水进行了纵、横向剖面的观察，主要观察结果：①生长前期根系浅，吸水量少，除土壤表层比较干燥外，其他层次差异不大；②随着生育期的延长，上、中、下层土壤含水量差距显然拉开，愈往上层根的吸水量愈大，距植株

愈远土壤愈干燥，到7月5日，层次间水分差异缩小，显示出根系向下发展的趋势；③在整个生长过程中，还是以15cm土壤表层吸收水分最多（图5-9）。

　　土壤水分影响根系生长，根系发展又反过来影响对土壤水分的吸收，这就是土壤水分与蔬菜作物根系发展的生态关系。保证根系较快速发展所必需的土壤水分及满足根系发展过程中对土壤水分吸收量的增加就成为蔬菜作物对供水的基本要求。应该指出，在给蔬菜作物补水时，不仅应注意"量"，同时还应注意"时间"，特别在蔬菜作物旺盛生长、根系吸水力增强时，土壤水分的适宜点与亏缺之间的时间并不长，稍微延迟供水即会造成土壤干旱。

（三）蔬菜作物水分障碍生态生理

蔬菜作物的幼苗期，组织柔嫩，对水分的要求比较严格。缺水的主要障碍是明显影响幼苗生长及根系活力，水分过多容易使幼苗徒长。位田（1961）试验指出（表5-5），随着土壤水分的降低，幼苗鲜重成倍下降。茄子以 pF2.0、黄瓜以 pF1.5 为最高。以水分当量值（接近 pF2.7）与 pF2.0 比较，茄子生产量只有 44%、黄瓜 59%。黄瓜苗鲜重以 pF1.5 最高，但苗徒长，干物重降低。虽然蔬菜作物幼苗在短期缺水后供给水分能很快恢复生长，但其产生的后遗症却一时难以消除。例如番茄，缺水后供水恢复了生长，但氮、磷等

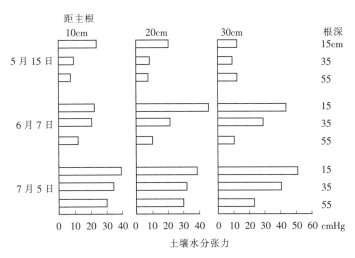

图 5-9　灌水 7d 后土壤水分张力的变化对茄子根系吸水的影响
（位田藤久太郎，1963）

营养元素含量低的问题短期不能恢复（Gates）。中国农民对许多蔬菜作物的蹲苗经验，就是在适当控制土壤水分条件下，使秧苗的根系得到发展。但是，如果水分控制过严，蹲苗的时间过长，不但使正常生长受到影响，而且会使组织木栓化，成为老化苗。在现代育苗技术中，如果通过其他措施能有效地控制徒长，育苗期间控水似无必要。

表 5-5　茄子与黄瓜苗的生育与土壤水分

（位田藤久太郎，1963）

水分张力（pF）	茄子苗鲜重（g）	黄瓜苗鲜重（g）	黄瓜苗干物重（g）
1.5	36.9	98.3	6.1
2.0	37.1	88.0	8.1
2.3	35.9	75.9	7.9
2.5	23.3	64.1	7.3
2.7	16.3	52.2	5.4
2.9	12.9	39.8	4.0

蔬菜作物的生殖器官发育对水分很敏感。百里克（1961）以田间最大持水量的 40%～50%、60%～70%、80%～90% 处理黄瓜进行比较，始花期相应为出苗后的 34d、30d、32d，坐果期相应为 41d、35d、39d，采收嫩瓜期相应为 53d、45d、48d。从整个生育进程来看，60%～70% 的土壤含水量生育进程最快。进入结果期后，情况却完全不同，栽培在田间最大持水量 40%～50% 处理的番茄产量降低 1 倍，而茎、叶、根等营养器官的重量仅降低 5%～10%。这说明，在土壤水分不足情况下，果菜生育首先受到影响的是果实，即果实相当于植株的"水库"，以消耗"水库"水分而保全植株；另一方面可以认为，水分不足时造成的减产，不完全或主要不是由于茎、叶生长的影响，在很大程度上与新的果实形成、果实中有机物的积累受到阻碍等生理变化有关。

果菜类蔬菜进入结果期以后，即处于果实膨大生

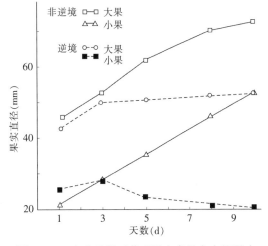

图 5-10　水分亏缺对黄瓜果实直径大小的影响
（D. G. Ortega，1982）

长阶段，是需要水分最多的时期。如果这段时期水分不足，果实就会发育不良，产量大大降低。D. G. Ortega（1982）的黄瓜水分试验资料说明在不同水分条件下的果实生长状况：在水分逆境条件下，果实生长速度慢得多，水分逆境处理后 4d，果实直径增长停滞，以后果实粗度逐渐向正值生长，而 2 周后果实长度增长停滞。这说明，水分不仅影响果实的大小与重量，而且果形指数也发生变化。可以认为，长形果实的蔬菜，平均果实长度与产量相关，在一定程度上也反映出土壤水分状况。另外，从图 5-10 可以明显看出，在水分逆境下，大果似乎能优先利用有效水分，而小果则缺乏对有效水分利用的竞争力。进一步研究认为，在非水分逆境条件下，大、小果实具有相同的渗透势，而逆境下大果的渗透势几乎是非逆境下大果的 2 倍，这说明尽管水势下降，水分逆境下的大果具有防止水分含量急剧下降的能力，这是有利于在水分逆境下生存的反应（表 5-6）。在水分胁迫下，大果渗透势的显著变化可能由于：①植株其他部分合成的糖分的易位；②果实内存在着从渗透性非活性物质向活性方向改变的化合物的生化变化；③果实光合形成糖的积累；④无机离子的积累等。总之，其机理仍有待于进一步研究。

表 5-6　水分胁迫条件对黄瓜大、小果及叶片渗透势的影响

（D. G. Ortega，1982）

处　理	渗　透　势（kPa）		
	大果	小果	叶片
非水分胁迫	568	549	664
水分胁迫	1 029	743	792

　　番茄、黄瓜等果菜进入果实生长期，吸水量大为增多，每株每天吸水可达 1 000～2 000g，在结果旺盛期吸水量更多。水分不足，尤其是水分供给不均匀，时干、时湿会引起落花、落果，产生各种畸形果。如黄瓜开花后水分供应不及时，授粉不良，虽然过一段时间后，土壤水分充足，果实仍能生长，但容易出现尖嘴瓜；在果实发育前期缺水，中期水分充足，而后期又缺水，就容易形成大肚瓜；如果果实发育中期严重缺水，前、后期水分充足，就容易形成细腰瓜。也就是说，黄瓜果实出现畸形与果实发育期间水分供应不均匀有很大的关系，当然也与授粉、有机营养不足及温度过高或过低等有关系。

四、蔬菜作物生长发育与矿质营养

　　蔬菜作物和其他农作物一样，从外界环境中吸收的营养物质主要是碳（C）、氢（H）、氧（O）、氮（N）、磷（P）、钾（K）、硫（S）、镁（Mg）、钙（Ca）、铁（Fe）、锌（Zn）、锰（Mn）、铜（Cu）、钼（Mo）、硼（B）、氯（Cl）等 16 种元素。这里主要讨论的是从土壤中吸收的矿质营养元素。就其吸收量与作用来看，其中最主要的有大量元素 N、P、K，中量元素 Ca、Mg 以及蔬菜栽培中容易出现缺素症的微量元素 B、Mo 等，其吸收量依蔬菜种类（品种）、生长量（产量）、栽培时期、环境条件等不同而不同。一般来说，蔬菜作物对这些元素吸收量的比例差异不是太大，大体上可以认为：如以 K_2O 的吸收量为 10，则 CaO 5～8，N 6，P_2O_5 2，MgO 1.5，B 2.5×10^{-4}，Mo 2.5×10^{-5}。如果这个养分吸收比例大体成立，则吸收量的大小主要与产量关系密切。假如生物产量每公顷 75 000kg，K_2O 的吸收量为 600kg，则 CaO 吸收 300～480kg，N 360kg，P_2O_5 120kg，MgO 90kg，B 150g，Mo 15.0g。

（一）主要元素的作用及吸收

　　1. 氮　氮是蛋白质的主要组成部分，没有蛋白质就没有生命。作为一切生物化学反应的催化剂的酶，也是蛋白质。细胞的原生质和生物膜都含有蛋白质。

蔬菜作物生长的全过程都需要氮，尤其是叶菜类蔬菜，氮肥供应充足时营养生长良好，茎、叶内叶绿素的含量较高，叶子的有效功能期较长，光合作用强度较高，给丰产打下基础。由于蔬菜作物生长需要大量的氮，因此在各种主要营养元素中，土壤中的氮素常常首先被消耗，因而出现缺氮的症状。因为氮在植物体内是可以移动的，缺氮时，症状首先出现在老叶上，即老叶褪绿色转黄，逐渐枯干而脱落。叶子均匀地黄化是大多数植物缺氮的主要特征。

（1）氮素形态与蔬菜作物生长发育 岩田氏根据各种蔬菜在铵态氮（$NH_4^+ - N$）与硝态氮（$NO_3^- - N$）不同比率条件下对比试验的结果指出：多数蔬菜作物 $NO_3^- - N$ 比率愈大，生育愈好；少数作物如菜豆、甘蓝，铵态氮少量存在时，生长发育更好。但铵态氮超过半量时，各种蔬菜作物的生长发育均急剧下降。特别在加入 NaCl（200～300mg/kg）条件下试验，铵态氮的危害更加明显。随着 $NH_4^+ - N$供给比率的增加，逐渐出现一些特殊危害症状：叶片浓绿、发脆，叶脉间黄化，叶焦边以至叶枯；果实出现脐腐；生长点生长停滞；根系褐变。可以看出，这些症状与缺钾、缺镁、缺钙症状相似。从植株体内的无机元素含量的分析中可以明显知道，无论是果菜、叶菜或根菜，$NH_4^+ - N$ 区的 Ca^{2+}、Mg^{2+} 含量明显减少，特别是 Ca^{2+} 的减少更为明显。研究者的试验进一步指出，尽管各种蔬菜作物之间存在一定的差异，为消除铵态氮对生长发育的抑制，有必要提高 Ca^{2+} 的浓度，而只有在溶液的 pH较高（pH=7～8）条件下才有明显效果。

（2）氮素浓度与蔬菜作物生长发育 与大田作物比较，蔬菜作物对氮素的要求是较高的，用栽培水稻、小麦、玉米等粮食作物的适宜氮浓度来栽培蔬菜作物不可能保持其充分的发育，必须用其数倍的氮浓度才能使其充分生育。例如，玉米从氮浓度 25mg/kg 到 200mg/kg，对生长发育没有差异，而茄子、辣椒则在 200mg/kg 前的产量几乎随氮素浓度的增高而直线上升（《蔬菜生态学》，1996）。当然，在蔬菜作物栽培中，施用氮素过量，也会出现氮素过剩的症状。多数蔬菜作物氮素过剩表现出缺钙的症状。可以认为，在钙素充足条件下，即使施用氮素较多，其伤害也较小，因而氮素的适量范围可以适当加大。另外，即使氮素与钙素在溶液中保持一定的比例，但由于浓度高低不同，植物体内吸收的数量也不同，施氮过多，或土壤溶液浓度超过一定限度，由于钙素吸收不良，都会出现缺钙症状。

2. 磷 虽然在大量元素中，蔬菜作物对磷的吸收量最小，但磷在能量转换、呼吸代谢和光合作用中，起着不可替代的关键性作用。植物生长的全过程都需要磷，增施磷肥对促进果菜幼苗生长发育的效果更为明显。由于磷肥施用过多而发生生理障碍的现象很少（有时会表现与锌素吸收的拮抗），但是缺磷时，特别是对幼苗期的生长影响很大：常使其茎叶变细，生长迟缓，叶面暗淡无光，根系发育不良，果实成熟也有影响。作物吸收的磷，主要是磷酸根离子。

各种蔬菜作物对土壤中有效磷水平的要求及反应差异很大。景山氏试验认为：在土壤有效磷含量较低（16mg/kg）条件下，各种蔬菜作物对施磷的反应都很敏感，不施磷肥区的产量达不到标准区的10％。当土壤有效磷含量于 213mg/kg 以下范围内，洋葱产量随土壤含磷量的增高而增加，土壤含磷量越低，施磷增产幅度越大。土壤含磷量增加和胡萝卜产量变化与洋葱基本相似。萝卜则不同，土壤有效磷含量在 16～203mg/kg 范围内，产量都能达到施肥区的 80％ 以上。从试验中可以认为，白菜、萝卜、小芜菁等，如果土壤中有一定量的有效磷（试验条件为 55mg/kg），即使不施磷肥，产量也能达到施肥区的 80％，或与施肥区相同。洋葱则不同。其他蔬菜介于二者之间，番茄趋向于洋葱，菜豆、黄瓜、结球莴苣等可在有效磷含量提高到 200mg/kg 以上时，探索其增产的可能性。应该指出，盆栽条件下的试验结果不一定与大田栽培结果一致，其中重要的原因是磷在土壤中的移动性差，而盆栽时磷肥是与土壤充分混合的。这就表明，磷肥作为基肥施入往往会获得更好的效果。

3. 钾 近代研究认为，钾并不是植物细胞的构成物质，它的存在能够促进植物几十种与代谢有关的酶的活性，从而成为与光合作用、碳水化合物、氨基酸和蛋白质的合成等有着密切关系的参与各种生理代谢的重要营养物质。钾有促进糖和淀粉的运转、增强抗逆性等功能，不仅关系产量，也能改进蔬菜作物产品的品质。

各种蔬菜作物缺钾的症状不完全相同，但有其共同点：初期一般不见明显症状，当植物体内钾浓度降至临界值（一般为叶片干重的 1% 以下）时才表现出来，但初期还仅是生长发育变差，叶色较浓，直到缺钾严重时才从老叶开始叶缘失绿、变黄、变褐，逐渐波及到叶片中心，呈现出叶缘灼伤症状。缺钾植株根系发育不良甚至褐变，地下贮藏器官发育受阻，严重时茎部生长也受阻，叶片早期脱落，果实发育不良，并导致减产。缺钾表现与氮素多少有关，一般植株氮素含量越高，越易引起缺钾现象的发生。特别在施入铵态氮且浓度较大时，可引起显著的缺钾症状。蔬菜作物种类不同，其敏感程度也不同，果菜类蔬菜中的黄瓜、菜豆反应敏感，茄子和辣椒次之。

至于蔬菜作物栽培中是否需要施钾或施入多少，应该依据测土情况确定，既不能盲目施钾肥，也不能因无明显缺素症状就认为不需补钾。应该指出，如果在同一块地连年栽培蔬菜而不施钾肥，即使年年施用有机肥，由于蔬菜作物对钾的吸收量大，所以土壤中的有效性钾含量会逐渐减少而出现缺钾问题，特别在土壤比较肥沃的保护地条件下，钾的饱和度有所下降，不断补充钾素是完全必要的（葛晓光，2000）。

4. 钙　蔬菜作物对钙的吸收量仅次于钾素，与氮素吸收量相当甚至超过。钙是质膜和细胞壁的主要成分，对蛋白质的合成和碳水化合物的运转，以及对植株体内有机酸的中和起着很大作用。钙与果胶酸结合形成果胶酸钙，存在于细胞壁中，起着联合细胞的作用。植株体内钙含量对真菌病害感染有很大的影响，如含量高，菌丝侵入细胞壁后产生的酶对质膜的破坏作用就小。因此，往往植株体内的钙含量与真菌感染呈负相关。蔬菜作物中芹菜、莴苣、番茄、大白菜、甘蓝等对钙的反应比较敏感。

钙的缺乏导致营养生长的减缓及形成粗大的含木质的茎。叶菜往往是从心叶开始发病，外部叶片仍保持绿色，如干烧心病，因为钙在植株体内是不易从老叶运转到幼叶中去的。从一片叶来看，往往是从叶缘开始发黄（Tip burn），逐渐向内扩展。果实往往也是从顶端开始发病（脐腐）。

5. 镁　镁是构成叶绿素的元素，与光合作用有密切的关系，并且同构成酶要素的糖以及其他代谢作用发生关系。

植株体内镁的含量，在番茄健全株的下部叶中含有 0.5%，上部叶中含有 0.3% 左右，茎的下部为 0.3%，上部为 0.1%～0.2%。当叶子中镁含量为 0.3%～0.5% 以下时，会发生缺乏症状。有时土壤中虽然含有镁，但是因为施钾过多，彼此发生拮抗作用，会抑制镁的吸收，也容易发生镁的缺乏症。

6. 碳　碳素营养是指蔬菜作物进行光合作用所需吸收的 CO_2 气体。一般的大气中含有氧 21%，氮 79%，而 CO_2 只有 0.03% 左右。大气中的 CO_2 虽然很少，但在植物的生长中却非常重要，植物体的干重绝大部分是通过光合作用由 CO_2 转化成有机物，而从根部吸收的营养转化来的仅占 5%～10%。在一般情况下，大气中的二氧化碳含量可以维持植物正常光合的需要，但是在高产的栽培条件下，特别在其他栽培生态因子都优化的条件下，CO_2 就会成为产量提高的限制因子。CO_2 不足的明显表现就是生长速度缓慢，植株干重下降，严重时植株处于"黄瘦型"的饥饿状态。但 CO_2 浓度过高，蔬菜作物也会产生毒害。各种蔬菜作物对其适应的程度差异较大。

（二）营养失调对蔬菜作物的危害　蔬菜作物营养元素不足或过多会产生各种生理病害，现举例说明如下：

1. 番茄、辣椒的脐腐病　产生的主要原因是土壤缺钙或因为土壤干旱、土壤溶液浓度过高等而产生钙的吸收障碍，导致植株果实钙含量较低的顶部缺钙，特别在高温干旱时期，更易发生。主要表现为果实顶端下陷、变黑，并逐渐扩大，病菌侵入后果实腐烂。

2. 番茄畸形果　番茄的早期多心皮畸形果的发生，主要由于在幼苗期花芽分化时，幼苗在较长时间的低温下（一般品种为 9℃ 以下的低温）引起的多心皮分化，在果实膨大期间，由于生长不均匀而产生的。在苗期营养过多特别是氮肥用量过大，土壤湿度大，营养生长过旺，子房发育不正常，更会加重这种畸形果的产生。

3. 番茄筋腐病 有两种情况：一种为果肉组织的维管束部位坏死，成为黑变筋腐果；另一种为果肉维管束变白，成为白化筋腐果。目前关于番茄筋腐病的发生机理仍不十分清楚，一些试验证明，该病的发生与光照弱、营养生长过旺、氮肥施用过多、钾肥不足、吸收铵态氮过多等因素有关。

4. 果实着色不良 番茄果实成熟时，不表现为该品种果实成熟时的原色，而色泽发淡或呈黄褐色。主要原因是光照弱，温度低。如氮肥施用过多，果实的叶绿素分解酶活性低，也会造成着色不良。

5. 僵果 果形不正，果实不能正常膨大，有种子或无种子。多数发生于开花前后温度过高或过低，雌蕊授粉、受精不良以及早期营养不足，使果实不能正常发育。克服的办法是控制开花后果实发育初期的温度，进行人工辅助授粉，及时增施磷、钾肥。

6. 大白菜干烧心 在大白菜叶球内部叶片叶缘变褐、干枯，甚至腐烂，尤其心叶容易发生，外叶往往生长正常。叶片受破坏的组织，往往在排水组织附近的通水细胞开始出现。通水细胞解体损害叶子的溢液作用，导致水分关系反常。引起的原因，大都认为与钙的缺乏有关；另外与气候及栽培条件也有关，如施肥过多、土壤水分不足、气候干燥等。也有时发生在苗期，叶缘干枯而影响大白菜包心。干烧心病有时也发生在结球莴苣和甘蓝等结球蔬菜上。

在实际栽培中，由于营养过多或不足产生的生理障碍还有很多，这些在本书的有关部分将会分别加以论述。现列出蔬菜营养缺乏症状检索表（表5-7），供作参考。

表5-7 蔬菜营养缺乏症状检索表

1. 营养缺乏症状首先表现于老叶。
  2. 整个植株生长衰弱，茎细，叶小，老叶黄化或枯死，往往伴随出现花青素。
    3. 叶全部为黄绿色，从下部叶片开始黄化、枯死、落叶 ·························· 缺氮（N）
      叶浓绿色，无光泽，下部叶变色，落叶 ·························· 缺磷（P）
      叶片呈凋萎状，叶色减退 ·························· 缺铜（Cu）
  2. 生育初期一般不表现出症状，生长到一定阶段时症状才表现出来，症状首先从下部叶（外叶）表现，以后逐渐向幼叶扩展。
    3. 下部叶的周缘及尖端变黄或发生褐色坏死斑而落叶 ·························· 缺钾（K）
      下部叶的叶脉之间变黄，以后发生坏死斑而落叶 ·························· 缺镁（Mg）
      老叶除叶脉处外均黄化，新生叶为绿色，长大后黄化，黄化部分突起，叶片内卷，从周缘及先端枯死
      ·························· 缺钼（Mo）
1. 营养缺乏症状首先表现于新叶或顶芽。
  2. 顶芽不枯死。
    3. 最初叶脉间部分失绿，仅叶脉保持绿色，最后全部变成黄白色，不产生坏死斑 ·········· 缺铁（Fe）
      叶脉间黄化，以后该部分坏死，叶脉处仍保持绿色 ·························· 缺锰（Mn）
      叶面全部发生似日烧的坏死病斑，然后枯死 ·························· 缺锌（Zn）
  2. 顶芽枯死，以后发生的侧芽尖端也坏死，根部伤害严重
    3. 茎的先端及幼叶边缘发生坏死，果实顶腐或结球部心腐 ·························· 缺钙（Ca）
      茎的先端坏死，茎或叶柄脆，茎、花蕾、肥大根的髓部变色坏死 ·························· 缺硼（B）

以上所述的与蔬菜作物生育有关的环境条件，都不是孤立存在，而相互间有着密切联系，并在作物的生长与发育过程中，以其综合作用对蔬菜作物产生影响。例如阳光充足，温度就随之升高，二氧化碳消耗增加；温度升高，土壤水分蒸发及植株本身的蒸腾作用也就增加，土壤水分消耗增大；当作物的茎叶生长繁茂以后，就会把土壤表面荫蔽起来，这样就会减低土壤水分的蒸发，避免表土的板结，而同时也增加了土壤表面空气的湿度，这对土壤中的空气成分及土壤微生物的活动，都有不同程度的影响。在栽培中采用技术措施时，必须注意其对栽培环境因子产生的影响及其连带效应。

第三节　蔬菜产品器官形成的生态生理

一、果实形成的生态生理

（一）开花结果规律的变化　果菜类蔬菜开花结果的基本规律——周期性变化。开花、结果的周期性变化主要决定于内因即自身的反馈与调节，外界环境的影响是通过内因起作用的。以甜椒为例（图 5-11），在初花期时，其花数不断增加，结果数逐渐上升，这时，株体也不断增大（Ⅰ）；随着结果数增加及果实生长，植株生长受到抑制，结果数不再增加，落花落蕾严重，尽管开花数不断上升，几乎都是无效花（Ⅱ）；经过这一段调整后，株体继续生长，花数增多，结果数显著增加（Ⅲ）。在甜椒结果期间，一般在开始着果后 1 个月左右达到结果高峰，以后逐渐降低，高峰后 1 个月左右为结果最低谷；随着结果数减少，着果百分率有所提高。可见，开花数、结果数、坐果百分率是相互制约的数量关系，同时还受植株生长量的影响，表现出明显的周期性变化。

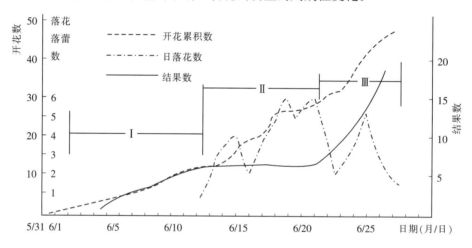

图 5-11　甜椒（辽椒 1 号）结果周期性变化（始花后一个月）

（葛晓光等，1986）

这一变化不仅是甜椒，而且也是各种果菜类蔬菜作物的通性，只不过峰谷变化的周期长短、高低有所不同。不同生育阶段、不同植株部位的着果率高低不同，在结果高峰后，有时可能下降到 10% 左右；相反，如果栽培管理得好，甚至可增加至 100%。一般主茎比侧枝的着果率高且较稳定。

（二）温度对开花、结果的影响　番茄在较低温度条件下着花节位降低，但由于在低温下生长发育迟缓，开花期必然延晚。对于低夜温着花节位上升的果菜，这种延迟的作用则更显著。例如，辣椒几乎每降低 5℃，开花期延迟 4~5d，特别是温度在 15~20℃ 之间，夜温下降对开花期的影响更加明显，说明这正是辣椒开花的界限温度范围（里鲁斯克，1972）。

根据德兰特和芬特等试验（1947），辣椒对温度的要求是前期要求较高，后期要求较低，不仅生长如此，结果和果实膨大也如此。在连续的缓慢降低温度条件下，辣椒开花数有所增加。结实数的增加和果实膨大以温度稍高一点（15℃ 左右）为好，因为在生育初期温度高，光合产物向同化器官叶片的分配率也高，干物质生产量增加。待植株长大后，枝叶繁茂，相互遮荫，物质生产主要由单位叶面积的光合成速度或净同化率所支配，则高温对物质生产反而不利，且容易加速叶片的老化。就夜温对辣椒果实本身的发育来看，以夜温 20℃ 条件下最好，低于 20℃ 有抑制作用，以 20~23℃ 的夜温促进果实肥大效果最明显。但是，这种较高的夜温又会加速植株老化，全面综合考虑，以维持夜温 17~18℃ 为适。黄瓜的适宜日温为 25~28℃，如超过 30℃，则植株徒长，叶片老化，果柄伸长，果形变短，引起结实障碍，形成尖嘴瓜；当温度达到 40℃时，光合作用急剧下降，产量明显降低（藤本，1969）。夜温也影响果形的变化。在辣椒能适应的温度范围内，高夜温下果形变长，低夜温使果实较短，特别在开花前高夜温、开花后低夜温条件下，果实最容易变成细长。

　　里鲁斯克（1973）试验认为，高、低夜温下果实重量几乎相似，但低夜温下生长的果实果皮厚，果梗及胎座比例小，且种子的重量显著降低，特别是在开花后维持低温，很容易形成无种子的"石辣椒"。

　　森（1972）试验指出，番茄的单果重，无论气温高低，均随地温升高而加大，但气温稍高时，地温上升到一定程度时单果重的增加就不太明显。无论气温高低，产量均以中等适宜地温为高（16～19.5℃）。低地温条件下产量低主要是因单果重低，高地温条件下产量低主要是由于筋腐病的发生。从黄瓜不同气、地温对产量的影响（板木等，1971）来看，其规律性更为显著，在低气温下，随着地温提高而产量增加；适宜气温下，以适宜地温产量最高；高气温下，低地温反而产量更高。

　　（三）光照强度对开花、结果的影响　从表 5-8 可见，光照强度减弱，茄子落花百分率增高，这种差别在生长的前、中期都比较明显，随着植株的生长差异缩小，到生长后期几无大差异，因为到后期植株的营养状态几乎都相似。光照强度减弱造成大量落花的基本原因：光照强度减弱，引起同化量降低，使花器官发育得不到充足的碳水化合物有机营养，从而导致落花落果。弱光对落花的影响不仅表现于光弱的当时，而且还反应在从弱光转为强光，光照度恢复后，落花率的恢复很慢。反之，从强光转为弱光，落花也并不立即增加。可见，弱光并不是对花直接产生影响，而通过对叶片光合作用的削弱而造成花器官的营养状况的恶化。

表 5-8　茄子落花与光照强度的关系
（藤井等，1944）

光照强度（%）	前期			中期			后期			合计		
	开花数	落花数	落花率（%）	开花数	落花数	落花率（%）	开花数	落花数	落花率（%）	开花数	落花数	落花率（%）
100	18	13	72.2	151	81	53.6	32	29	90.6	201	123	61.2
50	15	11	73.3	97	65	67.0	51	48	94.1	163	124	76.1
25	15	15	100.0	37	32	86.5	45	42	93.3	97	89	91.8

　　据藤井测定，按自然光为标准，番茄光照强度减弱一半，同化量也减少一半；黄瓜的光照强度减少至 25% 时，同化量减少 10 倍以上。藤井用 100% 光照区的茄子花粉对各种光度处理区的长花柱花进行授粉及用不同光照区花粉对 100% 光照区的花进行授粉，调查其雌、雄蕊的授粉受精能力与光照强度的关系，结果指出，光照强度减弱对雌蕊受精能力的影响比对雄蕊的影响更为显著。花粉人工发芽试验也指出（藤井，1944），即使经弱光处理一段时间后再开的花，其花粉发芽率还可以得到一定程度的恢复，且弱光对花粉中淀粉的积累及花粉管伸长的影响不太显著，这一方面说明弱光对花粉发芽力影响不大的原因，同时也说明，即使在弱光下，作物也能结出一部分果实。

　　光照强度与产量之间几乎呈一次线性关系的情况，在果菜类蔬菜中几乎都存在。但减光对产量构成因素的影响，各种蔬菜不完全相同。对番茄的影响主要表现于小果百分率增加，畸形果等非商品性果实增加；茄子则表现为落花率增高，结果数减少；黄瓜侧枝发生率降低及有效雌花数减少。减弱光强对产量的影响也与光照强度减弱的时间有关，几乎 60%～70% 的同化产物在上午形成，如果下午遮光对产量影响相对较小，但全天减光的处理还是比上午遮光的处理更差（森，1972），说明保证保护地内良好的采光条件非常重要。

　　值得注意的是，像辣椒这样光饱和点比较低的果菜，避免过强光照往往有利于叶片的生长及叶面积的扩大，促进果实肥大，从而增加产量（斯可，1971）。当然，光照强度的减弱是有限度的，否则，

也会导致减产。

（四）水分对开花、结果的影响

1. 土壤水分对花芽分化和开花结果的影响　灌水多蔬菜作物生长过旺，其花芽分化比灌水中等的少；灌水量过少，土壤干燥，植株生长纤弱，花芽分化和开花期延迟，开花数也减少。

（1）土壤水分对果实生长的影响　位田等（1963）按以下指标进行水分处理：pF2.0、pF2.3、pF2.5、pF2.7、pF2.9，调查其对茄子果实发育的影响。试验结果指出，pF2.0与pF 2.7两处理产量相差将近1倍，产量降低的主要原因是果实变小，果实数减少，果实生长期延长。在水分对果实生长的影响中，对果长的影响大于对果实粗度的影响。在正常情况下可以通过对一定品种果形变化的观察判断土壤中水分的余缺。值得注意的是，在土壤水分缺乏、产量急剧下降时，植株茎叶重的降低并不与之同步。可见，土壤水分含量对果实生长的影响是直接的（位田，1963）。

（2）土壤水分对果实品质的影响　在缺水条件下，番茄、甜椒的顶腐病、黄瓜畸形瓜都易发生。茄子在开花15d以后，当果实膨大速度稍稍开始降低时如果土壤缺水，则很容易形成无光泽果。无光泽果实的表面凸凹不平，这是在果实膨大盛期时，由于水分不足，细胞横向伸长受到抑制的结果（加藤等，1972）。

2. 空气湿度对开花、结果的影响　空气湿度大小直接影响蒸腾量，特别是叶面积较大且叶面又缺乏保护组织的蔬菜作物如黄瓜等更为突出。当叶片水分蒸腾量超过根系的吸水量时，植株很快进入萎蔫状态，生育延迟，果实生长受阻。低空气湿度对果实生长所产生的影响，从本质上看与土壤缺水是一样的，但一般来说，主要影响果实大小、重量及质量，对商品果实数目影响较小。但是，如果在开花时甚至更早一些时候就受到低空气湿度的影响，其结实率也会受到很大影响，当然，结果数也会随之减少，这主要是由于空气湿度过低影响了花器官的正常的授粉受精过程。科克兰（1936）试验，在空气相对湿度80%时，辣椒结实率为52.38%，而在相对湿度为20%时，结实率仅有0.78%。

研究空气湿度对果实发育的影响，必须同时注意与土壤湿度的关系，其基本规律是：①对全株重量的影响，土壤水分的重要性远远超过空气湿度，在空气干旱条件下只要给以充分灌溉，则可以保证植株正常生长；②在土壤缺水条件下，空气湿度愈低，植株生长愈受阻；③空气干燥时，干物质较多地积存在叶中；④不论是空气湿度大小或土壤水分高低，果实干物质分配率基本稳定在50%左右，变化不大（安藤，1972）。这进一步说明，土壤短期缺水时直接影响果实生长；但如果长期缺水，土壤水分对果实生长（大小、重量）的影响是与全株生育状态密切相关，而低空气湿度对果实发育的影响，主要是由于在叶片中形成的同化产物的运转障碍影响了叶片的功能时造成，增加土壤水分可促进同化产物更多地贮存于茎部，从而保证了叶片功能的恢复，促进植株生育与果实生长。

（五）营养对开花、结果的影响　与水分条件一样，营养也主要是通过对茎叶生长的影响而作用于开花、结果。一般情况下，施肥水平对花芽分化有很大影响，施用高氮肥及磷肥，幼苗含有较高的碳水化合物会形成较多的花芽。土壤肥力及施肥水平也影响开花迟早和果实的生长。松崎昭夫（1963）研究了氮素施用对黄瓜果实发育及产量的影响，主要结果：①施氮水平高低并不改变雌花数及雌花开放百分率，而开花时的子房长度及高节位着果数则随氮水平增高而提高；②20节以下采收的果实平均重量与氮水平呈负相关或无相关，而21节以上果实重量与氮水平则呈明显的正相关；③氮素施用量增加，生育旺盛，着果的周期性变得不明显，冠重及产量与氮水平的相关显著（r=0.596 4**、0.465 2**）；④在所有氮水平处理中，18~20节左右的雌花不能开花或即使开花，花也较小。因为这些具有发育不良花的茎节是在果实重量增长达第一高峰时形成，低节位发育的果实垄断了可利用的营养，直至采收后植株才得以恢复。

黄瓜采收果数决定于着果率及能开放的雌花数，着果率及雌花数与植株的健壮程度密切相关。同时，下部节位果实的生长又抑制了上部节位的开花、着果以及正常生长，这样就形成了果实生长与植株生长之间相互制约，加上果实之间生长的相互影响，致使结果周期性明显表现，其矛盾的焦点在于营养的争夺。这样，就有可能通过外界营养补施的途径来调节植株和果实的生长，减弱结果周期性的变化。

二、叶球形成的生态生理

（一）叶球形成机制　充实生长的球叶是叶球形成的条件，而球叶的形成和充实又必须有一定发育程度的外叶（同化叶）为基础。外叶的主要生理功能是为球叶生长提供营养。较为幼龄的上部外叶光合活性较强，能够制造更多的碳水化合物，是外叶中对叶球形成起重要作用的部分。外叶的另一功能是为球叶向内弯曲生长创造遮光条件。叶形变化是球叶发生及开始结球的重要标志。大白菜一般外叶的叶形指数为 1.8 左右，球叶为 1.2～1.5。随着植株长大，由于生长素代谢活跃，结球前分化的新叶叶缘两侧生长部位活跃，叶片横向发展较快，致使叶形指数变小，叶形变宽，叶片相互重叠造成黑暗环境，从而为结球创造了条件。叶片弯曲是结球发生的另一重要条件，这主要决定于叶片内生长素的含量。随着植株生长，叶内生长素含量增高，导致叶的屈曲度加大。至于弯曲方向及程度决定于受生长素影响的中肋细胞的生长速度。

关于结球的机制，一般有以下的认识：在日照充足、氮素营养充分的条件下，开始生长素代谢，形成生长素原。在生长素作用下，叶片伸长生长，心叶向上发展。当然，心叶向上直立生长也需要具有一定的叶面积、C/N 等条件。日照愈充足，生长素代谢愈旺盛；同化作用愈强，叶片愈直立。叶片直立生长，叶幅增大，互相叠合在一起就构成了结球的雏形——拉筒。无论哪一种结球叶菜，在叶球形成时，伴随着这种特殊的转变必然会产生一系列体内的生理条件的变化。宫崎美光（1959）研究了结球莴苣进入结球期前、后的生理变化：在生长早期，顶部叶片含水量比低部小些，但进入结球期则相反，顶部含水量增高；生长早期顶叶组织粉末比重高，结球后，不论莲座叶及球叶均与上述趋势相似，但外叶则有相反趋势；叶片细胞液及组织粉末的水分浸出液（water extract）的比和电导度在整个生育期都是顶叶较低。这些说明可溶性物质的大量积累、莲座叶的内叶形成及生长的活跃正是转入结球期的主要特征。

结球蔬菜球形变化首先而且主要决定于体内生长激素的水平，这是由遗传型决定的。但是，体内植物激素水平与体内营养条件有密切关系，也必然受环境因子的支配。因此，球形的变化也在一定程度上受环境条件的影响。以下是从美国 3 个不同纬度地区调查的同一品种（Marion-market）甘蓝的球形变异（表 5 - 9）。日照时间延长，球形趋向扁平；相反，日照缩短，球形趋向圆形。

表 5 - 9　栽培地区不同而产生的甘蓝球形变异

（弗罗利等，1939）

场所　　项目	威斯拉可	得克萨斯大学	马迪松
叶球纵横径比	1.13	1.08	0.945
平均日照（h）	10.45	13.11	14.46
平均气温（℃）	18.3	22.2	21.1

叶球的形状与叶片的生长方式有一定的关系。球形也与叶球构成的差异有关，而叶球构成的差异不仅品种间不同，而且同一品种在不同栽培条件下也不一样，主要表现于各叶位重量及球—叶重比[球—叶重比（%）＝球叶的单叶重/叶球全重×100]的变化。由于不同叶位叶片重量及其所占的重量比例不同，可能导致叶球大小、叶球形状上的差异。

（二）环境条件对叶球形成的影响　环境条件对结球叶菜叶球形成及充实生长的影响是比较复杂的。这里仅对与叶球形成关系密切的几个主要因子作简要讨论。

1. 光照　从球叶向内弯曲所要求的条件来看，弱光有利，黑暗更好。另一方面，光照增强，光

合成量增加，C/N 比提高，生长素的形成得到促进。因此，为促进叶球形成与充实，强光照是必要的。叶片对光强的反应以成熟叶最敏感。大白菜、甘蓝等结球叶菜在短日照下，叶片生长角度趋向于直立，有利于结球。从日照长度对叶片碳水化合物合成量的影响来看，光照时间加长对叶球生长有利。当然，对日照长度的敏感程度在品种间差异明显。与其他相似作物一样，结球莴苣也存在短日处理的后效应，即从发芽时开始进行 3～6 周的短日处理，对以后的生长发育有较显著的影响，可以获得比全过程短日处理更高的产量（平岗达也，1966）。这一点在结球莴苣的夏季生产中有利用的价值。

2. 温度　温度首先关系到花芽分化，在没有分化足够的球叶数以前就分化花芽对叶球形成是不利的。花芽分化并不是叶球形成的前提条件，因为开始结球时温度较低，往往也同时分化花芽。较大的昼夜温差（10℃左右）有利于营养的制造与积累，有利于叶球充实生长。如果仅从温度对叶片屈曲度的影响来看，高温的作用最为强烈，但高温下营养消耗过多，病害严重，品质不良，不利于叶球生长。

从温度对叶球质量的影响来看，如以 W_1 代表球叶的外叶重量，W_2 代表球叶的内叶重量，W 代表球重，则结球期平均气温与 W_1/W 为负相关关系，与 W_2/W 为正相关关系（图 5 - 12）。从平均球叶重与气温关系来看，一定温度范围以内（25℃）为正相关，超过适宜限度后急剧下降，为负相关。应综合这两个方面来确定结球的适宜温度。

3. 营养　原撒夫等（1981）的甘蓝氮素营养及外叶摘除处理试验指出：在保证结球的营养条件中，根系吸收的氮

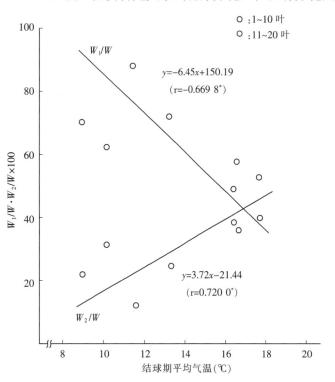

图 5 - 12　结球期平均气温与结球莴苣球叶重指数的关系
（涩谷茂等，1966）

素营养及叶片供给的同化产物都必须充足，无论哪一方面的不足，结球都会受到影响。缺氮时，外叶小，光合强度降低；外叶中全氮量低于 2% 时，球叶及外叶的糖含量下降，叶球形成不正常。但是，如果氮素过量，则将导致光合速率下降，含糖量也下降，结球速度变得缓慢。

三、花球形成的生态生理

（一）花球形成的基础　与结球叶菜相似，花球发育的营养基础也是同化叶，但不同之处在于花球是生殖器官，其形成条件与属于营养器官的叶球不同；另外，花球的形成，特别是早熟品种，往往是与营养生长的旺盛期同步进行。以花椰菜为例，可将其整个生长时期分为三个阶段，即花芽分化前、花芽分化至现蕾、现蕾至收获。可以明显看出，无论地上部茎叶或地下部根系的增重都是在花芽分化甚至花蕾出现后达到高峰（表 5 - 10）。花球是否发育、充实、肥大，关键在于叶片的生长基础，花球重与收获时茎叶重有显著的线性相关关系。花芽分化后叶片数不再增加，花芽分化当时的叶数多，以后的营养基础好，花球就重；叶数与茎粗显著相关，所以，除个别品种外，一般来说，花芽分化时的茎愈粗，则花球重量愈大。因而，花芽分化前营养生长期长的大株，花球可能较为肥大。

表 5-10   花椰菜不同生长时期生长量的比率（野崎早生品种）

发育阶段	发芽后日数（d）	生长量（g）	比率（%）
花芽分化前	0～50	150	17
花芽分化—现蕾	50～70	504	56
现蕾—收获	70～90	244	27
全过程	90	898	100

（二）花球形成的生态条件　从花椰菜花芽分化与环境因子关系的模式图（图 5-13）中可以看出，花芽形成需要的主要条件是低温，低温对花椰菜花芽分化及花蕾形成的作用有其生理基础，即由于低温的影响暂时降低了顶部生长素的含量，使 RNA 的嘧啶基础相对增加，嘌呤基础相对减少，从而促进了花球的发生。但是，对低温程度及时间长短的要求，品种间差异很大。超过一定的温度范围，形成异常花芽分化的无效花芽；如果在幼苗期即遇低温，有可能早期现蕾（早花）而失去商品价值，特别在氮等肥料不足、干燥、断根等不利于生长的条件下更易促进"早花"的发生。当然，无论在高温或低温条件下，不同大小苗，花芽分化的规律都基本是一致的，只不过在低温条件下更加显著而已（表 5-11）。

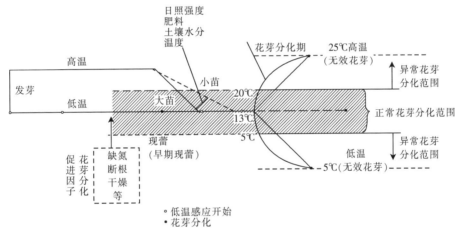

图 5-13   环境因子对花椰菜花芽形成的影响

（加藤徹，1963）

表 5-11   低温对不同大小花椰菜植株花芽形成的影响

（加藤徹，1963）

温度	植株大小（茎粗 cm）	25	30	35	40	45	50	55	60	65	70	75	80
9℃	0.75					×	×	×	◉	◉			
	0.85			×	×	×	◉	◉					
	0.90		×	×	×	◉	◉						
	1.00	×	×	◉	◉	◉							
17℃	0.75								×	×	×	◉	◉
	0.85					×	×	×	◉	◉			
	0.90					◉	×	×	◉	◉			
	1.00				×	×	×	◉	◉				

注：×未分化；◉分化。

不同品种对温度的反应及敏感程度差异很大。加藤徹认为，极早熟种如坂田极早在平均气温为 25℃高

温下花芽分化，晚熟种如增田晚生平均气温15℃以下花芽分化，早熟种及中熟种介于中间，20℃左右。

日平均温度增高，对低温处理要求的时间延长。夜温相同，日温愈高对低温要求的时间也愈长。如果每天插入一定时间的高温，则对低温影响有一定消除作用，延长了花芽分化所要求的低温时间。当然，这种对低温的要求有一定的范围，低于或高于这个温度范围都会使花芽分化期延长。为了使花蕾正常而充分地发育，花芽分化后还应有一定时期（10～15d左右，依苗大小而异）的低温。如果花芽分化后低温期不足，会出现营养生长的逆转现象，即发生"叶蕾"（花球中长出小叶）现象。

藤目亲扩试验指出，种子低温春化处理可补助绿体春化之不足，但在绿体春化充分或不可能进行绿体春化条件下种子春化的意义不大。

一般来说，长日促进茎叶发达，增加同化量，有利于植株迅速生长，从而促进了花芽的分化。从这个意义上看，日照长度对促进花芽形成的效果相当于大、小苗对春化的感应。

缺乏矿质营养可刺激花芽的形成。如在营养体很小时即出现花芽，花球会因缺少足够叶片供应光合产物而导致发育受阻。为防止这一现象，应注重氮、磷肥的施用，促使茎叶正常生长，以获得硕大的花球。

叶面积与花芽分化及花球发育有密切关系。如果在幼苗时摘叶，减少叶面积，其效果相当于小苗一样，花芽分化期推迟（感受低温时间延长）。但如果植株长到一定大小，植株内已积累较为充足的养分时，摘除部分叶片并不会影响花芽分化期，而对花球发育速度和收获期有明显影响；如果生长至中期，能保留14片左右叶片，那么摘叶对花球发育也不会有太明显影响。

一般来说，断根后植株对养分、水分的吸收受阻，生育受到抑制，花芽分化必然延迟。如果苗期移植次数增加，会显著延迟花芽分化时期。但是，如果植株长到充分大小，断根后又会促使茎叶内养分的一时升高，从而刺激了花芽分化，在这种情况下由于养分、水分供给受阻，与土壤干燥、缺肥等情况一样，很易导致"早花"的发生。

四、鳞茎形成的生态生理

（一）鳞茎形成过程中的器官生长　鳞茎是在根、叶等营养器官生长基础上形成的，并反过来又影响这些器官的生长。例如，春播洋葱的生长过程可分三个阶段：缓慢生长阶段、迅速生长阶段、缓慢及停止生长阶段，第3阶段即为鳞茎形成与肥大阶段。从叶片分化的过程来看，基本上呈慢—快—

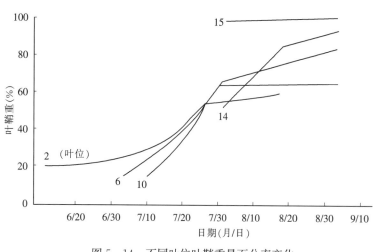

图5-14　不同叶位叶鞘重量百分率变化
（永井信，1967）

慢的规律，叶片分化不仅受温度条件的影响，而且受洋葱体内生理状态变化的制约，如洋葱鳞片发生后2周左右停止新叶的发生。从营养生长期单叶干物重变化来看，也是和叶片分化的规律一样。叶身的干物率以叶身重的最高时期最低，其急剧下降时期为叶身重的最高时期出现后进入从叶身向叶鞘运转大量糖类的阶段。从叶鞘重量占全叶重百分率来看，整个生长期中从鳞茎开始膨大起逐渐上升，这种增大依叶位上升而加快，从而在各叶位叶鞘重量百分率的上升曲线中形成明显

的交叉，在交叉期以前下位叶叶鞘重量百分率高，交叉期以后则相反，上位叶较高。叶鞘重量百分率的增高规律标志着营养物质从叶身向叶鞘流转，下位叶向上位叶流转（图5-14）。

洋葱移植后幼苗干物质含量曾一度明显增高，并出现植株基部"假膨大"现象，这是一种"恢复生长"的生理反应，与真正鳞茎膨大是有区别的，前者全株干物率突然升高，但外叶中并不存在真正的营养运转（从叶身→叶鞘），而后者全株干物率并不太高，但营养从叶身→叶鞘、从外叶→内叶运转。这种生理反应推迟了鳞茎的形成，使幼苗生长得到一定的补偿，从而为培育较大的鳞茎打下基础。

叶片生长速度与植株高度增长是一致的，当株高长到最高值时，鳞茎开始肥大。当然，这是正常情况下的规律，其实，鳞茎肥大并不一定以株高长至最大值为前提，比如，如果连续摘除叶片，即使株高长至最高值，鳞茎形成期也会推迟，说明叶面积大小与鳞茎形成的密切关系。另外，在长日照下，摘去全部叶片或上部主要叶片会引起叶丛的发生，洋葱植株由鳞茎肥大相逆转为营养生长相（加藤澈，1965）。

除植株高度外，还可以从叶身/叶鞘长比值曲线的变化来反映鳞茎形成的早晚。如图 5-15 所示，在日照长度达到品种所要求的时间，植株发育到一定时期，从外叶至内叶的叶身/叶鞘长比值曲线会突然下降，此时鳞茎开始形成，日照愈长，下降叶位愈提前；日照长度不足，比值上升，鳞茎不能形成。

在鳞茎形成前植株高度与根系生长几乎同时达到高峰，这时的不定根数、茎叶

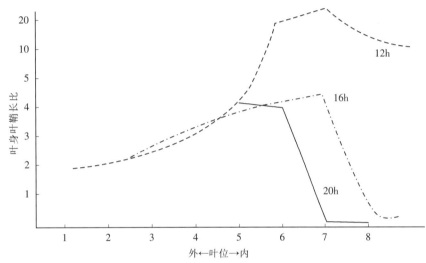

图 5-15 不同日长下各叶位叶身叶鞘长比值的变化
（加藤澈，1964）

鲜重、分化叶叶龄之间呈高度相关关系，而鳞茎形成后它们之间的相关性降低。可见，在鳞茎形成前上述三性状中的每一项指标的增加与其他两者是一致的。

总结以上冠部与根部生长规律可以看出，植株高度和叶面积扩大使鳞茎形成有了物质基础，在外界条件完成了形成鳞茎的诱导作用时，鳞茎便开始形成，同时根部、冠部养分向鳞茎转移，自身衰亡。这两种明显区别的生长相的转折，以及是否会产生逆转，在很大程度上受环境支配，控制环境条件即可控制其生长方向。

（二）影响鳞茎形成的主要因子 以洋葱为代表介绍以下内容：

1. 光照 加藤澈（1963）试验指出，不论何种日长处理，在鳞茎开始肥大时，植株高度生长均达到最大值，日照愈长，高度最大值愈提前，但高度值愈小。这意味着光照愈长愈加速生长，鳞茎肥大开始期提前。当然，在植株生长量较小的条件下，鳞茎肥大期提前，可能在早期阶段鳞茎增重快，但最终鳞茎重会由于营养体较小而低于正常光照条件下形成的鳞茎。作者另一试验指出，在短日照下未能形成鳞茎，在鳞茎肥大过程中加入短日照处理出现明显的由鳞茎肥大相向营养生长相的逆转，即使在植株倒伏后的短日处理也会导致一定株率的逆转，鳞茎重量下降。可见，在洋葱发育进程中长日照的光周期作用可被短日照干扰消除，产生逆转现象所需时间随鳞茎发育增大而延长。

虽然不同光照强度对鳞茎形成时期无显著影响，但光照强度对鳞茎大、小影响显著。弱光下，鳞茎的发育受到明显抑制，鳞茎直径较小（加藤澈，1964）。

2. 温度 在长日照条件下温度愈高，鳞茎形成愈早，并促进鳞茎肥大。提高温度可促进叶片生

长，但温度过高，叶片的生长期缩短，叶片较短。温度对叶片生长的影响与日长及品种有关，在短日照条件下，品种间叶长生长量差异不大，而不同温度之间（10℃、17℃、25℃）差异显著，均将延迟鳞茎的形成；在长日照条件下，即使温度降至10℃，也可形成鳞茎。

3. 氮肥　根据不同日照长短及不同施氮水平试验，在长日照（20h）条件下，日照长度对鳞茎的形成作用强烈，施氮对其影响几乎看不出来，而在较短（14h）日照下，施氮则有明显的推迟鳞茎形成的作用。在该试验条件下，施氮的球径较小（加藤澈，1965）。

4. 苗龄大小　鳞茎的肥大开始期并不受苗龄大小的限制，而决定于日照长度。因此，在相同日长下栽培同一品种的不同苗龄幼苗，几乎同时开始肥大，而这时的营养基础不同，所形成的鳞茎大小就有区别，最后必然是大苗鳞茎重，小苗鳞茎轻。但是，不同品种在相同日长下开始形成鳞茎的时间就有一定差异，因为它们对长日照刺激的感应性有所不同，凡形成鳞茎要求的最低叶面积较小的品种，苗龄对鳞茎形成及肥大的影响也较小。

根据上面所述，可将洋葱鳞茎发育过程的生态因子作用总结如下：每天诱导作用的积累决定植株生长高度的发展，导致鳞片的形成；鳞茎肥大受同化量及水分的支配。诱导作用中包括日长的诱导、不同品种或不同施氮水平条件下所表现出的对诱导的敏感性以及叶面积三个部分，其中以日长诱导因子影响为主。温度是促进对一定诱导作用产生反应的重要因子，但温度只是促进因子，即使在最低界限温度（10℃）条件下，如果具有强烈的诱导作用如24h光照也可形成鳞茎。且即使在鳞茎肥大过程中，长日照也是必要的，否则，生长相也会产生逆转。在长日照这个前提下，鳞茎肥大的主要影响因子为同化量及水分。水分充足时，吸肥多，叶内含氮量高，鳞茎推迟形成。单从这一点看，土壤含水量少则促进鳞茎形成。但是，土壤含水量适宜，根群机能提高，可防止根系老化；如根系过早老化，会导致提前倒伏，鳞茎肥大生长受阻。

从生理角度分析，当植株高度迅速增长时，叶身内氮含量较高，鳞茎开始形成后即下降；糖类则相反，在开始形成鳞茎时叶鞘内的积累达到高峰，以后逐渐降低。追施氮素可增加叶身内氮素含量水平，促进光合及鳞茎肥大。遮荫可降低光合作用，叶内氮含量下降，抑制鳞茎肥大。长日照导致体内糖类增加及含氮量的降低，短日照的作用正相反。

从体内生化变化分析，长日照刺激与核酸代谢、生长素代谢、赤霉素代谢有关。由于长日照刺激，核酸中的 DNA 增加，而 RNA、GA（赤霉素）则向减少方向发展。由于 RNA 的降低，蛋白合成不旺盛，氮素代谢下降，其结果使同化作用形成的碳水化合物向积累方向发展。又因生长素及 GA 含量降低，阻碍糖的消耗，使糖的积累进一步增加。

五、块茎（根）形成的生态生理

（一）块茎（根）的形成　薯芋类蔬菜是一类具有肥大的地下块茎或块根的作物，包括马铃薯、芋、山药、菊芋、甘露、豆薯及葛等。这些地下块茎或块根既是繁殖器官，又是食用器官，大都含有较多的碳水化合物、蛋白质、维生素和矿物质，含水量较少。薯类块茎或块根的形成受光照（光周期）、温度（温周期）的影响很大。在薯块的形成过程中，植株体内有大量的物质运转，其运转的速度与方向，既受植株的生理活性与代谢水平的影响，同时也受某种激素的控制。

在形态上，马铃薯的块茎相当于短缩茎，其形成过程可分为四个时期：即匍匐茎伸长期、块茎形成期、块茎膨大期及块茎成熟期。每一时期的长短，因品种特性及环境条件而不同。早熟品种的整个形成期较短，晚熟品种则较长，尤其是块茎膨大期较长。在块茎的形成过程中，种薯的干物质到地上部分生长将近停止时，已全部消失，而块茎的迅速膨大也是在地上部分接近停止生长时才开始。在马铃薯形成块茎的过程中，主要是碳水化合物的变化，将糖转变为淀粉。随着淀粉含量的增加，抗坏血酸的含量也平行增加，参加淀粉合成的磷酸化酶的作用逐渐增强，使淀粉酶的分解受到抗坏血酸的抑制。

芋的球茎也是茎的变态，有环节及芽。种芋的顶芽直接形成新的球茎，称为母芋或芋头。母芋的环节上有腋芽，可以发生成为子芋（即第1次的分球）；而在子芋的环节上又有腋芽，发生成为孙芋（即第2次的分球）。依此类推，可以有第3、第4次的分球。每一株分球的多少，在品种之间有很大的差别。芋的整个生长过程可分为萌芽期、幼苗期、发棵期（地上部生长期）、结芋期，其中发棵期是影响产量的重要时期。芋产量的高低，在很大程度上取决于这个时期叶的生长量。所以，这个时期内的水肥管理非常重要。

姜的根状茎有分支现象。种姜发生新芽后，根状茎不久即可膨大，且不要求严格的日照条件。在姜的生长过程中，地上部生长期和根状茎膨大期没有明显的区分，几乎同时进行。

（二）影响块茎（根）形成的主要因子 对薯芋类蔬菜的块茎（根）研究表明，其形成要有一定的环境条件，主要的是光和温度，而土壤营养和水分条件等也有一定的影响。

1. 光周期 较短的日照和低温，尤其是较低的夜温，有利于马铃薯块茎的形成，甚至在播种之前的光周期处理，也有一定的影响。何娟华（1958）认为在马铃薯播种前的光照及温度处理，可以加速植株生化物质的转化过程，增强光合作用，增加有机物质的积累。但马铃薯不同品种之间对光周期的反应是不同的，一般晚熟品种对光周期的要求比较严格，在长日照下，延迟形成，甚至不能形成块茎；早熟品种对光照要求不严格，在长日照或短日照下，都可以形成块茎，只是成熟期有早、晚而已。华北平原的早熟品种一年可以栽培两季（春、秋两季），至于春、秋两季的日照时数差异，不是限制块茎形成的重要条件。为了获得高产，最好在生长初期有较长的日照和较高的温度，以利于地上部分茎叶的生长，然后给予较短的日照和较低的温度，以促进块茎的形成和物质积累。除了马铃薯外，其他如菊芋、芋、山药等的块茎及块根的形成，也要求有一定的光周期。

2. 温度 薯芋类蔬菜的块茎、块根都是营养物质的贮藏器官，其形成要求较低的温度。马铃薯块茎生长最适宜的温度为15.6～18.3℃，如果高于21.1℃，则块茎生长迅速减慢。马铃薯块茎形成期要求昼热、夜凉的气候，但地上部分茎叶生长，则要求较高的温度。菊芋、山药也是如此。

光周期和温周期对薯块形成的影响，被认为是一种刺激因素。这种刺激因素在顶端幼叶中形成，然后在短日照下运转到匍匐茎或根中，刺激块茎或块根的分化。至于矿质营养及光合强度的影响，则是一种营养因素，有利于合成更多的营养物质，促进块根、块茎的膨大。

（三）薯块的休眠 马铃薯、山药、芋、姜等在收获后都有一段时间的休眠期，这个休眠期的长、短，主要取决于品种的特性，同时也受到环境条件的影响。休眠是从块茎进入膨大期便开始的。一般块茎的年龄越小，休眠程度越深。产生休眠的原因，一般认为是块茎内存在一种发芽抑制剂——脱落酸造成的。由于赤霉素可以抵消脱落酸的作用，所以在生产上一般用赤霉素浸种处理来打破种薯休眠，促进发芽。休眠本来是植物对不良环境的一种适应性反应，块茎或块根在休眠状态下，对不良环境有较大的抗性，但在生产上也带来一些不利因素，即在进行二季作栽培时，春季栽培的块茎收获后，因为有一段休眠期，不易发芽，所以在当年秋播前就要采取措施打破休眠。打破休眠的方法，可参见第十章。

六、肉质根形成的生态生理

以膨大肉质根作为食用器官的蔬菜有萝卜、胡萝卜、芜菁、芜菁甘蓝、根用芥菜、根荠菜等。它们都是二年生蔬菜作物，生长的第一年形成肥大的肉质根，第二年才抽薹开花。这类蔬菜作物的肉质根由直根和下胚轴发育而成，含有大量的水分，淀粉含量很少，但含有较多的维生素及矿物质，如胡萝卜含有丰富的胡萝卜素和糖，根用芥菜及芜菁等干物质含量较高。在栽培上用种子繁殖，每株只形成1个肉质根。

（一）肉质根的形成　由于肉质根形态解剖上的不同，所以这类蔬菜肉质根膨大生长的过程可分为3大类型：即萝卜类型、胡萝卜类型及甜菜类型。

1. 萝卜类型　属于萝卜类型直根结构的蔬菜作物包括萝卜、芜菁、芜菁甘蓝、根用芥菜等，它们膨大的肉质根主要由木质部的薄壁细胞组织所构成，而韧皮部只是薄薄的一层。在外部形态上，是由直根及下胚轴所构成，但对于根用芥菜和芜菁甘蓝来说，上胚轴也会膨大而成为食用器官的一部分。

萝卜初生根的中柱结构为二原型。当第一片真叶出现时，其下胚轴及根的上部开始膨大。此时，由于皮层及表皮细胞不再分裂与膨大，所以当中柱组织膨大生长时产生的压力会导致皮层及表皮破裂，成为两个纵裂的薄片，称为"破白"，或"破肚"。破白的出现，表示着肉质根开始迅速膨大，栽培上可作为间苗、定苗或施肥的一个标志。下胚轴部分在初生组织成熟后很少伸长，除非在不良的气候条件下，如干旱或阳光不足时，整个下胚轴可以长得很长，但不增粗。

在萝卜肉质根膨大过程中，在破白以前，细胞分裂很快，是形成层的分裂活动时期。但在生长的后期，基本上是细胞膨大，尤其是次生木质部薄壁细胞的膨大及细胞间隙的增大。萝卜肉质根的生长及物质积累，有赖于地上部分同化器官的同化作用。在生产上要获得大的肉质根，必须有生长良好的莲座叶作为基础。但在萝卜肉质根生长过程中，莲座叶与肉质根的比例也相应地发生着变化。一般地说，在肉质根膨大生长初期，莲座叶及肉质根的重量都很小。后来，莲座叶的生长量大于地下部分的生长量，因而叶/根的比值较高。到了肉质根开始迅速膨大后，地下部分的生长量迅速升高，而叶的生长量相对地减少，因而叶/根比值显著下降，到将近成熟时，它们的比值接近于1。也就是说，此时莲座叶的重量相当于肉质根的重量。以上莲座叶与肉质根比值的变化趋势，带有普遍性，但具体的数值，因品种、栽培条件而不同。

2. 胡萝卜类型　胡萝卜的肉质根也是由下胚轴及直根两部分发育而成。从解剖上看，胡萝卜的肉质根主要是由于形成层（维管形成层）的次生生长的结果，形成大量薄壁的次生维管组织。由于次生木质部与韧皮部都含有大量的薄壁组织，且这些细胞都具有较短的直径，所以整个肉质根就成为相当均匀的组织。但胡萝卜韧皮部的厚度比萝卜厚得多，是胡萝卜的主要食用部分。因而，胡萝卜肉质根重量的迅速增加，与韧皮部薄壁细胞大小的增加关系较大，而萝卜肉质根重的迅速增加与木质部薄壁细胞大小的增加关系较大，这是两种类型肉质根形成不同的主要特征。

（二）影响肉质根形成的主要因子

1. 温度　温度高、低对胡萝卜肉质根的生长和性状都有一定的影响。一般而言，温度高（21.1～26.7℃）时肉质根形状短些，温度低（10～15.6℃）肉质根形状长些，最适宜的温度为15.6～21.1℃。夜温比昼温低些，则根形及色泽都好。总之，温度影响根形，而湿度影响根的大小。所以，春播胡萝卜肉质根短而粗，夏播的则细而长。温度的高低，也影响到胡萝卜素的合成。胡萝卜素形成的最适温度为15～21℃。一般田间温度平均低于15.5℃，则胡萝卜的颜色好，虽然总胡萝卜素的含量低些，但转移到β-胡萝卜素的量最大。

萝卜对温度的要求，基本上与胡萝卜相同。但萝卜的生态类型比胡萝卜多，有春萝卜、夏萝卜、秋冬萝卜等，因此，对温度的要求也有所不同。对于早熟品种，根生长的最适温度为24℃。对于大根型品种来说，生长初期的温度可以高些，而到根迅速膨大期，则希望温度低些，一般以18～20℃为宜。

地温对肉质根的生长及膨大影响很大。杉山（1970）认为各种根菜类蔬菜的幼根伸长的最适温度在25～30℃之间，而根的肥大生长比幼根的伸长适温要低5～7℃；根的肥大生长期对肥料的吸收适温要比幼根伸长期低3～5℃。堀山（1966）对芜菁的试验认为，气温为18～13℃（昼—夜）、地温18～28℃之间，芜菁根重最大。如果气温很高，为28～23℃（昼—夜），即使地温在18～28℃之间，那么根的重量也不会高。所以，有了适宜的地温，还必须有适宜的气温相配合才能获得高产。

2. 光照 根菜类蔬菜基本都是长日照作物,在长日照条件下,加速抽薹开花。但长日照对于肉质根的生长却有不同的情况。

在萝卜生长期间,如果都是长日照,会促进地上部分生长,而肉质根生长并不好。对于秋冬萝卜,在生长前期日照较长,生长后期日照较短且温度较低,则对萝卜肉质根的膨大有利。一般来说,日照充足,则物质积累多,根的膨大也迅速。如果日照不足,则同化作用弱,碳水化合物积累少,则根的膨大就会受到限制。

3. 水分 土壤水分的多少对肉质根生长有显著的影响。土壤水分充足,则地上部分生长旺盛。萝卜肉质根生长适宜的土壤相对含水量为 $65\%\sim80\%$。如果土壤水分含量过大,则土壤中氧的含量少,二氧化碳增加,不利于根的代谢和生长,表现为根表皮粗糙,侧根着生处形成不规则的突起。土壤水分含量高,胡萝卜根的含水量也高,干物质含量相对较低,而且会减少胡萝卜素的积累,但对糖的含量影响不大。

4. 土壤质地及营养 根菜类蔬菜生长对土壤肥力的要求以氮为主,在磷、钾不缺的情况下,增加氮肥,会促进地上和地下部分的生长。在一般沙质土壤中,即使不施磷、钾肥,只增加氮肥也有增产作用。增加氮肥施用量,可以增加胡萝卜素的含量。在一定的施用范围内,氮肥的施用量与胡萝卜素含量之间,几乎成直线的相关。增加土壤中的磷肥,当然也会促进肉质根及叶的生长,但磷肥施用量的多少,在一定范围内,对胡萝卜素及葡萄糖含量影响不大,而蔗糖含量稍有增加。钾肥对肉质根碳水化合物的运输与积累有重要的作用。萝卜、胡萝卜、芜菁等生长适宜的土壤 pH 为 $5.3\sim7.0$,即要求土壤略带酸性。

土壤的物理性质对肉质根生长的影响是显而易见的,一般要求土层深厚、保水力强、排水良好的沙壤土。

(三)肉质根的分叉、弯曲及开裂 肉质根的分叉、弯曲及开裂是根菜类蔬菜栽培中常见的现象,也是影响产量和质量的重要问题。

1. 分叉与弯曲的形成 肉质根的分叉及弯曲,有生长过程中的机械作用,也有分化的原因。根菜类蔬菜每株都只着生一个肉质根,但在肉质根周围有 2 列(萝卜、芜菁、根用芥菜等)或 4 列侧根(胡萝卜、美洲放风等)。在正常的条件下,这些侧根不会膨大。但在特殊条件下,可以膨大成 2 条甚至 3、4 条分叉。分叉的结果,使整个直根弯曲或畸形。如果在育苗移栽或直播的过程中,使直根先端受损折断,就会引起直根不正常的膨大或分叉。肉质根分叉或弯曲,对萝卜、胡萝卜的商品性影响较大。

造成肉质根分叉或弯曲的原因主要有:①种子生活力的影响。播种萝卜、胡萝卜所用的种子,如果是隔年或前两年的种子,则因为生活力较弱,发芽不良,影响到幼根先端的生长,因而也就容易产生分叉或弯曲;②在砾质土壤或土壤中混有石块等,使肉质根不能正常膨大,引起侧根膨大,导致直根分叉或弯曲;③如果施肥不均匀,在施大量堆肥的地方,根系遇到未腐熟有机肥发酵、发热,易引起直根分叉;④土壤害虫咬伤幼根的先端,引起侧根膨大,导致分叉或弯曲。

2. 开裂的形成 肉质根的开裂主要有纵向和横向开裂两种,也有在根头部呈放射状的开裂,其结果不但影响商品质量,而且容易引起根腐烂,不耐贮藏。一般在刚开始开裂时,直根的表面呈龟裂状,然后龟裂的面积增大,根停止生长,引起肉质的木质化。当肉质根充分膨大以后,如遇到干旱,亦会引起开裂以及木质化。开裂多发生在直根生长的后期,收获过迟,则直根开裂多。

第四节 蔬菜产量的形成

一、蔬菜产量的含义

蔬菜作物的根、茎、叶、花、果实、种子等各种器官几乎都可以成为产品器官。田间采收的产品

器官的鲜物重量，即为所谓的产量。从生物学的角度来看，作物的产量是以干物量来计算的，因为干物质重量比鲜物重能更准确地表示作物合成有机物的能力。而鲜重中包含有大量的水分，各种蔬菜产品器官的含水率基本一定，可以通过鲜物重估算出干物重。由于植物的干物质中有 90%～95% 是通过光合作用形成的，只有 5%～10% 是由根部吸收的矿物质所形成。因此，产量形成的最基本的生理活动是光合作用，故凡是能够影响光合作用的因素，如叶面积及光合速率等植株本身因素（同化率），以及温度、水分、光照强度、土壤养分及 CO_2 等环境因素，都会影响产量的高低。

在蔬菜的生活周期中，由光合作用所合成的有机质总量称为生物产量。其中可以食用的有价值部分称为经济产量；非产品器官部分称为非经济产量。经济产量与生物产量的比例，称为相对生产率，或称经济系数（K）。

$$K = \frac{经济产量}{生物产量}$$

如果以 Y_b 代表生物产量，Y_x 代表经济产量，即 $Y_x = Y_b \cdot K$。正常生长情况下，生物产量与经济产量的变化是同步的。对于同化器官并非产品的蔬菜，没有一定的营养生长基础，肉质根、叶球、花球、鳞茎、果实等产量都不可能高。但是在徒长的情况下却不同，茎叶的生长量过大，产品器官的产量反而受到影响，经济系数（K）下降。不同作物种类，由于经济产量的形成过程及化学组成的不同，其相对生产率（经济系数）差异可以很大。如禾谷类作物的经济系数，大都在 30%～40% 左右；薯芋类蔬菜为 70%～85%，大豆为 20% 左右，叶菜类蔬菜可达 90%～95% 以上，一般果菜为 50% 左右。有少数绿叶蔬菜如菠菜、苋菜、白菜等，它们的生物产量，几乎就等于经济产量。

从植物本身来看，影响鲜物产量的因素，比影响干物产量的因素较多。主要的有：①作物生长期的长短；②品种的遗传特性；③产品器官含水量的多少；④产品化学成分的不同。一般来讲，产品中含糖及水分多的，鲜物产量也较高；含淀粉多的鲜物产量较低，而含脂肪及蛋白质多的，鲜物产量更低。

二、产量的构成及影响因素

蔬菜产量，可以用单株甚至单个产品（果实、叶球、鳞茎等）计算，但一般都是以单位面积来计算，如每公顷、每平方米的产量等。单位面积产量的构成因素为：

果菜类蔬菜：每公顷产量＝每公顷株数×单株采收果数×平均单果重×有效果百分率

结球叶菜类蔬菜：每公顷产量＝每公顷株数×平均单株叶球重×结球百分率

根菜类蔬菜：每公顷产量＝每公顷株数×平均单株根重×有效肉质根百分率

应该说明：在形成产量的过程中，构成这些产量的每一因素都是变动的。在一定范围内，每公顷株数增加，单位面积的产量亦增加。但每公顷株数或播种量（栽植密度）增加到一定程度以后，单位面积产量并不增加，甚至反而下降。对于直播的蔬菜，在一定范围以内，播种量增加，单位面积的株数也增加，但增加到一定程度以上时，株数并不增加。如胡萝卜、白菜、苋菜、茼蒿等，播种量可以相差很大，但单位面积的经济产量都比较接近。表示在群体发展过程中，有自然稀疏现象存在，播种愈密，稀疏程度愈大。

多次采收的果菜类蔬菜，如茄果类、瓜类及大多数豆类蔬菜，在产量构成中有产量的时期分布特点，如前期产量和后期产量等。增加每公顷的株数，将明显增加前期产量，但却不利于总产量的提高。

单株果数的多少，由开花数、着果率及无效果数所决定。茄子、番茄、辣椒等都有"果数型"与"果重型"的不同。前者单果重较小，而单株果数较多；后者单果重较大，而单株果数较小。

开花数、着果率及无效果数之间都有一定的有机联系，许多果菜在同一时期、同一株中可以着生许多的花，结出不少的幼果。但能够膨大成为产品食用的，只是其中的一部分。这就有一个营养物质的分配与生长中心的转移问题。不同器官和不同部位之间的激素含量多少与营养分配有关。幼嫩的叶子、发育中的幼果及顶芽等，是植株中有机营养主要运转的地方，而环境条件及肥水管理、植株调整会影响到这种运转的速度与数量。

三、产量形成与光能利用

植物体所有绿色部分，包括叶子、果实、茎等都可以进行光合作用，但绝大多数情况下，叶子是最主要的。叶面积大小就确定了营养物质生产的"源"的大小。有机营养生产量还与单位叶面积干物质量的增加率（亦称净光合生产率）有关。净同化率表示干物质生产的"效率"，因此叶面积与净同化率是蔬菜作物产量构成的两个最主要的生理因素。

（一）影响光合作用的因素　影响光合作用的因素比较复杂，既有内部的因素，也有外部的因素。内部因素包括叶的年龄、叶的受光角度、叶的生长方向、植株的吸水能力、物质运转的"库"、"源"关系等；外部因素包括光照的强弱、温度的高低、CO_2 的含量及矿物质营养等。

下面着重讨论群体结构下的光能利用以及光强与产量形成的问题。

1. 光能利用率　所谓光能利用率，是指单位面积上，植物的光合作用积累的有机物占照射在同一地面上的日光能量的百分比。在实际大田条件下，并不是所有的太阳光均可被植物的叶片所吸收利用于光合作用，其中被作物利用的极少，大部分都作为"蒸发潜热"而消耗于叶面蒸发，小部分作为乱流的热交换或再反射而消失于大气中。在作物吸收的光能中，并非全部都能用于光合作用，只有波长为 $400\sim700$nm 的光才能为植物叶绿体吸收，这一部分辐射称为光合有效辐射（PAR），约占太阳辐射总量（Q）的 $47\%\sim49\%$。太阳能利用率（Eu）可用下列公式来计算：

$$E_u = \frac{H \cdot \Delta W}{\sum S} \times 100\%$$

式中　H：1kg 干物质的热量（MJ）；ΔW：测定期中的干物质增加量（kg/m^2）；$\sum S$：同期的太阳能辐射量 $\times 0.47$（MJ/m^2）。

依据理论计算（朱志辉，1985），在不受环境因子限制下的最大光能利用率为 5%（对于 PAR）和 2.5%（对于 Q），净初级生产力依地区不同，在 $70\sim94$tDW/（$hm^2 \cdot$ 年）。实际上，按照以上公式计算的实际光能利用率（对于 PAR）与理论值相差很大。以沈阳地区为例，露地栽培蔬菜 PAR 平均为 1.0%，最高的蔬菜为 2.42%（大白菜）；保护地平均 1.26%，最高的 1.84%（日光温室黄瓜）（周宝利，1986）。这一方面说明生产的潜力还很大，另方面也能看出栽培环境的优化程度还相差甚远。

2. 光强与光合作用的关系　光合作用的大小，受光照强度的影响很大。在光照还弱时（在饱和点以下），增加光照强度，可以增加光合作用速率。但是当光照增加到一定强度时，光合作用就不再增加。此时的光照强度称为光饱和点，可见，光合作用—光强曲线不是一条直线，而是双曲线的关系：

$$P = \frac{ABI}{A+BI}$$

式中　P 为光合作用强度；I 为光照强度；A、B 为某种作物的参数。A 为光合速率的最大值，即光饱和点时的光合强度；B 为弱光下光合速度的光强系数，即每增加一个单位的光强时，光合速度增加的数值。

在光合作用—光强曲线中，光补偿点与光饱和点是两个重要的参数。

在蔬菜中，由于种类不同，适宜光合强度、光饱和点及补偿点都不同。蔬菜作物在光饱和点时的光合速率范围为 $11\sim24\mu mol/（m^2 \cdot s）$，光饱和点 $660\sim1980\mu mol/（m^2 \cdot s）$，光补偿点 $25\sim53\mu mol/$

（m² · s）（均以 CO_2 计）（张振贤，1997）。一般光合速率高的蔬菜作物，光饱和点也较高，利用强光的能力较强，如茄果类蔬菜、黄瓜、甘蓝、白菜、薹菜、萝卜等；而光合速率低的蔬菜作物，其光饱和点也较低，利用弱光的能力较强，如姜、莴笋、结球莴苣、菠菜、大葱、大蒜等。同一种蔬菜作物的不同品种间也有差异，可以利用这种差异，筛选出耐弱光的保护地品种。

3. 叶的生长方向、受光姿态与光能作用　不同蔬菜种类或品种的叶的生长方向不同，所接受的光照强度也不同。加藤（1975）把不同叶的受光姿态分为三类：①水平叶群，包括莲座期的白菜、甘蓝及芋、马铃薯等；②垂直叶群，包括洋葱、大葱、大蒜等；③混合叶群，如玉米、番茄、茄子等果菜类蔬菜也接近于这一类群。对于水平叶群，当太阳的高度越高时，直达叶面的光照越强，可以充分利用中午的阳光，而早晨和傍晚的利用率较低；垂直叶群则相反，当中午太阳的高度越高，直达的光照反而较弱，可以充分利用早晨及傍晚的阳光；而混合叶群，由于各种生长姿态的叶子都有，可以利用各种太阳高度的光能。许多蔬菜，如茄子的植株，近顶部的幼叶近于斜向生长，而基部的老叶近于水平生长，也是一种利用光能的混合姿态。叶的生长方向也是生态育种中值得重视的问题。

（二）叶面积与产量的形成　在一定范围内，叶面积与产量的关系是正的相关关系，增加叶面积是增加产量的基础。低的产量，往往是由于叶面积不足，或同化时间短的结果。不论是单叶面积或群体叶面积增长过程都呈 S 形曲线。

产量是以单位土地面积来计算的，叶面积也可以单位土地面积来计算，单位土地面积上的叶面积称为叶面积指数（leaf area index LAI）。

$$LAI = \frac{单位土地面积上的叶面积（m^2）}{单位土地面积（m^2）}$$

一个群体的栽植密度越大，叶面积指数的增加也越快，达到 LAI 最大值的时间也越早。稀植的群体，LAI 的增加较慢，达到最大值的时间也较迟。

一般的果菜如番茄、茄子等，LAI 值大都在 3～4 之间，而作为支架栽培的，可达到 5～6。在这个范围以内，LAI 值增加，产量也增加。但当 LAI 值增加到 2 或 3 以上时，由于叶子在植株的叶层（或称"冠层"）中相互遮荫，植株下层叶片处在较低的光强度下。因此，当 LAI 继续增加时，叶面积的平均光合生产率就会下降，所以，在一定的范围内，每一种蔬菜都有其各自适宜的 LAI 值。这个数值的大小除与作物生长习性及光合习性关系密切外，与栽培措施也有关系。一些蔓性的瓜类蔬菜，如冬瓜等，作为无支架栽培时，适宜的 LAI 值一般为 2，但作为有支架栽培时，可以达到 4～6。

影响叶面积增长的因素很多，主要的有光照强度、温度、水分、土壤肥力及栽培管理技术。一般喜温蔬菜，叶面积增长的适宜温度多在 25～30℃，而许多喜冷凉的蔬菜，叶片生长的适宜温度多在 20℃左右。光强度对叶片生长的影响，与温度不同，一般是光照减弱，叶片较薄而大些；光照增加，叶片较厚而单叶面积反而较小。氮肥充足，一般促进叶面积的增长。土壤水分充足，叶面积增长迅速。各种农业措施，都应加速叶面积的增长。但要获得高产，必须在生长前期，使叶面积迅速扩大，达到其适宜 LAI 后稳定下来，维持尽可能长的同化时期，以达到最大的叶面积"平方米—日"数，并处于适宜的生长季节，才能对增产发挥最好的作用。当然，随着叶面积增加，叶的呼吸作用亦增加，这也是 LAI 值达到一定数值以后，净同化率会逐渐降低的一个原因。

（三）净同化率与产量的形成　单位叶面积在一定时间内，由光合作用形成的干物质总量，减去呼吸作用消耗的干物量后所净剩的干物质量，叫做净同化率（NAR 或 Phn）。作物所合成的有机物质，一般有 20%～30% 或者更多一些消耗在呼吸作用上。

因为在一定时期内，干物生产量 $\left(\frac{dW}{dt}\right)$，是净同化率（NAR）与叶面积（L）的乘积。即：

$$\frac{dW}{dt} = NAR \times L$$

式中　W 为 t 时的干物的产量；L 为 t 时的全叶面积。

所以，净同化率 $NAR = \dfrac{1}{L} \cdot \dfrac{dW}{dt}$

科研中常以"天"为单位来测定所增加的干物重量，其计算公式为：

$$NAR = \frac{W_2 - W_1}{\frac{1}{2}(L_2 + L_1) \cdot (t_2 - t_1)} g/m^2/d$$

式中　L_1 及 L_2 为第 1 次及第 2 次测定时的叶面积（m^2）；W_1 及 W_2 分别为第 1 次及第 2 次测定时的干物重（g）；t_2 及 t_1 为第 1 次及第 2 次的测定时间（日）。

光合作用的时间增加，总生物产量（W）也就增加。晚熟品种的蔬菜产量比早熟品种高，就是因为具有较长的同化时间。中国华北及西北地区的黄瓜、番茄的产量高，主要因其生长期长，同化时间亦长，但就单位时间的干物质产量而言，各种蔬菜之间差异不会很大。一般每天每平方米叶面积为 $5 \sim 10g$ 干物质。在不良环境下，这个数值低些 $[3 \sim 4g/(m^2 \cdot d)]$，而在良好的条件下，这个数值可以高些 $[10 \sim 12g/(m^2 \cdot d)]$，但不会成倍地增加。所以在生产上，利用增加叶面积来增加产量是最基本的。但到产品器官形成时期，叶面积已达到一定的限度时，能够维持一定强度的同化率，使同化率不下降，也是影响产量的主要因素。

绝大部分蔬菜作物都是 C_3 植物，只有甜玉米、苋菜等属 C_4 植物，在温度较低而光照不太强的条件下，C_4 植物的高光合效率的潜力，也表现不出来。可见，创造良好的栽培环境对提高光合效率更为重要。

四、群体结构与产量形成

蔬菜作物的群体由单株所构成，但群体的结构并不是若干个体结构的相加，光能利用的方式、利用率和群体产量也不是简单的相加。因此，要获得高额的群体产量，必须有良好的群体结构。

由个体组成群体以后，最大的特点是对光强度的改变。群体中的个体植株，叶层相互遮荫，冠层往下群体内部的光照强度逐渐减弱，不同层次的叶片所接受的光强不同，对产量所起的作用也不同。叶面积愈大，遮荫的程度也愈大。据门司正三等（1953）的研究，一个群体的不同叶层光强的垂直分布，与叶面积指数（用 LAI 或 F 来表示）的关系，服从于"比尔—兰伯特"（Beer-Lambert）定律。即：

$$I_F = I_0 e^{-KF} \qquad \ln \frac{I_F}{I_0} = -KF$$

式中　F 为叶面积指数；K 为消光系数；I_0 为群体入射光强；I_F 为任一叶层的光强。

当种植密度尚小时，适当增加密植度，对于个体的生长，没有明显的影响，可以增加群体的产量。但如果进一步的增加密植度，由于群体的遮光过多，导致群体基部的光照不足，空气也不流通，就会大大降低基层叶的光合效率，群体产量反而下降。所以，增加密度对增产的效果是有限度的。

例如果菜类蔬菜（茄子、辣椒、番茄），当密植程度小时，单株结果数会增多，单株产量也会增加，但单位面积产量会低些；适当增加密度后，单位面积的株数增加了，单株的结果数及单果重可能会减少，但单位面积产量会有所提高；如果密度继续增加，以至所增加的株数的产量，不及单株所减少的产量，则单位面积的产量就会下降。应该看到，一个群体是在生长过程中不断发展的，在认识个体产量与群体产量的关系时，不但要了解一个群体结构的最后状态，而且要了解其发展的过程。因为决定总产量的不仅是最后的结构，而且与前期结构及其发展过程有密切关系。

由于各种蔬菜作物的生长习性与栽培技术差异很大，因而各种蔬菜作物的群体结构也差异很大。一个优良的群体结构，消光系数（K）要小，而叶面积指数（LAI）要大。按照蔬菜作物的生长习性及栽培方式的不同，大体上可以把这种关系分为四大类：

（一）**蔓性且搭架的蔬菜作物**　如黄瓜、番茄、豇豆等蔬菜，支架栽培与地面栽培比较，不但叶面积指数可以提高 1 倍左右，消光系数也明显降低，群体产量显著增加。搭架的黄瓜叶面积指数可达 6 或更多。

（二）**直立生长的蔬菜作物**　如番茄、茄子、辣椒等它们的叶面积指数大都在 3~4 之间，消光系数较小，如果进行整枝高架长季节栽培可能创造出更好的群体结构。

（三）**丛生叶状态的根菜类和叶菜类蔬菜**　如白菜、甘蓝、萝卜等，作为食用栽培时，有较矮的丛生叶，LAI 较小，而 K 值较大。如果与支架蔬菜作物间作，可以建立更好的复合群体结构。

（四）**蔓性而爬地生长的瓜类蔬菜**　如甜瓜、西瓜、南瓜以及部分冬瓜品种，露地生产大都不立支架，而在地面延伸栽培，它们的 LAI 较小，一般为 2 左右，而消光系数大。在集约化栽培条件下，特别是在保护地栽培中，将其进行吊蔓栽培可大大改善其结构，提高 LAI，降低 K 值。

在栽培上，必须了解不同蔬菜种类的生长习性及其群体结构的发展过程，按照栽培的要求，确定适宜的种植密度，才能达到高产、优质的目标。在中国蔬菜集约化栽培技术中，适当密植加上精细的管理是一项重要的增产措施。随着蔬菜产业化生产的发展，特别是对蔬菜长季节栽培的推广以及产品质量标准化的要求不断提高，蔬菜种植密度适当降低势在必行。尤其是为了适应机械化栽培的要求，扩大行距，适当缩小株距，栽培密度也会有所降低。值得注意的是，合理的群体结构的建立，不仅仅与种植密度有关，而且与栽培方式及栽培技术的合理应用关系密切。如合理的间作、套种方式，可以显著改善群体结构，提高光能利用率，在较小的面积上，得到较高的产量。植株调整，可以改善通风透光条件，减少不必要的养分消耗，并人为地控制营养生长与生殖生长的关系，有利于密植增产。在比较理想的蔬菜群体结构中，群体内的温度、湿度、光照、CO_2 浓度，以及风速等微气候条件都会处于较好的状态，而这些条件都是影响光合作用及干物质积累的重要因素。例如，如果风速小，空气不流通，则群体中的湿度大，温度高，而 CO_2 的含量相对的稀少，这对作物的光合作用及物质积累都不利。有一定的风速，除了改善群体内的温度、湿度状况外，还可以加大 CO_2 从叶层空间向气孔的扩散，降低扩散阻力（r）。一般以风速为 2m/s 为宜。

所以，要获得产品器官的高产，必须建立良好的群体结构。从生理角度看，首先要保证植株健壮生长，有较大的叶面积及光合率，同时，良好的通风、透光条件也是重要而不可忽视的方面。

第五节　蔬菜产品质量及影响因素

一、蔬菜产品质量的概念

现在栽培与食用的蔬菜作物都是经过长期的自然与人工选择、改进及创造出的一类富于营养的食品。蔬菜作物的质量，也就是蔬菜作物产品的品质应指该类食品能够满足人们需要的产品特征和特性的总称（欧洲质量管理组织 EOQC，1976），即指由产品外观和众多的内在因素构成的综合性状。具体地说，蔬菜产品品质包括：产品外观特征、质地特征、产品风味和产品清洁度。其外观特征包括产品的色泽、大小、形状、群体整齐度；质地特性包括产品的硬度、脆度、致密度、韧性、弹性、纤维感、粉质感、黏稠度、汁液率等；产品风味是由产品中化学成分的种类、多少以及组合方式构成的味感性状；产品的清洁度则是对产品受污染程度的标志。其实，从蔬菜作物产品品质本身来看，与产品污染并无必然的内在联系，因为蔬菜污染是由于污染了的环境对蔬菜作物强加的质量破坏，即将蔬菜作物本身并不具有的有毒有害物质强加于产品。但是，从环境保护的角度来看，特别是在当今环境污染较重的情况下，在蔬菜作物产品品质的评价中 还必须重视污染这个重要方面。参见本书第八章。

排除产品污染的问题，可以说，蔬菜作物产品的质量一方面是指通过人们的视觉、嗅觉、味觉、触觉等感知的直观的综合感观品质；另一方面，是指产品内所包含的对人体健康有益的营养物质的特性。前者通称为产品的商品质量，后者通称为产品的营养品质。虽然在产品质量鉴定时，可以将二者分别评价，例如，产品是否存在畸形果、裂球、歧根、病斑、虫孔、机械损伤、异味等缺陷及其程度；人们所需的六大营养素，特别是其他食品中比较缺乏的维生素、矿物盐、食用纤维素的含量等。但良好的蔬菜产品质量，其外观品质与内涵品质即营养品质应当是统一的。

蔬菜是人民生活中不可缺少的一类具有保健营养价值的副食品，其产品质量必然会引起消费者的极大关注。当前，中国蔬菜产销已发展到供需基本平衡或有时产大于销的买方市场时期，特别是中国已经加入 WTO，蔬菜产品逐渐进入国际市场，蔬菜质量问题越来越成为蔬菜产业发展和出口的"瓶颈"问题，必须引起足够的重视。影响蔬菜产品品质的因素很多，其生理变化也较复杂，这里仅就与环境及栽培关系密切的几个主要质量问题，分析其影响因素及其生理变化。

二、影响蔬菜商品质量的因素

蔬菜商品质量不高是当前亟待解决的产品质量问题之一。除了品种与采后处理等各环节外，蔬菜商品质量与栽培技术关系很大。为了提高蔬菜商品质量，应在栽培技术上加以改进。

（一）克服生理障碍，提高蔬菜商品率　不良的栽培措施和恶劣的环境条件直接影响蔬菜作物正常的生长发育，从而造成蔬菜作物食用器官的劣变，甚至失去商品价值。因此，克服蔬菜作物的生理障碍并采用科学合理的栽培技术将有利于提高蔬菜作物的商品质量和商品率。

1. 番茄　在果实膨大时期，可以看到各种生理障碍果实，例如，番茄多心室畸形果的形成与苗期低温与多肥有关；脐腐果的发生往往与果实膨大时土壤干燥、过湿、氮素浓度过高等影响钙的正常吸收和运输有关；空洞果与植株的营养状况及营养分配等因素有关等。应在栽培过程中针对上述生理障碍产生的原因采取相应的技术措施加以克服。

2. 黄瓜　黄瓜的瓜形受植株的生长势、营养分配以及水分状况的影响很大，并与栽培环境有密切关系。例如，弯形瓜主要是由于植株生长势弱，干物质生产少，果实间相互的营养竞争所造成；如环境条件剧烈变化，往果实输送的营养物质及水分急剧减少和不协调的水分供给，也会出现各种畸形瓜。

3. 萝卜　在苗期低温、干燥、多肥条件下，叶面积小，叶柄短，叶色深，萝卜苗生长受到抑制，这种幼苗到莲座期时往往生长也不正常，由上俯视叶片展开不呈圆形，容易产生歧根、短根（肉质直根短）。

4. 胡萝卜　根肩部露出地表见到阳光后变成褐色，进而变成绿色，肉质根品质变劣，应在早期进行培土。土壤条件不好也易造成肉质直根分叉或变形。

5. 花椰菜　花芽分化前生长正常，分化后遇高温气候，植株会从生殖生长逆转为营养生长，在花球中长出小叶，形成多叶花球，形似"毛球"；而在低温下却又易产生"粒面"（部分花蕾发育长大）花球。

6. 洋葱　在鳞茎膨大后期，由于氮肥过多等原因而贪青徒长，不仅产量降低，且鳞茎变形，影响产品质量。

7. 芹菜　芹菜对硼的要求比较严格，多肥、干燥而又缺硼时，不仅会长出"肉刺"，发生龟裂，且容易出现心腐病。

列举这些例子的目的是要说明：①蔬菜作物生理障碍是影响蔬菜产品品质的主要因素，防止蔬菜作物各种生理障碍的发生与发展不仅关系其产量，更重要是为了提高蔬菜产品的质量；②蔬菜作物生理障碍产生的基本原因是不良生态环境，但环境中各生态要素与生理障碍的关系错综复杂，并非简单的相对应的关系，必须以生态学为指导开展深入细致的基础研究工作，摸清规律，才能得到有效的防止；③蔬菜生产从以高产为中心转向高产、优质并重，对栽培技术及栽培环境的要求更为严格，而且高产与优质两方面所要求的条件不一定完全一致，这就更增加了环境调控与技术掌握的难度，完全搬

用蔬菜高产的经验不一定对提高产品品质有利。例如，适当加大栽培密度可以提高果菜单位面积产量，但平均单果重与果实的整齐度往往会降低。

（二）改进栽培技术，提高蔬菜质量 严格地说，每一个栽培技术环节都与蔬菜产品质量有关，但从当前中国蔬菜栽培的实际情况出发，在以产量为中心向产量、质量并重转变过程中，应注意以下10个方面需要改进的栽培技术问题。

1. 栽培地区与栽培季节问题 一般来说，在适于某种蔬菜生长的地区和季节栽培，不仅产量较高，且产品质量也较好，这是提高蔬菜产品质量的重要而有效的途径之一。从产业化生产的角度，应提倡"适地适种"和"适时适种"。逆生态区栽培或反季节栽培也可能成功，但技术上难度较大，必须在品种、设施及栽培技术上加以优化与配套，才有可能保证其高产及优质。产品品质不佳的逆生态区栽培与反季节栽培都不能称为成功的栽培。

2. 栽培方式问题 在栽培方式的选择上应克服盲目性，增强竞争力。不仅要考虑到生产成本、市场需求与效益，同时也应注意到不同栽培方式对蔬菜品质的影响。例如，露地栽培的果菜，一般在色泽、风味及维生素C含量上均优于温室栽培，如果想要在冬季进行温室果菜的成功栽培，必须创造较完善的设施条件，采用相应的优化技术，以保证产量及产品质量的提高。

3. 育苗技术问题 育苗是蔬菜作物栽培中技术含量较高的重要环节之一。培育适龄幼苗，适当缩短育苗期，改善育苗的光照条件及基质的通气条件，供给足够而平衡的苗期营养，保证幼苗生长所需的适宜温度及水分是培育壮苗，防止幼苗徒长及老化的基本条件，也是提高蔬菜作物产量及产品质量的重要基础。劣质苗对产量及产品质量有明显的影响，即使直观上看生长发育正常的幼苗，也会由于某些不良环境的影响而降低产品质量。例如，对番茄幼苗氮素施用量过大，特别同时温度过低，很易产生多心皮畸形果；钾素不足易诱发筋腐果的发生等。

4. 种植密度问题 在一定的范围内，随着种植密度的加大，单位面积产量有所提高。密度增高到一定程度后，再增加密度，产量还可能有所上升，但产品质量逐渐下降，绿叶菜类蔬菜单株纤细瘦弱、果菜类蔬菜果实变小、根菜类蔬菜肉质根变细等。获得最高产量的密度一般要大于得到最优质产品的密度。所谓合理密植就是指兼顾二者的适宜密度。鉴于目前蔬菜种植密度是侧重于产量而确定的，为进一步提高蔬菜产品质量，应依据不同蔬菜作物的种类（品种）、栽培方式、栽培时期特别是产品质量要求确定合理的种植密度。

5. 植株调整问题 无论从提高果菜的产量还是从改善品质来看，合理的植株调整都是非常必要的。但目前在果菜，特别是茄果类蔬菜的植株调整上，侧重注意产量的提高，对果实质量考虑不足，应在整枝方式、留果数量、架式等各方面进行进一步研究，使果实生长均匀，减少等外果与劣质果，提高商品率，必要时，宁可产量稍受影响，也要尽可能提高优质果百分率。

6. 平衡施肥问题 蔬菜营养与产品质量的关系密切。目前蔬菜生产中忽视有机肥及偏施氮肥等问题不仅导致菜田土壤肥力下降及产量的降低，且蔬菜作物的产品质量已经受到明显的影响。例如，在氮肥过剩的菜田栽培萝卜易出现糠心问题；土壤酸化条件下极易发生蔬菜作物的缺钙症，也易发生锰过剩的危害等。对这样一个重要问题，中国在相关研究上还比较薄弱，甚至在有的方面还是空白。应加强研究，尽快推广测土平衡施肥技术。

7. 灌溉技术问题 对于含水量很高的蔬菜作物来说，灌溉的重要性不言而喻，当前生产上的主要问题是灌溉不及时、灌溉不适时、灌溉量掌握不好及灌溉方法比较单一。其结果，产量降低，产品质量下降。例如，由中国南方及国外引入北方的一些蔬菜如小油菜（白菜）、菜薹、薤菜、紫菜薹、芥蓝等蔬菜，栽培后往往品质较差，主要原因是由于空气湿度较低，较易老化。如能改变灌溉方法，采用喷灌，灌溉效果会更好。另外，也有报道，与沟灌比较，喷灌条件下生产的鲜食与加工用菜豆维生素C含量较高，但沟灌的豆荚色深，加工时盐水浊度较低，重量消耗较小，从全面衡量，加工用菜豆还是以沟灌品质为好。

8. 病虫害的生物防治问题　严格地说，植物病害只能预防（群体保健），无法治疗，如不立足于预防，只能事倍功半，甚至前功尽弃。而目前生产上多数是无病不防，有病才打药，很多属于无效防治。应该说生物防治病虫害的措施并不少，而且相当一部分已经应用于生产，并获得明显的效果，关键是根据不同蔬菜作物种类及其栽培特点制定出有效的综合技术措施并认真执行，特别是一些关键性的预防措施必须到位（无论是否发生病虫害），才能确保基本产量及产品质量不受太大的影响。当然，其中还有不少问题如抗病品种的选育与利用、合理轮作、土壤消毒、诱导抗病、营养免疫等需要进一步研究，防治技术的应用仍须加强指导，结合采用低残留施药方法，适当应用低毒、高效的化学农药，这样，以生物防治为主的病虫害防治体系完全可以建立并获得良好的效果。

9. 采收期问题　蔬菜作物采收期与产品品质关系密切。一般来说，适宜的采收期大都比较明确。问题在于有时在采收期问题上产量与质量是有矛盾的。应该制定出产品质量及分等的标准，以便正确处理好这一矛盾，引导蔬菜产品质量的提高，这尤其对一些技术性较强、以成熟度作为采收标准的蔬菜作物更为重要。

10. 采后处理问题　从提高蔬菜作物产品质量的角度来认识蔬菜采后处理是最恰当不过的，因为没有经过采后处理的蔬菜作物栽培便称不上是商品性生产，而不考虑采后处理的要求而进行的栽培往往带有盲目性。采后处理的要求必然会起到推动生产向优质方向发展的作用。中国当前的问题是蔬菜采后处理系统仍未很好地建立起来，对蔬菜的优质生产拉动力不大，不解决好这个问题，优质生产仍然难以实现。

三、提高蔬菜营养品质

　　蔬菜之所以成为人民生活不可缺少的重要副食品，不仅是为了佐餐的需要，更重要的是因为蔬菜含有人体所必需的营养成分，特别是其他食品缺少或含量不足的主要营养素如多种矿物盐（主要指钙、铁等元素）、维生素（主要指胡萝卜素——维生素 A 源、维生素 C 等）、食用纤维及植物性蛋白等。因此，提高蔬菜营养品质及营养供给对人体保健有着极其重要的意义。可采取多种途径来提高蔬菜的营养品质。主要有：

　　（一）进一步重视豆类蔬菜及绿叶菜类蔬菜　按每千克体重日需蛋白质 1.2g 标准计算，中国人均蛋白质的摄取量仍存在较大差距，在供给的蛋白质总量中，动物性蛋白只占 25%～30%，在动物性蛋白供给不足的情况下，补充一些植物性蛋白就显得更为重要。在蔬菜作物中，豆类蔬菜的蛋白质含量比一般蔬菜高 2～10 倍。各种蔬菜都含有人体所需的营养成分，都有一定的营养价值，但从总体上，特别是从上述的主要营养素来看，叶菜，特别指绿叶菜类蔬菜，确属一类极富营养的蔬菜。应该看到，在中国不少地区，特别是北方广大地区仍达不到绿叶菜类蔬菜周年供应的程度，因为这类蔬菜不耐运输，主要依靠当地或就近供给，因而增加了周年供应的难度。例如，在中国东北地区夏季蔬菜生产旺季阶段，市场上几乎很少见到这类蔬菜，其他时期这类蔬菜的种类也不多。这就需要从多样化引进适于不同季节栽培的种类（品种）或培育新品种、推广应用优质栽培技术以及市场引导等方面做大量的工作，逐步加以解决。绿叶菜类蔬菜的反季节栽培值得重视，因为这是解决当地供给的主要途径。其实，和果菜相比，这类蔬菜的反季节栽培的难度要小得多，适当改变栽培的生态环境就能够栽培出质量很好的产品。

　　（二）高营养品质蔬菜资源的利用　蔬菜的各种营养素的含量不仅种类间差异很大，有的在品种间也有明显差异。通过利用高营养品质的种质资源进行品质育种，可以在改进蔬菜商品质量的同时改变与提高其风味及内含营养成分。例如，一般番茄品种每 100g 鲜果中维生素 C 含量为 10～25mg，β-胡萝卜素含量为 4～10mg，通过育种途径已经选育出分别达到 60～65mg 及 18.6mg 的品种。目前，在中国对蔬菜品质育种还重视不够，一方面是受经济发展及人民生活水平的制约；另一方面，蔬

菜品质育种的基础研究工作也才刚刚起步，还有待于进一步发展与提高。当前，在与品质有关的蔬菜育种中，还应重视抗污染品种的培育，如低硝酸盐富集的绿叶菜品种的选育等。

野生蔬菜一般含有丰富的蛋白质、糖、维生素、无机盐及食用纤维等，其中有的营养素含量大大高于一般栽培的蔬菜。如龙芽草的胡萝卜素含量比胡萝卜高7～8倍；紫花地丁的维生素C含量比高含量的辣椒品种还高1倍以上；苦苣菜、野苋菜、蒿蓄、龙须菜等野菜的蛋白质含量均在其干重的20％以上，有的野菜如紫苜蓿所含的蛋白质中赖氨酸含量比大米、面粉还高1倍左右。另外，不少野菜还具有保健与药用价值。中国野菜资源丰富，应在可持续发展的生态学原则指导下，利用现代科技进行有序的开发与利用。

（三）改善栽培环境，改进栽培技术　蔬菜的营养素含量，一方面受遗传性的控制，同时也很易受环境的影响，特别是维生素类物质的含量，受环境、栽培的影响更大。例如，番茄果实发育的中、后期曝光的比遮荫的维生素C的含量要高得多；同理，叶子覆盖繁密的番茄品种的维生素C含量比叶子覆盖稀疏的品种要低得多；如果前者在果实充分成熟前10d除去全部叶片，维生素C含量也会明显降低，但如在果实周围保留两片叶片，即可阻止其含量的下降。可见，外在条件（光照）与内在条件（叶片）对番茄果实维生素C含量有着明显的综合作用。黄瓜也是一样，在通风透光良好、群体受光均匀的条件下果实的维生素C含量较高，相反，含量降低，但这种反应在品种间差异较大，维生素C含量高的品种受其影响较大（李幸平、曹小芝，1992）。氮肥用量增加，可使番茄果实的维生素C含量降低。栽培地区不同，由于生态条件的差异，维生素C含量也有明显差异。如美国各州之间马铃薯各品种的维生素C含量相对差异是一致的，但相同品种的绝对值可相差1倍以上。

栽培方式及栽培技术对蔬菜风味品质的影响往往很明显。例如，温室基质栽培的黄瓜，由于养分供给充足而平衡，与一般土培的黄瓜果实比较，可溶性糖及蛋白质的含量较高，特别是游离氨基酸的含量相当丰富，风味较佳（李幸平等，1992）。芦笋的栽培方法与产品内营养物质含量有关，未进行培土的绿色芦笋与培土软化栽培的白色芦笋比较，胡萝卜素的含量可高达20倍。软化栽培的韭黄也是一样，维生素的含量只有一般栽培（韭菜）的1/3左右。露地栽培的黄瓜，其胡萝卜素与维生素C的含量比温室栽培的要高1倍左右。

增加蔬菜的营养素含量是提高蔬菜品质的长远而具体的目标，也是蔬菜品质与环境及栽培关系中较为复杂的一篇"大文章"，必须在蔬菜品质育种及优质栽培的基础性研究中做大量的工作，摸清规律，逐步提高。当前，有几方面工作可以开展：①结合风味品质的改进提高营养品质。风味是蔬菜质量的重要因素，对于一些蔬菜，在改进风味品质的同时也就提高了营养成分。最典型的例子是西瓜、甜瓜一类作物，含糖量的高低已经成为品质评价的基本标准。很多蔬菜食用时并无甜味，实际上都或多或少存在一些甜味物质，如番茄、甜椒、大白菜、萝卜、洋葱等，提高这些蔬菜含糖量的同时也就改进了品质。核苷酸、氨基酸、酰胺等物质广泛存在于蔬菜作物可食部分，它们各自或互相结合呈现"鲜味"，如竹笋的鲜味与天门冬氨酸钠的存在有关。蔬菜的鲜味增加，是氨基酸一类营养物质含量提高的结果。②蔬菜作物对一些元素奢侈吸收的利用。早已证明，蔬菜作物具有在生长过程中对一些元素过多的无效吸收的特性。可以利用这种特性，人为地创造促进吸收的条件，使其大量吸收人体需要的或某种疾病患者特需的元素如硒、锌、磷、钙等，以改善蔬菜的营养品质，增强蔬菜的保健功能。③加强蔬菜营养生物学的研究。正如上述，蔬菜中所含的营养物质受环境的变化而改变，为了生产出高营养品质的蔬菜，除了注意品种的选择外，栽培技术是否正确与到位起着关键作用，否则，再好的品种也难以生产出优质的蔬菜产品。关于蔬菜营养生物学的研究，国内外都有一些报道，但很不系统，有不少问题的规律还不清楚，特别在高产与优质的生物学关系中还有不少问题处于"黑箱"状态，更谈不上如何处理好二者的关系。例如，土壤营养对蔬菜营养品质的影响仍有待于进一步研究等。

（葛晓光）

（本章主编：葛晓光）

◇ **主要参考文献**

［1］葛晓光．蔬菜生态学．北京：中国农业出版社，1996

［2］山东农业大学等．蔬菜栽培学总论．北京：中国农业出版社，2000

［3］李家文．中国的白菜．北京：农业出版社，1983

［4］日本农山渔村文化协会（北京农业大学译）．蔬菜生物生理学基础．北京：农业出版社，1985

［5］葛晓光等．蔬菜营养液育苗的研究——不同育苗条件下番茄生育规律及其变化．园艺学报，1982（3）：37～43

［6］周宝利，葛晓光．沈阳市东陵区菜田生态系统功能的初步研究．见：中国园艺学会．中国园艺学会成立 60 周年纪念暨第六届年会论文集．蔬菜．北京：万国学术出版社，1990

［7］加藤撤．タマネギの球の形成肥大ぉよぴ休眠に关する生理学研究．园艺学会杂志，1964（3）：81～89，1965（1）：53～61，1966（2）：51～57

［8］中村英司．エンドゥの分枝性に关する研究．园艺学会杂志，1963（3）：57～62

［9］J. R. Stansell. Effect of irrigation regime on yield and water use of snap bean . J. Amer. soc. Hort. Sci. ，1980（6）：869～873

［10］D. G. Ortega. Water stress effect on picking cucumber. J. Amer. soc. Hort. Sci. ，1982（3）：409～412

［11］Bleasdale，J. K. A. Plant physiology in relation to horticulture. U. S. A. ：AVI Pub. CO. Connectcut. 1977

［12］张振贤等．蔬菜栽培学．北京：中国农业大学出版社，2003

第六章

蔬菜的播种与育苗

精耕细作是中国蔬菜栽培的主要特点之一，并贯穿于播种和育苗这两个重要环节。

蔬菜播种是指将经过选择和处理的繁殖材料（播种材料），播栽于土壤或其他基质的全部作业过程及其操作技术。播种要适时，要注意保证播种质量，才能使幼苗出土后苗全、苗齐、苗壮，并为以后的生长发育打下良好基础。

蔬菜育苗则是指移栽的蔬菜在苗床中从播种（扦插）到成苗移栽的全部培育过程，为幼苗创造良好条件，并便于育苗管理和培育壮苗。蔬菜育苗主要是为了提早播种、延长生育期或充分利用土地、缩短蔬菜在大田的占地时间，从而使蔬菜达到提早上市、提高产量以及合理安排茬口、延长产品供应期的目的，因而育苗也是蔬菜获得早熟、丰产和高效益的一个关键栽培技术环节。

蔬菜的种植方式有直播和育苗移栽之分。直播是指将种子或其他繁殖材料直接播栽于大田（本田），一般多用于生育期较短、栽培密度较大、根系再生能力较差、种子价格较低廉的蔬菜作物或根茎类无性繁殖蔬菜。育苗移栽则先在另建苗床中播种育苗，然后将蔬菜幼苗定植于大田（本田）。

但是，育苗移栽在一定程度上会破坏根系并使根系的吸收力减弱；育苗移栽后的秧苗生长环境的较大变化，是移栽后缓苗期长短或造成死苗的主要原因。而直播蔬菜秧苗则在昼夜温度激烈变化下受到锻炼，根系发育较强壮，耐低温及抗倒伏力较强。与直播相比，蔬菜育苗虽用种量较少，但一般需要较多的劳力，以进行细致的管理；保护地育苗不仅技术性强，而且需要一定的设备和投资，用工量和成本相对较高，因此必须注意育苗的经营管理，以充分利用育苗设备，降低育苗成本，培育出健壮秧苗。蔬菜育苗和直播作为两种种植方式，各有利弊，在蔬菜生产实践中，生产者究竟采用何种种植方式，则应根据不同的蔬菜种类、不同的气候特点以及不同的生产要求和种植习惯等条件，因地制宜地进行选择。

第一节　中国蔬菜育苗概况

（一）中国蔬菜育苗的发展概况　育苗是中国蔬菜栽培的主要技术特点之一。中国蔬菜育苗历史悠久。南北朝后魏·贾思勰《齐民要术》（6世纪30年代或稍后）中即有关于茄子育苗移植的叙述："著四五叶，雨时，合泥移栽之。若旱无雨，浇水令彻泽，夜栽之。白日以席盖，勿令见日"。随着保护地设施技术的发展，中国蔬菜育苗的方式逐渐由露地育苗向保护地育苗发展。古代中国北方培育瓜类蔬菜芽苗时，将种子播于盛有土和腐熟农家肥的瓦罐或苗盘中，夜间把它们放在室内温暖处，白天移至阳光下；或把瓦罐放于室外的粪堆中，依靠酿热催芽。以后逐渐采用了简易的冷床（掘土坑，夜间盖以草帘等）育苗或油纸棚覆盖育苗。随着商品蔬菜生产的发展，大约在20世纪20年代，在北部和中部的大城市郊区，建成了少数玻璃温室、玻璃窗冷床和温床等保护地设施，并开始用于蔬菜育苗，以供早熟栽培用。从 20 世纪 50 年代开始，上述形式的蔬菜保护地育苗在中国迅速发展，对蔬菜的早熟和增产发挥了很大的作用。20 世纪 60 年代以后，又大量发展塑料小棚育苗，接着又逐渐采用塑料中棚或塑料大棚等育苗方式，或者以塑料薄膜代替玻璃覆盖的冷床或温室育苗。特别是进入 20 世纪 90 年代以后，中国节能日光温室结构性能研究取得重大进展，塑料大、中棚、温室构架进入商品化生产，从而使日光温室、塑料大、中棚等保护地育苗迅猛发展，并逐渐成为蔬菜育苗的主要设施。同时育苗的技术体系也在不断完善，20 世纪 70 年代末，中国农业科学院蔬菜研究所等单位研究了蔬菜控温快速育苗的配套技术与设施，在一些城市郊区推广应用了电热加温温床蔬菜育苗。此后，为提高育苗质量，获得蔬菜早熟、高产，生产上开始发展护根育苗，并使营养土方、育苗钵等育苗方法逐步代替了传统的挖土坨移栽方法。20 世纪 80 年代中期北京市农林科学院蔬菜研究中心从国外系统地引进了蔬菜工厂化穴盘育苗技术，同时北京市在京郊花乡、四季青等地建起了蔬菜工厂化穴盘育苗生产场，并于 1987 年后陆续投产。育苗场从美国引进的设备主要是穴盘育苗精量播种生产线、种子丸粒化加工设备等。花乡育苗场投入生产后，商品蔬菜幼苗生产量不断增加，1990—1993 年商品菜苗销售量已稳定在每年 800 万株，它的成功运作，展示了中国蔬菜幼苗专业化、机械化和商品化生产发展的广阔前景。"八五"、"九五"期间农业部和科技部都先后把穴盘育苗研究列了了国家重点科研项目。据不完全统计，"八五"期间，由农业部和地方政府投资建起的穴盘育苗场就有 20 多家，"九五"期间增加到近 40 家。随着保护地生产的迅猛发展和蔬菜栽培技术的不断提高，蔬菜育苗技术也随之不断革新，工厂化育苗、嫁接育苗、组织培养育苗等育苗新技术的研究和推广也取得了较大的进展。

（二）中国蔬菜育苗的特点 中国蔬菜种植茬口安排很紧凑，复种指数高，例如华北南部一般大于 2，长江以南达到 3 以上，全国平均也超过 2，这促使 2/3 以上的蔬菜采用育苗移栽，再加上中国蔬菜种植面积大、消费量高、种类品种多、栽培密度大，因此全国蔬菜用苗量相当可观，据粗略估算全国蔬菜年用苗量约在 4 000 亿株以上。从蔬菜种类看，主要蔬菜作物中，瓜类、茄果类、甘蓝类、葱类蔬菜以及叶类菜中的芹菜、莴苣等大多采用育苗移栽。由此可见，中国蔬菜商品幼苗业有着巨大的潜在市场和发展空间，并具有下列特点：

1. 育苗历史悠久、经验丰富 中国蔬菜育苗历史悠久、经验丰富，尤其是保护地育苗，管理精细，已累积了一整套因地制宜地的有效技术措施。例如，浇足底水后播种、分期覆土保墒、适期分苗、苗期"二高二低"变温管理、定植前幼苗低温锻炼，以及根据天气变化等情况，用温度和水分管理调控幼苗生长等，从而形成了适合于中国国情的保护地蔬菜育苗管理特色。

2. 育苗方式多 中国幅员广大，不同地区或不同季节的气候条件差异大，而各地生产条件、生产要求又各不相同，加之蔬菜种类又多，因此中国蔬菜的育苗方式多种多样。例如，按照育苗是否应用保护措施，可分为保护地育苗和露地育苗两类。保护地育苗又可分为保温育苗、加温育苗和降温、遮荫育苗等。按照育苗是否采用护根措施，还可分为床土育苗、容器育苗（包括各种营养钵）和营养土方育苗等。按照育苗所采取的特殊技术措施，又有穴盘育苗、嫁接育苗、无土育苗、扦插育苗和组织培养育苗等。

3. 对设施和能源的利用率较高 在低温季节进行蔬菜保护地育苗时，多以充分利用日光能源、酿热源和保温育苗为主。如采用电热苗床等加温育苗，则多以较小的面积培育小苗，以节约能源，然后再分苗扩大，转入利用日光能源进行保温育苗。此外苗床的利用率也较高。

4. 育苗分散、费工，专业化程度低 除集体经营的园艺场外，目前中国各地菜区所用蔬菜幼苗，一般多以农户为单位，自育自用，通常是将育苗和成株种植安排在同一温室或塑料棚内，幼苗很容易感染病虫害，少有产业化、规模经营的专业育苗场。由于育苗分散、不成规模、设施条件有限、种类和品种又多，操作管理以手工作业为主，因此所费劳力较多。例如，根据沈阳市的统计，育 1hm² 栽培面积所需的的番茄苗，需 300 个工时左右，约占番茄栽培总用工量的 1/5；育 1hm² 栽培面积所需

的黄瓜苗，需 150 个工时左右，约占黄瓜栽培总用工量的 1/10。

（三）中国不同地区蔬菜育苗的方式

1. 东北和西北地区 春季露地早熟栽培或保护地栽培的果菜类蔬菜，采用加温温室或日光温室电热线加温育苗；耐寒或半耐寒蔬菜（例如甘蓝、芹菜、洋葱等），通常在日光温室中播种，在塑料拱棚中分苗。

2. 华北和中原地区 春季露地早熟栽培的果菜类、甘蓝类、芹菜等蔬菜曾经主要利用阳畦播种育苗，并在阳畦或"改良阳畦"中分苗，少数在日光温室（可辅助加温）中播种育苗；保护地栽培的果菜类蔬菜，一般在加温温室中播种和分苗，近年主要采用日光温室和塑料拱棚育苗。该地区晚春早夏茬口可于露地进行蔬菜育苗；越夏茬和秋茬蔬菜育苗一般须用遮阳、降温育苗设备育苗。

3. 长江流域 该区冬季及春季的温度虽较上述两地区高，但其时多阴雨或雨雪天气，光照较弱。一般春季露地早熟栽培或塑料小棚早熟栽培的果菜类蔬菜多采用冷床播种育苗，但严寒季节仍以采用温床或温室播种育苗为主。该地区已广泛应用塑料小棚育苗，塑料中棚育苗发展也较快。春季露地早熟栽培的甘蓝和花椰菜，一般在塑料棚中播种越冬。该地区几乎四季都可进行露地蔬菜育苗，春季露地育苗的蔬菜有：慈姑、荸荠、部分瓜类和茄果类蔬菜等；初冬露地育苗的蔬菜有：白菜、莴笋等；夏季和早秋露地栽培要采取遮阳网、防虫网育苗，并注意排水防涝。

4. 华南地区 该地区冬季一般仅有轻霜。春季露地早熟栽培的果菜类蔬菜，也采用塑料小棚育苗，但仍以露地育苗为主，仅于寒潮来临时在苗床上盖"草片"（用稻草编成的片状覆盖物）等防寒。该区夏季的温度较高，又多阵雨，此时叶类菜育苗需设置遮荫棚或防雨棚。除了最炎热的时期叶类菜育苗较困难以外，该地区一年四季都可采用露地育苗。

5. 青藏高原地区 主要进行温室育苗，很少采用露地育苗。

随着蔬菜生产集约化、标准化、设施化水平的不断提高，对蔬菜种苗的质量和供应时间将不断提出新的要求；而生物技术、工业和工程技术、信息化管理技术的发展，则使蔬菜育苗的技术也将随之不断改进和创新。先进的育苗方式则是实现蔬菜安全生产、并获得优质高产的重要保证。因此，对于今后蔬菜育苗技术及设施的发展，仍将是蔬菜工作者最关心的热点问题之一。

第二节 蔬菜种子与种子质量

一、蔬菜种子

种子是蔬菜生产的基础，优良的种子是获得蔬菜高产、优质的前提。

（一）蔬菜的种子 蔬菜作物的种类很多，从蔬菜栽培的角度上看，所谓的种子其含义较广，概括地说，凡是在蔬菜作物栽培上用作播种材料的任何器官、组织等，都可称为种子。用于蔬菜栽培的种子包括以下五类：

1. 植物学意义上的种子 由胚珠发育而成。种子由胚、胚乳和种皮构成。胚由雌雄配子受精后形成的合子发育而成，是一个极幼小的幼苗的雏体，由子叶、胚轴、胚根和胚芽组成，在适宜的条件下发芽生长。胚乳由受精核发育而成，在胚乳的发育过程中，有些作物的胚乳成为种子营养物质的贮藏组织，这类种子称作有胚乳种子，如百合科的葱、韭类蔬菜，茄科的番茄、茄子、辣椒，伞形科的胡萝卜、芹菜、芫荽等。有的胚乳被胚吸收而解体，胚吸收了胚乳的营养而使子叶肥大，这类种子被称作无胚乳种子，如十字花科的白菜、甘蓝、萝卜、芥菜，葫芦科的各种瓜类，豆科的豆类蔬菜等。种皮由胚珠的珠被发育而成，珠被为发育早期的种子提供营养，成熟后变成种子的保护结构。种皮的颜色和结构是种子分类和鉴别的重要性状。种皮的组织、结构对种子的干燥、休眠、寿命、发芽有重要影响。

2. 属于果实的蔬菜种子 由胚珠和子房构成，"种皮"是由子房形成的果皮，真正的种皮或成薄膜状，如芹菜、菠菜种子等，或被挤压破碎黏于果皮的内壁，如莴苣种子等。

3. 营养器官 如马铃薯的块茎、荸荠和慈姑的球茎、姜的根茎、大蒜的鳞茎等。

4. 菌丝体 如蘑菇、木耳等的菌丝体。

5. 人工种子 也称合成种子、无性种子。即以人工制作手段，将植物离体细胞产生的胚状体或其他组织、器官等包裹在一层高分子物质组成的胶囊种皮内所形成的种子，具有类似植物自然种子的功能。由于人工种子并非由胚珠发育而成，一般只包含由体细胞经组织培养诱导形成的胚状体等，故在结构上缺少种被和胚乳。但人工种子表面的胶囊，不仅可起到自然种子种被的保护作用和胚乳贮藏、供应各种养分的作用，而且还可在胶囊中掺入各种微生物、农药、生长调节物质等，使其具有自然种子所不具备的功能。

种子的形态是鉴别蔬菜种类、判断种子质量的重要依据。蔬菜种子的形态特征包括：种子的外形、大小、色泽、表面光洁度、沟、毛、毛刺、棱、网纹、蜡质、突起物等。有的蔬菜种子的形态特征较为特殊，可以比较容易地和其他蔬菜区分，如茄果类蔬菜的种子都为肾形，其中茄子的种子种皮光滑，辣椒种子厚薄不均，番茄种子的种皮则附着银色毛刺；再如白菜和甘蓝的种子外形、色泽、大小相近，但甘蓝种子球面有双沟，而白菜为单沟。不同蔬菜种子的形态与结构有很大的差异（图6-1）。

蔬菜种子的化学成分主要是水分、糖类（主要为淀粉）、脂肪、蛋白质和其他含氮物质等。蔬菜的种类不同，种子的化学成分也有很大差异。例如，白菜、甘蓝、萝卜、莴苣的种子中含有大量的油脂；黄瓜、南瓜、西瓜的种子含有丰富的油脂和蛋白质；菠菜、甜玉米的种子含有大量的淀粉；蚕豆、豌豆、菜豆的种子淀粉和蛋白质很丰富。种子的化学成分与种子的生理特性、耐藏性和种子的萌发、幼苗的生长息息相关。

（二）种子的寿命 蔬菜种子是有生命的活体，因此也有寿命。个体种子的寿命是指种子在一定的环境条件下，能保持生活力的期限。该种子群体的寿命是指从种子收获到种子群体有50%左右个体丧失生活力所经历的时间。蔬菜种子寿命的长短，首先取决于本身的遗传特性，以及种子个体的生理成熟度、种子的结构、化学成分等因素，同时也受到贮藏环境条件的影响。在自然贮藏条件下，不同蔬菜种子的寿命有很大的差异（表6-1）。如能合理调节种子贮藏的条件、改善贮藏方法，则可以显著地延长种子的寿命。

表6-1 一般贮藏条件下蔬菜种子的寿命和使用年限

（引自：《蔬菜栽培学总论》，1979）

蔬菜名称	寿 命	使用年限（年）	蔬菜名称	寿 命	使用年限（年）
大白菜	4~5	1~2	番茄	4	2~3
结球甘蓝	5	1~2	辣椒	4	2~3
球茎甘蓝	5	1~2	茄子	5	2~3
花椰菜	5	1~2	黄瓜	5	2~3
芥菜	4~5	2	南瓜	4~5	2~3
萝卜	5	1~2	冬瓜	4	1~2
芜菁	3~4	1~2	瓠瓜	2	1~2
根芥菜	4	1~2	丝瓜	5	2~3
菠菜	5~6	1~2	西瓜	5	2~3
芹菜	6	2~3	甜瓜	5	2~3
胡萝卜	5~6	2~3	菜豆	3	1~2
莴苣	5	2~3	豇豆	5	1~2
洋葱	2	1	豌豆	3	1~2
韭菜	2	1	蚕豆	3	2
大葱	1~2	1	扁豆	3	2

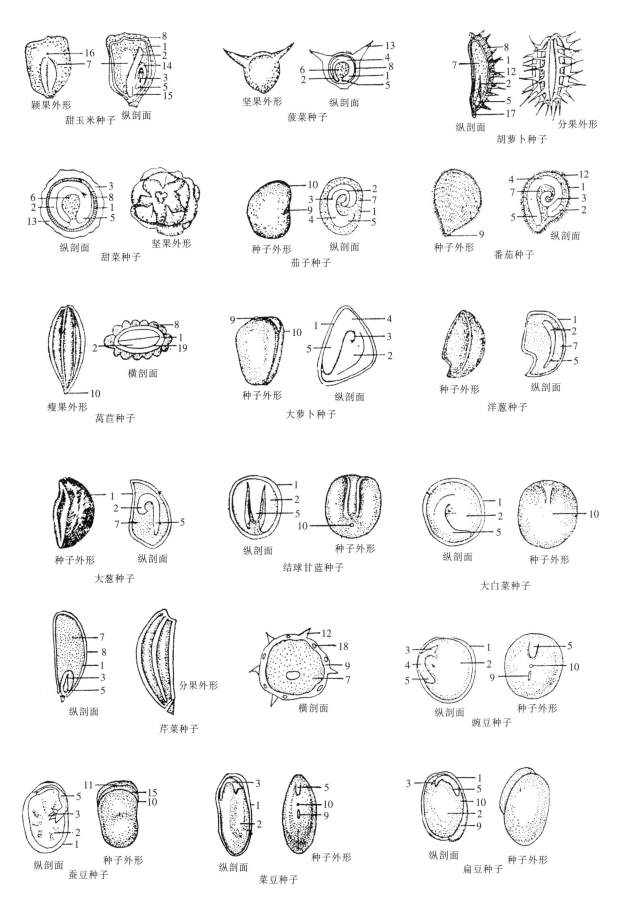

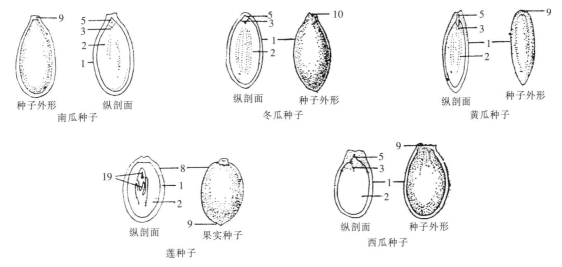

图 6-1 蔬菜种子形态及结构

1. 种皮 2. 子叶 3. 胚牙 4. 胚轴 5. 胚根 6. 外胚乳 7. 内胚乳 8. 果皮 9. 脐 10. 出芽口 11. 脐条 12. 毛刺

13. 花被 14. 胚芽鞘 15. 胚根鞘 16. 花柱残迹 17. 花柱残物 18. 油腺 19. 幼叶

（邢禹贤，1981）

二、蔬菜种子质量

蔬菜种子质量的优劣，直接影响蔬菜的生长以及产量和产品质量。因此应用优质的种子对蔬菜生产来说是十分重要的。一般地讲，蔬菜种子的质量除种子本身的外观形态、大小、千粒重、有无病虫害或机械损伤、是否清洁无杂物以及发芽率、发芽势等优劣以外，还表现在幼苗的生活力如播种后的出苗速度、整齐度、幼苗健壮程度以及幼苗纯度等方面。这些种子的质量标准，应在播种前了解掌握，以便准确可靠地做到使用优质种子进行播种育苗。

严格来讲，蔬菜种子质量是指蔬菜种子的品种品质和播种品质能够满足既有规定或潜在需要的程度，因此品种品质和播种品质是科学评价种子质量高低的两个主要方面。国家标准计量局制定颁布的《蔬菜种子质量分级标准》就是衡量蔬菜种子质量能否满足需要的主要规定。衡量种子质量的高低就是看品种品质和播种品质能否满足用户和生产的需要，以及满足程度的大小。中国蔬菜种子国家质量标准主要以纯度、净度、发芽率、水分含量等指标来评判种子的质量，并以纯度、净度、发芽率等作为种子分级的依据。

（一）评价种子质量的指标　蔬菜种子的品种品质和播种品质是种子质量评价的两个主要方面。

1. 品种品质　种子的品种品质是指品种的种性和一致性，即种子种性的真实性和品种纯度。它是重要的质量指标，所表明的是种子的内在价值。种子真实性是指一批种子所属品种、种或属与所附文件的记载是否相同，是否名实相符。品种纯度是指品种的植物学和生物学典型性状的一致性程度，是种子质量分级的一项主要指标。通常以供试样品中具有纯正种性的本品种植株数占供检样品数的百分率表示。一个优良品种，其特征特性应具有高度的一致性，才能最充分地表现其品种优势。如果品种纯度很低，要想获得好的效果是不可能的。

2. 播种品质　播种品质是指种子的净度、发芽率、水分含量、千粒重（饱满度）、活力和病虫害感染率等指标，其表明的是种子的外在价值。其中，种子净度、发芽率是种子质量分级不可缺少的重要指标。

（1）种子净度　即种子的干净、清洁的程度，指种子样品除去各种杂质和废种子以后所留下的本品种好种子的重量占样品总重量的百分率。如果种子净度不高，则纯净种子在一定重量内的实际比例

就降低，影响播种量的估算，种子安全贮藏的稳定性也会随之降低。

（2）种子发芽率　指种子在适宜的发芽条件下和规定的时间内，能够正常发芽的种子数占供检种子数的百分率。发芽率是种子生命力强弱的标志，是确保播种成功、苗全苗壮、丰产优质的必要条件。"好种出好苗"，种子活力强、发芽率高的种子，播后苗齐苗壮；发芽率低的种子播种后必然出现严重缺苗及弱苗。因此，发芽率是种子质量优劣的重要指标。

（3）种子水分　指种子中所含水分的重量占种子总重量的百分率，即种子的干湿程度。它是种子安全贮藏、安全运输及种子分级的指标之一。

对于种子的质量要求，不同的蔬菜种类有所不同，可参见中国国家质量技术监督局于1999年发布的各种蔬菜的种子质量标准。

（二）影响种子质量的因素

1. 影响种子品种品质的因素　蔬菜种子种性的真实性差、品种纯度不高，除某些人为因素外，主要是由于混杂退化和不正确的选留种方法等因素所致。防止蔬菜种子品种品质下降的主要措施是建立、健全良种生产体系，改进采种技术，严格选择亲本或原种，注意隔离留种，坚持田间去杂，认真执行蔬菜种子收获加工技术操作规程等。

2. 影响种子播种品质的因素　影响蔬菜种子净度、发芽率、水分含量及千粒重等播种品质的主要因素：一是采种植株生长发育状况及环境条件；二是收种时间；三是种子收获后清选、加工和贮藏过程中的环境条件。因此，改善种株生育环境和种子清选、加工及贮藏条件显得极其重要。

（1）种株生长发育状况及环境条件　在采种过程中种株生长期的环境条件、种株的营养水平、留种果实的部位、留种果数、种子成熟度及采收期等诸因素是影响种子千粒重、生活力（发芽率）的主要因素，对种子健康度也有一定的影响。

种子的贮藏物质主要是由种株输入的同化物质形成的，如果种株在适宜的环境条件下生长发育，则养分供应充足，种株生长健壮，制造的同化物质多，运输到种子中的物质亦多，种子饱满，千粒重增加，发芽能力亦高。此外，在采种时，还应尽量做到使种果在种株上充分成熟。对未充分成熟的种子应采用后熟的办法，以提高种子的质量。

（2）种子采收、加工和贮藏条件的影响　种子（种果）采收后的各种处理及种子贮藏过程中的环境条件对种子质量也有影响。种子脱粒、清选、干燥、贮藏、运输等因素对种子的净度、含水量、种子色泽有直接的影响，对种子的生活力、健康度也有较大的间接影响。

在种子贮藏过程中，影响种子播种品质的主要因素是水分和温度。种子含水量较高或贮藏环境的温度和相对湿度较高时，种子的呼吸作用加强，种子中贮藏物质的水解作用加快，营养物质消耗多，种子生活力就会降低或丧失，致使种子质量下降。不同种类的蔬菜种子对安全贮藏含水量有不同的要求，大多数蔬菜种子为5%～9%，豆类蔬菜种子为10%～14%。在种子贮藏期间给予较低的温度，能减弱种子的呼吸作用，减少营养物质消耗，有利于保持较高的种子质量；反之，若种子在高温条件下贮藏，尤其在种子含水量较高时，则呼吸作用就会异常强烈，进而造成营养物质的大量消耗，并导致种子质量的严重下降。

种子经过充分干燥，贮藏在低温、干燥条件下，则可延长种子的寿命，并保持较高的种子质量。

（三）种子质量的检测　种子质量一般用物理、化学和生物学方法测定。根据国家技术监督局于1995年颁布的农作物种子检验规程，对种子质量的检测分为以下几个方面：

1. 净度　种子净度是指样本中属于本品种种子的重量百分数。其他品种或种类的种子、泥沙、花器残体等都属于杂质。蔬菜种子的净度要求达到98%以上。

种子净度用下式计算：

$$种子净度 = \frac{供试样本总重 - 杂质重}{供试样本总重} \times 100\%$$

2. 发芽率　是反映种子发芽速度和发芽整齐度的指标。依据发芽率的测定数据可比较不同种子批的质量，也可估测用于田间播种的价值。

发芽率测定须用经净度分析后的净种子。在规定的时间内（如瓜类、白菜类、甘蓝类、根菜类、莴苣等定为 3～4d，葱、韭、菠菜、胡萝卜、芹菜、茄果类等蔬菜定为 6～7d），测定供试种子中发芽种子的百分数。用下式计算：

$$发芽率 = \frac{正常发芽的种子粒数}{供试种子粒数} \times 100\%$$

3. 发芽势　是指发芽初期比较集中的发芽率，在一定意义上表示了发芽的整齐度。不同蔬菜有不同的测定发芽势的规定天数，在规定天数内发芽种子数占供试种子数的百分比即为该蔬菜种子的发芽势。用下式计算：

$$发芽势 = \frac{规定测定发芽势天数内正常发芽种子粒数}{供试种子粒数} \times 100\%$$

4. 真实性和品种纯度　测定送检样品的种子真实性和品种纯度，据此推测种子批的种子真实性和品种纯度。

真实性和品种纯度鉴定可用种子、幼苗或植株。通常把种子与标准样品的种子进行比较，或将幼苗和植株与同期邻近种植在同一环境条件下的同一发育阶段的标准样品的幼苗和植株进行比较。当品种的鉴定性状比较一致时（如自花授粉作物），则对异作物、异品种的种子、幼苗或植株进行计数；当品种的鉴定性状一致性较差时（如异花授粉作物），则对明显的变异植株进行计数，并做出总体评价。

5. 饱满度　种子的饱满度通常用千粒重表示。绝对重量越大，则种子越饱满、充实，播种质量越高。饱满度也是用来估算播种量的一个依据。

6. 种子生活力　是指种子发芽的潜在能力。一般通过测定发芽率、发芽势等指标了解种子是否具有生活力或生活力的高低。测定时休眠的组织应预先打破休眠。在短期内急需了解种子发芽率，或当某些样品在发芽末期尚有较多的休眠种子时，可应用化学染色法快速估测种子的生活力。

1976 年国际种子检验规程中将四唑染色法（2，3，5-氯化三苯基四唑，TTC）列为农作物和林木种子生活力测定的正式方法。可被作物种子吸收的四唑盐类是作为一种活细胞里发生还原过程的指示剂而起作用。这种指示剂被种子活组织吸收后，有生命力的种子染色后呈红色，死种子则无这种反应。

除完全染色的有生活力种子和完全不染色的无生活力种子外，部分染色种子有无生活力，主要是根据胚和胚乳坏死组织的部位和面积大小来决定。通过染色的深、浅则可判别种子生活力的强弱。

第三节　种子发芽与播种

一、种子发芽

（一）萌发过程　蔬菜种子经休眠以后，在一定的条件下萌动发芽。种子发芽的过程包括以下 3 个阶段：

1. 吸水膨胀　种子在一定的温度、水分和气体等条件下吸水膨胀，这是种子发芽的第 1 个阶段。种子吸水膨胀是一种纯物理作用，而不是生理现象，与种子是否具有生活力没有太大关系，吸收的水分主要达到胚的外围组织，因此不能作为发芽开始的标志。种子吸胀能力的强弱，主要取决于种子的化学成分。吸水量约占种子发芽所需的 1/2～2/3。此后，进入吸水的完成阶段，即依靠胚的生理活动吸水。只有有生活力的种子，才具有胚器官吸水的功能。各阶段水分进入种子的速度和数量，取决

于种皮构造、胚及胚乳的营养成分和环境条件。提高浸种时的水温可加速种子的吸胀，并缩短吸胀过程。吸水完成阶段除受温度影响外，还与氧气有关。

种子在吸胀过程中会释放出一定的热量，称为"吸胀热"。大量种子浸种催芽时，要防止因温度过高而影响发芽。

2. 萌动　有生活力的种子，随着吸水膨胀，酶的活力加强，贮藏的营养物质开始转化和运转；胚部的细胞开始分裂、伸长。胚根首先从发芽孔伸出，这就是种子的萌动，俗称"露白"或"露根"。萌动的种子对环境条件敏感。萌动时的环境条件不适宜，会延迟萌动的时间，甚至不能发芽。

3. 发芽　种子"露根"以后，胚根、胚茎、子叶、胚芽的生长加快。生产上一般认为：当子叶出土并展开以后，发芽阶段便告结束。种子在发芽期间，呼吸等新陈代谢作用旺盛，如供给的氧气不足，就会引起代谢失调，因无氧呼吸而产生乙醇，造成胚芽的窒息，以至死亡。此外，不饱满种子本身的营养物质较少，发芽时由于能量不足，其子叶常常不能顶出土面，即使子叶能出土，其生长势也较弱。种子发芽有子叶出土和子叶不出土之分。子叶不出土是由于下胚轴不伸长，而由上胚轴伸长，把幼芽顶出土面，子叶则留在土中，贴附在下胚轴上，如葱、韭及豆类中的豌豆和蚕豆等。

（二）发芽与环境条件　不同种类的蔬菜，种子发芽时对环境条件的要求也不同，甚至在同一品种中，不同成熟度、饱满度、新旧种子之间……也存在差异。了解种子发芽所需的环境条件，对促进种子发芽和培育壮苗具有重要意义。水分、温度、空气是种子发芽必不可少的三个基本条件。此外，光、二氧化碳以及其他因素对种子发芽也有不同程度的影响。

1. 水分　水分是种子发芽所需的重要条件。种子只有吸收了水分，并使自由水含量增多以后，贮藏物质才能转变为溶胶，代谢活动才能加强；同时酶才能成为活化状态而起催化作用。此外，水分也使种皮变软，透气性增加，并有助于促进种子的发芽。

蔬菜种子必须在萌发以前吸足水分，其吸水量因蔬菜种类的不同而异。一般地说，含蛋白质高的种子如菜用大豆（毛豆）等吸水快而多；含油脂为主的种子如白菜等吸水量略少；以淀粉为主的种子则吸水量更少、更慢。一般蔬菜种子浸种12h即可完成吸水过程。提高水温（例如用40～60℃温水浸种）可使种子吸水加快。如中国菜农在西瓜栽培中，有用"沸水烫种"的经验，烫种具有软化种皮、促进发芽，并使发芽整齐等效果。

种子吸水的过程与土壤溶液渗透压及水中气体的含量关系密切，土壤溶液渗透压愈高则吸水愈慢，水中氧气不足或水中二氧化碳含量增加，可使种子吸水受到抑制，因此浸种、催芽时要经常换水。

种皮的结构也会影响种子的吸水，十字花科蔬菜种子种皮薄而松软，浸种4～5h就可完成吸水过程，而葱、韭种子则需12h左右才能完成。

不同种类蔬菜种子的吸水量或吸水速度存在差异。依吸水量大小可分为三类：①吸水量超过种子风干量，即达种子风干量的100%～140%，如豆类、辣椒、冬瓜、瓠瓜、南瓜等；②吸水量达种子风干量的60%～100%，如番茄、丝瓜、甜瓜等；③吸水量达种子风干量40%～60%，如黄瓜、苦瓜、茄子等（顾智章等，1979）。蔬菜种子吸水量与吸水速度并不完全一致，如黄瓜种子吸水量不大，但吸水速度较快；豇豆、丝瓜的吸水量较大，而吸水速度则较慢。

此外，温度、种子质量等对种子吸水的影响较大，在物理吸水阶段，温度越高，则吸水越快；而在生理吸水阶段，温度过高或过低，吸水都比较慢。

2. 温度　蔬菜种子发芽要求一定的温度，不同种类蔬菜种子发芽要求的温度（最低、最高、最适温度）不同。喜温的蔬菜如瓜类、茄果类、部分豆类等，其种子发芽要求较高的温度，发芽的适宜温度一般为25～30℃，最高温度为35～40℃，最低温度为15℃；耐寒、半耐寒的蔬菜如白菜、甘蓝、菠菜、萝卜等其种子发芽的适宜温度一般为15～30℃，最高温度为35℃，最低温度为4℃左右。

在适温范围内种子发芽迅速，发芽率也高。发芽时温度过高或过低都会使发芽速度减慢、发芽率降低。但是有些蔬菜如白菜类等，其种子发芽要求的温度范围较广；而有些蔬菜如芹菜、莴苣等要求较窄，温度超过 25℃ 则不易发芽。莴苣种子在低温下（5～10℃）处理 1～2d，然后播种，可促进发芽。

3. 气体 主要指氧气与二氧化碳对种子发芽的影响。氧气是种子发芽所需极为重要的条件。种子在贮藏期间，呼吸微弱，需氧量极少。但是当种子在一定温度下吸水萌动，则对氧气的需要量急剧增加。种子发芽时一般需要氧气的浓度在 10% 以上，无氧或氧气不足，种子不能发芽或发芽不良。如果在浸种、催芽时透气不良或播种后覆土过厚、地面积水等，都会由于氧气不足，而使种子发育不良，甚至造成烂种。中国长江以南地区清明时节雨水较多，华北地区夏秋季节常有暴雨，在这一时期直播的蔬菜（如豆类、白菜类），播种后往往由于土壤内缺氧或雨水的冲刷而造成烂种烂芽、缺苗断垄等现象。

不同蔬菜种子发芽时需氧的程度有所不同。含油脂及蛋白质多的种子，发芽时要求更多的氧气，豆类蔬菜种子播种后要求更好的通气环境即与此有关。黄瓜和葱的种子在较低的氧分压下也能发芽；但芹菜和萝卜的种子对低氧特别敏感，在 5% 的氧分压下几乎不能发芽。

二氧化碳对种子发芽有一定的作用，但其浓度超过一定限度时，则对发芽有抑制作用。这种抑制作用与温度和氧的含量有关，当温度和氧的浓度增高时，这种抑制作用将会减弱。

4. 光 光能影响种子发芽，但不同种类的蔬菜种子对光的反应表现不同。田口亮平（1958）按照种子发芽时对光的要求，将蔬菜种子分为 3 类：

（1）需光种子 这类种子发芽需要一定的光照，即在黑暗条件下不能发芽或发芽不良。属于这一类的有莴苣、紫苏以及芹菜、胡萝卜等蔬菜种子。

（2）嫌光种子 这类种子要求在黑暗条件下发芽，有光时发芽不良。属于这一类的有苋菜、葱、韭及其他一些百合科蔬菜的种子。

（3）中光种子 这类种子发芽时对光的反应不敏感，在有光或黑暗条件下均能正常发芽。如豆类等蔬菜种子。

种子发芽需光或嫌光，还存在程度上的差别，或因种和品种、或因后熟程度、或因发芽条件不同而有变化。如莴苣种子，因品种不同而有发芽感光与不感光之分；即使同为感光品种，也可由于种子后熟度的提高而在有光或无光条件下均能发芽。许多需光性种子，在短期照光后可促进其发芽。南瓜属嫌光性种子，但在播种初期见光也可促进其发芽。

种子发芽对光线的反应，还与其他因素有关。如种皮或果皮与光敏感性有一定联系，如除去莴苣的果皮，则种子发芽的需光性就随之消失。需光性还与温度有一定关系，如莴苣种子在高于 20℃ 的温度下发芽需光，而在 20℃ 或低于 20℃ 时，种子不论在有光条件下或在暗处都能发芽。另外，种子处于不良条件下有可能产生光敏感性，例如番茄的种子属嫌光种子，但若将吸胀的番茄种子用远红光持续照射 18h，则将变为发芽需光。此外，增加氧的压力，可以解除光对种子发芽的影响。

二、播 种

（一）种子处理 为了提高种子的活力，促进种子发芽和幼苗出土后苗全、苗齐、苗壮，提高植株抗性，并获得蔬菜的早熟和丰产，栽培上常在播种前对种子进行各种不同处理，包括：①促进种子发芽、出土，如浸种、催芽、磕种等；②消毒处理，如利用药剂、高温等方法杀死种子上的病菌、虫卵等；③促进壮苗、增产，如利用激素、肥料、辐射等方法处理；④增强抗逆性，如采用药剂处理或种芽锻炼等方法增强抗寒性、抗旱性等；⑤打破休眠，如采用药剂或物理方法处理等；⑥诱变处理；⑦春化处理；⑧为方便机械播种，增强种子抗性的包衣、丸粒化处理等。其中浸种、催芽、种子消毒

等已成为蔬菜栽培中的普遍应用的重要技术措施。

1. 浸种、催芽 这是为了达到出苗快、齐、全而采用的措施，利用温水等浸种同时又是种子消毒的方法之一。但是播种前是否进行浸种、催芽，还要根据播种时的天气情况和苗床设备条件等来决定，如果播种时天气正常、晴朗，或苗床中温度较高，宜先行浸种和催芽以后播种，以促进出苗；否则仍以播干种子为宜，以防在不良条件下因出苗进程受阻而遭害（干种子可等待到条件适宜时发芽）。

（1）浸种 将种子洗净以后，用50～55℃的温水浸种15～20min，水量为种子的3～5倍，并不停地搅拌，直至水温降至30℃时止，继续浸种。浸种的时间大致是：番茄3～4h；茄子和辣椒4～6h（但也有长达24h的）；黄瓜3h；甘蓝2h；芹菜12～24h。

（2）催芽 经过浸种的种子，洗净后包以湿润的纱布、毛巾、麻袋片等，直接置入陶、瓦质的盆、钵等容器内，放在温暖处（如电热恒温箱或火坑上等）催芽。催芽期间的管理主要是掌握一定的温度、湿度和通气条件，茄果类、瓜类蔬菜催芽的温度一般为25～30℃，一些耐寒、半耐寒的蔬菜催芽温度为20～25℃。催芽期间使种子保持湿润状态，每天要翻动和投洗种子以利通气。催芽的时间大致为：黄瓜24h；番茄3d；辣椒和茄子4～5d；冬瓜一般发芽较困难，但如能掌握浸种和催芽的技术，则经过3～4d就可发芽。进行催芽的种子，需待大部分种子微露幼芽（指胚根）时停止催芽。

2. 变温或低温锻炼 把萌动的种子先放到-5～-1℃处理12～18h（喜温蔬菜的处理温度应取高限），再放到18～22℃条件下处理6～12h，如此经过1～10d或更长时间。经过变温处理的种子胚根的原生质黏性增强，糖分增加，对低温的适应性增强。据王化等（1958）试验，经过浸种的番茄种子，每天以16h的低温（-2～-1℃）及8h的高温（15～20℃）交替处理18d，可提早出苗3d，增加出苗率21.2%，提早采收期2d，增加早期产量21.9%。

某些耐寒或半耐寒的蔬菜在炎热的夏季播种时，往往有出芽不齐的现象，可在播前采用低温处理数小时或十余小时后，置于冷凉处（如地窖、水井）催芽的方法，即可解决。低温处理用于白菜、萝卜等十字花科蔬菜的繁种或育种上春化处理，已十分普遍。

3. 种子消毒 种子消毒的方法主要有以下几种：

（1）温汤浸种 这是一种适用性广且较易做到的消毒方法，它能够去除种子上带的大部分病菌。方法是：将种子放入55℃左右的温水中，水量为种子量的5～6倍，浸种时不断搅拌并补充温水以保持55℃的水温10min，然后降温，到25～30℃时停止搅拌，再按不同蔬菜浸种所需时间浸种。

（2）热汤浸种 对于一些种皮坚硬、吸水困难的种子，如冬瓜、茄子以及不适宜长时间浸泡的豆类蔬菜种子，可以用70～80℃的热水烫种进行消毒。要求种子必须干透，用水量不超过种子量的5倍。在浸种过程中，先用两个容器翻倒，使水温很快降到55℃左右，再改为搅拌，当水温降到25～30℃时停止搅拌，继续浸种。

（3）干热处理 在蔬菜种子未达到完全成熟时，经过暖晒处理，有助于促进后熟。黄瓜、西瓜和甜瓜种子经4h（其中间隔1h）50～60℃干热处理，有明显的增产作用；番茄种子经过短时间的干热处理，可提高发芽率。干热处理促进种子发芽的原因在于增强种子对水分的吸收力（蒋先明，1955）。干热处理可钝化某些病毒，甚至使其丧失活性。将番茄干种子在70℃烘箱中处理3d后取出播种，可以减轻番茄病毒病的发生，对番茄溃疡病也有较好的防治作用；黄瓜种子用70℃处理3d，对黑星病、角斑病病菌的杀灭作用良好（[日]梅川学等）。

进行干热处理必须掌握好处理的温度和时间，温度过高、时间过长会烫伤种子，影响发芽；温度太低，时间太短，则起不到消毒的作用。在进行干热处理前，还必须认真晾晒种子，将其含水量降到7%以下，否则处理后种子的发芽势将降低。

（4）药剂处理 用药剂处理种子通常分为浸种和拌种两种方式。一是药剂浸种，把种子浸到一定浓度的药液里，以达到杀菌消毒的目的。浸种的药剂必须是溶液或乳浊液，不能用悬浮液。药剂浓度和浸泡时间要严格掌握，否则会产生药害或影响药效。药液量一般以液面浸过种子 5～10cm 为宜，大致为种子重量的 2 倍左右。浸种的药液很多，主要有福尔马林、多菌灵、高锰酸钾等。例如防治番茄病毒病，可先将种子用清水浸 3～4h，再浸入 10％的磷酸三钠水溶液中或浸入 2％的氢氧化钠水溶液中，或浸入 1％的高锰酸钾溶液中 20～30min。黄瓜种子用 100 倍福尔马林溶液浸种 30min，能预防黄瓜枯萎病和炭疽病的发生；番茄种子用 100 倍福尔马林浸种 15～20min，能防治番茄早疫病。浸种消毒后，必须注意用清水将种子的药液冲洗干净，以免发生药害。另一是药剂拌种。要求药剂和种子必须是干燥的，否则会引起药害并影响种子蘸药的均匀度。药剂拌种的用药量一般为种子重量的 0.2％～0.3％。常用药剂有多菌灵、敌克松、福美双、克菌丹等。例如防治番茄、茄子、辣椒、黄瓜等立枯病，可用 70％敌克松粉剂拌种，用药量为种子重量的 0.3％～0.4％；防治菜豆叶烧病，可用 50％福美双拌种，用药量为种子重量的 0.3％。

4. 种子包衣 种子包衣是利用杀菌剂、颜料和少量黏着剂等混合物，使其包黏在种子表面，并使种子的形状和大小一致。此法不仅有消毒效果，而且能使种子适用于精量播种。但包衣种增加贮藏容积和运输重量，也较难长期保存。

5. 种子丸粒化 种子丸粒化是将小粒种子（一般是指千粒重在 10g 以下的种子）或表面形状不规则（如扁平、有芒、带刺等）的种子，通过制丸机具将制丸材料包裹在种子表面，在不改变种子的生物学特性的基础上形成具有一定尺寸、一定强度、表面光滑的球形颗粒，这一种子处理技术就叫种子丸粒化。蔬菜种子丸粒化后，其形状、大小统一，便于机械播种。同时由于在丸粒化过程中加入了药剂及生长激素，因而使种子发芽率高，出苗整齐，幼苗生长健壮。丸粒化种子的特点是：便于运输、贮藏，适于机械播种，丸粒外壳可使气、水通过，播种后丸粒外壳能适时裂开，并为种子萌发及幼苗生长创造一个良好的微环境条件。

6. 射线处理 M. T. Ceperukayong 用伽玛装置照射黄瓜和西葫芦种子，在 0.020 64C/(kg·min) 条件下，黄瓜种子的照射剂量为 0.258C/kg，西葫芦为 0.206 4C/kg。照射后的种子发芽势及出苗率均有所提高，比对照采收期延长 1.5～2 周，黄瓜增产 16％，西葫芦增产 14％。

7. 化学方法处理

（1）打破休眠 应用发芽促进剂如双氧水（H_2O_2）、硫脲、硝酸钾、赤霉素等对打破种子休眠有效。据试验，H_2O_2 可促进戊糖磷酸代谢而促进发芽，并有轻度腐蚀种皮、果皮，改变透气性的作用。黄瓜种子用浓度为 0.3％～1％ H_2O_2 浸泡 24h，可显著提高刚采收种子的发芽率和发芽势。硫脲（0.2％浓度）能抑制果皮、种皮内酚氧化酶的作用而使氧气达到胚部，对促进莴苣、萝卜、芸薹属蔬菜、牛蒡、茼蒿等种子发芽均有效。用 0.2％浓度的 KNO_3 处理种子，可抑制过氧化酶活性，加强戊糖磷酸代谢途径而促进发芽。

（2）促进萌发出土 国内外均有报道，用 0.25％或稍低浓度的聚乙二醇（PEG）处理辣椒、茄子、冬瓜等难以出土或出土不太整齐的蔬菜种子，可在较低温度下使种子出土提前，出土百分率提高，且幼苗健壮。微量元素如硼酸、钼酸铵、硫酸铜、硫酸锰等用于浸种（一般浓度为 0.02％～0.1％），也都有一定的促进种子发芽出土的作用。

（二）播种时期 中国疆土幅员广大，南北各地气候条件各异，因此蔬菜播种期也有很大的差异。但各地确定播种期的原则是相同的，即必须根据不同的蔬菜种类、品种特性、气候条件、栽培条件、栽培技术、市场需求等因素进行综合考虑，并创造条件把蔬菜旺盛生长期和产品器官形成期安排在最适宜生长的季节或相对适宜的时期，以充分发挥蔬菜作物的生产潜力，获得优质和高产，提前、错后或延长产品供应期，尽力满足市场均衡供应的需求。此外，播种期的确定还应考虑到有利于避开或预防病虫害和自然灾害，有利于茬口安排、轮作和提高土地利用率等。

根据目前的育苗条件及一定苗龄标准，将中国北方不同栽培方式的主要几种蔬菜育苗期列于表 6-2，供作参考。

表 6-2 蔬菜育苗的苗龄及育苗期

（引自：《蔬菜栽培学总论》，2000）

蔬菜种类	栽培方式	苗 龄	育苗期（d）
番茄	日光温室早熟栽培	8～9 片叶，现大蕾，苗干重 1.5g 左右	70～75
	大棚早熟栽培	8～9 片叶，现大蕾，苗干重 1.5g 左右	60～70
	露地早熟栽培	8～9 片叶，现大蕾，苗干重 1.5g 左右	60
辣椒	大棚早熟栽培	12～14 片叶，现大蕾，苗干重 0.6g 左右	80～90
	露地早熟栽培	9～12 片叶，现蕾，苗干重 0.5g 左右	70～75
茄子	日光温室早熟栽培	9～10 片叶，现大蕾	100～120
	露地早熟栽培	8～9 片叶，现蕾，苗干重 1.2g 左右	70～80
黄瓜	日光温室早熟栽培	5 片叶左右，见雌花	40～50
	大棚早熟栽培	5 片叶左右，见雌花	40～50
	露地早熟栽培	3～4 片叶	30～35
西葫芦	小拱棚栽培	5～6 片叶	40
	露地早熟栽培	5 片叶	35～40
冬瓜	露地早熟栽培	3～4 片叶	30～35
甘蓝	露地早熟栽培	6～8 片叶	60～65
洋葱	露地栽培	3 片叶，高 20cm 左右	65（春季温室育苗）

（三）播种量 蔬菜播种量大小因不同蔬菜种类、品种、不同栽培季节、栽培方式（地爬或搭架等）、播种方法、技术水平、播种材料及其质量以及病虫害和自然灾害情况而异。例如豆科蔬菜中的菜豆，因种子较大，播种量可达 60～100kg/hm²。其中需进行搭架栽培、种植密度较小的蔓生类型品种，播种量为 60～75kg/hm²；栽培密度较大的矮生类型品种则为 90～100kg/hm²。而十字花科蔬菜中的大白菜，由于种子较小，播种量一般只需 2.25～3.75kg/hm² 即可，其中若采用穴播或短条播则播种量少，若采用条播则播种量大。又如茄科蔬菜中的马铃薯、百合科的大蒜、姜科的姜等，由于都采用远比种子大得多的营养器官作为播种材料，因此播种量可高达 1 000～3 500kg/hm²。此外，例如菠菜等可进行越冬栽培的蔬菜，由于越冬期间一般容易引起死苗，因此越冬菠菜的播种量，尤其是技术水平较低、田间管理较粗放的地方，应比春播或秋播菠菜要加大一些。以上所述主要指露地直播蔬菜的播种量，而育苗移栽蔬菜的单位面积用种量，将远小于直播蔬菜，参见本章第四节。

（四）播种方法 中国蔬菜的播种方法多种多样，目前仍以传统的、精耕细作的人工播种为主，但有些地区已开始对大白菜等采取大面积机械化播种，也有一些地区利用小型机械或畜力机械播种菠菜等绿叶蔬菜。此外，已开始推广穴盘育苗自动化播种作业。

1. 撒播、条播、点播 这几种播种方法不但在露地直播蔬菜的播种中应用，而且也在育苗移栽蔬菜的播种中被广泛采用。

（1）撒播 在平整好的播种畦或苗床上按预定的播种量均匀地播撒种子，然后覆盖一层薄土。多用于生长期较短、生长发育只需较小营养面积、栽培密度较大的绿叶菜类的露地直播，如菠菜、白菜、茴香、香菜等；也用于育苗移栽蔬菜的苗床播种，如茄果类、甘蓝类、葱韭类蔬菜等。撒播的优点是土地利用率较高，但对整地、作畦、撒种、覆土等技术要求较严格，用种量较大，间苗、除草等田间管理较费工，且不便于机械作业。

（2）条播 在平整好的畦、垄（垄距与行距相应）或苗床上按行距开小沟，并按预定的播种量在沟中连续撒种，然后覆土平沟。条播多用于生长期较长、生长发育需要较大营养面积、栽培密度较小的大白菜、萝卜、根用芥菜、豌豆以及搭架栽培的蕹菜、落葵等绿叶菜的露地直播，较少用于育苗移栽蔬菜的苗床播种。条播的优点是播种技术要求较易掌握，较易做到播种深浅一致、出苗整齐，较撒播法省种子、省水、省人工，且有利于机械化管理。

此外，为了适当增加栽培密度、提高蔬菜产量，生产上常常将播种行加宽或加密，称为"宽条播"或"密条播"，可兼收撒播和条播的良好效果。

（3）点播　也称穴播，即在平整好的畦、垄（垄距与行距相应）或苗床上按行株距挖浅穴或按行距开浅沟，然后按穴或按株距放种子一粒至数粒。点播多用于生长期较长、植株较大的南瓜、西瓜等瓜类蔬菜的露地直播；也用于种子粒儿较大、需要丛植的菜豆、豇豆、蚕豆等豆类蔬菜的露地直播。此外，在种子数量不多、需要节约用种时也多采用穴播。穴播突出的优点是节约用种，并在播种穴中可采取集中施肥等措施，以利改善局部栽培条件，促进种子发芽和幼苗健壮生长。但点播时，如何保证播种穴的深浅一致，对于能否整齐出苗至关重要，因此对挖穴技术的掌握要求较高。现茄果类、瓜类蔬菜早熟栽培育苗，多采用盘、钵育苗，均用催芽后点播，然后根据种子大小均匀覆土。

2. 湿播、干播　蔬菜播种还可因播前浇水或播后浇水而分成湿播和干播两种方法。

（1）湿播　于播种前先将播种畦或苗床浇足底水，待水渗下后，薄薄地上一层底土，并按预定的播种量均匀撒播种子（苗床也可点播），然后覆盖一层薄土（点播可"抓土堆"覆土）。采用条播或穴播进行直播者，可先在播种沟和播种穴内浇水，然后播种覆土。湿播多用于早春露地和保护地直播或育苗，尤其在天气较干旱、地温较低时效果更显著。采用此法播种，一般在出苗前不再浇水，仅以多次覆土或覆盖谷草、秸秆（夏秋季还起遮荫、降温的作用）进行保墒，因此底水的大小，应以"一水出苗"为度，既不使地温降低过甚，又能保证出苗整齐。为了使幼苗尽快出土，湿播的种子一般都要在播前进行浸种、催芽等种子处理。湿播的缺点是比较费事、费工，对播种技术要求较高，但播种效果较好。

（2）干播　在播种畦、垄或苗床上，按预定的播种量进行撒播、条播或穴播，播种后覆土、镇压保墒即可。此后至出苗前一般不再浇水，但若土壤较干旱，也可在镇压后随即浇水，并在出苗前视天气情况连续浇几次水，以保持土表湿润，利于出苗。干播多用于温度较高、湿润多雨的夏秋季露地直播或用于较粗放的育苗播种，播种前对种子也不进行浸种催芽等种子处理。干播一般以土壤保水力强的地区应用效果最佳。干播的优点是省事、省工，如技术掌握得好，播种效果也不错。

应该注意的是，无论采用哪一种方法进行蔬菜播种，播种前都要求精细耕作、平整土地、施足基肥，因地、因时制宜地起垄、作畦床，创造良好的土壤和栽培环境条件，以利于种子播种、萌发、幼苗出土和健壮生长。另外，还应注意掌握适宜的播种深度，播种过深，常导致出苗不良，即使出苗，幼苗也很柔弱，但播种过浅，则易因土壤水分不足而影响出苗。一般地说，播种的适宜深度取决于种子大小、土壤质地、墒情以及天气情况等因素。如大粒种子播种宜深、小粒种子宜浅，沙质土宜深、黏质土宜浅，墒情较差时宜深、墒情好时宜浅等。

3. 机械播种　机械播种一般由拖拉机或畜力作为动力的播种机进行作业。蔬菜播种机通常是指采用排种器将种子均匀播入由开沟器开出的播种沟中，并随即覆土的机械（工厂化育苗的机械播种不在此列）。主要用于大白菜、白菜、萝卜、胡萝卜、芥菜、菠菜等蔬菜的播种作业。播种机按排种器的不同排种方式，可将其分为条播机、穴播机和精量播种机三种。按蔬菜垄作和畦作又可将其分为垄上播种机和畦田播种机两类。中国在人少地多、劳动力紧缺以及季节性蔬菜栽培面积较大、播种期过分集中的地区，如新疆、内蒙古、北京等地常常使用播种机播种蔬菜。早在20世纪60年代，北京郊区即已开始使用以手扶拖拉机或中型拖拉机为动力，可一次完成起垄、开沟、播种、覆土、镇压等作业的蔬菜起垄播种机，主要用来播种大白菜、萝卜、芥菜等。与人工播种相比，其播种均匀、质量好、效率高，省事、省工、省种子，且大大降低了劳动强度，尤其对播种期要求极其严格的大白菜，做到不误农事、及时播种起到了重要作用。但是大白菜播种时期正直多雨季节，有些年份常遇大雨或

暴雨而不能进行机械作业，加之由于机具的通用性差，常年利用效率较低。因此，长期以来蔬菜起垄播种机没能得到更广泛、更普遍的推广与使用。此后，还先后陆续推广使用过既可用于畦田播种，又可在垄上播种的 2BS-6A 型蔬菜播种机（用于大白菜、萝卜、菠菜、葱、白菜等蔬菜播种）；适合于垄作蔬菜，一次可完成刨穴、播种、覆土和镇压等四道工序的 2BP-2 型蔬菜垄上刨穴播种机（用于菜豆、豌豆、大白菜、萝卜等蔬菜播种），以及适于畦田播种，一次可完成耕地平整、筑埂、开沟、播种、覆土和镇压等六道工序的 2BSL-10 蔬菜畦田联合播种机（用于大白菜、菠菜、葱等蔬菜播种）等（陆子豪等，1991）。但是这些蔬菜播种机械与蔬菜起垄播种机一样，也没能得到更广泛和普遍的推广与使用。今后，中国蔬菜播种机械化水平的提高还任重道远，在很大程度上仍取决于蔬菜规模化经营、土地连片种植、农业劳动力大规模转移、蔬菜栽培标准化等的发展。

第四节　蔬菜秧苗及其培育

蔬菜育苗的目的是根据生产的需要，育成数量充足且质量良好的适龄幼苗，亦即壮苗。

从生产的角度看，育苗的意义大致可概括如下：①缩短蔬菜作物在本田的生长发育时间，提早成熟，增加早期产量，提高经济效益；②节约用种量，提高本田的保苗率；③有利于防止不良环境对育苗的威胁与胁迫，保证秧苗质量并易于育苗的集中管理；④便于茬口安排和衔接，提高土地利用率；⑤秧苗的运输量相对较小，便于充分利用异地资源进行育苗，降低生产成本；⑥有利于蔬菜秧苗的专业化、商品化生产。据研究（葛晓光，1963），秧苗素质对总产量的影响可达 30% 左右，对前期产量的影响可达 10%～20%。如果加上苗龄的因素，秧苗素质对早期产量的影响可达 50% 左右。

一、幼苗生长发育与对环境条件的要求

（一）蔬菜幼苗的生长发育时期　确定蔬菜秧苗苗龄的大小往往依生产需要而定，并没有明确、固定的生物学时期。但在培育早熟的长龄大苗的情况下，秧苗的生育最终临界标准又大致和生育周期的幼苗期相似。因此，有学者以茄果类蔬菜为例，将秧苗生育阶段分为以下 3 个时期：

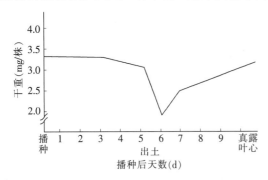

图 6-2　番茄幼苗出土前后干重变化
（葛晓光，1980）

1. 发芽期　包括种子萌动后的露根、露心、子叶展开至第一真叶露心的全过程。此期内，幼苗干重呈以出苗时为最低点的 V 形变化，即种子萌发出土以前，完全依靠内部贮存的养分降解而得到能量，种子干重逐渐降低；当幼苗子叶展开并转绿以后，向独立生活的自养阶段过渡，出土后小苗的干重逐渐增加，至第一片真叶开始出现时，其干重接近于原来种子的干重水平（图 6-2）。

这时，子叶期的小苗基本上处于种子内养分即将耗尽，而子叶同化量仍很有限的过渡阶段，在这个阶段如果根系吸收不良，或苗床中的温度过高，幼苗呼吸作用过旺，都易使幼苗生长不良、子叶生长缓慢或引起徒长，并影响以后幼苗的正常生长发育。在这一阶段中，子叶的正常生长将为培育壮苗打下良好的基础，也为花芽的分化准备充分的物质条件。一些试验表明，茄果类蔬菜幼苗子叶的作用主要在子叶展开后两周内表现明显，此后随着真叶的展开及叶面积的扩大，子叶逐渐失去作用。所以，注意子叶期的幼苗管理，是培育壮苗的基础。

2. 基本营养生长期　指第一真叶露心至花芽开始分化。在这一阶段，地上部生产量不大，根系重量逐渐增长。真叶展开后，茎高生长速度不快，茎粗生长比较明显，说明光合产物有所积累。随着真叶的陆续展开与叶片的生长，叶面积不断增大，只有当叶面积发展到一定程度时，才开始花芽分化。

和其他作物一样，蔬菜幼苗期的生长基本上也属于指数生长期。在这一呈指数迅速增长的时期中，以生长量或生长速度的对数作为时间的函数作图时，表现为一直线。蒋先明等（1963）根据茄子幼苗期干物重增长符合指数曲线的规律，以"露心"至成苗各期所测定的干物质重量，求得其理论表述式为 $W=0.624e^{0.100\,4t}$，并以此绘制成茄苗干物质增长的理论曲线（图6-3）。

幼苗生长的这种指数曲线规律说明，有机体越大，则生产量越大，或者是叶面积越大，产生的同化物质越多，从而产生更多的叶片及更大的叶面积。因此，为了促进幼苗的生长，应该抓住育苗的每个环节（包括生产量很小的幼苗生长初期），使生产量逐步积累，迅速上升。从图6-3还可以看出，幼苗前期的生产量很小，其生产量的90％以上是在中、后期产生的。

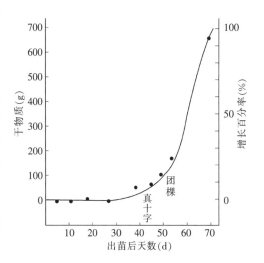

图6-3 茄苗干物质增长的理论曲线
（蒋先明，1963）

幼苗相对增长速度的变化与育苗条件有关，在肥水条件较好的营养液育苗时，幼苗期相对生长速度可保持在较高的水平。在幼苗生长过程中，不同器官的生长与发育是相互联系和相互作用的，在正常生长的情况下，多表现为相互促进的关系。

斋藤 隆等（1967）分析了番茄由营养生长向生殖生长转变时体内碳水化合物与氮化合物含量的变化：无论是碳水化合物、全糖或多糖，在花芽分化前都较高，在花芽开始分化期减少，而后又开始上升；而氮化合物则在花芽分化前较多，分化后有减少的趋势。从一些试验资料可以看出，幼苗体内的碳氮比与花芽分化之间，似没有直接的关系，但在碳氮接近一定比率的条件下，两种成分共同增加越多，则花芽就越多，如果其中有一种成分偏多，则花芽数就减少。由此可见，保证幼苗一定的营养生长基础，为获得较早而且优质的花芽创造条件，是这一阶段培养壮苗的任务。

3. 秧苗迅速生长发育期 指花芽开始分化至第一花现蕾。这一时期无论生长量还是生长速度都在上升，秧苗重量的90％～95％都在这一时期形成，是决定秧苗大小和质量的关键时期，应创造良好的环境条件促进秧苗正常生长而不能过于抑制，防止相对生产率急剧下降及老化苗的形成。

在秧苗生长过程中，叶面积的扩大（叶片数的增加和叶面积的增大）具有重要意义，因为它不仅关系到干物质的积累，而且关系到果菜类蔬菜作物的花芽分化。番茄幼苗一般在3叶展开期开始花芽分化。在正常情况下，每2～3d分化1个花芽，如果培育8片真叶现蕾的大苗，则第四花蕾的花芽已开始分化，并可明显观察到第1花穗下侧枝上的花芽。辣椒和茄子的花芽分化规律基本与番茄相似。

保证秧苗正常健壮的生长，是花芽分化、发育及提高花芽分化质量的基础。如果秧苗徒长或老化，则不但花芽数少，而且花芽素质差，易落花或产生畸形果。

（二）环境条件对蔬菜幼苗生长发育的影响 在蔬菜作物种植过程中，需要育苗的蔬菜作物一般可分为两类：一类是叶菜类、茎菜类蔬菜，如甘蓝、芹菜、莴苣、洋葱、韭菜、白菜等，要求育苗温度较低，对光照要求也不太严格，在育苗期间不形成或需要阻止其花芽形成，育苗技术比较容易掌握；另一类为果菜类蔬菜作物，如番茄、茄子、辣椒、黄瓜、菜豆、南瓜等。这类蔬菜作物育苗对环境要求比较严格，育苗技术也较难掌握。这里主要阐述果类蔬菜作物育苗与环境条件的关系。

1. 温度 温度对茄果类蔬菜幼苗的影响主要有两个方面：一是影响生长速度及生产量；二是影响幼苗质量。在一定的温度范围内提高日均温度，光合作用增强，幼苗生长速度加快。但温度升高超

过一定限度以后，光合作用增强缓慢或不再增强，相反的，呼吸作用随着温度的升高而直线上升，并消耗大量的营养，植株表现为叶薄、色淡、T/R增大、茎高/茎粗增大等徒长症状，秧苗质量下降。如果降低日均温，幼苗形态矮壮，消耗不太多，积累也较少。因此，蔬菜幼苗生长最快的温度往往不是培育壮苗所需要的适宜温度。春季保护地果菜类蔬菜育苗时，温度常常不足而需进行人工加温来补充热量。即使温度并没有降低到足以使幼苗受到冷害的程度，也会因为温度低而使苗的生长迟缓，根系发育不良，花芽分化期推迟，甚至有时由于低温而形成畸形花。

蔬菜幼苗的正常生长需要有一定的昼夜温差，而其实质是根据日温确定适宜的夜温。如较低的夜温有利于降低番茄第1花序着生节位；如夜温相同，日均温较低的，则第1花序着生节位较低。可见，着花节位的高低并不决定于昼夜的温差数，较低的夜温起第1位作用，降低日温起第2位的作用。

果菜类蔬菜幼苗生长的适宜温度为20～25℃，半耐寒或耐寒蔬菜生长的适宜温度为13～20℃。不同的蔬菜种类、不同的育苗阶段以及一天中的不同时间，幼苗对温度的要求不同。西瓜、甜瓜要求的温度高于黄瓜，茄子、辣椒的适宜温度高于番茄。以番茄为例，为促进光合作用上午的适温为20～25℃，下午为15～20℃；夜晚前半夜13～16℃的温度可保证营养物质的正常运转，后半夜宜降至10～12℃以减少养分的消耗。阴雨天时白天的适温标准应控制在低限；天气晴好，光照充足，营养、水分等条件适宜，应适当提高温度，以促进幼苗的生长发育。

土壤温度影响幼苗根系的发育及吸收能力。一般来说，果菜类蔬菜幼苗生长的适宜地温为20～23℃，根系生长的最低温度为10±2℃，西瓜、甜瓜、黄瓜、茄子、辣椒等要偏高一些，番茄、南瓜等可偏低些，而根毛发生的最低地温还要增高2℃。

根据顾智章等（1981）的试验，土温为25℃以下时，黄瓜幼苗的重量增加，超过26℃以上时，增加量很小或重量下降；当土温超过22℃时，虽然重量仍有所增加，但T/R显著增大，幼苗表现徒长型。因此，黄瓜幼苗以昼土温22℃、夜土温14～18℃时有利于培育壮苗（表6-3）。

表6-3 不同土温对黄瓜幼苗重量的影响

（顾智章等，1979）

土温（℃）	地上部鲜重		地下部鲜重		全株干重		T/R（鲜重）
	g	比值	g	比值	g	比值	
16.9	1.71	1.0	0.5	1.0	0.20	1.0	3.42
19.0	4.45	2.9	1.33	2.7	0.48	2.4	3.35
22.4	6.99	4.1	1.92	3.8	0.71	3.6	3.64
26.0	10.06	5.9	2.16	4.3	0.96	4.8	4.66
28.3	8.75	5.1	2.01	4.0	0.98	4.9	4.35
32.4	11.35	6.6	2.08	4.2	1.06	5.3	5.46

加藤（1964）指出，高气温，地温在适温下限以上时，地温高低对幼苗生长均影响不大，地温稍低反而有利于提高秧苗质量；相反，在气温低时，提高地温可明显促进幼苗生长，起到一定补偿作用。在春季保护地育苗中，白天（晴天）气温容易提高，而地温上升却比较困难，因此，一定要注重提高地温；但是，如果气温不够，仅靠提高地温也难以育成壮苗，必须加盖塑料小棚同时提高地温，才能获得良好的结果。

2. 光照 蔬菜幼苗的生育，要求一定的光照时间与光照强度，如仅给番茄幼苗每天4h的光照，则在任何光照强度下几乎都无法生长发育。番茄等茄果类蔬菜幼苗，在较短的光照条件（8h）影响下可以降低花序的着生节位，特别在低温、短日照条件下更为显著。但适当延长光照时间（如延长至

18h），可增加同化量及营养物质的积累，促进幼苗生长，从而能使花芽分化及开花时间提前。大多数黄瓜的品种在短日照下能促进雌花的形成，特别在低温、短日照下效果更加明显。如果黄瓜幼苗处于一天 20h 的黑暗条件下，也会由于生长受到强烈的抑制而减少雌花的产生。

　　果菜类蔬菜幼苗在 20 000～30 000lx 的光照强度下即可基本满足培育壮苗的要求，叶菜类蔬菜幼苗对光照强度的要求可以更低一些。在中国北部地区，特别是在春季育苗期间，自然光照强度可以满足幼苗生长发育的需要，而在中部或南部地区，春季多阴雨天气，光照强度较弱，不利于幼苗的生长。在保护地育苗时，由于保护地设备的遮荫及透明覆盖物的污染和老化，透光率会有不同程度的下降，育苗就不可能完全地得到自然光照强度，特别在幼苗密度较大的情况下，常使照射到幼苗群体内的光强减弱，以致幼苗植株中碳素营养水平降低，对幼苗的生长、发育造成很大影响，并导致幼苗徒长、花芽分化期延迟、花芽数减少、花芽质量下降、落花率增高等。所以，扩大幼苗的营养面积，改善苗期的光照条件，对育成壮苗、提高育苗的质量十分重要。

　　生产上常采用人工补充光照延长光照时数和增加光照强度，但应注意补光技术对幼苗生长发育的影响。上海市农业科学院园艺研究所（1981）试验指出，应用人工光源，在番茄、黄瓜、甜椒的苗期进行补光处理，对促进幼苗生长、提早生育期、增加早期产量和总产量都有良好的效果。但这种增产效果因补光处理的方法不同而不同，补光量（光照强度及每天补光的时间）是影响补充光照效果的主要因素。也有报道指出，每天补光的时间过长时会引起番茄幼苗黄化等生理障碍，如果补充光照的强度显著低于补偿点的照度，则幼苗呼吸的消耗可能比处于完全黑暗条件下还要大得多，反而对幼苗生长发育不利。

　　此外，日光中的紫外线具有抑制幼苗徒长，促进角质层发达以及花青素形成等作用，从而能促进幼苗的健壮生长。玻璃只能透过紫外线 A 域（320～400nm），而对蔬菜作物起重要作用的紫外线 B 域（280～320nm）则透过很少；透明塑料薄膜能透过较多的紫外线，所以，在温、湿度相同的条件下，应用塑料薄膜覆盖进行育苗，较易使幼苗生长健壮。

　　3. 水分　土壤水分与蔬菜幼苗的生长关系密切，苗床土中含水量的多少不仅影响幼苗对水分的吸收，同时也关系到土壤温度及土壤通气条件。一般而言，床土水分过少，幼苗正常生理活动将受到干扰，甚至会使幼苗的生长发育受到明显的抑制，易使幼苗老化。反之，土壤湿度较高，在光照不足及较高的温度条件下幼苗极易徒长。另外，在早春育苗时，如果床土水分过多，则床土内通气性差，地温低，不仅影响根系发育及其吸收作用，而且也容易发生病害。

　　不同蔬菜幼苗的生长对土壤水分的要求不同。黄瓜根系发育较弱，叶片蒸发量较大，对床土水分的要求比较严格。在茄果类蔬菜中，茄子幼苗生长对床土水分的要求比番茄要高，只有在保水性能较好的床土中育苗，才能为茄子壮苗的培育创造良好的条件。适于蔬菜育苗的床土含水量一般为土壤最大持水量的 60%～80%，即使像番茄这样看来对床土水分要求不太严格的蔬菜，如果床土过于干燥，也会影响其正常生长，并将明显地影响其花芽分化及发育（蔡启运，1962）。在短期内缺水后再供给水分，可使番茄幼苗的生长很快得到恢复，但由于某一阶段缺水，幼苗体内氮、磷等营养含量降低的"后遗症"将一时不易恢复，这对培育壮苗是非常不利的。水分并不是造成幼苗徒长的直接因素，只有在光照不足、温度过高时，较高的土壤或基质含水量才可能成为促进蔬菜幼苗徒长的因素。

　　育苗时如空气湿度过低，幼苗水分蒸发量过大，则较易产生幼苗体内水分平衡失调或短时间的生理机能下降，并影响其正常生长发育，甚至会出现一些明显的生理障碍。相反，如果空气湿度过高，则也会抑制蒸腾作用而影响根系吸收的机能。与土壤水分的影响一样，在较高的温度及较弱的光照条件下，空气湿度较高也会促进幼苗徒长，同时也极易导致病害的发生。

　　4. 土壤及营养　蔬菜育苗对苗床土的质量要求较高，因为床土质量关系到地温、土壤通气性、土壤水分、营养等诸多条件，从而影响幼苗根系的发育及其吸收功能。具备良好的物理性与化学性、不携带病虫的床土是培育壮苗的基础。适于蔬菜幼苗生长的土壤，其三相比一般为：固相 40%、气

相 30%、液相 30%左右，总孔隙度为 60%左右。蔬菜苗床的床土中应含有较多的有机质和丰富的速效态氮、磷、钾。中国保护地蔬菜育苗所采用的人工配制的培养土，其有机质的含量为 5%～7%，pH 为 6～7；中国西北地区苗床土的 pH 稍偏高，一般为 7.5～8。总之，育苗的营养土应具备肥沃、疏松、通透、清洁等多方面的条件。

关于矿质营养对蔬菜幼苗（特别对果菜类蔬菜幼苗）影响的试验资料较多，在培育壮苗过程中，较高的氮素及磷素水平的作用显得更为重要。氮素除了促进营养生长以外，还与蔬菜作物由营养生长向生殖发育过程转化的代谢活性有关，在氮素代谢变化的同时，核酸代谢活性也随之发生变化，如氮素供应不足，上位叶片生长点部位的核酸代谢减弱，从而将影响花芽的分化。磷素对幼苗生长及花芽形成作用显著。从番茄第 1 花序分化前核酸态磷酸于叶中集积的现象，可以看出它对花芽发生的直接作用（王岛善秋，1963）。因此在育苗的营养土中适当增施氮素及磷素肥料会产生良好的效果。与水分对幼苗质量的影响一样，在光照充足、温度适宜的条件下，适当提高氮素的水平不会造成幼苗的徒长。

在培育蔬菜秧苗的过程中，应该重视秧苗的营养面积。藤井在 1947 年就指出，营养面积对幼苗生长发育的影响大。在幼苗较小时，对密集区幼苗生育的影响不大。随着幼苗生长，影响愈来愈大，密集区幼苗的叶面积增加受到抑制，茎、叶的鲜、干重显著减少，花芽分化推迟，花芽质量差，落花率高。赵庚义等（1984）通过对秧苗质量与营养面积相关分析认为，地上营养面积（光合作用面积）及地下营养面积（根系营养面积）对番茄、黄瓜幼苗主要生长性状的影响都很大，其中任何一方的改变都影响幼苗生长。如地下营养面积相同，加大地上营养面积，则秧苗质量显著提高。在实际育苗中，常把苗距拉开一定距离就是依据这一原理。

5. 二氧化碳　在蔬菜育苗期间将苗床空气中二氧化碳的浓度由 $300\mu l/L$ 提高到 $1\,000\sim1\,500$ $\mu l/L$，可加速幼苗的生长、促进幼苗根系的发育、增加花芽的数量，并提高早期产量。苗期施用二氧化碳的效果与光照、温度等因素有关。在光照强度较强、温度适宜的条件下，增施二氧化碳容易获得较好的效果。如果结合增加矿质营养，例如配合以营养液育苗，则效果将更加显著。

总之，蔬菜幼苗的生长发育明显地受环境条件的影响，而苗期的各种环境条件之间又相互关联，故幼苗的质量受到苗期综合环境条件的影响和支配。为此，必须抓住主要矛盾，调控好苗期的综合环境条件才能培育出适龄壮苗。

二、壮苗及其指标

育苗的目的是培育壮苗。科学研究和生产实践的结果表明，种苗的质量对蔬菜的早熟性和产量影响显著，与徒长苗或老化苗相比，壮苗的早期产量和总产量都高。尤其是果菜类蔬菜，因其花芽在苗期已形成，所以幼苗质量对生产的影响更大。农谚有"壮苗五成收"之说，说明培育壮苗是获得蔬菜早熟与丰产的基础。

（一）苗龄与秧苗质量　壮苗在蔬菜生产上一般是指适龄壮苗。幼苗质量主要包括幼苗的健壮程度和苗龄两大因素，苗龄和种苗的健壮程度有一定关系，但又不能混淆。苗龄有生理苗龄和日历苗龄两种描述方法。生理苗龄指幼苗的生理年龄，是表示幼苗实际生长发育的阶段，如子叶苗、四叶苗、现蕾苗等。对于保护地育成的用于早熟栽培的幼苗，苗龄更标志着提早生育的程度，苗龄是否适当更将显著地影响到以后植株的生长、早熟性和产量。早熟栽培的果菜类蔬菜幼苗，一般采用生理年龄较大的大苗，但如果播种期太早，特别是在育苗条件较差的情况下，易使幼苗老化，定植以后适应力弱，缓苗慢，即使能提早成熟，也容易早衰，而且还影响总产量。日历苗龄指种苗达到一定生育阶段所需的时间，日历苗龄受到育苗设备和育苗条件的制约，与生理苗龄有显著的相关性，但不能替代。掌握适当的日历苗龄（即苗期）十分重要，苗期的长短涉及到幼苗生长发育的阶段、幼苗的质量，同时也关系到育苗的成本与能源的消耗。

一般来说，大龄苗的生长发育提前，能较早地形成产量，收获期较早。但苗龄大小对产量的影响还受根系活力及营养基础等条件的影响，特别是对连续结果的果菜类蔬菜表现很为突出。例如番茄、辣椒及茄子等蔬菜，不同苗龄秧苗定植后总产量无显著差异，但随着苗龄的增大，前期产量增高，后期产量降低，中期产量则与苗龄大小差异不大（葛晓光，1982—1984）。

蔬菜生产中所应用的大苗，苗龄一般也应控制在蔬菜苗期的临界终期（如茄果类蔬菜的现蕾、瓜类蔬菜的抽蔓、叶类蔬菜的团棵等）以内，否则幼苗的生长量过大，也会受到育苗条件的限制，幼苗质量必然下降，并导致定植后缓苗缓慢、生长不良，并易引起茄果类蔬菜落花、瓜类蔬菜化瓜，而达不到早熟的目的。

（二）壮苗及其指标　壮苗是指生长健壮、无病虫危害、生活力强、能适应定植以后栽培环境条件的优质幼苗。果菜类蔬菜的壮苗还要求花芽分化早、花芽数多，花芽发育良好。壮苗的主要形态特征为：茎粗壮，节间较短，叶片较大而厚、叶色正常，根系发育良好、须根发达，植株生长整齐；幼苗定植以后抗逆性较强，缓苗快，生长旺盛。但从生产的角度看，壮苗的涵义中还应该包括苗龄，因为秧苗的大小，关系到蔬菜的产量和效益。在中国北方地区，大量的蔬菜集中于冬春保护地中育苗，目的是为提早成熟和提高前期蔬菜产量。所以，壮苗的涵义包括苗龄就具有实际应用价值。

弱苗有徒长苗和老化苗两种。徒长苗的主要特征为：茎细，节间长，叶片薄、叶色淡，子叶或基部的真叶黄化脱落，根系发育差、须根少。徒长苗易患病害，抗逆性差，定植后缓苗慢，易引起果菜类蔬菜的落花落果，并严重影响产量或早熟性。老化苗的主要特征为：苗较矮小，茎细且已有一定程度的木质化，叶片小、叶色呈暗绿色而无光泽，叶片生长不舒展，根系发育差；定植后生长缓慢，并将导致果菜类蔬菜开花结果期延迟，产量降低（表6-4）。

表6-4　不同质量的番茄幼苗对产量的影响

（沈阳农学院，1963）

幼苗质量	各期产量比值（%）			总产量比值（%）
	前期	中期	后期	
健壮苗	100	100	100	100
徒长苗	81	104	59	76
老化苗	93	86	45	67

在蔬菜栽培上常常根据茎的粗细程度、叶色和根系的发达程度来衡量幼苗生长的健壮与否。此外，也有以幼苗的叶面积、干物重、地上部和地下部重量的比值、茎叶重和茎高的比值等，以及花芽分化和发育的情况作为蔬菜幼苗生长健壮程度的指标。葛晓光等（1981）指出，在正常生长的情况下，番茄幼苗的茎粗和幼苗的根系发达程度具有高度的相关性，茎粗的幼苗，根系发育也好，反之，茎细的幼苗，根系发育也差。所以，可以把茎的粗细程度作为蔬菜壮苗的主要形态指标之一。幼苗的叶色虽依蔬菜的种类及品种而有不同，且又与苗期锻炼的程度有关，但以叶色作为壮苗的形态指标，仍可明显地区别于徒长苗或老化苗。

形态解剖学观察表明，壮苗体内的厚角组织和木质部都较发达，茎和叶的表皮细胞中，细胞膜的角质化程度较高，因而幼苗生长健壮，水分的蒸发量较少，且不易被病菌侵入。

从植物生理学角度分析，壮苗的生理活性较强，代谢作用正常，吸收力和再生力强，细胞内糖的含量高，原生质的黏性较大，幼苗的抗逆性，特别是耐寒性较强。相反，徒长苗细胞中水分的含量高，糖的含量低，叶片中叶绿素的含量低，光合作用弱，而呼吸作用的消耗量却较大，故幼苗的养分积累少。老化苗的生理活性低，代谢作用不旺盛，体内的养分消耗虽少，但养分很难正常地用于幼苗

的生长和发育。

近10多年来，中国的一些学者在蔬菜壮苗指标方面开展了不少研究，提出了一系列由两个以上具代表性的数量性状指标组成的复合指标，其中比较普遍认定的有：（茎粗/茎高）×苗干重（冠干重）和（苗幅/苗高）×叶片数。这两个指标不仅对早期产量有较高的预测性，且应用方便。

第五节　蔬菜育苗的方法和技术

一、育苗方法

（一）保护地育苗法　保护地育苗又可分为冬春季节保温、增温育苗和夏秋季遮阳、降温育苗两种类型。在中国北方，历代农民创造了许许多多的保温、增温育苗设施和方法，如冷床育苗、温床育苗、土温室育苗、风障畦育苗等。到了近代，塑料棚、日光温室、大型连栋温室等逐渐成为保护地育苗的主要设施。保温、增温育苗的重要意义，在于使蔬菜生长期向寒冷季节提前，从而获得早熟、丰产。中国传统的育苗方法的主要特点：以利用太阳光热和有机物酿热增温为主，辅之以人工短期加温培育出健壮幼苗，是一种节能型育苗方式。和露地育苗相比，因为保护地育苗需要一定的设施条件，所以投资较大，育苗技术难度及育苗费用较高。其主要的技术关键是：如何合理选用育苗设施，提高设施的采光和保温性能；选用适当的加温方法，注意提高热效率；加强苗期管理，创造适宜的生长发育环境；设施和设备的充分利用等。

遮阳、降温育苗的设施要求及育苗技术难度不大，中国传统的方法是采用苇帘、秸秆、竹竿等搭建荫棚、反风障等。现代则采用遮阳网、水帘等进行遮阳、降温育苗。如在夏季用于芹菜、白菜、莴苣、甘蓝等喜冷凉的蔬菜育苗；也可用于番茄、辣椒、黄瓜等喜温蔬菜的秋季或秋延后育苗。采用遮阳网育苗应注意：选择排水、通风良好的地块作育苗场；根据不同蔬菜对光照强度的反应不同，选择具不同遮光率的遮阳网，尤其是培育果菜类蔬菜幼苗，光照不足，则幼苗瘦弱。

（二）露地育苗法　露地育苗是指不用特殊的防护设施或设备，利用自然常温进行育苗的方法。目的是为充分利用土地；利于集中管理，节约用种，防止苗期遭受各种灾害；有利于增加复种茬次。和保护地育苗相比，露地育苗管理比较容易，省工、成本低。但露地育苗易受各种自然灾害、病虫害为害，也因为整地不细或土壤板结等造成种子发芽、出苗不齐等。

（三）床土育苗法　床土育苗是中国普遍采用的育苗方法，主要用较肥沃的园田土育苗，取土方便，土壤的缓冲性较强，营养较齐全，不易出现明显的缺素障碍。但育苗床土需要用大量的有机肥或有机质与土壤配制，消毒较为困难；苗坨重量大，不便于运输，所以适合较小规模的就地育苗，就地使用。营养床土育苗时，应注意床土的合理配制，既考虑到各种营养物质的供给，也要考虑床土物理性状的改良。

（四）无土育苗法　是采用一定育苗基质和人工配制的营养液代替床土的育苗方法，又称营养液育苗，如穴盘育苗，也是营养液无土栽培的配套育苗方法。无土育苗所用的基质必须通透性、保水性良好；重量轻，便于长途运输；物理和化学性状较稳定，不易变形和与营养液产生不利于幼苗生长发育的化学反应。采用无土育苗法虽有利于实现育苗的标准化、规模化生产和管理，但相应的对营养液的配制和供给、基质的选用、育苗设施及其育苗环境的调控等有较高的要求，否则易出现幼苗徒长、缺素障碍、根系缺氧障碍等。

（五）嫁接育苗法　嫁接又称接木，就是将一植物体的枝或芽，接到另一带有根系的植物体上，使之愈合成为一个具有共生关系的新的植物体。用嫁接方法培育的苗木称为嫁接苗。在嫁接植株中，被嫁接的部分称接穗，承受接穗的部分称砧木。接穗生长所需的水分、矿质养分来自于砧木。一般情况下，砧木所需同化产物由接穗同化器官供给，砧木一般不留有叶片。

　　嫁接技术是中国春秋战国时代园艺技术的重大成就之一，最初应用在果、木上。到了汉代，嫁接技术被应用到蔬菜生产中。西汉·氾胜之撰《氾胜之书》（公元前 1 世纪后期）在区种瓠法中说："下瓠子十颗，……既生，长二尺余。便总聚十茎一处，以布缠之五寸许，复用泥泥之。不过数日，缠处便合为一茎。留强者，余悉掐去，引蔓结子。"这是中国文献中有关蔬菜嫁接育苗栽培的最早记载。但直至 20 世纪 70 年代中期前，嫁接栽培一直没有在中国蔬菜生产中得到应用。

　　20 世纪 20 年代以后，日本等国家开始将嫁接技术大面积应用于蔬菜生产。邢禹贤于 20 世纪 70 年代，首次将嫁接引入中国的冬季温室西瓜生产中，成功地解决了西瓜不能连作重茬的问题。70 年代中期，中国农业科学院蔬菜研究所等单位引进日本国黄瓜嫁接育苗技术，并取得成功；1979—1980 年，在对云南省的蔬菜资源考察中，首次发现了丰富的黑籽南瓜资源，为黄瓜嫁接育苗提供了极有价值的砧木材料。20 世纪 80 年代以后，蔬菜嫁接育苗在中国迅速得到发展，现今已广泛应用于西瓜、茄子、番茄、甜瓜等的保护地蔬菜栽培中。

　　嫁接育苗的主要目的是利用砧木强大根系的吸收及抗土壤病害的能力，增强接穗蔬菜植株的抗逆性、抗病性，提高产量。嫁接育苗要取得成功的关键，是选择砧木、砧木和接穗苗播种期的确定、嫁接技术的合理应用以及如何提高嫁接苗的成活率和成苗率等。嫁接方法有插接法、靠接法、劈接法等，可根据不同蔬菜种类、嫁接技术的掌握程度等选用。目前，中国的蔬菜嫁接育苗基本是采用手工操作，一般每日每人嫁接苗量为 400～600 株，高者达 800 株，成活率在 90％以上。长春裕丰自动化技术有限公司利用日本、韩国专利技术，开发成功"蔬菜自动嫁接机"，每小时可嫁接 240～540 株苗，成活率在 90％以上。参见第五节有关部分。

　　（六）扦插育苗法　　扦插育苗是利用蔬菜作物的某些器官如枝条、叶片等，经过适当处理后，在一定条件下促使发根、成苗的一种繁殖方法。这种无性繁殖方法以往多用于特殊需要的科学研究中，如甘蓝、白菜腋芽扦插繁种等。近年在枸杞、蒌蒿、菊花脑等蔬菜（芽苗菜）生产中，采用扦插育苗的方法，加速良种的繁殖速度。扦插育苗的技术关键是促进生根，包括扦插环境条件的调节和控制、生长调节剂的应用等。扦插用的基质可以选择床土、水、沙、炉渣、蛭石等。在发根过程中不需要供给营养，但应有适宜的温度和保证水分供应。光照不宜太强，可适当遮荫。常用的生长调节剂有：萘乙酸（500mg/L）、吲哚乙酸（1 000mg/L）、生根剂（粉）等。

　　（七）组织培养育苗法　　植物组织培养是指在无菌条件下，将离体的植物器官（根、茎、叶、花、果实等）、组织（形成层、花药组织、胚乳、皮层等）、细胞（体细胞和生殖细胞）以及原生质体，置于人工配制的培养基上，给予适当的培养条件使其长成完整的植株，统称为植物组织培养。其培育成的幼苗也称组培苗、试管苗等。

　　植物组织培养是 20 世纪发展起来的一门新技术。特别是近二三十年来由于组织培养基础理论研究的不断深入和迅速发展，其应用范围也越来越广泛。

　　在蔬菜种苗技术中采用组织培养育苗，可以大大提高繁殖效率，同时还可得到无目标病毒的植株。但出于对育苗成本方面的考虑，目前仅在马铃薯、大蒜、姜、荸荠、莲藕等少数需要用无性繁殖方法育苗的蔬菜上利用外，其他用种子繁殖的蔬菜一般不采用组织培养育苗法培育种苗。自 20 世纪 80 年代起，组织培养快速繁殖法已在马铃薯、草莓脱毒种苗的商业生产上大量推广应用，并建立了较系统的繁殖体系。此后，大蒜、姜、莲藕等的组织培养快速繁殖生产脱毒种苗技术逐步成熟，正在进行较大面积生产示范。参见各论部分的有关章节。

二、保护地育苗技术

　　本节所阐述的内容，是以低温、寒冷季节所采用的保温或加温方法育苗为主，蔬菜种类则以茄果类或瓜类蔬菜为主。

蔬菜保护地育苗要求育成数量充足的适龄壮苗，并防止幼苗遭受自然灾害和感染病虫害。在育苗技术上应做好苗床准备、种子处理，掌握好播种期和苗龄、播种技术和苗期管理等工作。

（一）育苗设施及设备　蔬菜保护地育苗是在保护设施中设置苗床进行蔬菜育苗。目前，中国蔬菜育苗所应用的保护设施主要有冷床、温床、加温温室、日光温室、塑料棚等，这些设施常常与蔬菜保护地栽培的设施基本相同，其结构、性能请参见第二十三章。

上述育苗设施中的苗床温度当然以加温温室和节能日光温室为高，但设施投资也大。冷床的保温性能虽较塑料大棚（或中棚）好一些，但若遇到长期阴雨或雨雪天气，床温又太低，且苗期通风管理等也不方便。应用塑料大棚（或中棚）育苗的优点是设备简单，成本较低，适于大规模应用，且苗期通风管理较方便，也有利于育成整齐、健壮的蔬菜幼苗。但其缺点是棚内昼夜温差大，保温性能差，湿度高。至于塑料大棚（或中棚）中再设置小棚育苗，虽然成本略高一些，但容易建造，保温性能较好（还可结合用电热加温），且便于苗期管理（特别是多雨的地区）。

由于不同育苗设施的性能有很大差异，因此中国的菜农很重视将育苗设施因地制宜地进行配套并加以综合利用。将加温温室、日光温室（设辅助加温）和温床用于喜温果菜类蔬菜的播种育苗；在冬季和春季气温不太低的地区，将冷床应用于播种，而将与其配套的塑料拱棚用于分苗；同时也常将较耐寒的甘蓝类蔬菜以及莴苣置于塑料拱棚中播种育苗。据经验，生产上常将播种用的保护地设施和分苗用的保护地设施，各保持在一定的面积，其比例大致为 1∶4～8。

1. 降温、避雨育苗床　为了延长夏秋季蔬菜生长，克服高温多雨、病虫害严重及增加中后期生长的热量条件，长期以来，中国的蔬菜生产曾主要利用荫障、盖苇帘等传统的覆盖技术进行遮荫育苗。近年来推广了农用塑料遮阳网覆盖技术，又进一步推动了遮荫育苗的发展。由于遮阳网规格不同，因此其遮光率也不同，一般可达 30%～70%。遮阳网具有减弱强光、降低温度等功效，可防止强光和高温对蔬菜作物所造成的危害。据测试，在夏秋季中午强光照条件下，遮阳网可降低地温 5～7℃，降低气温 3～4℃；它还可减轻雨滴的机械冲击力，防止暴雨冲刷，有效地制止土壤板结，并具有保墒防旱、调节土壤水分、驱避害虫等作用。此外，特别是在台风经常侵袭的地方，还可减轻台风灾害。采用遮阳网覆盖的优点是：工业化生产，成本较低；使用方法简便，便于大面积生产应用，同时它可利用大、中棚等骨架进行覆盖，使育苗场地大型化，也可在棚内进行穴盘育苗。因此采用遮阳网遮荫育苗要比传统苇帘育苗的成苗率提高 20% 以上，而且能有效地提高夏秋季育苗的安全性。遮阳网有多种型号，有黑色网、银灰色网以及各种不同的遮光率，在使用时要注意根据当地具体天气情况以及不同蔬菜作物的需光特性等因素，因地因时制宜的进行选用。

此外，在覆盖时最好采用"一网一膜覆盖法"，也就是在塑料薄膜上再覆盖遮阳网，其遮荫降温、防暴雨的性能和覆盖效果，要比单一使用遮阳网更好。

2. 床土　中国蔬菜育苗尤其是保护地育苗的苗床土，一般多为人工配制的培养土，配制材料和比例通常为（按体积计算）：园田土 4～5 份，腐熟并筛细的厩肥 5～6 份。在长江流域往往还要加入少量的砻糠灰或再加入腐熟并筛细的有机物垃圾肥 2 份。在中国北部地区则往往加入腐熟粪干 1～2 份或细沙、炉渣灰 1 份，并相应地减少园田土的用量。上述材料应提前于上一年夏季堆制，并经翻堆，充分腐熟后应用。若不用人工配制的培养土，则应于播种前 1 个月，在每 100m² 苗床中施入经过腐熟并筛细的堆肥或厩肥 750～1 000kg 或再施入适量的育苗专用商品有机肥。但在豆类蔬菜苗床中，一般不宜施肥。此外，生产上还常常在苗床土中施入适量的磷肥，其用量一般为每 100m³ 培养土中掺入 5～7.5kg 过磷酸钙（或以重量计：约占培养土重量的 0.1%～0.2%）。苗期施磷肥有促进幼苗根系生长的效果。

3. 营养土块　营养土块由营养土压制而成，其配料比例（特别是机制土块）较严格，要求最终压成的土块，松紧适当、不硬不散。中国用于蔬菜育苗的营养土块，其配料比例一般为（按体积计算）：园田土 2～4 份（机制土块中土的比例应在 3 份以下），腐熟马粪等厩肥 6～8 份（如改用草炭则为 4～7 份）。或加入陈炉渣灰 2 份左右，同时适当减少厩肥的用量。土块中的水分以掌握捏之能成团（含水量为 20％左右）为度。中国南部地区常常使用河泥压制营养土块，其配料比例为：河泥 4 份、腐熟厩肥 6 份，再加少量的砻糠灰；或用河泥、厩肥、园田土各 1/3。在部分草炭资源丰富的地区，也加入少量草炭，既有利于土块不散，又有利于发根和增加养分。

营养土块一般长度为 8～10cm，高 5～8cm。其制作方法多以人工切块为主，又分为"和泥法"和"干踩法"两种。生产上又以后者应用更多，即将苗床整平、压实后，把已配好的营养土铺在上面，刮平、踏实、浇水，待水渗下以后，切成土块。在哈尔滨、太原等地有用模具压制营养土块的。黑龙江哈尔滨市蔬菜研究所从荷兰引进自动化营养土块压制机，可制成 7 种规格（3～10cm 见方）的营养土块，每小时可压制 5 000～30 000 个。

4. 育苗容器　幼苗在苗床生长期间，根系的吸收表面超过叶片的蒸腾与同化表面达到 10 倍以上。一旦经过起苗、定植于田间，便将使根系损失 90％以上的吸收表面，造成根系表面与叶表面比例的剧烈减小，从而引起幼苗水分供应失调，并使缓苗期延长。为此，生产上常常采用保护根系的育苗措施，以便保证定植时蔬菜幼苗不伤根或少伤根。蔬菜作物中特别是瓜类、豆类蔬菜的根系，很容易发生木质化，断根后很难恢复，故不耐移植，因此这些蔬菜更应注意采取护根育苗措施。

近几十年来，由于对幼苗护根措施的重视，容器育苗（如营养钵或营养土块育苗）在中国蔬菜生产中不断地扩大应用。其突出的优点是：苗期营养条件好，有利于培育大苗、壮苗；定植时根系完好，缓苗快，作业又方便，护根效果显著，并有利于获得蔬菜的早熟和高产。一般可比床土育苗提早 5～7d 采收，增产 20％左右。

（1）纸筒　或称纸杯、纸袋，一般用旧报纸卷成筒形。尤其是北方塑料大棚栽培的黄瓜，多应用纸筒育苗。此法的护根效果较床土育苗起坨定植要好，取苗运输时根系损伤较少。但制作较费工，排杯到苗床也较费时。纸杯制作：旧报纸裁剪成 8～12 份，将纸套在固定大小的铁筒外折叠制成。杯高 8～10cm，直径 7～9cm。杯内装满培养土后放置于苗床，放置时要注意使杯的高矮一致，杯间空隙要用细土填上。在进行播种或分苗前要先浇透水，然后播种或分苗。覆土时要注意盖土严密，不要让纸杯边缘暴露出来。否则纸杯中土壤的水分，将通过纸的毛细管作用而蒸发损失，并造成杯土干燥，幼苗生长不良。

（2）草钵　这是杭州、成都等地菜农利用稻草制成的一种育苗钵。制钵时先取长 33cm 左右的稻草 20 余根，将草束作扇形散开来，压入搪瓷杯或陶土钵的模具中，使草均匀分布并紧贴于模具底部和周壁。随即装入培养土，要求高出模具口约 1.5cm。最后在近模具口处用草箍住，把稻草连同营养土提出模具就制成了草钵。装草钵所用培养土要干湿适宜，并分两次装填。第 1 次约填一半，要压紧，使钵牢靠；第 2 次只是稍稍压实钵边即可，以利于幼苗扎根。

（3）塑料薄膜筒　上海、江苏等地多有应用。制作方法简单，将塑料薄膜截成无底的圆筒即可。其优点是制钵速度快，苗钵保水性强。

（4）塑料钵　近些年来，塑料钵在蔬菜育苗中的应用越来越普遍。中国蔬菜育苗所采用的塑料钵多以聚乙烯为原料制成，为圆筒形，下底直径稍小，黑色、墨绿色或暗白色。上口直径一般为 6～10cm，高 8～12cm。

对于瓜类、茄果类等蔬菜育苗，通常宜采用直径较大、高度较高的苗钵或筒。如用于茄果类蔬菜育苗，营养钵的钵径一般为 8cm 左右，最大的达 13cm 左右；瓜类蔬菜育苗的钵径一般为 10cm 左右。此外，也有用小瓦盆、泥钵或其他容器育苗的。

（5）穴盘　是一种用塑料制成的、分格的育苗盘。在穴盘的每 1 个格内装填育苗基质，栽种 1 棵苗。每个格子上口较大，下口较小，苗坨因而呈"楔形"，其幼苗又称"塞子苗"。为了适应工厂化穴盘育苗精量播种的需要和提高苗床的利用率，一般都选用规格化的穴盘，其外形和孔穴的大小国际上已实现了标准化。其规格为宽 27.9cm，长 54.4cm，高 3.5～5.5cm；孔穴数有 50 孔、72 孔、98 孔、

128 孔、200 孔、288 孔、392 孔、512 孔等多种规格；根据穴盘自身的重量有 130g 的轻型穴盘、170g 的普通型穴盘和 200g 以上的重型穴盘三种。轻型穴盘的价格较重型穴盘低 30%左右，但后者的使用寿命是前者的两倍。

5. 育苗机械及设备 参见本节"现代育苗技术"部分。

（二）播种

1. 播种期 春季果菜类蔬菜保护地育苗，一般可根据当地蔬菜幼苗的安全定植期，参考下述的苗龄标准，推算出适于当地的播种时期。从播种时计算，番茄以育苗期 50～57d 的秧苗活力最强，育苗期过短（43d）和过长（85d）活力下降（程智慧，1989）。早熟果菜类蔬菜幼苗的苗龄（指定植时的生理年龄）是：番茄初现花蕾，不宜带花，更不宜带果定植；辣椒已现花蕾，南京、杭州等地要求在幼苗的侧枝上也已出现花蕾；茄子已现花蕾，或少数幼苗已开花；黄瓜已具"4 叶 1 心"（即第 4 片真叶已展开，第 5 片真叶初现）。如果不以早熟栽培为目的，或者育苗设备等条件较差，则应采用比较幼龄的幼苗定植。

育成上述适龄壮苗所需要的苗期（日历苗龄）的长短，在中国的不同地区差异很大。过去南方多采用露地育苗，北方采用保护地育苗，因而北方的苗期比南方的短。例如，应用传统育苗的方法，在东北、西北和华北地区，番茄的苗期一般为 70～80d；茄子、辣椒为 90～95d；黄瓜为 35～55d。但是在华中地区番茄的苗期则一般为 90～100d（少数地方长达 110～120d）；茄子、辣椒为 120d 以上，最长可达 140～150d；黄瓜为 50d 左右。随着南方塑料拱棚育苗的发展，蔬菜育苗期也在缩短。另外，即使在同一个地区也有类似的现象存在，例如陕西的番茄苗期，陕北为 80d 左右，关中为 90d 左右，但在陕南则需 100～110d。

上述现象显然是与育苗期间不同地区的光照条件及其相应的苗床温度有关。北方育苗时期外界温度虽低，但晴天多，光照强，苗床中的温度较高，因此苗期反而比南方为短。

自日光温室、塑料棚、电热线加温等设施普遍用于蔬菜育苗后，育苗环境条件有了较大改善，使育苗的日历苗龄逐渐缩短，如华北地区栽培的番茄苗期已缩短为 50～60d，辣椒为 70～75d，黄瓜为 30～35d。从另一方面看，由于中国蔬菜的供应日趋均衡，季节性差价已逐步缩小，因此，菜农也不再过于追求春季早期产值而培育大龄苗。各种蔬菜保护地育苗的适宜苗龄，参见本书各论部分的有关章节。

此外，还应该注意到播种期对不同种类蔬菜生长发育的影响。例如：华北和华中地区，春季栽培黄瓜在春分以前播种育苗的，由于苗期处在较低的温度和较短的日照条件下，因而雌花的着生节位较低。播种期越早，雌花着生节位越低，雌花数目越多。但春分以后播种的，则雌花的着生节位相应升高，雌花的数目也显著减少。又如在保护地播种育苗的甘蓝、洋葱等幼苗，若播种时期太早，则常由于苗龄长、植株大，期间一旦遇到较长时间的低温，便容易通过春化，引起植株的未熟抽薹。

2. 播种量 中国蔬菜保护地育苗大多先在播种床撒播，此后再分苗。其面积的确定一般应根据需苗数、播种方式、蔬菜种类等而定。需要考虑的原则是：既要充分利用育苗设施多出苗，又要防止幼苗过密而徒长。中、小粒种子蔬菜一般采用撒播法播种，可按每平方厘米苗床分布 3～4 粒有效种子计算；大粒种子蔬菜如黄瓜、豆类蔬菜多采用苗床等距点播。可用下列公式计算：

$$播种床面积（m^2）=\frac{实际需种量（g）\times 每克种子粒数\times 每粒种子所占面积}{10\ 000}$$

如需要了解某种蔬菜 667m^2 的实际播种量的计算方法，可参考以下公式计算：

$$667m^2\ 实际播种量（g）=\frac{需定植苗数（667m^2\ 面积）}{每克种子粒数\times 种子用价}\times 安全系数（1.5～2）$$

$$种子用价（\%）=种子净度（\%）\times 种子发芽率（\%）$$

在一般条件下，每 667m^2 定植面积所需用种量大致为：番茄 20～30g，辣椒 80～110g，茄子

35～40g，黄瓜 150～200g，甘蓝 25～40g，南瓜 250～400g。

3. 种子处理 保护地育苗播种前的种子处理，主要进行浸种、催芽、种子消毒等。如有特殊需要，或具备一定条件，可以进行其他处理，具体处理方法可参见本章第三节。

4. 播种的方法 中国蔬菜保护地育苗多以保温育苗为主，其育苗设施易受天气的影响。所以播种以后能否出苗以及出苗情况如何，是保护地育苗的首要关键环节。为达到播种后幼苗出土早，且苗全、苗齐、苗壮的要求，必须做到苗床床土平、浇水足、覆盖好，以及播种时应抢晴天、抢上午、早覆盖（指苗床的覆盖保温）。为此，必须及时掌握天气情况，以便采取适当措施在出苗期间保持苗床良好的温度、水分和土壤条件。

一般的育苗床，在床土整平以后，其上再铺一层培养土，厚 6～8cm，整平，轻轻压实即可。也可在苗床施入基肥以后，将床土翻耕，反复耙细，再整平，以浇水后能达到苗床各部位水分均匀为度。若采用营养土块或营养钵，则可在床面整平后直接在苗床上成行、成列地排码。

为了满足出苗和幼苗生长所需要的水分，并减少苗期浇水，在中国北部以及华中的一部分地区，播种前一般先在苗床中充分浇底水，然后播种（经催芽的种子，更应先浇底水、后播种）。这样可利用土壤毛细管的作用，保持幼苗期床土水分供应的稳定性。

先浇底水、后播种蔬菜种子的方法，早在北魏时已经应用，《齐民要术·种葵菜》（6 世纪 30 年代或稍后）一节中说道："深掘，以熟粪对半和土覆其上，令厚一寸；铁齿耙耧之，令熟，足踏使坚平；下水，令澈泽。水尽，下葵子；又以熟粪和土覆其上，令厚一寸余"。该书中所述瓠瓜的播种方法也和上述的方法相似。

浇底水一般应掌握水渗透至土面以下 7～10cm 为度。盐碱地区播种前一般要浇两次底水，即播种前 3～4d 浇第 1 次水淋盐，水量一般深达土面以下 10～13cm，并进行覆盖提温，至播种当天再少量浇一次底水。中国东北、西北严寒地区，底水也有浇温水的，以便提高床土温度，有利于出苗。底水渗下以后，撒入一薄层细土（称为底土，底土较疏松湿润，有利于种子发芽和出土），即可播种。

茄果类蔬菜保护地育苗以撒播为主，但在甘肃、青海、宁夏等地也有采用条播的。瓜类蔬菜主要为点播，按苗距 8～10cm 见方播种一粒种子。少数地方用撒播。一般均于子叶期分苗。菜豆、豇豆等豆类蔬菜，一般为穴播，按穴距 8cm 见方播种，每穴播种子 3～4 粒，深约 2cm。少数地方菜用大豆（毛豆）也用撒播法育苗，条播按 8cm 的行距播种。豆类蔬菜多以较小的子叶苗定植。

播种后覆以过筛的细土或培养土。茄果类蔬菜覆土的厚度一般为 0.7～1cm，但在干旱地区应加厚至 1～1.3cm；瓜类蔬菜覆土厚 1～1.5cm（或在播种部位的上面覆土成小土堆，高约 1.5cm，然后再平撒一层细土，把床土盖严。）；豆类蔬菜播种后应适当加厚覆土，如覆土过薄，种苗出土时易将种壳带出土层，夹住子叶（俗称"戴帽"）而影响幼苗生长。为了保温和保湿，一般在覆土层的上面再盖一层塑料薄膜，待到将出苗时再把它及时揭除。

在中国的南部，一般于播种覆土以后洒水，将床土浇透。还可于出苗前在土面上再盖薄薄的一层稻草，以减少水分蒸发，并使土面不致板结。

播种宜在晴天上午进行，播种以后应立刻在苗床上覆盖塑料薄膜或玻璃窗，覆盖要严密，夜间还要加盖保温覆盖物，以尽量提高床温。有加温设备的温室，在播种前 1～2d 就应开始加温，在种子发芽期间要尽量保持苗床具有较高的温度。

（三）苗期管理 苗期管理是蔬菜保护地育苗过程中又一个重要环节，包括播种后至分苗前管理和分苗后至定植前的管理两个阶段。

1. 播后管理

（1）出苗期管理 出苗期是自播种至出全苗。迅速而整齐地出全苗，土壤温度是关键。喜温蔬菜的土温白天控制在 25～28℃，夜间为 18～20℃；喜冷凉蔬菜白天控制在 20～25℃，夜间为 16～18℃。在冬季不加温温室内育苗，一般采用电热温床育苗，同时在苗床上加盖小拱棚保温，促进幼苗

迅速出土，也可节省用电。用普通育苗床育苗，除加盖小拱棚外，夜间还需在棚外加纸被等覆盖物保温，白天揭开覆盖物见光。必要时进行人工补充加温。当幼芽大量拱土时，应及时撤掉覆盖床面的薄膜，以防烤坏幼芽。

（2）籽苗期管理　出苗至第 1 片真叶露心前为籽苗期。此期内的管理应以防止幼茎徒长为中心，适当降低夜间温度，喜温果类蔬菜降至 12～15℃，喜冷凉蔬菜降至 9～10℃。但在普通育苗床育苗时，要注意夜间防寒。此期内一般不浇水，防止因浇水导致土温下降及发生猝倒病。

（3）小苗期管理　自第 1 片真叶露心至第 2、3 片真叶展开为小苗期。此期内根系和叶面积不断扩大，不易发生徒长。其管理原则是边"促"、边"控"，喜温蔬菜白天温度控制在 25～28℃，夜间为 15～17℃；喜冷凉蔬菜白天以 20～25℃，夜间以 10～12℃为宜。随着外界气温的升高，应逐步加大通风量，延长幼苗见光时间，促进光合产物的累积。如播前底水充足，则不必浇水，可向床面撒一层湿润细土保湿。注意苗期病害的防治。

（4）分苗　分苗是育苗过程中的移栽，目的是为扩大幼苗的营养面积。不耐移栽的瓜类蔬菜作物一般在子叶期进行，茄果类蔬菜作物可以稍晚些，但最晚宜在花芽开始分化前移栽。分苗前 3～4d 要通风降温和控制水分。分苗前一天浇透水以便起苗少伤根。分苗宜在晴天进行，最好先开沟或挖穴，栽苗后浇水，再覆土，以利土温提高。

2. 分苗后管理

（1）缓苗期管理　缓苗期根系恢复生长要求较高的温度。喜温性蔬菜作物的地温不低于 20℃，白天气温维持在 25～28℃，夜间不低于 15℃；喜冷凉性蔬菜作物可相应降低 3～5℃。缓苗期间不放风，如果苗子经日晒后发生萎蔫现象，应适当遮荫，不久便可恢复。缓苗期间在分苗床上铺一层地膜增温保湿，有利于加快缓苗。缓苗后及时撤除地膜。

（2）成苗期管理　分苗成活后至定植前为成苗期，此期间秧苗生长量大，如管理不当可能造成苗子徒长或老化。

秧苗成活后，表土如干燥可喷一次水，促进秧苗生长。这时的苗床管理仍以防寒、保温为主。进入旺盛生长期后，应控温不控水，即喜温果菜夜间温度控制在 12～14℃，喜冷凉蔬菜控制在 8～10℃。夜间保持较低的温度，既可防止徒长，还有利于茄果类蔬菜作物花芽分化及瓜类蔬菜的雌花分化。但较长时间的夜温过低，如番茄低于 10℃，甘蓝、芹菜低于 4～5℃，则番茄容易出现畸形果，甘蓝和芹菜易发生未熟抽薹。如果主要依靠控制水分来避免徒长，则易产生老化苗，到生长后期如果缺水，对幼苗生长及各种生理活性有严重的抑制作用，导致叶片净光合率下降，游离氨基酸含量升高，硝酸还原酶活力降低。此时不宜小水勤浇，而必须一次浇透，同时结合撒土保墒维持土壤适宜含水量。随外界温度逐渐升高，应加大放风量，后期逐渐通过夜间放风降低温度。弱光照也是造成秧苗徒长的主要原因之一，此期要通过拉大苗距来避免秧苗叶片之间相互遮荫。

3. 定植前的管理　此期的管理主要是降温控水来加强对秧苗的锻炼。中国菜农采用的主要方法是炼苗和闷苗，以使秧苗在定植后能迅速适应本田的环境，加速缓苗生长，增强抗逆性。如经过 6℃锻炼 6d 的黄瓜幼苗，在（1±1）℃致害温度 40h 未见萎蔫现象，而对照幼苗不足 10h 便开始萎蔫（杨阿明等，1992）。

炼苗的方法：于定植前 5～7d 逐渐加大通风量，特别是降低夜间温度，并停止浇水。如果是为露地生产培育秧苗，则到定植前要昼夜都撤去覆盖物，达到完全适应露地环境的程度，但必须注意防止霜冻危害。在秧苗的锻炼期间，喜温性果类蔬菜夜间最低温度可达 7～8℃，其中番茄和黄瓜可达 5～6℃；喜冷凉的蔬菜作物可逐渐降到 2℃，甚至短时间达到 0℃。

定植前的锻炼也不能过度，否则也易出现老化苗，如黄瓜表现为"花打顶"。为温室生产培育秧苗，则可进行轻度的锻炼，或不进行锻炼。

闷苗在中国北方普遍应用，它也是后期炼苗的一种方式，可防止秧苗徒长，促进新根发生，土坨在搬运过程中，不易松散伤根，使定植以后，缓苗快，发棵旺。囤苗也是秧苗定植以前的准备工作，有利于加快定植的进度。一般囤苗 3～7d，先在苗床中浇水，再按苗距切成土块，土块高约 7cm，将带有土块的秧苗重新排列于苗床中，土块之间填以细土，待土块周围长出新根以后定植。番茄苗经过囤苗后，促进了根系的生长，抑制了营养生长，光合产物积累量增加，茎、叶组织的纤维素增加，含糖量明显增加（表 6-5）。

表 6-5 囤苗处理对番茄植株糖与含氮量的影响
（中国科学院上海植物生理研究所，1960）

处理	取样日期（月/日）	植株部位	糖、氮含量（%，干重）				平均植株干重		
			全糖	淀粉	纤维素	全氮	单株重（mg）	（%）（占鲜重）	茎叶干重/根干重
囤苗前	3/20	叶	6.03	8.49	7.8	3.89	370	9.2	5.29
		茎	3.88	1.24	11.56		370	9.2	
		根	5.43	0.46	13.15	—	70	9.5	
囤苗后	3/27	叶	12.55	10.48	18.11	2.94	643	9.2	4.52
		茎	12.88	8.26	31.37		643	9.2	
		根	9.40	3.21	28.99	—	149	10.6	
未囤苗	3/27	叶	8.62	8.91	12.52	3.72	585	8.2	7.45
		茎	6.63	3.49	29.47		585	8.2	
		根	5.79	1.46	28.80	—	78	8.6	

注：番茄品种为大红。

（四）苗期病虫害的防治 保护地育苗期间各种蔬菜作物容易发生的主要病虫害及其防治方法，参见第二篇各论中的有关章节。

三、露地育苗技术

（一）露地育苗的一般方法 露地育苗是指利用自然常温在露地苗床进行育苗的方法。其优点是成本低，管理简便，适于大面积育苗。中国进行蔬菜露地育苗的地区很广，露地育苗的蔬菜种类也很多，面积也很大，其中如洋葱、大葱、秋莴苣、秋花椰菜及大部分叶类蔬菜等都在生长期内育苗。秋菜的幼苗期多在高温多雨季节，集中育苗便于管理培育壮苗和不受病虫为害；春结球甘蓝栽培，如在露地直播育苗，则很容易发生未熟抽薹，过晚播种则生长期短，结球不良，而采用露地育苗移栽即可解决这个矛盾。

进行蔬菜露地育苗的地块要选择地势高燥、灌排水方便、靠近大田栽培的地块。苗床整地要细致，床面要平整。蔬菜露地苗床土地的利用有两种方式：一种是育苗结束以后，将全部幼苗定植于大田，苗床土地另行使用，如秋甘蓝、秋莴笋的育苗；另一种是间拔多余的幼苗，移栽其他田块中，留下的幼苗作为直播栽培，如白菜、芹菜和葱类蔬菜的育苗。

中国有些蔬菜的种植密度很大，所以露地苗床（秧地）所需的面积往往也很大（即"育苗系数"很小）。例如，白菜类蔬菜的苗床和大田面积的比例一般为 1:4～7（包括苗床本身）；大白菜约为 1:20；莴笋约为 1:100。

为了预防自然灾害和培育壮苗，露地育苗有时也采用了一些临时性的简易保护措施。例如低温季节育苗时，出苗以前在苗床地面覆盖塑料薄膜；在广东、福建、云南等省，冬季于露地进行茄果类蔬菜育苗时，有时也要用"草片"等作临时性的防寒覆盖。广东、台湾等地及上海市郊区，夏季在甘蓝

等蔬菜的苗床上设置防雨小棚。

蔬菜露地育苗苗龄一般较短，以利于定植后的缓苗和发棵，并可增强抗性（例如，秋季栽培的白菜或番茄，短龄苗一般较耐病毒病）。所以定植时叶菜类的苗龄一般以具有 6～7 片真叶为宜。苗期大致是：白菜 25～30d，大白菜 19d 左右，但有些地区苗龄还要长一些；甘蓝类 40d 左右；芹菜 60d 左右；瓜类一般为 20d 以内；茄果类为 40d 以内。

蔬菜露地育苗的播种期根据蔬菜种类和生产茬口确定。秋季结球白菜育苗的播种期要比直播的提早 2～3d。葱类、莴笋等在夏、秋育苗时，播种期不能太早，以免引起未熟抽薹。高温季节播种的莴笋、芹菜等，常常要先浸种，并以低温催芽以后再播种。叶类菜育苗所采用的播种方法多以撒播为主，茄果类蔬菜则以撒播或条播为多，而瓜类蔬菜一般均采用点播法育苗。在播种密度方面，虽然适当稀播也是蔬菜露地育苗培育壮苗的环节之一，但是在天气不正常时，仍应适当增加播种量。

蔬菜露地育苗一般在苗期都要进行分次间苗，大致在出现第 1 片真叶和有 2～3 片真叶时各间苗一次。甘蓝类和茄果类蔬菜育苗通常还要分一次苗。此外，苗期还应做好灌溉、排水、松土、除草、追肥和病虫害防治等工作。

（二）蔬菜露地育苗的抗灾保苗措施

1. 高温多阵雨季节的保苗措施 以华南和华北地区为例：①选择高燥地块建苗床，最好选用沙壤土，不用沙土或黏土，要求苗床四周排水通畅。②一般宜施用有机肥料，肥料应充分腐熟并拌匀。③播种后在苗床的床面撒上一些截短的麦秆，或用细碎的干塘泥覆盖床面。④播种后如遇阵雨而种子还未萌动时，雨后苗床即应进行浅耙，防止土面板结，同时可再播入少量的种子。

2. 高温干旱季节的保苗措施 以华中或华北地区为例：①在苗床中浇足底水，待水渗下床面撒一层细土后播种（华北地区豆类蔬菜也常在播种前先对苗床充分浇水，然后整地、筑床，随即乘墒播种）。②于播种覆土后，覆盖细沙壤土，根据种子大小决定覆土厚度。③播种后用芦帘、麦秆等覆盖地面，于出苗时揭除；或者在苗床床面覆盖截短的麦秆、细碎干塘泥等。④苗期如需分苗时，分苗要浅栽，缓苗期要适当遮荫。⑤应于早晨或傍晚待地温、水温降低以后，再向苗床中浇水。

3. 春季蔬菜幼苗的防冻保苗措施 以华中和华北地区为例：①严格掌握播种时期，叶类菜露地越冬时一般以具有 6～7 叶的幼苗较安全，苗龄太长或太短，越冬时都易遭受冻害。②越冬前应适当控制浇水或追肥，对幼苗进行充分的锻炼。③越冬期间苗床床土应保持适当的水分。河南等地一般在土地将上冻以前（11 月下旬前后）浇一次越冬水；或在浇越冬水以后，在地面盖一些树叶、麦秸等，更有利于防冻、保苗。

4. 干旱地区的保苗措施 西北地区蔬菜抗旱保苗一般多采用下列方法：①抓住墒情，抢墒播种。"借墒不等时"是这个地区菜农长期实践经验的总结，允许适期偏早抢墒播种，以利出苗。②土壤水分含量较少时，播种后需及时镇压土面。③借墒播种，即开穴点播时，第 1 穴播后暂不覆土，在挖第 2 穴时将从中挖出的湿土作为第一穴的覆土。④有条件的地区，应在浇足底水后播种，出苗前一般不能再浇水，否则反而会妨碍出苗。⑤播种后用河沙等覆盖苗床床面。

5. 盐碱地的保苗措施 盐碱地露地蔬菜育苗，应以防止苗床返盐为前提。必须注意：①适时整地，要"整干、不整湿"，整地以后使苗床床土表面覆有一层小土块，使盐碱返到小土块上不致伤苗。②畦（苗床）要狭，畦面要平。③适当加大播种量，种子应进行浸种、催芽，一定要浇足底水（底水的用量要增加）后再播种。④播种覆土后，进行地面覆盖，出苗前不宜再浇水。⑤应分次间苗，适当多留些苗。⑥趁苗床土壤为"上干下湿"的状态时，及时松土。

四、现代育苗技术

现代育苗技术包含两层意思：一是用现代农业科学技术和工业技术培育幼苗；二是用现代经营管

理方式组织蔬菜作物育苗的生产，使蔬菜作物育苗业真正做到产业化经营，育苗技术达到标准化、自动化或机械化水平。

所谓现代育苗技术是相对于长期沿用、并以经验为主的传统育苗技术而言的，是一个相对概念。不同的国家、地区甚至单位，由于其育苗技术基础、设施条件、经营方式、资源条件等不同，因而实现蔬菜作物育苗现代化的途径、采用的方式方法可以多种多样，关键是能否在节能、高工效、低成本的基础上，培育出健壮的商品苗。

（一）现代蔬菜育苗的几种类型

1. 节能、省力型的育苗　在规模不大的生产条件下基本控制育苗环境，采用精细的育苗技术，培育高质量的幼苗；在环境控制方面注重保温和日光能、电热能等的合理利用；开发利用多种节能、保温新型资材或仪器设备；重视育苗技术的改进，如配制高质量的育苗床土或营养液、嫁接育苗、种子消毒等。这种育苗技术体系不但节能，而且技术容易掌握、成本低、效果良好，以日本国的现代育苗技术为其代表。应该说，中国目前采用的蔬菜育苗技术体系基本属于这种类型，但在育苗环境控制及其省力化、育苗设备及资材的研发等方面，还有较大差距。

2. 机械化穴盘育苗　是指采用穴盘播种、机械化生产线生产优质幼苗的方式。20世纪70年代以后，以草炭、蛭石等轻基质材料作为育苗基质，以穴盘为育苗容器，采用机械化精量播种、一次成苗的机械育苗技术开始在美国和欧洲各国迅速发展，并逐渐成为蔬菜等园艺作物育苗的主要技术。北京于80年代中期引进机械化穴盘育苗技术，在京郊花乡建起了中国第一座机械穴盘育苗生产场，并于1987年正式投产，北京市农林科学院蔬菜研究中心专家承担了技术设备引进和消化吸收等研究工作。该育苗场从美国引进的设备主要是穴盘育苗的精量播种生产线。花乡育苗场自1987年投入运行之后，商品苗产量稳步上升，质量不断提高。1990—1993年商品苗销售量稳定在每年800万株，并经常出现供不应求局面。按当时生产资料成本计算，在北京郊区冬春季采用营养钵进行黄瓜、番茄等果菜类蔬菜育苗，其成本（含劳动力）大约每100株25元，穴盘育苗成本则为每100株大约12元。尽管现行中国机械化穴盘育苗成本仍高于国外，且利润不如国外专业化育苗场高，但与中国传统育苗的成本相比已明显下降。仅就劳动生产效率而言，人均商品苗管理数量提高了8～10倍，每百株苗的能耗费用只相当于传统育苗的1/3。广州市已应用穴盘育苗进行夏季蔬菜如芹菜、莴苣、甘蓝等抗高温育苗；台湾省已采用穴盘育苗的园艺作物主要有甘蓝、甜椒、加工番茄、芦笋、百合、木瓜、翠菊、菊花等。进入20世纪90年代后，随着中国农业现代化进展，机械化穴盘育苗在北京、上海、广州等大城市郊区及其周边地区得到了进一步的应用，它也为中国菜农展示了现代高效、集约化农业的广阔发展前景。

机械化穴盘育苗的主要设备是精量播种生产线，包括对草炭、蛭石等育苗基质进行搅拌、装盘、压凹，精量播种、覆盖基质、喷水等作业。播种器包括真空吸附式和齿轮转动式两种。前者对蔬菜作物种子的形状、大小没有严格要求，但播种速度不快，一般每小时播200～400盘；后者工作效率高，每小时播800～1 000盘，对种子形状和大小的要求比较严格，播前对种子均需进行丸粒化处理。在机械育苗过程中，应对育苗环境进行调控，以创造适宜的生长发育环境。

机械化穴盘育苗有以下主要特点：

（1）生产效率高　与传统的营养钵育苗相比较，育苗效率由100株/m² 提高到500株/m² 以上；冬季利用塑料大棚或温室加温育苗，可有效利用育苗空间，提高育苗设施的利用率，进行连续的高密度育苗，能大幅度提高单位面积的种苗产量，可节省电能2/3以上，显著地降低育苗成本。

（2）适合异地育苗、长距离运输、分散供苗　多被专业化育苗场采用，能较大规模、多茬次生产蔬菜商品种苗，可严格按客户要求的品种数量、质量和定植期履行合同条款。由于采用轻基质育苗，且不易散坨伤根，故有利于异地育苗、长途运输、成批出售，对发展蔬菜种苗集约化生产、规模化经营十分有利。美国的育苗公司还备有田间移栽作业机械，对就近200km范围内的用户由育苗公司承

担移栽作业，移植幼苗随苗盘一起运到作业田间。一台比较先进的移栽机，11人作业，8h工作日，可完成4.5hm² 菜田的移栽作业（大约40万株苗）。如果用户与育苗场距离超过200km，则育苗公司负责把幼苗从育苗场取出，然后码放进防潮的纸箱里，用大型集装箱车送至用户处。

（3）机械化程度较高，技术管理规范　除苗盘码放和补苗需手工操作外，其他日常管理如喷水、施肥、打药等均进行机械化或自动化作业，并建立一套相应的标准化操作规范和管理制度。如播种之前，按标准检测种子活力和萌发率，发芽率低于85%的种子不能做精量播种使用；苗期不间断地检查基质理化性、基质EC值和pH、营养液的配制浓度与养分配比、喷水系统水分均匀度是否达到标准。此外，还建立了育苗温室和催芽车间环境控制管理标准、病虫害防治标准、壮苗标准和商品幼苗贮运技术规范等，因而能严格保证种苗的质量和供苗时间。

（4）成苗率高　由于采用了精量播种技术，虽然一穴只播一粒种子，但却大大提高了播种效率、成苗率，而且还节省了种子用量。

（5）定植后缓苗快　由于种子播种在上大下小的穴盘的穴孔中，并一次成苗（不分苗），故幼苗根系发达，并与基质紧密黏结成一个整体，定植时不伤根系，容易成活，缓苗很快。

（6）幼苗苗龄一般较小　由于受穴盘穴孔孔径的限制，由穴盘育成的蔬菜幼苗与中国传统育苗的幼苗相比，其苗龄一般都偏小，尽管穴盘苗定植后缓苗很快，但仍不免影响蔬菜的早熟性。

3. 工厂化育苗　工厂化育苗是在人工创造的优良环境条件下，运用机械化、自动化、工程化和智能化手段，采用标准化技术措施，快速而又稳定地成批生产蔬菜优质幼苗的一种育苗方式。它和机械育苗方式之间很难截然区分，只是更侧重于环境的调控和工艺流程上的工厂化特点，是蔬菜作物现代育苗的一种较高层次的育苗方式。

工厂化育苗的基本特点是：①育苗的主要或全部环节实行机械或自动化作业，并向全自动化发展；②主要育苗环境因子完全或基本上按育苗要求进行调节与控制；③育苗技术规程实现完全标准化；④以一定育苗程序分阶段作业，按计划时间及秧苗规格成批生产秧苗；⑤实现秧苗的全年专业化、商品化生产。

（二）机械化穴盘育苗的设施与设备

1. 机械化穴盘育苗的设施　机械化穴盘育苗的设施由播种车间、催芽室、育苗温室和包装车间及附属用房等组成。

（1）播种车间　播种车间占地面积视育苗数量和播种机的体积而定，一般面积为100～200m²，主要放置精量播种机流水线和一部分基质、肥料、育苗车、育苗盘等。播种车间要求有足够的空间，便于播种作业，使操作人员和育苗车的出入快速顺畅，不发生拥堵。同时要求车间内的供水、供电、供暖设备完备，不出故障。

（2）催芽室　催芽室设有加热、增湿和空气交换等自动控制和显示系统，室内温度在20～35℃范围内可以调节，相对湿度能保持在85%～95%范围内，催芽室内外、上下温、湿度在误差允许范围内相对均匀一致。

（3）育苗温室　目前，中国冬春季育苗温室多采用节能型日光温室或连栋温室，夏秋季育苗也可用塑料大棚。大规模的工厂化育苗企业要求建设现代化的连栋温室作为育苗温室。温室要求南北走向、透明屋面东西朝向，保证光照均匀。

2. 机械化穴盘育苗的主要设备

（1）穴盘精量播种设备和生产流水线　穴盘精量播种设备是机械化育苗的核心设备，它包括以每小时120～600盘的播种速度完成拌料、育苗基质装盘、刮平、打洞、精量播种、覆基质、喷淋等全过程生产流水线。穴盘精量播种技术包括种子精选、种子包衣、种子丸粒化技术和各类蔬菜种子的自动化播种技术。精量播种机根据精量播种系统播种器的作业原理不同，可分为机械转动式和真空气吸式两种类型。机械转动式的工作程序包括基质混拌、装盘、压穴、播种、覆基质、喷水等一系列作

业。机械式精量播种机对种子的形状要求极为严格，种子需要进行丸粒化处理方能使用；气吸式精量播种机又有全自动和半自动两种机型，全自动气吸式精量播种机工作程序基本与机械式精量播种机相同，不同的是气吸式精量播种机对种子形状要求不甚严格，种子不必进行丸粒化加工。

（2）育苗环境自动控制系统　育苗环境自动控制系统主要指育苗过程中的温度、湿度、光照等控制系统。中国多数地区的蔬菜育苗安排在冬季和早春低温季节或夏季高温季节，外界环境条件不适于蔬菜作物幼苗的生长，温室内的环境也会受到一定的影响，加之蔬菜幼苗对环境条件敏感，要求严格，所以必须通过仪器设备进行调节和控制，使之能满足对光照、温湿度等环境条件的要求，以培育优质壮苗。

①加温系统。育苗温室内经加温和调控，要求冬季白天温度晴天达 25℃，阴雨天达 20℃，夜间能保持 14～16℃。育苗床架内埋设电加热线，可保证幼苗根部温度在 10～30℃ 范围内任意调控，以便在同一温室内培育不同种类蔬菜幼苗时，较易进行局部调节，满足其对温度的不同需要。

②保温系统。温室内设置遮荫保温帘，四周有侧卷帘，入冬前四周加装薄膜保温。

③降温排湿系统。育苗温室上部可设置外遮阳网，以便在夏秋季有效地阻挡部分直射光的照射，在基本满足幼苗光合作用的前提下，通过遮光降低温室内的温度。温室一侧配置大功率排风扇，夏秋高温季节育苗时可显著降低温室内的温度和湿度。此外，通过温室的天窗和侧墙的开启或关闭，也能实现对温、湿度的有效调节。

④补光系统。苗床上部配置光照度为 16 000lx，光谱波长 550～600nm 的高压钠灯，在自然光照不足时，开启补光系统可增加光照强度，以满足蔬菜幼苗对光照的要求。

⑤控制系统。机械化穴盘育苗的控制系统可对温室内的温度、光照、空气湿度和水分、营养液灌溉实行有效的监控和调节。由传感器、主控中心、电源、监视和控制软件等组成，对加温、保温、降温、排湿、补光和微灌系统实施准确而有效的控制。

（3）灌溉和营养液补充设备　进行机械化穴盘育苗必须有高精度的喷灌设备，要求供水量和喷淋时间可以调节，并能兼顾营养液的补充和喷施农药。对于灌溉控制系统，最理想的是能根据水分张力或基质含水量和温度变化来进行灌水时间和灌水量的控制与调节。一般应根据种苗的生长速度、生长量、叶片大小以及环境的温度、湿度状况来决定育苗过程中的灌溉时间和灌溉量。

（4）穴盘　因选用材质不同，穴盘可分为 PS 吸塑盘、PE 吸塑盘及 PS 发泡盘三类。中国多采用 PS 吸塑盘。目前国内选用的穴盘规格多为 50 孔、72 孔、128 孔和 288 孔。进行番茄、茄子、黄瓜育苗一般宜选用 72 孔穴盘，辣（甜）椒、甘蓝、花椰菜宜选用 128 孔穴盘，莴苣、芹菜、球茎茴香、芥蓝宜选用 288 孔穴盘。

（5）运苗车与育苗床架　运苗车包括穴盘转移车和成苗转移车。穴盘转移车将播种结束后的穴盘运往催芽室，其高度及宽度根据穴盘的尺寸、催芽室的空间和育苗的数量来确定。成苗转移车采用多层结构，主要根据商品幼苗的高度来确定放置架的高度，架体可设计成分体组合式，以利于不同种类蔬菜幼苗的搬运和装卸。

育苗床架可选用固定床架和育苗框组合结构或移动式育苗床架。前者根据温室的宽度和长度设计育苗床架，有的育苗场在育苗床上铺设电加温线、珍珠岩填料和无纺布，以保证育苗时根部的温度，每行育苗床的电加温由独立的组合式控温仪控制。移动育苗床通过苗床下设置的滚轴使苗床可来回移动，以扩大苗床的面积，并使育苗温室的空间利用率由 60% 提高到 80% 以上。育苗车间育苗架的设置以经济有效地利用空间、提高单位面积的种苗产出率、便于机械化操作为目标，选材以坚固、耐用、低耗为原则。

（三）机械化穴盘育苗的管理技术

1. 机械化穴盘育苗的生产工艺流程　机械化（工厂化）穴盘育苗的生产工艺流程分为准备、播种、催芽、育苗、出室等五个阶段（图 6 - 4）。

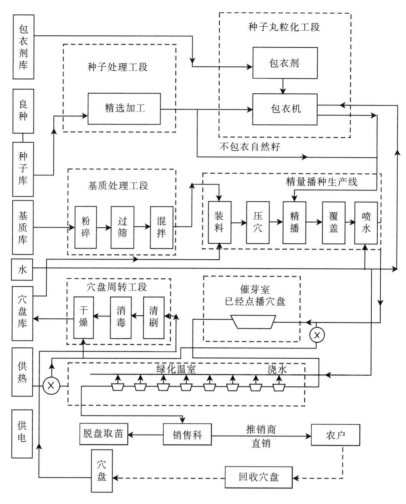

图 6-4　工厂化育苗生产工艺流程图

(引自:《蔬菜栽培学》, 2003)

2. 基质配方的选择

(1) 对育苗基质的基本要求　机械化穴盘育苗的基本基质材料有泥炭、蛭石、珍珠岩等。世界各国常用草炭和蛭石的混合基质育苗;中国一些地区就地取材,选用轻型基质与部分园田土混合,再加适量的复合肥配制成育苗的专用基质。草炭、蛭石的 pH 与营养状况见表 6-6。

表 6-6　草炭、蛭石的 pH 与营养状况

	有机质	全N	全P	全K	速效N	P₂O₅	K₂	Fe	Cu	Mo	Zn	B	Mn	pH
		(%)							(mg/kg)					
吉林舒兰草炭	3.70	1.54	0.15	0.47	293.0	40.3	11.76	659.8	4.7	6.2	4.1	0.28	43.5	4.9
河北灵寿蛭石	0.92	0	0.034	3.6	17.8	364	93.3	40	3.5	0.7	0.3	0.04	2.5	7.1

机械化穴盘育苗对基质的总体要求是按照基质材料的物理、化学性质,合理选配有机和无机物料并混合均匀,尽可能使幼苗在水分、氧气、温度适宜协调和养分供应充足的人工环境下生长。影响基质理化性状的主要方面有:有机基质的分解程度、基质的 pH、基质的阳离子交换量与缓冲性能、基

质的总孔隙度等。有机基质的分解程度直接关系到基质的容重、总孔隙度以及吸附性与缓冲性，分解程度越高，容重越大，总孔隙度越小，一般以中等分解程度的基质为好。不同基质的 pH 各不相同，泥炭的 pH 为 4.0～6.6，蛭石的 pH 为 7.7，珍珠岩的 pH 为 7.0 左右，多数蔬菜、花卉幼苗要求的 pH 为微酸性至中性。阳离子交换量是物质的有机与无机胶体所吸附的可交换的阳离子总量，高位泥炭的阳离子交换量为 1 400～1 600mmol/kg，浅位泥炭为 700～800mmol/kg，腐殖质为 1 500～5 000mmol/kg，蛭石为 1 000～1 500mmol/kg，珍珠岩为 15mmol/kg，沙为 10～50mmol/kg。有机质含量越高，其阳离子交换量越大，基质的缓冲能力就越强，保水与保肥性能亦越强。较好的基质要求有较高的阳离子交换量和较强的缓冲性能。孔隙度适中是基质水、气协调的前提，孔隙度以及大、小孔隙的比例是水分控制的基础。风干基质的总孔隙度一般以 84%～95% 为好，用于茄果类蔬菜育苗比用于叶类菜育苗宜略高。另外，基质的导热性、水分蒸发蒸腾总量与辐射能等均可对种苗的质量产生较大的影响。

基质的营养特性也非常重要，如对基质中的氮、磷、钾含量及其比例，养分元素的供应水平以及强度水平等都有一定的要求。常用基质材料中养分元素的含量见表 6-7。

表 6-7　常用育苗基质材料中养分元素的含量

（吴志行等，1982）

养分种类	煤　渣	菜园土 （南京）	碳化垄糠	蛭　石	珍珠岩
全氮（%）	0.183	0.106	0.540	0.011	0.005
全磷（%）	0.033	0.077	0.049	0.063	0.082
速效磷（mg/kg）	23.0	50.0	66.0	3.0	2.5
速效钾（mg/kg）	203.9	120.5	6 625.5	501.6	162.2
代换钙（mg/kg）	9 247.5	3 247.0	884.5	2 560.5	694.5
代换镁（mg/kg）	200.0	330.0	175.0	474.0	65.0
速效铜（mg/kg）	4.00	5.78	1.36	1.96	3.50
速效锌（mg/kg）	66.42	11.23	31.30	4.00	18.19
速效铁（mg/kg）	14.44	28.22	4.58	9.65	5.68
速效锰（mg/kg）	4.72	20.82	94.51	21.13	1.67
速效硼（mg/kg）	2.03	0.425	1.290	1.063	—
代换钠（mg/kg）	160.0	111.7	114.4	569.4	1 055.3

机械化穴盘育苗基质选材的原则是：①尽量选择当地资源丰富、价格低廉的物料；②基质不带病菌、虫卵，不含有毒物质；③基质随幼苗植入生产田后不污染环境与食物链；④能起到土壤的基本功能与效果；⑤比重小，便于携带运输；⑥一般以有机物与无机材料复合的基质为好。

（2）育苗基质的合成与配制　配制育苗基质的基础物料，以泥炭、蛭石、珍珠岩等使用较普遍。泥炭被国内外认为是基质育苗最好的基质材料，中国吉林、黑龙江等地的浅位泥炭具有很高的开发价值，其有机质含量高达 37%，水解氮 270～290mg/kg，pH5.0，总孔隙度大于 80%，阳离子交换量 700mmol/kg，这些指标都达到或超过了国外同类产品的质量指标。蛭石由云母矿石在 760℃ 以上的高温下膨化制成，具有比重轻、透气性好、保水性强等特点，其总孔隙度为 133.5%，pH6.5，速效钾含量达 501.6mg/kg。珍珠岩由硅质火山岩在 1 200℃ 下燃烧膨胀而成，珍珠岩的物理和化学性状比较稳定，易于排水、易于通气，其容重为 80～180kg/m^3。

经特殊发酵处理后的有机物如芦苇秸、麦秆、稻草、食用菌生产下脚料等均可与珍珠岩、泥炭等

按体积比混合（1∶2∶1 或 1∶1∶1）制成育苗基质。

育苗基质的消毒处理十分重要，可以用溴甲烷处理、蒸汽消毒或加多菌灵处理等。用多菌灵处理成本较低，每 1.5～2.0m³ 基质加 50％多菌灵粉剂 500g 拌匀消毒。

在育苗基质中加入适量的生物活性肥料，有促进秧苗生长的良好效果。对于不同的园艺作物种类，应根据种子的养分含量、种苗的生长时间，配制含有速效氮、磷、钾和有机质的复合育苗基质。

3. 营养液配方与管理　育苗过程中营养液的添加决定于基质成分和育苗时间，采用以泥炭、生物有机肥料和复合肥合成的专用基质，育苗期间以浇水为主，适当补充一些大量元素；采用泥炭、蛭石、珍珠岩作为育苗基质的，则营养液的使用、组成和施用量与所育成幼苗的质量关系密切。

（1）营养液的配方　蔬菜作物无土栽培的营养液配方已有很多介绍，但机械化穴盘育苗用的营养液配方有所不同。一般育苗用的营养液配方多以大量元素为主（表 6-8），微量元素由育苗基质提供。此外，使用时应注意严格掌握营养液的浓度，及时调节其 EC 值和 pH。

表 6-8　育苗用营养液（大量元素）配方

成　分	用量（g）	浓　度
$Ca(NO_3)_2$	500	单独配制成 100 倍液
$CO(NH_2)_2$	250	
KH_2PO_4	100	
$(NH_4)H_2PO_4$	500	配制成 100 倍母液
$MgSO_4$	500	
KNO_3	500	

（2）营养液的管理　机械化穴盘育苗的营养液管理包括营养液的浓度、EC 值、pH 以及供液的时间、次数等管理。在一般情况下，育苗期的营养液浓度仅为成株期浓度的 50％～70％，EC 值在 0.8～1.3mS/cm 之间，管理时应注意当地的水质条件、温度以及幼苗大小等因素。灌溉水的 EC 值过高时将影响离子的溶解度；温度较高时会降低营养液浓度，较低时则相反（不要超过营养液浓度的上限）；幼苗子叶期和真叶发生期以浇水为主或使用低限浓度的营养液，此后随着幼苗的生长逐渐增加营养液的浓度；营养液的 pH 应据蔬菜种类和生育期的不同而稍作变化，一般蔬菜苗期的适应范围在 5.5～7.0 之间，适宜值为 6.0～6.5。营养液的使用时间及次数取决于基质的理化性质、天气状况以及幼苗的生长状态，原则上掌握晴天多用，阴雨天少用或不用；气温高时多用，低时少用；苗体大（叶龄大）多用，苗体小少用。机械化穴盘育苗的肥水运筹的自动化控制，还有待于建立环境（光照、温度、湿度等）和幼苗生长的相关模型。

4. 穴盘选择　由于集约化生产是机械化穴盘育苗的主要特点之一，故为提高单位面积的育苗数量，也为了提高种苗质量和成活率，生产中多以培育中小苗为主。适于不同种类蔬菜育苗的穴盘选择和所育成幼苗的大小见表 6-9。

表 6-9　不同规格苗盘的蔬菜育苗期及成苗标准
（引自：《蔬菜穴盘育苗技术》，1999）

蔬菜种类	穴盘规格（孔）	育苗期（d）	成苗标准（叶片数）
	288	30～35	2 叶 1 心
冬春季茄子	128	70～75	4～5
	72	80～85	6～7

（续）

蔬菜种类	穴盘规格（孔）	育苗期（d）	成苗标准（叶片数）
冬春季辣椒	288	28～30	2叶1心
	128	75～80	8～10
冬春季番茄	288	22～25	2叶1心
	128	45～50	4～5
	72	60～65	6～7
夏秋季番茄	200或288	18～22	3叶1心
夏播芹菜	288	50左右	4～5
	128	60左右	5～6
莴苣	288	25～30	3～4
生菜	288	25～30	3～4
	128	35～40	4～5
大白菜	288	15～18	3～4
	128	18～20	4～5
结球甘蓝	288	20左右	2叶1心
	128	75～80	5～6
花椰菜	288	20左右	2叶1心
	128	75～80	5～6
抱子甘蓝	288	20～25	2叶1心
	72	65～70	5～6
羽衣甘蓝	288	30～35	3叶1心
	128	60～65	5～6
落葵	288	30～35	2～3
蕹菜	288	25～30	5～6
菜豆	128	15～18	2叶1心
黄瓜	72	25～38	3～4

5. 种子处理及播种

（1）种子处理 为培育优质穴盘苗，必须选择质优、抗病、丰产的品种，并且是纯度高、洁净无杂质、子粒饱满、活力高、发芽率高的种子。用于机械化穴盘育苗的蔬菜种子必须进行精选，以保证有较高的发芽率与良好的发芽势。种子精选时应去除破籽、瘪籽和畸形籽，清除杂质，提高种子的纯度与净度。有些种子还要进行发芽试验，并根据发芽试验的结果来确定播种面积与数量。采用真空泵吸取种子，每次只吸取一粒，故所播种子如发芽率不能达到100％时，出苗后苗盘就会出现空穴而影响育苗数。为了促使种子萌发整齐一致，播种之前还应进行种子处理。可选用常规育苗中温汤浸种的方法处理种子，也可用磷酸三钠、福尔马林等药剂处理种子，目的是杀灭附着在种子表面的病菌。对于发芽迟缓，活力较低的种子，还可用赤霉素（GA_3）、硝酸钾、聚乙二醇等药剂进行种子活化处理。由于机械化穴盘育苗大部分为干籽直播，所以无论用何种方法处理的种子，处理后都要进行风干，然后进行播种。

（2）装盘与播种 穴盘育苗可机械播种，也可手工播种。机械播种又有全自动机械播种和半自动机械播种之分。全自动机械播种的作业程序包括装盘、压穴、播种、覆基质和喷水。在播种之前先调

试好机器，并进行保养，使各个工序运转正常，1穴1粒的播种准确率要求达到95％以上。手工播种和半自动机械播种的区别在于播种时一种是手工点籽，另一种是机械播种，其他工作都由手工作业完成。

①装盘。提前准备好基质，并将基质装在穴盘中，基质不能装得过满，装盘后各个孔穴仍应清晰可见。

②压穴。将装好基质的穴盘上下垂直地码放在一起，4～5盘为一摞，上面放一只空盘，用两手平放在盘上均匀下压至要求深度。

③播种与覆盖。将种子点在压好穴的盘中，或用半自动播种机播种（如果种子已经催出芽只能用手工播种），每穴1粒。播种后覆盖蛭石，浇一次透水。

（3）催芽　穴盘育苗大部分为干籽直播，但在冬春季播种，为了促进种子尽快萌发出苗，播种后应在催芽室中进行催芽处理。

6. 苗期管理

（1）温度控制　温度是培育壮苗的基础条件，不同的蔬菜种类在不同的生长发育阶段，要求不同的温度条件。一些主要蔬菜的催芽温度和催芽时间见表6-10。催芽室的增湿设备使空气相对湿度保持在90％以上，其回风设备则保证了室内的空气定时进行更换。蔬菜幼苗生长期间的温度应控制在适宜的范围内。播种后的催芽阶段是育苗期间温度要求最高的时期，待60％以上种子拱土后，温度要适当降低，但仍要维持较高水平，以保证出苗整齐；当幼苗2叶1心后应适当降温，保持幼苗生长适温；成苗后定植前1周要再次降温进行幼苗锻炼。

表6-10　部分蔬菜催芽室温度和时间

蔬菜种类	催芽室温度（℃）	时间（d）
茄子	28～30	5
辣椒	28～30	4
番茄	25～28	4
黄瓜	28～30	2
甜瓜	28～30	2
西瓜	28～30	2
莴苣	20～22	3
甘蓝	22～25	2
青花菜	20～22	3
芹菜	15～20	7～10

幼苗的生长需要一定的温差，白天和夜间应保持8～10℃的温差。白天温度高，夜间可稍高些；阴雨天白天气温低，则夜间也应低些，一般只保持2～3℃的温差。阴天白天苗床温度应比晴天低5～7℃，阴天光照弱，光合效率低，夜间气温也宜相应降低，以使呼吸作用减弱，防止幼苗徒长。

（2）水分管理　水分是蔬菜幼苗生长发育的重要条件，不同蔬菜种类、不同幼苗生育阶段的穴盘基质适宜水分含量（相当最大持水量的百分率）见表6-11。一般穴盘育苗，播种后要浇一次透水。幼苗出苗后到第1片真叶长出，要降低基质水分含量，水分过多则较易徒长。其后随着幼苗不断长大，在叶面积增大的同时其蒸腾量也加大，若这时缺水，则幼苗生长易受到明显抑制而老化；反之如果水分过多，则在温度较高、光照较弱的条件下极易徒长。浇水最好选在晴天上午进行，浇水要浇透，否则根很难向下扎，不易形成根坨，起苗时易断根。在实际生产中，苗床的四周边际与中间相比，水分蒸发速度比较快，尤其在晴天、高温情况下蒸发量要大1倍左右，因此在每次浇水完毕后，都应对苗床四周的 10～15cm 处的幼苗进行补充浇水。最后于起苗的前一天或起苗的当天再浇一次透水，使定植时幼苗容易被拔出，还可使幼苗在长距离运输中不至于因缺水而死苗。

表 6-11　不同生育阶段基质适宜水分含量［相当最大持水量的百分率（％）］
（引自：《蔬菜穴盘育苗技术》，1999）

蔬菜种类	播种至出苗	子叶展开至2叶1心	3叶1心至成苗
茄子	85～90	70～75	65～70
甜（辣）椒	85～90	70～75	65～70
番茄	75～85	65～70	60～65
黄瓜	85～90	75～80	70～75
芹菜	85～90	75～80	70～75
莴苣	85～90	75～80	70～75
甘蓝	75～85	70～75	55～60

（3）养分补充　幼苗生长阶段中应注意适时补充养分，根据幼苗生长发育状况喷施不同的营养液，浓度为 0.2％～0.3％。

（4）穴盘位置调整　在育苗管理操作过程中，由于微喷系统灌溉各个喷头之间出水量的微小差异，使育苗时间较长的秧苗，产生带状生长不均衡，观察发现后应及时调整穴盘位置，促使幼苗生长均匀。

（5）苗期病害防治　瓜果蔬菜及花卉种子育苗过程中都有一个子叶内的贮存营养大部分逐渐消耗，而新根尚未发育完全、吸收能力很弱的时期，此时幼苗的自养能力较弱，抵抗力低，易感染各种病害。园艺作物幼苗期易感染的病害主要有猝倒病、立枯病、灰霉病、沤根、病毒病、霜霉病、菌核病、疫病等，以及由于环境因素不适引起的生理性病害，如寒害、冻害、热害、烧苗、旱害、涝害、盐害、有害气体毒害、药害等。对于以上各种病理性和生理性的病害要以预防为主，做好综合防治工作，即提高幼苗素质，控制育苗温室环境，及时调整并杜绝各种传染途径，做好穴盘、机具、器皿、基质、种子以及进出人员和温室环境的消毒工作，再辅助以经常检查，尽早发现病害症状，及时进行适当的化学药剂防治。对于猝倒病等发生于幼苗基部的病害，则可用药土覆盖方法防治，即用基质配成 400～500 倍多菌灵毒土撒于发病中心周围幼苗基部，同时拔除病苗，带出育苗温室，集中处理。对于环境因素引起的病害，关键是去除致病因子。

蔬菜机械化穴盘育苗苗期病害防治的关键是加强温、湿、光、水、肥的管理，严格检查，保证各项管理措施到位；而虫害防治因育苗环境较易控制，只要严格做到以防为主，及时防治，一般不致出现严重危害。

（6）定植前期炼苗　幼苗在移出育苗温室前必须进行幼苗锻炼，以提高定植后对环境的适应能力。如果幼苗定植于有加温设备的温室中，一般不必进行幼苗锻炼，只需保持运输过程中适当的环境温度即可。但定植于无加温设备的大棚等保护地的，育苗温室应提前 3～5d，定植于露地的应提前 5～7d 进行降温、加强通风，严格做好幼苗锻炼工作，使温室内的温度逐渐与大棚等保护地或露地温度相近，防止幼苗定植后遭遇冷害。另外，幼苗移出育苗温室前 2～3d 应施一次肥水，并进行杀菌、杀虫剂的喷洒，做到带肥、带药出室。

（四）种苗的经营与销售

1. 商品种苗的推广和宣传　目前中国多数地区尚未形成有一定规模种苗市场，农户和园艺场等生产企业尚未形成购买种苗的习惯。因此，加强对商品种苗的推广和宣传，是培育种苗市场的关键。要通过各种推广现场会和新闻媒介宣传机械化穴盘育苗的优势及应用技术，根据农业、农民、农村的

特点进行广告宣传，以实物、现场、效益分析等方式把蔬菜商品种苗尽快推向市场。

2. 商品种苗的包装和运输　种苗的包装技术包括包装材料的选择、包装设计、包装装潢、包装技术标准等。包装材料可根据运输要求选择硬质塑料或瓦楞纸箱；包装设计应根据种苗的大小、运输距离的长短、运输条件等，确定包装规格尺寸、包装装潢、包装技术说明等。

种苗的运输是机械穴盘育苗和工厂化育苗技术体系的一大特色。要做好秧苗运输其关键是：①运输工具的选择要根据运输距离和条件确定，远距离运输要用具调温、调湿设备的汽车。美国运输番茄苗的温度一般为 10℃，结球莴苣、甘蓝等叶菜秧苗如在 5～6℃条件下运输 3d，对成活率不会有太大的影响。秧苗一般采用塑料箱、木条箱、纸箱等包装。②远距离运输的秧苗一般苗龄不宜太大，以降低运输费用和苗子的损失。③运输前要做好计划，买方要做好定植前的准备，包括注意天气预报，苗到后立即定植，避免秧苗遭受损失。④运苗前做好秧苗的锻炼，增强其抗逆性。

3. 商品种苗生产示范和售后服务体系　种苗生产企业和推广部门还应共同建立蔬菜商品种苗供应的售后服务体系，种苗企业的销售人员应随种苗一起下乡，指导帮助生产者用好商品种苗，指导农民如何正确地定植穴盘幼苗，如何科学地进行田间管理，并获得产品的优质和高产。

五、嫁接育苗技术

（一）嫁接育苗的主要作用

1. 增强抗病性　黄瓜、西瓜枯萎病，茄子黄萎病，番茄根腐病、青枯病、萎蔫病，是这 4 种蔬菜的主要病害，特别是在保护地栽培条件下，由于连作、施肥等原因，所造成的危害更为严重。一旦发生，轻者死株 20%～30%，重者全田覆灭。这些病害的病原菌主要是以菌丝体、厚垣孢子、菌核在土壤、蔬菜病残体及未经腐熟的粪肥中越冬，为土壤习居菌，在土壤中有顽强的生活力，当病残体分解后病菌仍可在土壤中存活 5～6 年。采取轮作的办法防病，一般需要较长的周期，加之保护地栽培的蔬菜作物种类有限，常常难于实行。因此，土传病害的威胁已成为保护地蔬菜高产稳产的一大障碍。而采用对土传病害抗性强的（高抗或免疫的）野生种或同科异种作为砧木，与栽培品种进行嫁接，则能有效地防止土传病害的发生，而且防病效果极其明显。另外，一些嫁接苗由于生长健壮，因而对瓜类的霜霉病、病毒病、白粉病及番茄的叶霉病等非土传病害的抗性也有一定增强。

2. 增强生长势　由于一般采用的砧木其根系比较强大，且根系活力大大提高，因而对养分的吸收能力显著增强。例如嫁接黄瓜根系对阳离子和阴离子的吸收量，比自根苗根系要显著增加；加之嫁接植株获得了抗病机能，新陈代谢趋于旺盛，所以嫁接植株的生长势一般都较强旺。此外，砧木具有较大的子叶面积，例如以南瓜或瓠瓜为砧木嫁接西瓜，南瓜的 2 片子叶面积为 45.4cm²，不同品种瓠瓜为 28.41～41.33cm²，而西瓜仅 7.89cm²，砧木的子叶营养面积是接穗苗的 5～6 倍，显而易见这也是嫁接苗比自根苗生长旺盛的原因之一。

3. 增强抗逆性　果菜类蔬菜的不同瓜砧、茄砧的耐旱、耐湿、耐热、耐寒性都有很大差异，可根据不同的栽培目的和方式选用相应的砧木。例如，瓜类蔬菜冬季栽培时其砧木可选择低温生长性好的黑籽南瓜；夏季栽培可选择新土佐系南瓜品种；耐热耐湿栽培可选择丝瓜、白菊座南瓜；耐旱耐盐栽培可选择黑籽南瓜、冬瓜以及印度南瓜等。

（1）提高耐寒性　当西瓜温度低于 15℃，黄瓜低于 10～12℃，番茄低于 11℃，茄子低于 17℃时，则生理活动失调，生长缓慢，生育停止。南瓜作为黄瓜、西瓜、甜瓜的砧木，在低温条件下具有良好的生长性，因此，在保护地早熟栽培时，常选用南瓜作砧木。特别是西瓜、甜瓜，可用的砧木虽较多（瓠瓜、南瓜、冬瓜、丝瓜，以及西瓜自砧、甜瓜自砧），但低温期栽培常选用南瓜砧，以提高耐低温性；在黄瓜嫁接中，则多以南瓜作砧木，在各种南瓜中，又以黑籽南瓜的抗低温性最好，其根系在地温 12～15℃，夜间最低气温 6～10℃时仍能正常生长。此外，蔬菜实行嫁接后，抗御低温的能力一般也较强，抗寒性也有所提高。

（2）提高耐热性 用冬瓜作西瓜、甜瓜的砧木，虽然从植株的抗病性、生长势来看不如南瓜与瓠瓜，但从果实品质和耐热性方面却优于它们。这是因为冬瓜本身喜温耐热，植株生长旺盛，根系强大，吸肥力强，对土壤的适应性广，特别是在生育后期温度较高的情况下，其生长势尤为旺盛。因此在西、甜瓜的夏季栽培时多采用冬瓜砧，均能获得较好的效果。但在早熟栽培时不宜选用，因其低温生长性较差，嫁接后易使生育期推迟而延缓产品的成熟。在南瓜砧中也有一些耐热品种，如白菊座南瓜耐高温、高湿，适合于夏秋多雨季节作砧木。

（3）提高耐盐性 西南农业大学园艺系（史跃林，1994）以黑籽南瓜为砧木，长春密刺黄瓜为接穗，嫁接后栽培在含 NaCl 0.3％的营养液中，研究嫁接对黄瓜抗盐性的影响及其机理。结果表明嫁接可以明显提高黄瓜的抗盐性。试验认为嫁接提高抗盐性主要是由于砧木根系比黄瓜根系具有优良的生理生化特性，即南瓜根系膜稳定性好，根系活力强，钾、钙、镁吸收多，钾/钠比值得以改善，由此可使黄瓜叶片合成较多的保护性物质和渗透调节物质，膜脂组分中的饱和脂肪酸含量增加，IUFA（脂肪酸不饱和指数）降低，从而减少了膜脂过氧化作用和质膜透性，并使抗盐性提高。嫁接后植株抗盐性的提高，对保护地栽培具有重要意义，因为温室、大棚基本处于封闭条件下，土壤中的盐基得不到雨水的淋溶，而水分从地表蒸发时，却使盐基上升并集积于土壤表层，而且越积越多，造成土壤盐渍化。土壤盐渍化将对蔬菜作物产生严重的危害，而采用南瓜作砧木进行嫁接栽培，可以克服这一问题，这对黄瓜等保护地栽培的丰产起到了重要的作用。

4. 增加产量 嫁接还能促进产量的提高，尤其对早期产量效果更为明显。于惠祥（1993）报道，西瓜利用葫芦作砧木连作可比对照（自根苗）增产 111.7％。张衍鹏等（2004）对日光温室嫁接黄瓜的光合特性和保护酶活性进行了研究，结果认为：嫁接黄瓜叶片叶绿素含量、可溶性蛋白含量、表现量子效率、羧化效率和保护酶活性均高于自根苗，而膜脂过氧化产物 MDA 的积累低于自根苗，表明嫁接黄瓜叶片在弱光和低浓度 CO_2 下具有较强的光合效率，叶片衰老进程明显减缓是其产量高于自根黄瓜的重要原因。

5. 提高土地利用率，延长蔬菜的收获期 因连年种植的结果，特别是温室、大棚连茬种植同种蔬菜，易使病害逐年严重，虫害逐年上升，并使蔬菜的产量和品质下降。应用嫁接技术，可使蔬菜增强抗逆性，提高土地的利用率，延长同一块土地上的种植年份。此外，嫁接苗生长势强、整体发育好、生育进程快，有利于延长蔬菜的收获期。如西瓜栽培，由于推广了嫁接技术，种植一季西瓜能收获 2 茬瓜。若采用早熟品种，则可收获 3 茬瓜。

6. 嫁接对品质的影响 不同砧木种类对接穗果实的品质有一定影响，所以应根据不同的蔬菜作物选用不同的砧木。一般认为葫芦砧木不影响西瓜果实的甜度、质地和色泽、风味，而用南瓜作砧木则西瓜果实皮增厚，果肉较硬，食味品质有下降的趋势。在不同的栽培条件下，砧木种类与品质的表现不完全一致。湖南省园艺研究所多年来进行西瓜嫁接栽培实践表明，在水肥充足、氮肥施用较多的情况下，无论自根或嫁接株所结果实的含糖量均较干旱情况下的果实为低，用南瓜作砧木的西瓜果实含糖量无明显变化，但果实肉质较粗，果皮略厚，个别果实似有南瓜味。

（二）砧木的选择与砧木和接穗苗的培育

1. 砧木的选择 砧木的选择是嫁接成功与否的关键。优良的砧木应该具备下列条件：砧木与接穗有较高的亲和力；对某些土壤病害具有较强的抗性或免疫能力；对某些不良环境条件具有较强的抗性，或促进产量的增加；嫁接栽培产品的风味等无明显的不良影响。

进行嫁接育苗时，不同的蔬菜作物要求选用不同的砧木。如黄瓜用黑籽南瓜、90-1南瓜、新土佐、新土佐1号等作砧木；西瓜、甜瓜用瓠瓜或西葫芦作砧木；茄子用赤茄、托鲁巴姆茄作砧木都能取得较好的嫁接效果。

2. 砧木和接穗苗的培育 砧木和接穗的适宜播种期因蔬菜作物的种类、品种不同而定。一般来

说，黄瓜接穗比南瓜砧木早播 3～5d，甜瓜接穗比砧木晚播 5～7d，茄子接穗比砧木晚播 7（赤茄）～30d（托鲁巴姆茄）。

利用黑籽南瓜作砧木时，因黑籽南瓜种子休眠期很长，当年新产的黑籽南瓜种子发芽率很低，常常不足 50%，采用前 1～2 年采收的黑籽南瓜种子播种，发芽率也只有 80% 左右。为了提高种子的发芽率，可用 0.1% 的双氧水浸种 8～10h。为了保障有足够的砧木苗，还应适当多播一些种子。利用瓠瓜和丝瓜种子作砧木时，因种皮较厚吸水困难，可用剪刀剪去种尖两边一点种皮，然后按常规浸种催芽，可使发芽快而且整齐。

（三）嫁接育苗的方法　蔬菜作物嫁接育苗的方法很多，各有其特点和不足之处，适合于不同的蔬菜作物。以下几种方法可供选用：

1. 手工嫁接方法　嫁接的方法有多种，常见的有插接、靠接、劈接等方法。

接穗切成的斜面

插入竹签的方法

砧木与接穗的子叶呈
十字形，切口对齐

图 6-5　插接法示意图

（1）插接法　插接法又有两种方法，一是顶斜插接法，即将砧木的生长点和真叶切去，用粗细与接穗相当的竹签，从一侧子叶节基部斜插 0.6～0.7cm 深，再将接穗苗下胚轴（子叶以下 1.5～2.0cm）削成楔形，随即拔出竹签，将接穗插入（插紧），并使接穗与砧木的子叶展开方向交叉呈十字形，不需用嫁接夹等固定。此法操作简便易行，接点距地面较高，接穗不易产生自生根。但要求砧木苗比接穗苗稍大一点，在常规浸种催芽条件下，砧木种子宜适当早播种 5～7d。嫁接时还要避免接穗插入砧木下胚轴的髓腔中，否则接穗容易通过髓腔产生自生根而失去嫁接育苗的作用，同时还要注意去净砧木的生长点。另一种方法是将接穗下胚轴削成楔形，砧木下胚轴自上而下斜切与接穗相对应的切口，其深度不超过砧木茎粗的 1/2，将接穗斜面插在砧木的切口内，注意一侧的形成层要对齐，然后用嫁接夹固定。此法操作方便。缺点是接口距地面近，嫁接苗定植时必须浅栽，不能让接穗接触地面。采用此法嫁接，砧木和接穗的种子播种期与顶插法同（图 6-5）。

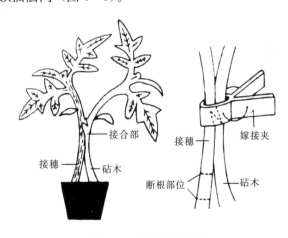

接合部

接穗　砧木

接穗　嫁接夹

断根部位　砧木

图 6-6　靠接法示意图
（引自：《设施园艺工程技术》）

（2）靠接法　此法因嫁接前期接穗和砧木均保留根系，所以容易成活，便于操作管理。嫁接时，用刀片削去砧木真叶，在子叶以下 1cm 处向下斜切一刀，角度 35°～45°，深度不超过下胚轴粗度的 1/2，以不达髓腔为宜；在接穗幼苗子叶以下 1.2～1.3cm 处向上斜切一刀，角度与砧木上的切口角度一致（注意：刀口与子叶方向平行），长度与砧木切口基本一致。之后将砧木和接穗的舌形切口互相套插在一起，并用嫁接夹固定。将嫁接好的幼苗栽入苗钵，待苗成活后，将接穗断根（图 6-6）。但因接口部位距地面较近，故定植时嫁接苗应严格进行浅栽，否则移栽后接穗一旦接触地面，则极易产生自生根。另外，因砧木和接穗间的愈合部分只有下胚轴的一半左右，此处容易折断，所以在定植时一定要格外小心。靠接法要求砧木和接穗的下胚轴粗细相近，因此，在培育砧木和接穗幼苗时，种子应先后进行浸种催芽，接穗的种子宜比砧木早播种 5～6d。

（3）劈接法 这种嫁接方法主要用于茄果类蔬菜的嫁接栽培，在瓜类蔬菜嫁接中应用不多。其方法是将砧木苗和接穗苗横截，将剪下的接穗下部削成楔形，再将砧木从横截处中间自上而下切一小口，然后将接穗插入砧木切口，让一边的皮对齐，随即用塑料条绑紧，约 10d 后，接穗成活（已见生长时），即可去掉绑扎的塑料条。此外，应注意劈接时砧木和接穗最好粗细相近，嫁接宜在砧木和接穗苗有 7～8 片叶时进行。

（4）断根插接法 断根插接法与插接法在操作上基本相同，不同之处是插接法的砧木带根，而采用此法时需切除砧木原有的根系。用与砧木下胚轴粗度相似的扦子在营养钵中插孔，然后将插接好的苗扦插于插孔中，扦插深度 1cm 左右。断根插接法的效率可比插接法提高近一倍，同时因砧木需要重新发新根，所以根系较发达，砧木不易徒长。需要注意的是：嫁接完毕的苗子，应暂时存放于潮湿的纸箱内，以便集中扦插；一般在扦插后 4d 才开始发出新根，应从第 3d 开始在早、晚进行短时间见光，当子叶稍有萎蔫即停止见光。7d 后转入正常管理。黑籽南瓜的下胚轴短，子叶大，采用断根插接法时，不宜选其作砧木。

（5）管式嫁接法 砧木和接穗同时播种，待砧木长至 2.5 片真叶、株高约 5cm 时为嫁接适期。嫁接时在砧木子叶上方、真叶下方以偏 30°角斜向下切断砧木苗茎；接穗在相同部位、按同样的角度切断。用一塑料套管（一边开口）套在砧木段茎处，再将接穗断面插入塑料套管中，注意使砧木和接穗的两个切面贴紧（图 6-7）即可。在一般情况下，番茄约需 3d，茄子需 4～5d 便可成活。随着秧苗的生长，塑料套管可自动涨开而脱落。

（6）轴接 轴接是一种先进的嫁接方法，该方法操作简单，效率高，在部分国家或地区茄果类和瓜类蔬菜生产中被普遍采用。嫁接期：茄果类蔬菜其砧木和接穗可同时播种，待幼苗有 2～3 片真叶时嫁接；瓜果类蔬菜其砧木和接穗也可同时播种，当幼苗露心时开始嫁接。嫁接方法：茄果类蔬菜在嫁接时，可先在砧木下胚轴中间位置用刀片横向切断，在茎中间插 1 个连接针（此针为陶瓷制成，粗约 0.3mm，长 1.5cm），一半插入，一半留在外面。再取接穗，在下胚轴适当的位置横向切断，要求切断处的轴径和砧木的轴径大体相等，且不宜太长，一般以 1～2cm 为宜，将接穗插在砧木的连接针上即可。注意，要将砧

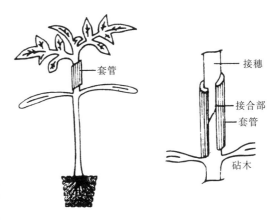

图 6-7 套管嫁接法

木和接穗的切面对严，并保持嫁接苗呈直立状态。瓜类蔬菜嫁接时，可将已露心的砧木的生长点和 1 片子叶同时切去，注意刀口要平直。插入连接针，再将接穗在子叶下 1cm 处横向切断，插在砧木的连接针上即可。

2. 机械嫁接法

（1）葫芦科蔬菜嫁接器嫁接 嫁接器设备最早由 Kobayash 等人（1987）开始研制，后由 Onoda 等人（1992）将其完善。具体方法是：将南瓜砧木的一片子叶连同顶端部分一并斜切掉，砧木上保留一片子叶，再将黄瓜接穗下胚轴斜切掉，使砧木与接穗切口相贴并夹好。用这种方法完成上述程序约需 3s。1993 年以来日本一家公司一直在销售这种生产用嫁接器。

（2）嫁接板机械嫁接 采用这种设备可同时嫁接 5 株番茄幼苗。它包括一个带凹坑的板和一个驱动板，将二者结合起来便很容易把接穗和砧木的顶部固定在特定部位。具体方法是：将接穗与砧木的适当部位水平切去，用嫁接板将二者固定在一起，使切面相贴，再用黏着剂和硬化剂将它们支撑在一起。这种器械对茄科蔬菜很适用。

（3）机器人嫁接 日本在 1992—1997 年研制了嫁接机器人。嫁接机器人同时可以嫁接几株植物

（一行或一盘），曾引入韩国，但未推广应用。韩国自行研发的"Yupoog"自动嫁接机（或机械手），可进行南瓜、黄瓜、瓠瓜和西瓜的嫁接及番茄、茄子的种内嫁接，每小时平均可嫁接 420 株，是一般人工嫁接的 4～8 倍，成活率达 95％。近年，由中国农业大学机械工程学院张铁中教授研制的蔬菜自动嫁接机，采用计算机控制，解决了蔬菜幼苗柔嫩性、易损性和生长的不一致性等难题，它采用独特的嫁接方法，用穴盘所育砧木苗可直接带根、带土团嫁接，嫁接速度达到每小时平均 600 株，成功率达 95％。

（四）嫁接后的管理　嫁接成活率的高低固然与砧木的种类、嫁接的方法以及嫁接技术的熟练程度有关，但与管理技术也有直接关系。嫁接后必须创造适宜的环境条件，才能加速嫁接苗接口的愈合，并提高成活率，促进幼苗的生长。管理工作主要是掌握适宜的温度、湿度、光照及通气条件。

（1）温度　黄瓜、西瓜嫁接接口愈合的适宜温度为 25℃ 左右，番茄为 32℃ 左右。在早春嫁接时气温尚低，床温受气候影响很大，接口在较低的温度条件下愈合很慢，影响成活速度。因此，幼苗嫁接后应立即放入小拱棚内，每码完一段，应及时将该段四周的薄膜压严，以达到保温、保湿的目的。而夏秋季嫁接则应采取有效措施注意降温。苗床温度的控制：一般嫁接后 3～5d 内，保持白天 24～26℃，不超过 27℃，夜间 18～20℃，不低于 15℃。3～5d 以后，开始通风，并应逐渐降低温度，白天可降低至 22～24℃，夜间可降至 12～15℃。

（2）湿度　如果嫁接苗床的空气相对湿度比较低，则接穗易失水引起凋萎，并将严重影响嫁接苗的成活率。因此保持湿度同样是关系到嫁接成败的关键。夏秋季嫁接，因温度高、蒸发量大，嫁接以后尤其要注意做好苗床的保湿工作。一般嫁接后 3～5d 内，小拱棚内相对湿度宜控制在 85％～95％。但营养钵内的土壤湿度也不要过高，以免引起烂苗。

（3）遮光　遮光的目的是防止高温和保持苗床的湿度。遮光的方法是：在小拱棚的外面覆盖稀疏的苇帘或遮阳网，白天避免阳光直接照射幼苗，引起接穗凋萎，夜间还能起到保温作用。但应注意在温度较低时，要适当多见光，以促进伤口的愈合；在温度过高时，则应适当多遮光。一般嫁接后 2～3d，可在早晚揭除草帘或遮阳网接受较弱的散射光，中午前后仍应覆盖遮光，以后要逐渐增加见光时间，1 周后可不再遮光。

（4）通风　嫁接后 3～5d，嫁接苗开始生长时，即可进行通风。开始时通风口要小，以后逐渐增大，通风时间也应随之逐渐延长，一般 9～10d 即可进行大通风。开始通风后，应注意观察苗情，若发现萎蔫现象，应及时遮荫喷水，避免因通风过急或时间过长而造成损失。

（5）及时除去砧木侧芽　砧木切除生长点后，会促进不定芽的萌发，而侧芽的萌发将与接穗争夺养分，并将直接影响到接穗的成活。为此，应及时除去砧木子叶节所形成的不定芽，这一工作约在嫁接后 1 周开始进行，一般每 2～3d 进行一次。如果是采用靠接法嫁接的黄瓜，应该在嫁接成活后 10～15d 及时解除包扎物，并且从接口以下剪断接穗的茎，然后拔除，同时剪去砧木在接口以上的茎和枝叶。

在嫁接幼苗管理中要注意观察接穗成活后的生长情况，一株好的嫁接苗应当生长正常，叶色鲜绿、平展。发现上下部生长不协调而有萎蔫现象的苗要及时淘汰。西瓜、黄瓜嫁接后 35d 左右，具有 4 叶 1 心时即要加强低温锻炼，准备定植。番茄幼苗嫁接后 60d 左右，8 片真叶时即可定植。

（黄丹枫　刘明池）

（本章主编：陈殿奎　黄丹枫）

◆ **主要参考文献**

［1］张福墁等. 设施园艺学. 北京：中国农业大学出版社，2001

［2］浙江农业大学等. 蔬菜栽培学总论. 第二版. 北京：中国农业出版社，1999

［3］中国农业大学等. 蔬菜栽培学（保护地栽培）. 第二版. 北京：中国农业出版社，1999

［4］邢国明，王永珍，张剑国，亢秀萍，薛亚明. 蔬菜最新栽培技术. 北京：中国林业出版社，2000

［5］葛晓光等. 蔬菜育苗大全. 北京：中国农业出版社，1997

［6］屈冬玉，李树德等. 中国蔬菜种业大观. 北京：中国农业出版社，2001

［7］刘宜生等. 蔬菜生产技术大全. 北京：中国农业出版社，2001

［8］汪炳良等. 南方大棚蔬菜生产技术大全. 北京：中国农业出版社，2000

［9］陆子豪等. 蔬菜种植技术大全. 北京：北京出版社，1990

［10］山东省科学技术协会科普部等. 蔬菜栽培新技术. 济南：山东科学技术出版社，1997

［11］林伯年，罗英姿. 果树花卉蔬菜的扦插和嫁接技术. 上海：上海科学技术出版社，1999

［12］宋元林，张君亭，陈永辉等. 稀特蔬菜高效栽培. 第二版. 北京：中国农业出版社，2001

［13］曹孜义，刘国民等. 实用植物组织培养技术教程. 兰州：甘肃科学技术出版社，2002

［14］颜昌敬. 植物组织培养手册. 上海：上海科学技术出版社，1990

［15］赵佐敏，艾勇. 草莓脱毒技术的研究及应用发展. 贵州农业科学，2001，29（6）：50～52

［16］陈殿奎. 国内外蔬菜穴盘育苗发展综述. 中国蔬菜，2000（增刊）：7～11

［17］朱培贤，陈银华，王德恒. 蔬菜种子质量辨别技术. 北京：中国农业大学出版社，1996

［18］司亚平，何伟明. 蔬菜穴盘育苗技术. 北京：中国农业出版社，1999

［19］司亚平，温瑞琴. 西瓜断根插接根际温度的研究. 北方园艺，2003（1）：48～50

［20］王耀林，张志斌，葛红. 设施园艺工程技术. 郑州：河南科学技术出版社，2000

［21］山东农业大学等. 蔬菜栽培学·总论. 北京：中国农业出版社，2000

［22］张振贤等. 蔬菜栽培学. 北京：中国农业大学出版社，2003

第七章

蔬菜栽培技术原理

中国蔬菜栽培历史源远流长，3000多年前就有生产蔬菜的菜园出现。南北朝时期，南朝·沈约（公元441—513）在其《行园诗》中写道："寒瓜方卧垄，秋蔬亦满坡；紫茄纷烂漫，绿芋郁参差；初菘向堪肥，时韭日离离"。不但描述了1 500多年前菜园里的一派繁茂景象，而且也说明当时中国蔬菜的栽培技术已相当发达了。

园、圃的出现，是中国蔬菜生产最早实行精耕细作的集约性经营的体现。南北朝后魏·贾思勰在《齐民要术》（6世纪30年代或稍后）对长期积累的蔬菜栽培技术作了比较系统的总结，其要点是：轮作、增加复种指数，提高土地利用率，精细整地，畦作，粪大水勤，适时中耕和收获等。

首先，在耕作制度的建立上，轮作是一项重要的技术，能提高产量，并防止病虫害的蔓延。至今轮作仍是世界各国农业生产的重要措施之一。中国在夏商时代，就已发现了连作之害。在一块地上不能连作时，就抛弃不种，重新另开垦新的土地，这叫做"撂荒耕作制"。关于间作、套种，《齐民要术》提出："可于麻子地间，散芜菁子。葱中补种胡荽"。说明了在两种作物中如何合理搭配，才能解决群体与个体结构之间的矛盾。又说："五亩地中，安排瓜、茄、葱、萝卜、葵、莴苣、蔓菁、白豆、小豆等十多种作物，二、四、六、七、八月都有栽种"。指出在安排蔬菜生产上，如何有计划地分期播种，更好地利用气候条件，延长作物生长期，以及如何前后作互相衔接，解决均衡供应问题。

除了轮作以外，精耕细作一向是中国蔬菜栽培的重要特点。熟耕土地，肥多水勤，精心管理等一系列措施，都说明了这个特点。宋·吴欑在《种艺必用》（13世纪前期）里说："治园可令土极细"；《齐民要术》里说，种蒜"宜良软地，三遍熟耕"；明·徐光启撰《农政全书》（1628）里说，种萝卜："地宜肥，土宜松，浇宜频，种宜稀"。北方易旱，为适应这种环境特点，汉代农学家氾胜之总结出当时流行的"区田法"，就是"掘地作坑"，把田地分成许多方块或条状的小区，在区内实行精耕细作，多施肥，勤浇水，用这种方法栽培的瓜、瓠、芋……都获得好收成，可得"亩万钱"。栽培蔬菜采用更多的"畦种法"，东汉·班固撰《汉书·食货志》中就有"菜如有畦"的话；《齐民要术》提出"春必畦种水浇"，还具体指出菜畦"阔四尺，长一丈二尺"。

施肥种类多，也是中国农民种菜的特点，而且一贯的传统是施用有机肥，如各种土杂肥、人畜粪尿、炕土、河塘泥、动物毛皮、骨、蹄、血等，种类繁多，且还有一套对不同肥料的不同施用方法。对土杂肥、河塘泥、炕土等可以普遍撒施，毛发、血等则应集中施于蔬菜植株附近，以便更好地发挥其肥效，促进植株丰产。《农政全书》说，种葵白，"多用河泥壅根，则色白"。古人施肥，提倡用熟粪，不宜用生粪，生粪可使地荒芜。一般主张以土粪为好，土粪还能起防寒作用。

在田间管理上，主张"旱则浇之，有草锄之，锄不厌多"（《齐民要术》）。在天旱无雨时，为及时栽种，"必须借泽，蹉跎时机，则不得矣"。所谓借泽，就是指人力灌溉。为战胜干旱，地里要打井，水浇"宜频"。

此外，在蔬菜生产培育良种、防治病虫害、驯化野菜及保护地栽培等方面，在中国都有较长的历史并积累了相当丰富的经验。

第一节　菜田选择与土壤耕作

一、菜田选择

（一）**对菜田环境的选择**　蔬菜是商品性很强的经济作物，而且要求新鲜、卫生、食用安全，所以对菜田的选择，必须考虑其土质、水质、光、热等资源是否能满足蔬菜作物生长发育的基本要求；考虑是否便于产品流通和生产资料的供应；是否有利于蔬菜生产向专业化、集约化发展；有利于蔬菜产品的卫生和安全生产等。

1. 交通条件　绝大多数蔬菜属于含水量多、体积大、容易变质腐烂、不耐贮藏运输的新鲜产品，又是广大人民生活上天天需要的副食品。因此，无论是从产品销售方面，还是从生产原料的供给方面来说，都要求有比较方便的交通条件，才能降低生产成本，有利于商品流通。但菜田又必须远离主要交通干线 200m 以上，以防止尘埃和机动车尾气对产品的污染。

2. 水源条件　在建立蔬菜生产基地时，应把水源作为重要的条件加以考虑。蔬菜作物比一般作物的需水量大，如果没有充足的水源，完全靠天然降水来进行蔬菜生产往往是产量低、品质差，经济效益不高。

水源应首先考虑利用附近的天然水源，如江、河、湖、池等，在没有天然水源或天然水源不足的地方，则应开发地下水源进行灌溉。水源不足的地方，则更应注意研究节约用水的办法，避免浪费与损失。

3. 远离污染源　对菜田环境进行考察，选择大气环境质量良好、尽量远离生产和生活中可能产生的各种污染源，经检测后符合农业行业标准《无公害食品　蔬菜产地环境条件》（NY 5010—2002）的农业生产区域建立菜园或蔬菜生产基地，这是蔬菜作物安全生产的基础。

4. 土地集中连片　这对于蔬菜商品基地的选择和建立非常重要，便于形成"大生产、大流通、大市场"的格局。

5. 资源配置经济合理　从选择和建立蔬菜经济地理区的角度出发，必须考虑生产资料及自然气候资源的合理配置，使在该地区生产蔬菜产品，能获得最大的经济效益。

（二）**蔬菜作物对土壤环境的要求**　菜田土壤的选择，主要考虑土壤的结构及其理化性质是否能满足蔬菜作物生长与发育的要求。一般来说，要求土壤肥沃、保水保肥、土层深厚、疏松透气、沙黏适当。

富有团粒结构的土壤，其保肥、保水及通气条件较好，最适于蔬菜作物正常生长。因此在可能的条件下，单从结构上来说，壤土、沙壤土与黏壤土均适宜于蔬菜的栽培。

土壤的 pH 也是蔬菜栽培所必须考虑的条件。大多数蔬菜作物以在微酸性和中性的土壤中生长为宜，但也有少数蔬菜比较耐碱，如菠菜在微碱性土壤中仍然生长良好。总的来说，pH 在 6.5～7.5 范围内，一般蔬菜均可以正常生长，超过这个范围，就应该加以调节。

土壤地下水位的高低，对蔬菜作物的生长与发育有直接的影响。土壤水位太高，不但使根系不能向下伸展，也影响通气及增加病虫害的蔓延。一般蔬菜栽培的地下水位以 2m 以下为宜，最少也应在 1m 以下，否则就不适宜于种植一般的陆生蔬菜。

土壤耕层应有一定的厚度，一般要求在 25cm 以上，土层最好深达 1m 以上，这样可使水、气、肥、热等因素有较大的保、蓄空间，便于根系伸展。

在土壤环境中，一些重金属离子以及其他有毒物质、有害微生物、病菌、害虫等残留量，应符合

中华人民共和国农业行业标准《无公害食品　蔬菜产地环境条件》（NY 5010—2002）。

（三）土壤改良　菜田土壤是人工培育的肥沃土壤，从现代农业生产发展来看，菜田土壤的改良是非常必要的，无论是新、老菜地，都需要不断改进土壤结构，提高土壤的肥力，否则蔬菜作物单位面积产量的提高就没有保证。

菜田土壤改良的目的，在于使耕作层深，结构良好，有机质含量多，保水保肥的能力强，从而给蔬菜作物创造优良营养条件。中国地域广阔，菜田土壤各异。在改良之前，必须了解土壤性质、耕作层深浅、地下水位高低等情况，然后采取综合措施才能取得良好的效果。主要的几种方法如下：

1. 沙质土壤的改良　凡是沙性重的土壤，其主要特点是过分疏松，漏水漏肥，有机质缺乏，蒸发量大，保温性能低。这类土壤在中国各省、自治区都有，尤以西北地区为最多。

大量施用有机质肥料，是改良沙质土壤最有效的办法，也是我国各地菜农最普遍应用的办法。即把各种厩肥、堆肥在春耕或秋耕时翻入土中，由于有有机质的缓冲作用，可以使肥料能够保存在土壤中不致流失。

大量施用河泥、塘泥，也是改变沙质土壤过度疏松，提高保水、保肥能力的措施。如能每年每公顷施用无污染河泥 75～150t，几年后土壤肥力必然会大为提高。

如果沙层不厚，可以采用深翻的办法，使底层的黏土与沙掺和。也可以在两季作物间隔的空余时或休闲田的休闲季节，种植豆科作物作为绿肥翻入土中，或与豆科作物多次轮作，以增加土壤中的腐殖质。

2. 瘠薄黏重土壤的改良　这类土壤耕作层很浅，缺乏有机质，通透性极差。其特点是湿时软如海绵，干时硬似石子，不能保水保肥。如白浆土、灰化土之类属之。

增施有机肥料是改良瘠薄黏重土壤最有效的方法。年复一年，则土壤有机质逐年增加。有条件者每年每公顷施入有机肥 225～375t，连续 3～4 年就可以改变土壤结构，成为良好的菜田。此外，也可以利用根系较深或耐瘠薄土壤的作物，如用玉米与蔬菜作物轮作、间作或套作，逐步改良这种黏重的土壤。

3. 低洼盐碱土壤的改良　中国华北、东北、西北等地都有盐碱土。低洼盐碱土的 pH 达 8 以上，妨碍作物的正常生长。改良盐碱土的最基本方法是切断表土与底土间的毛细管联系，把有害盐类经过雨水或灌溉淋溶，洗入底层，并开沟排碱。但这种办法必须结合大量施用有机质肥料，使表土造成团粒结构才能有效。如果单靠深耕，表土结构不稳定，遇水即行分解，还可能产生返碱现象，所以对盐碱土的改良应采取综合措施。

除了上述方法外，铺砂盖草减少蒸发，能防止盐分上升。实行密植，增加地面覆盖，也能减少蒸发，起到与铺砂盖草的同样作用。我国西北地区的"砂田"，也有防止盐分上升的作用。

雨后或灌水后及时中耕，切断土壤毛细管，能防止盐分上升。和大田作物轮作，或者多种植些耐盐作物，如甘蓝、球茎甘蓝、莴苣、菠菜、南瓜、芥菜、大葱等，都可以收到改良土壤之效。

4. 老菜园土的改良　老菜园的土壤经过长期的精耕细作和肥培，土壤性质基本上得到改造，具有较好的物理结构和较高的肥力。但这仅是与新菜田土相对而言。从目前各地老菜园土壤的实际情况来看，仍然存在耕作层浅，肥力不足，使蔬菜作物根群纵深分布及营养吸收方面，还受到一定的限制。因此老菜田主要应该深翻土地，继续增施有机肥料，及时排灌。同时还要注意保护环境，配合采取各种优良的农业技术措施，才能使蔬菜作物的产量和质量不断提高。

二、菜田规划

蔬菜作物的种类繁多，在生产上以分区栽培为宜。因此，如何正确划分田区，规划道路与排灌系统，便成为菜田规划的主要内容。

（一）菜地田区划分的依据　田区的划分，主要的目的为便于进行机械耕作，进行有系统的轮作，统一安排田间的灌溉与排水，以及田间道路等。在这里地势及地形对田区的划分，都会有一定的影响。

就平地而言，菜田可以 1hm² 为单位，划分成正方形或长方形的地块，统一安排机耕、种植与轮作。单位地块的大小，与机械化作业的能力有关，如果主要田间作业都已经机械化了，而且使用大型机械，也可以比 1hm² 大些的地块为单位地块。机耕条件较差的地方，地块可以划得小一些。

坡度不大的地方，田区划分与平地差异不大，如坡度较大，则应建立梯田，以利于土壤耕作的进行。

（二）道路的规划　在进行菜田规划时，应尽量利用现有的交通干线，以利田间产品和生产资料的运输。最好每隔 3～4hm² 设 1 条宽 2m 左右的道路，以利于田间运输。

（三）排、灌系统的安排　现代农业生产对灌溉与排水都是统一安排的，从灌溉方法来说，有沟灌、喷灌、滴灌、高畦（垄）泼浇和地下渗灌等，但前面 3 种是主要的。喷灌与滴灌均用水少，若灌溉适度，不会造成地面径流，但仍然应考虑天然降水的排水设施。沟灌则不同，输水干线应尽量埋设地下管道，既不占用耕地，也可以避免水在流动过程中的损失。

对于低洼地块、地下水位高以及多雨的地方，应该非常注意排水系统的安排。排水应该有个总的出路，首先应充分利用自然的排水河沟。排水系统必须与当地的地形、地貌、水文、地质相适应，充分考虑地面坡降、地下水的径流情况，以及土壤改良的要求等因素。排水沟的出口处如有汛期倒灌的威胁，应设有控制闸，并可在排水干沟出口处建立机械扬水站，必要时可以进行强制排水。

暗管排水不占地，不影响机耕，排水、排盐效果好，养护负担轻，便于机械化作业，在土质不宜开沟的地区，是唯一可行的办法。缺点是成本高，同时易为泥沙沉淀所堵塞。

灌溉与排水应根据各地的具体情况，选用适当的方法，并予以统一安排，才能收到良好的效果。

三、土壤耕作原理与方法

（一）土壤的理化性质对蔬菜栽培生态及根系的影响　蔬菜作物在生长发育过程中，所需的温度、水分、养料、空气等，都与土壤有直接关系，土壤是农业生态系统中的一个链节，也是物质和能量的一个贮存库。如有良好的、稳定的自然地理环境，则土壤耕作简而易行。但在相反的自然地理环境下，则控制土壤中物质和能量的转移较困难，甚至将超出土壤耕作的作用范围。

菜田生态系统由菜田土壤、菜田微气象和栽培的蔬菜作物所组成，包含着水分、空气、土粒、土壤微生物、昆虫和植物等因素。一方面菜田生态系统需要为蔬菜作物生长发育提供各种矿物元素和热量，完成其能量循环过程；另一方面水分和气体状况又是蔬菜作物赖以生长发育的物质基础。土壤中固相、液相和气相决定着土壤生态系统的特性。同时，在土壤中的微生物和生物种群，依土壤而生存，又对土壤生态系统产生一定的影响。因此，在进行土壤耕作时，应充分考虑到菜田生态系统内部的相互作用，如采用中耕以保墒、晒垡或冻垡以减少病虫害发生、进行地面覆盖以提高地温等。

要保证蔬菜作物能顺利完成生长发育的各个阶段，则要求土壤要有较深的土层，最好能达 1m 以上，耕层至少在 25cm 以上，使水、肥、气、热等因素有一个保、蓄的地下空间，使作物根系有适当伸展和活动的场所。耕层的松紧程度，应当随当地气候、栽培作物不同而有不同的要求。土壤质地要沙黏适中，含有较多的有机质，具有良好的团粒结构，给根系创造良好的生长发育条件。同时要求土壤 pH 适度，地下水位不太高，土壤中不存在过多重金属及其他有毒物质和感染病虫的蔬菜作物残留物。在环境—植物—动物—土壤这样一个生态系统中，要使作物高产、提高土壤肥力而采用的施肥、灌溉和排水等措施，都是直接改变土壤肥力因素中的某一方面，促使根系发育向有利的方面进行。

水分和空气都处在土壤总孔隙中，水分多了就要排斥空气。如果水分少了，而且持续时间短，则

有利于土壤气体交换，有利于蔬菜作物的生长。如果土壤水分过多，持续时间长，则由于氧气消耗多，空气更新慢，常迅速造成土壤缺氧状态，阻碍根系生长和对养分、水分的吸收，甚至造成死亡。在这种情况下，微生物活动性质改变，有益的微生物活动受到抑制，产生大量有毒物质并造成养分的损失。日本安田在5d降雨140mm的条件下，分析了土壤空气的组成状况。从表7-1可以看出，对照的不通气区 O_2 的含量显著降低，CO_2 含量明显提高。由于土壤处于嫌气条件，氧化过程变成还原过程，脱氧也很严重，使作物遭受涝害。所以在降雨、灌溉之后，一般应及时松土，以改善通气状况。

表7-1 降雨后的土壤空气组成

（安田，1970）

单位：容积%

处理	深度（cm）	CO_2	O_2	N_2	N_2O
对照区	10	2.50	15.3	81.5	痕迹
	30	7.50	5.2	85.9	1.0
通气区	10	0.37	20.3		
	30	0.55	19.9		

土壤中水、气、热条件的变化，影响和改变了土壤微生物的生活条件，使土壤微生物的种类和生物化学活性的强度也相应地随之改变。当土壤温度较低时，微生物化学活性较弱。对于大多数土壤微生物来说，在常温下，其最适湿度为最大持水量的 60%～80%。湿度加大，空气减少，有机质好气分解过程变成嫌气积累过程。微生物情况的改变，直接影响土壤养分的变化。只有土壤温度、湿度和空气状况适宜时，好气性微生物活动旺盛，才能使土壤潜在养分迅速转化为速效养分，供植物利用。超过或低于最适温度，则由于有效养分减少或缺乏，甚至在土壤空气少的条件下，嫌气微生物占优势，便会使养分朝着相反方向转化。因此，在土壤耕作时应充分考虑到菜田生态系统内部的相互作用。在自然状况下，土壤生态系统是按照一定的规律保持其自身的平衡，当人为适度干预时，这种平衡还可以总体上得以延续，但人们对土壤生态系统干预过度时，其固有平衡会被打破，这将影响到蔬菜作物生产的可持续性。

土壤耕作的技术措施，并不是对水、肥、气、热有什么直接的增减作用，而是通过机械的作用，创造良好的耕层构造和孔隙度，调节土壤中水分与空气状况，从而调整土壤肥力因素之间的矛盾。根据目前研究的结果证明，在土壤复杂的矛盾统一体中，虽然作物对土壤肥力因素的要求与土壤能否满足这些要求是随条件而异的，同时，水分、养分、空气、热量等在某地段、某一时期都可能成为限制因素。但是空气和水分是主要的矛盾，而水分又是这一主要矛盾的主要方面。所以在大范围内改变作物生态环境，不仅要以稳定水分的动态平衡来充分利用热量资源和土壤能量的潜力，而且要通过土壤耕作措施调节耕层中各个肥力因素，即主要通过水分动态平衡来实现土壤温度和养分的动态平衡。这样，在生产中调节土壤肥力因素和培养土壤肥力时，既可以通过耕层构造，也可以通过土壤水分两个方面去控制，比只通过耕层构造一个方面去控制更好些。这些措施都是为了改变土壤的理化性质，以有利于蔬菜作物根系的生长发育。

（二）土壤耕作的主要任务 土壤耕作的主要任务是通过机械作用，创造一个良好的土壤表面状态和适宜的耕层构造，建立土壤中水、气、热等因素与外界环境的动态平衡，控制土壤微生物的活动性和生物化学活性，调节有机质的分解和积累；创造一定的土壤表面状态，有利于蓄水保墒和防止土壤水分大量蒸发及土壤侵蚀；正确地翻埋肥料，使土、肥混合均匀，加速肥料的分解；减轻病、虫、杂草对蔬菜作物的危害。

1. 加深耕层、疏松土壤 土壤的松紧度是土壤的重要物理性质之一，是孔隙性的具体表现。而土壤孔隙性又影响土壤肥力因素的变化。土壤过松，大孔隙占优势，通透性强，但持水力差，土壤温度不稳定，有水时，好气性微生物活动旺盛，有机质矿化过程快，养分易淋失，不利有机质的积累，缺水时养分状况也恶化。所以在轻质土壤和土壤过松时，采取镇压的措施压紧土壤很重要。

土地过紧时，容重加大，不通气，不透水，空气含量相对减少，因而影响微生物的活动和养分的有效化，同时根系生长的阻力增大，不利于根系伸展。据西北农业大学研究，当孔隙直径小于0.25mm时，一般侧根便不能穿入；小于 0.035～0.077mm 时，支根则难以伸进；小于 0.01～0.013mm 时，根毛则无法通过，这将明显影响作物根系（包括块茎、块根）的延伸和长粗。

蔬菜作物要求一个深厚的活土层。"活"是指土壤内，尤其是耕层内水、肥、气、热等肥力因素协调活化。土壤的理化、生物性质变化，均能随时配合作物生命活动，满足作物生长的需要。"厚"是指活土层深厚，贮存的养分、水分多，保证源源不断地及时补给根系对水分和养分的需要，使作物根系分布范围广，吸收能力强，地上部生长良好。一般要求活土层的厚度在 25～30cm。而活土层的厚度，主要是由作物根系生长发育特点所决定的。一般活土层的厚度可决定根系密集层的厚度和它在耕层中存在的深度。如果活土层只有 10～15cm，下面是生土层或犁底层，则会严重地限制作物根系的伸展。根系密集层距地面太近且密集层薄，则容易受气候剧变的不良影响。如根系密集层距地面较远时，说明根系在较深的部位才得到适宜的土壤环境，它不能较早地为地上部输送营养物质，因而将延迟地上部的生长发育。一般认为，以活土层达到 25～30cm，使根系密集层保持在 6～8cm 至 20～25cm 之间，其根量占总根量的 70%～80% 为宜。所以，土壤耕作要根据土层的厚度和作物的根型，翻耕土壤，疏松耕层。但通过耕作所改变的耕层状况并不是一劳永逸的，在生产条件下，由于降水、灌溉、人畜践踏和农机具的行走，以及土壤本身的特性等作用，都会使土壤逐渐下沉变紧，总孔隙减少，水分不易蒸发。因此要根据不同条件、不同作物的要求，每隔一定时期，进行一次松土，以增加蓄水、保水和供肥能力，使土壤变成肥料库和蓄水库，增强抗旱、抗涝能力。

2. 翻耕耕层、混拌土壤　通过翻耕地将耕作层上、下翻转，改变土层位置，以改善耕层的物理、化学和生物状况，同时进行晒垡、冻垡、熟化土壤，掩埋肥料、残茬、秸秆和绿肥，调整耕层养分的垂直分布，可以消灭杂草、病虫害和消除土壤的有毒物质。翻耕还可使肥料与土壤均匀相混，有利于有机质的分解，并使耕层形成均匀一致的营养环境，避免有些地方肥料不足，作物生长不良；有些地方肥料过多，溶液浓度过大，反而造成烧苗现象。

3. 平整地面、压紧土壤　翻耕可将高低、凸凹不平的土壤表层整平，以便播种深浅一致，出苗整齐，有利于提高其他耕作措施质量。对盐碱土可减轻返盐，提高排水洗盐效果。干旱时，因减少了土表面积，可减少蒸发，以利保墒。

中国北方土壤经过耕作后，有时过于疏松，甚至垡块架空，或因冻融作用使土壤过暄，引起耕层构造上三相比例失调，大孔隙过多。为了减少土壤空气的过分流通，减少水分的蒸发，为种子发芽和根系的生长发育创造良好条件，需要压紧土壤，减少非毛细管孔隙，抑制气态水扩散，而下层土壤水分则可通过毛细管孔隙向上运动，起到保墒和引墒作用，有利于种子吸水萌发和根系生长。在干旱地区和干旱季节，压土是十分必要的。南方雨水较多的地区，整地时不宜压紧土壤。

（三）耕作的适宜时期与方法　土壤耕作的适宜时期，主要指土壤的宜耕性，应依各种不同土壤及其含水量，来决定其适宜的耕作时期。此外，还有季节的差别，如春耕与秋耕。在方法上有深耕及各种适合于蔬菜作物栽培的作畦方法。

1. 土壤的宜耕性与耕作适期　决定和影响土壤耕性的主要因素是土壤质地、土壤有机质含量、土壤结构和土壤水分。它们共同决定和影响到土壤结持力（指土壤颗粒相互凝结，抵抗农具破碎土壤的阻力）、黏着力（指土壤黏着农具的一种力）和可塑性（指土壤在外力作用下引起土体变形，当外力排除后继续保持变形的性能），并进一步影响到土壤宜耕性。例如土壤质地黏重，说明黏粒的比例较大。根据土粒间接触点数目与土粒直径的立方成反比的原理，黏土内土粒接触点就大大增加。因

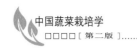
此，在水分少时的黏土的结持力很大。在水分逐渐增多时，黏土的结持力逐渐减少，但黏着力和可塑性又逐渐增加。因此，黏重而结构差的土壤，耕作时农具所受的阻力大，而且耕作质量差。所以说宜耕性在水分少时主要受结持力的影响，水分多到一定程度时，又受黏着力的影响。可塑性虽不影响耕作难易，却关系到耕作质量。当湿耕时，因可塑性造成"明条"、"垡条"之后，土壤结构受到破坏，总孔隙减少，一旦水分丧失，又重新产生很大结持力。

在生产上掌握宜耕期比较简便的办法，是选择在土壤水分最适当的时期，即当土壤水分不是很少，结持力已减少，同时又不太大，黏着力尚未产生的时期。因而可以认为，土壤水分是影响土壤宜耕性最活跃的，也是最容易控制的因素。根据不同土壤的物理性状掌握适耕期，是保证耕作质量最简易而切实可行的方法。《齐民要术》记述："凡耕，高下田，不问春秋，必须燥湿得所为佳。水旱不调，宁燥不湿。燥耕虽块，一经得雨，地则粉解。湿耕坚实，数年不佳"。就是从这个原理总结出来的丰富经验。土壤含水量多少为耕地适期，不同土壤要求的水分含量比较一致，约为其田间持水量的40%～60%。一般表现为脚踏地面土块散碎，抓一把耕层5～10cm处的土，手握能成团，但不出水，手无湿印，落地即散碎。

2. 深耕 中国农民对加深耕层一向极为重视，积累了丰富的经验，如民谚："深耕细耙，旱涝不怕"，反映了农民对深耕增产作用早有深刻的认识。但因受经济条件及耕作工具等的限制，不可能在大面积土地上进行深耕。

深耕的作用在于加厚活土层，增强土壤蓄水、抗旱和抗涝的能力，而且有利于消灭杂草和病虫害。一般机引有壁犁耕翻深度为20～25cm，农村多为16～22cm；用松土铲进行深松土，深度常达30～35cm以上。一般深耕25～30cm，后效可达到2～3年，因此不需要年年深耕。虽然在50cm以内的深耕对作物根系发育有好处，但应考虑生产成本与经济效益，盲目强调深耕，只能适得其反。

深耕的原则是"熟土在上，生土在下，不乱土层"。因为不管耕深如何，作物根系有一半以上都集中在0～20cm的土层里。20cm以下由于土壤氧气含量少，微生物活性低，下层土壤有机肥料及土壤矿质不易分解，对作物根系生长不利。此外，深耕应与浅耕相结合，与改土相结合。

3. 秋耕与春耕 中国北方寒冷地区，春耕与秋耕这两个时期分得比较清楚；长江以南气候比较温暖，全年都能栽培蔬菜，大都随收随耕，很少或没有休闲时期。

秋耕应在作物收获后土壤结冻前进行为宜，这样有利于积累秋墒，防止春旱。秋耕可以使土壤经过冬季冷冻，增加土壤疏松度和吸水保水力，消灭土壤中的病菌孢子和虫卵，并可提高翌年春季地温。一般准备在早春播种或栽种的田块，都采取秋耕，秋耕时可以进行深耕。春耕大多指在秋耕过的菜田地块上进行耙磨、镇压、保墒等作业，或对未秋耕地进行补耕，目的在于为春播、春种做准备。

春耕宜在土壤化冻5cm左右时进行。以补耕为目的的，不宜深耕，并随耕随耙，以利保墒。

以上几种蔬菜生产上应用的耕作法，大多属于平翻耕法和垄作耕法。除了这些耕法外，还有深松耕法、免耕法、砂田耕法等，都各有一定的优点，适合于某些特定条件下和某种作物应用。

4. 整地作畦 由于各地的气候、土壤、栽培方式和蔬菜作物种类不同，常用的菜畦大致可分为4种（图7-1）。

（1）平畦 是畦面与道路相平的栽培畦，地面整平后不特别筑成畦沟和畦面。适于排水良好，雨量均匀，不需要经常灌溉的地区。

（2）低畦 畦面低于地面，即畦间走道比畦面高的

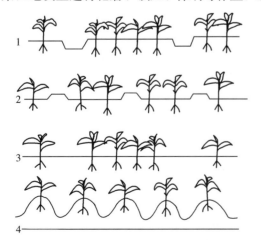

图7-1 菜畦的几种类型
1.高畦 2.低畦 3.平畦 4.垄

栽培畦形式。这种畦利于蓄水和灌溉，在少雨的季节、干旱地区应用较为普遍。种植叶菜及需经常灌水的蔬菜作物也常采用这种畦式。

（3）高畦　在降水多、地下水位高或排水不良的地方，为了减少涝害，采用从地面凸起的栽培畦，畦面宽 1～1.3m，甚至 2.6～3m，高 15～18cm。适于降水量大且集中的地区，如长江以南地区，大多采用这种高畦的方式种菜。

（4）垄　垄是一种较窄的高畦，垄距一般为 60～80cm，垂直高度 16～20cm。春季可较快提高地温，雨季也便于排水，机耕也较方便，中国北方地区夏秋季多采用这种方式种菜。

5. 畦的走向　畦的走向决定于种植蔬菜作物的行向，在不同行向栽培的蔬菜植株所受的光照度及光在群体内的分布状况、群体内空气流通、热量状况和地表水分均有所不同，特别对植株较高的蔬菜作物影响较大。畦的走向要根据地形、水渠位置、植株高矮和对光照的要求确定，一般高秧蔬菜以南北走向为好，受光均匀，可避免产生前后遮荫的问题。

（郑光华）

第二节　施　　肥

一、蔬菜作物需肥特点

蔬菜作物种类、品种繁多，它们的生长特性各异，对土壤营养条件要求也不尽相同。但是，从蔬菜作物总体来看，它与粮食作物比较，在营养元素的需要上，有其一些共同的特点。

（一）吸肥力强　根是植物吸收养分和水分的重要器官，根系的养分吸着力与根的盐基置换容量的关系极为密切。从位田氏的研究资料中可以看出（表 7-2），每 100g 蔬菜作物根系的置换容量大体上可分三种类型：置换容量最大的（60cmol 以上）有黄瓜、茼蒿、莴苣等；置换容量中等的（40～60cmol）有茄子、番茄、胡萝卜、萝卜、菜豆、蚕豆等大部分蔬菜作物；置换容量低的（40cmol 以下）有洋葱、葱等。但从总的来看，蔬菜作物根的置换容量显著地高于小麦、玉米、水稻等粮食作物。一般来说，盐基置换容量大的，根系容易吸收二价阳离子如钙、镁等，而容量小的，则优先吸收一价阳离子如钾、铵等。由于蔬菜作物根的置换容量较高，所以吸肥力强，且吸收钙素的量也较多。

表 7-2　每 100g 作物根的盐基置换容量（cmol）

作物种类	置换容量	作物种类	置换容量
茄子	49.4	甜菜	55.6
番茄	53.0	菠菜	53.0
黄瓜	65.8	夏甘蓝	45.9
芋	50.2	香芹	46.3
胡萝卜	51.3	葱	29.7
萝卜	53.6	蚕豆	57.6
芜菁	47.5	鸭儿芹	70.1
苋菜	48.1	洋葱	31.3
结球白菜	51.0	茼蒿	70.0
辣椒	45.1	小麦	14.2
菜豆	58.4	水稻	23.7
榨菜	42.8	玉米	19.2
莴苣	69.6		

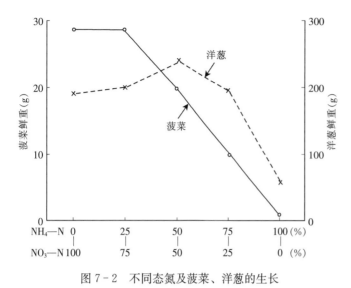

图7-2　不同态氮及菠菜、洋葱的生长
(嶋田永生, 1976)

（二）喜硝态氮　蔬菜作物一般都喜硝酸态氮素，即吸收氮素时，以硝态氮为主生育良好；反之，以铵态氮为主则容易出现生理障碍。菠菜、番茄等都是这一类型的代表作物，从图7-2中可以看出，硝态氮100％区的菠菜产量最高，随着铵态氮比例的增加，产量逐渐下降。多数蔬菜作物都与菠菜相似，一般在铵态氮占10％～20％，甚至达30％左右对生育影响不大，超过这个界线即容易产生危害。当然，也有的蔬菜作物如葱则不完全一样，在铵态氮与硝态氮比例相等时，生育量最大。

蔬菜作物的这种特性与其吸收大量钙、镁元素有关，它们抑制了一价阳离子铵态氮的吸收。

蔬菜作物吸收的氮素形态不同，体内无机成分含量也有差别，例如，在铵态氮比例增加条件下，往往会降低体内钙、镁等元素的吸收，从而引起一些生理病害。

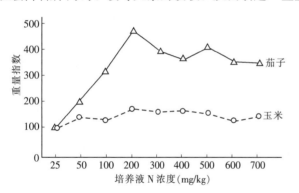

图7-3　以氮素25mg/kg为100的其他浓度生育量（茎叶重）

（三）喜高肥　在水稻、小麦等作物进行水耕栽培时，氮素浓度以维持在20～30mg/kg的范围为适宜，而蔬菜作物在低浓度下则生育不良。从茄子与玉米的对比中明显看出（图7-3），在不同氮浓度培养液条件下，玉米的生育量无多大变化，以25～50mg/kg为最高，浓度继续增高，茎叶重量也不再增加。与此不同的是，茄子以200mg/kg的处理生育量最大，在这个界线以前，生育量随浓度增高而上升。此外，番茄、黄瓜、甘蓝等作物也与之类似，可见这些蔬菜作物都是高肥性作物。当然，如供肥过多，也会产生浓度障碍，不过其适宜浓度点比一般粮食作物往往可高4～10倍之多。

（四）钙、硼吸收量较大　蔬菜作物多为喜硝态氮作物，凡是好硝酸性的作物，一般对钙素的吸收量均较大。铵态氮的量不适当的增加时，则钙、镁的吸收量将显著降低。蔬菜作物叶中钙的含量可达干物重的2.0％～2.5％，与之相似的是蔬菜作物对微量元素中的硼素要求量也均较大，与一般粮食作物比较，绝大多数蔬菜作物的含硼量要高出几倍至十多倍，而且适宜量与缺素的病株含量之间的差距很小，这些就是蔬菜作物营养中不可忽视的特点。

（五）根系好气性强　从总的来看，蔬菜作物都要求较高的根际氧素含量，即根系对通气性要求较高。就果菜类蔬菜来说，随着根际氧含量的降低，生育量也逐渐下降，但在含氧量不低于10％情况下，生育量降低不会太显著，如降低至10％以下，则生育量显著下降（图7-4）。

土壤空气组成受植物根系呼吸、土壤微生物活动及土壤气体同大气交换速度所影响。根系发达和微生物活动强时，土壤中氧含量迅速减少，而二氧化碳迅速增加。土壤空气更新主要依靠扩散作用，扩散常数可以下式表示：

$$D=KS^2$$

式中，D 为扩散常数；K 为扩散系数；S 为孔隙度。从上式可看出空隙量是影响土壤扩散速度的决定因素。

土壤通气良好，根系发育好。在一些植物中存在气体疏导组织，这被认为是对不良通气环境的一种适应特性。如番茄、胡萝卜、大白菜、萝卜等的气体输导组织很不发达，而茄子、甘薯则在不良通气条件下，根系即出现气体疏导组织。

土壤氧气不足对各种元素吸收影响程度不同，其顺序为 K＞Ca＞Mg＞N＞P，而土壤氧气充足时，促进各种元素吸收，其顺序为 K＞N＞Ca＞Mg。

不同蔬菜作物对氧气的要求量也不完全相同，如秋冬蔬菜中萝卜、甘蓝、豌豆等及夏菜中的番茄、黄瓜等要求比较严格，而蚕豆、洋葱、豇豆等则要求不太严格，土壤中的氧气供给量不足对其生育的影响较小。

土壤中氧含量多少与蔬菜作物对养分的吸收有关。一般来说，在供氧不足状态下明显影响钾素的吸收；相反，如通气良好，钾素吸收量显著增加，钙及镁的吸收则相应减少，

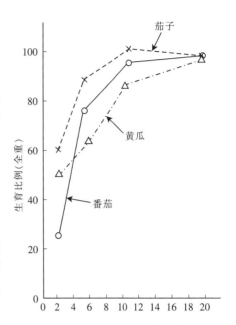

图 7-4　土壤 O_2 含量对果菜生育的影响
（位田）

而磷素的吸收一般与通气条件关系不大。土壤通气状况不仅影响蔬菜作物对养分的吸收，也影响土壤中养分存在的形态。土壤通气良好，氧化还原电位（En）高，土壤养分则分解快，有效养分积累多；反之，土壤养分易被还原，或在嫌气条件下分解产生一些有毒物质进而毒害蔬菜作物。

二、蔬菜作物的需肥特性

蔬菜是高度集约栽培的作物，需要肥沃的土壤，不同蔬菜作物对土壤营养元素吸收量不同，主要决定于根系的吸收能力、生育时期及其长短、生长速度快慢及环境条件的影响等。如根系发达、分枝多并深入土层的蔬菜作物，其吸收营养元素多；产量高的需肥量大；不同生育期需要营养元素不同，需要量也不同；不同蔬菜作物需要的各种元素比例也不同。但同类蔬菜一般也有其共同的特点。

（一）果菜类蔬菜　由于这一类蔬菜作物均以采收果实为栽培目的，其主要营养特性也必然存在一些共性。

1. 要求较多而全面的营养　按商品质量要求，必须在果实生长到一定大小（黄瓜、茄子、豇豆等）或达到成熟或接近成熟时（西瓜、番茄等）采收；除少数品种外，多为无限生长、连续开花结果。因此，果菜类蔬菜一般生长期长，生长量大，且生长发育速度也较快。为保证植株生长、花芽分化以及果实的充分生长，要求较多且全面的营养。营养不足，植株发育不良，并易早衰，花芽分化及发育以及果实形成不良，且易发生一些生理性病害，影响产量及产品质量。

根据在北京郊区取样测定（1982—1985），从形成 1 000kg 商品菜的养分吸收量来看，果菜类蔬菜普遍较高。虽然像胡萝卜、菠菜等蔬菜，形成单位产品的养分吸收量也较高，但与茄果类、瓜类蔬菜比较，因为瓜果菜类单位面积产量高，单位面积的养分吸收量也当然随之增高。

山崎测定认为，果菜类特别是茄果类蔬菜对钾的吸收量最高，几乎高于氮素 1 倍左右。其实，蔬菜作物对钾的吸收量普遍较高，尤其是果菜类。除钾素外，对钙的要求也较高，对主要养分吸收量大小的大致顺序为 K＞N＞Ca＞P＞Mg（表 7-3）。因此，严格地说，果菜类蔬菜对养分吸收的特点之一是比较全面，这一特点是与其栽培中经历整个生长发育周期有关，不仅要保证有足够的营养生长

量，且要创造开花、结果所需的营养条件。例如，番茄从土壤中吸收的 N、P、K 主要营养元素的 73％存在于果实中，27％左右存在于茎、叶、根等营养器官中。特别是磷酸，吸收的总量中有 94％存在于果实及种子中（艾捷里斯坦）。

表 7 - 3　茄果类蔬菜吸收主要元素量（kg/t）
（松村、寺岛、川西，1976）

作物	N	P	K	Ca	Mg	合计
番茄	2.7	0.7	5.1	2.0	0.5	11.2
茄子	3.3	0.8	5.1	1.2	0.5	10.9
甜椒	5.8	1.1	7.4	2.5	0.9	17.7

2. 苗期营养条件影响显著　果菜类蔬菜的花芽分化开始较早，一般在 2～3 片叶（番茄）或 3～4 片叶（茄子、辣椒）时即开始分化，瓜类蔬菜或豆类蔬菜也较早地开始了花芽分化。也就是说，果菜类蔬菜的基本营养生长期很短，在生长周期中绝大部分时间均处于营养生长与生殖生长齐头并进的状态。花芽是果实形成的基础，没有足够数量与较高质量的花芽，就不可能达到高产、优质的栽培目标。在培育大苗定植的情况下，果菜的大部分花芽几乎都在苗期形成或分化。因此，苗期营养条件对果菜幼苗质量、花芽形成以至产量形成，特别是前期产量形成有着直接的影响。例如，育苗床土的肥沃度对茄子花芽素质的影响非常明显，在床土肥沃度降低条件下，短柱花比例增加，长柱花比例降低，花芽发育进程迟缓，开花日数延长（表 7 - 4）。

表 7 - 4　床土肥沃度对茄子花的形态发育的影响
（斋藤等，1973）

床土肥沃度	花芽分化至开花天数（d）	第 1 朵花（分数比）			第 5 朵花以前（%）		
		长柱花	中柱花	短柱花	长柱花	中柱花	短柱花
肥沃	31	15/16	1/16	0/16	81.8	16.8	2.1
中等	38	8/18	4/18	6/18	57.8	20.0	22.2
缺肥	46	3/18	4/18	11/18	43.4	22.2	34.4

黄瓜也是对营养条件，特别是氮、磷较敏感的蔬菜，在苗期表现尤为明显。黄瓜幼苗对氮素适应范围较窄，而对磷的适应范围较广，适当增高磷浓度有较明显的促进生长及雌花发生的效果。

3. 容易出现营养失调的生理障碍　由于果菜类蔬菜产量形成的机制比较复杂，很容易受环境条件的影响而发生各种营养失调的生理障碍。除了温度、光照等气象因素外，营养与水分等栽培因子往往是发生营养生理障碍的重要甚至主导因子。例如，番茄多心室畸形果的发生与苗期高肥及低温的作用有关；又如，黄瓜常因营养不良而产生弯形瓜，特别在土壤干旱、肥料不足或茎叶过密，通风透光不好等不良条件下，很容易产生弯形瓜。诸如此类营养生理障碍在果菜类蔬菜中是常见的，如番茄筋腐病、空洞果、脐腐病以及各种畸形黄瓜果实，辣椒与茄子的僵果等。因此，在进行果菜栽培的施肥设计时，不仅要保证形成一定产量的营养需求，同时也要防止各种营养生理障碍的发生，避免生理病害所造成的损失。

（二）结球叶菜类蔬菜

1. 莲座期是施肥的关键时期　这类蔬菜作物的生长速度以莲座期至结球前、中期最快，以结球前、中期的生长量达到最大值，而养分吸收量的多少与生长增长量呈正相关关系。说明从莲座期至结球期对无机养分要求均比较高，此期的营养水平高低对产量影响显著。

2. 不要忽视钾肥的作用　这类蔬菜的氮素营养很重要，但钾的吸收量一般都大于氮素。因此，不能误认和一般叶菜一样，只偏重于氮素施用。单位面积吸收 N、P、K 的绝对量因种类、品种、土壤及产量不同而差异很大，但元素间比例比较接近，结球白菜的 N、P、K 三要素吸收比例（平均数）为 1∶0.38∶1.18，结球甘蓝为 1∶0.30∶1.25（解淑贞）。钾肥的应用不仅关系氮肥的效应（互作关系），而且直接影响到结球性、产品质量。

3. 容易发生钙素缺乏症　总的来说，蔬菜是喜钙作物，结球白菜、结球甘蓝等蔬菜的钙吸收量较大，不仅远远大于禾本科作物，而且高于一般蔬菜作物（表 7-5）。钙对结球白菜和结球甘蓝的叶球产量及叶球品质影响较大，和番茄一样，突出的表现为这类蔬菜作物容易发生缺钙生理病害（干烧心病、缘腐病）。

表 7-5　作物对钙的吸收量比较
（引自：《蔬菜营养及其诊断》，1985）

作　物	每 1 000m^2 吸钙量（kg）	每吨产品吸钙量（kg/t）
甘蓝	16.6	4.30
结球白菜	17.6	2.06
莴苣	4.7	1.20
黄瓜	10.1	3.10
番茄	26.4	4.10
洋葱*	—	0.97
葱*	—	1.57

　*　滕枝国光，1969。

土壤缺钙是该类病发生的主要原因之一。但在不少情况下，土壤并不缺钙，甚至土壤中的含钙量远远超过未发病地区或地块的土壤含钙水平（嶋田永生，1976），而是由于蔬菜作物体内钙吸收运转障碍而造成的钙素生理失调所致。

（三）绿叶菜类蔬菜　绿叶类蔬菜生长快，单位时间和面积上产量增长量较高，据艾捷里斯坦（1962）的试验资料，菠菜每吨产品的吸肥量低于萝卜的吸肥量，但高于胡萝卜、黄瓜、番茄。黄瓜、番茄生产 1t 产品需吸收氮、磷、钾总量为 5.6kg 和 6.6kg，低于菠菜和四季萝卜。单位面积上每天吸收氮、磷、钾量菠菜为 0.36kg，而萝卜 0.28kg，番茄为 0.26kg，黄瓜的吸收量仅为 0.17kg。而秋播菠菜由于品种、生长期、产量和外界条件不同，比春播的每吨产品多吸收氮、磷各 1.2kg，多吸收钾 5.2kg，吸收磷、钾比春播高 17.3%、67.0%。说明植株在低温下生长需要消耗大量能量和提高体内钾营养水平，以抵抗外界不良环境。菠菜吸收氮素占干重的 3.4%，磷占 0.6%～0.8%，钾占 5%～6%。从以上菠菜的例子可以看出，绿叶菜类蔬菜在生长过程中，除需要有足够量的氮素外，同时也需要有一定比例的磷和钾，这样才能获得高产、优质的绿叶菜产品。

（四）根菜类蔬菜

1. 发达的根系能从土壤中吸收更多的养分　总的来看，这类蔬菜作物根系比较强大，吸水吸肥能力较强。如胡萝卜根系可深入土中 2m 左右。由于根菜类蔬菜能比较充分的吸收和利用土壤中的水分及养分，因此在养分摄取上对土壤的依赖性更大。为保证这类蔬菜作物高产、优质，应选择土壤疏松、土层较深的沙壤土或冲积的黏壤土，并含有丰富的有机质和地下水位较低的土壤栽培。如美国曾在威斯康星州含有丰富有机质的退湖地大面积栽培胡萝卜，不仅产量高，且色泽鲜艳，表面光滑，畸形根极少。

2. 同化器官旺盛生长期为养分吸收高峰期　与前述的果菜类蔬菜不同的是，这类蔬菜作物的养分吸收高峰不在生长后期，而是在地上部同化器官旺盛生长期，养分吸收和干物质生产量（地上部）达到最高值后，吸收量逐渐下降，并依靠叶部制造和贮存的养分，向根部输送使肉质根逐渐膨大。与

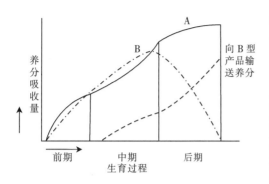

图7-5 果菜类蔬菜（A型）与根菜类
蔬菜（B型）的养分吸收过程
（山崎，1980）

果菜类蔬菜吸收养分规律（A型）不同，B型蔬菜从生长初期到中期的营养更为重要（图7-5）。

3. 对钾与硼的反应比较敏感 与其他蔬菜作物相比较，根菜类蔬菜对钾素和硼素的反应更为敏感。前田正男（1976）试验认为，除萝卜外，胡萝卜与芜菁对钾的吸收比例较大，N、P、K的吸收比例，胡萝卜为1：0.5：2.7，芜菁为1：0.46：2.3。可见，钾具有促进叶部合成的糖向根部转移的作用（Barbier，1939、1945）。

早在20世纪30年代就已查明糖用和饲料用甜菜的心腐病是一种缺硼的生理性病害，在中国萝卜等根菜中也常见这种病害。轻度发病时，地上部看不到异常症状，肉质根心部褐变，稍有减产；发病严重时，肉质根内部全部褐变，组织粗糙，最后坏死呈黑色。根菜类蔬菜中以甜菜、萝卜、芜菁等对硼浓度适应性较强，需硼量也较多；胡萝卜属需硼中等的蔬菜。

（五）花菜类蔬菜 花椰菜与青花菜的食用器官均为花球，虽然也是由花薹、花枝及花蕾组成的生殖器官，但由于其发育功能的改变，实际上已转变为贮藏器官。它与同化叶之间的关系实质上和甘蓝、结球白菜的同化叶与叶球一样，是"源"和"库"的关系，即同化叶制造的养分贮藏于变态的花球之中，这个"营养库"即成为体积肥大、质嫩、食味鲜美、营养丰富的蔬菜产品。

1. 全生育期均不能缺氮，但以早期氮素作用更为明显 氮能促进花椰菜及青花菜的茎叶形成和生长，对花球的发育有良好的影响。在叶及花蕾中，含氮比率高于磷而低于钾。在一定氮素浓度范围内，叶及花薹中的含氮量随浓度的增高而升高（加藤，1958）。氮对茎叶重的影响以幼苗期最为明显，这一时期如缺氮，则幼苗植株小，叶数少，叶短，地上部重减轻，即使以后补氮，叶数增加也很少，容易出现早现蕾，花球小的"早花"现象，产量降低。花芽分化期间缺氮，对根、茎、叶的影响较大，不仅根、茎、叶重量明显下降，且花球产量降到只有对照（全生育期供氮）的1/10左右（岩田，1968）。花蕾出现后缺氮，对茎、叶、根生长均无影响，但花球重量却明显降低。可以看出，全生育期保证氮素的供给对这类蔬菜作物的正常生长及产量形成是非常重要的。

2. 幼苗期供给充足的磷肥对产量形成有利 磷也具有促进茎叶生长作用，且对花芽分化的影响较大。磷对叶片分化及生长的作用主要表现在前期，进入生长后期，这种作用就不太明显。如果幼苗期缺磷，则将提早现蕾，形成小球，产量降低。如果在现蕾后缺磷，则影响较小，对花球抑制也不明显。因此，在现蕾前的磷素供给十分重要。

3. 不应忽视钾、氮肥的互作作用 钾素也是这类蔬菜作物吸收量最大的元素之一。虽然钾对地上部的叶片分化无明显影响，但如从花芽分化到现蕾期间缺钾，就能抑制茎叶生长，重量下降。在花芽分化后到现蕾期间，是它们生长的旺盛期，也是吸钾量最多的阶段，如缺钾则花球膨大受到极大的阻碍，产量明显下降。王桂英等（1997）试验指出，钾肥是影响青花菜产量、干物质重及源库比例的主要元素，如果只施氮素或氮、磷素而不施钾素，其花球重甚至还不及不施肥的对照，如果氮、磷、钾配合施用，则可大幅度提高花球产量。这不仅可以看出钾肥的作用，而且更明显地表现出主要元素，特别是氮、钾的互作效应。

4. 硼、钼等微量元素是不可缺少的重要元素 在缺硼条件下，花椰菜生长点萎缩，叶缘弯曲，叶柄发生小裂纹，花枝内呈空洞状，花球膨大不良。在酸性土壤上，容易出现缺钼症，典型症状为酒杯状叶、鞭形叶，且植株矮化，花球膨大不良，产量及品质下降。

（六）豆类蔬菜 豆类蔬菜吸钾量比较低，而吸磷量偏高（表7-6）。

表 7-6　豆类蔬菜每 1 000m² 吸收 N、P、K 量

(岩渊，1969)

种类	收获量 (kg)	吸收量（kg）			每吨产品吸收量（kg/t）			吸收比例		
		N	P	K	N	P	K	N	P	K
豌豆	750	12.4	4.5	9.0	16.5	6	12	100	36.2	72.5
菜豆	1 275	13.1	5.6	12.4	10.2	4.4	9.7	100	42.7	94.6
蚕豆	—	18.0	6.0	13.1	—	—	—	100	33.3	72.7

（七）葱蒜类蔬菜　葱蒜类蔬菜中除洋葱及葱外（表 7-7），大蒜、韭菜、分葱等研究很少。洋葱、葱属于吸肥量较少的蔬菜，葱吸收 N、K、Ca 量高于洋葱。

表 7-7　洋葱、葱主要元素吸收量

(滕枝国光，1969)

作物	每吨产品吸收量（kg）					吸收比例				
	N	P	K	Ca	Mg	N	P	K	Ca	Mg
洋葱	2.03	0.8	2.0	0.97	—	100	39	112	45	—
葱	2.3	0.54	2.6	1.57	0.21	100	24	114	68	9

三、蔬菜作物施肥与菜田培肥

（一）蔬菜作物需肥量的确定

1. 蔬菜作物养分吸收量的确定　蔬菜作物种类很多，对无机养分的要求也各有特点，不尽相同。但从作物机体的构成对营养要素的基本要求来看，蔬菜作物又具有其大体上的共性。根据山崎肯哉（1960）的试验分析，可以从宏观上将蔬菜作物对主要营养元素吸收的大体比例归纳如下：K_2O 10；CaO 5～8；N 6；P_2O_5 2；MgO 1.5。如按 1 000m² 面积 K_2O 吸收量为 40kg 计算，则 CaO 为 20～35kg，N 24kg，P_2O_5 8kg，MgO 6kg。如果确认蔬菜作物吸收养分的比例大致一定的话，则各种作物的营养元素吸收量主要决定于生育量及产量的大小。当然，这个原则也同样适用于同种作物不同品种，以及同一品种的不同产量。以 1 000m² 的产量为标准，可将蔬菜作物的养分吸收量（以 K_2O 的吸收量为标准）大致划分为以下 5 种类型：

（1）每 1 000m² 产量为 8t，K_2O 吸收量为 40kg。如黄瓜、番茄、茄子、甜瓜、西瓜、甜椒等。

（2）每 1 000m² 产量为 6t，K_2O 吸收量为 30kg。如芜菁、白菜及萝卜（K_2O 为 20kg）、洋葱（K_2O 为 10kg）等。

（3）每 1 000m² 产量为 4t，K_2O 吸收量为 20kg。如甘蓝、芹菜、花椰菜、马铃薯等。

（4）每 1 000m² 产量为 2t，K_2O 吸收量为 10kg。如菠菜、莴苣、抱子甘蓝及胡萝卜（K_2O 为 20kg）、蚕豆（K_2O 为 15kg）等。

（5）每 1 000m² 产量为 1t，K_2O 吸收量为 10kg。如豇豆、菜豆及芦笋（K_2O 为 20kg）等。

从以上的吸收比例及预定的产量指标看，即可大体上推算出蔬菜作物所需吸收的养分量。例如，1 000m² 面积上收获 8t 黄瓜，则吸收量应为：K_2O 40kg，CaO 32kg，N 24kg，P_2O_5 8kg，MgO 6kg。

应该指出，根据作物对养分的吸收比例及产量来确定的养分吸收量只是一个大体上的范围，即经验吸收量，并不能否定各个作物之间及不同栽培条件下对不同元素吸收所存在的差异。尽管如此，这种推算出的估计值在生产实践中还是有一定的应用价值，因为即使进行精密试验而得到的数据也不能

排除实际栽培中的多种因素对养分吸收的影响。当然，在实际进行施肥量计算时，还必须根据大量试验资料计算出不同土壤及蔬菜种类等条件下的土壤天然供给率及肥料利用率，从而计算出施肥倍率，其难度与工作量也是不小的。因此，这种经验养分吸收量最适用于宏观研究或粗略的养分估算等方面。

2. 实行平衡施肥技术时的施肥量计算方法 蔬菜作物平衡施肥的中心问题是要科学地确定各种养分元素的施用量。计算施肥量的方法有很多种，现简要介绍常用的养分平衡法及有效养分系数法。

（1）养分平衡法 又名"差减法"或"差值法"，其基本计算公式为：

$$某养分元素合理施用量=\frac{一季作物的总吸收量-土壤供给量}{肥料的养分含量（\%）\times肥料的利用率（\%）}$$

利用该公式计算施肥量，必须掌握以下参数：

①计划产量指标。可以凭经验定产，即根据近几年来该种蔬菜（同一栽培季节与栽培方式）实际得到的平均产量或改进某项（些）技术后有可能提高的产量（一般只能高于平均产量的10%～20%）定产；也可以土壤肥力定产，即选不同土壤肥力的菜地栽种同一种（品种）蔬菜，每块地均设置无肥区与全肥区，依据得到的产量建立$y=f(x)$回归模型（y为目标产量，x为无肥区产量或称为基础产量）。应用此模型时，只要将欲实行平衡施肥地块的基础产量代入公式，即可推算出目标产量。还可以以有机质含量定产，即在一定范围内，土壤有机质含量高低和产量有明显的相关关系，如果通过实测建立起这种相关关系模型，就可利用来预测欲进行平衡施肥地块的目标产量。

②蔬菜作物的养分吸收量。常以每形成1 000kg蔬菜产品（可食用部分）整个植株吸收的N、P、K量（kg）来表示蔬菜作物的需肥量。计算公式为：

$$蔬菜需吸收的N（P、K）（kg）=\frac{目标产量（kg）}{1\,000}\times每形成1\,000kg经济产量吸收的N（P、K）量$$

最好应用当地生产条件下测得的实际参数，因为这个参数并不是恒值，依品种、土壤肥力状况、施肥水平等生态、栽培条件不同而异。无本地研究资料时，也可借用已有资料，但必须选用与当地栽培条件比较接近的地区或栽培方式的资料，以求尽可能准确一些。

③土壤供肥量，即指土壤供肥能力。一般是利用蔬菜作物在不施肥条件下净吸收的养分量来计算土壤的供肥能力。具体做法是：首先设置至少5个处理的试验：对照（完全不施肥），P、K区，N、K区，N、P区和N、P、K全肥区，分别测产，然后按以下公式计算出土壤供应N、P、K的能力：

$$土壤供N（P、K）量（kg/hm^2）=\frac{PK区（NK区、NP区）经济产量（kg/hm^2）}{1\,000}\times每形成1\,000kg经济产量的吸N（P、K）量（kg）$$

不同土壤肥力及栽培条件下，土壤供肥能力差异较大，应积累多年（多点）资料，以求取得有代表性的参数。

④肥料有效养分含量。以化肥出厂时注明的有效养分含量作为计算参数。

⑤肥料利用率。它是指当季蔬菜作物从所施肥料中吸收的养分量占施入肥料总养分量的百分数。计算式表达如下：

$$某肥料利用率=\frac{蔬菜当季从肥料中吸收某养分量（kg/hm^2）}{施入土壤的某肥料含纯养分量（kg/hm^2）}\times100\%$$

根据目前各地的试验资料，菜田氮肥的利用率一般为40%～60%，磷肥利用率为10%～25%，钾肥利用率为50%～60%。肥料利用率，因土壤、栽培方式、肥料种类、气候等各种影响条件不同差异较大。一般来说，土壤肥力越高或施肥量越大，利用率越低；蔬菜越高产或栽培环境越适宜，利用率越高。采取综合措施不断提高蔬菜的肥料利用率是当前施肥中值得重视的问题之一。

测定肥料利用率一般还是采用差减法，可以和土壤供肥能力的测定同步进行（试验小区设置与之相同）。计算公式如下：

$$N（P、K）肥利用率=\frac{NPK区N（P、K）素吸收量（kg/hm^2）-\begin{array}{c}PK区（NK区、NP区）N（P、\\K）素吸收量（kg/hm^2）\end{array}}{N（P、K）肥施用量（kg/hm^2）×肥料中该养分含量（\%）}×100\%$$

有了以上的参数，就可将其代入计算公式，即得出某养分元素的合理用量。

养分平衡法的优点是直观、简明、易懂，容易被接受。但是，最低限度也得通过试验求得土壤供肥量，不仅测定工作量较大，且施肥后又会导致土壤供肥能力的改变，需要每年或几年测定一次，耗费人力、物力、财力较大。为克服这些不足，有效养分系数法应运而生。

（2）有效养分系数法　有效养分系数法与养分平衡法的原理相同，方法也基本一样，不同的是用简单的化学测定方法代替繁杂的生物测定方法得到土壤养分供给量这个参数。

土壤为蔬菜提供的养分，主要靠土壤中的速效养分或称有效养分，但这种养分也不可能被蔬菜全部吸收，也存在"利用率"问题。所以有效养分系数法中的土壤供肥量计算公式应该是：

$$土壤供肥量（kg/hm^2）=\begin{array}{c}土壤有效养分\\测定值（mg/kg）\end{array}×10^{-6}×2.25×10^6（kg/hm^2）×有效养分系数（\%）$$

其中土壤有效养分测定值是用化学方法测得的土壤中速效N、P、K的含量；$2.25×10^6$是指每公顷耕层土壤的重量；再乘以10^{-6}即换算为每公顷的养分千克数。

土壤有效养分系数的测定方法是：在田间布置5个处理的试验（同养分平衡法土壤供肥量测定试验）。在试验开始前采土样测定土壤中速效N、P、K含量（土测值），再计算出形成各区蔬菜产量的蔬菜作物养分吸收量，按下面公式计算求得土壤N、P、K的有效养分系数。

$$\begin{array}{c}土壤N（P、K）有效\\养分系数（\%）\end{array}=\frac{\begin{array}{c}无N（无P、无K）区蔬菜\\经济产量（kg/hm^2）/1\,000\end{array}×\begin{array}{c}每形成1\,000kg经济\\产量的吸N（P、K）量（kg）\end{array}}{土壤速效N（P、K）土测值（mg/kg）×2.25（kg/hm^2）}$$

利用有效养分系数求得土壤养分供应量后，则可应用下面公式计算施肥量：

$$\begin{array}{c}施肥量\\（kg/hm^2）\end{array}=\frac{目标产量（kg/hm^2）/1\,000×\begin{array}{c}每形成1\,000kg\\经济产量的养分\\吸收量（kg）\end{array}-2.25（kg/hm^2）×\begin{array}{c}土测值\\（mg/kg）\end{array}×\begin{array}{c}有效养\\分系数\end{array}}{肥料中有效养分含量（\%）×肥料利用率（\%）}$$

要说明的是，如果按上述方法做起来不仅很麻烦，工作量也很大，必须在同一类型不同肥力水平的土壤上做多点5区试验，求得各试验地块的有效养分系数，建立起土测值与土壤有效养分系数之间的回归模型。应用时只要测得土测值，代入回归模型即可很快求出有效养分系数。当然，试验和应用这种方法时蔬菜种类必须相同，甚至要求品种一样或相近，以求所得的参数具有较高的可靠性。另外，建立的回归模型，经显著性测验后证明回归显著才能应用。

3. 有机肥施用量的确定方法　土壤有机质矿化和积累平衡是稳定有机肥施用量的基本依据，即土壤有机质矿化后其含量就要降低，为维持和提高土壤有机质的含量就需要补充或增加有机质或施用有机肥，因为土壤有机质的来源，主要靠残留在土中的根系和所施用有机肥的腐殖质化，而前者在菜田土壤中的积累极少，几乎可忽略不计。沈阳农业大学土壤肥力研究室提出了一个简易的算式来计算有机肥料的用量。

$$M=\frac{W·a·O-C·R}{b·t}$$

式中　M——有机肥料施用量（kg/hm^2）；

O——原土壤有机质含量或培肥指标；

W——单位面积（hm^2）耕层土重，一般按$2.25×10^6$kg计算；

R——耕层中根茬残留量（kg/hm^2）；

C——根茬物质腐殖化系数（\%）；

a——土壤有机质年矿化率（%）；

b——有机肥料的腐殖化系数；

t——有机肥料中有机质含量。

菜田栽培中，因清洁田园要求，根茬残留极少，R、C 值一般可不考虑，W 值已知，以下分别介绍 0、a、b、t 4 个参数。

（1）土壤有机质的培肥指标　根据各地高产地块调查及老菜田高度熟化土壤的有机质含量状况，菜田土壤有机质的培肥指标应定在 ≥3%。

（2）土壤有机质的年矿化量　沈阳农业大学土壤肥力研究室提出，有机质的矿化率可用有机氮的矿化率间接推算。其计算公式：

$$土壤有机质的矿化率（\%）=\frac{全年每公顷作物吸 N 总量（kg）}{每公顷耕层（0\sim20cm）土壤总 N 量（kg）}\times100$$

土壤有机质矿化率（表 7-8），受多种因素的影响。菜田，特别是温室土壤的有机质年矿化率会比表 7-8 中数据更高。知道了土壤有机质的矿化率，就可根据土壤有机质含量推算土壤有机质的年矿化量。

表 7-8　辽宁省主要高产耕地土壤有机质矿化率*

土壤类型	范围值（%）	平均值（%）
壤质棕壤	1.19~3.20	2.33
壤质草甸土	2.88~4.66	3.66
轻壤质水稻土（良水型）		2.44
轻壤质水稻土（滞水型）		1.39
滨海盐渍型水稻土	1.98~2.20	2.23
潮褐土	3.48~3.94	3.71
潮褐土（覆盖）	5.83~6.56	6.95
棕壤	3.64~3.93	3.76
棕壤（覆盖）	5.13~5.94	5.56

*　沈阳农业大学土壤肥力研究室资料。

土壤有机质年矿化量(kg/hm²)=2.25×10⁶(kg/hm²)×土壤有机质含量(%)×土壤有机质矿化率(%)

按照年矿化量补充有机质（肥），只能视为确定有机肥施用量的最低计算标准。

（3）有机肥料的腐殖化系数　有机肥料中的有机质转化为土壤有机质的过程叫腐殖质化，其转化的份额称为腐殖化系数。在实际测定时，腐殖化系数是指一定重量有机肥料中的有机碳在土壤中分解一年所残留的百分数。有机肥的腐殖化系数随土壤的类型、土壤的水、温条件差异而不同。大部分经过堆腐的有机肥于旱田中的腐殖化系数在 70%~80% 的范围。

（4）有机肥料中有机质含量　不同种类有机肥有机质含量不同，例如猪粪为 25.0%，牛粪为 20.3%，马粪为 25.4%，羊粪为 31.8%，人粪尿为 5%~10%，一般堆肥为 15%~25%，高温堆肥为 24.1%~41.8%（农业科学，浙江农业大学主编）。家禽粪肥有机质含量为 23.4%~26.2%，饼肥有机质含量高，为 75%~85%。从增加土壤有机质角度看，稻草也是一种好材料，其含碳量 34.4%，C/N 为 59，尤其在多年种菜的温室或大棚中施用，不仅可提高土壤有机质含量，增强土壤缓冲能力，且对防止温室中气体危害及土壤浓度障碍有重要作用。

（二）菜田培肥与施肥

1. 坚持以有机肥为主的施肥制度　有机质是土壤肥力的核心，除了对土壤的一般理化性质的影响外，土壤的酶活性也与之关系密切。很多试验证明，土壤酶活性与土壤肥力关系很大，甚至可以从土壤酶活性角度估计土壤的生产力水平。葛晓光等对蔬菜作物施肥进行了8.5年（17茬）长期定位施肥试验观察，结果指出：重施有机肥［马粪75t/（hm²·年）］并配施无机氮肥的处理，有机质含量增加50％，轻施有机肥［马粪37.5t/（hm²·年）］并配施无机氮肥处理，有机质含量增加6.5％，不施有机肥而单施氮素化肥处理有机质含量降低6.9％。单施无机氮肥可以供给蔬菜以营养，但对提高菜田土壤的供肥能力作用不大。大量调查资料分析证明，获得蔬菜高产、稳产的土壤有机质含量最低标准约3％。城郊菜田有60％符合或接近这个标准，而远郊及农区菜田有机质含量一般只有1％～2％，在这种条件下，即使重施有机肥进行培肥，也需要10～15年才能达到这个标准。即使达到了这个标准，也应每年施入必要的维持量（按上述公式计算）。

2. 实行测土平衡施肥　根据各地的调查报道，近20多年来，由于不重视有机肥的施用并完全依靠经验而偏施氮肥，中国菜田土壤肥力普遍有所下降，突出的表现为土壤养分不平衡，氮素过剩，磷素富集，钾素相对不足。严重的已经达到土壤酸化（露地）或次生盐渍化（温室）的程度。解决这个问题的重要措施就是在重视有机肥施用基础上实行测土施肥。前面提到的施肥量的计算等问题，并不是要求每户农民去做，而是依靠土肥站或"土壤医院"来完成，这样，测土施肥并不难实现，就像"看病、开方、抓药"一样，关键要有比较健全的服务体系。另外，磷、钾在土壤中比较稳定，无需每年每茬测土，测土后只要开出指导性施肥计划即可。土壤中氮素变化大，蔬菜作物反应也很敏感，必须引起重视并加以有效控制。

3. 有机肥与无机肥配合及合理施用　从图7-6可以明显看出，连续多年施用有机肥（A₁、A₂）处理的累计生物产量与经济产量（以下同）均明显高于未施有机肥的处理（A₃），这充分说明有机肥在提高土壤肥力上的良好作用；无论是重施有机肥处理（A₁）或轻施有机肥处理（A₂），配施无机氮素肥料对产量的提高均有明显的作用，这也证明，由于有机肥的养分浓度较低，长期完全依靠它可以获得较高而稳定的产量，但难以达到更高的产量水平。从A₃处理中更可以看出，如果长期不施有机肥而仅施无机化肥，产量更上不去，特别值得注意的是，不施有机肥而重施无机氮肥的处理（A₁B₁）的产量反而低于轻施无机氮肥的处理（A₁B₂）。这与高氮影响了产量器官与同化器官生长的

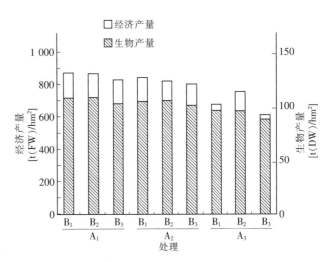

图7-6　有机肥与无机氮肥长期配施对蔬菜总产量（1988—1996）的影响（17茬）
（葛晓光等，2000）

平衡及导致土壤肥力减退有关。因为以上是长期定位施肥试验的结果，比一茬肥料试验的结果更能说明其实质性的变化。

当然，有机、无机肥配施中还必须注意两个问题：其一，无机氮素的施用量及其比例问题。从原则上说，无机氮素的施用量应该依据测土施肥的要求确定，在所需供给的总氮量中，有机肥与无机氮肥大体上以1:1的比例分别施用比较合适；其二，无机肥中也应按土壤的肥力状况配施一定数量的磷、钾肥，以保证养分的全面供给。

在施用方法上，有机肥与大部或全部磷钾肥应作为基肥施用，无机氮肥的绝大部分或全部用于分次追肥，以充分发挥肥效。到旺盛生长期或产量形成期时，如果营养不足，除正常追肥外，还可采用根外追肥的措施加以补充。

4. 基肥和追肥　基肥是指在作物播种或定植前施入田间的肥料。基肥常以有机肥为主，应根据

其肥料成分，加入适量化肥。基肥施用时，可根据其分解程度分期施入田中，一般不易分解的在深翻土前，撒入田中，翻入土中，如秸秆堆肥等；腐熟或易分解的可在播种或定植前沟施、穴施或撒入畦面，平整畦面时，混入土中。基肥施用时除注意数量外，还应注意成分配合合理。人、畜粪便作基肥时要注意提前堆沤使其发酵，并可掺一定量的园田土，这样可以撒施均匀，避免成堆或结块，造成烧苗。一般化肥中的磷、钾肥也常与有机肥一起作基肥施入土中。

追肥是基肥的补充，应针对不同蔬菜种类、不同生育期的需肥特点，适时、适量、分期施入。追肥一般在蔬菜作物吸肥量最大的时期进行，如瓜、果类蔬菜在大量结果后、结球白菜或甘蓝莲座后期、根菜类肉质根肥大期等。追肥多施速效氮、钾肥和少量磷肥，过去有冲浇人粪尿作追肥，现已逐渐少用了。每次追肥量不宜过多，时间不能过迟，同时要注意蔬菜作物的生长和发育的协调，不要造成作物疯长，而导致减产。必要时可适当进行根外追肥，但要严格掌握适当浓度，以免对作物造成伤害。

根外追肥是蔬菜作物营养的一种方式，特别是当土壤固定和转化率很高，根部营养吸收不充分时，可及时通过叶部吸收营养来补救，是一种辅助性手段。叶部对营养的吸收和转化比根部快。一般尿素施入土壤中 4～5d 后才能生效，而叶部施用只要 1～2d 就呈现效果。叶部营养能促进根部营养，并提高产量和品质。喷施某些营养元素，能调节酶的活性，提高光合和呼吸作用能力，使植株体内积累较多的有机物质。叶部营养用肥较为经济，用量仅相当于土壤施用的 1/10～1/5。但蔬菜作物旺盛生长需要大量养分时，只通过叶部追肥是不够的。根外追肥还是补充供给微量元素的经济而有效的措施，具有用量小、见效快以及其他良好的生理功能。施用微量元素必须慎重，因为蔬菜作物需要微量元素的量较低，从缺乏到适宜之间差异幅度较小，不足或补充过量均会引起植株体内吸收、光合作用失调。在施用之前必须做土壤和植株中微量元素含量测定。

（葛晓光）

第三节　灌溉与排水

一、中国蔬菜灌溉的经验

中国蔬菜栽培的历史悠久，其灌溉经验也极为丰富。西汉农学家氾胜之在"区种瓠法"中就提出了"遥润"这一十分科学的灌溉技术；后魏·贾思勰著《齐民要术》一书，在《种芋》、《种瓜》等篇中提出了"旱则浇之"的灌溉原则；元·王祯进一步明确了"旱则浇灌，涝则泄去"的灌排关系。以后历代又有新的发展。近代中国蔬菜灌溉的经验，概括起来就是"三看一结合"：

（一）看天浇水　中国北方春季雨少、干旱，早春温度低。在这个季节灌水，虽可克服土壤干旱，但往往使地温降低，这对蔬菜作物生育十分不利，甚至能使植株发生沤根而死亡。农民根据这样的气候特点，则采取蓄水保墒的措施，即通过积雪、冬灌、雨后耙耱等使土壤积蓄较多的水分。蔬菜作物定植（播种）浇水后及时覆盖或中耕，以充分保墒，直至地温升高之前，一般不再灌水，这样能促进根系迅速向土壤深层发展，进而增强蔬菜作物抗旱和吸收的能力。如需灌溉，也是选晴天灌小水，或进行"暗浇"，尽量减少对地温的不良影响。

南方各地夏季虽多雨，但分布不均，同时气温地温都较高，这时农民则按照"旱则浇、涝则排"的原则进行水分管理。灌水时也多"明水大浇"，既满足蔬菜对水分的大量需要，又降低了地温。

在土壤封冻前对越冬菜灌溉的"越冬水"，早春霜冻降临前对早熟果类蔬菜浇灌的"防霜水"，盛夏热雨后的"涝浇园"及广州地区夏季的水沟栽培的灌溉方法等，都是看天浇水的例子。

（二）看地浇水　各地农民都有根据土壤的颜色及黏性程度判断土壤水分的多少，而后采取相应的灌水措施。如"土面'发白'就浇"，"干了灌，湿了耱"，保持地面"见干、见湿"等，都体现了看地浇水的原则。

另外，农民还按土壤性质确定灌水多少。如在沙土地上进行"勤浇少浇"，对黏土地则多进行"小水多灌"或"沟润暗灌"，在酸性土地区采取"加粪泼浇"，对盐碱地则强调用河水"大水满灌"等。

（三）看苗浇水　有经验的农民都深知蔬菜的种类或品种不同，对水分的要求也不一样。如对要求水分充足的黄瓜、大白菜等则"勤浇多浇"，而栽培耐旱的西瓜、甜瓜时，则"少浇或不浇"。

在蔬菜作物不同的生育阶段，农民也采取不同的灌水技术。一般在发芽期，供水较充足，以利种子吸水萌发；幼苗期使土壤水分适中以促进根系的发展；在产品器官形成前多进行适当"蹲苗"；到产品器官形成盛期，则大水多浇，以提高产量和增进品质；到收获终期一般又少浇或不浇，以提高产品的耐贮运性。

看蔬菜作物长相确定蔬菜植株体内的水分状况，再决定如何浇水，是中国农民总结出的灌水经验之一。如早晨看叶子尖端滴露之有无与多少、看叶片或果实（茄子）颜色的浓淡，中午观察叶子的萎蔫程度，傍晚看萎蔫恢复得快慢；其他时间可摸叶子的厚薄或调查茎节间的长短及叶片展开的速度等。若种子颜色深，叶尖无滴露，叶子厚，节间短，新叶展开慢，则应及时浇水；反之，说明还不需要浇水。

（四）结合栽培措施灌溉　灌溉是蔬菜栽培技术体系中的环节之一，它与其他栽培措施之间都是互相影响的。所以中国农民在"三看浇水"的同时，也很重视灌溉与其他各项栽培措施的配合。如对深耕肥多密植的高产菜田浇水就多，做到"粪大水勤"；分苗或定植后多"大水饱浇"，以利缓苗；每次间苗后，都要浇一次"合缝水"；秋菜播种后，芽嫩、地温高，要求多浇井水，除满足作物对水分的需要外，还利于降低地温。

二、蔬菜作物的需水规律

（一）叶片蒸腾强度较大　蔬菜作物根系吸收的水分，绝大部分用于叶片的蒸腾。叶片蒸腾散失水量与根系吸收水量在适宜强度范围内的相对平衡是蔬菜植株体内一切生理过程顺利进行的前提，许多生理过程是随着蒸腾的强弱而变化的。如番茄的光合强度与蒸腾强度在水分变化的过程中其变化动态几乎完全一致（图 7-7），而番茄的鲜体重与耗水量也有非常明显的相关关系（r＝0.981 6～0.990 8）。

虽然蔬菜作物的蒸腾强度较大，但由于生长期不长，故总蒸腾量还是较低，一般为250～500mm。另有报道认为菜田地面的蒸发量与植株的蒸腾量相近，据此估计蔬菜作物生长期（120～150d）内总耗水量为500～1 000mm，每天 4～8mm。

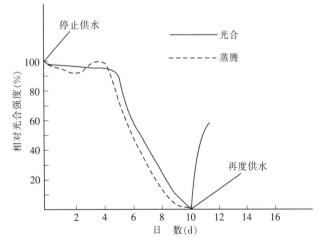

图 7-7　番茄停止供水后光合及蒸腾的变化
（古谷雅树等，1979）

每种蔬菜作物在不同的生育时期，因蒸腾面积（叶面积）、环境条件及生理活力的变化，而蒸腾量也不相同。如日本京都农试观测（1965），番茄在果实肥大期（6月11日），每株每日蒸散水量409g，而到果实成熟期（7月24日）则达1 367g。

（二）根的吸水力较小　蔬菜作物根系在土壤中伸展的范围与其吸水能力有密切关系。蔬菜作物

根系在土壤中所能达到的深度因种类不同而异（表7-9）。另外，环境条件，特别是土壤状况对蔬菜根系在土壤中的发展也有很大影响。

表7-9　各种蔬菜根系的深度

(Knott，1980)

浅根系蔬菜（40~60cm）	中等深根系蔬菜（90~120cm）	深根系蔬菜（120cm以上）
油菜、大葱	菜豆、君达菜	西瓜
甘蓝、大蒜	黄瓜、豌豆	番茄
菜花、洋葱	甜瓜、芥菜	南瓜
萝卜、菠菜	茄子、芜菁、甘蓝	石刁柏
马铃薯、水生蔬菜	甜椒、西葫芦	
芹菜、甜玉米	胡萝卜、芜菁	

蔬菜作物在生育的前期，其根系主要是向土壤深层发展。如根据日本学者研究，番茄（真善美）播种后60d时，根深达86cm，侧根长58cm，而到播种后100d时，侧根长超过了主根的深度。据王贵臣对萝卜、大白菜等作物根系调查的结果，也有与番茄根系发展动态相似的趋势。育苗移栽的蔬菜作物，其侧根扩展的范围要更广大些。

蔬菜作物根部吸水的性能一般用吸水力表示。多数蔬菜作物根的吸水力较小，如黄瓜根所能达到的吸水力仅接近多数植物平均值 $1.519\,5\times10^6$ Pa 的 1/4，是栽培作物中最低的。

蔬菜作物根适宜的吸水力比最高临界值要低得多，有资料认为：当土壤水分接近于田间持水量，即土壤吸水力为 $1.013\times10^4\sim3.039\times10^4$ Pa 时，养分有效性最高，氧气扩散有足够的空间，溶解态养分最多，离子扩散与养分质流的面积最大，根系活动条件也最好。同时还提出了各种蔬菜作物丰产供水的土壤吸水力范围（表7-10）。

表7-10　各种蔬菜作物丰产供水的土壤吸水力范围

(引自:《土壤学》，1980)

作　物	吸水力范围（kPa）
菜豆	7.5~20.0
番茄	8.0~15.0
甜玉米	5.0~1.00
甘蓝类	6.0~7.0
胡萝卜	5.5~6.5
莴苣	4.0~6.0
洋葱	5.0~6.0
马铃薯	3.0~5.0
芹菜	2.0~3.0
黄瓜	2.5~3.0

中国栽培的蔬菜作物可根据耗水及吸水特性的不同，大致可分为5类：

1. 耗水量很多，吸水能力也很强的种类　如西瓜、甜瓜、南瓜等。这类蔬菜作物有很强的抗旱能力，栽培时可少灌或不灌水。

2. 耗水量大，而吸水能力弱的种类　如黄瓜、甘蓝类、白菜类、芥菜类及大部分绿叶菜类，栽培这些蔬菜作物要选保水性能好的土壤，同时还要经常灌溉。

3. 耗水量及吸水力都中等的种类　如茄果类、根菜类及豆类蔬菜等。这类蔬菜作物要求中等程度的灌溉量。

4. 耗水量少、吸水能力也弱的种类　如葱蒜类、芦笋等。这类蔬菜作物的根系浅或根毛少，栽培时要求较高的土壤湿度，所以需进行比较多的灌溉。

5. 耗水量多，吸水能力很弱的种类　如藕、菱、茭白、荸荠等水生蔬菜。这类蔬菜作物根系不发达，并且不形成根毛，而体内有发达的通气结构，所以要在水田中栽培。

各种蔬菜作物对空气湿度的要求也不一样，一般可分为 4 类：

第 1 类　适于空气相对湿度 85%～90% 的种类有白菜类、绿叶菜类、甘蓝类及水生蔬菜。

第 2 类　适于空气相对湿度 70%～80% 的种类有黄瓜、西葫芦、根菜类（除胡萝卜）、马铃薯、豌豆及蚕豆等。

第 3 类　适于空气相对湿度 55%～65% 的蔬菜种类有茄果类、豆类（豌豆、蚕豆除外）蔬菜。

第 4 类　适于空气相对湿度 45%～55% 的蔬菜种类有西瓜、甜瓜、南瓜及葱蒜类蔬菜。

上述分类主要是单因子的相对分类。每种蔬菜作物对土壤湿度及空气湿度的要求及其适应性，还要受到其他环境条件的影响。

三、土壤对蔬菜作物供水的性能

土壤的贮水及供水性能，对蔬菜作物吸水的影响很大。土壤的供水能力也以吸水力（负值）表示。土壤吸水力与土壤含水量的关系，因土壤质地（沙土、壤土、黏土）的不同而有很大差异（图 7-8）。

自然降水或灌溉水到达土壤表面后，在土壤中渗透的速度及范围，也随着土壤质地的不同而变化。

土壤供水的土层深度与蔬菜作物根系在土壤中分布的深浅相适应。当土壤有效水分含量降到 50% 时，各种土壤湿润土层深度所需要的灌水量见图 7-9。

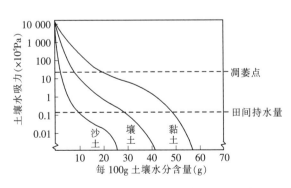

图 7-8　土壤吸水力与土壤含水量之间的关系

(D. Wynne Thorne, 1978)

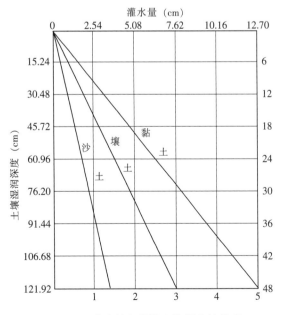

图 7-9　灌水量与湿润土壤深度的关系

(Knott, 1980)

土壤的类型不同，其田间持水量、稳定凋萎系数及对蔬菜作物生长发育有效的含水量也不一样。具体见表7-11。

表7-11　不同土壤的水分常数（占土壤容积的％）

(引自：《农业自然条件分析》)

土壤类型	田间持水量	稳定凋萎系数	有效水含量
沙土	9	2	7
沙壤土	27	11	16
壤土	34	13	21
游壤土	38	14	24
黏壤土	30	16	14
黏土	39	22	17
泥炭土	55	25	30

四、蔬菜作物的灌溉方式与技术

（一）蔬菜灌溉的生理生态指标　土壤水分应保持在使作物能够进行正常生育的有效水分范围内，亦即经重力自然排水后24h的田间容水量降到使作物生育、产量受阻的临界水分点之间的土壤水分范围。为了准确地判定土壤的供水能力和蔬菜作物对水分的需求，常采用以下指标：

1. 水分张力（pF）　是利用多孔性材料为媒体，用土壤对水分吸收的压力多少来表示的方法。当水分张力在98kPa时，pF＝3.0。当土壤pF高于3.8时，即需灌水。土壤pF的测定可以通过张力计进行。

2. 消耗水量　消耗水量可由下式求得：

$$\sum e_n = \sum [(W_n - W_n^1)H_n]/100$$

式中　e_n 为各土层的消耗水量；H_n 为各土层的厚度；W_n 为各土层测定开始时测得的土壤水分含量；W_n^1 为各层土壤测定结束时测得的土壤水分含量。消耗水量的单位为mm。一般最少应取4层，根据根系分布特点，在土壤深层每层可适当厚一点。

3. 土壤溶液电导率（EC）　土壤溶液电导率在土壤养分一定条件下，其数值的大小可反映出土壤水分的多少。当土壤水分高时EC值相对较小。但由于土质不同，栽培作物生物临界EC值也有很大变化（表7-12）。此外还可根据作物蒸腾量、细胞汁液浓度、气孔数目、开张度、叶片角质层或膜层厚度、叶片水势等生理指标进行灌溉。

表7-12　蔬菜在不同土质下的生育临界EC值

(桥田，1964)

土壤种类	生育受阻临界点（mS/cm）			枯死临界点（mS/cm）		
	黄瓜	番茄	辣椒	黄瓜	番茄	辣椒
沙土	0.3	0.4	0.6	0.7	1.0	1.0
沙壤土	0.5	0.8	0.8	1.5	1.6	1.8
黏壤土	0.8	0.8	1.0	1.6	1.8	2.4

（二）蔬菜作物的灌溉量及灌水量　蔬菜作物整个栽培期内的灌水总量称灌溉量。其单位可用mm或t/hm² 表示。蔬菜的灌溉量与蔬菜作物种类、降水量、栽培季节及灌水次数等因素有关。一般

约 200～450mm（相当 2 000～4 500t/hm²）。

蔬菜作物的灌水量是指每次灌水的量（单位与灌溉量相同）。灌水量的大小，随蔬菜种类、根系分布层深度、生育阶段、土壤质地及含水量等因素的变化而不同。中国菜农的经验灌水量指标是 33mm、66mm 及 99mm，分别相当 33kg/m²，66kg/m² 及 99kg/m²。一般可用下列公式计算。

$$m = 10rh(P_1 - P_2)\eta^{-1}$$

式中 m 为灌水量（mm）；r 为土壤容重（g/cm³）；h 为根系分布层的土壤厚度（cm）；P_1 为灌水后要求达到的土壤含水量上限（占土干重的%）；P_2 为灌水前土壤含水量下限（占土干重的%）；η 为灌溉水有效系数（0.7～0.9）。

$$t/hm^2 = 10t \times m(绝对值)$$

（三）蔬菜作物灌溉的主要方式 农田灌溉的方式有地面灌溉、喷灌及微灌。目前，适宜蔬菜生产需要的主要方式是地面灌溉和微灌中的滴灌和微喷灌。

1. 地面灌溉 这是目前最主要的蔬菜灌溉方式。它包括华北一带的畦灌、东北地区的垄作沟灌及长江流域以南高畦的泼浇或浸灌。

地面灌溉系统由水源（井、河、塘）、抽水机械（水泵、水车）及输水渠道（干渠、毛渠）和灌溉渠组成，各个组成部分如何配套因各地条件而异。

进行地面灌溉的菜地，其灌水（排水）沟渠有一定的倾斜度（坡降），倾斜度的适宜范围是 0.002～0.003，以利灌溉和排水。

地面灌溉中，畦（沟或高畦）的长度，通常以 6～10m 为标准长度。这一标准对平整土地的要求不太严，排水较快，但土地利用率低（毛渠占地 10% 左右）、劳动强度较大、功效也较低。随着中国机灌设备的发展，应逐步增加畦的长度。一般情况下沟比畦长，而高畦比平畦为短。另外，由于各种土壤的渗水速度不同，其畦长也应有异。沙质土沟长 30m，壤质土沟长 60m，黏质土沟长 90m，可作为中国改革蔬菜地面灌溉方式的参考。

与其他灌溉方式比较，地面灌溉的设备投资低，耗能少，对水质的要求不很严格。但土地及灌溉水的利用率均低，整地质量要求高，劳动强度大，同时容易造成土壤板结。

2. 滴灌 滴灌是将具有一定压力的灌溉水，通过管道以水滴状态，均匀滴入蔬菜作物根系附近的土壤中的一种灌溉方式。其特点是：①滴灌的蒸发损失很少，是最省水的灌溉方法，同时比地面灌溉省工。②滴灌主要是借助毛管力作用湿润土壤，不破坏土壤结构，使土壤内部水、肥、气、热能经常保持适宜蔬菜作物生长的良好状况。③比喷灌耗能较少，可低压力运行，同时便于自动控制。④为防止滴头堵塞，对水质和过滤设备的要求较高。⑤蔬菜作物生育效果好，劳动效率高。

蔬菜作物滴灌系统的类型、设备、设计要求等，可参见本书第二十四章的有关部分。滴灌系统中的其他设备及装置，都有成型商品，可根据设计需要由专业公司配置安装。

为保证滴灌系统的正常运行，还必须建立相应的用水管理、工程运行管理、设备维修与保养等规章制度，并要配备和培训有关人员。

蔬菜作物灌溉方式中的喷灌和微灌中的微喷灌、渗灌、小管出流灌及脉冲式微灌等，可根据特殊需要选择利用。

3. 泼浇 即用人工引水到菜畦边或引入畦沟间，用构逐棵泼浇。也可在桶中对入有机追肥同时泼浇。此方式多在南方高畦栽培地区中采用。由于此方式劳动强度较大，现多改用泵抽水用水管喷浇。

（四）蔬菜作物灌溉水的质量标准 2002 年 9 月 1 日实施的中华人民共和国农业行业标准《无公害食品 蔬菜产地环境条件》（NY 5010—2002）中提出了无公害蔬菜灌溉水的质量标准（表 7-13），今后全国无公害蔬菜生产中的灌溉用水都要严格执行此标准。一般蔬菜生产中的灌溉用水也应参照此标准选择用水。另外对灌溉水的泥沙含量、水温及水中含盐量亦要按蔬菜的特性有相应的质量标准。

中国蔬菜栽培学
□□□□[第二版]...

Olericulture in China □□□□

表7-13　灌溉水质量要求

项　目		浓度限值	
pH		5.5～8.5	
化学需氧量（mg/L）	≤	40[a]	150
总汞（mg/L）	≤	0.001	
总镉（mg/L）	≤	0.005[b]	0.01
总砷（mg/L）	≤	0.05	
总铅（mg/L）	≤	0.50[c]	0.10
铬（六价）（mg/L）	≤	0.10	
氰化物（mg/L）	≤	0.50	
石油类（mg/L）	≤	1.0	
粪大肠菌群（个/L）	≤	40 000[d]	

a. 采用喷灌方式灌溉的菜地应满足此要求。

b. 白菜、莴苣、茄子、蕹菜、芥菜、苋菜、芜菁、菠菜的产地应满足此要求。

c. 萝卜、水芹的产地应满足此要求。

d. 采用喷灌方式灌溉的菜地以及浇灌、沟灌的方式灌溉的叶菜类菜地应满足此要求。

五、蔬菜作物的田间排水与降湿

（一）菜田排水　许多蔬菜作物对土壤湿害或涝灾相当敏感。土壤水分过多，达到饱和时所受影响称为湿害；积水淹没作物局部或全部而影响其生长发育称之为涝害。所以菜田排水与灌溉具有同等重要性。

土壤中的空气量随含水量的增加而减少。当氧气量减到一定程度（因种而异），致使作物根系呼吸困难，肥水吸收受阻，如黄瓜到20%以下，土壤中好气性细菌如氯化细菌、硝化细菌、硫化细菌等正常活动受阻，则影响矿物营养供应，同时嫌气性细菌活跃增加土壤酸度，从而影响其他代谢过程和根部的生长速度及其吸收性能，还会产生一些有毒的还原产物如 H_2S、NH_3 等直接影响根部。另外，对地下水位小于2m或土壤含盐量较高，或土地次生盐渍化较重的地区，更要注重菜田的排水。

涝害发生时，轻则影响作物发育，重则引起植株死亡。其生理伤害表现为：土壤缺氧，抑制有氧呼吸，大量消耗可溶性糖，而积累酒精；光合作用下降甚至停止，分解大于合成，使作物生长受阻。严重时造成蛋白质分解，原生质结构破坏而致死。

菜田排水的方式，目前主要是明沟排水。北方菜田的排水毛沟多与灌水毛渠相对应，可一扇一排或两扇一排。南方菜田要求更强的排水系统，通常要求有三沟，即厢沟、腰沟及围沟。排水毛沟或腰沟的长度，可因地势而定，一般保持坡降0.005左右为宜。其宽度及深度要根据排水量及排水速度确定，其中沟底应低于畦面4～8cm。对不耐涝的蔬菜作物，如番茄、西瓜、黄瓜、菜豆等应在雨前疏通好排水系统，做到随降雨随排。土壤深层的多余积水，要进行深沟排水，或暗管排水。暗管排水的效果较好，但投资较大。

（二）菜田降湿　空气湿度是影响水分和土壤蒸发及植物蒸腾的重要因子，空气湿度过高易引起蔬菜病害的发生或生长柔嫩。因此蔬菜生产中注意降低菜田田间空气的湿度是十分必要的。

菜田降湿要根据蔬菜种类、生育阶段、气候变化等因素，决定降湿与否和降湿的强度。

菜田降湿的主要措施是：①露地主要是选择有利通风的地形、行向及整枝方式，藉田间通风降湿。采取地膜下小沟灌溉，可比一般垄、畦漫灌大幅度减少蒸发量，并降低田间空气湿度。②保护地设施内主要是通过通风或增温降湿。另外，栽植密度、整枝方式及灌水方法也与田间空气湿度有关，即栽植密度小、整枝摘叶程度重、采用地膜下小沟或滴灌方法供水都可降低保护地内的空气湿度。

（王贵臣）

第四节　菜田管理

一、直播、定植、间苗和定苗

（一）**直播**　有些蔬菜作物由于栽培期间条件较为适宜，加之植株根系再生能力较弱，移植后不易成活等原因，一般不进行育苗，而采取直播方式进行栽培，如豆类、部分叶菜类和根菜类蔬菜等。

直播蔬菜作物的播种作业要求及具体方式同育苗。播种前后，应保持土壤墒情，保证土壤温度，以使幼苗能迅速破土。为了促进直播蔬菜种子的萌发与出苗，常采用地膜覆盖栽培。

如直播蔬菜的出苗情况出现连续断行（垄）现象时，在最后定苗时，应选择部分健壮幼苗进行补苗。补苗作业要求与定植相同。

为了提高直播蔬菜作物的出苗效果，节省种子用量，并减少间苗等田间作业的劳动强度，目前已开始在一定范围内应用机械精量播种技术。这项技术中包含：种子包衣处理、机械行走速度与播种间距控制、播种后自动覆土厚度的调节等。对精量播种用的种子要求其纯度高、净度高、发芽率近100%；经包衣处理后，种子大小均一。另外，在不用大型专用精量播种机械的情况下，也可将包衣处理好的种子，按照一定的间距附着在一种播种专用胶带上，播种时只要将胶带拉直放在播种沟内，覆土后即完成播种作业。

（二）**定植的适期与方法**　对于不少蔬菜作物来说，利用育苗移栽进行栽培，是有效和必要的技术措施。育苗定植可以缩短苗期在田间的时间，既便于管理，又可以使蔬菜产品早熟。将长到一定大小的幼苗从苗床适时栽到大田里去，称为"定植"。有些蔬菜作物在定植前需要进行1~2次分苗，主要是为了抑制幼苗徒长和促进根系发育。

定植的适当时期与蔬菜作物幼苗的大小、环境条件，尤其是晚霜期、土地的准备、有无保护措施以及预期上市时间等条件都有密切的关系。对幼苗大小的要求，依蔬菜种类的不同、植物学特征及生物学特性的差异而有所区别。一般叶菜类蔬菜的幼苗，长到3~4片真叶时为定植的适期。如苗太小则操作困难，苗太大又会因根系受伤太重而影响成活。豆类蔬菜幼苗根再生能力较差，侧根少，应在第1对真叶长出，第3片复叶尚未充分发育时就定植。瓜类幼苗的根再生力也弱，而且叶面积增长速度快，应在幼苗长出4~5片真叶时就定植，定植太晚无论地上部或地下部均易受损伤。茄果类蔬菜的幼苗根的再生力强，移栽的适应期较长，但应避免带花或带果定植。因为定植后植株有一定缓苗期，容易造成落花、落果，同时幼苗在苗钵时间过长会引起根系老化而使植株早衰，达不到提高早期产量和总产量的目的。一般以4~5片真叶时定植为宜。

使用机械栽植时，苗龄不宜太长，植株不能长得太大，否则会影响田间操作。

蔬菜幼苗定植的适合时期，主要根据当地的气候与环境条件而定。中国幅员广大，各地的气候与环境条件不同，因此各地区的蔬菜幼苗定植期各异。但播种与定植时期又常常是周年生产、均衡供应，调配茬口、排开上市的重要措施之一，因此，各地应根据气候、土壤条件、作物种类、栽培方式、要求产品上市的时间等来决定具体播种与定植的时期。中国从东北、华北、西北到长江流域，对喜温蔬菜作物，如茄果类、瓜类、菜豆、豇豆等蔬菜，冬季不能进行露地栽培，春茬在春季气温转暖后才能将幼苗定植于露地。尤其是北方，气温低，生长期短，耐寒和半耐寒的蔬菜作物也不能在冬季进行露地生产，但对这类蔬菜也要求其早熟，所以只能在土壤和气候适宜的情况下，尽量做到早定植。华南热带和亚热带地区终年温暖，对定植期的要求就不那么严格，可根据具体条件而定。

长江以南不怕霜的耐寒、半耐寒性蔬菜作物，如豌豆、蚕豆、菠菜、甘蓝、白菜、芥菜、洋葱等大多在秋、冬季栽培，幼苗于秋季定植后可在露地安全越冬。华北、东北等气温较低的地区，春夏茬露地蔬菜大多在春季定植，这就需要在春季土壤解冻后，10cm深的地温回升到10℃时进行定植。

茄果类、瓜类蔬菜定植时对土壤温度的要求一般不低于10℃，而且必须在晚霜期过后进行，因为这些蔬菜作物大多不耐霜冻，即使有轻霜，也会有部分幼苗冻死。因此，喜温蔬菜春夏茬露地的定植日期，应以各地的终霜期为主要依据，只要霜期一过就可以定植，这是争取早熟的重要环节。

定植前必须把地整好，普遍施入基肥，主要是有机肥。定植时开沟或开穴，最好每穴再施入优质有机肥100～150g，再覆一层细土，以避免根系直接与肥料接触，这种肥料对促进早熟起一定的作用。

定植时是开沟还是开穴依蔬菜的种类和作业条件而定。要求株距较小的蔬菜作物如大葱等，以开沟定植比较方便；要求株行距大的蔬菜作物则以开穴定植为好。但为了定植深度一致，提高工效，后者也可以采用开沟定植。定植蔬菜幼苗，在手工作业的情况下先灌水于沟、穴中然后栽苗，也可先栽苗然后浇水。前者有利于保墒和保持较高的地温，但较费工；后者则作业较方便，也较省工。移植时要注意勿使根系弯曲在局部土壤中，如果是带营养土块定植，只要把土块埋入土中就可以了。一般定植时必需浇水，才能使幼苗尽快恢复生长。浇水的数量要恰到好处，尤其是北方地区早春定植幼苗时，还要注意水温，如水温过低，不但缓苗慢，而且在以后的一段时间内生长不良，容易得病。

幼苗栽植的深度，一般以埋土至子叶以下为宜。但栽植黄瓜、洋葱苗宜浅，大葱苗则可以栽得深一些，以利于多次培土，番茄可以栽到子叶下，因为它发生不定根比较容易。北方春季气温低，地温也低，定植时应浅栽，以利幼苗发根。遇低洼潮湿的地块要浅栽，否则容易烂根。因此，定植时栽苗正确与否与幼苗的成活有密切的关系。栽苗方法不正确，不但使幼苗恢复生长慢，还影响早熟和降低产量。如把营养土块栽得与地平面同一水平，灌水后营养土块就会露出地面，容易变干。因为营养土块组织疏松，水分极易蒸发，会影响幼苗定植后的发根和正常生长。

定植时的气候条件与幼苗的成活率和缓苗快慢有密切的关系。北方春季栽苗应选无风的晴天进行，因为晴天气温和地温较高，有利于缓苗。阴雨天及刮风天不宜栽苗。南方气温高的地区栽苗时，为了减少地上部的蒸腾，宜在阴天及无风的日子栽苗，避免烈日暴晒。一般的天气以下午栽植比上午栽植好，也可在傍晚栽苗。栽植时不宜采用摘叶的办法来减少蒸腾面积，因为叶片是制造营养物质的主要器官，叶片减少，则植物体内制造养分的能力也减小，再生能力削弱，同时也不利于幼苗的生长。

长江以南露地越冬的菜苗，在迫近严寒时不宜栽植。若在迫近严寒时勉强把苗栽到大田里，因新根尚未发生，而严寒已到，容易受冻害。但已成活的幼苗其抗寒力较强。

幼苗栽植后随即浇一清水（定植水），水要浇透，以促进缓苗。第1水浇后，不待土壤完全干裂即浇第2水（缓苗水），这两水对促进缓苗起关键作用。以后可随水浇一些浓度较低的肥料，称为"催苗肥"，对促进植株的生长有良好的作用。催苗肥的组成，可按N：P：K=0.1：0.2：1配成，每株幼苗大约浇300ml就可以了。南方有些地区农民的蔬菜幼苗缓苗后浇浓度很低的农家有机液肥，也有促进秧苗生长的作用，这些措施对肥力不足的土地，能使蔬菜增产。

（三）间苗与定苗　有些根系较弱、移栽后不易成活（如豆类蔬菜），或是生长期较短、单株个体又较小（如芫荽、菠菜）等蔬菜，一般不进行育苗，而采取直播。肉质根类蔬菜和绝大多数结球白菜是露地直播的。直播的方法大都采用穴播、条播（断条播）或撒播。这些直播于露地的蔬菜作物，它的生长受气候条件影响较大，而且容易感染病虫害，为避免缺苗、缺株，大都适当加大播种量，待幼苗出土后再进行间苗。间苗一般分2～3次进行。

对露地直播蔬菜的间苗，原则上应尽早进行为好，如穴播萝卜和白菜，在苗出齐后就应进行第1次间苗，使幼苗不致因植株间互相遮荫而造成徒长，每穴留3～5株。第2次间苗在具2～3片真叶时进行，每穴留 2～3 株。最后 1 次间苗，萝卜宜在具 4～5 叶时进行，大白菜在有 6～7 片叶时进行，每穴只留 1 株，一直生长到产品收获时为止。最后 1 次间苗就叫做"定苗"。一般间苗后应结合浇水、追肥，促进植株生长。

萝卜、根用芥菜等直根类蔬菜，其子叶的方向与两侧吸收根的方向相同。在密植的情况下，间苗时尽可能注意到子叶的方向与行向成直角，以利于根系对土壤营养的吸收。

间苗时应尽量将弱苗、病苗和受到伤害的苗间掉，保留健壮的苗。在间苗的同时对缺苗的行、垄进行补苗。补苗应及早进行，幼苗容易成活。

为了提高直播蔬菜的出苗效果，节省种子用量，并减少田间间苗等劳动强度，目前已推广应用自走式精量播种机播种，如大白菜起垄播种机等。精量播种要求种子发芽率高，种子进行包衣处理，包衣剂中加一定量的营养物质等，以确保苗齐苗壮。

二、合理密植

（一）合理密植的意义 合理密植能够增加单位面积产量。其增产的原因主要是单位面积株数增加后，单位面积内叶面积增加，充分地利用了空间，而且根系在土壤中分布的量也增加了，能够更好地利用日光能、空气以及土壤中的水分、养分和矿物盐。

蔬菜作物干物质的 90%～95% 是有机物质，其中 9/10 是光合作用的产物。叶是进行光合作用的主要器官，叶面积的增加，为充分利用光能创造有利的条件。单位面积内总株数增加后，相应的单位土壤体积中根系量也增加了，而且密植后可促进根系向纵深发展，有利于吸收深层土壤中的水分和养分。当然，在密植的情况下必须比一般的栽培多施肥，才能达到增产的目的。

蔬菜作物密植以后，增加了地面荫蔽，起到了保墒作用，使土壤中的水分更多地为植物利用。

合理密植有利于提高蔬菜产品的品质，如芹菜、茼蒿、韭菜、蒜苗等密植后更显鲜嫩。对于叶菜类蔬菜，如株距过大，则植株纤维发达，组织粗硬，反易降低产品质量。

（二）个体产量与群体产量的关系 群体产量是个体产量的总和，因此只有个体生长良好，产量高，群体的产量才可能高。但群体产量不是个体产量简单地相加。群体植株愈密，则个体生长愈弱，这是群体与个体间发展的一般规律。因此，好的群体结构应是最适宜的密度下，形成最合理的单株个体产量，才能获得最高的单位面积产量。

从蔬菜作物的群体结构特性看，其适宜的最大叶面积指数（opt. LAI）因不同蔬菜作物生长习性和栽培技术的差异，可分为四种类型：

1. 蔓性而支架的蔬菜 如黄瓜、蔓性豆类、番茄等，其 opt. LAI 为 5.0～6.0，甚至更高。

2. 直立栽培的果菜类蔬菜 如茄子、辣椒、豆类等，其 opt. LAI 为 3.5～4.0。

3. 莲状叶形（rosette）蔬菜作物 如主要叶菜类、根菜类蔬菜，其 opt. LAI 为 2.0～3.0。

4. 蔓性而爬地栽培的蔬菜 如南瓜、冬瓜、西瓜、甜瓜等作爬地栽培时，其 opt. LAI 为 1.5～2.0。

对于一次性采收的蔬菜，如胡萝卜、青花菜，据试验（李曙轩等，1964），密植的比稀植的单位面积产量稍为高些。密植的胡萝卜单株肉质根产量则以小型根（单根重量 30g 以下）的较多，而稀植的单株产品以大型根（大都在 80～100g）的较多。对于多次采收的茄果类及瓜类蔬菜，增加密植度之后会明显地增加早期的果实产量，但单果重和单株果数会相应减少。而以幼小植株为产品的绿叶菜类蔬菜，密植增产的效果很明显，但个体重量减轻的现象也很明显。

以营养器官为产品的蔬菜（如甘蓝、甜菜），其产量与群体密度的关系呈双曲线性关系，而由生殖器官为产品的作物（如禾谷类），其产量与群体密度的关系呈抛物线性关系（Holliday，1960）。

（三）密植与栽培技术的关系 推行密植必须与其他栽培技术互相配合，才能收到良好的效果。

密植后因单位面积株数增加，根系的横向发展范围缩小，而向下发展吸收深层土壤中的水分与养分。因此，必须与深耕、多施肥料、适时灌溉等措施相结合，以增加单位面积植株吸肥量和增强抗倒伏能力。

为了适应机械化作业的要求，应适当扩大行距，而缩小株距，便于进行机械操作，也有利于通风透光。密植后应根据不同蔬菜种类及时搭架、整枝、摘叶，使植株向空间合理发展。密植度增加后，株间的湿度增加，土壤不易干裂，能减轻茄子的黄萎病。但对另外一些蔬菜作物，则比较容易发生病虫害，应加强病虫害防治工作。

此外，在高温、多雨地区应较低温、少雨地区密植度小些；没有灌溉条件、土壤肥力低的地区，栽植密度应比土壤肥力高又有灌溉条件的地区大些。

三、中耕除草与培土

（一）中耕　中耕是在雨后或灌溉后进行松土，调整土壤结构的田间管理作业。通过中耕打碎土壤板结层，切断土壤毛细管，减少水分的蒸发，增加土壤的透气性，促进根系呼吸和土壤养分的分解，使土壤有机物易于释放二氧化碳，促进作物光合作用的进行。缓苗后的中耕常结合进行"蹲苗"，可促进根系的发育，控制植株徒长。

中耕同时进行除草，以减少杂草与作物竞争水分、养分、阳光和空气，保证所栽培的作物在田间生长中占绝对优势。

由于蔬菜作物的种类不同，其根系的再生与恢复能力有所差异，因此中耕的深度有所不同。番茄根的再生能力强，通过中耕作业切断老根后容易发生新根，增加根系的吸收面积。黄瓜、葱蒜类蔬菜根系较浅，根受伤后再生能力较差，宜进行浅中耕。苗小时中耕不宜太深，株行距小者中耕宜浅些。一般中耕深度为3～6cm或9cm左右。为避免伤根，在植株附近要浅中耕。

中耕的次数依蔬菜作物种类、生长期长短及土壤性质而定。生长期长的蔬菜作物中耕次数较多，反之就较少。但都需要在未封垄前进行。

中耕的方法，可手工与小型工具并用，但应逐步扩大机械中耕的面积，以提高工作效率。

（二）除草　在一般情况下，杂草生长的速度远远超过栽培作物，而且其生命力极强，如不加以人为的限制，很快就会影响蔬菜作物的生长。杂草除了夺取作物生长所需要的水分、养分和阳光外，还常常是病虫害潜伏的场所。许多病虫是在杂草丛中潜伏过冬，如十字花科蔬菜的猿叶虫和黄条跳甲。杂草也是某些蔬菜病害的传播媒介，十字花科的许多杂草，就是滋长白菜根腐病和白锈病病菌的场所。此外，还有一些寄生性的杂草，能直接吸收蔬菜作物体内的养料。因此，防除杂草是农业生产上的重要问题。

杂草的种子数量多，发芽能力强，甚至能在土壤中保存数年后仍有发芽能力。因此，除草应在杂草幼小而生长较弱的时候进行，才能有较好的效果。

菜田主要的杂草种类有：藜、小藜、灰绿藜、野苋、反枝苋、马齿苋、荠菜、打碗花、田旋花、稗草、马唐草、碎米莎草、牛筋草、扁蓄、铁苋菜、龙葵、蒺藜、酸模、刺儿菜、蒲公英、虎尾草、菟丝子、播娘蒿、白鳞莎草、朝鲜碱茅、看麦娘、早熟禾、香附子、千金子等。

除草的方法主要有三种，即人工、机械和化学除草。人工的方法是利用小锄头或其他工具，劳动强度大，效率低，但质量好，目前仍然使用。机械除草比人工除草效率高，但只能解决行间的除草，株间的杂草因与苗距离近，容易伤苗，还得用人工除草作为辅助措施。

化学除草是利用化学药剂来防除杂草，方法简便，效率高，可以杀死行间和株间的杂草，是农业现代化的重要内容之一。必须不断发展低毒、高效而有选择性的不影响蔬菜正常生育的除草剂。目前蔬菜作物化学除草主要是播种后出苗前，或在苗期使用除草剂，用以杀死杂草幼苗或幼芽。对多年生的宿根性杂草，应在整地时把根茎清除，否则在作物生长期间防除困难。

从发展有机蔬菜生产的观点看，是不允许使用化学药剂进行田间除草的，因为它在蔬菜产品和环境中的残留不符合有机蔬菜的卫生标准。

（三）培土　培土是在植株生长期间将行间的土壤分次培于蔬菜植株根部的一种田间作业，往往与中耕除草结合进行。北方垄作地区蹚地就是培土的方式之一。在长江以南雨水多的地方，为了加强排水，把畦沟中的泥土掘起，覆在植株的根部，不仅有利于排水，也为根系的发育创造良好的条件。

培土对不同的蔬菜作物有不同的作用。对大葱、韭菜、芹菜、芦笋等蔬菜作物的培土，可以促进植株软化，增进产品质量；对于马铃薯、芋、生姜的培土，可以促进地下茎的形成与肥大；对于番茄、南瓜等进行培土，能促进其不定根的发生，提高根系吸收土壤养分和水分的能力。此外，培土还具有防止植株倒伏、防寒、防热等多方面的作用。

四、植株调整

（一）植株调整的理论依据　植株调整的主要目的是理顺好植株地上部与地下部、营养器官和生殖器官、主与次等相互关系，使作物在不同的生育时期能够按照人为设定的优质、丰产模式进行生产。

1. 地上部与地下部生长量的调整　植株地上部与地下部生长之间的关系常用冠根比（T/R）来反映。蔬菜作物生育的前期有一个强大根系对于后期的产量形成至关重要。只有保持适度的 T/R 关系，植株才有可能持续、有效地利用土壤中的水分和养分，完成与作物生产相关的各项生理过程，但在形态构建已经完成之后，吸收根在总株重中的比率宜逐步降低，以促进产品器官的特化过程。为了控制同化物质对地上部和地下部的分配比率，可对植株实施一系列的调节。相对高的土壤温度、较低的土壤湿度和较大容积的土壤孔隙度是促进根系生长和物质积累的基本条件。同时，抑制地上部分的生长量，使养分运输中心向地下部转移，均能起到促进地下部生长的作用。另外，采取嫁接方式增强根系对生活环境的适应性，也是调整 T/R 关系的有效途径。

2. 营养器官与生殖器官生长间的调整　对于一些以收获生殖器官为产品的蔬菜作物，栽培时必须协调好营养器官生长和生殖器官生长量之间的关系。在植株生育前期，叶片的分化形成以及肥大是拓展其自身结构所必需的，这个期间虽然花芽已开始分化，但从植株的整体情况来看，仍属一个以营养器官生长为主的阶段。在进入结果初期后，其营养器官生长与生殖器官生长仍需要平行发展，如果此时植株已转向以生殖器官生长为主，其营养器官的继续生长将受到抑制，而到后期，植株的同化物质生产水平也相应降低，因此不易获得高产。只有在结果中后期方可控制以生殖器官生长为主，但此间也必须使植株的同化与物质运输功能在一个适宜的水平上保持动态平衡，以使果实的肥大有一定的物质基础。

当然在花芽分化和开花结果初期，营养器官生长过旺会导致植株开花结果数量减少，同时在结果盛期，植株枝叶过于繁茂，所形成的同化产物很大部分被茎叶本身消耗掉，同样会使果实肥大不良。

植株在水分和营养状况不良的环境下，其生殖器官生长容易得到加强，而过量的氮肥和水分养分充足则有利于营养器官生长。生产上可以通过整枝、打杈、摘心、摘叶等方式抑制营养器官的存留量，以使生殖器官生长得到加强；反之通过疏花疏果及提前采收等作业可促进营养器官生长量的增加。

3. 主、次关系的调整　主、次关系存在于植株的很多方面，如主根与侧根、主茎与分枝、顶芽与侧芽、强势位与弱势位等。这种主、次关系的形成是由于植株同化物质对不同部位分配比率的不平衡所致，其本身受植物内源激素在植株不同部位上相对水平的控制。一般来说，主与次的关系是由养分分配比率大小和顶端生长优势所决定的，从而表现出主位对次位的抑制作用。即使同属次位，由于其所在植株部位的不同，也有强势和弱势之分。如番茄的第 1 果序下的侧枝，相对于周围的侧枝来说，便表现为强势；越是远离顶芽的侧芽，其受到顶端优势的影响越小。因此在强与弱的比较上差异不太大时，二者之间的养分竞争便很激烈，如果人为地促进一方，则另一方必然受到抑制。如青花菜及早收获顶花球后，其侧花球便会迅速肥大；番茄育苗时将主根折断，会刺激其生出大量侧根，从而增加了根系的吸收能力；黄瓜的根瓜如不及早采收，便会影响上部的叶片生长和较上位果实的肥大，产生"坠秧"现象。

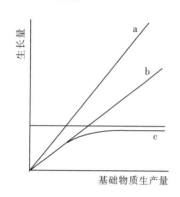

图 7 - 10 生理生长与干物质积累间关系
（引自：《蔬菜栽培学总论》，2000）

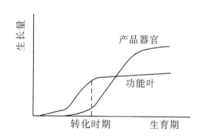

图 7 - 11 产品器官与功能叶的生长
（引自：《蔬菜栽培学总论》，2000）

4. 平衡生长与器官特化现象 所谓平衡生长即是指生理生长与同化物质积累之间处于一种相互协调的平衡状态时的植株生长状况。佐伯敏郎认为，生理生长与植物同化物质积累之间存在如图 7 - 10 的关系。图中横坐标表示的物质生产量可以看成是能够利用的总生产量，而纵坐标则是与横坐标具有相同尺度的作物生长量。如果植株的同化物质全部用于生长时，可以得到一条呈 45°的直线 a。但植株物质生产总量的一定比例被用于作为形态建成所需的能量被消耗，所以理论上的生长量结果如图中 b 线所示。事实上生理生长还受到一些因素的抑制，实际上只能达到 c 线的水平。那么 a、b 线之间的差值部分反映了植株生长与发育之间的关系问题，而 b、c 线之间的差值部分即反映出各器官间的生长协调与否。当协调生长时，则地上部与地下部、营养器官与生殖器官、主与次关系利于作物物质的再生产过程。一般来说，在蔬菜作物生育的前期务必使各器官生长协调，也就是说，早期的形态建成对作物生产来说是具有基础地位的。

所谓器官的特化就是指某一器官作为同化物质的贮藏中心，并成为最终的产品器官，其生长率远远超过其他器官的现象。在植株形态构建基本完成后，栽培管理的目的就是应该使产品器官迅速进入特化过程，以获得高产。这一转化即是同化物质分配中心的转移过程。产品器官与功能叶生长量之间的关系如图 7 - 11。

（二）植株调整的作用和调节手段 植株调整的作用有以下几个方面：通过促进或抑制某一器官的生长，使植株发育协调；改变发育进程，促进产品器官形成与肥大；促进植株器官的新陈代谢，使其获得优质、丰产；改变植株对自然生产要素的有效利用率；减少机械伤害和病虫草害发生。

调节手段包括整形、定向（train）和生态环境调节等内容。整形又按照部位和器官的不同，包括整枝、打杈、摘心、摘叶、束叶、断根、捻曲、疏花疏果、切割等作业；定向包括支架、绑蔓、牵引、落蔓盘茎等作业；生态环境调节主要通过以上作业直接改变植株各器官间的存有量，协调植株生育过程中的各种关系，创造一个适宜于通风透光的群体结构，利用环境因素对生育过程的不同影响程度来实现其调节目的。

此外，压蔓、分株、紧撮、嫁接、移栽、假植、培土软化、生物防治病虫害、施用土壤微生物等也可作为调节的手段。

（三）植株调整的方法

1. 整枝、摘心、打杈

（1）整枝 对于茄果类和瓜类蔬菜来说，如放任其自然生长，则会枝繁叶茂，结果不良。通过枝条的去留，保证每一时期有一个适宜的源库单位，其作业称为整枝。这些枝条对植株的养分积累、形态建成和器官分化所起的作用是必需的，这时在管理上应将其留住；但随着坐果和植株的进一步生长，这些枝条已不会有多大作用时，则必须将其去除。整枝时应根据实际情况，分清主次，对多余的枝条一次性剪除，但也应注意不可在同一时间切除过多的枝条以造成植株营养状况的难以恢复。此外，应将去除的枝叶清理出田间，以避免病虫害传播。同时也应避免作业后因雨水等引起植株伤口感染病害。

（2）摘心 是指摘除顶芽的作业。对于无限生长的瓜类和茄果类蔬菜，在热带地区或在温室中栽培，生长条件能够持续满足时，顶芽可一直伸长，有利于长期结果。而在温带露地栽培时，其生长期受到霜期的限制，在生育后期同化器官的不断生长，将会使现有果实的产量下降，而新发育的果实在栽培结束时又不能达到商品成熟的标准。为此，在栽培的后期，按照栽培目的与实际的生产条件和生产水平，在保持植株有一定数量的果实和相应的枝叶后，即可将其顶芽去除。

（3）打杈 打杈是指摘除无用腋芽及枝条的作业。在植株维持一定的枝叶与果实体系基础上，让其发生多余的枝条和叶片，只能是徒然消耗同化物质。因此在整枝的基础上，应不断进行打杈。

2. 摘叶、束叶

（1）摘叶 叶片的成熟度也称叶龄。叶龄不同，即使在相同的叶面积下，其同化效率有较大差异。一般来说，幼龄叶的同化效率较低，壮龄叶的同化效率最高，而老叶、病叶的同化效率也较低，甚至同化量不及其呼吸消耗。从另一方面来看，在群体密度较大的条件下，群体消光系数（K）值较高，处于植株群体下部的叶片，经常呈现受光不足，难以有较高的同化量。据此，对于植株基部的老叶、病叶，都应及时去除，以避免不必要的同化物质消耗，同时也利于维持一个较为适宜的群体结构，使通风透光条件得以改善。据调查，黄瓜 45 日龄的叶片已属老叶范畴，而 20～25 日龄的叶片为壮龄叶。适度的摘叶对植株的生长发育是有好处的，但如果摘叶过重，则常导致根系的萎缩和引起植株养分平衡关系的紊乱；反之，摘叶较轻，也易使壮龄叶的负担过重，影响植株生长和同化物质积累。

（2）束叶 束叶是指将靠近产品器官周围的叶片上部聚集在一起的作业。束叶常用于花球类和叶球类蔬菜生产中，可有效地提高上述蔬菜产品的商品性。对于花椰菜和青花菜，束叶可防止阳光对花球表面的暴晒，保持花球表面的色泽与质地；结球白菜束叶可促使叶球软化，同时所束莲状叶对球叶来说可起到一定的防寒作用。另外，束叶也使植株间的通风透光良好，但束叶不宜进行过早。这一措施全部要用人工进行，较费劳力。

3. 疏花、疏果和保花、保果

（1）疏花、疏果 对于以收获营养器官为产品的蔬菜作物，疏花、疏果可减少生殖器官对同化物质的消耗，有利于使产品器官肥大。如对大蒜、马铃薯、莲藕、百合、豆薯等蔬菜摘除其花蕾均有利于产品器官肥大。对于以收获果实为目的的蔬菜作物，增加有效结果数是实现高产的基础。而在植株所能开放的花当中，由于植株营养的分配紧张，其中一大部分花根本不可能结果，因此疏掉一部分花，更加有利于留存果实的正常肥大。同样，对一些畸形、有病或机械损伤的果实，也应及早摘除。

疏花与疏果的作用基本相同，但其意义则有所不同。除去一朵花，对促进营养生长有一定作用，但对于一个幼果来说，因为其已经完成受精过程，将其除去对植株生长的促进作用比去除一朵花作用更大。

（2）保花、保果 当植株的营养来源不够花和果实所需时，一些花和果实即会自行脱落，这与植株体内脱落酸（ABA）含量水平提高，诱发离层细胞的形成有关。而当植株营养状况良好时，如外界环境对受精过程不适宜，也会刺激体内 ABA 水平的提高而导致落花落果甚至落叶。在高温干旱、高温高湿、低温条件下，均易引起植株落花落果。因此，保花、保果主要是通过增加水分、养分供应，改善植株自身营养状况，创造适于授粉、受精的环境条件，控制营养生长过旺等方面来完成。

4. 支架、牵引、绑蔓

（1）支架　黄瓜、番茄、菜豆和薯芋等蔓性或匍匐茎蔬菜作物，如不进行支架栽培，塌地而长，则容易罹病，群体叶面积指数小，产量较低。采用支架栽培后可以更好地利用阳光，并使通风透光良好，减少病虫害发生，可以增加单位面积栽培株数，促进产量提高。因此对蔓性和匍匐茎蔬菜，大多数地区均采用支架栽培。支架的形式，因条件而不同，有"三角架"、"人字架"和"棚架"等。

（2）牵引　牵引是指设施栽培下对一些蔓性、半蔓性蔬菜的茎蔓进行攀缘引导的方法。牵引一般用塑料捆扎绳或其他化纤绳作材料，一端系在植株的茎、蔓基部，另一端则与设施的顶架结构物相连，也可以与在设施顶部专门设置的引线相接。从其空间形态上看，有直立式牵引和人字形牵引。随着植株逐渐长高，将其主茎环绕在牵引线上即可保证其向上生长。牵引所用的引线需有一定的强度，否则不易承担整个植株的重量。

（3）绑蔓　对于采用支架栽培的蔬菜作物，无论用竹竿或枝条作架材，植株在向上生长过程中依附架材的能力并不是很强，除豆类和有卷须的蔬菜外，需要人为地将主茎捆绑在架材上，以使植株能够直立地向上生长。

5. 压蔓、落蔓

（1）压蔓　蔓性蔬菜作爬地栽培时，经压蔓后可使植株排列整齐，受光良好，管理方便，促进果实发育，增进品质，同时在压蔓处，可诱发植株产生不定根，有防风和增加营养吸收的作用。压蔓可控制茎叶生长过旺。

（2）落蔓　对支架栽培的、半蔓性蔬菜作物，在生长后期，基部的老叶、老枝经整枝和摘叶已完全去除，其果实也早已收获，形成群体基部的过疏，而对于群体顶部来说，植株在支架或牵引绳上已没有多大攀缘空间，这时可将植株茎蔓盘旋向下放，降低整个群体的高度，使植株上部茎叶有一个良好的生长空间，这种作业称之为盘茎落蔓。盘茎落蔓可以较好地调节生长期较长的蔬菜作物中后期群体内的通风透光。

五、植物生长调节剂的应用

植物生长调节剂是人工合成，其功能类似天然植物激素的化合物，在一定条件下它和天然植物激素一样具有调节生长发育的作用，从而使作物达到早熟、高产、优质。

（一）植物激素的作用　通常所说的天然植物激素是植物自身合成的天然激素，是植物新陈代谢的产物。它在植物体内含量极微，但是却有着很强的生理活性，可促进或抑制着植物的生长和发育。其促进作用包括促进细胞伸长、分裂和分化，促进插条生根和种子萌发，促进茎叶生长和开花坐果，促进块根、块茎膨大，催熟、防止果实脱落与植株衰老等；抑制作用包括抑制地上部茎叶徒长、防倒伏以促进开花结果及块根、块茎的生长发育，抑制顶芽和侧芽生长以促进或延长休眠，从而延长了种子或块根、块茎、叶球等的贮藏期等。植物激素还有控制植物的向光性、向地性等作用；还可提高光合作用效率，改变光合产物的分配方向，达到增产的目的；同时也可改变蔬菜作物生长形态，增进品质等。植物如缺少激素便不能正常生长发育。

目前已知的天然植物激素有生长素、赤霉素、细胞分裂素、脱落酸与乙烯等五大类。由于激素对植物生长和发育起着重要的作用，人们在 20 世纪 40 年代就模拟了这些天然植物激素的分子结构，人工合成并筛选出一些与天然植物激素有类似分子结构和生理效应的有机化合物，如 α-萘乙酸（NAA）、吲哚丁酸（IBA）、乙烯利（CEPA）等。此外，还合成了一些结构与天然植物激素完全不同但有类似生理效应的有机化合物如矮壮素（CCC）、三碘苯甲酸（TIBA）、马来酰肼（MH）等生长抑制剂，其中有些生长调节剂的生理功能比天然植物激素还要好，而且来源丰富。

除草剂大都是人工合成的生长调节剂，它可以有选择地抑制甚至杀死某些植物。

（二）植物激素在蔬菜生产上的应用

1. 促进扦插生根 利用扦插繁殖，可以增加繁殖系数。促进生根常用的生长调节剂有吲哚乙酸（IAA）、吲哚丁酸（IBA）、吲哚丙酸（IPA）、萘乙酸（NAA）、2,4-二氯苯氧乙酸（2,4-D）等，均能促进扦插生根，提高成活率。用 1 000～2 000mg/L 萘乙酸或吲哚丁酸浸蘸白菜、甘蓝腋芽扦插的芽苞，生根效果很好。瓜类蔬菜用 2 000mg/L 萘乙酸或吲哚丁酸处理瓜蔓，可有效地促进茎段生根。用 50mg/L 的萘乙酸或 100mg/L 吲哚乙酸浸扦插番茄茎段 10min，取出用清水冲净扦插可以很好地生根。促进扦插生根处理对保留或繁育育种材料，增加繁殖系数效果良好。

2. 调控休眠、发芽

（1）打破休眠，促进发芽 种子收获后往往由于胚发育不全，胚在生理上不成熟，种子透性不好，及含有萌发抑制剂脱落酸（ABA），因此需要经过一段休眠后才能萌芽。用生长调节剂可以打破休眠，促进萌芽。马铃薯收获后要经过一段时间休眠才能萌芽，推迟了二季作的栽植期，且易出苗不齐，影响秋薯的产量。将种薯切块后，浸入 0.5mg/L 的赤霉素（GA₃）中约 10min，捞出后晾干，放在潮湿沙床上进行催芽，当芽长到 3cm 时取出放在散射光下绿化处理 1～3d，即可栽植。赤霉素还可打破食用大黄的休眠，促进发芽。莴苣的一些品种种子需要光的刺激作用才能发芽，用赤霉素处理，可以提高其发芽率。乙烯利具有打破休眠、促进发芽的作用，如用 50～200mg/L 浸种马铃薯，可使芽数增加，处理生姜可促进其萌芽和分枝。

（2）抑制发芽，延长休眠 利用生长调节剂可以有效地控制蔬菜作物贮藏器官如块茎、鳞茎等在贮藏期间发芽。如用 100mg/L 萘乙酸甲酯（MENA）在马铃薯薯面上喷洒，可以抑制马铃薯在贮藏期间发芽，可在室温下贮存 3～6 个月。另外，2,4-D 甲酯或马来酰肼（MH）处理马铃薯也有同样效果。在收获前 3～4 周用 MH 2 500mg/L 叶面喷洒，可使其在 1 年内不发芽。甜菜、胡萝卜、芜菁等肉质根类也可用此法抑制发芽。但洋葱、大蒜等鳞茎防止发芽需用 MH 才有效，留种用的不能用此法处理。

3. 控制植株的生长与器官的发育

（1）促进生长，增加产量 赤霉素对促进茎的伸长，增加植株高度有明显作用，芹菜、莴苣、茼蒿、苋菜、蕹菜等应用赤霉素处理，均加速生长，增加产量。一般在收获前 10～20d 全株喷 20～25mg/L 赤霉素 1～3 次，可增产 10%～30%。经过赤霉素处理的植株叶色较淡，有一时失绿现象，几天后即可恢复正常，但促进生长的作用也随之消失，需要再喷药才能保持其作用。

（2）抑制徒长，培育壮苗 番茄和黄瓜等无限生长类型的蔬菜品种在多肥水条件下容易徒长，应用矮壮素 250～500mg/L 进行土壤浇灌，每株用量 100～200ml。处理后 5～6d 茎的生长减缓，叶片变厚，叶色变绿，植株变矮，其作用可持续 20～30d，此后又恢复正常。茎的生长减缓和叶片变厚有利于开花结实，也增强了植株抗寒、抗旱能力。

此外，用整型素（Morphactin）1～10mg/L 喷洒马铃薯幼苗能抑制徒长，提高块茎产量；用 10～20mg/L 整形素处理番茄、黄瓜，对茎叶生长也有抑制作用。

乙烯剂也有这种抑制生长作用。对甘蓝、芹菜、胡萝卜、萝卜、茄子、番茄、南瓜等在 1～4 叶时喷 240～960mg/L 乙烯剂，会使植株生长速度减慢，随后停止生长。

用各种脂肪酸可抑制顶芽及侧芽生长，用之可代替人工整枝。

（3）控制抽薹开花 二年生蔬菜作物一般要求经过一段低温和一定长度光期与暗期交替之后才能抽薹开花，如在未越冬前喷洒 50～500mg/L 赤霉素，可使白菜、芹菜、甘蓝等不经过低温而抽薹开花。同样用 500mg/L 赤霉素每隔 1～2d 滴一次花椰菜花球，同样可以促进花梗伸长而开花。菠菜、萝卜、莴苣等均可用此法诱导开花。甘蓝、莴苣结球前用 10～25mg/L 2,4-D 处理也可促进开花，增加种子产量。

在生产上还可应用生长调节剂抑制抽薹开花。用 100mg/L 的邻氯苯氧丙酸（CIPP）处理芹菜，

可延缓抽薹，但需低温期间喷洒才有效。如在花芽已开始分化时处理，则反倒促进抽薹开花。甘蓝需用 250mg/L、春大白菜用 1 250～2 500mg/L 的 MH，每株喷 30ml，可以抑制开花，促进结球。

（4）促进果实成熟　正常情况下雌蕊授粉受精前，主要是细胞分裂，而授粉之后，则以细胞膨大为主，受精以后的胚和胚乳产生了大量的激素，受这些激素的刺激，光合产物不断运转到果实中去，使用植物生长调节剂可促进瓜果蔬菜生长和成熟。如用 500～1 000mg/L 乙烯利处理田间已充分长大的番茄青果，可促进果实红熟，提前采收。也可用 1 000～3 000mg/L 乙烯利浸泡番茄青果 1min，沥干后置 22～25℃条件下，经 2～3 d 后即可变红。如在田间涂果可提早红熟 4～6 d。

在辣椒果皮变色时，用乙烯利 1 000～4 000mg/L 浸果，可加速果实成熟和转色。也可用 1 000mg/L 乙烯利在田间喷洒催熟，但易引起落叶。

用乙烯利 200～500mg/L 处理西瓜或 500～1 000mg/L 在甜瓜收获前 5～7d 进行处理，或用 1 000mg/L 浸西瓜 10min，均可达到催熟的作用。

（5）刺激鳞茎、块茎的发生和发育　在洋葱鳞茎开始膨大时，喷乙烯利 500～1 000mg/L，可使鳞茎生长加速，促进成熟，但鳞茎变小。马铃薯用乙烯利 200～300mmg/L 处理可以增产，但大型薯减少，小型薯增多。

（6）防止器官脱落　蔬菜作物受不良环境条件影响或机械、病虫害损伤等而发生花、果、叶片等器官脱落，应用 2,4‐D 10～20mg/L、防落素（PCPA，亦称番茄灵）、萘乙酸及赤霉素等防止茄果类、瓜类、豆类蔬菜的落花、落果，效果明显，对防止大白菜、甘蓝贮藏期间脱叶也有效果。一般使用 2,4‐D 10～20mg/L 蘸花或喷花，但要注意切勿沾到嫩芽嫩叶上，否则会发生药害。使用防落素等比较安全。使用生长调节剂时，注意气温条件，温度低时浓度可高些，温度高时，浓度宜低些。此外，B_9、CCC 可防止化瓜。

（7）控制瓜类的性别分化　瓜类蔬菜作物是雌、雄同株异花，在雌、雄两性花分化过程中除品种基因表达的主要因素外，由于激素水平不同会影响到性别的分化。故瓜类蔬菜可在花芽未分化时采用植物生长调节剂处理能明显地增加雌花数。一般用 150mg/L 乙烯利在黄瓜出现 1～5 叶、南瓜 1～4 叶、甜瓜 2 叶时在叶面上喷 1～3 次，要根据不同品种的反应确定喷施时期及次数。在黄瓜 1～3 叶时喷 50～250mg/L 乙烯利 1～3 次则可以起到杀雄的作用，一般用于黄瓜田间制种。

另外，赤霉素对黄瓜性别的表现与乙烯利相反，即用赤霉素处理黄瓜幼苗能促进雄花形成，而对雌花的形成有抑制作用，由此可以诱导黄瓜全雌系形成雄花达到制种和保种的要求。一般瓜类用 50～100mg/L 喷幼苗，雌性系采用 100～200mg/L 喷幼苗即可。

经研究证明，较高的乙烯释放量与较多的雌花出现有关，较低的乙烯释放量与较多的雄花出现有关，而内源赤霉素的含量与乙烯含量相反，强雄性的内源赤霉素含量高。

蔬菜作物的化学调控能在一定程度上提高光合作用效率，改变光合产物的分配方向，增加产量，同时还能改变蔬菜作物的生长形态，增进品质，提高产品贮藏性等，是一种促进蔬菜作物早熟、增产的辅助性措施。

（三）使用植物激素应注意的问题

1. 使用方法　叶面喷洒时，油剂进入植物体内的速度最快，原酸类次之，水溶性盐类较慢。土壤浇施时有机化合物易被土壤吸收。

2. 使用时期　在不同的生育期内，蔬菜作物对生长调节剂的反应有很大的差别。只有在最适宜的时期内应用，才能达到预期的效果。

3. 使用的浓度和次数　过大的浓度会导致蔬菜作物代谢紊乱，使生长受到抑制。任意降低或提高使用浓度，均会影响其效果。另外，使用的目的不同、蔬菜作物生长环境不同，都会对使用浓度有较大的影响。因此，必须慎重使用。在一般情况下，施用一次即可。如为了延长药效，可采用低浓度连续分次处理，一般为 2～3 次。

4. 使用部位　蔬菜作物的不同部位对植物激素反应的敏感性有很大差别，同样的浓度，对根有抑制作用，对茎则可能有促进作用；而对茎有促进作用的浓度，对果实膨大生长有促进作用，但对幼芽却有明显的抑制作用。

5. 环境影响　叶面喷洒时，在温度较高的情况下，药液渗透性增大，因此，使用浓度可以稍低一些；而温度较低时，使用浓度可稍高一些。同样，较高的空气湿度有利于提高药效，但降水会使药剂丧失处理效果。在光照较好的条件下，叶片对药液的吸收效果较阴天好。

第五节　地面覆盖

中国蔬菜地面覆盖栽培技术有 2 000 多年的历史，许多技术世代相传，现今仍然在生产上应用。地面覆盖栽培技术，因蔬菜栽培季节及所用覆盖材质等不同，其覆盖方法及管理技术也不同。随着化学工业的发展，自生产出地面覆盖用的专用塑料薄膜后，地面覆盖栽培迅速发展，并成为蔬菜生产中促进早熟、增产的重要技术措施。

关于地面覆盖栽培的类型、方法、材料及作用、栽培技术等，参见第二十三章、二十六章。

（郑光华）

第六节　病虫害综合防治

病虫害是蔬菜生产中的主要生物灾害，直接影响蔬菜产品的产量和质量。据有关部门估算，如果没有植物保护系统的支撑，中国常年因病虫害造成的蔬菜损失率在 30% 以上，高于其他农作物。此外，在防治病虫过程中不合理使用化学农药等，还会影响到环境质量和产品的食用安全性。因此，加强蔬菜病虫害的综合防治工作，对保障蔬菜产业的可持续发展有重要意义。

一、病虫害的发生、发展及其与菜田环境的关系

菜田生态系统是人类从事蔬菜生产活动所形成的人工（次生）生态系统，由生物群落和环境因素组成。其系统结构是以蔬菜作物群体为中心，形成作物—病原物、害虫—有益微生物、天敌子系统；环境因素包括光、热、水、气、土及各种营养元素。在菜田生态系统内，植物群落组成单一，加上品种更新、耕作、施肥、灌溉、施药等农业措施，大大改变了自然生态系统的化学和物理环境，而且很不稳定。大面积蔬菜作物为病原物、害虫提供了良好的营养和繁衍条件，有益生物等自然控制作用弱化，有利于病害流行与害虫猖獗。

（一）病原物的来源和传播途径

1. 病原物的来源　病原物在特定的场所、载体上度过不良环境后，通常成为下个生长季蔬菜病害发生的初侵染源。其中，真菌以孢子、休眠菌丝或休眠组织（如菌核、菌索）、病毒以粒体、细菌以细胞、线虫以幼虫或卵等越冬（夏）。病原物的越冬（夏）场所或载体很多，在不同的环境条件和不同的病害组合中各不相同，有的病原物可以在几种不同的场所或载体越冬（夏），病原物的主要越冬（夏）场所或寄主如下：

（1）种子、苗木和无性繁殖材料　其带菌率很高，相应传病率也高。

（2）土壤　土壤是立枯丝核菌、腐霉菌、疫霉菌、镰刀菌、芸薹根肿菌等土壤习居菌，以及青枯病原细菌、根结线虫等的越冬（夏）场所和初侵染源。

（3）病株残体　绝大多数非专性寄生真菌、细菌及烟草花叶病毒等都能随病残体落入土壤或粪肥中，成为重要的初侵染源。

（4）活体寄生　是某些专性寄生真菌和病毒的越冬（夏）场所。

2. 病原物传播途径　病原物从发病植株（部位）以及越冬场所，向健康植株（部位）传播，主要借助自然因素或人为因素。

（1）气流（空气）传播　风力可将大多数真菌的孢子作较长距离传播，引起发病和再侵染。带细菌的病残体和带病毒的昆虫可随风力间接传播。

（2）雨水传播　病原细菌、一部分真菌孢子可由雨水或水滴飞溅作短距离传播，地面径流和灌溉流水可使病原细菌传播较远，还能传播土中线虫。

（3）昆虫传播　多数病毒和全部植原体病害（如番茄巨芽病、黄化病）由蚜虫、粉虱、蓟马、叶蝉、飞虱和螨类传播，如桃蚜可传播 50 种以上病毒。一些细菌可由虫传播（如菜青虫等传播软腐病），但与真菌关系较小。

（4）人为传播　种苗和蔬菜产品等的运输，可将病原物远距离传播，且不受自然和地理条件限制。此外，农事作业如移栽、整枝、打杈（顶）、绑蔓等可传播汁液传染的病毒病，还有带菌土壤、设施及农用资料的传播等。

病原物越冬（夏）和传播是与其生物学特性相适应的，是病害侵染循环中的重要环节。采取措施及时消灭越冬（夏）场所、载体的病原物和防止病原物传播，对预防和控制病害发生有重要作用。

（二）病虫害大发生的环境条件　蔬菜作物受病虫为害，是在外界环境条件影响下，与病原菌、害虫相互作用并导致寄主发病、生虫的过程。因此，病害流行和害虫猖獗必须具备三个因素：①有侵染能力的病原菌群体和害虫种群；②大面积栽培感病、虫的寄主作物；③有利于病、虫侵染、传播和越冬（夏）的环境条件。现仅就自然环境因子对病、虫发生的影响作一简要分析。

1. 温度　各类病原菌的生长发育均有一定的温度范围，超出这个范围即不能正常生长，甚至死亡。而昆虫为变温动物，温度是其生命活动所必需的条件和最显著的影响因子。因此，不同病、虫害发生、发展与不同温度有密切关系。此外，温度是直接影响害虫地理分布和种群密度季节消长的主要因素。

2. 湿度　大多数真菌孢子萌发和侵入寄主最适宜的相对湿度都在 90% 以上，或在水膜中最适宜。细菌只有在水中才能游动和侵入，故在空气和土壤潮湿、叶面结露、多雨和大水漫灌时发病重，反之发病轻或不发病。而有的病害如病毒病、白粉病则在干旱条件下易于发生流行。蔬菜害虫中蚜虫、螨类等喜干燥的环境，相对湿度 35%～65% 时利于其大发生，相对湿度持续在 75% 以上时不利于其繁殖。一般鳞翅目害虫交配、产卵、孵化及初孵幼虫的生长发育，都需 85% 以上的相对湿度。但湿度太高，特别是降雨、雨量大，对卵和低龄幼虫有冲刷致死作用。地下害虫和在土壤中化蛹的棉铃虫、豆荚螟等，需要较湿润的土壤环境。

3. 光照　对真菌病害的影响不显著，但也有一些例外。黄瓜霜霉病菌在光照和黑暗交替的环境下，有利于孢子囊形成和病害流行。十字花科蔬菜菌核病菌的子囊孢子，在黑暗条件下对萌发有利，光照则有阻碍作用，故阴暗环境时该病多发。一般强光照和长日照有利病毒增殖和促进病毒病发展。光的性质、强度和光周期主要影响昆虫的活动和行为，并能协调昆虫的生活周期。夜出性昆虫对波长为 330～400nm 的紫外线趋性最强，可利用黑光灯（波长 360nm）进行捕杀。日出性害虫蚜虫、粉虱、潜叶蝇对波长 550～600nm（黄色）有强烈趋性，棕榈蓟马喜选择 400～440nm（蓝色）。光周期的变化是影响昆虫滞育的主要因素，目前已证明 100 多种昆虫的滞育与光周期的变化有关。

4. 风　风对病原物的传播引起病害发生流行如前所述。风对害虫迁飞扩散有很大的影响，而经常刮大风的地区，无翅型昆虫的比例较高。

5. 土壤　绝大多数病害的侵染循环和害虫生活史的某个环节，都与土壤因素有不同程度的联系。土壤结构、理化性状与病虫发生为害和蔬菜作物生长发育有密切关系。例如，大白菜根肿病菌在土壤 pH 为 5.4～6.5 时才能萌发和侵入，故中国南方为该病主要分布和为害区；湿润的沙壤土是蝼蛄的适生条件；蔬菜作物连作导致病菌增殖累积和土传根病积年流行。

6. 有益生物　食物链是自然界生物间的一种现象，没有一种生物可幸免被捕食或寄生，而其本身又可能是捕食者或寄生物。在蔬菜作物体围和根围环境中有益生物资源非常丰富。例如，白粉寄生菌可寄生白粉菌。土壤中对茄黄萎病菌有拮抗作用的真菌在 30 余种以上；芽孢杆菌、荧光假单孢菌、菌根菌等拮抗细菌，对镰刀菌、丝核菌的侵染有抑制作用，有利减轻根部病害发生。产荧假单孢菌、芽孢杆菌等某些种或菌株，可抑制一些病原细菌；拟青霉、青霉、木霉等真菌抗生物质可抑制细菌。淡紫拟青霉对孢囊线虫和根结线虫有寄生和拮抗作用。每种蔬菜害虫都有十余种至数十种天敌，常见的捕食性天敌有瓢虫、草蛉、食蚜蝇、食蚜瘿蚊、食虫蜻等；寄生性天敌主要有寄生蜂和寄生蝇两类。此外，昆虫病原微生物的种类很多，如 Bt 等细菌、白僵菌和蚜霉等真菌、核型多角体病毒和颗粒体病毒等，是害虫的自然控制因子，若干种制剂已经广泛应用。

近 20 余年的研究指出，人类的生产和社会活动对病虫害大发生有重要影响或起主导作用。例如，节能型设施栽培和反季节栽培的迅速发展，蔬菜种苗和产品国内、国际间流通频繁，以农户为主的传统耕作方法，化学防治为主要措施杀伤天敌并引发约 20 种主要病虫产生抗药性等，使菜田环境发生深刻变化，新的病虫不断出现，有利多种病、虫周年发生和为害明显加重。另一方面又必须看到，人类的生产活动又是防治病虫的主要因素。

二、蔬菜病虫害的综合防治策略

1967 年联合国粮农组织（FAO）在罗马召开害虫综合防治专家小组会议，从农业生产的经济观点出发提出如下定义："综合防治（IPC）是一种害虫管理系统，按照害虫的种群动态及其相关的环境条件，利用适宜的、尽可能互不矛盾的技术和方法，保持害虫种群在经济受害水平下"。1972 年把综合防治改为综合治理（IPM）。20 世纪 70 年代，是有害生物综合治理的理论不断提高与发展的主要时期。1975 年中国制定了"预防为主，综合防治"的植物保护工作方针。它科学地总结了国内外防治农作物病虫害正反两方面经验，反映了植保工作的发展方向。综合防治的基本观点如下：

1. 重视生态系统的整体观点　作物群体是农田生态系统的中心，防治病、虫是生产过程的一部分，要考虑病、虫与作物、有益生物及其他环境因子的关系，使每项防治措施既要保障蔬菜作物高产、优质，也要避免危及人类健康并对农田生态环境的副作用最小。

2. 坚持预防为主的原则　应加强植物检疫工作，充分发挥有益生物等自然因素抑制病虫的作用，优化生产基地、设施条件和提高生产技术水平，创造有利于蔬菜作物生长发育而不利于病虫适生的环境条件。

3. 强调防治措施的选择和协调　各种防治病、虫的手段都有其优、缺点，把几种最适宜的措施加以协调应用，删繁就简，才能提高防治效果，降低防治费用。提倡优先选用农业、物理和生物的防治方法，合理使用化学农药并尽可能降低化学农药用量。

4. 实现综合效益　综合防治不以彻底消灭病、虫为目标，而是控制病情和害虫密度在经济允许水平以下。反对滥用化学农药、片面追求短期经济效益的行为，努力实现最佳的经济、生态和社会效益。

1983 年以来，蔬菜病、虫综合防治研究被列入国家、农业部和各省（自治区、直辖市）的科技发展计划，通过协作功关，提高了蔬菜病、虫的防治水平，为蔬菜产业发展提供了有效的技术保障，综合防治的内涵也随着中国可持续农业和无公害蔬菜生产的发展而逐步充实。

三、蔬菜病虫害的综合防治技术

病虫害防治技术分为植物检疫、农业防治、生物防治、物理机械防治和化学防治五类。现把各种

防治手段及其行之有效的主要措施，按不同时期的基本功能列于表 7 - 14，并对产前和产中的主要防治技术作简要评述。

1. 植物检疫　植物检疫是指国家或地方政府，为防止危险性有害生物随植物、产品、包装物和运输工具的人为引入和传播，以法律手段和行政措施实施的预防性植物保护措施。病、虫的分布具有明显的区域性，在自然条件下远距离传播的可能性较小。病、虫在原产地受到多种有益生物的制约，植物的抗性以及相应的农业措施等的控制，其发生为害通常不严重。但如果传到新的地区，其气候、食料及其他环境条件适宜它们存活，又缺乏适当天敌的控制，就会严重发展并暴发成灾，造成巨大经济损失。中国目前发生的蚕豆象、豌豆象、马铃薯块茎蛾是新中国建立前从国外传入后并蔓延的。棕榈蓟马约于 20 世纪 70 年代传入华南，现已扩展到长江流域和山东等地。美洲斑潜蝇、B 生物型烟粉虱近年来严重发生，西花蓟马在北京发现，均是外来有害生物入侵所致。对外检疫对象马铃薯甲虫、菜豆象、巴西豆象、四纹豆象曾被中国检疫机构多次截获，均已构成潜在威胁。防止国内或地方检疫对象番茄溃疡病、黄瓜黑星病、白菜根肿病、马铃薯环腐病和癌肿病、马铃薯茎蛾的人为传播也不容忽视。此外，植物检疫还可以指导蔬菜产品安全生产，按照输入国的要求，履行国际义务，禁止危险性有害生物自国内输出，以满足扩大蔬菜产品出口创汇的需要和维护中国蔬菜产品出口在国际市场上的信誉。

2. 农业防治法　是指主要采用耕作栽培技术，改善菜田生态环境，创造有利于蔬菜作物生长和有益生物繁衍的条件，抑制或消灭病、虫的发生、发展的防治方法。农业防治是综合防治的基础，多种措施可起到主动的预防性作用，具有经济、安全、有效等优点。但在应用时有一定的局限性和地域性，在病、虫大发生时难有作为。因此，农业防治要依具体条件和病、虫的不同情况而采取不同的措施。

表 7 - 14　蔬菜病虫害综合防治技术体系

时期	作用	植物检疫	农业防治	物理防治	生物防治	化学防治
产前	预防病、虫发生	无公害蔬菜生产基地的选择与建设，制定科学种植和植保计划				
		严禁危险性病、虫传入	选用无病、虫种苗和无性繁殖材料、抗病耐虫品种；换根嫁接、无土栽培*；调节播期、轮作	温汤浸种或热力、太阳能或蒸汽消毒土壤	保护天敌和有益微生物，生物制剂处理种苗和土壤	种苗处理，大棚、温室消毒*，苗床土、土壤处理
产中	控制病、虫为害	封锁疫区，消除入侵的检疫对象	抗病、耐虫品种；种植诱虫作物；轮作、间套作；土壤耕作；优化群体结构；科学施肥、浇水，增强寄主抗性；控温调湿，高温、高湿闷棚*	覆盖防虫网、遮阳网与防雨棚*；灯光、色板诱杀或忌避；人工防除	使用微生物和农用抗生素制剂；释放天敌；性信息素	高效、安全杀虫、杀螨、杀菌剂；食饵诱杀；灌根挑治
产后	药残检测；保质保鲜；市场准入和出口	内检；外检	适期采收；货堆通气	产品预冷；低温冷藏；气调贮藏；包膜贮藏；辐射贮藏	使用生防菌；拮抗剂	仓库、运输工具消毒；防腐剂

　　*　设施栽培防治技术。

　　（1）建立科学的耕作制度　这是预防和控制多种重要病、虫发生为害的有效措施，无公害蔬菜生产应遵循的基本原则。

　　①合理布局。根据主要病、虫的寄主范围和传播途径，制定科学的种植计划。例如，秋大白菜避免与早白菜、萝卜、甘蓝等邻作，可减轻蚜虫和病毒病的发生；番茄与菠菜邻作则会加重病毒病的病情。在夏季停种十字花科蔬菜的地区，对小菜蛾、菜青虫等多种害虫可起到拆桥断代的作用。北方日

光温室秋冬茬种植芹菜、油菜（青菜）、生菜等，有利切断温室白粉虱的生活史，节省能源，提高经济效益。云南省大理白族自治州适当压缩斑潜蝇虫源地蚕豆种植面积，或将邻近虫源地的蚕豆改种麦类和油菜，可有效控制斑潜蝇的发生为害。

②轮作和间套作。轮作是一项用地、养地结合，防治病虫害，促进蔬菜作物丰产的措施，生产上一般不宜采取连作或单作的方式。在农区菜田实行菜—棉、菜—粮轮作，可有效防治枯、黄萎病、青枯病、根结线虫等重要病害。此外，提倡病原菌寄主范围外的菜—菜轮作，但应注意轮作期限，如十字花科蔬菜菌核病、葱紫斑病至少应轮作1～2年，番茄青枯病和斑枯病、姜腐烂病、黄瓜枯萎病为3年以上，甘蓝黑胫病、十字花科蔬菜根肿病需经4～5年轮作。山东省某些菜区在节能日光温室进行早茬果菜生产时，于夏季换茬期间种一茬小葱或蒜苗，利用其根系分泌物杀死部分病菌，减轻果菜病害效果显著。间作、套种不但可以提高土壤利用率，增加单位面积产量，还可干扰害虫寻找寄主的行为，不利于其种群增殖，适宜多种天敌的发展。例如，白菜、番茄、辣椒与玉米间作，瓢虫、草蛉等捕食性天敌数量增多，蚜害较轻，可减少有翅蚜迁飞传毒，不利病毒病发生，并使番茄上棉铃虫、辣椒上烟青虫蛀果率下降。此外，利用害虫对不同寄主等的选择性差异，可采用植物诱集法，如十字花科菜田适量种植的芥蓝，可诱集大量小菜蛾并集中施药杀灭，是防治小菜蛾有效方法。在温室番茄种植少量黄瓜诱集白粉虱并施药除治，在国外已有应用实例。

③土壤耕作。土壤耕作包括翻耕、晒垡、作畦（垄）、中耕等作业，可为蔬菜作物提供适宜的土壤环境，还可把遗留在地面上的病残体、越冬（夏）的病原物翻入土中，加速其分解和死亡，对土壤寄居菌的杀灭效果显著。如十字花科蔬菜菌核病的菌核，翻入土中10cm左右，第2年即死亡。晒垡可使一部分病原物失去活力，是防治软腐病等细菌病害的有效方法。高垄栽培可减轻霜霉病、疫病和细菌病害的发生为害。

（2）提高蔬菜作物的抗性　内容包括杜绝病、虫来源，创造不适合病、虫滋生蔓延的环境条件，选用抗病（虫）品种等，是防治病（虫）害最经济有效的方法，在综合防治中占有重要地位。近20年来，中国已培育出一大批抗病、优质的蔬菜良种，如番茄抗烟草花叶病毒（TMV）和叶霉病的有中蔬7号、中蔬8号、中蔬9号、苏保1号、佳粉15号、L402、申粉3号等；黄瓜抗霜霉病、白粉病，耐枯萎病、疫病的品种有津杂2号、津杂4号、中农5号、中农7号、中农1101、龙杂黄3号、鲁黄瓜4号、夏青4号等；大白菜抗芜菁花叶病毒（TuMV）、霜霉病，耐软腐病、黑腐病的品种有北京新1号、中白4号、青庆、冀菜5号、秦白3号等；白菜有冬常青、夏冬青、矮抗2号等。由于多种原因蔬菜抗虫品种较少，其中番茄毛粉802叶背密生银灰色绒毛，对蚜虫、白粉虱有一定忌避作用。豆荚少毛或无毛的菜用大豆品种，豆荚螟、大豆食心虫产卵少。春季种植结球甘蓝宜选用早熟品种，配合地膜覆盖等栽培措施，使收获期提前，可避开菜青虫盛发期而减轻为害。选用抗病（虫）品种要因地制宜，并要做到良种良法配套，注意抗病品种的多元化合理布局和轮换种植，监测病菌生理小种变化动态，以延长抗病品种的使用年限。

此外，还选育和引进一些用于嫁接栽培的抗病砧木，在设施栽培黄瓜、西瓜、甜瓜、苦瓜、茄子等蔬菜作物上进行换根嫁接，防治土传病害和增产效果明显，已较大面积应用。

（3）培育无病虫种苗　选用无病虫种子、种苗和无性繁殖材料，对预防多种病虫害发生非常重要，特别是保护地蔬菜栽培。种子公司和繁种单位应履行社会责任，建立无病留种区或留种田。切实加强种苗管理，提倡营养钵和草炭、蛭石等基质育苗、异地或客土育苗、嫁接育苗、种子和苗床土药剂消毒及幼苗带药定植，加设防护网等方法，培育无病虫壮苗。在大田移植或定植时注意淘汰病、弱苗。

（4）调节播种（移植）期　把蔬菜受害敏感的生育期与病、虫盛发期错开，可起到避病、避虫的作用。北京秋大白菜适宜播期为立秋前3天至后5天，特别在高温干旱年份适期晚播，可预防病毒病流行而提高产量。云南省发现秋蚕豆播期与美洲斑潜蝇发生为害有密切关系，实行禁止早播，推行

10月上旬适期播种后，防治斑潜蝇兼治蚜虫、螨类取得成效。

（5）优化蔬菜作物群体结构　生产上要扭转和克服片面的加大密度追求高产的倾向，提倡合理稀植。适期整枝、打杈和蔓生性蔬菜采用支架栽培等方法，有利于作物个体生长健壮，提高群体的抗病虫能力，形成不利于病、虫侵染的环境条件，提高产品的质量。

（6）调控温、湿度　保护地蔬菜栽培是半封闭的生态系统，环境温、湿度可控性较强。采用调温、控湿措施对防治霜霉病、早疫病、晚疫病、灰霉病、菌核病及细菌性病害收效明显。日光温室、塑料棚内地面覆盖地膜，可以明显减少土壤水分蒸发，降低塑料棚、温室内空气湿度而减少病害的发生和流行。

（7）合理施肥与灌溉　施肥与作物生长和病虫害发生有密切关系。增施磷、钾肥有利蔬菜作物增强抗病力，并可降低甘蓝上蚜虫的增殖力。蔬菜作物缺氮会促进红蜘蛛大发生，而氮肥过量，作物徒长导致抗病性降低，还有利于蚜虫、棉铃虫、烟青虫等滋生。施用未腐熟的有机肥有利多种病原物初侵染和加重病情，也加剧地下害虫为害。增加有机质培肥土壤能激活土壤微生物，形成丰富的微生物群落，抑菌作用明显。贫瘠土壤易发生土传病害特别是真菌性病害。优质蔬菜生产应坚持增施有机肥为主、化肥为辅的原则，做到氮、磷、钾及其他营养元素的平衡。水的管理直接影响根系生长、土壤病原物的活力以及菜田小气候变化。地下水位高、土壤含水多，易诱发青枯、软腐等细菌病害和疫病等流行，适时冬灌可破坏在土壤中多种越冬害虫的生存环境，压低虫口密度。保护地栽培覆盖地膜和应用滴灌等措施，优化塑料棚、温室小气候，对真菌和细菌病害防效明显。

（8）清洁田园　蔬菜产品采收后，应把遗留在田间的病株残体及时烧毁或深埋，以减少越冬（夏）菌源。如白菜霜霉病菌以卵孢子在病叶内、白菜根肿病菌以休眠孢子在肿根内、辣椒炭疽病菌在病残体和病果上越冬，经过处理对减少下一个生长季病原物的初侵染源有重要作用。对减少蚜虫、螨类、粉虱、蓟马、潜叶蝇、小菜蛾、瓜绢螟等多种害虫的虫源也有同样功效。杂草是多种病虫的越冬场所或过渡寄主，铲除杂草对防治病毒病有重大意义，还可减轻蚜、螨等小虫类和小地老虎、蟋蟀、黄守瓜、有害软体动物等为害。

3. 生物防治法　是利用有益生物及其代谢产物和基因产品等防治病虫害的方法。主要包括下列方面：

（1）以病原微生物及其代谢产物防治害虫　即以菌治虫的方法，如用细菌制剂苏云金芽孢杆菌（Bt）防治菜青虫、小菜蛾等食叶害虫，已大面积应用；蜡蚧轮枝菌（真菌）防治白粉虱、蚜虫，田间示范取得良好防效；斜纹夜蛾核型多角体病毒（NPV）、菜青虫颗粒体病毒（GV）已实际应用于生产；小菜蛾颗粒体病毒已进入示范阶段；黄地老虎颗粒体病毒、甘蓝夜蛾、银纹夜蛾核型多角体病毒经田间试验，显示了扩大应用的前景。农用抗生素阿维菌素的制剂，已广泛用于防治小菜蛾、斑潜蝇、害螨及蚜虫等；多杀菌素防治小菜蛾具有极佳的防治效果；浏阳霉素对瓜类、豆类、茄科蔬菜叶螨均有良好防效。

（2）以食虫昆虫防治害虫　即以虫治虫的方法，通常采用农业措施和科学用药方法，保护和助增天敌，或进行人工繁殖和释放天敌。如用甘蓝夜蛾赤眼蜂防治番茄上棉铃虫，用食蚜瘿蚊防治蚜虫等。还可移植和引进天敌，如丽蚜小蜂、浆角蚜小蜂防治温室白粉虱、烟粉虱，小黑瓢虫防治烟粉虱等。

（3）利用病原微生物及其代谢产物防治病害　即以菌治病的方法，如特立克制剂（木霉真菌）防治蔬菜灰霉病和早疫病等；菜丰宁（芽孢杆菌细菌制剂）防治白菜软腐病；农用抗生素新植霉菌和农用链霉素防治角斑病、软腐病等细菌病害；抗霉菌素防治白粉病、炭疽病、叶霉病等。另外，武夷霉素对软腐病、黑星病也有良好防效。

（4）利用信息素和激素进行害虫测报和防治　如小菜蛾、斜纹夜蛾和甜菜夜蛾的性信息素，近年来已较广泛应用。

生物防治有许多优于化学防治的优点，如对人畜和天敌安全、与环境相容性好等。活体生物建立种群后，对有害生物可达到长期较稳定的控制作用。其缺点是防治害虫效果易受环境因素影响，不如化学防治见效快，人工繁殖有益生物和应用技术难度较高，商品生产的天敌种类较少和应用范围较窄等。生物防治是综合防治的重要组成部分，是一项值得提倡并有很大发展前景的防治措施。

4. 物理机械防治法　是指应用各种物理因子及器械设备防治病虫的方法。物理因子主要是温度、光、电、声、射线等；机械作用包括人工去除、器械装置进行诱杀和阻隔等。蔬菜生产常用的方法简介如下：

（1）高温灭菌和防治病害　多种病原菌通过侵染种子而传播病害，温汤浸种或高温干热处理种子是有效的灭菌方法。高温蒸汽或夏季高温闷棚（温室、塑料棚）消毒土壤，可消灭土壤中的病原菌、根结线虫和多种害虫。高温、高湿闷棚（塑料大棚）可防治黄瓜霜霉病、白粉病、角斑病等多种病害。

（2）设施防护栽培　夏秋季覆盖遮阳网、防虫网和塑料薄膜，进行降温、防虫、防雨降湿控病栽培，是实现无公害蔬菜生产的有效途径。其中 30～40 目的防虫网，主要用来覆盖温室和塑料棚门窗、通风口，南方夏秋季生产青菜（白菜），可防止小菜蛾、菜青虫、甜菜夜蛾、斜纹夜蛾、蚜虫等害虫侵入。北方塑料棚、温室果菜生产覆盖防虫网，可阻断粉虱、蚜虫、斑潜蝇、棉铃虫等害虫侵入和发生为害。覆盖防虫网与培育无虫苗等措施结合，可以实现无化学农药或少药生产。

（3）诱杀和驱避　利用害虫趋光性，以黑光灯、双波灯、高压汞灯诱集夜出性害虫。近年来，研制开发的频振式杀虫灯，既可诱杀害虫，又能保护天敌，正在逐步扩大应用中。黄板诱捕粉虱、蚜虫、潜叶蝇等害虫，已在测报和防治中应用。随着蓟马类害虫分布区域扩大和为害日趋严重，应加速诱虫板的研发工作。在塑料棚、温室上覆盖银灰色遮阳网或田间挂一些银灰色的条状农膜，或覆盖银灰色地膜对有翅蚜虫、蓟马等传毒昆虫的忌避作用良好，又可减轻病毒病的发生和为害。

（4）人工防除　在蔬菜作物生长期摘除初发病的叶片、果实或拔除中心病株，可避免病原物在田间扩大蔓延，在设施栽培条件下更为重要。或人工摘除斜纹夜蛾卵块、利用害虫假死习性捕杀金龟子、马铃薯瓢虫等。采用人工或机械除草，控制草害发生，可阻断多种病虫害的传染途径。

此外，物理机械防治还包括利用红外线、超声波、高频电流、高压放电和原子能辐射等先进技术，其中一些方法能消灭深入种苗内部或隐蔽为害的害虫。物理机械防治没有环境污染等副作用，对保护地蔬菜及一些化学防治难解决的害虫，往往是一种有效手段，虽然有的需要花费较多的劳力或一定的费用等，但随着生产发展仍有扩大应用的前景。

5. 化学防治　指应用化学农药直接杀死病、虫的方法。当然，对种苗和棚、室采用药剂消毒等，也有预防作用。在中国当前以农户经营为主的体制和蔬菜生产条件下，化学防治在病虫害综合防治中仍占主要地位，它具有杀灭作用快，防治效果好，施药方法多，使用简便，适用于大面积机械化防治，应用不受地区和季节的局限等优点。特别是病害流行和害虫大发生时，能及时控制为害。但是，如果农药保管、使用不当，会引起人、畜中毒和农作物药害，污染环境和蔬菜产品，也导致某些害虫产生抗药性，以及由于大量杀伤天敌，生态平衡受到破坏，引起次要害虫上升和再猖獗。但我们也应该看到，农药研制工作正在沿着扬长避短的方向发展，高效、低毒，对环境和天敌安全的新型杀虫剂先后应用于生产，如噻嗪酮（扑虱灵）、氟啶脲（抑太保、定虫隆）、灭蝇胺、氟铃脲（盖虫散）、虫酰肼（米满）、吡虫啉（艾美乐、蚜虱净、康福多、大功臣）、阿克泰等。因此，要正确的对待化学农药，避免误用、滥用和不合理的使用农药，提倡科学用药和安全用药，要协调好与其他防治方法（特别是生物防治）的关系。科学合理用药应遵循下列原则：①遵守国家规定，在蔬菜作物上禁用剧毒、高毒、高残留和具有三致（致癌、致畸、致突变）作用的农药；②根据防治对象选用高效、安全药剂；③掌握科学用药量（使用浓度）、用药次数、用药方法和安全间隔期（最后一次施药距采收的天数）；④按照防治指标和防治适期施药；⑤对病虫作用机制不同的药剂轮换使用。

蔬菜病虫害综合治理（IPM）是无公害蔬菜生产的重要技术组成部分，是实现"从农田到餐桌"的质量控制体系的核心内容之一。因此，首先要搞好生产基地的选择与建设，使大气、灌溉水和土壤质量达到国家或部门规定的标准。在不同菜田生态区，以蔬菜作物为单元，掌握主要病、虫发生、流行规律和次要病、虫发生特点，研究开发关键防治技术，组建 IPM 技术体系，并融入无公害蔬菜生产技术规程中。中国露地蔬菜栽培综合治理应注重建立科学的耕作制度和抗、耐病品种的应用；保护地蔬菜栽培综合治理要特别重视优化环境条件和利用物理、生物防治技术，才能实现蔬菜产业的可持续发展。

（朱国仁）

第七节　采　　收

一、蔬菜采收的标准和方法

蔬菜采收，是指对供食用的蔬菜产品器官进行收获的过程。这是蔬菜生产的最后一道工序，也是蔬菜贮藏、加工和使产品商品化的最初一道工序。但多次采收的蔬菜，在采收期间还要继续进行追肥、浇水、植株调整及病、虫防治等作业。用于贮藏的某些蔬菜为了在采后延迟其成熟和减少腐烂变质，在采收前还要进行一些化学或生长调节剂的处理。

合理的采收能提高产量，降低贮、运损耗，保持和改进产品品质。尤其是在适当的成熟阶段采收，可以得到好的品质。过早采收也许保持绿色的时间较长，但品质差；延迟采收也会增加对腐烂的敏感性，导致品质变劣。采收时如产品受到损伤常易感染病菌导致腐烂；由于损伤还会使呼吸显著增进，因而缩短贮藏期限。因此，对蔬菜采收的要求是及时和避免损伤。

由于蔬菜供食用的器官不同、用途不同、贮、运加工对产品的要求不同，所以对采收成熟度的要求也不一致。例如供较长期贮、运的番茄，应在果脐变白绿色，果实坚硬的绿熟期采收；采后需经短期运输的可在变色期，即果顶显色时采收；而在成熟期采收的果实基本全变红，果肉仍比较坚硬，则适于当时食用；用于加工制罐品种或采种用的番茄品种可在果实全部变色，果肉开始变软的完熟期采收。

对于蔬菜产品的所谓成熟，有不同的含义，食用上的成熟，即产品器官生长到适于食用的程度，具有该品种的形状、大小、色泽及品质。如黄瓜、丝瓜、茄子、菜豆、豇豆等，是以幼嫩的果荚供食用，应在种子刚刚显露尚未膨大硬化之前采收。而西瓜、甜瓜等则以生理上成熟的果实供食用，采收时种子也已成熟，这就是所谓的生物学的成熟。南瓜、冬瓜等幼嫩或老熟的果实都可供食用，而幼嫩的只能供鲜食，老熟的则耐贮藏。

一般可以参照下列方法来判断蔬菜的适宜采收期。

（一）产品外观特征　是判断适宜采收期的一个重要标志。如甜椒一般在果实充分长大，皮色转浓，果皮坚硬而有光泽的绿熟时采收。罐藏制酱或制干的辣椒应采用充分红熟的果实。茄子应在有鲜亮而有光泽的色彩，果实上萼片与果面的白色环状带由宽变窄或不明显时采收。黄瓜采收应在果实明亮浓绿而未显黄前。西瓜、甜瓜成熟时，果面具有光泽。嫩荚豌豆应在嫩荚从暗绿变为亮绿色时采摘。甘蓝叶球的颜色变为淡绿色时采收。花椰菜应在花球充分长大，表面圆正，边缘尚未散开前采收。

（二）蔬菜产品的营养品质标志　一些蔬菜种类人们在消费过程中常常可以通过其典型营养品质标志，对其适宜收获期作出判断。如以幼嫩组织供食用的豌豆、菜豆、豆薯、甜玉米等，在成熟过程中，糖分逐渐转化为淀粉，应在糖多、淀粉少时采收。此时质地脆嫩，风味良好，否则组织坚硬，品质下降。而马铃薯、芋头的淀粉含量多是采收的标志，此时采收产量高，营养丰富，耐贮藏。对西瓜、甜瓜而言，必须达到一定糖度，而又不过熟时采收。

（三）植株及产品器官生长情况　对一些产品生长在地下的蔬菜，可通过其地上部生长情况判断其适宜收获期。如洋葱、马铃薯、芋头、姜等蔬菜作物，通常以地上大部分茎叶由黄绿色变为黄色时开始采收为合适。又如洋葱的假茎部变软开始倒伏，鳞茎外皮干燥；芋头的须根枯萎；南瓜果皮发生白粉并硬化，颜色由绿色变为黄色或红色；冬瓜果皮上茸毛消失出现蜡质的白粉；萝卜肉质根充分肥大，基部已长圆；丝瓜果梗光滑稍变色，茸毛减少；菜豆、豇豆的嫩豆荚已发育饱满，种子刚显露；菜用大豆的豆粒已饱满，豆荚尚青绿；黄花菜的花蕾接近开放；菜薹的先端见初花时等，都是采收的适期。

在采收实践中，应把上列方法结合起来运用。如西瓜成熟与否可采用看、摸、听、记等相结合的方法。成熟瓜坐瓜的同一节位和相近节位的卷须已枯萎，果面有光泽，纹理清晰，果肩较钝圆，脐部凹陷，手摸果面光滑，用手指弹或手拍瓜身发出钝哑声（未熟瓜则发出较脆的响声）。中熟品种在授粉后约 30 天，产品基本成熟，但这又因品种、生长期的气温而有差异。如中熟薄皮品种与上述大型厚皮品种相反，成熟瓜发音脆亮，未成熟的则钝哑。采收的标准又因用途不同而有差别，如当地销售的西瓜，应在成熟时采收，而供远距离运输或贮藏用的则应视时间的长短，稍提前两三天在八九成熟时采摘。

（四）受栽培季节和市场制约　一次性采收的蔬菜作物采收期常受气候、市场需求及栽培季节的限制。如一些绿叶菜春季易抽薹，晚秋易受冻，应及时采收。而这些菜大小均可食用，故可根据市场需求情况及时进行采收。可以多次间拔采收。多次收割的蔬菜如韭菜和蕹菜则主要根据市场情况确定收割时间。

为了更科学的判断蔬菜的采收适期，除上述外，如何从器官内部物质的含量（如碳水化合物、酸、纤维素、色素、激素、挥发性物质、果胶等）、能量（如呼吸强度）的转化和组织的变化（如硬度、透性、离层等）等来制订各种蔬菜供不同用途时的采收标准，尚待深入研究。

蔬菜采收后，高温有害于品质的保持，一般应在晴天早晨或傍晚气温和蔬菜体温较低时采收。降雨后采收，果皮颜色不好，易腐烂；成熟的果实遇雨易开裂，造成损失。供冬季贮藏用的芹菜、菠菜等耐寒蔬菜，应掌握在不受冻的原则下适当延迟收获。如采收太早，温度尚高，贮藏时易发生脱水、发热变黄及腐烂；采收太晚，则易受冻害。

蔬菜采收的方法，地下根茎类大都用锹或锄挖刨，应避免损伤根部。马铃薯收后应摊晾 1~3h，以散失表面水分，并有利伤口愈合。洋葱、大蒜采收是连根拔起，在田间晒 3~4d，使外皮干燥，伤口愈合。此类蔬菜也可用机械采收。机械由挖掘机、收集器、运输带几部分组成，有的还附有分级、装袋等设备。

有些蔬菜采用刀切或割，如大白菜、甘蓝、花椰菜等结球类蔬菜用刀具在茎盘处将叶球切下即可，而韭菜等用刀具割收。有些收获方式各地不同，如芹菜、茼蒿、蕹菜有地方整株拔起，有的地方采用割收的方法。茄子、甜椒、西瓜、甜瓜等则用剪刀剪下或刀割。有些如菜豆、豌豆、黄瓜、番茄等则用手摘，有的国家大规模种植的矮生豆类也用机械采收。蔬菜采收的机械化和如何减少机械采收时的损伤并保证产品品质，有待进一步研究解决。

二、采收后的商品化处理

蔬菜产品采收以后，应进行包括产品整理（去泥、洗涤、整修、愈伤及表面涂剂）、分级、预冷、包装等商品化处理。参见第二十七章。

（郑光华）

（本章主编：郑光华）

◇ **主要参考文献**

［1］黄永松. 日本 MOA 自然农法. 台北汉声出版有限公司，1997

［2］吴文良，孟凡乔. 国际有机农业运动及我国生态农业发展探讨. 中国蔬菜，2001（3）：3～7

［3］武明仁. 灌溉排水. 第一版. 北京：农业出版社，1994

［4］西南农学院等. 土壤学. 初版. 北京：农业出版社，1980

［5］山东农业大学等. 蔬菜栽培学总论. 北京：中国农业出版社，2000

［6］张福墁. 设施园艺学. 北京：中国农业大学出版社，2001

［7］王耀林. 新编地膜覆盖栽培技术大全. 北京：中国农业出版社，1998

［8］解淑贞. 蔬菜营养及其诊断. 上海：上海科学技术出版社，1985

［9］葛晓光. 菜田土壤与施肥. 北京：中国农业出版社，2002

［10］华中农业大学等. 蔬菜病理学. 北京：农业出版社，1991（第二版）

［11］朱国仁，张芝利，沈崇尧. 主要蔬菜病虫害防治技术及研究进展. 北京：中国农业科技出版社，1992

［12］朱国仁，李宝聚. 设施蔬菜产业可持续发展的病虫防治对策. 中国蔬菜，2000（增刊）：22～25

［13］朱国仁. 中国蔬菜昆虫学研究的主要成就和展望. 昆虫知识，2000，37（1）：59～64

［14］杜相荣，王慧敏. 有机农业概论. 北京：中国农业大学出版社，2001

［15］韩召军，杜相荣，徐志宏. 园艺昆虫学. 北京：中国农业大学出版社，2001

［16］邱式邦. 综合防治论著. 见：邱式邦文选. 北京：中国农业出版社，1996

［17］Huffaker C B. New Technology of Pest Control. New York：A Wiley-Interscience Publication，John Wiley & Sons，1980

第八章

环境污染与蔬菜

农业环境是人类生存环境中的一个重要组成部分,它主要是指农业生物(植物和动物)的生活环境,即农业生物赖以生长和繁殖的大气、水域和土壤等自然环境。农业环境是农业生产的重要物质基础。农业生物和农业环境之间相互作用和影响,形成了统一的农业生态系统,并且保持一定的动态平衡关系。如果农业环境受到污染,便会破坏这种自然生态平衡,从而影响到农业生物的生育、繁殖,甚至还会阻碍农业生产的发展,严重时会破坏农业资源并危害人、畜健康。

自20世纪50年代以来,世界各国因工业的发展而带来的环境污染问题,在70年代达到了空前的突出程度。中国近年来,随着工农业生产的发展和城市人口的急剧增加,工业三废(废水、废气、废渣)和城市污水、废弃物的排放量也日益增大,在缺少合理处理和管理的情况下,不仅人民的生活环境已受到不同程度的污染,而且农业生产的自然环境也受到多种化学和物理因素的影响,造成了对农业灌溉水域、农田空气和耕作土壤的严重污染,一些地区的农业环境生态平衡已直接或间接地受到破坏,并威胁到广大人民的健康。

农业生产系统环境问题的来源主要有3种形式:①原生环境问题。这类环境问题是由于气候、地质、地理条件等形成的,比如气候干旱、土地荒漠化、洪涝灾害频繁等。②内源环境问题。是在农业生产系统内,由于不合理的农业生产措施引起的。比如由于农药的不合理使用,造成农药在环境中的残留;化肥的大量使用使土壤有机质匮乏,土壤耐受干、涝、病、瘠胁迫的能力降低,造成作物减产或质量下降。③外来因素的影响问题。由于工业生产活动产生的大量固体废弃物、有害气体和废水的排放和扩散,对农业生态环境造成污染。比如在许多地方的制砖厂,由于煤的大量燃烧引起大气中氟含量增高,对作物产生生理性危害,对作物产量和品质都造成不良影响。

当前污染农业环境的外源有毒物质,大多数来自有害的工业"三废"。工业"三废"排放量大、分布广,当它们被工矿企业排放出来进入自然环境时,首先被强迫接纳它们的就是农业环境。除此之外,城镇生活、医院等废弃物也含有污染农业环境的外源有毒物质。

蔬菜是以新鲜状态的柔嫩茎叶、多汁果实和肥大块根等供食用。中国历史形成的蔬菜生产基本分布的特点,主要是在各大城市和工矿区的邻近地区。近几年,随着城市扩展外延,大量菜田被占用,新菜田也随之外移。同时农村进行产业结构调整,农区发展了大量菜田;再加之一些特产蔬菜基地的建设,加工用蔬菜基地和出口蔬菜基地也有所发展,使蔬菜生产基地布局发生很大变化。从另一方面看,一些污染严重的工业也从大中城市周围外迁,再加上一些地方"三废"治理较差等,各种污染源又可能与新菜田相毗邻。当工业"三废"进入农业环境造成污染时,蔬菜是农业生产中的直接受害者。加之蔬菜作物的器官比一般农作物吸收面积大,抗污染的能力也远低于粮食作物,在同样环境下,蔬菜受害和污染就更加严重。

在未经处理的工业废水和废渣、污泥中,常常会有大量的有毒物质,如酸、碱、无机盐类和有机

毒物如酚类化合物、氰化物、石油类和多环芳烃——苯并（a）芘等，以及重金属汞、镉、砷、铅、铬等，废气中的氟化物、二氧化硫、氮氧化物及臭氧、氯气和粉尘等。这些物质当它们进入农田后，常会恶化土壤理化性状，抑制土壤微生物活动，造成土壤污染，导致农作物和蔬菜作物生长变劣，轻者减产，重者死亡。污染环境的有害物质，通过水、土、气介质可以为蔬菜作物根和叶片所吸收，从而进入到植物体内，积累起来，不易为人所觉察，人畜摄食后，造成潜在性危害。特别是重金属类的毒物，一旦进入土壤，极难治理；其中铬、砷以及含有苯并（a）芘等的污染物质，已被科学证明对人类有致癌的危险。

农药是含有一定毒性的物质，它在喷洒过程中，可以通过各种方式进入土壤、大气和植物内部。特别是那些不易分解，性质较稳定的农药如有机氯、有机磷、有机汞、砷制剂等，极易造成蔬菜中农药残毒过高，引起人畜中毒。化肥中粗制磷肥含镉量可达 100mg/kg，并含有较多的氟化物，均可造成土壤污染，而使蔬菜中毒或积累残毒。在生产磷肥时，亦可因利用含有三氯乙醛的废酸而使蔬菜作物受害。氮肥在施用过多时，可使较多的硝酸盐累积在蔬菜中。硝酸盐是致癌物亚硝胺的前体，摄入过多对人畜的健康有影响，近年来在卫生学上已受到很大的关注。

环境污染给蔬菜生产及其产品带来的危害可分为 5 种情况：

1. 使蔬菜作物生长发育不良，产量锐减，甚至死亡。

2. 使蔬菜外观变形、变色，内部黑心，不能出售，影响经济性状和收益。

3. 使蔬菜品质变劣，营养成分下降，或产生怪味、异味，无法销售。

4. 使蔬菜产品不耐贮藏，易腐烂，造成重大经济损失。

5. 使蔬菜产品含毒，通过食物链转移到人畜体内，造成中毒受害，危害健康。

以上情况不仅给蔬菜生产带来经济上的重大损失，而且影响市场供应和市民生活。近年来，北方有的地区由于缺水，不得已引用工业废水灌溉农田，曾多次发生因用石化废水灌溉造成污染蔬菜事件，生产的蔬菜有异味，使食用者中毒呕吐，不仅经济上损失重大，而且影响蔬菜生产的发展。

有鉴于此，世界各国对蔬菜的污染问题均进行了广泛而深入的研究，联合国粮食及农业组织（FAO）和世界卫生组织（WHO）及许多国家还制定了有关蔬菜的食用卫生标准。随着中国农业环境保护工作的发展，中国近十几年来对蔬菜的污染问题亦给予了普遍的关注，各地纷纷开始了一些调查和研究，并已制定了一些重金属（如 Cd、As、Hg 等）、氟化物、有机氯（六六六、DDT 等）及有机磷（乐果、敌敌畏等）等部分农药的蔬菜食品卫生标准。

环境污染对蔬菜的为害，可分为大气、水质、土壤、化学农药和化学肥料污染造成的危害。

第一节　空气污染物对蔬菜作物的危害和影响

一、概　　述

空气污染物的种类很多，对人类和植物产生危害，或者已受到人们注意的污染物，大约有 100 多种。工业废气是空气污染的主要污染源，排出的有毒气体，量大面广，污染空气最严重，可以分气体污染和气溶胶污染两大类。气体污染物包括二氧化硫、氟化物、臭氧、氮氧化物以及碳氢化合物等；气溶胶污染物可概括为固体粒子（粉尘、烟尘）和液体粒子（烟雾、雾气）两类。其中对农业威胁比较大的污染物，大约有十余种，如二氧化硫、氟化氢、氯气、光化学烟雾和煤烟粉尘等。

空气污染物对蔬菜作物的危害途径，主要是通过叶面上的气孔，在蔬菜作物进行光合作用气体交换时，随同空气侵入植物体内引起毒害的，它们能干扰细胞里酶的活性，杀死组织，造成一系列的生理病变等。

蔬菜作物受空气污染物危害，一般都属生理性的，其症状和其他的农作物一样，可以分为：

（一）直接危害

1. 急性危害 急性危害通常发生在有害气体浓度比较高的时候，症状是大量伤斑突然集中出现在叶片上，有时也分布在芽、花和果上，使外形恶化，商品价值降低。受伤严重部分，细胞和叶绿素遭到破坏，发生强烈褪色，叶片干枯，甚至脱落死亡。

2. 慢性受害 慢性危害多发生在空气里有害气体浓度比较低的时候，叶片褪绿程度较轻，斑点小而少，叶绿素功能受到一定的影响。

3. 不可见伤害 是一种隐性伤害。受害后短期从植株外部和生长发育上看不出明显变化，主要是污染物仅使植株代谢生理活动受影响，植株体内有害物质逐渐累积，使品质变劣和产量下降。

（二）间接伤害 间接伤害是指蔬菜作物受到污染后，生长发育减弱，降低了对病虫害的抵抗力，因而使某些害虫和病菌容易侵袭，加速了病虫害的传播与发展。

蔬菜作物对空气中不同污染物的敏感程度和抵抗力的大小，随不同种类和不同品种有一定差异，但都受有害气体的浓度和接触时间长短的影响。蔬菜作物受空气污染物危害的大小，还与发育年龄有关。生长旺盛、气体交换频繁的幼年时期受害重；新的成熟叶和光合作用活动强度高的叶片一般易于受害；老叶较不敏感。通常空气污染蔬菜事故多发生在植株生长发育旺盛的春季和初夏，秋季较少（烟尘例外）。风向与农田受害有极大的关系，一般居于污染源下风向的蔬菜作物受害重，受害面往往呈条状或扇状分布。空气污染使蔬菜作物受害的特点，是菜田距污染源越远受害越轻，越近则受害越重，受害最重的地方，一般是工厂烟囱高度的 $10\sim20$ 倍处。

空气污染对蔬菜作物生产带来的影响，近年来有随着工业的发展，废气排放量的增加而日益加剧的趋势。

二、空气污染物对蔬菜作物的危害和影响

（一）二氧化硫 二氧化硫是对农业危害最广泛的空气污染物。大气中的二氧化硫主要来源于：含硫燃料的燃烧（煤和石油）；含硫矿石的冶炼；化工工业的硫酸厂、炼油厂等生产过程中的产物。地球上的二氧化硫有 43% 来自工业生产等人为因素。通常洁净空气里的二氧化硫含量大约为 $0.035\mu l/L$。而在工矿企业集中的地方，二氧化硫的浓度很高，经常可达到 $1\mu l/L$ 以上。空气中二氧化硫浓度在 $0.5\mu l/L$ 以上即对农作物有危害。

二氧化硫是一种具有强烈辛辣窒息性臭味的无色有毒气体，能溶于水。蔬菜对它的抵抗力很弱，少量气体就能损伤植株的生理机能。二氧化硫危害蔬菜作物的典型症状是在叶脉间叶肉组织上出现界限分明的点状或块状白色伤斑，有的连接成片。在受害轻时，斑点只在气孔较多的叶背面出现，浓度高时，叶表面也出现白斑。白斑是因二氧化硫能破坏叶绿体，使叶片褪绿，细胞脱水干枯后形成。蔬菜作物叶片在受二氧化硫危害严重时，叶肉部分可以全部变黄枯萎，只留下叶脉的网状骨架，最后死亡。

二氧化硫危害蔬菜作物的症状，主要发生在叶片上，在其他器官上很少出现。叶片受害后所显现的颜色，随种类不同而有变化：叶片上出现灰白斑或黄白斑的有萝卜、大白菜、菠菜、白菜和番茄；出现浅黄色、浅土黄色或黄绿色斑的有葱、辣椒、豇豆、豌豆、洋葱、韭菜、菜豆和黄瓜；出现褐斑的有茄子、胡萝卜、马铃薯、南瓜；出现黑斑的有蚕豆。

许多研究表明，低浓度二氧化硫处理植物，会造成慢性伤害，虽然没有表现出明显的伤害症状，但是已经使植物体内一些生理生化过程发生变化，即造成不可见伤害。当二氧化硫剂量超过一定值时，植物出现明显的伤害症状，即可见伤害。二氧化硫侵入蔬菜作物叶片的污染途径，是通过气孔逐渐扩散到叶肉的海绵组织和栅栏组织，所以气孔邻近的细胞首先受害，二氧化硫很容易被蔬菜作物叶片吸收，它在进入植物体后，在毒害植物组织的同时，本身变成了毒性较小的硫酸态硫贮存下来，这

也是植物的一种自然的解毒作用。硫是植物体蛋白质含硫氨基酸的必要成分，植物本身的生长发育需要硫。在允许浓度下二氧化硫进入植物体后，一部分可以参与同化作用，合成氨基酸，一部分则积累起来。当受害浓度高，时间长时，或植物积累过多，超过自身的解毒能力时，就会影响到生理代谢活动而出现受害症状。当蔬菜作物受害不是很严重时，若停止接触二氧化硫，植株能够恢复正常；且若植株受害超过一定程度时，即使置于清洁的空气中，也不能恢复正常，造成不可逆伤害。

自由基的破坏作用是二氧化硫对植物造成伤害的主要原因之一，增多的自由基使膜脂过氧化，同时，体内自由基清除体系也发生一些变化。超氧化物歧化酶（SOD）是一种重要的自由基清除酶，对二氧化硫反应很灵敏，二氧化硫浓度的变化会影响 SOD 的活性。

二氧化硫对蔬菜作物危害程度的大小，与下面几种因素有关。

1. 与蔬菜作物的抗性有关　不同种类的蔬菜对二氧化硫的抵抗力有明显的差异（表 8-1）。抗性弱的菠菜、莴苣等对二氧化硫均很敏感，当浓度在 $0.3\sim0.5\mu l/L$ 时即可受害，花叶莴苣对二氧化硫最敏感，用 $1.25\mu l/L$ 二氧化硫处理 1h，即出现症状。对二氧化硫抗性强的为芹菜、马铃薯等。

表 8-1　各种蔬菜对二氧化硫敏感性的差异
（摘自：《空气污染手册》，1956）

抗 性 弱 的		抗 性 中 等		抗 性 强 的	
蔬菜种类	指数	蔬菜种类	指数	蔬菜种类	指数
花叶莴苣	1.0*	胡萝卜	1.5	豌豆	2.1
萝卜	1.2	君达菜	1.5	韭葱	2.2
莴苣	1.2	蔓菁	1.5	马铃薯	3.0
红薯	1.2	绿菜花（青花菜）	1.6	洋葱	3.8
菠菜	1.2	香芹	1.6	甜玉米	4.0
豆类	1.1~1.5	根甜菜	1.6	黄瓜	4.2
菜花（花椰菜）	1.3	番茄	1.3~1.7	葫芦（瓠瓜）	5.2
抱子甘蓝	1.3	茄子	1.7	芹菜	6.4
南瓜	1.3	荷兰防风	1.7	网纹甜瓜	7.7
西葫芦	1.1~1.4	豇豆	1.9		
		甘蓝	2.0		

*　以 1.0 为代表指数作对照。

2. 与二氧化硫的浓度和接触时间长短有关
浓度高接触时间短亦会受害。日本浅川报道，菠菜在 $20\mu l/L$ 二氧化硫处理下仅几分钟叶子上即出现伤斑。浓度在 $50\mu l/L$ 时，几分钟内亦可使抗性强的甘蓝受害。陈小勇和成海霞（1994）用不同浓度的二氧化硫熏蒸蚕豆叶片，研究发现在高浓度处理时，很快就会使蚕豆的叶片较大面积受害；而在低浓度时，熏蒸时间较长也会对叶片造成伤害（图 8-1）。同时，随着二氧化硫处理浓度和处理时间的延长，蚕豆膜脂过氧化的产物增高，表明膜脂过氧化程度严重。而低浓度二氧化硫能诱导 SOD 活

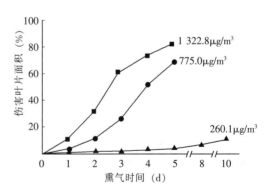

图 8-1　二氧化硫熏气引起蚕豆叶片的可见伤害
（陈小勇等，1994）

性升高；较高浓度二氧化硫处理，短时间内也能使 SOD 活性升高，但是随着处理时间的延长，SOD 活性剧烈下降。

3. 与气温、光照和空气湿度有关 气温高，光照强烈，叶片气孔开放，二氧化硫容易侵入，故受害白天大于夜晚，夏季大于冬季。在空气湿度低、干燥时，二氧化硫易于扩散并被稀释冲淡。但当湿度高时，气孔开张度大，蔬菜容易受害。另外，因二氧化硫是一种酸性气体，它极易与空气中水气微粒结合形成亚硫酸细雾悬浮空中不易扩散，毒性比二氧化硫大 10 倍，对植株的毒害作用更大。

4. 与不同叶龄的抗性有关 根据江苏省植物研究所 1977 年试验报告，用二氧化硫在田间熏蒸处理菜豆和大豆，在同一植株上，不同叶龄表现出不同的抗性差异。菜豆和大豆都以嫩叶最敏感，受害百分率最高，叶片老化后抗性增强。这种变化与叶片的生理特性有关，嫩叶正处于光合作用和生理活动的盛期，气孔的气体交换频繁，因而易受害，而其他的叶片生理活动都低于嫩叶。一般植物的其他器官如芽、花、果抗性都大于叶片，不易表现症状。

蔬菜作物受二氧化硫污染后，对生长发育和产量都有一定影响，如在 $30\mu l/L$ 二氧化硫浓度下，熏蒸 2h，豌豆较对照全株重量下降 55%，油菜（白菜）下降了 10.3%。在 $35\mu l/L$ 下，处理 2h，大蒜产量减少 53.4%，韭菜减产 37.7%。黄瓜、西葫芦在开花结果期对二氧化硫敏感，通常只要刮几次带有二氧化硫的风，即可引起减产 70%～90%。

蔬菜作物受到二氧化硫气体危害后，受害轻的有一定的恢复能力，尤其是再生能力强的多年生韭菜，如积极及时浇水、施肥，加强管理，则可促使植株恢复生长。

（二）氟化氢 氟化氢是一种无色、具有臭味的剧毒气体，其毒性较二氧化硫大 20 倍。大气氟化物仅相当于二氧化硫有害浓度的 1% 时，就可使植物受害。氟化氢是空气污染物中对农作物毒性最强的气体。

1. 来源 氟化氢主要来源于使用含氟为原料的化工厂、冶金厂、磷肥厂和炼铝厂等排放的大量含氟废气，其中含氟化合物包括氟化氢、硅氟硫、四氟化硅和含氟粉尘，而以氟化氢的毒性最强。但它的分布仅局限于工厂附近局部区域，不像二氧化硫那样广泛。关于大气氟的自然含量，各国报道的不尽相同，而且中国的不同城市也不尽相同，一般平均在 $0.01～7.0\mu g/m^3$。而在磷肥厂污染源周围大气含氟量可达 $1\,940\mu g/m^3$。

2. 侵入途径和危害症状 蔬菜作物和其他的作物一样，可以直接吸收空气中的氟化物，大部分是通过叶片上的气孔侵入体内，但也有部分可以从叶缘水孔进入。从气孔进入的氟化氢并不损害气孔附近细胞，它们穿过细胞间隙进入导管，再顺蒸腾流向，由导管向叶尖和叶缘转移，很少从叶转入到茎中。氟化氢进入植株后，除引起酸性损害外，还可以解离出 F^-，通过蒸腾作用扩散到叶尖和叶缘，积累并引起伤害。F^- 在生物体内可与一些金属离子构成复合物，影响植物的生理过程。如 F^- 和 Ca^{2+} 结合会使细胞完整性减弱；与 Cu^{2+}、Zn^{2+}、Mn^{2+}、Fe^{2+} 等结合，可影响超氧化物歧化酶（SOD）、过氧化氢酶、过氧化物酶等的活性；F^- 还可与叶绿素分子中的 Mg^{2+} 结合，使叶绿素脱镁，破坏光合色素，使叶绿素含量下降，从而使蔬菜生长发育受损，造成减产。对氟化氢抗性较强的蔬菜有番茄、茄子、黄瓜、芹菜和南瓜。

氟化氢气体对农作物的危害症状和二氧化硫很相似，但急性中毒时有明显差异，受害的坏死斑点成黄褐或深褐色，多出现在叶尖和叶缘处，而不是在叶脉间。植株在受害后，伤斑出现很快，一般只要几小时，叶子即由绿变成黄褐色，全株凋萎。大葱在氟化氢为 $0.3\mu l/L$ 浓度的空气中，经过 4d，其筒状叶从叶尖向下变成黄褐色，像受火烤伤形成凋萎状；韭菜则叶绿素被破坏，变成枯白色。植物受氟化氢的危害，以生活力旺盛的功能叶较老叶为重，伤斑不仅在壮叶上，幼叶和嫩枝上都有分布。

3. 蔬菜作物中的氟 氟和硫不同，它还没有被确定是植物的必需元素。它在自然界分布很广，一般植物均普遍含有微量氟。不同类型的植物含氟量差别很大，谷类作物约含 3.0mg/kg，蔬菜叶片可含 1.0mg/kg。在清洁区，蔬菜作物含氟的本底值，118 件样品的平均含氟量为 0.31mg/kg。不同蔬菜的含氟量是有差异的，除菠菜含氟高于 1mg/kg 外，其余 8 种蔬菜均低于 0.3mg/kg，叶菜略高于果菜（表 8-2）。

表 8 - 2　不同蔬菜的含氟量本底值 ［mg/kg（鲜重）］

（山东省淄博卫生防疫站等，1980）

种　类	含氟量	种　类	含氟量
韭菜	0.22	黄瓜	0.18
菠菜	1.23	菜豆	0.01
大葱	0.27	洋葱	0.01
芹菜	N. D.	茄子	0.01
番茄	0.001		

注：N. D. 为未检出。

4. 受害程度和氟残留量

（1）浓度和时间　高浓度的氟化氢可以使蔬菜作物受害迅速而严重，但在低浓度下，只要接触时间长也会受害。如抗氟性比较强的番茄，$0.01\mu l/L$ 低浓度氟化氢处理 6d，同样受害，这主要是由于氟能积累产生危害。一般情况下，当植物叶片里的氟积累到 $50\sim200mg/kg$ 时，细胞就会发生坏死现象。例如受氟害的韭菜，叶尖枯焦坏死斑长达 20cm，此时叶含氟达 572mg/kg，比对照区 9.2mg/kg，高出 62 倍。

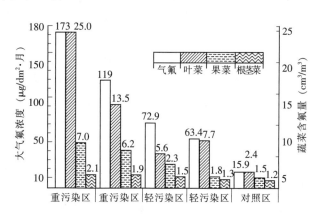

图 8 - 2　污染区、对照区的大气及蔬菜含氟量的比较

（张秀峰，1982）

（2）与污染源的距离　污染源的氟是随气流扩散，可以飘散至很远的地方，生长在氟污染区的蔬菜作物其受害程度与叶内氟积累量和与污染源的距离远近而有差异，距离愈近，叶内氟积累量愈高，受害愈重；距离愈远，积累量愈少，受害亦较轻。

蔬菜作物受氟废气污染，其受害程度与空气污染物有明显的相关性。通常清洁空气中的含氟量极低，国外大气氟（石灰滤纸上吸附的氟/月）以平均 $30\mu g/$（dm^2·月）为标准。在重污染区空气含氟量高达 $173\mu g/$（dm^2·月）时，不论叶菜、果菜、根菜的含氟量均大于对照区和轻污染区，蔬菜作物的含氟量是随着空气污染程度的降低而降低（图 8 - 2）。不同蔬菜作物的含氟量表现规律是叶菜类＞果菜类＞根菜类。土壤和灌溉水中的氟对蔬菜影响不明显，而空气中的氟与蔬菜中含氟量明显相关。

已经证明进入植株的氟，并不向其他器官转移，用放射性元素追踪氟，发现[18]F 大量聚集在番茄的叶缘处。植物根部的氟主要来自土壤。蔬菜作物积累氟的能力，与不同部位有关。

（3）环境条件　高温、湿度大、光照强烈、叶片代谢作用活跃时，气孔充分张开，吸收气体量多，植物受害更严重。但在气温低、气流停滞条件下，亦易受害。风能携带氟化物，故生长在下风处的蔬菜作物易于受害。

5. 氟的卫生标准　膳食中氟的含量不足或过多均能影响人体健康，蔬菜受污染后，氟含量急剧增加，长期食用，无疑会增加人体对氟的摄入量。氟亦具有在人体内积累的特性，摄入过多的氟，轻则造成斑釉齿，重则造成慢性氟中毒，形成氟骨症。

试验还发现蔬菜中的氟经水浸洗后，其含量可以下降，叶菜类氟减少 53％～77％，根菜类减少 17％～37％，果菜类减少 19％～25％。说明蔬菜中所含氟是水溶性的，经浸洗可除去一部分。

（三）氯气　氯气是一种黄绿色有毒气体，对农作物的危害十分剧烈。在空气中氯气含量仅在

$0.1\mu l/L$，经 2h 接触即可使敏感的苜蓿和萝卜叶片受害。

氯气的危害性虽大，但它的分布只限于局部地区。污染空气的氯气主要来源于食盐电解工业，以及制造农药、漂白粉、消毒剂、塑料、合成纤维等工厂的排放废气。氯气事故则常常是因为管理不善，如在贮藏和运输途中发生的氯气溢出。氯气随风远扬，有时可达数公里，常使下风向的农田成片受害，造成大面积损失。

农作物受氯气危害后，往往在比较高浓度下才会出现症状，空气中浓度达到 $0.46\sim4.67\mu l/L$，可以使接触到它的许多敏感作物在不到 1h 内即出现症状。但蔬菜作物比较嫩弱，一般在 $0.5\sim0.8\mu l/L$ 氯气浓度下，经 4h 即严重受害。氯气危害蔬菜作物的症状，通常是使叶缘和叶脉间组织出现白色、浅黄色的不规则伤斑，然后发展到全部漂白，枯干死亡。与二氧化硫比较，氯气引起的伤斑与健全组织间的界限不明显。莴苣受氯气危害后，在轻度受害时，外叶背面变成带有光泽的白色或古铜色；严重时外叶缘坏死，向中间和茎部发展。小葱受害后，老叶从叶尖向下部延伸变成白色，叶尖枯黄。菠菜外叶面布满白斑。在大面积受害的蔬菜田地上，白茫茫一片是氯气伤害的显著特点。其次，氯气受害症状特征最先发生在老叶上，一般茎、花、果部位抗性较强，只有在浓度较高时，茎才会受害，幼叶和芽通常很少受害。叶片的上下两面表皮都能受害，但上表皮较下表皮敏感。以一株植物而论，中部叶片较下部叶片受害厉害。这是因为与叶片年龄、生理功能、代谢强度和气孔分布等有关。

氯气进入植物组织后，与水作用生成次氯酸，它是强氧化剂，有较大的破坏作用，它的毒性虽不及氟化氢强烈，但较二氧化硫强。它对叶肉细胞有很强的杀伤力，能很快破坏叶绿素，使叶片产生褐色伤斑，严重时使全叶漂白、枯卷，甚至脱落。

对氯气敏感的蔬菜有大白菜、洋葱、萝卜、菠菜、冬瓜等；抗性中等的有马铃薯、黄瓜、番茄、辣椒等；抗性较强的有茄子、甘蓝、韭菜等。在容易发生氯气危害的区域，可以考虑种植抗性强的作物。但也有报道韭菜是敏感作物的。

氯气在空中和细小水滴结合在一起，形成盐酸雾（氯化氢的水溶液），它对作物危害更大，常使叶片背面变成半透明状。在含 $5\mu l/L$ 浓度盐酸雾的袭击下，只要 2h，即可使番茄叶脉间组织变成古铜色，72h 以后，有坏死斑点出现，生长发育受到很大的损伤。所以在潮湿的季节，氯气对蔬菜植物的危害大于干燥季节。

（四）粉尘和飘尘　污染空气的物质除气体外，还有大量的固体或液体的微细颗粒成分，统称粉尘。它们形成胶体状态悬浮在空气中，亦称气溶胶。

粉尘主要来源于燃料燃烧过程中产生的废弃物，因此用大量煤和油作燃料的火电厂、煤气厂、焦化厂、矿冶厂、钢铁冶炼厂、有色金属冶炼厂以及水泥厂等都有大量粉尘排出。

1. 煤烟粉尘　煤烟粉尘是空中粉尘的主要成分，工矿企业密集的烟囱是煤烟粉尘的主要来源。烟尘是由炭黑颗粒、煤粒和飞灰组成的，炭黑是煤燃烧不全形成的微小烟炱粒子，粒径在 $0.05\sim1.00\mu m$；煤粒是没有燃尽的煤颗粒，比较大，粒径 $5\sim10\mu m$；飞灰是其他的一些粉状尘埃。烟尘中大于 $10\mu m$ 的颗粒，能很快降落到污染区附近的地面上，称为降尘，危害农作物最大的烟尘，就是这一类。

20 世纪 80 年代中期，在中国危害农业生产的空气粉尘以烟尘最重。这是因为工业发展迅速，而中国能量来源基本还是以煤作燃料，所以烟尘已成为各大城市主要污染物之一。

被烟尘危害的蔬菜作物，主要是生长在各大工矿企业四邻的蔬菜，整个污染区的烟尘沉降在蔬菜叶、枝、茎、果和花等柔嫩组织上，形成许多难看的点点污斑。幼小果实在受害后，组织木栓化，纤维增多，果皮粗糙，商品经济价值下降；成熟期果实受害，还容易引起腐烂；有些蔬菜如甘蓝和大白菜，烟尘夹在叶层里，无法洗除和食用。而实际上叶片常因烟尘积聚过多或积聚时间太长，削弱了植物光合作用和呼吸作用，引起褪色，生长不良，减产甚至死亡。

烟尘危害农作物的特点，在污染区域内，可以同时危害多种作物，不像其他污染物只危害几种敏感或抗性弱的作物。

烟尘污染环境和其他的粉尘一样只在局部地区或一定范围内发生，空气被污染后，降低太阳光透射，使能见度降低，与云雾结合后更是烟雾迷漫，直接影响蔬菜作物的生长发育，产量锐减。在用煤火加温的蔬菜温室，亦常有粉尘的危害，塑料大棚则因粉尘污染薄膜，使透光率下降，特别是紫外光和可见光的黄橙波区下降更明显，从而导致蔬菜生长不良。

2. 水泥粉尘　水泥粉尘常在局部范围产生。通常在薄雾、细雨和日光的综合作用下，在植物叶、花和枝条上形成一层水泥壳、膜。通常认为，每日每平方米降尘低于 1.5g 时，对植物影响较小，超过这个水平就会造成危害。

水泥粉尘对蔬菜作物的危害，一方面是阻碍了植物对光的吸收，光合作用受到抑制，碳水化合物含量减少，还会堵塞气孔，也影响蔬菜作物对二氧化碳的吸收，以及水分的蒸腾，引起植物体温升高，造成叶片干枯甚至死亡。另一方面，水泥粉尘（碱性）具有腐蚀性，可以通过气孔影响组织细胞，又能溶解表皮蜡质层，破坏表皮角质层，从而伤害叶片细胞，破坏细胞质和叶绿体，导致细胞质壁分离。水泥粉尘危害蔬菜作物，在外观上表现为生长衰弱，早期落叶，减产，严重时干枯死亡。

3. 金属飘尘　金属飘尘是粉尘粒径小于 $10\mu m$ 的金属颗粒，甚至有些还小于 $0.8\mu m$。因此，它们能长时间飘浮在空气里，故称"飘尘"。工业排入大气的许多金属微粒有铅、镉、铬、锌、砷、汞、镍和锰等，多数都以飘尘形式污染空气。金属飘尘由于毒性大，直接或间接能被植物吸收，污染土壤，对人类健康的危害已经超过杀虫剂和二氧化硫。

金属飘尘因体积极为微小，容易被气流携带扩散到较远的地区。它们在空中由于碰撞能被较大粒子吸附，加大体积后可以降落地面。它对农作物的危害，主要是下落部分。如果某厂排出的含砷废气污染了四周蔬菜作物，使蔬菜中含砷量达到 8.4mg/kg（中国蔬菜食品卫生标准 GB 4810—94 规定砷不得超过 0.5mg/kg），出售后将引起中毒事故。冶炼厂排放含铅废气，污染范围可达 800m，附近蔬菜作物受到污染的程度，与距污染源的远近有明显的相关性，严重污染范围在 200m 以内。污染程度与风向有关，上风向蔬菜的含铅量明显低于下风向的蔬菜含铅量。另外，由于汽车废气中含铅，生长在公路两侧的蔬菜铅含量也有增加的可能性。

金属飘尘对土壤的影响也十分明显，例如有毒重金属镉，在冶炼中极易挥发进入大气，造成镉尘对农作物的污染。据调查在离冶炼厂 0.5km 的农田，它的原表土含镉仅 0.7mg/kg，经 6 个月工厂废气镉尘污染，土壤含镉竟达到 6.2mg/kg，使土壤受到污染，再经植物—食物系统，最终影响到人、畜健康。农用灌溉水中镉的允许标准含量不得超过 0.005mg/L。粉尘和金属飘尘所形成的气溶胶，对人和植物的影响是当前国际上大气环境污染学家研究的重点课题之一。

（五）塑料薄膜的污染　随着科学技术的发展，塑料在农业上的应用日益广泛，已成为中国农、林、牧、渔各行业中重要的生产资料之一。塑料薄膜是目前在保护地生产上使用的主要覆盖保温、采光材料，在促进蔬菜作物增产、早熟等方面起了很大作用。

农用塑料虽然在农业生产中起了重大的作用，但是也带来了一系列的环境问题。在 20 世纪 70 年代，中国一些地区由于使用了含毒的薄膜，曾给蔬菜生产和水稻育秧带来很大的损失。另外地膜的残留也成为困扰农业环境保护的一个严重问题。

1. 有毒成分的污染　在农用塑料薄膜的制造过程中，需要添加增塑剂。增塑剂是塑料薄膜制品的重要组成成分，它的种类很多，生产上使用的主要品种是以苯酐为原料的邻苯二甲酸酯类，这一类化合物的应用已有 30 多年历史。最常用的邻苯二甲酸酯类有辛酯、二异辛酯、二丁酯和二异丁酯等四类。增塑剂在塑料薄膜中的含量是根据不同的配方而有所增减。

用纯品增塑剂试验表明，二异丁酯对蔬菜生长有较大的危害，可使黄瓜幼根伸长减少 83％ 以上。二丁酯有轻度毒害，可使根长下降 50％。二辛酯毒害不明显。覆盖试验表明，二异丁酯是有毒的，即使是用过的旧膜，用气象色谱仪仍然能检出二异丁酯。另外，邻苯二甲酸二丁酯和邻苯二甲酸二异辛酯对蔬菜的品质也有一定的影响，尹睿（2002）的研究结果表明，辣椒果实中的维生素 C 和辣椒素含量随着土壤中施加邻苯二甲酸二丁酯和邻苯二甲酸二异辛酯浓度的增加而下降。

国外资料指出，邻苯二甲酸酯类能够通过各种途径进入环境，污染食品、粮、菜，且有明显的富集作用，其归宿是进入食物链，影响人、畜健康。因此，在生产农用薄膜时，这是需要注意的问题。

（1）危害症状　农膜对于作物种子萌芽和种子幼苗生长有损害作用。如农膜中的增塑剂邻苯二甲酸二异丁酯随水溢出渗入土壤，对种子有毒害作用，作物缺苗断垄比对照高 15％以上。

蔬菜作物受"毒膜"中邻苯二甲酸二异丁酯危害后的典型症状是"失绿"，叶片黄化或皱缩卷曲，褪绿的程度、部位和大小与蔬菜的种类有关，其受害程度可分为 3 类：①受害严重，敏感的有白菜、花椰菜、甘蓝、苤蓝、小萝卜、黄瓜和番茄。受害症状表现为新叶及嫩梢呈黄白色，老叶和子叶边缘变黄，叶肉组织有黄斑或坏死斑点，叶色淡，叶小而薄，生长弱，严重者逐渐干枯死亡；②受害较重，较敏感的有茄子、辣椒、莴笋、芹菜（白芹）和丝瓜。受害症状表现为叶褪色呈绿黄色，嫩叶上有少数焦斑，叶片皱缩卷曲，生长弱；③受害较轻，抗性较强的有菠菜、韭菜、蒜和菜豆。受害症状表现为叶色无明显变化，叶片皱缩或叶尖发黄，生长略受抑制。

毒膜对蔬菜作物危害程度的大小还与膜内二异丁酯的含量、覆盖时间的长短、生长的强弱、苗床（大棚）温湿度的高低及通风量的大小等有关。覆盖时间长，温度高，湿度大，苗龄小和通风不良则受害重，死苗率也较高。一般在"毒膜"覆盖后 6～10d，受害症状即出现，从叶梢新叶开始逐渐向下蔓延。

（2）危害途径　主要有两个途径：

①通过气孔和水孔等自然孔口进入植物体。邻苯二甲酸二异丁酯虽然沸点较高，为 327℃，但在常温、常压下，特别在阳光照射下仍能从薄膜中挥发扩散出来，二异丁酯的气体能通过叶上气孔和水孔进入叶肉细胞。植物的生长点和嫩叶生理活动旺盛，所以特别易于受害。二异丁酯能破坏叶绿素和阻碍叶绿素的形成，使新叶呈黄白色，老叶退绿变黄。用白菜组织切片观察，曾发现受害叶细胞内叶绿体有明显减少，甚至完全缺乏，从而影响植物的光合作用，因此生长延缓，株形矮化纤细，严重者甚至死亡。

②通过水滴作为通路直接危害。邻苯二甲酸酯类基本上是一种酯溶性物质。在用聚氯乙烯塑料薄膜覆盖的温床、改良阳畦和大棚内，由于土壤和空气湿度较大，外温又较低，特别在通风不良的情况下，薄膜内壁常附着大量水滴，其中含有一定量的二异丁酯，据分析其浓度约为 100～200mg/kg。如水滴滴落到叶片上，便可产生直接危害，形成黄色网斑，斑内叶肉变薄发白，最后细胞坏死干枯。通常水滴聚集在大棚的低凹处，所以其下方生长的蔬菜受害严重，以斑点伤害症状为主，但这种危害面积较上者小。

早期发现受毒害后应及早更换无毒膜，对已严重受害的蔬菜，应及时更换塑料薄膜，拔除改种其他抗性较强的蔬菜。由于邻苯二甲酸酯类多数均能被生物降解，毒膜下土壤中二异丁酯的含量仅为 1.5mg/kg，此浓度经证实对蔬菜根系无直接危害，所以对下茬菜没有不良影响。

2. 残膜对土壤物理性状的影响　残膜是由于地膜老化、破碎或回收不净，残留在农田中的地膜。据农业部调查，目前中国残膜量一般在 60～90kg/hm²，最高达到 165kg/hm²，地膜残留量随使用年限而增加。据黑龙江、辽宁、北京、天津等省、直辖市的 10 多个地、县调查，中国使用的农膜，每年每公顷为 150kg。残膜 1 年为 64.5～105.6kg/hm²，2 年为 129kg/hm²，3 年为 187.5～201kg/hm²；湖北省 1 年平均残膜为 14.7kg/hm²，2 年残膜为 26.8kg/hm²，3 年为 44.1kg/hm²，三年平均残留率为 12.3％。又据调查，北京市郊区蔬菜、花生地膜残留量为 45～58.5kg/hm²，残留率达 40％～70％。

滞留在农田中的残膜对土壤物理性状产生严重的不利影响。土壤内的残膜数量如果超过土壤的自然容量时，会影响土壤容重、含水量、孔隙度。聚烯烃类薄膜在土壤中抗机械破碎性强，妨碍气、

热、水和肥等的流动和转化，使土壤物理性能变差，养分运输困难，耕性变差；大量的农膜残留在土壤中不利于土壤的耕翻，不利于作物根系的伸展。据田间大量调查试验表明，作物减产幅度随农膜使用年限和残留量的增加而增大，一般情况下，小麦减产 7％～20％，玉米 15％～20％，大豆 5％～10％，蔬菜作物 5％～40％。生育期短的蔬菜作物减产幅度小于生育期长的。北京市农业局环保处在朝阳区、丰台区的调查和试验研究表明，菜地耕层残膜对蔬菜作物的根系发育和产量都有影响，有些蔬菜种类受影响十分显著。

农用塑料对环境的污染问题已引起人们的广泛重视。为了解决这一问题，目前研究较多的是可降解塑料的开发应用以及从生产、管理、使用、清除、回收与再利用等方面进行综合治理。

第二节　水污染物对蔬菜作物的危害和影响

一、概　　述

充足的灌溉是蔬菜作物生长和增产的必要条件之一。但在中国北方，干旱少雨，迫于缺水，或因河流水溪等水源已被污染，一些菜田大量使用工业废水或生活污水灌溉蔬菜田，这些污水尽管含有部分氮、磷等营养物质，但同时也携带有大量有毒物质，被蔬菜植物吸收，再迁移到人、畜体中造成危害。

水质污染的污染源和污染物主要来源于工业废水，其水质成分极为复杂，多随工厂、企业类型不同而异。水污染物对蔬菜作物的危害有两方面：

（一）直接接触危害　污水中的油、沥青，以及各种悬浮物、酸和碱等物质，能随水黏附在蔬菜作物的组织器官（根、茎、叶和果实）上，造成灼伤或腐蚀，引起生长不良，产量下降，或带毒不能食用。

（二）间接危害　污水中的许多有毒物质均能溶于水，被蔬菜作物的根系所吸收，从而进入植物体内，影响其生理活性，导致代谢失调，生长受阻，品质变劣，产量下降；或毒物大量积累，对蔬菜作物本身的生长虽无明显影响，但却能通过食物链转移入人、畜体内造成危害。

水中污染物质对蔬菜作物造成危害较大且分布较广的有酚类化合物、氰化物（重金属）、苯系物、醛类和有害致病性微生物等。

二、水污染物对蔬菜作物的影响

（一）酚类化合物　酚是石油化工、炼焦和煤气、冶金、化工、陶瓷和玻璃、塑料等工业废水中的主要有害物质。它的种类很多，分布很广。但在污染环境上，被引起重视的主要是挥发性的一元酚，特别是苯酚和甲酚，它们也是工业废水中的常见成分。酚是一种原浆毒，对生物有毒杀作用，酚可使细胞原生质中的蛋白质凝固。苯酚渗透性强，可使生物全身中毒。酚能溶于水（热水比冷水溶解度高），在常温下可挥发。

用高浓度含酚废水灌溉蔬菜作物，对蔬菜有毒害作用。表现在能抑制光合作用和酶的活性，妨碍细胞膜功能，破坏植物生长素的形成，干扰植物对水分的吸收，因而使植物不能正常生长，或使植物产量降低。20 世纪 70 年代中国有关方面进行了大量的田间和实验室试验研究，表明蔬菜作物本身含有一定量的自然挥发酚。被酚污染后，蔬菜作物体内的酚有明显增加，在超过其忍耐力后才产生危害。

1. 蔬菜作物体中自然挥发酚　据报道，蔬菜作物的自然酚常属多元酚类，如在菜豆中曾发现 P-香豆酸，在菠菜、番茄和西葫芦中有栎精、山奈酚和咖啡酸等。简单一元酚在蔬菜作物中未见有报道。但1971—1973年中国农业和卫生科学工作者在清水浇灌和石化焦化废水污灌的蔬菜作物中均检测到挥发性酚。蔬菜自然游离挥发酚的含量较高，从32种菜的125个样品中，检出率达100%，平均含酚量为0.37mg/kg（鲜重），变幅在0.08～0.79mg/kg（表8-3）。

表8-3　清水浇灌蔬菜作物可食部分的含酚量[游离酚，mg/kg（鲜重）]

（北京西郊环境质量协作组，1977）

名　　称	样品数	均值	范　　围
黄瓜	17	0.29	0.10～0.43
大白菜	18	0.18	0.09～0.32
心里美萝卜	8	0.17	0.08～0.27
白萝卜	4	0.19	0.15～0.26
青萝卜	1	0.11	—
卜萝卜	1	0.18	—
水萝卜（小萝卜）	2	0.39	0.36～0.41
菜豆	3	0.34	0.30～0.38
豇豆	1	0.36	—
番茄	15	0.38	0.08～0.71
茄子	8	0.32	0.08～0.79
青椒（甜椒）	1	0.60	—
马铃薯	4	0.43	0.36～0.70
西葫芦	4	0.25	0.20～0.35
豌豆	1	0.28	—
韭菜	2	0.68	0.60～0.71
油菜（白菜）	3	0.62	0.60～0.66
甘蓝	2	0.25	0.18～0.32
莴苣	2	0.31	0.29～0.33
莴笋茎	1	0.08	—
菠菜	2	0.56	0.43～0.68
芹菜	5	0.56	0.34～0.60
小白菜（大白菜苗）	2	0.56	0.51～0.60
苤蓝	1	0.20	—
小葱	2	0.63	0.56～0.70
洋葱	2	0.30	0.21～0.38
大葱	1	0.34	—
茴香	2	0.45	0.39～0.51
大蒜头	1	0.31	—
芫荽	2	0.69	—
胡萝卜	2	0.48	—
芸豆（菜豆）	4	0.26	0.20～0.40

　　不同蔬菜作物的游离挥发酚含量各不相同，通常以香辛类的韭菜和葱含量高，次为白菜、菠菜和芹菜等。各类蔬菜含量的顺序为香辛类＞叶菜类＞茄果类＞豆类＞瓜类＞根菜类蔬菜。品种间略有差

异。植株不同部位的分布差异明显，果实内含量少，叶片含量高。

2. 外源酚对蔬菜作物的影响

（1）污染区的蔬菜作物游离酚含量 在灌溉水受到酚污染较轻的地区调查，蔬菜作物的生长和产量没有明显影响，但蔬菜体内的酚含量有明显上升（表8-4），其中以芹菜、黄瓜差异最明显，可高达1倍。《无公害食品 蔬菜产地环境条件（NY 5010—2002）》中，没有酚的卫生标准，但是规定其灌溉水中石油类（mg/L）≤1.0。有人认为过高的酚是不适宜的，酚还被认为是一种助癌剂。中国医学科学院卫生所制定的粮食酚标准不得超过0.5mg/kg，显然有些蔬菜（鲜重计）本底值已经超标，不过每人每天食菜量平均只有0.5kg，加之在烹煮过程中蔬菜酚的去除率约为30%～50%，蔬菜含酚标准的允许量应大于粮食。

表8-4 污灌蔬菜可食部分的含酚量（mg/kg）

（北京西郊环境质量协作组，1977）

菜类 / 残留量 / 化合物	挥发酚		
	对照	平均	含量范围
大白菜叶球	0.08	0.11	0.08～0.12
番茄果实	0.20	0.33	0.30～0.40
芹菜叶茎	0.60	1.22	0.50～2.80
黄瓜果实	0.40	0.88	0.60～1.70
莴苣茎	0.07		0.147
萝卜根	0.11		0.159

（2）苯酚对蔬菜产品品质的影响 污灌的蔬菜产品一般风味欠佳。1975年北京西郊污灌协作组报道，用含酚污水（<5mg/kg）灌溉萝卜后，其还原糖含量有明显下降（表8-5）。

表8-5 每100g污灌萝卜中的还原糖含量（mg）

（北京西郊环境质量协作组，1977）

灌区	样品数	平均值	范围
污灌区	4	30.2	19.0～40.0
清灌区	5	45.0	34.0～52.0

在用含苯酚水灌溉黄瓜的试验中，亦发现黄瓜果实含糖量和果实残留酚量与水中苯酚浓度呈负相关（图8-3）。黄瓜的总酚（含有结合酚）在1mg/kg浓度下含酚量即有上升，5mg/kg后显著上升，此时还原糖含量明显下降，果实涩味加重。在用石化废水灌溉萝卜时，也发现具有异味，说明苯酚对蔬菜的品质有明显的影响。黄瓜是一种对酚敏感的蔬菜，可用它作为判断酚对蔬菜污染的程度。

（3）苯酚对蔬菜作物生长代谢的影响 水体中酚类化合物超过一定浓度，对蔬菜作物的生长有严重的影响，不同的蔬菜作物种类对酚害的敏感性上有明显差异。据彭永康等报道（1990），40mg/kg的苯酚溶液对黄瓜、番茄种子萌发和主胚根的生长有明显的抑制作用，20mg/kg的苯酚溶液对青油菜（青帮白菜）主胚根生长产生严重的抑制效应，100mg/kg的苯酚溶液对小萝卜种子萌发基本无抑制作用。覃广泉（1996）的研究结果表明，水体苯酚浓度为50mg/kg时，即对菜薹（菜心）幼苗的生长代谢起明显的抑制作用：抑制菜薹幼苗的硝酸还原酶活性，降低菜薹幼苗的叶绿素含量、蛋白质含量、可溶性总糖含量和干物质重，影响菜薹幼苗的根系生长、叶片生长和株高生长。

（4）酚在蔬菜作物中的残留 酚在植物体中造成残留，与酚的类型有关。据报道，供给玉米苯酚

· 244 ·

和间苯二酚及邻苯二酚后，只发现苯酚有残留。1974 年中国医学科学院卫生所研究发现，石油化工废水灌溉小麦的总酚，其成分主要为苯酚。据北京市西郊环境质量协作组 1977 年报道，蔬菜作物酚的残留率，17 个材料平均计算为 5 500mg/kg。其残留期在大田情况下，当灌溉水中的酚含量为 0.3mg/kg 时，蔬菜作物体内的残留期一般为 1~6d，即可达到灌前水平。

蔬菜植株体中酚的残留率和残留期，一般在不超过其允许剂量时，表现出残留率低，残留期不长，这主要是由于蔬菜作物对酚具有解毒能力。如供应水培芹菜 5mg/kg 含酚水，48h 后，芹菜体内游离酚达到高峰 3.26mg/kg，此时放入清水，便观察到酚含量开始下降，只经过 3d 后即回复到自然水平（图 8-4）。

酚在蔬菜植株体内的动态变化，说明植物对酚具有同化能力，能分解酚。据报道，植物体内的各种氧化酶和过氧化酶，都能将酚氧化，最后变成二氧化碳和水。另外，蔬菜作物对酚具有的解毒能力，还表现在能将外源酚转化形成酚糖甙，结合酚也有明显增加（图 8-4）。

3. 含酚污水对土壤的污染　用含酚污水灌溉土壤后，酚在土壤中即有残留，其平均残留率为 0.64％，但土壤对酚的自净作用大于植物的自净作用，在低剂量下很容易被土壤中的微生物分解和其他的自净作用而在短期内解除，而在高剂量下才造成残留或使土壤中毒，并使植物生长不良，产量下降。如 1971 年中国农业科学院蔬菜研究所用含不同剂量的苯酚水灌溉盆栽菜豆，其土壤累积残留酚是随灌溉水含苯酚的浓度上升而增高的。一般认为土壤酚含量为 1mg/kg 时，即可使植物受害，而黄瓜在 0.4mg/kg 时即受害。

当土壤含酚量在 0.7mg/kg 时，土壤酚与菜豆果荚含酚的关系呈直线相关，其经验公式为 $Y=0.389+0.71X$，相关系数为 0.99，说明土壤酚的含量对植物酚的含量有影响。已经发现酚在土壤中的变化处于一种动态平衡之中，

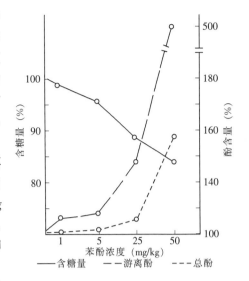

图 8-3　黄瓜果实含糖量与含酚量的关系
（北京西郊环境质量协作组，1977）

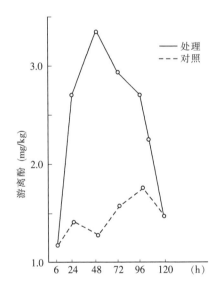

图 8-4　芹菜中酚残留量的动态
（北京西郊环境质量协作组，1977）

即使在 20 年以上老污灌区，酚也没有长期累积作用。不同蔬菜作物累积酚的能力不同，在同一灌溉区内，以芹菜最高，番茄和黄瓜次之，大白菜和萝卜最低。所以外源酚对蔬菜生产的污染，在较低浓度下，其危害主要是使品质下降，而并不影响产量，也不会使土壤变劣。

（二）氰化物　氰化物广泛应用于工业，是一种剧毒和危险的环境污染物。一般在天然水体中不会出现氰化物。污染环境的氰化物，主要来源于工业生产排出物。在炼焦、电镀、选矿、金属冶炼、化肥等许多工业的生产过程中，都有大量的含氰污水排出，以致引起地面水体受到污染，从而威胁到农业用水。在使用含氰污水灌溉蔬菜的地方，土壤和植物体氰的含量都有升高迹象。

氰及其化合物对生物的毒性，主要是由于它能释放出游离氰，形成氢氰酸。氢氰酸是活动性很高的毒物。

1. 蔬菜作物中的自然氰化物　自然界的植物体和土壤中存在有多种形式的氰化物，通常可分为

有机氰和无机氰两大类。在高等植物中，氰化物常以含氰配醣体形式，广泛存在于植物体中，如苦杏仁中含有杏仁甙可以分解出氢氰酸；农作物木薯的叶和块根中，存在有大量的氰甙。植物中的氰醣甙本身是无毒的，但与它共存的酶能将甙水解，释放出氢氰酸引起食用者中毒。

蔬菜作物中的自然氰含量随不同种类而异，也与蔬菜作物的不同部位有关，如菜豆幼苗，其茎叶含氰量 0.182mg/kg，根部为 0.489mg/kg，后者是前者的两倍多。按蔬菜作物的农业生物学分类，各类蔬菜作物可食部分含氰的多少，按平均值比较，其顺序可列为：根类菜（0.080mg/kg）＞豆类（0.053mg/kg）＞绿叶菜类（0.042mg/kg）＞瓜类（0.039mg/kg）＞白菜类（0.030mg/kg）＞茄果类（0.028mg/kg）。从分布的部位比较，总的趋势是根＞叶＞茎＞果。但豆类较特殊，含氰量高于绿叶菜类。不同品种间也有差别，如心里美萝卜直根平均含氰量 0.166mg/kg，高于青皮萝卜（0.014mg/kg）达 10 倍以上。

清灌区蔬菜作物氰化物的来源，可以由植物自身经代谢过程而产生。据报道，含有机氮植物的残体，在土壤中经微生物分解能产生氰化物。农家肥料草木灰的含氰量可达 1.299mg/kg，人、畜粪便的含氰量亦在 0.232～0.847mg/kg 之间，这些氰化物主要来源于植物产品。植物和土壤中的氰化物，是氰化物在自然界小循环动态平衡的结果。

2. 外源氰对蔬菜作物的影响

（1）污灌区蔬菜的含氰量　用焦化含氰污水灌溉蔬菜作物后，污灌区菜园地耕作层含氰量比非污灌区（0.05mg/kg）高出 1 倍多。生长在污灌区菜园地的蔬菜，其可食部分含氰量有升高迹象，以豆类和绿叶菜类蔬菜增加较多，瓜类最少。蔬菜作物残留氰量的大小涉及因素很多，不仅与种类、品种、部位有关，还与生长期的长短、栽培季节的不同和末次污灌的时间等有关（表 8-6）。石家庄大白菜用含氰污水灌溉后（灌后 10d）含氰量比清水高 1 倍，达 0.115mg/kg（对照 0.053mg/kg）。

表 8-6　污灌区和非污灌区蔬菜可食部分含氰量比较（mg/kg）

（沈明珠、董克虞，1978）

类　别	种　　类	非污灌区均值	污　灌　区		
			均值	范围	样品数
根菜类	白萝卜、青皮萝卜、心里美萝卜	0.080	0.093	0.012～0.317	10
茄果类	番茄、茄子	0.028	0.039	未检出～0.181	12
豆类	菜豆、豌豆	0.053	0.162	0.010～0.280	10
绿叶菜类	莴笋、菠菜	0.025	0.057	未检出～0.181	15
白菜类	结球白菜	0.030	0.058	0.020～0.141	10
白菜类	不结球白菜	—	0.043	0.021～0.057	7
瓜类	黄瓜	0.039	0.040	未检出～0.090	11
芥菜类	雪里蕻	—	0.149	—	1

（2）氰化物的毒性效应与环境条件　含氰化物污水灌溉蔬菜作物所引发的毒性反应，不仅与蔬菜的种类和生育期有关，而且也与栽培期间所处的外界综合环境条件有关。环境因子如光、温度、湿度和营养条件的变化，能直接对它的毒害程度产生影响。一般在低温下比高温下易于受害，是因为温度较高时植株生长迅速，代谢作用旺盛，对氰的同化加速，而土壤微生物活动也有增加，整个自然界（生物、化学和物理化学的作用）净化力增强，所以植物和土壤中的残留量也相应降低。氰化钠对油菜（白菜）的允许剂量，温度低时下限在 0.5mg/L。

氰化物在允许剂量下能刺激植物生长，其原因是因为植物能把进入体内的外源氰转化为其生命活动所必需的营养物质。氰化物在植物体内的代谢途径，是氰能与丝氨酸结合形成腈丙氨酸，再转化成天冬酰胺及天冬氨酸，这些物质都是植物细胞的正常存在的代谢产物。如进入香豌豆幼苗的 $HC^{14}N$，有 99.1％转化为天冬酰胺，有 0.5％为 β-腈丙氨酸，其他仅占 0.4％。所以在允许的剂量下，氰化物不会构成对植物的危害，反而有促进增产效应。用含氰污水灌溉蔬菜作物的表现进一步证明，植物具有代谢氰化物的解毒力。

用不同剂量的氰化钠溶液灌溉盆栽油菜（白菜），观察其含氰量的变化（图 8-5），在 0.5～10mg/L 氰化钠的影响下，油菜叶片中的还原糖和维生素 C 含量均有不同程度的增加，表明氰化钠在一定的剂量范围内，对油菜品质没有不良作用。

3. 氰在蔬菜作物中的残留期　蔬菜作物能通过根系吸收污水中的外源氰，并在体内短期积累，但是因为蔬菜同化氰的能力很强，其吸收高峰在一般情况下不易观测得到。在高浓度（30mg/L）灌溉条件下，在灌后 4h 即能观测到吸收高峰，且随即下降，在 24～48h 后，达到对照水平。所以氰在蔬菜作物中的残留期很短，一般在 24～48h 即可解除。氰在蔬菜作物中的残留率很低，仅为灌入量的 $2×10^{-5}～4×10^{-5}$，比酚低一个数量级，说明植物同化氰的能力远大于同化酚的能力。

4. 氰在土壤中的残留　利用含氰污水灌溉后，土壤中氰的残留较植物明显，与非污灌区土壤比较，污灌区耕作层各层均高于清灌区。

土壤对氰的自净不及酚迅速，用 30mg/L 氰化钠灌溉盆栽油菜（白菜），以清水为对照，结果发现土壤氰在经过 10d 后才恢复到对照水平。

氰化物对蔬菜作物的生长、发育和品质，在低剂量下不易产生不良影响。但由于氰是剧毒物，易挥发，对动物杀伤力大，所以还必须考虑它对农业环境中其他生物的影响，如对人、畜和鱼类的影响。《无公害食品　蔬菜产地环境条件》（NY 5010—2002）中，灌溉水质要求氰化物浓度限值为≤0.50mg/L。

（三）苯和苯系物　苯是一种毒性有机化合物，为无色透明、具有芳香气味、易于挥发的油状液体。在化学上，它是芳香烃（简称芳烃）类化合物

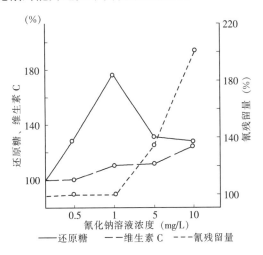

图 8-5　氰化钠对油菜（白菜）叶内还原糖、
维生素 C 和氰残留量的影响
（沈明珠等，1978）

的组成骨架，也是芳烃化合物结构最简单的一种。苯有许多同系物如甲苯、乙苯、二甲苯、异丙苯等，都是化工污水中常见的有害化合物。苯的挥发气体可通过呼吸道进入人体，引起急性或慢性中毒。若不慎误服苯液后，也同样会发生中毒。在卫生学上，苯的毒理无作用的限度为 5mg/L。《无公害食品　蔬菜产地环境条件》（NY 5010—2002）中，灌溉水质尚无对苯的浓度限量要求，但是规定其灌溉水中石油类（mg/L）≤1.0。国家农业灌溉水质标准（GB5084—92）规定，苯的允许浓度为 2.5mg/L。

苯在工业上是一种用途十分广泛的重要化工原料，在化工、合成纤维、塑料、橡胶，特别是在炼焦和石油工业排放的废水中，常有大量的苯系物（芳烃）存在。苯不易溶于水，易溶于酒精和乙醚、氯仿等有机溶剂，它比水轻，常呈油滴状漂浮水面。其嗅觉阈值为 5mg/L。它能随水移动污染地下水和灌溉用水水源，被苯污染的饮用水和蔬菜，常含有异味。因此苯被认为是一种环境污染物质而较早受到重视。

1. 苯对蔬菜作物生长发育的影响　苯对植物的危害性基本小于酚和氰化物，生产上很难发现苯引起蔬菜作物生长发育受阻。苯对蔬菜作物的危害，是在特别高的情况下才有发生，蔬菜作物对苯的浓度适应范围也很广，如在盆栽试验中，番茄在 400mg/L 下，还能增产 27.9％。但不同蔬菜对苯的反应也存在一定的差异，如黄瓜在 100mg/L 苯处理下，减产 0.5％；菜豆对苯的适应力显然大于黄

瓜，200mg/L 的浓度促进了产量提高 37%，即使在 800mg/L 下，也没有引起减产。苯对萝卜的叶和直根生长有不同的影响，随着浓度的增加，地上部鲜重逐渐下降，地下部鲜重反而上升。总的说来，萝卜和黄瓜对高苯的危害反应表现为植株矮小，叶片狭窄，地上部受到严重抑制。

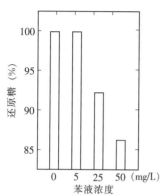

图 8-6　苯对黄瓜果实还原糖含量的影响
（沈明珠等，1979）

2. 苯对黄瓜品质的影响　蔬菜作物在品质上对苯的反应较生长发育敏感得多。如黄瓜果实的含糖量（还原糖）在苯浓度超过 5mg/L 后，即随处理浓度升高而下降，在苯浓度 25mg/L 时，糖含量减少 8 个百分点（图 8-6），而且增加了难吃的涩味，不宜食用。当苯浓度增至 50mg/L 时，涩味更加浓厚。据报道，苯在被植物吸收后的代谢产物与酚有关，如有人曾用同位素苯供给植物细胞，在纸谱上发现有微量苯酚产生，因此认为苯对黄瓜的影响同于酚的影响。

3. 苯在蔬菜中的残留　用含苯水灌溉后，苯液处理浓度与黄瓜果实中芳烃（苯系物总称）总量（以苯计）成正相关。经统计计算，其相关性的经验公式为 $Y=27.69+0.063X$，相关系数 $r=0.94>0.878$，相关性显著。即随着处理浓度提高而增加，品尝时有涩味的浓度为 25mg/L，所以果实内芳烃类物质的急剧增加，显然与风味变劣有密切关系。

蔬菜作物中苯的残留以芳烃总量计，苯在黄瓜中的残留率平均值为灌入总量的 0.34%。但是苯或芳烃在植物中都极不稳定，容易被植物代谢或氧化，从而解除了毒性。

据中国医学科学院等单位 1974 年报道，用气相色谱法测定了 12 种用石油化工废水和炼焦废水灌溉的蔬菜和小麦中苯的含量，灌溉水中苯的含量在 1.82～39.3mg/L。11 种清灌蔬菜苯含量本底值中，有 7 种（菜豆、莴笋、甘蓝、胡萝卜、西葫芦、大白菜、萝卜）未检出苯，有 4 种（黄瓜、番茄、茄子、马铃薯）含有微量苯。但在用含苯废水灌溉后，这 11 种蔬菜均检出有微量苯，萝卜的含量可到 0.055mg/kg。蔬菜还能通过叶片吸收苯，如在熏蒸试验中，黄瓜叶在吸收苯后，能促进叶片增大，叶色加深，叶内芳烃含量比对照升高 25%。又据文献报道，对玉米和菜豆用含 0.2～2.0mg/L 的 ^{14}C 苯处理，经 24～48h 后，在植物的叶、皮、根部均检出了 ^{14}C 的踪迹，发现 ^{14}C 大部分存在于叶绿体中。可见苯被植物吸收后代谢极快，能转化为无毒物质如有机酸、氨基酸等，从而被植物同化利用，这也是苯在一定浓度下，不会构成危害，反而有利于植物生长的原因。但是在较高浓度下，超过植物解毒能力会影响植物组成的改变，芳烃的积累和黄瓜风味变劣即是一个证明，值得重视。

4. 苯在土壤中的残留　通常自然土壤中一般不存在游离苯，只在种有芳香味芹菜的土壤中有微量检出。但芳烃在富含有机质土壤中有一定的含量。用含苯的石油化工废水灌溉后，苯和芳烃在土壤中都有短期的累积现象。中国农业科学院蔬菜研究所在 1971 年和北京市农业科学院环境保护研究室 1975 年曾报道，用含苯量为 5、25、50mg/L 的水灌溉后，用气相色谱法测定土壤中苯的残留量依次为 0.043、0.085、0.125mg/kg。

用不同剂量的含苯水灌溉黄瓜后，芳烃的平均残留率为 0.017%，大大低于植物的含量，主要与在土壤中存活着大量的微生物有关。关于微生物能分裂苯环早有报道，据 1977 年北京市环境保护研究所污泥试验报告，在苯含量 200mg/L 浓度下，苯能被微生物氧化或部分氧化，苯在土壤中的净化也较快，当旱地含苯在 0.125mg/kg 时，经过 8d，土壤能净化掉 30%，另外植物吸收、地面蒸发和降雨淋溶，均能加速土壤中苯的消失。

（四）致病微生物污染　在未经处理的食品工业废水、医院污水和生活污水中，常常携带有大量的致病微生物，若用来浇灌蔬菜作物，这些蔬菜即成为病菌的传播者。

未处理污水中的病原菌，常见有沙门氏杆菌、志贺氏痢疾杆菌等，病毒有肠病毒、肝炎病毒等，

ffort_f

・ 248 ・

还有寄生性蛔虫和绦虫卵等。它们都可以附在蔬菜作物的接触面上。通常健康的植物组织内部不含微生物，但近年来已发现某些病毒能通过植物的根进入体内，因此食用不清洁的蔬菜很容易生病。在不同蔬菜种类中，小萝卜的检出率比番茄高，说明根菜受污染重于果菜，但值得注意的是黄瓜的检出率不低。有报道指出，食用污水浇灌区蔬菜的市民比食用清灌区蔬菜的市民发病率要高出 1 倍多。

若使用未腐熟粪水浇灌蔬菜，也会给蔬菜带来污染。中国医学科学院流行病学微生物研究所，曾对污灌区和粪灌区生食蔬菜肠道杆菌污染情况进行调查，共检验蔬菜样品 788 件，结果指出两者均对蔬菜有不同程度的污染，以黄瓜、韭菜、油菜（白菜）、小萝卜污染较重，番茄、青椒（甜椒）污染较轻。雨季污灌量减少，污染情况降低；反之，污染增加。湖南省株洲卫生防疫站对蔬菜污染调查结果也与此相同，在污水灌区接触地面黄瓜污染重，采用淹灌方式的蕹菜，浸泡水中，每千克含有蛔虫卵 35.5 个，并指出每日以粪稀浇灌的白菜含蛔虫卵数目高于污水 37 倍。北京市卫生防疫站还指出，在肠道传染病发病率方面，使用粪稀者并不低于污灌区。

阳光中的紫外线在多数情况下能杀死土壤和植物表面的病原菌。如在阳光下蔬菜作物上的霍乱菌经 4h 即死亡。但当病原菌隐藏在蔬菜茎叶的缝隙里时，则不起作用。致病微生物在进入菜地后，大部分被截留在土壤 10cm 深的土层里。黏土吸附病原菌和病毒的能力大于沙土。沙质土里病原菌和病毒有时能深入到 30cm 深处。病原微生物通常能在土壤里存活几周到几个月，如沙门氏杆菌可以存活 6 个月到 1 年，大肠埃希氏杆菌可以存活长达 4 年之久。

土壤对致病菌有较大的自净力，土壤产生的某些毒素和土壤酶的强大溶菌力，都可以使这些外来的微生物不能长期生存。此外，致病微生物有部分从热血动物的寄生到农田新环境，也不适应，所以寿命有限。在气候炎热和干燥季节里，这些微生物也容易消亡。

第三节　土壤污染物对蔬菜作物的危害和影响

一、概　　述

土壤是人类赖以生存的自然资源，当它一旦受到破坏，是很难恢复的。然而人们总是把土壤作为处理一切废弃物的消纳场所，尽管土壤能把大量有机物质最终分解成二氧化碳和水以及各种土壤基肥的其他组成部分，但是当施入的废弃物超过土壤的自净力时，就会破坏土壤的正常机能，使其失去自然生态平衡，从而也就会严重地影响到蔬菜作物的产量和品质。

污染土壤的污染物主要来自工业"三废"和农药、化肥的大量施用。污染物质可以通过灌溉水进入土壤，也可以因大气污染、空气中的颗粒物（含有重金属和致癌物等）沉降地面造成土壤变质，前者称水污染型土壤污染，后者称大气污染型土壤污染。另外，施用含毒污泥、工业废渣、城市废弃物等也可造成土壤污染。土壤污染和土壤资源的破坏不仅可使农业、林业、畜牧业以及渔业受损失，而且严重威胁人类健康和生物的生存与延续。

随着工农业生产的发展，菜区尤其是城市、工矿企业附近的菜地正面临着越来越严峻的环境问题。工业"三废"的排放及污泥农用，农药、化肥的不合理使用等，致使菜区生态环境日益恶化，造成蔬菜品质下降，污染物积累。已经暴露出来的重金属和硝酸盐的土壤污染和蔬菜受到的危害，及对人体健康的潜在威胁，必须给以足够的重视。在中国城市及工矿企业附近的菜地土壤中，重金属有明显的累积趋势，致使蔬菜中重金属含量比对照区高，有的甚至超过了蔬菜的食品卫生标准。目前土壤污染物对蔬菜作物影响较大的有镉（Cd）污染、汞（Hg）污染、铬（Cr）污染、铅（Pb）污染、砷（As）污染和硝酸盐污染，其中以镉污染尤为严重。土壤污染具有隐蔽性或潜伏性、不可逆性和长期性以及后果的严重性。

二、土壤污染物对蔬菜作物的危害和影响

对上海郊区调查结果表明，与背景值比较，多种蔬菜作物及菜田土壤中7种重金属元素含量都显著增高，局部地区污染严重（汪雅谷等，1993）。作为上海市郊的主要蔬菜基地——宝山区全部菜区土壤都受到了程度不同的重金属污染，蔬菜也受到不同程度的污染。在宝山区菜区土壤污染中，Cd和Hg是主要的污染元素。该菜区蔬菜6种重金属元素Cu（铜）、Zn（锌）、Pb、Cd、Cr、Hg含量一般比背景水平高。以代表性蔬菜——白菜（青菜）为例，与蔬菜评价标准相比较，除Cu、Zn外，都受到了不同程度的污染，其中以Cd的污染最为严重（冯恭衍等，1993）。

对沈阳市郊进行的调查表明，与背景值比较，各种蔬菜作物均受不同程度的重金属污染，Cu、Zn、Pb、Cr、Cd五种重金属的综合超标率达36.19%。沈阳作为重工业基地，其土壤重金属污染是比较严重的。1996年的调查结果表明，土壤中的重金属含量除As外，Pb、Cd、Cr、Hg全部超过沈阳地区土壤背景值；大白菜中Pb超标率100%，Cd次之，为58.3%；番茄Cd、Pb超标，黄瓜、菜豆、大白菜中Cd、Hg、Pb均超标。在上述蔬菜中，Cd污染均比较严重（付玉华、李艳金，1999）。

对天津市郊蔬菜田表土（0～20cm）和结球白菜、小萝卜、芹菜、白菜4种蔬菜取样进行的样品分析结果表明，菜田耕作层土壤中Cu、Pb、Cd、Hg、As、Ni（镍）6种元素的含量均超过土壤背景值；蔬菜中重金属Hg和Pb超标。重金属含量的增高主要是由于污水灌溉和施用污泥所造成的（潘洁和陆文龙，1997）。

杨永岗和胡霭堂（1998）对南京市郊六合县的蔬菜基地进行的实地调查和取样分析结果表明，其蔬菜（青菜）基本符合蔬菜卫生质量的要求，但一些菜田的蔬菜作物中重金属含量偏高，如Cd和Hg有的取样点的青菜（白菜）其含量已超过了食品卫生标准。

张富强等（1993）对湖南邵阳市郊的调查也表明，结球白菜、大蒜、萝卜叶等Cd的平均含量均超过规定的卫生标准（0.05mg/kg），最高的达到卫生标准的2.3～2.4倍。

由于不同地区土壤被污染情况不同，所以蔬菜作物的污染指标也不尽相同。不同种类蔬菜的重金属含量有较大的差异，这主要与蔬菜作物的生理特性、生长期长短以及对污染物敏感程度等因素有关。而且同一种蔬菜种植在不同的地区，重金属含量也有较大的差异。

（一）镉污染　镉（Cd）是一种柔软、银白色的稀有金属，在自然界中很少有纯镉出现，它常与锌、铝、铜、铅等共存于矿石中。所以污染环境的镉主要来源于金属冶炼、金属开矿和使用镉为原料的电镀、颜料、化学制品、塑料工业、合金、电机等工厂。这些工厂排放的废气、废水、废渣等都含有大量的镉。镉是人体和植物非必需的元素，是毒性很强的金属，但是许多植物均能从水和土壤中摄取镉。镉对生物有很大的毒害作用，对人的危害更大，可以在人体中潜伏累积，它的生物半衰期可长达16～33年，能引起急、慢性中毒。举世闻名的日本公害病"骨痛病"就是镉造成的。有些研究还发现，镉有致癌和致畸作用。现已被列为世界八大公害之一，在17种食品污染物中，镉被世界卫生组织和联合国粮农组织（WHO/FAO）定为优先研究的第三位毒物。

各种植物的自然镉含量，除了受自然环境中镉含量的影响外，还与植物的品种有关，一般情况下含量极微。食品中镉的允许量标准也是极其严格的。不同蔬菜种类中镉的含量，除部分叶菜类蔬菜外，其他蔬菜作物镉的本底值均低于国家规定的食品卫生标准（表8-7）。

对于镉，在低浓度时它对植物很少产生毒害，积累在蔬菜作物中的镉，很难显出任何症状。但当土壤含镉达4～13mg/kg时，能对敏感的菠菜、莴苣、大豆产生危害，而番茄和甘蓝能忍耐170mg/kg的镉，并不显出症状。镉对植物的毒害主要是通过影响有关酶系及一些大分子物质而影响植物的光合、呼吸、合成及细胞分裂等许多生命过程。

表 8-7　不同蔬菜中的自然镉含量

（廖自基，1992）

	植物名称	镉含量（mg/kg）		植物名称	镉含量（mg/kg）
叶菜类	白菜	0.002～0.014	果菜类	茄子	0.007～0.032
	韭菜	0.013～0.108		青椒	0.009～0.021
	菠菜	0.047～0.108		四季豆	0.016～0.028
	莴苣	0.007～0.112		番茄	0.007～0.034
	花椰菜	0.009～0.011		黄瓜	0.001～0.028
块茎、块根、鳞茎类	马铃薯	0.019～0.043		冬瓜	0.004～0.010
	萝卜	0.014～0.025	水生蔬菜	藕	0.015～0.037
	莴笋	0.006～0.017		茭白	0.011～0.024
	洋葱	0.011～0.020			
	小葱	0.011～0.027			

　　植物容易从土壤中吸收镉，在蔬菜作物还没有显示出毒害症状时，而植株体内镉的含量已经超过了规定的食品卫生标准。蔬菜作物受到镉的污染，主要是由于土壤污染引起。正常自然土壤和农田土壤的镉含量多在 0.5mg/kg 以下，很少超过 1.0mg/kg，但在污染区的土壤含量急剧的升高。在镉污染严重区，土壤镉含量可高达 130mg/kg，平均达 15.58mg/kg，比非污染区土壤（0.25mg/kg）高出 60 多倍，在此污染区内生长的蔬菜作物含镉量可达到 2.28mg/kg，比非污染区（0.03mg/kg）高 11 倍。

　　从近年来发表的有关调查研究报告来看，中国农田镉污染多数是由于引用工业污水灌溉造成的。如沈阳市张士灌区、江西大余县污灌区、陕西宝鸡、甘肃兰州、上海川沙等土壤镉污染严重地区，土壤中镉含量可高达 288mg/kg。污灌后土壤中镉的污染存在着明显的累积性，镉的累积与镉污染源强度、污染年限成正相关。

　　植物对镉的吸收与累积取决于环境镉的含量和形态、镉在土壤中的活性及植物的种、属类型。植物若生长在被镉污染的土壤中，体内累积的镉往往会增加。一般是植物体内镉含量与环境中的镉存在量成正相关。不同种类的蔬菜作物对镉的吸收存在着明显的差异（表 8-8），不同蔬菜种类富集镉的能力不同，一般叶菜类蔬菜富集镉的能力较强。并且同种蔬菜不同品种之间，对镉的吸收累积也出现较大的差异。蔬菜植株的不同部位吸收和累积的镉也存在着差异，一般是新陈代谢旺盛的器官积蓄量大，而营养贮存器官积蓄量少。

表 8-8　不同种类蔬菜镉含量

（廖自基，1992）

项　　目		土壤镉含量（mg/kg）	
		0.1	10
蔬菜中镉含量（mg/kg）	菜豆	0.6	10.0
	南瓜	0.6	13.0
	结球甘蓝	0.7	39.0
	莴苣	0.8	62.0
	甜菜	0.8	47.0
	胡萝卜	1.4	38.0
	叶荟菜（君荙菜）	1.4	42.0
	番茄	2.6	71.0
	菠菜	3.6	160.0
	萝卜	4.2	40.0

北京市农林科学院环保气象研究所资料指出，蔬菜植株不同部位累积镉的能力不同，如结球白菜主要累积部位在根部，当土壤镉含量在10mg/kg时，结球白菜根含镉29.4mg/kg＞外叶8.4mg/kg＞心叶7.5mg/kg。萝卜则皮部含镉（包括表皮和皮层）4.2mg/kg＞髓部2.0mg/kg。

（二）汞污染 汞（Hg）是一种银白色液态金属，常温下能蒸发，在水中的溶解度仅25mg/L。汞在自然环境中分布非常普遍，地壳平均汞含量为0.080mg/kg，中国土壤中汞的自然含量在0.005～2.240mg/kg。不同地区和不同类型的土壤汞含量有一定差异，但大多数土壤汞含量在0.100mg/kg以下。

汞在工业上应用广泛，矿山开采、汞冶炼、化工、印染和涂料等工业都有大量含汞废弃物排出。它们可以通过污染大气、水、土壤和植物，进而转移入人畜体内，引起危害。污染土壤环境的汞主要来自工业"三废"和农业上含汞农药的施用。

农业上有机汞和无机汞农药如氯化乙基汞、醋酸苯汞等的生产和使用，也能造成污染。但目前有机汞杀菌剂我国已不再生产，也不进口，只在有些地方少量用于拌种，范围很小，蔬菜上应用更少。所以当前污染农业环境的汞，主要来源于工业上汞的流失和挥发。例如在一些汞矿区，堆积含汞矿渣经雨水冲刷，流入灌渠，造成对土壤和农产品的污染，土壤含汞达5.26mg/kg，高出非污染区土壤（0.08mg/kg）60多倍。污灌区蔬菜大多数的汞含量超过国家规定的0.01mg/kg卫生标准（GB 2762—94），其超标数，块茎类蔬菜为100％，叶菜类蔬菜为94.1％，瓜类、豆类蔬菜为56.7％。因此当地人群"发汞"检查也比非污染区高。

通常植物都会含有微量汞，大多数植物中汞的自然含量为10～200μg/kg。中国部分蔬菜的自然汞含量见表8-9。

表8-9 中国部分蔬菜的自然汞含量

（廖自基，1992）

	植物名称	汞含量（μg/kg）		植物名称	汞含量（μg/kg）
叶菜类	白菜	1.2	瓜果菜类	番茄	1.93～3.46
	菠菜	5.7		辣椒	1.95～2.50
	莴苣	＜10		四季豆	1.02～2.02
块茎、肉质根、鳞茎类	马铃薯	0.54～1.17		黄瓜	0.31～0.65
	萝卜	0.45～1.17		南瓜	2.00～9.00
	苤蓝	1.1		茄子	0.9
	莴笋	0.9	水生蔬菜	藕	6.86～10.66
	韭菜	4.86～10.75		茭白	1.29～3.18
	洋葱	0.23～1.11			
	小葱	1.11～2.00			

植物能直接通过根系吸收汞。在多数情况下，汞化合物可能是在土壤中先转化为金属汞或甲基汞后才被植物吸收。许多试验表明，植物根部容易吸收金属汞。汞只有在较高浓度下，才会对植物产生伤害。北京市农林科学院报道，在盆栽条件下，土壤含汞17.73mg/kg，其上生长的油菜（白菜）产量并没有下降迹象，但在土壤汞仅为1.28mg/kg时，油菜（白菜）体内残留汞已比对照高出一倍多。所以，汞对蔬菜污染的主要问题是其残留量是否超过卫生允许量。

植物受汞毒害表现的症状，是叶、花、茎变成棕色或黑色。一般认为这是由于汞化合物经热解或催化还原形成的金属汞蒸气所造成。汞蒸气能降低植物的光合作用和减少鲜干重的比率。在营养液培养条件下，汞使大豆幼苗叶绿素含量、光合速率、根系发育及活力、硝酸还原酶活性、蒸腾强度降低

（马成仓和李清芳，1999）。

汞进入植物体内有两条途径：一是土壤中的汞化合物常常转变为甲基汞或金属汞为植物根吸收；另一途径是被叶片吸收入植物体，吸收量过大时，叶片就遭受伤害。进入植物体的汞，均可被转运到植物体内的其他部分，如块根和果实中。其存在形式，主要可能是以甲基汞和蛋白质中的巯基结合，而使生物体内的酶受到破坏。汞在植物体中的积累与汞化合物的类别和浓度有关。不同形态的汞化合物易被植物吸收的顺序是：甲基汞（MMC）＞氯化乙基汞（EMC）＞醋酸苯汞（PMC）＞氯化汞（HgCl₂）＞氧化汞（HgO）＞硫化汞（HgS）。

不同蔬菜作物对汞的积累量不同，一般为叶菜＞根菜＞果菜。在植株的不同部位，即以根＞茎、叶＞果实。如在番茄中种子比果肉汞含量高（黑龙江省环保所，1982）。

在使用含汞废水和含汞污泥的汞污染区农田上，蔬菜作物富集汞的浓度，如白菜可达 0.081mg/kg，萝卜 0.011mg/kg，辣椒可达 0.22mg/kg，均已超标 8～20 倍以上。

汞对人体的危害性很大，但金属汞毒性小于有机汞。有机汞是一种蓄积性毒性，从人体中排泄比较缓慢，其生物半衰期为 70d 左右。汞可侵犯神经系统，使手、足麻痹，严重时痉挛致死，日本著名公害"水俣病"即是汞污染食品引起。

（三）砷的污染　土壤环境中砷（As）污染来源于造纸、皮革、硫酸、化肥、冶炼和农药等工厂的废气、废水中。冶炼厂燃烧含砷矿物后，挥发性砷化物直接进入大气中，有时以砷灰沉落在蔬菜作物的叶片上，造成食用者中毒。硫酸厂的废水有时含砷可高达 5mg/kg 左右。含砷农药的使用也是蔬菜污染砷的一个重要来源。

砷在自然界中分布广泛，是动植物需要的微量元素，植物和土壤中都含有一定量的砷。土壤砷的背景值含量一般为 10～13mg/kg，植物灰分中平均含砷量为 5mg/kg。不同植物含砷量也不相同。一些蔬菜的自然砷含量见表 8-10。

表 8-10　中国部分蔬菜的自然砷含量

（廖自基，1992）

	植物名称	砷含量（mg/kg）		植物名称	砷含量（mg/kg）
叶菜类	白菜	0.004～0.008	瓜果豆菜类	茄子	0.001～0.019
	菠菜	0.002～0.009		番茄	0.005～0.009
块茎类	马铃薯	0.007～0.028		青椒	0.008～0.022
根菜类	萝卜	0.006～0.009		四季豆	0.007～0.010
				黄瓜	0.008～0.019
葱蒜类	洋葱	0.012～0.024	水生蔬菜	藕	0.041～0.256
	韭菜	0.017～0.039		茭白	0.006～0.022
	小葱	0.002～0.009			

砷对植物的生长发育以及在土壤和植物中的残留量与砷的浓度有关。如用不同浓度砷液灌溉油菜，可使土壤砷明显累积，累积速度随灌液中砷的升高而升高，油菜（白菜）产量在土壤含砷达 61.2mg/kg 时可降低 32.1％。砷对植物的毒害，在于阻碍其水分运输，致使从根部向地上部的水分供给受到抑制，阻碍了养分的吸收。

土壤被砷污染后，即使改浇清水，油菜（白菜）砷残留仍然高于对照，并随土壤砷浓度升高而增加。灌溉水中的砷，可使油菜（白菜）砷增加速度大于土壤砷的影响。所以，控制水中含砷量对防止蔬菜作物被污染是一个重要措施。

蔬菜作物能吸收污染大气中的砷，在排放含砷粉尘工厂附近，蔬菜作物含砷量可达到 8.4mg/kg，

能引起中毒。砷化物的毒性很大，属于高毒物质，三氧化二砷的中毒剂量约为 0.01～0.025g，致死量约为 0.06～0.20g。砷的急性中毒表现胃肠炎症状；慢性中毒多为多发性神经炎。砷被认为是肺癌和皮肤癌的致病因素之一。世界卫生组织规定各种食品中砷的允许量为 0.1～1.0mg/kg。

（四）铬的污染 铬（Cr）及铬的化合物广泛地用于电镀、金属加工、制革、涂染料、钢铁和化工等工业。制革工业排放的含铬废水，铬含量可达 410mg/L，工业铬渣淋溶水可以污染许多河系，铬已被认为是一种重要的环境污染物质。

铬通常以三价和六价形式存在于自然界。而在生物体中主要是三价铬，在水体中则以六价形态存在，六价铬对生物和人体的毒性最大。铬是植物需要的微量元素，土壤中自然本底铬的浓度变化范围很大，在 2～270mg/kg 之间，土壤含铬在 1mg/kg 以上时，即可使土壤硝化作用降低 14%，不影响土壤硝化作用的六价铬含量最高限为 0.1mg/kg。

一般植物体内都含有一定量的铬，并与周围环境有密切关系。土壤含铬高，植物体内铬相应增加。蔬菜作物的自然铬含量见表 8-11，一般在 0.1mg/kg 以下。

表 8-11　中国部分蔬菜中的自然铬含量

（廖自基，1992）

	植物名称	铬含量（mg/kg）		植物名称	铬含量（mg/kg）
叶菜类	白菜	0.070	瓜果豆菜类	番茄	0.020～0.050
	菠菜	0.130		青椒	0.038～0.153
	韭菜	0.035～0.073		菜豆	0.030～0.063
	芥蓝	0.070		黄瓜	0.024～0.033
块茎、根、鳞茎类	马铃薯	0.022～0.046		茄子	0.05
	萝卜	0.028～0.036	水生蔬菜	藕	0.044～0.057
	洋葱	0.023～0.096		茭白	0.027～0.081

用含铬废水灌溉和施用含铬污泥的农田，铬离子可在土壤中积累。例如在某污灌区土壤铬含量为非污染土壤的 2 倍至 18 倍以上（表 8-12），而以污泥污染最严重。在污染区生长的蔬菜作物平均含铬 0.54mg/kg，为清灌蔬菜（0.004mg/kg）的 135 倍，最高达 3.25mg/kg。铬对蔬菜生长的毒害，只有在浓度较大时才出现症状，当土壤中铬达到 400mg/kg 左右时才有毒害。但污水中铬在 40mg/L 以上时，即可使大白菜减产。重金属铬的污染对蔬菜（包括番茄、甘蓝、菜豆、莴苣、萝卜、茄子、黄瓜、白菜等）的生长发育具有严重的影响。铬抑制植物生长发育的机制，被认为是其累积过多，可与植物体内细胞原生质的蛋白质结合，使细胞死亡；在微量情况下，可置换植物体内蛋白质中的铁、锰等元素，使酶活性受抑制，阻碍呼吸作用等一系列代谢过程；铬污染还可以抑制蔬菜作物对铁的吸收（周易勇，1990）。

表 8-12　铬对土壤和蔬菜的污染

（广州市农业局，1982）

类　别	土壤（0～20cm）铬含量（mg/kg）
工业废水区	20.0
混合污水区	21.4
施用污泥区	160.0
非污染区	9.1

铬对人类是致癌物，1973年WHO/FAO的食品法典委员会提出，每人每周的耐受量，铬的摄取量暂定为0.006 7～0.008 3mg/kg（体重）。

（五）硝酸盐　氮是植物的生命组成元素，也是蔬菜作物生育和产量形成的物质基础。氮被作为环境污染物质提出，是随着科学技术发展提出的新问题。

自然界中的氮化合物硝酸盐和亚硝酸盐广泛分布于人类环境中（土、水、空气和植物）。硝酸盐本身毒性很小，对人、畜无直接危害，但摄入体内的硝酸盐易被还原为亚硝酸盐，可直接使人、畜中毒缺氧，引起正铁血红蛋白症（蓝婴病）；致癌，主要是通过体内内源合成N-亚硝胺化合物（NOC）所引起，主要导致消化系统癌变。另外，还具有使肾上腺肾小球肥大、致畸、致甲状腺肿大等危害。人类接触亚硝胺的主要途径，是通过食物和饮水，摄入它的前体物硝酸盐、亚硝酸盐和胺类物质于机体内合成。亚硝胺的反应速率与亚硝酸盐浓度的平方和水质子化的胺浓度成正比。当亚硝酸盐浓度很低时，这种有害的反应过程进行是很缓慢的。因此，为了保护人、畜健康就需要减少前体物的摄入总量。

人类摄入的硝酸盐85%～90%来自蔬菜。随着人们生活水平的日益提高，对蔬菜需求量不断增加，而蔬菜的卫生品质却存在下降的趋势。在高度集约化的蔬菜生产模式下，由于蔬菜作物本身的生理特性和菜农对经济效益的追求，肥料的投入量往往是蔬菜作物理论需肥量的数倍。蔬菜是喜硝态氮的作物，氮肥是影响蔬菜体内硝酸盐含量的关键因素之一。

蔬菜作物大多数以吸收硝态氮为主，NO_3^-既是植物合成蛋白质的N源，也是木质部所运输的阳离子合适的阴离子，对植物代谢起着重要的作用。大量NO_3^-进入植物体后，细胞膜上的透过酶通过质膜上ATP水解酶水解ATP所获得的能量，把NO_3^-同化为蛋白质、氨基酸后往上输送，部分则贮存在根细胞的液泡中。被植物吸收的NO_3^-会被还原同化为NH_4^+，催化这一反应的酶主要是硝酸还原酶和亚硝酸还原酶。当蔬菜对NO_3^-的吸收量大于还原量时，植物开始积累NO_3^-。由于植物体内亚硝酸还原酶活性远高于硝酸还原酶活性，当植物根系吸收的硝酸盐被硝酸还原酶还原为亚硝酸后，就会继续被活力较高的亚硝酸还原酶还原为NH_4^+，所以植物体内一般不会积累过多的亚硝酸根。

植物对硝酸盐的吸收和利用，往往会受到诸多条件（内因和外因）的限制，从而不能充分同化，致使大量的硝酸盐在植物体内累积，使植物抗性降低，易染病虫害，更严重的是危害人、畜健康。

通常在1千克新鲜蔬菜中，硝酸盐（NO_3^-）的含量可高达数千毫克，而亚硝酸盐（NO_2^-）含量一般低于1mg。所以蔬菜作物是一种天然易富集硝酸盐的植物食品。蔬菜体内的硝酸盐含量幅度变化很大，它不仅与遗传内因（种、品种、部位、年龄）有关，而且还与外界环境条件（温度、光照、土壤肥料、湿度等）密切相关。

但是，自1959—1965年欧洲有15例由于食用菠菜而引起硝酸盐和亚硝酸盐中毒，导致正铁血红蛋白症后（其中1例死亡），至今还没有其他报道说明蔬菜中硝酸盐和亚硝酸盐引起正铁血红蛋白症的实例。许多蔬菜均含有大量的维生素C。维生素C是一种很强的内源N-亚硝胺化合物（NOC）形成的抑制剂，因此专家推测，人们从饮水中摄入的硝酸盐可能比从富含维生素C的蔬菜中摄入的硝酸盐引起的危害更高。

1. 蔬菜作物积累硝酸盐的内因

（1）蔬菜的种类　不同种类的蔬菜中硝酸盐含量差异很大。一般来说，取食其叶、茎、根等储藏器官的叶菜和根茎菜类蔬菜的硝酸盐含量高于取食其繁殖器官的花、果、瓜、豆类蔬菜。据中国农业科学院蔬菜研究所报道（20世纪80年代初），在34种蔬菜作物的350个样品中，按蔬菜的农业生物学分类，它们积累硝酸盐程度的大小，以均值论顺序如下：根菜类（1 643mg/kg）＞薯芋类（1 503mg/kg）＞绿叶菜类（1 426mg/kg）＞白菜类（1 296mg/kg）＞葱蒜类（597mg/kg）＞豆类（373mg/kg）＞瓜类（311mg/kg）＞茄果类（155mg/kg）＞多年生类（93mg/kg）＞香菇（38mg/kg）。由于各个调查区的蔬菜施肥水平不同，而且蔬菜作物的种类在不同地区也不尽相同，所以蔬菜中硝酸盐含量的大小顺序有所差异。如对33种新鲜蔬菜抽样测定的结果表明，按均值计，其顺序大致为芥

菜类（2 660mg/kg）＞根菜类（2 378mg/kg）＞白菜类（1 704mg/kg）＞绿叶菜类（1 536mg/kg）＞薯芋类（1 047mg/kg）＞甘蓝类（994mg/kg）＞豆类（956mg/kg）＞葱蒜类（790mg/kg）＞茄果类（544mg/kg）＞瓜类（490mg/kg）＞水生类（474mg/kg）。

从上述测定结果可以看出，在一般情况下，叶菜和根菜类蔬菜的硝酸盐含量均在 1 000mg/kg 以上，而瓜、果、豆类蔬菜大多都在 1 000mg/kg 以下。其中根菜类平均值最高，名列第 1，薯芋类和绿叶菜类为第 2 和第 3 位，但一些种类就单一个别种论并不全部如此，比如善于累积硝酸盐的绿叶蔬菜是菠菜，其实际硝酸盐含量往往还高于根菜类均值。

（2）蔬菜的品种　在相同的栽培管理条件下，同一种蔬菜作物的不同品种对硝酸盐的富集程度亦各异。如菠菜属于富集型，但个别品种如沈阳南塔却仅含 756mg/kg。结球白菜青丰品种、甘蓝京丰和黄苗品种、油菜（白菜）的五月慢品种均含量较低（表 8-13）。这说明各种蔬菜作物累积硝酸盐的多寡受到植物体本身遗传因素的制约。

表 8-13　蔬菜不同品种 NO_3^- 含量差异 [mg/kg（鲜重）]

（沈明珠等，1982）

种类	品种	NO_3^-	种类	品种	NO_3^-
结球白菜	青丰	429	菠菜	天津灰堆	3 173
	H_3-79	842		沈阳南塔	756
	H_3-146	1 610		北京上庄	3 314
甘蓝	金早生	1 284	油菜	五月慢	512
	黄苗	703		上海青帮	725
	京丰	666			

（3）蔬菜作物的不同部位　同一蔬菜植株的不同器官中的硝酸盐含量亦不同，大体上是茎或根＞叶＞果（瓜）；叶柄＞叶片；外叶＞内叶。NO_3^- 含量最高的部位多数在茎或根中，叶片是各类蔬菜含量较低部位，且外叶高于球叶、叶柄高于叶片。这是因为根、茎和叶柄是植物吸收和疏导养分、水分的器官，叶片是进行光合作用的同化器官，而瓜果等则是繁殖器官的缘故。说明蔬菜作物各器官硝酸盐含量的多寡受其本身生理机能所制约。

造成蔬菜作物种间、品种间和不同部位间硝酸盐累积差异的原因，被认为是受遗传因子控制所致。在同一组织内硝酸盐含量的变化与硝酸盐还原酶的活性成负相关，而硝酸盐还原酶的活性是由遗传因素决定的。

2. 蔬菜作物累积硝酸盐的外因

（1）土壤肥料　土壤中的氮素来自于农业生产过程中使用的化学肥料和有机肥中含氮化合物的降解，其中氮素化肥是蔬菜作物中硝酸盐的主要来源。无论是有机肥还是化肥施入土壤后，其氮素通过复杂的转化过程，最终的产物主要是硝酸盐。氮肥使用过量，植物不能全部吸收和利用，剩余部分会转化成硝态氮在土壤中大量积累，造成地下水被污染。同时，蔬菜作物过量吸收硝酸盐可导致在体内积累，最终产品中硝酸盐过量。

蔬菜作物成熟植株中的硝酸盐浓度的高低，与土壤中氮的浓度、施氮类型和时期有密切关系。许多试验表明，菠菜在不同氮用量下，体内 NO_3^--N 含量的高低与氮肥用量的多少成正比。研究发现，在成熟期施氮影响更明显，若不施氮，菠菜在过熟时，NO_3^--N 有明显下降；而施氮者（340kg/hm²），收获愈晚其体内 NO_3^--N 含量愈高。施氮的时期，对叶菜类蔬菜宜早期施用且不宜过多，否则将引起 NO_3^--N 含量太高。刘明池等（1996）进行了氮肥用量与黄瓜产量和硝酸盐积累的关系研究，结果认为：达到一定量后，黄瓜产量并不随施肥量的增加而增加，而黄瓜果实中的硝酸盐含量则随氮肥量的增加而升高（表 8-14）。另外还有人认为钾素会影响 $NO_3^- - N$ 的累积，因钾能促进植物体内有机氮的代谢。

表 8-14　氮肥用量与黄瓜硝酸盐含量的关系
（刘明池等，1996）

处理	硫酸铵 （kg/hm²）	基质中硝态氮含量 （mg/kg）	硝酸盐含量 （mg/kg）	百分数 （%）
低氮	2 100	382	89.6 A	100
中氮	4 050	440	145.7B	162.6
高氮	6 000	523	229.7C	256.4

（2）光照条件与日变化　据报道，缩短光周期，而又在施氮条件下，可以影响甜菜叶和根中 $NO_3^- - N$ 的增加。收获前增加和减少自然光照时间，可以影响蔬菜作物硝酸盐累积的多少。如萝卜叶片对光照很敏感，在中午 12 时和下午 6 时采收的，其叶内硝酸盐含量较早 6 时采收的有明显下降。每加长 6h 光照，几乎就下降 1 750mg/kg 硝态氮。又如生长在光照强度较弱的冬季温室中的蔬菜，其体内所含的硝酸盐比夏季露地生产的高（表 8-15），原因是由于弱光降低了硝酸还原酶活性所致。硝酸还原酶是含有 FAD 的辅酶，属于钼黄素蛋白类，其电子传递主要依靠 $NADH_2$（还原型辅酶Ⅰ）。光合作用强能促进 $NADH_2$ 产生更多，弱光下 $NADH_2$ 形成少，故硝酸还原酶活性低，硝酸盐增加。

表 8-15　不同季节对蔬菜作物所含硝酸盐（NO_3^-）的影响 ［mg/kg（鲜重）］
（弗里茨，1981）

蔬菜的种类	夏季（露地）	冬季（温室）
花椰菜	94～546	191～599
球茎甘蓝	122～657	1 466～2 234
莴苣	490～1 980	1 553～2 732

（3）土壤水分　在降雨少的干燥地带，植物硝酸盐累积高，因为水分缺乏会影响同化作用进行，使硝酸还原酶活性下降。

3. 蔬菜作物中硝酸盐的限量标准　由于蔬菜作物中过量累积的硝酸盐会对人体健康造成潜在危害，为了使蔬菜作物中的硝酸盐含量控制在安全范围内，一些国家和国际组织已陆续规范了蔬菜中硝酸盐的含量（表 8-16）。

表 8-16　不同国家部分蔬菜中硝酸盐限量标准（mg/kg）
（引自：《中国蔬菜》，2003）

国家或组织	硝酸盐限量标准
FAO/WHO（1995 年）	0～3.7（体重，ADI 值）
欧共体（1995 年）	3.65（体重，ADI 值）
美国	菠菜<833 干样质量（儿童）
	菠菜<3 600 干样质量（成人）
	西葫芦、番茄：不得检出（儿童）
德国	菠菜 250 鲜样质量（婴儿）
	菠菜 900 鲜样质量（儿童）
	菠菜 1 200 鲜样质量（成人）
法国	50（婴儿）
前苏联爱沙尼亚	马铃薯 30，白菜和黄瓜 160，甜菜 1 800，胡萝卜 415，冬油菜 710，大葱 1 400

世界卫生组织和联合国粮农组织于 1973 年规定硝酸盐的 ADI 值（日允许量）为 3.6mg/kg 体重，亚硝酸盐的 ADI 值为 0.13mg/kg 体重。1995 年世界卫生组织和联合国粮农组织食品添加剂联合专家委员会（JECFA）重新制定了硝酸盐和亚硝酸盐的 ADI 值，分别为 $0 \sim 0.37$mg/kg 和 $0 \sim 0.06$mg/kg 体重（不适用于 3 个月内的婴儿）。而 1995 年欧洲（EC）食品科学委员会（SCF）制定的硝酸根离子 ADI 值为 3.65（相当于 60kg 体重的人摄入 219mg/d）。因为蔬菜的使用价值和缺乏硝酸盐毒性对人体影响的数据，所以在制定蔬菜作物中硝酸盐摄入量时 JECFA 采取了谨慎的态度。

蔬菜 NO_3^- 限量标准，各国差异较大。由于不同蔬菜作物、蔬菜的不同部位、采摘时间、地理及气候、土壤、水肥都与蔬菜中硝酸盐积累有密切关系，但目前监测数据明显较少，影响了中国蔬菜硝酸盐、亚硝酸盐含量的限量标准的制定。2002 年中华人民共和国农业部颁布的无公害食品质量标准中，规定了主要蔬菜及加工品（黄瓜、萝卜、胡萝卜、菠菜、芹菜、薤菜、西瓜以及速冻的葱蒜类蔬菜）亚硝酸盐含量指标（以 $NaNO_2$ 计）和速冻瓜类蔬菜、速冻豆类蔬菜、速冻甘蓝类蔬菜（以 NO_2^- 计）均为 $\leqslant 4$mg/kg。

4. 控制蔬菜硝酸盐的途径　目前中国对蔬菜的硝酸盐卫生品质尚无固定的机构开展定期、系统的监测，今后应加强这方面的工作。近年来许多研究指出，蔬菜作物不同品种对硝酸盐的累积明显受遗传变异的影响，因此可通过品种改良技术筛选低富集硝酸盐的品种；在改进栽培措施方面，采用调节营养、控制氮肥的施用、适当增加蔬菜作物水分供应、增加采收前光照、适时采收等都是有效途径；在管理方面，国家要加快蔬菜产品卫生质量标准的制定和监督（耿建梅和丁淑英，2001）。

（李花粉）

第四节　农药残留污染对蔬菜作物的危害和影响

一、农药及其毒性与残留

（一）农药　农药主要是指用于防治为害农林牧业生产的病、虫、草和其他有害生物，及调节植物生长的一种物质或几种物质及其制剂。中国使用农药的历史悠久，但是化学农药工业化生产的时间还不足 60 年。1946 年开始生产有机合成农药滴滴涕，1949 年生产六六六。新中国建立以后，农药工业发展迅速，农药产量已从 1950 年的 500t，增长到 2001 年的 46 万 t，原药生产能力达 78 万 t，成为世界第二大农药生产和使用国。目前，中国的农药品种约 270 种，登记产品达 1.6 万多个（蔡道基，1999；杨永珍，2003）。为了研究和使用上的方便，按农药防治对象可分为：杀虫剂、杀螨剂、杀菌剂、杀线虫剂、杀软体动物剂、杀鼠剂、除草剂、植物生长调节剂等；按农药原料的特性来源可分为化学合成农药、生物源农药（如 Bt、抗霉菌素、苦参碱等）及矿物源农药（如可杀得、波尔多液等）；按农药化学组成不同一般可分为：有机氯类、有机磷类、氨基甲酸酯类、杀蚕毒素类、拟除虫菊酯类、有机汞类、有机砷类、有机氟类、有机硫类、取代苯类、有机杂环类、其他类型及混配型制剂（韩喜莱，1993）。

（二）农药的毒性　农药广泛使用于蔬菜生产的产前、产中至产后的全过程，极少的剂量可使人体、畜、禽和有益生物中毒的性能，称为农药毒性，是评价农药安全性的重要指标。农药毒性的大小是以动物试验结果划分的，一般以大白鼠一次口服后（也可经皮或吸入途径），经一定时间有半数受试动物死亡所需该药剂的有效剂量，称为急性毒性，以致死中量（LD_{50}）或致死中浓度（LC_{50}）表示，单位分别为 mg/kg 体重和 mg/m^3。中国对农药的急性毒性按下列标准分为剧毒、高毒、中等毒和低毒 4 种（表 8-17）。例如氧化乐果大鼠急性口服 LD_{50} 为 50mg/kg，属于高毒农药，禁止在蔬菜上使用。而乐果的 LD_{50} 为 249mg/kg，毒性仅为氧化乐果的 1/5，属于中等毒性，允许用于蔬菜作物害虫的防治。

表 8 - 17 农药急性毒性分级

级 别	经口 24h LD_{50} （mg/kg）	经皮 4h LD_{50} （mg/kg）	吸入 2h LC_{50} （mg/m³）
剧毒	<5	<20	<20
高毒	5~50	20~200	20~200
中等毒	50~500	200~2 000	200~2 000
低毒	>500	>2 000	>2 000

（三）农药残留 农药残留是指农药使用后残存于生物体、农副产品或环境中的微量农药原体、有毒代谢物、降解物和杂质的总称，所残存的农药数量叫残留量。人们在生活中主要通过饮食长期摄入微量农药，会有慢性中毒的危险，甚至表现为致畸、致癌和致突变等严重后果。从 20 世纪 70 年代以来，农药残留毒害日益受到重视。为了控制食品中的农药残留量以保障食用者的健康安全，指导和推行合理用药及减少国际贸易纠纷，联合国粮农组织（FAO）和世界卫生组织（WHO）及有关国家，制定了在农畜产品中农药残留的法定最高允许数量（或浓度），即最高残留限量（简称 MRL），亦称允许残留量，用每千克产品中农药残留的毫克数（mg/kg）表示。经专门机构检测的蔬菜产品农药残留量低于 MRL，在人们长期食用的情况下，可以保证食用者安全无害，这样的产品才可作为蔬菜商品进入国内市场，如果 MRL 符合国际标准，才能进入国际市场。制定蔬菜产品质量安全标准，对发展无公害蔬菜和产品出口有重要作用。

二、农药污染对蔬菜的危害和影响

施用农药是防治病虫害，提高蔬菜产量和质量的重要措施。农药的广泛应用，为蔬菜产业、相关企业（公司）和广大农民带来了可观的效益；同时，也造成了不容忽视的环境问题和蔬菜产品的污染。但造成较严重的环境问题和产品污染问题的，主要是化学农药，在化学农药中，又主要是杀虫剂。由于中国蔬菜种类（品种）丰富，栽培方式复杂，加之蔬菜生长期短、多次采收和可供生食等特点，从而形成了菜田生态系统的不稳定性，病虫种类多、发生演替规律复杂和危害损失的严重性以及化学防治的高风险性。近年保护地蔬菜和南方露地蔬菜栽培病虫防治，用药量常在 50kg/hm² 以上（制剂），施用的农药 10%～20%附着在作物上，40%～60%散落在土壤中，其他部分进入水域或漂浮在空气中（朱国仁，2003）。化学农药可在光、热、化学因子及植物体内和微生物体内外生物酶的作用下，分子结构遭到破坏而逐渐降解，甚至消失，有的农药也可在生态系统内不同程度的移动。但在大多数情况下，农药不可能完全降解，终有少量农药原体或有毒代谢物等残留在蔬菜体内造成残留毒害。

农药在蔬菜作物及环境中的残留期长短和残留量多少，与农药性质、环境条件和施药方式有密切关系。农药进入蔬菜作物体内主要有三条途径：一是从植物体表侵入。将农药直接喷施植株的茎、叶、花和果实表面，水溶性、脂溶性和内吸性药剂渗入到植物组织内部或体表蜡质层。农药常以粉粒、水滴和雾滴的形式落于植物体上；此外，药剂拌种、蔬菜产品贮存保鲜喷药等，也是农药从植物体表进入的方式。二是根系从土壤中吸收。对于根菜类、薯芋类蔬菜，其所吸收的农药直接进入食用部位，对于其他蔬菜作物农药则经过输导作用进入食用部位。三是通过植物呼吸过程的气体交换。如大气中的农药微粒沉降于植物表面，设施蔬菜生产和贮存产品使用熏蒸剂、烟剂等，使农药进入植物组织内。

由于农药使用和管理水平等方面的原因，蔬菜的农药污染由来已久，进入 20 世纪 80 年代以来，

每年都要发生多起消费者食菜中毒事件。农药中杀虫剂引发的问题重于杀菌剂，其中尤以违规滥用高毒有机磷、氨基甲酸酯类（呋喃丹）杀虫剂造成的"毒菜"事故最为突出。同时，受农药残留超标等因素影响，一些蔬菜产品出口受阻，被拒收、扣留、退货、销毁和中止合同屡有发生，使国家、企业等蒙受多方面的损失。可见，农药污染已成为影响蔬菜质量安全的主要因素，关系到人民生命健康、蔬菜产业可持续发展、对外贸易与国家声誉。

（一）有机氯杀虫剂残留对蔬菜作物的危害和影响 滴滴涕（DDT）和六六六属氯化烃类杀虫剂，从 20 世纪 40 年代问世至 60 年代末，广泛用于防治农业、林业和卫生害虫，其产量和用量居世界各类农药的首位。中国于 50 年代开始应用，在 60～80 年代初期的产量和用量占国内农药总量的 50%～80%，30 余年共使用六六六约 490 多 t，高于国际同期用量的 3 倍以上，DDT 用量为 40 万～50 万 t，占国际用量的 20%。由于 DDT、六六六理化性质稳定，用药量大，残留期长，生物富集性强，易通过食物链传递污染整个生态系统，为害人体健康，因而成为各种农、畜产品的主要农药污染物。

1974 年中国政府规定在蔬菜生产上禁用有机氯杀虫剂。但由于部分地区并未完全执行，加之历来应用导致菜田土壤中较高的蓄积量，及粮、菜混作区粮食作物施用后对蔬菜的影响，使有机氯杀虫剂的危害性延续较长的时间。1980 年江苏省无锡市郊青菜（白菜）和茭白中六六六的残留量，分别为 0.46mg/kg 和 0.40mg/kg，超过 0.2mg/kg 的国家食品卫生标准；豇豆、马铃薯、番茄的残留量 0.15～0.18mg/kg，接近国家食品卫生标准规定。1981 年 9～10 月上海市检测结果，青菜（白菜）样品中六六六残留量超标率为 6.34%，代表面积 880hm²；另有 7.47% 的样品六六六含量在 0.1～0.2mg/kg，代表面积 1 033hm²。1972—1980 年全国性抽样检测结果，人体脂肪中六六六平均含量为 12.33mg/kg，与日本相近同居国际首位；DDT 含量为 10.04mg/kg，仅次于印度、以色列和巴基斯坦 20 世纪 60 年代末或 70 年代初的水平。当时农、畜产品中 DDT、六六六超标率较高，出口严重受阻。针对上述情况，1983 年中国禁止了有机氯杀虫剂的生产。有机氯杀虫剂停用后，改善了环境质量，农产品和食品中的农药残留状况已有明显好转。据卫生部有关部门 1992 年全国性的调查结果，在 355 件各类食品中六六六残留量超标的只有 2 件，合格率 99.44%，DDT 的合格率 100%。90 年代，出口农产品中这两种药剂残留量基本达标。根据不同时期的检测统计结果，70 年代人体从食品中摄入的六六六为 5.06μg/(kg·d)，1992 年为 0.22mg/(kg·d)，下降了 23 倍；同期 DDT 的摄入量由 2.13μg/(kg·d) 降至 0.54μg/(kg·d)，下降了 4 倍。中国第三次膳食研究表明（2000—2001），各类食品中六六六残留水平较 10 年前又有所降低。这是中国借鉴国际农药安全管理的成功经验，抓好农药生产的源头，解决农药对蔬菜、农产品污染的实例。

（二）有机磷杀虫剂对蔬菜的危害和影响 有机磷杀虫剂一般为磷酸或磷酸的酯、酰胺或硫羟衍生物。这类药剂虽然比有机氯杀虫剂发展较晚，但具有药效高、应用范围广、在环境中降解快等优点，从 20 世纪 70 年代至今仍是世界上产量和用量最多的一类农药。有机磷杀虫剂在中国应用已有 40 余年的历史，在有机氯杀虫剂停用后，被作为重要的一类取代农药有了很大发展。1989 年以来有机磷杀虫剂产量约占全国农药产量的 50%，占杀虫剂总量的 70%，生产的品种 30 多个。不同品种间有机磷杀虫剂的急性毒性差别很大，原药大鼠急性口服 LD_{50} 为 4～13mg/kg（对硫磷）至 4 065mg/kg（甲基辛硫磷）。可将其分为三类：①低毒品种，有敌百虫、乙酰甲胺磷、马拉硫磷、辛硫磷、杀螟硫磷和甲基辛硫磷等；②中毒品种，有乐果、敌敌畏、毒死蜱和二嗪磷等；③高毒品种，有甲胺磷、对硫磷、甲基对硫磷、磷胺、久效磷和氧化乐果等。其中高毒品种的产量和用量约占全国农药总量的 25%，占有机磷杀虫剂总量的 70%。有机磷杀虫剂表现的杀虫性能和对人的毒害，主要是由于抑制体内神经组织中的乙酰胆碱酯酶（AchE）或胆碱酯酶（ChE）的活性，而破坏了正常的神经冲动传导，引起一系列急性中毒症状，表现为盗汗、震颤、神经错乱、语言失常等，严重时甚至死亡。

中国农药品种结构和使用、管理等方面存在的问题，是造成有机磷杀虫剂在蔬菜上的残留日趋严重的主要原因。1982 年中国农业部、卫生部颁布了农药安全使用规定，禁止甲胺磷等 19 种高毒农药品种在蔬菜、茶叶、果树和中药材等作物上使用。但由于对农药市场和使用的监督管理工作不到位，及这些品种价格便宜，杀虫谱广和速效性好等，一些菜农受经济利益驱动，仍违规在蔬菜上滥用，是引发消费者急性毒害的主要原因。1988 年山东省农业环保站对 6 个地、市的 11 种蔬菜中有机磷农药进行测定，检出率 100%。1991 年 1～9 月广州市食品部门抽检 90 份蔬菜，甲胺磷检出率 71.9%。1992—1993 年农业部调查显示，上海市近郊常年蔬菜中敌敌畏最大检出值达 3.5mg/kg，超过标准 17.6 倍。1987 年 7 月至 1988 年 10 月，香港报界三次公开报道香港市民因食用经深圳口岸输港的菜薹后，出现腹痛、呕吐等症状，中毒人数达 670 人。事故发生后，化验了 30 个样品，其中 10 个样品中含有甲胺磷，个别残留量高达 210mg/kg。1998 年 8 月某省出口到日本的保鲜紫苏 192kg，因毒死蜱超标，被全部销毁。当时每片紫苏叶的出口单价为 0.1 元，出口商因而遭受很大的经济损失。上述例证说明了中国蔬菜受有机磷杀虫剂污染情况的普遍性和严重性。

为了防止高毒农药污染造成的中毒事故，联合国环境规划署和粮农组织于 1995 年将久效磷、甲胺磷、磷胺、对硫磷和甲基对硫磷 5 种高毒农药列入了国际贸易中对某些为害化学品和农药采用的"事先知情同意程序"（简称 "PIC"）。目前中国农药工业已基本具备取代这些高毒农药的生产条件，中华人民共和国农业部 2003 年 12 月 30 日发布第 322 号公告，规定从 2004 年 1 月 1 日起，开始撤销含有上述 5 种高毒农药在农业上的生产、销售、使用的有关证书，2007 年 1 月 1 日起中国将全面禁止 5 种高毒农药的生产和使用，这对保护环境及保障农产品质量安全具有重大意义。

（三）氨基甲酸酯类杀虫剂对蔬菜的危害和影响 这类杀虫剂的急性毒性范围从剧毒到低毒甚至近于无毒，大鼠急性口服 LD_{50} 为低于 1mg/kg 至 5 000mg/kg。如在中国蔬菜害虫防治中应用的甲萘威（西维因）、杀螟丹（巴丹）、异丙威、丁硫克百威（好年冬）、抗蚜威均为中毒品种。这些药剂由于数量较少和使用面积较小，只要遵守使用规则一般不会造成蔬菜残留毒害。但是，克百威（呋喃丹）、涕灭威（铁灭克）颗粒剂分别是高毒、剧毒品种，有的地区法制观念淡薄，擅自在韭菜等作物上使用，造成了严重后果甚至人员中毒死亡事件。

（四）拟除虫菊酯类杀虫杀螨剂对蔬菜的危害和影响 20 世纪 70 年代国际上杀灭菊酯、溴氰菊酯进入市场，标志着新一代、超高效杀虫剂进入实用阶段。其后新品种不断增加，其中包括氟氯菊酯、联苯菊酯、甲氰菊酯（灭扫利）、高效氟氯菊酯（功夫）和溴氟菊酯等杀虫、杀螨剂。80 年代以来这类药剂作为有机氯杀虫剂停产、停用后的取代农药，通过进口和国内研发、生产，在中国农业上推广应用。蔬菜作物上使用的品种，多为中等毒性，但氟丙菊酯、高效氟氯氰菊酯、高效氟氯菊酯、溴氟菊酯、氟氯氰菊酯等属低毒品种。这是一类生物活性高、杀虫范围广、持效期长的药剂，但对鱼、虾等毒性高，对天敌不安全，且易诱发害虫（螨）产生高抗种群，也出现过蔬菜残留超标的情况，说明合理使用并与其他类型药剂科学轮换使用十分重要。由于拟除虫菊酯类杀虫剂田间施药量和使用次数少，所以在植株上的残留量少，造成蔬菜残留毒性的风险性较低。

（五）杀菌剂对蔬菜的危害和影响 近年中国杀菌剂的产量约占农药总产量的 12%，由于多种病害对蔬菜作物的危害程度一般比虫害严重，因此杀菌剂的应用较为普遍。据初步统计，在蔬菜作物上常用的 80 种杀菌剂产品中（含混剂 21 种），低毒产品 77 种，占 96.25%，中毒产品仅 3 种占 3.75%，分别是代森铵、福美砷和敌克松。从理论上分析，杀菌剂的一般常用品种在急性毒性和蔬菜上残留毒性方面安全性良好，与多年来生产实践的情况相吻合。但是，每一种杀菌剂在蔬菜作物上的使用，都有安全使用标准及规范科学的用药行为，否则也会出现农药残留超标的问题。1995 年 3～5 月北京市抽检蔬菜市场 44 件样品中，有机硫杀菌剂超标率达 22.2%。由于杀菌剂超标较少引发消费者急性中毒事件，所以容易被忽视，而且由于多种杀菌剂残留分析方法和标样的缺乏，使具体检测工作做得较少，今后应予密切关注和加强这方面的工作。

（六）其他农药对蔬菜的危害和影响

1. 无机砷杀虫剂 中国是世界上最早使用该类药剂的国家，主要品种有亚砷酸酐、砷酸铅和砷

酸钙,在六六六出现以前和新中国建立初期,曾用于防治蔬菜害虫。亚砷酸酐又称砒霜、信石,作为拌制毒饵和毒谷的主要药剂,在华北等地用以防治蝼蛄;砷酸铅和砷酸钙用于防治菜青虫、斜纹夜蛾、猿叶虫等咀嚼式口器害虫。因这一类杀虫剂对高等动物高毒,中国于 20 世纪 60 年代末至 70 年代初已禁止生产和使用。

2. 有机汞杀虫剂 主要品种赛力散(含乙酸苯汞)和西力生(含氯化乙基汞)是高效、高残留、高毒的杀菌剂,主要用于粮、棉拌种;赛力散石灰曾用于防治马铃薯晚疫病、大白菜霜霉病。有机汞农药可在人体内蓄积,并通过胎盘传给胎儿、通过乳汁进入婴儿体内,引起汞中毒。中国已于 1972 年禁止生产和使用有机汞农药。

(七)保护地蔬菜作物农药污染的特点 保护地蔬菜生产基本属于半封闭式的生态系统,与露地生态系统比较,一般具有温度高、温差大、光照弱、湿度高和气流缓慢等特点;同时由于保护地蔬菜产品质地柔嫩抗病虫性差、有益生物自然控制作用微弱及轮作倒茬困难等原因,是利于多种真菌、细菌和线虫病害流行及蚜、螨、虱、蝇、蛾、蓟马等害虫猖獗的适宜生长发育的环境,从而导致保护地蔬菜施药次数多、用药量大、投资高。青州是山东寿光蔬菜的主产地,2002 年的专项调查结果显示,露地、塑料大棚和日光温室蔬菜防治病虫的农药成本依次为 1 189.5、1 978.5 和 6 627.0 元/(hm² · 年),相对比例为 1∶1.7∶5.6。日光温室用药量最高,其中很大一部分是用药不合理造成的。上海市已有的研究结果指出,农药在大棚蔬菜上降解慢,是有别于露地蔬菜的主要特点。对比试验分 3 种情况:一是试验条件(作物、时间)一致;二是作物不同,但试验同时进行且环境条件一致;三是露地作物的农药降解 $t_{0.5}$ (d) 为多次试验的平均数,试验条件不尽相同,其结果列于表 8 - 18(略有修改)。从表 8 - 18 可见,除粉锈宁在大棚草莓上的降解外,露地栽培的蔬菜上农药残留降解速度均比大棚作物快,对有些农药 $t_{0.5}$ 要比大棚蔬菜快几倍,如乐果和马拉硫磷。尽管本项试验尚有改进之处,但反映的趋势与国外的研究结果一致。

表 8 - 18　5 种农药降解速度的比较 (d)

农 药	大棚条件		露地条件		
	$t_{0.5}$	蔬菜	$t_{0.5}$	蔬菜	说明
氰戊菊酯	6.1	草莓	4.3	草莓	5 月份进行
氰戊菊酯	3.0;6.6	茄子;番茄	2.2	茄果类	13 次平均
氰戊菊酯	6.8	生菜	2.7	叶菜类	8 次平均
乐果	11.3	芹菜	1.95	鸡毛菜等	4 次平均
马拉硫磷	2.2	草莓	0.3	鸡毛菜	同时进行
百菌清	3.99	黄瓜	2.4	刀豆	同时进行
粉锈宁	1.1	草莓	1.6	草莓	同时进行

由于保护地蔬菜栽培农药用量大,在作物上降解慢,因此采收时蔬菜产品的农药残留量可能较高,容易超标。

三、化学农药残留量的控制

中国政府高度重视农产品质量安全,在控制和减少农产品中农药残留污染方面,颁布实施了有关法规和技术规范,同时提高农药市场准入要求,并在加强对持久性、剧毒和高毒农药的管理,加大农药残留监控力度方面采取了有力措施。2002 年农业部在全国组织实施了"无公害食品行动计划",以"菜篮子"产品为突破口,通过强化源头管理,加强生产基地建设和市场农产品中农药残留的监督检测，扩大对农民生产者科学合理使用农药的指导与监督，在产前、产中、产后三个阶段实行全程质量安全控制，计划用 8～10 年时间基本实现主要农产品生产和消费无公害。为了防止蔬菜生产过程中化学农药超标残留污染，应采取下列有效措施：

（一）严格遵守国家禁止使用农药的规定　根据农药的化学性质、毒性，在蔬菜作物上禁止使用剧毒、高毒、蓄积性大、残留期长的农药品种。

（1）国家明令禁止使用的农药有：六六六（HCH），滴滴涕（DDT），毒杀芬（camphechlor），二溴氯丙烷（dibromochloropane），杀虫脒（chlordimeform），二溴乙烷（EDB），除草醚（nitrofen），艾氏剂（aldrin），狄氏剂（dieldrin），汞制剂（mercury compounds），砷（arsena）、铅（plumbum compounds）类，敌枯双，氟乙酰胺（fluoroacetamide），甘氟（gliftor），毒鼠强（tetramine），氟乙酸钠（sodium fluoroacetate），毒鼠硅（silatrane）。

（2）在蔬菜上不得使用的农药有：甲胺磷（methamidophos），甲基对硫磷（parathion-methyl），对硫磷（parathion），久效磷（monocrotophos），磷胺（phosphamidon），甲拌磷（phorate），甲基异柳磷（isofenphos-methyl），特丁硫磷（terbufos），甲基硫环磷（phosfolan-methyl），治螟磷（sulfotep），内吸磷（demeton），克百威（carbofuran），涕灭威（aldicarb），灭线磷（ethoprophos），硫环磷（phosfolan），蝇毒磷（coumaphos），地虫硫磷（fonofos），氯唑磷（isazofos），苯线磷（fenamiphos）。

（二）严格执行国家农药安全使用标准　蔬菜作物及其产品中农药的残留量，与农药种类及施用量、用药次数、剂型、使用方法和安全间隔期（最后一次施药距收获的天数）有密切关系。中国于 1987—2002 年共发布了七批《农药合理使用准则》国家标准，先后由农牧渔业部或国家技术监督局批准，标准号为 GB/T8321.1—7。这些国家标准中共有 40 种农药（43 个品种）防治蔬菜作物（含西瓜）病虫的 47 项标准。每项标准中对每一种农药（剂型）防治某种蔬菜病虫规定了施药量（浓度）、施药次数、施药方法、安全间隔期、最高残留限量参考值以及施药注意事项等。按标准中规定的技术指标施药，能够有效地防治病虫害，降低施药成本，避免发生药害，防止或延缓抗药性产生，保护菜田生态环境，保证蔬菜产品中农药残留量符合国家标准，保障人民身体健康。

（三）严格按标签说明使用农药　对于尚未制定标准的农药品种，使用者应按标签上的说明使用农药。农药标签是紧贴或印刷在农药包装上的介绍产品性能、使用技术、毒性、注意事项等内容的文字、图示或技术资料，有时随包装附上更详细的使用说明书。标签和说明书上每项内容都有大量的研究和试验数据为依据，是指导用户和广大农民安全合理用药最重要最直接的方法和途径。此外，由于标签上的内容是经过农药管理部门严格审查符合农药登记批准的使用范围，因而具有法律效力。使用者按标签上的说明使用农药，不仅能达到安全、有效的目的，而且还能起到保护农药使用者自身权益的作用。

（四）制定和修改蔬菜产品安全质量标准　最高残留限量（MRL）是根据毒理学、人们膳食结构和田间残留试验等资料，参照 FAO 和 WHO 的标准科学制定的。2001 年 8 月中国国家质量监督检验检疫局发布了《农产品质量安全无公害蔬菜要求》国家标准，标准号 GB18406.1—2001，给出了 41 种农药最大残留限量值，其中没有列入卫生部 1994 和 1996 年批准的国家标准中的 11 种农药分别是 GB15194—94 中 3 种，GB16333—1996 中 8 种。综上所述，中国现有蔬菜农药最高残留限量标准 52 个（表 8-19）。其中杀虫剂 40 种（含 4 种有杀螨作用），杀螨剂 2 种（双甲脒、克螨特），杀菌剂 10 种，植物生长调节剂 1 种（2,4-D）。在杀虫剂中有机磷杀虫剂 20 种，其中对硫磷、甲拌磷、甲胺磷、久效磷、氧化乐果 5 种高毒禁用农药，不得检出；氨基甲酸酯类杀虫剂 5 种，包括克百威和涕灭威 2 种高毒禁用农药，不得检出；菊酯类杀虫剂 12 种；几丁质合成抑制剂 3 种；杀菌剂中有机硫类 1 种（代森锰锌），取代苯类杀菌剂 3 种（五氯硝基苯、百菌清、甲霜灵）；有机杂环类杀菌剂 6 种（三唑酮、多菌灵、敌菌灵、乙烯菌核利、异菌脲和腐霉利）。

表 8 - 19　中国蔬菜产品农药最高残留限量（MRL）

单位：mg/kg

通用名称	英文名称	商品名称	毒性	作物	最高残留限量
马拉硫磷	malathion	马拉松	低	蔬菜	不得检出
对硫磷	parathion	一六〇五	高	蔬菜	不得检出
甲拌磷	phorate	三九一一	高	蔬菜	不得检出
甲胺磷	methamidophos	—	高	蔬菜	不得检出
久效磷	monocrotophos	纽瓦克	高	蔬菜	不得检出
氧化乐果	omethoate	—	高	蔬菜	不得检出
克百威	carbofuran	呋喃丹	高	蔬菜	不得检出
涕灭威	aldicarb	铁灭克	高	蔬菜	不得检出
六六六	HCH	—	中	蔬菜	0.2
滴滴涕	DDT	—	中	蔬菜	0.1
敌敌畏	dichlorvos	—	中	蔬菜	0.2
乐果	dimethoate	—	中	蔬菜	1.0
杀螟硫磷	fenitrothion	—	中	蔬菜	0.5
倍硫磷	fenthion	百治屠	中	蔬菜	0.05
辛硫磷	phoxim	肟硫磷	低	蔬菜	0.05
乙酰甲胺磷	acephate	高灭磷	低	蔬菜	0.2
二嗪磷	diazinon	二嗪农 地亚农	中	蔬菜	0.5
喹硫磷	ouinalphos	爱卡士	中	蔬菜	0.2
敌百虫	trichlorphon	—	低	蔬菜	0.1
亚胺硫磷	phosmet	—	中	蔬菜	0.5
毒死蜱	chlorpyrifos	乐斯本	中	叶菜类	1.0
抗蚜威	pirimicarb	辟蚜雾	中	蔬菜	1.0
甲萘威	carbaryl	西维因 胺甲萘	中	蔬菜	2.0
二氯苯醚菊酯	permetthrin	氯菊酯 除虫精	低	蔬菜	1.0
溴氰菊酯	deltamethrin	敌杀死	中	叶菜类 果菜类	0.5 0.2
氯氰菊酯	cypermethrin	灭百可 兴棉宝 赛波凯 安绿宝	中	叶菜类 番茄 块根类	1.0 0.5 0.05
氰戊菊酯	fenvalerate	速灭杀丁	中	果菜类 叶菜类	0.2 0.5
氟氰戊菊酯	flucythrinate	保好鸿 氟氰菊酯	中	蔬菜	0.2
顺式氯氰菊酯	alphacypermethrin	快杀敌 高效安绿宝 高效灭百可	中	黄瓜 叶菜类	0.2 1.0

（续）

通用名称	英文名称	商品名称	毒性	作物	最高残留限量
联苯菊酯	biphenthrin	天王星	中	番茄	0.5
三氟氯氰菊酯	cyhalothrin	功夫	中	叶菜类	0.2
顺式氰戊菊酯	esfencaerate	来福灵	中	叶菜类	2.0
		双爱士			
甲氰菊酯	fenpropathrin	灭扫利	中	叶菜类	0.5
氟胺氰菊酯	fluvalinate	马扑立克	中	叶菜类	1.0
三唑酮	triadimefon	粉锈宁	低	蔬菜	0.2
		百理通			
多菌灵	carbendaxim	苯并咪唑44号	低	蔬菜	0.5
百菌清	chlorothalonil	Danconil2787	低	蔬菜	1.0
噻嗪酮	buprofezin	优乐得	低	蔬菜	0.3
五氯硝基苯	quintozene	—	低	蔬菜	0.2
除虫脲	diflubenzuron	敌灭灵	低	叶菜类	20.0
灭幼脲	—	灭幼脲3号	低	蔬菜	3.0
上述标准引自 GB18406.1—2001					
敌菌灵	anilazine	酚硫杀	低	蔬菜	≤10
2,4-D	2,4-dbutylate	—	低	蔬菜	≤0.2
乙烯菌核利	vinclozolin	农利灵	低	蔬菜	≤5
上述标准引自 GB15194—94					
双甲脒	amitraz	螨克	中	果菜	0.5
异菌脲	iprodione	扑海因	低	果菜	0.5
代森锰锌	mancozeb	大生、喷克	低	果菜	0.5
甲霜灵	metalaxyl	瑞毒霉	低	果菜	0.5
灭多威	mtheomyl	万灵	高	甘蓝	2.0
伏杀硫磷	phosalone	佐罗纳	中	叶菜	1.0
腐霉利	procymidone	速克灵	低	果菜	2.0
克螨特	propargite	克螨特	低	叶菜	2.0
		螨除净			

　　显然，上述标准的制定滞后于无公害蔬菜生产的发展。国家卫生部已提出了"中国食品中农药最大残留限量修订建议值"（参见参考文献43），本标准对应于国际食品法典委员会（CAC）标准（2001英文版）。其中，涉及蔬菜食品的农药51种91项标准，正在修订过程中，可供参考。例如，马拉硫磷的MRL（mg/kg）由不得检出，修订为甘蓝类蔬菜0.5mg/kg、果菜类蔬菜0.5mg/kg、豆类蔬菜2mg/kg、芹菜1mg/kg和块茎类蔬菜0.5mg/kg。六六六在蔬菜上MRL0.2mg/kg和DDT0.1mg/kg，提高到再残留限量均为0.05mg/kg。氰戊菊酯在叶菜类蔬菜上MRL0.5mg/kg细化为叶菜类蔬菜1.0mg/kg、甘蓝类蔬菜2.0mg/kg；由果菜类0.5mg/kg修订为果菜类蔬菜0.5mg/kg、瓜类蔬菜0.2mg/kg和块根类蔬菜0.05mg/kg。此外，所列入的农药品种也有增减。从事蔬菜出口的企业（公司）特别是各级主管部门，还应密切关注国际贸易的动态变化，及时了解进口国的有关规定，以便采取积极主动的应对措施。例如，国家质量监督检验检疫局［2002］553号文，列出了中国蔬菜出口到日本必须检测的43种农药目录。2004年日本厚生省对进口检测的农药扩展到80种，2005年增至200多种。2006年5月起正式施行《食品中残留化学品肯定列表制度》，明确设定了进口食品、

农产品中可能出现的 734 种农药、兽药和饲料添加剂的近 5 万个暂定标准，对其未设标准而欧美国家也无标准可参照的农药推行"一律标准"，大幅抬高了进口农产品的门槛，对我国具有优势的蔬菜产品影响巨大。欧盟将于 2006 年 1 月开始实施食品及饲料安全管理新法规，强化了食品安全的检测手段，大大提高了食品市场准入标准。

农药残留超标是影响蔬菜产品质量安全的主要因素之一。为提高蔬菜质量安全水平，保障人民健康和增强蔬菜出口的竞争力，农药的科学合理使用一定要融入病虫害综合防治的体系中，才能获得最佳的经济、生态和社会效益。

以上各种污染物在中国无公害蔬菜产地环境条件（环境空气质量、灌溉水质量、土壤环境质量）、主要保鲜蔬菜产品及其制品中（卫生要求、指标）的浓度限值，可参见 2001 年 9 月和 2002 年 7 月，中华人民共和国农业部分两批颁布的中华人民共和国农业行业标准《无公害食品》（种植业部分）中的 41 个标准。

（朱国仁）

第五节　蔬菜生产环境污染的综合治理

一、综合治理的必要性

（一）蔬菜产品的污染源多种多样　如前所述，污染农业环境的外源有毒物质，大多数来自有害的工业"三废"以及城镇生活、医院等废弃物；有些污染物来自蔬菜生产过程本身，如化学农药和化学肥料的不合理施用、塑料薄膜的残留等。蔬菜产品的采收期不当，没有遵循施用化学农药的安全间隔期，也是造成产品污染的原因之一。

（二）蔬菜产品质量管理是复杂的管理体系　这个管理体系包括 5 个基本环节：

1. 产地环境建设　农业生产部门要和环境保护部门一起，严格蔬菜产品产地环境的管理。

2. 农业投入品管理　农业投入品管理包括化学农药、化学肥料、化学除草剂、植物生长调节剂等的生产、登记和销售，实施市场准入管理。

3. 生产过程管理　指导生产者按照无公害蔬菜生产规程进行生产；经营者和加工企业在运销和加工过程中避免产品的二次污染。

4. 市场准入管理　在生产基地、批发市场等逐步建立蔬菜产品质量自检制度，检验合格，方可投放市场或进入无公害蔬菜专营区销售。

5. 加工及产品包装标识管理　建立蔬菜产品从产地到市场（出口口岸）的质量安全采后处理（加工）、贮运技术体系，防止发生二次污染；逐步实行无公害蔬菜产品包装上市，在包装上应表明产地和生产单位，建立农产品质量追溯制度。

（三）需要建立健全农产品质量安全保障体系　通过建立健全农产品质量安全标准体系、安全检验检测体系、安全认证体系、安全执法监督体系并加强科技、市场信息等工作，对农产品质量安全实施强有力的监控。

（四）菜农的科学文化素质有待进一步提高，市场竞争力受到小规模分散经营的困扰　一些菜农的安全质量观念淡薄，不能合理地使用农业投入品，不能有效地掌握并严格执行安全生产技术规程；菜农的组织化程度低，千家万户分散的生产和经营格局，不确定的种植品种、数量、质量和产地，难以与消费地区建立相对稳定的供货渠道，占据相对稳定的市场份额，也给实施产品质量追溯制度带来一定难度。蔬菜生产急需步入规模化、标准化生产，品牌化销售的轨道。

（五）需要更强有力的科技支撑　在蔬菜生产区，技术服务体系还不健全；新技术、新成果的入户率和到位率低；已经建立的蔬菜无公害生产技术体系多数仍处于经验阶段；新型生物肥料、生物农药的性能及应用技术有待进一步提高和改进。蔬菜品种的抗逆性、对病虫害的抗性及其与优质、高产等优良性状的整合，是当前品种改良工作的紧迫任务。

（六）蔬菜出口贸易面临着巨大的挑战　近 10 余年来，中国蔬菜出口贸易发展很快，引起了有关进口国的关注。一些国家感到大量进口中国蔬菜对本国蔬菜生产不利，因而采取相应的保护措施，特别是中国加入世界贸易组织之后，主要采取突然性的技术壁垒来限制进口中国蔬菜。中国加入 WTO 后，蔬菜产品及加工品因化学农药残留超标而被拒收、扣留、退货、终止合同、停止贸易交往等现象时有发生，使对外贸易蒙受重大损失。从对蔬菜出口中存在问题的分析可以看出，蔬菜产品安全质量等众多问题存在于生产、加工、市场、贸易等的各个环节，且各个环节相辅相成，若某一个环节出现问题，都有可能造成出口不畅。因此，必须建立中国出口蔬菜生产与管理保障体系，其目标是提高和保障出口蔬菜的质量，建立预警机制，避免遭受国际贸易技术壁垒。

综合以上的分析可以看出，蔬菜产品污染治理工作涉及的面非常广，需要政府组织、协调和投入，部门、行业间配合，科技支撑，企业参与，相关标准的完善及检验、检测、检疫手段的进步，执法监督，市场运作，信息沟通，充分调动起菜农的积极性，才能从根本上解决好蔬菜产品污染的综合治理问题。

二、无公害蔬菜生产及管理

（一）无公害蔬菜的概念　无公害蔬菜是因为蔬菜产品或加工品受到某种污染源的污染而提出的，是指蔬菜生产的产地环境、生产过程、最终产品质量符合国家或行业无公害农产品的标准，并经过检测机构检测合格，批准使用无公害农产品标识的初级农产品。其中产品标准、环境标准、生产资料使用标准为强制性国家及行业标准，最终要求食品基本安全。也就是说，在无公害蔬菜生产过程中，允许限量使用某些化学肥料和符合要求的有机肥，高效、低毒、低残留的化学农药、生长调节剂、除草剂等，但必须符合国家、行业标准，在此前提下从维护菜田生态环境出发，本着实现"高产、高效、优质"的原则进行生产活动。按照《无公害农产品管理办法》规定，产品质量必须由农业部所属的专门机构检测、认证合格后使用统一的标志。由农业部负责组织和运行。

与无公害蔬菜（食品）相关的，在中国还有"绿色食品"和"有机食品"。

绿色食品：1989 年，农业部提出了"八五"期间主抓的一个拳头产品——无公害食品，并赋予一个形象而有生命力的名称：绿色食品。1990 年启动"绿色食品工程"。绿色食品是指遵循可持续发展原则，按照特定的生产方式生产，经专门的机构认定，许可使用绿色食品商标标志的、无污染的安全、优质、营养类食品（包括新鲜蔬菜及其加工制品）。绿色食品分为 A 级和 AA 级绿色食品，一般生产 A 级食品的环境质量和对农药残留的限量标准，要严于无公害食品的标准；AA 级绿色食品等同于有机食品标准，追求生产环境良好和食品安全优质。绿色食品法规标准属于推荐性的国家农业行业标准，其统一的绿色食品名称和商标已在中国内地及香港、日本注册使用。由农业部所属事业单位"中国绿色食品发展中心"负责组织和运行。

有机食品：根据美国农业部（USDA）的定义，有机农业是一种完全不使用或基本不使用人工合成的肥料、农药、生长调节剂和牲畜饲料添加剂的生产制度，强调生产过程的回归和自然。按照有机农业生产原则和有机产品生产、加工标准生产出来的、经过有机农产品颁证组织颁发证书的一切农产品称为有机产品（食品）。全球范围尚无统一的有机食品标志，其法规标准以国际有机农业运动联盟（IFOAM）的基本标准为代表的民间组织标准和各国政府推荐性标准并存。中国尚未正式发布有机食品国家或行业标准。有机产品的生产资料和原料必须是同一生产体系内部循环的自然物质，尽可能地依靠作物轮作、有机肥、矿质肥料等维持养分平衡，利用生物、物理措施防治病虫害。

由此可见，无公害食品、绿色食品、有机食品三者同是有关食品质量安全方面的概念，但是它们之间有一定的区别。

20 世纪 80 年代初期，中国政府部门已对蔬菜质量安全问题给予关注。1983 年，原全国植物保护总站针对当时蔬菜农药残留污染不断加剧的问题，提出在部分省、自治区、直辖市组织和推广无公害蔬菜生产技术开发项目，重点抓了减少高毒农药使用和推广生物防治两项关键措施。进入 90 年代后，农业发展面临的主要压力由增加数量转为提高质量效益，社会对蔬菜污染问题的反响强烈，要求发展无公害蔬菜生产的呼声越来越高，引起了各级政府的高度重视，制定了一系列政策、法规并采取一系列措施，综合治理蔬菜产品污染问题。

（二）蔬菜产品质量安全管理措施

1. 明确治理目标、任务和重点　2001 年 3 月，农业部和山东省政府联合召开会议，提出力争用 3～5 年的时间，基本解决社会反映强烈的农产品污染超标问题，让全国人民吃上"放心菜"、"放心果"、"放心茶"。5 月，农业部和国家质量监督检验检疫总局联合发布《无公害农产品管理办法》。7 月，国务院召开"全国菜篮子工作会议"，指出新阶段"菜篮子"工作的任务是：以长期稳定供应为目标，以提高菜篮子产品质量安全为核心，加快实现由比较注重数量向更加注重质量、保证卫生和安全转变，逐步实现由阶段性供求平衡，向建立长期稳定供给机制转变，让城乡居民真正吃上"放心菜"、"放心肉"，促进农业增效，农民增收。2002 年农业部启动了"无公害食品行动计划"。计划实施的目标：力争用 5 年左右的时间，基本实现农产品无公害生产，保障消费安全，质量安全指标达到发达国家或地区中等水平。蔬菜、水果、茶叶、食用菌、畜产品、水产品等鲜活产品生产基地质量安全水平达到国家规定的标准。大、中城市批发市场、超市、大型农贸市场抽检质量合格率在 95％以上，从根本上解决急性中毒问题。出口农产品质量安全水平在现有的基础上有较大幅度提高，达到国际标准要求，并与贸易国实现对接。有条件的地方和企业积极发展绿色食品和有机食品。工作重点是：加强生产监管，推行市场准入及质量跟踪；健全农产品质量安全标准、检验检测、认证体系，强化执法监督、技术推广和市场信息工作，建立既符合中国国情并与国际接轨的农产品质量管理制度。近期工作重点是：解决有机磷类农药残留超标、畜禽饲养中禁用药物滥用、贝类产品污染及出口安全问题。确定北京、上海、广州、深圳为第一批试点城市，对食用农产品实施"从农田到餐桌"的全过程监督，以逐步实现农产品的无公害生产、加工和销售。

2. 制定相应的政策、法规和标准

（1）制定和建立蔬菜质量标准体系　2001 年 8 月国家质量监督检验检疫总局发布了《农产品质量安全　无公害蔬菜安全要求》国家标准。2001 年 9 月和 2002 年 7 月，农业部分两批颁布了中华人民共和国农业行业标准《无公害食品》，其中包括蔬菜产地环境条件、主要保鲜蔬菜及其加工品的产品质量及生产技术规程总计 41 个标准。与此同时，各地也在积极推进此项工作，制定了无公害蔬菜的地方性法规或政策。

（2）建立健全蔬菜产品质量监督检验测试网络　2000 年农业部蔬菜品质监督检验测试中心（北京、成都、广州）相继建立，在各主要大、中城市建立的有关农产品质量监督检验测试机构中，均把蔬菜产品质量的检验测试和监督作为重要的工作任务之一；在一些大、中型超市、批发市场、蔬菜加工企业以及蔬菜配送中心等部门，加强了针对有机磷类和氨基甲酸酯类农药残留量的快速检测。目前，全国大、中城市蔬菜产品质量安全的监督检验测试网络已初步形成。

（3）对无公害蔬菜产品及加工品实行认证和标识管理　为了树立无公害农产品统一质量安全形象，维护无公害农产品生产者、经营者和消费者的合法权益，经国家认证认可监督委员会批准，2003 年，"农业部农产品质量安全中心"（以下简称"中心"）成立。其主要任务是对全国无公害农产品实行统一认证和标识管理。只有经"中心"认证合格，颁发认证证书，并在产品及产品包装上使用全国统一的无公害产品标志的食用农产品才能在全国市场上销售。

（4）制定相关政策，调动广大菜农的积极性　利用市场机制，全面推行优质优价政策；通过基地建设及技术培训、市场专销等充分调动广大菜农的积极性。

3. 强化源头治理　强化源头治理就是加大对生产环节的治理，是保证蔬菜产品质量安全的根本。2002 年、2003 年，农业部分两批在全国创建了无公害农产品生产示范基地共计 200 个，其中蔬菜无公害生产示范基地计 115 个，同时还建立了蔬菜出口示范基地 10 个。

4. 加大科技投入　在世界贸易组织规则允许的范围内，加大对蔬菜产品质量安全管理（包括制标、检验检测和监督、认证、基地和销售市场建设、市场信息体系建立等）的支持和投入；在第十个五年计划期间（2001—2005），蔬菜抗病、虫新品种选育，无公害蔬菜生产技术的研究和推广，新型生物农药研究和产业化，农药残留免疫及检测试剂盒的研制等，被列入国家重点科技攻关项目、863 项目、947 项目、农业跨越计划、丰收计划等，加大了对蔬菜产品安全质量的科技攻关和技术推广。

（三）无公害蔬菜生产关键环节

1. 生产基地的选择及环境质量评价　首先对产地环境进行考察，以大气环境质量较好、尽量远离城镇及污染源，并能以相对稳定为前提，选择具有可持续生产能力的农业生产区域，经检测后符合中华人民共和国农业行业标准《无公害食品　蔬菜产地环境条件》（NY 5010—2002），形成无公害蔬菜产地环境质量评价报告。这对于基地的选择具有重要的指导意义，也是蔬菜安全生产的基础。在蔬菜生产过程中，应定期对环境质量进行监测，并建立档案。

无公害蔬菜产地环境质量检测内容包括：① 空气质量要求，项目有总悬浮颗粒物、二氧化硫、氟化物含量；② 灌溉水质量要求，项目有 pH、化学需氧量、总汞、总镉、总砷、总铅、总铬、氰化物、石油类、粪大肠菌群；③ 土壤环境质量要求，项目有汞、镉、砷、铅、铬。

2. 优良品种的选用　选用适宜于当地的高产、优质、抗病虫的优良品种；选用硝酸盐富集量低的优良品种等。

3. 农药的合理使用　首先，应该优先选择植物源、动物源及微生物源农药（应严格控制各种遗传工程微生物制剂的使用）；其次，严格禁止使用国家已明令禁止在蔬菜作物上使用的化学农药，严格按照规定的用药浓度、用量、复配比例和配制方法用药，并执行化学农药的安全间隔期；第三，要多种适用农药的交叉使用，可提高药效，防止病、虫产生抗药性。

4. 肥料的合理使用　目前，国内外在生产中使用的肥料主要有：有机肥，如堆肥、沼气肥、厩肥、绿肥、泥肥、腐殖酸类肥料以及工业有机副产品鱼渣、骨粉等动物加工废料；微生物肥料，如根瘤菌肥、固氮菌肥料、磷细菌肥料等；矿物肥料，如矿物钾肥、矿物磷肥、石灰石、硫肥等，以及化学合成的硫酸铵、尿素、磷酸二铵等。为了合理施肥，需要贯彻有机肥料与化学肥料配合施用的原则；保证氮、磷、钾养分之间的平衡和大量元素与微量元素养分之间的平衡；采用基肥、种肥和追肥并用的原则；实行测土配方施肥，确保农田土壤中养分平衡。应限制使用城市、医院、工业区等有害的垃圾、污泥、污水。

在肥料的使用方法上，要注意以下几点：①有机肥必须经过适当的处理后才能使用，如沼气液肥、垃圾肥等必须符合有关卫生标准，不可影响土壤的生态环境和产品卫生；作物秸秆提倡堆沤还田和过腹还田；绿肥的种植和使用不能影响主体作物（蔬菜），即使使用经过无害化处理的农家液态有机肥也要施入土壤中，不可直接浇泼于蔬菜植株上。②根据蔬菜作物需要，合理使用富含氮素的肥料，尤其要限量使用硝态氮肥。③追施氮素化肥的时间与产品收获期之间有规定的安全间隔期，如最后一次追施尿素的时间，要在蔬菜产品收获前 30d 以上。进行叶面追肥，要在收获之前 20d 停止施用。

5. 优良菜田生态环境的培植　培植优良菜田生态环境的目的有两方面：一是为蔬菜作物的生长发育创造良好的条件，增强对病、虫为害及对逆境的抵抗力；二是减轻病、虫害的发生和发展。

主要措施有：实行轮作、间作、套种，建立合理的耕作制度和群体结构；合理灌溉及平衡施肥；优化栽培设施内的环境调控；清洁田园，切断病原、害虫的传播途径。

6. 病虫害非药物防治　主要措施有：

（1）采用设施防护　覆盖防虫网、遮阳网或塑料薄膜，兼有防虫、防暴雨、遮阳降温、保温、增产等作用。

（2）人工清除中心病株和病叶，捕杀害虫　当田间出现中心病株或病叶时，及时拔（摘）除，防止传播给其他植株；当害虫个体较大，密度较小时，可人工捕杀。

（3）诱杀和驱避　诱杀包括灯光诱杀、食饵诱杀、色板诱杀害虫；驱避是指用覆盖银灰色遮阳网、银灰色薄膜条驱避蚜虫等。

（4）高温消毒　指对种子、土壤等进行高温消毒，杀灭各种病源物和害虫；在塑料大棚蔬菜生长期间，利用高温（46～48℃，维持2h）闷棚，防治霜霉病、白粉病、角斑病、黑星病等。

（5）加强田间管理，培育壮苗，嫁接育苗。

（6）农业工程改土　包括在设施内小面积客土，更换被污染的耕层土壤；深翻土地及采用基质栽培等，减少土传病、虫为害。

（7）生物防治　包括通过保护和利用本地自然天敌昆虫、人工繁殖和释放天敌昆虫和引进外来的天敌，以及利用微生物治虫、治病等。

（8）物理及机械防治　如利用太阳晒干种子可以杀死病菌、防虫防霉、增加耐贮性；用高酯膜、黄板诱杀蚜虫、白粉虱及潜叶蝇等。

（李花粉）

（本章主编：李花粉）

◆ 主要参考文献

[1] 陈小勇，成海霞. 二氧化硫对蚕豆叶片伤害类型的研究. 植物资源与环境，1994，3（3）：49～53

[2] 杜学勤等. 北京市大白菜P污染情况调查. 环境与健康，1987（5）：14～18

[3] 冯恭衍，张炬，吴建平. 宝山区蔬菜重金属污染研究. 上海农学院学报，1993（1）：43～50

[4] 冯恭衍，张炬，吴建平. 宝山区蔬菜地土壤重金属污染的环境质量评价. 上海农学院学报，1993（1）：35～42

[5] 付玉华，李艳金. 沈阳市郊区蔬菜污染调查. 农业环境保护，1999（1）：36～37

[6] 耿建梅，丁淑英. 降低蔬菜中硝酸盐含量的途径及其机制. 四川环境，2001，20（2）：27～29

[7] 国家环境保护局. 环境统计资料汇编. 北京：中国环境科学出版社，1988

[8] 廖自基. 微量元素的环境化学及生物效应. 北京：中国环境科学出版社，1992

[9] 刘东华，蒋悟生，李懋学. Cd对洋葱根尖生长和细胞分裂的影响. 环境科学学报，1992，12（4）：439～443

[10] 楼根林，张中俊，伍钢等. Cd在成都壤土和几种蔬菜中累积规律的研究. 农村生态环境，1990，6（2）：40～44

[11] 马成仓，李清芳. 汞对大豆幼苗生长发育和营养代谢的影响. 农业环境保护，1999，18（1）：22～24

[12] 潘洁，陆文龙. 天津市郊区蔬菜污染状况及对策. 农业环境与发展，1997（4）：21～24

[13] 彭永康等. 苯酚对蔬菜幼苗生长及氧化酶同工酶的影响. 环境科学学报，1990，10（4）：501～505

[14] 秦天才，吴玉树，王焕校等. 镉、铅及其相互作用对小白菜根系生理生态效应的研究. 生态学报，1998，18（3）：320～325

[15] 沈明珠，孔再德. 北京地区烟尘污染对蔬菜的影响. 农业生态环境，1987，6（4）：1～6

[16] 覃广泉，张伟峰. 苯酚对菜心幼苗生长代谢的影响. 仲恺农业技术学院学报，1996，9（1）：62～66

[17] 汪雅谷，卢善玲，周根娣等. 滨海地区灌溉水中氯化物含量对青菜生长和Cl⁻积累的影响. 上海农业学报，1997，13（3）：26～30

[18] 汪雅谷等. 上海地区主要蔬菜中重金属元素含量背景水平. 农业环境保护，1994，13（1）：34～39

[19] 王丽凤，白俊贵. 沈阳市蔬菜污染调查及防治途径研究. 农业环境保护，1994，13（2）：84～88

[20] 许嘉琳，杨居荣. 陆地生态系统中的重金属. 北京：中国环境科学出版社，1995

[21] 杨永岗，胡霭堂. 南京市郊蔬菜（类）重金属污染现状评价. 农业环境保护，1998，17（2）：89～91

[22] 尹睿，林先贵，王曙光等. 农田土壤中酞酸酯污染对辣椒品质的影响. 农业环境保护，2002，21（1）：20～22

[23] 张富强，岳振华，王翠红等. 邵阳市郊菜园土及部分蔬菜重金属和氟污染状况的研究. 湖南农学院学报，1993，

19 (2)：143～150

[24] 张莹，杨大进，方从容等. 我国食品中有机氯农药残留水平分析. 农药科学与管理，1996，17 (1)：20～22

[25] 赵玲，马永军. 有机氯农药残留对土壤环境的影响. 土壤，2001 (6)：309～311

[26] 周易勇，刘同仇，邓波儿. 六价铬污染对小白菜产量、养分吸收及若干生理指标的影响. 环境科学学报，1990，10 (2)：255～257

[27] 周易勇，刘同仇，邓波儿. 六价铬污染对红菜薹产量、品质、养分吸收及叶片酶活性的影响. 农业环境保护，1990，9 (3)：25～26

[28] 朱文江等. 工厂的氟污染对蔬菜含氟量的影响. 环境科学学报，1989，9 (1)：105～110

[29] 朱有为. 若干蔬菜和菜区土壤的重金属含量调查. 上海环境科学，1992，11 (2)：27～29

[30] 中华人民共和国农业部农药检定所. 农产品农药残留限量标准汇编. 北京：中国农业出版社，2001

[31] 王晶. 蔬菜中硝酸盐的危害和标准管理. 中国蔬菜，2003 (2)：1～3

[32] 刘明池，陈殿奎. 氮肥用量与黄瓜产量和硝酸盐积累的关系. 中国蔬菜，1996 (3)：26～28

[33] 王晶. 蔬菜中硝酸盐的危害和标准管理. 中国蔬菜，2003 (2)：1～3

[34] 安志信，姜黛珠，赵树春等. 无公害蔬菜生产实用技术. 银川：宁夏人民出版社，2002

[35] 张真和，李健伟. 无公害蔬菜生产技术. 北京：中国农业出版社，2002

[36] 蔡道基等. 农药环境毒理学研究. 北京：中国环境科学出版社，1999

[37] 杨永珍. 中国农药安全管理. 见：江树人主编. 农药与环境安全国际会议论文集. 北京：中国农业大学出版社，2003

[38] 韩喜莱等. 中国农业百科全书·农药卷. 北京：农业出版社，1993

[39] 朱国仁. 研发无公害蔬菜 拓宽国内外市场. 中国食物与营养，2003 (10)：41～43

[40] 张大弟，张晓红. 农药污染与防治. 北京：化学工业出版社，2001

[41] 吴宁永等. 现代食品科学. 北京：化学工业出版社，2003

[42] 朱国仁，徐宝云，李惠明等. 蔬菜产品的农药污染及预防对策. 见：中国科学技术协会编. 2000年病虫害防治绿皮书. 北京：中国科学技术协会出版社，2000

[43] 汪雅谷，张四荣. 无污染蔬菜生产的理论与实践. 北京：中国农业出版社，2001

[44] 徐铭传，门世恒，周海清等. 青州市2002年蔬菜产量、产值、成本状况调查. 蔬菜，2003 (9)：5～7

[45] 北京农业大学农药教研组. 植物化学保护. 北京：农业出版社，1961

第二篇

各 论

中国蔬菜栽培学

ZHONGGUOSHUCAIZAIPEIXUE

第九章

根菜类蔬菜栽培

凡是以肥大的肉质直根为产品器官的蔬菜作物，统称为根菜类蔬菜。此类蔬菜主要包括十字花科（Cruciferae）的萝卜、芜菁、芜菁甘蓝、山葵；伞形科（Umbelliferae）的胡萝卜、根芹菜、美洲防风；菊科（Compositae）的牛蒡、菊牛蒡、婆罗门参；藜科（Chenopodiaceae）的根恭菜等。目前，中国栽培广泛的根菜类蔬菜是萝卜、胡萝卜，次之为芜菁甘蓝、牛蒡、芜菁等，根恭菜、根芹菜、山葵、美洲防风、婆罗门参等只有少量种植。

根菜类蔬菜的产品可以炒食、煮食、腌渍、加工和生食。其产品器官耐运输、贮藏，货架寿命较长。此类蔬菜不仅是冬春的主要蔬菜，而且因类型、品种多，年内可多茬栽培，基本上可实现周年均衡供应。根菜类蔬菜的产品器官营养丰富，富含碳水化合物、多种维生素和矿物质，又多具食疗价值，有利于增进人体健康，颇受广大消费者欢迎。中国根菜类蔬菜的加工制品，也是传统的出口商品，如常州的五香萝卜干、扬州的罐制萝卜头、温州的盘菜等，均远销东南亚各国。近 10 年来，根据日本、韩国等国际市场的需求，腌制萝卜品种，保鲜胡萝卜、牛蒡，以及辣根等品种栽培面积迅速扩大，出口量增加很快。

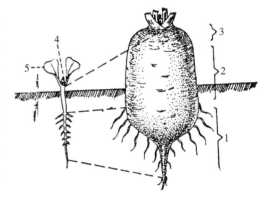

图 9-1　萝卜的肉质根
1. 真根部　2. 根颈部　3. 根头部
4. 第 1 真叶　5. 子叶
（李鸿渐，1982）

根菜类蔬菜的产品器官肉质根是由短缩茎、下胚轴和主根上部膨大形成的复合器官，在栽培学上称为根头部、根颈部和真根三个部分（图 9-1），但各部分所占的比例则因种类和品种而异。根头部即为短缩的茎部，由幼苗子叶以上的上胚轴发育而来，其上着生叶和芽。芜菁甘蓝和根芥菜的根头部特别发达。根颈部也称轴部，由幼苗的下胚轴发育而来，此部位不长叶和芽，也不生侧根。一部分品质优良的生食萝卜品种，如潍县青、卫青等品种，根颈部发达。真根部由幼苗的胚根发育而来，其上着生侧根。属于十字花科和藜科的根菜类蔬菜，侧根皆为两列；属于伞形科的根菜类蔬菜，侧根为四列。十字花科根菜类蔬菜的子叶展开方向，与两列侧根着生的方向一致。根菜类蔬菜肉质根的根头、根颈、真根三部分，在结构和功能上形成为一个统一体，是同化产物的贮藏器官，也起输导和支撑作用。

根菜类蔬菜在生物学特性和栽培上有以下共性：

首先，多数根菜类蔬菜都原产于温带地区，多为较耐寒、喜冷凉气候的二年生植物，须在低温、长日照环境中完成阶段发育。一般是在秋季冷凉季节和短日照条件下形成肥大的肉质根，翌春抽薹、

开花、结实。由于栽培的需要，多数根菜类蔬菜也形成了适于不同季节栽培的品种，但就总体情况来看，不论是春播品种，还是秋播或夏播品种，在早春播种后，只要经历一定的低温影响，完成春化阶段之后，当年即能抽薹、开花、结实，而成为一年生植物。

第二，根菜类蔬菜肉质根的膨大需要冷凉、光照充足和具有一定昼夜温差的气候环境。一般情况下，在其生长过程中，气温由高变低，日照由长变短，温差日趋加大，易获得优质、高产。但是，有些冬性强的春播品种，在气温由低到高、日照由短变长的条件下，可以形成肉质根；有些较耐热的品种，在温度较高的夏秋季节，亦能正常生长并形成肉质根。以上说明，在长期的自然和人工定向选择下，可以形成适于春、夏季栽培的优良品种。

第三，根菜类蔬菜有发达的直根系，其根系吸收水、肥的能力较强，故有较强的适应性和易栽培的特点。但要获得优质、高产，须选择土层深厚、肥沃、疏松、排水良好的沙质壤土或壤土栽培。土层浅、土质黏重或多砖石瓦砾，则根系和肉质根生长不良，产量低，且易形成畸形肉质根，品质差。所以，种植根菜类蔬菜选择适宜土壤尤为重要。

第四，根菜类蔬菜多数是用种子繁殖的异花授粉作物。在进行种子繁殖时，不同品种（或变种）之间，须严格隔离，防止发生天然杂交。在采种田附近，也要注意清除近缘野生植物，以保持品种纯度。在栽培上，除了根用芥、芜菁、芜菁甘蓝可行育苗移栽外，其他根菜都行直播，以避免因移栽伤根而影响肉质根的形状，降低商品质量。在栽培上还应注意同科的根菜，多有共同的病害，须避免连作。

第一节　萝　卜

萝卜是十字花科（Cruciferae）萝卜属中能形成肥大肉质根的一、二年生植物，学名：*Raphanus sativus* L.，古称：葵、芦菔、莱菔，萝卜一名是唐代才开始采用的。元·王祯《农书》（1313）中还称为土酥、破地锥。一般作为一年生作物栽培。关于萝卜的起源有多种说法，现今一般认为萝卜的原始种起源于欧、亚温暖海岸的野萝卜（*Raphanus raphanistrum* L.）。萝卜是世界古老的栽培作物之一。远在 4 500 年前，萝卜已成为埃及重要的食品。萝卜在中国栽培的历史悠久。在《尔雅》（公元前 2 世纪）一书中已有记载，称萝卜为葵、芦菔（菔）。在南北朝后魏·贾思勰《齐民要术》（6 世纪 30 年代或稍后）中也有"种菘萝卜法"和"菘根萝卜菹法"，"菹"是腌制的意思，说明当时已有萝卜加工技术。宋·苏颂等著《图经本草》（1061）提到莱菔"南北皆通有之……北土种之尤多"。说明当时中国萝卜的栽培已遍及全国。萝卜在中国北方为冬春供应的主要蔬菜，而在中国南方则周年栽培。萝卜肉质根中富含人体需要的营养物质。其中，淀粉酶的含量高，一般为 200～600 个酶活性单位。萝卜具蔬菜、水果、加工腌制品等多种用途。此外，白萝卜的根、叶子及收种后的老萝卜（地骷髅），有祛痰、消积、利尿、止泻等效用，萝卜及种子中的芥子油 $[(C_3H_5)\text{-}S\text{-}C\equiv N]$ 对大肠杆菌等有抑制作用。因而萝卜也是药用植物之一，并为中国人民所喜爱，故在蔬菜栽培和周年供应中有重要地位。

一、生物学特性

（一）植物学特征

1. 根　萝卜有发达的直根系，根系入土较深。小型萝卜的主根深 60～150cm，展度 60～100cm。大型萝卜（如济南青圆脆萝卜）播种后 85d 在近收获时主根深达 178cm，展度达 246cm，并且根系的生长在各时期内随植株生长而不断扩展（表 9-1）。了解萝卜根系各期生长的情况，可为土壤耕作和水肥管理提供科学依据。

表 9 - 1 济南青圆脆萝卜根系在各时期内的生长

(王贵臣，1964)

时　期	播种后日数 (d)	主根深度 (cm)	侧根展度 (cm)	深度/展度	主要根系分布深度（cm）
发芽前期	5	12.30	5.2	2.32	0.4～1.7
发芽后期	5	34.60	32.40	1.07	2.0～70
幼苗期	13	67.20	78.00	0.86	3.0～22.0
莲座期	20	136.80	163.00	0.84	2.0～45.0
肉质根生长盛期	42	178.00	246.00	0.73	1.0～50.0

　　萝卜肉质根的形状、大小、色泽等，因品种不同而异。肉质根有圆、扁圆、卵圆、圆柱、长圆柱、圆锥、长圆锥、纺锤等形状。

　　肉质根的皮色有白、粉红、紫红、绿、深绿等色，东欧和法国还有黑皮萝卜。萝卜的肉质色多为白色，但也有淡绿、紫红等色。如北京心里美和扬州西瓜红等品种的肉质为紫红色。肉质根皮色是由周皮层内有无色素决定的。周皮层的细胞含有花青素的，即呈红皮或紫皮，含有叶绿素的，即为绿皮，不含色素的为白皮。在萝卜肉质根的木质部薄壁细胞组织内，含有花青素或叶绿素时，则决定肉质的紫色或绿色。

　　萝卜肉质根的大小差异很大，小者如四季萝卜单株根重仅数十克，大的如拉萨大萝卜，重达10～15kg。

　　萝卜由短缩茎、下胚轴和主根上部形成肥大的肉质根，其内部结构也有一系列的变化（图 9 - 2）。种子时期胚根的初生结构，随着幼芽的生长，逐渐被初生形成层分化的次生结构所代替。"小破肚"时，在次生木质部中，就有些导管周围的薄壁细胞恢复分生能力，成为副形成层。副形成层又产生三生木质部及韧皮部，即三生结构。肉质根的膨大，主要是初生形成层及副形成层不断分生薄壁细胞及薄壁细胞膨大生长的结果。

　　2. 叶　萝卜的叶在营养生长时期丛生于短缩茎上。叶的形状、大小、色泽与叶丛伸展的方式等因品种而异。叶形有板叶（枇杷叶）、花叶（大头羽状全裂叶）之分。叶色有淡绿、浓绿、亮绿、墨绿之别，叶柄与叶脉也有绿、红、紫等色。叶片、叶柄多有茸毛，中肋粗大，正面有沟。花茎上的叶较小。叶丛伸展有直立、半直立、平展和塌地等方式。直立型的品种较适于密植，平展型的不宜种植太密。

　　3. 茎　萝卜植株通过温、光周期后，由顶芽抽生花茎，高 100～120cm，称为主枝。主枝叶腋间发生侧枝，侧枝叶腋可发生二级侧枝等。主、侧枝上都直接着生花。

　　4. 花　萝卜为总状花序。花瓣 4 片排列呈十字形。花色有白、粉红、淡紫等色。主枝上的花先开，自下而上逐渐开放。全株花期 30～35d，每朵花开放期为 5～6d。萝卜为虫媒花，天然异交作物，采种田，品种之间需隔离 2 000m，有树林建筑物遮护地区也要相隔 1 000m。

　　5. 果实　果实为角果。种子着生在角果内，果实成熟后不开裂。每一果实中有种子 3～10 粒，种子为不规则圆球形，种皮为浅黄至暗褐色。一般肉质根白色或绿色的品种，种皮色泽较深，红色品种的种皮，色较淡。种子千粒重 7～15g。种子发芽力可保持 5 年，但生产上宜用 1～2 年的种子。

　　（二）对环境条件的要求

　　1. 温度　萝卜原产于温带，为半耐寒性植物。种子在 2～3℃开始发芽，适温为 20～25℃。幼苗期能耐 25℃左右较高的温度，也能耐 −3～−2℃的低温。萝卜叶丛生长的温度范围可比肉质根生长的温度范围广些，为 5～25℃，生长适温为 15～20℃；而肉质根生长的温度范围为 6～20℃，适宜温

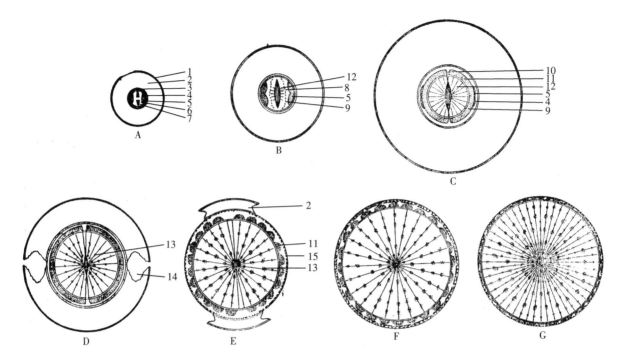

图 9-2　济南青圆脆萝卜肉质根内部结构的变化过程

A. 种子时期胚根的内部结构（×35）　　B. 幼苗"破心"时根的内部结构（×30）　　C. 幼苗"拉十字"时根的内部结构
（×35）　　D. 幼苗"小破肚"时根的内部结构（×16）　　E. 幼苗"大破肚"时根的内部结构（×5.5）　　F. 肉质根"露肩"
时肉质根的内部结构（×1.2）　　G. 肉质根"圆腚"时肉质根的内部结构（×0.6）

1. 表皮层　2. 皮层　3. 内皮层　4. 中柱鞘　5. 初生韧皮部　6. 薄壁组织　7. 原生木质部　8. 后生木质部　9. 初生形成层
10. 射线　11. 次生韧皮部　12. 次生木质部　13. 次生形成层及三生结构　14. 皮层开始裂开　15. 周皮

（王贵臣，1964）

度为 13～18℃。所以萝卜营养生长期的温度以由高到低为好，前期温度高，出苗快，形成繁茂的叶丛，为肉质根的生长建立基础。以后温度逐渐降低，又有利于光合产物的积累，当温度逐渐降低到 6℃以下时，则生长很慢，肉质根膨大渐停止，即至收获期。当温度低于−2～−1℃时，肉质根就会受冻。此外，不同的类型和品种，能适应的温度范围并不一样。例如四季萝卜与夏秋萝卜，肉质根生长能适应的温度范围较广，为 6～25℃；有的品种耐热性会更强一些。根据这个规律，生产上就可以将不同类型的品种，安排在不同的季节中栽培，以达周年供应的目的。

萝卜是低温感应的蔬菜，萌动种子、幼苗、肉质根生长及贮藏等时期都可以接受低温影响而完成春化作用，其温度范围因品种而异。根据李鸿渐、李盛萱分别于 1956—1957 年及 1964 年的研究证明，中国萝卜的品种（包括大、中、小各类型）完成春化所需的温度范围为 1.0～24.6℃。在 1～5℃较低的温度条件下春化完成的快，而在较高的温度下则慢。1980—1981 年，李鸿渐等进行的萝卜品种春播试验指出，萝卜每个品种完成春化所需低温的情况，与该品种所在地的环境条件有关。如广东的火车头、南京的穿心红及天津的早红萝卜，随所在地纬度的增高，春播后现蕾所需的日数增多，即冬性增强。另外，随品种所在地海拔高度的提高或栽培季节越冷凉等都有冬性增强的趋势。

2. 水分　适于肉质根生长的土壤相对含水量为 65%～80%，空气相对湿度为 80%～90%。但是土壤水分也不能过多，否则土壤中空气缺乏，不利于根的生长与对肥水的吸收，而且易引起肉质根表皮粗糙，根痕处生有不规则的突起，影响品质。中国萝卜形成一个单位重量的干物质，要消耗 600 个单位的水分，四季萝卜则消耗 800 个单位的水分。土壤过于干旱，气候炎热，则肉质根的辣味增强，品质不良。在肉质根膨大期，如果水分供应不匀，则肉质根容易开裂。

3. 土壤营养 栽培萝卜以富含腐殖质、土层深厚、排水良好的沙壤土为最好，黏重土壤仅宜于肉质根入土浅的露身品种栽培，如杭州的钩白萝卜、北京的露八分萝卜等。耕层过浅，影响肉质根正常生长，易产生畸形根。对腐殖质缺乏的土壤，应施用有机肥料进行土壤改良。土壤的 pH 以 6～7 为适合。四季萝卜对土壤酸碱度的适应性较广，pH 可在 5～8 之间。萝卜对营养元素的吸收量，以钾最多，次为氮、磷（图 9-3）。而萝卜植株在各生长期中对营养元素的吸收量，则以肉质根的生长盛期吸收量最大，尤以对磷、钾的吸收量与增长率最大、最快。所以对萝卜的施肥，不宜偏施氮肥，应该重视钾肥、磷肥的施用。

此外，施用含氮、磷、钾不同的肥料，对产量的影响也大，其中以施用完全肥料的增产效果最明显（表 9-2）。

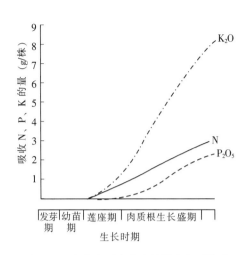

图 9-3 济南青圆脆萝卜植株在各时期内
对氮、磷、钾的吸收量
（王贵臣，1964）

表 9-2 增施不同肥料对潍县青萝卜产量的影响

（刘光文、何启伟，1979）

施肥名称	肥料数量（kg/hm²）	单株平均重（kg）	小区产量（kg）	折合产量（kg/hm²）	增减（%）	平均可溶性固形物（%）
尿素	300	0.47	17.0	56 670.0	0	5.5
磷钾肥	过磷酸钙 750 磷酸钾 150	0.55	19.8	73 162.5	29.1	5.8
复合肥	750	0.59	21.1	70 002.0	23.5	6.3
饼肥	1 125	0.52	18.8	62 670.0	10.5	5.8
硫酸钾	300	0.47	16.8	55 669.5	−1.76	6.8
草木灰	1 500	0.55	19.7	65 337.0	15.3	5.2

注：基肥是土杂肥，每公顷 45 000kg。

常丽新（2002）采用盆栽方法研究了钾肥在萝卜（五缨水萝卜）上的施用效果，认为施钾对水萝卜的株高、叶片数无显著影响，但可提高其肉质根产量，增加维生素 C 及钾素含量，降低硝态氮含量。施用钾肥对水萝卜品质的影响见表 9-3。

表 9-3 使用钾肥（K₂O）对萝卜品质的影响

（常丽新，2002）

处理（g/kg）	可溶性固形物（%）	蛋白质（mg/kg）	维生素 C（mg/kg）	硝态氮（mg/kg）	钾素含量（%）	
					地上部	肉质根
0	4.5 a	210 a	160 b	290 a	2.61 eD	1.79 cC
0.2	4.3 a	225 a	384 ab	284 a	3.34 bC	1.95 Cc
0.4	4.0 a	236 a	400 ab	200 b	3.98 cB	3.53 aA
0.6	4.2 a	231 a	320 b	194 b	4.24 bB	2.28 bB
0.8	4.3 a	236 a	304 b	174 b	4.77 aA	1.87 cC

4. 光照 萝卜同其他根菜作物一样，需要充足的光照。光照充足，植株健壮，光合作用强，物质积累多，肉质根膨大快，产量高。如果在光照不足的地方栽培或株行距过小，杂草过多，植株得不到充足的阳光，碳水化合物的制造和积累少，则肉质根膨大慢，产量就降低，品质也差。

萝卜的光周期效应属长日照作物。完成春化的植株，在长日照（12h以上）及较高的温度条件下，花薹、花枝抽生较快。因此，萝卜春播时容易发生"未熟抽薹"现象，而在秋季栽培时，则有利于肉质根的形成。

（三）生长发育特性 萝卜的生长发育过程，可以分为营养生长和生殖生长两个时期。

1. 营养生长时期 萝卜的营养生长时期，是从播种后种子萌动、出苗到形成肥大的肉质根的整个过程。在这个过程中由于生长特点的不同，又分为发芽期、幼苗期和肉质根生长期。

（1）发芽期 由种子萌动到第1片真叶显露为发芽期，此期4～5d。该期靠种子内贮藏的养分和外界的适宜温度、水分、空气等条件进行种子萌发和子叶出土，因而种子的质量、种子的贮藏条件和贮藏年限等，都影响种子发芽率、幼苗生长及产量形成。发芽期需要较高的土壤湿度和25℃左右的温度，在此温度下播种后3d左右即可出苗。发芽期对肥料的吸收量很小，并以氮为多，其次为钾，磷最少。

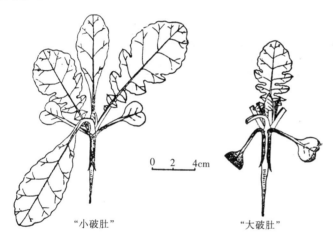

图9-4 济南青圆脆萝卜的"破肚"

（王贵臣，1963）

（2）幼苗期 从第1片真叶显露到"大破肚"（"破白"）为幼苗期。此期有7～9片真叶展开，需时15～20d。"破肚"是先由下胚轴的皮层在近地面处开裂，这时称"小破肚"，此后皮层继续向上开裂，数日后皮层完全裂开，这时称为"大破肚"（图9-4）。"破肚"为肉质根开始膨大的象征。

萝卜由播种发芽到"大破肚"，及由"大破肚"到肉质根长成所需要的时间，因品种与气候条件而异。如杭州在7月初播种的钩白萝卜（中型种），由播种到"大破肚"需时15～20d，由"大破肚"到收获也只需20～25d。而大型萝卜由播种到破肚的时间与中型种差异不大，也仅为20d左右，但由"大破肚"到肉质根形成的时间则比中、小型品种需要的时间长的多。

幼苗期幼苗叶不断地展开和生长，苗端进行莲座叶的分化，根系加快纵向和横向的生长，但以纵向生长为主。此期植株吸收氮、磷、钾的量，仍以氮最多，次为钾，磷最少。此期是幼苗生长迅速的时期，要求充足的营养及良好的光照和土壤条件。所以，应酌情施提苗肥，小水勤浇，并需及时间苗、中耕和定苗，以促进苗齐苗壮。

（3）肉质根生长期 由肉质根"大破肚"到产品收获。此期肉质根进行次生生长，在纵向生长的同时，由于细胞膨大、细胞间隙也不断增大，横向生长加快，因而肉质根逐渐表现出品种的特征。此期又分为两个阶段。

①肉质根生长前期（又称莲座期或叶部生长盛期）。由"大破肚"到"露肩"。萝卜在"大破肚"之后，随着叶的增长，经20～30d，肉质根不断膨大，根肩渐粗于根顶部，称为"露肩"。此期是叶丛旺盛生长的时期，而肉质根也迅速膨大。子叶与2个基生叶已完全脱落，莲座叶的第1个叶环完全展开，并继续分化和生长第2、第3个叶环的幼叶，叶面积迅速扩大，同化产物增加，根系吸收水肥能力增强，植株的生长量比幼苗期大大增加，肉质根加长生长与加粗生长都很迅速，但地上部的生长

量仍超过地下部的生长量。

此期根系吸收氮、磷的量比前期增加了3倍，吸收的钾比前期增加了6倍。吸收肥料的量则以钾最多，次为氮，再次为磷。栽培技术上，在莲座期的初期与中期，应增施水肥，促进形成大的莲座叶。此后应有较低的夜温，并适当控制水肥，使莲座叶的生长稳定下来。在莲座叶生长的后期又要大量追施完全肥料，为以后肉质根旺盛生长打下基础。此期温度以15～20℃为宜。

②肉质根生长盛期。由"露肩"到产品收获。此期为肉质根迅速生长的时期。肉质根迅速膨大，叶丛生长逐渐减慢而达稳定状态，大量的同化产物运输到肉质根内贮藏，因而肉质根生长迅速，地上叶部与地下根部很快达到平衡。此后肉质根迅速超过地上部的生长，到本期末期，叶的重量仅及肉质根重量的20%～50%，此期肉质根的生长量为肉质根总量的80%左右。氮、磷、钾的吸收量也为总量的80%以上。营养元素吸收量仍以钾最多，次为氮，磷最少。此期吸收的无机营养有3/4用于肉质根的生长，故此期土壤中要有大量的水肥供应，并需要13～18℃较低的温度，以利养分的积累与肉质根的膨大。肉质根充分生长的后期，仍应适当浇水，保持土壤湿润，避免因干燥引起糠心。萝卜植株在各时期内干物质中氮、磷、钾的含量如表9-4。

表9-4 济南青圆脆萝卜植株在不同时期内干物质中氮、磷、钾的含量（%）

（王贵臣，1964）

时 期		N	P_2O_5	K_2O	共计 (N+P+K)	比率 (N:P:K)
发芽期	前期	5.62	1.90	4.35	11.87	2.96:1:2.29
	后期	5.86	1.41	4.22	11.49	4.16:1:2.99
幼苗期		5.36	1.09	4.33	10.88	4.92:1:4.06
肉质根生长前期		3.95	0.80	5.44	10.19	4.94:1:6.80
肉质根生长盛期		2.41	1.40	5.70	9.51	1.72:1:4.07

肉质根停止膨大后就可采收。中小型品种叶丛的生长期较短，肉质根膨大的停止期早；而大型品种叶丛的生长期长，肉质根的生长停止也比较迟。虽然不同类型品种的肉质根开始膨大的日期相差不远，但是膨大的终止期却相差很大，由此表现早熟或晚熟。

从萝卜的营养生长过程可以看出，叶丛的生长和肉质根的膨大，具有一定的顺序性和相关性。最初是吸收根的生长比叶的生长快，而后转变为叶丛快于肉质根的生长，最后则主要是肉质根的生长。这一变化规律，为制定栽培技术措施提供了依据。生长前期要促进叶片和吸收根的迅速生长。当叶丛生长到一定程度的时候，就应当控制它的生长，使养分往肉质根转移，肉质根才能充分膨大。在肉质根迅速膨大时期，要延长叶片的寿命，并保持比较高的光合能力，使制造的养分往肉质根中运输贮藏，以达到丰产、优质的目的。

四季萝卜也分发芽期、幼苗期和肉质根生长期3个时期。从种子萌动到第1片真叶展开为发芽期，从第1片真叶展开到"大破肚"为幼苗期。但是，四季萝卜从"大破肚"即进入肉质根的旺盛生长期，在此期的初期（5～10d内），叶丛生长比肉质根的生长快，叶重约为根重的1～2倍，中期（10～15d）叶和肉质根的重量相等，后期肉质根的重量显著增加。

2. 生殖生长期 萝卜是一、二年生作物。若冬前播种，肉质根膨大后越冬，翌年春开花结实为二年生。但绝大部分萝卜品种在早春播种，当年能开花结实，完成从种子到种子的整个生育周期，只是各不同品种其冬性强弱不同，现蕾抽薹有早有晚，种子产出量有高有低。萝卜从营养生长转到生殖生长，其主要外观标志是现蕾，其解剖学标志为花芽开始分化。从花芽分化到现蕾所需的时间，不同品种差异很大，一般5～20d，冬性强的需要的时间长，但从现蕾到抽薹均为3～4d。

自抽薹开花始，同化器官制造的营养及肉质根贮藏的养分都向花薹中运送，供抽薹、开花、结实

之用，这时肉质根失去食用价值。为了留好种子，此期需要适当的供给水肥，而至种子近成熟的时期又需干燥，以利种子的成熟。

二、类型及品种

（一）类型　中国栽培的萝卜有长羽裂萝卜（中国萝卜，var. *longipinnatus* Bailey）和四季萝卜（樱桃萝卜，var. *radiculus* Pers.）两个变种。萝卜的品种类型十分繁多，可依根形、根色、用途、收获期、栽培季节及对春化反应的不同等进行类型的划分。

1. 依春化反应划分类型　根据李鸿渐、汪隆植等（1981）对萝卜品种的春化、春播试验，依萝卜各品种对春化反应的不同可分为 4 种类型：

（1）春性类型　未处理的种子在 12.2～24.6℃ 自然条件下就能通过春化。南京春播（3 月 28 日播未处理的种子，以下同），"大破肚" 前即现蕾。此类型品种主要分布在华南、西南各省、自治区、直辖市，如广东省的火车头萝卜、云南省半截红及成都市的半身红等品种。

（2）弱冬性类型　萌动的种子在 2～4℃ 中处理 10d，播种后 24～35d 即现蕾。南京春播，"大破肚" 至 "露肩" 之间现蕾。多为分布在华北及长江流域的部分秋冬萝卜、冬春萝卜及夏秋萝卜品种，如四川的白圆根萝卜、杭州的浙大长、大缨洋红及钩白萝卜等。

（3）冬性类型　萌动的种子在 2～4℃ 中处理 10d，播种后 35d 以上现蕾。南京春播，"露肩" 前后现蕾。多为分布在华北及长江流域的部分秋冬萝卜及春夏萝卜品种，如北京心里美萝卜及南京的五月红萝卜等。

（4）强冬性类型　萌动的种子在 2～4℃ 中处理 40d，播种 60d 后现蕾。南京春播，肉质根长成后有部分现蕾。多为分布在长江中下游地区的部分冬春萝卜与青藏高原的夏秋萝卜，如武汉的春不老萝卜及拉萨的冬萝卜等。

2. 依栽培季节划分类型

（1）秋冬萝卜　秋种冬收，生长期 60～120d。此类型萝卜多为大型和中型品种，品种多，生长季节气候条件适宜。因而，产量高，品质好，耐贮藏，用途多，为萝卜生产中最重要的类型。有红皮品种、绿皮品种、白皮品种、绿皮红肉品种等。

（2）冬春萝卜　此类型萝卜在长江以南及四川省等冬季不太寒冷的地区栽培。晚秋初冬播种，露地越冬，第 2 年春 2～3 月间收获。其特点是耐寒性强，抽薹迟，不易糠心，对增加早春淡季品种有重要作用。

（3）夏秋萝卜　夏季播种，秋季收获，生长期 40～70d。夏秋间正是伏淡季，此类型品种在调剂周年供应上有很大作用。此类型萝卜在生长期间，正是我国广大地区，酷暑高温，病虫害严重的季节，必须加强田间管理工作，才能收到较好的栽培效果。

（4）春夏萝卜　此类型萝卜 3～4 月间播种，5～6 月间收获，生长期 45～70d。多属小型品种，产量不高，供应期短，并且生长期间有低温长日照的发育条件，如栽培不当，则容易未熟抽薹。

（5）四季萝卜　多为扁圆形或长形的小型萝卜，生长期极短，在露地除严寒酷暑季节外随时皆可播种。冬季可进行保护地栽培。四季萝卜较耐寒，适应性强，抽薹也迟。

（二）品种

1. 薛城长红　山东省枣庄市地方品种。叶直立性，叶脉、叶柄与心叶皆为鲜紫红色。根长圆柱形，单株根重 1～1.2kg，根部 1/2 露出地面，皮红、肉白、汁多、不辣，宜煮食与加工腌制。生长期 90～100d。

2. 红丰 2 号　沈阳市农业科学院于 1988 年育成的一代杂种。叶丛半直立，花叶型，叶深绿色，叶柄、叶脉为红色。肉质根圆形，须根少，顶部小。皮为红色，光洁，肉白色，肉质细腻，水分适中，品质佳。单株根重 1 250g。抗病毒病和霜霉病，耐贮藏。在辽宁省生长期为 80～85d。

3. 拉萨冬萝卜　西藏地方品种。叶丛半直立，叶羽状深裂，绿色，叶柄粉红色。肉质根长圆柱形，约 1/2 露出地面，皮为紫红色或红色，入土部分为白色。肉白色。肉质粗细中等，甜脆，水分适中，不易糠心，耐贮藏。冬性强，不易抽薹，从播种到收获约 120d。宜熟食，也可生食及加工腌渍。最大单株根重可达 15kg。

4. 潍县青萝卜　山东省潍坊市地方品种。叶丛半直立，羽状裂叶，叶色深绿。根为长圆柱形，根部 4/5 露出地面，皮为翠绿色，外附白锈，尾端为白色。肉绿色，肉质致密，耐贮藏。汁多味甜，微辣，为著名的水果萝卜。生长期 80～90d，单株根重 500～750g。

5. 卫青萝卜（又名沙窝青）　天津市西郊地方品种。叶丛偏平展，羽状裂叶，叶色深绿。肉质根圆柱形，4/5 露出地面，皮深绿色。肉绿色，肉质致密，质脆多汁，适于生食或熟食，为著名的水果萝卜品种。

6. 丰翘一代萝卜　山西省农业科学院蔬菜研究所育成的一代杂种。叶丛半直立，羽状裂叶，叶色深绿。肉质根圆柱形，1/2 露出地面，皮深绿色，入土部分皮白色。肉淡绿色，肉质致密，有甜味，无辣味，可生食或熟食、腌渍。抗病性强，较耐热，适应性强，耐贮。从播种到收获 85～90d，单株根重 1.5kg 左右。

7. 浙大长萝卜　原浙江农业大学于 1949 年育成。叶丛半直立，羽状裂叶，叶绿色。肉质根长圆柱形，皮肉白色，表皮光滑侧根少，适于煮食和加工腌制。根部 1/2 露出地面。立秋至处暑播种，11 月收获，生长期 70～80d。

8. 火车头萝卜　广东省澄海市地方品种。叶丛半直立，叶片倒披针形，绿色，光滑无毛，近全缘。肉质根长圆柱形，茎部略尖，皮、肉白色。早熟，生长期 60d，单株根重 600～800g。质脆味甜，品质优，熟食最佳，也可制干腌渍。江南各省引进作为夏秋萝卜栽培，8～9 月间供应。

9. 干理想大根　近年从日本引进，主要用于盐渍后出口。株高 40cm，开展度 45cm，叶片深裂，叶色浅绿。肉质根白色，中、下部稍粗，尾部尖细，根长 45～64cm，根最粗处周长 20～25cm。肉质致密，干物质含量高，易脱水干燥。从播种到采收 60d 左右。

10. 北京心里美萝卜　北京市地方品种。叶丛半直立，有板叶和裂叶两种叶形，叶绿色。肉质根短圆柱形，1/2 露出地面，皮绿色，入土部分皮白色。肉质紫红色（草白瓤和血红瓤），肉质脆甜多汁，是优良水果萝卜品种。生长期 80～90d，单株根重 500～600g，较耐贮藏。

11. 鲁萝卜 6 号　山东省农业科学院蔬菜研究所于 1991 年育成的一代杂种。叶丛半直立，裂叶，叶色偏深绿。肉质根短圆柱形，2/3 露出地面，皮绿色，入土部分皮白色。肉质根紫红色，鲜艳，质脆味甜、多汁，为优良的水果萝卜品种。抗病性中等，适应性强，生长期 80d，单株根重 500～600g，较耐贮藏。

12. 大缨洋红萝卜　杭州市郊笕桥一带地方品种。叶丛直立。肉质根扁圆球形，顶部有细颈。单株根重 110～250g。根全部在土中，肉质汁多味甜，极脆嫩，宜生食。在杭州 10 月上旬播种，翌年 2～3 月间收获。

13. 冬春 1 号　武汉市蔬菜研究所育成的一代杂种。叶为裂叶，绿色，主脉绿色，每株叶片数 27～28 片，株高 50cm，开展度约 30cm。肉质根圆锥形，长 26～27cm，出土部分 6～7cm，横径 8～9cm，出土部分皮淡黄色，入土部分白色，肉质细嫩。耐寒性强，抽薹晚，10 月下旬播种，翌年 3 月下旬收获，薹高 15～20cm 肉质根仍不糠心，生长期 155d。

14. 中秋红萝卜　南京农业大学园艺系于 1984 年育成的耐热萝卜品种。花叶，叶丛直立型。肉质根短圆柱形，根长 20cm，横径 8cm，皮色鲜红，肉白色。味微甜，不易糠心，商品性好。该品种耐热，抗病毒病，能在夏季良好地生长，生长期 70～75d，单株根重 400～500g。如于早秋和秋冬栽培，则产量品质更好。

15. 东方惠美　近年由日本引进。叶丛直立，株高 38cm，开展度 50cm，外叶较少，板叶形。肉质根长圆柱形，长 21cm，横径 5cm，上下粗细均匀、白皮、白肉，肉质细腻，品质好。生长期 50d 左右，耐热抗病，适于夏季栽培。

16. 四季红 2 号　南京农业大学育成。半花叶，叶丛开展。肉质根短柱形，红皮白肉。生长期 65～70d，单株根重 300～350g。晚春栽培最佳。

17. 北京六缨水萝卜　北京市郊区地方品种。板叶，每株平均 6～8 叶。肉质根为圆锥形，长 10～20cm，全部在土中，横径 3～3.5cm，单株根重 40～80g。肉质根光滑，皮红肉白，质细嫩，品质优，辣味较浓，宜煮食或生食。耐寒性强，播种后 60d 可收获，迟收易糠心。在北京地区春季露地栽培于 4 月上旬至 4 月下旬播种，5 月下旬至 6 月上旬收获。

18. 白玉春、大棚大根　这 2 个萝卜一代杂种均为近年从韩国引进。花叶，株态开展。肉质根长筒形，皮和肉均为白色，肉质细腻，含水量高，品质好，适宜生食和熟食。生长期 70d 以上，春播不易抽薹，不易发生"糠心"现象。单根重 500g 以上，大的可达 1 200g，是早春种植的优良品种。

19. 白玉　系近年从韩国兴农种子公司引入。叶片直立，适于密植。肉质根长 28～33cm，横径 6～8cm，单根重 1 000g 左右。肉质根外皮上绿下白，肉白色，肉质细腻，含水量高，品质好，更不易糠心。生长期 65～70d。除适宜作春播外，也可以在早春保护地内栽培。

20. 天正春玉 1 号、2 号　山东省农业科学院蔬菜研究所育成的一代杂种。肉质根圆柱形，顶部钝圆，长 30～40cm，横径 6～6.5cm，单根重 800g 左右。约 3/5 入土，白皮、白肉，品质好，可生食、熟食或用于出口。生长期 55～60d，抽薹晚，适于春保护地栽培。

21. 扬花萝卜　早春在南京郊区普遍栽培。板叶。肉质根扁圆形，皮鲜红，肉白色，生食、熟食皆宜。南京地区在 2 月间播种，60～70d 收获；在夏季播种的 25～30d 收获。

22. 上海小红萝卜　上海市从国外引进已栽培多年。花叶，裂成小叶 5 对。肉质根扁圆形，皮为玫瑰紫红色，根尾白色，味甜多汁，肉质脆嫩，宜凉拌生食。立春后 5d 播种，清明间开始收获，芒种时收完。

三、栽培季节和方式

中国幅员辽阔，纬度、海拔高度差异大，气候极为复杂，因而各地区各类型萝卜的播种适期也不相同。不同地区各类型萝卜的栽培季节如表 9-5。

表 9-5　主要地区萝卜的栽培季节

地区	萝卜类型	播种期（月/旬）	生长日数（d）	收获期（月/旬）
上海	春夏萝卜	2/中～3/下	50～60	4月/上～6月/上
	夏秋萝卜	7/上～8/上	50～70	8/下～10/中
	秋冬萝卜	8/中～9/中	70～100	10/下～11/下
南京	春夏萝卜	2/中～4/上	50～60	4/中～6/上
	夏秋萝卜	7/上～7/下	50～70	9/上～10/上
	秋冬萝卜	8/上～8/中	70～110	11/上～11/下
杭州	冬春萝卜	9/上～10/上	90～120	12月至翌年3月
	夏秋萝卜	7/上～8/上	50～60	8/下～10/上
	秋冬萝卜	9/上	70～80	11～12

（续）

地区	萝卜类型	播种期 （月/旬）	生长日数 （d）	收获期 （月/旬）
武汉	春夏萝卜	2/上～4/上	50～60	4/下～6/上
	夏秋萝卜	7/上	50～70	8/下～10/中
	秋冬萝卜	8/中～9/上	70～100	11/上～12/下
重庆	冬春萝卜	10/下～11/中	100～110	2/中～3
	夏秋萝卜	7/下～8/上	50～70	9/中～10/上
	秋冬萝卜	8/下～9/上	90～100	11月至翌年1月
贵阳	冬春萝卜	9/中	120	2/中下
	夏秋萝卜	5～7	50～80	6/下～9
	秋冬萝卜	8/中～9/上	90～110	11/中～12
长沙	冬春萝卜	9～10/上	140	2～3
	夏秋萝卜	7～8	40～60	8/中～10
	秋冬萝卜	8/下～9	100	11月至翌年1月
福州	冬春萝卜	9/上～11/上	90～140	1～3/上
	秋冬萝卜	7/下～9/上	60～80	9/下～12
南宁	冬春萝卜	10/下～11/中	90～100	2/下～3/下
	夏秋萝卜	7/下～8/上	70～80	9/下～10/下
	秋冬萝卜	8/下～9/中	70～90	11/上～12/中
广州	冬春萝卜	10～12	90～100	1～3
	夏秋萝卜	5～7	50～60	7～9
	秋冬萝卜	8～10	60～90	11～12
东北	秋冬萝卜	7/中～7/下	90～100	10/中～10/下
西北	秋冬萝卜	6/下～7/上	100～130	10/中～11/上
河北	秋冬萝卜	7/下～8/上	90～100	10/下～11/上
山东	秋冬萝卜	8/上～8/中	90～100	10/下～11/上
	春夏萝卜	3/下～4/上	50～60	5/下～6/上
河南	秋冬萝卜	8/上	90～100	10/中～11/中
云南	冬春萝卜	10～11	90	1～2
		11月至翌年2月	90～120	3～5
	夏秋萝卜	4～7	60～70	5～9
		6～8	60～90	8～11
	秋冬萝卜	8～10	70～90	10月至翌年1月

　　除表9-5所述内容之外，四季萝卜在露地除严寒酷暑季节外随时皆可播种，冬季可于日光温室内间作种植，而早春可于小拱棚或风障阳畦栽培。冬春萝卜除在露地种植外，也可在保护地内栽培（表9-6）。

表 9-6　春萝卜栽培方式及播种收获时期

（《萝卜优质高效四季栽培》，2001）

栽培方式	适用品种	播种期（月/旬）	供应期（月/旬）
露地栽培	泡里红、寿光春、五月红、五缨、六缨等	2～3/下	4/下～6/上
风障畦栽培	五缨、六缨、501 小萝卜	2～4/上	4/下～6/下
阳畦栽培	五缨、春早生、晚红、白玉春	1/上～2/上	3/上～3/下
地膜覆盖	扬花萝卜、南农晚红、五月红、南农四季红 3 号、白玉春等	较露地早 5～7d	较露地提早 5～7d
日光温室	扬花萝卜、五月红、南农晚红、白玉春、春早生等	12/上至翌年 3/中	2/下～5/下

　　中国北方种植大型萝卜多进行起垄栽培，中型萝卜多采用宽垄双行或平畦栽培。南方多雨地区则采用高畦栽培，条播或穴播。

四、栽培技术

　　（一）茬口选择　种植萝卜应选择土层厚、土壤疏松的壤土或沙质壤土，并以无同种病虫害的作物为前茬。秋冬萝卜的前茬以瓜类、茄果类、豆类蔬菜为宜，其中尤以西瓜、黄瓜、甜瓜茬较好。早春种四季萝卜的前茬，多为菠菜、芹菜、甘蓝、秋莴苣及胡萝卜等。四季萝卜也可与南瓜、笋瓜等隔畦间作，待四季萝卜收获后，南瓜等秧蔓也爬至间作畦中。南京地区早春种扬花萝卜可与茄子或番茄间作。春夏萝卜的前茬多为菠菜、芹菜及一些早熟越冬菜。夏秋萝卜的前茬，则多为洋葱、马铃薯、大蒜等蔬菜。

　　（二）整地、施肥和作畦

　　1. 整地、施肥　种萝卜的地需及早深耕，打碎耙平，施足基肥。耕地的深度，如地下根部很长的浙大长等大型萝卜，需深耕 33cm 以上，一般耕深 23～27cm。

　　种植萝卜，需要施足基肥。一般菜农的经验是"基肥为主，追肥为辅"。基肥的种类与用量因土壤的肥力与品种的产量等不同而异。一般基肥占总施肥量的 70%，即每公顷撒施腐熟的厩肥52 500～60 000kg，草木灰 750kg，过磷酸钙 375～450kg 耕入土中。而后耙平做畦，使土壤疏松、畦面平整、土壤细碎均匀。偏施含氮化肥肉质根易产生苦味。

　　2. 作畦　作畦或作垄的方法，因品种、土质、地势及当地气候条件不同而异。中小型的萝卜品种在雨水少、排水良好的地方多用平畦栽培；大型萝卜根深叶大，尤其在黏土与排水不良或土层浅的地块须起垄栽培，以利通气与排水，减少软腐病等病害的发生。而在江南地区，无论大型或小型萝卜，都用深沟高畦栽培，以利排水，一般畦高 20～27cm，畦宽 1～2m，沟宽 40～50cm。

　　（三）播种

　　1. 适期播种　播种期的选择，应按照市场的需要、地区气候条件及各品种的生物学特性等因素来安排。要注重创造适宜的栽培条件，尽量把栽培期安排在适宜的生长季节里，尤其是要把肉质根膨大期安排在月平均温度最适宜的月份（表 9-5），以期达到高产优质的目的。

　　2. 播种密度与播种方法　合理密植是配置适当的作物群体结构，调节个体与群体的关系，达到充分利用环境条件，提高产量和品质的有效措施。因此，必须根据当地的土、肥、水等条件和品种特性来确定合理的种植密度。大型萝卜品种如浙大长等，行距 40～50cm，株距 40cm；起垄栽培时行距54～60cm，株距 27～30cm。中型品种如新闸红等，行距 25～30cm，株距 17～25cm。小型的四季萝卜撒播，定苗株行距 5～7cm 见方。播种时的浇水方法，有先浇水再播种而后盖土和先播种、盖土后再浇水两种方法。前者底水足，上面土松，幼苗出土容易，但盖土费时、费力；后者容易使土壤板结，须在出苗前经常浇水，保持土壤湿润，才易出苗。

暑期播种后除盖土外，还应进行覆盖，以保持水分，保证出苗迅速整齐，避免暴雨打板土壤，妨碍出苗。覆盖物可用谷壳、碎干草、灰肥等，或播种时将萝卜籽与其他蔬菜（如白菜等）种子混播，可有助于萝卜幼苗破土，保证萝卜齐苗，但出苗后应间去杂苗。

播种后盖土的厚度约为2cm。疏松土播种稍深，黏重土宜浅。播种过浅，土壤易干，且出苗后易倒伏，胚轴弯曲，将来根形不直；播种过深，不仅影响出苗的速度，还影响肉质根的长度和颜色。据李曙轩等的试验，笕桥红、钩白、浙大长等萝卜的全长，凡是播种3.3cm深的都较播种深1.7cm的长，并且红色品种深播的肉质根色淡，浅播的肉质根色深。

3. 播种量　因种子质量、土质、气候及播种方法的不同而异。在同样环境下，精选的种子用量少，成熟度差的种子及早春低温条件下播种的用种量可较多些。大面积栽培时，播种前必须先做好种子发芽试验，以决定需要种子的准确数量。同一季节播种同一品种，因播种方法不同，播种量也不同。一般撒播用量较多，条播次之，穴播最少。播种时，必须稀密适宜，过稀时容易缺苗，过密时则间苗费工，苗易徒长，都会影响产量。一般扬花萝卜撒播每公顷用种子15kg左右，五月红与泡里红等品种条播每公顷用种子7.5～12kg，浙大长等大型萝卜品种穴播每公顷用种子约3kg。一般每穴播种2～3粒，并使种子在穴中散开，以免出苗后拥挤，幼苗纤弱。出苗后如果出现有缺苗现象，应及时补播。

种子的质量好坏对植株的生长及产量的影响很大，即所谓"好种出好苗"。所以，在播种之前，种子须先行筛选，选粒大饱满的种子播种。并且萝卜种子的新陈，也对发芽和出苗及产量、质量等有一定的影响。在种子贮藏过程中，尤其是在高温潮湿的条件下贮藏的陈种子，胚根的根尖容易受损伤，播种后发芽率低，出苗慢，肉质根的杈根率高。

（四）田间管理　播种出苗后，需适时进行间苗、浇水、追肥、中耕除草、病虫害防治等一系列的管理，其目的在于较好地控制地上部与地下部生长的平衡，使前期根叶并茂，为后期光合产物的积累与形成肥大的肉质根打好基础。

1. 及时间苗　萝卜的幼苗出土后生长迅速，要及时间苗。否则常致拥挤，互相遮荫，光照不足，幼苗细弱徒长。间苗的次数与时间要依气候情况、病虫害危害程度及播种量的多少等而定。应以早间苗、稀留苗、晚定苗为原则，以保证苗全苗壮。通常晚定苗可比早定苗减轻因菜螟等的危害而造成缺株。一般在第一片真叶展开时进行第1次间苗，拔除受病虫损害及细弱的幼苗、病苗、畸形苗及不具原品种特征的苗，宜留子叶展开方向与行间垂直，而两片子叶大小一致、形状呈圆肾脏形的苗。2～3片真叶时进行第2次间苗，5～6片叶时可定苗。

2. 合理灌溉

（1）发芽期　播种时要充分浇水，保持土壤湿润，保证出苗快而整齐。

（2）幼苗期　苗小根浅，要掌握"少浇勤浇"的原则，以保证幼苗出土后的生长。在幼苗"破肚"前后的时期内，要少浇水，促使根系向土层深处发展。

（3）叶部生长盛期　此期需水渐多，因此要适量灌溉，以保证叶部的发展。但也不能浇水过多，以防止叶部徒长，所以要适当地控制水分。群众的经验是"地不干不浇，地发白才浇"，此期浇水量较前为多。

（4）肉质根生长盛期　应充分均匀地供水，维持土壤相对含水量在70%～80%，空气相对湿度在80%～90%，则品质优、产量高。

（5）肉质根生长后期　仍应适当浇水，防止糠心，这样可以提高萝卜品质和耐贮藏能力。浇水的时间，早春播种的扬花萝卜，因气温低宜在上午浇水，浇后经太阳晒，夜间地温不致太低。伏天种的萝卜，最好傍晚浇水，可降低地温，有利于叶中养分向根部积累。雨水多时要注意排水，田间不能积水。

3. 分期追肥　施肥要根据萝卜在生长期中对营养元素需要的规律进行。基肥充足而生长期短的萝卜，可以少施追肥；大型品种生长期长，需分期追肥，但要着重在肉质根生长盛期之前施用。在追肥时要做到"三看一巧"，即看天、看地、看作物，在巧字上下功夫，以求合理施肥，做到选择适宜的施肥时间。例如，一般菜农的经验是"破心追轻，破肚追重"。在南京地区，一般施用追肥的时间和次数是：第 1 次追肥在幼苗生出 2 片真叶时追施稀薄的农家液态有机肥，点播、条播的施在行间，撒播的全面浇施；第 2 次在进行第 2 次间苗中耕后追肥，浓度同上。至"大破肚"时再追肥一次，浓度为 1/2 的农家液态有机肥，每公顷并增施过磷酸钙及硫酸钾各 75kg。中、小型萝卜施用 3 次追肥后，萝卜即迅速膨大，可不再追肥。大型的秋冬萝卜生长期长，到"露肩"时每公顷追施硫酸铵 112.5~300kg；至肉质根生长盛期再追钾肥一次，如施草木灰宜在浇水前撒于田间，每公顷 1 500~2 250kg，以供根部旺盛生长期的需要。在"露肩"后每周喷 1 次 2% 的过磷酸钙，有显著的增产效果。

追施农家液态有机肥和化肥时，切忌浓度过大或离根部太近，以免烧根。农家液态有机肥必须经腐熟后使用，浓度适中。浓度过大，也会使根部硬化。一般应在浇水时对水冲施。农家液态有机肥与硫酸铵等施用过晚，会使肉质根的品质变劣，造成裂根或产生苦味。

4. 中耕除草及培土　在萝卜生长期内，须数次中耕锄松表土，尤其在秋播苗小时，气候炎热雨水多，杂草容易发生，须勤行中耕除草。高畦栽培的，畦边泥土易被雨水冲刷，中耕时须结合进行培土。栽培中型萝卜可将间苗、除草、中耕三项工作同时进行，以节省劳力。中耕宜先深后浅，先近后远，至植株封行后停止中耕，有草就拔除。四季萝卜因密度大，一般不行中耕。

肉质根长形且露出地面的品种，因为根颈部细长软弱，常易弯曲、倒伏，生长初期须培土壅根，使其直立生长，以免日后形成弯曲的肉质根，到生长的中后期须摘除枯黄老叶，以利通风。

（五）萝卜肉质根形成中存在的主要问题

1. 未熟抽薹　萝卜在北方春夏季栽培或高寒地区秋冬栽培中，种子萌动后遇低温；或使用陈种子播种过早，又遇高温干旱，以及品种选用不当、管理粗放等原因，就会发生未熟抽薹，从而直接影响或抑制了肉质根的肥大和发育。防止措施：选用不易抽薹的品种；使用新种子；适期播种；加强肥水管理。

2. 肉质根畸形　如土质过硬，主根延长受阻，则发生弯曲、杈根、裂根等畸形根，从而影响商品质量。杈根又叫歧根，主要是主根生长点遭到破坏或主根生长受阻而造成侧根肥大所致。如耕层过浅、坚硬或有石砾块阻碍肉质根生长；或者使用了未腐熟的有机肥，或肥料浓度过大而使主根受损，均会发生杈根现象。防止措施：精细整地是关键；使用腐熟有机肥；不使用陈种子；移栽时注意不要伤根。裂根就是肉质根裂开，主要是肥水供应不均而造成的。如秋冬萝卜生长初期，遇到干旱而供水不足，肉质根周皮组织硬化。到生长中后期湿度适宜，水分充足时，肉质根木质部薄壁细胞再度膨大，而周皮层及韧皮部的细胞不能相应生长，就会发生开裂现象。防止措施：生长前期遇干旱要及时灌水，中、后期肉质根迅速膨大时则要均匀供水；起垄栽培，土层疏松，有利于根系吸收养分，不易产生畸形根。

3. 糠心　又叫空心，是指肉质根木质部中心发生空洞的现象。糠心萝卜重量减轻，品质差。水分失调是糠心发生的直接原因。

（1）品种因素　凡肉质根质地致密的小型品种，都不易糠心；而生长速度快、肉质松软的大型品种易糠心。

（2）栽培因素　由于播种过早，生长季节温度高，湿度小，水肥供应不足，采收不及时均易糠心。

（3）生殖生长因素　春夏萝卜如播种过早，发生抽薹开花时，肉质根得不到充足的养分和水分则易发生糠心。

（4）贮藏因素　贮藏过程中温度过高，贮藏时间过长，导致水分、营养消耗较多而发生糠心。

因此，在栽培管理、品种选择、贮藏过程中要针对以上产生的原因采取相应措施，防止糠心现象的发生。

4. 苦味和辣味　肉质根中的辣味是由于辣芥油含量过高而产生的。萝卜肉质根的辣味是某些品种的特性之一。但在干旱、炎热、肥水不足、病虫危害的情况下，不辣的品种也会产生辣味或导致辣味加重。苦味是因为肉质根中含有苦瓜素。在单纯使用氮素化肥，氮肥过多而磷肥不足的情况下容易产生。消除苦味和辣味的措施是注意合理施肥，加强水分管理，及时防治病虫害。

（六）保护地栽培技术要点　利用保护地生产萝卜，于冬前 10～12 月或早春 2～3 月，利用日光温室、风障、阳畦、遮阳网棚或中、小塑料棚并加盖草苫等不透明覆盖物进行保护地播种，元旦和春节前后上市，或 4～5 月上市。保护地早熟栽培的特点是从播种到收获的生长期中遇有低温时期，须在保护设施内生长。夏萝卜（伏萝卜）栽培利用遮阳网棚遮光、降温、防暴雨，是栽培成功的关键之一。保护地栽培要实现萝卜丰产、质优，其栽培技术要点有：

1. 品种选择　应选用耐寒性强、抽薹晚、生育期短、叶丛小、品质好、丰产性好的品种。在此基础上还要注意选用不易糠心品种，以有利于分期上市，即使有的单株抽薹较早也不影响肉质根品质。如雪春、白玉春、春红 1 号、潍县青及四季萝卜品种等。伏萝卜栽培要选用抗病性和耐热性强的品种，如热白、石家庄白萝卜、夏浓早生 3 号、四季小政等。

2. 种植方式　保护地种植萝卜多以和其他蔬菜间套为主，这样有利于利用时间、空间，可提高单位面积的经济效益。如早春萝卜行间套茄果类等蔬菜；越冬萝卜行间套大蒜等。

3. 整地、播种　由于保护地种植的萝卜多选生长期短的品种，故应施足基肥，以充分腐熟的有机肥和氮、磷、钾复合肥为主，然后精细整地。整地后随即浇水，扣好塑料薄膜以提高棚内地温，称此为"烤畦"。播种时要保证 10cm 深的土层温度在 8℃以上才能播种，以开浅沟点播为宜。若套在高秆蔬菜行间用穴播为好，每穴点 2～3 粒，一般用干种子直播，或用 25℃水浸泡 1～2h，捞出后晾干种子表面水分即可播种。若是小型萝卜，如扬花萝卜则用撒播。株行距则视品种和间套作物种类不同而异。若是用肉质根形成早、生理成熟晚且耐糠心的品种，则可播密一些。

地膜覆盖的春萝卜可比露地栽培提早 5～7d 播种。方法是条播行距 10～15cm，播种后铺膜，出苗后按 10～15cm 间距在膜上开直径 5～6cm 的孔，幼苗从孔中长出。间苗后留 1 苗。穴播时先铺膜，晒 2～3d，待地温升高后按株、行距要求破膜挖穴播种，孔径 7～9cm。

4. 田间管理　出苗前棚内夜间保持 12℃以上，白天在 25℃左右。出苗后要适当降温，防止高脚苗，一般夜间不低于 10℃，白天在 18～20℃。温度高要通风，温度低要增加覆盖物保温。施肥、浇水，视苗情、墒情而定，同一般栽培。若白天自然温度在 20℃左右，夜间能稳定在 8℃以上时，可以揭除覆盖物，有利于萝卜生长。

待肉质根基本形成，可先间拔收获一批上市，留下的继续生长，陆续上市。

五、病虫害防治

萝卜的主要病害有软腐病、白斑病、霜霉病、黑腐病及病毒病等。主要害虫有蚜虫、菜青虫、小菜蛾、菜螟及黄条跳甲等，特别是在夏秋季栽培，对病虫害及时而有效的防治，是获得优质高产的重要环节之一。

（一）主要病害防治

1. 病毒病　为害萝卜的重要病原是芜菁花叶病毒（TuMV）和黄瓜花叶病毒（CMV）及萝卜花叶病毒（RMV）。在萝卜的各生育期均可发病。发病初期心叶出现叶脉色淡而呈半透明的明脉状，随即沿叶脉褪绿，成为浅绿与浓绿相间的花叶。叶片皱缩不平。后期叶片变硬而脆，渐变黄，植株矮

化，停止生长。根系不发达，切面呈黄褐色。防治方法：①选用抗病品种；②适时晚播使苗期躲过高温、干旱期；③及时防治蚜虫，避免蚜虫传播病毒；④加强田间管理，深耕细作，消灭杂草，减少传染源；⑤加强水分管理，避免干旱；⑥发病前或发病初期开始喷 20％病毒 A 可湿性粉剂 400～600 倍液，或 1.5％植病灵乳剂 1 000 倍液，或 5％菌毒清水剂 300～400 倍液，或 83 增抗剂水剂 100 倍液等，每 7～10d 喷 1 次，连喷 3～4 次。

2. 萝卜霜霉病　病原为 *Peronospora parasitica* var. *raphani*。主要为害叶片，其次是茎、花梗、种荚。为害症状及发病条件见大白菜。防治方法：①选用抗病品种；②播前用种子重 0.3％的 50％福美双可湿性粉剂，或 25％甲霜灵可湿性粉剂，或 75％的百菌清可湿性粉剂拌种，杀灭种子表面的病菌；③与十字花科作物隔年轮作，邻作也忌十字花科作物，以减少传染病源；④秋冬萝卜播种期适当推迟，避开高温多雨季节；⑤及时去除病苗、弱苗及中心病叶；⑥施足有机肥，增施磷、钾肥，增强植株抗性；⑦发病初期可用 40％乙磷铝可湿性粉剂 300 倍液，或 25％甲霜灵可湿性粉剂 500 倍液，64％杀毒矾可湿性粉剂 500 倍液，或 72％霜脲锰锌可湿性粉剂 800～1 000 倍液等防治。上述药剂应轮流交替使用，每 7～10d 喷施 1 次，连喷 3～4 次。

3. 萝卜软腐病　病原为 *Erwinia carotovora* subsp. *carotovora*。多在肉质根膨大期开始发病。发病初期植株外叶萎蔫，早晚可以恢复，严重时不能恢复；叶柄基部及根颈部完全腐烂，产生黄褐色黏稠物，并有臭气，外叶平贴地上。由细菌侵染致病。病菌在病株残体及堆肥中越冬，翌年通过雨水、灌溉水及肥料传播。病菌通过机械伤口、昆虫咬伤等侵入。在其他病害严重时，高温、多雨、光照不足等情况下发病加重；在连作、平畦栽培时发生严重。防治方法：①选用抗病品种；②与禾本科作物、豆类作物轮作，忌与十字花科、茄科、瓜类作物连作；③选用高燥地块种植，应用高垄、高畦栽培，增施腐熟有机肥；④适当晚播，雨季注意排水防涝，降低土壤湿度；⑤去除中心病株，及时防治地下害虫和食叶害虫；⑥在发病严重地块，在根际周围撒石灰粉消毒，每公顷用量 900kg，可防止该病流行；⑦播种前，150g 种子用菜丰宁 B_1 拌种，或用种子重量的 1.5％的 1％中生菌素水剂拌种，以消灭种子及幼苗周围土壤中的病菌；⑧发病初期可用丰灵可湿性粉剂 400～600 倍液，或 70％敌克松 200～400 倍液适量灌根；或喷洒 72％农用链霉素可湿性粉剂 3 000～4 000 倍液，或新植霉素 4 000 倍液。上述药液之一，7～10d 喷 1 次，连喷 2～3 次。

4. 萝卜黑腐病　病原为 *Xanthomonas campestris* pv. *campestris*。幼苗受害时，子叶、心叶萎蔫干枯死亡。成株期受害时，病斑多从叶缘向内发展，形成 V 形黄褐色枯斑。其受害症状及发病条件等见结球甘蓝。防治方法：①在无病区或无病种株上留种，防止种子带菌；②播前进行种子处理，可用温汤浸种或药剂处理；③按每公顷用 50％福美双可湿性粉剂 18.75kg，加细土 150～180kg，沟施或穴施入播种行内，消灭土壤中的病菌；④适期播种，高垄栽培，施腐熟的有机肥，拔除中心病苗，减少机械伤口；⑤发病初期可用 0.03％的农用链霉素、0.02％新植霉素或氯霉素 2 000～3 000 倍液，或 45％代森铵水剂 900 倍液，或 47％加瑞农可湿性粉剂 600～800 倍液，或 50％琥胶肥酸铜（DT）可湿性粉剂 600 倍液等喷施。上述药剂应交替轮换施用，每 7～10d 喷 1 次，连喷 2～3 次。

（二）主要害虫防治

1. 蚜虫类　为害萝卜的蚜虫主要有萝卜蚜（*Lipaphis erysimi*）、桃蚜（*Myzns persicae*）和甘蓝蚜（*Brevicoryne brassicae*）。其成虫和若虫均吸食萝卜体内的汁液，造成整株严重失水和营养不良，叶片卷缩，并大量排泄蜜露，常导致霉污病。蚜虫又是多种病毒病的传播媒介，可造成更大的损失。防治方法：①提倡与高秆作物间套作；②萝卜大面积生产应尽量选择远离十字花科蔬菜地、留种地及桃、李等果园，以减少蚜虫的迁入；③清洁田园，铲除杂草，及时清除前茬蔬菜作物病残败叶，及时打老叶、黄叶，间除病虫苗并进行无害化处理；④采用银色反光塑料薄膜避蚜，或用黄板诱蚜；⑤选用具内吸、触杀作用的低毒农药，喷药时特别注意心叶和叶片背面。常用药剂有：50％辟蚜雾（抗蚜威）或 10％吡虫啉可湿性粉剂 2 000～3 000 倍液，或 3％啶虫脒乳油 2 500～3 000 倍液，或 40％菊杀乳油或 40％菊马乳油 2 000 倍液，或 21％增效氰马乳油 3 000 倍液等。

2. 菜螟（*Hellula undalis*）　又名钻心虫、萝卜螟。是一种钻蛀性害虫，主要为害幼苗期心叶及叶片，使幼苗停止生长，或萎蔫死亡，还可传播软腐病。菜螟为害期主要在 5～11 月，但以秋季为害最重。若秋季干旱少雨，温度偏高，则为害较重；若 8～9 月雨水较多，则为害较轻。防治方法：①深翻土地，清洁田园，以减少虫源；②避免与十字花科作物连作；③秋旱年份调节播期，使萝卜 3～5 片叶期避开此虫盛发期，并于早晚勤浇水，增加田间湿度，创造不利于菜螟生育的条件；④根据幼苗生育期，在初见心叶被害和有丝网时喷药，可每隔 7d 喷 1 次，连喷 2～3 次。常用药剂有：90％晶体敌百虫 1 000 倍液，或 80％敌敌畏乳油 1 000 倍液，或 50％辛硫磷乳油 1 000 倍液，或 2.5％溴氰菊酯乳油 3 000 倍液，或 20％速灭菊酯乳油 3 000 倍液，或 5％氟苯脲（农梦特）乳油、5％氟啶脲（抑太保）乳油各 2 000～5 000 倍液等。

3. 黄曲条跳甲（*Phyllotreta striolata*）　是萝卜的主要害虫。成虫常群集叶背取食，使叶片布满稠密的椭圆形小孔洞，幼苗受害最重，可造成缺苗断垄。幼虫只为害菜根，将表皮钻蛀成许多虫道，咬断须根。成虫善跳，在中午前后活动最盛。趋光性和趋黄色习性明显。防治方法：①提倡与非十字花科作物轮作；②清除田间杂草及病残落叶；黑光灯诱杀成虫；③发生严重的地区应注意土壤施药，在萝卜播种前用 4％乙敌粉每公顷 30～37.5kg，或 3％辛硫磷颗粒剂每公顷 45～75kg 撒施，耙匀。萝卜出苗后 20～30d，喷药杀灭成虫，从菜田周围向内围歼。常用药剂：90％晶体敌百虫 1 000 倍液，或 80％敌敌畏乳油 1 000 倍液，或 50％马拉硫磷乳油 800 倍液，或 20％速灭菊酯乳油 2 000 倍液，或 25％杀虫双水剂 500 倍液喷雾。幼虫为害严重时，也可以用上述药剂灌根。

此外，菜青虫、小菜蛾和甜菜夜蛾等，也是萝卜的主要害虫，其防治方法等可参见第十四章甘蓝类蔬菜部分。

六、采　　收

萝卜的各类型品种都有适宜的收获期。收获过早产量低，过迟易糠心而降低品质。收获的标准一般在肉质根充分膨大，肉质根的基部已圆起来，叶色转淡时，便应及时收获。

春播萝卜因生长期短，播种后一般 50～60d 就宜及时收获，否则易很快抽薹，降低品质。夏季或初秋播种的夏秋萝卜生长快，播后 40～60d 可收获。秋冬萝卜中肉质根大部露在地上的品种，都要在霜冻前收获，以免冻害；而晚熟品种根全部在土中，因有土壤的保护，尽可能迟收以提高产量。需要贮藏的萝卜必须及时收获，以免受冻和贮藏中发生糠心。在高纬度或高寒地区，生长后期有未熟抽薹植株，可及时摘除花茎，待肉质根膨大后及早收获。

收获时，作为鲜食的，用刀切除叶丛后上市供应。如为贮藏的，在淮北与华北地区一般收后将叶连同顶部切除，以免在贮藏期间发芽糠心。但南京的习惯是带叶柄 6cm 假植贮藏。萝卜的产量因品种类型、栽培季节与栽培技术不同而异。

中国南方气候温暖，萝卜可在露地越冬，可随时采收供应新鲜产品，贮藏不很普遍。但在长江以北冬季寒冷，必须在受冻前收获贮藏，以供冬季需要。

七、留　　种

（一）大株采种法　当萝卜收获时，在冬季不寒冷地区，选择具有原品种特征，无病虫为害，肉质根大而叶丛相对较小，皮光、色鲜，根痕小，根尾细，内部组织致密、不空心的个体留种。水果用的萝卜要选味甜多汁的个体，留叶 7～10cm 切断，在室内放 2～3d 使它稍萎缩后再栽植，以利伤口愈合，免于腐烂。在冬季寒冷地区，须将选出的种株贮藏至翌春，只要不受冻害，越早栽植越好，一

般在 10cm 地温稳定在 5℃ 以上时定植于采种田。栽植株行距因品种而异，中型品种宜 50cm 见方，大型品种 67cm 见方，栽植的深度宜使肉质根顶部埋入土中深 2cm 多，以免受冻害。长形品种可斜栽。栽植后必须压紧土壤，使与肉质根密接不留空隙，以免雨水积聚引起腐烂。繁殖原种时，留种地与其他萝卜品种相隔 2 000m 以上，生产用种的隔离距离至少在 1 000m 以上。

栽植的萝卜开始生长后即可浇农家液态有机肥，亦可在植株周围培土或壅培马粪，以防寒防冻。春初种株开始长叶、抽薹后，宜将所培的土扒去，并浇稀农家液态有机肥。当花薹高 10～14cm 时，浇对半的农家液态有机肥，将近开花时再追肥一次。经常保持土壤湿润，到 80％ 的花谢时停止浇水，促进种子成熟。

萝卜种株在南京地区 4 月间抽薹开花，每株旁设立柱防倒伏。当植株上的花开到 80％ 时及时摘心，以利种子的充实饱满。

萝卜花期 20～30d，当茎叶及角果转黄时，种子成熟即连根拔起。有的农民此时再进行选择，切开种根，选不空心的作种。务必在种株晒干后脱粒，待种子晒干后贮藏在干燥处备用。在干燥状态下，种子发芽力可保持 4～5 年。

（二）中株采种 在长江下游地区，于 9 月间播种，11 月下旬收获，经种株选择后即栽于采种田，其他管理同大株采种法。

（三）小株采种法 北方地区可在阳畦内播种育苗，6～7 片叶时移栽到采种田；在长江下游及黄淮海地区，于春季 2 月下旬至 3 月上旬播种，生长期间进行间苗，选具有原品种特征、无病虫为害的植株做种株，拔除劣株和过密的植株，其他管理同大株采种法。

大株采种虽然成本高，但种子纯正。而小株采种法生长期短，管理简易，成本低，其缺点是肉质根未完全形成不能严格选择，连续小株采种会导致品种退化。补救的办法是：大株采的种子，作小株采种用的原种；从小株上采收的种子，只作为生产用种，不再用其留种。四季萝卜与春夏萝卜类型品种，如扬花萝卜、上海小红、泡里红、五月红等品种，一般都用小株采种法。

（汪隆植　何启伟）

第二节　胡萝卜

胡萝卜是伞形科（Umbelliferae）胡萝卜属野胡萝卜种胡萝卜变种中能形成肥大肉质根的二年生草本植物。学名：*Daucus carota* L. var. *sativa* DC.；别名：红萝卜、黄萝卜、丁香萝卜、药性萝卜等。胡萝卜的起源，多数学者认为是起源于亚洲西部，阿富汗为紫色胡萝卜最早演化中心，其栽培历史已 2 000 年以上。也有人认为，胡萝卜的原产地还有非洲、南北美洲。原产于亚洲西部的胡萝卜，10 世纪从伊朗传入欧洲大陆，驯化发展成短圆锥橘黄色欧洲生态型。

中国关于胡萝卜的记载始见于宋、元时期。元·至顺（1330—1333）《镇江志》说："胡萝卜，叶细如蒿，根少而小，微有荤气，故名。"李时珍《本草纲目》中记载，胡萝卜"元时（1280—1368）始自胡地来"。另有资料说，胡萝卜于 13 世纪经由伊朗传入中国后，发展成为长根形中国生态型。

胡萝卜在中国各地均有栽培，尤以宁夏、陕西、四川、山西、山东、河南、河北、浙江、江苏等省（自治区）栽培更多。胡萝卜含有丰富的多种胡萝卜素，每 100g 鲜重含 1.67～12.10mg，其含量高于番茄的 5～7 倍，在人体中可分解成维生素 A。胡萝卜用途广泛，可以煮食代粮，可以生食当水果，亦可作蔬菜烹饪和冷拌。在医学上有降低血压、强心、消炎、抗过敏等作用，对贫血、肠胃病、肺病等多种疾病有食疗作用。胡萝卜对儿童发育有特有的良好作用。胡萝卜还可作酱渍、腌渍、糖渍、泡菜，或加工成胡萝卜汁、胡萝卜酱、脱水胡萝卜、速冻胡萝卜等产品。胡萝卜还是上等的饲料。

一、生物学特性

（一）植物学特征

1. 根　胡萝卜的根为直根系，主要根系分布在 20～90cm 土层内，最深可达 180～250cm。根系扩展度 60cm。胡萝卜根的外形分为根头、根颈和真根三个部分。其特点是真根占肉质根的绝大部分，根头、根颈两部分所占比例很小。肉质根表面上相对四个方向纵生 4 列纤细侧根，根表面有凹沟或小突起状气孔，以便根内部与土壤中气体进行交换。若栽培在黏重土壤里，通气性差则气孔大，使根皮粗糙甚至形成瘤状，亦多发生歧根。

胡萝卜肉质根的次生韧皮部特别发达，糖分、淀粉、胡萝卜素等营养物质绝大都存在于该部，是产品和食用的主要部分（图 9-5）。肉质根的中部是次生木质部——"心柱"，含养分较少。"心柱"细小，次生韧皮部肥厚是优良品种或品质优良的象征。"心柱"小，植株叶丛也小。肉质根的横径依品种而异，多在 3～4cm，粗者可达 6cm。

胡萝卜肉质根的形状有圆形、扁圆形、圆锥形、圆筒形等。肉质根的皮色与肉色以橘黄、橘红为多，也有浅紫、红褐、黄或白色。黄色是含胡萝卜素所致，色深者或根的深色部分其含量高于浅色者。

胡萝卜素不溶于水，而溶于醇。胡萝卜的颜色随根的生长而逐渐变深，胡萝卜素含量也越高，同时粗纤维和淀粉含量随之下降，转化为糖类，尤其是葡萄糖转化为蔗糖，使其甜味显著增加。

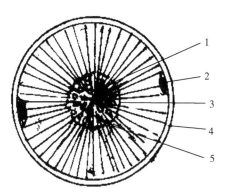

图 9-5　胡萝卜根的横断面
1. 初生木质部　2. 初生韧皮部　3. 形成层
4. 次生韧皮部　5. 具有宽髓射线的次生木质部
（В. И. 艾捷里斯坦，1955）

胡萝卜素等营养物质在肉质根内部分布是上部含量高，向下含量渐低，所以肉质根尾部色浅、养分含量少，风味亦差。

紫色胡萝卜是肉质根含花青素多的缘故，花青素能溶于水。此外，还含有血红素，是一种茄红素类胡萝卜素，不溶于水，而溶于醇，该物质不含维生素。人们可依上述情况来判别胡萝卜品种和品质的优劣。

胡萝卜素含量多少还与环境条件有密切关系。据巴耐氏（Barnes）报道，胡萝卜生长在 15.5～21.1℃ 条件下，其肉质根的色泽较生长在 10.0～15.5℃ 或 21.1～26.6℃ 条件下为佳。氮肥过多，土壤湿度过低或过高以及缺乏铜元素等，可使肉质根色泽变淡。

2. 茎　胡萝卜的茎在营养生长期为短缩茎，叶子呈丛状着生，而在生殖生长阶段则抽生高大繁茂的花茎，主茎可高达 1.5m 以上。茎粗度自下而上渐细，下部横径可达 2cm 以上。茎的分枝能力很强，地上部各节几乎都能抽生侧枝，侧枝还能生次侧枝。茎下部的叶柄基部很宽，可以环抱茎的 1/2～2/3，因而茎节粗大且坚硬。茎多为绿色，并带深绿色条纹形成棱状突起。有的品种茎的下部几节或茎节处带纵向紫色条纹。茎的横断面为圆形，外围有细棱，幼茎或茎的上部节间和棱沟不明显，随株龄增加沟棱渐明显起来。棱状突起的纵纹上密生白色刚毛，而凹沟处几乎无毛。

3. 叶　叶是 3～4 回羽状全裂叶，叶裂片呈狭披针形。叶片大小因品种而异，早熟品种小于晚熟者。叶片长 40～60cm，宽 15～20cm。叶片大小还受自然条件和栽培技术影响。叶片小裂叶的"细裂"程度品种间有差异，"细裂"重的品种较耐旱。叶片及叶柄均为绿色，生有茸毛。有的品种叶柄基部带紫色，甚至从叶柄腹面向上延伸至裂叶着生处均着紫色，尤以嫩叶最为多见。所以有绿梗、赤梗之别。第 1 年生的叶，丛生于直根的顶端成为莲座状叶丛，螺旋式排列。叶数量与品种、株龄，尤

其同营养面积有关。在普通栽培条件下，有8～11片成叶。生殖生长期花茎上的叶呈轮生，无托叶。胡萝卜叶开展度虽大，但裂叶细碎，因而叶面积较小，蒸腾作用亦弱，是其耐寒原因之一。

4. 花　胡萝卜的花是复伞形花序，着生于花枝顶端。每一小伞形花序有10～16朵花生在总苞内。雌雄同株，虫媒花。胡萝卜有单性花，又多为两性花，无花托。有2枚雌蕊，5枚雄蕊，5枚花瓣，离瓣，多为白色，有的品种略带紫色，花外缘向内弯曲。子房下位，两室，每室有一个胚珠，受精后可发育成两粒种子的双瘦果。

胡萝卜的花通常于清晨开放，一昼夜内为授粉适期。一般是雄花开放早于雌花。同一种株是主茎上的花序先开花，每一花序上的花是由外围向内逐渐开放。每一小伞花序花期约持续5d，一复伞形花序花全部开完需14d左右，全株各花序全部开完需30d左右。花期温度适当增高、空气湿度相对降低可加速开花，并缩短花期。当种子成熟时，外围的小伞形花序的柄向内弯曲，将种子卷合于内不易散落。

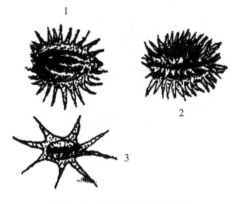

图9-6　胡萝卜果实的形态

1. 腹面　2. 背面　3. 双瘦果横切面

（王宝义，1982）

5. 果实和种子　胡萝卜的果实为双瘦果，可以分成两个独立的半果，即栽培上称为两粒种子。半果形状扁平呈长椭圆形，长约3mm、宽1.5mm、厚0.4～1.0mm，半果相接的一面较平，背面呈龟背状，有4～5条小棱，并着生刺毛（图9-6）。刺毛易使种子相互连在一起，若不除掉，会导致播种不均匀，也妨碍种子接触土壤，不利于吸水发芽。果皮含有精油，易挥发，有一种特殊的香味。但不利于种子吸水，播种出苗缓慢与其有关。种子无胚乳，千粒重1.1～1.5g。

（二）生长发育特性　胡萝卜是二年生作物。第1年是营养生长期，经90～140d形成肥大的肉质根。肉质根经过贮藏越冬，第2年定植，在长日照条件下进入生殖生长阶段开花结籽。整个生育期又可分为若干生长阶段以便于栽培管理。

1. 发芽期　播种后从种子萌发到第1片真叶长出。在适宜条件下，幼苗10d即可出土；若进行种子催芽7d便可出土，再经3～5d可现第1片真叶。

2. 幼苗期　从第1片真叶展开到第6片真叶展开，约25d。

3. 莲座期　从第6片真叶展开到叶片基本停止分生，肉质根开始膨大，约30d。此期主要是叶片数量迅速增加和叶片长大，为肉质根的膨大奠定基础。莲座期的长短与品种和栽培条件，尤其是与密度有关。一般品种大都形成8～11片叶。

4. 肉质根膨大期　从肉质根开始膨大到收获期，30～70d。

5. 贮藏越冬期　从收获贮藏到采种栽植期。若不用于采种则是产品的供应上市期。

6. 开花结果期　从种株定植于田间经抽薹、开花、结实到收获种子。华北地区一般3月份即可定植种株，4～5月开花，到6～7月即可收获种子。各地气候不同，定植及采种期不一。

以上各生育期时间长短与品种和栽培条件有关。如早熟品种各时期较晚熟者短；又如若氮肥过多或密度大，同一品种，莲座期会变长；而广东等冬季温暖地区，可在田间越冬翌春收获。

（三）对环境条件的要求

1. 温度　在4～6℃时，种子发芽需28～30d，8℃时25d发芽，11℃时9d可发芽，20～25℃便可正常发芽（约5d）。幼苗期能耐短期的-3～-2℃的低温。茎叶生长的适宜温度是23～25℃，幼苗可耐27℃以上的较高温度。肉质根膨大的适温为13～18℃，在此适温范围内，肉质根生长快，根形整齐，品质好。若高于24℃，则肉质根膨大缓慢，色淡，根形短小，尾尖细，品质差，产量低。

肉质根的颜色对温度敏感，低于 15℃时根色不佳，15.5～21.0℃时根色较好，而高于 21℃，根色变差，品质变劣。

胡萝卜是绿体低温感应作物，植株长到一定大小时，在 1～3℃条件下 60～80d 可以通过春化阶段。开花结实期的适宜温度为 25℃左右。

2. 光照 胡萝卜对光照条件要求较高。光照充足，叶宽大，色深；光照不足，则叶片小，叶柄细长。尤其在肉质根膨大期最喜光，若种植过密或杂草遮荫等都会导致低产和品质不佳。胡萝卜为长日性作物，在 14h 以上的日照条件下有利于抽薹开花。

3. 土壤、水分与养分 土壤肥沃，土层厚且疏松，富含腐殖质的壤土或沙壤土最适于胡萝卜生长。若土质黏重，排水不良，土壤通透性差，不利于肉质根的生长和膨大，甚至发生歧根、裂根，乃至烂根，对长根型品种危害更甚。耕作层一般不浅于 25cm。

适宜土壤相对含水量为 60%～80%。过干，肉质根细小，根形不正，表面粗糙，根肉粗硬；若土壤过湿或干、湿变化过甚，会使根表面多生瘤状突起，或裂根增多。胡萝卜种子发芽时需水量约为种子重量的 100%，所以发芽期土壤必须保持足够的水分。

胡萝卜需氮、钾肥较多，磷肥次之。钾素能促进根部形成层的分生活动，增产效果十分显著。磷利于养分运转，又是细胞核的重要物质，可增进品质。胡萝卜在播种后的 40d 内，生长发育迟缓，对氮、磷、钾三要素的吸收量不大，中后期根系开始膨大时，生长速度迅速增加，对养分的吸收量也迅速增加。胡萝卜对土壤溶液浓度很敏感，幼苗期不应高于 0.5%，成长植株不应超过 1%。土壤溶液浓度过高将导致缺苗断垄，减产，品质劣。每生产 1 000kg 产品，吸收氮、磷、钾的量大致为氮 3.2kg、磷 1.3kg、钾 5.0kg，比例约为 2.5：1：4。

胡萝卜对土壤酸碱度适应性较强，适应范围为 pH 5～8。

二、类型及品种

(一) 类型 依据胡萝卜肉质根的长度可分为长根类型和短根类型；依肉质根的形状又可分为长圆柱形、短圆柱形、长圆锥形和短圆锥形。肉质根的颜色、叶色、叶片大小及裂叶细碎程度，在品种间有明显差异，与栽培技术也有关。

(二) 品种

1. 南京红 南京地区主栽品种。晚熟，叶色深绿，较耐寒。肉质根长约 30cm，尾端较尖，呈长圆柱形。肉深红，富香气，质致密，甘味较淡，心柱较细，品质中等，最适酱腌或煮食。生长期 150～180d。

2. 西安红 陕西关中地区多栽培。中熟，叶色绿，株高 40～50cm。肉质根短圆柱形，长约 15cm，横径 4cm 左右，单根重 120～150g。肉色鲜红，中心柱较细，质脆嫩，多汁味甜，品质佳。

3. 安阳胡萝卜 产于河南省安阳市小张村。叶色深绿，叶柄基部带浅红色。株高约 75cm，半直立性；生长期较长，晚熟。肉质根长约 25cm，横径 6～7cm，呈短圆柱形。表皮光滑美观，皮色紫中带红，下部橘黄。含水量中等，质脆味甜，单根重 350g。

4. 新黑田五寸 近年从日本引进的一代杂种。肉质根圆柱形，橙红色，皮、肉和心柱色泽一致，心柱细。根长 15～18cm，横径 4cm，平均根重 160g。食味清甜，质脆，适于生食、熟食、加工和出口。抗病性较强，生育期 110d，适宜秋播。

5. 兴农全腾 近年引自韩国兴农种子公司，一代杂种。叶丛直立，叶片较窄。肉质根圆柱形，长 12～15cm，横径 3.5～4.5cm，橘红色，内外均匀一致。中心柱细。适宜春播或保护地栽培。

6. 本地红长（上海） 上海郊区栽培较多。生长期较长，晚熟。较耐寒，可在田间过冬（上海）。春播易抽薹。叶色绿。肉质根长约 30cm，横径 3～4cm，长圆锥形。根色橘红，心柱较细，多汁。雨后或浇水不当易裂根。质致密，不易糠心，品质佳。

7. 蜡烛台 山东省济南市郊区地方品种，又叫济南红、大红顶或鞭杆子。属晚熟品种。叶片绿色或淡绿，叶片较宽，生长势较强。肉质根细长，长圆锥状，长 40～50cm，表皮光滑，肉、皮皆呈鲜红色，质细而致密，心柱略呈黄色。单根重约 320g，高产，耐贮藏。根宜作腌渍，腌后色艳美观。

8. 北京鞭杆红 北京市郊区地方品种。中晚熟，生长期 90～100d。叶色浓绿，叶柄带紫色。肉质根长约 30cm，上部横径 3.0～3.5cm，长圆锥形。肉质根表面中度光滑。肉深红色，心柱较细，橙红色。单根重约 150g。肉细嫩，味甜，药味少，品质优良。

9. 雁脖胡萝卜 吉林省公主岭市郊区地方品种。叶色绿，叶丛较直立，叶柄细长，有茸毛。肉质根呈长圆锥状，长 25～30cm，横径 3～3.5cm，根色鲜红，亦有橙红或金黄色者。肉质细脆，味甜，品质极佳。生长期约 90d，耐藏性好。

10. 老魁 西藏自治区有栽培。叶丛半直立，株高约 50cm。叶色深绿，叶无茸毛。根长约 20cm，横径 3～4cm，呈长圆锥形。表面中等光滑，心柱较小。皮、肉橘红色。水分较少，味较甜，肉质较松，药味较大。

11. 烟台五寸 山东省烟台市地方品种。叶色深绿，叶丛直立，株高约 53cm。肉质根长 15～20cm，横径约 5cm，呈短圆锥形。肉质、皮色皆呈橘黄，含水量中等，肉质较致密，味甜，药味少。耐热不易抽薹，但易产生畸根、裂根。

12. 二金胡萝卜 山西省大同市郊区栽培较多。叶片深绿，叶柄基部紫红色。株高 35cm。肉质根长 15～20cm，上部粗 3.5～6cm，呈短圆锥形。肉质、皮皆呈红色（皮色稍深）。肉质较细致，味微甜。单根重 150～250g，生长期 110～120d。

三、栽培季节和方式

因中国各地气候、自然条件、品种及前茬作物不同，胡萝卜的栽培季节不尽相同。早熟品种、短根类型，生长期较短，在气候较温暖地区，一年可春、秋两季栽培。秋播胡萝卜生长期较长，多于夏末播种，于秋末、冬初收获，其前作可为小麦、春白菜、春甘蓝、豆类等。春播胡萝卜要选择冬性强、耐热的品种，利用地膜加小拱棚覆盖可于 1～2 月播种，5～6 月收获，前茬多为秋大白菜、大葱、冬甘蓝、菠菜等，后作接种白菜、甘蓝类、芹菜、菠菜、秋菜豆、秋黄瓜等。此外，在低纬度高海拔地区，可进行夏播生产，于 5～6 月播种，8～10 月收获。在南方平原地区，利用大棚多层覆盖栽培，采用欧洲系统的小型胡萝卜品种，可进行冬季生产，11～12 月播种，翌年 2～5 月收获。

四、栽培技术

（一）整地作畦与施基肥 应选择土层深厚、排水良好、土质疏松的田地种植胡萝卜。前作收获后及时清洁田园，最好先浅耕灭茬，再施基肥深耕。每公顷施腐熟的农家肥 50 000～60 000kg，草木灰 1 500～3 000kg，过磷酸钙 1 200～1 500kg，深耕 25cm 左右，将肥料翻入土中并耙平，作畦。作畦方式因品种、地区及地势不同而异。若土层较薄、多雨地区或多湿地段，宜采用高畦或垄栽培，以增厚土层和便于排水。土层深厚、高燥、排水良好的地段可作成平畦。例如北方地区作垄，顶部宽 20cm，高 15～20cm，底部宽 25～30cm，垄距 50～60cm。平畦同普通菜畦，宽 1～2m，视地势、土质和浇水条件灵活掌握；畦长视地段平整情况和浇水条件，以便于田间管理和充分利用土地而定。

（二）播种

1. 播种期 适时播种是胡萝卜获得高产、优质产品的重要条件之一。因地区、品种不同，播期也不尽相同。中国大多夏播或晚夏播种，冬前收获。近年春播胡萝卜生产也有一定面积。兹将栽培胡

萝卜较多的主要省、市、区的播种期列于表 9-7。

表 9-7　部分地区胡萝卜的播种期
（引自：《根菜优质高产栽培》，2000）

地　　区	茬口	播期（月/旬）	收获期（月/旬）	生长日数（d）
山东、河南	春茬	3/中	6	90～100
北京、天津	春茬	3/下～4/上	6	80～90
四川中部	春茬	3/上	6/上～6/下	90～100
江西、广东、云南	春茬	2	5/上～6/上	90～100
长春	秋茬	6/下～7/上	10/中	100～110
兰州	秋茬	7/中	11/上中	110～120
济南	秋茬	7/中～7/下	10/下～11/中	100～120
广州	秋茬	7～9	田间越冬	翌春收获
成都	秋茬	7/中	11/上至翌年12/上	100～150

2. 播种

（1）搓毛与催芽　种子表面有刺毛，使种子勾连成球，不易播种均匀，也妨碍种子和土壤接触，不利于发芽。种子采收晒干后应即行搓毛，搓毛同时也将两个半果分开，成单粒种子。因种子较小，播种时亦可掺适量草木灰或细土，以利播种均匀。也可掺适量白菜种子，可以早出苗，表示胡萝卜条行所在，利于前期除草、中耕等作业。

胡萝卜种子吸水慢，发芽迟，催芽后播种可早出苗 4d 左右。催芽方法是：将搓去毛刺的种子用 40℃水泡 2h，后再淋去水，置于 20～25℃下催芽。催芽过程中还应保持适宜湿度，并定期翻动，使种子处在均匀的温度、湿度条件下，当大部分种子露芽时即可播种。

（2）播种方法　条播按行距 15～20cm，单行，或 45～50cm 宽幅双行，开沟深 2～3cm，顺沟施入氮、磷、钾复合肥，与土壤拌匀后再播种，播后覆土（或以适量草木灰、细厩肥掺上细土盖之）厚度与沟平。也可开沟后即播种，轻度镇压后浇水，而后即以碎草覆盖畦面保湿。条播用种量每公顷 10.5kg。撒播，可在畦面上直接撒种，播后松土、镇压、浇水、覆盖碎草等同条播法。撒播用种量每公顷 15～22.5kg。有些地区，如山西省，大面积栽培胡萝卜用耧播，用种量每公顷 11.25kg 左右。播后，若温、湿度适宜，经 10～15d 即可出苗（催芽的 6～7d 出苗）。

在大面积种植胡萝卜时，为避免杂草为害，除用人工除草外，可进行化学除草，每公顷用 48%氟乐灵乳油 1.5～3kg，对水 200 倍，在胡萝卜播种前或播种后至出苗前喷雾。

（三）田间管理

1. 间苗、除草　出苗后，应及时除去覆盖物。此时气温高，杂草生长快，应及时拔除，以免妨碍幼苗生长。定苗前应间苗 1～2 次。第 1 次，在苗高 3cm 左右、约 2 片真叶时进行，除掉过密苗、弱苗和不正常的苗，留苗株距 3cm 左右。第 2 次间苗，在 3～4 片真叶、苗高约 13cm 时进行。此时若苗健、弱、优、劣易于区分亦可进行定苗。定苗株距 12～15cm。若待长到 4～5 片真叶时再定苗，则第 2 次间苗株距 6cm 左右。

每次间苗都要结合除草和中耕松土，雨后还要进行清沟和培垄等工作。定苗后每公顷留苗 52.5 万～60 万株。小根型的品种可适当密些。

2. 浇水、追肥与中耕培土　播种后如天气干旱或土壤湿度不足，可适当浇水，以利出苗。幼苗期需水量不大，一般不宜过多浇水，以利蹲苗防止徒长。从定苗到收获，追肥 2～3 次。在定苗后应随之浇水和追肥，将腐熟的农家液态有机肥随水施入。或将其加水搅匀稀释施用。若追施腐熟圈肥

・ 297 ・

（应捣细）或化肥，最好先开沟施入，覆土后浇水。追肥应在封垄前完成。追肥及用量可视土壤肥力和肥料种类而定。第 1 次追施农家液态有机肥，每公顷 2 000～2 500kg，第 2 次 2 500～3 000kg，第 3 次 1 500～2 000kg。若土壤肥力低，应增加施肥量。条播的也可在第 1 次追肥时沟施腐熟的饼肥 750kg。最后一次追肥应在肉质根迅速膨大初期完成。生长后期应防肥水过多，否则易导致裂根，也不利于贮藏。

中耕可在每次间苗、定苗、浇水施肥后，待土壤湿度适宜时进行。胡萝卜的根系主要分布在10～20cm 的土层，中耕不宜过深。每次中耕特别是后期应注意培土，最后一次中耕应在封垄前完成，并将细土培至根头部，以防肉质根膨大后露出地面，变成绿色，影响品质。

3. 生产中应注意的问题

（1）未熟抽薹　以生产肉质根为目的的胡萝卜栽培，在肉质根未达到商品采收标准前而抽薹的现象称为未熟抽薹。发生未熟抽薹的植株肉质根不再肥大，纤维增多，失去食用价值。

如前所述，胡萝卜属于绿体（幼苗期）低温感应型蔬菜，遇到 15℃以下低温，经 15d 以上即能通过春化，花芽分化后在温暖及长日照条件下抽薹开花。但品种间有差异，早熟品种在 15 片叶左右就可以抽薹，晚熟品种要生长到 20 片叶左右才开始抽薹。大部分品种的胡萝卜在夏秋季播种并不具备通过春化阶段的温度环境，而在生育后期，气温较低，也不适宜抽薹开花，所以很少有未熟抽薹现象发生。在新疆北部、东北北部等夏季冷凉地区，有些胡萝卜品种会发生未熟抽薹现象。而春播胡萝卜栽培则常有未熟抽薹现象发生。

春季栽种胡萝卜的未熟抽薹率与播种期有着十分密切的关系。春播越早，幼苗处于低温条件的时间越长，则未熟抽薹率越高，反之则较低。在发生倒春寒的气候反常年份未熟抽薹率较高；使用陈年种子在相同的环境中，未熟抽薹率也会增加。防止未熟抽薹的措施：选择适宜的播种期，不宜过早；选择冬性强、不易未熟抽薹的品种；不用陈旧种子；严格执行采种技术规程，保证种子质量；注意水肥管理；有条件的地方尽量用塑料棚进行前期覆盖。

（2）肉质根畸形　胡萝卜肉质根畸形，包括分杈、弯曲、开裂、表面多瘤包等现象。畸形根影响食用品质和商品品质，应注意防止。

①分杈。在一般情况下，胡萝卜的肉质根上的 4 列相对的侧根不会膨大，只在环境条件不适时，侧根膨大，使直根变为两条或更多的分杈。产生的主要原因：种子生活力弱，影响幼根尖端生长，侧根代之膨大而形成分杈；土壤质地黏重、石块等硬杂物多，阻碍直根生长；施肥不当，肉质根遇到高浓度肥料往往枯死，侧根发育生长；地下害虫为害，咬坏直根先端促使侧根发育生长；一般长根性品种较容易发生分杈。

②弯曲。在肉质根发生分杈时，一般也伴随产生弯曲，有时发生弯曲而不分杈。肉质根发生弯曲的原因同分杈。

③裂根。胡萝卜肉质根多发生纵向开裂，有时深达心柱。开裂的肉质根不但影响质量，而且肉质根容易腐烂，导致贮藏性变差。开裂现象的发生往往和土壤水分供应不当有关，干旱时肉质根周皮层木质化程度增加，此时如突然浇大水，肉质根迅速生长，周皮层不能相应长大而导致破裂。

④瘤包。当胡萝卜肉质根侧根发达时致使表面隆起呈瘤包状，表皮不光滑，影响商品质量。发生的主要原因：土质黏重，通透性差；施肥过多，特别是氮肥过多，致使生长速度过快等。

针对以上畸形根发生的原因，采取相应的措施即可达到防止的目的。

五、病虫害防治

为害胡萝卜的病虫害，较其他蔬菜作物少。但在不正常的天气条件下，也会发生黑腐病、黑斑病、细菌性软腐病以及菌核病等。害虫主要有蚜虫、蝼蛄、金针虫等。

（一）主要病害防治

1. 胡萝卜黑腐病　病原为 *Alternaria radicina*。肉质根受害，形成不规则形或圆形、稍凹陷的黑色病斑，上生黑色霉状物。严重时病斑迅速扩展深入内部，使其变黑腐烂。叶片受害时，初期呈无光泽的红褐色条斑，后叶片变黄枯死，上生黑色绒毛状霉层。防治方法：①清除田间病株残体，减少田间病源；②在无病田、无病株上采种，防止种子带病菌；③发病初期可用70％代森锰锌可湿性粉剂600～800倍液，或50％多菌灵可湿性粉剂500倍液，或58％甲霜灵锰锌可湿性粉剂600倍液，或50％异菌脲（扑海因）可湿性粉剂1 000～1 500倍液等喷施。每隔7～10d喷1次，连喷2～3次。

2. 胡萝卜黑斑病　病原为 *Alternaria dauci*。主要为害叶片，病斑多发生在叶尖或叶缘。病斑呈不规则形，褐色，周围组织略褪色，病部有细微的黑色霉状物。该病为真菌病害，病菌以菌丝体或分生孢子随病株残体在土壤中越冬。高温、干旱条件下易发病。防治方法：①加强田间管理，适当浇水、追肥，防止干旱；②及时清洁田园，集中病株残体深埋或烧毁，减少病源；③药剂防治同黑腐病。

3. 胡萝卜细菌性软腐病　病原为 *Erwinia carotovora* subsp. *carotovora*。只为害肉质根。发病后组织软化，呈水渍状褐色软腐，腐烂后有臭味，有汁液渗出。地上部叶片枯萎。病菌随病株残体在土壤中越冬，亦可在种株上越冬，翌年通过昆虫、雨水、灌溉水传播，从伤口侵入。发病适温为27～30℃，土壤pH为7。在地下害虫严重，虫咬伤口较多或土壤湿度过大时发生较重。防治方法：①在无病田、无病株上留种；②与禾本科作物实行3年以上轮作；③及时清洁田园，减少病源；④及时防治地下害虫，减少虫咬伤口；⑤适当浇水，控制土壤湿度；⑥发病前或发病初可在地表喷洒14％络氨铜水剂300倍液，或50％琥胶肥酸铜（DT）可湿性粉剂500倍液，或70％敌克松可湿性粉剂1 000倍液，或农用链霉素0.02％水溶液，或氯霉素0.02％～0.04％溶液。上述药液之一每隔10d喷1次，连喷2～3次。

4. 胡萝卜菌核病　病原为 *Sclerotinia sclerotiorum*。该病只为害肉质根。发病期肉质根软化，外部出现水渍状病斑，后腐烂。潮湿时表面上出现白色绵状菌丝体和鼠粪状菌核。菌核初为白色，后变为黑色，地上部枯死。贮藏期可继续发展，在窖内腐烂。该病为真菌病害，病菌以菌核在土壤中越冬，翌年通过风、雨水、灌溉水、接触等途径传播。发病适温为20℃，在潮湿、积水的条件下容易发病。此外，植株过密时发生严重。防治方法：①与禾本科作物实行3年以上轮作；②秋冬深翻土地，把菌核深埋入地下，使之难以萌发；③春季多中耕，以破坏其子囊盘的产生，减少传播；④及时清洁田园；⑤合理施肥，避免偏施氮肥，造成徒长；⑥合理密植，改善通风条件；在雨季及时排水，合理灌溉，控制土壤湿度；⑦发病初期可用70％甲基托布津可湿性粉剂600倍液，或50％农利灵可湿性粉剂1 000倍液，或50％异菌脲可湿性粉剂1 000～1 500倍液，或50％速克灵可湿性粉剂1 500倍液喷施。上述药液之一每隔7d喷用1次，连喷2～3次。

（二）主要害虫防治　为害胡萝卜地上部分的害虫主要有胡萝卜微管蚜（*Semiaphis heracleri*）和茴香凤蝶（*Papilio machaon*），以食叶为主，防治方法可参照防治萝卜蚜虫和菜青虫的方法。一些地下害虫为害塑料棚栽培胡萝卜肉质根严重。现介绍主要地下害虫及防治方法。

1. 蛴螬　金龟子幼虫的通称，种类较多，常见的有大黑鳃金龟（*Holotrichia diomphalia*）、华北大黑鳃金龟（*H. oblita*）、暗黑鳃金龟（*H. parallera*）和铜绿丽金龟（*Anomala corpulenta*）4种。主要咬断胡萝卜幼苗根茎，致使幼苗死亡，或者使胡萝卜主根受伤而成为畸形根。春播胡萝卜受害较重，尤其是施用了未腐熟有机肥的田块，受害更重。防治方法：①使用经充分腐熟的有机肥；②灯光诱杀成虫；③人工捕杀；④在蛴螬发生较严重的地块，沟施辛硫磷颗粒剂，或敌百虫、辛硫磷毒土；或用21％增效氰马乳油8 000倍液，或50％辛硫磷乳油800倍液，或80％敌百虫可湿性粉剂800倍液等灌根，株灌药液150～250g。

2. 蝼蛄　常见的有华北蝼蛄（*Gryllotalpa unispina*）和东方蝼蛄（*G. orientalis*）两种。主要咬食胡萝卜幼苗根茎，或在土中钻成条条隆起的"隧道"，使幼苗根部与土壤分离，造成幼苗死亡。蝼蛄的成虫、若虫喜温暖、潮湿的环境，在地表以下20cm处，地温达14～20℃时，进入为害盛期。防

治方法：①利用蝼蛄具有的趋光性和喜湿性，对香甜物质及马粪等具有强烈的趋性，针对性地采取措施进行防治，如使用充分腐熟的马粪等有机肥；②每公顷用5％辛硫磷颗粒剂15～22.5kg混细土300～450kg，撒于条播沟内或畦面上再播种，然后覆土，有一定的预防作用；③已经发生蝼蛄为害时，可将豆饼、麦麸等5kg炒香，用90％晶体敌百虫或50％辛硫磷乳油150g对水30倍拌匀，每公顷用毒饵30～37.5kg于傍晚撒于田间。

3. 金针虫 叩头甲幼虫的通称。以沟金针虫（*Pleonomus canaliculatus*）和细胸金针虫（*Agriotes fuscicollis*）分布最广。为害胡萝卜的肉质根，使幼苗枯萎致死，或造成肉质根畸形和破伤等。以幼虫和成虫在土中越冬，2月份开始活动，3～5月和9～10月对春、夏播胡萝卜均可造成为害。防治方法：①秋耕冬灌；②配制毒土：将80％敌百虫可湿性粉剂每公顷1 500～2 250g，或56％辛硫磷乳油200g，对水少量稀释后拌干细土10～20kg，撒于地面，整地作畦时翻于土中杀灭成虫、幼虫；③春、秋季严重为害时，可用50％辛硫磷乳油每公顷3 750～4 500g，结合浇水施入田中，效果良好。

六、采　　收

（一）收获时期 采收时期因品种或地区不同而异。早熟品种有的播种后60d即可收获。中晚熟和晚熟品种多在播种后90～150d收获。收获应注意适时，过早或过晚都会影响产量和品质。如过早收获，根未充分长大，产量低且味淡；若收获过晚，心柱会变粗，质地变劣。北方地区冬季严寒，更应注意及时收获，以防冻害。

南方地区部分胡萝卜可在田间越冬。但翌春也应适时收获，否则天气变暖，植株再次生长甚至抽薹，导致产量、品质严重下降。春播者更应注意及时收获，晚了同样会因高温多湿而烂根或后期发生抽薹现象。

收获适期，可从植株特征判断。成熟时，大多数品种心叶表现黄绿，外叶稍有枯黄状；肉质根充分肥大，地面会出现裂纹，有的根头稍露出土表。

（二）收获方法 大多用锹、齿镐等挖掘，也可用犁翻出捡拾，但不能用于长根型品种。

胡萝卜为高产作物，长根型品种一般每公顷产37 500kg左右，高者可达75 000kg。所以收获用工较多，约占全用工量的1/3以上。

（三）贮运 胡萝卜的贮运方法与萝卜大致相同。可将叶丛沿根头外缘切下，将肉质根轻放于容器如筐、箱内，或麻袋内，装于车箱中运输。

胡萝卜较萝卜易贮藏，因含糖量高于萝卜又不易糠心，与大白菜同窖藏或埋藏、堆贮均可，应注意保湿。温度在0℃与93％～98％的相对湿度条件下，可贮藏5～6个月。

七、留种与采种

胡萝卜有移栽留种和直播留种两种采种法，前者应用较多。

（一）移栽留种采种法 收获时先行选种，即依该品种的特征，选择植株健壮，叶片较少，根形端正，四排须根整齐，须根较细，表面光滑，色泽鲜艳者作为种株。而后将种株叶片剪短，留10cm叶柄。冬季温暖地区，种株可直接移栽于采种田。寒冷地区，则可贮藏至翌春3月左右移栽。栽前再选择一次，除去病、烂或损伤者。也可将尾部切断，观察肉质根颜色和心柱状况，选取肉色艳丽、心柱细者作种株，差者淘汰。

栽前整地、耕翻、施基肥，经耕翻，肥土拌匀，耕层30cm左右，作平畦（同栽培畦）。

移栽时，将种株顺行向倾斜约45°角，可使根多接触地表土，温度较深处高，利于生根。株行距，小型品种33cm见方，大型品种行距50～65cm，株距33～50cm，以土埋没根头略露叶柄为宜。

栽植后地温达 8～10℃便可出叶生长。为使种子饱满，花前可酌情追肥，并结合浇水。

种株的分枝能力强，应进行整枝。每株留主枝同时留 3～4 个侧枝，其余全部除去。主枝上的花先开，种子质量最好，以下各侧枝依次开花、结实。为防止倒伏，应搭设支架。可在主茎处立起一柱，要牢，其上引绳牵拉各侧枝不致倾倒。也可在相应高度搭成适当大小的井形架拢扶。

种株在 4～5 月开花，时值气温 20～25℃，正宜开花授粉，至 6 月末～7 月即可成熟采收。可以一次采收；为防雨淋，也可选先成熟者分批采收。成熟的特征是，花序变为褐色，外缘向内翻卷，花序下部茎节开始失绿或微干。用剪刀剪下，进行晾晒，干后即可打下种子，再继续晾晒种子 2～3d 并搓去刺毛进行贮藏。贮藏过程中应注意防潮，种子含水量不超过 14％。种子在适宜条件下可贮藏 3 年（贮藏时间长的种子用前应作发芽试验）。通常每公顷产种子 1 125kg 左右。

（二）直播采种　植株可在露地越冬的南方暖地，可用此法采种。整地、施基肥、作畦等项作业，与胡萝卜栽培技术相同。9 月下旬播种，按行距 45～65cm 条播，或行距 50～65cm、株距 20～30cm 穴播，11 月份进行间苗。条播按 17cm 左右留苗；穴播者，每穴留苗 2～3 株。间苗后可酌情追肥，每公顷 6 000～7 500kg 腐熟农家液态有机肥或 11 250kg 堆肥。冬季温度较长时间低于－3℃以下的地区，冬前盖草防寒，翌春即抽薹开花。抽薹前进行定苗，条播株距 33cm，穴播每穴留 1 株健苗。定苗后的田间管理以及采种、种子贮藏等同前。7 月份即可采收种子。

直播采种法，肉质根不经收获贮藏、移栽等项的损伤，植株生长健壮，种子产量较移栽留种法的高，亦较之省工。但不能对种株进行选择，所以品种纯度、种子质量不如移栽采种法采的种子可靠。

胡萝卜为天然异交作物，品种间以及栽培种与野生种都可能杂交，因而不同品种的采种田，应相距 2 000m 以上，1 000m 半径内应保证无野生胡萝卜生长。

（王宝义）

第三节　芜　　菁

芜菁是十字花科（Cruciferae）芸薹属芸薹种芜菁亚种中能形成肉质根的二年生草本植物，学名：*Brassica campestris* L. ssp. *rapifera* Matzg，别名：蔓菁、圆根、盘菜等，主要以肥大的肉质根供食用。芜菁的起源中心在地中海沿岸及阿富汗、巴基斯坦及外高加索等地，由油用亚种（ssp. *oleifera*）演化而来。芜菁在世界上有悠久的栽培历史。中世纪古埃及人、希腊人和罗马人就已普遍栽培。法国是欧洲多数食用芜菁品种的原产地，而在斯堪的纳维亚各国则广泛栽培饲料用芜菁。自引种马铃薯后，芜菁作为食品的意义才逐渐变小。

芜菁是中国古老的蔬菜之一。在先秦的儒家经典《尚书·禹贡》篇记载："荆州包匦菁茅"，郑云："菁"，蔓菁也。公元 154 年，汉桓帝诏曰："蝗灾为害，水变乃至，五谷不登，人无宿储。其令所伤郡国皆种芜菁，以助人食。"南北朝后魏·贾思勰著《齐民要术》（6 世纪 30 年代或稍后）中，更有蔓菁栽培方法的记载。芜菁在中国的华北、西北、云、贵地区以及江、浙一带早有种植。其肉质根有较丰富的营养，干物质含量较高，一般为 9.5％～12.0％。芜菁的肉质根组织柔嫩致密，味稍甜，煮食风味甚佳，可以代粮，也可用于盐渍和炒食。适应性强，栽培容易，肉质根耐贮藏。

一、生物学特性

（一）植物学特征　芜菁（图 9-7）直根系，下胚轴与主根上部形成膨大的肉质根，其解剖结构属萝卜类型。肉质根皮有白色、淡黄色和紫红色之分，形状有扁圆、圆和圆锥等，肉白色或淡金黄色。

叶全缘或大头羽裂，叶柄有叶翼，叶面多刺毛。莲座叶 12～18 片。在整个营养生长阶段，茎短缩。阶段发育通过之后，生长锥由营养生长转向生殖生长，在翌春适宜的温度、光照条件下即可抽薹开花。

芜菁的花序为总状花序。完全花，花冠黄色，花瓣 4 片，呈十字形，雄蕊 6 枚，雌蕊 1 枚。异花授粉。果实为角果。种子圆形，褐色。芜菁极易与大白菜、白菜、薹菜、乌塌菜及菜薹等天然杂交，采种时应注意隔离。

（二）生长发育特性及对环境条件的要求　芜菁在其整个生育期中，可分为营养生长和生殖生长两个阶段。在春季提早播种的情况下，也能够在一年内完成一个生命周期。

在芜菁的营养生长阶段，可划分为发芽期、幼苗期、叶丛生长盛期（肉质根生长前期）、肉质根生长盛期等。据观察，芜菁的叶序不甚规则，多数为 2/5 的叶序，也有 3/8 的叶序。品种间生长期的不同，主要在于肉质根生长盛期的长短有明显差异。

芜菁喜冷凉气候，有一定的耐寒性。种子在 2～3℃ 时即可发芽，幼苗可耐 2～3℃ 的低温，成长的植株可耐轻霜。在营养生长阶段，肉质根膨大生长最适温度为 15～18℃，而且要求一定的昼夜温差。在肉质根生长期间温度过高，不仅影响肉质根的膨大，而且品质下降，食之干、硬、苦、辣，食用价值降低。

芜菁对光照条件的要求比较严格。据测定，芜菁的光补偿点为 4 000lx，而光饱和点为 20 000lx 左右。在肉质根膨大盛期，其功能叶片的光合强度为 11.82（CO_2）mg/（dm^2·h）。

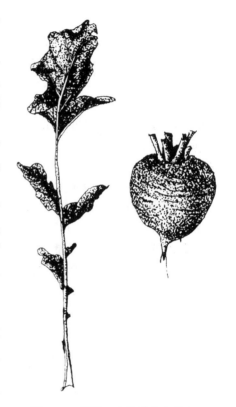

图 9-7　芜菁（喀什紫皮卡马古）
（引自：《中国蔬菜品种志》，2001）

芜菁喜湿润的沙质壤土或壤土。据报道，芜菁有适应酸性土壤的能力，土壤 pH 达 5.5 时仍然生长良好。需要较多的磷、钾肥，对增施有机肥有良好的反应。

芜菁喜比较湿润的环境，但土壤不宜过湿。在秋季高温和空气比较干燥的情况下，病毒病极易发生和蔓延。

二、类型及品种

根据肉质根的形状，可以分为圆形和圆锥形两类。多数圆形品种生长期较短，早熟，肉质根较小；圆锥形品种生长期较长，晚熟，肉质根个体较大。

1. 焦作芜菁　河南省焦作地区多栽培。叶匙形，肉质根为圆球形或纺锤形，纵径 5～6cm，横径 4～5cm，皮肉均为土黄色。煮食味甘美。

2. 紫芜菁　河北省张家口地区地方品种。叶有花叶、板叶两种类型。肉质根皮紫红色，肉白色。单株根重一般 0.5kg 左右，大者约 1kg。花叶型紫芜菁肉质嫩，丰产，栽培较板叶型多。

3. 温州盘菜　浙江省温州市地方品种。根顶凹陷，整个肉质根露出土面，形似盘状，故名"盘菜"。肉质白嫩，品质好，适于煮食或腌渍，也可生食。有大缨和小缨两个类型，大缨类型为羽状裂叶，缺刻深，叶丛开张，叶面较光滑，叶长 45cm 左右，宽 17cm 左右，开展度 80cm 左右。肉质根扁圆，横径 18cm 左右，纵径 8cm 左右，单株根重 1.5～2.0kg。生育期 120d，晚熟。小缨类型叶面茸毛多而粗糙，叶长 30cm，叶宽 15cm，开展度 60cm 左右。肉质根横径 15cm 左右，纵径 8cm 左右，单株根重 0.5～1.0kg。生育期 90d 左右，中熟。

4. 日本小芜菁 近年从日本引进的小型品种。叶小而少。肉质根圆球形，皮、肉均为白色，表皮较光滑，横径 3～4cm，纵径 2～3cm，肉质致密，味甘美，生、熟食皆宜。早熟，生育期 60d 左右，可春、秋季栽培。

5. 猪尾巴芜菁 山东省安丘市地方品种，华北各地零星栽培。叶片如匙状。肉质根长圆锥形，根顶横径 6～7cm，根长 17cm 左右，形状似猪尾巴故名。皮肉均为白色，味甜美，品质好，适于煮食。

6. 牛角长 近年从法国引进。叶深裂，叶数多，叶丛半直立。肉质根长圆锥形，微弯曲，外形略似牛角故名。肉质根顶横径 6～8cm，长 30cm 左右，其中 6～8cm 露出地面，呈浅绿色或乳白色，入土部分为白色。肉白色，质地致密。汁稍少，味甜，适于煮食或腌制。

7. 中长百 近年从法国引进。叶小且较少，花叶型。肉质根圆筒形，长 15cm 左右，顶部横径 8～10cm。外皮白色，地表部微绿。肉白色，味稍淡。生育期 60d 左右，早熟。适于腌制。

在云南省的昭通、曲靖、丽江等地区海拔 2 000m 以上的山地，广泛栽培芜菁，其中以鹤庆县西山上的芜菁品质最佳。山西省有南圆芜菁、广灵芜菁、五台黄芜菁、兴县白皮芜菁、枬掌芜菁、陵川红芜菁等品种，多属菜、粮兼用种，煮食味甘美。

三、栽培季节和方式

芜菁肉质根的生长需要凉爽的气候。因此，中国各地栽培芜菁一般在秋季，播种期与大白菜相近。在北方夏季凉爽的地区，如河北省坝上地区，也有夏芜菁栽培，于 5 月上旬播种，7 月中旬收获。秋芜菁在黄、淮流域常于立秋前后播种，在江苏、浙江地区为立秋至处暑播种，最迟不能过白露。

芜菁的前茬作物可以是瓜类、豆类、茄果类、马铃薯等。北方可以小麦为前茬，南方还可以水稻、甘薯、芋为前茬。为了减少病害的发生，应实行 2～3 年的轮作，并且也不与其他十字花科蔬菜连作。

四、栽培技术

（一）整地施基肥 播种前（或育苗移栽前）应注意增施有机肥作基肥，并适当深耕。这不仅有利于提高产量，还能促使肉质根形状端正、表皮光滑、品质好。

北方栽培芜菁一般在前茬作物收获后，每公顷施 50 000～60 000kg 圈肥作基肥，然后耕翻深 22～25cm。土地整平耙细后，作成 1～1.4m 宽的畦或 55cm 宽的垄。

南方不论是育苗或栽培，均可在土地耕翻后，作成 1.65m 宽的高畦。作好畦后，每公顷施 7 500kg 50% 的农家液态有机肥、7 500kg 厩肥、1 500～2 500kg 草木灰、375kg 石灰等作基肥。

（二）直播或育苗 北方栽培芜菁一般为直播，行、株距因品种而异。大型品种行距 33～55cm，株距 20～26cm；小型品种行距 26～33cm，株距 17～20cm。还可在畦埂上点种，与其他蔬菜间作。出苗后于第 1 片真叶期和第 3～4 片真叶期分别间苗一次，5～6 片真叶时定苗。

南方多行育苗移栽。播种后，可用切成 3～5cm 长的嫩草或稻草加以覆盖。然后施用 10% 的农家液态有机肥。采用畦面覆盖，在旱天可减少浇水次数，在涝天可减轻暴雨造成的土壤板结。出苗后 7～10d 进行间苗，苗间距离 2～3cm，并进行第 1 次追肥。播后 20～25d，可再追施稀农家液态有机肥两次，并及时进行间苗。定植时要选苗，例如温州栽培芜菁，一般选两片子叶完整匀称、苗大小一致、叶片色泽嫩绿的菜苗；淘汰子叶发黄、脱落、叶片有黑色斑点的弱苗和病苗。栽苗时不要将苗的根颈部埋入土中，以利肉质根的生长。

（三）肥水管理 芜菁对肥料的反应非常敏感，在土壤有机质不足时，必须施用氮、磷、钾、钙等完全肥料。氮肥主要促进叶器官和肉质根的生长，延长植株的生长期；磷、钾肥则可加速肉质根的

成熟，提高其干物质、糖和蛋白质的含量。因而，氮肥应在植株大量需氮的时期作追肥施入，而钾肥最好在肉质根生长前期施入。由于磷肥在土壤中移动困难和易被土壤固定，因此常常与有机粪肥混合作基肥施入。

芜菁的生长发育亦需要微量元素。据报道，在营养液中硼素不足则影响钙的吸收，从而降低肉质根中蛋白质的含量；而肉质根中维生素 C 和维生素 P 的含量与肥料中镍和锌的含量成正比。用铜盐浸种者，肉质根中的维生素 C 含量较对照不浸种者提高 4 倍。

根据芜菁的需肥特点，在施用有机肥作基肥的基础上，应着重进行两次追肥：一是定苗（定植）后进行第 1 次追肥，每公顷施农家液态有机肥 12 000～15 000kg；二是在肉质根生长前期，可分别每公顷追施草木灰 1 500kg、农家液态有机肥 7 500kg。

芜菁在发芽期和幼苗期并不需要很多水分，但是，如果此期天气干旱，亦应注意适时灌水，保持地面湿润，以降低地温，减轻病毒病的发生。在肉质根膨大期间，应注意供给较充足的水分。在幼苗期和肉质根生长前期，还应结合除草进行中耕。

五、病虫害防治

芜菁的主要病害是病毒病。主要害虫有蚜虫、菜螟、跳甲等。病毒病的传毒媒介主要是蚜虫，因此，控制蚜虫的为害十分重要。在芜菁生长前期和中期，可及时喷布 10％吡虫啉可湿性粉剂 2 000～3 000 倍液，或 50％辟蚜雾可湿性粉剂 2 000～3 000 倍液，或 40％乐果乳油 800 倍液等进行防治。在田间早期发现的病毒病病株应及早拔除，以减少传播蔓延。

六、采　　收

在北方地区，芜菁的收获期一般与秋冬萝卜相近，收获后可以进行沟窖埋藏。南方一般于定植后80～90d 即可陆续采收供应，不进行贮藏。

春夏播种的小型品种，以肉质根及嫩叶供食用，可于肉质根横径 2～3cm、叶长 20cm 时随时分期上市。如过期不收，则叶纤维增多，肉质根变糠，品质下降。采收宜在早、晚气温较低时进行，去除枯黄叶片，以 10 株左右为 1 把，包装上市。

七、留　　种

留种的芜菁应于肉质根生长盛期和收获时进行单株选种。在北方地区，各中选单株应在 0～2℃的环境中贮藏，翌春土壤解冻后栽植。采种田应与白菜及芜菁的其他品种的采种田隔 2 000m 以上。采种田可以穴施腐熟的厩肥作基肥，按行距 33～40cm、株距 26～33cm 栽植，要将种株略倾斜埋实。在种株初花期，每公顷可追施 150～225kg 硫酸铵，以促进花薹的生长和花的繁茂。此期应注意及早喷药防治蚜虫。开花盛期可喷布 0.2％的磷酸二氢钾 1～2 次，能促使籽粒饱满。待种荚呈黄绿色或淡黄色，籽粒呈淡褐色时即可收获，延迟收获易造成种子严重落粒。

江苏、浙江冬季不甚严寒，可在冬至前后选种，剪短叶子直接定植在采种田中，其他管理同上。

（何启伟　高凤菊）

第四节　芜菁甘蓝

芜菁甘蓝是十字花科（Cruciferae）芸薹属中能形成肉质根的栽培种，学名：*Brassica napobras-*

sica Mill.，别名：洋蔓菁、洋疙瘩、洋大头菜等。起源于地中海沿岸或瑞典，又称瑞典芜菁。一般认为芜菁甘蓝是芜菁（2n＝20）与甘蓝（2n＝18）的杂交种。18 世纪传入法国，有黄肉、白肉两种类型。19 世纪传入中国、日本。欧、美及中国、日本等国家普遍栽培。

芜菁甘蓝具有适应性广、抗逆力强、易栽培、产量高以及可粮、菜兼用等特点，在中国河北、河南、山东、内蒙古、上海、江苏、福建、云南、贵州等省、自治区、直辖市有栽培。芜菁甘蓝肉质根含干物质较多，达 7.1%～9.0%。宜煮食，可代粮，供菜用时可以炒食或盐渍，也是很好的饲料。

芜菁甘蓝根系发达，吸收力强，植株生长旺盛，增产潜力大。在粗放管理的情况下，一般每公顷产量 45 000～60 000kg；肥水充足，生长期又较长时，每公顷产量可达 112 500～150 000kg。

一、生物学特性

（一）植物学特征
芜菁甘蓝（图 9-8）为直根系，直根膨大形成肉质根，与萝卜相比，其由下胚轴发育而来的根颈部分较小，而真根部分所占比例较大，且两列侧根发达。肉质根的解剖结构与萝卜相似。芜菁甘蓝的根形多为圆球形或纺锤形，皮为白色或出土部分稍带紫红色，肉白色。

在营养生长阶段茎短缩，其上着生莲座叶。叶柄半圆形，叶片为大头羽状裂

图 9-8　芜菁甘蓝（临夏洋圆根）
（引自：《中国蔬菜品种志》，2001）

叶，叶柄上一般着生 5～8 对小侧裂叶。叶色蓝绿，叶面着生白色蜡粉，叶肉厚，似甘蓝的叶。莲座叶一般在 18 片以上，多数植株呈 3/8 的叶序。

花序为总状花序，两性花，子房上位二室，四强雄蕊。花萼、花瓣各 4 片，排列成十字形，花冠黄色。果实为长角果。成熟时荚果开裂，种子脱落。种子为不规则的圆球形，深褐色，千粒重 3.2g 左右。

（二）生长发育特点及对环境条件的要求
芜菁甘蓝属于二年生植物。在第 1 年营养生长阶段中形成产品器官——肥大的肉质直根，第 2 年抽薹开花结籽。

芜菁甘蓝在营养生长阶段的各个分期与萝卜相似。其特点在于植株生长旺盛，叶子不易早衰，而且很少感染病害。因此，只要温、湿度适宜，其肉质根膨大期常可延长，单株积累同化产物的能力强，肉质根能够长得较大，产量高。

芜菁甘蓝性耐寒，喜冷凉气候。对温度条件有很广的适应性，种子能在 2～3℃时发芽，幼苗能耐－2℃的低温，肉质根形成的最适温度是 13～18℃，而幼苗耐高温的能力比秋冬萝卜强，成龄植株的耐寒性也优于秋冬萝卜，故中国各地可广泛栽培。当然要获得高产，在其肉质根的膨大期，不仅要有适宜的温度，还要有一定的昼夜温差。

芜菁甘蓝喜较强的光照。据测定，芜菁甘蓝的光补偿点较高，为 2 000lx 左右；光饱和点为 20 000lx，此时光合强度为 19.94（CO_2）mg/(dm² · h)。然而，芜菁甘蓝的特点在于光照强度超过光饱和点，光合强度仍然保持稳定。例如，光强为 38 000lx 时，其光合强度为 18.13（CO_2）mg/(dm² · h)，这一点可能是芜菁甘蓝具有增产潜力的生理因素之一。

芜菁甘蓝要求较湿润的土壤，在肉质根膨大盛期，其叶含水量为 91.04％，肉质根含水量为 92.14％。据报道，其每生产一份干物质，大约要消耗 600 份水分。因此，为求丰产，在其生长期间适时灌水亦很重要。由于其根系远比其他根菜类蔬菜发达，且叶面具有蜡粉，有减少水分蒸腾的作用，因而其抗旱性也很强。

芜菁甘蓝喜中性或弱酸性的沙壤土或壤土，幼苗期尤其不耐盐碱。对氮、磷、钾肥的吸收比例为 1.6：1：3，要求土壤中有较多的钾素。它需肥的另一特点是耐肥。由于芜菁甘蓝的吸收根发达，吸收能力强，所以比较耐土壤瘠薄。但肥料充足，施肥比例得当，才能充分发挥其生产潜力。

二、类型及品种

芜菁甘蓝在中国栽培历史较短，品种较少。其代表品种如下：

（一）上海芜菁甘蓝　又叫上海大头菜。叶丛半直立。叶片呈倒卵形，长 42cm，宽 8cm。叶色深绿，叶面有白粉。叶片深裂，侧裂叶 6～8 对。肉质根近圆球形，出土部分皮淡紫色，入土部分为浅黄色，肉白绿色。生长期 100d 左右，单株根重一般 0.8～1kg。肉质较细，品质中等，耐贮藏，可炒食或腌渍。在上海、浙江、福建、江苏、山东等地普遍栽培。此外，云南芜菁甘蓝与此品种相似，但根呈纺锤形，肉质根的入土部分白色，生长期 120d 左右。

（二）南京芜菁甘蓝　南京市郊区曾多有栽培。植株大小中等。叶呈长倒卵圆形，暗绿色，叶面略有蜡粉。叶长 50～55cm，宽 20cm。叶片深裂，侧裂叶 4～5 对。肉质根呈扁球形，根形指数 0.92。出土部分皮淡绿色，入土部分白色。单株根重一般 0.5～1kg，大者达 4kg 以上。含水较少，可炒食、腌渍或作饲料。

（三）坝上狗头　河北省坝上地区多栽培。生长势强健，叶片大，叶长约 60cm，宽 23cm，单株有叶 30 片左右。叶色浓绿，叶面蜡粉多。肉质根短纺锤形，有较多粗大的毛根，故称狗头蔓菁。皮色有紫皮、白皮、黄皮三种，以紫皮种栽培面积较大。单株根重 2.5～3kg，大者 5kg 以上。该品种除作蔬菜外，多作饲料用。

（四）卜留克芜菁　早年内蒙古呼伦贝尔盟从前苏联引入。生长势中等，叶簇直立。叶片灰绿色，表面有蜡粉，叶片下部有 4～5 对裂叶，上部叶缘浅波状。肉质根扁圆状，横径 10～15cm，纵径 8～10cm。肉质为淡黄或白色，表皮淡黄或黄色，顶部灰绿色，下部两侧有一相对纵沟，其上密布须根。肉质致密，含水量少，品质好。适应性较强，抗病，耐瘠薄。

三、栽培技术

根据芜菁甘蓝营养生长阶段对温度的要求，多在秋季或秋冬季栽培。较严寒的地区和云南、贵州山区，亦可春播。河北省坝上地区一般 4 月中下旬播种，6 月上旬定植，9 月中旬收获；黄淮流域多于 7 月上中旬播种育苗或 7 月中旬直播，立冬前后收获；长江流域各省多于 8 月上中旬播种育苗，11 月下旬至 12 月初收获；广东、福建等省则于 9～10 月播种，翌年 1～2 月收获。

芜菁甘蓝对前茬作物的要求不甚严格，前茬作物多为茄果类、瓜类、豆类及其他十字花科蔬菜。华北地区常以春玉米等作物为前茬；江南地区则多以水稻、玉米、甘薯为前茬。鉴于芜菁甘蓝有很强的抗病性，因而对轮作亦无严格要求。

（一）整地施基肥　芜菁甘蓝喜疏松、有机质丰富、通气性良好的土壤。虽然它的适应性强、根系吸收能力强、耐土壤瘠薄，但为实现丰产仍需增施有机肥，适量增施钾肥，才能获得良好的增产效果。

前茬作物收获后，每公顷施 45 000～60 000kg 厩肥作基肥，撒匀后耕翻深 22～26cm。北方各地土地整平耙细后，作成宽 60～66cm，高 13～16cm 的垄。如果有机肥不足，可在土地整平后，每公顷按行距撒施厩肥 15 000kg，然后扶垄。实行集中施肥，可以更好地发挥肥效。南方各地在前茬作物收获后，耕翻晒垡，然后作畦，畦高 16～20cm，畦宽 133～165cm，播前或定植前，掺水每公顷穴施 22 500～30 000kg 腐熟的农家液态有机肥作基肥。

（二）直播或育苗　芜菁甘蓝可直播或育苗移栽。直播主根入土深，耐旱力强，根形正，产量较高；缺点是土地利用率较低。育苗移栽可以充分利用土地，便于接茬；缺点是移栽时伤主根，根部易分杈，根形不整齐。

直播可按当地的适播期行条播或穴播，株距 26～33cm；起垄栽培的行距 60～66cm，平畦栽培的行距 40cm 左右。北方也有在其他蔬菜作物的畦埂上直播点种的，出苗后，于第 1 片真叶期和 3～4 片真叶期各间苗一次，5～6 片真叶时定苗。

育苗移栽的播种期一般比直播者提前 7～10d，育苗期 30 d 左右。育苗要选土质疏松、肥沃、排水灌水方便的土地作苗床。在育苗地施肥、耕翻、整平耙细后，北方一般作成 100～165cm 宽的平畦，南方一般作成 133～165cm 宽的高畦。播种时均采用湿播法，即播前畦内浇水或泼稀农家有机液肥，撒播种子后覆土厚 1～1.5cm。在育苗期间常有暴雨的地区，播后还可覆盖一层碎草，或雨前用芦席、芦苇、遮阳网遮雨。在地下害虫严重的地方，播种时应撒施拌有辛硫磷的毒饵。出苗后于第 1 片真叶时间苗一次，苗距 3～5cm；2～3 片真叶时再间苗一次，苗距 8cm 左右。这次间苗后可追肥一次，并注意根据墒情及时浇水。5～6 片真叶时即可移栽。定植的株行距同直播。

定植时，要开深和直径各 13cm 的穴，以使幼苗的根在穴中直立，覆土不可太深或太浅，以埋至子叶基部为宜，栽后即浇水，以利幼苗成活。

（三）肥水管理　芜菁甘蓝具有耐肥、耐瘠、吸收能力强等特点。但要获得丰产，还必须加强肥水管理。据测定，每公顷产 37 500～45 000kg 产品，大约需消耗 160.5kg N、100.5kg P_2O_5、300kg K_2O。试验还表明，增施钾肥可以获得显著的增产效果，对施用磷肥也有良好反应。在施有机肥作基肥时，每公顷可施 450～600kg 过磷酸钙，与有机肥掺匀后一起施入。

在芜菁甘蓝的营养生长阶段，大体可进行两次追肥：一次是在定苗或移栽成活后进行第 1 次追肥，每公顷施农家液态有机肥 9 000～10 500kg，或素尿 120～150kg。第 2 次在肉质根膨大盛期，每公顷施复合肥 225～300kg，或追施草木灰 1 500～2 250kg，追肥后浇水。

芜菁甘蓝喜土壤湿润，在幼苗期和定植成活期间要及时浇水，同时注意雨后排涝。肉质根生长盛期需水最多，应适时浇足水，一般可 5～7d 浇水 1 次，生长后期可减少浇水次数。

在叶丛封垄以前，浇水还要与中耕松土、除草相结合。起垄栽培的最好在中耕松土后再行一次培土。

四、病虫害防治

芜菁甘蓝的病害较少。主要害虫是蚜虫、菜青虫、菜螟、跳甲等，从幼苗期即应注意及时喷药防治。一般可喷施 20% 速灭菊酯乳油或 2.5% 溴氰菊酯乳油 2 000 倍液等。在跳甲为害较重的田块可用 5% 辛硫磷颗粒剂每公顷 45kg 处理土壤。

五、采　　收

芜菁甘蓝耐寒性较强，轻霜后叶色发紫，肉质根仍能继续膨大。北方地区，一般经过严霜后即行收获，收后可采用沟窖埋藏。在南方冬季不甚严寒的地区，常于定苗或定植后 100d 左右，待地上部叶丛变黄后陆续采收，一般不行贮藏。

六、留　种

留种的植株应于收获后进行选择，选留那些根形整齐、没有损伤、大小中等的植株作种株。切短叶子，在北方要经过贮藏，于翌春土壤解冻后栽植，行、株距33～50cm见方。江南冬季不十分严寒的地区，可在收获、选种、切短叶丛后直接定植在采种田中。零下5℃时易受冻害，因此冬季可覆盖粪肥或碎草防寒。

芜菁甘蓝极易与甘蓝型油菜、白菜型油菜天然杂交，也可能与大白菜、白菜、菜薹、芜菁、芥菜类、甘蓝类蔬菜杂交。因此，其种子田应与上述蔬菜的采种田隔离2 000m以上。为了提高种子的产量，采种田应施足底肥，并配合施用磷、钾肥。在种株抽薹前后应进行1～2次中耕松土。盛花期后进行根外追肥，可喷布0.2%～0.3%的磷酸二氢钾或2%的过磷酸钙浸出液。待种荚黄熟后及时收获，以防荚果开裂落粒。

（何启伟）

第五节　根　恭　菜

根恭（甜）菜是藜科（Chenopodiaceae）甜菜属甜菜种的一个变种，能形成肥大肉质根的二年生草本植物，学名：*Beta vulgaris* L. var. *rapacea* Koch.，又名红菜头、紫菜头，原产于欧洲地中海沿岸。公元前4世纪古罗马人已食用叶恭菜和根恭菜。公元14世纪英国已栽培根恭菜。根恭菜的肉质根含有花青素甙而呈紫红色或金黄色，含大量纤维素、果胶及少量的维生素U，是抗胃溃疡的因子。其质地柔嫩，富含糖分（8%～15%）及多量的无机盐，且耐运输贮藏与加工，是欧、美各国重要蔬菜之一。中国于明代传入，在大、中城市郊区有少量栽培。

一、生物学特性

（一）植物学特征　根恭菜（图9-9）为深根性植物，生长105d的植株，其根系深度与广度各达300cm。它在生长的第1年长成莲座叶丛与肉质根。叶大，具长而粗的叶柄，叶片、叶脉、叶柄及肉质根皆为紫红色。肉质根形状有球形、扁圆形、卵形、纺锤形与圆锥等形状，其品质以扁圆形的为好。其内部结构除次生木质部及韧皮部外，还有由次生形成层分生的发达的三生木质部及韧皮部。这种三生结构包括多层成圈排列的三生维管束和介于它们之间的三生薄壁细胞。其内含有花青甙色素，所以肉质根的横断面有数层美丽的紫红色圈纹。肉质根可生食，但因色泽鲜艳，欧、美各国主要用作西餐肴馔的装饰性配菜。肉质根除供食用外，在医药上有治吐泻与驱逐腹内寄生虫的功效。

根恭菜在生长的第2年5月间抽生花茎，高1.3m左右。花序为由疏松的小穗状花序组成的圆锥花序，在小穗状花序上轮生着3～5朵以上的两性花。花小，淡绿色，花冠由5瓣组成，有4～5个萼片，具有2～4个柱头，为半下位子房，子房一室。雄蕊4～5枚。子房在成熟时木质化而形成

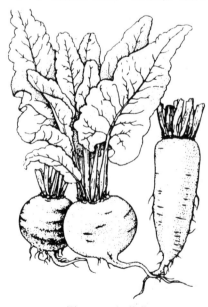

图9-9　根恭菜
（引自：《中国农业百科全书·蔬菜卷》，1990）

单一种子的褐色果实。由 3～5 个相互连生的果实形成复果（球果）。复果在种子萌发时形成幼苗丛，所以必须及时间苗。花期 30～50d，从胚珠受精到种子成熟需 60～65d。种子为肾脏形，棕色，极小。种子有胚乳，在好的贮藏条件下，种子的发芽力能保持 5～6 年。根荠菜为风媒花，不同品种采种时，须严格隔离。

（二）对环境条件的要求

1. 温度　根荠菜喜冷凉气候，但较耐寒，在冷凉季节长成的肉质根糖分高，肉色深，品质好。在炎热季节长成的肉质根，其内部常出现白色的圈纹，品质差。

种子在 4～5℃时发芽，但发芽很慢。出苗在 4℃时需 22d，10℃时需 10d，15℃时 5～6d 出苗。而种子经浸种后播种，出苗较快。发芽适温为 25℃，其生长适宜的温度范围为 12～26℃。幼苗能耐 −2～−1℃的霜冻，温度再低即受冻死亡。成长的植株耐 −3～−2℃的霜冻，降至 −5～−4℃时，即受冻死亡。种株在开花结实期的适宜温度为 20～25℃。肉质根在不良的气候条件下产量低而品质差。土壤太干燥时肉质根粗糙而木质化，并带苦味。

根荠菜通过春化最适宜的温度为 5～8℃。春季栽培不宜播种过早，过早播种的植株在 0.9～1℃的低温条件下，生长 15d，在田间就会有部分植株未熟抽薹，30d 就会全部抽薹。

2. 光照　对光照的需求也很高，在正常光照下才能形成肥大优质的肉质根。试验证明，在遮光的情况下，减产达 30%。根荠菜在长日照条件下通过光周期反应。

3. 土壤　根荠菜对土壤的适应性较广，但在排水良好、疏松、肥沃的冲积土中生长最好，沙壤土也较好。不宜在重黏土中栽培，因在这种土壤中不易生成均称、整齐的肉质根。

在重黏土中栽培，需施用腐熟的厩肥改良土壤。栽培前土壤需深耕细耙。

根荠菜对土壤的酸碱度反应很敏感，适宜的 pH 为 5.8～7。很多试验证明，土壤 pH 在 5 以下或 8 以上，正常的生长发育会被破坏，并容易发生生理病害。

根荠菜对于土壤溶液浓度不太敏感，这一点与胡萝卜不同。生长的初期能忍受 1% 的土壤溶液浓度，以后较大的植株能忍受 1.5% 的土壤溶液浓度。对营养元素的需要与胡萝卜相似，生长初期以吸收氮素为主，后期需钾多，在生长期内对磷的需要比较稳定。

4. 营养　根荠菜的施肥量，以有效成分计算，每公顷需氮 120～150kg、氧化钾 195～240kg、五氧化二磷 135～165kg。肥料宜分次使用，在耕地时施下总肥量的 2/3 为基肥。磷肥最好与腐殖质混合做成颗粒状磷肥，同时无机肥料与有机肥料混合使用，则效果更好。其余肥料在生长期中作两次追肥使用，第 1 次追肥在定苗后，每公顷施氮与磷肥各 15～19.5kg、氧化钾 19.5～25.5kg。到叶子封行前进行第 2 次追肥，每公顷施用氮和氧化钾肥各 25.5～30kg。

5. 水分　根荠菜形成 1 份的干物质需消耗 300～400 份水分。生长期间适宜的土壤水分为田间持水量的 60%，水分过多过少，都不利于生长。种子发芽需要种子重量 170% 的水分。

二、类型及品种

（一）类型　根荠菜肥大的肉质根有紫红色和金黄色。根型有多种，一般分为扁平类型、扁圆类型、圆球类型及圆锥类型。上述 4 种类型中，扁平类型的为早熟种，叶细小，叶丛聚积而半直立；扁圆类型叶片中等大小，叶片多绿色，风味佳，根髓部多汁液；圆球类型产量高，较耐贮藏；圆锥类型在生产上很少栽培。

（二）品种

1. 紫菜头　早年由南方引入北京，曾有少量栽培。叶丛半直立，株高 26～30cm，开展度 30～35cm。叶片长卵形，叶缘微波，外叶绿色，叶脉紫红色，心叶紫红色。肉质根短圆锥形，长 10cm 左右，横径 6～8cm，单根重 20～35g。根皮暗紫红色。根肉鲜紫红色，相间有数圈粉红色环纹。肉质

脆嫩，味甜，略带土腥味，品质中等。宜生食、做羹汤，并可加工制罐。生育期90d左右，耐热性较强，耐寒性中等，适于春、秋两季栽培。

2. 平泉紫菜头 河北省北部地区地方品种，栽培历史较久。叶丛半直立，叶片长三角形，叶色绿紫，叶面微皱，叶长13cm，宽8cm，叶柄紫红色。肉质根扁圆形，纵径8cm，横径10cm，根皮深紫色。肉色具深、浅紫红色环状纹。单根重300g左右。从播种至收获需90d左右。耐寒、耐旱、耐贮藏，抗黑叶斑病。肉质根肉质致密，风味浓，脆嫩，含水分中等，品质较好，宜生食和熟食。

3. 上海长圆种红菜头 上海市从国外引进，已栽培100多年。叶丛半直立，株高约37cm。叶片长卵圆形，长37cm，宽9.3cm，叶紫色带绿，叶脉红色，叶缘波状，叶柄红色。肉质根长圆锥形，纵径9.2cm，横径6.4cm。根皮暗紫红色，根肉紫红色。单根重约210g。种子千粒重7g。从播种到收获需90d。耐热、耐旱、耐贮藏，不耐寒，抗病虫力强。肉质根肉质致密，脆嫩，含水分少，品质中等，宜于生食、熟食，也可加工制罐。

三、栽培技术

根荙菜的幼苗对外界环境条件的适应性较强，既耐低温，也较耐热，因而可春播或秋播。春播一般在10cm地温达到8～10℃时即可开始播种。华北地区多在4月份播种；长江流域春播在3～4月间，秋播在7～9月间；黄河流域的秋季播种期为7月前后。一般行直播，也可以先育苗再移栽到大田。直播的在施肥整地作畦后条播或点播，条播的行距40～50cm，每公顷播种量15～22.5kg。在黏重土壤中播深2.5～3cm，在疏松土壤中播深3.0～3.5cm。在适宜的气候条件下，播种后8～12d出苗，出苗后生1～2片真叶时行第1次间苗，苗距3～4cm，并松土锄去杂草。在植株生有3～4片真叶时定苗，苗距6～8cm。每次间苗后浇水或浇稀农家有机液肥。在生长期间进行数次中耕锄草，但封行后不宜再行中耕，因为后期中耕易伤根系，反而不利于植株的生长。

根荙菜适宜在富含有机质、疏松、湿润、排水良好的壤土、沙壤土、黏壤土中种植，在酸性土中不利生长。对营养元素的要求与胡萝卜相似，生长前期需较多的氮，中、后期需较多的钾，生长期内对磷的要求较均匀。

为提早上市，可采用保护地育苗，待外界气温适宜时定植于露地，可比春露地直播栽培提早上市1个月左右，而且产值较高。根荙菜的苗龄一般40～45d，播种期的确定可从适宜露地定植的时间往前推算。整地作畦后，浇水、撒籽，覆土1.5cm厚，上面覆盖塑料薄膜增温、保湿。定植前降温炼苗，特别要适当降低夜间温度以适应露地环境。

四、病虫害防治

根荙菜的病虫害较少，有时有蚜虫为害。在土壤中缺硼的情况下会引起一种生理病害即黑斑病。病症是使肉质根发生硬块，或似软木状的黑斑散布在全根部，尤其在肉质根的环状组织上最先出现。叶部的症状是叶片变细小或畸形，或叶形不正。防治方法：在严重缺硼的土壤中，每公顷施用硼砂12～22.5kg。

五、采　收

根据品种的生长期、气候条件及市场需要情况及时采收，一般在播种后70～90d，肉质根直径达3.0～3.5cm时即可采收。早期采收的，可将植株拔起，去根毛、黄叶，洗净后每4～6个扎成把上市。也可将洗净的产品装入塑料袋中供应市场，这样比扎把的放的时间可以更长些。秋播冬收的根荙菜，如欲贮藏，则在 11 月间收获，收后切去叶丛埋藏土中，最适宜的贮藏温度为接近 0℃。也可以贮藏在冷库中，须保持 90% 的空气相对湿度。

六、留 种

秋季收获时，选颜色鲜艳、株形整齐、具原品种特征的植株做种株。寒冷地区经贮藏后于次年春栽植。温暖地区收后即可栽植，行、株距 50～66cm。栽后埋土镇压、浇水，要壅土盖没根头部，以免受冻。栽后勤加管理，抽薹开花期须支架防倒伏。6 月种子成熟时采收，打下种子晒干后贮存备用。不同品种之间须隔离 2 000m，以免发生天然杂交。

（祝 旅 刘宜生）

第六节 美洲防风

美洲防风是伞形科（Umbelliferae）欧防风属中能形成肥大肉质根的二年生草本植物。学名：*Pastinaca sativa* L.，别名：欧防风芹菜萝卜、蒲芹萝卜。原产欧洲和西亚，作蔬菜栽培已有 2 000 余年的历史，欧、美国家种植较多，引入中国已有百余年。上海、北京及台湾省曾有少量栽培，近年有所发展。美洲防风的肉质根风味独特，可做汤、煮食或炒食，其根还可作罐头食品的调味品。嫩叶也可食用。

（一）植物学特征 美洲防风（图 9 - 10）植株高约 60cm。叶为二回羽状复叶，叶柄较长，一般长达 13～15cm，基部略带紫色。小叶卵形，色深绿，叶缘浅裂。肉质根圆形至长圆锥形，皮浅黄色，肉白色。初夏抽薹开小黄花，复伞形花序。果实为阔卵形，扁平，周围有翅状片，米黄色，上面有许多淡棕色弧状条纹。果皮内层有两条深棕色弧状条纹。每一果实中有两粒白色种子。

（二）对环境条件要求 美洲防风喜冷凉气候，耐寒力较强，也较耐高温，气温平均在 28℃ 时，仍能旺盛生长。生育期的适宜温度为 20～25℃。气温在 0℃ 以下，地上部叶片虽然冻死，但第 2 年春季根部可再萌芽生长。

美洲防风耐旱忌湿。但土壤水分过少，根部生长不良，品质粗劣。如土壤水分较多，根部易腐烂。因此，美洲防风宜选择地势高燥、排水良好、土层深厚的沙质壤土栽培为好。对土壤的酸碱度适应性较强，适应范围为 pH5～8。土层浅、土质黏重、排水不良的田块，往往使根部畸形，表皮粗糙，须根多，品质欠佳。

（三）类型及品种 依据美洲防风的根形分类，有圆根、中根、长根三种类型。

1. 圆根类型 一般为早熟品种，肉质根近圆形，长 8～12cm，直径 6～10cm，髓部大。

2. 中根类型 肉质根中等长短，圆锥形，末端尖，上部阔大，长 10～15cm，直径 4～8cm。早中熟。

3. 长根类型 叶较大，有缺刻。肉质根长圆锥形，长 30～40cm，横径 4～6cm，末端尖，皮白

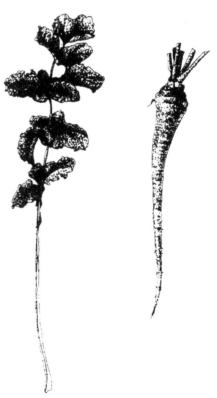

图 9 - 10 美洲防风
（引自：《中国蔬菜品种志》，2001）

色，较耐贮藏。晚熟，生长期120～125d。

目前，栽培品种是从国外引进的，主要品种有：

1. 长根防风　肉质根长达40cm，圆锥形，末端尖，近似于野生防风。生长期120d。耐贮藏性强。

2. 凹形皇冠　肉质根宽肩圆锥形，肉厚，颈部宽平中央略凹下，表皮光滑，外形端正，风味品质好。单根重150g，生育期90～100d。

3. 圆根防风　肉质根上宽、下急尖成陀螺形，横径12～15cm，长7～10cm。叶片较少而细长。生长速度快，早熟。

4. 法国改良防风　肉质根圆锥形，表皮有皱纹，较长根防风短，是一个较老的品种。

(四) 栽培技术　美洲防风春、秋两季都可播种。春播的前茬可选择菠菜、白菜、胡萝卜等。播种前，每公顷施腐熟厩肥60 000kg，深耕30cm左右，作成150cm宽的高畦（连沟）。播种以撒播为好，每公顷用种7.5～10.5kg。春播在2月下旬至3月下旬播种，在土壤湿润的情况下需15～20d出苗。当真叶2～3片时，进行第1次间苗，苗距5cm；10～15d后，当苗高12cm时，进行第2次间苗，苗距为10cm；再过15d后，当苗有真叶4～5片时，就要定苗，苗距20cm见方。间苗时应结合拔草。第1次追肥在第2次间苗后进行，每公顷施农家液态有机肥18 750kg。以后根据收获的早迟酌情追肥，每次追肥在叶片发黄时进行，每公顷施农家液态有机肥22 500kg左右。秋播的前茬可选择春番茄、黄瓜和菜豆等，于8月上旬至9月上旬撒播。

在梅雨和多雨季节，要注意开沟排水，以免根部腐烂。长久无雨，土壤干旱，需及时浇水。

由于美洲防风的叶片内含有呋喃骈香豆精（$C_{11}H_7O_3$），所以虫害较少。

春播的美洲防风于6月下旬开始直到第2年3月下旬都可收获。6月下旬收获的产量较低，每公顷仅收7 500kg，质地柔嫩，味淡；8～10月收获，每公顷产量可达11 250～15 000kg，味甜，质地良好；第2年3月下旬收获产量最高，每公顷产量可达22 500kg左右，但根部肉质较老，品质欠佳。秋播的12月上旬至翌年3月下旬收获，每公顷约产15 000kg。收获时应特别注意不要在清晨露水未干时进行，因呋喃骈香豆精易溶于叶片上的露水中，触及皮肤易引起皮炎，甚至会使皮肤溃烂。收获后切去叶片，放于凉爽通风处可贮藏几十天。

留种植株应选择生长健壮、表皮光滑、根部较长和上下粗细相差不过大者，切去根部1/4，于2月至3月下旬定植于留种田，行株距60cm见方。种株于4月上旬抽薹，当花梗高1m多时，应立支架，免得花梗被风吹折。5月上旬开花，花期15～20d，6月下旬种子成熟，每公顷可收种子750kg左右。

第七节　牛　蒡

牛蒡是菊科（Compositae）牛蒡属中能形成肉质根的二、三年生植物。学名：*Arctium lappa* L.，别名：东洋萝卜、蝙蝠刺等，原产亚洲。中国从东北到西南的广大地区均有野生牛蒡分布。公元940年前后由中国传入日本，在日本栽培，形成了很多品种，并成为主要根菜之一。后日本的栽培品种传入中国，在上海、青岛、沈阳等城市有少量栽培。20世纪90年代以来，由于出口日本、韩国的需要，山东、江苏等省大面积栽培。牛蒡除肉质直根可作蔬菜外，其种子可入药，中医称"牛蒡子"或"大力子"，主治咳嗽、风疹、咽喉肿痛等症，根部对牙痛也有疗效。

(一) 植物学特征　牛蒡（图9-11）植株高100～200cm。茎粗直，略带紫红色。基生叶丛生，茎生叶互生，叶心脏形或宽卵形，长50cm，宽35cm，色淡绿。叶背密生白色茸毛，叶缘具粗锯齿或近全缘。叶柄长70cm左右，具有纵沟，基部微红。肉质根圆柱形，长60～100cm，横径3～4cm，外皮粗糙，暗褐色。根肉灰白色，稍粗硬，收获迟了易空心。头状花序丛生或排列成伞房状，有梗。总苞球形，总苞片披针形，顶端钩状内弯。花冠筒状，淡紫色。瘦果椭圆形或倒卵圆形。种子灰褐色，长形，千粒重为11～14.5g。

（二）对环境条件的要求 牛蒡喜温暖湿润的气候，耐寒、耐热力较强。植株生长的适温为20～25℃，在夏季35℃的高温条件下仍然生长旺盛，其根在－25℃的严寒下仍能安全越冬，但地上部分遇3℃的低温就会枯死。种子发芽适温为20～25℃，休眠期1～2年。光照对打破休眠有促进作用。从种子发芽到幼苗生长，喜湿度稍高的土壤。植株虽有较强的耐阴性，但作为根菜类栽培，仍需较充足的光照。

牛蒡在沙土地栽培，肉质根细长，其垂直根可深达1m，须根细而少，表皮光滑，外表美观，但肉质较硬而缺少香气。选择壤土栽培，肉质根表皮粗糙，须根多，但肉质根较细嫩且香味较重，这主要是由于壤土中水分和肥力变化较小的缘故。目前，山东、江苏各地，多在河流冲积土壤上种牛蒡，其土层深厚、疏松，肥力较高。种植牛蒡以pH 6.5～7.5的土壤为最好，偏酸、偏碱的土壤均不适宜种植牛蒡。

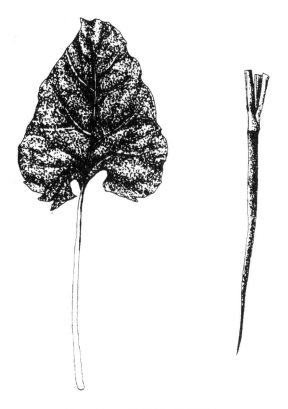

图9-11 上海牛蒡（东洋萝卜）
（引自：《中国蔬菜品种志》，2001）

一定大小的牛蒡植株，经过低温和长日照后才能引起花芽分化。根的横径在1cm以上，气温在5℃以下较长时间，再加上12h以上的长日照，就能使牛蒡抽薹开花。所以，秋播越冬的植株，第2年春季一般都能开花。但是，在10月中旬以后播种过迟的植株，越冬后第2年春季一般不会抽薹、开花。

（三）类型及品种 根据牛蒡肉质根的长短分大长牛蒡、中长牛蒡和粗短牛蒡3类。

1. 大长牛蒡 根形细长，约130cm，外皮平滑，淡黄褐色，肉质柔软。叶柄有淡绿色和赤色两种。肉质根中间空洞很小。

2. 中长牛蒡 根形较粗，长70～100cm，肉质柔软，味道芳美，但中间空洞较大。

3. 粗短牛蒡 根形为纺锤形，短而粗，中间空洞较大，肉质柔软，香味浓。为中国地方品种，抗逆性强，叶柄和肉质根质地细致而脆，含水分少，有香味。

现在的栽培品种多近年从日本引进，如柳川理想、松中早生、渡边早生等。

（1）柳川理想 在中国栽培最为广泛。此品种肉质根长75～80cm，横径3～4cm。植株生长势强，从播种到收获180d左右。根端丰圆，根皮裂纹少，空心迟，肉质柔软，香味浓，商品性好。可用于春、秋两季栽培。

（2）渡边早生 根形较小。早熟，从播种到收获产品90d左右，一般是春播夏收。植株较矮小，叶片也较小。肉质根膨大快，根长60～70cm，横径2～3cm。肉质柔软，香味浓，品质佳。

（3）松中早生 根形较小。早熟，抽薹晚，宜春、秋两季栽培。肉质根长70cm左右，根形整齐一致，根毛少，裂根少，收获期长。肉质根白色，柔软，无涩味，烹饪时不变黑。

（4）大长根白内肌牛蒡 根形较大。中晚熟，生长期150d左右。肉质根长100cm左右，横径3cm左右，不易分权，产量高，品质好。春、秋均可栽培。

（四）栽培技术 牛蒡春、秋两季播种均宜。春播的播种期在3月上旬至5月上旬，播种前按条

中国蔬菜栽培学
□□□□[第二版] ....Olericulture in China □□□□

带用开沟机深翻80cm，同时在沟内每公顷施入腐熟捣细的圈肥75 000kg，及氮、磷、钾复合肥600～750kg，然后作垄。垄高30cm，垄宽80cm，每垄播种两行，一般多行条播，每公顷用种量6 750g。条播时开浅沟，沟深3cm，将种子均匀播于沟内，然后覆土。播种后10～15d出苗，当真叶2～3片时间苗，苗距10cm左右。到真叶5片左右时进行定苗，苗距20cm。定苗后施第1次追肥，每公顷施农家液态有机肥15 000kg左右；第2次追肥在6月中旬进行，每公顷施农家液态有机肥22 500kg。除注意苗期的中耕除草外，要做好梅雨季节开沟排水等工作。秋播的播种期为9～10月。

1995年山东省日照市经过试验，摸索出牛蒡夏种秋收的经验，每公顷产量17 701.5kg。夏播时间为7月上旬左右，一般采用起垄栽培，大、小行种植，大行距60cm，小行距40cm。播后覆草遮荫，降低地温，防止烤苗，促进苗壮。2～3片叶时间苗，及时除草、中耕。当土壤含水量低于15%时，适当浇水。夏季高温多湿，病害可能加重，可在2～3片叶时喷400倍20%的抗枯宁水剂或800倍40%的多菌灵悬浮液预防立枯病；后期注意防治白粉病。夏种牛蒡一般在10月下旬到11月上旬收获。

牛蒡病虫害较少，病害主要有牛蒡白粉病（*Sphaerotheca fusca*）、牛蒡黑斑病（*Phyllosticta lappae*）、细菌叶斑病（*Xanthomonas campestris* pv. *nigromaculans*）、菌核病等。可喷布高脂膜、硫磺制剂、2%抗霉菌素水剂200倍液，或20%粉锈宁乳油1 500倍液等防治白粉病；或喷布70%甲基托布津可湿性粉剂1 500～2 000倍液，或75%百菌清可湿性粉剂600～800倍液，或波尔多等铜制剂防治黑斑病、叶斑病等。忌连作。要注意5～6年轮作一次，至少也要相隔3年。害虫主要有蚜虫及根结线虫等。

牛蒡的收获期甚长，春播从9月上旬开始收获，可收到11月份，再晚收获，肉质根会发生糠心现象。秋播在12月上旬到第2年4月上旬至6月收获。出口牛蒡对质量要求：长60～80cm，横径3cm，根直无歧根。

留种于冬前选择根较粗而长、叶少、根颈短缩不露出地面、须根少的植株作种株，切去根部1/3，种植于留种田，行距50cm，株距30cm。冬前用草覆盖保温。第2年4月中旬抽花梗，5月下旬开花，7月下旬至8月下旬种子成熟。

采收方法：在地面留15cm的叶柄，割去茎叶，在根的侧面深掘，再用铁棒沿着根部插入捣成洞，随即将根拔出，去除泥土，保持根完整，分级捆把。日本的部分地区已经用机械采收。

牛蒡的食用方法很多，肉质根素炒、荤炒、作汤均可，也可酱渍或用其汁作饮料。嫩叶是西餐的冷餐佳品。

（刘宜生　祝　旅）

第八节　根　芹　菜

根芹菜是伞形科（Umbelliferae）芹属芹菜种中能形成肥大肉质根的一个变种，为二年生植物。学名：*Apium graveolens* L. var. *rapaceum* DC.；别名：根洋芹菜、球根塘蒿等。原产于地中海沿岸的沼泽地，由叶芹菜演变而成。公元1600年以前，意大利及瑞士已有栽培根芹菜的记载，主要在欧洲各国栽培。根芹菜传入中国历史较短，各地有零星种植。根芹菜以肥嫩的肉质根和叶柄供食用，可以凉拌、炒食、煮食或做汤菜的辛香调料，还可榨汁供药用。

（一）植物学特征　根芹菜（图9-12）有较发达的根系。肉质根圆球形，由短缩茎、下胚轴和根上部组成。在解剖学上属于胡萝卜类型，最外层为周皮，向内为发达的韧皮部，为主要食用部分，再向内为次生木质部。在营养生长阶段茎短缩，成为肉质根的根头部。其花茎、叶、花、果实（种子）的植物学特征与芹菜相同。

（二）对环境条件的要求　根芹菜喜冷凉湿润的气候条件，在地温20℃左右时生长量大，25℃以上则生长迟缓；在炎热的气候条件下，肉质根易引起褐变和腐烂。根芹菜适于在供水良好，有机质丰富的疏松、肥沃的土壤上栽培，其需肥规律等与芹菜相近。

（三）品种　根芹菜的品种由欧洲引入。一般根芹菜品种的叶片比芹菜小，叶柄不发达，有苦味，呈赤色或褐色。根呈圆锥形，根尖多分枝，单根重约 250g。如派立司品种叶多而宽，根呈不正的扁圆形，早熟。

（四）栽培技术　根芹菜发芽期和幼苗期生长缓慢，一般从播种到成苗需 80～90d，故需育苗移栽。在夏季较冷凉的地区，可于早春用冷床育苗，初夏定植，秋季收获；在夏季较炎热的地区，应于冬季在温床育苗，早春定植，初夏收获；或于夏季遮荫育苗，秋季定植，初冬收获。由于其苗期较长，在育苗期间，可于幼苗 3～4 片真叶时，按 10cm 株行距分苗。育苗期间的适宜温度，白天为 17～20℃，不高于 25℃；夜间 12～15℃，不低于 10℃。幼苗具 7～8 片叶时定植，行距 30～40cm，株距 25～35cm，栽植密度越大，肉质根长的越小。根芹菜根系受伤后不

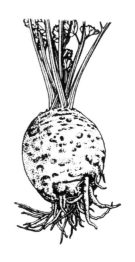

图 9-12　根芹菜肉质根
（引自：《中国农业百科全书·蔬菜卷》，1990）

易恢复，所以最好用营养钵分苗，定植后适时浇水、中耕，促进根系发育。植株生长前期，结合浇水早施追肥，以促进根系扩展和叶丛生长。植株生长中、后期，要及时追肥，并注意供水均匀，促进肉质根膨大。在植株生长期间，需及时摘除老叶和侧生枝叶；在肉质根膨大期间，可将根际土壤稍扒开，修去肉质根上的侧根，以促进主根加速肥大，肉质根表面光洁，形状整齐。

根芹菜的肉质根长至横径 6～7cm 时即可采收上市。上市时，拔起植株，摘除黄叶、老叶，削去侧根，洗净捆把上市。初冬收获的，应于霜冻前收获，于 0～1℃ 条件下贮藏。冬季也可用肉质根进行促成栽培，生产嫩叶柄上市，适宜温度为 14～20℃。初冬收获时，可选择生长整齐、具本品种特征的无病肉质根作种株，经冬季安全贮藏后，翌春土壤解冻后定植于采种田。采种田需与其他芹菜采种田间隔 2 000m 以上。春夏间植株抽薹、开花、结实。

（蒋先明　何启伟）

第九节　婆罗门参

婆罗门参是菊科（Compositae）婆罗门参属中能形成肥大肉质根的二年生草本植物。学名：*Tragopogon porrifolius* L.；别名：西洋牛蒡、蒜叶婆罗门参等。原产于欧洲南部希腊及意大利一带，有 200 多年的栽培历史。欧、美国家栽培较多，中国较少栽培。肉质根可煮食，柔嫩的叶子也可供生食。婆罗门参营养丰富，富含多种矿物元素，每 100g 鲜肉质根中钾的含量为 443mg。

（一）植物学特征　婆罗门参（图 9-13）成株株高 100cm，茎直立，浅绿色，光滑无毛，单生或多分枝。初生叶丛生，条状披针形，蓝绿色，全缘。茎生叶基部较宽，呈鞘状抱茎。头状花序，单生于茎顶端，横径 5～8cm，苞片线状披针形，绿色。花冠舌状，红紫色，顶端 5 齿裂。果实为瘦果，细长，灰棕褐色，有多条纵沟。肉质根为长圆锥形，长 25～30cm，上部横径 3.5～5cm，皮色黄白，平滑，多须根。叶窄而细长，暗绿色。叶、根破伤后流出乳白色汁液，有似牡蛎的气味。翌春抽生花茎，高 1.5m，先端丛生紫花。种子细长，两端尖，种皮粗糙，黄褐色，千粒重 11～12g，使用年限 2 年。

（二）对环境条件的要求　婆罗门参对气候、土壤适应性较强，既耐寒，又耐热，生育适温 20～25℃，在 35℃ 下仍能正常生长。冬季地上部分枯萎，而地下肉质根能耐 -17℃ 的低温，在露地稍加覆盖就能安全越冬。种子发芽适温 20～25℃，30℃ 以上和 15℃ 以下发芽率和发芽势下降。幼苗期最

适温度在25℃左右。肉质根形成初期适温25～28℃，形成后遇较低温度，则品质好。若经过几次降霜后，则牡蛎味更浓。

婆罗门参属深根性植物，以土层深厚、排水良好的壤土或沙壤土栽培为好。土层薄，土质黏重或多砂石，则易产生畸形根，品质粗劣，产量低。喜中性或微碱性土壤，需含钾量高的肥料。较耐旱，不耐涝。肉质根膨大期间需水较多，适宜的土壤含水量为最大持水量的65%～80%。但土壤水分过多则通透性差，不利于根系生长。生长期要求较充足的光照。

图9-13 婆罗门参
（引自：《中国农业百科全书·
蔬菜卷》，1990）

（三）品种 目前，中国栽培的婆罗门参品种不多，常用的品种为大荚心岛。该品种从播种到陆续收获需120d，肉质根乳白色，根长20cm以上，顶端直径3.0～5.0cm。畸形根少，生食质脆，煮熟后柔软。

（四）栽培技术 华北地区于5月下旬至7月上旬播种，9月下旬至11月中旬收获。南方冬季温度不低于-1℃的地区以秋播为宜，在较低的温度下形成品质好的肉质根，冬末初春上市。北方高寒地区无霜期短，宜5～6月播种，初冬土地封冻前收获。

多用种子直播栽培。用新种子，经浸种催芽处理，提高出苗率和整齐度。用平畦或高畦种植，行距35～40cm，开沟条播。条播后盖一层薄土，稍加镇压，而后浇水，上盖稻草防土壤干燥。每公顷用量7 500g。播后10d左右出苗，揭去盖草。间苗两次，定苗株距为15cm左右。

婆罗门参苗期生长缓慢，需经常中耕除草。但其幼苗酷似杂草，前几次除草时需仔细辨认。出苗前需保持土壤湿润，以利全苗。肉质根膨大前水肥管理以适当控制为主，防止叶部徒长，促使主根向下生长。肉质根膨大期对水肥要求较多。雨季注意排除田间积水。在施足基肥的基础上，可在第1次间苗后每公顷施尿素150kg左右；第2次在肉质根膨大初期，每公顷施复合肥225kg左右和硫酸钾75kg；第3次在肉质根膨大中期，每公顷施尿素150kg和硫酸钾75kg。

婆罗门参在收获后，留10cm左右的叶柄，切去叶片，贮藏于冷窖中。窖下层垫湿沙，分层用湿沙埋藏。

（五）采收 婆罗门参播种后120d即可陆续采挖，挖后立即食用风味最佳。南方冬季土地不结冻的地区可随时采收上市。北方则应在封冻前采挖，收后应留10cm的叶柄，切去叶片，贮存于冷窖中。下层垫湿沙，分层用沙埋藏。冻土层不太深的地方，也可在露地越冬，翌年春解冻后及时采挖。

收获时选根形整齐、须根少的肉质根作种株，按行距50cm、株距30cm挖穴栽植于采种田。栽植深度以根顶生长点与地面硬土平为宜。浇透水后过几天培土。翌年春种株发芽后除去盖土，中耕，施肥，浇水。种株抽薹后及时立支架，防止倒伏减产。除去种株下部的侧枝，使上部开花结籽。花期在5月下旬到7月上旬。花后约10余天种子成熟及时采收，晒干，搓去种子的冠毛，清选后贮以备用。

（刘宜生 祝 旅）

第十节 山 葵

山葵是十字花科（Cruciferae）山萮菜属多年生草本植物，一般作二年生栽培。学名：*Eutrema wasabi*（Siebold）Maxim.。日本有悠久的栽培历史。中国台湾省山区广泛栽培，近年上海、北京等城市郊区也有种植。山葵的主要产品根茎加工成山葵粉，具有独特的辛辣、芳香味和杀菌功能，是食用生鱼片不可缺少的调味品。其叶可以炒、炸及做汤，能促进食欲，帮助消化，并有发汗、利尿、解毒、清血之食疗功效。

（一）植物学特征　山葵的叶片为近圆形至心脏形，叶端稍突出。幼叶稍带紫色，长成后变为绿色而有光泽。叶缘具锯齿，幼叶更为明显。叶脉掌状。叶柄细长，基部扁平，着生在根茎上。叶柄颜色与品种有关，一般为淡绿色、淡红色及紫红色。根茎肥大呈圆柱形，表面有凹凸不平的叶柄痕，长5～30cm，横径2～4cm，表皮绿色或淡绿色。由根茎长出的根，称大根。由大根再长出支根，支根上长有根毛。大根和支根均具有芽点，可发芽长成小植株。花山葵种植一年后即可开花。花轴长可达1m，花轴上长满互生小叶，花蕾由叶腋长出。为总状花序，花白色，有花瓣4片，四强雄蕊。开花盛期一般在5月，花期可达1个月左右。

（二）对环境条件的要求　山葵喜阴凉多湿环境，生长适温8～20℃，最适为12～18℃，夏季平均温度超过23℃时生长不良。冬季气温在−3℃时，应采取保护措施，否则发生冻害。在富含有机质、土层深厚的沙壤土中山葵生长良好。性喜阴湿冷凉，忌过强光照。一般露地栽培，应有遮荫设施。

（三）栽培技术　在台湾省，山葵栽培分水田式栽培和陆地式栽培两种方式。水田式栽培是利用山间流水的环境构筑梯田种植，利用这种方式种出来的叫泽山葵或水山葵。露地栽培要选择适宜的林阴下的坡地种植，也可用保护地栽培，但其产品品质均不如泽山葵好。栽植山葵的种苗有分蘖苗和根蘖苗，一般多用根蘖苗，定植时间在3月下旬至4月上旬。作畦前施足基肥，用小高畦，畦宽1m，畦间留20cm的畦沟用于排水。定植行距40cm，株距20cm，深度以生长点露出地面为度。山葵种植后60d开始进入生长盛期，应注意中耕除草，分次追肥。山葵的商品部分为膨大的根茎，在种植后2～3年收获。采收时挖起根茎，剪去叶柄、细根，洗净后装箱上市。

山葵的主要病害有：

1. 山葵黑心病（*Phoma wasabiae*）　为害其根茎、叶柄及叶片，是山葵的重要病害。叶片受害初期，叶面上有黑色小斑点，尔后逐渐扩大，叶肉黄化变薄。根茎及须根受害时，表皮呈现不规则黑色病斑，内部维管束有延伸性黑斑，严重影响产品品质。

2. 山葵软腐病（*Erwinia carotovora*）　主要为害根茎及叶柄。被害初期呈暗水渍状，进而迅速扩大呈灰褐色，植株软化或腐败。

山葵的主要害虫是菜粉蝶，其幼虫常咬食叶片。还有蚜虫等，防治方法可参考其他根菜类病虫害的防治。

（祝　旅）

第十一节　黑婆罗门参（菊牛蒡）

黑婆罗门参是菊科（Compositae）鸦葱属多年生草本植物，一般作一、二年生作物栽培。原产于欧洲的中部

图 9-14　黑婆罗门参

和南部一带。学名：*Scorzonera hispanica* L，别名：菊牛蒡。黑婆罗门参的肉质根与婆罗门参相似，其不同点只是肉质根较长而皮色黑。叶稍大，披针形。花鲜黄色。种子长形，白色而平滑，先端尖。肉质根供煮食，但由于辣味浓，一般在食用前需先在水里浸泡。嫩叶也可供生食（图9-14）。

黑婆罗门参性喜温暖，种子发芽需10℃以上，最适为25~30℃，生长适温为20~25℃。地上部分不耐寒，地下部分耐低温，在中国不太寒冷的平原地区，在田间可安全越冬，第2年肉质根继续肥大。适于土层深厚的沙质土栽培，不耐酸性土壤，pH以6.5~7.5为宜。

在中国栽培的黑婆罗门参品种有法国种和日本种。法国种叶片大，茎长多分枝，枝上生有无柄小叶，茎梢着花，花黄色。种子较小，褐色。日本种叶长椭圆形，先端较尖。花黄色。种子白色，光滑。

黑婆罗门参一般于3~4月间条播，行距33cm。出苗后间苗，株距10cm。生长期间，须进行施肥、浇水、中耕、松土，雨季注意排水，11月收获。如果冬季不收获可安全越冬，次年肉质根能继续肥大。如果种后数年不收，可每年开花，则根更肥大。

（刘宜生　祝　旅）

（本章主编：何启伟）

◆ **主要参考文献**

[1] 蒋先明. 中国农业百科全书·蔬菜卷. 北京：农业出版社，1989
[2] 何启伟. 十字花科蔬菜优势育种. 北京：农业出版社，1993
[3] 何启伟等. 山东蔬菜. 上海：上海科学技术出版社，1997
[4] 常丽新. 钾肥在小白菜和萝卜上的使用效果. 中国蔬菜，2002（1）：16~17
[5] 陈景长，张铁军，李杰. 根菜优质高产栽培. 北京：中国农业大学出版社，2000
[6] 汪隆植主编. 萝卜优质高效四季栽培. 北京：科学技术文献出版社，2001
[7] 饶璐璐主编. 名特优蔬菜129种. 北京：中国农业出版社，2000
[8] 牟宗文. 牛蒡的夏种栽培技术. 中国蔬菜，1995（4）：44
[9] 李式军，刘凤生编著. 珍稀名优蔬菜80种. 北京：中国农业出版社，1995
[10] 加藤徹著. 刘宜生等译. 蔬菜的生长发育诊断. 北京：农业出版社，1981
[11] 张德纯，王德槟等. 稀有辛香类蔬菜山葵及其栽培要点. 中国蔬菜，1996（5）：42~45
[12] 中国农业科学院蔬菜花卉研究所主编. 中国蔬菜品种志（上卷）. 北京：中国农业科技出版社，2001

第十章

薯芋类蔬菜栽培

薯芋类蔬菜包括马铃薯、姜、芋、魔芋、山药、豆薯、葛、菊芋、甘露子、菜用土圞儿等 10 多种作物。这些蔬菜在植物分类学上虽属于不同的科、属，但产品器官都为地下肥大的块茎、根茎、球茎或块根，富含淀粉，还含蛋白质、脂肪、维生素及矿物质，营养丰富，耐贮藏和运输，并适于加工，在蔬菜的周年供应和淡旺季调节中具有重要地位。中国是世界上这类蔬菜栽培种类最丰富的国家，其中许多种类为中国特产，并享誉国内外。

薯芋类蔬菜除马铃薯生长期较短、不耐高温外，其余均较耐热，且生长期长。其产品器官都位于地下，故要求土壤富含有机质，疏松透气，排水良好，并要求合理轮作以及对地下害虫进行更严格的防治。其产品器官形成盛期，要求充足的光照和较大的昼夜温差，以利积累养分，提高产量。在栽培管理上，长山药要求深翻土壤；马铃薯、姜和芋要求中耕时适当进行培土。

薯芋类蔬菜除豆薯用种子繁殖外，其他都用营养器官进行无性繁殖，一般需种量较大，繁殖系数较低。其繁殖材料（种块）的大小、健康和生理状况与后代的植株生长势和产量密切相关，因此，要求建立完善的留种保种体系，包括选种、复壮、利用茎尖组织培养脱毒、快繁和留种等技术体系。另外，由于用无性器官作繁殖材料，其发芽期较长，因此播前要进行催芽，播后要长时间保持土壤湿润，并保持良好的土壤通气状况和适宜的地温，以促使幼苗出苗早，发根快，苗齐苗壮。

第一节　马　铃　薯

马铃薯是茄科（Solanaceae）茄属中能形成地下块茎的一年生草本植物。学名：*Solanum tuberosum* L.；别名：土豆、山药蛋、洋芋、地蛋、荷兰薯、爪哇薯等。起源于拉丁美洲秘鲁和玻利维亚等国的安第斯山脉高原地区，早在 8 000～10 000 年前古代印第安人开始驯化和栽培马铃薯。普遍栽培的是马铃薯栽培种（*S. tuberosum*）。16 世纪西班牙和英国的探险家分别从拉丁美洲将马铃薯带回本国种植，两个世纪后遍布欧洲，17 世纪初传入北美洲。根据劳佛氏（Laufer Bepthold）所著《美洲植物的迁徙》一书有关中国马铃薯一节中引文，表明 1650 年台湾省已有栽培。中国古籍的最早记载出于清康熙三十九年（1700）的福建省《松溪县志》。

在一般情况下，马铃薯块茎内 76％左右是水分，24％左右是干物质，淀粉占干物质的 70％～80％，还含有糖、蛋白质、纤维素、矿物质盐类以及维生素 C、维生素 B_1、维生素 B_2 等。

目前中国马铃薯常年栽培面积在 470 万 hm^2 以上，分布于全国各地。马铃薯在中国粮菜兼用，是人们常年消费的一种重要蔬菜，其鲜薯可供出口和工业原料用，已成为解决农民温饱、农村致富和出口创汇的重要农作物。

一、生物学特性

（一）植物学特征

1. 茎　由种薯的芽眼或种子的胚轴伸长形成的枝条为地上茎。地上茎横截面为圆形或三角形，茎基部为圆形；茎的颜色因品种而异，有绿、紫褐色等。从种薯上直接伸长的茎为主茎，主茎可以产生分枝，早熟品种分枝少且位于植株中上部，中晚熟品种分枝较多且大都在下部或靠近茎基部。茎有直立、半直立和匍匐茎 3 种类型。

地下茎为块茎发芽后埋在土壤中的茎，一般长 10cm 左右。地下茎的茎节上，着生具有鳞片状叶的腋芽，并发育形成匍匐茎，匍匐茎顶端膨大形成块茎。匍匐茎的长短和数目与品种特性和栽培条件密切相关，一般早熟品种较短，晚熟品种较长。匍匐茎较短的结薯集中，便于收获。早熟品种在出苗后 7～10d 匍匐茎即开始伸长，15d 后顶端膨大，形成块茎。如果播种时薯块覆土太浅或生长期间遇到土壤温度过高等不良环境条件，匍匐茎会长出地面形成地上部植株而影响产量。

马铃薯块茎是生长在土壤中的缩短而肥大的变态茎，既是贮存养分的经济产品器官，又是主要的繁殖器官。块茎与匍匐茎连接的一端为基部，称脐部；块茎的顶部即为匍匐茎的生长点。在块茎表面每个茎节上都有呈新月状的残留叶痕，称为芽眉。芽眉内侧表面向内凹陷成为芽眼。每个芽眼内有 1 个主芽，2 个副芽，发芽时主芽首先萌发，副芽一般呈休眠状态。当主芽受损时，副芽可发芽。芽眼在块茎上呈螺旋状排列。块茎的顶部芽眼分布密集，最顶端的一个芽较大，内含许多芽，称为顶芽。块茎萌发时，顶芽最先萌发，且幼芽壮，生长势旺盛。芽眼的颜色和深度与品种特性和栽培条件有关。块茎应在黑暗条件下贮藏，若暴露于阳光下则将逐渐变绿。块茎表面有许多称为皮孔的小斑点，是气体交换的主要途径，若栽培土壤高温高湿，则皮孔放大。

块茎的横切面上可见周皮（薯皮）、皮层、微管束环、外髓、内髓等。薯皮的厚度因品种和环境条件而异，新收获薯块的薯皮非常薄且易破。周皮与微管束之间是皮层。块茎的中央部分为髓部，由含水较多呈半透明星芒状的内髓部和接近微管束环不甚明显的外髓部组成。外髓部占块茎的大部分，是营养物质的主要贮藏之处；内髓在某些地方与外部芽连接。

块茎的形状、芽眼的深浅、皮肉的颜色及薯皮的光滑度都由品种特性决定，是鉴别品种的主要特征。块茎有圆形、卵形、椭圆形、扁圆形、长筒形等形状。芽眼的深浅可分为：突出、浅、中等、深和很深。块茎皮色从浅黄到深黄色、粉红色到深红色或紫色，有些品种有两种以上颜色。薯皮有光滑、粗糙、网纹等，薯肉的颜色一般在白色到黄色之间变化，也有一些紫色薯肉品种。生产上因栽培目的的不同，对块茎性状的要求也不同。一般除高产外，希望其形状适合于各自的用途，如：炸条品种宜长方形，炸片宜圆球形，鲜食最好为椭圆或卵圆形等，并要求表皮光滑，色泽悦目，脐部不凹陷，芽眼少、芽眼浅而平，既有利于加工去皮，又便于食用清洗。

2. 叶　马铃薯最先出土的叶为单叶，心脏形或倒心脏形，全缘，叫初生叶。茎节着生叶，叶片沿着茎节交互轮生。正常的叶片为奇数羽状复叶。正常的复叶由顶小叶、侧生小叶、次生裂片、叶轴和托叶组成。顶小叶只有 1 片，着生于叶轴的顶端，一般较侧生小叶稍大，可根据顶小叶的特征来鉴别品种。复叶的大小、形状，茸毛的多少，侧生小叶的排列疏、密，次生裂片的多少等因品种而异。

3. 花　马铃薯花序为分枝型聚伞花序，开花的繁茂性因品种而异。第 1 或第 2 花序开放时，恰好与块茎进入迅速膨大期相吻合，是需水的临界形态标志。马铃薯花为两性花，每朵花由顶端 5 裂的绿色花萼、5～6 裂的轮状花冠、5～6 个雄蕊和 1 个雌蕊组成。花冠有白、粉红、紫、蓝紫、黄色等多种颜色。马铃薯为自花授粉作物，异花授粉率 0.5% 左右，一般白天开花，夜间闭合。

4. 果实　果实为浆果，圆形，含 100～250 粒种子，浆果的多少、大小和种子数因品种而异。种子扁平，近圆形或卵圆形，由种皮、胚乳、胚根、胚轴和子叶组成。种皮颜色因品种而异，一般为浅褐色或淡黄色。千粒重 0.5～0.6g，休眠期 5～6 个月。为了与马铃薯通常生产用种（种薯）有所区别，故也将种子称为实生种子。

5. 根　用块茎种植的马铃薯植株为须根系，须根从种薯幼芽基部发出，而后又分枝形成许多侧根，一般分布在 30～70cm 土层中。根系的发生及其生长速度和扩展幅度、深度，受品种、土壤环境包括温度、湿度、透气性和种薯解除休眠的程度等多种因素影响。早熟品种根系不发达，分布很浅，晚熟品种分布广而深。抗旱品种根系发达，拉力强，鲜重高。在栽培上，应根据品种的熟性和根系的分布情况来确定株、行距，以获得高产。用实生种子种植时，马铃薯植株为直根系，有主根和侧根之分。

（二）对环境条件的要求　马铃薯喜冷凉、昼夜温差大的气候条件，喜水肥、沙性土壤，茎叶生长喜长日照，块茎发育喜短日照。

1. 温度　芽的生长适温为 13～18℃，播种后地下 10cm 的温度 10～12℃时可顺利出苗。茎叶生长最适宜温度为 17～21℃。－3℃时植株将全部冻死，当温度低于 7℃或高于 42℃时，停止生长。块茎形成和生长发育适温为 17～19℃，温度低于 2℃或高于 29℃时，停止生长；昼夜温差越大，对块茎生长越有利。

2. 光照　马铃薯是喜光作物，茎叶生长需要长日照、强光照，块茎发生和膨大需短日照，一般每天光照时数在 11～13h 较合适。早熟品种对日照长短反应不敏感，而晚熟品种则相反，必须通过生长后期逐渐缩短日照，才能获得高产。日长与光强和温度有交互作用，高温、短日和强光下块茎的产量往往比高温、长日、弱光高。

3. 土壤　马铃薯对土壤的适应性较广，但最适于在轻质土壤上种植。轻质土壤春季地温回升快，有利于早播和块茎的发芽，并有利于促进植株的生长；种薯播种后发芽快，出苗齐，生长的块茎表皮干净、光滑，薯形正常、整齐，商品性好。此外，轻质土壤排水性好，易耕作，易收获，省劳力。马铃薯喜酸性土壤，土壤 pH 在 4.8～7.0 范围内生长都比较正常，最适土壤 pH 为 5.0～5.5。

4. 水分　马铃薯在不同的生育期对水分的需求不同，需水敏感期是现蕾期也即薯块形成期，需水量最多的时期是孕蕾至开花期。一般每公顷生产 30 000kg 块茎，需水量为 4 200 t 左右。发芽期土壤含水量至少应占田间最大持水量的 40%～50%；幼苗期要求土壤保持在田间最大持水量的 50%～60%左右，以利于根系向土壤深层发展；发棵期因植株生长发育快，前期土壤水分应保持在田间最大持水量的 70%～80%，后期降为 60%，以适当控制茎叶生长；结薯期块茎加速膨大，地上部分茎叶生长达到高峰，是需水量最多的时期，土壤水分应保持在田间最大持水量的 80%～85%；接近收获时，逐步降至 50%～60%，促使薯皮老化利于收获。但土壤水分超过 80%对植株生长也会产生不良影响，尤其是后期土壤水分过多或积水超过 24h，块茎易腐烂，积水超过 30h 时块茎大量腐烂，超过 42h 后将全部腐烂。

5. 营养　马铃薯只有在充分满足水肥需求时才能获得高产。其吸收最多的养分为氮、磷、钾，其次是钙、镁、硫和微量元素铁、硼、锌、锰、铜、钼、钠等。氮、磷、钾是促进根系、茎叶和块茎生长的主要元素，其中氮对茎叶的生长起主导作用；磷促进根系发育，同时还促进合成淀粉和提早成熟；钾有促进茎叶生长的作用，并可维持叶的寿命。氮过多，茎叶徒长，将延缓块茎形成；钾过多，会影响根系对镁的吸收，并影响光合作用。马铃薯在氮、磷、钾三要素中需钾肥最多，其次是氮肥，需磷肥较少。一般每生产 1 000kg 块茎需氮 5～6kg、磷 1～3kg、钾 12～13kg。各生育期吸收的氮、磷、钾按总吸肥量的百分比计：幼苗期分别为 6%、8%和 9%；发棵期 38%、34%和 36%；结薯期 56%、58%和 55%。

（三）生长发育特性　在马铃薯栽培中，马铃薯的生长发育为无性周期，这一周期从块茎（种薯）萌芽起至新生块茎收获止，历经休眠期、发芽期、幼苗期、发棵期、结薯期和成熟收获期等 6 个时期。

1. 发芽期　从种薯解除休眠，芽眼处开始萌芽，芽轴伸长，直至幼苗出土为发芽期。此期生长中心是芽轴的伸长和根系的发育，是马铃薯产量形成的基础时期，其内在影响因素是种薯的休眠和健

康状况、生理年龄、打破休眠的程度等,外在因素是温度、土壤墒情、氧气和湿度等。发芽期在正常情况下不应超过1个月。

2. 幼苗期 从出苗到第6叶或第8叶平展,形成一个叶序环(团棵)为幼苗期。幼苗期根系得到了扩展,匍匐茎先端开始膨大,块茎开始形成。此期以根、茎、叶的生长为中心,同时伴随着匍匐茎的形成和伸长以及花芽的分化,也是影响此后发棵、结薯及至产量形成的基础阶段。此期栽培措施的主要目标是促根、壮苗,保证根系、茎叶和块茎的协调分化与生长。幼苗期只有15~20d。

3. 发棵期(块茎形成期) 从团棵到主茎形成封顶叶(第12叶或第16叶)并展平为发棵期。这时早熟品种第1花序开花,晚熟品种第2花序开花;早熟品种叶面积达总叶面积的80%,晚熟品种在50%以上。期间根系继续扩大,块茎逐渐膨大到3~4cm。植株干物质含量逐渐增加达总量的50%以上。发棵期(块茎形成期)一般30d左右。

4. 薯块膨大期 当植株主茎停止生长并开始分枝,茎叶和块茎的干物质含量达到平衡时,进入以块茎生长为主的时期。结薯后,初期茎叶仍缓慢生长,在盛花期达到高峰不再生长,而块茎的膨大速度加快;后期叶片开始从基部向上逐渐枯黄、脱落,叶面积迅速下降,块茎体积基本稳定,但因继续积累淀粉而不断增重,直到植株枯萎收获。结薯期长短因品种、气候条件、栽培季节、病虫害和栽培措施而异,一般在30~50d。此期,要防止因土温过高而产生二次生长(图10-1Ⅱ),形成畸形薯影响商品性。

5. 休眠期 新收获的块茎在适宜条件下必须经过一定时期后才能发芽,这一时期即为休眠期。块茎的休眠实际开始于块茎开始膨大的时刻,在栽培上则从茎叶衰败后收获时看作进入休眠期。休眠期长短按块茎从收获到芽眼开始萌发幼芽的天数计算,幼嫩块茎的休眠期较完全成熟块茎的休眠期长。休眠期的长短由品种的遗传特

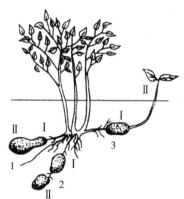

图10-1 二次生长的形成
1. 顶端膨大 2. 块茎链
3. 块茎顶端产生匍匐茎
(Lugt,1960)

性和贮藏的温度决定,有的品种长达4~5个月,有的品种则很短。一般情况下晚熟品种的休眠期较长,而早熟品种较短,而试管薯和微型薯的休眠期则更长。一般温度在10℃以上时,块茎易通过自然休眠而发芽;温度在2~4℃时,块茎可以保持长期休眠状态。块茎休眠是由影响其有关生化物质的内、外多种因子综合作用引起的,刚收获的薯块内抑制生长的生化物质和抑制剂浓度较高,在休眠期内脱落酸等生长抑制剂浓度逐渐降低,同时赤霉素等植物生长激素的浓度逐渐增加。由于块茎休眠强度不同,打破块茎休眠的难易程度在不同品种和块茎所处的不同时期也有所不同。

二、类型及品种

(一)类型 马铃薯品种按植株的生长习性可分为直立、半直立和匍匐3种类型;在栽培上按块茎成熟期可分为极早熟、早熟、中早熟、中熟、中晚熟和晚熟等6种类型,从出苗到成熟所需天数分别为50d、60d、60~70d、70~80d、80~90d、90d以上;按品种不同用途可分为鲜薯食用和鲜薯出口、炸片加工、炸条加工、淀粉加工、速冻食品加工等类型;按块茎休眠期的长短又可分为无休眠期、休眠期短(1~3个月)和休眠期长(3个月以上)3种类型。

(二)品种

1. 鲜薯食用和鲜薯出口用品种 要求薯形整齐、外观好,芽眼浅,食味优良,炒、煮、蒸口感风味好,蛋白质、维生素C等营养物质含量高,商品薯率85%以上,质量符合市场需求;植株抗主要病毒病、青枯病或晚疫病,耐贮藏,耐长途运输。

(1)东农303 东北农学院农学系于1986年育成。极早熟。茎绿色。花冠白色,不能天然结实。

薯块长圆形，中等大小，较整齐，黄皮黄肉，表皮光滑，芽眼多而浅，结薯集中。块茎休眠期较长，耐贮藏。薯块蒸食品质优，鲜薯含干物质 20.5%，淀粉 13.1%～14%，还原糖 0.41%，粗蛋白质 2.52%，维生素 C 每 100g 含 15.2mg。植株中感晚疫病，块茎抗病，抗环腐病，高抗花叶、轻感卷叶病毒（PLRV），耐束顶病。耐涝性强，喜水肥。主要适合在东北、华北、华南等地区种植。

（2）中薯 2 号　中国农业科学院蔬菜花卉研究所于 1990 年育成。极早熟。茎紫褐色。叶色深绿。花冠紫红色，天然结果性强。薯块扁圆形，皮肉淡黄，表皮光滑，芽眼较浅。结薯集中，大而整齐。休眠期短。鲜薯含淀粉 14%～17%，还原糖 0.2% 以下，蛋白质 1.4%～1.7%，每 100g 含维生素 C 30mg 左右。抗轻花叶病毒，田间不感卷叶病毒（PLRV），易感重花叶病毒和疮痂病。丰产性好。主要适宜在中原二季作、南方冬作区和南、北方一季作区进行早熟鲜食蔬菜栽培。薯块膨大期不能缺水，以免发生二次生长。

（3）中薯 6 号　中国农业科学院蔬菜花卉研究所于 2001 年育成。早熟。株型直立。茎紫色，分枝数少。花冠白色，天然结实性强，有种子。薯块椭圆形，大而整齐，粉红皮，薯肉紫红色和淡黄色，贮藏后紫色变深。表皮光滑，芽眼浅，结薯集中。鲜薯含干物质 21.5%，还原糖 0.23%，粗蛋白 2.3%，维生素 C 每 100g 含 28.8mg。大中薯率可达 90%。生长后期轻感卷叶病毒（PLRV），苗期接种鉴定抗马铃薯 X 病毒（PVX）、马铃薯 Y 病毒（PVY）等花叶病毒病。适宜中原二季作区春、秋两季种植和南方、北方一季作区早熟栽培。

（4）费乌瑞它（Favorita）　1980 年从荷兰引进。早熟。茎紫褐色。花冠蓝紫色，有浆果。薯块长椭圆形，大而整齐，皮淡黄色，肉鲜黄色，表皮光滑，芽眼数少而浅，结薯集中。块茎休眠期短，贮藏期间易烂薯。蒸食品质较优。鲜薯含干物质 17.7%，淀粉 12.4%～14%，还原糖 0.3%，粗蛋白质 1.55%，维生素 C 每 100g 含 13.6mg。易感晚疫病，感环腐病和青枯病，抗马铃薯 Y 病毒 N 株系（PVY^N）和马铃薯卷叶病毒（PLRV）。适合在中原二季作区各地作早春蔬菜和出口商品薯栽培。喜水肥，退化快，结薯层较浅，块茎对光敏感，易变绿而影响商品性。

（5）豫马铃薯 1 号　河南省郑州市蔬菜研究所于 1993 年育成。早熟。植株直立，茎粗壮。花冠白色，能天然结实。薯块圆或椭圆形，黄皮黄肉，表皮光滑，芽眼浅。结薯集中，薯块大而整齐。食用品质好，鲜薯含淀粉 13.4%，粗蛋白质 1.98%，还原糖 0.089%，维生素 C 每 100g 含 13.87mg。块茎休眠期较短，较耐贮藏。植株较抗晚疫病和疮痂病，病毒性退化轻，感马铃薯卷叶病毒（PLRV）。适合于一、二季作地区水肥条件好的地块作早熟栽培。

（6）川芋早　四川省农业科学院作物研究所于 1991 年育成。早熟。植株较开展，茎粗壮，分枝少。花冠白花，开花较少。薯块椭圆形，大而整齐，表皮光滑，芽眼浅，皮肉浅黄色，结薯集中。块茎休眠期短，夏收后一般 35～40d；冬收后 50d 左右。食用品质好，鲜薯含淀粉 12.71%，还原糖 0.47%，维生素 C 每 100g 含 15.55mg，适合于鲜薯食用。经田间鉴定，植株抗马铃薯普通花叶病毒（PVX）和马铃薯卷叶病毒（PLRV），较抗晚疫病。适合西南二季作地区种植。

（7）坝薯 9 号　河北省张家口地区坝上农业科学研究所于 1986 年育成。中熟。株型半直立，主茎粗壮，分枝中等。叶绿色，复叶较大。花冠白色。薯块长椭圆形，白皮白肉，表皮光滑，芽眼中等深度。结薯较集中，薯块较整齐。块茎休眠期较短，耐贮藏。食用品质较好，鲜薯含淀粉 14% 左右，还原糖 0.31%，粗蛋白质 1.67%，维生素 C 每 100g 含 13.8mg。植株和块茎较抗晚疫病，轻感环腐病和疮痂病，较抗马铃薯花叶病毒和卷叶病毒（PLRV）。适宜一作和二季作区栽培。

（8）坝薯 10 号　河北省张家口地区坝上农业科学研究所于 1987 年育成。中晚熟。株型直立，主茎粗壮，茎绿色带紫晕，分枝数中等。花冠白色，天然结实少。薯块扁圆形，皮和肉均为淡黄色，表皮光滑，芽眼中等深度。结薯集中，块茎较大。块茎休眠期较长，耐贮藏。食用品质中等，鲜薯含淀粉 17% 左右，含还原糖 0.2%，维生素 C 每 100g 含 13.15mg。植株抗晚疫病，较抗环腐病，感疮痂病，病毒性退化轻，田间表现耐病毒病。抗旱性强，适合于华北一季作地区种植。近年来在贵州一季

作地区大面积栽培获得高产。

（9）克新1号　黑龙江省农业科学院马铃薯研究所于 1967 年育成。中熟。株型较开展，茎绿色、生长势强。花冠淡紫色，雌雄蕊均不育。薯块椭圆形，淡黄皮、白肉，表皮光滑，芽眼多而深度中等。结薯集中，薯块大而整齐。块茎休眠期长，耐贮藏。食用品质中等。鲜薯含干物质 18.1%，淀粉 13%～14%，还原糖 0.52%，维生素 C 每 100g 含 14.4mg。植株抗晚疫病，块茎易感晚疫病，高抗环腐病，植株对马铃薯轻花叶病毒（PVX）过敏，抗重花叶病毒（PVY）和卷叶病毒（PLRV）。较耐涝。在一、二季作区均可栽培，主要分布在黑龙江、吉林、辽宁、内蒙古、山西等地，是中国目前种植面积较大的品种之一。

（10）米拉（Mira）　1956 年从原民主德国引进，又名德友 1 号、和平。中晚熟。株型较开展，茎绿色、基部带紫褐斑纹。花冠白色。薯块长圆形，大小中等，黄皮黄肉，表皮稍粗，芽眼较多、深度中等，结薯较分散。块茎休眠期长，耐贮藏。食用品质优良，鲜薯含干物质 25.6%，淀粉 17.5%～19%，还原糖 0.25%，粗蛋白质 1.9%～2.28%，维生素 C 每 100g 含 14.4～15.4mg。植株田间抗晚疫病，高抗癌肿病，不抗粉痂病，感青枯病，轻感花叶病毒和卷叶病毒（PLRV）。适宜在无霜期较长、雨多湿度大、晚疫病易流行的西南一季作山区种植。

2. 油炸食品加工用品种　主要是指炸片、炸条用品种，由于中国尚未育成真正意义上的炸片、炸条专用新品种，因此目前国内的一些鲜食用品种也作为油炸食品加工的代用品种。炸片专用型品种要求结薯集中，大小中等、均匀，薯块圆球形，炸片颜色浅，薯片食味好，块茎不空心，比重大于 1.080，淀粉分布均匀，较耐低温贮藏。炸条专用型品种要求适应性广，薯形长圆形，炸条色泽浅，薯条食味好，比重大于 1.085，淀粉粒结晶状，分布均匀，较耐低温贮藏。

（1）大西洋（Atlantic）　1978 年从美国引入，是目前中国主要采用的炸片品种。中熟。株型直立，分枝数中等，茎基部紫褐色，茎秆粗壮，生长势较强。花冠浅紫色，可天然结实。薯块介于圆形和长圆形之间，顶部平，皮淡黄色，肉白色，表皮有轻微网纹，芽眼浅，块茎大小中等而整齐，结薯集中。块茎休眠期适中，耐贮藏。鲜薯含淀粉 15%～17.9%，还原糖 0.03%～0.15%。植株不抗晚疫病，对马铃薯轻花叶病毒（PVX）免疫，较抗卷叶病毒和网状坏死病毒，感束顶病、环腐病。喜肥水。目前在北方一季作区、南方冬作区、中原二季作区的许多地方有零星分布。

（2）鄂马铃薯 3 号　湖北省恩施南方马铃薯研究中心于 2000 年育成。中熟。株型半开张。茎、叶均为淡绿色。天然结实性弱。薯块扁圆形，黄皮白肉，表皮光滑，芽眼浅。薯块较大，结薯集中。耐贮藏。食用品质优良，鲜薯含干物质 24.1%，淀粉 18.2%，还原糖 1.11%，粗蛋白质 2.2%。植株高抗晚疫病，轻感花叶病毒（PVX、PVY），较抗青枯病。适于湖北省及西南山区种植。

（3）夏波蒂（Shepody）　1987 年由加拿大引进。中熟。株型较开展，主茎绿色、粗壮，分枝数多。花冠浅紫色，花期长。薯块长椭圆形，大而整齐，白皮白肉，芽眼浅，表皮光滑。结薯集中。鲜薯含干物质 19%～23%，还原糖 0.2%。不抗旱、不抗涝，对栽培条件要求严格。田间不抗晚疫病、早疫病，易感马铃薯花叶病毒（PVX、PVY）、卷叶病毒和疮痂病。适宜肥沃疏松的沙壤土、有水浇条件的北部、西北部高海拔冷凉干旱一季作区种植。

（4）阿克瑞亚（Agria）　1994 年中国农业科学院蔬菜花卉研究所从荷兰引进。中晚熟。株型直立，茎粗壮，呈淡紫色，生长势强。开白花，花序大而繁茂。薯块长椭圆形，皮淡黄色、薯肉深黄色，表皮光滑，芽眼少而浅。薯块大而整齐，结薯集中。植株高抗马铃薯重花叶（PVY）和花叶病毒（PVA），对轻花叶病毒（PVX）表现免疫。块茎轻感晚疫病，叶片中度感染晚疫病。鲜薯含干物质 19.37%，淀粉 14.1%，还原糖（收获时）为 0.1%，粗蛋白质 1.93%，维生素 C 每 100g 含 21.0mg。薯块耐低温贮藏。适宜北方一季作区栽培。

3. 高淀粉专用品种　要求结薯集中，大小中等，芽眼浅，最好是白皮白肉，块茎休眠期长，产量不低于一般品种，植株及块茎抗晚疫病，抗主要病毒病，耐旱、耐盐碱。薯块淀粉含量高于 18%，还原糖含量较低，不空心，耐贮藏运输。

（1）晋薯 2 号　山西省农业科学院高寒作物研究所于 1973 年育成。中熟。株型直立，茎绿色，生长势强。花冠白色，天然结实性中等。薯块扁圆形，浅黄皮白肉，表皮较粗糙，芽眼深度中等，结薯集中，薯块大小中等、整齐。块茎休眠期中等，耐贮藏。食用品质中等，鲜薯含干物质 25.2%，淀粉 19%，还原糖 0.02%，粗蛋白质 1.47%。植株较抗晚疫病和黑胫病，抗环腐病，轻感马铃薯卷叶病毒和束顶病，对皱缩花叶病毒病过敏，抗旱性较强。结薯层较浅。适于一季作地区山、川、丘陵地有灌溉条件的地块种植，旱地生长较差，

（2）高原 4 号　青海省农林科学院于 1984 年育成。晚熟。株型直立，茎绿色，生长势强。花冠白色，天然结实较弱。薯块圆形，大而整齐，顶部平，皮肉均为黄色，表皮粗糙，芽眼较多而深。结薯集中。块茎休眠期较长，耐贮藏。食用品质好，鲜薯含干物质 23.2%，淀粉 17%～19%，还原糖含量 0.49%，粗蛋白质 1.45%。植株中抗晚疫病，轻感环腐病和马铃薯卷叶病毒。适宜在西北地区肥水条件好的地块栽培。

（3）陇薯 3 号　甘肃省农业科学院粮食作物研究所于 1995 年育成。中熟。株型半直立，茎绿色、粗壮。花冠白色，不易天然结实。薯块扁圆或椭圆形，大而整齐，皮稍粗，黄皮黄肉，芽眼较浅并呈淡紫红色，薯顶芽眼下凹。结薯集中。块茎休眠期较长，耐贮藏。鲜薯含淀粉平均 21.2%，最高 24.25%，还原糖 0.13%，粗蛋白质 1.88%，维生素 C 每 100g 含 26mg。每 100g 鲜薯含龙葵素 0.15mg。植株抗晚疫病、花叶病毒和卷叶病毒。适合甘肃及西北其他一季作地区种植。

三、栽培季节和方式

（一）栽培季节　各地多按照马铃薯结薯所要求的温度来安排栽培季节，即把结薯期安排在地温 13～20℃ 的月份。春播一般考虑出苗后地上茎叶不致受晚霜损伤的情况下尽可能提早播期，夏、秋播种则考虑尽量避免炎热和多雨天气而适当推迟播期。同时要求地上茎叶在出苗后有 60～70d 以上的生长期，其中结薯天数至少应有 30d 左右，才能确保丰收。现将中国马铃薯各栽培区的主要栽培季节分列于表 10-1。

表 10-1　马铃薯的栽培季节

栽培地区		月　份											
		1	2	3	4	5	6	7	8	9	10	11	12
北方一季作区	播种期				├─┼─┤								
	出苗期					├─┤							
	收获期									├──┼──┤			
中原二季作区	播种期	├─┤							├──┼──┤				
	出苗期		├──┤							├──┤			
	收获期				├───┼───┤						├──┤		
南方冬作区	播种期											├──┼──┤	
	出苗期	├──┤										├──┤	
	收获期			├──┤									
西南混作区	播种期	├───────┼───────┤											
	出苗期		├───────────┤										
	收获期				├───────────────┤								

（二）栽培方式　马铃薯一般都行露地栽培，很少有保护地栽培。通常都为平作，也可与其他作物进行间套作。

1. 北方一季作区　一般都采用平作，最好的前茬是葱蒜类、黄瓜，其次为禾谷类作物及大豆。茄科作物与马铃薯遭受的病害和吸收的土壤营养物质大致相同，不宜互相轮作；马铃薯与根菜类同属吸钾多的作物，也不宜互相轮作。

2. 中原二作区和西南一二季混作区　除平作外，还利用早熟、喜凉和株矮的马铃薯品种与高秆、生长期长的喜温粮、菜如玉米、棉花、茄子、瓜类、甘蓝、大葱、甘薯等进行间套作。

3. 南方冬作区　马铃薯都在秋末冬初栽培，主要接水稻茬，即在冬闲田栽培马铃薯，常用地膜或稻草覆盖栽培。

四、栽培技术

（一）播前准备

1. 播前催芽　播种前应进行种薯催芽，使种薯带有短而壮的幼芽（1～2cm）。播前催芽有利于防止病原菌侵染，有利于早出苗、出苗整齐、植株生长一致，早结薯，一般春薯催大芽播种比不催芽可增产10％以上。贮藏窖温度低或休眠期长的品种，应在播种前4～5周将种薯从冷藏窖中取出，放在室温（18～20℃）黑暗下暖种、催芽，待幼芽长出几毫米后，将温度降至8～12℃，使种薯逐渐暴露在散射光下壮芽，在催芽过程中应采取措施使发芽均匀粗壮。如播前种薯完全没有通过休眠，则可在播前选择健康未发芽的小整薯用锋利的消毒刀在种薯芽旁边切一定的深度，或视种薯的休眠深度，用一定浓度的赤霉素（5～20 mg/L）、硫脲（0.1％～0.3％）等溶液喷洒、浸泡种薯一定时间后催芽。

2. 切块　切块可节省种薯，提高繁殖系数，但切块易增加种薯带病传播的机会，从而引起种薯块腐烂而导致缺苗。正确的切块方法：选择健康的已经催芽的较大种薯块，用经消毒的锋利刀具将种薯切成重量为35～45g的切块，每个切块必须带1～2个芽（图10-2）。切块的伤口应立即用含有杀菌剂的草木灰拌种，使伤口尽快愈合。切块使用的刀具，应在切块过程中不断地用酒精浸泡或擦洗消毒，以防病害传播。

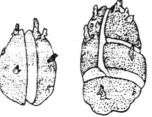

图10-2　不同的切块方式
（引自：《马铃薯优良品种及丰产栽培技术》，2002）

3. 播种　用整薯播种的马铃薯，出苗整齐，结薯期一致，生长的薯块整齐，商品薯率高，一般情况下均比切块的增产。实际生产中，种整薯的适宜大小为35～80g。在播种时应使用大小较整齐的种薯。用整薯播种一定要提前催芽。

（二）耕作准备

1. 深耕、整地、作畦　马铃薯生长需要15～18cm的耕作深度和疏松的土壤。深耕可使土壤疏松，通透性好，并消灭杂草，提高土壤的蓄水、保肥能力，有利于根系的发育生长和薯块的膨大。但是只有在土壤结构较好的地块才宜深耕30cm。深耕后应精细整地，使土壤颗粒大小合适，避免土表出现大土块。马铃薯幼根的穿透力较弱，精细整地有助于其生长。

马铃薯一般应在水浇地垄播。垄的方向、间距应根据水渠、行距、地温等情况来设计。一般早熟、中早熟品种的行距为65cm，晚熟品种为70cm。若机械化耕作栽培，一般为85～90cm。在干旱、寒冷地区，通常先进行平播，出苗后待植株长到15～20cm高时再培土作垄，且不宜太早。在二季作区秋播，由于高温多雨，应进行垄播，播于垄背或垄的坡面上，以利于排除积水，避免种薯腐烂。

2. 施足基肥　施足基肥有利于马铃薯根系充分发育和不断提供植株生长发育所需的养分。一般土壤，肥料的氮磷钾比应为1∶1∶2，但在pH高于7的土壤中，磷钾肥需求量较大。另外，不同前

茬作物和栽培目的也影响施肥量。通常每公顷 30 000kg 产量需要：氮素 150kg、磷素 60kg、钾素 345kg、钙素 90kg、镁素 30kg。每公顷氮肥用量很难准确估算，表 10－2 数据可供参考（一般肥料实际施用量应略高于理论数）。

表 10－2　根据不同生产目的每公顷氮营养的需求估计量

（引自：《马铃薯优良品种及丰产栽培技术》，2002）

生产品类型	品种熟性	氮素（kg/hm²）
	早、中早熟	105～120
种薯	晚　熟	75～105
早春鲜薯	早　熟	120～150
	中　熟	150～180
冬季贮藏秋薯	晚　熟	105～150
工业和食品加工薯		120～180

在土壤肥沃的情况下，把全部氮肥的 2/3 作基肥，1/3 作追肥。磷、钾肥应在基肥中一次施足，肥料深施有利于根系的吸收，氮、钾肥易溶于水，可以撒施，而磷肥随水移动较慢，施在根系附近更有效。土壤贫瘠时，沟施或点施更有效。重施基肥可将农家肥和化肥混合施用，农家肥要充分腐熟。有机肥或农家肥的种类多、肥效差异大，其施用量也很不相同。最常用量如每公顷 15～30t 猪牛粪，鸡粪应减少用量，因为鸡粪含有更多的氮、磷、钾。

3. 茬口安排和间套作　一般情况下，马铃薯不会在轮作制中引起任何严重问题，通常被认为是土壤清洁作物，非常适合作禾本科等作物的前茬。为了防止收获时遗留田间的薯块再生长，以避免前后茬不同马铃薯品种的混杂和防止土传病虫害如青枯病、晚疫病、黑胫病和线虫的大发生，在安排轮作时，马铃薯应每隔 4 年（最好 5～6 年）种植一次。另一方面，马铃薯植株需要良好的土壤结构，其前茬应是避免破坏土壤结构的作物如水稻等，而以豆类作物作为前茬则非常有利于马铃薯生长。要严格禁止与其他茄科作物如番茄和茄子等或其他易吸引蚜虫的作物如油菜等间、套作。

（三）田间管理

1. 播种　适时播种一般是指土壤 10cm 深处地温达到 7～8℃时立即播种。但若种薯已大量发芽，则宜适当晚播。地膜覆盖可提高地温 3～5℃，一般能使播期提早 10d 左右。若播种太早又不用地膜覆盖，则常因地温低，影响出苗。催大芽的种薯，在地温太低时播种（早播），种薯易因在幼芽处产生子块茎而造成严重的缺苗断垄，不利获得高产。

从播种到出苗是马铃薯栽培中的一个重要时期。出苗期主要受种薯的质量、地温和土壤含水量的影响。衰老的、芽弱的种薯宜在地温较高时播种，应比具有壮芽的种薯播得浅一些。播种时的地温和土壤墒情会影响出苗的早晚，当地温低于 6℃时，幼芽便停止生长，最后将直接形成小薯而影响出苗。低温干旱会延迟幼苗出土，而高温高湿则易使种薯因缺氧而引起腐烂。地温低而土壤潮湿，应浅播（深 3～5cm）；反之，地温高而土壤干燥，则宜深播（约 10cm 深）。由于种薯本身富含水分，在播种后到出苗前通常不需立即灌溉。干旱地区春季播种，一般可在整地前 1～2 周灌一次水。春季栽培可进行地膜覆盖，以利保温保墒。

马铃薯种植密度取决于生产类型和栽培品种的熟性。一般地说，单位面积上茎数多将有利于生产较多的薯块数，但薯块的平均大小会减小。种植密度要根据单位面积上所允许的最适叶面积系数来决定。对马铃薯来说，叶面积系数最适值在 3.5～4。每公顷的播种穴数可按下列公式计算：

$$每公顷播种穴数 = \frac{叶面积系数最适值 \times 10000/单茎叶面积最大值}{每块种薯可发生的茎数}$$

根据求得的每公顷栽植穴数，就可规划栽植的株距和行距。商品薯栽培，一般早熟品种的行株距

为 60cm×25cm，而中晚熟品种为 70cm×30cm。而种薯生产时，为了增加小块种薯的数量，通常要加大密度，一般早熟品种行株距为 60cm×20cm，中晚熟品种则为 60cm×20cm。

2. 田间管理　马铃薯生长期管理的重点是前期中耕除草追肥、培土；后期排、灌水和防治病虫害。

马铃薯从播种到出苗一般 20d 左右，时间较长的 30～40d。在马铃薯齐苗后应及时除草。一般在植株封垄前除草 2～3 次，以避免杂草与马铃薯争光争肥，改善田间透光通风条件，同时去除与马铃薯有相同病虫害的杂草寄主。

追肥应视不同苗况酌情进行。早熟栽培因生长期短，后期气温高易徒长，施足基肥后一般不追肥。追肥宜早不宜晚，宁少毋多。追施方法可沟施或点施，但施后要及时灌水，使肥料溶解，有利于根部吸收利用。

在植株开花封垄前，还要结合中耕除草培土 2～3 次。一般苗高 15～20cm 时进行第一次培土，以促进早结薯，在显蕾期进行第二次培土。培土要尽量高，以利于薯块生长发育和膨大，并防止块茎外露变绿，影响食用品质和商品性。

在马铃薯整个生长过程中，土壤适宜含水量应保持在 60%～80%。播种后土壤要湿润，但太湿又会因缺氧而引起种薯腐烂，因此出苗前最好不要浇水。苗期需充足的水分以促进茎叶和根的生长，缺水会加快薯块形成，减少薯块数。若天气干旱，出苗后应立即灌水，以促进苗期生长发育，但是水分太多，植株会产生太多的浅层根，反而使生长后期不耐旱，并使薯块数较多。薯块膨大期需有规律地供应足够水分，必须及时灌溉，保持土壤湿润，缺水将直接影响薯块的膨大，导致减产；不规律地供水会引起薯块畸形和裂薯等，尤其在夏季土壤温度达 30℃ 左右时，严重干旱对高温敏感的品种会引起薯块芽的二次生长。另外，田间若有积水时，应立即排水防涝，以免造成块茎腐烂。

灌溉方法有沟灌、喷灌、漫灌和滴灌等。沟灌投入低，不湿植株茎叶，与喷灌相比，更有利于防止茎叶病害的发生，但是需较多的劳力，易引起水涝和促进土传病害及烂薯的发生，且水损失严重，一般只有 50%～70% 为植株所有效利用。喷灌在农业机械化程度较高的国家被广泛应用，这种方法能更有效地用水，但因打湿植株茎叶而可能导致真菌病害发生。滴灌不常用于马铃薯生产，因这种系统水分利用率虽高，但投资较大，然而在缺水或盐碱地区，滴灌系统仍有较高的利用价值。此外，不论采用何种栽培方式、何种品种，马铃薯均忌漫灌。

3. 不同种植区的栽培技术特点

（1）北方和西北一作区　主产区包括东北三省、内蒙古、宁夏、青海、甘肃以及河北、山西、陕西省的北部。无霜期 140～170d，年平均温度不超过 10℃，春季气温低，回暖慢，干旱。马铃薯生长期在 5～9 月。其栽培特点：①秋季结合施用有机肥进行深耕，增强保水、蓄水能力；春播促进早出苗和幼苗生长；②选用早熟品种结合覆盖地膜；③早除草，适当晚培土；④及时防治病虫害，尤其是防治马铃薯晚疫病；⑤易涝地区应在植株封垄前高培土，防止田间积水。

（2）中原二季作区　主产区包括辽宁、河北、陕西、山西省南部，湖北、湖南省的东部以及河南、山东、江苏、浙江、安徽、江西省的全部。无霜期 200～300d，年均温度 10～18℃。春季多进行商品薯生长；秋季前期温度高，季节短，产量低，多进行种薯生长。其栽培特点：①春薯生产应选用早熟或极早熟品种催大芽早种，采用地膜覆盖栽培，在雨季到来之前抢晴天早收；②秋季生产应及时催芽，用整薯播种，起垄栽培排水防涝。密度增加到每公顷 15 万株左右，以生产小种薯。及时防治病虫害，及时灌水。种薯田及时拔除退化株和其他病株。

（3）南方冬作区　包括广东、广西、福建、海南、台湾及云南等省、自治区。无霜期在 300d 以上，年均温度在 18～24℃。气候特点为夏季长，炎热、多雨；冬季暖。于秋季水稻收获后，利用冬闲田种植马铃薯。因本地区不能留种，所以必须选用调入的种薯进行生产。其栽培特点：①采用高畦或高垄，早种，早收；②选用早熟和适合鲜薯出口的品种；③冬季生产虽然病害不多，但应注意防治晚疫病和青枯病的发生，因为早熟品种一般不抗这两种病害；④商品薯收获前 10d 左右停止浇水，收获后最好及时上市。

（4）西南一、二季混作区　因受立体气候条件的影响，依不同海拔高度，一作、二作交互出现。主产区包括云南、贵州、四川省及湖南、湖北省西部山区。在栽培上兼有其他地区的特点，但降雨多，湿度大，是晚疫病、青枯病和癌肿病的多发区。生产上应选用结薯早、生长期短、直立形的品种与玉米、棉花等作物间作，经济效益明显。

五、病虫害防治

为害马铃薯的病虫害有 300 多种，有些病虫害会造成马铃薯严重减产。

（一）主要病害防治

1. 马铃薯病毒病　主要毒源有马铃薯卷叶病毒（PLRV）、马铃薯 Y 病毒（PVY）、马铃薯 X 病毒（PVX）、马铃薯 S 病毒（PVS）、马铃薯 A 病毒（PVA）。马铃薯病毒病发生普遍，致使马铃薯退化严重，影响生产。常见症状有花叶、坏死和卷叶 3 种。其中 PLRV 侵染引起卷叶病，PVY 和 PVX 复合侵染引起的皱缩花叶病及 PVY 引发坏死病为最重。上述病毒主要在带毒的小薯上越冬，通过种薯调运作远距离传播。除 PVX 外，都可通过蚜虫及汁液摩擦传毒。25℃以上高温会降低寄主对病毒的抵抗能力，也有利于蚜虫的迁飞、繁殖和传毒。防治方法：①采用无毒种薯，可通过茎尖脱毒培养、实生苗或在凉爽地区建立留种田等获得；②选用抗病品种，及时防治蚜虫；③生产田和留种田远离茄科菜地，适时播种，及时清除病株，避免偏施氮肥，采用高垄栽培，严防大水漫灌等综合措施。此外，在发病初期喷洒 0.5％菇类蛋白多糖水剂 300 倍液等制剂，有一定效果。

2. 马铃薯早疫病　病原：*Alternaria solani*。各地普遍发生的重要病害。主要为害叶片，也可侵染块茎。叶片上病斑黑褐色，圆形或近圆形，具同心轮纹，湿度大时，病斑上出现黑色霉层。病叶多从植株下部向上蔓延，严重时病叶干枯，全株死亡。染病块茎产生暗褐色稍凹陷圆形或近圆形斑，边缘分明，皮下呈浅褐色海绵状干腐。该病初侵染源为病残体和患病块茎中的病菌，病菌萌发后产生的分生孢子借风、雨传播。气温 26～28℃、相对湿度高于 70％或连阴雨天气，易发生和流行。防治方法：①选用早熟耐病品种，选择高燥、肥沃田块种植，增施有机肥；②发病前开始喷洒 70％百·锰锌可湿性粉剂 600 倍液，或 70％代森锰锌（喷克）可湿性粉剂 600 倍液或 64％噁霜·锰锌（杀毒矾）可湿性粉剂 500 倍液，或 78％波·锰锌（科博）可湿性粉剂 600 倍液等。隔 7～10d 喷 1 次，连续防治 2～3 次。

3. 马铃薯晚疫病　病原：*Phytophthora infestans*。各地普遍发生并严重影响产量的重要病害。病菌主要侵害叶、茎和薯块。叶片先在叶尖或叶缘生水渍状绿褐色斑点，周围具浅绿色晕圈，湿度大时病斑迅速扩大，呈褐色，并产生一圈白霉，干燥时病斑干枯。茎部或叶柄现褐色条斑。发病重时叶片萎垂，卷曲，致全株黑腐，散发出腐败气味。块茎初生褐色或紫褐色大块病斑，逐渐向四周扩散或腐烂，入窖后更易传染。病菌主要以菌丝体在薯块中越冬，播种后病菌侵染幼苗形成中心病株，病部产生的孢子囊随气流、雨水传播。一般在马铃薯开花后，雨多、雾重、气温在 10℃以上、相对湿度超过 75％和种植感病品种，经 10～14d 其为害可由中心病株蔓延至全田。防治方法：①选用抗病品种、无病种薯；②提倡用 0.3％的 58％甲霜灵·锰锌可湿性粉剂拌种；③适期早播，及时排除田间积水；④发现中心病株立即拔除，喷洒 78％甲霜灵·锰锌可湿性粉剂、或 64％噁霜·锰锌（杀毒矾）可湿性粉剂 500 倍液，或 60％琥·乙磷铝可湿性粉剂 500 倍液，或 1∶1∶200 倍式波尔多液等。隔 7～10d 喷 1 次，连续喷 2～3 次。

4. 马铃薯青枯病　病原：*Pseudomonas solanacearum*。中国南方马铃薯产区的重要细菌病害。染病株下部叶片先萎蔫，后全株下垂。开始时早、晚可恢复，持续 4～5d 后全株茎叶萎蔫死亡，但仍

保持青绿色。块茎染病，从脐部到维管束环呈灰褐色水渍状，严重时外皮龟裂，髓部溃烂。横切病茎或薯块，挤压时可溢出白色菌脓。病菌随病残组织在土壤中或侵入薯块在贮藏窖里越冬。病菌通过雨水或灌溉水传播。一般土壤 pH6.6 时发病重；田间土壤含水量高，或连阴雨或大雨后转晴，气温急剧升高发病重。防治方法：①建立无病种薯田，生产和应用脱毒种薯，选用抗病品种。②药剂防治，参见第十七章番茄青枯病。

5. 马铃薯环腐病　病原：*Clavibacter michiganense* subsp. *sepedonicum*。随种薯调运已遍及各地产区，成为主要的细菌性维管束病害。地上部染病一般在开花期显症。枯斑型由植株基部叶片向上逐渐发展，叶尖、叶缘及叶脉呈绿色，具明显斑驳，后叶尖干枯或向内纵卷，致全株枯死；萎蔫型初期从顶端复叶开始萎蔫，叶缘稍内卷，病情向下发展，全株叶片褪绿，下垂，致植株倒伏枯死。切开块茎可见维管束变为乳黄色至黑褐色，皮层内现环形或弧形坏死部，故称环腐。贮藏块茎芽眼变黑、干枯或外表爆裂。未经消毒的切刀是该病的主要传播媒介。在田间病菌由伤口侵入，借雨水、灌溉水传播。地温 25℃ 最适宜发病，16℃ 以下和 31℃ 以上病害发生受到抑制。防治方法：①建立无病留种田，提倡用整薯、脱毒微型薯播种；②选用抗、耐病品种；③播前室内晾种 5～6d，剔除病、烂薯；④切刀用 0.1%～0.5% 酸性升汞、5% 来苏儿或 75% 酒精消毒，薯块可用新植霉素 5 000 倍液或 47% 春·王铜（加瑞农）可湿性粉剂 500 倍液浸泡 30min；⑤结合中耕培土，及时拔除病株，清洁田园。

6. 马铃薯疮痂病　病原：*Streptomyces scabies*。属放线菌病害，在北方二季作薯区为害较重。染病后在块茎表面产生褐色小点，扩大后形成褐色圆形或不规则形大斑块，因产生大量木栓化细胞而致表面粗糙，后期中央稍凹陷或凸起呈疮痂状硬斑块。病斑仅限于皮部不深入薯肉，有别于粉痂病。病菌在土壤中腐生或在病薯上越冬，从皮孔及伤口侵入薯块。发病适温为 25～30℃，中性或微碱性沙壤土发病重。防治方法：①选用无病种薯，播前用 40% 甲醛（福尔马林）水剂 120 倍液浸种 4min；②增施有机肥，与葫芦科、百合科、豆科蔬菜进行 5 年以上轮作；③选用抗病品种，白色薄皮品种易感病，褐色厚皮品种较抗病；④结薯期遇干旱应及时浇水。

7. 马铃薯干腐病　病原：*Fusarium coeruleum*。贮藏期的重要病害。发病初期块茎仅局部变褐稍凹陷，扩大后病部出现很多皱褶，呈同心轮纹状，其上有时长出灰白色的绒状颗粒（病菌的子实体），病薯块空心，空腔内长满菌丝，致整个薯块僵缩或干腐状，不堪食用。病菌在病残组织或土壤中越冬，从伤口或芽眼侵入块茎。贮藏条件差，通风不良易发病。防治方法：①生长后期注意排水，收获和贮藏时注意减少伤口；②窖内保持通风干燥，发现病薯及时剔除。

8. 马铃薯癌肿病　病原：*Synchytrium endobioticum*。对外检疫对象，中国四川、云南省的冷凉地区局部发生，可致感病薯毁产。为害块茎和匍匐茎，形成大小不等的畸形、枝状或叶片肿瘤，初呈黄白色，后期黑褐色，其增生组织粗糙，质地柔软松泡，易腐烂发出恶臭。贮藏期间继续扩展为害。在病田植株茎、叶、花也可受害。病菌以休眠孢子囊在病薯和土壤中越冬，在土中可存活 20 年以上。病菌从寄主表皮细胞侵入，刺激寄主组织增生形成肿瘤。防治方法：①严格检疫，病区种薯、土壤及其生长的植株不能外运；②选用抗病品种；③重病区改种非茄科作物，一般病区实行轮作。

（二）主要害虫防治

1. 蚜虫　主要种类和病毒病传播媒介有桃蚜（*Myzus persicae*）、瓜蚜（棉蚜）（*Aphis gossypii*）和茄无网蚜（*Acyrthosiphon solani*），有时也为害贮藏期间块茎的幼芽而将病毒传给种薯。防治方法：参见第十七章番茄桃蚜、第十六章黄瓜瓜蚜等防治措施。

2. 马铃薯瓢虫（*Henosepilachna vigintioctomaculata*）　别名：二十八星瓢虫。是北方地区优势种，只有取食马铃薯才能正常发育和越冬。成虫、幼虫取食叶片、花瓣、萼片，严重时成片植株被吃成光秆。华北地区年发生 2 代。以成虫群集越冬，卵 20～30 粒成块状多产于叶背，成虫具假死性。一般 6～8 月是为害盛期。防治方法：①人工捕杀群居成虫，摘除卵块，拍打植株枝叶收集坠地之虫。②抓住卵孵盛期至 2 龄幼虫分散前的有利时机，用 21% 增效氰·马（灭杀毙）乳油 3 000 倍液、或

20％氰戊菊酯乳油、或 2.5％溴氰菊酯乳油 3 000 倍液，或 10％溴·马乳油 1 500 倍液，或 50％辛硫磷乳油 1 000 倍液等防治。

3. 马铃薯块茎蛾（*Phthorimaea operculella*）　幼虫潜叶，沿叶脉蛀食叶肉，残留上下表皮，呈半透明状，严重时嫩茎、叶芽也被害枯死，幼苗死亡。也可从芽眼潜入蛀食块茎，呈蜂窝状甚至全部蛀空，并引起腐烂。该虫在中国年发生 6～9 代，以西南地区为害最重。田间 5～11 月为盛发期。成虫夜出，有趋光性。幼虫吐丝下垂，随风飘落在附近植株叶片上潜入叶内为害。防治方法：①贮藏前清洁窖（库），门、窗、通风口用网纱阻隔。②播前种薯用 90％晶体敌百虫 300 倍液，或 2.5％溴氰菊酯乳油 2 000 倍液喷洒，晾干后入库；或每立方米用二硫化碳 7.5g 熏蒸种薯，在室温 10～20℃下处理 70min。③选用无虫种薯，避免与茄子、烟草长期连作或邻作。④及时培土，避免成虫在暴露的薯块上产卵。⑤在成虫盛发期喷洒 10％氯氰菊酯乳油 2 000 倍液等。

为害马铃薯的地下害虫有地老虎、金针虫、蛴螬等，其防治方法可参见第九章胡萝卜病虫害防治部分。

六、采　　收

用作长期贮藏的商品薯、种薯和加工用原料，应在茎叶枯黄时达到生理成熟期进行采收；用作早熟蔬菜栽培，为了早上市则应按商品成熟期收获，收获时间多依各地市场价格变化而定。通常先收种薯后收商品薯，不同品种应分别收获，防止收获时相互混杂，特别是种薯，应绝对保证其纯度。收获前一周停止浇水，然后割秧、拉秧或用化学药剂灭秧等处理除秧，使薯皮老化，以利于收获和减少机械损伤。一般应选择晴天收获，以便于收刨、运输，雨天收获易导致薯块腐烂或影响贮藏。

七、留　　种

（一）马铃薯种薯生产体系　马铃薯的许多病害都可通过种薯携带传播。应用马铃薯植株茎尖组织培养，经病毒病和其他病害检测后获得脱毒试管苗，再利用组织培养、扦插等快速繁殖技术，生产脱毒原原种和微型薯，在天然隔离、人为隔离条件好、冷凉季节和高寒地区通过建立脱毒薯繁殖基地，及完善的马铃薯种薯生产体系生产优质种薯，控制病害的传播和保证品种的纯度。目前在中国的不同马铃薯栽培区已建立了不同的马铃薯留种体系。北方一季作区采用夏季留种，于 7 月初播种，9 月中旬收获，种薯生产体系如图 10-3；中原二作区采用春、秋两季留种，春马铃薯由于生育季节气温较高，桃蚜等传毒介体较多，植株易感病毒并易在新生块茎中积累，故留种难度大，使用年限短。

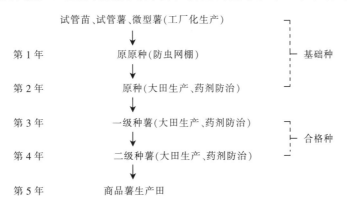

图 10-3　北方一季作区马铃薯脱毒种薯繁育体系示意图

（引自：《马铃薯优良品种及丰产栽培技术》，2002）

可采用春季在冷床或阳畦繁殖,早种早收,于5月初收获。秋季于8月中、下旬在大田繁殖,晚种晚收,降霜时收获等措施,其生产体系如图10-4。西南混作区采用两季留种法,在海拔1 000m以上山区生产种薯。华南冬作区一般不留种,基本上每年从北方一作区调种。

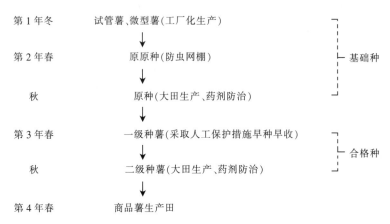

图10-4 中原二季作区马铃薯脱毒种薯繁育体系示意图
(引自:《马铃薯优良品种及丰产栽培技术》,2002)

(二)种薯退化及防止措施 马铃薯长期采用传统的块茎繁殖,引起植株生长势逐年减弱、株高变矮、分枝减少、薯块变小、产量降低,从而使品种固有的优良种性发生严重退化。马铃薯种性退化的原因比较复杂,但主要是由于马铃薯世代连续感染病毒所引起。然而病毒侵染马铃薯的程度及其在寄主细胞内的代谢强度则又取决于环境条件,其中高温显著地有利于病毒的侵染及其在寄主细胞内的代谢活动,因此在影响马铃薯种性退化的诸多环境因素中,高温的影响又是最主要的。另外,高温易使块茎芽的生长锥细胞发生衰老,亦会导致马铃薯种性的退化。

马铃薯留种防止退化的主要措施有:

1. 轮作 在自然隔离条件好或者在人为隔离条件下,种薯田必须实行3年以上没有茄科作物的轮作,少施氮肥。

2. 适期播种 在生态、气候条件许可的前提下,选择生长期间温度较低、能避开蚜虫迁飞高峰期的季节播种,适当早播或晚播,如北方一季作区的夏播留种,中原二季作区的阳畦繁育、秋播留种和网棚隔离播种。采用整薯播种。

3. 合理施肥、清洁田园 科学施肥,适当增加磷肥和钾肥,提高植株抗性;在种薯田出齐苗后、传毒媒介蚜虫发生以前,进行严格的拔除病、杂株,每隔7~10d进行1次,要清除地上部植株和地下部母薯和新生块茎,及时防治病、虫害。

4. 合理密植,早收留种 调节种薯田的植株密度,使其大于一般商品薯生产田(90 000 株/hm²以上);实施早收留种,防止机械损伤和品种混杂。

(金黎平)

第二节 姜

姜是姜科(Zingiberaceae)姜属中能形成地下肉质根茎的栽培种,多年生宿根性草本植物,多作为一年生作物栽培。学名:*Zingiber officinale* Rosc.,别名:生姜、黄姜等,是中国重要特产蔬菜之一。姜原产于印度—马来西亚热带多雨森林地区,中国台湾也有野生种分布。姜在中国栽培历史悠久,其记载最早见于《论语》(公元前5世纪至前4世纪),有孔子"不撤姜食"之句。战国时编写的《吕氏春秋》(公元前3世纪)及西汉·司马迁著《史记》(公元前1世纪前期)中亦分别有"和之美者，蜀郡杨朴之姜"及"千畦姜韭，此其人与千户侯等"的记述。湖北江陵及荆门的楚墓出土的随葬品中都有外形完整的姜。南北朝后魏·贾思勰《齐民要术》（6世纪30年代或稍后）里有"姜宜白沙地……"的记载。由此可见，姜在中国古代就已成为重要的经济作物。

姜在中国栽培早，分布广，已形成许多名产区。目前除东北、西北等高寒地区外，其余地区均有种植。但从全国范围看，以长江以南为多，如广东、江西、浙江、安徽、四川、湖南、湖北等地栽培较多；长江以北则以山东、河南、陕西等地栽培较多。此外，台湾省也有不少栽培。从世界范围看，姜多分布于亚洲，尤以中国、印度、马来西亚、菲律宾为多。

姜供食用的部分为其根（状）茎，内含多种营养成分。它除含有碳水化合物、蛋白质、多种维生素及矿物质外，还含有姜辣素［姜酚（$C_{17}H_{26}O_4$）、姜油酮（$C_{11}H_{14}O_3$）、姜烯酚（$C_{17}H_{24}O_3$）和姜醇（$C_{15}H_{26}O$）］等，因而具有特殊的香辣味，是中国人民普遍食用的香辛调味蔬菜，有"菜中之祖"的称号。姜除直接作调味品外，还可加工制成姜片、姜粉、姜酒、姜油等，亦可盐渍、糖渍、酱渍制成多种食品。不仅如此，姜还是良好的中药材，可抑制肠内异常发酵，促进气体排泄，增强血液循环，具有温暖、发汗、止呃、解毒等作用，可作健胃、镇吐、去寒、防暑、发汗剂等。

一、生物学特性

（一）植物学特征

姜具有根、根茎、地上茎、叶、花等器官，其形态如图10-5。

1. 根　姜属浅根性作物，根系不发达，根数少且根短，纵向分布主要在30cm土壤内，横向扩展半径30cm。根生长极慢，一般在催芽后可见根的突起，幼苗期根量极少，立秋前后生长加快，至9月中旬，根量基本不再变化。

姜根分为纤细的吸收根（须根）和粗短的肉质根两部分。吸收根自种芽基部发生，后因芽下部膨大形成姜母，因而吸收根多分布于姜母上。吸收根可在缓慢的伸长过程中发生分权，形成须根系，并在姜的整个生育期中起吸收水分和养分的作用。肉质根粗而短，一般直径可达0.5cm、长10～15cm，多在苗期末、盛长期前开始发生，其发生位置多在姜母和子姜之上。因肉质根较短，又不分权，根毛也极少，故吸收能力差，主要起贮藏养分和固定作用。

2. 茎　茎分为地上茎和地下茎两部分。地上茎直立、绿色，为叶鞘所包被，高60～100cm。茎端完全由嫩叶及叶鞘构成，因而地上真茎仅达茎高的1/2左右。地上茎发生的顺序性很强，种姜发芽后所形成的第1支苗称为主茎（或主枝），其下部膨大即形成姜母。姜母上发生侧芽长出地面形成1级分枝，1级分枝下部膨大形成子姜，依次形成2次分枝、3次分枝。姜的侧枝往往呈对称状发生和生长。

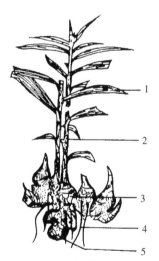

图10-5　姜的植物形态
1. 叶片　2. 地上茎　3. 根茎
4. 根　5. 种姜
（徐坤，1994）

姜的地下茎为根状茎，简称根茎（俗称姜块），为食用器官，由多个地上茎基部膨大而形成的姜球构成。主茎的姜球称姜母，1级分枝的姜球称子姜，2级分枝的姜球为孙姜……（图10-6）。各次姜球在整个根茎中的比例南、北方不同，因南方生长期长，可形成第4、5次姜球；但北方因生长期短，一般第4次姜球都不能充分发育，故构成产量的主体是第2、3次姜球。

3. 叶　叶片披针形，绿色，具平行叶脉，互生，1/2叶序。壮龄功能叶片一般长18～24cm，宽2～3cm，叶片中脉较粗，叶片下部具不闭合的叶鞘。叶鞘绿色，狭长而抱茎，具支持和保护作用。

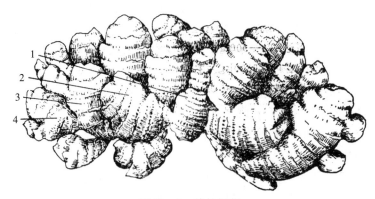

图 10-6 姜的根茎
1. 姜母 2. 1次姜球 3. 2次姜球 4. 3次姜球

(赵德婉，1981)

叶鞘与叶片相连处，有一膜状突出物称为叶舌，叶舌内侧即为出叶孔，新生叶片即从出叶孔中抽生出来。在栽培上，若供水不匀，新生叶片往往在出叶孔处扭曲畸形，不能正常展开，俗称"挽辫子"。

4. 花 穗状花序，花橙黄色或紫红色，花茎直立，从根茎上长出，高约 30cm。单个花下部有绿色苞片叠生，层层包被。苞片卵形，先端具硬尖。但在中国栽培的姜极少开花，即使开花也不结实。

（二）对环境条件的要求

1. 温度 姜喜温暖，不耐寒冷，也不耐霜冻。种姜在高于 16℃的温度下开始发芽，但发芽速度极慢，幼芽生长以 22～25℃最适宜，在高温条件下，发芽很快，但芽子不健壮。在茎叶生长时期，以保持 25～28℃较为适宜。在根茎旺盛生长期，因需要积累大量养分，要求白天和夜间保持一定的昼夜温差，白天温度稍高，保持 25℃左右，夜间温度稍低，保持 17～18℃。当气温降至 15℃以下时，植株便基本停止生长。

2. 光照 姜既喜光又耐阴，但在不同生长期对光照强度要求不同。幼苗期，如在高温及强光照射下，常表现植株矮小，叶片发黄，生长不旺，叶片中的叶绿素减少，光合作用下降；旺盛生长期则要求较强的光照。据徐坤（1997）测定，在温度、水分适宜条件下，姜单叶的饱和光强在 6 万 lx 左右，因此对旺盛生长期的大面积姜田来说，为了使姜的中下层叶片也能得到较好的光照，还是以保持较强光照为好。

关于日照长短对姜生长的影响，据李曙轩（1964）研究，姜根茎的形成，对日照长短的要求不严格，无论长日照还是短日照均可形成根茎。但以自然光照条件下的地上茎叶生长较好，根茎较重。

3. 水分 姜为浅根性作物，难以充分利用土壤深层的水分，因而不耐干旱，其生长的适宜土壤相对含水量为 70%～80%。若幼苗期缺水，姜苗生长就会受到严重抑制，造成植株矮小而生长不旺，后期难以弥补。姜旺盛生长期，生长速度加快，生长量大，需要较多的水分，尤其在根茎迅速膨大时期，应根据需要及时浇水，以促进根茎迅速生长。此期如缺水，不仅产量降低，而且品质变劣。

4. 土壤 对土壤适应性较广，不论在沙土、壤土或黏土上，都能正常生长，但仍以土层深厚、土质疏松、有机质丰富、通气和排水良好的土壤栽培为好。但不同土质对姜的产量和品质有一定影响。沙性土往往产量较低，但根茎光洁美观，含水量较少，干物质较多。

姜喜微酸性土壤，土壤酸碱度对姜的生长有明显的影响。章淑兰等（1986）试验表明，在 pH5～7 范围内，植株都生长较好，但 pH 在 8 以上或 5 以下时，则植株矮小，叶片发黄，长势不旺，根茎发育不良。由此可见，盐碱涝洼地块不宜种姜。

5. 营养 姜在生长过程中，对矿质元素的吸收动态，与植株鲜重的增长动态相一致。幼苗期，植株生长缓慢，生长量小，对矿质营养的吸收量亦少。旺盛生长期，生长速度加快，其吸肥量也迅速增加（图 10-7）。据徐坤等（1994）试验研究，每生产 1 000kg 鲜姜，约吸收氮（N）6.34kg、磷（P_2O_5）1.31kg、钾（K_2O）11.17kg、钙（CaO）1.82kg、镁（MgO）2.27kg，其中幼苗期的吸收量仅占总吸收量的 15％左右。

（三）生长发育特性 姜为无性繁殖蔬菜作物，其整个生长期基本上为营养生长的过程。在姜生长的全过程中，其植株总重量及茎、叶重量的变化都呈 S 形，而根茎则呈指数曲线。姜的生长虽有明显的阶段性，但划分并不严格，现多根据其生长形态及生长季节将其划分为发芽期、幼苗期、盛长期、休眠期等几个时期（图 10-8）。由于中国各产姜区所处地理位置不同，无霜期相差较大，故姜的生长期长短亦有较大差异，且不同生长阶段持续时间亦不同。现据山东情况简述如下：

1. 发芽期 种姜通过休眠、幼芽萌动，至第一片姜叶展开为发芽期。姜发芽极慢，一般条件下，自催芽至第一片叶展开约 50d。此期主要靠种姜贮藏的养分分解供幼芽生长之需。幼芽的萌发可分为萌动、破皮、鳞片发生和成苗四个阶段。此期时间虽长，生长量却极小，但对以后整个植株器官发生、生长以及产量形成有重要影响。因而播种时需精选姜种，科学催芽。

2. 幼苗期 由展叶至具有两个较大的一级分枝，亦即呈"三股杈"时（为幼苗期结束的形态标志）止，其持续时间约 70d。这一时期由完全依靠种姜养分供应幼苗生长转到新株可吸收和制造养分进行自养。此期有 80.2％的干物质用于茎叶生长，虽然干物质增长量较小，如莱芜小姜干物质平均每株每天仅增重 0.13g，但具有较大的相对增长速率。这一时期形成的一级分枝却是以后制造养分，形成产量的重要器官。此期栽培上应注意提高地温，促进根系发育，及时清除杂草、搭好荫障荫棚，促使幼苗健壮生长。

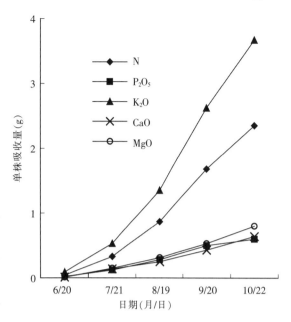

图 10-7 姜对氮、磷、钾、钙、镁的吸收动态
（徐坤，1992）

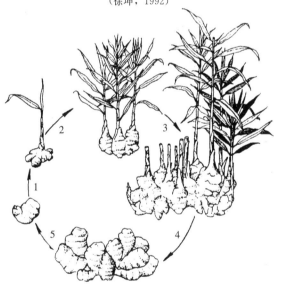

图 10-8 姜的生育周期
1. 发芽期 2. 幼苗期 3、4. 旺盛生长期 5. 休眠期
（赵德婉，1982）

3. 旺盛生长期 从"三股杈"时期直至收获，需 70～80d。此期单株干物质平均每天增长0.8～1.0g。按生长中心不同可分为前、后两期。前期以地上茎叶及根系的生长为主，表现为地上茎分枝大量发生，叶数迅速增加，叶面积急剧扩大，根系大量发生，在 30d 内可形成和维持较大的同化系统，叶面积指数可达 8 左右，同时姜球数随分枝的增多而增加，但膨大量较小。此后，旺盛生长进入后期，地上茎叶生长减缓，制造的养分大多向地下输送，由前期以地上茎叶生长为主转到以地下根茎生长为主。到收获时，根茎的干物质分配量约占总干物质的 50％以上。为此，这一时期应加强肥水管理，促其形成和维持较大的叶面积，提高光合能力，防止后期早衰，延长生长天数，以最大限度地提高产量。

4. 根茎休眠期 收获后入窖贮存，根茎即进入休眠期。此期长短常因窖中贮存条件的不同而异，短者几十天，长者几年。

姜不耐霜冻，不耐寒，一般在霜降之前便收获贮藏，使其保持休眠状态。贮藏期间的环境条件对贮藏时间长短影响极大。一般要求保持11～13℃的温度、近乎饱和（>96%）的空气相对湿度，使姜块生理活动微弱，减少养分消耗，避免受冻和失水干缩。

二、类型及品种

（一）类型 根据姜的植株形态和生长习性可分为两种类型：

1. 疏苗型 植株高大，茎秆粗壮，分枝少，叶色深绿，根茎节少而较稀，姜块肥大，多呈单层排列，代表品种有山东莱芜大姜、广东疏轮大肉姜等。

2. 密苗型 植株长势中等，分枝多，叶色绿，根茎节多而密，姜球数多但较小，多呈双层或多层排列，代表品种有山东莱芜片姜、广东密轮细肉姜等。

（二）品种 目前尚未开展姜的育种工作，现在各地均以种植当地地方品种为主。

1. 山东（莱芜）大姜 山东省地方品种。植株高大粗壮，生长势强，一般株高80～100cm。叶片大而肥厚，叶色浓绿。茎秆粗但分枝数少，通常每株具12～16个分枝。根茎黄皮黄肉，姜球数少而肥大，节少而稀。一般单株根茎重在500g以上，重者可达1 500g以上。

2. 山东（莱芜）小姜 山东省地方品种。株高70～90cm，长势旺者可达1m以上。其叶色翠绿，分枝力强，通常每株可具15～20个分枝。根茎黄皮黄肉，姜球数多而排列紧密，节多而节间较短，姜球顶端鳞片呈淡红色。根茎肉质细嫩，辛香味浓，品质佳，耐贮运。单株根茎重400g左右，重者可达1 000g以上。

3. 安徽铜陵白姜 安徽省地方品种。生长势强，株高70～90cm。分枝力强，一般有分枝15～20个。嫩芽粗壮，深粉红色。根茎肥大，皮淡黄色，纤维少，肉质脆嫩，香气浓郁，辣味适中，品质极佳，宜进行腌渍、糖渍加工。一般单株根茎重500g左右。

4. 红爪姜 浙江省嘉兴、临平一带地方品种，为南方各地所常用。因分枝基部呈浅紫红色，外形肥大如爪而得名。其植株生长势强，株高70～80cm，分枝数较少。根茎皮淡黄色，姜芽带淡红色，肉质鲜黄，纤维少，辛辣味浓，品质佳。嫩姜可腌渍、糖渍加工。一般单株根茎重可达500～1 000g。

5. 疏轮大肉姜 广东省地方品种。株高70～90cm，叶色深绿，分枝较少，呈单层排列。根茎肥大，表皮淡黄，芽粉红色，肉黄白色，纤维少，辛辣味淡，组织细嫩，品质优良。一般单株根茎重1 000～2 000g。

6. 密轮大肉姜 广东省地方品种。株高60～80cm，叶色青绿，分枝较密而呈双层排列。根茎较疏轮大肉姜小，皮肉均为淡黄色，嫩芽紫红色，肉质致密，纤维较多，辛辣味浓。一般单株根茎重750～1 500g。

7. 湖北枣阳姜 湖北省地方品种。姜块鲜黄色，辛辣味较浓，品质良好，单株根茎重可达500g左右。

8. 红芽姜 分布于福建、湖南等地。植株生长势强，分枝多。根茎皮淡黄色，芽淡红色，肉蜡黄色，纤维少，风味品质佳。一般单株根茎重可达500g左右。

9. 竹根姜 四川省地方品种。株高70cm左右，叶色绿。根茎为不规则掌状，嫩姜表皮、鳞芽紫红色，老姜表皮浅黄色，肉质脆嫩，纤维少。一般单株根茎重250～500g。

10. 玉林圆肉姜 广西壮族自治区地方品种。植株较矮，分枝数较多。根茎皮淡黄色，芽紫红色，肉质脆嫩，辛辣味浓。单株根茎重1 000g左右，产量较高。

三、栽培季节和方式

（一）栽培季节 姜喜温暖，不耐寒、不耐霜冻，因而必须将姜的整个生长期安排在温暖无霜的季节。大致在断霜后地温稳定在15℃以上时播种，初霜到来前收获。一般要求适于生长的天数达到135～150d以上，才能获得较高的产量。由此可见，东北、西北等高寒地区，因无霜期过短，一般露地条件下不适于种姜。

中国地域辽阔，各产姜区的气候条件相差很大，因而播期也有较大的变化。如广东、广西等地冬季无霜，全年气候温暖，播期不甚严格，1～4月均可播种；长江流域各地露地栽培一般于谷雨至立夏播种，而华北一带多在立夏至小满播种。

目前，采用保护设施提早播种或延后收获，以延长姜的生长期，能收到显著的增产效果（表10-3），但必须保证小环境条件适于姜的生长。一般华北地区采用地膜覆盖可较露地提早30d播种。

表10-3 生长期长短对姜产量的影响

（徐坤，1998）

栽培方式	播种期（月/日）	收获期（月/日）	产量（kg/hm²）	增产（kg/hm²）	增产率（%）
露地栽培	5/1	10/18	44 940	—	—
地膜覆盖	4/15	10/18	47 985	3 045	6.78
	4/1	10/18	56 910	11 970	26.64
大棚栽培	3/15	10/18	61 215	16 275	36.21
		10/28	70 020	25 080	55.81
		11/8	74 730	29 790	66.29

（二）栽培方式 姜生长期长，一般为一年一作。但因姜瘟病危害严重，为杜绝土壤带菌，减轻病害，一般应进行轮作换茬，尤其是上一年发病地块，更应引起注意。由于各地栽培作物的种类、时间、方式不同，因此姜的栽培方式、茬口安排与轮作也各不相同。

1. 北方姜区

（1） 姜→大蒜→玉米→小麦→姜
　　　第1年　　　第2年　　　第3年

（2） 姜→冬闲→玉米→大蒜→姜
　　　第1年　　　第2年　　　第3年

（3） 姜→菠菜→玉米→大蒜→姜
　　　第1年　　　第2年　　　第3年

（4） 姜→小麦→玉米→冬闲→马铃薯→姜
　　　第1年　　　第2年　　　第3年

2. 南方姜区

（1） 姜→冬闲→水稻→小麦→水稻→冬闲→姜
　　　第1年　　第2年　　第3年　　　第4年

（2） 姜→油菜、小麦→水稻→紫云英→姜
　　　第1年　　　　第2年　　　第3年

（3） 姜→大蒜→玉米→白菜或萝卜→姜
　　　第1年　　　第2年　　　第3年

（4） 姜→小麦→水稻→油菜→水稻→大蒜→姜
　　　第1年　　第2年　　第3年　　　第4年

四、栽培技术

（一）培育壮芽　为提高姜的产量，应使种姜迅速、整齐、苗壮地出苗，所以需对种姜进行必要的处理，以培育壮芽。壮芽一般芽身粗短，顶部钝圆，芽长 0.5～2cm，粗 0.5～1cm，芽基部无新根；弱芽则芽身细长，芽顶细尖，芽基部已发生新根。

姜催芽一般分两步：

1. 晒姜与选种　于播种前 30d 左右，从贮藏窖内取出种姜，稍稍晾晒后，用清水冲洗去掉姜块上的泥土，平铺晾晒 2～3d，以提高姜块温度，减少含水量。晒姜要适度，不可过度暴晒，以防姜种过度失水，造成姜块干缩，出芽瘦弱。

晒姜过程中及催芽前需进行严格选种。应选择姜块肥大、丰满，皮色光亮，肉质新鲜，不干缩，不腐烂，未受冻，质地硬，无病虫害的健康姜块作种。严格淘汰瘦弱、干瘪、肉质变褐及发软的姜块。

2. 催芽　催芽可促使种姜幼芽尽快萌发，使种植后出苗快、苗壮而整齐，因而是一项很重要的技术措施。中国南方春季较温暖，种姜出窖后，多已发芽，故可不经催芽随即播种。而多数地区春季低温、多雨，需进行催芽。催芽的方法较多，如山东莱芜的催芽池催芽法、山东安丘的火炕催芽法、浙江临平的熏姜灶催芽法、安徽铜陵的姜阁催芽法以及阳畦催芽法、电热毯催芽法、竹篓催芽法等，但这些方法根据加温与否，大致可分为加温和不加温两类。现将采用较普遍的方法介绍如下：

不加温催芽一般是在室内或室外背风向阳处进行，用土坯建一长方形池子，池墙高 60cm，长、宽以姜种多少而定。放姜种前先在池底及四周铺一层已晒过的麦穰 10cm，或贴上 3～4 层草纸，选晴暖天气在最后一次晒姜后，趁姜体温度尚高时将种姜层层平放池内。盖池时先在上层铺 5cm 厚麦穰，再盖上棉被或棉毯保温。保持池内 20～25℃进行催芽，待幼芽长至 0.5～1.5cm 时，即可取出播种。

加温催芽一般建造火炕加温。在放姜池内放种姜 25cm 左右厚，然后隔放 1 层麦穰，其上再放 1 层种姜，共放 3 层。顶部盖 10cm 左右厚的新鲜干麦穰，并用泥封严。其间保持姜池内温度 25～30℃，待姜芽萌动时，将温度降至 22～25℃，姜达 1cm 左右时即可取出播种。

种姜的催芽方法尽管多种多样，但控制催芽过程中的温度，是形成壮芽的关键。在催芽过程中，均以保持 20～28℃变温为好，前期 25～28℃，后期 22～25℃，并保持空气相对湿度在 70%～80%，以利于形成短壮芽。

（二）整地施肥

1. 深翻施基肥　姜根系不发达，吸水吸肥能力差，既不耐旱又不耐涝，因此应选择土壤条件良好、且适合姜生长的地块种植。一般来说，发生过姜瘟病的地块在 3～4 年内不宜再种姜。选定姜田后，有条件的地方应进行秋耕（南方为冬耕）晒垡，以改善土壤结构，增加有效养分含量。为增加土壤肥力，可在耕翻土地时施入大量有机肥，一般应施腐熟的优质有机肥 60 000kg/hm² 左右，过磷酸钙 750～1 500kg/hm²。翌春土壤解冻后，整平耙细。若非冬闲地，应在种姜前 10～15d 内倒好茬。

2. 起垄施种肥　由于南北方气候条件不同，姜的栽培方式也不一样，北方多采用起垄沟种方式。具体做法是：在整平耙细的土地上按东西或南北向开沟，沟距 60～65cm，沟宽 30cm，沟深 25～30cm。为便于浇水，沟不宜过长。

北方姜区种姜有施种肥的习惯，即在开好的沟内沿南侧（东西向沟）或西侧（南北向沟）再开一小沟，将肥料施入小沟内，然后将肥料与土壤混匀，以防灌水时冲走。一般此时施入的肥料为

1 125kg/hm² 左右发酵腐熟饼肥、300kg/hm² 尿素、450kg/hm² 复合肥。

南方姜区因雨水较多，一般多采用高畦栽培，以便于排水。具体做法是：作畦宽 1.2m、畦间沟宽 30cm、深 20cm 左右的高畦，每畦种 3 行。亦有作畦宽 2~2.4m，畦间沟宽 40cm、深 40~50cm 左右的深沟宽高畦，每畦种 4~6 行。此外，还有作间距 40cm、垄高 30cm 的高垄，每垄种 1 行（俗称埂子姜）。南方施肥多采用"盖粪"方式，即先排放姜种，然后盖一薄层细土，再撒入 75 000kg/hm² 有机肥或少许化肥，最后盖厚约 2cm 土即可。

（三）播种

1. 掰姜种 已经催芽的种姜，播种前还要进行块选和芽选，即"掰姜"，按所选壮芽将种姜掰成小姜块。小姜块的大小以 50~75g 为宜。掰姜时一般要求每块种姜上只保留一个壮芽，其余的芽全部去除，以便使养分能集中供应主芽，保证苗全、苗旺。为了方便以后的田间管理，可在掰姜时按姜块及幼芽大小等情况进行分级，将瘦小姜块、具弱芽的姜块与肥胖姜块和具壮芽的姜块分开，并分别进行播种。

2. 播种方法 在播种沟浇透底水后，即可把选好的种姜按一定株距排放沟中。排放姜种有两种方法：一是平播法，即将姜块水平放在沟内，使幼芽方向保持一致；二是竖播法，将姜块竖直插入泥中，芽一律向上。种姜播好后可用土盖住种姜，并搂平姜沟。一般要求覆土厚度达到 4~5cm。

3. 播种密度 姜的种植密度受许多因素的制约，如土壤肥力、肥水条件、播期早晚、姜块大小、种芽大小、管理水平及品种等。以山东大姜为例，其适宜的播种密度为：

（1）土壤肥力高、肥水条件好的地块，种姜块约 75g，以种植密度 75 000 株/hm² 左右，行距 65cm、株距 20~22cm 为好。

（2）土壤肥力及肥水条件中等，种姜块 50~75g，以种植密度 82 500 株/hm² 左右，行距 60~65cm、株距 18~20cm 为适。

（3）土壤肥力及肥水条件差，种姜块小于 50g，以种植密度 90 000 株/hm²，行距 55~60cm、株距 18~20cm 为宜。

（四）覆盖遮荫 姜为喜光又较耐阴的作物，喜温，但高温不利于生长。由于遮荫在降低光照的同时，可以降低温度，提高空气的相对湿度和土壤含水量，因此遮荫有利于姜的生长。据徐坤多年试验研究，遮荫 40% 比较适宜于姜的生长，表现为株高秆壮，分枝数较多，光合面积大，光合能力强，光合效率高，增产幅度较大。而遮荫程度过大，则由于光照长期不足而导致植株徒长，茎秆细弱，叶片薄，光合效率低，并使产量大幅度下降。

北方多采用插荫障（插姜草）措施为姜苗遮荫，即用谷草、玉米秸或不易落叶的树枝，在姜播种后趁土壤湿润，在姜沟的南侧（东西向沟）或西侧（南北向沟），插成高度 60cm 左右的稀疏花篱笆。南方则多借助木棍或竹竿，支成 1.3~1.6m 的棚架，其上覆盖茅草或遮阳网，为姜苗遮荫。至 8 月上旬后，姜群体已扩大，天气转凉，应及时撤除荫障或遮荫棚。

（五）中耕除草 姜根系浅，主要分布于土壤表层，因此不宜多次中耕，以免伤根。一般应在幼苗期结合浇水进行 1~2 次浅中耕，一方面松土保墒，另一方面清除杂草。

姜苗期长，植株生长缓慢，田间易孳生杂草，因此及时除草，是保证苗全苗旺的重要措施。由于人工除草极其费工，近年姜田已普遍采用除草剂除草。常使用的除草剂有：除草通、拉索、氟乐灵、胺草膦及扑草净等，一般在播种后出苗前，用喷雾法或撒土法，按规定用量处理土壤，可维持药效 40d 左右。

（六）浇水

1. 发芽期 为保证姜顺利出苗，在播前浇透底水的情况下，一般在出苗前不进行浇水，而要等幼芽 70% 出土后再浇水，但还应根据天气情况、土壤质地及土壤水分状况而灵活掌握。出苗后的第一水要浇的适时，若浇的过早，易引起地温下降，土壤板结，影响幼芽出土；若浇的过晚，则姜苗受

旱，芽尖易干枯。一般应在浇第一水后 2~3d 接着浇第二水，然后中耕松土，提温保墒，促进幼苗生长。

2. 幼苗期 由于姜苗生长慢，生长量少，因而幼苗期需水不多。但因其根系不发达，吸水力弱，再加苗期地面裸露，尤其是幼苗后期气温高，土壤水分蒸发快，若不及时浇水，会造成土壤干旱，影响幼苗正常生长。然而若幼苗期浇水过大，则土壤通透性降低，易影响根系发育。因而苗期尤其是幼苗前期，宜以浇小水为主，浇水后土壤不黏时即进行浅中耕，以促根壮棵；幼苗后期天气炎热，土壤水分蒸发量加大，应根据天气情况合理浇水。夏季浇水时以早晚为好，不要在中午浇水。另外，暴雨过后要注意排水防涝，有条件者可在暴雨后浇井水增氧降温，以防引发病害。

必须注意的是幼苗期供水一定要均匀，若土壤供水不匀，则植株生长不良，姜苗矮小，新生叶片常常不能正常伸展而呈扭曲状，造成所谓"挽辫子"现象，并将严重影响姜苗生长。

3. 旺盛生长期 至立秋后，天气转凉，姜进入旺盛生长期，地上茎叶迅速生长，地下根茎开始膨大，此期生长速度快，生长量大，需水量多。为满足其对水分的要求，促进植株生长，要求土壤始终保持湿润状态，一般每 4~5d 浇一水。为了保证姜收获后根茎上能沾带泥土，利于贮藏，可在收获前 2~3d 浇最后一水。

（七）追肥培土 姜发芽期生长量极小，主要以种姜贮藏的养分供应其生长，从土壤中吸收的养分极少，何况基肥充足，因而不需追肥。

幼苗期其生长速度慢，吸肥量虽不多，但幼苗期较长，为了提苗壮棵，应在苗高 30cm 左右，发生 1~2 个分枝时轻追一次化肥，一般以氮素肥料为主，施尿素或磷酸二铵 300kg/hm² 左右即可。

立秋前后，姜进入旺盛生长期，需肥量大，应重施肥料。追肥时可在撤除荫障后于姜沟一侧距植株基部 15cm 左右处开深沟，将肥料施入沟中，一般应施饼肥 1 125kg/hm²、三元复合肥 1 125kg/hm²，或尿素 375kg/hm²、磷酸二铵 375kg/hm²、硫酸钾 450kg/hm²。追肥后覆土封沟培垄，而后灌透水。这样，原来姜株生长的沟即变为了垄。

9 月上中旬后，植株地上部生长基本稳定，主要是地下根茎的膨大。为保证根茎膨大的养分供应，可在此期追部分速效化肥，尤其是土壤肥力低、保水保肥力差的土壤，一般可施尿素 150kg/hm²、硫酸钾 450~600kg/hm² 或复合肥 450kg/hm²。

根茎的生长要求黑暗湿润的环境，因此应随姜的生长陆续进行培土。撤荫障前可随中耕向姜沟中壅土，第 1 次培土是在撤荫障重追肥后进行，把原来垄上的土培到植株基部，变沟为垄，以后可结合浇水施肥，视情况再进行 1~2 次培土，逐渐把垄加高加宽。培土厚度以不使根茎露土为度，若培土过浅，则产量降低；但培土过深，也不利于姜的生长。

（八）种性退化与防止

1. 种性退化 由于姜长期采用无性繁殖以及受病毒侵染，故有生活力下降、种性退化等现象出现，主要表现在叶片出现系统花叶、褪绿、皱缩等。据对大田采集的姜叶检测表明：姜叶片平均带毒率为 24.1%~36.2%，最高达 42.5%。由于病毒长期在体内积累，从而使姜的优良性状退化，生长势减弱，抗逆性降低，并导致大幅度减产和品质的下降。据估计，每年因病毒病为害，造成姜的减产一般在 5%~45%。

2. 防止种性退化的措施

（1）茎尖培养脱毒 将选好的姜块放在温度调至 36~38℃ 的光照培养箱内培养，以钝化病毒。当芽长到 1~2cm 时，在超净工作台上用 0.1% $HgCl_2$ 灭菌 7min 后用无菌水冲洗 3~5 次，然后将灭菌的芽段在解剖镜下剥离茎尖至 1~2 个叶原基时，迅速切取 0.1~0.3mm 茎尖接种到预先配制好的培养基（MS）上。在离体茎尖萌芽长到高 5~6cm、并具有 4~5 片叶时，即可进行转接或经炼苗后移栽至大田。

（2）建立脱毒原种、生产种两级专用繁种基地 一级（原种）繁育基地由具有脱毒设备和技术的研究单位承担，二级（生产种）繁育基地由县级农业技术推广部门承担。繁育基地应选择气候凉爽的地区，并按要求设置隔离带，及时用药灭蚜，以避免病毒的复染。

经脱毒后姜的株高、茎粗、分枝数均显著增加，繁殖系数提高，抗姜瘟病能力增强，产量较普通姜增产 20%以上。

五、病虫害防治

（一）主要病害防治

1. 姜腐烂病 病原：*Pseudomonas solanacearum*，又称姜瘟或青枯病，是姜生产中最常见的细菌病害，且具毁灭性。根茎上病斑初呈水渍状，黄褐色，后逐渐软化腐败，仅留表皮。挤压病部可渗出污白色有恶臭味的菌脓。根部也可受害。病叶萎蔫卷缩，下垂，由黄变褐，最后全株枯死。带菌种姜是主要初侵染源。病姜栽植后，最初在田间零星发病，通过风、雨水、灌溉水、地下害虫和接触传播。一般 8~9 月为发病盛期，10 月停止发展。高温闷热、多降雨天气该病蔓延迅速。土壤黏重、缺肥、易积水和连作发病均重。防治方法：①实行轮作换茬，老姜田间隔 4 年以上才可种姜。②从无病姜田、窖内严格选种。③姜田应选地势较高、能灌能排的壤土地。④使用腐熟有机肥。⑤及时拔除中心病株，在病穴内撒施石灰。病窝灌药可用 5%硫酸铜、5%漂白粉溶液，或 72%农用硫酸链霉素可溶性粉剂 3 000~4 00 倍液等，每穴 0.5~1.0L。喷雾可用 47%春•王铜（加瑞农）可湿性粉剂 500 倍液，或 30%氧氯化铜悬浮剂 800 倍液，或 1：1：200 倍波尔多液等，每 667m² 喷淋 75~100L，隔 10~15d 喷 1 次，共喷 2~3 次。

2. 姜斑点病 病原：*Phyllosticta zingiberi*。姜的重要病害。主要为害叶片，出现黄白色叶斑，梭形或长圆形，病斑中部变薄，易破裂或穿孔，严重时病斑星星点点密布全叶致叶片黄化坏死，故又名白星病。病部可见针尖状分生孢子器。病菌主要以菌丝体和分生孢子器随病残体散落土中越冬，以分生孢子作为初侵染和再侵染源，借雨水溅射传播蔓延。温暖、高湿，株间郁闭，植株生长衰弱或重茬、连作，均有利于该病发生。防治方法：①实行 2~3 年以上的轮作。②选择排、灌通畅的地块种植。③清洁田园，施足基肥和氮、磷、钾配比施肥。④发病初期向叶面喷施 70%甲基硫菌灵加 75%百菌清可湿性粉剂 600 倍液，或 50%异菌脲（扑海因）可湿性粉剂 1 000 倍液等，隔 7~10d 喷 1 次，连续 2~3 次。

3. 姜炭疽病 病原：*Colletotrichum capsici* 和 *C. gloeosporioides*。为害叶片，多先自叶尖及叶缘显现病斑，初为水渍状褐色小斑，后向内扩展成椭圆形或梭形至不规则状褐斑，斑面云纹明显或不明显。数个病斑连成大片病块，叶片变褐干枯。潮湿时病斑后期产生黑色小粒点，即病菌分生孢子盘。病菌以菌丝体和分生孢子盘在病部或随病残体散落土中越冬。分生孢子借雨水溅射或小昆虫活动传播。在南方，病菌在田间寄主作物上辗转传播为害，无明显越冬期。连作重茬，植株生长过旺，田间湿度大，偏施氮肥，均有利于该病发生。防治方法：①农业防治措施参见姜斑点病。②发病初期及时喷洒 25%溴菌腈（炭特灵）可湿性粉剂 500 倍液，或 70%甲基硫菌灵可湿性粉剂 1 000 倍液加 75%百菌清可湿性粉剂 1 000 倍液，或 40%多硫悬浮剂 500 倍液，或 50%苯菌灵可湿性粉剂 1 000 倍液，或 50%复方硫菌灵可湿性粉剂 1 000 倍液等，10~15d 喷 1 次，连续 2~3d。

（二）主要害虫防治

1. 亚洲玉米螟（*Ostrinia furnacalis*） 又称姜螟，因一些农区玉米面积减少而大力发展覆地膜栽培姜而成为主要害虫。老熟幼虫在玉米等寄主秸秆、根茬等处越冬，一般在 6 月上、中旬成虫盛发，与姜营养生长盛期吻合。成虫夜出在叶片背面产卵，成块状。幼虫具趋嫩性和趋湿性。成龄时潜入心叶咬食成花叶状。4 龄时蛀食茎引起植株枯心死亡。一代螟虫可造成成片姜田枯黄，二、三代螟虫转入夏、秋玉米和棉田，姜田发生较轻。防治方法：①用遮阳网等取代玉米秆作荫障，注意清洁田

园，以减少虫源。②在当地主害世代幼虫蛀茎前喷洒 Bt、多杀菌素及菊马合剂等，参见第十二章白菜小菜蛾防治。

2. 异型眼蕈蚊（*Phyxia scabiei*） 俗称姜蛆。雌、雄异型，雌成虫无翅。是姜贮藏期的主要害虫，也为害田间种姜，对姜的产量和品质有一定影响。此虫存活温度 4～35℃，在姜窖中可周年发生，20℃时 1 个月发生 1 代。幼虫具趋湿性和隐蔽性，孵化后即蛀入姜皮下取食。幼虫性活泼，织拉线网。姜受害处仅剩表皮、粗纤维及粒状虫粪，同时还可引起姜的腐烂。在清明前后气温回升时，为害加剧。田间调查结果，种姜被害率可达 20%～25%，未发现鲜姜受害。防治方法：①入窖前彻底清扫姜窖，用 80%敌敌畏 1 000 倍液喷窖，或在姜堆内放入盛有敌敌畏原液的开口小瓶数个，或将敌敌畏原液加热，对姜窖进行熏蒸，均有良好防治效果。②田间防治，精选姜种，汰除被害种姜，或用 50%辛硫磷乳油 1 000 倍液浸泡种姜 5～10min。

3. 烟蓟马（*Thrips tabaci*） 又称葱蓟马、棉蓟马，北方地区发生为害严重。成虫能飞善跳，可借风传播，5～6 月从葱、蒜、杂草迁入姜田繁殖为害。成虫、若虫以锉吸式口器吸食叶片汁液，产生很多细小的灰白色斑点，严重时叶片枯黄、扭曲。7 月以后气温高，降雨也逐渐增多，其发生受到一定的抑制。防治方法：参见第十一章大葱害虫防治。

六、采 收

（一）收获

1. 收种姜 姜与其他作物不同，种姜发芽长成植株形成新姜后，其种姜内部组织完好，既不腐烂也不干缩。收获时种姜鲜重、干重约分别比种植时增加 6.7% 和 8.0%，因而有"姜够本"之说。

种姜可与鲜姜一并在生长结束时收获，也可在幼苗后期收获。收种姜的具体方法是：选晴天并在收种姜的前一天浇水，使土壤湿润，用窄形铲刀或箭头形竹片，自姜母所在位置的一侧插下，用手按住根部，将铲刀轻轻向上撬断种姜与新姜相连处，随即取出种姜。亦可将种姜表土扒开取出种姜，并及时封沟。

2. 收嫩姜 收嫩姜是在根茎旺盛生长期，趁姜块鲜嫩时提早收获，此时根茎含水量高，组织柔嫩，纤维少，辛辣味淡，适于腌渍、酱渍或加工糖姜片、醋酸盐水姜芽等多种食品。

3. 收鲜姜 一般在初霜到来之前，姜停止生长后及时收获。收鲜姜时，应在收获前 2～3d 浇一水，使土壤湿润、土质疏松。收获时可将姜整株拔出或刨出，并轻轻抖落根茎上的泥土，然后自地上茎基部将茎秆去掉，保留 2cm 左右的地上残茎，择去根，随即趁湿入窖，勿需晾晒。

（二）贮藏 姜的贮藏多采用井窖。姜入窖初期，呼吸作用旺盛，主要是由于根茎上残留的地上茎腐烂脱落，姜球顶端伤口愈合，这一过程大约需 30d。各姜球顶端伤口愈合后，球顶变得圆而光滑，称为"圆头"，经圆头后的姜，外围已形成木栓保护层，组织紧密，便于贮藏。

姜贮藏期间，窖内的温度以保持 11～13℃为好，若超过 15℃，姜易发芽，若低于 10℃，则易受冷害而不能长期贮藏。在温度适宜、空气相对湿度保持 90%以上的条件下，姜可在井窖内贮藏 3～5 年，品质不会变坏。

姜的贮藏尤其是南方各地，还有许多贮藏方法，如地窖贮姜、坑道贮姜、铜陵姜阁贮姜等，方法各异，各有优缺点，因而采用什么方法贮藏姜应该因地制宜、灵活掌握。

七、留 种

为保证姜留种的质量，应做好以下几点：

（一）建立良种繁育制度　根据姜特点，宜建立繁殖用种及生产用种两级繁育制度，并分别采取不同的繁育措施，以保证原种及生产种有较高的质量。

建立姜二级种子田的具体做法是：第 1 年用原种的第 2 代或上年大田株选良种建一级种子田，从中再选优株供下年一级种子田用种，其余去杂去劣后，供下年作二级种子田用种，二级种子田再经片选作为大田用种。如此逐年进行，便能不断生产高质量的种姜。其程序如下：

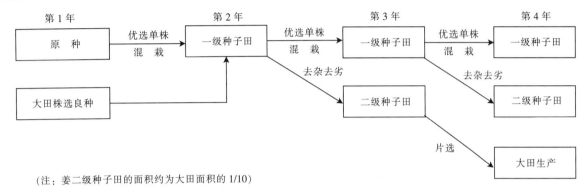

（注：姜二级种子田的面积约为大田面积的 1/10）

（二）原种生产　姜原种的纯度要求 99％以上，繁殖的二代原种，其纯度不低于 97％，其产量和品质应高于原生产用同一品种。原种由选育单位供给的原原种繁殖，所得到的原种第二、三代，再繁殖后供生产上使用。当其在生产上使用几年发生混杂退化后，则可采用母系提纯法生产原种，进行品种复壮。母系提纯法的主要程序是单株选择、分系比较、中选优系混合繁殖、生产原种。

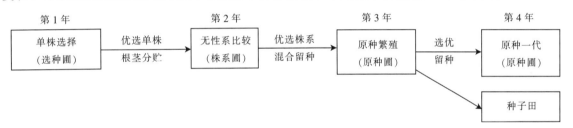

应选择色泽鲜黄、有光泽、组织细密、无病无伤、无霉烂、无潮解发汗的姜块 200 块以上作为种姜，进入选种圃单行种植。除按品种的标准性状进行选择外，主要注意抗姜瘟病及耐贮性的选择。

（三）原种繁育技术

1. 地块选择　姜易感姜瘟病，忌连作。据成都市蔬菜研究所研究，无病姜种在病区连作，发病率可达 15.7％～19.5％，严重时无收。在病区隔年轮作发病率达 13％～20％，在病区水旱轮作，发病率 4.5％～5％，由此可见，实行轮作是防病的有效措施。原种繁殖田应选排灌方便，富含有机质的微酸性壤土。姜喜阴湿，如与其他作物间作套种，有利于减轻病害、获得高产。

2. 种姜消毒　选晴天从姜窖取出种姜，晒 2～3d，以促进姜种发芽，并清除在窖中变质的姜块，然后选取优良种姜进行消毒处理。消毒药剂可选用 40％甲醛液或 0.5％高锰酸钾液浸种 30min，亦可用 20％草木灰液处理 10～20min。据重庆市农业科学研究所连续两年试验，用甲醛消毒可降低发病率 17.3％～40.4％，是防治姜瘟病的一项有效措施。

以后的催芽、播种、田间管理等措施，同一般大田生产。

（徐　坤）

第三节　芋

芋是天南星科（Araceae）芋属中能形成地下球茎的栽培种，多年生湿生草本植物，在温带和亚

热带常作一年生栽培，冬季地上部枯死，以球茎或根状茎在地下越冬。学名：*Colocasia esculenta* (L.) Schott，别名：芋头、芋艿、毛芋。古称"蹲鸱"、"莒"、"土芝"等，主要以球茎供食用。原产中国、印度、马来半岛等热带沼泽地区，世界上广为栽培，但以中国、日本及太平洋诸岛栽培最盛。据报道，在世界范围内，芋的消费量在蔬菜中居第 14 位。中国最早在《管子》（公元前 5 世纪至前 3 世纪）中就有关于芋的记载。西汉·司马迁《史记》（公元前 1 世纪前期）曾记载："岷山之下，野有蹲鸱，至死不饥，注云芋也。盖芋魁之状若鸱之蹲坐故也。"西汉《氾胜之书》（约公元前 1 世纪后期）更详细记载了种芋法。《群芳谱》（17 世纪）中对芋的栽培技术和品种有较详细的记载，其中也包括水芋。由于芋喜高温湿润，中国以珠江流域及台湾栽培最多，长江流域及淮河流域次之，华北地区栽培面积不大。

芋的产量高。其球茎营养丰富，含有较多的淀粉、氨基酸以及脂类物质、矿物质和微量元素等，可用蒸、煮、烤、煎、炸等方法烹调各种菜肴，也可加工制成甜点、冷饮、冷食、芋粥、芋糕、芋泥等食品。芋还可作主食，中国自古视芋为重要的补助性粮食或救荒作物，台湾省雅美族至今仍以芋作主食。应该注意的是芋球茎中含有较多草酸钙，涩味极重，不堪生食，只有在煮熟后草酸钙被高温破坏而不再具刺激性时才可食用。此外，芋的花和叶柄也可供食，昆明居民常以芋花作菜。另有一种叶用芋，专以叶柄供菜用。一般芋的肥大叶柄及叶片还是良好的牲畜饲料。近年来，芋的保护地栽培技术发展迅速，加之芋较耐贮藏，可从 6 月起一直供应到翌年 4～5 月。因此，芋在蔬菜周年生产均衡供应中有着重要的作用。

一、生物学特性

（一）植物学特征

1. 根　根为白色肉质纤维根，须根系，较发达，但根毛少，吸收力较弱，再生能力也较差，且不耐干旱，这是其长期适应水生环境所形成的一种特殊性状。种芋催芽时，根着生在种芋顶端，即顶芽的基部。顶芽将来发育成母芋，故母芋上的根主要分布在中下部，中上部很少生根。子芋在生长过程中，顶芽易萌发，顶芽基部生根，故子芋上的根多分布在中上部。孙芋上很少长根。

2. 茎　分为球茎和根状茎两种，皆为地下变态茎。春季球茎顶芽萌发生长后，在其上端形成短缩茎，短缩茎在生长过程中逐渐膨大，形成新的球茎。球茎均在地下膨大，有圆、椭圆、卵圆、长卵圆、圆筒形等。球茎上具显著的叶痕环，节上有棕色的鳞片毛，为叶鞘残迹。主球茎通称母芋。在正常情况下，母芋每节上的腋芽只有一个可能发育形成小球茎，通称子芋，以次类推可形成孙芋、曾孙芋、玄孙芋等。有的品种的腋芽也可发育成根状茎，在根状茎的顶端才膨大形成小球茎。周素平等（1999）研究，魁芋每一叶节上腋芽数目为 1 个；多子芋为 3 个或 3 个以上，其中 1 个体积较大。球茎和根状茎皆可作繁殖器官。球茎主要由基本组织的薄壁细胞组成，包括皮层及髓部，其中有分散着生的维管束。导管很大，与叶片导管相通，直抵气孔、水孔附近，这是芋长期适应沼泽环境的结果。

3. 叶　互生于茎基部，2/5 叶序。叶片阔，长 25～90cm，宽 20～60cm，多为盾形，也有卵形或略呈箭头形，先端短尖或渐尖，叶表面有密集的乳突，用以保蓄空气，形成气垫，使水滴形成圆珠，不会沾湿叶面。叶绿色。叶柄长 40～200cm，直立或披展，下部膨大成鞘，抱茎，中部有槽；叶柄呈绿、乌绿、紫红或紫黑等不同颜色，常作品种命名依据之一，并可根据叶柄颜色判断球茎芽的颜色以及其他相关特征特性。叶柄和叶片中有明显的气腔，木质部很不发达，叶片大而脆弱，叶柄长而中空，因此容易遭受风害。

4. 花　佛焰花序，单生，短于叶柄，花柄颜色与叶柄基本相同，管部长卵形，檐部披针形或椭圆形，展开成舟状，边缘内卷，淡黄色至绿白色。肉穗花序长约 10cm，短于佛焰苞，自上而下分别为附属器、雄花序、中性花序和雌花序，其中附属器长度（A）与雄花序长度（M）的比值（A/M）被一些中国和日本学者作为研究芋起源和分类的一个重要性状指标。芋在自然条件下很少开花，极少数芋品种，尤其是叶柄为绿色的多子芋，在个别年份能开花，花期一般在8～9月，华南地区也有在2～4月即开始开花的。陆绍春等（1988）研究表明：采用赤霉素浸泡种芋，并结合短日照（8～10 h），植株开花率可达40%。芋开花后结实率很低，辛红婵等（1989）研究认为：这主要是因为同一花序中胚珠的发育有较大差异，未成熟的胚珠及无极性化的胚珠不能产生正常发育的雌配子，因此不能进行正常的受粉受精作用。这给芋的杂交育种带来一定的困难。

5. 果 浆果，种子近卵圆形，紫色，有繁殖能力。

芋植株全形图见图 10-9。

（二）对环境条件的要求

1. 温度 球茎在 13～15℃温度下开始发芽，适温为

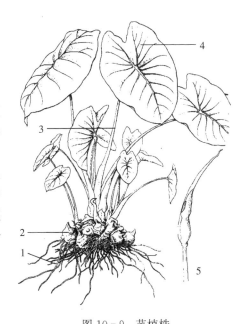

图 10-9 芋植株

1. 根 2. 球茎 3. 叶柄 4. 叶片 5. 花序

20℃左右。生长期间要求 20℃以上的温度，适温为 25～30℃，超过 35℃不利于生长。球茎发育温度则以 27～30℃为宜，降至 10℃时，发育基本停止。冬季球茎贮藏期间，只要温度不低于 6℃，就不会出现冻害和冷害。不同类型的芋对温度的要求以及对环境的适应有所不同，多子芋能适应较低的温度，而魁芋对高温要求严格，并要有较长的生长季节，球茎才能充分成长。所以，大魁芋多出产于高温多湿的珠江流域，而长江、黄河流域则适宜栽培多子芋和多头芋等。

2. 光照 芋较耐阴，甚至在较长时间荫蔽的散射光下，也能生长良好。这一特点说明芋是一种良好的间作套作作物。但强烈日照加之干旱、高温常致叶片迅速枯焦，若土壤水分充足则可减轻其危害。长日照有利于芋地上部分生长，短日照则有利于球茎形成。李曙轩（1962）研究认为：不同光周期对母芋的影响较小，对子芋的影响较大，但都可形成球茎。

3. 水分 芋的叶面积大，叶、叶柄及根的结构均显示为水生植物特征，故其需水量大。除水芋应栽于水田外，旱芋也应选潮湿地栽培。生长期间，特别是生长旺盛时期，不可缺水。干旱加之低温易使其生长不良，叶片不能充分成长，并导致严重减产。因此，土壤要经常保持湿润。进入秋季，土壤湿度不宜过大，土壤相对湿度一般以保持 60%左右为宜，既有利于球茎膨大，也有利于种芋贮藏。

4. 土壤 宜选肥沃、保水力强的壤土，并要求土壤有机质含量达 1.5%以上。在芋的整个生长过程中，其吸收氮、磷、钾的比例约为 $N:P_2O_5:K_2O=1.2:1:2$，增施氮、磷、钾肥均有增产效果，尤以氮肥效应最大，而钾肥的供应水平则是高产田产量的限制因素。

（三）生长发育特性 芋以球茎作繁殖材料，称为种芋。在适宜温度和湿度条件下，种芋萌发至第一片叶展开约需 1 个月。

种芋发芽后，形成新株。新株茎基部的短缩茎随着植株生长逐渐膨大而形成球茎，称之为母芋。种芋因营养物质逐渐消耗而干缩，甚至腐烂。母芋下部几节上的叶多退化成鳞片毛，以后球茎每伸长一节，长出新叶一片，从前一片叶的槽中穿出。初期出叶较慢，5月中旬至 7月中下旬是叶片生长最快的时期，7月中下旬株高和叶面积达最大值，以后逐渐降低。芋在整个生长过程中一般可形成 20片左右的叶，但进行光合作用的功能叶只保持 4～6 片。

母芋每节均有一个较大的腋芽，但只有母芋中下部节位的健壮腋芽才形成球茎，称为子芋。子芋

同母芋一样，顶芽出叶，茎节上发根。当生长到一定程度后，子芋中下部节腋芽又可形成小球茎，称为孙芋。若条件适合，按此习性能再形成曾孙芋、玄孙芋……。多子芋可形成多级芋，单株芋可形成子芋10~12个，孙芋10~13个，曾孙芋等较少；而魁芋一般只形成母芋、子芋，较少形成孙芋，即便形成，长的也很小。

球茎的形成和膨大依赖于贮藏物质的积累，而贮藏物质的制造又依赖于光合作用。要获得芋的高产，其植株必须在生长盛期具备较大的叶面积。据宫崎义光（1960）试验，芋植株7~8叶位到10~12叶位的叶同化量最大，12~14片以上的叶同化量显著下降。因此，延缓第7~14叶的衰老速度对提高产量具有重要意义。

长江以南地区一般7~9月为球茎形成盛期，此期子芋膨大且不断繁生孙芋及曾孙芋等。10月以后叶的生长减缓，养分向球茎转运，球茎的淀粉含量增多。郑世发等（1985）研究认为：7月上中旬以前，球茎的生长量占整个球茎生长量的8％左右，7月中旬以后，球茎的生长量占整个球茎生长量的90％左右。故生长后期应避免叶部生长过旺和继续发生新叶，否则不利于养分的转运积累，会导致产量和品质的降低。

母芋、子芋、孙芋的发育及所占比重依芋的类型及品种的不同而不同，其品质也有很大差别。如魁芋中的槟榔芋以母芋品质最佳，子芋次之，孙芋较黏滑。主要是因为母芋及子芋发育较早，成熟较充分，糖类多转化为淀粉，淀粉含量高，而孙芋则含糖较多。相反，多子芋则以子芋的品质优于母芋。

二、类型及品种

（一）植物学分类　据《中国植物志》（1979）载，天南星科芋属（*Colocasia*）植物共有13种，中国有8种，即假芋、芋、野芋、紫芋、红头芋、大野芋、台芋、红芋。张东晓等（1998）研究花序附属器长度（A）与雄花序长度（M）的比值（A/M）表明：中国栽培芋（*Colocasia esculenta* Schott）可能起源于紫芋（*C. tonoimo* Nakai）。陈文炳等（1997）通过对中国芋酯酶同工酶的研究认为：栽培芋可能是由野生芋进化而来，也有可能是栽培芋和野生芋由不同的来源繁衍而来。沈镝（2000）通过对云南部分芋资源的遗传多样性分析认为：多数野生芋种与栽培种关系较远，野生芋种之间的关系也较远，这可能是因为不同的栽培种由不同的野生种演化而来，或者不同的野生种处于不同的进化阶段，也可能是由于有的品种只是在较短的时间内被弃之不用，并没有产生更大的变异等。岗田和 Hambali（1989）曾通过人工杂交获得芋（*C. esculenta*）与大野芋（*C. gigantea*）的种间杂种。Matthews（1990）通过对芋属中的芋、大野芋与海芋属的 *Alocasia macrorrhiza* 的 DNA 分析，认为芋属与海芋属有较近的系统发育关系。吉野（1998）通过人工杂交获得芋与海芋属的 *A. brisbanensis* 的属间杂种。从以上研究可以看出：芋种在芋属与近缘属植物中的系统发育地位和关系尚不很明确，还有待进行系统全面的研究。

（二）园艺学分类　张谷曼等（1984）研究了中国90个主要芋品种的染色体的数目、芋的倍性与生长习性及地理分布的关系认为，芋可分为4类：魁芋类（2n＝2x＝28）、魁子兼用芋类（2n＝3x＝42）、多子芋类（2n＝3x＝42）及多头芋类 [2n＝2x（3x）＝28（42）]。中国南部各省为二倍体和三倍体的分布区，而华中与华北地区则为三倍体分布区，多倍化似乎促使了芋向中国长江流域及华北推进。同时，多倍化也似乎促使了芋由低海拔向高海拔地区的推进。大塚健一朗（1995）曾从两个二倍体芋（*Colocasia esculenta* Schott）杂交获得三倍体，并解释说三倍体芋可由未减数配子与一正常减数的配子受精而产生，从而为三倍体的形成机制提供了证据。

中国芋的栽培历史悠久，生态条件多种多样，形成了特别丰富的类型及品种。参考张志（1982）提出的园艺分类法，结合黄新芳等（2002）关于多子芋叶柄色、芽色多样性观察研究，将中国芋的变

种、类型及主要品种作如下分类:

1. 叶柄用变种（var. *petiolatus* Chang）　以无涩味的叶柄为产品，球茎不发达或品质低劣不能供食，一般植株较小。

　2. 水芋类型　如广东省红柄水芋、云南省元江弯根芋等。

　2. 旱芋类型　如江浙香柄芋、四川省武隆叶菜芋。

1. 球茎用变种（var. *cormosus* Chang）　以肥大的球茎为产品，叶柄粗糙，涩味重，一般不作食用。依母芋及子芋的发达程度及子芋着生的习性分以下类型。

　2. 魁芋类型　植株高大，以食母芋为主，子芋较少较小，有的仅供繁殖用。母芋重可达 1.5～2.0kg，占球茎总重量的一半以上，品质优于子芋。淀粉含量高，肉质细软，香味浓，品质好。

　　3. 根状茎魁芋副型　母芋大，品质好，从母芋上中部节上长出长 10～30cm 的根状茎，茎顶端 3～4 节稍缩短并膨大形成子芋。子芋仅作繁殖器官，不堪食用。如四川省宜宾的串根芋（又称人头芋或品芋）。

　　3. 长魁芋副型　母芋长圆筒形，子芋具明显的长柄或短柄，子芋能供食用。

　　　4. 笋芋品种群　子芋具长柄，如福建笋芋。

　　　4. 竹筒品种群　子芋具短柄，如福建竹芋、台湾竹节芋。

　　3. 粗魁芋副型　母芋椭圆形接近圆形，子芋无明显的柄。

　　　4. 面芋品种群　母芋球茎维管束不具花青素，如福建白芋、白面芋、宁德芋、酒樽芋，台湾面芋、红芋、糯米芋，浙江奉化火芋等。

　　　4. 槟榔芋品种群　叶脐紫红色，球茎维管束具花青素，如福建粗花槟榔芋、细花槟榔芋、福鼎槟榔芋，台湾槟榔芋、红槟榔心，广西荔浦芋等。

　2. 多子芋类型　母芋大于子芋，子芋大而多，无柄，易分离，品质优于母芋，质地一般为黏质，母芋重量小于子芋总重。

　　3. 水芋副型　生长于浅水田，与旱芋相比，一般母芋更发达，子芋数较少，但较大。

　　　4. 绿柄品种群　叶柄及芽无花青素，芽白色，如重庆绿秆芋、湖北省宜昌白荷芋等。

　　　4. 乌绿柄品种群　叶柄及芽具花青素，叶柄乌绿色，芽淡红色或红色，如金沙芋、南平红芽芋等。

　　　4. 红紫柄品种群　叶柄具花青素，叶柄红紫色或紫黑色，芽白色，如福建省福清水芋，湖南长沙姜荷芋、鸡婆芋，四川省沪乐乌秆枪，湖北省汉阳红禾，安徽省绩溪水芋等。

　　3. 旱芋副型　生长于低湿地或旱田。

　　　4. 绿柄品种群　叶柄及芽无花青素，芽白色，如福建青梗无娘芋、菜芋，台湾早生白芋，广东广州白芽芋，浙江省余姚黄粉芋、杭州白梗芋，上海白梗芋，山东莱阳毛芋，湖北江汉芋、法泗白禾等。

　　　4. 乌绿柄品种群　叶柄及芽有花青素，叶柄乌绿色，芽淡红色或红色，如江西铅山紫溪红芽芋、东乡棕包芋，福建省六月红芋头等。

　　　4. 红紫柄品种群　叶柄具花青素，叶柄红紫色或紫黑色，芽白色，如台湾乌播芋、花腰芋、大芀，余姚乌脚芋，上海红梗芋，广东省韶关马坝芋、乌荷芋，成都乌脚香等。

　　3. 水旱芋副型　生长于浅水田及低湿地。

　　　4. 绿柄品种群　叶柄及芽无花青素，芽白色，如长沙白荷芋等。

　　　4. 乌绿柄品种群　叶柄及芽有花青素，叶柄乌绿色，芽淡红色或红色，如红眼芋、宁波光芋等。

　　　4. 红紫柄品种群　叶柄具花青素，叶柄红紫色或紫黑色，芽白色，如长沙乌荷芋，重庆红秆芋、武芋 2 号，沙市糯芋等。

　2. 多头芋类型　球茎分蘖丛生，母芋与子芋及孙芋无明显差别，互相密接重叠成整块，球茎质地介于粉质与黏质之间。一般为旱芋。

　　3. 绿柄品种群　叶柄及芽无花青素，芽白色，如福建九掌芋、漳州狗蹄芋，浙江省金华切芋，江西省新余狗头芋，广东、广西狗爪芋等。

　　3. 乌绿柄品种群　叶柄及芽有花青素，叶柄乌绿色，芽淡红色或红色，如福建玖琮芋、四川省都江堰红芽芋等。

　　3. 红紫柄品种群　叶柄具花青素，叶柄红紫色或紫黑色，芽白色，如福建长脚九头芋、圆粒九头芋，广东紫芋，广西狗爪芋，四川莲花芋等。

芋球茎不同类型示例见图 10 - 10。

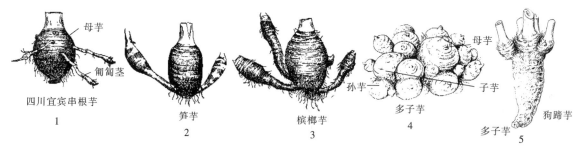

图 10 - 10　芋球茎类型示例
(1～3. 刘佩英、张志，1982；4、5. 柯卫东、黄新芳，2001)

黄新芳等（2001）利用保存在国家种质武汉水生蔬菜资源圃中的 206 份多子芋种质资源，研究了不同类型多子芋的叶柄色与芽色的对应关系及芋形，结果见表 10 - 4。

表 10 - 4　不同类型多子芋的叶柄色与芽色的对应关系及芋形比较

(黄新芳等，2001)

类　型	芽　色	分蘖数（个/株）	母芋芋形指数	子芋芋形指数	孙芋芋形指数	子芋表皮棕毛
绿柄品种群	白　色	3.97	0.962 0	1.429 3	1.458 7	较多
红紫柄品种群	白　色	3.27	0.996 4	1.410 1	1.251 4	较少
乌绿柄品种群	红色或淡红色	4.27	1.153 6	1.754 1	1.414 8	较多

（三）品种

1. 荔浦芋　产于广西壮族自治区荔浦，栽培历史悠久，属魁芋类槟榔芋品种群。株高 130～170cm。叶柄上部近叶片处紫红色，下部绿色，叶片盾形，长 50～60cm，宽 40～55cm。母芋长筒形，重 1.0～1.5kg，大者可达 2.5kg 以上。子芋和孙芋长棒槌形，头大尾小，尾部稍弯，芋芽淡红色，芋肉白色，有紫红色花纹。以食母芋为主，肉质细致松粉，富芳香味。

2. 福鼎芋　产于福建省福鼎，属魁芋类槟榔芋品种群。株高 170～200cm。最大叶片长 110cm，宽 90cm。母芋圆筒形，单个母芋重 3～4kg，大者可达 7kg 以上。芋芽淡红色，芋肉白色，有紫红色花纹。以食母芋为主，肉质细致松粉。早栽，生长期 240d，产量 27 000kg/hm²，高产者可达 36 000kg/hm²。主要分布于福建省东北、福州及浙江省温州一带，广东省潮汕地区也有一定的种植面积。

3. 南平金沙芋　产于福建省南平，属多子芋水芋副型乌绿柄品种群。株高约 120cm。叶柄乌绿色，芽淡红色，芋肉白色，分蘖性强。母芋圆柱形，重约 500g。单株有子芋 5～8 个，近圆柱形，平均单个重 83g；单株有孙芋 8～12 个，孙芋细长，平均单个重 28g。晚熟。

4. 莱阳毛芋　产于山东省莱阳，栽培历史悠久。有 3 个品种，即莱阳孤芋、莱阳分芋、莱阳花芋，属多子芋旱芋副型绿柄品种群。叶柄、叶片皆绿色，芋芽和芋肉白色，孤芋长势较强。三者地下部分主要性状差异较明显。孤芋子芋呈椭圆形，个大，平均单株子芋数 14.8 个，平均单个重 51g。分芋子芋多呈长筒形，个较小，平均单株子芋数 18.8 个，平均单个重 36.4g，另有孙芋、曾孙芋甚至玄孙芋。花芋子芋卵圆形，球茎节与节之间有一条淡色的环，似花纹，平均单株子芋数 16.4 个，平均单个重 35.4g。

5. 江西东乡棕包芋　产于江西省临川、东乡等地，属多子芋旱芋副型乌绿柄品种群。株高 160cm。叶片长 62cm，宽 40cm，叶柄乌绿色。芋芽淡红色，芋肉白色。母芋近圆形，重 350g。单株有子芋 7～10 个，长卵圆形，单个重 50～75g。质地柔软，略具香味。晚熟。

6. 武芋 2 号　武汉市蔬菜科学研究所选育而成，属多子芋类水旱芋副型红紫柄品种群。株高 100～130cm。叶片长 55cm，宽 44cm，叶柄紫黑色，叶片绿色。子、孙芋卵圆形，整齐，棕毛少。平均单株子芋数 12 个，平均单个重 72g；平均单株孙芋数 16 个，平均单个重 38g。芋芽、芋肉白色，肉质粉，风味佳。早熟。

三、栽培季节和方式

（一）栽培季节　芋的生长期较长，应适当早播，以延长生长期。由于芋不耐霜冻，故播种期应以出苗后不受霜冻为前提。露地栽培的播期因各地气候条件不同而异，长江流域 3 月下旬至 4 月上旬，华南地区从 12 月至翌年 2 月，华北地区 4 月中下旬均可播种。各地最晚的播种期一般以不迟于适播期 1 个月为好。

（二）栽培方式　芋较耐阴，可适当密植。芋的栽植方式有两种：一种是传统的等行距单行起垄栽培，一种是新型的宽、窄行双行起垄（平垄）栽培。等行距单行起垄栽培的密度为：多子芋和多头芋的行距为 70～80cm，株距为 30～40cm，普通露地栽培以栽植 45 000 株/hm² 左右为宜，若采用保护地早熟栽培，则可栽植 60 000 株/hm² 左右。魁芋的行距为 100～110cm，株距为 50～60cm，每公顷栽植 10 500～12 000 株。华中地区及土壤肥力和管理水平不高的地方可适当密植，栽培密度宜提高到 24 000 株/hm² 左右。宽窄行双行起垄（平垄、高畦）栽培的密度为：多子芋和多头芋的大行距为 70～80cm，小行距 25cm，株距 30～40cm，栽培密度为 52 500～67 500 株/hm²。魁芋双行栽植的高畦宽为 160～180cm，沟宽 60～80cm，畦内株、行距为 70cm×80cm，栽培密度为 12 000 株/hm² 左右。

四、栽培技术

（一）土壤的选择　芋对土壤的适应性比较强，一般土壤都可种植。但为了高产优质，仍宜选用肥沃、保水力强、排灌良好的壤土地块。水芋适合水中生长，一般在水田、低洼地或水沟中栽培。

芋连作时生长不良，产量降低，连作一年就会减产 20%～30%，且腐烂较严重，故应实行 2～3 年以上的轮作。

芋的根系分布较深，主要分布在 0～40cm 的土层内，故芋要求土壤深厚、松软，特别是魁芋要求深耕 30cm 以上，并进行高畦栽培。多子芋、多头芋的土壤耕作层则以 26～30cm 为宜。耕翻宜在冬前进行，以便晒垡，加速土壤熟化，使土壤疏松透气，并减少第二年病虫害的发生。在无条件进行秋冬耕翻的地区，也应于早春平均气温未超过 5℃时进行，可避免大量跑墒，并使土壤有较长时间的熟化过程。此后，约于定植前 1 周再耕耘一次，并按行距起垄、作畦，开好定植沟。

芋生长期长，施肥应以基肥为主，基肥则以有机肥为主，适当配施磷钾肥。有机肥可用腐熟的堆肥、厩肥、饼肥、禽肥、草木灰、垃圾等，施肥量 30 000～37 500kg/hm²，另施过磷酸钙 450～600kg/hm²、硫酸钾 300～450kg/hm² 等。肥料充足时，基肥可在耕翻时施入，耕平耙细，做到土肥相融，以防止因集中施肥和浅施引起烧苗现象，并使肥料能满足芋各个时期生长的需要，促使根系向纵深发展，扩大根系吸收水肥的范围。如果肥料不足，可采用穴施或沟施。为防止烧苗，穴施最好采用穴内环边施肥。

（二）种芋选择、播种及育苗定植

1. 种芋的选择　从无病地块健壮植株上选母芋中部的子芋作种芋。种芋应顶芽充实，球茎粗壮饱满，形状完整。农民认为"白头"、"露青"和"长柄球茎"均不宜作种芋。"白头"是指顶端无鳞

片毛的球茎，此种大多是孙芋，或是长在母芋上端、发生较迟的子芋；"露青"是指顶端已长出叶片的芋；"长柄球茎"一般是指着生于母芋基部的子芋。这些子芋或孙芋组织柔嫩，不充实，含营养物质少，若用作种芋，则秧苗不壮，并将影响产量。关于种芋的选择，黄新芳等（1999）研究认为：在实际生产中很难严格按子芋的着生部位来选择种芋，而多以子、孙芋的大小来选择。试验证明，种芋的大小不会显著地影响后代芋的产量。

母芋也可用作种芋。对芋而言，子芋实际上是母芋上的腋芽膨大而成，将子芋从母芋上掰下后，母芋上仍有 9～10 个未膨大或膨大不充分的腋芽，另外还有 1 个顶芽。黄新芳等（2001）详细地研究了多子芋母芋不同芽位切块作种对后代生长的影响。结果表明：母芋可切成 10 块左右的种芋块（每块含 1 个较大的腋芽），种芋块的发芽率在 72.2%～96.4%之间，产量在 15 300～19 440kg/hm² 之间，且各处理间的差异不显著。王树钿（1987）、尹辉梓等（1994）研究认为：母芋整块留种比母芋切块和子芋留种平均增产 20%～30%，这主要是因为一个种母芋上可形成 2～3 个新母芋，母芋上再形成子芋、孙芋等。因此，种植者可根据种母芋的数量来确定母芋是否切块。

芋的用种量较大，一般多子芋种芋用量为 1 500～3 750kg/hm²。多头芋因子芋、孙芋难分，可切分为若干块作种芋，用种量依品种、种芋大小、栽培密度等不同而异，一般为 750～3 000kg/hm²。魁芋一般以子芋作种芋较好。种芋用量约为 750kg/hm²。种芋在播种前一般要晾晒 2～3d，以促进发芽。

2. 育苗及播种 旱芋可直播，也可根据实际需要提前 20～30d 进行催芽或育苗移栽；水芋需育苗后移栽。采用加温苗床、保温苗床或向阳背风、且排水良好的露地盖以塑料薄膜，并保持 20～25℃的温度及适当的湿度，即可用来进行催芽或育苗。芋的根再生能力弱，苗床底土应压实，以限制根群深度，利于移栽时成活。然后在苗床铺土，厚度以能栽稳种芋为度。种芋播栽的密度以 10cm 左右见方为宜。播栽后再用堆肥或细土盖没种芋，随即喷水，保持床土湿润，盖上塑料薄膜即可。在气温较低的地区，可加盖小拱棚。晴好天气白天揭膜通风，夜间盖严。应随时注意苗床温度，谨防床内温度过高引起烧苗。当主芽长至 4cm 以上时及时栽植。水芋一般需待苗高 25cm 左右时定植，以免被水淹没。

芋宜深栽，以便于球茎生长，减少"青头郎"的形成。"青头郎"是指在地表面形成的、经风吹日晒，其表皮和肉质变绿的子芋或孙芋等。四川农谚"深栽芋，浅栽苕（甘薯）"。芋的栽植深度一般可达 17cm 左右。据王树钿等（1989）试验，覆土 10cm 深，即基本无"青头郎"出现。水芋在栽种前应施肥、耙田，并灌水 3～5cm 深，然后将育好的芋苗栽入泥中。

（三）田间管理

1. 追肥及灌水 芋生长期长，需肥量大，耐肥力强，除施足基肥外，必须多次追肥。一般苗期生长慢，需肥不多，种芋所含养分还可转化供幼苗需要，所以只需少量稀薄农家有机液肥促根生长即可。以后随着地上部生长逐渐旺盛，需结合培土追肥 3～4 次，浓度及用量逐次增加，生长后期应控制肥水，以免新叶旺长，成熟延后，球茎的产量及品质降低。张国培等（1990）和姚源喜等（1991）研究认为：追施氮肥应在植株吸氮盛期（出苗后 63～110d）前进行，一般在出苗后的 50～60d 追施。芋吸磷的盛期为出苗后的 60～105d，苗期磷素的相对积累强度高于氮、钾。苗期磷素充足可促进根系发育和壮苗，加之磷素在土壤中移动性小，故磷肥应早施，可与有机肥料混合作基肥一次施入。芋吸钾高峰期较晚，一般在出苗后的 61～80d，故钾的施用除少量作基肥外，大部分应作为追肥，可在出苗后的 50d 和 80d 左右分 2 次追施，以满足中期植株生长和后期球茎持续膨大及淀粉积累对钾的需求。

芋喜湿，忌干旱，一遇干旱即停止生长，地上部凋萎，甚至枯死。但过于潮湿或有积水时对旱芋根系生长不利。生长前期由于气温不高，生长量少，故浇水较少；在生长盛期及球茎膨大盛期则需充足水分，若气候干旱，尤需勤浇。一般都从畦沟引水灌溉，每次浇水以浇到距垄、畦面 7～10cm 为度，以经常保持土壤湿润，待沟中快干时再次浇水。浇水宜在早晚进行，高温季节切忌中午浇水，以免地温骤降，影响根系吸收，造成叶片枯萎。

　　水芋苗定植成活后，可将田水放干晒田，以提高土温，促进生长。以后施肥培土时，为了工作方便，可暂时将水放干，工作结束后经常保持 4～7cm 浅水层。7～8 月间为了降低土温，水深可加到 13～17cm，并经常换水。待处暑节天气转凉后淹浅水，9 月后排干田水，以便采收，并有利于芋的贮藏。

　　2. 培土及除侧芽　子芋及孙芋分别从母芋及子芋中下部着生并向上生长，若任其自然生长，则新芋顶芽易抽生叶片，或新芋露出土面，致使芋形变长，色变绿，品质降低。培土能抑制顶芽抽生，使芋充分肥大，并发生大量不定根，增进抗旱能力；此外，培土还可调节温湿度。一般第一次培土多在 6 月份于地上部迅速生长、母芋迅速膨大、子芋和孙芋开始形成时进行。农谚说："6 月不壅，等于不种"。此后每隔 20d 左右培土 1 次，约共培土 3 次。每次培土，可齐土面将侧芽铲除，然后培土掩埋。但多头芋丛生，侧芽发达，萌蘖植株能增加同化面积，提高产量，所以培土时不必铲除侧芽。据张炜（1991）介绍，山东等北方地区近些年多采用宽窄行平垄双行地膜覆盖栽培，既不培土，也不除侧芽，而是及时破膜放苗，保护侧芽生长。何启伟等（1997）介绍，上述地区也有人综合了传统和新法栽培技术，仍进行培土，但每株只选留生长健壮、叶片肥大的 2～3 个侧芽。

五、病虫害防治

（一）主要病害防治

　　1. 芋软腐病　病原：*Erwinia carotovora* subsp. *carotovara*。发生普遍，南方产区为害重。病原细菌主要在种芋以及其他寄主病残体内越冬，翌年从伤口侵入叶柄基部和球茎，高温时病害流行，病部迅速软化、腐败，全株枯萎以至倒伏，病部散发出臭味。防治方法：①选用耐病品种，如红芽芋；②实行 2～3 年的轮作；③施用充分腐熟的有机肥；④发现病株开始腐烂或水中出现发酵情况时，要及时排水晒田，然后喷洒 47％春·王铜（加瑞农）可湿性粉剂 500 倍液，或新植霉素 5 000 倍液，或 1∶1∶100 波尔多液等。隔 10d 左右喷一次，陆续防治 2～3 次。

　　2. 芋疫病　病原：*Phytophthora colocasiae*。各地芋区常发性病害。主要为害叶片，亦可侵染叶柄、球茎。叶片初生黄褐色斑点，后渐扩大融合成圆形或不规则轮纹斑。病斑边缘有暗绿色水渍状环带，湿度大时斑面产生白色粉状霉层。后期病斑多自中央腐败成裂孔，严重时全叶破裂，残留叶脉呈破伞状。叶柄上生黑褐色不规则斑，病斑可连片绕柄扩展，叶柄腐烂倒折，叶片枯萎。地下球茎受害组织变褐以至腐烂。带菌种芋为本病主要的初侵染源，其长出的幼苗成为中心病株；其次是田间病残体上越冬病菌。温暖、潮湿利于发病，南方夏、秋季高温、多雨发生较重。防治方法：①选用无病种芋或从无病或轻病地选留种芋；②实行 1～2 年轮作；③及时铲除田外零星芋株，清洁田园；④加强肥水管理，施足基肥，增施磷钾肥，避免偏施和过量施氮肥；⑤高畦深沟栽植，及时清沟排渍；⑥发病前或初期药剂防治，可参见本章马铃薯晚疫病。

　　3. 芋污斑病　病原：*Cladosporium colocasiae*。发生普遍，常引起叶片早枯而减产。发病先从老叶开始，叶面上病斑初呈淡黄色，圆形，边缘不明显，后变淡褐色或暗褐色；叶背病斑色浅，后似污渍状。潮湿时病斑生暗褐色霉层。病重时叶片病斑密布，变黄干枯。病菌随病残体在地表越冬，分生孢子通过气流或雨水溅射传播。高温、多湿的天气或田间郁闭高湿，偏施氮肥，均易诱发本病。防治方法：①清洁田园，避免在阴湿田块种芋；②合理密植，降低田间湿度，增加植株抗病力；③发病初期喷洒 78％波·锰锌（科博）或 70％甲基硫菌灵（甲托）可湿性粉剂各 600 倍液等。

（二）主要害虫防治

1. 斜纹夜蛾（*Prodoptera litura*）　是多食暴发性害虫，芋是其发生最早和最喜食的寄主作物，因此受害严重。不同品种中以香梗芋、槟榔芋的着卵量和密度最高，其次是红芽芋，绿秆芋较低，可为斜纹夜蛾的预测、预报和综合防治提供依据。其生活习性、防治方法，参见第十九章莲及第十二章白菜的有关部分。

2. 芋单线天蛾（*Theretra pinastrina*）　广东、广西年发生 6～7 代，以蛹在杂草中越冬，翌年 3 月底至 4 月上旬羽化。成虫有趋光性、趋化性，卵多数产于叶正面。田间幼虫 6～9 月发生较多，傍晚和夜间取食，4、5 龄虫食量大，可吃光叶肉，仅留叶脉。防治方法：此虫一般零星发生，可在田间管理时用人工除灭，或用灯、糖浆诱杀成虫。田间喷药防治其他害虫时可兼治此虫。

3. 朱砂叶螨（*Tetranychus cinnabarinus*）　在高温、低湿的 6～8 月为害重，尤其是干旱年份容易大发生。发生为害及防治方法，参见第十七章茄子的有关部分。

六、采　　收

（一）采收　芋生长的临界温度为 10℃左右，生长后期芋叶变黄衰败是球茎成熟的象征，此时采收淀粉含量高，食味好，产量高。但是为了提早供应，也可提前收获。对于冬季气温较高的地区，球茎成熟后可留在原地，在霜降前培一次土，即可安全越冬，延迟供应至翌年 4 月份。一般长江以南早熟种能在 8 月前开始采收，晚熟种在 10 月采收。采收最好选在晴天，以便晾干芋球茎表面水分，同时，对于晚收者可防止冻害。作商品芋采收时，宜将母芋和子芋分开，但应尽量保证子芋和孙芋联结不分开，以减少伤口。

（二）留种　留种的芋须待充分成熟后收获。可在采收前几天从叶柄基部割去地上部，伤口愈合后在晴天采收，以防止贮藏中腐烂。收获时，最好整株带土采收，挖起后，只需稍许掰掉整株球茎上的泥土，然后整株运回贮藏。冬季温暖地区种芋可在田间越冬。

（三）贮藏　芋安全贮藏的适宜温度为 6～10 ℃，空气相对湿度为 80%～85%。贮藏方法有以下几种：

1. 挂藏　将采收后的球茎晾晒 2d 左右，晾干球茎表面水分，然后用网袋装起后挂藏于室内，贮藏期间要注意经常通风；或选择背风向阳、地势高燥、排水良好的墙边，将挖取的整株芋的球茎逐层堆放，高度一般不超过 1.5m，上面盖一层秸秆，再在秸秆上盖一层薄膜。堆藏过程中每隔 20～30d 抽样检查一次，以防堆内温度过高引起霉烂。

2. 窖藏　选择背风向阳、地势高燥、排水良好的地方挖窖，窖深 1.5～2m，宽 1.5m 左右，长度不限。贮藏时将晾晒好的球茎层积于窖内，如果贮藏种芋，最好整株带土贮藏，层积厚度一般为 1～1.3m。贮藏初期先盖草帘，当种芋堆内温度低于 8 ℃时，开始覆土，并在芋堆中插一根塑料管，管的另一端露出土面，以便检查堆内温度。

3. 田间培土贮藏　对冬季气温较高的长江以南地区，可采取田间就地培土贮藏。10 月中旬清理畦（厢）沟，让芋田土逐渐干燥，10 月底至 11 月上中旬培一次土，厚 15cm 左右即可。此方法简单易行，作种芋贮藏时，种芋在第 2 年春季可较早萌发。

（黄新芳　柯卫东　叶元英）

第四节　魔　芋

魔芋是天南星科（Araceae）魔芋属（*Amorphophallus*）中的栽培种群，为多年生草本植物。别名：磨芋。古名蒟蒻。晋代左思《蜀都赋》中有"其国则有蒟蒻"之句，是有关蒟蒻的首次记载。魔芋属已知种共有 163 种，分布于亚洲及非洲。刘佩瑛研究认为魔芋的原产中心在中南半岛和中国南部（以云南南部为主），共有 77 种。分布中心在中国南部、中南半岛、东南亚和南亚。中国主栽的种有：花魔芋（A. konjac K. Koch）和白魔芋（A. albus Liu et Chen.）。花魔芋西至喜马拉雅山，东至日本，南到中南半岛，北至秦岭主脊以北 36°N 地方均有分布，而白魔芋仅分布于中国金沙江河谷狭窄地带。魔芋传入日本后承袭其名，至今仍称蒟蒻，而此名在中国民间已失传。

魔芋球茎的主要成分葡甘聚糖（glucomannan）为植物胶，具有 80～100 倍的膨胀力，并具有胶凝性、增稠性、稳定性、悬浮性和成膜性等特性。除可利用其胶凝性做成"魔芋豆腐"及果冻等供食并形成产业外，还可广泛利用其他特性在食品、冷饮及粮食和肉类加工中作为添加剂，或经改性后作为油田压裂剂、涂料等应用于许多工业领域。据国外和国内医学方面的研究，葡甘聚糖作为可溶性膳食纤维，能调节人体的代谢作用并影响肠道菌向有利于健康方向变化，可预防和治疗便秘、预防肥胖和缓慢减肥，并可调节脂质代谢、降低血胆固醇和甘油三酯水平、预防高脂血症和降低血糖水平等，是糖尿病和高脂血症患者良好的食疗食品。但魔芋球茎有毒，须经石灰水漂煮后才可食用或酿酒。魔芋在中国自古食用及作药用，近 20 年来已形成独立的、多用途的新兴产业。

一、生物学特性

魔芋起源于热带雨林，为森林下层草本，在温暖湿润、直射光稀少、土壤富含有机质且疏松、肥沃的生态条件下经历了系统发育，从而形成了许多与其相适应的形态特征和生理特性。

（一）植物学特征　魔芋植株的地下部由变态缩短的球茎及从其上端发出的根状茎、弦状根和须根构成；其地上部由球茎顶端发生的一个粗壮叶柄及多次分裂的复叶构成。4 龄以上的球茎可能从其顶芽抽生出花茎，并开花结果，但不抽叶（图 10－11）。

1. 根　球茎下种后最先在顶端生长点附近发出肉质弦状不定根，其上发生须根及根毛，弦状根水平分布在土表下约 10cm，属浅根系，吸收力不强，生长期间，根系不断代谢，老根枯死，新根再生，一般于 7 月份后新根发生减少。魔芋系统发育于富含有机质的疏松土壤，根系近地表，吸收空气容易，故在结构上形成根内空气通道狭小。从种球茎顶发生弦状根时，新球茎也在种球茎顶端生长点部位形成，故弦状根主要分布在新球茎的肩部。

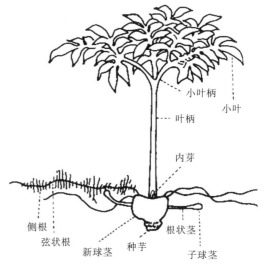

图 10－11　魔芋全株图
（引自：《最新こんにやく全書》，平成 3 年）

2. 茎

（1）球茎　顶芽肥大，不同的种其芽色各异。如花魔芋为粉红色，白魔芋为白色。顶芽为叶芽者称叶芽球茎，顶芽为花芽者称花芽球茎。花魔芋的花芽比叶芽肥壮，一般在冬季就可识别，到翌春栽植时，花芽的花茎已开始抽长，则区别更明显。但白魔芋要到春季才开始分化花芽，故到栽植时仍难于区分，所以有时会误栽花芽球茎。

魔芋球茎内部主要由薄壁细胞构成，薄壁细胞内主含淀粉。另一类细胞是异细胞（idioblast），或称葡甘聚糖粒子。栽培魔芋的主要目的在于提取葡甘聚糖粒子。

球茎的休眠期很长，从叶倒伏起到翌年 3 月顶芽萌动止。

（2）根状茎　又称走茎或茎鞭，由球茎节上的腋芽发生。因球茎上端和中部的节和芽更密集，故

根状茎多在上、中部。种和品种不同，其根状茎发生的数量相差较大。如白魔芋一个球茎能长出十余条根状茎，长为 10～25cm，直径 1～2.5cm；而花魔芋一般只有 5 条左右，长仅 8～15cm；田阳魔芋则少有根状茎发生。根状茎有顶芽和节以及节上的侧芽，顶端稍膨大，但日本的花魔芋在顶端的 8～11 节可膨大成小球茎，且能自然脱离母球茎。根状茎一般当年不会发芽出土形成新株，从而成为下一年的良好繁殖材料。

3. 叶　魔芋为单叶植物，三全裂，再羽状分裂或二歧分裂后再羽状分裂，最后形成一片大型掌状复叶。复叶叶柄底色及其上的斑纹色泽和形状多样，可作为区分种或品种的形态指标之一。通常一年只发生这一片复叶，呈 T 字形或 Y 字形生长。叶片通过起输导作用的圆柱状叶柄支撑，并与球茎相连，连接处有一圈离层组织。此唯一的一片叶若受到大风或人为损伤，便从离层处全株倒伏而失去同化器官，往后一般不再抽生替代的新叶。从叶柄中空及叶片的细胞结构特征来看，魔芋为典型的喜阴植物。

4. 花　魔芋的花为佛焰花，由花梃、佛焰苞和花序组成。花株的花梃相当于叶株的叶柄，其色泽与斑纹与叶柄相似。不同种其高矮各异，短者仅 10cm，长者可达 2m 以上，一般不到 1m。佛焰苞为宽卵形或长圆形，白、绿、红或紫色，形状及色泽变异大，有些种艳丽夺目，开花后凋萎脱落或宿存。花序从下至上由雌花序、雄花序和附属器三部分组成，有的种在雌、雄花序之间还有一段不育花序，如白魔芋。附属器一般为长圆锥形，也有卵形或其他不规则形，通常为黄白色，但花魔芋为紫红色。雌花及雄花在花序轴上均呈螺旋状排列。裸花，雌花有柱头、花柱和子房，雄花只有花药。虫媒花，传粉昆虫只观察到有蝇、蚊，未见蜜蜂，可能与魔芋花（特别是雄花和附属器）散放出的特殊臭味有关，但国外报道有甲虫、粪蝇、长形脚蜂和绿色粪蜂等。

5. 果实及种子　在同一株魔芋上，雌花约早熟 2 日，故不能同株受粉结实，但在一个群体里，各株开花有先有后，可进行异株授粉，并能结实收到种子。

魔芋果实为浆果，椭圆形，2～3 室，初期为绿色，成熟时转为橘红色，有的种如东亚魔芋、勐海魔芋可转为紫蓝色。

果实中的种子属非植物学上的种子，其形成过程非常特殊。经赵蕾、刘佩瑛等胚胎学研究（1987），发现魔芋的雌、雄配子体均发育正常，经双受精后，合子第 1 次分裂正常，接着因分裂失序而行单极发育，在胚孔端发育成球茎原始体，胚乳细胞的营养被球茎原始体利用而逐渐消失。球茎原始体进一步发育成珠芽，在子房壁内形成完整的小球茎。所以，此小球茎仍为有性器官，这一发现，为魔芋杂交育种打下了理论基础。

魔芋果实中形成的小球茎和大球茎一样，具有生理休眠特性，在组织培养中也表现了这一特性。

（二）对环境条件的要求

1. 温度　温度是制约魔芋生长发育的重要气候条件。魔芋生长的适宜温度为 15～35℃，最适温度为 20～30℃，日温低于 15℃或高于 35℃均为不适宜温度。球茎不耐低温，长期在 0℃以下，细胞结构被破坏，球茎将失去生活力。

魔芋在热带森林下层进行系统发育，从而形成喜温暖、湿润而不耐高温、干旱的特性，但不同地区孕育的不同种其适应力仍有差异。如花魔芋耐高温干旱能力低，而白魔芋却较耐金沙江河谷干热环境，疣柄魔芋能正常生长于元江干热河谷和滇南热区平坝。

适宜的地温有利于球茎的膨大和根系的生长，魔芋根系发育的最适温度为 23～27℃。一般地温变化幅度小于气温，但在海拔较低的平原、平坝、丘陵，因高气温和强烈的阳光直射，其地表温度有时可达 45℃，这将严重危害魔芋的生长。

魔芋对积温反应灵敏，当满足其积温要求后，植株即倒伏，但不同的种所要求的积温不完全相同，白魔芋在金沙江河谷栽培，自发芽至倒苗的活动积温（10℃以上的日温总和）为 4 863℃，有效积温（开始生长的 15℃以上的日温总和）为 1 658℃，而花魔芋的活动积温为 4 280℃，有效积温为 1 089℃。

2. 光照　魔芋在森林下层环境进行系统发育，从而形成了半阴性植物的特性。陈劲枫测定（1986）结果：魔芋生长期中光饱和点为不定值，大致在 17～22klx，8 月份植株生长最旺时达最高值；光补偿点为 2klx，其值较为稳定。当人工荫蔽控制光照强度为 2 254～4 500lx 时，叶生长较旺，叶绿素较多，病毁率较低，产量较高。

魔芋适当进行荫蔽栽培的必要性有二：一是光照太强，超过了魔芋光饱点会引起光合效率降低；二是长时间强烈光照会引起环境温度的急剧升高，造成叶部灼伤，加重各种病害。荫蔽度的掌握因不同环境而异，在温度较高、日照较长而强的环境，应采取较高的荫蔽度，以 60%～90% 为好；而在日照较短而弱、温度又较低的环境，则以采用 40%～60% 的荫蔽度为宜；在光照较差的地方一般不再采用荫蔽措施。山区（尤其是高纬度、高海拔山区）有山峦互相遮挡，又多树木遮荫，且温度较低，湿度较高，一般可免去荫蔽。

3. 水分　魔芋喜原产地那样的湿润空气和有机质丰富、能保持适当湿度的土壤。年降水量在 1 200mm 以上，6～9 月份月降水量在 150～200mm 的地方最适魔芋生长。

魔芋依靠球茎中蓄存的水分和养分虽可出苗，但出苗期、生长前期及球茎膨大期以 75% 的土壤含水量最有利于魔芋生长和球茎膨大，若土壤过湿，通气性降低，则不利根系生长及球茎发育；生长后期（9～10 月），土壤含水量宜降至 60% 左右，以利于球茎内营养物质的合成与积累。雨水过多，球茎表皮可能开裂，导致软腐病发生，造成田间或贮藏期间腐烂，并使产量和品质降低。

4. 营养　魔芋萌芽期主要依靠种芋所含营养物质，展叶后，尤其是换头结束、新球茎进入迅速生长期时，必须满足其对营养物质的大量需求，到球茎成熟期则需求量陡降，因此，在后半期应控制肥料的施用。魔芋植株干物质所含氮（3.23%）、磷（0.8%）、钾（5.11%）之比为 6：1：8，但氮的吸收量与叶面积和植株干物质之间大致呈正相关关系，因此，在不引起徒长条件下，增高氮的吸收量是必需的，氮的吸收量后半期陡减，而钾的吸收量后半期仍较高，在整个生长期，磷的吸收量较小而平缓。因此施肥时其施肥量及速效、缓效肥的配合应根据这一规律进行。

5. 土壤　魔芋适于在土层 30cm 以上，肥沃、有机质丰富，空气通透，保水、保肥、排涝良好，酸碱度中性的土壤上生长。尤以壤土或含沙砾的黏壤土为好，保水不好的沙土及过于黏重而排水、通气不良的土壤均不适宜栽培。

（三）生长发育特性　随魔芋生长进程，依各器官干物质增加速度的变化所表现的植株地上部生长与地下部球茎贮藏器官的形成、膨大之间的相对关系，可将魔芋的生长分为三个时期（图 10-12）。

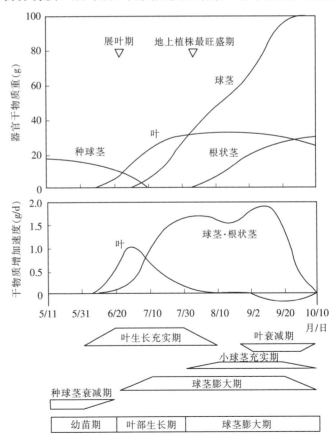

图 10-12　花魔芋植株生长动态

（引自：《魔芋科学》，1990）

1. 幼苗期　球茎经休眠，在日平均气温达 15℃以上时，芽开始萌发生长，随即发根、展叶，种球茎逐渐衰退，叶逐渐长大，时间约 2 个月，一般从 5 月上旬至 6 月底。

2. 叶部生长期　从叶生长开始，新老球茎即开始更替，幼苗期结束时，种球茎已耗尽营养，与新球茎脱离，完成更替，即"换头"，时间约在 7 月上旬。"换头"标志着植株进入叶部旺盛生长时期，约经 1 个月，叶部生长达最高峰。

3. 球茎膨大期　"换头"之后，随着叶部完成旺盛生长，叶片的光合效率及酶活性大大提高，新球茎迅速膨大和充实，8～9 月达最高峰，10 月以后，生长逐渐减缓，球茎趋于成熟，此期间根状茎也随之膨大，但开始期稍落后于球茎。

二、类型及品种

世界上魔芋共有 163 个种，其中仅约 20 种可供食用。可食用种中有些种主含淀粉，仅作蔬菜食用，如印度主栽种疣柄魔芋（*A. paeonifolius* Nicolson），而中国、日本、中南半岛、东南亚分布有葡甘聚糖型的种，则用途更广。

中国有 20 种魔芋。主栽的种有：花魔芋（*A. konjac* K. Koch）和白魔芋（*A. albus* Liu et Chen.）。花魔芋含葡甘聚糖（GM、干基）55%，白魔芋含葡甘聚糖（GM）60%。

魔芋至今还是一个比较原始的作物，一般都为栽培当地所孕育的地方品种。中国魔芋的种质资源比较丰富，在主栽种花魔芋中，各地的地方品种已有明显的分化，西南农业大学曾收集 13 个地区的花魔芋地方品种进行了比较研究，所优选出的万源花魔芋为中国第 1 个经省级品种审定委员会审定的品种。白魔芋经刘佩瑛、陈劲枫在 1984 年鉴定并命名，为世界品质最优的一个种。此外，中国还有田阳魔芋（*A. corrugatus*）含葡甘聚糖（GM）50%、西盟魔芋（*A. krausei*）含葡甘聚糖（GM）45%、攸乐魔芋（*A. yuloensis*）含葡甘聚糖（GM）40%，正在推广作栽培种，并已制止对其野生资源的继续挖收。

日本的魔芋品种选育工作卓有成效，过去，从中国传去的花魔芋是其唯一的栽培种，但在近 30 多年来，已陆续育成并推出了椿名黑、赤城大玉及妙义丰等优良品种。

三、栽培制度和方式

（一）栽培制度

1. 轮作制度　轮作对魔芋及其重要，因导致魔芋减产甚至绝收的严重病害细菌软腐病以及白绢病、根腐病和细菌叶枯病等，其残株均带菌留在土壤中成为初侵染源，只有采用轮作来切断病源传播才是最根本的解决途径。

一般采取 3 年以上的轮作，参与轮作的作物应避开可能发生上述几种病害的寄主作物，主要应避开十字花科作物和姜，一般与禾本科作物接茬较为安全。如水稻田能保证蓄水，放干后又能排水良好，且土壤为富含有机质的沙壤土，因此最好实行水、旱轮作。

2. 间套作制度　魔芋的叶为阔叶水平型，其叶面积指数只有 2，且净光合强度也较低，若能与其他作物或林木间套作，则可增加单位面积土地上的叶面积指数，并提高单位面积土地的总产出。又因魔芋怕强烈的日照，若实行间套作，则可得到其他作物或林木的遮荫，防止强烈日照引起的环境温度增高，以利于保持魔芋的正常生理活动，减轻病害威胁，提高产量。

在选择间套作物时应注意选用植株高过魔芋者，一般 3～4 年生花魔芋株高约 1m，白魔芋仅 60～80cm，因此间套作物最好采用高秆作物或幼龄落叶经济林木，如高粱、玉米（高秆品种）、籽粒苋、黄麻、杜仲、漆树、桑树、泡桐、落叶果树、油茶、蓖麻等，使高秆作物和林木在上层获得更充足的日照，而魔芋在下层得到适当的荫蔽。

魔芋根系浅，吸收力较弱，为避免间套作物影响魔芋根系的发展及养分吸收，因此间套作物必须有专畦或专垄，并在施基肥和追肥时满足其对营养的需求。魔芋一般 5 月出土，10 月中下旬枯黄倒苗。9 月以后，温度及日照逐渐下降、减弱，应减少间套作物对魔芋的荫蔽度，此时落叶树逐渐枯黄落叶，而高粱、玉米等已处生长后期，可及时刈去下部叶片，以增加魔芋受光。

（二）栽培方式

1. 自然生长法　在魔芋生长发育最适宜或适宜区发展。一般不行耕作，仅适当补以有机肥，基本不用农药。每年按叶柄粗细选收 3、4 年生植株的球茎，1、2 年生球茎仍留地中继续生长，连年不断选择收获，不翻耕土地。因其生长发育环境适合魔芋的生物学特性，所以产量和质量较高。

2. 人工栽培法　人工将魔芋球茎、子球茎、根状茎等分类，分龄栽培。每年全部挖收后，将 3、4 年生的球茎作商品芋供加工或出售，1～3 年生的球茎及根状茎、子球茎经贮藏后作为种芋继续栽培。因种芋搬运易受伤感病，且大量使用化肥和农药，使产量和品质下降。

四、栽培技术

（一）栽培地区及地块的选择

1. 栽培地区的选择　中国秦岭以南有大面积适于魔芋生长发育的地带，现已开发利用的仅是其中的极小部分，因此成片发展魔芋商品生产应按"中国魔芋种植区划"所划分的特适宜区、最适宜区或适宜区依次选用，切不可在不适宜区盲目发展。

中国的雅鲁藏布江下游河谷、滇南热区及海南黎母岭山地为准热带湿润气候，是魔芋特适种植区；云贵高原（包括鄂西山地、川南高原）、四川盆周山地、南岭山地（包括武陵山脉的湘西部分、罗霄山脉、武夷山脉）及南岭以南山地属温暖湿润地区，是魔芋最适种植区；大巴山主脊以北、鄂西北山地属秦巴山地，为魔芋适宜种植区。

在具体选择种植基地时，一般应选用 5～10 月平均气温不低于 14℃，7～8 月平均最高气温不超过 31℃，7～9 月的降水量在 200mm 以上，空气湿度在 80％～85％，并有适当的天然或人为蔽荫的地区栽培魔芋。在魔芋 6 个月的生长期中，日温为 25℃ 的日期愈长，愈有利于魔芋的生长发育，病害愈轻，产量愈高。

中国的魔芋适生区大多在海拔较高的山区或深丘地带。至于适宜的海拔高度则视其所在的地区而异。一般在海拔 500～2 500m 山区的立体气候下，当地水稻栽培的海拔上线即为魔芋适生的下线，如在秦岭支脉大巴山南麓四川盆地北部山区宜于海拔 1 000～1 200m 地带栽培，而在北麓则宜在800～1 000m 地带发展，才能满足魔芋对温热的要求；在云贵高原则可在 2 000m 以上地带发展。

2. 栽培地块的选择　栽培地块夏季应较阴凉湿润，秋冬季较温暖干燥，或有树木遮荫，半阴半阳，空气湿度较高的倾斜、背风地带，并有水源能灌溉，排水良好，夏季暴雨不致造成土壤严重冲刷的地块。

对山地坡向的选择应与该地的气温同时考虑。选择阳坡以获充足日照提高产量；若仍有 35℃ 以上高温威胁，则宜选择每天日照时数在 8h 以上的阴坡。

（二）繁殖材料的准备　魔芋采用种子播种，要经过 4 年才能产出商品芋供加工用。若用根状茎作繁殖材料，则可缩短一年，因此不论良种繁育场或农户均应设立留种圃，分别培育 1、2 年生种芋。对不同繁殖材料的选择和处理如下：

1. 种子　种子繁殖一般只用于扩大种芋数量及杂交后代的选育。白魔芋开花年龄较低，常在

商品芋田中出现花株，自然结子后可作繁殖材料。待浆果由绿色转为橘红色或紫蓝色时采收果穗，搓去果皮，洗净，稍晒，存放于阴凉通风处，或用沙藏以保持湿度。休眠期100多d，翌年春暖后播种。

2. 根状茎 根状茎是重要的繁殖材料。中国的品种根状茎与球茎间无离层，收球茎时可将其摘下贮藏，但切口应风干。若其长度20cm以上，可分切为2～4段，每段必须带芽2个以上。

3. 球茎的整球及切块 1年生球茎以整球繁殖，2年生球茎在500g以下也可整球繁殖，500g以上的可切块繁殖以增加繁殖率。已形成花芽的球茎必须切块，但已感病的球茎不要切块，以免病菌经刀片传染给无病球茎。方法是球茎秋收后经晾晒风干，用薄片利刀果断地从顶芽向下纵切为4～6块，并故意伤坏顶芽，以促侧芽萌发。切块时不能沾水，以免葡甘聚糖溶胀包裹大量病菌。切块后应晾晒风干、贮藏。

留种的种芋应选无病、无伤口或伤口已愈合，球茎圆或长圆形，顶芽肥壮，叶柄痕较小，芽窝不太深者。商品芋的种芋重量花魔芋为500g以下，白魔芋为100g以下。

种芋可用链霉素或来菌感（杀菌王、消毒灵）及多菌灵浸种。为了防止带菌种芋传播病菌，最好将种芋顶芽向上铺于地面，用喷雾法消毒。还可将药剂以种芋重量2％～3％的用量混入填充剂石膏或草木灰中，在种芋浸种后，趁湿裹成种衣，并立即下种。

（三）整地及施基肥

1. 整地 冬前将土地深耕晒垡，翌春深耕细整、作畦理沟。在雨水充足地区，采用小高畦（高畦窄厢）种植，畦宽1m（包括沟宽）；在夏秋季降水较少，常遭旱灾地区，采用宽高畦（宽厢）浅沟种植。若与幼龄经济林木间作，应依林木的行距决定行间种几行魔芋，一般以调节魔芋的荫蔽度达60％以上为好。

2. 施基肥 魔芋为弦状根，浅根系，吸收力不强，因此必须注意培肥土壤，进行科学施肥。大量施入腐熟堆肥，约20 000kg/hm²。堆肥的沤制以稿秆、不带种子的青草为主要材料，适量加入畜粪及苦土石灰（含CaO 45％、MgO 18％）和磷肥，应在前一年夏秋季节即开始沤制，待充分腐熟后使用。

一般三要素的施用量各为120～180kg/hm²，若以复合肥含N∶P₂O₅∶K₂O为12∶8∶10计，则可施1 000～1 500kg/hm²。若施肥过多，特别是氮肥过多，则易发病，所留种芋也不耐贮藏。

魔芋应重视基肥，一般应以施肥总量的70％～80％作基肥。基肥的施用方法与一般作物不同，应在栽种前10～15d，在两行种植沟之间挖施肥沟，将化肥或专用肥与堆肥混匀施于沟内；或先挖深12～15cm的种植沟，在沟底施堆肥，在其上斜放种芋，再施化肥或专用肥，约3cm厚，然后盖土；也可挖深约10cm的种植沟，施堆肥及化肥或专用肥，斜放种芋后，盖土；或待5月下旬至6月上旬芋苗开始出土时结合中耕培土才施化肥或专用肥，并在其上培土。这几种方法的共同点是基肥集中施用，接近种芋，但又不直接接触，既不伤种芋，且肥料利用率又高。将肥料置种芋之上，是为了适应魔芋弦状根均从球茎肩部长出、平行分布于土壤上层的特性，这样上面的肥料仍能被良好地吸收利用。此法在四川盆周山区被芋农普遍采用，效果较好。

（四）栽种

1. 栽种期 魔芋的栽植必须在种球茎生理休眠期解除后、外界平均气温回升至12～14℃、最低气温在10℃左右时进行。中国温暖地带魔芋产区，一般于3月上旬栽植；海拔较高、纬度偏北的产区，则宜在4月栽植。

2. 栽植密度及用种量 魔芋适宜的栽植密度，一般应以植株定型后其叶身互相重叠约1/3为度，Y字叶型品种可较"T"字叶型品种稍密。栽植密度与种芋大小关系密切，种芋愈大，则栽植距离愈大。为了加强通风透气，且便于田间管理，一般宜采取宽行距、窄株距栽植。日本的经验，适宜的行距为种芋横径的6倍，株距约为4倍。

表 10 - 5　不同种芋年龄的栽植密度

(渡部弘三，昭和 54)

种芋年龄	种芋单个重（g）	畦幅（cm）	株距（cm）	需种量（kg/hm²）
1 年生	6～12	50～60	10～15	1 900～3 000
2 年生	40～80	55～60	20～30	3 700～5 600
3 年生	150～240	60～75	30～45	7 500～
4 年生	600～	75～80	50～60	12 000～

表 10 - 6　花魔芋用种量

种芋个体重（g）	行距（cm）	株距（cm）	种芋个数（个/hm²）	用种量（kg/hm²）
100	60	25	67 000	6 700
150	60	31	64 000	8 100
200	60	38	44 000	8 800
300	60	50	33 000	10 000

从表 10 - 5、表 10 - 6 看出，随着种芋重量的加大，其栽植密度相应减小，但用种量渐次增加。

3. 栽植方法　凡以根状茎或小球茎作繁殖材料者一般均行沟栽，多采用小高畦（高畦窄厢），每畦开 2 沟，若采用宽高畦（宽厢）浅沟，则可增多沟数。根状茎可依同一顶芽方向横放沟中；小球茎依其大小给以适当距离，一般为 15～20cm。3 年生 250g 以上的种芋可穴栽或沟栽，沟栽依种芋大小开沟，沟深 10～15cm，土壤潮湿宜较浅，土壤干燥、保水较差宜较深。魔芋种芋均行 45°斜栽，若为倾斜的坡地，则可行顶芽向上（朝向上坡）栽植。栽植后覆土深浅依当地当年的温度及降水量情况而定。覆土浅，地温易升高，可促进较快萌芽，但若遇寒冷天气，则球茎及其顶芽易受冻伤；覆土深，发芽出土较慢，但若遇干燥天气，则有利于保水和促进发芽。一般覆土厚 6～9cm。

（五）田间管理

1. 除草　魔芋的根群平行分布于土壤上层，中耕锄草很易伤根，并导致染病，故多使用除草剂除草。杂草繁生地块，可用克无踪 20% 水剂 50ml 对水 15kg 喷雾。若杂草少而小，只需用药液 450～670kg/hm²；若杂草大而多，则需用 900kg/hm²。喷药最佳时间为魔芋刚出土、苞叶紧闭时，或魔芋叶已散开，植株高 30cm 以上、间套作物玉米在 8 叶以上时。

2. 培土　魔芋栽植约 1 个月后才开始萌芽出土，此时应抓住时机，趁根群尚未布满前进行浅中耕，以破除地表板结、增进土壤通气，同时进行培土或结合施基肥。培土是将畦沟中土壤覆于种植沟上，可使土壤有更大的通气面以促进根状茎生长并保护上层根群。培土厚度应依土地条件、种芋年龄及气象因素等综合考虑，若培土过厚，则易影响魔芋的出芽、初期生长及根状茎发生和生长等，一般宜培 7～10cm 厚。

3. 地表覆盖　这是魔芋栽培的一项特殊而重要的管理工作。日本常将秋季或早春在畦边播的直立型燕麦或大麦（播种量 5kg/hm²）长出的麦秆刈铺于地表；另一种是用无霉的杉叶、野干草、谷草、落叶等为覆盖材料。为防止地表被密闭，可先在地表铺些枯枝、竹枝，然后再铺覆盖材料。覆盖的厚度为 5～10cm，用量一般是干料 750～1 000kg/hm²。凡易遇旱灾和暴雨的地方覆盖宜较厚，而阴湿地、低温地宜较薄。铺草最好在展叶之前完成，以免伤及叶部。9 月以后气温渐低时，宜撤除铺草，让土表接受日晒，以保持地温，利于植株生长及球茎发育。高海拔地区种植期及生长前期地温过低，在栽种时，可用黑色地膜覆盖地表。

4. 追肥　魔芋的追肥原则是生长前半期应供给充足养分以确保地上部旺盛生长，而后半期（7 月

下旬以后）则应在维持有效供给必要养分的条件下，减少施肥，使植株逐渐减少吸肥量，以便获得干物质含量高、肥大而充实的球茎和根状茎。一般将肥料总量的 20％～30％作为追肥分期施用。第 1 次追肥在 5 月下旬，主要促进地上部生长，第 2 次在 6 月下旬，主要促进地下部发育，但均应配合三要素施用。魔芋展叶后，易因田间操作损伤植株而加重病害，所以在病重地区，宁可不施追肥，而在喷药时加入 0.3％磷酸二氢钾和 0.1％尿素作叶面追肥。

五、病虫害防治

（一）主要病害防治

1. 魔芋软腐病 病原：*Erwinia carotovora* subsp. *carotovora*。发生普遍，主要为害叶片、叶柄及球茎。出苗期芋尖弯曲，或叶柄、种芋腐烂；叶片展开后初生湿润状暗绿色小斑，扩大后组织腐烂；病菌沿导管侵染叶脉、叶柄，出现水渍状条斑，有汁液流出，或至叶柄基部溃烂离解。球茎染病，全株或半边发黄，叶片萎蔫，球茎表面出现水渍状暗褐色病斑，向内扩展，并发出恶臭；植株基部呈软腐倒伏，早期叶片尚可保持绿色，后变黄褐干枯。病原细菌随病残体在土壤或球茎中越冬。贮藏期种芋可继续发病，并向健芋蔓延。病菌从伤口或气孔侵入，在田间可靠昆虫或接触、灌溉水传播蔓延。高温、高湿条件下易流行。一般连作地、栽植过密或排水不畅、田间湿度大或氮肥过多则发病重。防治方法：①冬季翻耕土壤，彻底清除病残体和杂草，及时拔除带病植株，并在穴内及周围撒石灰，或用 72％硫酸链霉素水剂 200 倍液，或 78％波·锰锌（科博）可湿性粉剂 600 倍液等灌淋病穴和周围植株两次，每株 0.5L；②精选种芋，晒 1～2d 后用硫酸链霉素 500mg/kg 浸 1h，晾干后下种。

2. 魔芋白绢病 病原：*Sclerotium rolfsii*。南方产区常有发生，主要为害茎、叶柄或球茎。叶柄基部或茎基初见暗褐色不规则形斑，后软化，叶柄呈湿腐状，湿度大时，病部长出一层白色绢丝状菌丝体和菜籽粒状的小菌核。菌核初为白色，后变为黄褐色和棕色。病菌以菌丝体在病残体及种芋中越冬，或以菌核在土壤或病球茎里越冬。病菌借灌溉水传播蔓延，带菌种芋作远距离传播。土壤湿度大，高温、高湿发病重。防治方法：①实行 2 年以上轮作；②选择不积水地块种植；③进行种芋药剂消毒处理（见魔芋软腐病防治）；④发病初期用 15％三唑酮可湿性粉剂 1 000 倍液，或 20％甲基立枯磷乳油 900 倍液喷雾。还可用 50％甲基立枯磷可湿性粉剂，每平方米 0.5g 喷洒土表。

另外，对发病地块遍撒石灰，使土壤 pH 达到 8，即可制止白绢病发展。

（二）主要害虫防治
蚜虫、叶蝉，可用吡虫啉防治；螨类用阿维菌素等及时防治；斜纹夜蛾和豆天蛾（*Clanis bilineata tsingtauica*）防治，可参见芋的相关部分；蛴螬或蝼蛄的防治，除避免用未腐熟厩肥、堆肥及用灯光诱杀成虫外，若发现幼虫为害可用 50％辛硫磷乳油 1 000 倍液灌根。

六、采　　收

（一）球茎挖收
9 月底以后，球茎逐渐成熟并转入休眠期，叶生长停滞而逐渐枯黄、直至倒伏，此时，商品芋可开始挖收，但种芋应等到 10 月份叶倒伏 10d 后再挖收，挖收宜选择晴天进行。

挖收时不论采用人工或机械，均须特别小心，避免球茎受伤。因魔芋球茎皮薄肉脆，极易受伤，有时内部已有裂痕，而外部短时间内尚不易察觉，但最终必因感菌而腐烂。若以此作商品芋加工，则将影响加工产品的品质；若作种芋贮藏，也将引起贮藏期间的腐烂，并传染给好芋；用病轻的作种还将传给下年栽培的植株，后果至为严重。

（二）种芋贮藏
魔芋的用种量很大，种芋费用高，所以要尽可能做到种芋自给，并尽力减少种芋的贮藏损耗。

贮藏期间，种芋的损失主要来自腐烂和干瘪，造成腐烂的主要原因是种芋受伤感病，造成干瘪的主要原因是温度和湿度管理不当。

冬季常在 0℃ 以下的地区，大规模经营种芋，应修建保温通风贮藏库，以满足种芋对贮藏温度和湿度的需求。农户小规模留种可在室内采用河沙堆藏、谷壳堆藏、烟囱旁悬挂保温贮藏或地窖保温贮藏，温暖地区还可采用室外薄膜防雨保温贮藏。冬季不冻土的地区，可将种芋留在原地，上盖泥土、稻草进行就地覆盖保温贮藏，覆盖物的厚薄依当地当年气温情况而定，一般为 15～20cm 厚。

（刘佩瑛）

第五节　山　　药

山药是薯蓣科（Dioscoreaceae）薯蓣属中能形成地下肉质块茎的栽培种，一年生或多年生缠绕性藤本植物。属名：*Dioscorea* L.；别名：薯蓣、白苕、脚板苕、山薯、大薯等，以肥大的块茎供食用。山药按起源地可分为亚洲群、非洲群和美洲群。前两群染色体基数 x＝10，美洲群 x＝9。中国是山药重要原产地和驯化中心。《山海经》（公元前 770—前 221）中有山药分布记载。栽培山药食用最早的记载则见于西晋·嵇含撰《南方草木状》（304），以后在《齐民要术》（533—544）中加以引用，但被列入《非中国物产者》卷中，说明当时在华北、西北一带尚未栽培山药。至唐代韩鄂所撰《四时纂要》（800—905）中始有山药用种薯切段栽培及制粉的记载。可见中国山药栽培驯化始于南方，隋唐之际方引至北方栽培。

山药营养丰富，富含蛋白质和碳水化合物，可炒食、煮食、糖熘，除菜用外，还可代粮。干制品可入药，味甘平，益肾气，健脾胃，为滋补强壮剂，对虚弱、慢性肠炎、糖尿病等有辅助疗效，也是保健食品。山药耐贮运，也是中国重要的出口蔬菜之一。

一、生物学特性

（一）植物学特征　山药地上茎细长、蔓性、右旋，长可达 3m 以上，横断面圆形或多菱形，具棱翼；地下块茎肉质，有长圆柱形、短圆筒形、掌状或团块状等。薯皮褐色，表面密生须根，肉质洁白。叶三角状卵形至广卵形，先端突尖，基部戟状心脏形，单叶互生，至中部以上对生，极少轮生。叶柄长，叶腋发生侧枝或形成气生块茎（称零余子）。穗状花序，2～4 对腋生，花小，白色或黄色，雌雄异株。蒴果具 3 翅，扁卵圆形，栽培种极少结实。

块茎的构成较特殊，最外层为木栓质表皮和由木栓形成层所形成的周皮，内部均为贮藏薄壁细胞及分散于其中的维管束组织晶体细胞。块茎顶端具有地上茎遗留下来的斑痕，其侧有一个隐芽；块茎下端有一群始终保持着分生能力的薄壁细胞（基端分生组织），块茎形成正是这部分细胞不断增殖和相继膨大的结果。

（二）对环境条件的要求　山药茎叶生长喜温暖，怕霜冻，生长适温为 25～28℃。块茎极耐寒，在土壤冻结的条件下也能在露地安全越冬。块茎生长适宜地温为 20～24℃，发芽适宜地温为 15℃。山药能耐阴，但块茎积累养分仍需较强的光照。

山药喜有机肥，要求粪肥充分腐熟且与土壤掺和均匀，否则块茎先端的柔嫩组织一旦触及生粪或粪块，就会引起分杈，甚至因脱水而发生坏死。生长前期宜供应速效氮肥，以利茎叶生长；生长中后期除适当供给氮肥以保持茎叶健壮、避免早衰外，还需施用磷钾肥，以利块茎膨大。一般每生产 1 000kg 山药，需要氮 4.32kg，磷 1.07kg，钾 5.38kg。

山药喜干燥，耐旱忌涝。发芽期土壤应保持湿润、疏松透气，以利发芽和扎根；出苗后、块茎生

长前期需水量不大，宜适当控水，以促进根系深扎和块茎形成；块茎生长盛期则应注意均匀供水，忌忽干、忽湿。

山药栽培以土层深厚、肥沃、排水良好的沙壤土地块最为适宜，所产出的块茎皮光形正、商品品质好。若在黏土地块种植，则易造成块茎须很多、根痕大，形不正，并会有扁头和分杈的块茎产生。

（三）生长发育特性 山药用地下块茎或气生块茎繁殖。从芽萌发到块茎形成、收获，以块茎生长为中心并结合茎叶的生长动态，大致可分为 4 个生长时期。

1. 发芽期 从山药繁殖材料——山药栽子（块茎的前端）的休眠芽萌发到出苗为发芽期，约经 35d；而从山药繁殖材料——山药段子（切段的块茎）的不定芽形成、萌芽到出苗则需 50d。发芽时，从芽顶向上抽生芽条，由芽基部向下发生块茎。与此同时，芽基内部从各个分散着的维管束外围细胞发生根原基，继而根原基穿出表皮，逐渐形成主要吸收根系（图 10 - 13）。当块茎长达 1～3cm 时，芽条便破土而出。

2. 甩条发棵期 芽条出土后迅速伸长，10d 即可达 1m 左右，此时幼叶展放，进入甩条发棵期，直到显蕾并开始发生气生块茎为止。此期芽基部的主要吸收根系继续向土层纵深伸展，块茎周围也不断发生不定侧根。但生长以茎叶为主，块茎生长量极小，仅占全生长量的 1/50，此期历时约 60d。

3. 块茎膨大期 显蕾后茎叶与块茎同时旺盛生长，渐以块茎为主，直至茎叶衰败，约需 65d 以上。此期块茎积累的干物量占总干重的 85% 以上（图 10 - 14），绝对积累量超过茎叶 1 倍。据石正太（1996）观察，5 月中旬至 6 月上旬为山东邹平大毛山药块茎膨大始期（地上部处于甩条发棵期），6 月中旬至 7 月中旬为块茎膨大初期（地上部处于开花现蕾期），7 月下旬至 9 月上旬为膨大期（地上部茎叶生长速度变慢），9 月中旬至 10 月为膨大后期（地上部茎叶逐渐枯黄，气生块茎逐渐脱落）。

4. 休眠期 霜后茎叶逐渐枯萎衰败，块茎进入休眠状态。

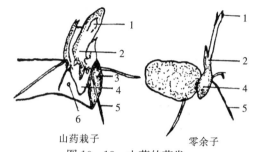

山药栽子　　零余子

图 10 - 13　山药的萌发

1. 芽　2. 茎部　3. 茎痕　4. 块茎

5. 根　6. 根痕

（蒋先明，1982）

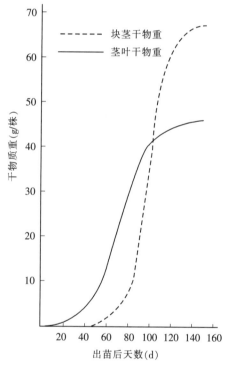

图 10 - 14　山药生长动态

（蒋先明等，1964）

二、类型及品种

中国栽培的山药属于亚洲群，有 2 个种，3 个变种。

1. 普通山药（*Dioscorea batatas* Decne.）又名家山药。由日本山药（*D. japonica* Thunb.）进化而来。也是日本的主要栽培种。叶对生，茎圆而无棱翼。按块茎形态又可分为 3 个变种：

（1）佛掌薯（var. *tsukune* Makino）块茎扁，形似脚掌，适合在浅土层及多湿黏重土壤栽培，主要分布于南方。如江西、湖南、四川、贵州等省的脚板薯，浙江省的瑞安红薯等。

（2）棒山药（var. *rakuda* Makino）块茎短圆棒形或不规则团块状，长约 15cm，横径 10cm，多分布于南方。如浙江黄岩薯药、台湾圆薯等。

（3）长山药（var. *typica* Makino） 块茎长30～100cm，横径3～10cm。主要分布在华北地区，适宜深厚土层和沙质壤土。驰名品种有河南省博爱、陕西省华县的怀山药、河北省的武骘山药、山东省济宁的米山药、江西省南城的淮山药等。

2. 田薯（*Dioscorea alata* L.） 又名大薯、柱薯。从有亲缘关系的野生类型哈氏山药（*D. hamiltonii* Hook. f.）和褐苞山药（*D. persimilis* Prain et Burkill）选育而成。多分布在中国福建、广东、台湾等地以及东南亚一带，北方极少栽培。茎具棱翼，断面多角形，叶柄短，叶脉多为7条。依块茎形状也可分为3个类型：

（1）扁块种 如广东省的葵薯及耙薯，福建省的银杏薯，江西省的大板薯、南城脚薯等。

（2）圆筒种 如台湾省的白圆薯、广东省广州的早白薯及大白薯、广西壮族自治区的苍梧大薯等。

（3）长柱种 如广东省广州的黎洞薯、台湾省的长白薯及长赤薯、江西省广丰的千金薯和牛腿薯等。

三、栽培季节和方式

山药一般于早春终霜前栽植，秋末冬初霜降时收获。栽培方式分纯作和间套作两种。山药的间套作极为普遍，春季可与速生叶菜，甘蓝类、豆类蔬菜，小麦等间套作；夏季可套种茄果类、瓜类蔬菜；秋季可套种耐寒性蔬菜。为减轻病虫为害，应进行2～3年的轮作。

此外，由于长柱种栽培时整地（深翻）、收获等作业非常费工，而且劳动强度很大，故近年有些菜农采用了打洞栽培、塑料套筒栽培（地下块茎在预先打好的150cm深、直径8cm左右的洞内或塑料管内生长）和窖式栽培（用水泥杆棚窖顶，其上铺床土，块茎在窖内悬空生长），其效果良好，但窖式栽培难以大面积应用。

四、栽培技术

（一）繁殖方法

1. 零余子繁殖 山药最初的种薯来自零余子。第1年秋季，选大型零余子沙藏过冬。第2年早春，先在苗床进行沙培催芽，然后栽植；也可在终霜前15d左右直接条播于露地，秋后收块茎供翌年用种。生长期间管理同一般生产田。由于零余子繁殖的种薯生活力较旺，因此，可每隔3～4年，用零余子繁殖一次，其余年份则采用地下块茎切块繁殖。

2. 块茎繁殖 山药块茎易生不定芽，可用以切块繁殖。长柱种块茎上端较细，先端有隐芽，生产上常用带隐芽的一段作种薯，长30～40cm，重100g左右，俗称"山药栽子"或"芽嘴子"。块茎其余部分也可切段作种，一般切成长8～10cm的小段，重100～150g，俗称"山药段子"，其出苗较"山药栽子"晚20d左右。因此播前宜先催芽，栽植时横放。扁块种、圆筒种的块茎一般仅茎端能发芽，故切块时宜纵切，务使每一块都带有部分茎端。

（二）整地作畦 山药块茎入土较深，栽植地块一定要进行深耕。扁块和圆筒种可深翻30cm，翻地后按60～80cm宽作平畦或高畦，并结合整地施入足量的腐熟粪肥。长柱种一般采用挖沟法进行局部深翻，沟距1m，沟深0.5～1m，宽25cm，回填沟土后作畦；间作时可按2m或3m开沟。沟土最好于冬前挖起，早春土壤解冻时与7 500～15 000kg/hm²充分腐熟的土杂肥均匀混合，陆续回填，然后作畦，北方多采用平畦，南方则采用高畦。

（三）播种或栽植 当早春地温回升到10℃左右时即可进行播种或栽植。一般采用单行栽植，先

于畦中央开 10cm 深的小沟，然后按株距 15～20cm 将山药栽子或段子平放沟中。栽毕覆土，厚 8～10cm。若用零余子作繁殖材料，则可按行距 50cm，株距 8～10cm 条播，1m 宽畦播两行。

（四）田间管理 山药藤蔓细长脆嫩，遇风易折断，出苗后需及时支架扶蔓。通常采用人字架、三角架或四角架，架高 1m 左右。

出苗后，切块或切段若有萌生数苗者，应及早疏去弱苗，保留 1～2 个强健苗。主茎基部的侧枝易妨碍通风透光，应予摘去。零余子大量形成期间，为避免过多消耗养分，可及早摘去一部分。

山药施肥重在基肥，但播栽后还可在畦面铺施 3 000～4 000kg/hm² 的土杂肥，以利持续供应养分。苗出齐后，施一次农家有机液肥；发棵前追一次速效氮肥，一般施尿素 225～300kg/hm²，过磷酸钙 375～450kg/hm²，硫酸钾 225～300kg/hm²，以促进植株健壮生长。植株开始显蕾、茎叶与块茎开始旺盛生长时，要重施一次追肥，一般施尿素 150～225kg/hm²，以促进块茎膨大。中耕除草一般结合追肥浇水进行，中耕宜浅，近植株处杂草要用手拔除，以免损伤根系。块茎生长盛期遇旱情时，要注意浇水，以保持土壤湿润；遇雨涝天气应及时排水。

五、病虫害防治

（一）主要病害防治

1. 山药根结线虫 由爪哇根结线虫（*Meloidogyne javanica*）、南方根结线虫（*M. incognita*）和花生根结线虫（*M. arenaria*）等侵染引起。受害块茎表面呈暗褐色，无光泽，多数畸形。在线虫侵入点周围肿胀，形成许多直径为 2～7mm 的瘤状根结，严重时很多根结连接在一起。山药根系也可产生米粒大小的根结。剖视病部，能见到乳白色的线虫，且线虫造成的伤口易引起茎腐烂，植株长势衰弱，叶变小，直到发黄脱落。病原线虫的卵、幼虫群体在块茎中，或随病残体在土壤及未腐熟的农家肥中越冬，成为初侵染源。2 龄幼虫是侵染阶段。常年连作发病重。防治方法：提倡采用套管栽培，避免遭受线虫或其他地下害虫为害；采用无病田留种，忌与花生、豆类作物连作或套种；合理灌水和施肥有减轻病情的作用；播前每公顷用 3% 米乐尔颗粒剂 30kg 进行混土消毒，使药剂均匀分布在深 30cm 内的土层中。

2. 山药炭疽病 由辣椒炭疽菌（病原：*Colletotrichum capsici*）和山药盘长孢菌（病原：*Gloeosporium pestis*）侵染所致，是山药各产区的主要病害。早期染病可使成片植株枯萎，主要为害叶片和藤蔓。叶片病斑自叶尖或叶缘生暗绿色水渍状小黑点，后逐渐扩大为褐色至黑褐色圆形、椭圆形或不定形大斑，轮纹明显或不明显。湿度大时斑面上出现诸红色液点或小黑点。病部易破裂穿孔或病叶脱落。藤蔓染病生不定形褐斑，稍凹陷，致藤蔓枯死。病菌以菌丝体和分生孢子盘在病株上或遗落土壤中的病残体上越冬，借雨水溅射或小昆虫活动传播蔓延。山药播种萌芽后即可发生，随植株生长病情加重，采收前常达发病高峰。温暖、多雨、田间湿度大易流行，氮肥过多可使病情加重。防治方法：参见姜炭疽病。

3. 山药斑枯病 病原：*Septoria diocoreae*。主要为害叶片，发病初期叶面上生褐色小点，后病斑呈多角形或不规则形，中央褐色，边缘暗褐色上生黑色小粒点。病情严重的，则病叶干枯，全株枯死。病菌以分生孢子器在病叶上越冬，分生孢子借雨水、风传播蔓延。苗期和秋季发生较普遍。防治方法：选用耐涝品种，可减轻发病；避免连作；采用配方施肥，及时排除田间积水，改善株间通透性；发病初期可用 70% 甲基硫菌灵可湿性粉剂 1 000 倍液加 75% 百菌清可湿性粉剂 1 000 倍液，或 70% 甲基硫菌灵可湿性粉剂 1 000 倍液加 30% 氧氯化铜悬浮剂 600 倍液，或 40% 多·硫悬浮剂 500 倍液等喷洒。隔 10～15d 喷 1 次，连喷 2～3 次。

4. 山药褐斑病 病原：*Phyllosticta dioscoreae*。主要为害叶片。叶面病斑近圆形或椭圆形至不定型，边缘褐色，中部灰褐色至灰白色，斑面上现针尖状小黑粒（分生孢子器）。病菌以菌丝体和分生孢子器在病叶上或随病残体遗落在土壤中越冬，借雨水溅射传播。温暖、多湿的季节，或田间荫蔽高湿则利于发病。防治方法：清洁田园，合理密植，雨后注意清沟排水；发病初期药剂防治同斑枯病。隔 10d 左右喷施 1 次，连续防治 1～2 次。

（二）主要害虫防治　以蝼蛄、蛴螬、小地老虎和沟金针虫（*Pleonomus canaliculatus*）等地下害虫为害最重，此外还有山药叶蜂为害。防治地下害虫应重视农业防治措施，如冬前深翻土地，合理安排茬口，忌以花生、豆类、甘薯等为前茬作物，早春铲除杂草等。药剂防治方法，蝼蛄和沟金针虫可用麦麸敌百虫毒饵诱杀；蛴螬可用 50%辛硫磷乳油 1 000 倍液或 40%毒死蜱乳油 1 000 倍液喷洒或灌根防治；小地老虎在春季第 1 代 1～3 龄幼虫期是药剂防治的最适期，可喷洒 2.5%溴氰菊酯乳油或 20%氰戊菊酯乳油 2 000 倍液防治，成虫可用黑光灯诱杀。山药叶蜂在成虫盛发期和幼虫 3 龄期前可用 50%辛硫磷乳油 1 000 倍液或溴氰菊酯等喷雾防治。

六、采　　收

山药一般在茎叶经初霜枯黄时即可收获，冬季土壤不结冻的地区可陆续采收。收获时先拔架材和茎蔓，收取零余子后，再挖掘山药块茎。种薯宜在降霜前收获，收获过早，组织不充实；收获过晚，易腐烂变质。应选择蒂大、薯皮光滑、符合品种特征特性、无病虫害的高产植株作种株。挖掘时切勿损伤薯皮或切断块茎。种薯可连植株基部挂在通风处或灶边熏烟，也可沙藏于甘薯窖中备用。零余子留种，可沙藏越冬。

（范双喜）

第六节　豆　　薯

豆薯为豆科（Leguminosae）豆薯属中能形成块根的栽培种，一年生或多年生缠绕性草质藤本植物。学名：*Pachyrhizus erosus*（L.）Urban.。别名：地瓜、凉薯、沙葛。以块根供食用。起源于墨西哥和中美洲，分布于热带美洲北纬 20°至南纬 20°地域，栽培历史久远。17 世纪末由西班牙人带到菲律宾，传到新加坡、印度尼西亚，不久后传到印度、泰国、缅甸、中国南部及台湾省，至今已在东南亚、太平洋地区得到了很好的发展（Sorensen，1990）。中国目前主要在台湾、广东、广西、贵州、云南、四川、湖北、湖南、江西等地栽培，长江下游很少栽培，华北没有栽培。豆薯块根富含糖分和蛋白质及丰富的维生素 C，可生食或熟食。块根成熟过程中糖分逐渐转化成淀粉，淀粉从 10%增至 22%，充分老熟后可加工制成沙葛粉，具有清凉去热等保健功效。此外，豆薯的块根还是良好的饲料。种子和茎叶含有鱼藤酮（$C_{23}H_{22}O_6$），对人畜有毒，可作杀虫剂。种子还含优质植物油近 30%，若能去除有毒成分（0.1%～1.0%），则有很大的开发利用潜力。

一、形态特征

豆薯为直根系，多须根，主根上端逐渐膨大为肥大块根，主根若受伤，较大的侧根可形成两个以上的小形块根。块根扁圆形或纺锤形，具纵沟，表皮黄色至褐色，内皮与肉均白色，皮极易撕离，肉质脆嫩多汁，主要由次生木质部薄壁细胞形成的次生形成层及三生形成层所分化的大量贮藏细胞所构成。

豆薯茎蔓长 2m 左右，坚韧，右旋缠绕，被黄褐色茸毛，每节发生侧蔓。三出复叶，互生，顶小叶菱形，侧小叶斜卵形，浓绿色，表面光滑，被疏毛，具托叶。总状花序，自第 5～6 叶腋开始抽生，以后各节叶腋连续发生，每花序有 20 余节，每节着花 2～4 朵，蝶形花，淡紫蓝色或白色。

荚果扁平，长 7～13cm，绿色，老熟后深褐色，密生锈色茸毛，内含种子 8～10 粒。种子扁平，近方形，褐色，千粒重200～250g，种皮坚硬，发芽较慢（图 10-15）。

图 10-15　古田锥状白地瓜（古田白地瓜）
（引自：《中国蔬菜品种志》，2001）

二、生长发育及对环境条件的要求

豆薯喜高温，在 30℃左右温度下，有利于种子发芽及茎叶花果和块根生长发育，在 25～30℃温度及强光照下有利于块根膨大，而开花结实则要求更高的温度。其块根产量的高低，特别是品质的优劣与栽培土壤关系密切。一般以风化较透、排水通畅、透气性良好的土壤为佳。豆薯尤喜黄壤土，如贵州省的黄泥沙土和四川省西部的老冲积黄壤所产豆薯形扁圆、皮光、色好、肉质细嫩多汁、味甜。若以新冲积的坝地或肥沃黑油沙土或过余黏重的土壤栽培，则将因土壤排水透气不好，枝叶徒长，而块根细长、皮带黑色，且质地粗老。由于豆薯根系强大、耐旱、耐瘠，故宁可在风化较透、土质含氮较少的土壤上加施肥料进行栽培，更能获得扁圆形优质块根。豆薯根瘤菌固氮能力较强，能给后作留下较丰富的氮素，但耗钾多，故不宜连作。

豆薯从播种至块根采收大致可分为 4 个时期：①发芽期，从播种至第 1 对真叶展开，经10～20d。在 30℃下发芽迅速，在较低温度下则易烂种。②幼苗期，从第 1 对真叶展开到幼苗有 4～5 片叶后开始抽蔓、继而茎叶开始倒伏，此期需经 1 个月左右。③发棵期，一般至 6 月下旬时随着气温升高，茎叶及根部进入旺盛生长，同化面积增长速度达峰值。④结薯期，重庆地区 7 月以后茎叶生长趋缓，块根形成并逐渐膨大，同时地上部开始开花结荚。此期侧蔓抽生、开花结荚与块根膨大之间易发生营养竞争，故必须采取抑制地上部生长发育的措施，才能促进块根的充分肥大。

三、类型及品种

豆薯的栽培种中以 *P. erosus*（称墨西哥豆薯）为最主要，次为 *P. tuberosus*（称马铃薯豆薯），分布于拉丁美洲。*P. erosus* 传入中国后，在中国经过约300 多年的自然环境的孕育和农艺选择已明显形成两个类型：

（一）块根扁圆形早熟种　生长期较短，仅 4～5 个月，植株生长势中等，叶片较小，开花结籽及块根成熟均较早。块根为扁圆或扁圆锥形，有纵沟 4～10 条，表皮浅黄色，重 250～500g，质地脆嫩多汁而甜，纤维少，适宜生食，也可炒食。主产于亚热带地区，但也适宜于热带栽培，主要分布在西南及长江中游地区，如广州、南宁、台湾省北部及南部。品种有贵州省的黄平地瓜，四川省的遂宁地瓜、成都市的牧马山地瓜，台湾省的马来种，广西壮族自治区的水东沙葛，广东省的顺德沙葛等。

（二）块根纺锤形晚熟种　更喜温热环境，植株生长势强，分枝更多，茎蔓更长，叶片较大，生长期长达 5～6 个月，种子成熟需 7～8 个月，温热不够，常不易获得成熟种子。块根纺锤形或长圆锥形，有深褶，表皮厚，深褐色，纤维较多，淀粉含量高，水分少，生食品质较差，适于加工制葛粉。主产于广东、广西、台湾省南部等近北回归线的热带地域。品种有广东省湛江及台湾省高雄等地的纺锤形豆薯。

四、栽培技术

（一）品种选择　凡高温季节不很长的地区，土壤为黄壤，适合栽培扁圆形早熟种豆薯，对品质要求较高者宜选用块根为扁圆类型的品种；凡高温季节很长的地区，土壤不适合种植扁圆形早熟种，对品质要求不高而要求高产或作葛粉加工者可栽培块根为纺锤形的晚熟品种。

（二）整地施基肥　栽培扁圆形品种若耕地太深，则肉质根易往下窜，易形成"长形根"，纤维增多，品质降低。一般以耕深 17～20cm 为宜，疏松土壤 13～17cm 即可。纺锤形品种则可稍深。南方夏秋季多雨，一般多作宽 1.3m、高 17～22cm 的高畦，山坡高燥之地可平畦栽培。豆薯栽培应着重施基肥，因追肥不当易造成块根黑皮。疏松土壤在耙平整地后施基肥，较黏重土壤需先晒土一段时间才施基肥。基肥要求有充足的钾、适量的氮、不缺磷，一般用量为草木灰 1 500kg/hm²、堆肥（沤制时加入缓效磷肥）加灰粪 22 000～30 000kg/hm²。

（三）播种及育苗栽植　播前应精选种子，选老熟饱满而新鲜者作种。豆薯生长期长，应尽量争取早播。为保证不烂种，以地温稳定在 15～20℃时播种为好。贵州、四川省一般在 4 月上中旬播种才能整齐出芽；广东、广西等地春暖较早，且无霜期长，一般早熟种可在 3 月、晚熟品种在 4～6 月播种。台湾省除在 3～4 月播种，9～11 月收获外，还可作水稻后作，于 7～8 月播种，12 月至翌年 2 月收获。西南地区及长江流域秋季秋雨绵绵，温度渐降，当温度降到 15℃、且日照减少时，块根便不能继续膨大，因此为争取早熟丰产，种子应进行浸种催芽，以缩减发芽期日数。一般可用温水浸种 5～6h，待种皮略皱缩后重新膨胀时转入 25～30℃温度下催芽，催芽期间每天用温水冲洗以防种子腐烂，待有半数种子出芽时即可播种。

在无霜期较短的地区，可提前用温床或薄膜覆盖冷床播种育苗，播后 15～20d、约有 2 片真叶时定植。定植时应注意将主根理直，以免影响块根膨大及块根的形状。

播种或栽苗距离：纺锤形品种或爬地栽培适宜行距为 33～40cm，株距 26～33cm；扁圆形品种可稍密植，行、株距各以 17～22cm 为好。一般采取错穴挖窝，每穴 1 株。云南、贵州等喜早收较小、较嫩的块根，一般均行密植。贵阳市多在畦上按 20cm 行距横向开浅沟进行条播，或按 17cm 株距播种 3 粒。播后以堆肥、草木灰、煤灰混合掩盖 4～6cm 厚。若盖土，则以掩住种子为度，不宜盖得太厚。用种量直播者为 30～38kg/hm²，催芽及育苗者只需 22～30kg/hm²。

（四）田间管理　出苗或移栽成活后，如有缺株，应立即补播或补栽。苗高 7cm 至侧蔓铺地之前要抓紧进行中耕除草。中耕宜浅，切忌伤根，不然易造成根部伤口。中耕时可结合进行培土，覆土厚 4～7cm，以免肉质根暴露土面、色泽变绿、品质下降。但培土切勿过深，不然块根易呈"长形根"，也会影响商品品质。密植者一般只拔草而不进行中耕。

在苗高 10～13cm、抽蔓时及摘心后，要分别追 3 次肥，留种地可在盛花期加追 1 次肥。豆薯追施氮肥宜少，以免引起徒长；还要特别注意追肥不能过晚，以免延迟块根膨大。豆薯固氮能力强，且需肥量并不很大，为防止伤根若基肥充足、配合恰当，则生产上一般不再追施肥料。

块根膨大时不能缺水，否则膨大缓慢，根形不正，根皮加厚，表面凸凹不平，木质化程度加重。水分过多、过少或不调匀时，则易发生块根破裂或呈葫芦形。

豆薯的茎叶生长、开花结荚与块根膨大三者之间的关系既相辅相成又有矛盾。为了使茎叶生长既能保证结荚留种，又能保证块根膨大，获得高产，生产上必须进行植株调整，包括摘心、摘侧蔓、除副芽等。由于各地气候及品种不同，摘心时间也有早有晚。据经验，一般 20 叶左右摘心比 17 叶摘心，表现为叶面积较大、生长势较旺，其收获期虽较晚，但产量可高出 10% 左右。但在广州，为了提早成熟，达到分期收获目的，多在 6～12 叶摘心；而在重庆栽培扁圆形遂宁地瓜品种必须在 7 月下旬摘心。豆薯侧蔓较多，育苗移栽者发生侧蔓更早，为减少养分消耗，应及早将侧蔓摘除，并同时将

叶腋中的1个主芽和2个侧芽全部除净，一般从6月下旬起进行2～3次即可。植株现蕾前后，若不进行留种，则应及早在各穗花序刚抽出时即行摘除或剪去。生产上为节省时间常采用有弹性的树枝或竹片打花，但必须注意不要伤及其茎叶。

留种植株在抽蔓后倒蔓时应及时支架，每穴1柱，独立或几柱缚在一起成架。

（五）病虫害防治 病害主要是豆薯青霉软腐病，病原：*Penicillium chrysogenum*。生长期零星发生。主要在贮藏期为害块根，在其表面产生不规则形凹陷斑，斑上初生灰白色。后为灰蓝色的霉状物。严重时病斑遍布，相互汇合，病薯软化腐烂。病菌普遍存在于土壤和贮藏环境中，可通过土壤、气流、农事操作、浇水等传播蔓延。在田间或贮藏期间，表皮受伤的薯块最易感病，条件适宜时，薯块表面遍生病斑，相互汇合而加速病情发展。贮藏期间高温、高湿有利于发病。防治方法：选择地势高燥的地块种植，注意防治地下害虫。避免贮运过程中薯块受伤，必要时可用特克多烟雾剂熏烟灭菌。贮藏期间注意通风降湿。

（六）采收及留种 豆薯播种后，一般经5～6个月，待肉质根已相当肥大、品质最好时采收。广东早、中熟品种在7～8月时采收，晚熟品种9～12月采收；长江流域及贵州等地早、中熟品种在9月采收，晚熟品种在10月采收。供生食者，采收过早，甜味不够，产量低；采收过晚，则水分含量增高，品质也降低。纺锤形大薯作加工用者应待充分成熟、淀粉含量达峰值时采收。豆薯块根受伤后极易腐烂，挖收时一定要小心，特别是收后要窖藏的，更应严防受伤，否则封窖后损失严重。

豆薯种子成熟过程缓慢，又需高温，开花后3个月种子才能成熟。种子发育与块根发育都需充足的营养，因此留种与采收块根会出现争肥的矛盾。生产上常对二者进行如下协调处理：①设专用留种地。凡无霜期不是很长的地区，如长江流域及云贵等地，只有早期开的花才可望种子成熟，这类地区应设专用留种地。栽培上需采取催芽育苗、立支柱、主蔓摘心、摘净侧蔓、疏花等一系列促进种子成熟的措施。一般在主蔓上入伏后开花的第6～9个花序、每花序留8～10节摘心。一个花序一般能结5～7个果荚，每荚有种子8粒，约可收种子900～1 000kg/hm²，并可收块根7 000～8 000kg/hm²。②爬地栽培兼收少量种子。每株主蔓下部留花序1～2个，每花序留3～4节，其余的花全部及早摘除。

广西、广东等地冬季温暖地区选优良块根作母株，留茎蔓3～6cm。早中熟品种于7～8月采收时随即定植，11月底开花，翌年1月收种子，产量500～600kg/hm²。晚熟品种在10～12月采收时选优良块根贮藏于甘薯窖中，翌年3月定植，精心管理，使植株健壮，开花早，结荚多，每株可收种子1.0～1.5kg。

（刘佩瑛）

第七节　葛

葛是豆科（Leguminosae）葛属中能形成块根的栽培种，为多年生缠绕性藤本植物。葛起源于亚洲东南部，在中国、日本及印度等国有较多栽培。其块根富含淀粉，可鲜食，也可糖渍或制粉。葛粉还具有清热等保健功效。茎叶可作饲料或绿肥，茎蔓纤维可做绳索或编织物。

一、形态特征

葛有吸收根及贮藏根。吸收根为须根。贮藏根长棒形或近纺锤形，肉质，表皮黄白色，有皱褶，肉白色。茎圆形，绿色，多侧枝，被黄褐色茸毛，右旋缠绕生长；老茎光滑，灰褐色。叶为三出复叶，具托叶。小叶绿色、膜质，阔菱形，侧生小叶宽卵形，全缘，被黄褐色茸毛。总状花序，花冠紫蓝色，子房无柄。荚果线状，膜质，被红褐色粗毛，含种子8～12粒（图10-16）。

二、生长发育对环境条件的要求

葛耐热，一般在15℃以上才开始生长，20～25℃时生长迅速，25～30℃有利于块根形成，但15～20℃适于淀粉等营养物质的积累。葛也是喜光作物，较强光照有利生长发育。葛耐旱，不抗涝，过湿则生育不良。对土壤要求不很严格，但在土层较厚、疏松、排水良好的土壤上生长良好。

葛生长期较长，240～300d。前期生长缓慢，主要是茎叶及吸收根的形成。中期茎叶迅速生长并开始形成块根。后期主要是块根的膨大和积累淀粉等营养物质。

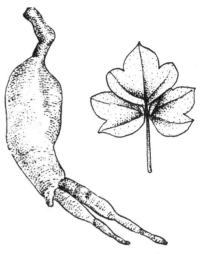

图10-16　广州细叶粉葛
（引自：《中国蔬菜品种志》，2001）

三、类型及品种

葛的块根可供食用的主要有3个种，即：葛（*Pueraria thomsonii* Benth.），分布在中国华南及西南地区，别名：粉葛；葛薯（*P. tuberosa* DC.），分布在日本及印度；葛藤 [*P. thunberginana* (Sieb. et Zuc.) Benth.]，分布在日本及美国东南部。

葛可分菜用及药用两个类型。前者块根分枝少，皮薄，纤维少，品质优；后者则分枝多，皮较厚，纤维也较多，产量高。中国栽培的菜用葛品种主要有：

1. 大叶粉葛（大藤葛）　主产广东省。叶片较大，块根长棒形，表皮皱褶多。单株有块根1～2条，重6～7kg。淀粉及纤维含量都较高。晚熟。适用于制粉。

2. 细叶粉葛（细藤葛、鸡颈葛）　主产广东省。叶片较小，浓绿色。块根近纺锤形，表皮皱褶少。单株有块根2～3条，重4～5kg。味甘，纤维少，品质优。早熟。适于鲜食。

3. 苍梧粉葛　主产广西壮族自治区。性状与细叶粉葛相近，但淀粉含量较高。单株产量3～4kg。

四、栽培技术

葛在中国南方多行露地栽培，由于生长期较长，通常一年种植1季（茬）。

葛的繁殖主要采用扦插育苗。其方法是冬季收获块根时，选生育良好的植株，采收中部粗壮蔓茎，剪成5cm长的插条，注意上端剪口离节稍远以保护腋芽。剪好的插条要浸水20～24d去胶。插条催芽的方法有二：①选排水良好的肥沃地块作苗床，扦插时插条腋芽向上，斜向密插于床土中，并用松土或细沙盖过茎节腋芽；②将插条平放湿沙中，一层沙一层插条，每层沙厚3cm，最后盖草保湿。催芽初期每周浇水1次，出芽后3～4d浇1次水，以保持湿润。此后经25～30d即可出芽。芽长2～3cm时便可定植。苗床插条密度较小的也可待苗高10～15cm时再定植。定植时期多在2～3月间。定植宜选沙壤或壤土地块，施足有机基肥，按1m左右的株行距堆筑土墩，直径20～30cm，高5～6cm，在墩上开小沟斜栽或平放带芽的插条，随即覆盖土或沙，至幼芽仍能露出时止。然后再盖草，以保持湿润。也可作宽3m（连沟）高畦，与姜、芋间作。定植后保持土壤湿润，及时追肥并清除侧蔓，在主蔓4～5节上留1～2条侧蔓。当蔓长30～35cm时，设高1.5m棚架引蔓。同时加强追肥、浇水、导蔓、除草等项管理，促进蔓叶旺盛生长。到7～8月，挖开植株基部泥土，露出块根头部让阳光照射、通风透气，俗称"晒头"或"阉根"，同时将多余的较细的块根及其吸收根清除，每

株留1~3个粗壮块根。覆土后要及时追肥浇水，促进块根生长。多雨季节，注意排水。采收前30d停止追肥浇水。

葛很少有病害发生。害虫主要有地老虎、蛴螬及葛蝉。其防治措施，应多采用轮作、冬耕、诱杀、捕捉等非药剂防治方法，以免造成污染。

块根的采收期因品种熟性早、晚不同而异。在广东、广西，一般早熟品种在10~12月间采收，而晚熟品种则在12月至翌年2月间采收。采收时一般是先清除蔓叶，然后刨取块根。其产量一般在15 000~25 000kg/hm²。

第八节　甘　露　子

甘露子是唇形科（Labiatae）水苏属中能形成念珠状地下块茎的栽培种，为多年生草本植物，多作一年生栽培。学名：*Stachys sieboldii* Miq.；别名：螺蛳菜、草石蚕、罗汉菜、地菜及宝塔菜等。以地下块茎供食用。原产中国北部，自古栽培，元·王祯《农书》（1313）已有甘露子的记载。17世纪末传入日本，1882年传入欧洲，1900年后传到北美。现中国各地都有零星种植。块茎肉质脆嫩，具有润肺益肾、滋阴补血之保健功效。多将其块茎腌渍供食用。

一、形态特征

根在土壤中分布较浅。茎有地上茎及地下茎两种。地上茎断面方形，有刺毛，分枝性强；地下茎又分匍匐茎及块茎。匍匐茎由地下主茎的节上发生，多横向生长，其上生不定根及枝芽。在适宜分株季节，匍匐茎枝芽可出土长成分株。至气候条件适宜块茎形成时，匍匐茎顶端膨大形成块茎。地下块茎有节，似蚕蛹，皮肉均为白色。叶对生，长卵圆形，绿色，叶缘具钝锯齿，叶柄极短。穗状花序，着生于主茎的中上部及侧茎的顶部，花呈四齿轮状排列，每轮有花4~6朵，花冠淡紫色，虫媒花。果实为小坚果，内含种子1粒。种子长卵圆形，黑色，无胚乳（图10-17）。

图10-17　山东地螺
（引自：《中国蔬菜品种志》，2001）

二、生长发育对环境条件的要求

甘露子为短日照作物，喜温暖湿润的气候条件，不耐高温和干旱，不耐霜冻。地温8℃以上时开始生长，20~24℃为茎叶生长的适宜温度，28℃左右时开花结籽。块茎的形成需要较低的温度。甘露子适宜湿润的土壤，但不耐雨涝。在阳光充足的条件下生长发育良好。对土壤要求不严。

三、类型及品种

甘露子除原有变种 *S. sieboldii* Miq. var. *sieboldii* 外，还有软毛变种（var. *malacotricha* Hand.）及近无毛变种（var. *glabrecens* C. Y. Wu）。其近缘种有少毛甘露子（*S. adulterina* Hemsl.）、蜗儿菜（*S. arrecta* L.）及地蚕（*S. geobombycis* C. Y. Wu），这些种及变种都能形成可食用的肉质块茎。有的著作也把地笋属的地笋（*Lycopus lucidus* Turcz.，别名地藕、银条）与甘露子并列在一起。有的还把地蚕及地藕作为草石蚕（甘露子）的两个类型。地蚕块茎节间较短，质地致密，品质优，产量较低；银条则相反，这与生产中实际存在的类型较一致，但生产上所称银条究竟是甘露子的一个类型，还是地笋属中的一个种，尚有待进一步调查研究。

甘露子的品种特性不很显著，往往是不同地区的类型和品种冠以地名而已。如江苏省扬州地蚕、扬州地藕，四川省的凉山地蚕，河南省的偃师银条，湖北省的荆门玉环等。

四、栽培技术

甘露子多采用露地栽培，因生长期较长，故均为一年种植1季（茬）。一般于土地解冻后播种，霜前收获。

甘露子在肥沃湿润的沙质壤土中产量高，品质好。整地时应施入足量有机肥作基肥，耕耘均匀后作平畦待播。

甘露子多以块茎作为播种材料。秋后收获时选择无病虫、生育正常的植株留种，温暖地区可就地越冬，严寒地区可在窖内沙藏越冬。春季终霜前后2～3d为播种适期。栽植密度为行距40～60cm，株距10～15cm，北方可稍密，南方宜稍稀。栽植时按行距开7～8cm深的播种沟，灌水后，按株距播栽经选择分级的块茎1枚，然后覆土，厚6～7cm。也可干播。还可栽植3～4cm高的幼苗。用种量270～370kg/hm^2。

出苗后宜多中耕，及时清除杂草，保持土壤见干见湿，雨季注意排水，视土壤肥力情况进行分期追肥。高温多雨季节要控制肥水，以防植株徒长。开花时应及时摘除花蕾及顶芽，以节约养分，促进块茎的形成及膨大。

甘露子很少病虫害，通常不进行药剂防治。

一般在地面封冻前，植株枯黄时收获。先清除地上部茎叶，趁土壤尚湿润时进行刨收。收获后在较低温度条件下清除伤残块茎，按大小分级包装，并尽快送市场或加工厂。

第九节 菊 芋

菊芋是菊科（Compositae）向日葵属中能形成地下块茎的栽培种，多年生草本植物，多作一年生栽培。学名：*Helianthus tuberosus* L.；别名：洋姜，以块茎供食用。原产北美洲。中国有少量栽培。块茎富含菊糖，可炒食或盐渍，也可制果糖或酒精。

一、形态特征

菊芋不定根发达。具有地上茎及地下茎。地上茎直立，断面圆形，高2～3m；地下茎多扁圆形，具不规则突起，皮淡黄褐色，肉白色，无周皮不耐贮运。叶互生，卵圆形，绿色，叶缘有锯齿。头状花序，舌状花或筒状花，黄色。瘦果，楔形，有毛（图10-18）。

二、生长发育对环境条件的要求

菊芋耐寒性强，块茎在7℃以上时芽开始萌动，幼苗能耐1～2℃低温，块茎在-25℃的冻土层中能安全越冬。菊芋茎叶生长的适温在20～25℃之间，18～22℃的温度及12h的

图10-18 新疆洋姜
（引自：《中国蔬菜品种志》，2001）

光照有利块茎形成。菊芋较耐旱，不耐涝。对光强及土壤的要求不严格。

三、类型及品种

关于菊芋类型及品种的研究极少，目前仅有黄皮块茎及白皮块茎之分。

四、栽培技术

菊芋多为一年一茬的露地栽培。菊芋在肥沃的沙壤土中生长良好，整地时应施入足量的有机肥作基肥，耕耙均匀后作平畦。留种的块茎一般可就地越冬，于翌春土壤解冻时采收，随即播种。栽植密度为行距 60cm，株距 40cm，多行开穴播栽，覆土厚 7～8cm。可湿播，也可干播。出苗后及时追肥浇水，中耕培土，并注意清除杂草。块茎形成后，除加强肥水管理外，同时要摘除花序，以节约营养。

菊芋很少有病虫害发生，一般不进行药剂防治。

菊芋在早霜来临、茎叶枯死后至土壤上冻前，可随时采收。在冬季土壤不结冰的地区，则可陆续采收到翌春块茎萌动前。

第十节　菜用土圞儿

土圞儿是豆科（Leguminosae）土圞儿属中的多年生蔓生草本植物，多作一年生栽培。土圞儿属约有 10 个种。中国有 6 个种，其中作蔬菜栽培的是土圞儿（*Apios fortunei* Maxim.）（《中国植物志》第 41 卷，1995），别名：香芋、美洲土圞儿等。菜用土圞儿以球形块根供食用。早在《救荒本草》（1406）中已有土圞儿的有关记载。现主要在上海及江苏等地栽培。块根清香，营养丰富，富含淀粉、蛋白质及多聚糖等，具有增强人体免疫功能等功效。可炖食、炒食，也可制淀粉。

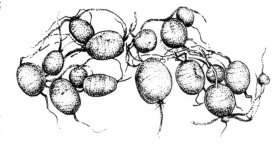

一、形态特征

菜用土圞儿根有吸收根及肉质根两种。肉质块根长 3～8cm，球形，皮黄褐色，肉白色，质地致密。茎蔓细，长 2 m 左右。叶互生，奇数羽状复叶。总状花序，蝶形花，花冠紫褐色，有香味，不结实（图 10-19）。

图 10-19　海门香芋（小土豆）
（引自：《中国蔬菜品种志》，2001）

二、生长发育对环境条件的要求

菜用土圞儿喜温暖不耐霜冻，遇霜冻后茎叶即枯萎，但在上海、江苏等冬季较温暖的地区，地下块根能在露地安全越冬；在高温干旱条件下则发育不良。菜用土圞儿不耐涝，在排水良好的沙壤土中生长发育良好。

三、类型及品种

按球形块根外皮的差异，可将菜用土圞儿分为粗皮和细皮两个类型。

四、栽培技术

目前菜用土圞儿的生产多为一年或二三年一茬的露地栽培。

选择适宜菜用土圞儿栽培的地块，结合整地施入足量的有机肥作基肥，耕耙均匀平整后，作宽2～3m 的高畦。春季地温回升后，按行距50～60cm，开5～6cm 深的播种沟，按15～20cm 的株距播栽1 个种块根。留种用的块根可就地越冬，一般都在播种前现刨收，但也可在冬前收刨，窖藏越冬。留种用块根收刨时都要留2 条侧根以利新块根形成。播栽后随即盖土或用腐熟细碎的堆肥覆盖，厚4～5cm。可湿播，也可干播。出苗后，加强追肥、浇水、中耕、除草等管理。待苗高12～15cm 时设竹竿支架，当茎蔓爬到架顶时摘心。

菜用土圞儿很少有病虫害发生，一般不进行药剂防治。

菜用土圞儿在植株枯萎后至翌春块根萌动前可随时刨收。也可在秋末冬初刨收，然后进行窖藏，以供随时上市。

（王贵臣）

第十一节　蕉　　芋

蕉芋是美人蕉科（Cannaceae）美人蕉属中的多年生草本植物。学名：*Canna edulis* Ker.；别名：蕉藕、姜芋、食用美人蕉、食用莲蕉等。以块茎供食用。原产南美安第斯山脉海拔 2 800m 地带，委内瑞拉和智利尚有野生种。16 世纪 70 年代欧洲已有栽培，1821 年传入日本，1948 年引入中国，目前福建、浙江、江西以及北京等地有零星、少量栽培。块茎含多种营养成分，尤其富含淀粉，含量可达 12％～14％，并具有清热、利湿，安神、降压等保健功效。可炒食、腌渍或加工制成淀粉和粉丝。蕉芋也可作庭园观赏栽培，其茎、叶还可作饲料或造纸原料。

一、形态特征

植株生长旺盛，高 2m 左右，易萌生分蘖。茎直立，粗壮，淡紫红色，断面扁圆形。每株有 30 个左右地下块茎，长圆形，肉质，有节，外皮黄色，肉白色，顶芽紫红色。叶长椭圆形，长 40～70cm、宽 20～40cm，叶面绿色，背面淡紫红色。总状花序，花红色，较疏散，单生，有时有分杈，基部具阔鞘。蒴果，瘤状，三瓣开裂，内含种子数十粒。

二、类型及品种

蕉芋少有品种，2001 年出版的《中国蔬菜品种志》也只录有一份品种，即武夷山芭蕉芋（图10 - 20）。该品种分蘖性强，单株肉质块茎重 2.7kg。晚熟、耐热，抗病，较耐旱，不耐涝。肉质块茎含水分多，不耐贮藏，品质较差。

三、生长发育对环境条件的要求

蕉芋喜高温，不耐霜冻，遇霜冻后茎叶即枯萎。用块茎作

图 10 - 20　武夷山芭蕉芋

（引自：《中国蔬菜品种志》，2001）

繁殖材料，温度在 18℃ 以上时发芽、出苗。茎叶生长最适温度为 30℃，块茎肥大期适温范围为 11～25℃。喜光。较耐旱，怕渍涝。要求肥沃、土层深厚的土壤。

四、栽培技术

　　蕉芋为多年生作物，但多作一年生蔬菜栽培。在华南各地冬季温暖地区，蕉芋地下块茎可在露地安全越冬，一般多在春季种植，秋冬季收获。华北地区因冬春季较寒冷，一般多在春季终霜后、气温稳定在 10℃ 以上时种植，晚秋、土壤封冻前收获。在冬季严寒地区，因无霜期短，虽也能在露地种植，但产量较低。

　　蕉芋多进行块茎繁殖，生产上通常采用小块茎直播或将块茎切成小块，每小块具 1～2 个芽眼，然后埋于洁净细河沙中，在 20℃ 温度下催芽，约经 2 周、芽长 4～5cm 时再取出播种。

　　选择适宜蕉芋栽培的地块，结合整地施入足量的有机肥作基肥，耕耙均匀整平后，作高畦或平畦。春季地温回升后，按行距 120cm 开沟播种，株距 50cm，种植密度每公顷 16 000～18 000 株。

　　蕉芋生长旺盛，需水量较大，但田间积水又容易因缺氧而引起烂根。故在茎叶旺盛生长期和块茎膨大期要注意经常浇水保持土壤湿润，雨季要注意及时排涝。施肥应侧重多施基肥，但也可在块茎膨大前中期酌情施 1～2 次追肥。此外，还要经常进行中耕除草，并同时进行 2～3 次培土。

　　蕉芋较少发生病虫害，一般不进行药剂防治。

　　蕉芋在植株枯萎后至土壤结冰前（冬季温暖地区最迟可延至翌春块根萌动前）可随时刨收。

　　留种的块茎，宜在阳光下晾晒 3～4d，然后在室内（或日光温室）背阴处整齐堆码、盖苫（覆盖草席）贮藏，贮藏温度最好保持在 3～5℃，不低于 0℃。翌春选形状周正、中等大小、无霉烂、无机械损伤、芽眼完好的块茎作种。

（王德槟）

（本章主编：屈冬玉）

◆ 主要参考文献

[1] 徐坤，卢育华．生姜优质高效栽培技术．郑州：河南科学技术出版社，2001
[2] 范国强，徐坤．生姜脱毒与高产栽培技术．北京：中国农业科技出版社，2000
[3] 徐坤．生长期长短对姜生长及产量的影响．中国蔬菜，1999 (4)：30～31
[4] 徐坤．生姜对氮磷钾吸收分配规律的研究．山东农业科学，1992 (3)：14～16
[5] 张谷曼，杨振华．中国芋染色体数目研究．园艺学报，1984，11 (3)：187～190
[6] 郑世发，赵应忠．通山多子芋生长动态与产量构成的初步观察．中国蔬菜，1985 (1)：17～19
[7] 姚源喜，李俊良，刘树堂，邓迎海，纪祥国．芋头（Colocasia esculenta Schott）吸收养分的特点及其分配规律的研究．土壤通报，1991，22 (2)：84～86
[8] 周素平，何玉科，李式军．芋侧球茎发生发育的形态学机理．西北植物学报，1999，19 (3)：408～414
[9] H. Yoshino, T. Ochiai and M. Tahara. Phylogenetic relationship between Colocasia and Alocasia based on moleculer teachniques. Ethnobotany and genetic diversity of Asian taro: focus on China (IPGRI)，1998：66～73
[10] ［日］冲增哲等编著．古明远译．魔芋科学．重庆：四川大学出版社，1990
[11] 刘佩瑛主编．魔芋学．北京：中国农业出版社，2004
[12] 杨代明，刘佩瑛．中国魔芋种植区划．西南农业大学学报．1990，12 (1)：1～7
[13] 张盛林，孙远明，刘佩瑛等．花魔芋切块栽培主要农艺措施的优化研究．见：园艺学进展．南京：东南大学出版社，1998
[14] 王晓峰，吴庭新，巩振辉．催芽、播种材料及施肥种类对魔芋产量的影响．中国蔬菜，1997 (4)：7～9
[15] 渡部弘三．コンニヤク安定多收の新技术．日本：农山渔村文化协会，昭和54
[16] 石正太等．长山药块茎膨大进程的初步研究．中国蔬菜，1996 (1)：29～31

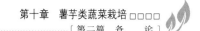

［17］卓立先等．山药高产配套栽培技术．中国蔬菜，1994（3）：44～45

［18］J. W. Purseglove. Tropical crops dicolyedone I. Second impression. Longmans. 1969：281～284

［19］黄新芳，柯卫东，叶元英等．多子芋叶柄及芽色的多样性及芋形观察．中国蔬菜，2002（6）：13～15

［20］金黎平，屈冬玉等．马铃薯优良品种及丰产栽培技术．北京：中国劳动社会保障出版社，2002

［21］中国科学院中国植物志编辑委员会．中国植物志（第六十六卷）．北京：科学出版社，1977

［22］吕佩珂，李明远，吴钜文等．中国蔬菜病虫原色图谱（第三版·无公害）．北京：中国农业出版社，2002

［23］郑建秋著．现代蔬菜病虫鉴别与防治手册．北京：中国农业出版社，2004

［24］秦厚国，叶正襄，黄水金等．不同寄主植物与斜纹夜蛾食性程度、生长发育及存活率的关系研究．中国生态农业学报，2004，12（2）：40～42

［25］范淑英，吴才君，蒋育华等．利用植物诱集防治斜纹夜蛾．中国蔬菜，2003（6）：33～34

第十一章

葱蒜类蔬菜栽培

葱蒜类蔬菜是中国栽培的重要蔬菜，主要包括韭、葱、洋葱、大蒜、薤等。此外，在中国少量栽培的还有上述葱蒜类蔬菜的类型、变种，及其他葱蒜类蔬菜，如根韭、楼葱、顶球洋葱、分蘖洋葱、韭葱、细香葱等。

多数学者认为葱蒜类蔬菜隶属于百合科葱属，少数学者则认为隶属于石蒜科葱属。J. G. Agardh (1972) 认为百合科的共同特征是无佛焰状总苞、子房上位，石蒜科的共同特征是具有佛焰状总苞、子房下位，而葱属植物的特征是具有佛焰状总苞、子房上位，既不同于百合科又不同于石蒜科的特征，应将葱属植物单独列成一科，命名为葱科（Alliaceae）。

葱蒜类蔬菜的根为弦线状的须根系。茎为短缩的茎盘，其上着生的叶分为叶身和叶鞘二部分，叶身扁平斜条形或圆筒形；管状叶鞘抱合成假茎，或基部显著增厚构成鳞茎。通过春化后茎盘上的叶芽分化成花芽，继而抽生出花茎，其顶端着生由佛焰状总苞包被的伞形花序或气生鳞茎。伞形花序由多个小花组成，小花具花被 6 枚，两性花，雄蕊 6 枚，雌蕊 1 枚，子房上位，3 室，每室具胚珠 2 枚，雄蕊先熟，异花授粉。果为蒴果。种子黑色。

葱蒜类蔬菜含有以多种烯丙基硫化物为主的挥发性物质，构成了特有的香辛味。这些物质除引发食欲外，还有杀灭和抑制某些对人体和植物有害的病原物的作用，因而对人类某些疾病有一定疗效，是植物栽培中的优良前作物。

葱蒜类蔬菜一般耐寒性较强而耐热性较弱，适于春秋季生长。大蒜、洋葱、胡葱等在夏季停止生长进入休眠；韭菜、大葱、分葱等虽能生长，但品质粗糙老化。绿体感应低温通过春化。适于疏松的土壤种植，忌湿涝。植株叶丛直立或半直立，适于密植。大蒜、胡葱、薤及分葱中一些品种的花器退化，不能正常结籽，需进行无性繁殖。种子寿短命，经两次越夏后种子活力显著降低。

第一节　韭

韭（韭菜）是百合科（Liliaceae）葱属中以嫩叶和柔嫩花茎为主要产品的多年生宿根草本植物。学名：*Allium tuberosum* Rottl. ex Spr.；别名：草钟乳、起阳草、懒人菜等。

韭起源于中国。公元前约 6 世纪中期成书的《诗经》上载有："四之日其蚤，献羔祭韭"之诗句，表明当时祭祀是用羊羔和韭作为祭品。汉·戴德传《夏小正》载："正月有囿韭"，说明早在 2 000 多年前，已将韭菜种在菜园中了。东汉·班固撰《汉书·召信臣传》（公元前 1 世纪后期）记载了汉代官府利用温室（暖房）"冬生葱韭菜茹"，说明汉代已有温室韭菜生产。9 世纪传入日本国，欧、美各国有少量栽培。

韭气味辛香，风味独特，营养成分丰富，深受消费者喜爱，其辛香气味主要是所含的挥发性硫化物——硫化丙烯 $\left[\left(CH_2CHCH_2\right)_2S\right]$ 所致，可增进食欲，并有一定药用价值。

一、生物学特性

（一）植物学特征

1. 根 韭菜根为弦线状的须根系，没有主侧根之分。主要根群分布于 30cm 耕层内，根系数量多，有 40 根左右，分为吸收根、半贮藏根和贮藏根 3 种，彼此形态与结构有明显差别。春季发生吸收根和半贮藏根，其上可发生侧根。秋季发生贮藏根，形态短粗而不具有侧根。

根着生于短缩茎基部，短缩茎为茎的盘状变态，下部生根，上部生叶。短缩茎上部靠近苗端的叶腋处能够发生分蘖，初期蘖芽包被于叶鞘中，后生长并突破叶鞘而发育成新的分蘖，分蘖基部又形成新的短缩茎，新的短缩茎位于原短缩茎之上方，所着生的根系也随之位于原有根系之上方。这样一来随着分蘖发生和生长，也不断有新生根系发生和生长，与此同时老的根系也不断死亡，结果导致根系在土壤中的位置不断上移，谓之"跳根"（图 11-1）。《齐民要术》一书中写到："畦欲极深，韭一剪，一加粪，又根性上跳，故须深也。"韭分蘖力强弱是影响跳根快慢的主要因素。分蘖力强的品种，根系上移较快。跳根的高度与定植深浅和施肥方式有关。栽得深者，一次跳根高度大；浅层施肥容易使根系上浮，加快韭菜跳根。韭每年跳根的高度，取决于每年分蘖次数和收割次数。如每年收割 4～5 次，则跳根高度为 1.5～2.0cm，可依此数据为每年培土的深度。韭根的上移，易使根状茎及根系外露，加速其衰亡，新根减少，吸收能力减弱，植株寿命缩短。

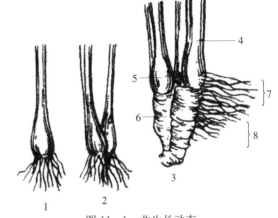

图 11-1 韭生长动态
1. 一年生苗，不分蘖 2. 一年生苗，分蘖 3. 多年生植株
4. 叶片 5. 鳞茎 6. 根状茎 7. 新根 8. 老根
（仿顾智章）

为避免和减弱因跳根对韭菜生长的影响，栽培上可采取以下措施：①选用分蘖力中等的品种，加大播种量，弥补分蘖力弱的不足；②对分蘖力强的品种，采用沟栽的方法，随着根系上移及时培土铺粪，防止根茎裸露；③增施基肥，深施追肥可延缓跳根速度，延长韭菜寿命。

2. 茎 韭的茎分为营养茎和花茎两种。一、二年生营养茎短缩变态成盘状，称为鳞茎盘。由于分蘖和跳根，短缩茎逐渐向地表伸延生长，平均每年伸长生长 1.0～2.0cm，鳞茎盘下方形成葫芦状的根状茎。根状茎是贮藏养分的重要器官，随着新的根状茎形成，2～3 年以上的老根状茎自行枯亡腐烂。韭的叶片直接着生于鳞茎盘上，基部叶鞘层层抱合形成假茎，假茎基部稍膨大为小鳞茎。

进入生殖生长期后，茎的顶芽在长日照条件下分化成花芽，花芽伸长生长成为细长的花茎，称作韭薹，顶端着生伞形花序，条件适宜时开花结实。

分蘖是韭菜生长的重要生物学特性。分蘖的多少与品种、自然条件、营养状况有关，也与播种密度、播种时间、收割次数、栽培管理水平和株龄等因素关系密切。一般地说，每年春夏生长旺盛时期分蘖也旺盛。2～4 年韭菜生长旺盛，分蘖也旺盛，以后分蘖能力逐渐衰退。

3. 叶 韭叶片簇生于短缩的鳞茎盘上，任其自然生长每棵韭可具有多片叶片，生产中的韭由于收割的关系，通常每株维持 5～9 片叶。叶片扁平带状，根据叶片宽窄可以将韭分为宽叶和窄叶两类。叶片长度受栽培条件和收割间隔时间影响，土壤肥沃，收割间隔时间长，叶片充分生长，长度可达 50cm 以上，一般产品长度多在 30cm 左右收割。韭叶片生长状态因品种而异，有直立性强的，也有直立性弱的，更有叶片先端向后翻转而成为钩状。叶片分生组织位于叶片基部，收割叶

片后，基部继续生长而形成新的叶片，故可多次收割。叶片表面覆有蜡粉，气孔陷入角质层中，属耐旱叶型。

叶片海绵组织和栅栏组织内分布许多乳汁器，含有硫化丙烯，是产生香辛气味的物质。乳汁器的多少与韭菜香味密切相关。从横截面积所占比例看，窄叶韭乳汁器多，香味浓郁；宽叶韭乳汁器少，香味清淡。叶片是产品器官，其质量优劣受栽培条件影响，高温、干旱、强光照及氮肥不足时，叶片容易老化，粗纤维增多，品质低下。

韭叶片分化速率和生长速率受品种和环境条件共同影响。每年春季月平均气温回升到5℃左右时，新叶也开始长出地面，抗寒品种叶片生长分化的时间长，不抗寒品种叶片生长分化的时间短。在日平均温度5～30℃范围内，叶片生长和分化与温度呈正相关。条件适宜时叶片每天伸长达2cm以上。因各地生长季节长短不一，不同地区韭菜每年发生叶片数量也不相同，一般情况下，叶片数量在30～50片之间，条件适宜时平均7～9d生长1片新叶，叶片的平均叶龄为40d左右。

秋末叶片干枯过程中，叶片所含养分转运到根状茎和鳞茎中贮藏。囤韭栽培就是利用这些营养来建造新叶片。

4. 花 韭长到一定大小在低温条件下通过春化，开始花芽分化，在高温长日照条件下抽生花薹，顶端着生锥形总苞包被的伞形花序，内有小花20～30朵。小花为两性花，花冠白色，花被片6片，雄蕊6枚，子房上位，异花授粉，虫媒花。

一般情况下，当年播种的韭因不具备通过春化所需的低温条件，不抽生花薹，特别是生长季节短的地区更是如此。生长季节长的地区，若播种期太早可能出现当年抽薹现象。

不同品种韭抽薹开花所需要的春化低温也有所不同。中原地区南部的品种如791、豫韭菜1号、平韭3号等，在3月以前播种，植株均可当年抽薹，播种期越早抽薹率越高。3月中旬播种，仅791抽极少的薹，4月播种则当年不能抽薹。因此，在韭育种或良种繁育工作中，欲收获种子，应尽早播种。以叶为产品的栽培中，应避免播种过早而造成当年抽薹开花，导致营养消耗而降低韭的产量。从次年起韭每年夏季都抽薹开花，适期拔除韭薹能提高韭产量。

5. 果实和种子 果实为蒴果，子房3室，每室内有胚珠两枚。果实成熟时开裂，种子散落，故应及时收获。成熟种子黑色，盾形，与其他葱蒜类蔬菜种子相比，种子表面皱纹细密，蜡质层较硬而坚实，不易透水，故发芽缓慢。千粒重4～6g。种子寿命1～2年，但使用寿命仅1年，生产上应注意使用贮藏期不超过1年的新种子。用陈旧种子播种，出苗率低，即使有些能够出土成苗，生长势也弱，生长不正常。但含水量低的种子贮藏寿命和使用寿命均可延长。低温冷冻干燥的种子含水量降到5.1%以下时，20℃条件下贮藏52个月，发芽率仍在77%以上。直观感觉上，新鲜种子颜色黑而鲜亮，有光泽；陈旧种子黑而暗淡，无光泽。

（二）对环境条件的要求

1. 温度 韭适应温度范围宽，耐低温但不耐高温，在冷凉气候条件下生长良好。地上部叶片能耐−5～−4℃低温，−7～−6℃才枯萎；地下根状茎可耐−40℃低温，故高寒地区种植可露地越冬，温暖地区正在生长的韭菜也能露地安全越冬。

种子在3～4℃时即可萌发，适宜发芽温度15～18℃。韭在春季温度达到2～3℃时便开始返青生长，生长适宜温度为12～23℃，超过25℃时生长几乎停顿。抽薹开花时要求较高的温度，种子成熟时则又要求温度低一些。

韭在较低适温范围内光合作用强，在5～23℃范围内，韭菜净光合速率基本相差无几，温度超过23℃时光合速率急剧下降，30℃时其光合速率下降50%。

在适宜温度范围内，生长速率与温度呈正相关，温度越高生长越快。春季露地韭从返青到第1次收割约需40d，而从第1次收割到第2次收割只需25d左右，第2次收割到第3次收割间隔时间更短。韭菜叶片中的粗纤维含量也与温度呈显著正相关，温度超过适宜温度时，生长很快，但由于粗纤维含量增加，品质明显降低。

温室囤韭和其他形式的韭黄栽培，是靠根状茎中所贮藏的养分转化形成叶片，温度高时营养运转、转化速率快，所以韭黄在30℃高温条件下栽培时生长仍然很快，品质也不降低。

2. 光照 韭菜在中等光照强度条件下生长良好，耐阴性强。光照太强，叶片纤维增多，叶肉组织粗硬，食用品质降低；光照太弱，同化产物和叶绿素少，生长缓慢，叶片小而且发黄，分蘖弱，产量低下。

据高志奎等（1992）测定，津南青韭光合作用的光补偿点较低，光饱和点为40k lx。韭菜光合速率日变化呈现为双峰曲线形，有明显的午休现象。上午光合作用明显，光合速率高，光合午休后虽然光合速率能够再出现一个高峰，但其光合速率也明显低于上午。

韭是长日照蔬菜，低温条件下通过春化后，只有在长日照条件下才能够开花结实。

3. 水分 韭根系吸收能力弱，土壤水分充足才能满足生长需要，然而根系又不耐涝。韭叶片具有旱生叶片特点，叶片狭长，叶面积小，表面角质层厚并具有蜡粉，气孔深陷，水分蒸发少。因此，在生长发育期间要求较低的空气湿度和较高的土壤湿度。适宜的空气相对湿度为60%～70%，土壤湿度为田间最大持水量的80%～90%。

4. 土壤营养 韭对不同质地的土壤适应能力强，在沙土、壤土和黏土中均可栽培。土层深厚、富含有机质，保水保肥能力强的壤土有利于优质高产。适宜的土壤pH为5.5～6.5。

韭能耐轻度土壤盐碱，但不同生长阶段耐盐碱能力有所不同。成株在土壤含盐量达2%时能正常生长，甚至含盐量在2.5%时也能有相当产量。幼苗耐盐碱能力不如成株，仅能在含盐量不超过1.5%的土壤中生长。因此，在盐碱地上栽培韭菜应另选好地育苗，然后移栽。

韭需肥量大，耐肥能力强。每1 000kg商品韭需3.69kg N，0.85kg P_2O_5和3.13kg K_2O。氮肥过多时会使韭的亚硝酸盐含量增高，在栽培过程中控制氮肥用量并注意平衡施肥具有重要意义。

不同生长时期和不同生长年限的韭吸肥量不同。一年生韭群体小，吸收肥料数量少；2～4年生的韭，生长旺盛分蘖强，产量也高，吸收肥料数量也多；5年以上的韭进入衰老阶段，吸收肥料数量相对减少，但为防止早衰，延长生长年限，维持韭继续高产，仍需注重施肥。春秋两季温和而凉爽的气候，韭菜生长旺盛，需肥量大，是施肥最佳时间。

（三）休眠 一般韭菜有明显的休眠特性，尤其是北方地区的农家品种。冬初当月平均气温降到2℃以下时，叶片和叶鞘中的养分开始回流，贮存到叶鞘基部、根状茎和根系之中，叶片逐渐枯萎，植株进入休眠状态。韭的休眠期长短在不同品种间有一定的差异，一般为15～20d。总的规律是北方品种休眠期较长，南方品种休眠期较短或无休眠期。李永华等（2002）对7个韭菜品种在不同的覆盖时期和栽培形式（塑料小棚、日光温室等）下的休眠特性进行了比较。从试验结果看，供试的7个品种可分为有休眠和无休眠两种类型（表11-1）。791、平韭4号、赛松、杭州雪韭、汉中冬韭等5个品种在适温条件下即可萌发，不受低温积累量满足与否的限制，在整个过程中均没有表现出休眠现象。平韭2号、独根红品种，如果刚开始感受低温未进入休眠前，立即给予合适的生长条件，也能生长，但萌发缓慢，生长不整齐；若感受一定的低温，但所需冷量没有满足，再给以适当的生长条件，其萌发较迟，随着处理时间延长，逐渐恢复正常生长；若低温积累满足后，给予合适生长条件，则能够整齐迅速萌发。

韭在长江以南地区四季露地周年均可栽种。在北方地区，为使韭能安全越冬，确保来年高产，在回根之前40d应停止收割，促进养分积累，同时浇足冻水，保持土壤墒情。在北方地区韭菜的保护地栽培中，覆盖时期尤为重要。由于各地保护地栽培韭菜的方式及上市时间、茬口安排的不同，因此应选择具不同休眠期的品种。如选用无休眠期类型的品种，各种栽培方式均可，保温性好的温室可以连茬栽培，合适的覆盖时期是当地的初霜期；如采用有休眠类型品种，则合适的覆盖时期应在当地日平均气温在1℃左右，地上部分开始返青时。

表 11-1　不同时期从露地移入室内后不同天数韭菜的株高

(李永华等，2002)

(单位：cm)

品　种	处理日期（月/日）	处理后天数（d）					
		7	14	21	28	35	45
791	11/15	11.34	21.00	28.02	32.20	—	—
	11/24	10.60	19.92	32.58	35.80	—	—
	12/5	9.24	20.50	29.32	31.40	—	—
	12/15	12.26	24.04	30.84	33.27	—	—
	12/25	13.86	25.32	30.22	34.34	—	—
平韭2号	11/15	2.32	6.48	7.48	8.44	18.88	23.38
	11/24	0	0	1.64	4.60	17.48	21.76
	12/5	0	6.94	15.70	20.66	23.04	—
	12/15	2.31	12.82	18.86	21.94	—	—
	12/25	5.30	18.14	29.96	29.20	—	—

注："—"表示当时已经收割。

（四）生长发育特性　韭是多年生蔬菜，播种1次可连续多年收获，4～5年内为健壮生长时期，此后便进入衰老时期，合理栽培其生长期可达10余年。一般情况下，一年生韭只进行营养生长，二年以上韭营养生长和生殖生长交替进行。

1. 营养生长期　从播种到花芽分化为营养生长期，可分为发芽期、幼苗期和营养生长盛期。

（1）发芽期　从播种到第1片真叶出土为发芽期。韭发芽缓慢，子叶出土困难，由于播种时间和栽培条件不同，一般需10～20d。因此播种深度、覆土厚度、保持土壤湿润，是顺利出苗的主要条件。

（2）幼苗期　从第1片真叶出土到具第5、6片叶为幼苗期，历时50～60d，5、6叶幼苗为定植适龄期。幼苗期以根系生长为主，但整个群体生长缓慢，在田间群落竞争中处于劣势，生长势不如杂草强。及时防除杂草，并加强追肥浇水，是促进幼苗生长的关键措施。

（3）营养生长盛期　从5、6叶到花芽分化前为营养生长盛期。定植缓苗后，植株生长旺盛，腋芽萌动形成分蘖，群体数量增多，应及时供应营养，满足植株生长要求并积累养分，为越冬和来年生长奠定良好基础。当气温降低到-6～-7℃时，叶片枯萎，叶片中营养转运到鳞茎和根茎中贮存，俗称"回根"，在"回根"前40d停止收割。以后每年春、秋温度适宜时，植株旺盛生长，均属于营养生长。

2. 生殖生长期　韭为绿体春化作物。植株长到一定大小，积累一定量营养物质后才能感受低温，低温条件下通过春化后于高温长日照条件下抽薹开花。一般情况下，北方3月底以后播种，当年并不抽薹开花，越冬后次年7月抽薹，8月开花，9月结实。以后只要满足低温长日照条件，均能抽薹开花。

二、类型及品种

（一）类型　中国栽培韭菜历史悠久，含两个种，即根韭（*Allium hookeri* Thwaites）和叶韭（*A. tuberosum* Rottl. ex Spr.），并形成了繁多的类型和品种。通常按照食用器官可分为根韭、叶韭、花（薹）韭和叶花兼用韭4种类型。

1. 根韭　别名：山韭菜、宽叶韭菜等，主要分布在中国云南、贵州、四川、西藏等省、自治区，云南省的保山、大理、腾冲，西藏错那等地区广为栽培。根韭在云南当地称为披菜，主要食用根。叶片宽厚，叶宽达 1～1.2cm，长 30cm 左右。每年虽能抽生花茎、开花，但花后不能结出种子。须根系，须根长约 30cm，贮藏营养物质而肉质化，可加工或煮食。花薹肥嫩，可炒食。无性繁殖，分蘖力强，生长势旺盛，对高温和低温适应能力差。云南省气候温和，容易栽培。

2. 叶韭　叶片宽厚、柔嫩，抽薹率低，以食叶片为主，薹也可供食用，但不是主要的栽培目的。一般栽培的韭多属于此种。

3. 花（薹）韭　产于甘肃、广东及台湾等省。叶片肥厚，短小，质地粗硬，形态与叶韭相同，但分蘖早，分蘖力强，抽薹率高，薹肥大柔嫩，是主要产品器官。

4. 叶花兼用韭　与叶韭、花韭同属一个种。叶片和花薹发育良好，均可食用，但以采食叶片为主，栽培十分普遍。按叶片宽窄可分为宽叶品种和窄叶品种。宽叶品种叶片宽厚肥大，假茎粗壮，品质柔嫩，香味较淡，容易倒伏。窄叶品种叶片狭长，叶色深绿，假茎细长，纤维含量稍多，直立性强，不易倒伏，气味浓郁。

（二）品种　韭的优良地方品种很多，近年来各地还选育出一批优良新品种。

1. 马蔺韭　北京地方品种，原产于内蒙古呼和浩特。叶片绿色，宽 0.38cm，纤维少，味浓，质佳。分蘖力弱，花茎少，抽薹晚，在北京不易留种。

2. 铁丝苗　又名红根，北京地方品种，初由河北省河间市引入。叶片狭窄，横断面呈三棱状，遇低温叶鞘基部呈紫红色，直径细，质较硬，故名铁丝苗。生长快，分蘖多，耐寒、耐热性强，适于露地密植栽培，也适于冬季温室囤韭。

3. 汉中冬韭　陕西汉中地方品种，北方各地都有栽培。叶片宽厚，叶色浅绿，较直立。假茎高而粗壮，横断面近圆形。耐寒性强，冬季枯萎晚，春季萌发早，生长快，产量高，品质柔嫩。适于露地和保护地栽培。

4. 791　河南省平顶山市农业科学研究所 1979 年育成的韭菜品种。叶片宽厚，假茎长而粗壮，直立性强，分蘖能力强，当地种植一年生植株分蘖可达 6 个。抗寒性强，生长速率快，产量高，品质鲜嫩。叶色稍浅，风味稍淡，春季萌发整齐度略差，适于露地和保护地栽培。

5. 雪韭　又名冬韭，杭州市地方品种。叶片宽大肥厚，假茎高而粗壮，分蘖能力强，直立性稍差。耐寒性强，冬季枯萎晚，春季萌发早，生长速率快，产量高，品质好。含水量多，叶片不耐碰撞挤压，运输过程中需注意保护，适于露地和保护地种植。

6. 阜丰 1 号　辽宁风沙地改良利用研究所 1989 年利用不育系育成的品种。叶片宽厚肥大，宽度可达 1.5cm，叶鞘粗壮，假茎高大直立，不易倒伏。分蘖能力强，抗寒性强，香味浓郁，品质优良。适于露地和保护地栽培。

7. 寿光马蔺韭　寿光地方品种，包括独根红、大青根、小根红等品系，其中以独根红为主要栽培品种。独根红植株高大，叶片宽厚，生长势强，质地柔嫩，分蘖能力较弱，抗寒力强，夏季抽薹早，适于保护地栽培。

8. 徐州薹韭　徐州市农家品种，分蘖能力强，花薹柔嫩，产量高，每年可多次抽生花薹，叶片肥大厚实，食用品质很好。

9. 年花韭菜　台湾省薹韭的代表品种。台湾省称为"韭菜花"。该品种是台湾彰化县农民江林海经单株选择而成。2003 年福建省闽南地区引进年花韭菜并试种成功。该品种形态与叶韭相同，叶鞘粗壮，叶色浓绿。分蘖力强，周年抽薹，薹直径 0.4～0.7cm，薹长 35～40cm，肥大柔嫩。

三、栽培季节和方式

韭对温度适应范围广，产品形成对光照要求不严格，中国各地都能栽培，而且栽培形式繁多。一

般于春季或秋季育苗，春季育苗在 7 月下旬至 8 月上旬定植，秋季育苗于次年 4 月下旬至 5 月上旬定植，多为穴植，具体栽植密度要视间作还是单作、分蘖力强弱和管理水平而定。秋季播种育苗者于次年 4 月定植，8、9 月份便可收割。同样，春季直播韭秋季可收割，秋季直播韭次年 3～4 月开始收割。春季播种或定植的韭，夏秋不收割，利用其根茎中贮藏养分进行冬季温室囤韭、阳畦盖韭方法生产韭黄，也可利用韭菜抗寒性强、耐弱光的特性在日光温室、塑料棚以及阳畦等保护设施内生产青韭、五色韭。冬季也是广东、广西韭菜软化栽培适宜季节。

四、栽培技术

中国南方和东北用高畦种植，华北多用平畦种植。由于气候条件和种植习惯不同，直播或育苗移栽均可。直播节省工作量，但占地时间长，苗期管理不便，易发生草荒，故难免有缺苗断条，难以全苗；用种量也大。育苗移栽虽费时费力，但节省种子，精细移栽可保全苗。移栽伤根，当年产量低一些，但因苗全，以后每年产量均高于直播韭。种植方式分为条栽和穴栽两种。

韭虽然可用分株方式繁殖，但繁殖系数低，植株生活力弱，生产上以使用种子繁殖为主。

（一）播种和育苗 无论南方或北方都在春或秋季直播或育苗。南方多采用育苗移栽。由于韭菜耐低温，春季播种可尽早播种，增加营养生长期，可提高产量，但也应避免播种过早而导致当年抽薹现象。

虽然韭对土壤适应性强，仍然应当选择土层深厚、土壤肥沃、保水保肥能力强、排灌方便的地块种植，最好是沙壤土。播种前施足基肥，尤其有机肥要充足。播种地块选非葱蒜类连作地块，施足有机肥，浅耕细耙。北方宜做成宽 1.6～1.7m 的平畦。

必须选用新种子作播种材料，可干种直播，也可催芽后播种。催芽方法是播种前 4～5d，用 20～30℃水浸种 24h，然后在 15～20℃条件下催芽，催芽过程中每天清洗种子 1 次，2～3d 后种子胚根显露即可播种。

由于种植习惯不同，各地播种量相差甚大，甚至相差数倍之多。直播时适宜播种量为 40～50kg/hm²，确保基本苗数不低于 300 万株/hm²。播种量太大，分蘖受到抑制，假茎细弱，叶片细长，植株易倒伏，生长年限短。播种量太少，虽然单株高大粗壮，而且有利于分蘖，随着生长群体密度会自然增加，但前期产量低。育苗地块适宜播种量为 60～75kg/hm²，所育幼苗可供 10 倍于育苗面积的地块种植。

育苗地块必须充足施肥，确保幼苗生长所需营养。通常施用腐熟优质圈肥 75～100t/hm²，过磷酸钙 750kg/hm²，尿素 150kg/hm²，将肥土混匀，整平畦面，浇足底水，待水渗后播种，覆土 1～2cm，用 30%的除草通 1 500ml/hm²加水稀释后喷洒畦面，然后及时覆盖地膜保温保墒。

育苗多用撒播，移栽则用条栽或穴栽，直播则用条播或穴播。条播将每条播种沟所需种子均匀撒播到沟内；条栽时则将幼苗一棵挨一棵地栽到沟内，由于分蘖，条带状韭行很快增宽。行距多为 25～30cm，肥沃地块行距宜大，瘠薄地块行距宜小。

穴播或穴栽行距为 25～30cm，穴距 12～25cm。穴栽时每穴内栽植幼苗 15 株左右，单位面积穴数少，每穴幼苗数量可多一些，反之，每穴幼苗数量可少一些。

韭菜幼苗出土慢，早春播种温度低时出土更慢，一般播种后 10～20d 出土。播种晚时温度升高，6～7d 幼苗出土。幼苗出土后，田间管理重点是防除杂草、追肥浇水和防治地下害虫。

（二）定植 除严寒酷暑季节外，随时都可以定植，具体时间取决于幼苗大小。一般株高 20cm 左右、5～6 片叶时为适宜定植的幼苗。北方地区秋季定植不宜过晚，否则定植后植株没有充分时间发根和积累养分，越冬困难。

定植时将幼苗按大小分级，分别定植。习惯上将幼苗剪根剪叶定植，一般留根 4～5cm，留叶

7～10cm。近年研究结果表明，移栽时幼苗不剪根叶比剪根叶缓苗快，定植后根叶生长量大。

（三）定植后当年管理 定植后主要管理措施是促进幼苗缓苗，即及时浇灌定植水、缓苗水，及时中耕，改善土壤通气性，促进生根长叶。以后保持土壤湿润，同时防除杂草。

高温多雨时期加强防涝，以免烂根死苗。秋季天气凉爽，是生长适宜季节，根系吸收量大，生长快，及时追肥浇水，促进生长及养分积累，能提高来年产量。追肥 3～4 次，每次追尿素 150～225kg/hm² 或硫酸铵 225～300kg/hm²；视土壤状况，每 7～10d 浇水一次。根据韭长势，秋季可收割1～2 次。

天气转凉时减少浇水，避免贪青。温度降到－5～－6 ℃韭地上部枯萎，被迫进入休眠。土壤封冻前浇灌冻水，在韭菜上覆盖一层土杂肥，对越冬防寒和来年返青都有很好的效果。

（四）第二年及以后的管理 第 2 年以后的韭称之为老根韭，可多次收割，每次收割后应及时补充肥力。

春季气温回升时韭返青，及时清除田间枯叶，行间中耕，保墒增温，促进生长。土壤湿度充足时第 1 次收割前不浇水，否则可于幼叶出土后适当少量浇水。以后每次收割后应追肥浇水。

夏季韭菜品质低劣，不宜收割。栽培管理上注意排水防涝，同时防倒伏、防腐烂、防病虫杂草。除留种株外，抽薹开花时及时拔除花薹，减少营养消耗。

秋季凉爽的气候有利韭生长，加强追肥浇水，保持土壤湿润，每 2 次水追肥 1 次。适时适量收割，既可获得产量又使根茎积累一定养分，为来年产量奠定基础，一般秋季可收割 2 次。温度降低后，减少浇水，防止植株贪青，影响养分向根状茎回流。

越冬前浇灌冻水，覆盖土杂肥，同时为适应韭菜"跳根"习性回填一层土，厚度 1～2cm，为新根上跳和生长创造条件。

（五）花（薹）韭栽培 花韭以韭薹为主要产品，可兼作韭黄或青韭栽培。花韭栽培要点如下：①选择抽薹早、韭薹产量高、品质优良的品种；②早育苗，早移栽，适当稀植，行距 30cm，株距 5cm，定植当年即可采收韭薹；③适当早采收，多采收。花韭具有早采收早抽薹、多采收多抽薹特性，适当早收和勤收为好。花韭可于 12 月上旬覆盖保护设施，当年花韭春节前只收割一次韭黄或青韭。多年生花韭春节前收割一次，春节后收割一次，即停止青韭收割；④停止青韭收割后继续保留覆盖设施防寒保温，促进生长，生长期间充足供应肥水，韭高 40cm 左右时及时支架防止倒伏；⑤采收韭薹。韭薹高 40～50cm 时，于清晨和傍晚韭薹脆嫩时采收。每 500g 左右捆成一把，每 6～9 把捆成一捆。

福建闽南地区花韭分株繁殖的一般在定植 70～80d 后，育苗移栽于定植 90～100d 后进入采收期，每隔 2～3d 采收 1 次，周年采收韭薹。2 月下旬至 6 月上旬产量最高，每公顷月产韭薹 13 500kg 左右，10 月中旬至 12 月上旬每公顷月产韭薹 9 000kg 左右，其余月份平均月产韭薹 3 000kg 左右。

五、病虫害防治

（一）主要病害防治 韭主要病害有疫病、灰霉病和锈病。

1. 韭菜疫病 病原：*Phytophthora nicotianae*。对根、茎、叶片、假茎和花薹等部位均可造成为害，尤以假茎和鳞茎受害严重。假茎受害后叶鞘易脱落；鳞茎受害后变褐腐烂，植株枯死。高温多雨季节有利疫病发生流行，低洼地块和排水不良地块发病严重。防治方法：①雨后及时排水；②与非葱蒜类蔬菜实行 2～3 年轮作；③化学防治，药剂有 72%杜邦克露可湿性粉剂 700 倍液，或 60%琥·乙膦铝可湿性粉剂 500 倍液，或 69%安克锰锌可湿性粉剂 1 000 倍液，或 72.2%普力克水剂 600 倍液，隔 10d 左右喷洒 1 次，连续防治 2～3 次。

2. 韭菜锈病 病原：*Puccinia allii*。锈病主要侵染叶片和花梗，在其表皮上产生橙黄色疱斑

（夏孢子堆），后期出现黑色小疱斑（冬孢子堆），严重时病斑布满叶片和花梗。一般春、秋季温暖高湿、露多雾大，或种植过密，偏施氮肥发生重。防治方法：①轮作；②合理密植，加强田间管理，雨后及时排水；③发病初期及时喷洒 15％三唑酮（粉锈宁）可湿性粉剂 1 500 倍液，或 20％三唑酮乳油 2 000 倍液，或 97％敌锈钠可湿性粉剂 300 倍液等，隔 10d 左右 1 次，防治 1～2 次。

3. 韭菜灰霉病　病原：*Botrytis squamosa*。主要为害叶片，多发生于保护地栽培中。防治方法参见保护地栽培部分内容。

（二）主要虫害防治

1. 韭菜迟眼蕈蚊（*Bradysia odoriphaga*）　其幼虫俗名韭蛆，为害假茎基部和根茎上端，易引起腐烂，地上韭叶枯黄而死。夏季幼虫侵入根茎，根茎腐烂而导致整株死亡。防治方法：①使用充分腐熟的农家肥做基肥；②在成虫羽化盛期喷洒 70％辛硫磷乳油 1 000 倍液，或 2.5％溴氰菊酯乳油 3 000倍液等杀灭成虫；③春季韭菜萌发前，剔除韭根茎周围土壤，晒根和晒土，经 5～6d 可将幼虫杀死。如选择多年没有种过韭的地块种植，自韭出苗后可覆盖防虫纱网栽培。在幼虫为害盛期，每公顷可用 50％辛硫磷乳油 15kg，或 20％吡·辛乳油 15kg，或 1.1％苦参碱粉剂 15～30kg，稀释 100倍，将喷雾器的喷头去掉后对准韭根喷施，然后浇水。

2. 韭萤叶甲（*Galeruca reichardti*）　防治方法参见第十二章大白菜黄曲条跳甲。

六、采　　收

韭叶片再生能力强，可多次收割。每次收割后，新叶片的生长和产量形成需消耗根茎养分，形成的新叶又可向根茎积累养分。收割次数多，则根茎营养消耗多而积累少，不利于以后韭生长与产量形成，而且容易早衰。一般第 1 年不收割，第 2 年以后每年收割 3～4 次。春季韭菜生长旺盛，效益又好，可收割 2～3 次；夏季韭菜品质低下，除采韭薹外不宜收割；秋季品质优良，但考虑到根茎需贮藏一定数量营养以利越冬和次年生长，以少收割为宜，一般收割 1 次。

韭菜株高 30cm 左右为适宜收割时期，过早收割产量低，过晚收割品质差。多于晴天清晨收割，产品鲜嫩。收割间隔期长短取决于气温和生长速率。气温高时 20d 就能收割 1 次，气温低时 40 多d才能收割 1 次。收割位置在小鳞茎上 3～4cm，收割位置太深，甚至伤及鳞茎，对以后生长不利，故农谚说："刀下留一寸，等于上茬粪"。但收割位置太浅则产量受影响。

七、采　　种

一般韭菜从第 2 年开始抽薹、开花、结籽。通常选用 3～4 年韭采种。采种田与生产田定期轮换，连年采种生长势难以恢复。原种田应当选择具有本品种特性、叶片数目多、分蘖能力强、生长苗壮的植株作种株。良种田应片选，淘汰劣株。韭是异花授粉结实，不同类型和品种的隔离距离为 1 000～2 000m。花薹变黄时清晨采收花球，晾干、脱粒。

（卢育华）

第二节　大　　葱

大葱是百合科（Liliaceae）葱属中以叶鞘组成的肥大假茎和嫩叶为产品的二、三年生草本植物。学名：*Allium fistulosum* L. var. *giganteum* Makino。中国古籍中记载的葱，包括大葱、分葱、胡葱和楼葱，历代栽培的葱主要是大葱，也称其为"木葱"和"汉葱"。大葱原产中国西部及相邻的中亚地区，是中国最早栽培利用的重要蔬菜作物之一。西汉·戴胜编辑《礼记·内侧》（公元前 1 世纪）

中已见著录。已失传、成书于汉代的《尹都尉书》中有《种葱篇》。崔寔撰《四民月令》（2世纪）中有："六月别大葱七月可种大小葱。夏葱曰小，冬葱曰大（此处曰为白，指葱白），……"的描述。元·王祯《农书》（1313年）详细介绍了当时栽培大葱的方法，其中开沟栽苗、大葱生长期间平沟培土等技术，至今仍在沿用。

大葱在中国南北均有栽培，而以淮河、秦岭以北最为普遍。山东、河北、河南、陕西、辽宁等省和京、津地区，是大葱的集中产区。

大葱生长对温度适应范围较广，易于多季节栽培。其幼苗可做"小葱"全株食用，长成大葱后，主要食用葱白（软化变白的假茎），冬季低温条件下的贮藏供应期长。因此，它在蔬菜周年供应中占有重要地位。

充分成长的大葱假茎营养丰富，具有辛香气味，能促进食欲，对心血管疾病有良好的保健和辅助医疗作用。现代医学研究证明，经常食用大葱能减少胆固醇在血管壁上的沉积，并能防止血液中纤维朊凝结发生血栓。

一、生物学特性

（一）植物学特征　充分成长的大葱，一般长100～150cm，单株鲜重200～400g。

1. 根　大葱的根白色，弦线状，侧根少而短。根的数量、长度和粗度，随植株发生总叶数的增多而不断增长。大葱发棵生长盛期，也是其根系最发达的时期，根数多达100条以上。

2. 茎　茎极度短缩呈球状或扁球状，上部着生多层管状叶鞘，下部密生须根。当苗端生长点分化为花芽后，会逐渐发育出花茎（葱薹）。大葱花茎粗壮，中空不分枝。

3. 叶　大葱的叶由叶身和叶鞘两部分组成。叶身长圆锥形，中空，绿色或深绿色。单个叶鞘为圆筒状。多层套生的叶鞘和其内部包裹着的4～6个尚未出鞘的幼叶，构成棍棒状假茎（俗称葱白）。

4. 花　花着生于花茎顶端，开花前，正在发育的伞形花序藏于总苞内。营养器官充分生长的葱株，一个花序有花400～500朵，多者800朵左右。两性花，异花授粉。每朵花有花被6片，雄蕊6枚，雌蕊成熟时，花柱长1cm左右。子房上位，3室，每室可结籽2粒。

5. 果实和种子　果实为蒴果，成熟时易开裂。种子盾形，种皮黑色，有不规则密皱纹。千粒重2.4～3.4g，一般为2.9g左右。

（二）对环境条件的要求　大葱对温度、光照、土壤水分和土质条件的适应性均较广。但只有在适宜环境条件下，才能产生优质高产的产品。

1. 温度　大葱生存温度在−20～45℃之间，能够进行有效生长的日平均温度范围为7～30℃，最适生长的日平均温度为13～25℃。不同生育阶段对最适温度的要求有所不同（表11-2）。

表11-2　大葱不同生育阶段的适宜温度［日平均气温（℃）］

（张世德，1982）

生育期	发芽出苗	幼苗和大葱旺盛生长		完成春化	生殖生长
		全株增重	叶鞘增重		
适宜温度	13～20	19～25	13～19	2～7	15～22

在日平均温度7～20℃范围内，大葱发芽出苗所需时间随温度增高而缩短。在19～25℃的温度条件下，全株重量增长最快。叶鞘积累养分的适宜温度为13～19℃，在高温条件下形成的假茎和绿叶品质均差。

大葱植株长出3叶以后，才能接受低温通过春化。春化最适温度2～7℃，完成春化时间7～10d。

大龄株通过春化所需低温时间较短。通过春化苗端分化为花芽后，葱株一生所能发生的总叶数即已确定。因此，在其营养生长过程中，接受低温通过春化时株龄的大小，决定个体发生总叶数多少和完成整个生育周期所需时间的长短（表 11-3）。

表 11-3　大葱不同株龄开始花芽分化对总叶数和生育周期的影响

（张世德、陈运起等，1982）

项　目	小株（幼苗）	半成株	成株（大葱）
从出苗到花芽分化所经有效生长（日均温 7℃ 以上）天数（d）	50～100	101～180	180 以上
苗端开始花芽分化时已长出叶鞘的总叶数（枚）	4～13	14～24	25 以上
一生中发生的总叶数（枚）	8～18	19～29	30 以上

2. 光照　大葱个体发育对日照时间反应呈中性。光照过弱，光合强度降低，影响营养物质合成和积累；光照过强，叶片老化，影响食用价值。只要通过低温春化，不论日照长短，都能正常抽薹开花。

3. 土壤　培育高产优质大葱，需要土层深厚、排水良好、富含有机质的壤土地。大葱对矿质营养的要求和各种叶菜类相同，对氮素营养的反应最为敏感。根据山东省农业科学院蔬菜研究所对章丘大葱的试验分析结果，土壤水解氮低于 60mg/L 时，施用速效氮肥增产显著。高产大葱发棵生长盛期，土壤水解氮应保持在 100mg/L 左右。大葱发棵生长盛期吸收氮的数量多于钾（N：K_2O＝1：0.9），进入假茎充实期，对钾的吸收量增加（N：K_2O＝1：1.2）。收获时，1 000kg 鲜大葱从土壤中吸收氮 2.7kg、五氧化二磷 0.5kg、氧化钾 3.3kg。发棵生长盛期和假茎充实期，土壤速效钾含量低于 120mg/L 时，补充钾肥对提高假茎产量和品质有良好作用。速效磷含量低于 20mg/L 时，需适量施用磷肥。适宜的土壤 pH 为 7～7.4。

4. 水分　大葱对土壤水分反应的特点是耐旱不耐涝。夏季葱田积水 1～2d，便会大量烂根死亡。幼苗和大葱旺盛发棵生长期间，要求土壤水分充足。在栽培中，定植前要控水蹲苗，定植后要控水促根。假茎充实期土壤水分不宜过湿和干旱。

（三）生长发育特性　大葱为二年生植物，从种子开始发芽到下一代种子成熟的整个生育周期，可分为营养生长和生殖生长两个时期。在营养生长期间，遇 2℃ 以下低温，可随时进入强制休眠状态，但无生理休眠表现。

1. 营养生长时期　从种子萌芽到植株开始花芽分化是大葱进行营养体生长的时期。此期不断更新其功能叶，植株个体的大小和重量不断增长。营养生长期间，苗端每 7～8d 分化出一个叶原基，在假茎内发育成幼叶。再依次从其相邻的外层叶鞘上破孔长出，形成新的功能叶。与此同时，外层叶的叶身和叶鞘以相近的速度依次衰老枯死。因此，在营养生长时间充足时大葱植株一生能发生 30 多个叶，但全株每个时期所能保留的有效功能叶数，最多 6～8个（图 11-2）。

整个营养生长时期，又可分为发芽

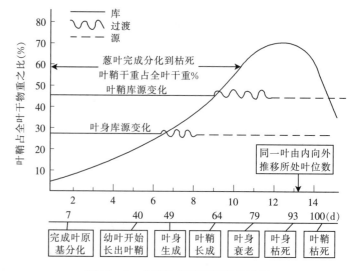

图 11-2　大葱叶器官库源变化进程

（张世德，1983）

期、幼苗期、发棵生长期。

（1）发芽期　从种子吸水胚芽萌动到子叶出土并直立，为发芽期。种胚萌动后，胚根突出种皮伸入土中，子叶随之伸长，细长的子叶从中部倒折，向上伸长。然后弯折的子叶逐渐伸直，称"直钩"，完成发芽过程。在适宜温度水分条件下，发芽期约为14d。

（2）幼苗期　从子叶直钩到定植为幼苗期。大葱幼苗期的长短决定于播种和栽植时间，无严格的形态和生理指标。在适宜密度和适宜温度及良好管理条件下，连续生长70～90d，单株苗重25～50g，可随时定植。秋播育苗时，整个幼苗期则先后经历冬前生长、冬季强制"休眠"和春季生长3个阶段。在中原地区，秋播苗的有效生长时间和冬季停止生长所占时间，共240～250d。

（3）发棵生长期　此期从定植到收获，依其生育特点和栽培条件的不同，可分为3个阶段。

缓苗阶段：葱苗已形成的根系，经移栽受损后，很难恢复其吸收功能，需长出新的根群，才能恢复正常生长。因此栽后缓苗期较长，一般需10～15d。如在初夏定植，缓苗后即进入日平均气温超过25℃的炎夏季节，大葱缓慢生长的时间可延续40～50d。此期全株的有效功能叶仅保留2～3个。

旺盛生长阶段：大葱缓苗后，在适宜温度和栽培管理下，进入旺盛生长阶段。此期葱叶的发生速度虽无明显变化，但功能叶的寿命延长，使有效功能叶增加到6～8个。栽培条件越好，每叶增重越大，叶鞘所占比重随之增加。葱株的最终高度和重量，是在这一阶段形成的（图11-3）。此阶段约为60d。

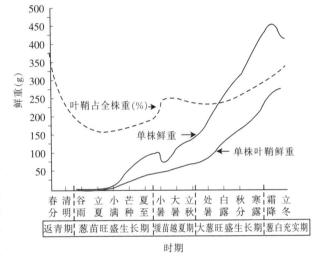

图11-3　中原地区秋播夏栽章丘大葱的生长动态
（张世德，1981）

葱白充实阶段：夏栽的大葱到晚秋遇到霜冻后，旺盛生长终止，此后苗端开始花芽分化，所有功能叶的叶身和假茎外层叶鞘的养分逐渐向内层叶鞘和幼叶转移，充实假茎。这一阶段葱株鲜重增加很少或不再增加，但假茎重量则不断增加，品质明显提高。此阶段30d左右。

2. 生殖生长时期　此期为从苗端分化成花芽，到种子成熟。可分三个时期：

（1）抽薹期　全株最后一个叶伸出叶鞘并长成功能叶，花茎即开始伸出叶鞘。花茎伸长至总苞破裂前为抽薹期。花序破苞前，主要进行花器官的发育。花薹也是大葱的重要同化器官，其光合强度高于同株功能叶的4倍左右。

（2）开花期　总苞破裂，花序上的小花，由中部向四周依次开放。每朵花期2～3d，整个花序的开花期因花序大小而不同，一般15d左右。天气高温干燥，会使花期变短。

（3）种子成熟期　小花从开花到该花所结种子成熟，需20～30d。高温天气能加快种子成熟，但种子饱满度较差。

二、类型及品种

（一）类型　关于大葱在植物学上的分类，目前中国一些著作看法并不一致：一是认为大葱是葱一个变种，学名：*Allium fistulosum* L. var. *giganteum* Makino；二是认为大葱是一个种，学名：*Allium fistulosum* L.。

大葱依假茎大小和形态特点，可分为长白型、短白型和鸡腿型3个品种类型；依分蘖习性不同，

可分为普通大葱和分蘖大葱。

（二）品种

1. 长白型品种　是假茎（俗称葱白）发育最高大的一类。相邻叶出叶孔（新叶从上一邻叶钻出之处）距离大，旺盛发棵生长期一般为 2～3cm。假茎长 40cm 以上，粗度均匀，长粗比大于 10。代表品种有章丘大葱（产地原称梧桐葱）、鳞棒葱、赤水孤葱、洛阳笨葱、北京高脚白等。该类品种需要良好的栽培条件和充足的生长时间，产量高，辛辣味轻而较甜，含水量较高，不耐贮藏。

（1）章丘大葱　山东省章丘市地方品种。株高 140cm 左右，开展度 35cm。管状叶较细，绿色，近直立。假茎长 60cm，横径 3～4cm，上下粗细均匀。花白色，一般单株重 250～350g。耐寒，耐贮藏，较耐热。抗病性一般，抗风力较差。辛辣味适中，生食品质佳。

（2）赤水孤葱　陕西省华县赤水镇农家品种。株高 90～100cm，开展度 30cm。叶粗管状，直立生长，深绿色，叶面蜡粉较少。假茎长 50～65cm，横茎 2.5～3.0cm。一般单株重 375g。耐寒、耐旱，耐热性中等，耐运输。抗病性强。葱白肉质细嫩，纤维少，略甜，辣味小。

（3）北京高脚白　北京郊区地方品种。株高 75～90cm，直立生长，开展度 30cm 左右。假茎长 40cm，横径约 3cm。一般单株重 250g。耐寒、耐热性较强，耐运输。葱白肉质细嫩，纤维少，略甜，辣味小。

2. 短白型品种　出叶孔距离较小，平均 2cm 以下。叶身和假茎都粗而短。假茎长粗比小于 10，上下粗度均匀或基部略粗于上部。该类品种叶身抗风力较强，不需深培土，较易栽培。代表品种有寿光八叶齐、天津五叶齐、西安竹节葱等。产量较高，较耐贮藏。生熟食皆宜。

（1）寿光八叶齐　山东省寿光市主栽品种。株高 100cm，开展度 45cm。管状叶粗，蜡粉多。假茎长 20～35cm，横茎 4～5cm。耐寒，抗风，适应性强，较抗紫斑病和病毒病。耐贮藏。辛辣味浓，品质好。

（2）通化小红皮葱　株高 70～75cm，开展度 20cm。叶粗管形，蜡粉多。假茎圆筒形，外皮带紫红色，长 15～18cm，横茎 2.6cm。一般单株重 150g。耐寒、耐旱、耐贮，辛辣味强。

3. 鸡腿型品种　该类型假茎长度与短白型相近，但假茎基部显著膨大，上部则明显细瘦，充分发育的假茎呈倒鸡腿形或基部呈蒜头形。该类品种假茎产量较低，但风味浓，宜熟食，耐贮性好。适合粗放栽培。代表品种有隆尧鸡腿葱、莱芜鸡腿葱等。

（1）隆尧鸡腿葱　河北省隆尧地方品种。株高 80～100cm，开展度 21cm，无分蘖。叶片粗管状，叶面蜡粉少。假茎短圆筒形，上粗下细，形似鸡腿，长 20～24cm，横径 5～6cm。须根极少。一般单株重 650g 左右。抗寒耐热。辛辣味浓。耐贮藏。

（2）银川大头葱　宁夏回族自治区银川市郊区地方品种。株高 60cm，开展度 28cm。叶粗管状，叶面蜡粉多。假茎鸡腿形，长 25cm，横径 4cm，辣味较浓，肉质细嫩，纤维少。

在大量的农家品种中，有许多形态介于长白和短白、长白和鸡腿、短白和鸡腿的中间型品种，不少中间型品种经济性状优良，成为当地主栽品种。

三、栽培季节和方式

中国各地利用不同品种、不同播期，可在露地条件下多季节种植和收获不同标准的大葱产品。加之冬季贮藏，可做到大葱周年供应。若配合简易设施栽培，则能在各季节生产众多的大葱产品。

（一）露地栽培　以露地栽培的冬用大葱为主。一般为秋季播种，翌年夏季定植，入冬前收获假茎粗大的大葱。中国北方是冬用大葱的产区，其栽培季节如表 11-4。所收获的产品经贮藏后可供应到翌年 3 月。

表 11－4　中国部分地区冬用大葱的栽培季节

(张世德，1982)

地　区	播　种　期	定　植　期	收　获　期
北　京	9 月中旬	翌年 6 月中旬至下旬	10 月下旬至 11 月上旬
哈尔滨	8 月下旬	翌年 6 月中旬	10 月上旬
长　春	9 月上旬	翌年 6 月中旬	10 月中旬
呼和浩特	9 月上旬	翌年 6 月中旬	10 月上旬
沈　阳	9 月中旬	翌年 6 月中旬	10 月中、下旬
乌鲁木齐	8 月下旬至 9 月上旬	翌年 6 月中旬	10 月中、下旬
太　原	9 月中旬	翌年 6 月中、下旬	10 月中、下旬
西　安	9 月底/3 月中旬	翌年 6 月下旬至 7 月上旬	10 月下旬至 11 月上旬
济　南	9 月底/3 月上旬	翌年 6 月下旬至 7 月上旬	11 月上、中旬
郑　州	9 月底/3 月上旬	翌年 6 月中、下旬	11 月中旬

此外，在中国北方的双主作区，还有春葱和夏葱两种栽培。春葱栽培是夏季播种育苗，秋季平畦穴栽，每穴 3～5 株或窄行浅沟栽，翌年 3～5 月从长出新叶到抽薹前陆续收获，俗称"羊角葱"。夏葱栽培是秋季播种育苗，翌年初夏定植，8～9 月收获。山东东部还有一种夏葱栽培方式是 8 月播种育苗，9 月下旬定植，翌年开始抽薹后摘除花薹，促使侧芽萌发并长成大葱，7～8 月收获。

（二）保护地栽培

1. 春葱栽培　夏季播种，秋季定植于塑料薄膜棚内，翌年 2 月下旬至 4 月陆续收获"羊角葱"。

山东鲁南地区于 9 月下旬露地播种，10 月下旬定植于塑料中棚内，翌年 3 月下旬开始收获大葱，单株重 200～300g。

2. 夏葱栽培　1～3 月日光温室播种育苗，4～5 月定植露地，7～8 月收获大葱。

四、栽培技术

大葱有多种不同标准的产品。其中以生产大葱长假茎产品周期最长，对栽培技术的要求也最严格。现重点介绍生产长假茎产品的秋冬用大葱栽培技术。

（一）耕作制度　大葱忌连作，通常与粮食作物实行 2 年以上的轮作。种植大葱要经过开沟定植、培土和收刨等作业，可加深熟土层；大葱根系分泌物对危害其他作物的土壤病原菌有抑制作用。因此，是多种蔬菜和粮棉作物的良好前茬。

（二）播种育苗　按轮作要求，选用土质疏松、肥力好的中性或微碱性壤土地育苗，是培育无病壮苗的重要条件。一般使用质量较好的原肥、厩肥或堆肥 22.5～30t/hm²。土壤速效磷低于 20mg/L 时，使用过磷酸钙 600kg/hm²。春播育苗时，最好在冬前施肥翻耕。

大葱育苗播种量因季节而异。春播使用发芽率 90％以上的优质种子 11kg/hm²；秋播幼苗越冬时会有部分被冻死，需增到 15kg/hm²。

播种方法有撒播和窄行条播两种。撒播法：平畦内先浇透底水，然后均匀撒种，再用过筛土全畦覆土，厚 1.5cm 左右。这种先浇水后播种的方法，可充分供给种子发芽所需水分，表土不板结，出苗整齐，成苗率高。也可先播种、覆土、踩实再浇水。条播法：畦内按 15cm 左右的行距开深（畦平面以下）2.0～3.0cm 的浅沟，种子均匀播于沟内，然后耧平畦面，种子埋入土中。墒情足时播后镇压接墒，如播种时墒情不足，播后要随即浇水。各种播种方法，在胚芽顶土出苗期，要采取保墒或浇水措施，保持地表润湿不板结，以便幼苗顺利出土。

秋播育苗者，冬前根据墒情浇水。秋旱天气需浇水 1～2 次。幼苗停止生长，土壤即将结冻前，要浇"冻水"。早春幼苗返青后进行间苗，日平均气温 13℃时，进行追肥浇水。

春播发芽出苗期间，覆盖地膜保墒增温，可提早出苗 3～7d，并可显著提高出苗率。但出苗后要及时撤除地膜。三叶期前间苗定苗，控水促根。进入三叶期后加强肥水管理，在施足基肥的条件下，育苗期追施一次速效氮肥（有效成分 100～120kg/hm²）即可。

适宜留苗密度为 140～160 株/m²，平均单株营养面积 60～70cm²。超过适宜密度，到定植时幼苗会徒长倒伏。

（三）定植 前茬作物收获后，经浅耙灭茬即可开沟栽植，葱沟（即葱行）南北向功能叶受光好。

葱沟的适宜间距和深浅，因所选品种特点和对产品标准的不同要求而定（表 11-5）。不论使用深沟或浅沟，根部适宜的入土深度为 7cm 左右。

表 11-5 不同大葱的产品标准和栽植要求
（张世德，1982）

品种类型	产品标准		栽植要求				干葱产量 (kg/hm²)
	单株鲜重（g）	葱白长度（cm）	行距（cm）	沟深（cm）*	株距（cm）	密度（万株/hm²）	
鸡腿类型	130～180	25～30	50～55	8～10	5～6	33～36	30 000～37 500
短白或长白类型	200～300	30～40	65～70	13～15	6～7	26～30	33 750～45 000
长白类型	300 以上	45 以上	75～80	18～20	6～7	20～22	37 500～45 000

* 沟深指地表以下的葱沟深度。

若开沟前不耕地，基肥要施入沟内。土壤有机质含量低于 1% 时，使用各种有机肥，有显著增产效果。含磷低的土壤可使用标准磷酸钙 375kg/hm²，与腐熟有机肥同时撒入沟内。刨松沟底（深 15cm 左右），使肥、土混合。

高温季节葱苗应随掘随栽，不宜长时间堆放。定植前把葱苗分为大、中、小三级，分别栽植。为防地下害虫和土传病害，可在栽前用杀虫杀菌药液浸根 5～10min（见病虫害防治）。

大葱定植有"排葱"法和"插葱"法。定植短白型和鸡腿型大葱品种，多采用排葱法。其栽法是：沿沟壁较陡的一侧按规定的株距排放葱苗，放苗时使根部入土 3～4cm 深，以便葱苗站稳。全沟排完后，进行覆土，用条镢从沟的另一侧中下部倒土，使 2/3 的假茎埋入土中（7～10cm），然后顺沟浇水。此法的优点是进度快，用工省。但培育出的葱白基部弯而不直。要培育葱白长而直的产品需用插葱法，其方法是：一手拿葱苗，一手握扁头木棍，用木棍下端压住葱根基部，垂直下插木棍，使葱根在沟底入土深 7cm 左右。先顺沟浇水后插葱，称"水插"；插栽前不浇水，插栽后再浇水称"干插"。

（四）定植后的田间管理 缓苗越夏阶段：定植初期正处高温多雨季节，管理重点是防雨涝保全苗，促发新根，及时恢复正常生长。做到葱沟排水畅通。浅锄除草保墒，此期不宜壅土，不需追肥。夏季蓟马、潜叶蝇等危害严重，要注意防治。

发棵生长阶段：日平均气温降到 25℃以下，葱苗已形成健全的新根后，进入旺盛的发棵生长阶段。最终产量的 70% 以上是在这一生长阶段形成的。主要的管理工作，也集中在这一阶段进行。

（1）追肥 大葱开始旺盛生长时，土壤水解氮 60mg/L 左右，基肥用量中等的葱田，适宜的追肥时间和指标大致如下：8月上、中旬平沟前第 1 次追肥（指中原地区）。沟侧撒施，用量折纯氮 45～60kg/hm²，然后壅土、平沟、浇水。9月上旬培土前第 2 次追肥。撒施于葱行两侧，用量折纯氮 60～75kg/hm²，然后中耕培土，浇透水。定植时葱行在沟内，经中耕壅土平沟和培土后，使葱行处在垄内。如有高效有机肥，宜在此次使用。9月下旬或 10 月上旬第 3 次追肥。撒施垄沟底部，用量折纯氮 45～60kg/hm²。如套种小麦，此次追肥要在小麦播种前进行。土壤速效钾含量低于 120mg/kg 时，第 2

次追肥应配用硫酸钾，一般用量 225～300kg/hm² （表 11 - 6）。

表 11 - 6　中等土壤肥力条件下大葱的施肥标准（kg/hm²）
（张世德，1982）

有效成分	基肥（圈肥或厩肥加过磷酸钙）	追肥（第1次追肥后，每20～25d一次）				合计有效成分用量
		第1次（化肥）	第2次		第3次（化肥）	
			优质有机肥	或用化肥		
N	75	45	75	(60)	45	225～240
P₂O₅	150		22.5			150～180
K₂O	75*		112.5*	(75)		150～195
折纯有机质	3 000		750			3 000～3 750

*　有机肥料中的 K_2O 为速效部分。

（2）浇水　定植后到假茎充分发育，不同阶段对土壤水分有不同要求。缓苗越夏阶段，大葱主要产区正处雨季，一般不需浇水。遇有大雨田间积水要及时排涝。进入 8 月天气转凉，开始旺盛生长后，要结合追肥培土充足浇水，每次追肥和培土后浇水 1～2 次。整个旺盛生长阶段（70d 左右），大葱根系集中分布层土壤相对湿度不低于 80%。如此时天气少雨而又浇水不足，会严重影响大葱生长速度和最终产量。

（3）培土　培土有软化假茎和防止高大葱棵倒伏的作用，是长假茎大葱的重要栽培管理措施之一。培土工作始于旺盛发棵生长之初，止于旺盛生长末。多结合追肥进行，一般分 3 次完成（图 11 - 4）。

入秋后葱棵旺盛生长期间，根据假茎高度适时培土。第 1 次是通过中耕把行间垄背两侧的土壅入葱沟内（俗称平沟）来完成。适宜平沟时间为 8 月上、中旬。9 月上旬第 2 次培土，从行间向葱行壅土，使定植时的葱沟变成葱垄。这时埋入土中的假茎长已达 30cm 左右。第 3 次培土在 10 月上、中旬进行。培土次数和每次培土高度，要根据假茎生长情况确定。每次培土深度都不要埋没出叶孔。长白

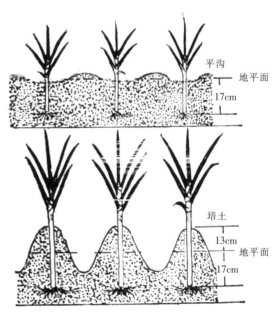

图 11 - 4　大葱培土示意图

型品种在良好栽培条件下，进行 3 次培土后，假茎入土深度可达 40cm 左右。

根据山东省农业科学院蔬菜研究所试验观察，大葱假茎的最终长度和重量决定于品种特性、营养生长时间长短及生长所处温度、光照、肥水条件和病虫害情况等综合因素。加深培土可使假茎软化部分加长，但对假茎总长度特别是对假茎重量并无显著影响。因此不强调多次培土和深培土措施。另外，每次培土都会不同程度地伤根伤叶，对生长速度有短期影响。所以培土次数过多不利于大葱高产。

山东青岛郊区有平畦定植、不培土生产冬用大葱的栽培方法。使用长白和短白的中间型品种，春播育苗，7 月上旬定植，行距 30～35cm，株距 10cm 左右，密度 30 万～37.5 万株/hm²。因植株田间分布合理、密度增加，大葱总产和假茎产量均高于沟栽培土大葱。假茎长度也不低于沟栽培土大葱。

畦栽大葱在收后假植贮存过程中进行软化。冬季假植软化 30d 以后，可达到生长期间培土软化的质量。生长后期，假茎长 35～40cm（包括地下 10cm 左右），总株高 90cm 左右。一般年份无严重倒伏，说明这是一种可行的栽培方法。

五、病虫害防治

（一）**主要病害防治** 为害大葱主要病害的发生和为害程度，与当年的气候条件和栽培制度密切相关。在正常气候下，严格区划和轮作栽培大葱很少发病。而在发棵生长期和采种期多雨高湿或多年重茬，则发病重，需及时进行药剂防治。

1. 大葱紫斑病 病原：*Alternaria porri*。主要为害叶和花梗，初呈白色小斑点，继而扩大成圆形或纺锤形凹陷斑。病斑由小到大，呈暗褐至暗紫色，并产生同心轮纹状黑色霉层。为害严重时，多个病斑连成一片，致全叶、整个花茎和花柄枯萎。夏秋季气温 20～30℃适合该病流行。防治方法：①实行 2 年以上轮作；②选用无病种子，必要时需经药剂或温水处理；③加强水肥管理，增强寄主抗病性；④发病初期可用 75％百菌清可湿性粉剂 500～600 倍液，或 50％异菌脲（扑海因）可湿性粉剂 1 500 倍液，或 64％噁霜锰锌（杀毒矾）可湿性粉剂 500 倍液，或 58％甲霜灵·锰锌可湿性粉剂 500 倍液等喷雾，每隔 7～10d 喷 1 次，连喷 3～4 次。

2. 大葱霜霉病 病原：*Peronospora schleidenii*。侵染葱叶、花茎和花柄，产生椭圆形淡黄色病斑，边缘不明显，湿度大时表面产生白色霉层，后期变为淡黄色或暗紫色。中下部叶片染病，病部以上渐干枯下垂，严重时枯黄凋萎。病原卵孢子在种子、土壤及病株残体上越冬。日平均气温 15℃左右和阴雨、高湿，为该病发生和流行季节。防治方法：可参照紫斑病；或发病初期喷施 75％百菌清可湿性粉剂 600 倍液，或 60％琥·乙膦铝可湿性粉剂 500 倍液，或 50％甲霜铜可湿性粉剂 800～1 000倍液等，隔 7～10d 喷 1 次，连续防治 2～3 次。

3. 大葱锈病 病原：*Puccinia allii*。该病在春秋多湿条件下发生，主要侵染绿叶和花茎。病部先出现白色小斑点，随后病斑凸起，呈橙色至褐色锈斑状，秋后疱斑变为黑褐色，破裂时散出暗褐色粉末。防治方法：发病初期可喷布 15％三唑酮（粉锈宁）可湿性粉剂 2 000～2 500 倍液，或 25％敌力脱乳油 3 000 倍液，或 50％萎锈灵乳油 700～800 倍液等药剂，7～10d 喷 1 次，连喷 2～3 次可控制病情发展。

4. 大葱病毒病 病原：Onion yellow dwarf virus，简称 OYDV。感病植株初期无明显症状，其后绿叶初呈淡绿短条斑，逐渐发展成多道黄绿相间的长条斑。严重时叶身皱折由圆变扁，新叶叶鞘伸长受阻，叶身短皱，各叶丛生，产量、品质和贮藏性都显著降低。目前尚无有效防治该病毒病的药物。主要采取大区轮作、精选葱秧、及时拔除中心病株、杀灭传毒蚜虫、蓟马等措施预防病毒侵染。

（二）**主要虫害防治** 大葱主要害虫有蓟马、葱斑潜叶蝇和葱种蝇等。偶有甜菜夜蛾和蛴螬、蝼蛄等地下害虫发生。

1. 烟（葱）蓟马（*Thrips tabaci*） 以成虫、若虫锉吸葱叶和花茎汁液，被刺伤口处产生灰白色条纹或斑点，严重时大量伤斑可连成一片，使叶片干枯。该虫在山东省年发生 6～10 代，春末到秋初为害最甚。干旱年份利于大发生。防治方法：①早春清洁田园、勤浇水和除草可减轻为害；②蓟马发生初盛期可全田（所有地面和葱株）喷布 50％乐果乳油 1 000 倍液，或 50％辛硫磷乳油 1 000 倍液，或 10％吡虫啉（一遍净）可湿性粉剂 2 000 倍液，或 40％七星保乳油 600～800 倍液等，每 10d 左右 1 次，视虫情确定喷药时间和次数。

2. 葱斑潜蝇（*Liriomyza chinensis*） 幼虫俗称叶蛆。山东省年发生 6～7 代，春、秋两季为害最重。成虫产卵于叶表皮下，孵化出幼虫潜食叶肉，使叶片布满迂回曲折的隧道和窄带状枯斑。虫口密度大时枯斑可连片致叶片枯萎，影响生长，并使葱叶丧失食用价值。防治方法：可在成虫盛发期和幼虫为害期施药，防治药剂同防治烟蓟马（吡虫啉除外）。

3. 葱地种蝇（*Delia antiqua*）　华北地区年发生 3～4 代。幼虫潜入土中，为害幼苗假茎基部，可造成鳞茎腐烂，叶片枯黄萎蔫，甚至成片死亡。防治方法：①均匀使用腐熟有机肥；②用糖醋毒液诱杀成虫；③成、幼虫发生期施药同韭蛆。

六、采　　收

冬季贮藏供应的大葱，要尽量延迟收刨时间。一般在土壤即将冻结前（中原地区 11 月上、中旬）收获。早收因贮藏前期气温较高，心叶还在生长。晚收，假茎易失水而松软，影响产量和质量。收获时 2～3 行大葱刨出后摊放 1 排，晾干假茎表皮，抖掉附着在假茎上的泥土，再进行贮运前整理。

秋季收获鲜葱上市 多为假茎和嫩叶兼用，对产品整理的要求是无残叶、老叶，留下长度不超过 0.5cm 的须根。按大小分成三级。长途运输的要装箱预冷，适宜贮藏温度为（3±2）℃。初冬收获贮藏后冬季上市的，需保持全株完整，不损伤绿叶，捆扎或排放在包装箱内。只以假茎做商品的，则在假茎以上 10cm 左右处切掉叶身，可用纸箱散装，也可捆扎装袋短期贮运。计划贮藏期超过 30d，收刨后剔除残病株打捆竖立排放阴冷处，利用冬季自然低温贮藏在－3～－1℃的温度下，使假茎始终保持轻度冻结状态，长期贮藏效果最好。切忌反复解冻与冻结。贮藏 30～40d 时，假茎商品量为收刨时鲜葱重量的 65% 左右。

七、采　　种

用苗期通过春化的种株采种，称小株采种；用充分发棵长成大型葱株后通过春化的种株采种，称成株采种；用葱株营养生长时间和个体大小介于以上两者之间时通过春化的种株采种称半成株采种。普通大葱不同株龄种株生长状态和采种能力见表 11-7。

表 11-7　大葱不同株龄种株营养生长和采种比较

通过春化时的株龄	标准播种时间（月/日）	种株有效营养生长时间（d）	可发生总叶数（个/株）	冬前种株鲜重（g/株）	单株（单花球）现蕾数（个）	单株结籽数（粒）	种子千粒重（g）	单株采种量（g）
小　株	9/5	60	10	1.1	100.1	175	3.3	0.58
半成株	6/20	130	20	75	273.0	631	3.1	1.96
成　株	3/15	220	29	260	453.5	1 173	2.9	3.40

注：供试品种为章丘大葱；可发生总叶数包括形成花芽前分化的全部幼叶。

大葱充分完成发棵生长，各种经济性状才能完全表现出来。因此，只有进行成株选种和采种，才能保持品种种性。但用成龄种株采种，常因病害严重，种子产量低而不稳。且培育种株周期长，成本高。已被广泛应用的"成株选种繁殖原种，半成株繁殖生产用种"的大葱定型品种种子生产规程，既可保持种性，又能降低种子生产成本。

（1）成株原种繁育　用种性优良的种子播种建立选种田，收获前田间初选，收获后复选种株。入选的基本标准是具有本品种特征特性，无病害。原原种选种，可采用集团采种，单株收种，株系比较。为防止生物学混杂，可用防虫网棚隔离生产原种。如开放采种，与大葱的其他采种田需有 1 000m 以上的空间隔离距离。

种株收获后，随即整株栽到原种田越冬，也可贮藏到第 2 年春土壤解冻后及时栽植。冬前栽植的种株，春季能及时发根返青，长势较好，采种量较多。春季栽植虽采种量较低，但栽前可对种株再次选择，淘汰有病株和贮藏性差的种株，提高选种效果。成龄种株适宜栽植密度为 50cm× 8cm（25 株/m²）。开沟栽植随即培土成小垄，假茎在垄内入土深 25cm 左右。冬前整株栽的长白型种株，春季返青前，要从地面以上 5～7cm 处，剪掉上部干枯的假茎。春栽的在栽前切除 30cm 以上的枯软假茎，以便花茎顺利伸长。成龄种株采种期间，对土壤矿质养分吸收量较少，栽植时使用速效基肥，开花后期追肥一次即可。抽薹期适当控制浇水，避免花茎徒长。开花期和种子成熟期保持土壤水分充足。

（2）半成株繁殖生产用种　用当年收获的原种及早播种。适宜留苗密度为 120～150 株/m²，苗期管理除间苗、追肥、防治病虫外，主要是除草防涝育成壮苗。9 月中下旬定植。

为防采种期花茎倒伏，宜开沟栽植种株。沟（行）距 50cm 左右，株距视种株大小而定。单株重 30～40g 的种株，株距 4cm 左右为宜。越冬前平沟并培成低垄，除基肥外应在返青后和开花期各追肥 1 次，每次用 N∶P∶K＝15∶10∶15 的复合肥 225～300kg/hm²。正常年份大葱半成株采种的种子产量一般为 900～1 200kg/hm²。

（张世德）

第三节　洋　　葱

洋葱是百合科（Liliaceae）葱属中以肉质鳞茎为产品的二年生草本植物。学名：*Allium cepa* L.，别名：葱头、圆葱。起源于中亚，伊朗、阿富汗北部及俄罗斯中亚地区有近缘野生种分布；近东和地中海沿岸为第二原产地。一般认为，中国关于洋葱的记载，首见于清·吴震方《岭南杂记》（18 世纪），先由欧洲引种澳门，然后再引种广东。但据元朝天历三年（1330）忽思慧撰写的《飲饍正要》，除有葱、蒜、韭外，还有和洋葱极为相似的回回葱。另据张平真（2002）考证："起源于中亚地区的洋葱，早在丝绸之路开通以后就曾多次引入我国，从元代的文献资料中可以得到证实：在公元 13 世纪初叶的宋元年间，当时被称为回回葱的洋葱就已经随着蒙古帝国的征战活动，从中亚地区引入我国北方地区，这比目前的传统提法至少提前了 600 年。"

洋葱含有植物杀菌素（S-甲基半胱氨酸亚砜和 SH-丙基半胱氨酸亚砜），还含有前列腺素样物质及激活血溶纤维蛋白活性的成分。这些物质均有舒张血管、降脂、降压的作用。但过多食用会使红细胞受到破坏。

洋葱可以较长时间贮存，耐远途运输，除内销外，还是向日本、东南亚和俄罗斯出口的主要蔬菜。洋葱生产成本低，病虫害较少且适应性强，可以和粮、棉间作，如与大麦、豌豆间作，对大麦黑穗病和豌豆黑斑病有抑制效果。是茄科、葫芦科和十字花科蔬菜轮作、倒茬的理想作物。

一、生物学特性

（一）植物学特征

1. 根　由于原产地春季融雪后土壤湿润，从而形成分布较浅的弦状根，纵（深）向和横向扩展范围 30～40cm，主要分布在 20cm 的表土层。但在疏松深厚的土壤中最长的弦状根能达 50～60cm。

2. 叶　包括叶身、叶鞘两部分。叶身圆筒状，中空，色深绿，表面被覆蜡粉，腹面有明显的凹沟，是幼苗区别于大葱的形态标志。叶鞘闭合形成的假茎部分多为白绿色，构成鳞茎部分如下所述，形态变化较大。

3. 鳞茎　是洋葱的产品器官，由肥厚的叶鞘基部抱合而成。鳞茎为圆、扁圆或长椭圆形，外皮革质，紫红、黄或白色。鳞茎基部呈圆盘状的鳞茎盘（茎盘）才是真正的茎部。鳞茎的基本结构如图11-5。

洋葱叶鞘基部在未膨大生长时鳞茎盘上只有一个芽（即主芽，包括鳞片和苗端），但当鳞茎膨大生长后，鳞芽也继续生长，并进行分化形成2个以上的侧芽，在商品鳞茎形成期一般不再继续伸出叶片。

鳞茎由肥厚的鳞片（叶鞘基部）和鳞芽组成，因此叶鞘的数目、增厚的程度和鳞芽的多少，直接决定鳞茎的大小和重量。但目前为提高鳞茎脱水加工产品的质量和数量，要求仅有1个鳞芽的品种，这将给育种工作提出新课题。

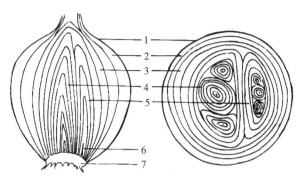

图11-5　贮藏后的洋葱鳞茎（红叶3号）
1. 保护叶（膜质鳞片）　2. 有鞘肥厚叶（开放性肉质鳞片）
3. 贮藏叶（闭合性肉质鳞片）　4. 主芽　5. 侧芽
6. 萌芽叶（鳞芽）　7. 鳞茎盘
（安志信，2001）

4. 花、果实和种子　鳞茎经过休眠后于翌年抽薹开花。每个鳞茎的抽薹数取决于其包含的鳞芽数。抽薹后花茎顶端着生一个由总苞包被的伞形花序，其上着生200～800朵小花。小花有花被片6枚，雄蕊6枚，中央着生雌蕊，子房上位，3室，每室有2个胚珠，子房基部有蜜腺。异花授粉。果实为蒴果，内含6粒种子。种子盾形，断面为三角形，外皮黑色、坚硬、多皱。千粒重3～4g。

（二）对环境条件的要求

1. 温度　洋葱为耐寒性蔬菜。种子发芽的最低温度为4℃，最高温度为33℃，适宜温度为12～25℃。幼苗期生长适温为12～20℃，但幼苗抗寒性强，能忍耐-7～-6℃的低温。植株旺长期以20℃左右为宜，如超过25℃则生长不良。根系在低于5℃时基本停止生长，其适温范围比地上部稍低，土壤温度在26℃以上有促使根系老化的作用。有的品种鳞茎肥大生长期之前，在对日照感应期间要求具备15～25℃的温度条件才有利于以后鳞茎肥大生长。鳞茎肥大生长期所要求的温度差异较大，短日型早熟品种，鳞茎肥大生长适宜温度为15～20℃；长日型中晚熟品种，鳞茎肥大生长期则需20～26℃。

采收后的鳞茎对温度的适应范围很广，在度过生理休眠期后，强迫休眠期的温度界限为不高于3℃或不低于26℃。

洋葱属于绿体春化型作物，在幼苗长到一定大小后再受到一定低温（2～10℃）才通过春化阶段。但通过春化阶段所需日数在不同品种间差异较大。

2. 光照　洋葱种子在发芽过程中不需要光照。鳞茎肥大生长对日照长度的要求：长日品种需13.5～15h，短日品种则需11.5～13h。另外，也有一些品种在形成鳞茎时对日照要求并不十分严格。一般北方品种大多属于长日型晚熟品种，南方品种大多为短日型早熟品种，故引种时必须注意。例如天津的大水桃和荸荠扁是长日型品种，引种到重庆、上海等地常因日照长度不足而减产。

洋葱在生育期间适宜中等光照强度，适宜光照度2万～4万lx。

3. 水分　洋葱在发芽期、植株旺长期和鳞茎肥大生长期需要充足的水分。秋季定植后应适当控水，但在越冬前要浇足冻水以利越冬保苗。采收前1～2周应停止供水，促使进入生理休眠，提高耐贮性。

4. 土壤和营养　洋葱对环境条件的适应性很强，对土壤质地要求不严、若土壤质地比较黏重对根系生长不利，但鳞茎质地紧密；疏松的沙质土壤利于根系延伸生长，但保水保肥力弱。早熟栽培宜选用沙质土；如经贮藏后再供应则宜选用壤土或黏质壤土。洋葱对土壤酸碱度的适应范围为pH6～8，但幼苗期对盐碱反应敏感。

洋葱育苗应增施磷、钾肥而适当控制氮肥。洋葱形成1 000kg商品需要氮2.37kg、磷0.7kg、钾

4.1kg。洋葱栽培需要土壤提供养分的浓度高，以适应其短期速生的需要，当土壤肥力不足时，即应适当追肥。

（三）生长发育特性　洋葱从种子萌发到开花结实，根据生长发育过程结合耕作管理，可以分为以下几个时期：

1. 发芽期　种子从萌发到出土后子叶伸直为发芽期。在这时期内需要适当的温度和水分（土壤含水量大于10%，土壤温度20℃），保证早出苗，出齐苗。历时10～15d。

2. 幼苗期　从子叶伸直到4叶1心时为幼苗期。此期第1～4片真叶陆续伸出，需温和的气候、适当的土壤湿度和较强的阳光，以及较丰富的营养等。历时45～50d。

3. 植株旺长期　也可称为叶生长期，即从定植后长出4～5片叶至叶鞘基部逐渐增厚，鳞茎开始膨大，并以纵向生长为主，形成小鳞茎，历时40～45d。

4. 鳞茎膨大期　经过植株旺长期长出最末一片真叶后，便进入鳞茎膨大期。北方是在长日照和高温条件下，鳞茎不断肥大生长，当充分肥大生长后部分叶片变黄，假茎松软而倒伏，生理活动也随之迟滞，行将进入收获期。如果地上部分长势过旺，假茎部（俗称"脖子"）过粗，则将造成"贪青"，则会推迟鳞茎膨大期的到来。历时40～50d。

5. 休眠期　收获后进行干燥处理可强使鳞茎迅速进入生理休眠。生理休眠期的长短因品种、鳞茎成熟度和所处环境温度等条件而异，一般为60～70d。这种特性是在原产地夏季高温干旱条件下形成的。在贮藏过程中采取控温、控湿等措施，使其在解除生理休眠后，即进入强迫休眠状态，可以延长贮藏时间和保证商品质量。

6. 生殖生长期　作为采种的鳞茎，在秋季或早春定植后，在长日照条件下抽薹、开花和结实，从而完成其整个生育周期。

洋葱生长发育过程中各部分重量变化见图11-6。

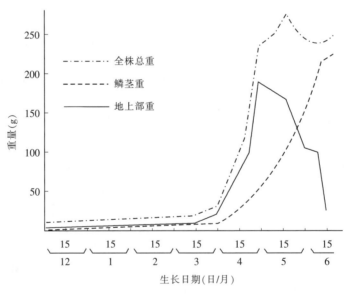

图11-6　洋葱（红伟）生长发育过程中各部分重量变化
（赵荣琛，1957）

（四）未熟抽薹问题　洋葱以鳞茎为产品，在产品器官形成之前，过早地满足其春化条件，诱导花芽分化，抽生花薹，这一现象叫做未熟抽薹，或先期抽薹。洋葱属绿体春化作物，通过春化除要求低温外，植株必须达到一定的生理年龄，具有一定的营养积累。低温是诱导洋葱花芽分化的主导因子，一般认为10℃比0～5℃的低温效果更为显著。洋葱的抽薹与品种、播种季节、幼苗大小和肥、水管理、日照条件等有非常密切的关系。

防止洋葱未熟抽薹的途径：

1. 选择抽薹迟的品种　对春化条件要求不严（冬性弱）的品种，播种稍微早一些，容易先期抽薹；而要求严（冬性强）的品种，即使秋播稍微早一些，亦很少抽薹，如江南一带栽培的红皮洋葱就比白皮洋葱先期抽薹少些。

2. 选择适宜播种期　适当的选择播种期，是防止洋葱先期抽薹的最有效的措施。长江中、下游地区不能早于 9 月下旬播种。如果秋播过早，在越冬前幼苗已经达到能通过春化阶段的大小，则第 2 年就会未熟抽薹。如播种适时，幼苗较小，次年春不会发生先期抽薹。

3. 定植时幼苗的大小　如果定植时期早，气温尚高，幼苗便可以达到通过春化阶段的大小，导致抽薹。定植时幼苗的大小标准一般以幼苗假茎直径的大小为准，但同时要考虑整株苗的大小及叶的生长量。在定植时应选苗分级，淘汰幼苗直径在 0.5cm 以下的小苗和茎粗超过 0.8cm 的大苗，选用茎粗在 0.5～0.8cm 之间的秧苗定植，这样可能会有少数抽薹。

4. 苗期的肥水管理　洋葱在越冬前如施肥过多，幼苗生长旺盛，亦会导致先期抽薹。但如果后期肥水不足，幼苗营养不良，致使植物体的碳水化合物的积累比氮化合物更快更多，则会使花芽分化，以至先期抽薹。在栽培上，于入冬前不宜施肥过多，次年春再加强肥水管理。对较大的幼苗要控制肥水。

如遇到冬暖或者倒春寒的天气，则容易发生先期抽薹。

二、类型及品种

（一）类型　栽培洋葱有普通洋葱（*Allium cepa* L.）及其 2 个变种即分蘖洋葱（*Allium cepa* L. var. *aggregatum* G. Don）、顶球洋葱（*Allium cepa* L. var. *viviparum* Metz.）。

1. 普通洋葱　每株形成 1 个肥大的鳞茎，品质好，产量高，耐寒性较强，以种子繁殖，栽培广泛。鳞茎颜色有紫红、铜黄、淡黄及白色，鳞茎形状有扁圆形、圆球形、椭圆形。按其鳞茎膨大对日照条件的要求分为长日型、短日型、中日型 3 个生态型。

长日型品种每天需要 14h 以上的日照才能形成鳞茎，适于东北各地种植，纬度在北纬 35°～40° 以北地区，多为晚熟性品种。早春播种或定植（用鳞茎小球），秋季收获。

短日型品种每天仅需 11.5～13h 的日照，适于长江以南、纬度在北纬 32°～35° 地区种植。大多秋季播种，春夏收获。

中日型品种适于长江及黄河流域种植，在北纬 32°～40° 之间。一般秋季播种，第 2 年晚春或初夏收获。

（1）红皮洋葱　鳞茎圆球形或扁圆形，外皮紫红至粉红，肉色微红。含水量稍高，辛辣味较强。丰产，耐贮性稍差。多为中、晚熟种。

（2）黄皮洋葱　鳞茎扁圆、圆球或椭圆形，外皮铜黄或淡黄色。味甜而辛辣，品质佳，耐贮藏，产量稍低。多为中、晚熟种。

（3）白皮洋葱　鳞茎较小，多为扁圆形，外皮白绿至微绿。肉质柔嫩，品质佳，宜加工成脱水菜。产量低，抗病性弱，多为早熟种。

2. 分蘖洋葱　分蘖洋葱（图 11-7）每株分蘖成多个至 10 多个大小不规则的鳞茎。鳞茎铜黄色，品质差，产量低，耐贮藏。植株抗寒性极强，很少开花结果，多用分蘖小鳞茎繁殖。近年在黑龙江等省仍有栽培，产品销往东南亚国家。品种有阿城紫皮等。

3. 顶球洋葱　顶球洋葱（图 11-8）通常不开花结实，在花茎上形成 7～8 至 10 多个气生鳞茎。用气生鳞茎繁殖，无须育苗。耐贮性和耐寒性强，适于严寒地区种植。可供加工腌制。

图 11 - 7　分蘖洋葱
（赵荣琛，1958）

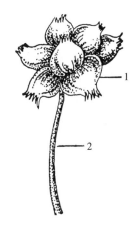

图 11 - 8　顶球洋葱
1. 小鳞茎　2. 花茎
（赵荣琛，1958）

（二）品种

1. 熊岳圆葱　由辽宁省熊岳农业专科学校于 1982 年育成。株高 70～80cm，成株功能叶 8～9 片。鳞茎扁圆形，纵径 4～6cm，横径 6～8cm，外皮橙黄色半革质，单个鳞茎重 130～160g。抗逆性强，不易早抽薹。

2. 南京黄皮　南京农家品种。鳞茎扁圆球形，单个重 200～300g。鳞茎肉质白色致密，味甜，品质佳。产量高，耐贮藏。

3. 福建黄皮　在福建省漳州市已有 20 多年的栽培历史。株高约 60cm。鳞茎外皮半革质棕黄色，肉质鳞片白色，横径 8～8.5cm、纵径 8～9.5cm，单个球重 300g 以上。系中晚熟短日型品种。

4. PS - 303　台湾凤山热带植物园艺试验分所育成的杂交品种。株型直立，适于密植。鳞茎皮黄色，圆形，底部稍尖，球形中、大，适于外销。极耐运输，抗紫斑病。

5. 紫星　由河北省邯郸市农业科学研究所育成。株高 75cm，功能叶 9～11 片。鳞茎扁圆形，横径 8～9cm，纵径 6～7cm，外皮深紫红色，肉质鳞片白色，单个球平均重 250g 左右，大者可达 400g。中抗紫斑病。

6. 新疆白皮　地方品种，主栽区为石河子。株高 60cm 左右，成株有功能叶 13～14 片。鳞茎扁圆，纵径 5cm，横径 7cm，单球重 150g。早熟，休眠期短。

7. 江苏白皮　系江苏省扬州市地方品种。株高 60cm 以上。鳞茎扁圆形，纵径 6～7cm，横径约 9cm，外皮半革质黄白色，肉质鳞片白色内有鳞芽 2～4 个，单个重 100～150g。适于生食和脱水干制。

8. 系选美白　系天津市农业科学院蔬菜研究所从美国引进的白皮洋葱经过 5 代系统选择而成。其抗寒性、耐贮性、对盐碱土壤的适应性及在不易早期抽薹方面均高于原品种。属于长日型品种。株高 60cm 左右，成株有功能叶 9～10 片。鳞茎圆球形，横径 10cm 左右，外皮膜质白色，肉质鳞片纯白色、坚实，单个平均重 250g 以上。

其他品种如台湾凤山热带植物园艺试验分所 1995 年公布推荐的 PS - 505、PS - 606 均为短日型杂交品种；中国西南地区从美国引进的金矿、太阳属于短日型冬栽中熟品种。另外，日本的红叶 3 号杂交品种在山东济南、潍坊种植，属于中日型品种；磐石杂交品种属于长日型品种；KF - 931 系日本金子种苗有限公司选育的长日型杂交品种。以上品种多以出口外销为主。

三、栽培季节和方式

（一）育苗移栽　这种方式应用范围最广。在无霜期少于 200d，冬季比较寒冷的东北地区，于早秋播种，幼苗贮藏越冬或进行保护地播种育苗，春季定植，夏末或早秋收获。华北地区在夏末秋初进行露地育苗，通过贮藏后于翌年早春定植，夏收。在无霜期不少于 200d，冬季绝对最低温度在 −20℃以上的华北中南部、华东和华中地区多采取秋季露地育苗，冬前定植到露地越冬，或在苗床越冬后早春定植。冬季温暖，全年基本无霜的广东、广西、云南南部等地则晚秋育苗，定植后在冬季继续生长，翌年春季收获。

（二）直播栽培　在宁夏、甘肃和新疆部分地区采取直播方式者宜选择沙壤土或壤土。秋耕、冬灌后早春耙地保墒，播种前结合犁地普施基肥。在春分前后（新疆在 3 月底至 4 月中旬）按行距 15cm 条播，每公顷播种量 15kg 左右。当生有 2～3 片真叶时进行间苗补苗。在 5 月底或 6 月初按 13～15cm 株距进行定苗。除草、保墒是生产关键，一般中耕 6～7 次。5 月中旬开始浇水并追施氮素化肥，7 月中旬控水蹲苗 10～15d。此后加强肥水管理，收获前半个月停止浇水。在 9 月田间出现倒伏时收获。

（三）仔球栽培　在高寒地区和南方亚热带地区为了避开严寒或台风袭击，或是为提早收获带叶上市而采用的一种特殊方式。

高寒地区多在春季旬平均温度 10℃以上时在露地播种，采用条播或撒播，播种量控制在每 100m² 0.7～0.8kg。在长出第 1～2 片真叶后，按 16～22cm² 的营养面积进行间（定）苗。当幼苗长有两枚真叶时酌量追施氮素化肥或磷酸二氢钾。当幼苗长有 5～6 片真叶，小鳞茎横径 1.5～3cm 时为收获适期。收获后的小鳞茎已充分干燥时才能贮藏，贮藏期间要防止受热、受冻。翌年早春土壤解冻后定植。

南方地区在 2 月下旬至 3 月上旬利用塑料薄膜小棚育苗，每公顷大田约需 600m² 苗床。如不用小棚则在 10 月上旬播种。播种后土温保持在 10～18℃，7～10d 即可拱土。利用小棚育苗需注意预防立枯病，小棚育苗出土前内部气温不宜超过 30℃，出苗后白天掌握在 15～20℃。若最低温度低于 10℃应加强夜间保温，白天高于 25℃要及时通风。幼苗长有 1～2 片真叶时结合间苗进行除草，并使营养面积保持在 12～15cm²。以 3 叶期株高 10cm 及 4 叶期株高 20～30cm 为基准，在此期间可酌量追肥。当仔球直径达到 1.5～1.8cm，叶鞘已软时即可收获。为防止越冬期间腐烂，可在收获前喷洒 50％苯菌灵 1 000 倍稀释液或 50％克菌丹 800 倍稀释液。收获后仔球在田间晒干，再每 20～30 个捆扎成把吊在屋檐下或置于其他通风的场所以备日后定植。

四、栽培技术

（一）育苗

1. 露地育苗

（1）播种前的准备工作　为确保秧苗的数量和质量，在播种前要先做发芽试验。如发芽率低于 70％则需酌情增加播种量。在正常情况下，100m² 的育苗床播种量为 0.6～0.7kg；育苗床面积为栽培面积的 1/15 左右。

洋葱种子在发芽时子叶生长缓慢，且出土比较困难，所以应选择土壤疏松、肥沃且保水性强，在 2～3 年内没有种植过葱蒜类蔬菜的地块，切忌在低洼易涝处进行育苗。

综合有关洋葱育苗肥效实验对氮、磷、钾的需要量，每 100m² 苗床含氮（全氮）1.45～1.60kg，磷（P_2O_5）1.16～1.51kg，钾（K_2O）0.84～1.64kg。一般每 100m² 苗床施用充分腐熟、细碎的农家肥 300kg。

种子置于 50℃温水中浸泡 3～5h，浸种后在 20～25℃条件下催芽，在催芽过程中每天要用清水淘洗 1 次，当种子露白时及时播种。

（2）适期播种　播种适期既要使幼苗越冬有足够生长日数，长成足够大小的幼苗而又不致使幼苗

超过绿体春化所必需的临界大小。一般品种以具有 3~4 片叶，苗高 18~24cm，假茎横径 0.6cm 左右，翌春未熟抽薹率 5% 以下的幼苗为宜。以华北地区为例，露地播种适期大致在 8 月下旬至 9 月上旬。播种过早容易发生早期抽薹，过晚越冬能力降低，产量也低。

（3）播种方法　只要底墒好，播种量适当，采用条播或撒播，对秧苗素质没有明显的影响。

（4）整地育苗和越冬管理　播种后为保墒畦面覆盖的苇帘、遮阳网在种子开始出土时于下午撤除。如果是用芦苇、秸秆等遮荫，可由密变疏分 2~3 次撤除。

当长出第一片真叶后适当控水，已长有两片真叶，结合浇水追施氮素化肥，一般每 100m² 施硫酸铵 3.4~5.1kg 或尿素 1.7~2.5kg。追肥前结合除草进行间苗。

幼苗如在苗床越冬，应在封冻前浇灌一次冻水，水层深度不低于 2cm，次日在育苗畦内覆盖约 1cm 厚的细土以免发生龟裂。此后随着天气的变冷再分次覆盖碎稻草或豆类作物的碎叶等，厚度为 10~15cm，翌年春季转暖再将覆盖物取出，幼苗便重新萌发以备定植。另外，也可在浇冻水后用旧塑料薄膜覆盖畦面，并将四周用土封严。

冬季比较寒冷的地方也可将幼苗起出，捆成 10~15cm 直径的小捆，码放在白菜窖或其他地窖中贮藏。贮藏期需要倒垛 2~3 次，如发现腐烂应及时清除。

2. 保护地育苗技术要点　高寒地区可利用日光温室、温床或阳畦进行育苗，具体操作和露地育苗基本相同，但应注意的事项是：

（1）播种时土壤温度必须在 10℃ 以上。为提高温度应分次覆土，即播种后覆土约 0.5cm，必要时可覆盖地膜；在拱土时掀开地膜再覆盖 0.5~1.0cm 的细土。

（2）注意温度管理。出土前白天保持 20~26℃，夜间最低温度不低于 13℃。出土后白天宜超过 20℃，夜间最低温度不低于 8℃。

（3）光照时间通过揭盖防寒草苫进行调节。据研究，在短日照下所培育的壮苗可增产 8%~10%。

（二）定植前的准备

1. 整地做畦，施基肥　整地时耕翻深度不宜低于 20cm，第 1 次耕翻破土一定要达到应有深度，然后撒施基肥，再浅耕 1~2 次使畦面细碎、粪土混匀。肥熟、肥细、浅施、匀撒是洋葱使用基肥的技术要点。基肥种类主要是堆肥、厩肥或其他农家肥，一般每公顷 2.25 万~3.0 万 kg，肥源充足可施 4.5 万 kg。过磷酸钙作基肥应与有机肥掺混，施用量每公顷 375~450kg。

北方地区栽植洋葱多采用平畦，畦宽 1~1.2m，畦长 8~9m，做成四平畦，使浇水深浅一致。南方多采用高畦，畦宽 1.3~1.5m，长 10m 左右，畦间沟深 0.3m。集约栽培的菜田还应做到畦沟、腰沟、围沟配套以利排水。

2. 覆盖地膜和使用除草剂　据安志信等试验，覆盖地膜比裸地根量增加 52.3%，从而达到明显的增产效果。覆膜前可使用 50% 捕草净 1 500g/hm² 或 48% 氟乐灵乳油 2 250g/hm²，对水喷洒畦面，但氟乐灵使用后应立即浅耕与土壤混合以防光解。平畦在覆膜前先浇底水；高畦将地膜边缘压在畦沟中定植后，在高畦基部按 50~60cm 距离将地膜扎破再行沟间渗灌。

3. 选苗　大小苗分别栽植以便管理。同时要淘汰已受病虫为害、黄化萎缩和根部腐朽的劣苗，假茎横径将近 1cm 的大苗可将叶部剪掉 1/3，这对减少抽薹有一定作用。定植的秧苗要将根剪短到 1.5~2cm，以利插苗定植。

4. 秧苗处理　据王习霞等研究，用 40% 商品乙烯利、赤霉素、30% 商品双氧水和爱多收分别稀释配成 0.03%、0.025%、0.01% 和 0.05% 的溶液后，在定植前任选一种浸根 0.5h，不仅促进生长，还有明显的增产效果。另外，在定植前 10~15d 对幼苗叶面喷洒 0.2%~0.4% 的磷酸二氢钾或磷酸一钠，可提高定植后的发根能力。

（三）定植

1. 定植期　定植期因气候和品种而异。晚秋和初冬定植必须在严寒以前使幼苗能缓苗后恢复生长才不至发生严重的越冬死苗现象。这就需要有 30d 左右时间，故应在旬平均气温 4~5℃时适时定植。春季定植应尽量提早，秋耕后施好基肥经过冬灌的地段，在翌年春季地表解冻后及时整地，提早定植才利于增产（表 11-8）。可以看出，提早定植 7~15d，增产效果在 5% 以上。

表 11-8 北京地区洋葱春季定植期对幼苗生长和产量的影响

（王德槟等，1979）

定植期	根数（条）	根重（g）	叶片数	假茎横径（cm）	产量（鳞茎鲜重）		增产率（%）
					小区实产（kg）	折合产量（kg/hm²）	
3 月 4 日	24.7	2.6	4 叶 1 心	1.10	53.0	60 360	107.5
3 月 11 日	19.5	2.1	3 叶 1 心	0.96	49.25	59 100	105.5
3 月 18 日	18.5	1.6	3 叶 1 心	0.85	46.75	56 100	100

注：幼苗生长情况于 4 月 1 日调查，为 10 株平均值。供试品种为黄皮洋葱。

2. 定植密度 洋葱植株直立，叶部遮荫少，适于密植。关于密植的增产效果如表 11-9 所示。

表 11-9 洋葱不同栽植密度与产量的关系

（王德槟，1979）

栽植密度	折合栽植株数（株/hm²）	单株平均重（g）	折合产量	
			kg/hm²	%
畦宽 1m 栽植 6 行，株距 13cm	408 000	146.5	59 760	100
畦宽 1m 栽植 7 行，株距 13cm	519 600	131.5	68 400	114.46
畦宽 1m 栽植 8 行，株距 13cm	583 935	127.0	74 160	124.10

根据以上试验，定植密度以每公顷栽植 45 万~52.5 万株为宜。合理密植虽是一项有力的增产措施，但土壤肥力是密植增产的保证，因此必须与肥、水管理相配合。

3. 定植方法 覆盖地膜即按预定株行距用竹签等物穿膜扎孔，按孔插苗后在苗四周用土封严地膜。不覆盖地膜按行距开沟，按株距摆苗。开沟要深浅一致，最好是东西延长，把苗摆在沟的北侧，封沟土向南倾斜（栽阳沟），以利提高地温和发根。定植后即行浇水。

（四）定植后的管理

1. 浇水和蹲苗 不论什么季节，定植时均需灌水，此后在缓苗期约 20d，如需要则小水勤浇。晚秋或初冬定植，在越冬前须进行冬灌（冻水）以利越冬。翌年返青后 10cm 深土壤温度稳定在 10℃时适时适量浇返青水。春季定植的因缓苗期已浇水，为防止徒长需适当控水进行第一次蹲苗，此后不论晚秋或早春定植的洋葱都不能缺水，直到植株已充分生长将转向鳞茎肥大生长时，要控水蹲苗 10d 左右，即当外叶深绿，叶面蜡质增多，心叶颜色相应加深时结束蹲苗进行灌水。一般从定植到收获共浇水 12~15 次，当田间个别植株开始倒伏时终止浇水。南方雨量充沛，大多结合追肥进行灌溉，在春雨和梅雨期还应注意排水。

2. 追肥 春季定植的在缓苗后，晚秋定植的在返青以后进行第 1 次追肥。结合灌水每公顷追施磷酸二铵 150~225kg 和硫酸钾 120~150kg。此后再追一次提苗肥，每公顷追施硫酸铵 150~225kg，以保证地上部功能叶生长的需要。在鳞茎开始膨大生长后进行 2~3 次追肥（催头肥），催头肥应以鳞茎肥大生长中期为重点，每公顷追施硫酸铵 150~225kg 和硫酸钾 75~150kg。缺钾不仅影响产量而且对鳞茎的耐贮性也有一定影响。如果土壤中的速效磷在 150mg/L 以上，速效钾在 250mg/L 左右就不必要再追施磷、钾肥。

3. 中耕、培土 如不覆盖地膜应进行中耕，尤其在蹲苗前必须中耕，中耕深度一般不超过 3cm。

如结合中耕进行培土则能提高产量。

4. 利用青鲜素（MH）控制贮藏期抽芽　在田间刚开始出现倒伏时（收获前 10～14d），用 25％青鲜素乳油稀释 100 倍，每升稀释液加 2g 中性洗衣粉作为展着剂，向植株喷洒使叶面全湿即可，一般每公顷使用稀释后的药液 750～1 100L。使用过早或过浓都会发生药害而造成腐烂。若与棉花间作要避开棉花，以免发生药害。

五、病虫害防治

洋葱的主要病虫害的种类及防治方法参见大葱。

六、采　　收

地上部倒伏是鳞茎进入生理休眠的前奏，也是鳞茎成熟的象征。休眠期短、耐贮性弱的品种在 30％～50％发生倒伏时应及时收获。中、晚熟，耐贮性强的品种可在倒伏率达到 70％，第 1、2 叶已枯死，第 3、4 叶尖端变黄为收获适期。最好预期在收获后能有几个晴天之时收获，以利进行晾晒。

鳞茎在贮藏前必须使管状叶和鳞茎外皮成干燥状态，因此应在田间晒蔫后进行编辫或扎捆，再反复晾晒。贮藏方法有埋藏、囤藏、堆藏、挂藏等。

七、采　　种

（一）常规品种采种技术要点　留种用的母株必须以优中选优为原则，选留数量要比实际需要量多 30％左右。一般每 100m² 采种田用母球 130～180kg，正常年份可收种子 10kg。

洋葱采种田与其他品种的采种田空间隔离要在 1 000m 以上。定植期：华北中、南部及中原地区多在 9 月份，华东地区则在 10 月份；辽宁中、南部利用冷床（立壕子）于 9 月中旬定植；高寒地区也可春季定植。行距 40～50cm，株距 30cm 左右，栽植深度为 10cm，过深不利发根，过浅易受冻害且花薹易倒伏。秋栽要做好越冬的防寒工作。在抽薹前结合浇水酌量进行追肥，花薹抽齐后结合浇水再进行追肥。开花期间于上午 9 时前后（田间露水已干）用泡沫塑料或纱布包裹棉花轻抚花球进行人工辅助授粉。另外，为防止倒伏在畦四周横向绑竹竿做支架。南方多雨地区最好可在开花期按畦设高 1.5～2m 的遮雨棚。

当花球上已有少数蒴果开裂而种子还未散落时及时剪下晾晒，花球干燥时进行脱粒。脱粒后仍需晾晒，一般入库贮藏前的种子含水量不宜超过 6％。

（二）一代杂种制种技术要点　一代杂种制种的田间管理和常规品种的制种技术基本相同，但应注意：①雄性不育系（母本）和父本系的配置比例为 4～6：1；②父、母本之间如花期相差太多时对花期晚的一方可以采取覆盖地膜或加设塑料薄膜小棚等方法进行调节。如相差日数不多，可将早抽薹的部分花序摘除；③如父本中发现杂株或母本中发现可育株要及时拔除。种子成熟后分系收种。

另在隔离区设置不育系和保持系的繁种田，不育系和保持系的行比也按 4～6：1 设置。及时去杂。种子成熟后分系收种。

（安志信　葛长鹏）

第四节　大　　蒜

大蒜是百合科（Liliaceae）葱属中以鳞芽为主构成鳞茎的栽培种，一、二年生草本植物。学名：

□□□□ Olericulture in China ···

第十一章 葱蒜类蔬菜栽培 □□□□
[第二篇 各 论]

Allium sativum L.；别名：胡蒜、蒜。古称：葫。关于大蒜起源问题，至今尚未明确。18 世纪中期 Linné 推论大蒜原产在意大利西西里岛。19 世纪初 Kuntn 认为大蒜原产在埃及。1935 年 Vavilov 认为大蒜原产于中亚细亚。1947 年 Л. М. Эренбург 推论大蒜原产地在哈萨克斯坦和吉尔吉斯斯坦南部。公元前 113 年汉武帝时代，张骞从西域引入陕西省关中地区（《齐民要术》引《博物志》："张骞使西域，得大蒜、胡荽"）。另据《尔雅·释草》（公元前 2 世纪）载"蒚，山蒜"，孙炎注："帝登蒚山，遭菇芋之毒，将死，得蒜啮之乃解，遂收植之，能杀腥膻虫鱼之毒。"如果这一传说可信，蒜在中国的栽培应该很早，而且人们已经认识到它的杀菌消毒作用。

大蒜在全国各地均有栽培，除露地栽培外，还可以进行保护地栽培，生产青蒜和蒜黄。大蒜的幼苗、花茎和鳞茎都可食用，且营养价值较高。大蒜鳞茎用途广，不但用以佐餐，还能做各种腌渍品、调料和大蒜粉等。大蒜可降低血液中胆固醇含量，防治动脉硬化，其有效成分中的大蒜素〔二烯丙基硫代亚磺酸酯（Allicin）〕有很强的抑菌和杀菌性能。因此，大蒜被广泛应用于医药及食品工业等方面。

一、生物学特性

（一）植物学特征 大蒜各器官形态见图 11 - 9。

1. 根 大蒜属浅根性作物，无主根。发根部位在短缩茎周围，外侧最多，内侧较少。根最长可达 50cm 以上，但主要根群分布在 5～25cm 深的土层中，横展范围约 30cm。成龄植株发根数 70～110 条。其生态特性是喜湿、耐肥、怕旱。

2. 茎 为不规则的盘状短缩茎，节间极短。茎基部生根，顶端分化叶原始体。生殖生长时期，顶生花芽，同时花茎基部周围叶腋间形成侧芽，即鳞芽，也叫蒜瓣。当鳞茎成熟时，短缩茎组织逐渐老化干枯。

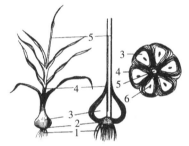

图 11 - 9 大蒜各器官形态图
1. 须根 2. 茎盘 3. 鳞茎 4. 叶鞘
5. 花薹 6. 芽孔
（仿葛晓光）

3. 叶 大蒜叶包括叶身和叶鞘两部分。叶鞘管状，叶身未展出前呈折叠状，展出后扁平而狭长，为平行叶脉。叶互生，为 1/2 叶序，排列对称。

叶鞘相互套合形成假茎，具有支撑和营养运输功能。一般假茎高度可达 30～50cm，横径 1.5～2.5cm；叶身长 55～65cm，宽 2.5～4cm。

4. 花茎 即蒜薹，为圆柱形，长 60～70cm。花茎顶部有上尖下粗的总苞，总苞开裂后现出伞形花序，花梗基部着生小鳞茎，也叫气生鳞茎。花与小鳞茎混生，小鳞茎生长，抑制花的发育，因而花器中途凋萎。每一花序可生长小鳞茎数十个，其形态结构与蒜瓣基本相同，也可作为播种材料。

5. 鳞茎 大蒜鳞茎也叫蒜头，包括鳞芽、叶鞘和短缩茎 3 部分。鳞芽是大蒜的主要产品器官。

鳞芽亦称蒜瓣，在植物形态学上是短缩茎上的侧芽，由两层鳞片和 1 个幼芽所构成。外层为保护鳞片（保护叶），内层为贮藏鳞片（贮藏叶），肉质肥厚，为鳞芽的主要部分，其中包藏 1 个幼芽，顶端有发芽孔。保护鳞片在鳞茎膨大期，由于养分转移，逐渐干缩成膜状，包裹贮藏鳞片，防止水分蒸发。鳞芽着生位置，大瓣品种多集中于花茎周围，最内 1～2 片叶腋间发生鳞芽，一般每个叶腋间发生 2～3 个鳞芽，中间为主芽，两侧为副芽，主副芽均能发育肥大，两组鳞芽排成一轮，形成 4～6 瓣的鳞茎，鳞芽大小基本相似。有的品种排成两轮，外轮 7～10 瓣，内轮 3～5 瓣。小瓣品种则发生于花茎周围最内 1～5 层叶腋间，每个叶腋间着生 2～4 个鳞芽，内层少，外层多，一般 4～5 组鳞芽内外交错排列，形成一个十多瓣以上的鳞茎，外层鳞芽大于内层鳞芽，差异很大。鳞茎形状因品种而不

同，有圆、扁圆或圆锥形等。鳞芽多近似半月形，紫皮蒜较短，白皮蒜较长。独头蒜形如圆球，其结构与一般鳞芽相同（图 11-10）。

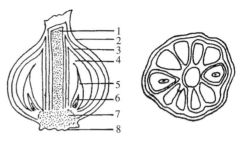

图 11-10　大蒜鳞茎的构造
1. 花茎　2. 叶鞘　3. 保护叶　4. 贮藏叶
5. 发芽叶　6. 真叶　7. 茎盘　8. 根原基
（李春圃，1981）

（二）对环境条件的要求

1. 温度　大蒜喜冷凉，其适应温度范围为 -5~26℃，植株能耐受短期 -10℃ 低温。大蒜植株在 0.5℃ 低温下 30~40d 完成春化阶段，诱导花芽分化，因品种而异。大蒜通过休眠后，在 3~5℃ 时即可萌芽发根。茎叶生长适温为 12~16℃。花茎和鳞茎发育适温为 15~25℃，当超过 26℃ 时，植株生理失调，茎叶逐渐干枯，地下鳞茎也将停止生长。在冬季月平均温度 -5℃ 以下的地区，秋播大蒜不能自然越冬。大蒜幼苗 4~5 叶期耐寒力最强，是秋播大蒜最适宜的越冬苗龄。

2. 光照　完成春化的大蒜在 13h 以上的长日照及较高的温度条件下才开始花芽和鳞芽分化。在短日照而冷凉的环境下，只适于茎叶的生长，鳞芽形成将受到抑制。

花芽未分化前，需具有一定的同化面积，为花芽分化奠定物质基础。不然，栽培后不久即遇到高温长日照，植株叶数少而小，同化功能低，营养物质累积不足，影响鳞茎生长发育。因此，春播大蒜要尽量早播种，延长营养生长时期，提高幼苗植株营养水平；秋栽青蒜，适当早播，延长短日照时期，可提高产量。

3. 水分　大蒜为浅根系作物，喜湿怕旱。在播种后保持土壤湿润，出苗整齐，要防止"跳瓣"或干旱死亡。为使其迅速萌芽发根，幼苗前期要减少灌水，加强中耕松土，促进根系发展，防止种瓣湿烂。"退母"结束后，大蒜生长加速，应当及时灌水，促进幼苗生长。蒜薹伸长期和鳞茎膨大期，是大蒜生长发育的旺盛阶段，也是需水最多的阶段，要求土壤保持湿润状态。接近成熟期要降低土壤湿度，以免因高湿、高温、缺氧引起烂脖（假茎基部）散瓣，蒜皮变黑，降低品质。

4. 土壤和营养　大蒜对土壤要求不严，但以富含有机质、疏松透气、保水排水性能强的肥沃壤土或轻黏壤土，更适于鳞茎生长发育，蒜头大而整齐，品质好，产量高。沙质土栽培大蒜，辣味浓，质地松，不耐贮藏。适宜土壤 pH 为 5.5~6.0。过酸根端变粗，过早停止伸长；过碱则种瓣易烂，小头和独瓣蒜增多，降低产量。

大蒜对矿质营养的要求较高，形成 1t 产品需从土壤中吸收 N 14.83kg，P_2O_5 3.53kg，K_2O 13.42kg，吸收比例为 4.2:1:3.8。据刘世琦（1993）试验，在中等肥力土壤中大蒜的氮（N）、磷（P_2O_5）、钾（K_2O）的最佳施用量为 388.95kg/hm²、291.75kg/hm² 及 357.75kg/hm²。

（三）生长发育特性

1. 生育周期　大蒜生育周期的长短，因播种季节不同而异。春播大蒜生育周期较短，仅 90~110d；秋播大蒜，包括漫长的越冬期，生育期长达 220~280d。其生育进程，分为萌芽期、幼苗期、花芽鳞芽分化期、花茎伸长期、鳞茎膨大期和休眠期。

（1）萌芽期　解除休眠后的大蒜，从播种到初生叶由出叶孔长出并伸出地面展开为萌芽期。春播大蒜需 7~10d，秋播大蒜因休眠和高温的影响需 10~15d。大蒜在贮藏后期鳞芽苗端已分化 4~5 片幼叶，播种后继续分化。此期的根以纵向生长为主。

（2）幼苗期　从初生叶展开到鳞芽及花芽开始分化为幼苗期。春播需 25~30d，秋播 150~210d。此期根系由纵向生长转入横向生长，并开始发生少量侧根，根系增长速度达高峰。展开叶数约占总叶数 50%，叶面积约占总叶面积 40%。同时叶原基分化结束，花芽和鳞芽开始分化。植株由依靠种蒜内贮存的营养生长逐渐过渡到独立生长，种蒜因养分消耗逐渐萎缩干瘪，这一过程称为"退母"或"烂母"。张绍文等（1986）以苍山大蒜为试材，观察种蒜退母期间鲜重、干重递减率的变化，其结果见表 11-10。

表 11-10 苍山大蒜种蒜退母情况
(张绍文等, 1986)

观测日期 (月/日)	9/25	10/12	1/21	3/3	3/13	3/23	4/3
鲜重 (g)	5	4.72	1.88	1.625	1.325	0.57	—
干重 (g)	1.716	1.62	1.07	0.066	0.041	0.056	0.067
干重递减率 (%)	100	94.4	62.35	3.84	2.39	3.26	3.90

注：种蒜含水量 65.68%。

(3) 花芽和鳞芽分化期 从花芽和鳞芽开始分化到分化结束，为花芽和鳞芽分化期，所需时间约 10d。此期，以叶部生长为主，是大蒜生长发育的关键时期，植株生长点分化花芽原基，同时，在内层叶腋形成鳞芽。植株已长出 7~8 片真叶，叶面积约占总叶面积的 1/2，根系生长势增强，营养物质积累加快，为蒜薹和蒜头生长创造营养基础。

(4) 花茎伸长期 从花芽分化至蒜薹形成和采收为蒜薹伸长期，也是鳞茎膨大前期，需 30~35d。此期生育特点是营养生长与生殖生长并进。在这一时期全部叶片展出，叶面积达最大值。老根系开始衰亡，新根大量发生，由于地上部叶片和蒜薹迅速生长，全株增重最快，是大蒜肥水管理的关键时期。

有些品种由于遗传性与环境因素的影响，花芽分化后，花茎不发育或发育不完全，不能形成正常的蒜薹。

(5) 鳞茎膨大期 从鳞芽分化结束到鳞茎成熟为鳞茎膨大期，需 50~60d。其中前 30d 与蒜薹伸长期重叠进行，所以在蒜薹收获前鳞茎生长较为缓慢。采薹以后，顶端优势解除，叶身的养分向鳞芽转移，促进鳞芽迅速膨大，鳞茎纵横径急剧增长，在提薹后十多天内鳞茎增重可占全重的 40%~50%，直至收获前才逐渐缓慢下来，叶片也逐渐干枯衰亡。

大蒜全株及各器官鲜、干物重的增长动态见图 11-11。

(6) 休眠期 大蒜鳞茎形成后进入休眠状态，苗端和根际生长点均停止生长活动，即大蒜的生理性自然休眠。在未解除休眠前，即使给予适宜的水分、温度和氧气条件，也不会萌芽发根。生理休眠时间长短因品种而异，一般为 20~75d。生理休眠结束后，因环境条件不适，大蒜进入强迫休眠阶段。控制大蒜发芽条件，延长强迫休眠时间，是大蒜鳞茎贮藏的主要手段。通常 28℃ 以上的高温可强迫大蒜鳞茎休眠，-3℃ 低温贮存可较长时间（1~2 年）抑制发芽。2~5℃ 较低温度维持 30~40d 可解除大蒜鳞茎的生理休眠。

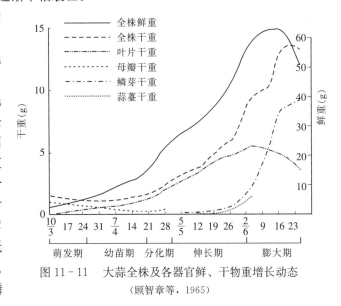

图 11-11 大蒜全株及各器官鲜、干物重增长动态
(顾智章等, 1965)

2. 大蒜的异常生育现象

(1) 二次生长 据程智慧等（1991）研究，大蒜二次生长是指大蒜初级植株上内层或外层叶腋中分化的鳞茎或气生鳞茎因延迟进入休眠而继续分化和生长叶片，形成次级植株，甚至产生次级蒜薹和次级鳞茎的现象。发生二次生长后，次级植株从母体的叶鞘中伸出，子株同母株形成一簇丛生蒜苗，

有时这些伸长了的子株叶腋中又分化鳞芽，形成小的次级蒜瓣，使整个鳞茎蒜瓣增多，大小不一，排列无序，乃至整个鳞茎离散。由次级植株所形成的次级鳞茎，不仅有不抽薹的独瓣蒜，也有分瓣的有薹蒜。大蒜二次生长可分为发生在外层叶腋的外层型、发生在内层叶腋的内层型及气生鳞茎型3种类型（图11-12）。

图 11 - 12　大蒜的二次生长
（陆帼一，1986）

　　二次生长发生的原因较多，种性、种瓣过大（10g 以上）、北方秋播过早（8 月份）或过晚（10 月 20 日后）、过度稀植、春季过早追氮、浇水、地膜覆盖、3 月气温偏高、偏施化肥均可诱发二次生长。

　　（2）洋葱型大蒜　洋葱型大蒜为大蒜鳞茎异常变态所形成的类似洋葱鳞茎结构的大蒜。该鳞茎主要由肥厚的叶鞘基部及鳞芽的外层鳞片加厚所构成，无肉质鳞片或肉质鳞片极不发达（如黄豆大），可形成蒜薹或无薹分化，无任何食用价值。该鳞茎经日晒后，肥厚鳞片脱水成膜状，整个鳞茎用手捏时感觉松软，并收缩，故被形象地称为"面包蒜"或"气蒜"。

　　据刘世琦研究，土壤黏重、地下水位高、土壤长期含水量过高、过量偏施氮和磷等都可诱发洋葱型大蒜的形成。另外，诱发二次生长的因素也可促使洋葱型大蒜的形成。

　　（3）管叶　当大蒜植株叶片发生异常时，常出现叶身不开展的鞘状管叶，形似葱叶，横切面为环状，无明显出叶孔或仅在顶端有很小的出叶口，使内层叶片及蒜薹不能正常伸出，卷曲在管叶内。

　　据程智慧等（1990）报道，管叶多发生在靠近蒜薹的第 2～5 叶位上，以 3、4 叶位发生频率高。主要由于种蒜低温（5℃）贮藏、种瓣较小、播种不适时及土壤水分含量较低等因素所致。对发生管叶的植株若能及时将管叶划开，则蒜薹和鳞茎的生长与正常植株差异不显著。

二、类型及品种

　　（一）类型　按鳞芽外皮颜色可分为紫皮蒜和白皮蒜；按鳞芽大小可分为大瓣蒜和小瓣蒜；按叶形及质地分为宽叶蒜、狭叶蒜、硬叶蒜和软叶蒜。

　　1. 白皮类型　白皮蒜中有大瓣和小瓣两种，大瓣种每头 5～8 瓣，小瓣种每头十数瓣以上。叶数较多，假茎较高，蒜头大，辣味淡，成熟晚，适于腌渍或青蒜和蒜黄栽培。

　　2. 紫皮类型　蒜头因品种不同，有大有小，但瓣数都少，一般每头 4～8 瓣。辣味浓郁，品质优良，多分布于华北、东北、西北、西南各地。

　　（二）品种

　　1. 山东苍山大蒜品种群　头大瓣少，皮薄洁白，黏辣辛香，优质高产。有蒲棵、糙蒜、高脚子等品种，都是秋播蒜。蒲棵栽培面积大，中晚熟，适应性强，耐寒，产量高，蒜薹质嫩，耐贮，单头重 28～30g，每头 6～7 瓣；糙蒜早熟，每头 4～6 瓣，抗寒性略差；高脚子蒜头大，瓣齐，较晚熟，用种量大，栽培面积较少。

　　2. 吉林白马牙　植株直立，叶狭长，绿色，中晚熟种，不易抽薹。鳞茎外皮白色，单头重 30～40g，横径 4～6cm，每头 8～9 瓣，多者 10 余瓣，蒜瓣狭长呈三角形。辣味较淡，品质优良，适于腌渍或青蒜栽培。

　　3. 山东金乡白蒜　从苏联蒜中选育出来的纯白皮蒜。株高 80～90cm，假茎粗 1.8～2.2cm，每株 13 片叶，长势强。鳞茎外皮雪白，单头重 60～80g，每头 10～15 瓣。耐寒，休眠期短，辣味较淡。薹较短，长 30～40cm。

　　4. 江苏太仓白蒜　江苏省太仓县地方品种。熟性偏早，属青蒜、蒜薹、蒜头兼用型。总叶数 13～14 片，蒜薹长 40cm，较粗，每头 6～9 瓣，圆而洁白，辣味浓。

5. 陕西蔡家坡紫皮蒜　植株生长势强，叶色浓绿，较耐寒，鳞茎膨大对日照长度要求中等，叶片较宽，叶鞘较长，蒜薹粗大。鳞茎外皮紫红色，平均单头重60g，横径4.5～6cm，大瓣种，每头7～8瓣。味辛辣、浓，品质优良。早熟高产，宜作青蒜、蒜薹和蒜头栽培，为陕西省的主栽品种。

6. 黑龙江阿城大蒜　植株生长势强，叶色浓绿，蒜薹粗壮。鳞茎外皮紫红色，平均单头重25g，横径3.5～5cm。大瓣种，每头5～7瓣。味辛辣，蒜汁黏稠，品质优良。早熟耐寒，为黑龙江省主栽品种。

7. 四川二水早　植株高大，一般株高75～90cm，最大叶宽4cm。鳞茎外皮紫红色，横径3～5cm。薹长60～70cm，单薹重30～40g，是蒜薹专用品种。适应性强，苗期生长快，也可作蒜苗栽培。

8. 天津宝坻六瓣红　植株生长势强，叶色浓绿。鳞茎外皮紫红色，大瓣种，每头6～7瓣。蒜薹粗大，肉质肥厚，抽薹早。单头重最大60～70g。

此外还有山东省嘉祥紫皮大蒜，河北省定县紫皮蒜、玉林大蒜，上海市嘉定大蒜，杭州白皮大蒜，西藏拉萨白皮大蒜，云南省云顶早蒜等许多地方品种仍在生产上使用。

三、栽培季节和方式

在北纬38°以北地区，冬季严寒，露地越冬困难，宜早春播种；北纬35°～38°之间地区，可根据当地气温及覆盖栽培与否，确定春播或秋播。一般在冬季月平均温度低于-5℃的地区，以春播为主。北纬35°以南地区均为秋播。中国不同地区大蒜的栽培季节可参考表11-11。

表 11-11　大蒜的栽培季节

地 区	春 播		秋 播	
	播种期	收获期	播种期	收获期
北　京	3月上旬	6月中旬	9月中、下旬	5月下旬至6月上旬
济　南	3月上旬	6月上旬	9月下旬	5月下旬至6月上旬
西　安	—	—	8月下旬至9月上旬	5月下旬
太　原	3月中旬	6月下旬至7月上旬	—	—
沈　阳	3月下旬	7月上、中旬	—	—
哈尔滨	4月上旬	7月中旬	—	—
乌鲁木齐	—	—	10月中下旬	7月中下旬
呼和浩特	3月中下旬	7月中旬	—	—
成　都	—	—	10月上中旬	4月下旬至5月中旬

秋播延长了幼苗生育期，积累养分较多，有利花芽、鳞芽的分化和蒜薹、鳞茎的发育，比春播产量高。秋播一般在日平均温度20～22℃时进行。播种过早，冬前幼苗大，抗寒能力减弱；播种过迟，冬前幼苗小，抗寒力弱，不利越冬，且由于生长期缩短，降低产量，甚至形成独头蒜。一般以越冬前长出4～5片叶为宜。

春播由于生长期较短，在适期下应尽量早播。一般在日平均温度达3～6℃时播种为宜。春播过迟，气温增高，植株不能完成春化作用，结果不抽薹也不分瓣，而形成独头蒜。

地膜覆盖栽培可提早成熟，提高产量。

四、栽培技术

（一）整地与施基肥　大蒜忌连作或与其他葱属植物重茬。否则，根系发育不良，植株长势衰弱，易罹病害，从而降低产量和品质。大蒜对前作物要求不严，秋播大蒜以早熟豆类、瓜类、茄果类和马铃

薯等茬口为好,春播大蒜以秋菜豆、豇豆、南瓜、茄果类蔬菜为好。大蒜吸肥量少,土壤残留肥较多,而且其根系分泌的杀菌素对后作的某些病害有一定的抑制作用,所以大蒜是各种作物的良好前茬。

秋播大蒜前茬收后立即清地,精耕细耙,整平作畦。北方可作成宽 1.9m,高 15cm 的平畦。春播大蒜要在冬前深翻细耙,作畦或做垄,封冻前灌水,保持底墒。畦向以南北向最好。

大蒜根系浅,吸肥力弱,对基肥质量要求较高,一次施入全效优质的有机肥 45～75m³/hm²,再结合施用硫酸钾复合肥 1 125～1 500kg/hm²。大蒜忌用生粪,施前要充分腐熟,并捣碎拌匀,以防在田间发酵,引来蒜蛆为害。

(二)播种

1. 种蒜选择与处理 种瓣是大蒜幼苗期的主要营养来源,其大小好坏,对产品器官形成影响很大。因此,在收获时要根据品种形态特征,先在田间选株、选头,播种前再次选瓣,挑出肥大、无病无伤的蒜瓣作为播种材料。许多试验表明,大瓣种贮藏养分多,在相同的栽培条件下,株高、叶数、鳞芽数、蒜薹和蒜头重量等,均高于小瓣种。选种瓣时以单瓣重 4～6g 为宜,过大(8g 以上)易发生二次生长。种蒜要剥皮去除干缩茎盘,便于吸水发根,但在盐碱地或过于干燥的土壤,带皮播种可减少损伤。

2. 播种密度 大蒜合理密植是提高产量与品质的重要条件。密度过大,鳞茎小,蒜薹细;过于稀植,易发生二次生长。早熟品种,植株矮小,叶数少,密度要大;中晚熟品种,植株高,叶数也多,密度宜小。据各地生产经验及研究结果表明,大蒜播种密度因品种及生产目的而异,以蒜薹为主要产品的,密度为每公顷 60 万株左右;生产出口蒜头的品种,以每公顷 37.5 万株左右为宜。蒜种用量为每公顷 1 500～2 250kg。

3. 播种方法 大蒜播种方法有两种:早春地寒宜开沟灌水,栽蒜后覆土;秋季气候适宜,多打孔或开浅沟栽蒜,镇压后浇水。春季垄作,地温稍高,萌芽早,出土一致,鳞茎膨大期土壤阻力小,蒜头较大,但因株数少总产量低。畦栽影响地温较大,出苗晚而参差不齐,但适宜于密植,总产较高。栽植行向,以南北向为宜。深度垄作 3～4cm,畦作 2～3cm 为宜。播种时,将蒜瓣背腹连线与行向平行,以便叶片分布均匀,提高光能利用率。

(三)地膜覆盖及化学除草
地膜覆盖可明显改善土壤小气候,土壤保肥、保水能力增强,并可有效控制杂草及防止葱蝇为害,还可提早成熟 7～15d,产量提高 30%左右。

播种后 3～5d,浇一小水,待水渗下喷施乙草胺或 33%除草通乳油 1.5～2.25kg/hm²,对水 1 500kg,覆盖地膜,要求使地膜平展紧贴地面,地膜四周压入土中。

(四)田间管理
大蒜播后 7～10d 即可出土,覆盖地膜的,此时应用小铁钩及时破膜引苗,使蒜苗顺利顶出地膜。如果底墒不足不能及时出土,可浇 1 次小水,促进发根出苗。无地膜的田块,主要是中耕松土,提高地温,促根催苗。

幼苗期是大蒜营养器官分化和建成的时期,也是田间管理的关键时期。幼苗前期要适当控制灌水,以松土保墒为主,促进根系发展,防止徒长和提早退母。秋播大蒜在临冬前灌大水一次,提高土壤湿度。北方秋播区无地膜覆盖时,在封冻前还要覆盖一层杂草或马粪,保护幼苗安全越冬。翌春 2 月下旬至 3 月下旬返青期,再浇一次返青水,改善墒情。灌水后及时中耕,提高地温,保根发苗。地膜覆盖的大蒜可于 3 月下旬至 4 月上旬浇水并追施尿素 225～300kg/hm²、硫酸钾 150kg/hm²,还要及时防治蒜蛆、大蒜叶枯病等。

花茎伸长期,分化的叶全部展出,根系扩展到最大范围,地下鳞茎也开始膨大,对水肥吸收量显著增多。北方干旱,7～10d 灌水 1 次,南方多雨可适当减少灌水次数。在总苞露尖前,结合灌水适量追肥,养叶催薹。采收蒜薹前应停止灌水,提高蒜薹韧性,减少提薹时的断薹率。

蒜薹收后茎叶不再增长,大量养分向贮藏器官运转,鳞芽生长加速,鳞茎亦随之不断膨大。此期应保持土壤湿润,并适量追施速效氮钾肥料。南方应注意田间排水。收获前 5d 要停止灌水,降低土壤湿度，提高鳞茎品质和耐贮运性。

五、大蒜品种退化与复壮

大蒜种性退化是大蒜生产中普遍存在的问题。退化主要表现为植株矮小，假茎变细弱，叶色变淡，鳞茎变小，小鳞芽增多或产生独瓣蒜，二次生长率增高，产量逐年下降。

（一）退化原因　大蒜为无性繁殖作物，蒜瓣是鳞芽的变态器官，是大蒜母体的组成部分。生物界都是通过有性繁殖产生生活力强的后代，而大蒜的生育周期不经过有性世代，是从鳞芽到鳞芽，这是引起大蒜品种退化的内在原因。不良气候条件和栽培技术是引起大蒜品种退化的外因。大蒜生育期间遇高温、干旱和强光诱发病毒病为害，是导致大蒜种性退化的首要因素。已知有大蒜花叶病毒（GMV）、青葱潜隐病毒（SLV）、洋葱黄矮病毒（OYDV）、韭葱黄条病毒（LYSV）、马铃薯Y病毒等10多种病毒侵染大蒜。在大蒜长期无性繁殖中，病毒通过鳞茎逐代传递，毒量渐增，极大地干扰大蒜正常生理代谢活动，最终引起种性退化；土壤贫瘠、肥料不足，尤其是有机肥不足，高度密植、个体发育不良，采薹过迟、假茎损伤以及选种不严格等均可导致品种退化。

（二）复壮措施

1. 茎尖脱毒　利用鳞芽中0.2～0.9mm长的芽尖，进行组织培养，可诱导形成无病毒的大蒜植株，再经快速繁殖后形成无毒鳞茎，从而达到恢复种性，增强长势，增加产量的复壮目的。

2. 气生鳞茎繁殖种蒜　据山东农业大学研究表明，用气生鳞茎播种当年形成独瓣蒜，再将独瓣蒜播种则可获得分瓣的大蒜头，鳞茎产量显著提高。

3. 异地换种　对产自不同土壤及生态条件的同品种大蒜，相互调换蒜种，长势可明显增强，产量提高。

4. 严格选择种蒜，改善栽培条件　严格挑选种蒜，选择优良单株的优良鳞茎和蒜瓣，以确保具有本品种特征特性，配以合理肥水管理，创造良好的大蒜生长环境，以减缓退化进程。

六、病虫害防治

（一）主要病害防治

1. 大蒜紫斑病　病原：*Alternaria porri*。南方于苗高10～15cm时开始发病，生育后期为害最甚；北方主要在生长后期发病。田间发病多始于叶尖或蒜薹中部，几天后蔓延至下部，初呈稍凹陷白色小斑点，中央微紫色，扩大后呈黄褐色纺锤形或椭圆形病斑，湿度大时，病部产出黑色霉状物，病斑多具同心轮纹，易从病部折断。贮藏期染病的鳞茎颈部变为深黄色或红褐色软腐状。防治方法参见大葱。

2. 大蒜叶枯病　病原：*Pleospora herbarum*。叶片染病多始于叶尖，初呈花白色小圆点，扩大后呈不规则形或椭圆形灰白色或灰褐色病斑，潮湿时其表面长出黑色霉状物，严重时病叶枯死。蒜薹染病易从病部折断，最后在病部散生许多黑色小粒点，严重时病株不抽薹。防治方法：①及时清除被害叶和花薹；②适期播种，加强田间管理，合理密植，雨后及时排水，提高寄主抗病能力；③于发病初喷洒75％百菌清可湿性粉剂600倍液，或50％扑海因可湿性粉剂1 500倍液，50％琥胶肥酸铜可湿性粉剂500倍液等，隔7～10d 1次，连续防治3～4次。

3. 大蒜细菌性软腐病　病原：*Erwinia carotovora* subsp. *carotovora*。大蒜染病后，先从叶缘或中脉发病，形成黄白色条斑，可贯穿整个叶片，湿度大时，病部呈黄褐色软腐状。一般基叶先发病，后逐渐向上部叶片扩展，致全株枯黄或死亡。防治方法：发病初期喷洒77％可杀得可湿性微粒粉剂500倍液，或14％络氨铜水剂300倍液，或72％农用硫酸链霉素可溶性粉剂4 000倍液等，隔7～10d喷1次，视病情连续防治2～3次。

4. 大蒜花叶病 由大蒜花叶病毒（Garlic mosaic virus，简称 GMV）及大蒜潜隐病毒（Garlic latent virus，简称 GLV）引起。发病初期，沿叶脉出现断续黄条点，后连接成黄绿相间长条纹，植株矮化，个别植株心叶被邻近叶片包住，呈卷曲状畸形。病株鳞茎变小，或蒜瓣及须根减少，严重的可使蒜瓣僵硬，罹病大蒜产量和品质明显下降，造成种性退化。防治方法：①严格选种，尽可能建立原种基地；②利用组织培养方法，脱除大蒜鳞茎中的主要病毒；③在蒜田及周围作物喷洒杀虫剂防治蚜虫、蓟马，防止病毒的重复感染；④发病初期喷洒 1.5％植病灵乳剂 1 000 倍液或 20％病毒 A 可湿性粉剂 500 倍液等，隔 10d 左右喷 1 次，连续防治 2～3 次。

（二）主要虫害防治 主要害虫为葱地种蝇（*Delia antiqua*），别名：葱蝇，俗名：蒜蛆、葱蛆。幼虫蛀入大蒜植株假茎及鳞茎，引起腐烂，叶片枯黄、萎蔫，甚至成片死亡。防治方法：①施用经充分腐熟的有机肥，并采用地膜覆盖栽培；②在成虫发生始期喷洒 21％增效氰•马乳油（灭杀毙）6 000倍液，或 2.5％溴氰菊酯乳油 3 000 倍液等；③发现蛆害后，可用 80％敌敌畏 1 000 倍液等灌根挑治。蛆害较重时药剂防治参见韭蛆。

此外，葱蓟马、蚜虫也为害大蒜。

七、采 收

（一）产品收获
1. 蒜薹 花芽分化后 40～45d，总苞下部变白，蒜薹顶部开始弯曲，为收薹适期的标志。抽蒜薹时间宜晴天下午，植株体内膨压下降，假茎松软，蒜薹韧性增强，容易抽。一般每公顷产薹 6～9t。

2. 蒜头 蒜薹收后 15～18d，叶片约 1/2 变黄，鳞茎已充分肥大，为蒜头收获适期。收蒜时宜选择晴天，收后在田间晾晒，并切除根须，为防雨淋，可将收刨后的大蒜编辫或绑把挂晒，直至短缩茎及残留蒜薹干透为止，以免贮藏时发霉腐烂。一般秋播大蒜每公顷产 18～30t，春播大蒜产 15t。

（二）产品出口标准 出口蒜头可分为横径 5、6、6.5 及 7.0cm 以上等级别，横径越大商品价值越高。要求鳞茎充分干燥，外皮洁白，切根完全，蒜头及蒜瓣无霉变，假茎长约 2cm，鳞茎无损伤，无病、虫为害，无农药残留污染等。

（三）产品贮藏方法 处于生理休眠状态并充分干燥的大蒜鳞茎，在自然条件下可贮存约 2 个月，之后便开始长芽，降低品质。若在 −3℃ 下恒温干燥贮藏，至少可达 1 年，品质变化不明显。蒜薹在 0℃ 恒温下气调（气体组成 CO_2 2％～5％、O_2 2％～5％为宜）贮存，可保鲜存放 8～12 个月。

（刘世琦）

第五节 分 葱

分葱是百合科（Liliaceae）葱属葱的一个变种，一年生或多年生草本植物，作一年生或二年生蔬菜栽培。学名：*Allium fistulosum* L. var. *caespitosum* Makino；别名：四季葱、菜葱、冬葱等。古称：冬葱、冻葱。原产于亚洲西部。中国栽培历史悠久。明•李时珍《本草纲目》（1578）有关于分葱的记载。南方广为栽培，主要分布于江苏、浙江、安徽、上海、江西等地，北方也有栽培。分葱以叶和假茎（葱白）食用，具有特殊辛香味，能增进食欲，有防止心血管疾病之功效。随着食品工业和餐饮业的发展，需求量日增，其脱水产品销往日、美、韩和东南亚等国与地区，保鲜产品输往日本、韩国。

一、生物学特性

（一）植物学特征 分葱与同种的大葱主要区别是株型小，分蘖力强，丛生状。根弦线状着生在茎盘基部四周，分布在 20cm 浅土层内。茎极短缩，呈盘状，黄白色。叶互生，呈同心环状着生于茎盘，叶由叶身与叶鞘组成。叶身细管状，先端渐尖呈锥形，叶鞘层层抱合形成假茎。假茎较短，上部绿色，基部白色，稍膨大，后期形成小鳞茎，较疏松，成熟时外包红褐色薄膜。新叶黄绿色，成长叶深绿色，具蜡粉。植株分蘖力强，具有 3～5 片叶时在叶腋内形成腋芽。初时包被在叶鞘内，随后伸出叶鞘，逐渐形成分生株。分葱中有能抽薹开花的类型，其分蘖的情形同前。分蘖早、较粗的分生株，顶芽经低温后分化成花芽，而后抽薹开花，正常开花结籽。以种子繁殖为主（图 11 - 13）。

图 11 - 13　分　葱
（引自：《中国农业百科全书·蔬菜卷》，1990）

（二）对环境条件的要求　分葱性喜冷凉、湿润的气候条件，最适宜生长温度为 12～25℃，在 25℃ 以上的高温下生长停滞，株型变小，管叶变细，叶片蜡质层增厚，加速老化，产量低。较耐寒，在 -5℃ 以上低温下生长缓慢。因此，春、秋二季栽培生长繁茂，分蘖多。分葱类型之间对温度要求有异，不抽薹开花分株繁殖的较耐寒，耐高温稍差，而开花结籽以种子繁殖的耐热力较强，耐寒力稍差。分葱对光强要求不高，较耐阴。分葱对土壤的适应性广，无论黏土、沙土均能正常生长，但以富含有机质的疏松土壤为好，适宜的土壤 pH 为 6.8～7.5。分葱根系浅，少分枝，吸收力弱，不耐旱或涝，因此要求土壤湿润、肥力充足，同时注意排水。

（三）生长发育特性　分葱四季均可栽培，分株后 2～3 个月开始陆续采收，以春、秋二季为宜，分株快，产量高，品质好。栽培时间长，分株多、产量高，反之则分株少、产量低。6 月进入高温期，生长停滞，采取遮阳等措施保种越夏。

用种子繁殖的分葱，以春播、秋播为主，播种后 50～60d，具 5 片叶时分株栽植，其后根据需要采收。留种栽培的采用秋播，越冬后于 3 月抽薹开花，5 月底采种。6～8 月是分葱供应的淡季，所谓"小葱伏天难求"，可利用这类品种中的耐热品种，随时播种，50～60d 后以葱苗陆续供应。

二、类型及品种

（一）类型　分葱按其能否开花结籽分为两个类型：不结籽型，用分株繁殖；可结籽型，用种子或分株繁殖。

（二）品种

1. 不结籽型的品种

（1）兴化分葱　江苏省兴化县的地方品种。株高 45～55cm，管叶长，先端尖，长 30～40cm。假茎较短，一般长 15～20cm，横径 0.5～1.5cm。分蘖力强，当分株具 3～4 片叶时发生，一般 1 丛可形成 20～30 个分株。抗病性强，品质好，是一个适宜鲜食兼加工用品种，每公顷产量达 45 000～60 000kg。

（2）印管葱　安徽合肥农家品种，分大印管葱和小印管葱。前者葱管大，分蘖少；后者葱管小，分蘖多，品质佳。小印管葱株型小，直立，高约 35cm。叶细管状，长约 26cm，绿色；假茎长 5～12cm，横径约 0.7cm，绿色，分蘖力强。质细嫩，香味浓，品质好。耐寒，耐热性较差。

（3）白米葱　上海郊区地方品种。株高 30～35cm，分蘖较多，一株可分 20～30 株。叶长 25～30cm，横径 0.6～1.0cm，呈杈状排列，先端细而尖，叶深绿色，稍被蜡粉。假茎长 8～10cm，粗 0.6～1.0cm，基部稍肥大，但不形成鳞茎。栽植 60d 后陆续采收。耐寒，较耐热，产量高，品质好。

2. 可结籽型的品种

（1）嵊县四季葱　浙江嵊州市农家品种。江苏、上海等地引种推广。株高 45～55cm，长势较旺，分蘖性中等。管叶长约 40cm，横径约 0.7cm。葱白长约 10cm，粗约 0.8cm，基部略肥大，不形成鳞

茎。可抽薹开花结籽，以种子繁殖为主。播种 50～80d 后即可采收，产量高，香味浓，品质好。

（2）衢县麦葱　浙江省衢县农家品种。植株长势旺，株高 40cm 多，分蘖性强，每丛 15～25 株。叶细管状，长 35～38cm，绿色，蜡粉较多。假茎长 7～9cm，横径约 1cm，外皮红褐色。种子、分株繁殖均可，耐热，春播后 40d 定植，定植后 40～60d 采收，产量高，香味浓。

（3）山东分葱　山东济南、青州、青岛、沂南等地零星分布。株高 50～60cm，叶色浅绿，分蘖力强，每个分生株重 30～50g。抗寒、抗病力强。山东 7 月上旬播种，9 月上旬定植，翌年 4～8 月收获。辛香味浓。

三、栽培季节和方式

上海、南京、杭州等地用分株繁殖一年可栽培四茬。春茬上年 11 月至翌年 1～2 月定植，4～5 月采收；伏茬 5～6 月定植，主要是越夏保种，供秋茬种苗，也可随时采收上市，但品质较差；秋茬 8 月初至 9 月分株定植，10 月中旬至 11 月间采收；冬茬 10～11 月分株定植，春节前后采收。伏茬高温应用遮阳网降温，增强肥水；冬茬采用覆膜保温以促进生长。

种子繁殖分春、秋二季播种，春播者于 3 月下旬至 4 月上旬播种，30d 左右栽苗，6～7 月供应；秋播者于 8 月下旬至 9 月上旬播种，9 月下旬至 10 月上旬栽苗，12 月采收。

四、栽培技术

在分葱的主作区长江中下游地区的生态条件下，其栽培技术要点如下：

（一）土地准备　选择地势平坦、肥沃疏松、排灌便利的土地。前茬为玉米、大豆或其他蔬菜，轮作 1～2 年，每公顷施腐熟厩肥 30 000kg，精细耕作耙平，按畦面宽 2.4m 作高畦，沟宽 40cm，深约 20cm。

（二）播种、栽植　3 月中旬春播或 8 月中旬秋种，每平方米播种量约 4g，撒播或条播，播种后盖草、浇水，出苗后及时揭除覆盖物，浇 2～3 次农家有机液肥。出苗后 30～50d，苗高 15cm 时，拔苗栽植。

春、秋茬栽植行距 20cm，穴距 15cm，每穴栽分生株苗 2～3 株，种子苗 5～6 株。伏茬、冬茬可适当密植。种苗要求已发生较多分蘖的粗壮苗，种植前将母株连根挖起，掰开 2～3 株一丛，并带有茎盘和根系。栽苗深约 2.5cm，伏茬较浅，而冬茬较深，栽后浇缓苗水。

（三）肥水管理　成活后每公顷施尿素 75kg，促进分蘖，冲水施。分葱根浅，吸收力弱，不耐浓肥，要轻施、多次施，与浇水结合。两周后施尿素 75～120kg/hm²，采收前重施氮肥，施尿素 225kg/hm²，加少量钾肥。

生物固氮肥是一种长效肥，分葱上的试验结果表明，施用生物固氮肥 60kg/hm² 加尿素 225kg/hm²，其肥效相当于施尿素 375kg/hm² 的处理。施用方法是与尿素并用，分 2 次施用。生物固氮肥可减少化肥施用量，减轻环境污染，并节约成本。

（四）化学除草　葱地前期杂草较多，人工除草困难、费工。采用化学除草有事半功倍之效。栽植前每公顷用 33% 施补 1 875ml 处理土壤；生长期间禾本科杂草较多时，可在杂草 2～4 叶期，选用 10% 禾草克或 15% 精稳杀特喷雾防治。

五、病虫害防治

分葱主要病害有霜霉病、紫斑病、分葱锈病（病原：*Puccinia allii*）、软腐病（病原：*Erwinia*

carotovora subsp. *carotovora*）等。霜霉病可用百菌清、甲基灵锰锌防治；软腐病可用农用链霉素和可杀得等铜制剂防治。虫害主要是葱蓟马、葱斑潜蝇、地蛆等，防治方法参见大葱。

六、采　　收

分葱栽植后 2～4 个月适时采收，采前 1d 浇水，起葱后除去黄叶、病叶，束捆，清洗后上市。大批分葱集中采收的则应按供货要求分别保鲜或速冻、脱水加工，其产品有保鲜葱、速冻葱、脱水葱片。鲜葱每公顷产量 45 000kg 左右。

分葱的种子繁殖田要与其他分葱品种、大葱的种子繁殖田空间隔离距离 1 000m 以上。

（蒋有条）

第六节　胡　　葱

胡葱是百合科（Liliaceae）葱属中宿根性的草本植物，作二年生蔬菜作物栽培。学名：*Allicum ascalonicum* L.；别名：蒜头葱、瓣子葱、火葱、肉葱等。古称：蒜葱、茴茴葱等。原产于中亚，也有文献认为原产于西亚。中国唐代已有引入的记载，现在长江流域以南诸省栽培较多。

胡葱嫩叶、鳞茎均可食，嫩叶日常用作调料，鳞茎炒食或加工腌渍。鳞茎耐贮藏。

一、生物学特性

（一）植物学特征　胡葱根弦线状，分布较浅，由茎盘基部四周发生。茎短缩，呈盘状，俗称"茎盘"，其上着生若干个叶片。叶分叶身和叶鞘两部分。叶身长 15～25cm，中空管状，先端渐尖成锥形；叶鞘层层包被成假茎，假茎基部稍有肥大，后期膨大呈小鳞茎，鳞茎成熟休眠时外层干燥成膜状。鳞茎簇生，基部挤压，单一鳞茎卵形。长卵形、纺锤形，不甚规则。鳞茎接合点较松，易分离。植株晚春抽薹开花，花茎中空，顶生伞形花序，花绿白色或淡紫色，花器退化，不结籽，以鳞茎繁殖（图 11-14）。

（二）对环境条件的要求　胡葱性喜冷凉，生长适温 22℃，10℃时生长缓慢，较耐寒，不耐高温，25℃以上高温下生长停顿，进入休眠期。较长的日照，有利于植株的生长和鳞茎的膨大。较大植株冬季经低温，在长日照条件下晚春可以抽薹开花。如浙江嘉兴蒜瓣葱，抽薹率达43.2%，开花，几乎不结种子，平均每薹种子数仅 2.2 粒。

（三）生长发育特性　胡葱栽植时鳞茎内部具 2～3 个分球（芽），大者更多，栽植后萌发若干个植株，当年秋季旺盛生长，是分蘖的高峰期，其结果是每丛株数增加、鳞茎增粗。当气温在 10℃以下，生长缓慢，分

图 11-14　胡　葱
（引自：《中国农业百科全书·蔬菜卷》，1990）

蘖几乎停止。次年春季进入第 2 个旺盛生长期，分蘖进一步增加，其结果是鳞片增厚，鳞茎膨大。6月生长停滞，外层鳞片膜质化，成为典型的鳞茎，休眠越夏。

胡葱的分蘖性强，一个鳞茎栽植后能生成 10～20 个鳞茎，其分蘖过程如分葱。

二、类型及品种

（一）嘉兴蒜瓣葱　浙江省地方品种，分布在浙江省嘉兴、海宁等地。株高 40～50cm。管状叶长

31cm，横径约 0.8cm，绿色。假茎长 5cm 左右，横径 1.0cm，绿白色，叶质较硬。分蘖力强，每穴种 2～3 个鳞茎，能形成 30～40 个鳞茎。成熟时基部鳞茎扁圆形，簇生状，外皮红褐色，稍带浅绿色条纹。产量高，香味浓。

（二）寒兴葱　上海市郊区地方品种，又称红根葱、红头葱，上海郊区普遍栽培。耐低温，在较低的温度下生长快，故称。株高 30～40cm，假茎长 6～8cm，粗 1～2cm，基部膨大成鳞茎，外皮火红色。分蘖力强，一个鳞茎可分蘖形成 20 多个鳞茎。不耐热，当地仅作秋季栽培。

（三）薤头葱　江西省高安、信丰、赣州等地地方品种。叶簇直立，株高 40～45cm，叶鞘长 8～10cm，横径 1.0～1.2cm。鳞茎纺锤形，赤褐色，肉白色。分蘖较强，每个鳞茎可形成 20 多个鳞茎。质地柔嫩，香味浓，品质好。

三、栽培季节

胡葱以秋季栽培为主，适宜的栽植季节为 8 月下旬至 9 月上旬，冬前至早春抽薹前采收青葱供应。至夏初鳞茎形成，宜延至 5 月下旬鳞茎进入休眠期前后采收。

四、栽培技术

胡葱对土地要求、耕作、施肥同分葱。在正常的季节用鳞茎繁殖，其后可随时采用分株繁殖，行距约 20cm，株距约 10cm，每穴栽种鳞茎大者 1 枚，小者 2～3 枚，用种量 900～1 050kg/hm²。早秋天旱时应注意浇水。

除草、追肥及病虫害防治可参考分葱。

采收产品分青葱和鳞茎。上海郊区胡葱栽培限于秋季，11 月底或冬前一次性收获，产量 15 000kg/hm² 左右。鳞茎则在 5 月底地上部倒伏时收挖，产量 7 500kg/hm²。留种者选择健株，鳞茎形状整齐，晒 2～3d，束把挂藏在通风处，或摊放在室内竹筐上贮存越夏。

（蒋有条）

第七节　细　香　葱

细香葱是百合科（Liliaceae）葱属多年生草本植物，作二年生栽培。学名：*Allium schoenoprasum* L.；别名：四季葱、香葱、虾夷葱。食用嫩叶和假茎，具特殊香味，多作调味品用。北美、加拿大、北欧以及亚洲均有野生种，但很早就被驯化，现广泛分布于热带、亚热带地区。中国长江以南各地有少量栽培。

一、生物学特性

（一）植物学特征　细香葱叶直立丛生，中空细圆筒形，先端尖细，高 30～40cm，淡绿色。叶鞘基部稍肥大，呈长卵形假茎，长 8～10cm，直径 0.6cm。鳞茎灰白色，有时带红色，分蘖力强，每株茎部均有生活力较强的侧芽，在适宜条件下很快长成稠密的株丛。根系弦线状。第二年抽薹，花茎细长，聚伞花序，小花淡紫色，不易结种子。和其他葱类作物不易杂交。

（二）对环境条件的要求　喜冷凉气候，全年均可生长，但以春秋两季生长旺盛，质地柔软，味清香，辣味淡。耐寒、耐肥，对土壤的适应性广，但抗热和耐旱性较弱。

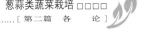

二、栽培技术要点

(一) 主要品种

1. 苏州细香葱　江苏省苏州市、常州市农家品种，栽培历史悠久。株高 30～40cm，叶青绿色，细管形有蜡粉，中空，顶端尖。葱白长 5～8cm，无叶柄。早熟，耐寒、耐热，分蘖力强，生长期 60～70d。辛香味浓，质地细嫩，品质佳。

2. 湖南四季葱　湖南省地方品种。植株丛生，直立，株高 28～39cm，分蘖多。叶片细管状，蜡粉少。鳞茎圆筒形，皮、肉均为白色。早熟，生长期 40～60d。适应性强，耐寒、耐旱，不耐热。肉质柔嫩，香味浓，品种上等。

(二) 栽培技术要点　3～5 月和 9 月用分株法繁殖，每穴栽 5～7 株，穴距 15cm 见方，每公顷用种 3 000kg 左右。栽前施足底肥，缓苗后中耕除草，加强肥水管理，每公顷需农家有机液肥 22 500～30 000kg。栽后约 2 个月即可收获，但除炎夏外，其他月份均可采收。晚秋减少采收，使植株保持旺盛的生长势，提高耐寒力。栽培 3～4 年后，叶子变短，株丛分蘖减少，产量降低，需进行更新。可进行保护地栽培。

（祝　旅）

第八节　韭　　葱

韭葱是百合科（Liliaceae）葱属中能形成肥嫩假茎（葱白）的二年生草本植物。学名：*Allium porrum* L.；别名：扁葱、扁叶葱、洋蒜苗等。嫩苗、鳞茎、假茎和花薹可供炒食、作汤或作调料。原产欧洲中南部。在古希腊、古罗马时已有栽培，中世纪时普遍种植，并培育出假茎长的类型。19 世纪 80 年代传入中国，现河北南部、安徽中西部、湖北襄阳等地有少量成片栽培。

一、生物学特性

(一) 植物学特征　根弦状，较粗短，吸肥力弱。茎短缩成鳞茎盘。单叶互生，扁平似韭，多层叶鞘套生成假茎，色白如葱，故名韭葱。生长到第 2 年，地下部也形成鳞茎。叶片肥厚长带形，被蜡粉，宽 5cm，长约 50cm。抽生的花薹断面圆形实心，基部粗 1cm，长 80cm 左右。伞形花序，外有总苞，开花时总苞单侧开裂脱落。每序有小花 800～3 000 朵，淡紫或粉红色，小花丛生成球。种子有棱，黑色，千粒重 2.8g 左右，生活力弱，使用期 1 年。

(二) 对环境条件的要求　韭葱喜温凉湿润的气候，耐寒，耐热，生长势强，能经受 38℃ 左右的高温和 −10℃ 低温。生长适宜温度 18～22℃，夜温 12～13℃。韭葱属绿体春化类型，幼苗在 5～8℃ 时通过春化，分化花芽。18～20℃ 条件下抽生花薹。要求长日照和较强的光照，但绿叶生长期较耐阴。对土壤的适应性较广，以透性好、有机质含量高的黏壤土生长的韭葱品质最佳。

二、栽培技术要点

(一) 品种

1. 芮城解蒜　山西省芮城县地方品种。株高 67cm，叶片长披针形，深绿色，叶面蜡粉多。假茎长圆筒形，白色，21cm 长。分蘖性极弱。晚熟，定植至收获 120d 左右。较抗紫斑病，较耐热。辛辣味较淡，适宜炒食。

2. 上海韭葱　从英国引进，在上海地区已种植 110 余年。植株直立，高 50～60cm，叶片深绿

色，叶面被白粉。葱白（假茎）长 10cm 左右，横径 2～3cm。抗寒力强，不耐干旱。有葱的特殊芳香味，可供炒食。

（二）栽培技术要点 一般于春季育苗，夏季定植，初冬收获假茎。华北、华中、华南地区还可以在春末夏初播种，当年收获嫩苗，翌年春收假茎，初夏收薹。收获假茎者，可在露地或冷床育苗，苗期 50～60d。移栽大田时用沟栽，沟深 10～12cm，宽 15cm，株行距 60～70cm×10～15cm。生长期间结合浇水分次追肥、中耕和松土，促使假茎伸长。收获前 10d 停止浇水。韭葱周年均可收获，如同韭菜和大葱。

韭葱可以进行软化栽培，一般在秋冬季收获经软化的假茎供食。软化方法可参见韭菜、大葱，即多次培土。每次培土均结合施肥，培土高度仅齐叶身与叶鞘分叉处（鸦雀口）。

采种者秋播，幼苗越冬，翌年夏季抽薹、开花、结籽。

（祝　旅）

第九节　楼　　葱

楼葱是百合科（Liliaceae）葱属中葱的一个变种，多年生草本植物。学名：*Allium fistulosum* L. vat. *viviparum* Makino；别名：龙爪葱、龙角葱等。中国南、北大部分地区及前苏联、日本等国有栽培。以假茎和嫩叶做调料，花茎上的气生鳞茎肥大者，也可供食用。

一、生物学特性

根弦状。叶长圆锥形，深绿色，中空。假茎较短，入土部分白色。花茎圆柱形，中空。花茎顶部由花器发生若干小气生鳞茎（或称珠菜），继而发育成 3～10 个小葱株。入夏时花茎枯死，小葱株开始独立生活。少数健壮小葱株可再次发育花茎，花茎顶端同样再发生数个小葱株。有的植株能生长三层花茎，发育三层小葱株，故名楼葱。有些品种的花茎顶端同时发生气生鳞茎和少量花蕾，但花器不全，无结实能力。分株性强或不分株。楼葱适宜生长温度 13～25℃。植株越冬前通过春化，春季抽生花薹。以分株或气生小葱株繁殖，气生小葱株无生理休眠习性。

二、栽培技术要点

（一）主要品种

1. 汉中楼葱（倒栽葱） 陕西省汉中市农家品种，原由四川省引入。植株直立，高 70cm。叶 5～7 枚，长管形。假茎长扁圆形，长 16～23cm，横径 2～2.5cm，表皮淡紫色。花茎长 44cm，宽 2cm，花苞内着生鳞茎 3～5 个，单株分蘖 8～9 个。耐寒，耐盐碱，耐肥。辛辣味淡，品质中等。由栽种至收获需 300～320d。

2. 连云港楼葱 江苏省连云港市地方品种，栽培历史悠久。株高 30～40cm，叶长圆筒形，有蜡粉。葱白不长，茎基部不膨大，4 月上旬花茎尖端含苞，长出绿色小鳞茎的子葱，子葱幼小时基部膨大。晚熟，较耐寒，不结籽。

（二）栽培技术要点 北方地区一般于 5～6 月栽植，夏秋收获。有分株习性的品种，8～9 月分株繁殖，冬季和翌春收获。穴栽，每穴 3～5 株，不培土。不分株的品种植株高大，可开沟栽种，生长期间平沟培土。北方栽培的楼葱品种地下部可露地安全越冬。

采收后宜随时栽植，或于干燥凉爽处存放至秋季栽植。

（祝　旅）

第十节　薤

薤是百合科（Liliaceae）葱属中能形成小鳞茎的多年生宿根性的草本植物，常作为二年生蔬菜作物栽培。学名：*Allium chinense* G. Don；别名：藠头、藠子、菜芝等。原产中国，在江苏、浙江山区有野生种。战国时即用作调味品。据《氾胜之书》、《四民月令》、《南郡赋》记载，汉代栽培的蔬菜有 20 多种，其中就有薤。南北朝后魏·贾思勰撰《齐民要术》（6 世纪 30 年代或稍后）记述了薤的栽培与加工方法。中国主要栽培地区为湖南、湖北、四川、广西、云南、浙江、江西等省、自治区。薤茎叶及鳞茎均可食用，以食用鳞茎为主。含丰富的维生素和矿物质。鳞茎经盐渍、糖渍、蜜渍或醋渍加工后洁白晶莹，香脆可口，别具风味，远销欧美等 30 多个国家和地区。江西、湖北、浙江省已形成规模生产。中国古人认为："生则气辛，熟则甘美，种之不蠹，食之有益。"医学上对薤的养生、药用功效评价很高。

一、生物学特性

（一）**植物学特征**　根弦线状，分根少，长约 30cm，围绕茎盘基部发生，其后在分生株基部发生。茎短缩呈盘状。叶分叶身和叶鞘，叶身细长，中空，断面呈三角形，表面有 3 个不明显棱，浓绿色，略带蜡粉；叶鞘层层抱合成假茎，基部肥大成鳞茎。鳞茎纺锤形，白色或灰白色带紫色或浅紫色。7～8 月开花，花薹顶生伞形花序，具有 10 余朵小花，花淡紫色，有雌雄蕊，但不易结籽。以鳞茎繁殖（图 11-15）。

（二）**对环境条件的要求**　薤性喜冷凉，生长适温 16～21℃，鳞茎膨大最适温度 20℃左右，10℃生长缓慢。较耐寒，在南方低海拔地区可安全越冬，但不耐长时间低温。不耐高温，在气温 30℃以上停止生长，进入休眠期。

图 11-15　薤
（引自：《中国农业百科全书·蔬菜卷》，1990）

在自然日照下，5 月鳞茎开始迅速膨大，较长日照有利于生长和鳞茎膨大。有试验表明，在 8h 短日照条件下，叶鞘基部不肥厚，也看不出叶鞘基部鳞叶化，不断增生新叶；在 16h 日照条件下，鳞茎较自然日照下提前开始肥大，但叶生长和鳞茎肥大结束期提前。薤对光强的要求不高，较耐阴，故宜套种。

薤对土壤适应性广，各种土类均可栽培，但以排水良好的沙壤土最宜。耐瘠，也适宜于丘陵红壤栽培。适宜土壤 pH 为 6.2～7.0，较耐酸，pH 在 5.5 时也可栽培成功。据郑长安在浙江省舟山市（1995）测定，薤鲜样全株氮、磷、钾三者的含量分别为 0.731%、0.085%、0.285%，其比例为 1∶0.12∶0.39，地上部三者之比为 1∶0.1∶0.55，地下部三者之比为 1∶0.12∶0.27。说明薤的生长和鳞茎膨大除氮素营养外，也需要较多钾肥，增施氯化钾 225kg/hm²，1/3 作基肥，2/3 开春追施，产量提高 43.9%，百头重相应提高 43.8%，商品性显著提高。

（三）**生长发育特性**　薤行无性繁殖，栽植时鳞茎内部已分裂若干个分球芽，栽植后萌发生长成为若干独立植株的株丛，当植株具有 4～5 片叶时形成胚芽，当年形成大小不等的分球，每个分球具 2～4 个肥厚的鳞片。冬季生育停滞。次年 4 月株丛旺盛生长，上年形成的分球再次分生球芽，这些分球芽到采收时不能从叶鞘分生出，宿存鳞茎内部。鳞茎的肥大是由于叶数的增加、叶鞘基部肥厚和分球芽增加的结果。鳞茎肥大后，遇高温而进入休眠期，休眠期约 1 个月。

薤的分蘖能力和分球数与品种有关，少则 5～6 个，多则 10 多个，1 个芽从分化生长成分球约 4 个月。分球数与种球大小有关，种球愈大，分球数、单株重增加，但单球重差异不大，甚至有减小趋势。

二、类型及品种

薤的地方品种很多，如湖南省有记载的品种有：长沙米薤、长沙木薤、湘阴白鸡腿薤、常宁大薤、靖远薤、衡阳线薤、怀化薤头、长沙黑薤8个品种。通常以叶片大小、鳞茎（假茎）形状、颜色、食用部位命名，再冠以地名，如以鳞茎加工的品种称加工种，鲜食的品种称食用种或鸡腿种，还有白皮种、紫皮种等。如此就难免出现同名异物或同物异名的混淆现象。以薤的叶片（叶柄）大小可分为3种类型：

（一）大叶薤 又称南薤。叶较大，分蘖力较弱，一般每个鳞茎分5～6个，但鳞茎大而圆，产量高。薤柄短，叶多倒伏于地。适于鲜食和加工，质地脆鲜，为湖北梁子湖畔的主栽品种。

（二）细叶薤 又名紫皮薤、黑皮薤。叶细小，分蘖力强，一般每个鳞茎分蘖15～20个，但鳞茎小。薤柄短，叶长约30cm，倒伏。叶和鳞茎均可鲜食，不适于加工腌渍。

（三）长柄薤 又名"白鸡腿"。分蘖力较强，每一鳞茎分蘖10～15个。薤柄长，形似鸡腿，白而鲜嫩，品质佳。以鲜食为宜。叶直立，产量高。

三、栽培季节和方式

南方平原地区，薤多为夏秋季种植，以8～9月为适宜栽植期。早种土温高，雨水多，薤易腐烂，而迟种者因当年生长季短，产量低。在高海拔地区如云南开远（海拔2000m），冬季温度低，而夏季温度适宜，则采用春植，适宜栽植期在2月中旬。

四、栽培技术

（一）栽前准备 薤不同品种对土壤要求不同，鲜食鳞茎的品种，要求肥沃、土层深厚疏松的沙壤土，利于培土软化；以鳞茎作加工的品种应选择肥力中等的丘陵红壤为宜。宜轮作，前作以玉米、马铃薯为宜。土地深耕20～25cm，结合施有机肥15 000～22 500kg/hm²，钙镁磷肥375kg/hm²，氯化钾150kg/hm²，耙平筑宽2.0～2.4m的高畦。

薤种应选择大小适中，具本品种特征的，除去地上部残余物，留根约2cm剪断，摊放在冷凉湿润的房间内，出芽后种植。

（二）栽植 栽植密度因品种和土壤肥力而异，加工品种在中等肥力红壤沙土种植，行距18～20cm，株距7～10cm，每公顷用种量1 875～2 250kg。种植方法：沿畦按18～20cm开深约10cm沟，再按7～10cm排种，开第2沟时覆土，并耙平畦面。以不露芽为度。如此顺序栽种。栽后浇水，并用水草或稻草覆盖畦面，保湿，如遇天旱要及时浇水。

（三）田间管理 出苗后松土、除草，每公顷追施10%腐熟液态农家肥15 000kg左右，以后每隔半个月追肥一次，浓度可增加到20%，或用尿素150kg/hm²和氯化钾75kg/hm²冲水分2次施入。越冬期如遇干旱，应及时浇水，使植株正常生长。春季2、3月间重施追肥，每隔半个月施20%腐熟液态农家肥15 000～22 500kg/hm²，共施3次，每次施肥后松土，或以尿素225kg/hm²加氯化钾150kg/hm²分2次施用。在春雨多时应注意排水，防止根颈腐烂；后期进行培土，防止鳞茎裸露着色，影响品质。

五、病虫害防治

薤的主要病害有薤炭疽病（病原：*Colletotrichum circinans*）。据施志龙等（1997）报道，在浙江省舟山地区，该病在 4 月底至 5 月初始发，5 月中、下旬出现发病高峰。水田种植和连作有利于该病流行。防治方法：喷洒 50％多菌灵可湿性粉剂、75％百菌清及 70％乙磷铝锰锌可湿性粉剂等。害虫为蓟马和螨类，以乐果、甲氰菊酯（灭扫利）等防治为宜。

六、采　　收

以叶和鳞茎供食用的，于 1～4 月陆续采收；专收获鳞茎的，应在鳞茎充分膨大的 5 月叶片开始转黄后采收。春播于 8～9 月间采收，鳞茎产量 15 000～25 000kg/hm²。

留种者于下茬种植前 10～15d 采收，在田间条件下越夏。亦可于 7 月采挖，束把吊挂或摊放在阴凉处通风贮藏。

（蒋有条）

（本章主编：张启沛）

◇ **主要参考文献**

[1] 中国农业百科全书·蔬菜卷编委会．中国农业百科全书·蔬菜卷．北京：农业出版社，1990

[2] 中国传统蔬菜图谱编委会．中国传统蔬菜图谱．杭州：浙江科技出版社，1996

[3] 周光华主编．蔬菜优质高产栽培的理论基础．济南：山东科学技术出版社，1999

[4] 卢育华．蔬菜栽培学（北方本）．北京：中国农业出版社，2000

[5] 高志奎．韭菜光合作用特性研究．园艺学报，1992，(3)：240～244

[6] 潘秀美．韭菜迟眼蕈蚊发生动态及其防治研究．植物保护，1993，(2)：9～11

[7] 马树彬．韭菜叶片生长动态和分蘖规律的初步研究．河南农业科学，1999，(2)：23～26

[8] 李永华．不同类型韭菜休眠特性的比较．中国蔬菜，2002，(2)：17～19

[9] 安志信等．葱头的基础生理和栽培技术．天津：天津科学技术出版社，1985

[10] 安志信等．洋葱栽培技术．北京：金盾出版社，1998

[11] 张平真．洋葱引入考．中国蔬菜，2002，(6)：56～57

[12] 李家文等．大蒜气生鳞茎繁殖法提高产量和繁殖率的效果．中国农业科学，1963，(4)：11

[13] 程智慧等．大蒜二次生长概念及分类探讨．园艺学报，1991，(4)：345～349

[14] 满昌伟，大蒜地膜覆盖的效果与技术．中国蔬菜，1992，(1)：37

[15] 刘世琦等．优化施肥对大蒜产量效应分析．山东自然科学研究进展（上），1993：312～317

[16] 郑长安等．薤生产中钾肥的增产效益．中国蔬菜，1995，(5)：43～44

[17] 施志龙等．薤炭疽病发生与防治．中国蔬菜，1997，(1)：8～10

[18] 徐东旭等．兴国分葱高产栽培技术．农业科技通讯，2001，(3)

[19] 清水茂．野菜园艺大事典．养贤堂（日本），1997

[20] 梁家勉，中国农业科学技术史稿．北京：农业出版社，1989

[21] 吕佩珂，李明远，吴钜文等．中国蔬菜病虫原色图谱（第三版·无公害）．北京：中国农业出版社，2002

第十二章

白菜类蔬菜栽培

　　白菜类蔬菜是十字花科（Cruciferae）芸薹属（*Brassica*）芸薹种（*B. campestris* L.）中的栽培亚种群。它包含白菜亚种［ssp. *chinensis*（L.）Makino］、大白菜亚种［ssp. *pekinensis*（Lour）Olsson］、芜菁亚种（ssp. *rapifera* Metzg）。随着栽培历史的发展，在这些亚种中又有变种、类型及其品种的逐渐分化，已形成为中国栽培蔬菜中庞大的亚种、变种及其品种的群体。

　　白菜类蔬菜的 3 个亚种在形态学上主要区别是：白菜亚种的叶片开张，株型矮小，多数品种叶片光滑或有皱纹，少数有茸毛，具有明显的叶柄，一般无叶翼，它以整个嫩叶为产品器官；大白菜亚种无明显的叶柄，而且叶片延伸至叶柄两侧形成明显的叶翼，大部分品种形成松散或紧实的叶球为产品器官；芜菁亚种有明显的叶柄，叶片深裂或全裂，具有膨大的肉质根为其产品器官。按园艺学分类，它属根菜类蔬菜。在白菜亚种中有下列 5 个变种：普通白菜变种（var. *communis* Tsen et Lee）、乌塌菜变种（var. *rosularis* Tsen et Lee）、菜薹变种（var. *utilis* Tsen et Lee）、紫菜薹变种（var. *purpurea* Bailey）及薹菜变种（var. *tai-tsai* Hort.）。在大白菜亚种中有下列 4 个变种，它是由顶芽不发达的低级类型进化到顶芽发达的高级类型：有散叶变种（var. *dissoluta* Li）、半结球变种（var. *infarcta* Li）、花心变种（var. *laxa* Tsen et Lee）及结球变种（var. *cephalata* Tsen et Lee）。白菜亚种与大白菜亚种，按园艺学分类，同属于白菜类蔬菜。

　　白菜类蔬菜原产中国，栽培历史悠久。汉魏间"菘"（指不结球白菜）已出现于江南地区。南北朝梁·陶弘景《名医别录》（6 世纪前期）说："菜中有菘，最为常食。"同期的萧子显著《南齐书·周颙传》曾赞扬"春初早韭，秋末晚菘"是菜食中的"味最胜"。到宋—元时期，菘在中国南北大量发展起来，宋·苏颂等著《图经本草》（1061）说，当时菘已成为"南北皆有"的蔬菜。菘的品种也相当多，南宋·潜说友纂修（咸淳）《临安志》上提到的菘品种有台心、矮黄、大白头、黄芽、小白头等多种。在菘的品种中，当时以扬州产最有名。《图经本草》说："扬州一种菘，叶圆耳大，……，啖之无渣，绝胜他土也，此所谓白菘也。又有牛肚菘，叶最大厚，味甘。"

　　中国白菜类蔬菜品种资源十分丰富。大白菜主要分布于中国北方各地，供秋冬及春季食用，其中以华北地区栽培面积最大，产量最高，品质优良。东北、西北及西南地区也有较大面积。随着科学技术的进步，生产上已形成了春、夏、秋种的各种生态型，早、中、晚熟配套的优良品种和栽培技术。在中国南方地区大白菜生产也有较大的发展，但仍以白菜的种植面积最大，占秋、冬、春菜播种面积的 40％～60％。菜薹主要分布在长江流域和华南地区。薹菜分布在黄河、淮河流域。

　　白菜类蔬菜是中国广大消费者最喜食的重要蔬菜。它的栽培面积大，遍及全国。栽培方式易于掌握，产量高而较为稳产。普通白菜变种生长期短，便于茬口交替；结球大白菜变种，耐贮耐运，供应期长，其面积和产量居各种蔬菜之首。白菜类蔬菜风味佳美，营养丰富，产品有绿叶、叶球、花薹等，适合中国人民的食用习惯。在它的营养成分中含有多种维生素和矿物质，以及一定数量的蛋白质、脂肪、糖类及纤维素等，其中以普通白菜和乌塌菜含量最高。

白菜类蔬菜属于喜冷凉的作物，适宜栽培的月均温为 15～20℃。白菜亚种的耐寒性和耐热性均比大白菜强，其中乌塌菜和薹菜在白菜类中耐寒性最强，植株可耐−10℃低温，但不耐热。菜薹变种是以菜薹为产品，因此对温度要求较为严格，但紫菜薹又较菜心耐寒。普通白菜中的一些品种较耐热，可在较高的温度条件下正常生长。

白菜类蔬菜在种子萌动后或绿体阶段，在 15℃以下的低温条件，经过一定时期可完成春化过程。长日照及较高的温度（18～20℃）条件，有利于抽薹、开花和种子成熟。

白菜类蔬菜用种子繁殖，可直播或育苗移栽。它的根系浅而吸水力弱，叶面积大，蒸腾量大，要求较高的土壤湿度，在栽培中应注意及时灌溉和中耕保墒。白菜类蔬菜生长速度快、产量高，需要较多的矿物质营养，要求肥沃的土壤。施肥应采用平衡施肥，多施有机肥，追肥以氮肥为主，但要注意磷、钾肥的配合使用。氮肥可促进叶丛生长，对产量和品质的影响最大；磷、钾肥有利于叶球的充实，也有利于花薹的分化和发育。它们都有共同的病虫害，应注意轮作换茬和病虫害的综合防治。

第一节　大　白　菜

大白菜为十字花科（Cruciferae）芸薹属芸薹种中能形成叶球的亚种，一、二年生草本植物。学名：*Brassica campestris* L. ssp. *pekinensis*（Lour）Olsson［*Brassica campestris* subsp. *pekinensis*（Lour）Olsson］；别名：结球白菜、黄芽菜、包心白菜等。叶球品质柔软，每 100g 产品含水分 94～96g，碳水化合物 1.7g，蛋白质 0.9g，还含有矿物盐、维生素及纤维素等多种营养物质。可供炒食、煮食、凉拌、做馅或加工腌制等。是中国特产蔬菜之一。各地普遍栽培，在海拔 3 600m（如西藏拉萨）地区也有种植，但主产区在长江以北，种植面积约占秋播蔬菜面积的 30%～50%。

大白菜原产于中国。但有关起源问题尚无定论，主要有以下几种假说：一是杂交起源说。李家文（1962）提出大白菜可能是芜菁与白菜原始类型的天然杂交的产物，经过长期的自然选择和定向培育，逐渐由散叶、半结球、花心直至进化到结球白菜，从而形成了目前各种类型和品种。曹家树（1995）对大白菜杂交起源学说进行了初步验证，同时通过对结球白菜分支分析和微观形态鉴定的研究，为该学说提供了一定的依据。二是分化起源说。谭其猛（1979）提出大白菜是由野生或半栽培类型的芸薹植物，经过从南方向北方过渡的过程中，为适应北方寒冷的气候条件，内部叶片逐渐向内弯曲抱合，保护其生长锥。经长期进化，逐步形成了肥大的叶球。其主要依据是大白菜在形态、生理、遗传、系统发育等方面都与小白菜相似。结球这一高级性状，是在栽培过程中获得的性状。同时，结球甘蓝是由不结球甘蓝演化而来的也可作为佐证。三是苏联学者瓦维洛夫（H. И. Bавилов，1951）认为地中海沿岸是芸薹植物的起源中心，为第一原产地，当芸薹传到中国后，经过自然杂交、人工和自然选择，逐步演化并培育出芸薹属的各种植物，中国是白菜的第二起源中心。

陆子豪等人（1998）在前人研究的基础上，通过综合考证和分析，将大白菜的起源问题向前推进了一大步。主要内容是：大白菜原产中国，最早可追溯到 2 500 年前的西周时期，其痕迹甚至可追踪到 6 000～7 000 年前的新石器时代。他将大白菜的起源与进化过程划分为 6 个阶段，即大白菜最原始类型——葑的起源（公元前 6 世纪至公元 3 世纪）；大白菜的初级类型，从"葑"的分化到"牛肚菘"的诞生（公元 3～10 世纪）；散叶大白菜类型 ——黄芽菜的演化与形成（公元 10～14 世纪）；花心类型的出现，即结球白菜的诞生（公元 14～16 世纪）；舒心类型——河北安肃白菜诞生（公元 17～18世纪）；包心白菜——山东胶州白菜的诞生（18 世纪或以后）。这种从葑→菘→牛肚菘，在长达 2 000多年的进化过程中，包括"分化"和"杂交"在内的各种情况都可能发生，并对其产生的过程和时间进行了考证，绘出了大白菜的进化图（图 12 - 1）。

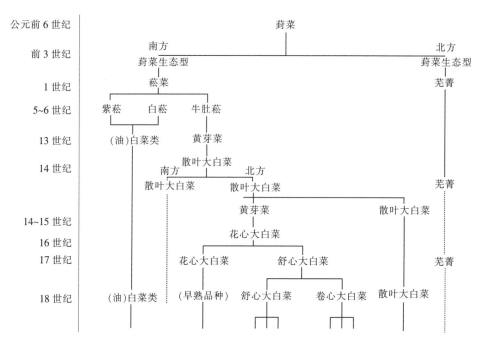

图 12-1　大白菜起源与进化示意图
(陆子豪等，1998)

　　从现有史料来看，对结球白菜有较明确表述的是唐·苏恭等撰《唐本草》（7 世纪 50 年代）中载有："蔓菁与菘，产地各异"。苏敬的《新修本草》中有："菘有三种，牛肚菘，菘叶最大厚，味甘；紫菘叶薄细，味稍苦；白菘，似蔓菁也。"牛肚菘可能是现在的散叶大白菜。明·王世懋的《广百川学海》（1563）"果蔬疏"中记述的黄芽菜，即现今大白菜中的花心类型。明·李时珍的《本草纲目》（1578）中已将菘称白菜，有茎圆微青的青梗和茎扁薄而白的白梗两种类型。清·鄂尔泰等修《授时通考》（1742）、清·丁宜曾《农圃便览》（1755）、《顺天府志》、《胶州志》等也有大白菜性状及栽培方法的记载。清·吴其濬编撰的《植物名实图考》（19 世纪中期）中对大白菜特点有详细的描述和绘图。据叶静渊在《从杭州历史上的名产黄芽菜看我国白菜的起源演化与发展》一文中说，结球白菜在我国的出现，大约在明代中叶，即 15 世纪，或 16 世纪初。因为明·李翊《戒庵漫笔》（16 世纪后期）中已有"杭州俗呼黄矮菜为花交菜，谓近诸菜多变成异种，……"的记载。文中所说的黄矮菜即是结球白菜。1875 年大白菜由中国传入日本，20 世纪 20 年代传入朝鲜，以及东南亚、欧、美洲一些国家。至今在日本、朝鲜和东南亚各国已普遍栽培。

一、生物学特性

（一）植物学特征

1. 根　大白菜根系属于直根系，主根较发达。在主根上部由胚根形成较肥大的直根。主根纤细，长 60～80cm。主根上生有两列侧根，侧根发达。子叶期从主根上开始发生第 1 级侧根，当长出第 1、2 片真叶时可发生第 2、3 级侧根，到莲座期时可发生 4、5 级侧根。根系分布范围广而深，在进入结球期时，产生 6、7 级侧根，根系的吸收面积最大，地上部的增长量也达到了高峰值。由主根和侧根形成一个上部大、下部小的圆锥形根系。大白菜的主根虽然深度可达 1m 以上，但主要的吸收根系在距地表 7～30 cm 处最为旺盛，因此，在栽培上需要采取促根、壮根等措施，才易获得强大根系。根系发育好的，则地上部产量高，反之地上部产量也低。

2. 茎　大白菜的茎分为营养茎和花茎。营养茎可分为幼茎和短缩茎。幼茎为子叶出土后的上胚轴。当种子发芽后，展开一对子叶后就有了幼茎，但由于茎的居间生长极不发达，所以从外观上几乎看不出茎的形态。当幼苗继续生长，发生 8～10 片真叶时，形成一个小的圆盘状叶丛，幼茎短缩，易于分辨。当莲座期结束，外叶已全部形成，此时茎的顶部开始形成球叶顶芽，在短缩茎上密排着多个叶片。当进入结球期后，可明显地看到粗壮而短的短缩茎。短缩茎直径 4～8 cm，茎顶平坦，越近顶端节间越短，其形态因品种不同而异，每节生"根生叶"一枚，腋芽不发达。横断面的韧皮部、木质部都较发达，特别是中心髓部发育明显。

在生殖生长时期，花茎于翌年从短缩茎开始延长生长，逐渐形成花茎。一般高 60～100 cm，并可发生分枝 2～3 次，基部分枝较长，上部分枝较短，使植株呈圆锥状。花茎淡绿至绿色，表面有蜡粉。一般主枝及第 3 级侧枝的生长势往往弱于 1、2 级侧枝，结荚果数亦少。

3. 叶　大白菜的叶片因在植株上生长的位置和生理功能的不同，表现出多种形态。

（1）子叶　子叶两枚，对生，大小略有不同，肾形或倒心脏形，叶面较光滑，有明显的叶柄。一般播后 8～10d，叶面积达最大值。在苗期快结束时趋于生理衰老，逐渐脱落，苗越健壮脱落时间越晚。子叶的健壮与否对幼苗以至于成株的生长和产量都有一定影响。

（2）初生叶　又称基生叶。两枚，长椭圆形，具羽状网状脉，表面有毛或无毛，叶缘锯齿状，有明显的叶柄，无叶翅，无托叶。对生于茎基部子叶节以上，与子叶垂直排列成"十字形"。

（3）莲座叶　又称中生叶。从初生叶之后到球叶出现之前的叶子称为莲座叶，是叶球形成期的主要同化器官。着生于短缩茎中部，互生。叶片肥大，深绿色。叶形为倒披针形至阔倒卵圆形，无明显叶柄，叶翅明显，边缘锯齿状，羽状网状脉发达。一般有 18～24 片，它为大白菜的生长和结球制造大量的养分，并起到保护叶球的功能。莲座叶的健壮与否，决定着叶球的大小及充实的程度。

（4）球叶　又称顶生叶，着生于短缩茎的顶端。互生。先长的球外叶能见到部分阳光，叶色呈绿色至淡绿色。内叶见不到阳光，叶片呈白色或淡黄色。叶片大而柔嫩，叶柄肥厚。叶片上部向内弯曲，以褶抱、叠抱、拧抱等多种抱合方式构成硕大的叶球。球叶数目随品种而异，一般叶片数在40～80 片，叶数型较多，叶重型较少。球叶是大白菜营养贮藏的器官，又起到保护生长点的作用。

（5）茎生叶　当大白菜进入生殖生长期，随着抽薹开始出现茎生叶，它着生于花茎和花枝上。叶片互生，叶腋间发生分枝。叶片较小，没有叶柄，叶片基部直接抱茎而生。叶片表面较光滑，平展，有蜡粉，叶缘锯齿少。

4. 花　大白菜转向生殖生长后，在主枝和侧枝的生长点开始分化花芽，并进一步发育形成花。大白菜的花由花梗、花托、花萼、花冠、雄蕊群和雌蕊组成。花梗是花与花轴相连的中间部分，花梗的上部逐渐膨大而形成花托，其上着生花萼、花冠、雄蕊和雌蕊。花萼是包被在花最外面的叶状体，呈绿色，4 枚，各片之间分离。花冠位于花萼内侧，由 4 个离生的花瓣组成，与花萼相间排列，淡黄色，属十字形花冠。花瓣托上有蜜腺。雄蕊 6 枚，4 枚较长，2 枚较短。花药 2 室，花成熟时纵裂以释放花粉，花粉主要靠昆虫传播，也可靠风力传播。雌蕊 1 枚，子房上位 2 室，有假隔膜。柱头为头状。花序为总状花序，顶生或腋生。在这个花群轴的顶端可无限生长，生有互生的多数总状单轴花组，每个花组下方生有一片顶生叶。开花的顺序是由基部向顶部开放。单株一般有 1 000～2 000 朵花，花期 20～30d，主枝上的花先开，然后是 1 级侧枝、2 级侧枝顺序开放。

5. 果实　授粉、受精后胚珠逐渐发育成果实，由果皮和种子组成。果皮又分为外果皮、内果皮和中果皮。果实为长角果，细长圆筒形，长 3～6 cm，一枝花序可着生荚果 50～60 个。授粉到种子成熟需 30～40d，过期容易裂果。一个果荚中有种子 30 粒左右，着生于侧膜胎座上。果实先端陡缩成"果喙"，其中无种子。

6. 种子　呈圆球形，微扁，红褐色至褐色，或黄色。无胚乳。直径 1.3～1.5 mm，千粒重2.5～4g。种皮内有成熟的胚，其中包括有子叶、胚芽、子叶下轴或胚轴和胚根。胚芽被严密地包裹

在子叶之中，它受到种皮和子叶的双重保护。种子寿命一般可维持 5～6 年，但年代久发芽率低，生产上多利用 1～2 年的新种子。

（二）对环境条件的要求

1. 温度 大白菜属半耐寒性蔬菜，生长适温为 12～22℃，高于 30℃ 时则不能适应。在 10℃ 以下生长缓慢，5℃ 以下停止生长。短期 −2～0℃ 受冻后尚能恢复，−5～−2℃ 以下则易受冻害。能耐轻霜而不耐严霜。

大白菜的不同变种对温度适应性有差异。散叶变种的耐热性和耐寒性较强；半结球变种有较强的耐寒性；花心变种有较强的耐热能力；结球变种则对温度的要求较其他变种严格，适应范围较窄，要求在温和季节栽培。其中直筒类型耐寒性较强，平头类型耐热性较强，卵圆形的耐寒和耐热性较弱。同一类型中的不同品种对温度的适应性也不相同。

大白菜的不同生长期对温度要求有一定差异。发芽期要求较高的温度，在 20～25℃ 发芽迅速，出土快，幼芽健壮。8～10℃ 时发芽势很弱。高于 40℃ 发芽率明显下降且虚弱。幼苗期适宜温度为 22～25℃，也可适应 26～28℃ 的高温。它还可忍耐一定的低温，但必须在 15℃ 以上时，才能防止苗期通过春化阶段。莲座期在 17～22℃ 的温度范围内，叶片生长迅速强健。温度过高，莲座叶徒长易发生病害；温度过低则生长缓慢，延迟结球。结球期对温度要求严格，适宜温度为 12～22℃，白天 16～25℃ 利于光合作用，夜间 5～15℃ 有利于养分积累，同时又可抑制已分化的花器生长，使之处于潜伏状态。当夜间温度降至 −2～−1℃ 时，应及时收获。休眠期要求 0～2℃ 的低温，低于 0℃ 易发生冻害，高于 5℃ 则增加养分消耗并易引起腐烂。抽薹期以 12～18℃ 为宜，可避免花薹徒长而发根缓慢造成的生长不平衡。开花期和结荚期要求月均温 17～22℃，日温低于 15℃ 开花不正常，25～30℃ 植株迅速衰老，种子不能充分成熟。高温下形成的花蕾易出现畸形，不能结实。

大白菜的生长期还要求一定的积温。积温与大白菜的品种、熟性以及原产地的条件十分相关。一般早熟品种为 1 200～1 400℃，中熟品种为 1 500～1 700℃，晚熟品种为 1 800～2 000℃。从温度条件来看，月均温在 16±1℃ 的季节都可进行大白菜栽培。当旬平均温度 7℃ 以上、25℃ 以下的生长季节达到 70～80d 以上的地区，都可进行大白菜的秋季栽培。

2. 水分 大白菜地上部分的含水量为 90%～96%，根部含水约 80%。大白菜叶面积大，叶面角质层薄，因此蒸腾量很大。不同变种及生态型的大白菜蒸腾强度有很大差异。半结球变种蒸腾强度最小，结球变种的直筒型的蒸腾强度较小，平头型及卵圆型的蒸腾强度较大。抗逆性弱的品种，如胶州白菜、福山包头的蒸腾量大；抗逆性强的品种，如泰安青芽、天津青麻叶的蒸腾量较低。

大白菜的蒸腾作用随着生育进程逐渐增强，需水量也表现逐期增加的趋势。发芽期与幼苗期的蒸腾作用不大，根群亦不发达，吸水能力很弱，但由于浅土层的温度变化剧烈，地面蒸发量大，所以要求土壤的相对湿度达到 85%～95%，才能防止"芽干"死苗和促进幼苗的正常生长。莲座期随莲座叶面积的迅速扩大，蒸腾作用随之加强，需水量也大大增加。此期土壤相对湿度要求在 75%～85%，以调整大白菜地上部和地下部的矛盾。结球期是大白菜需水量最多的时期，必须保证土壤有充足的水分，此期要求土壤湿度为 85%～94%。在结球后期要节制用水，以免造成叶片提早衰老，降低叶球的耐贮藏性及病害的发生。在生殖生长时期，前期因气温较低，蒸腾强度较小，往往因土壤水分过多，造成地温过低而引起根系生长不良。开花期和结荚期随着气温上升，蒸腾强度迅速增大，缺少水分会造成开花不良、花粉败育或种子不饱满的现象。

3. 光照

（1）光照强度 大白菜属于要求中等光照强度的蔬菜作物。据张振贤测定，光合作用的光补偿点约为 $25\mu mol/(m^2 \cdot s)$，光饱和点为 $850～950\mu mol/(m^2 \cdot s)$。光强由 $25\mu mol/(m^2 \cdot s)$ 升至 $950\mu mol/(m^2 \cdot s)$，光合速率随之迅速增加，超过 $950\mu mol/(m^2 \cdot s)$，光合速率不再增加，而且有下降的趋势。种子在黑暗和光照条件下都可以发芽，并能正常出苗。光强对叶片发育影响很大，在光照充足时，促进叶片的宽向生长，叶面积较大；在弱光条件下，叶片发育受阻，促进纵向生长，叶片变长，叶面积较小。莲座期、结球期光合强度最强，只有供应充足的水分和养分，才能促进叶球的生长和发育。

（2）光照时间　大白菜生长发育与日照时数关系密切，对产量影响较大。在大白菜营养生长期内，平均每天日照时数不少于 7～8h，生长良好。一般早熟品种全生长期需 500～600h，中熟品种不应少于 650～700h，晚熟品种需在 800h 以上，才能正常生长。尤其在莲座期需要较长的光照时间，若光照不足 8h 会影响莲座叶的健壮发育。大白菜属于长日照植物，在较长日照条件下通过光照阶段，进而抽薹、开花、结实，完成世代交替。长日照处理对花芽分化、抽薹、开花、结果等都有促进效果。

（3）光能利用　大白菜是光能利用率最高的蔬菜之一，可达 2.42%。大白菜的光能利用率（E）随着生育期的进展和叶面积指数不断增加而增加。苗期由于叶面积指数较小，地面裸露较多，所以 E 值较低；进入莲座期后植株基本封垄，E 值开始升高，至结球中期达到最大。以后表现平稳。大白菜的光合势（LAD）的变化规律基本与 E 值相似，亦随叶面积的增加而增加，差别则表现在后期不是平稳变化，而是在收获前 10d 达到高峰，其后急剧下降。净同化率的变化规律，与 E、LAD 正好相反，苗期、莲座初期净同化率较高，以后逐渐降低。总之，前期迅速扩大叶面积，及早形成较强的光合势，后期有效地阻止净同化率的降低是提高大白菜光能利用率的关键（图 12-2）。

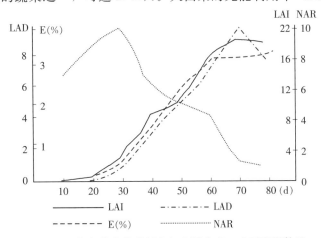

图 12-2　大白菜光能利用率与净同化率、叶面积指数及光合势的关系
（葛晓光、周宝利，1991）

大白菜的光合作用受温度、水分和营养的影响，特别是温度条件影响最大，25℃为大白菜光合作用的适温（艾希珍、张振贤，1997）。大白菜不同品种的光合强度有较大差异，这与各品种的叶绿素含量有关。深绿品种较能适应低温弱光条件，淡绿品种较能适应高温强光条件。

4. 土壤　大白菜对土壤的理化性要求较强。它要求地下水位深浅适宜、耕层较厚、土壤肥沃、疏松、保水、保肥、透气的沙壤土、壤土及轻黏土为宜。栽培大白菜最好的土壤是低层有较黏重的土质，上有厚达 50 cm 的肥沃而物理性良好的轻壤土，沙黏比为 2～3，空气孔隙度约 21%。大白菜要求土壤酸碱度是微酸性到中性，即 pH6.5～7.0 为宜。土壤肥力与大白菜高产、优质关系密切，肥力高的土壤中有机质含量大于 2% 以上，能提供充分的水分、氧气和营养，土壤微生物活动旺盛，有利于优质高产。

5. 矿质营养　大白菜以营养器官为产品，单位面积产量很高，因此对矿质营养的成分和数量的要求都很高，不仅要求有充足的氮素，而且还要氮、磷、钾的比例平衡。

大白菜对氮素要求最为敏感，它可以增加叶绿素含量，提高光合作用能力，促进叶片肥厚和叶面积的增长，有利于外叶的扩大和叶球的充实。氮素缺乏时，生长缓慢，颜色变浅，叶球不充实。但氮素过多而磷、钾不足时，叶原基分化受到抑制，养分运输和转化缓慢，叶大而薄，结球不紧，风味品质、抗病性及耐藏性都有下降的倾向。而且，开花结实也受到抑制。磷能促进细胞的分裂和叶原基的分化，促进根系发育，加快叶球的形成。特别是氮、磷配比适当可提高大白菜的紧实度和净球率。在生殖生长期施用磷肥可明显地增加种子产量。缺磷时，植株矮小，叶片暗绿，结球迟缓。钾能增强大白菜的光合作用，促进叶内有机物质的制造和运转，增加大白菜的含糖量，提高糖与氮的比例，加快结球速度。缺钾时外层叶片边缘枯黄变脆而呈带状干边，严重时向内部叶片发展。大白菜是喜钙作

物，钙是大白菜细胞壁的重要成分之一，尤其在中胶层中，大部分以果胶钙所组成。大白菜外叶含钙量高达 5%～6%，但心叶中含量仅有 0.4%～0.5%。当不良环境条件造成生理缺钙时，易形成干烧心病害，严重影响大白菜的结球质量。缺硼时在生长盛期引起叶柄内层组织木栓化，颜色由褐色变黑褐色，叶片周边枯死，结球不良。

大白菜对大量元素的吸收以钾最多，氮、钙次之，吸收的磷、镁量较低。每生产 1 000kg 大白菜约需氮 1.8～2.6kg，五氧化二磷 0.8～1.2kg，氧化钾 3.2～3.7kg，其比例为 1：0.5：2。大白菜对氮、磷、钾的吸收量随着不同生长期而变化，以结球期吸收量最多（表 12-1）。大白菜不同部位中氮、磷、钾含量不同，其中以叶片中含量最多，约占全株含量的 90%。茎盘中含量约占 6%，根部约占 4%。大白菜不同品种之间矿质元素含量有一定差异，例如天津青麻叶氮、磷、钾、钙的含量大于 81-5 和鲁白 8 号，镁略低于后两个种。

表 12-1　大白菜单株不同生育期中氮磷钾的吸收量

（引自：《中国大白菜》，1998）

生育期	氮		五氧化二磷		氧化钾		供试品种	作者
	吸收量（g）	占总量（%）	吸收量（g）	占总量（%）	吸收量（g）	占总量（%）		
幼苗期	0.089 4	0.40	0.022 6	0.33	0.100 6	0.57	城阳青	杨进（1964）
莲座期	2.600 0	11.72	0.589 8	8.52	1.769 4	10.04		
结球期	19.500 7	87.88	6.308 3	91.15	15.745 3	89.38		
总　计	22.190 1	100	6.920 1	100	17.615 3	100		
幼苗期	0.088	0.89	0.015 6	0.34	0.196	0.94	北京 106	刘宜生（1984）
莲座期	2.642	26.7	1.340	29.6	7.900	37.8		
结球期	7.184	72.5	3.170	70.0	12.960	62.1		
总　计	9.914	100	4.522	100	20.880	100		

大白菜对微量元素的吸收动态与大量元素相似，出苗 30d 后吸收量猛增，70d 后增幅渐缓，整个生育期呈 S 形曲线。其吸收量以铁最多，锌、硼、锰较少，对铜的需求量最少。大白菜不同叶位中微量元素含量差异明显，铁和锰的含量随叶位由外到内逐渐减少。锌和硼的含量都是内叶和外叶含量较高，中位叶较低。叶中铜的含量甚微，各叶位含量相差不大。

（三）生长发育特性　大白菜从播种到种子成熟，其生长发育周期因播种期不同而异，秋播大白菜为典型的二年生特性，春播则常表现为一年生特性。它们生育进程中的外部形态有一定的差异。一年生大白菜可从发芽期、幼苗期、莲座期，经过或不经过包心期直接进入抽薹开花期，继而发育成种子；二年生大白菜除要经过上述各营养生长期外（除散叶大白菜外），还必须经过包心期，形成叶球，并经过一段休眠期后，才能进入生殖阶段，完成世代交替，再获得种子。

现以秋播大白菜为例，概括介绍其生长发育规律及其临界形态特征。

1. 营养生长阶段　此阶段主要是指大白菜从播种到叶球形成这一过程。这一时期虽然以营养生长为主，但北方秋播大白菜在结球初期的苗端已进行花芽分化，孕育着生殖器官的雏体。

（1）发芽期　从播种到第 1 片真叶展开为发芽期。在适宜的条件下，种子吸水膨胀，16 h 后胚根由珠孔伸出；24h 后种皮开裂，子叶及胚轴外露；36h 后子叶开始露出土面，种皮脱落。播后第 3 天子叶展开，第 5 天子叶面积扩大，同时第 1 片真叶伸出，俗称"吐心"，第 6 天第 1 片真叶展平，第 2 片真叶刚出现。此时主根可伸长到土内 15 cm 处，并有 1、2 级侧根出现。这时的幼苗已有从单纯依靠子叶里的养料供应转向依靠根系吸收水分、养分，进行光合作用为主的独立生活的能力。

（2）幼苗期　中、晚熟品种从第 1 片真叶展开到第 8～10 片真叶长大；早熟品种至第 6～8 片真叶长大，全株大于 1 cm 以上叶片共有 12～16 片。这些叶片按一定的开展角规则地排列成圆盘状，俗称"团棵"或"开小盘"，这是幼苗期结束的临界特征。此期需 16～18d。在幼苗期，叶片数目分化较快，而叶面积扩展速度缓慢。当 2 片基生叶与子叶大小相近，排列成十字形时，叫做"拉十字"，再经过 5～6d 后由 4 片真叶排成十字形时，为"拉大十字期"，此后叶面积及叶片数明显增多。进入幼苗期后，根系向纵深方向发展，拉大十字期时，主根可伸长至 22～25 cm，根系分布直径约为 20cm。在幼苗期结束时，主根长达 50～60cm，侧根生长迅速，发生 3～4 级分枝，分布直径达 50 cm 左右。

（3）莲座期 从幼苗期结束至外叶全部展开，心叶开始出现抱合现象时，莲座期结束。生长时期 23～25d。期终时，各品种的外叶已全部展开，全株绿色叶面积将达到最大值，形成一个旺盛的莲座叶丛，为结球创造了良好的条件。一般早熟品种外叶数 16～20 片，中、晚熟品种叶片数为 22～24 片。此时球叶的第 1～15 片叶已开始分化、发育。莲座期主根继续伸长而侧根相当发达，最长主根可达 1 m 以上，侧根分布直径约 60cm。此期应促进莲座叶生长旺盛，球叶加速分化，是栽培管理的主要目标。

（4）结球期 从莲座期结束至叶球充分膨大，达到采收状态时为结球期，约 45～60d。早熟品种生长期仅有 25～30d。从田间群体来看，当有 80% 的植株表现出心叶抱合时，可以进入结球期的管理。该期又可分为结球前期、中期和后期。前期是指外层球叶生长迅速并向内弯曲，较快地形成了叶球的轮廓，俗称"抽桶"或"长框"。对叶重型大白菜来说，此期为第 1～5 片球叶的发育高峰期，根系不再深扎，但侧根分级数及根毛数猛增，直径可达 80～120cm，吸水吸肥能力极强。中期又叫灌心期，是叶球内部球叶充实最快的生长时期，是第 6～10 片球叶的发育高峰期。此期生长点已停止叶片分化，开始进行花芽分化，叶片数目不再增多。当叶球膨大到一定大小，其体积不再增长时，进入结球后期，它是第 10～17 片球叶的发育高峰期，叶球的紧实度继续充实。但生长量的增加幅度逐渐下降，外叶逐渐衰老，生理活动减弱，逐渐转入休眠（图 12 - 3）。

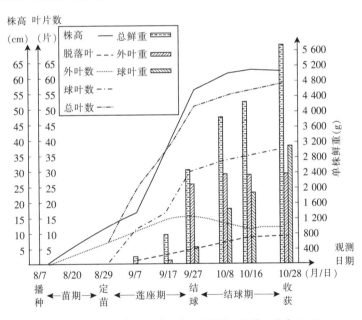

图 12 - 3　大白菜地上部生长动态图（品种：北京 106）
（刘宜生等，1984）

（5）休眠期 大白菜结球后期遇到低温时，生长发育受到抑制，由生长状态被迫进入休眠状态。如果遇到适宜条件，可以不休眠或随时恢复生长。在休眠期大白菜生理活动很弱，不进行光合作用，只有微弱的呼吸作用，外叶中的部分养分仍向球叶输送。在休眠期内继续形成花芽和幼小花蕾，为转入生殖生长做准备。

2. 生殖生长阶段

（1）返青抽薹期 将种株栽于采种田，开始返青抽薹至开花为返青抽薹期，需 20～25d。当种株获得适当的温度、光照和水分时，球叶生理活动活跃，由白色逐渐变绿，叶子中重新形成叶绿素，同时发生新根和毛根。随着生理活动的加强，花薹逐步加速伸长，主花薹上陆续发生茎生叶，茎生叶叶腋间的一级侧枝陆续出现。当主花茎上的花蕾长大，即将开花时，标志着返青抽薹期结束。

（2）开花期　从开始开花到植株基本谢花时为开花期。此期花蕾和侧枝迅速生长，逐渐进入开花盛期，花是从花茎下部向上陆续开放，并继续抽生分枝，分枝越多，种子结实越多。早熟大白菜成株采种，每个种株有 12～20 个花枝，中、晚熟品种每株有 15～25 个花枝，平均每株有 1 000～2 000 朵花。主枝和一级分枝上的花数约占全株的 90% 左右，结实率也高，占种子产量的 80%～90%。此期需 15～20d。

（3）结荚期　从谢花后，果荚迅速生长，种子发育、充实，最后达到成熟为结荚期。此期花枝生长基本停止，果荚和种子迅速生长发育。结荚期要防止种株过早衰老，当大部花已落，下边果荚生长充实时，即可减少浇水，并中止施用氮肥，防止植株贪青晚熟。直至大部分果荚变成黄绿色时即可收获。

二、类型及品种

（一）类型　根据植物学和园艺学的研究，大白菜列为芸薹种中大白菜亚种。在大白菜亚种中分为散叶、半结球、花心和结球 4 个变种。它们可能是在长期栽培和选育过程中，由顶芽不发达的低级类型进化到顶芽发达的高级类型而形成的园艺变种。

1. 散叶大白菜（var. *dissoluta* Li）　大白菜的原始类型。叶片披张，顶芽不发达，不形成叶球。适应性广，抗热性和耐寒性较强。主要在山东省中南部至江苏省北部，于春末或夏季栽培。在西北边远的一季作地区亦有作为秋冬季供应的鲜食或腌渍用蔬菜。如莱芜劈白菜、武威大根白菜等品种。

2. 半结球大白菜（var. *infarcta* Li）　植株高大直立，由外层顶生叶抱合成球，但球内空虚，球顶完全开放，呈半结球状。耐寒性较强。多分布于东北、河北省北部、山西省北部、西北高寒地区及云南省等地。生长期 60～80d。如兴城大锉菜、山西大毛边、黑叶东川白等。

3. 花心大白菜（var. *laxa* Tsen et Lee）　是由半结球变种的顶生叶抱合进一步加强而成，但叶球顶端向外翻卷，形成白色或淡黄色的"花心"。植株较矮小，耐热性较强，一般具有早熟性，生长期 60～80d。大多分布于长江中下游地区，称为"黄芽菜"。北方多作秋季早熟栽培或春季栽培。如北京翻心黄、济南小白心、许昌菊花心等品种。

4. 结球大白菜（var. *cephalata* Tsen et Lee）　顶芽发达，形成紧实的叶球，顶生叶完全抱合或近于闭合。生长期 100d 左右，也有 60～80d 的早、中熟品种。它是大白菜亚种中的高级变种，栽培最为普遍。此变种因其起源地及栽培中心地区的气候条件不同而产生 3 个基本生态型：

（1）卵圆型（ecotp. *ovata* Li）　为海洋性气候生态型。叶球卵圆形，球形指数（叶球高度/直径）约为 1.5，球顶较尖或钝圆，近于闭合。球叶倒卵圆形至阔倒卵圆形，褶抱（裥抱）。栽培中心在山东半岛、辽东半岛、江浙沿海以及四川、贵州、云南等温和湿润地区。它要求气候温和而变化不剧烈，昼夜温差小，空气湿润的气候条件。早熟品种的生长期 70～80d，晚熟品种 90～110d。代表性品种有福山包头、胶县白菜、旅大小根、二牛心等。

（2）平头型（ecotp. *depressa* Li）　为大陆性气候生态型。叶球倒圆锥形，球形指数近于 1。球顶平坦，完全闭合。球叶为横倒卵圆形，叠抱。栽培中心在河南省中部，其次在陕西省、山东省的西、南部及江苏北部等地区。能适应气候变化较大和空气干燥的条件，要求昼夜温差较大、日照充足的环境。多数品种生长期为 90～120d，部分早熟品种 70～80d。栽培品种有洛阳包头、太原二包头、冠县包头等。在福建和江西等地还有一些特别早熟小型的平头品种，称为皇京白。

（3）直筒型（ecotp. *cylindrica* Li）　为海洋性气候和大陆性气候交叉生态型。叶球呈细长圆筒形，球形指数大于 4。球顶近于闭合并尖。球叶倒披针形，拧抱（旋拧）。栽培中心在近渤海湾、冀东及天津等地。对气候适应性强，分布地区很广。生长期 60～90d。代表性品种有天津青麻叶、玉田包头、河头白菜等。

以上 4 个变种及结球变种的 3 个生态型之间相互杂交，又派生出以下 5 个次级类型：

①平头直筒型。为平头型和直筒型杂交派生。叶球长圆筒形，球形指数为 2。顶生叶上部叠抱，球顶闭合，钝圆。中生叶长卵圆形，基部窄，直立。生长期 70～90d。适应性强，尤其适于温和的大陆性气候。分布在北京市及河北省中部等地。代表性品种有北京小青口、抱头青等。

②平头卵圆型。为平头型和卵圆型间杂交派生。叶球短圆筒形，球形指数 1.0，顶部平坦，叠抱，球顶闭合。适于温和的海洋性气候，适应性强。生长期 100～110d。主要分布在山东半岛与内地毗邻地区。栽培品种有城阳青等。

③圆筒型。为卵圆型和直筒型杂交派生。叶球圆筒形，球形指数约为 2，球顶钝圆，抱合严密，褶抱。适于温和的海洋性气候。生长期 100～110d。产于山东省东部及中南部和其他地区。栽培品种有黄县包头、莱芜包头、栖霞包头等。

④花心直筒型。为花心变种和直筒型间杂交派生。叶球长圆筒形，球形指数大于 4。顶部花心，球顶闭合不严密，叶尖端向外翻卷，呈白色、淡黄色或淡绿色。适宜于大陆性气候，适应性强。生长期约 90d。分布于山东省沿津浦线一带。代表性品种有德州香把子、泰安青芽或黄芽等。

⑤花心卵圆型。为花心变种和卵圆型杂交派生。叶球卵圆形，球形指数约 1.5。顶部花心，抱合不严密。适于大陆性气候。生长期 100～110d。产于山东省沿津浦线南段各地。代表性品种有肥城花心、滕县狮子头等。

上述的变种、生态型和次级类型构成了中国大白菜的品种系统。李家文（1979）曾对这一系统的进化与分类提出了设想，可供参考（图 12-4）。

大白菜品种还可按栽培季节分为春型、夏秋型和秋冬型三个季节型。春型，冬性和耐寒力强，不易抽薹，在二季作地区为春季栽培。多属早熟品种，如小杂 55、春夏王等。夏秋型，耐热和抗病能力强，多在夏季至早秋栽培。如夏阳、青夏 1 号、青夏 3 号等。秋冬型，在秋季至初冬大量栽培、贮藏供冬季及早春食用，多属结球白菜中的中、晚熟品种，品种甚多。

大白菜品种还可按叶球结构分为：叶数型，指长度在 1cm 以上的球叶数超过 60 片，球叶数较多而单叶较轻，叶片的中肋较薄，主要靠叶片数增加球重。卵圆型品种多属此类。叶重型，指长度在 1cm 以上的球叶不超过 45 片，球叶数

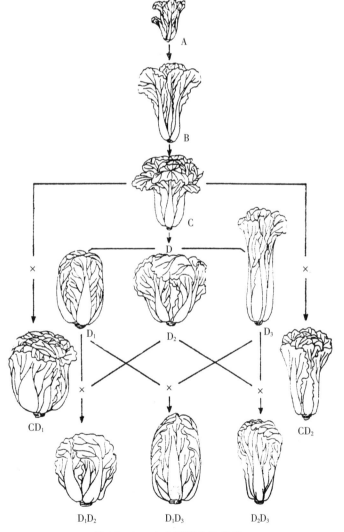

图 12-4 大白菜进化和分类

基本类型：A. 散叶变种　B. 半结球变种　C. 花心变种　D. 结球变种
　　　　　D₁. 卵圆形　D₂. 平头形　D₃. 直筒形
次级类型：CD₁. 花心卵圆形　CD₃. 花心直筒形　D₁D₂. 平头卵圆形
　　　　　D₁D₃. 圆筒形　D₂D₃. 平头直筒形

（李家文，1979）

目较少而单叶较重，叶片的中肋肥厚。直筒型和部分平头型品种多属此类。中间型，介于叶数型和叶重型之间，如某些直筒型、叠抱型品种属于此类。

大白菜品种按叶色分为青帮型、白帮型和青白帮型，主要以叶柄中的叶绿素含量多少分类。一般来说青帮品种比白帮品种的抗逆性强，水分少，干物质含量较多。

此外，微型大白菜（俗称娃娃菜）商品叶球净重仅100～200g。云南省是其主产区。

（二）品种 中国大白菜的地方品种很多，适宜不同的生态环境条件要求，而且受当地消费者的食用习惯所影响，从而使大白菜地方品种的分布具有一定的区域性。一般情况是：高寒地区温差大，生长期短，以直筒舒心类型品种多；气候温和的低海拔平原地区，温差较小，生长期较长，多属直筒包头或矮桩叠抱平头类型居多；沿海地区则以矮桩合抱类型的品种最为普遍。

现介绍近年来推广面积较大的部分优良品种及曾经广为栽培的优良地方品种：

1. 沈阳快菜 系沈阳市农业科学研究所、沈阳农学院于1979年联合育成的一代杂种。帮白色，叶面无毛，外叶较少，叶球抱合，球顶略呈花心型，耐热性强，宜密植。早熟，生育期为50～55d。包心快，品质较好。

2. 夏阳 台湾省育成品种。植株直立，外叶少，叶球长球型，坚实，球重800g左右，品质优良。宜密植，早熟，定植后50～55d采收。耐热、耐贮运，商品性好，适宜长江流域栽培。

3. 北京小杂56 北京市农林科学院蔬菜研究中心于1987年育成的一代杂种。植株整齐，生长快速，叶球高桩，外舒内包，净菜率高，球重1 000～1 500g。耐热、耐湿，较抗病毒病，适应性广。早熟，生育期50～60d。品质中上，商品性好。适应全国栽培，也可春、秋两季栽培。

4. 早熟5号 浙江省农业科学院园艺研究所于1989年育成的一代杂种。株高31cm，半直立性，开展度45cm。叶球白色，稍叠抱。早熟，生长期55d左右。耐热，适应性强，抗病毒病和炭疽病，品质亦佳。

5. 夏丰 又名伏宝。江苏省农业科学院蔬菜研究所于1993年育成的一代杂种。株高26.4cm，开展度49.7cm。外叶少，叶厚，色深绿。叶球叠抱，白色，品质佳。早熟，耐热，抗霜霉病和病毒病，较抗软腐病。

6. 鲁白6号（83-2） 山东省农业科学院于1988年育成的一代杂种。叶色淡绿，白帮，叶球叠抱，白色，平头倒卵形，净菜率76%。生育期65d左右。耐热，抗三大病害，品质中上。适合全国大多数地区的早秋栽培。

7. 翻心黄 北京地方品种。植株较直立，生长势稍强。叶面多皱纹，叶柄白色。叶球长筒形，球顶部略平，心叶外翻，呈浅黄色。叶球基部较细。含纤维较多，品质中等。生长期70～80d。耐热，贮藏性较差。抗病性中等。

8. 鲁白8号（丰抗70） 山东省莱州市西由种子公司于1989年育成的一代杂种。植株生长势强，叶球叠抱，球心闭合，叶球平头倒卵形，净菜率为75%～78%。中熟，生育期75d。耐热、耐肥，高抗霜霉病，耐贮。适于长城以南各地种植。

9. 晋菜3号 山西省农业科学院蔬菜研究所于1987年育成的一代杂种。叶球为直筒拧心型，外叶深绿，叶柄浅绿色，叶片直立，净菜率高。中熟，生育期80d左右。抗病性强，适应性广、丰产、耐运，适于华北、西北和云贵地区种植。

10. 辽白1号 辽宁省农业科学院园艺研究所于1985年育成。叶球长筒型，褶抱。外叶绿，帮色白绿。商品性好，纤维少，耐贮存。中熟，生育期85d左右。适应性广，辽宁、吉林、河北及西北地区均可种植。

11. 武白1号 武汉市农业科学研究所于1984年育成的一代杂种。叶宽色绿，卵圆形，帮白绿色。叶球黄绿色，矮桩叠抱，结球坚实。中熟，生育期80～90d。抗病性强，品质好。适宜在湘、鄂、川、贵、陕等地种植。

12. 郑杂 2 号　郑州市蔬菜研究所育成的一代杂种。外叶绿色，叶帮绿白，叶球叠抱。抗病性强，生长势强，质优耐贮。中熟，生长期 85d。适于河南、河北、甘肃、湖北等地种植。

13. 北京新 3 号　北京市农林科学院蔬菜研究中心于 1997 年育成的一代杂种。株型半直立，生长势较旺，外叶色较深，叶面稍皱，叶柄绿色，叶球中桩叠抱。结球速度快、紧实。中熟，生育期 80～85d。抗病毒病、耐霜霉病和软腐病，品质好，耐贮存。适宜北京、河北、山东、辽宁、贵州等地种植。

14. 津秋 1 号　天津市蔬菜研究所育成的一代杂种。高桩直筒青麻叶类型。株型直立、紧凑。外叶少，叶色深绿，中肋浅绿，球顶花心，叶纹适中，品质佳。抗霜霉病、软腐病和病毒病。中熟，生育期 78～80d。适于京、津地区及习惯种植青麻叶的地区栽培。

15. 中熟 5 号　福州市蔬菜科学研究所育成的一代杂种。外叶绿，叶面皱，叶球叠抱，平头。帮白，长势强，抗病性强。中熟，生育期 75d 左右。适于福建、浙江、江西等地种植。

16. 中白 81　中国农业科学院蔬菜花卉研究所于 1999 年育成的一代杂种。外叶深绿色，叶球高桩叠抱，结球性好。生育期 85d。品质好，耐贮藏。抗病毒病、软腐病及黑腐病。适宜北京、河北、西北等地区秋季栽培。

17. 东农 903　东北农业大学园艺系育成的一代杂种。叶球直筒型，顶部尖开。外叶少，叶深绿，帮白绿。风味品质优良。高抗病毒病和软腐病，兼抗霜霉病和白斑病。生育期 85d。适于黑龙江省各地及内蒙古、津、京地区栽培。

18. 北京橘红心　北京市农林科学院蔬菜研究中心于 1999 年育成的一代杂种。晚熟。植株半直立，株高 37cm，开展度 62cm。外叶绿色，叶球叠抱，中桩，叶球橘红色，结球紧实，抗病毒病、霜霉病和软腐病。品质优良。

19. 北京 106　北京市农林科学院蔬菜研究中心于 1984 年育成的一代杂种。植株生长一致，外叶深绿色，叶片皱瘤多。叶球为中桩包头型，品质好，净菜率高。中晚熟，生育期 85～90d。抗病，耐贮性强，耐瘠薄，包心快。适宜在河北省及京津等地种植。

20. 辽阳牛心白　辽宁省辽阳地区农家优良品种，分为大、中、小三种类型。大牛心，生育期 90d；二牛心生育期 85～90d，包心紧实，品质较佳，净菜率高；小牛心生育期 85d，较抗病，外叶少，包心紧实，净菜率高。

21. 青杂中丰　青岛市农业科学研究所于 1982 年育成的一代杂种。莲座叶深绿色，叶柄淡绿色。球叶合抱，叶球呈炮弹形，球顶略舒心。抗霜霉病，对软腐病和病毒病抗性较差。生育期 85～90d。

22. 城青 2 号　浙江省农业科学院园艺研究所育成的一代杂种。叶球矮桩、叠抱，结球紧实，球叶淡绿色。抗病毒病及霜霉病，但易感黑腐病。生长期 100d。

23. 黑叶东川白　云南省昆明市地方品种。植株高大，外叶黑绿色，微皱，心叶黄色花心。肉质脆，味甜，品质中等。抗逆性强，较耐旱，抽薹迟。生长期 100～120d。

此外，还有北京地方品种小青口、抱头青；天津地方品种青麻叶核桃纹；河北玉田二包尖；山东烟台福山包头；山东胶县大白菜等。微型大白菜品种有春月黄、京春娃娃菜等。

三、栽培季节和方式

大白菜要求温和的气候条件，结球大白菜尤为严格，因此全国各地栽培主要多安排在秋凉季节，其次是春季栽培。随着科学技术的不断发展，根据市场需求，选用不同熟性品种并采用相应的配套技术，适当提早和延后排开播种，提前或延后上市，因此，各地又分化出不同的栽培方式。

（一）秋季或秋冬季栽培　中国大白菜主要产区的北方各地，以秋季栽培为主，经收获贮藏后供冬春季食用。在夏末秋初栽培早熟的花心或结球白菜供秋末冬初食用。在长江流域以南地区，以秋冬

季栽培为正季栽培，一般于晚秋播种，初冬上市。

秋季或秋冬季栽培的大白菜主要生长期都在月均温5～22℃期间。为了争取较长的生长期以达到增产的目的，可适期提早播种或育苗，在霜冻前收获。在东北的北部、内蒙古、新疆及青藏高寒地区等一季作区，于春季休闲翻晒土地，到6～7月直播大白菜，或在春季只栽培生长期短的绿叶菜类和小萝卜等速生类蔬菜，然后再种植大白菜。在华北、黄淮流域等一年两季作地区，春夏季栽培瓜、果、豆类等蔬菜，秋季栽培大白菜。也有的以冬小麦、春玉米、麻类作物为前作，后作为大白菜。一年三季作地区则以生长期短的绿叶菜为第1作，瓜、果、豆类等为第2作，大白菜为第3作。长江流域及其以南地区，秋播较迟，收获也较晚。长江中下游地区大白菜在8月中、下旬播种，12月上旬收获。杭州地区9月上旬播种，12月起开始收获，一直延续至3月。成都地区大白菜可田间越冬。福建省在水稻收获后播种，翌年1月中旬收获。华南地区在9～11月随时可以播种，待叶球成熟后随时收获（表12-2）。

表 12-2　中国主要城市地理、气候特点与大白菜秋季播种期参考表

（张振贤，2002）

代表城市	播种期 （月/旬）	收获期 （月/旬）	生长天数 （d）	无霜期 （d）	终、初霜期 （月/日）		纬度 （N）	海拔 （m）
北方主要城市：								
哈尔滨	7/中下	10/中	75	141	5/5	9/24	45°8′	171
漠河	6/中	9/中下	80	110			53°29′	
长春	7/下	10/下	80	146	5/2	9/26	43°54′	237
沈阳	8/上	10/下	85	150	5/2	10/1	41°46′	42
呼和浩特	7/上中	10/中	80	121	5/9	9/17	40°49′	1 063
乌鲁木齐	7/中下	10/中下	80	173	4/31	10/7	43°34′	2 160
西宁	6/下～7/上	10/中下	80	128	5/18	26/9	36°35′	2 271
兰州	7/中下	10/下	80	174	4/23	10/9	36°3′	1 566
太原	8/上	11/上	90	171	4/18	10/7	37°47′	778
西安	8/上中	11/下	100	208	4/2	10/28	34°15′	397
郑州	8/中	11/下	110	217	3/29	11/1	34°43′	110
北京	8/上	11/上	90	184	4/17	10/12	39°54′	32
石家庄	8/上	11/下	100	196	4/5	10/19	38°4′	82
天津	8/上	11/上	90	200	4/5	10/23	39°6′	3.3
济南	8/上中	11/下	100	212	3/25	10/30	36°7′	52
南方主要城市：								
上海	8/中下	1～12	90	225	4/3	11/16	31°10′	4.5
南昌	8/下	12/上	100	227	3/1	12/4	28°40′	47
武汉	8～9	11～12	80～100	231	3/24	11/10	30°38′	23.3
长沙	8/中下	11～12	80～100	278	2/29	12/5	28°12′	45
南京	8/下	11～12	90	227	3/28	11/11	32°	9
杭州	9/上	12	80～90	241	3/21	11/18	30°19′	7.2
重庆	9/上	12	100				29°30′	
成都	8/下	11～12	90	283	2/23	12/3	30°40′	506

（续）

代表城市	播种期 （月/旬）	收获期 （月/旬）	生长天数 （d）	无霜期 （d）	终、初霜期 （月/日）	纬度 （N）	海拔 （m）
昆明	8/上～9/下	10/下～12/下	90～100	224	4/3　11/14	25°1′	1 894
贵阳	7/下～8/上	10/中～11/上	90	261	3/11　11/28	26°35′	1 071
拉萨	6/下	9/上	90	137	5/15　10/1	29°42′	3 658
广州	7/下～11/上	10月至翌年4月	90～100	246	1/22　12/26	23°8′	6.3
南宁	7～8	10～12	85	340	1/25　12/29	22°49′	72.2
福州	10/中	1/中	90～100	232	2/2　12/31	26°5′	84
台北	8～10	11月至翌年2月	90	365		25°2′	9.0

注：根据有关资料整理而成。另外，各市不同季节的光照时数也不相同，如冬至时漠河、北京、广州的光照时数分别为7.50h、9.20h和10.72h；而夏至时，三地的光照时数分别为16.92h、15.02h和13.58h。

大白菜不宜连作或与其他十字花科作物轮作。以大葱、大蒜、洋葱等蔬菜为前作，前作根系的分泌物对土壤有杀菌作用，可减轻大白菜病害的发生。南方地区以大白菜与水稻轮作，在水稻收获后排干田地，栽培大白菜。此法可减轻病虫为害，保持底墒充足，有利于大白菜生产。

大白菜因莲座叶发达，一般不与其他作物间套作。但有些地区采取合理的间种、套种方式也取得良好效果。如将大白菜种在韭菜埂上或大葱垄间，病害较轻。在以冬小麦为大白菜的后作物时，于大白菜生长后期套种小麦，虽然小麦出苗后生长较差，但因大白菜施肥浇水很多，麦苗在冬前仍可良好生长。

（二）春季和春夏季栽培　春季大白菜栽培遇到的气候条件与秋季相反，前期低温、光弱易引起未熟抽薹，后期高温、雨多易造成裂球、烂球或结球松软的现象。因此春季栽培大白菜需要特殊的配套技术。主要措施是选用早熟、耐抽薹的品种，使其在高温季节前商品球成熟。为有足够的生长期，避免早期低温，防止过早完成春化，应采用温室或塑料棚进行育苗，较露地直播提前25～30d播种。育苗时温度不低于15℃，移栽大田时夜温不低于8～10℃。在定植前要施用充足的基肥，及时灌溉，迅速形成莲座叶和叶球，使营养生长器官的生长速度超过花薹的生长速度，形成较紧实的叶球。

随着消费者对大白菜均衡供应要求的逐步提高，在夏季和早秋向市场供应优良大白菜，对丰富蔬菜市场供应也有一定的意义。夏季和早秋大白菜生长期内正值炎热多雨天气，病虫为害严重，对大白菜生长十分不利。因此，要注意选择抗病、耐热、早熟的优良品种，适时播种，培育壮苗，利用遮阳网、防虫网等设施，防雨防虫。定植时幼苗不宜过大，防止伤根，合理密植。在栽培期间，既要防止雨水淹苗，及时排水，又要保持畦面湿润，小水勤浇，及早追肥，促进尽早结球。在有条件地区，也可利用高海拔冷凉地栽培，以满足8～9月的市场需求。

（三）越冬栽培　在云、贵、川和闽、粤、桂南部及琼等西南和华南地区，均有在10～11月播种或育苗，翌年3～4月份采收上市的越冬茬大白菜栽培。但在这些地区的高山或高原地方，仍需注意选用冬性强的品种，如黄点心2号、优质1号、连江白等，并采用地膜覆盖栽培，以提高产量和品质。

（四）简易覆盖栽培

1. 地膜覆盖栽培　春季和秋季大白菜栽培可以利用地膜覆盖，以获得较好的经济效益。地膜覆盖栽培，可选用当地优良品种，适期播种或育苗，在播种或定植前要施足优质腐熟的有机肥。覆盖地膜可在大白菜直播或定植后进行，也可在其之前进行。要注意及时插孔引苗，孔口用土封严。覆膜前喷洒除草剂后，在大白菜生长期内可不进行中耕除草操作。灌水次数较不覆膜者减少1/3左右。为促进叶球发育，结合灌水时追施速效性肥料。

中国蔬菜栽培学
□□□□[第二版]..

Olericulture in China □□□□

2. 沙田栽培　在中国甘肃、青海、宁夏等温带干旱、半干旱荒漠草原气候型地区，采用沙石作覆盖材料进行大白菜栽培。大白菜主要在水沙田中种植。前茬作物收获后，要开沙晒田，施足基肥，播前 3～5 天整平地面，合沙封沟。灌足底水，适时播种。生长期内采用清水灌溉。追肥时将肥料在白菜根附近刮沙挖穴施入土中，再盖沙灌水。在播种、管理及收获过程中，都要沙土两清，才能延长沙田的使用年限，保持其优良性能。

3. 塑料小拱棚栽培　在春季利用小拱棚栽培大白菜。当棚内 5cm 地温稳定在 10℃以上时方可定植，向前推 30～40d 的苗龄，为其适播期。在育苗过程中，需满足大白菜苗期对温度的要求，还要能有效地防止未熟抽薹现象的发生。采用营养钵或营养土块育苗。定植前及早扣好小拱棚提高棚内温度，夜间加盖草苫。定植后要加强缓苗期的管理，缓苗后适当降低棚内温度，防止外叶生长过旺，影响结球。华北地区在 4 月上中旬可逐步掀掉草苫，通风口和通风时间逐渐加大和延长，以后随着夜温的升高可以整天开通风口。要及时进行肥水管理，以促其尽早结球，防止抽薹。

四、栽培技术

（一）秋季大白菜栽培技术

1. 茬口安排与种植方式　为防止大白菜的连作障碍及病虫害的发生，在有条件地区应实行 3～4 年的轮作制度。但由于菜区土地面积小，复种指数高，而大白菜的需求量高，种植面积大，因此在实际生产中实行轮作是困难的。

秋播大白菜的种植方式，基本上可分为直播与育苗移栽两大类型。直播的优点是：在大白菜生长过程中不移栽伤根，没有缓苗期。它比育苗移栽的大白菜可适当晚播，又没有过多的机械伤害，所以病害较轻。而且便于机械化操作。其缺点是：直播菜播期严格，前茬必须及时腾地，用工量集中。幼苗期占地面积大，易与夏淡季蔬菜供应发生矛盾。移栽大白菜虽与直播相比有一定缺点，但其优点是苗期占地少，管理集中，可为前茬作物延长市场供应提供条件。在夏管秋种的繁忙季节中，有利于调整劳力的使用。尤其在自然灾害易发的地区，可在育苗畦的小面积上，采用人工防护措施保苗，避开风险期后再移栽到大田，从而保证了大白菜所必要的生长日期。

2. 整地作畦与施底肥

（1）整地　前茬作物收获后要及时灭茬，将残枝败叶、根系及杂草及时清除，并将其集中到堆沤肥的适宜场所。同时对前茬残留的破碎地膜、施肥时带入的砖头瓦块等杂物也要清理出地。

耕地要及时、细致。高寒地区冬季进行休闲，在夏季播种前再精细耕耙一次。如冬前不行深耕和施基肥，春季必须栽培收获较早的作物，以便在栽培白菜前有充足时间深耙和曝晒土壤。在二季作、三季作地区，除冬前深耕外，在大白菜播种或定植前需抓紧时间耕地，耕地深度为 20cm 左右，耕后晒垡，促进土壤的熟化与消灭病菌虫卵。待大白菜播种前再耕耙一次，要求土壤细碎，地面平整。多雨年份要防止因深耕积水，延误播种期的问题。平整土地时要注意灌水与排水渠道的设置，以达到旱能浇，涝能排的水平。

（2）作畦　大白菜常见的作畦方式有平畦、高垄、高畦及改良小高畦等多种。长江流域以北地区多采用高垄或平畦，以南地区多用高畦。平畦的宽度依种植要求而定，大、中型品种的畦宽等于大白菜两行的行距，小型品种畦宽等于 3 行的行距，长度 6～9m。这种畦式多在地下水位深、土壤沙性强、雨水少，以及盐碱较重的土壤采用。高垄是在平地以后，根据预定的大白菜要求的行距起垄，可用人工或机械进行。一般垄高 10～20cm，垄背宽 18～25cm，培好垄后应使垄背平、土细碎，以利播种。垄作因有以下优点而成为主要的种植方式：培垄使活土层加厚，土壤通透性良好，促进根系发育；在大白菜苗期干旱时利于灌水，而涝时利于排水，后期浇水量大，可充分满足结球的需要；下雨或浇水后土壤表层易干燥，湿度小，能有效地减轻霜霉病、软腐病的发生。其缺点是：前茬作物需早腾茬，降低了土地利用率；播种后如遇暴雨易于冲刷垄体，发生冲籽毁苗现象；用种量高，苗期管理费工较多；土壤蒸发量大，浇水次数增多。沙质土壤上不宜使用。高畦是长江以南地区主要采取的方式，畦宽 1.2～1.7m，可种 2～3 行大白菜，畦长 6～9m。有较强的排水系统，由厢沟、腰沟及围沟组成。一般可做到两畦一深沟或一畦一深沟。

（3）施足基肥　大白菜根系分布较浅，生长量大，生长速度快，需肥效持久的厩肥、堆肥作基肥。据北京市对大白菜丰产田块调查，要获得 15 万 kg/hm² 的毛菜，每公顷需施用有机肥 6 万～9 万 kg。除施用有机肥外，也可以有机肥与化肥混合作底肥。用过磷酸钙作基肥时，宜与厩肥一起堆制后施入，每公顷 375～450kg。

施用基肥的方法有铺施、条施和穴施。在有条件的地区可以将铺施、条施或穴施相结合，进行两次基肥的施入，更有利于大白菜对肥料的需求。

3. 播种

（1）适宜播种期的确定　适期播种是秋季大白菜优质、高产、稳产的关键措施之一。中国大白菜的适宜播种期自北向南从 7 月依次延续到 9 月，由于受气候条件限制，越是向北播期要求越严格。提早播种，可以延长大白菜的生长期，但易于早衰和发病，影响其产量、品质和贮藏性能。晚播种，虽然发病率低，但产量降低而且包心不良。在适宜的播种期后，每延晚一天播种减产 3% 左右。所以秋季大白菜只能在适期内播种，才能达到预期效果。

一个地区的适宜播种期的确定是根据科学实验与栽培经验相结合的方法制定出来的。例如北京市大白菜的适宜播期即是通过对 31 个年份高产地块的调查分析，明确了播种期与高产的密切关系，并进一步分析了适播期的变化情况以及与品种和气象条件的关系，同时又总结了多次不同播种期试验结果，明确了各种播期对大白菜生态与生理的影响，从而将群众的经验上升到科学的认识，并将这些认识在生产中进行了验证。提出了北京市大白菜的适宜播期为 8 月 3～9 日，最佳播期为 4～7 日。为大白菜大面积的高产稳产提供了重要依据。

（2）保证全苗　在确定选用的优良品种后，要选用籽粒饱满、成熟度高、发芽率高、发芽势强的种子，有利于田间成苗。种子千粒重应达 2.5～3.0g，低于 2g 以下者不宜在生产中使用。一级良种的发芽率不低于 98%，三级良种不低于 94%。播前进行种子处理的方法有：① 将种子晾晒 2～3d，每天 3～4h，晒后放于阴凉处散热；② 温汤浸种，即先将种子放于冷水中浸泡 10min，再放于 50～54℃ 的温水中浸种 30min，然后捞出，放于通风处晾干后待播；③ 药物拌种。可用种子重量的 0.3%～0.4% 的福美双或瑞毒霉等药剂拌种。

直播方法有条播和穴播两种。条播是按预定的行距或在垄面中央划 0.6～1cm 深的浅沟，将种子均匀地播在沟内，然后用细土盖平浅沟、踩实。穴播是按行株距划短浅沟播种。先作长 10～15cm、宽 4～5cm 的浅沟，或是作直径为 15～20cm 的浅穴，深度均为 1～1.5cm，将 15～20 粒种子播于穴内，然后覆土、踩实。如底墒不足也可先于穴内浇水，待水渗后播种。条播播种量每公顷为 2 250～3 000g，穴播为 1 500～2 250g。使用大白菜起垄播种机，可一次播 4 行，同时完成起垄、播前镇压、开沟、播种、覆土和播后镇压等项工序。此法开沟距离准确，播种均匀，深浅一致，出苗整齐。每公顷仅用种 1 500g。

如采用育苗方法，则育苗床应选择地势高燥、排灌方便、土壤肥沃，并靠近栽植大田的附近。苗床宽度为 1.0～1.5 m。每栽 1 hm² 大白菜需苗床面积 450～525 m²。作畦时需足量施肥，每 35m² 的苗床施用充分腐熟有机肥 50～75kg，硫酸铵 1～1.5kg，过磷酸钙及硫酸钾 0.5～1kg，或草木灰 3～5kg。上述肥料撒于床面后，翻耕 15～18cm，肥土混匀后再耙平耙细。也可采用营养土方或营养钵育苗。

育苗的播种期一般比直播的早 3～5d。每 35m² 苗床用种子 100～125g。

底墒充足，天气较好时出苗期可不浇水。如遇高温干旱，仍需在发芽期内小水勤浇或喷水灌溉。

特别是采用高垄播种的地区，为降低地表温度和保持土壤湿度，一般情况下都应在播后连续浇水，以保证出苗整齐，并克服地表高温对幼苗造成的危害。

4. 育苗　大白菜从播种至苗期结束20～25d，占全生育期的1/4左右。大白菜苗期的相对生长量最高，栽培管理的优劣对大白菜苗质的影响十分重要。而且每年温度、降水、光照等主要气象因子常常发生变化，给幼苗生长发育带来正、负面影响很大。大白菜的病虫害以在苗期防治最为关键。苗期管理的总目标是要达到苗全、苗齐、苗壮。壮苗标准是幼苗期结束时展开8～10片真叶，叶面积大而厚，达到700cm²以上，同时没有病毒病与霜霉病的为害。幼苗出土后3d，进行第一次间苗，3～4片真叶时进行第二次间苗，防止幼苗徒长。幼苗宜在团棵前移栽，晚熟品种宜在5～6片叶时定植。

5. 苗期管理　苗期管理的主要措施是注重苗期浇水，特别是北方地区极为重要。由北京市总结，在华北、西北等地广泛推广的"三水齐苗，五水定苗"的水分管理经验，仍然适用。它强调了苗期浇水的重要性，同时也是为解决大面积裸露地面上降低地表温度的一种重要措施。在大白菜播种3～4d出苗后要及时查苗补苗，防止缺苗断垄的现象发生。补苗宜早不宜迟，苗子宜小不宜大。为严格筛选健壮幼苗，应采用二次间苗、一次定苗的方法。拉十字期间第1次，留苗距离6～10cm，对断条播或穴播者可留苗5～7株。当幼苗长到4～5片叶时，间第2次，留苗距离12～15cm，对断条播或穴播者留苗2～3株。苗期结束进行定苗，按株距要求选留1株符合该品种特性并达到壮苗标准的幼苗。间苗后要及时浇水，在适耕期内进行中耕除草，特别是第2次间苗后的中耕质量要求浅耪垄背，深耪沟底，同时要修补被损坏的垄背。为减轻劳动强度，也可采用国家认可的化学除草剂进行除草。在苗期还要注意病虫害的积极防治。

大白菜田间整齐度是影响大面积获取高产、优质产品的重要因素，在幼苗期由于各种条件而造成的大小株不齐的现象，决定着收获期各个单株的差异，从而造成了群体产量的高低与质量的优劣。所以必须通过苗期的各项管理措施，达到苗全、苗齐、苗壮的要求，为下一阶段的生长发育打下良好的基础。

6. 密度　大白菜的产量构成是由单位面积的株数、单株重量和商品率的高低决定的。但单位面积上各个体的总和，不是个体重量的简单相加，而是由个体组成群体后形成了自己的结构和特性，它既受环境条件的影响，又受群体内个体之间的相互影响。当群体数量稀少时，单位面积产量会随株数的增加而增加。当达到一定数量时，群体数量的增加影响单株重量时，群体产量还会比较稳定的增长。当株数过多，产量虽然可维持较高的水平，但严重地影响了单株的重量和商品率，从而使质量大幅度下降，减少了产品的食用价值（图12-5）。所以把总产量高、商品性好、品质优良的群体密度作为合理密度。大白菜的合理密度应具备以下3个特征：① 在大白菜的莲座末期至结球初期时可封严地面，充分利用了营养面积所提供的空间条件；② 单株商品质量应达到一、二级商品出售标准；③ 在减少3%～5%株数的情况下，群体产量仍能达到当地的高产稳产指标。中国大白菜主产区栽培密度可参考表12-3。

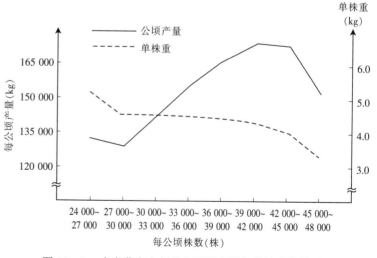

图12-5　大白菜密度与单位面积产量和单株重的关系

（王树忠，1989）

表 12 - 3   中国大白菜主产区栽培密度参考表

(刘宜生，1989)

地 区	品 种 类 型	行距（cm）	株距（cm）	每 667m² 株数
辽宁省	早熟种（沈阳快菜、小白口等）	40~50	30~40	4 000~5 000
	中熟种（秋杂 2 号、小根 3 号等）	50~60	40~80	2 400~3 000
	中晚熟种（连丰、青杂中丰等）	55~62	50~52	2 000~2 500
河北省	中早熟（承德小核桃纹、永年二桩等）	50~55	35~40	3 000~3 500
	中晚熟（正定二桩、玉青等）	60~65	40~45	2 500~3 000
	晚熟种（唐山大核桃纹）	70~80	50~60	1 800~2 000
北京市	早熟种（小杂 55、65 等）	50~53	40~43	3 100~3 400
	中晚熟、小型种（小青口、106 等）	57~60	40~43	2 500~2 700
	中型或直立（拧心青、100 号）	60~63	47~50	2 300~2 500
	大型（大青口、包头青）	66~72	50~55	2 000~2 200
天津市	白麻叶	40~42	38~40	4 000~4 500
	青麻叶			
	大核桃纹	65~67	53~60	1 800~2 000
	中核桃纹	65~67	43~47	2 000~2 400
	小核桃纹	40~42	37~40	4 000~4 500
山东省	小型直筒型（天津绿）	50~60	40~45	3 000~3 400
	中小型（山东 2 号、青杂 5 号等）	55~60	45~55	2 000~2 400
	中型（青杂中丰、山东 4 号等）	65~70	50~60	1 600~2 000
	大型（福山大包头等）	80~85	50~60	1 300~1 500
河南省	直立型（玉青、青麻叶等）	62~66	33~36	3 000~3 500
	小型（包头白、郑州早黑叶等）	50~60	40~50	2 200~2 500
	中型（二包头、石特 1 号等）	72~75	53~60	1 600~1 800
	大型（大包头白等）	73~78	60~65	1 300~1 500
山西省	早熟种（太原 55、极早生等）	40~50	33~40	3 300~5 000
	中晚熟种（太原二青、新三包头等）	48~50	40~43	2 800~3 000
	（晋菜 1~3 号等）	48~50	38~43	3 000~3 500

注：根据有关资料整理而成。

7. 施肥　大白菜的施肥是根据大白菜的需肥量及其吸收规律、土壤的理化状况以及施用肥料的种类及其性质作为合理施肥的依据。采用配方施肥的方法，在山东省中等肥力田块上，分别于发棵期和结球初期每公顷各施纯氮 130.5~142.5kg、五氧化二磷 123~138kg、氧化钾 145.5~159kg，可获得最佳产量。北京市的施肥推荐方案，对中等肥力大白菜菜田是每公顷施纯氮 285~330kg、五氧化二磷为 75~90kg、氧化钾是 135~165kg。表 12 - 4 是在大白菜的需肥量及不同肥力土壤供肥量的条件下，确定出施肥总量，提出了大白菜配方施肥的推荐施肥量。在参考表 12 - 4 时，应将当地土壤氮、磷、钾测定结果分别对号入座，再调整施肥总量，然后根据大白菜各生育时期的需肥规律、土壤供肥状况及肥料性质，结合当地的生产条件，进一步确定分期施肥的时期及施肥量，以保证大白菜吸肥高峰的需要，并充分发挥肥效。

表 12 - 4 大白菜配方施肥推荐施肥量表

(白纲义等，2001)

土壤肥力等级、现有养分与补施量			养分类别		
			氮	五氧化二磷	氧化钾
高	土壤现有速效养分量（mg/kg）		>150	>120	>200
	补施（kg/hm²）	养分量	<135	<30 或不施	<37.5 或不施
		折无机化肥量	<675	<187.5 或不施	<75 或不施
较高	土壤现有速效养分量（mg/kg）		150～125	120～100	200～160
	补施（kg/hm²）	养分量	135～225	30～52.5	37.5～75
		折无机化肥量	675～1 125	187.5～300	75～150
中	土壤现有速效养分量（mg/kg）		125～100	100～80	160～120
	补施（kg/hm²）	养分量	225～315	52.5～97.5	75～1 12.5
		折无机化肥量	1 125～1 575	300～600	150～225
稍低	土壤现有速效养分量（mg/kg）		100～75	80～60	120～80
	补施（kg/hm²）	养分量	315～420	97.5～180	112.5～150
		折无机化肥量	1 575～2 100	600～1 125	225～300
低	土壤现有速效养分量（mg/kg）		<75	<60	<80
	补施（kg/hm²）	养分量	>420	>180	>150
		折无机化肥量	>2 100	>1 125	>300

注:
1. 依据推荐的"蔬菜生产养分平衡补缺，增施配方施肥法"计算（取相近整数值）。
2. 土壤现有速效养分量，氮为碱解氮。
3. 所折无机化肥量：氮以硫酸铵计，五氧化二磷以含有效磷 16% 的过磷酸钙计，氧化钾以硫酸钾计。
4. 补施养分量也应该用有机肥，可相应减少无机化肥量。

大白菜的追肥要掌握分期施肥和重点追肥相结合的原则，即根据大白菜的生长阶段、吸肥量的高低，选择适宜的时期，将所需肥料分期施入。重点施肥是将大部分肥料于大白菜生长最需要，又能发挥最大肥效的时候施用。种肥是在播种时与种子一起施于土中，每公顷施用硫酸铵 75～105kg（或折合同量氮素的其他化肥，下同）。当幼苗展开 2～3 片叶时，可在幼苗旁施入提苗肥，用量为 75～120kg/hm²。进入莲座期后应施用发棵肥，一般公顷施用腐熟有机肥 7 500～15 000kg，或硫酸铵或磷酸二铵 150～225kg，同时施用草木灰 750～1 500kg 或含磷、钾的化肥 105～150kg，使三要素平衡，以防徒长。此次肥应在距苗 15～20cm 处开沟或挖穴后施入，施肥后应随即浇水。结球期是需肥量最大的时期，在结球前 5～6d 施用结球肥，每公顷施入腐熟优质有机肥 15 000～22 500kg 或硫酸铵 225～375kg，草木灰 750～1 500kg 或过磷酸钙及硫酸钾各 150～225kg。中、晚熟品种在结球中期还施入灌心肥，每公顷可施入腐熟的液体有机肥 7 500～15 000kg 或硫酸铵 150～225kg，可将肥料溶于水中顺水浇入。

8. 灌溉与排水 浇水应根据大白菜生长发育对水分需要进行。从苗期、莲座期至结球期是从少到多逐步增加。北方大部分地区的浇水次数与用量基本是按"多—少—多"的规律进行的。

大白菜的灌溉受雨量、土质、品种、生育期及栽培方式的不同而有所不同。在生产中应根据不同地区、不同月份的降水量来确定灌溉次数与灌溉量。较黏重的土壤比沙性土壤的灌溉次数和灌溉量为少，早熟品种较晚熟品种的灌水量少。大白菜的苗期需用浇水降低地温、防止病害，所以苗期浇水量多；结球期生长量最大，需水量亦最多。垄栽的蒸发面较大，需要多次灌溉，而平畦栽培则较少。

大白菜的灌溉方法有地下灌溉或称渗透灌溉和地表灌溉。目前大多采用地表灌溉，具体方法有沟灌或垄灌、畦灌、滴灌及喷灌等。在发芽期作物吸收水分不多，但根系较小，水分必须供应充足。特别是在高温干旱时更需浇水降温。在幼苗期也要保证有足够的水分，拉十字期及团棵以前都需浇小水，防止土壤龟裂或板结，保护根系发育。莲座期对水分吸收量增加，但为调节地上部与地下部的矛盾，促进根系及叶片的健壮发育，采用中耕保墒等措施，在不造成水分供应不足的条件下，适当减少灌溉次数。特别是遇连续阴雨的年份，在此期要适当蹲苗，控制浇水数量。结球期需大量浇水，6～8d浇水1次，保持土壤湿润和大白菜对水分的需求。在大白菜收获前8～10d停止浇水，以增强大白菜的耐贮运性。

大白菜灌溉要与追肥结合进行。在灌溉时，不仅要注意浇水量的大小，而且要注意浇水质量，做到浇水均匀而又不大水漫灌，切勿冲伤根系。

对于大白菜的水分管理上，还应注意排水问题。当田间水分过多，地面长期积水，根系的呼吸会受到严重影响，甚至造成湿、涝灾害。湿害是在水涝后土壤耕层排水不良而造成的水分饱和状态，使根系发育不良，吸收肥、水能力减弱，叶片瘦弱而徒长，对产量影响很大，严重时植株因缺氧而窒息死亡。所以要建立好田间排水系统，干沟、支沟、毛沟排水通畅。在雨水多的南方干沟应大一些，支沟、毛沟适当密些。

9. 束叶　束叶又称捆菜、扎菜。它是在大白菜结球后期，初霜到来之前，用稻草、白薯藤等物，将大白菜外叶拢起，捆扎在叶球2/3处的措施。一般在收获前10～15d进行。束叶有利于防止霜冻对叶球的危害，软化外层球叶，提高品质。束叶后太阳可射入行间，增加地表温度，有利于大白菜后期根系的活动，也有利于套种小麦、油菜等越冬作物的农事操作，便于收获、运输，减少收获时对叶球的机械损伤。束叶的缺点是，束叶后不利于叶片的光合作用和营养的累积和运转，不利于叶球的充实。所以，在能够及时收获而又不行间作的大白菜地，也可不行束叶。

（二）春季大白菜栽培技术要点　春季栽培历经春夏之交，日均温10～22℃的温和季节很短，早春气温偏低，不利于发芽出苗而有利于通过春化，当后期遇到较高的温度和较长的日照时，又易于提早抽薹开花，不易结球。同时，在大白菜结球期正值高温多雨季节，很易发生病虫害和烂球，从而导致春季大白菜栽培的失败。值得注意的是，大白菜在通过了春化和花芽分化之后，也不一定全部都会抽出花薹，如果采取适当措施，使花薹的长度缩短，或不抽薹，则会有一定的经济效益。因此，栽培上应注意妥善解决上述问题。

1. 品种选择　选择生长期短、耐低温、冬性强的早熟品种。

（1）北京小杂55　北京市农林科学院蔬菜研究中心育成的早熟一代杂种。株高约40cm，开展度65cm。叶球短筒形，属半包半舒类型，顶球心叶外露，乳黄色。叶球高32cm，横径约18cm。品质佳。单株毛重2.5kg左右，净菜重2.0kg左右。生长期55～60d。耐热，较抗病，不耐贮藏。

（2）鲁春白1号　山东省青岛市农业科学研究所于1987年育成的一代杂种。株高40cm，开展度60cm。球叶合抱，叶球直筒形，球顶较尖，舒心。球高约25cm，横径约15cm，单球重2.5kg左右，净菜率为70.4％。生长期65d左右。抗病性好，冬性较强。

（3）春夏王　由韩国兴农种子有限公司育成。叶色深绿，50～60片。结球紧实，叶球矮桩形，高25～30cm，球径15～18cm。定植后55d收获。单株重3kg左右。抗病能力强。在短时间低温或高温影响下，不易引起结球不良和抽薹。适宜春、夏季栽培。

（4）强势　由韩国汉城种苗产业有限公司育成。外叶浓绿，内叶黄色，单株重3～4kg。抗病、耐寒，结球性能好，抽薹晚，适于春季栽培。育苗时需保持13℃以上的温度。

（5）春大将　由日本米可多国际种苗有限公司育成。外叶浓绿鲜艳，半直立，长势旺，整齐度好。球高27cm，球径20cm左右，结球紧实。品质极佳。抗病性强。抽薹晚，早熟，适合高冷地区及平原地区作春季栽培。

2. 育苗　春大白菜播种过早，温度低，易通过春化；播种过晚，夏季温度高，难以形成优质叶

球。因此，其适宜播种期要求日平均气温达到 10℃ 以上为宜，以便在日平均温度 25℃ 的高温期到来之前形成叶球。在我国除少部分适合上述条件的地区可直播外，大部分地区均需育苗移栽。

春大白菜栽培一般采用保护地进行育苗，如阳畦、小拱棚、日光温室等。苗床内温度白天应保持在 20～25℃，夜间不低于 13℃。育苗方法可采用直径为 8～10cm 的营养钵，置入培养土，浇足底水后播种，每钵播 2～3 粒种子。2～3 片真叶时间苗 1 次。苗龄约 30d。如无条件时，亦可采用土方育苗。

3. 整地作畦、施肥 春大白菜的定植地宜选择在前茬未种过十字花科作物的地块。冬前要翻耕晒垡，早春化冻后，施入腐熟有机肥 3 000kg 左右，平整土地后，作成平畦，也可垄作。

4. 定植及管理 当外界气温稳定在 13℃ 以上，幼苗长出 5～6 片真叶时即可定植。定植密度因品种而异，一般在 45 000～52 500 株/hm²。定植时要避免伤根，加速缓苗。为增加地温，定植时可覆盖地膜。浇定植水后，要尽量减少浇水次数和用水量。未覆盖地膜者应及时中耕，增加地温，保持墒情。当植株进入莲座后期，气温和地温均已升高，可适当增加浇水次数和用水量。施肥量较秋大白菜用量少，但施用时期应提前进行。

（三）夏季大白菜栽培的技术要点

中国华南和台湾地区，地处亚洲大陆东南沿海，属于亚热带或热带湿润季风气候，具有种植夏季大白菜的成功经验。耐热夏大白菜的生育特点是：生长期短，速度快，能在炎热夏季形成叶球；植株开展度小，叶片直立，外叶数少；主根粗，侧根多；耐热抗病，但对低温极敏感，在低温下易抽薹。其栽培技术要点是：

1. 栽培时期 气温稳定在 15℃ 以上时播种，大约 5～9 月播种。在 6～9 月最炎热的时间里，移至 700m 以上高海拔山区种植。在同一季节，高海拔地区种植的夏大白菜产量高、品质好。

2. 品种选择

（1）夏阳 台湾农友种苗公司育成的一代杂种。早熟。植株生长旺盛，叶色浓绿，叶面稍皱，叶背茸毛少。株型稍矮小。叶球长圆形，单球重 0.3kg 左右。品质柔软细嫩。耐热性强，耐软腐病。适于 5 月中、下旬至 9 月上、中旬高温期播种栽培。直播后约 55d 收获；育苗定植后 45d 即可收获。

（2）明月 台湾农友种苗公司育成的一代杂种。中、早熟。株型中等大小，叶片稍尖，叶面稍皱，叶背面稍有茸毛。叶球长圆形，单球重 1.0kg 左右。品质柔嫩。耐热，抗软腐病。适于 4～5 月及 8～9 月播种栽培。直播后约 60d 收获；育苗定植后 45～50d 收获。

（3）伏宝 江苏省农业科学院从国外引进筛选出的优良一代杂种。株型紧凑，叶片少毛，植株较小。叶球倒卵圆形，单球重 0.75kg，耐热、耐旱、抗病。生长期 55～60d。

（4）夏丰 江苏省农业科学院蔬菜研究所于 1993 年育成的一代杂种。株高 26.4cm，开展度约 50cm。叶球矮桩，叠抱，球高约 17.5cm，横径约 12.9cm。球叶白色，质地柔嫩，粗纤维少，略甜。耐病毒病和霜霉病，不抗软腐病。极早熟，生长期 50～55d。适宜作夏、秋早熟栽培。

3. 培育壮苗 育苗地应选择在地势高，通风凉爽之处。采用营养钵培育大苗的育苗方法。每钵播种 3 粒种子，间苗后留 1 株壮苗。在育苗床上搭棚架，覆盖遮阳网。轻浇、勤浇水，经常保持土壤湿润。苗龄 15～18d。

4. 整地施基肥 大白菜要选择肥沃的壤土，且排、灌水良好的地块上种植。整地后施入腐熟的有机肥和三元复合肥。

5. 定植 定植密度依品种要求而定。定植时间宜于傍晚进行，土坨稍高于畦面，边栽植，边浇足定植水，定植头 3 天早、中、晚各喷水一次，以利于幼苗成活。

6. 田间管理 在炎热地区应搭高 2m 的棚架，上面覆盖遮阳网。植株下面用稻草覆盖畦面，利于土壤保湿，减轻软腐病的为害。幼苗成活后，每天早、晚各浇水一次，经常保持土壤湿润状态。定植成活后，追施氮肥一次，结球期追施三元复合肥一次。及时中耕除草，尽量少伤根。

五、病虫害防治

（一）主要病害防治

1. 大白菜病毒病 主要毒源是芜菁花叶病毒（TuMV）、黄瓜花叶病毒（CMV）、烟草花叶病毒（TMV），此外，还有萝卜花叶病毒（RMV）。大白菜的整个生长期均可受害。苗期，尤其 7 叶前是易感期，7 叶后受害明显减轻。受害心叶表现明脉或叶脉失绿，继而呈花叶及皱缩，重病株均矮化；莲座期发病叶皱缩，叶硬脆，常生许多褐色斑点，叶背主脉畸形，不能结球或结球松散；结球期发病较轻，叶片有坏死褐斑；开花期发病则抽薹迟，影响正常开花结实。病毒在田间十字花科蔬菜、窖藏种株及菠菜、田间杂草上越冬或寄生。TuMV 和 CMV 由有翅蚜传播，TMV 通过接触方式传毒，使该病发生。在幼苗期 7～8 叶前如遇高温干燥气候，则蚜虫大量发生，病毒易流行。防治方法：①选用抗病品种。②重病区适当推迟播种，加强苗期水分管理。③在育苗时用防虫网或银灰色膜避蚜，及时用药剂防蚜。④发病初期叶面喷施 0.5％菇类蛋白多糖水剂（抗毒剂 1 号）300 倍液，或 1.5％十二烷基硫酸钠·硫酸铜·三十烷醇（植病灵）乳剂 1 000 倍液，或 20％盐酸吗啉胍可湿性粉剂 200 倍液等。隔 10d 喷 1 次，连喷 2～3 次有一定效果。

2. 白菜类霜霉病 病原：*Peronospora parasitica*。普遍发生，气传流行性病害。主要为害叶片，病斑初呈淡绿色，渐变为黄色至黄褐色，多角形或不规则形。叶背面病斑上产生白色霜状霉层。病斑枯干呈暗褐色，严重时外叶全部枯死。采种株花器和种荚也受其害。北方地区病菌以卵孢子在病残体和土壤中越冬，以菌丝体在种株体内越冬，环境条件适宜便可萌发侵染寄主。孢子囊通过气流、风、雨传播进行再侵染。在温暖地区该病可周年发生。低温、高湿有利发病，春、秋季多雨（露、雾）或田间湿度大时，病害易流行。防治方法：①可因地制宜选用抗病品种。②用种子重量的 0.3％的 25％甲霜灵可湿性粉剂拌种，进行种子消毒处理。③采用高垄（畦）栽培，合理密植；加强田间管理，降低田间湿度。④及时在叶面喷洒 72％霜脲·锰锌可湿性粉剂 800 倍液，或 40％三乙膦酸铝可湿性粉剂 250～300 倍液，或 72.2％霜霉威（普力克）水剂 600～800 倍液等。每隔 7～10d 喷 1 次，连续 2～3 次。上述锰锌的混剂可兼治黑斑病。在霜霉病、白斑病混发地区，可选用 60％乙膦铝·多菌灵可湿性粉剂 600 倍液。

3. 白菜类软腐病 病原：*Erwinia carotovora* subsp. *carotovora*。发生普遍，引起植株腐烂。大白菜从莲座期至包心期发生，依病菌侵染部位不同，而表现不同的症状。如从根部伤口侵入，则破坏短缩茎的输导组织，造成根颈和叶柄基部呈黏滑湿状腐烂，外叶萎蔫脱落以至全株死亡；病菌由叶柄基部伤口侵入，病部呈水渍状，扩大后变为淡褐色软腐；病菌从叶缘或叶球顶端伤口侵入，引起腐烂。干燥条件下腐烂的病叶失水变干，呈薄纸状，病烂处有恶臭是本病特征。田间病株、带菌的留种株、土壤、病残体是本病的初侵染源。病原细菌通过雨水、灌溉水和昆虫传播。大白菜结球期低温多雨，植株伤口过多，则发病严重。防治方法：①实行轮作和播前深耕晒土，合理灌溉和施肥；实行高垄栽培防止积水；及时拔除中心病株和用石灰进行土壤消毒。②用丰灵 100g 拌种，或用种子重量 1％～1.5％的 3％中生菌素（农抗 751）可湿性粉剂拌种。③在发病初期可喷洒 72％农用硫酸链霉素可溶性粉剂 3 000～4 000 倍液，或新植霉素 4 000 倍液，或 47％春·王铜（加瑞农）可湿性粉剂 700～750 倍液等，每隔 10d 喷 1 次，连续 2～3 次。可兼治大白菜黑腐病、细菌性角斑病、黑斑病等，但对铜制剂敏感的品种须慎用。

4. 白菜类黑斑病 病原：*Alternaria brassicae*。分布普遍，主要为害叶片、叶柄，有时也为害花梗和种荚。叶片上病斑近圆形，灰褐色或褐色，有明显的同心轮纹，常引起叶片穿孔，多个病斑汇合，可致叶片干枯。叶柄上病斑长梭形，呈暗褐色状凹陷。病菌分生孢子从气孔或直接穿透表皮侵入。发病后借风、雨水传播，使病害不断蔓延。在连阴雨天、湿度高、温度偏低时发病较重。防治方法：①与非十字花科蔬菜轮作 2～3 年。②选用抗病品种。③药剂拌种可用种子重量 0.4％的 50％福美双可湿性粉剂等。④适期播种，增施磷、钾肥，适当控制水分，降低株间湿度，可减少发病机会。⑤防病药剂可用 50％异菌脲（扑海因）可湿性粉剂 1 0500 倍液，或 64％恶霜•锰锌（杀毒矾）可湿性粉剂 500 倍液，或 50％福•异菌（天霉灵）可湿性粉剂 800 倍液，或 75％百菌清可湿性粉剂 500～600 倍液等喷雾。隔 7d 左右喷 1 次，连续防治 3～4 次。

5. 大白菜黑腐病　病原：*Xanthomonas campestris* pv. *campestris*。幼苗染病后子叶呈水渍状，根髓部变黑，幼苗枯死。成株染病引起叶斑或黑脉，叶斑多从叶缘向内扩展，形成 V 字形黄褐色枯斑，病部叶脉坏死变黑；有时病菌沿脉向里扩张，形成大块黄褐色斑或网状黑脉。与软腐病并发时，易加速病情扩展，致茎或茎基腐烂，轻者根短缩茎维管束变褐，严重时植株萎蔫或倾倒，纵切可见髓部中空。病原细菌随种子或病残体遗留在土壤中或采种株上越冬。大白菜生长期主要通过病株、肥料、风、雨或农具等传播、蔓延。防治方法：①选用抗病品种，从无病田或无病株上采种，进行种子消毒。②适时播种，不宜播种过早，收获后及时清洁田园。③发病初期喷洒 72％农用硫酸链霉素可溶性粉剂或新植霉素 100～200mg/L，或氯霉素 50～100mg/L，或 14％络氨铜水剂 350 倍液等。但对铜制剂敏感的品种须慎用。

6. 白菜类菌核病　病原：*Sclerotinia sclerotiorum*。长江流域及南方各地发生普遍。大白菜生长后期和采种株终花期后受害严重。田间成株发病，近地面的茎、叶柄和叶片上出现水渍状淡褐色病斑，引起叶球或茎基软腐。采种株多先从基部老叶及叶柄处发病，病株茎上出现浅褐色凹陷病斑，后转为白色，终致皮层朽腐，纤维散乱如乱麻，茎中空，内生黑色鼠粪状菌核。种荚也受其害。在高湿条件下，病部表面均长出白色棉絮状菌丝体和黑色菌核。病菌以菌核在土壤中或附着在采种株上、混杂在种子中越冬或越夏。病菌子囊孢子随风、雨传播，从寄主的花瓣、老叶或伤口侵入，以病、健组织接触进行再侵染。防治方法：①选用无病种子，或播前用 10％食盐水汰除菌核。②提倡与水稻或禾本科作物实行隔年轮作，清洁田园，深翻土地，增施磷、钾肥。③发病初期用 50％腐霉利（速克灵）或 50％异菌脲（扑海因）可湿性粉剂各 1 500 倍液，或 50％乙烯菌核利（农利灵）可湿性粉剂 1 000 倍液，或 40％多•硫悬浮剂 500～600 倍液等防治。隔 7d 喷施 1 次，连续防治 2～3 次。

7. 白菜根肿病　病原：*Plasmodiophora brassicae*。南方发生普遍，为害重。北方局部地区零星发生，寄主为十字花科蔬菜。幼苗和成株均可受害，初期生长迟缓、矮小，似缺水状，严重时病株枯死。病株主根和侧根出现肿瘤，一般呈纺锤形或手指状或不规则形，大小不等。初期瘤面光滑，后期粗糙、龟裂，易感染其他病菌而腐烂。病菌以休眠孢子囊在土壤中，或未腐熟的肥料中越冬、越夏，借雨水、灌溉水、害虫及农事操作传播。防治方法：①实施检疫，严禁从病区调运秧苗或蔬菜到无病区。②与十字花科蔬菜实行 3 年以上轮作，增施石灰调节酸性土壤成微碱性。③及时排除田间积水，拔除中心病株，并在病穴四周撒石灰防止病菌蔓延。④清洁田园，必要时用 40％五氯硝基苯粉剂 500 倍液灌根，每株 0.4～0.5L，或每 667m² 用 40％五氯硝基苯粉剂 2～3kg 拌 40～50kg 细土于播种或定植前沟施。

8. 大白菜干烧心病　是由生理性缺钙引起的生理性病害。北方发生普遍。在大白菜结球期外叶生长正常，剖开球叶后可看到部分叶片从叶缘处变干黄化，叶肉呈半透明的干纸状，叶脉淡黄褐色，无异味，病、健组织有明显分界线，严重者失去食用价值。有时在未结球前就可表现出上述症状。此病发生后，易受其他病害感染而发生腐烂、霉变等现象。该病与气象条件、土壤含盐量、水质中氯化物含量、田间栽培条件，特别是一次性氮肥施用量过大等条件有关。同时，不同品种的抗干烧心病能力也不相同。防治方法：①选用抗病品种。②改良盐碱地，改善水质；增施有机肥料，改善土壤结构；注意轮作倒茬，不与吸钙量高的作物连茬；控制施用氮素化肥，补施钙素。③叶面喷施 0.7％氯化钙加 50ml/L 萘乙酸，从莲座中期开始喷施，隔 7～10d 喷 1 次，连续喷洒 4～5 次。

其他病害还有大白菜白斑病、细菌性角斑病、炭疽病等，主要采取药剂和合理的栽培技术进行综合防治。

(二)主要害虫防治

1. 菜粉蝶（*Pieris rapae*）　幼虫称菜青虫。2 龄前只啃食叶肉，留下一层透明的表皮；3 龄后可蚕食叶片，成孔洞或缺刻，重则仅剩叶脉。伤口还能诱发软腐病。各地多代发生，以蛹在菜地附近的墙壁、树干、杂草残株等处越冬，翌年 4 月开始羽化。菜青虫的发育最适温度 20～25℃，相对湿度 76％左右，因此，春、秋两季是其发生高峰。防治方法：用细菌杀虫剂 Bt 乳剂或青虫菌 6 号悬浮剂 500～800 倍液，或 50％辛硫磷乳油 1 000 倍液，或 2.5％溴氰菊酯乳油 3 000 倍液等进行防治。提倡用昆虫生长调节剂，如 20％灭幼脲 1 号（除虫脲），或 25％灭幼脲 3 号（苏脲 1 号）胶悬剂 500～1 000 倍液，但须尽早喷洒防治。

2. 菜蛾（*Plutella xylostella*）　又名小菜蛾、吊丝鬼等。南北方均有分布，南方为害较重。初龄幼虫啃食叶肉。3～4 龄将叶食成孔洞，严重时叶面呈网状或只剩叶脉。常在苗期集中为害心叶，也为害采种株嫩茎及幼荚。华北及内蒙古地区一年发生 4～6 代，长江流域 9～14 代，海南 21 代。在北方地区以蛹越冬，南方可周年发生，世代重叠严重。成虫昼伏夜出，有趋光、趋化（异硫氰酸酯类）和远距离迁飞性。北方 5～6 月、长江流域春秋季、华南地区 2～4 月及 10～12 月为发生为害时期。防治方法：①避免与十字花科蔬菜周年连作。②采收后及时处理病残株并及时翻耕，可消灭大量虫源。③采用频振灯或性诱剂诱杀成虫，或用防虫网阻隔。④喷施 Bt（含活芽孢 100 亿～150 亿/g）乳剂 500～800 倍液，或 20％菊马、菊杀乳油各 1 000 倍液等。在对有机磷、拟除虫菊酯类杀虫剂产生明显抗性的地区，选用 5％氟啶脲（抑太保）乳油、5％氟苯脲（农梦特）乳油 1 500 倍液，或 5％多杀菌素（菜喜）悬浮剂 1 000 倍液、20％抑食肼可湿性粉剂 1 000 倍液，或 1.8％阿维菌素乳油 2 500 倍液、15％茚虫威（安打）悬浮剂 3 000～5 000 倍液等防治。

3. 甜菜夜蛾（*Spodoptera exigua*）　年发生多代，分布广泛。在南方菜区为害严重，华北各地和陕西局部地区为害较重。高温、干旱年份常大发生，田间 7～9 月为害最重。成虫昼伏夜出，具远距离迁飞习性，有趋光性。初孵幼虫吐丝结网在叶背群集取食叶肉，受害部位呈网状半透明的窗斑，3 龄后可将叶片吃成孔洞或缺刻，4 龄开始大量取食，5、6 龄食量占整个幼虫期食量的 90％。抗药性强。以蛹在土中越冬。防治方法：①及时清洁田园，深翻土地减少虫源。②利用黑光灯、频振式诱虫灯等诱杀成虫。③做好预测预报工作，在 1～2 龄幼虫盛发期于清晨或傍晚及时施药，药剂种类同小菜蛾。此外，还可用 5％增效氯氰菊酯（夜蛾必杀）乳油 1 000～2 000 倍液与菊酯伴侣配套使用。

4. 斜纹夜蛾（*Spodoptera litura*）　全国性分布，南方各地及华北的山东、河南、河北等地为害较重。具间歇性猖獗为害的特点，大发生时可将全田大白菜吃成光秆。此虫喜温好湿，抗寒力弱，适宜发生温度 28～30℃，空气相对湿度 75％～85％。因此，长江流域 7～9 月、黄河流域 8～9 月、华南 4～11 月为盛发期，其中华南 7～10 月为害最重。此虫生活习性、防治方法可参见甜菜夜蛾。

5. 甘蓝夜蛾（*Mamestra brassicae*）　在国内分布较广泛，以东北、华北、西北及西藏等地为主害区。以蛹在土中滞育越冬。越冬代盛发期为 3～7 月。成虫昼伏夜出，有趋光性，趋化性强。幼虫食叶，4～6 龄虫夜出暴食为害，严重时仅存叶脉，还可钻入叶球取食，排泄粪便引起污染或腐烂。在北方地区其种群数量呈春、秋季双峰型，其中雨水多、气温低的秋季大发生，具间歇性和局部成灾的特点。防治方法：①清洁田园，及时冬耕灭蛹。②用黑光灯和糖醋毒液诱杀成虫。③结合田间作业拣除卵块。④及时喷洒 20％氰戊菊酯或 4.5％氯氰菊酯乳油各 2 000 倍液等。

6. 菜螟（*Hellula undalis*）　是一种钻蛀性害虫，国内分布较普遍，是南方沿海各省、直辖市及华北地区常发性重要害虫。以幼虫为害大白菜心叶、茎髓，严重时将心叶吃光，并在心叶中排泄粪便，使其不能正常包心结球。以老熟幼虫在土中吐丝缀合泥土、枯叶结成蓑状丝囊越冬，少数以蛹越冬。成虫昼伏夜出，趋光性差，飞翔力弱。初孵幼虫多潜叶为害，3 龄以后多钻入菜心为害，造成无心苗。8～9 月为害最重。防治方法：①加强田间管理，适当灌水，增大田间湿度，可抑制害虫发生。

②清洁田园，进行深耕，减少虫源。③适当晚播，使幼苗3～5片真叶期与幼虫为害盛期错开。④药剂防治参见第九章根菜类蔬菜虫害防治的有关部分。

7. 菜蚜 为害白菜的蚜虫主要是萝卜蚜（*Lipaphis erysimi*）、桃蚜（*Myzus persicae*）及少量甘蓝蚜（*Brevicoryne brassicae*），但后者却是新疆维吾尔自治区的优势种。3种间从形态上较易区分：萝卜蚜额瘤不明显，腹管较短；桃蚜额瘤发达，腹管较长；甘蓝蚜全身覆盖有明显的白色蜡粉。菜蚜群聚在叶上吸食汁液，分泌蜜露诱发煤污病，重则传播病毒病使全株萎蔫死亡。一般每年春、秋季是菜蚜发生高峰，在华南地区则秋冬季发生较重。高温、高湿及多种天敌不利其发生。有翅蚜具迁飞习性，对黄色有正趋性，对银灰色有负趋性。防治方法：参见第九章根菜类蔬菜害虫防治。

8. 黄曲条跳甲（*Phyllotreta striolata*） 分布广泛，在南方菜区为害重。成虫食叶成孔洞，幼虫蛀根或咬断须根。苗期为害重，可造成缺苗断垄，局部毁种，并传播软腐病。以成虫在落叶、杂草中潜伏越冬，翌年气温达10℃以上时开始取食。成虫善跳跃，高温时还能飞翔。有群集性、趋嫩性和趋光性。防治方法：①清洁田园，铲除杂草。②播前深耕晒土。③铺设地膜栽培，防止成虫把卵产在根上。④用黑光灯诱杀成虫。⑤药剂土壤处理和叶面喷雾，参见第九章根菜类蔬菜虫害防治。

9. 地下害虫 东北大黑鳃金龟（*Holotrichia diomphalia*）的幼虫（蛴螬）、东方蝼蛄（*Gryllotalpa orientalis*）和华北蝼蛄（*G. unispina*）的成、若虫为害大白菜种子和幼苗，造成缺苗断垄。防治方法：每公顷用10%二嗪磷颗粒剂30～45kg，或用5%辛硫磷颗粒剂15～22.5kg，与15～20倍细土混匀后撒在床土上、播种沟或移栽穴内，待播种或菜苗移栽后覆土。毒土也可用50%辛硫磷乳油3kg或80%敌百虫可湿性粉剂1.5～2.25kg，对少量水稀释后拌适量细土制成。或将豆饼、棉仁饼或麦麸5kg炒香，再用90%晶体敌百虫或50%辛硫磷乳油150g对水30倍拌匀，结合播种，每667m²用1.5～2.5kg撒入苗床，或出苗后将毒饵（谷）撒在蝼蛄活动的隧道处诱杀，并能兼治蛴螬。

六、采 收

早熟大白菜成熟期早，又处于无冻害危险的季节收获，所以只要叶球成熟，有商品价值即可按照市场需要分期收获上市。对于中、晚熟大白菜收获期有严格的季节性，尤其是无法露地越冬的地区要严格掌握大白菜的收获期。适宜的收获期为正常年份不发生严重冻害的保证率达90%的日期之前的5～15d为宜。最低气温连续3d以上在－5℃时即受到冻害。在大面积收获时，可先收获包心好的一类菜，然后收二类菜，包心差的三类菜可据当时的气候条件推迟收获。当收获时遇到轻度冻害的，可暂不砍收，待天气转暖、叶片恢复原来状态时再收获。对已收获又未入窖者，可在田间码放，并加盖覆盖物。

大白菜收获有砍菜和拔菜两种。在正常情况下收获后要进行晾晒2～3d，晒后再堆码成垛，菜根向里，两排间留10～15cm空隙，继续排除水分和降低菜温，待天气寒冷稳定时入窖贮藏。

春季大白菜生长迅速，一般定植后50～60d成熟，要及时采收，不可延误。

七、采 种

大白菜采种有母株采种和小株采种两种方法。母株采种是在秋季选择生长强健，结球坚实，符合原品种特征，无病虫的植株连根拔起，妥善贮藏过冬，次春栽植采种田中开花结荚收取种子。各生长时期管理方法如下：

1. 返青期 立春前后将种株在叶球基部以上10cm处向上斜削成楔形，以利抽薹。将削好的种株立于窖内或室内，使伤口愈合和发生新根。土壤解冻严寒已过时，及早栽植。采种田于冬前整地施足基肥，栽前作畦。栽植行距60～80cm，株距50cm。栽后浇小水。返青期管理的关键是少浇勤锄，提高地温，以促进发根。

2. 抽薹期　此期仍掌握勤锄少浇，促进地下根系的生长和孕蕾，防止地上部生长过快。

3. 开花期　此期管理关键是促进分枝的发生和生长，始花时每公顷追施硫酸铵225～300kg，草木灰750～1 500kg，并充分浇水。

4. 结荚期　此期为生长果荚和种子，关键要肥水充足，防止早衰。谢花时每公顷追施农家有机液肥11 250～15 000kg或硫酸铵150～225kg。要充分浇水，防止土壤干旱造成瘪子。末期要控制水分，防止贪青现象出现。当80％～90％果荚枯黄时即行刈收，否则早熟果荚往往开裂落粒。收获宜在早晨进行，此时不易裂荚。收后迅速晒干脱粒。

半成株采种在华北地区秋播延迟到8月下旬，每公顷15万株左右。冬前长成8～15叶时，将苗拔起，切去上半段叶片，放在果筐中，置窖内越冬。也可假植于风障畦或阳畦越冬。次春再栽植大田。在冬季无严寒地区盖土粪和草可在露地越冬。小株采种一般春播于1月上旬在阳畦播种育苗，春分前后5～6叶时移栽采种田。关键是在移栽时有5～6叶而不抽薹，才能长成健壮植株，种子产量高。也有采用春直播小株采种的，宜在早春表土化冻后播种。小株采种的春季管理和母株采种相同。

小株采种所得种子发芽良好，生活力较强。在小株采种过程中因无法进行植株性状的鉴定选择，如连续采用小株种子，则会发生品种退化。为保证种性并降低采种成本，可采用"母株选种、小株采种"的方法，即每年用母株生产原种，再用原种繁殖小株生产用种。

大白菜是天然异花授粉作物，采种时要和芸薹种中其他亚种、变种及品种间相隔2 000m以上。

（刘宜生）

第二节　普通白菜

普通白菜属十字花科（Cruciferae）芸薹属芸薹种白菜亚种的一个变种。学名：*Brassica campestris* L. ssp. *chinensis*（L.）Makino var. *communis* Tsen et Lee；别名：白菜、小白菜、青菜、油菜。古名："菘"。普通白菜是中国长江流域各地普遍栽培的一种蔬菜，北方也多引种栽培。其种类和品种繁多，生长期短、适应性广、高产、省工、易种，可周年生产与供应。在南方约占全年蔬菜供应量的30％～50％，成为全年蔬菜播种面积最大的蔬菜之一。

一、生物学特性

（一）植物学特征　普通白菜为一、二年生蔬菜植物，与大白菜的主要区别在于叶片开张，植株较矮小，多数品种叶片光滑、叶柄明显，无叶翼。

1. 根　须根发达，分布较浅，再生力强，宜于育苗移栽。具2个原生木质部，二裂侧根与子叶方向一致。

2. 茎　营养生长期为短缩茎，于短缩茎上着生莲座叶，在高温或过分密植条件下，会出现茎节伸长。花芽分化后，遇到温暖气候条件，茎节伸长而抽薹，花茎可高达1.5～1.6m。

3. 叶　柔嫩多汁，为主要食用部分，而且又是同化器官。一般叶片大而肥厚。叶色浅绿、绿、深绿至墨绿。叶片多数光滑，亦有皱缩，少数具茸毛。叶形有匙形、圆形、卵圆、倒卵圆或椭圆形等。叶缘全缘或有锯齿、波状皱褶，少数基部有缺刻或叶耳，呈花叶状。叶柄肥厚，一般无叶翼，柄色白、绿白、浅绿或绿色，其断面为扁平、半圆形或圆形，长度不一。一般内轮叶片舒展或近叶片处抱合紧密呈束腰状，而叶柄抱合成筒状，基部肥大，俗称"菜头"。少数心叶抱合呈半结球状。真叶多数以3/8叶序排列，单株成叶数一般十几片，花茎叶一般无叶柄，叶基部成耳状抱茎或半抱茎而生。

4. 花 总状花序，抽薹后在顶端和叶腋间长出花枝。开花习性依品种和当地气候条件而异。开花时间从早上开始，9：00~10：00时盛开，以后又渐少，午后开花更少。花色鲜黄至浓黄色，始花后约2周进入盛花期，花期持续约30d。虫媒花，为异花授粉作物。

5. 果实与种子 果实为长角果，成熟时易开裂。种子近圆形，红褐或黄褐色，千粒重1.5~2.2g。

（二）对环境条件的要求

1. 温度 种子发芽适宜温度为20~25℃，4~8℃为最低温度，40℃为最高温度，所以普通白菜在江南几乎周年可以播种。但萌动的种子及绿体植株可在15℃以下，适温为2~10℃，经15~30d通过春化阶段。

环境条件对普通白菜的单株叶数、单叶重、叶形指数以及叶柄与叶片的比率有很大的影响。普通白菜是性喜冷凉的蔬菜，在平均气温18~20℃下生长最适。但比大白菜适应性广，耐寒力较强。在−3~−2℃下，能安全越冬。25℃以上的高温及干燥条件下，生育衰弱，易受病毒病为害，品质也明显下降。只有少数品种耐热性较强，可作夏白菜栽培，是利用苗期适应性强的特点，产量亦低（表12-5）。所以长江以南地区以秋冬季节栽培最多，产量品质亦最佳；在北方地区，则以春、秋季栽培为主。

表 12-5 佛山乌叶白菜的个体产量及其与播期和温度的关系
（关佩聪等，1963）

栽培季节	播种期（月/日）	生长期（d）	单株产量（g）	平均每日增长量（g）	单位面积增重量（mg/cm²）	全生长期平均气温（℃）
春播	3/29	21	250	11.90	15.0	24.2
夏播	6/25	21	125	5.95	10.2	27.6
秋播	9/15	42	950	22.61	20.8	21.8
冬播	12/13	42	41	0.98	12.0	11.1

普通白菜叶的分化与生长速度，因气温下降而延缓。当气温下降到15℃以下时，茎端就能开始花芽分化，叶数也因此而停止增长。所以秋季白菜播种过迟，会影响品质和产量。至于幼根，生长的适温是26℃，最高温为36℃，最低温为4℃。

2. 光照 普通白菜对光照强度的要求较高，在阴雨弱光下易引起徒长，茎节伸长，品质下降。据须永（1969）等研究，光质对白菜生长发育的影响，发现红光促进生育，干物重增加，而绿色光波下生育受抑。在人工补充光照条件下，宜使用红色电灯光。若在紫外线或近紫外光下，则生长受抑。

普通白菜属长日照作物，通过春化阶段后，在12~14h的长日照条件和较高的温度（18~30℃）下迅速抽薹开花。

3. 土壤 普通白菜对土壤的适应性较强，较耐酸性土壤。但以富含有机质，保水保肥力强的黏土或冲积土为最适。土壤含水量对产品品质影响较大，土壤水分不足，则生长缓慢，组织硬化粗糙，易患病害。但水分过多，则根系窒息，影响呼吸及养分的吸收，严重的会因沤根而萎蔫死苗。

4. 营养 普通白菜以叶供食，叶又是植株的同化器官，从播种定植到采收的过程中，对肥水的需要量与植株的生长量几乎是平行的。即在生长的初期，植株生长量小，对肥水的吸收量也少；到生长的盛期，植株的生长量大，对肥水的吸收量也大。由于以叶为产品，且生长期短而迅速，所以氮肥尤其在生长盛期对普通白菜的产量和品质影响最大，其中硝态氮较铵态氮、尿素态氮又较酰胺态氮对生育、产量、品质有更大的影响。钾肥吸收量较多，但磷肥增产效果不显著，微量元素硼的不足，会引起硼的营养缺乏症。

5. 水分 普通白菜根系分布较浅，吸收能力较弱，而叶片蒸腾作用较强，耗水量大，所以需较高的土壤和空气湿度。在干旱条件下，生长矮小，产量低，品质差。不同的生长时期，普通白菜对水分的要求不同。发芽期需水量不多，但要求土壤湿润，以利出芽和幼苗生长；幼苗期叶面积小，蒸发耗水少，要求土壤见干见湿，供给适量的水分；莲座期叶片多而大，耗水量多，是产品形成期，需水量较多，应保持土壤处于湿润状态。夏季高温季节栽培，则应勤浇水，以降低地温，防止高温灼根和病毒病发生。

（三）生长发育特性　普通白菜的生育周期分为营养生长期和生殖生长期。

营养生长期包括：①发芽期：从种子萌发到子叶展开，真叶显露。②幼苗期：从真叶显露到形成1个叶序。③莲座期：植株再长出1～2个叶序，是个体产量形成的主要时期。

生殖生长期包括：①抽薹孕蕾期：抽生花薹，发出花枝，主花茎和侧花枝上长出茎生叶，顶端形成花序。②开花结果期：花蕾长大，陆续开花、结实。

1. 种子的萌发及其条件　普通白菜种子成熟后有较短的休眠期，休眠时间的长短依品种类型、采种方法、种子成熟度而不同。种子的寿命依采种状况、种子充实度和贮藏条件而异，一般5～6年，实用年限为3年。

2. 叶的生长动态与环境条件的关系　普通白菜主要以莲座叶为产品，因此叶数和叶重是影响单株产量的主要因素。江南种植的普通白菜品种，除少数为叶数型外，多数为叶重型。而叶重的增加，主要靠叶面积的增大和叶柄的增重两方面来实现。

种子发芽后，茎端每隔一定天数分化新叶，新叶的发生速度依品种遗传性和环境条件而异。而叶的分生速度是确定叶数的重要条件。据李曙轩等（1962）以油冬儿、瓢羹白菜、蚕白菜、四月慢等品种为材料，观察不结球白菜的单株叶数都在25～30片，很少超过40片，而在产量上起作用的主要是15片左右的成长叶。前期生长的8～10片叶子，到采收时都已先后脱落，而后期生长的第25片以后

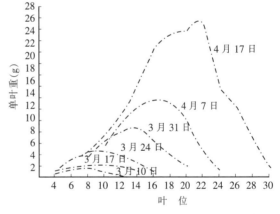

图 12 - 6　上海四月慢青菜不同叶位的叶重变化
（李曙轩等，1962）

的叶子都是很小的稚叶，在产量上所起的作用不大，但前期叶的健全生长都是为后期叶的生长做准备的，只有生长良好的幼苗叶，才能大量生长莲座叶。试验还指出，小白菜的单叶重和单叶面积，随不同叶位和不同生长期而异（图12 - 6）。但幼苗期叶面积的增长速度要比叶的重量增加快，而到了成株期，则叶重比叶面积增加速度要快些。因此，在白菜生长初期，要增加单株的叶数，以迅速达到足够的叶数及叶面积。到生长后期，要增加单叶重量，主要是叶柄的重量。因为叶柄的重量，越到生长后期占叶总重的比重越大，一般可达75%～80%。这时，它是作为养分贮藏积累器官而存在的（表12 - 6）。

表 12 - 6　白菜品种间叶片及叶柄重量的比例

（李曙轩等，1962）

品　　种	生长季节	测定日期（月/日）	叶总重（g/株）	叶柄重（g/株）	叶片重（g/株）	叶柄重/叶总重（%）
四月慢	早春	5/1	224.6	176.4	53.2	76.5
早油冬	秋冬	12/8	364.2	285.3	78.9	78.3
瓢羹白	秋冬	12/8	799.0	650.0	149.0	81.4
夏白菜*	夏秋	8/31	24.3	12.8	11.6	51.9

＊　夏白菜是以油冬儿品种作白菜栽培。

3. 花芽分化、抽薹开花特性及其条件　普通白菜的大多数品种于 8～9 月份播种，11～12 月间花芽可以开始分化，其中春性型的品种甚至当年抽薹、开花。但多数品种，要到翌年 2～4 月，气温升高、日照延长的条件下抽薹开花。而对于冬性强的春白菜四月慢的试验表明，光照对促进花芽分化的影响比温度的影响大（图 12 - 7）。

试验还表明，温度及光照对花芽分化的影响和对抽薹开花的影响不同，因为花芽分化后并不一定立即抽薹。光照条件相同，增加温度，可以显著地促进抽薹开花，而在同样温度下，虽然长光照比短光照抽薹开花早，但没有温度的影响大。故在栽培春白菜时，除应选择冬性强的品种外，还要选择在较高温度下抽薹缓慢的品种，配合增施氮肥，才能获得较大的叶簇和延长供应期。江口等（1963）以冬性弱的秋冬白菜为材料，认为花芽分化是由于低温诱导，给予适宜的低温处理时间愈长，苗龄愈大的，花芽分化与抽薹开花愈早，而与日照的长短关系不大。

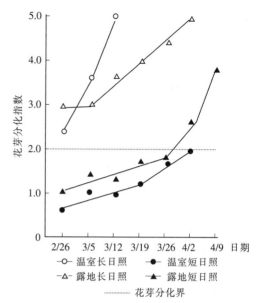

图 12 - 7　光照及温度对四月慢花芽分化的影响
（分化指数 $=\sum f C/N$，其中：C 为分化级别，
f 为每级别出现株数，N 为观察总株数）
（李曙轩等，1964）

二、类型及品种

（一）类型　据曹寿椿等（1982）观察，普通白菜变种的株型直立或开展，形态多样，高矮不一，品种甚多。一般产量高，品质好，适应性强，除北方寒冷地区外，适宜周年栽培与供应，是白菜中最主要的一类。按其成熟期、抽薹期和栽培季节特点可分为秋冬白菜、春小白菜、夏白菜等 3 类。

1. 秋冬白菜　中国南方广泛栽培，早熟，多在翌春 2 月抽薹，故又称二月白或早白菜。株型直立，有的束腰，叶的变态繁多，有花叶、板叶，长梗、短梗，白梗、青梗，扁梗、圆梗之别。耐寒力为白菜类中较弱者，有许多高产质优的品种，以秋冬栽培为主。依叶柄色泽不同又分为白梗菜和青梗菜两类型。

（1）白梗菜类型　株高 20～60cm，叶片绿或深绿，有板叶、花叶之分。依叶柄长短分为以下三类：

①高桩类（长梗种）。株高 45～60cm 或以上，叶柄与叶身长度之比小于 1。株型直立向上，幼嫩时可鲜食，充分成长后，纤维稍发达，专供腌制加工。优良农家品种如南京的高桩、武汉及合肥的箭杆白、杭州的瓢羹白（扁梗型）、苏浙皖的花叶高脚白菜（圆梗型）。

②矮桩类（短梗种）。株高 25～30cm 或以下，叶柄与叶身之比等于或小于 1。品质柔嫩甜美，专供鲜食。优良农家品种如南京矮脚黄、武汉矮脚黄、广东矮脚、乌叶白菜、江门白菜（扁梗型）、常州矮白梗（半圆梗型）等。

③中桩类（梗中等）。株高介于长梗与矮梗之间，鲜食、腌制兼用，品质亦介于两者之间。如南京二白、广东中脚和高脚黑叶（佛山乌叶白菜的二品系）、淮安瓢儿白（以上为扁梗型）、云南蒜头白、赣榆构头菜（半圆梗）等。

（2）青梗菜类型　叶的变异亦很繁多，多数为矮桩类，少数为高桩类，叶片多数为肥厚之板叶，少数为花叶，叶色浓绿。叶柄色淡绿至绿白，有扁梗、圆梗之别。青梗菜品质柔嫩，有特殊清香味，逢霜雪后往往品质更佳，主要作鲜菜供食。优良农家品种如上海矮箕白菜、中箕白菜、杭州早油冬、苏州青、贵州瓢儿白（扁梗型）、圆梗或半圆梗型的扬州大头矮、常州青梗菜等。

2. 春白菜　植株多开展，少数直立或微束腰，中矮桩居多，少数为高桩。长江中下游地区多在3～4月抽薹，又称慢菜或迟白菜。一般在冬季或早春种植，春季抽薹之前采收，供应鲜食或加工腌制。本类具有耐寒性强、高产、晚抽薹等特点，唯品质较差。按其抽薹时间早晚，即供应期不同，又可分为早春菜与晚春菜。

（1）早春菜　因其主要供应期在3月份，又称"三月白菜"。优良的农家品种，属于青扁梗型的有杭州半早儿、晚油冬、上海二月慢、三月慢；属于青圆梗型的如南通马耳头、淮安九里菜；属于白扁梗的如南京白叶、白圆梗型的如无锡三月白等。

（2）晚春菜　在长江中、下游地区冬春栽培的普通白菜，多在4月上中旬抽薹，主要供应期在4月份（少数晚抽薹品种可延至5月初），故俗称"四月白菜"。白扁梗型如杭州蚕白菜、南京四月白、南通鸡冠菜、长沙迟白菜；白圆梗型的如无锡四月白、如皋菜蕻子；青扁梗型的如上海四月慢、五月慢、安徽四月青；青圆梗型的如东四月青、舒城白乌等。

华南地区的春白菜品种，在广州一般11月至翌年3月份种植，1～5月份供应。冬性较强，抽薹较迟，春化分析相当于长江中、下游的三月白类型。生长期相对较短，均为白扁梗类型，如水白菜、葵蓬白菜、赤慢白菜、春水白菜等。

3. 夏白菜　为5～9月份夏秋高温季节栽培与供应的白菜，又称火白菜、伏白菜。直播或育苗移栽，以幼嫩秧苗或成株供食。本类白菜要求具有生长迅速、抗高温、暴雨、大风和病虫等抗逆性强的特点，杭州、上海、广州、南京等地，有专供高温季节栽培的品种。如杭州的火白菜、上海火白菜、广州马耳白菜。但一般均以秋冬白菜中生长迅速、适应性强的品种用作夏白菜栽培。如南京的高桩、二白、矮杂1号，扬州的花叶大菜，杭州的荷叶白，广州的佛山乌、坡头、北海白菜等。

曹寿椿等于1959—1961年，在南京对南方150个普通白菜类型品种进行分期播种鉴定（表12-7），发现同一品种，在秋季不同播期下，虽然花芽分化期随播种期推迟而有所延迟，但翌春的抽薹期与开花期并不随播种期推迟而成比例延迟。

表 12-7　白菜类型与品种的现蕾抽薹与花期的比较

（曹寿椿等，1964）

类　　型		主要品种	现蕾期（月/旬）	抽薹期（月/旬）	始花期（月/旬）
普通白菜类	秋冬白菜 江淮品种群	矮脚黄、高桩，苏州青、矮箕白菜、早油冬、瓢羹白、矮白梗、合肥小叶菜等	1/上中	2/上中	3/上中
	秋冬白菜 华南品种群	矮脚乌、江门白菜等	12/上中	1/上中	2/中下
	夏白菜	上海火白菜、杭州火白菜、南京高桩等	1/上中	2/上中	3/上中
	春白菜 三月白菜	白叶、半早儿、晚油冬、二月慢、三月慢、无锡三月白等	2/上中	3/上中	3月下至4月上
	春白菜 四月白菜	四月白、四月慢、蚕白菜、黑菜等	3/上中	3月下至4月上	4/上中
塌菜类		常州乌塌菜、上海小八叶、南京瓢儿菜、合肥黄心乌等	1月中至2月上	2月中至3月上	3/中下

注：10月10日播于南京。

（二）品种

1. 矮脚黄 南京市优良地方品种。植株较小，直立、束腰，叶丛开张，叶片宽大呈扇形或倒卵形，叶色浅绿，全叶略呈波状，全缘，叶缘向内卷曲。叶柄白色，扁平而宽。适应性强，耐热力中等，耐寒性强，春夏抗白斑病较差，抽薹较早。纤维少，质地柔嫩，味鲜美，品质优良，宜熟食，适应秋冬栽培。单株重0.5～0.7kg。武汉矮脚黄、湘潭矮脚白为类似品种。

2. 上海慢菜 上海市郊地方品种，依抽薹早晚经长期定向选择，培育成不同的春白菜品种，有二月慢、三月慢、四月慢及五月慢。每个品种又依叶色深浅分为黑叶与白叶二品系。各种慢菜的形态特征基本相似，株型直立、束腰。叶片卵圆或椭圆形。叶柄绿白至浅绿色，扁梗，基部匙形。单株0.5～0.7kg。耐寒性强，产量较高，品质较好。尤以四月慢、五月慢集耐寒、抽薹迟、产量高的特点，成为各地引种弥补春淡的优良品种。

3. 矮箕青菜类 上海市郊地方品种。植株直立，株型矮小。叶片绿色，叶柄浅绿色，宽而扁平，呈匙形。束腰紧，基部肥大，质地柔嫩，味甘适口，品质优良。矮箕青菜在上海类型多，近年都经过系统选育复壮。其代表品种有：

（1）新选1号 又名马桥青菜。叶片较薄生长较快，较耐热，耐病毒病，作夏白菜栽培，亦可作秋季栽培。

（2）红明青菜 又名七一青菜，系上海地方品种。株型矮小紧凑，束腰拧心，商品性好，品质优良，耐病毒病，耐寒力中等，前期生长较慢。作早秋季栽培。

（3）605青菜 由上海市宝山区彭浦乡农科站选育而成。植株直立，叶卵圆形，叶片大，淡绿色，生长势较强，品质亦佳。耐病毒病，在秋季高温多雨期间，易感染软腐病。

4. 箭杆白 又称高桩，南京市郊优良地方品种。植株直立，叶片长椭圆形，先端较尖，绿色。叶柄扁而长，白色。生长势强，较耐热，但耐寒性弱，品质中等。作夏秋菜栽培，充分长成后宜作腌菜。单株重1kg，大的可达1.5～2kg。生长期90～100d。武汉、合肥等地的箭杆白及芜湖高秆白菜为近似的品种。

5. 佛山乌白菜 株型直立、束腰。叶片圆形，深绿色，叶面微皱，有光泽，全缘。叶柄白色，半圆形。单株重0.4～0.5kg。按叶柄长短又可分为矮脚乌、中脚乌、高脚乌三个品系。耐热性强，但不耐寒，适于早秋及夏季栽培。

6. 杭州油冬儿 杭州市郊地方品种。植株较矮小，直立，叶片排列紧凑，基部膨大，束腰明显。叶长椭圆形，深绿色，全缘，叶面光滑。叶柄中肋肥厚，浅绿色，叶背、叶柄皆有蜡质。耐寒，形美，质糯、味甘，品质优良，可作秋季栽培。

7. 苏州青 江苏省苏州地方品种。植株直立、束腰、较矮。叶呈短椭圆形，叶色深绿，叶面平滑，有光泽，全缘。叶柄绿色，扁梗。较耐热，抗病性较弱，质嫩筋少，品质好。

8. 蚕石白菜 又名剥皮白菜，江西省南昌县上岗乡蚕石村农家品种。以剥叶生产为主，其再生力强，适应性强，较耐寒、耐热和耐旱。叶片大，叶柄宽，产量高，品质好。自9月下旬剥叶可延续采收到翌年2月。

9. 青帮白菜 北京市地方品种。株高35cm，开展度45cm×45cm。叶片近圆形，正面深绿色，背面绿色，叶面平滑，稍有光泽。叶柄较狭长而厚，浅绿色。叶片及叶柄表面均有蜡粉。耐寒、抗病、耐藏。适于春秋栽培。

10. 白帮白菜 北京市地方品种。株高40cm，开展度45cm×45cm。叶片椭圆形，正面绿色，背面灰绿色，叶面平滑。叶柄较宽而薄，白色。叶片及叶柄均有蜡粉。叶质柔嫩，纤维少，品质较好。该品种耐寒性及抗病性不及青帮白菜，其他特点与青帮白菜相同。

11. 矮杂1号 由南京农业大学园艺系与南京市蔬菜研究所于1985年协作育成。以矮脚黄雄性不育两用系作母本和矮白梗杂交育成的一代杂种。植株直立，束腰。叶片广卵圆形，叶淡灰绿色，叶肉较厚。植株生长势强，生长迅速。较抗高温、暴雨，抗炭疽病、病毒病，产品纤维少，组织柔嫩，但抗软腐病和耐寒力弱，味较淡。适应在淮河以南种植，作夏白菜栽培。

12. 矮杂 3 号　由南京农业大学园艺系与南京市蔬菜研究所于 1985 年育成的一代杂种。株型直立，束腰，株高 35cm 左右，开展度 45～50cm。叶数多而肥大，叶色深绿至黑绿，叶面皱缩。叶梗扁平较宽，绿白色。该种品质优良，耐寒，较耐霜霉病和病毒病，抽薹迟，冬性强。适于秋播。

13. 矮抗青（E78-04）　上海市农业科学院园艺研究所 1983 年育成的新品种。株型紧凑，箕矮束腰，生长整齐一致。叶绿色，叶脉细。叶柄淡绿色，扁平而厚。肉质细嫩，口味鲜美，品质优良，商品性好。较抗病，耐寒性中等，耐热性弱，一般适宜作秋季栽培，为上海市郊秋季栽培的主要品种之一。

14. 青抗 1 号　江苏省常州市蔬菜研究所 1997 年选育的新品种。植株基部膨大，抱合紧，呈束腰状。抗病性较强，适应性强，不易早衰。商品性好，口感柔嫩。适宜作晚秋栽培和越冬栽培。

三、栽培季节和方法

普通白菜的消费特点：一是供应与消费时间长，二是对商品性状要求严格。在中国南方的很多城市依据当地的气候条件及市场消费习惯形成了一整套能周年生产的品种组合，不宜随意变换，这一点在扩大品种应用范围时要适当注意。而为实现白菜的周年生产，在不同的季节选用适宜的品种，这是栽培成功的关键。首先要考虑品种的发育特性。例如冬春栽培则宜选冬性强的晚抽薹春白菜品种，若用冬性弱的品种栽培，极易先期抽薹开花，产量极低。但春季平均气温在 12～15℃以上，天气转暖后，则可选用冬性弱的秋冬白菜作小白菜栽培。其次是品种的适应性。对病虫害的抗性，品种间差异极大，要注意选择具有多抗性、适应性广的类型品种。当前，要着重选择抗高温、暴雨，抗低温、抗病及晚抽薹等品种，并采取相应的遮阳网、防虫网、防雨棚覆盖等农业技术措施，才能确保普通白菜的周年均衡生产。

普通白菜品种间对外界环境的适应性广，且在营养生长期间，不论植株大小，均可收获作为产品。因此，就大大地扩大了栽培季节，可以周年生产与供应。栽培上一般分为以下三季：

（一）秋冬白菜　为最主要生产季节，一般行育苗移栽。长江、淮河中下游地区是 8 月上旬至 10 月上中旬，华南地区一般 9～10 月至 12 月陆续播种，分期分批定植，陆续采收供应至翌春 2 月份抽薹开花为止。如武汉、南京矮脚黄、上海的矮箕、中箕白菜、杭州的早油冬、广州的江门白菜和佛山乌叶等，均宜在此期内分期播种、栽植和采收。生长期随不同地区气候条件而异，江、淮中下游地区多在寒冬前采收完毕。早播的定植后约 30d，迟播的 50～60d 才能采收。华南地区定植后 20～40d 即可收获。但产量、品质在江、淮中下游地区均以 9 月上中旬者为佳。其中有专供加工腌渍的腌白菜品种，如高桩、瓢羹白等，在江、淮中下游地区宜于处暑至白露间播种，秋分定植，小雪前后采收腌制，质量最佳。所谓"秋分种菜小雪腌，冬至开缸吃过年"，就是指的腌白菜的严格栽培季节。耐寒性较强的一些青梗菜均适宜于 9 月中下旬播种，30d 苗龄定植，至春节前后供应。

（二）春白菜　这季生产的白菜有"大菜"（有称"栽棵菜"的）和"菜秧"（有的叫"小白菜"、"鸡毛菜"等）之分。大菜是在前一年晚秋播种，以小苗越冬，次春收获成株供应，适宜播期在江淮中下游地区为 10 月上旬至 11 月上旬，华南地区可延至 12 月下旬至翌年 3 月。"小白菜"则是当年早春播种，采收幼嫩植株供食，其供应期为 4～5 月份。但江淮中下游地区春分后播种的亦可移植作"大菜"栽培供应。

（三）夏白菜　以栽培小白菜为主，自 5 月上旬至 8 月上旬，随时可以播种，播后 20～25d 收获幼嫩植株上市。其中，7 月中下旬至 8 月上旬播种的，经间苗上市一批小白菜，或将间出的苗定植到大田为早秋白菜栽培，而留在原地长大的成株上市供应者，称为早汤菜或原地菜、漫棵菜，不同地区

称呼不一。

在病虫害严重地区，白菜应特别注意轮作，一般和瓜类、豆类、根菜类或大田作物轮种，并注意冻垡晒垡。连作必须增施有机肥，注意早耕晒白，加强病虫防治。白菜的间套混作制度比较普遍，常见的如春小白菜或春栽青菜与茄果类、瓜类、豆类、薯类间套作；夏秋白菜与芹菜、胡萝卜混播；秋季早秋白菜与花椰菜、甘蓝、秋马铃薯、韭菜、枸杞等间作；冬季与春甘蓝、莴笋等间作。此外，还可利用果园、桑园与麦地间作解决早春缺菜问题。利用不同品种或同一品种，在一个地区范围内排开播种，分期上市，达到周年供应。这是普通白菜多次作栽培制度的重要特点。上海、广州两地白菜分期播种周年供应情况如表 12－8 和表 12－9。

表 12－8　上海地区白菜分期播种周年供应表

(引自：《蔬菜栽培学各论》南方本，第三版，2001)

栽培季节	播种期	定植期	采收期	品　　种
秋冬白菜	7 月（遮阳网育苗）	8 月	9 月	中箕青菜
	8 月上旬	9 月中旬	10 月上旬	矮箕青菜
	9 月上旬	10 月上旬	11～12 月	矮箕青菜
	10 月	11～12 月	1～2 月	二月慢
春白菜	10 月	11～12 月	3 月	三月慢
	10～11 月	11～12 月	4 月	四月慢
	1 月（冷床苗）	2～3 月	4～5 月	五月慢
火白菜	4～5 月（直播）	—	5～6 月	鸡毛菜
	6～7 月（直播）	—	7～8 月	鸡毛菜

表 12－9　广州市郊白菜分期播种周年供应表

(引自：《广州蔬菜品种》)

栽培季节	播种期	采收期	适宜品种
春白菜	1～3 月	3～5 月	水白菜、葵蓬白菜、赤慢白菜、春水白菜
夏白菜	4～8 月	6～10 月	马耳白菜、黄叶白菜、矮脚乌叶白菜
秋白菜	9～10 月	11～12 月	江门白菜、中脚黑叶、高脚黑叶、奶白
冬白菜	11～12 月	1～2 月	白根白菜、白根马耳、山白菜、灰白菜

四、栽培技术

（一）播种育苗　普通白菜生长迅速、生长期短，可以直播，亦可育苗。除春、夏、早秋播种"菜秧"或"慢棵菜"外，一般都行育苗移栽。炎夏高温多雨季节采取遮阳、防雨、防虫网膜覆盖等进行抗热育苗；冬春由于低温寒流影响，生长缓慢，易通过春化阶段引起早抽薹，可行防寒育苗。唯夏秋高温干旱季节，直播可避免伤根，是获得 7 月下旬至 9 月份高温期间早秋白菜（菜秧、早汤菜）稳产、高产的主要措施之一。

苗床地宜选择未种过同科蔬菜，保水保肥力强，排水良好的壤土。早春和冬季宜选避风向阳地块作苗床，前茬收获后要早耕晒垡，尤其是连作地，更要注意清洁田园，深耕晒土，以减轻病虫为害。一般每公顷施 30 000～45 000kg 粪肥作基肥。据广州菜农的经验，夏季抗热育苗，宜增施充分腐熟的垃圾、火烧土、土杂肥等农家有机肥作底肥，切忌施用未经腐熟的厩肥，以防发酵发热。而冬季防寒育苗，则宜增施发热量大、充分腐熟的厩肥等有机肥以提高土温。南方雨水多，宜作深沟高畦。

播种应掌握匀播与适当稀播，密播易引起徒长，提早拔节，影响秧苗质量，冬季还影响抗寒力。播种量依栽培季节及技术水平而异。秋季气温适宜，每公顷苗床播 11.25～15kg，早春与夏季应增至 22.5～37.5kg。育苗系数（大田面积与苗床面积之比）早秋高温干旱季节为 3～4：1，秋冬为 8～10：1。

播种后浅耧镇压。据广州菜农经验，冬春白菜播种后种子萌动期间如遇低温，就会通过春化引起幼苗提早抽薹造成减产。因此，须掌握播种时机，在冷尾暖头，抢时间下种，切忌在寒潮前或寒潮期间播种。如若播种后遇寒潮侵袭，当地有覆盖稻草保温的习惯。

适期播种的白菜种子 2～3d 即可出苗。出苗后要及时间苗，防止徒长，一般进行 2 次，最后 1 次在 2～3 片真叶时进行，苗距 5～7cm。苗期的水肥管理，要看土（肥力与土质）、看苗、看天灵活掌握，并注意轻浇勤浇。此外，要注意苗期杂草与病虫害的防治，尤其要抓好治蚜防病毒病的工作。

苗龄随地区气候条件与季节而异。气温高、幼苗宜小；气温适宜，幼苗可稍大，一般不超过 25～30d。但晚秋或春播的苗龄需 40～50d。华南地区苗龄相应要短些，暖天约 20d，冷天 30～35d 为宜。栽植前苗床需浇透水，以利拔苗。

（二）大田的土壤耕作 栽植白菜的土地一年中要进行 1～2 次深耕，一般耕深 20～25cm，并经充分晒土或冻土。如由于条件限制不能冻土、晒土，也要早耕晒垡 7～10d。晒地的田块，移栽后根系发育好，病虫少，发棵旺盛。

秋季作腌白菜栽培的，栽植前约 1 周，基肥每公顷施腐熟粪肥 52 500～60 000kg，作鲜菜栽培的每公顷施 22 500～30 000kg 或施有机生物肥 750～1 250kg。

（三）栽植 大多数品种适于密植。密植不仅增加单产，且品质柔嫩。病毒病严重的地区或年份，把密度大幅度提高尤为必要。具体依品种、季节和栽培目的而异。对开展度小的品种，采收幼嫩植株供食或非适宜季节栽植，宜缩小栽植距离。如杭州油冬儿 7 月播种，8 月上旬栽植，栽植株行距 20cm×20cm，每公顷约 195 000 株，而 9 月上旬播种，10 月上旬定植，气候适宜，栽植株行距 25cm×25cm，每公顷 112 500～120 000 株。但作为春白菜，植株易抽薹，栽植密度可增加到 180 000 株以上。

腌白菜一般植株高大，叶簇开展，栽植距离应较大，使植株充分成长，一般 33cm 见方，每公顷 75 000～90 000 棵。

栽植深度也因气候土质而异，早秋宜浅栽，以防深栽烂心；寒露以后，栽植应深些，可以防寒。土质疏松可稍深，黏重土宜浅栽。

春白菜长江中、下游地区宜在 12 月上中旬栽完。过迟，因气温下降，不易成活，易受冻害；也可延至翌年 2 月中旬温度升高后栽植。

（四）田间管理 要注意栽植质量，保证齐苗，如有缺苗、死苗发生，应及时补苗。中耕多与施肥结合进行，一般施肥前疏松表土，以免肥水流失。

普通白菜根群多分布在土壤表层 8～10cm 范围，根系分布浅，吸收能力低，对肥水要求严格，生长期间应不断供给充足的肥、水。多次追施速效氮肥，是加速生长，保证优质丰产的主要环节。如氮肥不足，植株生长缓慢，叶片少，基部叶易枯黄脱落。速效性液态氮肥从栽植至采收，全期追肥 4～6 次。一般从栽植后 3～4d 开始，每隔 5～7d 1 次，至采收前约 10d 为止，随植株生长，肥料由淡至浓，逐步提高。江苏、浙江、上海等地多在栽植后施农家有机液肥，以后隔 3～4d 施 1 次，促进幼苗的发根与成活。幼苗成活转青后，施较浓的。开始发生新叶时，应中耕，然后施用同样浓度的液态氮肥 2 次，并增加施肥量。栽后 15～20d，株高 18～20cm 时，施 1 次重肥。其中腌白菜品种生长期长，要施 2 次重肥。第 1 次栽后 15～20d，另一次在栽后 1 个月，每公顷施腐熟粪肥 15 000～22 500kg 或尿素 150～225kg，以供后期生长。采收前 10～15d 应停止施肥，使组织充实。否则，后

期肥水过多，组织柔软，不适宜作腌制原料。春白菜则应在冬前和早春增施肥料，使植株充分增长，增施氮肥可延迟抽薹，提高产量，延长供应期。总结各地农家施肥经验的共同点：一是栽植后及时追肥，促进恢复生长；二是随着白菜个体的生长，增加追肥的浓度和用量。至于施肥方法、时期、用量，则依天气、苗情、土壤状况而异。一般原则是幼株，天气干热时，在早晨或傍晚浇泼，施用量较少，浓度较稀；天气冷凉湿润时，采用行间条施，用量增加，浓度较大，次数可少。广州菜农经验，天气潮湿、闷热，追肥不宜多，否则诱发病害和烂菜；凉爽天气，白菜生长快，则宜多施浓施。

普通白菜的灌溉，一般与追肥结合。通常栽植后 3～5d 内不能缺水，特别是早秋菜的栽培，下午栽后浇水，至次日上午再浇 1 次水，连续浇 3～4d 后才能活棵。冬季栽菜，当天即可浇稀的液态氮肥，过 2～3d 后再浇 1 次即可。随着灌溉技术的提高，白菜宜以多施有机肥和有机生物肥做基肥为主，后期适当追施化肥，配合喷灌新技术，叶面施肥，以保证白菜产品的清洁质优与高产。

（五）"菜秧"的栽培特点 "菜秧"又叫小白菜、鸡毛菜、细菜等，是利用普通白菜幼嫩植株供食用。一年中除冬季外，可随时露地播种。早春播易抽薹，应选冬性强的春白菜品种，主要栽培季节在 6、7、8 三个月的高温时期。

夏季小白菜生长，高温、暴雨是影响生长的主要因素。在栽培上首先应选抗热、抗风雨、抗病、生长迅速的品种如上海、杭州的火白菜、南京的矮杂 1 号、扬州小白菜、江苏的热抗青、广东的马耳菜，武汉多采用上海青、矮脚黄等。

上海农民栽培鸡毛菜的播种量为每公顷 37.5～45kg，采取密播缩短采收期。它的栽培技术与速生绿叶蔬菜相同，需要经常供给充足的养分和水分，选择疏松肥沃的土壤，特别是夏季种小白菜要选用夜潮土和黑沙土，而且要通风透气、阴凉，靠近水源，便于灌溉，要充分利用地下水、泉水、山沟水或池塘水，温度较低则更好。菜地采用深沟高畦，畦宽 1.5～3m，以增加土地利用率。广东、广西的水坑畦，免耕、免淋畦，适于当地夏白菜的生长。

夏季天旱出苗困难，在出苗前每天早晚浇 1 次水，保证苗期水分供应。刚出芽时，如天气高温干旱，还要在午前、午后浇接头水，保持地表不干，以防烘芽死苗。近年来，南方各地农家种夏季小白菜，播种后采用黑色遮阳网浮面覆盖保湿降温，出苗后及时揭除，大大节省浇水人力。出苗后应掌握及时间苗，一般播种后 10d 左右间苗 1 次，株距 3～4cm，其后 1 周再间 1 次，距离 6～8cm。如秧苗健壮，距离可稀些，瘦弱则密些。

管理工作主要是施肥和灌水。齐苗以后每天浇 1～2 次水，当植株覆满畦面时，看天气情况隔 1～2d 浇 1 次液态氮肥。浇水应掌握轻浇勤浇的原则，避免在温度高时浇水。上海绍兴农民经验：每次阵雨以后，用清水冲洗叶面上的泥浆，并降低温度，以免小苗倒伏而引起病害或蒸坏。小白菜生长 20～30d 以后，要及时在短期内收完，以免被暴雨袭击而造成损失。

利用 20～22 目的防虫网覆盖和遮阳网、防雨棚栽培夏季小白菜，据试验可增产 20%～30%。通常利用大棚骨架或设置帐式纱网栽培，其栽培技术要点在于 7 月高温期网内避免浇水过量，宁干勿湿，以防不通风高湿、高温诱发烂秧死苗。晴热夏季宜选用遮光率 50%～60% 的黑色网，以防止影响产量品质。

五、病虫害防治

普通白菜的病虫害与大白菜基本相同，其中病毒病发生普遍，为害严重。其综合防治措施：一是选用抗病品种，秋冬白菜可选用矮抗青、夏冬青、矮杂 2 号、矮杂 3 号等品种；二是苗床地选择排水良好，避免积水和连作的地块；三是培育无病壮苗，提高秧苗素质。苗床覆盖防虫网，在幼苗期使用银灰色或乳白色反光塑料薄膜或铝光纸避蚜传毒；四是提高耕作水平，如改连作为轮作，改浅耕为深耕，改不晒垡、冻垡为抓紧换茬间隙早耕晒白，重视清洁菜园；五是加强肥水管理，栽植时避免损伤幼苗根系，提高栽植质量，增强植株抗病毒性能。实行密植，早封垄，适时早采收，也有减轻病毒病造成损失的效果。

六、采　收

普通白菜的生长期依地区气候条件、品种特性和消费需要而定。长江流域各地秋白菜栽植后30～40d，可陆续采收。早收的生育期短，产量低，采收充分长大的，一般要50～60d。而春白菜，要在120d以上。华南地区自播种至采收一般需40～60d。采收的标准是外叶叶色开始变淡，基部外叶发黄，叶簇由旺盛生长转向闭合生长，心叶伸长平菜口时，植株即已充分长大，产量最高。秋冬白菜因成株耐寒性差，在长江流域宜在冬季严寒季节前采收；腌白菜宜在初霜前后收毕；春白菜在抽薹前收毕。收获产品外在质量标准要求鲜嫩、无病斑、虫害、无黄叶、烂斑。

"菜秧"的产量和采收日期，因生产季节而异。在江淮流域，2～3月播种的，播后50～60d采收；6～8月播种的，播后20～30d可收获。大多数一次采收完毕。也有先疏拔小苗，按一定株距留苗，任其继续生长，到以后再采收，产量较高。

采收时间以早晨和傍晚为宜，按净菜标准上市。

第三节　乌　塌　菜

乌塌菜属十字花科（Cruciferae）芸薹属芸薹种白菜亚种的一个变种。学名：*Brassica campestris* L. ssp. *chinensis* (L.) Makino var. *rosularis* Tsen et Lee；别名：塌菜、塌棵菜、塌地菘、黑菜等。原产于中国，主要分布在长江流域、淮河流域一带，以江苏、安徽、上海、浙江诸省、市栽培普遍，湖北、四川、云南等地也有栽培。已有近千年栽培历史，为中国的特色蔬菜之一。南宋诗人范成大在《冬日田园杂兴诗》中赞塌地菘："拔雪挑来塌地菘，味如蜜藕更肥浓。"上海市民一直将乌塌菜视为吉祥如意的蔬菜，把它作为新春佳节的节日菜。因其耐寒性较强，有些地区将其作为蔬菜春缺的供应品种。近年来，中国北方引进种植，面积不断扩大。在冬季，亦以鲜菜远销中国香港特区及日本、东南亚等地，享有盛誉。

一、生物学特性

（一）植物学特征　乌塌菜的植物学特性与普通白菜相近。根为肉质直根，粗壮，须根也很发达，但分布较浅，再生能力强，适于育苗移栽。茎短缩，株丛塌地或半塌地生长。莲座叶，叶椭圆形至倒卵形，色浓绿经霜后变墨绿色，叶柄长，白绿色。总状花序，先端分枝开花，十字形花冠，黄色。果实为长角果，先端较长，由中央隔分成2室，内藏多数种子，果实成熟时易开裂。种子赤褐色到黑褐色圆形。千粒重1.5～2.2g。

乌塌菜的植物形态见图12-8。

（二）生长发育周期　乌塌菜的生长发育周期也与普通白菜相近，其生长周期可分为：发芽期，从种子萌动到子叶展开，真叶显露。幼苗期，从真叶显露到形成第1个叶序。

图12-8　常州乌塌菜（菊花心）
（引自：《中国蔬菜品种志》，2001）

莲座期，从第 1 个叶序形成开始至再展出 1～2 个叶序即进入莲座期，以后莲座叶继续生长，增重，直至营养体收获。据袁华玲等（2001）对乌塌菜主要农艺性状相关及通径分析得知，叶片宽、叶片数、叶柄长是影响乌塌菜产量的关键因素，其中叶片宽、叶片数对单株产量的直接作用较大。可见，这一个时期是个体产量形成的主要时期。抽薹孕蕾期，抽生花茎，发出花枝，主花茎和侧枝上长出茎生叶，顶端形成花蕾；开花结果期，花蕾长大，陆续开花结实。

　　乌塌菜以莲座叶为产品，幼苗期叶面积增长速度比叶重增长快，进入莲座期后叶重增长加快，到生长后期，叶重的增长主要是叶柄的增长，并成为养分的贮藏器官，为生殖生长奠定物质基础。

　　（三）对环境条件的要求

　　1. 温度　乌塌菜喜冷凉气候条件，适应性广。种子发芽最适温度为 20～25℃，最低为 4～8℃，最高为 35℃。营养生长期的适宜温度为 18～22℃，其中幼苗期要求稍高些，而在莲座期要求较低。乌塌菜从种子萌动即可接受低温而完成春化发育，但不同品种类型对低温感应不同。弱冬性品种在 0～12℃的温度下，经 10～20d 可完成春化发育；冬性品种在 0～9℃的温度下，经 20～30d 可通过春化发育；强冬性品种在 0～5℃的温度下，经 40d 以上才能完成春化发育。如果缺乏一定的低温条件，便不能现蕾抽薹开花。乌塌菜耐寒性强，在生育期间遇短期的 −10℃低温也不致冻死。但乌塌菜不耐热，在 25℃以上高温及干燥条件下生长衰弱，易感染病毒病，品质明显下降。

　　2. 光照　乌塌菜为长日性蔬菜作物，长日照及较高的温度条件有利于抽薹开花。乌塌菜喜较强的光照，光照充足有利于生长，阴雨弱光品质下降，产量降低。

　　3. 水分　乌塌菜叶片较大，根系入土较浅，需水量较多，全生育期都需要充足的水分。但不同生育时期需水量不同，在幼苗期，植株生长量小，需水量也少，进入莲座期后，植株旺盛生长，需水量明显增加，如果缺水，不仅影响叶片生长，降低产量，而且叶片组织纤维素增多，降低品质。

　　4. 土壤和养分　乌塌菜对土壤的适应性较强，但以富含有机质，保水保肥能力强的黏壤土或冲积土最适宜。土壤酸碱度以中性至微酸性土壤最好。由于乌塌菜以叶为产品，对肥料三要素需求量以氮素为最多，钾次之，磷较少。尤其在旺盛生长期，氮素是否充足，对产量和品质影响最大。对磷肥的吸收量虽然较少，但在幼苗期可促进根系发育。土壤中微量元素不足，也会引起缺素症，应注意合理施用。

二、类型及品种

　　（一）类型　乌塌菜按叶形、颜色可分为乌塌菜和油塌菜。乌塌菜叶片小，色深绿，叶面多皱缩，代表品种如小八叶、大八叶等。油塌菜是乌塌菜与油菜的天然杂交种，其叶片较大，绿色，叶面平滑，代表品种如黑叶油塌菜。一般按株形分为塌地和半塌地两类型。

　　1. 塌地类型　又称矮桩型。植株榻地，与地面紧贴，平展生长，八叶一轮，开展度 20～30cm，中部叶片排列紧密，隆起，中心如菊花心。叶椭圆或倒卵形，墨绿色。叶面微皱，有光泽，全缘，四周向外翻卷。叶柄浅绿色，扁平，生长期较长，单株重 0.2～0.4kg。主要品种如上海大八叶、中八叶、小八叶，常州乌塌菜、黑叶油塌菜等。

　　2. 半塌地类型　也称高桩型，植株不完全塌地，叶丛半直立，植株开张角度与地面成 40°以内。主要品种如南京瓢儿菜，上海、杭州塌棵菜，安徽的黄心乌，成都和昆明的乌鸡白等。

　　（二）品种

　　1. 乌塌菜　江苏省常州地方品种。植株塌地，株型较大。叶椭圆形或倒卵形，墨绿色。叶面微皱，有光泽，全缘，四周向外翻卷，叶柄浅绿色，扁平，生长期较长，单株重 0.4kg 左右。

　　2. 塌棵菜　上海市郊区地方品种。植株矮，株型塌地，叶簇紧密，八叶一轮，环生，故名八叶种。叶片近圆形，全缘略向外翻卷，叶色深绿，叶面皱缩。叶柄浅绿色，扁平。耐寒力较强，经霜后

品质为佳。塌棵菜依熟性、植株大小可分为三个品种，即小八叶、中八叶和大八叶。其中小八叶叶片
重叠，排列紧密，中心叶如菊花心，生长期约 70d，早熟，单株重 0.2kg 左右，产量较低，纤维少，
品质最佳。大八叶株形较大，生长期较长，晚熟，产量较高，单株重 0.5kg 左右，纤维稍多，品质
稍差。中八叶的植株形态介乎小八叶、大八叶之间，生长期 80d 左右，单株重 0.35kg 左右，抗寒能
力强，含纤维较少，品质较好。目前栽培比较普遍。

3. 瓢儿菜 又名乌菜、菊花菜，江苏省南京地区的著名地方品种，在江苏、安徽等地均有栽培。
植株半塌地，株高 20～26.5cm，开展度约 40cm。耐寒力强，品质佳，商品性好。其类型和品种较
多，著名的有两个：

（1）菊花心瓢儿菜 依外叶色泽又可分为两种：一种外叶深绿，心叶黄色，成长植株抱心。单产
较高，较抗病，如六合菊花心。另一种外叶绿色，心叶黄色，成长植株抱心。生长较快，抗病力较
差，单产较高，如徐州菊花心。

（2）黑心瓢儿菜 叶圆形，整株叶片为深绿或墨绿色，生长速度快，耐寒性强，抗病。其品种有
六合黑心、淮阴瓢儿菜，合肥、淮南的黑心乌亦与其相似。

4. 安徽乌菜 安徽各地栽培的品种，类型很多。这类品种，植株外叶塌地生长，心叶不同程度
卷心，叶片厚，全体暗绿，叶面有泡皱和刺毛，叶柄宽而短。耐寒性强，在江、淮地区，能够露地越
冬。其熟性不同，抽薹期不一，早熟的 3 月上中旬抽薹，迟熟者 5 月上中旬抽薹，为冬、春供应的蔬
菜。其品种择要介绍如下：

（1）黄心乌 乌菜的代表品种，在淮河沿岸的寿县、怀远栽培最多，品种较纯，品质最佳。株型
矮小，植株塌地，暗绿色，叶片 10～20 枚，叶面有均匀瘤状皱缩，叶柄白色。心叶成熟时变黄，分
成 10～20 层，呈圆柱形，紧抱坚实，柔嫩多汁，质脆味甜，单株重 0.5～1kg。适宜在安徽、江苏等
地种植，为安徽省 1～2 月份的当家品种。

（2）黑心乌 乌菜的当家品种，以安徽省合肥和淮南栽培的最佳。植株较大，成熟时其心叶不变
黄，单株重 1.5kg 左右。其分布仅次于黄心乌。

（3）宝塔乌 安徽省肥东地区优良品种。株型较小，外观与黄心乌相似。成熟时，心叶卷起，层
层叠高呈圆锥形，中部高 10cm 左右，纯黄色，其顶端 3～4 叶片的叶周又变成绿色，形态更为美观，
品质柔嫩。

（4）紫乌 安徽省合肥地方品种。叶片呈长卵形，叶柄较长，分为白柄和绿柄两种类型。叶片无
卷心倾向，是合肥晚春供应的白菜品种之一。晚熟，抽薹迟，于 4 月上中旬抽薹。

（5）白乌 安徽省肥西地方品种。植株高大，叶色较淡，泡皱较疏。晚熟，在 4 月上中旬抽薹，
晚春供应，单株重 2kg 左右。

三、栽培季节和方法

根据乌塌菜对外界环境条件的要求，江南地区多在晚秋播种育苗，春节前后收获。但生长缓慢，
产量较低。各地应根据本地区不同的气候条件来安排栽培季节。长江流域一般于 9 月份播种育苗，日
历苗龄 30d，长出 6～7 片叶，10 月份移栽，12 月至翌年 3 月可以随时收获。华北地区可于 8 月播种
育苗，日历苗龄 30d，长出 5～6 片叶，9 月份移栽，11～12 月收获。熟性不同的品种，应先后适当
错开播种期，以延长供应的时间。

四、栽培技术

（一）播种育苗 乌塌菜可直播，也可育苗移栽。为方便苗期集中管理，或与其他蔬菜间套种，

多采用育苗移栽的方式。其育苗技术和要求与普通白菜相同。

（二）栽植 栽植乌塌菜的田园，条件要求也与普通白菜相同。作物收获后及早清洁田园，每公顷施腐熟优质农家厩肥 60 000～75 000kg，复合肥 375kg，尿素 300kg，均匀混合普施。翻耕土地后耙平，做成小高畦栽植，行株距 33cm×21～25cm，因品种而异，一般为每公顷植苗 150 000 株左右。秧苗带土移栽，随后浇定根水，次日再浇 1 次。应注意不同季节、不同土质栽植的深浅有不同。如果早秋栽植宜浅栽，因温度较高，深栽易使心叶发生腐烂；如果天气较凉时栽植，可适当深栽，有利防寒。土质疏松的宜深栽，土质黏重的宜浅栽。

乌塌菜也可在菜田直播，播种前按栽植地块的整地要求进行，播种时应在已做好的畦面上再浅耙 1 次，达到畦平土细，再均匀撒播，每公顷播种量约 7.5kg，播后浇水。出苗后要及时间苗，第 1 次间苗在播种后 7～15d，幼苗具 1～2 片真叶时进行，苗距 3～4cm。间苗时注意剔除弱苗、病苗和畸形苗，使苗距均匀。第 2 次间苗在 3～4 片真叶时进行，苗距 7～8cm。间苗后应追施肥水。幼苗长到 6 片真叶时定苗，留苗距 25cm 见方，每公顷留苗约 150 000 株。

（三）田间管理 应根据气候条件和栽培季节不同，采取相应的管理措施。一般气温较高时，适当增加肥水，气温降低后应减少肥水供应。在定植缓苗后和直播田定苗后应及时追肥，每公顷追施腐熟农家有机液肥 7 500kg 或尿素 225～300kg，随后浇水促进菜苗生长。以后根据土壤肥力和菜苗生长情况，再追肥浇水 2～3 次。也可叶面喷施 0.3% 的尿素，每次肥水后适时中耕松土。

乌塌菜是喜冷凉的蔬菜，但在秋季栽培时，在长江以南地区，常遇高温强风暴雨的危害，影响正常生长，甚至损伤叶片和根系。为了确保乌塌菜稳产、高产，应选择耐热性强、生长速度快、抗逆性强的品种，并创造阴凉环境，育苗时在苗床上设置遮荫棚，灌溉要用凉水，轻浇、勤浇。越冬栽培时，除选择耐寒性强的品种外，北方也可利用阳畦、塑料棚等生产乌塌菜。

五、病虫害防治

乌塌菜多在冷凉季节栽培，病虫害发生较轻。生长期间常见的病害主要有霜霉病、软腐病等，虫害有蚜虫、菜青虫、黄曲条跳甲等为害，防治方法参见大白菜。

六、采　　收

乌塌菜一般在播种后 80d 左右就可采收，但早霜前采收的，因生长期短，产量低，菜略有苦味，影响品质。为了保证产量和质量，以霜后收获为宜。经霜冻后收获的乌塌菜，叶片含糖量高，叶厚质嫩，风味更佳。每公顷产量一般为 30 000～45 000kg。

第四节　菜　　薹

菜薹为十字花科（Cruciferae）芸薹属芸薹种白菜亚种的一个变种，为一二年生草本蔬菜植物。学名：*Brassica campestris* L. ssp. *chinensis*（L.）var. *utilis* Tsen et Lee；别名：菜心、绿菜薹、菜尖。古称：薹心菜。原产于中国，南宋时期培育成功，当时主要以花茎入蔬。菜薹为中国特产蔬菜，在广东、广西栽培历史悠久，当地俗称：菜心。"菜心"一名始见于道光二十一年（1841）广东《新会县志》。中国的菜薹品种资源丰富，一年四季均可栽培，在蔬菜生产和供应中占有重要地位，还大量销往东南亚国家，少量销往欧美及港澳地区，成为出口创汇的主要蔬菜之一。近年来北方地区也有栽培。

一、生物学特性

（一）植物学特征　根系浅，须根多，再生能力较强。植株直立或半直立，茎在抽薹前短缩，绿色。抽生的花茎圆形，黄绿或绿色。茎叶开展或斜立，叶片较一般白菜叶细小，宽卵形或椭圆形，绿色或黄绿色，叶缘波状，基部有裂片或无，叶翼延伸，叶脉明显，具狭长叶柄，有浅沟，横切面为半月形、浅绿色。薹叶呈卵形至披针形、短柄或无柄。菜薹的薹为主要食用部分，品质柔嫩，风味别致。总状花序，花黄色，完全花，单生。果为长角果，两室，成熟时黄褐色。种子近圆形，褐色或黑褐色，细小，与白菜种子相似，千粒重 1.3～1.7g。

菜薹产品器官的形态如图 12-9。

图 12-9　梧州竹湾早菜心
（引自：《中国蔬菜品种志》，2001）

（二）对环境条件的要求

1. 温度　菜薹种子发芽适温 25～30℃，28℃左右发芽迅速，20℃以下发芽缓慢。幼苗生长需 20℃以上，以 23～28℃比较适宜，低于 20℃特别是 15℃以下生长慢，提早花芽分化，早、中熟品种尤其如此。菜薹产品器官形成期间以 15～25℃，特别是 20℃左右为宜。这时光合作用强，光合产物积累多，品质佳。开花结籽需 25～30℃。菜薹属种子春化型作物，春化低温要求不严格，温度适应范围宽。据关佩聪等（1964）报道，在 3～15℃范围内，菜薹不同熟性品种都能现蕾，但现蕾时间不同。早心品种从播种至现蕾约需 25d，中心品种比早心品种迟 1～2d，迟心品种仅需 35d，三月青品种则需要 45d 左右，4 个品种不同的温度和时间春化处理后的现蕾时间与对照无明显差异（图 12-10）。这表明早熟与中熟品种的低温春化要求无明显差异，对低温反应敏感；晚熟品种对低温要求稍严，其中以三月青对低温要求较严格。

2. 光照　菜薹属长日照蔬菜作物，但多数品种对光照周期要求不严格。据中山大学生物系报道（1959），10h 短光照、16h 长光照与自然光照，对菜薹不同品种的现蕾期和花期都无明显影响（表 12-10）。可见光照长短对菜薹花芽分化的诱导影响不大，主要决定温度的高低。菜薹种子可在黑暗中萌动发芽。发芽后至开花结籽期间需要良好光照，但光照不宜过强。光照过强，对菜薹形成和开花结籽不利。

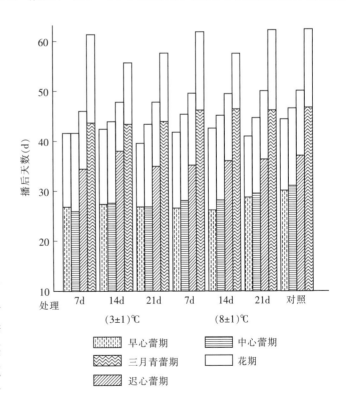

图 12-10　春化处理对菜心品种蕾期与花期的影响
（关佩聪等，1964）

表 12-10 光照长度对菜心品种蕾期与花期的影响

(中山大学生物系，1959)

品　种	光照长度（h）	播种期（月/日）	现蕾期（月/日）	始花期（月/日）
早心	10	3/17	4/14	4/22
	自然光	3/17	4/12	4/22
	16	3/17	4/11	4/19
十一月心	10	1/29	3/7	3/23
	自然光	1/29	3/7	3/21
	16	1/29	3/6	3/20
十二月心	10	1/29	3/12	3/29
	自然光	1/29	3/11	3/27
	16	1/29	3/11	3/25
正月心	10	1/29	3/21	4/2
	自然光	1/29	3/19	3/29
	16	1/29	3/17	3/27

3. 水分　菜薹喜湿怕涝，对水分条件要求较高，在生产上，以经常保持土壤湿润又不积水为宜。

4. 土壤和矿质营养　菜薹对土壤条件要求不太严格，但为了获得高产，应选择富含有机质，保水、保肥、通透性良好，排灌方便的沙壤土或壤土地为好。菜薹对氮、磷、钾的吸收，以氮最多，钾次之，磷最少，氮、磷、钾的吸收比例为 3.5∶1∶3.4。吸收量随生育过程逐步增加。发芽期微少，幼苗期很少，叶片生长期增多，以薹形成期最多，占总吸收量的大部分。曹健等（1989）研究了氮、钾营养对产品器官菜薹的产量和品质的影响，结果表明，氮比钾对菜薹植株和产品器官菜薹生长发育的肥效好，氮、钾配施的肥效比单独施用高，氮或钾过多都不理想。又据谢利昌等报道，菜薹有效磷临界值为 11.0mg/kg，速效钾临界值为 50mg/kg。当土壤浓度低于临界值时，每公顷施过磷酸钙 300kg，增产 10.2%～99.1%；每公顷施氯化钾 150kg，增产 14.3%～281.9%。

（三）生长发育周期　菜薹的生长发育过程可分为：

1. 种子发芽期　自种子萌动至两片子叶开展，第 1 真叶刚现露，一般需 5～7d。

2. 幼苗期　从第 1 真叶刚露出至第 5 真叶开展，一般需 14～18d。此期根系和叶片都逐渐增加。据梁承愈等研究（1983），菜薹是在幼苗期开始花芽分化的。早熟品种花芽分化期早，多数在 2 真叶期，花芽分化发育进程快；中熟品种的花芽分化期与早熟品种相同，花芽分化发育进程稍慢；晚熟品种的花芽分化期迟，多数在 3 真叶期，花芽分化发育进程慢。

3. 叶片生长期　自第 5 真叶开展至植株现蕾。由于茎端花芽分化后便停止叶原基分化，叶数不再增加。所以，此期主要是各枚叶片的生长和花芽不断分化发育以及根系的发展。一般需 7～21d。如果播后有适宜的温度，则在此期可提早发育以至提前现蕾，缩短叶片生长期；如果在幼苗期现蕾，则直接进入产品器官菜薹形成期，虽然不经过叶片生长期，但如在此阶段叶片生长迅速，光合效能高，光合产物积累多，也可形成质量较好的产品器官菜薹。

4. 菜薹形成期　从植株现蕾至菜薹采收完毕。此期叶片迅速生长，叶面积迅速扩大，产品器官菜薹逐渐形成。菜薹的形成过程包括花芽分化发育、薹茎和薹叶的生长，而主要是薹茎和薹叶的生长。前期以薹叶生长为主，后期薹茎生长占优势。薹茎高度与横茎同时增长，以高度增长为主，重量随着菜薹形成不断增加（图 12-11）。产品器官菜薹形成过程中糖类、氮化物、抗坏血酸等物质不断向其运转，保证和促进菜薹内部组织的不断分化发育，使菜薹不断伸长、肥大和积集丰富的营养物质。一般早、中熟品种从花芽分化至产品采收需 20d 左右；其中现蕾至采收需 14d 左右；晚熟品种较长。温暖季节较短，冷凉季节较长。

5. 开花结实期　自植物初花至种子成熟需50～60d。在主菜薹形成前后初花、花茎迅速生长。主花茎不断伸长的同时，侧花茎自下而上或先自中部然后从基部至上部发生下一级侧花茎。主花茎生长、侧花茎发生的级数与数量与植株的长势和气候条件有很大关系。

菜薹的商品栽培，其生长发育过程只经历种子发芽、幼苗形成、叶片生长和产品器官菜薹形成等4个时期。植株干物质的增长，随着生育进程逐渐增长。发芽期增长量少，幼苗期增多，叶片生长期增长加快，产品器官菜薹形成期增长最快，平均日增长最大。

从植株的干物质分配看，幼苗期和叶片生长期都以叶片生长为主；产品器官菜薹形成期，薹的生长发育取代叶片占主要地位。植株叶面积的增长动态与植株干物质增长动态基本一致。植株重量与产品器官菜薹重量的相关系数 $r=0.838\,5$，植株叶面积大小与产品器官菜薹重量的相关系数 $r=0.827\,4$，均达到显著的正相关。由此可见，植株叶片生长良好，形成较

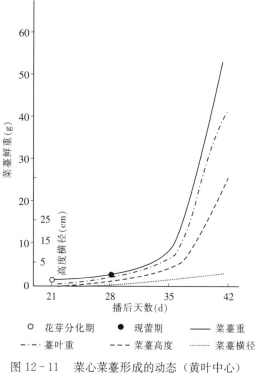

图 12-11　菜心菜薹形成的动态（黄叶中心）
（关佩聪等，1985）

大的同化器官，制造充足的有机物质，才可获得丰产优质的产品器官菜薹。

二、类型及品种

（一）类型　菜薹品种的分类，按叶形可分为柳叶和圆叶两类；按叶色可分为青叶和黄叶两类；按月份分为早心、八月心、十月心、十一月心、十二月心和正月心等。还有按生长天数而分为50天菜心、60天菜心、70天菜心和80天菜心等。一般按品种的熟性分为早熟、中熟和晚熟3种类型。

1. 早熟类型　植株较矮，生长期短，抽薹早，薹细小，腋芽萌发力弱，以采收主薹为主，产量较低。耐热能力较强，对低温敏感，温度稍低（20℃以下）就容易提早抽薹，在广东、广西、海南等地主要栽培期为5～10月，播种至初收28～50d。主要品种有四九菜心、黄叶早心、青柳叶早心、油青早心、早优1号、早优2号、20号菜心、50天特青等。

2. 中熟类型　植株高度中等，生长期略长，生长较快，腋芽有一定萌发能力，主薹、侧薹兼收，以主薹为主，薹质量好，品质佳。耐热性和早熟类型相近，对低温较敏感，遇低温容易早抽薹。广东、广西、海南等地主要栽培期为9～11月，播种至初收60～80d。主要品种有黄叶中心、青梗中心、青柳叶心、60天特青等。

3. 晚熟类型　植株较大，生长期较长，抽薹迟，腋芽萌发力较强，主、侧薹兼收，采收期长，薹产量较高，较耐低温，在15℃左右温度可正常抽薹。不耐热，20℃以上抽薹缓慢，质量差。广东、广西等地主要栽培期为11月至翌年3月，从播种至初收70～90d。主要品种有青柳叶迟心、迟心2号、迟心29、70天特青、80天特青、三月青菜心、广西的柳叶晚菜花等。

（二）品种

1. 四九菜心　广州地方品种。植型直立，株形紧凑适于密植。叶长卵形，黄绿色，叶柄浅绿色。一般4～5叶时即开始抽薹，腋芽萌发力弱，以采收主薹为主。主薹高22cm，黄绿色，薹叶柳叶形。

早熟，自播种到初收28～38d，收获期10d左右。耐热、耐湿、抗病，组织脆嫩，品质较好。适于高温多雨季节栽培。

2. 四九菜心19　广州市蔬菜研究所经系谱选育于1982年育成的新品种。株型紧凑，基出叶半直立生长，适于密植。叶片长卵形，淡绿色。4～5片叶时开始抽薹，主薹节间疏，薹高15cm，纤维少。早熟，从播种到初收为33d。其特点为适应性广，栽培容易。耐热、耐湿力强，遇台风暴雨后生长势恢复快，抗病力较强，产量稳定，品质优良。

3. 桂林柳叶早菜花　广西桂林地方品种。植株直立。叶片长倒卵形，浅绿色，向内卷曲，有皱褶，叶柄圆，绿白色，花薹青白色。早熟，耐热，腋芽萌发力较强，品质优良。在广西于7～8月播种，生育期60～70d。

4. 黄叶中心　又叫十月心，广州地方品种。植株直立。叶片长卵形，黄绿色。一般主薹高32cm，横径2cm，抽侧薹2～3枝。中熟，适宜秋凉栽培，品质优良，较耐贮运。在广州播种期为9～10月，自播种到采收50～55d，可延续收获30d。

5. 大花球菜心　广州地方品种。株型较大，可分为青梗和黄梗两种类型。叶片长卵形或宽卵形，绿色或黄绿色，叶柄浅绿色。主薹高36～40cm，横径2～2.4cm，容易抽生侧薹，黄绿色。迟熟，品质较佳。广州播种期为10～12月，从播种到收获为50～60d，可持续收获30d左右。

6. 迟菜心2号　广州市蔬菜研究所于1990年育成的新品种。株型较小，略具短缩茎。叶宽卵形，深绿色，基生叶15～16片，叶缘波状，基部向内扭曲。叶柄半圆形，油绿色。具5片茎叶开始抽薹，薹高25cm，薹叶柳形，油绿色。中迟熟，冬性稍强，侧芽壮，可收侧薹。组织柔嫩，味甜质佳，抽薹整齐，薹无白色蜡粉，符合出口规格。广州播种期为11～12月和翌年2月下旬至3月上旬，播种到初收约60d，可延续采收40d。

7. 柳叶晚菜花　广西柳州地方品种。植株高大，腋芽萌发力强，晚熟，冬性较强，产量较高。广西在11月上旬至12月中旬播种，生长期为100～120d。

8. 一刀齐菜尖　上海市宝山区地方品种。植株直立。叶片卵形、绿色，叶柄细长，淡绿色。花薹绿色，高40cm左右，侧薹萌发力极弱，只收主薹，又称一根头菜尖。耐寒力较强，在上海露地越冬。质地脆嫩，纤维较少，风味鲜美，品质较好。上海于9月末至10月上旬播种，2月中旬至3月上旬收获，生长期为130～140d。

9. 竹湾迟菜心　广西梧州地方品种。植株高大，叶片较大，着生密，长椭圆形，青绿色，腋芽多而壮。主薹短粗，无空心，薹的质地柔嫩，味甜，品质优。播种至初收50～60d。耐寒性较强，产量高。

三、栽培季节和方法

一般在长江流域及以南地区，早熟品种于4～8月播种，播后30～45d开始收获，采收供应期5～10月；中熟品种9～10月播种，播后40～50d收获，采收供应期10月至翌年1月；晚熟品种11月至翌年3月播种，播后45～55d收获，采收供应期12月至翌年4月。在南方地区利用早、中、晚熟品种搭配及设施配套栽培，可实现周年生产，均衡供应。北方地区可按不同品种对温度的适应性，于春、夏、秋三季排开播种，早春提前栽培和深秋延后栽培可利用塑料大、中棚增温，冬季可在日光温室中栽培。

四、栽培技术

（一）整地　菜薹在沙壤、壤土和黏壤土里均可生长。畦土要求适当细碎、平整，畦的高低可根据土质、水位和灌溉条件而定。能保持耕作层潮湿，便于灌溉，不会积水便可。整地时每公顷施用腐熟禽畜肥（猪粪或鸡粪）15 000～22 500kg 或有机生物肥 750～2 250kg 作基肥。

（二）播种育苗　菜薹直播和育苗均可。早、中熟品种的生长期短或较短，多行直播；晚熟品种可直播与移植栽培相结合。每公顷播种量 3.75～4.5kg，播种前一般不需浸种催芽，宜撒播，播种要均匀。

菜薹的优质丰产，培育嫩壮苗是关键之一。嫩壮苗应有适当的发育程度和良好的生长作基础。为了培育嫩壮苗，应根据品种的发育特性选定栽培季节，选择暖和天气播种，早春和冬季保护地育苗，避免播后低温导致提早花芽分化。夏秋露地育苗常受高温干旱或暴雨的影响，应在苗床上设置遮荫棚防烈日曝晒，或设塑料膜棚防暴雨袭击。干旱要及时浇水。要及时间苗移植，以保持幼苗有适当的营养面积。一般播后 18～25d，具 4～5 片真叶时定苗或移植。苗期适当追肥，保持土壤湿润，预防猝倒病、黄曲条跳甲、菜青虫等病虫为害。

（三）栽植或定苗　栽植前对苗床地浇透水。栽植取苗注意保护根系，有利缓苗和防干旱。定苗或栽植的株行距因不同品种、栽培季节与采收要求而异。早熟和中熟品种株型较小，株行距 10cm×15cm，每公顷栽植 315 000～705 000 株；晚熟品种株型较大，株行距 15cm×20cm，每公顷 180 000～315 000 株。间苗、定苗或定植后，随即浇水或薄施定根肥。定植宜浅，栽植深度在子叶之下为宜。

（四）田间管理　主要是中耕除草和肥水管理。定植缓苗后应及时中耕松土，增加土壤透性，调节土壤温度和水分状况，促进发根和植株生长。降雨或浇水后可进行中耕除草，防止土壤板结，避免发生草荒。

肥水与菜薹植株的生长和薹的形成有密切关系。植株现蕾前后需充足肥水，以加速同化器官的生长，保证产品菜薹形成。这时如肥水不足，即使环境条件较好，也会降低菜薹质量。如植株延迟发育，不能及时现蕾，可少施肥或不施肥，以促进发育，但现蕾时应及时追肥。主薹采收后，再给予充足肥水，可促进侧薹发育，延长采收期，提高产量。

菜薹的施肥，一般在施足基肥的基础上，生长期内每公顷施用腐熟粪肥 3 750～5 250kg 或复合肥 375～450kg，其中苗期施 75～150kg，其余在薹形成期分次施用。施肥量根据土壤肥力、季节、植株生长状况和采收情况而有所增减。

菜薹的根系浅，生长迅速，应经常保持耕作层 70%～80% 土壤相对湿度，水位保持畦面 20cm 以下，不能积水。

五、病虫害防治

菜薹的主要病害有软腐病、霜霉病和菌核病等，害虫有蚜虫、黄曲条跳甲、菜青虫、菜螟等，其防治方法可参见大白菜。

六、采收和留种

（一）采收　菜薹采收要适时，采收过早，菜薹产量低；采收偏晚，则菜薹老化降低品质。适时采收还与天气条件有关。高温干旱时，菜薹发育迅速，容易开花，必须及时采收，而低温潮湿天气菜薹发育较慢，可延迟 1～2d 采收，对品质影响不大。适时采收的标准：一般是"齐口花"，即薹与叶片等高并有初花时为适宜采收。按照出口要求，采收标准有薹高 10cm、15cm 不等，薹叶长度为薹高一半或等高。国内上市优质菜薹也按此要求。采收时，一般留 3～4 枚基叶割取主薹，随后可利用茎基部腋芽形成侧薹，陆续采收。如果留下腋芽过多，会使侧薹生长细弱，产品质量降低。如果只收主薹，则主薹节位可降低 1～2 节。只收主薹，还是主、侧薹兼收，应根据品种特性、栽培季节或栽

条件等而定。除采食菜薹外，也可整株采收供食。整株采收的标准是：当主薹抽出，长至"齐口花"之前，基部叶片仍保持鲜嫩时及时采收。

（二）留种　菜薹的留种首先要选好母株。优良母株的基叶宜少，菜薹茎圆，节疏，薹叶少而细，叶形、叶色和菜薹具有本品种特征，抽薹整齐，生长健壮，无病虫为害等。不符合本品种性状的植株，宜在开花前淘汰。

开花结实期应安排在阳光充足，25～30℃温度的季节。在南方的播种期一般为9～11月，早熟品种早播，中晚熟品种晚播。留种田要适当增施磷、钾肥，保持留种田间湿润，及时防治蚜虫、霜霉病等，并做好隔离防止混杂。摘除幼弱分枝和花枝顶部花蕾以提高种子千粒重。

第五节　薹　　菜

薹菜属十字花科芸薹属芸薹种白菜亚种的一个变种。学名 *Brassica campestris* L. ssp. *chinensis* (L.) Makino var. *tai-tsai* Hort。原产中国，为中国的特产蔬菜。主要食用嫩叶、叶柄、柔嫩花薹和肥大直根。分布在黄河流域、淮河流域，山东、江苏等省种植普遍，在山东中南部各市、县都有栽培。

一、生物学特性

（一）植物学特征　根为粗大的肉质直根，圆锥形，多须根。叶为根出叶，长卵或倒卵形，有明显叶柄，不规则或大头状羽裂、深裂或全裂，叶缘波状或不规则的圆锯齿，被刺毛。基部茎生叶似根出叶，耳状抱茎，裂片较少；中部茎生叶无柄，少数小裂，短圆或卵圆形，渐尖；上部茎生叶卵状披针形，渐尖。总状花序，花小，直径1.2～1.6cm，鲜黄色；盛花时花瓣两侧重叠，花萼狭长。果荚大，喙粗短，锯形，先端扁，不易开裂。种子黄褐色或黑褐色，千粒重1.5～2.5g。

（二）对环境条件的要求　薹菜是耐寒性很强和适应性很广的蔬菜。它的耐热性也强，能够在夏秋高温季节下生长。其最适宜的生长温度为10～20℃，低于10℃生长缓慢。温度过高时，虽能生长，但植株组织的纤维增多，并发生苦味。薹菜冬性极强，在2～5℃的低温条件下，通过春化阶段所需时日的长短，因品种而异。花叶薹菜需30～35d、圆叶薹菜需45d才通过春化。必须每天14～15h日照才能完成光周期，13h以下不能开花。因此，早春抽薹迟，植株在春季抽薹以前，可发生大量新叶以作早春绿叶蔬菜供应。

薹菜对土壤的选择不太严格，较耐瘠薄和盐碱，但在疏松肥沃的菜园土中生长更好，产量亦高。

（三）生长发育周期　薹菜为一二年生蔬菜，生长发育与普通白菜相似。秋季播种后经发芽期和幼苗期，进入莲座期，于冻前生长根出叶10余片。冬季休眠，根出叶枯死，以短缩茎及肉质根越冬。翌春转暖返青，由短缩茎发生新叶，5月中旬抽薹，6月开花结荚。

二、类型及品种

薹菜依据叶片的形态特征，一般分为圆叶和花叶两个品种类型：

1. 圆叶薹菜　根出叶倒卵形或宽倒卵形，先端圆钝，呈大头琴状羽裂，故又称勺子头薹菜。生长缓慢，冬性强，春季抽薹迟，产量高，一般作越冬栽培。

2. 花叶薹菜　根出叶长卵形，不规则羽裂，裂片间有小裂片，叶片黄绿至深绿，全叶被刺毛。又分为两个品系：

（1）黄花叶薹菜 叶薄，裂片大，黄绿色。生长迅速，早春易抽薹，易作早春栽培、风障栽培和软化栽培。

（2）油花叶薹菜 叶片较厚，裂片细碎，浓绿色。生长较慢，抽薹稍迟，故可延迟供应，产量高，适于越冬栽培。

据《山东蔬菜》（1997）载，山东省已收集到本省薹菜品种资源23份，依据叶片的形态特征，将薹菜分为板叶类型、裂叶类型和花叶类型3个品种类型。①板叶类型：叶柄中、下部有羽状小叶，上部大叶片全缘或浅裂。代表品种如平邑薹菜、费县白梗薹菜等；②裂叶类型：叶片上下均深裂，叶面少皱，80％的品种属于此类型，如泰安勺子头薹菜、临沂薹菜、利津薹菜等；③花叶类型：叶片不仅深裂，而且裂叶边缘深度皱褶，全株呈花状。代表品种如藤县花叶薹菜、峄城花叶薹菜等。

薹菜植物形态见图12-12。

图12-12 济宁裂叶薹菜
（引自：《中国蔬菜品种志》，2001）

三、栽培季节和方法

薹菜栽培季节主要是秋冬和早春，分为秋季越冬栽培、早春栽培和冬季软化栽培3种方式。

（一）秋季越冬栽培 山东省在9月上旬播种至次年4月下旬采收柔嫩花薹食用。秋播不宜太迟，否则苗小不能越冬。

（二）春季早熟栽培 2月下旬至3月中旬在小拱棚、风障前或露地直播，选用速生的黄花叶薹菜，在春白菜收获前提早上市供应。

（三）冬季软化栽培 为了增加冬季蔬菜品种和延长供应期，采用软化栽培。将秋播的薹菜在10月下旬至11月下旬陆续假植于冷床中，在1~4月陆续以菜薹和肥大直根上市供应。

四、栽培技术

（一）秋季越冬栽培技术 前茬作物收获后立即整地，一般深耕25~30cm，然后做平畦，畦宽100~130cm。在畦面撒施优质堆肥或厩肥每公顷75 000kg作基肥，再耕耙一遍翻入土中。畦面耙平后浇水，待水渗下后撒播种子。每公顷播种量1.9~2.3kg，播后覆细土1~1.5cm。也可在畦中进行条播，按行距15cm开沟，沟宽5cm，播种于沟中，用耙耙平使覆土约厚1.5cm。

出苗后4~5d间苗1次，待苗高6~10cm时，再间苗1次，株距8~10cm。间苗后每公顷施腐熟粪肥7 500~15 000kg，或施尿素300kg作追肥，并灌水1次，以后必要时再浇水1~2次。冬前不宜浇水施肥过多，以免地上部徒长而不耐严寒。

入冬后土壤冻结前浇冻水1次。播种晚的，越冬时植株较小可设风障或在畦面覆盖土杂肥、碎草等，或采取平扣薄膜或小拱棚覆盖保温防寒。次年春季发生新叶时，每公顷撒施尿素150kg并浇水，以后每5~7d浇水1次，促进新叶生长。

（二）春季早熟栽培技术 春季早熟栽培多利用风障畦或小拱棚。将土地翻耕整平耙细后，做畦浇水，待水渗下后，将种子均匀撒播于畦面，覆盖细土1cm左右。播种量每公顷7.5~15kg。播种后1个月内可在夜间加草苫覆盖。幼苗2~3叶时进行间苗，株距7cm见方。间苗后即追肥，每公顷施尿素150~375kg，随即浇水，以后地表见干就浇水。

（三）冬季软化栽培技术 参见第二十六章第六节软化栽培技术。

中国蔬菜栽培学
□□□□[第二版]..Olericulture in China □□□□

五、采收和采种

　　小拱棚栽培，3月份即可收获；露地栽培，4月下旬叶高30cm即可收获，5月中旬发生柔嫩花薹时，连叶部采收。每公顷产量60 000～90 000kg。春季早熟栽培于播后50～55d开始采收，每公顷可收30 000～45 000kg。冬季软化栽培的收获早晚主要依假植早晚、覆盖时期和覆盖物保温性能而定。在产品呈黄白色或淡绿色时即可收获。收获期一般为次年1～4月。塑料薄膜加草苫覆盖，保温性好，透光性强，植株生长迅速，一般1月份即可收获，并且养分消耗少，产量也高。只覆盖苇毛苫、草苫等则在2月后可陆续收获。

　　多利用秋播越冬薹菜采种，早春间去弱小或杂劣植株，使行距16～20cm，株距10cm。6月下旬种子成熟时可整株割下晒干脱粒，每公顷采种量750～900kg。

第六节　紫菜薹

　　紫菜薹属十字花科（Cruciferae）芸薹属芸薹种白菜亚种的一个变种，为一二年生草本蔬菜植物。学名：*Brassica campestris* L. ssp. *chinesis*（L.）Makino var. *purpurea* Bailey；别名：红菜薹。紫菜薹主要分布于长江流域，以湖北武汉、四川成都和湖南省长沙地区栽培较多，重庆、北京、南京和台湾等地也有栽培。

一、生物学特性

　　（一）植物学特征　紫菜薹根系浅，须根多，再生能力强。基叶椭圆形至卵形，绿或紫绿，叶缘波状，基部深裂或有少数裂片，叶脉明显，叶柄长，紫绿或紫红色。花薹叶细小，倒卵或披针形，基部抱茎成耳状。薹为食用器官，皮紫红色，肉淡绿色。腋芽萌发力强，可形成多数侧花薹（图12-13）。总状花序，完全花，黄色。果实为长角果，长5～7cm，含多数种子。种子近圆形，紫褐至黑褐色，千粒重1.5～1.9g。

　　（二）对环境条件的要求

　　1. 温度　紫菜薹种子发芽和营养生长时期适宜温度为20～25℃，30℃的较高温度和15℃以下较低温度也可以生长，但生长缓慢。紫菜薹也属种子春化型蔬菜作物，种子萌动就可以感应低温，诱导花芽分化。花芽分化的温度要

图12-13　长沙迟红菜
（引自：《中国蔬菜品种志》，2001）

求不太严格，种子经0～12℃春化处理5d以上就能提早现蕾。早熟品种在25℃左右，播后30d大部分植株花芽分化；中、晚熟品种对温度要求较严格。花芽分化是菜薹形成的开始，过早或过迟的花芽分化对菜薹形成不利。花芽分化主要受温度高低的影响，光照长短无明显影响。菜薹形成的适温15～25℃，15℃以下生长缓慢，25℃以上质量下降。

　　2. 光照　紫菜薹属长日性植物，但对光照长短要求不严，在不同季节栽培，只要其他条件适宜均可正常生长发育。但具充足的光照条件，则菜薹质量高，品质佳。

　　3. 水分　紫菜薹怕旱不耐涝，生长期间应经常保持土壤湿润，避免过旱或过湿。

　　4. 土壤和养分　紫菜薹对土壤的适应性广，但由于根系浅，仍以壤土或沙壤土种植为宜。对主

要矿质元素的需求与菜薹基本相同。

（三）生长发育周期 紫菜薹的生长发育过程与菜薹基本相同。但紫菜薹的营养生长时间较长，基生叶发生较多，腋芽萌发力较强，能不断发生侧薹。菜薹产量由主薹和侧薹组成，侧薹较多，且质量好，一般每株可收 7～8 根，多者 20～30 根。据徐跃进等（1994）报道，单株产量受多因素影响，其中以薹数、主薹重、侧薹重对单株产量直接影响显著。所以紫菜薹的侧薹产量占的比重较大。紫菜薹一般在幼苗期和叶片生长期进行花芽分化，花芽分化早晚因品种和播种期不同而异。在一般正常条件下，紫菜薹生长发育过程为：发芽期 5～7d，幼苗期 15～20d，叶片生长期 15～25d，菜薹形成期 40～60d，开花结果期 45～60d。

二、类型与品种

（一）类型 根据紫菜薹熟性的不同可分为早熟、中熟和晚熟 3 种类型。

1. 早熟类型 植株较小，生长期短，抽薹早，比较耐热，对低温反应敏感，温度稍低就容易提早抽薹。主要品种有十月红 1 号、尖叶子红油菜薹等。

2. 中熟类型 植株中等，生长期稍长，抽薹略晚，对温度反应和耐热性与早熟种基本相同，遇低温也较易抽薹。主要品种有大股子、二早子红油菜薹等。

3. 晚熟类型 植株较高大，生长期长，抽薹也晚，不耐热，比较耐低温。主要品种如胭脂红、阴花油菜薹等。

（二）品种

1. 大股子 别名喇叭头，武汉市郊地方品种。植株高大，叶簇开张。基叶广卵形，暗紫绿色，叶面有蜡粉，基部具不规则叶翼。叶柄、中肋均呈紫红色。主薹长 50～60cm，单薹重 50g，薹基部大似喇叭，故名。薹叶紫红色，呈披针形。植株腋芽萌发力强，可抽侧薹 20～30 根。中熟，耐寒性强，忌渍怕旱，抗病性较差。菜薹质地脆嫩，纤维少，味鲜美，品质较好。武汉 8 月下旬播种，11 月收获，采收期为 70～80d。适宜于长江以南地区露地栽培。

2. 尖叶子红油菜薹 成都市郊地方品种。植株矮小。叶近披针形，深绿色，叶脉紫色。主薹较小，腋芽萌发力强，侧薹较多，品质中等。早熟，较耐热。成都在 8～9 月播种，60d 后初收。

3. 阉鸡尾早红菜 长沙市郊地方品种。植株开展中等。叶卵圆形，绿色带紫，全缘，叶面微皱，蜡粉少；叶柄紫红色，半圆形。薹叶窄长，呈剑形，形似阉鸡尾羽。主薹紫红色，单根重 120～160g。腋芽萌发力较弱，可抽侧薹 8～12 根。早熟，较耐热，冬性弱，抽薹早。薹茎细嫩，薹叶较少，品质尚佳。长沙 10 月上旬始收，全生育期 110～120d。

4. 胭脂红 又称细股子。武汉市郊地方品种。植株中等。叶广卵形，紫绿色；叶柄、叶脉、中肋紫色鲜明。主薹长 40～50cm，紫色鲜艳，具浓厚蜡粉，故名胭脂红。腋芽萌发力稍强，全株有薹数 40～50 根。晚熟，耐寒力强，产量稍低，薹质脆嫩，水分较少，品质最佳。武汉市郊在 8 月下旬播种，12 月下旬至翌年 3 月采收。

5. 十月红 1 号（2 号） 华中农业大学园艺系从胭脂红中经系统选育于 1984 年育成（十月红 1 号）的新品种。1 号品种植株中等，叶簇较开展。叶绿色，广卵形，先端略尖，叶光滑；叶柄、叶脉、中肋均为紫红色。薹叶少而小，披针形，无柄。主薹长 50cm 左右，有浓厚蜡粉，紫色。2 号品种植株生长和 1 号相同，但菜薹和叶柄都呈深紫色，且无蜡粉。两个品种早熟性显著，抗寒性较强，抗病力稍差。薹粗壮，质地脆嫩，食用率高，品质优良。在元旦和春节期间，能够大量供应。武汉 8 月底播种，10 月下旬到翌年 2 月下旬采收。产量优于胭脂红。

6. 中红菜 长沙市郊地方品种。植株开展较大，叶椭圆形，绿紫色，叶缘波状，叶面光滑，蜡粉较少。叶柄半圆形，紫红色。主薹长 50cm，紫色，单重 0.2kg。薹叶窄长，近剑形。单株有薹

16～20 根。中熟，适应性广，耐寒，冬性较强，抽薹较迟，薹茎肥嫩，薹叶较少，品质优良。在长沙，12 月上旬始收，生长期为 170～180d。

7. 阴花油菜薹 成都市郊地方品种。叶近圆形，深绿色带紫红，叶脉、叶柄紫红色。腋芽萌发力较弱，每株侧薹数较少。晚熟，耐寒，产量较高，品质优良。成都地区在 9～10 月播种，播后 70d 初收。

8. 迟红菜 长沙市郊地方品种。植株中等，开展度大。叶近圆形，绿紫色，叶基部有 1～3 对叶耳，叶缘波状，叶面平整光滑，蜡粉多；叶柄紫色，匙形，呈棱状突起。薹叶较短而宽，暗紫色。菜薹单株重 0.2kg，单株薹数 12～16 根。晚熟，耐寒，适应性广。植株生长缓慢，冬性强，抽薹迟。主薹粗壮，侧薹细小，品质尚佳。翌年 3 月上旬始收，4 月上旬收毕，生长期 190～200d。

三、栽培季节和方法

紫菜薹的播种期，根据长江流域各地气候，早熟类型品种宜在 8 月，中熟类型品种 8～9 月，晚熟类型品种可在 9～10 月，收获期自 10 月中下旬至翌年 3 月。

四、栽培技术

（一）播种育苗 紫菜薹播种期应按品种熟性结合当地气候条件而定。播种过早，延长营养生长期，且易发生病毒病和软腐病；播种过迟，营养生长不充分就发育菜薹，或过迟花芽分化，延长营养生长，主薹形成不良，都影响产量和品质。紫菜薹多行育苗移植，要培育嫩壮苗，育苗床应选择壤土或沙壤土，每公顷苗床播种量约 11.25kg。自真叶开展后间苗 2～3 次，移植前苗距 6～9cm，每次间苗后进行追肥，促进幼苗生长。一般苗龄 25～30d。苗龄短，抗逆力差，苗龄长，影响花薹发育。

（二）栽植与肥水管理 紫菜薹株形较大，生长期长，菜薹延续采收期也长，栽植株行距 25cm×30cm，或行距 60cm、株距 25～30cm，视品种与栽培季节而定。施肥应基肥与追肥并重。紫菜薹的需肥特性与菜薹相似，但需要量较多，每公顷一般施用腐熟畜禽粪 22 500～30 000kg 或有机生物肥 750～2 250kg 作基肥，450～600kg 复合肥作追肥。在定植后，叶片旺盛生长和菜薹不断形成的时期，肥水供给要充足。紫菜薹不耐旱、涝，受旱则生长不良，病毒病特严重；湿度大、水位高易引起软腐病。为保持土壤湿润，排灌要适当。严冬来临前控制肥水，以免植株生长过旺，降低植株抗冻害能力。

五、病虫害防治

紫菜薹的主要病害有病毒病、霜霉病、软腐病等，虫害有蚜虫、小菜蛾、菜螟、黄曲条跳甲等，应及时防治。其防治方法可参见大白菜。

六、采收和留种

（一）采收 紫菜薹主薹生长到一定程度，一般薹高 30～40cm，达到初花时为适宜采收期。主薹采收时应保留基部少数腋芽以保证抽生的侧薹粗壮。切口略倾斜，以免积存肥水而引起软腐病。

（二）留种 紫菜薹的常规留种一般采用大株留种。在采收时，选择符合本品种特征、特性，生长健壮、抽薹多而整齐、色泽鲜艳、抗病力强的植株，做好标记为种株，作为繁种之用。

为避免植株当年入冬前就已抽薹开花，植株容易遭受冻害，可以采取以下两种方法：①将选取的种株带土移栽于背风向阳处，搭棚保暖越冬；②适当推迟播种，在长江流域留种地于 9 月下旬至 10 月上旬播种，定植时行株距为 30cm×35cm，使植株在春节前后抽薹，以选择抽出的侧薹留种。

注意与十字花科大白菜、白菜、菜薹等蔬菜隔离采种，防止混杂。

（郑世发）

（本章主编：刘宜生）

◆ 主要参考文献

[1] 李扬汉．蔬菜解剖与解剖技术．北京：农业出版社，1991

[2] 刘宜生．大白菜优质抗病品种高产栽培技术．北京：农业出版社，1991

[3] 徐道东等．白菜类蔬菜栽培技术．上海：上海科学技术出版社，1996

[4] 刘宜生主编．中国大白菜．北京：中国农业出版社，1998

[5] 张振贤，艾希珍．大白菜优质丰产栽培——原理与技术．北京：中国农业出版社，2002

[6] 周光华主编．蔬菜优质高产栽培的理论基础．济南：山东科学技术出版社，1999

[7] 王就光编著．蔬菜病害诊治手册．北京：中国农业出版社，2001

[8] 吕家龙主编．蔬菜栽培学各论（南方本）．第三版．北京：中国农业出版社，2001

[9] 中国农业科学院蔬菜花卉研究所主编．中国蔬菜品种志（上卷）．北京：中国农业科技出版社，2001

[10] 徐坤等主编．绿色食品蔬菜生产．北京：中国农业出版社，2002

[11] 全国农牧渔业丰收计划办公室等编著．无公害蔬菜生产技术．北京：中国农业出版社，2002

[12] 黄德明，白纲义，樊淑文．蔬菜配方施肥（第二版）．北京：中国农业出版社，2001

[13] 浙江农业大学主编．蔬菜栽培学各论（南方本）．第二版．北京：农业出版社，1987

[14] 汪炳良主编．南方大棚蔬菜生产技术大全．北京：中国农业出版社，2000

[15] 郭巨先等编著．南方白菜类蔬菜反季节栽培 北京：金盾出版社，2003

[16] 宋元林等主编．大白菜白菜甘蓝．北京：科学技术文献出版社，1999

[17] 王金凤等编著．北京特菜栽培．北京：北京科学普及出版社，1994

[18] 苏小俊等编著．蔬菜优质四季栽培——白菜．北京：科学技术文献出版社，2000

[19] 章乃焕编著．新编实用蔬菜栽培．上海：上海科学技术出版社，1994

[20] 周绪元等编著．无公害蔬菜栽培及商品化处理技术．济南：山东科学技术出版社，2002

[21] 何启伟等主编．山东蔬菜．上海：上海科学技术出版社，1997

[22] 崔丽利等．小白菜防虫网覆盖栽培．上海蔬菜，2003（1）：35

[23] 黄绍宁等．施肥对菜薹硝酸盐含量的影响．中国蔬菜，2001（3）：18～19

[24] 袁华玲等．乌塌菜主要农艺性状相关及通径分析．中国蔬菜，2001（5）：17～18

[25] 贾志明等．夏季防虫网覆盖小白菜技术．上海蔬菜，2001（5）：21

[26] 李彬等．江苏省秋季不结球白菜病害种类及防治措施．长江蔬菜，1999（9）：13～14

[27] 郁樊敏等．八种绿色蔬菜生产技术．长江蔬菜，2002（5）：4～9

[28] 晏儒来等．红菜薹系列品种栽培要点．长江蔬菜，2002（7）：27～28

第十三章

芥菜类蔬菜栽培

芥菜类蔬菜是十字花科（Cruciferae）芸薹属（Brassica）芥菜种（B. juncea L.）中的栽培种群，在中国栽培历史悠久。中国许多古籍中有不少关于芥菜方面的记载。如《诗经·邶风、谷风》（约公元前11世纪中期）记载有："采葑采菲，无以下体。""葑"亦指芥菜。诗中的"采葑"，应是采收栽培的"葑菜"。《礼记·内则》（公元前1世纪）有"鱼脍芥酱"的记载，即已用芥菜的种子作调味品。宋·苏颂等《图经本草》（1061）说："芥处处而有之，有青芥似菘而有毛，味极辣；紫芥，茎叶纯紫可爱，作齑最美。"故宋代已有青、紫两色的叶用芥菜。明·李时珍著《本草纲目》（1578）记载："四月食之谓之夏芥，芥心嫩薹谓之芥蓝，瀹食脆美。"可见明代已有薹用芥菜。中国是芥菜的起源地或起源地之一，资源非常丰富，全国各地普遍栽培。芥菜富含维生素、矿物质，磷、钙含量高过许多蔬菜，尤其含硫葡萄糖苷，使其存在不同程度的辛辣味，熟食及腌制品味极鲜美。以不同类型及变种、品种为原料可制成各种加工制品，如榨菜是以茎瘤芥为原料制成的加工制品，与欧洲酸菜、日本酢菜并称世界三大名腌菜。其他以叶芥为原料制成的雪里蕻、冬菜；以根芥为原料制成的大头菜等，均是中国传统的加工制品。

第一节 概 述

一、芥菜的起源、演化及分类

（一）芥菜的起源地 国内外均公认芥菜（Brassica juncea）这一物种是由芸薹即白菜的原始种（Brassica campestris，2n＝AA＝20）与黑芥（Brassica nigra，2n＝BB＝16）天然杂交再自然加倍形成的双二倍体或称异源四倍体复合种（2n＝AABB＝36）。但芥菜的地域起源却一直是学术界争论未决的问题。对芥菜起源地有4种不同的见解：中东或地中海沿岸；非洲北部和中部；中亚细亚；中国东部、华南或西部。多数外国学者持前3种见解，而多数中国学者持第4种见解。

中国学者的根据：其一是中国在6 800年前的西安半坡遗址已出现芸薹属（Brassica）的菜种。《尔雅·蔬》（公元前2世纪）等文献中已记载了芸薹、芥菜等物种名。且至今在中国中部、西部、西北部仍广泛分布芸薹原始种（B. campestris），从而具备芥菜形成的亲本种的基本条件之一；其二在中国的新疆维吾尔自治区和甘肃省武山、青海省西宁等西北地区广泛分布有野生类型的黑芥，说明了中国西北部是黑芥和芸薹的交错分布区，即中国具备芥菜形成的亲本种基本条件之二；其三是在新疆、青海、甘肃等地均发现了"野芥菜"的分布。周源等（1990）收集研究其染色体数为2n＝36，经过氧化物酶和细胞色素氧化酶同工酶分析，整个酶谱表现为黑芥和芸薹酶谱的完整叠加，证明确属野生芥菜。根据以上3点认为在中国西北部黑芥和芸薹的交错分布区里，二者天然杂交后染色体自然加倍而形成了具原始性状的野生芥菜，再经人为选育逐渐形成如今的栽培芥菜。中国应是芥菜起源地或起源地之一。

（二）芥菜的演化与分类　世界各国至今均以子芥菜作油料作物，唯有中国的芥菜演化出以根、茎、叶、薹供食的丰富类型作为蔬菜。根据中国的出土文物及历史典籍，其演化过程为：公元前 11 世纪，只利用芥菜子作调味品；6 世纪至 15 世纪，逐渐利用芥菜的叶作蔬菜食用，叶的大小、叶柄宽窄、叶色等出现了多种变异类型；16 世纪出现了根芥和薹芥。在随后的几个世纪，根芥和薹芥继续分化，根芥中产生了圆柱、圆锥、近圆球形的类型，而薹芥也产生了单薹与多薹型。18 世纪出现了茎芥，在随后的年代里，茎芥又分化出棒状肉质茎、瘤状肉质茎和主茎与腋芽同时膨大的类型。

1959 年以后，芥菜的属名及种名得到公认，其学名为 *Brassica juncea* (L.) Czern. et Coss.，一般简写为 *Brassica juncea* Coss.，但种以下各类群的命名和芥菜的分类则较为混乱。1979—1990 年间，中国国家科学技术委员会及农业部组织了大规模的农作物种质资源调查、收集工作，同时对原产于中国的作物开展起源、分类等基础研究。蔬菜科技工作者在全国 30 个省、自治区、直辖市搜集了芥菜种质资源材料 1 000 余份，栽植于重庆市涪陵区，由重庆市农业科学研究所和当时涪陵地区农业科学研究所共同对其作了系统观察和研究，澄清了过去种以下的分类和命名的某些混乱，增加了 4 个变种，并由杨以耕、陈材林等提出了新的分类系统。目前，这一分类系统基本上得到了国内外学术界的认可。

该分类系统在根芥、茎芥、叶芥、薹芥 4 大类下共有 16 个变种，根芥及薹芥各 1 个，茎芥 3 个，叶芥 11 个，其拉丁名及特征见菜用芥菜检索表。

1. 主根肥大肉质 ·· 大头芥（var. *megarrhiza* Tsen et Lee）
1. 主根不肥大肉质。
　2. 茎肥大肉质。
　　3. 茎上侧芽肥大肉质 ·· 抱子芥（var. *gemmifera* Lee et Lin）
　　3. 茎上侧芽不肥大肉质。
　　　4. 茎膨大呈棒状，茎上无明显的凸起物，形似莴笋 ·············· 笋子芥（var. *crassicaulis* Chen et Yang）
　　　4. 茎膨大呈瘤状，茎上叶基外侧有明显的瘤状凸起 3～5 个·········· 茎瘤芥（var. *tumida* Tsen et Lee）
　2. 茎不肥大肉质。
　　5. 顶芽和侧芽抽薹早，花茎肥大肉质 ······································· 薹芥（var. *utilis* Li）
　　5. 顶芽和侧芽抽薹迟，花茎不肥大肉质。
　　　6. 营养生长期短缩茎上侧芽萌发成多数分蘖 ···················· 分蘖芥（var. *multiceps* Tsen et Lee）
　　　6. 营养生长期短缩茎上侧芽不萌发成分蘖。
　　　　7. 叶宽大，叶柄短而阔。
　　　　　8. 叶柄或中肋上有瘤状凸起物 ························· 叶瘤芥（var. *strumata* Tsen et Lee）
　　　　　8. 叶柄或中肋上无瘤状凸起物。
　　　　　　9. 叶柄和中肋宽大，叶柄横断面呈扁弧形。
　　　　　　　10. 心叶叠抱成球状 ··························· 结球芥（var. *capitata* Hart ex Li）
　　　　　　　10. 心叶不叠抱成球状。
　　　　　　　　11. 叶柄和中肋合抱，心叶外露 ·············· 卷心芥（var. *involuta* Yang et Chen）
　　　　　　　　11. 叶柄和中肋不合抱 ······················· 宽柄芥（var. *latipa* Li）
　　　　　　9. 叶柄较阔，中肋不宽大，叶柄横断面呈弧形 ············ 大叶芥（var. *rugosa* Bailey）
　　　　7. 叶较小，叶柄长而窄。
　　　　　12. 叶片狭长，叶柄横断面近圆形。
　　　　　　13. 叶缘深裂或全裂成多回重叠的细羽丝，状如花朵 ······· 花叶芥（var. *multisecta* Bailey）
　　　　　　13. 叶缘全缘 ··· 凤尾芥（var. *linearifolia* Sun）

12. 叶片较短圆，叶柄横断面成半圆形。

14. 叶柄较叶片长，叶片呈阔卵形或扇形，掌状网脉 ………………………………… 长柄芥（var. *longepetiolata* Yang et Chen）

14. 叶柄较叶片短，叶片呈椭圆形或倒卵形，羽状网脉。

15. 花较小，花瓣呈黄色 ………………………………………………………………… 小叶芥（var. *foliosa* Bailey）

15. 花较大，花瓣呈乳白色 …………………………………………………………… 白花芥（var. *leucanthus* Chen et Yang）

二、芥菜的分布及分化中心

（一）分布 中国的芥菜主要分布在秦岭、淮河以南、青藏高原以东至东南沿海地区，在此区域内，16 个变种都有分布，有地方品种材料 800 余份。除广泛栽培芥菜供鲜食外，还有大量的、集中成片的供作名特产品加工原料的商品菜生产基地。如四川、浙江省供作榨菜的茎瘤芥生产基地；广东省潮汕酸咸菜、惠州梅干菜、福建省连城梅干菜和永定梅干菜及福州市槽菜、贵州省独山盐酸菜、四川省南充冬菜等的大叶芥生产基地；浙江省绍兴梅干菜、江苏省吴江梅干菜及湖南省长沙渥排菜的分蘖芥生产基地；四川省内江大头菜、福州市五香大头菜、浙江省嘉兴五香大头菜、江苏省吴江五香大头菜和老卤大头菜、云南省大头菜、贵州省毕节大头菜、湖北省襄樊大头菜、湖南省津市凤尾菜、甘肃省天水大头菜等的大头芥生产基地共 23 个。其中四川省和浙江省的茎瘤芥商品菜生产基地最大，种植面积均在 2.3 万 hm² 以上，其余 21 个均在 2 000 hm² 以下。

（二）分化中心 全国共有芥菜品种资源 1 000 余份，而四川盆地有分属于 4 大类 14 个变种的 400 余份，为全国各省之冠。以四川盆地为中心，周边省、自治区的变种和品种数量有明显的递减趋势。这种呈梯级减少分布的特征更加突出了四川盆地的中心地位。

四川盆周山峦环绕，盆地内丘陵、平坝、河川交错，灌溉便利，冬无严寒，气候温和湿润，农耕发达，非常适合芥菜的生长，孕育了抱子芥、白花芥、长柄芥、凤尾芥等独有变种，拥有全国 16 个变种中的 14 个及 1 000 余份品种资源中的 800 余份。居芥菜资源分布的中心地位，栽培及加工最为发达。四川省没有黑芥和野生芥菜，栽培历史也晚于黄河流域及长江中下游地区，它不是芥菜的原产地，但应为菜用芥菜的分化中心地。

三、芥菜的生物学特性

（一）植物学特征

1. 根 属直根系。在土壤结构良好和深耕情况下，直播者直根入土可达 30cm 以上，侧根、须根分布范围广，植株生长旺盛，抗旱能力较强；育苗移栽者，可发育成良好根系，一般在 5~10cm 层段根系较多，在 0~20cm 土层中分布着 90% 以上的侧根，其吸收能力不弱于直播者。

根芥的直根发育成肉质膨大根，一般为近圆形、圆柱形或圆锥形，纵径约 15cm，横径约 8cm。外部形态上分为根头部、根颈部和真根部 3 部分（图 13-1）。根头部分由幼苗的上胚轴发育而成，为缩短的茎部，其上着生芽和叶片，出土部分为暗绿色，腋芽常发育成乳状突起，在云南大头菜和襄樊狮子头大头菜品种最常见，称为叶苞，数目或多或少，一般约十余个。根颈部由幼苗的下胚轴发育而成，无叶和侧根，为肉质根的主要膨大部分，未入土部分皮色浅绿，入土部分灰白色。真根部为幼苗的初生直根发育肥大而成，入土，上有侧根 2 行，直播者有侧根 4~5 根，移栽者侧根多而细短。肉质根的内部呈白色，其结构从外到内为周皮层、韧皮部、形成层、木质部，供食部分主要为次生木质部的薄壁细胞。

2. 茎 芥菜的茎为短缩茎，在不明显的节上着生叶片及其腋芽。顶芽分生叶片数因变种、品种及生长量而不同，可从 10 余片至 40 余片。植株达一定大小，具有适宜条件后，顶芽分化为花芽，抽生高大薹茎达 150cm 以上，营养状况良好时可 3 次分枝。

茎瘤芥的茎分为缩短茎及膨大茎两段。缩短茎为子叶以上至最低功能叶节的一段，俗称"鹦哥咀"。该段及其节间均较短，但若苗期延长，苗龄过大或直播，此段会伸长。膨大的肉质茎称瘤茎，商品名菜头，是缩短茎以上着生功能叶的一段茎。瘤茎短而肥大，柔嫩多汁，是鲜食及加工的主要部分，为作榨菜的原料。瘤茎的形状有纺锤形、近圆球形、扁圆球形等，皮部为淡绿或绿色，表面具光泽或被蜡粉，肉质白色细嫩。通常每片功能叶基部形成 3～5 个瘤状突起，一般为 3 个，均以中间一个为最大，两侧的较小，由主茎及其瘤茎突起构成瘤茎芥的肉质瘤茎。瘤突间沟有深有浅，瘤

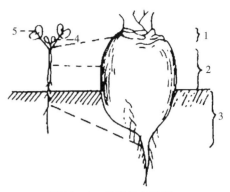

图 13-1 根芥的肉质根
1. 根头部 2. 根颈部 3. 真根部
4. 真叶 5. 子叶

突浑圆或尖似菱角或羊角，浑圆者更适合于加工成榨菜。而在各叶片基部所形成的瘤突，依叶序排列成螺旋状或紧凑成环状。膨大茎的纵横径比因品种不一，如蔺市草腰子的比值为 1.2～1.4，而三转子则约为 0.8。单个肉质瘤茎（菜头）的重量依品种、地区、栽培目的及播期等而不同，一般四川地区所产 0.3～0.5kg，最重可达 1.5～2.5kg。膨大茎主要由次生木质薄壁细胞构成，次生木质部外层的导管等形成纤维，生产上称为"筋"，皮层木栓层及韧皮部构成菜皮。菜头的含水量一般在 90% 以上。品种不同，其菜皮的厚薄、筋的多少、含水量的高低都有差异。同一品种如收获过迟，则皮厚、筋多、含水量高，加工成菜率低，榨菜品质不佳。

茎芥的另一变种笋子芥，又称棒菜或笋子青菜，膨大茎呈棒状，茎上无明显的瘤状突起，形似莴笋。作鲜食，不宜加工。

另一茎芥变种抱子芥，又称儿菜或抱儿菜。其形态似甘蓝类的抱子甘蓝变种。在膨大茎上功能叶的腋芽发达，形成肥大的肉质腋芽，呈长纺锤形，芽顶钝圆，长可达 15cm，宽 3～7cm，平均重约100g，最重可达 220g。主茎纵径约 20cm，横径 5～7cm，单株能长出腋芽 20～30 个，其中 8～15 个发育成肥大肉质腋芽，肉质主茎与肉质腋芽的重量比约为 1:4。

3. 叶 子叶与最初的两片叶均对生，形成十字形，以后真叶（本叶）互生，一般 5 片叶形成一叶环，着生方向因变种、品种不同，逆时针或顺时针。从所起作用看，第 1 叶环主要为长根和定棵提供营养，第 2 至第 4 叶环才为形成产量的功能叶，并迅速成为定型叶，开始形成产品器官。如分蘖芥开始分蘖，叶芥加速其叶柄或中肋的肥大，根芥的肉质根和茎芥的肉质茎开始形成并迅速膨大。叶形有椭圆形、卵形、倒卵形、披针形等；叶色有绿、浅绿、深绿、绿色间血丝状条纹或紫红色等；叶面平滑或皱缩，叶背及中肋上常有稀疏柔软的刺毛或蜡粉，叶缘锯齿状或波状、全缘或基部浅裂或深裂，或全叶具有不同大小深浅的裂片；叶片中肋或叶柄扩大或呈扁平状，或伸长，或呈箭杆状，或形成不同形状的突起，或曲折包心结球。叶芥不同变种的叶部形态各有其特征。

4. 花 总状花序。花的形态具十字花科植物花的典型特征。花瓣一般黄色，但有白花变种。开花顺序是主花序先开，依次是第 1 分枝，再为第 2、3、4 分枝，同一次分枝花序是上部先开，下部后开，一个花序上的花朵是由下而上、从外到内开放。第 1、2 分枝花数约占全株花数的 80%，第 3 分枝及主花序仅约占 20%。开花期一般为 20d 左右，依品种不同可为 15～25d。开花时间为 4～18 时，盛开和散粉时间为 10～16 时。薹芥变种的花茎肥嫩，分多薹型（侧薹发达）及单薹型，多薹型品种如四川小叶冲辣菜可陆续发出分枝花茎 7～9 个，单株重 0.8～1kg。

5. 果实及种子 芥菜自交结实率高，品种之间可相互杂交结实，但芥菜与芸薹属（*Brassica*）其他的种如大白菜及甘蓝等，在自然情况下，一般没有相互杂交结实现象。果实为长角果，每角果内有

种子 10～20 粒。种子呈圆形或椭圆形，红褐或暗褐色，无病株的种子千粒重约 1g。与甘蓝和白菜相比，种皮色泽显著偏红，且偏小。发芽率正常的种子一般以种子发芽率达 80% 就算已通过休眠阶段，而分蘖芥雪里蕻采种后须经 87d 才能解除休眠。贺红、晏儒来（1993）试验，春季留种者，潮州芥菜种子休眠期为 45d，草腰子茎瘤芥 35d；秋季留种者，潮州芥菜种子休眠期在 130d 以上，草腰子茎瘤芥为 109d。

（二）生物学特性　芥菜属低温长日照作物，一般作为二年生作物栽培，秋季播种，冬季或次春收食用器官，春夏开花结实。但因芥菜对低温和日照长短的要求均不严格，早秋播种，当年就可抽薹、开花、结子，成为一年生作物。

茎芥中以茎瘤芥的生长发育过程较为复杂，可参见本章第二节。

（三）化学成分及其利用　芥菜富含维生素、矿物质，磷、钙含量高过许多蔬菜，含氮物质也较丰富。由于芥菜的营养丰富，且变种、品种多，所以食用途径及方法甚多，冬春季节供应期长，夏季也可供应，成为城乡居民的重要蔬菜，特别是南方人，除鲜食外，还以叶芥、茎芥、根芥做成各种家常风味的泡菜、腌菜终年佐餐。芥菜之所以在家庭及工厂大规模生产加工菜，是因芥菜含有丰富的硫葡萄糖苷。Ettinger 和 Lundeen（1956）证明硫葡萄糖苷分子结构如下：

$$R-C{\overset{\displaystyle S-C_6H_{11}O_5}{\underset{\displaystyle N-O-SO_3^-}{}}}$$

凡含硫葡萄糖苷的植物中总伴生有硫葡萄苷酶，通常两者是分离的，只有当植物组织被破坏时，两者才互相作用而酶解，除释放出葡萄糖和 HSO_4^- 离子外，非糖部分经分子重排产生各种异硫氰酸酯（$R-N=C=S$）和单质硫，或经另一类型分子重排形成硫氰酸酯（$R-S-C≡N$）。同一种植物中所含硫葡萄糖苷组成模式相同，但不同品种、不同器官与不同发育阶段其含量却有很大差异。经研究证明，四川榨菜特征香气是由异硫氰酸酯类、腈类和二甲基三硫、1-烯丙基-4-甲基苯、1-甲氧基-4（1-丙烯）-苯、7-甲氧基苯并呋喃这一组特征香气成分所形成。酯类、杂环类及其他含氧化合物对榨菜香气也有一定贡献，从而形成独特的辛涩香气。菜头加工后所含蛋白质经水解后产生各种氨基酸，如谷氨酸、胱氨酸、赖氨酸、蛋氨酸等 17 种，故香气横溢，味道鲜美，为消费者所特别嗜好，使芥菜成为一种腌制加工业的优异原料。

（四）产量的形成　一般农作物的经济产量与生物产量的差异常较大，其经济系数（$K=$ 经济产量/生物学产量）常较低，而菜用芥菜的根芥、茎芥、叶芥、薹芥虽各自有其主要的产品器官，但其非主要产品器官部分仍有经济价值，如茎芥、根芥、薹芥，除膨大的肉质茎、根和薹而外，其叶部仍含丰富的硫葡萄糖苷，可利用作美味的盐渍或腌制加工品的原料，特别是叶芥基本上其生物产量就等于经济产量。

芥菜的叶是重要的光合作用器官，但绿色的肉质茎及根芥上端的绿色部分也可进行光合作用。叶面积大，表示接受阳光的容量大，但除叶面积外，还有净同化率，此二者才是构成芥菜产量的最主要生理因素。

芥菜叶面积，9 月 7 日在重庆播种的可达 6 800cm²/株，11 月 7 日播种的仅 2 000cm²/株，其叶面积系数是较低的，且光合强度也仅 20mg（CO_2）/（dm²·h）以下；芥菜的叶受光姿态在莲座期前后近于水平型，以后虽近于斜生型，但受光姿态仍不是很好，加之 5 片叶构成一个叶环，叶片大，茎短缩，叶片密集，受光较差。这些似乎说明芥菜构成产量的能力较低，难以高产。但事实上菜用芥菜的分化中心在四川省，生长季节在秋冬季，四川盆地在这个季节多云雾，属寡日照区，在这种生态环境下植株仍能生长健壮，形成主产品及次产品较高的产量。相反，若遇光照过强，反而会诱发更重的病毒病为害，因此在四川及浙江两个主产区栽培的茎瘤芥及其他芥菜仍能形成较高的产量。

要达到芥菜的高产优质，一是要使进行光合作用的叶片充分长大而健壮，且保持必要的叶片数，如大型叶芥或晚熟品种的功能叶不能少于 16 片，小型或早熟品种不应少于 10 片，茎瘤芥的功能叶保持两个叶环，即 10 片叶；二是将产品器官膨大期安排在 10～15℃温度条件下，而不必考察云雾多寡、日照强弱问题。

叶芥以叶部鲜食或加工，因变种、品种不同，其产量构成也不完全一样。多数鲜食或盐渍用品种肥厚而宽大的中肋为构成产量的主要部分，叶片成为次产品，其单株产量决定于叶的生长量及其中肋的宽厚度。作宜宾芽菜的小叶芥以其长而肥厚的叶柄和中肋剖条加工，单株产量主要决定于叶柄数及其叶柄的长度和周径，其叶片成为次产品；结球叶芥的主要产品为叶球，其单株产量决定于叶球的纵横径和叶球紧实度，落实在球叶数及其重量，外叶则成为次产品；雪里蕻由分蘖叶构成，单株产量以全部地上部计产；贵州盐酸菜和南充冬菜的原料大叶芥以叶部鲜重计单株产量，但实际上二者均是以采收后的大叶芥顶芽或腋芽所抽生粗壮的嫩芽、嫩薹及其薹叶加工而成，而其嫩芽、嫩薹产量仍决定于叶部的生长量，各品种的叶鲜重与采后抽出的嫩芽、嫩薹重量之间有一定比例；茎芥、根芥、薹芥分别以其肉质膨大茎、膨大根及肥厚花薹为主要产品器官，分别以它们的重量计算单株产量，而以叶部为次产品。

芥菜单位面积产量＝单株产量×单位面积株数

但应注意：统计单位面积株数时必须是有正常产量的株数。

不同地区争取单位面积总产量的途径不尽相同。如茎瘤芥四川产区，因适合瘤茎发育的日期长，单株产量高，一般采取适当增加种植密度以控制单株瘤茎大小，有利于全形加工榨菜，同时提高单位面积产量，种植密度宜每公顷 9 万～10 万株；浙江产区因瘤茎膨大期过短，单株产量低，就宜尽可能增加种植密度以获取较高单位面积产量，一般为每公顷 18 万～20 万株，甚至达到 30 万株。

第二节　茎芥栽培

茎芥中以茎瘤芥（var. *tumida* Tsen et Lee）最为重要，其生长发育过程也较为复杂。本节以茎瘤芥为代表加以叙述，其他茎芥只突出其特点。

一、茎瘤芥栽培

（一）生长发育特性及对环境条件的要求

1. 发芽出土期　从播种至发芽出土齐苗。此期所需温度以 20～25℃为宜。

2. 幼苗期　瘤茎芥叶序为 2/5，出苗后 1 个月，长出 5 片真叶，完成第 1 个叶环后，幼苗期即结束。以后发生第 2 叶环，开始形成为功能叶，此时期在结球白菜、甘蓝等蔬菜作物上称为莲座期，但茎瘤芥并无明显的莲座期，因植株达到一个叶环以上，只要遇到 15℃以下的温度，茎部便可膨大形成瘤茎，所以不列莲座期，而以第 1 片真叶出现到茎部开始膨大这一阶段统称为幼苗期。此期的长短依地区及播种期不同，相差甚远。如涪陵产区在 9 月上旬播种育苗移栽者，于 11 月上旬茎部开始膨大，苗期 60～70d，而浙江产区推迟 1 个月播种，以大苗越冬，次年 2 月下旬肉质茎才开始膨大，苗期长达 130d。

茎瘤芥在四川盆地分化形成，适合冷凉湿润环境，不耐高温，不耐霜冻，生长适温为 10～25℃，唯苗期适应范围较广，较耐热和耐寒。出苗后至第一叶环形成期生长适温为 20～25℃，第二叶环形成叶丛的生长适温为 15～20℃。

3. 瘤茎膨大期 从茎部开始膨大至瘤茎充分成熟，并开始现蕾的阶段为瘤茎膨大期。涪陵产区一般在 11 月上中旬瘤茎开始膨大，2 月份开始采收，瘤茎膨大期约 100d，单个瘤茎重达 1kg。随着播种期的推迟，瘤茎膨大期显著缩短，产量降低。浙江产区桐乡在 10 月份播种后，次年 2 月下旬瘤茎才开始膨大，4 月上中旬成熟，其膨大期 55d 左右，单个瘤茎重仅 120～250g。重庆涪陵和浙江两个产区的产量相差悬殊，主要由于温度的差异所造成，而温度的限制作用主要表现在以下 3 个方面：温度必须下降 15℃ 左右时，瘤茎才能开始膨大；瘤茎膨大最适旬均温为 8～13.6℃；肥大的肉质茎不能耐 0℃ 以下的低温。浙江冬季常在 0℃ 以下，有时甚至降低到 −11℃。因此，浙江产区要满足瘤茎膨大的这些环境条件，只有通过播种期调节控制其瘤茎膨大期在 2～4 月，才能充分利用适于瘤茎膨大及成熟的这短短 55d 左右的时间。

叶环数的多少、叶面积大小及叶和瘤茎的相关增长速度均直接影响到同化产物的制造和积累，进而影响瘤茎的产量。在涪陵，于 9 月上旬播种，可发生 8～9 个叶环，即 40～45 片叶，叶面积可达 7 000cm²；11 月播种者仅有 4～5 个叶环，即 20～25 片叶，叶面积仅 2 000cm²。茎瘤芥自定植成活至采收，叶面积和重量不断增长，但茎部迅速膨大时，叶面积增长速度显著减慢。随着瘤茎的逐渐增大，茎叶比及瘤茎含水量逐渐增加。瘤茎干物质含量为 6.33%～7.75%。

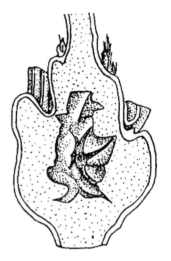

在瘤茎膨大中期常发生的空心开裂现象是由于髓部薄壁细胞之间离析崩裂造成，初期呈小横裂缝，后形成大空腔，空腔表面呈白色或黄褐色，一般在中后期肉质茎迅速膨大时更易发生（图 13-2）。降雨过多而集中是造成浙江省瘤茎空心开裂的重要因素，但也与品种有关，一般早熟、容易抽薹的品种更易空心。如涪陵的蔺市草腰子比三转子更易空心。同时也与栽培和施肥技术有关，单纯施用化学氮肥或过量施用氮肥均易发生。

膨大茎叶腋萌发腋芽的不良现象与品种、播种期和栽培技术有关，如三转子萌发腋芽少于草腰子与鹅公苞。一般播种愈早，萌发腋芽愈早、愈多；增施磷、钾肥可减少腋芽的萌发。

图 13-2　半碎叶瘤茎空心状态
（李曙轩，1972）

瘤茎膨大期在温度低、日照少，特别是昼夜温差大的环境下，有利于养分转运贮藏而形成肥大的肉质瘤茎。茎瘤芥生长期喜冷凉湿润环境，需经常保持湿润，土壤过干，不但影响生长，降低产量，且瘤茎纤维增多，筋多皮厚，不适加工。但水分过多，植株柔弱徒长，软腐病将加重。

4. 开花结实期 从第一批花开放到种子成熟为开花结实期。涪陵于 2 月中下旬，浙江于 4 月上中旬瘤茎成熟即开始现蕾，经 5～8d 后开始抽薹，抽薹后 20～28d 开始开花。涪陵在 3～4 月，环境温度为 12～20℃。4 月 30 日春播蔺市草腰子、三层楼、三转子等 3 个品种，分别于 6 月 25 日至 7 月 4 日开花，也能结籽，但茎部不能膨大，说明茎芥开花结实对低温的要求不严格，但延长日照，能加速生育周期。若秋播过早，幼苗期受高温长日照影响，则导致先期抽薹。

开花结实期氮肥过量，水分不足，常引起花蕾脱落，结实率下降，子粒不饱满等现象。因此，在开花结实期应控制氮肥用量，适当增施磷钾肥，保证养分水分的供给，以提高结实率和种子千粒重，并提高单位面积种子产量。

（二）品种 一般用于加工者，除丰产性外，还应具备不易先期抽薹、瘤茎含水量低、空心率低、肉瘤浑圆、间沟浅、较耐病毒病和软腐病、耐寒力较强等特征、特性。

1. 蔺市草腰子 1965 年发掘于重庆市涪陵区蔺市镇，1972 年推广应用，至今仍为重庆市涪陵区、万州区及长寿县的主栽品种（图 13-3）。株型较紧凑。叶倒卵形，叶缘具细锯齿，叶柄上生 2～3 对小裂片。瘤茎纺锤形，皮色浅绿，肉瘤较大而浑圆，间沟较浅，鲜重 300g 左右。瘤茎质地致密，品质佳，含水量较低，为 93.5％，脱水快，加工成菜率高，是当前加工榨菜的优良品种。也是传统风脱水"涪陵榨菜"的主要原料品种。但早播易先期抽薹，且抗病毒病能力弱，因此只宜在常年轻病的粮作区种植。该品种在涪陵沿江榨菜产区一般于 9 月 5 日至秋分播种，次年 2 月中旬收获。

图 13-3 蔺市草腰子
(引自：《中国芥菜》，1996)

2. 永安小叶 重庆市涪陵区农业科学研究所于 1986 年在涪陵永安乡发掘的地方品种。该品种具有产量高、加工性能好等优点，是目前较"蔺市草腰子"更为理想的加工品种。株型紧凑，瘤茎近圆球形，皮色浅绿，肉瘤浑圆，间沟浅。出苗至现蕾 155～160d，较蔺市草腰子长 5d 左右。耐肥，抽薹较晚，丰产性好。瘤茎含水量低，皮薄，脱水快，加工成菜率和品质与蔺市草腰子相当，但增产 15％～20％。

3. 涪杂 1 号 重庆市涪陵区农业科学研究所于 2001 年育成的茎瘤芥优良一代杂种。叶长椭圆形，叶缘波状，裂片 2～3 对。瘤茎近圆球形，皮色浅绿，肉瘤钝圆，间沟浅，含水量低，皮薄，脱水快，加工成菜率与蔺市草腰子相当。该品种与永安小叶相比，在田间对病毒病和霜霉病具有更强的抗（耐）病能力，耐寒性强；生长期比永安小叶短 3～5d，抽薹较晚；一般栽培条件下比永安小叶能增产 20％。涪陵沿江海拔 500m 以下地区宜在 9 月 12～16 日播种，播后 35d 左右移栽。因叶片大，生长旺盛，栽植株、行距宜 33cm×33cm。

4. 半碎叶 20 世纪 30 年代从四川省引种驯化栽培，已成为浙江省海宁地方品种，是目前海宁、桐乡、余姚等地的主栽品种。叶长椭圆形，深绿色，叶面微皱，叶缘深裂。瘤茎近圆球形，表皮浅绿色，上被较厚的蜡粉，间沟较浅，鲜重 300g 左右，加工适应性好。该品种耐肥、耐寒，在当地 9 月下旬至 10 月上旬播种，定植成活后以大苗（俗称"小坨子"）越冬，次春瘤茎迅速膨大，于 3 月下旬至 4 月上旬收获。

茎瘤芥在重庆市沿江一带品种资源非常丰富，除上述品种外，尚有三转子、柿饼菜、三层楼、鹅公苞、立耳朵、露酒壶、绣球菜等。浙江产区除上述半碎叶为最重要的主栽品种外，在桐乡、海宁、温州等地尚有全碎叶、半大叶、琵琶叶等。此外，浙江农业大学与桐乡榨菜研究部门合作，于 1981—1987 年以桐乡半碎叶为原始材料，经系谱选择及混合选择法育成了浙桐 1 号新品种，已推广到慈溪、余姚、海宁、温州及安徽歙县等地。

（三）栽培制度 重庆市涪陵等沿长江一带，芥菜的前后茬随各地农业结构不同而异，粮食作物区前茬多为甘薯，后茬多为玉米；经济作物区后茬多为棉花，少数是烟草；蔬菜区前后茬一般是瓜类、茄果类、豆类蔬菜。

重庆市沿长江一带，茎瘤芥一般是单作，而巴南、长寿、江津等地则多采用与小麦或蚕豆各 1～2 行交替种植，小麦与蚕豆之间种 1～2 行茎瘤芥，茎瘤芥收获后套种玉米，小麦收获后在玉米行间栽种两行甘薯，玉米收后再种蚕豆，甘薯收后再种茎瘤芥。此种栽培制度有一定优点，因小麦和蚕豆与茎瘤芥每年交替轮换，它们的根系深浅和分布不同，植株高度不同，可充分利用土壤肥力和肥水条件，同时，也可合理利用空间和阳光。蚕豆的根瘤菌能提高土壤肥力。蚕豆和小麦又在一定程度上能直接或间接地起到减少传病毒的有翅蚜侵害茎瘤芥的作用，而栽培茎瘤芥的施肥水平较高，可为粮食作物提供较好的土壤肥力。因此，粮食作物与茎瘤芥间套作是值得推广的一种栽培制度。

浙江省的茎瘤芥大田生长期主要在 2 月至 4 月上旬，此期间桑园、果园和棉田均为休闲时期，因此桐乡、斜桥等蚕区多与桑树间作，慈溪、余姚等棉区主要利用棉田种茎瘤芥，而温州、黄岩

等粮食区则主要与绿肥苜蓿套作。这些栽培制度促进了浙江茎瘤芥的大面积生产和榨菜加工业的发展。

（四）栽培季节 茎瘤芥在25～10℃适温范围内，温度从高到低，叶和瘤茎才可能生长良好。其间子叶出土至第1叶环形成期生长适温为25～20℃，第2叶环形成叶丛的生长适温为20～15℃，但瘤茎形成必须在15℃以下，以15～8℃为适宜。前期温度过高，病毒病严重，后期低温造成生长停滞或受冻害。若温度虽仍为10～25℃，但从低温走向高温，则前期叶部生长不好，后期瘤茎不能形成。因此，茎瘤芥的栽培季节只能是秋冬季，多于秋季播种，冬末春初或春季收获，而不可能是春播夏收。

茎瘤芥以重庆涪陵白露节前后（9月上旬）播种育苗为代表，从子叶出土到种子成熟的总日数为220～230d，出苗到菜头成熟需160～170d，现蕾至种子成熟需经50～60d。随着播种期延迟，生育期逐渐缩短。秋播者生长期最长，由冬播至春播依次缩短，夏播的生长期最短者仅70～90d，而冬末至春夏播种者均不能形成菜头。浙江主产区桐乡播种期比涪陵迟1个月，以大苗越冬，次年2月下旬瘤芥开始膨大，4月中下旬成熟。开花结籽也推迟，生长期比涪陵长月余。

具体的栽培时间因地区不同、气候差异而相差甚远。中国茎瘤芥的主产区在四川、重庆及浙江，但目前已发展到15个省、自治区、直辖市，北达黑龙江省，南至福建省，基本上引种成功，分布范围约从北纬25°～46°。下面以长江流域、黄河流域及黑龙江省的代表地区分析它们的温度及日照条件，说明从南到北茎瘤芥的物候期及栽培季节（表13-1）。

表13-1 涪陵、鹤壁、兰西积温及物候期比较

（引自：《中国芥菜》，1996）

地 区	苗期温度			瘤茎菜头膨大期温度			积温（℃）	日照时数（h）			播种至收获日数（d）
	时间（月/旬）	旬均气温（℃）	日数（d）	时间（月/旬）	旬均气温（℃）	日数（d）		苗期	瘤茎膨大期	合计	
重庆市涪陵区	9/上～11/上	15.5～26.2	60	11月上旬至翌年2月中旬	6.9～13.8	100	2 339.0	212.1	149.6	361.7	160
河南省鹤壁市	8/下～10/上	19.3～23.1	40	10/上～11/中	4.2～17.9	40	2 124.5	341.4	305.4	656.6	80
黑龙江省兰西县	8/上～8/下	19.1～20.0	30	9/上～10/上	4.7～16.2	40	1 185.9	256.2	363.7	639.9	70

（五）栽培技术

1. 播种及育苗

（1）播种期 秋播的播种期，在同年同地可相差10d左右，其效果相差也较显著。因茎瘤芥发芽出土期及幼苗期能适应较高温度，播种期偏早，温度较高，根系及叶生长迅速而旺盛，单株产量较高，但常导致病毒病、软腐病加重，肉质茎瘤空心率、腋芽萌发率、先期抽薹率等增高及膨大茎抽长，皮部增厚，纤维增多等，使产品品质显著降低。相反，播种期偏晚，植株生长量不够，在临界收获期之前，肉质茎未能充分膨大，单株及单位面积产量降低。此规律在各地区均表现一致。因此，生产上需要在当地选择一个既能减轻病害发生、保持品质，又不过分降低生长量，收获期适当，且能获得高产、优质的播种期。如重庆市涪陵区轻病年宜在白露节（9月7日左右），重病年宜在秋分节（9月22日左右）；河北省保定市在立秋节（8月7日左右）后约5d之内抓紧播种，超过10d则产量锐减（表13-2）。

表 13-2　河北保定市茎瘤芥播种期对发病、产量和品质的影响

(魏安荣，1990)

年份	播种（月/日）	病毒病发病率（%）	软腐病发病率（%）	瘤茎空心率（%）	茎裂率（%）	折茎叶总产量（kg/hm²）	瘤茎占总产量（%）
1984	8/11	5	3.03	50		34 996.5	81
	8/16	2	1.35	20		28 762.5	70
	8/21	3	0.58	10		23 864.3	50
1985	8/10	1.93	2.62	31	17.19	16 937.1	66
	8/13	1.45	0.83	18	12.81	32 528.3	60
	8/16	0.83	0.07	8	7.80	31 370.3	59
	8/19	1.73	0.35	5	3.90	26 321.4	53
1986	8/11	12.83	5.14	42	8.66	34 197.7	83
	8/13	11.47	4.66	22	7.67	32 624.7	72
	8/19	10.26	2.78	14	7.66	28 516.7	61

　　浙江省茎瘤芥播种期的确定主要是要求植株在越冬时不形成肉质瘤茎，根系发育良好，第1～7片叶充分健壮，12月份能出现第8片叶以后的功能叶，但为尚未成长起来的健壮大苗。根据浙江省70年来引种栽培积累的经验，当地最恰当的播种期如以主产地桐乡县为例，则为10月5～10日，约比重庆市的播种期延迟1个月，这样在越冬时才能达到对植株大小的要求。从而看出，对浙江省茎瘤芥播种期所考虑的问题与四川省及华北地区不同，后二者主要考虑适当躲避苗期高温干旱，减轻蚜虫及病毒病为害而达到防病丰产的目的，而浙江省则主要考虑减轻低温冻害，而又能获得适当的单株产量与合格的质量。

　　由于芥菜形成花芽和抽薹对低温无要求，却对高温长日照敏感，故在浙江省春季随着温度升高、日照时数增加，其功能叶的生长、肉质瘤茎的膨大与抽薹三者同步进行，往往造成肉质瘤茎空心开裂。据曹小芝、陈竹君等调查，一般田块空心率常为60%～80%，严重田块可达90%～100%。空心原因：第一，主要是品种、气候条件与栽培技术综合作用的结果，当地生产上的主栽品种半碎叶是一个易空心的品种。第二，瘤茎膨大期正值降雨量大而集中，过量的水分使瘤茎膨大过速，髓部薄壁细胞间离析，组织破裂而导致空心，俗称"燥空心"；有时因雨水过量而使瘤茎表皮和皮层破裂，或叶痕处腐烂穿孔，茎内积水而腐烂，俗称"烂空心"。第三个原因是瘤茎在短期内快速膨大，营养供应不足或氮肥偏多，营养失调，以及采收不及时等。如桐乡的半碎叶品种从3月下旬起，每10d肉质茎重增长10倍以上，4月20日成熟，在此之前若不及时收获，则易空心。

　　茎瘤芥主要是作榨菜加工原料，不需排开播种，若当年秋凉较早，温度下降较快，阴雨较多，不妨适当提前播种，争取苗期生长量加大，叶和根生长更健壮，总生长期延长，获得更高产量。相反，若当年初秋连晴高温，湿度低，就必须适当推迟播种，以减轻病害，争取产量不降低。

　　(2) 种子准备　晾干后的种子，在通风干燥处保管妥当，其发芽力可保持3～4年。如用有色瓶装种子至2/3容积后封闭贮藏，发芽力可保持7～8年，但发芽势相应减弱。芥菜种子有休眠期，如草腰子品种5月初采种后，休眠期在35d以上，不能立即用于播种。

　　四川省各地农民强调应以花枝顶花未谢时收下的嫩种子作种。但试验证明老种子较嫩种子发芽力强；大株种较中株和无头小株种发芽力强；种株病毒病轻则发芽力强，但发芽稍晚；1次分枝上的种子较主序上的种子发芽力强，2次、3次分枝依次下降；同一分枝，下部角果的种子发芽力强于中部，更强于上部。

　　如种子收藏恰当，无霉烂虫伤，无夹杂物，且发芽率高，播前可不进行种子处理。如种子质量不好，可先用80℃热水倾入盛种子的容器内，很快倾除烫水及其上浮的嫩种、瘪粒及其他夹杂物，再用50～54℃温水浸种10min，滤出、晾干，准备播种。

　　(3) 育苗　目前除少数重病区采取直播无缓苗期，可以延迟播种约半个月，以减轻病毒病而能获

得正常产量外，一般生产上均行育苗移栽。育苗便于集中应用设施技术，减轻干旱、暴雨及蚜虫为害，省力而效果好。培育壮苗必须注意以下几个环节：

①育苗地的选择和准备。育苗地必须选择富含腐殖质、保水、保肥好的中壤或轻壤土。结构不良或保水、保肥差的沙土，幼苗生长不良，土温易升高，病毒病较重。四川省秋雨较多，日照较差，宜选择向阳且排水良好的地块，而华北地区早秋播种的育苗期间，日照强烈，温度较高，空气和土壤常较干燥，宜选择较阴凉且较湿润的地块，以减轻病毒病。

由于苗期的病毒病毒源及蚜虫主要来自早播白菜、萝卜等十字花科蔬菜作物，育苗地应远离这些作物，以减少毒源及虫源。周围的这些蔬菜作物可喷药防蚜1～2次，并铲除田间及四周杂草，减少病虫基数。

苗床土宜早深耕晒土，熟化土壤。施足基肥，施完全肥较单施农家液态有机肥的幼苗少病，特别是磷肥对抗病、增产有良好作用，若早期缺磷，后期增施也难以弥补缺磷所受的影响。具体的肥料配合及施肥量因土壤不同、肥沃度不同而相差较大。如以涪陵区的灰棕紫泥中壤土为例，一般每公顷苗床土施腐熟的土杂肥4.5万～6万kg、过磷酸钙220～300kg、草木灰2 200～3 000kg、腐熟农家液态有机肥2.2万～3万kg。肥料与土壤充分混匀后开沟作畦，宽1.3～1.5m，长随地形而定，沟宽18～24cm，深13～16cm，以利排水和管理。

②播种。播种前畦面整平耙细，浇足底水，适当稀播，才能培育出健壮幼苗。一般每公顷育苗地宜播种子6～7.5kg，其幼苗可供9～12hm² 大田栽植所需。播种宜选晴天下午或傍晚进行。因芥菜种子细小，播种时宜掺干沙或草木灰混合均匀撒播于畦面，播后适当泼洒腐熟稀薄的农家液态有机肥，使种子与床土贴合，床面再盖一层草木灰等，以防雨后土壤板结阻碍出苗。

直播者作畦挖窝点播，要求窝大而浅、底平、窝内泥土疏松细碎，播后盖草木灰等。

③苗期管理。播种较早者常遭烈日、暴雨危害，宜用遮阳网适当遮荫防大雨冲击畦面及嫩苗，华北地区日照强烈尤为适用。长出第1片真叶时间苗，苗距为3cm左右，出现第3片真叶时再次间苗，苗距间7cm左右。间苗时除去弱苗、劣苗、病苗和杂苗，若间苗不及时，易形成高脚弱苗，此种苗易发病，产量大幅度降低。在第2次间苗后，可施1次腐熟稀薄液肥。如遇干旱，可结合抗旱进行，增加施肥次数，降低肥料浓度。

茎瘤芥苗期被蚜虫传毒后发病快而病情重，因此苗期彻底防蚜是茎瘤芥栽培成功的关键措施，生产上除使用药剂灭蚜外，还可采用驱避蚜虫等方法。西南农业大学1977年试验银灰色反光塑料薄膜不同覆盖方式的防蚜增产效果如表13-3。

表13-3 银灰色薄膜苗期不同覆盖方式防蚜增产的效果

（西南农业大学，1977）

薄膜覆盖方式	苗期避蚜效果（%）		本田发病率（%）		本田病情指数		平均茎重（g）	产量（kg/hm²）	增产（%）
	无翅蚜	有翅蚜	发病	防效	病情指数	防效（%）			
30cm 见方网眼拱棚	98.8	100.0	52	36.59	35	44.41	200	36 180	126
21cm 见方网眼拱棚	46.1	100.0	60	27.05	40	36.51	200	36 300	127
30cm 条形拱棚	96.8	90.0	75	8.53	52	17.46	220	39 555	138
21cm 条形拱棚	100.0	100.0	63	23.17	41	34.92	250	43 050	150
无棚对照	/	/	82	/	63	/	175	28 665	100

2. 土壤选择及整地 宜选排、灌良好，土层深厚，质地疏松，富含有机质而肥沃的壤土、轻壤土或沙壤土。总结涪陵沿江一带和浙江产区以及引种到全国各地的经验教训，茎瘤芥不宜在过于黏重板结或过于沙质、排水或保水过差的土壤中栽培，否则将导致生长不良，软腐病或病毒病加重，并严重降低产量。

茎瘤芥栽培地宜深耕至25cm左右，并进行晒垡熟化土壤，以利根系发育及土壤微生物活动和养分转化吸收。茎瘤芥忌涝畏旱，喜土壤湿度相对稳定。华北地区宜采用小高垄栽培，垄高 15～20cm，垄距 40～50cm，以利排灌。在作垄前开沟施入底肥。涪陵产区茎膨大期降雨量约 90mm，空气相对湿度在 80％以上，一般作宽 120～160cm、高 13～16cm 的畦，利于排水，预防软腐病；浙江杭州、温州等地在菜头膨大期降雨骤增，3～4 月雨量达 207mm，宜再增加畦高。

3. 营养及施肥　重庆市涪陵农业科学研究所季显权、刘泽君（1992）等在涪陵茎瘤芥主产区的灰棕紫泥中等肥力土壤上进行了营养及施肥试验，品种为蔺市草腰子。其主要结果如下：

（1）茎瘤芥吸收氮、磷、钾的规律

①氮。对氮的旺盛吸收期为 13.00～17.78 叶期，吸收氮量为全期的 76％，在此期保证氮充足是提高氮经济利用率及菜头优质、丰产的关键。被吸收的氮积累在根、茎、叶中，分别占 5.78％、48.87％及 45.35％。

②磷。对磷的吸收旺期为 13.84～18.12 叶期，吸收磷量占全期的 65.86％。积累在根中的磷为 6.01％，茎中为 57.39％，叶中为 36.62％。

③钾。吸收钾的旺期为 13.65～18.38 叶期，此期吸收钾量为全量的 65.89％。全钾中有 6.69％ 积累在根中，59.15％ 在茎中，34.15％ 在叶中。

（2）肥料效应　涪陵产区土壤普遍缺氮，大部缺磷，局部缺钾，肥料效应顺序为 N＞P＞K。优选出肥料组合为 N 334.8～423.3kg/hm^2，P_2O_5 75.3～99.0kg/hm^2，K_2O 92.25～111.45kg/hm^2。此组合肥料可使菜头的菜皮百分率降低，蛋白质及氨基酸含量增加。

（3）施肥量　季显权等根据涪陵主产区土壤肥料效应的特点：NP＞NK，认为生产上不宜采用 NK 方式，而只能用 N、NP、NPK 等。结合涪陵灰棕紫泥土耕作土的 N 含量仅为 0.066％～0.085％，其中 N：P：K 为 1：0.5：16.67 的具体情况，计算出养分施用量列表 13-4，供作参考。

表 13-4　涪陵灰棕泥不同肥力等级及不同施肥条件下的目标产量施肥量（kg/hm^2）

（引自：《中国芥菜》，1996）

施肥条件　　　肥力等级	N	NP		NPK		
	N	N	P_2O_5	N	P_2O_5	K_2O
1	＞405.15	＞336.15	＞85.65	＞418.35	＞115.50	＞234.45
2	405.15～340.35	336.15～276.30	85.65～78.15	418.35～326.25	115.50～86.40	234.45～143.55
3	340.35～285.90	276.30～249.45	78.15～82.80	326.25～283.80	86.40～82.95	143.55～108.75
4	285.90～150.60	249.47～198.60	82.80～94.80	279.30～230.85	82.95～92.55	108.75～82.65
5	＜150.60	＜198.60	＜94.80	＜230.40	＜92.55	＜82.65

浙江产区慈溪市农业局史美棠、俞国桢（1991）经 6 年定期、定点进行植株采样分析结果如表 13-5。

表 13-5　每公顷产 45 000kg 鲜菜头各生育期吸收 N、P、K 量

（史美棠等，1990）

取样时间	生育期	N			P_2O_5			K_2O		
		kg/hm^2	占总量（％）	累计（％）	kg/hm^2	占总量（％）	累计（％）	kg/hm^2	占总量（％）	累计（％）
12 月上旬	苗期	8.25	3.4		1.50	2.40		6.30	2.5	
1 月上旬	越冬期	31.05	12.8	16.2	6.45	10.20	12.6	25.95	10.3	12.8
3 月 13 日	春发期	130.5	53.50	69.7	30.45	48.30	60.9	131.25	52.1	64.9
3 月 29 日	瘤茎膨大期	73.65	30.30	100.0	24.60	39.1	100.0	88.50	35.1	100.0
合计		243.45			63.00			252.00		

从表 13-5 看出，鲜菜头（肉质茎瘤，下同）产量 45 000kg/hm² 约需吸收 N 243.45kg、P_2O_5 63kg、K_2O 252kg，N、P、K 三要素的吸收量在茎瘤芥不同生育期是不同的，总趋势是由少到多。由于浙江省的茎瘤芥以大苗越冬后，次年春 3 月功能叶才迅速长大，并且瘤茎开始膨大，4 月上中旬是瘤茎膨大的高峰期。因此，在 3 月吸收量达最高峰，3 月底是为 4 月瘤茎膨大高峰作营养准备的时期，其吸收量达第 2 次高峰。各生育期对 N、P、K 三要素吸收比基本一致。

史美棠、俞国桢的三要素配比试验证明，钾肥能增加单株根干重 41.7%、叶干重 45.7%，瘤茎形成较早，且增干重 75%；施钾能提高瘤茎的 N 含量及其蛋白态 N 含量和有机碳含量；施 K_2O 量 240kg/hm² 增产 12.7%，平均每千克的 K_2O 增产菜头 15.4kg。

从史美棠等在浙江慈溪和季显权等在重庆涪陵所作 N、P、K 试验来看，其结果不完全一致，说明各地土壤类别不同，基本肥力不同，对三要素的反应不一样，这种结果是必然的。涪陵主产区为紫色土类，在温暖、湿润气候条件下普遍缺 N，而 K 却大多较为丰富，所以施肥效应为 N>P>K，一般对 K 肥的需要不很迫切；而浙江北部沿海平原茎瘤芥产区土壤为含 N、P 中等的缺 K 型土壤，故试验结果证明施肥效应为 K>P>N。茎瘤芥对 K 素利用特别好，其 N、P、K 的吸收比为 1∶0.24∶1.04，施肥的三要素配比为每公顷施 N 450kg、P_2O_5 75kg、K_2O 187kg，其比例为 1∶0.17∶0.42。

（4）施肥方法 涪陵茎瘤芥产区农民基本上只施追肥。季显权等试验，控制基肥加追肥的总 N、总 P_2O_5 一致，以粒状复合肥作基肥穴施及撒施耙入土中，结果施基肥特别是撒施粒状基肥的产量最高，达极显著水平。原因是磷易被土壤固定，茎瘤芥 8 叶期以后，90% 以上的根系交织密布于 0～20cm 土层中，穴施不如撒施肥效好，特别是 N、P 复合颗粒基肥能缓慢而广泛提供 N 和 P，其利用率提高。

叶龄可作为茎瘤芥生育进程的度量标准，依叶龄来把握最佳追肥时间及其用量较为切合实际。在涪陵灰棕紫色泥土上试验结果：茎瘤芥于 6～7 片叶时定植成活后即进入 8 叶期时，应施总追肥量的 20%，以促进功能叶的生长，13 片叶期施 70%，以大量供应生长旺期的需要。

浙江省产区以健壮大苗越冬，在越冬前对三要素的总吸收量仅约为全期的 10%～12%，此期应控制氮肥施用，适当供给 P_2O_5，促进根群发育，切忌幼苗过于肥嫩，以防寒害。次年 3 月为吸收量最高峰，应在临此期之前即 2 月中旬追施占总量 50% 以上的速效 N、P、K 肥，4 月瘤茎膨大高峰期之前即 3 月中下旬追施以 P、K 为主的 35%～40% 的追肥。

4. 定植及田间管理

（1）覆盖地膜 浙江产区因冬季寒冷，春季降雨过多，曹小芝试验（1986）覆盖黑色地膜能增产 50%，瘤茎空心率可从 100% 降到 40% 以下，成熟期提前。

（2）定植 定植时如苗龄过小，则定植后缓苗、发棵都较缓慢，对病毒病抵抗力减弱；如苗龄过大，则移栽伤根量大，缓苗也慢，同时，苗龄过大，胚茎伸长，造成瘤茎成长形。定植苗龄以真叶 5～6 片时为适宜，早秋播者苗龄约 25d，秋播者约 30d，晚秋播者约 40d。

定植前 1d 苗床浇水，使土壤湿度适当，以便带土移栽，减少根系损伤，提高成活率。起苗时应选择具备本品种特征、无病虫害、生长健壮的幼苗。栽苗时应理顺直根系，避免栽"扭头秧"。如直根过长，可除去尖端，留 7～10cm 即可。栽苗深度以泥土掩至根颈部为宜，将四周泥土稍加镇压，使土粒与根密切结合。定植应择阴天或晴天午后进行，切忌雨天或雨后土壤太湿时栽苗，否则容易"浆根"，栽后土壤板结，根系生长困难，成活率低，即使成活，生长亦缓慢，植株弱而易罹病。

茎瘤芥对光照要求不是很高，且植株不很高大，所以合理密植增产的潜力大。浙江以"小坨苗"越冬，均行密植，密度为 18 万～22 万株/hm²，四川则为 9 万株/hm²。华北地区的播种期在 8 月 15 日左右，当时气候干热，只能行直播。在小高垄上划 1.5cm 浅沟条播，覆土 1cm 镇压，浇水 2 次促发芽整齐，齐苗后间苗 1～2 次，5～6 片真叶时，以苗距 20～25cm 定苗到 10 万～12 万株/hm²。

（3）中耕除草 在第 2 次追肥前后植株尚未封行之前进行中耕，注意不能使泥土壅住菜头，以防环境太湿引起菜头腐烂。直播地须在定苗后增加一次中耕。若定植或定苗之后，土壤过湿和板结，缓苗后植株生长势弱，发棵缓慢，就须提前进行深中耕至 17～20cm，实行亮行"炕土"，提高土温，再配合施速效肥，促进幼苗生长。否则，菜苗衰弱，病害严重，甚至死苗。

（4）追肥灌水　应及时、分期、足量、按配比进行追肥。南方秋冬季潮湿，一般不行灌水，应注意排水。华北地区则需在定苗后，立即培土扶垄，便于排灌并促根系生长。9 月中旬瘤茎开始形成，茎叶迅速生长，需要较多水分和养分，应加强肥水管理，一般 7d 浇水 1 次，直到收获前半月停止灌水。生长期中尽量保持土壤水分稳定，避免过干、过湿加重菜头空心或腐烂。

5. 采收　过早采收，菜头尚未充分成熟，产量未达高峰；采收过迟，菜头含水量高，筋多皮厚，容易空心，加工成榨菜品质不佳，成菜率低。重庆产区农民经验以在菜头刚"冒顶"时收获最为适宜。所谓"冒顶"是指分开顶端 2～3 片心叶能见淡绿色花蕾的时候。重庆沿江主产区的采收期在立春（2 月 5 日左右）至雨水（2 月 20 日左右）之间，而鲜食为主者以不同成熟期的品种采收期向早、晚延伸。浙江产区的肉质瘤茎重量全靠 3 月下旬至 4 月 20 日期间的迅速增长，故不能提前采收，否则产量损失大。但由于抽薹与瘤茎生长同步进行，到 4 月 20 日薹高已达加工厂收购的最大限度，因此为临界采收期，此时薹已达 3cm 左右，若再不采收，空心率及空心指数将明显增加。

二、抱子芥栽培

抱子芥（var. *gemmifera* Lee et Lin）又称儿菜、娃娃菜，主要以其肥大、味甜而不苦的肉质茎及其肉质侧芽供鲜食，更优于瘤茎，特别是肉质侧芽更优。但因含水量高，质地脆嫩，仅作泡菜而不宜作半干态腌渍品。该新变种于 20 世纪 70 年代初在四川省南充发掘出来，经 30 余年的发展，栽培已遍及长江流域和全国约 20 个省、自治区、直辖市。

（一）类型及品种　四川省各地有其地方品种，如渠县的角儿菜，仪陇县的紫缨子儿菜、花叶儿菜，阆中县的抱鸡婆儿菜等。按肉质侧芽的形状和大小，可将抱子芥分为两个基本类型：

1. 胖芽型　每株密生肥大肉质侧芽 15～20 个，侧芽呈不规整的圆锥形，纵径 10～15cm，横径 5～7cm，纵、横径比值 2.5 以下，单个侧芽平均重 50g 以上。如四川省的妹儿菜、大儿菜等品种。

2. 瘦芽型　每株密生肥大肉质侧芽 25～30 个，侧芽呈不规整的纺锤形，纵径 11～14cm，横径 3～4cm，纵、横径比值 3.5 以上，单个侧芽平均重 35g 以下。如四川省的下儿菜、抱子菜等。

目前抱子芥的主要栽培品种有：

①大儿菜。四川省南充地区地方品种。株高 52～57cm，开展度 68cm。叶长椭圆形。肉质侧芽长扁圆形，每株 18～20 个，鲜重约 900g，柔嫩多汁，味微甜，无苦味，皮厚，易空心，只宜鲜食。肉质茎短圆锥形，纵径 20cm，横径 8.0cm，鲜重 600g。该品种耐肥，耐寒。

②抱儿菜。四川省南充地区地方品种。株高 62～67cm，开展度 79cm。叶卵圆形，叶面微皱，刺毛多，无蜡粉。肉质侧芽长扁圆形，每株 26～29 个，鲜重 1 100g。肉质茎棍棒状，纵径 25cm，横径 9cm，鲜重 750g。其品种特性与大儿菜相同。

③临江儿菜。永川农民技术员采用连年单株精选混合采种选育而成。喜温凉、湿润，耐肥、耐寒，忌高温、干旱，畏连雨水涝。株高 40～48cm，开展度 98cm，收获时叶 11～14 片。叶色浓绿，叶面无刺毛、蜡粉，叶片微皱、披散，叶形稍扭曲而狭长，长 53～65cm，宽 23～25cm，叶缘具细锯齿。肉质主茎短缩，其腋芽肥大，密集环绕于主茎。株重 3.38～4.5kg，净菜率 75%，叶重占 23% 左右。单株肉质腋芽 14～20 个，重 105g 左右。腋芽品质更优，绿白色，多汁脆嫩，稍甜。播种至始收 150～170d，可延迟收获至 4 月于淡季上市。产量均达 6 万 kg/hm² 左右。

此外，还有重庆市大足县农民经系统选择育成的抱子芥良种川农 1 号等。

（二）栽培技术　抱子芥为茎芥中的 1 个变种，虽在形态上与茎瘤芥有很大区别，但其生物学特

性仍大体一致，栽培中的病毒病问题、空心问题等也是相同的。但抱子芥的生育过程较茎瘤芥或笋子芥多1个时期，后二者只要同化器官生长到一定程度，即有一定数目的叶片后主茎开始膨大为肉质茎，即为产品器官。而抱子芥要待肉质主茎长到相当大小，日照逐渐加长，温度开始回升之后，才大量、迅速地抽生腋芽，在2～3月长成肥大腋芽，同肥大主茎一起构成主要供食部分。因此，抱子芥的生长期较长，形成肥大腋芽的时间拖延较长，采收期也较晚。其栽培技术要点如下：

1. 适期播种　抱子芥苗期耐热力稍强于茎瘤芥，且生长期长，播种期可稍提前，四川省东部以处暑（8月23日左右）至白露（9月8日左右）为宜。山地的播种期应较早，平坝较晚；远郊粮区宜较早，近郊菜区较晚；当年干热气候迟迟不退可较晚，当年秋凉早则较早。凡播期不适当地偏早，则病毒病及软腐病加重；不适当地偏晚，则生长量不够，产量下降。重庆市第一农业科学研究所地处近郊病毒病重病区，1990年将抱子芥播种期提前到8月27日，当年秋季较干热，结果全部罹病毒病以致无收。1991年秋及1992年秋在彻底治蚜防病基础上，连续作播种期试验，得到相似结果，均以处暑后几天播种的产量为最高（表13-6）。

表13-6　抱子芥不同播种期产量比较
（引自：《中国芥菜》，1996）

1991年播种期	折产量（kg/hm²）	5%	1%	1992年播种期	折产量（kg/hm²）	5%	1%
8月5日	15 420	c	B	8月15日	41 760	c	B
8月15日	29 370	b	B	8月22日	49 620	b	A
8月25日	37 860	a	A	8月29日	60 240	a	A
9月4日	33 300	a	A	9月5日	59 935	a	A
9月14日	15 795	c	B	9月12日	45 405	b	B

2. 培育壮苗　播种过密，易形成瘦长苗，严重影响产量，故播种量也不宜过大，以7.5kg/hm²为限。因种子细小，苗床地整地应特别精细，播种应均匀。覆盖遮阳网防烈日暴雨并保持土壤湿润。幼苗1～2片真叶和3片真叶时各间苗1次，以培育壮苗。苗期彻底防治蚜虫，并防治猝倒病。

3. 本田准备及定植　本田应避免与十字花科作物接近，以减少毒源。抱子芥喜肥沃土壤，应深耕，施足有机肥及N、P、K配合肥作基肥。幼苗5～6片真叶、苗龄33～40d时，择晴天下午或阴天带土定植，行距60cm，株距50cm，密度为3万～3.3万株/hm²。

4. 田间管理　抱子芥需肥量大，除基肥外，需在定植成活后，叶片生长盛期、茎刚开始膨大及充分膨大前分4次追肥，掌握前期轻施、中期重施、后期看苗补肥的原则，以减少空心，提高产量。定植后要继续治蚜以防病毒病，注意虫伤及人为损伤植株以防软腐病。

5. 采收　抱子芥以叶色浓绿苍老并开始发黄为成熟表征，此时肥大、白色带绿的腋芽已长出小叶，呈分枝重叠状围绕着主茎。3～4月为采收高峰期，4月以后如久不采收，将增加空心率及空心程度。因抱子芥为鲜食蔬菜，为排开上市，可提前在1月至2月末达充分成熟时即开始采收。

三、笋子芥栽培

（一）品种　笋子芥（var. *crassicaulis* Chen et Yang）又名棒菜，以其肥大的棒状肉质茎为主要产品器官。在西南地区及长江流域栽培较为普遍，但在四川盆地其肉质茎的膨大最为充分，长江中下游地区则多为茎叶兼用型品种。因其肉质茎含水量高，质地柔嫩，皮较厚，味甜不带苦味，故主作鲜食，也可用于制作泡菜，但不宜加工半干态的腌渍品。主要品种有：

1. 竹壳子棒菜　四川省成都市地方品种。株高72cm，开展度84cm。叶长椭圆形，叶面微皱，叶缘浅缺具细锯齿。肉质茎长棒状，横径 4.0cm，纵径 24cm，表皮浅绿色，鲜重 450～500g。

2. 白甲菜头 四川省自贡市地方品种。株高 66～70cm，开展度 72cm。叶倒卵圆形，绿色，叶面微皱，无刺毛，少被蜡粉，叶缘波状具细锯齿。肉质茎长棒状，上有棱，纵径 30cm，横径 4.0cm，皮色浅绿，鲜重 400g 左右。熟食略带甜味。

3. 迟芥菜头 又名猪脚包菜头，江西省吉安市地方品种。株高 85～100cm，开展度 75cm。叶长倒卵圆形，绿色，叶面皱褶，有光泽，叶缘波状具粗锯齿。肉质茎棒状，上有棱，纵径 36cm，横径 8.0cm，表皮浅绿色，鲜重 750～1 200g，肥嫩，汁多味甜，品质好。耐肥，耐寒。

此外，还有重庆市第一农业科学研究所（1992）从四川盆地中西部及重庆市 10 个县引进的 21 份笋子芥品种进行比较试验后，选出的青甲菜头及南充棒菜等。

（二）栽培技术 笋子芥较茎瘤芥和孢子芥早熟，且苗期抗热力较强，一般宜早播种早上市。但因仍有病毒病困扰，所以早播也只能适度（表 13－7），且必须彻底防蚜，并加强苗期水肥管理、适当遮荫等。

表 13－7 笋子芥不同播种期产量比较
(引自：《中国芥菜》，1996)

播种期	折产量（kg/hm²）	5%	1%
7 月 25 日	58 305	a	A
8 月 1 日	53 010	a	A
8 月 8 日	40 500	b	B
8 月 15 日	32 805	b	B
8 月 22 日	33 330	b	B

注：1992 年播种，1993 年收获。

从表 13－7 看出，7 月 25 日与 8 月 1 日播种者产量无显著差异，但 7 月下旬重庆地区尚处在干热季节，播种育苗的管理工作量较大，风险也大，故生产上以在 8 月初播种较宜。

第三节 叶芥栽培

叶芥别名青菜、苦菜、春菜等，是主要以叶部供食的一类芥菜，包括了本书分类系统中的 11 个变种，在中国栽培最为普遍。叶芥虽仍喜冷凉、湿润的气候条件，但属芥菜中适应性最强的一类。当然变种和品种不同对环境条件的适应性不完全相同，一般大型包心的变种和品种对环境条件要求严格一些，而小型散叶或以幼苗供食者，则适应性更强一些。

一、变种及品种

（一）大叶芥（var. *rugosa* Bailey） 株高 55～80cm，开展度 70cm。叶片椭圆形、长椭圆形或倒卵圆形，长 55～80cm，宽 22～30cm，绿色或深绿色，叶面平滑，无刺毛，无蜡粉，叶缘细锯齿。叶柄长 2～5cm，宽 3.3～4.9cm，厚约 1.0cm，横断面呈弧形，叶柄长不到叶长的 1/10，中肋宽度小于或等于叶柄宽度。单株重 1.2～1.4kg。

大叶芥在全国有许多优良地方品种，也是加工菜的主要原料，被誉为四川省四大名菜之一的加工制品"冬菜"，其原料为大叶芥中的品种鸡叶子芥菜、二宽壳冬菜、箭杆冬菜、宽叶箭杆青菜等；独山大叶芥则是贵州省独山、都匀"盐酸菜"的主要原料。此外，江西省的圆梗芥菜、红筋芥菜，福建省建阳的春不老、福州的宽枇芥菜，广东省的三月青、南凤芥、高脚芥，云南省的澄江苦菜、粉秆青

菜等，都是作加工原料或鲜食的优良品种。

（二）小叶芥（var. *foliosa* Bailey） 株高 60～75cm，开展度 60cm。叶片椭圆形、长椭圆形或倒卵圆形，长 50～74cm，宽 20～27cm。叶色浅绿或绿，叶面中皱，无刺毛，无蜡粉，叶片上部全缘，下部羽状全裂，裂片小而密。叶柄长 18～34cm，宽 2.2～3.0cm，横断面呈半圆形，叶柄长接近叶长的 2/5，中肋宽度小于叶柄宽度。单株重 1.5kg。

小叶芥在四川、云南、贵州等省有较丰富的品种资源，作加工菜原料及鲜食。被誉为四川省四大名菜之一的加工制品"宜宾芽菜"，其原料主要为小叶芥的品种二平桩（图 13-4）及二月青菜、四月青菜等。此外，重庆市的涪陵圆叶甜青菜、蓝筋青菜、垫江红筋青菜，四川省泸州市的白杆甜青菜和万源鸡血青菜，云南省的圆秆青菜等，均为可用于鲜食或加工的小叶芥优良品种。

（三）宽柄芥（var. *latipa* Li） 株高 50～70cm，开展度 100cm。叶片椭圆形、卵圆形或倒卵圆形，长 52～68cm，宽 30～43cm，中肋宽 13.5～17.0cm。叶片绿、深绿或黄绿色，叶面中皱或多皱，无刺毛或刺毛稀疏，被蜡粉，叶缘细锯齿，浅裂或深裂。叶柄长 3.2～5.5cm，宽 4.6～6.5cm，横断面呈扁弧形，叶柄长不到叶长的 1/10。单株鲜重 1.2～2.0kg。

此类芥菜在中国南方各地品种资源极为丰富，如四川省宜宾的宽帮青菜（图 13-5）、花叶宽帮青菜、宽帮皱叶青菜、白叶青菜，湖南省的面叶青菜，上海市的粉皮菜，江苏省黄芽芥菜，贵州省的皮皮青菜等，都是宽柄芥的优良品种。

（四）叶瘤芥（var. *strumata* Tsen et Lee） 株高 40～60cm，开展度 89cm。叶片椭圆形或长椭圆形，长 44～69cm，宽 27～35cm。叶绿色或深绿色，叶面中皱或多皱，无刺毛或刺毛稀疏，无蜡粉，叶缘上部有细锯齿，下部羽状浅裂或深裂，或二回羽状浅裂，中肋宽 5.5～9cm。叶柄长 5～8cm，宽 3.5～5cm，叶柄或中肋正面着生一个卵形或乳头状凸起肉瘤，肉瘤纵径 4～6cm，横径 4～5cm。单株鲜重 1.2～1.5kg。

叶瘤芥主要分布在长江流域的部分地区，而以四川省品种较多，如窄板奶奶菜、宽板奶奶菜、花叶奶奶菜及鹅嘴菜等。此外，还有上海市的白叶弥陀芥（图 13-6）、黑叶弥陀芥，江苏省常州的弥陀芥，湖北省的耳朵菜（其突起似耳朵状，为湖南"丰菜"的加工原料）。

（五）长柄芥（var. *longepetiolata* Yang et Chen） 株高 44～53cm，开展度 70cm。叶绿色或浅绿色，叶片阔卵圆形或扇形，叶长 42～50cm，宽 18～26cm，叶缘细锯齿状，深裂或全裂，多褶皱，两面无毛，两侧略向内卷，掌状网脉，中肋裂变成 3～5 个分枝，分枝上着生阔卵圆形或圆扇形裂片，呈假复叶状。叶柄长 26～29cm，宽 1.8～3.0cm，厚 0.5～0.8cm，横断面呈半圆形，柄长无刺毛，被蜡粉，叶柄长为叶长的 3/5 左右。12 月下旬至次年 2 月中下旬分次劈叶采收。

长柄芥目前仅在四川省泸州、南江和重庆市梁平、丰都、垫江等地栽培，品种较少，有垫江叉叉

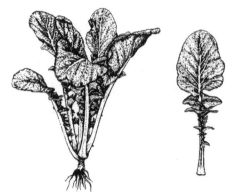

图 13-4　二平桩
（引自：《中国芥菜》，1996）

图 13-5　宽帮青菜
（引自：《中国芥菜》，1996）

图 13-6　白叶弥陀菜
（引自：《中国芥菜》，1996）

叶香菜（图 13-7）、梭罗菜、烂叶子香菜、长梗香菜等，均主要作鲜食。近年来，重庆市推广很快，因其较耐热，植株较小，生长期较短，可提前播种，提前上市，排开供应，且无苦味又带香味，作为鲜食，备受青睐。

（六）花叶芥（var. *multisecta* Bailey）　株高 30~58cm，开展度 80cm。叶片椭圆形或长椭圆形，长 74~81cm，宽 25~29cm，绿色或深绿色，叶缘深裂成细丝状，或全裂，或呈重叠的细羽丝状。叶柄长 7~9cm，宽 1.1~2.3cm，厚 1.1~1.3cm，横断面近圆形，叶柄长度为叶长的 1/5 左右，中肋宽度小于叶柄宽度。单株鲜重约 0.8kg。

花叶芥品种除上海金丝芥（图 13-8）外，还有甘肃省的花叶芥菜、江苏省的大櫸芥、陕西省的腊辣菜等。

（七）凤尾芥（var. *linearifolia* Sun）　株高 63~68cm，开展度 89cm。叶片披针形或阔披针形，长 76~85cm，宽 12~14cm。叶色深绿，叶面微皱，无刺毛，无蜡粉，叶缘全缘或深裂。叶柄长 8~10cm，宽 3.2~4.1cm，横断面近圆形，叶柄长度约为叶长的 1/10 左右，中肋宽度小于叶柄宽度。单株鲜重 1.3~1.5kg。

凤尾芥目前仅四川省的部分地区栽培，品种稀少，除四川省自贡市的凤尾青菜（图 13-9）外，迄今发现的另有四川省西昌市的阉鸡尾辣菜，均零星栽培供鲜食。

（八）白花芥（var. *leucanthus* Chen et Yang）　株高 65~70cm，开展度 90cm。叶浅绿色，长椭圆形，长 74~81cm，宽 25~29cm。叶缘波状，叶面中等皱缩，两面无刺毛。叶柄长 27~33cm，宽 2.6~3.7cm，厚 1.1~1.4cm，横断面呈半圆形，柄上无刺毛，被蜡粉，叶柄长度接近叶长的 2/5 左右，中肋宽度小于叶柄宽度。花白色。单株鲜重 1.0~2.0kg。在四川省泸州 9 月上中旬播种，次年 2 月中旬至 3 月上中旬分次劈叶采收。

白花芥品种很稀少，仅四川省泸县发现白花青菜（图 13-10）和白秆青菜，后者花乳白色，植株更高大，均为零星分布。

（九）卷心芥（var. *involuta* Yang et Chen）　株高 36~50cm，开展度 70cm。叶绿色、浅绿或紫色，椭圆形或阔卵圆形，长 45~60cm，宽 30~38cm。叶缘具锯齿或浅裂，叶面中皱或多皱，两面均有稀疏的刺毛，被蜡粉。中肋特别发达，其宽度为叶柄宽度的 2.5~2.8 倍。叶柄长 3~6cm，厚 1.2~1.5cm，横断面呈扁弧形，柄上刺毛稀疏，被蜡粉。叶柄和中肋抱合，心叶外露，呈卷心状态。单株鲜重 1.0~1.2kg。

四川省、重庆市有很多卷心芥的优良品种，如普遍栽培的抱鸡婆青菜（图 13-11）及成都市的砂锅青菜、自贡市的

图 13-7　叉叉叶香菜
（引自：《中国芥菜》，1996）

图 13-8　金丝芥
（引自：《中国芥菜》，1996）

图 13-9　凤尾青菜
（引自：《中国芥菜》，1996）

图 13-10　白花青菜
（引自：《中国芥菜》，1996）

香炉菜、包包青菜，重庆市的罐罐菜、万县的米汤青菜等，均具产量高、品质佳、鲜食和加工兼宜等优良特性。

（十）结球芥（var. *capitata* Hort ex Li） 株高 30～35cm，开展度 50cm。叶阔卵形，长 34～55cm，宽 30～52cm，叶缘全缘或具细锯齿，叶面微皱，无蜡粉及刺毛。叶柄长、宽 5～7cm，横断面呈扁弧形，中肋宽 12～15cm，为叶柄宽的 2 倍以上。心叶叠抱成球形，叶球高 14～20cm，横径 16～19cm。单株鲜重 0.7～1.0kg。

图 13-11　抱鸡婆青菜
（引自：《中国芥菜》，1996）

结球芥主要分布在华南沿海，尤以广东省的澄海、汕头和福建省的厦门等地品种较多，如广东省的短叶鸡心芥、晚包心芥、哥苈大芥菜及汕头市的番苹种包心芥菜；福建省厦门包心芥、霞浦包心芥菜等。

（十一）分蘖芥（var. *multiceps* Tsen et Lee） 株高 30～35cm，开展度 58cm。叶片多，叶形多样，以披针形、倒披针形或倒卵形为主，叶色浅绿、绿或深绿，叶面平滑，无刺毛，被蜡粉，叶缘呈不规则锯齿或浅裂、中裂、深裂，叶片长 30～40cm，宽 5.5～9.0cm。叶柄长 2～4cm，宽 1.0～1.3cm，厚约 0.6cm，横断面近圆形，叶柄长为叶长的 1/10 左右。单株短缩茎上的侧芽在营养生长期萌发 15～30 个分枝而形成大的叶丛。单株鲜重 1.0～2kg。

图 13-12　九头鸟雪里蕻
（引自：《中国芥菜》，1996）

分蘖芥在长江中下游地区及北方各省普遍栽培，品种资源极为丰富。主栽品种有江苏省的九头鸟雪里蕻（图 13-12）、银丝雪里蕻，上海市的黄叶雪里蕻、黑叶雪里蕻，浙江省的细叶雪里蕻、青种千头芥，江西省的细花叶雪菜，湖南省的大叶排、细叶排、鸡爪排，四川省成都市的一笼鸡等。

二、生长发育特性及对环境条件的要求

一般不包心或明显分蘖的叶芥于幼苗期后没有一个明显的莲座叶生长过程，但结球芥和分蘖芥都要在具有一定数目的莲座叶后才开始结球或分蘖。在适期播种的情况下，当分蘖迅速增长后，莲座叶数不再增加，但其重量仍有所增加；延期播种者分蘖的分化延迟，而莲座叶数及重量仍持续增长，直至收获期。结球芥也有类似情况，但播期延迟基本不影响其结球始期。

叶芥的叶序为 2/5 或 3/8，叶环数因变种、品种或栽培条件而异。一般大叶型品种有叶片 20～30 片，而形成产量的功能叶 10 余片；结球芥一般有 10 片莲座叶和 14 片左右的球叶；加工"冬菜"及"芽菜"的大叶芥、小叶芥等大型叶芥，同化器官与产品器官一致，一般品种有 15～16 片叶。分蘖芥的叶片数和分蘖叶数，因品种不同而差异甚大。如浙江黄雪里蕻仅有分蘖 5～7 个，叶片数 80～100 片，而上海寒雪里蕻有外叶 35 片，分蘖数 35 个，分蘖叶片数约 279 片，共有叶 314 片。

叶芥喜冷凉、湿润的环境，但在生长初期对温度的适应性较强，温度较高能促进发芽出土及幼苗生长。在 25℃左右的旬平均温度下，播后 3d 可发芽出土。在旬平均温度 22℃左右的条件下形成 5～6 片叶的幼苗，约需 1 个月。主要食用器官形成以旬平均温 10～15℃为最适宜，但变种和品种不同，对温度的适应性不完全相间，一般以幼小植株供食或散叶型的变种和品种能适应较高温度，而食用部分特别肥大或包心结球的品种对较高温的适应性稍差。如分蘖芥及广东的南凤芥、歪尾大芥菜对较高温度的适应性较强，而结球芥的哥苈大芥菜需 10～15℃的较低温度才利于形成叶球和优良的品质，但鸡心芥品种即使在 19℃温度下还能结球良好。

叶芥越冬后，在次年春暖长日照条件下抽薹、开花、结实。一般品种并不必须接受低温，春播后当年即能抽薹开花。但品种不同，其冬性强弱仍有差别，如广东的三月芥、鸡心芥冬性弱，而哥苈大芥菜、四川春不老和一般雪里蕻品种则冬性较强，较不易抽薹开花。

三、栽培技术

（一）栽培季节　中国南北各地均以秋播为主。北方于霜冻前收获，长江流域及西南地区于冬季或次年春收获。在华南可利用不同品种的适应性和对供食部分的不同要求排开播种，周年供应。在北方也可于阳畦育苗，断霜后定植露地，于晚春收获。

在决定栽培季节时应考虑以下因素：在长江以南地区，凡特别适于在冷凉气候条件下栽培的变种和品种，应于 9 月上旬播种，12 月前后收获，如广州的鸡心芥和哥苈大芥菜等；对高温适应性较强的分蘖芥及长柄芥可于早秋 8 月播种，如浙江的黄叶雪里蕻和重庆垫江叉叉叶香菜等；大型叶芥且不易抽薹的大叶芥、小叶芥作加工原料者及黑叶雪里蕻等可于 9 月下旬播种，次年 3 月收获。凡易感病毒病的变种或品种宜适当晚播，相反宜适当早播；凡以小植株供食，且适应性较强者，可于 2～9 月排开播种，播后 30～60d 收获，如广州的南风芥、三月芥等；凡冷凉的地区或者山区可提前播种，温暖地区或者作为晚稻后作的可推迟播种。在长江以北地区，一般应晚于大白菜的播种期，于 8 月下旬播种，霜冻前收获。

（二）播种及育苗　一般都进行育苗移栽，但以小植株供食的品种多行直播。华北地区为减少移植延误时间，也有行直播的；南方为减少病毒病的为害，也可推迟播种期采用直播法。

苗床地宜选离蔬菜生产基地较远，特别是离十字花科蔬菜生产地较远的地方，以减轻蚜虫传播病毒病的机会。土壤宜选保水、保肥的壤土。沙土升温快，失水快，不符合叶芥喜稳定湿润土壤的要求，且易导致病毒病的发展。

苗床土耕翻后，应充分暴晒，并以堆肥、磷肥、草木灰和农家液态有机肥为基肥，使土壤疏松，养分充足，以利幼苗生长。叶芥种子细小，播前须充分细碎土壤，作宽 1.3m、高 15cm 的畦，浇足底水。

每公顷苗床播种量以 7.5kg 为宜。早秋播种由于气候炎热或有阵雨，易影响出苗和幼苗生长，故播种量可适当增加；晚播者由于气候温和，成苗率高，可适当减量。苗床地所育之苗能供 15～20 倍的本田栽培。播后覆细土，厚约 0.5cm。早播者宜盖草保湿，且有防止雨水使表土板结作用，利于出苗，但当开始出苗时必须及时除去覆盖。出现第 1 片真叶时进行第 1 次间苗，2～3 片真叶时进行第 2 次间苗，留苗距 15cm，并施稀薄农家有机液肥。苗期应特别注意彻底防蚜，以减轻病毒病。

（三）定植　四川省产粮地区，叶芥的前作多为玉米、甘薯，或栽于秋玉米行间，或套种于小麦行间，或后期套早玉米。菜田前作多为瓜类、辣椒等。在病毒病严重地区，不宜作十字花科蔬菜的后作。栽种叶芥的地块宜远离萝卜、白菜等蔬菜作物，以减少传染病毒病机会。

定植的行、株距因品种而异，一般早熟种或植株较小者行距为 33～40cm，株距 25～33cm；中、晚熟品种或植株较大者行距为 40～46cm，株距 25～33cm。雪里蕻一般株、行距为 25cm×33cm。叶芥定植后发根缓慢，定植后成活快、慢与幼苗是否健壮及定植技术有关，定植时要尽可能少伤根，不使根扭曲、悬空，务必使根系在土层中舒展以利生长。定植后及时浇定根水。

（四）田间管理　定植后如遇干旱，应灌水保苗。南方秋冬季多阴雨天气，一般不进行灌溉，还要注意排水。叶芥以叶部供食，施肥应以氮肥为主，但也应适当配合磷、钾肥，以增进抗性，增加产量，特别对以肥大中肋及叶柄为主要产品的叶芥更应施用磷、钾肥。一般除基肥施堆肥 1.5 万 kg/hm²、过

磷酸钙 300～450kg/hm²、草木灰 1 500～2 200kg/hm² 外，生长期中还应追肥 3～4 次，从定植成活后开始至产品器官肥大前施 2～3 次，由淡到浓，约施腐熟有机肥 6 万 kg/hm²、尿素 300～450kg/hm²。施肥前进行中耕除草。早秋栽培的叶芥，因前期气温较高，生长快，应及时施肥，特别对早熟品种早期不能脱肥；白露前后播种的叶芥，重追肥宜在 10 月下旬至 11 月上旬之间进行；寒冷地区冬季不宜施肥，否则植株柔嫩，易受冻害；晚熟品种于春暖后应及时施肥灌水，以防植株衰弱而提早抽薹；采收前半月应停止浇水、施肥，以免水分含量过高，影响加工质量。

（五）采收留种　早秋播种的叶芥，一般在 12 月前后收获；秋播、晚秋播的晚熟种在次年 2～4 月收获，其收获期应适合鲜食或加工的要求。以幼小植株供鲜食者，约在播种后 30～60d 采收；以成熟产品供食者，应在产品器官充分肥大、成熟后收获；加工的叶芥依加工菜的种类不同而各有其收获期标准。如生产贵州"盐酸菜"的原料大叶芥，应于短缩茎、花薹肥大、粗壮、脆嫩和叶柄充分肥大时收获；生产四川宜宾"芽菜"的原料小叶芥，应于叶柄和中肋充分肥大而花薹未抽出前收获；生产南充"冬菜"的原料大叶芥，应在短缩茎高 7～16cm，花薹尚未抽出前收获；结球芥在叶球充分紧实时收获；雪里蕻以幼嫩植株供食者，在定植后约 40d 即可收获，而次年春收获的雪里蕻，于开始抽薹、分蘖高 15cm 左右时收获。有些叶柄较窄的叶芥实行剥叶采收，即当有 5～6 片充分长大、叶缘发黄时开始剥叶，每次 2～3 片。

叶芥用晚秋播种的植株留种，按品种特征、特性选留种株并宜原地留种，若经移栽则减少种子产量并易诱发软腐病，甚至无收。结球芥选留种株的标准是：外叶较短，叶柄及中肋扁而宽，叶球紧实肥大，外层球叶顶端达叶球中心，抽薹迟。为了使花薹顺利抽出，应在晴天下午将叶球的外层叶切除几片，也可在叶球上划"十"字裂口，但均应注意不能伤及主茎。抽薹前施一次完全肥料。一般于 3～4 月开花，5 月种子成熟，每株可收种子 50～100g。叶芥不易与甘蓝或白菜杂交，但易与芥菜的各种变种及叶芥的其他品种杂交，留种时应注意隔离。

第四节　根芥栽培

一、变种及品种

根芥只有 1 个变种，即大头芥变种（var. *megarrhiza* Tsen et Lee），株高 30～70cm。叶浅绿、绿、深绿、酱红或绿间红色，长椭圆形或大头羽状浅裂或深裂，叶面平滑，无刺毛，蜡粉少，叶缘具细锯齿。叶长 30～40cm，宽 15～20cm，叶柄长 6～15cm，宽 0.8～1.0cm，厚约 0.9cm。肉质根圆球形、圆柱形或圆锥形，纵径约 15cm，横径 5～10cm，入土 1/3～3/5，地上部表皮浅绿色，入土部分白色，表面光滑，肉白色，单根鲜重 0.45～0.60kg。

大头芥供食的肉质根具强烈辛辣味，故俗称辣疙瘩、冲菜、芥头，一般不作鲜食而作腌制加工的原料。肉质根呈圆柱形的有四川省的小叶、荷包和广州市的粗苗等品种；呈圆锥形的有四川省的白缨子、云南省昆明市的油菜叶、山东省济南市辣疙瘩、湖北省襄樊市狮子头及江苏省的小五缨等；近圆球形的有广东省细苗、四川省的兴文大头菜等。

作为加工原料的根芥主栽优良品种很多，如缺叶、马尾丝、马脚秆为加工品"内江大头菜"的原料主栽品种；荷包、青叶为"成都大头菜"的原料品种；津市凤尾菜为湖南出口特产"津市凤尾菜"的原料品种；狮子头是湖北"襄樊大头菜"的原料品种；江苏太湖流域的小五缨、大五缨等是常州、宜兴、吴县、吴江等地生产的"五香大头菜"及"老卤大头菜"的原料品种；山东省济南辣疙瘩为济南"五香大头菜"的原料品种；云南省昆明市郊的花叶大头菜、托口菜，开远、建水一带的油菜叶，其加工品即为久负盛名的"云南大头菜"。同一品种经过盐渍，其产品黄色，名黄芥，如再经老酱和香料浸渍，其产品外黑色，内黑红色，名黑芥，更为珍贵。

二、生长发育特性及对环境条件的要求

根芥是芥菜类蔬菜中适应性最强者。在中国南北各地的秋季和冬春季节，一般均不会受高温或低温的威胁，并耐短期轻霜冻，在长江流域及其以南地区可安全越冬，且对病毒病和软腐病有较强的抗性或耐性，唯南方特别是西南地区开花结实期若遇绵雨天气，空气湿度较大时，易感染霜霉病。

全生育期约 120d，自播种至肉质根开始膨大为生长前期，肉质根膨大到收获为生长后期，各约 60d。生长前期温度在 20℃左右，逐渐降低到后期 10℃左右，昼夜温差大，最利于前期形成健旺的同化器官和后期物质积累及肉质根肥大。云南省昆明地区从 9 月播种至翌年 1 月收获，温度从月平均 18℃逐月降到 9.6℃，光照充足，昼夜温差大，最适宜根芥的生长，因而成为名产区。

根芥的抽薹开花对低温及光照长短要求均不严格，不论是萌动种子、生长的植株，还是贮藏期间的肉质根，都能在 1～15℃下通过低温春化。只因冬季温度低，抑制了花芽发育，所以当年一般不抽薹开花。但若播种过早，当年冬季不很冷，也会发生未熟抽薹现象。

根芥的根系较发达，在华北地区栽培，前期因温度较高，湿度较低，须适当灌溉，保持土壤湿润，而南方秋季降雨较多，冬季低温多湿，一般不需灌溉。

根芥对土壤要求不严格，除过黏的土壤外，一般土壤均可栽培，但以富含有机质、土层深厚、肥沃的黏壤土为最好。根芥对三要素的吸收仍以氮最多，钾次之，但氮、磷、钾肥应配合施用，尤其是肉质根膨大时要给以足量钾肥。凡土壤肥沃，播种期偏早，前期生长旺盛者，根头部的腋芽生长旺，有的品种长成小叶丛，有的品种则多形成肉质突起，后者更为加工厂所青睐。

三、栽培制度

华北地区栽培根芥常与大田作物轮作，很少在蔬菜生产区栽培。湖北省襄樊大头菜的原料产地很多集中在冲积平原，1982 年已发展到近 400hm²，过去作芝麻的后作，现因蔬菜基地的发展，多作西瓜、南瓜等的后作。云南、四川等省多作瓜类、茄果类蔬菜的后作。山地栽培常与旱粮作物轮作，一般均安排在肥沃地块或施肥较多的地块。

四、栽培技术

（一）播种育苗 根芥不论南北均行秋播。秋季降温快而冬季严寒的地区秋播宜早，其播种期一般较茎芥稍早，而与大白菜一致，主要由于其肉质根膨大所要求的适温较茎芥稍高，且一般品种耐病毒病能力较茎芥强。从华北到长江流域及长江以南，其播种期可从立秋至白露，即从 8 月 5 日左右起至 9 月 5 日左右，过早播种易发生未熟抽薹，过迟播种因前期营养生长不够而影响产量及品质，较冷地区未及收获已受冻害，不能作加工原料。东北地区秋冬季适合根芥生长的时期过短而多行春播，但易发生未熟抽薹。

根芥可直播，但在长江流域以育苗移栽为主。直播者肉质根发生分权较少，形状整齐；移栽者发生分权较多，但集中管理较为方便，且可充分利用土地。为减少肉质根分权，浙江省黄岩等地常用带土和早移栽的方法，而云南大头菜则多用直播法。其方法是于土壤干燥情况下，挖约 2cm 深的穴点播，播后覆堆肥并灌水。若土壤潮湿则不挖穴，可按行、株距点播后，用耙将种子耙入土内，播种量为 1.5kg/hm²。根芥种子细小，覆土不宜过深，直播匀出的秧苗，可用于移栽本田。

育苗地应选择保水、保肥好的壤土。播前半个月深耕 20cm，施畜粪 37t/hm²、过磷酸钙 600kg/hm²、草木灰 3t/hm² 作基肥。于播前整细耙平，作宽 130cm、高 15cm 的畦，撒播种子 4.5～6kg/hm²，可

供本田 10hm² 栽植。播后覆盖筛过的堆肥，以不见种子为度，然后浇水，并覆盖稻草以防大雨冲刷和干旱，出苗后及时除去覆盖物。当幼苗出现 2～3 片真叶时及 3～4 片真叶时，各间苗 1 次，除去细脚苗及有病虫的伤、劣苗，留苗间距 6cm。间苗后施稀薄农家有机液肥，苗期防治蚜虫 3 次。育成健壮而株型紧凑的秧苗是高产、优质的基础。凡播种量过大、未及时间苗和定植者易育成胚轴伸长的纤细秧苗，其肉质根生长均不正常，常出现"硬棒"或"打锣锤"的肉质根，影响产量和品质（图 13-13）。

图 13-13　大头菜的正常与畸形肉质根
1. 正常根　2. 打锣锤　3. 硬棒
（引自:《中国芥菜》，1996）

（二）整地及定植　根芥对土壤要求不严，但以富含有机质的保水、保肥好的黏壤土为最好。沙质土壤疏松，肉质根较光滑，侧根少，但因保水保肥力差，易干燥和缺肥，肉质根易于木质化，不易肥大，且土温易升高，较易发生病毒病及抽薹现象；黏壤土保水保肥力强，肉质根易肥大，抽薹较慢，病毒病较轻。根芥虽喜湿润环境，但在地下水较高的土壤栽培，肉质根生长不良，含水量较高，加工品质差，所以应选排水通气良好的土壤。

定植前耕地深 20～30cm，作宽 1.5～2m、高 15cm 的畦。定植行距为 37～47cm，株距为 33～40cm，一般栽苗 4.5 万～7.5 万株/hm²。栽植过密，肉质根小于 250g 便不适合加工。苗龄 30d 左右，约具 5 片真叶时定植，当时已能见到稍膨大的肉质根。定植前苗床先浇水以便带土定植。定植时将幼苗直根垂直于穴中央，掩土不要超过短缩茎处，务使根不扭曲，不受损伤，以保证肉质根生长齐整，少生根杈。根芥要求充足肥料，施肥除以氮为主以利叶片和根系生长外，尤应配合磷、钾肥的施用，每公顷基肥施堆肥 40t、过磷酸钙 650kg、草木灰 3t 或氯化钾 300kg。

（三）田间管理　根芥的追肥原则按"轻、重、轻"进行。第 1 次于定植成活或直播定苗后施腐熟稀畜粪加 75kg/hm² 尿素，以促进形成强大叶簇；第 2 次约在 10 月下旬，于叶片和肉质根迅速生长时，用较浓厚畜粪加尿素 220kg/hm²；第 3 次看苗长势酌施较浓厚畜粪，若长势很旺，可不再施肥。3 次共用畜粪 60～72t/hm²。重追肥的施用不宜迟于采收前 1 个月。

根芥的孕蕾、抽薹开花对低温无严格要求，常于年前即发生先期抽薹现象，特别是早熟品种过早播种易发生先期抽薹而影响肉质根产量及品质，应尽早摘心，将花蕾抹去，或用利刀于靠近基部处将花薹割除，切口应略呈斜面，以防止积水腐烂。如摘心过晚，则将影响产量及加工品质，这是根芥栽培的一项重要而特殊的技术措施。

（四）采收　根芥在冬季霜冻较重地区不能露地越冬，必须在霜冻之前收获。华北地区冬季严寒，总生长期较短，一般仅 90d 左右，甚至襄樊特产狮子头大头菜的生长期也只有 110～120d。而云南、四川等较暖和的地区，早熟品种生长期 140～150d，一般以 12 月下旬至翌年 1 月上中旬为收获适期。肉质根成熟的标志是基部叶片枯黄，根头部由绿转黄色，叶腋抽生侧枝或花蕾初现。如收获过迟，则表皮增厚，纤维增多，发生抽薹或空心现象，因而影响加工品质。收获肉质根后削去侧根，根据加工要求，或削去全部叶片，或留几片绿叶。

（五）留种　大头芥易在立冬（12 月上旬）前发生先期抽薹，留种不能用先期抽薹的植株，以免影响遗传性。可用晚播方式或从直播地里间出的幼苗或苗床的尾批小苗，经假植或不假植，栽于专设的留种地采种，这样因秋季苗尚小不易发生先期抽薹，待翌年立春以后正常抽薹、开花、结实。采种量因种株生长好坏而不同，一般经假植或管理不善，生长受抑制，只能收获种子 750kg/hm²。而未经假植即定植，且给以 90cm 见方的株、行距，生长健壮的植株，除主花茎外，在叶苞上可抽出十几个花茎，种子产量可达 110kg/hm²。

第五节　薹芥栽培

薹芥是从叶芥分化出来的花茎及其侧薹特别发达的一个变种（var. *utilis* Li）。其花茎抽生早，柔嫩多汁，辛辣味强，为主要供食部分。四川、云南、贵州、浙江、上海、广东等地为主要栽培地区。当地人将花薹切细，稍炒加温，密闭片刻，让芥子油挥发出来，凉拌成"冲辣菜"，深受人们喜爱。

该变种依其花茎和侧薹的多少及肥大程度，可分为两个基本类型，各有其代表品种。

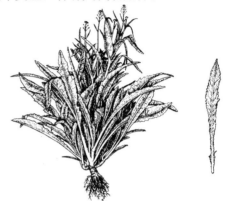

图 13 - 14　小叶冲辣菜
（引自：《中国芥菜》，1996）

（一）多薹型　顶芽和侧芽抽生均较快，侧薹发达，如四川省的小叶冲辣菜（图 13 - 14），贵州省的贵阳辣菜、枇杷叶辣菜等。

（二）单薹型　顶芽抽生快，形成肥大的肉质花茎，侧薹不发达，呈单薹状。主要分布在江苏、浙江、河南、广东、广西、福建、江西、安徽、湖北、陕西等省、自治区，但仅有少量栽培。主要品种如浙江省的天菜、广东省的梅菜等。

主要品种如小叶冲辣菜，重庆市地方品种，属多薹型。株高 45～50cm，开展度 70cm。叶倒披针形，绿色，叶面平滑，叶缘为不等锯齿状，最大叶长 41cm，宽 5cm；叶柄长 1cm，宽约 1.5cm。单株肉质侧薹 7～9 个，单株鲜重 1 600g。该品种耐肥，耐病毒病，芥辣味特强。当地 9 月上旬播种，10 月上旬定植，移栽后 40d 即可陆续摘取嫩茎食用。

薹芥的栽培与叶芥相似，不再赘述。

（刘佩瑛）

第六节　病虫害防治

芥菜类蔬菜作物的主要病害有病毒病、软腐病、菌核病等，害虫有黄曲条跳甲、菜蛾及菜螟等。

一、主要病害防治

（一）芥菜类病毒病　在苗期及茎瘤膨大期，乃至留种株上均普遍发生。主导毒源是芜菁花叶病毒（TuMV）及 TuMV 与黄瓜花叶病毒（CMV）的复合侵染。此外，还检测出烟草花叶病毒（TMV）、马铃薯 Y 病毒（PVY）、马铃薯 X 病毒（PXY）及花椰菜花叶病毒（CaMV）。症状有重缩叶型和花叶型等。传毒媒介主要为萝卜蚜和桃蚜，且以有翅蚜的迁飞为主要传播途径。影响发病轻重的主要因素是蚜量和田间毒源，而蚜量受气候干热及播种期过早的影响。防治方法：适时播种，异地育苗，培育无病健壮苗，选用抗（耐）病品种等。从田间管理上应强调苗床期是防蚜虫、防病的关键期，应从第 1 片真叶出现起即开始喷药杀灭蚜虫。可用 40%乐果乳油 1 000 倍液，或 50%辟蚜雾或 10%吡虫啉可湿性粉剂各 2 000～3 000 倍液等，每 5～7d 防治 1 次，共 2～3 次。本田期也不可忽视，可喷药 1～2 次。种株期从 3 月初开始抽薹开花，此时也是有翅蚜迁飞盛期，必须连续喷药 2～3 次以灭蚜防病。此外，发病初期可喷施新型病毒抑制剂，可参见第十二章白菜类病毒病。

（二）芥菜类软腐病　病原：*Erwinia carotovora* subsp. *carotovora*。全生育期均可发生，但以瘤茎膨大期及种株期发生普遍而严重。在近地面茎基部、叶柄基部形成不规则软腐病斑，略凹陷，皮破

裂，有恶臭，病斑还可蔓延到根部。病原随病残体在土壤、厩肥中，或在黄曲条跳甲等虫体内越冬。借灌溉水、风、雨及昆虫传播，从植株伤口侵入，吸取养分，分泌果胶酶分解寄主细胞的中胶层，使寄主细胞离散解体。病菌生长适温 4～38℃，以 27～30℃最适。因此，播种过早、连作、菜地过湿、施用未腐熟农家肥、病田流水、虫口密度大等发病重。防治方法：播前晒土，避免早播，加强水肥管理及防除害虫等。发病初期可用 72%农用硫酸链霉素可湿性粉剂 3 000～4 000 倍液，或 14%络氨铜水剂 300 倍液，7～10d 喷药 1 次，连续防治 2～3 次。

（三）芥菜类菌核病　病原：*Sclerotinia sclerotiorum*。苗期发病多在近地面根茎处生红褐色斑点，后呈枯白色；叶受害多在叶缘或叶柄产生不规则病斑，发展到茎部生梭形灰白病斑或黑斑，表皮破裂，内部纤维散开，茎易折断，致叶片枯黄影响开花结实和种子成熟。潮湿时病部腐烂，生浓密絮状白霉，后在病斑、病茎及花薹内均生黑色鼠粪状菌核，严重时整株死亡。菌核为秋季或下年春季侵染病原。气温 15～25℃，相对湿度为 80%以上的温暖潮湿气候病害易流行。该病传播途径和防治方法等，可参见第十二章白菜菌核病。

（四）芥菜类霜霉病　病原：*Peronospora parasitica* var. *brassicae*。主要为害叶片，茎瘤芥生长前期发生较多。病斑叶两面生，病斑黄绿色或逐渐变为黄色，因受叶脉限制，由近圆形扩至多角形，直径 3～12mm，湿度大时叶背长出白色霉层，即病原菌的包囊梗和孢子囊，严重时叶片干枯，影响产量和质量。传播途径和发病条件以及防治方法，参见第十二章大白菜霜霉病。

二、主要虫害防治

为害芥菜类蔬菜的主要害虫有黄曲条跳甲、菜蛾及菜螟等，其防治方法参见第十二章白菜类蔬菜栽培。

从病虫害防治途径来看，对病毒病和霜霉病应选用抗病品种为主；细菌软腐病以防治虫害及防植株受伤减少感病机会为主；菌核病、软腐病以改进栽培管理为主；而蚜虫、黄曲条跳甲、菜螟等则应以药剂防治为主。从防治时期看，苗床期应以防治蚜虫、跳甲、菜螟等虫害为主；定植至收获以防治白锈病为重点；种株期应以防治软腐病、霜霉病、菜蛾为重点；而全生长期间都应把治蚜防病毒病贯彻始终。

（朱国仁）

（本章主编：刘佩瑛）

◆ **主要参考文献**

[1] 周源，周光凡等．栽培芥菜．野生芥菜及其基本种的同工酶分析．西南农业大学学报，1990（4）：42～46

[2] 童南奎．菜用芥菜不同变种的核型及杂种染色体行为的观察．西南农业大学学报，1991，13（3）：321～324

[3] 王建波，利容千等．芥菜不同变种的核型变异初探．园艺学报，1992（3）：245～249

[4] G.L. 史坦宾斯（美）．植物的变种和进化．上海：上海科学技术出版社，1987

[5] 周太炎．中国植物志．93 卷．北京：科学出版社，1987

[6] 陈材林，杨以耕，周光凡，陈学群等．中国芥菜分布研究．西南农业大学学报，1990，3（1）：18～19

[7] 陈材林，周源，周光凡，陈学群等．中国芥菜起源探讨．西南农业大学学报，1992，5（3）：7～9

[8] 周光凡，陈学群，陈材林，周源等．四川盆地芥菜次生多样化中心及其成因探讨．西南农业大学学报，1990，3（3）：5～6

[9] 蔡岳松，李新予．四川榨菜病毒病的毒源种群及其分布．西南农业大学学报，1991，4（4）：99～104

[10] 林冠伯．芥菜．重庆：科学技术文献出版社重庆分社，1990

[11] 季显权，刘泽君等．茎瘤芥优质丰产施肥原理及应用技术研究论文集．土壤农化通报，1993，7（3）

[12] 陈竹君，张佐民等．浙江茎用芥菜主要品种特性的调查研究．中国蔬菜，1989（1）：31～34

[13] 曹小芝，秦森炎 . 浙江的榨菜栽培——中国名特产蔬菜论文集 . 北京：中国科学技术出版社，1988

[14] 魏安荣 . 茎用芥菜的引种 . 中国蔬菜，1990（3）：23～25

[15] 史美棠，俞国桢 . 榨菜三要素肥料吸肥规律及合理施肥配比的研究 . 上海蔬菜，1991（3）：39～40

[16] 曹小芝 . 地膜覆盖与不同肥料用量对茎用芥菜产量与空心的影响 . 中国蔬菜，1989（3）：4～7

[17] 贺红，晏儒来 . 部分十字花科蔬菜种子休眠期及其破除的方法 . 中国蔬菜，1993（6）：23～25

[18] 刘佩瑛主编 . 中国芥菜 . 北京：中国农业出版社，1996

[19] 梁家勉 . 中国农业科学技术史稿 . 北京：农业出版社，1992

第十四章

甘蓝类蔬菜栽培

甘蓝类蔬菜是十字花科（Cruciferae）芸薹属（*Brassica*）的一年生或二年生草本植物，包括甘蓝（*Brassica oleracea* L.）及其变种：结球甘蓝（var. *capitata* L.）、羽衣甘蓝（var. *acephala* DC.）、抱子甘蓝（var. *germmifera* Zenk.）、球茎甘蓝（var. *caulorapa* DC.）、皱叶甘蓝（var. *bullata* DC.）、赤球甘蓝（var. *rubra* DC.）、花椰菜（var. *botrytis* L.）、青花菜（var. *italica* Plenck.）和芥蓝（*B. alboglabra* L. H. Bailey）。其中皱叶甘蓝、赤球甘蓝的球形、栽培技术与结球甘蓝相近，中国少有栽培。

除芥蓝的原产地不详外（《中国植物志》33 卷，1987），甘蓝的各个变种都起源于地中海至北海沿岸。早在公元前 2500—前 2000 年甘蓝类蔬菜中的一些原始类型就为古罗马和古希腊人所栽培。

甘蓝的野生种原为不结球植物，经过自然与人工的选择逐渐形成了不同的变种。野生甘蓝枝叶繁茂，顶芽和节间的侧芽都是活动芽，植株表现为茎高、枝多，不形成叶球。结球甘蓝和赤球甘蓝的茎退化为短缩茎，顶芽发达而侧芽一般不生长，顶芽在生长前期开放生长成莲座叶，形成 2～3 个叶环后，心叶开始抱合生长，逐渐贮藏养分形成紧实的叶球。抱子甘蓝的顶芽与侧芽很发达，顶芽开放生长形成同化叶，养分贮藏于各个腋芽，因而形成许多小的叶球。球茎甘蓝的顶芽开放生长，养分贮藏于肥大的短缩茎内；花椰菜及青花菜其养分积累则形成肥嫩的花球及花枝；芥蓝的顶芽和侧芽均发达，其养分积累则形成肥嫩的主花薹和侧花薹（图 14-1）。

甘蓝类蔬菜虽在形态上有很大的差异，但它们的染色体数都是 2n＝18，而且都是同一个基本染色体组（cc）。所以其彼此间自然杂交率很高，所产生的杂种也都能正常繁育。

甘蓝类蔬菜都有肥厚而呈蓝绿色或紫色的叶片，都有明显的蜡粉，属低温长日照作物，但各

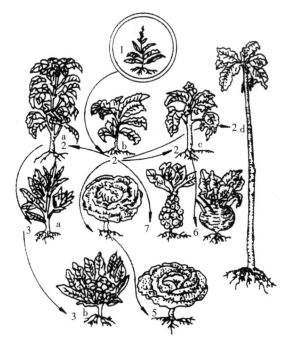

图 14-1　在人工选择和培育下野生甘蓝的变异性
1. 一年生野生甘蓝　2. 羽衣甘蓝（2a：分枝者；2b：不分枝；2c：髓状者；2d：饲用高茎者）　3. 花椰菜［3a：二年生者（木立花椰菜）；3b：一年生者（花椰菜）］
4. 甘蓝　5. 皱叶甘蓝　6. 球茎甘蓝　7. 抱子甘蓝
（马尔柯夫等，1953）

个变种和品种间通过阶段发育对环境条件的要求有所不同。如结球甘蓝、赤球甘蓝、球茎甘蓝和抱子甘蓝，在完成春化时对温度的要求比较严格，而花椰菜、青花菜、羽衣甘蓝，特别是芥蓝就不很严格。但其都有一个共同的发育特点，只有在植株长到一定大小时，才能接受低温感应。

甘蓝类蔬菜中的结球甘蓝、球茎甘蓝、花椰菜早在全国各地普遍栽培，青花菜、赤球甘蓝、羽衣甘蓝、抱子甘蓝是在20世纪90年代前后，才在大、中城市郊区及部分蔬菜生产基地逐渐栽培。

第一节　结球甘蓝

结球甘蓝为十字花科（Cruciferae）芸薹属甘蓝种中顶芽或腋芽能形成叶球的一个变种。学名：*Brassica oleracea* L. var. *capitata* L.；别名：洋白菜、卷心菜、包心菜、椰菜、莲花白、包包白、大头菜、圆白菜及茴子白等。

甘蓝的野生种为不结球的一年生植物。日本星川清亲在《栽培植物的起源与传播》一书中认为，不结球的甘蓝原始种（var. *sylvestris*），虽很早就被栽培食用，但到13世纪才出现结球松散的品种，16世纪才出现皱叶型和紫红色型的品种。甘蓝于17世纪后传到美国，17～18世纪传到亚洲，现已在世界各地普遍栽培。

结球甘蓝引进中国的时间，自16世纪中叶开始至19世纪下半叶的300多年间，从不同途径多次引入中国。如清·康熙29年（1690）前后从沙俄引入黑龙江，当地叫俄罗斯菘或老铃菜。由克什米尔（1804）传入新疆，当时叫莲花白菜。大约在19世纪，西北各省才有发展，19世纪上半叶在山西省已普遍栽培并传到四川，19世纪下半叶传到湖北，到民国初年传到上海栽培。而全国性的普遍栽培至今不过半个世纪。但在19世纪以后，中国南北各地四季都有栽培，通过异地调剂一般均可达到周年供应。

一、生物学特性

（一）植物学特征

1. 根　结球甘蓝的根为圆锥根系。主根不发达，须根多，容易发生不定根。须根主要分布在30cm深和80cm宽的范围内，最长可深至60cm和宽至100cm。根吸收肥、水能力很强，而且还有一定的耐涝和抗旱的能力。深耕和分层施肥能扩大根的吸收面积和增加产量。

2. 叶　结球甘蓝的叶片在不同生长时期形态有变化。子叶、基生叶和幼苗叶具有明显的叶柄；莲座叶开始至结球，叶柄逐渐变短，到结球时以至无叶柄。据此，可以判断品种特征、生长时期和结球时期，可作为栽培管理的指标。叶色黄绿、深绿至蓝绿色。叶面光滑，覆有灰白色的蜡粉，有减少水分蒸腾的作用，肉厚，故较抗旱和耐热。基生叶和幼苗叶等初生叶较小，倒卵圆形，中、晚熟品种有柄和缺刻，随着生长，逐渐长出强大的中生叶，即为同化器官的莲座叶。早熟品种的外叶片数为10～16片，中、晚熟品种24～32片。叶序为2/5或3/8。顶生叶圆形，着生于短缩茎上。

3. 茎　结球甘蓝的茎为短缩茎，有内、外短缩茎之分。外短缩茎着生莲座叶。早熟品种长16cm以下，中熟品种长16～20cm，晚熟品种长20cm以上。内短缩茎着生球叶，内短缩茎越短小，包心越紧密，食用价值越大。种株栽培后抽出直立的主花茎，在主花茎中部发生侧花茎，而最下部的侧花茎一般为潜伏芽而不抽薹开花，但主花茎折伤后，这种潜伏芽即发育成正常花茎而开花。一般可利用此特点切球采种。

4. 花　结球甘蓝的花为复总状花序。花冠黄色，成十字形。异花授粉。所有甘蓝的变种和品种间都能杂交，采种时应相隔2 000m以上。

5. 果实和种子　结球甘蓝的果实为角果，扁圆柱状，表面光滑，略为念珠状。成熟时细胞壁增

厚而硬化。种子着生在隔膜两侧，一般为圆球形，黑褐色，千粒重为4g左右。中国从北到南种子千粒重逐渐降低。如华南千粒重一般在3g以下，长江流域3g左右，华北在4g左右，内蒙古则在4g以上。

（二）对环境条件的要求　结球甘蓝对外界条件的要求基本上和大白菜相同，但比大白菜适应性广，且抗性也较强。

1. 温度　结球甘蓝喜温和冷凉气候，但对寒冷和高温也有一定的忍耐能力。种子在2～3℃开始发芽，但极为缓慢。低温升高到8℃以上幼芽才能出土，而在18～25℃时则2～3d即出苗。幼苗的耐寒能力随苗龄增加而提高，刚出土的幼苗耐寒力弱，具有6～8片叶的健壮幼苗能耐较长时间−2～−1℃及较短时间−5～−3℃的低温，经过低温锻炼的幼苗可耐极短时间−10～−8℃的严寒；幼苗也能适应25～30℃的高温。莲座叶可在7～25℃下生长，其结球期适宜的温度为13～18℃。温度在25℃以上时同化减弱，呼吸加强，基部叶发黄，短缩茎增长，结球疏松，品质和产量降低。

2. 湿度　结球甘蓝本身含水量为92%～93%。在结球期喜土壤水分多，空气湿润；在幼苗期能忍耐一定的干旱和潮湿的气候。总的说来，要求空气湿度为80%～90%，土壤相对湿度为70%～80%，但空气湿度低对生长发育影响不大，若土壤水分不足，就会严重地影响结球和降低产量。

3. 光照　结球甘蓝是长日照植物，未完成春化前，长日照有利生长。它对光强适应性宽，光饱和点比较低，为30 000～50 000lx。南方秋、冬季和北方冬、春季育苗，都能满足其对光照的需要。在结球期，要求日照较短和光照较弱，所以一般在春、秋季节栽培比在夏、冬季节好。

4. 土壤营养　结球甘蓝对土壤的适应性较强，从沙壤土到黏壤土都能种植，在中性到微酸性（pH5.5～6.5）的土壤上生长良好。结球甘蓝是喜肥和耐肥的作物。其吸收量比一般蔬菜多，在幼苗期和莲座期需氮肥多，结球期需要磷、钾肥多。其比例是N：P：K＝3：1：4。如氮肥多，而配合的磷、钾肥适当，则净菜率高。

据山西省农业科学院调查，结球甘蓝在土壤含盐量0.75%～1.2%的情况下能正常生长并结球。

（三）生长发育特性　结球甘蓝是二年生植物，在正常情况下，于第1年生长根、茎、叶等营养器官，并贮存大量养分在叶球内，完成营养生长。经过冬季低温完成春化，到第2年春季通过长日照完成光周期，随即形成生殖器官而抽薹开花结籽（图14-2）。

结球甘蓝的生长周期可分为：

1. 营养生长期

（1）发芽期　从播种到第1对基生叶片展开与子叶形成十字时为发芽期。根据季节的不同，发芽期的长短不一，夏秋季15～20d，冬春季20～30d。发芽生长主要依靠种子内自身贮藏的养分，所以饱满、粒大的种子和精细的苗床整地，是保证出苗好的主要条件。

（2）幼苗期　从第1片真叶出现到第1叶环形成（5～8片叶）而达到团棵时为幼苗期。依育苗季节的不同，夏、秋季幼苗期为25～30d，冬、春季为40～60d。主要根据育苗条件，进行肥水管理，养成壮苗。

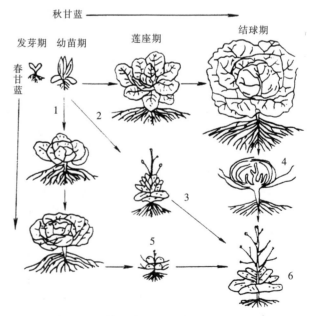

图14-2　结球甘蓝生长周期示意图

1. 小苗越冬　2. 大苗越冬（低温花芽分化）　3. 未熟抽薹

（高温长日）　4. 球内抽薹　5. 侧芽结球（低温越冬）

6. 开花（高温长日）

（岩间诚造，1976）

（3）莲座期　从第 2 叶环至第 3 叶环的 15～24 片真叶形成并到开始结球时为莲座期。依品种的不同需要 20～40d。此时叶片和根系的生长速度快，应加强肥水管理，以形成强大的同化和吸收器官，为生长紧实硕大的叶球打好基础。

（4）结球期　从开始结球到形成紧实的叶球而达到收获时为结球期。依品种的不同需要 25～50d。此时更应加强肥、水管理以促进叶球紧实。

（5）休眠期　结球甘蓝在采种时，除广东、广西、福建、台湾等地可在露地直接采种外，从长江流域向北，一般要经过 90～180d 的冬季贮藏，进行强制休眠。在华北、东北、西北地区，种株可在贮藏窖内缓慢通过春化而进行花芽分化，以形成潜伏的花薹。该时期掌握好冬季露地和贮藏条件以及种株的护根管理，对采种质量至为重要。

2. 生殖生长期

（1）抽薹期　从春季种株定植到花茎长出为抽薹期，一般需 25～30d。

（2）开花期　从始花到全株花落为开花期，一般需 30～35d。

（3）结荚期　从花落到荚果黄熟时为结荚期，一般需 30～40d。

结球甘蓝是冬性较强的蔬菜作物，要长到一定大小的幼苗阶段以后，才能接受低温感应而完成春化，所以为绿体或幼苗春化型作物。当幼苗长到 7 片叶左右，叶宽 5cm 以上，茎粗 0.6cm 左右时，遇到 0～15℃的低温，经过 50～90d，就能通过春化而发生"未熟抽薹"。关于甘蓝能否在种子萌动阶段进行春化的问题，也有一些探索研究。如香川（1965）利用具有低温感应型特征的丹京早熟、野崎中生、叶深早生 3 个品种，把催芽种子放在 2℃的低温下，历时 0、10、20、30d 后，调查花芽分化、现蕾、开花的情况，其中叶深早生有点受到种子春化的影响，但其他品种则完全不受其影响。

至于光照时间对结球甘蓝发育的影响，米勒（Miller，1929）和香川（1965）认为，花芽分化前不受光照时间的影响，但长日照对花芽分化后的抽薹、开花稍有促进作用。所以在连续的光照条件下，或每天有 15～17h 的光照，可以提前开花。与此相反，在每天少于 10～12h 的短光照下，就会延迟抽薹、开花。因此，结球甘蓝可能是由于在低温下形成成花物质的缘故。成花物质显然有促进结球甘蓝开花，而起成花素（florigen）的作用。结球甘蓝低温处理产生的成花物质春化素（vernalin），认为可能是成花素的前驱物质。

（四）叶球形成和未熟抽薹

1. 叶球形成　叶球形成是结球叶菜类蔬菜作物在漫长演化过程中对不良环境的一种适应现象。就它本身来说，不一定需要结球。叶球有保护顶芽、储蓄养分以利日后生长的作用。经过人们在栽培过程中的长期选择，并将其生长时期置于有利于结球的春、秋季节。所以，冷凉的气候，特别是 15～20℃的温度和较短的日照、充足的阳光，以及肥沃的土壤和充分的水、肥等因素，成为结球的最佳条件。与此相反，在过高的温度（25℃以上）、过长的日照（14h 以上）以及不充足的肥、水条件下，则不结球或结成疏松的叶球。

当结球甘蓝的外叶生长到一定数量（早熟品种的外叶在 15～20 片，中熟品种在 20～30 片，晚熟品种在 30 片以上）时即开始结球，以后外叶数一般不再增加，而全株重量的增加，主要靠顶芽叶片重和叶片数的增加。因此，叶球的形成，是由顶芽的若干叶片抱合而成。每一个叶球的叶数，在品种间差异较大。如果把长 1cm 以上的叶片都计算在内，早熟品种的球叶数有 30～50 片，中熟品种有 50～70 片，晚熟品种在 70 片以上。但叶球的重量主要在于最初的 1～4 个叶环，如中熟品种黑叶平顶的球叶数为 50～60 片，叶球重为 2 501.1g。其中 1～20 片球叶重 1 501.5g，占叶球总重的 60%；21～40 片球叶重 801.2g，占叶球总重的 32%；41～60 片球叶重 198.4g，占叶球总重的 7.9%。早熟品种叶球的重量则取决于 1～2 叶环的最初 1～10 片叶的叶重（图 14-3）。

在结球开始后，球叶重及球叶数均不断增加，其中叶重增加比叶数的增加快，而外叶由于衰老脱落，反而有减少的趋势。以上情况可从图 14-3 中看出。此外，叶球的叶数多少，除品种间有差异

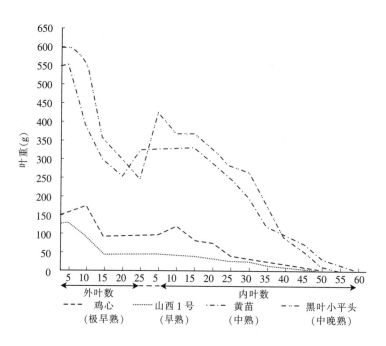

图 14-3 结球甘蓝内外叶位与重量的关系

（蒋毓隆，1981）

外，还因栽培季节而不同。栽培季节影响发育的快慢、花芽分化的迟早，因而影响球叶的数量。

引起结球叶菜的结球原因，除气候因素外，一般认为与叶组织内生长激素和叶内碳水化合物等的含量有关。因生长激素的作用会由于碳水化合物的增加而加强，从而改变了 N/C 的比值，所以在进入结球准备阶段以前，如不充分施给氮肥，就不可能结成肥大而紧实的叶球。

不结球或结球疏散的原因，除气候和取决于产生激素的前驱物质色氨酸的形成外，主要还有品种不纯、栽培时期不适宜、肥水供应不及时或不充足，以及病虫为害等因素的影响。

2. 未熟抽薹 结球甘蓝在结球以前，遇到一定的低温条件，或者在幼苗期间，就满足了其春化要求，一旦遇到了长日照，就不能形成正常的叶球，进入生殖生长而出现抽薹开花，这种现象在生产上叫做未熟抽薹或先期抽薹。

结球甘蓝未熟抽薹的现象，全国各地都普遍发生，特别是一些菜农通过种植早熟春甘蓝而获得了较好的经济效益后，为了争取早熟，播种期越来越早，再加上栽培管理不当，致使早熟春甘蓝发生"未熟抽薹"。

早熟春甘蓝发生"未熟抽薹"现象，与品种、播期、苗床温度管理、幼苗大小、定植期早晚、定植后的管理以及早春的气候条件等密切相关。

（1）与品种的冬性强弱有关 如北京早熟、狄特 409、迎春等品种冬性较弱，易发生未熟抽薹；8398、中甘 11、中甘 8 号等早熟、中晚熟春甘蓝一代杂种是利用冬性较强的自交不亲和系配制而成的，不易发生未熟抽薹。但如果栽培管理不当，或遇到严重的倒春寒天气，即使是冬性较强的品种，也难免会发生未熟抽薹。

（2）与幼苗大小有关 如前所说，甘蓝幼苗叶片达到一定数量、叶宽和茎粗达到一定大小，经过一段低温后，就会发生未熟抽薹。方智远等将幼苗大小分为 3 个等级：凡叶片 7 片以上，最大叶宽 7cm 以上，茎粗 0.8cm 以上的苗为大苗；上述 3 项指标中有两项达标者为中苗；只有 1 项达标或 3 项都未达标者为小苗。结果表明：定植时苗子越大，生长越旺盛，未熟抽薹率愈高。

（3）与早春的气候条件有关 如果早熟春甘蓝育苗期间及定植后的气温反常，也容易引起未熟抽薹。如北京地区 1991 年 1 月份平均气温比历年同期偏高 1.5℃，2 月上、中旬平均气温比历年同期偏高 2.1℃，在这段时间里，早熟春甘蓝幼苗在苗床内生长迅速，使其具备了通过春化阶段的条件。进入 2 月下旬平均气温比历年同期低，3 月中、下旬平均气温又比常年低 0.8℃，出现了倒春寒现象。由于倒春寒持续时间较长，覆盖面大，所以造成中国长江以北一些地区早熟春甘蓝普遍发生了未熟抽薹。

　　（4）与播种期早晚有关　播种期越早，到定植时幼苗过大，处于感应低温春化的时间越长，则通过春化的可能性越大，发生未熟抽薹的几率也越大。反之，适当晚播，幼苗达不到通过低温春化的大小，即使遇到倒春寒天气，也不会发生未熟抽薹。

　　（5）与苗床温度管理有关　如果播种期不早，但苗床温度管理较高，则幼苗生长快，很容易提前达到通过春化要求的大小，定植前后遇到低温，也会发生未熟抽薹。

　　（6）与定植期早晚及定植后管理有关　早春露地温度比苗床低，如定植早，则幼苗感受低温的时间长，所以发生未熟抽薹的几率高。定植后如不注意蹲苗，肥水过勤，使植株生长过旺，不仅延迟包球，也易引起抽薹。

　　为了争取春甘蓝早熟和丰产，防止未熟抽薹现象发生，除选用冬性强的品种外，还应采取以下措施：

　　（1）适时播种，适时定植，控制苗床温度　华北地区早熟春甘蓝的适宜播期应在 1 月中、下旬，于温室或改良阳畦内播种育苗。出齐苗后注意通风，苗床温度保持在 8～20℃，防止徒长。2 月中、下旬分苗 1 次，3 月底到 4 月初定植。

　　（2）加强苗期管理，培育壮苗　由于定植时幼苗的大小与抽薹率的高低关系密切，所以从播种开始就要加强管理，对温度、水分、光照等进行合理控制，防止幼苗徒长，培育壮苗，是争取春甘蓝早熟、丰产，防止未熟抽薹的一项重要措施。

　　（3）加强定植后的管理　早熟春甘蓝定植缓苗后，前期不要使幼苗生长过旺，应采取两次小蹲苗的措施：即蹲苗中耕后，7d 左右浇 1 次水，再中耕，过 7d 左右再进行施肥浇水，4～5 次肥水后即可收获上市。定植在塑料棚里并覆盖地膜的早熟春甘蓝，其棚温一般控制在 25℃以下，防止外叶徒长。开始包心时注意追肥浇水。

二、类型及品种

　　（一）类型　按叶片特征，可分为普通甘蓝、皱叶甘蓝和紫甘蓝，中国主要栽培普通甘蓝。普通结球甘蓝依叶球形状和成熟早晚的不同，可分为以下 3 个基本生态型：

　　1. 尖头类型　叶球顶部尖形，整个叶球如心脏形。小形者称鸡心，大形者称牛心。从定植到叶球初次收获，需 50～70d，多为早熟或中熟品种。常见的品种有大、小鸡心及大、小牛心。

　　2. 圆头类型　叶球顶部圆形，整个叶球成圆球形或高圆球形。从定植到收获 50～70d，多为早熟或早中熟品种。常见的品种有金早生、北京早熟、山西 1 号和丹京早熟等。

　　3. 平头类型　叶球顶部扁平，整个叶球成扁圆形。从定植到收获 70～100d 以上，多为中熟或晚熟品种。常见的中熟品种有上海的黑叶小平头、黄苗，晚熟品种有北京的大平顶、张家口茴子白、大同圆白菜等。

　　（二）主要品种　中国栽培的结球甘蓝品种，在 20 世纪 70～80 年代以前，各地栽培的都是当地的地方品种或国外引进品种，如南方城市郊区多栽培大、小鸡心及大、小牛心；北方栽培的主要早熟品种有北京早熟、狄特 409、金早生等，中熟品种有黑叶小平头、黄苗等，其中内蒙古、山西等甘蓝特产区，多栽培大同茴子白、红旗磨盘等大型的中、晚熟品种。70 年代开始逐渐开展杂种优势利用研究，不少单位育成了系列甘蓝杂种一代品种在生产上应用。90 年代中国结球甘蓝生产 90％以上为

一代杂种。现将栽培较普遍的品种介绍如下：

1. 早熟品种 从定植到初收叶球时在 60d 以内的为早熟品种，70d 以内的为早中熟品种。早熟品种的叶球形态多为尖头形或圆头形。

（1）中甘 11 中国农业科学院蔬菜花卉研究所于 1987 年育成的一代杂种。植株开展度 46～52cm，外叶 14～17 片，叶色深绿，倒卵圆形。叶面蜡粉中等。早熟、优质、丰产，不易未熟抽薹。自定植到收获约 50d，单球重约 0.8kg，比报春增产 20%。适于华北、东北、西北及西南的部分地区作早熟春甘蓝栽培。

（2）8398 中国农业科学院蔬菜花卉研究所于 1994 年育成的早熟、丰产、优质春甘蓝一代杂种。植株开展度小，外叶少，叶色绿，叶片蜡粉少。叶球紧实，圆球形，风味优良。冬性较强，不易发生未熟抽薹。抗干烧心。从定植到收获约 50d。单球重 0.8～1 kg。适于华北、东北、西北及云南地区作早熟春甘蓝栽培，长江中、下游地区及华南部分地区也可在早秋播种，秋末冬初收获上市。

（3）春丰 江苏省农业科学院蔬菜研究所于 1986 年育成的牛心形春甘蓝一代杂种。株型中等稍直立，外叶 11～15 片，叶色灰绿，蜡粉中等。叶球桃形，单球重 1.5kg。结球紧实，冬性强。适宜在长江中、下游地区栽培。

（4）津甘 8 号 天津市农业科学院蔬菜研究所于 1986 年育成的早熟春甘蓝一代杂种。叶片绿色，叶球近圆形。品质脆嫩。定植后 50d 左右收获。适合中国北方地区栽培。

（5）东农 606 东北农业大学 1986 年育成的中早熟一代杂种。从定植到收获 70d 左右。植株开展度 58～60cm，外叶 11～16 片，叶色灰绿。叶球扁平，纵径 13.5cm，横径 20cm，球内中心柱长 7～8cm，平均单球重 1.5kg 左右。适于黑龙江省部分地区及浙江省种植。

2. 中熟品种 从定植到收获叶球时在 70～80d 内为中熟品种，80～100d 以内的为中晚熟品种。叶球形态多为扁圆形或近圆形。

（1）京丰 1 号 中国农业科学院蔬菜花卉研究所和北京市农林科学院蔬菜研究中心于 1980 年合作育成的一代杂种。植株开展度 80cm，外叶 12～14 片，叶色深绿，蜡粉中等。叶球扁平、紧实，品质较好。春季种植中晚熟，从定植到收获 80～90d；秋季种植较早熟，从定植到收获 80d 左右。丰产、稳产，不易未熟抽薹。适于在全国各地栽培。

（2）中甘 9 号 中国农业科学院蔬菜花卉研究所于 1995 年育成的中熟秋甘蓝一代杂种。从定植到收获约 85d，比晚丰早熟 7～10d。株高 28～32 cm，开展度 70cm，外叶 15～17 片，深绿色，叶面蜡粉中等。叶球纵径 15cm，横径约 24cm，中心柱长 6.5～7.3cm，单球重 3kg。抗 TuMV，兼抗黑腐病。品质佳，较耐贮藏。适于中国各地在秋季栽培。

（3）夏光 上海市农业科学院园艺研究所于 1984 年育成的夏秋甘蓝一代杂种。植株开展度 70cm，外叶 15～18 片，叶色灰绿，蜡粉较多，叶缘微波状。叶球扁圆形，紧实。较早熟。耐热，抗黑腐病、病毒病的能力较弱。定植至收获 60～70d。宜作夏甘蓝或早秋甘蓝栽培，也可作秋甘蓝栽培。适宜长江流域或华北南部地区种植。

（4）晋甘蓝 4 号 山西农业大学园艺学院于 2002 年育成的早中熟甘蓝一代杂种。植株开展度 55cm，外叶 15～18 片，具有叶色绿，叶脉少，叶肉厚，蜡粉中等，叶球扁圆形等形态特征。叶球横径 18～20cm，纵径 12～14cm，中心柱短，单球重 1.5～2kg。耐热、耐旱，高抗黑腐病，纤维少，品质好，耐裂球，适于夏秋和冬春栽培，夏秋栽培从定植到商品成熟 65～70d。适于全国大部分地区种植。

（5）西园 4 号 西南农业大学于 1991 年育成的秋甘蓝一代杂种。植株开展度 70～73cm，外叶 12～14 片，叶色浅灰绿，叶面平，叶脉较密，蜡粉较多。叶球扁圆形，平顶。叶球纵径 10～13cm，横径 21～24cm，中心柱长 6.04～6.6cm。单球重 1.7～2kg，叶球紧实度 0.51～0.55。定植至收获 90～100d。抗芜菁花叶病毒病兼抗黑腐病。适宜西南部分地区种植。

（6）秦甘 70 西北农林科技大学园艺学院于 2000 年育成的一代杂种。植株开展度 60.5cm，外叶数 12～13 片，叶色灰绿，蜡粉较多。叶球扁圆形，成球速度快。包球紧实，不易裂球，中心柱长 6.5cm。单球重 1.8～2.0kg。高抗黑腐病和病毒病。冬性较强。适宜全国各地种植，长江以南可多茬栽培。

3. 晚熟品种 从定植到初收在 90d 以上的为晚熟品种。中国北方有些地区长期以来习惯种植晚熟品种，如河北北部、内蒙古部分地区仍栽培张家口茴子白，山西北部仍栽培大同圆白菜，甘肃等西北地区仍栽培兰州二转子，云南、贵州、四川的一些地区仍栽培大灰叶等。

目前，各地栽培的主要晚熟甘蓝一代杂种有：

（1）晚丰 中国农业科学院蔬菜研究所和北京市农林科学院蔬菜研究中心于 1984 年合作育成的一代杂种。植株开展度 75cm，外叶 15～17 片，叶色深绿，蜡粉较多。叶球扁圆形，球内中心柱长 9～10cm。从定植到收获 100～110d。适应性广，抗性较强，耐贮藏。适宜各地作中晚熟秋甘蓝种植，在内蒙古、山西北部也可作一年一作甘蓝栽培。

（2）浙丰 1 号 又名早丰。浙江省农业科学院蔬菜研究所于 1982 年育成的中晚熟秋甘蓝一代杂种。植株开展度 65cm，生长势强。外叶 17～20 片，叶色灰绿，蜡粉少。叶球扁圆形，淡黄绿色，叶球紧实度 0.53～0.58，球内中心柱长 6.5～7.0cm。单球重 1.5～2.0kg。品质嫩，甜、脆。抗黑腐病能力强，对病毒病有一定抗性。适于长江中下游部分地区、云南、福建等省种植。

（3）西圆 3 号 西南农业大学于 1986 年育成的中晚熟秋冬甘蓝一代杂种。植株开展度为 65cm，外叶 10 片左右，绿色，叶片阔倒卵形，叶面平。植株性状整齐，结球率高。叶球扁圆紧实，纵径 13.5～14.6cm，横径 24.3～25.8cm。风味品质优良，叶质脆嫩，中心柱长低于球高 1/2，纤维素含量 0.7g 左右。高抗或抗芜菁花叶病毒兼抗黑腐病。适于四川、云南、贵州、湖北、湖南、陕西、河南、浙江、安徽、福建等地栽培。

（4）内配 2 号 内蒙古农业科学院蔬菜研究所于 1989 年育成的甘蓝一代杂种。植株开展度 80cm 左右，外叶 20～25 片，叶色深绿，蜡粉较多。叶球近圆形。中晚熟，从定植到收获 110d 左右。适于内蒙古部分地区种植。

三、栽培季节和方式

（一）栽培季节 结球甘蓝喜温和、冷凉气候，但对寒冷和高温有一定的忍耐能力。在中国北方除了严寒的冬季需要在日光温室、塑料棚等保护地栽培外，春、夏、秋三季均可露地栽培；在南方除了夏季过长的华南各省、自治区只能在秋、冬、春三季栽培外，在西南和长江流域地区一年四季都可栽培。由于结球甘蓝的叶球易于贮藏和运输，所以通过选择不同类型、不同熟性的品种排开播种和异地调节，就可达到周年供应。现将全国各地的主要栽培茬次简介如下：

1. 一茬栽培 东北、华北、西北及青藏高原地区，选用晚熟品种，于春夏育苗，夏栽秋收，生长期长，结球个体大，是晚熟结球甘蓝的主要产区。

2. 两茬栽培 华北、西北和东北的大、中城市郊区以及南方各省（直辖市），选用早、中熟品种，冬春育苗，春栽夏收；或选用中、晚熟品种，于夏季育苗，夏秋栽培，秋冬季收获。这两茬是上述地区的主要栽培茬口。前茬称春甘蓝，后茬称秋甘蓝。

3. 多茬栽培 东北、华北、西北的大、中城市郊区和长江流域各省（直辖市），除作以上两茬栽培外，还选用早中熟品种，于早春育苗，晚春栽培，夏秋收获，称为夏甘蓝。华南和长江流域各省（直辖市）还用中晚熟品种，于夏秋育苗，秋冬栽培，冬春收获，称为冬甘蓝。

（二）栽培方式

1. 露地栽培 中国的结球甘蓝绝大部分在露地栽培。露地栽培的前作以瓜类、豆类蔬菜作物为

主，不宜以白菜类、芥菜类、萝卜类等十字花科蔬菜为前作。一般实行 3～4 年的轮作方式。一些地区将结球甘蓝与玉米、高粱等高秆作物套作，或与番茄、黄瓜、蔓生菜豆等需搭架栽培的蔬菜作物隔畦间作，取得了早熟、增产的效果。

为充分利用土地资源和气候资源，各地根据结球甘蓝的品种特性，形成了以下几种栽培方式：

（1）一年一茬栽培　主要在东北、华北、西北北部及青藏高原等高寒地区，选用晚熟品种，于春末夏初育苗，夏季定植，秋季收获。这种栽培方式的生长期长，叶球个大，是中国结球甘蓝栽培的主要方式之一。

（2）一年两茬栽培　主要在华南地区，其中一茬选用中晚熟品种，于秋季播种，冬季收获，称之为秋甘蓝或秋冬甘蓝；另一茬选用冬性强的中晚熟品种，秋末冬初播种，幼苗越冬，翌年春末夏初收获，称之为春甘蓝。近年来，珠江三角洲等地区采用北方的早熟甘蓝品种秋播，冬初收获，用于出口，效果很好。

（3）一年多茬栽培　主要在东北和西北南部、华北大部、长江流域及西南各省，选用早熟或中熟品种于冬末春初育苗，春季定植，夏初收获，称之为春甘蓝；选用中晚熟品种，于夏季育苗，夏秋季栽培，秋末冬初收获，称之为秋甘蓝。这是中国甘蓝的主要栽培季节。另外，还有选用耐热的中熟品种，于春季育苗，夏初定植，夏末秋初收获，称之为夏甘蓝。

2. 保护地栽培　近年北方地区冬春季在保护地内种植早熟结球甘蓝。日光温室甘蓝栽培需选用耐低温弱光的早、中熟品种，从 10 月初到翌年 1 月初均可根据茬口安排和市场需求分期栽种，其中又以 9～10 月播种，10 月下旬至 12 月下旬定植具 6～8 片叶的大苗，元旦和春节期间收获的甘蓝栽培居多。山东省济南市用 8398、中甘 11、鲁甘蓝 2 号品种，于 12 月中旬以后播种，2 月下旬当植株长至 8 片叶时定植于塑料小棚内。缓苗后，当夜间棚内最低气温稳定在 10℃以上时，去除棚外覆盖的草苫，白天棚内气温超过 30℃时通风降温。3 月中旬即可收获产品。

3. 越冬栽培　在河南、山东省的中、南部，1 月份平均气温在 -1℃以上地区，通过采用抗寒品种及适宜的配套技术，可进行结球甘蓝的越冬栽培。因产品在蔬菜供应淡季的 3～4 月上市，栽培成本低廉，经济效益良好。栽培品种用寒光、寒光 1 号、海丰 1 号等。7 月下旬至 8 月上旬用遮阳防雨棚育苗，8 月上旬至 9 月上旬定植，至 10 月中下旬甘蓝进入结球期，11 月中下旬进入缓慢生长的越冬期，此时植株已包心 6～7 成，应将外叶扶起，用细土往根部培土，在土壤封冻前用地膜覆盖在植株上，或搭塑料小棚保护越冬。2 月上中旬甘蓝开始返青，可进行中耕，以保墒和提高地温。

四、栽培技术

（一）春甘蓝栽培

1. 整地作畦　结球甘蓝的根系比白菜类蔬菜根系分布的范围宽且深，故一般在种植之前应深翻土壤。栽培春甘蓝的冬闲地应在秋冬时耕翻 20～25cm 深，将畦耙平，土块打碎，畦面压实。北方春甘蓝一般采用平畦栽培，畦宽 1.5～2m，长 8～15m。结球甘蓝是喜肥作物，施肥量、施肥期、施肥方式与品种的生育期和栽培季节都有密切的关系。中国各地区对结球甘蓝施肥的种类和方法，都有非常成功的经验。一般是把有机肥和无机矿物质磷肥混合堆放腐熟后，在整地作畦时全面撒施 60%，到定植幼苗时再沟施或穴施 40%，这样能起到有机肥和无机肥混合使用，分层施肥与集中施肥相结合的作用。北方在整地作畦前，每公顷全面施厩肥 30 000～45 000kg，磷肥 375～450kg。

2. 育苗　春甘蓝栽培能否成功的关键之一是选择适宜品种和播种期。品种选择的原则：一是冬性强，不易发生未熟抽薹现象；二是生育期短，即从定植到收获 50d 左右。适宜的品种有中甘 11、中甘 12、8398、鲁甘蓝 1 号等。播种期的确定与当地的气候条件有关。早熟品种的苗龄：在温室、温床育苗为 40～50d，冷床育苗为 70～80d。幼苗长有 6～7 片叶时定植为宜。这时塑料拱棚内的地温

在 5℃以上，露地栽培地温稳定在 5℃以上，最高气温稳定在 12℃以上时定植为好。按达到上述要求的时间往前推 40～50d 或 70～80d，就是当地的适宜播种期。华北、西北中南部地区一般于 1～2 月份在温床或温室育苗，南方各省选用早、中熟品种，于前一年 10～11 月在露地育苗。20 世纪 90 年代前后南北各地开始采用工厂化育苗或穴盘育苗，近年在有的菜区已有商品化种苗供农户使用。

育苗床应采用肥沃、疏松、保水性良好的营养土。床土和覆盖土均应用 50％多菌灵可湿性粉剂，或 70％甲基托布津可湿性粉剂消毒，每平方米用药 8～10g。播前浇透水，温床播种量为 3～4g/m²，冷床为 5～8g/m²。播后覆土 1cm 左右，畦面覆地膜保持床面湿润。出苗后撤去地膜，齐苗后覆薄土 1 次，保墒，并逐渐通风降湿，防止幼苗徒长。幼苗具 3～4 片叶时分苗。当幼苗具有 4～5 片叶、茎粗达到 0.5cm 以上时，应避免苗床夜间温度低于 8～10℃，白天适当通风，温度保持在 15～20℃。定植前 7～10d 要逐渐加强通风，锻炼幼苗。栽植前 3d，夜间可撤去苗床上的覆盖物。经过低温锻炼的幼苗表现为节间短，茎粗壮，叶片肥厚，深绿色，叶柄短，株丛紧凑，根系发达，幼苗大小均匀。

3. 定植　春甘蓝栽培一般用春闲地种植，每公顷施腐熟有机肥 75 000kg 作基肥，翻地平整，作平畦。华北地区一般在 3 月底至 4 月初定植，华北北部和东北等地在 4 月下旬至 5 月初定植。如栽植过早，易遇低温而引起未熟抽薹；定植过晚，易导致苗床拥挤，叶片生长受到抑制，定植后缓苗慢。为缓苗快，起苗时应尽量避免伤根，最好带有 5～7cm 的土胎（坨）。北方定植甘蓝的方法有两种：一种是先开沟在沟内浇水，随灌水随栽苗，然后施肥、盖土，这样地表盖干土，既能保墒又不会因灌水而过多地降低地温，对春甘蓝提早定植有好处；一种是先栽苗，然后满畦灌水。这样灌水量大，容易降低地温，并造成土壤板结，使缓苗时间延长。南方都是在高畦上先栽苗，然后泼水浇灌，这样既能起到保温作用，土壤又不会板结。定植密度对早熟丰产的影响很大，一般说来适当密植能增产，但单株产量低，还会延迟收获。根据多年的实践，一般早熟品种的株行距为 30～40cm 见方，每公顷栽苗 52 500～75 000 株；中熟品种为 50～60cm 见方，每公顷栽苗 30 000～37 500 株；晚熟品种为 70～80cm 见方，每公顷栽苗 18 000～22 500 株较适宜。山西农业大学曾对春甘蓝作过密度试验（1963），结果指出，每公顷栽苗 57 600 株的产量高，每公顷产量 49 230kg，但在 6 月 10 日以前的早期收获植株仅占 9.6％，而每公顷栽苗 18 000 株的产量仅为 27 990kg，但早期收获植株却占 28.4％。因此，稀植比密植的提早收获的植株多 18.8％，每公顷总产量减少 21 240kg，但早期产量和产值却明显增加。

覆盖地膜是春甘蓝栽培的重要技术措施，应在定植前铺好地膜。

4. 田间管理　定植浇缓苗水后中耕 2～3 次，促进根系生长，并蹲苗 10d 左右。因此时气温低，根系吸收磷素减少，碳水化合物运转受阻，导致花青素的积累而呈现紫苗现象，一般可持续 15～20d。紫苗转绿时表明缓苗结束。锻炼好的壮苗或没有伤根的幼苗，其紫苗时间可以缩短，争取早熟。

（1）灌水　结球甘蓝生长发育需要充足的水分，在栽培中需要多次灌溉。依生长时期需水的不同，可分为苗期、莲座期及结球期的灌水。

①苗期灌水。一般在播种时要灌水，必须湿透土壤至 4～5cm 深。在水下渗后撒土、播种，再覆盖细土。出苗以后一般不再灌水，一直到分苗或定植时才灌水。这是中国菜农以灌水控制幼苗徒长的宝贵经验。

②莲座期灌水。定植幼苗时灌一次定植水，4～5d 后灌一次缓苗水。接着进行中耕、控制灌水而蹲苗。其控水的时间，早熟品种不宜过长，一般以 10d 左右为宜；中晚熟品种较长，约 15d 或更长些。从栽培季节来说，春、秋甘蓝生长速度快，控水时间宜短；夏、冬甘蓝生长速度慢，控水时间可长些。莲座期的控制灌水，既要掌握有一定的土壤湿度，使莲座叶有充分大的同化面积，又要控制水分不宜过多，迫使内短缩茎的节间缩短，因而能结球紧实。切忌过分蹲苗，致使叶片短小，影响产量。到莲座末期开始结球时，应灌大水。

③结球期灌水。从结球开始灌大水后，叶球生长速度加快，需要水分多，应根据天气情况经常灌

水。一般是每隔一定的天数，地面见干就应该灌水，一直到开始收获，或每次收获后，都应灌水一次。但北方栽培的秋甘蓝和南方栽培的冬甘蓝，要运输外销时，宜在收获前几天停止灌水，以防裂球。

关于结球甘蓝的灌水量，尚无确切标准。所谓重灌，北方是以畦埂灌满为度，一般约灌水 10～12cm 深；轻灌水就是水流到畦的尽头为止。南方多担水泼浇，常以泼浇的担数和间隔的天数来掌握灌水量。但无论南、北方都是在结球时才重灌和勤灌。实验证明，结球甘蓝每生长 1kg 叶球，需要吸水 100kg 左右。若水分不足，则结球小，且疏松不紧实；若水分过多，叶球易开裂，失去商品价值。这些现象在生长速度快的春、秋季节容易发生。

在高寒地区或山地栽培结球甘蓝，由于灌水困难，多利用当地夏季短、昼夜温差大的特点，采用中晚熟品种，以苗期和莲座前期度过春夏季节，于夏秋雨季到来时结球，在整个生长期中，可少灌或不灌水，也能长成品质好、个体大的叶球。

（2）施肥　早熟品种在春夏季作早熟栽培时，生育期短，应以基肥为主；中、晚熟品种生育期较长，除以基肥为主外，还应增施追肥。就生长期来说，无论什么品种，除施以一定数量的基肥外，在结球前的莲座末期，都应重视施用追肥，这是结球甘蓝丰产的关键。

在施肥种类方面，重要的是氮肥，因为植株体内氮的含量较高。氮在土壤中以硝酸态（$NO_3^- - N$）或铵态（$NH_4^+ - N$）的形式从根部被植株吸收，但以施用硝态氮较安全。其次是钾肥，特别是在结球开始之后最需要钾肥，用量几乎与氮肥相等。磷肥的施用量虽不如氮、钾多，但对结球的紧实度至关重要。磷肥除作基肥施用外，在结球期分期进行叶面喷施，对促进结球也有良好的效果。注意，如果施用氮肥过量，植株体内缺钙，就会引起生长点附近的叶子叶缘枯萎，在叶球内形成干烧心现象。

对于追肥，无论南、北方都以含氮量高的化肥或农家液态有机肥为主。根据各地的经验，定植时沟施或穴施 7 500～15 000kg 厩肥，75～150kg 氮肥外，重点在莲座末期每公顷施农家液态有机肥 30 000～45 000kg，尿素 225～300kg。中、晚熟品种的施肥量和次数，比早熟品种要多 1～2 倍，多追肥 2～3 次。

（3）中耕、培土及除草　结球甘蓝幼苗定植、轻灌 1～2 次缓苗水后，即中耕、锄地、蹲苗。一般早熟品种宜中耕 2～3 次，中、晚熟品种 3～4 次，第 1 次中耕宜深，要全面锄透，以便保墒，促根生长。进入莲座期后，宜浅锄并向植株四周培土，以促进外短缩茎多生侧根，有利结球。在植株未封垄前，注意随中耕锄去杂草，到封垄后一般不进行除草，若有杂草时，应随时拔掉，以免影响植株生长和传染病虫害。

（二）秋甘蓝栽培　中国北方地区秋甘蓝有两种栽培方式：

一是在无霜期较长的地区，多用早、中熟结球甘蓝品种，于 6 月中、下旬至 7 月上、中旬播种，露地育苗。在播种适期内，宁可早播而勿晚播，以免结球期遇阴天或降温影响包心。苗龄一般为 35～40d。秋甘蓝育苗期间正值高温多雨或高温干旱季节，如北方在 6～7 月、南方在 7～8 月育苗，这时气温一般在 25℃以上，有时达 30～35℃的高温，加之还有暴雨、冰雹危害。所以育苗时应选择易排、灌的地块作苗床，苗床上可覆盖遮阳网或防雨棚，以保证培育壮苗。秋甘蓝一般采用垄作，垄高约 30cm，长 8～15m。南方多采用高畦种植，畦宽 1～1.5m，高 15～20cm，长 10～15m。秋甘蓝生长期间，气温和地温逐渐降低，植株根系生长较差，开展度也小，可适当增加单位面积株数，一般可比春甘蓝栽培增加 10%～20%的用苗量。其他管理与秋大白菜相似，但收获期比秋大白菜稍晚。

二是在无霜期短的高寒地区，选用晚熟的大型结球甘蓝品种，一年栽培一茬。3 月下旬至 4 月中旬在阳畦育苗，5 月下旬至 6 月中旬定植。生长期间主要进行中耕、除草、保墒等作业，以促进根系生长。生长中期为多雷雨季节，要注意防虫、防涝。秋后进入包心期，需加强肥水管理，促进叶球生长，其浇水、施肥原则参照一般甘蓝栽培。

（三）夏甘蓝栽培　结球甘蓝的夏季栽培，应选用耐热、抗病、具有一定耐涝能力的品种，如夏光、中甘 9 号、黑叶小平头等。由于夏甘蓝栽培有一定的难度，所以栽培面积不大，以长江流域、华北南部和西南各省栽培较多。

夏甘蓝栽培可在 4～5 月分批育苗，北方用简易小拱棚育苗，播种方法参见春甘蓝。南方露地育苗即可。因南方多黏土或黏壤土，所以整地时需注意打碎土块，浇底水，待水下渗后播种，其上覆盖一薄层混有草木灰的细沙土，以利出苗。播种量一般每平方米 3g 左右。

甘蓝夏季栽培必须分苗一次，因为在 5～6 月定植时，气温和地温都较高，只有带大土坨才有利于定植后成活，否则死苗太多，补苗又太费工，同时造成植株生长参差不齐，不便于统一管理。幼苗长到二叶一心时分苗，苗距 10cm 见方。

栽培夏甘蓝要选择地势较高、便于排灌、通风良好的地块，其前茬多为越冬绿叶菜类蔬菜，不宜与十字花科蔬菜作物连作。前茬收获后，立即清除残株、落叶，每公顷施优质有机肥 60 000kg 作基肥，翻耕整地，做成垄或半高畦（畦面宽 1～1.2m，沟宽 30cm，深 15～20cm），利于旱天及时浇水，遇涝能排。

幼苗长有 5～8 片叶时即可定植，注意尽量起大土坨，少伤根。把带土坨的幼苗栽植在垄的半阴坡上，不宜栽得过深。栽后及时浇水，以提高移栽成活率。夏季高温不利于甘蓝生长，所以植株开展度较小，一般每公顷栽苗 45 000～52 500 株为宜。

定植时间应选择晴天下午或傍晚时进行，也可以选在阴天进行，以后浇水也应该在这个时段进行。缓苗后每公顷追施硫酸铵或尿素 150kg，然后劈垄正苗，使幼苗处于垄的正中，并把垄底清除干净，以便于排水。夏甘蓝在结球期需少量多次追肥，每公顷追施 75～150kg 化肥即可，不可施用农家有机液肥，以免引起病害。在阵雨过后要及时用井水浇灌，以降低地温，同时可增加土壤中的氧气含量，有利于夏甘蓝根系生长。此外，防治菜青虫是其栽培能否成功的关键之一，应特别引起注意。

五、病虫害防治

结球甘蓝的病害主要有病毒病、黑腐病和软腐病，虫害主要有小菜蛾、菜青虫和蚜虫等。

（一）主要病害防治

1. 甘蓝黑腐病　病原：*Xanthomonas campestris* pv. *campestris*。中国大部分甘蓝产区均有发生，是造成甘蓝减产的重要病害。幼苗多从成株下部叶片开始发病，叶缘出现 V 字形黄褐色病斑，或在伤口处形成不定型褐斑，边缘均有黄色晕环，直至大片组织坏死。天气干燥时呈干腐状，空气潮湿时病部腐烂，但不发臭，有别于软腐病。病菌沿叶脉和叶柄维管束扩展到茎、新叶和根部，形成网状脉，叶片呈灰褐枯死。病菌在种子内或采种株上及土壤病残体里越冬。在田间借助雨水、昆虫、工具、肥料等传播。连作，高温多雨，秋季栽培早播、早栽，或虫害严重，易引起病害流行。防治方法：①收获后及时清除病残株；②选用抗病品种，从无病地或无病株采种，进行种子消毒处理，适时播种；③发病严重的地块与非十字花科作物轮作 2～3 年；④及时拔除病苗和防治害虫，减少伤口；⑤成株发病初期，用 14% 络氨铜水剂 350 倍液，或 60% 琥·乙膦铝可湿性粉剂 600 倍液，或 77% 氢氧化铜（可杀得）可湿性粉剂 500 倍液，或 72% 农用硫酸链霉素可溶性粉剂 4 000 倍液喷雾，隔 7～10d 喷 1 次，连喷 2～3 次。

2. 甘蓝黑根病　病原：*Rhizoctonia solani*。又名立枯病。幼苗根颈部受侵染后变黑或缢缩，叶片由下向上萎缩、干枯，当病斑绕茎一周后植株死亡。潮湿时病部表面常生出蛛丝状白色霉状物。定植后病情一般停止发展。病菌主要以菌丝体和菌核在土壤中或病残体内越冬，幼苗的根、茎或基部叶片接触病土时，便会被菌丝侵染。在田间，病菌主要靠病、健叶接触传染，或带菌种子和堆肥都可以传播此病。华北地区 2～4 月发病较多。防治方法：①育苗床应选择在背风向阳、排水良好的地方，

播种不宜太密，覆土不宜过厚。育苗床土、播种后的覆土应进行消毒处理；②适当控制苗期灌水量，浇水后及时通风降湿；③播种前用种子重量的 0.3％的 50％福美双或 40％福·拌（拌种双）可湿性粉剂拌种；④在发病初期拔除病株后，用 75％百菌清可湿性粉剂 600 倍液，或 60％多·福可湿性粉剂 500 倍液，或 20％甲基立枯磷乳油 1 200 倍液等喷施。

3. 甘蓝软腐病 病原：*Erwinia carotovora* subsp. *carotovora*。各地发生较普遍，并造成一定损失。结球甘蓝多自包心后开始显症，茎基部或叶球表面或菜心，先后发生水渍状湿腐，后外叶萎垂，早晚可恢复常态。数天后外层叶片不再恢复而倒地，叶球外露，病部软腐并有恶臭，别于黑腐病。严重时病部组织内充满污白色或灰黄色的黏稠物，最后整株腐烂死亡。该病初侵染源来自病株、种株和落入土壤或肥料中未腐烂的病残体。田间主要由雨水、灌溉水传播，部分昆虫如黄曲条跳甲、菜粉蝶、菜螟等也能体外带菌传播。多发生在植株生长后期，在贮藏、运输及市场销售过程中也能引起腐烂。防治方法：参见第十二章白菜软腐病。

4. 甘蓝病毒病 主要毒源是芜菁花叶病毒（TuMV），其次是 CMV、TuMV 和 CMV 复合侵染及 TMV，有的地区花椰菜花叶病毒（CaMV）有相当比例。各地普遍发生，是秋甘蓝的主要病害。幼苗和定植期发生较重。初生小型褪绿色圆斑，心叶明脉，轻微花叶，其后叶色淡绿，出现黄绿相间的斑驳，或者明显的花叶，叶片皱缩。严重者叶片畸形、皱缩，叶脉坏死，植株矮化或死亡。成株受害嫩叶出现斑驳，老叶背面有黑色的坏死斑，结球迟缓，甚至不结球。该病的传播途径和防治方法，参见第十二章白菜病毒病。

5. 甘蓝霜霉病 病原：*Peronospora parasitica* var. *brassicae*。各地均有发生，尤以北方及沿海地区发病较重。主要为害叶片。幼苗染病，叶片初生白色霜状霉，后可枯死。成株期多从外叶开始发病，叶背面和正面初生紫褐色不规则小斑，逐渐扩大，中央略带黄褐色稍凹陷坏死斑，多个病斑连片而呈多角形，致叶片死亡。老叶受害后，病菌也能系统侵染进入茎部。在贮藏期间继续发展到叶球内，使中脉及叶肉组织上出现不规则形的坏死斑，叶片干枯脱落。湿度大时，病部可见稀疏的白霉。其传播途径和防治方法，参见第十二章白菜霜霉病。

6. 甘蓝菌核病 病原：*Sclerotinia sclerotiorum*。长江流域、沿海地区及冬春保护地栽培发生为害较重。田间发病多始于茎基部及下部叶片，形成水渍状暗褐色不规则形斑，病斑迅速发展，病组织软腐，叶球也受其害，茎基部病斑绕茎一周致全株死亡。采种株多在终花期受害，侵染茎、叶、花梗和种荚，引起病部腐烂，种子干瘪，茎中空，后期折倒。病部生白色或灰白色浓密絮状霉层及黑色鼠粪状菌核。其传播途径和防治方法，参见第十二章白菜菌核病。

（二）主要虫害防治

1. 蚜虫 为害甘蓝的有桃蚜（*Myzus persicae*）、萝卜蚜（*Lipahis erysimi*）和甘蓝蚜（*Brevicoryne brassicae*）3 种。重生多代。成、若蚜群集吸食叶片汁液，分泌蜜露诱发霉污病及传播病毒病，可使甘蓝产量降低，品质下降。桃蚜、萝卜蚜是全国广布种，常混合发生，但前者偏嗜叶面光滑、蜡质多的甘蓝类蔬菜，较耐低温，而后者喜食叶面多毛、蜡质少的白菜类蔬菜，较耐高温。因此，冬春季保护地甘蓝、露地春甘蓝主要受桃蚜为害，秋甘蓝也以桃蚜占优势，其种群数量消长呈春末夏初和秋季双峰型。甘蓝蚜体覆白色蜡粉，易与前两种蚜虫区分。甘蓝蚜在新疆、贵州等地是优势种群，内蒙古、东北部、华北北部也有发生，嗜食甘蓝类蔬菜。蚜虫生活习性和防治方法，参见第九章根菜类和第十二章白菜类蚜虫。

2. B-生物型烟粉虱（B-biotype *Bemisia tabacci*） 又名甘薯粉虱，是近年入侵中国的危险性害虫。在海南、广东、广西、福建、浙江和上海等地夏秋季严重为害甘蓝类蔬菜，华北地区在秋甘蓝上发生为害较重。成、若虫刺吸叶片汁液，分泌蜜露污染叶面，降低植株呼吸和光合作用，使叶片褪绿、萎蔫或干枯，植株长势衰弱甚至成片枯死。防治方法：参见第十七章番茄部分。

3. 鳞翅目食叶害虫 小菜蛾（*P. xylostella*）、菜粉蝶（*P. rapae*）的产卵选择和幼虫发育，均与十字花科蔬菜芥子油糖苷含量有密切关系。因此，甘蓝类蔬菜较白菜类蔬菜对其引诱取食作用更强，发生为害程度亦重。此外，大菜粉蝶（*P. brassicae*）在新疆、云南局部地区，黑纹粉蝶（*P. melete*）在江西省的山区，是春、秋季甘蓝类蔬菜的重要害虫，后一种害虫于夏季和冬季发生滞育。甘蓝也是多食性、暴食性害虫甜菜夜蛾（*S. exigua*）、斜纹夜蛾（*P. litura*）和甘蓝夜蛾（*M. brassicae*）的主要寄主。菜螟（*H. undalis*）嗜食萝卜，其次是甘蓝、白菜，在秋季苗期可造成严重为害。上述害虫的防治方法，可参见第十二章白菜害虫的有关部分。同时，常发性害虫还有红腹灯蛾（*Spilosoma punctaris*）、红绿灯蛾（*Amsacta lactinea*）、银纹夜蛾（*Argyrogramma agnata*）等，是兼治的对象。

4. 鞘翅目食叶害虫 主要有黄曲条跳甲（*P. striolata*），成虫食叶，幼虫蛀根。防治方法：参见第十二章白菜害虫部分。此外，大猿叶虫（*Colaphellus bowringi*）、小猿叶虫（*Phaedon brassicae*）在春、秋季多发，是兼治对象。

六、采　　收

结球甘蓝的叶球一经形成则会很快转入叶球的充实阶段。为了提早供应，早熟品种只要叶球有一定的大小和相当的紧实程度，就可开始分期收获。一般开始时2～3d收获1次，以后间隔1～2d采收一次，经3～4次收完。中、晚熟品种必须等到叶球长到最大和最紧实时，才集中1次或分2～3次收完。

七、采　　种

结球甘蓝的种子繁殖，可分为常规品种的种子繁殖和一代杂种的制种。

（一）常规品种的种子繁殖 结球甘蓝常规品种的采种方式有秋季成株采种法、秋季半成株采种法和春季老根采种法。

1. 秋季成株采种法 将待繁的结球甘蓝品种种子于秋季适时早播，冬前基本长成叶球，然后选择优良植株留种（可带球采种或割球采种），翌年抽薹开花采种。采用这种方法采种，可按植株性状严格选种，采种纯度高。常用此方法繁殖秋甘蓝品种的原种。但因不能在春季栽培条件下鉴定种株的冬性和结球性状，所以春甘蓝不能用此法采种。

2. 秋季半成株采种法 将需繁殖的品种种子于秋季适当晚播，使其在冬前长成半包心的松散叶球越冬，翌年春季采种。此法虽种株占地时间短，成本低，种株发育好，种子产量高，但不能严格选种，因此，只可繁殖一般生产用种。

3. 春季老根采种法 在春甘蓝生产田中选择优良单株，切去叶球，留下老根和莲座叶，待腋芽长出4～5片叶时，将其连同部分老茎组织切下扦插。为提高成活率，扦插后要搭荫棚防雨、防晒，并保持扦插畦湿润。秋季植株形成叶球，越冬后采种。因植株经过严格的选择，可保持春甘蓝的良好特性。但采种费工，成本高，可与秋季成株采种法交替使用。

结球甘蓝是异花授粉植物，易与甘蓝类其他作物杂交，为保证种子纯度，其采种田至少应与不同结球甘蓝品种、花椰菜、球茎甘蓝、青花菜、芥菜等的采种田隔离1 000m以上。

（二）结球甘蓝一代杂种制种 配制结球甘蓝一代杂种种子的种株，从播种到选种、贮存和田间管理等，与繁殖原种用的种株基本相同，但还需要注意以下问题：

1. 选定适宜的制种方法 目前结球甘蓝的制种方法很多，如露地大田制种、改良阳畦制种、阳畦制种等。两亲本花期一致的品种，上述几种制种方法均可采用；双亲花期相差较大的组合，最好在阳畦、改良阳畦中制种，以便调节花期；如制种面积较大，应在露地制种。

2. 注意调节双亲花期　如果双亲花期不遇，不但会影响一代杂种种子产量，而且因杂交率不高而影响杂种种子的质量。具体调节的方法，如利用半成株制种，有利于种株安全越冬，使花期相遇；在越冬前提早切开花期晚的圆球类型的叶球，使其在越冬前见阳光变绿，有利于翌年春提早开花；利用风障、阳畦等保护设施不同的小气候调节花期等。

3. 保证隔离条件　结球甘蓝自交不亲和系开花后更易接受外来其他甘蓝类作物的花粉，因此，其制种田至少应与不同结球甘蓝品种、花椰菜、球茎甘蓝、青花菜、芥菜等的采种田隔离 1 000m 以上。

（蒋毓隆）

第二节　球茎甘蓝

　　球茎甘蓝是十字花科（Cruciferae）芸薹属甘蓝种中能形成肉质茎的变种，二年生草本植物。学名：*Brassica oleracea* L. var. *caulorapa* DC.；别名：苤蓝、菘、玉蔓菁、芥蓝头等。食用器官为膨大的短缩茎，肉质脆嫩。球茎甘蓝原产于地中海沿岸，世界各地都有栽培，德国栽培最多。16 世纪传入中国，现全国各地均有栽培，但以北方及西南各省（自治区、直辖市）栽培较普遍。

　　球茎甘蓝有相当高的营养价值，每 100g 产品含碳水化合物 2.8～5.2g，维生素 C34～64mg。其对气候的适应性比较强，能在春、秋两季进行栽培。球茎甘蓝既耐运输又耐贮藏，既能鲜食又是加工各种腌菜的重要原料。近些年来，北方逐渐推广早熟球茎甘蓝，对调剂春、秋淡季蔬菜供应起着一定的作用。

一、生物学特性

　　（一）植物学特征　浅根系。茎短缩。短缩茎膨大为球状或扁圆状的球茎，叶丛着生在短缩茎上。叶片椭圆形、倒卵圆形或近三角形，绿、深绿或紫色，平滑，有蜡粉；叶柄细长。球茎的外皮及叶一般呈绿色、绿白色或紫色。球茎甘蓝一定大小的幼苗在 0～10℃通过春化，后在长日照和适温下抽薹开花、结果。花器官结构及开花授粉习性与结球甘蓝同。球茎甘蓝形态见图 14 - 4。

　　（二）对环境条件的要求　球茎甘蓝对环境的要求大致和结球甘蓝相同。但其具有较强的耐寒性和适应高温的能力，所以在中国北方可于轻霜期和无霜期季节生长。生长适温 15～20℃，肉质茎膨大期如遇 30℃以上的高温，则肉质易纤维化，品质变劣。早熟品种生长迅速，幼苗定植后 40～45d 即可收获产品。球茎甘蓝在湿润而富有腐殖质的黏壤土中能获得高产，所以北方一般栽培在水道两旁，使其经常接受到充足的水分和丰富的养分，从而获得硕大的球茎。

　　（三）生长发育特性　球茎甘蓝的生长发育条件与结球甘蓝相似。根据山西农业大学对球茎甘蓝春化分析结果，认为球茎甘蓝春化的通过，不仅需要一定的低温，而且需要一定的营养基础，即幼苗长到一定的大小（茎粗 0.41cm 以上，叶片在 7.1 片以上）才能通过春化。幼苗过小或对种子进行人工低温处

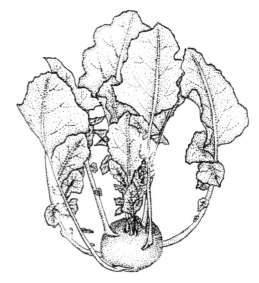

图 14 - 4　球茎甘蓝（二叶子苤蓝）
（引自：《中国蔬菜品种志》，2001）

理，均不能完成春化，从而也就不能抽薹开花。

此外，球茎甘蓝的冬性比结球甘蓝弱，容易在低温下完成春化，在生产上也易因未熟抽薹造成损失。所以在北方春季种植的球茎甘蓝一般不能秋播育越冬苗，在长江流域秋冬播种不宜过早。球茎甘蓝完成春化所需的低温及时间条件，大致与结球甘蓝相同，但品种间有明显的差异。山西农业大学曾进行过试验（表 14-1），秋季同期播种越冬时，早熟品种"早白"可在第 2 年初夏形成球茎获得商品产量，而中熟品种"太谷玉蔓茎"20％未熟抽薹而不形成球茎。

表 14-1　不同秋播期对球茎甘蓝抽薹的影响
（山西农业大学，1962）

品　　　种		早白	太谷玉蔓茎	早白	太谷玉蔓茎
播种期		10 月 8 日（寒露）		10 月 23 日（霜降）	
12 月 9 日	茎粗（cm）	0.24	0.29	0.13	0.14
	叶数（片）	2	3	0	0
	抽薹率（％）	0	0	0	0
3 月 9 日	茎粗（cm）	—	—	0.18	0.21
	叶数（片）	15.17	11.7	6.1	7.1
	抽薹率（％）	94	90	0	20
3 月 30 日	茎粗（cm）	0.41	0.41	0.25	0.32
	叶数（片）	15.8	13.8	8.8	10.20
	抽薹率（％）	80	80	0	10

球茎甘蓝的生活周期可分为发芽期、幼苗期、莲座期、球茎形成期和抽薹开花及结籽时期。在幼苗期早熟品种长到 5 片真叶为一叶环，晚熟品种长到 8 片真叶为一叶环，此时即进入球茎生长前期。这时莲座叶再生长 1～2 个叶环，即可见到膨大的小球茎，所以球茎甘蓝的莲座期比结球甘蓝短，但进入球茎生长期后，顶芽仍不断发生新叶，只是生长较慢。

二、类型及品种

依球茎的色泽不同可分为绿白色、绿色及紫色 3 种，而以绿白色的品质较好。依生长期的长短可分为小型的早熟品种和大型的中、晚熟品种。目前中国栽培的球茎甘蓝基本上是常规品种，而且以地方品种居多，也有从国外引进的品种。

（一）小型种　植株矮小，叶片少而小，叶柄细短，球茎个体小，一般 0.35～1.5kg。生长迅速，从播种至始收 80～90d，从定植至始收 50～60d，为春夏或秋冬栽培的早熟品种。目前主要品种有早白、天津小英子、二路缨子、河北青县苤蓝、河间苤蓝、桂林球茎甘蓝等。

1. 早白　1959 年从国外引进。全国各大中城市郊区均有栽培。株高 30cm，开展度 26cm，叶灰绿色，11 枚左右。球茎扁圆形，高 7～8cm，横径 11cm，皮绿白色，光滑，表面叶痕小而少，单球重 350g 左右。早熟，在华北定植后 45～50d 收获。肉质脆嫩，稍甜，品质好。抗病性、耐寒性较强。

2. 天津小英子　天津市地方品种。叶小稍尖，柄细。球茎扁圆形，皮薄肉细嫩。早熟，从定植至始收 60d 左右。单球重 0.5～1.0kg。适宜天津、河北、东北各地栽培。

3. 青县苤蓝　河北省青县地方品种。叶簇较直立，株高 46cm，开展度 67cm，叶片约 15 枚，叶呈长圆形，叶面灰绿色，蜡粉多。球茎扁圆形，纵径 9cm，横径 12cm，单球重 700g，皮浅绿色，肉质白色、细嫩，水分较多，味稍甜，适于生食、熟食及加工腌渍。早熟，从定植到收获 50～60d，宜

作秋季栽培。

4. 桂林球茎甘蓝 广西桂林郊区地方品种。株高 36～40cm，开展度 55cm，叶片 12～13 枚。球茎扁圆形，纵径 10cm，横径 15cm，单球重 750g，纤维少，品质好。早熟，定植到收获约 60d。抽薹迟，收获期长。

（二）大型种 植株较大，叶片多而大，叶柄粗长，球茎多扁圆形，个体大，产量高。生长期长，晚熟，从定植至始收 80d 以上。主要品种有北京球串、内蒙古扁玉头、狗头玉头、大同松根、太谷玉蔓茎、河南笨苤蓝、潼关苤蓝、云南长茎蓝和广州大叶芥蓝头、晚苤蓝头等。

1. 大同松根 山西省大同地方品种。植株高大。叶大，长椭圆形，深绿色，叶脉凸起呈乳白色。球茎圆球形，淡绿色，纵径 29～30cm，横径 20～28cm，肉乳白色，味甜，单球重 2.5～3kg。晚熟，从定植到始收 90～120d。

2. 扁玉头 内蒙古西部地方品种。植株较大，生长势强，株高 40～50cm，开展度 60cm。叶片蜡粉多，叶柄长，灰绿色。球茎皮较薄，肉白色，单球重 2～3kg。晚熟，在内蒙古生长期 150d。质地细密脆嫩，纤维少，含水分少，味甜，品质好。

3. 笨苤蓝 植株高 43cm，球茎上着生 26～30 片叶子。球茎扁圆形，纵径 10cm，横径 15.5cm，平均重 1.5kg，肉质细嫩。从播种至始收 160d。河南省栽培较多。

4. 潼关苤蓝 植株高 50cm，叶长 50～70cm，叶片深裂。球茎大而扁圆，横径 15～30cm，纵茎 10～15cm，外皮绿白色，肉质细密而脆嫩，耐贮藏，一般单球重 2.5～3.5kg，最大者达 5kg 以上。从播种至始收 180d。陕西省潼关及渭水下游各地普遍栽培。

三、栽培季节和方式

球茎甘蓝在北方，利用早、中熟品种可以在春夏或夏秋季节露地栽培两茬，在南方可在秋冬季节和冬春季节栽培两茬。在高寒地区如内蒙古和新疆等地则只能一年栽培一茬，多用中晚熟品种。

球茎甘蓝多采用露地栽培，其前作在北方是秋菜田或冬闲地，在南方多为水稻田或夏秋菜地。但无论南方还是北方，常把中、晚熟品种栽培在水道旁或畦边，早熟品种则往往集中成片栽培。其后作比较适宜各种蔬菜。无论前作还是后作，最好与其他甘蓝类蔬菜作物实行 2～3 年以上轮作。

四、栽培技术

（一）整地与施肥 球茎甘蓝的前茬作物收获后，即应翻地、整地，并施基肥每公顷 37 500～45 000kg。北方常做成平畦，南方或多雨地区多做成高畦。北方菜农特别善于利用水道两旁栽培球茎甘蓝，并不另外整地、施肥，也能获得较好的收成。

（二）育苗 球茎甘蓝春季栽培多利用温室或阳畦（冷床）育苗，苗龄 50～60d。温室的温度较高，育苗时间宜短些，阳畦稍长些，但阳畦播种过早，易引起未熟抽薹。夏秋季栽培多在露地或简易保护地育苗，苗龄 30～40d。育苗期间，正逢夏季高温多雨或高温干旱，需注意防涝或防旱，并用防虫网或寒冷纱覆盖防虫，同时注意防暴雨、冰雹袭击。无论春季还是夏季育苗，最好中途分苗 1 次，以利幼苗整齐生长。

（三）定植 球茎甘蓝的外叶着生稀疏，故定植的密度比较大，早熟品种由于球茎不大更适宜密植，如早白的株、行距以 25cm×30cm 为宜，中晚熟品种以 30cm×40cm 为宜，若栽在渠边畦埂，株距还可密些。栽的深度应以球茎可正常膨大为标准，若栽的过深，会使球茎变成长圆形，栽的过浅，球茎又会偏向一方生长，以致变成畸形。因此，一般栽植的深度，都是以埋土至子叶齐平为标准。

（四）灌溉与施肥 球茎甘蓝的灌溉和结球甘蓝大致相同，一般定植后灌 1～2 次水，然后中耕蹲苗。到球茎开始膨大时，开始定期灌水，而且灌水数量与间隔的时期，也应尽量均匀一致。如果间隔的时间相差过大，或每次灌水量不均匀时，易使球茎生长不均，易长成畸形球茎。如一次灌水过多，特别是在缺水过久的情况下，灌水过多或遇大雨时，会造成球茎开裂。

追肥宜与灌水同时进行，一般在球茎开始迅速膨大时，集中重施追肥，可分穴施，或随水冲施。以后在整个球茎膨大期，每灌 1～2 次水后，即可追肥 1 次。球茎甘蓝耐水肥的能力较强，栽在水道两旁的植株，几乎经常生长在水肥较充足的环境里，所以能长成硕大的球茎。

（五）中耕、培土及除草 球茎甘蓝定植灌水后，待土壤稍干时，即可中耕 1～2 次，并开始蹲苗。球茎甘蓝的莲座期比结球甘蓝短，故蹲苗期不宜过长，特别是早熟品种可少蹲苗或不蹲苗。在球茎开始膨大后，结合中耕，可稍向球茎四周培土，但不能培土过深。到球茎长到相当大时，若发现有向一侧偏倒时，可再次培土，使其直立向上生长。到生长中后期，即莲座叶已封垄时，停止中耕，但应随时拔除杂草。

五、病虫害防治

球茎甘蓝的病虫害与甘蓝相同。病害主要有霜霉病、黑腐病、软腐病等。春季栽培病害较轻，但夏秋栽培时，苗期和前期易患霜霉病，在球茎形成过程中，特别是生长后期，易患软腐病，需及时防治。若发现腐烂病株应及早拔除，特别是栽在水道两旁的，更应及早拔除病株，以免传染整个菜田。主要害虫有菜粉蝶、小菜蛾、蚜虫和甜菜夜蛾等，由于球茎甘蓝的功能叶不多，故应及时防治害虫的为害，其防治方法可参见结球甘蓝。

六、采 收

球茎甘蓝定植后，早熟品种 50～60d，中、晚熟品种 70～120d，球茎已充分长大时即可收获。采收标准应依品种而有不同，早熟或鲜食品种，宜在球茎未硬化时收获，以确保其食用品质；晚熟、加工品种宜在充分长大后收获，以提高加工质量。

球茎甘蓝抽薹、开花及结荚习性，与结球甘蓝相同，故其留种与采种方法也大致与结球甘蓝一致。只是在选留种株时，应选择叶片少、叶柄细、叶痕小以及球茎的形状、色泽整齐一致的植株；同时选择具有本品种典型性状以及球茎大小适中、不开裂、成熟期比较一致的植株留种。

球茎甘蓝的秋播种株在窖内低温下贮藏 30～50d 后，定植到温室内即可抽薹开花。在露地采种时，应与其他甘蓝类蔬菜品种相隔 2 000m 以上，以防止杂交。在 6 月中、下旬种荚黄熟时，即可采收种子。

（张光星）

第三节 花 椰 菜

花椰菜是十字花科（Cruciferae）芸薹属甘蓝种中以花球为产品的一个变种，一年或二年生草本植物。学名：*Brassica oleracea* L. var. *botrytis* L.；别名：花菜、菜花。由甘蓝演化而来，演化中心在地中海东部沿岸。据载，1490 年热拉亚人将花椰菜从那凡德（Levant）或塞浦路斯引入意大利，在那不勒斯湾周围地区繁殖种子，17 世纪传到德国、法国和英国，19 世纪中叶花椰菜从欧洲和美国传入中国的南方，目前在中国各地菜区均有种植，尤以华南、西南各地栽培最为普遍。上海市利用不同品种排开播种，除夏季高温时期外，其他月份均能做到有花椰菜供应。花椰菜的食用部分是花球，

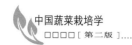

其风味鲜美，粗纤维少，营养价值高，产品又适短期贮藏保鲜，深受消费者欢迎。

一、生物学特性

（一）植物学特征

1. 根　根基部粗大，须根较发达，主要分布在 30cm 的土壤表层，吸收土壤中的水分和养分。由于根系分布较浅，抗旱能力较差，故需要湿润的土壤环境。

2. 茎　营养生长期茎短缩，较结球甘蓝长而粗，完成阶段发育后抽生花茎。茎上腋芽不萌发，一般不能食用。

3. 叶　花椰菜叶片狭长，披针形或长卵形，营养生长期有叶柄，并具裂片。叶色浅蓝绿，较厚，不很光滑，无毛，表面有蜡粉。一般单株有 20 多片叶子构成叶丛。一些品种的叶片，在出现花球时，心叶向中心自然卷曲或扭转，可保护花球免除日晒和霜冻的危害。

4. 花　花球为营养贮藏器官，由肥嫩的主（薹）轴和 50～60 个肉质花梗（花序原基）组成。一个肉质花梗有若干个 5 级花枝组成的小花球体，花球球面呈左旋辐射轮纹排列，轮数为 5。正常花球呈半球形，表面呈颗粒状，质地紧密，白色，少数为紫红色、黄色。也有的花球呈塔形，俗称珊瑚菜花。当温度等条件适宜时，花器进一步发育，花球逐渐松散，花枝顶端继续分化形成正常花蕾，各级花梗伸长，抽薹开花。复总状花序，完全花。花萼绿或黄绿色，花冠黄色，十字形，4 强雄蕊，子房上位。异花授粉，虫媒花。

在栽培上有时会出现"早花"、"青花"、"毛花"（或叫毛绒球）和"紫花"现象。早花是植株营养生长不足，过早形成花球所致；花球表面花枝上出现绿色苞片或萼片突出生长，表现为青花；花球的花枝顶端部位、花器的花柱或花丝非顺序性伸长为毛花，毛花多在花球临近成熟时遇骤然降温、升温或重雾天时易发生；紫花是花球临近成熟时，突然遇低温，糖苷转化为花青素所致。

5. 果实　为长角果，成熟后爆裂。每个角果含种子 10 余粒。种子圆球形，紫褐色，千粒重 3～4g。开花时，如骤遇霜冻，则能引起单性结实，形成无种子的空荚。

（二）对环境条件的要求　花椰菜喜温暖湿润的气候，忌炎热干燥，也不耐长期霜冻，其耐寒、耐热能力不如结球甘蓝。

1. 温度　花椰菜种子发芽的最低温度为 2～3℃，但非常缓慢，当温度在 15～18℃时发芽较快，而温度达到 25℃时发芽最快，播种后 2～3d 便可出土。幼苗的耐寒和耐热能力都较强，而以 15～20℃的温度为最好。如温度超过 25℃，则幼苗易徒长，宜采取降温措施。花球生长期以 10～20℃为适宜，温度降至 8℃以下花球生长缓慢，温度若急剧降低至 1℃以下，则花球易受冻伤，变褐而腐烂。中晚熟品种当温度超过 20℃时，所形成的花球其花枝多松散，质量降低，但早熟品种温度虽高达 25℃，仍能形成良好的花球。开花结荚时期的适宜温度与花球生长期相同。当温度达到 25℃时花粉受害，并将影响受精结实。但如遇霜冻，也不能受精，形成空荚。

2. 光照　花椰菜为喜光照充足的作物，但也能耐稍阴的环境。花椰菜的花球在阳光直接照射下，常使颜色变黄，降低产品质量，故在花球生长过程中多行束叶或遮盖。

3. 水分　花椰菜喜湿润环境。在叶簇旺盛生长和花球形成时期要求有充足的水分，若干燥而又炎热，则叶子缩小，叶柄及节间伸长，生长不良，影响花球产量及品质。但花球生长期过分潮湿会引起花球松散，花枝霉烂。

4. 土壤营养　花椰菜为需肥多的蔬菜作物。在生长发育的整个过程中都需要有充足的氮素营养，而在花球生长期中还需要大量的磷、钾元素。花椰菜对硼、镁等微量元素有特殊要求，缺硼时，常引起花茎中心开裂，花球变锈褐色，味苦；缺镁时，叶子变黄色。

（三）生长发育特性　花椰菜从种子到种子的生长发育过程基本上与结球甘蓝相同，但对发育的

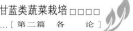

条件，花椰菜不如结球甘蓝要求的那样严格。

1. 生长发育周期　花椰菜的生长发育周期可分为营养生长期（发芽期、幼苗期、莲座期）和生殖生长期（花球生长期、抽薹期、开花期和结实期）。

（1）营养生长期　花椰菜的营养生长过程，其发芽期、幼苗期、莲座期与结球甘蓝相似。结球甘蓝在莲座期结束后进入结球期仍为营养生长，但花椰菜在莲座期结束时主茎顶端发生花芽分化，继而出现花球，进入花球生长期，已是生殖生长的初期。

（2）生殖生长期

①花球生长期。从花芽分化至花球生长充实适于商品采收时为花球生长期。其长短因品种不同而异，一般为20～50d。

②抽薹期。从花球边缘开始松散、花茎伸长至初花为抽薹期，需6～10d。依品种不同和当时气温高低而异。

③开花期。从初花至整株谢花为开花期。依品种不同及气温高低而异，需24～30d。

④结荚期。从花谢至角果蜡熟时为结荚期。因品种不同而异，一般为20～40d。

2. 花椰菜生长发育的特点　花椰菜与结球甘蓝同属于低温长日照植物，但对春化作用所需的温度条件不如结球甘蓝那样严格。

花椰菜通过春化的温度因品种而不同，一般认为5～25℃都可以通过。早熟品种可在较高的温度下通过，同时所需的时间较短；而晚熟品种则需要较低的温度及较长的时间才能完成。植株的大小对低温的感应有所不同，植株越小所需的时间越长。若花序分化后期缺乏持续的低温而遇高温，则侧花茎分化发育受影响而萼片迅速生长，导致花枝上生出小叶而使花球成"夹叶花球"。

花椰菜通过光周期所需日照长短也不如结球甘蓝那样严格。

花椰菜苗期生长比较缓慢，进入莲座期后叶面积迅速扩大，到莲座后期，花球开始缓慢生长，并在较短时期内长成花球。花椰菜叶簇是制造营养的器官。花球的大小和增长速度与营养同化器官的大小、功能有密切的关系。从表14-2可以看出，从植株定植到花球出现前，开始是叶片不断更新增大扩展面积，至花球开始出现仍一面增长面积一面生长花球，至叶面积增长减缓时则花球迅速生长增大。这说明生长中心是变化的。在花球出现前形成较大的同化面积和较强的同化功能是提高花球产量和质量的保证。

表14-2　花椰菜生长过程中营养生长与营养积累的关系*

（福建农学院，1957）

定植天数 (d)	叶面积（cm²）		矮种花椰菜花球直径（cm）		干物质重量（g）	
	总面积	增长量	总直径	增长量	根茎叶	花球
10	152.2				1.30	
20	310.7	158.5			2.36	
30	1 079.7	769.0			6.90	
40	2 467.3	1 389.6			22.50	
50	3 089.5	6 20.2	0.57		31.60	
60	4 898.3	1 809.0	1.50	0.73	47.47	
70	7 332.3	2 434.0	4.80	3.30	53.30	
80	9 343.7	2 011.4	13.00	8.20	76.30	15.60
90	11 179.3	1 835.6	20.00	7.00	136.50	69.33

*　1956年9月8日播种，10月3日假植，10月25日定植。

从叶片的含糖量变化来看，生长初期叶片含糖量少，随着生长的进展，叶片含糖量逐渐增加，花球出现前含糖量最高，随着花球的增长，叶部含糖量又逐渐下降，形成一条抛物线变化（图 14-5）。植株生长前期含糖量不高，主要是用于更新叶片扩大面积，中后期才逐渐转变为积累营养，进入花球生长期。所以进入花球生长期，标志着叶中糖分大量消耗，这种叶中的营养物质能向花球转移的特点，可应用在"促成栽培"上，如高寒地区露地气候条件不足以使花球生长至完全成熟时，可用保温床或地窖进行假植栽培，仍可使花球继续生长至成熟。

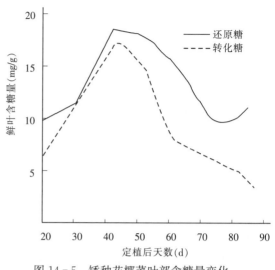

图 14-5 矮种花椰菜叶部含糖量变化
（福建农学院，1957）

二、类型及品种

（一）类型　根据花椰菜成熟期的迟早，有早、中、晚熟 3 种类型。

1. 早熟品种　从定植至初收花球需 40～60d 的为早熟品种。植株一般较矮小。叶较小而狭长，色蓝绿，蜡粉较多。花球较小。植株较能耐热，但冬性弱。在长江流域及华南地区播种期以 6 月底至 7 月中旬为适宜；华北及东北地区适宜于春作或秋作栽培。常见的早熟品种有：白峰、法国菜花、荷兰春早花椰菜、厦花杂交 1 号、雪峰、早峰、祁连白雪、洁丰 70 天、矮脚 50 天花菜、津雪 88、夏雪 40、夏雪 50、澄海早花、福建 60 天、早花 6 号、四季种 60 天等。

2. 中熟品种　从定植至初收花球需 80～90d 的为中熟品种。中熟品种植株较早熟品种高大。叶色因品种而异。花球一般较大，紧实，品质好，产量较高。植株较耐热，冬性较强。华南地区播种期一般在 8～9 月上旬，为秋冬蔬菜；长江流域一般于 7 月中旬至 8 月上旬播种；华北及东北地区宜春作栽培。主要品种有：厦花 80 天 1 号、龙峰特大 80 天花菜、盘龙花菜、魁首 80 天、田边 80 天、同安短叶 90 天、福建 80 天、福农 10 号、洪都 15、荷兰雪球、瑞士雪球、耶尔福、荷兰 48、日本雪山等。

3. 晚熟品种　从定植至初收花球在 100d 以上者为晚熟品种。一般植株高大，生长势强。叶片多宽阔，叶色较浓。花球大而致密。植株耐寒力强，冬性强，一般需经一段冷凉气温后始见花球。华南地区和长江流域诸省一般于 8～9 月播种，也有迟至 10 月上旬播种者，作为春花菜栽培。晚熟品种因生长期较长，在华北地区栽培均需利用保护设施防寒才能成功。主要品种有早慢快、巨丰 130 天、冬花 240、登丰 100 天、清江 120 天、福建 120 天、广州竹子种、广州鹤洞迟花、旺心种、四季种等。

（二）品种

1. 白峰　天津市农业科学院蔬菜研究所于 1988 年育成的一代杂种。株高 59cm，开展度 58cm。叶片绿色，蜡粉较少，呈宽披针形，20 片叶左右出现花球。内层叶扣抱，中层叶上冲，适宜密植。花球洁白，组织柔嫩，单球重 0.75kg。该品种耐热、耐病，成熟期集中。早熟，从定植到采收 50～55d。适于北京、天津等地秋季种植。

2. 荷兰春早　又名米兰诺，中国农业科学院蔬菜花卉研究所选育成的常规品种。株高 42cm，开展度 54cm。叶片灰绿色，蜡粉较多，叶面微皱，外叶 16 片。花球白色，紧实，纵径 8cm，横径 14cm，单球重 0.53kg。早熟，从定植至商品花球成熟 45～50d，品质好。冬性较强，不易散球，耐寒。适于华北和东北地区早春栽培。四川、云南和福建各省可作秋季栽培。

3. 雪峰 又名 32-6，天津市蔬菜研究所从荷兰引进的春菜花新品种，属春早熟花椰菜类型。株高 45cm，开展度 56cm，最大叶片 49cm×26cm，叶片绿色，蜡质中等，叶面微皱，宽披针形。20 片叶左右出现花球，花球白色，扁圆球形，较紧实，平均单球重 0.6～0.75kg，花球重与茎叶重之比为 1:1，品质优良。定植后 50d 左右成熟，5 月上、中旬上市。适于华北地区种植。

4. 日本雪山 20 世纪 80 年代从日本引进的一代杂种。植株长势强，株高 70cm 左右，开展度 90cm。叶片披针形，肥厚，深灰绿色，蜡粉中等，叶面微皱，叶脉白绿，有叶 23～25 片。花球高圆形，雪白，紧实，中心柱较粗，含水分较多，品质好。单球重 1～1.5kg。该品种耐热、抗病，中熟，定植至收获 70～85d。春、秋季栽培均可。适于各省种植。

5. 荷兰雪球 20 世纪 70 年代由荷兰引进的品种。植株生长势强，开展度 60cm，有 30 多片叶。叶片长椭圆形，深绿色，大而厚，叶缘浅波状，叶柄绿色，叶片及叶柄均有蜡粉。花球圆球形，雪白，紧实，肥厚，质地柔嫩，品质好。单球重 0.75～2kg。耐热，宜秋季栽培。

6. 厦花 80 天 福建省厦门市农业科学研究所于 1981 年选育而成。植株半直立，株高 45cm，开展度 75～90cm。外叶 33 片，叶片宽披针形，叶先端较尖，叶面光滑，蜡粉中等。花球半圆形，纵径 14～17cm，横径 18～20cm。中熟，由定植到收获 82d。花球紧实，商品性好。抗黑腐病、黑斑病能力较强。适于福建省种植。

7. 瑞士雪球 20 世纪 60 年代从尼泊尔引进的常规品种。株高 53cm 左右，开展度 58cm 左右，生长势强。叶簇较直立，深绿色，叶柄短，浅绿色，叶片和叶柄均有一层蜡粉。20 片叶左右出现花球，花球白色，圆球形，紧凑，质地柔嫩，品质好。耐寒性强，不耐热，在高温下结花球小而品质差。单球重 0.5kg 左右。

8. 巨丰 130 天 浙江省温州市南方花椰菜研究所选育的晚熟品种。植株生长势强，株高 70～75cm，开展度 90cm。心叶浅黄色，外叶灰绿色有光泽，最大叶长 60～65cm，叶宽 28～30cm。花球洁白，紧密厚实，呈圆球形，平均单球重可达 5kg 左右。晚熟，从定植至收获 130d。比较抗寒，对外界环境适应性强。适于四川盆地、长江中下游地区，以及云南、贵州、广东、广西等地作晚熟品种栽培。

9. 冬花 240 河南省郑州市特种蔬菜研究所与郑州市蔬菜办公室于 1984 年选育而成。株高 44～52cm，开展度 60cm。叶长卵形，叶色深绿，叶脉明显，蜡粉较多。短缩茎 16.2～17.6cm。花球半圆形，大而紧实，洁白，球柄短粗，花枝层数多，单花球重 1～2.5kg。全生长期为 240d 左右，属晚熟品种。花球细密，口感脆嫩，微甜，耐咀嚼，风味好。抗寒，能忍受短期−17℃的低温。苗期较抗霜霉病、黑腐病。适于河南省各地种植。

10. 福建 120 天 福建省福州市地方品种。株高 60cm 左右，开展度 85cm。叶蓝绿色，具蜡粉，最大叶长 55～60cm，宽 25～28cm。花球半圆形，白色，紧实，球面茸毛中等，毛白色，花粒粗大，花球重 1kg。晚熟，从定植至收获 120～130d。生长势强，耐寒性也强，品质好，较抗病。适宜在福建省福州市及其他相似生态地区种植。

三、栽培季节和方式

花椰菜的播种时期，南方亚热带地区一般于 7～11 月播种，依品种特性不同排开播种，早、中熟品种早播，晚熟品种迟播。其收获期为 10 月至翌年 4 月。

长江流域诸省播种期为 6～12 月。后期因气候寒冷，需在保温设施播种育苗。其收获期为 11 月至翌年 5 月。

华北地区分春作和秋作。春作于 2 月上、中旬在日光温室或覆盖塑料薄膜的阳畦中育苗，3 月

中、下旬在塑料小拱棚中或露地定植，5月中、下旬开始收获。秋作早熟品种于6月下旬至7月上旬露地播种育苗，8月上旬定植，10月上旬至11月上旬收获；晚熟品种也于6月下旬至7月上旬露地播种分苗，11月定植于阳畦，翌年1月开始收获。

东北地区也分春作和秋作。春作于2月下旬至3月上旬在保温设施中播种育苗，4月下旬定植于露地，6~7月收获。秋播的时间与华北相同，一般多选用早熟品种，不用晚熟品种。

秋栽花椰菜也可以进行秋冬假植栽培。利用晚播育苗的未成熟植株，在严霜来临前假植在阳畦（假植沟）内，使其在冬季缓慢生长成熟，供应冬、春市场。在山东省滨州地区，用于假植栽培的花椰菜播期要比一般秋季栽培晚播1个月左右，约在8月中旬到9月上旬。假植时将田间种植的花椰菜植株挖起，每株带20cm见方的土坨，尽量不使根系受到损伤，紧密囤栽到阳畦或假植沟内，浇透水。覆盖无滴薄膜和草苫保温，于元旦前后上市。

花椰菜适宜的前后茬作物大体和结球甘蓝相同。

四、栽培技术

（一）春花椰菜栽培

1. 品种选择 春栽花椰菜必须选用春季生态型品种，即生长期长和冬性较强的中、晚熟品种。而早熟品种冬性弱，春季育苗时容易在幼苗尚未分化出足够的叶数和形成强大的同化器官之前，就形成很小的花球，这将会严重地影响其产量和品质。

2. 整地与施基肥 花椰菜虽喜湿润环境，但耐涝力很差，所以在多雨的地区及地下水位较高的地方，都采用深沟高畦栽培，以利排水，这是栽培花椰菜成功的一个关键。华北、东北地区栽培花椰菜其整地与结球甘蓝相同。

花椰菜的栽培应选择壤土或黏质壤土，并施足基肥。花椰菜因品种不同对基肥的种类和数量要求有所差异，基肥以富速效性氮肥为主。南方一般每公顷施农家有机液肥22 500kg或氮素化肥与堆肥混合施15 000~22 500kg。中、晚熟品种生长期较长，基肥以厩肥并配合磷、钾肥料施用。南方一般每公顷施猪、牛等厩肥37 500~75 000kg，或农家有机液肥22 500~30 000kg，再加入过磷酸钙225~300kg，草木灰750kg。北方用油粕等有机肥料，每公顷施7 500~15 000kg，过磷酸钙300kg，草木灰750kg。施肥方法与结球甘蓝相同。

3. 育苗与定植 花椰菜育苗方法与结球甘蓝相同，可参照结球甘蓝进行。

花椰菜幼苗长至6~8片叶，5cm深处地温稳定在5℃以上时即可定植。如定植过晚，则成熟期推迟，形成花球时正处于高温期，花枝容易伸长而使花球松散，品质下降；如定植过早，易造成先期显球，影响产量。华北地区在3月中旬至4月初，东北、西北地区于4月底至5月初定植。北方春季栽培以平畦或覆盖地膜的小高畦为主，平畦宽1~1.2m，栽3~4行，株距35~40cm，栽后浇透水。

4. 田间管理 田间管理包括追肥、灌溉、中耕除草及束叶等。要获得产量高、品质好的花球，必须有强大的叶簇作保证。因此，在叶簇生长期间要及时满足其对水分和养分的要求，使叶簇适时进行旺盛生长。

定植后3~5d，根据幼苗生长状况和土壤湿度以及天气情况，浇1次缓苗水，并及时中耕松土。地膜覆盖的可晚浇缓苗水，尽可能提高地温，促进发根。莲座期结合浇水，追施尿素225~300kg/hm^2，防止因缺肥而营养不良，导致花球早出并散球。对营养生长过旺的地块，应及时控水蹲苗，使营养生长健壮，为花球发育打好基础。花球膨大的中后期，可用0.1%~0.5%的硼酸溶液叶面追肥，每隔3~5d喷1次，连喷3次。每隔4~6d浇1次水，收获前5~7d停止浇水。

花椰菜因品种不同，在施肥管理上有所差异。早熟品种生长期短，一般用速效性肥料分期勤施。中、晚熟品种生长期较长，在叶簇生长期应用速效性肥料分期施用，当花球开始形成时应加大施肥量。

追肥的种类，一般在整个生长期都应以氮肥为主，当进入花球形成期，则应适当增施磷、钾肥料。但按目前施肥习惯，大多偏重于氮肥。南方每公顷追肥用量一般为：早熟品种用优质有机肥 22 500～30 000kg，硫酸铵 112.5～150.0kg；中熟品种用有机肥 22 500～30 000kg，硫酸铵 225～300kg，草木灰 1 125kg；晚熟品种用有机肥 22 500～30 000kg，硫酸铵 300～450kg，草木灰 150kg。

在多雨的地区必须加强排水防涝。中耕除草以及培土工作与结球甘蓝相同。

束叶是用靠近花球的 2～3 片叶包裹花球，再用稻草或绳等轻轻捆扎一圈，不使花球见光，是保证花椰菜品质的技术措施之一。因为花球在阳光直射下，易由白色变成淡黄色，有的品种甚至出现紫色，并长出小叶，降低食用品质。束叶一般在花球直径达到 10cm 左右时进行。束叶时注意不要折断叶柄，以防止叶片干缩。华南地区多数地方只把接近花球的几片大叶折覆于花球表面，不使阳光直接照射花球。

（二）秋花椰菜栽培　秋花椰菜栽培宜选用雪山、白峰、荷兰雪球等品种。6 月中下旬至 7 月上中旬播种。寒冷地区可于 5 月下旬至 6 月下旬播种，适当稀播，不分苗，避免伤根。播种床应覆盖遮荫网（防雨）、防虫网，待幼苗长至 2 叶后即撤去遮荫物。尤其要小水勤浇，保持土壤湿润，防止干旱或涝渍。苗龄 30d 左右。

7 月中下旬至 8 月上旬定植。垄栽或畦栽，株行距为 40cm×50cm，选晴天下午或阴天定植。秋花椰菜定植后要加强肥水管理，提早追肥，促使叶片充分生长。如营养生长不良，则可能引起先期现蕾。对外叶较少、显花球较早的品种，如白峰等，缓苗后不蹲苗，直至现蕾前不能缺水，小水勤浇，保持土壤湿润；对荷兰雪球等现花球较晚的品种，可蹲苗 7～10d。进入莲座期后，浇水追肥，花球膨大期隔 3～4d 浇 1 次水。种株封垄后减少浇水次数，以免湿度过大而发生病害或落叶。花球膨大初期和中期各追肥 1 次，结合进行叶面追施 0.2％的硼酸溶液防止茎轴空心。现花球后折叶覆盖花球。

（三）假植栽培　北方地区的花椰菜假植栽培一般较正常播种期晚 20～30d。至 11 月上中旬，当花球直径达 8～10cm，天气变冷后便可带根假植到阳畦内。假植时要摘去老叶和病叶，扶起绿叶包住花球并捆好，防止后期花球受冻或棚膜水珠滴到花球上引起花球腐烂。栽完后要埋土浇水，盖好薄膜。注意草帘与温度的管理，前期温度应稍高些，白天保持 15～20℃，夜间 8～10℃，后期温度低时应盖草帘保温，使夜间最低温度维持在 3～5℃。等到花球长成后，于元旦至春节可陆续收获上市。每平方米的阳畦大约假植大田 6～10m² 的花椰菜。

（四）花椰菜保护地栽培　在早春或秋季，利用日光温室、塑料棚及阳畦等，或在夏季利用遮阳网、防虫网栽种花椰菜，近年有较大发展。在日光温室内栽种花椰菜，可于冬季至早春随时定植；在塑料棚内的定植期，河南、山东为 2 月下旬至 3 月上旬，东北、西北等地区为 3 月下旬左右，此时，棚内 5cm 深处地温应在 5℃以上；秋冬季延后栽培，于 8 月下旬至 10 月上中旬覆膜保温。

在保护地内栽培，其密度可比露地栽培稍稀些，以 40～50cm 见方为宜。

定植缓苗后保护地内的温度白天保持 25～30℃，夜间在 10℃左右；幼苗开始生长期，适当通风降温，白天在 22℃左右，不超过 25℃；莲座期白天 15～20℃，夜间 10℃左右；花球发育期白天 14～18℃，不高于 24℃，夜间 5℃左右。浇水、施肥基本同露地栽培，但次数和数量均较少些。

五、病虫害防治

花椰菜的病害主要是黑腐病、黑斑病和霜霉病，其症状和防治方法基本与结球甘蓝相同。为害花椰菜的害虫有菜蚜、菜蛾、菜粉蝶及多种夜蛾等，应选用高效、安全杀虫剂及时防治。

六、采　收

花椰菜花球的成熟在植株个体之间有时很不一致，应分期适时采收。如采收过早，花球未成熟，则产量较低；采收过晚，花球过熟，则花球松散，表面凹凸不平，颜色变黄，或出现毛花，品质变劣。适时采收的标准是花球充分长大，表面圆正，洁白鲜嫩，致密，边缘花枝开始向下反卷而尚未散开。采收时在花球外带5～6片叶，这样可以保护花球，便于包装运输，也避免在运输和销售过程中的损伤和污染。花椰菜较耐短期贮藏，一般可放置3～5d；用塑料袋包装，并置于0～4℃、空气相对湿度80%～90%的条件下，可保鲜1个月。

（李亚灵）

第四节　青　花　菜

青花菜是十字花科（Cruciferae）芸薹属甘蓝种中以绿或紫色花球为产品的一个变种，学名：*Brassica oleracea* L. var. *italica* Plenck；别名：木立花椰菜、意大利花椰菜、嫩茎花椰菜、绿菜花、西兰花。青花菜原产于地中海沿岸，19世纪末至20世纪初传入中国。青花菜因食用由肥嫩的花梗和花蕾组成的绿色扁球形花球而得名。质地柔软，风味清香，营养丰富，食用方便，所含芳香异硫氰酸具有抗癌作用。

青花菜是甘蓝进化为花椰菜过程中的中间产物，其适应性较花椰菜强，栽培容易，收获期和供应期长。可煮食、炒食和汤食，也可速冻冷藏。

一、生物学特性

（一）植物学特征　青花菜根系较发达，主根基部粗大，主要根群分布在30～40cm土层中。茎直立粗壮。叶披针形，叶缘缺刻较深呈波状，叶柄较长，茎叶蓝绿色或蓝紫色，蜡粉层较厚。青花菜幼苗期茎短缩，转入生殖生长后抽生花茎，主茎顶端着生主花球。青花菜与花椰菜不同之处在于主茎顶端产生的并非畸形花枝组成的花球，而是由花梗和已完成分化但未充分发育的花蕾组成的青绿色扁球形花球。同时叶腋侧芽较花椰菜活跃，主茎顶端的花球摘除后下部叶腋易萌生侧枝，侧枝顶端又生侧花球，故可多次采摘。花球以主茎上所生者较大，一般直径可达15～18cm，侧枝所生的较小，直径3～5cm。青花菜由于花蕾分化完全，因而适收期短，采收稍有延迟则花球松散，花蕾充分发育变大甚至开放，严重影响花球品质。

青花菜在开花期花枝伸长呈复总状花序，花朵黄色，果实为角果，每荚有种子10余粒，种子千粒重为3.5～4g。

（二）对环境条件的要求　青花菜喜凉爽、湿润、光照充足的环境条件。生长适宜的温度为15～22℃，25℃以上植株易徒长，花蕾粗，花球小且松散。在光照充足条件下青花菜生长正常，光照不足时花茎伸长，花球的部分花蕾颜色发黄，所以在栽培中不能像花椰菜一样束叶遮盖。在青花菜生长过程中应保持70%～80%的土壤相对湿度及80%～90%的空气相对湿度。干旱会使植株提前形成小花球，降低产量和品质。青花菜对土壤要求不严格，但要求充足的养分，适宜的pH为5.5～6.5。青花菜生长前期以追施氮肥为主，中后期要求追施磷、钾肥，防止氮肥过多引起花茎空心、花球松散，并要求追施硼、锰等微量元素。青花菜缺硼时常引起花茎中心开裂，缺镁时叶片发黄失绿。

杨暹、关佩聪（1995）在研究青花菜硝酸还原酶活性与氮钾营养的关系时发现，4种氮钾处理对青花菜主花球产量有明显影响。低氮时，增钾能提高花球产量；高氮时，增钾则降低花球产量。低钾

时，增氮能提高花球产量；高钾时，增氮则降低花球产量（图 14 - 6）。可见，氮营养对青花菜花球产量的影响较大，氮钾组合中以高氮低钾（N30K10）处理能显著提高花球产量，这与氮、钾营养调控叶片的硝酸还原酶（NR）活性效应基本一致。

（三）生长发育特性 青花菜属绿体春化型低温长日照植物，但对日照长短不敏感。幼苗感应低温的能力因品种而异，与温度的高低、苗的大小及时间长短有关。一般认为 5～25℃ 条件下都可以通过春化阶段，早熟品种可在较高温度下通过，同时所需时间较短。早熟品种在苗期遇低温可使花芽分化并提前形成小花球，故早熟品种不宜在低温季节栽培；而晚熟品种则需较低温度、较长时间才能完成春化，故不宜在高温季节栽培。植株大小对低温感应有所不同，植株愈小通过春化所需的时间愈长。

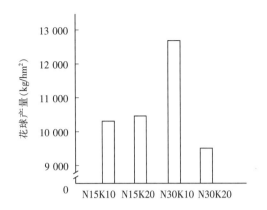

图 14 - 6　氮、钾营养对青花菜花球产量的影响
（杨暹、关佩聪，1995）

二、类型及品种

（一）类型 青花菜按叶形可分为长叶和阔叶两种类型。长叶型叶片狭长，生长速度快，多为早熟品种；阔叶型叶片宽大，生长速度慢，多为中、晚熟品种。按成熟期可分为早、中、晚熟品种。目前应用于生产的品种大都从国外引入，20 世纪 80 年代以后中国也陆续培育出一批优良新品种。

（二）品种

1. 早熟品种 从定植到始收需要 50～60d，从播种到收获需 120d。此类品种适于春、秋两季栽培，侧花芽少，以收主花球为主。生产上常用的品种有：

（1）绿花 2 号　广州市蔬菜科学研究所 1990 年育成。植株高 50cm，开展度 90cm。叶长卵圆形，长 35cm，宽 23cm，绿色，微皱，有蜡粉，叶缘波状。花球纵径 6～7cm，横径 13～18cm，绿蕾粒中等大小，花球重 300～500g。早熟，播种到初收 80d，可延续采收 20d。耐肥、耐热，品质好，适于华南地区栽培。

（2）上海 1 号　上海市农业科学院园艺研究所育成的早熟一代杂种。植株半开张，开展度约 80cm，株高 38cm。叶绿色，26 片叶后现蕾。主花球直径 13cm，单球重 400g。秋播从定植到采收 65d 左右。适宜在长江中下游地区作秋季栽培。

（3）里绿　从日本引入的一代杂种。生长势中等，株高 43～68cm，开展度 75cm。叶片 13～17 片，叶色灰绿。主花球纵径 14～17cm，横径 14～15cm，深绿色，花蕾较细。侧枝发生较少，为采收顶花球专用品种。春季种植花球重 200～250g，秋季种植花球重 300～350g。春季种植表现早熟，从定植到收获约 45d，一般每公顷产量 7 500～9 000kg；秋季种植表现为中早熟，从定植到收获约 70d。适宜广东、福建、江苏、北京、上海等地种植。

（4）中青 1 号　中国农业科学院蔬菜花卉研究所于 1998 年育成的一代杂种。适于春、秋两季种植，春季种植表现早熟。株高 38～40cm，开展度 65cm。15～17 片叶，最大叶长 38～40cm，叶宽 14～16cm，复叶 3～4 对，叶面蜡粉多。定植后 45d 可收获。花球浓绿较紧密，花蕾较细，主花球重 300g 左右，侧花球重 150g 左右。秋季种植表现为中早熟，定植后 50～60d 收获。花球淡绿紧实，蕾粒细主花球重 500g 左右。田间表现抗病毒病和黑腐病。适于华北部分地区种植。

2. 中熟品种 从定植到始收需要 60～70d，从播种到收获需 120 ～145d。耐热、耐病，抽生侧花

球能力强，产量高，适于春夏和夏秋栽培。生产中常用的品种有：

（1）青花1号　山西农业大学于1951年从前苏联引入。该品种生长势强，叶宽大，茎粗壮，浓绿色，蜡粉多。花球浓绿色，蕾粒粗实。从定植到始收70d左右，主花球收获后可延续采收侧花球，单株主花球重350～500g，侧花球可收300～400g。适于中国各地栽培。

（2）绿玉青花菜　浙江省温州市神龙种苗公司选育出的一代杂种。从定植到始收80d左右。外叶浓绿，生长势旺，耐寒、耐热，适于长江流域及华南各地栽培。

（3）中青2号　中国农业科学院蔬菜花卉研究所于1998年育成的一代杂种。适于春、秋两季种植。春季表现中早熟，定植后50d左右收获。株高40～43cm，开展度67cm。15～17片叶，最大叶长42～45cm，叶宽18～20cm，复叶3～4对，叶面蜡粉较多。花球浓绿较紧密，蕾粒较细，主花球重350g左右，侧花球重170g左右。秋季种植表现为中熟，定植后60～70d收获。花球浓绿、紧实，蕾粒较细，主花球重600g左右。田间表现抗病毒病和黑腐病。

（4）绿岭　从日本引进的一代杂种。植株生长健壮，株高45～75cm，叶片16～20片，叶色深绿。主花球纵径12～14cm，横径14～20cm，花蕾较细、紧实，色浓绿，花球有明显的小黄点。侧枝生长能力中等。春季种植表现较早熟，从定植到收获50～55d，主花球重300～350g；秋季种植表现中晚熟，从定植到收获70～80d，主花球重350～600g。适应性广，田间表现较抗黑腐病和病毒病。适宜广东、福建、江苏、北京、上海等地栽培。

（5）碧玉　北京市农林科学院蔬菜研究中心于2000年育成的一代杂种。植株生长势强，半直立。花球紧实，花蕾小，浓绿，无小叶，主花茎不易空心，质地脆嫩，品质好。主花球重400g左右。适于春、秋季种植，定植后65d左右收获，为主、侧花球兼收品种。适宜华北地区春、秋季栽培，华中、华东地区秋冬季栽培。

三、栽培季节和方式

青花菜对外界环境适应性强，与花椰菜相比较，既耐热又较抗寒，在生产中采用适当栽培技术及设施可达到周年生产和均衡供应。

华南地区从7月至翌年1月可随时播种分批收获。由于晚熟品种需要较长时间的低温阶段，所以华南地区一般只能选用早、中熟品种。

长江流域冬季较冷，青花菜不能露地越冬，故一年只能栽培两茬。一茬为夏播秋收，该茬选用早、中熟品种；另一茬为初冬播种，春季收获，选用晚熟品种。

华北地区一年可种植两季，春季栽培在1月下旬至2月上旬播种育苗，3月中下旬定植，5～6月收获；秋季栽培在6月下旬至7月上旬播种育苗，8月初定植，10月可陆续收获上市。

高纬度寒冷地区一年种植一季，一般于春末播种，夏季定植，秋季收获。

四、栽培技术

（一）播种育苗　青花菜露地栽培关键是选择好栽培季节及适宜品种。春季露地栽培选择播期很重要，华北地区一般选用早中熟品种，于2月初温室育苗，苗龄60～70d。早播易先期现球，迟播易影响产量和质量。夏秋栽培由于温度高，应选用早熟品种，于6月下旬至7月上旬播种，苗龄25～30d，并选易排、易灌的田块安排生产，苗期注意遮荫、防雨。

培育适龄壮苗和防止过早现球是育苗的关键。青花菜育苗应注意营养土配制和温湿度管理，防止营养不足或管理不当引发徒长，进而影响产品产量和质量。

播种方法，可选用撒播或条播，每公顷大田需种量约750g，需75～90m² 的苗床面积。将充分腐熟的有机肥与园土按1∶1混合过筛，并加入适量速效肥料混匀，平铺于播种床上，营养土厚10cm，浇足底水，水下渗后撒0.2cm厚细土作翻身土，而后均匀播种，再覆盖0.3～0.5cm厚细土。冬春季育苗为了保温保水还应再覆盖1层塑料薄膜，2～3d幼苗顶土出苗时及时揭除。当幼苗长有2～3片真叶时进行分苗，苗距8～10cm，幼苗5～6片真叶时定植。夏秋季节育苗，为了保墒应在播种覆土后再覆盖一层细沙，当幼苗出土后适当间苗，去弱留壮。由于苗龄短，故不必分苗，但应经常浇水，保持畦面见干、见湿，及时拔除杂草，进行病虫害防治。

青花菜苗床定植前1周应适当控水，进行幼苗锻炼。在定植前一天应充分灌水，使土壤湿润松软，减少起苗时伤根，提高定植成活率。

（二）整地定植　青花菜植株高大，生长快，对土壤营养条件要求高，应选择排、灌方便，土质疏松、肥沃，保水、保肥力强的壤土进行栽培。定植前每公顷施基肥60 000～75 000kg，深翻入土，整地作畦，于3月中下旬气温达10℃以上时定植。一般春季多选平畦，夏秋季多雨地区可起垄栽培，在阴天或傍晚时定植为好。株、行距根据所选品种按40～50cm×40～60cm栽植，晚熟品种和抽生侧枝多的品种宜适当稀植，定植密度每公顷30 000～41 250株。可选用先开沟顺水稳苗或先栽苗后浇水的方式进行定植。

（三）田间管理　青花菜田间管理包括追肥、灌溉、中耕除草等。在栽培管理过程中促进营养生长使其在现蕾前形成足够的营养面积是获得丰产的前提条件。青花菜因品种不同，在肥水管理上应有所差异。早熟品种生育期短，对土壤营养吸收总量比中晚熟品种少，但由于生长期短又多在高温季节栽培，所以对营养的要求迫切，生产中以施速效性肥料为主。定植水后3～5d可随缓苗水追施农家有机液肥促幼苗生长，整个生育期可分期勤施，以促为主。中晚熟品种生育期较长，在叶簇生长时期宜适当控制水肥，定植水后5～7d浇缓苗水，然后注意中耕除草，适当蹲苗。一般于定植后15～20 d开始追施氮肥，施肥量为200～300kg/hm²，现蕾后再追施一次氮肥。主花球收获后若需收侧花球，可每公顷追施优质有机肥7 500kg或复合肥300～450kg。

青花菜为喜湿蔬菜，在生长过程中需水较多，如果干旱季节缺水会严重影响产量和质量。定植后应每5～7d浇水1次，以保持土壤湿润，促进产量形成。青花菜不耐涝，忌大水漫灌。莲座期应适当控制浇水，防止植株徒长而形成小花球。在花球直径达2～3cm时及时灌水，降水多时应注意排水，以免发生腐烂。青花菜在收获前1～2d浇1次水可提高产品产量和质量，也有利于延长贮藏时间。

五、病虫害防治

青花菜植株生长势旺，抗（耐）病性较强，生产中常见的病害有立枯病、黑腐病、霜霉病和菌核病等，其症状特点、传播途径和防治方法，参见结球甘蓝。主要害虫种类及其防治同结球甘蓝。

六、采　　收

青花菜以发育完全的花球为产品，适收期短，若采收不及时易抽生花枝、花蕾过粗甚至开放，失去商品价值。如果采收过早则花蕾没有充分发育，花球小，产量低。青花菜以花球表面花蕾紧密平整、花球边缘略有松散、花球有一定大小时为采收适期。采收时将花球连同10cm左右肥嫩花茎一同收割。顶侧花球兼收品种在侧花球直径达3～5cm时收获。青花菜花球组织脆嫩，采收时间应选在早晨和傍晚，采收时宜附带3～4片叶以保护花球，采后要轻拿轻放，用塑料袋和纸箱包装。

青花菜采收后呼吸旺盛，不耐贮藏运输。在15～28℃室温下放置24h花蕾即开始变黄，48h后

花蕾开放，叶绿素下降为采收时的50%，72h后花球全黄而失去食用价值。故青花菜采收后应及时上市出售或冷藏、冷冻加工。

近年来青花菜出口数量增加，中国出口的青花菜有鲜菜和冷冻两种，鲜菜出口是把青花菜收获后包装，在0～5℃冷藏条件下出口。速冻青花菜是先将生长整齐、无病无虫、色泽正常的花球掰成小花蕾，在清水中洗干净，然后漂烫3～5min，最后置于−30℃以下冷却冻结，再包装冷藏出口。

（亢秀萍）

第五节　芥　蓝

芥蓝是十字花科（Cruciferae）芸薹属中以花薹为产品的一、二年生草本植物。学名：*Brassica alboglabra* L. H. Bailey；别名：白花芥蓝等。据记载，芥蓝起源于中国南部，也有称起源于亚洲。但据《中国植物志》（1987）载，原产地不详。芥蓝是中国的特产蔬菜，以其幼嫩、肉质的花薹及嫩叶供食（图14-7），质地脆嫩，清甜，风味别致。有些地方也采收抽薹前的幼嫩植株上市，食用嫩叶。芥蓝营养丰富，每100g鲜菜含蛋白质2.0～2.8g，碳水化合物1.0～2.5g，维生素C 51～68mg。可炒食、凉拌或用于做拼盘。

芥蓝主要产区在华南诸省、自治区及福建省，尤其以广东省最为普遍。上海、昆明、北京、成都和杭州等地多作为特色蔬菜栽培。

芥蓝在华南地区是秋、冬季的主要蔬菜。其生长期和产品供应期较长，产量较高，深受生产和消费者的欢迎，除内销外，还大量出口港、澳地区及东南亚，部分出口到欧、美等地。

图14-7　芥蓝（登峰中迟芥蓝）
（引自：《中国蔬菜品种志》，2001）

一、生物学特性

（一）植物学特征

1. 根　根系浅生，有主根和须根，主根不发达，深20～30cm，须根多，主要根群分布在10～20cm表土层，容易发生不定根。根的再生能力较强，适于移植。

2. 茎　直立，绿色，被蜡粉。节间短，茎端花芽分化后，茎和花茎节间伸长。花茎绿色，初生花茎柔嫩肉质，节间较疏，为食用器官，称为菜薹，为主薹。腋芽容易活动，茎端花芽分化后可发育成柔嫩肉质的侧花茎，称侧薹；侧花茎上的腋芽又可抽生下一级的侧花茎，成为下一级的侧薹。如条件适宜可以抽生多级侧花茎，采收多级侧薹。

3. 叶　单叶互生，卵形、椭圆形或近圆形，绿色或浓绿色，叶面光滑或皱缩，被蜡粉，叶缘波状，叶柄圆，青绿色。花茎叶短柄或无柄，长椭圆形至披针形，浓绿色，被蜡粉。

4. 花　总状花序，单花，完全花，萼片4枚，绿色，花瓣白色或黄色，花瓣白色者为白花芥蓝，花瓣黄色者为黄花芥蓝。雄蕊6枚，4强。雌蕊1枚，子房上位。异花授粉，虫媒花。

芥蓝的花芽形态发育过程可分为6个时期（图14-8）。

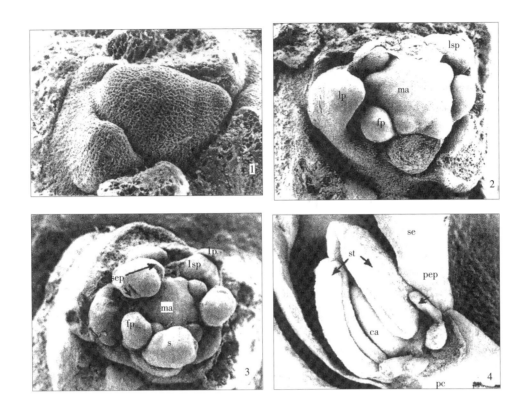

图 14 - 8 芥蓝花芽的分化发育

1. 花芽未分化期×450　2. 花芽分化始期×200　3. 萼片分化期×150　4. 花瓣分化发育期×150　ma. 茎端生长锥

lp. 叶原基　lsp. 侧花茎原基　fp. 花原基　sep. 萼片原基　se. 萼片　ca. 雌蕊　st. 雄蕊　pep. 花瓣原基　pc. 花柄

（关佩聪等，1989）

（1）花芽未分化期　茎端生长锥稍扁平，周缘分化钝三角形的叶原基突起。

（2）花芽将分化期　茎端生长锥开始呈圆锥状突起，周缘除有钝三角形的叶原基突起外，还出现圆锥点痕迹的花原基突起，另常常同时分化侧花茎。

（3）花芽分化始期　生长锥呈圆锥状突起，周缘出现圆锥状花原基，其后陆续分化花原基群。

（4）萼片分化期　最早分化的花原基顶端两侧先出现两个半月形突起，随后在对称两侧又出现两个半月形突起的萼片原基，其他花原基也陆续分化发育。

（5）雌雄蕊分化和形成期　在萼片原基伸长发育的同时，雌雄蕊原基也陆续分化发育。

（6）花瓣分化发育期　当萼片形成、雌雄蕊开始发育时，花瓣原基分化并陆续伸长，至此从 1 个花原基分化发育成花蕾体。从生长锥第 1 个花原基开始，由外而内不断分化花原基，同时陆续分化侧花茎原基及其花原基，进而形成总状花序原基。植株茎端花芽分化是花茎发育即菜薹分化发育的前提，是菜薹形成的开始。

5. 果实和种子　角果，长 3～5cm，成熟时黄褐色，两室，含种子若干。种子近圆形，褐色至黑褐色，千粒重 3.5～4.0g。

（二）对环境条件的要求

1. 温度　芥蓝生长发育的温度范围比较广，以 15～25℃ 为适宜。但不同生长期对温度的要求有所不同，种子发芽适于 25～30℃，20℃ 以下发芽缓慢；幼苗能适应较高或较低温度，在 28℃ 左右较高温度或 10℃ 以下的低温条件下仍能继续生长，但生长缓慢。一般是在幼苗期进行花芽分化，进入花芽分化期的迟、早与品种及播种期有关。一般来说在 20℃ 以上，温度越高，花芽分化越慢，15～

20℃花芽分化较快，15℃以下也将延迟花芽分化。叶的生长以 20℃左右最有利，而菜薹的形成则适于 15℃左右的温度，喜较大的昼夜温差。30℃以上高温菜薹发育不良，15℃以下发育缓慢，但有些较耐热的早熟品种在 30℃以上仍能正常发育。在开花结实期则需要稍高的温度。

由此可见，芥蓝栽培过程对温度的要求，适于从较高温度逐渐向较低温度变化，这可以使叶片生长良好，又能及时发育，在菜薹形成时既有良好的营养生长基础又有适宜的温度。相反，生长发育过程即使是在适宜的温度范围内，如温度自低而高的变化，由于前期温度较低，叶生长慢，而发育提早，菜薹形成时温度又较高，这样的生长基础和温度条件都会降低菜薹的产量和质量。

2. 光照　芥蓝属长日性植物，但日照稍短，对芥蓝的发育没有明显的影响。芥蓝叶片生长和菜薹发育均需要有良好日照，日照充足，营养生长健壮，菜薹质量高，开花结实良好；光照不足，菜薹纤细，质量差，不仅影响菜薹生长，而且容易感染病害。

3. 水分　芥蓝喜湿润，但不耐涝，根群分布区内不能积水。芥蓝对水分条件的要求比较严格，保持充足的水分供应是芥蓝优质丰产栽培的重要措施。如水分供应充足，即使空气湿度较低也能生长良好；相反，如果土壤水分不足、空气又干燥，则茎叶生长会明显受阻。但水分过多亦易造成土壤通气不良，影响根系的发育甚至停止生长，所以在雨水较多的地区，应注意排水和降低地下水位。

4. 土壤营养　芥蓝对土壤的适应性较强，一般的土壤都能种植，但以肥沃、土层深厚、松软、排灌条件较好、有机质含量丰富、保水保肥能力强的沙壤土或壤土种植为宜。土壤的酸碱度以呈中性或微酸性为好。

芥蓝是耐肥喜湿润的蔬菜作物，株型中等，因单位面积种植的株数多，所以吸收养分较多。芥蓝的生长量是随着生长发育过程不断增长，对养分的吸收也随着生长发育而增加。苗期不能忍受土壤中过高的肥料浓度，施肥宜逐步提高浓度。菜薹形成期既是产品器官形成又是同化器官旺盛生长的时期，因而也是需要养分和水分最多的时期。芥蓝对有机肥料和无机肥料都能很好利用，对氮、磷、钾的吸收量以钾、氮较多，两者差异不大；磷较少，钙的吸收量比氮钾少而比磷镁多，镁的吸收量最少。一株芥蓝约吸收 N 673mg、P_2O_5 126mg、K_2O 699mg、CaO 430mg、MgO 119mg，菜薹形成期的吸收量约占总吸收量的 80％以上。

氮、磷、钾的吸收比例因生长期而不同，发芽期为 4.5∶1∶7.3，幼苗期为 7.5∶1∶10.5，花芽分化期为 6.4∶1∶7.6，菜薹形成期为 5.3∶1∶5.5，其中钾肥有利于菜薹的形成和质量的提高。

（三）生长发育特性　芥蓝的生长发育过程包括种子发芽期、幼苗期、叶簇生长期、菜薹形成期和开花结实期五个时期。各生长期都有特定的形态特征和生育特性，但又互相联系成整体。种子发芽至菜薹形成是芥蓝的商品栽培过程，因品种、栽培季节和栽培条件而有所不同，一般历时 60～80d。各个时期的生长特点如下：

1. 发芽期　种子播种至两子叶开展、第 1 片真叶刚露出为种子发芽期。种子萌动露出胚根，胚芽则由子叶下胚轴伸长而出土，随后子叶开展，下胚轴为青绿色或紫绿色，子叶心脏形，对生，绿色。种子发芽时需水量不多，如行浸种，浸种时间不宜过长，40～50℃温水浸种 10min 即可，若催芽时保持湿润也可不浸种，但发芽稍慢。催芽适宜温度为 30℃左右，25℃以下发芽缓慢，35℃左右发芽较快但胚芽、胚根纤弱。发芽时还需要通气良好。发芽期 7～10d。

2. 幼苗期　自第 1 片真叶露出至第 5 片真叶展开为幼苗期。幼苗期根系开始加速生长，并不断分化叶原基和发生叶片，当幼苗期结束时已具有 5 片展叶，茎端分化 4～5 片小叶和叶原基，主要功能叶为 1～3 片真叶。幼苗期展叶的叶面积不大，约占植株总叶面积的 7％左右。幼苗期的生长是为以后的生长发育打基础。

若有适宜的温度，芥蓝在幼苗期便可以进行花芽分化。过早进行花芽分化，则植株分化的叶数少，叶面积不大，就会影响其后的菜薹发育，导致产量低，质量不佳。因此，在幼苗期应防止通过低温春化而引起过早花芽分化。

芥蓝的优质幼苗是嫩壮苗。嫩壮是指生长和发育两方面的要求。幼苗宜嫩，是要求幼苗有适当的发育程度，既不要感应低温诱导春化，苗期分化花芽，又不宜温度过高，延缓春化，延迟发育。而应有一定的春化程度，能在以后的叶簇生长期及时进行花芽分化。壮苗就是生长苗壮，主根较粗，须根多，上、下胚轴粗短，子叶和叶片较大、较厚，叶面积较大。主根细小，须根少，下胚轴徒长，子叶或叶片细而薄，叶色淡绿为弱苗。

为了获得嫩壮苗，必须根据芥蓝不同品种的春化要求，即对低温的感应性，结合具体的环境条件选择适当的播种期，使苗期适温在25～30℃，并采取疏播育苗，避免肥水过多等措施。苗期以15～25d为宜。

3. 叶簇生长期 自第5片真叶展开至植株现蕾为叶簇生长期，一般需15～25d。在叶簇生长期，叶片开始迅速生长，直至第9片真叶展开。由于移植，子叶和第1、第2片真叶可能陆续脱落，实际只有7～8片展开叶。茎端分化若干小叶和叶原基时，植株便进入花芽分化期。此期主要功能叶为第3～第7片真叶，叶面积约占植株总叶面积的25％。叶簇生长期在生长和发育两方面进一步为以后打好基础，而这两方面是相互联系、相互制约的。在这个时期，茎短缩，节间密，茎径增长慢，叶片较大，有明显叶柄。

芥蓝自种子萌动开始，便可感应温度而顺利发育。由于冬性不强，温度稍低时即能迅速发育，因此可在幼苗期或只经历很短的叶片生长期就现蕾。这样，由于营养生长期缩短，营养生长不足，就转入菜薹形成期，势必影响菜薹产量和质量。

4. 菜薹形成期 自植株现蕾至菜薹采收为菜薹形成期。菜薹形成期是产品器官形成即产量形成的时期，叶片继续生长，同化器官迅速壮大。植株自花芽分化后，菜薹开始发育，进入菜薹形成期后，花芽继续分化发育，花茎逐渐伸长和膨大，最后形成有丰富营养物质、肉质脆嫩的菜薹。从植株茎端现蕾至菜薹采收，为期25～30d。

主菜薹采收之后，植株茎基腋芽又可以发育成新的菜薹，称为侧薹。自主菜薹采收后至侧薹形成达到采收，需35～50d。如有适当的生长条件，这些侧薹采收后其茎基部腋芽又可长成菜薹，因而使菜薹的采收期延长。菜薹形成，以前期增重慢，中期迅速增重，后期又转慢。菜薹大小，一般以主薹较大，侧薹比较细小，但侧薹的品质较好，次侧薹则更小，质量也不如侧薹。

菜薹的产量一般由主薹和侧薹组成。据关佩聪（1989）观察：广州地区秋播的早芥蓝品种，其菜薹产量呈双曲线增长，前峰为主菜薹产量，约占57.7％，后峰由侧菜薹产量形成，约占42.3％。在侧薹产量中，第1级侧薹占侧薹总产量的34.4％，第2级侧薹占侧薹总产量的37.4％，第3级侧薹占22.5％，还可采收第4级、第5级侧薹。由此可见，促进侧薹生长发育，是延长芥蓝采收期和提高产量的重要途径。

菜薹的发育与同化器官的生长有密切关系。菜薹发育在一定的同化器官生长基础上开始，又在同化器官迅速生长的同时而形成。在一定的条件下，同化器官生长良好，菜薹的产量高，否则菜薹产量降低。同化器官的生长与菜薹的产量密切相关。

5. 开花结实期 自菜薹初花至种子成熟为开花结实期，需70～90d。植株初花后，主花茎不断伸长，花蕾不断分化发育，并陆续抽生侧花茎。花茎上的花是由上而下陆续开放的，因而角果也是由上而下逐渐成熟。花期约30d，自初花至种子成熟需75～90d。

为了提高种子质量，应该摘除生长势弱和后期抽生的侧花枝，以控制侧花枝的数量，还应摘除花茎顶部的花蕾。该期适宜25℃左右温度、70％～80％的空气相对湿度和适量施肥。

二、类型及品种

（一）类型 芥蓝有白花芥蓝和黄花芥蓝两种类型。黄花芥蓝只有少量栽培；白花芥蓝的栽培品

种多，一般分为早熟种、中熟种与晚熟种。

（二）品种

1. 早熟种　这类品种比较耐热，在较高温度（17～28℃）条件下能较快发育，进行花芽分化与形成菜薹，植株较直立，产量较高。在华南地区适于夏秋栽培，适播期为5～9月。如延迟播种，将受低温影响而使发育加快，过早花芽分化形成菜薹，使产量降低。

（1）早花芥蓝　由广州市蔬菜科学研究所育成。株高33cm，开展度30cm。基叶近圆形，长16cm，宽11cm，青绿色；薹叶披针形，节间疏。主薹高约21cm，横径2cm，重约50g，侧薹萌发力中等。耐热，抗病性强，适应性广，品质优良。从播种至初收40～50d，可延续采收30～35d。

（2）柳叶早芥蓝　广东省佛山市郊区农家品种。株高39cm。叶长卵形，绿色有蜡粉，薹叶狭卵形。主薹高25～30cm，横径2～3cm，重70～80g。耐热性较强，侧芽萌发力弱，纤维少，品质优。播种至初收60d左右，可延续采收30～40d。

（3）细叶早芥蓝　叶片卵圆形，深绿色，蜡粉多，薹叶卵形和狭卵形。主薹高25～30cm，横径2～3cm，重100～150g。分枝力强，质地爽脆，品质优良。播种至初收60～65d，可延续采收30d。

（4）尖叶夏芥蓝1号、2号　为华南农业大学育成的一代杂种。植株直立。薹叶长卵圆形，绿色有光泽。茎叶细小，柳叶状，节疏。花茎大小适中，无苦味，品质好。耐热、耐湿，抗逆性强，适于5～8月高温多雨季节种植。

2. 中熟种　这类品种生长势强，适应性广，种性介于早熟种与晚熟种之间，耐热性不如早熟种，生长发育较慢，对低温适应性不及晚熟种，如延迟播种，也容易提早抽薹，产量降低。在华南地区适于秋、冬栽培，多于9～12月播种，11月至翌年2月采收。优良品种有：

（1）中花芥蓝　20世纪80年代从香港引进，由广州市蔬菜科学研究所提纯选留。株高36cm，叶近圆形、深绿色，薹叶披针形。主薹高24cm，横径1.8cm，重55g。生长势强，适应性广，侧薹萌发力中等，较耐热，较抗霜霉病，品质优良。播种至初收62d，可延续采收40～50d。

（2）登峰中迟芥蓝　广州市农家品种。株高30cm，叶椭圆形，深绿色，有蜡粉。薹叶披针形。主薹高26cm，横径2.5cm。中晚熟，播种至初收65d。生长势强，侧薹萌发能力强，适应性广，耐寒性较强，品质优。可延续采收50～60d。

（3）中花13号芥蓝　广州市蔬菜科学研究所育成。植株直立，株型紧凑，株高40cm。叶卵圆形，深绿色，叶柄短；薹叶披针形。主薹高22～24cm，横径1.5～1.8cm，重40～55g。生长势强，腋芽萌发力强，耐霜霉病，品质优良。播种至初收58d。

（4）福建芥蓝　株高30～37cm。叶长椭圆形，长30～34cm，宽10～13cm，暗绿色，表面有蜡粉，叶翼延长至基部，或裂成叶耳，叶柄绿白色，具浅沟，叶缘锯齿状。薹叶狭卵形，菜薹细小，主薹高25～30cm，横径1.2～1.5cm，重50～80g，主要食用嫩叶。

（5）荷塘芥蓝　广东省新会市的农家品种，现分布广东、广西等地。叶片卵圆形，绿色，叶面平滑，蜡粉较少，基部有裂片。主薹高30～35cm，横径2～2.5cm，节间疏。薹叶狭卵形，白花。品质优良，皮薄，纤维少，脆嫩，味甜。主薹重100～150g。侧薹萌发力中等。

3. 晚熟种　此类品种生长旺盛，不耐热，较耐寒，冬性强，抽薹迟，侧薹萌发力强。不宜早播，早播发育慢，营养生长期长，株簇大，叶片多且大，菜薹品质降低。适于冬春季栽培。优良品种有：

（1）塘阁迟芥蓝　株高37～39cm。叶近圆形，深绿色，基部深裂成耳状裂片。主薹高31cm，横径2.5～3.0cm，主薹重100～150g。生长势旺，侧薹萌发力强，耐湿，耐寒性强。质脆嫩、味鲜甜，品质佳。晚熟，播种至初收75～80d，延续采收70d。每公顷产量为27 000～34 500kg。

（2）望岗迟芥蓝　株高60cm。叶近圆形，深绿色，基部深裂成耳状裂片。主薹高35cm，重100～150g。冬性强，抽薹迟，侧薹萌发力中等，纤维少、品质优。晚熟，播种至初收75～80d，延续采收60d，每公顷产量为34 500～37 500kg。

（3）迟花芥蓝　广东省番禺农家品种。叶近圆形，浓绿色，叶面平滑，蜡粉少。主薹高 30～35 cm，横径 3～3.5 cm，重 150～200g。薹叶卵形和狭卵形，品质好，侧薹萌发力中等。

三、栽培季节和方式

芥蓝性喜温和，不甚耐热。芥蓝在华南地区主要于秋、冬季栽培，在广东、广西和福建等地多于 9～10 月播种，11 月至翌年 2 月收获。近年来早熟品种采用遮阳网进行抗热、防雨覆盖栽培，可提早到 5～8 月播种；晚熟品种延迟至初冬播种，延长供应期，以利于实现周年生产和均衡供应。在长江流域，芥蓝的播种期以夏末秋初为宜。北方可在春、秋两季播种。

四、栽培技术

（一）播种育苗　芥蓝的根系再生能力强，适于育苗移植。育苗移植有利于培育壮苗，增加复种指数，提高土地利用率。

育苗地应选择沙壤土或壤土，排灌方便，前作不是十字花科蔬菜的田地。每公顷播种量 600～750g。早芥蓝在高温的夏季育苗，必须做好防热工作，才能获得优良幼苗。在广州 7～8 月间的高温季节育苗，采用遮阳网抗热防雨覆盖技术，比一般露地育苗幼苗生长快，茎粗壮，叶面积较大，是防热育苗的有效措施。播种后要及时用遮阳网覆盖、淋水，出苗后即揭开遮阳网。

芥蓝的优良幼苗，应是发育程度适当，茎较粗，叶面积较大的嫩壮苗。为了获得嫩壮苗，可以在苗期施用速效肥 2～3 次，每公顷施尿素 75～112.5kg，还要保持苗床潮湿。播种量要适当，注意间苗，避免幼苗过密而引起徒长。定植时幼苗以 25～35d 的苗龄，达到 5 片真叶为适宜。芥蓝采种时容易混杂，育苗期间注意去杂去劣。

（二）整地与定植　芥蓝对土壤的适应性广，沙土或黏土均可栽培，但以保水保肥能力强、排灌方便的壤土为适宜。整地前深耕晒垡、耙细、施基肥，每公顷施腐熟有机肥 15 000～22 500kg、过磷酸钙 25kg，与土壤充分混匀后耙平作高畦，畦宽 1.5～1.7m（包括沟宽），畦面略呈龟背形。北方可作平畦。

芥蓝的定植密度，应根据品种、栽培季节与管理水平而定。早芥蓝的株、行距以 13～16cm 见方为宜，中熟芥蓝以 18～20cm 见方为适，而迟芥蓝的株型较大，则应稀些，一般为 20～30cm 见方。

（三）田间管理

1. 覆盖遮阳网　夏秋季栽培芥蓝，为避免高温、暴雨对幼苗的伤害，多采用遮阳网覆盖。播种出苗或移植后，在畦面搭高为 80～100 cm 的小平棚，覆盖遮阳网。6～8 月可全期覆盖，9 月定植的可在定植后覆盖 15～25d。覆盖效果以银灰色遮阳网为好。

2. 施肥　芥蓝须根发达，但分布浅，所以吸收养分、水分的能力中等，植株叶数多，叶面积大，营养生长的消耗较大，且生长期较长，菜薹的延续采收期也较长。据此，施肥应掌握基肥与追肥并重的原则。基肥为腐熟有机肥和磷肥，在整地时施入；追肥每公顷施用三元复合肥 450～675kg，在生长期内施用。

定植后，幼苗恢复生长即行首次追肥，一般于定植后 3～4d 进行，每公顷施复合肥 75～150kg。其次，植株现蕾后的菜薹形成期间是芥蓝最需要肥水的时期，这个时期的肥水供应，对菜薹品质和产量有很大影响，应进行一次重点追肥。第三，在大部分植株主薹采收时，为促进侧薹的生长，应连续重施追肥 2～3 次或进行培肥，这是管理上的关键。也可以增施畜粪，每公顷用腐熟有机肥 11 250～15 000kg 或复合肥 225～500kg，在株行间施入，这样可延长采收期，提高产量。

3. 灌溉　定植后必须浇足定植水，促发新根，使其迅速恢复生长，生长期间经常浇水，保持

80%～90%的土壤相对湿度。芥蓝叶面积较大，如叶片鲜绿，油润，蜡粉较少，是水分充足，生长良好的标志；若叶面积较小，叶色淡，蜡粉多，则是缺水的表现，应及时灌溉。

五、病虫害防治

芥蓝的主要病害有：芥蓝黑斑病，病原：*Alternaria brassicicola*。又称：黑霉病。主要为害叶片，多由下部病叶向上发展。病部初生小黑斑，温度高时病斑迅速扩大为灰褐色圆形病斑，直径 5～30mm，轮纹不明显，但病斑上长有黑霉。病斑多时会结成大斑，致叶片变黄早枯，严重时中、下部叶片死亡。叶柄染病，病斑呈纵条形，具黑霉。花梗、种荚上病斑黑褐色，呈棱状，结荚少，或种子干瘪。植株生长后期遇连阴雨天气或肥力不足时发病重。防治方法：①增施基肥，注意磷钾肥配合，避免缺肥，增强植株抗病力；②及时摘除病叶，减少菌源；③发病前期喷洒 75%百菌清可湿性粉剂 500～600 倍液，或 50%异菌脲（扑海因）可湿性粉剂 1 000 倍液，50%腐霉利（速克灵）可湿性粉剂 1 500 倍液，隔 7～10d 喷 1 次，交替使用，连续喷 2～3 次。其他病虫害防治方法，参见结球甘蓝等。

六、采 收

芥蓝的采收期，因品种与栽培季节而不同。腋芽萌发力强的品种，能陆续形成侧薹，采收期较长；腋芽萌发力弱的品种，侧薹少，采收期较短。但是腋芽的萌发力，因栽培季节而不同。在适宜的栽培季节，植株生长健壮，主薹采收后，容易发生侧薹，且侧薹生长良好。在不适宜的栽培季节，植株生长较弱，主薹采收后，难以形成侧薹。例如早芥蓝，在 7～9 月播种的，可以采收侧薹，但 10 月以后播种的，一般不能采收侧薹。采收位置不但与主薹质量有关，而且还影响侧薹的发育与产量。为兼顾主薹与侧薹的质量与产量，在采收主薹时以在基部有 3～4 片鲜叶的节上采收为宜。利用这些基叶制造光合产物，供给腋芽生长，以形成良好的侧薹。如采收节位高，留下腋芽多，则形成的侧薹虽多，但由于养分分散，侧薹细小，降低产量与质量。如采收节位低，不但影响主薹质量，而且由于基部腋芽较弱，生长慢，会延迟侧薹的形成，又由于侧薹少，侧薹产量低。在侧薹形成上，如季节适合，管理适当，采收侧薹时留 1～2 叶节，还可以再形成次侧薹，这样可以延长采收期和提高产量。

芥蓝的采收标准，一般是在"齐口花"时采收，即菜薹达到初花并与基叶等高时为适宜。菜薹产量，一般每公顷为 18 750～26 250kg。早芥蓝采收期较长，产量较高，每公顷为 22 500～30 000kg；迟芥蓝株型大，产量也较高，每公顷为 26 250～33 750kg。

（刘厚诚）

第六节　抱子甘蓝

抱子甘蓝是十字花科（Cruciferae）芸薹属甘蓝种中腋芽能形成叶球的变种。学名：*Brassica oleracea* L. var. *germmifera* Zenk.；别名：芽甘蓝、子持甘蓝等。二年生草本植物，由甘蓝进化而来。植株顶芽开放生长，不形成叶球，而是在茎的叶腋处产生小叶球，正如"子附母怀"，故称抱子甘蓝。原产于地中海沿岸，19 世纪始，逐渐成为欧洲、北美洲国家的重要蔬菜之一，尤以英国、法国、比利时等国栽培面积较大。中国台湾省有小面积栽培。近年，北京、上海等大城市和沿海地区逐渐引进种植。

抱子甘蓝的营养丰富，每 100g 产品含维生素 C 98～170mg。可鲜食、熟食，风味独特，纤维少，甜味浓，品质优良。还可加工或速冻。

一、形态特征

抱子甘蓝植株直立高大，一般茎高 50～90cm，高生种可达 150cm。叶浓绿色，倒卵圆形，叶柄长。抱子甘蓝不像结球甘蓝那样顶端结球，而是顶部开放生长，不断发生新叶，叶数较多，通常 40 余片以上。每个叶腋处侧芽发达，能形成芽球（小叶球）供采食。叶球的大小因品种而异，一般芽球直径 2～3cm，大者可达 4cm 以上。芽球多少则因品种和生长期的长短而异，通常单株可收 40 余个，多者达 70～100 个。

抱子甘蓝的花、种荚和种子等与结球甘蓝相似，只是种子稍小，千粒重约 2.8g。

二、生长发育对环境的要求

抱子甘蓝对环境条件的要求大致和结球甘蓝相似。喜温和凉爽的气候，生育适温 18～22℃，其耐寒性比结球甘蓝强，可耐 −5℃ 以下的低温，但不耐炎热。芽球形成期的温度以 12～15℃ 为宜，5～10℃ 可生产出优质芽球，23℃ 以上结球不良，容易感病。所以适宜海拔较低、冬季比较温暖的地区种植。

抱子甘蓝要求植株中下部采光充足，若密度过大或植株体外叶过于繁茂，则结球不良，故栽培中需要从植株基部由下向上逐渐摘叶，以改善其中下部光照条件。

抱子甘蓝芽球的形成，需展开叶 20 片以上，欲获得优质芽球，需确保展开叶 40 枚以上和茎粗 4～5cm 以上。此外，如果结球过程中遇到高温强光，叶球的外层叶会发生向外卷，致使芽球松散，质量下降。

抱子甘蓝对土壤适应性较广，喜肥力高的壤土或黏壤土。不耐酸性土壤，适宜的土壤 pH 为 6～7。

抱子甘蓝的生长发育条件与结球甘蓝相似。属低温长日照绿体春化型植物，幼苗长到一定大小时，方可感应低温。采种栽培一般是夏季播种，秋冬季栽培形成母株，在冬季低温下通过春化后，翌春随着气温回升、日照延长，进入抽薹、开花、结籽阶段。

三、类型及品种

（一）类型 依抱子甘蓝的株形大小一般分为矮生种、中间种和高生种。矮生种茎高 60cm 左右，生长快，适于早熟栽培。叶片密生，芽球圆而较大。高生种耐寒性强，茎高 80～100cm，芽球偏长而较小，生长缓慢，多为晚熟品种。中间种性状介于上述二者之间，茎高 60～80 cm，芽球呈卵圆形，品质较好。也可按叶球大小分为大抱子甘蓝和小抱子甘蓝，大抱子甘蓝的叶球直径 4cm 左右，品质稍差；小抱子甘蓝叶球直径多数为 2～3cm，品质较好。

（二）品种 中国从国外引进并在生产上应用较多的品种有：

1. 早生子持 近年从日本引进。早熟种，定植后 90d 左右采收。植株前期生长旺盛，节间较短，株高 50～60cm。叶球较小，直径 2～2.5cm，品质好，属小抱子甘蓝。

2. 增田子持 近年从日本引进。中熟种，定植后 120d 左右开始采收。株高 100cm 左右。叶球中等大小，直径 3cm 左右，不耐高温，宜秋播，凉爽时结球。采收时可上下一起进行。

3. Explorer F₁ 荷兰 BEJO 公司育成。晚熟品种，中等高度，小叶球光滑、整齐、品质好。

四、栽培技术

抱子甘蓝目前以露地栽培为主。因其生长期较长，与结球甘蓝的晚熟品种相似，所以适宜海拔较低的温暖地区，或海拔较高的冷凉地区种植。北方冬季寒冷地区，宜于4月上旬在保护地内育苗，5月下旬到6月上旬定植露地，8月中下旬开始收获，直至11月。长江流域宜于6月下旬至7月中旬播种育苗，需设防雨棚和遮阳网防护，8月定植，11月至翌年3月收获。在南方冬季温暖、夏季炎热的地区，适宜秋季7月中旬至8月上旬播种育苗，9月中旬定植，12月中旬至翌年3月收获，即把营养生长盛期安排在秋季适温期，芽球形成期及收获期处于低温季节，可获得品质上乘的芽球产品。

（一）栽培前准备　为防止病虫为害，需与其他甘蓝类蔬菜进行轮作倒茬。种植抱子甘蓝占地时间长，需160～170d，故应周密计划，合理安排。多雨地区或与稻田轮作时，需预先设置好排水沟或进行高畦栽培。

抱子甘蓝生长期长，宜选择肥沃的壤土或黏壤土，并注意施足基肥。除多施农家肥外，每公顷需施纯氮250～300kg，磷肥和钾肥各250kg，其中45%～50%作为基肥，其余作为追肥，在定植后到开始收获之前分3～4次施用。抱子甘蓝如果前期植株生长不良，后期就难以形成优良的芽球。

（二）育苗　培育壮苗是抱子甘蓝栽培的关键。因其采种困难，种子产量低，价格昂贵，所以必须精细育苗，尽可能提高种子出苗率和成苗率，降低生产成本。生产上要求抱子甘蓝幼苗健壮而直立性好，细弱的徒长苗既不利于定植后植株直立，也不利于旺盛生长，从而影响叶球产量和质量。

抱子甘蓝育苗技术与结球甘蓝大致相同。春播苗龄50～60d，2～3枚真叶展开时分苗，6～7叶定植。育苗期间白天应保持在20～23℃，超过23℃则容易徒长，夜间10～15℃；夏秋栽培的苗龄为30～40d，夏季育苗需采用防虫网、遮阳网、寒冷纱、不织布等材料进行简易覆盖，以达到遮阳、降温、防虫、防雨之目的，并注意苗期猝倒病等的防治和水分管理，确保幼苗生长健壮，无病虫为害。

（三）定植及田间管理　抱子甘蓝定植技术与结球甘蓝略有不同，为使中后期植株中下部得到充足的阳光和确保芽球质量，定植密度不宜过大，而且为方便摘叶和采收作业，宜采取宽行定植，一般行距80～100 cm，株距45～50 cm。定植时幼苗稍小一些为宜，小苗定植时伤根少，容易缓苗成活。定植深度可比结球甘蓝稍深一些。早春定植宜采用地膜覆盖，夏秋栽培采用平畦或半高畦为宜。

抱子甘蓝定植后到芽球采收前，需多次追肥，以促进植株茎叶生长。定植后20～30d施催苗肥，以后再追肥2～3次，以氮肥为主，每公顷每次用尿素225～300kg，促使植株在进入结球期前外叶数达到40片以上。进入芽球膨大期时要追施催球肥，以钾肥为主，配以氮肥。进入采收期后酌情施肥，如长势旺盛或采用的是早熟品种不施也可，长势欠佳或晚熟采收期长的品种可适当补充施肥。

抱子甘蓝定植缓苗后，浇水不宜过多，以防植株徒长。在进入结球期前灌水与追肥结合进行，每次追肥后伴以浇水；进入芽球膨大期则应保持土壤湿润，但须防涝渍。

植株未封垄之前，每次浇水后，要适当中耕，以利提墒、保墒和除去杂草。由于抱子甘蓝株体高大，故需结合中耕进行根际培土，以防植株倒伏，影响芽球的形成和膨大。在多风地区可用竹竿等设立架支撑。待茎中部叶腋出现小芽球后，及时摘除基部叶片，以利通风透光，促进芽球发育，也利于采收。小叶球基本形成后摘除顶芽生长点，以减少养分消耗，这对生长季较短的地区尤为必要。

五、病虫害防治

抱子甘蓝的病害主要有黑腐病、病毒病和菌核病等。夏、秋季节高温、多雨，叶面多露，管理不当，伤口多，则黑腐病发生为害严重；夏秋季高温、干旱地区，尤其是苗期和生长前期蚜虫盛发，有利于病毒病发生发展；北方地区冬、春季保护地栽培和南方露地栽培，均可发生菌核病。主要害虫有菜青虫、小菜蛾、甜菜夜蛾和蚜虫等，特别是在夏秋季节，为害严重。上述病虫害防治方法，可参照结球甘蓝。

六、采　　收

抱子甘蓝各叶腋着生的芽球，自下而上逐渐成熟，一般定植后 90～110d，小叶球直径达 2.5cm 以上时即可陆续采收。若采收过迟，叶球易开裂，质地变粗硬，失去商品价值。采收时用小刀沿茎将小叶球割下。小叶球很容易腐烂，收获后应及时进行预冷，然后分级包装上市。一般 6～7 次可采收完毕，每公顷产量可达 15 000～18 000kg。

第七节　羽衣甘蓝

羽衣甘蓝是十字花科（Cruciferae）芸薹属甘蓝种中的一个变种。学名：*Brassica oleracea* L. var. *acephala* DC.；别名：绿叶甘蓝、菜用羽衣甘蓝、叶牡丹、花包菜等。二年生或多年生草本植物。原产地中海和小亚细亚一带。羽衣甘蓝叶片开放，叶面皱缩，叶缘深裂或卷曲，形同羽毛状，因此而得名。其叶色丰富多变，叶形也不尽相同。从色彩来说，叶缘有紫红、大红、粉红或黄绿色、深绿色、翠绿等颜色，中心叶片有玫瑰红、淡黄、纯白、肉色等；叶形有皱叶、不皱叶或深裂叶等，整个植株形如牡丹，所以观赏羽衣甘蓝也被形象地称为"叶牡丹"。作为菜用羽衣甘蓝品种，叶片多为绿色，采收嫩株或嫩叶供食用。中国作为观赏植物引进较早，但作为菜用栽培则是近几年才开始的。菜用羽衣甘蓝含有多种营养成分，每100g 鲜重产品含维生素 A 3 000～10 000IU，维生素 B$_2$ 0.26～0.32mg，维生素 C 163.6mg，含钙达 108mg。中国现栽培的菜用羽衣甘蓝品种多是近几年从欧洲、美、日等国新引进。

一、形态特征

菜用羽衣甘蓝一般以绿色叶的矮生种和中生种为主。根系发达，根群主要分布在 30cm 深的耕作层内。其植株在栽培的第 1 年茎短而坚硬，到第 2 年开花时可长至 150cm。叶呈长椭圆形，较厚，叶缘羽状深裂，叶色有蓝绿色、灰绿色、浅黄绿色等，均具较长的叶柄。复总状花序，完全花，花瓣 4 枚，黄色，十字排列，异花授粉。长角果。种子圆球形，黄褐色至棕褐色，千粒重 3g 左右。种子寿命可保持 5 年。

二、生长发育对环境的要求

羽衣甘蓝性喜冷凉温和的气候，生长发育适温为 20～25℃。其成株耐寒性较强，可经受短暂的霜冻而不枯萎，但不能长期处于冰点以下的低温中。其耐热性也强，可在夏季 35℃高温下生长。是一种抗逆性强，适应范围较广，比较容易栽培的蔬菜作物，故可在大部分地区周年栽培。但在高温、强光条件下，产品易变粗劣，纤维多，风味差。所以作为蔬菜生产，应尽可能地将产品形成期安排在相对冷凉、温暖的季节或环境下，以获得鲜嫩优质的产品。

羽衣甘蓝要求充足的阳光，疏松、肥沃的土壤以及合理的肥水等。光照不足易使叶片徒长，色彩暗淡，生长不良。对土壤的适应性较广，但忌低洼积水的环境，否则会引起烂根，造成植株早衰；在含腐殖质丰富、含钙量高的肥沃土壤中生长旺盛。最适的 pH 为 6～7。

采种株需在 2～10℃温度下经 40d 以上才能通过春化阶段，长日照下抽薹开花。种子发芽适温为

18～25℃。

三、类型和品种

（一）类型 依叶面皱缩与否分为皱叶型和平滑型，有高生型、中生型及矮生型之分；依品种性状和栽培用途可将羽衣甘蓝分为观赏种和菜用种两类。观赏种品种较多，叶片艳丽多彩，主要品种有红牡丹、白牡丹、紫凤尾、白凤尾等。菜用栽培的羽衣甘蓝类型有：

1. 西伯利亚类型 叶色青绿，叶面皱缩不及苏格兰类型，且较其晚熟和耐寒。亦分高生和矮生两种，以栽培矮生种居多。

2. 苏格兰类型 叶灰绿色，皱缩显著，有高生和矮生两种，多栽培矮生种。

3. 柯拉特（Collard） 茎高1m，叶圆形或椭圆形，有蜡质。叶缘呈波状弯曲或具浅缺刻，叶基部有小裂片。耐寒、耐热性强。叶面有皱缩和平滑之分，但以栽培叶面平滑的类型为主。

（二）品种 目前国内主要栽培的菜用羽衣甘蓝品种有：

1. 沃特斯（Vates） 从美国引进。植株中等高，生长旺盛。叶深绿色，无蜡粉，嫩叶边缘卷曲成皱裙状。耐寒力强，采收期长。可春、秋露地栽培或冬季温室栽培。

2. 科伦内 从荷兰引进早熟一代杂种。植株中等高，生长迅速而整齐。适于春播。

3. Mosbor F₁（穆斯博） 从荷兰引进的优良一代杂种。叶缘卷曲度大，美观，绿色。适于秋季栽培。

4. Winterbor F₁（温特博） 从荷兰引进的杂种一代。叶片绿色，生长茂盛。耐霜冻能力较强，中国南方地区可在秋冬季进行露地栽培，冬季收获。

四、栽培技术

羽衣甘蓝栽培季节和方式与结球甘蓝相似。在南方温暖地区可以周年栽培，但低温容易引起抽薹、开花，最适宜在秋季播种育苗，露地栽植，冬春季收获；长江流域一带，宜在6～7月间采用防雨降温措施育苗，秋季定植到露地，10月至翌年2～3月收获；北方温暖地区一般春、秋两季栽培。春季栽培：2～3月份在保护地内播种育苗，定植后用小拱棚保温，或在终霜后定植，5月始收至终霜；秋季栽培：在6～7月份播种，秋末定植于日光温室或改良阳畦，冬季收获至初夏。北方寒冷地区一般一年一大茬，于3～4月份播种。

羽衣甘蓝多行育苗移栽，一般苗龄30～40d。为方便采收作业，宜采用宽行定植，行距55～65cm，株距30～40cm，每公顷栽苗45 000～52 500株。

定植方法同其他甘蓝类蔬菜。作为菜用栽培的羽衣甘蓝，因其以嫩叶供食，故定植缓苗后，需不断地追肥、浇水，保持土壤湿润，才能获得鲜嫩的产品。

羽衣甘蓝定植30d后，大叶8～12片时，采收中部已长成而叶缘的皱褶未展开的嫩叶，大小约比手掌略小。每次每株可采收3～5片，隔4～5d可采收1次。采收时，同时除去最基部的黄叶、老叶。采收应做到适时和及时，若采收过迟，叶片易老化，过早则影响产量及其生长发育。以早春、晚秋和冬季冷凉季节采收的嫩叶品质为佳。如经初霜后采收，则风味更佳。

羽衣甘蓝也可采用水培，其营养液配方与生菜水培相同，营养液pH的最适范围为6.0～6.9。羽衣甘蓝吸肥力强，要求肥料充足。营养液浓度管理指标：苗期为EC 2.0mS/cm，定植后为EC 2.5～3.0mS/cm，从定植到采收始终用这一浓度管理即可。由于其连续采收，生长期较长，可以周年栽培。周年栽培营养液如长时间不进行更新，即使未发现重大生理异常，但生长速度会变缓，所以羽衣甘蓝的营养液在定植2～3个月后，最好进行一次全量或半量更新，以保持营养液中养分的平衡，使羽衣甘蓝始终保持快速生长。

水培的羽衣甘蓝生长速度明显加快，从播种到采收只需 60d 左右。

羽衣甘蓝与其他甘蓝类蔬菜具有相同的病虫害，防治方法参照其他甘蓝类蔬菜。

羽衣甘蓝留种需在秋冬季播种。选择具有该品种特征的优良植株冬前密植于改良阳畦或塑料大棚沟中（沟宽 45cm，深 40cm），严冬时覆盖草苫，温度控制在 0～10℃。春季移栽于露地，北京地区于 3 月下旬抽薹开花，进行蕾期授粉。6 月种荚转黄时，割下果穗晾晒脱粒，除去杂质收藏备用。

（张光星）

（本章主编：蒋毓隆　张光星）

◇ 主要参考文献

[1] 中国农业百科全书蔬菜卷编辑委员会．中国农业百科全书·蔬菜卷．北京：农业出版社，1987

[2] 方智远，孙培田，刘玉梅等．甘蓝（包菜、圆白菜）栽培技术．北京：金盾出版社，1991

[3] 李式军等．珍稀名优蔬菜．北京：中国农业出版社，1995

[4] 葛晓光等．绿色蔬菜生产．北京：中国农业出版社，1996

[5] 刘汉忠等．名优特蔬菜栽培．北京：中国农业出版社，1997

[6] 山东农业大学主编．蔬菜栽培学各论．第三版．北京：中国农业出版社，2000

[7] 屈冬玉，李树德．中国蔬菜种业大观．北京：中国农业出版社，2001

[8] 〔日〕日本农山渔村文化协会编．野菜园芸大百科·14 卷（特产野菜 70 种）．东京：农山渔村文化协会，1990

[9] 叶静渊．我国结球甘蓝的引种史——与蒋名川同志商榷．中国蔬菜，1984，（2）

[10] 蒋名川．关于几种蔬菜引进我国的历史的商榷．中国蔬菜，1983，（4）

[11] 韩嘉义．浅议云南结球甘蓝的引种史——与叶静渊同志商榷．中国蔬菜，1985，（2）

[12] 方智远，孙培田，刘玉梅等．青花菜杂种优势利用研究初报．中国蔬菜，1990，（6）

[13] 方智远，刘玉梅，杨丽梅等．我国甘蓝遗传育种研究概况．园艺学报，2002，29（增刊）：657～663

[14] 大连市农业科学研究所甘蓝组．无蜡粉亮叶红甘蓝和皱叶甘蓝．中国蔬菜，1993，（4）

[15] 熊金桥．"八五"期间育成的蔬菜新品种简介．中国蔬菜，1996，（1）

[16] 丁万霞，李建斌．耐热抗病的夏甘蓝新品种黑丰．中国蔬菜，1999，（3）

[17] 关佩聪，李碧香，陈俊权．广州蔬菜品种志．广州：广东科技出版社，1993

[18] 关佩聪．芥蓝个体发育与菜薹形成的研究．中国蔬菜，1989，（1）

[19] 关佩聪，梁承愈．芥蓝花芽分化与品种、播种期和春化条件的关系．华南农业大学学报，Vol.10（2）

[20] 关佩聪，李孟仿．芥蓝菜薹发育与品种、花芽分化和生长的关系．园艺学报，1989，16（1）：39～43

[21] 关佩聪，李智军，胡肖珍．芥蓝营养生理的研究：Ⅱ养分吸收特性．华南农业大学学报，Vol.12（4）

[22] 王素，王德槟，胡是麟．常用蔬菜品种大全．北京：北京出版社，1993

[23] 杨暹，关佩聪．青花菜硝酸还原酶活性与氮钾营养的关系．中国蔬菜，1995，（5）：4～6

[24] 管致和．中国农作物病虫害（第二版，上册）．北京：中国农业出版社，1995

[25] 郑建秋著．现代蔬菜病虫鉴别与防治手册．北京：中国农业出版社，2004

[26] 中国科学院中国植物志编辑委员会．中国植物志（第 33 卷）．北京：科学出版社，1987

第十五章

叶菜类蔬菜栽培

　　叶菜类蔬菜包括菠菜、莴苣、芹菜、蕹菜、苋菜、叶荟菜、冬寒菜、落葵、茼蒿、芫荽、茴香、菊花脑、荠菜、菜苜蓿、番杏、苦苣、紫背天葵、罗勒、马齿苋、紫苏、榆钱菠菜及薄荷等。主要以柔嫩的叶片供食，也有以叶柄供食的如芹菜，或以茎部供食的如莴笋，还有以嫩梢供食的如蕹菜。叶菜类蔬菜富含各种维生素和矿物质，是营养价值较高的蔬菜。

　　多数叶菜植株矮小，生长期短，采收标准并不严格，适于密植，可与其他较高大蔬菜进行间作套种；或在春茬作物定植前采用简易保护地栽培方法插种一茬，以增加复种指数，提高单位面积产量；也可进行排开播种，分期收获，以便调节上市量和延长供应期。此外，菠菜、莴笋等还是早春淡季供应的主要蔬菜，而蕹菜、苋菜等又是堵伏缺的重要蔬菜。但是绝大多数叶菜不耐远途运输，因此城市郊区叶菜类蔬菜栽培面积有逐步扩大的趋势。同时近年消费者对蔬菜种类品种多样化的需求也越来越迫切，原来一些稀有的或野生的叶菜如番杏、蕺菜、菊花脑、蒌蒿等走俏市场，并促使生产者进行大面积人工栽培，这也是促进叶类蔬菜在城市郊区发展的主要原因之一。

　　叶类蔬菜种类多，对环境条件的要求各不相同，但大致可分为两大类：一类喜冷凉湿润，如菠菜、芹菜、莴苣、叶荟菜、冬寒菜、茼蒿、荠菜等，其生长适温为 $15\sim20℃$，能耐短期的霜冻；另一类喜温暖而不耐寒，如苋菜、蕹菜、落葵等，其生长适温为 $20\sim25℃$，尤以蕹菜更喜高温，为夏季重要的叶菜之一。

　　一般认为喜冷凉的叶菜属低温长日照作物，但多数叶菜如菠菜、莴苣的花芽分化并不需要经过严格的低温条件，但其抽薹开花对长日照却较敏感，在长日照下伴以高温便迅速抽薹开花，影响叶的生长，因而降低品质。相反在短日照下伴以冷凉条件，则促进叶的生长，有利于产量和品质的提高。喜欢温暖的叶菜属高温短日照作物，如苋菜、蕹菜、落葵等在春播条件下性器官出现晚，收获期长；在秋播条件下，因日照渐短，性器官出现早，收获期较短，其生长和发育在较大程度上受光照长短的影响。不管是喜冷凉的还是喜温暖的叶菜，其栽培技术关键均在于避免易引起早期花芽分化的不良条件，防止未熟抽薹，促进营养器官的充分发育。

　　多数叶菜根系较浅，生长期短，因此对土壤和水肥条件的要求较高。适宜在土壤结构良好，保水、保肥力强的地块种植，在施肥上要求勤施、薄施，以保证及时供给生长所需。

　　多数叶菜的播种材料为果实或种子，其果皮或种皮较厚，需创造一定的条件，才能促进其发芽，因此常在播前进行种子处理。

第一节　菠　　菜

　　菠菜是藜科（Chenopodiaceae）菠菜属中以绿叶为主要产品器官的一、二年生草本植物。学名：

Spinacia oleracea L.；别名：菠稜菜、赤根菜、角菜、波斯草等。菠菜原产波斯（现亚洲西部伊朗地区），唐朝传入中国开始栽培。《唐会要》（8世纪后期）卷一百《泥波罗国》记载：贞观"二十一年，遣使献波稜菜、浑提葱。"在明·李时珍《本草纲目》（1578）中称菠菜为"波斯草"，现已在南北各地普遍栽培。菠菜含有丰富的胡萝卜素、维生素 C、氨基酸、核黄素及铁、磷、钠、钾等矿物质，属于营养价值较高的蔬菜，可凉拌、炒食或做汤。菠菜适应性较广，特别是耐寒力强，可进行越冬栽培，越冬时外叶的损失较少，春季返青早，可以早收，抽薹较晚，春季供应期长，产量高，是春淡季供应市场的一种主要蔬菜，又是中国南、北各地春、秋、冬三季栽培的重要蔬菜之一。菠菜形态见图 15 - 1。

图 15 - 1　菠菜（锦州尖叶菠菜）

（引自：《中国蔬菜品种志》，2001）

一、生物学特性

（一）植物学特征　菠菜直根发达，红色，味甜可食，侧根不发达，主要根群分布在土面以下 25～30cm 处。抽薹以前叶片簇生于短缩茎上。叶戟形或卵形，色浓绿，质软，叶柄较长，花茎上叶较小。花单性，一般为雌雄异株，少数为雌雄同株，有时还出现两性花。雄花无花瓣，花萼 4～5 裂，雄蕊数与花萼数相同。花药纵裂，黄绿色，花粉多，为风媒花。雌花无花柄或有长短不等的花柄，无花瓣，有雌蕊 1 枚，柱头 4～6 个。花萼 2～4 裂，包被着子房。子房一室，内含 1 个胚珠，受精后形成一个"胞果"，从花萼上伸出 2～4 个角状突起，形成"刺"，也有无"刺"的（图 15 - 2）。

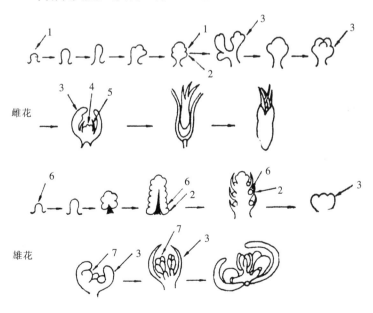

图 15 - 2　菠菜单花分化过程

1. 雌花簇原基　2. 叶原基　3. 萼片　4. 柱头　5. 退化花瓣　6. 雄花穗原基　7. 雄蕊

（陆帼一，1964）

菠菜植株的性型一般有 4 种：

1. 绝对雄株 植株较矮，基生叶较小，茎生叶不发达或呈鳞片状。花茎上仅生雄花，位于花茎先端，为复总状花序。抽薹最早，花期短，常在雌株未开花前进入谢花期，不能使雌株充分受精，而且授粉后易引起种性退化，在采种田中应及早将其拔除。有刺种菠菜的绝对雄株较多。

2. 营养雄株 植株较高大，基生叶较绝对雄株大，雄花簇生于茎生叶的叶腋中，花茎顶部的茎生叶发达。抽薹较绝对雄株迟，产品供应期较长，为高产株型。花期较长，并与雌株的花期相近，对授粉有利，采种时应适当加以保留。无刺种菠菜营养雄株较多。

3. 雌株 植株高大，生长旺盛，基生叶及茎生叶均较发达。雌花簇生于茎生叶叶腋中，抽薹较雄株晚。

4. 雌、雄同株 在同一植株上着生雌花和雄花。基生叶和茎生叶均较发达。抽薹晚，花期与雌株相近。雌雄花的比率不一，有雄花较多或雌花较多，或早期生雌花后期生少数雄花，或在整个生长期着生同等数量的雌花和雄花等现象。另外，还有在同一朵花内具有雌蕊和雄蕊的两性花。

菠菜雌、雄株的比例一般为 1∶1。据徐跃进报道（1996），多数品种的性型表现既受遗传因子的控制，也受环境条件的影响。当短日照、低温、多氮肥时，雌株率高；相反，在长日照、高温和少氮肥时则雄株率高。

（二）对环境条件的要求

1. 温度 菠菜种子发芽的最低温度为 4℃，最适温度为 15～20℃，在此温度下，4d 发芽，发芽率达 90% 以上。温度升高，发芽率降低并增加发芽天数，35℃时发芽率不到 20%。菠菜成株耐寒性强，在冬季最低气温为 −10℃左右的地区可以露地安全越冬。耐寒品种，具有 4～6 片真叶的植株可耐短期 −30℃ 的低温，甚至在短期 −40℃ 的低温下，根系和幼芽不受损伤，仅外叶受冻枯黄。但 1～2 片真叶的小苗和将要抽薹的成株抗寒力较差。据陆帼一试验（1963—1965），菠菜在营养生长时期，苗端叶原基的分化速度，在日平均气温 23℃ 以下时，随温度的下降而减慢。叶面积的增长以日平均气温 20～25℃ 为最快，如果气温在 25℃ 以上，尤其在干热条件下，则叶片生长不良，窄薄瘦小，质地粗糙，涩味增加，品质下降。

2. 光照 菠菜是典型的长日照蔬菜，菠菜的花芽分化并不严格要求低温条件，但在花芽分化后对长日照却很敏感。夏播菠菜未经受低温也可以分化花芽，这说明能进行花芽分化的温度范围十分广泛，低温并非是菠菜花芽分化必不可少的条件。而花芽分化后，花器的发育、抽薹及开花则随温度的升高和日照的加长而加速。

3. 水分 菠菜在空气相对湿度为 80%～90%，土壤湿度为 70%～80% 的环境条件下生长旺盛。干燥会限制营养器官的生长，使其生长速度减慢，叶组织老化，品质差。特别是在高温、长日的季节，缺水极易使营养器官发育不良，反而会加速生殖生长，促进植株的抽薹开花。

4. 土壤营养 菠菜在沙质壤土、黏质壤土上生长比在黏土上好。沙质壤土能促进早熟，黏质壤土容易获得丰产。越冬栽培者以保水保肥力较强的"夜潮土"较好，这种土壤由于地下水位较高，土壤湿润，冬季地温变化幅度小，早春幼苗返青后可以少浇水，地温升高较快，有利于幼苗越冬及早春返青后迅速生长。

菠菜耐酸力较弱，适宜土壤 pH 为 5.5～7。pH 在 5.5 以下时发芽后生长缓慢，严重时叶色变黄，无光泽，硬化，不伸展；pH 达到 8 以上时，菠菜根、茎、叶的重量将有所降低，所以也不能说菠菜的耐盐碱力特别强。

菠菜生长需要合理比例的氮、磷、钾肥料和适量的微量元素。据张永清报道（1998），施用适量的氮肥可使叶部生长旺盛，提高产量，增进品质，延长供应期。但是当氮肥用量超过 0.3g/kg 时，产量反而下降；单施氮肥能提高菠菜蛋白质含量，但干物质及维生素 C 含量降低，硝态氮积累明显增加。配施钾肥，有利于菠菜品质和产量的提高。当氮肥不足时则菠菜植株矮小、叶发黄，易引起未熟抽薹。当微量元素硼缺乏时则菠菜心叶卷曲、缺绿，植株生长缓慢。通常可在施肥的同时施用硼砂 1.125～1.68kg/hm²，或配成溶液喷洒叶面进行防治。

（三）生长发育特性　菠菜的生长发育过程可分为以下两个时期：

1. 营养生长期　从子叶出土到花芽分化。种子开始发芽温度为 4℃，适温为 15～20℃。子叶展开至出现两片真叶，生长缓慢。随后，叶数、叶面积及叶重量迅速增长。叶片在日平均气温 20～25℃时增长最快。在经一定时期（因品种、播种期及气候条件等而异）苗端分化花原基后，根出叶叶数不再增加，但叶面积及叶重仍继续增加。

2. 生殖生长期　从花芽分化到种子成熟。花芽分化至抽薹的天数，因播期不同而有很大差异，短者 8～9d，长者可达 140d，这一时期的长短将直接关系到菠菜采收期的长短与产量的高低。以采种为目的者，要求有较多的雌株及适量的营养雄株。外界条件中凡是能加强光合作用和养分积累的因素，一般都能促使雌性加强，凡是促进养分消耗的，则有加强雄性的倾向，所以营养生长期的环境条件及栽培管理，会影响到种株的发育及性比例。

二、类型及品种

（一）类型　根据菠菜果实上刺的有无，可分为有刺菠菜与无刺菠菜两个变种：

1. 有刺种（*Spinacia oleracea* L. var. *spinosa* Moench）　栽培历史悠久，分布广。叶片狭小而薄，戟形或箭形，先端一般锐尖或钝尖，又称"尖叶菠菜"（图 15-3）。但也有叶片先端较圆的有刺种，如广州的迟乌叶菠菜。成都圆叶菠菜等。其叶面光滑，叶柄细长，质地柔嫩，涩味少。一般耐寒性较强，耐热性较弱，对日照长短较敏感，在长日照下抽薹快，适宜作秋季栽培或越冬栽培。春播易抽薹，产量低；夏播因不耐热而生长不良。

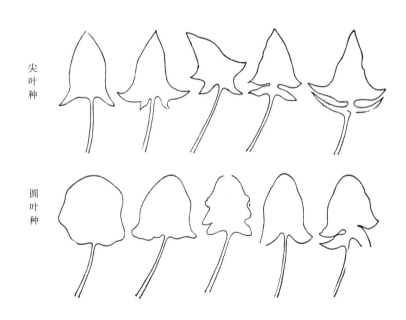

图 15-3　菠菜的叶形

（陆帼一，1981）

2. 无刺种（*Spinacia oleracea* L. var. *inermis* Peterm）　叶片肥大，多皱褶，卵圆形、椭圆形或不规则形。先端钝圆或稍尖，基部截断形、戟形或箭形，叶柄短，又称"圆叶菠菜"（图 15-3）。耐寒性一般，较有刺种菠菜稍弱，但耐热性较强。对日照长短不如有刺菠菜敏感，春季抽薹较晚，多用

于春、秋两季栽培，也可在夏季栽培。在山西北部、东北北部作秋播越冬栽培时不易安全越冬。

（二）品种

1. 东北尖叶菠菜 辽宁地方品种，种子有刺。株型直立，株高40cm，开展度35～40cm。叶片呈戟形，叶长23cm、宽15cm，叶柄长25cm，叶面平而薄，绿色，叶柄淡绿色。水分少，微甜，品质好。主根肉质，粉红色，单株重80g。较早熟，从播种至采收50～60d，冬性较强，抗寒性强，返青快，上市早，宜作秋季栽培及越冬栽培。全国各地均有种植。

2. 东北圆叶菠菜 黑龙江地方品种，又称无刺菠菜、光头菠菜等。叶簇半直立，株高25cm，开展度20～25cm。叶片卵圆形，叶长13cm、宽9.5cm，叶柄较粗壮，长11～16cm、宽0.7cm。叶面肥厚皱缩，质嫩，味甜，品质佳。叶色深绿，全缘。种子近圆形，无刺。晚熟，从播种至采收70～80d。耐肥，抗寒性强，适于各地春、秋两季栽培。全国各地均有种植。

3. 双城冻根菠菜 为黑龙江双城地方品种，属有刺种。植株较直立，株高20～30cm，开展度25～30cm。叶片戟形，长20～30cm、宽7～15cm，基部深裂有2～3对裂叶，叶柄长10～13cm、宽1～1.5cm，叶面深绿色，稍皱。味稍甜，品质好。早熟。耐寒性强，抗病，春季抽薹晚，耐贮性好。宜作秋季栽培和越冬栽培。东北、华北种植较多。

4. 广东圆叶菠菜 为广东优良地方品种，属无刺种。叶片椭圆形至卵圆形，先端稍尖，基部有一对浅缺刻，叶片宽而肥厚，浓绿色。耐热，适于夏、秋栽培，耐寒性较弱。上海、浙江、湖北、湖南、江苏等地均有栽培。

5. 华菠1号 由华中农业大学园艺系于1993年育成的一代杂种。属有刺种类型。植株半直立，株高25～30cm。叶片箭形，叶端钝尖，长19cm、宽15cm，叶柄长19cm、宽0.6cm，叶面平展，叶色浓绿，叶肉较厚，采收时有叶15～18片。柔嫩，无涩味，品质优良。根红色，须根多，单株重50～100g，种子千粒重为12g。早熟，耐热。可秋播，也可越冬栽培和春播。

6. 内菠1号 由内蒙古农业科学院蔬菜研究所育成，属无刺种类型。植株半直立，生长势强，株高25cm，开展度45cm。叶片卵圆形或尖端钝圆，基部呈戟形，长20 cm，宽15 cm，叶色深绿，叶面光滑。涩味轻，品质佳。单株重为130g。从播种到采收45～50d，春季抽薹晚，较抗病，丰产。可春、秋两季栽培。

7. 菠杂18 由北京市农林科学院蔬菜研究中心于1999年育成的一代杂种，属无刺种类型。叶片大，阔箭头形或近半椭圆形，叶端钝圆，长21.4cm、宽17.5cm，有1～2对极浅缺裂，叶柄长25.4cm、宽1.17cm，叶面平展，绿色，叶背灰绿色。叶片厚，质嫩，涩味轻。主根肉质，粉红色。抗寒性一般，抽薹晚，抗霜霉病，产量高。在华北地区覆盖地膜可以越冬，长江及其以南地区可以露地越冬。

8. 全能菠菜 由美国引进的新品种，属圆叶类型。株型直立，株高40cm。叶片大而肥厚，叶色浓绿。单株重200～400g。生长期短，约45d。表现丰产、耐热、耐寒、抽薹晚、适应性广。品质佳，适宜速冻加工出口。

三、栽培季节和方式

菠菜的栽培以秋播和越冬栽培为主，但也可选用耐抽薹和耐热的品种进行春播和夏播。此外，为春季提早上市也可进行大棚越冬栽培。华北及华中地区秋播或越冬栽培于8～10月播种，10月至翌年4月收获；春季栽培于2～3月播种，4～5月收获。东北及西北地区秋季于7月下旬至9月上旬播种，9月至翌年5月收获；春季栽培于3～4月播种，5～6月收获。华北、西北及东北地区还可在11～12月播种，以萌动状态种子越冬，称为"埋头菠菜"。据李锡香报道（1993），长江流域如不注重营养品质，而以产量和少涩味为主要目的，8月份播种较好；若注重商品品质及产量，而不在意涩味，以 10 月份播种较好；一般多在 9 月下旬秋播和 2 月下旬春播。华南地区从 8 月至次年 2 月均可播种，10 月至次年 4 月收获。此外，夏菠菜可在 5～6 月播种，7～8 月收获；大棚越冬菠菜播种期应稍晚于露地。

菠菜栽培在北方一般采用平畦直播，以撒播为主，也有条播和穴播的；在南方为便于排水防涝及灌溉，多采用深沟高畦进行撒播。

四、栽培技术

菠菜种子的果皮较厚，内层为木栓化的厚壁组织，透水和通气困难，所以播种技术是菠菜栽培中的一大难点。南方农民采取用木桩敲破果皮后浸种催芽的"破籽催芽"法，可加速发芽。高温季节播种的夏菠菜和早秋菠菜应进行低温催芽，先将种子用凉水浸泡 10～12h，再放在 15～20℃温度下催芽，3～4d 胚根露出，苗床浇足底水后再播种。李素美等还曾报道（2000），利用热处理方法能促进种子萌发，即先用冷水预浸 5h，再以 50℃温水处理 5min，能提高种子发芽率、发芽势、幼根活力和叶绿素含量，并能促进菠菜苗期生长。菠菜的播种量因地区、栽培季节及采收方法而有很大差异。春、秋季温度适宜时，播种量一般为 45～60kg/hm²；高温期播种及越冬菠菜播种，为防治缺苗断垄，播种量宜适当加大至 60～75kg/hm²，多次采收者也应适当增加播种量。

菠菜栽培技术性比较强的是严寒地区的越冬菠菜和在高温季节栽培的夏菠菜。

（一）冬菠菜栽培技术 越冬菠菜在东北、西北及华北有些地区常有死苗发生，对产量影响很大，因此越冬菠菜的栽培技术应以防止死苗为中心，力争早熟丰产。主要措施如下：

1. 选用抗寒品种 宜选用抗寒性强的品种，并采用籽粒饱满、秋播采种的种子。如连年采用春播采种的种子，则抗寒力减退，抽薹期也提早。

2. 适期播种 菠菜幼苗冬季停止生长时，有 5～6 片真叶，主根长 10cm 左右就可以安全越冬。播种过晚，幼苗冬季停止生长时只有 1～2 片小叶和短而少的根系，经冬季土壤冻融交替，极易干枯死亡。但播种过早，冬前植株已达采收状态，越冬时外叶衰老，抗寒力降低，枯黄叶增多，翌年入春时返青迟缓，死苗率也高。各地实践证明，当秋季日平均气温下降到 17～19℃时为播种适期。

3. 精细整地、施足基肥 加深耕作层，施用充分腐熟的足量有机肥作基肥，也是保证菠菜安全越冬的重要条件。耕作层土浅，整地粗糙，菠菜根系发育不良，易造成越冬期间的大量死苗。不施基肥或基肥不足，幼苗生长细弱，耐寒力降低，越冬死苗率高，返青后营养生长缓慢，易抽薹，产量也降低。

4. 加强田间管理

（1）冬前幼苗生长期 从播种至冬前幼苗停止生长。这一时期是为培养抗寒力强，能安全越冬、翌春又能旺盛生长的壮苗打基础的时期。出苗后在不影响幼苗正常生长的前提下，应适当控制灌水，使根系向纵深发展。两片真叶后，生长速度加快，可随灌水施用速效性氮肥。

（2）越冬期 从冬前幼苗停止生长至翌年早春植株返青。主要工作是做好防寒保温，防止死苗。北方地区在封冻以前设立风障，既可防寒又可促进早熟。但立风障不可过早，否则易引起蚜虫聚集，不利于病毒病的防治。

浇冻水是中国农民在蔬菜生产中总结出来的宝贵经验，可供应菠菜在漫长的冬季对于水分的需要和对防寒越冬有着重要作用。但浇冻水必须适时、适量，否则将适得其反。浇冻水的时间以浇水后夜间土壤能冻结，中午尚能消融为最适。过早浇冻水，因气温尚高，土壤不冻结，水分易被蒸发，冬季不能起到防寒作用，还易出现土壤裂缝，使根系遭寒风袭击而引起死苗；翌春返青前还会出现干旱，使叶片枯黄，但提前浇返青水又不利于地温的回升。过晚浇冻水，则常因气温过低，土壤已结冰，水分不易下渗，并在地表形成不透气的冰层，反而使幼苗易因窒息而引起腐烂死亡。

（3）返青采收期 越冬后植株恢复生长至开始采收。返青后随气温的升高，叶部生长加快，这个

时期要加强肥水管理，促进营养生长。当土壤开始解冻，可选晴朗天气浇一次"返青水"。浇这一次水的时期和浇水量很重要，浇早了、浇多了，土壤下层尚未解冻，水不易下渗，反而使地温下降，植株生长延迟，叶片卷缩甚至发生沤根死苗；浇晚了，耽误了旺盛生长所需的水分供应，也会延迟收获，降低产量。浇"返青水"的时间应选择气候趋于稳定，浇水后将连续晴天，土壤耕作层已解冻，表土已干燥，菠菜心叶暗绿、无光泽时进行。具体时间因地区、年份及其他条件而异，如西安多在2月上中旬，北京多在3月中下旬，辽宁中、北部地区多在4月上旬进行。此外，早春土壤没有化冻时如降大雪，应尽快清除田间积雪，否则融化后的雪水不易下渗，将造成畦面积水或结冰，并引起幼苗根系缺氧而沤根死苗。这些情况多发生在东北、华北及西北的北部地区。

（二）夏菠菜栽培技术　夏菠菜整个生长期处于高温季节，因此其栽培技术应以保证出苗、全苗及促进幼苗生长为重点。首先要选用抗旱、耐热、生长迅速的品种，如绍兴尖叶菠菜、广东圆叶菠菜等。种子必须进行低温催芽，露白后于傍晚前后播种，并用苇帘或稻草覆盖以降低地温，减少水分蒸发。出苗以前尽量不浇水，以免土壤板结或浇水时冲散覆土，种子外露。出苗以后最好采用喷灌，降低地温及气温。如采用畦面漫灌，水量要小，水流要缓，并在清晨或傍晚浇水较好。有条件的地方可搭高架遮阳，一般南北畦向，搭东面高西面低的倾斜棚，以防高温、暴雨和强光。若与耐热的苋菜、蕹菜等隔畦间作时，则可隔畦搭棚。广州一带的水坑栽培是夏菠菜抗高温栽培的一种方式，畦间开深沟，沟内保持一定深度的水层。此法不但灌排水方便而且有利于降低地温。

五、病虫害防治

（一）主要病害防治

1. 菠菜病毒病　主要毒源：蚕豆萎蔫病毒（BBWV），约占70％；其次是甜菜花叶病毒（BMV）及黄瓜花叶病毒（CMV）、芜菁花叶病毒（TuMV）等，单独或复合侵染。发生普遍，是影响菠菜生产的主要病害。田间症状多表现为花叶或幼叶细小萎缩，老叶提早枯死、脱落或病株严重萎缩、矮化呈丛枝状等。病毒在菠菜、白菜、萝卜、黄瓜及田间杂草上越冬，由桃蚜、萝卜蚜、豆蚜、棉蚜等传播，春旱、秋旱、靠近毒源田则发生重。防治方法：①清洁田园；②种植田块应远离萝卜、黄瓜等地块，避免早播；③用覆盖银灰色地膜避蚜，及时防蚜，出苗后至冬前更为重要；④及时灌水，避免干旱。此外，发病初期喷施病毒抑制剂有一定作用。参见第十二章白菜类病毒病。

2. 菠菜霜霉病　病原：*Peronospora spinaciae*，异名：*P. effusa*。发生普遍，主要为害叶片，形成灰绿色不规则形病斑，大小不等。叶背病斑上产生灰白色霉层，后变灰紫色。干旱时病斑枯黄，湿度大时多腐烂。病叶由下向上发展，严重时植株叶片变黄枯死。有时病株呈萎缩状，多为冬前系统侵染所致。病菌以菌丝在被害寄主和种子上或以卵孢子在病残叶内越冬。分生孢子借气流、风雨、农事操作、昆虫等传播蔓延。一般气温在10℃左右，相对湿度在85％以上，多雨、多雾或种植密度大，田间积水时发病重。防治方法：①早春发现遭系统侵染的萎蔫株要及时拔除，重病区要实行2～3年轮作；②适度密植，降低田间湿度；③发病初期用40％三乙膦酸铝（乙膦铝）可湿性粉剂200～250倍液，或58％甲霜灵·锰锌可湿性粉剂500倍液，或64％噁霜·锰锌（杀毒矾）可湿性粉剂500倍液，或70％乙膦·锰锌可湿性粉剂500倍液等，隔7～10d喷1次，连续喷2～3次。

3. 菠菜炭疽病　病原：*Colletotrichum spinaciae*。发生普遍，主要为害叶片及茎。叶片上病斑灰褐色，圆形或椭圆形，具轮纹，中央有小黑点。严重时病斑连接成块状，使叶片枯黄。采种株主要发生于茎部，病斑梭形或纺锤形，其上密生黑色轮纹状排列的小粒点。病部组织干腐，可致上部茎叶折倒。以菌丝在病组织内或黏附在种子上越冬。分生孢子借风、雨传播，由伤口或穿透表皮直接侵入。温度约25℃，相对湿度80％以上，降雨多，地势低洼，栽植过密，植株生长不良则发病严重。防治方法：①选用耐病品种，进行种子消毒处理，与其他蔬菜作物实行3年以上轮作；②合理密植，避免大水漫灌；③保护地栽培可用 6.5％甲硫·霉威粉尘剂 15kg/hm² 喷粉；露地栽培在发病初期用 50％溴菌腈（炭特灵）可湿性粉剂 500 倍液，或 50％多菌灵可湿性粉剂 700 倍液，或 40％多·硫悬浮剂 600 倍液等喷洒，隔 7～10d 喷 1 次，连续防治 3～4 次。

4. 菠菜斑点病　病原：*Heterosporium variabile*。露地、保护地栽培均可发生。多从中、下部叶片开始发病。初生浅黄褐色圆形小斑，中央淡黄色，略有凹陷，边缘褐色，后发展成隆起病斑，灰黄色至灰白色，外围浅绿褐色。潮湿时病斑上可长出黑褐色霉层。严重时病斑密布，相互连接成片，病叶黄化坏死。病菌的菌丝体潜伏在病部越冬，以分生孢子进行初侵染和再侵染。天气温暖多雨或田间湿度高，或偏施氮肥则发病重。防治方法：①收获后清除病残体，减少菌源；②合理密植，避免偏施氮肥，雨后防止田间积水；③发病初期用 40％氟硅唑（福星）乳油 8 000 倍液，或 78％波·锰锌（科博）可湿性粉剂 600 倍液，或 70％甲基硫菌灵可湿性粉剂 700 倍液等喷洒；保护地内可用 6.5％甲霜灵粉尘剂，或 5％春·王铜（加瑞农）粉尘剂 15kg/hm² 喷粉防治。

（二）主要害虫防治

1. 菠菜潜叶蝇（*Pegomya exilis*）　异名：*P. hyosciami*，又名：藜泉蝇。分布广泛，北方产区发生为害严重。以滞育蛹在土中越冬，翌年春季和初夏成虫羽化，达全年虫口高峰，在寄主叶背产卵，4～5 粒呈扇形排列。第 1 代幼虫潜叶取食叶肉仅留上、下表皮，形成块状隧道，常有蛆和湿黑虫粪。华北地区 4～5 月上旬为害根茬菠菜。高温、干旱对此虫有明显抑制作用。防治方法：①播前翻耕土壤，减少越冬害虫数量；②施用充分腐熟的有机肥；③在主害世代成虫产卵期至卵孵化初期，可选用 50％灭蝇胺可湿性粉剂 4 000～5 000 倍液，或 1.8％阿维菌素乳油 2 500～3 000 倍液，或 90％敌百虫晶体 1 000 倍液等防治。

2. 南美潜叶蝇（*Liriomyza huidobrensis*）　以幼虫和成虫为害。幼虫在叶片上、下表皮间潜食叶肉，嗜食海绵组织，灰白色虫道沿中肋、叶脉走向呈线状，严重时可布满叶片，有时还为害叶柄和嫩茎。雌成虫产卵器刺破叶片表皮，形成灰白色的产卵点和取食点，致使叶片水分散失，生理功能严重受到抑制。此虫主要在保护地内繁殖为害，并成为露地菠菜的虫源。喜温凉，耐低温，抗高温能力差。防治方法：清洁田园，种植前耕翻土地，害虫发生期加强中耕和浇水，减少虫源。物理和化学防治方法，参见第十七章番茄美洲斑潜蝇。

此外，菜蚜、甘蓝夜蛾（北方）、斜纹夜蛾（南方）等也是菠菜的主要害虫，防治方法参见第十二章白菜类。

六、采收及留种

菠菜的采收期不很严格，采收时植株可大可小，一般在高 20cm 时便可收获。从播种到采收需 30～60d。春菠菜生长期较长，秋菠菜其次，夏菠菜最短，越冬菠菜自返青至采收需 30～40d。为提早或均衡上市，可采用间拔采收或分批收割。

准备留种的菠菜应在晚秋播种，越冬后于初夏采收种子。一般按 26cm 左右的行距条播，及时间苗和浇冻水，翌年返青后按株距 20～26cm 定苗。早春适当控制浇水以免生长过旺而延迟抽薹，或使花薹细弱倒伏，降低种子产量和质量。当少数植株开始抽薹时，拔除绝对雄株、抽薹早的雌株、杂株以及病株、弱株。然后灌水追肥使种株多发生分枝，多开花结籽。开花前再施 1 次速效性氮肥，并进行叶面喷肥（3％～5％过磷酸钙），同时注意浇水，使种子饱满。为了使雌株有充足的营养面积，还可陆续拔除一部分营养雄株，每 40cm² 左右留 1 株与雌株同时开花的营养雄株供授粉用，待雌株结籽后，再把所有的营养雄株拔掉，加强通风透光以利于种子的发育。当茎、叶大部变枯黄，果皮呈黄绿色时收割种株，堆积 1 周左右进行后熟，然后脱粒。

（李　彬）

第二节　莴　苣

莴苣是菊科（Compositae）莴苣属中的一二年生草本植物，以叶和嫩茎为主要产品器官。学名：*Lactuca sativa* L.；别名千斤菜等。原产亚洲西部和地中海沿岸。宋·陶谷《清异录》（10 世纪中期）载："呙国使者来汉，隋人求得菜种，酬之甚厚，故因名千金菜，今莴苣也。"即说明莴苣是隋代（公元 581—618）才传入中国的外来蔬菜，但它的具体引入过程尚无史书记载。在中国的地理和气候条件下莴苣演变成特有的茎用莴苣——莴笋。元·司农司撰《农桑辑要》（公元 1273）莴苣条说："正月、二月种之，九十日收，其茎嫩如指大高可逾尺，去皮蔬食，又可糟藏，谓之莴苣笋。"这是莴笋栽培的最早记录。莴苣按食用部位不同可分为叶用莴苣和茎用莴苣两种。叶用莴苣质脆，鲜嫩爽口，宜生食，故名生菜；据其是否结球，又有结球生菜和散叶生菜之分。中国各地均有栽培，在广东、福建及台湾等地栽培较多。茎用莴苣又名莴笋，可熟食、生食、腌渍及制干，中国南、北各地普遍栽培。莴笋还可制成特色加工产品，如陕西省潼关的酱笋、安徽涡阳薹干等，在国内外均享有盛名。

莴苣营养丰富，含有蛋白质、脂肪、碳水化合物、各种维生素、矿物质和微量元素，尤其是叶片含有较多的胡萝卜素，茎、叶的乳状汁液中还含多种有机化合物，如有机酸、甘露醇及莴苣素（$C_{11}H_{14}O_4$ 或 $C_{12}H_{36}O_7$）等。莴苣素味苦，有镇痛、催眠的作用。莴苣可入药，能利五脏，通经脉，清畏热。对改善乳汁不通、小便不通、口臭等有一定保健功效。莴苣的香气可驱虫。

一、生物学特性

（一）植物学特征　莴苣根系浅而密集，多分布在 20～30cm 的土层内。幼苗期的叶为根出叶，披针形、长椭圆形或长倒卵形等，互生于短缩茎上，叶面光滑或皱缩，叶缘波状或浅裂、全缘或有缺刻，绿色、黄绿色或紫色。结球莴苣在莲座叶形成后，顶生叶随不同品种抱合成圆球形或圆筒形的叶球。茎用莴苣的短缩茎随植株的旺盛生长而逐渐伸长，茎端分化花芽后继续伸长。对莴笋花芽分化的观察得知（陆帼一，1980），茎用莴苣的食用部分并非全部是花茎，而是包括由胚芽发育的茎和花茎两部分，两者的比例因品种及栽培季节而异。花茎在整个笋长中所占的比例，早熟品种较中、晚熟品种大，同一品种秋莴笋较越冬春莴笋所占的比例大。例如陕西武功地区 9 月 9 日播种的挂丝红莴笋（早熟品种），次年 4 月中旬采收时花茎占整个笋长的 55％左右，而同期播种的尖叶白笋（晚熟品种），次年 5 月上旬采收时花茎仅占整个笋长的 3％左右，但 7 月 28 日播种的尖叶白笋 10 月上旬采收时，花茎占整个笋长的比例为 50％左右。

莴苣为头状花序，花黄色。莴笋的花序为圆锥形头状花序，花托扁平，花浅黄色，每一花序有花 20 朵左右。全株花期较长，自花授粉，也可少量异花授粉。小花在日出后 1～2h 即开花完毕，开花后 11～13d 种子成熟。子房单室，果实为瘦果，黑褐色或银白色，成熟时顶端具伞状冠毛，能随风飞散，所以采种要在未飞散之前。种子千粒重 0.8～1.2g。种子成熟后有一段时间的休眠期，贮藏一年后的种子发芽率有所提高。

（二）对环境条件的要求

1. 温度与光照　莴苣种子发芽的最低温度为 4℃，但需较长的时间。发芽的适宜温度为 15～20℃，3～4d 发芽；高于 25℃发芽不良，30℃以上发芽受阻，所以夏季播种时种子须进行低温处理，可浸种后放在冰箱的冷藏室中催芽，露白后播种。

莴苣的幼苗期对温度的适应性较强。莴笋幼苗可耐—5～—6℃的低温，但成株的耐寒力减弱。幼苗生长的适宜温度为 12～20℃，当日平均温度达 24℃左右时生长仍旺盛，但温度过高，特别是地表温度高达 40℃时，幼苗茎部易受灼伤而倒苗，所以秋莴笋育苗时应采取遮阳降温等措施。茎、叶生长期适宜温度为 11～18℃，在夜温较低（9～15℃）、温差较大的情况下，可降低呼吸消耗，增加养分积累，有利于茎部肥大。如果日平均温度达 24℃ 以上，夜温长时间在 19℃ 以上时，呼吸强度大，消耗养分多，干物质向产品器官部分的分配率降低，并易引起未熟抽薹。茎部遇 0℃ 以下低温会受冻。

结球莴苣对温度的适应性较莴笋弱，既不耐寒又不耐热，在莴笋幼苗可以露地越冬的地区，莴苣往往不能露地越冬。莴苣结球期的适温为 17～18℃，21℃ 以上不易形成叶球，超过 25℃ 时会因叶球内温度过高引起心叶腐烂。不结球莴苣对温度的适应范围介于莴笋与结球莴苣之间。

莴苣开花结实期要求较高的温度，在 22～29℃ 的温度范围内，温度愈高，从开花到种子成熟所需要的天数愈少。在 19～22℃ 的温度下，开花后 10～15d 种子成熟；10～15℃ 温度下可正常开花，但不能结实。

关于莴苣花芽分化对温度的要求其说不一。涉谷茂（1952、1957）指出，莴苣花芽分化不一定需要低温，而是受积温的影响，但不同品种及同一品种的不同播期，所需积温有差异。刘日新等（1959）认为莴苣在发育上呈长日照反应，在长日照下发育速度随温度的升高而加快，早熟品种最敏感，中熟品种次之，晚熟品种反应较迟钝。越来越多的人认为，莴苣通过阶段发育属于"高温感应型"。莴笋在日平均温度 22～23.5℃，茎粗 1cm 以上时，花芽分化最快，早熟品种需 30d 左右，晚熟品种需 45d 左右。花芽分化后温度高时抽薹快，25℃ 以上 10d 抽薹；20℃ 以下 20～30d 抽薹；15℃ 以下 30d 抽薹。

2. 土壤营养 莴苣的根群密集，吸收能力差。对氧气的要求高，在有机质丰富、保水保肥力强的黏质壤土或壤土中根系发展很快。在缺乏有机质、通气不良的瘠薄土壤上，根系发育不良，叶面积的扩展受阻碍，结球莴苣的叶球小，不充实，品质差；茎用莴苣的茎瘦小而木质化。莴苣喜微酸性土壤，适宜的土壤 pH 为 6.0 左右，pH 在 5 以下和 7 以上时生育不良。莴笋没有这样严格。据加藤（1965）研究，任何时期缺氮都会抑制莴苣叶片的分化，使叶数减少。幼苗期缺氮影响显著；幼苗期缺磷不但叶数少而且植株变小，产量降低；任何时期缺钾对叶片的分化没有太大的影响，但显著影响叶重，尤其是结球莴苣的结球期缺钾，将引起叶球显著减产。因此，结球莴苣开始结球时，在充分吸收氮、磷的同时，必须保持适当的氮、钾平衡，使生产的干物质向叶球输送。如果氮多钾少，则干物质多向外叶分配，植株表现出徒长状态，叶片变细，叶球也变长。据分析，生长期 120d，产量达 22 500kg/hm² 的叶用莴苣，约吸收氮 57.0kg、磷 27.0kg、钾 100.5kg。另据续勇波等（2003）研究，莴笋生长过程中，其养分吸收量与生长量变化一致，均呈 S 形曲线，氮、磷、钾的最大吸收量出现在肉质茎膨大初期，全生长期氮、磷、钾的吸收比例为 6.40：1.00：7.79。试验表明在莴笋肉质茎膨大期前，进行重点追肥的重要性以及在使用氮肥的同时适当增施钾肥的必要性。

3. 水分 莴苣因根系浅，吸收能力弱，叶面积大，耗水量较多，故喜潮湿忌干燥。莴苣在不同的生长时期对水分有不同的要求，幼苗期不能干燥也不能太湿，以免幼苗老化或徒长；发棵期，为使莲座叶发育充实，要适当控制水分；结球期或茎部肥大期水分要充足，如缺水则叶球（或茎）小，味苦；结球或肉质茎肥大后期水分不可过多，否则易发生裂球或裂茎，并导致软腐病和菌核病的发生。

（三）生长发育特性 莴苣的生育期包括营养生长期和生殖生长期。

1. 营养生长期 莴苣的营养生长期包括发芽期、幼苗期、发棵期及产品器官形成期，各时期的长短因品种及栽培季节而异。

（1）发芽期 播种至真叶初现，其临界形态标志为"露心"，需 8～10d。

（2）幼苗期 "露心"至第一个叶环的叶片全部平展，其临界形态标志为"团棵"。直播者需 17～27d，初秋播种需时短，晚秋播种需时长；育苗移植者需要 30 多 d。

（3）发棵期 "团棵"至开始包心或茎开始肥大，需 15～30d。这一时期叶面积的扩大是结球莴苣和莴笋产品器官生长的基础。

（4）产品器官形成期　结球莴苣从"团棵"以后一面扩展外叶，一面卷抱心叶，到达发棵完成时，心叶已形成球形，然后是球叶的扩大与充实，所以发棵期与结球期之间的界限不像大白菜和甘蓝那样明显。从卷心到叶球成熟需30d左右。

莴笋幼苗的短缩茎在进入发棵期后开始肥大。整个发棵期短缩茎的相对生长率不高，而且增长幅度不大，为茎肥大初期。以后茎与叶的生长齐头并进，相对生长率显著提高，达最高峰后两者同时下降，开始下降后10d左右达采收期。在北方越冬莴笋完成发棵、短缩茎开始肥大后，温度降低，进入长达100d以上的越冬期和返青期，在此期间短缩茎的增长很缓慢，返青期过后茎的相对生长率显著提高，进入茎肥大期。

2. 生殖生长期　结球莴苣在叶球将达采收期时花芽分化（图15-4），以后迅速抽薹开花，所以生殖生长期与营养生长期重叠的时间较短。7月份播种的秋莴笋在进入发棵期后花芽分化，营养生长期与生殖生长期重叠的时期较长，所以花茎在整个笋中占的比例较大；9月份播种的越冬莴笋在茎肥大期花芽分化，所以花茎在整个笋中占的比例较小。同时早熟品种花芽分化早，晚熟品种花芽分化晚，所以花茎在莴笋中所占的比例，前者大于后者。

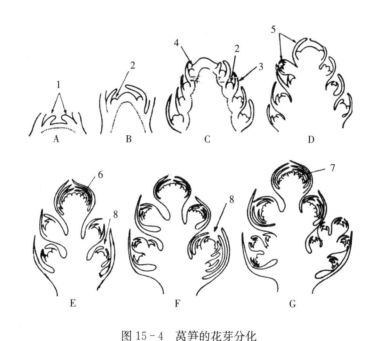

图15-4　莴笋的花芽分化

A. 未分化花芽　B. 花芽分化期　C. 顶花序分化苞叶原基　D. 顶花序及其下方

侧花序继续分化苞叶　E. 顶花序出现单花原基，侧花茎原基分化为侧花茎

F. 顶花序单花原基继续分化　G. 单花原基出现花瓣突起

1. 叶原基　2. 侧花茎原基　3. 叶　4. 顶花序苞叶原基　5. 苞叶

6. 花原基　7. 花瓣　8. 侧花茎

（陆帼一，1979）

（四）产量形成　莴苣的单位面积产量＝株数×单株重×净菜率。从干物质生产的角度看，莴笋或结球莴苣的单位面积产量＝叶面积指数（LAI）×净同化率（NAR）×干物质向茎部或叶球的分配率。LAI 与 NAR 呈负相关，如果 LAI 过大，叶片互相遮荫，则 NAR 降低。尤其是在生育后期，如果地上部徒长，提高了 LAI，则 NAR 减小，在干物质生产减少的同时，向茎部或叶球分配的干物质也相应减少。因此应培育壮苗，加强植株对养分和水分的吸收，促进叶原基分化和叶面积的迅速扩大，使其尽快达到最适叶面积指数，同时把群体的光合能力尽可能长期维持在最高点，并通过栽培技

术提高干物质向叶球或茎中的分配率。

　　莴笋幼苗期的叶面积指数很小，到发棵期仅达到 0.5 左右；进入茎叶生长盛期增加至 3 左右；进入茎叶生长后期（采收前 2 周左右）迅速增加至 5 左右，秋莴笋可达 7 左右。莴笋的净同化率则相反，在生育初期大，平均为 $5\sim6g/(m^2 \cdot d)$，以后随生育的进展逐渐变小，到茎、叶生长盛期降低到 $3g/(m^2 \cdot d)$ 左右，到茎、叶生长后期则降低到 $0.8g/(m^2 \cdot d)$ 左右，显然这时净同化率的大幅度下降与叶面积指数过大，叶片相互遮荫，光合效率降低有关。所以，莴笋在茎肥大期叶面积指数尽早达到并维持在 3~4 之间使净同化率保持较高水平，是高产关键。干物质在莴笋茎中的分配率，因品种及栽培季节不同而有较大的变化。不同品种为 50%～63%，同为尖叶白笋，作秋莴笋栽培时为 30% 左右，而作越冬栽培时则为 50% 左右。所以通过选择品种和栽培季节，采取适当栽培技术来提高干物质在茎中的分配率也很重要。

二、类型及品种

　　（一）类型　莴苣按产品器官的不同，可分为叶用莴苣和茎用莴苣（莴笋）两类（图 15 - 5），含有 4 个变种。

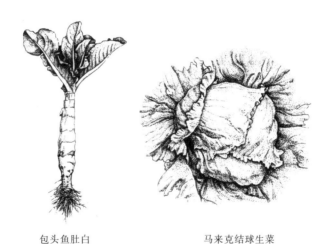

包头鱼肚白　　　　　　　　马来克结球生菜

图 15 - 5　莴笋（包头鱼肚白）与结球莴苣（马来克结球生菜）
（引自：《中国蔬菜品种志》，2001）

　　1. 茎用莴苣（*Lactuca sativa* L. var. *asparagina* Bailey）　即莴笋，叶片有披针形、长卵圆形、长椭圆形等，叶色淡绿、绿、深绿或紫红，叶面平展或有皱褶，全缘或有缺刻。茎部肥大，茎的皮色有浅绿、绿或带紫红色斑块，茎的肉色有浅绿、翠绿及黄绿色。根据叶片的形状分为尖叶和圆叶两种类型，各类型中依茎的色泽又有白笋、青笋之分。

　　2. 皱叶莴苣（*L. sativa* L. var. *crispa* L.）　叶片有深裂，叶面皱缩，不结球。

　　3. 直立莴苣（长叶莴苣）(*L. sativa* L. var. *longifolia* Lam.)　叶狭长直立，故也称散叶莴苣，一般不结球或卷心呈圆筒形。有专家认为，目前广为栽培的油荚菜属此类型。

　　4. 结球莴苣（*L. sativa* L. var. *capitata* L.）　叶全缘，有锯齿或深裂，叶面皱缩或平滑，顶生叶形成叶球。叶球呈圆球形、扁圆形或圆锥形。又可分 4 个类型：①皱叶结球莴苣，叶球大，结球紧实，质脆，外叶绿色，球叶白色或淡黄色；②酪球莴苣，叶球小而松散，质柔软，叶片宽阔，叶面稍皱缩；③直立结球莴苣，叶球圆锥形，外叶中肋粗大，浓绿或淡绿色，球叶窄长，淡绿色，叶面粗糙；④拉丁莴苣，叶球松散，叶片窄长。

（二）品种

1. 茎用莴苣

（1）挂丝红　四川省成都地方品种。开展度及株高各 53cm 左右，属圆叶种。叶倒卵圆形，绿色，心叶边缘微红，叶表面有皱褶。茎皮绿色，叶柄着生处有紫红色斑块，茎肉绿色，质脆，单株净重 500g 左右。春季花芽分化早，抽薹早，为早熟品种，宜秋播作越冬春莴笋栽培。抗霜霉病力较弱。

（2）白皮香早种　江苏省南京市郊栽培，属尖叶种。叶淡绿色，叶面多皱。茎皮绿白色，茎肉青白色，香味浓，纤维少。早熟，宜秋播作越冬春莴笋栽培。

（3）尖叶子　四川省成都市地方品种。叶披针形，先端尖，绿色，平展。茎皮淡绿色，肉青色。中熟，宜早春播种初夏上市。

（4）寿光柳叶笋　山东省寿光市地方品种。株高 47cm，开展度 38cm。叶长披针形，叶面微皱，绿色。肉质茎棒形，外皮和肉均为淡绿色，肉质致密，脆嫩，品质佳。较早熟，适应性较强，抗病，不易裂皮。春、秋两季均可栽培。

（5）北京紫叶笋　北京市地方品种。植株较高，叶片披针形，较宽，绿紫色，叶面有皱褶，稍有白粉。肉质茎长棒状，外皮淡绿色，肉质脆嫩、淡绿色，品质较好。晚熟，耐寒性强，较耐热，抗病，高产。但易抽薹空心，宜及时收获。一般宜春季栽培。

其他茎用莴苣品种有安徽尖叶莴苣、湖南白尖叶、湖南白圆叶、江苏白皮香、江苏紫皮香、北京尖绿叶莴笋、山东济南白莴笋、陕西尖叶白笋、上海尖叶早种、上海尖叶晚种、湖北武汉鸭蛋头莴笋、湖南锣锤莴笋、贵州罗汉莴笋等。

2. 叶用莴苣

（1）软尾生菜　属皱叶莴苣，为广东省广州地方品种。株高 25cm，开展度 27cm。叶片近圆形，较薄，长 18cm，宽 17cm，黄绿色，有光泽，叶缘波状，叶面皱缩，心叶抱合。单株重 200～300g。耐寒不耐热。

（2）登峰生菜　属直立莴苣，广东省栽培较普遍。株高 30cm，开展度 36cm。叶片近圆形，叶长 20.7cm，宽 20.9cm，淡绿色，叶缘波状，单株重 330g 左右。

（3）翠叶　为典型的散叶生菜。株型直立，株高 27cm，开展度 31cm 左右。叶广卵圆形，叶片长 21cm，宽 23cm，叶色黄绿。上海地区秋季栽培单株重约 570g，春季栽培单株重约 400g。

（4）碧玉　又称奶油生菜，为具有特殊用途的生菜类型，主要用它的叶片衬垫盘底，并可作为"沙拉"的一种上等原料。该品种属半结球类型。株型平展，株高 17cm 左右，开展度 27cm 左右。叶长与宽均在 16cm 左右，近圆形，全缘，叶色深绿，叶球直径 13cm 左右，单株重 395g。上海地区春季栽培产量 30 000kg/hm² 以上。

（5）黑核　为结球生菜，叶色深绿，结球紧密，形如核桃，故取名"黑核"。株高 18cm 左右，开展度约 40cm。叶呈扇形，叶长 23cm 左右，叶宽 25cm 左右，叶色黑绿。叶球高约 16cm，球茎 16cm 左右，叶球重 0.5kg 左右。属耐热品种，抗逆性强。上海地区露地栽培于 7 月上旬收获，夏季种植需用遮阳网覆盖。

（6）大湖 659　引自美国。叶片绿色，外叶较多，叶面有皱褶，叶缘具缺刻。叶球较大，结球紧实，品质好。单球重 500～600g。耐寒性较强，不耐热。中晚熟，适于春、秋两季露地和保护地栽培。

（7）皇帝　引自美国。外叶较少，叶片有皱褶，叶缘具缺刻。叶球中等大小，结球紧实、整齐，品质优良，单球重 500g 左右。适应性强，耐热、抗病。早熟，适于春、秋季栽培，也适于早夏或早秋栽培。

（8）红艳　又称红（紫）叶生菜，主要用于西餐配色。株高 26cm 左右，株型较开张，开展度为 31cm。叶近圆形，长与宽均约 21cm，叶色红褐（底色为黄绿），单株重 360g。

从世界各地引入中国的叶用莴苣品种还有（吕宗佩，1998）：权力、尼加拉、凯撒、奥林匹克（日本）、密库利瓦（波兰）、马来克（荷兰）、萨林娜斯、爽脆（美国）。国内亦有不少优良的地方品种，如赤峰生菜（内蒙古赤峰）、结球生菜、玻璃生菜、牛利生菜（广东省广州）等。

三、栽培季节和方式

莴笋多进行春季或秋季栽培。在冬季比较冷凉的地区，一般秋莴笋于8月前后播种，初霜前收获；春莴笋于10月前后播种（幼苗保护地越冬），翌年春季收获。但在四川等地冬季比较暖和的地区，除可进行春、秋季栽培外，还可适当进行提前或延后栽培。如可进行9月播种，翌年1月收获的冬莴笋栽培，或选用对日照适应性和耐热性较强的品种进行早秋莴笋和夏莴笋的栽培。近年随着塑料棚和遮阳网覆盖技术的应用，又进一步促进了莴笋的周年生产和均衡供应。

叶用莴苣中的散叶莴苣因适应性较强，其栽培季节类似于莴笋。但结球莴苣对温度适应范围较小，不耐高温，也不耐低温，故一般都进行春季或秋季栽培。但在广州等地冬季比较温暖的地区，其播种期可从8月一直到翌年2月，收获期从9月陆续延续到翌年4月，其中尤以10～12月播种，12月至翌年3月收获为最普遍。另外，在夏季较冷凉的高寒地区可进行夏季栽培。近年，在长江流域一些地方，还利用遮阳网覆盖和多层覆盖进行夏季栽培和冬季栽培，从而进一步促进了结球莴苣的周年生产和均衡供应。

四、栽培技术

（一）茎用莴苣（莴笋）　莴笋适应性较强，在某些地区可四季栽培，但主要栽培季节为春、秋两季。

1. 春莴笋　一般于秋季播种，翌年春季收获。华北、华中地区多在9、10月播种育苗，初冬或第二年春季露地定植，4～5月收获。一些越冬有困难的地方，如沈阳、呼和浩特、乌鲁木齐等地多于2月间在温室等保护地中播种育苗，4月定植到露地，6月收获。如何保证幼苗安全越冬和防止翌春返青后"窜"苗（肉质茎细弱，但迅速拔高，产量和商品品质低）是春莴笋栽培中应注意解决的问题。

（1）适时播种　在露地可以越冬的地区，具体播期应掌握：定植前40～50d播种，使定植时幼苗达到4～6片真叶。这样的幼苗不但能安全越冬，而且翌春返青后根系和叶簇能较快生长，累积较多的干物质，使肉质茎能在高温、长日照到来前充分肥大。如播种时间太晚，则越冬时幼苗小，易受冻害，且上市晚，产量低。如播种时间太早，则温度高，苗子易徒长，翌春茎的延伸生长占优势，易发生"窜"苗现象，使肉质茎细长，严重时失去商品价值。同时因苗子太大，冬前已抽薹，生长点暴露在外，越冬时极易受冻。

（2）培育壮苗　培育壮苗十分重要，若幼苗柔弱，则定植后缓苗慢，冬前幼苗衰弱，抗性差，越冬时易死苗，翌春返青后也会引起"窜"苗。培育壮苗除一般要求外，要注意掌握适宜的播种量，每100m²苗床播种子130g左右。齐苗后要及时间苗，苗距保持3～4cm，使植株得到充足的阳光，防止徒长。苗期应适当控制浇水，使叶片肥厚、平展、叶色深。浇水过多，幼苗柔嫩，易受冻害。

也可采用128或200穴的育苗盘育苗，选用泥炭、珍珠岩和蛭石作为基质。播种较早、气温较高时，需将种子浸湿后放入冰箱中，经0℃左右5～8h，取出后置于15℃的凉爽处先催芽，再播种。苗床可搭荫棚，盖薄膜或遮阳网降温、防雨。播种较晚、气温较低时，可放在冷床或有电加温线的苗床上催芽。播种后要注意早晚各喷一次水。在温度较高季节一般3～5d出苗，温度较低时，10d左右出苗。用营养土育苗时，待子叶稍展平后进行移植，根据不同气候条件，采取薄膜覆盖或草帘保湿，或

用遮阳网降温。

育苗床的温度宜掌握在 15～25℃，以利幼苗生长。苗期要做好覆盖物的揭盖和水分管理以及防治蚜虫等工作。

（3）定植　为了提高成活率，提早上市及提高产量，定植时应注意以下几个问题：①冬季可以露地越冬的地区应在冬前定植，冬前定植根系发育好，翌春生长快，可提早上市，产量也高。冬季不能露地越冬而实行春季移栽的地区，在土地解冻后应尽早定植。春季定植太晚，幼苗太大或徒长，则易发生未熟抽薹。②整地要细，基肥要足。整地不细，定植后易引起缺苗，幼苗越冬时易受冻害。莴笋在干旱和缺肥时也会引起"窜"苗，因此定植前要施足腐熟的有机肥。南方采用高畦要开好深沟，使田间不积水。北方多用平畦，也可采用东西向高垄，将莴笋栽在垄沟的南侧，以提高地温，减少幼苗受冻。③起苗时应带 5cm 左右长的主根，主根留的太短，栽后侧根发生少，不易缓苗；主根留的太长，栽苗时根弯曲在土中，新根发不好，也影响幼苗生长。冬栽深度应比春栽稍深，过浅易受冻，过深不易发苗。应将根颈部分埋入土中，并将土稍压紧，使根部与土壤密接，防止因土壤缝隙大而受冻。

（4）田间管理

①越冬期管理。莴笋的主根被切断后容易发生大量侧根，栽后容易成活，而且定植时温度已低，不需要太大的土壤湿度，最好趁墒好时移栽，栽后浇少量水，在土壤湿度、空气及温度都适宜的情况下缓苗。缓苗后施速效性氮肥，深中耕后进行蹲苗，使植株形成发达的根系及莲座叶。冬前浇水过多苗子易徒长，不耐冻，而且第二年容易未熟抽薹。在土壤封冻之前保护好根颈部以防受冻，可结合中耕进行培土围根。

②返青后管理。莴笋是否徒长在很大程度上决定于开春返青期间的管理。这时田间管理的中心是正确处理叶部生长与茎部肥大之间的关系，形成良好的莲座叶是提高产量和品质的关键。

返青后叶部生长占优势，要少浇水、多中耕，保墒提温，使叶面积扩大充实，为茎部肥大积累营养物质，这是"控"的阶段。待叶数增多、叶面积增大呈莲座状、心叶与莲座叶相平时，标志着茎部即将进入肥大期，此时应加强肥水管理，开始浇水并施速效性氮肥与钾肥，及时由"控"转为"促"。开始浇水以后，茎部肥大加速，需水、需肥量增加，应经常浇水、分次追肥。注意浇水要均匀，每次的追肥量不要太大，追肥不可过晚，以防茎部裂口。

当莴笋主茎顶端与上部叶片的叶尖相平时为收获适期，这时茎部已充分肥大，品质脆嫩。如收获过晚，则花茎迅速伸长，纤维增多，茎皮增厚，肉质变硬甚至中空，使品质严重下降。

2. 秋莴笋　秋莴笋播种育苗期正处在 7、8 月高温季节，种子发芽困难，且昼夜温差小，夜温高，呼吸作用强，苗子易徒长。同时播种后的高温和长日照使莴笋迅速分化花芽并抽薹，所以能否育出壮苗及防止未熟抽薹，是秋莴笋栽培成败的关键。

（1）品种选择　选择耐热、对高温、长日照反应比较迟钝的中、晚熟品种，如南京紫皮香、柳叶莴笋，上海大圆叶晚种，武汉竹竿青，重庆万年桩及成都二青皮、二白皮、密节巴等。

（2）适当晚播　如果播种时间过早，植株所处高温、长日照时间较长，生殖生长的速度超过营养生长的速度，茎部还来不及膨大就已抽生花薹。秋莴笋由播种到收获需要 70～80d，适宜秋莴笋茎、叶生长的适温期是在秋季旬平均气温下降到 21℃ 左右以后的 40～50d，所以苗期以安排在旬平均温度下降到 21～22℃时的前 1 个月比较安全。播期过晚，虽然不容易抽薹，但因生长期短而产量低。华北地区多在 7 月下旬至 8 月上旬播种，华中地区多在 8 月中下旬播种。

（3）培育壮苗　播种时因温度高种子发芽困难，播前必须进行低温浸种催芽。种子用凉水浸泡 5～6h 小时，放在 15～18℃ 温度下见光催芽，2～3d 胚根露出后播种。在生产实践中，农民常利用水井内冷凉湿润环境进行催芽，效果很好。育苗时可利用盖草、搭荫棚、在冬瓜架下套种，或与小白菜混播等方法，创造冷凉湿润的环境条件。如能在苗期进行短日照处理，有利于防止未熟抽薹。

夏播出苗率低，应适当增加播种量，每 100m² 苗床可播种子 150～230g，并根据出苗情况适当间苗，以免幼苗徒长，引起未熟抽薹。

（4）定植及田间管理　当苗龄 25d 左右，幼苗 4～5 片真叶时定植。苗龄太长也容易引起未熟抽薹。定植时要严格选苗，淘汰徒长苗，一般宜在午后带土定植，行株距 25～30cm。定植后轻浇、勤浇缓苗水。缓苗后施速效性氮肥，适当减少浇水，及时浅中耕，促使根系发展。"团棵"时第 2 次追肥，主要用速效性氮肥，以加速叶片的发生与叶面积的扩大。到封垄以前，茎部开始膨大时第 3 次追肥，用速效性氮肥和钾肥，促进茎部肥大。

除上述春、秋两茬外，为了均衡供应还可进行夏莴笋栽培。宜选用尖叶子、二青皮、草白圆叶、上海小圆叶早种等较适宜品种。华北及华中地区于 2～3 月播种，4 月定植，6～7 月收获。

（二）叶用莴苣　叶用莴苣的耐热、耐寒力都不强，生育期 90～100d，主要栽培季节为春、秋两季。可根据栽培方式选择适宜品种，如结球莴苣有早熟的马来克、奥林匹克、可莱依托 3204，中熟的凯撒、皇帝，晚熟的大湖 659 等；散叶莴苣中的极早熟、耐热性好、抽薹晚的岗山沙拉生菜；皱叶莴苣中可选绿波、软尾、83 - 98 等。华南地区从 9 月至翌年 2 月均可播种，以 10 月至翌年 12 月播种较普遍。早播多采用抗性较强的不结球品种，结球莴苣宜在 10 月至翌年 2 月播种，播种过早因气温太高而影响结球。华北地区春季栽培 2～4 月播种育苗，5～6 月收获；秋季栽培 7 月下旬至 8 月下旬播种育苗，10～11 月收获。另外，从 8 月下旬至 12 月还可分期在露地或保护地中播种育苗，定植于大棚、改良阳畦和温室中，12 月至翌年 4 月供应。在夏季较冷凉地区还可进行夏季栽培，5～6 月播种，7～8 月收获。在炎夏和冬季播种时须进行种子处理，播种育苗方法与莴笋相似。3 片真叶时分苗或分次间苗，苗距 6～8cm。5～6 片真叶时定植，直立莴苣和皱叶莴苣行株距各 17～20cm，结球莴苣 25～30cm。在 6～7 叶期、10 叶期以及结球莴苣开始包心期，结合浇水各施速效性氮肥一次。结球后期要适当控制浇水，以免引起软腐病和裂球。

近年来，随着市场（主要是西式快餐）对叶用莴苣的需求不断增加，保护地莴苣栽培有很大发展，在日光温室、塑料棚以及大型连栋温室内均可种植，尤其是采用无土栽培技术，采取分期播种、分批采收，基本上可以达到周年生产、周年供应。参见本书第二十六章。

五、病虫害防治

（一）主要病害防治

1. 莴苣霜霉病　病原：*Bremia lactucae*。南方多雨、潮湿菜区和保护地栽培受害较重，主要为害成株期叶片。病叶由植株下部向上部蔓延，叶上初生淡黄色近圆形或多角形病斑，潮湿时叶背面病斑长出白霉。后期病斑可连接成片，变为黄褐色，枯死，严重时外叶枯黄死亡。病菌借风、雨、昆虫传播。在阴雨连绵的春末或秋季发病重；栽植过密，定植后浇水过早、过多，土壤潮湿或排水不良则易发病。防治方法：①选用抗病品种，凡根、茎叶带紫红色或深绿色的品种则表现抗病。②清洁田园。③合理密植，降低田间湿度，实行 2～3 年轮作。④在发病初期用 40％ 乙磷铝可湿性粉剂 200～250 倍液，或 78％ 霜脲·锰锌可湿性粉剂 500 倍液，或 25％ 甲霜灵（瑞毒霉）可湿性粉剂 600 倍液等防治。每 7～10d 喷施 1 次，连续喷 2～3 次。

2. 莴苣菌核病　病原：*Sclerotinia sclerotiorum*。发生普遍，为害性较大。一般发生在结球莴苣的茎基部，或茎用莴苣的基部。染病部位多呈褐色水渍状腐烂，湿度大时，病部表面密生棉絮状白色菌丝体，后长出鼠粪状黑色菌核。在温暖、潮湿条件下可成片枯死或腐烂。温度 20℃，相对湿度高于 85％ 时发病重。防治方法：①应避免连作，合理密植，及时挖掉病株，清除枯叶。②发病初期用 50％ 腐霉利（速克灵）可湿性粉剂或 50％ 异菌脲（扑海因）可湿性粉剂 1 000～1 500 倍液防治；也可用 40％ 菌核净可湿性粉剂 1 000 倍液，或 50％ 多菌灵可湿性粉剂，或 70％ 甲基硫菌灵（甲基托布

津）可湿性粉剂 700 倍液防治，或每 1 000m² 用 5％氯硝胺粉剂 3～3.7kg 与细土 22kg 混匀，撒在莴苣植株行间。各种药剂宜轮换使用，每 7～10d 用 1 次，连续 2～3 次。

3. 莴苣灰霉病 病原：*Botrytis cinerea*。发生普遍，是影响菠菜产量的重要病害。苗期染病，幼茎和叶片水渍状腐烂，可成片死苗。成株期多从根茎、茎基或下部叶片开始发病，出现水渍状不规则形病斑，迅速扩展变深褐色逐渐腐烂。病害由下向上发展，致上部茎叶萎蔫或全株死亡。潮湿时病部表面密生灰褐色霉层。分生孢子借风雨、气流等传播。发病条件和防治方法参见莴苣菌核病。

4. 莴苣软腐病 病原：*Erwinia carotovora* subsp. *carotovora*。露地、保护地栽培常发性病害，为害植株基部、外叶和叶球，被害组织软化、腐烂，潮湿菌脓外溢，伴有臭味。传播途径和防治方法，参见第十二章白菜软腐病。

5. 莴苣病毒病 由莴苣花叶病毒（LMV）、蒲公英花叶病毒（DYMV）和黄瓜花叶病毒（CMV）侵染引起。露地栽培和夏秋温室、塑料棚栽培叶用莴苣的常发性病害。苗期和成株期症状相似，病叶出现明脉、花叶或斑驳，叶脉变褐或生褐色斑，严重时病叶皱缩畸形，植株矮化。采种株花序少，结实率低。毒源由蚜虫或汁液接触传播。防治方法：①选用抗病耐热品种，采用防虫网或遮荫栽培。②露地栽培注意除草、灭蚜，适时适量浇水。③发病初期喷施病毒抑制剂有一定作用。参见第十二章白菜类病毒病。

（二）主要害虫防治 蚜虫：莴苣指管蚜（*Dactynotus formosanus*），无翅孤雌蚜，分布较广，年生 10～20 代，北方于 6～7 月大量发生为害。成、若蚜喜群集嫩梢、花序和叶背吸食汁液，遇震动易落地。此外，蚜虫还传播病毒诱发病毒病，以桃蚜传毒率最高，瓜（棉）蚜、萝卜蚜、大戟长管蚜也可传毒。可用 10％吡虫啉可湿性粉剂 2 000～3 000 倍液，3％啶虫脒乳油 2 500～3 000 倍液，或 1％印楝素水剂 800 倍液等防治。

六、采收及留种

叶片已充分生长或叶球已成熟时要及时采收，特别是春季栽培结球莴苣花薹伸长迅速，采收稍迟就会降低品质。皱叶生菜和散叶生菜一般在定植后 35～40d 收获。结球生菜一般在定植后 60～70d 收获。为取得较高的经济收益，有时亦可稍提前。

茎用莴苣以越冬的春莴笋留种。叶用莴苣华北地区主要采用春播留种，华南地区则主要采用秋播留种（7～8 月播种，11 月收获）。母株的选择标准除具有原品种特性、特征外，茎用莴苣应选择抽薹晚、节间密、无侧枝、叶片少、笋粗而长、无裂口、无病害的植株；结球莴苣应选择外叶少、结球早而紧、不裂口、顶叶盖严、抽薹晚、叶片圆形的无病植株；散叶莴苣应选择叶片多、抽薹晚的植株。

选留的种株将下部叶片去掉，并进行培土，插支柱防倒伏，减少病虫传播。结球莴苣在抽薹前应割开叶球以助花薹抽出。种株开花前施速效性氮肥与磷肥，开花后不可缺水，当顶部花谢后减少浇水，以防后期茎部重新萌发花枝消耗养分。由于花期长，种株上不同部位的种子成熟期相差很大，种子成熟后遇风雨容易飞散，因此当叶部发黄，种子呈褐色或银灰色，上生白色伞状冠毛时，即应及时采收。

（黄丹枫）

第三节 芹 菜

芹菜（旱芹）是伞形科（Umbelliferae）芹菜属中的二年生草本植物，学名：*Apium graveolens*

L.；别名：芹、药芹、苦堇、堇葵、堇菜等。原产地中海沿岸及瑞典、埃及和西亚的北高加索等地的沼泽地带。古希腊人最早栽培作药用，后来作为香辛蔬菜食用，驯化成叶柄肥大类型（*Apium graveolens* var. *dulce* DC.），并从高加索传入中国，又逐渐培育成叶柄细长的类型。芹菜含有较丰富的矿物质、维生素和挥发性芳香油，具特殊香味，有促进食欲的作用，其叶和根可提炼香料。芹菜还具有固肾止血、健脾养胃的保健功效，对高血压、糖尿病等有一定的食疗作用。芹菜在中国南、北方都有广泛栽培，在叶菜类中占重要地位。芹菜种植较简便，成本低，产量高，栽培方式多，对周年供应、增加市场花色品种起着重要作用。

一、生物学特性

（一）植物学特征　芹菜为浅根性植物，直播栽培的芹菜主根较发达，移植栽培的因主根受损而促进了侧根的生长。根系一般分布在 7～36cm 的土层中，但主根群分布在 7～10cm 表土范围内。芹菜株高 33～66cm，叶片着生在短缩茎的基部，为奇数二回羽状复叶，每一叶有 2～3 对小叶和一片尖端小叶。叶柄较发达，为主要食用部分。不同品种，叶柄颜色不同，有绿色、淡绿色、黄绿色、白色等。若依叶柄充实程度来分，有空心芹和实心芹之分。叶柄中各个维管束的外层为厚角组织，并突起而形成纵棱，故使叶柄能直立生长。厚角组织的发达程度与品种和栽培条件有密切关系，若厚角组织过于发达，纤维增多，则会降低产品的品质。

芹菜为伞形花序，花小、黄白色，虫媒花，异花授粉，但自交也能结实。果实为双悬果，有两个心皮，其内各含 1 粒种子。种皮呈褐色，粒小，有香味，千粒重约 0.4g。芹菜形态见图 15-6。

（二）对环境条件的要求

1. 温度与光照　芹菜属耐寒性蔬菜，要求较冷凉湿润的环境条件，在高温干旱条件下生长不良。芹菜种子发芽最适温度为 15～20℃。低于 15℃或高于 25℃，就会降低发芽率或延迟发芽的时间。当温度降到 4℃以下或升到 30℃以上时，呼吸作用显著降低或处于停顿。光对芹菜发芽有显著促进作用，芹菜种子在有光条件下比完全在暗处发芽容易。此外，芹菜种子在发芽过程中对氧的要求比其他种子高，因此在浸种催芽过程中要经常（每 2～3h）翻动种子，令其透气见光。

要获得芹菜的优质高产，除了良种及水肥条件外，在芹菜生长过程中昼温、夜温、地温需有较适宜的组合。据日本人屈氏在人工气候室试验，昼温 23℃、夜温 18℃、地温 23℃为芹菜生长最适温，昼温 18℃、夜温 13℃、地温 13～23℃，或昼温 23℃、夜温 18℃、地温 13～18℃，也是较适宜的温度组合。白天温度较高可促进芹菜的同化作用，对叶片的增加和伸长有利，而夜晚的温度以低些为宜，这对叶片的增重、叶柄的肥大和根部的发育有利。高气温、高地温虽然可以增加芹菜叶片的数量，但易造成植株徒长，形成严重

图 15-6　芹菜（古城营芹菜）
（引自：《中国蔬菜品种志》，2001）

的自然脱叶。在高气温、高地温和水肥不足的条件下，因植株老化造成糠心，降低产品质量。所以在芹菜栽培过程中应注意避免高温干旱或脱肥的不良影响。

2. 土壤营养与水分　芹菜种子发芽期要求较高的水分，故在播种后床土要保持湿润。芹菜为浅根系蔬菜，吸收能力弱，对土壤水分和养分要求均较严格，故适宜在保水保肥力强、有机质丰富的土壤中生长。土壤酸碱度适应范围为 pH 6.0～7.6。生长过程中缺水、缺肥往往使厚角组织加厚，薄壁细胞组织破裂，形成空心，降低品质。芹菜要求较全面的肥料，在整个生长过程中氮肥始终占主要地位，氮肥是保证叶生长良好的最基本条件。氮素不足时显著地影响叶的分化，土壤含氮浓度 200mg/L，地上部发育最好，高于此浓度，效果不明显或造成倒伏。磷素是不可缺少的，尤其在苗期缺磷影响较大。因为芹菜的第一叶节是主要食用部位，而磷酸对第一叶节的伸长是有显著效果的。然而磷肥仍不宜多用，因为磷酸对叶片的伸长极为敏感，同时又能促进维管束的加粗。若土壤磷酸含量过高，使叶片细长和纤维增多，反而会降低产品质量。一般土壤中的磷酸含量以 150mg/L 左右为合适。钾素在芹菜的生长后期极为重要，钾不仅对养分的运输有作用，还可使叶柄的薄壁细胞贮存更多的养分，抑制叶柄无限度的伸长，促使叶柄粗壮而充实，光泽性好，对提高产品的质量有良好效果。一般认为：每生产 50kg 芹菜产品，其肥料三要素的吸收量为氮 20g、磷 7g、钾 30g。另外，硼在芹菜生长过程中也极为重要，虽然要求数量甚微，但不可缺少，缺硼时在芹菜叶柄上发生褐色裂纹。当生产上未施用有机肥，只用氮、磷、钾化肥时，应注意这种营养贫乏症，可在定植后施用 7.5～11.5kg/hm² 硼砂加以补充。

（三）生长发育特性　芹菜属于低温绿体春化的长日照作物，需在幼苗期经受低温，而且苗龄比植株大小对通过春化影响更大，故春季栽培播种过早时容易抽薹。通常，幼苗在 2～5℃ 低温下，经过 10～20d 即可完成春化。以后在长日照条件下，通过光周期而抽薹。光的强度对芹菜的生长也有影响。弱光可促进芹菜的纵向生长，即向直立发展，而强光可促进横向发展，抑制纵向伸长。

二、类型及品种

（一）类型　芹菜（*Apium graveolens* L.）含两个变种：叶用芹菜（*A. graveolens* L. var. *dulce* DC.）、根芹菜（*A. graveolens* L. var. *rapaceum* DC.）。芹菜在中国长期栽培，品种、类型较多。按叶柄形态的不同，可分叶柄细长类型（俗称：本芹）及肥厚类型（俗称：西芹 *A. graveolens* var. *dulce* DC.）两类。按叶柄的颜色不同又有青芹、白芹之分。青芹植株较高大，叶片也较大，绿至深绿色，叶柄较粗、绿色至淡绿色（有些品种心叶黄色），一般香味较浓，产量高，在温度较高、日照强烈的季节，其叶柄纤维多，质地粗老，但软化后品质较好；白芹植株较矮小，叶片较小、淡绿色，叶柄较细、黄白色或白色，香味浓，质地较细嫩，品质较好，易软化，但抗病性差。此外，按叶柄是否空心，又可分为实心芹和空心芹两类，实心芹一般叶柄髓腔很小，腹股沟深而窄，春季较耐抽薹，品质好，产量高、耐贮藏；空心芹一般叶柄髓腔较大，腹股沟宽而浅，春季较易抽薹，品质较差，但抗热性较强，适于夏季栽培。

西芹为近年从国外引入的一种叶柄更加宽、厚，较短，纤维少，纵棱突出，多实心，香味较淡，产量高的类型，各地，尤其是北方地区已普遍栽培。

（二）品种

1. 本芹

（1）津南实心芹　天津市地方品种。叶簇直立，株高 70～80cm，最大叶柄长约 70cm，宽 3cm 以上，实心，白绿色。质脆、纤维少，品质好。中熟，生长期 100～110d。适应性较强，耐热、耐寒、耐贮藏。春播不易抽薹，一年四季均栽培。

（2）石家庄实心芹　河北省石家庄地方品种。株高 90cm，最大叶柄长 55cm，宽 1.5cm。叶浅绿色，叶柄绿色，实心，纤维含量中等，香味浓。单株重约 0.3kg。生育期 120d 左右。耐热，可越夏栽培。

（3）北京棒儿芹菜（铁杆青）　北京市地方品种。植株较矮，叶色深绿，叶柄绿色而肥大，抱合而呈棒状。较耐热、耐涝，抽薹晚，纤维略少，但生长较慢，品质中等。

（4）实秆芹菜　陕西省、河南省等地栽培较多。株高 80cm 左右，叶柄长 50cm，宽约 1cm，实心。叶柄及叶均为深绿色，背面棱线细，腹沟较深，纤维少，品质好。生长快，耐寒，耐贮藏。

（5）潍坊青苗芹菜　山东省潍坊地方品种。植株生长势强，株高 80～100cm，叶柄及叶均为绿色，有光泽，叶柄细长，平均叶柄长 60cm，宽 1～1.2cm。实心，质地较嫩，纤维少，不易抽薹，品质好。耐寒、耐热、耐贮藏。生长期 90～100d。适合阳畦和大棚栽培。

（6）上海青梗芹　在上海市、广州省等地栽培较广泛。叶片大，深绿色，叶柄断面浑圆形、细而长、深绿色。组织充实，香味浓。早熟，耐热，抗逆性较强。

（7）北京细皮白（磁儿白）　为北京市地方品种。植株直立性强，叶数少，浅绿色，叶柄白绿色而光滑，腹沟浅而窄，棱线细而突起，组织充实而易软化，品质优。较耐寒，但不抗病。

（8）洋白芹　上海、南京、常州等地多有栽培。株高 40～45cm，单株有叶 7～9 片，叶淡绿色，心叶淡黄色，叶柄较粗，淡绿白色。质软，味稍淡，品质好。

（9）广州大白梗芹（又名早花香芹、大花芹）和广州白壳芹　广州地方品种。质地脆嫩，品质优良，早熟或早中熟。

2. 西芹

（1）佛罗里达 683　从美国引入。植株圆筒形，株型紧凑，高 60～70cm，生长势强。叶片深绿，叶柄绿色、宽厚，实心，脆嫩，纤维少，净菜率高。最大单株 0.9kg。抗茎裂病和缺硼症，耐热性较差。目前北京、河北张家口、河南等地有一定栽培面积。

（2）犹他 52-70　从美国引入。植株粗壮，生长旺盛，株高 60～70cm。叶色深绿，叶片较大，叶柄肥大，宽厚，抱合紧凑，实心，纤维少，脆嫩，品质好。单株重 0.75kg。生育期 130d。适应性强，较抗病，春季抽薹晚，但叶片易老化空心，基部易分蘖。华南、华北地区均可栽培。

（3）意大利冬芹　从意大利引入。植株生长势强，直立向上，株高 60～70cm，平均每株 8 片叶。叶片深绿，叶柄绿色，叶柄长 36cm 左右，基部宽 1.5cm，厚 1cm。叶柄宽圆，茎叶表面光滑，实心，纤维少，易于软化。成熟较晚，不易老化。抗病、抗寒、耐热，适应性强，高产。南北均可栽培，尤其适于秋露地栽培。因植株较直立，叶略少，可适当密植。

（4）荷兰西芹　引自荷兰。植株粗壮，高 60cm 以上，叶柄和叶色深绿，叶柄宽厚，实心，组织致密，脆嫩，味甜。单株重 1kg 左右。抽薹晚，耐寒性强，不耐热。适合秋季栽培和保护地栽培。

（5）四季西芹　天津市农业科学院蔬菜研究所于 1999 年育成。株高 72cm 左右，开展度 38cm，叶柄长 31cm，宽 2.1cm。叶色黄绿色，叶柄浅绿色，基部白绿色。单株重 324g。实心，纤维极少，口感脆嫩，商品性极佳。

此外，从美国、意大利、日本、荷兰等国还引进许多西芹品种，如文图拉、脆嫩、福特胡克、康乃尔 619、意大利夏芹等。

三、栽培季节和方式

由于芹菜喜冷凉、较耐寒，故大部分地区多以秋季栽培为主，露地越冬栽培则因各地区气候条件不同而异。一般冬季平均气温不低于 -5℃ 的地区，不需保护设备便可越冬，冬季平均气温在 -10℃ 以下的地区，需架设风障、进行地面覆盖才能安全越冬。

长江流域一带，露地从 6 月中下旬开始播种，直到 10 月上旬。6～8 月播种的，在 9 月中、下旬

至 12 月下旬收获；播种稍迟的除当年供应外，也可延长到来年早春。采用抽薹晚的品种也可在 1 月至 3 月上旬进行春播，育苗时用塑料薄膜进行短期覆盖，减少低温影响，避免未熟抽薹。春播宜早不宜迟，否则生长盛期易逢高温，不利于芹菜生长。华南地区冬季温暖，露地从 7 月开始播种，可延到 10～11 月份。早播种的可在当年收获，晚播的于翌年 1～4 月收获，不需加任何覆盖设备即可在露地安全越冬。

在北方春、秋两大季天气冷凉，较适合芹菜的生长，但冬季寒冷，应充分利用各种形式的保护地进行栽培。一般播种期从 6 月中旬到 8 月初，根据市场需求分期播种上市。晚播种的可定植在阳畦、改良阳畦、塑料棚、日光温室等保护地内，于次年 2～3 月份收获。春季栽培 1～3 月在保护地育苗，露地定植，于 5 月中旬到 6 月下旬收获。3 月中旬以后晚播的多采用露地直播，在 6～7 月份供应上市。

四、栽培技术

现以露地秋季栽培为主，叙述芹菜的栽培技术。

（一）育苗与定植　由于各地的自然条件及种植习惯不同，故芹菜的播种方式也有所不同。多数地区采用育苗移栽，少数地区以直播为主。播期较早时，苗期尚处于高温多雨季节，苗床要注意遮荫降温以及防止暴雨冲砸和渍涝。应选择地势较高的地块或采用高畦育苗，做到能灌能排。基肥以腐熟农家肥为主，并混施磷、钾肥。

芹菜播种材料为果实，常因其果皮坚厚、有油腺，难透水，发芽慢且不整齐，而使夏季育苗更为困难，所以播前必须进行浸种催芽。一般采用 50℃ 温水浸种 30min，进行种子消毒，浸种时不断搅拌，浸后立即投入冷水中降温 10min，再用室温的清水浸种 12～14h 后，用清水冲洗，边洗边用手轻轻揉搓，搓开表皮，摊开晾种，待种子表面水分干湿适度时，用湿纱布包好，埋入盛土的瓦盆内或直接用湿沙土混拌种子，置于冷凉处催芽；或吊在水井中距水面 40cm 高处催芽；也可放在恒温培养箱内催芽。催芽适温为 20～22℃。待约有一半以上种子萌发后，即应播种。每个育苗畦（11 m²）播种量约为 30g，每 90 个畦可栽 1 hm²。播种后进行覆盖，搭荫棚降温，创造冷凉条件。或在瓜、豆等高秧架下套种芹菜，或与其他叶菜类混播以达遮阳降温的目的。

在育苗期要特别注意水分的掌握。一般以小水勤浇为原则，保持土壤湿润。1～2 片真叶时，结合间苗除净杂草，间苗前后轻浇一次水。间苗浇水后盖一层薄土。以后视生长情况追施速效性氮肥，基肥未曾用磷肥的可补施速效磷肥。此外，要根据苗龄的增长和当地的自然条件，白天逐步缩短遮阳时间，直到全部撤除遮阳设备，使幼苗得到锻炼，增强对高温的适应性。

芹菜由播种到定植需要 45～60d，苗高约 10cm 时定植。北方多用平畦，南方多用高畦。若准备进行培土软化栽培，可在宽约 1.7m 的两个芹菜畦间留一个 1m 宽的小畦，以备取土之用。在未培土之前，为了经济利用土地，可增播一茬快熟菜。因芹菜培土宜用净土或生土，故此茬菜不宜用有机肥，以减少芹菜培土后发生腐烂机会。

芹菜的合理密度因品种不同而异，一般行株距均约为 13cm，栽苗时要注意选优去劣。南方多丛栽，早秋栽培的行株距为 10cm 见方，每丛 3～4 株。稍晚定植的行株距为 15cm，每穴 2～3 株。直播秋芹菜，苗高约 4cm 时进行间苗，苗高 14cm 左右时按要求的苗距定苗。若准备培土软化，行距应加大，留有培土余地。西芹的行株距应适当加大，一般为 23cm 左右。

（二）定植后的管理

1. 浇水　芹菜性喜湿润，秋芹菜生长前期多处于高温季节，浇水宜勤，但每次水量不宜过多。一般缓苗后应有短期的控水阶段，进行蹲苗锻炼。蹲苗时间长短，视当地土质而定。蹲苗后，土壤表皮表现出干白时，就应及时浇水，随着气温的下降，浇水次数逐渐减少。

2. 追肥　芹菜为浅根性植物，栽植密度又大，除应充分施用基肥外，在生长期间适当追肥是芹菜高产优质的保证条件。追肥种类以速效性氮肥为主，并注意磷、钾肥的配合应用。

3. 培土软化　芹菜经过培土软化后，可使食用部分薄壁组织发达，柔白脆嫩，色泽佳，风味美，品质提高。一般在秋后，芹菜长到约 30cm 左右时开始分期培土。因培土后一般不宜浇水，故培土前要充分灌水。每次培土的厚度，以不埋没心叶为宜。培土要在晴天无露水时进行。操作时不可损伤茎叶，避免因培土造成腐烂。

五、病虫害防治

（一）主要病害防治

1. 芹菜叶斑病　病原：*Cercospora apii*，又称早疫病。发生普遍，主要为害叶片，初生黄褐色水渍状斑，后发展为圆形或不规则形灰褐色病斑，病斑连片使多数叶片枯死，至全株死亡。茎和叶柄染病初为水渍状小斑，渐扩展呈暗褐色、凹陷的坏死条斑，严重时植株折倒，高湿时病部长出灰白色霉层。病菌在种子、病残体或保护地病株上越冬。高温、多雨季节易流行，白天温度高而夜间结露重、持续时间长也易发病；管理不善、植株生长不良时病重。

2. 芹菜斑枯病　病原：*Septoria apiicola*，又称叶枯病。发生普遍。对芹菜产量和品质影响较大。为害叶、叶柄和茎。叶片病斑分两种类型：初期均为淡褐色油渍状小斑点，后扩展呈圆形或不规则形。大型病斑多散生，病斑外缘深褐色，中心褐色，散生黑色小粒点；小型病斑内部黄白至灰白色，边缘红褐色至黄褐色，聚生很多黑色小粒点，病斑外常具一圈黄色晕环，严重时植株叶片褐色干枯，似火烧状。叶柄、茎上病斑长圆形，褐色，稍凹陷，中央有小黑粒点。该病传播方式同叶斑病，在冷凉和高湿条件下易流行，连阴雨或白天干燥，夜间雾大或露重，植株抵抗力弱时发病重。

芹菜斑枯病、叶斑病防治方法：①选用抗病或耐病品种，建立无病留种田和利用无病株采种，或播种前采用 50℃ 温水浸种 30min，进行种子消毒；②加强田间管理，增强植株抗性；③初发病时进行药剂防治，叶斑病防治参见第十七章番茄早疫病；斑枯病防治可选用 58% 甲霜灵·锰锌可湿性粉剂 500 倍液，或 78% 波·锰锌（科博）可湿性粉剂 500 倍液，或 77% 氢氧化铜（可杀得）微粒剂 500 倍液等。

3. 芹菜细菌性软腐病　病原：*Erwinia carotovora* subsp. *carotovora*。发生较普遍，主要为害叶柄基部和茎。先出现水渍状、淡褐色纺锤形或不规则形凹陷斑，后呈湿腐状，变黑发臭，仅残留表皮。病原细菌在土壤中越冬，从伤口侵入，借雨水、灌溉水传播。生长后期湿度大时发病重，有时与冻害或其他病害混发。防治方法：①2～3 年内不与十字花科蔬菜作物等连作；②清洁田园，早耕晒土以减少菌源；③防治地下害虫，避免造成伤口；④防止田间积水；⑤培土宜用生土或净土；⑥可用 72% 农用硫酸链霉素可溶性粉剂或新植霉素 3 000～4 000 倍液，或 12% 松脂酸铜乳油 500 倍液，或 50% 琥胶肥酸铜可湿性粉剂 500～600 倍液等，隔 7～10d 喷 1 次，连续 2～3 次。

另外，由 CMV 和 CeMV（芹菜花叶病毒）侵染所致的病毒病也是为害芹菜的重要病害。防治病毒病应作好苗期的防蚜和治蚜工作，加强管理，提高寄主抗性。

（二）主要害虫防治　蚜虫中胡萝卜微管蚜（*Semiaphis heraclei*）和柳二尾蚜（*Cavariella salicicola*）是优势种，还有桃蚜、瓜（棉）蚜等。可用乐果、吡虫啉等防治。对南美斑潜蝇（*Liriomyza huidobrensis*）的防治措施有：清洁田园；黄板诱杀；初发期用 1.8% 阿维菌素乳油 2 500 倍液，或 20% 灭蝇胺可溶性粉剂 1 000～1 500 倍液，或 48% 毒死蜱（乐斯本）乳油 800 倍液，或 10% 氯氰菊酯乳油 3 000 倍液，或 1.1% 烟·百·素（绿浪 2 号）1 000～1 500 倍液等，一般隔 7d 喷施 1 次，视虫情连续喷 3～4 次。

六、采收和留种

芹菜的生长期一般需 100～140d，常因播种期和品种的不同而异。同时芹菜的收获期也不是十分严格，因此可根据市场需求，在适期范围内排开播种，分期、分批上市。但各地芹菜的单位面积产量差异较大，一般产量为 22 500～60 000kg/hm²，高者可达 75 000kg/hm²。

芹菜采种可采用老株采种或小株采种，老株采种是在充分成长的秋芹菜中选留种株；小株采种是以晚秋播种的小株进行留种。小株采种因植株较密，单位面积种子产量较高，占地时间较短，故成本较低。但因不能对植株进行性状选择，长期使用易使种性退化，降低品种的整齐度和一致性，所以应在保证品种纯正的条件下方可采用，且不宜连续使用。为了既保证种子质量，又降低成本，可采用老株采种与小株采种轮换进行、交替使用的方式。

种株可直播或育苗移栽，直播的可于晚秋播种，以苗距 17cm 定苗，育苗移栽的秋播秧苗按 26～33cm 距离定植，每穴 3～4 株。

芹菜留种应控制氮肥的使用，否则植株柔嫩，容易倒伏，并将影响种子饱满度。芹菜不同品种间易杂交，故须做好隔离工作。此外，还应注意喷药防蚜、支架防风及整枝等田间管理，应于 6～7 月份及时采收，避免遭受阴雨、造成损失。一般种子产量为 750kg/hm²。

（苏小俊　马大爨）

第四节　蕹　　菜

蕹菜是旋花科（Convolvulaceae）甘薯属中的一年生或多年生草本植物，以嫩茎叶为产品。学名：*Ipomoea aquatica* Forsk；别名：空心菜、竹叶菜、通菜、藤菜、蓊菜等。原产中国。广泛分布于亚洲、美洲、非洲等热带地区。中国自古栽培，西晋·稽含撰《南方草木状》（公元 304）记述了蕹菜的无土栽培技术："蕹，叶如落葵而小，性冷味甘。南人编苇为筏，作小孔，浮于水上，种子于中，则如萍根浮水面，及长，茎叶皆出苇筏孔中。随水上下，今南方之奇蔬也。"蕹菜含有较多的胡萝卜素、维生素 C、钙和纤维素等，并具有清热、凉血、解暑、去毒、利尿等保健功能。蕹菜主要分布在南方，其中又以华南、西南栽培最盛，华中、华东和台湾也普遍栽培。广东、福建、四川等地 4～11 月都有产品上市，在长江流域早春采用保护地栽培，也可提早到 4 月上旬上市。由于蕹菜耐高温、耐湿，较抗台风、暴雨，又较少病虫害，加之生长速度快、采收期长，因此也是夏、秋季极为重要的绿叶蔬菜之一。近年还作为特色蔬菜引种到黄淮以北的北京、内蒙古、辽宁大连等地，深受消费者欢迎。

一、生物学特性

（一）植物学特征　用种子繁殖的蕹菜，其主根长达 25cm 左右；用无性繁殖的蕹菜，其茎节上所生不定根则能深入土层 35cm 以上，且根的再生能力较强。茎蔓生、圆形而中空，绿色或浅绿色，也有呈紫红色的品种，侧枝萌发力很强。旱生类型茎节短，水生类型茎节较长，节上易生不定根，故适于扦插繁殖。子叶对生，马蹄形；真叶互生，叶柄较长，叶片长卵圆形，基部心脏形，也有短披针形或长披针形者，全缘，叶面光滑，浓绿或浅绿色。花腋生，完全花，苞片 2，萼片 5，花冠漏斗状，白或浅紫色。子房 2 室。藤蕹品种在一般栽培条件下不开花结子。蒴果，卵形，内含种子 2～4 粒。种子近圆形，皮厚，坚硬，黑褐色，千粒重 32～37g。

（二）对环境条件要求　蕹菜性喜高温多湿的环境。种子在 15℃ 左右开始发芽，茎节腋芽萌动需在 30℃以上，低于 10℃种子不能发芽。蔓叶生长适温为 25～30℃，温度高，蔓叶生长旺盛，采摘间隔时间短。蕹菜能耐 35～40℃的高温，15℃以下蔓叶生长缓慢，10℃以下生长停止。不耐霜冻，茎叶遇霜即枯死。

蕹菜要求较高的空气湿度和湿润的土壤，如果环境干旱，则藤蔓纤维增多，粗老不堪食用，且产量及品质降低。

蕹菜适应性强，对土壤条件要求不严格，黏土、壤土、沙土、水田、旱地均能栽培。但因其喜肥喜水，故以较黏重、保水保肥力强的土壤为好。蕹菜对氮、磷、钾的吸收量以钾较多，氮其次，磷最少，但对钙的吸收量比磷和镁多，镁的吸收量最少。吸收量和吸收速度都随着生长的进展而逐步增加。在生长的前 20d 其氮、磷、钾的吸收比例为 3：1：5，在初收期（40d）则为 4：1：8，即在生长后期其需要的氮、钾比前期要多。

蕹菜为短日照作物，短日照条件能促进开花结实，在北方长日照条件下不易开花结实，因此留种较困难。有些品种在长江流域或广州都不能开花，或只开花不结实，所以只能采用无性繁殖。

二、类型及品种

（一）类型 蕹菜按能否结籽可分为子蕹和藤蕹两种类型。

1. 子蕹 为结籽类型，主要用种子繁殖，也可以扦插繁殖。植株生长势旺盛，茎较粗，叶片大，叶色浅绿。夏秋开花结籽，是主要栽培类型。品种有广东和广西的大鸡青、白壳，湖南、湖北的白花和紫花蕹菜，浙江的龙游空心菜，江西的南昌白梗蕹菜，以及从泰国引进的泰国空心菜等（图 15 - 7）。

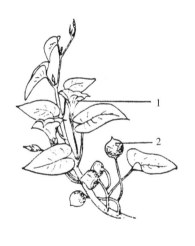

图 15 - 7 子 蕹

1. 花 2. 果

（刘佩瑛，1981）

图 15 - 8 藤蕹的种藤及幼株

（刘佩瑛，1981）

2. 藤蕹 为不结籽类型，采用扦插繁殖，旱生或水生。品种有：广东细叶通菜和丝蕹，不能结实，茎叶细小，以旱种为主，较耐寒，产量较低，品质优良；湘潭藤蕹，茎秆粗壮，质地柔嫩，生长期长；四川蕹菜，叶片较小，质地柔嫩，生长期长，产量高（图 15 - 8）。

（二）品种

（1）广东大鸡青蕹菜 广州市郊区地方品种。株高 42cm 左右。茎粗大，浅绿色，节较密。自播种至始收约 70d。生长势强，分枝多，可延续采收 150d。抗逆性强，较耐寒。质稍粗，品质中等。

（2）南昌白梗蕹菜 江西省地方品种，栽培历史悠久。株高 48～52cm。茎绿白色，横切面近圆

中国蔬菜栽培学
□□□□［第二版］ ....

Olericulture in China □□□□

形。叶片绿色，长圆卵形。花白色。中晚熟，自播种至始收 55d 左右。分枝性强，耐热，耐湿性强。纤维少，质地柔软，品质佳。

（3）湘潭藤蕹　湖南省地方品种。株高 28cm。茎匍匐，浅绿色，间有褐色斑点。叶色浓绿，心脏形。花紫色。晚熟。喜温暖湿润，耐热、耐渍，不耐霜冻。侧枝萌发力强。开花迟，不结籽。茎叶柔软，品质好。

按蕹菜对水的适应性又可分为旱蕹和水蕹。旱蕹品种适于旱地栽培，味较浓，质地致密，产量较低。水蕹适宜于浅水或深水栽培，也有些品种可在旱地栽培，茎叶比较粗大，味浓，质脆嫩，产量较高。如四川的成都水藤菜等。

三、栽培季节和方式

蕹菜性喜温暖，耐热、耐湿、不耐寒。用种子繁殖的，多于春季开始播种。长江中、下游各地露地栽培 4 月初至 8 月底均可进行直播或育苗移栽，如采用保护地育苗则可提早到 3 月。可分期播种，分批采收，也可 1 次播种，多次采收。四川春暖较早，一般于 3 月下旬播种。广州市冬季不冷，早熟品种 12 月播种，中、晚熟品种在 2～3 月播种，有些地区在 3～7 月分期播种。若采用薄膜覆盖则可在晚秋播种，提早于春节收获。华北地区春暖较晚，多在 4 月后才开始播种。

采用无性繁殖的，四川省于 2 月在温床进行种藤催芽，3 月在露地育苗，4 月下旬露地定植。湖南省于 4 月下旬扦插。广西壮族自治区可在 3 月下旬扦插，6～7 月植株衰老时再扦插 1 次。广东省是用宿根长出的新侧芽于 3 月露地定植。

四、栽培技术

（一）播种及育苗　用种子繁殖的可采用直播或育苗。早春播种蕹菜，由于气温较低，出芽缓慢，如遇低温多雨天气，容易烂种。可先行浸种催芽，并用塑料薄膜覆盖育苗，不仅可解决烂种问题，还可提早上市。种子用 30℃ 左右的温水浸种 18～20h，然后用纱布或毛巾包好置于 30℃ 的催芽箱中催芽，种子有 50％～60％ 露白时播种。直播播种量 250kg/hm²，撒播育苗并间拔上市的播种量在 300kg/hm² 以上。早春用撒播法，由于蕹菜种子比较大，播后可用钉耙浅耙覆盖，以利出芽。有些地区也用点播或条播。当苗高约 3cm 后，需经常保持土壤湿润和充足的养分。苗高 20cm 左右，开始间拔上市或定植。每公顷秧苗可供 15～20hm² 大田定植。

营养繁殖可用老蔓扦插或用上一年宿根进行分枝繁殖。四川采用贮蔓育苗法，即将上一年窖藏的藤蔓，先在 25℃ 左右的温床催芽，苗高 10～16cm 时扦插于背风向阳、烂泥层较浅的水田，以进一步扩大繁殖系数，然后再扦插于本田。武汉于 3 月中旬，在温棚内栽植贮藏的越冬藤蔓萌发生长，此时追腐熟有机液肥 1 次，以后每 7～10 天追施 1 次，连追 2～3 次，4 月上旬再用 0.2％ 尿素液追施 1 次。当新茎蔓长至 15～20cm 时压蔓，长 30～40cm 时摘心，促进分枝。当茎蔓具 6～7 节，长 30～40cm 以上时，选择生长健壮充实、未受病虫为害的作为种苗。定植晚的，也可以在进入采收期的本田中直接截取茎蔓，作为种苗。长沙等地是将上一年留好的藤蔓直接栽植于本田沟内，当幼苗长达 30cm 以上时进行压蔓，以便再生新根，促发新苗，以后需经常压蔓，直到布满全田，分期采收上市。广州是用上一年的宿根长出的新侧芽定植于旱地。

（二）栽培方式与定植　蕹菜有旱地、水田和浮水栽培 3 种方式。

旱地栽培应选择肥沃、水源充足的壤土地块，直播或定植前，结合整地施足基肥，在苗高 16～20cm 时，按 16cm 左右的株行距定植。

水田栽培宜选择向阳、地势平坦、肥沃、水源丰富、用水方便、烂泥层浅的保水田块，清除杂

草，耕翻耙匀，保持活土层 20～25cm，施足基肥，一般施农家肥 45 000kg/hm²，灌水 3～5cm 深，按行、穴距各 25cm 定植，每穴 1～2 株。扦插苗长约 20cm，斜插入土 2～3 节，以利生根。

浮水栽培应选择含有机质丰富的池塘或浅水湖面。清除杂草，尤其要捞尽浮萍、空心草等，施肥与水田栽培相同，保持水深 30～100cm。用直径 0.5cm 尼龙绳作为固定材料，以塑料绳绑扎，绑扎间距 30cm，每处 1～2 株。尼龙绳两端插桩固定，行距 50cm。也可用竹竿扎成三角形成网状，按 25～30cm 间距绑扎秧苗。塑料泡沫、稻草绳、棕绳等都可用作固定材料。如果水面不大，且流动性小时，可不固定，直接抛置秧苗于水面即可。绑秧、抛秧时期为 5 月上旬至 7 月底。

（三）施肥 蕹菜耐肥力强，多分枝，生长迅速，易发生不定根，且栽培密度大，采收次数多，需供应充足的养分和水分。蕹菜施肥应以氮肥为主，每采收 1 次，应及时施腐熟粪肥或复合肥 75～120kg/hm²。采收后不及时追肥或脱肥，都会影响其产量和品质。直播者幼苗具有 3～4 片真叶时，可混合追施复合肥 225～300kg/hm² 和尿素 30～60kg/hm²。

（四）水分管理 旱地栽培应经常保持土壤湿润。水田栽培，在定植以后，温度尚低，应保持约 3cm 深的浅水，以提高地温，加速幼苗生长。进入旺盛生长期，气温增高，生长迅速，藤叶密茂，蒸腾作用旺盛，水分消耗大，应维持 10cm 左右的深水，以满足蕹菜对水分的要求，同时还可以降低过高的地温。浮水栽培，以尽量减少水体的流动为好。

（五）保护地栽培

1. 塑料大、中棚蕹菜早春栽培管理 长江流域一般于 2 月上、中旬温床播种，播种量为 400kg/hm² 左右。播种后注意增温保湿，棚内气温保持 30～35℃；白天适当通风，夜间加强保温。播后 30d 左右，苗高 13～20cm 时，即可间苗上市或定植。如预定进行多次收获，并结合定苗间拔上市，则可按 12～15cm 株行距定苗，留下的苗即作多次采收上市。如定植于塑料大棚、多次采收上市，则其栽培管理要求与露地旱地栽培相类似。黑龙江省大兴安岭地区，于 4 月下旬将经过催芽的蕹菜种子播于日光温室，每平方米点播 50～60g 种子。播后覆土 1cm 左右，覆盖地膜，夜间可在育苗畦上加盖塑料小拱棚保温，经 4～5d 出齐苗后撤去地膜，白天保持 25～30℃。苗龄达 40～45d 即可定植到塑料大棚，定植密度为行距 30cm，株距 15cm。6 月中、下旬当植株长到 20～25cm 时即可收获。一般每 15d 采收 1 次，共采收 6～7 次。

2. 日光温室栽培 据佘长夫（1999）报道，新疆地区露地栽培蕹菜因气候干燥，产品纤维含量高，品质差。利用日光温室于春茬结束后栽培蕹菜，可充分利用夏秋季的光热资源，满足蕹菜对高温、高湿的要求。一般于 6 月上旬播种，每 667 平方米直播干籽 10kg。播后 35d 左右，苗高 30cm 左右即可采收，每隔 7～10d 采收 1 次。

五、病虫害防治

（一）主要病害防治

1. 蕹菜白锈病 病原：*Albugo ipomoeae-aquaticae*。南方蕹菜产区发生普遍，影响产量和质量。主要为害叶片。叶正面初期现淡黄绿色至黄色近圆形病斑，或不规则形重叠斑，后渐变褐色，在叶背形成白色隆起状疱斑，后期疱斑破裂散出白色孢子囊。严重时病斑密布，病叶畸形、干枯脱落。叶柄和嫩茎被害则肿胀畸形，茎基部和根部生黄褐色不定型肿瘤。孢子囊随风、雨传播成为初侵染源。病害发生与湿度和降雨关系密切，寄主幼嫩组织表面有水膜时，病菌才能侵入植株体内。防治方法：①选用抗病（窄叶形）品种，采用无病种子，或用种子重量的 0.3% 的 25% 甲霜灵可湿性粉剂拌种。②与非旋花科作物进行 2～3 年轮作，清洁田园，注意田间排水与通风。③发病初期用 58% 甲霜灵·锰锌可湿性粉剂 500 倍液，或 25% 甲霜灵可湿性粉剂 500 倍液，或 40% 三乙膦酸铝 250～300 倍液或 20% 三唑酮乳油 1 500 溶液等喷雾，每 10d 喷雾 1 次，共 2～3 次。

2. 蕹菜轮斑病　病原：*Phyllosticta ipomoeae*。发生较普遍，主要为害叶片。叶上初生褐色小斑点，扩大后呈圆形、椭圆形或不规则形，红褐色或淡褐色，其上均有同心轮纹，后期轮纹斑上现稀疏小黑点。多个病斑常结合成大斑，致病叶坏死干枯。病菌在病残体内越冬。在雨水多的年份，或生长郁闭的田块发病重。防治方法：①冬季清除田间病残体，并结合深翻土地，加速病残体腐烂。②重病田实行 1～2 年轮作。③发病初期喷洒 78％波·锰锌（科博）可湿性粉剂 600 倍液，或 75％百菌清可湿性粉剂 600～700 倍液，或 58％甲霜灵·锰锌可湿性粉剂 500 倍液。隔 7～10d 喷 1 次，连喷 2～3 次。

（二）主要虫害防治

1. 菜蛾（*Plutella xylostella*）　初龄幼虫取食叶肉，留下表皮；3～4 龄幼虫可将叶片食成孔洞或缺刻，严重时全叶片被吃成网状。防治方法：①尽量避免与十字花科蔬菜连作，在成虫期用黑光灯诱杀。②选用 Bt（含 100 亿活芽孢/mL）乳剂对水 500 倍液，或 25％灭幼脲 1 号及 3 号制剂 500～800 倍液，或 5％氟苯脲（农梦特）乳油 1 500 倍液等防治。

2. 甘薯麦蛾（*Brachmia macroscopa*）　俗称甘薯卷叶虫。分布较广泛，在南方地区发生为害甘薯和蕹菜较重。年发生 4～9 代。以蛹或成虫在田间杂草、枯叶等处越冬。成虫日间多栖息在菜田荫蔽处，卵多数产在叶背叶脉间。幼虫 1 龄、4 龄剥食叶肉，有吐丝下垂的习惯。2 龄时开始吐丝卷叶，食息其中，取食叶肉留下白色表皮，排泄粪便污染。幼虫活泼，遇惊扰即跳跃落地。老熟幼虫在卷叶中化蛹。喜高温和中等湿度，7～9 月为害最烈。防治方法：①秋冬季清洁田园，烧毁枯枝落叶，消灭越冬虫源；②应用甘薯麦蛾性诱剂诱杀成虫；③捏杀卷叶幼虫；④田间发现卷叶初期，喷洒 20％杀灭菊酯乳油 2 000 倍液，50％辛硫磷乳油 1 000 倍液，或 5％氟苯脲乳油 1 500 倍液等。以下午 4：00～5：00 喷洒效果最佳。

3. 斜纹夜蛾（*Prodenia litura*）**和甜菜夜蛾**（*Spodoptera exigua*）　为害十字花科、茄科、葫芦科、豆科等蔬菜作物，也为害蕹菜。其为害特点、生活习性及防治方法等，参见第十二章大白菜。

六、采收及留种

直播的蕹菜，于苗高 20～25cm 时即可间苗采收。多次收获的于蔓长 30cm 左右时进行第 1 次采收。在采收第 1～2 次时，留基部 2～3 节采摘，以促进萌发较多的嫩枝而提高产量。采收 3～4 次后，应适当重采，仅留基部 1～2 节即可。若藤蔓过密和生长衰弱，还可疏去部分过密、过弱的枝条，以达到更新的目的。直播采收产量为 15 000～22 500kg/hm²，多次采收产量可达 75 000kg/hm² 以上。

子蕹留种应选择肥力中等的旱地为留种地，以免营养生长过旺，推迟开花结籽，后期温度降低，种子发育不充分。一般选用已采收嫩梢几次的植株，于 6 月栽种，行距 66cm，株距 33cm，每穴 2 株，立支柱或搭"人"字架，引蔓爬架，以提高种子产量。四川省 8～9 月开花，此后种子陆续成熟，应分批采收，一般 11 月收完种子，种子产量 525～600kg/hm²。上海市搭"人"字架留种栽培，产量可达 1 500kg/hm²。

藤蕹留种方法各地不同。长沙市于 10 月下旬选晴天挖出根茎作为种兜，略晒干，贮存于地窖中。先垫稻草，放种兜后，再盖稻草以防寒越冬。四川省藤蕹留种是在 6 月上旬左右选向阳、排水良好的旱地，以行距 52cm，株距 17cm，每穴插种藤 2 株，控制氮肥施用，培育组织充实健壮藤蔓。于 8 月份选向阳、土层浅薄、贫瘠的山坡地或沙地，作高畦，按 26cm 距离横向开沟，沟宽 13cm、深 7cm，将上述藤蔓连根拔起，顺沟放 4～5 根埋于土中，覆土 7cm，并使顶梢露出沟外 7cm，促进藤蔓进一步老化。于 11 月上旬挖出晾晒 2～3 天，捆把入窖。窖址应选在向阳、避风、排水好、地下水位低的干燥之地。保持窖温 10～15℃，如低于 10℃易受冻害，高于 25℃则会引起腐烂。另外，湿度过高易腐烂，过低则干枯，一般空气相对湿度需保持在 60％以上。贮藏至翌年 2 月时便可取藤育苗。

（陈日远　刘厚诚）

第五节　苋　　菜

　　苋菜是苋科（Amaranthaceae）苋属中的一年生草本植物，以嫩茎叶为食。学名：*Amaranthus mangostanus* L.；别名：米苋、赤苋、刺苋、青香苋等。原产中国、印度及美洲。中国自古就有栽培，汉初《尔雅·释草》（公元前 2 世纪）中称："蒉，赤苋"。中国有苋属植物 13 个种，栽培的少数种主要分布在中国及印度。中国长江流域以南栽培较多，但北方地区近年也有小面积的栽培。在蔬菜中，钙的含量除荠菜、茎芥菜外，苋菜是最高的，铁的含量比菠菜高 1 倍，胡萝卜素、抗坏血酸、维生素 C 的含量也很高。苋菜主要以幼苗或嫩茎叶作菜炒食，也有取其老茎腌渍、蒸食的。其全株可入药，具有清热解毒，补气明目，利肠等保健功效。由于苋菜耐热性强，适应性广，可分期播种、分批采收，能从 4 月供应至 10 月，播种面积亦较大，因此是夏季上市的主要绿叶蔬菜。

一、生物学特性

　　（一）植物学特征　苋菜根系发达，分布深广。茎肥大而质脆，分枝少，植株可高达 80～150cm。叶互生，全缘，先端尖或钝圆，有披针形、长卵形或卵圆形，叶面平滑或皱缩，长 4～10cm，宽 2～7cm，有绿色、黄绿色、紫红色或绿色与紫红色嵌镶。穗状花序，花极小，顶生或腋生，花单性或两性，花瓣膜质、3 片，雄蕊 3 枚，雌蕊柱头 2～3 个。胞果，矩圆形，盖裂。种子极小，圆形，紫黑色，有光泽，千粒重 0.72g。苋菜形态见图 15 - 9。

　　（二）对环境条件的要求　苋菜性喜温暖气候，较耐热，不耐寒冷，生长适温 23～27℃，10℃以下种子发芽困难，20℃以下植株生长缓慢。要求土壤湿润，在偏碱性土壤生长较好，具有一定的抗旱能力，但不耐涝，在排水不良的田块生长较差。对空气湿度要求不严。

　　（三）生长发育特性　苋菜是一种高温、短日照作物，在高温、短日照条件下，极易抽薹开花。在气温适宜、日照较长的春季栽培，抽薹晚，品质柔嫩，产量高。苋菜生长期 30～60d，在中国各地的无霜期内，可分期播种，陆续采收。

图 15 - 9　苋菜（上海长梗青米苋）
（引自：《中国蔬菜品种志》，2001）

二、类型及品种

　　（一）类型　苋菜除野苋和籽用苋外，菜用的栽培苋品种很多，以叶的颜色可分为绿苋、红苋和彩色苋。

　　1. 绿苋　叶和叶柄绿色或黄绿色，食用时口感较红苋和彩色苋为硬，耐热性较强，适于春季和秋季栽培。

2. 红苋 叶片和叶柄紫红色，食用时口感较绿苋为软糯，耐热性中等，适于春季栽培。

3. 彩色苋 叶边缘绿色，叶脉附近紫红色，质地较绿苋软糯。早熟，耐寒性较强，适于早春栽培。

（二）品种

1. 白米苋 上海市地方品种。叶卵圆形，长 8cm，宽 7cm，先端钝圆，叶面微皱，叶及叶柄黄绿色。较晚熟，耐热力强，既能春播，也能秋播。

2. 木耳苋 南京市地方品种。叶片较小，卵圆形，叶深绿，有皱褶。

3. 无锡青苋菜 1 号 株高 20～25cm，叶片阔卵形，长 8cm，宽 7cm 左右，叶色淡绿。茎、叶脆嫩，纤维少，口感好。生长适宜温度为 23～27℃。耐高温，抗病能力强。

4. 大红袍 重庆市地方品种。叶卵圆形，长 9～15cm，宽 4～6cm，叶面微皱，蜡红色，叶背紫红色，叶柄淡紫红色。早熟，耐旱力强。

5. 红苋 广州市地方品种。叶卵圆形，长 15cm，宽 7cm，先端锐尖，叶面微皱，叶片及叶柄红色。晚熟，耐热力较强。

6. 红苋菜 云南省昆明市地方品种。茎直立，紫红色，分枝多。叶卵圆菱形，紫红色，产量为 30 000～45 000kg/hm²。

7. 鸳鸯红苋菜 湖北省武汉市地方品种。植株生长势中等，开展度 25cm。茎绿色泛红，纤维少，柔嫩多汁。叶圆形，下半部红色，上半部青绿，叶面稍皱，直径 4.5cm，全缘，叶柄浅红。生长期 40d 左右。具有耐热、播期长、商品性好、不易老、品质佳等优点。

8. 尖叶红米苋 又名镶边米苋，上海市地方品种。叶长卵形，长 12cm，宽 5cm，先端锐尖，叶面微皱，叶边缘绿色，叶脉附近紫红色，叶柄红色带绿。较早熟，耐热性中等。

此外，绿苋品种还有江苏省南京的秋不老，浙江省杭州的尖叶青，湖北省的圆叶青，四川、福建省的青苋菜等。红苋品种有浙江省杭州市的红圆叶，江西省南昌市的洋红苋等。彩色苋品种有广州市的中间叶红，上海市、杭州市的一点珠，四川省的蝴蝶苋以及湖南省的一点珠等。

三、栽培季节和方式

苋菜从春季到秋季都可栽培，春播抽薹开花较晚，品质柔嫩；夏、秋播较易抽薹开花，品质较差。在长江中、下游地区，春夏季播种期为 3 月下旬至 6 月上旬，5 月上旬至 7 月上旬收获；秋季于 7 月下旬至 8 月上旬播种，8 月下旬至 9 月下旬收获。华南地区气温较高，2～8 月均可播种，4～9 月收获。西南地区 2 月下旬至 8 月下旬播种，4 月下旬至 10 月下旬收获。华北及西北地区 4 月下旬至 9 月上旬播种，5 月下旬至 10 月上旬收获。近年，塑料大棚广泛应用于茄果类、瓜类和豆类蔬菜的早熟栽培，不少地方为充分利用保护地栽培设施，在主作物行间间套苋菜，或利用大棚春季主作物定植前种植一茬苋菜，不但提早了供应期、提高了蔬菜产量，而且也增加了经济收益。

四、栽培技术

栽培苋菜要选择地势平坦、灌排方便、杂草较少的地块，如苋菜田间杂草较多，则除草和采收极为不便。苋菜可直播，也可育苗移栽，但凡采收幼苗和嫩茎叶者都直接进行撒播。播种前先耕翻土地，耕深 15cm 左右，施用农家肥 22 500kg/hm² 作基肥，再耙平作畦，畦面要细碎平整，然后播种。早春播种的苋菜，因气温较低，出苗较差，播种量宜大，一般为 45～75kg/hm²；晚春播种量为 30kg/hm² 左右；秋播气温较高，出苗快，收获次数少，通常只采收 1～2 次，用种量宜少，约为 15kg/hm²。播种后用脚踏实镇压畦面。以采收嫩茎为主的，要进行育苗移栽，株行距约为 35cm

见方。

有不少地区苋菜多套种在瓜、豆架下，或与茄子等蔬菜作物进行间作，也常与其他喜温叶菜混播，分批采收。

早春播种的苋菜，由于气温较低，播种后需 7~12d 出苗；晚春和秋播的苋菜，只需 3~5d 就可出苗。当幼苗有 2 片真叶时，进行第 1 次追肥，12d 以后进行第 2 次追肥，当第 1 次采收苋菜后，及时进行第 3 次追肥，以后每采收 1 次，均施以氮肥为主的稀薄农家有机液肥。

苋菜在整个生长期，土壤应保持湿润状态，以利于茎、叶正常生长。但田间不能积水，以防引起根部早衰。雨后应及时排除田间积水。但春季早播的苋菜，一般不进行浇水，如天气较旱，可追施稀薄农家有机液肥代替；而夏秋季播种的苋菜，则应注意及时浇水，以利生长。

苋菜的播种量较大，出苗较密，在采收前杂草不易生长，当采收后，苗距已稀，杂草生长容易，因此在第 1 次采收后 7d 左右，就要进行田间拔草工作。以后每次采收后，都要根据田间杂草的情况，注意除草，以免影响苋菜的生长。苋菜对防除双子叶植物的除草剂较为敏感，应注意选择合适的除草剂。

五、病虫害防治

（一）主要病害防治

1. 苋菜白锈病　病原：*Albugo bliti*。发生普遍，主要为害叶片，对苋菜产量有一定影响，但严重降低其品质。叶面初现不规则褪绿病斑，叶背群生白色圆形至不规则形疱斑，严重时多个病斑连接成片，叶片凸凹不平甚至枯黄。病菌喜低温、高湿条件，在苋菜生长季节均可发病。温度 10℃ 左右，多雨、潮湿气候下发病重。防治方法：①播种前用 0.2%~0.3% 的 64% 噁霜锰锌（杀毒矾）可湿性粉剂进行拌种。②适度密植，降低田间湿度，避免偏施氮肥。③发病初期用 58% 甲霜灵·锰锌可湿性粉剂 500 倍液，或 50% 甲霜铜可湿性粉剂 600~700 倍液，或 64% 杀毒矾可湿性粉剂 500 倍液等喷施，并注意交替轮用。

2. 苋菜病毒病　由千日红病毒（Gomphrena virus，简称 GV）和 CMV 单独或复合侵染所致。全株受害。夏、秋季露地栽培发病重。病株叶片卷曲或皱缩，有时出现轻花叶，有时出现坏死斑。防治方法参见菠菜病毒病。

（二）主要害虫防治　主要害虫有侧多食跗线螨（*Polyphagotarsonemus latus*）和朱砂叶螨（*Tetranychus cinnabarinus*）。防治方法：①清除杂草，减少螨源；②加强水肥管理，增强植株抗性；③害螨点片发生时及时挑治，有螨株率在 5% 以上时普治。可用 1.8% 阿维菌素乳油 2 000~3 000 倍液，或 10% 复方浏阳霉素乳油 1 000 倍液等喷雾。防治蚜虫可用 10% 吡虫啉可湿性粉剂，或 50% 抗蚜威可湿性粉剂 2 000 倍液等喷雾。

六、采收与留种

苋菜是一次播种，分批采收的叶菜。第 1 次采收为挑收间拔，以后均可采取割收。因此，第 1 次采收多与间苗相结合，应掌握收大留小，留苗均匀，以利于增加后期的产量。

春播苋菜，播种后 40~45d 开始采收，一般采收 2~3 次。当株高 10~12cm，具叶 5~6 片时，进行第 1 次挑收间拔，20~25d 后第 2 次采收。第 2 次采收用刀割上部茎叶，留基部 2~3cm，待侧枝萌芽后，再进行第 3 次采收。第 1 次可采收 3 450~5 250kg/hm²，第 2、3 次可收 7 500~9 000kg/hm²，总产量可达 18 000~22 500kg/hm²。秋播苋菜播种后约 30d 采收，只收 1~2 次，产量为 15 000kg/hm² 左右。

苋菜留种与一般栽培相似，可直播，也可育苗移栽，且春、秋播种的苋菜都可留种。春播留种在4月上旬播种，5月中旬挑收（剔除）杂株、劣株供应市场，以株行距25cm见方留下种株。一般于6月下旬抽薹，7月中旬开花，8月中旬种子成熟。秋播于7月上旬播种，10月种子成熟。种子产量为1 050～1 500kg/hm²。

第六节　叶恭菜

叶恭菜与根用恭菜、糖用恭菜、饲料用恭菜同为藜科（Chenopodiaceae）甜菜属恭菜种中的不同变种，为二年生草本植物，以幼苗或叶片为食。学名：*Beta vulgaris* L. var. *cicla* L.；别名：莙荙菜、牛皮菜、厚皮菜、光菜等。含有丰富的还原糖、粗蛋白、纤维素及维生素等，可煮食、凉拌或炒食。原产欧洲南部，公元前4世纪希腊已有栽培绿色和红色叶用恭菜的记载，5世纪时从阿拉伯传入中国。初期可能由于人们不太喜欢，所以迟至元·《农桑辑要》（1273）才述及它的栽培方法。由于叶恭菜适应性广，既耐寒又耐热，栽培管理容易，可多次剥叶采收，产量高，供应期长，因此一直是中国南北广大农村普遍栽培的大众蔬菜之一。

一、生物学特性

（一）**植物学特征**　叶恭菜主根发达，呈细圆锥状，其上密生两列须根。叶卵圆形或长卵圆形，叶片肥厚，表面有光泽，淡绿色、绿色或紫红色。叶柄发达，白色、淡绿色或紫红色。抽薹前茎短缩，抽薹后发生多数长穗状花序的侧花茎，构成复总状花序。每2～4朵花簇生于主、侧花茎的叶腋中，主茎上一级侧枝的花先开，其他各枝上的花顺次开放。各次枝上穗状花序基部的花先开，顺次向顶部开放。花两性，白色或淡绿略带红色，风媒花。种子成熟时外面包有由花被形成的木质化果皮。种子肾形，种皮棕红色富光泽。因数朵花密集着生，在花器发育过程中相近的花被结合在一起形成聚花（合）果，称之为"小球果"，内含2～3粒种子，千粒重为100～160g。叶恭菜形态见图15-10。

（二）**对环境条件的要求**　叶恭菜喜冷凉湿润的气候条件，但耐寒及耐热性均较强。种子在4～5℃下能缓慢发芽，最适发芽温度为22～25℃。出苗后叶部营养生长期的平均生长率（g/d）在日平均温度14～16℃时最大。日平均温度下降到2℃时仍有极缓慢的生长，降到−1℃左右时则停止生长。生长期需要充足的水分，但忌涝。适宜中性或弱碱性、质地疏松的土壤，pH在5以下或8以上生长不良。较耐肥，耐碱。提高空气中二氧化碳的浓度有助于增产。叶恭菜的生长需要充足的水分，但当耕层浅、灌水量过大时，根系易缺氧窒息，使叶部变黄，生长受抑制。

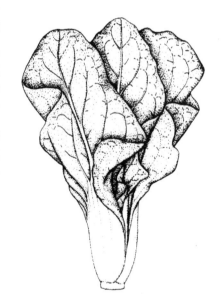

图15-10　叶恭菜（南昌宽梗莙荙菜）
（引自：《中国蔬菜品种志》，2001）

（三）**生长发育特性**　叶恭菜与菠菜一样，低温、长日照有促进花芽分化的作用。春播因具备低温、长日照条件，花芽分化快。秋播时因播种后日照愈来愈短，虽有低温条件，但当年花芽不分化，一般到次年春季才分化，分化的早晚与品种有关。如9月上旬播种的白梗莙荙菜，翌年3月中旬花芽分化，而同期播种的广东青梗莙荙，当年11月21日就进入花芽分化期，可见南方品种比北方品种可以在较高的温度和较短的日照条件下分化花芽。

二、类型及品种

（一）类型　根据叶柄、叶片的不同特征，可将叶菾菜分为以下 3 类：

1. 普通种　叶柄较窄，有长有短，淡绿色，又称青梗种。叶片大，长卵形，淡绿色、绿色或深红色，叶缘无缺刻。叶肉厚，叶面光滑稍有皱褶。中国栽培的叶菾菜多属此种。

2. 宽柄种　叶柄宽而厚，白色，又称白梗种。叶片短而大，叶面有波状皱褶，叶柔嫩多汁。

3. 皱叶种　与宽柄种相似，只是叶柄稍狭长，叶面密具皱纹。

（二）品种

1. 青梗莙荙菜　广州地方品种。叶簇半直立，株高 40～50cm，开展度 50～60cm。叶片卵圆形，叶身长约 40cm，宽约 30cm，全缘，微皱，绿色。叶柄长 10～12cm，宽 2～3cm，厚 0.5～0.6cm，淡绿色。抽薹较早，耐寒力较强，耐热力中等。味甜脆，质柔嫩。

2. 千叶红　中国农业科学院蔬菜花卉研究所从地方品种中选出。根系发达，茎短缩。叶簇半直立，叶片肥大，长卵圆形或卵圆形，叶面有皱褶，紫红色，叶缘无缺刻；叶柄较窄，断面呈"凹"字状，肥厚，肉质，紫红色。较抗寒。适于露地、保护地栽培，多作为特色蔬菜种植，也可作盆栽观赏。

类似的品种还有北京市农业技术推广站从国外引进经系统选择育成的红梗叶菾菜等。

3. 四季牛皮菜　重庆地方品种。叶簇生、直立，叶片绿色，卵圆形，微皱，长 36～40cm，宽 20cm，叶柄绿白色，极肥厚。为叶菾菜中的晚熟品种，抽薹晚，采收期长，产量极高。在当地 8 月下旬至 10 月下旬均可播种，早播的产量高。一般在 7 月上旬前开花，7 月下旬后收获种子。

4. 白梗莙荙菜　中国南北各地栽培较多。叶簇半直立，株高 50～60cm，开展度 60～65cm。叶身广卵形，全缘，淡绿色；叶柄长 13～14cm，宽 4～5cm，厚 10.7～1cm，白色。

5. 白秆二平桩　重庆地方品种。株高 71cm。叶片卵圆形，长 61cm，宽 32cm，深绿色，叶面皱缩；叶柄扁平，白色，长 18cm。心叶内卷互相抱合，品质好。

此外，普通种还有华东地区的绿菾菜、湖南省长沙市的迟菾菜、广州市的青梗歪尾等，宽柄种还有浙江省的披叶菾菜、湖南省长沙市的早菾菜、广州市的白梗黄叶莙荙菜等，云南省的卷心叶菾菜也是一个优良的皱叶种。

三、栽培季节和方式

叶菾菜要求的栽培环境条件与菠菜相近，基本上可以排开播种、周年供应，但主要是春、秋两季栽培。可直播，也可育苗移栽。春季栽培一般在 3～5 月陆续播种，如长江流域 3 月下旬至 4 月上旬播种，5 月开始采收（以采收幼苗为主）。夏季栽培如成都于 6 月播种，8～9 月供应。秋季栽培如华北及华中地区可在 8～10 月上旬随时播种育苗，苗龄 30～40 d，早播的当年就可剥叶采收，晚播的翌年 4 月开始剥叶采收。华南地区 9～12 月播种，11 月至翌年 5 月采收。

四、栽培技术

春季栽培一般多行直播，但以采收嫩株为主的多行撒播，剥叶多次采收的采取条播，行距 25～30cm，间苗、定苗后株距 20～25cm，也可育苗后栽植。播种前应先将聚合果搓散，以免出苗不匀。

秋季栽培播种前宜先将聚合果浸种 2h 左右，以利于种子萌发。高温下播种因发芽较困难，可先在低温下进行催芽，然后播种。用种量 22.5～30kg/ hm²。种植密度：行距 25～30cm，株距 20～25cm。

叶菾菜较耐肥，种植地块需施用充分腐熟的有机肥作基肥，每次剥叶采收后应结合灌水施速效性

氮肥 1 次。越冬及返青后的管理可参照越冬菠菜进行。

叶荟菜的夏季栽培技术可参照夏菠菜进行。

五、病虫害防治

主要病害有叶荟菜褐斑病（病原：*Cercospora beticola*），为害叶和叶柄为主。叶初生水渍状灰褐色小斑点，扩展后形成圆形或椭圆形病斑，边缘紫褐色至紫色或红色，中央灰褐色至灰白色，湿度大时，病斑上长出稀疏的灰白色霉状物，严重时病斑密布，相互汇合致病叶枯死，叶柄腐烂，干缩。防治方法：①实行 2 年以上轮作；②发病初期用 50％多菌灵可湿性粉剂 600 倍液，或 70％甲基硫菌灵可湿性粉剂 600 倍液，或 50％多·硫悬浮剂 600 倍液等喷洒。保护地栽培还可用 6.5％甲霜灵超细粉尘剂（万霉灵 5 号），每 667m² 用 1kg 于傍晚喷洒。叶荟菜病毒病由 CMV 和 BMV（甜菜花叶病毒）单独或复合侵染引起。苗期和成株期均可发病。苗期叶片出现黄花叶，心叶则多呈皱缩花叶；成株可出现花叶、卷叶、畸形皱缩、叶组织增厚至叶尖或叶缘变黑焦枯等症状。种子可带毒。田间借汁液接触或蚜虫传播。防治方法：参见菠菜病毒病等。

有时会发生蚜虫、地老虎、潜叶蝇为害，要注意及时防治。

六、采收与留种

以幼苗供食的，播后 40～60d 即可采收。大株剥叶的可在长有 6～7 片大叶时采收外层 2～3 片大叶，让内叶继续生长，一般每 10d 采收一次。采收宜在露水干后进行，要轻摘、勤收，避免雨天采收。

留种的叶荟菜，在晚秋播种越冬后结合间拔上市，选留健壮的、符合品种特征、特性的植株作种株，株行距保持 30cm 左右。也可将选留的种株重新移栽于采种圃。前期少浇水，抽薹开花后适当浇水，谢花后追施速效性氮肥及磷肥并增加灌水。因种株高大，为防风害宜设支柱。华北、东北等北部地区多于初冬选优良种株，挖起后埋藏或放在菜窖中越冬，次年 3 月上旬定植。一般 6 月份种子成熟，收割后晒干，脱粒保存。种子产量为 1 500～2 250kg/hm²，种子使用年限为 3～4 年。

（李　彬）

第七节　菊　苣

菊苣是菊科（Compositae）菊苣属中的多年生草本植物。学名：*Cichorium intybus* L.；别名：欧洲菊苣、苞菜、吉康菜、法国莒荬菜等。以嫩叶、叶球、软化芽球供食。原产地中海沿岸中亚和北非，早在古罗马和希腊时期已有栽培。近代，欧洲栽培甚多，荷兰、意大利等国多以叶用菊苣的变种（*Cichorium intybus* L. var. *foliosum* Hegi.）经软化后的芽球上市。美国、日本也有种植。近年，中国从荷兰、比利时等地陆续引进各种类型的菊苣品种，并在北京、南京、上海等地试种，其中软化栽培的菊苣芽球已批量进入市场，很受消费者欢迎，正在迅速推广。菊苣的芽球含有较丰富的胡萝卜素以及钾和钙等矿质元素，并因含有马栗树皮素、马栗树木甙、野莴苣甙、山莴苣素和山莴苣苦素等而略带苦味，具有清肝利胆等保健功效，可生食凉拌、炒食或作火锅配料。菊苣的根还是制作速溶咖啡的原料及良好的牲畜饲料。

一、形态特征

菊苣具有发达的直根系。根用和软化栽培用品种的主根膨大成肉质直根，全部入土，长圆锥形，外皮浅白褐色、较光滑，两侧着生两列须根，主根受损后易产生叉根。

叶片在营养生长阶段簇生于短缩茎上，其形状、大小、色泽与伸展方向因品种类型不同而有很大差异，一般呈披针形至宽卵圆形，全缘至深裂，黄绿色至深绿色或红色至紫红色，半直立至平展。软化栽培用品种叶片多呈长披针形，先端渐尖，有板叶（叶全缘）和花叶（叶缘具深缺刻）之分，绿色至深绿色（有些品种叶基部和背部叶脉伴有紫红色晕斑），平展或较直立。结球品种叶片一般为卵圆形至长卵圆形，全缘，叶球圆球形或长椭圆形，绿色或紫红色。菊苣在通过温、光周期后，由顶芽抽生花茎，高 1～1.5m，有棱，中空，多分枝。花序头状，花冠舌状，青蓝色。瘦果，果面有棱，顶端戟形，千粒重 1.18～1.42g（软化栽培用品种）。

二、生长发育对环境条件的要求

菊苣喜温和冷凉气候条件，具有较强耐寒性，地上部能耐−2～−1℃的低温，肉质直根具有更强的耐寒能力。但苗期却较抗高温，夏秋高温季节播种都能安全出苗。植株最适生长温度为 17～20℃，超过 20℃其同化机能减弱，超过 30℃则同化作用所积累的物质几乎为呼吸所消耗。软化栽培用品种软化期要求较低的温度，一般以 8～15℃为适。菊苣营养生长盛期需要较强的光照，但软化期（芽球形成期）要求黑暗条件。菊苣属低温长日照作物，春播若遇长时间的低温，则易引起植株未熟抽薹，并影响肉质根、叶球等器官或产品的正常生长和形成。

三、类型及品种

菊苣按其产品器官的不同，可分为叶用和根用两类，根用类型作加工速溶咖啡的辅料或提取菊粉。按用途的不同可分为菜用、饲料用和加工用三类。

叶用类型中又可分为：①散叶类型，以叶片供菜用或饲料用，味较苦；②结球类型，以叶球供菜用，又有紫红色或绿色两种类型，味苦；③芽球类型（*Cichorium intybus* L. var. *foliosum* Hegi.），以软化后形成的芽球供菜用，也有紫红色或绿色两种类型，味微苦（图 15-11）。

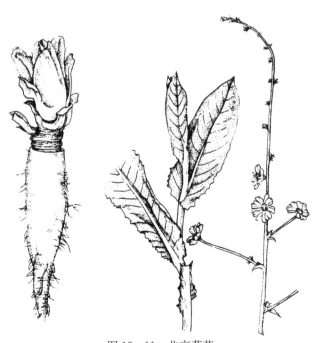

图 15-11 北京菊苣

（引自:《中国蔬菜品种志》，2001）

四、栽培技术

菊苣喜冷凉气候条件，主要进行秋季栽培，但散叶及结球类型品种也可作春季栽培。散叶菊苣多采用育苗移栽，芽球菊苣和结球菊苣主要采用直播种植。

（一）叶用类型品种栽培技术

1. 播种育苗　散叶菊苣春季栽培多在塑料拱棚、日光温室中进行播种育苗，播种期以 3 月下旬至 4 月上旬为宜；秋季栽培则多在露地播种育苗，播种期以 8～9 月为适（南方可播到 10 月）。结球菊苣秋季栽培主要采用高垄直播，华北地区一般于 7 月底至 8 月上旬播种（南方可播到 9 月），也可进行育苗移栽。播种前要准备好苗床，要求床土疏松肥沃、水分适宜。播种要均匀，播后覆细土，厚约 0.5cm。早春保护地育苗播种后可覆盖地膜，以利增温保墒，促进幼苗出土，出苗后立即撤去地膜。秋播育苗正值高温多雨季节，应做好遮阳降温、防雨排涝等工作，可盖芦帘、遮阳网或搭防雨棚。整个苗期应做到控温不控水。幼苗具 5～7 片叶时定植到大田。结球菊苣直播时可参照大白菜播种开沟，忌播种沟过深。出苗前要注意保持土壤湿润，以利整齐出苗。幼苗具 1～2 片和 3～4 片真叶时应分别间一次苗，具 5～6 片真叶时定苗。

2. 定植　定植前施足基肥，一般施腐熟有机肥 37 500～45 000kg/hm²，过磷酸钙 450kg/hm²，硫酸钾 75kg/hm²。翻土后作畦，畦宽 1.2m。早春露地栽培宜铺透明地膜，秋季栽培铺黑色地膜。散叶菊苣定植行距 30～40cm，株距 20cm，栽植密度每公顷 8 000～11 000 株。结球菊苣高垄直播垄距 50cm，定苗株距 35～40cm，定苗密度每公顷 3 000～3 500 株。

3. 田间管理　定植后随即浇一水，几天后再浇一水，以促进缓苗。散叶菊苣缓苗后进入叶簇生长期，应经常保持土壤湿润，避免干旱。并应注意及时追肥，一般可施尿素 220kg/hm²，同时进行叶面施肥，喷施 0.3% 磷酸二氢钾。结球菊苣叶簇生长期要注意适当控水，避免徒长；叶球膨大期要充分供应肥水，一般多在结球前（叶簇生长末期）进行一次重点追肥，每公顷施尿素 300kg 左右。大型品种结球中期可再施一次追肥，每公顷酌情施尿素 150～225 kg，并应经常浇水直至收获前 1 周停止。

定植浇水后开始中耕除草，前期中耕宜浅，中后期稍深，并做到不伤根、不折叶。结球菊苣为避免叶簇徒长，浇 2 次水后，可进行一次深中耕，适当蹲苗，以促进叶球形成。至田间植株封垄后，不再中耕。

一般较少发生病虫害。

4. 采收　散叶菊苣当叶簇仍处旺盛生长时即应适时采收。春季栽培春末夏初为盛收期，秋季栽培秋末冬初为盛收期，一般秋季栽培品质较好。结球菊苣多于秋末收获，大型品种则多于初冬收获，大致与晚熟大白菜同期砍收。

（二）芽球菊苣软化栽培技术　参见第二十二章。

（王德槟）

第八节　冬　寒　菜

冬寒菜是锦葵科（Malvaceae）锦葵属中以嫩茎叶供食的栽培种，二年生草本植物。学名：*Malva verticillata* L.（syn. *M. crispa* L.）；别名：冬苋菜、冬葵、葵菜、滑肠菜等。中国最古老的蔬菜之一，古称：葵。原产中国西藏、青海及黑龙江，广泛分布于东半球北温带和热带地区，在日本、朝鲜自古以来作为蔬菜栽培，印度、欧洲、埃及等地也有分布。中国关于葵栽培的明确记载，始见于西周初年（公元前 11 世纪）的农事诗《诗经·豳风·七月》，有"七月烹葵及菽"句。《周礼·天官·

醢人》（约公元前 3 世纪）载：“馈食之品，其实葵菹（腌葵）。”南北朝时（420—589）栽培极盛；元·王祯《王祯农书》（1313）称：“葵为百菜之主”。距今 2150 年前的湖南长沙马王堆一号墓出土的随葬品中有葵的种子。现今中国华北、东北、长江流域、华南、台湾等地均有栽培，其中尤以湖南等地栽培较多。其幼苗和嫩梢可炒食，也可凉拌、作汤，或煮葵菜粥，食用时口感滑润。

冬寒菜营养丰富，尤其富含胡萝卜素、维生素 C，以及钙、磷等矿物元素。冬寒菜性寒，具有清内热、利肝胆、明目及利尿、催乳、润肠、通便等保健功能。民间认为脾虚肠滑者忌食，孕妇慎食。

一、形态特征

冬寒菜根系较发达，直播者其主根入土深可达 30cm 以上，侧根水平分布在 60cm 范围内。茎直立，株高 30～90cm，分枝能力强，采摘后分枝多。叶互生，圆形，基部心形，掌状 5～7 浅裂，裂片短而广、钝头，叶面微皱，叶缘波状，叶柄长。茎叶被有白色茸毛，叶脉基部茸毛更多。花小具短柄，簇生于叶腋，淡红色或白色。蒴果，扁圆形，由 10～12 个心皮组成，果实成熟时各心皮分离。种子细小，黄白色，肾形，扁平，表面粗糙，千粒重 8g 左右。冬寒菜形态见图 15-12。

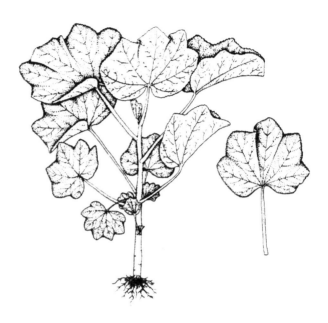

图 15-12　冬寒菜（南平红葵菜）
（引自：《中国蔬菜品种志》，2001）

二、生长发育对环境条件的要求

冬寒菜喜冷凉湿润的气候条件，抗寒力较强，耐热力弱。种子 8℃ 以上开始发芽，发芽适温 25℃ 左右，茎叶生长适温 15～20℃。30℃ 以上高温病害严重，低于 15℃ 茎叶生长缓慢。在稍低的温度下可改善品质，生长期温度稍高时，茸毛增多增粗，组织硬化，品质降低。夏季播种常“化苗”死亡，故夏季不宜栽培。对土壤要求不严，但以肥沃疏松、保水保肥力强的土壤易获丰产。不宜连作。对肥料要求以氮肥为主，需肥量大，耐肥力也较强。

三、类型及品种

（一）类型　目前生产上栽培的主要有紫梗和白梗两个类型：

1. 紫梗冬寒菜　茎绿色，节间及主脉均紫褐色，叶脉基部的叶片亦呈紫褐色。叶绿色，七角心脏形，主脉 7 条，叶柄较短，叶大肥厚，叶面有皱。品质较好。生长势很强，生长期长，较晚熟，开花期迟。

2. 白梗冬寒菜　叶片和茎均为绿色。叶较薄、较小，品质稍差，叶柄较长。较耐热，较早熟，适合早秋播种。

（二）品种

1. 南平红葵菜　福建省南平市地方品种。株高 34cm 左右，开展度 25cm。叶片扇形，叶色

红绿相间，叶缘波状，叶面皱缩，有少量茸毛，叶脉主色紫红。茎短缩。晚熟，自播种至采收85d左右。

2. 长沙糯米冬寒菜（圆叶冬寒菜） 长沙市地方品种。株高22cm，开展度35cm。茎浅绿，有茸毛。叶扇形，略呈七角形，叶面正面中央部分暗紫色，外围绿色，叶背绿色，有白茸毛，叶面多皱褶。中熟偏早，从播种至始收40~60d。喜冷凉。叶片肥厚，柔软多汁，品质好。

3. 福州白梗葵菜 福建省福州市郊地方品种。株高32cm。叶片绿色，圆扇形，叶缘浅锯齿状，叶面皱缩，有少量茸毛。叶主脉绿色，叶柄浅绿色，茎短缩。早熟，较耐热，耐寒性强。

此外，还有福建省福州市的紫梗冬寒菜、湖南省长沙市的绿叶冬寒菜、江西省冬寒菜等。

四、栽培技术

（一）栽培季节 冬寒菜除夏季高温期及冬季低温期以外，均可随时播种。华南地区春季于2月中下旬播种，秋季9~11月均可播种。长江流域春季于3月播种，秋季于8~11月播种，以9月为最适播期。春季不宜过早播种，以免遭受冻害，也不宜过晚，过晚易遇高温而引起生长不良；秋季过早播种则病害严重，过晚则生长期短，影响产量。例如四川省秋播冬寒菜一般当年可采收2~3次，而晚播只能采收1次，故以白露前后播种为好。

（二）播种 一般采用高畦栽培，畦宽1.5~2m，高15cm。整地作畦时应施入腐熟的有机肥作基肥。播种方法采用撒播或穴播，穴播株行距25cm左右，每穴播种子4~5粒，留苗3~4株。播种量：穴播3.75kg/hm²，撒播7.5~15.0kg/hm²。

（三）田间管理 撒播，在真叶4~5片时起间苗2次，按苗距16~18cm定苗，以2~3株苗为一丛。经40~60d苗高18cm时开始采收，在4~5节处割收上段叶和嫩梢，春季则应贴地面留1~2节割收。在长江流域冬寒菜可露地越冬，一般冬季留植株4~7cm（4~5节），留得过矮，易使基部芽受冻。翌春则留近地面的1~2节，若留得节数过多，则侧枝萌发过多，养分分散，新发的叶梢不肥壮，品质较差。

冬寒菜需肥量大，耐肥力也较强，播种后即可淋浇稀薄农家有机液肥，以利于种子发芽。冬季采收前需追肥，可对水淋施尿素75kg/hm²左右。春季旺盛生长后，随着不断采收，消耗大量养分，此时植株耐肥力增强，每采收1次，即应追施1次足量的肥料，一般每次施尿素75~120kg/hm²。

五、病虫害防治

（一）冬寒菜炭疽病 病原：*Colletotrichum malvarum*。主要为害叶片，叶斑初近圆形，后扩展为多角形至不规则形，边缘色深。后期病斑破裂，湿度大时斑面出现小黑点。防治方法：①避免在低洼地种植，清洁田园；②重病区宜在发病初期用25%溴菌腈（炭特灵）可湿性粉剂600倍液，或80%炭疽福美可湿性粉剂800倍液，或70%甲基硫菌灵可湿性粉剂600倍液，或2%抗霉菌素（农抗120）水剂200倍液等喷洒。

（二）冬寒菜根腐病 病原：*Fusarium solani*。主要为害根部和茎基部，引起根腐或茎基腐，致全株凋萎。防治方法：①清洁田园，深翻土壤，实行轮作可减轻发病；②用种子重量0.5%的60%多菌灵盐酸盐（防霉宝）超微粉剂拌种；③及早拔除病株，病穴用50%多菌灵可湿性粉剂500倍液等喷淋。

（三）蚜虫 如有蚜虫为害，可用40%乐果乳油1 000倍液，或10%吡虫啉可湿性粉剂2 000倍液，或10%氯氰菊酯乳油2 000倍液等进行防治。

六、采　收

紫梗冬寒菜较晚熟，前期产量较低，后期产量较高，而白梗冬寒菜较早熟，前期产量较高，后期产量较低。冬寒菜春季栽培产量较低，一般为 15 000～22 500kg/hm²；秋季栽培产量较高，一般可达 35 000～40 000kg/hm²。

（刘厚诚　陈日远）

第九节　落　葵

落葵为落葵科（Basellaceae）落葵属一年生蔓性植物，以叶和嫩梢供食用。学名：*Basella* sp.；别名：木耳菜、软浆叶、软姜子、染浆叶、胭脂豆、豆腐菜、藤菜、紫果菜等。原产中国和印度，亚洲的其他地区、非洲、美洲也有分布。中国栽培历史悠久，早在 2000 多年前的《尔雅》（公元前 2 世纪）中就有关于落葵的记载，现今南北各地皆有栽培。落葵以幼苗或叶片、嫩梢作菜用，质地滑嫩多汁，供煮汤或炒食。全株可入药供药用，具有润燥滑肠、清热凉血、解毒消炎和生肌等功效。落葵含有丰富的钙、维生素 A 及蛋白质等营养物质，加之耐热性较强、病虫害较少，因此是一种营养价值较高、适于夏季生产和供应的绿叶蔬菜。落葵常被用来单独撒播或与旱蕹菜混播，作为与其他蔬菜间套作的"铺地菜"，能陆续采收幼苗供食，可充分利用土地。

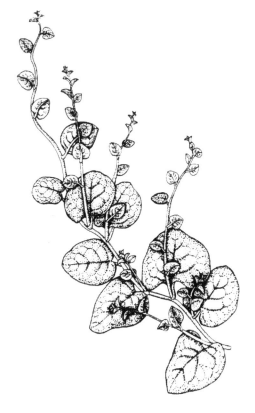

图 15-13　落葵（临汾木耳菜）
（引自：《中国蔬菜品种志》，2001）

一、形态特征

落葵根系发达，植株生长势较强，茎肉质，光滑无毛，紫红色或绿色，分枝性强。原产我国的落葵茎横断面为圆形，横径约为 0.6cm，茎高可达 3～4m，具左旋性。而近年来从日本引进的落葵茎粗大，其茎横断面近似三角形，横径达 1.6cm，无缠绕性。叶互生，近圆形或卵圆形，先端急尖或钝尖、微凹，基部心脏形或近心脏形，全缘，绿色或紫红色，光滑无毛，具光泽。穗状花序，腋生，长 20～50cm，小花无梗，花白色或紫红色。浆果，圆形或卵圆形，重庆木耳菜果实为扁圆形，纵径 0.3cm，横径 0.5cm，果面平滑，初期绿色，老熟时呈紫红色，含紫红色汁液，内具 1 粒种子。种子球形，紫黑色，千粒重 25g 左右。落葵形态见图 15-13。

二、生长发育及对环境条件的要求

落葵植株生长势较强。刘佩瑛（1980）测定重庆木耳菜平均叶纵径 11.7cm，横径 10.6cm，重 5.1g，茎重与叶重比为 100∶204，叶柄长约 2cm。7 月中旬开花，8 月初开始结籽。同时测定日本紫

梗落葵，平均叶纵径13.3cm，横径9.9cm，茎重与叶重比为100∶111。日本落葵在发育上对高温短日照要求较严格，在重庆地区自然条件下不能开花结籽，必须在深秋短日照条件下，以塑料大棚保温才能开花结籽。

落葵分枝性强，新叶生长快，故可不断摘叶采收或进行摘心，促发新枝新叶。1980年刘佩瑛观测，重庆木耳菜未摘心者，平均每日长新叶1.3片；于7月14日在主蔓5节处摘心者，平均每日长新叶1片。重庆木耳菜不摘心者，自行发出侧枝的能力较强，不摘心的发叶较多。日本紫梗落葵未摘心者，平均每日长出新叶1.2片；于7月14日摘心者，平均每日长新叶0.8片，即摘心者新叶长出的速度约减低1/3。日本落葵在自然状况下不易发侧枝。以上两品种的观测结果说明落葵虽发侧枝力强，但发侧枝耗费养料多，对新叶生长反而有所延迟。

落葵喜温暖，耐热、耐湿性较强，高温多雨季节生长良好，生育适温为25～30℃，不耐寒，遇霜即枯死。露地播种温度在15℃以上时才能出土，高温持续在35℃以上时，只要不缺水，仍能正常长叶及开花结籽。适宜在肥沃、疏松、pH为6.8左右的沙壤土种植。

三、类型及品种

中国栽培的落葵有红花落葵（*B. rubra* L.）、白花落葵（*B. alba* L.）和广叶落葵（*B. cordifolia* Lam.）3个种。

1. 红花落葵　茎紫红色，叶绿色或茎叶均紫红色，花紫红色。品种有：广东的广州红梗藤菜、福建的古田木耳菜、江苏的紫梗紫果叶、山西的临汾木耳菜、日本紫梗落葵等。

2. 白花落葵　茎绿白色，叶绿色，花白色。品种有：广东的广州青梗藤菜、四川的染浆叶（豆腐菜）、云南的软浆叶、湖南的长沙细叶木耳菜、湖北的利川落葵等。

3. 广叶落葵　叶片较红花落葵和白花落葵显著宽大、肥厚，故多称大叶落葵。

四、栽培技术

（一）播种育苗　露地栽培自春季4月起至初秋均可陆续播种，但以春播为主；保护地栽培秋冬季也可以播种。播后40d左右即可间拔幼苗供食，采摘嫩叶者可陆续采收至深秋。以间收幼苗为主要目的者，播种方法可采用撒播或条播，撒播播种量为135kg/hm²左右，条播为90kg/hm²左右；若只是陆续采收嫩叶，也可采用穴播。落葵种壳厚而硬，春播干种子往往要十几天才能发芽，故播前可先用55～60℃热水浸种，不断搅拌至水温降到30℃时止，再置于25℃左右温水中浸种1～2d，并在28～30℃条件下催芽3～4d，然后播种，以促使幼苗提早出土。夏播由于温度高、发芽快，一般3～5d即可出土，故不必浸种。

落葵可以直播，也可育苗移栽。育苗时将苗床深翻细整，做成1.2m宽的播种畦，播前用75%百菌清可湿性粉剂500倍液消毒。一般4月上旬播种，播种前苗床浇足底水，播种后覆土0.8～1.0cm，盖地膜，支小拱棚，夜间覆盖保温材料保温保湿。苗期管理：白天保持26～30℃，夜间保持16～20℃。出苗后及时撕开地膜，注意通风，白天保持22～26℃，夜间15～18℃，当温度高于30℃时，应及时通风降温。5月初幼苗长到2～3叶时，即可炼苗、定植。

（二）田间管理　深翻晒垄，重施基肥，一般施腐熟有机肥30 000～45 000kg/hm²，复合肥300～450kg。然后平地作畦，若进行地膜覆盖栽培，则能提早采收。

采用撒播、条播（或穴播），间收幼苗者，出苗后逐步间苗，使苗距（穴距）保持15～18cm。若进行育苗移栽，应选晴暖天气按行距50cm、株距30～40cm定植，每穴种2～3株，定植后浇透水。当苗高23～26cm时即可留3～4叶摘收嫩梢，可连续收摘3次以上。周纪兴（2000）的试验结果表明，落葵蔓性，高温季节极易抽蔓，采摘不及时，会影响产量和质量，最好适时采摘带叶嫩梢作为商品菜上市，其形如菠菜，鲜嫩可口，可食率100％。嫩梢采摘比同一部位成叶采摘可提早5～7d，且不易感染褐斑病，无需喷施农药，有利于生产无公害蔬菜。第1次采收宜在真叶长到4～6片时，摘取第4片真叶的嫩梢，留下2～4个叶节。嫩梢摘取后，可加快腋芽生长，待腋芽嫩梢长至4～6片真叶时，进行第2次采收，此后以此类推进行第3次、第4次……采收，直至结束。这样反复的采摘，可使株高保持在20～25cm的"矮生状态"（也称矮化栽培）。陆续采摘嫩叶者可在苗高33～40cm时立支柱，以供攀缘。采收期为5～9月。

落葵生长旺盛，采收期长，需肥量较多。第1次采摘前一般不施肥，如畦面较干旱可浇水促苗生长。采摘后可酌情轻施肥料，中后期视田间肥力和生长情况施肥，施肥量同其他叶菜。要注意及时摘除花茎，以利叶片肥大。

（三）病虫害防治

1. 落葵褐斑病　病原：*Cercospora* sp.。从幼苗到收获均可为害，主要为害叶片和茎蔓。初出现紫红色小点，后发展成近圆形至不定型病斑，中央灰白至黄白色，边缘紫红色，病斑外围略呈辐射状，中央稍凹陷，潮湿时在病斑表面产生灰褐色绒霉状物。严重时叶片病斑密布，不堪食用。防治方法：①与非藜科或非落葵科作物轮作，采用直立栅栏架栽培。②利用40％福尔马林100倍液处理种子0.5～1h，消除种子带菌；遇高温、高湿可用1∶3∶200～300倍的波尔多液喷雾保护；在发病初期，可用2％武夷菌素水剂150倍液，或65％的代森锌可湿性粉剂600倍液，或75％百菌清可湿性粉剂1 000倍液，或40％的多硫悬浮剂600倍液喷雾，隔7～10d喷1次，连续喷2～4次。

2. 落葵蛇眼病　病原：*Phyllosticta* sp.。田间常与落葵褐斑病混合发生，症状相似。主要区别为该病紫红色病斑中央都具有清晰可见的圆形、灰白色至黄白色斑，多为较明显整圆形凹陷，与外围紫红色环交界明显，中心更易破碎。防治方法：①彻底清除田间病残落叶，减少菌源。②用种子重量0.3％的50％异菌脲（扑海因）可湿性粉剂，或65％多果定可湿性粉剂等拌种。③发病初期用40％氟硅唑（福星）乳油8 000倍液，或50％大富丹可湿性粉剂500倍液等喷雾。保护地栽培用5％百菌清粉尘，或6.5％甲霉灵粉尘喷粉防治。

3. 主要害虫　蛴螬、地老虎等主要在生长前期为害，宜在清晨采用人工捕捉，或用50％辛硫磷乳油或90％晶体敌百虫800倍液灌根，每株灌药液150～200g。出苗或定植缓苗后如有断垄、缺苗应及时进行补苗。

（四）留种

落葵为自花授粉作物，采种一般不需隔离。可在春播田中选择符合品种特征、特性、生长势强、健壮无病的植株或地块留种，或在苗期选择符合品种特性的健壮苗，按行距50cm、株距30～40cm成片种植，搭架栽培。苗高100cm时摘心，以促进多生分枝。在花序抽生前不追施氮肥，适当控水，抽生后追施1次复合肥。开花约30d后，种子陆续成熟，应及时采收，否则会自行脱落。采收后应搓脱果皮，洗净晾干。种子产量为3 800～4 200kg/hm^2。

（黄丹枫）

第十节　茼　　蒿

茼蒿是菊科（Compositae）茼蒿属中的一二年生草本植物，以嫩茎叶供食用。学名：*Chrysanthemum* sp.；别名：蒿子秆、大叶茼蒿、蓬蒿、春菊等。原产于地中海地区。中国已有1 000多年的栽培历史，分布广泛。茼蒿以嫩株或叶片作菜用，营养丰富，含有较多的钾，有特殊的香味，并具清血、养心、降压、润肺、清痰等保健功效。

中国蔬菜栽培学
□□□□ [第二版] ....

Olericulture in China □□□□

一、形态特征

茼蒿根浅生，须根多，茎直立，营养生长期茎高 20～30cm，抽薹开花时茎高 60～90 cm。叶厚肉多，根出叶无叶柄，互生，羽状裂叶，裂片呈倒披针形，叶缘锯齿状或有深、浅不等的缺刻。头状花序，舌状花，黄色或白色。种子为植物学上的瘦果，有 3 个突起的翅肋，翅肋间有数个不明显的纵肋，无冠毛，褐色，千粒重 1.8～2g。茼蒿形态见图 15 - 14。

二、生长发育对环境条件的要求

茼蒿喜冷凉，较耐寒，适应性较广，在 10～30℃温度范围内均能生长，以 17～20℃为最适温。种子 10℃时即能发芽，以 15～20℃为最适宜。在较高的温度和短日照条件下抽薹开花。对土壤要求不甚严格，但以湿润的沙壤土、pH5.5～6.8 为最适宜。

图 15 - 14 茼蒿（上海大叶茼蒿）
（引自：《中国蔬菜品种志》，2001）

三、类型及品种

中国栽培的茼蒿有 3 种：

1. 大叶茼蒿（*Chrysanthemum segetum* L.，cyn. *Ch. coronarium* L. var. *spatiosum* Bailey） 又称：南茼蒿、板叶茼蒿、圆叶茼蒿，是南方各地春季栽培蔬菜之一，食其肉质茎及叶。嫩茎粗而短，分枝力强，叶片宽大而肉厚，叶缘为不规则大锯齿或羽状浅裂，品质优，口感滑软、纤维少。较耐热，耐旱力较弱，植株较矮，产量高。近年，大叶茼蒿也开始在北京、天津等北方大中城市流行。

2. 小叶茼蒿（*Ch. coronarium* L.） 又称：花叶茼蒿或细叶茼蒿。叶狭小，缺刻多而深，叶片薄，叶色较浓，嫩枝细，分枝多，生长快，耐寒性较强，产量较低。

3. 蒿子秆（*Ch. carinatum* Schousb.） 为嫩茎用种，北方地区广泛栽培，吉林省有野生。茎秆较细，主茎直立，发达，叶窄小，为倒卵圆形或长椭圆形，二回羽状分裂，生长快。

四、栽培技术

（一）栽培技术要点 在北方春、夏、秋季都能在露地栽培茼蒿，冬季可进行保护地栽培，对蔬菜周年供应及丰富市场蔬菜花色品种有一定作用。夏季栽培品质较差，产量偏低。春季一般在 3～4 月份播种，在较冷凉地区早春播种需加设风障以防风寒。秋季在 8～9 月间可分期播种。在南方除炎夏外，秋、冬、春季都可栽培。长江流域春季从 2 月下旬到 4 月上旬，秋季从 8 月下旬到 10 月下旬均可播种，其中以 9 月下旬为最适播种期，10 月下旬播种的可在次年早春收获。华南地区从当年 9 月份到翌年 1～2 月份随时可播种。因播种期和品种不同，生长期的长短也不相同。一般由播种到采收需 30～70d 左右，产量 15 000～37 500kg/hm²，通常秋季栽培产量高于春季。随着塑料大棚和日光温室的发展，茼蒿已能周年生产，常年上市。在长江流域，利用大棚春茬主作蔬菜定植前种植一季茼蒿，既可增加收益，又不影响春季大棚主作蔬菜的定植。

茼蒿的栽培除少数地区进行育苗移栽外，绝大部分地区为露地直播。一般为平畦撒播或条播，条播行距约 10cm，播种量为 22.5～30.0kg/hm²。在较冷凉的北方，用种量比较多，例如北京、天津多采用撒播，播种量为 60～75kg/hm²，多者达 75kg 以上。在密播的情况下生长速度快，产量也高。播种后 6～7d 可出齐苗。长出 1～2 片心叶时进行间苗，并拔除杂草，留苗行株距约 4cm 见方。生长期间不能缺水，需保持土壤湿润。早春播种的幼苗齐苗前后要适当控水，以免发生猝倒病。植株长到 12cm 时开始分期追肥，肥料以速效性氮肥为主。

（二）主要病虫害防治

1. 茼蒿褐斑病 病原：*Cercospora chrysanthemi*。在露地或保护地内栽培均有发生。多为害叶片，病斑圆形至椭圆形，有时呈不规则形，病斑中央灰白色边缘黄褐至褐色。湿度大时，病斑正、背面生灰黑色霉状物。后期病斑连接成片，至叶片枯死。防治方法：①重病区实行与非菊科蔬菜作物轮作，保护地栽培注意通风排湿；②发病初期用 70％甲基硫菌灵可湿性粉剂 600 倍液，或 50％乙烯菌核利（农利灵）可湿性粉剂 1 000 倍液等喷洒。保护地栽培用 5％百菌清粉尘等喷粉防治。

2. 茼蒿芽枯病 病原：*Alternaria tenuis*。以保护地栽培发病重，主要为害顶芽和顶梢。初期多从积水的幼芽或有积水、受损伤的叶片开始侵染，呈不规则形水渍状坏死变褐，最后腐烂或干枯。湿度高时病斑产生灰褐色稀疏霉层。防治方法：①收获后清除病残组织，避免植株遭受肥害、冻害、烟害等，防止田间积水；②保护地内注意通风降湿；③在发病初期可用 50％异菌脲（扑海因）可湿性粉剂 1 200 倍液，或 65％多果定可湿性粉剂 1 000 倍液等防治。

（三）采收

一般于播种后 40～50d 即可收获。若采收嫩梢，每次采收后需浇水追肥，促使侧枝再生，一直可收获到开花。

春、秋季栽培的茼蒿皆可采种，各地因自然条件以及种植习惯不同，播期也各不相同，一般秋播采种的产量比春播的高。南方多为秋播采种，于中、晚秋播种，翌年 4 月开花，6 月份采收种子，种子产量 600～750kg /hm²。北方则多在春季播种，采用露地直播或保护地育苗移栽。当主枝和侧枝显蕾初花时，分别浇水、追肥，并适当增施速效性磷、钾肥，终花期停止浇水，7 月初开始分期采收种子。采用保护地育苗移栽采种，可使种株生长健壮，花期提前，种子产量与质量较高，产量可达 1 125～1 500kg/hm²。

（苏小俊）

第十一节 芫 荽

芫荽是伞形科（Umbelliferae）芫荽属中的一二年生草本植物。学名：*Coriandrum sativum* L.；别名：香菜、胡荽、香荽。芫荽原产地中海沿岸及中亚。中国由汉代张骞于公元前 119 年出使西域时引入，在《齐民要术》（6 世纪 30 年代或稍后）中已有栽培技术及腌制方法的有关记载。现全世界都有栽培，尤以俄罗斯、印度等国栽培较多，中国南、北方栽培均较普遍。芫荽以嫩茎叶为食用部分，富含维生素 C 和钙，具有特殊的芳香，可作调料、腌渍或装饰拼盘之用。果实也具香味，可作调料，可入药，有驱风、透疹、健胃、祛痰等保健功效，也是提炼芳香油的重要原料。

一、形态特征

植株高 20～60cm，根出叶丛生，叶簇半直立，主根较粗壮。茎短，呈圆柱状，中空，有纵

向条纹。叶互生，为一至三回羽状全裂，有羽片1～11对，卵圆形，有缺刻或深裂，叶柄为绿色或淡紫色。植株顶端着生复伞形花序，花小、白色。双悬果，近球形，果面有棱，内有两粒种子，千粒重为8～9g。芫荽形态见图15-15。

二、生长发育对环境条件的要求

芫荽喜冷凉，具较强耐寒性，能耐-12～-1℃的低温，不耐热，最适生长温度为17～20℃，超过20℃生长缓慢，30℃以上则停止生长。对土壤要求不甚严格，但在保水性强、有机质含量高的土壤中生长良好。芫荽属长日性蔬菜作物，12h的长日照能促进发育。适应性广，在中国各地生长季节内均可栽培，但以日照较短、气温较低的秋季栽培产量高，品质好。在中国南方成株可露地越冬，北方可进行风障覆盖等保护地越冬栽培，也可进行冬季贮藏。

图15-15　芫荽（山东芫荽）
（引自：《中国蔬菜品种志》，2001）

三、类型及品种

（一）类型　按叶片的不同大小，芫荽可分为小叶品种和大叶品种两类。小叶品种的植株较矮，叶片小、缺刻深，香味浓，耐寒，适应性强，但产量稍低；大叶品种的植株较高，叶片大、缺刻少而浅，产量较高。

（二）品种

1. 白花芫荽　上海市地方品种，别名青梗芫荽，属小叶类型。植株直立，株高25～30cm，开展度38cm。叶柄长18cm，绿色或浅绿色。小叶圆形，叶柄长0.5cm。奇数羽状复叶，深裂。花小，白色。香味浓，品质优。晚熟，生长期60～85d。生长快，抽薹晚。耐寒，耐肥，病虫害少，但产量较低。全年均可播种，当地以11月至翌年3月为播种最佳时期。

2. 紫花芫荽　安徽省合肥市、湖北省宜昌市等地区均有栽培，属小叶类型。植株矮小，塌地生长，株高7cm，开展度14cm。二回羽状复叶，光滑，叶缘具有小锯齿缺刻，浅紫色。叶柄细长，紫红色。花小，紫红色。香味浓，品质优良。早熟，耐寒，抗旱力强，病虫害少。当地春季2月下旬至4月中旬撒播，秋季7～8月撒播。

3. 北京芫荽　北京市地方品种，属小叶类型。株高30cm，开展度35cm，奇数羽状复叶。小叶卵圆形或卵形，叶缘锯齿状，并有1～2对深裂刻，叶片绿色，遇低温绿色变深或带有紫晕。叶柄细长，浅绿色，基部近白色。叶质薄嫩，香味浓。耐寒性强，根株在风障前稍行覆盖即可越冬。较耐旱。当地全年均可栽培。

4. 山东大叶香菜　山东省地方品种，属大叶类型。植株较直立，株高45cm。叶片大，叶色浓绿，叶柄长12～13cm，浅紫色。单株重20～25g。嫩株味浓，纤维少，品质佳。耐寒性强，耐热性弱。生长期50～60d，适宜当地春、秋两季栽培。

四、栽培技术

（一）栽培技术　芫荽可进行露地春、秋、越冬和夏季栽培，一般生长期 60～70d。越冬栽培的，因冬季基本停止生长，收获期延后，生长期 5～7 个月。华北地区秋季栽培在 7 月中下旬至 8 月播种，9 月下旬开始收获直到入冬。越冬栽培在 9～11 月初播种，次年 3 月中下旬至 5 月分期收获。春季露地栽培播期多在 3～4 月，春播不宜过早，以免发生早期抽薹，但风障畦等保护地栽培可提前在 2～3 月播种，一般于 5～6 月收获。东北地区 4～8 月随时都可播种。长江流域秋季可在 8～11 月陆续播种；春季于 3～4 月播种，播后 40～50d 即可采收。夏季栽培采用遮阳网覆盖的可将播期提前至 6 月上中旬。

芫荽多采用直播，可条播，也可撒播，播种量为 22.5～30kg/hm²。芫荽播前要轻轻搓开果实，最好进行浸种催芽，催芽温度以 20～25℃ 为适。采用平畦条播的按行距 8cm 开沟，深约 2cm，播后覆土镇压、浇水。采用撒播的在划沟、播种后用竹耙轻轻搂一遍土面，盖严种子后再镇压、浇水。为提高撒播的播种质量，也可在播种前结合施肥搂平畦面，浇足底水，待水渗透后，畦面撒一层薄土，然后再播种、覆土，播后暂不浇水，待幼苗出土后视土壤墒情再酌情浇水。

芫荽生长缓慢，幼苗期易发生草荒，应注意除草，浇水不宜多。当苗高约 10cm，进入生长旺期后浇水宜勤，以经常保持土壤湿润。结合浇水可同时追施速效性氮肥 1～2 次。在高温多雨的 6～8 月播种的，应在畦面覆盖遮阳网、苇帘等，以防暴雨冲击畦面，利于幼苗出土。雨后还要注意及时排水，幼苗出齐后陆续撤掉覆盖物。秋芫荽除在秋季供应外，其中较晚播的，可连根起出在风障背面进行埋藏，以供应冬季和翌年早春蔬菜市场的需要。

夏季栽培芫荽，可采用遮阳网覆盖技术。品种可选择大叶类型，播种量可增加至 75～90kg/hm²，浸种时可用 200mg/L 赤霉素（GA₃）等处理，并经 6～8d 的 8～10℃ 低温后再催芽、播种。播种覆土后，在畦面加盖稀疏的稻草等物，再贴着畦面覆盖遮阳网，并保持土壤湿润。出苗后，将遮阳网升高到 60～70cm，搭成小平棚，以防暴晒及暴雨冲砸。施肥以氮肥为主，叶可喷施叶面肥。此后，随着幼苗生长，可结合间苗适时采收。

芫荽的越冬栽培，在北方许多地区叫做根茬香菜。南方不需加设防寒设备，可在露地越冬。华北较寒冷地区入冬时需加设风障或进行地面覆盖，既能安全越冬又可提早收获。封冻前结合浇冻水追施农家有机液肥 1～2 次。露地不加风障越冬的，浇冻水后在畦面覆盖碎马粪、干草、塑料薄膜等防寒越冬，但覆盖不宜过厚。待翌春回暖后及时清除覆盖物，返青后开始进行浇水、追肥等田间管理工作。

冬贮芫荽的栽培以立秋前后 2～3d 为播种适期，并适时收获。选取能长期处于背阴或不解冻、且通风良好的沙壤土地块，采取挖沟埋藏。华北地区一般于 11 月下旬开始埋藏，需随气温降低进行分次覆土，覆土总厚度在 25cm 左右（冬季温度较高地区宜薄），尽量保持沟内温度在 −5～−4℃。解冻需在温度不太高又有一定湿度的场所进行。解冻后叶柄、叶片变得挺拔新鲜，很受市场欢迎。

（二）病虫害防治

1. 芫荽叶斑病　主要受 3 种真菌侵染引起：*Cercospora petroselini*，称芹菜尾孢；*Phyllosticta petroselini*，称芹菜叶点霉；*Septoria petroselini*，称芹菜壳针孢。主要为害叶片、叶柄和茎。叶片染病，初生橄榄色至褐色、不规则形或近圆形小病斑，边缘明显，扩展后中央呈灰色，病斑上着生小黑点，即病原菌子实体。严重时，病斑连片，致叶片干枯；叶柄和茎染病，病斑为条状或长椭圆形褐色斑，稍凹陷。温暖、高湿利于发病。白天晴，夜间结露，或气温忽高忽低，植株生长不良，抗病力下降，则利于发病或流行。防治方法：①选用无病种子或进行温汤浸种，注意田间通风透光，降低田间湿度，严禁大水漫灌。②及时清除病残体。③发病初期可用 50% 利得可湿性粉剂 1 000 倍液，或

25％甲霜灵可湿性粉剂 500 倍液等防治。

2. 芫荽白粉病 病原：*Erysiphe heraclei*。主要为害叶片、茎和花轴。叶片初现白色霉点，后扩展为白色粉斑；茎粉斑常发生于茎节部。病害多由植株下部向上部扩展，条件适宜时，白粉状物迅速布满花器和果实，后期菌丝由白色转为淡褐色。土壤湿度大、氮肥偏多、缺钾、植株过密或杂草多易感病。防治方法：①收获后及时处理病残体，减少越冬菌源，加强保护地内的湿度管理，②发病初期可于傍晚用 10％多百粉尘剂，每公顷用 15kg 喷洒，或 45％百菌清烟剂，每公顷用 3.75kg 熏烟，或用 30％特富灵可湿性粉剂 1 500～2 000 倍液或 50％硫磺悬浮剂 200～300 倍液等喷洒。

3. 蚜虫 生长期间有时有蚜虫为害，要及时注意喷药防治。

（三）采种 芫荽的采种有两种方式：一种是老根（成株）采种，于秋季 8～9 月播种，翌年收获种子。另外一种是小株采种，于早春 2～3 月播种，当年采收种子。春播采种，占地时间短，成本低，不过长期采用春播留种，往往会降低品种的冬性和抗寒性，种子产量也不及老根采种的高。

芫荽为虫媒花、异花授粉作物，容易天然杂交，采种时品种间需隔离 2 000m 以上。北方秋播老根采种，越冬前需加设风障，采种田每公顷留苗 105 000～120 000 株。结合间苗，选优去劣，选择生长健壮、直立性强、叶片多而肥大、颜色深绿、光泽性强、叶柄浅绿的植株为种株，春季抽薹后可拔除过早抽薹的单株，以保持其种性。施肥以氮肥为主，但进入开花结实期后要适当追施速效性磷、钾肥。开花时可浇水 2～3 次，结实期间不宜多浇，以免植株贪青延迟种子的成熟期。

老根（成株）采种，于 6 月份采收，一般种子产量 1 125～1 500kg/hm²。小株采种于 7 月份采收，种子产量为 750～1 125kg/hm²。种子成熟时应适时收获脱粒，防止雨淋变质。

第十二节　茴　香

茴香是伞形科（Umbelliferae）茴香属中的多年生宿根性草本植物，常作一年生或二年生蔬菜栽培。属名：*Foeniculum* Mill.；别名：小茴香、香丝菜、结球茴香、鲜茎茴香、甜茴香等。原产地中海沿岸及西亚。以果实为香料或以嫩茎叶供食用。叶片、种子、茴香根皮具有特殊香味，主要成分为茴香醚（$C_{10}H_{12}O$）和茴香酮（$C_{10}H_{16}O$）。其嫩茎叶含有较多的胡萝卜素、维生素 C 和钙等营养物质，主要供馅食、调味及拼盘装饰用，球茎茴香还可生食、炒食、腌渍。种子香味浓，可做香料或入药，具有温肝肾、暖胃气、散寒结等作用。

一、形态特征

茴香根系不很发达，主要分布在 15cm 深的土层中。株高 20～45cm，茎直立，有分枝，无茸毛，有蜡粉。茎生叶为 2～4 回羽状深裂的细裂叶，小叶成丝状，深绿色。上部叶柄是由一部分或全部的叶鞘所组成。叶面光滑无毛，有蜡粉。球茎茴香的球茎由肥大的叶鞘形成，呈长扁球形。花序复伞状，无总苞，花小，金黄色。果实为双悬果，椭圆形，果棱尖锐，内有两粒种子，灰白色，千粒重 1.2～2.6g。茴香形态见图 15-16。

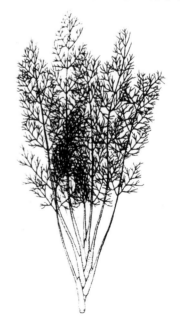

图 15-16　茴香（河北小茴香）
（引自：《中国蔬菜品种志》，2001）

二、生长发育对环境条件的要求

茴香喜冷凉，适应性广，病虫害少，耐热、耐寒能力均较强。生长适温为 15～20℃，对光照要求不严格，在长日照条件下容易抽薹开花。要求肥沃疏松、保水保肥力强的土壤，喜土壤湿润，喜氮、磷、钾肥。

三、类型及品种

(一) 类型 中国栽培的茴香有小茴香（*Foeniculum vulgare* Mill.）、意大利茴香［*Foeniculum vulgare* Mill. var. *azoricum*（Mill.）Thell.］（大茴香）及球茎茴香（*Foeniculum vulgare* Mill. var. *dulce* Batt. et Trab.）。

1. 意大利茴香 在山西省、内蒙古地区分布较广。大茴香植株高 30～45cm。全株叶数 5～6 片，叶柄较长，叶间距离较大，叶为具三回羽状深裂的细裂叶，叶片细如丝状，绿色，叶面光滑，无毛，有蜡粉。生长快，产量较高，但抽薹较早。具有香味，种子较小，扁平。

2. 小茴香 多分布在天津、北京、辽宁等北方地区。小茴香植株较矮小，株高 20～35cm。有叶 7～9 片，叶柄短，叶距小，叶为具三回羽状深裂的细裂叶，叶片细如丝状，深绿色，叶面光滑，无毛，有蜡粉。生长较慢，抽薹晚，香味浓。

3. 球茎茴香 从意大利、荷兰等国家引进，以柔嫩的球茎和嫩叶供食用。一般株高 70～80cm，叶为具三回羽状深裂的细裂叶，裂片细如丝状，绿色，叶面光滑，无毛。球茎扁球形，高 10cm 左右，宽 6～7cm，厚 3～4cm。单株重 800～1 000g，球茎重 300～500g，叶片重 450～500g。品质柔嫩，纤维少，香味较淡。生长迅速，产量高，抽薹晚。

(二) 品种 大茴香品种有：河北省的扁梗茴香、河北大茴香，内蒙古的河套大茴香、乌兰浩特大茴香，甘肃省的民勤大茴香等；小茴香品种有：河北小茴香、山西省的长治茴香、山东省的商河茴香、湖北省的武汉小茴香、云南省的昆明茴香等；球茎茴香品种有：意大利球茎茴香等。

四、栽培技术

(一) 栽培技术 茴香四季皆可栽培，以春、秋栽培为主，冬季可利用保护地进行生产。夏季种植品质较差，栽培面积不大。南方较少栽培，北方普遍种植。北方露地春播在 3 月中下旬至 4 月上中旬播种。若加设风障、进行地面覆盖等保护地栽培可提前在 2 月下旬至 3 月上旬播种。露地秋播于 7～8 月播种，生长期 50～60d。冷床、改良阳畦栽培可在 9 月至翌年 2 月上旬分期播种。在寒冷地区于 12 月至翌年 1 月可在日光温室进行生产，生长期 70～90d。长江流域如武汉等地有少量栽培，4～10 月可随时播种。

茴香一般采用直播，因出苗困难，故整地作畦要细致，基肥要充分捣碎，均匀撒施，畦面要平整，以便于浇水并保证全苗。播种方法有条播和撒播，基本上与芫荽、茼蒿相同。为了出苗整齐，最好进行浸种催芽。春茴香可用 40℃ 温水浸种 24h 后，放在 15～20℃ 温度下催芽；秋茴香播种时可进行 15～18℃ 低温浸种，并在 15～20℃ 下催芽，或用 5mg/L 的赤霉素浸种 12h。一般播种量为 37.5～45kg/ hm²，但早春风障或冬季保护地栽培，其播种量应适当增加。球茎茴香多采用育苗移栽，以利于培育壮苗，其定植行距为 30cm，株距为 25cm。夏秋育苗苗床需搭小拱棚遮荫或覆盖遮阳网，以降温、保湿和防暴雨冲砸。

茴香播种后应保持畦面湿润，以利于幼芽出土，可在畦面上覆盖稻草等以保温、保湿和防雨。苗

出齐后去掉覆盖物，间苗 1～2 次，同时进行中耕除草。苗期不宜过多浇水，适当蹲苗，表土现干时才浇水。当植株高达 10～12cm 后，浇水宜勤，并追施速效性氮肥。植株长高到 30cm 时，即可收获，春播者可收割 2 次，秋播者可收获 4～5 次，一般产量为 22 500～30 000kg/ hm²。球茎茴香在球茎膨大前，要注意再施一次追肥，当球茎停止膨大时即可采收。一般以外部叶鞘老化成黄白色时产量最高，质量最佳。南方地区秋冬栽培的可稍作培土，令其仍留在田间，以备随时上市，一般多从元旦陆续供应至春节。

（二）病虫害防治

1. 茴香细菌疫病　病原：*Xanthomonas campestris* pv. *coriandri*。主要为害地上部。初期在叶片上出现水渍状小斑点，后侵入叶脉、叶柄及枝条。枝条染病是该病的重要病症。病菌借灌溉水、肥料、农具等传播，多从伤口侵入而引起感染。栽植过密、通风透光不良、高湿、高温条件易诱发此病。防治方法：①注意及时拔除病苗。②使用充分腐熟的有机肥。③发病初期喷洒 30％氧氯化铜悬浮剂 800 倍液，或 60％琥·乙膦铝（DTM）可湿性粉剂 500 倍液，或新植霉素 4 000～5 000 倍液等。

2. 球茎茴香枯萎病　病原：*Fusarium oxysporum*。植株受侵染后，引起叶片发黄，植株瘦弱矮小，有时在花期出现烂根现象，叶色淡黄，中午呈萎蔫状，顶部叶片萎垂，变黄干枯，侧根少。生长后期湿度大时，或遭受风雨袭击后容易发病。采种株发病较重。防治方法：①与葱蒜类蔬菜、禾本科蔬菜作物实行 3～5 年轮作，使用充分腐熟的有机肥，采用配方施肥技术，增强植株抗性。②采用高畦或起垄栽培，雨后及时排水。③用 50％多菌灵可湿性粉剂 500 倍液，或 20％甲基立枯磷乳油 1 000倍液，或 15％恶霉灵水剂 450 倍液等灌于病穴及周围植株，有一定作用。

3. 茴香凤蝶（*Papilio machaon*）　为害茴香、球茎茴香，主要取食叶片、花器及嫩茎等，食量很大。全国各地均有发生，年生 2 代。以蛹在灌木丛、树枝上越冬。幼虫夜间活动取食，受惊扰时从前胸伸出臭角，渗出臭液。零星发生。防治方法：一般不需单独防治，可用人工清除。必要时在幼虫低龄期用 25％灭幼脲 3 号悬浮剂 500～800 倍液，或 5％氟苯脲（农梦特）乳油 1 000～1 500 倍液，或 20％速灭菊酯乳油 2 000 倍液等喷雾。

（三）采种　茴香采种分为老根采种和小株采种。前者秋播，每公顷可收种子 1 500kg；后者春播，每公顷只能收 900kg 左右。茴香为异花授粉作物，采种时品种间应注意隔离，特别是球茎茴香尤其要注意隔离。种株 5～6 月份抽薹开花，7～8 月采收种子，新采收的种子当年可以播种。

第十三节　菊 花 脑

菊花脑是菊科（Compositae）茼蒿属中多年生宿根性草本植物。学名：*Chrysanthemum nankingense* H. M.；别名：菊花叶、黄菊籽、路边黄等。菊花脑原产中国，湖南、贵州等省有野生种，江苏南京等地已较大面积栽培。其食用部分为嫩茎叶，含有丰富的蛋白质、维生素 A 和钾等矿物质，并具有特殊的清凉风味，可炒食或煮汤，还可作中药，有清热凉血、调中开胃、降血压及清热解毒等作用。

一、形态特征

植株高 30～90cm，茎直立，半木质化，分枝性强，近乎光滑或上部稍有细毛。叶片互生，卵圆形或长椭圆形，长 2～6cm，宽 1～1.5cm，叶缘具粗大复齿状或二回羽状深裂，叶面绿色，背面淡绿色，光滑无毛（但叶脉上具稀疏的细毛），叶基部收缩成叶柄，具窄翼，绿色或淡紫色。秋季自叶腋抽侧枝。枝顶着生头状花序，直径 1～1.5cm，花梗长 5～10mm，圆锥状。总苞半球形，苞片光滑，薄膜质，透明，仅中部绿色，外层苞片较短，窄椭圆形，内层苞片卵圆形或倒卵圆形，先端钝圆。有舌状花和管状色，舌状花黄色，长椭圆状或披针形，宽约1mm；管状花长约3mm，同生一个花序。9～11月开花，11～12月份种子成熟，种子实为植物学上的瘦果，细小，灰褐色。菊花脑形态见图15-17。

二、生长发育对环境条件的要求

菊花脑喜冷凉气候条件，较耐寒，冬季地上部分枯死，由地下部宿根越冬，翌年早春萌发新株。对土壤要求不严，适应性强，耐瘠薄和干旱，忌涝。房前屋后、田边地头均能种植，但在富含有机质、排水良好的肥沃土壤中生长健壮，产量高，品质好。菊花脑为短日照作物，长日照有利于茎叶生长，短日照则有利于花芽分化及抽薹开花。

三、类型及品种

按叶片大小，不同菊花脑可分为小叶菊花脑和大叶菊花脑两种类型。

（一）小叶菊花脑 叶片较小，叶缘裂刻深，产量较低，品质较差。

（二）大叶菊花脑 又称板叶菊花脑，系自小叶菊花脑中选育而成，叶卵圆形，先端较钝，叶缘裂刻细而较浅，品质好。

图 15-17 菊花脑

（曹寿椿，1981）

四、栽培技术

菊花脑栽培比较简单，既可利用田边地头零星种植，也可成片种植。繁殖方法有种子繁殖、分株繁殖和扦插繁殖，零星种植的多采用分株繁殖方法，大面积露地和大棚等保护地栽培则采用种子直播或育苗移栽。菊花脑可作一年生或多年生栽培。多年生栽培一般3～4年后、植株衰老时，需及时进行更新。

（一）播种育苗 直播或移栽前需整地施肥，要求土壤肥沃、疏松平整、排水良好。菊花脑在南方可2月上旬至3月上旬播种育苗，北方可于4月上旬播种，播种量为7.5kg/hm²左右。可撒播后镇压，并浇盖籽肥（稀薄农家有机液肥）；或浇足底水后撒种，盖土0.5～1.0cm厚，再覆盖地膜。种子发芽出土后，保持土壤湿润，并浇农家有机液肥3～4次以促进幼苗生长，幼苗2～3片真叶时进行间苗。如采用育苗移栽，可于3月上旬至4月上旬定植，苗龄约1个月，每穴栽3～4株，穴距约10cm见方。采用分株移栽的可在4月上旬，将菊花脑老桩挖出，根据老桩大小，酌情分成多份，按行穴距10cm左右定植。

（二）田间管理 在苗期或定植后要追1次肥，每公顷施农家有机液肥2 000kg或尿素100kg。生长期间每采收1次结合追肥浇1次透水，以利于茎叶迅速生长和保持产品鲜嫩。生长季节要经常中耕除草，防止草荒。多年生栽培的老桩菊花脑应在地上部茎叶完全干枯后，于土壤上冻前割去茎秆，地表施一层腐熟的有机肥22 500～30 000kg/hm²，并进行培土覆盖，以利防寒越冬和早春萌发。早春发芽后每隔5～6d追肥1次，夏季高温干旱期间，要浇大水。

菊花脑抗逆性强，较少发生病虫害。在夏、秋季多发生菊花脑根腐病，病原：*Fusarium* sp.。主要为害根系和根茎部。染病植株的根和侧根呈红褐色水渍状坏死，以后逐渐扩展至根茎部和全部根系，颜色变褐，并逐渐腐烂，根髓部变空。叶片随病情发展自下而上褪绿黄化、萎蔫枯死，最后全株死亡。排水不良或地下害虫、管理、施肥等造成伤口，有利于病菌侵染。防治方法：①选择排水良好、土质肥沃的地块种植。②避免田间积水，生长期防治地下害虫，农事操作避免伤根。③及时拔除病株，病穴撒生石灰灭菌。④发病初期用98％恶霉灵可湿性粉剂2 000倍液，或45％特克多悬浮剂1 000倍液，或65％多果定可湿性粉剂1 000倍液等浇根。视病情连续浇1～3次。

有时会有蚜虫为害并传播病毒病，应及时防治。

（三）采收与留种　露地越冬的菊花脑，早春利用塑料薄膜覆盖等保护设施，早浇水，可在3月份提早上市；春播的5月上旬可以采收。一般多在苗高15～20cm时开始采收嫩梢，当植株生长较壮时可用刀割取嫩梢。每隔10～15d采收1次，直至9～10月份现蕾开花时为止。采收标准以枝梢脆嫩为度，通常以梢长10cm左右、可用手折断为佳。露地大面积栽培的一般春季可收3次，秋后收2次。采收时要注意适当保留基部嫩芽，以保证后期产量。留茬高度随季节不同而异，春秋季可留3～4cm，夏季留6～7cm。每次收获量为3 750kg/hm²左右。

留种用的菊花脑，下半年不应再采收，待12月种子成熟后，连老茎秆一起割下，晒干、脱粒，贮藏备用。一般种子产量为75kg/hm²左右。

（李　彬）

第十四节　荠　菜

荠菜是十字花科（Cruciferae）荠菜属中的一二年生草本植物，以嫩叶供食用。学名：*Capsella bursa-pastoris*（L.）Medic.；别名：护生草、菱角菜、地米草、扇子草等。约5种。主产于地中海、欧洲及亚洲西部。中国产1种。荠菜原为中国野生蔬菜，自古有之。2 500年前的《诗经·北风·谷风》中已有"谁为荼苦，其甘如荠"；《楚辞·离骚》（西汉·刘向辑）中有"故荼荠不同亩兮"；《春秋繁露·天地之行篇》（汉·董仲舒，公元前2世纪）中有"荠冬生而夏死，其味甘"等记载。由此可见，中国人民采荠为食已有将近3 000年的历史。但据资料，汉代有些栽培蔬菜是从野草驯化而来，如荠、蓼、蘘荷等，后来又退回到野草行列。荠菜气味清香甘甜，炒食、做羹汤、作菜馅、凉拌、煮菜粥等均可，群众十分喜爱，虽然野生于南北各地，但常被人们采挖当作蔬菜。大约在19世纪末，上海市首先进行荠菜人工栽培。20世纪中期后，北京、长江流域及以南各城市近郊也开始进行栽培。

荠菜的营养价值很高，其胡萝卜素含量超过胡萝卜和菜苜蓿，核黄素仅次于菜苜蓿，铁含量高于苋菜，钙为蔬菜中最高，维生素C的含量亦相当高。此外，还含有丰富的蛋白质、脂肪、糖类以及矿质元素磷等。荠菜还可全草入药，具有明目、解热、利尿、止痢等功效，民间素有三月荠菜赛灵丹之说。

图15-18　荠菜（浙江荠菜）
（引自：《中国蔬菜品种志》，2001）

一、形态特征

荠菜根入土浅，须根不发达。根出叶塌地丛生，披针形，叶缘羽状深裂或全裂，绿或浅绿色，低温时略带紫色，表面被毛茸，全株有叶 20 多片。成株叶丛高 5cm 左右，开展度 15cm 左右。总状花序，顶生或腋生，高 20～50cm 不等，花小，白色。短角果，扁平，倒三角形，内含多粒种子。种子细小，卵圆形，金黄色，千粒重 0.09～0.12g。荠菜形态见图 15 - 18。

二、生长发育对环境条件的要求

荠菜喜冷凉、晴好气候条件，适应性强，耐寒，较抗病。在生长期间，若气温 15℃左右，又有良好的日照，则植株生长迅速，播种后 30d 左右就可开始收获；若气温低于 10℃，则生长较慢，生长周期较长，播种后约需 45d 才能收获；而气温在 22℃以上时，生长也趋缓慢，且品质下降。荠菜的耐寒力甚强，在－5℃的低温下，植株不受损害，可忍受－7.5℃的短期低温。荠菜在 12h 的光照下，气温 12℃左右，仍可抽薹开花。荠菜对土壤要求不严，但以肥沃湿润的壤土为好。

三、类型及品种

按叶的不同形态，可将荠菜分为板叶荠菜和花叶荠菜两种类型。

（一）板叶荠菜 又名大叶荠菜或粗叶头。叶浅绿色，叶片较宽阔，长 10cm，宽 2.5cm，羽状深裂，基部叶片一般全缘。耐热性强，生长较快，产量较高。由于叶片宽大，外观较好，故颇受市场欢迎，但抽薹开花期较早，供应上受到一定限制。品种有：上海板叶荠菜、常州大叶荠菜等。

（二）花叶荠菜 又名散叶荠菜或碎叶头、百脚菜。叶绿色，叶片较窄而厚，长 8cm，宽 2cm，羽状全裂，生长较慢，产量较低，外观欠佳，目前栽培较少。但春季抽薹开花较板叶荠菜晚 15d 左右，可延长供应时间。品种有：上海散叶荠菜、浙江荠菜等。

此外，还有紫红叶荠菜，植株开展度为 15～18cm，叶片和叶柄均呈紫红色，叶片上稍有茸毛，口味好。适应性强。

四、栽培技术

（一）栽培季节 荠菜春、秋季都可栽培，一般以秋季栽培为主。秋荠菜栽培的时期较长，从 7 月下旬至 10 月上旬都可陆续播种，9 月中旬至翌年 3 月下旬收获，但以 8 月份播种的产量较高。8 月份以前播种，天气炎热，干旱，雷雨多，出苗不易，田间管理困难，费工多，风险大；10 月以后播种的，幼苗仅有 2～3 片叶就遇寒冷，易受冻害；晚播的宜进行保护地栽培。春荠菜在 2 月下旬至 4 月下旬播种，4 月上旬至 6 月中旬收获。秋播荠菜以选择前茬作物为番茄、黄瓜的地块为好，春荠菜则以选择大蒜苗为前茬作物的土地为宜，最好避免连作，以减少病害。

（二）播种 种植荠菜应选择杂草较少的地块，耕深 15cm，施入腐熟优质有机基肥 7 500～9 000kg/hm²，作成 2m 宽（连沟）的高畦或平畦，将畦面整细耙平，然后播种。畦面土粒不可过粗，以防种子漏入深处，影响出苗。不同时期的播种量相差很大。作早秋栽培时，即 7 月下旬至 8 月下旬播种的，由于气候炎热，土地干旱，又经常遇到雷雨，出苗较差，播种量宜大，约 37.5kg/hm²；9 月上旬至 10 月上旬播种的，因气候转凉，出苗率高，播种量可降至 15kg/hm² 左右。春播荠菜播种量只需 10kg/hm² 即可。

荠菜种子的休眠期较长，新采收的种子不能用于当年早秋播种，而应选用上一年采收的种子。生产上常采用层积处理和低温处理来打破种子休眠。层积法是将种子放在花盆内，上封河泥，置于阴凉处，7月下旬后取出播种；低温处理是将种子拌上细沙，置于2～10℃的低温处，经7～9d后取出播种。

荠菜的种子极细小，为了播种均匀，播种时可根据播种技术的熟练程度和习惯，均匀拌和1～3倍的细土，播种后只要以脚踩实畦面或用器具稍加镇压即可，切忌用齿耙轻耙畦面，否则反而不易出苗。

早秋播种的荠菜，为了防止雷雨、高温、干旱，出苗困难，播种后应立即用遮阳网、芦帘或草席覆盖，以降低地温，保持土壤湿度，防止大雨冲砸。幼苗出土后，及时揭去覆盖物。

（三）田间管理 早秋播种的荠菜，出苗前后要不间断地浇水，一般用喷壶淋洒，避免用沟灌或泼浇，以防止土壤板结，不利于出苗，或嫩小幼苗被冲淹。出苗前每天喷水3～4次；出苗后，每天也要喷水1次。浇水最好在早晨露水未干时进行，菜农叫做"赶露水"。即使遇到雷雨，在雨后天晴时也要浇水，以降低土温，减少死苗。晚秋播种的荠菜，应轻浇、勤浇，每次浇水量约22 500kg/hm²。由于荠菜浇水的次数多，要求高，故以有喷灌条件的菜地栽培为宜。

秋播荠菜，播种后在不断浇水的条件下，3～4d出苗；而春播荠菜出苗时间较长，需6～15d。当幼苗有2片真叶时，进行第1次追肥，一般施尿素100～150kg/hm²；第2次追肥在收获前7～10d进行。以后每收获1次，追肥1次。由于秋播荠菜生长期长，收获次数多，因此追肥次数也较多，共要追6～7次。春播荠菜追肥方法同秋播，因生长期较短，故追肥次数和用量也相对较少。

荠菜出苗后植株幼小，又是撒播，杂草易与荠菜混杂生长，除草困难，费工也多。因此除应选择杂草较少的地块种植荠菜外，还应结合每次收获，同时挑除杂草。

（四）间作套种 荠菜植株矮小，生长期短，对土壤养分消耗少，可与其他蔬菜作物间作、套种。春季可在辣椒、番茄移栽前先播荠菜，然后再定植。特别是辣椒、茄子前期生长慢，荠菜不被遮光，经1个月左右，一次收完荠菜，而对辣椒、茄子等无影响。上海等地在白菜（不结球白菜）栽培田中，于白菜移栽前先播荠菜，然后再定植白菜，30d后白菜即开始收获，及时浇水施肥，促进荠菜生长。亦可在栽培大蒜的田间套种荠菜，冬季与大蒜一起安全越冬，早春及时采收上市。

（五）病虫害防治

1. 荠菜霜霉病 病原：*Peronospora parasitica* var. *capsellae*。主要为害叶片，亦侵染花梗和种荚。初期在叶片上产生浅黄绿色病斑，以后发展成黄色坏死斑，病斑背面产生霜状白霉。条件适宜时叶片正面和叶柄上亦可产生浓密的霜状白霉，病害发展迅速，叶片黄化坏死。生育期间多阴雨，田间湿度高，则发病严重。花器染病变畸形，不能正常结实。防治方法：参见莴苣霜霉病。

2. 蚜虫 是荠菜的主要害虫，若发现与防治不及时，会造成叶片皱缩，叶色黑绿色，植株生长不良。应及时用0.36%苦参碱水剂500倍液，或10%吡虫啉可湿性粉剂2 500倍液等防治。

（六）采收与留种 早秋播种的荠菜，在真叶10～13片时就可采收，即9月上旬开始供应市场，从播种到开始收获为30～35d，以后陆续收获4～5次，到第2年3月下旬采收结束；晚播的秋荠菜，随着气温降低，生长逐渐缓慢，因此从播种到开始采收的时间就较长，如10月上旬播种的，要45～60d才能开始采收，以后还可采收两次；2月下旬播种的春荠菜，由于气温低，要到4月上旬采收；而4月下旬播种的，仅1个月就可采收了。春播的荠菜一般采收1～2次。

荠菜留种田的整地、作畦与一般荠菜生产相同。但不宜早播，以10月上中旬播种较好。于12月上旬进行间苗除草，3月中旬进行第2次间苗，苗距10cm。在抽薹时，拔除抽薹早的植株，并最后定苗，苗距14cm。留种田的荠菜，追肥不能过多，在苗期追肥1次后，在开花前即3月下旬再追肥1次，每次施稀薄农家有机液肥33 750kg/hm²，以促进种子饱满。

植株一般于 3 月下旬抽薹，4 月上旬开花，5 月上旬种子成熟。待种子老熟转金黄色时采收。

（黄丹枫）

第十五节 菜 苜 蓿

　　苜蓿是豆科（Leguminosae）苜蓿属中的二年生草本植物，以嫩茎叶供食用。学名：*Medicago hispida* Gaertn.；别名：草头、金花菜、黄花苜蓿、刺苜蓿、南苜蓿、黄花草子等。原产印度。中国自古栽培，长江流域一带栽培较多，陕西、甘肃等地也有种植。菜用苜蓿营养丰富，胡萝卜素含量高于胡萝卜，核黄素含量在蔬菜中是最高的。菜苜蓿可炒食、做汤，还可腌渍，味道鲜美。

一、形态特征

　　菜苜蓿为浅根系，茎平卧或倾斜，分枝多。三出复叶，小叶倒卵形，叶端稍凹，叶缘的上部为锯齿状，叶表面呈浓绿色，叶背面稍带白色。托叶细裂。花梗很短，从叶腋中抽出，着生黄色小花 3～5 朵，蝶形花冠。荚果，螺旋状，具有毛状突起的刺，荚内有种子 3～7 粒。种子肾脏形，黄褐色，千粒重2.83g。菜苜蓿形态见图 15 - 19。

　　菜苜蓿植株匍匐生长，高 8～12cm，开展度 10～12cm，分枝性强。小叶近倒三角形，顶端略凹入，叶长 1cm，宽 1cm，色绿，叶柄细长，浅绿色。

二、生长发育对环境条件的要求

　　菜苜蓿喜冷凉气候条件，耐寒性较强。生长适温为 12～17℃，温度在 17℃ 以上和 10℃ 以下时植株生长缓慢，在 −5℃ 的短期低温下，叶片受冻，到气温回升后，植株又能萌芽生长。对土壤的适应性较强，但以富含有机质、保水保肥力强的黏土或冲积土最适。要求中性土壤，但较耐酸性。

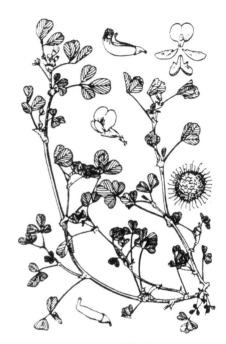

图 15 - 19 菜苜蓿
（引自：《中国农业百科全书·蔬菜卷》，1990）

三、类型及品种

　　菜苜蓿在江苏、浙江、上海、安徽一带栽培较多，如江苏省有常熟种、浙江省有东台种、上海市有崇明种等，但这些品种经观察并无明显差异。

四、栽培技术

　　（一）栽培季节　菜苜蓿春、秋两季都可栽培，一般以秋季栽培为多。秋季栽培的时间较长，供应时期也长，从 7 月中旬至 9 月下旬均可分期播种，8 月中旬至翌年 3 月下旬陆续采收。春季栽培于 2 月下旬至 6 月上旬陆续播种（长江流域以北地区开始播种宜稍晚），4 月上旬至 7 月下旬采收。

　　（二）播种　菜苜蓿是一种浅根蔬菜，通常耕深 15～18cm，施农家有机液肥 15 000kg/hm² 作基

肥，并作成高畦，以利排水，然后将畦面整细耙平，待播。北京地区也可作平畦栽培。

因菜苜蓿螺旋状的荚果中瘪籽和坏籽较多，所以播种前要进行选种，选种可用 55～60℃ 温水浸种 5min，淘去水上的浮籽，这样播种后出苗整齐，可避免出苗不匀现象。菜苜蓿通常采用撒播，播后用齿耙将畦面耙平，然后用脚踏实畦面。

由于早秋和晚春播种时，气温较高，土壤干旱，出苗率低，因此播种量要大，一般为 600～750kg/hm²；晚秋和早春播种，可减少至 225kg/hm² 左右。

为了克服早秋和晚春播种出苗晚和出苗率低的困难，在播种前通常先进行浸种催芽。将已选好的种子，放于麻袋内，于夜间浸于井水或河水中 10h，然后将种子取出摊放阴凉处 2～3d，每隔 3～4h 用喷壶浇凉水 1 次，然后播种。

（三）田间管理　菜苜蓿播种后，应每天早晚各浇水 1 次，保持土壤足够的湿度，以加快出苗。特别是早秋和晚春播种的，在出苗前不要断水，这样 4～5d 即可出苗，出苗后每天也要浇 1 次水，6～7d 后停止浇水。当幼苗长至 2 片真叶时，进行 1 次追肥，以后每收割 1 次，在收割后 2～4d 施 1 次化肥或稀薄农家有机液肥。

常见的菜苜蓿病虫害有病毒病、蚜虫和小地老虎等。病毒病发生在 7～9 月，植株受害后，叶小而略皱缩，生长差。应加强管理和治蚜。蚜虫在春季 4～5 月发生较多，秋季 10～11 月为害最重，可用乐果、吡虫啉等药剂防治。凡种植菜苜蓿的田地，小地老虎较多，因菜苜蓿苗多，分枝多，虽受害但不易造成严重影响。不过菜苜蓿的后茬，不能安排春季栽培的番茄、茄子和辣椒等蔬菜，否则缺苗极多，补苗不易。

（四）采收及留种　收割菜苜蓿时，要使茎叶留得短而整齐，特别是第 1 次收割，一定要掌握"低"和"平"的原则，使以后能较易采收，并有利于提高产量。

早秋播种的菜苜蓿，约 25d 后就开始收割，一般可采收 4 次，产量约 15 000kg/hm²；晚秋播种的只采收 3 次，产量为 9 000～11 250k/hm²。早春播种的在 4 月中旬至 5 月下旬收割，可采收 3 次，产量在 7 500kg/hm² 以内；晚春播种的在 7 月初至 7 月下旬收割，只能采收 2 次，产量 6 000kg/hm² 左右。

菜苜蓿留种田的管理和普通栽培田相同，但要掌握晚播、稀播和不收割三个主要环节，才能使种子饱满充实。

留种田通常在 9 月上中旬播种，用种量 75～112.5kg/hm²，冬季注意防寒保温，一般于翌年 3 月下旬开花，6 月下旬种子成熟，种荚产量在 1 200～1 500kg/hm²。

（苏小俊）

第十六节　番　杏

番杏是番杏科（Aizoaceae）番杏属中的多年生半蔓性草本植物，以肥厚多汁的嫩茎叶供食用，多作为一年生蔬菜栽培。学名：*Tetragonia expansa* Murray；别名：新西兰菠菜、洋菠菜、夏菠菜、白番苋、海滨莴苣、宾菜、蔓菜等。原产澳大利亚、新西兰、智利、东南亚等地，主要分布在热带、亚热带和温带。目前新西兰、大洋洲、东南亚及智利等国家和地区仍存在野生种。亚洲、大洋洲、美洲、欧洲等虽都有分布，但栽培面积不大。中国于 20 世纪 20 年代从英国引入上海等地栽培，但未得到推广。近年又从欧洲引进，作为种类品种多样化或特色蔬菜栽培。番杏栽培容易，生长迅速、旺盛；抗热力强，能在炎热的夏季良好生长；在较温暖的南方能安全越冬，可以四季采收；抗逆性强，病虫害少。但番杏茎叶内含有一定量的单宁，在凉拌、炒食和做汤前，必须先用沸水烫漂，否则涩味重，影响口味。

番杏含有较多的胡萝卜素、维生素 C、钾、钙等，还含有抗生素物质番杏素，对酵母菌属有抗菌作用，并具有凉血解毒、利尿、消疮肿、解蛇毒等保健功效。

一、形态特征

番杏根系发达，直根深入土中。茎横断面圆形，绿色，初期直立生长，后期则匍匐地面蔓生，其蔓可长达数米。叶片近三角形，略似菠菜，互生，绿色，肥厚，多茸毛，嫩叶上被有银灰色粉末状物。每一叶腋基本上都能抽生侧枝，嫩枝梢采收后，侧枝梢萌发更快。一般生长季节都能开花结实。花着生于叶腋，为无瓣花，花小，黄色。果实为坚果，成熟后褐色，坚硬，肩部有角4～5个，形似菱角。与普通菠菜一样，每一果实中含有种子数粒，因此播种后一个果实中常能出几颗苗，千粒重为83～100g。番杏形态见图15-20。

图15-20　番杏（外国菠菜）
（引自：《中国蔬菜品种志》，2001）

二、生长发育对环境条件的要求

番杏适应性强，在强光和弱光下都能良好生长，既耐高温，又能忍受5℃的低温。如在云南昆明和寻甸（海拔2 160m）栽培，一般年份都能在露地安全越冬。种子在8～10℃温度下即可发芽，最适生长温度为22～25℃，在盛夏30℃以上的高温下仍能旺盛生长，低于8～10℃时生长缓慢，0℃以下时植株受冻死亡。番杏较耐干旱，但在干旱环境下生长不良，并影响品质。番杏怕涝，若暴雨后田间积水数日，则植株迅速转黄并死亡。栽培时要求较肥沃的壤土或沙壤土，在瘠薄的土地上，生长慢，品质亦差。对氮肥有较高的要求，其次是钾肥。

三、栽培技术

（一）栽培技术　番杏的土壤耕作与作畦等可参照普通菠菜进行，但番杏的生长和采收期较长，应适当多施有机肥作基肥。

番杏的播种期，取决于各地的气候条件，一般当土壤温度稳定在10℃以上时即可播种，早的2～3月，晚的4～5月，早播种早采收，但播种过早不利于出苗，故宜适期早播。

番杏虽可育苗移栽，但因根系再生能力弱，移栽后缓苗慢，易死苗，故一般以直播为好。播种方法以穴播为主，也可撒播或条播。穴播时先挖浅穴，行距50cm，株距30cm，每穴播种子2～3粒。种子（实际是果实）坚硬，透水性差，一般要3周以上才能出苗。如在播种前稍加以机械损伤，可加速出苗。常用的方法是用番杏的种果与1～2倍的沙粒混合，适当研磨，然后用40～45℃的温水浸种20～30h，再置于25℃的温度下保湿催芽，待大部分种子稍膨胀、裂开时播种。用种量直播为22.5～30kg/hm²，育苗移栽为5kg/hm²。当幼苗长至4～5片真叶时即可间苗、定苗，每穴选留健壮幼苗1～2株。

田间管理：①中耕除草。番杏生长前期，生长较慢，植株较小，行间空地较大，容易滋生杂草，应及时中耕除草，也可在行间套种白菜（不结球白菜）、茼蒿等生长期较短的绿叶蔬菜，防止

杂草滋生。②肥水管理。要经常保持土壤湿润，尤其要注意每次采收后的追肥。由于番杏喜肥，生长期长，采收次数多，间苗后即应开始补充肥水，幼苗 4～5 片真叶时可施复合肥 150kg/hm²，尿素 30kg/hm²。此后，应根据植株的生长情况，每 10d 左右用 150～220kg/hm² 尿素追肥 1 次，以持续促进植株的分枝。生长期间还要密切注意防止干旱引起的早衰，以免降低产量。雨天注意排水，以防涝害。

（二）病虫害防治　番杏少有病虫害发生。常见的有番杏病毒病，主要毒源为：甜菜黄花病毒（BYV）。此外，还有香石竹叶脉斑驳病毒（CaVMV）、菊花潜病毒（CLV）等均可侵染。病株叶片变小，产生明脉，老叶黄化，叶片皱缩不展。主要靠蚜虫传播。广东省秋冬季番杏定植成活后就出现典型症状。防治方法：参见菠菜病毒病。

夏季栽培偶有点条灯蛾（*Alphaea phasma*）的幼虫为害叶片，可用 5% 氟啶脲（抑太保）乳油或 5% 氟虫脲（卡死克）乳油，或 10% 氯氰菊酯（兴棉宝）乳油各 2 000～2 500 倍液等及时防治。

（三）采收　番杏的采收与豌豆尖的采收基本相同，主要采摘叶片或侧枝的嫩梢。夏、秋两季在肥水充足的情况下，10～15d 即可采摘 1 次，一直可以采摘到降霜为止。产量可达到 30 000～40 000 kg/hm²。

番杏的主茎和侧枝除近基部的 3～4 节外，每一叶腋都着生一个花序，而且大都能开花结果，因此不需另栽留种植株，只要主茎或侧枝不摘心（不采嫩梢），就可收获很多种子（果实）。亦可在生产田采收 2～3 次嫩梢后，选健壮植株任其生长、开花结果。老熟的果实易于脱落，应分批采收。在果实转黄熟时及时采摘，先黄先收，晒干贮藏。果实的寿命较长，贮藏于纱布口袋中 4～5 年仍有很高的发芽率和发芽势。

（黄丹枫）

第十七节　苦苣（花叶生菜）

苦苣是菊科（Compositae）菊苣属中的一二年生草本植物，以嫩叶供食用。学名：*Cichorium endivia* L.；别名：花叶生菜、花苣等。原产印度和欧洲南部。苦苣菜营养丰富，含有较多的维生素和矿物质，还含有甘露醇、生物碱、苷类、矿物质等，并具有清热、凉血、解毒、消炎和预防贫血等保健功效。其嫩叶除炒食、煮食外，也可凉拌、做汤和做馅。

一、形态特征

根系发达。营养生长期茎短缩，根出叶互生于短缩茎上。叶片较大，长倒卵形、长椭圆形或长卵圆形，叶面皱缩或平展，叶缘深裂或全缘；外叶绿色，心叶浅黄色至黄白色，叶背面稍具茸毛。头状花序，约有小花 16～22 朵，花冠淡紫色。种子较小，钟状，灰白色，千粒重 1.65g。

二、生长发育对环境条件的要求

苦苣喜冷凉湿润的气候条件，种子发芽最低温度为 4℃，需要时间较长。发芽适温为 15～20℃，3～4d 发芽，30℃ 以上高温抑制发芽。幼苗生长适温为 12～20℃，叶片旺盛生长适温为 15～18℃。耐寒、耐热和耐旱性均较强，不易感染病虫害。苦苣在低温下通过春化，在长日照条件下抽薹开花。光照充足有利于植株生长，光照太弱则心叶会变白、苦味降低，并失去苦苣的特有风味，因此栽培上要注意不能种植过密。苦苣叶片柔嫩，含水量高，整个生长期间需有均匀而充足的水分供应，水分不足，将影响产量和品质。由于生长期较短，食用部分又是叶片，因此要求土壤有充足的肥料，尤其氮肥供应要充足。苦苣宜选择有机质丰富、土层疏松、保水保肥力强的黏壤土或壤土栽培。

三、类型及品种

按叶片不同形态，可将苦苣分为碎叶（皱叶）和阔叶（板叶）两个变种：

（一）碎叶苦苣（C. endivia var. crispa Hort.） 叶簇半直立，株高 35cm，开展度 30～43cm，呈盘状。叶片长椭圆形或长倒卵形，叶缘具深缺刻，多皱褶成鸡冠状，叶长约 50cm，宽约 10cm。外叶 110～130 片。品质较好，微有苦味，适应性强，较耐热，单株重 0.5～0.8kg。生育期 70～80d。又可分为大皱、细皱两个类型。目前国内栽培品种多属此类，如北京的花叶生菜等。

（二）阔叶苦苣（C. endivia var. latifolia Hort.） 叶簇半直立，株高 20cm 左右，开展度约 36cm，呈盘状。叶片椭圆形或长卵圆形，叶面平，全缘稍具毛刺，叶长 30cm 左右，宽约 9cm，外叶 105～135 片，叶肋黄绿色，基部黄白色。品质佳，稍具苦味，适应性较强，单株重 0.5～1kg。生育期 60～80d。近年来从意大利引进的品种如巴达维亚、白巴达维亚和冬苦苣即为此类。

四、栽培技术

（一）播种育苗 苦苣可直播，也可育苗移栽。一般 3～10 月均可播种，春季栽培多采用育苗移栽，播种期以 3 月下旬至 4 月上旬为宜。秋季栽培多采用直播，7～9 月播种均可（南方地区可播到 10 月），以 8 月中旬播种最为适宜，也可育苗移植。秋播正值高温多雨季节，应做好遮阳降温、防雨排涝和驱蚜工作。育苗播种前要准备好苗床，要求土壤疏松肥沃、水分适宜。播种要均匀，用种量为 750g/hm²，播后覆细土，厚约 0.5cm。春播要覆盖地膜，以利增温保墒，促进幼苗出土，出苗后立即撤去地膜。秋播育苗，可盖遮阳网或搭遮荫防雨棚。整个苗期应做到控温不控水。幼苗具 6～7 片叶时定植到大田。

（二）定植 苦苣忌连作，其前作物以葱蒜类、豆类蔬菜为佳。定植前施足基肥，一般施腐熟有机肥 37 500～45 000kg/hm²，过磷酸钙 450kg/hm²，硫酸钾 75kg/hm²。翻土后作畦，畦宽 1.2m。早春露地栽培要铺无色地膜，秋季栽培铺黑色地膜。定植密度为 150 000 株/hm²，行距 30cm，株距 20cm。

（三）田间管理 定植后立即浇缓苗水，缓苗恢复生长后，保持土壤湿润，避免干旱。叶簇生长期，除保证足够水分外，要注意及时追肥，可施尿素 220kg/hm²，同时进行叶面施肥，喷施 0.3% 磷酸二氢钾。缓苗后开始中耕除草，前期要浅中耕，中后期稍深，并做到不伤根、不折叶，植株封垄前后，不再进行中耕。

为减轻产品的苦味，可进行软化栽培。软化栽培时用黑色遮阳网遮光，并保持叶片干燥，可将外叶顶部扎住。软化栽培的产品品质柔嫩，苦味较轻。

（四）病虫害防治 苦苣白粉病，病原：*Erysiphe cichoracearum*。春、夏、秋季栽培均可发生，以夏、秋季栽培发病重。主要为害叶片，发病时多在叶两面产生白色粉斑，后多个粉斑相互汇合，甚至布满整个叶片，终致叶片衰老黄化坏死。秋冬季可在病叶上产生黑色小斑点。严重时茎上也产生白色粉斑。苦苣生长期昼暖夜凉、露水重、多雨、高湿，则此病发生重；土壤缺肥或偏施氮肥易发病。防治方法：①秋冬季清除病叶残株，减少病源。②合理施肥，避免田间积水。③发病初期可用 40% 氟硅唑（福星）乳油 8 000～10 000 倍液，或 30% 特富灵可湿性粉剂 1 500～2 000 倍液，或 2% 抗霉菌素（农抗 120）水剂 200 倍液等防治。

苦苣的其他病害还有苦苣菌核病（病原：*Sclerotinia sclerotiorum*）、苦苣褐斑病（病原：*Ascochyta lactucae*）等，可参见其他蔬菜作物的同类病害防治方法。

（五）采收　苦苣播后 90～100d，叶片长到 30～50cm、宽达 8～10cm，叶簇仍处旺盛生长时即应适时采收。春季栽培的春末、夏初为盛收期；秋季栽培秋末、冬初为盛收期。

（陈日远　刘厚诚）

第十八节　紫背天葵

紫背天葵是菊科（Compositae）三七草属中的宿根性多年生常绿草本植物，以嫩茎叶作蔬菜用。学名：*Gynura bicolor* DC.；别名：血皮菜、紫背菜、红凤菜、观音苋、双色三七草等。原产中国，重庆、四川、广东、台湾等地有较多栽培。近年也开始在北京、上海等大、中城市郊区种植。在台湾省被视为一种优良的夏季蔬菜而加以推广。在重庆地区则是重要的叶菜之一，也是补充蔬菜春淡季和夏、秋淡季的主要叶菜。紫背天葵嫩梢及叶片可供炒食、凉拌、做汤或涮食，质地柔嫩细滑，有特殊风味，且富含维生素 A、钙、钾、锰等矿物质以及黄酮苷等化学物质。其中锰为酶的活化剂，黄酮类物质对恶性生长的细胞有中度抗效，并具延长抗坏血酸的作用及减少血管紫癜的功效，同时还有抗寄生虫、抗病毒和增强人体免疫力的作用。

一、形态特征

植株生长势和分枝性强，常半直立生长。茎长 60～90cm，绿色，断面圆形，肉质，节部紫红色，易生不定根，通常采用扦插繁殖。叶长卵形，长约 16cm，宽约 4cm，边缘有锯齿，叶面绿色略带紫色，背面紫红色，具蜡质，有光泽。头状花序，顶生于茎端。管状花，黄色，很少结籽。瘦果，矩圆形。紫背天葵形态见图 15-21。

图 15-21　紫背天葵
（引自：《中国农业百科全书·
蔬菜卷》，1990）

二、生长发育对环境条件的要求

紫背天葵适应性广，喜温暖湿润气候条件，耐高温多雨，也较耐干旱。在夏季高温下生长良好，生长适温为 20～25℃，10℃以下时生长停滞；不耐寒，只能耐 3℃的低温，遇霜冻即全株凋萎。生长期间喜充足的日照，但也较耐阴。少有病虫害。紫背天葵对土壤要求不严，较耐贫瘠，但栽培上仍以选择肥沃、富含有机质、保水保肥力强、排水通气良好、pH 为微酸性的壤土种植为好。

三、类型及品种

紫背天葵以叶片是否带有紫色而分为紫色和绿色两个种。绿色紫背天葵（*Gynura oralis* Hay，也称白凤菜）比较柔嫩，品质好，但抗性较差；紫色紫背天葵（红凤菜）口感略显粗糙，但抗逆性很强。

四、栽培技术

紫背天葵在南方大部分地区能全年生长，各季节均可陆续采收嫩梢及嫩叶，产品可周年供应。但冬季生长缓慢，约每月采摘 1 次，春暖后生长迅速，可半月采摘 1 次。在北方地区种植，冬前需移入保护地内。在生产中施入足量长效基肥是保障获得优质、丰产的关键，同时每次采收后还要追施适量的氮肥及磷肥。

（一）**繁殖方法** 紫背天葵在中国北方地区采种比较困难，故一般采用扦插、分株的方法进行繁殖。南方地区亦可采用种子繁殖。

1. 扦插法 春季2～3月及秋季8～9月从无病健壮植株上剪取6～8cm长的嫩枝条，需留有完好的节部，带3～5片叶，摘去枝条基部1～2叶，斜插于苗床上，扦插株距为6～10cm，枝条入土深4～5cm，浇透水，盖薄膜保温、保湿，经常浇水，在20～25℃条件下15～20d长出新叶，并发生较多的不定根。夏秋季用遮阳网覆盖。整个苗期视具体情况可进行1～2次中耕除草。

2. 分株法 南方地区于早春出芽前将地下宿根挖起，经整理后切成数株，随切随定植，每穴1株。北方地区在秋末将露地植株分株到保护地或春季将保护地植株分株到露地。染病、种植已多年或采收量较大的植株不宜再作分株繁殖。

3. 播种法 紫背天葵可用种子直播，也可育苗移栽，播种前深翻土地，并施入少量腐熟有机肥作基肥，与土拌匀后整地开浅沟，沟深1～1.5cm，行距15～20cm，将种子条播于沟中，覆细土厚1cm左右，再浇透水。一般播后8～10d出苗。苗期间苗1～2次，定苗苗距掌握在10cm左右。当苗长到15cm以上时，可直接定植或利用实生苗进行扦插，扩大繁殖后再移栽。

（二）**定植** 定植前结合整地铺施45 000kg/hm²优质有机肥作基肥，深翻、耙平、作畦。长江中下游地区可周年定植，华北地区应在4月下旬至5月上旬晚霜过后定植，行距30cm，株距25～30cm，种植密度80 000～90 000株/hm²。定植后及时浇缓苗水。

（三）**田间管理** 雨季应注意排水防涝。在开始采收后，每采收1次，需追肥1次，一般施尿素150～220kg/hm²。整个生长期浇水要均匀。植株旺盛生长期后，每次中耕的同时应适当摘去植株基部的老枝叶，以利于新枝萌发和通风透光。

（四）**采收** 紫背天葵定植20～30d后即可开始采收，采收标准为嫩梢长10～15cm，先端具有5～6个叶片，第1次采收时，在茎基部留2～3茎节，使新发生的嫩茎略呈匍匐状。约15d后，可进行第2次采收。从第2次采收起，茎的基部只留1个茎节，这样可控制植株的高度和株型。南方地区可周年采收，北方地区4～10月份均可收获（8～9月份为采收旺季），冬季要想生产采收，必须移入温室内栽培。

（五）**母株的保存** 紫背天葵耐热不耐寒，北方地区冬季应设法保存母株，最好在初霜前，在田间选择健壮的植株，截取顶芽，扦插在保护地内留作母株，以供来年使用。保护地内的温度应控制在5℃以上。

（六）**主要病虫害防治**

1. 紫背天葵病毒病 致病毒源尚未见报道。广州地区秋冬季种植的紫背天葵多见发病。全株发病，顶端叶片初期叶面有深浅不一的斑驳条纹和病斑，严重时叶片皱缩，变小，生长受抑。可用5%菌毒清水剂400倍液，或20%盐酸吗啉胍·铜（病毒A）可湿性粉剂500倍液，或病毒宁水溶性粉剂500倍液等，每隔10d喷药1次，连续2～3次。

2. 紫背天葵菌核病 病原：*Sclerotinia sclerotiorum*。保护地栽培常可造成为害，南方露地栽培亦可发病。此病在各生育期都可发生，以苗期发病损失严重。染病部位初呈水渍状，随后迅速软腐，在病部长出浓密的白色菌丝团，最后变成黑色鼠粪状菌核。其发病条件、防治方法，参见莴苣菌核病。

3. 蚜虫和B-生物型烟粉虱（B-biotype *Bemisia tabaci*） 春末、夏初和秋季是为害高峰期，应加强田间管理，用黄板诱杀成虫和进行药剂防治。药剂宜选用10%吡虫啉可湿性粉剂1 500～2 000倍液，或2.5%氟氰菊酯（天王星）乳油2 000～2 500倍液，或用2.5%高效氯氟氰菊酯（功夫）乳油2 000～3 000倍液防治。防治B-生物型烟粉虱可用25%噻嗪酮（扑虱灵）可湿性粉剂1 000倍液。

第十九节　罗　　勒

罗勒是唇形科（Labiatae）罗勒属中的一年生草本植物，以嫩茎叶为食。学名：*Ocimum basilicum* L.；别名：毛罗勒、九层塔、零陵香、兰香草、光明子、省头草等。罗勒原产热带亚洲和非洲，中国很早就作食用或药用栽培，南北朝后魏·贾思勰《齐民要术》（6 世纪 30 年代或稍后）中就有种植和加工的有关记载。现今中国的河南、安徽、台湾等地均有栽培，北京、上海等地也有引种。罗勒的茎叶中含有挥发性芳香油，主要成分为丁香油酚、丁香油酚甲醚和桂皮香甲酯，有特殊的薄荷香味。一般的食用方法是拌蒜泥、盐、醋后作凉菜，也可油炸、入汤或熟食。在日本，它和紫苏都作为香料蔬菜使用。将罗勒的花采收干燥后，再制成粉末储藏起来，可随时用作香味料，在欧美各国菜肴中广泛使用，故罗勒有"香料蔬菜之王"的美称。鲜罗勒还含有丰富的维生素 A 及钾、钙、镁等矿质元素，并具有消暑解毒、怯风利湿、散瘀止痛、健胃、明目、促进分娩等保健效果。此外，其茎叶还可入药或提炼香精。

一、形态特征

全株被疏软毛，茎高 50～60cm，粗 0.3～0.4cm，横断面圆形，而花茎为四棱形，叶腋多分枝。叶对生，叶柄长 2cm 左右，叶片卵圆形，长 3～5cm，宽约 3cm。花在花茎上分层轮生，每层有苞叶 2 枚，花 6 枚，成轮伞花序，一般每花茎有 6～10 层轮伞花序，组成下部间断、上部连续的顶生假总状花序。花萼筒状，宿萼；花冠唇形，白色或淡紫色；雄蕊 4 枚，柱头 1 枚，每花能形成小坚果 4 枚。果实下垂，小坚果黑褐色，椭圆形，长约 1mm。千粒重 2g 左右，发芽率可保持 8 年。罗勒形态见图 15 - 22。

图 15 - 22　罗勒（柘城罗勒）
（引自：《中国蔬菜品种志》，2001）

二、生长发育对环境条件的要求

罗勒耐热性强，高温下生长迅速，但不耐寒。喜光。耐干旱，不耐涝。对土壤要求不严格，但要获得高产优质，宜选用土壤肥沃、排水良好的地块种植。罗勒病虫害少，易于栽培，适于大面积种植或庭院栽培。

三、类型及品种

在罗勒属植物中变种、品种繁多，目前常作蔬菜栽培的品种大多从国外引进。

（一）**甜罗勒**　以嫩茎叶为食用器官，栽培最为广泛，在中国也较常见。株高 25～30cm，形成紧密的植株丛。叶片亮绿色，长 2.5～2.7cm。花白色，花茎较长，分层较多。

（二）**紫罗勒**　与甜罗勒相似。不同点在于茎叶是深紫色至棕色，花紫色。

（三）生菜叶罗勒　叶片较大，卷曲，波状，长 5～10cm，矮生。叶片数量少于其他品种。花密生，花期比其他品种稍晚。

（四）茴芹罗勒　茎深色，叶脉紫色。叶片具有强烈香气，接近于茴香的味道。欧洲烹调中使用较多。

此外，中国产的罗勒有九层塔等。

四、栽培技术

罗勒多采用直播，也可进行育苗移栽，苗高 8cm 左右定植。以收获嫩苗食用的罗勒，在无霜期内均可露地直播。以采收嫩茎叶为食的品种，主要在春季播种，华北地区露地栽培多于 4 月上旬播种。播前施腐熟有机肥 22 500～30 000kg/hm²，翻刨、耙平、作畦，一般采用平畦，畦宽 1m，长 6～8m，然后浇水，水渗透后撒籽，每畦用种子 100～150g，最后盖细土 1～2cm。播种后 3～5d 出苗。真叶出现后进行间苗除草，旱时浇水，生长中后期结合浇水追施氮肥 1～2 次，每次施尿素 150～220kg/hm²。苗高 6～7cm 时，即可开始间拔幼苗食用；至茎高 20cm 后则可采摘幼嫩茎叶供食。多次采摘的植株可收获到 8 月中旬，而未采摘的植株于 7 月上中旬开始现蕾开花，至 8 月上旬果实成熟，大部分果实成熟时要及时拔株收籽。

留种地块的栽植密度比一般生产要稀，行株距以 40cm 见方为宜，同时要增施磷钾肥。留种时要选择直立性强、叶片多、叶色深、且有光泽的植株，不符合要求的应陆续拔除。当植株长至 20cm 高时，可进行 1 次摘心（摘去顶梢 5～6cm），促进多生侧枝，增加种子产量，但不能采收嫩茎叶。

（黄丹枫）

第二十节　马　齿　苋

马齿苋是马齿苋科（Portulacaceae）马齿苋属中的一年生肉质草本植物（在热带为多年生），以嫩茎叶供食用。学名：*Portulaca oleracea* L.；别名：马齿菜、长命菜、五行草、瓜子菜、马蛇子菜等。有野生类型和栽培类型，广泛分布于世界温带和热带地区，欧洲已使用栽培类型。由于其嫩茎叶中含有去甲肾上腺素、W-3 脂肪酸等特殊成分，有益于人类的健康长寿，故多对马齿苋的人工栽培颇为重视，其中荷兰已育成蔬菜专用优良品种，台湾省引进后命名为"荷兰菜"。马齿苋可炒食、凉拌、做汤或干制，含有蛋白质、多种维生素和矿物质，具有解毒、消炎、利尿等保健功效。

一、形态特征

株高 10～35cm，茎直立，半匍匐或匍匐生长，圆柱状，平滑无毛、肉质，淡绿色或淡紫红色。叶长倒卵形或匙形，光滑无毛、肉质，全缘，先端钝，近于无柄，对生。叶腋发生 2 个腋芽，基部的腋芽大，越上部的腋芽越细小。花小，无柄，两性花，簇生于茎顶数叶的中心，有雌蕊 1 枚、雄蕊 11 枚或更多、花瓣 5 片，为白、黄、红或

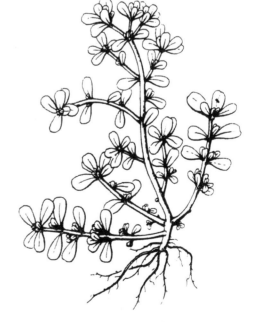

图 15-23　马齿苋
（引自：《中国农业百科全书·蔬菜卷》，1990）

紫色。果实为蒴果，圆锥形，成熟后自然开盖散出种子，内具种子多数，细小，黑色，有光泽，千粒重约0.48g，发芽力可保持3～4年。马齿苋形态见图15-23。

二、生长发育对环境条件的要求

马齿苋喜温暖湿润气候条件，怕霜冻。地温稳定在10℃以上时就能萌芽，种子最适发芽温度25～30℃，生长发育适温范围为25～35℃。气温低于15℃时，植株生长缓慢；耐热抗旱性极强，40℃以上时生长依然良好，失水3～4d后，遇水依然能成活，但长期干旱影响品质和产量。喜光，但又耐阴，适合露地栽培及保护地栽培。对土壤要求不严，但在肥沃、保水性好、富含有机质的沙壤土中易获高产。喜湿但又怕涝，因此要求排水良好土壤。整个生育期对氮、磷、钾肥的要求，前期以氮肥为主，中后期钾肥需求增多，磷肥能使叶片增厚。

三、类型及品种

马齿苋的栽培品种有荷兰菜，其植株肥大，株高30～35cm，直立生长，茎粗、紫红色，叶大、长倒卵形，生长快速，产量高，品质风味优于野生马齿苋，栽培适应性强。

野生马齿苋常见的有3种：宽叶马齿苋、窄叶马齿苋和观赏马齿苋。窄叶马齿苋耐寒、抗旱，植株矮小；宽叶马齿苋叶大而肥厚，较抗旱，但不耐寒；观赏马齿苋只用于观赏，花色鲜艳。用于人工栽培者主要是宽叶马齿苋。

四、栽培技术

（一）整地 种植前施农家有机肥为基肥，整地后作畦，畦宽为100cm，开浅沟两条，沟宽21～24cm。

（二）繁殖方式及播种 马齿苋多用种子繁殖，也可用无性繁殖（主要是扦插）。

利用保护地育苗东北地区4月中下旬播种，华北地区3～4月播种，华东地区2～3月播种，华南地区2中旬播种，热带地区可在冬季进行露地反季节栽培。据李宝光等报道（2000），马齿苋种子有5～6个月的休眠期，用浓度为200mg/L赤霉素（GA_3）浸种12h，可打破休眠，促进种子发芽。马齿苋种子处理的适宜浸种时间一般以9～12h（30℃）、发芽温度以30～35℃为好。马齿苋种子细小，可用细沙与种子混匀后再播种，用种量为2.25～3kg/hm²，一般采用宽幅条播。播后用脚轻踏一遍便可，可不覆土，播后喷水保持土壤湿润。露地栽培，在气温达到20℃以上时，随时可以播种。

马齿苋也可用扦插繁殖，在温暖多雨的季节，剪取长约10cm的茎段扦插，无论老茎或幼嫩茎都较易成活。

（三）田间管理 当幼苗长至高约15cm时即可间苗，同时进行除草。定苗株距宜保持在9～10cm。间苗后可追1次氮肥，以后看生长情况酌情追肥，氮肥以碳酸氢铵为好，施肥量800kg/hm²左右。施用尿素会引起植株老化。天气干燥时每1～2d应浇1次水。

马齿苋一般较少发生病虫为害，但在秋季雨后常有马齿苋白锈病发生，病原：*Albugo portulacae*。受害叶片上产生初为黄色、无明显边缘的斑点，叶背生出白色隆起的小疱斑，后变成近圆形至椭圆形疱斑，破裂产生白色粉末状物。病菌也可侵染叶正面。严重时病斑布满叶片，致畸形坏死。春秋季多雨、地势低洼、植株生长茂密、土壤黏重则发病重。防治方法：①秋末清除病残体，深翻土地，减少病源。②注意田间排水。③药剂防治参见本章蕹菜白锈病。同期可能为害马齿苋的还有马齿苋炭疽病，病原：*Colletotrichum sp.*。防治方法：①清洁田园，减少越冬菌源；②注意田间排水，及时摘除病叶；③发病后用 25％炭特灵可湿性粉剂 600 倍液等喷雾。

（四）采收及采种 马齿苋的采收主要有两种方式：连根拔起和收割，保护地种植主要采用前者。幼苗的采收可结合间苗进行；当植株长至 25cm 以上时即可采收嫩茎叶。采收前 1 周可喷施浓度为 30mg/L 的赤霉素（GA_3）溶液，不仅可使植株嫩绿，而且可使产量增加 30％以上。收割时应在茎基部留 2～3 叶节，以便萌发腋芽，陆续采收。现蕾时要不断地摘除顶尖的花蕾，不让其开花，以保持良好的营养生长。

马齿苋的留种要注意与野生马齿苋隔离，管理上要少施氮肥，适当控制浇水，以促进其开花结籽。一般进入 7 月份开始开花，8～9 月份种子陆续成熟，应在种盖未开时及时采收。

（李 彬）

第二十一节 紫 苏

紫苏是唇形科（Labiatae）紫苏属中的一年生草本植物，以嫩茎叶供食用。学名：*Perilla frutescens*（L.）Britt；别名：荏、赤苏、白苏、香苏、苏叶、桂荏、回回苏等。原产亚洲东部，如今主要分布在印度、缅甸、印度尼西亚、中国、日本、朝鲜、韩国与前苏联等地。中国具有悠久的栽培历史，秦汉间的《尔雅》（公元前 2 世纪）中就有紫苏的有关记载，现今华北、华中、华南、西南以及台湾省都有紫苏的野生和栽培种分布。近些年来，因紫苏特有的活性物质及营养成分，已成为一种备受世人关注的经济价值很高的多用途植物，并已开发出食用油、药品、腌渍品、化妆品等几十种以紫苏为原料的加工产品。

紫苏的营养特点是具有低糖、高纤维、高胡萝卜素和高矿质元素等，还含有紫苏醛、紫苏醇、薄荷酮、薄荷醇、丁香油酚、白苏烯酮等挥发油。

紫苏种子中含大量油脂，出油率高达 45％左右。种子中蛋白质含量占 25％，内含 18 种氨基酸，其中赖氨酸、蛋氨酸的含量均高于高蛋白植物籽粒苋。此外还含有谷纤维素、维生素 E、维生素 B_1、淄醇、磷脂等。

紫苏还具有特异的芳香，有杀菌防腐作用。可生食、做汤、腌渍、作配料和装饰或作加工原料。根、茎、叶、花萼及果实均可入药。紫苏叶又供食用，具有散寒、理气、和胃、解鱼蟹毒等功效。

紫苏叶是日本料理中的常用蔬菜，近年中国种植的紫苏已向日本等地少量出口。

一、形态特征

须根系。株高 50～200cm。茎直立，横断面四棱形，密生细柔毛，绿色或紫色，多分枝。叶交互相对着生，绿紫或紫色，卵形或宽卵形，边缘具锯齿，顶端锐尖，基部圆形或广楔形，密被长柔毛，叶柄长 3～5 cm。轮伞花序，各轮密接，组成顶生或腋生偏向一侧的假总状花序。花白色、粉色或紫色，有苞片 1 枚，卵形，全缘；花萼钟状唇形，上唇 3 裂宽大，下唇 2 裂；花冠管状唇形，上唇 2 裂微缺，下唇 3 裂，雄蕊 4 枚，子房 4 裂，花柱直插

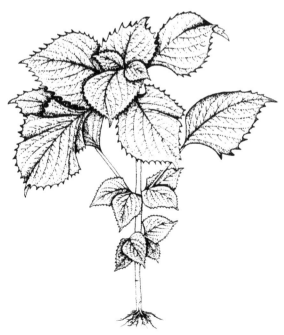

图 15－24 紫苏（观音紫苏）

（引自：《中国蔬菜品种志》，2001）

子房基部。小坚果卵球形或球形，灰白色、灰褐色至深褐色，种子千粒重 0.8～1.8g。紫苏形态见图 15-24。

二、生长发育对环境条件的要求

紫苏喜温暖湿润气候条件，温度在 8℃ 以上就能发芽，适宜发芽温度为 18～23℃。苗期可耐 1～2℃ 的低温，开花期适宜温度为 26～28℃，空气相对湿度 75%～80%。属典型的短日照蔬菜，故秋季开花，在较阴的地方也能生长。产品器官形成时，不耐干旱，土壤应保持湿润，空气过干，茎叶粗硬，纤维多，品质差。对土壤适应性广，但喜欢在疏松、肥沃排水良好的土壤中生长，在稍黏性的土壤中也能生长，但发育较差，排水不良会严重影响产量和品质。云南药农多选海拔 1 800m 左右的高山冷凉区的树林地带种植，生长良好。施肥以氮肥为主，亦可配合施一些过磷酸钙等其他肥料。

三、类型及品种

紫苏有回回苏、野生紫苏、耳齿变种 3 个变种类型。据《中国植物志》称，紫苏的变异较大，中国古书上称叶全绿的为白苏，称叶两面紫色或面青、背紫的为紫苏。但据近代分类学者 E. D. Merrilld 的意见，认为二者同属一种植物，其变异不过为栽培而起。又如前所述，紫苏和白苏叶的颜色、花色、被毛的疏密、香气等有一些差异，但差异细微，故将二者合并。

（一）回回苏（var. *crispa* Deane） 又称皱叶紫苏或鸡冠紫苏。其叶片皱曲，常两面紫色，叶缘具狭而深的锯齿，果萼较小，芬芳味较浓。中国各地栽培。供药用、作香料及食用，也可栽培于庭园作观赏用。

（二）野生紫苏[var. *acuta*（Thunb.）Kudo] 又称尖叶紫苏。叶较小，卵形，叶缘具尖锯齿，两面被疏柔毛。产山西、河北、湖北、江西、台湾、广西、云南等地，生于山地、路旁，或栽培于舍旁。

（三）耳齿变种（var. *auriculato-dentata* Wu et Li） 其主要性状与野生紫苏相近似，但叶基部圆形或心形，具耳状齿缺，雄蕊稍伸出于花冠。产浙江、安徽、江西、贵州、湖北等山坡、路旁。

根据种子的颜色，中国民间也常将紫苏分为紫苏和白苏。

1. 紫苏 叶片正面和背面均为紫色或面绿背紫或两面绿色，花冠紫红色至粉色，小坚果棕褐色，种子棕黑色，香气较浓。

2. 白苏 叶正面淡绿色，背面较苍淡，被毛稍密。花冠白色，果萼稍大。小坚果灰白色，种子灰白色，比紫苏种子稍大。香气不如紫苏浓。

四、栽培技术

（一）栽培季节 长江、黄河流域以露地栽培为主，3～4 月冷床或露地育苗，4～5 月定植，6～9 月采收，至抽薹为止。保护地大棚补光栽培 9 月育苗，10 月定植，生长期间进行补光处理，2～4 月供应。大棚、中棚秋延后栽培 8～9 月播种，9～10 月定植，11 月至翌年 1 月供应；春提前栽培 1～2 月播种，2～3 月定植，4～6 月供应。近些年盛行家庭容器栽培，采用盘、盆、钵等各种容器栽植，可周年播种采食，又可作观赏用。

（二）栽培方式

1. 芽紫苏栽培 采用节能日光温室与大、中棚配套，进行冬春芽紫苏苗床或苗盘简易栽培，当紫苏长有 4 片真叶时，齐地面收割。芽紫苏生长周期短，产量高，品质好。

2. 叶紫苏栽培　即采叶栽培，但保护地紫苏植株有 3～4 片真叶时，进行补光处理延长日照，可使其花芽分化受到抑制，从而提高单株叶片数和产量。

3. 穗紫苏栽培　保护地紫苏在植株有 3～4 片真叶时，用黑色薄膜于上午及午后进行遮阳覆盖，使日照时数缩短至 6～7h/d，以促进花芽分化。定植以 3～4 株为一丛，丛距 10～12cm，保持 20℃ 以上的温度，6～7 片叶时即可抽穗，当穗长 6～8cm 时，及时采收。穗紫苏以花色鲜明、花蕾密生为最佳，品种最好选矮生类型。

（三）栽培管理

1. 种子贮存与处理　种子采收后置于阴凉处风干 2～3d，后与等量河沙混合，保持适宜的湿度，分装于箱内埋于土中，以利发芽。紫苏的种子，休眠期长达 120d，如果用新采收的种子，则需打破休眠。将种子用 100mg/L 赤霉素（GA_3）处理，再将种子置于 3℃ 低温下处理 5～10d，再置于温度为 15～20℃ 的光照条件下催芽，种子发芽率可达 80% 以上。

2. 精细整地　因紫苏种子细小，整地时，要求土壤细碎疏松，施腐熟有机肥 75 000kg/hm²、饼肥 150kg/hm²、磷酸二铵 20kg/hm²、氯化钾 7.5k/hm² 作基肥，并深翻细耙，使肥料与畦土充分混合均匀。然后作高畦，畦宽 1.3～1.6m（含沟），浇透底水，待播。

3. 直播　紫苏可直播或育苗移栽。由于直播留苗密度很大，植株易徒长，植株可高达 1.8～2m，而 1m 以下叶子常常落光，严重影响叶片及紫苏油的产量，故不多采用。直播以清明播种最适宜，苗高 6～10cm 时间苗，株距 16cm 左右。

4. 育苗移栽　江南地区以 3 月中旬用小拱棚播种育苗最好，用种量约 3kg/hm²，一般按种植面积的 8%～10% 准备苗床，苗床播种量为 10～14g/m²。播前苗床要浇足底水，种子均匀撒播在床面上，盖一层薄土，以不露籽为度，再均匀撒些稻草，覆盖地膜，然后加小拱棚保温、保湿，经 7～10d 即发芽出苗。齐苗后注意及时揭除地膜，及时间苗，一般间苗 3 次，以达到不拥挤为标准，苗距约 3cm 见方。注意适当通风、透气，以防幼苗徒长形成高脚苗。进入 4 月份即可揭除小棚薄膜，促使幼苗粗壮，增强定植后对外界环境的适应性。

定植前可喷洒除草剂都尔，用量 2.15g/m²，喷药后除定植穴外尽量不破坏土表除草剂液膜。2d 后进行定植，可使整个生长季节无草害发生。定植一般于 4 月中旬秧苗有 2～3 对真叶时进行。定植行距 20cm，株距 15cm 左右。

5. 肥水管理　生长期间看长势及时追施尿素 3～5 次。干旱时需及时浇水以保持地面湿润，结合浇水每次施尿素 150kg/hm²，也可配成 0.3% 的溶液浇施，以提高叶片生长量。生长期间如遇高温干旱，则每天早晚要浇水抗旱。

6. 摘叶打杈与采收　紫苏定植 20d 后，对已长成 5 个茎节的植株，应将茎部 4 茎节以下的叶片和枝杈全部摘除，以促进植株健壮生长。摘除初茬叶 1 周后，当第 5 茎节的叶片横径达 12cm 以上时，即可开始采摘叶片，每次采摘 2 对叶片，并将上部茎节上发生的腋芽从基部抹去。

露地栽培紫苏 6 月中下旬至 8 月上旬为采收高峰期，一般可每隔 3～4d 采收 1 次。9 月初植株开始生长花序，此时对不留种的可保留 3 对叶片摘心、打杈，使叶片达到商品标准。全年每株紫苏可摘叶 36～44 片，鲜叶产量 2 500～3 000kg/hm²。

（四）病虫害防治

1. 紫苏锈病　病原：*Coleosporium perillae*。夏、秋季栽培发生，高温、高湿条件易诱发此病。可用 2% 抗霉菌素（农抗 120）水剂 200 倍液，或 15% 三唑酮（粉锈宁）可湿性粉剂 1 000～1 500 倍液防治。

2. 紫苏褐斑病　病原：*Phoma* sp.。为害叶片和茎秆，阴雨潮湿、植株长势弱发病重。防治方法：清洁田园，合理施肥；发病初期喷施敌菌灵、甲基硫菌灵等杀菌剂。

3. 主要害虫　紫苏野螟（*Pyrausta phoenicealis*）、银纹夜蛾（*Argyrogramma agnata*）、斜纹夜

蛾（*Prodenia litura*）等食叶害虫，可用 0.36%苦参碱水剂 500 倍液，或 5%氟啶脲乳油 1 000～1 500倍液等防治。蚜虫可用氰戊菊酯、吡虫啉等喷雾防治。

（五）采种 留种紫苏宜适当稀植，一般株行距约为红紫苏 45cm 见方，白苏 60cm 见方。在苗期和整个生长期应及时拔除杂株。种子成熟期为 9～10 月，采收要及时，一般位于果穗下部 2/3 处的果萼已经变成褐色时采收。将果穗整个剪下，再将果穗上部的 1/3 剪除不用。采收种子应在早晨露水未干时进行，下午采收，则成熟种子易散落。采收后应及时晾晒、脱粒。

（黄丹枫）

第二十二节　榆钱菠菜

榆钱菠菜是藜科（Chenopodiaceae）滨藜属中的一年生草本植物，以嫩叶供食用。学名：*Atri-plex hortensis* L.；别名：食用滨藜、洋菠菜、山菠菜、山菠薐草等。原产中亚细亚。中国青海及新疆有野生种，内蒙古、陕西等地有栽培，一般作蔬菜食用，也是优良的饲料作物。

图 15 - 25　榆钱菠菜（延寿榆钱儿菠菜）
（引自：《中国蔬菜品种志》，2001）

一、形态特征

茎具棱角和纵沟，高 1.5～2.0m。叶在茎基部对生，上部互生，叶片卵状三角形，先端微钝，基部载形，似菠菜叶，长 10～25m，宽 8～16cm，正面和背面均为绿色，背面稍有蜡粉，边缘有角，有时呈波状或几乎为全缘，叶柄长 2～3cm。花着生于顶生或腋生的穗状圆锥形花序上，雌雄同株（同穗）异花，雄花有 5 个花被片及 5 枚雄蕊，雌花有两型：①有花被雌花，有 5 个花被片，无苞片，种子横生，扁球形，直径 1.5～2.0mm，黑色；②无花被雌花，仅有 2 枚苞片，苞片近圆形，直径 1.0～1.5cm，先端尖，全缘，有放射状脉纹，似榆树果实（榆钱），种子直立，扁平，圆形，直径 3～4mm，黄褐色。种子千粒重 7g 左右，发芽力能维持 3～4 年。榆钱菠菜形态见图 15 - 25。

二、生长发育对环境条件的要求

榆钱菠菜耐寒、耐盐碱性很强，同时也耐旱涝、耐瘠薄。在光照充足条件下生长迅速，但抽薹开花似不受日照长短的影响。一般播种后 50～60d 即抽薹开花。

三、栽培技术

榆钱菠菜栽培技术简单，在东北、西北及华北等冷凉地区，于无霜期内根据其生长期可随时播种。

整地、施肥、作畦后，可条播或撒播，播种量 15～22.5kg/hm²。

播种后 6～8d 出苗，15～20d 有 4 片真叶展开时，需间苗除草 1 次。30～35d 苗高 20～30cm，有叶 10～15 片时，即可及时采收。植株抽薹开花后，叶片硬化，品质变差，不宜食用。采种田可按行距 40～50cm，株距 25～30cm 留苗，一般播后约 90d 种子成熟。

（苏小俊）

第二十三节　薄　荷

薄荷是唇形科（Labiatae）薄荷属中的多年生宿根性草本植物，以嫩茎、叶为食。学名：*Mentha haplocalyx* Briq.；别名：田野薄荷、蕃荷菜等。原产北温带。栽培历史悠久，分布很广，世界各国几乎都有栽培。分布较多的有日本、英国和美国等，德国、法国和巴西也有栽培。中国自北至南都有分布，而以江苏、江西、浙江和云南等地栽培较广。云南省开远、弥勒和宜良等县还有野生薄荷，亦可食用。薄荷营养丰富，含较多的蛋白质、碳水化合物，还含有钙、磷、铁等矿物质及多种维生素和微量元素。此外，还含有薄荷油（$C_{10}H_{20}O$，含 1%），其中成分之一为薄荷醇，占 70%～90%，薄荷酮占 10%～20%，还含薄荷霜（$C_{10}H_{18}O$）、樟脑萜、柠檬萜等芳香抑菌抗病毒成分（赵大芹，2000）。

薄荷的用途很广。薄荷含有特殊的浓烈清凉香味，除用以凉拌可解热外，还有除腥去膻作用，故是食用牛、羊肉的必备调料。云南省回民较多，南部天气炎热，因此栽培较普遍。薄荷具有发汗、祛风、清暑、化痰、兴奋、杀菌、止痛、止呕吐等作用，中国自古即用作药材。

一、形态特征

根系发达，植株高 30～60m，直立。地下葡萄茎和地上茎横切面呈四棱形，全株密生微柔毛。叶对生，卵形或长椭圆形，先端锐尖，基部近圆形，绿色，叶面有核桃纹，边缘有锯齿。每一叶腋都能抽生侧枝。花唇形，集生于叶腋，浅紫色，极小，有雄蕊 4 枚，雌蕊 1 枚。坚果，种子极小，黄色。菜用的因经常采摘嫩茎叶尖，一般不开花结籽。

二、生长发育对环境条件的要求

薄荷喜温、耐热，不耐寒，适宜生长温度 20～30℃。喜湿却不耐涝。对土壤要求不严，除过于瘠薄或酸性太强外，都能栽培，但要获得高产优质，仍以选择肥沃的沙质壤土或冲积土为好。薄荷较耐阴，栽培在向阳处不如在背阴处生长好，故在果园和桑园间作，常生长茂盛，品质亦佳。肥料以氮肥为主，钾肥次之，磷肥又次之。

三、类型及品种

唇形科薄荷属的种不下 30 种，还有其亚种和变种，再加上薄荷容易杂交和发生变异，所以数量难以计算。薄荷可分为短花梗和长花梗两个类型。前者花梗极短，为轮伞花序，中国大多栽培这一类型；后者花梗很长，常高出全株之上，为穗状花序，含油量极少，欧、美栽种的多是这一类型。

现介绍中国栽培较多的薄荷栽培种，除薄荷（*Mentha haplocalyx* Briq.）（中国薄荷）外，还有：

（一）皱叶留兰香（*M. crispata* Schrad.）　茎直立，高 30～60cm，锐四棱形，常带紫色，无毛。叶无柄或近于无柄，卵形或卵状披针形，先端锐尖，基部圆形或浅心形，边缘有锐裂的锯齿，上面绿色、皱波状，叶下面淡绿色。轮伞花序在茎及分枝顶端密集成穗状花序，长 2.5～3cm。原产欧洲，广为栽培。南京、北京、上海、杭州及昆明等地习见栽培。嫩枝、叶常作香料食用。

（二）柠檬留兰香（*M. citrata* Ehrh.） 有具叶的匍匐枝，全身无毛或近于无毛。茎高 30～60cm，多分支，四棱形，微具槽。叶宽卵圆形或椭圆形，或近圆形，边缘疏生锐锯齿，上面绿色，下面淡绿色，两面无毛。上部茎叶常细小，有时近于披针形，先端锐尖。轮伞花序在茎及分枝顶端密集长成 2.5～4cm 的穗状花序。原产欧洲。北京、南京、杭州等地有引种栽培。

（三）圆叶留兰香［*M. rotundifolia*（Linn.）Huds.］ 茎直立，高 30～80cm，纯四棱形，多分枝，被皱曲多节柔毛。叶通常无柄，圆形、卵形或长圆状卵形，先端钝，边缘具圆齿或圆齿状锯齿。上面绿色，疏被柔毛，下面淡绿色，密被柔毛。轮伞花序在茎及分枝顶端密集成穗状花序，长 2～4cm。原产中欧。北京、南京、上海、丽江、昆明等地均有引种栽培。

（四）欧薄荷［*M. longifolia*（Linn.）Huds.］ 植株高 100cm，根茎匍匐，节上生根，具地下枝。茎直立，锐四棱形。叶无柄或下部叶具短柄，卵圆形或卵状披针形，边缘具粗大而不整齐的锯齿，绿色。密被绒毛状具节柔毛。轮伞花序在茎及分枝顶端集合组成圆柱形先端尖锐的穗状花序，长 3～8cm。原产欧洲，多作芳香及药用植物栽培，花序及叶的出油率为 0.23%～1.1%，主要为胡薄荷醇（约含 40%）、薄荷脑及薄荷酮。南京、上海等地有引种栽培。

（五）唇萼薄荷（*M. pulegium* Linn.） 地下枝具鳞叶，节上生根。茎直立或匍匐，高 15～30cm，纯四棱形，有微硬毛常呈红紫色，多分枝。茎叶具短柄，叶片卵圆形或卵形，先端钝，基部近圆形，边缘具疏圆齿，但常为全缘，被微柔毛。轮伞花序，具 10～30 朵花，圆球状，疏散，彼此远离。原产中欧及西亚。北京、南京等地有引种栽培。

欧洲薄荷及中国薄荷形态见图 15-26。

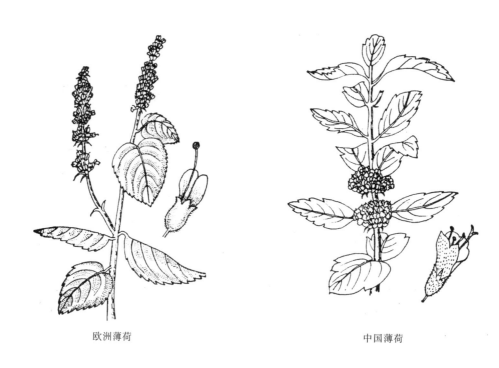

欧洲薄荷　　　　　　　　　　中国薄荷

图 15-26　薄荷的类型

（蔡克华，1982）

四、栽培技术

（一）繁殖方法 薄荷虽然可以用种子繁殖，但由于它的再生能力强，新根和不定根萌生快，一般都采用无性繁殖。无性繁殖又可分为根茎繁殖、分株繁殖和扦插繁殖 3 种，而以分株繁殖最为简便易行，因此大面积栽种，大多采用这一方法。

分株繁殖的时间，主要决定于各地的气候条件，北热带及南亚热带地区，一年四季都可进行；江苏省、浙江省一带，清明前后常有雨水，湿度较大，栽植后易于成活；西南地区春季天旱风大，以雨季开始后栽植为宜。

栽植前要准备好种苗（分株）。薄荷的茎比较细软，长到一定高度，其基部即匍匐地面。茎与地面接触后，每一叶节向下发生不定根，向上抽生一新枝，接触地面的节数愈多，新枝亦愈多。待茎节产生不定根后把这种匍匐茎在老根处切断，再一节一节剪开，每一节便是一个分株。薄荷除分株繁殖外，尚可采用种子繁殖、根茎繁殖及扦插繁殖。种子繁殖：种子播种期为 4 月上旬，由于薄荷种子细小，直播大田成苗率低，故一般先播种在育苗盘中，将育苗盘放到大棚或温室内，大约经 7～8d 出苗，出苗后温度应掌握在 20～22℃，并注意水分、间苗等管理。当幼苗有真叶 3～4 片时即可移栽大田。根茎繁殖：选取肥大、节短、色黄白的地下新根茎，切成 10cm 左右的小段，在 12 月中旬（南方）或 4 月中旬（北方）移栽露地。扦插繁殖：将地上茎切成 10cm 左右的小段（每段上必须有新芽），在 6 月上中旬直接插在土中。薄荷栽植 1 次，可连续采收 2～3 年，故应施足基肥。种植前施腐熟有机肥 30 000～37 500kg/hm² 作基肥，深耕、耙平、整细后开沟作高畦，以利排水。畦宽（连沟）1.5m，行距 50cm，株距 35cm，每穴栽植 1 株。栽植后浇足定根水。

薄荷容易丧失种性，其原因是：①常用无性繁殖使病毒积累；②薄荷为异花授粉作物，极易造成生物学混杂；③自然变异。

薄荷品种的提纯复壮（汪茂斌等，2000）：可利用茎尖分生组织培养结合大田去劣除杂等保存措施，能有效防止种性退化，在生产应用中获得良好效果，增产增效显著。茎尖分生组织培养能够去除繁殖材料的病毒、真菌和线虫，而且能保持遗传上的稳定性。通过组织培养还可筛选出优良的无性株系，具体方法是 6～8 月份在田间选取具有该品种性状，综合性状优良的植株挂牌标记，至盛花期用鼻闻及测原油旋光度等方法确定最佳株，整棵挖出，栽入温室，发芽后剥取茎尖进行组织培养，约 30～60d 转入快繁阶段，再进行培养。9～11 月份进行移苗，移入大棚、温室，次年 4 月再移入株系鉴定圃中鉴定，至盛花期确定最佳繁殖株系，进行大田扩繁。在第 1 次收割后剪取根颈部位进行扦插育苗。种根翻收后选取优质地下茎进行根茎扩繁种苗。栽后 30d 左右即可出苗进行常规管理。

（二）栽培管理　薄荷栽植后的管理工作：一是浇水，使土壤保持湿润。二是中耕除草，保持土面疏松而无杂草。三是追肥，在每次采收后跟着中耕和追肥 1 次，每次施 0.3％尿素液 15 000kg/hm²，还可用 0.3％磷酸二氢钾进行叶面喷施。四是疏拔地上茎和地下茎，使地下部和地上部不致过于拥挤。

（三）病虫害防治　主要病害为锈病，可通过田间管理综合防治，药剂防治同紫苏锈病。主要害虫是小地老虎和蚜虫。在小地老虎 3 龄前可喷洒 90％晶体敌百虫，或 50％辛硫磷乳油 800 倍液；蚜虫可喷洒 20％氰戊菊酯乳油或 50％抗蚜威可湿性粉剂各 2 000 倍液，或 40％乐果乳油 800 倍液防治。

菜用的薄荷，当主茎高达 20cm 上下时，即可采摘嫩梢供食。由于破坏了顶端优势，侧枝萌生更快。在云南省开远县一带，一年四季都可采摘，而以 4～8 月产量最高，品质最好。温暖季节 15～20d 采收 1 次，冷凉季节 30～40d 采收 1 次。

（黄丹枫）

第二十四节　莳　　萝

莳萝是伞形科（Umbelliferae）莳萝属一年生或二年生草本植物。学名：*Anethum graveolens* L.；别名：土茴香、草茴香、小茴香等；古名：慈谋勒。以嫩叶供食用。原产地中海沿岸地区，欧

美各国栽培较广泛，前苏联高加索、小亚细亚地区也有栽培。中国新疆栽培较多，华南地区也有栽培，上海等大城市郊区近年有零星种植，一般都作为香辛蔬菜用。

　　莳萝青苗、嫩叶均可炒食，或作凉拌菜，也可作调料，洗净切碎后放于煮好的肉、蛋汤中，或撒于鱼肉等荤菜上，既解腥气又能添色增香。莳萝子也可用于调味，还可用于腌制泡菜如泡黄瓜等，能延长泡菜的保质时间。在法国，莳萝被认为是具有防腐作用的食品，常用于冬季保藏食品或作调味料。

　　莳萝含各种矿物元素及维生素。全株具芳香，芳香油的含量很高，绿叶中含莳萝精油 0.15%，果实中含 3%～4%。莳萝精油主要含藏茴香酮（$C_{10}H_{14}O$）、柠檬萜、水芹菜萜等药用成分，具有杀菌、健脾、开胃消食等功效。莳萝茎叶性味辛、温，能祛风散寒。莳萝子含丰富的微量元素，尤其是锌、锰、铜等，还含有丰富的蛋白质、纤维素、碳水化合物等，具有补肾、壮筋骨等保健功效。

图 15 - 27　莳　萝
（引自：《中国农业百科全书·
蔬菜卷》，1990）

一、形态特征

　　莳萝为浅根性蔬菜作物。一般株高 20～50cm，有分枝。茎短缩。叶轮生，三回羽状分裂，裂片狭长成线状，绿色，具较长的叶柄。花小，淡黄色，无花被。伞形花序，花期较短。果实为双悬果，棕黄色，无刺毛，椭圆形、扁平，长 3～4mm，宽 2～3mm，果实两侧棱线延伸成翅状，可随风传播。果实含种子 2 粒，种子千粒重 1.2～2.6g，发芽力可保持 3 年或稍长。莳萝形态见图 15 - 27。

二、生长发育对环境条件的要求

　　莳萝喜温暖湿润的气候条件，生长适温为 20～25℃，不耐高温干燥，也不耐寒。耐旱力略强。在低温下通过春化阶段，在长日照和较高温度下抽薹开花。莳萝喜光，在充足的光照下生长旺盛。对土壤要求不严格，但栽培时仍以选土壤肥沃、排灌方便、具有良好光照条件的地块为好。

三、栽培技术

　　莳萝的生长期约 80d，春、秋两季均可栽培。

　　（一）春季栽培　露地栽培于 3 月中旬至 4 月下旬播种，多采用条播，也可撒播。采收嫩茎叶的莳萝用种量为 22.5～30kg/hm²；以采收种子为主的用种量为 12kg/hm²。条播行距 10～20cm，开浅沟，播后覆土，稍镇压后浇透水。播后 10～15d 出苗。苗高 5～10cm 时，中耕除草、浇水，看长势追施薄肥，一般施尿素 150kg/hm²。播后 30～40d，苗高 20～30cm 时，即可间拔采收或 1 次采收完。以收种子为主的也可采收叶片，苗期可间拔过密苗上市，后期陆续采摘叶片，产量约 15 000kg/hm²。

　　采种田种子在 7 月中下旬成熟，在果实开始转黄褐色时整株割下，晒干脱粒。种子产量约 1 200 kg/hm²。

　　（二）秋季栽培　秋季栽培只采收嫩苗及叶片，不能采种。一般 8～9 月播种，10 月开始采收，南方可采收至 12 月，产量约 19 500kg/hm²。

　　（三）病虫害防治　莳萝病虫害极少，但在高温干旱情况下，会发生蚜虫及红蜘蛛为害。可通过加强管理，高温干旱期采取喷灌或喷雾器喷水，能防止或减少虫害的发生。必要时用药剂喷洒，如阿维菌素、浏阳霉素、乐果等防治害螨。

（陈日远　刘厚诚）

第二十五节　鸭 儿 芹

鸭儿芹是伞形科（Umbelliferae）鸭儿芹属中的多年生宿根草本作物，常作一年生栽培，以嫩苗或嫩茎叶供食。学名：*Cryptotaenia japonica* Hassk.；别名：鸭脚板、三叶芹、山芹菜、野蜀葵、三蜀葵、水芹菜等。原产亚洲，在朝鲜、中国、日本和北美洲的东部地区均有分布，是日本主要的栽培蔬菜之一。目前，中国栽培的鸭儿芹品种主要由日本引进，城市郊区有少量栽培。

鸭儿芹质地柔嫩，具芳香，风味独特，可凉拌或炒食。含有较高的胡萝卜素等维生素以及磷、钾、钠、钙等矿物质。全株还含有鸭儿烯、开加烯、开加醇等挥发油。药理分析表明，鸭儿芹的水煎液对金黄色葡萄球菌有一定的抑制作用。鸭儿芹性味辛、温，有祛风止咳、活血祛瘀、消炎、解毒等功效。

一、形态特征

根系浅，根细长而多。株高 30～90cm，直立生长，茎短缩，具有分枝。基生叶及茎下部叶为三出复叶，叶柄长 5～17cm，复叶长可达 14cm，宽可达 17cm，基部叶鞘抱茎；小叶长卵形或广卵形，无柄，叶缘均有不整齐的锯齿或有 2～3 浅裂。茎上部的叶无叶柄，小叶披针形。复伞形花序，疏松，不规则，顶生或腋生，总苞片和小总苞片各 1～3 枚，条形，早落，花白色。双悬果，长椭圆形，长 3.5～6.5mm，宽 1～2mm。种子黑褐色，长纺锤形，有纵沟，千粒重 1.5～2.0g。

二、生长发育对环境条件的要求

鸭儿芹喜冷凉潮湿，在高温干燥的环境条件下生长不良，易老化。种子发芽需光，发芽适温为 20℃左右。植株生长适温为 15～22℃，耐寒力强，地下根茎能在寒冷地区露地越冬。鸭儿芹为长日照作物，喜中等强度光照。适宜在 pH 为中性、保水力强、有机质丰富的壤土中种植。

三、品种及类型

按茎与叶柄的不同颜色可将鸭儿芹分为青梗和白梗等类型。栽培品种有：

（一）青梗三叶芹　短缩茎浅绿，叶柄绿色，抗逆性强。

（二）白茎三叶芹　茎、叶柄奶白色，叶片绿色，作一般栽培及软化栽培均可。

四、栽培技术

（一）栽培季节　鸭儿芹一般以采收嫩株为产品，生长期短，从定植到收获仅需 35～50d，可周年栽培供应。中国南方温暖地区露地栽培在 2～10 月播种，4～12 月采收。北方露地栽培于 3 月下旬或 4 月中旬至 8 月中旬播种，6～11 月采收。冬春季可依各地的情况用节能日光温室、塑料大棚等进行保护地生产。

（二）栽培技术

1. 播种　选择灌溉条件良好、肥沃的地块，播种前施有机肥 30 000～45 000kg/hm²、复合肥约

300kg/hm² 作基肥，与土壤混匀后做畦，畦宽 1.2～1.5m，按 6cm 行距开浅沟条播，用种量约 15kg/hm²。播种后镇压，浇透水后覆盖薄膜。适温下约经 1 周出苗，齐苗后除去覆盖物。

2. 间苗、除草 幼苗具有 2～3 片真叶后及时间苗、定苗，定苗距 5cm，并结合间苗、定苗清除杂草。

3. 浇水 需经常浇水，以确保田间土壤湿度。夏季高温时节栽培，要每天早晚浇水，并覆盖遮阳网防强光。

4. 追肥 定苗后要追 1 次肥，以后看苗长势每 2 周左右追施 1 次速效氮肥。

（三）病虫害防治 主要病害有鸭儿芹灰霉病，病原：*Botrytis cinerea*。保护地栽培常有发生。主要为害叶片，初期呈水渍状湿腐，迅速发展至整片叶黄化坏死或腐烂。嫩茎和叶柄染病呈水渍状湿腐和不规则腐烂，病斑产生灰色霉毛状物。空气潮湿病害发展迅速，可致全株坏死。防治方法：①收获后清除病残体，保护地内进行环境消毒，加强通风管理，摘除病叶，拔除病株。②发病初期用 50％腐霉利（速克灵）可湿性粉剂 1 500 倍液，或 45％噻菌灵（特克多）悬浮剂 1 000 倍液，或 5％万霉利粉尘剂喷粉。

（四）采收 在温度适宜季节播种后经 50～60d、低温季节约经 90d，当苗高 15～20cm 时即可采收。采收时在短缩茎下方切去根，清除杂草污物，束把上市。如来不及上市可贮于 1～3℃低温环境中，能保持 6 周品质不变。也可带根捆成把并假植于田间临时开挖的浅沟中，四周培土，作软化栽培后再行上市。

第二十六节 蕺 菜

蕺菜是三白草科（Saururaceae）蕺草属中的多年生草本植物，食用部分主要为地下嫩茎，嫩叶也可食用。学名：*Houttuynia cordata* Thunb.；别名：鱼腥草、蕺儿根、侧耳根、狗贴耳、鱼鳞草、菹菜等。分布于中国和日本，中国主要分布于长江以南各地，民间早就有采食野生蕺菜的习惯，食用地区很广，尤以云南、贵州、四川三省食用为多。20 世纪中后期，四川、贵州等地开始进行人工栽培，逐渐成为一种商品性蔬菜，目前在贵州省的贵阳市、惠水市和四川省的凉山州、攀枝花市等地栽培较多。蕺菜嫩茎叶有苦味和鱼腥气，应先用沸水氽烫，倒去苦水后，再用清水洗涤，然后加调料凉拌，或炒食、作汤，也可腌渍。地下嫩茎可直接凉拌或腌渍。

蕺菜营养丰富，含有较多的维生素 C 以及钾、钙等矿物质，还含有挥发油，油中含有抗菌成分鱼腥草素（即癸酸乙醛）、癸醛、癸酸以及甲基正壬酮、月桂油烯、羊脂酸、月桂醛和发泡性的蕺菜碱等。蕺菜性寒，味辛苦，具有抗菌、抗病毒、清热解毒、利尿消肿等功效。还具有镇痛、止血、利尿、抑制浆液分泌、促进组织再生等作用。

一、形态特征

植株高 30～60cm。地上茎直立，常显紫色，基部伏地，具地下茎。地下茎细长，匍匐生长，白色，圆形，粗 0.4～0.6cm，节间长 3.5～4.5cm，茎节上轮生弦状根，长 3～6cm，少有根毛，每节除着生弦状根外还能萌

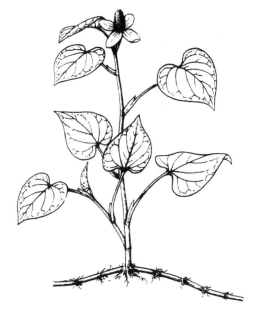

图 15-28 蕺 菜
（引自：《中国农业百科全书·蔬菜卷》，1990）

发枝芽，每个枝芽均可形成新的植株。叶互生，心脏形或卵形，长 4.8～7cm，宽 4～6cm，先端渐尖，基部心形，全缘；叶面平展，光滑，深绿色，叶背紫红色，有叶脉 5～7 条，呈放射状，略有柔毛；叶柄长 1～3.5cm，基部鞘状抱茎，托叶下部与叶柄合成粗线状，短圆形。穗状花序着生于茎顶端，与叶对生，穗长 1.5～2.0cm，花序柄长 1.5～3cm，具总苞片 4 枚，白色或淡绿色，花瓣状；花小而密，两性，淡绿色，无花被，雄蕊 3 枚，长于子房，雌蕊由下部合生的三个心皮组成。蒴果顶裂。种子球形，有条纹。蕺菜形态见图 15－28。

二、生长发育对环境条件的要求

蕺菜对温度适应范围较广，地下茎在 −5～0℃ 低温下越冬，一般不会冻死；气温在 12℃ 时地下茎开始萌芽并可出苗，生长前期要求 16～20℃ 的温度，地下茎成熟期要求 20～25℃ 的温度。蕺菜喜湿耐涝，要求土壤潮湿，保持田间最大持水量 75%～80%。对土壤要求不严格，但以 pH 为 6.5～7 的沙壤土、沙土为好，在黏性土壤上也能生长。施肥以氮肥为主，适当施磷钾肥，在有机肥充足的条件下，地下茎生长粗壮。据黄道明（1989）报道，蕺菜 N：P：K 的肥料吸收量为 1：1：5。蕺菜对光照条件要求不严，弱光条件下也能正常生长发育。

三、栽培技术

（一）整地作畦 栽培地块最好在冬季翻耕、晒垡，施腐熟有机肥 4 5 000～7 5000kg/hm² 、草木灰 3 000～3 750kg/hm² 作基肥。耙碎整平后作宽 1.3～1.7cm 的高畦，在畦上横挖 15～18cm 宽、20～24cm 深的栽植沟，沟距 30～40cm。

（二）栽植 蕺菜可用种子繁殖，也可用分根繁殖，生产上多用分根繁殖。栽植期以 1～3 月为宜，栽植前，将粗壮的地下茎剪成 4～6cm 的段，每段有 2～3 个节，平放于栽植沟中，株距 5～8cm，然后覆土，厚约 7cm。如栽植时土壤干燥，可立即浇稀薄农家有机液肥水提苗。用种（地下茎段）量 1 200～1 500kg/hm²。

（三）田间管理 追肥以氮、钾肥为主，对磷的需要量较低。栽植后，幼苗出土高约 3cm 时即可开始追肥。前期以氮肥为主，促进幼苗生长。生长中后期由于形成大量根茎，对肥料的需求增大，在保证氮肥的基础上，应配合施用磷、钾肥，特别是钾肥对根茎的形成极为有效。

整个生长期要经常保持土壤湿润，天旱时要注意浇水，雨季时注意及时排除积水。封行前应勤除草松土，封行后注意"促控结合"：地上部徒长时，及时采收嫩茎叶；地上部茎叶变黄，茎叶细小时，适当追施肥料，促进发棵。此外，还要及时摘除刚出现的花蕾，以免开花消耗大量养分而抑制地下茎的生长。

蕺菜在遮光条件下，可进行软化栽培，收获其淡黄色嫩茎叶上市。

（四）病虫害防治 蕺菜很少有病虫为害。但在春季连阴雨后零星发生蕺菜灰霉病，病原：*Botrytis cinerea*。此病主要侵害中、下部叶片和幼茎。叶片上多形成浅黄褐色至灰褐色、近圆形或半圆形、具有同心轮纹的坏死斑，易破裂穿孔。幼茎上染病后呈水渍状坏死、腐烂。防治方法：参见鸭儿芹灰霉病。蕺菜立枯病（病原：*Rhizoctonia solani*）也是为害蕺菜的普通病害，种植太密、湿度大时有利发病。一般不需采取措施防治。

（五）采收 野生的蕺菜可周年采收食用，春、夏季采摘嫩茎叶，秋冬挖掘地下茎。人工栽培的蕺菜于夏初采收 1～2 次嫩茎叶，秋冬季再挖掘地下茎。收摘嫩茎叶为产品者以茎叶完整、粗壮、淡红褐色为好；刨收地下茎为产品者，以粗壮、洁白、脆嫩、纤维少、气味清香为佳。产量一般为 22 500～30 000kg/hm²。

如收获地块准备持续生产，则在秋冬季采收地下茎时不要拣净，可留下断头短茎和残茎，待翌年春季气温回升、重新萌芽出苗后，及早松土间苗、追肥，用这种方法可连续生产多年。

（刘厚诚　陈日远）

第二十七节　蒲 公 英

蒲公英是菊科（Compositae）蒲公英属多年生草本植物。学名：*Taraxacum mongolicum* Hand.-Mazz.；别名：黄花苗、黄花地丁、婆婆丁、蒲公草等。以嫩株、嫩叶供食。蒲公英在中国各地均有野生分布，多生长在田野、路旁、荒草丛中。近年黑龙江、吉林、北京等地已开始进行人工栽培，并开始了野生蒲公英的驯化和品种选育工作。

蒲公英适应性强，特耐低温，可进行越冬栽培，能补充3～4月蔬菜淡季市场供应的不足。其嫩苗可炒食、作汤或凉拌，也可煮粥。蒲公英具有丰富的营养，含有较多的胡萝卜素和钙，还含有微量元素硒等。全草可入药，性味甘寒，具有清热解毒、消肿散结、泻肝明目、健胃利水之功效。

一、形态特征

根垂直生长，茎短缩。叶片丛生莲座状，平展，长圆状倒披针形或阔倒披针形，长约15cm，宽约5cm，逆向羽状分裂，侧裂片4～5对，顶裂片较大，呈戟状长圆形，基部较狭呈叶柄状，疏披蛛丝状毛。有花茎数个，抽生于叶丛，与叶近等长，有毛。头状花序，总苞淡绿色，外层苞片卵状披针形或披针形，边缘膜质，披白色长柔毛，顶端有（或无）小角状突起，内苞片线状披针形，长于外苞片2倍，顶端有小角状突起。花瓣舌状，黄色。瘦果，倒披针形，褐色，长4mm，全身有刺状突起，喙长6～8mm。冠毛白色，长6～8mm。千粒重0.66～0.83g。花果期3～8月。

二、生长发育对环境条件的要求

蒲公英对温度的适应性广，既抗寒又耐热，早春地温达1～2℃时越冬植株即可萌发，种子发芽最适温度为15～25℃，在30℃以上发芽缓慢，茎叶生长最适温度为20～22℃。蒲公英抗旱和抗湿能力也较强，又较耐瘠薄，能在各种类型的土壤中生长，但以肥沃疏松的壤土种植为好。蒲公英为短日照植物，较高的温度和短日照条件有利于抽薹开花；比较耐阴，但较好的光照条件有利于茎叶生长。

三、栽培技术

（一）播种　蒲公英种子没有休眠期，5月种子成熟采收后，可立即播种于湿润的土壤中（可一直播种到10月），也可在早春播种。90h后即可发芽，10～15d出苗。一般播种量3g/m²左右，可保苗700～1 000株。采用撒播或条播均可。

播种前应选择适宜的地块，施基肥、翻地、作畦，畦宽80～90cm。如采用条播，则在畦内开小浅沟，沟距约12cm，沟宽10cm，将种子播于沟内，播后覆土，厚0.3～0.5cm。播种时要求土壤湿润，如遇干旱，在播种前2d浇透水。春播最好进行地膜覆盖，以利增温保墒。

（二）播种当年田间管理

1. 施肥　基肥以农家肥为主，一般施有机肥45 000～75 000kg/ hm²、硝酸铵300kg/hm²作种肥。在生长季节追肥1～2次，每次用尿素150～225kg/hm²、磷酸二氢钾75～120kg/hm²。

2. 浇水　出苗前应保持土壤湿润，以利全苗。出苗后适当控制水分，以利于幼苗生长健壮，防止倒伏。在茎叶迅速生长期保持田间湿润，促进茎叶旺盛生长。

为促进播种当年植株生长，以利翌年早春新芽粗壮，抽生品质好、产量高的嫩叶，当年不进行采叶。

3. 采收　一般当年不采收。第 2 年开始采收嫩株，用小刀挑挖或沿地表 1～1.5cm 处下刀收割，保留地下根部再发新芽。

（三）多年生植株田间管理　蒲公英植株生育年限越长，其根系越发达，植株生长越繁茂，产量越高，质量越好，因此，在生产上应进行多年生栽培。为了提早上市，生产上常采用覆盖技术。

此外，为了提高土地利用率，也可采用早春播种，当年采收，实行一年生栽培。

蒲公英的主要病害有蒲公英菌核病（病原：*Sclerotinia sclerotiorum*）和蒲公英灰霉病（病原：*Botrytis cinerea*）。防治方法：分别参见第十二章白菜类菌核病和本章第二十五节鸭儿芹灰霉病。

（陈日远　刘厚诚）

第二十八节　马　　兰

马兰是菊科（Compositae）马兰属中的多年生草本植物。学名：*Kalimeris indica*（L.）Sch.-Bip.；别名：马兰头、红梗菜、紫菊、田边菊、马兰菊、鸡儿肠、竹节草等。以嫩茎叶供食用。原产亚洲南部及东部。中国各地都有分布，尤以长江流域分布较广，江苏、浙江、安徽等省普遍采食野生马兰，并成为初春和秋季市场上畅销的绿叶蔬菜。现江苏省南京等地已有一定面积的人工栽培，并成为一种特色蔬菜。马兰具有特殊的清香，可凉拌或做汤。富含维生素 C、胡萝卜素以及钾、钙等矿质元素，全株可入药，有消食、除湿热、利尿、退热止咳和解毒功效。

一、形态特征

株高 30～70cm。茎直立，多分枝，野生马兰有红梗和青梗之分，以红梗香味浓郁。地下有细长根状茎，匍匐平卧生长，白色，有节。叶互生，长椭圆状披针形，近于无柄，叶端尖，边缘具锯齿或浅裂，叶脉紫红或深绿色。叶面光滑或少有短毛，茎上部叶渐小，全缘。头状花序，单生于枝顶，排成疏伞房状，有总苞 2～3 层，倒披针形，花序外围有一层舌状花，淡紫色，中央为多数管状花，黄色。瘦果，倒卵圆形，极扁，褐色，冠毛不等长，易脱落。千粒重约 1.6g，发芽力可保持 5 年以上。马兰形态见图 15-29。

二、生长发育对环境条件的要求

马兰喜冷凉湿润的气候条件。种子发芽适温为 20～25℃，植株生长适温为 15～22℃，气温低于 15℃时生长缓慢，高温下叶片易纤维化，品质变劣。地下匍匐根状茎能耐-7℃以下低温。喜充足日照，红光能促进种子发芽。虽喜湿润气候，但耐旱力很强。不择土壤，对各种类型土壤适应性强，但栽培时宜选肥沃、湿润、疏松的土壤，以利于提高产量和品质。

图 15-29　马　兰
（引自：《中国农业百科全书·蔬菜卷》，1990）

三、栽培技术

（一）繁殖方法　马兰可用种子繁殖或分株繁殖，而以分株繁殖生长快速。

1. 种子繁殖　种子可秋播或春播。秋播在秋季采种后即可播于露地，一般当年不出苗，到翌春气温回升后才陆续出苗，故生产上以春播较好。春播华东地区采用小拱棚育苗可在 2 月上旬至 3 月上旬播种；大田直播可在 3 月中旬进行。可条播或撒播，用种量为 7.5～11.25kg/hm²。播前将种子与 3～4 倍干细土混匀，播种宜稀不宜密。条播行距 25～30cm，开浅沟深约 1cm，播后踩踏畦土或稍加镇压，随即浇透水。在适宜温湿度条件下，播后约 10d 齐苗。

2. 分株繁殖　一般在冬前将地下根状茎挖起，切成 5～8cm 长的小段，整地、作畦、开沟后将茎段平铺在 10cm 深的沟底，行距 20cm，株距 10cm，覆土踏实，进行冷床育苗。至春节前后可采收嫩茎叶上市。春季可长出很多地下根状匍匐茎，供扩大繁殖。用前述方法将茎段种植于露地，一般按行距 30～50cm、株距 30cm 穴栽。经过夏季和秋季生长，田间已封垄成片，可再行分株繁殖。

（二）田间管理　种子出苗或茎段、老根发芽后，要追施 1 次稀薄的农家有机液肥，此后，每采收 1 次浇水追肥 1 次。生长期间应保持土壤湿润，同时要注意清除田间杂草，促进幼苗生长。成株后即可摘梢采收，并将过密株移植到其他地段。夏季如有抽薹开花者，若不准备留种则需剪去花枝。用于根状茎繁殖的，秋末冬初应浇 1 次透水，然后在畦面覆盖稻草或麦秸等，以利根状茎越冬和翌年春季较早萌发新株。为提早上市，在早春可用小拱棚覆盖。马兰极少有病虫为害。

（三）采收　长江流域野生马兰于春季 4～5 月采收；露地人工栽培、以分株繁殖的马兰于 3～4 月采收；春播以种子繁殖的需于秋季 10～11 月才能采收。采收一般在马兰萌芽生长至 10～12cm 高时进行，大片生长的可用刀割收，留茬（基部）3～5cm。此后，有新芽长出即可留 3～4 片叶摘梢，陆续上市。

（四）留种　留种的马兰不宜摘梢采收。植株一般于夏末秋初开花，种子于 10 月陆续成熟。当花序由绿色转为黄褐色时应及时采收种子，否则种子过熟，易自然脱落。

（李　彬）

第二十九节　香 芹 菜

香芹菜一般指叶用香芹，是伞形科（Umbelliferae）欧芹属中的一、二年生草本植物。学名：*Petroselinum crispum*（Mill.）Nym. ex A. W. Hill（*P. hortense* Hoffm.）；别名：荷兰芹、洋芫荽、欧芹、法国香菜、旱芹菜等。以嫩叶片供食。原产地中海沿岸，西亚、古希腊及罗马早在公元前已开始利用，15～16 世纪传到西欧，16 世纪前专作药用，此后开始作为蔬菜栽培。近代，欧美有些国家栽培较为普遍，中国于 20 世纪 80 年代后才有较多栽培，主要供应西餐厅需用，多为生食，用于冷盘或菜肴的装饰，或用做烹调鱼肉的辛香调料。香芹菜含有较丰富的矿物元素铁以及维生素 A、B 等营养物质，并具有特殊的芳香味。国内由于用量较小，故栽培面积不大。

图 15-30　上海香芹（外国香菜）

（引自：《中国蔬菜品种志》，2001）

一、形态特征

直根系。育苗移栽的植株根系分布较浅，主要集中在土表下 20cm 的土层内。株高 30cm 左右。营养生长阶段茎短缩。叶簇生，浓绿色，为三回羽状复叶，叶缘锯齿状、卷曲皱缩或不卷曲、平舒，叶柄较细长，绿色。生殖生长期抽生花茎，高 60～80cm，先端具分枝，主枝和分枝顶端形成复伞形花序。花小，白色或浅绿色，两性花。单悬果（栽培上用作种子），较细小，灰色或浅褐色，有香味，千粒重 2～2.86g。香芹形态见图 15-30。

二、生长发育对环境条件的要求

香芹菜喜温和、冷凉气候条件，具有较强耐寒性，幼苗能耐 −5～−4℃的低温，成株能忍受短时间 −10～−7℃的低温。种子在 4℃时开始发芽，最适发芽温度为 20℃。植株最适生长温度为 15～20℃，但能适应较宽的温度范围，在旬平均温度为 5～26℃气候条件下，一般都能正常生长，只是在旬平均温度低于 10℃、高于 24℃时，生长极为缓慢。同时在较高温度下植株易徒长，叶肉变薄，品质变劣，且易受红蜘蛛等为害。其营养生长期要求充足的光照，弱光条件下植株生长缓慢、柔弱，产品品质下降，产量降低。长日照能促进植株花芽分化和抽薹开花。香芹菜喜湿润环境，不耐干旱，也不耐涝，故要求在保水能力强、富含有机质、肥沃的壤土或沙壤土上种植，适宜的土壤 pH 为 5～7。

三、类型及品种

叶用香芹菜按其叶面皱缩与否，可分为皱叶和光叶（平叶）两种类型。

1. 皱叶类型 叶缘缺刻细裂，叶面皱缩并卷缩成鸡冠状，外形美观、雅致，具香味。代表品种如蕨叶、特皱矮等。美国、中国等国家主要种植此类型。

2. 光叶（平叶）类型 叶缘缺刻粗大，叶面平坦不皱卷，外观不如皱叶类型漂亮，有香味。代表品种如阔叶乌、意大利巨人等。欧洲多种植此类型。

四、栽培技术

香芹菜的市场需求量虽不是很大，但要求周年供应。由于其植株在花芽形成前能不断地长出新叶，可供多次连续采收，故除南方夏季温度过高不宜进行生产的一些地区外，中国其他地区一般都可做到周年生产（辅以保护地栽培）和持续供应。

（一）播种育苗 香芹菜多采用育苗移栽。南方冬季较温暖地区可于 10 月在露地或温床中播种育苗，越冬后定植，翌年 5～8 月采收。长江流域可于 12 月至翌年 1 月在保护地播种育苗，3 月定植，5～12 月采收；还可于 6 月播种育苗（也可直播），9 月上旬定植，11 月至翌年 5 月采收（12 月至翌年 3 月进行塑料拱棚覆盖）。华北地区多于 1 月下旬至 2 月上旬在改良阳畦或日光温室播种育苗，3 月中下旬至 4 月上旬定植，5 月下旬至 11 月上旬采收；还可于 6 月下旬至 7 月上旬播种育苗，8 月下旬至 9 月上旬定植于改良阳畦，11 月至翌年 5 月采收。

由于香芹菜种子（实际为果实）皮厚、坚硬，且有油腺，不易吸水，发芽慢而不齐，故在播种前一般浸种 12～14h，然后置于 18～20℃温度下催芽，待种子露芽后播于已准备好的苗床。用种量约 0.9kg/hm²（直播用种量为 7.5～11.25kg/hm²）。冬春季保护地育苗，播种后苗床内温度白天宜保持 20～25℃，夜间不低于 15℃；齐苗后白天宜降到 20℃左右，夜间保持 10～15℃。幼苗长有 1～2 片

真叶时，进行一次间苗，留苗距约 3cm 见方。如苗期进行分苗，则间苗留苗距应缩小到 1～2cm。幼苗长有 3～4 片真叶时，要及时进行分苗，每穴 2～3 株，分苗距 6～7cm 见方。当幼苗具 5～6 片真叶时定植。夏季育苗一般都采用"子母苗"，不再进行分苗。此外，夏季育苗还要注意搭好荫棚以防高温和暴雨危害。

（二）定植　由于香芹菜生长期较长，根系分布较浅，故定植前必须施足基肥。一般应施充分腐熟的有机肥 45 500～60 000kg/hm²，并应注意均匀铺撒，然后旋耕、耙平作成平畦或高畦，畦宽 1.2～1.5m。定植行距 30～40cm，穴距 12～20cm，栽单株或每穴栽 2～3 株。直播者要及时进行间苗，一般间 2～3 次后按株（穴）距定苗。

（三）田间管理　定植后随即浇水，5～6d 后再浇一水，水后中耕蹲苗。约 10d 后，见新叶加速生长时，可结合浇水追施一次肥料，每公顷施氮磷钾复合肥 225kg 或尿素 113～150kg，或碳酸氢铵 300～375 kg/hm²。进入采收期后，一般每采收 1～2 次追施一次肥料，每公顷施尿素 75～150kg/hm²，或用 0.3％～0.5％尿素加 0.3％磷酸二氢钾进行叶面追肥。从第 1 次追肥开始，尤其在进入采收期以后，应注意及时浇水，经常保持土壤湿润。但也不能过湿，尤其在进入雨季以后，应注意雨后及时排水，严防渍涝危害。此外，尤其在易孳生杂草的夏秋季，还要注意经常除草。夏秋栽培的也可在田间铺上草秸，不但可遏制杂草孳生，而且可降低地温，防止降雨时雨水溅污叶片。冬春季保护地栽培要密切注意温度管理，及时浇水（忌灌大水），避免因害怕地温降低而不敢浇水所造成的干旱。

香芹菜一般较少发生病虫害，但天气干旱时也有蚜虫、红蜘蛛等为害，保护地时有白粉虱发生，应加强检查，及时进行防治。

（四）采收　香芹菜可连续多次采收，采收期长达 120～180d，故要十分注意适时、适量采收，否则易影响产量和产品品质。采收一般在定植后 50～60d，植株叶片达 15 片左右，田间即将封垄时进行。多选中部的 2～4 片叶，从叶柄基部 1～2cm 处剪下，留下基部的老叶作为辅养叶，以利于上部叶片继续正常生长。通常夏季每 3～4d 采收一次，冬季 7～10d 采收一次。

（王德槟）

第三十节　珍　珠　菜

珍珠菜是菊科（Compositae）蒿属中的多年生草本植物。学名：*Artemisia lactiflora* Wallich ex DC.；别名：角菜、白苞蒿、山芹菜、珍珠花菜、甜菜子、鸭脚艾、乳白艾等。以嫩绿清香的嫩茎叶为产品。分布于广东省汕头地区和台湾省的北部地区，粤东地区有少量种植，上海市于 1993 年引种成功，近几年在北京、上海等大城市郊区已作为特色蔬菜栽培。珍珠菜含有特殊的芳香物质，并含有多种氨基酸及较多的钾、钙等。它是广东潮州菜的必需配料，被认为是对妇女有益的蔬菜，常列入产妇的菜谱，将叶片切碎煮鸡蛋汤，或用开水稍烫后作凉拌菜，味似马兰头。台湾省民间更喜欢用蒜头拍碎后起锅素炒。除此之外，还可荤炒或作馄饨、水饺的馅料。珍珠菜含高钾低钠，对预防高血压、保护心脏和血管健康有良好的食疗效果。

一、形态特征

浅根性，根系主要分布在 15～20cm 的耕作层内，根系发达，主根粗壮。株高 30～80cm。茎直立，粗 0.5～0.8cm，分枝性强，在一定的条件下，每个叶腋均可抽生侧枝，适于多次收割。茎枝光滑无毛，紫色，茎基有很强的形成不定根的能力，扦插繁殖容易成活。叶片深绿色，羽状全裂，有裂片 2～5 枚，边缘锯齿状，叶柄长，槽沟状，正面紫红色，背面绿色。总状花序，长 15～20cm，有数朵小花组成，花小，白色，蕾期犹如一串洁白晶莹的珍珠，故有珍珠菜之名。果实小，千粒重约 2g。

二、生长发育对环境条件的要求

珍珠菜喜温，但对温度的适应范围较广，遇 $-5℃$ 以下低温时，地上部分将严重受冻，但根茎能安全越冬，在 $35\sim38℃$ 高温下植株能良好生长，有很强的耐高温能力。在华南地区，冬季能在露地栽培；北方冬季需在保护地种植，在温室内连作无明显的生长障碍。珍珠菜既耐干旱又耐高温、高湿，在夏季高温、多雨时仍能旺盛生长。遇短时间的高温积水，能很快恢复生长，但在高湿条件下容易发生菌核病。珍珠菜较耐阴，但在良好光照条件下生长更佳，为典型的短日照蔬菜作物，在上海地区不能正常开花。对土壤的适应性也较强，但在疏松肥沃、灌排良好的土壤中栽培产量高、品质好。在营养液中栽培对 EC 值（电导度值）的变化反应不敏感，适于盆栽、营养液水培，可作为家庭观赏蔬菜栽培，亦可食用。

三、类型及品种

珍珠菜经组织培养后出现分离（黄丹枫，1994），形成两种类型：一类是叶片肥大，植株矮生，其食用品质较好；另一类是叶片较小，茎较高、直立。有"上农珍珠菜"等品种。

四、栽培技术

珍珠菜一年四季均可种植，以 4~9 月育苗移栽为宜。

（一）育苗繁殖　珍珠菜在长江中下游地区不能正常开花结果结籽，多采用无性繁殖。

1. 扦插繁殖　扦插时期不限，全年均可进行，但以春、秋两季扦插成活率较高。北方冬季需在日光温室或改良阳畦中进行。一般从健壮母株上截取带 $3\sim5$ 个芽的枝茎作为扦插材料——插段，扦插于事先准备好的苗床中，插入深度为插段的 $2/3$。苗床不需施肥，以沙壤土为好。扦插后浇透水，保湿，春季约 10d 发根，冬季需 2~3 周。家庭栽培可直接用花盆扦插，套上玻璃纸袋或塑料袋保温。亦可采用营养土扦插育苗，营养土配方为：园田土 70%，腐熟有机肥 15%，砻糠灰 15%。插条可用浓度为 100mg/L 的生根灵、萘乙酸、吲哚乙酸或吲哚丁酸等处理，以促进生根。幼苗生长得快慢主要取决于空气和土壤温度，当土壤温度高于 15℃ 时，根系生长良好，发棵快。高温对珍珠菜育苗无不良影响，低温下根系发生与生长较慢。土壤酸性和干旱会抑制其生根成活。若温度适宜一般 10~25d 即可生根发芽。

2. 组织培养快速繁殖　繁殖材料可用叶片 $1cm^2$ 和带腋芽的茎段长 1cm。以 MS 为基本培养基，愈伤组织诱导培养基为 $MS+IAA\ 0.5\sim1.0mg/L+6-BA\ 0.5\sim2mg/L$，培养时间为 15d。叶片用 $MS+IAA\ 20mg/L+6-BA\ 2.0mg/L$，带腋芽为 $MS+IAA\ 0.5mg/L+6-BA\ 0.5mg/L$。不定芽分化培养基为 $MS+IAA\ 1.0mg/L+6-BA\ 2.0mg/L$，一般 20~25d。每个愈伤组织可形成 4~8 个有效不定芽。生根诱导培养基为 $MS+IAA\ 1.0mg/L$，培养时间为 20d，根长 3~5cm。培养温度$(25\pm1)℃$，光照强度 1 500lx，光照时间 12h/d。组培苗于生根培养基中培养 20~25d 后，将苗洗净，移栽于苗床中，覆盖遮阳并保湿，15d 之后即可在大田定植。

（二）定植　珍珠菜的种植密度为 80 000~120 000 株/hm²，行距 30cm，株距 20cm。定植后及时浇缓苗水，高温季节可用遮阳网遮阳 1 周。

（三）田间管理　珍珠菜对土壤适应性较强，可零星栽培于宅前屋后，也可进行大田生产。

由于珍珠菜 1 次种植多次采收，生长期较长，茎叶生长茂盛，所以整地时要多施基肥，一般可施

腐熟有机肥 37 000～45 000kg/hm²，翻入土中，整平、作畦，畦宽 1.2～1.5m。若发现有蚁穴，可用灭蚁灵诱杀，以防止其为害。

水分管理对珍珠菜至关重要，在土壤湿润、温度适宜时，发棵快，生长迅速，叶片肥厚，产量高，品质好。干旱条件下虽能生长，但叶色深，叶片小，纤维粗，品质差。珍珠菜缓苗后土壤应保持见干见湿，进入采收期后要经常浇水，保持土壤湿润。追肥应与浇水结合，一般定植 5～7d 后施 1 次 10％～15％农家有机液肥，促进发棵。此后每次采收前 7～10d 施 1 次尿素或复合肥 75～150kg/hm²。

（四）病虫害防治 珍珠菜极少发生病害。通常病害有珍珠菜菌核病（病原：*Sclerotinia sclerotiorum*），通常在保护地栽培中发生。主要为害叶柄和幼嫩组织。发病初期产生水渍状腐烂，并长出浓密白霉，后期转变成黑褐色菌核。严重时植株全株坏死腐烂。防治方法：参见莴苣菌核病。

主要害虫有蛴螬和蚂蚁。若植株出现青枯死亡，主要是根部被蛴螬啃食，可在为害植株根部捕杀。由于珍珠菜含有特殊的芳香物质，采收后地上部的伤流液常常会引来蚂蚁咬食，为害症状是韧皮部被咬断而导致死亡。可用灭蚁灵诱杀。

（五）采收 4 月份以后定植的珍珠菜，经 40～45d，当植株开展度达到 30cm、叶片长 20cm 时即可采收，此后每隔 20d 左右采收 1 次，一直采收至秋末。珍珠菜的采收方式对以后的生长和产量影响极大，收割高度以距地面 2～3cm 为宜。收割过低会影响发棵；收割过高，往往所留侧芽太多，反而会影响下一次采收的产品质量。

（黄丹枫）

（本章主编：袁希汉）

◇ **主要参考文献**

[1] 饶璐璐．名特优新蔬菜 129 种．北京：中国农业出版社，2000

[2] 中国农业百科全书·蔬菜卷．北京：农业出版社，1990

[3] 范双喜，王利府，赵青春等．名优珍稀蔬菜品种实用手册．北京：海洋出版社，1999

[4] 康贵奇，吴垠寰，王运江．绿叶菜类生产 150 问．北京：中国农业出版社，1995

[5] 徐坤，卢育华．50 种稀特蔬菜高效栽培技术．北京：中国农业出版社，2002

[6] 浙江农业大学．蔬菜栽培学各论（南方本）．第二版．北京：农业出版社，1985

[7] 李锡香．播种期采收期对菠菜单株产量和品质的影响．华中农业大学学报，1993，12（4）：394～398

[8] 张永清．氮钾配施对菠菜产量和品质的影响．北方园艺，1998，（2）：16～17

[9] 徐跃进．菠菜性型表现及影响性型变化因素的研究．湖北农业科学，1996，（6）：53～56

[10] 李素美．热处理对菠菜种子萌发及苗期生长的影响．莱阳农学院学报，2000，17（1）：44～46

[11] 张家振，范雪征．球茎茴香栽培技术．长江蔬菜，1994，（5）：10～11

[12] 方家齐，张宇红，吴健妹．无锡青苋菜 2 号．上海蔬菜，2000，（1）：11

[13] 张翠兰，张光才．菊花脑生物学特性及栽培技术的研究．南京农专学报，1999，15（2）：36～37

[14] 管建国，宋佩扬．蒌蒿的生物学特性与经济栽培．安徽农业大学学报，1998，25（1）：63～65

[15] 翁忙玲，吴震，石海仙等．马兰的人工栽培技术．中国蔬菜，2002，（2）：49～50

[16] 李宝光，卢育华，宋越冬等．马齿苋种子的发芽特性．中国蔬菜，2000，（6）：9～11

[17] 陈日远，陈国菊．优稀蔬菜栽培．广州：广东科技出版社，1999

[18] 梁家勉等，中国农业科学技术史稿．北京：农业出版社，1992

[19] 陆国一主编．绿叶菜周年生产技术．北京：金盾出版社，2002

[20] 何成兴，吴文伟，王淑芬等．南美斑潜蝇的寄主植物种类及其嗜食性．昆虫学报，2001，44（3）：384～388

[21] 中国科学院中国植物志编辑委员会．中国植物志．第 66 卷．北京：科学出版社，1987

[22] 冯兰香．菠菜病毒病．中国农作物病虫害（第二版）．中国农业出版社，1995

[23] 陈其瑚．甘薯麦蛾．中国农作物病虫害（第二版）．中国农业出版社，1995

［24］ Witloof Chicories. International Standardization of Fruit and Vegetables. Head of publications Service，OECD，1994

［25］中国科学院中国植物志编辑委员会. 中国植物志. 第 55 卷. 第 2 分册. 北京：科学出版社，1985

［26］中国科学院中国植物志编辑委员会. 中国植物志. 第 76 卷. 第 1 分册. 北京：科学出版社，1983

［27］中国科学院植物研究所编. 新编拉汉英植物名称. 北京：航空工业出版社，1996

第十六章

瓜类蔬菜栽培

瓜类蔬菜属葫芦科一年生或多年生攀缘性草本植物，包括黄瓜、甜瓜、越瓜、菜瓜、西瓜、南瓜、笋瓜、西葫芦、冬瓜、节瓜、丝瓜、苦瓜、瓠瓜、佛手瓜、蛇瓜等，主要以幼嫩或成熟的果实作为食用器官，少数瓜类植株的嫩梢及花也可食用。食用瓜类中的多数种类都有悠久的栽培历史，种质资源丰富，品种类型繁多，栽培面积大而且分布广泛，是世界各国的主要蔬菜作物，在生产和消费上占有重要位置。

瓜类蔬菜起源于亚洲、非洲、南美洲的热带或亚热带区域。各种瓜类通过民族的迁移和交流，逐渐分布于世界各地。同时在自然和人工选择的作用下，又逐渐形成许多变种、生态型和品种。所以，到现在为止，已形成庞大的瓜类蔬菜种群。

瓜类蔬菜按植物学的科、属关系分类如下：

葫芦科（Cucurbitaceae）

A. 果实为瓠果，果皮硬，成熟时不破裂。

  B. 果实含多数种子。

    C. 花冠钟状，五裂，裂刻达中部，花药联合 ·········· 南瓜属 *Cucurbita*

    CC. 花冠旋状或开裂钟状，五裂，深达基部。

      D. 雄花为总状花序 ·········· 丝瓜属 *Luffa*

      DD. 雄花单生，间有叶腋丛生，而无花序。

        E. 萼片叶状，有锯齿，反卷 ·········· 冬瓜属 *Benincasa*

        EE. 萼片小，全缘，直立或稍开展。

          F. 卷须分枝。

            G. 叶不分裂，或偶有分裂，花白色 ·········· 葫芦属 *Lagenaria*

            GG. 叶羽状分裂，花黄色 ·········· 西瓜属 *Citrullus*

          FF. 卷须不分枝 ·········· 甜瓜属 *Cucumis*

  BB. 单果含一粒种子 ·········· 佛手瓜 *Sechium*

AA. 果实为浆果，含多数种子，成熟后有的开裂。

  B. 花冠丝状，白色 ·········· 栝楼属 *Trichosanthes*

  BB. 花冠不呈丝状，花梗有盾状苞片，花黄色 ·········· 苦瓜属 *Momordica*

南瓜属 3 个栽培种分种检索表

1. 花萼裂片不扩大成叶状；瓜蒂不扩大成喇叭状。

  2. 叶片三角形或卵状三角形，不规则 5～7 浅裂；花萼裂片条状披针形；果柄有强烈的棱沟瓜蒂变粗或稍扩大，但不成喇叭状；种子边缘拱起而钝 ·········· 1. 西葫芦 *C. pepo* L.

2. 叶片肾形或圆形，近全缘或仅具细锯齿；花萼裂片披针形；果柄不具棱和槽，瓜蒂不扩大或稍膨大；种子边缘钝或多少拱起 ·················· 2. 笋瓜 *C. maxima* Duch. ex Lam.

1. 花萼裂片条形，上部扩大成叶状；瓜蒂明显扩大成喇叭状；种子灰白色，边缘薄 ··············
······················· 3. 南瓜 *C. moschata* Duch. ex Poir.

在南瓜属中有 5 个栽培种，即南瓜、笋瓜、西葫芦、黑籽南瓜（*Cucurbita ficifolia* Bouché）及灰籽南瓜（*Cucurbita mixta* Pang.），后两种一般不作菜用。五种南瓜相互杂交，表现不同。杂交亲和力最高的组合是：南瓜×笋瓜，每个果实中可得到 100～200 粒种子，F_1 具有生长旺盛、抗病、丰产、耐热性强等特点；笋瓜×灰籽南瓜、笋瓜×西葫芦、南瓜×西葫芦、南瓜×灰籽南瓜、黑籽南瓜×笋瓜等组合杂交亲和性高，但所结果实内含种子少；西葫芦×南瓜、西葫芦×笋瓜、西葫芦×黑籽南瓜杂交组合，杂交后结的果实中，仅能得到几粒种子，而且是有胚的不完全种子；黑籽南瓜×西葫芦表现为不亲和。

瓜类蔬菜有很多共同点：①瓜类蔬菜中的多数种类为攀缘性植物，茎上着生卷须，可攀缘向上。瓜类植物一般在幼苗期开始花芽分化，其性型主要是雌、雄异花和少数雄性两性同株型。在生产上可利用其可塑性的特点，采取措施促进雌花分化，争取早结瓜、多结瓜。在生育过程中要注意协调营养生长与生殖生长的关系，防止疯秧或坠秧。②根系较发达，要求疏松肥沃、耕层深厚、保水排水力强的土壤。瓜类蔬菜根系木栓化发生较早，断根后根系再生能力差，故生产上宜直播或采用有护根措施的育苗。茎蔓中空，茎节处易发生不定根，爬地栽培时可采取压蔓、盘蔓等措施，提高植株水分、养分的吸收能力。为提高土地利用率，可采用支架栽培。要注意植株调整和授粉效果，以提高产量和质量。③瓜类蔬菜喜温暖，不耐低温，畏霜冻，要求较大的温差，稍低温度有诱导雌性作用。它属短日照作物，对日照长短的反应因种类和品种而异，但较多的日照时数及较强的光照度有利于植株的生长发育，短日照条件下有利于雌花的分化和形成。对水分需求量大，水分蒸腾量也较大。④瓜类蔬菜的病虫害基本相同，主要病害有：疫病、枯萎病、霜霉病、病毒病、白粉病、炭疽病、线虫病等，主要害虫有：蚜虫、黄守瓜、红蜘蛛、瓜实蝇、白粉虱、瓜椿象等。因此，栽培瓜类时最好实行轮作倒茬，做好各项预防工作。

第一节　黄　　瓜

黄瓜是葫芦科（Cucurbitaceae）甜瓜属中幼果具刺的栽培种，一年生攀缘性草本植物。学名：*Cucumis sativus* L.；别名：王瓜、胡瓜。古称：胡瓜、莿瓜。

黄瓜原产于喜马拉雅山南麓的印度北部地区。印度在 3 000 年前开始栽培黄瓜，以后随着南亚民族间的迁移和往来，由原产地传入中国南部、东南亚各国，继而传入南欧、北非，并进而传至中欧、北欧、俄罗斯及美国等地。

黄瓜是中国古代栽培的主要瓜类蔬菜之一。文字记载最早见于南北朝后魏·贾思勰《齐民要术》（6 世纪 30 年代或稍后），当时名胡瓜。黄瓜一名是唐·陈藏器《本草拾遗》首次著录的。经过长期的自然选择和人工选择，形成了一些中国黄瓜生态型和大量优良品种。这些中国黄瓜在国际黄瓜品种资源中占有重要地位。现中国南北各地普遍栽培，通过各种栽培设施和方法，基本上可以进行周年生产。黄瓜以嫩瓜供食用，具清热、利尿、解毒之功效，可凉拌、熟食、作泡菜、盐渍、糖渍、酱渍、制干和制罐。

一、生物学特性

（一）植物学特征

1. 根系　黄瓜的根系是一种浅根系。主根入土深度虽可达 1m 以上，但主要根群分布于表土下

20～30cm 耕层以内，并以水平分布为主。横向伸长主要集中在半径 30cm 范围内，远者可达 50cm 以外。黄瓜的上胚轴，于土壤中能分生不定根。

黄瓜根系好气性强，吸收水肥能力弱，在生产上要求土壤肥沃、疏松透气。黄瓜根系的维管束鞘易老化，除幼嫩根外，断根后难发新根。

2. 茎 黄瓜茎的横切面呈四菱或五菱形，由表及里依次为厚角组织、皮层、环管纤维、筛管、维管束和髓腔（图 16-1）。茎表面有刚毛。茎蔓生，节间较长，多数品种为无限生长。自 6～7 片真叶后，茎节生长迅速。在温室的长季节栽培中，茎长度可达 8～10m。茎的叶腋有分生侧枝能力，侧枝多少与品种关系密切。顶端优势强的品种，分枝少，易在主蔓上结果。顶端优势弱的品种，分枝多，易侧枝结果。中间型品种，主侧枝均易结果。当进行摘顶破坏主枝顶端优势后，主茎上的侧枝由下而上地依次发生。

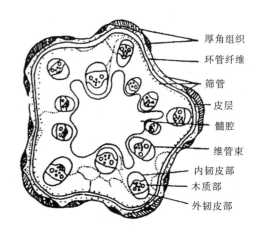

图 16-1 黄瓜茎横断面模式图
(Asau, 1953)

近地面茎有发生不定根的能力，尤其在幼苗期生长不定根的能力强，它有助于黄瓜吸收水肥，促进生长发育的进程。茎的保护组织不发达，易感染病害。它的机械强度弱，当遇到大风吹刮或在人为的整枝绑蔓过程中易受损伤。

3. 叶 黄瓜叶为单叶、互生、掌状五角形，全缘浅裂，绿色。叶片薄，叶柄长，叶面、叶背均具叶毛，保卫组织和薄壁组织不发达，易受机械损伤。通常成龄单叶面积为 200～500cm²。黄瓜叶缘有水孔，水孔吐水作用明显。叶缘吐水和叶面结露为病菌孢子萌发创造条件，因此易感多种病害。

黄瓜叶腋有腋芽或花芽原基，抽蔓后出现卷须。卷须是茎的变态器官。自然生长状态下，卷须的作用是攀缘附着物。

4. 花 黄瓜花为退化型单性花，为腋生花簇。每朵花于分化初期都具有两性花的原始形态特征。但于形成萼片与花冠之后，有的雌蕊退化，形成雄花，有的雄蕊退化，形成雌花；也有的雌雄蕊都有所发育，形成不同程度两性花。黄瓜的花均为腋生，雌花和完全花常单生（除少数品种例外），雄花簇生。一般雄花发生于雌花之先，以后雌雄交替发生，雌花着生的节位及密度是品种熟性的重要形态标志。第 1 雌花着生节位越低、雌花比例越高，对于早熟、丰产有利。黄瓜的花萼与花冠均为钟状、五裂，花萼绿色有刺毛，花冠黄色。雌花子房下位，花柱短，柱头 3 裂。雄蕊 3 个，联成一体。虫媒花，品种间自然杂交率高达 53%～76%。黄瓜花多于黎明开放，开花前 1d 花粉已具有发芽能力，但以花冠完全开放、花药开药时的发芽能力最强。一般在开药后 4～5h 即失去活力。

5. 果实 黄瓜的果实为假果，是子房下陷于花托之中，由子房与花托合并形成的。果面平滑，或有棱、瘤、刺。果形为筒形至长棒状。幼果由于表皮细胞的叶绿体的或多或少呈白色至绿色，外被蜡质。黑刺品种，熟果黄白色至棕黄色，大多具网纹。白刺品种呈黄白色，无网纹。有棱品种果面有瘤状突起，瘤的顶端着生黑刺或白刺，瘤的大小和密度以及刺的脱落难易，因品种而异。无棱品种表面平滑，瘤稀或无瘤，有刺或无刺，刺黑或白色，果实圆筒形或长圆筒形。

黄瓜单性结实能力强。进行授粉有助于提高坐果率。某些黄瓜品种的果实中具有苦味物质葫芦素（$C_{32}H_{50}O_8$），为显性单基因所控制。果实通常于开花后 8～18d 达商品成熟。生理成熟约需 45d。

6. 种子 黄瓜果实的侧膜胎座上，每座着生两列种子。单果种子数 150～400 粒。种子披针形，扁平，种皮黄白色。栽培品种的千粒重 22～42g。种子内的厚壁细胞组成下表皮，称作种皮。无胚乳，无明显的生理休眠，但需后熟 3 个月左右发芽整齐。种子发芽年限可达 4～5 年。

(二)对环境条件的要求

1. 温度 黄瓜是典型的喜温植物。种子发芽的适宜温度为 28～32℃，35℃以上发芽率显著降低，12℃以下不能发芽。开花结果期昼温 25～29℃，夜温 18～22℃。昼温超过 30℃，果实生长快，植株长势渐弱。达到 35℃以上，则破坏光合与呼吸的平衡。过高的温度会造成雄花落蕾或不开花，花粉发芽不良，出现畸形瓜。采收盛期以后温度应稍低，以防植株提早衰老，维持较长的采收期。黄瓜植株不耐寒，气温下降到 10～13℃，即停止生长。未经低温锻炼的植株或遇突然降温，5～10℃能受寒害，2～3℃会冻死。经过低温锻炼的幼苗，可以忍耐短期的 0～1℃的低温。黄瓜根系生长的最适温度为 20～23℃，地温低于 20℃则根系的生理活动减弱，下降到 10～12℃则停止生长。地温 12℃以上时根毛开始生长，高于 25℃则呼吸增强，不但消耗大量营养物质，且易引起根系衰弱和死亡。

2. 光照 黄瓜对光照周期有显著分化。野生黄瓜具有明显的短日性；华南型黄瓜对短日较为敏感，而华北型黄瓜则已表现为日照中性植物。

黄瓜的光合作用对光照强度很敏感。黄瓜光合作用光补偿点约为 66.7 μmol/(m^2·s)，光饱和点在 1 146.6 μmol/(m^2·s) 左右，而且幅度较窄，过高、过低则光合生产率急速下降。黄瓜需强光照，也能适应较弱光照。光照较强、较高温度和充足的二氧化碳，能明显的提高光合效能。光照较弱，即使温度和二氧化碳浓度较高，也只能有限地提高光合效能。

黄瓜光合速率日变化呈双峰曲线，有明显的午休现象（图 16-2）。不同品种光合速率日变化曲线的高峰与低谷时间基本同步。温度、光照、水分、CO$_2$浓度对于黄瓜的光合速率均有明显影响。

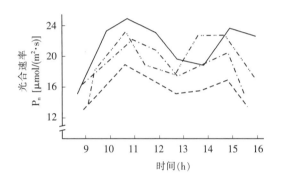

图 16-2 春露地黄瓜单叶光合速率
(卢育华，1991 年)

黄瓜的光合生产率，既有季节变异，又有时日变异，通常以 3～6 月最高，9～11 月次之，7～8 月又次之，12 月至翌年 2 月最低。每日以清晨至中午较高，光合生产率约为全日的 60%～70%，下午较低，只占全日的 30%～40%。在日光温室、塑料棚等保护设施栽培中，尤应重视草苫等覆盖物的早揭晚盖。

黄瓜的叶龄不同其光合速率不同。从叶片展开后 10d 左右，光合速率逐渐增高，达最大叶面积时，光合速率也达到最高水平，经 30～45d 逐渐降低。就黄瓜群体而言，各叶层的平均光合能力在强光下比弱光下要高。在良好的环境和管理条件下，黄瓜叶片的寿命长达 120～150d。而据中国温室黄瓜生产的先进经验，延长子叶和下层叶的寿命，增加叶面积指数是增产的基础。

3. 水分 黄瓜喜湿润。黄瓜叶面积较大，蒸腾量大，其蒸腾系数露地为 400～800，保护地为 200 左右。它的根系较浅，吸收能力弱。因此，对空气湿度和土壤水分要求严格，在高温、强光和空气干燥的环境中，易失水萎蔫，影响光合作用。但空气相对湿度达到饱和状态时，叶面易结水膜或水滴，为病虫害的发生创造条件。所以理想的空气湿度，应该是苗期低，成株期高，夜间低，白天高，高达 80%～95%，低到 60%～70%。黄瓜生长适宜的土壤湿度为田间最大持水量的 80%～90%，但苗期控制在 60%～70%为宜。保持适宜的土壤湿度，对调节地温和土壤溶液浓度，促进有机质的分解和土壤微生物的活动，提高根系的发育和生理活性等方面，都有重要作用。

黄瓜不同生育阶段对水分的要求不同。幼苗期水分过高，空气湿度高，易发生幼苗徒长，雌花晚而且数量少；水分过分控制，又易形成老化苗。初花期可适当控水蹲苗，促进根系发育，为结果期打好基础。结果期营养生长和生殖生长同步进行，必须供应充足水分才能获得优质、高产的商品。

4. 土壤营养 黄瓜适宜富含有机质的肥沃壤土。黏土发根不良；沙土发根较旺，但易老化。黄瓜对土壤酸碱度要求不太严格，在 pH5.5～7.6 范围内均能正常生长发育，但以 pH6.5 左右为最佳。根系适宜的土壤溶液浓度为 0.03%～0.05%，过高或肥料不腐熟易发生烧根现象。

生产 1 000kg 商品瓜约需 N 2.8～3.2kg，P_2O_5 1.2～1.8kg，K_2O 3.6～4.4kg，CaO 2.9～3.9kg，MgO 0.6～0.8kg。其中 N：P_2O_5：K_2O＝1：0.5：1.4。黄瓜植株各器官中干物质和氮、磷、钾三要素的含量比值，随黄瓜的不同生育期而变化（表 16-1）。黄瓜各时期需肥量与植株生长量同步，幼苗期较少，甩蔓发棵期增加，结果期显著增加，结瓜盛期达最大值。在此期的 20 多天内，吸氮量占总氮量的 50%，吸磷量占总磷量的 47%，吸钾量占总钾量的 48%。到结瓜后期，植株生长缓慢，三要素吸收量减少。

在黄瓜定植 90d 内，除钙素外，养分吸收量的 30%～60% 随果实的采收而带出植株体外。因此，产量高时，养分的吸收量也会增加。果实吸收养分很强烈时，若茎叶中的养分吸收仍能持续增加，就能继续得到高产。如果植株的果实量增多，营养生长变弱时，果实发育不良，产量不再增长。

表 16-1 黄瓜不同生育期氮磷钾含量的变化

（引自：《中国农业百科全书·农业化学卷》，1996）

时期（月/日）		生 育 期 （月/日）					
		苗期 3/28～4/27	抽蔓期 4/28～5/13	始瓜期 5/14～6/3	盛瓜期 6/4～6/24	结瓜后期 6/25～7/16	全生育期 3/28～7/16
N	吸收量（g/株）	0.032	0.058	0.566	1.919	1.252	3.827
	吸收速度 [mg/(株·d)]	1.110	3.89	29.82	95.94	59.61	
	吸收比率（%）	0.84	1.52	14.80	50.13	32.70	100
P_2O_5	吸收量（g/株）	0.007	0.016	0.166	0.892	0.826	1.907
	吸收速度 [mg/(株·d)]	0.23	1.09	8.73	44.60	39.22	
	吸收比率（%）	0.35	0.86	8.70	46.78	43.31	100
K_2O	吸收量（g/株）	0.031	0.046	0.732	2.476	1.944	5.299
	吸收速度 [mg/(株·d)]	1.06	3.04	28.50	123.79	92.57	
	吸收比率（%）	0.59	0.87	14.00	47.36	37.19	100

5. 气体 黄瓜进行光合作用需要大量二氧化碳，通常合成 1kg 碳水化合物约需二氧化碳 1.45kg。黄瓜田间由地面到株冠占有空间每 667m^2 约 1 200m^3，其中二氧化碳含量为 706.8g。如果全部被吸收，才仅形成 487.45g 碳水化合物或约 12.186kg 鲜黄瓜。黄瓜光合作用二氧化碳的饱和浓度一般为 0.1%，在高温、高湿强光环境中，二氧化碳的饱和浓度则可高达 1%。

黄瓜根系最适宜的土壤含氧量为 15%～20%，低于 2% 时生长不良。在生产中可通过多施有机肥、中耕来改善土壤的通气性。在土壤板结或过湿的情况下，氧气不足，土壤浓度呈还原状态，会形成多种有害物质，影响根系活动并导致病害发生。

（三）生长发育特性 在普通栽培条件下，黄瓜从种子萌动至生长结束需 90～130d。根据植株的形态特征及生理变化，可分为 4 个时期。

1. 发芽期 从种子萌动至两片子叶充分展平，真叶显露约需 5d。生长量微小。主要是种子内部胚器官的轴向生长，是胚根、胚轴的伸长与子叶长大的过程。发芽期内包含了由依靠种子内部贮藏的营养物质的异养阶段向进行光合作用进入自养阶段的转变过程。

2. 幼苗期 从子叶展平至第 4 片真叶充分开展，需 20～40d。此期生长量较小，主根不断伸长的同时，侧根陆续发生和生长。当真叶展开生长时，下胚轴生长速度明显减缓。随着叶片生长加快，茎端不断地分化叶原基，叶腋开始分化花芽，多数品种在1～2片真叶时就开始花芽分化。在春季阳畦育苗的条件下，当本期结束时幼苗已分化20余片叶，其中16节以下各节的花器性别已确定（表16-2）。

3. 抽蔓期　从第4片真叶展开，至第1雌花坐果需15d左右。此期根系和茎叶加速生长，节间伸长，抽出卷须，从幼苗期的直立生长，变为攀缘生长，侧蔓也开始发生，花芽不断分化发育和性别分化。黄瓜植株由营养生长为主逐渐转向营养生长与生殖生长并重。抽蔓期的生长量显著加大。

4. 开花结果期　从第1雌花坐果至生长结束。此期根系、茎叶和花果都迅速生长发育，达到生长最高速率，其后逐渐转为缓慢生长至衰老，生长量占总生长量的80%左右。开花结果期的长短与产量关系密切，结果期越长，产量越高。栽培季节、品种及病虫害等条件都影响结果期延续的时间。一般春季露地栽培的结果期约60d，夏秋栽培为30～40d，大型连栋温室或日光温室内越冬茬栽培可长达7～8个月之久。

表 16-2　黄瓜幼苗生长与叶片、花芽分化

（卢育华，1982 年）

幼苗展开叶片数	1	2	3	4
已分化的叶片数	5～6	9～10	15～16	22～23
花器性别确定节数		4～5	12～13	16～17

（四）黄瓜的花芽分化与果实形成

1. 花芽分化与性型分化　黄瓜营养生长时间很短，多数品种在1～2片真叶展开时就开始花芽分化。花芽分化开始为两性期，此后由于雌或雄蕊原基发育发生了差异，才分化成雌花或雄花（图16-3、图16-4）。黄瓜花芽分化的早晚及雌、雄花的数目、比例与品种的遗传性有关，同时与环境条件也有密切关系。

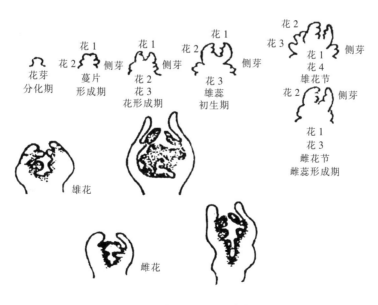

图 16-3　黄瓜花芽性型分化过程

（斋藤，1977）

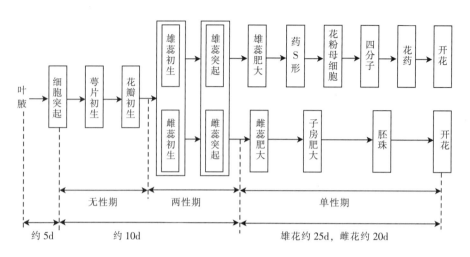

图 16 - 4 黄瓜花的发育顺序
(引自：《蔬菜栽培学》，2003)

黄瓜雌、雄性的决定，除遗传性支配外，还决定于营养物质积累的多少。当光合还原作用占优势时，呼吸消耗少而光合成量多，有利于雌花的分化；碳、氮比率高，或者加强营养生长的激素含量少，营养生长不过旺，生殖生长占优势时也有利于雌花的分化；降低酶的水解活性，节省大量同化物质，也有利于雌花的形成。黄瓜性别表现，还受植株乙烯释放量和内源激素赤霉素含量的影响，高的乙烯释放量与较多的雌花出现有关，而较低的乙烯释放量与较多雄花出现有关。相反，内源赤霉素含量高表现为全雄或雄性两性同株，而赤霉素含量低则表现趋向雌性株。李曙轩（1979）用乙烯利（150 mg/L）喷洒黄瓜幼苗，明显地增加雌花的发生，减少了雄花的发生。用赤霉素处理可增加雄花的发生，而减少雌花的发生。用 2,4 - D 100～200 mg/L、矮壮素 500～2 000 mg/L 浓度等激素处理，能促进雌花的分化与形成。

黄瓜性别表现主要受温度和日照的影响。一般在夜温接近 9℃，日照为 8h 的短日条件下，雌花发育多，节成率高。在第 1 叶到第 4～5 片真叶展开，即子叶展开后的 10～30d 中进行低夜温处理（14～15℃），可增加雌花数目和降低雌花节位。当夜温偏高时，则有利于雄花的分化。在短日照条件下，低温导致雌花发生得早而多，而在 12h 以上的长日照条件下，不论夜温高或低，雌花都会少量发生甚至不发生，而对雄花发生有促进作用。因此，黄瓜育苗期间温度及日照长短管理是否得当，对黄瓜早熟性及产量的高低有很大影响。

土壤含水量充足，空气湿度较高，可加速黄瓜雌花的发育，降低雌花的着生节位；土壤和空气干燥则增加雄花的发生。氮素营养有利于雌花的形成，而钾素则有利于雄花的形成。氮肥和磷肥多次施用较一次性施入有利于雌花的形成。苗床的气候条件中如一氧化碳的含量增加时，可以抑制呼吸作用，促进雌花的分化。二氧化碳含量高时，可提高光合产量，增加雌花的数量。此外，乙烯、乙炔的浓度也会影响花芽的性型分化。

2. 性型变化 根据黄瓜植株上花的着生状况，雌花节位的连续发生能力，以及两性花的有无等遗传特性，将黄瓜的性型分为 7 种类型：

（1）雌、雄间生型 先出现雄花，以后雌雄交替出现。雌、雄都可连生数节。

（2）混生雌性型 先出现雄花，继之出现雌、雄混生节，然后连续出现雌花。

（3）雌性型 全株雌花，不生雄花，或基部出现雄花后再雌化。

（4）雄性型 植株上着生的花全部为雄花。

（5）两性雄性型 开始出现雄花，然后在雄花节上混生两性花，基本不生雌花。

（6）完全花型　植株上着生的花全部为完全花。

（7）雌雄全同株　植株上着生的花包括雌花、雄花和完全花。

黄瓜多数品种为雌、雄间性型，部分品种雌花连续发生的能力强，表现为混生雌性型。

依雌花的着生部位和数量大致可分为两类：一类是主蔓雌花多而集中，分枝少，以主蔓结果为主；另一类是雌花在主蔓少而较分散，侧枝多，以子蔓、孙蔓结果为主，采取摘心措施可以提早形成雌花。

3. 开花与授粉受精　黄瓜于黎明时开花。雄花同时开药，放出花粉。花粉寿命较短，在高温期，开花后 4～5h 即丧失活性。但于开花前日下午，已具有发芽能力。雌花于开花前 2d 到开花次日都能受精。黄瓜由授粉到受精的全过程约经 4～5h。从开花到种子成熟，约经 40d。

4. 结果习性与果实形成　黄瓜有单性结果的特性。这种特性受遗传、环境和生育状况所支配。通常春黄瓜单性结实率较高，夏、秋黄瓜较低。温室和大棚栽培单性结实率高，露地栽培较低。壮株单性结实率较高，弱株较低。构成黄瓜单性结果特性的原因，为黄瓜子房中生长素含量较高，能控制营养的分配，支持果实的生长。子房发育不良、不完全受精或植株营养不良时，易产生大肚、蜂腰、长把、尖嘴等畸形果。单性结果时，果实易弯曲。

黄瓜果实的生长曲线呈 S 形。通常谢花后迟缓，开花 5～6d 后逐渐加速，10d 以后又逐渐减慢。由谢花至商品成熟间的日生长量，夜间较大，白天较小。夜间生长以傍晚较快，黎明较慢（表 16 - 3）。果实达商品成熟的时间约在开花后 7～12d，小果型品种较早，大果型品种较晚。

表 16 - 3　黄瓜果实的平均日生长量

（河北农业大学，1965）　　　　　　　　　　　　　　单位：cm

生长量 生长期	瓜长（日平均）				瓜粗（日平均）			
	昼	夜	一天	（%）	昼	夜	一天	（%）
前期 5 月 17～20 日	0.37	0.87	1.24	100	0.057	0.095	0.152	100
中期 5 月 21～24 日	0.32	2.30	2.62	211.3	0.050	0.380	0.430	282.9
后期 5 月 25～29 日	0.48	0.97	1.45	116.9	0.070	0.130	0.200	131.4

二、类型及品种

（一）类型　根据黄瓜品种的分布区域、形态特征及生态学性状，分为 6 种类型。中国各地栽培的品种主要为华北型和华南型。近年小型黄瓜栽培面积在保护地内有逐步增加的趋势。

1. 南亚型黄瓜　分布于南亚各地。单果重 1～5kg。短圆筒形或长圆筒形，瘤稀，刺黑或白色，皮厚，味淡。这类黄瓜品种仍处于自然原始的栽培状态。地方品种群如：版纳黄瓜（*C. sativus* var. *xishuangbannaensis*），2n＝14；昭通大黄瓜，该黄瓜的形状与锡金黄瓜（*C. sativus* var. *sikkimesis*）相似。

2. 华南型黄瓜　分布于中国淮河秦岭以南及日本各地。植株较繁茂，耐湿热，为短日性植物。果实较小，瘤稀，多黑刺。嫩果绿、绿白、黄白色，味淡。老熟果黄褐色，具网纹。

3. 华北型黄瓜　分布于中国黄河流域以北以及朝鲜、日本等地。植株长势中等。喜土壤湿润，较耐低温，对日照长短反应不敏感。嫩果棍棒状，绿色，瘤密，多白刺。老熟果黄白色，无网纹。

4. 欧美型露地黄瓜　分布于欧洲及北美洲各地。茎、叶繁茂。果实圆筒形，中等大小，瘤稀、

白刺，味清淡。老熟果浅黄或黄褐色。有东欧、北欧、北美等品种群。

5. 北欧型温室黄瓜　分布于英国、荷兰等地。茎、叶繁茂。果面光滑，浅绿色，果长达 50cm 以上。耐低温、弱光。如英国和荷兰的温室品种。

6. 小型黄瓜　分布亚洲及欧、美各地。植株较矮小，分枝性强，多花、多果，果实短小。

（二）品种

1. 华南型黄瓜

（1）夏青 4 号　广东省农业科学院经济作物研究所与植物保护研究所合作于 1994 年育成的一代杂种。早熟。植株生长势强，分枝少，叶深绿色，主、侧蔓结瓜。第 1 雌花着生在第 4～5 节上，瓜码密。瓜短圆筒形，瓜条粗细均匀，瓜色翠绿，有光泽，白刺稀疏，刺瘤不明显。瓜长 22cm，平均单瓜重 200g。肉质脆，味清甜。耐热。抗枯萎病、白粉病、炭疽病、疫病。适于华南地区夏秋栽培。

（2）湘黄瓜 4 号　湖南省长沙市蔬菜研究所于 2000 年育成的一代杂种。植株生长势强，以主蔓结瓜为主，侧枝也结瓜，瓜色深绿，无黄色条纹。瓜条长棒形，单瓜重 300g 左右。刺瘤明显，白刺。肉质脆甜，风味佳，商品性好。从播种到始收 45～50d。耐高温、高湿，不耐低温。田间表现抗霜霉病、枯萎病和疫病。适于湖南省及华南地区夏秋季露地栽培。

（3）宁丰 4 号　江苏省南京市蔬菜研究所于 1997 年育成的一代杂种。长势中等，主、侧蔓结瓜，侧枝结瓜多。第 1 雌花着生在主茎第 7～8 节，瓜色深绿。瓜条纹明显，长棒形，单瓜重 290g。瓜把较短，刺瘤稀少，白刺，棱浅，质脆。耐高温，抗霜霉病和黄瓜花叶病毒。适宜江苏省夏秋栽培。

（4）昆明早黄瓜　昆明市郊区地方品种。早熟。果实圆筒或略呈三棱的短柱形，瘤稀，黑刺。嫩果绿色，易变黄。达食用成熟时，呈黄绿或黄色。熟果黄褐色，有网纹。果肉白或绿白色。宜春播。

（5）杭州青皮　杭州市郊区地方品种。中熟品种。主蔓较长，分枝性及生长势中等。第 1 雌花着生在第 5～7 节。瓜圆柱形，表面光滑，绿色，先端条纹占全瓜长 1/3。黑刺。种瓜褐色，表皮有网纹。肉脆，风味好。宜春播。

（6）青鱼胆　武汉市郊区地方品种。中晚熟。植株生长势强。叶色绿，节间短。第 1 雌花着生第 7～9 节，瓜码稀。瓜长 20cm，色绿，老瓜棕红色，褐刺，无棱瘤，表面光滑，圆筒形。单瓜重 250～300g。肉脆，风味一般。抗病性较好。宜秋播。

（7）广州大青黄瓜　广州郊区地方品种。中熟。生长势中，分枝性中，第 1 雌花着生在第 7～8 节。瓜粗，色绿，圆筒形，无棱瘤，表面光滑，白刺。种瓜褐色，具明显网纹。肉质脆，风味上乘。抗病性中等。宜秋播。

（8）辽宁金早生　辽宁省金县农家品种。早熟。植株长势较好，侧枝少，雌花多着生在主蔓中、下部。瓜圆筒形，瓜面刺少、光滑。商品瓜淡绿色。抗霜霉病、白粉病能力差。宜于春播。

此外，还有广东夏青 2 号、江苏早抗、上海杨行、鄂黄瓜 1 号、圆叶青黄瓜、吉林早黄瓜、胶县地黄瓜等品种。

2. 华北型黄瓜

（1）长春密刺　由山东省传至吉林省长春市，从小八杈中选育出。早熟。生长势强，蔓长 200cm左右，分枝少，叶片大，叶色绿。第 1 雌花着生于第 3～5 节。瓜条长棒形，色绿，棱、刺瘤明显，白刺，瓜码密。瓜长 35～40cm，平均单瓜重 250～300g，以主蔓结瓜为主，节成性好，单性结实能力强。回头瓜多。瓜肉厚，风味好。耐低温、弱光。对霜霉病、白粉病抗性差，但对枯萎病及疫病有一定抗性。适合冬春保护地栽培。

（2）新泰密刺　山东省新泰市地方品种。早熟。植株长势中等，叶片较小，色深绿，侧枝较少。以主蔓结瓜为主，第 1 雌花出现在第 3～4 节，以后每隔 1～2 节出现 1 雌花，节成性好，单性结实能力强。腰瓜长 35cm，瓜条深绿，有光泽，棱及刺瘤不明显，刺白色，稀少。质脆，味浓。抗霜霉病、白粉病能力略强于长春密刺。适于秋冬茬日光温室栽培。

（3）北京刺瓜 北京市地方品种。可分为北京大刺和北京小刺。北京大刺为中早熟品种，北京小刺为早熟品种。植株生长势较强，分枝性好。小刺瓜第 1 雌花节位在第 2～4 节，大刺瓜在第 4～5 节。瓜码较密，节成性好。瓜条棒状大棱，瘤上着生白色刺毛。瓜皮浓绿色，质脆，清香味甜，品质上乘。不抗霜霉病、白粉病，但对枯萎病抗性较强。

（4）津研 4 号 天津市黄瓜研究所于 1984 年育成的优良品种。中早熟。植株生长势中等，叶片较小，绿色，分枝弱。以主蔓结瓜为主。第 1 雌花出现在第 5～7 节。瓜条棒形，深绿色，有光泽，无棱瘤，白刺较稀，瓜条匀称，长 35～40cm。果肉厚而紧密，浅绿色，生长迅速，品质好。抗霜霉病、白粉病能力强，抗枯萎病差。适合春露地栽培。

（5）津春 4 号 天津市黄瓜研究所于 1993 年育成的一代杂种。植株生长势强，分枝多。主蔓结瓜为主，侧蔓亦有结瓜能力。瓜长棒形，瓜色深绿，有光泽，白刺、棱瘤明显。瓜条长 30cm，平均单瓜重 200g，腔心小于瓜粗的 1/2，瓜把长约为瓜长的 1/7。瓜肉厚，质脆，味清香，品质佳。抗霜霉病、白粉病及枯萎病能力强。适于中国各地露地栽培。

（6）津绿 3 号 天津市黄瓜研究所于 1999 年育成的一代杂种。株型紧凑，长势强。叶深绿色。主蔓结瓜为主，第 1 雌花着生在第 3～7 节，雌花节率 40% 左右，回头瓜多。瓜条长 30cm 左右，平均单瓜重 200g 左右；瓜色深绿，有光泽，瘤显著，密生白刺。高抗枯萎病，中抗霜霉病和白粉病。耐低温、弱光能力强。适合日光温室及春大棚种植。

（7）中农 8 号 中国农业科学院蔬菜花卉研究所于 1995 年育成的一代杂种。中熟。生长势强，株高 2.2m 以上，主侧蔓结瓜，第 1 雌花始于主蔓第 4～7 节，每隔 3～5 片叶出现一雌花。瓜长棒形，瓜色深绿，有光泽，无花纹，瘤小，刺密，白刺，无棱。瓜长 35～40cm，横径 3～3.5cm，平均单瓜重 150～250g。瓜把短，质脆，味清甜，商品性好。抗霜霉病、白粉病和枯萎病。适宜春露地栽培。

（8）北京 202 北京市蔬菜研究中心育成。植株生长势强，叶色深绿，以主蔓结瓜为主。第 1 雌花节位在第 3～4 节，以后每隔 2～3 节出现一雌花。单性结实能力强，春大棚栽培早熟性好，秋大棚栽培从播种到收获约需 40d。瓜长 30～35cm，深绿色，刺瘤及瓜把适中，刺白色，质脆，香味浓。抗霜霉病、白粉病及枯萎病能力强，适于在肥水较好的条件下种植。适于春秋大棚及秋延后大棚、春秋露地栽培。

（9）西农 58 号 西北农学院于 1982 年选育成的优良品种。中早熟。植株生长势强，色绿，分枝性中，第 1 雌花着生于第 5～6 节，以后每隔 1～2 节结一瓜。瓜条长 35cm，棒状，棱瘤明显，白刺。瓜皮色绿，肉质脆，口感好。抗霜霉病、白粉病。

（10）鲁春 32 号 山东省农业科学院蔬菜研究所于 1983 年育成的一代杂种。较早熟。植株生长势强，茎粗壮，主蔓结瓜为主，第 1 雌花着生在第 3～4 节。生育后期侧蔓也能结瓜。瓜条棒状。皮深绿色，刺瘤较稀，白刺。瓜肉较厚，品质脆，味浓。较抗霜霉病、白粉病和病毒病。适于春季露地栽培或夏、秋季栽培。

此外还有唐山秋瓜、朱庄秋瓜、津杂 4 号、北京 201、鲁春 26、中农 12 号等品种。

3. 小型黄瓜 适宜露地栽培的品种主要有扬州乳黄瓜，为江苏省扬州郊区地方品种。中早熟。分枝性弱，第 1 雌花位于第 5～6 节。瓜棒状，瓜皮色深绿，瓜端略粗，瓜柄略细，长 20～22cm，横径 3.5cm，表皮光滑，白刺。种瓜橙黄色，表皮无网纹。抗病性较差。肉质细，口感好。适宜加工腌制或鲜食。近年引进种植的小型黄瓜（水果型黄瓜）品种，参见第二十六章有关内容。

三、栽培季节和方式

黄瓜的栽培方式可以分为露地栽培和保护地栽培两大类型。

（一）露地栽培　由于中国各地气候条件差异很大，黄瓜露地栽培的茬口也有很大的差异。如东北、蒙新等寒冷地区，无霜期 90～170d，每年仅可种植 1 茬，产品供应期在 6～8 月份。华北地区无霜期一般在 200d 以上，可以分为春茬、夏茬和秋茬栽培。春黄瓜是主要栽培茬口，可以育苗或直播。但为争取早上市，大多采用先育苗后定植的方式栽培。夏茬和秋茬黄瓜的采收期在 7～10 月份，主要满足蔬菜淡季市场的需求。可以育苗移栽，也可直播生产。此期正值高温、多雨、秋季温度下降快等自然条件，黄瓜田间生育期短、病虫害威胁较大，产量偏低。长江中、下游地区无霜期达 230～300d，华南地区全年无霜，黄瓜茬口安排及播种期较为灵活。在长江流域及其以南地区，其栽培大体可分为春、夏、秋季栽培和冬季栽培，其中以春季早熟栽培的面积最大，为最主要的栽培季节。表16-4 所列的中国各地露地春黄瓜栽培季节的播种期、定植及收获期，可供参考。

表 16-4　各地春露地黄瓜栽培季节
（引自：《黄瓜栽培实用技术大全》，1995）

代表地区	播种期	定植期	收获期
拉萨	5 月上旬	6 月中旬	7 月上中旬
西宁	5 月初	6 月上旬	7 月上旬
呼和浩特、哈尔滨	4 月中下旬	5 月底	6 月中下旬
乌鲁木齐、长春	4 月中下旬	5 月中旬	6 月中下旬
沈阳、兰州、银川、太原	3 月底至 4 月初	5 月中旬	6 月上中旬
北京、天津、石家庄、西安	3 月中旬	4 月下旬	5 月中下旬
昆明、郑州、济南	3 月上旬	4 月中旬	5 月上旬
上海、南京、合肥	2 月下旬至 3 月上旬	4 月上中旬	4 月中下旬
武汉、杭州	2 月中下旬	3 月下旬	4 月中旬
长沙、成都、贵阳	2 月上中旬	3 月下旬	4 月上中旬
南昌	1 月下旬至 2 月上旬	3 月上旬	3 月下旬至 4 月上旬
福州	1 月上旬	2 月中旬	3 月上中旬
广州、南宁	12 月下旬至翌年 1 月上旬	2 月上旬	3 月上旬

（二）保护地栽培　黄瓜适宜于在各种类型的保护地中栽培。既可在风障、阳畦、苇毛苫等简易设施中生产，也可在塑料大、中、小棚、日光温室以及大型连栋温室中栽培，但占主导地位的是塑料棚栽培及日光温室栽培。参见第二十六章。

四、栽培技术

（一）春露地栽培技术

1. 品种选择　黄瓜春露地栽培应选择耐寒、早熟、商品性状好、丰产、抗病性强的品种。根据各地栽培条件，可选择津春 4 号、津杂 2 号、津杂 3 号、津绿 4 号、津研 4 号、中农 8 号、豫黄瓜 1 号、江苏早抗、武汉青鱼胆、早春 2 号等。

2. 育苗与苗期管理　黄瓜适龄壮苗的标准是：子叶肥厚、平展，在定植时未脱落；真叶展开 3～4 片，叶片大而厚，色浓绿，水平展开；节间短，茎较粗，生长点伸展；根系发达；植株无病虫及机械损伤。日历苗龄为 35～40d。

（1）育苗方式及场所　现多采用改良阳畦进行育苗。华南地区则用塑料小拱棚或露地育苗。在这些设施中，可采用冷床育苗、温床育苗、营养基质育苗等方法。营养基质育苗是利用稻壳熏炭、食用菌栽培废料、椰糠、蔗渣、泥炭土、蛭石、培养土等或其配制成的基质进行育苗。营养基质育苗可用营养钵或育苗盘做载体，置于塑料棚或日光温室中进行。近年保护地栽培多采用黑籽南瓜、南砧1号等作砧木，进行嫁接育苗。

在无条件采用营养基质育苗的地区，要注意：育苗的营养土必须选择土壤肥力好，质地疏松，无病虫害感染的土壤。最好用没有种过瓜类的大田表土与腐熟的有机肥料，按7∶3或5∶5的比例混合。土质黏重的可加入一定量的炉灰、沙子、石灰石等，肥力不足的，可加入一定量的复合肥。每立方米加复合肥3kg并与土拌匀备用。

（2）种子处理　采用温汤浸种法对种子表面消毒处理。将干种子放入55～70℃的温水中处理10min，使温度降至28～30℃时，浸种4～6h，淘洗干净后催芽。也可用0.1%的多菌灵盐酸液浸种1h，用温水冲洗后再用清水浸种4h，而后催芽。适宜的催芽温度为27～30℃，经24h后开始出芽。当大部分种子露出根尖时，维持在22～26℃，经2d左右可出齐，待晴天时播种。

（3）播种　春黄瓜的适宜播种期一般在当地适宜定植期前35～40d，每公顷播种量一般为2～3kg。采用营养钵育苗，宜选用口径为8～10cm的塑料筒或纸筒做成的营养钵。播种前浇足底水，待水渗后，每钵点播1粒种子，播后还需用过筛细土覆盖。或采用营养土方育苗，即在播种前3d将营养土掺水，和成湿泥平铺在苗床内，约10cm厚，用刀切成10cm见方的泥块，在每一方块中央点一小穴，即可播种。按上述方法播种后，均需覆土1～2cm厚，过厚不利于种芽拱土，过薄则易导致幼苗戴种皮出土，子叶不易展开。在育苗床上扣好塑料薄膜拱棚，封严，并于夜间加盖草苫保温。出苗期白天温度25～30℃，夜间保持18～20℃。

（4）苗期管理　从播种到出苗前，温度达到28℃左右，可促进幼苗种子尽快拱土，提高发芽率和整齐度。当80%幼苗出土，子叶展开至破心期间苗床应适当通风、降温、降湿，防止温度过高形成徒长苗，湿度过大诱发猝倒病、立枯病等。当幼苗长出第2片真叶时，尽可能让小苗接受阳光照晒，适当降低气温。当幼苗大小不齐时，如用营养钵育苗的，可进行倒苗，将小苗移至温度、光照条件好的地方，使幼苗长势均匀。在苗期管理中，要注意尽可能的延长光照时间，即使遇到阴天也要尽可能揭苫，让幼苗接受散射光。雨雪天气或寒流侵袭时，苗床草苫外应加盖1屋塑料薄膜，既可提高保温效果，又可避免草苫被淋湿。在播种前浇透底水的前提下，苗期原则上不必浇水。一般情况下，为防止播种后苗床畦面上出现龟裂，可在种子拱土至幼苗真叶吐心前进行覆土，每次覆土厚度2cm左右。在定植前7～10d，外界气温逐渐升高，苗床应加强通风，创造与露地环境相似的条件，有利于定植后缓苗。用营养土育苗的，需在定植前4～5d将苗床浇一透水，于次日挖苗进行囤苗。待四周长出新根后定植，成活率高。用营养钵育苗的，在定植前一天浇水，准备定植。黄瓜苗期温度管理指标见表16-5。

表16-5　黄瓜苗期温度管理指标

生长时期	管理目标	温度指标（昼/夜）（℃）
播种至子叶展开	促进出苗快、出齐苗	（28～30）/（17～20）
子叶展开至真叶显露	子叶充分展开，防止高脚苗和苗期病害发生	（20～22）/（12～15）
真叶显露至定植前7～10d	达到壮苗标准，促进雌花分化，防止徒长	（22～25）/（13～17）
定植前7～10d	增强幼苗适应性，提高抗风险能力	（15～20）/（8～10）

3. 定植

（1）准备　黄瓜忌连作，应选择疏松、肥沃、排灌水便利、最好是3年未种过瓜类作物的地块种

植。冬闲地应于入冬前先行冬耕与晒垡，翌年土壤化冻后，铺施腐熟优质有机肥 75 000kg/hm²、磷酸二氢铵 750kg/ hm² 后再行春耕。一般北方地区降雨少，多做平畦便于浇水，畦宽 1.2～1.5m；南方地区降雨多，多做高畦便于排水，畦宽 1.5m，沟深 25cm。东北地区多以垄作为主。地膜覆盖栽培时通常采用高畦或垄作形式，有利于保墒，提高地温，对促进根系生长，提早采收有利。在定植前，每公顷增施饼肥 1 500～2 250kg、复合肥 450～600kg 或过磷酸钙 375～450kg。

（2）定植期　宜在当地终霜期后，10cm 处土壤温度稳定在 12℃以上，夜间最低气温稳定在 5～8℃时才能定植。

（3）合理密植与产量的形成　根据国内外经验，黄瓜的合理叶面积指数为 3～4，即于满架摘顶后，每公顷应保持 30 000～39 000m² 叶面积。据格雷里调查，每公顷黄瓜的理论日产量在长日照时期，干物重应为 177～230kg，折合鲜黄瓜 4 425～5 752.5kg（干物量按 4% 计算）。在 11h 日照时期，为鲜黄瓜 3 622.5～4 740kg。在 8h 以下的短日环境中，为鲜黄瓜 1 350～1 755kg。黄瓜干物质中约 10% 来自土壤营养，而植株的更新复壮，则约消耗 10% 干物量，两者基本平衡，可不计量。

具体的定植密度与品种特性、栽培方式、土壤肥力状况、适宜生长期的长短等条件有关。北方地区由于春季光照充足、通风良好，适当增加密度有利于实现增产、增效。一般株行距为 25～30cm×65～75cm，每公顷栽植 45 000～60 000 株。长江中下游地区阴雨天较多，定植不宜过密，一般株行距为 16～33cm×70～100cm，每公顷为 40 000～50 000 株。

此外，主蔓结瓜品种密些，主侧蔓结瓜品种稀些；小架栽培密些，爬地栽培稀些。爬地栽培的行距 1.3～2.0m，株距 16cm 左右，每公顷栽植 30 000～45 000 株。

（4）定植方法　定植时宜选择晴好天气，定植深度以土坨与畦面相平即可。定植方法有开沟栽和穴栽。春黄瓜露地栽培采用塑料薄膜地面覆盖有利于其早熟高产。在黄瓜定植前或定植后覆盖好无色透明薄膜，最好采用高畦或垄作更能发挥薄膜效果。

4. 田间管理

（1）中耕保墒、灌溉排水与追肥　春黄瓜定植后缓苗期 5d 左右，其间平畦栽培而土壤干旱时应浇缓苗水，然后封沟平畦，中耕保墒，以促根蹲苗。到收获根瓜前后，一般中耕 2～3 次。高畦栽培而降雨量大时，缓苗后应尽量排水，防止畦面和畦沟积水。如果土壤过湿则影响地温，降低土壤中空气容量，从而影响根系发育。

到收获根瓜前后，黄瓜根系已经基本形成，花芽和性型分化也基本完成。而且蔓上有瓜不易疯秧，应开始追肥灌水，以促蔓叶与花果的生长，保持蔓叶、根系的更新复壮。第 1 次追肥应以迟效优质肥料为主，每公顷施饼肥、粪肥等 1 500～3 000kg，其他按有效成分适量施用，过磷酸钙每公顷 150～225kg。追肥以速效肥为主，化肥与农家有机液肥应间隔施用。北方通常 15d 追肥一次，5～7d 灌一次水。南方通常 3～5d 追一次液肥。每公顷追肥量约为农家有机液肥 37 500～45 000kg，复合肥 375～450kg，过磷酸钙 225kg。基本上相当于每公顷产 75 000kg 黄瓜的三要素吸收量。每公顷每茬春黄瓜的总灌溉量 3 000～4 500m³。不同的土壤含水量，对黄瓜的生育有较大的影响，还能影响他的性型变化（表 16-6）。

表 16-6　在不同土壤相对含水量下黄瓜雌雄花的变化
（曹宗巽，1957）

土壤相对含水量（%）	雄花数	雌花数	雄：雌	备　考
40	919	28	328：1	
60	1 080	37	292：1	每处理 10 株总花数
80	1 245	60	216：1	

（2）支架与整枝　黄瓜以搭架栽培为主。大架高1.7～2.0m，小架高0.7～1.0m。一般采用人字花格架，于蔓长0.3m左右时引蔓上架，然后每3～4节绑一次蔓，同时打杈，摘除卷须，满架后摘顶。为了进行合理密植，生产上必须测定当地主栽品种在各茬栽培中的平均单叶面积，作为摘顶留叶的依据。如中、小架黄瓜每公顷栽9万株，春季早熟栽培的华北品种平均单叶面积为250cm^2，合理叶面积指数为4，每公顷总叶面积为39 000m^{2}时，每株应留17.4叶摘顶；而地爬黄瓜每公顷栽45 000株，叶面积指数为3，每公顷总叶面积30 000m^{2}时，每株应留26.67叶。

目前生产中所用的品种多是主、侧蔓均可结瓜，以主蔓结瓜为主。为防止养分分散，促进主蔓生长，应将根瓜以下的侧枝及时摘除。根瓜以上叶节处所形成的侧枝，可在瓜后留2片叶摘心，以增加结果数，提高产量。当植株发育到中后期时，基部叶片开始变黄、老化，同时还易于发生多种病害，因此可及时摘除这部分叶片，既节约养分，又可改善植株间通风透光的条件。

（3）采收　黄瓜具有连续结果、可陆续采收的习性。露地春黄瓜从定植到开始采收，一般早熟品种需18～25d，中晚熟品种需30d左右。华北地区以"顶花带刺"作为最佳的商品瓜。南方及西北部分地区黄瓜采收期偏晚，它要求果实充分膨大，果皮和种子尚未硬化前为最佳采食期。一般根瓜应适当早采，以防坠秧；中部瓜条应在符合市场消费要求的前提下适当晚采，通过提高单瓜重来提高总产量；上部所结的瓜条也应当早采，以防止植株早衰。

5. 病虫害防治

主要病害防治：

（1）黄瓜霜霉病　病原：*Pseudoperonospora cubensis*。真菌病害。该病在黄瓜苗期、成株期都可发生，主要为害叶片，并由下部叶片向上层发展。幼苗子叶发病初期出现褪绿斑点，逐渐呈枯黄色不规则形病斑，湿度大时，子叶背面产生灰黑色霉层。子叶很快变黄、枯干。成株期发病叶片出现水渍状褪绿小点，后扩大为黄色斑，受叶脉限制呈多角形，最后变为褐色枯斑。潮湿时，病斑背面长出灰黑色霉层。病斑连片，叶片枯黄。严重时，除心叶外全株叶片枯死。病菌在寄主病叶上越冬和越夏，主要靠气流传播引起再侵染。温度为16～24℃，空气相对温度为80%以上，叶面结露或有水膜6h以上，是该病发生的适宜条件。昼夜温差大，多雨多雾，种植过密，浇水过多，植株生长不良时均有利于病害流行。防治方法：①选用抗病品种；②清洁田园；③选择地势高、排水好的地块种植，施足底肥，增施磷、钾肥，视病情发展适当控水；④药剂防治一般在阴雨天来临之前进行预防，可用25%甲霜灵可湿性粉剂800倍液，或75%百菌清可湿性粉剂600倍液，或72.2%霜霉威水剂600～800倍液喷雾。隔6～7d喷1次，连喷3～4次。农药需交替使用，喷药时叶的正反面均要喷到，重点喷病叶的背面。对健康叶也要喷药保护。

（2）黄瓜白粉病　病原：*Erysiphe cucurbitacearum*和*Sphaerotheca cucurbiae*。真菌病害。成株和幼苗均可染病，主要为害叶片、叶柄及茎。发病初期，叶片正面或背面产生白色小粉斑，后扩大呈现边缘不明显的连片白粉斑，严重时布满整个叶片。发病后期变为灰白色，叶片逐渐枯黄、卷缩。有时白色粉状物上长出黑褐色小点（病菌的闭囊壳）。北方寒冷地区病菌随病残体在田间土壤中越冬，靠气流或雨水传播。温度10～30℃均可发病，高温、干燥和潮湿交替，病害发展迅速。黄瓜生长后期植株长势衰弱发病重。防治方法：①选用抗病品种；②采用地膜覆盖，科学浇水，施足腐熟有机肥，增施磷、钾肥，增强植株抗病能力；③发病初期喷2%武夷霉素水剂或2%抗霉菌素水剂200倍液。隔7d喷1次，连喷2～3次。还可选用15%三唑酮可湿性粉剂1 000倍液，或40%氟硅唑乳油8 000倍液，或50%硫磺悬浮剂250倍液等喷雾。

（3）黄瓜细菌性角斑病　病原：*Pseudomonas syringae* pv. *lachrymans*。细菌病害。从幼苗到成株均可染病，主要为害叶片，严重时也为害叶柄、茎秆、瓜条等。叶片受害时，初为水渍状病斑，后变褐色，扩大后受叶脉限制呈现多角形斑，病部腐烂，脱落穿孔。湿度大时，叶背常见白色菌脓，干燥后具白痕，病部质脆易穿孔。茎上病斑初呈现水渍状，沿茎沟形成条形病斑，并凹陷，有时开裂。

湿度大时，表面可见乳白色菌浓。瓜条上的病斑可沿维管束向内扩展，致使种子带菌。病菌在种子或随病残体在土壤中越冬，成为初侵染源。病菌借风雨、灌水、农事活动传播，从气孔、水孔侵入再侵染。适宜发病温度10～30℃。空气湿度大和叶面、瓜条有水膜（滴）存在，昼夜温差大，多雨、低洼、浇水量过大，连作等发病重。防治方法：①与非瓜类作物实行2年以上轮作；②选用选耐病品种；③选用无病种子，或种子用50℃温水浸种20min，或用新植霉素3 000倍液浸种2h后捞出，再用清水洗净后催芽；④加强田间管理，及时摘除病叶、病瓜、病蔓；⑤发病初期用40%甲霜铜可湿性粉剂600倍液，或78%波·锰锌可湿性粉剂500～600倍液，或72%农用链霉素可溶性粉剂4 000倍液等喷雾。

（4）黄瓜花叶病　病原：黄瓜花叶病毒（CMV）和甜瓜花叶病毒（MMV）。苗期感病，子叶变黄枯萎，幼叶呈现深浅绿色相间的花叶。成株染病，嫩叶呈花叶状，叶片小，皱缩，向上或向下扣卷，植株矮小。瓜条受害往往停止生长，表面呈现深浅绿色相间的花斑。发病后期下部叶片渐变黄枯死。轻病株一般结瓜正常，但果面多产生褪绿斑驳。重病株不结瓜或瓜条畸形。种子不带病毒。病毒主要随瓜蚜、桃芽迁飞传播，农事作业等可接触传染MMV。发病适温为20℃，气温高于25℃表现隐性。在高温、干旱和蚜虫迁飞量大时发病重。毒源多、缺水、缺肥、管理粗放发病也较重。防治方法：选用抗病品种；加强栽培管理，适时育苗、定植；采用营养钵育苗，减少移苗时伤根；夏秋黄瓜有条件可采用遮阳网（20～24目）覆盖栽培；及时清洁田园，农事操作时减少接触传染；及时防治蚜虫；发病初期喷施下列药剂之一或交替使用：20%盐酸吗啉胍·铜（病毒A）可湿性粉剂500倍液，或6%病毒克或10%病毒必克可湿性粉剂800～1 000倍液，或3%三氮唑核苷水剂800～1 000倍液等。7～10d喷1次，连续2～3次。

（5）黄瓜蔓枯病　病原：*Mycosphaerella melonis*。真菌病害。茎基部发病表皮淡黄色，后变灰色，斑面密生小黑点，有时溢出琥珀色胶状物，严重时表皮纵裂，维管束分离如乱麻状。茎节部病斑长椭圆形或梭形。叶部病斑近圆形，叶缘呈楔形向里扩展，淡褐色至黄褐色，上生小黑点。瓜条感病果肉变褐、软化，呈心腐状。病菌随病残体落于地表，或附着架材越冬。田间借助风、雨及灌溉水传播，经伤口和生理孔道侵入。种子也可带菌引起幼苗发病。气温18～25℃，相对湿度大于85%，夜间结露有利发病。降雨过多，平畦栽培、底肥不足，通风透光性差，病害易于流行。防治方法：①在无病留种田采种，播前用55℃温水浸种15min，或40%甲醛水剂100倍液浸种30min，浸后充分用清水冲洗，再催芽播种；②实行2～3年轮作；③发病后要控制灌水，雨季加强排水，及时追肥，增施磷钾肥，发现病株及时拔除烧毁；④发病初期用50%甲基硫菌灵可湿性粉剂500倍液，或40%氟硅唑乳油8 000倍液，或70%代森锰锌可湿性粉剂500倍液等喷施。也可在病茎上涂50%甲基硫菌灵或多菌灵可湿性粉剂50倍液。

（6）黄瓜疫病　病原：*Phytophthora drechsleri*。为土传真菌病害。幼苗及成株均可发病，侵染叶片、茎、果实。叶片上的病斑初为小圆形或不规则形，扩大后呈圆形，暗绿色、水渍状，边缘不明显。病斑扩展到叶柄时叶片下垂。潮湿时叶片腐烂，干燥时呈青白色，易碎。茎节部发病，出现暗绿色水渍状病斑，明显溢缩，上部叶片萎蔫下垂，直至枯死。瓜条感病，多从花蒂部开始，呈暗绿色软腐，略凹陷，湿度大时，表面有灰白色稀疏霉状物。病菌在土壤的病残体或畜粪中越冬，成为第2年的初侵染源。通过雨水、灌溉水、气流等传播。在高温（28～30℃）、高湿条件下易发病。在适宜的温度条件下，土壤水分是此病流行的决定因素。连作，降水过多、排水不良的地块利于发病。防治方法：①实行3年以上轮作；②采取深沟高畦或小高畦栽培，保持排水通畅，发现病株及时拔除并控制浇水或用畦底沟浇小水；③加强病情检查，发病前，尤其雨季到来前应该喷一次药剂预防，雨后发现中心病株及时拔除，立即喷洒58%甲霜灵锰锌可湿性粉剂500倍液，或64%恶霜锰锌可湿性粉剂500倍液，或72%霜脲锰锌可湿性粉剂600倍液等。隔7～10d喷1次，病情严重时5d喷1次，连续防治3～4次。

　　（7）黄瓜枯萎病　病原：*Fusarium oxysporum* f. sp. *cucumerinum*。真菌病害。该病多于黄瓜现蕾以后发生，植株青叶下垂，发生萎蔫，病叶由下向上发展，数日后植株萎蔫枯死。茎基部呈水渍状，后逐渐干枯，基部常纵裂，有的病株被害部溢出琥珀色胶质物。根部褐色腐烂。高湿环境病部生长白色或粉红色霉层，纵切病茎可见维管束变褐。病菌在土壤、未腐熟农家肥和种子内越冬，成为初侵染源。土壤中病原菌数量多少是影响当年发病轻重的主要因素，重茬地发病重。秧苗老化、有机肥不腐熟、土壤干燥或质地黏重的酸性土壤等，是引起发病的重要条件。一般空气相对湿度90％以上，气温24～25℃，地温25～30℃病情发展快。防治方法：①采用嫁接苗栽培；②种植抗（耐）病品种；③种子用60％多菌灵盐酸盐（防霉宝）可湿性粉剂600倍液浸种1h后催芽播种；④轻病田结合整地，每公顷撒石灰粉1 500kg左右，使土壤微碱化；⑤采用高畦覆地膜栽培，移栽时防止伤根，加强管理促使根系发育，结瓜期避免大水漫灌；⑥雨后及时排水，出现零星病株用50％多菌灵可湿性粉剂500倍液，或20％甲基立枯灵乳油1 000倍液，或10％双效灵水剂200倍液等灌根，每株灌液0.25～0.5L，隔10d再灌1次，要早治早防。药剂可交替使用。

　　（8）黄瓜炭疽病　病原：*Colletotrichum lagenarium*。真菌病害。幼苗发病，子叶边缘出现褐色、半圆形或圆形病斑；茎基部受害，患部缢缩、变色，幼苗猝倒。成株期感病，叶片出现红褐色病斑，外围有黄色晕圈，干燥时病部开裂或穿孔。茎、蔓和叶柄病斑长圆形或长条状，褐色凹陷，严重时可绕茎一周，形成缢缩或纵裂。瓜条染病，初为暗绿色、水渍状椭圆形斑，扩大后变为深褐色凹陷斑。湿度大时以上发病部位均可产生红色黏稠状物。病菌随病残体遗落土中越冬。靠灌溉水、雨水及农事作业传播，由表皮直接侵入。温度24℃左右，相对湿度87％以上和植株体表有水膜时发病严重。多于夏季连雨天流行，尤其黏重土壤、地面积水、密度过大、偏施氮肥的田块受害严重。防治方法：①与非瓜类作物实行3年以上轮作，选择排水良好的沙壤土种植，施足底肥，注意排水，及时清除病残体；②选用抗（耐）病品种；③播种前可用55℃温水浸种15min，或用40％甲醛水剂100倍液，浸种30min后用清水洗净后催芽播种；④发病时喷洒50％甲基硫菌灵可湿性粉剂500倍液，或50％炭疽福美可湿性粉剂400倍液，或70％代森锰锌可湿性粉剂500倍液等。茎部纵裂斑可用50％多菌灵可湿性粉剂300倍液涂茎。

　　（9）黄瓜黑星病　病原：*Cladosporium cucumerinum*。真菌病害。全生育期均可为害，为害叶、茎、卷须和瓜条，对嫩叶、嫩茎、幼瓜为害尤其严重。黄瓜生长点受害呈黑褐色腐烂，形成秃桩。叶片病斑圆形或不规则形，黄褐色，易开裂或脱落，留下暗褐色星纹状边缘。茎和叶柄病斑菱形或长条形，褐色纵向开裂，可分泌琥珀色胶状物，潮湿时病部生黑色霉层。瓜条受害部位流胶，渐扩大为暗绿色凹陷斑，潮湿时生长灰黑色霉层，后期病部呈疮痂状或龟裂，形成畸形瓜。病菌随病残体在土中、架材和种子内越冬，借风雨和种子传播，在寄主体表有水滴或水膜条件下，由气孔侵入。发病适温20～22℃，空气相对湿度90％以上。生长期低温、多雨、寡照、植株郁闭、重茬地、种植感病品种等受害严重。防治方法：①严格检疫制度，杜绝病瓜和病种传入，选用抗病品种；②种子用55℃温水浸种15min，或用25％多菌灵可湿性粉剂300倍液浸种1～2h后催芽播种；③发病开始喷洒50％多菌灵可湿性粉剂500倍液，或75％百菌清可湿性粉剂600倍液，或50％异菌脲可湿性粉剂1 000倍液，或2％武夷菌素水剂150～200倍液等。

　　还有黄瓜猝倒病（病原：*Pythium aphanidermatum*）、黄瓜立枯病（病原：*Rhizoctonia solani*），防治方法参见第十七章茄果类蔬菜栽培。

　　主要害虫防治：

　　（1）瓜蚜（*Aphis gossypii*）　又名棉蚜。发生普遍，以北方产区为害重。植株上有成蚜、若蚜、有翅蚜和无翅蚜，能传播病毒病。成、若蚜在叶背、嫩茎和嫩叶上吸食汁液，分泌蜜露，使叶面煤污，并向叶背卷缩，瓜苗生长停滞，叶片干枯，甚至整株枯死。瓜蚜深秋产卵在越冬寄主上越冬，或在温室蔬菜上继续繁殖。瓜蚜繁殖的温度范围为6～27℃，以16～22℃最为适宜。干旱、少雨、温度

较高，天敌减少时，瓜蚜数量明显增多，为害加重。防治方法：①清除田间杂草，可消灭部分越冬卵；②利用蚜虫的天敌，如七星瓢虫、食蚜蝇等防蚜，也可用黄板诱蚜或用银灰色膜避蚜；③发生为害初期，用 2.5％高效氯氟氰菊酯乳油 3 000 倍液，或 20％甲氰菊酯（灭扫利）乳油 2 000 倍液，50％辛硫磷乳油 800～1 000 倍液，10％吡虫啉可湿性粉剂 2 500 倍液等喷洒。要注意集中喷叶背和嫩尖、嫩茎处，并及早防治。

（2）黄足黄守瓜（*Aulacophora femoralis chinensis*）　俗名守瓜、黄萤等。成虫咬食瓜苗叶片成环形或半环形缺刻，可咬断嫩茎造成死苗，5～6 片叶期受害最重。还为害花和幼瓜。幼虫在土中为害根部，可使幼苗死亡或结瓜期植株大量死亡。也能蛀入贴地面瓜果内为害，引起腐烂。成虫在枯枝落叶下、草丛和土隙中越冬，翌年 3～4 月在土温达 10℃时开始活动。黄守瓜喜温好湿，成虫耐热性强，在 7～8 月盛发，温度 27～28℃，空气相对湿度在 75％以上时为害严重。有假死性，受惊坠落地面，白天受惊动则迅速飞走。幼虫共 3 龄，孵化后，很快潜入土内为害细根，一般深度可达 6～10cm。3 龄幼虫专食主根，老熟后在土下 10～15cm 处化蛹。防治方法：①消灭越冬虫源和调节栽植期；②与芹菜、甘蓝、莴苣等蔬菜间作，可减轻为害；③覆盖地膜或在瓜苗周围土面撒草木灰、麦秸等可防止成虫产卵；④利用清晨成虫不活动时人工捕杀，或白天用网捕成虫；⑤用 20％氰戊菊酯乳油或 2.5％溴氰菊酯乳油 4 000 倍液喷雾。在幼虫为害期可用 50％敌百虫可湿性粉剂，或 50％辛硫磷乳油 1 000 倍液，或用烟草水 30 倍浸出液灌根，每株药液约 100ml，杀死土中的幼虫。

（3）温室白粉虱（*Trialeurodes vaporariorum*）　北方地区黄瓜等蔬菜的主要害虫。成虫体和翅覆盖白色蜡粉呈亮白色，静止时前翅合拢呈较平展的屋脊状；若虫共 4 龄，营固着生活。年生 10 余代，露地黄瓜虫源来自温室，春末夏初数量上升，盛夏高温多雨时虫口有所下降，秋季达到虫口高峰为害严重，并逐步迁入温室。成虫和若虫群居叶片背面刺吸汁液，还大量分泌蜜露诱发煤污病。防治方法：①做好秋冬春季温室的防治工作，切断露地黄瓜虫源；②用黄色黏板诱杀成虫，摘除带虫枯黄老叶携出田外处理；③初发期可选用 25％噻嗪酮（扑虱灵）可湿性粉剂 1 000 倍液，或 2.5％氟氰菊酯（天王星）乳油、2.5％高效氯氟氰菊酯（功夫）乳油、20％甲氰菊酯（灭扫利）乳油各 2 000～2 500 倍液，或 10％吡虫啉、1.8％阿维菌素乳油各 2 000 倍液喷防。应轮换用药，一般隔 7～10d 喷 1 次，连续防治几次。

（4）B-生物型烟粉虱（*Bemisia tabaci*）　又称棉粉虱、甘薯粉虱、银叶粉虱，20 世纪 90 年代中后期从国外入侵的危险性害虫，南方为适生区，北方季节性发生。其形态、生活习性与白粉虱相似，主要区别如下：烟粉虱体积稍小较纤细，翅污白色，前翅合拢呈屋脊状明显；卵孵化前琥珀色，不变黑，呈卵圆形边缘扁薄，周缘无蜡丝，背面蜡丝有或无。此虫年生多代，在华南等地可周年发生，夏季种群数量达到高峰、为害最重，秋季次之，晚秋和冬季种群密度明显下降，为害较轻，春季均为中等水平。甘蓝类蔬菜也是该虫适宜寄主，还可以持久性方式传播黄瓜脉黄化病毒引起病毒病，均与白粉虱不同。防治方法：参见温室白粉虱。保护利用浆角蚜小蜂等天敌、物理防治和合理安全使用农药为重点。

（5）美洲斑潜蝇（*Liriomyza sativae*）　又称蔬菜斑潜蝇、美洲甜瓜斑潜蝇等。年发生多代，在广东、海南等地和温室可全年发生。北方及长江流域露地瓜田的虫源主要来自温室及南方露地的越冬蛹。成虫白天活动，喜在植株上部已展开的第 3～4 片真叶上产卵，随着植株生长而逐渐上移。雌成虫用产卵器刺破叶片上表皮，取食叶片汁液，雌虫产卵其中。幼虫潜叶为害叶肉，叶片正面出现弯曲蛇形的灰白色虫道，造成植株大量失水，叶绿素被破坏，植株长势衰弱，大量叶片枯死，植株萎蔫死亡。该虫喜温，抗寒力弱，叶面积水或土壤过湿影响其羽化率。气温 20～30℃有利于该虫的发育、存活和增殖，各地发生为害盛期在夏秋季。防治方法：参见第十七章番茄病虫害防治部分。

（6）南美斑潜蝇（*Liriomyza huidobrensis*）　又称拉美斑潜蝇、豆斑潜叶蝇等，是危险性入侵害虫，适宜在西南地区及北方季节性发生。昆明一年多代，周年发生，3～5 月和 10～11 月盛发，以春季种群数量高；而在地势较高的坝区和半山区，冬春季盛发，进入夏季高温雨季后，种群数量显著下降。北京地区日光温室蔬菜冬季多发，露地蔬菜盛发期为 6 月中旬至 7 月中旬，其后种群密度很低。该蝇生活习性与美洲斑潜蝇相似，但产卵、取食、寄主和适温范围有所不同。雌成虫多产卵于叶片正面、背面表皮下，幼虫主要蛀食叶肉海绵组织，蛀道沿叶脉走向呈蛇形弯曲盘绕，虫道粗宽，常成块状，在其两侧边缘排列有短条状虫粪，以叶片背面虫道居多。老熟幼虫在虫道中化蛹。该虫喜温凉，耐寒力较强，寄主范围广，为害性更大。防治方法：同美洲斑潜蝇。

（7）侧多食跗线螨（*Polyphagotarsonemus latus*）　别名茶黄螨、茶嫩叶螨等。成螨和幼螨聚集于植株幼嫩部位及生长点周围刺吸汁液，受害叶变皱缩，叶色变浓绿，无光泽，叶片边缘向下弯曲。受害嫩茎、嫩枝变黄褐色，扭曲变形，严重者植株顶部干枯。果实受害，果面变褐粗糙，果皮龟裂。年发生多代，世代重叠。在冬季温暖和温室蔬菜周年生产条件下，可全年发生，南方少数成螨在露地越冬，在田间发生有点片阶段，主要靠风、菜苗、农事操作及温室白粉虱传带扩散蔓延。发育繁殖适温为 25～30℃，相对湿度为 80% 以上。在温暖、高湿的地区或季节为害较重。防治方法：①清洁田间，加强田间管理；②培养无螨菜苗；③可选用 20% 复方浏阳霉素 1 000 倍液，或 20% 三环锡（倍乐霸）可湿性粉剂 1 500 倍液，或 20% 螨克乳油 1 000～1 500 倍液，1.8% 阿维菌素乳油 2 500 倍液喷防。喷药重点是植株上部，尤其是幼嫩叶背和嫩茎。一般从初花期开始隔 10d 防治 1 次，连续防治 3～4 次。

（8）朱砂叶螨（*Tetranychus cinnabarinus*）　又称红蜘蛛。成螨、幼螨、若螨在叶背吸食汁液，使叶片呈灰色或枯黄色细斑，严重时叶片干枯脱落，甚至整株枯死。果实受害表皮变灰褐色，粗糙呈木栓化样组织。在华北地区，以滞育态雌成螨在枯枝、落叶、土缝中越冬，长江中下游地区以成螨、部分若螨群集潜伏于向阳处枯叶内。杂草根际及土块、树皮裂缝内越冬。一般在早春温度上升到 10℃ 时，成螨开始繁殖，先在田边点片发生，以后以受害株为中心，逐渐向周围植株扩散。繁殖适宜温度 29～31℃，相对湿度 35%～55%。6～8 月是为害高峰。防治方法：①清除田园并翻耕土地；②药剂防治可参见第十七章番茄茶黄螨。还可用 2.5% 氟氰菊酯乳油（天王星）、5% 氟虫脲（卡死克）乳油各 2 000 倍液。要注意轮换使用不同类型药剂，以免产生抗药性。

（9）瓜实蝇（*Dacus cucurbitae*）　别名黄蜂子，幼虫称瓜蛆。是华南、华东及湖南、江西、四川、贵州等省瓜类作物常发性害虫。成虫在杂草、香蕉树等处越冬，翌年 4 月开始活动，7～10 月发生为害严重。成虫白天活动，夏季中午高温烈日时静伏，对糖、酒、醋及芳香物质有趋性。雌虫产卵于嫩瓜内，幼虫孵化后，即在内取食，将瓜蛀成蜂窝状，致使黄瓜腐烂、脱落，或成畸形瓜。老熟幼虫弹入土中化蛹。防治方法：①毒饵诱杀成虫。用香蕉皮或南瓜、番薯煮熟后发酵 40 份，90% 晶体敌百虫 0.5 份，香精或食糖 1 份，加水调成糊状毒饵，直接涂在瓜棚篱竹上或装入容器挂于棚下，每 667m² 布 20 个点，每点放 25g 能诱杀成虫；②及时摘除被害瓜，喷药处理烂瓜。在严重地区将幼瓜套纸袋，避免成虫产卵；③在成虫盛发期，选中午或傍晚喷洒 80% 敌百虫可湿性粉剂 800 倍液，或 2.5% 溴氰菊酯乳油、10% 氯氰菊酯乳油各 3 000 倍液。每 3～5 d 喷 1 次，连续 2～3 次。

（10）瓜绢野螟（*Diaphania indica*）　又称瓜野螟、瓜娟螟、瓜螟。分布北自辽宁、内蒙古至海南广大区域，20 世纪 80 年代以来成为瓜类蔬菜重要害虫，长江以南和台湾省密度高，近年山东等省也常发生为害。江南 1 年 4～6 代，世代重叠，一般 8～9 月盛发，高温少雨发生重。以老熟幼虫在寄主植物卷叶内越冬。成虫昼伏夜出，卵多散产或集块在叶背。初孵幼虫在叶背取食形成灰白色斑块，3 龄后吐丝缀叶，匿身其中，4～5 龄食量占幼虫期食量的 95%，可食光叶片，或蛀食花、幼果及瓜藤，造成落花、烂瓜及瓜蔓枯萎。防治方法：①幼虫发生初期及时摘除卷叶，利用寄生蜂等天敌控制瓜田害虫；②瓜果采收后清洁田园；③释放螟黄赤眼蜂；④药剂防治，如 1～3 龄幼虫期可用 25% 杀虫双水剂 500 倍液，或 50% 辛硫磷乳油、6% 烟·百·素（绿浪）乳油 2 000 倍液等；否则应

选用1%阿维菌素乳油1 500倍液，或20%氰戊菊酯乳油、25%菊乐合剂乳油2 000倍液等，注意交替用药。

生理性病害及其防治：

（1）花打顶　是一种生长不良，未老先衰的现象。节间短缩，主蔓生长缓慢，所有叶腋甚至子叶节均可形成雄花，生长点呈簇状。苗期缺肥，水分不足，过早播种，夜间低温，日照较短，特别是定植后过于干旱而又肥料不足均会造成花打顶现象。

（2）化瓜　在未达到黄瓜商品成熟前，子房变黄或脱落的现象，尤以生长前期最为严重。其原因很多，如不同品种的单性结实能力不一，化瓜程度不同；当昼温高于35℃或低于20℃，夜温超过20℃或低于10℃时，容易引起化瓜；光照不足，单性结实能力降低而引起化瓜。此外，栽培密度过大，水肥过多，植株繁茂，相互遮荫，病虫害严重等原因均易造成化瓜现象。

（3）弯曲瓜　因外物阻挡或子房受精不良，果实发育不平衡所致。其原因多由于采收后期植株老化、肥料不足、光照少、干燥、病虫害多等。

（4）大肚瓜　黄瓜受精不完全，仅先端产生种子，果肉组织肥大，形成大肚瓜。营养不良也易发生该种情况。

（5）尖头瓜　单性结实弱的品种、未受精者，易形成尖头瓜。形成原因多为受精遇到障碍；肥水不足，营养不良；植株长势不良，下层果实采收不及时等。

（6）细腰瓜　又称蜂腰瓜。黄瓜果实两头大、中间细，其细腰部分易折断，中空，常变成褐色，商品性严重下降。它是由于雌花授粉不完全或因受精后植株干物质产量低，养分分配不均衡而引起的。高温干燥，花芽发育受阻，植株生长衰弱，果实发育不良，缺乏微量元素硼等均易形成。

以上各种生理病害的防治方法，主要针对形成原因，采取相应的栽培技术措施加以防治，即可取得良好效果。其中提高光合效率是防治瓜条弯曲的重要措施。

（二）夏秋季露地黄瓜栽培要点

1. 品种选择　选择适应性强，抗病性和耐热性强，在长日照条件下易于形成雌花的中晚熟品种。可选用津绿4号、中农6号、夏青4号、夏丰1号、鲁黄2号等。

2. 栽培季节　夏秋黄瓜的播种期范围较广，栽培季节因地区而异。在有霜地区，多于初霜前80～100d播种，约50d后开始收获，至霜前拉秧。如北京地区在6月中旬至7月上旬播种，8月上旬至9月下旬收获。初霜期晚的地区，收获期还可延长。在无霜或少霜地区，多于秋季播种，冬季收获。

3. 地块选择及整地做畦　本茬黄瓜宜选择排灌通畅、透气性好的壤土种植。最好选用3～5年未种过瓜类作物的地块，实行严格轮作甚为重要。前茬以葱、蒜、豆类为好。为改善土壤透气性和提高保水保肥能力，应多施有机肥，并注意氮、磷、钾肥配合施用。施肥后应精细整地，土肥混合均匀。耕地深度以15～16cm为宜。灌水、排水沟要在整地做畦的同时做好。

作畦方式有：小高畦、高垄等方式。生产实践表明，做畦方向以南北向优于东西向，南北向通风较好，可减少高温、多湿的不良影响。

4. 播种　夏秋黄瓜可以直播，也可育苗移栽。一般用干种子直播，可用温水浸种3～4h后播种。在予先准备好的播种沟内点播种子，每穴播种2～3粒，穴距20～22cm。播种后覆土镇压，而后浇水。采用高畦栽培时也可覆盖地膜。每公顷用种量为3 000～3 750g。

5. 田间管理

（1）苗期管理　播种后应保持土壤湿润，一般浇2次水后即可出齐苗。幼苗期不能过分蹲苗，应促控相结合。幼苗出土后抓紧中耕，如表现缺水时及时浇水，并配合少量追肥提苗。浇水后或雨后，还要及时中耕。在子叶展开时进行第1次间苗，出现1～2片真叶时进行第2次间苗，间除过密苗和畸形苗。当幼苗出现第4片真叶时定苗，每公顷定苗6.75万株左右。定苗后，施肥、浇水、浅中耕

1 次，每公顷施硫酸铵 150kg 左右。

（2）支架、绑蔓、中耕除草 定苗后浇水，随即插架绑蔓。需进行多次中耕除草。中耕不宜过深，一般为 2～3cm。

（3）结瓜期管理 当根瓜坐瓜后可进行追肥。先将畦面松土，然后每公顷撒施腐熟有机肥 6 000～7 500kg。在保证植株对肥水要求的同时，还需注意使田间不积水，保持土壤良好的通透性。夏、秋黄瓜追肥要采取少施、勤施的方法。一般每采收 2～3 次，进行一次追肥，每次每公顷施硫酸铵 150kg，或腐熟的农家有机液肥 7 500kg。化肥和有机肥可交替施用。无雨时，要做到小水勤浇，最好于傍晚或清晨浇水。大雨后要及时排水，热雨后要用井水串浇，即所谓"涝浇园"。

夏秋黄瓜易出现尖嘴瓜、细腰瓜、大肚瓜等畸形瓜条，主要是因植株营养状况不良，矿质营养和水分吸收不平衡，或因气温过高、雨水过大、受精不良，或种子发育不均匀造成的。防治方法参见春播露地部分的有关内容。

6. 病虫害防治 参照春播露地部分的有关内容。

（杜胜利）

第二节 冬 瓜

冬瓜是葫芦科（Cucurbitaceae）冬瓜属中的栽培种，一年生攀缘性草本植物。学名：*Benincasa hispida* Cogn.；别名：东瓜。古名：白瓜、水芝等。原产中国南部和东印度，主要分布在中国、印度、泰国、缅甸等亚洲国家，欧洲、美洲栽培较少。中国一些地方的汉墓中有冬瓜籽出土。文字记载最早见于秦汉时期《神农本草经》（公元前 221—公元 220）和三国魏·张楫《广雅》（220—265）。现中国从南至北均有栽培，而以广东、广西、湖南三省、自治区较为普遍。

冬瓜产量高，耐贮藏，质地嫩滑，水分多，味清淡，其营养丰富，富含钾、钙、磷、铁等人体所需元素和多种维生素，老瓜、嫩瓜均可食用。其性味甘、凉，有清热、解毒、利尿、祛痰、消肿的作用。冬瓜还可制成冬瓜干、脱水冬瓜和糖渍品等。部分产品是传统的出口商品。

在华南地区冬瓜露地生产，于 2～11 月均可播种；在北方地区，冬瓜对缓解蔬菜淡季的市场供应，特别是八、九月蔬菜淡季的供应，具有重要的作用。从 20 世纪 90 年代开始，中国北方兴起日光温室节能栽培，如山东郯城和寿光市进行了高效节能日光温室冬瓜栽培，产品在冬春季上市，取得了较好的经济效益。南方也开始尝试在保护地内栽培冬瓜。

一、生物学特性

（一）植物学特征

1. 根 冬瓜主根和侧根发达，在生长盛期根系深达 0.5～1m，宽度 1.5～2m。其根系吸收能力强，但不耐涝。容易产生不定根。

2. 茎 冬瓜茎蔓性，五棱，中空，绿色，密被茸毛。冬瓜茎的顶芽为叶芽，可以无限生长。几乎每节腋芽都可发生侧蔓，侧蔓各节腋芽也可发生副侧蔓。幼苗初生茎节的节间短，无卷须；抽蔓开始节间伸长，茎节上长生卷须。

3. 叶 冬瓜叶为单叶，互生，宽大，掌状，5～7 个浅裂，绿色，叶面、叶背具银白色茸毛，宽 30～35cm，长 24～28cm。叶脉网状，背部突起。叶柄明显，长 14～18cm，径 0.5～0.7cm，被茸毛。

4. 花 冬瓜主要品种为雌、雄异花同株，少数为两性雄性同株。一般先发生雄花，随后发生雌花，雌雄花的发生有一定规律。雄花萼片 5 个，近戟形，绿色花瓣 5 片，椭圆形，黄色。雄蕊 5 枚，

常双双连合，1枚单独，在花的中央三角形排列，顶生花药，几度弯曲开裂。雌花瓣与雄花相同。子房下位，形状因品种而不同，有扁圆形、圆形、长椭圆形、短椭圆形、柱形，绿色，密被茸毛，花柄较雄花柄短而粗，被茸毛。花柱短，柱头3枚，每枚2裂，浅黄色。

5. 果实和种子 冬瓜果实为瓠果，有扁圆形、短圆柱形与长圆柱形等，果皮浅绿色至墨绿色，被茸毛，茸毛随着果实成熟逐渐减少，被白色蜡粉或无。果实大小因不同品种有很大差异，嫩果或成熟果均可供食。小果型冬瓜从开花至商品成熟需21～28d，至生理成熟35～40d；大果型冬瓜从开花至果实成熟需40～45d。

种子扁平，近椭圆形，种脐一端稍尖，浅黄白色，种皮光滑或有突起边缘。种子千粒重50～100g。种子有休眠期，休眠期的长短与品种特性有关，一般有边缘的种子休眠浅，而种皮光滑的休眠长，有的长达80d。

（二）对环境条件的要求

1. 温度 冬瓜是喜温耐热蔬菜，在较高温度下生长发育良好。种子发芽适温为30℃左右，20℃以下发芽缓慢。幼苗能忍受较低温度。15℃左右生长慢，较长时间的10℃以下温度，光照弱、湿度大时容易受冻害。在20～25℃时生长良好。25℃以上高温生长迅速，但较纤弱，容易感染病害。蔓叶生长和开花结果都以25℃左右为适宜。15℃以下开花、授粉不良，影响坐果，或坐果后果实发育缓慢。果实对高温烈日的适应性因品种而异，有白蜡粉的品种适应性较强，无蜡粉的青皮品种较弱。

2. 光照 冬瓜属于短日性植物，但大多数品种对日照长短要求不严格。幼苗期在温度稍低和短日照时可以促进发育，雌雄花的发生节位提早。如广东春植冬瓜一般在10节以上才发生雄花，雌花发生节位更迟；但在早春播种，播种后温度低于15℃，日照时间为11h左右，常常在第5～6节便发生雌雄花，有时甚至先发生雌花。冬瓜在阳光充足、光照较强的条件下发育良好。在正常的栽培条件下，要求12～14h的光照和25℃的温度，才能达到光合作用效率最高、生长发育最快的程度。

3. 水分 冬瓜根系发达，吸收水分的能力强。随着冬瓜的生长发育，对水分的需要逐渐增加，至开花结果期，茎叶迅速生长，特别是坐果以后，果实不断发育，需要水分最多，还需要较高的空气湿度。气温较高和湿度较大等条件有利于坐果；空气干燥、气温低或降雨多时则坐果差。果实发育后期特别是采收之前，则不宜水分过多，否则降低品质，不耐贮藏。

4. 土壤养分 冬瓜适宜在微酸性的土壤上生长，适宜的pH为6.0～6.8。可在沙壤土和黏壤土上生长，但以物理结构好、排水良好的沙壤土最好。冬瓜的生长期较长，施用有机肥料有利于冬瓜的健壮生长，增产效果较好，并且可提高果实的品质和耐贮性。每生产5 000kg冬瓜约需氮12～14kg、磷4～5kg、钾10～12kg。偏施氮肥，特别是偏施速效性氮肥，则茎叶易于徒长，影响坐果，且容易引起多种病害。

（三）生长发育特性

1. 生长发育周期 冬瓜整个生长发育过程需100～150d，可以分为下列4个时期：

（1）种子发芽期 种子萌动至子叶充分开展，第1真叶显露时为发芽期。在适宜条件下需7～15d。在15～35℃范围内，冬瓜种子发芽率随温度升高而提高，低于25℃对发芽不利。冬瓜种皮厚，具角质层，同时组织疏松，不易下沉吸水，所以是蔬菜中最难发芽的种类之一。

（2）幼苗期 第1真叶显露至第6～7片真叶展开，并抽出卷须为幼苗期。这个时期在20～25℃时，需25～30d。幼苗期节间短缩，直立生长，茎叶生长缓慢，根系生长迅速。此期腋芽开始活动，并开始花芽分化。

（3）抽蔓期 植株出现卷须至现蕾为抽蔓期。早熟品种现蕾节位低，只有很短的抽蔓期。大型冬瓜在10节以上才现蕾，抽蔓期一般10～30d。进入抽蔓期，节间逐渐伸长，变为匍匐生长，并在节上抽出卷须，腋芽萌动，抽出侧蔓。

（4）开花结果期　自植株现蕾至果实成熟为开花结果期，一般需 50～70d。开花结果期间生殖生长与营养生长同时进行，这个时期的长短因坐果迟早与采收标准而异。大型冬瓜坐果后需要 30d 以上才能逐渐成熟，小型冬瓜一般约需 20～30d。

2. 生长发育特性

（1）主蔓的生长　冬瓜主蔓长 7m 以上，侧蔓多，生长旺，形成非常繁茂的蔓叶系统。据试验（图 16-5），广东青皮冬瓜，在主蔓 45 节打顶，摘除侧蔓的情况下，主蔓长约 6m。以总生长量为 100% 时，种子发芽期的茎蔓生长占 1% 以下，幼苗期占总生长量的 2% 左右，抽蔓期占 25% 左右，开花结果期占 70% 以上。

（2）叶的生长与叶面积的形成　据调查，冬瓜发芽期和幼苗期形成的叶片最小，抽蔓期发生的叶片较大，开花结果期形成的叶片最大。植株的叶面积在抽蔓以前占总叶面积的 15% 左右。在开花结果初期，初生的 5～6 叶已充分成长，不再增大，但新叶不断增加，单叶面积迅速扩大，所以叶面积迅速增长，占总叶面积 50% 以上。开花结果中期，植株一般已经坐果，新叶增加不多，增长量占总叶面积的 30% 以上，至开花结果后期，由于下部叶的衰老脱落，叶面积略为减少（图 16-5）。

（3）开花习性　冬瓜一般在幼苗期开始花芽分化，分化迟早因品种与环境条件而不同，早熟品种较早，晚熟品种较迟。主蔓上的花芽，首先分化发育雄花，然后分化发育雌花，雌雄花发生迟早与顺序，不同品种有所

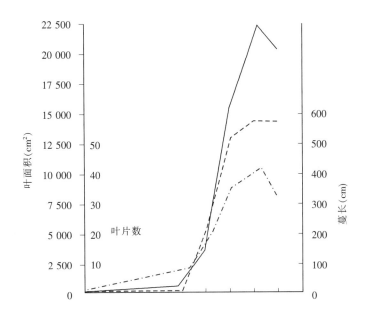

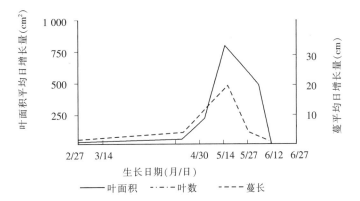

图 16-5　冬瓜茎蔓及叶面积生长动态
（广东青皮冬瓜，10 株平均值）
（关佩聪，1977）

区别，如小型冬瓜一串铃从第 3～5 节便开始连续发生两性花。大型冬瓜如广东青皮冬瓜，一般第 10 节左右发生雄花，发生若干节雄花后才出现雌花，以后每隔 5～7 节发生一个雌花，也有连续两节有雌花的，主蔓 40 节以前一般可发生 4～8 个雌花。侧蔓发生雌花较早，第 1～2 节发生，以后也是每隔 5～7 节发生一个雌花或连续两个雌花。

根据冬瓜的开花习性，小型冬瓜一般要让雌花多坐果，采收嫩果，提高产量；大型冬瓜则注意利用适当节位的雌花坐果，争取结大果提高产量。也可利用雌花发生的规律性，每株采收中等大小果实 2～3 个，提高产量。

（4）果实发育　冬瓜果实自开花至生理成熟，因品种而不同。小型冬瓜苏州雪里青采收嫩果，从

开花至商品成熟需21～28d，至生理成熟约需35d。开花后3周内为果实增大、重量增长和果肉增厚阶段，当果肉充分发育后，种子进入迅速充实时期。果实达到生理成熟时，果肉组织变松软，种子成熟。大型冬瓜自开花至生理成熟需35d以上，以40～50d为好（图16-6）。粉皮冬瓜的果实在发育中期开始逐渐产生白蜡粉。瓜长、横径增长可分为两个阶段，雌花开花至第22天，瓜条迅速增长；从第22天至采收，瓜长、横径增长较慢，最后趋于平缓，主要是内容物的充实、瓤肉厚增加及种子的发育成熟。

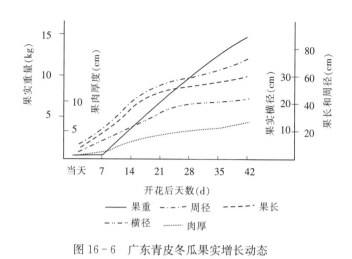

图16-6　广东青皮冬瓜果实增长动态
（关佩聪，1980）

二、类型与品种

（一）类型　按冬瓜果实的形状，可以分为扁圆形、短圆柱形和长圆柱形等类型；按果实表皮颜色和被蜡粉与否，可分为青皮冬瓜和白皮（粉皮）冬瓜；按冬瓜熟性，可分为早熟、中熟、晚熟三种类型；按果实大小，可分为小型、中型和大型。近年来，出现了一些特色冬瓜，如广东小型黑皮冬瓜（作冬瓜盅或小家庭食用）、台湾芋仔冬瓜（具有芋头香味，皮厚耐运输，货架寿命长达2个月）。

（二）品种　现按冬瓜果实大小介绍主要栽培品种：

1. 小型冬瓜　早熟或较早熟。第1雌花发生节位较低，有些能连续发生雌花。果实小，扁圆、短或长圆柱形，每株可采收几个果，一般采收嫩果上市。

（1）一串铃　北京市农家品种。植株生长势中等。主蔓通常第3～5节发生第1雌花，以后连续出现雌花，结果多。果实扁圆形，高18～20cm，横径18～24cm，嫩青色，被白蜡粉，果肉厚3～4cm。一般单果重1～2kg。早熟。纤维少，水分多，品质中上。适于保护地及露地栽培。

（2）吉林小冬瓜　吉林市农家品种。植株生长势不强，第10节开始着生雌花。果实长圆柱形，长28cm，横径13cm，浅绿色，满被白色茸毛，皮薄肉厚。一般单果重1.5～2.0kg。

（3）五叶子冬瓜（小冬瓜）　四川成都市农家品种。植株生长势中等。主蔓第15节左右发生第1雌花。果实短圆柱形，长17～20cm，横径24～26cm，青绿色，蜡粉少。一般单果重5kg左右。

（4）一窝蜂冬瓜　又名早冬瓜。南京市农家品种。植株自第6节开始发生雌花，以后每隔5～6节发生一雌花。果实短圆柱形，青绿色，无白蜡粉，一般单果重1.5～2.5kg。

2. 中果型冬瓜　多属较早熟或中熟。植株长势中等，一般主蔓在第10节左右发生第1雌花，以后4～5节再发生1个雌花。果实短圆柱形至长圆筒形，单果重5～10kg。

（1）车头冬瓜　北京市地方品种。植株蔓生，生长势强。第1雌花着生在第10～15节，以后隔3～4叶着生一雌花。瓜短圆柱形，表皮灰绿色，成熟时被有白色蜡粉，单果重7～10kg。较耐热，不耐涝。

（2）小青冬瓜　上海市农业科学院蔬菜研究所选育。植株生长势强，叶色深绿，主蔓第12节左右着生第1雌花，以后隔3节左右着生1朵雌花。瓜呈圆柱形，果皮青绿色，上有浅绿色斑点，白色茸毛。平均单果重约10kg。中早熟。较抗病，不耐日烧病。

（3）早熟青杂冬瓜 湖南省长沙市蔬菜研究所育成的一代杂种。植株生长势较强，第 1 雌花着生在主蔓第 8～10 节，雌花间隔 6～7 节。瓜呈长圆柱形，平均单果重 4～6kg。嫩瓜皮为墨绿色，密被茸毛，蜡粉少。适应性强，抗病性较强，耐贮藏。

3. 大型冬瓜 中晚熟或晚熟。植株生长势强。主蔓一般第 10 节左右发生第 1 雌花，以后每隔 5～7 节出现 1 个雌花或连续两个雌花。果实短圆柱形或长圆柱形，青绿色至墨绿色，被白蜡粉或无。

（1）广东黑皮冬瓜 广东省农家品种。生长势强。主蔓第 17～20 节发生第 1 雌花。瓜长圆柱形，长 58～65cm，横径 25cm，肉厚 6cm，白色，皮墨绿色，品质优。平均单瓜重 15～25kg。耐贮运，中晚熟，肉质致密。

（2）湖南粉皮冬瓜 湖南省长沙市地方品种。生长势强。主蔓第 17～22 节发生第 1 雌花。果实长圆柱形，长 65～70cm，横径 20～25cm，被白蜡粉。一般单果重 12～18kg，大的重达 30～35kg。晚熟。肉较薄，品质中等，抗疫病力弱。

（3）上海白皮冬瓜 生长势强。主蔓第 17～22 节发生第 1 雌花。果实长圆柱形，长 50～55cm，横径 20～25cm，绿色且被蜡粉。一般单果重 7～13kg。晚熟，皮厚，肉薄，耐贮藏。

（4）云南大子冬瓜 又名三棱子冬瓜。生长势强，主蔓第 11～15 节发生第 1 雌花。果实长圆柱形，略呈三棱，蜡粉多，长约 51cm，横径约 32cm。平均单果重 15～20kg。

（5）青杂 1 号冬瓜 湖南省长沙市蔬菜研究所育成的一代杂种。植株长势强。瓜呈圆柱形，平均单瓜重 15～20kg。瓜皮绿色，表皮光滑，被茸毛，肉厚，质地致密。晚熟。

三、栽培季节和方式

（一）栽培季节 冬瓜喜温耐热，为获得丰产，应选择适宜冬瓜坐果和果实发育的气候条件栽植。根据广东省农业科学院蔬菜研究所对华南地区冬瓜栽培季节研究结果及华南农学院（1982）的结果，将中国几个地区冬瓜的栽培季节归纳于表 16-7。

表 16-7 中国几个地区冬瓜的栽培季节

地区	主要城市	育苗或直播	播种期（月/旬）	定植（月/旬）	采收期（月/旬）
华北	北京	阳畦育苗	3/中～4/中	5	7～8
		露地直播	5/上	—	7～8
华东	南京	温床育苗	2/下～3/中	4/中	7～9
		露地直播	4/上	—	7～9
西南	成都	冷床育苗	3/上	4/上	6～7
		育苗	3/下	4	7/下～9/上
华中	长沙	早冬瓜，冷床育苗	3/上	4	6/中～7
		中熟冬瓜，露地直播	4/上	—	7～8
		迟熟冬瓜，露地直播	4/上～6/上	—	9
华南	广州	冬春冬瓜/育苗	12/中～1/中	2/下	5～6
		春冬瓜，直播或育苗	2/上～3/上	3/上	6～7
		夏冬瓜，直播或育苗	4～5	4～5	7～8
		秋冬瓜，直播或育苗	6/中下～7 月	7/中	9～10

（二）栽培方式　冬瓜的栽培方式可分为地冬瓜、棚冬瓜和架冬瓜3种。

1. 地冬瓜　植株爬地生长，株行距较稀，管理比较粗放，茎蔓基本上放任生长或结果前摘除侧蔓，结果后任意生长。其优点是花工少，成本较低。缺点是瓜形欠佳，要经常翻瓜，否则畸形果率高；果皮易受外界环境影响而破损，降低耐贮性；光能利用低，结果大小不均匀，单位面积产量较低。

2. 棚冬瓜　用竹、木搭棚，有高棚与矮棚之分。高棚1.7～2m，植株上棚以前摘除侧蔓，上棚以后茎蔓任意生长。棚冬瓜的坐果比地冬瓜好，果实大小比较均匀，单位面积产量一般比地冬瓜高，但基本上仍是利用平面面积，不利于密植，一般只能在瓜蔓上棚前间套种，不能充分利用空间，且搭棚用材多，成本高。近年来，为省材料、省成本和省工，开始推广一种改良式的网棚架，即先用木桩、铁丝搭一个基本棚架，再覆以编织好的尼龙丝网。尼龙网最少可使用三茬，搭架非常方便省工；矮棚高0.7～1m，果实长大后接触地面，既有利于防止风害，又可减少日晒灼伤。棚冬瓜的坐果率、单果重和单位面积产量均比地冬瓜为高。

3. 架冬瓜　支架的形式很多，如湖南长沙郊区有"一条龙"，每株一桩，在1.3～1.5m高处用横竹连贯固定。南京、杭州、上海等地，一般用竹竿搭"人字架"，架高约2.2m，再用绳索或竹竿在架上1m和1.7m处横贯固定。广东、北京、河北等地采用小架，3～4根竹木搭三角形或四角形架，高1.3～1.5m，每架一株。架形虽多种多样，但都应结合植株调整，较好地利用空间，提高坐果率并使果实大小均匀，提高产量与质量，也利于间套作。架材比棚冬瓜少，但花工较多。

四、栽培技术

（一）**播种育苗与栽培密度**　冬瓜直播或育苗均可。实践证明，早冬瓜采用育苗，特别是采用营养钵育苗，结合保温措施如利用阳畦（冷床）或塑料薄膜棚等防寒保温，能培育壮苗，提早成苗。

冬瓜的栽植密度因品种、栽培方式与栽培季节而不同。小型冬瓜单位面积产量是由株数、单株结果数和单果重三方面构成的，可以通过适当密植提高产量。定植密度15 000～19 500株/hm^2。大型冬瓜品种多数每株一果，单位面积产量是由单位面积株数和单果重量两个因素构成，所以应在保证单果重量的基础上适当密植。地冬瓜植株蔓叶在地面生长，不便于植株调整；棚冬瓜基本上也是平面生长，都不利于密植。架冬瓜能利用空间生长，结合植株调整和引蔓则有利于密植，目前生产栽培种植密度为4 500～9 000株/hm^2。

（二）**植株调整**

1. 植株调整　一般小型冬瓜多采用双蔓整枝法，即生长期只留主蔓和一侧蔓，其余侧蔓全部抹除。但也有为提高密度，采用单蔓整枝法，坐果前去除侧枝，坐果后及时摘心。

大型冬瓜可采用单蔓整枝法，一般利用主蔓坐果1个，坐果前摘除全部侧蔓，坐果后留2～3个侧蔓，且留2～3片叶后打顶，摘除其余侧蔓。主蔓打顶，多用于棚架冬瓜。

地冬瓜一般利用主蔓和侧蔓结果，可在主蔓基部选留1～2个强壮侧枝，摘除其他侧蔓，坐果后侧蔓任其生长。

2. 压蔓与盘条、绑蔓　引蔓要使瓜蔓均匀分布，充分利用阳光，并有适当位置坐果，调整好营养生长和生殖生长的相关部位。

架冬瓜栽培在搭架时可将基部没有雌花的茎蔓绕架杆盘曲压土。当瓜蔓长至60cm时，先在垄面撒生石灰粉375kg/hm^{2}增钙防病，并在第6～7节位用新土压蔓，可促进节间发生不定根，起到固秧防风作用。隔4节再压1次。第18节左右时可引蔓上架，并摘除全部侧蔓。茎蔓上架时须进行绑蔓，一般在距地面20cm左右时绑蔓1次，在距地面50cm时再绑蔓1次，使冬瓜果实位于架杆中心部位悬挂生长，以利于果实发育。待瓜蔓长到架顶时再绑蔓 1 次。绑蔓时要注意松紧适度以免妨碍茎蔓生长。

棚冬瓜栽培在上架以后至棚顶部一般按瓜蔓自然生长势引蔓，利用卷须缠绕固定便可。在瓜蔓生长至棚顶以后，瓜蔓应在棚面均匀分布。棚架上半部至棚架顶部初期的瓜蔓，一般是坐果的适宜节位，有良好的雌花就可以坐果，以利于果实发育。上午瓜蔓含水多容易折断，引蔓、摘蔓等工作宜于下午进行。

（三）坐果与护果 小型冬瓜争取每株多结果，一般不存在坐果位置问题。大型冬瓜则不同，一般每株留 1 果，争取结大果。冬瓜的坐果节位与果实大小又有一定关系（表 16-8），如广东青皮冬瓜品种以第 29～35 节坐果的大果率最高，第 23～28 节坐果的其次，第 17～22 节坐果的再次，所以以第 23～35 节坐果即主蔓上第 3～5 个雌花坐果结大果的可能性较高。

表 16-8 冬瓜坐果节位与果实大小的关系
（关佩聪，1983）

坐果节位	果实数	果实总重（kg）	平均果重（kg）	果重10kg以内		果重10.05～12.5kg		果重12.55～15kg		果重15.05kg以上	
				果数	占（%）	果数	占（%）	果数	占（%）	果数	占（%）
17～22 节	37	477.3	12.9	7	19.0	13	35.1	12	32.4	5	13.5
23～28 节	65	903.5	13.9	6	9.2	17	26.1	20	30.8	22	33.9
29～35 节	38	550.5	14.5	6	16.0	2	5.2	12	31.5	18	47.3
36～44 节	10	123.8	12.4	2	20.0	3	30.0	3	30.0	2	20.0
合计	150	2 055.1		21	14.0	35	23.4	47	31.3	47	31.3

注：品种：广东青皮冬瓜。

大型冬瓜的单果重一般在 10kg 以上，容易坠落或折伤茎蔓，所以应及时吊瓜。地冬瓜及小架冬瓜栽培要注意垫瓜，并适当翻动果实，避免与地面接触引起病害，导致烂瓜。并采用稻草、麦秸、叶片等遮盖，防止日烧。

（四）人工辅助授粉 冬瓜花一般在晚上 10：00 左右初开，次晨 7：00 盛开。花瓣约经 2d 凋谢。冬瓜在结果期间，常出现落花、落果现象。造成这种现象的原因很多，如受精不良、开花时夜间温度高、植株徒长，整蔓、打杈、摘心不及时等。防止落花、落果的办法是进行人工辅助授粉和用生长激素处理，能提高坐果率，增加产量。将刚开放的雄花摘下，除去花冠，用花药在当天开放的雌花柱头上轻轻涂抹，使花粉粘在柱头上即可。因低温而引起的落花、落果，可采用生长激素 2，4-D 进行处理，一般为 15～20mg/L 的浓度用毛笔蘸涂在柱头上或瓜柄处。

（五）施肥 冬瓜的生长发育对肥、水的需要量大，并且需要持续供给，特别是开花结果期需要更多的养分和水分。施肥应以基肥为主，整地时施腐熟农家肥 45～75t/hm²。在瓜苗定植时，进行开沟施肥，每公顷施粪干 7.5～11t 或圈肥 22.5t，混合过磷酸钙 375～450kg、硫酸铵 150kg；施肥后封沟、栽苗浇水。果实旺盛生长前期，施 1～2 次腐熟的农家有机液肥或硫酸铵 150 kg/hm²。追肥时要注意结果后期少追肥，大雨前后不施，不偏施速效氮肥，尤其不偏施高浓度的速效肥，否则容易在结果期引起果实绵腐病。

不同施肥方法对冬瓜产量和肥效的影响，可参考表 16-9。

表 16-9　不同施肥处理的冬瓜产量和肥效*

（关佩聪，1994）

施肥处理**	实收产量（kg）	折算单产（kg/hm²）	对比（%）	N、P、K 吸收量（kg/hm²）			每吨产量需肥量（kg/t）			单位 N、P、K 生产率（kg/kg）	N：P₂O₅：K₂O
				N	P₂O₅	K₂O	N	P₂O₅	K₂O		
Ⅰ	1 734	81 285	100.0	125.4	70.5	134.55	1.54	0.87	1.66	245.9	1.8：1：2.5
Ⅱ	1 843	86 385	106.3	111.75	52.2	129.15	1.29	0.60	1.49	294.7	2.1：1：2.5
Ⅲ	1 985	93 045	114.5	90.75	38.85	99.15	0.98	0.42	1.07	406.7	2.3：1：2.6
Ⅳ	1 781	83 490	102.7	115.65	51.15	120.75	1.39	0.61	1.45	290.7	2.3：1：2.4

*　每试区面积 213.4m²，两个重复的平均值。

**　施肥量（kg/hm²）处理 Ⅰ——基肥猪粪 15 000，过磷酸钙 600 和花生麸 562.5；坐果前培肥，花生麸 525 和三元复合肥（N、P、K 各 15%）300；结果中期三元复合肥 303.75。处理 Ⅱ——基肥猪粪和过磷酸钙同 Ⅰ。处理 Ⅲ——基肥同处理 Ⅰ；坐果前培肥，花生麸 525 和三元复合肥 487.5，结果中期不追肥。处理 Ⅳ——基肥同处理 Ⅱ，坐果前培肥，花生麸 337.5 和三元复合肥 487.5；结果中期不追肥。此外，各个处理均在定植后至初花期间，施硫酸铵 225。

（六）灌溉　移栽时浇足定苗水，缓苗后保持土壤湿润。坐果以后需经常供给充足水分，以利果实发育。果实重 1.0～1.5kg 时，结合追肥浇水 1 次，作为催瓜水，促进果实发育。长江以南地区，冬瓜的生长季节正是多雨时期，要排灌结合，如采用深沟高畦栽培，可在畦沟贮水，但应保持畦面 20cm 以下的水位。降雨后注意排水，避免受涝。待果实成熟前则应减少水分，降低土壤湿度，以提高其耐藏性。

五、病虫害防治

冬瓜的主要病害有疫病、枯萎病、蔓枯病、炭疽病和病毒病等，尤以疫病的威胁较大。主要害虫有蚜虫、蓟马、斑潜蝇等。防治方法：参见黄瓜和节瓜。

六、采　　收

小果型品种的果实从开花至商品成熟需 21～28d，至生理成熟需 35～40d；大果型品种自开花至果实成熟需 35d 以上，一般为 40～50d。

采收前（一般 10d 以上）停止施肥、灌溉。果实成熟时肥水多，果内组织不充实、水分多，不耐贮藏。雨后不宜采收。一般应在晴天的下午采收，避免果实温度高时入贮。采摘时用剪刀在距瓜柄 3cm 处剪下，轻拿轻放，切勿造成机械损伤。冬瓜较耐贮藏，可通过贮藏延长供应期。

留种冬瓜应隔离，避免品种间与变种（节瓜）间的自然杂交。冬瓜采种应选母株生长良好、无病虫害、雌花发生节位正常、果实具有本品种性状又充分成熟的。采后取种或经后熟取种均可。取出种子，洗净、晒干后密封贮藏。种瓜采收前 10d 停止浇水和施肥，种瓜采收后熟 10～20d 后，切开种瓜，掏出瓜瓤（内含种子），装入塑料桶或木桶经 12～24h 发酵，用清水冲洗至无黏液为止，浮出秕籽和瓜瓤后，在晴天晾晒，避免暴晒。

（谢大森）

第三节　节　瓜

节瓜是葫芦科（Cucurbitaceae）冬瓜属冬瓜种中的变种。学名：*Benincasa hispida* var. *chieh-qua* How.；别名：毛瓜。古名：白瓜、水芝。据记载，在广州已有300多年的栽培历史。目前广东、海南、广西普遍栽培，春、夏、秋均有种植，是华南地区栽培面积最大的瓜类蔬菜之一。近年节瓜栽培逐渐北移，不少大、中城市都有少量栽培。节瓜比较耐热，产量高，嫩瓜和老瓜均可食用。老瓜耐贮藏。节瓜肉柔滑、清淡。在广东省除就地供应外，还运销香港、澳门。

一、生物学特性

（一）植物学特征　节瓜是一年生攀缘植物，根系较大，但比冬瓜弱，主要根群分布在表土20～30cm内。

1. 茎　节瓜茎蔓性，五棱，中空，节间长10～20cm，横径6～8mm，绿色，被茸毛。茎节腋芽容易发生侧蔓。从抽蔓开始，每个茎节生有卷须，卷须分枝，以后又有花芽，分化雄花或雌花。

2. 叶　节瓜叶为单叶，互生，掌状，5～7裂，一般长18～20cm，宽20～25cm，叶缘有锯齿，叶面浓绿色，叶背绿色，叶柄圆，长10～15cm，叶面、叶背及叶柄均被茸毛。

3. 花　节瓜的花单生，雌雄异花同株。花萼绿色，花瓣黄色，各5片；雄花具3个雄蕊，花柄长4～6cm，横径0.3～0.4cm；雌花1个雌蕊，柱头瓣状，三裂，子房下位，椭圆形，长3～3.5cm，横径0.8～1cm，绿色被茸毛，柄长2.5～3cm，横径0.4～0.5cm。

4. 果实　节瓜果实瓠果。一般采收嫩果供食，嫩果短或长圆柱形，绿色，果面具星状绿白点，被茸毛，一般单果重250～500g。生理成熟果实单果重可达3～5kg，被白色蜡粉或无。

5. 种子　节瓜的种子近椭圆形，扁，种孔端稍尖，淡黄白色，具突起环纹。每果含种子500～800粒。千粒重30～43g。

（二）对环境条件的要求　节瓜喜温暖，对温度的要求与冬瓜相似，发芽适温为25～30℃，幼苗生长适温为20～25℃，低于10℃左右幼苗停止生长并可能遭受寒害。节瓜耐较强光照，特别是开花结果期需要有良好的光照，光照不良，经常阴天下雨，植株生长纤弱，同化作用低，容易感染病害，且不利于昆虫传授花粉，影响坐果，产量低。25℃左右的温度与85％以上的空气相对湿度较宜坐果和果实发育。高温干燥或温度低于20℃以下都不利于坐果和果实发育。

（三）生长发育特性　节瓜的生长发育过程，分为种子发芽期、幼苗期、抽蔓期及开花结果期。

1. 种子发芽期　从种子萌动至子叶展开为种子发芽期，一般7～10d。部分种类的节瓜种子收获后有短暂的休眠期。种子催芽后播种，温度在25℃左右出土整齐，4～5d子叶展开。如温度在15℃左右，10d以上子叶才能展开。

2. 幼苗期　子叶展开至植株开始出现卷须为幼苗期，一般25d左右。幼苗在20℃左右和良好光照下生长苗壮；温度25℃以上，虽然生长迅速，但比较纤弱，加上湿度大或干湿不均，容易发生猝倒病或疫病等。

节瓜幼苗在较低温度和短日照下，生长较慢，但花芽的分化较早，发生第一雌花的节位降低。温度较高和长日照条件下则生长快，但发生雌花的节位有所提高。

3. 抽蔓期　植株抽出卷须至现蕾为抽蔓期，一般10d左右。抽蔓期的长短因植株发育早晚而异。节瓜需有一定的营养生长为基础，然后转入生殖生长，才能保证初期和以后的进一步生长发育。进入抽蔓期后，植株开始加速生长，应适当供应肥水。

4. 开花结果期　自植株现蕾至果实成熟为开花结果期，一般45～60d。在开花结果期营养生长与生殖生长同时进行（图16-7）。主蔓自第3～5节开始发生雄花，数节雄花后发生第1雌花。第1雌花的节位因品种与环境条件而异，多数在第5～15节。雌花间隔因品种而异，雌性强的品种可以连续发生雌花，雌性弱的品种则隔5～7节甚至更多节再发生雌花。侧蔓发生雌花较早，一般在第1～2节便发生雌花，以后雌雄的发生情况与主蔓相似。据关佩聪（1980）观察，雌花的结果率因雌花着生节位而不同，如夏播大藤节瓜品种，主蔓第1～3雌花的结果率为50%～70%，第4～6雌花为20%～30%，第7～8雌花10%左右；侧蔓雌花结果率很低，约在10%以内。节瓜的产量，一般以主蔓结果为主，主蔓上则以第1～4个雌花结果为主。以黄毛节瓜为例，主蔓第10～20节结果率最高。

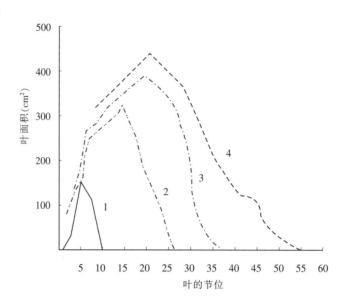

图16-7 节瓜各生长时期的叶面积
1. 抽蔓期　2. 盛花期　3. 初收期　4. 盛收期
（华南农学院，1980）

开花结果与植株生长状况有密切关系，一般地说，植株长势良好的，结果率较高，结果多，采收期长；生长势弱，结果率低，结果少，采收期短。在开花结果期间必须保持蔓叶的长势和质量。从节瓜不同生育期的光合产物分配中可以看出，在开花结果期根系占光合产物的分配率不断减少，致使地上部分与地下部分的生长比值增大，根系生长成为地上器官持续生长的限制因素。所以，合理调整茎蔓生长，保持根系发育，以促进坐果和果实发育，是获得节瓜丰产的重要措施。

二、类型及品种

（一）类型　节瓜在较长的栽培历史中，选育出多个类型的优良品种。果实形状从短圆柱形到长圆柱形；皮色从浓绿、绿色到黄绿色；成熟果实被蜡粉或没有蜡粉。在适应性上有比较耐低温，适于早春播种的；有比较耐热，适于夏季栽培的；还有适应性较广，春、夏、秋均可栽培的品种。按熟性可分为早熟种与迟熟种。

（二）品种

1. 黄毛节瓜　广东省新会市农家品种。植株生长势中等，主蔓第7～15节着生第1雌花，以后隔5～6节着生1个雌花。果实较细长，顶端稍尖，长18～20cm，横径5～7cm，皮色黄绿，具茸毛。肉质较松软，水分较多，有时微带酸味，品质中等。一般单果重400～500g。老熟瓜被白色蜡粉。适于春播。

2. 黑毛节瓜　广东省顺德市农家品种，又名黑皮青、乌皮七星仔。植株生长势强，分枝能力强，晚熟。春播主蔓第15～18节着生第1雌花，以后隔4～6节着生1个雌花。果实圆柱形，长22～25cm，横径6～7cm，皮色浓绿，有光泽，花斑较少，被白色茸毛。肉厚而致密，品质优良。一般单果重500g左右。老熟瓜无蜡粉。

3. 江心节瓜　广东省东莞市地方品种。植株生长势强，中熟。春播主蔓第10～13节、秋播约第18节着生第1雌花，以后每隔5～6节着生1朵雌花。果实短圆柱形，长12～15cm，横径5cm，皮色深绿有绿白斑点，一般单瓜重200～300g。肉白色，肉质致密，品质优良。耐贮运。

4. 粤农节瓜　广东省农业科学院蔬菜研究所于 1999 年育成的一代杂种。植株生长势旺盛，早熟，从播种至初收春播需 55d，秋播需 40d。主蔓结瓜为主，一般第 7～9 节着生第 1 雌花，以后每隔 2～3 节着生 1 雌花或连续出现雌花。果实短圆柱形，长 15cm，横径 6cm，皮色深绿有光泽，星点较少，无棱沟，畸形瓜率低。一般单果重 300～350g。肉厚 1.2cm，肉质嫩滑，味微甜，品质佳。耐贮运，耐寒性较强，适应性广。

5. 冠星 2 号　广州市蔬菜研究所于 1999 年育成的一代杂种。早熟，播种至初收春播约 85d，夏播 40d，秋播 45d。春播第 4～6 节、秋播第 8～13 节着生第 1 雌花。果实圆筒形，长 18～20cm，横径 6～8cm，肉厚 1.3～1.8cm，皮色深绿，有光泽，有星点，无棱沟，一般单果重约 500g。

6. 绿丰节瓜　广东省农业科学院植物保护研究所于 2000 年育成。早中熟。植株生长势旺，叶大，色深绿，侧蔓较少。主蔓雌花多，第 13 节着生第 1 雌花。瓜皮色青绿。果实圆筒形，长 15～18cm，横茎 5～7cm，一般单瓜重 400g。抗逆性强，高抗枯萎病。

7. 山东农 2 号节瓜　山东农业大学园艺学院于 1995 年育成。早熟种。植株蔓生，主蔓第 5～8 节着生第 1 雌花。瓜圆筒形，绿色，有绿色斑点，节成性好，品质优。一般单瓜重 3～4kg。春季栽培定植后 60d 左右可采收。

三、栽培季节和方式

根据节瓜对气候条件的要求，全国各地都可以栽培。华南地区春、夏、秋均可栽培，播种期为 1～8 月，供应期为 4～10 月（表 16 - 10）。台湾省以 11 月至次年 2 月播种为宜。

表 16 - 10　广州地区节瓜的栽培季节与供应期

（华南农学院，1982）

栽培季节	播种期	播种至初收（d）	延续采收（d）	供应期
春节瓜	12 月下旬至 3 月上旬	70～100	35～70	4～6 月
夏节瓜	4～6 月	45～50	35～45	6～8 月
秋节瓜	7～8 月	45～50	30～40	9～11 月

长江以北露地播种以 5 月以后为宜。利用保护地育苗，可提前至 3 月播种育苗，4～5 月定植大田。如北京 3 月下旬可在阳畦育苗，5 月上旬定植，7～8 月采收。长江流域各地栽培，露地播种自清明左右开始至 7 月底。采用温床育苗可提前至 3 月播种，清明前后定植大田。

节瓜通常搭架栽培，支架方式多采用人字架，也可用直排架或搭棚架。

四、栽培技术

（一）播种育苗与栽培密度　为使节瓜种子出苗整齐，宜进行浸种催芽，用 55℃ 热水搅拌烫种，待水温降至室温后浸种 4～5h，然后在 30℃ 下保湿催芽，催芽期间清洗种子 1～2 次，洗去种皮上黏液。催芽 36～48h，种子开始"露白"时播种。春节瓜通常利用塑料拱棚进行营养钵育苗，有利于培育壮苗，提早收获。早春育苗时应注意防寒保温，同时要注意通风降湿，土壤湿度不可过大，以防幼苗烂根和猝倒病。夏、秋节瓜可视实际情况采用育苗或直播。

节瓜的种植密度与产量关系密切，适当稀植有利于降低第 1 雌花节位从而提早收获。因此，要根据种植季节及市场要求调整种植密度。广州地区春节瓜生长旺盛，生长期长，且要求早上市，种植密度每公顷 30 000～37 500 株为宜。采用 1.8～2m 畦（连沟），双行栽植，株距 30cm 左右。夏、秋节瓜生长期较短，可适当密植，每公顷 45 000 株左右，株距 20～25cm。肥料充足应降低种植密度。如采用塑料大棚进行春季栽培，可适当密些。

（二）施肥灌溉 节瓜的营养生长旺盛，果实产量较高，是需肥较多蔬菜，特别是开花结果期需肥更多。节瓜对氮、磷、钾的吸收，以钾最多，氮次之，磷最少。1 株节瓜约吸收氮 5.8g，五氧化二磷 4.8g，氧化钾 11.4g。不同生长期对氮、磷、钾吸收比例有差别。幼苗期以前以氮、钾的比例较高，为 2.7：1：4.1。开花结果期间氮、钾比例降低，生长结束时为 1.2：1：2.4。氮、磷、钾的吸收量随生育过程逐步增加，营养生长期间较少，开花结果期间的吸收量迅速加大（图 16-8）。

春节瓜前期低温生长慢，应注意控制肥水，但开花结果后要求肥水供应量大，持续时间长。夏节瓜的生育期气温高，雨量多，湿度大，幼苗容易徒长和发病，苗期要控制肥水，适当抑制生长，培育壮苗。成苗以后，要求肥量大。为促进秋节瓜生长、提早结果，应在幼苗期就施足肥料。一般施肥原则是在施足基肥基础上着重

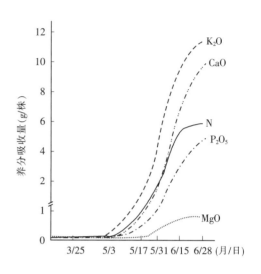

图 16-8 节瓜的养分吸收动态
（关佩聪，1994）

结果期追肥，茎蔓上架前勤施薄施，中期多施，开花结果期重施。基肥可用各种有机肥（如腐熟猪牛粪，每公顷 22 500kg 左右，并混合畜禽毛、草木灰等）和过磷酸钙等；追肥用农家有机液态肥、尿素、硫酸铵等，但以农家有机液态肥混合化肥使用为好。幼苗期施 1 次浓度为 10% 的农家有机液态肥，抽蔓期施 1～2 次浓度 20% 的农家有机液态肥，开花期施 30% 的人粪尿 2 次，开始结果后每隔 7～10d 施 1 次浓度为 50% 的农家有机液态肥，并配合一定量的钾肥，每公顷施 150kg 左右。夏、秋节瓜生育期比春节瓜短，追肥要适当提早，数量可酌情减少。

节瓜喜湿润，但不耐涝，应选排灌方便之地种植。在春夏季雨水多、湿度大、日照少、气温高的地区，更要选择地势开阔、通风、排水良好的田块。土壤湿度大、温度高、地块荫蔽，节瓜疫病发生严重，在管理上应注意控制湿度。在秋季比较干燥时，则要通过灌溉保持湿度。

（三）植株调整 节瓜为蔓性作物，一般应该在幼苗期结束前后，苗高约 25cm 并具有卷须时及时搭架引蔓。节瓜架多采用人字架，也可用直排架或棚架。

节瓜主蔓和侧蔓都能结果。根据调查，夏节瓜的产量组成，主蔓产量占全部产量的 4/5，侧蔓产量占 1/5。按采收期分，前半期主蔓产量占 9/10 以上，侧蔓产量少于 1/10；后半期主蔓产量约占 4/10，侧蔓产量约占 6/10。故结果期以前，应摘除全部侧蔓，以集中养分培育主蔓，保证主蔓结果。结果后，选留中部以上侧蔓，保持植株较大的同化面积，增加后期结果，以提高产量。

五、病虫害防治

节瓜的病虫害主要有疫病、枯萎病、蔓枯病、病毒病、蓟马和蚜虫等，除蓟马外，病虫害防治方法基本与黄瓜相同。

（一）棕榈蓟马（*Thrips palmi*） 又称瓜蓟马、棕黄蓟马，分布于广东、广西、湖南、湖北、浙江、江苏、山东、上海、北京等地。偏嗜节瓜和茄子、黄瓜、番茄、甜（辣）椒也是重要寄主。广东年发生多代，3～10 月为害瓜类，秋季盛发。杭州等地冬季在棚内茄子、黄瓜上繁殖为害，5 月下旬至 10 月上旬在露地菜田盛发。蓟马可随菜苗及借风力等途径传播扩散。成虫和若虫锉吸寄主的嫩梢、

嫩叶、花和幼瓜的汁液，造成锉吸状粗糙疤痕，被害组织老化坏死，植株矮小，发育不良或成"无头株"，幼瓜表皮硬化变褐或开裂。防治方法：①培育无虫苗，采用地膜覆盖栽培，减少成虫出土为害；②加强水肥管理，增强植株耐害力，清除田间残株、杂草；③当每株若虫量 3～5 头时可选用 2.5% 多杀菌素（菜喜）乳油 1 000 倍液，或 80% 巴丹可溶性粉剂 1 500 倍液、18% 杀虫双水剂 300 倍液、50% 杀虫丹可湿性粉剂 300 倍液喷防，具有高效、低毒和对天敌较安全的特点。隔 5～7d 防治 1 次，连续 2～3 次。

（二）黄蓟马（*Thrips flavus*） 又称瓜亮蓟马，分布于华南、西南、长江流域各地及台湾、河南、河北等省，一年中以 7 月下旬至 9 月发生量最多，夏秋植节瓜受害最重。黄瓜和番茄也常受害。成虫和若虫锉吸植株幼嫩部分，使被害植株心叶不能展开，嫩梢、嫩叶变小，生长点萎缩出现丛生现象，幼瓜和幼果表皮呈绣褐色，畸形，生长缓慢，严重时造成落瓜。防治方法参见棕榈蓟马。

六、采 收

节瓜适宜采收嫩果，花后 7～10d，一般果重 250～500g 时便可采收。出口的采收标准要更嫩，一般 150～200g 便采收。采收不及时，不但降低食用品质，而且影响以后雌花坐果，降低产量。

节瓜留种时首先要注意隔离，不同品种间的隔离距离应在 1 000m 以上，以防相互串粉，保证种子纯度。常规品种留种时应选生长健壮、无病虫害、第 1 雌花早、雌花多、结果好，且具有本品种固有性状的植株，选留第 2、第 3 个雌花即中部花所结的果实，每株保留 2 个瓜形周正，具有本品种特征的种瓜。杂交种生产时还要注意按一定比例种植父母本。种瓜必须充分成熟才能保证种子质量。

（陈清华）

第四节 南 瓜

南瓜是葫芦科（Cucurbitaceae）南瓜属中瓜蒂（梗座）呈五棱形（喇叭形）的栽培种，一年生蔓性草本植物。学名：*Cucurbita moschata* Duch. ex Poir.；别名：中国南瓜，俗称：倭瓜、番瓜、饭瓜。南瓜起源于墨西哥和中南美洲。中国古籍中有关中国南瓜的描述，始见于元末、明初贾铭著《饮食须知》一书，在其"菜类"篇中有"南瓜味甘、性温"的记述。明·李时珍在《本草纲目》（1578）中说："南瓜种，出南番"，这里的南番可能指中国南方，也可能是南方的邻国。自明中叶以后，栽培日盛，中国南北方均有种植。目前，南瓜在世界各地都有栽培，亚洲栽培面积最大，其次为欧洲和南美洲。中国普遍栽培。

南瓜以嫩瓜或老熟瓜供食用，可炒食、蒸食、作汤、煮粥、作馅等。南瓜中的一些优良品种干物质含量高，并有丰富的胡萝卜素、维生素 C、果胶、淀粉和糖类等营养物质，其中还具有辅助降低人体血糖的功能因子，如芽蛋白、南瓜多糖和微量元素锌、铬等成分。所以，南瓜不仅是人们喜爱的鲜食蔬菜，也适宜制作成各种加工制品。

南瓜与南瓜属中的笋瓜、西葫芦在植物学方面的区分，可参见本章前言部分。

一、生物学特性

（一）植物学特征

1. 根 南瓜的根系发达，再生力强。主根入土深达 2m 左右，侧根亦较发达，形成强大的根群，主要根群分布在 10～40cm 的土层中，一般直根深 60cm 左右。在旱田或瘠薄的土壤中也能正常生长。

2. 茎 大部分南瓜的茎为菱形，分生主蔓及 1～2 条侧蔓，一般蔓长 7～10m。少数南瓜品种为

短缩的矮生茎或半蔓生茎。茎中空，具有不明显的棱沟，其表面有粗刚毛或软毛，表皮呈淡绿色或墨绿色。在匍匐茎节上易产生不定根，起固定枝蔓和辅助吸收水分及营养的作用。

3. 叶 叶互生，肥大，浓绿色或鲜绿色，五角形、掌状，叶面有柔毛，叶柄有刚毛，间或有刺，大多数品种的叶片沿叶脉有大小不同的白斑。叶柄细长而中空，无托叶。叶腋处着生雌花、雄花、侧枝及卷须。

4. 花 花形较大。雌、雄花同株异花，异花授粉，虫媒花。花色鲜黄或黄色，筒状。雌花萼筒短，萼片呈条形，上部扩大成叶状。雄花萼筒下多紧缢，花冠多翻卷呈钟状。雌花子房下位，花梗粗，柱头3裂。雄蕊5个，合生成柱状，花粉粒大，花梗细长。南瓜的花在夜间开放，早晨4～5时盛开，午后凋谢。主茎基部侧蔓雌花着生节位高，主茎上部侧蔓雌花着生节位低。短日照和较大昼夜温差有利于雌花形成，并可降低其着生的节位。

5. 果实 果实是由花托和子房发育而成。果肉致密或疏松，黏质或粉质。肉厚一般为3～5cm，有的厚达9cm以上。果实大小差异较大，少数小型的成熟瓜仅50～60g，多数为3～20kg。南瓜瓜梗木质化程度高，断面菱形，细长，硬，梗基座膨大呈喇叭形（五角形）。果柄形状、长短及基座形态是区别南瓜与笋瓜、西葫芦的重要依据。

6. 种子 种子着生于胎座上，种皮成熟后种粒饱满。南瓜种子较小，近椭圆形，灰白色至黄褐色，边缘薄。个别品种种皮退化，形成裸仁种子。千粒重50～150g。种子发芽年限5～6年。

（二）对环境条件的要求

1. 温度 南瓜属喜温蔬菜作物。它可耐较高的温度，不耐低温与霜冻。南瓜耐热力较强，生长的适宜温度为18～32℃，在32℃以上花器官发育异常，雄花易变为两性花。种子在13℃以上开始发芽，25～30℃为最适发芽温度。根系伸长的最低温度为6～8℃，根毛生长的最适温度为28～32℃。果实发育的适宜温度为25～27℃。所以，往往在夏季高温期生长受阻，结果停歇。

2. 光照 南瓜属短日照蔬菜作物，对日照强度要求较高。在营养生长和生殖生长阶段都需要充足的光照。弱光下生长瘦弱，易于徒长。雌花出现的迟早，与苗期温度的高低和日照长短有很大关系。在低温与短日照条件下，可降低雌花出现的节位而提早结瓜。例如，在夏播南瓜的育苗期进行不同的遮光处理，每天仅给8h的光照，处理15d的前期产量比对照高60.2％，总产量高53％；处理30d的分别比对照高116.9％和110.8％（表16－11）。在高温季节，阳光强烈，易造成严重萎蔫。由于南瓜的叶片肥大，田间消光系数高，影响光合产物的产生，所以要做必要的植株调整。

3. 水分 南瓜的根系发达。根的渗透压较高，吸收力强，耐旱力强。但由于南瓜的枝叶茂盛，叶片大，蒸腾作用亦较强，每形成1g干物质需要蒸腾掉748～834g水。所以，当土壤和空气湿度过低时，也会出现萎蔫现象，如持续时间过长，易形成畸形瓜，必须进行灌溉才能正常生长和结瓜良好。但湿度不可过高，否则易造成植株徒长，落花、落果，尤其在开花期如遇到持续阴雨，空气湿度过大，不能正常授粉而导致落花。

表16－11 南瓜育苗期间缩短光照处理对其产量的影响

（赵荣琛，1985）

处 理	第1雌花开花期	收获开始	前期产量		总产量		蔓重（g）
			个数	重量（kg）	个数	重量（kg）	
对照	8月18日	9月25日	530	697.5	1 040	1 245	15 750
15d处理	8月5日	9月18日	865	1 117.5	1 580	1 905	12 750
30d处理	8月3日	9月18日	1 350	1 513.0	2 560	2 625	7 200

注：品种：白菊座；播期：6月12日；终收期：10月13日；处理方法：发芽后15d开始，下午5时至翌日上午9时遮光。

4. 土壤和营养　南瓜根系吸收肥、水能力强，对土壤要求不严格，但土壤肥沃，营养丰富，有利于雌花形成，雌、雄花比例增高。适宜的土壤 pH5.5～7.5。南瓜生长前期氮肥过多，易引起茎叶徒长；过晚施用氮肥，则影响果实膨大。南瓜苗期对营养元素的吸收比较缓慢，甩蔓以后吸收量明显增加，第 1 个瓜坐住后是需肥量最大的时期。此期营养充足，矿物元素平衡施用，可促进茎叶生长和幼瓜发育。在南瓜整个生育期中，以对钾和氮的吸收为多，钙居中，镁和磷较少。生产 1 000kg 产品时需要吸收纯氮 3～5kg，五氧化二磷 1.3～2.2kg，氧化钾 5～7kg，氧化钙 2～3kg，氧化镁 0.7～1.3kg。

（三）生长发育周期　南瓜的生长发育周期包括发芽期、幼苗期、抽蔓期及开花结果期。由于品种间有熟性早晚的不同，也有矮生和蔓生之别，所以其各个生育期的长短差异很大。以下仅作一般叙述。

1. 发芽期　从种子萌动到子叶展开，第 1 片真叶显露为发芽期。在适宜条件下，从播种到子叶展开需 4～5d，从子叶展开到第 1 片真叶显露也需 4～5d。

2. 幼苗期　从第 1 片真叶开始显露至具有 4～5 片真叶，还未抽出卷须时为幼苗期。在 20～25℃条件下，需 25～30d。此期植株直立生长，主枝生长迅速，真叶陆续展开，茎蔓开始伸长。早熟品种可出现雄花蕾，有的也可显现雌花蕾和侧枝。

3. 抽蔓期　从第 4～5 片真叶展开至第 1 雌花开放时止，一般需 10～15d。此期茎蔓生长加快，变为匍匐生长，卷须抽出，雄花陆续开放，茎节上的腋芽迅速抽发侧枝。同时花芽迅速分化。

4. 开花结实期　从第 1 雌花开放至果实成熟时止。此期茎叶生长与开花结实同时进行。到种瓜生理成熟需 50～70d。早熟品种在主茎第 5～10 节出现第 1 雌花；中熟品种在第 10～18 节出现第 1 雌花；晚熟品种在第 24 节左右出现第 1 雌花。南瓜果实发育有优先独占养分的特点，当 1 个瓜开始发育时，以后再开的花会发生落花或化瓜现象。一般是在第 1 瓜采收后再开的雌花才易坐住瓜。但也有少数节成性强的品种具有连续结瓜的特性，瓜形较小，单株结瓜率高。

二、类型及品种

（一）类型　按植物学分类，南瓜包括两个变种：

1. 圆南瓜（var. *melonaeformis* Bailey）　果实扁圆形或圆形，表皮多具纵沟或瘤状突起，浓绿色，具黄色斑纹。如甘肃的磨盘南瓜、广东的盒瓜、湖北的柿饼南瓜、山西的太谷南瓜和榆次南瓜、台湾的木瓜形南瓜等。

2. 长南瓜（var. *toonas* Mak.）　果实长形，头部膨大，果皮绿色有黄色花纹。如浙江的十姐妹、上海的黄狼南瓜、山东的长南瓜、江苏的牛腿番瓜和太原的长把南瓜等。

（二）品种

1. 十姐妹南瓜　浙江省杭州市地方品种，因着生雌花多而得名。瓜长形而略带弯曲，先端膨大，近果梗一端细长、实心，嫩瓜由绿色转为墨绿色，成熟瓜为黄褐色，有果粉。肉橘红色，味甜。其中有大果种和小果种两个品系。大果种单瓜重 10kg 左右，小果种单瓜重 3～4kg。小果种品质好，成熟后肉质致密，水分少，味甜。大果种中熟，小果种早熟。

2. 黄狼南瓜　又称小闸南瓜。上海市地方品种。生长势强，分枝多，蔓粗，节间长。叶心脏形，深绿色。第 1 雌花着生于第 15～16 节，以后雌花间隔 1～3 节出现。瓜长棒槌形，顶端膨大，种子少，果面平滑，瓜皮橙红色，成熟后有白粉。肉厚，肉质细致，味甜，品质佳，耐贮藏。生长期 100～120d。平均单瓜重约 1.5kg。适于长江中下游地区种植。

3. 大磨盘　南京市郊区栽培较多。大扁圆形，老熟瓜橘红色，满布白粉，果实有纵沟 10 条，脐部凹入。果肉橘红色，近果柄及脐部较薄，腰部厚。肉质细，粉质，水分多，味较淡。以食用老熟瓜

为主。平均单瓜重 6～8kg，大者达 15～20kg，产量高，耐贮性差。

4. 裸仁南瓜　由山西省农业科学院蔬菜研究所于 1984 年选育而成。种子只有种仁而无外种皮。种子、嫩瓜及老熟瓜均可食用。植株蔓长 2.3～3m，主蔓第 5～7 节开始结瓜，以后间隔 1～2 节再现瓜。瓜扁圆形，嫩瓜绿色，老瓜赭黄色。单株坐瓜 2～3 个，平均单瓜重 3～4kg。瓜肉橘红色，肉质致密，含水分少，面甜。早熟，生长期 110d。耐瘠薄，适应性强。种子千粒重 168g。适宜在河北、陕西及山西等地种植。

5. 贵州小青瓜　贵州省贵阳市郊区地方品种。株形小，熟性早。露地栽培春播 70d、秋播 40d，可采收嫩瓜。蔓长 1.5～2.6m。一般主、侧蔓均可结瓜。嫩瓜椭圆形、圆形或扁圆形。皮色淡绿色或深绿色，瓜肉色淡黄，口感甜面。生长势和抗逆性中等。

6. 无蔓 4 号　由山西省农业科学院蔬菜研究所于 1998 年育成。植株无蔓丛生，高 60～65cm，株展 90～100cm，适宜株行距 80cm×90cm。叶着生于茎基部，有 45～50 片，叶色绿，叶面有较多银灰色斑。瓜扁圆形，嫩瓜皮绿色带淡绿色斑纹，老熟瓜皮色赭黄。瓜肉厚 2.5～3cm，杏黄色，近瓜梗部分有绿边，肉质致密，含可溶性固形物 12%，淀粉 0.57%，平均单株结 3～4 个老瓜。667m² 产老熟瓜 3 800kg。有采食嫩瓜习惯的地区，瓜长至适当大小及时采摘，产量还可增加。全生长期 100d。

7. 蜜枣南瓜　广东省农林科学院经济作物研究所于 1972 年引进选育而成。蔓生，分枝性较强。主蔓第 21～27 节着生第 1 雌花。瓜形似木瓜，有暗纵沟，外皮深绿色，有小块及小点状淡黄色斑，老熟瓜土黄色，肉厚，近于实心，品质优。平均单瓜重 1.5kg。在广州地区春、秋两季均可栽培。

其他还有山东省地方品种牛腿番瓜、山西省洪洞县育成的矮生洪洞南瓜、江西省七叶南瓜、枕头南瓜以及山西省农业科学院蔬菜研究所育成的无蔓 1 号等优良品种。

三、栽培季节和方式

南瓜露地栽培以爬地栽培为主，也有采用棚架栽培的。在中国蔬菜一季作地区一年种植 1 茬；在华北二季作地区，其主要生育期在 4～8 月；南方炎热多作地区可作春、秋两季栽培。露地栽培中，南瓜常与其他蔬菜或高秆粮食作物进行间套作，其中与玉米、高粱的间套作较为普遍。在菜田中多与春播叶菜、春甘蓝间作，做成宽 80cm 和 150cm 的大、小畦，大畦中栽种早熟甘蓝、莴笋等，小畦中种瓜。另一种方式是与番茄套种，又称棚架南瓜，即把播期适当推迟，然后套种到番茄畦的一侧，待番茄进入生育中期，将瓜蔓引到番茄架上。

籽用南瓜在中国东北、西北及西南等一季作地区种植，一般在 5 月中、下旬播种，9 月上旬至下旬采收。

保护地栽培则主要在塑料棚或温室中作春季栽培。

四、栽培技术

（一）露地栽培

1. 整地与施肥　南瓜虽然对土壤要求不严格，但要获得优质高产，应将其种在较肥沃的沙壤土或壤土中。前茬作物收获后，及时清洁田园，翻耕土地，每公顷铺施优质农家肥 60 000～75 000kg，同时加入过磷酸钙 450～750kg，饼肥 3 000～4 500kg，做成长 6～8m、宽 1.5～2.0m 的畦，或按南瓜株、行距挖定植穴，穴宽 40～50cm，深 13～16cm，将粪肥施入穴内，并与土壤混匀，等待栽植。南方由于春季多雨，夏秋干旱，需做深沟高畦。一般畦宽（连沟）2～3m，株距 0.6～0.8m。与其他作物间套种或栽种越冬作物，要予先留出种植南瓜的位置。

2. 播种与育苗 南瓜栽培有育苗移栽和直播两种方法。早熟栽培都进行育苗移栽，中、晚熟栽培适于直播。

（1）育苗 育苗设施有温床、冷床或塑料薄膜小拱棚，有条件时还可采用电热畦育苗。播前进行浸种、催芽。采用直径10cm营养钵育苗。具体方法同黄瓜营养钵育苗。一般早熟品种苗龄为25～30d。适宜的播种期是在当地终霜前30d左右。南瓜的育苗有分苗和子母苗两种方法。采用分苗法可利用育苗盘播种，当两片子叶展平后进行分苗。子母苗则是直接将种子播于营养土方或营养钵中，不再进行分苗。此法根系损伤小，易于培养壮苗。

播种后要严密覆盖保温，白天要尽量争取光照，苗床温度保持在20～30℃，夜间控制在12～15℃。子叶拱土后要及时通风降温，白天保持在20～25℃，夜间控制在10℃左右。当大部分幼苗出土时，需要盖1cm厚的培养土以保持湿度。育苗期的温度管理参见表16-12。

表 16-12 南瓜育苗时的温度（℃）管理

项 目		播种（1～6d）		出苗后（7～22d）	
		发芽	发芽后	前期	后期
气温	白天	—	25～30	20～28	20～25
	夜间	—	15～18	13～18	10～15
地温	白天	25～30	20～25	20～25	18～23
	夜间	18～20	15～20	15～20	10～15

在定植前7～10d要进行低温锻炼和囤苗。定植时的壮苗标准是：地上部长有3～4片真叶，叶片深绿，茎秆粗壮，株高12～15cm，根系发达洁白，无病虫为害。在定植前，苗床集中喷洒防治蚜虫或白粉虱的农药1次，防止害虫扩散于大田。

（2）露地直播 晚熟栽培的南瓜一般于当地终霜期后直播。通常先催芽后直播，出苗较快，还可减少鼠害。采用干籽直播亦可。一般每穴直播种子3～4粒，水渗后再覆盖2cm厚的细土，7～8d即可出苗。幼苗长出1～2片真叶时进行间苗，每穴选留2株健壮的幼苗。为减轻春季低温威胁，播后夜晚可扣泥碗或塑料帽保温，白天揭开见光。如土壤墒情好，则苗期可不浇水。应多次中耕松土，并向幼苗周围培土。为促进苗壮，于沟内施入硫酸铵，每公顷150～225kg，然后再浇水、覆土。当幼苗长出3～4片真叶时进行定苗，每穴选留1株最健壮的幼苗。

3. 定植 定植时间一要根据当地的终霜期早、晚而定。如华北地区早熟栽培多于4月中下旬定植，普通栽培的在5月上中旬定植。如果定植时有矮拱棚加地膜覆盖栽培设施的，则可以提早7～10d定植。二要根据茬口衔接而定。如果与五月慢油菜、莴笋、甘蓝等套种，则可在该作物收获前1个月定植；如不行套种，需待前茬作物收获后才能定植。栽苗深度以子叶露出地面为宜。采用地爬式栽培的，畦宽1.8m，每畦种植1行，株距0.4～0.5m，每公顷栽植12 000株左右，并覆盖地膜。栽苗后应及时浇水、覆土，提高成活率。

4. 水肥管理 南瓜定植的株、行距大，单位面积株数少，单株产量高，所以必须保证全苗，应及时查苗、补苗。缓苗后，如果苗势较弱，叶色淡而发黄，可结合浇水追施腐熟农家有机液肥1次。如果肥力足而土壤干旱，可只浇水不追肥。在定植到伸蔓前尽量不浇水，要进行中耕以提高地温，促进根系发育。在开花坐果前，应防止茎、叶徒长或生长过旺，以免影响开花坐果。当植株进入生长中期，已坐住幼果时，应在封行前重施追肥，每公顷施用150～225kg硫酸铵，或尿素105～150kg，或三元复合肥225～300kg。在果实开始收获后，追施化肥，可延迟植株早衰，增加后期产量。如果不收嫩瓜仅收老熟瓜，则后期一般不追肥。根据土壤墒情浇1～2次水即可。在一定的氮、钾肥基础

上，增施磷肥可提高南瓜的坐果数，并可促进果实的发育和产量的提高。例如每公顷施用磷肥 125、250 和 500kg 时，其产量均随着磷肥的增加而增加，增施 125kg 磷肥处理比对照增产 25.7％；增施 250kg，增产 36.7％；增施 500kg，增产 44％。

从定植到伸蔓封行前，要进行中耕除草。第 1 次中耕除草是在浇过缓苗水后，在适耕期间进行，中耕深度 3～5cm。第 2 次应在瓜秧开始倒蔓，向前延伸时进行，中耕时可适当向瓜秧根部培土。

5. 整枝和压蔓　一般早熟品种，密植栽培南瓜多采用单蔓式整枝。中晚熟品种多采用双蔓或多蔓整枝。双蔓式整枝是除主蔓外还选留一条侧枝，主蔓和侧蔓各留果 1 个，待坐果后将主、侧蔓摘心，同时将多余侧枝全部去除。多蔓整枝是在主蔓第 5～7 节时摘心，选留 2～3 个侧枝，使子蔓结果。或主蔓不摘心，在其茎部选留 2～3 个粗壮侧蔓，将其他侧枝摘除。

压蔓具有固定叶蔓的作用。这一措施是地爬栽培时必须进行的操作。压蔓前首先进行理蔓，使瓜蔓均匀地分布于地面，并按一定的方式引蔓。当蔓伸长到 0.6m 左右时进行第 1 次压蔓。即挖 1 个 7～9cm 长的浅沟，将蔓轻轻放入沟内，用土压好，生长顶端露出 12～15cm。以后每隔 0.3～0.5m 压蔓一次，先后进行 3～4 次。如采用支架栽培技术，可以不行压蔓，或仅压第 1 次蔓。

6. 人工授粉和植物生长调节剂的应用　南瓜是雌、雄异花授粉的作物，依靠蜜蜂、蝴蝶等昆虫媒介传粉。在自然授粉的情况下，异株授粉结果率占 65％，本株自交授粉结果率占 35％。从人工授粉和自然授粉的效果来看，人工授粉的结果率高达 72.6％，而自然授粉的结果率仅为 25.9％。所以，人工授粉对提高南瓜的结果率甚为有利。特别是在南方栽培时，开花时期正值梅雨季节，光照少，温度低，往往影响南瓜授粉和结果，造成僵蕾、僵果或化瓜。从有关资料可知，在南瓜雌花开放前 1d 和开花当日授粉能力有变化，其结实率的高峰期是在开花当日清晨 4～8 时。一般南瓜在凌晨开花，早晨 4～6 时授粉最好，所以人工授粉要选择晴天上午 8 时前进行。授粉以后，用瓜叶覆盖，勿使雨水侵入，以提高授粉效果。

7. 采收　早熟种在花谢后 10～15d 可采收嫩瓜，中晚熟品种在花谢后 35～50d 才能采收充分老熟的瓜。老熟瓜的表皮蜡粉增厚，皮色由绿色转变为黄色或红色，不易破裂。南瓜采收后应选择通风、阴凉的室内或棚内贮藏，在冬季应存放于保持在 10℃ 左右的普通冷藏库内。一般可贮藏 3～4 个月。

南瓜的留种要根据品种的固有特性，选择生长健壮、无病虫为害、结果早、雌花多的植株留种，标以记号，待种瓜充分成熟后摘下，堆放后熟 10～20d，剖瓜，取出种瓤，挤出种子，晒干，收藏。品种间极容易杂交，因而与其他南瓜生产田的隔离距离应为 1 000～2 000m。

五、病虫害防治

南瓜发生的主要病虫害与西葫芦相似，防治方法请参阅有关部分。

六、采　　收

南瓜以采收成熟果为主，一般开花后 40～60d 成熟。其标志：果皮变硬，呈现本品种固有的色泽，果粉变多。充分成熟的果实在通风阴凉处可存放数月。

第五节　笋　　瓜

笋瓜为葫芦科（Cucurbitaceae）南瓜属中的栽培种。学名：*Cucurbita maxima* Duch. ex Lam.；别名：印度南瓜、玉瓜、北瓜等。笋瓜起源于秘鲁南部、玻利维亚和阿根廷北部。笋瓜在中国的栽培历史晚于南瓜，引入中国大约在清中叶以后，道光年间（1821—1850）撰修的安徽、河南等省的一些地方志始见著录。

笋瓜以嫩瓜或老熟瓜供食用，可炒食、蒸食、作汤、煮粥、作馅等。还有部分种类果肉品质欠佳，但种子发育饱满，数量多，可供炒食。大型而晚熟笋瓜品种还可供观赏或作饲料。

笋瓜中的一些早熟优良品种由于干物质含量高，并有丰富的胡萝卜素、维生素C、果胶、淀粉和糖类等营养物质，它的商品品质和营养品质明显地优于普通南瓜、笋瓜品种，从而收到消费者的青睐。此外，还具有辅助降低人体血糖的功能因子，如芽蛋白、南瓜多糖和微量元素锌、铬等成分。所以它们不仅是人们喜爱的鲜食蔬菜，也适宜制作成各种加工制品。

一、生物学特性

（一）植物学特征

1. 根 笋瓜根系发达，主根入土深达2m左右，侧根亦较发达，形成强大的根群。主要根群分布在10～40cm的土层中，一般直根深60cm左右。它在旱田或瘠薄的土壤中也能正常生长。

2. 茎 大部分笋瓜品种的茎为菱形，分生主蔓及1～2条侧蔓，一般蔓长7～10m。矮生的品种极少。茎中空，具有不明显的棱沟，其表面有粗刚毛或软毛，表皮呈淡绿色或墨绿色。在匍匐茎节上易产生不定根，起固定枝蔓和辅助吸收水分及营养的作用。

3. 叶 互生。叶肥大，浓绿色或鲜绿色，叶片角较钝，呈圆形，叶面有粗毛。大多数品种叶面无银斑。叶腋处着生雌、雄花、侧枝及卷须。

4. 花 花形较大。雌雄花同株异花，异花授粉，虫媒花。花色鲜黄或黄色，筒状。雌花萼筒短，萼片呈披叶状。雄花萼筒下多紧缢，花冠多翻卷呈钟状。雌花子房下位，花梗粗，柱头3裂。雄蕊5个，合生成柱状，花粉粒大，花梗细长。花在夜间开放，早晨4～5时盛开，午后凋谢。

5. 果实 笋瓜的果实是由花托和子房发育而成。果肉致密或疏松，黏质或粉质。肉厚一般为3～5cm，有的厚达9cm以上。果实大小差异较大，小型的成熟瓜仅50～60g，多数为3～20kg，特大单果重达150kg以上。笋瓜的果梗较短，圆筒形，海绵质，基部不膨大或稍膨大。

6. 种子 种子着生于胎座上，种皮成熟后种粒饱满，形状扁平。种子白色或浅黄褐色，种粒大，种子边缘钝或多少拱起，有白粉。千粒重125～350g。种子发芽年限5～6年。

（二）对环境条件的要求

1. 温度 笋瓜属喜温蔬菜作物，可耐较高的温度，不耐低温与霜冻。笋瓜的耐热与耐寒力介于南瓜与西葫芦之间。笋瓜的适宜生长温度为15～29℃，在32℃以上花器官发育异常，雄花易变为两性花。种子在13℃以上开始发芽，25～30℃为最适发芽温度。根系伸长的最低温度为6～8℃，根毛生长的最适温度为28～32℃。果实发育的适宜温度为25～27℃。所以，往往在夏季高温期生长受阻，结果停歇。

2. 光照 笋瓜属短日照蔬菜作物，对日照强度要求较高。在营养生长和生殖生长阶段需要充足的光照。在充足的光照条件下生长健壮，弱光下生长瘦弱，易于徒长。雌花出现的迟早，与苗期温度的高低和日照长短有很大关系。在低温与短日照条件下，可降低雌花出现的节位而提早结瓜。在高温季节，阳光强烈，易造成严重萎蔫。适当套种高秆作物，有利于减轻直射阳光的不良影响。由于笋瓜的叶片肥大，田间消光系数高，影响光合产物的产生，所以要做必要的植株调整。

3. 水分 笋瓜根系发达，吸收力强，耐旱力强。但由于其枝叶茂盛，叶片大，蒸腾作用亦较强，每形成1g干物质需要蒸腾掉748～834g水。所以，当土壤和空气湿度过低时，也会出现萎蔫现象。如持续时间过长，也易形成畸形瓜，必须进行灌溉才能正常生长和结瓜良好。但湿度不可过高，否则易造成植株徒长，落花、落果，尤其在开花期如遇到持续阴雨，空气湿度过大，则不能正常授粉而导

致落花。

4. 土壤和营养 笋瓜对土壤要求不严格，但土壤肥沃，营养丰富，有利于雌花形成，雌、雄花比例增高。适宜的土壤 pH5.5～7.5。生长前期氮肥过多，易引起茎叶徒长；过晚施用氮肥，则影响果实膨大。在整个生育期中，以对钾和氮的吸收为多，钙居中，镁和磷较少。生产 1 000kg 产品时需要吸收纯氮 3～5kg，五氧化二磷 1.3～2.2kg，氧化钾 5～7kg，氧化钙 2～3kg，氧化镁 0.7～1.3kg。

（三）生长发育周期 笋瓜的生长发育周期包括发芽期、幼苗期、抽蔓期及开花结果期。由于品种间有熟性早晚的不同，各个生育期的长短差异很大。参见南瓜部分。

二、类型及品种

（一）类型 笋瓜的果实有椭圆形、圆形或纺锤形等；按果皮颜色可分为黄皮、白皮和花皮 3 种类型。

（二）品种

1. 扬州白笋瓜 江苏省扬州市郊区地方品种。植株茎蔓有刺，分枝较多。主蔓第 4～8 节着生第 1 雌花。叶片五星形，有浅裂缺刻。瓜圆筒形或倒卵圆形。生长前期表皮有皱纹，后期光滑。瓜色及肉色均为白色，后期逐渐变黄。平均单瓜重 2.0～2.5kg。适宜在长江中下游地区种植。

2. 东升 台湾农友种苗公司育成的一代杂种。长蔓。早中熟，从播种到采收 90～100d。第 1 雌花着生于第 11～13 节。老熟瓜金红色，扁圆球形。开花后 40d 可采收。单瓜重 1kg。肉厚，粉质香甜，风味好。耐贮运。

3. 京红栗南瓜 北京市农林科学院蔬菜研究中心育成一代杂种。生育期 80d 左右，果实发育期 28～30d。植株生长势稳健。第 1 雌花着生在第 4～6 节，后每隔 2～4 节便出现 1～2 朵雌花，坐果整齐。果实厚扁圆形，果色金黄，果面光滑，果脐小，丰满圆整。果肉橙红色，肉质细密，粉质度极高，水分少，既可作嫩果炒食，又可作老熟果食用，具有板栗风味，品质佳，耐贮藏。种子棕黄色，千粒重 210g。平均单株可结 2～4 个果，单果重 2kg 左右。

4. 吉祥 1 号 中国农业科学院蔬菜花卉研究所于 2000 年育成的一代杂种。早熟，蔓性。生长势较强，主侧蔓均可结果。果扁圆形，果皮深绿色带有浅绿色条纹，果肉橘黄色，肉质细密，粉质重，口感甜面。平均单果重 1～1.5kg。第 1 雌花着生于主蔓第 5～7 节。适于在早春露地、日光温室及塑料大棚中做长季节种植。

5. 锦栗 湖南省瓜类研究所育成的一代杂种。植株生长势强，生育期 98d 左右。主蔓长，易发生不定根。主蔓第 6～8 节着生第 1 雌花。果扁圆形，深绿色，上有淡色散斑。果肉橙黄色，肉质致密，粉质度高，风味好。平均单果重 1.5kg。抗逆性强，适于保护地和春露地栽培。

6. 一品 台湾农友种苗公司育成的一代杂种。长蔓。早中熟。生长势强，分枝能力较强。从播种到采收需 90～100d。第 1 雌花着生于主蔓第 11～13 节。果皮墨绿色，扁圆形。果肉厚，黄色，粉质强，味甜。

7. 谢面花 黑龙江农业科学院园艺研究所育成。植株蔓生。生长势中等，分枝力中等。第 1 雌花着生于主蔓第 6～8 节。果扁圆形，果皮墨绿色带白条斑。平均单果重 1～1.5kg。果肉甘甜，味佳。生育期 90～100d。

8. 惠比寿 从日本引进的一代杂种。生长势较强，耐低温。第 1 雌花着生于主蔓第 4～6 节。果实扁圆形，果皮墨绿色，以花蒂为中心有放射形淡绿色条斑。肉质稍黏，食味好。极早熟，生育期 70～80d。其他如锦芳香、黑锦、锦惠比寿等，都是同类型的一代杂种。

9. 寿星 安徽丰乐现代农业科学研究所于 1998 年育成。根系发达，叶深绿色。果实扁球形，果皮墨绿相间浅绿斑点，有不明显放射状条带。平均单果重 2kg。果肉深橘黄色，厚 4.0cm。肉质细密，淀粉含量高，纤维少，品质好，口感佳。全生育期78d左右，果实完熟仅30d。较耐白粉病。

其他还有北京白皮笋瓜、濮阳搅瓜、济南腊梅瓜、云南省通海红金瓜等优良地方品种。

三、栽培季节和方式

笋瓜露地栽培以爬地栽培为主，也有采用棚架栽培的。在中国蔬菜一季作地区一年种植1茬；在华北二季作地区，其主要生育期在4～8月；南方炎热多作地区可作春、秋两季栽培。露地栽培中，笋瓜可与其他蔬菜或高秆粮食作物进行间套作，其中与玉米、高粱的间套作较为普遍。在菜田中，多与春播叶菜、春甘蓝间作，做成宽80cm和150cm的大、小畦，大畦中栽种早熟甘蓝、莴笋等，小畦中种瓜。另一种方式是与番茄套种，又称棚架笋瓜，即把笋瓜的播期适当推迟，然后套种到番茄畦的一侧，待番茄进入生育中期，将笋瓜蔓引到番茄架上。

保护地栽培则主要在塑料棚或温室中作春季栽培。

四、栽培技术

（一）露地栽培　笋瓜的露地栽培技术参见南瓜。

（二）保护地栽培技术要点

1. 品种选择　在保护地中种植宜选择早熟、耐低温弱光、适应性强、具有连续坐果率高、品质优的优良品种。现采用是笋瓜中被称为西洋南瓜的早熟、优质的品种群，如东升、吉祥1号、京红栗、锦栗、寿星等。这群品种的特点是瓜形较小，单瓜重750～1 500g，扁圆或近圆球形，皮色墨绿、灰绿或橘红色，外形美观。果肉黄色或橘黄色，粉质度高，口感极好。果肉中胡萝卜素、维生素C、果胶及钙的含量明显地优于普通南瓜或笋瓜品种。其生育期短，育苗期25～30d，第1朵雌花着生节位很低，在主蔓的第5～7节即可坐瓜，定植后35～40d便可采收上市，并具有连续结瓜的特性。

2. 适期播种，培育壮苗　在温室中进行长季节栽培，于8月下旬至9月中旬播种。冬春季节栽培的可于1月下旬至2月中旬播种。利用塑料棚作为笋瓜生产设施，在定植时应保证10cm地温稳定在12℃以上。根据这一要求，向前推算25～30d即为适宜的播种期。建好育苗床，配置好营养土，选用直径为10～12cm的营养钵。采用温汤浸种催芽。加强苗期管理，培育株型紧凑，叶片深绿肥厚，节间短，幼茎粗壮，无病虫为害的壮苗。

3. 整地、施肥　在定植前10～15d，每公顷施入腐熟优质有机肥90 000～105 000kg，混施腐熟鸡粪7 500～15 000kg，过磷酸钙600～750kg。采用宽垄栽植，按2～2.2m做一高畦，栽植双行，中间开宽30～40cm的沟，形成大垄双行。在大垄双行上覆盖地膜，进行膜下灌溉。

用塑料小拱棚实行爬地栽培时，可按沟距2m挖沟，沟深50cm，宽60cm，在沟中施入腐熟有机肥，整平畦面做好畦背备用。

4. 定植　在定植前10～15d扣好棚膜，闷棚4～5d。定植时选晴天进行。培土深度以苗坨与垄面相平为准。定植时采用密植支架（或吊蔓）栽培，株距为50～60cm，每公顷栽18 000～21 000株。覆盖地膜。

5. 田间管理　在保护地内种植笋瓜，宜采用单蔓整枝。长季节栽培的还需坐秧盘蔓。

早熟笋瓜具有连续坐果特性，在保护地内采收期长的可达120～140d。因此要合理浇水、追肥。当植株缓苗后，结合浇水，每公顷追施150～225kg尿素。第1个瓜进入膨大期每公顷追施磷酸二氢铵300kg或氮磷钾复合肥375kg，或追施膨化鸡粪300～450kg。第3次追肥可在第1个商品瓜收获，第2个瓜开始坐瓜时，追施腐熟农家有机液肥15 000kg或三元复合肥375kg。在保护地条件下，蜂源极少，必须进行人工授粉和植物生长调节剂的使用。

在笋瓜栽植的前中期，于晴天上午 8～10 时，在大棚、温室内人工补充二氧化碳，浓度可达 1 000μL/L，施后 2h 或温度高于 28℃时通风，有利于提高笋瓜的产量和含糖量。

五、病虫害防治

笋瓜发生的主要病虫害与西葫芦的病虫害相似，防治方法请参阅有关部分。

六、采　　收

笋瓜可采收嫩果，也可收获充分成熟的果实。一般开花后 40～60d 果实成熟。

第六节　西 葫 芦

西葫芦是葫芦科（Cucurbitaceae）南瓜属中的一个栽培种，为一年生矮性或蔓性草本植物。学名：*Cucurbita pepo* L.；别名：美洲南瓜。俗称：蔓瓜、白瓜、香瓜等。原产北美洲南部。人类早在公元前 4 000 多年以前就开始栽培，7 世纪传入北美洲，16 世纪传入欧洲和亚洲。清代在西北诸省已有栽培，最早记载见于康熙年间（1662—1722）修撰的陕西、山西等省的地方志。现在世界各地均有种植。

西葫芦的果实中含有较多的抗坏血酸和萄葡糖，特别是钙的含量高，每 100g 可食用部分中含钙 2 229mg。西葫芦的嫩果和成熟果可供食用，炒食或做馅。其种子含油量达 35％以上，宜加工成干香食品。西葫芦中的搅瓜，果肉呈粉丝状，可作凉拌菜或做汤。西葫芦除可作蔬菜食用外，有些品种还可做观赏用。

在瓜类蔬菜作物中，西葫芦的适应性最强，对环境条件要求不高，很多早熟品种生长速度快，结果早，它已成为中国北方露地早熟栽培和保护地栽培中上市最早的果类蔬菜之一。在保护地栽培中，西葫芦的种植面积仅次于黄瓜。西葫芦的成熟果易于运输和贮藏。通过多种栽培方式和运输、贮藏的调节，西葫芦已可达到周年供应市场的要求。

一、生物学特性

（一）植物学特征

1. 根　西葫芦的根系发达，主根入土深度达 2m 以上。如经移植主根长度生长受阻，仅约 60cm 左右，侧根近水平分布，生长较快，易形成木栓化组织。对养分和水分吸收能力较强，耐干旱和瘠薄。但早熟品种根系生长势比较弱，经育苗移栽后，纵向发展受到限制，抗旱能力减弱。因此，在育苗移栽时要尽量采用营养钵育苗，加强对根系的保护。在栽培管理上尤需注意灌溉、施肥。

2. 茎　茎五棱，多刺，中空，蔓生、半蔓生或矮生。多数品种的主蔓生长优势强，侧蔓发生少而弱。长蔓类型主蔓长 1～4m，节间较长；矮蔓类型蔓长 0.3～0.5m，节间较短，常呈丛生状；半蔓生类型蔓长 0.5～1.0m，栽培不多。

3. 叶　子叶较大，对前期生长影响明显，在栽培过程中，应尽量保护子叶，延长其存活期。叶片为掌状深裂，叶色绿或浅绿，部分品种近叶脉处有大小和多少不等的银斑。叶片互生，叶面有较硬的刺毛。叶柄长且中空，粗糙，多刺。在栽培不当时，极易伸长。

4. 花　西葫芦是雌、雄同株异花的蔬菜作物，花冠鲜黄色或橙黄色，雄花有钟形的花冠，授粉由昆虫完成。雌花为下位花，雄蕊退化，单性结实能力差，自花结实率低。矮生类型的第 1 雌花一般着生在第 4～5 节，也有极早熟品种于第 1～2 节处着生雌花。半蔓生类型雌花出现在第 7～8 节，蔓生类型多出现在第 10 节以上。西葫芦的雌、雄花着生均有很强的可塑性，花的性别主要决定于遗传因子，但环境条件亦有较大影响。一般在高温、长日照条件下，雄花出现多而早；在低温和短日照条件下，雌花发育早而且节成性高。此外，西葫芦侧枝上雌花着生的节位表现出明显的特点，接近主蔓基部的侧枝上的第 1 雌花着生的节位高，而靠近主蔓上部的侧枝上的第 1 雌花发生得早，往往在第 1~2 节时就能出现。

西葫芦的花多在黎明 4~5 时开放，雌、雄花的寿命短，开花后当日中午便凋萎。雌花在当天上午 10 时以前接受花粉的受精能力最强。采用人工辅助授粉和植物生长调节剂可以提高结实率。

5. 果实　果实由子房发育而成。果实形状有圆形、椭圆形和长圆柱形等。果面光滑，少数品种有浅棱。嫩果表皮有白色、白绿、金黄、浅绿、深绿、墨绿或白绿相间深浅不一的条纹或花斑。老熟果果皮多为橘黄色，也有白色、乳白色、黄色、橘红或黄绿相间等颜色。

6. 种子　种子扁平。种皮光滑，为白色或浅黄色。单果种子 300~400 粒，千粒重为 130~200g。种子寿命一般为 4~5 年，少数品种 10 年还有发芽率。生产上利用的年限为 2~3 年。

（二）对环境条件的要求

1. 温度　西葫芦是瓜类蔬菜中较耐寒而不耐高温的蔬菜。种子发芽的适温为 25~30℃。生长发育的适温为 20~25℃，8℃以下停止生长，30℃以上生长缓慢且易发生病毒病，32℃以上花蕊不能正常发育。开花结果时的适温是 22~28℃。根系生长的适温为 25~28℃，根系伸长的最低温度为 6℃。西葫芦不耐霜冻，0℃即会冻死。但它对低温的适应能力强，有些早熟品种的耐低温能力超过黄瓜，受精果实在 8~10℃的夜温下能与 16~20℃夜温下受精的果实同时长大成瓜。

2. 光照　西葫芦属短日照作物。它能耐弱光，但当日照不足时易徒长，不易结瓜。西葫芦对日照反应最敏感的时期是第 1~2 片真叶展开期，每日 8~10h 的短日照条件可促进雌花的发生。雌花开放时给于 11h 的光照有利于开花结果。西葫芦性喜光照强度充足，光强利于植株生长发育良好，第 1 雌花提早开放，果实膨大快，而且品质好。

3. 水分　西葫芦喜湿润而不耐干旱，土壤湿度以 70%~80% 为宜，空气相对湿度为 45%~55%。空气湿度过大，影响雌花正常的受精，从而导致化瓜或形成僵瓜，还可诱发多种病害。在生长发育前期应适当控制水分，不宜浇水过多，否则易引起茎叶徒长，严重影响正常结瓜和产量。结瓜期需水量大，需保持土壤湿润。

4. 土壤和营养　西葫芦对土壤要求不甚严格，沙土、壤土或黏壤土均可栽培。土层深厚、保水保肥能力强、疏松肥沃的壤土有利于根系发育。适宜的土壤 pH 为 5.5~6.8。在轻度盐碱地中通过培施有机肥等措施种植西葫芦可以获得较高产量。

西葫芦的需肥量较大，生产 1 000kg 商品瓜，需要纯氮 3.9~5.5kg，五氧化二磷 2.1~2.3kg，氧化钾 4~7.3kg。生长初期适当供给充足的氮肥，促进茎叶增长，扩大同化面积；中期磷、钾的吸收量逐渐增大；结果期氮、钾的吸收量达到高峰，要保证氮、钾的供应，适当供给磷肥。

（三）生长发育周期　西葫芦的生育周期可分为发芽期、幼苗期、初花期和结果期。

1. 发芽期　从种子萌动到第 1 片真叶显露（破心）。此期主要靠种子的贮藏营养使幼苗出土。子叶展开后逐渐长大并进行光合作用，为幼苗的继续生长提供养分。在第 1 片真叶显露前，若湿度偏高、光照偏弱或幼苗过分密集，则下胚轴易伸长而形成徒长苗。在适宜条件下，此期需 5~7d 完成。

2. 幼苗期　从第 1 片真叶显露到植株展开 3~4 片真叶时为幼苗期。此期约 25d。幼苗期主要是幼苗叶的形成、根系发育及苗端各器官的形成。培育健壮幼苗，适当控制茎的生长，防止徒长是栽培技术的重点。

3. 初花期　从展开 3~4 片真叶到第 1 雌花（根瓜）坐瓜为初花期。此期需 20~25d。此期西葫芦的营养生长与生殖生长同时进行。在缓苗后，长蔓型西葫芦的茎伸长加速，表现为甩蔓；短蔓型西葫芦的茎间伸长不明显，但叶片数和叶面积发育加快。在栽培管理上要注意促根、壮根，并控制好植株地上、地下部的协调生长。

4. 结果期 从第 1 花坐果，经连续开花、结果，到植株衰老拉秧为止。结果期的长短与栽培环境、管理水平及病虫害控制情况密切相关，一般为 40~60d。但在日光温室或大型温室中作长季节栽培时，其结果期可长达 150~180d。

二、类型及品种

（一）类型 按照 Harris（1989）研究，将西葫芦分有 4 个变种：即西葫芦（var. *giraumontia* Duch.）、弯颈角瓜（var. *verrucosa* L.）、棱角瓜（var. *fordhuk* Cast）和飞碟瓜（var. *patisson* Duch.）。各变种中按果实颜色又可分为不同类型，如西葫芦有白皮型、黄皮型、绿皮型、双色型 4 种；飞碟瓜有白皮型、绿皮型、黄皮型 3 种。此外，还有学者把西葫芦种除分有西葫芦变种外，还分有珠瓜〔var. *ovifera*（L.）Alef.〕变种和搅瓜（var. *medullosa* Alef.）变种。珠瓜变种栽培很少。搅瓜变种在中国的山东、河北、上海、江苏等地均有种植。该变种植株长势强，叶片小，缺刻较深。果实椭圆形，具浅棱沟，果柄有棱，但不膨大。幼果乳白色，间有淡绿色网纹。成熟瓜表皮深黄色、浅黄色或底色橙黄间有深褐色纵条纹。瓜肉较厚，浅黄色，瓜肉组织呈纤维状。其嫩瓜食用方法与西葫芦同，老瓜的食用方法是将整瓜经蒸煮或冷冻后，横向切开可见环状丝，每一瓜丝是由中央的维管束及周围的 3~5 层薄壁细胞组成，瓜丝间有较狭小的细胞将其分隔开。用筷子将其搅成粗粉丝状，凉拌后可食用。

另外，常见的分类方法是依西葫芦的植株性状可分为 3 个类型：矮生类型、半蔓生类型和蔓生类型。

1. 矮生类型 该类型的品种瓜蔓短，株形紧凑。早熟，第 1 雌花着生于第 3~5 节，以后每隔 1~2 节出现雌花。代表品种有花叶西葫芦、站秧西葫芦、一窝猴西葫芦等。

2. 半蔓生类型 该类型品种节间略长，第 1 雌花着生在主蔓的第 8~11 节，多为中熟品种。如山西临沂的花皮西葫芦、裸仁西葫芦等。

3. 蔓生类型 该类型植株长势强，叶柄长，叶片大，瓜形大。第 1 雌花着生在主蔓第 10 节以上，晚熟品种。抗病、耐热性强于矮生类型，但耐寒力较弱。其结果部位分散，采收期较长，一般单果重 2~2.5kg，适于晚春早夏栽培。代表品种如笨西葫芦、扯秧西葫芦、河北长蔓西葫芦等。

（二）品种

1. 早青 山西省农业科学院育成的一代杂种。结瓜性能好，瓜码密。早熟，播后 45d 可采收嫩瓜。一般第 5 节开始结瓜。单瓜重 1~1.5kg。如果采收 250g 以上的嫩瓜，单株可收 7~8 个。瓜长圆筒形，嫩瓜皮浅绿色，老熟瓜黄绿色。蔓长 30~40cm，适于密植。本品种有先开雌花的习性。在保护地中栽培，需要进行人工授粉。

2. 花叶西葫芦 1966 年从阿尔及利亚引进，又名阿尔及利亚西葫芦。北方地区普遍种植。植株茎蔓较短，直立，株形紧凑，适于密植。叶片掌状深裂，狭长，近叶脉处有灰白色花斑。主蔓第 5~6 节着生第 1 雌花，单株结瓜 3~5 个。瓜长椭圆形，瓜皮深绿色，具有黄绿色不规则条纹。瓜肉绿白色，肉质致密，纤维少，品质好。一般单瓜重 1.5~2.5kg。从播种到收获 50~60d。较耐热，耐旱，抗寒。易感病毒病。

3. 白皮叶三 黑龙江省哈尔滨市地方品种。中早熟，露地直播 60 可收获。矮生，始花节位在第 3~4 节。叶色浅绿，长五角形。果实长圆形，嫩瓜白色。一般单瓜重 500g 以上。抗寒性强。

4. 黑美丽 由荷兰引进的早熟品种。在低温弱光条件下植株生长势较强，植株开展度 80cm，主蔓第 5~7 节结瓜，以后基本每节有瓜，坐瓜后生长迅速，宜采收嫩瓜。平均单个嫩瓜重 200g 左右。瓜皮墨绿色，呈长棒状，品质好。每株可收嫩瓜 10 余个，收老瓜 2 个。适于冬春保护地栽培和春季露地早熟栽培。

5. 寒玉　山西省农业科学院蔬菜研究所育成的一代杂种。特早熟，第 5～6 节开始结瓜，播后 35d 即可采收商品瓜。属矮生类型，瓜码密，抗寒性、耐弱光性强。嫩瓜皮浅绿色，有本色花纹，表面光滑，有光泽。果实长柱形，商品性好。

6. 长蔓西葫芦　河北省地方品种。植株匍匐生长，分枝性中等。叶为三角形，浅裂，绿色，叶背多茸毛。主蔓第 9 节以后开始结瓜。瓜为圆筒形，中部稍细。瓜皮白色，表面微显棱。一般单瓜重 1.5kg 左右。果肉厚，细嫩，味甜，品质佳。中熟，从播种到收获 60～70d。耐热，不耐旱。抗病性较强

7. 中葫 3 号　中国农业科学院蔬菜花卉研究所于 2001 年育成的一代杂种。早熟。植株矮生，主蔓结瓜，节成性强。瓜长柱状，有浅棱，瓜皮乳白色。品质脆嫩，口感好，较耐存放。适于各类保护地及露地早熟栽培。

8. 京葫 2 号　北京市农林科学院蔬菜研究中心育成的一代杂种。生长势强。早熟，播种后 40d 可采收 300g 的商品瓜。瓜呈棒状，深绿色。抗逆性强，抗病毒病。一株同时可结 3～4 个瓜，产量高。

9. 一窝猴　北京市地方品种，华北地区均有栽培。植株直立，分枝性强。叶片为三裂心脏形，叶背茸毛多。早熟，主蔓第 5～8 节出现雌花。瓜为短柱形，商品瓜皮深绿色，表面有 5 条不明显的纵棱，并密布浅绿网纹。老熟瓜皮橘黄色。一般单瓜重 1～2kg。果实皮薄，肉厚瓤小，果肉质嫩，味微甜。从播种到收获 50～60d，采收期 1 个半月。抗寒，不耐旱，不抗病毒病和白粉病。适于早熟栽培。

10. 无种皮西葫芦　甘肃省武威园艺试验场育成。种子无种皮，以种子供食用。植株蔓生，蔓长 1.6m。第 1 雌花着生于第 7～9 节。瓜短柱形，嫩瓜可以做菜用。老熟瓜皮橘黄色，一般单瓜重 4～5kg。每 100kg 种瓜能采种子 1.5kg。种子灰绿色，无种皮。千粒重 185g。

11. 黄皮西葫芦　从美国、以色列等国引进的品种，又称香蕉西葫芦、金皮西葫芦。植株矮生，叶形较紧凑，坐果率高。果色金黄，果形细长、略弯。以采摘嫩瓜供食用，可生食。

12. 裸仁金瓜　由辽宁省熊岳农业职业技术学院于 1989 年育成。蔓长 60～100cm，雌花在主蔓第 3～7 节着生。嫩瓜近圆柱形，一般单瓜重 250～500g。嫩瓜皮浅绿色，肉厚、质嫩，呈白色。老熟瓜皮坚硬，呈橘黄色，肉呈黄色。中早熟品种，生育期为 80～90d。种子无外种皮，食用方便。每公顷产嫩瓜 18 000kg，产种子 750kg。耐贮运。抗寒，不耐旱。适应性较广。

13. 涡阳搅瓜　安徽省涡阳县地方品种。植株蔓性，生长势强。叶片小，掌状，叶缘波状浅裂。主蔓结瓜，第 1 雌花节位在主蔓的第 12 节。瓜呈圆筒形，表面平滑，嫩瓜皮乳黄色，瓜面无斑纹，无棱，无蜡粉。一般单瓜重 750g。生育期 100d 左右。肉质疏松，老瓜经冷冻蒸煮后，用筷子搅动成丝，脆嫩适口，品质较好。耐热性强，耐旱性弱，抗病性中等。

14. 飞碟瓜类　由国外引入。短蔓或无蔓。茎具棱刺。叶片绿色掌状，浅裂至深裂。叶柄直立，有刺毛。果实扁圆，腹部或腹背呈对称或非对称性隆起，果面被刺毛，果缘有棱齿状突起。果肉致密，呈乳白色，有清香味。一般单果重 0.5～1kg。种子浅黄色，扁平，千粒重 65～85g。果实有白色、黄色和墨绿色 3 类。白果类型品种有早白矮、UFO、白碟等；墨绿果类型品种有绿碟等。

三、栽培季节和方法

西葫芦可在春季或秋季种植，但主要是春季种植。在南方无霜或轻霜地区，于 1～3 月播种。长江中下游地区，冷床育苗的播种期为 3 月上旬，露地多在 3 月下旬直播。如用小拱棚栽培，则可提早 10～15d 播种。在北方地区，直播的播种期应掌握在当地断霜后出苗的时期。有条件的地方可提早 25～30d 育苗，断霜后定植。也可利用风障畦、地膜覆盖、改良阳畦、塑料棚、日光温室等设施进行

种植。

在华北地区，采用简易覆盖方式种植大致有 3 种方式：一是阳畦或改良阳畦早熟栽培；二是小拱棚早熟栽培；三是风障早熟栽培。在日光温室中可作越冬茬栽培或秋冬茬栽培，表 16-13 为华北地区西葫芦周年栽培方式表，可供参考。

表 16-13 华北地区西葫芦周年栽培方式参考表

（刘宜生，2003）

栽培形式		育苗方式	播种期	定植期	供应期
日光温室	深冬茬	温室	9 月下旬至 10 月中旬	10 月下旬至 11 月中旬	12 月下旬至翌年 5 月
	冬春茬	温室	10～12 月	11 月至翌年 1 月	1 月下旬至 5 月下旬
	秋冬茬	露地或棚内	8 月中旬至 9 月上旬	9 月中下旬	10 月中旬至翌年 2 月
塑料大棚	春提早	温室	2 月中下旬	3 月中下旬	4 月下旬至 6 月上旬
	秋延后	棚内直播	7～8 月	—	9 月中下旬至 11 月中下旬
阳畦或改良阳畦		温室、阳畦	2 月上中旬	3 月上中旬	4 月中旬至 6 月
小拱棚加盖草帘		温室、阳畦	2 月中下旬	3 月中旬	5～6 月
风障		阳畦	3 月上中旬	4 月上中旬	5 月中下旬至 7 月上旬
春露地	育苗	阳畦	3 月中下旬	4 月下旬	5 月下旬至 7 月
	直播		4 月中下旬	—	6～7 月
越夏栽培		直播	5 月中下旬	（6 月覆盖遮阳网）	6～8 月
露地秋茬		直播	8 月上旬		9～10 月

四、栽培技术

（一）露地栽培

1. 春季栽培 栽培方法分直播与育苗两种。直播方法简单，但经济效益较差；育苗栽培可提早上市，投入较多，但效益好。生产中以育苗移栽为主。适宜的播种期宜选择在当地终霜期前的 30～40d。

（1）播种育苗 采用育苗方法时需先浸种催芽，然后播种。将选好的种子放入 50～55℃ 的温水中烫种，保持 15～20min，降至室温后浸种 4～6h。或用 1% 高锰酸钾液浸种 20～30min 或 10% 磷酸三钠液浸种 15min。用清水冲洗后，置于 28～30℃ 的条件下催芽，经 2～3d 即可出芽。当芽长约 1.5cm 时即可播种。

播种用的营养土一般采用未种过瓜类蔬菜的无病虫害的园田土 6 份，优质腐熟的农家肥 4 份混配。可在每立方米营养土中添加过磷酸钙 0.5～1kg、草木灰 5～10kg。营养土可在苗床中做成营养土方，也可装入直径 9～10cm 的营养钵，催好芽的种子可直接播于营养土方或营养钵中。也可以将种子均匀地撒播在育苗盘中，待子叶展开、真叶露心后及时移栽到营养钵中。西葫芦种子较大，拱土能力强，覆土厚度约 2cm。覆土过薄，易出现"戴帽"现象，并有芽干的危险。

（2）苗期管理 西葫芦幼茎易伸长徒长，严格控制温、湿度是培育壮苗的重要环节。播种后保持昼温 25～30℃，夜温 18～20℃，地温为 22～24℃，空气相对湿度 80%～90%，经 3～4d 即可出齐苗。幼苗出齐后应适当降低温度，昼温维持 25℃ 左右，夜温 13～14℃。当第 1 片真叶展开到定植前的 8～10d，夜温可降到 10～12℃，以促进幼苗健壮和雌花分化。定植前 8～10d，一般昼温 15～25℃，夜温 6～8℃。定植前 2～3d，温度可降至 2～8℃。在正常情况下，播种前浇足底水，直至定植前可不再浇水。

（3）定植　西葫芦定植的安全期是地温稳定在 13℃以上，夜间最低气温不低于 10℃。定植前每公顷施入优质农家肥 45 000～75 000kg。早熟品种的垄距为 60～65cm，株距 40～50cm，每公顷定植 30 000～33 000 株；也可做成 1.3m 宽的平畦，每畦栽植两行。蔓生晚熟品种，行距 100～150cm，株距 30～50cm，每公顷定植 18 000～27 000 株。坐水栽苗，待水渗下后，封埯并扶正瓜秧。

（4）定植后的管理　浇缓苗水后及时中耕松土，进入蹲苗期。当第 1 个瓜长到 10～12cm 时，开始浇水，并结合追施化肥或腐熟的农家有机液肥 1 次。结瓜后要逐渐加大浇水量，一般 6～8d 浇水 1 次。雨季要注意排降畦内积水。暴雨侵袭后可及时浇井水，降低地温，增加土壤中的氧气。在西葫芦缓苗后可开沟拦肥，每公顷施入腐熟饼肥 2 250～3 000kg，或施入 750～900kg 的三元复合肥。在结瓜期间顺水每公顷追施粪肥 15 000～22 500kg 或硫酸铵 150～225kg。一般追肥 2～3 次。苗期和第 1 雌花坐果期，倘若氮肥和水分施用过多，易引起植株徒长，雌花的分化和坐果率都会受到影响；相反，初期苗瓜过多，采收不及时，营养生长受到抑制，就会产生坠秧现象，使瓜秧生育不良。

矮生西葫芦的分枝能力弱，一般无需整枝打杈，如果出现侧枝，应及时摘除。晚熟蔓生型西葫芦的分枝能力较强，主蔓和侧蔓均可结瓜，需进行整枝。整枝方式有：单蔓整枝，即摘除所有侧枝，只留下主蔓结瓜；多蔓整枝，即主蔓长有 5～7 片叶时摘心，选留 2～3 条长势强的侧蔓，其余侧蔓摘除。若为采收老熟瓜，则每个侧蔓只留 1 条瓜。

露地种植的蔓生西葫芦要进行引蔓操作，即当蔓长 1m 左右时，把枝蔓向同一方向牵引，使其排列有序，利于通风透光，并进行压蔓，以后每隔 5～7 节压蔓一次。压蔓时，把茎压入土中 3～5cm，可固定植株方向，并诱生不定根。同时摘除老叶、病叶，除掉过多的雌、雄花和幼果。

西葫芦落花、落果现象严重。防治的主要措施是：培育壮苗，合理施肥浇水，及时整枝压蔓和采收，同时要进行田间人工授粉。

（5）采收　西葫芦应及时采收。当前期苗瓜过多或根瓜采收过晚会影响后期坐瓜。有试验表明，早期摘除西葫芦的幼瓜，可比采收成熟瓜提高光合生产率 15%，增加叶数并扩大叶面积 20%。当第 1 个瓜在谢花后 7～9 天，瓜重达 0.25～0.5kg 时即可采摘，以后各瓜长至 1～1.5kg 时采收。

2. 秋季栽培　秋季栽培与春季栽培的环境条件有很大差异，适宜西葫芦生长的季节短，气温高而潮湿，植株易过旺徒长，病害较多。所以，在栽培管理上要做到植株健壮而不徒长，这是获得高产的关键。

秋播西葫芦品种宜选用生长期短，抗病性、抗逆性好的中早熟品种，特别要重视选用前期产量高的品种。播种期掌握在日平均气温 24～25℃为宜，如河北省中南部地区在 8 月 10～15 日播种。采用直播方式，而且要覆盖银灰色或黑色地膜。在播种前 7～10 天整地施肥。早熟品种的行、株距为 70cm×60cm，中熟品种为 80～100cm×60cm，每穴 2～3 粒种子。当幼苗长出 2～3 片真叶时，选留一株健壮无病的幼苗。当大多数植株已经坐瓜，要浇大水一次，可维持到收获。秋播西葫芦生长期短，以追施速效性化肥为主。前期一般不追肥，结瓜期结合浇水，每公顷施入 225～300kg 尿素或 375～450kg 硫酸铵。

秋播西葫芦必须注意整枝打杈，见到侧枝就要及时去除。一般每株只留 1 个瓜。在当地初霜到来的前 20d 左右，选留 1 个瓜长 10～15cm 的幼瓜，将主蔓摘心并去掉侧枝和其余的幼瓜。

（二）保护地栽培

1. 简易覆盖栽培　大多数地区采用地膜覆盖种植西葫芦。地膜覆盖的方法大致有 3 种：普通地面覆盖栽培、改良地膜栽培、朝阳沟栽培。

为解决夏淡季西葫芦的市场供应问题，可利用遮阳网进行越夏栽培。选用耐热、抗病的中晚熟品种。在当地终霜期过后直播，覆盖地膜。幼苗长出 2～3 片真叶时进行定苗。待 6 月下旬到 7 月上旬气温增高时，搭建水平拱架或利用棚室的骨架，覆盖 20～30 目、遮光率为 55%～65%的黑色或银灰

色遮阳网。

2. 塑料棚和温室栽培　塑料小棚和日光温室西葫芦栽培技术，参见第二十六章。

塑料大棚栽培西葫芦，有春提前和秋延后的两种栽培方式，但以春提前栽培为主。在大棚中西葫芦常作为主作栽培，但也有利用其矮蔓特点，于大棚的两侧处种植。大棚的春季早熟栽培应选择早熟性强，对温度适应性广，生长势适中，适于密植，商品性好的优良品种。对于春大棚来说，当棚内地温稳定通过 10℃ 以上，最低气温不低于 6℃ 时即可定植。例如华北地区，播种期在 2 月上旬至 3 月上旬，定植期在 3 月中旬至 4 月上旬，4 月下旬到 5 月中旬开始上市，5～6 月为上市的主要时期。南方采用温室加电热线和营养钵育苗，可在 1 月上、中旬播种；冷床育苗则在 2 月上中旬播种。30～35d 后定植，4 月上、中旬至 5 月上、中旬分期上市。

大棚的秋延后栽培，宜选用耐热、抗病的早熟品种。在当地初霜期前 2 个月为适播期。一般采用小高垄栽培，播种时采用干籽或催芽直播。第 1～2 片真叶展开后选留 1 株壮苗，然后用抗病威或抗毒剂 1 号等药剂灌根并进行叶面喷洒。在育苗期间，气温高于 28℃ 以上可采用遮阳网育苗。

五、病虫害防治

（一）主要病害防治　西葫芦的主要病害有：病毒病，主要由黄瓜花叶病毒和甜瓜花叶病毒（MMV）等多种病毒单独或复合侵染引起。还有白粉病、褐腐病、疫病、黑星病、霜霉病、炭疽病、猝倒病等，它们的发病特征、发病条件及防治方法，参见黄瓜的有关部分。

此外，在 20 世纪 90 年代后期西葫芦栽培中出现的银叶病是比较特殊的病害。其主要症状是在西葫芦叶片正面出现均匀的银灰色或灰白色，叶柄及嫩茎由绿变淡绿色或淡黄色，卷须也变成淡黄色。严重时植株萎缩，瓜条畸形或白化，或出现白绿相间的杂色，丧失商品价值。该病在苗期、结果期均有发生，当生长条件好时，以后生长的茎、叶又可逐步恢复正常。据观察，3～4 叶时为发病敏感期。在秋播露地及保护地秋冬茬生产中易于发生。银叶病是由于 B-生物型烟粉虱在西葫芦叶背吸食叶液时分泌出的毒素而引起的，但有学者认为是该种粉虱为害后植株形成的生理反应。防治方法：一是选用抗银叶病的品种，在同样栽培条件下，不同品种间抗银叶病的能力有显著差异；二是综合措施防治 B-生物型烟粉虱，方法参见黄瓜部分。

（二）主要害虫防治　西葫芦的主要虫害有：瓜蚜、白粉虱、B-生物型烟粉虱、红蜘蛛、瓜蓟马、黄守瓜、黄条跳甲、蛴螬、蝼蛄、种蝇、小地老虎等。但在不同茬次中对产量影响较大的害虫不同。一般在冬春茬和早春茬栽培中，瓜蚜、粉虱、种蝇、小地虎等为害较重。在春茬栽培及越夏栽培中，则以瓜蚜、红蜘蛛、烟粉虱等为害最重。因此，在不同茬次的栽培中，要采取相应的防治措施，有针对性地进行防治。虫害的防治方法参见黄瓜的有关部分。

（李海真　刘宜生）

第七节　西　瓜

西瓜是葫芦科（Cucurbitaceae）西瓜属中的栽培种，一年生蔓性草本植物。学名：*Citrullus lanatus*（Thunb.）Matsum. et Nakai；别名：水瓜、寒瓜。原产非洲南部的卡拉哈里沙漠。

早在五六千年以前，古埃及就已种植西瓜。进入欧洲广泛种植后，经陆路从西亚经波斯（伊朗）、西域，沿古代丝绸之路于五代以前传入中国新疆。据宋·欧阳修撰《新五代史·四夷附录》引胡峤《陷虏记》所载，辽上京（今内蒙古自治区巴林左旗南波罗城）以东 10km 处，在 10 世纪上半叶已有西瓜栽培。10 世纪下半叶，北京一带已有相当数量的栽培，以后逐步向南传播。南宋著名诗人范成大的《西瓜园》（公元 1170 年）诗注云："西瓜本燕北种，今河南皆种之"。可见南宋西瓜已由北方

（今北京、大同等地）引入浙江、河南等地广为栽培了。元・司农司撰《农桑辑要》（1273）首次记载了西瓜的栽培方法。

目前在全世界栽培面积较多地区顺序为亚洲、北美洲、南美洲、欧洲，最少的是大洋洲。20世纪90年代以来，中国西瓜生产有了很大发展，主要分布在华北、长江中下游地区。种植方式由单一露地种植向多种种植方式发展；品种由普通西瓜向多品种发展，全年都有西瓜供应。

西瓜以成熟果供鲜食，也可蜜渍、酱藏。每 100g 果肉含水分 86.5～92.0g，总糖 7.3%～13.0%，还含有丰富的矿物质和多种维生素。食后清凉解暑、利尿，对肾炎、糖尿病、膀胱炎有辅助疗效。

一、生物学特性

（一）植物学特征

1. 根　西瓜根深而广，主根深 1 m 以上，侧根平展可达 4～6 m，主要根群分布在地下 10～30cm 的土层内。西瓜根系不耐湿涝，再生力弱，因此一般都用直播或采用容器育苗。在适宜条件下，西瓜的茎节上会长出不定根。

2. 茎　西瓜的茎蔓生，草质，中空，被长茸毛。生长前期节间短，直立状生长，4～5 节后节间逐渐增长，匍匐地面生长。茎节处着生叶片，叶腋着生苞片、雄花、雌花、卷须和根原始体。

3. 叶　真叶为单叶互生，全叶被茸毛。基生叶呈龟盖状，以后叶片深裂呈羽状。但也有少数品种叶片呈全缘叶型，如中育 3 号。全缘叶型为隐性基因控制，可作一代杂种标记用。茎蔓分枝性很强，一般每节都发杈。但有少数品种分枝很少，如无杈瓜。西瓜蔓较长，可达 3～5 m，甚至 10m 以上。也有短蔓与无蔓品种。

4. 花　西瓜花黄色，雌雄同株异花。虫媒花。通常为单性花，但也有部分品种为两性花，如苏联 3 号及都 3 号等。早熟品种于主蔓第 6～7 节着生第 1 雌花，而中晚熟品种则多在第 10 节以后。第二雌花和以后雌花间隔的节数，不论主蔓、侧蔓都为 5～9 节。西瓜每天开花早晚与夜间气温有关，一般在早上 6 时左右开放，下午即闭花。

5. 果实　果实为瓠果，由果皮、果肉和种子组成。皮色变化很多，基本上可分为绿、白、深绿、黑皮及花皮（又分为宽条、窄条两种）。果形有圆形（果形指数近为 1）、高圆形（果形指数 1.0～1.1）、短圆果形（果形指数 1.2～1.3）和长圆筒形（果形指数在 1.5 以上）等。瓜瓤色泽主要可分红、桃红、粉红、深黄、淡黄、橙黄、白等多种颜色。果形大致可分为小果型、中果型、大果型和特大果型 4 类。西瓜种子扁平，无胚乳，种皮较厚而硬。每瓜种子数 50～1 000 粒，因品种差异较大。种子千粒重：小粒种子为 20～25g，大粒种子为 100～150g，一般为 40～60g。

（二）对环境条件的要求

1. 温度　西瓜喜高温、干燥，较不耐寒。西瓜种子在 16～17℃ 开始发芽，最适温度为 25～30℃。温度 13℃ 时植株生育停滞，到 10℃ 时则完全停止生长。因此认为 10℃ 是西瓜生长最低温度限，而 15℃ 是西瓜苗期生长的最低适温，23℃ 是西瓜果实种子发育最低适温。西瓜生育最低温度为 (19±4)℃，平均气温 19℃ 是西瓜栽培的最低温度限，而最适温度为 (25±7)℃。西瓜在 30℃ 时同化作用最强，40℃ 时仍能维持较强同化作用。开花期以 25℃ 左右最为合适，果实膨大和成熟以 30℃ 最为理想，在 18℃ 以下结的果实易变为扁圆形或畸形。从雌花开放到果实成熟的有效积温为 800～1 000℃。西瓜在昼夜温差大（一般昼夜温差为 8～14℃）的气候条件下，同化产物多而呼吸消耗小，故含糖量高，品质优良。

2. 水分　西瓜是耐旱的作物，它的地上部具有一系列的耐旱生态特征，并有强大的根系，吸收能力强。西瓜要求空气干燥，空气相对湿度以 50%～60% 最为适宜。但西瓜又是需水较多的作物，

中国蔬菜栽培学

□□□□[第二版]...

Olericulture in China □□□□

据测定，形成 1g 干物质蒸发水量达 700g。一株西瓜在整个生育期间约需消耗水分 2 000L。西瓜极不耐涝，一旦水淹土壤，就会全株窒息死亡。所以，在多雨地区和季节，栽培西瓜必须注意排涝。

3. 光照 西瓜需要充足光照时间和光照强度，在 10～12h 以上的长日照下才能生育良好。幼苗期光饱和点为 8 万 lx 以上，结果期则要求 10 万 lx 以上。西瓜光补偿点为 4 000 lx。在晴天多的强光照下，蔓粗叶肥，组织紧密结实。在短日照（8h）和较大温差（25～27℃/15～18℃）的条件下，雌花数增加，雌花出现的节位低；在长日照（16h）和高温（32℃）的条件下则抑制雌花发生，雌花出现的节位高。强光照、强紫外线有利于西瓜分化雌花。

4. 土壤与营养 西瓜根系具有明显的好气性，结构疏松和不易积水的土壤才能保持充足的氧气，一般沙质土壤具有上述特征，是栽培西瓜的理想土壤。西瓜对土壤酸度的适应性较广，在 pH 为 5～7 范围内生育正常。西瓜耐盐性也比较强，土壤盐浓度低于 0.2% 时生育良好。

西瓜对氮、磷、钾肥的吸收基本与植株干重的增长相一致。发芽期吸肥量较少，幼苗期较多，抽蔓期的吸肥量迅速增长，坐果期吸收量最大。以钾最多，氮次之，磷最少，氮、磷、钾的吸收比例为 3∶1∶4（表 16-14）。在抽蔓期前，叶片是氮、磷、钾分配的中心；在生长中后期，果实，特别是在果实膨大期是营养分配中心。西瓜对钙、镁的吸收亦较多，如在果实膨大期缺钙可增加枯萎病的发生，引起脐腐病、果实发生硬块等生理病害；缺镁则易引起叶枯病。

表 16-14 西瓜植株在不同时期对三要素吸收

（周光华，1965）

时期	各期吸肥量占全期最大值的百分率（%）				每日吸肥量（g/株）				比 例
	N	P₂O₅	K₂O	小计	N	P₂O₅	K₂O	小计	N∶P₂O₅∶K₂O
发芽期	0.014	0.008	0.004	0.01	0.000 2	0.000 03	0.000 08	0.000 3	3.56∶1∶1.56
幼苗期	0.701	0.604	0.391	0.54	0.003 0	0.000 8	0.002 2	0.006 0	3.80∶1∶2.76
抽蔓期	21.815	19.944	7.849	14.67	0.117 4	0.032 7	0.055 8	0.206 0	3.59∶1∶1.74
坐果期	3.168	2.641	11.370	7.28	0.078 2	0.199 4	0.372 1	0.470 2	3.63∶1∶3.66
膨瓜期	74.312	70.957	80.386	77.50	0.438 2	0.127 6	0.626 4	1.192 2	3.48∶1∶4.60
成熟期	11.421	5.846	11.247	9.39	0.141 5	0.022 1	0.184 0	0.303 4	1.77∶1∶3.85

注：品种为手巾条。植株中含有 N、K₂O 的最大值在"定个"之际，而 P₂O₅ 的最大值在瓜成熟时。

（三）生长发育周期 西瓜生育周期划分为发芽期、幼苗期、抽蔓期和结果期 4 个时期。

1. 发芽期 自种子萌动（露嘴）到子叶展平，真叶显露（露心）为止。由催芽到露嘴，在 30～32℃ 条件下一昼夜即可完成。经过浸种催芽的种子，在 15～20℃ 条件下，这一时期约需 9d。温度越高，发芽期越短。发芽期干物重增长量占总量的 0.001 2%，吸收氮、磷、钾的量也很少，占总吸收量的 0.01%。光合产物输入的主要器官为胚轴。

2. 幼苗期 自"露心"到 5～6 片真叶，全株呈盘状"团棵"为止。在温度为 15～20℃ 时，需 25～30d。幼苗期干物重增长量占总量的 0.51%，但增长速度很快，共增 33.22 倍。蒸腾强度以本期为最高，氮、磷、钾的吸收量占全期总量的 0.54%。光合产物输入的主要器官为叶片，根也占相当比例。在此期内，叶原基、侧蔓、花芽等器官开始分化。

3. 抽蔓期 自幼苗"团棵"开始，经抽蔓（甩龙头）到主蔓留果节位雌花（一般第 2 雌花）开放为止。在生长中，当气温在 20～25℃ 时需 18～20d（雌花着生节位早的早熟品种时期短，反之则长）。本期增长量加大，占总量的 18.0%；增长速度也很快，为 34.54 倍；吸收氮、磷、钾的量占全期总量的 14.6%。光合产物输入的主要器官为茎叶。

4. 结果期 从留瓜节雌花开放，到果实成熟为止。当气温在 25～30℃ 时，需 30～40d（果实成

熟早的早熟品种时期短，反之则长）。本期增长量最大为81.49%，但增长速度不大，仅为4.43倍。光合产物输入由茎叶转向果实，生长中心亦由营养生长转向果实。吸收氮、磷、钾的量占总量的84.78%，植株由含氮最多转向含钾最多。本期又分为坐果期、膨果期和变瓤期3个时期：坐果期从留瓜节雌花开放，经"退乳毛"到果实开始旺盛生长（膨瓜）为止。是果实能否坐住的关键时期。茎叶的光合和呼吸强度达最大值。膨果期自果实旺盛生长到果实大小基本固定（定个）为止，一般需20~25d。其干物重增长量与增长速度最大，氮、磷、钾的吸收量也最大，占总量的77.50%。变瓤期果实由定个至成熟为止。本期糖分迅速转化，表现出该品种的固有瓤色，种子发育充实。

二、类型及品种

（一）**类型** 据《中国西瓜甜瓜》（2000）记载，西瓜种分为毛西瓜亚种（ssp. *lanatus*）、普通西瓜亚种〔ssp. *vulgaris*（Schrad.）Fursa〕、黏籽西瓜亚种（ssp. *mucosospermus* Fursa）。其中普通西瓜亚种又分为普通西瓜变种（var. *vulgaris*）、科尔多凡西瓜变种〔var. *cordophanus*（Ter-Avan）Fursa〕和籽瓜变种（var. *megalaspermus* Lin et Caho.）。普通西瓜变种即普遍栽培的果用西瓜。科尔多凡西瓜变种是苏丹、古埃及、肯尼亚等地常见的半栽培植物。果用西瓜的分类方法很多，以果实大小分小型（2.5kg以下）、中型（2.5~5.0kg）、大型（5.5~10.0kg）、特大型（10kg以上）4类；以果形分为圆形、椭圆形和枕形；以瓤色分为红、黄、白等。从栽培的角度看，西瓜可分为以下5个生态型：

1. 华北生态型 主要分布在华北温暖半干旱栽培区（山东、山西、河南、河北、陕西及苏北、皖北地区），是中国特有生态型。果实以大中型为主。中熟或晚熟，瓤肉软或沙质，种子较大。代表品种有：花里虎、三白、喇嘛瓜、大花领、黑蹦筋、早花、兴城红、郑州2号、郑州3号等。

2. 东亚生态型 主要分布在中国东南沿海和日本。适宜湿热气候，生长势较弱，果型小，早熟或中熟，种子中等或小。代表品种有：马铃瓜、滨瓜、蜜宝、旭大和、新大和等。

3. 新疆生态型 主要分布在新疆等西北干旱栽培区。果实以大果为主，晚熟种。生长势强，坐瓜节位高，种子大，极不耐湿。代表品种有：精河白皮西瓜、吐鲁番白皮瓜、精河黑皮冬西瓜等。

4. 俄罗斯生态型 主要分布在俄罗斯伏尔加及中下游和乌克兰草原地带。适应干旱少雨气候，生长旺盛，多为中晚熟品种，肉质脆，种子小。代表品种有：小红子、美丽、苏联1号、苏联2号等。

5. 美国生态型 主要分布在美国南部。适应干旱沙漠草原气候，生长势较强，为大果型晚熟种，含糖量高。代表品种有：灰查理斯顿、久比利、克隆代光等。

（二）**品种**

1. 郑杂5号 又名新早花，由中国农业科学院郑州果树研究所于1982年选配的杂种一代组合。早熟种，全生育期85d左右，果实发育期28~30d。主蔓上第6~7节开始发生第1雌花。果实长椭圆形，皮浅绿色，有深绿色宽条花纹，果皮较薄，耐贮运性稍差。大红瓤，果肉脆沙，中心含糖量11%，品质好。单瓜重4~5kg，种子中等大小，千粒重约60g，种皮浅黄褐色，带有黑边。

2. 京欣1号 北京市农林科学院蔬菜研究中心于1988年育成。早中熟，果实发育期30d，全生育期100d左右。生长势中等，叶形小。每5片叶有1个雌花。果实为圆形，果实上有明显的深绿色条纹16~17条，上有一层蜡粉。果肉为粉红色，纤维少，肉脆，含糖量高，为11.5%~12%。皮厚度为1.0cm，皮较脆，耐贮运性差。平均单果重5kg左右。

3. 早佳（84-24、新优3号） 新疆维吾尔自治区农业科学院园艺研究所和新疆葡萄瓜果开发研究中心于1990年共同选育而成。早熟，生长势中等。果实圆球形，果皮绿底覆墨绿条带，整齐美观。红瓤，质地松脆，较细，多汁，不易倒瓤。风味爽，中心含糖量11.1%，高的达12.8%。平均单瓜

重 3kg 左右。

4. 郑抗 3 号　中国农业科学院郑州果树研究所于 2001 年育成。早熟，全生育期 90d 左右，果实发育期 28～30d。植株生长势较旺，分枝性中等，易坐果。高抗枯萎病，可重茬种植。第 1 雌花着生在主蔓第 5～7 节。果实椭圆形，绿色果皮上覆有 13～16 条深绿色的不规则条带。皮硬，耐贮运。瓤色大红，纤维少，汁多味甜，中心含糖量 10.5%。一般单瓜重 4kg。种子深褐色，中等大，千粒重 25.2g。

5. 西农 8 号　西北农林大学于 1993 年育成。中晚熟，果实发育期 33d。植株生长势强健，抗枯萎病，耐重茬。果实椭圆形，果肉红，肉质细，中心含糖量 12%。坐果性好，整齐一致，平均单瓜重 7kg。产量高。耐贮运。

6. 新红宝　台湾省育成的一代杂种。早熟，果实发育期 35d 左右，全生育期 100d。植株生长势强，抗枯萎病较强。第一雌花着生在主蔓第 7～9 节，以后每隔 4～5 节再现雌花。果实椭圆形，瓜皮浅绿色散布着青色网纹，果皮厚 1～1.1cm，坚韧，不破裂。瓜瓤鲜红色，肉质松爽，质地中等粗，中心含糖量 11%。种子灰褐色，千粒重 35～38g。单果重 5～6kg。

7. 京秀　北京市农林科学院蔬菜研究中心于 2002 年育成。早熟，果实发育期 26～28d，全生育期 85～90d。植株生长势强，果实椭圆形，绿底色锯齿形显窄条带，果实周整美观。平均单瓜重 1.5～2kg。果实剖面均一，无空心，无白筋；瓜瓤红色，肉质脆嫩，口感好，风味佳，少籽。中心含糖量 13% 左右，中边糖度梯度小。

8. 特小凤　台湾农友种苗公司育成。极早熟种。单瓜重 1.5～2kg。果皮极薄，瓤色晶莹，种子特小，是其最大优点。在高温多雨季节结果稍易裂果，应注意排水及避免果实在雨季发育。

9. 苏蜜 1 号　江苏省农业科学院蔬菜研究所育成。早熟种。植株生长势中等。果实椭圆形，果皮底色墨绿覆有隐花网纹。皮韧不易裂果。瓤红色，肉质细腻多汁。一般单瓜重 2.5～3kg。

10. 黑蜜 2 号　中国农业科学院郑州果树研究所育成。中晚熟，果实发育期 36～40d，全生育期 100～110d。植株生长势旺，抗病性强，叶片肥大，茎蔓粗壮。果实皮色墨绿覆盖隐宽条带。瓜瓤红色，质脆，汁多，中心折光糖含量 11% 以上。皮厚 1.2cm，坚硬耐运。平均单瓜重 8kg。

11. 雪峰无籽 304　湖南省瓜类研究所于 2001 年育成。中熟，全生育期 95d，果实发育期 35d。植株生长势较强，耐湿抗病，易坐果。果实圆球形，黑皮覆有暗条纹，皮厚 1.2cm。红瓤，瓤质清爽，无籽性能好，中心含糖量 12%，平均单瓜重 7kg。

12. 农友新 1 号　由台湾农友种苗公司育成的无籽西瓜品种。中晚熟，生育较盛，结果力较强。果形较大，耐枯萎病和蔓枯病，栽培容易，产量较高。果实圆球形，暗绿皮上覆有青黑色条带，红瓤，肉质细，中心含糖量 11%，皮韧耐贮运。平均单瓜重 6～10kg。

另外，还有手巾条、三白、黑蹦筋、红小玉、早花、郑杂 9 号、丰收 2 号等品种。

三、栽培季节和方式

随着保护地栽培的发展，西瓜栽培方式也日趋多样，一般可分为露地栽培和保护地栽培两大类。主要栽培方式目前仍以春播夏收的露地栽培为主，但基本上都采用了地膜单层覆盖或双层棚膜覆盖。保护地栽培以小拱棚以及竹木结构的中棚栽培为主，也可采用钢架结构大棚或温室栽培。嫁接栽培技术已成为中国西瓜主要产区与保护地栽培的必要手段，嫁接栽培面积大约占总栽培面积的 1/3 以上。为满足西瓜的周年供应，海南、广东、广西等地的秋冬季栽培的面积发展稳定，华东与华北部分地区秋延后栽培也有一定的面积。

露地栽培在特定条件下（如历史、地理、气候等）形成了中国独特的多种栽培技术制度。例如西北干旱区的"沟式栽培"（又称旱塘栽培）、"沙田栽培"，东北、华北的"平畦栽培"，以及华东、中南地区的"高畦栽培"等。

西瓜忌连作重茬，应严格轮作。轮作年限根据土壤类型、品种和枯萎病发生程度而定。一般水旱轮作需间隔 3～4 年，旱地轮作需 7～8 年。

四、栽培技术

（一）露地栽培

1. 土地选择与轮作　西瓜地应选择向阳背风、有排灌条件的沙壤土或沙土为宜。西瓜实行大田轮作，这样有利于防治或减轻枯萎病的为害。轮作的作物，北方以小麦为主，其他还有高粱、玉米、萝卜、甘薯、绿肥等。同时由于西瓜生长期短、苗期长、行距大，所以适宜与其他作物进行间套作，如越冬作物冬小麦、根茬菠菜、葱、早春豌豆等。

2. 育苗与嫁接　西瓜栽培可以直播（催芽后直播露地，然后地膜覆盖），现逐渐转向育苗移栽。春季露地直播栽培，适宜的播期为日平均气温稳定在 15℃ 以上，5cm 地温稳定在 15℃ 以上。播种方法以穴播为主，穴深 3～4cm，灌水 0.5～1.0kg，播种 3～4 粒，盖土 1～2cm。有些地区采用在播种穴上堆高 6～12cm 土堆。

西瓜育苗方式和其他瓜类相仿。育苗前先催芽，方法是用 50℃ 温水浸泡 12～24h，后在 20～30℃ 温度下催芽 2～3d，或在 30～35℃ 温度下，则一昼夜即可出芽。苗床温度昼 25～30℃，夜 17～18℃。大苗苗龄 20～30d，以 2～3 片真叶定植为宜。育小苗时，当子叶平展时即可定植。

嫁接栽培有明显的抗病（主要是枯萎病）和增产效果。选择抗病性强、亲和力高、对西瓜品质无影响的砧木，目前利用最多的为葫芦、瓠瓜与南瓜等。嫁接一般在苗床内进行，用插接、靠接和劈接等方法，可参见第六章。

为确保在早春低温下有较高的成活率，需要保持较高的土温与湿度，以有利于嫁接伤口愈合。嫁接苗伤口愈合的适宜温度是 22～25℃。通常刚嫁接的苗白天应保持 25～26℃，夜间 22～24℃，2～3d 内可不进行通风。嫁接后 3d 内，晴天可全日遮光，以后逐渐缩短遮光时间，直至完全不遮光。为避免瓜苗徒长，6～7d 后应增加通风时间和次数，适当降低温度，白天保持 22～24℃，夜间 18～20℃。只要床土不过干，接穗无萎蔫现象，不要浇水。1 周后，轻度萎蔫亦可不遮光或仅在中午强光时遮 1～2h，使瓜苗逐渐接受自然光照，晴天白天可全部揭开覆盖物，接受自然气温，夜间仍覆盖保温，以达到炼苗的目的。

嫁接后 15～20d，具有 2～3 片真叶时为定植适期。嫁接后的西瓜苗如从刀口下发出新根，则失去换根的防病作用，为此定植时不宜定植过深，嫁接的刀口应高出地面 1.5～2.5cm。定植后应随时摘去砧木发出的新芽。表 16-15 为中国西瓜主产区的播种期与收获期，可供参考。

表 16-15　中国各地西瓜主产区的播种期与收获期

（摘自：《西瓜甜瓜栽培》，1985）

产　地	栽培方式	播种期	定植期	开始成熟采收期
黑龙江佳木斯	大棚栽培	3 月中旬	4 月中旬	6 月下旬
山东德州	露地直播	4 月中下旬	—	7 月下旬
河南郑州	小棚半覆盖	3 月中旬前后	—	6 月中旬前后
河北保定	风障苇毛覆盖	3 月上旬	3 月中下旬	6 月上中旬
甘肃兰州	沙田直播	4 月中下旬	—	7 月底前后
青海民和	沙田直播	4 月下旬	—	8 月上旬
浙江平湖	育苗栽培	4 月上旬	4 月中下旬	6 月中旬

（续）

产　地	栽培方式	播种期	定植期	开始成熟采收期
江西抚州	露地直播	4月上中旬	—	7月中旬前后
江苏南京	露地直播	4月中旬	—	7月中下旬
广东番禺	露地直播	3月中下旬	—	6月上旬
重庆	露地直播	4月上中旬	—	7月上旬
台湾高雄	露地直播	11月底前后	—	7月上旬

3. 整地与施基肥　北方平畦栽培区一般进行秋耕，深约20cm，耕后晒垡。早春解冻后再进行1次翻耙，将土地平整好，然后按1.5～2m的行距开瓜沟（宽50～70cm、深25～40cm，随地势高低和土质情况而定）。为了排灌方便，瓜地还要设置排灌水沟。南方湿润宜作高畦，华东、华中以平顶高畦为主，华南以龟背高畦为主。种单行，畦宽为2.3～3.0m；种双行，畦宽为3.7～4.3m。

基肥以粪肥及土杂肥等农家有机肥料为主，一般沟施或穴施。每公顷施发酵腐熟好的肥料22 500～37 500kg，也可混合施入过磷酸钙300～375kg和硫酸钾37.5kg。如若施用草木灰，应与硫酸铵、过磷酸钙等肥料分开使用，每公顷用量600～750kg。

4. 栽植　直播栽培的西瓜，大型品种为每公顷4 500～6 000株，中小型品种每公顷7 500～9 000株。育苗定植应选择晴天进行。定植时宜带土栽培，否则不易成活。先开沟（或穴）、浇水，后栽苗、培土、封沟。

5. 中耕与除草　从出苗到蔓长30～35cm，一般中耕2～3次，深度要达10～15cm，但应注意避免根伤。在第3次中耕时要随之进行间苗、定苗。北方单株为多，南方也有留单株的。

苗期可以结合中耕及时除草，但后期瓜蔓和根群布满全畦，不便中耕和除草，而以拔草为宜。

6. 追肥　西瓜追肥应掌握轻施提苗肥，巧施伸蔓肥，重施结果肥的原则。苗期在距幼苗根部10cm处开环形浅沟，施尿素37.5kg/hm²或农家有机液肥2～3次，每次3750～4 500kg/hm²。当瓜蔓长35cm时，施饼肥1 500kg/hm²，复合肥150～225kg/hm²，在距瓜根部30cm处开沟施入。果实膨大时施磷酸二氢钾225kg/hm²，尿素150～225kg/hm²，或复合肥375～525kg/hm²。南方地区追肥施用农家液态有机肥为主，于坐果前后施用。当蔓长35～60cm时，沟施农家液态有机肥15 000kg/hm²或粪肥7 500 kg/hm²。结瓜后一般施猪粪15 000～18 750kg/hm²。

7. 灌溉与排水　定植后3～4d浇1次缓苗水，以促进幼苗生长。进入伸蔓期后，结合追肥适量浇水。雌花开放到幼果坐住时要控制浇水。进入果实生长盛期，需水量增大，始终保持畦面湿润。果实成熟前7～10d应少浇水，采收前3～5d停止浇水。南方在梅雨季节后，如遇天旱可灌溉，但应注意不宜大灌，在采瓜前3～4d不宜灌水。同时应注意及时排去多余的积水或过量的雨水。一般畦面积水不能超过12h。

8. 整枝与压蔓　整枝压蔓是西瓜田间管理的一项重要措施。目前普遍采用的有单蔓、双蔓和三蔓式整枝。双蔓整枝除留主蔓外，在主蔓的第3～5个叶腋内选留一个侧蔓，两蔓相距30cm左右，平行引伸生长。以后在主蔓和侧蔓上长出的侧蔓应及时去掉。三蔓整枝一般为大型品种采用，叶面积大可以获得大瓜。但蔓多单株占地面积就大，单位面积的株数就少。有的种特大型瓜，留4～6蔓，每公顷只有3 000株左右。

压蔓能固定瓜蔓防止风害，并能促进发生不定根。有的地区在压蔓前，先进行倒秧和盘条。当幼苗在团棵期后，蔓长达16～33cm时进行倒秧，即将西瓜根茎基部向一个方向（一般为向南）用土压倒。盘条就是将蔓向反方向压倒，盘半圈后向前引伸压蔓。一般从盘条后每隔5～6节压1次，共压3次。在结果处前后两个叶节不能压，以免影响瓜的发育。侧蔓不留瓜时也参照主蔓节数进行压蔓。

压蔓方法分为明压、暗压两种。北方暗压多，将蔓压入土中。中部湿润地区用明压多（也有不压蔓铺草），明压是不把蔓压入土中，用土块压在蔓上就行。

华南和华中部分湿润地区由于土壤黏重不宜压蔓，一般在畦面铺草。铺草可以固定株蔓，防止杂草生长，保持土壤湿度和松软。整枝也不严格，只疏掉过多过密的侧蔓，留蔓多达 5～6 条。

近 10 年来由于品种的更新与栽培方式的改变，压蔓的方式也变得简化，采用小的土块、竹签或树枝固定瓜秧即可，以防止风吹断瓜秧及瓜秧相互缠绕。对于一些早熟品种，可只在坐瓜前整枝，坐瓜后可不进行整枝，以简化西瓜的栽培程序。

9. 留瓜与翻、垫瓜　北方栽培，不论几蔓整枝均 1 株 1 果。一般选留主蔓上第 2 或第 3 个雌花留瓜（太近、太远均不易结大瓜），同时可在侧蔓上选留第 1～2 个雌花备用。当幼瓜长到鸡蛋大些时，即可选瓜定果，除去果形不正、病果和发育不良等劣果。有些地区在膨瓜期，将瓜轻轻转动，进行翻瓜，进行 2～3 次，每次角度不要过大，使瓜全面受光，消除阴阳面，增进甜度。

南方瓜区大都不整枝，单株多蔓多瓜，留瓜、定果不如北方严格。但在坐果较密的茎蔓上进行疏瓜，可达到连续收瓜的目的。有些地区于果实生长后期在果实下面垫上一个草圈或麦草、蔗叶等，以免果实发生腐烂。

10. 人工授粉　西瓜是典型的虫媒异花授粉作物。在阴雨低温天气，昆虫活动较少，应及时进行人工辅助授粉，能提高坐果率。授粉时间在雌花开放后 2h 以内进行，一般在上午 7～10 时较好。授粉方法可采用对花法或毛笔蘸粉法两种。

（二）无籽西瓜栽培技术要点

1. 品种选择　应选择发芽率高、结实好、皮薄、不空心、糖分高的适于当地生产条件与消费习惯的抗病丰产品种。中国目前栽培的主要三倍体无籽西瓜品种有：黑蜜 2 号、农友新 1 号、雪峰304、洞庭 1 号、暑宝、翠宝 5 号等。

2. 种子处理与催芽　无籽西瓜种子由于种皮厚而硬，胚不充实，必须破壳才能顺利发芽。方法是用温水浸泡 2h（浸种时间不宜过长），擦干，用嘴或钳子把种子尖端磕开，注意不可用力过大，以免损伤子叶和胚芽。然后在 33～35℃ 恒温下催芽一昼夜。当种子"露嘴"后即可进行播种。

3. 育苗　由于无籽西瓜种子具有价格高、发芽率低、成苗率低和苗期生长弱等特点，利用育苗栽培较好。播种后，应保持较高的土温，以利于种子出苗。出苗后要及时摘去夹住子叶的种壳。在苗期应促进幼苗生长，提早发苗。

4. 辅助授粉　无籽西瓜的花粉不能萌发，必须同时栽种普通二倍体西瓜作授粉用，其数量可按无籽西瓜：二倍体西瓜＝4：1 或 5：1 配置。在坐瓜期注意控制秧苗营养生长，防止徒长跑秧。

（三）保护地栽培技术　西瓜保护地栽培有多种方式，包括简易覆盖栽培、双膜覆盖栽培、塑料大棚栽培、温室栽培等。

1. 简易覆盖栽培　是指采用风障、苇毛、朝阳沟、加温罩、塑料小棚等设施进行栽培的方法，具有结构简单、经济实用的特点，在发展西瓜早熟栽培中起到一定作用。

2. 双膜覆盖栽培　是指在小拱棚内畦面覆盖地膜，或者在塑料小棚内再搭建一个简易小棚，约在 25d 后拆除。在有条件的地区，在双膜覆盖的基础上，再在小棚外加盖草苫，以进一步提高保温防寒效果。据测定，三层覆盖的棚内 5cm 地温比双膜覆盖的高 0.9℃，日均温度高 2.9℃。

3. 塑料大棚栽培　在塑料大棚内结合采用多重覆盖、嫁接育苗栽培、支架引蔓、密植等技术，实现了早熟、高产优质的目标，可比双膜覆盖栽培提早成熟 10d 左右，含糖量增加 1％。采用的品种应选择早熟和中早熟品种。

4. 日光温室栽培技术　参见第二十六章第四节。

五、病虫害防治

西瓜病虫害比较多，主要病害有幼苗猝倒病、立枯病、枯萎病、炭疽病、蔓枯病、病毒病、白粉病、细菌性果腐病、疫病、叶枯病、根线虫病等；害虫有小地老虎、蝼蛄、种蝇、瓜蚜、黄守瓜、红蜘蛛、茶黄螨、粉虱、斑潜蝇等。防治方法见本章相关内容。

六、采　　收

西瓜自播种到收获大约为80～120d，果实自雌花开花到果实成熟为25～50d。春播露地栽培的收获盛期，因地区而异，华南是6月，华中、华北在7月，北部高寒地区则在8月。

西瓜成熟的鉴定是比较复杂的，瓜农积累了很多宝贵经验。总结起来有如下几方面：一是计算坐果日数和积温数。早熟品种28d，需有效积温700℃；中熟品种33～35d，晚熟品种达40～45d，需有效积温1 000℃。二是观察形态特征。如果实附近几节的卷须枯萎，果柄茸毛脱落，蒂部向里凹，果面条纹清晰可见，果粉退去，果皮光亮等都是成熟的特征。三是听音。用手指弹瓜发出浊音，表示成熟。上述几种鉴定方法在实际应用中以综合判断更为可靠。

（许　勇）

第八节　甜　　瓜

甜瓜为葫芦科（Cucurbitaceae）甜瓜属中幼果无刺的栽培种，一年生蔓性草本植物。学名：*Cucumis melo* L.；别名：香瓜、果瓜。甜瓜的起源中心是在热带非洲的几内亚，经古埃及传入中东、中亚（包括中国新疆）和印度。中国、日本、朝鲜是东亚薄皮甜瓜的次生起源中心；土耳其是西亚厚皮甜瓜的次生起源中心；伊朗、阿富汗、土库曼斯坦、乌兹别克斯坦和中国新疆的广大地域是中亚厚皮甜瓜的次生起源中心。

甜瓜是中国自古栽培的主要瓜果。《诗经·豳风·七月》（约公元前6世纪中期成书）称"八月种瓜"，就是指甜瓜。距今3 000多年前的浙江省吴兴钱山漾新石器时代遗址中已出土有甜瓜的种子。早在晋代已培育出众多的甜瓜品种。大约成书于公元前1世纪的《尹都尉书》中就有种瓜篇。西汉氾胜之撰《氾胜之书》（公元前1世纪后期）记有当时关中干旱地区的种瓜法。到南北朝时，黄河中下游栽培甜瓜的方法已相当精细。

据明·李时珍《本草纲目》（1578）记载："甜瓜之味甜于诸瓜，故独得甘甜之称。"甜瓜主要用以生食，新疆哈密瓜还可晒干制成瓜干。其果实除含糖量较高外，还含有蛋白质、脂肪、碳水化合物、钙、磷、铁、胡萝卜素（维生素 A 原）、硫胺素（维生素 B_1）、核黄素（维生素 B_2）、尼克酸（维生素PP）和抗坏血酸（维生素C）。其维生素C的含量远比西瓜、葡萄、苹果高。甜瓜除食用外，还可入药。《本草纲目》记载，甜瓜瓤"止渴、除烦热、利小便、通三焦壅塞气、治口鼻疮、暑月食之永不中暑。"

中国瓜农在长期生产实践中，积累了丰富的栽培经验，选育了许多优良品种，并逐步形成了一些著名甜瓜产区。如新疆的哈密瓜、山东的银瓜、江南的梨瓜等都是当地的特产品种。甘肃的沙（砾）田栽培、山东益都的客土法栽培也都在甜瓜栽培技术上有其独到之处。近年伴随厚皮甜瓜的东移栽培，又相继形成了以河北廊坊、山东寿光、上海南汇为代表的保护地甜瓜新产区，引进、培育了一批不同类型的甜瓜新品种。不同季节、不同设施条件的栽培技术亦日臻完善。

一、生物学特性

（一）植物学特征

1. 根　甜瓜根系发达，主要根群集中分布在地下 15～25cm 范围内，主根入土深度可达 1.0m 以上，横展半径可达 2～3m。因其根系所占的土壤体积范围较大，故具较强的耐旱和耐瘠能力。厚皮甜瓜的根系较薄皮甜瓜的根系强健，分布范围更深、更广，耐旱、耐瘠能力较强。薄皮甜瓜的根系耐低温、耐湿性优于厚皮甜瓜。此外，甜瓜的根系还具有好氧性强、发育早、再生能力差、具一定的耐盐碱能力等特点。

2. 茎　茎蔓性，中空，有条纹或棱角，具刺毛。茎粗 0.4～1.4cm，节间长 5～13cm，茎粗和节间长短因品种不同而异。茎的分枝性强，每个叶腋均可发生新的分枝，主蔓可发生子蔓，子蔓可发生孙蔓，只要条件适宜，可无限分枝，形成一个庞大的株丛。主蔓第 1 节发生的侧蔓长势较弱，故双蔓整枝时，一般不选留该条侧蔓。在一个生长周期中，瓜蔓可长到 2.5～3m。

3. 叶　叶为单叶，互生，无托叶。叶形多呈钝五角形、心脏形或近圆形，叶缘锯齿状、波状或全缘。叶片绿色，颜色深浅因品种不同而异。叶片厚 0.4～0.5mm，长、宽一般为 15～20cm，最大可达 30cm 以上，叶面均有刺毛。

4. 花　花腋生，花冠黄色、钟状、五裂，有雄花、雌花、两性花 3 种花型。雄花单生或簇生，雄蕊 5 花药，3 组，花丝较短；花药在雄蕊外侧折叠，开花时花药侧裂散粉。花粉黏滞，虫媒花。雌花花柱短，子房下位。两性花花药位于柱头外侧，与雄花花药形态相同；柱头、子房结构同雌花，子房表皮上密生柔毛，子房内有 3～5 个由心皮细胞形成的侧膜胎座。

在绝大多数厚皮、薄皮甜瓜栽培种中，多数为雄花两性花同株型，越瓜、菜瓜和少数薄皮甜瓜是雌雄异花同株型。

5. 果实　果实为瓠果，侧膜胎座，果实由子房和花托共同发育而成。可食部分为发达的中、内果皮。果实有圆球形、椭圆形、梨形、筒形等。皮色有白皮、黄皮、绿皮、花皮等。肉色有白、绿、橘红，因品种不同，果肉颜色的深浅有别。果实表面有光滑、网纹、有斑点、起棱或条沟、有瘤状突起等。肉质分脆肉、软肉两类，软肉中又有多汁性软肉与面肉两种。果肉可溶性固形物含量因种质不同而异，厚皮甜瓜一般为 12%～16%，最高的可达 20% 以上；薄皮甜瓜多为 8%～12%。果实成熟时通常具芳香味。

6. 种子　种子乳白色或黄色，个别有紫红色。形状有披针形、椭圆形、芝麻粒形等。千粒重薄皮甜瓜为 8～25g，厚皮甜瓜 25～80g，每个果实有种子 400～600 粒。栽培甜瓜种子无休眠期，有在果实内发芽的现象。种子的寿命为 5～6 年，在干燥冷凉条件下可大大延长。

（二）对环境条件的要求

1. 温度　按甜瓜对温度的要求，通常将 15℃ 以上的温度作为其生长发育的有效温度。生长发育所需的有效积温因品种不同而异，早熟品种为 1 800～2 000℃，中熟品种为 2 200～2 500℃，晚熟品种 2 500℃ 以上。

种子发芽的最低温度为 15℃，最适温度为 28～30℃，最高临界温度为 42℃。根系伸长的最低温度为 8℃，最适温度为 34℃，最高 40℃。根毛发生的最低温度为 14℃。茎叶生长的最适温度为白天 25～30℃，夜间 16～18℃。地上部可忍耐 10℃ 以下的低温，但长时间 8℃ 以下、50℃ 以上的温度会使植株受害。开花期的最适温度为 20～30℃，最低温度为 18℃。果实生长以日温 27～30℃，夜温 18℃ 为最适。厚皮甜瓜的适温范围比薄皮甜瓜略高一些。

因甜瓜起源于大陆性气候地区，要求有较大的温度日较差。茎叶生长期适宜的气温日较差为 10～13℃，结果期为 12～15℃。甜瓜的根系由于没有保护组织，因此不能忍受较大的温度日较差。

2. 光照 甜瓜为喜光作物，当晴天多、日照充足时，则植株生长健壮，病害少，品质好。甜瓜正常生长发育要求每天 10～12h 以上的日照，且对光照强度要求高，光补偿点为 4 000lx，光饱和点为 55 000～60 000lx，光合强度为 17.1g（CO_2）/（$dm^2 \cdot h$）。不同生态类型品种，对光照要求不同。厚皮甜瓜对光照时数、光照强度要求严格，要求 480～800h 的光照；薄皮甜瓜光补偿点低，较耐弱光。厚皮甜瓜与薄皮甜瓜的一代杂种对光照的适应性较好，因此栽培较容易。

3. 湿度 厚皮甜瓜耐湿能力差，生长发育适宜的空气相对湿度为 50％～60％。在土壤水分充足时，还可忍受 30％～40％或更低的空气相对湿度。长时间 80％以上的空气相对湿度，不但影响植物体内的养分代谢、光合作用，而且易感染各种病害。不同生育阶段植株对空气湿度的适应性有所不同。幼苗期和伸蔓期对湿度的适应性较强。开花期对空气湿度较敏感，空气湿度过高时，花粉不易散出，且花粉易吸水破裂；湿度太低时，雌蕊柱头容易干枯，黏液少，影响花粉的附着和吸水萌发。果实成熟期内湿度较低时，有利于品质提高。薄皮甜瓜可适宜较高的相对湿度。

甜瓜播种、定植要求高湿，营养生长阶段要求土壤最大持水量为 60％～70％，膨瓜期要求 80％～85％相对湿度，果实成熟期要求 55％的低湿。甜瓜极不耐涝，土壤水分过多时，往往由于根系缺氧而窒息致死或易于感病。

4. 土壤及营养 甜瓜根系好氧性强，故在通透性能良好的冲积沙土和沙壤土上种植最为适宜。沙地上的甜瓜易发苗，生长快，成熟早，品质好，但植株容易早衰，发病早。土壤的 pH 以 6.0～6.8 为宜。能耐轻度盐碱，在 pH8～9 的碱性土壤条件下，仍能生长发育。土壤中一定的含盐量（总盐量在 0.615％以下）可促进植株生长发育，提早成熟，并增加果实中糖分和其他可溶性固形物含量。甜瓜是忌氯植物，对氯离子忍耐力弱，对碳酸根离子、硫酸根离子忍耐力较强；喜有机肥料，充足的有机肥不仅可以提高品质，而且能促进果实着色良好。

（三）生长发育周期 甜瓜是瓜类作物中熟性差异最大、变异最多的植物。早熟品种的生育期仅 65～70d；晚熟品种可长达 150d。但不同生态类型品种间从播种出苗至第 1 雌花开放一般为 48～55d，熟性早晚主要是开花坐果至果实成熟的时间长短差异。甜瓜全生育期分发芽期、幼苗期、伸蔓期、开花结果期 4 个生育阶段。

1. 发芽期 从种子吸水膨胀、出芽、出土至子叶展开、真叶露心，约需 10d。此期主要依靠种子内贮藏的养分生长，绝对生长量小，以子叶的面积扩大、下胚轴的伸长和根量的增加为主。种子吸胀需吸收种子绝对干重的 41％～45％的水分，故浸种时间为 4～8h。在最适温度条件下，24h 即可发芽。从发芽到出苗需活动积温 170～180℃，有效积温 60～70℃。发芽期的生长中心为下胚轴的伸长和地下轴器官的建立。

2. 幼苗期 从子叶展开真叶露心至四叶一心为幼苗时期，约需 30d。此期地上部生长缓慢，5～7d 增加 1 片叶片。根系不断扩展，花芽开始分化，苗体形成。第 1 真叶出现，花芽分化即已开始，到第 5 片真叶出现时，主蔓已分化 20 多节，幼叶 130 多片，侧蔓原基 27 个，花原基 100 多个，与栽培有关的花、叶、蔓均已分化，苗体结构已具雏形。在昼温 25～30℃，夜温 17～20℃，日照 12h 的条件下，花芽分化早，雌花着生节位低，花芽质量高。2～4 片真叶期是花芽分化旺盛期。此期的生长中心由根系逐渐转至苗端。

3. 伸蔓期 第 5 真叶出现至第 1 结瓜部位雌花开花为伸蔓期，需 20～25d。此期内以营养器官的生长占优势，根系迅速向水平和垂直方向扩展，吸收量增加，侧蔓不断发生并迅速伸长，2～3d 展开 1 片叶片，花器逐渐发育成熟。伸蔓期的生长中心在顶端，栽培管理重点是保证营养生长适度而不徒长，及时整枝是调整营养生长和生殖生长的重要措施。

4. 结果期 从雌花开花至果实成熟为结果期，需 25～60d。地下根系从全部建成转为停止生长，地上茎叶由旺盛生长高峰迅速转缓，果实则迅速转入旺盛生长后又随即逐渐减缓。生长中心由植株顶端转向果实。此期又可分为 3 个时期：

（1）坐果期　从雌花开花至果实"退毛"为坐果期，需 7～9d。是植株以营养生长为主向生殖生长为主的过渡时期，果实生长优势逐渐形成，但营养生长势仍较强。果实"退毛"表明果实已经坐稳，此时果约鸡卵大，果面茸毛开始退失，种子已具雏形。此期的果实生长主要是细胞分裂。

（2）膨瓜期　从果实"退毛"至"定个"为膨瓜期，需 10～25d。早熟品种 13～16d，中熟品种 15～23d，晚熟品种 19～26d。此期以果实生长为中心，每天果径的增加可达 5～13mm，增重 50～150g。"定个"时果面特征已较明显，棱沟网纹发生，但皮色未变、肉质还硬、味不甜、无香气。此期内的果实生长主要是细胞的膨大。

（3）成熟期　从果实"定个"至成熟为成熟期，需 10～40d。薄皮甜瓜只需10d 左右，厚皮甜瓜均需 20～40d。此期根、茎、叶的生长趋于停止，果实体积停止增大，重量仍有增加。果实除了继续积累营养物质外，主要变化是果实内部贮藏物质的转化。同时果皮色泽明显，果肉变甜发香，肉质转松脆或软化，种子充实。

一株结多果的品种，从第 1 果成熟至收获结束拉秧为延续收获期，需 10～25d。典型的网纹甜瓜的果实发育过程如图 16 - 9。

从图 16 - 9 中可以看出，雌花受精后 7～8d 的"退毛"期是哈密瓜果实增长的高峰期。

从图 16 - 10 可以看出，在白兰瓜的果实发育过程中，淀粉含量无大变化，总糖量则顺次递增，其中初期主要是葡萄糖的积累，成熟期则甜度较高的蔗糖含量显著增多，葡萄糖却反而大幅度下降，这就是熟瓜所以最甜的原因。

同一果实内的糖分分布状况是内层高于外层，顶端高于中部和基部，阳面高于阴面。

在黄金瓜果实的发育前期，其维生素 C 的含量逐渐减少，但在后期却顺次递增，成熟时的含量为每 100g 鲜重 20～25mg。甜瓜果实发育初期的呼吸强度最高，形成第 1 高峰。中后期则逐渐下降，进入成熟阶段时又升高，形成第 2 个高峰。甜瓜果实内产生乙烯的高峰与呼吸高峰的出现基本一致。

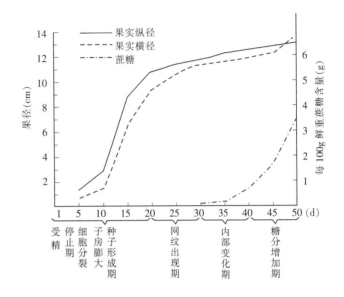

图 16 - 9　网纹甜瓜的果实发育过程
（高木辉治，1964）

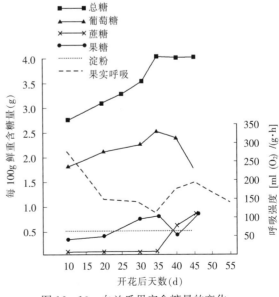

图 16 - 10　白兰瓜果实含糖量的变化
（梁厚果，1961）

中国蔬菜栽培学
□□□□ [第二版]..Olericulture in China □□□□

二、类型及品种

（一）类型　甜瓜的植物学分类始于法国学者南丁（Naudin）（1859），东西方学者竞相提出各自的分类系统，但分歧甚大。目前中国把栽培甜瓜分为 8 个变种：网纹甜瓜（var. *reticulatus* Naud.）、硬皮甜瓜（var. *cantalupensis* Naud.）、冬甜瓜（var. *inodorus* Naud.）、观赏甜瓜（var. *dudain* Naud.）、柠檬瓜（var. *chito* Naud.）、菜瓜（蛇形甜瓜，var. *flexuosus* Naud.）、薄皮甜瓜（var. *makuwa* Makino）和越瓜（var. *conomon* Makino）。其中观赏甜瓜和柠檬甜瓜供观赏用。菜瓜和越瓜作生食或加工腌制用，参见本章第九节。

根据生态特性，中国甜瓜的栽培品种属于薄皮甜瓜与厚皮甜瓜两个生态类型：

（1）薄皮甜瓜　又称普通甜瓜、东方甜瓜、中国甜瓜、香瓜。全国各地都有种植，但以黄淮流域、长江中下游以及松辽平原一带栽培最为广泛。植株较矮小，叶片、花、果实、种子均比较小，果皮、果肉较薄，易裂，均具芳香味，其瓜瓤和汁液极甜，可以连皮带果肉一起食用。

（2）厚皮甜瓜　包括网纹甜瓜、硬皮甜瓜和冬甜瓜。要求有较大的昼夜温差和充足光照，抗病性较弱，在中国露地栽培仅局限于新疆、甘肃地区。生长势旺盛，叶片、花、果实、种子均较大，果皮厚硬，果肉厚，细软或松脆多汁，芳香、醇香或无香味。可溶性固形物含量 11%～15%，高的可达20%。较耐贮运。

（二）品种

1. 薄皮甜瓜　按照果皮颜色分有白色、黄色、绿色、花皮、绵瓜等品种群。

（1）梨瓜　江西省地方品种，在中国栽培区较广。中熟。果实似梨形，果皮乳白色，有细绿纵条，成熟后阳面泛黄，折光糖含量 13%左右，品质优。较耐运输。平均单果重 300g 左右。

（2）广州蜜瓜　广州市果树研究所选育而成。中熟。生长势中等，抗枯萎病，不抗霜霉病。果实短圆形，柄端细，下端粗。果皮白绿色，成熟时阳面泛黄。香味浓郁，果肉淡绿色，质脆汁多，折光糖含量 13%左右。平均单果重 300g。

（3）黄金瓜　浙江省地方品种，浙江、上海一带普遍栽培。早熟种。果实长卵形，果皮金黄色，光滑。果肉白色，质脆汁多，折光糖含量 12%左右。平均单果重 400g。

（4）亚洲 2 号　河北农业大学生物技术中心育成。早熟种。果实卵圆形，果皮乳黄覆金黄色条斑，具 10 条纵沟。果肉白色，脆嫩多汁，折光糖含量 11%～12%。平均单果重 500g 左右。

（5）海冬青　上海、浙江一带地方品种，中熟种。果实长卵形，果顶稍大，果脐突出。果皮灰绿色，有浓绿细纵条。不耐贮运。果肉绿色，脆硬，微香，折光糖含量 13%，品质优。平均单果重 500g。

（6）龙甜 1 号　黑龙江省农业科学院园艺研究所于 1984 年育成。早熟种。果实近圆形，果面光滑有光泽。果皮黄白色，有 10 条纵细沟。不耐贮运。果肉淡黄，质脆汁多，折光糖含量 10%。平均单果重 250g。孙蔓结果。

（7）蒙甜 1 号　内蒙古农牧科学院园艺研究所于 2003 年育成。露地地膜覆盖栽培果实发育期35d。以子蔓结果为主。果实梨形，果皮黄绿底色覆深绿色条带状花纹。果肉粉白，肉质细，酥脆甘甜，可溶性固形物含量 12.2%。平均单果重 500g 左右。

（8）伊丽莎白　20 世纪 80 年代从日本引进的特早熟种。果实圆球形，果皮黄色，光滑。果肉白色，肉质软细，多汁微香，折光糖含量 13%～15%。平均单果重 500～600g。抗湿，不抗白粉病。已在全国各大、中城市郊区及主要菜区栽培。

（9）楼瓜　果实短圆形，先端略粗，绿皮，成熟时转为黄色。肉色橘黄，含糖量仅 5%～6%，含淀粉多，成熟时肉质绵酥。平均单果重 0.8～1.5kg。极早熟种。类似品种还有老头乐、老来黄等。

2. 厚皮甜瓜　按照品种的成熟期和特性有早熟圆球形软肉、早熟脆肉、中熟夏瓜、中晚熟秋瓜、晚熟冬甜瓜、白兰瓜品种群之分。

（1）新疆黄旦子　20 世纪 30 年代引自前苏联，原名女庄员。全生育期 75～85d。果实近圆球形，成熟后皮色金黄，表面光滑。果肉白色或淡绿色，肉质沙软适中，汁液中等，浓香，折光糖含量 14％以上。品质中上。成熟时果柄自然脱落。平均单果重 750g。

（2）麻醉瓜　甘肃省兰州市著名的地方品种。果实发育期 40 多 d。果实圆形，果皮赭绿色，有 10 条绿色纵道，果面密布粗网纹，脐大。肉色浅绿，肉质柔软，汁液丰富，酒香味浓，含糖量 8％～9％。平均单果重 1.5kg。易裂果，不耐贮运。

（3）纳希甘　新疆南疆的古老地方品种。"纳希甘"维语意为像糖一样的甜。生育期 85d 左右，早熟。果实长筒形，平均单果重 1.8～2.0kg。果皮底色灰绿，覆黄绿和深绿色斑块，有 10 条灰绿色中宽纵沟，果柄两端有细而稀的裂纹。果肉橘红色。质地松脆，汁液中等，折光糖含量 15％左右。不耐贮运，抗病性较差。

（4）赛力克可口奇（夏黄皮）　曾是新疆栽培最为广泛的地方品种。生育期 90d 左右。果实卵圆或椭圆形，平均单果重 2.5～3.0kg。成熟后果皮黄色，有少量绿色斑点，网纹中密，布全果。果肉白色，质脆，多汁，爽口，微有清香味。折光糖含量 13％。较耐运输。是鄯善县著名的东湖旱地甜瓜晾瓜干的主要品种。

（5）红心脆　新疆维吾尔自治区甜瓜中的王牌品种。原产于新疆维吾尔自治区鄯善县鲁克沁乡维吾尔族妇女阿衣思汗的果园里，故维名称阿衣思汗可口奇。生育期 100～105d，果实长卵形或长椭圆形。平均单果重 3kg。果皮灰绿色覆深绿色斑点，果面略有棱，网纹粗，稀布全果。果肉浅橘红色，肉质细嫩而脆，蜜甜多汁，折光糖含量 14.2％。较耐运输，是出口长期不衰的品种。但抗病性和适应性较差。

（6）西域 1 号　新疆八一农学院园艺系、植保系和昌吉园艺场合作育成的一代杂种。中熟。果实卵圆形，底色黄绿，有墨绿色小条斑，网纹灰白色，布满果面。果肉绿白色，质细，中心折光糖含量 16％。平均单果重 1.8～2.5kg。抗枯萎病，兼抗病毒病和叶枯病。除新疆维吾尔自治区外，也可在华北地区的温室、塑料大棚内种植。

（7）卡拉克赛　产于新疆维吾尔自治区伽师县及阿图什县达格良乡，又名伽师瓜。新疆各地都有栽培，是种植面积最大、品质最好的冬甜瓜品种。生育期 120～130d。果实长椭圆形，平均单果重 5.6kg。果面黑绿色，亮而光，无网纹。果肉橘红色，肉质细脆，清甜爽口，松紧适中，汁液中等，折光糖含量 13％～14％。独特的优点是果实局部腐烂后，整个瓜不苦。

（8）中蜜 1 号　中国农业科学院蔬菜花卉研究所与新疆农业科学院园艺研究所合作育成的一代杂种。授粉后 40～45d 成熟。果实圆形或高圆形，果皮浅青绿色，有光泽。熟后转为浅白绿色，网纹容易形成，且细密均匀。肉厚 3cm。果肉绿色，质脆，清香，可溶性固形物含量 15％以上。平均单果重 1.0kg 左右。子蔓结果，适宜在保护地内栽培。

（9）状元　台湾农友种苗公司育成。早熟种，果实发育期 40d 左右。橄榄形，金黄色，脐小，白肉，折光糖含量 14％～16％。肉质细，不易裂果。平均单果重 1.5kg。株形小，适于密植，要求肥沃的土壤。已在山东等地开始推广。

（10）天蜜　台湾农友种苗公司育成。中晚熟品种，果实发育期 45～50d。果实高圆形，皮色淡黄，网纹细美。平均单果重 1～1.5kg。折光糖含量 14％～16％。白肉，肉质软细，具芳香味，口感风味优。为台湾省现有甜瓜中的高级品种。

三、栽培季节和方式

目前中国的甜瓜栽培方式有露地栽培、保护地栽培两种。

（一）露地栽培　露地甜瓜最适宜春播夏收。除新疆等西北地区以外，露地栽培以薄皮甜瓜为主。处于亚热带的华南地区，一般于2～3月份播种，5～6月份采收。长江流域以及黄淮海地区，3～4月播种，7月采收。东北、西北等地，5月播种，8～9月收获。新疆维吾尔自治区吐鲁番暖热盆地，3月露地直播，6月份采收。海南南部热带地区，四季均可播种，但冬季是旱季，种植甜瓜比较安全，故该地区多为秋播、冬收或冬播、春收。

（二）保护地栽培

1. 温室栽培　日光温室甜瓜栽培茬口主要有：冬春茬栽培、早春茬栽培和秋冬茬栽培。大型加温温室甜瓜栽培可提早播种、提早收获上市，但由于基建投资大，加温成本高，目前仅限于少数农业示范园区和东北大庆有小面积栽培。

2. 塑料棚栽培　华北地区的甜瓜大棚栽培主要为春提前和秋延后两种栽培方式。春提前栽培一般在2月中下旬播种，3月下旬定植，5月底至6月初开始采收。该季节温度变化与甜瓜生长发育所需温度变化吻合，栽培较易成功。秋延后栽培于7月中旬播种，8月初定植，10月初即可采收。根据情况，也可采取直播方式。但该季节栽培所需环境条件与气候变化相悖，需较高的栽培管理技术。

因塑料小棚的保温性能低于大棚，故小拱棚栽培常利用温床或大棚育苗，播种期略晚于大棚。华北地区一般于3月初播种，西北、东北地区于4月上旬播种，6～7月份采收。生产中常采用前期覆盖保温，进入开花结果期后，撤掉薄膜的促成栽培方式，或者采用全生育期覆盖，生长后期将塑料棚两侧薄膜卷起放侧风的方式，更利于防雨、防病和果实的生长发育。

四、栽培技术

（一）露地栽培

1. 整地与施肥　露地栽培甜瓜应选择背风向阳、地势高燥、又有灌溉条件的沙质土或壤土。熟荒地、河滩地或夜潮地均适于种植甜瓜。土壤中一定的含盐量可促进生育、提早成熟和增加果实的可溶性固形物含量。新疆维吾尔自治区著名哈密瓜产区如鄯善的东湖、尉犁伽师、岳普湖等均选在轻盐碱地或大河下游盐渍化程度较高的地区种植。但在盐碱地上种植哈密瓜时，整地前应先灌水洗盐，然后每公顷再铺沙22 500～37 500kg进行压碱。

甜瓜忌连作，连作将造成枯萎病的猖獗，故应实行3～5年的轮作。甜瓜的前作一般为大田作物。甜瓜常与小麦、棉花、玉米等作物间作套种，与越冬直立性作物套种，在早春可以起到防风、增温、早熟作用。上海市南汇区的早春甜瓜—水稻茬口安排，既合理利用了土地与季节，又有效地进行了轮作倒茬，取得了良好的效果。

旱作栽培一般不作畦。灌溉栽培的应按行距要求作畦。北方地区一般作成2个宽、窄不同的平畦，窄畦供种瓜和浇水用，宽畦用于爬蔓结果。畦间筑埂，干旱缺水时进行畦面漫灌，但也有临时开沟进行沟灌的。南方多雨地区均作成高畦或高垄，在畦（垄）沟内进行排灌。甘肃省河西走廊的旱塘栽培，分旱塘与水塘两个部分。前者系植株生长爬蔓的地方；后者只用于灌水，塘面多是凹形，以利保墒。

有试验表明，生产1 000kg甜瓜果实需氮2.5～3.5kg，五氧化二磷1.3～1.7kg，氧化钾4.4～6.8kg。增施磷肥可以促进根系生长和花芽分化，提高果实含糖量（表16-16）。钾肥可以提高植株的耐病性。甜瓜各个生育期对营养元素的要求不同，应根据植株的生育期和生育状况施肥。

基肥施用量约占全施肥量的2/3。一般每公顷施粗肥如厩肥、堆肥或塘泥37 500～45 000kg，过磷酸钙300～450kg，草木灰3 750～4 500kg。

表 16 - 16　土壤追施或叶面喷磷对白兰瓜糖分含量的影响

（兰州大学植物生物教研组，1984）

处　　理	总含糖量（%）	还原糖含量（%）	非还原糖含量（%）
土壤追施磷肥	69.5	25.2	44.3
对　　照	66.0	27.0	39.0
叶面喷施磷肥	68.6	21.7	46.8
对　　照	62.3	22.5	39.7

2. 播种与育苗

（1）种子消毒　用相当于种子体积 3 倍的 55～60℃的温水进行浸泡，或将干燥种子放在 70℃的干热条件下处理 72h，或用 1 000 倍升汞水溶液浸种 5～10min，或 1 000 倍有机汞制剂浸种 30～60min，或 40%福尔马林 100 倍液浸种 30min，或用 10%的磷酸三钠水溶液浸泡种子 20min，可有效防止病毒传播。消毒后用清水充分洗净后催芽。

（2）浸种催芽　将消毒、清洗后的种子用清水在常温下浸泡 6～8h，使种子充分吸水，再淘洗干净后用清洁湿润的毛巾或纱布包好，置于 28～30℃下催芽，24～36h 后即可发芽。为促进发芽整齐一致，可用 0.1%的硼酸或 0.1%的硫酸锰浸种 8～12h，具有一定效果。

（3）播种　甜瓜经移植伤根后根系的恢复再生能力较弱、缓苗慢，故多用直播方法。露地直播均用穴播法，每穴播籽 5～6 粒或播芽 3 个左右。北方地区春播时常借墒播籽或点水播芽以及采用浅播高盖加小土堆的增温保墒播种法以利出苗。苗床的制作、育苗土的配制、营养钵的装排等播前准备工作，可参考黄瓜有关章节。薄皮甜瓜籽小，每公顷用种量为 1 500～2 250g；厚皮甜瓜每公顷用种量 3 000～3 750g。育苗栽培的用种量每公顷只需 750～1 050g。

（4）苗期管理

①直播苗期管理。有 3 个关键措施：其一是盘瓜，这是北方苗期中耕的特有技术。即从幼苗出土至幼苗团棵时用瓜铲除去幼苗四周杂草，松土，再抹平拍实，一般需 3～4 次；其二是间苗、定苗，一般分 3 次进行，分别在子叶平展、两片真叶期、团棵期进行；三是 4～5 叶期的主蔓摘心。

②春播育苗。播种前将钵土浇透水，把露出胚根的种子平放在钵内，上面覆土 1～1.5cm 即可。从播种到出苗，床内的气温、地温、夜温均要保持在 28～30℃，以促进早出苗，出齐苗。此期，只要苗床内温度不超过 35℃，一般不通风。出苗的同时，将地温降至 23～24℃；气温白天 25～30℃，夜间 15～20℃。定植 1 周前进行低温锻炼，白天要通风炼苗，夜间逐步通风。自播种至出苗一般不浇水，以防降低地温，影响出苗。出苗后视床土湿度浇水，但要分期浇透水。定植前伴随低温锻炼，水分也要适当控制。甜瓜苗期较短，春季育苗苗龄一般为 35d 左右。

（5）定植　甜瓜的根系忌畦内积水，在非盐碱的地块宜采用高畦栽培。在排水不畅的地块，为防止沤根可在畦内开 50cm 的深沟，沟内铺 20cm 稻壳或作物秸秆，压实后再铺畦土。一般畦宽 1.3～1.5m。

甜瓜吸收矿物质营养与干物质的形成及糖分的积累密切相关，因此，增施优质有机肥料是获得优质高产的关键措施之一。北方种植甜瓜一般每公顷用堆肥或厩肥 22 500～30 000kg，加 450～750kg 过磷酸钙作基肥。南方以施用农家有机液肥为主，每公顷 37 500kg 左右。西北地区一般每公顷施厩肥 30 000～60 000kg。

薄皮甜瓜的行、株距一般为 1.0～1.7m×0.5～0.7m，折合每公顷栽 9 000～15 000 株。露地厚皮甜瓜的地爬栽培行、株距为 2～2.3m×0.5～0.7m，折合每公顷栽 6 000～12 000 株。甜瓜栽培覆盖地膜的方式多以条状局部覆盖为主，南方多雨地区则采用高畦面全覆盖方式用以防雨护根。覆膜时间顺序有两种：一是先覆膜后播种、定植；二是先播种、定植后再覆膜。

（6）田间管理　甜瓜对水分反应敏感，过干、过湿均不适宜。幼苗期需水量少，以多盘瓜、少浇水进行适当蹲苗为好。开花坐果期的湿度要适宜，干旱时可适量补水。膨瓜期需水量大，要加强灌水。北方此时又正值旱季，故应根据墒情加强浇水。成熟前停止浇水，以确保果实品质。

整枝摘心是甜瓜田间管理中的关键性技术措施。整枝要根据不同品种的开花结果习性而定。一般品种的雌花不在主蔓上发生，大多着生在子蔓或孙蔓上。因此，栽培上需要通过摘心提高茎叶内的养分浓度，促进叶色转浓，抑制顶端生长优势而促进子、孙蔓的发生和提早结果。从主蔓基部发生的子蔓一般雌花着生较迟，而中上部子蔓的雌花着生较早。孙蔓一般都在第 1 节即可发生雌花，生产上常利用这种孙蔓留果，瓜农称之为"果权"。而发生雌花晚的孙蔓往往生长过旺，瓜农称之为"疯权"或"油条"，应及早摘除。

因不同品种的开花结果习性不同，故整枝方法不同（图 16 - 11）。厚皮甜瓜多采用单蔓或双蔓整枝，薄皮甜瓜多采用双蔓和多蔓整枝。

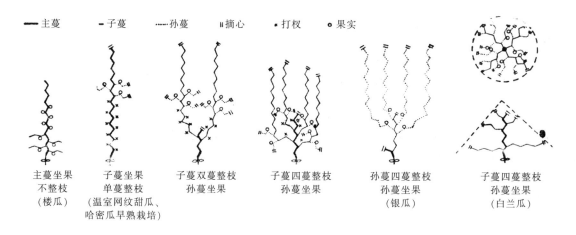

图 16 - 11　甜瓜的整枝方式
（王坚，1982）

单蔓整枝：主要用于侧蔓结果的品种，即主蔓 8～10 节以下的侧蔓尽早打掉，9～15 节发生的侧枝作为结果枝，此后上部的侧枝仍打掉，主蔓留 23～25 片叶摘心。新疆哈密瓜和保护地搭架栽培的网纹甜瓜等采用这种方式。

双蔓整枝：对雌花在主蔓和子蔓上发生晚而在孙蔓上发生早的品种，进行主蔓摘心，留 2 条侧蔓，侧蔓上萌发的侧枝（孙蔓）为结果枝。大多数薄皮甜瓜品种都是利用孙蔓结瓜。其主蔓摘心的方式可以分为 2～3 叶摘心、4～5 叶摘心和 7～8 叶摘心 3 种，其中以 4～5 叶摘心的最为普遍。选留基部 2～3 条健壮子蔓，当子蔓具 4～10 叶时再行子蔓摘心。中晚熟品种常先摘除子蔓基部 5～6 节以下的孙蔓，当子蔓具 20 片叶才行摘心。摘心越早发权越快，瓜农为了早熟常在 2～3 片真叶时，用竹签拨除生长点，以促进子蔓早发，选留 2 条子蔓。

四蔓整枝：果型较大的中晚熟品种多采用主蔓 7～8 叶摘心，选留第三节以上的健壮子蔓 4 条，每根子蔓于 8～12 叶摘心，这是子蔓四蔓整枝法。山东益都银瓜与兰州白兰瓜的四蔓整枝法各具不同特色，银瓜用的是孙蔓四蔓整枝法，白兰瓜用的是倒扣锅状"天棚"式子蔓四蔓整枝法。此外，还有采用大蔓整枝和不整枝的。为了促进坐果，在坐果前应及时去除多余枝蔓和结果枝上留二叶摘心。当幼果坐稳后，整枝摘心可适当放松。像楼瓜等主蔓上雌花着生早而连续发生的品种，可以不行摘心。

二茬果整枝：厚皮甜瓜春季栽培常通过采收二茬果来实现既要早收，又要提高产量、延长收获期的目标。即单蔓整枝时，主蔓上部的侧蔓保留 2～3 条，待第一个瓜定个，进入成熟期后，上部的侧蔓再选留一个果。第一果收获时，二茬果正处于膨瓜期。

厚皮甜瓜栽培的主蔓摘心可在所留结果枝的雌花开花时摘心，结果枝侧蔓留两片叶摘心。摘心打杈要在晴天的上午进行，以防因伤口导致病菌侵入而感染病害。秋季栽培前期植株长势旺，摘心可提前进行，一般展开 17～18 片叶时摘心。

留瓜节位因品种不同而异。一般因植株茎叶未充分生长前的低节位果实，个小、果形扁、肉厚。反之，高节位的果实因下部叶片多，上部叶片少，果实初期纵向膨大快，而后养分不足影响横向膨大，故果实偏长，糖分积累少，果肉薄，网纹甜瓜则网纹稀疏。

大果型品种，每株只留一个果实，当幼果长至鸡卵大小时，即可疏果定瓜。选留幼瓜的标准是：颜色鲜绿、形状匀称、两端稍长、果柄较长、侧枝健壮。薄皮甜瓜都为一株多果，一般不进行疏果。果实"定个"后应小心及时进行翻瓜、垫瓜和果面盖草等工作。翻瓜要逐步翻转，雨水较多的地方，成熟前常在瓜下垫一草圈。不耐日晒的品种要进行盖草防晒工作。

（二）保护地栽培 日光温室厚皮甜瓜的栽培管理，参见第二十六章日光温室甜瓜栽培。

五、病虫害防治

（一）主要病害防治 甜瓜的病害较多，主要有：枯萎病（病原：*Fusarium oxysporum* f. *melonis*）、蔓枯病（病原：*Ascochyta citrullina*）、白粉病（病原：*Sphaerotheca fuliginea*）、霜霉病（病原：*Pseudoperonospora cubensis*）、疫病（病原：*Phytophthora melonis*）、炭疽病（病原：*Colletotrichum orbiculare*）、猝倒病（病原：*Pythium aphanidermatum*）、病毒病［由黄瓜花叶病毒、西瓜花叶病毒（WMV）和甜瓜花叶病毒（MMV）等侵染引起］。生产上对枯萎病与病毒病的防治主要是采用轮作倒茬和避开高温季节栽培等农业措施；除了实行多年轮作和选用抗病品种外，防治枯萎病主要采取控制土壤湿度措施，采用小水漫灌方法，降雨后及时排水。蔓枯病可通过高畦栽培、暗沟灌水降低设施内空气湿度的方法防治。防治病毒病，主要采取堵截毒源，不在瓜地附近种植西葫芦等带毒寄主和清除杂草消灭传毒媒介；及时灭蚜；控制发病条件；适当早播躲开发病高峰期的威胁。白粉病的蔓延很快，药剂防治可参见黄瓜白粉病。硫悬浮剂对白粉病的防治效果良好，但不同品种反应不同，喷洒时要先进行少量试验。

甜瓜植株叶片较其他作物耐性差，故喷洒农药时，一般要避开 35℃ 以上的高温，以免发生药害。苗期用药浓度要低于成株期。有的品种对铜离子敏感，对含铜离子的药剂，要注意先做实验。

（二）主要害虫防治 甜瓜的害虫有守瓜、蚜虫、红叶螨、侧多食跗线螨以及地蛆等，近几年斑潜蝇为害有加重趋势。防治方法参见黄瓜。

六、采 收

薄皮甜瓜的果实发育成熟比较快，一般只需 20～30d；厚皮甜瓜果实发育所需的天数较长，哈密瓜的早熟品种需 25～35d，中熟品种 45～50d，晚熟品种却要 65～70d。白兰瓜也要 45～50d 才能充分成熟。甜瓜果实的成熟标志是：①皮色鲜艳，花纹清晰，果面发亮，充分显示品种固有色泽，网纹品种的网纹硬化突出；②果柄附近茸毛脱落，果顶（近脐部）开始发软；③果蒂处产生离层的品种如白兰瓜、黄蛋子等，瓜蒂开始自然脱落；④开始发出本品种特有的浓香味；⑤因胎座组织开始解离，用指弹瓜面而发出空浊音；⑥果实比重小于 1 而半浮于水面；⑦植株衰老，结果枝上的叶片黄化。

薄皮甜瓜皮薄易烂，故不宜贮放。白兰瓜极耐存放，在阴凉处可贮放 3 个月之久；晚熟哈密瓜（冬瓜）在窖内挂藏，可贮至次年 4～5 月份。甜瓜贮藏的最适温度为 0～1℃，相对湿度为 85%～90%。

甜瓜的自然杂交率虽然不高，但采种田为了防杂保纯，品种间还应采取空间隔离，相距应在500m以上。少量留原种时亦可采用人工套袋或套帽方法。

留种瓜必须充分成熟，一般成熟后可在植株上留存4～5d后再行采摘。若用一般采收瓜留种，至少也要后熟3～4d才可剖开采种。

（李秀秀）

第九节　越瓜和菜瓜

越瓜是葫芦科（Cucurbitaceae）甜瓜属甜瓜种中以嫩果供生食的变种。学名：*Cucumis melo* L. var. *conomon* Makino；别名：白瓜、脆瓜、酥瓜、梢瓜等。菜瓜是葫芦科（Cucurbitaceae）甜瓜属甜瓜种中适于酱渍的变种。学名：*C. melo* L. var. *flexuosus* Naud.；别名：蛇甜瓜、老羊瓜、酱瓜等。越瓜和菜瓜均为一年生蔓性草本植物，两者的生物学特性及栽培技术极相近，形态与生态特性也与薄皮甜瓜近缘，分布东南亚及中国、日本。一般认为，它是由非洲经中东传入印度，进一步分化成其他变种。也有学者认为越瓜原产中国及热带亚洲。公元6～7世纪由中国传入日本。在中国自古栽培，南北朝后魏·贾思勰《齐民要术》（6世纪30年代或稍后）中已有记载，其后宋代已有梢瓜之称。以中国华南及台湾地区栽培较普遍。果实含水极多，每100g鲜果含水分95～96g，碳水化合物2.5～3.4g，维生素C 4～16mg，还含有矿物质及其他维生素等。嫩瓜质脆，多生食，也可腌渍或炒食。

菜瓜以中国长江流域及其以北地区较普遍栽培。果实含水量稍少，质地不脆，多用于加工腌制做酱瓜的原料，也可炒食，如华南的蛇形甜瓜、新疆的毛菜瓜、杭州青菜瓜。

一、生物学特性

（一）植物学特征

1. 根　越瓜和菜瓜的根系浅，侧根多，根系主要分布于表土层15cm内。

2. 茎　茎蔓有棱，侧蔓结果。主蔓基部的节间较短，以后节间较长，茎节与土壤接触容易产生不定根。

3. 叶　单叶，互生，绿色，心脏形或近圆形，浅裂，叶柄被茸毛。

4. 花　雌雄异花同株，花钟形，花萼和花瓣各5片，花萼绿色，花瓣黄色。雄花，单生或簇生在叶腋上。雌花（或极少两性花）单生，子房下位。主蔓3～5节开始发生雄花，一般无雌花；侧蔓、孙蔓第1～2节开始出现雌花，并且隔节再现雌花。

5. 果实　果为瓠果，圆筒形或棍棒形，长度因品种不同而异。嫩果一般绿色、浅绿，或带深色条纹。果肉白色或淡绿色，有的酥松（越瓜），有的致密（菜瓜），熟果则变为灰白、黄或绿色，多有香味，微甜。

6. 种子　种子近披针形，扁，淡黄白色，千粒重15～19g。

（二）对环境条件的要求
越瓜和菜瓜有喜光、耐热、耐旱等特性，基本上与甜瓜相同。同时又抗病、耐阴、耐湿，故其适应性远较甜瓜广泛。种子在15℃以上开始发芽，种子发芽最适温度为28～32℃。植株生长发育适温为20～32℃，15℃以下生长受抑制或停止生长，长时间10℃以下即遭受寒害，0℃以下受冻害，气温达40℃生育仍然正常，超过40℃易引起落花、落果。根系生长适温为20～30℃，地温低于15℃，则根系生长受抑制。

越瓜和菜瓜为中性日照植物，在8～16h的日照环境中能正常开花结实。长日强光有利于光合作用，而长日弱光也能正常生育。

越瓜和菜瓜对土壤质地要求不严，最适宜在沙壤土或黏壤土中生长。喜各种有机粪肥，而且较为耐肥。不耐涝，适宜土壤湿度为田间持水量的60%～80%，并能适应干旱或多雨气候。

（三）生长发育周期 越瓜和菜瓜的生育周期一般为55～70d，其生育过程与其他瓜类相似，分为4个时期。

（1）发芽期 从播种至子叶完全展开，第1真叶露出，需5～10d。

（2）幼苗期 第1真叶露出至4～5片真叶展开，需5～15d。

（3）抽蔓期 主蔓摘心后，长出侧蔓至雌花初开，需10d。

（4）开花结果期 雌花初开至收获结束，需20～35d。

二、类型及品种

（一）类型 按用途分，越瓜和菜瓜有生食和加工两种类型。生食类型果皮薄，肉质脆嫩多汁，可供生食、炒食或加工，如广东的白瓜、各地的酥瓜、梢瓜等；加工类型果皮较厚，果肉致密，生食略带酸味，如老羊瓜等。

（二）品种

1. 越瓜

（1）长度白瓜 广东省地方品种。长势中等，侧蔓多，靠侧蔓结果。主蔓第1～2节抽生侧蔓，侧蔓第1～2节着生第1雌花。果实长30cm，横径4.3cm，皮绿白色。果肉厚1.4cm，白色。平均单果重约300g。播种至初收约35d。耐热，耐肥力中等，忌阴雨。质脆，味淡。华南地区适播期为3～8月。

（2）花皮梢瓜 农家品种，分布在杭州、海宁、金华、衢州等地。生长势旺，分枝性强。结瓜以侧蔓为主，侧蔓第8～10节着生第1雌花。果实圆筒形，长25cm，横径12cm，皮绿色与淡绿相间，有深绿色条纹，平均单瓜重950g。皮极薄有光泽。果肉白色，厚2.3cm。瓜囊有橙色和白色两种。早熟，定植至采收55～105d。耐寒性弱，耐热性和耐涝性中等，抗病虫害能力较强。肉质细，质松脆，水分含量高，味清淡，宜生食。

（3）青筋白瓜（青筋中度） 广东省地方品种。植株蔓生，侧蔓第1～2节着生第1雌花。果肉厚，适于煮食及加工腌渍用，品质优良。

（4）农友小越瓜 台湾品种。生育快速，早熟，播种后55d即可开始采收，适于整果腌渍用。耐热、耐湿，结果力强，结果数多，加工用适收时果长10～12cm，横径2～2.5cm，平均单瓜重25～30g。果实淡绿色有较深色斑纹。栽培时主蔓在苗4叶期摘心，采用单行中央畦式，一株可收50～60个果。

2. 菜瓜

（1）茶瓜 广东省地方品种。植株蔓生，节间短。果实长25cm，横径4.8cm，皮青绿色，有明显绿色纵纹。果肉厚1.3cm，白色。平均单果重295g。播种至初收35～40d。生长势强，侧蔓多，靠侧蔓结果。耐热，抗逆性强。肉爽脆，含水分较多，品质优。

（2）青皮菜瓜 浙江省地方品种，分布在杭州、绍兴、宁波、海宁等地。生长势较弱，分枝性强。侧蔓第1～3节着生第1雌花。果实长圆筒形，果直或稍弯曲，果长约29cm，横径3.5cm。一般加工用的瓜长40cm，横径4.5cm，平均单瓜重约500g。瓜色深绿，表面光滑，并有8～10条明显的淡绿色纵纹。早熟，定植至采收70～90d。耐热性和抗病性中等，不耐涝，不耐寒。果皮薄，果肉绿白，肉质硬而致密，水分少，适于加工酱渍，品质中等。

（3）吴忠花皮菜瓜 宁夏回族自治区吴忠市郊区地方品种。植株生长势中等，分枝性强，蔓长1m左右。果实棒状，稍弯，长50cm，横径10cm。嫩果皮绿色，上有深绿色条状花纹、棱线。果皮

稍厚，果肉嫩，适宜腌渍或制酱，或炒食。

（4）仪陇菜瓜　四川省仪陇县地方品种。蔓长约 3.5m，生长势强，分枝多。第 1 雌花着生于第 6～10 节，间隔 4 节后再生雌花。果实长卵圆形，外皮绿色显白花斑，果面光滑。果肉厚 2.5cm，绿白色。一般单瓜重 600g。定植至采收 100～110d。耐热，抗病。肉质脆，水分多，味甜。主要供腌渍，也可炒食。

（5）香瓜　台湾省栽培的酱瓜专用品种。分枝性强，孙蔓第 1～3 节后几乎每节连续有雌花发生。果皮与花皮菜瓜相近，但果形较小，老熟瓜长 15cm，横径 4cm。幼瓜长 6～7cm，横径 1.5cm，单瓜重约 70g 时为采收适期。

三、栽培季节和方式

越瓜和菜瓜的播种期因各地气候状况而异。一般于春夏季当地气温上升到旬平均温度 20℃ 以上（即断霜后）时播种。通常采用直播。不用支架引蔓，管理可较为粗放。因不耐涝，须选择排水良好的地块种植。华南地区降雨量大，多采用高畦、深排水沟、覆地膜栽培方式。长江以北地区降雨量少，多用平畦栽培。

在华南及台湾地区，主要利用越瓜耐热、生长迅速、生育期较短等特性，作为夏秋度淡栽培。

四、栽培技术

（一）整地作畦　播前每公顷施有机肥、塘泥等 37 500～75 000kg，混施过磷酸钙 150～225kg。然后翻耕平整，作成 1.3～2.0m 宽、6.7～10m 长的平畦或 0.3m 的高畦。

（二）播种　播种前最好浸种催芽，用 55℃ 温水浸种 10～15min，然后在 30℃ 温水中继续浸种 3～4h，置于 25～30℃ 条件下催芽，出芽后直播。若用干籽直播，则发芽出土慢而且播种量大。播种一般为穴播。采用单行植或双行植，行距 1.5～2.0m，单行植株距 0.2～0.3m，双行植株距 0.4～0.6m，每穴 3～5 粒，播后覆土。越瓜每公顷栽 30 000～37 500 株，菜瓜每公顷栽 15 000～33 000 株，播后 5d 左右出土，齐苗后浇水。第 1 片真叶展开时进行第 1 次间苗，第 2～3 片真叶展开时第 2 次间苗，第 4～5 片真叶展开时定苗，每穴只留 1 株健壮苗。

（三）肥水管理　一般出苗后 7～10d 施水肥 1 次（10% 农家有机液肥或尿素）。抽蔓后结合培土施重肥 1 次，每公顷施饼肥或粪干 1 500～3 000kg，混施过磷酸钙 150～225kg，环施或条施。其后于坐果期、初收期各追速效肥 1 次，每次每公顷约施入有机肥 7 500～15 000kg，或硫酸铵 225～300kg。以后每采收 1～2 次追肥 1 次。越瓜和菜瓜前期需水少，应注意控水。坐瓜后要供给充足水分，浇水在早晨或傍晚进行。干旱地区结合追肥适量灌溉；多雨地区，应适当地增加追肥次数，减少每次追肥量，同时注意排水。

（四）摘心、理蔓　越瓜和菜瓜于主蔓第 3～5 节开始发生雄花，一般无雌花。侧蔓、孙蔓第 1～2 节出现雌花，并且隔节再现雌花，以侧蔓、孙蔓结瓜为主。一般 5～6 叶龄时留主蔓 4～5 片真叶摘心，其后长出侧蔓，保留 3～4 条，每条侧蔓 6～8 叶摘心并留 2～3 条孙蔓，以促孙蔓生长。孙蔓坐果后，先端留 2～3 叶摘心，然后基本上放任生长。原则上栽植株数少则留蔓多，株数多则留蔓少。及时理蔓使之均匀分布在主蔓两侧的畦面上。

五、病虫害防治

越瓜和菜瓜主要病虫害有：霜霉病、绵腐病、炭疽病和潜叶蝇等。霜霉病：在发病初期选用

25％甲霜灵可湿性粉剂 500～800 倍液，或 72％霜脲·锰锌（克露）可湿性粉剂 800～1 000 倍液、72.2％霜霉威（普力克）水剂 400～600 倍液等全面喷药，每隔 7～10d 喷 1 次（叶面、叶背均喷），连续喷 2～3 次。绵腐病：结果期喷 78％波·锰锌（科博）可湿性粉剂 500 倍液防治，其他药剂同霜霉病。炭疽病：可喷 2％抗霉菌素水剂 200 倍液，或 50％咪鲜胺锰盐（施保功）可湿性粉剂 1 000～1 500倍液，或 80％炭疽福美可湿性粉剂 800 倍液。潜叶蝇：盛花期、末花期各喷一次 10％灭蝇胺悬浮剂 800 倍液，或 20％阿维·杀单（斑潜净）微乳剂 1 000 倍液等，可受到良好效果。

六、采　　收

越瓜和菜瓜多采收嫩果。但因生、熟果都可食用，所以采收标准并不严格。商品瓜于花后 7～10d，瓜条饱满，瓜皮出现光泽，颜色、花纹、瓜棱清晰明显时即可采收。采种时一般选瓜秧健壮，瓜形、瓜色、风味具备品种特征的熟果留种，开花后 25d 以上为种子收获期。

（何晓莉）

第十节　丝　　瓜

丝瓜为葫芦科（Cucurbitaceae）丝瓜属中的栽培种，一年生攀缘性草本植物。中国栽培的有两个栽培种，即普通丝瓜，学名：*Luffa cylindrica*（L.）M. J. Roem.，别名：圆筒丝瓜、蛮瓜、水瓜（广东）等；有棱丝瓜，学名：*Luffa acutangula*（L.）Roxb.，别名：棱角丝瓜、丝瓜、胜瓜（广东）等。丝瓜以嫩果供食用，每 100g 含水分 93～95g，蛋白质 0.8～1.6g，碳水化合物 2.9～4.5g，维生素 C 13～37mg，还含有矿物质等。成熟果实纤维发达，可入药，称"丝瓜络"，有调节月经、去湿、治痢等功效。也可用于洗刷餐具，还可制成过滤体、隔音材料等。

丝瓜起源于热带亚洲，分布于亚洲、大洋洲、非洲和美洲的热带和亚热带地区。2 000 多年前印度已有栽培。6 世纪初传入中国。北宋时（公元 960—1127）栽培已相当普遍。南宋初年（12 世纪上）编撰的类书《琐碎录》记载有丝瓜的播种期："种丝瓜，（春）社日为上。"中国古籍中记载的丝瓜主要是普通丝瓜，清代及民国年间修撰的广东、广西一些县志中所载的丝瓜往往是指有棱丝瓜。现中国南北均有栽培，以广东、广西、台湾等地区和长江流域地区栽培为盛。

一、生物学特性

（一）植物学特征

1. 根　根系分布深广，吸收能力强，容易发生不定根，形成比较发达的根系。耐湿，较耐涝，也较耐旱。

2. 茎　茎五棱，绿色。主蔓一般长 4～6m，有的长达 10m 以上。分枝力强，各节腋芽能发生侧蔓，侧蔓各节腋芽又能发生副侧蔓，形成强大的茎蔓。各节还有花芽，发生雄花、雌花和卷须，卷须分歧。

3. 叶　叶呈掌状或心脏形，3～7 裂。普通丝瓜较有棱丝瓜深裂，绿色，叶脉放射状，密被茸毛。

4. 花　雌、雄异花同株，花冠黄色。雄花为总状花序，每花序 10 余花。偶有花序顶端分化一雌花，但多数不能结果。雌花一般单生，也有一些品种雌花多生。雌、雄花的发生与外界条件密切相关。

5. 果实　果实为瓠果，有棱或无棱。普通丝瓜果实从短圆柱形至长棒形，绿色，表面粗糙，有数条墨绿色浅纵沟。有棱丝瓜果实棒形，绿色，表面有皱纹，一般具 10 棱，棱绿色或墨绿色。果实

的形状与色泽是区别品种的主要形态标志。以嫩果供食。随着果实的发育，种子成熟与肉质纤维化，老熟果不能食用，可采丝瓜络。

6. 种子 种子近椭圆形，扁平。有棱丝瓜种皮较厚，黑色，表面一般有网纹。每个种瓜含种子60～150 粒，千粒重 120～180g。普通丝瓜种皮较薄，表面平滑或具翅状边缘，黑色或白色。每果含种子约 100 粒，有的品种含 400～600 粒，千粒重 100～120g。

（二）对环境条件的要求

1. 温度 丝瓜是喜温、耐热的蔬菜作物，种子的发芽适温为 25～35℃。种子在充分吸水后，在28～30℃时能迅速发芽，20℃以下发芽缓慢。茎叶生长要求较高温度，适于在 20～30℃温度下生长，在 35℃左右仍生长良好；15℃左右生长缓慢，10℃以下生长受抑制甚至受害。开花结果适温为 25～35℃，20℃以下果实发育缓慢。

2. 光照 阳光充足，光照较强，则丝瓜茎叶生长旺盛，开花授粉较好，果实发育迅速，但也能在较弱的光照下生长。普通丝瓜对弱光照的适应性较好，长日照可促进蔓的生长。

丝瓜的两个栽培种在长日照下延迟发生雌、雄花，雄花数增加；在短日照下则提早发生雌、雄花，雌花数增加（Bose 等，1975；高桥秀幸等，1986；关佩聪，1976、1990）。短日照能加速植株的雌性发育，提早发生雌花，增加雌花数和提高雌/雄花比率等，这些效应随着短日处理天数的增加而加强。不同的种和品种对短日条件的反应是有差别的。短日处理以子叶展开后开始为适宜。

陈日远等（1987）试验表明，温度高、低对丝瓜发育的影响因日照长、短而不同。在长日照条件下，低温比高温促进雌性发育的效应好，而在短日照条件下则高温比低温的效应好。温度和光周期都可影响丝瓜的发育，但光周期是影响的主导因子。

丝瓜的生长发育以高温短日照条件为理想，在丝瓜的生育初期尤其是这样。因此，应选择适当的播种时期，以获得有利的光照和温度条件。

3. 湿度 丝瓜不但耐高温而且耐高湿，适宜于温暖、阳光充足、空气湿度较大和土壤水分充足的环境。在这种环境里，丝瓜茎叶茂盛，结果多，采收期较长，产量高。

4. 土壤营养 丝瓜对土壤营养的要求比较高，植株转入生殖生长以后，只有维持较高水平的茎叶生长，才能良好结果。在丝瓜的开花结果期，如营养不足，茎叶生长变弱，则降低坐果率，补充营养后，便能恢复生长和坐果。

（三）生长发育特性

1. 生长发育 自播种至采收结束需 90～120d 或稍长。在广州地区，丝瓜在 2 月下旬至 3 月上中旬播种，温度为 15～20℃，营养生长期需 45～50d；如在 5～6 月播种，气温为 25～27℃，则营养生长期需 36～40d；如 9 月播种，气温为 27～28℃，则营养生长期需 25～30d。开花结果适温为 25～35℃，20℃以下果实发育缓慢。

2. 开花和结果习性 在通常情况下，丝瓜在苗期便开始花芽分化。花芽分化的初期为两性未定阶段，后来有些花芽的雌蕊原基正常发育，而雄蕊原基不能正常发育而成为雌花；相反则形成雄花。植株上的花芽是由下而上逐渐分化的，主蔓上花芽的分化发育有一定顺序。有些品种的顺序为发育不正常的雄花—正常的雄花—雌花、雄花混生—正常的雌花；有些品种则为雄花—雌花—雄花、雌花混生—连续雌花。发生第 1 雄花和雌花的节位高低，因种、品种和环境条件而异，也受激素处理的影响。在广东地区，有棱丝瓜主蔓出现第 1 雌花以后能连续发生雌花，雌花结果率 10% 左右。一般每株可发生 2～3 条侧蔓。因侧蔓生长情况不同，主蔓与侧蔓的结果情况，也因栽培季节与采收期而异。春丝瓜侧蔓与主蔓的结果相当，随着采收期的延长，侧蔓结果的比重增加。夏丝瓜由于茎蔓生长旺盛，侧蔓发生早，生长势壮，以侧蔓结果为主，一般每株结果 4～6 个。秋丝瓜生长势较弱，生长期短，以主蔓结果为主，侧蔓结果只占 1/5 左右。

二、类型及品种

(一) 类型　丝瓜分普通丝瓜和有棱丝瓜两个栽培种。

1. 普通丝瓜（*Luffa cylindrica* Roem.）　生长势强。叶掌状，叶裂较深。嫩果有密毛，无棱，肉质嫩。现中国南、北各地均有栽培。采丝瓜络栽培多用此种。印度、日本、东南亚等地的丝瓜多属此种。

2. 有棱丝瓜（*Luffa acutangula* Roxb.）　植株生长势较普通丝瓜弱，需肥多，不耐瘠薄。果实有棱和皱纹，果皮色有深绿色、绿色或绿白色等。主要分布广东、广西、台湾和福建，近年来全国各地均有引种栽培。

(二) 品种

1. 普通丝瓜

（1）线丝瓜　原云南省个旧、四川省成都市和江津地区栽培较多。主蔓第 7～15 节着生第 1 雌花。果实长棒形，一般长 50～70cm，也有长达 1m 以上，横径 4～6cm。瓜皮浓绿色，有细皱纹或黑色条纹。肉较薄，品质中等，一般单果重 500～1 000g。适应性和抗逆性强。

（2）白玉霜　武汉市郊地方品种。主蔓第 15～20 节着生第 1 雌花。果实长圆柱形，一般长 60～70cm，横径 5～6cm。皮浅绿色有白色斑纹，表面皱纹多，皮薄，品质好。一般单果重 300～500g。不甚耐旱。

（3）七喜　台湾农友种苗公司育成。果色淡绿，纵线稍明显，果脐中大，皮面较粗糙。商品果实长 21cm，横径 78cm，单果重 500g。植株生长势旺盛，不易衰萎，结果期长，结果多，在台湾省夏季 6～8 月长日照期间播种不易结果。

（4）白丝瓜　亦称白天萝，浙江省地方品种。生长势强，分枝性强。第 1 雌花着生在第 8～10 节，结瓜往往在第 12～15 节上，主侧蔓均能结瓜，以主蔓为主。果实短棍棒状，商品果长 38cm，横径 4.5cm。果皮白色，有 9～12 条淡绿色不明显纵棱。老瓜黄白色，表面光滑。一般单果重 350～450g。

（5）上海香丝瓜　早熟种。瓜长 25～30cm，果实圆柱形，果皮淡绿色，并有黑色斑点。肉厚有弹性，果实香甜，品质佳。

2. 有棱丝瓜

（1）乌耳丝瓜　广东省地方品种。植株分枝力强。主蔓第 8～12 节着生第 1 雌花。果实长棒形，长 40～50cm，横径 4.0～5.0cm。皮浓绿色，具 10 条棱，棱边墨绿色，皮稍硬，皱纹较少。肉厚柔软，品质优良。一般单果重约 300g。适于广东地区春、秋季种植，播种至初收春植 60～70d，秋植 35～45d。

（2）三喜　台湾农友种苗公司育成的一代杂种。早熟。茎蔓较细，在长日照期间仍能结果。果形细长，果肩部较粗，皮青绿色，商品瓜长 30～40cm，横径 4.4～5.0cm，单果重 250～350g。在台湾省南部周年可以栽培。

（3）夏棠 1 号　华南农业大学园艺系育成。植株生长势中等。主蔓第 10～15 节发生第 1 雌花。果实长棒形，长 55～65cm，横径 5.5～6.0cm，青绿色，有棱 10 条，棱边墨绿色，皮薄肉厚，品质佳。一般单果重 500～600g。对长日照条件不敏感，适播期为 4～8 月，从播种至初收需 35～45d。

（4）白沙夏优 2 号　广东省汕头市白沙蔬菜研究所育成的一代杂种。植株生长势强，耐热，抗病性好。第 1 雌花在主蔓第 12～23 节。果实棍棒形，果长 42cm，横径 5.3cm，皮色翠绿有白斑，肉厚，口感脆甜。早中熟，从播种至初收需 45～55d。一般单果重 330g。

（5）雅绿 1 号丝瓜　广东省农业科学院蔬菜研究所于 1999 年育成的一代杂种。植株生长势强，

耐热，抗病性好。果实长棒形，头尾匀称，长 60cm，横径 4～5cm，皮色绿，棱色墨绿，肉质柔软，品质优。一般单果重 400g。早熟，第 1 雌花节位低。适播期在 3～8 月，从播种至初收春植需 50d，夏秋种植需 40d。

（6）南宁肉丝瓜 广西壮族自治区南宁市地方品种。蔓生，生长势强，叶掌状。果实长棒形，长 35～45cm，外皮深绿色，有 10 条明显的棱线。皮薄，肉厚，质软。耐热，耐湿，较抗霜霉病、角斑病。

（7）石棠丝瓜 广州市郊区蔬菜研究所育成。中熟种。蔓生，分枝力强。果实棒形，外皮青绿色，瓜身柔软，肉厚，白色。一般单瓜重 350g 左右。喜水，耐湿。春、夏、秋季均可栽培。

三、栽培季节和方式

在华东、华北、华中等地，主要利用丝瓜耐热特性，作秋季栽培。一般在 3～4 月间播种、育苗，断霜后定植，6～8 月采收。华南地区分春播、夏播和秋播。春季种植在 2～3 月播种、育苗，4 月中旬至 7 月中旬采收；夏季种植在 4～6 月播种、育苗，6～9 月采收；秋植 7～8 月播种，9～11 月采收。普通丝瓜品种的栽培季节选择不如有棱丝瓜那样严格，一般以春、夏季播种为多。提早播种育苗，须防寒保苗。

栽培方式有棚架栽培、人字形支架栽培或无支架栽培等。近年丝瓜在塑料棚、日光温室内栽培也有一定发展。

四、栽培技术

（一）露地栽培技术

1. 整地、播种、定植 丝瓜对土壤的选择、播种期和育苗技术等，与冬瓜基本相同。有棱丝瓜连作病害较重，应与非瓜类蔬菜作物轮作。南京市郊区利用棚架栽培，一般畦宽 2.7～3.3m（中间畦沟宽 0.7m），两边各种一行，株距 23～26cm。广州市郊区一般畦宽 1.7～2m（连沟），一般单行株距 15～25cm，双行株行距 80cm×30～45cm。在确定丝瓜的栽植密度时，首先应考虑种和品种的结果习性，结果能力较弱的品种比结果能力较强的可密些，果实较小的品种比果实较大的也可密些；其次，不同的栽培季节的栽植密度不同，春播和夏播的气候较适宜，茎叶生长和结果较好，生长期较长，不宜过密，秋播则可适当密植。还应根据棚架方式和肥力等条件而定。

2. 施肥灌溉 丝瓜施肥应以有机肥为主，其中以氮、磷、钾齐全且肥效长的经充分发酵腐熟的各种有机肥为好。施用量应根据不同栽培季节、生长期长短和土壤肥力状况而定。在广州市郊区每公顷产量为 20 000～27 000kg 时，一般约需腐熟厩肥 20 000kg、过磷酸钙 650～700kg、三元复合肥（N、P、K 各 15%）350kg，氯化钾 30kg 和尿素 350kg。春、秋栽培在插架前及第 1 雌花开花时结合培土各培肥 1 次，每公顷用复合肥 300～450kg。夏季栽培结果前不施或少施肥。采收后均应培肥 1～2 次，以后每采收 1～2 次追肥 1 次。

丝瓜虽然耐旱，但比较适应较高的土壤湿度，要经常保持土壤湿润，结果期更要充足的水分，宜保持土壤相对湿度 80%～90%。

3. 搭架引蔓和植株调整 丝瓜茎叶茂盛，需要设置比较高大的棚架或支架，使茎蔓有较适宜的生长空间。棚架的形式主要有：篱笆架、棚架、人字架等。广州地区春、秋种植的有棱丝瓜苗高 20～23cm 时即可插杆引蔓。

丝瓜的主蔓和侧蔓都能坐果，一般以主蔓结果为主。随着结果期的延长，侧蔓结果越来越多，但不同季节，丝瓜主蔓和侧蔓的结果情况是有变化的。通常在主蔓坐果以前，应把基部侧蔓摘除以培育主蔓；生长中期按去弱留强的原则摘除植株上部较弱的侧蔓，培养强健的侧蔓，后期一般不行摘蔓。

（二）保护地栽培技术要点　北方地区利用塑料大棚、日光温室种植丝瓜，一般于12月中下旬利用营养钵播种育苗，在棚（室）内覆扣小拱棚，增温防寒。苗床温度控制在20～25℃，如遇夜间低温，还应在小棚外加盖草苫等。早春移栽时需覆地膜。每公顷栽植33 000～36 000株。丝瓜在棚内种植时，多采用假单蔓整枝法：在主蔓见幼果时，及时在幼果上部留3～4叶打顶，以便换新蔓上架，同时打掉其他侧枝。在新蔓又产生雌花坐果时，仍按上法打顶摘心，以后依次进行。保护地内气温应控制在20～28℃，根据季节和丝瓜生育期，进行保温或通风调节。在开始坐瓜前，要重施追肥。

五、病虫害防治

丝瓜在栽培过程中受霜霉病、疫病、炭疽病、褐斑病等病害及斑潜蝇、黄守瓜、瓜实蝇等虫害的为害，其中，较易感染霜霉病，需及早防治。病虫害的防治方法与其他瓜类相同。

六、采　收

商品瓜的采收一般在开花后约10d，但也因果实发育期间的气候条件不同而变化。一般当瓜条饱满，果皮具光泽时便可采收。

应选择植株健壮、无病虫害、符合原品种特征的母株留种。留种地与其他品种应隔离1 000m以上。一般选留中部果实作种，作种用的果实在花后40～50d，果柄干枯，果皮开始转黄时可以采收种果。种果干燥后在阴凉处挂藏，或取出种子，再在日光下充分晒干，于干燥条件下贮藏。

（罗剑宁）

第十一节　苦　瓜

苦瓜为葫芦科（Cucurbitaceae）苦瓜属中的栽培种，一年生攀缘性草本植物。学名：*Momordica charantia* L.；别名：凉瓜等。古称：锦荔枝、癞葡萄。苦瓜果实含有一种糖甙，具有特殊的苦味，故名。苦瓜起源于亚洲热带地区，广泛分布于热带、亚热带和温带地区。印度、日本及东南亚栽培历史已很久。中国在明代末朱橚撰《救荒本草》（1406）中已有关于苦瓜的记载。明·徐光启撰《农政全书》（1639）提到南方人甚食苦瓜，说明当时在中国南方已普遍栽培。苦瓜栽培现分布于全国，以广东、广西、海南、福建、台湾、湖南、四川等地栽培较为普遍。在广东、海南等地除就地供应和南菜北运外，还运销香港、澳门及东南亚等地。

以嫩果供食，其特殊的苦味可增进食欲，促进消化，并可除邪热、解劳乏、明目解毒。在印度和东南亚除食用嫩果外，还食用嫩梢、嫩叶和花。

一、生物学特性

（一）植物学特征

1. 根　根系比较发达，侧根多，根群分布宽达1.3 m以上，深0.3 m以上，主要根群分布于表土层20～30 cm范围内。

2. 茎　苦瓜的茎五棱，浓绿色，被茸毛。主蔓各节腋芽活动力强，易发生侧蔓，侧蔓各节腋芽

又能发生下一级侧蔓，形成比较繁茂的蔓叶系统。各节上还有花芽和卷须，卷须单生。茎上易发生不定根。

3. 叶　子叶出土后，发生初生叶 1 对，叶对生，盾形，绿色。以后的真叶为互生，掌状深裂，绿色，叶背淡绿色，一般具 5 条放射状叶脉，叶长 16～18 cm，宽 18～24 cm，叶柄长 9～10 cm，黄绿色，柄有沟。

4. 花　花单生，雌、雄异花同株，植株一般先发生雄花，后发生雌花。雄花花萼钟形，萼片 5 片，绿色，花瓣 5 片，黄色，具长花柄。长柄上着生盾形苞叶，长 2.4～2.5 cm，宽 2.5～3.5 cm，绿色。雄蕊 3 枚，离生。药室弯曲近 S 形，互相联合。早晨开花，以 3～5 时为多。雌花具花瓣 5 片，黄色，子房下位，花柄中部也有一苞叶，雌蕊柱头 5～6 裂。

5. 果实　苦瓜果实为浆果，表面有多数瘤状突起，果实的形状有纺锤形、短圆锥形、长圆锥形等。表皮有浓绿色、绿色、绿白色和白色，成熟时橙黄色，果肉开裂。

6. 种子　种子为盾形，淡黄色或黑色，外有鲜红色肉质组织包裹，味甜，可食用。种皮较厚，表面有花纹。每果含种子 20～30 粒，千粒重 150～180g。

(二)对环境条件的要求

1. 温度　苦瓜喜温，较耐热，不耐寒。种子发芽适温 30～35℃，温度在 20℃以下发芽缓慢，13℃以下发芽困难。在 25℃左右，约 15d 便可育成具有 4～5 片真叶的幼苗。幼苗期温度稍低和短日照，可提早发生雌、雄花。开花结果期适宜温度为 20～25℃。30℃以上和 15℃以下对苦瓜的生长、结果都不利。

2. 光照　苦瓜属于短日性植物，但对光照长短的要求不严格，喜光不耐阴。苗期光照不足可降低对低温抵抗力。春播苦瓜如遇低温、阴雨，则常常冻坏幼苗。开花结果期需要较强光照，光照不足常引起落花、落果。

3. 水分　苦瓜喜湿而不耐涝，生长期间需要 85% 的空气相对湿度和土壤相对湿度。土壤不宜积水，积水容易沤根，叶片黄萎，轻则影响结果，重则植株发病致死。

4. 土壤、营养　苦瓜对土壤要求不严格，但以排水良好、土层深厚的沙壤土或黏质壤土反应良好。以滑身苦瓜品种为材料测定表明，1 棵植株约吸收 N 2.34 g、P_2O_5 0.69 g、K_2O 3.2 g、CaO 4.22 g 和 MgO 0.5 g，以吸收钾最多，氮次之，磷较少；对钙的吸收量超过钾的吸收量，而镁的吸收量最少。营养元素大部分供给茎、叶生长。果实对磷和镁的需求较多，其次是氮和钾，对钙的需要较少。苦瓜生育过程中对养分的吸收是不断增加的。发芽期吸收量微小；幼苗期和抽蔓期吸收量迅速增加，但绝对量仍较少；开花结果期吸收量最大，约占吸收总量的绝大部分。

(三)生长发育特性　苦瓜的生长发育过程可分为：

1. 发芽期　自种子萌动至第 1 对真叶展开，需 5～10d。

2. 幼苗期　第 1 对真叶展开至第 5 真叶展开，开始抽出卷须，需 15～20d。这时腋芽开始活动。

3. 抽蔓期　第 5 真叶展开至植株现蕾，需 7～10d。如环境条件适宜，在幼苗期结束前后现蕾，便没有抽蔓期。

4. 开花结果期　植株现蕾至生长结束，一般需 50～70d。其中现蕾至初花约 15d，初收至拉秧约 25～45d。整个生长发育过程为 80～100d。长江流域和长江以北各地生长期较长，为 150～210d，其中幼苗期和采收期较长。

在苦瓜的生长发育中，自始至终茎蔓不断生长。抽蔓期以前生长缓慢，占整个茎蔓生长量的 0.5%～1%，绝大部分茎蔓在开花结果期形成。在茎蔓生长中，随着主蔓生长，各节自下而上发生侧蔓，侧蔓生长至一定程度，又可以发生下一级侧蔓。如任意生长，则茎蔓比较繁茂。随着茎蔓生长，叶数和叶面积不断增加，其中 95% 是在开花结果期特别是开花结果中后期形成（图 16-12）。

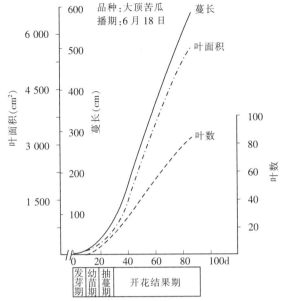

图 16 - 12 苦瓜蔓叶的生长动态
（关佩聪，1980）

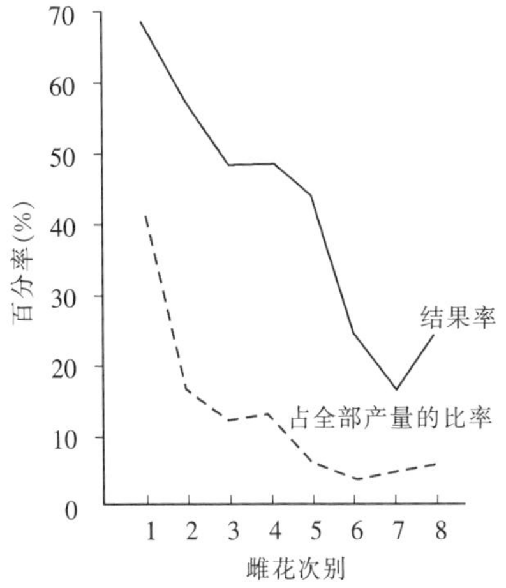

图 16 - 13 苦瓜植株各雌花的结果率与产量比重
（品种为大顶苦瓜，25 株平均值）

（关佩聪，1980）

苦瓜的花芽分化开始于幼苗期。以滑身苦瓜品种为材料观察发现，当幼苗第 2 真叶平展时，其茎端已分化 11 节，第 4 节叶腋开始分化花芽，以后自下而上陆续分化花芽；播种后 26d，幼苗第 5 真叶平展时，茎端具 19 节，在第 16 节以下已开始花芽分化，第 12 节以下的花芽已完成性别分化。

苦瓜的开花结果，一般植株在 4～6 节发生第 1 雄花，而在第 8～20 节甚至更高节位发生第 1 雌花，以后隔数节雄花再发生 1 个雌花，也有连续两节或多节发生雌花。侧蔓一般第 1 节就分化花芽，连续数节分化雄花后，才分化第 1 个雌花。从对大顶苦瓜夏秋栽培观察到（图 16 - 13），主蔓雌花的结果率有随着节位上升而降低的倾向，各个雌花结果的产量比重也呈相同趋势。产量主要靠第 1～4 个雌花结果。第 5 雌花以后的结果率很低。摘除侧蔓，有利于集中养分提高主蔓的雌花坐果。

二、类型及品种

（一）类型 苦瓜以其皮色区分，可分为绿色和白色两类。其色泽又因品种之不同，有浓、淡之分，并无显著之界限。以其果形区分，可分为纺锤形、长圆锥形、短圆锥形、长棒形、长球形等，并有宽肩、尖肩之别。按果皮的瘤状突起可分为条（肋）状瘤、粒瘤、条粒瘤相间及刺瘤等类型。按熟性分为早熟、中熟和晚熟类型。中国苦瓜的品种资源，以长江流域特别是华南地区为多。

（二）品种

1. 大顶苦瓜 又名雷公凿，广东省地方品种。生长势强，侧蔓多。叶黄绿色。主蔓第 8～14 节着生第 1 雌花。果实短圆锥形，青绿色，长约 20 cm，肩宽约 11 cm，瘤状突起较大。肉厚 1.3 cm，味甘，苦味较少，品质优良。平均单果重 0.3～0.6 kg。适应性强。

2. 长身苦瓜 广东省地方品种。生长势强。叶薄，黄绿色。主蔓第 16～22 节着生第 1 雌花。果实长圆锥形，绿色，顶端尖，长约 30 cm，横径约 5 cm，有条状和瘤状突起。肉厚约 0.8 cm，肉质较致密，味甘苦，品质好，耐贮运。平均单果重 0.25～0.6 kg。较耐瘠薄，抗性较强。分布在广东、湖南、四川等地。

3. **大白苦瓜**　湖南省农业科学院园艺研究所育成。植株攀援生长，生长势强。果实长筒形，长60～65 cm，表面有条状和不规则的瘤状突起，白色，有光泽，肉厚。品质优良。中熟。耐热。适于春季栽培。

4. **槟城苦瓜**　20世纪70年代从马来西亚槟城引进。植株分枝力强，叶片黄绿色，节间短。主蔓第16～22节着生第1雌花。果实长条形，长30 cm左右，横径5～6 cm，浅绿色，有纵沟和瘤状突起，肉厚0.8～1.0 cm。平均单果重0.25～0.6kg。早熟，稍耐寒，忌湿，抗逆性较强，耐贮运，苦味少，品质好。

5. **碧绿2号**　广东省农业科学院蔬菜研究所于2002年育成的一代杂种。中熟。植株生长旺盛，分枝性较强。第1雌花着生于主蔓第16节。果实长圆锥形，长22cm，横茎5.7cm，肉厚1.0cm。平均单果重290g。果实肩平，皮色浅绿，有光泽，条瘤粗重，品质优良。耐热性较强，耐涝性、耐寒性中等，耐白粉病、炭疽病，中抗枯萎病。

6. **独山白苦瓜**　贵州省独山县地方品种。生长势旺，分枝力强。主蔓第13节前后着生第1雌花。果实长纺锤形。商品成熟时外皮浅白绿色，老熟时为乳白色，有光泽，表面有瘤状突起。肉质致密，苦味淡，品质好。平均单果重300g左右。耐热，晚熟。适宜夏、秋季栽培。

三、栽培季节和方式

苦瓜一般在春、夏季栽培。华北地区如北京地区一般于4月上旬在阳畦育苗，4月下旬至5月上旬定植，6月下旬开始采收，9月上旬结束生长。长江流域各地多在3月下旬至4月上旬播种、育苗，4月下旬定植，6月中旬初收，9月末结束采收。华南地区可分春、夏、秋播，以春播为主。春季于2～3月播种、育苗，5～7月采收；夏季于4～5月播种、育苗，6～8月采收；秋季7～8月多直播，8～11月采收。

苦瓜多采用露地高架栽培，华北地区一般行距0.7～0.8 m，株距0.2～0.4 m。长江流域一般畦宽2.0～2.7 m，每畦2行，行距1.0～1.3 m，株距0.5～0.7 m，也有行距0.7～0.8 m，穴距0.3～0.5 m，每穴2～3株。华南地区如广州郊区，一般畦宽1.8～2.0 m（连沟），单行或双行种植，春季株距0.5～1.0 m，夏、秋季密度可稍增加。

南方春植可部分覆盖小拱棚作早熟栽培。北方亦有大棚早熟栽培，如华北中南部地区，一般于2月上中旬播种，5月上中旬采收。

四、栽培技术

（一）**播种育苗**　春播，特别是早春播种，宜在薄膜大棚内用营养钵育苗。播种前用50～55℃温水浸种10～15 min，然后在30℃温水中浸种8～10 h，置于30℃左右条件下催芽，待多数种子出芽后播种于准备好的苗床或钵内。待幼苗长至3～4片真叶时，在当地终霜期过后定植。夏、秋季栽培，可在浸种、催芽后直播。

为提高苦瓜的抗寒性和抗病性，可与黑籽南瓜进行嫁接，培育嫁接苗。

（二）**植株调整**　植株开始抽蔓时搭架，常用的有人字架、排式架和棚架。爬蔓初期，可人工绑蔓1～2次，以引蔓上架。开花结果前摘除侧蔓，开花结果后让侧蔓任意生长，或在生长期间去弱留强，即把弱小侧蔓和雌花发生迟、雌花又少的侧蔓摘除，以发挥主蔓和其他侧蔓在生长和结果上的作用。生长中后期要适当整枝，及时摘除老叶、黄叶和病叶，以利于通风透光，增强光合作用，防止植株早衰，延长采收期。

（三）**施肥与灌溉**　苦瓜耐肥而不耐瘠薄，充足的肥料是丰产的基本保证。在每公顷栽植

20 000～27 000 株条件下，需 N 47～65 kg、P_2O_5 13～19 kg、K_2O 64～85 kg。根据每公顷产 13 000～20 000 kg 计，应施用 13 000～20 000 kg 猪粪、过磷酸钙 1 000 kg、三元复合肥（N、P、K 各含 15%）约 350 kg 和尿素 70～100 kg。猪粪和过磷酸钙在定植前作基肥施入，尿素在定植后至初花时分次施用，复合肥多在结果期施用。

苦瓜苗期不耐肥，追肥宜薄施。开花结果期要施足肥料，可用各种农家有机肥、复合肥，每采收 2～3 次施用一次。

苦瓜的根系较弱，不耐渍，一般在定植后，可适当灌溉促进成活。抽蔓期以前如土壤水分不足，可适当灌溉；开花结果期根系具有较强的吸收能力，需水量较大，宜保持土壤湿润。灌溉时以沟灌为宜，尽量不用漫灌。多雨地区及地下水位高的地块应注意排水，短时间的渍涝，植株便会发病。

五、病虫害防治

苦瓜的主要病害有白粉病、霜霉病、炭疽病和枯萎病等；主要虫害有瓜实蝇、瓜绢螟、蚜虫等，以前者为害较大。防治方法可参照其他瓜类病虫害防治部分。

六、采　　收

苦瓜从定植到收获一般需 50～70d。通常花后 12～15d 为商品嫩果的适宜采收期。此时果实的条状或瘤状突起比较饱满，果皮具光泽，果实顶部颜色变淡。稍迟采收，果实便开始生理成熟，种子也成熟，果肉发绵，降低食用品质；过早采收，果实未充分长成，果肉硬，苦味浓，产量低，果实商品性差。

苦瓜留种田块应采用空间隔离 1 000 m 以上，防止昆虫串粉。留种则应选留具有本品种特有性状的植株中部果实，在果实顶部转黄时采收。立即剖种或后熟 2～3d 剖种均可，种子用清水洗净晒干。华南地区每公顷留种田可收获种子 225～375kg。苦瓜种子不宜在烈日下暴晒，否则降低甚至丧失发芽力。

（张长远）

第十二节　瓠　　瓜

瓠瓜为葫芦科（Cucurbitaceae）葫芦属中的栽培种，一年生攀缘性草本植物。学名：*Lagenaria siceraria* (Molina) Standl.；别名：扁蒲、葫芦、蒲瓜、夜开花等。古称：瓠、壶、匏。瓠是世界上最古老的作物之一，早在新石器时代已被人们所利用。《诗经·豳风·七月》（约公元前 6 世纪中期成书）有："七月食瓜，八月短壶"，"九月筑场圃，十月纳禾稼。""短壶"与"食瓜"并提，均在"筑场圃"之前，当系指采摘种在圃中的瓠。据实物出土证明，埃及古墓中的葫芦是在公元前 3 300～3 500 年，较中国浙江省余姚河姆渡遗址出土的葫芦（距今 6 700 多年）为晚。瓠在中国南、北各地均有栽培，但南方栽培较普遍。瓠瓜以嫩果供食。其老熟果果皮坚硬，取出瓜瓤和种子后可作舀水等容器，俗称：瓢。

一、生物学特性

（一）植物学特征

1. 根　瓠瓜浅根系，侧根较发达，呈水平伸展，根的再生力弱。耐旱力中等。茎节接触地面易

发生不定根。

2. 茎　茎5棱，绿色，密被茸毛，分枝力很强。茎节上可发生腋芽、卷须、雄花或雌花。一般第5～6节开始发生卷须，分歧4，其中1个极短。

3. 叶　叶为单叶，<u>互生</u>，心脏形或近圆形。叶面大而柔软。叶缘齿状，浅裂。叶柄长，顶端具腺体两枚，被柔软茸毛。

4. 花　雌、雄异花同株。一般单生。钟形，瓣白色，子房下位。花柄长。雌花子房形状因种类而异，有时发生两性花。雄花花丝很短，雄蕊3，花药5枚，呈旋曲状。雌花花柱短，柱头3。

5. 果实　果实为瓠果，呈短圆、长圆柱或葫芦形。嫩果表皮绿色、淡绿色或有绿色斑纹，被茸毛。果肉白色。完全成熟时果肉变干，茸毛脱落，果皮坚硬，黄褐色。瓠瓜结实力强，着生在高节位上的雌花都能正常结实。

6. 种子　种子扁平，边缘被茸毛。种皮较厚，不易透水。种子千粒重125～170g。

（二）对环境条件的要求　瓠瓜适宜温暖、湿润的气候和富含有机质的土壤。种子发芽的适宜温度为30～35℃，最低15℃。生长发育最适温度20～25℃，15℃以下生长不良，10℃以下停止生长，5℃以下开始受害。一般圆葫芦比长瓠子耐较高温度，而长瓠瓜中有部分品种耐低温能力较强，适于早春栽培。瓠瓜属短日照作物，苗期短日照有利于雌花形成。对光照条件要求高，阳光充足则病害较轻，生长和发育良好。瓠瓜于晚上或弱光下开花，故俗称"夜开花"。

（三）生长发育特性　瓠瓜的生育周期可分为种子发芽期、幼苗期、抽蔓期和开花结果期等。幼苗期以前根系生长比茎叶快，当第5～6片真叶展开后，茎叶生长速度加快。以后随着茎叶生长，各个茎节的腋芽陆续活动，如任其生长，则在茎蔓不断伸长的同时，可发生许多子蔓，又随着子蔓的伸长，发生多枚孙蔓等。如环境条件适宜，可发生多级侧蔓，形成繁茂的蔓叶系统。

一般主蔓在第5～6节着生第1雌花，以后各节都发生雄花，很少发生雌花，或在很高节位才发生雌花。而子蔓在第1～3节开始发生雌花，孙蔓在第1节位便可发生雌花。生长后期会发生两性花，但坐果率低。

二、类型及品种

（一）类型　中国瓠瓜的类别与品种十分丰富。到西晋为止，中国古代文献中已提到现代分类中的各个瓠瓜变种。明代学者李时珍曾依据果实形状进行了瓠瓜的分类。中国作蔬菜栽培的瓠瓜有以下4个变种。

1. 瓠子（var. *clavata* Hara）　果实长圆柱形，其中又可分为长圆柱形和短圆柱形两个类型。以嫩果供食，绿白色，柔嫩多汁，果肉白色。中国普遍栽培。长圆柱形品种如浙江长瓠子、南京面条瓠子、江西青浦瓠子等；短圆柱形品种如江苏棒槌瓠子、湖北狗头瓠子、江西三河瓠子、七叶瓠子等。

2. 长颈葫芦（var. *cougourda* Hara）　果实棒形，蒂部圆大，近果柄处较细长，嫩果食用，老熟后可成容器。如广州长颈葫芦、鹤颈等。

3. 大葫芦［var. *depressa*（Ser.）Hara］　又名：圆扁蒲。果实扁圆形，直径20cm左右。嫩果食用，老熟后可成容器。如温州园蒲、江西木勺蒲、武汉百节葫芦等。

4. 细腰葫芦［var. *gourda*（Ser.）Hara］　果实蒂部大，近果柄部较小，中间缢细，嫩时可食，老熟后可做容器。如广州青葫芦、大花、花葫芦等。

（二）品种

1. 美丰1号　广东省农业科学院蔬菜研究所育成的一代杂种。早中熟。果实短圆筒形，粗细均匀，长25cm左右，平均单果重500g。果皮绿色并具绿白斑点。果肉白色，品质好，肉质嫩滑。以子蔓或孙蔓结果为主。抗病、抗逆性强，高抗白粉病和病毒病。

2. 长瓠瓜　四川省地方品种。蔓长约 6.0m，分枝力中等，有白色绒毛。侧蔓结瓜为主，第 1 雌花着生于第 1 侧蔓的第 2~3 节，雌花间隔 1~2 节。第 1 雄花着生于主蔓的第 3~4 节。果实长圆柱形，浅绿色，有绒毛。果肉厚约 3cm，肉白色，肉质细软，味微甜。平均单瓜重 1.0~1.5 kg。自定植至始收约 60d。抗涝，不耐旱。

3. 长颈葫芦　广州市郊区栽培。果实颈柄部细长，下半部膨大成椭圆形。果长 50cm，在膨大处横径 15cm，单瓜重 1.2 kg。中熟。耐热。广州地区于 3~7 月均可播种。

4. 碧玉 1 号　由安徽省舒城县常青蔬菜技术推广站从农家品种中经多代提纯复壮后育成。早熟，从定植到采收 45d 左右。瓜色碧绿，瓜条顺直，瓜长 50~100cm，横径 5~10cm，平均单瓜重 1~1.2kg。肉质细嫩、清甜，品质优。抗病。

5. 大葫芦　北京市郊地方品种。子蔓结瓜，瓜葫芦形，平均单瓜重 1~2 kg。嫩瓜外皮白绿色或淡绿色，底上有白色不规则花斑，表面密生白色短茸毛，瓜的上半部为实心，膨大部分瓤小肉厚。瓜肉白色，质地较致密，水分多，纤维少，略有甜味，品质较佳。嫩瓜供食，老瓜可作盛器。

6. 三江口瓠瓜　江西省南昌市地方品种。第 1 雌花着生在主蔓第 4~5 叶节及侧蔓第 1~2 叶节上。果实棒形，长 49cm，横径 7.5cm，外皮浅绿色，具白色茸毛。肉质细嫩，味稍甜，品质优良。平均单瓜重 0.7~0.8kg。较耐低温，较抗病虫。

三、栽培季节和方法

瓠瓜以露地栽培为主，一般在断霜之后进行直播，或提前育苗，于断霜后移栽于露地。露地栽培方式一般有 2 种：爬地栽培、支架栽培。近年来，瓠瓜塑料大棚早熟栽培在长江流域逐渐发展。

四、栽培技术

（一）播种育苗　瓠瓜不耐高温，春露地栽培要在保护地中用营养钵育苗，以提早结果并延长生育期。长江流域一般在惊蛰前后在温床播种，福建省于雨水至春分之间在冷床播种。广州市郊春季栽培早熟瓠瓜在 12 月至来年 1 月播种，秋季栽培在 7~8 月播种；于 3~7 月播种中熟瓠瓜。秋季露地栽培，一般于秋初播种定植，秋末冬初采收。

瓠瓜播种育苗方法基本与黄瓜相同。但因瓠瓜种皮较厚并有绒毛，不易吸水，所以浸种催芽需要的时间比一般瓜类种子要长一些，一般在 16~24h 或 48h，浸种期间要换清水 1~2 次。浸完种后，可适当晾种，保持种子有较好的通透性。在 30℃ 条件下催芽，经 4~6d 即可出芽。每公顷地用种量为 3.0~4.5kg。据浙江农业大学寿诚学等（1957）用长瓠瓜做实验，催芽种子有 1/3 露白时进行 0~1℃冷冻处理 2d，早期产量及总产量均有明显提高。

瓠瓜苗期的管理同春黄瓜相同。待幼苗长至 4 叶 1 心时即可定植。

（二）整地、作畦及定植　瓠瓜整地、作畦、施基肥和定植工作，基本上可参照黄瓜进行。

瓠瓜支架栽培，可在 1.3m 宽的畦上种两行，株距 60cm，每公顷种植 24 000 株左右。也有在宽 2.7m 的畦两边各种 1 行，株距 26~33cm。也可在小麦收获时，将瓠瓜定植于小麦畦中央，株距 50~70cm，每公顷 7 500~9 000 株。地爬或平棚栽培，行距为 2.7~3.0m，向一个方向引蔓者株距为 50cm，向四面引蔓者穴距 2.7~3.0m，每穴留苗 4 株。

（三）植株调整　定植后约 30d，植株长至 10 片真叶时就要搭架，一般采用人字架。为了便于侧蔓攀缘和进行人工分层缚蔓，在人字架上用小竹竿或较粗草绳，设横架 2~3 道。随着秧苗的生长，将蔓数次绑在支架上，并使其分布均匀。晚熟瓠瓜则行平棚栽培。地爬瓠瓜不设支架，进行压蔓以防遭受风害。

瓠瓜的开花习性是主蔓发生雌花迟（如杭州长葫芦在主蔓1～20节很少发生雌花），而子蔓、孙蔓则自第1～2节开始连续发生雌花。晚熟瓠瓜则主蔓、子蔓发生雌花迟，而孙蔓、曾孙蔓发生雌花早。所以栽培晚熟品种时在主蔓上棚后留6～8片叶，对主蔓及子蔓进行摘心，以促使发生孙蔓、曾孙蔓。中熟品种如长颈葫芦、细花、大花、花葫芦、青葫芦等，在主蔓上棚后即行摘心。子蔓结果后又行摘心，以促使多生雌花及结果。一般进行2～3次摘心。许多地方地爬瓠瓜也进行2～3次摘心。早熟瓠瓜一般不行摘心。

据李曙轩（1979）研究，为了增加雌花数，在杭州长瓠瓜幼苗具4～6片真叶时，用乙烯利150mg/L喷洒叶面2次，可使主蔓从第8～9节起到第20节，从原来只生雄花改变为每节都能发生雌花，使前期产量大大增加，总产量也有所增加。应振土等（1987）进一步证明：在一定浓度范围内，乙烯利的诱导效果随着浓度的提高而加强。早熟品种对乙烯利诱导反应最敏感，中熟品种次之，晚熟品种最迟钝。

（四）水肥管理　瓠瓜生长期短，结果集中，因此对水肥的需要量大，需要多次追肥。追肥可用粪肥、有机肥或复合肥。一般在开花结果期前，每隔3～4d追肥1次。进入结果期后随水追施，按每公顷追300～450kg的复合肥为宜。瓠瓜喜完全肥料，忌单施氮肥，应注意磷钾的配合，最好施用有机肥和复合肥。开花坐果时要控制浇水，防止化瓜。进入结果期后要及时浇水，夏季炎热，应在早晨和傍晚浇。雨季注意排涝防止积水伤根。

（五）人工辅助授粉　瓠瓜的早春栽培自然坐果率低，采用人工辅助授粉能提高坐果率，提早上市，而且瓜形好，对产量和产值的提高有显著作用。人工授粉一般在傍晚或清晨进行。

（六）瓠瓜变苦的原因及防止措施　瓠瓜出现全株严重变苦是由于不同基因型的品种天然杂交，后代因基因互补而产生葫芦贰B（$C_{32}H_{46}O_8$）引起的。此种变苦与外界环境与栽培条件无关。防止瓠瓜变苦的主要措施是：引入外地品种时必须先与本地品种杂交以测定其是否属于同一基因型，属于同一基因型的才可大量引种。

五、病虫害防治

瓠瓜的病虫害种类和防治方法与黄瓜基本相同。

六、采　　收

瓠瓜第1批瓜的采收适期是开花后15～20d，而旺果期的采收适期是开花后11～14d。适时采收可提高果实品质，促使上部继续结瓜和后续瓜的生长，这是早熟高产栽培的重要措施。当瓠瓜皮色变淡而略带白色，肉坚实且富有弹性时为适收期。这个时期的瓠瓜品质最好，其果皮嫩、果肉组织柔软多汁。

瓠瓜留种宜选择具有品种典型性状、植株生长强健、无病害、结果早的植株作为留种株，留果形长而粗细一致的第1、2个果实为种瓜，并将其余幼瓜和雌花全部摘去。做好隔离，防混杂，增施磷肥。待种瓜外皮坚硬、皮色由淡绿转成黄褐时即为充分老熟标志。种瓜摘回挂于通风处晾干后取出种子，或挂至来年播种时再取出种子。每个留种果实可收籽250～350粒。

（何晓明）

第十三节　佛　手　瓜

佛手瓜为葫芦科（Cucurbitaceae）佛手瓜属的栽培种，多年生攀缘性草本植物，可作一、二年生或多年生栽培。学名：*Sechium edute*（Jacq.）Swartz；别名：洋丝瓜、合掌瓜、菜肴梨、瓦瓜、万年瓜等。起源于墨西哥和西印度群岛一带。18世纪传入美国，以后传入欧洲，大约19世纪传入中国，首先在高山寺庙中有少量种植。20世纪60年代在西南、华南等地栽培，70年代后期北方地区引种成功，有较大规模生产，并有保护地栽培。

佛手瓜主要以果实供食，块根和嫩梢（茎）也可食用，凉拌、炒食、做馅或腌渍等均宜。适应性广，病虫害少。在华南地区除炎夏和寒冬外，均可开花结实。果实耐贮藏，耐运输。在蔬菜供应上可堵缺补淡。

一、生物学特性

（一）植物学特征

1. 根 根系最初是弦丝状须根型，肉质，色白。侧根既长且粗，多数向四周波状横展。根系分布范围广，比较耐旱。栽种两年后能产生多个与甘薯相似的块根，但在昼夜温差不大的炎热地区，物质累积少，一般难以形成肥大的块根。块根肉白，质嫩，多汁，可供食用或作饲料。在福建省，多年生的佛手瓜单株块根可达75～100kg，能加工淀粉10～15kg。

2. 茎 蔓性，圆形具数条浅纵沟。茎长而分枝性强，一般主蔓长达10m以上，基本上每节都有分枝，分枝上又有二次、三次分枝。除接近基部的几节外，每节都着生叶、腋芽及卷须。到一定节位后生有雄花或雌花。

3. 叶 叶互生，掌状三角形，中央一角特别尖长。绿色或浓绿色，全缘。叶面较粗糙，略具光泽，叶背的叶脉上有茸毛。卷须粗大，先端有3～5个杈，接触硬物，可自动攀缘。叶与卷须对生。

4. 花 雌雄异花同株。花钟形，萼片5裂，绿色，花瓣5瓣，淡黄色。雄花为总状花序。雄蕊5枚，花丝联合。雌花单生，每一节上一般只生1朵，亦间有着生2～3朵。花柱联合，柱头头状。子房上位。

5. 果 佛手瓜的果实有明显的纵沟5条，把瓜分为大小不等的5大瓣，每一大瓣又分为2小瓣。先端有一条缝合线，线的两侧各排列着两大瓣，另一大瓣则正对着缝合线。瓜的形状为梨形或圆锥形，绿色或淡绿色，表面粗糙，上有瘤状凸起，被刚刺。果实无后熟和休眠期，成熟后，如不采收，种子在瓜中便会很快萌发，从瓜中长出芽来。这种未离母体就萌发的现象叫"胎萌"，是佛手瓜的一个特点。

6. 种子 佛手瓜每个瓜内只有一粒种子，当种子成熟时，几乎占满了整个子房腔，致使种皮与果肉紧密贴合，不易分离。种子扁平，纺锤形。种皮肉质膜状，沿子叶周围形成上、下种皮结合的边缘，没有控制种子内水分损失的功能。因此，当种子勉强分离果实后，易失水干瘪，丧失生命，应整个果实贮藏。未萌发的子叶，一般长约4cm。萌发后逐渐增长、增宽，迫使缝合线开裂，顺利出苗。

（二）对环境条件的要求

1. 温度 根系不耐寒，温度达10℃以上才开始生长。茎叶在18℃左右开始萌发，18～25℃为其适温。开花结果期的适宜温度为15～25℃。在华南地区于4～6月和9～12月为两个开花结果时期。气温高于25℃的7～8月，生长受抑制，结果困难。

2. 湿度 佛手瓜怕干旱，但不耐涝渍，要求土壤经常保持比较稳定的湿润状态，栽培时，多在根部附近覆盖稻草保湿。栽培在干燥瘠薄或低洼易涝的土地上，生长不良，甚至受涝烂根而死。

3. 营养 佛手瓜根系发达，枝叶繁茂，结瓜多，要求肥沃深厚的壤土。它对肥料的需要量大，但对肥料浓度很敏感，施用较多的有机肥料，容易获得高产。前期以氮肥为主，促进茎、叶生长，后期配合追施磷、钾肥，易获高产。

4. 光照 佛手瓜是典型的短日照作物，植株生长需中等温度和光照，强光对植株生长有抑制作用。

二、类型及品种

（一）类型　按佛手瓜果皮颜色划分，可分为白色种和绿色种两大类型。

1. 绿皮种　果皮绿色，果形长而大，结果多，产量高，味稍差。植株生长强壮，节长 15～20cm 即有分枝。果面分有刺和无刺，但以无刺种栽培最多。一般单瓜重 200～250g。如福州古岭合掌瓜、云南绿皮（饭性）佛手瓜等。

2. 白皮种　果皮颜色淡白色至淡白绿色。植株生长势较弱，蔓较细而短，结果少，果形较小，肉白，组织致密，味较佳。一般单果重 250g 左右。果面亦分有刺和无刺两种。如浙江临海佛手瓜、福州白皮佛手瓜和云南白皮（糯性）佛手瓜等。

（二）品种

1. 古岭合掌瓜　福建省福州市郊地方品种。植株攀缘生长，分枝性强。叶掌状五角形，浅裂。主、侧蔓每节都能着生雌花。果实梨形，纵径 15cm，横径约 8cm，外皮绿色，老熟果浅绿色，光滑，有光泽，具不规则棱沟，无肉刺，肉质致密，含水分少，味微甜。平均单果重 200g 左右。中熟。抗病力强。适于露地栽培，当地为多年生。

2. 表皮佛手瓜　福建省南平市地方品种。植株攀缘生长，分枝性强。叶掌状五角形，浅裂。第 1 雌花着生于主蔓第 9 叶节。果实扁梨形，纵径约 17.3cm，横径约 11.4cm，外皮浅绿色，老熟果绿白色。具不规则棱沟，无肉刺，肉质致密且脆，含水分少，味微甜。平均单果重 250g 左右。中熟。耐热，抗病。适于露地栽培，当地为多年生。

三、栽培季节和方式

在四季温暖、冬季无霜的地区，可于秋季 9～10 月播种，翌年提早萌发，营养生长期加长，产量较高。在较寒冷的地区，若秋播，根系弱，则不易安全越冬，所以宜于春季 3～4 月播种。一般播种后第 3 年进入盛收期。栽培管理得当，可连续采收 10～20 年。

在无霜期短的中国北方地区，不宜直播种植，需进行育苗移栽。一般在 4～5 月，断霜后定植于田间。定植后一直进行营养生长，经过夏季长成枝叶旺盛的植株。进入秋季后，开始现蕾开花，经 15～20d 达到商品成熟，应及时采收。植株经霜后枯萎，完成 1 年生的生育周期。在冬季对其根、茎采取适当的保护越冬措施，可变为多年生作物栽培。根据栽培经验，佛手瓜的地下部，只要不低于 5℃，就可安全越冬，即使有短时间 0℃，也不至于冻死。

四、栽培技术

（一）繁殖方式

1. 种瓜繁殖　佛手瓜一般采用整个果实作为繁殖材料，是种瓜得瓜的典型例子。要选择坐瓜早、瓜形好、瓜皮由白色变淡黄色、细刺变硬的老熟瓜作种瓜。采用种瓜繁殖，需种量大，成本较高。

2. 光胚繁殖　又称裸种繁殖。当佛手瓜刚老熟开裂时，将果肉和种皮去掉，用无种皮的裸露种子进行繁殖。此法优点是出苗快，出苗率高。裸种贮藏时采用沙层积法，较种瓜贮藏不易霉烂，运输方便，减少运费。取种后瓜肉仍可食用。

3. 茎段扦插育苗　将种瓜提前育苗，培育出用于切段扦插的幼苗。将幼苗蔓剪段，每段含 2～3 节。将切段基部置于 500mg/kg 吲哚乙酸（IBA）或萘乙酸（NAA）水溶液中浸泡 5～10min，取出后插于育苗营养土或基质中，保温、保湿促其生根。

4. 块根繁殖　一般于清明前、后将老株全部或部分贮存块根挖出，切下重 50g 左右并带有 2～3 个芽的块根进行繁殖。

（二）直播与育苗　佛手瓜一般都行直播。在四季温暖、冬季无霜地区可于 9～10 月份直播。选择已发芽的种瓜平放或柄端向下置于准备好的栽培穴中，以种瓜全埋没地表下为宜。新鲜的佛手瓜含有较多的水分，能够协调地供应种子的发芽需要，只要叶片不严重凋萎则不必另行浇水。如播种后大量浇水，还易造成种瓜霉烂。佛手瓜的幼苗对人粪尿特别敏感，如果施用容易枯萎而死。

在较寒冷的地区育苗可以利用保护地设施，如温床或温室均可。并选用较大的花盆或塑料袋（直径 12～20cm），装入渗透性好的沙土，或者用菜园土和细沙各掺一半，混匀。将种瓜装入袋中，置于 15～25℃ 条件下催芽，待种瓜长出较多根系时，即移入直径 20～30cm 的花盆内，每盆栽 1 个瓜。也可采用茎段扦插育苗，或块根繁殖育苗。育成大苗，待当地终霜后移栽于露地。

（三）定植　栽植佛手瓜需挖大的栽培穴，长、宽、深各 1～1.5m，把 100～200kg 的优质腐熟有机肥和 3～5kg 的三元复合肥及 1/3 穴土混合施入穴内，上面再覆盖 20cm 厚土层，将苗带土坨一起栽于定植穴内，覆土，压实，浇水。定植密度，采用种瓜育苗，大苗定植，行、株距为 6m×4m 左右，每公顷可栽 300～450 株。茎段扦插的小苗移栽，密度可适当大些，行距 3～4m，株距 2m，每公顷栽 1 200～1 400 株。庭园栽培宜在 2 株以上，以利授粉坐果。

佛手瓜可采用平地无架栽培、半架栽培和全架栽培等方式。其中利用塑料棚、温室内蔬菜作物的采收高峰期过后，当去膜、拉秧时可将佛手瓜秧引向棚架或支架上继续生长。经炎热夏天，繁茂植株布满棚架，加强肥水管理后，于秋末开花结瓜，达到采收盛期。

（四）定植后管理　佛手瓜苗期生长缓慢，定植后生长速度逐渐加快，同时分枝能力增强，易形成丛生状态。在开始抽蔓后，搭 2m 高、4m 宽的长方形棚架，引蔓上架。此时应及时抹除茎基的侧芽，每株保留 2～3 个生长健壮的子蔓。茎蔓上架时，要及时整理，使其分布均匀，并进行 1～2 次摘心，扩大架面，以增加子蔓、孙蔓的结瓜数量。卷须过多会相互缠绕并消耗植株营养，所以要摘除部分卷须。

春季地温低，植株生长缓慢，浇水要少，并应多次中耕松土，提高地温，促进根系生长，防止种瓜霉烂。越夏期间，生长速度加快，要加大浇水量和增加浇水次数，并可在根系周围覆盖 10～20cm 的草秸，保持土壤湿润和降低地温。秋季后，植株茎叶生长明显加快，佛手瓜进入开花结果期。雌花在授粉 10d 左右时膨大最快，一昼夜间横径可长 1cm，纵径增长 1.5cm。要适当增加浇水量，保持土壤湿润，但不要大水浇灌，以免影响瓜的膨大。遇大雨时应注意及时排水防涝。

佛手瓜为喜肥作物，除施足底肥外，应多次追肥。引蔓上架后开始第 1 次追肥，每株追施腐熟有机肥 5～7kg，过磷酸钙 0.5kg 或三元复合肥 1kg。追肥的方法是在距植株根部 30～40cm 处环状沟施，施后浇水覆土。开花结果期前追催瓜肥一次，腐熟有机肥 5kg，过磷酸钙 1kg 或复合肥 1～3kg，距植株根部 60～65cm 处开沟施入。第 3 次追肥在盛果期追施，根据植株生长势，确定施肥量。追肥数量基本与第 2 次相同。

（五）护根越冬　在菜田内越冬时，于霜冻后在离地表 10cm 左右割去地上茎蔓，或留 3m 长的茎蔓，下架盘缠在地上，在其上覆盖稻草、锯末、草木灰等，厚度 30～50cm，覆盖面积 2m² 以上，上面再覆盖塑料膜保温防冻。翌春重新上架，并施肥，使其重新发芽长出新的茎蔓。

在日光温室内越冬时，可在佛手瓜结瓜的盛期过后割去茎叶，留茬 20～30cm，待根茎基部又萌发新芽后，摘去顶芽。此时冬春季的室内可种以黄瓜、番茄为主的作物，佛手瓜仅作副作栽培。于 7～8 月后，则以佛手瓜生长为主，进入第 2 年的采瓜期。

1 株佛手瓜寿命可长达 20～30 年，但生产上仅利用 3～4 年。

（六）食用佛手瓜嫩梢（茎）的栽培要点　以采收佛手瓜嫩梢为目的者，又称龙须菜栽培。在栽

培上要围绕促进萌发腋芽，有利于多长嫩梢来管理。在生长发育期间不喷洒农药，无需搭架。做宽1.5m的高畦双行种植，株距60～65cm。在苗高30～50cm时摘心，促进腋芽萌发侧蔓。当侧蔓长至25～30cm时再摘心，以后不断采收嫩梢上市，并不断刺激腋芽萌发。生长期间要勤施肥、浇水，并要及时采收。嫩梢采收长度为15～20cm时品质最佳。

五、病虫害防治

佛手瓜的病虫害较少，但在栽培不当时亦会发生。发生较为普遍的有白粉虱和B-生物型烟粉虱、红蜘蛛或其他螨类。如混合发生，可喷洒1.8%阿维菌素乳油2 000～2 500倍。若粉虱和螨类单独发生，可参见黄瓜虫害防治部分。

六、采　　收

佛手瓜从播种至开花结果需80d左右，雌花开放后15～20d，果实重达250～500g，即可采收嫩果。在花后25～30d，瓜皮由深绿色变为浅绿色时可采收留种瓜和商品瓜。佛手瓜的采收期40～50d，要分批采收，7～10d采收1次。早采、勤采有利于提高品质和整株产量，每株可采瓜200～300个。采收必须在当地霜冻前结束。在有条件的地方，可预先搭好塑料棚防霜，待气温回升后，延长结瓜期，可提高产量。块根多生长在健壮植株周围的1～1.5m²处，深挖30～40cm即可找到。收获时要轻摘、轻拿、轻放，放于塑料膜衬里的纸箱或果筐内，或者埋于河沙内，保持微湿透气。单株块根可重达75～100kg，能加工淀粉10～15kg。

佛手瓜质地致密，耐贮藏。将其置于8～10℃和85%～90%的空气相对湿度下贮藏，可保存5个多月。如在贮藏过程中长出胚根，要及时掐去，仍能继续存放。

（刘宜生）

第十四节　蛇　瓜

蛇瓜为葫芦科（Cucurbitaceae）栝楼属中的栽培种，一年生攀缘性草本植物。学名：*Trichosanthes anguina* L.；别名：蛇豆、蛇丝瓜、长豆角。起源于印度、马来西亚，分布于东南亚各国和澳大利亚。中国海南、云南等地分布的老鼠瓜是蛇瓜的近缘种。蛇瓜主要以嫩果供食用，嫩叶和嫩茎也可作蔬菜。果实营养丰富，含多种维生素和矿物质。蛇瓜在中国各地有零星栽培，在云南省元江县有大面积种植。

一、生物学特性

（一）植物学特征

1. 根　根系发达，侧根多，易生不定根。较耐瘠薄，耐旱。

2. 茎　茎为蔓性，五棱，绿色，被茸毛，分枝能力强，蔓叶茂盛。

3. 叶　叶为掌状，叶面绿色，叶背浅绿，被茸毛，叶脉放射状。叶柄长5～10cm，具茸毛。

4. 花　花单性，雌、雄异花同株。雄花多为总状花序，每花序具12～16蕾，偶有单生雄花。花萼绿色，萼片5片，披针形，被茸毛，开花时白色，花瓣末端8～10条丝裂并卷曲，雄蕊短，包在花萼中。雌花单生，子房下位，花瓣5片，末端也是丝裂和卷曲，白花。雌蕊棒状，柱头二裂。一般在第14～18节发生第1雌花。

5. 果　果实为瓠果，长条形，一般长 1m 以上，横径 3～5 cm，基部和末端较尖细，末端弯曲似蛇。果实表皮为灰白色，从果柄处开始自上而下有数条绿色条纹，果实光滑无毛，具蜡质。果肉白色，厚 0.3～0.4cm，肉质松软，具鱼腥味，可炒食作汤。成熟的果实浅红褐色，肉质疏松，不能食用。种子近长方形，具两条平行小沟，浅褐色，千粒重 200～250g。

（二）对环境条件的要求　蛇瓜喜温光，耐热不耐寒。种子发芽适温为 30℃ 左右。植株生长适温为 20～25℃，在 35℃ 高温下也能正常开花结果，低于 20℃ 生长缓慢，低于 15℃ 停止生长。蛇瓜结瓜期要求较强的光照，阴雨、低温会造成落花、化瓜。

蛇瓜喜肥耐肥，也较耐瘠薄；喜湿润，但也较耐干旱，对土壤的适应性广，各种土壤均可种植。在水肥充足的条件下生长旺盛，结果多，果实发育好，高温期更是如此。

（三）生长发育特性

1. 发芽期　从播种到子叶展开，约需 10d。适温下播种 7d 幼苗出土。

2. 幼苗期　从子叶展开到第 1 朵雌花开放，约 50d。幼苗初期生长慢，2～4d 展开一叶，抽蔓以后 1～2d 展开 1 片叶。

3. 开花结果期　从第 1 雌花开放到采收结束，约 110d。正常情况下播种 70d 左右开始采收。雌花一般早晨开放，8～9 时完全开放，11 时后闭合。花后 3～8d 幼瓜生长快，每天增长 10～15cm。

二、类型及品种

（一）类型　蛇瓜栽培的品种按皮色分为灰白和灰绿两种，按瓜长度可分为长果类型和短果类型。

（二）品种

1. 福建蛇瓜　福建省地方品种。分枝性强，主蔓结瓜，第 15～18 节着生第 1 雌花。瓜长条形，商品瓜长 100～150cm，横径 4～5cm，瓜皮灰绿色，自果柄开始有数条深绿色纵向条纹，瓜中、下部有绿色细条纹，老熟瓜皮橘黄色，果皮光滑无茸毛。晚熟，耐热，抗病。肉质致密，品质较好。

2. 郑州蛇瓜（郑州长豆角）　河南省郑州市农家品种。植株分枝性强，主蔓第 15～17 节开始结瓜，可连续结瓜或隔节结瓜；侧蔓结瓜能力强，每个侧蔓可结瓜 2～3 个。果实长 130cm，横径 5cm，肉厚 0.7cm，商品瓜皮灰白色，光滑有棱，有不规则的绿色条纹。果肉绿白色，质地脆嫩。中熟，耐热。

3. 海南青老鼠瓜（野王瓜、蒲达瓜）　海南省地方品种。主蔓长 3m，第 8～10 节着生第 1 雌花，以后每隔 1 节着生 1 雌花。瓜纺锤形，长约 20cm，横径约 6cm，果面平滑，青绿色，间有浅绿白色条纹，肉厚 0.7cm。耐热，抗性强，味淡，品质中等。

三、栽培季节和方式

蛇瓜可在大田成片种植或进行塑料大棚栽培，也可在房前屋后种植。

蛇瓜喜温暖，不耐寒。在华北及华中地区通常一年种植 1 茬，一般于 3 月中下旬至 4 月上旬利用大棚或小拱棚进行营养钵育苗，当地表 5cm 地温稳定在 15℃ 以上时定植，或 4 月下旬至 5 月上旬露地直播。塑料大棚栽培时可根据需要提早育苗。

四、栽培技术

蛇瓜可以直播或育苗。播前用 55℃ 热水搅拌烫种，待水温降至室温后浸种 24h 左右，浸种期间换水 3 次，后置于 30～35℃ 下催芽，种子露白时播种。

蛇瓜对土壤适应性广，各种土壤均可栽培。定植前施足基肥，每公顷施腐熟优质有机肥37 500～45 000kg。定植密度通常为每公顷12 000株左右，行距1～1.2m，株距0.7～0.8m。南方高畦栽培有利于排灌。定植缓苗后施一次促苗肥水，坐瓜后每公顷追施复合肥375～450kg，以后每隔10d左右追肥1次。瓜苗上架前进行中耕培土。结瓜期要保证土壤湿润，以满足果实生长需要。

蛇瓜茎蔓生长茂盛，需搭架栽培。植株初期的0.7～1.0m茎蔓，爬地生长并进行压蔓，扩大根系，然后引蔓上架。搭架以人字架或平棚为宜，上架以前，可摘除侧蔓，或选留基部1～2条健壮侧蔓。上架以后，应进行引蔓，使茎蔓分布均匀，并摘除老叶、病叶及多余侧蔓，以利通风透光。结瓜后要及时理瓜，尽量使其自然下垂。蛇瓜的单性结实能力差，大棚栽培时应采用人工辅助授粉促进坐瓜。

五、病虫害防治

蛇瓜病虫害较少，偶有白粉病和潜叶蝇发生。防治方法同其他瓜类。

六、采 收

蛇瓜以嫩果供食，一般花后10d左右便可采收，以瓜条微泛白色时为宜。采收过晚影响食用品质及上部雌花坐瓜和产量。

蛇瓜留种以主蔓第2瓜为宜，花后30d以上，种瓜下端开始转橙红色时摘下，后熟1～2d即可采种。

（何晓明）

（本章主编：杜胜利）

◇ 主要参考文献

[1] 蔬菜卷编辑委员会．中国农业百科全书·蔬菜卷．北京：农业出版社，1990

[2] 农业化学卷编辑委员会．中国农业百科全书·农业化学卷．北京：中国农业出版社，1996

[3] 关佩聪主编．瓜类生物学和栽培技术．北京：中国农业出版社，1994

[4] 关佩聪．广州蔬菜品种志．广州：广东科技出版社，1994

[5] 周光华主编．蔬菜优质高产栽培的理论基础．济南：山东科学技术出版社，1999

[6] 卢育华主编．蔬菜栽培学各论（北方本）．北京：中国农业出版社，2000

[7] 吕家龙主编．蔬菜栽培学各论（南方本）．北京：中国农业出版社，2001

[8] 中国农业科学院蔬菜花卉研究所主编．中国蔬菜品种志．北京：中国农业科技出版社，2001

[9] 侯锋主编．黄瓜．天津：天津科学技术出版社，1999

[10] 刘宜生编著．西葫芦南瓜无公害高效栽培．北京：金盾出版社，2003

[11] 王坚，尹文山编著．西瓜甜瓜栽培．北京：农业出版社，1985

[12] 李式军，刘凤生编著．珍稀名优蔬菜80种．北京：中国农业出版社，1995

[13] 安志信编著．蔬菜嫁接育苗实用技术．天津：天津科学技术出版社，1996

[14] 李天来，何莉莉，印东生编著．日光温室和大棚蔬菜栽培．北京：中国农业出版社，1997

[15] 黄得明，白纲义，樊淑文编著．蔬菜配方施肥（第二版）．北京：中国农业出版社，2001

[16] 董克峰．蛇瓜及其栽培技术．北京农业，1999，（4）：11～12

[17] 中国农业科学院郑州果树研究所等主编．中国西瓜甜瓜．北京：中国农业出版社，2000

[18] 中国科学院中国植物志编辑委员会．中国植物志（第73卷第一分册）．北京：科学出版社，1986

第十七章

茄果类蔬菜栽培

　　茄果类蔬菜包括番茄、茄子、辣椒、酸浆、香艳茄等，其中番茄、茄子、辣椒是中国最主要的果菜，香艳茄（*Solanum muricatum* Ait.）只在河北、山西等省有极少量栽培。茄果类蔬菜由于产量高，生长及供应的季节长，经济利用范围广泛，所以全国各地都普遍栽培。

　　茄果类蔬菜作物性喜温暖，不耐霜寒，以夏季露地栽培为主。其中番茄不耐高温，以春、夏栽培为主，秋季亦可栽培，但广东、广西、台湾等地，则以冬、春栽培为主。

　　茄果类蔬菜的发育受光周期的影响较小，为中光性植物，如果温度适宜，一年四季均可开花结果。茄子的生长发育要求较高的温度、较充足的光照，故在保护地栽培面积较小；而番茄及甜椒，尤其是番茄，是保护地栽培的主要蔬菜之一。

　　茄果类蔬菜含有丰富的维生素、矿物盐、碳水化合物、有机酸及少量的蛋白质等人体必需的营养物质。番茄、辣椒中的维生素C含量很高。在茄果类蔬菜果实中的碳水化合物主要是糖，淀粉很少，其中以葡萄糖及果糖为主，蔗糖的含量很少；果汁的有机酸主要是柠檬酸，其次是苹果酸。番茄果实含有的番茄红素和辣椒果实含的辣椒素都具有良好的保健作用。

　　茄果类蔬菜除供鲜食外，又是加工制品的好原料。番茄可制番茄酱、番茄汁、番茄沙司、整形番茄罐头等。辣椒可做辣椒酱、辣椒粉、腌制辣椒。茄子可制茄子酱和烘制茄干。近年来，随着中国对外贸易的发展，加工番茄有很大的发展，并且已由内地向中国西部地区转移，如新疆已成为大面积的加工番茄生产基地，其加工产品约占全国番茄加工产品的80%以上。番茄制品绝大部分出口外销。随着人们食用习惯的不断改变，番茄酱和番茄沙司在国内的销售也日益增加。辣椒主要以干辣椒出口，陕西、江苏、河南、云南等省是主要出口省份，其中仅陕西线椒出口量就占全国出口量的1/5，世界干辣椒贸易量的1/8，素有"秦椒"之美称。

　　茄果类蔬菜在中国夏季蔬菜栽培中，以茄子的栽培最为普遍，尤其是晚熟茄子，较为耐热；其次是辣椒。而番茄夏季栽培病害严重，故夏季一般选较凉爽地区或在设施中进行栽培。采用不同季节、不同茬口，选用适当品种，辅以设施条件，茄果类蔬菜基本达到四季生产，周年供应。中国茄子和辣椒种质资源十分丰富，尤其茄子品种资源十分多样，而且消费习惯也随地区而异。一般中国南部及东北部以栽培长茄为主，中部、北部及部分西部地区以圆茄为主。中国西北、西南和湖南、江西等省喜食辣味浓的鲜辣椒及干制辣椒，而其他地区喜食微辣及甜椒，干辣椒仅少量作为调味品。

第一节　番　茄

　　番茄是茄科（Solanaceae）番茄属中以成熟多汁浆果为产品、全株生黏质腺毛、有强烈气味的草

本植物。学名：*Lycopersicon esculentum* Mill.；别名：西红柿、番柿、柿子等。番茄原产于南美洲的秘鲁、厄瓜多尔、玻利维亚。其普通番茄变种（*L. esculentum* var. *commune* Bailey）在哥伦布发现新大陆前就已在墨西哥及中美洲发展起来了，到16世纪传入欧洲，美国直到1781年才有番茄的记录。番茄在中国最早见于明·朱国祯《涌幢小品》（17世纪前期）。清·汪灏《广群芳谱》（1708）的果谱附录中有"蕃柿"的记载。番茄起初被当作观赏植物，大约到20世纪30年代才开始有种植并供应市场。到50年代初在中国栽培番茄才迅速发展起来。

番茄是世界年总产量最高的30种农作物之一。由于其具有适应性强，栽培容易，产量高，营养丰富，用途广泛等优点，所以番茄栽培发展迅速，成为中国各地主要蔬菜之一。

一、生物学特性

（一）植物学特征

1. 根　番茄为一年生草本植物，具有深而强分枝的根系，栽培种经过移栽后，主根被截断，能产生许多侧根，大多数的侧根分布在表土30cm深左右，而横的扩展可达0.7~1.0m，到植株成熟时，可达1.3~1.7m。根系实际的深度除与土壤及气候条件有关外，还与肥水管理、栽植密度及整枝技术有关，单干整枝的比不整枝的根群要小得多。

2. 茎　番茄的茎基部带木质，易生不定根，因此可利用扦插繁殖。茎的生长习性可分为两大类，即直立类型和蔓生类型。直立类型的品种茎干粗壮，节间短，枝丛密集，但一般果小，品质差。蔓生类型的品种节间长，茎较软，叶较稀疏，呈半匍匐生长状态，需要搭架栽培。番茄的茎分枝性强，叶腋内的芽可抽生侧枝，侧芽也可生长新的侧枝及开花结果。

番茄茎的分枝形式为合轴分枝（假轴分枝），茎端形成花芽，按照其花穗着生的位置及主轴生长特性，可分为两大类：

（1）有限生长型　自主茎生长6~8片真叶后，开始着生第1个花穗，以后每隔1~2片叶着生1个花穗（有些品种可以连续每节着生花穗），但在主茎着生2~3个花穗后，花穗下的侧芽变成花芽，故假轴不再伸长自行封顶，叶腋或花穗下部抽生侧枝生长1~2个花穗后，顶端又变成花芽而封顶，故称有限生长，或称自封顶。这类型植株较矮小，开花结果早而集中，供应期较短，早期产量较高，大多数早熟，宜作露地简易支架密植栽培或无支架栽培、小棚栽培或大棚双层覆盖栽培，如中杂10号、西粉1号、霞粉、红宝石等。

（2）无限生长型　在茎端分化第1花穗后，花穗下的一个侧芽生长成强盛的侧枝代替主茎，第2穗及以后每个穗的一侧芽也都如此，其茎能不断向上生长，成为合轴（假轴），生长高度不受限制。多数品种在主茎生长7~9片叶后，开始着生第1花穗（晚熟品种第10~12片真叶后着生第1花穗）。以后每隔2~3片叶着生一个花穗。因此，这一类型的植株高大，开花结果期长，总产量高，果实采收期长，栽培最普遍，宜作露地栽培或温室长生长期栽培，如中蔬5号、毛粉802、浦红7号、东农707等。

3. 叶　番茄的叶为羽状复叶或羽状深裂复叶，互生，每叶有小叶5~9片，小叶卵形或椭圆形，边缘有深裂或浅裂的不规则锯齿或裂片。番茄的叶型主要有3种：

（1）普通叶型（又称裂叶型、花叶型）　叶片大，小叶之间距离大，缺刻深，绝大多数品种属于这一类型。

（2）皱缩叶型　叶片较短、宽厚，叶面多皱缩，小叶之间排列较紧密，色深绿，直立型品种多属于这一类型。

（3）大叶型（又称薯叶型）　叶片大，小叶少，叶缘无缺刻似马铃薯叶形。

4. 花　番茄的花是两性花。萼片和花瓣数相同，通常为6枚，也有7~9枚的；雄蕊5~6枚或更多，围绕花柱联合成筒状，称为药筒。花药成熟后在药囊内侧中心线两侧纵裂，从中散出花粉。雌蕊由柱头、花柱、子房组成，由于雌蕊位于药筒的中央，所以以易于保持自花授粉，但也有0.5%～4%的异花授粉率。花梗着生于花穗上，大多数品种花梗的中部有凸起的节，节中间有明显的环状凹陷部分，当果实成熟时就从这里断开，称之为"离层"，少数品种无"离层"。番茄的花穗有总状花穗、复总状花穗及不规则而多分歧的复花穗，一个花穗有 6～10 朵花，小果品种花数更多。

5. 果实　番茄的果实是一种多汁的浆果，食用部分（通称"果肉"）包括果皮、心室的隔壁及胎座组织。优良的品种要求果肉厚、种子腔小。果实形状有扁柿形、桃形、苹果形、牛心形、李形、梨形、樱桃形等，按果形指数可分为扁圆（果形指数在 0.7 以下）、微扁圆（果形指数 0.71～0.85）、圆（果形指数 0.85～1.00）和高圆到长圆（果形指数 1.01 以上）。果实的大小相差很大，野生番茄重仅 1～3g，在栽培品种中，加工类番茄一般为 50～100g，鲜食番茄 70～250g，个别甚至达 400～600g。一般 100g 以下称为小果，100～150g 为中果，150g 以上为大果。果实的外观颜色，系由果实表皮颜色与果肉的颜色相衬而成。果实的表皮可以是无色，也可以是黄色或红色。如果黄色皮与红色果肉组合则成熟果呈大红色，而无色皮与红果肉组合则呈粉红色；黄色皮与黄果肉组合形成深黄色，而无色皮与黄果肉组合则形成淡黄色果实；黄色皮与橙色肉组合形成深橙黄色，无色皮与橙色肉组合则呈淡橙黄色。番茄的红色，系由于果实含有大量茄红素及胡萝卜素而成，黄色的果实不含茄红素，而只含各种胡萝卜素及叶黄素。番茄果实心室数变化也大，小果型品种一般有 2～3 个，中果型品种有 3～6 个，大果型品种的心室数较多。

6. 种子　番茄种子呈扁圆卵形，颜色为灰黄色和淡黄白色，种皮有茸毛。千粒重约 3g 左右。在种子含水量为 8% 以下及气温 0℃ 的干燥密闭环境中可保存 10 年。

（二）对环境条件的要求

1. 温度　番茄是一种喜温蔬菜，但对温度的要求因生育期而有所不同。种子发芽的最低温度为11℃，最适气温为 20～30℃，最适地温为 25℃，12℃ 以下易造成"烂籽"，气温在 35～40℃ 时发芽不良。番茄苗期一般在 20～25℃ 下生长发育良好，低于 10℃ 便停止生长，长时间处于 5℃ 以下即出现冷害现象，遇 -2～-1℃ 即可冻死，而高于 35℃ 也生长不良，遇 45℃ 以上高温则引起生理干旱致死。一定的温差对番茄的生长是十分重要的，通常以昼温 25～28℃、夜温 13～17℃ 为宜。如果夜温30℃ 以上，虽能促进生长发育速度加快，但因被输送到生长部分的同化物质量减少，使茎叶生长软弱、徒长，花药发育不良，不容易坐果。

温度与番茄苗期花芽分化的关系很大。温度的高低不仅影响到花芽分化的时期，同时也影响到开花的数量及质量，从而也影响到果实的数量及质量。从播种到第 1 花穗花芽分化，大致积温为600℃；到第 2 花穗花芽分化，积温为 850～970℃；从花芽分化到开花的积温，大致为 1 000℃。在高温条件下，育苗期短，花芽分化虽然较早，但分化停止亦早，数目少，着花节位高，花的质量受到影响；而在较低温度条件下，虽然苗龄稍长，但其花芽分化的数量多，花较大，着花率也高。斋藤·隆等（1981）认为，昼温 24℃、夜温 17℃，着花节位最低，着花数也多。

温度与番茄授粉受精和果实发育关系密切。番茄花粉发芽的最佳温度是 21℃，最低是 15℃，最高是 35℃。番茄坐果的最适温度为 15～20℃（Kuo 等，1979）。开花前 5～9d、开花后 2～3d，温度低于 15℃ 或高于 35℃，都不利于花器的正常发育及开花，导致形成畸形花、畸形果或者落花。李天来等通过研究认为，苗期夜温对番茄畸形果发生有极显著的影响：6℃ 夜温区比 12℃ 夜温区的畸形果发生率高 1 倍以上，12℃ 夜温区仅比 18℃ 夜温区略有提高（表 17-1）。在结果期，适宜的昼温为25～28℃，夜温 12～17℃。结果期温度低，果实生长速度慢，但如温度增高到 30～35℃ 时，果实生长速度虽快，但坐果数少。在果实进入成熟着色时，温度如高于 30℃，会抑制茄红素及其他色素的形成，影响果实正常着色。

表 17-1 不同夜温处理番茄苗畸形果发生率差异

(李天来, 1997)

处理	第1果穗			第2果穗	全株平均		
	发生率 (%)	显著水平		发生率 (%)	发生率 (%)	显著水平	
		0.05	0.01			0.05	0.01
6℃	60.71	a	A	16.15	41.28	a	A
12℃	28.45	b	B	10.00	19.37	b	B
18℃	26.09	b	B	6.77	17.35	b	B
F 值	23.267 0**			2.199 1	36.380 7**		

注: $F_{0.05} = 6.94$, $F_{0.01} = 19.00$。

2. 光照 光周期的长短对于番茄的发育虽然不是一个重要的影响因子,但光照强度对番茄的生长、发育则有较大的影响。阳光充足,则光合作用旺盛,花芽分化比较早,第1花穗着生位置也低,不容易落花,因而早期产量比较高。当然,如果每天的光照时间过短,即使光照并不很弱,也会影响生长和产量。番茄营养生长最适宜的日照长度为 16h,多数品种在 11～13h 日照、30 000～35 000lx 的光照强度下就能正常生长发育,开花较早。如果日照超过 16h 以上,苗的发育反而变劣,花芽分化晚,花芽数也少。

3. 水分 番茄根系比较发达,吸水力较强,因此对水分的要求表现为半耐旱蔬菜。番茄不同的生长发育时期对水分要求不完全相同。种子发芽,土壤含水量应保持在 11%～18%,土壤湿度应为土壤最大持水量的 80%,出苗后可降至 60%～70%。在营养生长期,土壤的最适湿度为 50%～55%,空气相对湿度只要保持 45%～50% 就可以。开花以后,番茄吸水量急剧增加,到果实肥大期,每天每株要吸收 1L 以上的水分。特别是第 1、第 2 花穗结果期间,如土壤水分及钙含量不足时,易发生脐腐病;果实发育后期,土壤干湿不匀,或雨水过多,容易造成裂果。

刘明迟等人(2001、2002)将亏缺灌溉理论引入到对草莓、樱桃番茄产量与品质影响的研究之中,结果表明,亏缺灌溉提高了果实内糖、有机酸、维生素 C 及可溶性固形物和干物质含量,并明显提高了对水分的利用率,但亏缺灌溉对果数的影响不太大。

4. 土壤及矿物质营养 番茄对土壤条件要求不太严格,以土层较厚、排水良好、富含有机质的肥沃壤土为适,pH6～7 为宜。对营养物质的要求以氮素最多,在全生育期都需充足供给氮素。对磷肥的吸收量虽不多,但对根系及果实发育作用显著。对钾的吸收量最大,尤其在果实迅速膨大期,对钾的吸收量呈直线上升。番茄对钙的吸收量也很大,缺钙时番茄易得脐腐病及引起生长点坏死。

(三) 生长发育特性 番茄的生育周期包括:发芽期、幼苗期、开花坐果期和结果期。

1. 发芽期 从种子萌发到子叶充分展开为番茄的发芽期。发芽期生长所需的营养依靠种子本身贮藏的养分转化,只要满足种子萌发的水分、温度(25～28℃)和氧气条件,经历水分吸收→发根→发芽(伸出子叶)→子叶展开等过程,即可完成。一般需 3～5d。

2. 幼苗期 从真叶始出(俗称"吐心")到第 1 花穗现蕾的时期为幼苗期。此期基本为营养生长阶段,但当幼苗分化出 5 片(自封顶型)至 8 片(非自封顶型)真叶,其中有 2～3 片叶充分展开时,形成茎、叶的生长点就开始花芽原基的分化。此后,形成茎叶的营养生长和形成花芽的生殖生长就周期性地进行。在正常情况下,幼苗期需 40～50d。

3. 开花坐果期 从第 1 花穗开花到第 1 花穗果实膨大前期(果实长到核桃般大小)为开花坐果期。此期时间不长,春季露地番茄一般为 20～30d,正处于定植后的"蹲苗期"。在外部形态上,一般是第 1 花穗开花、坐果,第 2 花穗开花,第 3 花穗现蕾。开花坐果期虽然仍以营养生长为主,但却是番茄从营养生长为主向生殖生长与营养生长同步发展的转折期。番茄的第 1 花穗一般着生在第 7～

9 叶之间（无限生长型品种），第 1 花穗的第 1 花于播种后约 59d、花芽分化后约 30d、真叶 10 片展开时开花。在 15～33℃的范围内，开花后约 2d，授粉、受精过程完成，开始结果。在开花坐果期，如营养生长过盛，茎、叶徒长，会导致开花推迟，花穗萎缩、落花，不坐果或幼果不膨大等。但如营养生长过弱，则又会引起花穗过小，花朵不能正常开放，落花落果。因此，在栽培管理上应注意定植后不能过于"蹲苗"，同时应用肥水管理、整枝等措施调节好秧、果关系。

4. 结果期　自第 1 穗果实膨大到整个番茄果实采收完毕为结果期。此期秧、果同时生长，营养生长和生殖生长均旺盛进行，但以生殖生长为主。在同一植株上除茎叶生长外，同时也在进行着开花、坐果、果实的膨大发育、果实的成熟。就栽培而言，这个时期最重要的是调控好结果的数目和果实的膨大发育。至于番茄一生能长多少叶、结几穗果、每穗坐多少果就要看番茄品种、环境条件的适合程度、栽培管理的措施要求等。一般而言，华北地区春露地的番茄有 3～5 果穗，每穗坐果 5～7个，一株结果 20～30 个。中国北方春露地栽培，一般长到 5 穗以上就坐果不良。结果穗数可用摘心方法来控制。另外，正在发育膨大的果实，特别是开花后 20d 左右的果实，需要大量的营养物质，会与上层花穗争养分，这些养分的来源主要靠中、下部的叶片，上部的叶片只能保证上层果实及顶端生长的需要，番茄摘心时在最后一个花穗上面必须保留 2 个叶片，以免造成上部果受日灼伤害，并可补充上部果对同化产物的需求。同时，早期结实不能留果太多。

二、类型及品种

（一）类型　较多分类学家认为，番茄属（*Lycopersicon*）包括秘鲁番茄、智利番茄、多毛番茄、醋栗番茄、契斯曼尼番茄、小花番茄、克梅留斯基番茄、潘那利番茄及普通番茄等 9 个种。而普通番茄（*L. esculentum* Mill.）又可分为 5 个变种，即普通番茄（var. *commune* Bailey）、大叶番茄（var. *grandifolium* Bailey）、樱桃番茄（var. *cerasiforme* Alef.）、直立番茄（var. *validum* Bailey）、梨形番茄（var. *pyriforme* Alef.）。目前，绝大部分的栽培品种属于普通番茄这一变种。番茄品种数目繁多，在园艺学上大体可分为以下几种类型：

1. 按植株生长习性分　可分为无限生长型和有限生长型（包括自封顶、高封顶）两类。

2. 按叶形分　可分为普通叶型（裂叶型）、薯叶型（大叶型）、皱缩型三种。绝大多数番茄品种的叶属于普通叶型。薯叶型的小叶较大，小叶数较少，一般无小小叶，叶似马铃薯叶片。皱缩型的叶片紧凑，小叶皱缩，这类品种茎秆粗壮而且节间短，株型较矮，多为直立番茄。

3. 按果实大小或颜色分　可分为大果型（150～200g 以上）、中果型（100～149g）、小果型（100g 以下）；或大红（火红）果、粉红果、黄色果（橙黄、金黄、黄、淡黄）。

（二）品种　在 20 世纪 50～80 年代中期，中国番茄生产中各地采用的番茄品种主要有：早雀钻、真善美、苹果青、粉红甜肉、橘黄嘉辰、卡德大红、矮红金、农大 23、东农大粉、北京早红、早粉 2号、上海长箕大红、粤农 2 号、广葫 1 号、保加利亚 10、武昌大红、满丝、强力米寿、特洛皮克、罗城 1 号等。在这些品种中，有的是将从国外引进的品种经过适应性种植，直接应用于生产；有的是将原有的地方品种与引进品种进行杂交，经过系统选择而成为各地的主栽品种。80 年代中期以后，中国育成丰产、优质、抗病（TMV、CMV、青枯病等）的优良番茄品种（杂交组合）逾百个。这些新品种不同程度地替代了老品种，初步实现了鲜食与加工、早、中、晚熟、露地与保护地品种的配套。现介绍在中国番茄生产上曾经发挥过重要作用及近期新育成的主要品种。

1. 早魁　西安市蔬菜研究所于 1989 年育成的一代杂种。植株自封顶类型，2～3 穗花后封顶。早熟。果扁圆，大红色，单果重约 130g。味酸甜适中，抗 ToMV。适宜陕西、华北部分地区大棚、中小拱棚及露地早熟栽培。

2. 毛粉 802　西安市蔬菜研究所于 1996 年育成的一代杂种。无限生长型，中熟。有 50% 植株全

株长有长而密的白色茸毛。果大而圆，粉红色，有绿色果肩，单果重约 150g，肉厚，质优。高抗 ToMV，中抗 CMV，对蚜虫及白粉虱有较强的抗性。适宜陕西及华北部分地区栽培。

3. 中蔬 4 号　中国农业科学院蔬菜花卉研究所于 1986 年育成的常规品种。植株无限生长型，中熟。果圆正，粉红色，单果重约 180g，品质好。高抗 ToMV，对晚疫病有一定的抗性。中国各地均可栽培。

4. 佳粉 15　北京市农林科学院蔬菜研究中心于 1995 年育成的一代杂种。无限生长型，中熟。果扁圆形，粉红色，单果重 150～200g，品质好。抗 ToMV，中抗 CMV，抗番茄叶霉病生理小种 1、2、3、4。适宜塑料大棚及日光温室栽培。

5. 双抗 2 号　北京市农林科学院蔬菜研究中心于 1989 年育成的一代杂种。植株无限生长型，中熟。果圆形或扁圆形，有绿色果肩，粉红色，单果重 150g，皮略薄，在高温多雨下易裂果，品质较好。高抗 ToMV，抗番茄叶霉病生理小种 1.2.3。适宜各种保护地栽培。

6. 浦红 8 号　上海市农业科学院园艺研究所于 1994 年选配的一代杂种。植株无限生长型，中熟。果扁圆形，粉红色，有绿果肩，单果重 130～150g，果实品质好。高抗 ToMV，中抗 CMV。适宜中国中部地区露地或春季保护地栽培。

7. 中杂 9 号　中国农业科学院蔬菜花卉研究所于 1994 年育成的一代杂种。无限生长类型，中熟。果实圆形，粉红色，平均单果重 160～200g，品质好，畸形果和裂果少。高抗 ToMV，中抗 CMV，抗叶霉病（含 cf_5 基因），抗番茄枯萎病。耐低温、弱光。适宜中国大部分地区保护地和露地栽培。

8. 苏抗 5 号　江苏省农业科学院蔬菜研究所于 1984 年育成的一代杂种。植株自封顶型，中早熟。果实圆形，红色，有绿色果肩，果重 180～200g，果肉较厚。高抗 ToMV，耐早疫病。适宜江苏省及长江中下游地区春季保护地栽培及秋季露地栽培。

9. 浙杂 7 号　浙江省农业科学院园艺研究所于 1990 年育成的加工和鲜食兼用的杂交种。植株自封顶型，早熟。果近圆形，红色，单果重 130g 左右，果实可溶性固形物含量 5%，每 100g 鲜重含番茄红素 8mg。高抗 ToMV。适宜早春和秋露地栽培，在保护地中也表现良好。

10. 东农 705　东北农业大学园艺系于 1994 年育成的一代杂种。植株自封顶型，早熟。果实圆形，红色，单果重 135～200g，果面光滑，少裂果。高抗 ToMV，中抗 CMV。适宜露地和保护地栽培。

11. 丰顺　华南农业大学园艺系于 1993 年育成的一代杂种。植株自封顶型，早熟，果实圆形，红色，单果重 75～100g，肉质坚实，抗裂性强。高抗青枯病，抗 ToMV。适宜华南地区春、秋季露地栽培。

12. 粤星 89 - 06　广东省农业科学院蔬菜研究所于 1994 年育成的一代杂种。植株自封顶型，中早熟。果长圆形，果肩具微浅沟，青果有浅绿肩，熟果鲜红色，单果重 75～100g。抗青枯病和 ToMV，中抗 CMV。适宜华南地区春、秋季露地栽培。

13. 红杂 25　中国农业科学院蔬菜花卉研究所于 1998 年育成的罐藏番茄一代杂种。无限生长类型，中熟。果实卵圆形，果顶略有尖突。幼果有浅绿色果肩，成熟果鲜红色，着色一致，单果重 62～76g，大小整齐。果实紧实，抗裂，耐压，耐运输，果实含可溶性固形物 5.3%～6.0%，每 100g 鲜重含番茄红素 10.2～10.5mg。高抗 ToMV，中抗 CMV。加工和鲜果外销均可。

14. 简易支架 18　扬州大学农学院与扬州食品制造厂联合于 1990 年育成的罐藏番茄杂交种。植株为自封顶中早熟类型。果实高圆形，红色，果脐小，抗裂，耐压、耐运输，单果重约 65g，可溶性固形物含量 5.4%，每 100g 鲜果含番茄红素高达 11.47mg。高抗 ToMV。已在江苏等省番茄加工原料基地大面积种植。

15. 新番 4 号（新红 718）　新疆维吾尔自治区农业科学院园艺研究所于 1994 年育成的罐藏番茄

一代杂种。植株为自封顶中早熟型。果实长圆形，红色，果脐小，基本无畸形果和裂果，极耐运输。果实可溶性固形物含量 5.4%，每 100g 鲜果含番茄红素高达 12.77mg，加工品质好。高抗 ToMV。已在新疆等地番茄加工原料基地大面积种植，可作无支架栽培。

16. 早粉 2 号　中国农业科学院蔬菜研究所与 1968 年育成。有限生长类型。株高 35cm 左右，主茎第 7～8 节位着生第 1 花穗，结 2～3 穗果之后封顶。果实扁圆形，平均单果重 120～250g，粉红色，幼果有绿色果肩，品质中上。定值后 45～50d 开始采收。适于在华北、西北、东北等喜爱粉色果的地区作早熟栽培。近年在山西省的部分地区仍用该品种作早熟栽培。早粉 2 号也是选育番茄早熟新品种的优良亲本之一。

17. 早雀钻　早年从国外引入，经试种后推广。植株半蔓生，3～4 穗果封顶。生长势强，叶片较大，叶面具绒毛。第 1 穗花着生于主茎第 7～8 节位。青果黄绿有浅肩，熟果红色，扁圆到圆球形，平均单果重 120～140g。汁多，风味中上，浓厚爽口。耐热性和抗病毒病能力较强。曾是长江流域各大中城市的主栽品种之一。

18. 粉红甜肉　早年从美国引入，经试种后推广。非自封顶类型。生长势中等，第 1 穗花着生于主茎第 7～9 节位。果实微扁圆形，粉红色，果皮较薄，稍易开裂，果肉爽口，汁多，品质佳。中熟，较耐热，抗病性稍强。20 世纪 50～60 年代是中国北方地区高产优质的主栽品种。

19. 罗城 1 号　1966 年从意大利引进。有限生长类型，株高 60～65cm，主茎第 7 节位着生第 1 花穗。果实梨形，红色，平均单果重 70g 左右。种子少，可溶性固形物含量 5.0%。抗寒性中等，抗热性较强，抗裂。是酱用和番茄罐头专用加工品种。

20. 强力米寿　中国农业科学院蔬菜花卉研究所 1972 年从日本引进的一代杂种经过多年选育于 1980 年育成的常规品种。无限生长类型。株高 100cm 左右，普通叶型，第 1 花穗着生于主茎第 8～9 节位上。果实扁圆，粉红色，果肩较小，平均单果重 250～300g。中熟。耐热，较抗病毒病和疫病，裂果轻。果肉酸甜适中。曾是江苏、安徽、山东、天津、北京、黑龙江等省、直辖市春季露地栽培的主栽品种之一。

21. 圣女　台湾省育成的樱桃番茄品种。株高 130～150cm，生长旺盛，适应性强。早熟，每个花序可坐果 12～15 个，单果重 12～15g。果实椭圆形，粉红色，果皮薄，含糖量高，肉质脆，口感佳。自播种至收获需 100～120d。

22. 美味樱桃番茄　中国农业科学院蔬菜花卉研究所选育而成。无限生长型，生长势强，早熟。果实圆形，红色，平均单果重 10～15g。甜、酸适中，风味极佳。高抗 ToMV，抗 CMV，适应性强。适宜在中国各地保护地和露地栽培。

三、栽培季节和方法

（一）栽培季节　中国地域广阔，各地气候条件不同，可以把栽培番茄分为 4 个主要的生长季节区：

1. 东北区　包括东北各省及高寒地区，均属夏季栽培，低温是主要的限制因素。春播而秋收，不存在夏季过热问题。每年露地生产一茬，生长期长，产量较高。一般于 3 月中下旬播种育苗或 5 月露地直播，7～9 月采收，早霜前拉秧。小面积栽培的可为有支架栽培，大面积一般为无支架栽培。此区的沈阳市以南及辽东半岛与华北、山东半岛的自然条件相似。

2. 华北、西北区　华北区以华北平原为主，包括北京、天津及河北省南部、山东省和河南省的一部分地区。其无霜期较东北区长，夏季温度较高，雨水集中，对番茄的生长及产量影响较大，一般品种不易越过夏天。因此，番茄栽培可以分为春番茄和秋番茄，而以春番茄为主。春露地生产于 1 月下旬至 2 月上旬利用温室或阳畦育苗，4 月下旬定植，6 月下旬至 7 月上旬采收上市，8 月初拉秧。

中国蔬菜栽培学

□□□□〔第二版〕.. Olericulture in China □□□□

西北区包括西安、汉中、关中、延安、榆林、兰州、乌鲁木齐等地，其露地栽培可分为春茬番茄、夏番茄和春到秋1年一大茬栽培番茄。春茬番茄在西安是1月下旬至2月中旬播种，在兰州是2月中旬至3月中旬播种，在乌鲁木齐是2月下旬至3月下旬播种；夏番茄一般在4月中、下旬播种；春到秋1年一大茬栽培番茄，一般在气候较冷凉、番茄能越夏的地区种植，播种和定植时间一般比春茬栽培晚15～20d，收获期则直到当地初霜期。西北地区罐藏加工番茄多是露地1年一大茬栽培。

3. 长江中下游地区 以春夏栽培为主，少量秋季栽培。春播番茄在冬前的11～12月温床或冷床播种育苗，到清明前后定植，从5月下旬开始采收，7月中、下旬为末果期。若是早熟种，在6月中、下旬已是盛果期，7月上旬为末果期。近年来，利用电热温床育苗，可在2月播种。

4. 华南区 包括广西、广东、福建及云南省的南部以及海南、台湾等省。此区番茄栽培可分为春番茄、夏番茄、秋冬番茄（或冬番茄）。以广州地区为代表，因早春阴雨多、云量大、湿度高，夏季温度高且时间长，并常有台风、暴雨，而秋季天气晴朗，冬季温暖，所以番茄栽培以秋、冬季为主。一般于8～9月露地播种、育苗，从11月到第2年3月采收。福建省南部及北部亦以秋、冬番茄为主。近年，在广东省北部及广西桂林市的一些海拔较高的地区，夏季气温较低，昼夜温差大，番茄夏季栽培的面积迅速扩大，通常5～6月播种，8～11月收获。

（二）栽培方式

1. 春番茄栽培

（1）春季露地栽培 在中国大部分地区（尤其是长江以北），春季露地栽培是番茄生产的主要形式，其栽培面积大，产量高。如采用冷床育苗，育苗期早熟品种需70～80d，中晚熟品种需80～90d；而采用温床或温室育苗，则育苗期需要60～70d；华南地区（广州）小拱棚育苗需45～50d。在当地终霜期以后，10cm深地温稳定在10℃以上时定植。一般华北地区多在谷雨前后（4月中、下旬），东北、西北地区多在立夏至小满期间（5月），长江流域各地可提早至3月下旬，华南地区（广州）更可提早至立春到雨水期间（2月）定植。

（2）春季极早熟多层覆盖栽培 是指大（中）棚＋小拱棚＋草帘（草包）＋薄膜＋地膜等多层覆盖的一种保暖防冻、促早熟的栽培方式。这种栽培方式的番茄一般在10月中下旬播种，11月下旬至翌年1月上旬定植，4月上中旬上市，一直采收到5月上中旬。在安徽省和县、繁县、宿县、阜阳以及江苏省的淮阴、连云港、盐城等苏北地区广为应用。

（3）春季早熟栽培 目前生产上采用的保护设施主要有以下几种：

①地膜覆盖栽培。将专用塑料薄膜（聚乙烯地膜）贴盖于栽培畦（或垄）表面，能使土壤增温、保水、保肥，为根系及植株生长发育创造优良的土壤环境。这种栽培方式投资少，省工省肥，早熟增产效果好。

②小拱棚短期覆盖栽培。是春季早熟栽培中结构简单、取材方便、用料省、效果好的一种覆盖栽培方式。一般2月下旬至3月上旬温室播种育苗，4月上中旬定植，6月中旬开始采收，7月下旬拉秧。

③塑料大棚栽培。塑料大棚能为春植番茄的生长发育提供比较适宜的温、光、湿小气候条件，使春番茄可以提早采收上市，获得比露地番茄较高的产量和产值，因此应用大棚种植春番茄在北方蔬菜基地和南方部分地区已成为番茄生产的主要形式。用塑料大棚进行春番茄早熟栽培要尽早定植，夜间注意保温，在寒潮来时采用加热器、电热线等加温措施，而在晴朗的白天，当棚内气温达25℃左右时（上午9：00～11：00）开始进行通风降温、换气，下午2：00～3：00后，棚内气温下降，应放下薄膜或关闭通风口。

④日光温室栽培。目前，日光温室是中国黄淮海流域以北地区最主要的保护地生产方式。日光温室栽培番茄依其生长期不同可分为冬茬栽培、秋延后栽培及春提早栽培3种类型，其中以冬茬番茄栽培较多。

2. 夏番茄栽培　夏番茄通常在 4 月至 6 月上旬播种，夏秋上市。除东北、西北地区的夏季特别适宜于夏番茄的生长发育外，长江流域及珠江流域的大部分平原地区，夏番茄由于受到高温（可达40℃）、高湿、多雨、病害（青枯病、枯萎病、早疫病、叶霉病、灰霉病等）严重的影响而不易成功。但在高海拔地区，夏季气候凉爽，昼夜温差大，比较适宜番茄的生长。这些地方直射日照时数虽较平原地区短些，但已能满足番茄对日照的需要。利用山区这种优越的自然生态环境进行夏番茄生产，能够在 8～10 月供应市场。浙江省临安县，广东省北部连平、新丰、阳山，广西桂林地区，都有大面积种植夏番茄的经验。种植夏番茄，选择的海拔高度以 600～1 200m 为宜，尤以 800～1 000m 最适合。另外，中国南方山区土壤以红黄壤为主，应强调增施石灰，一方面可中和土壤酸性，另外还可减轻番茄青枯病及脐腐病的危害。

3. 秋番茄栽培　华北平原及长江流域各地在 7、8 月份播种的，称秋番茄栽培。7 月中旬播种的，8 月中下旬定植，10 月中旬开始收获，经贮藏还可延长至 12 月份上市，具有较高的经济效益。但是，秋番茄的生长前期正处于高温、干旱、病毒病严重发生或暴雨季节，生长后期又遇低温霜冻，不利于番茄生长及果实成熟，因此，秋番茄的产量一般明显低于春番茄。所以在长江流域及其以南地区，秋番茄多采用大棚栽培。参见第二十六章第三节。

4. 冬（秋冬）番茄栽培　在广东、广西、台湾省及福建南部等地，秋季天气晴朗，冬季温暖，无霜期长，有霜天数不多，大部分时间的气温适宜番茄的生长及果实发育，所以番茄栽培以秋、冬露地为主，其产量及果实品质都优于春、夏番茄。以广州地区为代表，秋冬番茄 8 月上旬至 9 月初为适宜的播种期，11 月至次年 3 月间采收上市。秋冬番茄播种过早，容易发生青枯病和病毒病并受高温、暴雨的影响，引致早期落花落果。

云南省和海南省是中国在冬季可以露地栽培番茄的地区。云南省南部（元江等地）和海口、三亚等不少地区终年无霜，冬季月平均温度在 15℃以上，在无任何防霜设备的情况下可栽种冬番茄。

近年，中国黄淮海流域以北地区利用日光温室栽培冬番茄的面积不断扩大。黄淮海流域的番茄深冬栽培，一般于 7 月中旬至 8 月中旬播种，8 月上旬至 9 上中旬定植，苗龄 20d 左右。在播种后约 3 个月开始收获，冬季供应市场。

四、栽培技术

（一）播种育苗

1. 播种育苗的方式　春季栽培时，为了提早供应及增加产量，华北一带在早春曾利用风障冷床育苗，现多应用小棚、大棚或日光温室内套小棚等方式育苗。长江流域各大城市郊区普遍应用温床或冷床育苗。华南地区及长江流域广大农村多用薄膜小拱棚育苗。江淮流域应用薄膜小棚、大棚或日光温室内套小棚等方式育苗。东北及西北一些地区，大面积无支架栽培时，也有用直播的。南方地区秋番茄栽培时，也可直播。直播时需要较大的播种量，间苗、灌溉、防热等工作也较繁重，但苗株具有较大的根系，耐旱能力较强。华南地区夏、秋、冬番茄栽培，多在露地播种，再在畦面上 80～100cm 高处挂遮阳网进行遮阳育苗，可防止强光、降低温度及减少暴雨等恶劣天气对秧苗的影响。近年，利用蛭石、泥炭、炭化砻糠、珍珠岩石、椰子壳纤维、棉籽壳等基质代替土壤，并在基质中拌入矿物质肥料进行的番茄无土育苗方式，在长江流域有了较大的发展，育成的苗生长快、苗龄短、病虫害少，适于大规模生产商品苗。从国外引进的工厂化穴盘育苗设备，展示了现代育苗新技术。

2. 育苗地的选择　应选择地势高、避风向阳、排灌方便、避免与茄科作物连茬的地块做育苗地，华南地区最好选择前作为水稻田。床土必须肥沃，富含营养物质，有良好的物理性状，保水力强，空气通透性好。配制床土时，田土占 50％～70％，草木灰、化肥等速效肥及经过充分腐熟发酵的厩肥（或腐熟的鸡粪）、堆肥、河泥、塘泥、泥炭、腐殖质等因地制宜，并用 50％的多菌灵粉剂等配成水

溶液作消毒剂，喷洒在床土上。南方红壤地区配制床土时可适当加些石灰，以中和酸性及增加土壤中的钙质。

3. 浸种催芽与播种方法　番茄一些病害（如猝倒病、叶霉病等）的病原菌可由种子传播，因此播前应进行种子消毒处理。消毒方法有以下几种：将干燥种子放在 70℃ 下经 72h 的高温处理法；将干种子浸在 50℃ 温水中 25min 的温汤浸种法；用药量为种子重量的 0.3% 的 70% 敌克松粉剂等拌种的药剂拌种法；将在清水中浸泡 2~4h 的种子浸入 100 倍福尔马林、600 倍的百菌清等药剂中一定时间并用水洗净的药剂浸种法。

番茄可以播干种子，采用撒播。也可事先浸种催芽，催过芽的湿籽易结块，如是未发芽的种子，可用细沙或细土拌匀后撒播。如是已发芽的种子，则要点播，以免伤芽。播后立即用细土、营养土等均匀覆盖 1.5~2.0cm，覆土过薄易带种皮出土，影响子叶展开。每公顷大田秧苗所需种子量为300~450g，一般在 11 m² 的苗床上播种子 50~100g，育成的秧苗可以栽 1 332 m² 或更多些。

播种期与苗龄的长短将直接影响到植株的生长与结果。播种过早，苗龄过长，定植时已带有花甚至小果实，这样，虽然可以提高早期产量，但会影响后期生长和结果，容易引起早衰，总产量也不会很高。所以，播种期的迟早，要根据品种特征、栽培目的及当地气候条件来决定。早熟品种开花结果早，生长期较短，苗龄要短些；晚熟品种生长及结果期较长，苗龄可以长些，采用温室和温床播种育苗的苗龄要短些。

4. 幼苗管理

（1）播种至出苗期间的管理　要求苗床温度保持在白天 25℃、夜晚 18℃ 左右。苗床温度偏低，发芽慢，出苗期延长并容易烂籽，但温度过高再加上床土干旱，易引起"烫芽"。幼苗在顶土期要降低床温，及时揭去床上表面的覆盖物，此时温度过高易引起下胚轴伸长，成为高脚苗。如果覆土过薄，发现顶壳现象，应再覆一层细土。

（2）出苗至分苗期间的管理　当幼苗的两片子叶展开以后，苗床温度要适当降低，白天以 20~30℃、夜间 10~15℃ 为宜，温度过高易引起秧苗徒长；分苗前 1 周，苗床温度再降低 2~3℃，白天应逐渐加大通风口，延长通风时间，草帘也要逐渐早揭晚盖，延长光照时间。一般情况下，苗床不浇水追肥。如果床土出现干燥情况则适当补水。苗期若因床土瘠薄，出现叶片发黄的缺肥症状，可适当喷施少量速效肥。

分苗也称移苗，一次分苗的密度可采用 10cm×10cm，若大苗定植进行 2 次分苗的，以采用 15cm×15cm 为宜。分苗后 2~3d，苗床内以保温、保湿为主，待秧苗中心的幼叶开始生长时，再通风降温，以防秧苗徒长。

（3）分苗到定植前的管理　此期苗床的温度变化较大，夜间（有寒流时）温度较低，易造成冻害或冷害；晴天中午，苗床温度常高过 35~40℃，如不及时通风降温，会引起灼伤或秧苗徒长，所以这一时期的温度管理相当重要。随着秧苗的生长，应通过将草帘早揭晚盖来延长秧苗的受光时间。床土宜干干湿湿，不要经常浇水。浇水要选择晴天上午进行，阴雨天气切忌浇水。苗期追肥以速效肥为主，除了氮肥之外，还要配合使用磷、钾肥。

（4）幼苗锻炼和徒长苗的控制　为了获得茎粗、叶绿、节间短、具 7~9 片叶及小花蕾、根系发达的健壮幼苗，应在定植前十多天通过加强通风、降低床温、减少浇水、控制生长量等来进行"炼苗"。经过锻炼的幼苗，全糖及淀粉的含量增加，全氮量反而减少，对苗床低温的环境忍耐力增强，是防止徒长和冻害的有效措施，并有促进花芽分化，提早开花结果的作用。为了防止幼苗徒长，可通过增强苗床光照、降低温度、控制浇水及喷施磷、钾肥等管理措施来实现。对于已发生徒长的幼苗，可应用 200~250μl/L 的矮壮素（CCC）浇施床土，效果较好。

（二）整地、作畦与施基肥　为了防止土壤传染番茄病害如青枯病、枯萎病等，各地番茄栽培应实行 3~5 年轮作，不与茄子、辣椒、烟草、马铃薯等茄科作物连作。有的农区采用番茄与大田作物

小麦、水稻轮作，效果较好。

番茄栽培在中国北方春季比较干旱的地区，多采用平畦，南方用高畦。在华中及华南各地，深沟高畦是丰产技术之一。畦宽（连沟宽）一般 1.3～1.7m，沟宽 0.3～0.5m，栽两行。北方地区平畦宽 1～1.5m，种植两行。整地时深耕 13～16cm，定植前，在畦中央开沟施足基肥。但定植时，幼苗不要栽在施基肥的地方，以免烧根。

番茄是一种生长期长、坐果多、产量高、需肥量大的蔬菜。要达到高产，需选疏松肥沃、保水力强的土壤，施肥以基肥为主，磷、钾肥与腐熟的有机肥混合作基肥，速效的人粪尿或硫酸铵、尿素等氮肥可以一部分配合作基肥，留一部分做追肥。基肥充足，前期生长快，营养生长与生殖生长均好，这是番茄早熟与丰产的关键。番茄基肥宜在翻耕时施入，每公顷可用 75 000～112 500kg 腐熟有机肥，如厩肥、堆肥，再配以液态农家有机肥、饼肥、鸡鸭粪等，使肥料掺和均匀；定植前结合作畦在畦中央开沟，每公顷再施入氮、磷、钾复合肥或过磷酸钙 375kg 左右，或饼肥 1 500kg 。

番茄施肥要注意各肥料之间的合理配合。磷酸肥料对各种土壤都很重要，对番茄果实及种子的发育起着很大的作用。据分析，果实占植株吸收磷的 94%，而茎叶只占 6%。磷不仅可增加产量，提高果实质量，同时可以促进果实的成熟。氮能够促进茎叶生长及果实发育，尤其在生长的初期，氮肥更为重要。钾肥的施用对于延迟植株的衰老，延长结果期，增加后期的产量及果实的色泽有良好的作用。据研究，番茄整个植株内氮、磷、钾的成分比例为 2.5∶1∶5，植株对氮和钾的吸收率为 40%～50%，对磷的吸收率为 20%。因此在施肥中，三要素的配合比例以 1∶1∶2 为宜。

（三）定植与栽培密度 定植的时期应根据当地晚霜终止的早、晚而定，在晚霜终止后即可定植。长江流域一般在清明前后、华北地区在谷雨前后、东北地区在立夏前后定植。在无晚霜为害的情况下，适当早定植可以增产。定植时，南方各地的苗床，宜在定植前 4～5h 浇一次透水；北方地区的苗床，一般于起土坨前浇透水，可多带土，减少伤根；营养钵育苗可在定植前 1～2d 浇一次透水。定植最好选择无风的晴天进行。栽苗方式有平栽、沟栽等。可先栽后灌水，或开沟浇水，在沟中按株距稳苗，然后覆土封沟，俗称"水稳苗"。栽植的深度以覆土盖没原来土坨为宜。

栽植密度随品种的特性、整枝方式、气候与土壤条件及栽培目的等而异。一般来说，早熟品种比晚熟品种要密；株型紧凑、分枝力弱的品种比植株开展大的品种密；自封顶品种比非自封顶品种密；长江以南，雨水多，枝叶生长繁茂，栽培的密度要比北方的小些；北方用"大架"栽培者要比"小架"栽培的小些。目前，长江中下游地区多采用双干整枝，每公顷栽 45 000～52 500 株。华北地区对早熟品种采用改良式单干整枝，矮架栽培，每公顷栽 75 000 株左右；对中晚熟无限生长类型品种用单干整枝，高架栽培，每公顷栽 52 500～60 000 株，采用无枝架栽培每公顷栽 24 000～37 500 株。适当密植，在一定程度上可以达到增产效果，但也不宜过密，否则适得其反。

（四）田间管理 番茄生长过程中田间管理的主要内容有：灌溉、施肥、中耕除草、培土、整枝、防止落花落果及病虫害防治等。

1. 灌溉和排水 番茄有几个重要的生育期，必须保证水分供给。

（1）缓苗水 番茄定植后 5～7d，已经缓苗，应灌 1～2 次缓苗水，但水量不要大，以免因灌水使地温下降，影响根系生长。

（2）保花水 经过蹲苗后，在番茄植株有 40%～50% 已经开始开花时，如土壤保水保肥力差，或遇天气干旱时，要浇 1 次"保花水"，避免植株严重缺水。

（3）催果水 当植株第 1 穗果膨大到直径 3～5cm，第 3 穗果刚坐果时，应灌催果水，催果水标志着蹲苗结束，果实进入迅速膨大期。多雨年份，催果水应晚灌或不灌。

（4）盛果期灌水 番茄进入盛果期，需水量大，因这时植株长势旺，果实膨大需水分多，再加上进入高温季节，地表蒸发增强，植株茎叶的蒸发量增大（番茄蒸腾系数约为 800），因此，必须保持土壤经常湿润。一般 5～7d 灌水一次，干旱年份每 3～4d 灌 1 次水，或每采收 1～2 次后灌水 1 次，

每次灌水量要大一些，但沟灌时水面不宜高于畦面。

　　在长江以南的广大地区，每年5～6月的雨水多，要注意排水，畦要高，沟要深，不但畦面上不要积水，就是沟中也不要积水。否则土中空气少，温度低，根系生长不良，叶子容易发黄，容易引起落花及各种病害。

　　2. 中耕、除草与地面覆盖　　中耕常与除草、培土及蹲苗结合进行，一般在定植缓苗后进行中耕。第1次中耕，清除杂草，将大土块打碎，行间中耕宜深些，植株周围宜浅，使土表疏松便可；第2次中耕在定植后1个月左右，此次中耕结合培土，将畦沟锄松培于畦面上与植株四周，加高畦面，并使行间形成浅沟，便于以后浇水和施肥。以后因植株已高大，不再中耕、培土。在雨季到来之前，要做好畦头排水沟，以利排水。

　　中耕常与蹲苗结合进行，蹲苗的目的在于促进根系发展，控制前期茎叶过分生长，使养分积累，加速植株开花结果。蹲苗的措施主要是多锄少浇，深细中耕。蹲苗一般于浇缓苗水后第1次中耕时开始，浇灌催果水标志着蹲苗的结束。但蹲苗要依番茄品种类型、植株生长情况、土质、肥力、气候情况灵活掌握。若采用大苗定植，植株很快进入结果期，可少蹲苗或不蹲苗；早熟品种蹲苗不可过重，否则将来叶量小，果过多，引起早衰。中晚熟品种蹲苗则要适当重些，以防止茎叶徒长疯秧。土质差，肥力不足，苗黄且瘦，不宜蹲苗，否则易成老小苗，对发棵及丰产都不利。

　　定植后利用薄膜（聚乙稀薄膜）覆盖地面，能使土壤水分分布更均匀，营养物质与微生物丰富（Lippert 等，1964；Knavel 和 Mohr，1967），能促进根系及茎叶的生长，提早开花结果，增加产量，尤其是早期产量。对于早期土壤温度较低的地方，如东北、华北及华中的春栽番茄，增产效果更明显。

　　3. 追肥　　番茄生长期长，连续结果，多次采收，整个生长期需要大量的养分。除基肥外，要有充足的追肥，才能获得丰产、稳产。

　　在生产上，往往于定植缓苗后、蹲苗前追施1次"催苗"肥，促进苗期的营养生长，一般每公顷可追施稀薄粪水7 500kg，或施尿素或复合肥150kg；当第1穗果开始膨大后，追施"催果"肥，这次追肥量应占总追肥量的30%～40%，一般每公顷可施薄液态农家有机肥15 000kg，或施尿素或复合肥300～375kg；第1穗果将要成熟，第2、3穗果迅速膨大，第4、5穗花开放时，要第3次追施速效的肥料，一般每公顷可施尿素和复合肥150～300kg。如是长季节栽培，结果后期仍需适当追肥，但肥料浓度可以降低些。

　　番茄的类型不同，对施肥的要求也不同。对于有限生长的早熟品种，如北京早红基肥要充足，同时要早施、勤施追肥，促进植株在结果前有较大的叶面积；而对无限生长的品种，如中杂9号等，结果前不宜追肥过多，避免徒长，到第1、2花穗结果后，加强追肥。

　　番茄的生长，既要有足够的氮肥，但又不能过多。碳、氮平衡是生长和结实的基础，不能在施基肥时1次用氮过多，而要在生长结果期中利用多次追肥来补充。追肥和基肥一样，不宜偏施氮肥，要配合磷、钾肥使用，也可追施复合肥。用液态农家有机肥追肥时，初期宜稀薄，后期要浓些。在第1、2次追肥时，每公顷宜加150～225kg过磷酸钙；如果在生长前期发现叶色淡黄，可施一次硫酸铵，每公顷225～300kg，效果较好。

　　番茄也可以由叶片吸收矿质营养，特别是吸收磷肥能力强。因此，在果实生长期间，喷洒1.5%的过磷酸钙或磷酸二氢钾溶液2次，每次每公顷用过磷酸钙30～45kg，对果实发育及增进品质有良好效果。李家慎等（1955）用铜、硼等微量元素作喷洒处理，认为有增加番茄维生素C及可溶性固形物含量的作用。

　　4. 植株调整

　　（1）整枝、打杈　　番茄植株每个叶腋间都能抽生侧枝，若任其生长，则枝蔓丛生，消耗水分、养分，影响通风透光，不能正常开花结果。因此，在番茄生长期间要经常摘除侧枝，有目的地留下1～

3个枝条让其继续生长、开花、结果，俗称"打杈"。在西北及东北干旱地区栽培的番茄，多不立支架，侧枝较少，故很少整枝，而华北、华南和长江流域地区的栽培番茄均需进行整枝。无限生长型的番茄株高叶茂，生长期长，一般都打杈整枝，而有限生长型的早熟品种，一般只摘除植株基部的几个侧芽，保留第1花穗以下的上部、最强的侧枝，以便继续生长、开花、结果。

番茄整枝的方式主要有以下两种：①单干整枝，适用于中、晚熟高秧品种，即在植株整个生长过程中只留1个主干，而把所有的侧枝都摘除，最上一层花穗留定后，留2片叶后摘心。摘心后可促进果实膨大和成熟，且在单位面积上可以栽植较多的株数，从而增加早期产量及总产量；②双干整枝，适用于自封顶类型、半高型品种。除主枝外，再留第1花穗下叶腋所生的1条侧枝，而把其他的侧枝摘去。这种方法需要的株行距较大，每公顷株数较少，单位面积上的早期产量及总产量比单干整枝的低些，但可以节约秧苗用量。

此外，尚有三干式、四干式、改良单干整枝法、连续摘心整枝法、分次结果整枝法等，生产上较少采用或只为某些地区采用。

整枝摘芽工作不可过早或过迟，因腋芽的生长能刺激根群的生长，过早的摘除腋芽会影响根系的生长，引起根群内输导系统发育不完全。因此，当侧芽长到4～7cm时进行摘除，并要在晴天中午进行，以利伤口的愈合。

栽培无限生长类型的番茄，当植株达到预定的果穗数时（如4～5穗），需进行摘心，掐去顶芽，只留下2～3片叶，以抑制植株继续向上生长，使养分集中到果实中。同时上部留叶遮荫，有防止果实日烧病的作用。此外，要及时摘除植株下部的老叶、病叶，改善通风、透光条件。

（2）搭架和绑蔓　人工搭架、绑蔓，可以充分利用空间，改善通风透光条件，减轻病害和烂果，便于田间管理。一般在定植之后，即开始插架。常用的插架方式有单支柱架、人字形架、篱笆形架、四角架（锥形架）等。单支柱架适用于植株矮小、高度密集、留2穗果的早熟自封顶类型品种；人字形架适用于天气干燥、阳光强烈之地，尤其适于单干或双干整枝栽培，可减少蒸发，且果实可以生在支架下，不易发生日烧，色泽也较好；篱笆形架适用于雨水多的地区或在温室栽培中使用。

华北各地的所谓"大架"、"小架"，系指所留植株的高矮而言。大架一般留6～7穗果，小架留3～4穗果，即行"打顶"。因此，小架适用于密植，每公顷栽60 000株以上；而大架株行距较宽，每公顷30 000～45 000株。东北及西北一些干旱地区，由于雨水少，地面干燥，即使果实及枝叶接触土面，也不易腐烂。所以，在露地大面积栽培番茄时，采用无支架栽培。

番茄的茎蔓较长，田间操作或有风时很易损伤茎叶，尤其是挂果后，番茄更易倒伏，应随植株的生长及时用塑料绳把茎蔓均匀地绑在支架上。一般在结果前绑一道，以后每穗果下绑一道。绑蔓时塑料绳宜在蔓与架材之间绑成"8"字型，可避免蔓与架材摩擦或下滑。绑蔓的松紧要适度，过松易滑落，过紧易勒伤蔓茎。

5. 保花保果　在番茄所开的花中，有许多在开放以后不久便脱落；不少果实，在其生长膨大之前亦会脱落。引起落花、落果的原因主要是由于外界环境条件不适而影响到花器发育不良、花粉管伸长缓慢、受精不良，以及水分缺乏、营养不良引起花柄离层的形成。如春季定植后气温过低（夜间温度在15℃以下），或者秋季栽培时气温过高（夜间温度在25℃以上），以及定植过迟、根部受伤过多，或者光照不足，整枝不及时，营养生长弱，都能引起落花、落果。如果落花、落果的原因系由于营养及水分的不足、阳光过弱或下雨过多等，那么就要从栽培技术上去解决。若是由于温度过低或过高所引起，则可用生长调节剂来解决。比较有效的生长调节剂有2,4-D（2,4-二氯苯氧乙酸）、防落素（PCPA，对氯苯氧乙酸）、BNDA（β-苯氧乙酸）、赤霉素及萘乙酸等。通常采用的浓度为5%水溶液的2,4-D 15～20μl/L，PCPA 25～30μl/L。2,4-D对嫩芽及嫩叶的药害较重，只能用于浸花或用笔涂花，工效较慢；而PCPA对嫩芽嫩叶的药害较轻，可用小喷雾器或喷枪喷花的办法处理，工效较快。两者对防止落花、落果，促进子房膨大的效果都很显著。

五、病虫害防治

（一）主要病害防治 根据病原的不同，番茄病害可分为两大类：

1. 非侵染性病害（或称生理性病害） 是由不良环境条件引起植株（特别是果实）出现多种生理障碍如变形、变色或死亡。主要有以下几种：

（1）畸形果 在症状上有4种类型：①变形果。果脐部凹、凸不平，果面有深达果肉的皱褶，心室数多而乱，果呈不规则或双果连体形的多心形果；②尖嘴果。心皮数减少，果形顶部变尖，果呈桃形；③瘤状果。在果实心皮旁或果实顶部出现指形物或瘤状凸起；④脐裂果。果脐部位的果皮裂开，胎座组织及种子向外翻转或裸露。引起畸形果的主要原因是花芽分化期间遇到低温，使每个花芽分化的时间变长，心皮数目分化增多，产生多心皮的子房。另外，使用植物生长调节剂（2,4-D、防落素）的浓度过高，蘸花时，花尖端留有多余的生长素滴，使果实不同部位发育不均匀，形成畸形果。防治办法：①在育苗期间，要防止过度低温及苗龄过长，日间保持床温20℃以上，夜温做到不低于10℃；②采用地膜覆盖栽培，不在温度过低时定植；③使用防落素时应注意调配恰当浓度，不宜过浓。

（2）裂果 常见的有3种：①放射状裂果。裂痕以果蒂为中心，向果肩部呈放射状延伸；②环状裂果。以果蒂为中心，在果肩部果洼周围呈同心圆状开裂；③混合型裂果。既有放射状裂痕，也有环状裂痕。发生裂果的原因主要是由于果实生长期间，正值夏季高温、干旱季节，当遇到降雨，特别是暴雨后又遭烈日暴晒或灌大水，土壤水分突然增加，果肉组织吸水后迅速膨大生长，而果皮组织不能适应，引起裂果。所以在果实生长期间，土壤水分供应不均匀是产生裂果的重要原因。但品种不同，对裂果的抗性也有差异，一般大果型的粉果、皮薄品种容易裂果，而小型果、红果、皮厚果、果皮韧性较大者裂果较轻。为了克服裂果的产生，一方面可通过选用抗裂性强的品种，另一方面可通过栽培措施，如增施有机肥、保持土壤湿润、保证水分供给均匀、合理密植、及时整枝打杈、使果实不直接暴露在阳光下等，裂果现象就会减轻。

（3）日灼病（又称日烧病、日伤） 生长到中后期的果实，当其向阳部分直接暴晒在强烈阳光之下，果皮及浅表果肉细胞就会烫伤致死，伤部褪色变白、变硬，上生不规则的黄白色略凹陷的斑块，果肉也变成褐色块状。防止日伤的措施有：选择叶量适当的品种，加强肥水管理，使枝叶繁茂，绑蔓时把果穗隐藏在叶片中，打顶时顶层花穗上面留2～3片叶，使果实不为阳光直晒，日伤的程度会大为降低。

（4）空洞果 胎座组织生长不充实，果皮与胎座组织分离，种子腔成为空洞。空洞果的果肉不饱满，果实表面有棱起，会大大影响果实的重量及品质。产生空洞果的原因：一是受精不良，种子退化或数目很少，胎座组织生长不充实；二是氮肥施用量过多，或生长调节剂处理的浓度过大，或处理时花蕾过小，以及果实生长期间温度过高或过低、阳光不足，碳水化合物的积累少。此外，品种间也有差异。克服空洞果的有效方法：加强肥水管理；正确使用生长调节剂的浓度；用振动器辅助授粉，及避免极端气候的出现。

（5）果实着色不良 主要表现为"绿肩"、"污斑"及生理性"褐心"。"绿肩"是在果实着色后显症，在果实肩部或果蒂附近残留绿色区或斑块，外观红绿相间，其内部果肉较硬。在高温及阳光直射，氮肥过多、水分不足时易发生"绿肩"，但缺氮则果肩呈黄色；缺钾，果肩呈黄绿；缺硼，果肩则残留绿色并有坏死斑。"污斑"系指果实表皮组织中出现黄色或绿色的斑块，影响果实的色泽及食用价值。果皮局部不变色，一般由筋腐病引起；内果皮维管束变褐，果肉发硬，成熟果病变部分不变色，呈白绿色斑块，影响品质，一般由于施氮肥过多，或水分管理不当引起"褐色"（或"污心"）。有时与"污斑"不易分开。"褐心"有由生理原因产生的，也有由病毒引起的。在栽培上加强水肥管理，增施有机肥料，促进枝叶生长，以及合理整枝，使果实不易暴露在阳光直射之下，还应调节好土壤营养，可有效地克服果实着色不良。

（6）脐腐病 果实近花柱的一端（脐部）变为黑褐色，然后腐烂，在高温、干旱的季节较为常见。脐腐病发生的原因是由于果实缺钙引起果实脐部组织坏死所致。同时由于高温、土壤干旱，根部吸收的水分不能满足叶片大量蒸腾的需要，致使输送到果实中去的水分被叶片摄取，使青果脐部大量失水，从而引起组织坏死，形成脐腐。克服脐腐病的发生，一方面是多施有机肥，增加土壤保水力，促进根对钙等元素的全面吸收；另一方面是施钙盐，增加果实中钙的含量。如对叶面喷施 1% 过磷酸钙、0.1%～1% 的氯化钙或 0.1% 的硝酸钙液，对防止番茄脐腐病有较好的效果。

（7）卷叶 卷叶是指植株基部的叶子边缘向上卷曲的现象，严重时整株叶片卷曲，病叶增厚、僵硬，影响光合作用。除病毒，特别是马铃薯 Y 病毒（PVY）为害造成卷叶外，生理性卷叶是因植株叶片的自然衰老，或外界条件及栽培措施的不当引起。如土壤过度干旱、初次打杈过早和早摘心、氮肥施用过多、温度过高及日照强度大都会引起卷叶。卷叶现象在品种间有差异。卷叶本身是一种生理病害，要防止卷叶发生，就要选择不易卷叶的品种，同时在土壤营养、水分及栽培管理上进行综合改善，如不宜过早摘心及使用过多氮肥等。

2. 侵染性病害 由真菌、细菌、病毒、线虫等病原物的侵染而引起，主要种类有：

（1）番茄病毒病 是为害番茄的主要病害，全国各地均有发生。主要由番茄花叶病毒（ToMV）、黄瓜花叶病毒（CMV）引起。常见的症状有 3 种：①花叶型，叶片出现黄绿不均的斑驳和皱缩。②蕨叶型，顶芽呈黄绿色，幼叶呈螺旋形下卷，中上部叶片变蕨叶或丝状叶，中下部叶片向上卷曲成筒状。由腋芽发出的侧芽，生蕨叶状小叶，呈丛枝状，花冠肥厚增大，形成巨大的畸形花，结果极少，果畸形，果心变褐；③条斑型，发病开始在叶柄及茎上形成大小不一的纵向褐色条斑，在果实上形成茶褐色凹陷的斑块。发病后顶芽、顶叶枯死，果实不堪食用，甚至整株坏死。

春番茄以花叶型发生率最高，秋番茄以蕨叶型发生普遍，但有的年份秋季高温、干旱，则以条斑型为主。ToMV 主要引起花叶症状，CMV 主要引起蕨叶症状，但 ToMV 和 CMV 或其中一种与 PVX（马铃薯 X 病毒）或 PVY（马铃薯 Y 病毒）复合侵染时，可造成蕨叶、线叶或条斑坏死等症状。ToMV 可通过汁液或接触传播，种子、土壤都可带毒，但蚜虫不传。而 CMV 由蚜虫传播，以桃蚜传毒为主，高温、干旱的天气，有利于有翅蚜虫的繁殖与迁飞，病害严重发生。防治方法：①选用抗病品种；②用 10% 磷酸三钠溶液浸种 20min，进行种子消毒；③与非茄科作物轮作，2～3 年 1 次；④拔除重病株，在整枝及绑蔓前用肥皂洗手，减少人为传播；⑤及时防蚜、避蚜和灭蚜，田间可挂或铺银灰色膜；⑥用药剂防治蚜虫等传毒昆虫，对预防病毒病有重要作用；⑦在发病初期喷 1.5% 植病灵乳剂 1 000 倍液等，对番茄病毒病有一定的防治效果。

（2）番茄猝倒病 病原：*Pythium aphanidermatum*。以为害幼苗为主，幼茎基部产生暗褐色水渍状病斑，继而绕茎扩展，逐渐缢缩成细线状，使幼苗倒伏死亡。其后向四周蔓延，造成成片倒苗。该病多发生在早春育苗季节，当苗床土温低于 15℃、床土过湿、光照不足、播种过密、揭膜或通风不当、苗生长弱时，均易发生。防治方法：①选好苗床和配制无菌培养土，也可用蛭石、草炭营养土作床土；②冬季、早春采用温床育苗或营养钵、育苗盘等培育壮苗；③加强苗床管理，注意防寒保温（苗床土温保持在 15℃以上）、通风透光及床土不过湿；④种子用 55℃温水浸种 10～15min，或用种子量 0.4% 的 50% 多菌灵可湿性粉剂或 50% 福美双可湿性粉剂等拌种；⑤发现病株要及时拔除并撒草木灰，同时用 25% 甲霜灵可湿性粉剂 800 倍液，或 64% 噁霜·锰锌（杀毒矾）可湿性粉剂 1 500倍液等喷施幼苗，视病情每隔 7d 左右喷 1 次。

（3）番茄立枯病 病原：*Rhizoctonia solani*。刚出土的幼苗即可受害，而以育苗中后期发生较多。先在茎基部产生圆形或椭圆形凹陷的暗褐色病斑，病苗白天萎蔫，晚间恢复，随病斑扩展绕茎一周后，病部出现缢缩，幼苗逐渐枯死，一般不倒伏。病菌在土中越冬，菌丝直接侵入寄主体内造成为

害，并通过雨水、灌溉水和带菌肥料等传播。主要发生在春季，气温忽高忽低、湿度过高、幼苗徒长、苗床内通风不良时易发生此病。防治方法参照番茄猝倒病。

（4）番茄早疫病　病原：*Alternaria solani*。又称轮纹病，番茄的叶、茎、果实均可受害，但以叶片为主。被害叶呈现圆形、椭圆形或不规则的深褐色病斑，有同心轮纹，病害自下而上蔓延。茎上病斑多发生在分枝处，也有同心轮纹。果实受害从果蒂和裂缝处开始，病斑近圆形，上密生黑霉。越冬菌源以菌丝体和分生孢子从番茄叶的气孔、皮孔或表皮直接侵入，分生孢子再借风雨进行再次侵染。严重时下部叶片枯死脱落，茎部溃疡或断枝，果实腐烂。防治方法：①选用抗病品种；②选无病株及果实留种，播前种子用52℃温汤浸种30min杀菌；③与非茄科作物实行2年以上轮作，施足基肥，增施磷、钾肥，合理密植，雨后排水；④发病前用50%异菌脲（扑海因）可湿性粉剂1 000倍液，或50%多菌灵可湿性粉剂500倍液，或64%噁霜·锰锌（杀毒矾）可湿性粉剂500倍液，或70%代森锰锌可湿性粉剂500倍液等喷雾防治，每7～10d喷1次，连喷3～4次。

（5）番茄晚疫病　病原：*Phytophthora infestans*。又称疫病，主要为害叶片和果实，也能侵害茎部。幼苗期受害叶片会出现绿色水渍状病斑，遇潮湿天气，病斑迅速扩大，致整片叶枯死。若病部发生在幼苗的茎基部，则会出现水渍状缢缩，逐渐萎蔫倒伏而死。成株期番茄多从植株下部叶片发病，从叶缘形成不规则褐色病斑，叶背病斑边缘长有白霉，整个叶片迅速腐烂，并沿叶柄向茎部蔓延。茎部被害后呈黑褐色的凹陷病斑，引起植株萎蔫。果实发病，青果上呈黑褐色病斑，病斑边缘生白霉，随即腐烂。该病发生时在田间形成发病中心，病株产生大量的孢子囊并释放出游动孢子，借助气流、风、雨水和灌溉水传播。温度18～22℃、空气相对湿度85%～100%、多雨、多雾，是该病流行的有利条件，3～5d可使全田一片黑枯。防治方法：①选用耐病品种；②实行与非茄科蔬菜3～4年的轮作；③选地势较高、排水良好的地块种植，合理密植，及时整枝打杈，摘除下部老叶，改善田间通风条件等；④田间一旦出现发病中心，要及时摘除病叶深埋，喷药加以封锁。常用药剂有50%甲霜灵、64%杀毒矾可湿性粉剂各500倍液，或72%霜脲·锰锌（克露）可湿性粉剂600～700倍液，或72.2%霜霉威（普力克）水剂800倍液等，每隔5～7d喷1次，连喷3～4次。

（6）番茄灰霉病　病原：*Botrytis cinerea*。幼苗期和成株期叶、茎、果均可发病，潮湿时病部长出灰褐色霉层，可造成烂苗、烂叶和大量烂果，是冬春保护地和南方露地春季番茄主要病害。土壤和病残体中病菌产生分生孢子，从寄主衰弱的器官、组织或伤口侵入，引起发病。田间病株产生大量分生孢子借气流、雨水、露滴及农事操作的工具、衣服等传播。平均温度10～23℃，空气相对湿度90%以上的高湿环境造成病害流行。防治方法：可用50%多菌灵可湿性粉剂500倍液，或50%腐霉利可湿性粉剂1 500倍液，或50%噻菌灵可湿性粉剂1 000～1 500倍液等喷雾。对上述药剂产生抗药性的菜区，可选用65%甲霉灵可湿性粉剂800倍液，或50%多霉灵可湿性粉剂800倍液等。此外，在番茄开花期，蘸花液中加入0.1%上列高效药剂，可预防花器和幼果染病。上述药剂和方法应轮换使用，每7～10d喷施（熏）1次，连续防治2～3次。

（7）番茄叶霉病　病原：*Fulvia fulva*。主要为害叶片，叶面出现椭圆形或不规则形淡黄色褪绿斑，叶背病部长出灰白色渐变紫灰色霉状物，严重时叶片正面也长出暗褐色霉层，随着病斑扩大和病叶增多，植株叶片由下而上卷曲变黄干枯，花器凋萎，幼果脱落。当温度在20～25℃，空气相对湿度在90%以上时，发病极快。防治方法：①选用抗病品种；②从无病植株上采种，播前采用温汤浸种等方法进行种子消毒；③重病区与非茄科蔬菜实行3年以上的轮作；④增施有机肥和磷钾肥，合理密植，及时排水，摘除病叶、老叶等；⑤发病初期可喷70%甲基硫菌灵可湿性粉剂800倍液，或60%防霉宝超微粉600倍液，或50%多硫悬浮剂800倍液等防治，每隔7～10d喷施1次，连续3～4次。注意轮换用药，且喷匀全株及叶的正、背面。

（8）番茄枯萎病　病原：*Fusarium oxysporum* f. sp. *lycopersici*。又称萎蔫病。一般在开花结果期开始发病，下部叶片变黄，后萎蔫枯死，但不脱落。有时茎的一侧自下而上出现凹陷区，此侧的叶片发黄、变褐而枯死；还有的半边叶、半边茎枯黄，而另半部正常，病情由下向上发展，除顶端残留数片健叶外，其余叶片枯死。病株的根、茎、叶柄、果柄维管束变成褐色。从显症到全株枯死，需 15～30d。本病的病情发展慢，叶片由下而上变黄，切茎挤压无乳浊色的黏液滴出，有别于青枯病。病菌在土壤或种子越冬，从根系或茎部的伤口侵入，随输导组织扩散，并分泌毒素，致使植株全部或局部枯萎死亡。防治方法：①选用抗病品种；②选择 3 年以上未种过番茄的无病土做苗床，老床育苗土壤可用 50％多菌灵或 50％甲基硫菌灵可湿性粉剂进行消毒，每平方米床土撒 8～10g，或每平方米床土用 40％甲醛 30ml 对水 100 倍喷后盖膜 4～5d，揭膜耙松放气 2 周播种。③用无病田或无病株采收的种子播种，播种前用 0.1％硫酸铜液浸种 5min 进行消毒；④发现零星病株时用 50％多菌灵可湿性粉剂 400～500 倍液灌根，每株药液量 250ml，或 10％双效灵水剂 200 倍液，每株灌药液 100ml。

（9）番茄斑枯病　病原：*Septoria lycopersici*。又称斑点病、鱼目斑点病。主要为害叶片、茎及萼片。初发期，叶背面出现水渍状小圆斑，以后正面也显症。病斑边缘深褐色，中央灰白色并凹陷。该病在结果期发病重，通常由下部叶片向上蔓延，严重时叶片布满病斑，而后枯黄、脱落，植株早衰。发病适温为 25℃左右，空气相对湿度 95％左右。防治方法：①用无病株采种，用 52℃温水浸种 30min 灭菌；②与非茄科作物轮作 2～3 年；③清洁田园，防止田间积水；④可用 70％甲基托布津可湿性粉剂 1 000 倍液，或 58％甲霜灵锰锌 400 倍液，或 64％噁霜锰锌可湿性粉剂 500 倍液，或 40％多硫悬浮剂 500 倍液等，于发病初期施药，一般隔 10d 喷 1 次，连喷 2～3 次。

（10）番茄青枯病　病原：*Pseudomonas solanacearum*。又称细菌性枯萎病，常在结果初期显症。病株顶部、下部和中部叶片相继出现萎垂，一般中午明显，傍晚可恢复正常。在气温较高、土壤干旱时，2～3d 后病株凋萎不再恢复，数天后枯死，但茎叶仍呈青绿色，故名青枯病。切开地面茎部可见维管束变成褐色，用手挤压有污白色的黏液流出。受害株的根，尤其是侧根会变褐腐烂。病菌随病残体留在田间，主要通过雨水、灌溉水传播，由根系、茎基伤口侵入在维管束组织中扩展，使导管堵塞，阻碍水分运输致病。此外，农具、害虫和线虫等也能造成重复侵染。高温条件有利病害发生，特别是久雨或大雨后骤然转晴，气温急剧上升，发病最为严重。防治方法：①选用抗（耐）病品种。用抗病砧木 CHZ-26 等嫁接育苗，则防病效果更好；②结合整地撒施适量石灰使土壤呈弱碱性，抑制细菌增殖；③采取水、旱轮作，避免与茄科作物及花生连作；④调整播期，尽量避开高温多雨的夏季、早秋种植；⑤采取深沟高畦种植，天旱不大水漫灌，雨后及时排水；⑥在田间发现零星病株时，立刻拔除、烧毁，在病穴灌注 72％农用链霉素可溶性粉剂 4 000 倍液，或抗菌剂"401" 500 倍液，或 77％氢氧化铜（可杀得）可溶性微粒粉剂 500 倍液等，药液量每株 300～400ml。或在病穴周围撒施石灰，对防止病菌扩散有一定效果。另据报道，定植时用番茄青枯病菌拮抗菌 NOE-104 和 MA-7 菌液浸根有一定防治效果。

（11）根结线虫　病原：*Meloidogyne* spp.。主要为害根部，在须根或侧根上产生大小、数量不等的瘤状结，次生根系减少。轻病株生长缓慢，似矿质营养和水分缺乏症。重病株矮小、叶黄，生长不良，结实少而小，干旱时中午萎蔫或提早枯死。已知为害番茄的病原有 4 种，其中以南方根结线虫（*M. incognita*）最普遍，另外还有北方根结线虫、爪哇根结线虫及花生根结线虫。在地势较高的干燥沙壤土及连年重茬地易发病。防治方法：①选用抗病品种；②用无线虫配方营养土育苗；③避免与番茄、黄瓜等重要寄主连作，与葱、蒜类及大田作物 2～3 年轮作；④保护地番茄栽培用 98％棉隆（必速杀）颗粒剂处理土壤：沙壤土药量每公顷 75～90kg，黏壤土药量每公顷 90～105kg；或用 1.8％阿维菌素乳油每公顷 10kg 对水适量，均匀喷施于定植沟内后移栽番茄苗。

（二）主要害虫防治

1. 桃蚜（*Myzus persicae*）　成、若蚜群集叶背、顶端嫩茎心叶上刺吸汁液，造成卷叶皱缩，黄化停止生长。有翅蚜传播 CMV、PVY 等，为害很大。防治方法：①用银灰色地膜覆盖，可避蚜预防

病毒病；②利用黄板诱杀有翅蚜；③在蚜虫点片发生时用50％辟蚜雾（抗蚜威）或10％吡虫啉可湿性粉剂各2 000～3 000倍液，或40％乐果乳油1 000倍液，或2.5％溴氰菊酯乳油2 000～3 000倍液喷雾。

2. 温室白粉虱（*Trialeurodes vaporariorum*）　其成虫及若虫吸吮番茄汁液，分泌蜜露诱发煤污病，使叶片褪绿、黄萎甚至干枯，果面黏黑，降低商品价值，同时还可传播病毒病。白粉虱在中国北方地区为害重，冬季在温室果菜上繁殖为害并形成虫源基地，使其周年发生。防治方法：①温室种植加设防虫网；②培养无虫苗再定植到清洁的保护地内；③避免与黄瓜、番茄、菜豆等先后混栽，减少相互传播；④及时摘除带虫老叶；⑤采用黄板诱杀成虫；⑥在成虫密度低于0.1头/株时，释放丽蚜小蜂"黑蛹"每株3头控制虫口密度，隔7～10d释放1次，连放3次；⑦初发期可用25％噻嗪酮（扑虱灵）可湿性粉剂1 000倍液，或10％吡虫啉可湿性粉剂2 000倍液，或2.5％氟氰菊酯（天王星）、高效氯氟氰菊酯乳油各2 000倍液，或50％马拉硫磷乳油800倍液，每7～10d喷1次，视虫情定次数。

3. 美洲斑潜蝇（*Liriomyza sativae*）　20世纪90年代初期由国外传入，在中国南方及北方保护地番茄生产中为害重。雌成虫产卵器刺破叶片上表皮，进行取食和产卵。幼虫在表皮间蚕食叶肉，使叶片正面出现灰白色线状弯曲隧道，严重时布满叶面，可导致番茄幼苗生长延缓或死亡，成株期叶片变黄干枯，严重影响产量。老熟幼虫在叶面或落到土中化蛹。防治方法：①加强检疫，防止从疫区调运带虫植物到非疫区；②清洁田园，培育无虫苗；③覆盖地膜和深翻土壤有灭蛹作用；④与抗虫作物（如苦瓜、苋菜）间作；⑤黄板诱捕成虫，保护地设施加设防虫网；⑥初发期被害叶率达5％时，用1.8％阿维菌素乳油2 500倍液，或20％灭蝇胺可溶性粉剂1 000～1 500倍液，或6％烟·百素（绿浪）乳油900倍液，或40％毒死蜱乳油800倍液，或4.5％高效氯氰菊酯乳油1 500～2 000倍液，或20％阿维·杀丹（斑潜净）微乳剂1 000倍液等喷雾。

4. 南美斑潜蝇（*Liriomyza huidobrensis*）　又名拉美斑潜蝇，属外来入侵害虫。成虫多产卵于叶片正、背面表皮下，幼虫主要蛀食叶肉海绵组织，蛀道在叶背沿叶脉走向呈线状弯曲，较宽，或呈片状，也可在叶柄、嫩茎上产卵、取食为害。老熟幼虫多落入土中化蛹。喜温凉，耐寒力较强，有别于美洲斑潜蝇。在西南地区于春、秋及北方季节性发生。防治方法参见美洲斑潜蝇。

5. 侧多食跗线螨（*Polyphagotarsonemus latus*）　又名茶黄螨。成、幼螨集中在番茄幼嫩部分刺吸汁液，使嫩叶增厚僵直，叶片变小变窄，叶背呈黄褐色或褐色，油渍状；幼茎变褐色，花蕾畸形，重者不能开花和坐果；果柄、萼片及果皮变为黄褐色，失去光泽，果皮粗糙，果实开裂。防治方法：①清洁田间、路边杂草及枯枝落叶，培育无螨苗；②用5％尼索朗乳油2 000倍液，或20％复方浏阳霉素1 000倍液，或20％螨克乳油1 000～1 500倍液，或1.8％阿维菌素（爱福丁）乳油2 000～2 500倍液，或73％克螨特乳油1 000倍液等喷雾，注意轮换用药。点片发生时重点喷药防治植株的上部。

6. 棉铃虫（*Helicoverpa armigera*）　初龄幼虫蛀食花蕾、嫩茎、嫩叶，3龄开始蛀果，4～5龄有转果习性，每虫可蛀果3～8个。被蛀果穿孔、腐烂脱落，造成严重减产。防治方法：①进行冬前灌水，深翻，消灭越冬虫蛹；②田内种植甜玉米每公顷1 500～3 000株诱蛾产卵，集中消灭心叶中的幼虫；③摘除虫果，消灭卵和幼虫；④田内置黑光灯诱杀成虫；⑤在主要为害世代的产卵高峰后3～8d，喷Bt乳剂（每克含活孢子100亿）250～300倍液，或棉铃虫核型多角体病毒（HaNPV）2次，或在产卵始、盛、末期每公顷释放赤眼蜂22.5万头，每次隔3～5d，连续放3～4次，卵的寄生率可达80％；⑥未放蜂田在产卵盛期和幼虫蛀果前，用1.8％阿维菌素乳油2 500倍液，或5％氟啶脲（抑太保）乳油1 500倍液，或10％氯氰菊酯乳油2 000倍液，或2.5％高效氯氟氰菊酯（功夫）乳油2 000倍液喷雾，每隔7d喷1次，连喷2次。

此外，还有斜纹夜蛾、小地老虎、蝼蛄、红蜘蛛等为害番茄，也应注意防治。

六、采 收

番茄果实成熟的迟、早及采收的时期，随品种特性、栽培目的及栽培技术而异。春播番茄在第1、2花穗开放时，温度较低，开花后45～50d果实才成熟，而后期（第3、4花穗）所开的花，温度较高，开花后40d左右就可以成熟。由于在同一植株上，甚至同一花穗上的果实成熟有先有后，所以同一田块上的采收时期很长。

番茄果实在成熟过程中，随着果色由青变红，果实内部的化学组成也发生一系列变化：可滴定酸减少，糖量增加，淀粉减少，不溶性的原果胶转化为可溶性果胶，维生素C的含量变化不大，而呼吸作用大大增强。到果实成熟时，由于糖含量的增加，酸含量下降，使得果实的风味变甜。在成熟过程中，番茄果实的色素包括茄红素、叶黄素及胡萝卜素的变化较大。幼果时期含有大量的叶绿素，而无茄红素，但到成熟时，转变为红色（黄色品种为黄色）。这种变化，一方面由于叶绿素的消失，另一方面由于茄红素的迅速增加。胡萝卜素的含量，在成熟初期稍有下降，但到接近成熟时又迅速上升。因此，番茄果实的采收时期，一般可根据番茄的成熟特性和采收后的目的不同来决定。

番茄果实的成熟及采收可分为4个时期：

（一）绿熟期（也称为白熟期） 果实已充分膨大，体积不再增大，果顶及果面大部变白，果实坚硬，果顶内部果肉即将变色。此时采收后可自然完熟，适于贮藏及远距离运输，但糖含量低，风味较差。此时种子已具发芽力，在特殊情况下也可留种。

（二）黄熟期（也称变色期） 果实顶部50％～70％、整个果面约30％已显黄色。此时采收适于提早上市及较长时间贮、运，也有利于后期果实的发育。

（三）坚熟期（也称成熟期） 除果实肩部以外，3/4果面都已着色（红色或黄色），有光泽，但果未变软，营养价值较高。此时采收适于立即上市，不宜远运和贮藏。

（四）完熟期 果面全部着色，色泽更艳，充分显示果色特征，果肉变软，含糖量较高。此期采收适于即刻上市和鲜食，不宜贮、运。加工番茄可以采收运往工厂做番茄酱、汁的生产原料。

为了加速绿熟期、变色期采收的果实转色和成熟，可用2 000～3 000μl/L的乙烯利溶液浸一下果，或用500～1 000μl/L的乙烯利溶液喷洒果实（避免药液喷到叶子上），进行人工催熟，效果很明显。由于果实色素的含量受温度的影响大，在一定范围内（不超过25℃），温度升高，水解酶的活性增加，色素的转变也加快。因此，在变色期以后所采收的果实，可用加温的办法来催红。如保持在22～25℃及相对湿度80％～85％时，经5～6d后可完全转红。但温度降到12℃以下时，着色缓慢；当温度升高到30℃（夜温）及38℃（日温）时，则茄红素难以合成。

作为留种用的番茄，要从生长强健、无病虫害及具有本品种特性的植株上采收果形整齐、色泽鲜红、成熟的果实，并放置数日待其后熟，然后取出种子。一般留第2～4穗果，每穗留果2～4个。留种用的番茄，在防止落花时不用生长调节剂处理，通过采用其他栽培措施来解决。

（吴定华）

第二节 茄 子

茄子是茄科（Solanaceae）茄属中以浆果为产品的一年生草本植物，在热带为多年生植物。学名：*Solanum melongena* L.；别名：落苏。古称：伽。茄子原产于东南亚、印度。早在公元4～5世纪就传入中国，最早记载见晋·稽含撰写的《南方草木状》（4世纪初）："华南一带有茄树"。据游修龄考证，南北朝后魏·贾思勰在《齐民要术》（6世纪30年代或稍后）的"种瓜第十四"一节中，有种茄子方法的记载，对茄子的留种、藏种、移栽、直播等技术均有描述，并有可以生食的品种。因而

茄子在中国栽培已有1600年左右的历史。一般认为中国是茄子的第2起源地。日本的茄子是在公元7~8世纪从中国传去的。

茄子是中国南、北各地栽培最广泛的蔬菜之一，它的特点是产量高，适应性强，供应时间长，为夏、秋季节的主要蔬菜。长江流域露地栽培从5~6月份可以采收，一直延至8~9月份；中国东北、西北高寒地区应用日光温室、塑料大棚、地膜覆盖等保护设施栽培茄子，可从6月中、下旬开始采收，直至10月上、中旬。

每100g茄子嫩果维生素C的含量为2~3mg，含水分93~94g，碳水化合物3.1g，蛋白质2.3g，及少量钙、铁等，还含有少量特殊苦味物质茄碱甙。有降低胆固醇、增强肝脏生理功能的功效。茄子以煮食、炒食为主，但也可以制作茄干、茄酱或腌渍。

一、生物学特性

（一）植物学特征

1. 根　为直根系，根深50cm左右，横向伸长范围120cm，大部分根系分布在30cm的耕层内。根易木质化，生不定根的能力弱。

2. 茎　直立而粗壮，基部带木质，在热带及亚热带地区，可以露地越冬。茄子的分枝性强，向四周开张，植株高达1~1.3m。

3. 叶　单叶互生，卵圆形至长椭圆形，因品种而有差别。

4. 花　茄子花多为单生，但有些品种为2~3朵至5~6朵簇生，呈白色至紫色。雄蕊5个，着生于花冠筒内侧。花药二室，为孔裂式开裂。花药的开裂时期与柱头的授粉期相同。一般为自花授粉，而且以当日开花的花粉与柱头授粉所得结果率最高。但是也有一些品种的柱头过长或过短，因而其花粉不易落在同一花的雌蕊柱头上，长柱头的花容易杂交。据报道（柿崎，1936）一个品种的周围栽以其他的品种，自然杂交率达6.67%；如隔畦交互种植其他品种，自然杂交率为2.96%。如果两个品种相距50m以上时，就很少有杂交的机会。

5. 果实　果实为浆果，有圆球形、扁圆形、椭圆形、长条形与倒卵圆形等。果色有深紫、紫红、白色与绿色，而以紫红色的最普遍。每一果实有种子500~1 000粒，种子千粒重4~5g。

（二）对环境条件的要求

1. 温度　茄子喜温，对温度的要求高于番茄，耐热性较强。结果期间的适宜温度为25~30℃，在17℃以下生育缓慢，花芽分化延迟，花粉管的伸长也大受影响，因而会引起落花。10℃以下，引起新陈代谢的失调，5℃以下会有冻害。正因为它要求的温度比较高，所以在广东、台湾、广西等地一年四季都能生长，但在1~2月间要加强防寒工作。至于在长江流域，则不能露地越冬。当温度高于35℃时，茄子花器发育不良，尤其在夜温高的条件下，呼吸旺盛，碳水化合物的消耗大，果实生长缓慢。

2. 光照　茄子为喜光性蔬菜，对光周期的反应不敏感，光照强、弱影响其光合作用的强度。据对杭州红茄的测定（李曙轩等，1963），当光强在10 000lx以内，随着光照强度的增加，光合强度亦增加，但在20 000lx以上时，光强增加，光合作用的增强缓慢（茄子光饱和点为40 000lx，比番茄小）。杭州夏季中午晴天的自然光强可达60 000~80 000lx，但群体的叶幕层以下20cm处，只有10 000lx左右。因此，光照强，而光照的时间又长，植株光合成量增加，则光合产物的积累就多，花芽分化提早，落花率降低，花着生节位低，加速秧苗的发育和长柱花形成，增加结果数和果重。光照充足，果皮色鲜艳有光泽，产量也较高。在弱光照下，植株光合产物少，生长细弱，而且授精能力低，容易落花，畸形果增加，产量降低，果皮色淡，对有色品种着色不良特别是紫色品种表现明显。

3. 水分　茄子枝叶繁茂，生育期间需水量大，通常以土壤最大持水量的70%~80%为宜。但在门茄形成之前，需水量较少，不宜多浇水，防止秧苗徒长，根系发育不良和落花率增加。门茄迅速生长以后需水量逐渐增多，对茄收获前后，需水量最多，土壤水分中绝对含水量应达到 14%～18%。水分不足会严重影响产量和品质。但土壤过湿，会造成土壤通气性不良，引起沤根。

4. 土壤　茄子对土壤的适应性较强，沙质土壤和黏质土壤均可栽培。由于茄子耐旱性差，喜肥，所以宜选用土层深厚、保水性强、土壤 pH 为 6.8～7.3 的肥沃壤土或黏质壤土种植，以利茄子根系发育，形成旺盛根群。地下水位较高、排水不良的地块及耕层浅、土质黏重的土壤，不利茄子根系发育，均不宜选用。

5. 肥料　茄子在结果期，果实与茎叶同时生长，需肥量大，对矿物质肥的要求以钾最多，氮次之，磷最少（图 17-1）。据测定，每生产 1 000kg 果实需吸收氮 3.3kg，钾 5.1kg，磷 0.8kg，锰 0.5kg。氮对植株生长、花芽分化和果实膨大有重要作用。缺氮时，植株生长势弱，分枝减少，花芽发育不良，短柱花多，落花率高，果实生长停顿，皮色不佳。茄子是一种耐肥蔬菜，生长结果期长，所以要多次追肥，才能保证产量的提高。

（三）生长发育特性　茄子的生长发育可分为 3 个时期：发芽期、幼苗期和开花结果期。

1. 发芽期　从种子吸水萌动到第 1 片真叶出现，10～15d。播种后保持 25～30℃，出苗快。出苗后白天保持 20℃左右，夜间15℃，此阶段需要控温控水，防止幼苗胚根徒长。

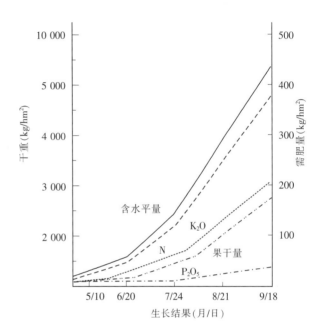

图 17-1　茄子生育期间肥料吸收状态
(田村，1953)

2. 幼苗期　第 1 真叶出现到第 1 朵花现蕾，50～60d。白天适温 22～25℃，夜间 15～18℃。此阶段是茄苗生育的关键时期，花芽分化、第 4 级侧枝分化均在此期间完成。

茄子的花芽分化和番茄相似，一般在苗期有真叶 3～4 片时花芽就开始分化。首先是第 1 朵花的分化，以后为 2、3 朵花的分化。

当叶原基分化停止后，便转向生殖生长。生长点隆起，顶端趋向平坦，然后由这个圆锥突起形成花芽。这样的生长点的形态变化，被认为是花芽分化的最初标志。

影响花芽分化的因素很多：早熟品种第 1 朵花的着生节位较低，晚熟品种，第 1 朵花的着生节位较高。前者如北京的五叶茄、六叶茄，后者如山东的大圆茄、北京八叶茄、九叶茄。环境条件及施肥水平也会影响花芽分化的迟、早。有一定昼夜温差，较强的光照，营养充足，苗的生长就旺盛，叶子开展，是促进花芽分化的条件。在温度为 30～25℃（昼～夜）及 25～20℃时，花芽分化较早，成熟也较早。但在 15～10℃时，生长不良，花芽分化较迟。光照时间的长短，影响光合产物的多少，因而也影响花芽分化，在每天 12h 以上的光照下，比在 8h 以下的分化早。另一方面，肥料用量对茄子花芽分化也有很大影响。增加氮、磷、钾的用量，比少施或只施磷或钾的花量大为增加。

3. 开花结果期　门茄现蕾后进入开花结果期，茎、叶和果实生长的适温白天 25～30℃，夜间为16～20℃。在适宜条件下，果实迅速生长。温度低于 15℃时，果实生长缓慢；高于 35～40℃时，茎叶虽能正常生长，但花器发育受阻，果实发生畸形或落花、落果；低于 10℃时，生长停顿，遇霜则

冻死。

茄子的花有长花柱和短花柱之分。长花柱花的花柱伸出花药，开花时花药顶孔开裂散出花粉，能正常自花授粉；短花柱花一般不能正常授粉而脱落。花的发育与营养状态也有密切关系，如果植株生长强健，枝叶繁茂，分枝多而茎粗，叶色浓绿带紫色，叶大而肉厚，则表示生长良好，花的各器官的发育也良好，花梗粗，花柱长。如果植株生长不良，则枝叶纤细，花小、色淡，花梗小而花柱短。短花柱的出现是肥料不足、干燥、日照不足的结果。

植株营养状态的好坏，可通过枝条上的花的着生位置、花的大小及花的构造等来诊断。健全的花多着生于枝条的先端以下 15～20cm 的地方。在开花位置以上有 4～5 片开展叶，这种花形大，花柱长，是结果的好花。至于那些距离先端只有 5～10cm 的花，花的上面只有 1～2 片开展叶，这种花形小，往往是短花柱花，容易脱落。

（1）开花的习性　茄子开花结果习性是相当有规则的。一般早熟品种，在主茎生长 6～8 片叶后，即着生第 1 朵花（或花穗）。中熟或晚熟品种，则在生出 8～9 片叶后才着生第 1 朵花。在花之下的主茎的叶腋所生的侧枝特别强健，和主茎差不多，因而分叉形成 Y 字形。第 1 花穗所结的果实叫"门茄"。主茎和侧枝上着生 2～3 片叶以后，又分叉开花。主茎和侧枝上各开 1 朵花及结 1 个果实，叫做"对茄"（亦称"二梁子"或"二荚子"）。其后，又以同样的方式开花结果，称为"四母茄"（或称"四门斗"）。以后又分出 8 个枝条，所结果实称为"八面风"。所以从下至上的开花数目增加，为几何级数的增加。事实上，第 2、3 层分枝是比较有规则的，但到上面几层的分叉开花结果就不太规则了，通称为"满天星"（图 17-2）。当然，在第 1 次分枝以下的主茎的叶腋，也可以生出侧枝开花结果，但这些侧枝生长较弱，所结果实往往成熟较迟。一般早期摘除，以利通风。

图 17-2　茄子的分枝结果习性
1. 门茄　2. 对茄　3. 四门斗　4. 八面风
［引自：《蔬菜栽培学各论》（北方本），2000］

（2）茄子果实的发育　茄子果实主要由果皮、胎座及心髓部所组成。果皮、胎座与心髓部的海绵薄壁组织，是茄子果实主要食用部分。果肉坚硬程度决定于这些组织的细胞排列及致密程度。这些海绵组织的细胞间隙很多，所以茄子果实的比重较小。果实组织的紧密程度，视果形及品种而异。早熟品种从开花到果实食用的成熟期，需要 15～25d，而到生物学上的成熟期则要 50～60d。晚熟的大型果品种要更长些。幼嫩时，果肉带有涩味，这种涩味是一种植物碱，经煮熟以后可以消除，所以一般茄子不适于生食。但也有可以生食的品种。

在茄子果实发育过程中，果肉先发育，种子后发育。到果实发育的后期，种子才迅速地生长及成熟。留种用的果实，在采收后要放置几天，使其充分后熟，能提高种子的质量。

果实初期发育的速度，同一植株的果实个体间差异很大。这与果实着生位置、开花时的温度、光照、水分及土壤肥力等有密切的关系。茄子果实也有畸形现象，但远没有像番茄普遍。在早期分化的花柱有时带有双子房，形成"双生果"，但出现的几率较小。生长结果后期也会由于干旱及营养不良，形成僵果，这种僵果果形小，质地坚硬，无食用价值。

中国华北等地区大圆茄的产量，从单株来讲，主要是由第 1～3 层的果实所构成，约占总产量的 60%～70%，尤以"四门斗"的产量大。亦即大果型（即果重型）的品种，第 1～3 层果的产量高；

但南方小果型（即果数型）的品种，第 1～3 层果所占的比重较小，而第 3 层以上以及由基部侧枝所结的果实反而占的比重较大。

二、类型及品种

（一）类型　按植物学分类将茄子栽培种分为：圆茄（var. *esculentum* Nees）、长茄（var. *serpentinum* L. H. Bailey）和矮茄（var. *depressum* Bailey）3 个变种。圆茄又可分为圆球形、扁圆球形和椭圆形。按成熟期分，可分为早熟、中早熟、中熟、中晚和晚熟种；茄子果实的颜色有黑紫色、紫色、紫红色、绿色和白色。

中国南北各地对茄子的消费习惯不尽相同，因而栽培的茄子类型和品种各异。东北、西北等高寒地区以栽培早熟长茄和矮茄为主；黄河流域与华北地区以栽培圆茄为主；长江流域、华南地区及台湾省以栽培长茄为主。南方多以长果形品种作为早熟栽培，单果重量较轻，但单株的结果数多，为产量构成中的"果数型"。黄河流域及华北地区多栽培大果型品种，较晚熟，单果较重，但单株的结果数较少，为产量构成中的"果重型"。

（二）品种

1. 北京六叶茄　北京市地方品种。植株生长势中等，叶绿色，门茄着生在主茎第 6 节上。果实扁圆形，一般横径 10～12cm，纵径 8～10cm，单果重 0.4～0.5kg，果皮黑紫色，萼片及果柄亦为黑紫色，果肉浅绿白色，肉质细嫩。早熟，对低温适应性强，适于春夏季露地栽培。

2. 安阳紫圆茄　河南省安阳市地方品种。株高 100～110cm，生长势强，门茄着生在主茎第 8～9 节。茎紫色，叶片肥大，绿色带紫晕，果柄及萼片绿紫色。果实近圆形，果实横径 11.0cm，纵径 12.0cm，单果重 1kg 左右。商品果紫红色，果面光滑有光泽，品质尚佳。中晚熟。耐热性较强，抗病性较强。

3. 西安大圆茄　陕西省西安市地方品种。植株高大，株高 100cm 左右，门茄着生于主茎第 8～9 节，茎紫色，叶深紫绿色。果实大圆球形，果实纵径 15.0，横径 17.0cm，单果重 1.0kg 左右。商品果紫红色，有光泽，果肉致密，品质好。晚熟种。不抗褐纹病及绵疫病。

4. 承茄 1 号　河北省种子站于 2000 年育成的一代杂种。株高 121cm，生长势强。果实长卵圆形，纵径 14cm，横径 10cm，单果重 391g。果皮紫红色有光泽，果肉乳白色，紧密，微甜，籽少，品质好。果肉紧密，品质好。对黄萎病和绵疫病有较强的抗性。

5. 杭州红茄　浙江省地方品种。植株中等大小，株高 70cm，分枝性强，门茄着生于主茎第 8～10 节。果实线条形，长 30cm 左右，横径 2～3cm，单果重 75～100g。商品果紫红色，质柔软，皮薄，种子少，品质佳。早熟。侧枝亦能开花结果。

6. 早丰红茄　华南农业大学园艺系于 1991 年育成的一代杂种。植株较直立，株高 80～90cm，第 1 花穗着生于主茎第 8～10 节，花紫红色。果实长棒形，末端稍尖，长 25～28 cm，粗 4.5～5.0cm，紫红色，有光泽，肉白色，单果重 150～180g。早熟，作春茄或秋茄栽培。生长势健壮，分枝较多，结果能力强。果肉柔软，品质优良，高温期果皮仍保持鲜红色泽。

7. 龙杂茄 3 号　黑龙江省农业科学院园艺分院于 1998 年育成的一代杂种。株高 70cm 左右，门茄着生于主茎 8～9 节，茎紫色。果实长棒形，商品果黑紫色，有光泽，果脐小，外观美，果实纵径 25cm 左右，横径 5～6cm，单果重 100～150g。早熟，从定植到始收为 30～35d。抗逆性强，较抗黄萎病和褐纹病。果肉松软细嫩，品质好。适合黑龙江省部分地区作露地、保护地早熟栽培。

8. 湘茄 2 号　湖南省蔬菜研究所于 1996 年选育的一代杂种。早熟，从定植到始收 30d 左右。果实长棒形，紫红色，光泽度好，肉质细嫩，单果重 150g。对青枯病和绵疫病有较强抗性，较耐寒，耐涝性较好。适宜长江流域作春季早熟栽培。

9. 鄂茄 1 号 武汉市农业科学院于 1996 年育成的一代杂种。株高 70cm，分枝性强，主茎 6～7 节着生第 1 朵花，花浅紫色，多数蔟生。果实长条形，长 25～30cm，横径 3.0～3.5cm，单果重 110～150g。果皮黑紫色，平滑有光泽，质柔嫩，纤维少，微带甜味。皮薄，耐老，商品性好。该品种抗逆性强，适应性广，宜春、秋两季栽培，尤其是春季早熟栽培。

10. 长虹 2 号 浙江省农业科学院园艺所于 2000 年育成的一代杂种。株型紧凑，生长势强，分枝多，节间短，结果层密。早熟，第 1 朵花着生于第 9 节，花紫红色，复花穗为 20%～30%。果实长直，粗细均匀，果长 30～40cm，横径 2.5～2.9cm，单果重 60～70g，单株结果 25～32 个。果皮紫红色，光滑美观，光泽度好，皮薄，肉白，组织细、柔软，口感好，成熟果不易老化。田间表现抗青枯病，抗逆性强，较低温度下坐果率高。适合长江流域冬春大棚作早熟栽培，也适宜高山栽培或秋季露地栽培。

11. 北方灯泡茄 植株生长势中等，门茄着生于主茎第 10～12 节。果实长卵形，纵径 15～20cm，横径 7cm 左右，单果重 200g。商品果黑紫色，肉质松软。中熟，耐热，抗病。适宜夏季栽培。

12. 金华白茄 浙江省金华地方品种。株高 50～60cm，分枝多，叶椭圆形，绿色，第 11～13 节着生第 1 朵花。商品果白色，纵径 11～12cm，横径 6～7cm，形如电灯泡。果实肉质较硬，种子多，品质较差。但耐高温、干旱，抗性强。

此外，圆茄品种还有山东大红袍、大黑茄，河北短把茄，山西大圆茄，上海大圆茄，昆明圆茄，贵州大圆茄等。辽宁、内蒙古、黑龙江的灯泡茄属矮茄类型。

三、栽培季节和方式

茄子喜温不耐霜冻，在中国仅有华南地区和台湾省可以常年栽培，其他地区均在无霜期内栽培，其栽培季节一般分为早茄和晚茄两类。

（一）早茄子栽培 早茄子栽培于早春育苗，晚霜后定植露地，是茄子的主要栽培季节。在东北、西北高寒地区于 2 月至 3 月中旬在温室或温床育苗，塑料拱棚移苗，终霜后定植于露地，6 月中下旬至 7 月上旬始收，9 月中下旬收获结束；在华北地区，于 1～2 月温室或温床育苗，4 月中旬至 4 月下旬定植，覆盖地膜，6 月中下旬开始收获，7 月下旬至 8 月上旬收获结束。下茬种植秋菜（表 17-2）；长江流域于 11～12 月在冷床育苗，翌年终霜后定植于露地，5 月中下旬始收，10～11 月收获结束；华南地区春茄子在 10～11 月播种育苗，翌年 2 月中旬移苗，4 月中、下旬始收，7 月中下旬收获结束。

（二）晚茄子栽培 晚茄子一般在晚春育苗，于春季速生菜收获后定植。根据不同的茬口，定植期有早有晚。晚茄子的收获一直延续到早霜出现为止，对解决 8、9 月淡季供应有一定作用。

华南地区秋茄子于 6～7 月播种苗期，7～8 月份移苗，苗期 30d。移植后 45d 左右于 8 月中下旬至 9 月中、下旬始收，可延续采收 40～50d。

表 17-2 北京露地茄子栽培季节
（《北京蔬菜生产技术手册》，1981）

栽培方式	播种期	定植期	收获供应期
阳畦（热盖）	12 月下旬	3 月上旬	5 月上旬至 6 月下旬
阳畦（冷盖）	1 月上旬	4 月上旬	5 月下旬至 6 月下旬
露地早熟栽培	1 月上旬至 1 月下旬	4 月下旬至 5 月上旬	6 月中旬至 7 月下旬
露地早熟栽培	2 月上旬至 3 月上旬	5 月上旬	6 月下旬至 8 月上旬
露地夏播	4 月下旬至 5 月上旬	6 月上旬至 6 月下旬	8 月上旬至 10 月上旬

自 20 世纪 70 年代以来，由于保护地栽培的发展，塑料薄膜的应用，使茄子的栽培季节与栽培方式均有了很大变化，除传统的露地栽培外，还有温室栽培、塑料大棚栽培、塑料小棚及地膜覆盖栽培。尤其在严寒的东北和西北地区，露地栽培茄子现已大部分采用地膜覆盖，收获期可提前 7～10d，增产效果显著。前期增产 60％以上，总产可增加 30％～40％。

　　采用保护设施栽培茄子，在东北、西北高寒地区可提前或延后收获期 2～2.5 个月（表 17－3）。

表 17－3　哈尔滨茄子栽培季节

（林密等，1996）

栽培方式	播种期	定植期	收获供应期
春大棚早熟栽培	1 月末至 2 月初	4 月上中旬	6 月上旬至 8 月上中旬
早春地膜覆盖	3 月上中旬	5 月中下旬	6 月下旬至 9 月中下旬
早春露地栽培	3 月中下旬	5 月下旬	7 月上旬至 9 月中下旬
秋大棚延后栽培	5 月中下旬	6 月中下旬	8 月中下旬至 10 上中旬

　　在南方保护地栽培加上排开播种，基本可以做到茄子周年供应。

四、栽培技术

　　（一）整地施肥　茄子忌连作，不宜与其他茄果类作物连作，以免传染立枯病、青枯病及其他土传病害。在长江流域一带，茄子的前作一般为白菜、萝卜、芥菜、菠菜等，后作为秋冬菜类。前作收获后，在冬季休闲地深耕一次，使土块经冬季冻晒，至早春定植前再耕翻一次，整地作畦或起垄、施肥。一般畦宽 1.3～1.7m 栽双行。茄子的根在排水不良的土壤中，容易烂根，所以畦面要平，畦沟要深。在华南有些地方，为了排水便利，有筑成高墩或高垄的。在东北、西北及华北等地区有畦栽和垄栽，垄距为 60～70cm。基肥多用腐熟的厩肥，每公顷施肥 2.0 万～3.5 万 kg，并加施磷酸二氢铵及钾肥，在整地时与土混合。但为节约肥料用量，也可以在翻耕以后，采用穴施或条施。由于茄子的结果期长，除基肥外，在生长结实期还需多次追肥，以促进后期的生长和结果。

　　（二）播种育苗　一般都是先育苗后定植，即使在华南地区也很少直播。播种前，先浸种催芽，每公顷播种量为 0.5～0.7kg。茄子种子表面有黏膜，如浸种时间短，则种子吸水量不足；或在种子催芽过程中温度控制不好，则种子发芽慢且不整齐。根据林密等多年试验，茄子在 50～55℃温水中浸种 30min，后在室温下继续浸泡 10～12h，再后催芽。也可用磷酸三钠（10％）、高锰酸钾等药液浸泡消毒。催芽最好应用变温管理，每昼夜 24h 中，8h 调为 20℃，16h 调为 30℃，经 5d 左右即可出芽。这种浸种催芽方法，出芽快而且整齐。播种后要求温度保持 25～30℃才能迅速出苗，出苗后夜间应保持 12～15℃，白天为 20～26℃，如果夜间温度在 10℃以下，生长不良。尤其是土壤的温度，不要低于 17～18℃，否则根系发育不良。

　　幼苗生长期要进行 1～2 次间苗，间去过密及过弱的苗。在播种后 30～50d，幼苗长有 2～3 片真叶时，分苗一次，苗距 7～10 cm 见方。据蒋先明（1963）的观察，茄子幼苗在 4 片真叶以前，为主茎轴及叶原基的形成阶段，生长量小，而相对生长率较大；在 4 片真叶以后，又有生长锥和次生轴的突起及分化，生长量大增，需及时分苗。

　　在育苗过程中，茄子比番茄容易死苗、僵苗，其主要原因是根的生长要求较高的土温。在土壤温度为 25℃左右时，根的生长旺盛，吸收肥水能力强。当土温降到 12℃时，是发生根毛的低温极限；当降到 10℃以下时，根停止伸长生长。所以分苗以后，如土壤温度低而又干燥，就容易产生"僵苗"。在进行幼苗锻炼时，温度过低，水分过少，幼苗生长受到过度的抑制，新根不易发生，形成

"萎根"或"回根"，也会造成"僵苗"。克服僵苗的办法主要是提高土壤温度。利用温床育苗的，可增加热能，多受阳光。也可以采用配方施肥技术，喷施多效好、喷施宝、叶面宝等促进植株生长，适时适量浇水。华南地区栽培的春茄子，越冬时要加强防寒措施。此外，在 1～2 片真叶时，容易发生猝倒病。

20 世纪 80～90 年代，茄子嫁接育苗技术已在生产中应用，嫁接育苗对土传病害如茄子黄萎病等病害防治效果明显，增产幅度显著。嫁接用的砧木主要有托鲁巴姆、刺茄（云南野生茄）、刚果茄、赤茄，其中以托鲁巴姆和刺茄（云南野茄子）防病效果更好。

（三）定植 茄子定植期比番茄稍迟，一般均在春季终霜后定植。长江中下游地区，多在清明前后；广州的春茄于 2 月中旬定植，夏、秋茄子于 7～8 月定植。栽苗要选择温暖的晴天，栽苗后发根快，成活率高；如果栽植以后，即遇大雨，而土壤排水又不好，发根就困难，不易成活。

定植方法：在北方多用畦栽或垄栽。晚熟品种用垄栽，因易于培土。垄栽时常采用所谓"水稳苗"，即先在垄沟内灌水，趁水尚未渗下时将茄苗按株距插入沟内，待水渗下后再覆土，3～5 天后，灌水一次。这种方法，成活率高。在南方各地，都是先开穴定植，然后浇水。如遇多云天气，为了防止浇水后降低土温，不利发根，也可以次日再浇水。定植不必过深（茄子主茎不易生不定根），以土埋过土坨或与秧苗的子叶平齐为宜。定植以后，为了使幼苗迅速恢复生长，栽后即浇一次稀薄的液态农家有机肥或硫酸铵水溶液，作为"催苗肥"。对于新根的发生有良好的效果。

栽植距离视品种及气候条件等而异。在东北、西北高寒地区，每公顷栽苗 4.5 万～6.0 万株，黄河流域及华北地区为 3.5 万～4.5 万株，长江以南地区为 4.5 万～5.5 万株。适当密植可以提高单位面积产量，尤其是早期的产量较高。而合理密植要根据不同品种、不同土壤肥力而定。合理密植必须要有充足的养分、适量的水分和加强田间管理，才能达到预期的目的。但过度密植，叶面积愈增加，叶子相互遮光程度亦愈大，对总产量的增加反而不利。

（四）田间管理 茄子的管理工作有追肥、灌溉、中耕培土、整枝、打叶、防止落花及病虫害防治。

1. 追肥 由于茄子生长期长，在结果期间合理追肥，是丰产的主要措施之一。可在定植缓苗以后，结合浇水，施稀薄的粪肥或化肥。结果以后，可追浇浓的粪肥或化肥，以氮肥为主。每次每公顷施 150～225kg 尿素或磷酸二氢铵，隔 11～15d 施 1 次，以供果实不断生长的需要。果实生长最旺盛的时期，也是需追肥最多的时期。

如果只重视早期追肥而忽视后期追肥，对后期产量及总产量影响很大。如果营养不足，枝叶生长量小，容易落花，所结果实细小而弯曲，果皮组织也易老化。

茄子的着果有周期性，即在结实盛期以后，有一个结实较少的间歇时期。在整个结果期间，约有 2～3 个周期。周期起伏的程度与施肥量、采收时果实的大小及结果数目有关。多施肥，其周期性的起伏就不明显，产量高；而少施肥，则周期性的起伏就大，则果数及产量降低。果实采收的迟、早（即采收的间歇期的长、短），对结实的周期性及产量影响很大。早采区比对照区（一般采收）的着果数多，所以茄子的果实应该在达到食用时就及时采收。

2. 灌溉和排水 茄子的单叶面积大，水分蒸腾较多，一般要保持 80％的土壤相对湿度。当水分不足时，植株生长缓慢，甚至引起落花，所结果实的果皮粗糙，品质差。长江中下游各地 7～8 月间，也就是生长的后期，天气炎热，容易干燥，如不及时灌溉不但不能满足叶片蒸发需要，而且严重影响光合作用，降低物质积累，尤其在结果盛期。浇水量的多少要根据果实发育的情况而定，当果实开始发育、露出萼片时，就需要浇水，以促进幼果的生长。果实生长最快时，是需水最多的时候，这时肥、水充足，果皮鲜嫩有光泽。至收获前 2～3d，又要浇水，以促进果实迅速生长。以后在每层果实发育的始期、中期以及采收前几天，都需要及时浇水，以供果实生长的需要。

为了保持土壤中适当的水分，除用灌溉以外，也可利用地膜覆盖，以减少土面的蒸发。在长江以南地区，当雨水过多时，还要注意排水。

3. 中耕培土 茄子地的中耕工作多结合除草进行。早期的中耕可以深些，5～7cm，后期要浅些，3cm左右。大雨过后，为了防止土壤板结，应在半干、半湿时进行中耕，这种情形在江南梅雨地区更要抓紧。当植株生长到高33cm左右时，要结合中耕进行培土，把沟中的土培到植株根旁，以免须根露出土面，并可增强对风的抵抗力。这在东南沿海有台风的地区更有必要。有时单靠培土，还不足以抵抗台风，还要立支柱。

4. 整枝、摘叶 由于茄子的枝条生长及开花结果习性相当有规则，所以一般不进行整枝，而只是把门茄以下的分枝（即靠近根部附近的几个侧枝）除去，以免枝叶过多，通风不良。但在生长强健的植株上，可以在主干第1朵花或花穗下的叶腋留下1～2条分枝，以增加同化面积及结果数目。此外，对于大果型的品种上部各分枝，除在每一花穗下留1侧枝外，其余的侧枝亦可摘除。有些早熟品种（果数类型）对于基部的侧枝可以不除去。

中国一些地区的农民，对茄子有摘叶的习惯，认为摘叶可以减少落花，减少果实腐烂，促进果实着色。摘叶的方法：当"门茄"直径生长到3～4cm，摘去"门茄"下部的老叶；当"四门斗茄"直径3～4cm时，摘去"对茄"下部的老叶。

应该说明，茄子的果实产量与叶面积的多少是密切相关的，每一果实所供给的叶面积多，果实生长亦快。因此，要获得丰产，叶面积指数要求在3以上的时期有30～45d。密植的叶面积指数增加较快，达到高峰的时候也较快，早期产量较高（李曙轩等，1963）。摘叶的本身不是必要的，更不能认为摘叶愈多愈好，不要把良好的叶子摘去。但是为了通风透光，可除去一部分衰老的、同化作用弱的叶子，而且这些老叶在生长后期往往下垂与土面接触，容易腐烂。

5. 茄子的落花及其防止 在栽培茄子的过程中，当气温低于20℃时，会影响授粉受精及果实生长，在15℃以下会引起落花。因此，在长江流域茄子早期所开的花也有脱落现象。但由于茄子的生长一般比番茄缓慢，开花时期亦较迟，到第1朵花开放时，夜间气温往往已达到15℃以上，因此，茄子的落花问题，没有番茄那样显得严重。造成落花的原因很多，光照弱、土壤干燥、营养不足、温度过低以及花器构造上的缺陷均可导致落花。短花柱的花不论在强光或弱光下，都会脱落；而长花柱的花，在强光下不脱落，在弱光下易脱落。温度过低之所以引起落花，与花粉管的生长速度有关。花粉管萌发、生长最适宜的温度为28～30℃，最低界限为17.5℃，最高界限为40℃。如果温度低于15℃时，花粉管生长几乎停止。如果夜间温度在15℃以下，白天温度虽高，而花粉管的生长时快时慢，也达不到授精的目的。

这种生长早期的落花，可以用喷施生长刺激素来防止。一般使用20～30mg/L的2，4－D或25～40mg/L的PCPA（对氯苯氧乙酸）处理（李曙轩，1955）。由于茄子嫩芽、嫩叶对于PCPA的抵抗力较番茄强，因而不易发生药害，可用喷花法，所用药剂浓度，也可以比番茄高些。或用10mg/L的萘乙酸或30～40mg/L的防落素蘸花或抹花。近年来，育种家利用自然变异选育出单性结实茄子新品种，不但因无籽提高了果实品质，而且可以避免因低温等因素影响造成授粉受精不良而落花。

五、病虫害防治

茄子主要病害有苗期的茄子猝倒病、茄子立枯病（防治方法参见番茄），还有结果期的茄子绵疫病、茄子黄萎病、茄子褐纹病、茄子灰霉病、茄子菌核病等。主要虫害有地老虎、蚜虫、红蜘蛛、茄黄斑螟和茄二十八星瓢虫等。

（一）主要病害防治

1. 茄子绵疫病 病原：*Phytophthora parasitica* 和 *P. capsici*。该病主要为害果实，自下而上发展，果面形成黄褐色至暗褐色凹陷斑，近圆形。潮湿时发展至整个果面，由棉絮状菌丝包裹成白色，

果肉变黑腐烂，脱落。叶部病斑圆形或不规则形，水渍状淡褐色至褐色，随着扩展形成轮纹，边缘明显或不明显，有时可见病部长出少量白霉。茎部受害引起腐烂和溢缩。适宜发病温度为 28～32℃，空气相对湿度 85％以上，属于高温、高湿性病害。地势低洼、地下水位高、栽植密度过大、管理粗放发病严重，尤其在雨季更易发生。防治方法：①选择适宜本地种植的抗（耐）病品种；②要注意田间排水，采取高垄覆盖地膜，避免果实与病菌接触；③及时摘除病果、病叶，增施磷、钾肥；④发病初期喷洒 64％杀毒矾可湿性粉剂 500 倍液，或 58％甲霜灵锰锌可湿性粉剂 500 倍液，或 72.2％普力克水剂 800 倍液，或 14％络氨铜水剂 300 倍液，每 7～10d 防治 1 次，共防治 2～3 次。

2. 茄子黄萎病 病原：*Verticillium dahliae*。一般在坐果后开始显症，沿叶脉间由外缘向里形成不定型的黄褐色坏死斑，严重时叶缘上卷，仅叶脉两侧有淡绿，似如鸡爪，最后焦枯脱落。病叶自下而上或从植株一侧向全株发展，发病初期晴天高温时出现萎蔫，早晚尚可恢复，后期变褐死亡。有些发病植株叶片皱缩凋萎，植株严重矮化直至枯死。病株根、茎和叶柄的维管束变成褐色。该病属土传病害，远距离传播可能与种子有关。茄子定植到开花初期，日平均气温低于 15℃的天数多，影响根系伤口愈合而发病率高。夏季土温 22～26℃发病重。土壤和空气湿度较大时，有利于病害发展。茄子长年连作、高温下冷水灌溉、土壤干裂或耕作伤根、使用未腐熟的农家肥等会促进发病；雨后天晴闷热时发病严重。防治方法：①选用耐病品种；②有条件的地方实行水旱轮作，与葱蒜类蔬菜轮作 4 年；③如零星发病时，应及时拔除病株，或在发病初期用 12.5％增效多菌灵可湿性粉剂 200～300 倍液浇灌，每株 100ml，隔 10d 浇灌 1 次，连灌 2～3 次。

3. 茄子褐纹病 病原：*Phomopsis vexans*。幼苗茎基部发病造成倒苗，但多在成株期发病，下部叶片先受害，出现圆形灰白至浅褐色病斑，边缘深褐色，其上轮生小黑点，有时开裂。茎部发病多位于基部，形成圆形或梭形灰白斑，边缘深褐或紫褐色，中央灰白凹陷，并生有暗黑色小斑点，严重时皮层脱落露出木质部，植株易折倒。果实发病时出现褐色圆形凹陷斑，生有排列成轮纹状的小黑点。病斑可扩大至整个果实，后期病果落地软腐或在枝干上呈干腐状僵果。田间温度 28～30℃，相对湿度 80％以上有利病害流行。高温连阴雨、土壤黏重、栽植过密、偏施氮肥等有利于发病。防治方法：①播种前对种子进行温汤浸种或用 50％多菌灵可湿性粉剂拌种，用药量为干种重的 0.3％；②对苗床土进行消毒；③加强田间管理，雨后及时排除积水，清洁田园；④发病初期用 64％杀毒矾可湿性粉剂 500 倍液，或 40％甲霜铜可湿性粉剂 700 倍液，或 58％甲霜灵锰锌可湿性粉剂 500 倍液喷洒，视病情约 10d 喷 1 次，连喷 2～3 次。

此外，茄子灰霉病、茄子青枯病、根结线虫病等也是重要病害，防治方法参见番茄相关部分。

（二）主要虫害防治

1. 小地老虎（*Agrotis ypsilon*） 俗称切根虫、地蚕等。国内菜区都有分布，主要为害春播蔬菜幼苗，从近地面处咬断茎部造成缺苗断垄。防治方法：①早春铲除田间及周围杂草，春耕耙地有灭虫作用；②春季可用糖醋酒诱液或黑光灯诱杀成虫；③用泡桐叶、莴苣叶诱捕幼虫；④在清晨人工捕杀断垄附近土中的幼虫；⑤在幼虫 3 龄前用 90％晶体敌百虫 800～1 000 倍液，或 2.5％溴氰菊酯乳油 3 000倍液等喷雾，也可用敌百虫或辛硫磷等配成毒土或毒饵防治。

2. 茄二十八星瓢虫（*Henosepilachna vigintioctopunctata*） 又称酸浆瓢虫等。中国南方茄子的主要害虫之一。成虫及幼虫啃食叶肉，残留表皮，甚至吃光全叶，还取食果实表面，被食部位硬化变苦。此虫喜高温、高湿，6 月下旬至 9 月为害最烈。防治方法：①清洁田园，拔除杂草，人工摘除卵块和捕捉成虫；②在卵孵化盛期至 2 龄幼虫分散前，喷施 2.5％溴氰菊酯乳油 3 000 倍液，或 10％溴马乳油 1 500 倍液，或 10％菊马乳油及 40％毒死蜱乳油各 1 000 倍液等。

3. 马铃薯瓢虫（*Henosepilachna vigintioctomaculata*） 又名二十八星瓢虫，分布于北方各省，主要为害马铃薯和茄子。成虫有群居越冬习性，可进行捕杀。其他防治方法参见茄二十八星瓢虫。

4. 茄黄斑螟（*Leucinodes orbonalis*） 分布于中国南方地区。幼虫钻蛀茄子顶心、嫩梢、嫩茎、花蕾和果实，造成枝梢枯萎、落花、落果及果实腐烂。秋茄受害较重。防治方法：①及时剪除被害株的嫩梢及果实，茄子收获后拔除残株，清洁田园；②应用性诱剂诱杀雄成虫。以滤纸或橡皮头为载体，剂量为 $50\mu g$ 或 $150\mu g$，利用诱捕器诱集，其高度应高出植株 $30\sim50cm$，有效期 20d 以上；③幼虫孵化盛期蛀果（茎）前施药，采用的杀虫剂种类同番茄棉铃虫。

5. 红蜘蛛 主要种类有朱砂叶螨（*Tetranychus cinnabarinus*）及截形叶螨（*T. truncatus*），常混合发生。二斑叶螨（*T. urticae*）局部地区发生。年发生多代，雌成螨和若螨在干菜叶、草丛或土缝中越冬，春季在杂草或寄主上繁殖，后迁入菜田为害，点片发生。其后靠爬行或吐丝下垂借风雨或人为传带，向全田蔓延。成、幼螨和若螨群集叶背面吸食汁液，造成叶片发黄或呈锈褐色，枯萎、脱落、缩短结果期。高温、干旱年份或季节为害重。防治方法：①清洁田园，加强肥水管理，增强植株耐害性；②在叶螨低密度时，按叶螨与捕食螨数量 20：1 释放拟长毛纯绥螨，或害益比为 10：1 释放智利小植绥螨，每 10 天释放 1 次，共放 3 次；③在非生物防治区，当有螨株率达 5% 时进行药物防治，用药种类、剂量参见番茄侧多食跗线螨。

6. 侧多食跗线螨（*Polyphagotarsonemus latus*） 别名：茶黄螨。茄子的重要害螨，果实受害后脐部变为黄褐色，发生木栓化和龟裂，严重时种子裸露，果实味苦，不能食用。其他受害症状及防治方法参见番茄侧多食跗线螨部分。

六、采　　收

茄子早熟种定植后 $30\sim40d$ 开始采收；中熟种定植后 $50\sim60d$ 成熟；晚熟种定植后 $60\sim70d$ 收获。一般在开花后 $15\sim25d$ 可以采收。

茄子果实采收的适宜时期，可以看萼片与果实相连接的地方，颜色有一白到淡绿色的带状环，群众称为"茄眼睛"。如这条白色环带宽，就表示果实生长快，如果环带逐渐不明显了，则表示果实生长慢了，即应采收。因此一般以"茄眼睛"作为采收的标志。这是因为紫红色的茄子，果实表皮含有花青甙、飞燕草素及其配糖体如风信子素等，这些色素在黑暗中不会形成，要见光以后才会形成，而且着色的深浅与光强度及曝光时间的长短有关。更由于每天生长的快慢及曝光时间的长短不同，而形成 $3\sim4$ 层颜色深浅不同的层次，"眼睛"白色的部分愈宽，表示果实生长愈快。

留种用的果实要等老熟以后采摘，并放置室内 $7\sim10d$ 待其后熟，使种子与果肉分离。取籽方法：除去果实的两端，留中间一段切成数块，然后将果肉在水中捣烂，揉出种子洗净。北方的采种方法是，把整个"种茄"用脚踩在地上揉软，或用木棒槌打至果肉松软，然后将茄子纵剖开，在水盆中洗出种子，将浮在水面上的瘪籽漂出去。洗出的种子先阴干再晒，晒时应避免过于强烈的阳光，如果阳光过强，会影响种子的发芽率。

种子的采收量视品种而异，如上海牛奶茄 160kg 果实可以收种子 1kg，而宁波条茄要 $350\sim400kg$ 果实才能采收种子 1kg。种子千粒重平均为 $4\sim5g$。

（林　密）

第三节　辣　　椒

辣椒是茄科（Solanaceae）辣椒属中能结辣味或甜味浆果的一年生或多年生草本植物，学名：*Capsicum annuum* L.；别名：海椒（蜀）、辣子（陕）、辣角（黔）、番椒等。辣椒原产中南美洲热带地区，墨西哥栽培甚盛。1493 年传入欧洲，1583—1598 年传入日本，目前已遍及世界各国。辣椒以嫩果或老熟果供食。地处冷凉的国家，以栽培甜椒为主；地处热带、亚热带的国家，以栽培辣椒为主，其中自北非经阿拉伯、中亚至东南亚各国及中国西北、西南、华南各省盛行栽培辛辣味强的

辣椒。

辣椒于 16 世纪后期引至中国。最早的文字记载见于明·高濂《草花谱》，称之为"番椒"，有"番椒丛生，白花，果俨似秃笔头，味辣，色红，甚可观，子种"的描述。说明当时可能作为观赏植物栽培。辣椒传入中国主要通过两条途径：一经"丝绸之路"，在甘肃、陕西等地栽培，故有"秦椒"之称；一经东南亚海路，在广东、广西和云南栽培，现西双版纳原始森林里尚有半野生型的小米辣。

辣椒是中国人民喜食的鲜菜和调味品，特别是西北的甘肃、陕西，西南的四川、贵州、云南，华中的湖南、江西等地的人们尤为爱好，每餐必备。辣椒的果皮及胎座组织中，含有辣椒素（$C_{18}H_{27}NO_3$）及维生素 A、C 等多种营养物质，并有芬芳的辛辣味。辣椒有促进食欲，帮助消化及医药等效用。青熟果实可炒食、制作泡菜，老熟红果可盐腌制酱，或干燥后成干辣椒及制成辣椒粉。中国产的干辣椒和辣椒粉远销新加坡、菲律宾、日本、美国等国家。

一、生物学特性

（一）植物学特征 辣椒在温带地区为一年生蔬菜，在亚热带及热带地区可以越冬，成为多年生植物。

1. 根 辣椒的根系没有番茄和茄子发达，根量少，入土浅，根系多分布在 30cm 的土层内。主根不发达。根系再生能力弱于番茄、茄子。茎基部不易发生不定根，不耐旱，也不耐涝。

2. 茎 茎直立，基部木质化，较坚韧。茎高 30～150cm，因品种不同而有差异。分枝习性为双杈状分枝，也有三杈状分枝。一般情况下，小果类型植株高大，分枝多，开展度大，如云南开远小辣椒就有 200～300 个分枝；大果类型植株矮小，分枝少，开展度小，如甜椒仅有几个分枝。按辣椒的分枝习性，可以分为无限分枝和有限分枝两种类型，大多数栽培品种属于无限分枝型。

3. 叶 单叶，互生，全缘，卵圆形，先端渐尖，叶面光滑、微具光泽。少数品种叶面密生茸毛（如墨西哥品种）。一般北方栽培的辣椒绿色较浅，南方栽培的较深。叶片大小、色泽与青果的色泽、大小具相关性。

4. 花 辣椒花小，白色或紫白花，花冠基部合生，花萼 5～7 裂。雄蕊 5～7 枚，花药浅紫色，与柱头平齐或稍长，少数品种的柱头稍长。子房 3～6 室或 2 室。花着生于分枝杈点上，单生或簇生。第 1 花出现在 7～15 节上，早熟品种出现节位低，晚熟品种出现节位高。第 1 花的下面各节也能抽生侧枝，侧枝的第 2～7 节着花。在栽培上，有些地区将其及早摘除，以减少营养消耗，有利通风透光。辣椒自然杂交率为 25%～30%，甜椒为 10%，属于常异交蔬菜作物，采种时需注意隔离。

5. 果实 辣椒果实形状大小因品种、类型不同而差异显著。如有纵径 30cm 长的线椒、牛角椒；有横径 15cm 以上的大甜椒，也有小如稻谷的细米椒。果肉厚 0.1～0.8cm，单果重从数克到数百克。萼片呈圆多角形，绿色。因果肩有凹陷、宽肩、圆肩之分，因而着生状态也分别为凹陷、平肩、抱肩。甜椒品种多凹陷，线椒品种多平肩，干椒品种多抱肩。辣椒的胎座不发达，种子腔很大，形成大的空腔。种室，辣椒为 2 室，甜椒 3～6 室或更多。种子主要着生在胎座上，少数种子着生种室隔膜上。种子短肾形，稍大，扁平微皱，略具光泽，色淡如黄白色。种皮较厚实，故发芽不及茄子、番茄快。种子千粒重 6～9g。果实着生多下垂，少数品种向上直立。

辣椒受精后至果实充分膨大约需 30 多 d，到转色老熟又需 20d 以上。青熟果呈深浅不同的绿色，少数品种为白色、黄色或绛紫色，老熟果色转为橙黄、红色或紫红。内含叶黄素、胡萝卜素的呈黄色，内含花青素或茄红素的呈红色。作为观赏栽培品种的五彩椒，因同株上的果实转色期的不同，而形成几种不同颜色。果实的胎座组织辣椒素含量最多，果皮的含量次之，种子中含量相对较少。不同类型及品种之间辣椒素的含量差异很大，一般大果型品种的辣味淡，并具甜味，如茄门椒等；中果型品种的辣味较浓，如成都二金条等；小果型品种的辛辣味、香味极浓，主要供干制，产量较低，如天鹰椒等品种。

（二）对环境条件的要求

1. 温度　辣椒属于喜温蔬菜。种子发芽适宜温度为 25～30℃，在此温度下，需 3～4d。在 15℃时发芽更慢，约需 15d，低于 15℃不易发芽。种子萌芽后，在 25℃时生长迅速，但极纤弱，需降低温度至 20℃左右，保持幼苗缓慢健壮生长。随秧苗的长大，耐低温的能力随之增强，具 3 片以上真叶，能在 0℃以上不受冻害。初花期，植株开花、授粉要求的夜间温度以 15.5～20.5℃为宜。低于10℃时，难于授粉，易引起落花、落果。高于 35℃时，花器发育不全或柱头干枯不能受精而落花，即使受精，果实也不发育而干枯。果实发育和转色，要求温度在 25℃以上。成株对温度的适应范围广，既能耐高温，也能耐低温。品种不同，对温度的要求也有较大差异，大果型品种比小果型品种不耐高温。

吴韩英等（2001）研究了高温胁迫对甜椒光合作用和叶绿素荧光的影响，结果认为：甜椒叶片在高温处理下的净光合速率（Pn）呈下降趋势，其中 45℃ 和 50℃处理下 20min 内，便下降到 16.8% 和 5.5%。之后，50℃ 处理的净光合速率保持极低的水平，几乎为零。而45℃ 处理的略有回升。35℃、40℃ 处理的，则在 40min后才出现下降（图 17-3）。正因为如此，长江流域各地栽培的辣椒，往往在 8 月收获以后全株拔起，另种秋菜。

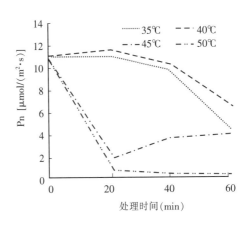

图 17-3　不同温度处理对甜椒叶片
Pn 的影响
（吴韩英等，2001）

2. 光照　辣椒对光照的要求因生育期而不同。种子在黑暗条件下容易萌芽，而幼苗生长时期则需要良好的光照条件。甜椒光合作用的光饱和点为 30 000lx，补偿点为 1 500lx。比番茄、茄子低，过强的光照对辣椒生长不利，特别是高温、干旱、强光条件下，生长不良易发病。所以，辣椒适宜密植或在保护地内种植。中国南方的茄果类育苗时期多在 11 月至翌年 3 月，光照强度常常没有达到辣椒的光饱和点。在弱光下，幼苗节间伸长，含水量增加，叶薄色淡，适应性差；在强光下，幼苗节间短粗，叶厚色深，适应性强。

辣椒为中光性植物，只要温度适宜，营养条件良好，不论光照时间的长或短，都能进行花芽分化和开花。但在较短的日照条件下，开花较早些。当植株具有 1～4 片成长的真叶时，即可通过光周期的反应。

3. 水分　辣椒是茄果类中较耐旱的蔬菜。一般大型果品种的需水量较大，小型果品种的需水量较小。辣椒在各生育期的需水量不同。种子发芽需要吸收水分，但因种皮较厚，所以吸水较慢。在催芽前，如先浸种 8～12h，使之充分吸水，可促进发芽。幼苗期植株尚小，需水不多。如果土壤水分过多，则根系发育不良，植株徒长纤弱。初花期，植株生长量大，需水量随之增加，特别是果实膨大期，需要充足的水分。如果水分供应不足，果面发生皱缩，弯曲，膨大缓慢，色泽枯暗。空气湿度过大或过小，对幼苗生长和开花坐果影响较大，以 60%～80% 为宜。在幼苗期，如空气湿度过大，容易引起病害；初花期湿度过大会造成落花；盛果期空气过于干燥对于授粉受精不利，也会造成落花、落果。

4. 土壤　一般说辣椒在重黏土、黏土、黏壤土、沙壤土、沙土或壤土上栽培都能生长发育，但以肥沃的沙壤土更为适宜。土壤酸碱度在 6.2～8.5 的范围内都能适应。辣椒对氮、磷、钾三要素均有较高的要求。幼苗期植株细小，需氮肥较少，但需适当的磷、钾肥，以满足根系生长的需要。花芽

分化期受氮、磷、钾施用量的影响极为明显，施用量高的，花芽分化时期要早些，数量多些。单施氮肥或磷肥及单施氮、钾或磷、钾肥，都会延迟花芽分化期。盛果期需大量的氮、磷、钾肥。

初花期氮素过多，植株徒长，营养生长与生殖生长不平衡。大果型品种如甜椒类型需氮肥较多，小果型品种如簇生椒类型需氮肥较少。辣椒的辛辣味受氮素影响明显，多施氮肥辛辣味降低。越夏恋秋的植株，多施氮肥能促进新生枝叶的抽生。磷、钾肥使茎秆粗壮，增强植株抗病力，促进果实膨大和增进果实色泽、品质。故在栽培上，氮、磷、钾肥应配合使用。供干制用的辣椒，应当控制氮肥，增加磷、钾肥的比例。一般每生产 1t 辣椒产品时，需氮（N）$3.5\sim5.4$kg、磷（P_2O_5）$0.8\sim1.3$kg、钾（K_2O）$5.5\sim7.2$kg，三者之间的比例为 $1:0.2:1.4$。

（三）生长发育特性　辣椒的生育周期包括发芽期、幼苗期和开花结果期。

1. 发芽期　发芽期是从种子萌动到子叶展开、真叶显露的一段时期。在温、湿度适宜，通气良好的条件下，从播种到现真叶需 $10\sim15$d。发芽时胚根最先生长，并顶出发芽孔扎入土中，这时子叶仍留在种子内，继续从胚乳中吸取养分。其后，下胚轴开始伸长，呈弯弓状露出土面，进而把子叶拉出土表。这一时期种苗由自养过渡到异养，开始吸收和制造营养物质，生长量比较小。

2. 幼苗期　从第 1 片真叶显露到第 1 个花现蕾为幼苗期。幼苗期的长、短因苗期的温度和品种熟性的不同而有很大差异。在适宜温度下育苗，幼苗期为 $30\sim40$d。目前中国辣椒基本上是在低温寒冷、弱光寡照的逆境条件下育苗，幼苗缓慢生长，苗期长达 $120\sim150$d。幼苗期末期的形态大致是：苗高 $14\sim20$cm，茎粗 $0.3\sim0.4$cm，叶片数 $10\sim13$ 枚，单株根系鲜重 $1.5\sim2.2$g，生长点还孕育了多枚叶芽和花芽。当辣椒苗长有 $2\sim4$ 片真叶时，即开始进行花芽分化。较大的昼夜温差、短日照、充足的土壤养分和适宜的湿度有利于花芽分化进程，使花芽形成早、花数多、花器发育快。但花的着生节位则有随温度升高而提高的趋势。

3. 开花结果期　自第 1 朵花开花、坐果到采收完毕为开花结果期。前期是植株早期花蕾开花坐果、前期产量形成的重要时期。此时期如种植密度过大、温度过高、氮肥过量易引起植株徒长，导致开花结果延迟和落花、落果。结果期长、短因品种和栽培方式而异，短的 50d 左右，长的达 150d 以上。这一时期植株不断分枝，不断开花结果，继门椒（第 1 层果）之后，对椒（第 2 层果）、四门斗椒（第 3 层果）、八面风椒（第 4 层果）、满天星椒（第 5 层以上的果）陆续形成，先后被采收。此期是辣椒产量形成的主要阶段，应加强肥水管理和病虫害防治，维持茎叶正常生长，延缓衰老，延长结果期，提高产量。

二、类型及品种

生物学家林奈（Linnaeus，1773）将辣椒分为两个种，即一年生椒（*Capsicum annuum* L.）和木本辣椒（*Capsicum frutescens* L.）。后来贝利（L. H. Bailey，1923）认为林奈所说两个种是同 1 个种，并采用了 *Capsicum frutescens* 为种名，其下又分为 5 个变种。20 世纪 50 年代后，随着分类学研究的深入，学者们大致认为辣椒应包括 4 或 5 个种（Heiser 和 Pickersgill，1969）。国际植物遗传资源委员会（IBPGR）于 1983 年予以确认，即：①一年生辣椒（*C. annuum* L.），包括各种栽培甜椒和辣椒的大部分品种，是目前栽培最广泛、生产上最重要的一个种。这个种的特征是花冠乳白色，花药蓝色或紫色，萼片小，色淡，1 节有 1 个花梗；②浆果状辣椒（*C. baccatum*），主要在南美洲栽培，此种与一年生辣椒的区别在于其花冠上有黄色、棕褐色 或棕色斑点，并有显著的萼芽；③分枝辣椒（*C. frutescens* L.），即小米椒，作为野生或半驯化植物，广泛分布于美洲热带低洼地区，东南亚也有分布。其特征为花冠乳白色至白色，略呈绿色或黄色，花药为蓝色，有些节具有 2 个或多个花梗；④中国辣椒 *C. chinense* Jacquin，为亚马逊河流域最常见的栽培种，广泛分布于美洲热带地区，这个种类似于木本辣椒，萼下具有缢痕是唯一的区分特征；⑤绒毛辣椒（*C. pubescens* Rui & Pavon），广泛种植于安第斯山区，在美洲中部和墨西哥部分地区也有栽培，是一种独特形态的栽培种，种子浅黑色，多皱纹。

（一）类型　根据辣椒栽培种（*C. annuum. L.*）果实的特征分类，有以下5个主要变种：

1. 樱桃椒（var. *cerasiforme* Bailey）　株型中等或矮小，分枝性强。叶片较小，卵圆或椭圆形，先端渐尖。果实向上或斜生，圆形或扁圆形，小如樱桃故名。果色有黄、红、紫等色。果肉薄，种子多，辛辣味强。云南省建水县及贵州省南部地区有大面积的樱桃椒。

2. 圆锥椒（var. *conoides* Bailey）　也称朝天椒。株型中等或矮小。叶片中等大小，卵圆形。果实呈圆锥、短圆柱形，着生向上或下垂，果肉较厚，辛辣味中等，主要供鲜食青果。如南京早椒、成都二斧头、昆明牛心辣等。

3. 簇生椒（var. *fasciculatum* Bailey）　株型中等或高大，分枝性不强。叶片较长大。果实簇生向上。果色深红，果肉薄，辛辣味强，油分高。晚熟，耐热，对病毒病抗性强。但产量较低，主要供于制作调味用。如天鹰椒等。

4. 长辣椒（var. *longum* Bailey）　也称牛角椒。株型矮小至高大，分枝性强。叶片较小或中等。果实长，微弯曲似牛角、羊角、线形，果长7～30cm，果肩粗1～5cm，先端渐尖。萼片平展或抱肩。果肉薄或厚，辛辣味适中或强。肉薄、辛辣味强的供干制、盐渍和制酱；肉厚、辣味适中的供鲜食。产量一般都较高，栽培最为普遍。中国用于制作干辣椒的多属这一变种。干制品种如陕西省的线椒、四川省的二金条等；鲜食品种如长沙河西牛角椒等。

5. 甜椒（var. *grossum* Bailey）　也称灯笼椒。株型中等或矮小，冷凉地区栽培则较高大，分枝性弱。叶片较大，长卵圆或椭圆形，果实硕大，圆球形、扁圆形、短圆锥形，具三棱、四棱或多纵沟。果肉较厚，含水分多。单果重可达200g以上。一般耐热和抗病力较差。冷凉地区栽培产量高，炎热地区栽培产量低。老熟果多为红色，少数品种为黄色。辛辣味极淡或甜味，故名甜椒。

（二）品种　辣椒传入中国的历史较长，优良品种较多。现介绍国内曾经或目前普遍栽培的代表品种如下：

1. 湘研1号　湖南省蔬菜研究所于1989年选育的一代杂种。株型紧凑，植株生长势较强，株高45cm，开展度50cm，分枝力较强，节间短。第1花节位出现在主茎第8～12节。果实粗牛角形，绿色，果长10.7cm，果宽3.5cm，果肉厚0.25cm，果面光亮，平均单果重30g，最大单果重50g。微辣带甜，肉质脆软，风味佳，供鲜食用。极早熟，从定植到采收40d左右，前期果实从开花到采收约18d，早期结果力强，早期产量高。耐肥、耐湿力强，不耐热。耐病毒病、疮痂病、炭疽病和青枯病。适宜采用地膜覆盖、塑料大棚、小棚作早熟栽培。

2. 湘研5号　湖南省蔬菜研究所于1993年育成的一代杂种。植株生长势强，株高55cm，开展度60cm，分枝力强，节间较短。第1花着生于主茎第12～15节。果实长牛角形，淡绿色，果长18cm，果宽2.8cm，果肉厚0.29cm，平均单果重35g。肉质细软，味辣而不烈，辣椒素含量0.28%左右。中熟，在长沙地区5月下旬始收。从定植到采收53d左右，前期果从开花到采收约23d，在10月中旬采收结束，采收期长达150d，产量高而稳定。该品种耐热性、耐旱性、抗病性都比较突出，适宜在中国各地作越夏丰产栽培。

3. 湘研19号　湖南省蔬菜研究所于1999年育成的一代杂种。株型紧凑，节间密，株高48cm，开展度58cm。在低温条件下不落花、落果，能正常结果生长。果实长牛角形，深绿色，果长16.8cm，果宽3.2cm，果肉厚0.29cm，平均单果重33g。皮光无皱，辣味适中，肉质细软，果形直，空腔小，商品性好，耐贮藏。早熟，丰产。抗病性、抗逆性强。适宜在全国嗜辣地区或南菜北运基地作早春露地栽培。

4. 中椒5号　中国农业科学院蔬菜花卉研究所于1998年育成的一代杂种。植株生长势强，株高55～61cm，开展度42～47cm。第1花着生于主茎第8～11节。果实灯笼形，绿色，果面光滑，果长

7.6cm，果宽 10.3cm，3～4 心室，平均单果重 80～110g。果肉厚 0.43cm，每 100g 鲜果维生素 C 含量 94.5mg，味甜质脆，品质优良。抗 TMV，耐 CMV。中早熟。为露地和保护地兼用品种。适宜北京、天津、河北、山东、山西、辽宁等省、市在露地或保护地栽培。

5. 中椒 6 号 中国农业科学院蔬菜花卉研究所于 2000 年育成的一代杂种。中早熟。植株生长势强，株高 45.3cm，开展度 59.9cm。第 1 花着生于主茎第 9～10 节。结果率高。果实粗牛角形，黄绿色，果面光滑，外形美观，果长 13cm，果宽 4.5cm，心室数 2～3 个，平均单果重 55～62g。品质优良。抗病毒病能力强。高产稳产。主要适于在河北、山东、广西、云南、陕西、辽宁、内蒙古等省、自治区作露地栽培。

6. 早丰 1 号 江苏省农业科学院蔬菜研究所、南京市蔬菜局、南京市雨花区红花乡等单位于 1984 年育成的一代杂种。株型开展，株高 70～75cm，开展度 75～80cm，分枝较多。第 1 花着生于主茎第 7～11 节，极早熟，前期生长快，结果多。果实为不整齐长灯笼形，果长 8～10cm，果宽3.5～4.5cm，果肉厚 0.2～0.25cm，单果重 25～35g，最大单果重 50g。商品成熟果绿色，辣味轻。属耐病品种。早期产量高。适宜在黄河以南、长江流域广大地区于塑料大、小棚或露地作早熟栽培。

7. 苏椒 5 号 江苏省农业科学院蔬菜研究所于 1993 年选育的一代杂种。株高 75cm，开展度 80～85cm。第 1 花着生于主茎第 7～9 节。前期生长快，结果多，为连续结果型，果实发育快，上市盛期 3～5d 采收 1 次。果实长灯笼形，淡绿色，果长 9～10cm，果宽 4.0～4.5cm，平均单果重 30～40g。果面光泽，肉脆味鲜，每 100g 鲜重维生素 C 含量为 72.38mg，商品性好。耐寒性强。抗 TMV 和炭疽病。适于全国各地露地春季早熟栽培和长江中下游地区塑料大棚、日光温室栽培。

8. 甜杂 1 号 北京市农林科学院蔬菜研究中心于 1986 年育成的一代杂种。株高 85cm 左右，生长势强，第 1 花着生于主茎第 11～12 节。果实圆锥形，绿色，果面光滑，果长 9cm，果宽 4.5cm，果肉厚 0.4cm，平均单果重 60g，味甜，质脆，品质好。早熟，从定植到采收 30d 左右。耐 TMV。适宜在河北、天津、北京、内蒙古、河南、山东、江苏等省、自治区、直辖市作露地早熟栽培和保护地栽培。

9. 洛椒 4 号 河南省洛阳市辣椒研究所选育的一代杂种。株高 50～60cm，开展度 60cm，生长势强。第 1 花着生于主茎第 10 节左右。果实粗牛角形，浅绿色，果长 16～18cm，果宽 4～5cm，单果重 60～80g，最大果重 120g。味微辣，风味好。早熟，前期结果集中，果实生长速度快，开花后 25d 左右即可采收。抗病毒病。适宜于保护地早熟栽培和春季露地栽培。

10. 赣椒 1 号 江西省南昌市蔬菜研究所选育的一代杂种。株高 55～60cm，植株生长势较强，株型较高大。耐寒、耐湿，在前期低温阴雨条件下容易坐果，且果实生长速度快。较抗炭疽病、病毒病和青枯病，也比较耐热。果实粗牛角形，绿色，果长约 13cm，果宽 3.1～3.2cm，果肉厚 0.22～0.28cm，单果重 30g 左右。辣味较轻，品质优良。适宜塑料大棚和露地早熟栽培。

11. 皖椒 1 号（原名河世椒） 安徽省农业科学院园艺研究所于 1988 年育成的一代杂种。株高 80～85cm，开展度 85cm 左右，株型中等大小，分枝力强，生长势较强。第 1 花着生于主茎第 10～11 节。果实粗牛角形，浅绿色，果面微皱，多数顶部有弯钩，果长 15～20cm，单果重 35g 左右。味微辣。抗逆性较强，较耐病毒病、炭疽病。中熟。适宜于安徽、江苏、河南、湖北、江西、广东、海南等省露地栽培及保护地栽培。

12. 保加利亚尖椒 从保加利亚引进，已在中国栽培多年。在华南、华北又称黄皮椒。株高约 70cm，开展度 60～70cm，茎粗壮，叶肥大，分枝弱。第 1 花着生于主茎第 10～12 节。果实长牛角形，黄绿色，果顶渐尖，弯或稍弯，果长 21cm，果肉厚 0.30～0.45cm，心室 2～3 个，单果重 50g 左右。中早熟。较耐热，耐旱。较抗病毒病、炭疽病。适宜露地和大中小棚栽培。耐贮藏运输，曾为南菜北运辣椒主栽品种之一。

13. 8819 陕西省农业科学院蔬菜研究所于1991年育成的线椒一代杂种。株高约75cm，株型矮小紧凑。果实簇生，长指形，深红色，皮光滑，果长15cm，平均单果鲜重7.4g。适宜制干椒，成品率85%左右。干椒色泽红亮，果面皱纹细密，辣味适中，商品性好。中早熟，生育期180d左右。抗病性强。丰产稳产。适宜在陕西省辣椒主产区种植。

14. 天鹰椒 自日本引进。植株较直立，叶披针形。果实簇生，较细小尖长，果顶部尖而弯曲，似鹰嘴状，成熟果鲜红色，色泽鲜艳。中晚熟。属干制的小型辣椒品种。味极辣。

15. 伏地尖 湖南省衡阳市郊地方品种。株高36cm，开展度51cm，株型较开展，分枝性强，叶深绿色。第1花着生于主茎第8～9节。果实羊角形，深绿色，果皮较硬，心室2～3个，果长12cm，果宽1.8cm，果肉厚0.2cm，单果重9g。辣味强。早熟。耐寒，耐湿，耐肥力强，易早衰。耐热性和耐病毒病能力较强。曾是重要的早熟亲本。

16. 河西牛角椒 湖南省长沙市郊地方品种。株高48.5cm，开展度73.5cm。第1花着生于主茎第13～15节。果实长牛角形，浅绿色，果长15.8cm，果宽2.7cm，果肉厚0.26cm，3心室，果面皱，单果重22.7g。辣味强。中熟。喜温，较耐寒，耐热，耐旱，适应性广。抗病性强，高产稳产。

17. 茄门 上海市从国外引进品种中选出。1962年传入华北、东北等地，栽培较为普遍。果实大，方灯笼形，果长与宽7cm左右，果肩略比果顶宽，深绿色，老熟果深红色，3～4心室，果肉厚约0.5cm，单果重100～150g，最大果重250g。果皮光滑具光泽，有纵沟3～4条。果柄下弯，果柄着生处稍凹陷，萼片平展。味甜不辣，质脆，品质好。果皮厚，耐贮运。中晚熟，耐热性较强，结果期长，多作恋秋栽培。抗病性较强，产量较高。但易感染病毒病。

18. 碧玉椒 江苏省农业科学院蔬菜研究所育成的胞质雄性不育一代杂种。株高65cm，开展度50～55cm。果实长灯笼形，果表微皱，深绿色，有光泽，果长10cm，果宽4.85cm，果肉厚0.27cm，平均单果重41.9g。微辣，品质佳，商品性好。中早熟。较抗病毒病、炭疽病和疫病。高产稳产。

19. 湘辣4号 湖南省蔬菜研究所于1998年育成的胞质雄性不育一代杂种。株高56cm，开展度85～94cm，植株生长旺盛。第1花着生于主茎第13节左右。果实羊角形，果长19.5cm，果宽1.8cm，果肉厚0.22cm，2～3心室，果面光滑，果直，青果浅绿色，成熟果为红色，平均单果重6.8g左右。中晚熟，前期开花至采收约25d。较抗疫病、炭疽病和病毒病。较耐高温。高产稳产。适于各地丘陵地区及干椒生产区栽培。

20. 海花3号 北京市海淀区植物组织培养技术实验室育成的一代杂种。株高40cm，开展度30cm。始花节位在第8～9节。果实长方灯笼形，深绿色，平均单果重80g。果肉质脆，味甜，早熟。抗病性强。适宜在陕西、内蒙古、河南等地露地及保护地栽培。

21. 耀县线辣椒 陕西省耀县地方品种。植株紧凑，分枝性强，株高50cm，开展度40cm。叶绿色，长卵形，先端尖。结果多而集中，单株平均结果30个左右。嫩熟果绿色，老熟果鲜红色，光泽好。果长指形，果顶渐尖，果面多浅皱。单果重5～6g，果长14～16cm，果径1.1cm，肉厚0.1cm。味辣，水分少，宜加工干制。中晚熟。耐旱，抗枯萎病能力强，易感染病毒病和炭疽病。适于陕西、甘肃部分地区栽培。

22. 黄玛□ 从荷兰引进。植株生长旺盛，株高可达200cm以上。果实方灯笼形，横径8～10cm，果肉厚，平均单果重150～200g。果皮光滑，生理成熟时果色由绿色转为黄色。甜脆，宜生食。耐低温弱光，较抗病毒病。单株结果20个以上。

23. 红水晶 从荷兰引进。植株生长旺盛，株高可达200cm以上。果实方灯笼形，横径8～10cm，果肉厚，平均单果重150～200g。果皮光滑，生理成熟时果色由绿色转为鲜红色。甜脆，宜生食。耐低温弱光，较抗病毒病。单株结果20个以上。

24. 玛祖卡红椒（Mazurka） 从荷兰引进。株型开放，生长均匀，抗烟草花叶病毒，坐果性好，

生长期内产量均匀分布，平均果重 400~500g，果实品质好。

三、栽培季节和方式

辣椒是中国的主要蔬菜，全国各地均有栽培。由于各地的地理纬度不同，所以适宜的栽培季节有很大的差异。

华南地区和云南省的南部，辣椒一年四季都能栽培，但最适生长时期是夏植和秋植。春季栽培于上年 10~11 月播种育苗，苗期 80~90d，1~2 月定植，4~6 月采收；夏季栽培播种期在 1 月下旬至 4 月上旬，苗龄 60d，定植期为 3 月中旬至 6 月上旬，采收期为 5~9 月；秋植的播种期在 7~9 月份，苗龄 30~40d，定植期为 7~10 月，采收期为 10 月至翌年 1 月。夏、秋两季辣椒避开了高温和寒冷天气，在露地栽培条件下能正常生长，因此产量较高。

在东北、内蒙古、新疆、青海、西藏等蔬菜单主作区，辣椒播种期一般在 2 月下旬至 3 月上旬，定植期 5 月中下旬，收获期为 7~9 月。在一些以干制为栽培目的的地区，可适当晚植，使其顶部果实能够在相近时期红熟。

在华北蔬菜双主作区，露地栽培分春提前和秋延后两个茬口，春提前栽培多在阳畦、塑料大棚中育苗，终霜后定植，夏季供应市场。播种期一般在 1 月份，定植期在 4 月下旬至 5 月上旬；秋延后则在 4 月下旬至 5 月下旬露地播种育苗，6 月中旬至 7 月上旬待露地春菜收获后或麦收后定植，8 月上旬至 10 月下旬供应市场。也有地区如河北张家口从春至秋一年进行一大季露地栽培。

四川、云南、贵州、湖北、湖南、江西、陕西和重庆等省、直辖市，是中国最大的辣椒产区和辣椒消费区。露地栽培一般在上年的 11~12 月份播种，4 月份定植，5 月下旬至 10 月中旬采收，收获期长达 6 个月。7、8 月份的高温对辣椒的生长发育有一定的影响，但只要栽培管理措施得当，仍能正常开花结果。

此外，为了克服中国南方部分地区 7~9 月份的高温、干旱、台风、暴雨的影响，在长江流域、华南地区发展高山露地辣椒栽培技术。因为在海拔 500~1 200m 的山区，平均气温比平原低 3~6℃，昼夜温差大，降雨量多，有利辣椒的生长发育。以海拔 600~800m 山区最为适宜，采收期长，产量高。一般 3 月下旬至 4 月上旬播种，5 月下旬至 6 月上旬定植，7 月下旬至 10 月采收。

为了充分利用土地资源，提高单位面积的经济效益，中国菜农创造了辣椒多种间套种方式，如辣椒—小麦套种、辣椒—春玉米套种、西瓜—晚辣椒套种、藠头—辣椒—结球白菜套种、辣椒—甘蔗套种等。

四、栽培技术

（一）甜椒露地栽培技术

1. 培育壮苗　早熟栽培可在日光温室、大棚和中小棚内播种育苗。这时天气仍然寒冷，所有育苗设施都要提前覆盖薄膜增温，并准备好草苫，以备夜间覆盖，有条件的地方应准备电加温线，使播种后设施中白天温度保持在 20~28℃，夜间 15~18℃。延秋栽培因为播种晚，也可以露地育苗。栽培 1hm² 的甜椒需种子 1.0~1.5kg。育苗方法可参考本书第六章"播种与育苗"和本章第一节"番茄"中的有关内容。定植时要达到的椒苗标准是：8~10 片真叶，现蕾，苗高 21cm 左右，茎粗壮，叶肥大，色深绿。一般苗龄 80~90d。如苗龄太长，往往造成老化苗、徒长苗，定植后影响产量，且管理时间很长，费工费时。

2. 土地准备　宜选择地势高燥、排水良好、有机质较多的肥沃壤土或沙壤土栽培。黏土及低洼易涝地、盐碱地均不适宜于甜椒栽培。用于栽培甜椒的地块，最好 2~3 年内未种过茄果类蔬菜，前茬作物以葱蒜类为最好，其次为豆类、甘蓝类等。冬前深耕、冻垡，以消灭土传病虫害。春耕前每公顷施腐熟的有机肥 7.5 万 kg，过磷酸钙 750kg，硫酸钾 300kg，或氮磷钾复合肥 1 200～1 500kg，旋耕两遍，粪、土掺和均匀后修筑田间灌排水沟，整平地块。一般地块宽（包沟）8～10m，两块地修筑一条灌水沟和一条排水沟。春露地栽培一般采用小高畦，基部宽 60cm，顶部宽 40cm，高 10～12cm。定植前 5d 覆 70～80cm 宽的地膜，地膜要紧贴畦面，两边用土压好不让透风。

3. 定植 定植期应选在定植后不再受霜冻危害的时期，应选择寒流过后的"冷尾暖头"的晴天进行。栽培密度应视品种、土壤肥力和施肥水平而定。不进行恋秋栽培时每畦（沟）栽两行，穴距 26～30cm，每公顷 6.6 万～7.5 万穴（13.2 万～15.0 万株）；进行恋秋栽培时每畦（沟）栽两行，穴距 33cm，每公顷 6 万穴（12 万株）。采取小高畦栽培的，幼苗应栽在畦的两侧肩部，畦上行间距离 30～50cm，栽植深度以苗坨与畦面相平为宜。栽植完毕，须立即浇水，最好在上午 10 时后温度高时浇水。

4. 田间管理 定植后至坐果前，地温仍然较低，管理上以中耕保墒为主，一般浇过缓苗水后 3～4d 进行中耕。注意防治地老虎、蝼蛄、蚜虫等虫害。此期因地温低，如浇水则温度更低，所以不出现干旱一般不浇水。可促进生根。到 5 月中旬，气温、地温升高，甜椒生长速度加快，应及时浇水以满足甜椒对水分的要求。进入高温季节前，一般 5～6d 浇 1 次水。进入高温季节后，应小水勤浇，一般 3～4d 浇 1 次水。浇水宜在傍晚或早晨进行，遇有闷热天气或暴雨后天骤晴时，应及时浇水，以降低地温。进入雨季应疏通各级排水渠道，切实做到雨停后田间无积水。

缓苗后追施 1 次提苗肥，每公顷用尿素 250kg。蹲苗结束时追第 2 次肥，施肥量适当增加。进入结果盛期，要增加追肥量，以氮、磷、钾复合肥为主。除进行正常追肥外，还要用尿素或磷酸二氢钾进行根外追肥，喷洒浓度为 0.3%。

为了防止植株坐果后因头重脚轻而倒伏和高温期地温过高而损伤根系，需在植株封垄前进行培土，培土厚度以 6～16cm 为宜。封行后不再中耕。如植株生长茂盛，封垄严密，已影响到田间的通风透光时，应适当整枝。整枝方法一般是打去脚芽、徒长枝、病虫叶；顶芽过多时，打掉群尖、顶尖、果枝尖等。

（二）辣椒露地栽培技术

1. 土地准备 辣椒对土壤的适应性较强，红壤土、稻田土、河岸沙壤土都宜种植，但要求地势较高，能排能灌，最好是冬耕休闲，深耕冻地，促进土壤风化；及时挖好围沟、厢沟，保持土壤干松，有利辣椒根系生长，同时还可以消灭一部分土传病虫害和杂草种子，从而减轻病虫为害。

南方雨水较多，当土壤比较干爽时方可整地作畦，切忌湿土整地。湿土整地因人畜践踏和机械压力会使土壤板结成块，透气性差，日后辣椒生长不良。

为了排水和灌溉方便，应采用高畦、窄畦、深沟栽培。畦以南北向为宜，通风透光好。畦高 20～25cm，一畦栽 2 行的，畦宽 70～80cm，一畦栽 3 行的畦宽 1.1～1.2m，一畦栽 4～5 行的畦宽 1.5～2.0m，可因地势高低和土壤质地制宜。

辣椒的基肥应以肥效持久的有机肥为主，一般每公顷施腐熟的堆杂肥 7.5 万～9.0 万 kg，氮、磷、钾复合肥 750～1 500kg，饼肥 450～750kg。基肥可以撒施，施后翻入土中，也可以沟施和穴施，这样便于辣椒吸收，提高肥料的利用率。南方多雨潮湿，基肥应控制氮肥的施用量，避免植株吸收氮肥过多而造成徒长。

2. 定植 育苗技术参见本书第六章"播种与育苗"中的有关部分。定植期主要决定于露地的温度状况，原则上应在晚霜过后，10cm 深处的土温稳定在 15℃左右即可。要选择寒流过后的"冷尾暖头"的晴朗天气定植，露地栽培最忌雨天栽苗。移栽过程中尽量少伤根，要使椒苗幼根伸展，栽植深度同秧苗原入土深度，营养体或营养块育苗的栽后应与地面平，栽苗后立即浇定根水。海南等地的土壤含沙多，透气性好，冬季栽培气候干燥，定植后可以采用沟灌，以减轻劳动强度。定植时如果气温

已经很高，要选择下午定植，这样有一个晚上缓苗，有利于提高椒苗的成活率。南方田间湿度大，密植以后，不利于通风透气，常导致授粉不良引起落花，病害发生严重。其具体栽植密度因品种、土壤条件、肥水管理而异，一般早熟品种的株、行距为 0.4m×0.5m，中熟品种的株、行距为 0.5m×0.5m，晚熟品种的株、行距为 0.5m×0.6m。早熟品种栽双株，可明显提高早期产量，增加单位面积产值。

3. 中耕培土　辣椒定植成活后，久雨土壤板结，应及时中耕以利根系生长。深度和范围随植株的生长而扩大、加深，以不伤根系又锄松土壤为准，一般进行 2～3 次。封行前进行 1 次全面中耕，这次中耕深可及底土，但不能伤及根系。此后，只锄草，不再中耕。辣椒培土可防植株倒伏。早熟品种植株不高，可以平畦栽培，封行以前，结合中耕逐步进行培土。植株高大的中、晚熟品种，要先沟栽，随着植株的生长，逐步培土，根系随之下移，既可防止倒伏，还可增强抗旱能力。

4. 追肥　辣椒追肥要根据各个不同生育阶段的特点进行。南方椒农在长期生产实践中总结出一套很好的经验，简明地概括了辣椒生育各阶段的追肥技术要点，这就是：轻施苗肥，稳施花肥，重施果肥，早施秋肥。

（1）轻施苗肥　早施、轻施提苗肥，可以促进辣椒植株壮苗早发，有利早熟。一般结合浅中耕，淡粪轻施，以施用腐熟的液态农家有机肥比较好，不宜多施尿素、硫酸铵等，以免导致徒长。

（2）稳施花肥　自第 1 次现蕾至第 1 次采收果实前，是植株大量开花而果实尚不多的时期，此期既要追施适量肥料以满足分枝、开花、结果的需要，又要防止追肥过多而导致徒长，引起落花。一般每公顷可施液态农家有机肥 7 500kg，另加氮、磷、钾复合肥 150kg。

（3）重施果肥　自第 1 次采收果实至立秋以前，此期是植株大量结果时期，需要着重追肥，一般每公顷每次施液态农家有机肥 1.5 万 kg，氮、磷、钾复合肥 300kg。必要时加尿素 150kg，通常每采收 1 次可追肥 1 次。

（4）早施秋肥　秋肥对于中、晚熟品种很重要，可以提高后期产量，增加秋椒果重。可分别于立秋和处暑前后各追施一次，每次每公顷施液态农家有机肥 1.5 万 kg，氮、磷、钾复合肥 300kg。秋肥不能施得过晚，否则气温下降，肥料难以发挥作用。

5. 灌溉与排水　定植后在搞好蹲苗的同时，要及时浇水。长江流域自 6 月下旬雨季结束，进入高温干旱时期，此时用地面淋浇的方法已不足以补充辣椒对水分的需要，可以进行沟灌。根据长沙市郊区椒农的经验，沟灌自入伏开始，并须掌握以下技术要点：

（1）灌水前要除草、追肥，避免灌水后发生草荒和缺肥。

（2）看准天气才灌，避免灌后下雨，造成根系窒息或诱发病害。

（3）午夜起灌进，天亮前排出，此时的气温、土温、水温都比较凉，比较安全，切忌中午灌水。

（4）要急灌、急排，灌水时间要尽可能缩短，进水要快，湿透心土后即可排出，不能久渍。

（5）灌水逐次加深，第 1 次齐沟深 1/3，第 2 次约 1/2，第 3 次可近畦面，始终不可漫过畦面。

6. 落花、落果、落叶的发生及防止　落花、落果、落叶是指辣椒在生长期间，在花柄、果柄或叶柄的基部组织形成一层离层，与着生组织自然分离脱落的现象。造成落花、落果、落叶既可能是生理方面的原因，也可能是病理方面的原因。生理方面的原因如花器官（雌、雄蕊、胚珠发育不良等）缺陷，开花期的干旱、多雨、低温（15℃以下）、高温（35℃以上）、日照不足或缺肥等，都可造成辣椒不能正常授粉受精而落花、落果。有害气体或某些化学药剂也能造成大量落花、落果、落叶。病害如炭疽病、疮痂病、白星病等可引起辣椒大量落叶，烟青虫为害可引起辣椒大量落花、落果。

防止辣椒落花、落果、落叶的措施是：选用抗病、抗逆性（耐高、低温和耐寒、耐涝、耐旱、耐热、耐肥等）强的优良品种；合理密植，保持良好的通风透光群体结构；按需要施用氮、磷、钾肥，特别是氮肥，不能过多或过少，保持氮素与碳水化合物的含量平衡；在春季低温季节，开花时可用 PCPA 30～35mg/L 喷花保果。病理因素引起的落花、落果、落叶的防治方法见辣椒病虫害防治技术。

7. 地面覆盖　长江中下游地区在高温、干旱到来之前，利用稻草或油菜秸秆、油菜籽壳、麦秸等，在辣椒畦面覆盖一层，这样不但能降低土壤温度，减少地面水分蒸发，起到保水保肥的作用，还可防止杂草丛生，防止浇水引起的土表板结。通过地面覆盖的辣椒，在顺利越过夏季之后，转入秋凉季节，分枝多，结果多，对提高秋椒产量很有好处。长江流域一般在 6 月份雨季结束，辣椒已经封行后进行畦面覆盖，覆盖厚度以 4～6cm 为宜，太薄起不到应有的覆盖效果，太厚不利辣椒的通风，易引起落花和烂果。

（三）干椒栽培技术要点

1. 选用良种　作为干椒生产的品种，应是果实细长、果色深红、株型紧凑、结果多、结果部位集中、果实红熟快而整齐、果肉含水量少、干椒率高、辣椒素含量高的专用品种。中国各特产区都有符合上述条件的优良品种，如河北省地方品种鸡泽羊角椒、望都辣椒，陕西省的地方品种耀县线辣、咸阳线干椒等。如前所述，近年来各地已选育出一批优良的干椒专用一代杂种，可供选用。

2. 育苗移栽　很多地方传统干椒栽培以直播为主，使干椒产量和质量受到很大影响。现多采用冷床或塑料小拱棚育苗，苗龄 50～60d。育苗技术与甜椒育苗相同。大面积栽培时可不分苗，但苗床播种密度应适当减小。在水源缺乏、较为干旱的地区，可以直播，一般在土温达到 15℃时播种，每公顷用种量为 3～6kg。

3. 定植与密度　干椒栽培的前茬多为小麦或速生叶菜。整地施肥与甜椒相同，但施肥量可略少于甜椒栽培。定植可采用大小行，每穴 2～3 株，每公顷栽苗 18 万～27 万株。

4. 田间管理　干椒的水肥管理大体和甜椒栽培相似，但因定植时地温已经较高，所以在定植时应浇透水，过几天再浇 1 次缓苗水，然后再中耕蹲苗。干椒栽培要求采收红熟果实，因此，除重视氮肥外，还应重视磷、钾肥的应用。果实开始红熟后，应适当控制浇水，以至停止灌水，防止植株贪青徒长，影响红熟果产量。

（四）保护地栽培技术　参见第二十六章。

五、病虫害防治

（一）主要病害防治

1. 辣椒病毒病　是辣椒的主要病害，全国各地普遍发生，使产品质量大幅度降低。保护地栽培发病较轻。该病是因多种病毒复合侵染而引起的，毒源主要为黄瓜花叶病毒（CMV），其次为烟草花叶病毒（TMV），还有马铃薯 Y 病毒（PVY）、马铃薯 X 病毒（PVX）和烟草蚀纹病毒（TEV）等。除 TMV 主要靠汁液接触传染，通过整枝打杈等作业及土壤中的病残体和种子传播带毒，成为初传染源外，其他病毒主要由蚜虫传染。高湿、干旱年份利于蚜虫增殖和有翅蚜迁飞传毒，降低了寄主抗病性而发病严重。受害病株一般表现为花叶、黄化、坏死和畸形等 4 种症状：①花叶可分为轻型花叶和重型花叶，前者嫩叶初为明脉和轻微褪绿，继而发生浓绿和淡绿相间的斑驳；后者除表现褪绿斑驳外，叶面凹、凸不平，叶脉皱缩畸形，甚至形成线叶，严重矮化。②黄化是指病叶变为黄色，并有落叶现象。③坏死型是指病株部分组织变褐枯死，表现为条斑、顶枯、坏死斑驳及环斑等。④畸形是指叶、株变形，如叶变小成线状（蕨叶），或植株矮小，分枝多呈丛枝状。有时几种症状在同一株上同时出现。防治方法：①选用抗（耐）病品种；②清洁田园，避免重茬，可与葱蒜类、十字花科蔬菜和豆类作物轮作；③间作或点种玉米避蚜、遮荫、降温，减轻病害发生；④种子用 10％磷酸三钠溶液浸 20～30min，洗净催芽；⑤苗期和定植后及时喷药防治蚜虫（见番茄）。分别于分苗、定植前和花期喷洒 1 次 0.1％～0.3％硫酸锌溶液；⑥在发病初期喷洒 20％病毒 A 可湿性粉剂 400～500 倍液，或 1.5％植病灵乳油 1 000 倍液，隔 7d 喷 1 次，共喷 3 次，有明显防效。

2. 辣椒疮痂病　病原：*Xanthomonas campestris* pv. *vesicatoria*。又名细菌性斑点病，以暖湿的

南方地区发生最重，常造成大量的落叶、落花和落果。近年来，该病在东北、内蒙古、山西、北京、新疆、山东、云南等地以及南方冬季露地辣椒上也呈发展趋势。主要为害叶片，最初在叶背面生水渍状斑点，扩大后病斑为不规则形，周缘稍隆起，暗色，内部色较淡，稍凹陷，表面粗糙呈疮痂状，当几个病斑连成大病斑时，则引起叶片脱落。如病斑沿叶脉发生时，常使叶片变为畸形。茎及叶柄上病斑一般为条斑，形成块状后木栓化，或破裂后呈疮痂状。果实上初生黑色或褐色小斑点，隆起或呈泡疹状，有狭窄的水渍状边缘，扩大后为圆形或长圆形、稍隆起的黑色或黑褐色疮痂状病斑，病斑边缘破裂，潮湿时有菌脓溢出。一般青果受害重。苗期发病叶片极易脱落。防治方法：①选用抗病品种；②播前用 0.1％硫酸铜溶液浸种 5min，再拌少量草木灰，或用 52℃温水浸种 30min；③与非茄科蔬菜实行 2～3 年轮作；④在发病前喷洒波尔多液（1∶1∶200）保护；⑤发病初期或暴风雨过后及时喷洒72％农用链霉素可溶性粉剂 3 000 倍液，或新植霉素 4 000 倍液，或 77％氢氧化铜（可杀得）可湿性粉剂 600 倍液等喷雾，交替使用，每隔 7d 喷施 1 次，连用 2～3 次。

3. 辣椒疫病　病原：*Phytophthora capsici*。是辣椒栽培中最重要的土传真菌病害，在全国各地露地和保护地栽培的辣椒上普遍发生，常引起较大面积死株。苗期发病，多在根茎部初现暗绿色水渍状软腐，后缢缩引起幼苗猝倒。成株期叶片上生暗绿色病斑，边缘不明显，空气潮湿时迅速扩大，病斑上可见白霉。病斑干后呈淡褐色，可使叶片枯缩脱落，出现秃枝。根颈部和茎及侧枝受害时，形成黑褐色条斑，凹陷或稍缢缩，病、健界限明显，病斑可绕茎、枝，病部以上枝叶迅速凋萎。花蕾受害时变黄褐色，腐烂脱落。果实多由蒂部首先发病，出现暗绿色水渍状病斑，稍凹陷，病斑扩展后可使全果变褐、变软、脱落，潮湿时病果生稀疏白色霉状物。若天气干燥，则病果干缩，多挂在枝梢上不脱落。防治方法：①避免连作，可与水稻、玉米、豆类、十字花科蔬菜、葱蒜类蔬菜实行 3 年以上轮作；②平整土地，防止田间积水。南方采用高畦覆盖地膜栽培；北方地区要改良灌溉技术，尽量避免植株基部接触水，提倡采用软管滴灌法；③选用抗（耐）病品种，种子用 72.2％霜霉威水剂 1 000 倍液浸种 12h，清水洗净催芽播种；④发现中心病株后，可用 72.2％霜霉威水剂 500 倍液局部浇灌，药液量 2～3kg/m²；或用 25％甲霜灵可湿性粉剂 500 倍液，或 64％杀毒矾可湿性粉剂 500 倍液，或58％甲霜灵锰锌可湿性粉剂 400～500 倍液，或 40％甲霜铜可湿性粉剂 500 倍液等喷雾。注意应在无雨的下午进行施药。

4. 辣椒炭疽病　病原：*Colletotrichum coccodes* 和 *C. capsici*。辣椒的重要病害。暖湿地区为害严重，病果率可高达 30％以上，贮运期间病情还能进一步发展，直至腐烂殆尽。果实发病初现水渍状黄褐色近圆形病斑，边缘褐色，中央颜色稍浅，凹陷，斑面有隆起的同心轮纹，轮纹上密生小黑点，有时为橙红色；潮湿时病斑表现溢出淡红色黏胶物或者病部呈烫伤状皱缩，干燥时干缩成似羊皮纸状，易破裂，其上有明显轮纹。叶片受害，病斑为水渍状褪绿斑点，后渐变为边缘深褐色。中央灰白色圆形病斑，病斑上轮生小黑点，病叶易干缩脱落。茎部形成梭形、不规则形黑色病斑，纵裂凹陷，有时病部缢缩，易折断。防治方法：农业防治措施同疫病。用无病株留种，种子需进行温水浸种消毒；发病初期可用 70％甲基硫菌灵（甲基托布津）可湿性粉剂 800 倍液，或 75％百菌清可湿性粉剂 600 倍液，或 70％代森锰锌可湿性粉剂 500 倍液，或 50％多菌灵可湿性粉剂 600 倍液，或 25％咪鲜胺（使百克）可湿性粉剂 1 000 倍液等，每隔 7～10d 喷施 1 次，连续喷 2～3 次，交替使用。

5. 辣椒白绢病　病原：*Sclerotium rolfsii*。主要为害茎基部和根。发病初期呈暗褐色水渍状腐烂，病部凹陷，表面着生白色绢丝状菌丝体，集结成束向茎上部延伸，有时菌丝自病茎基部向四周地面扩展。病斑扩展环绕茎基一周后，整株萎蔫，最后枯死。根部被害，则皮层腐烂，病部产生稀疏的白色菌丝。接触地面的果实也可发病，使果实软腐，表面产生白色绢丝状菌丝体。发病后期在菌丝体上产生籽状的菌核，初为白色，后变为褐色或深褐色。中国南方高温潮湿季节发病严重。防治方法：①实行水旱轮作；②适量施用石灰中和土壤酸性，抑制病菌发生；③病区每公顷用 15kg15％三唑铜可湿性粉剂，加细土 600kg 混匀后撒施茎基部土壤；④发病初期用 20％三唑铜乳油 2 000 倍液，或

20％甲基立枯磷乳油800倍液，或70％甲基托布津可湿性粉剂600倍液喷淋植株基部，交替使用，每隔7～10d施用1次，连续2～3次。

6. 辣椒叶枯病　病原：*Stemphylium solani*。又名灰斑病。多发生在温暖多雨地区或季节，南方发病重。苗期和成株期均可发病，主要为害叶片，病斑圆形或不规则形，中央灰白色，边缘暗褐色，后期病斑中央常破裂穿孔为其特征。病斑多时引起病叶脱落。病害一般由下向上发展，严重时整株叶片脱落成秃枝。防治方法：①种子消毒，加强苗床管理，培育无病壮苗；②重病田与瓜类、十字花科蔬菜实行2年以上轮作；③雨后和浇水后防止田间积水；④收获后清洁田园；⑤发病初期喷洒58％甲霜灵锰锌可湿性粉剂500倍液，或80％代森锰锌可湿性粉剂500倍液，或78％科博（波尔多液和代森锰锌混配）可湿性粉剂600倍液，或10％苯醚甲环唑（世高）水分散粒剂1 000倍液，隔10～15d喷1次，连喷2～3次。

7. 辣椒日灼病　主要发生在果实的向阳部分，呈淡黄色或灰白色，病斑表皮失水变薄，容易破裂，组织坏死僵硬，常被其他腐生菌侵染，长一层黑霉或腐烂。本病为强光照引起的生理病害，原因是高温期叶片遮荫面积小，太阳直射到果面上，使果实表皮细胞被灼伤引起。防治方法：合理密植，露地栽培一穴种植双株，加大叶片遮荫；间种高秆作物，如玉米、豇豆、菜豆等，可减少太阳直射。

（二）主要虫害防治

1. 烟青虫（*Helicoverpa assulta*）　主要为害辣椒。幼虫蛀食果实，也取食花、蕾、芽、叶和嫩茎。烟青虫全身蛀入果内，果表仅留有1个蛀孔（虫眼），果肉和胎座被取食，残留果皮，果内积满虫粪和蜕皮，引起腐烂而大量落果。是造成减产的主要原因。防治方法：①冬季翻耕灭蛹，减少越冬虫源；②用黑光灯诱杀，或用杨柳树枝把蘸500倍敌百虫液诱杀；③在虫卵孵化高峰期，可用Bt乳剂500倍液喷雾，虫卵多时，隔3d再喷1次；④在初龄幼虫蛀果前，可用5％氟啶脲（抑太保）乳油1 500倍液，或5％氟虫脲（卡死克）乳油1 500倍液，或10％氯氰菊酯乳油2 000倍液，或40％乐斯本乳剂1 000倍液，或1.8％阿维菌素乳油2 500倍液等进行防治，交替在傍晚进行喷雾。

2. 侧多食跗线螨（*Polyphagotarsonemus latus*）　别名：茶黄螨。辣椒受害后，嫩叶皱缩、纵卷，叶背有铁锈色油质光泽，幼芽、幼蕾枯死脱落，仅留下光秃的梢尖；果实、果柄变锈褐色，失去光泽，果实生长停滞，僵化变硬。严重受害的植株矮小丛生，落叶、落花、落果，严重减产。田间卷叶率达0.5％～1％时为防治适期，集中向植株幼嫩部位的叶背面处喷药，常用药剂同番茄。交替使用，每7～10d施用1次，连用2～3次。

3. 西花蓟马（*Frankliniella occidentalis*）　又名苜蓿蓟马。世界性分布的检疫性害虫，2001年和2003年先后在昆明市入境的花卉、北京市温室辣椒、番茄和黄瓜上发现。成、若虫锉吸花、叶、嫩茎和果实的汁液，初呈灰白色，斑内有黑色斑点，进而花瓣褪色、萎蔫和提早脱落；叶片出现枯斑，可连片致叶片枯死；嫩茎和果面形成片状疤痕，严重时植株枯萎。成、若虫喜聚集在花内取食为害，较易随风飘散及农具、衣服和幼苗传播，随寄主植物调运远距离传播。防治方法：①加强普查，划分疫区，严格检疫措施；②用蓝色板（黄板也有良好效果）诱捕成虫和监测虫情；③覆盖地膜，增加入土化蛹虫的死亡率；④用1.8％阿维菌素乳油2 500倍液，或50％杀虫单可湿性粉剂300倍液，或20％丁硫克百威（好年冬）乳油800倍液，或2.5％多杀菌素（菜喜）悬浮剂1 000～1 500倍液，或10％吡虫啉可湿性粉剂2 000倍液等喷防，交替使用。

辣椒苗期病害如猝倒病、立枯病、灰霉病和沤根，成株期灰霉病、菌核病、青枯病、枯萎病等；虫害如蚜虫、小地老虎等的防治方法，可参照本章番茄、茄子相关病、虫的防治方法。

六、采　　收

辣椒多以嫩绿果供食，有时也采收红果；干制或腌制的辣椒须采收成熟的红果。辣椒花凋谢20～

30d 后，果实和种子已充分长大，完成了果实的形态发育，果皮稍变硬，叶绿素含量多，茄红素和维生素 C 的含量逐渐增多，这时即可采收。及时采摘不仅可以抢早上市，而且有利于上层多结果和果实膨大，提高产量。如采摘过嫩，果实的果肉太薄，色泽不光亮，影响果实的商品性。采收盛期每隔 6～10d 采收 1 次。因早熟品种青果的商品性不如中晚熟品种的青果，因此市场价格低，此时宜在植株上留红果，争取第 1 批红果及时上市，市场价格好，产值反而提高。红椒也不宜过熟采收，转红就摘，过熟水分丧失较多，品质、产量也相应降低，不耐贮藏。采摘应在早、晚进行，中午因水分蒸发多，果柄不易脱落，容易伤植株。早熟品种一般在 7 月底采摘完毕，中晚熟品种则可陆续采收至霜冻来临以前，晚熟果可以贮藏到冬季上市。

在新疆、山东等地，商品干椒一般待果实全部红熟时一次性采收。即当辣椒果实红熟达 80％ 以上时，连株拔起，抖去泥土，放在田间晒 2d，运回场院堆放，5～6d 翻 1 次，期间做好防雨防霜，待辣椒果实风干时采摘。用这种方法收的干椒，色泽鲜亮，品质好，省劳力。也可以采用人工烤干的方法生产干椒。一般 4kg 左右鲜椒可制成 1kg 干椒。

（邹学校）

第四节　酸　　浆

酸浆属茄科（Solanaceae）酸浆属能结橘红色或浅黄色浆果的一年生或多年生宿根草本植物。学名：*Physalis pubescens* L.；别名：红姑娘、洋姑娘、灯笼草、洛神珠等。分布于欧亚大陆，中国产于甘肃、陕西、河南、湖北、四川、贵州和云南。秦汉间字书《尔雅》（公元前 2 世纪）中已有记载，称"葴，寒浆也"。浆果富含维生素 C 和糖分。绿果味酸或苦，主要以成熟果供生食，味甜清香。也可与番茄一样熟食。可糖渍、醋渍或作果酱、饮料、酿酒。果萼入药，有清热、利尿、化痰、镇咳等（孕妇忌食）功效，外敷可消炎。全草可配制杀虫剂，也可作观赏植物栽培。中国南北均有野生，以东北地区栽培较多。

图 17-4　酸　浆
（引自：《中国农业百科全书·蔬菜卷》，1990）

一、形态特征

株高 30～60cm，根状茎地下横生，地上茎直立生长，节间稍膨大，无毛或有细软毛，双权分枝。叶互生，宽卵形或菱状卵形，顶端渐尖，基部楔形，边缘有不规则缺刻。花单生于叶腋，花萼钟状，五裂，膜质，结果时膨大包裹果实。花冠白色，子房两室，多胚珠。种子肾形，乳黄色，千粒重 2.3g 左右，使用寿命 3～4 年（图 17-4）。

二、生长发育对环境条件的要求

酸浆对环境条件的适应性很广，耐寒、耐热，适应各种土壤。红果酸浆在 3～42℃ 的温度范围内均能正常生长，其地下根状茎极耐寒，在中国北方严寒地区露地栽培，冬季地上部分虽然枯死，但翌年春又萌发生长，一次种植，多年收获。原产南美洲的酸浆耐寒性较差，在严寒地区作一年生栽培，无霜期需在 100d 以上，或作保护地栽培，要给予充足的阳光和水肥条件。

三、类型及品种

据《中国植物志》(第六十七卷)载，酸浆多数分布于美洲热带及温带地区，少数分布于欧亚大陆及东南亚。中国有 5 个种、2 个变种，用于栽培的有 2 个种、1 个变种。

(一)毛酸浆(黄果酸浆)(*Physalis pubescens* L.) 原产于美洲，中国吉林、黑龙江省有栽培或野生。别名：酸浆、洋姑娘。作一年生栽培。茎生柔毛，多分枝，分枝毛较密。叶阔卵形，顶端急尖，基部斜心形。花单独腋生。花萼钟状，密生柔毛，5 中裂。果萼卵状。浆果球形，直径约 1.2cm，成熟时黄色或有时带紫色，味酸甜。5～11 月为开花结果期。

(二)挂金灯(红果酸浆)[*Physalis alkekengi* L. var. *francheti*(Masf.)Makino] 在中国分布广泛，朝鲜和日本也有分布。别名：红姑娘、泡泡草灯、锦灯笼。株高 40～80cm，基部略带木质。分枝稀疏或不分枝。茎较粗壮，茎节膨大。叶仅叶缘有短毛。花冠辐射状，白色钟形。果萼卵形，薄革质，网脉显著。浆果球形，成熟时橙红色，直径 1.0～1.5cm。口感、风味逊于黄果酸浆，也可作观赏植物栽培。开花期 5～9 月，结果期 6～10 月。

(三)灯笼果(*Physalis peruviana* L.) 原产南美洲，中国广东、云南省有栽培或野生。别名：小果酸浆。多年生草本，株高 45～90cm，茎直立，不分枝或少分枝，密生短柔毛。具匍匐的根状茎。叶较厚，阔卵形或心脏形，顶端短渐尖，基部对称心脏形。花单独腋生。果萼卵球形，薄纸质，淡黄色或淡绿色。浆果直径 1～1.2cm，成熟时黄色，味酸甜，可生食或作果酱。夏季开花结果。

目前尚未见酸浆有不同栽培品种的报道。

四、栽培技术

酸浆以春季栽培为宜，也可进行保护地栽培。

(一)播种、育苗 为提早收获，应采取育苗移栽，苗龄 40～50d，终霜后 5～7d 定植大田。育苗可在温床或其他保护地内进行，播种于直径为 6cm 的塑料育苗钵内。育苗土可用沙土、泥炭、肥土各一份混匀装钵。播种前 1d 从苗床底灌水，直至渗透苗钵为止。

种子需进行消毒和催芽，每 500g 种子用 20℃水 2kg 加入 0.1g 硫酸铜、硫酸锌及硼砂混合浸泡 12h，然后用 100mg/L 的高锰酸钾再浸 10min。用清水清洗后，置于 20～30℃温度下催芽。种子露白后播种。

播种后覆盖一层薄细土，苗床上加盖塑料薄膜保温、保湿，保持温度 20～25℃。如温度超过 30℃时，应及时通风降温。幼苗长至 2～3 片叶时即可进行分苗。分苗行、株距 10cm×10cm。

(二)定植 定植前进行整地、施肥。黄果酸浆宜用高畦种植，一般畦宽(包括沟宽)约 120cm，种双行，行距 50cm，株距 30cm，每公顷种植 5.5 万株；红果酸浆植株较直立，可用平畦种植，但密度可适当增加。夏季应注意排水防涝。

(三)田间管理 定植缓苗后宜追施一次稀薄肥催苗。第 1 果膨大后再追施一次肥，以促进秧、果生长发育。果实采收后再视植株长势进行追肥。追肥种类可为农家液态有机肥，或用尿素 225kg/hm²，过磷酸钙 300kg/ hm²。栽种黄果酸浆需立支架防止倒伏，并视植株生长情况及时绑蔓、疏花、疏果。在栽培结束前 40d 时进行摘心。一般采用双干整枝法，并去除过多侧枝。

五、病虫害防治

(一)主要病害防治

1. 酸浆轮斑病 病原：*Ascochyta* sp.。真菌病害。为酸浆的常见病，以夏、秋季较常见。主要为害叶片，严重时也可为害花萼。叶斑近圆形，初期为暗绿至暗褐色，后变为灰褐色，有不明显轮纹。多个病斑相连，致叶片枯死。如花萼受害，可形成灰白至灰褐色坏死斑，后期产生小黑点，最后病斑破裂、穿孔。病菌以分生孢子器随病残体越冬，借气流传播引起初侵染。温暖、多雨有利于发病。防治方法：①重病地块应与非茄科蔬菜实行 2 年以上轮作；②收获后清洁田园，减少田间病原；③发病初期可选用 70％甲基托布津可湿性粉剂 600 倍液，或 50％扑海因可湿性粉剂 1 000 倍液，或 40％多硫悬浮剂 400 倍液，或 45％特克多悬浮剂 1 000 倍液等喷雾。

2. 酸浆菌核病　　病原：*Sclerotinia sclerotiorum*。真菌病害。分布在老菜区。全生育期均可发病，为害地上部分。茎部染病，初呈暗绿色水渍状腐烂，以后变褐，在其表面和病茎内部形成鼠粪状菌核，病部发展导致枯萎死亡；叶片染病多呈灰绿色坏死腐烂，后期形成灰褐至黄褐色枯斑，极易破裂。发病规律及防治方法参见第十四章青花菜菌核病。

3. 酸浆病毒病　　黄果酸浆易发生病毒病，尤其在高温、干旱季节发病重。需加强田间管理，防止田间过分干旱。注意防治蚜虫，减少病害传播。

（二）主要虫害防治　　以棉铃虫和菜青虫为害较重，严重影响产量和质量。防治方法：参见番茄棉铃虫防治。

六、采　　收

红果酸浆在其花萼及果实由绿色变为橙红色时才能采收。成熟果挂枝能力很强，往往一果枝上 5～10 果全红熟都不会落果，因此可以连果枝一起剪下成束上市或挂藏，也可以作为干果供观赏。

黄果酸浆的果实变黄并稍发软时才达到采收标准，但过熟时很容易自行脱落。盛果期隔 5～6 d 采收 1 次。

采收后将果实置冷凉干燥的地方摊开，使外壳干燥，可存放几周。冷库贮藏的适宜温度为 5～10℃，相对湿度为 85％～95％，可贮存 2～3 个月。

（祝　旅）

（本章主编：吴定华）

◆ **主要参考文献**

[1] 山东农业大学主编. 蔬菜栽培学各论（北方本）. 北京：中国农业出版社，2000

[2] ［日］斋藤·隆，片冈节男著. 王海廷译. 番茄生理基础. 上海：上海科学技术出版社，1981

[3] 徐鹤林. 最新番茄品种与高效栽培法. 北京：中国农业科技出版社，1996

[4] 高振华. 番茄新品种和高新栽培技术. 北京：中国劳动社会保障出版社，2001

[5] 朱为民，朱龙英，徐悌惟. 番茄设施栽培新技术. 上海：上海财经大学出版社，2001

[6] 王就光. 蔬菜病虫防治及杂草防除. 北京：农业出版社，1990

[7] 冯兰香，扬又迪. 中国番茄病虫害及其防治技术研究. 北京：中国农业出版社，1999

[8] 蔬菜卷编辑委员会. 中国农业百科全书·蔬菜卷. 北京：农业出版社，1992

[9] 林密，牛柏忠. 北方茄子栽培技术. 哈尔滨：东北林业大学出版社，1998

[10] 郭家珍，王德槟，陶安忠. 辣椒品种与高产栽培. 北京：中国农业科技出版社，1992

[11] 邹学校. 杂交辣椒制种与高产栽培技术. 长沙：湖南科学技术出版社，1993

[12] 胡是麟，袁珍珍. 番茄辣椒茄子良种. 北京：金盾出版社，1995

[13] 胡江主编. 高山甜（辣）椒、黄瓜、菜豆栽培. 杭州：浙江科学技术出版社，1999

[14] 李式军主编. 蔬菜生产的茬口安排. 北京：中国农业出版社，1998

[15] 商鸿生，王凤葵. 新编辣椒病虫害防治. 北京：金盾出版社，2000

[16] 常绍东，黄贞. 专家教你种蔬菜——辣椒. 广州：广东科学技术出版社，2001

[17] 董延羡，岩学斌．西瓜间作辣椒套种玉米高产高效栽培技术．甘肃农业科技，1992，（8）：23

[18] 梁耀琦，吉冉中．大面积推广麦椒套种技术综合评价．中国蔬菜，1992，（4）：32～33

[19] 李国平．藠头、辣椒、大白菜套种高产高效栽培技术．湖北农业科学，1992，（12）：32～33

[20] 谢静萱．甜椒黄瓜间作的效益．上海蔬菜，1993，（4）：26～27

[21] 刘宜生．蔬菜生产技术大全．北京：中国农业出版社．2000

[22] 王素，王德槟，胡是麟．常用蔬菜品种大全．北京：北京出版社，1993

[23] 椒类品种编委会．椒类品种专集．北京：中国农业出版社，2003

[24] 梁家勉．中国农业科学技术史稿．北京：农业出版社，1992

[25] 李天来，王平，须晖等．苗期夜温对番茄畸形果发生的影响．中国蔬菜，1997，（2）：1～6

[26] 吴韩英，寿森炎，朱祝军等．高温胁迫对辣椒光合作用和叶绿素荧光的影响．园艺学报，2001，28（6）：517～521

[27] 刘明迟，陈殿奎．亏缺灌溉对樱桃番茄产量形成和果实品质的影响．中国蔬菜，2002，（6）：4～6

[28] 饶璐璐主编．名特优新蔬菜129种．北京：中国农业出版社，2000

[29] 中国科学院植物研究所编．新编拉汉英植物名称．北京：航空工业出版社，1996

[30] 中国科学院植物志编辑委员会．中国植物志（第六十七卷，第一分册）．北京：科学出版社，1978

[31] 吕佩珂，李明远，吴钜文等．中国蔬菜病虫原色图谱（第三版）．北京：中国农业出版社，2002

第十八章

豆类蔬菜栽培

豆类蔬菜为豆科（Leguminosae）中以嫩豆荚或嫩豆粒作蔬菜食用的栽培种群，除亚热带生长的四棱豆与多花菜豆可为多年生外，其余均为一年生或二年生草本植物。豆类蔬菜有 6 000 年以上栽培历史，一些种类起源于中国。其中经济与营养价值较高的有菜豆、豇豆、毛豆、豌豆、蚕豆、扁豆、刀豆、藜豆、菜豆、多花菜豆、四棱豆共 11 种，分属 9 个属，主要特征可从下列检索表中区分。

1. 小叶 3 片以上
  2. 花萼叶状，沿花柱一侧有须毛 ·· 豌豆属（*Pisum* Linn.）
  2. 花萼宽短，花柱顶端有一簇或一圈毛 ···································· 蚕豆属（*Vicia* Linn.）
1. 小叶 3 片
  2. 柱头有毛
    3. 龙骨瓣向内弯成直角，有嘴 ·· 扁豆属（*Lablab* Adans.）
    3. 龙骨瓣螺旋状卷曲 ·· 菜豆属（*Phaseolus* Linn.）
    3. 龙骨瓣弯曲但不成直角也不卷曲
      4. 柱头甚斜或内向，无块根 ·· 豇豆属（*Vigna* Savi）
      4. 柱头顶生，有块根，荚果有四翼 ···················· 四棱豆属（*Psophocarpus* Neck. ex DC.）
  2. 花柱无毛
    3. 荚果大而光滑 ·· 刀豆属（*Canavalia* DC.）
    3. 荚果有毛
      4. 植株较矮小直立，或略带蔓性，小叶卵形 ···················· 大豆属（*Glycine* Willd.）
      4. 植株长大蔓性，小叶菱卵形，花冠较花萼长 2～3 倍 ·····································
      ····················· 藜豆属（*Stizolobium* P. Br.）或藤豆属（*Mucuna* Adans.）

    蚕豆、豌豆原产温带，耐寒性较强，忌高温干燥，为半耐寒性蔬菜。其他豆类蔬菜皆原产热带，不耐低温与霜冻，为喜温性蔬菜。

    豆类蔬菜富含蛋白质，其干籽含量达 20%～40%，且为全价蛋白，茎叶中含蛋白 8%～15%，可作优质饲料，是人类植物蛋白的重要来源。还含有较多的碳水化合物、脂肪、矿物质和多种维生素。菜用豆类主要食其嫩豆荚或嫩豆粒，鲜食美味，可作速冻、脱水、制罐、腌渍等的加工原料。

    豆类蔬菜在周年供应中占有重要地位。长江流域及以南地区可利用冬闲田种植豌豆、蚕豆，产品可从 2～3 月份供应至初夏；亚热带以南温暖地区菜豆、四棱豆、扁豆、刀豆、藜豆可从秋季供应至初冬，且菜豆、豇豆、毛豆、扁豆等南、北方均可种植；而豇豆、毛豆更是夏淡季（6～9 月）主要供应的蔬菜；鲜嫩的豌豆茎尖、嫩梢、豌豆苗可冬春供应，毛豆、绿豆培育的豆芽菜在少菜、缺菜时能随时培育，随时供应。

豆类蔬菜对光周期的反应有短日性、长日性、中日性三类。由于长期的人工选育或栽培适应，各种豆类蔬菜及其品种对光周期反应不同，不少品种要求不严。有些种类、品种若苗期处在短日照条件下，则能促进花芽分化，降低第一花序的着生部位。

豆类蔬菜的根系较发达，入土深，较耐旱；侧根再生能力弱，根系木栓化程度较高，所以采用直播为宜。早熟栽培需采用育苗移栽，但要注意减少对根的伤害。

豆类蔬菜根部有不同形状与数量的根瘤，是根瘤菌与根系共生所致，它可从空气中吸取游离氮合成植物可利用的氮素物质，约占其所需量的 $1/3 \sim 2/3$，残留的根、茎、叶又可增加土壤中的氮素与有机质。一般豆科植物每年、每公顷固氮量达 $50 \sim 200$ kg，相当于 $150 \sim 600$ kg 尿素。幼苗期根瘤少，固氮能力弱，必要的施肥对植株的生长与根瘤的发育有利。根瘤菌为好气性细菌，土壤通透性好、最大持水量 60% 左右、pH$6 \sim 7$、温度在 $20 \sim 28℃$ 为其生长发育的最适宜环境，增施磷肥、微量元素钼、硼对其发育十分有利。

豆类蔬菜依生长习性分为直立、蔓生、半直立三种类型。蔓生型多为无限生长，并具有左旋（逆时针）缠绕性。种子发芽过程中因下胚轴伸长与否，可分为子叶出土与不出土两种类型。前者有菜豆、豇豆、毛豆等；后者有豌豆、蚕豆、黎豆、多花菜豆等。第 1 对真叶多为对生单叶，其形态、大小因种类或品种而异，第三叶开始都是复叶，复叶有三小叶组成的三出叶与羽状复叶两种。

花为蝶形花，除蚕豆、红花菜豆为常异花授粉外，多为自花授粉。总状花序，可分为有限花序与无限花序两类，也有单花、双花的种类。

子房授粉后发育成荚果，荚果有背缝和腹缝或只有其中之一。荚果皮构造从外到内为外表皮、外果皮、中果皮，内果皮和内表皮，纤维素集中在中果皮与内果皮上，其发育的快慢确定了果荚的老嫩、品质的好坏。荚果内着生数目不等的种子，因种类品种或授粉时的环境影响，种粒的多少差异较大。豆类蔬菜种子无胚乳，子叶发达，贮藏养分多，发芽时吸水量大。

豆类栽培须 $2 \sim 3$ 年的轮作，连作不仅会加重病虫害的发生，还会因根瘤菌分泌有机酸而增加土壤酸性，从而限制根瘤菌的活动，并使土壤中的磷素转化为不溶性，影响根系吸收。

第一节　菜　　豆

菜豆是豆科（Leguminosae）菜豆属中的栽培种，学名：*Phaseolus vulgaris* L.；别名：四季豆、芸豆、芸扁豆、豆角、刀豆、敏豆等。墨西哥和秘鲁等国发现了 7 000 多年前菜豆的残存物，据此认为菜豆起源于中南美洲，于 17 世纪至 19 世纪传入亚洲。菜豆传入中国的时间虽有在公元 2 世纪的说法，但在中国古农书中并未见关于菜豆传入的明确记载。关于菜豆的文字记载最早见之于康熙年间（1662—1722）撰修的四川、云南、贵州诸县的府县志。据此推测是明代后期通过滇、缅之间的通道首次传入中国的。《中国农业科学技术史稿》（1992 年版）载："1492 年哥伦布发现新大陆后，辣椒、番茄、南瓜、马铃薯、菜豆等许多原产南美洲的蔬菜很快被引种到欧洲。16 世纪下半叶至 17 世纪末，……这些蔬菜也由商人或传教士引进我国，推广种植。"俄国植物学家瓦维洛夫（H. N. Вавилов）认为，普通菜豆在中国经过长时期选择，其荚果产生了失去荚壁上硬质层、可食用的基因突变，演变成食荚菜豆（*Phaseolus vulgaris* L. var. *chinensis*），因此中国是菜豆的次生起源中心。菜豆在中国南、北方均广为种植，除露地栽培外，可利用各种形式的保护设施，进行四季生产、周年供应。食荚菜豆每 100g 嫩荚含蛋白质 $2 \sim 3.2$g，还含有丰富的矿物质、维生素等其他成分。干籽粒每 100g 可含蛋白质 $20 \sim 25$g，不但营养丰富，而且食味鲜美。菜豆除鲜食和干籽粮用外，还可加工制罐、速冻和脱水，其种子可以入中药。

一、生物学特性

（一）植物学特征

1. 根　菜豆的根系较发达，但再生能力弱。苗期根的生长速度比地上部快，播种后 10d 左右，子叶初露地面时，一级侧根已形成。第 1 片复叶长出时，形成较稠密的根系。成株的主根可深入地下 80cm，侧根扩展到 60～80cm 宽，其主要吸收根群分布在地表 15～40cm 的土层里。

菜豆的根瘤不很发达，出苗 10d 左右根部开始形成根瘤，开花、结荚初期是根瘤形成的高峰期。

2. 茎　幼茎因品种不同而有差异，呈绿色、暗紫色和淡紫红色。成株的茎多为绿色，少数为深紫红色。茎的生长习性有无限生长和有限生长两种类型。前者茎先端生长点为叶芽，主茎可不断伸展，达数十节，茎蔓性，呈左旋缠绕，高达 2～4m，需支架。后者又有两种：一是矮生直立型，株高 40～50cm，茎直立，节间短，呈低矮的株丛，主茎长至 6～8 节后，生长点分化为花芽而封顶，此类型菜豆又称矮生菜豆；另一种类型主茎抽蔓 1～2m 时，其生长点分化为花芽而封顶，称为半蔓生型菜豆，也需搭架。

3. 叶　子叶出土。第 1 对真叶为对生单叶，呈心脏形。第 3 片及以后的叶为 3 片小叶组成的复叶，互生，小叶为阔卵形、菱形或心脏形。叶柄较长，基部有两片舌状小托叶，叶绿色，叶面和叶柄具茸毛。

4. 花　花梗自叶腋抽生，总状花序，有白、紫红、紫、浅粉等色，花冠蝶形，里层龙骨瓣卷曲成螺旋状，内包裹着雄蕊和雌蕊。雌蕊花柱卷曲在螺旋形的龙骨瓣里，上密生茸毛，子房一室，内含多个胚珠，为典型的自花授粉作物。

5. 果实　荚果俗称豆荚，豆荚背腹两边沿有缝线，先端有尖长的喙。形状有宽或窄扁条形和长短圆棍形，或中间型，荚直生或弯曲。颜色多为深浅不同的绿色，少数有绿白、蜡黄、紫色及绿色的底色上有紫红斑纹。荚壁由外表皮、外果皮、中果皮、内果皮、内表皮组成，外表皮与外果皮联合生长不易分开。内果皮系由多层薄壁细胞组成，为嫩荚的主要食用部分。中果皮随着荚的成熟，细胞壁逐渐增厚，硬荚种的中果皮硬化成革质，失去食用价值，以籽粒作粮用。菜用软荚种无革质薄膜，但荚壳的硬化程度随品种不同和环境的差异而有所不同。

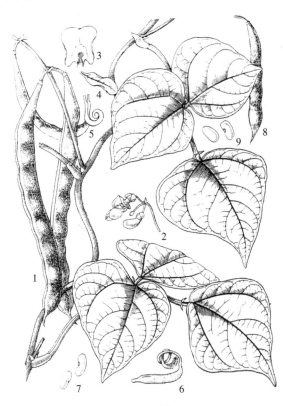

图 18-1　菜豆
1. 果枝　2. 花序　3. 旗瓣　4. 翼瓣　5. 龙骨瓣
6. 雌蕊　7. 种子　8～9. 不同品种的荚果和种子
（引自：《中国植物志》，1995）

6. 种子　着生在豆荚内靠近腹缝线的胎座上。种子数因品种和荚的着生位置而异，通常 4～9 粒。颜色有黑、白、黄、褐、蓝、紫等单色和带有各种颜色斑纹或条纹的复色。种子的形状有肾形、长或短桶形、椭圆形等，千粒重 250～700g（图 18-1）。

（二）对环境条件的要求

1. 温度　菜豆喜温暖不耐霜冻。种子发芽的温度范围是 20～30℃，低于 10℃或高于 40℃不能发芽。幼苗对温度的变化敏感，短期处于 2～3℃低温开始失绿，0℃时受冻害。在 18～25℃的适宜范围内，昼夜温差大，有利于同化产物的积累。气温低于15℃或高于30℃，易出现不完全开花现象，35℃以上的高温花粉发芽力显著降低，不育花粉数增多，落花落荚数增加。温度的高低对根瘤菌着生多少也有影响。根据崛氏（1968）的试验，当地温25～28℃时根瘤生长良好。

2. 光照　属短日照植物，但不同品种对光周期反应不同。据前人研究，可将菜豆对光周期的反应分为3类：一是光周期敏感型，在短日照条件下能正常开花结荚，在长日照条件下延迟开花、结荚，甚至不开花结荚；另一类是光周期不敏感型，无论在长日照或短日照条件下都能开花结荚；第3类是介于二者之间的光周期中度敏感型。中国栽培品种大多属光周期不敏感型，对日照时间长短要求不严，各地大多可以相互引种，只有少数品种属光周期敏感型。

菜豆对光照强度的要求较高，光饱和点为 1 105.0 μmol/（m²·s），补偿点为 41.0 μmol/（m²·s）。适温条件下，光照充足则植株生长健壮，开花结荚多，有利根部对磷的吸收。光照强度减弱，则植株易徒长，叶片数减少，同化能力下降，开花结荚少，易落花落荚。

菜豆的叶有自动调节接受光照的能力，借助叶柄茎部薄壁组织内膨压的改变，在早晨光弱时，叶面与光线呈直角，而中午与光线相平行。

3. 水分　菜豆根系发达，侧根多，较耐旱而不耐涝。种子发芽，需要吸足水分，但水分过多，土壤缺氧，种子易腐烂。植株生长适宜的田间土壤持水量为最大持水量的60%～70%，过大或过低都会使根系生长不良，减弱对肥料的吸收能力，从而影响地上部的生长。开花结荚期对水分要求严格，其适宜的空气相对湿度为65%～80%。花粉形成期如遇土壤干旱、空气湿度又低，则花粉发育不良，导致花和豆荚数减少。结荚期如遇高温、干旱天气，则嫩荚生长缓慢，荚壁中果皮易硬化，内果皮细胞分裂加速，子室间空腔提前发生，内果皮变薄，品质降低。开花时遇大雨，土壤和空气湿度过大时也会影响花粉发芽，过多的水分会降低雌蕊柱头上黏液的浓度，使雌蕊不能正常授粉而落花、落荚，而且容易引起病害的发生。

4. 土壤和营养　菜豆最适宜在土层深厚、松软、腐殖质多且排水良好的土壤中栽培，沙壤土、壤土和一般黏土里都能生长，不宜在低湿地和重黏土中栽培。中性到微酸性的土壤，有利根瘤菌活动，合适的土壤pH为6～7。不耐酸和盐碱，pH小于5.2容易发生重金属中毒而造成植株矮化，叶片失绿。

营养元素的吸收量以氮、钾为多，磷较少。据报道，从土壤中吸收氮、磷、钾的比例为2.5：1.0：2.0，还需一定量的钙素。生育初期便需吸收较多的氮、钾，对缺钾很敏感，此时根瘤菌的固氮能力较弱，需要适量的氮。开花和结荚期对氮、钾的吸收量渐增，茎叶中的氮、钾随着生长中心的变化随之转移至果荚中去。对磷的吸收量虽较氮、钾为小，但磷对植株的生长、花芽分化、开花结荚和种子发育都有影响。据测定，磷在荚内含量比例较高，而从茎叶中转运至荚的比例又较氮、钾为少（氮的转移率为24%，磷为11%，钾为40%），所以生育期间施足磷肥也很重要。嫩荚迅速伸长时要吸收大量的钙，施肥时需注意。荚果成熟期，磷的吸收量增加，对氮的吸收量日趋减少。矮生菜豆生育期短、发育早、开花集中，开花盛期即进入养分大量吸收期，施肥宜早，以满足其需求。蔓生菜豆生育期较长，大量吸收养分的时间较长，需根据各个生育阶段对营养元素的要求，多次施用氮、磷、钾完全肥料，重视中后期追肥，可促使结荚、防止早衰。

（三）生长发育特性　菜豆的生长发育过程可分为发芽期、幼苗期、抽蔓期、开花结荚期。各期特点如下：

1. 发芽期　从种子播种后吸水膨胀，萌动发芽，出现幼根至第1对单生真叶展开。菜豆种粒大、子叶厚，含有足够营养供发芽所需，此时最重要的是温度和水分条件的保证。随着根、茎、叶生长，重量增加，消耗了子叶养分，使其重量减轻。当第1对真叶展开，便完成了幼苗寄养阶段向自养阶段的转换过程。

2. 幼苗期　从第一对单生真叶展开至第4～5片复叶展开（蔓生种到抽蔓前）为幼苗期。主要是根、茎、叶营养体的生长，花芽开始分化。第1对单生真叶的健存可促进幼苗根群和顶芽生长。此期

生长无需过高的温度，对养分需求量不大，而对氮、钾的需求量相对较大。

3. 抽蔓期 从第4～5片复叶展开至植株显蕾，矮生菜豆完成发棵，蔓生菜豆抽蔓。此时茎叶生长迅速，节间伸长，株高、节数和叶数都迅速增加，根系迅速发展，形成强大根群，着生大量根瘤。矮生菜豆叶腋相继发生侧枝，主侧枝现蕾。蔓生种主茎抽出长蔓并缠绕生长，主茎基部现蕾。此时，既是营养生长盛期，也是花芽分化的主要时期。为调节营养生长和生殖生长之间的关系，促进多开花、结荚，应控制营养生长，枝叶不要过于茂盛。矮生菜豆则不需过分控制营养生长。

4. 开花结荚期 从开始开花到结荚结束。此时植株的茎蔓生长和开花结荚同时进行，营养生长量达到高峰，到盛荚期时建成株体，以后进入生殖生长占优势的阶段，大量开花结荚，需要大量的水分和营养，以及充足的光照，这时也是对氮、钾的吸收高峰期，同时茎叶中的氮、钾逐渐向荚果中转移。随着荚果的发育，磷的吸收量逐渐增加，但磷从茎叶向荚果的转移率较低，缺磷会严重影响其生殖生长。

岳青等（1994）研究了矮生菜豆豆荚发育及与品质的关系。结果认为：菜豆嫩荚肥大呈S型曲线，表现为快—慢—快3个阶段。在嫩荚迅速肥大期，嫩荚的维生素C、还原糖及粗纤维含量呈下降趋势。商品成熟后维生素C、还原糖含量继续缓慢下降，总氮含量变化不大，但粗纤维含量则迅速增加，品质下降。因此，及时采收是保证矮生菜豆优质、高产的重要措施。

二、类型及品种

（一）类型 可以根据其植物学性状、熟性、用途等进行划分。

1. 茎的生长习性 根据茎的生长特点可分为蔓生种（*Phaseolus vulgaris* L.）和矮生变种（*Phaseolus vulgaris* var. *humilis* Alef.）。矮生类型是蔓生种的变种，植株直立、丛生。一些品种在10余节以后封顶属半蔓生类型，生长习性介于蔓生和矮生类型之间，这一类型的栽培品种少，栽培不普遍。生产上栽培的品种大多数为蔓生无限生长类型。

2. 熟性 按熟性可分为早、中、晚熟品种。矮生菜豆熟性较早，从播种至采收嫩荚50～60d，少数只有45d。蔓生早熟种约60d才可采收，70d以上采收的为晚熟品种，大多数属中熟类型。

3. 用途 根据用途可分为籽粒用（粮用）、鲜食用和制罐、速冻加工用等不同类型。籽粒用菜豆为硬荚种，荚壁极易硬化，种子发达，以采收干豆食用。绝大多数品种则以采收嫩荚供鲜食。加工用品种则多为白籽，嫩荚圆棍形。

（二）品种 现将栽培历史悠久、种植面积较大的主要优良品种介绍如下。

1. 碧丰 又名80-30、绿龙，20世纪80年代中国农业科学院蔬菜花卉研究所、北京市农林科学院蔬菜研究中心及北京市丰台区卢沟桥科技站从荷兰品种中共同选出。生长势较强，甩蔓早，白花，嫩荚青豆绿色、扁条形，长22～25cm，单荚重20～25g。味浓，品质好。每荚有种子7～9粒。种子白色，肾形。早熟，春播60多d始收嫩荚，丰产，适应性广，南北方均有种植。

2. 青岛架豆 山东省青岛市地方品种，原名黑九粒。生长势强，蔓生，分枝多，紫花，结荚多。嫩荚鲜绿色、近圆棍形，长16～18cm，肉厚，纤维少，品质好。种子黑色，近肾形。中熟，春播65d以后始收嫩荚。耐热，适应性强，丰产，适春、秋两季种植。华北、华东、华中等地均有栽培。

3. 白花四季豆 生长势中等，有2～3个分枝，主蔓第4～5节着生花序，白花。荚长10～12cm，圆棍形，浅绿色，肉厚、脆嫩，品质好，适宜鲜食和加工。每荚有种子6～8粒，白色，肾形。中熟。华东、华南栽培较多。

4. 芸丰（623） 辽宁省大连市农业科学研究所于1989年育成。生长势中等，蔓生，白花，局部粉色。嫩荚淡绿色、近圆形，荚长约23cm，品质优良。种子肾形，褐色。早熟，较抗炭疽病。适应性广，适合东北和黄淮流域种植。

5. 超长四季豆 生长势强，蔓生，叶片大，白花。嫩荚长圆条形，浅绿色，荚长25cm以上，每荚有种子7～8粒，深褐色。嫩荚纤维极少，质佳。中熟，采收持续时间长。适于华北、华东种植。

6. 花皮菜豆　生长势中等，紫花。嫩荚绿色带紫色条纹，多为宽扁条形，种粒稍突，耐老，即使老熟也几乎无纤维，品质极好。中晚熟。东北地区栽培较多。

7. 供给者（原名Pvorider）　20世纪70年代初由中国农业科学院从美国引进，经试种后选出。生长势较强，株高约40cm，花浅色，荚浅绿色，圆形，荚长12～14cm，品质好。种子肾形，紫红色。早熟。耐寒。适于全国各地种植。

8. 冀芸2号　河北省农林科学院蔬菜研究所于1990年育成。株高35～40cm，分枝性强，白花。嫩荚扁条形，长15～18cm，品质较好。早熟，播种后50d采收。适应性强，适于河北省等北方地区种植。

9. 早油豆　株高50～60cm，紫花，嫩荚浅绿色，扁条形，长12～13cm，纤维少，品质好。种子圆形，紫红色。早熟，播后50多d采收。东北地区栽培较多。

10. 81–6矮生菜豆　江苏省农业科学院蔬菜研究所从法国引进，经系统选育于1989年育成。株高43～53cm，紫花。荚圆棍形，绿色，长13～15cm，荚肉厚，种子黑色。播后60d左右采收嫩荚。抗病，耐热，适于长江中下游地区春、秋两季栽培。

11. 嫩荚菜豆　又名法国菜豆，1964年从法国引进，中国农业科学院蔬菜花卉研究所经试种选出。生长势较强，株高30～40cm，分枝多，叶绿色，花浅紫色。结荚多而集中。嫩荚浅绿色，先端较弯，圆棍形。荚长16cm左右，荚肉厚，纤维少，风味品质好。种子粒大，肾形，先为白色，后转为深米黄色，具不规则淡褐色细纹。春播50d可开始收获嫩荚。东北、华北、西北露地广为栽培，其他各地也有栽培。

此外，蔓生种还有东北的双季豆、山东省的老来少、山西省的七寸莲、陕西省的秋紫豆、四川省的黑籽四季豆等优良品种；矮生类型中较优良的品种还有优胜者等。

三、栽培季节和方式

菜豆喜温而不耐高温，也不耐低温霜冻，从播种到开花所需积温，矮生类型700～800℃，蔓生类型860～1 150℃。各地应根据当地的气候特点，选择适宜的季节进行栽培。除无霜期很短的高寒地区可夏播秋收外，南北方各地均为春、秋两季栽培，以春季栽培为主。春季露地栽培应掌握在终霜前数日，10cm土层的温度稳定在10℃以上时播种，待幼苗出土时终霜已过，不致使幼苗受害。具体播种期因地区而异：东北地区在4月下旬至5月中旬；西北和华北的大部分地区4月份；北部高原地区5月上旬；华东地区3月下旬至4月上旬；华中和西南的大部分地区2月下旬至3月上旬；云南省在1月下旬至2月上旬；华南地区为12月至翌年4月，又以2月份最适宜。秋季栽培的播种期应掌握其采收盛期在当地初霜出现前。矮生菜豆生育期较短，可比蔓生菜豆晚播2周左右。具体的播期是：华北、西北地区播种期为7～8月上旬；华中为7月下旬至8月上旬；华东7月下旬至9月上旬；西南8月上旬；华南8月下旬至10月，又以9月份为宜。此外，还可采用各种保护设施进行春提早、秋延后栽培和冬季生产。常用的方式有春季地膜覆盖栽培、春季小拱棚短期覆盖栽培、塑料大棚春提早栽培或秋延后栽培、日光温室冬春季或秋冬季栽培。

菜豆还常和粮食作物进行间、套作，食用籽粒的硬荚和粮菜兼用的品种常采用这种方式。主要间作物为玉米，可利用玉米的秸秆作为菜豆的支架。

四、栽培技术

（一）春季栽培技术要点

1. 播种前的准备　菜豆忌重茬，宜实行2～3年轮作。应选择土层深厚、疏松肥沃、排灌顺畅、

通气性良好的沙壤土种植。北方春播应在前一年秋季深耕晒垡冻土，春季化冻后，再次进行耕耙，以提高地温和加强土壤的保水性。南方则在除草、深翻、整地后随即作畦。翻耕的同时，可撒施腐熟的有机肥 45 000～60 000kg/hm² 作基肥，并加过磷酸钙 150～200kg、草木灰 1 500kg。酸性土壤还应施石灰中和。

作畦方式因地而异，南方雨水多，应做深沟、高畦，以利排水。畦宽 1.5m 左右（连沟），沟宽 40～50cm，深 15～20cm。北方雨水较少，多以平畦种植，畦宽 1.3～1.5m。

播种前应精选粒大、饱满、整齐、颜色一致而有光泽、无机械损伤、无病虫害的种子，并晒种 1～2d，以利于出苗。

2. 播种　露地栽培多采用干种子直播，在终霜结束前数日，选择晴朗无风的天气播种。如墒情不足时，应在播种前浇水，待土壤不发黏时，再行播种。播种密度因品种类型而异，蔓生菜豆 1.3～1.6m 宽的畦种 2 行，株距 20～30cm，每穴播 3 粒种子，留苗 2 株，用种量 60～75kg/hm²；矮生菜豆行距 35～45cm，穴距 30cm 左右，每穴播 3～4 粒种子，每穴留苗 3 株，用种量 90～100kg/hm²。播种深度以 3～5cm 为宜。

为了提高产量和促进早熟，长江流域以北地区早春多采用地膜覆盖栽培，但覆盖地膜并不能完全避免低温和霜冻对幼苗地上部分的危害，因此，不可过于提早播种和定植。

3. 育苗和定植　为提早上市，可采用营养钵和营养土块的保护地育苗的方法。优良的营养土应该是无病虫侵染，有丰富的营养和良好的通透性及保水、保肥能力。育苗用的塑料钵和纸钵高 8～10cm，上口横径 8～10cm。营养方育苗可将配好的营养土，在已整平的育苗畦上铺成 8～10cm 的土层，浇足底水后，用刀具切成 6～8cm 见方的土块，再在土块的正中压一播种穴，立即播种。每钵或每穴播 3～4 粒种子，覆盖 2～3cm 的营养土。出苗前要用塑料薄膜覆盖，冷床育苗晚间要加盖草席。苗龄以 20d 为宜，即当第一片复叶展开时为适期。育苗期间一般不必浇水和施肥，定植前 1 周应浇透水，并切割、移动营养土方，进行囤苗和低温锻炼。壮苗标准为：叶大、色深、节间短、茎粗。定植时先铺地膜，按株行距用打孔器或刀划出定植孔，将土挖出，栽苗，再覆土，并用土压住定植孔周围的薄膜。定植的密度与直播相同。

4. 生长前期管理　直播出苗或移植缓苗后，需进行查苗、补苗。菜豆第 1、2 片真叶为单叶对生，对生真叶健全与否对菜豆幼苗的生长和根群的发育影响极大，凡对生真叶发黄、提早脱落或大部分受损的苗应剔除，补种或用健壮的"后备苗"补之。补苗时应先浇水，再补种或栽苗。

春季栽培中耕松土尤为重要，疏松的土壤容易吸收太阳热，提高地温和土壤通透性，有利根系发育及根瘤菌的活动。苗期一般中耕 2～3 次，第 1 次中耕在出齐苗后或移栽缓苗后进行，第 2 次中耕应在蔓生菜豆开始抽蔓、矮生菜豆于植株团棵以前进行，并结合培土，可促进发生不定根，此后应注意除草，不宜再中耕。

蔓生菜豆开始抽蔓时要及时插架，可在第 2 次浇水并中耕后进行，插成人字架并按逆时针方向进行人工引蔓，防止茎蔓互相缠绕。

蔓生菜豆甩蔓前、矮生菜豆团棵前可结合浇水施两次肥。为防止水分过大、营养生长过旺，应在缓苗后至开花结荚前进行中耕蹲苗，其间一般不行浇水。矮生菜豆因生育期短，不易徒长，开花结荚前可早施肥增加开花结荚数，控制浇水的时间比蔓生菜豆缩短 10～15d。

5. 开花结荚期管理　开花以后植株进入旺盛生长并陆续开花结荚，需要大量的水分和养分，栽培进入重点灌水施肥时期。当幼荚长达 3～4cm 时，豆荚伸长肥大迅速，为使豆荚品质鲜嫩，需每隔 5～7d 浇 1 次水，并结合浇水进行施肥。进入采收期，每采收一次随即浇水 1 次。追肥以腐熟农家有机液肥和化肥交替使用为宜，化肥可用磷酸二铵或氮、磷、钾复合肥，225～250kg/hm²，施肥后应随即浇水。随着外界温度的升高，应不再用农家有机液肥追肥。进入高温季节后应采用勤浇水、早晚浇水和雨后浇清水的方法来降低地温。遇连续降雨后应及时排水、防涝。

6. 衰老期的复壮　进入开花结荚后期，叶片同化能力大幅度下降，生长衰退，根瘤的形成逐渐减少，后期结荚少，质量差。如果气候条件仍比较适合菜豆生长，可摘除靠近地面的老叶、黄叶，改善田间通风透光条件，连续追肥 1～2 次并加强浇水，促使抽生新的侧蔓，并使主蔓顶芽的潜伏花芽继续开花坐荚，半个月后可以采收豆荚，使采收期延长。

（二）秋季栽培技术要点　秋菜豆生长季气温变化是由高到低，与春菜豆生长相反，湿度和光照条件也和春季不同，栽培上应注意以下几点：

1. 品种选择　选择较耐热、抗病、适应性强的品种，尤以结荚较集中、结荚率高的品种为好。

2. 适时播种　过早播种开花结荚时正值高温炎热季节，易引起前期落花落荚。过晚播种则气温逐渐下降，植株生长发育缓慢，结荚期短。一般应掌握在当地早霜到来之前 3 个多月播种，利用苗期较耐热的特点渡过炎夏，秋凉时开花坐荚。华北、西北地区可在 7 月播种，长江流域以 8 月上旬、华南地区以 8 月下旬至 9 月中旬播种为宜。

3. 清洁田园、整地　秋菜豆多接春作后茬栽培，时间很紧，故前茬拉秧后应及时清洁田园，有条件的可行土壤消毒，然后深翻土地、施肥，做成排灌均宜的瓦垄畦或高畦。

4. 适当密植及时插架　秋菜豆生育前期植株生长较快，节间长、侧枝少，长势不如春季旺盛，但秋季日照充足，可通过密植来提高产量。蔓生菜豆前期生长快速，应及时插架。

5. 水肥管理　苗期正值高温，蒸发量大，需浇水降温，雨后应及时排水并及时浇清水。施肥应勤施、轻施，以防肥料流失。秋菜豆病虫害较春季重，要特别注意防治。

（三）保护地栽培　菜豆可在阳畦、温室和塑料棚内栽培。阳畦栽培应采用矮生品种，一年中可作春提前和秋延后两茬栽培；温室和塑料棚栽培一般用蔓生品种，但也有用矮生品种在温室前窗下或塑料棚内两侧栽培，一年中可作春提前和秋延后栽培；在塑料小棚内，一般多用矮生种作春提前栽培，也可用蔓生种作春提前栽培，但要在晚霜过后撤除塑料薄膜搭架栽培。参见本书第二十六章。

（四）落花落荚的原因及防止　据研究，菜豆的坐荚率通常仅为 20％～30％，因此减少落花落荚、提高坐荚率是提高产量的重要措施。造成菜豆落花落荚的内外因素有以下几点：

1. 温度　高温或低温直接影响花芽的正常分化。花器官形成过程中，遇 35℃ 的高温，则花芽发育不健全或停止，即使发育，也不能正常地授粉而引起落花；夜间高温使呼吸作用增强而生长衰退也会造成落花、落荚，同样低于 10℃ 对花芽形成也会造成不利影响。

2. 光照　花芽分化后菜豆对光照强度的反应敏感，密度过大，光照强度弱，使同化量降低，开花结荚数减少，落花、落荚增多。

3. 湿度　菜豆花粉发芽适宜的蔗糖浓度为 14％，若遇高温、高湿，则柱头黏液浓度降低，失去诱导花粉萌发的作用；干旱、空气湿度过低也会造成花粉发芽受阻而引起落花、落荚。

4. 养分　植株本身存在着养分竞争，前后花序之间有相互抑制作用，若前一花序结荚数多，则后一花序结荚数减少。同一花序中也因营养物质的分配不均，基部花不易脱落，其余的花大部分脱落。不同的生育时期落花落荚原因有所不同，初期是由于营养生长和生殖生长养分供应发生矛盾所致，中期是由于花与花、花与荚、荚与荚之间争夺养分，后期则由于同化能力降低养分不足引起。管理上若花芽分化后氮素过多，水分未加控制，将导致生长过旺，营养分配失衡而发生落花落荚。如果土壤营养不足，植株的各部位养分竞争激烈，落花、落荚也会加剧。为减少落花落荚，可采取的措施有：选用适应性强、抗逆性强和坐荚率高的品种；根据各地的气候条件，选择最适宜的播种期，使盛花期避开高温或低温阶段，坐荚期处于最有利的生长季节；施足基肥，坐荚前轻施肥，不偏施氮肥，增施磷、钾肥，以中耕保墒为主促使根系发育健壮，坐荚后土壤水分要充足。雨后及时排水防涝；合理密植，及时插架，使植株间有良好的通风透光环境。

此外，及时采收嫩荚和防治病虫害也可减少落花落荚。

五、病虫害防治

（一）主要病害防治

1. 菜豆炭疽病　病原：*Colletotrichum lindemuthianum*。多发生在天气温凉，雨（雾、露）多的地区或季节。发病的适宜温度为14～18℃，空气相对湿度为100％。地势低洼、排水不良、种植过密及连作等都会加重发病。刚出土的子叶和叶、茎、嫩荚、种子都会被侵染，病部出现淡褐色凹形病斑，潮湿时病斑边缘有深粉色晕圈。防治方法：①选择抗病品种，选用无病种子，清洁田园，实行轮作，消毒用过的架材；②发病初期用70％甲基硫菌灵（甲托）可湿性粉剂700倍，或50％多菌灵可湿性粉剂500倍液，或80％炭疽福美可湿性粉剂800倍液等防治，隔7d喷1次，连喷2～3次。

2. 菜豆锈病　病原：*Uromyces appendiculatus*。是一种气传病害。菜豆生长中后期，气温在20℃左右，相对湿度达90％以上和叶面结露时间长易发生流行。主要为害叶片，严重时叶背面布满锈色疱斑（夏孢子堆），后期病部产生黑色疱斑（冬孢子堆），引起叶片大量失水并干枯脱落；茎蔓、叶柄和果荚也可受害。防治方法：①避免连作，清除田间病残株，种植抗病品种，合理密植，防止田间郁闭；②发病初期喷施25％三唑酮（粉锈宁）可湿性粉剂2 000倍液，或50％萎锈灵乳油800～1 000倍液，或25％敌力脱乳油3 000倍液等，每7～10d喷施1次，连喷2～3次。

3. 菜豆根腐病　病原：*Fusarium solani* f. sp. *phaseoli*。是一种土传病害。高温、高湿适宜发病，尤以地温高（29～30℃）、含水量大时发病重。从幼苗到收获期均有发生。染病后主根产生褐色病斑，后变深褐或黑色，并深入皮层。春菜豆多在开花结荚后显症，主根朽腐，最后全株枯萎死亡。防治方法：①选用抗病品种，实行轮作，选择地势高、排水良好的田块种植；②发病初期用70％甲基硫菌灵可湿性粉剂800～1 000倍液，或20％甲基立枯磷乳油1 200倍液灌根，每株灌0.25L，每隔7～10d灌1次；也可用上述药剂喷洒地面茎基部。

4. 菜豆细菌性疫病　病原：*Xanthomonas campestris* pv. *phaseoli*。又名火烧病、叶烧病。温度为24～32℃，相对湿度85％以上，植株表面湿润有水珠利于病害发生发展；高温、多雨或暴雨后即晴的天气易于流行；排水不良、徒长、虫害严重均可加重病情。植株地上部分均可发病，最初产生水渍状暗绿色斑点，以后扩展成不规则形红褐色或褐色病斑，湿度大时常分泌出黄色菌脓，严重时叶片干枯似火烧。防治方法：①选用无病种子，或用50％福美双可湿性粉剂或95％敌克松原粉拌种，用药量为种子量的0.3％，或用新植霉素100μl/L浸种30min；②实行3年以上轮作，种植耐病品种，忌大水漫灌，雨后及时排水，发现病叶及时摘除；③田间药剂防治可用铜制剂或农用抗生素如新植霉素3 000～4 000倍液喷洒。

5. 菜豆花叶病毒病　主要由菜豆普通花叶病毒（BCMV）、菜豆黄花叶病毒（BYMV）和CMV菜豆系侵染所致。在天气干旱，蚜虫数量大时发病严重。新叶表现明脉、失绿、皱缩，继而呈现花叶，叶片畸形，病株矮缩、丛生，结荚少，荚上产生黄色斑点或畸形荚。防治方法：选用抗病品种，采用无病种子，及时防治蚜虫，加强田间管理，铲除田间杂草等。

此外，南方冬、春季菜豆露地栽培和北方日光温室栽培，菜豆灰霉病（*Botrytis cinerea*）和菜豆菌核病（*Sclerotinia sclerotiorum*）是重要病害，防治方法可参见本书有关章节。

（二）主要虫害防治

1. 豆蚜（*Aphis craccivora*）　又名花生蚜、苜蓿蚜。晴天干旱的气候有利于蚜虫的发生，其生长发育的适温为16～22℃，相对湿度40％～60％。喜群居在菜豆的嫩叶背面和嫩茎、嫩荚及花序上吸食汁液，叶片卷曲萎缩，严重时植株停止生长。蚜虫还能传播病毒病。防治方法：①及时清除田间杂草，培育无蚜苗；②发生初期用50％辟蚜雾可湿性粉剂2 000～3 000倍液，或50％灭蚜松乳油1 000～1 500倍液，或10％吡虫啉可湿性粉剂2 000倍液等喷洒。

2. 地蛆 又名根蛆，主要是灰地种蝇（*Delia platuta*）的幼虫，蛀食播下的种子及幼苗，引起烂子和烂苗。种蝇以蛹在土中越冬，早春气温稳定在 5℃ 时出现成虫，超过 13℃ 时数量大增，对未腐熟的粪肥趋性很强。防治方法：①施用充分腐熟农家肥，浸种催芽后播种，采用基质育苗技术，避免苗期为害；②播种时覆盖毒土，每公顷用 300kg 细土拌 40% 敌百虫粉剂 4.5kg。发芽后幼虫为害时用 50% 辛硫磷乳油，或 80% 敌百虫可溶性粉剂，或 80% 敌敌畏乳油各 1 000 倍液喷根或浇灌。

3. 白粉虱（*Trialeurodes vaporariorum*） 俗称小白蛾，豆类蔬菜的主要害虫。北方冬季在温室作物上繁殖为害，春暖后成为大棚和露地的虫源。适宜发生的温度为 18～22℃。防治方法：①应采取预防为主、综合防治，重点做好冬春季保护地内白粉虱的防治工作，以切断大棚和露地菜豆的虫源。②发生初期用 25% 噻嗪酮（扑虱灵）可湿性粉剂 1 000～1 500 倍液，或 10% 吡虫啉可湿性粉剂，或 2.5% 氟氯菊酯（天王星）乳油各 2 000 倍液等喷雾。用药在日出前或日落后进行效果较好。

4. 斑潜蝇 南美斑潜蝇（*Liriomyza huidobrensis*）和美洲斑潜蝇（*L. sativae*）是近年来新发生的害虫。幼虫潜叶为害形成白色潜道，严重时叶片枯黄脱落，甚至植株成片死亡。防治方法：①与非寄主蔬菜轮作，清洁田园，深翻土地灭蛹，摘除下部落叶，采用黄板诱杀成虫等；②用 20% 灭蝇胺可溶性粉剂 1 000～1 500 倍液，或 1.8% 阿维菌素乳油 2 000～3 000 倍液，或 10% 吡虫啉可湿性粉剂 2 000 倍液及菊酯类农药等，在害虫初发期施用，一般隔 7d 喷 1 次，视虫情连喷 3～4 次。

5. 红蜘蛛 以朱砂叶螨（*Tetranychus cinnabarinus*）为主，俗名火蜘蛛、火龙等。早春气温达 10℃ 时越冬成螨迁入菜田为害，高温、低湿特别是 25～28℃ 和相对湿度 70% 以下时有利于其发生发展。防治方法：①消灭越冬螨，培育无螨苗；②合理灌水施肥，使植株生长健壮，提高抗虫力；③药剂防治，将红蜘蛛为害控制在点、片发生阶段，喷洒 1.8% 阿维菌素乳油 2 000～3 000 倍液，或复方浏阳霉素乳油 1 000 倍液，或 20% 双甲脒（螨克）乳油 1 500 倍液等，每 7d 喷 1 次，连喷 2～3 次。

6. 侧多食跗线螨（*Polyphagotarsonemus latus*） 俗名茶黄螨等。中国南部地区和保护地菜豆栽培可周年发生，喜高温、高湿。一般嫩叶、嫩茎受害重，严重时植株顶部干枯。防治方法参见第十六章黄瓜朱砂叶螨。

六、采收和留种

（一）嫩荚采收 从播种到采收期，一般矮生种需 50～60d，蔓生种 60～70d。当开花后 10～15d，嫩荚充分长大，豆粒刚开始发育，荚壁和背复线的维管束尚为一层薄壁细胞所组成，粗纤维很少或没有，荚壁肉质细嫩、未硬化时为采收适期。因各地消费习惯、气候条件和用途不同，采收期有所差异。矮生菜豆可连续采收 20～30d，蔓生菜豆可持续采收 45～60d。

（二）留种和种荚采收

1. 采种技术要点 菜豆不同品种间杂交率在 0.2%～10%。异交率与温度及品种有关，一般情况在 4% 以下。因此，繁种时不同品种应间隔一定的距离，良种田为 50m，生产田、种子田也要有 10～20m。利用高秆作物作隔离，可缩短间隔距离。

菜豆留种可分为春播留种和秋播留种，北方地区多春播留种。秋播留种由于天气渐凉种荚不易老熟，籽粒不易饱满，种子产量不高。在南方地区，秋季生长期长，又无高温多雨之害，秋季留种能提高种子蛋白质含量，种子粒大饱满，病害少。采用哪一季节留种应根据品种熟性和地区气候决定。留种田的栽培管理和生产田大体相同，但应选择条件较好的田块。为提高种子的产量和质量，应增施磷、钾肥，减少浇水量，后期更应控制浇水。

2. 种荚采收 种子大约在开花后 30d 开始成熟，当种荚由绿变黄时收获。如收获不及时，则种子易在种荚中发芽腐烂。矮生菜豆应在全株有 2/3 种荚由绿变黄时一次性收获，通过后熟，晚结荚的种子也可有较高的发芽率。蔓生菜豆下部成熟的豆荚先行采摘，成熟一批采摘一批。蔓生种留种的部

位以中、下部为好，因为中、下部种子形成时其所处的生长环境较适宜，所以籽粒饱满，种子质量高，但不要采收贴近地面的果荚作种荚。收获最好在晴天的早晨露水未干时进行，以免落粒。矮生种可连根拔起，捆成一小把，晒 2～3d，再脱粒。种子产量一般蔓生种为 1 500～3 000kg/hm²，矮生种为 750～1 500kg/hm²。

（王　素）

第二节　长 豇 豆

长豇豆是豆科（Leguminosae）豇豆属豇豆种中能形成长形豆荚的栽培种，是豇豆的一个亚种。学名：*Vigna unguiculata*（L.）Walp. sp. *sesquipedalis*（L.）Verdc.；别名：长豆角、豆角、带豆等。研究认为，豇豆起源于西非，印度和中国是品种多样化的重要次生起源中心。目前，多数学者则认为非洲的埃塞俄比亚是起源中心。三国魏·张揖撰《广雅》（3 世纪前）："胡豆䝞䝁也"。隋·陆法言著《唐韵》（公元 601 年）说："豇、豇豆，蔓生、白色"。明·李时珍《本草纲目·谷部三》载有："䝞䝁此豆红色居多，荚必双生，故有豇䝞䝁之名"。除高寒地带外，中国广泛栽培长豇豆，在豆类蔬菜中栽培面积仅次于菜豆。长豇豆富含蛋白质、脂肪及淀粉，菜用嫩荚含蛋白质 3% 左右。长豇豆的嫩荚除鲜食外，可速冻、脱水、腌泡，老豆粒可代粮。长豇豆适应性广，且耐热，能越夏栽培，对缓解 7～9 月份夏秋季缺菜具重要作用。

一、生物学特性

（一）植物学特征

1. 根　长豇豆根系较发达，主根长达 80～100cm，侧根可达 80cm，主要根群分布于地表 15～18cm，比菜豆根群稍弱小。根瘤稀少，不及其他豆类蔬菜的根瘤发达。

2. 茎　茎表面光滑，有直细槽，绿色或带紫红色。茎有矮生、蔓生及半蔓生 3 种。矮生种主蔓高 50～70cm，有顶生花芽或无，侧蔓发达，有 2～4 条；蔓生种无限生长，茎、蔓长度受架材与种植期所限，有侧蔓 1～3 条，茎蔓呈左旋性缠绕；半蔓生种则介于两者之间。

3. 叶　基生叶为对生单叶，其余为三出复叶，个别有五小叶组成，互生。小叶呈矛形或菱卵形，叶面光滑，全缘无缺刻，叶色绿或深绿，叶柄长约 15cm，绿色，基部有小托叶，近节部分常带紫红色。

4. 花　花序腋生，多为 1 个，再生豇豆时常抽伸多个花序，花柄长 20～40cm。总状花序，每节生一朵花，因花序轴极短，相邻两朵花几乎同时开放，固呈对生状。每隔 2～3d，后续两朵花相继开放，一般可连续开放 6～8 朵。受前期坐荚发育的影响，后续短花轴变细，待 20d 左右，花序轴随生长又变粗，若植株未枯死，将再次开花结荚，出现第二盛花期。单花为蝶形花，较大，花色有白、粉、红紫等。花蕾色与荚色有一定相关性，凡绿花蕾其荚色为绿色或绿底色。雌蕊细长呈镰刀状，柱头端部有茸毛，一般不外露，高度自花授粉，自然杂交率在 1% 以下。蔓生品种第 1 花序着生在第 4 节以下为早熟品种，第 5～7 节为中熟品种，第 8 节以上为晚熟品种。

5. 果荚及种子　果荚多呈条或筷状，少数有旋曲状，荚长 15.0～100.0cm，宽 0.4～1.1cm，厚 0.5～1.0cm，单荚重 5.0～25.0g，每荚平均有种子 15 粒，一般不超过 24 粒。荚色以淡绿品种最多，其次有深绿、紫红、白、花斑彩纹等十余种。品种间杂交时，F_1 代紫色呈显性，绿荚只对淡绿、白色荚品种 F_1 呈显性。种子肾形或近肾圆形，百粒重 5.0～25.0g，种皮颜色有棕、褐、红、紫、白、土黄、花斑等 20 余种。凡黑籽品种豆荚顶端部均为鲜红色，杂交时 F_1 黑籽呈显性。了解豇豆这些性状的相关性，有利于提高育种选择效率（图 18-2）。

（二）对环境条件的要求

1. 光照　豇豆属短日照作物，菜用品种大多属中日性。南方一些品种或秋季专用品种要求短日照，引种到北方作春季栽培，会推迟开花期。缩短日照可以降低花序着生节位，提早开花。长豇豆喜光，开花结荚期有充足的光照，对提高结荚率，促进条荚发育有利。叶片小、光合作用效率高的品种较耐阴，可与其他高秆作物间套作。

2. 温度　长豇豆喜温耐热，对低温反应敏感，不耐霜冻。种子吸水萌动温度不低于 5℃，最低发芽温度为 10～12℃，最适温度为 25～28℃。过低的温度会引发下胚轴变红，严重时造成死亡。植株生长阶段适宜温度为 20～30℃，果荚发育最适温为 25℃，低于 20℃果荚发育缓慢，易出现弯曲、锈斑。超过 35℃因受精不良，易出现少籽豆荚或落花、落荚。

3. 水分　长豇豆种子需吸收水分达自身重量的 50%～60%时才能萌动。长豇豆根系较发达，叶面蒸腾量小，所以比较耐旱。开花结荚期需水量较多，土壤干旱不利果荚发育，植株易早衰；水分过多也会引起徒长与落花落荚。成株豇豆较耐涝，积水 1～2d，及时排水不致造成大批死亡。

4. 土壤与营养　长豇豆对土壤的适应性广，但以沙质壤土及壤土、pH5.0～7.2 为最适宜。偏酸或偏碱虽对根瘤菌生长不十分有利，但仍能生长发育。长豇豆虽有固氮菌能固氮，但在固氮能力弱的苗期与大量开花结荚期则需要补充氮肥。营养生长期氮肥过多会引起徒长，因生长过旺而大量落花、落荚。结荚盛期补充磷、钾肥对果荚的发育与籽粒的充实十分重要。

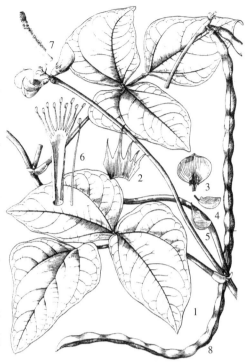

图 18-2　长豇豆

1. 花枝　2. 花萼　3. 旗瓣　4. 翼瓣
5. 龙骨瓣　6. 雄蕊　7. 花柱　8. 荚果

（引自：《中国植物志》，1995）

（三）生长发育特性

长豇豆生育期可划分为 4 个阶段，各阶段的生育特点及对环境条件要求各不相同。

1. 发芽期　从播种至对生真叶展开为发芽期，需 5～10d。此期主要靠子叶自身贮藏的营养供生长需要。对不良环境的忍耐力最弱，适宜的土壤温度与湿度最为重要。

2. 幼苗期　从对生真叶展开至第 4～5 复叶展开、主蔓开始抽伸为幼苗期，需 15～30d。此期正值花芽分化关键时期，抽蔓前植株分化已达 15 节左右，腋芽也随之分化。幼苗期花芽分化及茎蔓形成的迟、早与多、少对熟性的影响很大。同时健壮的秧苗对植株营养体的建立十分重要，必需适时补充少量速效性肥料，并防止遭受霜冻危害。

3. 抽蔓期　从第 4～5 复叶展开、主蔓抽伸至开始开花为抽蔓期，需 15～20d。此期是营养生长的重要时期，根、茎、叶进入快速增长，同时各节的花蕾或叶芽在不断发育中。栽培中要促进根系生长，防止茎蔓过度生长，以免花芽发育不良、花序不能正常抽伸或落花、落蕾。此期控制土壤湿度与肥料施用格外重要。

4. 开花结荚期　从始花至拉秧为开花结荚期，需 40～50d。这一时期茎蔓仍在生长，但营养主要供应大量开花与果荚发育的需要，此时营养不足极易出现早衰与落花落荚。进入始花期应该追施速效肥料，保持土壤湿润，促进植株健旺生长，保持良好的同化叶面积，同时配施磷、钾肥对果荚发育至关重要。连阴雨或连续出现 35℃以上高温对开花坐荚和果荚发育都极为不利。秋季栽培随气温下降果荚发育减缓。秋豇豆专用品种的果荚能在 19℃以上温度下正常发育，而一般品种则需在 22℃以上才能正常发育。

矮生品种主蔓抽伸不明显，即使抽伸，茎蔓也较细弱，花多为无效花，幼苗期与抽蔓期可合并称为茎蔓生长期。

长豇豆生长发育过程中营养生长与生殖生长大部分时间同步进行。生育期的长短与品种、栽培季节及环境条件密切相关，一般为75～120d。结荚部位低、节成性好的品种，营养生长尚未充分进行即已进入生殖生长期，果荚发育吸收大量营养，以致植株出现落叶早衰，生育期缩短，这在夏季栽培尤为明显。而早春保护地栽培，因气温低，营养生长缓慢，生育期拉长，栽培得当，后期茎叶生长良好，可继续开花结荚或抽生新花序，结"回蓬豇"，出现第2次产量高峰，生育期相应能延长20～30d。

关佩聪等（1998）通过对两个蔓生长豇豆品种生长和结荚特性的研究，认为蔓生长豇豆的根、茎、叶和豆荚的鲜重都逐渐增长，其增长动态与植株的鲜重动态相似，均呈S形变化（图18-3）。

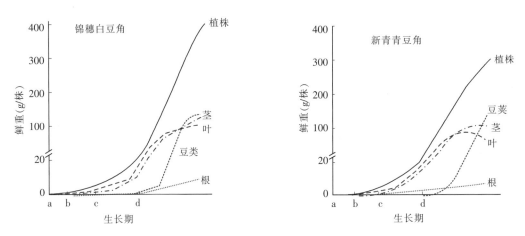

图18-3　蔓生长豇豆生育过程植株和各器官的鲜重增长动态

a. 发芽期（10～12d）　b. 幼苗期（12～26d）　c. 抽蔓期（26～50d）　d. 开花结荚期（50～96d）

（关佩聪等，1998）

群体产量形成过程，由图18-4可以看出，累计豆荚数和累计产量都逐渐增加，增长动态呈S曲线变化。产量形成过程的前、中、后期分析，锦穗白豆角的前期产量占总产量的27.2%，中期产量占55.2%，后期产量占17.6%。新青青豆荚与其基本相同。采收豆荚数也有同样趋势。

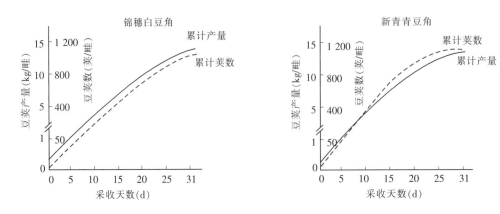

图18-4　蔓生长豇豆的豆荚产量形成过程

（关佩聪等，1998）

二、类型及品种

（一）类型　栽培种豇豆包括 3 个栽培亚种，作蔬菜栽培的有两个亚种：

1. 普通豇豆［*Vigna. unguiculata*（L.）Walp. ssp. *unguiculata*（L.）Verdc.］　荚长 10～30cm，幼荚初期向上生长，后随籽粒灌浆而下垂。植株多蔓生，通常收干豆粒，作粮用、饲用及绿肥，也可作菜用。

2. 长豇豆［*V. unguiculata*（L.）Walp. ssp. *sesquipedalis*（L.）Verdc.］　荚长 30～100cm，荚果皱缩下垂，以蔓生为主。以其嫩荚作蔬菜用，栽培品种最多。

在蔬菜栽培上，把菜用豇豆分成蔓生与矮生两大类。也有把匍匐型（半蔓性）单独划成一类，此类豇豆分枝多，茎蔓打顶后，侧枝不断长出并开花结果，不作搭架栽培，产量低。

（二）品种

1. 红咀燕（一点红）　四川省成都市地方品种。生长势较强，分枝力较弱，蔓生，以主蔓结荚为主。叶为绿色，叶小。从第 3～4 叶节开始着生花序，花为紫红色。结荚多，嫩荚淡绿色，后变为黄白色，豆荚先端呈明显的紫红色，所以有"红咀燕"之称。荚长 50～60cm，横断面为圆形。嫩荚肉质脆，纤维少，煮食易烂，品质好。种子黑色，肾脏形。耐寒性及耐热性都较强，适应性广，春、秋季均能栽培，但对病毒病等病害抗性弱。曾在全国各地广泛种植，现仍有少量栽培。

2. 之豇系列品种　由浙江省农业科学院园艺研究所育成。包括适合早熟栽培用的之豇 28-2、之豇特早 30；春季露地栽培用具有特长荚果的之豇特长 80；耐热、喜光适宜夏季栽培的之豇 19；优质、绿色荚果的之青 3 号；兼抗病毒病、煤霉病的秋季专用品种具银白色荚的秋豇 512 与玫瑰红色荚的紫秋豇 6 号等品种，以上均为蔓生种。之豇系列品种均具抗病毒病、适应性广的共性，已成为全国主要的栽培品种。其中，之豇 28-2 是以红咀燕为母本，杭州青皮豇为父本经杂交育成的常规品规。蔓生型，蔓长 250～300cm，主蔓第 4～5 节始花，荚长 60～70cm，最长可达 100cm。荚横断面圆形，嫩荚浅绿色，平均单荚重 20～30g。肉厚，品质好。种子紫红色。对日照要求不严格。北京地区早中熟，春播 60 多 d 采收嫩荚。抗逆性强，但在肥水供应不足时，后期易早衰。

3. 张塘豇（燕带豇）　上海市蔬菜技术推广站于 1984 年从当地农家品种燕带豇豆中选育而成的常规品种。全生育期 120～130d，早熟种。蔓长 3m 左右，分枝性较弱。叶色浓绿，第 4～5 节始花，每序 2～4 朵。嫩荚淡绿色，长 60～80cm，平均单荚重 35g 左右，每荚有种子 18～22 粒。种子红褐色，百粒重 30g。

4. 宁豇 3 号　南京市蔬菜研究所和南京市蔬菜种子站合作育成。早熟种。植株蔓生，生长势强。茎叶绿色，叶中等大小。主侧蔓同时结荚，主蔓第 2～3 节始花，侧蔓第 1 节始花。单株平均结荚 18.4 条。嫩荚绿白色，荚面平整，红嘴，长 70cm 左右，平均单荚重 26g 左右。种子黑色。嫩荚质优，商品性好。植株抗逆性强。

5. 之豇矮蔓 1 号　浙江省农业科学院蔬菜研究所育成。矮蔓直立型，株高 40cm，分枝 2～4 条，主侧蔓均能结荚。单株结荚平均 8 条以上。条荚粗壮，淡绿色，荚长 35cm 左右，品质好。籽粒红色。成熟期与之豇 28-2 相似。抗病毒病、锈病和煤霉病。早熟，丰产，适宜在保护地栽培。

6. 罗裙带　陕西省铜川市地方品种。以侧枝结荚为主，主蔓第 7～9 节始花，每分枝第 1～2 节着生花序。荚色淡绿色，肉厚质脆，不易老，品质佳。中晚熟，抗病丰产，是夏淡季上市供应的优良品种。

此外，还有深绿荚色的铁线青、紫红荚的红豇豆（上海）、白绿色的杜豇（湖北）及花荚杂色品种。由于早熟性、丰产性、抗性或适应性等因素所限，应用面积与范围较小。

生产上须按季节与需要选择适宜品种。新引进品种需先试种，短日性较强的品种在不适宜地区或

季节种植，会推迟开花或不开花结荚。

三、栽培季节与方式

长豇豆耐热性强，作为6～9月份夏秋季蔬菜供应多采用露地栽培，生长温度不足或适温期过短的地区不宜栽培。在中国除西藏等少数高寒地区外，几乎全国都可露地栽培。

长城以北和西北地区夏季气候较凉爽，长豇豆一年栽培一季，生育期长达130～150d，供应期在7～9月份。

华北及长江流域地区适温期较长，一年可栽培两季，即春季栽培和秋季栽培。

随着保护地栽培的发展，因长豇豆生育期短，育苗与栽培管理容易，因而可作为春提前或秋延后栽培，在江苏省北部、安徽省北部、河北、山东等地均有发展，一般于12月至翌年2月份播种，3～4月份上市。

海南、广东露地栽培一年可种3季，其中，冬春季栽培于12月至翌年1月份播种，2～3月份上市，其产品已成为重要调往外地的蔬菜。

无论是春提前或秋延后栽培，必须保证有足够的生育期，营养生长期需有15℃以上温度，结荚期应有21～25℃。

利用春黄瓜茬拉秧前5～7d直播长豇豆，无需施基肥、翻耕和另行搭架，可节省大量工本，上市时期正值8～9月蔬菜供应淡季，这种栽培方式十分普遍。但此时正值高温，上市量大而集中，豇豆的贮运或加工是否及时得当，对产品的品质与经济效益影响极大，需特别注意。

在南方地区还可利用山地进行夏季栽培。可克服平原地区夏季栽培长豇豆，因高温而引发授粉不良，造成落花落荚、少籽或空荚，果荚发育过快易发泡，商品性下降等现象。高山相对凉爽，昼夜温差大，有利豆荚发育，商品性好，同时兼有栽培简易、需肥少、有利改良土壤等因素。因此，可在交通运输较方便的山区发展，成为开发山区的重要蔬菜之一。

长豇豆较耐阴，可与玉米等高秆作物间作，或在果园、桑园内套种。

四、栽培技术

1. 播种前的准备 应选择土壤结构良好，有一定肥力与排灌条件的田块。播种前尽早地深翻晒垡，以利土壤的风化改良。

（1）施肥与整地 重施有机肥、增施磷肥作基肥对豇豆增产效果明显。据研究报道，每公顷施用过磷酸钙225kg，可有效地促进茎叶生长，果荚产量较对照增产53.3%。各地有机质肥料种类与养分各不相同，可根据肥效的高低确定施用量，一般每公顷铺施有机肥30 000～75 000kg，过磷酸钙400kg及硫酸钾200kg，随耕翻到土壤下层，但在施肥量较少时也可在畦中间开沟集中施入。

（2）畦式与密度 北方多采用平畦有利保水，南方用高畦以利排水。随着保墒功能较好的地膜覆盖技术的广泛应用，改用高畦对排灌更为有利。畦的高矮可依当地土质、当季降水量的多少来决定。土壤黏重、降水量多的地带，沟、面差20～30cm；沙质土、降水量少的地区，沟、面差为10cm左右。根据经验，长豇豆栽培行距要宽，畦宽（连沟）1.5m种植两行为宜，以利通风透光，穴距则依品种性状（叶片大小、长势及分枝性）而定。早熟、生长势和分枝性弱而叶片较小的品种，穴距为20～25cm，每穴2～3株；生长势旺、分枝多的品种穴距应为27～30cm。采用的架材高度在2.3～2.5m，满架时有12～15个节位。每公顷种植密度约4.5万穴。

矮蔓品种不需搭架栽培，其分枝较多（2～4个不等），节间短，易拥挤而徒长。应缩减行距，畦宽（连沟）1.3m左右，种双行，穴距25～30cm，每穴2～3株，每公顷约5.2万穴。

（3）选择适宜品种　除秋季专用和短日性强的少数品种外，大多数品种春、秋季都能栽培。随着栽培方式的多样化与专用品种相继育成，生产者可以选择更合适的品种以获得优质、高产。春季保护地栽培多采用耐寒性较强的早熟品种；在南方多雨的春季露地栽培，生长势强、分枝多的品种易徒长，引起花序不抽伸或落花落荚，因此，采用分枝少（之豇 80）或叶片小的品种（之豇 28－2）较为有利；夏季高温、光照足，应选用光合能力强、耐热的品种（之豇 19）；秋季栽培时的气温是从高温逐渐下降，直至长豇豆停止生长，应选择苗期抗病毒病、耐高温、秋后耐较低温的品种（秋豇 512 和紫秋豇 6 号）。南方秋季栽培豇豆煤霉病较重，应选用相应的抗病品种。

（4）播种期确定　播种期依据茬口、栽培方式、计划上市的时间而定。春季栽培宜在终霜前播种，终霜后出苗。秋季栽培最迟播种期的确定应依据品种生育期长短进行逆向推算。秋种长豇豆品种一般在日平均温度 19℃ 以下果荚不能正常发育，此时作为终收期。若品种的生育期为 90d，则前推 90d 即为最晚播期。如浙江省杭州地区秋季露地栽培采收只能延迟到 11 月上、中旬，推算其播种期必须在 8 月初之前。保护地栽培当温度条件能满足豇豆的最低生长要求时即可播种。江苏省北部、安徽省北部、山东、河北等省冬春光照充足，若保护条件较好，播种期可提早到 12 月至翌年 1 月份；浙江省及长江流域因冬春阴天多，塑料棚内气温不高，最早也只能在 1～2 月份播种。此时栽培，从播种至始花期长达 60～70d。若进行秋延迟保护栽培，其播期比秋季露地栽培可适当推迟。

2. 播种育苗　豇豆栽培方式有直播与育苗两种方法。

（1）直播法　直播是露地栽培中最常用的方法。春季当 5～10cm 土层地温稳定超过 10℃ 时播种，过早播种，不仅出苗期长，而且常会引起红根或烂种。直播时常采取挖穴点播，每穴播 3～4 粒，播种深度 3～5cm，根据土壤墒性的好坏，覆土厚度 2～4cm，并拍压紧实，以利种子吸收水分。

（2）育苗移栽法　育苗移栽多在春提前栽培上采用，可提早成熟，提高土地利用率。

① 小苗培育法。从播种至移栽大田，苗龄 7～10d。一般对生真叶展开前即行移栽定植。事先在保护地内备好苗床，培养土要肥沃疏松（细碎的园土加入 2～3 成的腐熟有机肥，有条件者可掺入 1～2 成草木灰混匀），耙平畦面，浇透水，水渗后均匀撒播种子，种子间距 1cm，随即覆盖约 2cm 细土。也可先撒播种子，以平锹拍压，使之与土壤紧贴，随即浇透水，再盖土，畦面上可覆盖草苫保温。保持塑料棚内较高温度，电热温床地温不可超过 30℃，以免伤芽或徒长，出苗前无需再浇水。芽苗顶土时，立即去除覆盖草片。齐苗后放风，防止徒长。不待对生真叶展开即可挖（拔）苗定植。定植时每穴 2～3 株，保持对生叶平齐，以免出现上、下双层苗，影响下层小苗的采光。此法简便、快捷、省种、省工，出苗整齐，栽后缓苗快，适合简易保护地早熟栽培。应注意的是苗龄不宜过长，否则易徒长，挖苗时伤根过多，延长缓苗期。若无多层覆盖保护，则播期只能比露地直播栽培提前 10d 左右。

② 大苗培育法。多用于塑料大棚（温室）冬春早熟栽培。在保护条件更好的苗床中培育健壮大苗，使播期更提前。其方法分两步：第 1 步与小苗培育相同；第 2 步在对生叶未展时，将小苗拔出，移栽于事先放置温床内的营养钵中，钵直径以 8～10cm 为宜，每钵 3 株苗，定植后喷水或点浇，待水渗下，随即覆盖 1 层干松土，并进行多层覆盖保温。白天揭开草苫见光，增加棚温与地温，电热温床夜间可通电加温，促进缓苗。白天放风，保持 25℃ 左右，夜温不低于 15℃。高温多湿易造成徒长苗，控温、控湿对培育壮苗十分重要。约经 20d，幼苗有 4 片三出叶时，即可定植于大棚或温室。苗床中幼苗过挤，可通过移钵、加大苗间距来防止徒长，并及时定植，以免形成老、僵苗。

大苗培育法也可直接播种在已备好的营养钵内，提前浇透水或播后浇水，再覆盖 3cm 厚的细土。后期管理方法与上述相同，此法虽比二步法简单，但需占用较大苗床，加温、覆盖保护等工本费较大，若管理不当，则易造成出苗不齐。

3. 定植　大苗定植前应控温、控湿。露地定植需提前 1 周通过控水、降温、逐渐延长通风时间、早揭晚盖薄膜来炼苗，使其适应外界温度。大棚早熟栽培则无需如此。

定植当天苗床应浇透水。小苗栽培在挖（拔）取苗时要多带土、少伤根；营养钵苗土坨较紧实，也要注意防止散坨伤根。定植时按株、行距打孔，将小苗或营养钵苗植入孔洞中，深度以不露土坨为准，随即浇水，待水渗下后覆土。地膜栽培洞穴边缘应盖严，以免漏风，减弱地膜的保温作用。

4. 插架与植株调整　蔓生长豇豆一旦主蔓抽伸甩蔓时需及时插架，防止相邻茎蔓相互缠绕，无法正常上架。优良品种第 7 节以上几乎每节有花序，顶部每增加一个节位就有可能多结两条荚。因此，架材必须保持一定的高度才能增产。1.5m 标准畦架材高以 2.3～2.5m 为宜，一般可保持 12～15 个节位。过高的架材会造成相邻畦架顶相交，茎蔓满架后造成畦间透光差，影响开花、结荚和果荚的发育。架材超过 2.5m，则需适当扩大畦面，增加行距。

架型以人字架或束状架为多，每穴一杆。人字架型在架高 1/3 处，沿畦长平行架一长杆，与相对的两穴架材捆绑在一起，使每畦架成一体，以增加抗倒伏性。束状架则将相对应的四穴架杆绑在一起，其缺点是顶部捆束处茎蔓易相互缠绕，影响叶蔓的合理分布，降低光合效率。

长豇豆茎蔓有逆时针缠绕的特性，但及时的人工辅助引蔓上架、调整茎叶分布仍十分必要。引蔓多选择午后茎蔓较柔软时进行，以免折断。同时必须逆时针缠绕，否则影响正常生长。生长期间需人工辅助缠绕 2～3 次。对侧蔓较多的品种，在田间密度显得过大时，需及时打杈。主蔓第 1 花序以下的侧枝必须全部摘除。一般侧枝在第 1～2 个节位上有花序，可依情况在花序前留 1～2 片叶再摘心。高产栽培应尽可能选用侧蔓少的品种。

当主蔓伸出架材顶部时，要及时打顶摘心。因为当茎蔓无处攀缠而倒挂时，虽然仍在继续生长，但其后的花序伸长无力，花序柄短缩，不能正常结荚，同时顶部叶蔓负重太大易折断架杆或造成田间郁蔽，畦间通风透光差，影响产量。

5. 肥水管理　据报道，每生产 50kg 种子（相当于鲜嫩荚 1 500kg）约需氮 2.5kg、磷（P_2O_5）0.85kg、钾（K_2O）2.4kg。尽管长豇豆根系能够固氮，但为了获取高产仍需追肥。苗期追肥量不大，每公顷约需尿素 50～70kg，但对长苗与花芽分化十分有益。开花结荚后需追施较多的氮、磷、钾肥，每公顷需氮肥 110～220kg、磷肥 20～60kg、钾肥 30～60kg，分成 2～3 次随浇水（或雨天前后）进行。采收开始后每隔 5d 喷施 1 次 1‰～2‰的磷酸二氢钾对结荚有利。采收 25～30d 后第 1 次产量高峰已过，为促进二次盛花或抽伸新花序，需重施一次速效有机肥或氮、磷、钾复合肥（500～700kg/hm²），以维持茎蔓正常生长。第 2 次采收高峰的产量为第 1 次的 40%左右。施肥方法：可在畦边开沟施入或直接撒在畦面上，然后浇水，若有地膜覆盖可破膜施入。

开花结荚前应控制浇水以防徒长，没有采用地膜覆盖栽培的需进行中耕松土兼锄草。开花结荚后若无雨水，需 5d 左右浇水 1 次，保持土壤湿润。缺水会降低果荚的发育质量，甚至大量落花、落荚。多雨时要及时排涝。

五、病虫害防治

（一）主要病害防治

1. 豇豆花叶病毒病　主要由豇豆蚜传花叶病毒（CoAMV）及 CMV 侵染引起。初秋盛发期平均发病率为 70%～80%，种子带毒率 10%左右。受害叶片呈花叶、扭曲、畸形，植株矮缩，开花结荚少，豆荚变形。防治方法：①选用抗病品种最为有效；②采用 10%吡虫啉可湿性粉剂 2 000 倍液等防治蚜虫，减少病毒传播。

2. 豇豆锈病　病原：*Uromyces vignae* 和 *U. vignaesinensis*。中国南、北方均易发生。其症状、发病条件和防治方法参见菜豆锈病。

3. 豇豆煤霉病　病原：*Cercospora vignae*。长江流域以南地区发生较重，多雨易流行。发病初期叶两面生紫褐小斑，扩大后呈近圆形淡褐色或褐色病斑，边缘不明显，其表面密生灰黑色霉层，病叶由下向上蔓延，严重时造成大量落叶。防治方法：①加强田间管理，清洁田园；②发病初期用 70％甲基硫菌灵可湿性粉剂 1 000 倍液，或 50％多菌灵可湿性粉剂 500 倍液等防治。

4. 豇豆疫病　病原：*Phytophthora vignae*。病菌常在 25～28℃、连阴雨或雨后暴晴条件下发生流行。主要为害茎蔓，多在近地面的节部或近节处发病，初呈水渍状，后病斑扩展绕茎一周呈暗褐色缢缩，上部茎、叶萎蔫枯死，叶片、豆荚也可感染。防治方法：①采取高畦、深沟或垄作覆地膜栽培，及时清沟排水；②用 58％甲霜灵锰锌可湿性粉剂 500 倍液，或 64％恶霜锰锌（杀毒矾）可湿性粉剂 500 倍液等防治，每 7d 喷 1 次，连喷 3～4 次。

此外，生产上常有枯萎病、立枯病、角斑病、灰霉病、白粉病、炭疽病等发生，多属真菌性病害，尚未构成严重为害，应注意病情有效防治。

（二）主要虫害防治

1. 豆蚜（*Aphis craccivora*）　中国各地普遍发生。其发生条件、为害特点及防治方法与菜豆相似。

2. 豆野螟（*Maruca testulalis*）　又名豇豆荚螟、豆荚野螟。除为害豇豆外，还为害菜豆、扁豆等。成虫产卵于花器和嫩梢部位，幼虫蛀食花器、豆荚及嫩茎，卷食嫩叶，严重时蛀荚率达 70％以上，不仅造成减产，而且使商品性大大下降。高温、高湿易发生。防治方法：①及时清除田间落花、落荚，采用黑光灯诱杀成虫；②于始花现蕾期及盛花期于早、晚施药防治幼虫，可用 2.5％溴氰菊酯乳油或 25％菊乐合剂乳油各 3 000 倍液，或 25％杀虫双水剂、Bt 可湿性粉剂（活芽孢 150 亿/g）各 500 倍液，每 7～10d 喷 1 次，连喷 2～3 次。

3. 甜菜夜蛾（*Spodoptera exigua*）　是一种喜温性害虫，8～10 月高温干旱年份常大发生。成虫昼伏夜出，对黑光灯趋性强，卵多产生在中、下层叶片背面，成块；初孵幼虫在叶背群集取食，高龄幼虫夜出暴食为害叶、花和荚，防治失时可造成减产。防治方法：①可用黑光灯诱杀成虫，人工摘除卵块；②根据抗药性情况选择药剂，如 2.5％多杀菌素（菜喜）悬浮剂 1 300 倍液，或 20％虫酰肼（米满）悬浮剂 2 000 倍液，或 10％虫螨腈（除尽）悬浮剂 1 500 倍液等，掌握在幼虫低龄期用药，清晨和傍晚施药效果好。

六、采收与留种

（一）嫩荚采收　通常每花序结荚果 2 条，优良品种或健壮植株可连续结 3～4 条。开花后 5～6d 为果荚日增长最快时期，花后 8～9d 荚长可达适采期的 80％～90％，适采期在较低温时需 12～15d，高温时为 10～11d。根据习惯与需要，可适当提前采摘嫩荚，以免籽粒发育吸收大量营养加速叶蔓枯黄早衰。采摘时从果梗底部折断。损伤果荚易失水变色，降低商品性；也不要伤及花序后续芽，以增加每花序结荚数。采收的嫩荚可短时贮藏，贮藏的最适温度为 0～5℃。

（二）留种采收　长豇豆留种按母种、原种、生产种等不同要求来选留。品种间需有 100m 以上的隔离。为保持品种特性，母种宜采取株选方式；成片留种则以去杂为主。留种部位以中部荚最好，底部荚易受雨水浸泡而影响发芽率；顶部荚因植株生长后期营养不足或夏季高温发育过快，易出现粒小、种性衰退等现象，均不适宜留种。种子活力随成熟度提高而提高，待豆荚收缩变干，种子形态、色泽基本定型时即为豇豆种子的完熟期，其种子活力达极大值。如在枯熟期采收，则种子活力反而下降。生产上可分 2～3 批采收，于清晨皮软时进行。

（汪雁峰）

第三节　菜用大豆

大豆是豆科（Leguminosae）大豆属的栽培种，一年生草本植物。学名：*Glycine max*（L.）Merr.；别名：毛豆、枝豆。原产中国，约有4 000多年的栽培历史。在中国的《诗经》（约公元前6世纪中期成书）中称为"菽"。西汉氾胜之撰《氾胜之书》（公元前1世纪后期）已记载收获豆粒和以嫩叶（藿）作菜。中国长江流域各省春夏普遍栽培。菜用大豆以绿色嫩豆粒作为蔬菜食用，营养丰富，滋味鲜美。其供应期长达5～7个月，栽培用工少，产量稳定，既可鲜食，也是速冻出口的主要蔬菜之一。

一、生物学特性

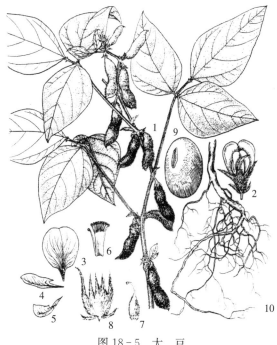

图18-5　大 豆

1. 果枝　2. 花　3. 旗瓣　4. 翼瓣　5. 龙骨瓣
6. 雄蕊　7. 雌蕊　8. 花萼　9. 种子放大　10. 根
（引自：《中国植物志》，1995）

（一）植物学特征　菜用大豆的根系发达，直播的植株主根深可达1m以上；侧根开展度可达40～60cm。育苗移植的植株根系受抑制，分布较浅。根再生能力弱，移苗应在苗较小时进行。根部有根瘤菌共生，为杆状的好气型细菌。

子叶出土，第1对真叶是单叶，以后是三出复叶。花小，白色或紫色，着生在总状花序上。花序梗从叶腋抽生。主茎和分枝的顶端着生花序者为有限结荚型。无顶生花序的植株可继续生长，为无限结荚型。优良菜用大豆品种大多是有限结荚型。花开前已完成自花授粉，天然杂交率在1%以下。一般每一花序有8～10朵花，结3～5个荚，每荚含种子2～3粒。嫩荚绿色，被有灰白色或棕色茸毛。被白毛的嫩荚外观鲜绿，最受市场欢迎。嫩荚种子均为绿色，种子大，易煮酥。老熟种子呈黄、绿、紫、褐、黑等色。种子大小依品种而异，形状有圆形、椭圆形、扁圆形等（图18-5）。

（二）对环境条件的要求

1. 温度　菜用大豆是喜温性的蔬菜作物，种子发芽的最低温度为6～8℃，种子发芽的适温是15～25℃，30℃以上发芽快，但幼苗细弱。真叶出现前的幼苗能耐－4～－2.5℃的低温，－5℃时即受冻害，真叶展开后耐寒力减弱。生育期适温为20～25℃，花芽分化的适温为20℃左右，开花适温为22～28℃，13℃以下不开花。昼间温度超过40℃时结荚明显减少。生长后期对温度特别敏感，温度过高生长提前结束，温度骤降，则种子不能成熟。

2. 光照　菜用大豆为短日照蔬菜作物，第1片复叶出现时对短日照就有反应。南方的早熟品种对短日照要求不严，春、秋两季均可种植；晚熟种和北方的无限生长型品种多属短日型，每天13h以上的日照会抑制开花结荚。北方品种南移可提早开花，但产量较低。南方品种北移时容易出现茎叶茂盛，植株高大，开花延迟，甚至不能开花结荚。

3. 土壤营养　菜用大豆对土壤条件要求不严，但以富含有机质和钙质、排水良好的酸性到微酸性（pH6.5～7.0）土壤最好。对磷、钾肥的反应敏感，磷肥可促进根瘤的活动，增加植株分枝数，减少落花，提早成熟。缺钾时叶片变黄，严重时全株枯黄而死。

4. 水分　菜用大豆是需水较多的蔬菜作物，土壤含水量为田间最大持水量的 75％时生长最为适宜。从始花到盛花期为植株生长旺期，需水最多，干旱或多雨易引起落蕾、落花。结荚到鼓粒期，如土壤水分充足，则豆粒生长发育良好。

（三）生长发育特性　菜用大豆的生长发育可大致划分为发芽期、幼苗期、开花结荚期和鼓粒期 4 个阶段。各阶段的生长中心不同，对环境条件的要求也有差异。每一阶段的完成为其后续阶段的发展奠定基础，且彼此之间密切联系成为整体。

1. 发芽期　从种子吸水萌动到子叶展开时为发芽期。种子发芽前要吸收其本身重量 1～1.5 倍的水分。播种后若地温低、含水过多、氧气少，则容易引起烂籽。

2. 幼苗期　从子叶展开至第 1 朵花开放为幼苗期。第 1 对真叶及第 1 复叶陆续展开，当第 2 复叶展开时，复叶叶腋间开始分化胚芽，胚芽分为花芽和枝芽，分化能力强弱与幼苗健壮与否密切相关。从花芽分化到开花约需 25～30d。

苗期的生长中心是根、茎、枝、叶的发育，养分充足才能形成较多花芽及发育健全的花蕾。苗期适温为 20～25℃。真叶出现前的幼苗较耐寒，真叶展开后耐寒力减弱。

为促进根群向土壤深层发展，需控制土壤相对湿度在 60％～65％。吸收一定量的磷素有利幼苗生长和根瘤的繁殖与发育。

3. 开花结荚期　从第 1 朵花开放至嫩粒开始快速增大为开花结荚期。有限生长型的植株主茎长到成株高度的 1/2 以上时，中上部先开花，然后向上、向下开花，其开花日期较集中，种子大小较一致。无限生长型植株从主茎基部第 2 或第 3 节先开花，逐节向上开花，花期较长，同一株上的种子差异较大。从初花到盛花期间，植株生长很快，并在结荚盛期达到高峰。此时吸收的肥料和水分最多，光合作用生产的同化物质除主要供开花结荚外，还需供枝、叶生长。阳光强、肥力足，是获取丰产的关键。

开花结荚期间有一部分蕾、花和幼荚脱落，一般为总花数的 40％～60％，脱落率的高低对产量影响极大。蕾、花、荚脱落率大致为：蕾 10％、花 40％、荚 50％。在同一植株上，着生在分枝上的花、荚比主茎上的脱落率高。在同一花轴上，上部的花、荚比中、下部的要脱落多。造成花、荚脱落的根本原因是由于菜用大豆本身的生理生态特点决定了不同器官之间的营养分配。若营养物质供应不足，则花、荚中途死亡，并在产生离层后脱落。土壤过干或积水、缺肥、温度过高或过低、栽植过密或植株徒长倒伏造成光照不良，以及病虫害等都会增加落花、落荚数量。必须有针对性地采取防止措施，如开花结荚盛期喷洒浓度为 20～30μl/L 的增产灵（4 -碘苯氧乙酸），可减少花、荚脱落，并提高种子百粒重。

4. 鼓粒期　从嫩荚开始快速增长至种子充分发育为鼓粒期。胚珠受精后其子房壁发育成豆荚，初期是长度比宽度增加较快，约 20d 后荚的长宽达最大值。受精后第 15d 起籽粒干物重开始增加，一直持续到黄熟期。当豆荚鼓粒达 80％、荚色翠绿色时为菜用大豆的采收适期。

鼓粒期要有充足的阳光和健壮的叶片，充足的水分和磷、钾等元素有利叶片合成的有机物质能迅速运转到种子里去。追施磷肥和氮肥，防治病虫，及时灌水或排涝，防止植株倒伏，可推迟叶片衰老。若养分不足，胚株发育不正常，则易形成秕粒，大多位于豆荚的基部和中部。如全部种子不发育则形成秕荚。

二、类型及品种

（一）类型　根据对光、温反应的不同，菜用大豆可分为感光性弱、感光性强及中间型 3 类；按熟性分，可分为早熟品种（春大豆型）、晚熟品种（秋大豆型）和中熟品种（夏大豆型）3 类。早、

中熟品种感光性较弱,感温性较强,高温条件下植株很快达到开花结荚阶段。迟熟品种(秋大豆型)需同时满足光照和温度条件才能开花结荚。目前栽培品种多属于早、中熟种,适宜种植范围较大。

(二)品种 中国菜用大豆的90%分布在长江三角洲地区,以有限结荚型、大粒和特大粒的早熟和中熟品种为主。20世纪90年代前栽培的是以各地地方品种为主,如四月拔、四月青、五月拔、六月白等;90年代后,因速冻加工业的发展,先后推广台湾省品种及从国外引进的品种,如绿光、AGS292、305等专用品种,也育成特早1号、鄂豆5号等不少新品种,可满足出口和国内市场的需求,产量和品质也得以提高。

1. AGS292 简称292。台湾省栽培品种。早熟种,有限结荚型。株高50~60cm,白花,茸毛灰白色,干籽百粒重32g左右,鲜豆仁百粒重80g左右。在浙江省生育期85~95d。品质优,味甜、香、糯,为用于速冻加工的主要品种。

2. 台75 台湾省栽培品种。早中熟种,有限结荚型。株高70~80cm,白花,灰白茸毛,干籽百粒重40g左右,鲜豆仁百粒重80~90g。品质极优,味甜、香、糯,是用于速冻加工的主要品种。

3. 特早1号 安徽省宝泉岭农场管理局农业科学研究所与安徽省种子总公司联合于1997年育成。植株直立,株高62cm,开展度23cm。圆叶,紫花,单株结荚20个左右,每荚2~3粒,鲜豆粒百粒种49g。有限生长类型。成熟整齐,荚豆易剥,豆粒易煮烂,品质好。适宜在安徽省作保护地早熟栽培。

4. 夏丰2008 浙江省农业科学院于2001年育成。株高60~70cm,主茎8节,分枝数4个,圆叶,白花,白毛。单株荚重约87g,有效结荚数40个。荚绿色,籽粒饱满,百粒豆鲜重约73g,籽粒碧绿,糯性好,略带甜味,豆粒煮熟后酥软,鲜美可口。抗倒伏,耐高温干旱。适宜全国大部分地区栽培。

5. 杭州五月拔 杭州市郊区农家品种,栽培历史悠久。早熟种。株高50~60cm,有12~13节,分枝2~3个。花白色,荚上茸毛灰白色,多数荚含种子3粒。青豆百粒重37g。品质优。杭州地区于3月上中旬冷床育苗,3月下旬至4月初定植,6月下旬至7月上旬采收。

6. 绍兴四月拔 浙江省绍兴地区农家品种。主茎高约40cm,有12~13节,分枝2~3个。花紫色,荚上毛棕色。每荚含种子2~3粒。青豆粒百粒重约26g。品质中等。在杭州地区于3月初用冷床育苗,3月下旬定植,6月中下旬采收。上海市的早红皮与此类似。

7. 六月白 南京市地方品种。植株矮生,嫩荚绿色,荚长6.5cm,宽1.5cm。籽粒大,椭圆形,中熟种。耐热,耐旱,抗病性强。品质中等。适宜江苏省作春季栽培。

8. 鄂豆5号 湖北省孝感地区农业科学研究所于1990年育成。株高30~40cm,开展度30cm,直立不倒伏。有限生长型。苗期耐寒性较强,生长繁茂。全生育期90d,主茎10~12节,平均2.5个分枝。叶椭圆形,白花,单株结荚28个,每荚平均2.5粒。嫩荚在当地6月下旬即可上市。鲜豆清香,鲜美。适宜湖北省作粮、菜间作早熟栽培。

三、栽培季节和方式

长江流域菜用大豆的主要栽培季节为4~9月。南京、上海、杭州一带早熟栽培用冷床育苗一般于3月上中旬播种,3月下旬到4月上旬移栽到露地,6月开始采收。上市旺季在7~9月,晚熟品种可供应到11月。

露地栽培主要采取直播,但早熟栽培多采用育苗。长江流域露地直播栽培早熟品种播种期通常在4月上中旬;中熟品种在5月上旬到6月上旬;晚熟品种在5月下旬到6月下旬。在播种适期范围内,早播比迟播的产量高。早熟品种因对光温反应不敏感,故可春播夏收。倘若把晚熟品种提早到春末夏初播种,则生长期延长,枝叶徒长甚至植株倒伏,产量反而降低。早熟品种延迟播种,则植株矮小，产量低。因此，不同播种期应选用适合的品种。

近年发展菜用大豆塑料大棚、小拱棚保护地栽培，多选用生育期在 55～65d 的早熟种或特早熟种，如北丰、大丰、合丰 25、特早熟上农香等品种。华中地区冷床育苗可在 1 月中下旬到 2 月上旬播种，温床育苗可在 2 月上中旬播种，播后约 10 余 d 出苗。当第 1 对真叶由黄变绿，而尚未展开时为适宜定植期。4.5～6m 宽大棚做两畦，定植行距 25cm，穴距 20cm，每穴 2～3 株。早熟栽培应在始花期进行摘心，可增产 5%～10%，提早 3～6d 上市。早熟栽培一般都抢早上市，在进入鼓粒期后即可陆续采摘。一般在 4 月底到 5 月上旬上市，比露地栽培提早 10～20d。

四、栽培技术

（一）播种前种子处理　种子中混有菌核或菟丝子种子的应过筛或采用风选方法除去，同时清除小粒和秕粒，剔除有病斑、虫蛀和破伤的种子。如种子田曾发生紫纹病、褐纹病、灰斑病等，须用福美双拌种消毒，用药量约为种子重的 0.2%。

新茬地接种根瘤菌增产效果显著。微量元素钼能增强菜用大豆种子的呼吸强度，提高发芽势和发芽率。可用浓度为 1.5% 的钼酸铵水溶液拌种，每 100kg 种子需稀释液 3.3kg。还可与根瘤菌拌种同时进行。

（二）播种育苗

1. 直播　播种以穴播为主，其次是适合机械操作的条播。早熟品种穴距约 25cm，中熟品种约 30cm，晚熟品种 35～40cm，每穴播种 3～6 粒，盖土 3～4cm 厚，再盖一些焦泥灰或草木灰，既可保持土表疏松又可增加钾肥。条播者按行距开浅沟，沟底要平整，再按适宜的株距播种，每处一粒并盖土。早熟品种行距约 30cm，株距约 7cm；中熟品种行距 40cm，株距约 10cm；晚熟品种行距 40～50cm，株距约 12cm。每公顷播种量：穴播 45～60kg，条播 75～90kg。

2. 育苗　菜用大豆幼苗较耐低温，且留床日期短，可用塑料薄膜或草帘覆盖的简易冷床育苗。培育壮苗的要点：

（1）要用"二青籽"（夏播秋收的种子，也称"翻秋籽"），不可用"头青籽"（春播夏收的种子）。前者发芽势强，温度较低时仍能发芽良好；后者发芽势弱，温度低时易烂籽。

（2）床畦应较狭而高，床土不可过湿，播种前晒热。

（3）未腐熟的栏（圈）粪、堆肥、垃圾等不可施入床内。

（4）必须清除破伤的和有病斑的种子，播种要较稀而均匀，种子相互不接触，以防腐烂种子相互传染蔓延。

（5）播后用松土覆盖厚约 2cm，表面再撒一层黑色的砻糠灰，促使地温升高。

（6）夜间及雨天盖严苗床以防冻防雨，晴天揭开晒太阳。

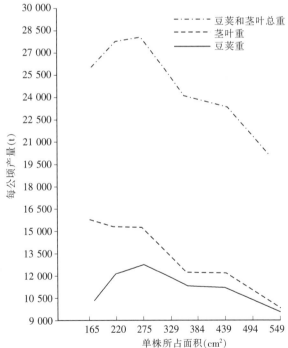

图 18-6　五月拔毛豆栽植密度与产量的关系
（赵荣琛，1956）

（7）出苗前不可浇水，以免烂籽。一般播种后 10 余 d 出苗。再经 10～15d 当幼苗第 1 对真叶变绿而尚未展开时为定植适期。育苗全过程 25～30d。每公顷播种量为 38～50kg，依栽植密度、种子大小及发芽率等因素而异。

（三）定植 幼苗第 1 复叶展开前能短时耐 −3～−2℃ 低温，因此可在断霜前数日定植到露地。栽植深度以子叶距地面约 1.5cm 为宜。栽植过浅，下胚轴露出地面过高，则受冷风吹袭，组织变僵硬，遇强风易折断，多雨时植株还易露根。栽植过深时，心叶易被泥沾污，妨碍生长，而且深处地温升高慢，不利发根。

定植时每穴两株苗，以防缺株，适合粗放栽培。同穴的两株苗应选大小一致，否则小苗易受大苗抑制，往往长不大，产量低。苗的高度不同，栽种时应采取平齐苗的顶端，入土深度可适当调节，以保持植株整齐，享有同等进行光合作用的条件。

采用双株穴植，穴间距离大而同一穴内的两颗植株紧密靠拢，会相互抑制产量。据杭州市以五月拔毛豆为材料的实验结果（赵荣琛，1956）：当单株营养面积为 545 cm² 时，以行距 30cm、穴距 30cm 为对照，与采用单株种植行距 30cm、株距 16.5cm 比较，比对照增产鲜豆荚 10%～12%。行距不变，株距缩小到 7.4cm，鲜荚产量比对照增加 41%～42%。采用行株距各 16.5cm 正方形排列，比对照增产 43%，三角形排列可比对照增产 44%。合理密植不仅产量增加，而且青豆粒的百粒重也增加。实验证明，早熟栽培五月拔毛豆，以单株营养面积为 275cm² 的产量最高（图 18-6）。植株分布愈均匀，利用光和肥、水的效果愈好，产量愈高。栽植密度要根据品种特性、土地肥力、管理水平和气候条件等因素确定，还应考虑操作方便。在植株高、分枝多，土质肥沃，肥、水供应好，气候适宜的情况下，应减少栽植株数。反之，需增加栽植株数。通常植株封行后田间的叶面积系数为 4～5 是菜用大豆合理密植的指标。

（四）田间管理

1. 间苗和补苗 直播齐苗后须尽早间苗，淘汰弱苗、病苗和杂苗。当子叶刚开展时即可进行间苗，一般一次完成。如地下害虫多时，应分两次间苗，在第 1 对单叶开展前结束进行第 2 次间苗。穴播的每穴留苗两株。条播的按计划留苗。因各种因素造成缺苗时，要尽早补苗。播种时宜在行间额外播一些种子作为后备苗。也可利用间出的好苗进行补苗，以保证田间生长整齐。育苗移栽的也应备有后备苗补栽。

2. 施肥 有机肥料有利植株的生长发育。氮肥和磷肥配合使用增产作用比单施氮肥大，铵态氮比硝态氮效果好（王连铮等，1980）。耕翻地时每公顷施入 10～15t 栏（圈）肥或堆肥作基肥。土壤过酸时，需施石灰，调节 pH6～7.5。播种前在播种穴或条沟中再施过磷酸钙或复合肥每公顷 225～300kg。

幼苗期根瘤菌少、固氮能力小，需要追施氮肥来促进根系生长和提早抽生分枝。

开花结荚期是植株吸收氮和磷等元素的高峰。贺振昌（1982）研究表明：结荚鼓粒期氮累积最快，仅生长 20d 每公顷累积的氮素相当于结荚期生长 71d 累积的总氮量。同样，磷在结荚期累积量增加显著，经回归分析，鼓粒期磷的累积量、结荚至鼓粒期磷的阶段累积量和产量呈直线相关，相关性显著，$r=0.619\,1$（$p=5\%$）。其追肥的重点提前于开花初期，每公顷施用复合肥 150kg 或速效氮肥 150～200kg。为了提高对磷的吸收，可用浓度为 2%～3% 的过磷酸钙浸出液喷洒叶面，每公顷每次用 750kg 左右，相隔 10d 喷 1 次，连续喷 2～3 次。另外，微量元素钼可提高菜用大豆叶片叶绿素含量，促进形成蛋白质和增强对磷的吸收。用浓度为 0.01%～0.05% 的钼酸铵水溶液喷洒叶面，可减少花、荚脱落，加速豆粒膨大，增加产量（李森等，1963）。

3. 中耕、除草、培土 中耕除草可增加土壤含氧量，促进根系发育和根瘤菌的活动。早熟栽培苗期中耕可使地温升高，增强根对磷的吸收。中耕结合培土，可促进不定根的生长，保护主茎和防止倒伏。江苏、浙江省菜用大豆早熟栽培正值梅雨期，结合清沟排水培土到畦面，可防止根群裸露。采用地膜栽培既可提高土壤温度，又可保护根系，免受雨水冲刷。

4. 灌溉和排水 菜用大豆植株枝叶蒸腾量大，每形成 1g 干物质需要吸收 600～1 000g 水。但在幼苗期宜保持较低的土壤湿度，以促进根系向土壤深层发展。早熟栽培更要控制土壤含水量，以利地温升高，促进生长。开花结荚期缺水会造成大量落花、落荚，应及时灌水。若花期水分过多，氮肥又多，植株易徒长，也会引起大量花、荚脱落，湿度过大还易发生霜霉病和菌核病等。鼓粒期缺水会增加秕粒和秕荚，降低豆粒的百粒重，若遇有干旱，必须灌水。采收干豆粒留种的，生长后期宜保持较干的土壤，促进种子老熟。

五、病虫害防治

（一）主要病害防治

1. 病毒病 由大豆花叶病毒（SMV）、CMV 及苜蓿花叶病毒（AMV）侵染引起。叶片出现花叶皱缩和泡状凸起，植株矮缩，结荚少而畸形，荚上无茸毛或极少茸毛，严重影响产量和品质。种子带毒和蚜虫及农事作业接触摩擦传播，是该病发生的基本途径。

2. 褐斑病 病原：*Septoria glycines*。又名斑枯病。生长期间均可发生，潮湿多雨年份较重，主要为害叶片。病斑为多角形或不规则形，棕褐色，叶正、背面均具轮纹，散生小黑点，严重时病斑汇合成片，叶片枯黄脱落，由植株茎部向上发展。

3. 灰斑病 病原：*Cercospora sojina*。又名斑点病、斑疹病、蛙眼病等。叶、茎、荚和种子均能受害，以叶片和种子受害最重。叶片上的病斑为圆形或不规则形，中央灰色，边缘呈红褐色，病、健部界面清晰，似蛙眼状。病斑上生灰色霉层，尤以叶背多而明显。茎部病斑与叶片相似，但色泽较深。种子上的病斑呈圆形或不规则形，边缘红褐色，中央灰色。多雨年份叶、荚受害较重，种子带菌率高。地势低洼、杂草多以及连作地块发病重。

4. 细菌性斑疹病 病原：*Xanthomonas campestris* pv. *phaseoli*。又名细菌性斑点病、叶烧病等。各个部位均可发生，主要为害叶片和果荚。叶片上初生黄绿色小斑点，后呈微小疱斑并逐渐隆起扩大，稍呈暗红色，周围有不明显的黄晕。严重时，叶片上密集的病斑汇合，组织坏死似火烧状。叶柄及茎上的病斑为褐色，长条状，有时几个病斑相连，形成不规则更长的条斑。荚上生褐色隆起的病斑。带病的种子为最主要的侵染源。植株开花期至收获前遇高温、多雨天气、连作、在低洼地块种植发病重。

5. 菌核病 病原：*Sclerotinia sclerotiorum*。又名白腐病，是一种土传病害。从幼苗到成株期均可发生。苗期染病首先发生于茎基部，初现浸润状淡绿色病斑，很快扩展，绕茎基部一周，湿度高其上生白色絮状菌丝体，严重时表皮破碎、倒伏而死。成株期发病，茎或茎基部病斑呈暗褐色浸润状，扩大后由深褐色变苍白色，表皮破裂成麻状，茎秆内及表面产生黑色鼠粪状的菌核。叶柄、分枝等处发病也生菌核，但极易脱落。病荚大多不能结实或种子腐败或干瘪，色苍白。阴雨连绵、田间湿度过大、过度密植最易发病，邻近向日葵地和连作豆地发病较重。

上述各种病害的综合防治方法：①选用无病种子或对种子进行药剂处理。②从无病毒种子田采种预防病毒病。③可用种子重量 0.3% 的 50% 福美双或 50% 多菌灵可湿性粉剂拌种。④根据田间病情，可用 50% 腐霉利可湿性粉剂 1 500 倍液等防治菌核病；70% 甲基硫菌灵或 50% 多菌灵可湿性粉剂各 600 倍液等防治灰斑病；75% 百菌清可湿性粉剂 600 倍液等防治褐斑病；苗期行间覆盖银灰色地膜避蚜，结合药剂灭蚜，控制病毒病。此外，应发挥农业措施的作用，如深耕和轮作，及时清理带病残株、落叶，减少病菌来源；中耕除草，排除田间积水能减轻病害的发生；增施磷钾肥，提高植株的抗病能力等。

（二）主要虫害防治

1. 大豆蚜（*Aphis glycines*） 喜群集植株顶部叶片为害并传播病毒病，造成茎叶卷缩，破坏生

理机能，结荚数减少、畸形。防治方法：①铲除田边杂草，减少越冬寄主，压低虫量与虫源；②覆盖银灰色地膜避蚜，药剂防治方法同豆蚜。

2. 豆荚螟（*Etiella zinckenella*） 又名豆荚斑螟。以幼虫蛀食荚内豆粒，是中国黄河、淮河流域及南方菜用大豆产区的主要害虫之一。在结荚期间，各代成虫盛发期或卵孵化期喷洒 20％灭幼脲 1 号悬浮剂 1 500 倍液，或用 5％氯氰菊酯乳油 1 500 倍液，或用 2.5％溴氟菊酯乳油 2 000 倍液喷洒。另外，在结荚期间灌水 1～2 次可以显著减轻为害；调整播种期，使开花结荚期避开成虫盛发期。

3. 豆秆黑潜蝇（*Melanagromyza sojae*） 是豆秆蝇中为害大豆的主要种类，以幼虫钻蛀茎秆和叶柄。幼苗受害轻则叶片发黄，植株矮小，重则造成大量枯心；成株期则破坏髓部和木质部，隧道内充满虫粪，影响养分输送，茎秆极易折断，分支和豆荚显著减少，形成大量秕荚。防治方法：在成虫盛发期用 40％乐果乳油 1 000 倍液，2.5％高效氟氯氰菊酯（保得）3 000 倍液等喷洒，以苗期防治为重点，视虫情一般每隔 5～7d 喷药 1 次。及时处理秸秆和根茬，减少越冬虫源。

4. 大豆造桥虫 俗名豆尺蠖、步曲虫，以幼虫虫体的伸屈前行，似拱形桥状，故称造桥虫。主要种类有 3 种：银纹夜蛾（*Argyrogramma agnata*）、大豆小夜蛾（*Ilattia octo*）和云纹夜蛾（*Mocis undata*）。以幼虫为害豆叶，轻则吃成缺刻或孔洞，重则吃光叶肉仅留叶脉，使其落花、落荚。3 种害虫在豆田内混合发生，昼伏夜出取食、交配、产卵，夜间 8∶00～10∶00 时活动最盛，对黑光灯趋性强，喜在植株茂密的豆田产卵，多散产在植株的上部叶片背面。幼虫 5 龄进入暴食阶段，黄河、淮河及长江流域一般 8 月上中旬为害严重。防治方法：①在初龄幼虫盛发期可用 Bt 可湿性粉剂（活芽孢 100 亿/g）900 倍液，或 25％灭幼脲 3 号悬浮剂 800 倍液，或 5％氟啶脲（抑太保）乳油 1 500 倍液，或 2.5％溴氰菊酯 2 000 倍液喷洒。②当虫量较多时，清晨用装有灰的簸箕，靠近豆株，用扫帚轻扫，使虫落入簸箕中，集中消灭。

5. 斜纹夜蛾（*Prodenia litura*） 杂食性害虫，幼虫食叶、花和嫩荚。卵块产在叶背，初孵幼虫群集取食，3 龄前仅食叶肉，残留叶表皮及叶脉，呈灰白膜状，4～6 龄多在夜晚活动暴食为害。喜高温、高湿，7～10 月是主要为害期。防治方法：采用黑光灯诱杀成虫，结合田间作业摘除卵块，还可用核型多角体病毒 800 倍液，或 1％阿维菌素乳油 2 500 倍液，或 10％虫螨腈（除尽）悬浮剂 1 500 倍液等防治。3 龄前幼虫点、片发生时挑治；4 龄后夜出活动，此时提倡傍晚前后喷施药液。

六、采收和留种

当豆荚鼓粒达 80％、荚色仍翠绿时为采收适期。提早采收，产量过低；延迟采收，游离氨基酸含量下降，品质变差。菜用大豆的总糖含量在开花后 35d 达较高水平，而游离氨基酸会随着鼓粒时间的推移而下降，故一般以开花后 33～38d 采收为最适。若要速冻加工，采收后应迅速置于 0℃下冷藏，可保持在 48h 内总糖含量不变、游离氨基酸含量下降较少。采后贮藏温度愈高，总糖和游离氨基酸含量下降愈明显。

留种用的老熟种子采收标准：茎叶枯黄，豆荚呈褐色，种子已干硬，摇动植株可听到荚内种子振动声，此时可整株拔起脱粒、过筛，充分晒干，贮藏在干燥低温处。

为了提高冷床育苗用的早菜用大豆种子在较低温度下的发芽势，成都、南京、杭州等地采用了"翻秋"留种法。如杭州春种的五月拔毛豆，在 7 月中下旬豆荚刚转黄而尚未干枯时采收，剥出种子，以行距约 30cm、株距约 10cm 立即单粒直播，10 月中旬采收干籽，俗称"秋籽"或"二青籽"。该种子在阳光充足的秋季发育成熟，采收后又在低温的冬季贮藏，种子充实而呼吸消耗少，故具有较强的发芽势，在 10℃左右低温下其发芽率仍可达 90％以上。春播夏收的干种子称为"头青籽"。其发育成熟过程正值梅雨期，采收后贮藏又经高温夏季，种子不仅不太充实且贮藏期呼吸消耗养分多，发芽势显著减弱。

由于连续翻秋留种，3～4 年后豆荚和种子逐渐变小，产量下降，种性退化。可在北方建立繁种基地，以解决这一问题。早、中熟品种在北方种植，生育期稍有延长，但种子质量和产量大有提高。在北方春大豆产区繁种，一般多于 4 月下旬到 5 月初播种，7 月上中旬开花，9 月中旬前后收获老熟种子。

（竺庆如）

第四节 豌 豆

豌豆为豆科（Leguminosae）豌豆属一年生或二年生攀缘草本植物。学名：*Pisum sativum* L.；别名：青斑豆、麻豆、青小豆、荷兰豆（软荚豌豆）、淮豆、留豆、金豆等。学者普遍认为豌豆起源于亚洲西部、地中海地区和埃塞俄比亚、小亚细亚西部、外高加索全部，伊朗和土库曼斯坦是其次生起源中心。豌豆的栽培历史与小麦、大麦一样悠久，至少在 6 000 年以上。中世纪以前，主要食用豌豆干种子。1660 年英国从荷兰引进菜用豌豆，以后菜用豌豆便逐渐发展起来。豌豆传入中国的具体时间不详，可能是在隋唐时期经古西域传入。也有学者认为中国最早在汉朝引入小粒豌豆。在秦汉间的字书《尔雅》（公元前 2 世纪）中所称"戎菽豆"，即豌豆。三国魏·张揖撰《广雅》（3 世纪前期）、宋·苏颂的《图经本草》（1061）载有豌豆植物学性状和用途。明·高濂著《遵生八笺》有寒豆芽（寒豆及豌豆）的制作方法及作菜用的记叙。19 世纪中期开始采食豌豆苗。

豌豆的嫩梢、嫩荚和籽粒均可食用，质嫩清香，富有营养，为人们所喜食。南方各省冬春把嫩梢作为汤食和炒食的主要鲜菜之一。嫩荚多用于炒食或汤食。嫩籽粒除用作炒食或汤食外，可与粮食混合作为主食，干豆粒还可油炸、煮烂作菜食或加工成酱。嫩荚、嫩籽粒还可作为速冻和制罐头原料。

一、生物学特性

（一）植物学特征

1. 根 豌豆具有豆科植物典型的直根系和根瘤菌。直根深入土中 1～2m，根部的根瘤菌多集中于土壤表层 1m 以内。播种前利用经培养的根瘤菌与种子拌种，能增加产量。

2. 茎 茎一般为圆形，中空而脆嫩。矮生种节间短，直立，高仅 20～60cm，大多数品种分枝性弱，一般仅从茎基部分生 2～3 侧枝。蔓生种节间长，缠绕，需立支架，高 1.5～3m，部分品种分枝性强，在茎基部和中部都能分生侧枝（子蔓），侧枝上还能再生侧枝（孙蔓），主侧枝均能开花结荚（图 18-7）。

3. 叶与托叶 叶互生，淡绿至浓绿色，或兼有紫色斑纹，具有蜡质或白粉。一般为羽状复叶，具有 1～3 对小叶，顶生小叶变为卷须，能缠卷。叶柄与茎相连处附生有大似叶状的托叶两片，包围茎部。

4. 花 主枝始花节位随品种而异，矮生种为第 3～5 节，蔓生种为第 10～12 节，高蔓种为第 17～21 节。始花后一般每节都

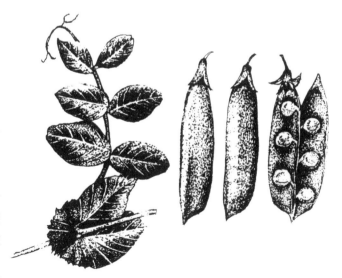

图 18-7 豌豆（上海小青荚）
（引自：《中国蔬菜品种志》，2001）

有花。花白色、粉红色或紫红色，单生或对生于叶腋处。蝶形花。子房仅 1 室，胚珠单行互生于二平行胎座上，柱头下端有毛，成为花柱之刷，花柱与子房垂直。花药呈袋状包被在龙骨瓣的尖端，花未开放前，药已开放，花开放时，龙骨瓣的尖端和柱头与花柱间均有花粉，能完全自花结实。

5. 果实与种子 荚果浅绿至深绿色，扁平长形，向腹部弯曲或稍直，先端钝或锐。荚长 5～11cm、宽 2～3cm，荚果有软、硬之分。软荚种的内果皮柔软可食，成熟后干缩而不开裂；硬荚种的内果皮有一层似羊皮纸状的透明革质膜，必须撕除后才可食用，故一般只食青豆粒，老熟后荚开裂。种子单行互生于腹缝两侧，依品种不同有种皮皱缩和光滑两种，种色有白、黄、绿、紫、黑数种。每荚的粒数依品种而异，少则 4～5 粒，多则 7～11 粒。

（二）对环境条件的要求

1. 温度 豌豆为半耐寒性蔬菜作物，种子在 4℃时，能缓慢地发芽，但出苗的时间长，出苗率低；在 16～18℃时，4～6d 出苗，出苗率可达 90% 以上；25℃时 3～5d 即可出苗，30℃以上出苗后成活率降低。幼苗期适应低温的能力最强，能耐-6℃的低温。个别品种幼苗短期感受-8～-7℃的低温，不致冻死。生育期适温为 12～16℃，开花期适温为 15～18℃，10℃以下易发生落花落荚。冬季栽培，特别是软荚类型，如在低温、风力大的地方种植，则落花、落荚更严重。荚果成熟期的适温为 18～20℃，温度超过 26℃时，虽能促进荚果早熟，但品质降低，产量减少。

2. 光照 豌豆属长日照作物，埃塞俄比亚豌豆等个别品种需短日照。多数品种的生育期在北方比南方短，南方品种北移都能提早开花结荚。因北方春播缩短了在南方越冬的幼苗期，故在北方早熟品种生育期为 65～75d，中熟品种为 75～100d，晚熟品种为 100～135d。

豌豆结荚期要求较强的光照和较长的日照，但又切忌较高的温度，需采取适宜的措施，以协调豌豆的生育要求与外界环境条件的矛盾。

3. 湿度 整个生育期都要求一定的空气湿度和土壤湿度。苗期能耐一定的干旱，有利根的生长。采食幼苗和嫩梢为主的栽培，土壤水分不足会大大降低品质和产量。开花期空气过分干燥会引起落花落荚。

豌豆种子发芽吸水膨胀所需的水分，圆粒光滑品种为种子自重的 100% 或多一些，皱粒品种为 150%～155%。土壤水分不足会大大延迟出苗期，但土壤水分过大，容易烂种、烂根，并引起病害。在荚豆生长期若遇高温干旱，则荚果纤维提早硬化而过早成熟，会降低品质和产量。

4. 土壤 豌豆对土壤的要求虽不严格，但疏松、含有机质较高的中性土壤较适宜，有利于出苗和根瘤的发育。土壤酸度低于 pH 5.5 时易发生病害和降低结荚率，一般以 pH6.0～7.2 为适宜。

5. 营养 豌豆虽有根瘤能固定土壤及空气中的氮素，但苗期仍需要一定的氮肥，氮、磷、钾的施用比例以 4：2：1 为适。在栽培中应注意施用磷肥和接种根瘤，以提高产量。

（三）生长发育特性
豌豆整个生育过程可分为出苗期、分枝期、孕蕾期、开花结荚期和灌浆成熟期。其中孕蕾期、开花期、结荚期较长，且孕蕾、开花、结荚同步进行。各生育期长短因品种、栽培条件、播种期等的不同而有差异。不同生育期有各自的特点，对环境条件的要求也各不相同。

1. 出苗期 从种子初生根伸长后，到上胚轴向上生长，胚芽突破种皮，露出土表以上 2cm 左右称出苗期，

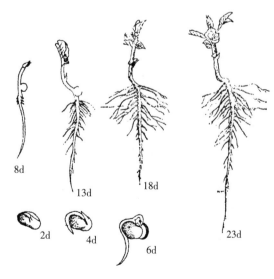

图 18-8 豌豆幼苗的形成过程

(蒋毓隆，1981)

一般需 7～21d。在南方秋播情况下短一些，北方春播时长一些。豌豆幼苗的形成过程见图 18-8。

2. 分枝期　豌豆一般在 3～5 片真叶期，分枝开始从基部节上发生。当生长到 2cm 长，有 2～3 片展开叶时算做 1 个分枝。豌豆分枝能否开花 结荚及开花结荚多少，主要取决于分枝长出的早晚及长势的强弱。另外还和品种、播期和栽培条件有关。早出现的分枝一般长势强，积累养分多，大多能开花结荚。

3. 孕蕾期　进入孕蕾期的特征是主茎顶端已经分化出花蕾，并为下面 2～3 片正在发育中的托叶及叶片所包裹，揭开这些叶片能明显看到正在发育中的花蕾。在北方春播条件下，出苗至开始现蕾需 30～50d，随品种的熟性不同而有长、短。孕蕾期是豌豆一生中生长最快、干物质形成和积累最多的时期，此期要通过水肥管理来协调生长与发育的关系，对生长不良的要促，对长势过旺的要改善其通风透光条件，减少落花落荚。

4. 开花结荚期　豌豆边开花边结荚，从始花到终花是豌豆生长发育的盛期，一般持续 30～45d。这期间，需要充足土壤水分、养分和光照，以保证叶片充分发挥其光合效应，多开花多结荚，减少落花落荚。

5. 灌浆成熟期　豌豆花朵凋谢以后，幼荚伸长加快，荚内种子灌浆的速度也加快。随着种子的发育，荚果也不断伸长加宽。花朵凋谢后约 14d 荚果达到最大长度。在这期间豌豆种子形成与发育决定着单荚成粒数和种子百粒重的高低。当 70％以上的荚果变黄、变干时，就达到了成熟期。

二、类型及品种

（一）类型　根据用途和荚的软硬区分，栽培豌豆有粮用豌豆 ［var. *arvense*（L.）Poir.］、菜用豌豆 ［var. *hortense* Poir.］、软荚豌豆 ［var. *macrocarpon* Ser.］ 3 个变种。根据植株的高矮每个变种可分为矮生种、半蔓生种和蔓生种 3 个类型；依种子的形状可分为光粒种和皱粒种；依种子的色泽可分为绿色种、黄色种、白色种、褐色种和紫色种等。按照食用部位分，有食荚（软荚）、食嫩梢和食鲜豆粒品种等。

（二）品种

1. 台中 11 号　1989 年福建省农业优良品种开发公司推广的台湾品种。蔓长 150～180cm，侧蔓少，节间长 5～9cm。叶绿色。主蔓第 13～15 节开始着生花序，花粉红色，双生或单生。荚形较平直，软荚，绿色，长 6.0～9.5cm，宽 1.6cm，单荚重 2.5～3.0g，纤维少，品质优良。主要用于鲜食和速冻出口。华北地区以春种为主，华南地区 7 月至 11 月上旬播种。较耐热，适应性广，但易感染白粉病。播种至初收 45～60d。

2. 改良奇珍 76 甜豌豆　美国品种，初在台湾地区种植。蔓生，蔓长 180～300cm，有侧蔓 2～3 条。叶长，深绿色。主蔓始花序着生在第 12～14 节，花白色，双生或单生。软荚，荚形肥厚，绿色，长 7.5～11.0cm，宽 1.2cm，厚 0.8cm，单荚重 7～10g，质脆嫩，纤维少，风味甜，品质优，生食、凉拌及炒食俱佳。北方地区以春播为主，华南地区 7 月中旬至 11 月上旬播种，播种至初收 55～75d，可延续采收 60～80d。

3. 食荚甜脆豌 1 号　四川省农业科学院作物研究所于 1998 年育成的矮生、软荚新品种。株高 70～75cm，生长势旺。叶色深绿。花白色。成熟种子种皮浅绿色，鲜豆粒百粒重 28.8g。嫩荚长 8cm 左右，最长可达 11cm，荚色翠绿，筒状，荚果壁肉厚，百荚重 850g，成熟荚黄白色。鲜荚（干基）含蛋白质 28.89％。嫩荚适口性好，清香、味甜。嫩荚既可鲜食，也可经速冻保鲜。较抗白粉病。

4. 草原 31 号　青海省农林科学院选育而成。株高 140～150cm，分枝少，苗期生长快。第 1 朵花着生于主蔓第 11～12 节，花白色。单株结荚 10 个左右，软荚，鲜荚长 14cm，荚宽 3cm。在西北、华北地区春播从出苗到成熟 100d 左右，南方秋冬播约 150d。中、早熟。适应性强，较抗根腐病、褐

斑病，中感白粉病。该品种对日照长短反映不敏感，全国大部分地区均可种植。

5. 大荚豌豆 又名荷兰豆，从国外引入，在广东省栽培多年。蔓生种。茎、叶粗大，株高200～220cm，托叶大，有紫红色斑块。第1花着生在主蔓第17～19节，紫红色。荚长13～14cm，宽3～4cm，淡紫色，荚面凸凹皱缩不平滑。以嫩荚和鲜豆粒供菜用，爽脆、清甜。荚、粒纤维少，品质极佳。

6. 美国手牌豆苗 由美国引进。矮生，分枝力强，株高15～20cm。具10～12节时开始摘收嫩梢上市，节间长3～5cm。叶长16～22cm，叶片宽厚，深绿色。广东播种期9月至翌年2月，适播期10～12月，播种后约22d可采收嫩梢，可延续采收100～120d。嫩梢叶片宽厚，纤维少，品质优。

7. 黑目豆苗 台湾省种植品种，叶用类型。蔓生，分枝多，花白色，叶片肥大，深绿色。广东省播种期与手牌豆苗相似，播种后约25d可采收嫩梢，可延续采收100～120d。嫩梢叶片宽厚，品质中等，抗病性强。种子白色，种脐黑色。

8. 上海豌豆尖 上海市地方品种。植株蔓生，分枝多，匍匐生长。叶大而繁茂，叶片长4cm，宽3cm，浅绿色。花浅黄、紫红和白色。硬荚。成熟种子黄白色，圆形，光滑，籽粒小。春播从播种到采收嫩梢60～65d，秋播45～50d。嫩梢质地柔软，味甜而清香，品质佳。

9. 无须豆尖1号豌豆 四川省农业科学院用4个品种经复合杂交育成。株高130cm左右。茎叶粗壮，顶端无卷须，小叶多，叶片厚，绿色。白花，硬荚，直型。在四川省一般10月播种，11月上旬开始采收嫩梢，直到翌年4月上旬。嫩梢色泽嫩绿，质地柔软，纤维少，味香甜。该品种生长速度快，是生产嫩梢的专用品种。较耐白粉病和菌核病。

10. 灰豌豆 陕西省地方品种。山西、内蒙古、青海、宁夏等省、自治区分布较多，是适合生产豌豆苗的专用品种。植株矮生，直立。种子圆形，灰绿色，表面略粗糙，上有褐色花斑，百粒重14g左右。对温度的适应性广，在20～25℃条件下发芽快。播前浸种，播后2d即可出齐苗，幼苗长势壮，不易烂种。嫩苗质脆，品质佳。

11. 小青荚 产于上海市。半蔓性，高100cm，分枝3～6个。第1花出现在主蔓第10～14节，花白色。嫩荚长6cm，宽1.5cm，绿色。每荚中有种子4～7粒，种子小，干后呈黄白色，表面光滑，品质好。鲜粒供菜用，主要作速冻和罐藏。

12. 久留米丰（85-67）**豌豆** 中国农业科学院蔬菜花卉研究所于1984年从日本引进品种中选出的矮生、早熟品种。株高40cm左右，主茎12～14节，分枝2～3个。白花，硬荚。单株结荚5～7个，单荚粒数5～7粒。鲜豆粒百粒重20g左右，深绿色，味甜，适宜速冻加工。

13. 草原7号豌豆 青海省农林科学院育成。株高50～70cm，直立，茎节短，分枝少。叶色深绿。白花，硬荚。单株结荚7～8个，单荚粒数5～7粒。鲜豆粒百粒重19～23g。北方春播生育期90～100d，南方冬播150～160d。该品种对短日照不敏感，生长速度均匀，株形紧凑，抗倒伏。耐根腐病，轻感白粉病，适应性广。鲜豆含糖分较高，品质好。

三、栽培季节和方式

豌豆在中国南方地区大多秋播冬收，少数冬种春收。成都市郊有夏秋播种，冬季收获的栽培。在华北地区大多春播夏收，也可夏播秋收。在东北和西北地区，仅能春夏播种夏秋收获，一年只能栽培一茬。北方地区在塑料大棚和日光温室内，均可进行春提前和秋延后栽培，主要采收嫩荚供应市场。

豌豆最忌连作，一般须经8年再种，至少亦须1～2年的轮作。因为连作容易积存根系的酸类物质，使土壤变酸而发生病害。豌豆还可与蔬菜或粮食作物间作。南方各省大多作为水稻的前后作，进行水、旱轮作。北方最适于在畦埂或与茄果类、瓜类间作，特别适宜与玉米等高秆作物间作，如太谷豌豆与玉米间作时，每公顷能收豆荚7 500～9 000kg或干豆粒2 250kg，玉米仍能保持6 000～7 500kg。

四、栽培技术

（一）播种期选择　中国北方栽培以春种为主，土壤解冻后即可播种，可采用地膜覆盖，提早播种，种子出土后揭去地膜。广东省等平原地区栽培，一般在9月下旬至11月中旬播种。夏季山区反季节栽培应提前至8月初播种，最迟于8月底。软荚豌豆耐热性较强，可比甜豌豆（豆荚筒状的软荚豌豆）提前种植。若海拔高度在600m以上则可于7月中旬开始播种。早播早收，价值高，也可避过山区的雪害，并有较长的采收时间，以利获得较高产量。

（二）整地作畦　北方多用平畦，南方一般采用高畦，畦宽连沟1.1～1.2m，单行种植。畦取南北延长，以利通风。整地前施足基肥，每公顷施腐熟灰粪肥22 500～30 000kg，过磷酸钙750kg，两者经充分混均堆沤数天后均匀施于土壤中。南方秋播较早时，由于温度高，应避免将基肥施于播种沟中接触种子，以免引起烂种或根腐病发生。

台湾有采用稻田不整地种植法，即在水稻收获后不犁耙作畦，而直接播种。此方法可省劳力。但要选择离水源较近田块，且必须在11月初之前播种。雨水较多季节不宜采用。

（三）种子低温春化处理　豌豆在低温、长日照条件下迅速发育，开花结荚。播种前进行种子低温处理，可促进花芽分化，降低花序着生节位，提早开花和采收，并增加产量。具体方法：先进行浸种催芽，待种子开始萌动、胚芽露出后进行0～5℃低温处理10～12d。

（四）播种　软荚豌豆可用当年或隔年种子。隔年种子经贮藏，营养生长较当年种弱，一般不易发生徒长，并能较早开花结荚。当年种子营养生长较旺盛，易发生徒长，要适当控制肥水。甜豌豆则一定要采用发芽率、发芽势高的当年种子，陈旧的甜豌豆种子长势差，易发生死苗。播种前可用根瘤菌拌种，促使根瘤增加，茎叶生长良好，结荚多，产量高。通常每公顷用根瘤菌150～255g，加水少许与种子拌匀后播种。每公顷播种量，北方栽培矮生种225～300kg，蔓生种113～150kg；南方37.5～45kg。夏季早播温度高，用种量稍多。单行种植，以利通风。播种方法：北方一般以25～30cm的行距进行条播，蔓生种则以8～10cm株距进行点播，每穴播种子2～3粒。覆土厚度为3～4cm。南方栽培采用条播，株距3～4cm。采食嫩梢的豌豆应采取密植栽培，每公顷需种子150～180kg。播后浇足水。出芽前，应控制水分，以防过湿引起种子腐烂。南方夏季早播温度高，苗期应进行适当遮荫。为防止杂草滋生，可在播种盖土后每公顷用都尔或拉索1 500ml加水750kg将畦面均匀喷湿。

（五）施肥　豌豆由于本身有根瘤菌可固定空气中的氮，生长期间氮肥供应要适当控制，防止徒长。但幼苗时期根瘤菌尚未形成，应酌量追施氮肥，以促进植株分枝，增加花数，提高结荚率。采收嫩梢栽培，应增施氮肥，促使茎叶繁茂，提高产量。磷肥对促进豌豆根系和茎蔓生长、增加结荚、提高产量都有作用。施用磷肥时，与农家有机肥料混合使用，效果更好。

幼苗期可薄施尿素2～3次，用尿素100g对20kg水淋施。开花结荚期要施重肥，每隔10～15d用腐熟农家有机液肥或复合肥、草木灰、氯化钾追施，并结合培土。另外，同时可喷施0.2%的磷酸二氢钾或0.2%的绿旺钾进行根外追肥，可使荚油绿、美观。

（六）水分管理　豌豆生长期间灌排水非常重要，缺水时肥效降低，发育缓慢，产量及品质下降。土壤过湿时影响生育，易引发病害。雨天应注意排水，勿使畦沟积水。结荚期土壤以稍干为宜。

（七）中耕除草　一般在苗高7～15cm时即可开始搭架，并结合进行中耕、除草和培土，高温期或植株太大时则不宜中耕，以防伤根。

（八）引蔓　除采收嫩梢栽培或矮生品种外，蔓生种需设立支架引蔓。当苗高约30cm、未开花时要插好支架，支架高度以2.8m以上为宜。由于软荚豌豆攀缘能力差，故必须用稻草或塑料绳辅助攀缘并将其固定于竹架上，约每30cm高固定一次。人工辅助引蔓时要注意蔓权分布均匀，以利通风和

采收。台湾省栽培多采用渔丝网引蔓，可减少人工。

五、病虫害防治

（一）主要病害防治

1. 豌豆白粉病 病原：*Erysiphe pisi*。主要为害叶、茎蔓和荚，多始于叶片。叶面初期有白粉状淡黄色小点，后扩大呈不规则形粉斑，互相连合，病部表面被白粉覆盖，叶背呈褐色或紫色斑块。病情扩展后波及全叶，致叶片迅速枯黄。茎、荚染病也出现小粉斑，严重时布满茎荚，致茎部枯黄，嫩荚干缩，后期病部出现小黑点。该病主要为害生长后期的秋植豌豆和冬种豌豆。在昼暖、夜凉以及多露水的环境下发生最盛；在土壤水分过多或长时间干旱、营养不良、生长衰弱或引蔓不及时、茎蔓互相倒压造成荫蔽或种植太密、不通风等多种不良栽培条件下也易发生。防治方法：①选用抗病品种，一般紫花、小荚类型较抗病，加强栽培管理；②在豌豆第 1 次开花或病害始发期喷洒 50％多硫悬浮剂 600 倍液，或 50％混杀硫悬浮剂 500 倍液，或 15％三唑酮（粉秀灵）乳油 1 000 倍液，或 40％氟硅唑（福星）乳油 8 000 倍液等，每 7d 喷 1 次，连续 3～4 次。

2. 豌豆芽枯病 病原：*Choanephora cucurbitarum* 和 *C. mandshurica*，又称湿腐病、烂头病。主要为害植株上部 2～5cm 嫩梢，在高湿或结露条件下呈湿腐状，致茎部折曲；干燥或阳光充足时，腐烂病位倒挂在茎顶。嫩荚染病始于下端蒂部，病部稍凹陷，呈湿腐状。病部周围生灰白色霉层。近年来该病在中国南方发生渐多，在高温、高湿条件下，尤其夏季雨后发生严重。防治方法：①夏季播种应选择海拔较高的地方，种植不能太密，注意通风，收获完及时烧毁秸秆和根茬；②雨前雨后及时喷药，先剪除发病嫩梢，用 75％百菌清可湿性粉剂 600 倍液，50％苯菌灵可湿性粉剂 1 500 倍液，或 50％异菌脲（扑海因）可湿性粉剂 1 500 倍液喷洒。

3. 豌豆根腐病 是最具毁灭性的土传病害，由豌豆丝囊霉（*Aphanomyces euteiches*）、茄镰孢菌豌豆专化型（*Fusarium solani* f. sp. *pisi*）和尖镰孢菌豌豆专化型（*F. oxysporum* f. sp. *pici*）等 8 种病原真菌复合侵染所致。苗期和成株期均可染病，症状类型复杂，主要侵染根和地下茎基部，病部变褐色至黑色，皮层组织变软腐烂，多呈糟朽状，维管束变褐色，植株长势衰弱，叶片自下而上变黄，荚和籽粒均少，严重时植株开花后大量枯死。发病的最适温度为 16℃，温度高发病快；气候温、凉和土壤潮湿的春季及温暖而降雨少的夏季发病最严重。豌豆常年连作，造成该病流行。防治方法：①重病田应改作其他作物，轻病田应实行 4 年以上轮作，改善土壤耕作条件。青海省农林科学院育成较抗病的草原 31 号、耐病的草原 7 号等新品种可供选用；②高温期播种要避免种子与基肥接触；③苗期发病初期可用 70％敌克松可湿性粉剂 800 倍液，或 50％多菌灵可溶性粉剂 600 倍液及绿亨 1 号 3 000 倍液等淋根。

（二）主要虫害防治

1. 豆秆黑潜蝇（*Melanagromyza sojae*） 以幼虫钻蛀为害，造成茎秆中空，轻者植株矮化，重者茎被蛀空、落叶，以至死亡。南方一般在 7～10 月为害严重。防治方法：①应及时处理作物秸秆和根茬，减少越冬虫源；②化学防治应以保苗为重点，每千克干种子用 5％氟虫腈（锐劲特）悬浮种衣剂 15～20ml 拌种，结合生长期喷雾防治。如果未用药剂拌种，应在出苗后即喷药，一般每隔 3～6d 喷施 1 次；成虫盛发期施药 2 次，间隔 6～7d，药剂种类同菜用大豆。

2. 豌豆潜叶蝇（*Chromatomyia horticola*） 又名豌豆彩潜蝇。在温暖、干旱的天气条件下，为害春播豌豆甚烈。幼虫潜叶，蛀食叶肉留下表皮，形成蛇形弯曲隧道并相互交错，严重时植株中、下部叶片呈黄白色，甚至干枯，果荚亦受其害。防治方法：①在成虫产卵盛期可用 20％斑潜净微乳剂 1 500～2 000 倍液喷雾，或 10％灭蝇胺悬浮剂 800 倍液，或 90％敌百虫晶体 1 000 倍液，或 20％氰戊菊酯乳油 2 000 倍液喷雾，注意使叶片充分湿润，每隔 10d 喷 1 次，连喷 2～3 次，对幼虫、蛹有较好的防治效果。也可用敌百虫诱杀剂防治成虫。豌豆收获后，及时清洁田园。

3. 豌豆象（*Bruchus pisorum*）　年发生一代，春、秋播区均普遍发生，可随种子调运而传播。春季成虫取食叶片、花瓣和花粉，春末和夏季以幼虫蛀害豆荚取食籽粒，严重影响产量、品质和种子发芽率。防治方法：①豌豆种子收获后择晴天将种子暴晒 1~2d，种子含水量达 13％以下时趁热装在囤内，利用高温密闭 15~20d，杀死豆粒里的幼虫；②用篮子盛种子在沸水中浸泡 25s 取出，立即在冷水中浸 2~3s，摊晒后储存；③在仓库内按 200kg 种子用 56％磷化铝 3.3g 密闭熏蒸 3d，再晒 4d 后贮存；④在成虫越冬虫量大的秋播地区，需在豌豆开花、越冬成虫产卵前，于田间喷施 50％马拉硫磷乳油或 90％晶体敌百虫各 1 000 倍液，也可用 40％二嗪农乳油 1 500 倍液，或 2.5％溴氰菊酯乳油 5 000 倍液防治。

六、采收及留种

豌豆豆荚在花谢后 8~10d 便停止生长，低温情况下时间稍长，到豆荚生长将近停止时，种子才开始发育，一般软荚种宜稍早采。供鲜食或出口的软荚豌豆的规格要求是：豆荚鲜嫩，青绿，形端正，豆荚薄不露仁（甜豌豆的采收标准是豆荚要饱满但不能太厚），枝梗长不超过 1cm，无卷曲。盛收期处于高温，必须坚持每天及时采收。硬荚种以食鲜籽粒为主者，宜在开花后 15~18d 采收。

采收嫩梢的，应在播种后 20~25d 及时采收，以便使植株产生较多的分枝。采收时，一般采摘上部嫩梢及 1、2 片尚未张开的嫩叶，选择早晨或傍晚采摘，避免嫩梢受阳光照射而失水。

豌豆的留种要选择植株健壮、无病虫为害的地块作留种田，并除去杂株。采种时北方处在 6 月，南方则以干燥冷凉的秋冬季为最适宜。当硬荚种的荚果达到老熟、外皮黄色或软荚种呈皱缩的干荚时采收。采收后晒干、脱粒，然后筛选，留存大而饱满的种粒。筛选后宜再晒一次，然后测定种子含水量，一般以降到 13％以下为适度。

（陈汉才）

第五节　蚕　　豆

蚕豆为豆科（Leguminosae）野豌豆属结荚果的栽培种，一二年生草本植物。学名：*Vicia faba* L.；别名：胡豆、佛豆、寒豆、罗汉豆等。蚕豆是人类栽培最古老的食用豆类作物之一。近期的研究认为蚕豆起源中心在近东地区。世界各洲均有生产和分布。三国魏·张揖撰《广雅》（3 世纪前）中有胡豆一词。明·李时珍撰《本草纲目》（公元 1578）中记："太平御览云，张骞使外国得胡豆种归，今蜀人呼此豆为蚕豆"。若此说可靠，则蚕豆传入中国的时间已有 2 100 多年。中国蚕豆分秋播和春播两种生态型。秋播蚕豆主要分布在云南、四川、湖北、湖南、江苏、浙江、安徽等省；春播蚕豆面积不大，主要分布在甘肃、青海、内蒙古、西藏等地。

蚕豆种子含有丰富的蛋白质（20％~40％，高达 42％），是植物蛋白的重要来源之一。嫩、老豆粒和嫩荚均可供蔬菜食用。蚕豆淀粉、蛋白质可用工业化生产方法提取，是食品、化工、医药的重要原料。

一、生物学特性

（一）植物学特征　根系为圆锥形，主根粗大，入土深度可达 1m 以上。根瘤形成早，四叶时，主根上开始出现小突起。茎为草质茎，外表光滑、无毛，四棱形，中空，直立生长，有绿色和紫红色两种。分枝性强，一般有 3~6 个，多的可达 10 个以上分枝。第 1、2 片真叶为单叶互生，第 3 片真

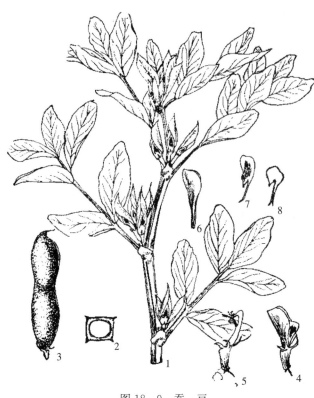

图18-9 蚕豆
1. 枝的一部分 2. 茎的横切 3. 果类 4. 花
5. 花萼及雄、雌蕊 6. 旗瓣 7. 翼瓣 8. 龙骨瓣
（四川农学院，1981）

叶以上有2～8片小叶组成的偶数羽状复叶。花为短总状花序，着生于叶腋间，蝶形花，花朵聚生成花簇。每簇有花2～9朵，多为4～7朵，落花很多，能结荚的只有1～2朵。花色有白、紫、紫红、浅紫、紫褐色等，是鉴别不同品种的特征之一。果实为荚果，全株一般结荚10～30个，每荚有种子2～4粒，最多的6～7粒（图18-9）。籽粒色泽因品种而异，分青绿、灰白、肉红、褐色、紫色、绿色、乳白等色。种子的发芽率在一般室内条件下可保持2～3年，最长可达6～7年。

（二）对环境条件的要求

1. 温度　蚕豆性喜温凉，不耐暑热，耐寒力比大麦、小麦和豌豆弱，不同生育阶段对温度的要求和抗低温能力有所不同，花荚形成期尤其不耐低温。发芽最低温度为3～4℃，适温为16～25℃，25℃以上的高温发芽率显著降低。出苗适温为9～12℃，幼苗能耐短期－4℃的低温，达－6℃时死亡。花芽分化时若遇高温，尤其是高夜温，则开花节位上升。花蕾对低温的反应较迟钝，－1℃时受害。0℃低温下花粉能维持授粉能力1～2h。开花期最适温度为16～20℃，超过27℃时授粉不良。结荚期

最适温度为16～22℃，这时对低温反应敏感，10℃以下花朵开放少，13℃以上增多。不耐高温，遇32℃以上温度时，生理作用受到抑制，造成高温逼熟，直到枯死。

据研究报道，无论是海拔或纬度的高低，凡1月份平均气温低于0℃和7月份平均气温高于20℃的地方，不适宜蚕豆种植。长江流域和西南、华南一带冬季温暖地区可行秋播。甘肃、青海、内蒙古、河北等地区，因冬季严寒，只能在融雪后进行春播。

2. 光照　蚕豆是喜光的长日照作物，叶片、花簇有向阳习性。南种北引，生育期缩短；北种南引，生育期延长。也有对光周期反应不敏感的中间类型。研究表明：在8h、16h、24h的3种日照下，其开花期无甚差异，但16h、24h日照比8h短日照成熟期提早，籽粒数增多，重量约高出1倍。蚕豆光合生产率有两个高峰期：一是在开花结荚期，二是在鼓粒灌浆期。若植株密度过大，植株间遮光严重，会导致大量花、荚脱落。

3. 水分　蚕豆生长要求土壤湿润，不耐旱涝。开花结荚期是蚕豆需水的临界期，这时土壤水分不足（土壤湿度10％以下）或遭受干旱（空气湿度54％以下），易造成授粉不良或授粉后败育，并导致大量花荚脱落而减产，需适时进行灌溉。雨水过多和排水不良的地块，容易发生立枯病、锈病、赤斑病和褐斑病，并使根瘤减少。为此，必须及时开沟排水。

4. 土壤　对土壤条件的要求不太严格。但以土层深厚、保水保肥能力强、富含有机质的黏土、粉沙土或重壤土为最好。土壤pH以6.2～7.5最为适宜，pH5.5以下的酸性土壤则会使植株发育不良，甚至死亡。因此，在酸性土壤中需增施石灰中和酸性。蚕豆有根瘤菌固氮，可少施或不施氮肥。磷肥对有效分枝的增多、籽粒发育、产量的提高有较大的作用。据福建省农业科学院试验（1993），施磷肥可增产14％～17％。生育后期茎、叶、荚对钾的吸收量均较高。钙、钼、硼、镁对蚕豆生育

也有良好作用，钼和硼能促进根瘤菌发育。

（三）生长发育特性　蚕豆从播种到成熟，可分为出苗期、分枝期、现蕾期、开花期、结荚期和成熟期6个生长发育期。各生育期所需天数因品种、生长发育条件及播种期的不同而有差异。不同生育期有不同的生育特点，因而对生育条件也有不同的要求。

1. 出苗期　蚕豆的种粒大，吸水较难，发芽时需水多，所以这个时期比其他豆类长，一般为8～14d。在土壤湿度适中时，温度高低是影响出苗天数的关键。蚕豆种子发芽，首先下胚轴的根原分生组织发育成初生根，突破种皮深入土中，成为主根。初生根伸出以后，胚芽突破种皮，上胚轴向上生长，长出茎、叶。其子叶不出土。

2. 分枝期　蚕豆一般在长出2.5～3片复叶时发生分枝。在南方秋播的情况下，日平均温度在12℃以上时出苗到分枝需8～12d。发生分枝的迟早受温度的影响最大。在江苏、浙江一带，11月底进入分枝盛期，12月下旬达到高峰，翌年3月开始自然衰老。在秋播的条件下，早出生的分枝长势强，积累的营养多，大多能开花结荚，成为有效分枝；春后发生的分枝营养不良，生长弱，一般不能开花结荚。

3. 现蕾期　蚕豆现蕾是指主茎顶端已分化出花蕾，并为2～3片叶所遮盖，揭开心叶即可明显看到。在云南省适时播种条件下，出苗至现蕾需40～45d，江苏和浙江一带需35～40d。蚕豆现蕾时的植株高度因品种和播种期迟早、栽培条件的不同而有差异。现蕾时植株高度对产量的影响很大，过高造成荫蔽，花荚脱落多，甚至引起后期倒伏；植株过矮就现蕾，则形不成丰产的营养生长量，不易获得高产。据江苏省的经验，现蕾时蚕豆营养生长应达到：春分前后自然高度25cm左右，早期分枝茎粗0.7cm，普遍开始开花，茎秆粗壮挺直。

4. 开花、结荚期　蚕豆开花结荚并进，其开花期可达50～60d，从始花到豆荚出现是蚕豆生长发育最旺盛的时期。此期需要土壤水分和营养、光照条件好，有良好的群体结构，还需要防止受霜冻危害，才能促进多开花、成荚多，落花、落荚少。

5. 鼓粒成熟期　蚕豆花朵凋谢后，幼荚开始伸长，荚内种子开始发育，荚果向宽厚增大，籽粒逐渐鼓起。这一种子的充实过程即为鼓粒期。这个时期发育是否正常，将决定籽粒数和百粒重大小。所以水肥条件的好坏同样非常重要。当下部荚果变黑，上部豆荚呈黑绿色，叶片变枯黄时，即达到成熟期。长江下游地区成熟期一般在5月下旬到6月上旬。如以采收鲜嫩豆粒作菜用，则宜在籽粒饱满、荚果为绿色时采收，但也不十分严格，因为嫩豆粒可炒食，老熟或干豆粒可供煮食。

秋播蚕豆主茎生长细弱，长到一定程度时即停止生长、自然枯死，故主茎并不结荚，完全依靠分枝结荚构成产量。春播蚕豆则靠主茎及分枝结荚构成产量。蚕豆落花、落荚十分严重。据资料，一般蚕豆的落花率＞落荚率＞落蕾率，三者的平均脱落率为75.9%、53.1%和26.9%，总脱落率达90%左右。同一株的不同部位花、荚脱落程度不同，分别为顶部＞中部＞下部。因此，在蚕豆生产上减少落花、落荚数，提高结荚率，尤其是减少中下部的花、荚脱落率，是栽培管理上的主要目标之一。

二、类型及品种

（一）类型　按蚕豆籽粒大小分为大粒种、中粒种和小粒种3个变种。

1. 大粒种（*Vicia faba* L. var. *major*）　种子宽而扁，长1.9～3.5cm，百粒重120g以上。需水肥较多，耐湿性较差，成熟晚，种植范围窄，限于旱地栽培。这类品种粒大、质佳，商品价值高，宜作粮食和蔬菜。

2. 中粒种（*Vicia faba* L. var. *equina*）　这类品种的籽粒和茎叶产量较高，宜作粮食或用于食品

加工。

3. 小粒种（*Vicia faba* L. var. *minor*）　这类品种籽粒和茎叶产量均较高，用作畜禽饲料或绿肥作物。

（二）品种

1. 慈溪大白蚕　浙江省秋蚕豆地方品种。株高 120cm 左右，单株有分枝 3～4 个。花紫色，单株结荚数 10～16 个，种子百粒重 120g 左右，属大粒阔薄型。种皮乳白色，黑脐蛋白质含量 29.5%，品质好。耐肥力较强，耐湿性较弱。是粮、菜兼用的优良品种。

2. 襄阳大脚板　湖北省秋蚕豆地方品种。株高 115cm 左右，分枝 5～7 个。种皮黄白色，脐有黄、白两种，每荚有种子 2～3 粒，种子百粒重 89.1g。全生育期 210d。宜作菜用，兼作绿肥用。

3. 阿坝大金白　春蚕豆品种，原产四川省阿坝州金川县。株高约 110cm，单株有效分枝 1～2 个。花浅紫色。单株荚数 5～11 个，每荚有种子 1～2 粒。种子中厚型，种皮乳白色，脐黑色，中粒种，百粒重 100～110g。全生育期 173d，中熟。适应性和抗逆性较强。

4. 启豆 1 号　江苏省启东县农业良种繁殖场于 1971 年育成。秋蚕豆品种。株高 100～110cm，分枝性强，茎秆粗壮，株形较松散，每分枝结荚 4 个左右，每荚有种子 2～4 粒。种皮绿色，脐黑色，中粒种，种子百粒重 90g 左右。高抗锈病，耐赤斑病。生育期 220d 左右。

5. 成胡 10 号　四川省农业科学院育成。秋蚕豆品种。株高 120cm 左右，分枝力强，生长势旺，有效分枝 3～4 个，单株结荚数 15～20 个，每荚有种子 2～3 粒。中粒种。种皮浅绿色，脐黑色，百粒重 80～90g。食味好。耐赤斑病。生育期 190d 左右，中熟。

三、栽培季节和方式

按不同地理条件可进行秋季和春季栽培。南方秋播地区长江下游以 10 月中旬播种为宜，长江中游以南地区以 10 月下旬为宜，次年 5 月或 6 月初成熟。北方春播地区一般在 3 月上旬至 4 月中旬播种，8 月中旬至 9 月成熟。云南省因具有不同海拔高度而形成不同的气候带，可以分期播种，基本实现周年播种和供应。

种植方式为露地栽培。浙江省慈溪保护地栽培试验表明，由于温度、光照达不到蚕豆各生育阶段所需的指标，易导致植株徒长，蕾、花、荚脱落严重，结荚率很低。

蚕豆忌连作，宜轮作，需间隔 3 年以上，水稻田也需间隔 1 年。除单作外，可与小麦、油菜、马铃薯等作物间、套作，或利用幼龄果园、桑园空隙地间作，可充分利用土地和提高地力。

四、栽培技术

（一）选用良种　根据蚕豆对生态条件要求较严，适应性较窄的特点，需因地制宜选用良种。南方稻区土质黏重、湿度大，宜选用耐湿性强的中粒品种。东南沿海地区土壤肥水条件好，碱性重，可选用耐碱性强的大粒品种。土壤瘠薄、肥力差的丘陵山区应选用耐贫瘠的小粒品种，而西北干旱的春播区则应选用耐旱性强的大粒春播品种。播种前需晒种 1～2d，可提高发芽势和发芽率，达到出苗快、齐、壮的目的。

蚕豆对生态环境要求较严，引种时要注意纬度或海拔高度。高纬度、高海拔地区的品种引向低纬度、低海拔地区种植，生育期比原产地延长，生产季节内难以结荚成熟；反之则生育期缩短，虽能正常开花、结荚、成熟，但产量较低。此外，北豆南引也会造成不结实的后果，需引起注意。

（二）整地作畦　由于蚕豆根系发达，播种前需深翻土地。若种植地保水力差，可作平畦；黏质土可作成狭高畦，每畦播种一行；在排水良好之地，可作成连沟宽 1.3m 的高畦，播种数行。行株距视种子大小而异，一般大粒型种子的行距为 50cm 左右，株距 27cm 左右；中小粒型种子的行距为 26cm 左右，株距 16～20cm。

（三）播种　南方秋播地区 10 月上旬至 11 月上旬为最佳播种期。当 10 月份平均气温在 15～18℃时最适宜蚕豆发芽出苗。播种过早，因气温高，幼苗易徒长，越冬时易受冻；播种过迟，因气温低，出苗时间延长，且不整齐，冬前分枝少，生长瘦弱，成熟期推迟，百粒重低，产量不高。北方春播地区，一般在 3 月上旬至 4 月中旬播种为宜。但要力争早播，当地气温回升并稳定在 4～5℃时，即可播种。早播者，则种子发芽后处于较低温度条件下，主茎生长缓慢，基部节间短，结荚部位低。若推迟播种，发芽后处于较高温度，主茎生长加快，节间长，易倒伏，导致减产。播种量应根据种子大小、植株分枝习性、土壤肥瘠、种植方式等来决定，一般每公顷用种量为 120～300kg。

（四）施肥　蚕豆需肥料较多。据分析，生产 100kg 籽粒需吸收氮 6.7～7.8kg、磷 2.0～3.4kg、钾 5.0～8.8kg、钙 3.9kg 及适量微量元素。综合主产区高产施肥技术：施足基肥，每公顷施农家肥 11 250kg，磷肥 300～375kg；生长差的地块补肥促发，每公顷施磷肥 75kg、尿素 37.5kg；在开花结荚期（当 10％植株开花时）每公顷施复合肥料 75～150kg；鼓粒期追施根外肥，叶面喷洒浓度为 0.05％的硼砂溶液或钼酸铵溶液，可延长功能叶的寿命，以利饱粒增重。

（五）田间管理

1. 查苗补苗　出苗后要及早查苗补苗，利用同期播种的预备苗或从苗密处挖苗补苗。生长期间需要多次中耕除草，并进行培土。蚕豆地的杂草以禾本科杂草为主，可在播种后出苗之前，喷施除草剂，每公顷用药量 25％敌草净 3kg，或 25％的东麦隆 4.5kg，或 20％的草枯醚 7.5kg、50％特瑞多 3kg 等。

2. 灌溉与排水　蚕豆既怕旱、又怕涝。据云南省气象局的蚕豆需水量试验，其全生育期内的耗水量为 3 327.0m³/hm²，耗水最多时为盛花期，达 684.0m³/hm²。通过灌水保持土壤含水量在 30％～40％。春播蚕豆区和云南省等秋播蚕豆区冬春易干旱，均需及时灌水，一般以沟灌为宜，速灌速排，防止漫灌和渍水。长江中下游平原稻区，地下水位高，如春季多雨水，则易发生霉根、死苗、病害加重，所以开沟排水是极为重要的措施。

3. 整枝摘心　蚕豆早发的分枝多为有效分枝，迟发分枝多无效。一般无效分枝约占 20％，有的可高达 40％。无效枝不仅不能结荚，而且会造成荫蔽，争光争肥，影响早发有效枝的生长，所以应结合中耕培土摘去无效枝和弱枝，控制群体生长，调节养分分配，以减少蕾花荚脱落。整枝时间应掌握在初花期进行。

摘心主要用于控制徒长苗。盛花末期或约 50％植株基部结荚时，选择在晴天露水干后进行，每枝以摘去 1 叶 1 顶为宜。生长不良的植株，密度不高、肥力不足的蚕豆则不宜摘心。

4. 落花、落荚的原因及防止措施　引起蚕豆落花落荚的原因很多，有研究认为：蚕豆内源激素脱落酸（ABA）和乙烯在体内的含量与蚕豆落花落荚有直接关系。ABA 在顶芽含量最高，摘心可以大大降低 ABA 含量，从而减少落花落荚；乙烯的含量随 ABA 的增加而增加。在干旱或水渍条件下，一方面降低了乙烯的扩散作用，同时促进了乙烯的合成，因而加剧了叶、花、荚的衰老和脱落。在栽培管理方面的原因一般是由于营养供应不足，播期不当，花期遇高温或低温，土壤、空气湿度过高或过低，种植密度大，光照不足等。防止措施：①选用多花、多荚的高产优质新品种；②适时播种，使盛花期避开低温霜冻的危害；③合理密植，减少株间遮荫程度，改善群体通风透光条件；④合理施肥，播种时要施足基肥，培育壮苗，尤其在花荚期要增施磷钾肥，如遇土壤中缺硼、钼等元素，则应在开花期进行叶面喷施；⑤合理排灌，在开花、结荚期及时灌水防止干旱

和排水防渍水；⑥合理轮作，避免连作，减少病虫为害；⑦适时摘心整枝，控制植株高度，改善通风透光条件。

五、病虫害防治

蚕豆主要病害有蚕豆赤斑病（病原：*Botrytis fabae*）、蚕豆褐斑病（病原：*Ascochyta fabae*）和蚕豆锈病（病原：*Uromyces fabae*），是秋播蚕豆产区的严重病害，春播蚕豆产区也有发生。以上 3 种病害均为真菌病害。当气温 20℃左右，相对湿度 85％以上和 3～5 月多雨时，利于病害发生、发展。植株受害严重时叶片变黑、干枯、脱落，结荚少，籽粒不饱满或不结荚，严重影响产量。防治方法：①注意施用腐熟有机肥，增施草木灰或磷钾肥；②合理密植，开沟排水，及时整枝，减少田间湿度；③在发病初期，可用 50％腐霉利可湿性粉剂 1 500 倍液，或 50％异菌脲可湿性粉剂 1 000 倍液防治赤斑病；15％三唑酮可湿性粉剂 1 000 倍液，或萎锈灵乳油 800 倍液防治锈病；用 1：2：100 波尔多液等铜制剂，70％甲基硫菌灵可湿性粉剂 600 倍液防治褐斑病。根据病情，隔 10d 左右喷 1～2 次。

蚕豆主要害虫有两种：即蚕豆蚜虫（*Aphis craccivora*）和蚕豆象（*Bruchus rufimanus*）。蚕豆蚜虫为苜蓿蚜，为害嫩叶、花、荚，防治方法可参见菜豆蚜虫。蚕豆象成虫取食嫩豆叶、花瓣和花粉，初孵幼虫先蛀食豆荚，然后注入新鲜豆粒内食害，降低产量和品质，防治方法参见豌豆象。

六、收获和留种

蚕豆的收获时期因用途不同而异。以青豆粒作蔬菜食用的，当植株中下部的荚果和种子的体积已长足，豆脐变黄色，豆荚有一条细黑线时为适采期。种子宜在植株大部分叶子转为枯黄，中下部豆荚变黑褐色而表现干燥时立即收获。

留种的蚕豆应在田间选择生长好、结荚部位低、荚多、节间短、无病虫害的植株做好标记。鉴于蚕豆为常异花授粉作物，据测定，植株中部花荚的自然异交率最低，所以应摘取中部荚果留种。种荚采收后晒干脱粒，种子含水量在 13％以下方可入库，以免贮藏中生虫，发热变质。

为减少天然杂交，生产种繁育应有良好的隔离条件，一级良种田繁育品种间应隔离 500m 以上，二级良种田也应相隔 300m 以上。

（朗莉娟）

第六节　扁　　豆

扁（藊）豆是豆科（Leguminosae）扁豆属的栽培种，多年生或一年生草本植物。学名：*Lablab purpureus* (L.) Sweet；别名：蛾眉豆、沿篱豆、眉豆、肉豆、龙爪豆等。原产于印度或东南亚。已有 3 000 多年栽培历史。中国自古传入，栽培面积不大，南方较多，华北次之。公元 6 世纪前的南北朝萧梁时已是"人家种之于篱"的习见植物。扁豆在高寒地区虽可开花，但不结荚。嫩荚可炒食、煮食、腌渍和制干菜；豆粒可煮食，还可做豆沙馅和扁豆泥。茎秆和荚壳可作青饲料。每 100g 嫩荚中含蛋白质 4.5g，还含有钙、磷、铁等矿物质；每 100g 干豆粒中含蛋白质 21～29g 及钙、磷、铁等矿物质。白扁豆的种子、种皮及花可入药。李时珍在《本草纲目》（1578）中记："白扁豆有清暑、除湿与解毒的药效。"青嫩的豆粒中含有少量具有毒性的氢氰酸，通常种子颜色较深的含量较高。炒食鲜荚时，一定要煮熟。

一、形态特征

直根系，侧根多而分布广，有不定根，根上生有根瘤。蔓性种茎具缠绕性；矮性种茎直立或匍匐状，多分枝，基部两片对生小叶斜生。叶为三出复叶，互生，小叶阔卵圆形，全缘，被有茸毛或光滑。腋生总状花序，挺直，每一花序有花4～14朵。长花梗15～45cm，每节2～4朵花；短花梗约5cm，着生的花常不能成荚。蝶形花，较大。荚扁平肥大，直或弓形或扭曲，有的背部凸，尖端突细延伸为明显的喙，表面光滑或具短毛，有绿、绿白、紫红和深紫色等。每荚有种子3～6粒，种子为扁椭圆形，种脐白色，种脊明显（图18-10）。

图18-10　扁豆（郑州紫眉豆）
（引自：《中国蔬菜品种志》，2001）

二、对环境条件的要求

扁豆原产于热带，喜温暖，较耐热。种子发芽的最适温度为22～23℃，生长发育要求18～30℃的气温，嫩荚发育的最适温度为21℃，能耐35℃左右的高温，也可耐短时间霜冻，但冷凉的气温，不利于授粉。扁豆根系深，较耐旱，可种植在年降水量600～900mm半旱地区，降水量400mm地区种植需有灌溉条件，1 400～1 500mm雨量的地区生长良好。扁豆幼苗期根系入土浅，需要土壤湿润。多次采收嫩荚时，要注意灌溉。扁豆的耐涝性差，应注意排水。扁豆对土壤要求不严，以排水良好的沙质壤土为好，重黏土上栽培要注意排水。土壤pH在5.0～7.5均可生长，以pH6.5为适宜。忌连作，以间隔2～3年为宜。扁豆为短日照作物，中国栽培的扁豆对日照长短要求不严，品种间有差异，故南北方均有栽培。

三、类型及品种

（一）类型　扁豆按生长习性分为有限生长（矮性种）与无限生长（蔓性种）两类；依花的颜色，分为白花扁豆和红花扁豆两类。红花扁豆，茎绿色或紫色，分枝多，生长势强，叶柄、叶脉多为紫色，花为紫红色，荚紫红色或绿色带红，种子黑色、暗红色或褐色。白花扁豆，茎、叶、荚皆为绿白色，花白色，种子黑色或茶褐色。

（二）品种

1. 菱湖白扁豆　产于浙江省湖州市和德清县。蔓生，白花白粒，种子大而饱满，圆形。中熟。

2. 玉梅豆　产于山东省泗水县。中早熟，蔓生，白花。荚眉形，白绿色。豆粒乳白色，扁圆形。从播种到采收嫩荚85～90d，至种子成熟需110d。

3. 紫皮大荚　产于山东省博山县。早熟，蔓生，花紫色。荚黄绿带紫边，长11～12cm，宽2.5cm。豆粒褐色。从播种到采收嫩荚约90d，至种子成熟需105d。

4. 紫色小白扁　即上海名早白扁。早熟种，蔓生，节间短，分枝性较强。茎、叶柄、叶脉为紫色，花紫红色。花序长12～15cm，每花序有5～6节，每节有花4～5朵，成荚2个。荚果绿白色，荚长约8cm，宽约2cm，每荚有种子3～4粒。种粒黑色，扁圆形，百粒重29.2g。品质佳，质地较

硬，宜炒食。

5. 猪血扁　较晚熟。茎蔓性，暗紫色，节间长，分枝较多，生长势强。叶深绿，叶脉、叶柄均为紫色。花紫红色，花序长 40～50cm，每序有 5～6 节，每节有花 2～3 朵。果荚长约 8.7cm，宽约 2cm，紫红色，每荚有种子 4～6 粒。种皮黑色，百粒重约 44.0g。果荚脆嫩，味美，供炒食。

6. 五月红　产于福建省光泽县。蔓生，紫花。荚紫红色弯月形，不易老化。籽粒圆形，黑色或褐色。

7. 武昌红扁豆　产于湖北省武昌。蔓生，花紫色。荚红色，籽粒黑色，有暗花纹，扁椭圆形。

8. 明枝白花扁豆　产于云南省昆明市。中晚熟，蔓生，分枝性强。茎绿色。花枝长，花序伸出株丛，花白色。荚绿白色，扁而弯。种子圆形，呈浅紫褐色。纤维少，品质佳。

9. 红镶边绿扁豆　产于江苏省锡山。早熟，蔓生，生长势强。叶柄较长，叶面略生茸毛，叶脉明显。花紫红色。荚浅绿色镶红边，弯月形。种子扁肾脏形，种皮黑色。

10. 德阳扁豆　产于四川省德阳市。蔓生，花、荚均为白色。荚肉质厚，纤维少，不易老化，品质佳，耐贮运。

另外，还有湖南省桃源县的边红窄扁豆、湘潭县的边红壳扁豆，广西壮族自治区防城县的板八峨眉豆，山东省的微山紫荚扁豆等。

四、栽培技术

（一）播种　早春土壤温度稳定在 12℃以上时即可播种。适时播种，5d 左右即可出苗。播种期华北地区在 4 月下旬至 5 月上旬；长江流域为 4 月上、中旬；上海郊区 3 月中旬利用塑料棚育苗，4 月中旬移植。大面积单作可穴播或条播，每穴播 3～4 粒种子，深度 3～5cm，出苗后每穴留 2 株。

（二）栽培与管理　除城市郊区有较大面积种植外，各地多房前屋后零星栽培。单作栽培分设支架和不设支架两种。支架栽培畦宽 130～160cm，每畦种两行，株距 50cm；不设支架栽培，行株距均为 40cm，也可与玉米等高秆作物混种。单作时播种量每公顷为 52.5～60kg。扁豆生长势强，开花结荚期长，需肥量大，在整地时每公顷用腐熟有机肥 10 000～15 000kg 加过磷酸钙 1 500kg 混合做基肥，开花结荚期追肥 2～3 次，每次每公顷可施入农家有机液肥 7 500kg，或尿素 225kg。结合间苗、定苗进行中耕除草 2～3 次。扁豆虽然耐旱，为获高产，需进行灌溉，特别是开花结荚期不能缺水，雨水过多时要注意排水。支架栽培，当蔓长 30～35cm 时，用粗竹竿搭成人字形架，并引蔓上架，以后任其攀缘。不设支架栽培，当蔓长 50cm 时，留 40cm 摘心，当侧枝的叶腋生出二级分枝时又摘心，需连续摘心 4 次。开始收嫩荚时出现分枝再摘心，使植株矮丛化，早结荚、多结荚，节省架材。

当嫩荚充分长大，表面刚显露籽粒，背腹线未过分纤维化时为适宜采摘期。早熟种 7 月上旬即可采收；中、晚熟种在 8 月中下旬开始采收，陆续收获至初霜。每公顷可收嫩荚 11 250～15 000kg，高产可达 22 500kg。留种可选择结荚早而多的健壮植株中部的果荚，待所留的果荚充分成熟时采收，脱粒晒干，贮藏备用。

（三）病虫害防治　扁豆的主要病害有炭疽病、锈病和病毒病等；主要虫害有蚜虫、害螨和豆荚螟等。防治方法可参考其他豆类蔬菜相关病虫害的防治。

第七节　菜豆（棉豆）

菜豆是豆科（Leguminosae）菜豆属中以食用豆粒为主的栽培种，一年生缠绕性草本植物。学名：*Phaseolus lunatus* L.；别名：金甲豆、利马豆、荷豆、玉豆、雪豆、洋扁豆、白豆及状元豆等。原产南美洲热带地区，主要分布在南、中美洲，亚洲的缅甸、印度、菲律宾，非洲的尼日利亚及马达加斯加等地。莱豆是非洲湿润多雨地区的一种主要食用豆类。在缅甸，也是重要的食用豆类。中国主要分布在长江以南的广东、广西、福建、云南、江西及台湾等省、自治区，上海、安徽、江浙等地也有少量栽培，北方因气温较低很少栽培。莱豆的果荚在幼嫩时荚壁已硬化，果荚不能食用，主要是剥取新鲜的豆粒或老熟种子，供炒食或煮食或作罐头。每 100g 鲜豆含蛋白质 26.6g，还有磷、铁、钙及各种维生素。除食用外，常作绿肥或覆盖物。茎叶可作饲料，但因含有毒性的氢氰酸，需经青贮或晒干后再饲用。豆粒含有的氢氰酸，以种皮颜色较深的品种含量较高，一般栽培品种虽含量较少，但食用前仍要充分煮沸。

一、形态特征

莱豆的根为直根系，根瘤较多。大莱豆，主根粗壮，入土较深，膨大的块根，内藏丰富的淀粉；小莱豆主根较弱，入土较浅。茎较粗壮，蔓生的茎具缠绕性，矮生的茎具丛生性，分枝性强，主茎有分枝 5~10 个。三出复叶，互生，小叶多为卵圆、阔三角和披针形等。叶全缘，顶端尖，叶背有短毛。托叶小，三角形。花为腋生总状花序，花序较短，每节有花 2~4 朵。自花授粉，但自然杂交率可高达 18%~20%。荚果扁平，长椭圆形或直扁镰刀状，顶端有喙。每荚含种子 2~6 粒。种子呈肾、扁圆和扁肾形等，种皮为白、微紫和红色，还有白底的红、紫、黑色斑点及斑纹等。种脐白色，种脐至种脊具半透明的放射状线（图 18-11）。

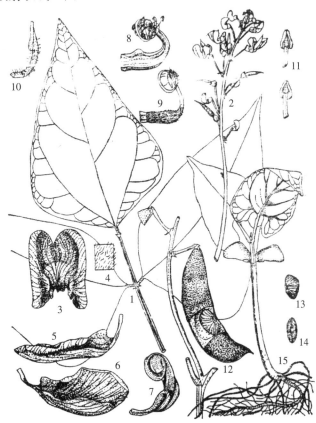

图 18-11　利马豆

1. 叶　2. 花序　3. 旗瓣　4. 旗瓣茸毛详图　5. 冀瓣　6. 翼瓣

7. 龙骨瓣　8. 雄蕊鞘　9. 雌蕊及托盘　10. 花柱上部及柱头　11. 花药

12. 有荚的小分枝　13. 种子（侧面）　14. 种子及脐　15. 幼苗

（据 Westphal，1974）

二、对环境条件的要求

莱豆原产于热带地区，生长期间要求较高的温度，种子在15℃以下不发芽，发芽的适宜温度为20～30℃。大莱豆对温度要求比小莱豆要高，生育期内要求16～27℃的温度。但小莱豆能在更热和更干的条件下生长。莱豆耐旱也耐涝，能在300～4 200mm 年降水量环境下生长，降水量500～650mm、有灌溉条件的地区生长良好。莱豆对土壤适应性较强，最适于在中性壤土或黏壤土中生长。在土壤 pH4.5～8.5 的范围内均能适应，最适 pH 为 6.0～6.5。莱豆为短日照作物，大多数栽培品种对光周期反应不敏感。莱豆对营养的要求与菜豆相似，生育过程中吸收钾和氮较多，还要补充磷、钙肥，有条件的要加施一些硼、钼等微量元素肥料。

三、类型及品种

（一）类型　有学者认为栽培莱豆分小莱豆和大莱豆两个种，每种莱豆都有矮生和蔓生两种类型。矮生的株高 30～70cm，蔓生的蔓长 2～3m。

1. 小莱豆（*Phaseolus lunatus* L.）　小莱豆一年生。茎细而脆弱，叶为三出复叶，小而薄，叶面光滑，淡绿色。花小，为白或淡绿色。果荚稍弯，成熟时开裂，每荚有种子 2～4 粒。种子扁平近肾形，脐部有明显的放射条纹，有白、褐、赤等色，百粒重 50～60g。中国中部、北部地区有栽培。

2. 大莱豆（利马豆）（*Phaseolus limensis* Macf.）　大莱豆在热带地区为多年生，在温度较低地区为一年生，生长旺盛。三出复叶较大，阔披针形，叶厚而韧，暗绿色。荚扁平而弯，少有裂荚。种子大，扁平，肾形，有各种不同的颜色，百粒重为 120～130g。中国南部各省（自治区）多栽培大莱豆。

（二）品种

1. 上海白豆　属小莱豆。茎绿色，较纤细。叶绿色，小叶卵形。花小，白色。荚绿色，弯月形，每荚含种子 3 粒。种子为不规则肾形，略扁平，种皮白色，表面有放射状条纹。

2. 白仁荷包豆　广州市郊区栽培较多。早熟，蔓生，分枝性强。茎绿色。小叶卵形，先端较尖。花白色。荚扁平，青绿色，每荚有种子 2～3 粒。种子肾形，白色。

3. 白玉豆　产于江西省上饶、玉山、广丰等县。早熟，蔓生，分枝性强。小叶尖卵形，深绿色。花白色。荚平直，青绿色，每荚含种子 2～3 粒。种子近肾形，白色有光泽。

4. 独山大荚豆　产于贵州省独山县。晚熟，蔓生，生长势极强，分枝多。叶色深绿。花白色或淡黄色。豆荚扁平。种子扁平，近肾形。

另外，还有云南省大理的荷包豆、安徽省合肥市的花籽莱豆、福建省上杭县的小鱼豆、江苏省启东县的洋（白）扁豆等。

四、栽培技术

（一）播种　莱豆多进行春播栽培，当早春地温回升并达到12℃以上时即可开始播种。一般北方地区于 4～6 月份播种，南方地区于 2～3 月份播种。江苏、浙江一带多在 4 月上旬露地直播，也有 3月下旬提前在保护地内育苗，4 月下旬至 5 月上旬幼苗具有 1 对真叶时定植，每穴保苗 2～3 株。华北地区需 4 月上旬保护地育苗，5 月上旬定植，或 4 月中下旬露地覆膜播种或露地直播，每穴 2 粒种子。

（二）栽培管理　莱豆种植以露地为主。单作矮生小莱豆种，一般行距 60～70cm，株距 10～

20cm。蔓生品种，一般双行条播，行距 75～80cm，株距 15～30cm。播种量，大菜豆每公顷 130～170kg，小菜豆每公顷 56～78kg。每公顷施用 15000kg 腐熟农家肥与 1 500kg 过磷酸钙混合做基肥。抽蔓搭架前和开花、结荚期要追肥 1～2 次，每次每公顷追施尿素 225kg，并加过磷酸钙和硫酸钾各 37.5kg。从出苗到封垄一般中耕除草 2～3 次，追肥、灌水可结合中耕进行。虽然菜豆有较强的抗旱力，但仍要进行灌溉，特别是在开花结荚期不能缺水。雨水过多时要注意排水。苗高 30～40cm 开始抽蔓时，进行搭架，一般以人字架为宜。当果荚已充分肥大、种子充实、果荚开始变黄时，分次采下，剥出嫩粒供食。一般每公顷产青荚 4 500～7 500kg。做罐头或冷冻加工的需在种子有 3%～5%变白时采收。收干豆的需种子完全成熟，有 1/2 以上豆荚变黄、变干，其余的荚也开始变黄时采收，每公顷可收干豆 3 000～4 500kg。留种应选择健壮植株中部的豆荚，变黄干缩时采收，晒干脱粒保存。

（三）病虫害防治　主要的病害有根腐病、病毒病和炭疽病等，主要虫害有红蜘蛛、蚜虫、蓟马和豆荚螟等。防治方法可参见其他豆类蔬菜。

（肖　祥）

第八节　刀　　豆

刀豆是豆科（Leguminosae）刀豆属一年生缠绕性草本植物，包括蔓生刀豆和矮生刀豆两个栽培种。学名：*Canavalia gladiata*；别名：大刀豆、关刀豆、洋刀豆。原产西印度、中美洲和加勒比海地区。中国栽培历史悠久，唐·段成式《酉阳杂俎》（9 世纪）中记："豆荚形似人挟剑横斜，故又名挟剑豆。"明·徐光启撰《农政全书》（1628）载："刀豆处处有之，人家园篱边多种之。"刀豆现主要分布在华南、西南地区及江苏、浙江一带。随着蔬菜脱水加工业的发展，刀豆栽培面积有较大的发展。

刀豆在冬季温暖的地方，可作多年生栽培。其嫩荚质地脆嫩，肉厚、味鲜、色绿，除可作鲜菜炒食外，还可供腌渍和脱水加工。成熟的干豆粒蛋白质含量达 25%～27%，可煮食，还可入药。明代李时珍著《本草纲目》（1578）中说："刀豆甘平无毒，温中下气，利肠胃，止饥逆，益肾补气。"

一、形态特征

刀豆根系发达，根瘤菌多，自身固氮作用较强。蔓生种株高可达 4.5～10m。三出复叶，小叶较大，卵圆形或楔形，渐尖，两面被绒毛。叶柄长 5～12cm，小叶柄长 4～7cm。总状花序，花较大，腋生。花长约 4cm，呈白、粉红、浅红或浅紫色。荚果大，呈矩圆舌状，扁平。蔓生种的较矮生种的荚果宽，背面边缘有厚脊，并较矮生种的弯曲。荚长 20～40cm，宽 3.5～5.0cm，每荚含种子 8～12 粒。种子长圆到椭圆形，种皮很厚，约为种子的 1/3。发芽时子叶出土（图 18-12）。

按刀豆的生长发育过程，可划分为发芽期、幼苗期、抽蔓期和开花结果期。各生育期对环境条件的要求有差异。

图 18-12　刀　　豆

1. 叶　2. 花序　3. 旗瓣　4. 翼瓣　5. 龙骨瓣
6. 雄蕊　7. 雌蕊　8. 荚果　9. 种子

二、对环境条件的要求

刀豆原产热带，生长发育要求较高温度。种子发芽最低温度13℃，最适温度28～30℃。茎蔓生长最适温度20～25℃，开花结荚最适温度25～30℃，15℃以下开花不结荚，5℃以下即受冷害，遇霜即凋萎。在中国北部地区栽培，因积温不够，不易成熟，一般先育苗然后移栽才能成熟。在长江流域，一般在4～5月播种，夏末秋初开始结荚。

刀豆对光照强度要求高。当光照减弱或通风透光不良时，植株同化能力降低，着蕾数和开花结荚数减少，潜伏花芽数和落蕾落荚数增加。

刀豆对土壤适应性较强，各种质地的土壤均可种植，但以土层深厚、排水良好、有机质含量较高壤土为宜，适宜的土壤 pH 为5.0～7.0。比许多豆类作物耐旱，较耐盐碱，但不耐涝。田间积水和土壤温度过高均不利刀豆生长。

三、类型及品种

（一）类型　栽培刀豆有两个种。

1. 蔓生刀豆［*Canavalia gladiata*（Jacq.）DC.］　茎蔓生，粗壮，长 4m 以上，粗 0.6～1.0cm，生长期长，多为晚熟种。出苗后第 1 对基生真叶为大形心形的单叶，以后为由三小叶组成的复叶。着生7～8片真叶后，由叶腋抽生总状花序，每花序开花10～20余朵，花大，白色或紫色。荚果大刀形，长 25～40cm，宽 3.0～4.5cm，单荚重可达 150g。嫩荚绿色，供食用。老荚黄褐色，每荚有种子10粒左右。种子扁，近椭圆形，红色或白色，大小因品种不同而有差异，一般长 2.3～3.0cm，宽 1.4～1.7cm，百粒重 130～320g。种脐的长度超过种子全长的1/2。

2. 矮生刀豆［*Canavalia ensiformis*（L.）DC.］　植株高 67～100cm。花白色。果荚较短。种子白色，小而厚，种脐长度约为种子全长的1/2。较早熟。

（二）品种

1. 大田刀豆　福建省大田、永春、德化等地区多年栽培的品种。蔓生，株高 2～3m。三出复叶，花冠紫白色。嫩荚浅绿色，镰刀形，横断面扁圆形，荚长 32.5cm，宽 5.2cm。嫩荚可鲜食，亦可腌制加工，品质中等。种子较大，肾形，浅粉色。早熟，从播种到嫩荚采收需 90d，可持续采收 100～120d。抗逆性强。

2. 十堰刀豆　湖北省地方品种，栽培历史悠久。蔓生，节间长。单叶卵形，三出复叶，绿色。总状花序，花浅紫色，每个花序可结荚 2～4 个。荚扁平，刀形，表面光滑，长 23cm，宽约 3.6cm，单荚重 100～150g，荚皮绿色，荚肉浅绿色，肉厚，质地脆嫩，味鲜，可炒食或腌制。每荚含种子8～10粒。种子椭圆形，略扁，浅红色。耐热性较强，耐寒性较弱。

3. 沙市架刀豆　湖北省沙市地方品种，栽培历史悠久。蔓生，蔓长 3～3.5m，分枝性中等。三出复叶，单叶倒卵形，深绿色。豆荚剑形，长 20～25cm，宽 4～5cm，厚 1.0～1.5cm，绿色，单荚重 100g 左右，每荚含种子8粒。嫩荚鲜甜，适于炒食、腌制或泡制。晚熟，抗旱力强，耐涝。

四、栽培技术

（一）播种　刀豆多进行春播栽培，可直播也可育苗移栽。亚热带地区为3月底至4月下旬进行露地直播，或3月中下旬利用塑料小拱棚进行育苗移栽。播种前选粒大、饱满、整齐、颜色一致而有光泽、无病虫伤和机械伤的种子，先晒种 1d，然后在水中浸 12～24h，待其吸足水分后播种。播种不宜太深，以免闷种腐烂，一般播深以 5cm 为宜。也可用干种子直播，播种时种脐朝下，有利发芽出苗。

（二）种植密度　刀豆春播后一般 10～15d 出苗，待对生真叶长出时即可定植。刀豆生长势强，生育期长，个体生产潜力大，要求良好的通风透光条件，合理稀植是优质丰产的关键。亚热带连片栽培地区，一般行距为 1.2～2.5m，穴距为 0.8m，每穴种 1 株，每公顷种植 5 000～10 000 株。方法是：定植或播种前按行距作高畦，每畦种 1 行，按穴距 0.8m 开穴，然后播种或定植即可。直播时每穴一粒种子，同时需另育预备苗，以备补苗用。也可在果园、茶园或房前屋后四周种植或套种。

（三）肥施　刀豆是需肥较多的豆类蔬菜之一，氮素不足和磷钾缺乏，都会影响植株生长，分枝和开花减少，结荚率降低，进而影响产量和品质。刀豆种植密度稀，因此多采取集中施基肥——穴肥。播种定植前，每穴底施尿素 50～100g、硫酸钾和过磷酸钙各 25～50g，再盖上一层泥土。播种或定植时，每穴再施腐熟有机肥 300～500g。在 4～5 叶期和结荚初期，视天气和植株状况淡肥薄施 1～2 次。结荚中后期再追肥 1～2 次，每次每公顷施尿素 80～120kg，过磷酸钙 150kg，硫酸钾 75kg。

（四）搭架整蔓　当刀豆苗高 50cm 时要及时搭架。选用 2.8～3.0m 长的竹竿搭成人字架或篱笆架或直立架，也可利用木桩等搭成平架。优质高产栽培以直立架最好，抽蔓时要及时引蔓上架。开花结荚期要根据植株生长及时摘除下部老黄叶，适当摘除侧蔓，必要时还要摘心疏叶，以改善通风透光条件，提高结荚率。

（五）病虫害防治　刀豆的抗病性较强，病害较少发生，常见病害有真菌性根腐病、疮痂病、病毒病等。虫害主要有蚜虫、豆荚螟和红蜘蛛，可参考其他豆类病虫害防治方法及时防治。

（六）采收及留种　开花后 15d 左右当豆荚色绿柔软有光泽，果荚外观种子未形成，此时为采收适期，要及时采收。过早采收，豆荚尚嫩小，品质虽好，但产量低。过迟采收，纤维增加，品质变劣，甚至不能食用。浙江省南部地区春播栽培在 7 月份开始采收，至 12 月上中旬初霜来临时结束。生长前期和后期，自开花至采收适期约需 20d，中期需 12～15d。

目前生产上应用的品种大多数是地方品种，由于其异花授粉率约高达 20％，故采种田应注意隔离。留种时可选择结荚早、荚形好、结荚率高的植株，在其中下部选正常荚留种。一般每株留 1 荚，其余嫩荚要及早采收。待种豆荚老熟枯黄时摘下，带荚晒干或风干。农户自用的，最好带荚贮藏，来年播种前再剥取种子。

（金培造）

第九节　多花菜豆

多花菜豆是豆科（Leguminosae）菜豆属中以嫩荚、种子及块根供食用的栽培种。多年生缠绕性草本植物，一般作一年生栽培。学名：*Phaseolus coccineus* L.；别名：红花菜豆、大白芸豆、大花芸豆、看花豆等。原产于墨西哥或中南美洲，主产于阿根廷、墨西哥、美国、英国、毛里求斯和日本等，栽培历史较长，分布广。云南、贵州、四川和陕西省为中国主要产区，新疆、内蒙古、河北和东北 3 省亦有零星栽培。以嫩荚、种子及块根供食用。每 100g 干豆含蛋白质 19.1g，每 100g 鲜豆含蛋白质 2.4g，还含有钙、铁、磷等矿物质和多种维生素。多花菜豆有健脾壮肾作用，是一种滋补食品，并对跌打伤痛，有一定镇疼疗效。其花期长，花色艳丽，常作观赏植物。

一、形态特征

根圆锥形，粗壮发达，入土深，分布广，热带多年生时，可形成块根，根上生有根瘤。幼茎粗

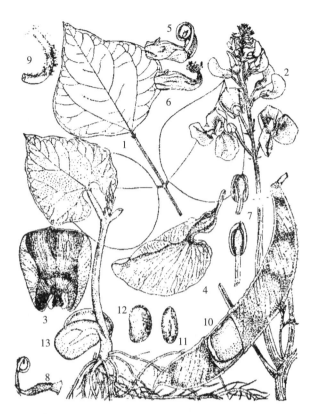

图 18-13 多花菜豆
1. 叶 2. 分枝与花序 3. 旗瓣 4. 翼瓣 5. 龙骨瓣
6. 雄蕊鞘 7. 花药 8. 雌蕊 9. 花柱与柱头
10. 荚 11. 种子及种脐 12. 种子侧面 13. 幼苗
（据 Westphal, 1974）

壮，多汁，有短茸毛，浅绿白色或浅紫红色，略有棱，中空。无限生长类型，主茎长 2～5m，并有分枝数个；有限生长类型，一般长至 20～30 节后，即自行封顶。第一对真叶为单叶，对生，较大，呈心形或阔卵圆形。以后都是三出复叶，互生，小叶卵圆形或阔菱形，全缘。托叶较小，三角形，叶尖呈锐角。叶柄有凹沟，疏生茸毛。花为腋生总状花序，花梗细长，有棱，上着生 10～20 朵（对）小花，有红色、紫红色和白色。雄蕊的花药与柱头距离较远，处于柱头之下，故异花授粉的机会较多，自然异交率高达 30%～40%，为常异花授粉作物。豆荚长而宽，稍弯曲，饱满肥厚，表面光滑或被茸毛。嫩荚为绿色，成熟后多为褐色，每荚有种子 2～4 粒。种子肾形或椭圆形，种皮有白色、黑色、紫色、红色、紫底黑花纹或黑底紫花纹等。脐长圆形，较大。百粒重 130～160g（图 18-13）。

二、对环境条件的要求

经长期驯化，多花菜豆已适于温带和热带海拔 1 200m 以上地区生长。如云贵高原在海拔 2 400～2 800m 的地区可大面积种植，而在海拔低于 800m 的地区种植，出现花而不实的现象。多花菜豆喜凉爽湿润的气候，比较耐寒。种子发芽最适温度为 17℃。幼苗期的适宜温度为 12～17℃。开花结荚需充足的阳光和适宜的温度，一般以 15～20℃为宜，气温低于 5℃易受冷害，高于 25℃授粉结实困难。生长期必须安排在无霜期 120d 以上的地区或适宜季节。种子发芽时吸水力强，吸水量约为种子重的 1.5 倍。全生育期要求比较充足而均匀的水分，湿润的土壤条件有利植株生长发育。开花结荚期是需水最多的时期，此时若缺水，对产量影响很大。土壤墒情不好时，一定要进行灌溉。云南、贵州，天然降雨通常可以满足要求，而华北、西北地区，春、秋季缺雨，需注意灌水，但雨季要注意防涝。多花菜豆对土壤要求不严，以土层深厚、中等肥力、排水良好的轻壤或中壤为好，对土壤 pH 的适应范围为 4.8～8.2，以 pH6.0～7.0 为宜。多花菜豆对微量元素硼极为敏感，缺硼，根瘤形成少，植株发育不良。多花菜豆为短日性作物，但大多数栽培品种为中日性。有少数品种对日照长短敏感，南方品种北引时需经短日照处理才会开花结荚。对光照强度反应不敏感，耐阴性强于普通菜豆。

三、类型及品种

（一）类型 中国栽培的除多花菜豆外，还有白花菜豆（*Phaseolus coccineus* L. var. *albus* Alef.）。白花菜豆是多花菜豆的变种，品味较佳，日本也普遍栽培。依多花菜豆生长习性分为无限生长和有限生长两种类型。中国目前主栽的是无限生长类型，其中混有少量有限生长类型。

国际植物遗传资源委员会（IBPGR）根据花朵构造和颜色，将多花菜豆分为 8 个亚种；而国际热带地区农业科研中心（CIAT）则将多花菜豆分为白花亚种和红花亚种。

（二）品种

1. 大白芸豆　云南省昆明、大理、楚雄、曲靖、昭通等地栽培。蔓生，幼茎浅绿色，花冠白色。种子白色，扁平而坚实，种皮较薄。

2. 大花芸豆　种植地区同大白芸豆。蔓生，幼茎浅紫色，花冠猩红色。种子浅紫色底带黑花纹，种子较大而松泡，种皮较厚。

3. 小白芸豆　产于四川省垫江县。半蔓生。花冠白色，荚棍形，浅绿色。种子肾形白色，较小。

4. 伯特勒　引自美国，蔓生。生育期180d。单株结荚10～15个，单荚含种子2～3粒，百粒重120g以上，种皮为紫底黑花纹。

5. 白芸豆　引自日本，蔓生。在中国南方种植，生育期120d。单株结荚15～18个，单荚含种子3～4粒，百粒重130g，种皮白色。

另外，还有吉林省较耐高温、早熟的看花豆，四川省甘孜地区耐旱、耐寒的雪山大豆，湖北省恩施市的芸豆等。

四、栽培技术

（一）播种　当早春地温稳定在10℃以上时开始播种，一般以清明至谷雨为宜。云贵高原4～6月均可播种。因其耐寒，故以早播、深播为好。早播茎蔓节间短，开花结荚早，采收期长，产量高。深播，墒情较好，地温较稳定，容易出苗，并能增强抗寒和抗旱能力。华北地区以5月中旬播种为好，过早易遭冻害，过迟则植株矮小，分枝少，产量低。长江流域夏季高温多雨，宜选早熟矮化品种，实行春、秋两季种植。华南地区冬季无霜，可实行冬、春两季栽培。多花菜豆可以直播和育苗移栽，大面积种植以直播为主。播种深度取决于土质，一般以8～10cm为宜，每穴播种2～3粒，覆土厚5cm左右，保留1株。直播易缺株，应及时间苗补缺。移栽的则在具1～2片真叶时定植。

（二）栽培与管理　可单作和间、套作，以单作为主。单作的做成高畦或垄，畦和沟共宽2～2.4m，种两行，行距1～1.2m，株距40cm。也可作畦宽1m，种1行，株距40cm。每公顷种植4.5万～6.0万株。间、套作有两种形式：一是在马铃薯地里套种，每4行马铃薯栽种1行多花菜豆；一是与玉米间作，两行玉米种1行多花菜豆。根据种粒大小、发芽率高低和种植密度决定播种量，每公顷90～225kg。多花菜豆生长旺盛，分枝和开花多，又多次采收，所以需肥量大，除每公顷施腐熟农家肥15 000kg和过磷酸钙750kg作基肥外，幼苗期和开花结荚期还要各追施1次复合肥，每次每公顷225～300kg。根据土壤板结和杂草滋生情况，在苗高10cm、25cm和封垄前进行3次中耕除草。一般需结合第2次中耕除草进行根际培土，促进多发不定根。播种后如遇干旱，需灌水保全苗。幼苗期要控水蹲苗。初花期和盛花期是对水分敏感期，如降雨不足，需灌水。雨季应注意排水防涝。当株高30～40cm时及时搭架引蔓，一般搭人字形架或垣篱式架，要求牢固。对苗期生长较旺盛的品种，在株高50cm左右时，摘除顶芽，使其矮化丛生，促进早熟，提高结荚率。无限生长类型品种需整枝，摘除过多的侧枝，保留3～5个侧枝，以利通风透光，提高产量。

食青荚要在荚嫩、汁多、无纤维、种子未灌浆时采摘，通常播种后80～90d即可采收青豆荚食用。嫩荚采收后要及时食用或贮于冷凉处，以防霉烂。基部近地面的豆荚触地易霉烂，应适当提前采收。采收后将豆荚摊开晾晒，干燥后连荚贮藏，出售前再脱粒，有一定的保色效果，利于外销。在地上部衰老死亡时，即可挖出块根食用。目前栽培较粗放。多花菜豆的自然杂交率较高，品种间易串花，留种时，品种间要注意隔离，并进行株选和粒选。

（三）病虫害防治　多花菜豆的病虫害较普通菜豆轻，主要病害有萎蔫病、白粉病、褐斑病和叶锈病等，主要虫害有蚜虫、红蜘蛛、豆荚螟、绿豆象等。可参照其他豆类的相同病虫害防治方法及时

中国蔬菜栽培学
□□□□[第二版]..Olericulture in China □□□□

防治。

第十节 四棱豆

四棱豆是豆科（Leguminosae）四棱豆属中的一个栽培种，一年生或多年生缠绕性草本植物。学名：*Psophocarpus tetragonolobus*（L.）DC.；别名：翼豆、翅豆、四角豆、杨桃豆、热带大豆、四稔豆等。原产于热带非洲和东南亚，巴布亚新几内亚和印度尼西亚是最大的多样性中心。目前非洲还有四棱豆属的野生种。中国云南、广西、广东、海南和台湾等省、自治区有分布，多为零星种植。由于新品种的选育和推广，在中国种植已先后北移到北京和哈尔滨。据研究，四棱豆因蛋白质含量丰富而具有较大的开发利用价值，引起世界重视仅是近 20 年来的事。其嫩荚可以炒食、盐渍和作酱菜；嫩叶和花可做汤、凉拌；块根可炒食、制干或制淀粉；干豆粒可榨油或加工成豆制品；老熟茎叶是优质的饲料和绿肥。每 100g 干豆粒含蛋白质 26～45g，脂肪 13％～20％；每 100g 嫩荚含蛋白质 1.9～2.9g；每 100g 块根含蛋白质 4.7～20g。四棱豆叶片、豆荚、种子和块根均可入药，对治疗某些妇科疾病、心脑血管疾病和泌尿系统疾病等有良好的疗效。

一、形态特征

四棱豆（图 18-14）根系发达，侧根分布直径 40～50cm，深度 70cm 左右，主要分布 10～20cm

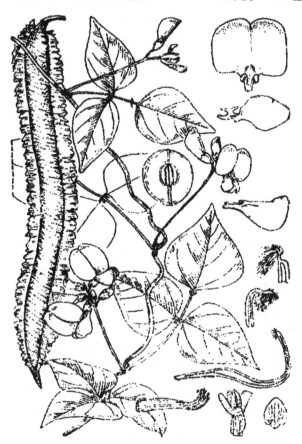

图 18-14 四棱豆

（据 Verdcourl and Halliday，1978）

的耕层内。一年生植株的主、侧根都可形成块根（图18-15），在湿润条件下，茎节易生不定根，根上有根瘤。茎粗壮，分枝性强，蔓生类型茎具缠绕性，矮生类型茎具直立丛生性。基叶为对生单叶，以上为互生三出复叶，小叶卵圆形、三角形或披针形，全缘，顶端急尖。茎、叶色有绿、绿紫和紫红色。小托叶为披针形。花为腋生，总状花序，一个花序着花2～10朵，花较大，白或淡蓝色。天然异交率可达7%～36%。荚果为四棱形，有4条纵向锯齿状的边缘，绿或紫色，长6～48cm，成熟荚为深褐色，内含种子5～20粒。种子小球状，有光泽，种皮有白、黄、褐、黑及花斑等色，百粒重25～54.5g。

二、对环境条件的要求

四棱豆喜较高温度，在年均温度15～28℃的地区生长良好，最适温度为25℃，10℃以下停止生长。种子发芽适温为26～29℃，15℃以下和35℃以上发芽不良。开花结荚的最适温度为20～25℃。块根发育需较凉爽温度，昼夜温度分别为27℃和18℃时为最适。对霜冻敏感，遇霜地上部即干枯。四棱豆喜多湿气候条件，既不耐干旱，又忌水涝，年降水量1 500～2 500mm对四棱豆生长有利。有灌溉条件，在年降水量200～400mm干旱地区也可种植。种子发芽时吸水量约为种子重的1倍以上。开花结荚期对干旱敏感，要求适度的湿润环境。

图18-15　四棱豆的块根
（蔡克华，1982）

雨水过多时，应及时排水。对土壤要求不严，较耐贫瘠，适应性较强，但以肥沃、渗透性和通气性良好的微酸性土壤为佳。在土壤pH为4.3～7.5的范围内均可种植，pH5.5为最适。四棱豆属短日照作物，生长初期用短日照处理，可以提早开花、结果。在长日照下易徒长，开花结荚期推迟或不能开花结荚。生长发育要求充足的光照，不耐遮荫，阳光不足，则易落花、落荚。

三、类型及品种

（一）**类型**　四棱豆可分为有限生长和无限生长两种类型。栽培品种有两个品系：一是印度尼西亚品系，多年生。小叶卵圆形、三角形或披针形，茎叶绿色，花为紫、白或蓝紫色，较晚熟，也有早熟类型。低纬度地区全年播种均能开花。豆荚长18～20cm，个别长达70cm。中国南方栽培较多；二是巴布亚新几内亚品系，一年生。小叶以卵圆形或正三角形为多，茎蔓生，茎、叶和荚均具有花青素。紫花，荚长20～26cm，表面粗糙，种子和块根的产量较低。生育期需57～79d，早熟。

（二）**品种**

1. 浙江四棱豆　有两种类型：一是茎、叶、荚翼均为绿色的品种。嫩荚长15～18cm，单荚重20g左右，嫩脆纤维少，品质好；二是茎、叶、荚翼均为紫色的品种。嫩荚长20～22cm，单荚重25g左右，荚质较硬，纤维多，品质较次。

2. 攀枝花四棱豆　蔓生，分枝力强，茎叶绿色。嫩荚绿色，嫩荚长21cm，单荚重21g左右，脆

嫩，品质好。

3. 翼 833　中国科学院华南植物研究所选育的早熟品系。蔓生，茎叶绿色，花冠蓝色。嫩荚绿色，荚长 16～21cm。地下部膨大成块根。

4. 紫边四棱豆　北京市农林科学院蔬菜研究中心从国外品种中筛选出的早熟品种。蔓生，分枝力强，茎蔓和叶为深紫色或部分紫色，花冠浅蓝色。嫩荚绿色，荚长 16～35cm。豆翼为深紫色。嫩荚大，纤维化较迟。地下部膨大成块根。

5. 桂丰 1 号　广西农业大学从国外品系中选育的极早熟品种。蔓生，分枝和攀缘能力较强。嫩荚浅绿，扁平状，肉质肥厚，不易老化，嫩荚采收适期较长。

6. 桂矮　广西农业大学选育的矮生品种。主蔓长 80cm，分枝能力极强，呈丛生状，不设支架就能直立。花冠淡紫色。嫩荚绿带微黄色，荚长 18cm。地下部可以膨大成块根。

7. 早熟 1 号　中国农业大学从 833 品系中定向系选而成的早熟品种。蔓生，茎叶绿色，花淡蓝色。嫩荚绿色，荚长 16～18cm。地下部可膨大成块根。

8. 933　中国科学院华南植物研究所从杂交后代中定向选育而成。蔓生，花冠白色，荚长 13～14cm。是采收嫩梢、荚及高蛋白茎叶饲料的较好品种。

四、栽培技术

（一）播种期与播种　露地直播应在气温稳定在 20℃以上，5cm 土层温度稳定在 15℃以上为宜。南方地区 3～6 月可随时播种。华北地区以 4 月为宜，采用地膜覆盖能提前 7～10d 播种。育苗移栽可提前 30d 左右育苗，待幼苗长出 4～6 片叶、晚霜过后移栽于露地。保温设施栽培可全年播种。四棱豆还可用块根及枝条扦插繁殖，一般以种子繁殖为主。种子种皮坚硬，不易发芽，播前应晒种 1～2d，在 55℃的温水中浸种 15mim，再用清水浸种 1～2d，捞出后用水淘洗，用湿纱布包好，放在 28～30℃的地方催芽，待种子"露白"即可播种。播深为 3～5cm，每穴 2 粒种子，覆土厚 3～4cm，定苗时留 1 株。

（二）栽培与管理　四棱豆多为零星种植。随着生产的发展，已有成片单作或间、套作种植。直播单行种植：平畦宽 1.2m，株距 40～50cm；高畦宽 50～80cm，畦沟宽 25～30cm，株距 60～70cm，每公顷保苗 21 000～30 000 株。直播双行种植：平畦宽 1.5m 或深沟高畦宽 2m，株距 40～50cm，每公顷 45 000 株。育苗移栽的，行距为 80～85cm，株距 30～35cm，每公顷保苗 35 000～37 500 株。与玉米、甘蔗或蔬菜作物间、套作，尚无规范的模式。整地时每公顷用 30 000～45 000kg 腐熟农家肥加 225kg 磷酸二铵作基肥。苗期 5～6 叶时，每公顷再追施尿素 75kg；现蕾后，每公顷再追施尿素 75kg；开花结荚期每公顷追施过磷酸钙 300～450kg 和氯化钾 150～225kg；盛花期以后，每隔 7～10d 喷 1 次 0.5%磷酸二氢钾，每 10～15d 追施 1 次复合肥，每公顷 225～300kg。四棱豆喜湿，播种或育苗移栽需灌足水。幼苗 3 片叶至抽蔓期，一般不浇水，以免徒长。现蕾后结合追肥浇水。开花结荚、块根膨大期，应及时浇水，保持土壤湿润。夏季一般 3～5d 浇 1 次水，雨季注意防涝。在苗期结合除草浅中耕 1～2 次，当主茎长 80～100cm 时，结合追肥、浇水再中耕 1～2 次，植株封垄前，结合最后一次中耕进行培土起垄（垄高为 15～20cm），以利地下块根形成及后期灌水、排涝。抽蔓开始时，用竹竿或木棍搭人字形架，也有搭棚架或 1.2m 高铁丝篱笆架，并引蔓上架，以后任其攀缘。当主茎具 10～12 片叶时摘去顶尖，促进侧枝发生，降低开花节位。结荚中期疏去无效分枝及中下部的老叶，改善通风透光条件。

（三）主要病虫害　四棱豆的主要病害有立枯病、叶斑病和病毒病等，主要虫害有地老虎、蚜虫和豆荚螟等。可参照其他豆类的相同病虫害防治方法及时防治。

（四）采收　采食嫩茎叶：应在枝叶生长旺盛时采摘茎顶端 3 节以上嫩枝叶做菜；采食嫩荚：待

开花后 15～20d，荚果长宽定型，尚未鼓粒，色泽黄绿，手感柔软，易脆断时为采收适宜期；采收块根：应及时摘除花蕾、嫩荚及 2～3 级侧枝，地上部开始衰老时收获食用；收干豆：在开花 45～50d 后，荚皮由青绿变黑褐色，基本干枯，但果梗尚绿，豆粒已明显鼓荚时为采收适期。留种可株选，留植株中部荚为好，从中选荚大粒大、荚形好的及时采收，摊晒干，待豆荚摇动有响声时再脱粒、晾晒干，贮藏待用。

第十一节　藜　　豆

　　藜豆是豆科（Leguminosae）藜豆属（*Stizolobium* P. Br.）或藤豆属（*Mucuna* Adans.）中以嫩荚及种子供食用的栽培种群，一年生或多年生缠绕性草本植物。学名：*Stizolobium capitatum* Kuntze 或 *Mucuna pruriens*（L.）DC. var. *utilis*（Wall. ex Wight）Baker ex Burck；别名：鳘豆、黎豆、猫猫豆、毛毛豆、毛胡豆、毛狗豆、小狗豆、狸豆、八升豆等。原产亚洲南部，中国是原产地之一。中国的四川、云南、广西、贵州、湖南、湖北、安徽等省、自治区均有栽培。食用嫩荚或老熟种子，但嫩荚和种子有毒，须经水煮或水中浸泡 1 昼夜后食用或作饲料。单株干籽可产 1.5～7.5kg。每 100g 老熟种子含蛋白质 24.5g，脂肪 9.9g，纤维素 4.4g，还含钙、磷等矿物质。除食用外，茎叶可作饲料和绿肥，种子可提取淀粉，其黏性很强，适于作食品加工的增稠剂或造纸和纤维工业的胶黏剂；可提取治疗帕金森氏综合征、锰中毒和一氧化碳中毒的左旋多巴（L-Dopa），尤其是在胚中含量极高，相当于种子全重的 1.5%，为去皮种子粗粉重的 4.8%。

一、形态特征

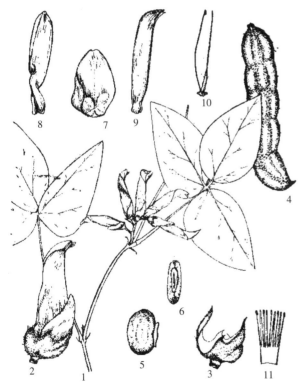

图 18-16　黄毛藜豆

1. 藤蔓的一部分（示花序和叶）　2. 花　3. 花萼　4. 果荚
5. 种子侧面　6. 种子腹面　7. 旗瓣　8. 翼瓣　9. 龙骨瓣
10. 雌蕊及分离雄蕊　11. 雄蕊（9 枚基部联合）
（四川农学院，1981）

　　藜豆的根为直根系，根系发达，肉质状，入土较深，近地表层有大量根瘤。茎丛生或蔓生，圆柱形，多分枝，具极强的攀缘性，有支架时，蔓长可达 10m 以上，爬地时也有 5m 多。发芽时子叶留土，基叶为单叶对生，近似心脏形，以上为互生的三出复叶，叶柄肉质，上面有短茸毛。叶两面皆被白色疏毛，复叶的顶叶阔卵形或短圆卵形，基叶呈不规则卵圆形，且大于中叶。托叶小，呈刺毛状。花为腋生总状花序，花朵大，每一花序有花 5～30 朵，1～3 朵一簇。花有白紫、红、紫、浅绿至黄色和青白色。花萼二唇状，旗瓣短，约为龙骨瓣的 1/2，龙骨瓣下部直，上部向上弯，长于翼瓣。花柱线状，通常有短柔毛，柱头小。花药顶生，异形，天然异交率低。一簇小花同时开放，同时结果。嫩荚绿色，圆筒状，先端稍弯曲，有喙，密生白或灰色茸毛。种子较大，1.2cm×1.2cm，近似球形、矩圆形或椭圆形，种子间有隔膜，种脐明显，长度超出种子长的 1/2，白色，四周有凸起的假种皮。每荚 3～8 粒种子，通常为白底褐色条纹或大理石色。种子百粒重 110～170g（图 18-16）。

二、对环境条件的要求

藜豆适于热带和亚热带地区的气候条件种植。据程宜春观察，藜豆种皮薄，种子放在30℃的温水中，12h吸水膨胀后，置于25～30℃的温度条件下，24h后可萌发。在日均温12～16℃的自然条件下，无论直播或催芽后播种，第1对真叶出土（子叶留土）均需25d以上时间。随着温度的升高，可缩短到10d以上。生育期内要求较高的温度，一般以20～30℃的温度为好，夜温21℃对开花有利。藜豆不耐低温，在5℃以下时，24h幼苗就会冻死。一经霜冻，植株叶片就会枯死。在年降水量为1 200～1 500mm、且分布均匀的地区生长良好。藜豆在年降水150mm的地区仍可生长。藜豆适应多种类型的土壤，尤以沙壤土为宜。不耐涝，在低洼、潮湿的地方不宜种植。土壤pH在4.5～7.7的范围均可生长，以5.0～6.5为最适。藜豆为短日照植物，延长光照时间，则生育期变长；缩短光照，则生育期变短。但许多品种对光照长短反应不敏感。生长期需要强光，如阳光不足，则易落花、落荚，结荚少，产量低。

三、类型与品种

中国作蔬菜栽培的藜豆有：藜豆［*Mucuna pruriens*（L.）DC. var. *utilis*（Wall. ex Wight）Baker ex Burck.］，是刺毛藜豆［*Mucuna pruriens*（L.）DC.］的变种，产于广东、海南、广西、贵州、湖北和台湾等省、自治区（《中国植物志》第41卷，1995）；四川省栽培的多为黄毛藜豆（*Stizolobium hassjoo* Piper et Tracy 或 *Mucuna bracteta* DC.）。

中国各地种植的都是地方品种。

四、栽培技术

（一）**播种**　中国南方藜豆的播种期一般在3～4月，最迟不超过5月上旬。播种后7～10d发芽，低温、墒情不足时，出苗期长达20d以上。播种前应晒种2d，再温水浸种12h后播种，可缩短出苗天数，并有利齐苗。一般多为直播栽培，也可用营养钵育苗，每钵播种2～3粒。饲料和绿肥栽培都为撒播。

（二）**栽培与管理**　藜豆多零星种植，很少成片栽培。为获高产，可行单作，穴播，设支架种植，行距90～180cm，株距30～90cm，每公顷密度为30 000株，播种量每公顷45～90kg。也可与玉米等高秆作物间、套作，3行玉米1行藜豆。玉米与玉米、玉米与藜豆的行距分别约为100cm和70cm，每公顷为3 000～4 500株。单作每公顷施土杂肥1.5万kg作基肥。通常每穴播种3～4粒，覆土厚3～5cm。苗高15cm左右，及时定苗，每穴留1～2株。结合中耕锄草，追施氮肥每公顷15kg，开花结荚前再行中耕一次。应在旺长前设立支架，以人字形架为好。间、套作栽培，以高秆作物茎秆为支架，任其攀缘，不进行整枝。开花结荚期，如基肥充足时，可不追肥，否则要追肥1～2次。根据墒情和雨涝情况，及时灌溉和排涝。嫩荚成熟采收，要注意的是因为有毒，因此需要在沸水中烫煮，趁热撕去有茸毛的外皮，沿背缝瓣开果荚，放入清水中浸泡、漂洗2～3d以上，至水不现黑色，方可食用。老熟种子需浸泡更长时间，以免食用后中毒。此外，可加工成豆酱、豆腐等。从开花至采收嫩荚约需30d，到种子老熟约需50d以上；生育期为180～270d。选健壮植株留种，等果荚变黑露筋，干硬后摘下充分晒干，于通风处贮藏，播种时再取出种子。

（三）**病虫害防治**　对藜豆构成严重为害的病虫害不多，主要病害有叶斑病和锈病等，通常用烧毁病株的方法来防止这两种病害的蔓延。有时也发生花叶病，也会发生因缺锌而导致黄叶现象。主要虫害有豆芫青、毛虫和豆荚螟等咬食叶片或嫩荚，一般采用药剂防治，即在幼虫孵化盛期和成虫盛期，用50％锌硫磷或50％杀螟松等乳剂1 000倍液防治，效果很好。

（肖　祥）

（本章主编：汪雁峰）

◇ 主要参考文献

［1］郑卓杰．中国食用豆类学．北京：中国农业出版社，1997

［2］龙静宜等．食用豆类作物．北京：科学出版社，1989

［3］中国农学会遗传资源学会．中国农作物遗传资源．北京：中国农业出版社，1994

［4］吴肇志，王德槟．菜豆 豇豆．北京：北京出版社，1988

［5］刘红．菜豆高产栽培．北京：金盾出版社，1993

［6］眭晓蕾等．豆类蔬菜高产优质栽培技术．北京：中国林业出版社，2000

［7］周光华．蔬菜优质高产栽培的理论基础．济南：山东科学技术出版社，1999

［8］山东农业大学．蔬菜栽培学各论（北方本）．北京：中国农业出版社，2000

［9］郑卓然，宗绪晓，刘芳玉．食用豆类栽培技术问答．北京：中国农业出版社，1998

［10］关佩聪，刘厚诚，陈玉娣．蔓生长豇豆的生长与结荚特性．中国蔬菜，1998，（4）：9～12

［11］张友德等．长豇豆生物学特性观察．武汉植物学研究，1995，3（1）

［12］谢文华等．长豇豆农艺性状对产量和品质的关联性研究．华南农业大学学报，1989，10（3）

［13］王佩芝等．豇豆品种资源研究．作物品种资源，1989，（1）

［14］汪雁峰等．千份豇豆种质资源十大农艺性状的鉴定与分析．中国蔬菜，1997，（2）：15～18

［15］汪雁峰等．长豇豆荚色的遗传及其花蕾瓣和籽粒色泽的关系．中国蔬菜，1993，（3）：22～24

［16］陈禅友等．长豇豆种子成熟度对种子活力及田间生产性能的影响．中国蔬菜，1990，（2）：13～16

［17］龙静宜．豆类蔬菜栽培技术．北京：金盾出版社，1999

［18］王连铮等．大豆栽培技术．第二版．北京：农业出版社，1988

［19］王素等．菜用大豆种质资源园艺性状鉴定和优异资源筛选．大豆通报，1996，（2）

［20］汪李平，郑世发，施济农．菜用大豆春季大棚早熟栽培．中国蔬菜，1998，（2）：41～42

［21］程宜春．蚕豆落花落荚问题．中国蔬菜，1984，（2）：55～57

［22］郎莉娟等．有限花序蚕豆研究初报．作物品种资源，1990，（3）

［23］郎莉娟等．多花多荚型高产蚕豆品种的选育．浙江农业学报，1994，（4）

［24］郎莉娟等．我国不同地域区间的蚕豆引种联合试验．浙江农业科学，1998，（4）

［25］潘启元．世界扁豆研究现状．宁夏农学院学报，1992

［26］覃初贤等．桂西扁豆种质资源其性状分析．广西农业科学，1996，（4）

［27］曲松等．山东省扁豆种质资源的观察与利用．山东农业科学，1997，（14）

［28］何桃元．特种豆类作物高产栽培与加工利用．武汉：湖北科学技术出版社，2000

［29］彭友林等．湖南省扁豆种质资源的研究．武汉植物学研究，2000

［30］梁家勉．中国农业科学技术史稿．北京：农业出版社，1989

［31］全国农作物品种审定委员会编．中国蔬菜优良品种（1980—1990）．北京：农业出版社，1992

［32］中国农业科学院蔬菜花卉研究所主编．中国蔬菜品种志．北京：中国农业科技出版社，2001

［33］刁治民．青海豌豆根腐病病原菌种类及致病性研究．微生物学杂志，1996，16（1）：31～34

［34］岳青，苗如意．矮生菜豆豆荚发育及品质形成的研究．中国蔬菜，1994，（2）：17～20

［35］吕佩珂，李明远，吴钜文等．中国蔬菜病虫原色图谱（第三版·无公害）．北京：中国农业出版社，2002

［36］张克位．5％锐劲特种衣剂防治豆杆黑潜蝇的初步试验．广西植保，2002，15（4）：9～10

［37］中国科学院中国植物志编委会．中国植物志．第四十一卷．北京：科学出版社，1995

第十九章

水生蔬菜栽培

中国栽培的水生蔬菜有莲藕、茭白、慈姑、水芹、荸荠、菱、芡、莼菜、蒲菜和豆瓣菜、水芋等10余种，大多为中国原产，栽培历史多在2 000年以上。只有豆瓣菜引自欧洲，栽培历史也短。

水生蔬菜是中国特有的蔬菜。中国人很早就采集水生植物作蔬菜，在这个过程中，有些水生植物逐步驯化成为栽培蔬菜。先秦时期（公元前221年以前）能确定为人工栽培的水生蔬菜就有蒲和芹，并已开始食用茭白。《水经注·沔水》（5世纪末或稍后）记载了东汉初年在鱼池中种植莲、芡。南北朝后魏·贾思勰《齐民要术》（6世纪30年代或稍后）中首次记载了水生蔬菜的栽培法，种类有蓴（莼）、藕（其实莲）、芡、芰（菱）。此后，历代劳动人民充分利用淡水水面和水田逐步发展各种水生蔬菜，使其成为中国蔬菜家族的重要组成部分，在蔬菜周年生产和均衡供应方面起到了重要作用。

水生蔬菜大多分布在中国南方，即长江流域及其以南地区。这些地区气候温暖，年平均气温在15℃以上，无霜期达210d以上，雨水较多，河、湖边缘的淡水面积和水田面积较大，加上水乡农民长期积累的栽培经验，使得这些地区成为各具特色的水生蔬菜产区。

由于栽培水生蔬菜对构建水乡生态农业、增加蔬菜花色品种和有效供应，以及加工出口创汇等方面，均有积极意义，所以自改革开放以来，受到各级政府和农民的重视，在生产规模上有较大的发展，在栽培技术上有较多的创新。北方地区也有引进栽培，并获成功。

本章所论述的水生蔬菜，是指在淡水水面和水田中栽培的高等植物，其产品供作蔬菜食用。至于在海水中生长和养殖的紫菜和海带等藻类植物，虽也作蔬菜食用，但在生态环境和生产技术上均与上述水生蔬菜相差甚远，故未列入本章论述。

水生蔬菜大多起源于热带和亚热带多雨的湖泊和沼泽地带，在系统发育上有其共同的渊源，在植物形态和对环境的适应性等方面，存在一些共同特点：

喜水湿，不耐旱：生长发育期间需经常保持一定水层，但不同种类对水深的要求各有不同。

根系较弱：由于植株都在水中或充分湿润的土中生长，吸水易，以致根系不发达，根毛退化，故要求在土层深厚、土质肥沃、含有机质多的土壤中栽培。

具有发达的通气系统：其通气系统由气腔、气囊和气道组成，使从叶片进入的空气能顺利通向植物体内，这在莲藕体内就表现得特别明显。在水生蔬菜的茎和叶柄组织中，还常存有隔膜，具有通气、放水和加强支撑的作用。同时，其茎秆较脆弱，栽培上要注意防风。

生育期较长，多喜温暖：多数种类生育期长达150～200d以上，且需在无霜期生长；只有水芹和豆瓣菜喜冷凉，耐轻霜。

生产上多行无性繁殖：除菱和芡实用种子繁殖外，其余都用球茎、根状茎等营养器官进行繁殖，用种量大。

水芋和水蕹菜分别是芋和蕹菜的一种生态类型，其栽培方法和技术，可参见第十章第三节和第十五章第四节。

第一节 莲 藕

莲藕是睡莲科（Nymphaeaceae）莲属中能产生肥嫩根状茎的栽培种，学名：*Nelumbo nucifera* Gaertn.；别名：莲、藕、荷等。古称：芙蓉、芙渠等。水生草本植物。起源于中国和印度。在中国约有 3 000 年栽培历史。两周初年至春秋时期黄河中下游地区的诗歌总集《诗经》中已有"彼泽之陂，有蒲与荷"的记载。郑州仰韶文化遗址中出土有炭化的莲子。现各地栽培比较普遍，其中以长江流域、珠江三角洲、洞庭湖、太湖及江苏省里下河地区为主产区，台湾省种植莲藕也较普遍。日本、印度、东南亚各国、俄罗斯南部也有分布。藕中主要含淀粉、蛋白质，以及多种维生素；莲子中主要含淀粉和蛋白质。莲藕可煮食、炒食、作水果生食，亦可加工成盐渍藕、保鲜藕和速冻藕或加工成藕粉。莲子多去皮、去芯，加工成通芯白莲，烘干后作营养食品，供出口或内销。藕节、荷叶、莲蓬及莲子均可入药。莲藕产品耐贮藏、运输，在中国大部分地区可四季上市，近年来栽培面积有较大的发展，在水生蔬菜中居于首位。

一、生物学特性

（一）植物学特征

1. 根　为须状不定根系，着生于地下茎（莲鞭）的各节上，多数长 10cm 左右，生长期呈白色，藕成熟后变黑褐色。

2. 茎　为地下茎，通称莲鞭。种藕顶芽萌发后，抽生细长的地下茎，在土中水平伸长，自第 3 节开始抽生分枝，分枝长到一定长度后可再生分枝。主藕鞭一般 10～13 节前开始膨大而形成新藕，通称结藕，新藕多由 3～6 节组成。其先端一节较短小，称为藕头；中间几节较粗、长，称为藕身；最后一节较细长，称为后把；合在一起，称为亲藕（主藕）。从亲藕上抽生的分枝藕称为子藕，子藕上还可抽生孙藕。亲藕、子藕和孙藕，渐次短小，共称整藕或全藕。

藕的皮色白或黄白，散生淡褐色皮点。藕体内有多条纵列的孔道，与莲鞭、叶柄中的孔道相通；叶柄中的孔道又与荷叶中心的叶脐相接，进行气体交换。

3. 叶　通称荷叶。为大型单叶，由地下茎各节向地上抽生。叶片近圆形，全缘，具长柄，叶正面绿色，有蜡粉一层，背面灰绿色，叶脉从叶脐向叶缘呈放射状排列。初生的荷叶较小，叶柄细弱，不能直立，浮于水中的称为钱叶，浮出水面的称为浮叶。往后抽生的叶逐渐高大，叶柄粗硬，并生有刚刺，挺立出水，称为立叶。立叶渐次高大，形成上阶梯叶群；随后抽生的立叶又渐次短小，形成下阶梯叶群。但因每年气候变化不同，致使这种上、下阶梯现象常不够明显。临结藕前抽生的一张立叶常最高，因其下方为新藕的后把，故称后把叶或后栋叶，该叶的出现，意味着地下茎开始膨大结藕。最后还要抽生一张短小的叶，叶柄光滑少刺，叶片厚实，着生于新藕的节上，称为终止叶。采收时只要将后把叶和终止叶连成一线，即可判断地下新藕的位置。

4. 花　通称荷花。单生，白或粉红色，两性，雄蕊多数，花丝较长，雌蕊柱头顶生，心皮多数，散生于肉质花托内，花期 3～4d，一般清晨开放，下午闭合。藕莲花少或无花，子莲花多，开花持续的时间较长。

5. 果实和种子　通称莲蓬和莲子。莲蓬由花托膨大而成，其中分离嵌生莲子。莲蓬属假果，莲子才是真正的果实，成熟后果皮坚硬，革质，内具种子 1 粒，卵圆形或近圆形，果皮内为膜质种皮，剥去种皮，内为两片合抱的肥厚子叶，即莲子的可食部分。其中夹生绿色的胚芽，通称莲芯，味苦，供药用。种子在适宜的环境中，寿命可长达千年。莲藕植株全形见图 19-1。

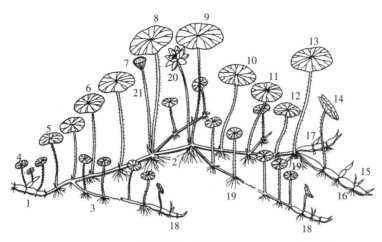

图 19-1　莲藕植株

1. 种藕　2. 主藕鞭　3. 侧藕鞭（分枝）　4. 水中叶　5. 浮叶　6. 立叶

7～8. 上升阶梯叶群　9～12. 下降阶梯叶群　13. 后栋叶　14. 终止叶

15. 叶芽　16. 主鞭新结成的亲藕　17. 主鞭新结成的子藕

18. 侧鞭新结成的藕　19. 须根　20. 荷花　21. 莲蓬

（引自：《中国水生蔬菜》，1999）

（二）对外界环境条件的要求

1. 温度　莲藕喜温暖，不耐霜冻，其整个生育期多在 200d 左右，均须在无霜期内度过。春季气温 15℃时开始萌芽，随后在 20～30℃下生长最合适。气温过高，达 35℃以上时其光合能力显著下降；气温降至 15℃以下，则生长停止。

2. 水分　要求在一定的水深中生长，不同品种适应的水深存在差异。苗期需水较浅，一般 10～30cm；生长盛期需水逐渐加深，一般 50～100cm；结藕后水位又应逐渐回落。要求涨落比较平缓，不宜猛涨狂落。

3. 光照　需阳光充足，不耐遮荫。为短日照植物，日照由长转短，有利于开花结果和结藕。

4. 土壤营养　要求土壤含有机质 1.5％以上，土层较深厚，保水保肥力较强。对三要素的要求，藕莲以氮、钾肥为主，磷肥配合；子莲氮、磷、钾肥并重。

（三）生长发育特性　莲藕以种藕进行无性繁殖，每年完成一个生长发育周期，其生长发育历经以下阶段性变化：

1. 萌芽生长期　休眠越冬的种藕，在春季气温上升至 15℃时，顶芽萌发生长，抽生出新的地下茎，并在地下茎的节位上，先后抽生浮叶和第一张立叶，一般历经 30d 左右，标志着新苗已可独立自养。气候温暖，水层较浅，则进展较快。

2. 旺盛生长期　植株现立叶以后，气温逐渐升高至 25～30℃，此时生长加快，立叶增多、增大，并从主茎上发生较多分枝，生长量渐达最大，终至主茎上抽生最高大的后栋叶，标志着营养生长即将转缓。旺盛生长一般历经 50～70d。气温高，水肥足，有利于营养生长，可为结藕奠定物质基础。

3. 结藕和开花结果期　营养生长转缓，主茎和分枝先端先后膨大结藕，同时先后开花结果。藕莲结藕较大，开花结果较少或不开花；子莲开花结果较多，但结藕较小。及至大多数果实和种子成熟，新藕膨大定型和组织成熟，气温降至 15℃以下，立叶陆续枯黄，新藕在地下进入休眠越冬。本阶段一般历经 80～90d。水位平缓下降，气温逐渐转凉，肥料持续供应，有利于结成大藕和多结莲子。

据屈小江、赵有为（1991）用江苏省苏州市无花早熟品种"花藕"为试材的研究结果，藕的体积膨大开始于种藕萌发后 80～115d，整个膨大期历经约 35d。主藕体积增长和重量的增加基本同步，两者均呈 S 形曲线变化。在藕的膨大过程中，藕的"干重比"（干重/体积）逐渐增加，含水量减少。不同时期花藕种株主要器官中干物质的变化情况如图 19 - 2 所示。干物质在花藕主要器官中的分配与积累因不同生育期而异。在生育初期，同化产物的分配率以叶为高，约占 74.5％，随着生育期的推移，同化产物在叶中的分配率降低，到结藕期，叶中干物质重只占全重的 28.91％，而此时藕中同化产物的分配率增长迅速。新藕开始形成时，干物质重量只占 6％ 左右，而到成熟时高达62.22％。藕莲植株生育前期以营养生长为主，后期在建成强大的营养器官的基础上，转入营养积累时期，以其后栋叶的出现为标志（图 19 - 2）。

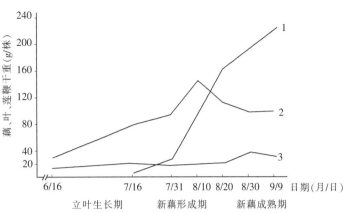

图 19 - 2　花藕植株不同生育期中主要器官干物质的变化
1. 藕　2. 叶　3. 莲鞭
（屈小江、赵有为，1991）

二、类型及品种

（一）类型　莲藕在中国的长期栽培中，由于利用的产品器官的不同而演变成 3 大栽培类型：藕莲、子莲和花莲。花莲属花卉栽培，在蔬菜栽培上只有藕莲和子莲两类。经过长期的栽培、选育，藕莲和子莲又分化出各具特色的栽培品种。据不完全统计，中国总计有栽培品种和野生种种质材料 100份以上，其中藕莲约占 2/3。

　　1. 藕莲　以藕供食用为主，整支藕重一般都在 1kg 以上，开花较少，结实率较低。藕莲依对水深适应性不同，又可分为浅水藕和深水藕。

　　（1）浅水藕　适于沤田、浅塘和水稻田栽培，水位多在 20～40cm，最深 70cm。

　　（2）深水藕　相对于浅水藕而言，能适应较深水层。一般要求水深 30～50cm，最深不能超过1～1.2m，多为中、晚熟品种。

　　2. 子莲　以产莲子为主，生育期较长，成熟较晚，结实率高，莲子较大，但结藕细小。需气候温暖而适中，因而在中国的分布地带较狭窄，主要限于长江中、下游以南与珠江流域以北地区。子莲的种质资源不多，但也有适应不同水层深度的品种、耐土壤贫瘠的品种等。

　　（二）品种

　　1. 苏州花藕　又名无花早藕。江苏省苏州市地方品种。浅水藕。主藕 3～4 节，藕身较粗短，皮光滑，玉黄色。无花。极早熟，质脆嫩，少渣。

　　2. 苏州慢荷　江苏省苏州市地方品种。浅水藕。藕身较长大，主藕 5～6 节，皮玉黄色，花少，粉红色，中晚熟，质细嫩，宜熟食。

　　3. 大紫红　江苏省宝应县地方品种。浅水藕。主藕 4～5 节，藕身长圆筒形，皮米白色，叶芽紫红色。花少，粉红色。中熟，品质好。从大紫红中选出的优良品系科选 1 号比大紫红增产 10％。

　　4. 鄂莲 1 号　又名武莲 2 号。武汉市蔬菜研究所于 1993 年育成。浅水藕。主藕 6 节，藕身粗圆筒形。花白色。早中熟。质脆嫩，宜炒食。

　　5. 美人红　江苏省宝应县地方品种。深水藕。藕身粗长圆筒形，主藕 4～5 节，皮米白色，叶芽胭脂红色。无花。晚熟，品质中等。

　　6. 鄂莲 4 号　1993 年武汉市蔬菜研究所从武莲 1 号与长征泡子人工杂交的后代群体中，经无性

系单株选择而获得。深水藕。藕身粗圆筒形，主藕 6 节，节间较粗短，皮白色。花少，白色。早中熟，为优质、高产品种。

7. 扬藕 1 号　扬州大学农学院（原江苏农学院园艺系）于 1992 年育成（扬州白花×苏州慢荷）。深水莲。花较少，白色，瓣爪尖红。主藕长 90～100cm，具 4 节，最大节段长 26cm，横径 6～7cm。藕表皮黄白色，肉白色。主藕重 1.5～2kg。肉质脆嫩，少渣，生、熟食均可。

8. 百叶莲　江西省广昌县地方品种。子莲。花红色，莲蓬碗形，蓬面凸，心皮（莲孔）14～20，莲子卵圆形，千粒重 1 465g。适于浅水田栽培，当地 4 月下旬栽种，7～10 月采收，品质好。

9. 赣莲 85－5　江西省广昌县白莲研究所从湖北省引进的杂交组合后代中选育出的新品种。子莲。花红色，心皮 30～50，结实率 90%。适于浅水田栽培，当地 4 月下旬种植，7～9 月采收，品质好。

10. 白花湘莲　湖南省湘潭县地方品种。子莲。花粉红色，莲蓬面凸，心皮（莲孔）12～30，莲子卵圆形，千粒重 1 419g。适于浅水田栽培，4 月下旬种植，8～10 月分次采收，品质好。

11. 红花建莲　福建省建宁县地方品种。子莲。莲蓬扁碗形，蓬面平，心皮（莲孔）21～38，莲子卵圆形，千粒重 1 370g。中晚熟，当地于 4 月中旬种植，8～10 月分次采收。品质中上。较耐深水。

12. 处州白莲　浙江省丽水县地方品种。子莲。有高、矮秆两个品系，秆高分别为 1.9m 和 1.7m。花大而多，粉红色，中早熟，当地 4 月初种植，7～9 月采收。

在藕莲中，又有肉质脆嫩、味甜，适于生食的品种，如扬州白花藕、广州海南洲藕；有肉质细腻、含淀粉多，适于熟食的品种，如广西贵县莲藕；有淀粉含量特高，适于加工制粉的品种，如金华塘藕、武汉州藕等。其他在适应水层深浅、熟性及开花习性等方面，也具有丰富的种质资源材料。还有品质特优的品种如福建白花建莲和江西广昌白莲等。

三、栽培季节和方式

莲藕都在当地春季断霜后种植，夏季开始采收嫩藕，秋冬采收老熟藕。在越冬不致受冻的条件下，可暂留在田间，陆续采收到第 2 年春。其中子莲多在江南地区种植，生育期较长，于夏、秋两季分次采收，冬前结束。

浅水莲藕利用水田栽培，常与其他水生蔬菜或水稻实行轮作，其前、后茬作物常为慈姑、荸荠、水芹、茭白和水稻等。深水莲藕利用湖荡种植，常为种植一次，连收 3～5 年，然后换茬。常与蒲草、芦苇轮换种植。

四、栽培技术

（一）繁种方法

1. 种子繁殖　莲子可以繁殖，但生长期长，当年不能结藕，且变异性大。因此生产上不用莲子繁种。

2. 肉质根状茎繁殖　传统的莲藕生产用整藕作种，每公顷用种量为 3 000～4 500kg，成本较高。李双梅等（2003）研究了用主藕、子藕和整藕作种繁殖的对比试验，结果认为：用子藕作种的，植株生长前期和中期生长较快，但 3 种繁殖方式不影响莲藕的熟性，对地下茎的产量、单支藕重等性状无显著的影响（表 19－1），说明子藕、主藕、整藕均可用于莲藕的繁殖，特别是用子藕作种，省力、省种。近年来，广东、云南、湖南、江西等省的栽培实践也证明子藕作种是切实可行的。如用子藕作种，则子藕必须粗壮，至少有 2 节以上充分成熟的藕身，且顶芽完整。

表 19-1 不同繁殖方法对地下茎的影响比较

(李双梅等，2003)

| 年份 | 繁殖方式 | 整藕重（kg） | 主 藕 | | | | 总支数（支） | 五节以上比例（%） | 折合产量（kg/hm²） | 两年平均产量（kg/hm²） |
			总长（cm）	第三节长（cm）	第三节粗（cm）	尾梢长（cm）				
2000	子藕	3.87	121.1	16.5	7.3	35.5	29.0	96.5	35 982	33 624（子藕）
	主藕	3.79	127.1	15.5	7.4	31.9	30.0	91.7	36 554	
	整藕	3.74	114.1	16.8	7.26	29.9	36.7	85.6	39 056	36 179（主藕）
2001	子藕	3.87	131.1	16.7	7.51	26.3	32.7	100.0	31 266	
	主藕	3.95	129.5	17.3	7.82	27.9	33.0	94.9	35 804	33 911（整藕）
	整藕	3.60	121.2	16.3	7.85	31.2	32.7	91.5	28 764	

3. 茎尖组织培养快速繁殖 莲藕采用无性繁殖虽然可以保持种性稳定，但是长期无性繁殖，又不可避免地要感染病毒，并又由种藕传代，逐代加重。"僵藕"就是因感染病毒及栽培条件变化所造成，给生产带来很大损失。采用茎尖组织培养、脱毒和快速繁殖技术，既可保持品种的优良种性，又可脱除主要病毒。扬州大学农学院李良俊等（1994）选用江苏省宝应县主栽品种美人红为试材，取新鲜种藕茎尖进行培养，获得了脱毒组培苗，再进行驯化和移栽，经适宜生长期100d左右，即可结出较大的新藕，供下年作种用。

（二）藕莲栽培技术

1. 藕田或藕荡选择 应选保水性好，含有机质在1.5%以上的肥沃田块。深水种植应选水位较稳、水流平缓，汛期最高水位不超过1m的湖荡，并要求淤泥层较厚，土壤较肥。

2. 种藕选择 应选符合所栽品种特征，有完整两节以上的较大子藕或亲藕做种，并要求顶芽完好，无病虫害，并以后把较粗短为宜。

3. 整地 水田应于栽前半月以上及早耕翻，施足基肥，每公顷施入腐熟厩肥或粪肥22 500～40 000kg，耙糖平整，放入浅水，并加固田埂，以防漏水、漏肥。湖荡也应尽可能平整底土，如系蒲滩或芦滩则应提前于头一年夏季割除、深翻，使其根茬腐烂，次年才可翻土栽藕。

4. 栽植 一般都在当地断霜以后栽植，长江流域都在4月下旬到5月中旬，华南地区多在2～3月。种藕一般于临栽前挖取，随挖、随选、随栽，不宜久放。外地引种，在运输过程中注意覆盖防晒，定时喷水保湿，堆勿过高，以防过热。到达目的地后，抢栽下田。

栽植密度视藕田类型、品种及采收上市期而异，一般浅水藕（田藕）比深水藕（湖荡藕）栽植要密，早熟品种比晚熟品种栽植要密。近几年来，早、中熟品种为求提早采收上市，栽植密度有提高的趋势，如苏州花藕已从每公顷12 000支，加密到15 000支，即加至行距1.2m，穴距1m，每穴栽较大子藕2支，每支藕重250g以上。中晚熟品种一般行距1.5m，穴距0.7m，每穴栽1支。深水藕多栽晚熟品种，一般行距2～2.5m，穴距1.5～2m，每穴栽整藕1支，即包括主藕1支、子藕2支；或子藕3～4支，每支250g以上，集中丛栽有利于出苗。

栽藕时力求灌浅水，田间保持水深3～5cm即可，各行栽植穴宜交错排列，种藕顶芽一律朝向田内。栽时将种藕顶芽朝确定的方向稍向下斜插入，后把节稍向上翘，使藕身前后与田面呈20°～25°斜角，可促进萌芽。

5. 水层管理 栽后初期宜浅，随着气温的升高和立叶的逐步高大，水位宜逐渐加深，浅水藕最深30～40cm，深水藕最深1m，水位过高时应尽力排放。要防止淹没立叶，引起死亡。后期进入结藕期，天气转凉，水位又应逐步排浅，农谚"涨水荷叶落水藕"，意即在此。

6. 除草、追肥 栽植成活以后，要及时除草，直至立叶基本封行为止，共进行2～3次，并要注

意不踩伤地下茎。浅水藕一般追肥2～3次，即在抽生少数立叶时，追施发棵肥，每公顷施入腐熟有机肥15 000kg或尿素等氮素化肥200～300kg；如植株生长仍不旺盛，可在2～3周后再追肥1次，除氮肥外，还应加施过磷酸钙和硫酸钾等磷、钾肥，用量与尿素相近。最后于田间出现少数终叶时，再重施一次催藕肥，每公顷施入腐熟的粪肥20 000～30 000kg，外加硫酸钾225kg。施肥应选无风天气，上午露水已干后进行，以防化肥沾留叶片。每次施肥前应尽量放干田水，以使肥料溶入土中，次日还水。深水藕施肥易溶于水，并随水流失，一般都用绿肥或腐熟厩肥，塞入水下泥中，注意勿伤地下茎。也可将化肥与河泥混合均匀，做成肥泥团，稍干后，塞入水下泥中。

7. 转藕头 藕莲旺盛生长期，藕鞭在地下伸长迅速，常见有顶芽（藕头）穿过田埂，造成田外结藕（逃藕）。在此期间须常下田检查，当新生的卷叶在田边抽生，距田埂仅1m左右时，应在晴天下午扒开表土，轻将藕梢转向田内，盖泥压稳，以防移动。

（三）子莲栽培技术 子莲的栽培技术与藕莲基本相同，但也有几点不同，分述如下：

1. 种藕选择 子莲也用种藕进行无性繁殖，以保持种性稳定。选择种藕时除要求具品种的特征外，并要求节间短、节位密，每1节间长以不超过20cm为宜，这样将来抽生的莲鞭节数多，开花结果也多。

2. 栽植密度 多行多株丛植，每穴栽植整藕（包括主藕和子藕共3支）3株，比藕莲密度大1倍左右。

3. 施肥 子莲结果以后，于莲子始收期和始收20d左右，增施2次磷、钾肥，每次施入过磷酸钙和硫酸钾各150～225kg/hm²。

（四）保护地栽培技术 塑料大、中、小棚均可用于莲藕的保护地栽培，但以塑料中棚较为合适。塑料小棚虽然有可移动性好，升温快，操作容易等优点，但保温效果差，长出的立叶很快就顶着棚膜，所以覆盖时间短，和露地栽培相比，收获期仅提早5～7d；塑料大棚的保温性比小棚好，覆盖时间长，可比露地栽培早1个月上市，但棚架不便移动。塑料中棚是指宽3m左右，高1.4m左右的覆盖设施。其主要栽培技术要点：

1. 品种选择 应选用如鄂莲1号、鄂莲3号、武莲1号等早熟品种。长江中、下游地区于3月中旬定植，株行距0.8cm×2.0m，每棚栽2行。

2. 温度管理 从定植到第1片叶展开，以保温为主，棚膜要密闭。第2片叶展开后，外界气温变化大，谨防低温或高温危害，注意通风，最高气温不宜超过40℃。到第2片立叶膨大，要加强通风，当白天气温稳定在30℃时，可逐步撤除棚膜。

3. 追肥 保护地栽培一般追两次肥，一次施提苗肥，于第1片立叶展开时，每公顷追施150kg尿素；第2次追肥在封行前，主鞭长有4～5片立叶时，每公顷施300kg氮磷钾复合肥。

五、病虫害防治

（一）主要病害防治

1. 莲腐败病 病原：*Fusarium oxysporum* f. sp. *nelumbicola*。通过种藕和土壤传播，为害根及地下茎，严重时地下茎呈褐色至紫黑色腐败，殃及地上部，从病茎抽出的叶片青枯萎蔫，严重时造成全株、甚至成片枯死。防治方法：①实行合理轮作，与泽泻2～3年轮作，或与水稻轮作防病效果好；②采用无病种藕，洗净晒干再用50%多菌灵或甲基硫菌灵可湿性粉剂800倍液均匀喷雾后，用塑料薄膜覆盖密封24h；③施用腐熟有机肥；④栽前撒施50%的多菌灵可湿性粉剂30kg/hm²后耕翻。

2. 莲藕病毒病 又名：僵藕，为近年发现的新病害，造成发芽延迟，生长衰退，藕身僵硬瘦小，出现多数褐色斑，顶端常扭曲、畸形，成为废品。多年连作田加重。经扬州大学农学院水生蔬菜研究室研究，初步确定为病毒感染所致（学名待定）。防治方法：①实行合理理轮作；②选用无病种藕；

③增施腐熟的有机肥，以改善土壤理化性状。

（二）主要害虫防治

1. 斜纹夜蛾（*Prodenia litura*） 又名：莲蚊夜蛾。从华北至华南年发生4～9代，在南方多以蛹越冬，华南、西南冬暖地区可终年发生。成虫昼伏夜出，卵多产于莲叶的背面叶脉交叉处，卵粒叠成2～3层块状。初孵幼虫群聚取食，可吐丝下垂随风飘散或从水面迁至其他株。4龄幼虫畏光，大多在阴暗的下部叶取食，其后夜出为害进入暴食期。此虫喜高温、高湿环境，长江流域7～9月、华南7～10月常间隙性大发生，可局部造成毁灭性损失。防治方法：①可用黑光灯诱杀成虫；②化学药物防治应在低龄幼虫期及时喷药，可选用90%晶体敌百虫700～800倍液，或5%氟啶脲（抑太保）乳油1 500倍液，或20%虫酰肼（米满）悬浮剂1 500倍液等。

2. 莲缢管蚜（*Rhopalosiphum nymphaeae*） 年发生多代，4月下旬至10月均可发生，以有翅蚜从露地桃、李、杏、樱桃等越冬寄主上迁至藕田等水生蔬菜上繁殖为害。喜高湿环境，不耐高温，初夏和秋季发生重，为害叶芽、花蕾、幼嫩立叶，降低产量和质量。防治方法：①成片种植，减少春夏茬混栽及莲藕与慈姑混栽；②适度密植，防止田间郁闭，清除田间浮萍；③可选用40%乐果乳油800倍液，或50%抗蚜威或10%吡虫啉可湿性粉剂4 000倍液等喷雾。

3. 食根金花虫（*Donacia provosti*） 俗称水蛆。大多1年1代，幼虫入土以尾钩固定虫体于地下茎前端，食害根须和地下茎幼嫩部位；成虫咬食叶片呈缺刻和孔洞。防治方法：①冬季排除藕田积水，实行水旱轮作；②春季栽藕时结合整地，施5%辛硫磷颗粒剂45kg/hm²拌细土或尿素撒施；③在为害期用50%西维因可湿性粉30kg/hm²，加细土2.5倍拌和制成毒土，于午后或傍晚撒在放干水的藕田中，翌日放浅水，3d后正常灌水管理。

六、采收与留种

（一）采收 当终止叶叶背面微红，早生立叶开始枯黄时，即可采收嫩藕，就近上市。可根据后把叶和终叶的走向，确定地下藕的位置。当大部分立叶枯黄时，可采收老熟藕。可在防止受冻的条件下，留田陆续采收到次春萌芽前。冬季地上荷叶全枯，但手摸到终止叶叶柄，仍感柔韧，据此可找到地下藕之所在。

子莲陆续开花结莲，莲子陆续成熟，须分多次采收。莲子一般在花后30～40d达到成熟采收，具体因结果期内气温高低而异。一般当莲蓬上莲孔边缘稍带黑色，莲子呈灰褐色为适度成熟，即可采收。采收过早，莲子太嫩，含水量大；采收过迟，莲子的果皮坚硬如铁，不易剥皮。较大而饱满的莲子可制通芯干白莲子，价格较高。制法：先用小刀剥去果皮，再徒手除去内层种皮，并推擦干净，随即用火柴棒或小竹签，对准两片肥厚子叶（食用部分）中间夹生的莲芯（胚芽），从下向上将莲芯捅出。莲芯另作药用。莲子即成洁白、圆满、中空的通芯白莲，晒干后即可包装运销或贮存。一般比较瘦小的莲子，则采用机械加工去果皮（去壳）后，制成连芯、干莲子。

（二）留种 无论藕莲、子莲，都用在田间越冬的老熟主藕和子藕做种。应选品种纯正、优质高产的田块作留种田。长江流域及其以南地区，在越冬期内，气温一般不会低于−8℃，可在留种田保持浅水，以防土壤冻裂，保护种藕。华北地区气候严寒，气温有时低于−10℃，可在田间覆盖一层稻草，以防止土壤冻结或冻裂。到春季栽藕时挖种藕，随挖、随选。一般留种田面积约需占计划新栽藕田面积的1/6～1/4。

（李良俊）

第二节 茭 白

茭白是禾本科（Gramineae）菰属多年生宿根性水生草本植物。学名：*Zizania caduciflora*

（Turcz.）Hand.‐Mazz.；别名：茭瓜、茭笋、菰首等。原产中国。茭白由同种植物茭草演变而来。秦汉以前，人们只吃茭草的种子，是重要的粮食作物之一，当时称为菰米、雕胡或芯。秦汉时期或以前，茭草中出现了茭白。茭白一名最早见于宋·苏颂等《图经本草》（1061）。秦汉间的字书《尔雅·释草》（公元前2世纪）有"出隧，蘧蔬"。"蘧蔬"就是茭白。东晋·郭璞注曰："蘧蔬、似土菌，生菰草中。今江东啖之，甜滑"。这说明，茭白的出现大约是在秦汉时期，而开始被人们所食用则不晚于晋代。唐·房乔等撰《晋书》（646）中记有苏州名士张翰为官洛阳，思念"吴中菰菜、蓴羹、鲈鱼脍"的故事，说明茭白已是晋代太湖地区一种名菜了。茭白主要分布在长江流域及其以南的水泽地区，其中在江苏、浙江两省的环绕太湖地带更为集中，北方仅有零星分布。除中国作为蔬菜栽培外，还有越南等国。

茭白的肉质嫩茎是供食用的部位。其肉质茎的形成与一般植物不同，系经受一种食用黑粉菌（*Ustilago esculenta* P. Henn）在其体内的寄生，分泌生长激素刺激花茎不能正常抽生而畸形膨大，成为肉质茎，故茭白产品实为寄主植物与食用黑粉菌的共同作用所致。其肉质嫩茎中一般含有蛋白质、碳水化合物、粗纤维，以及维生素和矿物质等。其有机氮以氨基酸的状态出现（含有18种氨基酸），故营养丰富，味道鲜美。

茭白产品较耐贮运，选用不同类型品种搭配栽培，可于夏、秋两季陆续采收，运销远近城市。

一、生物学特性

（一）植物学特征 茭白为多年生宿根性草本植物。成长植株一般高1.3～2.5m，叶片披针形，长100～160cm，各叶鞘互相抱合形成假茎。叶片与叶鞘相接处有一三角形叶枕，通称"茭白眼"，灌水时一般不能超过"茭白眼"。茎有地上茎和地下茎，地上茎位于主茎和各分蘖的基部中心，呈短缩状，茎上可再发生分蘖。短缩茎发育到一定阶段，拔节抽长，在寄生其体内的食用黑粉菌分泌生长激素的刺激下，先端数节畸形膨大，形成肥嫩的肉质茎，即食用的茭白。地下茎为匍匐茎，常卧生土中，离开由多数茎蘖形成的母株丛（茭墩），先端的芽转向地上生长，抽生分株，通称"游茭"。及至冬季，地上部枯死，以根株留存土中越冬。茭白植株形态见图19‐3。

图19‐3 茭白植株形态图
1. 肉质茎 2. 叶 3. 分蘖
4. 根 5. 地下匍匐茎
（王槐英，1964）

（二）对环境条件的要求

1. 温度 茭白5℃以上开始萌芽。生长适温15～30℃之间，孕茭适温15～25℃。因品种不同而略有差异。气温降至5℃以下，则地上部迅速枯死，以根株留存土中，休眠越冬。

2. 水分 为浅水性作物，生长期间不能缺水，休眠期内也要保持土壤湿润。植株从萌芽生长到孕茭，水位宜逐渐加深，一般从5cm加深到25cm，促进孕茭白嫩。往后水位又宜逐渐排浅，保持土壤充分湿润过冬。

3. 光照 一般要求阳光充足，不耐遮荫；但在夏季气温达到35℃，光照强度超过50 000lx时宜适当遮荫。茭白为短日照作物，只有在日照转短后才能孕茭，至今一熟茭的品种仍保留这一特性；而两熟茭则有所改变，对日照长短反应已不敏感，在长、短日照下均可孕茭。

4. 土壤营养 要求土层深厚达到20cm，土壤有机质含量达到1.5%，以黏壤土或壤土为最宜，土质微酸到中性。对肥料要求以氮、钾为主，磷肥适量，氮、磷、钾的施用比例一般为 1:0.8:1～1.2。

(三)生长发育特性 茭白以其分蘖和分株进行无性繁殖，每年经历几个生育阶段，完成一个生育周期，即从春季萌芽生长到冬季休眠越冬。现以长江流域栽培的茭白为例，分述其各生育阶段的变化。

1.萌芽生长 早春 2 月当气温升到 5℃以上时，其短缩茎节上和匍匐茎先端的越冬休眠芽开始萌发，出叶，发根，形成新苗。一般当新苗具有 4 片叶时，即成相对独立生长的植株。萌芽生长历时 40～50d，视当时气温高低而定。

2.分蘖 5 月气温一般升到 20℃以上，具有 4 片叶以上的基本苗（新苗），在生长不太拥挤时，一般都能从基部的叶腋中抽生分蘖。当第 1 次分蘖生长到 4 片叶，并具有自身所发生的根系以后，在适宜的条件下，又能从其基部的叶腋中抽生第 2 次分蘖。一般在 5～6 月出现第 1 个分蘖高峰，以后由于气温升到 30℃以上，不利于分蘖的抽生；同时，植株体内养分转向积累和孕茭，使分蘖受到限制，分蘖基本停止。进入秋凉天气，分蘖又逐渐增多，及至气温降到 20℃以下，分蘖生长缓慢，部分分蘖经霜冻冻枯死，且不再发生新的分蘖。

张凤兰（1991）以苏州小蜡台为试材，研究了两熟茭的生长动态。指出：秋茭分蘖发生有两个高峰期，分别在 5 月中旬至 6 月中旬和 8 月下旬至 9 月上旬，有效分蘖临界期为 6 月下旬。秋茭分蘖和主茎叶片抽出具有同伸关系。夏茭母茎和分株苗出叶同步。在夏茭的全生育期中，母茎和分株上产生的分蘖皆有 3 种形式：①母茎或分株两侧各抽生 1 个分蘖；②只有 1 侧抽生分蘖；③两侧皆无分蘖抽出。苏州郊区的茭农在夏茭的选种上采用的"鲶鱼须"选种法，就是根据分株的 3 种分蘖形式进行的。选择左右两侧分蘖粗壮、长短一致、结茭早的分株作种。

3.孕茭 孕茭适温为 15～25℃，气温低于 10℃或高于 30℃都不能孕茭。同时，只有单株具有 5～7 片以上成长的大叶，且体内黑粉菌寄生正常（品种种性稳定）时才能孕茭。因此，在栽植当年，只有基本苗和部分早期抽生的第 1 次较大分蘖到 8 月下旬以后气温降到 25℃以下时，才能孕茭，这时已进入秋季，故称秋茭。孕茭单株的外部表现为植株不再增高，最上部的 3 片外叶平齐，心叶不再展开，看似下缩，叶鞘相互抱合的假茎发扁、膨大，中部被挤而出现裂缝。内部变化为短缩茎先端拔节抽长，形成花茎，但花茎受寄生的黑粉菌分泌激素的刺激，畸形膨大，形成供食用的肉质茎。一般单株从开始孕茭到成熟采收约经 15～20d。整个秋季孕茭期，即株丛孕茭期约持续 35～50d，因品种和当年气候而定。秋茭分蘖生长及结茭状态见图 19-4。

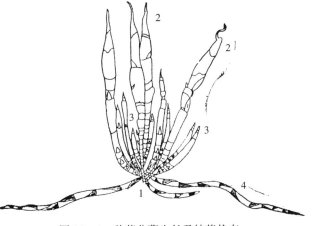

图 19-4 秋茭分蘖生长及结茭状态
1. 主茎 2. 有效分蘖 3. 无效分蘖 4. 匍匐茎
（王槐英，1964）

孕茭结束以后，一般已到深秋，植株生长停滞，株丛内的部分较大分蘖在其基部形成休眠的腋芽；同时抽生地下匍匐茎，在其先端形成休眠的顶芽和腋芽，在土中越冬，次春再行萌芽生长。以上为气候正常年份的情况，有时夏季天气特别凉爽，气温常在 25℃以下，部分成长的单株，提前孕茭，通称"怪茭"。其实怪茭不怪，仍是遵循茭白本身的生育规律所致。

上述生育周期变化系针对一熟茭类品种而言，在一般年景，每年均在秋季孕茭。而两熟茭类品种，则在栽植的第 2 年出现不同情况，即在第 2 年的早夏和秋季两季孕茭。由于两熟茭对日照长短的反应不敏感，故其越冬的休眠芽在早期萌生的新苗，一部分在 5 月下旬到 6 月上旬已长成具有 6～7 片以上大

叶的新株，当时气温一般在 20～25℃，正适于孕茭。虽然早夏是长日照，但两熟茭对日照并不敏感，因而一般于 5 月下旬到 7 月上旬陆续孕茭。及至 7～8 月盛夏高温常达 30℃ 以上，则孕茭中断。秋凉以后，气温降到 25℃ 以下，后来成长的部分植株又行孕茭，形成在一年中两季孕茭。而一熟茭只能在短日照下才能孕茭，故一年中只有秋季孕茭。这是两种类型茭白在生长发育特性上的主要差异。

另外，茭白的肉质茎是茭白植株与寄生在其体内的食用黑粉菌共同作用的产物，因而任何一方发生比较显著的变异，都会使茭白种性发生变异，所以其种性不如其他农作物稳定。最常见的种性变异有两种：一是变为"雄茭"，即部分植株长得特别高大，甚至抽穗开花，却始终不见孕茭，其无性繁殖的后代植株，也是这样。其形成原因在于部分分蘖和分株生长势很强，生长速度特快，寄生在其母茎中的黑粉菌菌丝体跟不上分蘖和分株的生长速度，未能及时进入其短缩茎以至花茎中，因而也就无法分泌激素刺激花茎膨大，直至抽生花穗，失去生产价值。二是变为"灰茭"，即在秋季孕茭时，部分植株的株形并无明显变化，但所孕之茭，即肉质茎却特别短，内部充满芝麻状黑点，甚至一团黑灰不能食用，其无性繁殖的后代也是灰茭。究其原因，在于寄生在茭白植株体内的食用黑粉菌种性发生了变异，从原来以菌丝体在茭白植株内繁殖的方式，变成以产生厚垣孢子进行繁殖的方式，一团黑灰就是大量的厚垣孢子。由此说明，种性不稳，也是茭白有别于其他农作物的一种特性。

（四）产量形成 两熟茭（夏茭和秋茭）产量构成因素基本相同，都是由单位面积株数、平均单株孕茭数（成茭数）和肉质茎平均单重三者构成。但其中平均单株孕茭数的构成则有所不同。秋茭由单株基本苗数加有效分蘖数组成；夏茭由平均单株有效分蘖数加有效分株数组成。江苏省无锡市蔬菜研究所用当地主栽品种广益茭为试材，总结出秋茭和夏茭全年每公顷产量为 45 000kg 以上的成功经验。其秋茭的产量构成为：每公顷栽植 21 000 株，平均每株孕茭 12 枝，平均单茭重 102g，每公顷产量可达 25 500kg。其中每株孕茭 12 支，是由基本苗孕茭 3.5 支加有效分蘖孕茭 8.5 支组成。在产量构成因素中，主要应从增加单株有效分蘖数和增加单茭重两方面考虑。在栽培上，应尽力促进早期（栽植后 40～50d）分蘖的成长，抑制后期分蘖的发生。第二年夏茭产品的产量构成为：平均每株孕茭 11.3 支，平均单茭重 100g，产量可达 23 730kg。其中平均孕茭 11.3 支系由有效分蘖数和有效分株数约各占 50% 组成。在栽培上，必须促进早期分蘖和分株的迅速成长，才能获得优质高产。

一熟茭产量构成原理，栽植当年与两熟茭基本相同，而第 2 年则与两熟茭夏茭相似。

茭白的产量形成与其他蔬菜作物的不同之处，在于孕茭与成茭是由茭白植株与体内寄生的食用黑粉菌共同作用的结果，因而有赖于寄主和寄生菌之间的关系相对稳定和协调。不但要选用二者关系协调的植株作种苗，而且要在整个栽培过程中，保持相对稳定的生长环境，防止水分、温度等条件的急剧变化及营养失调，以减少"雄茭"或"灰茭"的发生，保持种性的相对稳定，确保丰产和稳产。

二、类型及品种

（一）类型 茭白在中国栽培历史悠久，分布广泛，因寄主本身和寄生的黑粉菌任何一方的变异，都可能引起种性改变，所以茭白变异类型较多，通过选择形成的地方品种也较多。如按孕茭季节可分为一熟茭（单季茭）和两熟茭（双季茭）；按孕茭对温度的要求可分为高温孕茭型和低温孕茭型；按肉质茎形态可分为蜡台型、梭子型等。

赵有为等（1999）将中国茭白主要品种按其对环境条件的要求分类如下：

1. 对日照要求严，成株只在短日照条件下孕茭 ································· 一熟茭类
   2. 对温度要求严格，成株只在 25℃ 以下孕茭 ························· 不耐高温型
     3. 肉质茎纺锤形
       4. 肉质茎白色 ································· 寒头茭

  4. 肉质茎白色，一侧有红晕 ·· 一点红茭

 2. 对温度要求不严，成株可在25℃以上孕茭 ·· 耐高温型

  3. 肉质茎纺锤形 ··· 大苗茭

  3. 肉质茎竹笋型

   4. 肉质茎白色 ·· 苏州白种茭

   4. 肉质茎带青色 ·· 苏州青种茭

1. 对日照要求不严格，成株可在非短日照条件下孕茭 ···························· 两熟茭类

 2. 对温度要求严，成株只在25℃以下孕茭 ·· 不耐高温型

  3. 肉质茎蜡台型

   4. 从萌芽生长到孕茭在60d以内，夏茭早熟 ································ 小蜡台

   4. 从萌芽生长到孕茭在70d以上，夏茭晚熟 ································ 大蜡台

  3. 肉质茎竹笋型

   4. 从萌芽生长到孕茭在60d以内，夏茭早熟 ································ 两头早

   4. 从萌芽生长到孕茭在60~70d之间，夏茭中熟 ····················· 中秋茭

  3. 肉质茎纺锤形

   4. 从萌芽生长到孕茭在60~70d之间，夏茭中熟 ····················· 梭子茭

   4. 从萌芽生长到孕茭在70d以上，夏茭晚熟 ································ 吴江茭

 2. 对温度要求不严，成株可在25℃以上孕茭 ·· 耐高温型

  3. 肉质茎竹笋型

   4. 从萌芽生长到孕茭在60d以内，夏茭早熟 ································ 稗草茭

   4. 从萌芽生长到孕茭在60~70d之间，夏茭中熟 ····················· 广益茭

   4. 从萌芽生长到孕茭在70d以上，夏茭晚熟 ································ 红花壳茭

（二）品种

1. 一熟茭类型　于春季栽培，当年秋季孕茭，以后每年秋季采收。该类品种对水、肥条件要求较宽。优良品种有（图19-5）：

（1）一点红　杭州市地方品种。产品肥短，一侧常有红晕，晚熟，高产，品质好。

（2）象牙茭　杭州市地方品种。肉质茎长大，色洁白，植株稍矮，适应性较广。

（3）大苗茭　广州市地方品种。肉质茎纺锤形，孕茭位置较高，耐肥，耐热，产量高，品质好。采收期较短。

（4）软尾茭　广州市地方品种。肉质茎长卵形，白色。结茭位置中等。耐肥，耐涝，产量高，品质较好。采收期较长。

（5）蒋墅茭　1991年江苏省丹阳市农业局和蒋墅乡农业

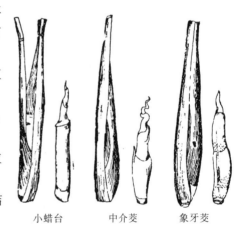

小蜡台　　中介茭　　象牙茭

图19-5　茭白品种

（王槐英，1964）

科技站从无锡中介茭变异单株经选育而成。肉质茎竹笋形，长20~25cm，上段表面略有皱点，单茭重120~150g，产量高，品质好。早熟性突出。分蘖性较弱。

2. 两熟茭类　春季或早秋栽植，当年秋季采收一季，称为秋茭；次年早夏孕茭再采收一次，称为夏茭。该类品种对水、肥条件要求相对较高。优良品种有：

（1）广益茭　江苏省无锡市地方品种。株形较紧凑，茭肉近笋形，秋茭9月中旬始收，夏茭5月下旬始收。茭肉长20~25cm，有细皱纹，顶部弯曲，单茭重60~75g，产量较高，品质好。分蘖性强，分株力弱，对肥水管理要求较高。

（2）刘潭茭　江苏省无锡市地方品种。株形较松散。比广益茭秋茭采收稍早、夏茭采收稍迟。茭

肉笋形，上段皮皱，产量高，品质好，对肥水管理要求高。

（3）鄂茭2号　由武汉市蔬菜研究所于2001年选育而成。肉质茎竹笋形，秋茭早熟，9月上旬始收，夏茭晚熟，6月上旬始收。产量较高，品质好。

（4）小蜡台　江苏省苏州市地方品种。植株高大。秋茭9月底始收，夏茭5月中旬始收。茭肉洁白光滑，中上部具有盘状突出，形似点燃蜡烛的台盘。产量高，品质好，对肥水要求不严。当地还有中蜡台、大蜡台，为中、晚熟品种，肉质茎较粗大，品质亦佳。

（5）梭子茭　又名杼子茭，杭州市地方品种。较晚熟，秋茭于10月上旬始收，夏茭于6月上旬始收，茭肉纺锤形，较粗短，产量高，品质中上。

（6）扬茭1号　1992年由扬州大学农学院从小蜡台群体中变异单株选育而成。株形、茭肉形似小蜡台，但抗逆性较强，较耐低温和贫瘠土壤。茭肉光滑，洁白，细嫩。适应于江淮地区生长。

三、栽培季节和方式

（一）栽培季节　茭白生育期较长，以露地栽培为主。一熟茭都行春栽秋收，多在春季气温回升到15℃左右，长江流域常在4月中、下旬定植，9～11月采收。两熟茭除春栽外，也可培育大苗，早秋定植，秋茭采收期略迟于一熟茭，但第2年早夏还可采收一季夏茭。

（二）栽培方式　茭白一般都行单作，且不宜多年连作，都在栽植1～2年后换茬。利用水田栽培，多与慈姑、荸荠、水芹等水生蔬菜进行合理轮作。江苏省丹阳市曾在栽培方式上有所创新，利用旱田挖沟条栽一熟茭，与蔬菜进行套作，即在菜田作畦、开沟，在畦面种植马铃薯或早熟矮生豆类蔬菜等，在畦沟中套种一熟茭，先收套作的蔬菜，后收茭白，效益较好。

四、栽培技术

（一）单作

1. 田块和品种选择　选择比较低洼的水田或一般水稻田。要求灌、排两便，田间最大水位不超过40cm，并要求土壤比较肥沃，含有机质较多，微酸性到中性，土层深达20cm以上。根据当地市场需要和气候条件，选择适宜品种。淮河以北地区春季气温回升较晚，一般只宜引种一熟茭。茭白采用无性繁殖方法，种苗需带泥装运，运输量大。

福建省漳州市于1998年进行了兰州3号茭白塑料小棚育苗早熟栽培试验，其采收期可比常规栽培提早2个月。小棚高0.5～0.6m，宽1.4～1.5m。育苗期25～30d，第一批茭的采收期在2月底到3月初，采收期可持续约60d。

2. 整地施基肥　清除前茬后，宜施入腐熟厩肥或粪肥50t/hm²作基肥，耕耙均匀，灌入2～4cm浅水糖平，使达到田平、泥烂、肥足，以满足茭白生长的需要。

3. 栽植　一般实行春栽。在当地气温达到12℃以上，新苗高达30cm左右，具有3～4片叶时栽植，长江流域多在4月中旬。栽前将种苗丛（老茭墩新苗丛）从留种田整墩连土挖起，用快刀顺着分蘖着生的趋势纵劈，分成小墩，每小墩带有健全的分蘖苗3～5根，随挖，随分，随栽。如从外地引进，途中注意保湿。如栽植较迟，苗高已50cm以上，则可剪去叶尖再栽。一般行距80 cm，穴距65cm，田肥可偏稀，田瘦则偏密。两熟茭品种为求减少秋茭产量，增加第2年夏茭产量，也可在春季另田培养大苗，于早秋选阴天栽植，将已具有较多分蘖的大苗用手顺势扒开，每株带苗1～2根，剪去叶尖后栽植，一般株距25～30cm，行距40～45cm。因栽植较迟，当年采收秋茭很少，而以采收夏茭为主。

4. 秋茭的田间管理 无论一熟茭还是两熟茭，栽植当年只产秋茭，田间管理基本相同。田中灌水早期宜浅，保持水层4～5cm；分蘖后期，即栽后40～50d，逐渐加深到10cm，到7～8月，气温常达35℃以上，应继续加深到12～15cm，以降低地温，控制后期无效小分蘖发生，促进早日孕茭。但田间水位最深不宜超过"茭白眼"。秋茭采收期间，气温逐渐转凉，水位又宜逐渐排浅，采收后排浅至3～5cm，最后以浅水层或潮湿状态越冬，不能干旱，也不能使根系受冻。盛夏炎热，浙江义乌利用水库下泄凉水灌入茭白田，可促进提早孕茭。茭白田生长量大，要多次追肥。一般在栽植返青后追施第1次，施入腐熟粪肥7 500kg/hm²。如基肥足，苗长势旺，也可不施。10～15d后施第2次追肥，以促进早期分蘖，一般施入腐熟粪肥10t/hm²或尿素150kg/hm²。到开始孕茭前，即部分单株开始扁秆，其上部3片外叶平齐时，要及时重施追肥，以促进孕茭。一般施入腐熟粪肥35～40t/hm²，或钾、氮为主的复合化肥350～400kg/hm²。两熟茭早秋栽植的新茭，当年生长期短，故只在栽后10～15d追肥1次，施入20～30t/hm²的腐熟粪肥或300～450kg/hm²氮、磷、钾复合化肥。

还要进行耘田除草，一般从栽植成活后到田间植株封行前应进行2～4次，但要注意不要损伤茭白根系。

在盛夏高温季节，长江流域一般都在7月下旬到8月上旬，要剥除植株基部的黄叶，剥下的黄叶，随即踏入行间的泥土中作为肥料，以促进田间通风透光，降低株间温度。

秋茭采收时，如发现"雄茭"和"灰茭"植株，应随时认真做好记号，并尽早将其逐一连根挖掉，以免其地下匍匐茎伸长，来年抽生分株，留下后患。冬季植株地上部全部枯死后，齐泥割去残枯茎叶，这样来年萌生新苗可整齐、均匀，保持田间清洁和土壤湿润过冬。当气温将降到−5℃以下时应及时灌水防冻。

5. 两熟茭夏茭的田间管理 两熟茭夏茭生长期短，从萌芽生长到孕茭，只有80～90d时间，故多在长江以南栽培，并要加强田间管理，才能多孕茭，孕大茭。早春当气温升到5℃以上时，就要灌入浅水，促进母株丛（母茭墩）上的分蘖芽和株丛间的分株芽及早萌发。当分蘖苗高达25cm左右时，要及时移密补缺，即检查田间缺株，对因挖去"雄茭"、"灰茭"和秋茭采收过度而形成的空缺茭墩，可从较大和萌生分蘖苗较密的茭墩切取其一部分，移栽于空缺处。同时，对分蘖苗生长拥挤的茭墩，要进行疏苗、压泥，即每茭墩留外围较壮的分蘖苗20～25株，疏去细小一些的弱苗，同时从行间取泥一块压到茭墩中央，使苗向四周散开生长，力求使全田密度均匀，生长一致。追肥应早而重施，一般在开始萌芽生长时，江南多在2月下旬，追施腐熟粪肥45t/hm²或尿素450kg/hm²，30d后，再追施一次，并要适量加施钾肥。夏茭田间散生于株、行间的分株苗常能早孕茭，下田操作时要注意保护，防止损伤。

（二）水旱套作 江苏省丹阳市创造旱田蔬菜与茭白套作的新法，效益很好。具体方法：选土壤肥沃、地势平坦、灌排两便的菜田，按南北向每隔1.2m开沟，沟宽33cm，深25cm，先将表土挖起堆放一边，后将底土挖起，散于畦面，然后将表土返还沟中，在沟中施足基肥，与表土混合。畦面另行耕耙施肥，但在沟边各留30cm作为走道，中间60cm宽于春季种植早熟菜用大豆、矮生菜豆或春马铃薯等；沟中则栽植一熟茭新品种蒋墅茭一行，穴距28cm，每穴栽插一小墩，带苗3～5株。畦上蔬菜必须在6月中下旬采收结束，沟中茭白按秋茭的栽培方法管理，灌水时注意勿漫至畦面，8月下旬到9月下旬采收茭白，比一般一熟茭白早熟，正好赶上茭白淡季上市。

五、病虫害防治

（一）主要病害防治

1. 茭白胡麻斑病 病原：*Helminthosporium zizaniae*。又称茭白叶枯病，属真菌病害，从春到秋都可发生。先在叶上散生褐色小斑点，后扩大为褐色椭圆形斑，大小如芝麻；严重时相互连接形成不规则大斑，毁坏绿叶，造成减产。在高温多雨、土壤缺氧、缺钾时，该病流行。防治方法：①增施钾肥；②多雨天气抓住雨停的间隙及时放水搁田 1d，增加土壤溶氧量；③发病初期开始喷洒 50％的异菌脲（扑海因）可湿性粉剂或 40％异稻瘟净乳油 600 倍液等，隔 7～10d 喷 1 次，连喷 3～5 次。

2. 茭白纹枯病　病原：*Thanatephorus sasakii*。属真菌病害，主要为害秋茭。叶鞘和叶片上产生水渍状、暗绿色到黄褐色云状斑纹，由下而上扩展，引起叶片枯死，使孕茭干瘪。茭田连作、偏施氮肥、通风不良及高温多湿天气发病重。防治方法：①间隔 3 年再种茭白；②施足基肥，增施磷钾肥；③及时剥除田间黄叶，并携出销毁；④发病初期用 5％井冈霉素水剂 1 000 倍液，或 35％福·甲（立枯净）可湿性粉剂 800 倍液等喷雾，每隔 10～15d 喷 1 次，连喷 2～3 次。

3. 茭白瘟病　病原：*Pyricularia* sp.。该病多在温热多雨时节发生，通过气流传播。先在叶上出现近圆形褐色病斑，中央灰白色，外层黄色，严重时全叶焦枯，造成孕茭细小或不孕。防治方法：①适量增施磷、钾肥；②发病初期可用 20％三环唑可湿性粉剂，或 40％稻瘟灵（富士 1 号）乳油或 50％多菌灵可湿性粉剂各 1 000 倍液喷雾，隔 7～10d 喷 1 次，连喷 2～3 次。

（二）主要害虫防治

1. 长绿飞虱（*Saccharosydne procerus*）　属长翅虱类，若虫被白色蜡粉，腹部末端有蜡丝，活动灵敏，一年发生多代，以成虫在茭白残茬及茭草上产卵越冬，第 2 年春孵化后为害茭白，夏、秋加重，刺吸叶片的汁液，使叶干枯，轻则减产，重则失收。防治方法：①冬季清除茭白田残茬和田边杂草；②低龄若虫盛发期及时用 25％噻嗪酮（扑虱灵）可湿性粉剂 2 000 倍液，或 2.5％溴氰菊酯乳油 3 000倍液，或 50％马拉硫磷乳油 1 000 倍液喷雾。由于茭白封行后防治困难，所以应注重前期用药。

2. 大螟（*Sesamia inferens*）**和二化螟**（*Chilo suppressalis*）　大螟幼虫较粗壮，成长幼虫体长约 30mm，头红褐色，胴部淡黄，背带紫红色；二化螟成长幼虫体长 24～25mm，圆筒形，淡褐色，从中胸至腹节有 5 条暗褐色纵线。一年发生多代，以幼虫在茭白、稻等根、残株上越冬。春末夏初第 1 代发育成蛾量大，飞至茭白叶背产卵，孵化后钻入苗心，使茭白茎蘖变成枯心苗；第 3 代多在 8～9月发生，使秋茭枯心而死或变成虫蛀茭，影响产量、品质。防治方法：①冬季和早春齐泥面割掉茭白残株，减少虫源；②在主要为害世代、盛卵期及时用 25％的杀虫双水剂 300 倍液，或 50％杀螟硫磷乳油 500 倍液，或 90％晶体敌百虫 1 000 倍液喷雾。也可用上述 3 种药剂每公顷用 4.5、2.25 和 1.5kg 各对水 6 000L 泼浇。

3. 稻管蓟马（*Haplothrips aculeatus*）　1 年多代。成虫体长仅 1.4～1.7mm，黑褐色，2 龄若虫体长约 1.6mm，淡黄至橙黄色，行动敏捷。成虫和 1、2 龄若虫群集幼嫩叶片先端锉吸汁液，使叶黄卷缩，严重时可致全株枯死。防治方法：发生初期用 40％的乐果乳油 800～1 000 倍液，或 10％吡虫啉可湿性粉剂 1 500 倍液，或 20％丁硫克百威（好年冬）乳油 600～800 倍液喷雾。

六、采收与留种

（一）采收　无论一熟茭或两熟茭，秋茭采收期都于当地气温降至 25 ℃以下开始，长江流域多在 9 月上旬，并可陆续采收到 11 月结束。具体因类型、品种和栽培管理不同略有先后。由于茭墩中的各个单株孕茭有先有后，必须多次采收，一般 5～7d 采收 1 次，盛收期 3～4d 采收 1 次。采收一定要及时，过早采收茭肉尚未长足，过迟采收则肉质茎发青变老。除按孕茭植株的外部形态检视外，还要检视孕茭部位，一般"露白"时正是采收适期。所谓"露白"，即假茎外层相互抱合的叶鞘，因受其内肉质茎膨大的压力，中部被挤开裂缝，长 1cm 左右，露出一小块白嫩的茭肉，此时即应采收。但通常只在一侧"露白"，所以必须两面检视。采法为折断肉质茎下部的台管，将带有叶片和叶鞘的肉质茎成把拧出田外，切去叶片，保留叶鞘，可供外运，保持 5～7d 不变质。如就近上市，须剥去外层叶鞘，保留内层 1～2 片叶鞘，通称"壳茭"；如再剥去内层叶鞘，尽露茭肉，通称"玉茭"。将"壳茭"剥成"玉茭"上市销售，其产量约减少 30%。春栽秋茭一般产量为 18～22.5t/hm²，早秋栽植秋茭产量仅有一半。采收后期如见有的茭墩全墩植株先后孕茭，则应保留最后两株不采，以防过度采收，造成全墩枯死。

江南地区夏茭多在 5 月下旬到 7 月上旬采收，采收期间气温逐渐升高，孕茭历时较短，茭肉易于发青变老。生产上应不等茭肉露白，只要相互抱合的叶鞘中部被挤而出现皱痕时，即应采收，一般每隔 2～3d 采收 1 次，将茭白单株连根拔收。夏茭采收结束后，就要耕翻换茬，改种其他作物。一般单产略高于秋茭。

（二）留种　茭白种性最易发生劣变，为保持栽培品种的优良种性，降低劣变为"雄茭"和"灰茭"的发生率，必须年年选，季季选，认真留好良种，这是栽培成败的技术关键，必须充分重视。

第一步要彻底淘汰已劣变的植株。即在种植大田中，发现整墩变为"雄茭"或"灰茭"的株丛或一部分单株变为"雄茭"和"灰茭"的株丛（茭墩）都应一律淘汰，随时做好记号，在采收结束前后及时挖除，并清除已在地下抽生的匍匐茎。

第二步要建立专门的留种田。在采收过程中，随时注意各茭墩的植株生长孕茭情况，经初选和复选，选出株形、茭形符合所栽品种特征，孕茭多而整齐，品质好，周围无"雄茭"和"灰茭"的优良株丛（茭墩），做好记号，采收结束后挖出，另设留种田，分成小墩栽植，继续观察选择 1 年，优中选优，淘汰表现较差的茭墩，第 3 年作为生产田用种。

对于两熟茭类夏茭早熟的品种则实行另一套留种方法，即在夏茭第 2 次采收时，选择优良的分株（游茭）作原种，要求分株不仅本身孕茭早而肥嫩，同时在它的左右两侧抽生出较大而对称的分蘖各一根，选定以后，逐株拔起，移栽于另设的原种田中，继续观察选择 1 年，淘汰表现较差的株丛，直到第 2 年夏茭孕茭时，如仍表现良好，则可选为生产田用种。这一方法以选分株（游茭）为原种，故称为游茭选留法。

（曹碚生　江解增）

第三节　慈　姑

慈姑是泽泻科（Alismataceae）慈姑属中能形成食用球茎的栽培种。学名：*Sagittaria sagittifolia* L.；别名：剪刀草、燕尾草。古名：藉姑、河凫茈、白地栗。多年生宿根性草本植物，原产中国。南北朝时期（420—589）的典籍中始见著录。大约在宋代才开始驯化栽培。白居易诗中首次采用慈姑这一名称。在中国东南部各省栽培较多，其中江苏、浙江两省比较普遍。慈姑以其球茎供食用，鲜球茎中，一般含有蛋白质、碳水化合物，有清热、利尿、消炎等功效。近代研究发现，慈姑含有丰富的维生素 B 族和胰蛋白酶抑物质，可促进肺结核钙化，对胰腺炎、糖尿病等有辅助疗效。球茎较耐贮，可持续供应市场半年以上。目前除国内销售外，部分出口日本、韩国等。

一、生物学特性

（一）植物学特征　植株高 60～100cm。根为须根，有细小分枝。叶箭形，长 25～40cm，宽 10～20cm，根出叶，具长柄，斜外伸，致使株形较开张。茎有短缩茎、匍匐茎和球茎三种。植株主茎为短缩茎，成长植株短缩茎上各叶腋的腋芽先后萌发，抽生匍匐茎，穿过各叶柄基部，向四周土中伸长，每株共抽生十余条，长 30～60cm 不等。随后各匍匐茎的先端陆续膨大，形成球茎。球茎近球形或卵形，纵径 3～5cm，横径 3～4cm，有 2～3 道环节，顶芽呈尖嘴状。部分植株从叶腋中抽生花梗，总状花序，雌雄异花，花白色，萼、瓣各 3 枚，结瘦果密集。果扁平，具种子 1 枚。种子部分有

发芽力，但后代性状不一，生产上都不用作繁殖。

（二）对环境条件的要求

1. 水分 适于浅水，生长期间保持水深 10～20cm，休眠期保持一薄层水或土壤润湿。过深、过浅都不适宜。

2. 温度 喜温暖，生长期间要求 20～30℃ 的温度，休眠期内要求较低温度，以 5～10℃ 为宜。过低易受冻害；过高不利贮存。

3. 土壤营养 要求土层松软肥沃，含有机质在 1.5% 以上，以黏壤土或壤土为宜。肥料以氮为主，磷、钾、钙适量配合。

4. 光照 要求光照充足，特别在球茎形成期不能遮荫。属短日照植物，日照转短有利于球茎的形成和开花。

（三）生长发育特性 慈姑以球茎的顶芽进行无性繁殖。每年一个生育周期，其生长发育经历 3 个明显的阶段性变化，最后休眠越冬。现以长江流域气候为例，分述如下：

1. 萌芽生长期 4 月中旬，气温基本稳定在 14℃ 以上时，过冬的球茎顶芽萌发生长，芽鞘逐渐张开，节间缓慢伸长，先抽生 1～2 片二叉或三叉状过渡叶，并在其基部第 3 节上发根，直至抽生第 1 张具有叶柄和叶片的正常叶，新苗完成萌芽生长，生理上达到独立，先后历时 20～30d。

2. 旺盛生长期 从植株生出第 1 片正常叶以后气温逐渐升高，植株营养生长不断加快，一般每隔 10～14d 抽生 1 片大叶，先后共抽生大叶达到 10 片以上，根重和叶面积均增至最大；随后生长转缓，并陆续向地下抽生匍匐茎，为往后结球茎打下基础。本阶段先后历时 120～130d，从 5 月上旬到 9 月上中旬，要求水肥供应充足，水位适当加深。慈姑周年生育过程见图 19-6。

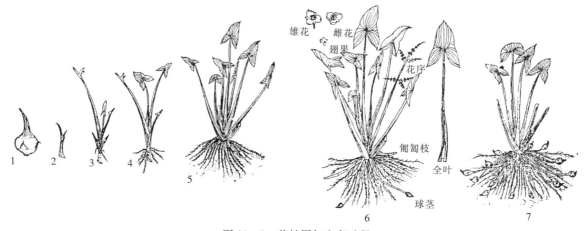

图 19-6 慈姑周年生育过程
1. 越冬球茎（4 月 8 日） 2. 顶芽鳞片开裂（4 月 18 日） 3. 抽生过渡叶（4 月 28 日） 4. 抽生正常叶（5 月 8 日）
5. 始发匍匐枝（7 月 31 日） 6. 始结球茎（8 月 24 日） 7. 球茎成熟（11 月 2 日）
（曹侃等，1972）

3. 球茎形成期 植株叶腋中最早抽生的匍匐茎首先开始膨大，随后各叶腋中抽生的匍匐茎陆续膨大，形成球茎，到球茎不再增大后，内部营养物质不断增加，水分含量减少，达到生理成熟。本阶段从 9 月上中旬开始，到 11 月上中旬结束，历时 60d 左右，要求光照充足，昼夜温差较大，水位逐渐落浅。待气温降到 10℃ 以下时，植株地上部经霜冻枯死，球茎在湿润的土中休眠越冬。

二、类型及品种

（一）类型 慈姑属于单子叶植物泽泻科。该科共有约 13 个属、90 个种，多数生于北半球温带和热带地区。中国有 5～6 个种及数个变种。现有的栽培品种按球茎形态大体上可分为两大类：一类是球茎表皮淡白色或淡黄白色，环节上的鳞衣色淡；球茎卵圆形或近圆形，肉质较松脆、微甜、无苦味，如苏州黄慈姑。另一类球茎表皮青紫色，球茎呈圆球形或近球形，肉质致密，稍有苦味，如江苏省宝应紫圆慈姑。前者分布较广，长江以南各地均有栽培；后者则主要分布在长江两岸及淮河以南各地。

（二）品种

1. 宝应紫圆　江苏省宝应县地方品种，现分布江苏各地。中熟，生育期 190d 左右。株高 95～100cm，球茎近圆形，皮青带紫，单球茎重 25～40g，肉质紧密，品质好，耐贮运，较抗黑粉病。

2. 苏州黄　江苏省苏州市地方品种。较晚熟，生育期 200d 左右。株高 100～110cm，球茎长卵形，皮黄色，单球重 20～30g，肉质稍松，品质较好（图 19-7）。

3. 沈荡慈姑　浙江省海盐县地方品种。生育期 220d。株高 70～80cm，球茎椭圆形，皮黄白色，单球重 30g 左右，肉质细致，无苦味，品质好，较晚熟。

4. 沙姑　广州市地方品种。较早熟，生育期 120d 左右。株高 70～80cm，球茎卵形，皮黄白色，单球重 40g 左右，肉质较松，不耐贮运，品质较好。

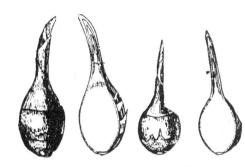

图 19-7　苏州黄慈姑（左）及沈荡慈姑（右）
（曹侃等，1972）

还有广州白肉慈姑、南宁白慈姑、梧州马蹄姑、南昌灰慈姑、福建连城慈姑、绍兴调羹慈姑、江苏高淳红皮姑和淮阳乌慈姑等，也都是较好的地方品种。

三、栽培季节和方式

（一）栽培季节　慈姑在中国各地均于春季或夏季种植，秋、冬季采收。由于慈姑生育期长，且移栽易成活，多实行育苗移栽。其前后茬一般为荸荠、茭白、莲藕等水生蔬菜或水稻，实行合理轮作。

（二）栽培方式　主要为单作，也有些地区与两熟茭白套作，取得一定的效益。

四、栽培技术

（一）单作慈姑

1. 田块和品种选择　应选土质肥沃、松软、含有机质较多的水田，要求灌、排两便，土壤微酸到中性。宜选择当地市场适销对路、品质优良、产量较高的品种。

2. 育苗　一般都在当地春季气温达到 15℃时开始育苗，长江流域多在 4 月中下旬，取出贮藏越冬的种球，稍带球茎上部，掰下顶芽，室内晾放 1～2d，随即插种于预先施肥、耕耙、耥平的苗床中，株、行距各为 10cm，每插 35～40 行，空出 30～40cm 作为走道，插深以顶芽的 1/2 入土，只露芽尖为度。保持田中 2～3cm 浅水，苗期及时除草，经 40～50d，幼苗已具 3～4 片箭形叶时，即可以起苗定植。但幼苗对延迟定植也有较好的适应性，如因前茬作物来不及让田，仍可留在苗床继续培育一段时间，但水位要略有加深，一般可延至 6 月底。如仍不能定植，则应另设移苗床移栽，行、株距可扩大为 20cm。

为培育壮苗，必须选用优良球茎作种。通常选用品种纯、大小适中、充分成熟的球茎，其顶芽粗度在 0.6～1cm 为宜。

华南地区气候温暖，应于 2～3 月开始育苗，但成苗后不能直接栽植大田，系因当地往后数月均

处于25℃以上高温和较长的日照之下，植株定植后抽生的匍匐茎先端不能膨大结为球茎，而是直接萌发，形成分株，必须等到秋季冷凉和日照转短后，抽生的匍匐茎先端才能形成球茎。故应在苗床出现分株，并已抽生3～4片叶后，另选淤泥层较厚的滩地作为移苗床，将原苗及其分株移栽，株、行距20cm×25cm，扩大繁殖系数，继续培育，到7～9月分期分批定植大田。

3. 定植　长江流域一般在5月下旬至7月下旬定植，华南地区多于7月上旬至9月上旬定植。定植前大田施足基肥，一般施入腐熟堆肥或厩肥45～60t/hm²，尿素225kg/hm²，过磷酸钙600kg/hm²，深耕、细耙，带水耥平。苗龄最好45d左右，有4片箭形叶。但在控苗不致徒长的情况下，也可延至8～10叶期定植，行、株距一般为40cm×40cm；晚栽加密，最密30cm。栽时留中央3～4片新叶，摘除外围叶片，仅留叶柄，以防招风，利于成活。

4. 田间管理　栽后保持田间浅水7～10cm。夏季高温天气，气温常在30℃以上，宜逐渐加深到13～20cm，并应于早上灌入凉水。及至生育后期，天气转凉，气温降到25℃以下，球茎陆续膨大，水层又应逐渐排浅到7～10cm，最后保持田土充分湿润而无水层，以利球茎成熟。

定植成活后，追施1次稀薄的腐熟粪肥或少量氮素化肥，以保苗生长。如苗生长旺盛，也可不施。到植株抽生叶片转慢，地下已长出一部分匍匐茎时，应追施1次较重的肥料，以促进球茎肥大，并应氮、磷、钾肥齐施。一般施入腐熟的厩肥或粪肥35～40t/hm²，外加硫酸钾300kg，亦可施用氮、磷、钾复合化肥1 200～1 400kg/hm²。

定植成活后开始中耕除草，以后每隔20～30d中耕1次，到植株抽生匍匐茎时为止，共进行2～3次。至田间植株基本封行时，气温已升到25℃以上，应分次摘除植株外围老叶，捺入泥中作为肥料，改善田间通风透光，每次只留植株中央4～5片新叶，直到秋季气温降到25℃以下时为止，长江流域多在9月上旬。往后应保护绿叶不能再摘。

（二）夏茭白田套作慈姑　无锡市郊区栽培两熟茭，于第2年夏茭白田内套作慈姑。两熟茭白品种为广益茭，采用宽、窄行栽植，宽行距55cm，窄行距40cm，行内穴距45cm，于第1年春季栽植茭苗，每穴一小墩，带苗4～5根，当年采收秋茭，第2年采收夏茭。于夏茭采收的中后期，即6月中旬，将苏州黄品种的慈姑苗，套栽在夏茭的宽行间，株距32cm。待7月上旬，夏茭采收结束后，抓紧挖除残茬，追施腐熟粪肥40t/hm²，随后中耕除草。9月上旬慈姑地下开始结球茎时，可追施1次重肥，施入腐熟粪肥60～70t/hm²或尿素400～500kg/hm²、硫酸钾300kg/hm²。夏茭产量不受套作影响，慈姑比采完夏茭后再栽增产30%。

五、病虫害防治

（一）主要病害防治

1. 慈姑黑粉病　病原：*Doassansiopsis horiana*。真菌病害。病原菌随病残体在土中或附在种球上越冬。孢子通过气流、雨水传播，发病后在叶片和叶柄上生出多个黄色突起泡斑，内有黑粉，破坏绿叶，造成减产。花器和球茎也可染病。防治方法：①清洁田园，从无病田选留种用球茎；②提倡轮作，合理密植；③防止氮肥过多，增施磷钾肥；④育苗前用50%多菌灵可湿性粉剂800～1 000倍液，或25%三唑酮可湿性粉剂1 000倍液浸泡晾好的顶芽1～3h，冲洗后扦插；⑤发病初期及时用上述药液或50%硫菌灵（托布津）可湿性粉剂500倍液喷雾，隔7～10d喷1次，连喷2～3次。

2. 慈姑斑纹病　病原：*Cercospora sagittariae*。真菌病害。孢子随气流传播，侵害叶片及叶柄，产生灰褐色病斑，周围有黄晕，数个病斑连接，毁坏叶片，影响产量。防治方法：参见慈姑黑粉病。

（二）主要害虫防治

1. 莲缢管蚜（*Rhopalosiphum nymphaeae*）　慈姑出芽后有翅蚜迁入、繁殖，在盛夏高温季节前后出现蚜虫高峰，尤其秋季慈姑球茎生长期蚜虫量大，为害重，是关键防治时期。防治方法：参见莲藕部分。

2. 慈姑钻心虫（*Phalonidia* sp.）　多在夏、秋盛发，成虫昼伏夜出，产卵有趋嫩绿习性，卵块多产于叶柄中、下部。初孵幼虫群集钻入叶柄内蛀食，使叶片凋萎。老熟幼虫在残茬及叶柄中群集越冬。防治方法：①结合摘除老叶与受害叶叶柄，捺入泥中；②冬季清除慈姑残株，减少虫源；③在主要为害世代卵孵化盛期，撒施 5％杀虫双大粒剂 15～22.5kg/hm²，或用 40％乐果乳油 1 000 倍液喷雾。

六、采收与留种

（一）采收　早栽慈姑于田间大部分叶片枯黄时采收，以应市场慈姑淡季的需求；晚栽慈姑于地上部全部枯黄时采收。在南方多留田间陆续采收到次春 2～3 月；北方冬季田土易结冰，使球茎易受冻害而损失，一般上冻前 1 次采收。采收用齿耙或铁钗掘挖，采后除去残留的葡匐茎，抹去附泥，晾干贮藏，或洗净、分级、包装上市。早栽慈姑一般产量 10～15t/hm²，晚栽慈姑一般产量 15～20t/hm²。江苏省宝应县下舍乡 1994 年曾获紫园慈姑 25t/hm² 的高产。

（二）留种　一般从慈姑丰产田选留良种，在采收时选择具有所栽品种形态特征、球茎较大、顶芽较弯曲、充分成熟、无病虫害的优良种球留种，并剔除杂物，抹去附泥，摊成薄层晾干后贮藏过冬。采用室藏或窖藏均可，将种球与干细土混合，置 8～15℃防雨、防冻的条件下贮存。长江流域每栽 1hm² 需留足种球 1.5t，华南地区只需其留种量的 1/4。

第四节　水　　芹

水芹是伞形科（Umbelliferae）水芹属中的栽培种。学名：*Oenanthe javanica*（Bl.）DC.〔*O. stolonifera*（Roxb）Wall.〕；别名：刀芹、楚葵、蜀芹、紫堇。为宿根性水生草本植物。原产中国和东南亚，先秦文献中的"芹"大都指水芹，当时用芹菹充作祭品。明清时期撰修的一些地方志在"物产、蔬属"中常著录有水芹。水芹主要分布在长江流域及其以南各省（自治区），多用低洼水田或沼泽地栽培，以其嫩茎和叶柄供炒食，味较鲜美。可食部分富含钙、磷、铁等矿物质，并含多种维生素和多种萜烯类物质。在医药上具有清热、利尿、降低血压和血脂等食疗功效。产量高，可陆续采收上市。各地还因地制宜，创造了多种栽培方式，都能取得较高的效益，因而近年来水芹的栽培面积不断扩大。

一、生物学特性

（一）植物学特征　水芹挺水生长，直立或半直立，株高 50～100cm，因品种而有不同。根为须根，从没入土中和接近地面茎的各节上抽生，长 30～40cm。茎有地上茎和葡匐茎两种，均为中空。地上茎直立或半直立生长；葡匐茎葡匐生长，其先端的芽可萌发转向地上生长，形成分株。茎细长，粗 0.5～1cm。叶在地上茎上互生，奇数羽状复叶，成长叶片长 20cm、宽 12cm 左右，由多数小叶组成；叶具有长柄，小叶尖卵形或卵圆形，因品种而异（图 19-8）。夏季地上茎的先端抽生复伞形花序，开白色小花。果椭圆形，褐色，内有种子 1 粒，多发育不良，不适于用作繁殖。生产上均采用在母茎上越夏的休眠芽进行无性繁殖。

（二）对环境条件的要求

1. 温度　水芹喜冷凉，较耐寒而不耐热，生长适温 12～24℃，地上部稍耐轻霜，气温超过 25℃，逐渐进入休眠。

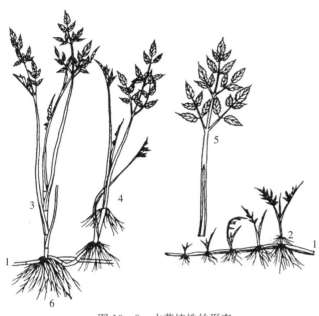

图 19-8 水芹植株的形态
1. 母茎 2. 幼茎 3. 成长植株 4. 分株 5. 叶 6. 根
（引自：《中国水生蔬菜》，1999）

2. 水分 喜水湿，生长适宜水位 5～20cm。生长前期，气温较高，水位不宜淹及叶片，以防窒息致死；后期天气寒冷，达 5℃ 以下，可适当深灌，保温防冻。

3. 光照 要求光照充足，不耐遮荫。为长日照植物，在长日照下开花结实。

4. 土壤营养 要求土壤肥沃，含有机质较多，保水力强，土壤 pH 以 6～7 为宜。生产上为求茎叶脆嫩，肥料以氮为主，磷、钾配合；留种田为求种株老健，要氮、磷、钾、钙并重。

（三）生长发育特性 水芹在生产上都行无性繁殖，在中国每年完成一个生长发育周期，经历 4 个明显的阶段性变化，然后进入休眠。

1. 萌芽生长期 入秋天气转凉，气温降至 25℃ 以下，水芹种茎（母茎）各节上休眠越夏的腋芽，在充分湿润的条件下，开始萌发，向上展叶，向下发根，每芽形成一株独立的新苗。在土肥、水浅、温度由 24℃ 左右逐渐降低时，经 30d 左右，完成这一阶段性变化。

2. 旺盛生长期 气温降至 20℃ 左右，新苗生长加快，从生出二回羽状复叶开始，直到地上主茎生长达到最高，基部抽生的匍匐茎长出分株时为止。本阶段约经 50d，生长量大，是主要经济产量形成时期，要求氮、钾供应充足，水层逐渐加深，病虫防治及时。

3. 生长停滞期 冬季气温降至 10℃ 以下，有时降到 0℃ 或更低，植株基本停止生长，直至次春气温回升到 10℃ 以上时为止，历经 60～90d，因各地气温不同而异。此期产品陆续采收上市，采前采后要注意防冻。

4. 抽序开花和休眠越夏 越冬的植株在春季气温回升到 10℃ 以上时，开始恢复生长，并继续抽生分株，同时各越冬株地上主茎先端抽生花序，并陆续开花结实，但种子多不充实。经 60d 左右，气温升达 25℃ 以上，种株地上茎各节上形成休眠的腋芽，叶片枯黄，进入休眠越夏。本阶段田间水位应逐渐落浅，以保护种株越夏。

二、类型及品种

（一）类型 水芹的地方品种很多，按其小叶形态分为圆叶和尖叶两类。圆叶类型茎叶含粗纤维较少，香味较浓，但适应性较窄；尖叶类型则恰好相反。

（二）品种

1. 无锡玉祁水芹 江苏省无锡市玉祁镇地方品种，现已推广到苏南各地。植株高 50～70cm，较粗壮，复叶轮廓广三角形，小叶卵圆形，叶柄脆嫩，品质好，较晚熟。当地 8 月下旬种植，12 月始收，可分次陆续收到次年 3 月。

2. 常熟白种水芹 江苏省常熟市地方品种。株高 50cm，小叶卵圆形，茎上部淡绿，下部白色，间带少数红褐色，每株基部可抽生分株 3～4 个。早熟，当地 8 月下旬种植，11 月中旬到 12 月采收。叶柄较白嫩，品质好，但不能延至次春采收。

3. 扬州长白水芹　江苏省扬州市地方品种，现已推广到苏中、苏北各地。株形较细长，高 70～90cm，复叶较长，小叶片尖卵形，茎上部绿色，下部白绿色。中熟，当地于 8 月下旬种植，11 月中旬始收，可陆续采收到次春 3 月。茎、叶含粗纤维稍多，品质中上。产量高。

4. 庐江高梗水芹　安徽省庐江县地方品种，现已推广到皖中部分县（市）。株高 70cm，茎上部淡绿，下部白绿色，有时略带红色，小叶片长卵形。早中熟，生长势强，产量较高，品质较好。

此外，还有江苏省的苏州水芹、溧阳白芹，浙江省的衢州水芹、杭州水芹、桐城水芹，福建省的鹰潭水芹，广州水芹等，也都是较好的地方品种。

三、栽培季节和方式

（一）栽培季节　中国水芹都在秋季种植，冬季到次年早春采收，各地都实行单作，并与茭白、莲藕、慈姑、席草等水生作物实行合理轮作。

（二）栽培方式　因灌水的多少和软化方法的不同，可分为浅水栽培、深水栽培和节水栽培等 3 种。各地因水源条件和市场需求的不同，可因地制宜加以采用。

李良俊等（2002）进行了水芹夏季遮阳网覆盖栽培试验取得成功。生产上可采用塑料大棚骨架或在田间设置高 1.2～1.5m 的荫棚，用黑色遮阳网覆盖，其遮光率为 50%～65%，光照强度维持在 20 000lx 左右。水芹夏季遮阳网覆盖栽培一般可种植两茬，第 1 茬在 7 月初排种，30d 左右即可上市；第 2 茬在 8 月 10 日左右排种。

四、栽培技术

（一）浅水栽培　中国多数地区都实行浅水栽培。现以长江以南地区为例，分述如下：

1. 整地、施基肥　选土壤肥沃、灌排两便的水田，加固四周田埂，施足基肥，一般施腐熟的粪肥或厩肥 30t/hm²，并掺施尿素 225 kg/hm²、硫酸钾 225kg/hm²，深耕 20～25cm，带水耙、耱光平。

2. 催芽　一般都选用圆叶类型品种的种茎，于秋季气温降到 25℃ 以下时，直接下田种植，不用催芽。但有一部分水田，为求提早采收上市，获取较高的效益，常先催芽。一般都提前 15d 左右开始催芽，待天气转凉后，适期种植。如江苏南部，多在 8 月上旬，当地平均气温已降至 27℃ 左右时开始催芽。催芽方法：先将收割的种茎剔除过粗和过细的，保留粗度 1cm 左右的种茎，理齐捆成 30～35cm 直径的圆捆，剪去捎头，交叉堆放树荫下通风处，高不超过 1m，上盖湿稻草，早晚喷浇凉水，保持堆内温度不超过 25℃，每隔 5～6d，调换各捆的位置 1 次，使各捆受温均匀。一般经 15 天左右，种茎各节上的腋芽大多萌发，长达 0.5～1cm，此时即可选阴天或多云天气，下田种植。

3. 种植　通称"排种"，先将种茎在田四周田面上排放一环，一般采用放射状排放，基部朝田外，稍头朝田内，各茎中部相距 5～6cm。然后携种茎跨入田内，并带一细竹竿，均匀撒放种茎，如有不当，随时用竹竿挑平或拨匀。排种时田的四周和中央十字沟中应保持有水，要求田面充分湿润而不能有水层。一般每公顷需用种茎量 4.5t。

4. 田间管理

（1）灌溉排水　排种后应保持田土湿润，以利生根发芽。因当时天气较热，干旱时要及时于清晨灌凉水保湿；大雨时要冒雨抢排积水，严防种茎漂移。经 15d 左右，当多数种茎上新苗已生根、放叶时，轻搁田（逐步放水至湿润状）1 次，见田面有麻丝裂缝时立即灌入 3～4cm 深水以促进生长。往后植株生长旺盛，可逐渐加深水层到 5～10cm 。及至冬季，植株已长成，如预报气温将降到 0℃ 左右时，应立即深灌至仅露叶尖，以防受冻；天气一回暖，再及时排水。

（2）匀苗补缺　秋季，当新苗大多生长高达 15cm 时，应结合除草，将生长过密处的苗拔起，每

3株合为一撮，移插于缺苗处，使每隔12cm左右，就有苗一撮，密度基本均匀。

（3）分次追肥　一般追肥3次，第1次在株高15cm左右时，浇施10%～20%的腐熟农家液态有机肥，或1%的尿素溶液15t/hm²。如基肥足，苗生长嫩旺，这次追肥也可不施。以后追肥每隔20d左右进行1次，用量比前次增加20%左右。缺钾土壤最后一次追肥，还应加施硫酸钾300kg/hm²。每次追肥前排水，追后24h还水。

（4）深栽软化　当株高大多已长到40cm以上时，当地气温也已降至15℃左右，即可将田中植株逐一拔起，每5～8根为1束，理齐根部，双手紧抱，指尖并拢下伸，深插泥中15cm左右，深栽1次，使其茎梗软化变白。软化期内灌入3～4cm浅水，但不能施肥。

（二）深水栽培　江淮地区和黄淮局部较暖地方，常用深水栽培。因其气温低于江南，深灌过冬，有利防冻。现以江淮地区为例，分述如下：

1. 品种和田块选择　多选尖叶型的品种，如扬州长白芹。田块应选四周有高达1m的田埂，一面有出水口和排水沟的平坦水田。种植前加固田埂和疏通水沟。

2. 前期栽培管理　从种植到匀苗补缺阶段的栽培管理均与浅水栽培相同，只有施入基肥数量应比浅水栽培增加1/3左右，以弥补后期灌深水时减少1次追肥的缺陷。

3. 后期栽培管理　追肥只进行1～2次，并随着植株的长高，逐步加深灌水，使水位一直保持在只留出上部3～4片叶露出水面为度，最后水深一般达70～80cm，使植株大部分浸在水中软化变白。冬季植株已长成，预报气温将降到0℃以下时，应加深灌水到仅露叶尖出水，以防冻害，回暖后立即排浅。

（三）节水栽培　又称水芹旱栽，江苏溧阳和浙江衢州等地，多采用这一方法栽培，比浅水栽培约可省水一半，比深水栽培节水更多。但所用劳力相对较多，在技术上也有较大的不同。现分述如下：

1. 田块和品种选择　应选地势平坦、灌排两便、保水力较强的菜田种植，并要避免连作，上年种过水芹的田块，不能再种。选用圆叶类型的品种，如溧阳白芹、徐州水芹等。

2. 整地作畦　清除前茬，施入腐熟的厩肥或粪肥，进行耕、耙和开沟作畦。畦宜南北向延长，畦宽1.4m，畦沟宽40cm、深12～13cm，在畦上按东西向开种植沟，深5～6cm，沟间距离26cm左右，并在田四周开挖略深的边沟。

3. 种植　种植时间与浅水栽培同，将催芽后的种茎一根接一根排放沟中，如土壤干燥，先在种植沟浇底水润湿后排放种茎，上覆细土3cm左右。

4. 田间管理　种后坚持小水勤浇，不使沟土发白，雨后及时排水。追肥前期同浅水栽培，但最后一次追肥应结合在培土软化前进行；掌握在当地日平均气温已降至15℃左右，植株基本不再长高时追施，如溧阳县多在10月下旬。一般追施30%左右的腐熟粪肥或厩肥水15t/hm²，以充实茎、梗。施后次日培土，具体方法：先将两块特制的木板，直插于两行植株之间，各紧贴一行，木板长1.4m，两木板间隔与畦宽相等，木板宽度30cm，与培土高度相等。插立后在板两头靠板处各打下一根木桩，使板直立不斜，然后从畦沟中均匀取土，倒入两板之间，直至倒满、扒平、拍实，仅露植株上部5～10cm，即可拔起木桩和板，依次培好下一行，全田培完后，即在畦沟中灌水，水深低于原畦面4～5cm，使根系能吸到水分，而又不浸烂培土。培土前应收听天气预报，选在连续无雨天气进行，以防培土后就被雨冲垮。

五、病虫害防治

（一）主要病害防治　水芹的主要病害有水芹斑枯病和水芹锈病，均属真菌性病害。

1. 水芹斑枯病　病原：*Septoria oenanthis-stoloniferae*。病菌在种株或病残体上越冬，分生孢子借气流或雨水传播。在叶上形成椭圆形病斑，中央灰白色，外围有黄晕，使叶早枯。防治方法：①及时匀苗除草，防止生长过密；②发病初期用 50％多菌灵可湿性粉剂 500 倍液，或 80％代森锰锌 600 倍液等交替喷雾防治。

2. 水芹锈病　病原：*Puccinia oenanthes-stoloniferae*。在田间夏孢子经气流或雨水传播，在茎、叶柄和叶上形成细小密集的锈斑，引起全株枯死，为害严重。留种田也常发病。防治方法：参见斑枯病。发病初期及时喷洒 15％三唑酮（粉锈宁）可湿性粉剂 1 000 倍液，或 25％敌力脱乳油 2 000 倍液，隔 10～20d 喷 1 次，连喷 2～3 次。

（二）主要虫害防治　水芹的主要害虫有胡萝卜微管蚜（*Semiaphis heracleri*）和芹菜二尾蚜（*Cavariella salicicola*），由有翅蚜从邻田迁飞而来，产生大量无翅蚜，集中在植株幼嫩茎叶上刺吸汁液，严重时叶片枯黄，植株萎缩。防治方法：发生初期用 40％乐果乳剂 1 000 倍液，或 50％辟蚜雾（抗蚜威）或 10％吡虫啉可湿性粉剂 2 000～3 000 倍液，交替喷雾防治。

六、采收与留种

（一）采收　浅水栽培的多在种植后 90d 左右开始采收，一般按市场需要，分期分批、陆续采收，在江南通常从 11 月中旬开始，一直收到次年 3 月。采收时可连根拔起，洗净泥土，剔除黄叶，理齐后捆成小把，集中装运上市。一般产水芹 45t/hm²。

深水栽培的采收季节与浅水栽培相近，采收方法有些不同，必须身穿连靴防水裤，下垫长木板，手持长柄铁铲，下水站板上铲起植株，捞到田埂上，再行清洗、整修和理齐、捆扎。或撑小船采收也可。产量高于浅水栽培，一般产水芹 75t/hm²，但品质稍次。

培土软化后 30d 左右，即可开始采收，可陆续采收到当地大田结冻前。如气温将降至 0℃以下，必须预先抢收完毕，运至室内暂存。采收时可用齿耙挖去培土，逐行掘收，然后整理、修剪和捆扎成把。产量一般与浅水栽培相近，但品质较好。

（二）留种　留种应在深栽软化前开始，从丰产田选拔种株，要求选符合所栽品种特征，株高中等偏上，茎秆较粗的健壮植株做种。移栽于预先准备好的留种田中。留种田选避风向阳、灌排方便的平坦水田，施入腐熟的粪肥或厩肥作基肥，一般为 15～20t/hm²，耕耙、糖平，按行、穴距各 25cm，每 3 株 1 穴，理齐根部，栽插入土。田中保持 3～5cm 浅水，成活后施一次磷、钾肥，一般为草木灰 750kg/hm²，或硫酸钾、过磷酸钙各 150kg/hm²，在寒潮来临前适当灌深水防冻，回暖后排浅。次年春恢复生长后及时疏去过多分株，保持田间通风透光，及时防治病虫害。注意抽花序开花后防止倒伏，并逐渐排去田水，保持土壤湿润，直到种株叶片枯黄，茎秆老熟。

深水栽培留种大致与浅水栽培相同，但种株选择和移栽，要结合在大田匀苗补缺时进行。

节水栽培留种也大致与浅水栽培相同，但种株选择和移栽，要在培土软化前进行。

（赵有为）

第五节　荸　　荠

荸荠是莎草科（Cyperaceae）荸荠属中能形成地下球茎的栽培种。学名：*Eleocharis tuberosa*（Roxb.）Roem. et Schult.；别名：马蹄、地栗、乌芋、凫茈。多年生浅水草本植物，在生产上作一年生作物栽培。荸荠原产中国南部和印度，已有 1 500 多年栽培历史。《尔雅》（公元前 2 世纪）中称为"芍、凫茈"。在长江流域及其以南地区栽培较多。球茎质脆多汁，鲜球茎一般含有维生素 C、胡萝卜素及钙、磷、铁等矿质元素。另外还含有一种不耐热的抗菌物质荸荠英，对黄色葡萄球菌、大肠杆菌和绿脓杆菌等均有抑制作用。荸荠既可作蔬菜，又可当作水果，生、熟食均宜。

一、生物学特性

（一）植物学特征　根为须根，初为白色，后转褐色，着生于短缩茎基部，数量多。茎分为短缩茎、叶状茎、匍匐茎和球茎。留种球茎萌发后不久，即在其上方形成短缩茎，极短缩。其上部抽生叶状茎。叶状茎细长管状，内具多数横膈膜，深绿色，呈丛生状，代替退化的叶片，进行光合作用。短缩茎基部抽生横向生长的匍匐茎，在高温、长日照下，其先端的芽转向地上生长，形成分株；在较低的温度和转短的日照下，其先端膨大形成球茎。球茎纵径 2~3cm，横径 2.5~4.5cm，扁圆形，深红至红黑色，有 5 道环节。叶退化变小，成薄膜状，着生于叶状茎基部。部分叶状茎顶部形成穗状花序，小花呈螺旋状贴生，每小花开后结一果，内含种子 1 粒。种子细小，发芽力弱，生产上都不用种子繁殖，而用球茎无性繁殖。荸荠植株全形见图 19-9。

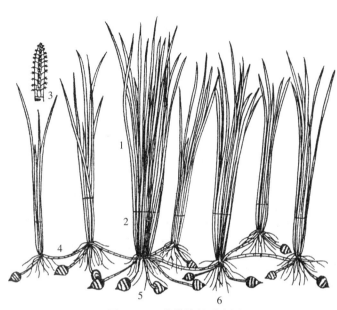

图 19-9　荸荠植株形态图
1. 绿色叶状茎　2. 退化叶　3. 花穗　4. 地下匍匐茎　5. 球茎　6. 根
（曹侃、王槐英，1983）

（二）对环境条件的要求

1. 温度　气温达 15℃ 以上球茎开始萌芽，发芽最适温度 20~25℃，分蘖、分株和开花最适温度 25~30℃；球茎膨大适温 20℃ 左右，昼夜温差较大有利于膨大和养分积累。0℃ 以下球茎就会受冻。

2. 日照　生长需光照充足，形成球茎需短日照。

3. 水分　生育前期和后期要求浅水层 2~4cm，旺盛生长期适当加深，最深 10~15cm。球茎休眠越冬期保持土壤湿润或浅水。

4. 土壤营养　要求土壤松软，含有机质较多，以壤土、黏壤土为宜，土壤酸碱度以微酸性至中性为适。对肥料三要素的要求以氮、钾为主，磷肥适量配合。

（三）生长发育特性　荸荠以球茎进行无性繁殖，每年完成 1 个生育周期，经历 3 个阶段性变化。现以长江流域为例，分述如下：

1. 萌芽生长期　春季气温升达 15℃ 以上时，越冬休眠的球茎向上萌芽，每年约在 4 月下旬，长出 1 小段发芽茎后，即在其上形成短缩的主茎，向上抽生绿色叶状茎，向下抽生须根，成为独立的新苗，约经 15~20d。

2. 旺盛生长期　主茎（短缩茎）上抽生绿色叶状茎达一定数量，即在其一侧或两侧出现新的生长点，长出分蘖；同时，有一部分侧芽横伸土中抽生匍匐茎，匍匐茎先端的芽转向地上生长，离开主茎和其分蘖，抽生一丛叶状茎，形成分株；在分株上又可形成新的分蘖和下一级分株。5~8 月，气温升达 25~32℃，分株和分蘖两旺，生长量达到最大，前后历时 100~110d，往后生长转慢。

3. 球茎形成期　8 月下旬以后，气温转低，日照转短，分株及分蘖基本停止，一部分先生出的叶状茎上抽生花穗，进入开花结果。植株基部抽生的匍匐茎，不再萌芽形成分株，而是其顶芽转向土中斜下方生长，近先端数节开始膨大，积累养分，形成球茎。一般在气温降至 20℃ 左右时开始膨大，18~20℃ 时膨大加快。往后气温继续下降，球茎陆续膨大，较早形成的球茎逐渐定形和充实，皮色由白转黄，最后转为棕红色。球茎形成和开花结果约在9～11月，因种植早迟而有不同。往后气温降至10℃以下，地上部叶状茎逐渐枯黄，以新结出的球茎留存土中开始休眠越冬。

二、类型及品种

（一）类型　荸荠品种间植株地上部分形态很相似，主要差别在地下茎的形态、色泽和品质上。球茎皮色以红色为基本色泽，有深红、红褐、棕红、红黑色等差异；球茎外部形态上的区别在于顶芽有尖或钝之分；球茎底部有凹脐和平脐之分。一般顶芽尖的为平脐，则球茎小，肉质较粗老，渣多，含淀粉多，较耐贮藏，宜熟食或加工制粉；顶芽较粗钝的为凹脐，含水分和可溶性固形物多，肉质脆嫩，味甜，含淀粉少，渣少，宜生食。

（二）品种

1. 苏州荸荠　江苏省苏州市地方品种。平脐类。中熟，当地5月下旬育苗，6月下旬定植，11月下旬始收。单球平均重14g，品质较好，最宜熟食和加工罐藏。一般产量15t/hm²。

2. 余杭大红袍　浙江省余杭市地方品种。平脐类。中熟，当地6月上旬育苗，7月中旬定植，12月上旬始收。单球重20～25g，肉质脆嫩，味甜，生、熟食和加工罐藏均可。

3. 琢县甜荠　河北省琢县地方品种。平脐类。早熟，当地5月下旬育苗，6月下旬定植，10月中旬即可始收，但如延至次春4月上旬采收，则味转甜。肉脆嫩少渣，生、熟食均宜。较耐寒，当地田间盖草或适当灌水防冻，即可留土中安全越冬。

4. 信阳荸荠　河南省信阳市地方品种。平脐类。中熟，当地于4月下旬育苗，6月上中旬定植，11月开始采收。株高80～100cm。单球茎重15～20g，肉质脆嫩，少渣，味甜，生、熟食均宜。

5. 会昌荸荠　江西省会昌县地方品种。平脐类。中熟，当地于6月下旬育苗，8月上旬定植，12月开始采收。株高100～120cm。球茎顶芽尖而短，单球重20g左右。肉细，味甜，品质好，宜生食。耐热性较强，耐寒性较弱。

6. 闽侯尾梨　福建省闽侯县地方品种。平脐类。中熟，当地于5～7月育苗，25～30d后即可起苗定植。5月育苗的11月始收，6～7月育苗的12月上旬至下旬始收。株高90cm。球茎较高，单球茎重18g左右。肉脆嫩，味甜美，品质好，适于生、熟食和加工罐藏。

7. 桂林马蹄　广西壮族自治区桂林市地方品种。凹脐类。晚熟，当地于6～7月育苗，25～30d后起苗定植，12月到次年1月始收。株高120cm。单球重20～25g。球茎顶芽较粗，两侧各有一个较大的侧芽。肉质脆嫩，味甜，含糖量较高，品质好，最宜生食。

8. 孝感荸荠　湖北省孝感市地方品种。凹脐类。中晚熟，当地于5～6月育苗，30d后起苗定植，11月下旬到12月上旬始收。株高90cm，分蘖性较强，单球重20～25g。肉质细嫩，味甜美，少渣，品质好。

此外，还有湖南省衡阳荸荠、江西省萍乡荸荠、湖北省宜昌荸荠和广东省广州市的水马蹄等，也都是较好的地方品种。

三、栽培季节和方式

中国各地荸荠每年栽培一茬，常与慈姑、莲藕、茭白和水稻等作前后茬，进行合理轮作，一般3年后才能轮回到原田种植。

在长江流域，5～6月定植的称为早水荸荠，7月定植的为中水荸荠，8月定植的为晚水荸荠。在华南地区，因气温高，延续时间长，早种不能早收，必须等到9月天气转凉，日照转短后，才能开始形成球茎，故一般都种晚水荸荠。而华北无霜期较短，初霜期常较早，为争取时间，多种植早水荸荠。荸荠一般都实行单作。

四、栽培技术

（一）育苗

1. 培育分株苗　早水荸荠多育分株苗，一般在 4 月下旬到 5 月上旬下种，苗龄约 50d，于 6 月定植大田。于育苗前先选择避风向阳的水田，施入腐熟的厩肥 22.5～30t/hm²，带水耕耙、耱平，保持 2～3cm 浅水。同时取出贮藏的种用球茎，复选一次，选择符合所选品种特征、种球鲜健、顶芽坚挺、皮色较深而一致的作种。洗净选中的种球，晾至半干，用 25% 的多菌灵 500 倍稀释液，浸泡种球 12h，沥干余水，即可下种。药液浸种主要为消灭荸荠茎枯病残留在种球上的病菌孢子。种球一般按行距 20cm、株距 15cm，栽插入育苗秧田，插深以种球全部入土，不见顶芽为度。每插 10 行，空出 1 行，作田中走道。苗期注意保持浅水和除去杂草。一般经 50d 左右，主茎上的叶状茎已丛生，并形成分蘖，向周围抽生 3～4 小丛分株时，即可起苗定植（图 19 - 10）。

2. 培育主茎苗　晚水荸荠一般多用主茎苗（种球苗）定植。因其定植后生育期短，幼苗必需带有种球，以增加养分，利于秋季及时结出新球茎。育苗方法与培育分株苗基本相同，但也有几点不同：一是栽插密度加大，行、株距仅为 10～12cm，每栽插 20 行后，空出 2～3 行，作走道；二是如栽插时天气炎热，白天气温常达 30℃ 以上，插后要在田面盖一层稻草防晒，等出苗后及时揭去稻草。到苗高达 20cm 以上，主茎丛已有 5～6 根叶状茎时，即可带种球起苗定植。一般约需 30d 左右。

3. 组织培养苗　中国荸荠栽培长期采用无性繁殖。

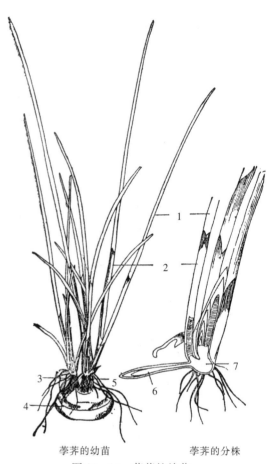

荸荠的幼苗　　　　荸荠的分株

图 19 - 10　荸荠的幼苗

1. 叶状茎　2. 叶鞘（退化叶）　3. 侧芽　4. 球茎
5. 主芽　6. 匍匐茎　7. 肉质茎

（王槐英，1979）

由于种球的种性退化，同时种球带菌、带病毒现象严重，致使植株矮化丛生，匍匐茎不膨大。李良俊等（1994）剥取 3～5mm 的芽尖进行培养，成功地得到了组培苗。通过组培苗繁种可以减少种球携带病毒，使田间发病率降低，提高产量和品质。

（二）定植　大田收完前茬，施入腐熟厩肥或粪肥 22.5～30t/hm²，另施硫酸钾 375～450kg/hm²，因钾肥对荸荠抗病增产有不可替代的作用。带水耕耙、耱平后，保持 2～3cm 的浅水，即可定植。早水荸荠多用分株苗栽植，即将主茎丛上长出的分蘖苗（包括主茎及其分蘖）和由主茎基部向周围株、行间抽生的分株苗，一一拔起，剔除只具有 3～4 根叶状茎的小苗，保留具有 5 根叶状茎以上的大苗，对其中具有 5～8 根叶状茎的较大苗不用再分，而对具有 10 余根叶状茎的大苗，按 5～7 根为一丛进行分苗。分好苗后，即可理齐携往大田，进行栽插定植。如当地往年荸荠茎枯病发生较重，要再用多菌灵药液浸 1 次，药液配制同种球浸泡，浸泡时间亦同，但只需将苗的根系浸入即可，取出苗后即栽。一般行、株距 60cm×30cm 或 50cm×40cm，每穴栽入 1 株，深约 7cm，以栽稳为度。如苗过高，则留高 25～30cm，剪去其叶状茎梢头后再栽，以防招风动摇。晚水荸荠多用主茎苗栽插，一般于 7 月定植。栽前将幼苗连同种球及根系一并挖起，细心操作，直至将种球连根带苗一并栽插入土，栽深以种球及根全部入土，叶状茎基部着泥为度。栽植密度适当加大，一般行、株距 50cm×30cm，每穴栽插 1 球，栽后随手抹平泥土，以防露根。茎枯病发生较重地区，栽前也需先用多菌灵药液浸根，方法同上。

（三）田间管理

1. 水分管理 早水荸荠前期保持 2～3cm 浅水，以后随着植株长大要逐步加深。株高超过 40cm 时，灌水应达到 7～10cm；如叶状茎高而密，色泽由浓绿转淡，表明有徒长现象，要选晴天，排去田水，轻搁田 1～2d，抑制徒长，随后还水。晚水荸荠定植时正值盛夏，如白天气温常达 30℃ 以上，田间应保持水深 6～8cm，防暑降温，以利成活。7～8 月，如遇一段连续高温干旱天气，无论早、中、晚水荸荠田中均应加深灌水到 8～10cm，且须于凌晨灌入凉水。天凉后及时将水层排浅。至生育后期，植株开始结球，分蘖和分株均已基本停止生长，水位又应逐渐排浅到 3～5cm，最后叶状茎已有部分发黄，球茎大部分定形，只需保持 1～2cm 的薄层浅水。严寒天气适当深灌水防冻。

2. 追肥和除草 荸荠不耐氮肥过多和偏施氮肥，一般在栽插活棵后追施氮、磷、钾复合肥 250kg/hm²，混合干细土 3 倍，拌匀后排去田水，于露水干后撒施，肥后回水。到植株地上部开花时，地下将开始结球，应施入复合肥 450kg/hm²，以促进球茎膨大。据曹碚生等试验，如在花后紧接着喷施 0.2% 的磷酸二氢钾溶液，有利于球茎膨大和增产。栽植成活后到田间叶状茎封行前，应除草 2～3 次，即将杂草就地捺入或踩入泥中；后期除草注意勿踩伤地下匍匐茎。

五、病虫害防治

（一）**主要病害防治** 主要病害是荸荠茎枯病，病原：*Cylindrosporium eleocharidis*。又称荸荠秆枯病。真菌病害。多在高温季节开始发生，蔓延快，为荸荠毁灭性病害。病原菌在种球、田土和残留茎秆上越冬，第 2 年侵染新的叶状茎。分生孢子通过风雨和灌溉水传播，在叶状茎上产生梭形病斑，病部变软凹陷，极易倒伏，其上生出黑色小点或条斑。天气干旱时，病斑中部变灰色，而在清晨或湿度大时，病斑表面有灰色霉层。严重发病时，全田一片枯白。防治方法：①与其他水生作物逐年轮种，3 年后再轮回原田种植；②对发病田块的叶状茎在冬季集中烧毁；③种球下种和荸荠苗在定植前用 25% 的多菌灵可湿性粉剂 250 倍液，或 50% 代森锰锌可湿性粉剂 500 倍液分别浸泡 24h。发病初期喷洒上述药液，或用 50% 腐霉利（速克灵）可湿性粉剂 1 000 倍液，每 7～10d 喷雾 1 次，3 种农药交替使用，共喷 3～4 次。

（二）**主要虫害防治** 主要害虫是白禾螟（*Scirpophaga praelata*）。成虫体形较小，通体白色，易与其他害虫区别。长江流域年发生 4 代，以幼虫在荸荠茎秆内结薄茧越冬。全年以 2、3 代幼虫（7～10 月）对早栽荸荠田为害最重。初孵幼虫群集，钻入叶状茎蛀食，2、3 龄后开始转株为害，造成枯心苗，严重时叶状茎成片枯死发红，以至失收。防治方法：①及时清除上年荸荠田残茬，压低越冬虫的基数；②适期迟栽可减轻受害；③重点查、防第 2、3 代虫害，掌握卵块（附着于叶状茎上）孵化高峰期喷药，以 25% 杀虫双水剂 300～500 倍液，或 80% 杀虫单可溶性粉剂 1 000 倍液等喷雾，效果较好。最好交替使用，每周 1 次，共 2～3 次。重发区于种苗移栽前 2～3d 可用药液浸渍或喷淋。

六、采收与留种

（一）**采收** 早水荸荠虽可在 11 月采收，但因当时气温较高，球茎内含淀粉较多，还未转化为糖，故味均较淡。到 12 月往后，各地日平均气温大多已降至 5℃ 以下，球茎中的淀粉多转化为可溶

性糖，球茎皮色转深红，采收食用味甜多汁。如留田不采，要注意防冻，最迟可延至次年 4 月。

采前 1d 排去田水，多用齿耙掘收，扒土细找，以防遗漏。采后整理、清洗。分级后上市。一般产量 18～27t/hm²。

（二）留种 留种应选品种纯真、无病虫害的丰产荸田，冬季田中保持充分润湿或一薄层浅水；遇有寒潮预报，夜温将降至 0 ℃以下时，应加深灌水到 5～8cm，以防冻害。气温回暖后将水层排浅。一般到次年 4 月上旬，球茎顶芽将萌发前掘收，剔除损坏和过大、过小的球茎，以及不符合所栽品种特征的球茎，选留圆整、鲜健、顶芽坚挺、皮色较深而较大的老熟球茎，带泥不洗，摊晾通风处 1d 后贮藏。每栽 1hm² 大田，早水荸荠约需预留种球 375kg，晚水荸荠采用主茎苗栽插需预留种球 1 025kg。

种球的贮藏方法有堆藏和窖藏两种。堆藏即在室内用砖围码成 1m 左右高的矮墙，形成池状，底铺干细土一层，倒入混和干细土的种荸，上盖干细土和稻草各一层，直到池顶，其上再用河泥涂抹封顶，两侧矮墙间缝隙，也用泥涂封。窖藏多在室外选高燥、地下水位低于 1.5m 以下地点，挖长、宽、深各 1m 左右的敞口地窖，将种荸分层铺入窖中，每层厚约 20 cm，上面撒盖干细土 3～5cm，再铺 1 层种荸和撒盖干细土，如此层层相间，直至距窖口 10～20cm 止，上再盖干细土，拍实封口，形成馒头状。距窖四周约 30cm 处，环挖排水沟一条，深 20cm，并向一侧稍稍倾斜，使雨雪天可向一侧顺利排去积水，保持窖内温、湿度稳定。

（曹碚生　陈学好）

第六节　菱

菱是菱科（Trapaceae）菱属（*Trapa* L.）中的栽培种。别名：菱角、龙角、水栗；古名：菠、芰。为一年生浮叶蔓性草本植物。原产中国。在世界上分布较广，从热带到温带的淡水湖、河中均有野生菱，只有中国和印度进行栽培。中国栽培已近 3 000 年的历史，《尔雅》（公元前 2 世纪）中的"菠"，即今之菱。中国北起山东、河北省，南至广东、台湾省均有栽培，特别是江苏省的太湖、安徽的巢湖地区栽培面积较大。其中江苏省苏州的水红菱、浙江省嘉兴的南湖菱尤为有名。

菱以种子中的种仁（菱米、菱肉）供食用。菱米中含多种维生素和矿质元素，还含有菱角甾四烯和谷甾醇。菱在水生蔬菜中属最耐深水，在 0.5～3.5m 深的淡水中，只要水下土壤较肥，水位相对稳定，均可选用不同的品种进行种植，或与养鱼相结合以充分利用一部分较深的淡水水面资源。

一、生物学特性

（一）植物学特征

1. 根 胚根在种子发芽后不久就停止生长，代之而起的为次生根。次生根有两种：一为土中根，具有向地性，在接近水下土壤的茎节上大量发生，为须根，弦线状，长可达 1m 以上，是植株的主要吸收根系，从土中吸收矿质营养；另一为水中根，在水中茎的各节上，每节都着生两条，较短小，左右对称，含有叶绿素，能吸收水中养分，又能进行光合作用，但两种作用均很微弱。

2. 叶 初生真叶呈狭长线形，先端 2～3 裂，无叶柄，通称"菊状叶"。植株生长出水后，新叶近三角形，具叶柄，一般叶片长、宽各约 9cm，柄长 5～13cm，叶表面翠绿有光，有发达的革质层，叶柄中、上部有膨大的海绵质气囊，囊中含空气，通称"浮器"，使叶得以漂浮水面。叶缘基部全缘，中、上部有疏锯齿。叶在茎上互生，但出水后节间缩短近似轮生，镶嵌排列于水面，通称"菱盘"，菱盘常可由 40～60 片叶组成，直径可达 33～40cm，为菱的主要光合作用器官。

3. 茎 茎蔓性，细长，长可达 2～5m，但不能直立，到近水面以后，节间密集，茎也增至较粗。

主茎常发生分枝，分枝顶端形成比主茎上菱盘较小的分菱盘，较早的分枝上还可长出二次分枝和分盘，生长旺盛的菱株，每株可分枝 10～20 个。

4. 花、果实　花多生于菱盘的叶腋中，色白或淡红，出水开放，受精后垂入水中，结为果实，通称"菱角"，内含种子 1 枚，以其种仁供食用。菱的果实较大，果皮革质，一般具有 2 或 4 个尖锐的硬角。果内具有种子 1 枚，无胚乳，有大、小子叶各 1 片，由一细小的子叶柄连接。菱的植株全形见图 19-11。

(二)对环境条件的要求

1. 温度　喜温暖，不耐霜冻，必须在无霜期生长。种子在温度达 14℃ 以上时开始萌芽，植株茎、叶生长，包括生根、发叶、分枝和形成菱盘，均以 20～30℃ 为较宜；而开花、结果则以 25～30℃ 为宜。水温超 35℃，则会影响受精和种子发育，造成花而不实或果实畸形。温度低于 15℃，则生长基本停止，10℃ 以下则茎叶迅速枯黄。

2. 光照　要求光照充足，不耐遮荫。对光周期的反应，属于短日性作物，长日照有利于营养生长，短日照有利于开花结果。

3. 水分　苗期要求水位较浅，以 20～50cm 为好。随着植株的成长和茎蔓的伸长，水位宜逐渐加深到 1～1.5m。适应水深因品种而异，其中浅水菱类品种，不宜超过 1.5～2m；深水菱类品种最深可达 3～4m，但均只能适应逐渐加深和落浅，不耐猛涨暴降。

4. 土壤营养　菱主要依靠土中根吸收水下土壤中矿质营养，要求土壤松软、肥沃，淤泥层达 20cm 以上，含有机质较多。要求氮、磷、钾三要素并重，特别在开花结果期，磷、钾充足时，开花结果多，抗病性增强；反之氮肥偏多，磷、钾不足，则易造成植株徒长，结果少，抗病性下降。

图 19-11　菱的植株全形图

1. 种菱　2. 发芽茎　3. 弓形幼根　4. 土中根（弦线状须根）
5. 水中根　6. 主茎　7. 分枝　8. 菱盘（叶簇）

（曹侃，1982）

(三)生长发育特性　在中国，菱每年自春至秋，完成一个生长发育周期，一般经历 200 多 d，约经几个明显的、有规律的阶段性变化。现以长江流域为例，分述如下：

1. 萌芽生长期　常年 4 月上中旬，气温升达 14℃ 以上时，从菱种开始萌芽生长，胚根和下胚轴伸出种子发芽孔为止，将胚根和胚芽向上推出果外。胚根偏向一侧，其向下的侧面，生出多数弦线状须根，伸入土中；胚芽向上伸长，形成初生的主茎。主茎生长较快，节间细长，各节长出过渡性的菊状叶，每节抽生两条细小的水中根。茎蔓生长至接近水面时，迅速转向增粗生长，节间变短而密集，顶芽出水，长出定型大叶，具有较长的叶柄和浮器。至此萌芽生长期结束，共经历 35～45d，主要依靠种子贮存的养分转化供应生长，要求气温较高，水位较浅，以利于幼苗早日露出水面（图 19-12）。

2. 旺盛生长期　从 5 月中下旬菱苗出水，到 7 月中下旬植株主茎及其大分枝上形成的菱盘先后进入初花，为营养器官旺盛生长期，约经 60～70d。先是主茎先端陆续抽生新叶，叶面积迅速增大，

中国蔬菜栽培学

□□□□[第二版]..Olericulture in China □□□□

形成主菱盘，随之其分枝上也先后形成分枝菱盘，每株总共可形成大小菱盘10～20个，就整个菱塘而言，水面基本上为菱盘所覆盖。菱盘是植株进行光合作用、制造和合成有机养分的主要场所，以布满水面而又不太拥挤为宜。本期生长迅速，要求气候温和，水位缓慢上涨，要防止大水淹没菱盘和冲断植株，也要防止受旱枯萎。

3. 开花结果期 菱株主菱盘始花以后，大小菱盘先后开花结果，营养生长逐渐停止，大部分果实先后发育成熟，约经100d结束。此期正处于温度适宜的7～10月，往后气温降至15℃左右，且初霜快到，开花难以受精，结果不能成熟，茎叶也逐渐发黄。菱花从菱盘的叶腋中由下而上依次着生，受精后下垂入水，发育成果，萼片发育成角。在果实发育过程中，组织充实，密度加大，幼果仅0.5～0.7g/cm³，在水中上浮，老熟果达1.1～1.2g/cm³，在水中下沉，单果在开花后30～40d达到成熟。开花结果要求气温逐渐冷凉，昼夜温差较大，水位逐渐落浅。

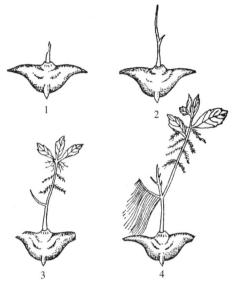

图19-12 菱的发芽
1. 发芽（伸出幼根）　2. 伸出幼芽及发芽茎
3. 生出菊状叶及水中根
4. 主茎基部分枝，生出土中根
（曹侃，1982）

二、类型及品种

（一）类型 菱在植物分类学上包括两个种，即四角菱（*Trapa quadrispinosa* Roxb.）和两角菱（*T. bispinosa* Roxb.），二者除果形有明显差异外，其他性状都很相似，在中国均有野生和栽培。四角菱在中国南方长期栽培和选择中，分化出无角菱变种（*T. quadrispinosa* Roxb. var. *inermis* Mao），即所结果实四角退化，只留痕迹。这样，在栽培学上常将菱分为两角菱、四角菱及无角菱3类，其中四角菱品种较多，按其对水位深度适应性，又可以分为深水和浅水两种生态型。其中深水生态型多为晚熟种，而浅水生态型则多为早、中熟种。现以栽培学上的分类分别介绍其主要品种。

（二）品种

1. 两角菱类 果实仅具两肩角，左右对称，多中、晚熟。果皮较硬、厚，适应性较广，产量和品质中等。主要品种有：

（1）胭脂菱　又名红菱、蝙蝠菱。江苏省南京市地方品种，现分布于江苏、浙江两省，但多零星栽培，面积不大。中熟，当地于4月上旬播种，8月中旬到10月采收。果中等大，单果重14g，两角平伸，角尖较钝，果皮红色，宜熟食。适应水深1.5～2m。

（2）扒菱　又名乌菱、嘉鱼菱。湖北省嘉鱼县地方品种，现广泛分布于长江流域及其以南各地。晚熟，在长江流域多于4月上中旬播种，9～10月采收；在华南地区多于2～3月播种，8～10月采收。果形较大，平均单果重22g，果皮较厚，果重与肉（菱米）重之比约为2:1。果实肩角粗长，左右平伸而先端下弯，果皮深绿，老熟后近黑色。菱米含淀粉较多，宜熟食和加工制粉，也可制成风干菱。成熟时不易落果，可减少采收次数，节省人工。

2. 四角菱类 果实具两肩角和两腰角，均各左右、前后对称，栽培品种较多，早、中、晚熟均有，一般果皮较薄。按其适应水位深、浅，又可分深水和浅水两种生态类型，现分述如下：

（1）浅水生态型　适应最大水深1～2m，多利用水田、浅水池塘和河湾栽培，多为早、中熟品种。

①水红菱。江苏省苏州市地方品种，现上海、杭州和嘉兴等市郊区也有栽培。早熟，当地于4月上旬播种，8～10月采收。其叶柄、叶脉及果皮均呈水红色，果较大，平均单果重18g，两肩角略上

翘，两腰角略向外斜伸。菱米脆嫩，带有甜味，品质好，最宜生食。但抗逆性较弱，不耐 1m 以上深水，适于在水下土壤肥沃的浅水面栽培。

②邵伯菱。江苏省江都市邵伯湖地方品种。较早熟，当地于 4 月上、中旬播种，8～10 月采收。果较小，平均单果重 12g。果实白绿色，肩角略上翘，腰角略斜向下伸，皮薄，肉细，品质较好。能耐最大水深 1.8m。

（2）深水生态型 适应最大水深 3～4m，多利用湖泊边缘和较深的河湾栽培，多数为晚熟品种。

①小白菱。江苏省吴江市地方品种。晚熟，当地于 4 月中旬播种育苗，6 月中旬定植，9～11 月采收。果白绿色较小，肩角向上斜伸，腰角略向下弯。菱米硬实，含淀粉多，宜熟食，品质中等。平均单果重 7.5g，果重与菱米重之比约为 1.4：1。植株茎蔓强韧，菱盘较小，生长势和抗风浪能力均较强，适应最大水深可达 4m。

②元宝菱。又名馄饨菱。江苏省苏州市地方品种。晚熟，当地于 4 月中旬播种育苗，6 月中旬定植，9～11 月采收。果皮白绿色，果中等大，平均单果重 11.5g，两肩角上翘，两腰角下弯，腹部稍下陷，而背部隆起，菱米丰满，糯性，味稍甜，品质好。果重与菱米重之比约为 1.5：1，能耐最大水深 3m。

③大青菱。江苏省吴江和吴县地方品种。晚熟，当地于 4 月中旬播种，9～11 月采收。果大，单果重 20g 左右，皮青绿色，果肩隆起，两肩角平伸，两腰角下弯，皮较厚，果重与菱米重之比为 2：1，品质中等。一般产量 9t/hm²。

④畅角菱。原产浙江省杭州、嘉兴等市。中晚熟，当地于 4 月下旬播种育苗，6 月中旬栽植，8 月下旬到 10 月采收。果皮青绿色，果中大，平均单果重 14g。两肩角平伸，两腰角向外斜下伸，果皮青白色，果重与菱米重之比约为 1.5：1，品质中上，能耐最大水深 3m。

3. 无角菱类 代表品种是南湖菱，浙江省嘉兴市南湖地方品种。又名和尚菱、无角菱。当地于 4 月上旬播种，8 月中旬到 11 月上旬采收，早中熟。果皮白绿色，平均单果重 12g，果重与菱米重之比约为 1.7：1，菱米细嫩，品质好。一般产量 10t/hm²。但抗逆性较弱，能耐最大水深 1.8m，必须在水下土壤肥沃、水位适中、风浪不大的水面栽培。成熟时易落果，应及时采收。

三、栽培季节和方式

中国各地的菱都是春种、秋收，在无霜期中生长和结果，一般都行单作。华南地区春暖较早，部分早熟品种常可于早春种植，夏季开始采收，陆续收到秋季。各地由于种植水位深浅的不同，在生态环境和栽培技术上也有较大的差异，因而可分为浅水菱和深水菱两个栽培体系。

四、栽培技术

（一）浅水菱栽培技术 一般是指在 0.3～1.5m 深度的浅水河湾、池塘和低洼水田栽培的菱，其产量较高，成熟较早，栽培技术与深水菱也有较大的不同。现分述如下：

1. 水面和品种选择 选择春季枯水期水位 10～30cm，夏汛期水位最大不超过 2m 的水面或水田，并要求涨落比较平缓；对水下土壤要求淤土层厚达 20cm 以上，土壤有机质含量达到 1.5％以上。最好水位可以控制，达到灌排两便。对品种的选择，要了解当地市场需求，并结合品种特性进行，如在大、中城市郊区或郊县，对水位稳定性较大、风浪较小、底土肥厚的水面，可选用水红菱，既作蔬菜，又可作水果；在水位涨落较大、略有风浪、土壤肥力中等的水面，可选用邵伯菱、胭脂菱等中、小果品种。

2. 直播或育苗移栽 浅水面春季土壤升温较快，水位不深，播种后出苗较快，一般都采用直播，

常在春季日平均气温回升到10℃左右时进行，长江流域多在3月下旬到4月初，华南地区多在2月中旬到3月上旬。播前检查清除水中的杂草和杂物。有条件的地方，可放水耕耙，施入草塘泥或腐熟厩肥等有机肥，同时，取出菱种，剔除烂坏种果，清洗后用清水浸泡，如已发芽，要防碰伤。直播有撒播、条播和点播三法。撒播省工，但播种量大，一般为330kg/hm²，且不易均匀；点播费工，故一般多用条播，即按水面外形，划成若干个2～2.5m行距的空间虚线，并在行的两端插竿标记，然后将菱种移放小船中，一人撑船看准两端标杆来回沿播种行前行，一人沿行均匀撒下菱种，掌握每1m内撒下5～6颗种果，播种量一般为225～300kg/hm²。江苏省盐城市郊区近年来改进条播为穴条播，即用稻草一束，做成直径和高为10～15cm的小草袋，袋内填营养土，将3颗菱种均匀埋入土中，每1米行距内播1袋，这样比条播用种少，出苗快，菱苗壮，比条播增产。

浅水菱为求提早上市，也可比直播提早20d左右育苗，苗龄40～50d，然后起苗移栽。江苏省姜堰市娄庄镇曾采用此法种植中早熟的两角菱品种，获得15.1t/hm²的高产，并提早20多d，于8月初开始采收，效益较好。育苗移栽应选避风向阳、水位10～20cm、土壤肥沃的水田或池塘作为育苗池，先将菱种放入木桶中，加浅水盖薄膜，白天晒暖，夜间加盖草帘或被褥保温，保持15～28℃催芽，等芽长达1cm左右，即可小心取出播种于苗池，播种量较直播增加5～6倍，约为横竖每隔12～15cm播下1颗，折合播种量约为1.3t/hm²，定植时可扩大面积10倍。定植约在播后50d进行，细心起苗，保持水湿，按1.5～2m见方穴栽，每穴3株，理齐根系栽植，水位保持20cm左右。

3. 菱田（菱塘）管理 栽后保持15～25cm的水深，往后随着菱苗的长大，逐渐加深水层，但每周不宜超过10cm，最后深至80cm以上，但最宜将水位控制在80cm左右，最深也不要超过2m。及至秋季天气转凉，水位又宜逐渐排浅到50～80cm。追肥前期以氮肥为主，一般在主茎上菱盘已形成，并开始出现分枝菱盘时，追施尿素150kg/hm²，或复合肥250 kg/hm²，即用10～20倍的河泥平铺，均匀撒下尿素，混拌均匀溶入，做成肥泥团，分别捺入菱株周围水下泥中，以防流失。开花结果期，以追磷、钾肥为主，此时菱盘已盖满水面，多用叶面喷施，即选基本无风的傍晚，用0.2%的磷酸二氢钾喷雾，每隔10d喷1次，共进行2～3次。生长前期，菱塘易生杂草，常见有杏菜和槐叶萍，多采取人工拔除或捞除。另有野菱也常生长为害，也须及时拔除，以免其分盘后与栽培品种纠缠不清。野菱心叶尖细，菱盘叶色暗淡无光，以此与栽培品种区分。

（二）深水菱栽培技术 一般指在2m以上较深水面栽培的菱，以湖泊、河流边缘为多，汛期最深水位可达3.5～4m。其单产较低，成熟较晚，可以结合养鱼，有利水面资源的合理利用。其栽培技术一部分同浅水菱，现仅将其不同的部分分述如下：

1. 水面和品种选择 要求水位在枯水期不超过2m，汛期最大水位不超过4m，临时极端最大水位也不超过4.5m，并位于河湾、湖泊边缘，不妨碍航道，不影响汛期行洪道；还要求水下土壤有较厚的淤泥层。根据水面条件选择相适的品种，如深水、薄土、风浪较大，只能选用小白菱；水位较浅，不超过3m，土层较厚，风浪较小，则可选用元宝菱、大青菱。

2. 育苗 深水直播一般不能出苗，即使出苗，苗也十分细弱，不能适用于生产，故须育苗移栽。育苗必须选用能蓄深水的苗池，即要求池的四壁较高，可逐步加深灌水，到菱苗定植前，苗池水位达到与定植水面的水位相平或相近。最好利用废旧的养鱼池。

苗池播种期应与浅水菱直播相当，不能提早，即在当地春季日平均气温达到10℃左右时进行，长江流域多在4月中下旬。为了培育长龄大苗，苗池播种密度宜较稀，播种量折合650kg/hm²。比浅水菱播种育苗减少一半。定植时可扩大面积5～6倍。菱苗播种时苗池水位约30cm，苗出水后，即应逐步加深灌水，每周约需加深15～20cm，到定植前苗龄约60d，茎蔓长度达1.5m左右，并有1～2个分盘为宜。

3. 定植 当菱苗已见分盘时为定植适期，长江流域多在6月中旬，至迟不能超过6月底；华南地区可提前到 5 月。要当天起苗，当天定植，以保菱苗鲜健。起苗时两手轮流握其茎蔓，逐段由下往上提苗，直至见到白根为止。起出的苗放入船舱或木盆中，每起苗 8～10 株，即将菱盘和茎蔓理齐，合为一束，用细草绳结扎其基部，将菱盘齐朝下，倒放于船舱水中，茎蔓盘放在菱盘上，如此逐一起苗和盘放整齐，立即运往定植水面。定植时每船 3 人配合，1 人在船头手执菱叉（菱叉系在长竹竿先端安装一小铁叉制成，长约 5m）用以叉往菱苗束的草绳结头，按行、穴距将草绳结头牢牢插入定植穴位的水底土中。1 人在船中用草绳一端结缚菱苗束基部的细草绳结扎处，另一端打一结头，供船头人叉住栽插入土。草绳留长以菱苗束茎蔓长度加上草绳长度，约大于定植时水深 30～50cm 为宜，这样栽后菱盘均可浮于水面，茎蔓可基本直立于水中，摇摆度较小，易于成活。栽后茎蔓在水中往下伸长，根系不久即可伸入土中，吸收土壤营养。船上最后一人在船尾驾船缓慢按栽植行距来回行驶。因深水菱的风浪较大，通常均采用丛植法，一般行距 2.7～3.2m，穴距 2.5m，每穴插菱苗一束（丛），8～10 株，使株间相互靠拢和支持，增强抗风挡浪能力。

4. 建立生物防风消浪带　通称扎菱垄，即在菱的群体外围水面，浮栽水草，相互连接，形成水上围篱，借以防风消浪，减轻冲击；同时防止杂草、杂物进入菱的群体。一般成片栽菱达 1hm² 以上的水面，除在其外围建防风消浪带外，还应在其内部纵横交叉建立支带，形成防护网，每网格面积以 0.3～0.4hm² 为宜。菱苗定植后，在菱株外围，距菱株 3～4m，用竹或木打桩，桩间距离 15～25m，视水面风浪的大小而定。桩长视水深而定，一般要求打桩入土 50～70cm，上端出水 1～1.5m，以保汛期不致淹没。打桩后随即在各桩间水平围扣粗草绳或塑料绳，并在桩上扣一活结，使其能随水涨落，始终浮于水面。最后在绳上每隔 30cm 左右，夹栽空心莲子草（水花生）枝段两段，每段长 20～30cm，使之浮水生长，1～2 个月后枝繁叶茂，形成水上"围提"，必要时适当修剪，以免干扰外围菱盘生长。

五、病虫害防治

（一）主要病害防治　菱的主要病害有菱角白绢病和褐斑病。

1. 菱角白绢病　病原：*Sclerotium rolfsii*。真菌病害。菌核和菌丝体是初侵染和再侵染源，菱田形成发病中心后，随水、风雨、菱角萤叶甲及菌丝向邻株攀绕传播，使病害扩大蔓延。主要为害叶片，先在中部初生少数黄色小病斑，后增多扩大，可使全叶变黄白色而腐烂，同时蔓延到邻近各叶，使整个菱盘烂光。严重时 2～3d 内即可造成成片菱角坏死，甚至失收。夏、秋季高温、高湿天气病害易流行；水质污浊、氮肥施用过重、菱塘边杂草丛生和连作田发病重。防治方法：①采菱后及时收集病株和铲除塘边杂草；②合理密植，防止夏、秋水面菱盘拥挤；③保持水质清洁；④发生初期摘除病叶或病盘，携出销毁或深埋，同时用 70％甲基托布津或 50％多菌灵可湿性粉剂 500～600 倍液喷雾防治，需连喷 2～3 次。

2. 菱角褐斑病　病原：*Cercospora* sp.。真菌病害。在 7～9 月易于发病，病菌孢子可随风、雨传播，在叶片边缘初生淡褐色小斑，后扩大为圆形或不规则形的深褐色大斑，潮湿时病部长出黑色小霉点，引起叶片早枯，使菱株结果减少或变小，造成减产。防治方法：同菱角白绢病，如同时发病可以兼治。

（二）主要虫害防治　菱的主要害虫有菱萤叶甲和紫叶蝉。

1. 菱萤叶甲（*Galerucella birmanica*）　为菱毁灭性害虫。其幼虫和成虫均啃食叶肉，成群为害，轻则造成减产，重则全部失收。成虫体长 5mm，褐色，前胸背板中央有"工"字形光滑区。幼虫圆筒形，体 12 节。以成虫在茭草、芦苇等残茬或土缝中过冬，春季菱盘和莼菜叶片一出水面，即迁飞为害，并交配产卵于叶片正面，孵化为幼虫后啃食叶肉，世代重叠。夏、秋季易大发生。食性单一，主要为害菱和莼菜。防治方法：①秋后处理老菱盘，用作饲料或堆肥，并铲除岸边杂草，压低越

冬成虫基数；②主害世代初龄幼虫盛发期喷 25％杀虫双水剂 500 倍液，或 40％乐果乳油 1 000 倍液等喷雾防治，每隔 5～7d 喷 1 次。

2. 菱紫叶蝉（*Macrosteles purpurata*）　每年初冬成虫在河、湖岸边杂草上产卵越冬，次年春孵化后，若虫迁至刚出水面的菱盘上取食为害。成虫体紫色，头顶有 2 个黄色小斑，若虫紫色腹部较浅。成虫产卵于叶柄的浮器内，长条形卵帽外露。一年发生 5～6 代，世代重叠。成、若虫刺吸寄主汁液，使生长停滞，降低产量。防治方法：参见菱萤叶甲。

六、采收与留种

（一）采收　浅水菱采收成熟度因用途和品种而异。如水红菱主要供生食，应在果皮硬化，果实尚未充分成熟时采收，以保持菱米脆嫩，含可溶性糖较高，风味甜美。其采收标准为：果已变硬，但仍保持嫩果的鲜亮色泽，用指甲掐果皮，仍可轻度陷入，萼片脱落，尖角显露，果放水中不下沉。邵伯菱、南湖菱等主要供熟食，一般在果已成熟时采收。其标准为：果皮已充分硬化，色泽转深带暗，果实与果柄的连接处出现环形细裂纹，并易分离，放水中下沉。采后清洗，立即包装运销。如暂时存放，可浸清水中，放置阴凉通风处，次日即须上市，特别是生食用菱，更应注意护色保鲜，防止高温和日晒。初收期每隔 3～4d 采 1 次，盛收期每隔 2～3d 采 1 次，后期气温下降，每隔 6～8d 采 1 次，共采 7～10 次。一般产量 7～8t/hm²，高产可达 15t/hm²。

深水菱都为熟食和加工用品种，均需充分成熟时采收。第 1 次采收要适时，通过检查，发现部分菱盘中已有 1～2 个成熟时，即应开始采收。虽然第 1 次收用工多，且果小、量少，但对菱株以后开花结果和取得高产优质均有良好的后效，必须及时采收。深水采菱均乘船进行，一般 6 人 1 组，1 人在船头拨开船路，1 人在船尾驾驶，并帮助理顺采后菱盘。船中架放两块跳板，左右各蹲两人，错开在不同行间采菱。采时要求做到"三轻"和"三防"，即提盘轻、摘菱轻、放盘轻；一防猛拉菱盘，使植株受伤，老菱落水；二防各人采摘速度不一，有人漏采老菱；三防老嫩不分、一把抓，将成熟和未成熟的菱果一起采摘。要求达到采清全部适度成熟果，而不错收未熟果。

（二）留种　无论浅水菱或深水菱，留种方法都相同。由于早期成熟的果实小，后期成熟的果实营养不足，因此须在中期采收时选留。一般都在第 3～5 次采收时，在所栽品种的优质丰产片中选留良种，即采收时有意将优良的种果另篮放置，或采收后随即倒出挑选。优良种果应具备以下几点：具有所栽品种的形态特征；果实较大，饱满充实；果实充分成熟，比重较大，水选时很快沉入水底；果形端正，无病虫害。

种果必须放水中贮藏，保证安全越冬。少量种果常采用吊藏，即选择活水深河，用粗毛竹或铁管，在水中插成三叉支撑架，将种果擦洗干净，装入塑料编织袋中，吊放支架交叉点上，使袋浸入水中，其上部离水面 50cm 左右，下部不着泥，保持温度在 5～14℃之间，始终不出水面。种果超过 500kg，即应搭建水中仓库。选枯水期水位仍达 2m 左右的活水河湾，用粗毛竹或镀锌钢管，按正方形或长方形打桩 4～8 根，并在各桩之间、距水底 40～50cm 处扎横杆，使成框架，在架上平铺竹片，固定后，排放装菱种的竹篓，上不出水，下不沾土，并定期检查，防冻，防热，防露出水面，防水鼠为害，保护种果安全越冬。

第七节　豆　瓣　菜

豆瓣菜是十字花科（Cruciferae）豆瓣菜属中的栽培种。二年生草本植物，在无性繁殖时，可作为多年生宿根性草本植物栽培。学名：*Nasturtium officinale* R. Br.；别名：西洋菜、水田芥、水薸菜等。原产欧洲，在欧洲栽培已有 2 000 多年历史，但中国、印度和东南亚均有野生。栽培种于 19

世纪末引入中国，首先在广东栽培成功，然后传至南方各地。现以广东、广西栽培较多，上海、福建、四川、云南、江苏、湖北等省、直辖市有少量栽培。多利用水田种植，以其幼嫩茎叶供炒食或做汤，冬春两季陆续采收上市，供应期较长。鲜菜中含有蛋白质、维生素 C、还含较多的钙和铁等，营养价值较高。但由于豆瓣菜不耐贮运，所以目前还只限于在大、中城市郊区生产，以便就近上市。

一、生物学特性

（一）植物学特征　豆瓣菜的根为须根，入土较浅，茎的中、下部接近地面的各节上，都能环节发生较多的须根，新根白色，老根变褐色。茎为半匍匐性，长 4～50cm，其中、下部均贴近地面匍匐生长，上部转向上斜生，茎中空，横剖面圆形，粗0.4～0.7cm。茎中、下部的叶腋中都可抽生分枝，因而分枝多，呈丛生状。叶在茎上互生，为奇数羽状复叶，长 8～12cm，其中叶柄长 2～3cm，具小叶 2～4 对。小叶矩形或近圆形，长 2～2.5cm，宽 2cm 左右，仅及豆瓣大小。一种类型不抽薹开花（不开花结实类型）；另一种类型抽薹开花，为总状花序，从茎或其分枝的先端抽生，长 8～15cm。花小，白色，具4 瓣，十字形，有雌蕊 1 枚，雄蕊多数。开花后结荚果，长 1.5～2cm，宽 0.2～0.4cm，每荚内有种子20～40粒，成熟后荚果开裂，散出种子。种子极小，椭圆形，略扁，棕褐色，千粒重仅 0.15～0.2g。豆瓣菜植株全形见图 19－13。

图 19－13　豆瓣菜植株

（二）对环境条件的要求

1. 温度　豆瓣菜性喜冷凉，营养生长适温 20℃左右，超过 25℃或低于 15℃则生长缓慢，10℃以下则生长基本停止，茎叶开始发红。不耐严寒和炎热，0℃以下则茎叶受冻，超过 30℃则茎叶发黄，持续在此高温下则易枯死。特别是夏季雨后乍晴，烈日熏蒸，温度骤升至 35℃以上时，易引起大片植株凋萎和死亡。

2. 水分　喜湿忌旱，适于在 3～5cm 的浅水中生长，不宜超过 10cm，并要求田水适当流动，保持较高的含氧量。对空气相对湿度要求中等，适宜湿度在 70%～85%之间。

3. 光照　要求光照比较充足，但也稍耐花荫。为长日照作物，在短日照下茎叶营养生长繁茂；在长日照下逐渐抽薹开花，即使是不开花类型，生长也转向缓慢或停止。

4. 土壤营养　要求保水力强的壤土或黏壤土，不适于在沙土和重黏土上生长。对肥料要求有机肥充足，如化肥多施，易使其品质和风味变差。在三要素方面，以氮为主，磷、钾适量配合，苗期需磷较多，开花结果期需磷、钾较多。

（三）生长发育特性　豆瓣菜在中国每年从秋季开始萌芽生长，到第 2 年夏季，开花结实的类型荚果内的种子达到成熟；不开花结实的类型，以茎秆上充实腋芽进行休眠越夏，分别完成一个有性及无性的生育周期。在整个生育周期中，经历几个明显的阶段变化。现分述如下：

1. 萌芽期　秋季气温降至 25℃以下，开花结实的类型，种子播种后萌芽生长；不开花结实的类型，越夏的种茎上各节相对休眠的腋芽萌发生长，分别抽茎、生根、发叶，形成各自独立的新苗。本阶段生长量小，新苗较弱，要求温度不过高，水浅而流动，此时虫害发生较多，要及时防治。本阶段约需 25～30d。

2. 冬前生长期　从新苗分枝开始，生长逐渐加快，不断分枝展叶，生长量达到最大，是形成经

济产量和采收的主要时期。此期气温多在 15～20℃，日照转短，适于营养生长，至冬季气温降到 10℃以下时，生长停止。本阶段历时 80～90d，要求水分及时充分供给，分次采收翻新。

3. 春季生长和开花结果期 当春季气温回升到 15℃以上时，植株营养生长逐渐恢复和转快，再次分枝和展叶，但已不及冬前生长旺盛，持续时间也较短，一般约经 50～60d。到初夏气温升至 20℃以上，日照转长时，开花结实类型的品种，营养生长基本停止，转向抽薹、开花和结实。随着种子的发育、成熟，种株的枝叶也逐渐枯黄；不开花结实类型的品种，生长也显著转慢，随后也基本停止。

4. 休眠越夏期 当夏季气温逐渐升高到 25℃以上时，开花结实类型的品种种子达到成熟，以种子休眠越夏；不开花结实类型的品种，茎叶逐渐枯黄，并在部分比较充实和老健的茎秆部分节位叶腋中形成腋芽，停止萌发生长，进入被动休眠状态。本阶段对不开花结实类型的品种而言，历时较长，常达 90d 左右。若此期遭遇持续高温、干旱或屡受烈日在暴雨后的灼晒熏蒸，易于枯死。要注意保持土壤湿润，使田间小气候比较凉爽，以保护种株安全越夏。

二、类型及品种

（一）类型 中国栽培的豆瓣菜有开花和不开花两种类型，二者在植物学形态上无明显差异，主要有两个品种。

（二）品种

1. 广州豆瓣菜 广东省中山市地方品种，在广州郊区栽培已有 60 多年。植株半匍匐并斜向丛生，高 30～40cm，茎粗 0.6～0.7cm，奇数羽状复叶。小叶较大，深绿色，遇霜冻或虫害易变紫红色。各茎节接近地面时，均能发生须根，分枝多，环境适宜时生长较快，定植后 20～30d 即可采收，每季可采收多次。适应性较广。在华南地区不开花结实，以种茎进行无性繁殖。产量较高。

2. 百色豆瓣菜 广西壮族自治区南宁市地方品种，在广西百色地区已栽培 20 多年。植株半匍匐并斜向生长，高 44～55cm，茎粗 0.4～0.5cm，奇数羽状复叶。小叶较小，近圆形，长、宽均约 2cm，深绿色，冬季叶片不变红。一般在每年春季开花结实，以种子进行有性繁殖。生长快，产量高。品质中等。

三、栽培季节和方式

在华南地区和台湾省，豆瓣菜一般于 8 月下旬至 9 月育苗，9 月下旬至 10 月定植，定植后 20～30d 采收，采后立即整平田土重栽。如此可反复栽植和采收 5～6 次，直到次春 4 月结束、换茬。在长江流域，9～10 月可在露地定植，采收和重栽 2～3 次后，已到 11 月中、下旬，气温降到 5℃时，须及时移入大、中棚等保护地中假植越冬，次春 3 月再移栽露地，采收到 4～5 月结束。豆瓣菜种植 1 年，即需轮作换茬，其前后茬作物为薤菜、瓜类、茄果类蔬菜等，一般要实行隔年轮作，第 3 年再种豆瓣菜。

四、栽培技术

（一）育苗 广州豆瓣菜栽培面积较大，多用种株进行无性繁殖育苗。即在 8 月下旬到 9 月上旬，当地气温降到 25℃左右时，将种株由留种田移到预先准备好的育苗田中，即预先耕耙糖平的肥沃水田中，栽插行距 10cm，株距 4～5cm，田中保持一薄层浅水，待新苗生长高达 15～20cm 时，起苗定植，移栽大田，约可扩大面积 3～4 倍。

百色豆瓣菜单产较高，多采用种子进行有性繁殖育苗。一般采用半水田法育苗，即选用平坦、肥沃的水田，带水耕耙作畦，做成畦面宽 1.3m、畦沟宽 0.3m 的半高畦，然后灌水使畦面充分湿润，但无水层，畦沟中始终保持有水。育苗田周边最好有适量的树木遮荫。播种期以当地开始秋凉，气温降到 20～25℃时为宜。因豆瓣菜种子细小，必须加 1～2 倍干净的细沙，混拌均匀后细心撒播，撒种量 1.5～2g/m²，播后撒盖一层过筛干细土加粪末或砻糠灰的混合土。如见畦面干白，及时喷水保湿。出苗后，随着幼苗的生长，逐渐加深灌水到 1.5～2cm，并注意防虫、除草。出苗后 30d 左右，当苗高 12～15cm 时，即可起苗定植。

（二）定植　选地势平坦或较低、灌排两便、土壤肥沃的水田，清除前茬，施入腐熟的厩肥或绿肥 30～40t/hm²，耕耙、耱平，保持田面充分湿润或有一薄层浅水，即可栽植。华南地区多在 9 月下旬到 10 月上旬，长江流域多在 9 月上中旬进行，当时气温多在 20℃左右，适于植株营养生长。栽前选取健壮的幼苗，一般要求茎秆较粗，节间较短，叶片完整。幼苗茎叶多半匍匐生长，常有阴阳面之分。阳面为朝上的一面，常受阳光照射，茎色较深；阴面朝下，茎色相对较浅。栽时注意仍将阳面朝上，将茎的基部两节连同根系斜插入泥，仍保持原来半匍匐生长姿态，以利成活。豆瓣菜植株小，宜密植，一般行距 10cm，株距 5～6cm，每栽插 20～30 行，空出 35cm，作田内走道。用种子繁殖的幼苗，常采用丛栽法，行距 10cm，穴距 8～10cm，每穴栽插 3 株，比单株栽插高产。

（三）田间管理　定植缓苗期，田间易生杂草，要及时除草，并保持 1～2cm 浅水，以利于缓苗发根。如遇天气晴暖，气温常超过 25℃，宜于早、晚灌入凉水，保持水温较低。此后随着植株的长大，水位应逐渐加深到 3～4cm，但不能超过 5cm，以防引起锈根。冬季生长停止，仍需保持浅水，并注意防冻害。

五、病虫害防治

（一）主要病害防治

1. 豆瓣菜褐斑病　病原：*Cercospora nasturtii*。叶片病斑圆形或椭圆形，褐色，严重时叶斑密布，可致叶片干枯。以菌丝体和分生孢子在病叶和病残体上越冬。以分生孢子进行初侵染和再侵染，借气流和雨水溅射传播。南方仅存在越夏问题。种植季节温暖多湿或偏施氮肥则发病重。防治方法：①避免偏施氮肥；②重病区及早喷洒 50％甲基硫菌灵可湿性粉剂 500 倍液，或 78％波·锰锌（科博）可湿性粉剂 600 倍液，隔 10d 左右喷 1 次，连续 2～3 次。

2. 豆瓣菜丝核菌病　病原：*Rhizoctonia solani*。叶片病斑椭圆形至不定型，灰褐（绿）或灰白色，严重时叶片枯白不能食用。茎部生褐色不定型褐斑，可绕茎一周致病部溢缩变褐。后期病部可见菌核。以菌丝体或菌核在土壤、田间杂草或其他寄主上越冬，借水流或灌溉水传播进行初侵染，菌丝通过叶片接触或菌丝的匍匐攀缘进行再侵染。通常早春至初夏天气温暖、降雨多、雾重、露重有利该病发生。防治方法：①避免偏施氮肥；②视病情及时喷洒 5％井冈霉素水剂 1 000 倍液，或 50％多菌灵可湿性粉剂 800 倍液。如能在喷药之前后各排水露田 1～2d，则防病效果更好。

（二）主要虫害防治

1. 小菜蛾（*Plutella xylostella*）　年发生多代，华南地区和长江流域豆瓣菜栽培季节与此虫发生为害盛期吻合。幼虫聚集取食叶片和嫩茎，常可成片吃光造成损失。防治方法：应掌握在 1、2 龄幼虫盛发期选用 5％氟啶脲（抑太保）或 5％氟苯脲（农梦特）乳油 1 000～2 000 倍液，或 2.5％多杀菌素悬浮剂 1 000 倍液，或 50％丁醚脲（宝路）可湿性粉剂 1 500 倍液，或 1.8％阿维菌素乳油 2 000～3 000 倍液喷雾防治。根据虫情约 10d 后再施药 1 次。

2. 蚜虫　为害豆瓣菜的主要是萝卜蚜（*Lipaphis erysimi*），为华南地区的优势种，在长江流域萝卜蚜和桃蚜（*Myzus persicae*）混合发生。成、若蚜刺吸叶片和嫩梢汁液，分泌蜜露，使植株生长不良。宜在蚜虫点、片发生阶段选用安全、高效药剂防治，其种类和浓度参见水芹。

3. 黄条跳甲（*Phyllotreta striolata*）　成虫为小型甲虫，鞘翅中央有黄色曲条，后足腿肥大，善跳跃，咬食叶肉，为害较大。防治方法：可用 50％辛硫磷乳油 1 000 倍液，或 90％晶体敌百虫1 000倍液等喷雾防治。

六、采收与留种

（一）采收　采用无性繁殖的品种，一般于幼苗定植后 30d 左右开始采收；用种子繁殖的品种，一般于菜苗定植后 40d 左右开始采收。具体采收日期掌握在植株枝繁叶茂，盖满全畦，而市场又好销时进行。一般都是隔畦成片齐泥收割，收 1 畦，留 1 畦，收后经整理，剔除残根老叶，洗净沾泥，逐一理齐，分把捆扎，即可上市，并立即将已 收畦面的残茬全部踏入泥中，糖平畦面，浇施一次腐熟的粪肥水，于 1～2d 内，将邻畦未收割的植株拔起，分苗重栽，一畦改成两畦。

华南地区冬季比较温暖，植株越冬期间并未停止生长，一般于 10 月下旬或 11 月上旬第一次采收，以后每隔 20～30d 采收 1 次，一直收到次春 4 月，共可采收 5～6 次，总计产量为 75～90t/hm²。长江流域 12 月上旬以后，气温常在 10℃以下，越冬期间，停止采收，且需防冻。采收分为两段：冬前于 10 月中旬到 12 月上旬采收 2 次，以后盖棚膜保护越冬，次春 4 月上旬到 5 月下旬恢复生长，再采收 2 次，共收 4～5 次，单产约为华南地区的 50％～60％。

（二）留种　不开花结实的品种只能留种株。一般选择所需品种植株生长健壮的田块作为原种田，技术重点为保护安全越夏。在华南地区于 4 月上中旬，在长江流域于 5 月上中旬，即当地气温达到 20℃左右时，将选留的种株从原种田（水田）移栽到留种田（旱地），所选的留种田要求比较通风、凉爽，灌排两便，最好周边有树木遮去部分阳光。栽植行距 15～20cm，株距 13～15cm，每栽 10 行空出 35cm 作为田内走道。栽后每天浇水，直至成活。土壤要始终保持湿润，但无积水。如遇高温闷热天气，气温白天达 30℃以上时，要每天早、中、晚各淋浇一次凉水降温；特别是暴雨乍晴，要及时浇凉水降温，以防熏蒸死株。如遇持续高温，必要时可搭棚白天用 20 目的遮阳网覆盖降温保种。

如用种子繁殖，在华南地区多于 2 月中旬，长江流域多于 3 月中旬，当地气温达 10℃左右时，将种株从水田移栽到旱地，即从原种田移栽于留种田中，留种田的条件和准备同无性繁殖留种，但田地周边不宜有树木遮荫。一般于 3～4 月现蕾开花，4～5 月结荚，5 月中旬到 6 月上中旬种子成熟。种株不同部位的荚果和种子，先后陆续成熟，荚果成熟后易自然爆裂，散落种子，故需分期进行多次采收。一般分 3～4 次，每隔 4～5d 采收 1 次，即见种荚发黄，检视种子已变黄褐时剪采，均需于早上露水未干时进行。采后在不太强烈的阳光下晒 1～2d，即可脱粒、扬净，移放阴凉干燥处贮藏。种子寿命 1～2 年。种子细小，产量低。

（赵有为）

第八节　芡　　实

芡实是睡莲科（Nymphaeaceae）芡实属中的栽培种，多年生水生草本植物，作一年生栽培。学名：*Euryale ferox* Salisb.；别名：鸡头米、鸡头、水底黄蜂。古名：雁喙、鸡头、卵菱等。原产中国和东南亚，在中国栽培已有 1 000 多年的历史，在《周礼·天官》（公元前 3 世纪）中叫菱芡。芡实主要分布于淮河流域以南各地的大、小湖泊边缘。芡实以其种子内含的种仁供食用，通称"芡米"。鲜芡米中一般含有多种维生素和钙、磷、铁等矿质元素，此外，并含有某种收敛性物质，具有益肾固精、去湿止泻等食疗作用。其营养价值与莲子相近，而收敛、镇静作用比莲子更强，是热带、亚热带地区居民优良的保健蔬菜和副食品。因此，中国芡实产品除供内销外，还有一部分出口东南亚国家，其中苏州芡米以其粒大、圆整、性糯、味美而闻名中外。

一、生物学特性

（一）植物学特征

1. 根 为须根，白色，长 1～1.3m，横径 0.4～0.8cm，根中有较多小气道，与茎、叶中的气道相通。

2. 茎 为短缩茎，成长后呈倒圆锥形，其上节间密接，中央部分组织较充实，外围组织疏松，呈海绵状，中有气道，与根和叶柄中的气道相通，茎高度及其横径均可达 15～17cm。

3. 叶 叶片的形状和大小随生育进程而变化，实生苗初生叶线形，无叶柄与叶片之分。第 2 片叶开始，叶柄与叶片逐渐分开，叶片逐步过渡为箭形至盾形。但 1～4 叶均位于水中，绿色，无刺。第 5～6 叶，叶片明显变宽，叶柄明显伸长，常可使叶片浮出水面；往后生出的叶，叶片逐片继续扩大和加厚，叶柄逐片增粗，叶形由椭圆变为圆形，称为定型大叶或成龄大叶。定型大叶常可陆续抽生 10 多片，叶片纵径和横径均达 1.5m 左右，最大可达 2.9m，叶面浓绿色，有明显的起伏皱褶，叶背深紫色，掌状网脉突出，形似蜂巢，上有刚刺，叶柄紫红色，无刺，长 1～2m，较粗，但组织疏松，不能直立，故均浮于水面。叶片不断新陈代谢，植株上通常只能保持 4～5 片绿叶。

4. 花 植株抽生 5～6 片定型大叶后，开始从短缩茎的叶腋中抽生花梗，其顶端着生花 1 朵，花较大，具萼片 4 枚，绿色，花冠由 3～6 轮镊合状排列的花瓣组成，紫或白色。雄蕊多数，排列 3～5 轮，其先端内弯，使花药得以覆盖雌蕊柱头，故多自花授粉。雌蕊群由多个心皮合生而成，最初合生心皮着生于花托顶部，随着花器的发育，最后陷入花托之内，形成多室的下位子房，每 1 子房中具有多枚胚珠。

5. 果实和种子 开花后花托与子房壁愈合，形成外部为花托包被的假果，果有刺或无刺，因品种而异。花萼宿存，尖嘴状，位于果顶，使假果形似鸡头状。果大，一般重 0.5～1kg。果实越大，内含成熟的种子越多，故生产上要求培育大果。假果在成熟过程中，组织内空腔不断扩大，部分细胞解体，输导组织功能减弱，使果柄和果实变软，成为果实已开始成熟的征兆，即可及时采收。

种子呈圆球形，较大，直径 1～1.6cm，百粒重（164±40）g。种子外被 1 层较厚的假种皮，乳白色，上有较多红色的斑纹。由于假种皮内的气腔发达，能使已过熟果实中散出的种子漂浮水面，随水流动，到假种皮破坏后，种子便沉落各处水底泥中。种皮初期质地柔软，在种子发育时逐渐木质化。种仁的外胚乳十分发达，内含种子的主要营养。种仁白色，百粒重 40～70g。种子有较长的寿命，在潮湿的环境中，可保持 6～7 年以上的发芽能力。

芡实植株全形见图 19 - 14。

（二）对环境条件的要求

1. 温度 芡实必须在无霜期内生长，温度在 15℃以上时种子才能发芽，20～30℃最适于营养生长和开花结果，最高能耐 35℃左右的高温，低于 15℃则生长基本停止，果实和种子不能成熟。种子在休眠期内能耐 3～5℃低温。

2. 水分 生长发育需要充足的水分。对水位深度的要求，幼苗期宜 10～20cm，以后随着植株的长大，水位宜逐渐加深到 70～90cm，最深不宜超过 1m。水位涨落要求平缓，不宜猛涨猛落。

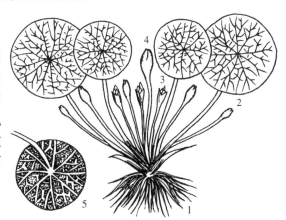

图 19 - 14 芡实植株
1. 根 2. 成龄叶 3. 花 4. 果 5. 成龄叶背面
（引自：《中国水生蔬菜》，1999）

3. 光照　生长发育要求充足的阳光，不耐遮荫，只有在夏季气温高达 35℃ 以上时，最好有适当的遮荫。为短日照作物，日照由长转短，有利于开花结果。

4. 土壤营养　芡实的根系发达，要求水下土层深厚，达 25cm 以上，含有机质达 1.5％ 以上，土壤酸碱度以微酸性到中性为宜。对肥料三要素要求氮、磷、钾并重，特别是开花结果期内，需要较多的磷、钾。

（三）生长发育特性　从芡实的种子萌芽生长开始，到植株结出果实和种子及种子休眠越冬为止，经历了一个完整的生长发育周期。在此过程中发生几个有规律的阶段性变化。现以长江流域栽培的芡实为例，分述如下：

1. 种子萌芽期　一般在 4 月上中旬，气温回升到 15℃ 时，在保持一定水湿的条件下，种子萌发胚根和下胚轴伸长，从种孔中伸出种皮，开始生根发叶。一般 7～10d。要求温度较稳定，水位较浅。

2. 幼苗生长期　种子萌芽后，幼苗开始生长，首先抽生线形叶，随后抽生箭形叶和盾形叶，同时发生多数须根，叶面积逐渐增大，根系也逐步发达。一般历时 40～50d，即从 4 月下旬开始，到 6 月上旬为止。要求气温逐渐转暖，水位逐渐上升，但不宜超过 35cm。

3. 旺盛生长期　从植株上第 1 片定型叶展开起，植株生长加快，叶片越来越大，短缩茎越来越细，并略有增高，先后形成 5～6 片定型大叶，同时，短缩茎中、上部四周发生大量新根。植株根、茎、叶的生长速度达到最大，为开花结果构建强大的营养体系。本阶段约经 40～45d，即从 6 月上旬开始到 7 月中旬为止。要求气温一般不超过 30℃，水位逐渐升高到 70～80cm，并要注意壅土保护新根。

4. 开花结果期　从出现第 1 朵花蕾开始，植株营养生长转慢，开花结果不断增多，一般每株可先后结果 15～24 个，大部分果实可达到成熟，具体因品种和栽培条件而有差异。一般经历 90d 左右，即从 7 月中旬到 10 月中旬，气温由 30℃ 逐渐下降到 15℃ 左右。本阶段为产品形成的主要时期，要求气温适中，初霜迟来，水位稳定，一般保持在 1m 以下。

开花结果以后，大多数种子成熟，并休眠越冬。植株迅速衰老，随后经霜枯死。

二、类型及品种

（一）类型　芡实属植物只有芡实 1 个种，但经过长期栽培演化，已明显地分为两种类型，即刺芡实和苏州芡实，但二者的花、果构造和生长发育特性基本相同。

1. 刺芡实　也称刺芡，在中国南方各地浅水湖泊和沼泽中都有分布，有野生，也有栽培，至今尚无品种之分，生产上视为一个品种。其特征为植株及其各器官均较小，箭形叶和椭圆形叶的叶脉均为红色，成龄叶的叶片、叶柄、花梗及果实上均长满刚刺，采收比较困难。花深紫色，种子和种仁近圆球形，较小，粳性。外种皮薄，表面粗糙，灰绿色或黑褐色。品质中等。适应性较强，生长盛期能耐 2～2.2m 深水。单产较低，一般产干芡米（干种仁）300kg/hm²。

2. 苏州芡实　又称南芡、苏芡，仅在苏州市内的浅水湖泊边缘地带有人工栽培。现有两个品种，即紫花苏芡和白花苏芡，是当地农民长期栽培和选育的结果。其特征为株形和果形均较大，幼苗期抽生的箭形叶和椭圆形叶的叶柄、叶片均为绿色，除成龄叶片背面生有较稀的刚刺外，其他地上部各器官均光滑无刺，采收比较方便。种子和种仁均较大而圆整，棕黄色或棕黑色。糯性，煮食不易破裂，品质优，单产高于刺芡。但种皮较厚，适应性较弱，不耐 1.5m 以上深水。

（二）品种

1. 紫花苏芡　苏州芡实类型。早熟，当地于 4 月上、中旬播种育苗，6 月定植，8 月下旬到 10 月上旬采收。花紫色，成长植株的定型大叶直径可达 1.5～2m。

2. 白花苏芡　苏州芡实类型。晚熟，当地于4月中下旬播种育苗，6月中下旬定植，9月上旬到10月下旬采收。花白色，成长植株的定型大叶直径可达2～2.5m。

三、栽培季节和方式

芡实性喜温暖，不耐霜冻，必须在无霜期内生长和开花结果。一般都行单作。芡实不宜连作，一般与养鱼或种菱进行轮换，通常间隔两年，再回原处种植。刺芡一般直播，春季播种，秋季一次性采收；苏芡一般育苗移栽，春季播种，夏季定植，秋季多次采收。

四、栽培技术

（一）苏芡　苏芡的栽培一般比较集约、精细。分述如下：

1. 水面选择　一般选浅水湖泊边缘地带或河湾种植，要求水位较稳定，枯水期深10～30cm，汛期100～150cm，水下淤土层较深厚，达25cm，含有机质较多，已有两年未种过芡。

2. 播种育苗　苏芡不宜直播，必须育苗移栽。在长江中下游地区，早熟品种于4月上旬，当地平均气温稳定达10℃以上时，浸种催芽；晚熟品种推迟10d左右进行。即将贮藏过冬的种子，取出淘洗，用盆、钵等盛清水浸种，日晒夜盖，每天换水，温度保持白天25℃、夜间15℃左右，经10多d，种子大部分发芽，"露白"时，即可播种。播前选避风向阳处的水田，做成2m见方，深约20cm的苗池，灌水深10cm，待水澄清后播种。将发芽种子临近水面，轻轻而均匀撒下。因芡实幼苗比较脆弱，种子陷入泥中过深，易被淤泥淹没心叶。播种量0.5～1kg/m²左右。播种苗池密度较大，必须及时移苗排稀，才能培育壮苗。移苗池面积应比播种苗池要扩大50倍左右。播种后30～40d，当播种田苗池中幼苗已具有2～3片箭形叶时，即可起苗移栽。起苗时将幼苗连同其下的种子逐一捧起，轻轻洗去根上附泥，理好根系，逐株叠放木盆中，并覆盖遮荫，然后运至移苗池，按行、株距50cm×50cm栽入移苗池。移栽不宜过深，只需将种子、根系和发芽茎栽插入泥即可，不可埋没心叶。移栽时保持15cm深水，以后随着幼苗的长大，逐渐加深，到定植前达到40～50cm，使芡实苗新生叶的叶柄逐片长得更长，以利适应定植后的深水环境。

3. 定植　选定水面后，最好先在其外围水面栽植5～6行菱草，株、行距均为70～80cm，各行间的株位交错排列，以利防风消浪。如水位过深，则应改为浮水栽植喜旱莲子草（水花生），具体做法已于菱的深水栽培部分论述。如定植时间紧迫，也可先定植芡苗，随后栽植防风消浪植物。

定植一般于6月中下旬，当芡实苗新开展的叶片直径已达25～30cm时进行为宜。定植前按确定的行株距定点开穴。据苏州市蔬菜研究所等单位试验：定植密度以行距2.3m、株距1.8～2.1m为宜，其中早熟的紫花芡实宜偏密，而晚熟的白花芡实可偏稀。根据芡实根系较广的特点，采用广穴浅栽法，可促进芡实早发棵和早开花结果。具体做法为：先在定植水面按行、株距插芦竿定点，随即以点为中心开"铁锅底状穴"，口径广达1.1～1.3m，穴中央深17～20cm。开好穴后，过1～2d待穴内泥水澄清后起苗定植。如土壤较贫瘠，应于开穴时，每穴施入腐熟的厩肥，并与湖泥充分混合，以防流失。起苗应多带根系挖出。栽植时将根系顺势展放于穴中，上覆肥泥，深度以刚埋没根系和短缩茎外围为度，心叶必须露在土外。这样一般经7～10d，即可成活。

4. 定植水面的管理

（1）水层管理　定植时水深约30cm，成活后加深到40～50cm，至旺盛生长期和开花结果初期，水位逐渐加深到80～100cm，短期涨水不能超过1.2m，到开花结果后期，即开始采收期，水位又宜逐渐落浅到50～70cm。水位升降应与植株生长的盛、衰同步。

（2）查苗补缺　定植后10d左右，检查缺株，及时用预备苗补栽。并检视生长不良的植株是否被

淤泥淹没心叶，如有应及时清除淤泥。

（3）除草、壅根　在芡叶封行前，根据杂草生长情况，除草2～4次，将所除的草踩入泥中作肥料；并结合除草，分次壅泥护根。即将原来开挖定植穴时，暂堆于穴四周的泥土，分次壅到穴内，直至平穴。细心操作，防止碰坏芡叶，踩伤芡根，特别不能将壅泥埋没心叶。

（4）看苗追肥　根据生长情况，决定是否追肥。如植株叶色褪淡，新叶生出缓慢，与前1片叶大小相近，叶面皱褶很密，即为缺肥现象，要立即追肥。一般可施入肥泥团，其配方一般为每100kg的河泥或细表土中，加入50～100kg的腐熟粪肥或厩肥，外加尿素、过磷酸钙和硫酸钾各10kg。先将河泥细土与有机肥料充分混合，然后摊开均匀撒入3种化肥，随即混拌，力求均匀。如水湿不够，再喷少量的清水后混拌，搓成乒乓球或鸡蛋大小泥团，晒干表面，即可塞施入芡根四周泥中。开花结果期喷施0.2%的磷酸二氢钾和0.1%的硼酸混合液，能提高芡米的产量和品质。

（二）刺芡　刺芡的栽培比较粗放，多在水面大、劳力紧的情况下种植。

1. 水面直播　一般都在春季当地气温稳定升到10℃以上，长江流域常在4月上旬，华南地区常在3月中旬，取出贮藏过冬的种子，清除少数烂、坏种子，清洗后进行直播。直播水面应预先对水下土面略加平整，清除杂草、杂物。播种时水深多在50cm以下，划小船或木盆进行条播，行距2.5m，落籽距0.5～1m。如水深在30cm以下，也可进行点播，密度和播种量与条播相同，一般播种量为22.5～30kg/hm²。出苗后要及时检查，移密补稀，以求分布较匀。芡苗株行距大，切不可缺株。

2. 水面管理　播后10～20d出苗，及时间苗、匀苗和移补缺苗，做到每平方米有苗1～2株，并要除草2～3次。芡塘外围应用竹、木打桩，每隔10～20m打桩一根，用粗草绳扣活结相连，以保护芡株，防止浮水杂草流入及人、畜、水禽等误入。

五、病虫害防治

（一）主要病害防治　芡的主要病害有炭疽病和斑腐病等。

1. 芡炭疽病　病原：*Colletotrichum gloeosporioides*。真菌病害，大多在7～9月开花结果时盛发。病菌以菌丝体在病残体上越冬，分生孢子借雨水溅射，或灌溉水及食根金花虫等传播，主要从伤口侵入引起叶片发病。叶斑圆形至椭圆形，褐色至红褐色，中部色淡略下陷，斑面具轮纹，其上散生小黑点。花梗也可受害。高温、多湿天气利于病害流行。常年连作，塘水管理不当或偏施氮肥，均会加重病情，致叶片病斑密布，可相互连接为褐色块斑而腐烂，影响芡开花结果和籽粒形成。防治方法：①搞好塘田卫生，及时清除和处理病残体；②合理轮作，不偏施氮肥；③播前撒施石灰300kg/hm²，或硫黄粉37.5～45kg/hm²进行清塘消毒；④发病初期用50%多菌灵可湿性粉剂600倍液，或36%甲基硫菌灵悬浮剂500倍液，或80%炭疽福美可湿性粉剂800倍液等，隔7～10d喷1次，连续喷2次。重病田或发病盛期一般连喷3～4次。

2. 芡黑斑病　病原：*Dichotomophthoropsis nymphaearum*。常与炭疽病并发，叶片病斑圆形、多角形至不定型。初呈水渍状湿腐，后扩大呈褐色软腐，斑面生灰褐色薄霉层，并易破裂或脱落，致叶片残缺或大部分变黑腐烂；花梗受害呈黑褐色枯萎。该病发生规律与炭疽病基本相同，但为害更重。防治方法：参见芡炭疽病。

（二）主要害虫防治　芡的主要害虫有莲藕缢管蚜、莲食根金花虫和菱萤叶甲，发生情况和防治方法参见莲藕和菱有关部分。此外，害螺中以福寿螺为害重。

福寿螺（*Ampullaria gigas*）：又名大瓶螺、苹果螺等。成体大约为田螺的20倍，呈卵圆形或苹果形，螺旋部短，体螺层膨大，有脐孔，一般单只螺重25～80g。卵产于水面以上植株表面或田埂、沟边等处，由3～4层卵粒叠覆成葡萄串状，粉红或鲜红色。初孵幼螺在水中生活，成、幼螺用齿舌从叶背或叶缘刮食芡叶片，可将大部分叶片食掉。多种水生蔬菜均受其害。防治方法：①人工捕捉；

②用 70％贝螺杀可湿性粉剂 0.75～1.0kg/hm²，拌细土 20 倍，撒于被害叶上及附近水面进行毒杀。或用 80％聚乙醛可湿性粉剂 4.5～6.0kg/hm² 稀释 2 000 倍喷雾。

六、采收与留种

（一）采收 苏芡可进行多次采收，所采果实必须成熟适度。如过早采收，种子尚不充实、饱满；过晚采收，果实开裂，种子散失，且种皮过硬，难以剥离。果实一般在开花后 35～55d 采收。如气温高达 30℃以上，水位仅 50cm 左右，则果实发育成熟快，35d 即可采收；如遇后期气温低，常在 25℃以下，水位深达 80cm 以上，则果实成熟慢，花后 55d 才可采收。一般适度成熟的芡果呈紫红色，光滑无毛，无或极少黏液，果形饱满，手摸已发软。如判断仍有困难，可从果顶剥出 1 粒种子检视，如假种皮肥厚，有红斑，外种皮呈橙黄到棕黄色，则为适度成熟，便可采收。苏州当地早熟的紫花芡一般于 8 月中、下旬到 10 月上中旬采收；晚熟的白花芡一般于 9 月上旬到 11 月初采收，每隔 4～7d 采 1 次，共采 8～12 次，前期气温高，间隔天数偏短，后期气温低，间隔天数偏长。

采后当天剥去果皮，取出种子，放置木盆中，带水搓擦，漂洗去膜衣状的假种皮，剥除种子的种皮，获得圆整、光洁的鲜芡米。经漂洗干净，沥干余水，置阳光下摊晒到充分干燥，即为干芡米。用食品袋包装封口，加入 1～2 小袋干燥剂即可运销上市或入库贮藏。

刺芡多在大部分芡果成熟时一次性采收。长江中下游地区常在 9 月下旬，华南地区常在 10 月初，即当地日平均气温已降到 20℃以下时，查看水面，已见到有少数早结的芡果，自然成熟后爆裂，散出种子，漂浮水面，大多数芡株新生叶片变小，中心叶片已不能充分展开，外围大叶边缘见有些焦枯，多数芡果果皮发红时，则示已到采收适期，可立即采收。收获果实后除去果皮有两种方法：一为挤压法，即用小刀从果实基部插入，置木凳上，上放小木板，用脚踩紧，小刀撬开果实基部，同时用力踩板，种子即挤出。此法比较费工，但所得种子质量较好，适用于留种。另一为沤洗法，即将采收的芡果堆放水池中，厚 80cm 左右，上盖稻草，浇水沤闷，每 5d 翻动一次，10 多天后检视果皮如已沤烂，即可分批淘洗干净。此法比较省工，但种子受沤发热，质量稍受影响，不能用于留种。

干种子还须除去种皮，通称"去壳"。这时种皮已很坚硬，必须用芡剪逐个剪成两半去壳，或采用机械加工去壳。去壳后的干芡米，即可包装运销市场。每 100kg 干种子去壳后制成干芡米约为 45～50kg。

（二）留种 苏芡留种，一般在第 3、4 次采收时，选符合所栽品种特征，结果较多，果大而饱满的植株作为母株，接着在第 4、5 次采收时选收母株上的大果做种。留种果实须提前选定母株及其种果，并做好记号，留下不采，待达到充分成熟时，正好采下留种。其种子百粒重以达到 204g 以上为优，达到 164g 为合格。种子必须湿藏，一般放在深 2m 左右的活水池中保存过冬，也可埋入水下的淤泥土层中保存，要防止遭受干、冻、污染和鼠害。次年春季气温达 10℃左右时取出检查，仍放水中保存，直至取出浸种催芽。

刺芡留种应从采收的果实中，挑选果大而饱满，果皮发红、已充分成熟的果实，作为种果，单独用挤压法脱粒。脱粒后再选种皮已充分硬化、色深、大而较重的种子做种，一般百粒重以达到 140g 以上为宜。其贮藏过冬的方法同苏芡。

（曹碚生　鲍忠洲）

第九节　莼　菜

莼菜是睡莲科（Nymphaeaceae）莼菜属中的栽培种，多年生宿根水生草本植物。学名：*Brasenia schreberi* J. F. Gmel.；别名：马蹄草、水葵、水荷叶、湖菜及蓴菜等。古称：茆、凫葵。莼菜原产中国南方，在中国栽培已有 1 500 多年的历史，《诗经·鲁颂》中有"薄采其茆"的诗句。在《晋书》(646)中把莼菜与松江的鲈鱼、茭白并提，称是中国江南三大名菜。南北朝后魏·贾思勰《齐民要术·养鱼篇》(6 世纪 30 年代或稍后)附记了种莼菜的具体方法。莼菜的食用部分为嫩梢和初生卷叶，生长在水中，有透明胶状物包裹，做汤润滑可口。鲜菜中含有蛋白质、可溶性糖、维生素 C。透明胶质主要为多糖，有一定的清热、利尿、消肿和解毒等功效。莼菜在中国主要分布于江苏、浙江、湖南、湖北、江西、四川、云南等省。近年在黑龙江省伊春市附近亦发现有野生莼菜。而作为商品性生产，则主要限于长江以南地区，尤以杭州西湖莼菜和苏州太湖莼菜最为有名。中国莼菜产品除供内销外，还出口外销日本和东南亚国家。日本也有栽培。

一、生物学特性

（一）植物学特征

1. 根　为须根，簇生于地下茎各节上，水中茎（地上茎）接近土面的节位上也生须根。根长 15～20cm，初生白色，后变紫黑色，大多分布在 10～15cm 的土层中。

2. 茎　分为地下匍匐茎和水中茎两种。地下匍匐茎在土中 5～10cm 深处水平伸长，最长可达几米，茎上多节，节间长 8～13cm，每一节位上都发生水中茎，并常在节上丛生，达 4～6 枝，在水中直立或弯曲生长。茎绿色，上被褐色茸毛，茎长 40～60cm，最长可达 1m 以上，这与水位深浅有关，节间长 3～12cm 不等，较细。各枝水中茎上还常有分枝，其上部生出带有卷叶的嫩梢，并被透明的胶质所包被，此即为供食用的莼菜产品。水中茎的基部也抽生新的地下匍匐茎，当原有地下匍匐茎衰老时，就脱离老茎而自成独立的新株。

3. 叶　叶在水中茎上互生，成长大叶椭圆形，全缘，不裂。叶正面绿色，背面有绿、红等不同颜色，因品种而异。叶浮水生长，长 6～10cm，宽 4～6cm，具长柄，柄长 14～40cm，很细。幼嫩叶表分布腺细胞，分泌较多透明胶质，内含多糖，为其所特有的性状。

4. 花、果和种子　花梗从叶腋中抽生，伸出水面开花，花较小，红色或绿色，为两性花，花萼、花瓣各 3 枚，雄蕊多数，花药红色，雌蕊离生，5～14 枚。单花结果 4～8 个，在水中成熟，内有种子，红褐色，一般发芽力弱，生产上都不用种子繁殖。

5. 冬芽　莼菜的冬芽实为小球茎，都在开花结果以后，在部分水中茎的顶端形成，一般具 5～6 节，形似螺丝，通称"螺丝头"，冬季进入休眠，形成离层而脱离母体，随水漂流，次春气温转暖，可以萌芽，形成新株。莼菜植株见图 19 - 15。

（二）对外界环境的要求

1. 温度　莼菜为喜温性蔬菜作物，不耐霜冻，必须在无霜期内生长，温度在 20～30℃时生长旺盛，同化力强，超过 35℃则同化力显著下降，低于 13℃则生长停止，低于 15℃不能正常开花结果。遇短期 0℃低温，除越冬休眠的冬芽外，都将冻死。

2. 水分　全生育期都需一定的水层，萌芽生长要求水位较浅，以 20～30cm 为宜，生长盛期要求逐渐加深到 50～70cm，最大不宜超过 1m。水质对莼菜的品质影响很大，含有适量钙、磷、铜、铁等矿质元素的泉水，可促使其嫩梢的卷叶外被的透明胶质增厚，品质提高。污水中氮、磷、钾、钠等离子浓度过高，会使嫩梢和叶片畸形。同时

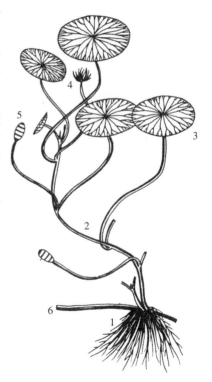

图 19 - 15　莼菜植株

1. 根　2. 茎　3. 叶　4. 花

5. 果　6. 地下茎

（引自：《中国水生蔬菜》，1999）

要求水质清澈，为流动的活水，溶氧较多。死水易生长水绵（青苔），轻则使透明的胶质变薄，重则易使产品受污染，诱发腐烂，以至全株死亡。

3. 光照　要求光照较强，以利于光合作用的进行。但也能耐轻度的遮荫，在中等光照度下，仍能生长良好。

（三）生长发育特性　莼菜在生产上都行无性繁殖，其水中茎和地下匍匐茎上休眠越冬的腋芽，或休眠越冬的冬芽都能在春季萌芽生长，形成新株，到夏、秋开花结果，直至茎上再形成新芽休眠越冬。生育周期中先后出现几个明显而有规律的阶段性变化。现以长江中下游地区莼菜栽培为例，分述如下：

1. 萌芽生长期　春季气温升至13℃以上，茎上休眠越冬的腋芽开始萌发，向下生根，向上发芽、放叶，在叶腋中抽生几个丛状的分枝，并抽生叶片，浮出水面。先后历时约30d，常年多在4月上旬到5月上旬，要求气温较高，水位较浅。

2. 旺盛生长和开花结果期　新株叶片出水后，气温逐渐上升到20～30℃之间，适于生长发育，新株加快分枝和放叶，并抽生花梗，开花结果，叶片基本盖满水面，生长量达到最大，先后历时约70d。常年多在5月上旬到7月中旬。本阶段为经济产量形成和采收的主要阶段，要求水位和水质保持比较稳定和洁净，病虫害得到及时防治。

3. 生长停滞期　盛夏气温常达30～35℃以上，超过莼菜适温范围，植株生长转慢，并逐渐基本停止，进入被迫相对休眠状态，先后历时30～40d。常年多在7月下旬到8月下旬，要求适当降低水温，以顺利越夏。

4. 秋季恢复生长期　秋季天气转凉，气温降至25℃左右，植株恢复生长，再次抽生新叶和分枝，但生长速度和生长量都已不及旺盛生长阶段。随着气温的降低，生长日益缓慢，及至深秋，气温降至15℃以下，植株停止生长，并在部分水中茎的顶端形成小球茎（冬芽），部分水中茎和地下匍匐茎的节位上分别形成腋芽。随后一部分位于水体上部的水中茎枯死，其下部植株休眠越冬。本阶段历时60～70d，即从9月上旬到11月上中旬。

二、类型及品种

（一）类型　中国莼菜的品种，均为从野生或半野生类型经各地长期栽培和选择而来。一般按其原产的地名、叶色、花色等性状命名。通常按其叶色将莼菜品种分为两种类型，亦有据花萼颜色分为红萼和绿萼两种类型的。

（二）品种

1. 西湖红叶莼菜　杭州市郊区地方品种。叶正面深绿色，背面紫红色，仅有纵向主脉仍为绿色。叶较小，长7.3cm，宽5cm，叶柄长15～23cm。水中茎长35cm左右。花瓣粉红色，结实性较差。植株生长势较强，卷叶上包被的透明胶质较厚，品质较好，产量较高。

2. 太湖绿叶莼菜　江苏省苏州市郊吴县太湖地方品种。叶正面绿色，背面边缘紫红色，趋向中央部位渐转绿色，最大叶片长9cm，宽6cm，叶柄长12～26cm。水中茎长20cm。卷叶上包被透明胶质较厚，卷叶碧绿色，色泽美，品质优，产量较高。另有太湖红叶莼菜，属其姐妹品系，其性状与太湖绿叶莼菜相仿，只是叶背面呈均匀的紫红色。

3. 利川红叶莼菜　湖北省利川市福宝山地方品种。叶正面深绿色，背面鲜红色，仅有纵向主脉绿色。叶长8.7cm，宽6cm，叶柄长28～36cm。水中茎长20～32cm。卷叶上包被的透明胶质较厚。植株生长势强，产量高，品质较好。

4. 马湖莼菜　四川省雷波马湖地方品种。叶正面绿色，背面紫红色，叶片长10cm，宽6cm，叶柄长25cm左右。花紫红色。卷叶上包被的透明胶质较厚，品质较好，产量较高。

三、栽培季节和方式

莼菜一般都进行单作，在江南地区多于春季栽插，晚春到初夏分次采收嫩梢，盛夏季节停止采收，秋季再采收 1～2 次。一般栽插 1 次，连收 3 年，往后植株衰老。第 4 年起须另选水面，重新栽插更新。

四、栽培技术

（一）水面选择　应选水质清洁、缓慢流动、水位比较平稳的水面，春季水位 10～30cm，夏季 50～70cm，最深不超过 1m，水下淤泥层比较深厚、肥沃。中国莼菜的著名产地，杭州西湖茅家埠、苏州吴县洞庭乡太湖边沿、湖北利川福宝山等地水面的共同特点为：水质清澈见底，水下淤泥深厚，水源、土壤和空气都极少遭受污染，因而所产莼菜色碧、味鲜，胶质透明、丰富，不沾泥沙。因此，在选择水面时要注意综合生态条件是否良好。

（二）选苗栽植　以就近选用品种，于春季萌芽生长始期栽植为宜。长江流域多在 3 月下旬至 4 月上旬，繁殖材料可用选留越冬的种茎茎段，也可用冬芽。冬芽栽插比较方便，繁殖系数高，新苗健壮，但收集冬芽比较困难，故生产上仍以茎段扦插为主。一般选用生长健壮，无病虫害的地下匍匐茎和水中茎作为种茎，逐一剪成具有 3～4 节的茎段，每节上应有芽 1 个。栽时保持 10～30cm 浅水，采用宽窄行栽插，宽行行距 1m，窄行行距 20～25cm，即在各栽插行上将茎段一根接一根卧栽，用手按住茎段两端捺入泥中固定，以不浮起为度，芽头尽量露出土面，不可深栽。也可按行、株距均为 30cm 栽插冬芽，将其顶芽朝上捺入泥中。

（三）莼池管理

1. 水层管理　栽后莼苗成活，开始生长，水位可加深到 30～40cm。进入夏季，气温升至 20℃ 以上，植株茎蔓伸长，水位应逐渐加深到 50～70cm，最好是缓慢流动的活水。如是静水池塘，也要定期换入部分清洁的活水，以增加溶氧量。入秋以后，天气转凉，水位宜逐渐降到 40～50cm；休眠过冬时，应保持浅水，以下层茎蔓不受冻为限。

2. 施肥　栽前，如水下土壤不肥，可结合整地，施入发酵过的腐熟饼肥 600～750kg/hm²，作基肥。生长期间，如见叶片瘦小或发黄，卷叶胶质很少，即为缺少氮肥，应即追肥，一般放浅水到 20cm 左右，均匀撒施尿素 150kg/hm²。如肥沾到叶上，应用水冲去，以防灼伤。追肥后 1d 还水。以后可在每年早春萌芽前施入已发酵过的腐熟饼肥 750kg/hm²、过磷酸钙 300kg/hm²。

3. 除草　杂草有杏菜和水绵（青苔）等，要及时人工打捞或绞除。水绵太多时，可用等量式波尔多 200 倍液（1 份石灰、1 份硫酸铜加水 200 倍稀释）喷雾防治。

五、病虫害防治

莼菜的主要害虫有食根金花虫、菱萤叶甲。有害软体动物有耳萝卜螺和椭圆萝卜螺等。前 2 种害虫的发生、为害及防治分别参见莲藕、菱病虫害防治的有关部分。

耳萝卜螺（*Radix auricularia*）和椭圆萝卜螺（*R. swinhoei*）：成螺形似小田螺。前种被壳较大，壳高可达 24mm，壳宽 18mm，壳口宽 14mm，外形耳状，通常有 4 个螺层；后种体稍小。均以成螺越冬，春暖后开始为害莼菜、菱、藕、茨等多种水生蔬菜，并开始产卵繁殖。成、幼螺取食茎叶，损毁叶片和嫩梢，造成减产。防治方法：参见茨病虫害防治福寿螺部分。

六、采收与留种

(一) 采收 莼菜一经栽插，可连续采收 3 年。栽植当年，约在栽后 90d，一般于 7 月上中旬，当莼叶已基本盖满水面时开始采收 1 次，此后进入盛夏，即停止采收。到 9 月天气转凉后恢复生长，又可采收 1～2 次。当年应少采多留，只收半量，以养新株，当年产菜一般为 3 750kg/hm²。第 2、3 年，均在莼叶已盖满一半水面时开始采收，即从 5 月中旬到 7 月中旬，每隔 6～9d 采收 1 次。采法一般为人俯于木盆或菱桶上，两手伸出盆外，从行间进入莼池，两手轮流，边划水，边采莼。采收要及时，掌握在卷叶已基本长足，但尚未展开时，将卷叶连同其先端的嫩梢一并采摘，对附着的透明胶质注意保护，勿沾泥沙杂质。采后随即按收购标准分级：卷叶长 2.1～3.5cm 为 1 级，3.6～4.5cm 为 2 级，超过 4.5cm 或卷叶散开者为等外品。夏季高温达 30℃ 以上时，莼菜茎叶中单宁和粗纤维增多，质粗、味涩，不宜采收；秋季气温在 25℃ 以下、15℃ 以上的适温时间短，只可采收 1～2 次。第 2、3 年每年产菜一般为 4 500～7 500kg/hm²。采收分级后，一般用桶注入清水装放，立即送定点加工厂加工罐藏，装入特制的绿色长颈玻璃瓶上市或入库贮藏。

(二) 留种 留种应选品种纯正、优质、高产的莼池划出一部分面积，于最后一年（第 3 年）停采养株；或只在春季采收，秋季停采养株，供下一年春季选取种茎。一般留种面积占下年计划种植面积的 1/10。

（孔庆东　刘义满）

第十节　蒲　　菜

蒲菜是香蒲科（Typhaceae）香蒲属（*Typha* L.）中的栽培种，多年生宿根草本植物。别名：香蒲、甘蒲。原产中国。在世界各地几乎都有分布，但只在中国作蔬菜栽培，且已有 2 000 多年的历史。《诗经》中记述蒲菜是菜中珍品（见《大雅·韩奕》）。蒲菜在山东、江苏、河南和云南等省都有种植，其中又以山东省济南大明湖蒲菜和云南省建水草芽最为有名。蒲菜的食用部位是以叶鞘抱合而成的假茎和幼嫩的地下匍匐茎。蒲菜的产品洁白柔嫩，清香爽口，炒食、烩制和做汤均宜。供食部分中，含有多种维生素和矿质元素。其副产品还有蒲叶，供编制蒲包和造纸的原料，雄花花粉称为蒲黄，供医药用，有利尿、止血等功效。

一、生物学特性

(一) 植物学特征

1. 根 蒲菜的根为须根系，环绕短缩茎基部向四周地下生长，长 30～60cm，根数很多，根系发达，新根白色，老根黄褐色。另在地下匍匐茎各节上，也发生少量须根。

2. 茎 有短缩茎、地下匍匐茎和花茎 3 种。短缩茎为每一单株的主茎，在短缩茎的各节位上，抽生多片叶片，其叶鞘相互抱合，形成假茎。从短缩茎的叶腋中，抽生地下匍匐茎，向土中横走，长 30～60cm 不等，其顶芽转向地上生长，形成新株，称为分株。蒲菜主要以分株进行无性繁殖。花茎由短缩茎顶芽拔节抽生，高 1.6～2.5m，因品种和环境条件不同而异。

3. 叶 叶片细长，扁平，披针形，深绿色，质轻而柔韧，长 70～160cm，宽 1.2～2cm，因类型品种不同而差异较大。叶光滑无毛，叶背面中部以下逐渐隆起，细胞间隙较大，呈海绵状。叶鞘长 30～50cm，相互抱合，形成直立状假茎，外表浅淡色，有些品种带紫红色。单株具叶 6～13 片不等，因品种和栽培条件而异。叶在短缩茎上对生，呈扇面状向两侧展开。

4. 花和果实 花序着生于花茎先端，分为雌、雄花序，均为圆筒形肉穗状，雄花序在上，雌花序在下，花序形如棍棒，故称"蒲棒"。狭叶香蒲的雌、雄花序明显分开，中间有一段光茎；而宽叶香蒲则雌雄花序上下紧密相连。部分雌花受精后结为小坚果，内含细小种子。但种子发芽力弱，后代性状又易产生变异，故蒲菜一般都不用种子繁殖。

蒲菜植株见图19－16。

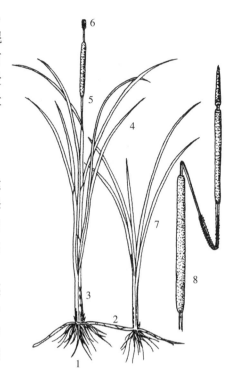

图19－16　蒲菜植株
1. 根　2. 匍匐茎　3. 假茎　4. 叶片
5. 花茎　6. 花序　7. 分株
8. 花穗放大（上为雄花，下为雌花）
（引自：《中国水生蔬菜》，1999）

（二）对环境条件的要求

1. 温度 性喜温暖。生长适温15～30℃，当气温高达35℃时，生长缓慢，产品达不到洁白香嫩的品质要求。气温降到10℃以下，生长基本停止，降到5℃以下，地上部枯黄，留下短缩茎和地下匍匐茎及其着生的休眠芽休眠越冬。休眠期内能耐短期的－9℃低温。

2. 水分 适于浅水生长，其中狭叶香蒲以地上部的假茎供食用，适宜水深20～40cm，生长盛期，短期能耐水深70～80cm；而宽叶香蒲，以其地下匍匐茎供食用，适宜水深仅为7～15cm。越冬休眠期内，只要保持土壤充分湿润或一薄层浅水即可。

3. 光照 生长发育需要充分的光照，不耐遮荫。为长日照作物，在长江流域一般于5～7月抽穗开花。

4. 土壤营养 要求土壤含有机质较丰富，保水力较强，以壤土和黏壤土为宜，对土壤养分供应需氮肥较多，钾肥其次，磷肥略少。土壤溶液中各种离子浓度宜较稀，不耐浓肥。

（三）生长发育特性 蒲菜以分株进行无性繁殖，必须在无霜期内生长，每年完成1个生长发育周期，经历几个明显而有规律的阶段性变化，分述如下：

1. 萌芽生长期 春季气温回升到10℃以上时，短缩茎和地下匍匐茎上的越冬休眠芽萌发生长，形成新苗，向下发根，向上先后生出第1对叶片，自此新苗达到独立生长状态。本阶段先后历时20～30d，主要依靠母体贮存的养分转化供应。要求气温上升较快，水位较浅。

2. 旺盛生长和抽穗开花期 新苗独立生长后，气温升至20℃以上，生长不断加快，先后抽生多片新叶，1片比1片加长，并从短缩茎上各叶腋中先后向土中左右两侧抽生地下匍匐茎，其先端转向地上萌芽，抽生分株；1次分株成长后，又以同样方式抽生2次分株，生长日益繁茂。中期以后，部分成长的单株，包括主茎和部分一次分株先后抽穗开花。从开始旺盛生长到抽穗开花，气温从20℃渐升至30℃以上，历时110d左右，植株生长量达到最大，是采收产品的主要时期。要求加强水肥管理，促进营养生长，减少抽穗开花。

3. 缓慢生长期 当秋季来临，气温降到20℃以下时，植株生长减慢，基本上不再抽生新的分株，已有的分株抽生新叶数也减少，直至气温降低到10℃左右，植株基本停止生长，老叶发黄，体内养分多向地下匍匐茎和短缩茎中输送和贮存，并形成休眠芽，准备越冬。本阶段先后历时70～90d，要求水位逐渐落浅，注意保护植株。冬季气温降至10℃以下，狭叶香蒲植株地上部枯死，以根株进入休眠越冬。到第二年春季回暖，气温稳定上升到10℃以上时再行萌芽生长。越冬期间要防止受冻。但宽叶香蒲产地全年基本无霜，相应也无明显的休眠。

二、类型及品种

（一）**类型**　中国栽培食用的蒲菜有 2 个种：一是宽叶香蒲（*Typha. latifolia* L.），如云南省建水地区的草芽，以其幼嫩的地下匍匐茎供食用，俗称"草芽蒲菜"，仅有一个品种，即为建水草芽；二是狭叶香蒲（*T. angustifolia* L.），如江苏省的淮安蒲菜及山东省济南的大明湖蒲菜等（以其叶鞘抱合的幼嫩假茎供食用）。而云南省元谋的席草笋（食用花茎）在植物学上属于以上两种之一，还是属于其他香蒲种，尚待研究。

（二）**品种**

1. 大明湖红蒲　山东省济南市地方品种。狭叶香蒲。株高 2 m 左右，叶鞘部分带有红色，叶窄而薄，单株每年分株数 3～4 个，生长较慢，晚熟。产品质细而柔嫩，品质优良，为山东省名产。

2. 大明湖青蒲　济南市地方品种。狭叶香蒲。株高 2.5m 左右，叶鞘部分带绿色，叶较小而厚，较早熟，要及时采收，否则易抽穗开花。品质较好。

3. 淮安蒲菜　江苏省淮安市地方品种。狭叶香蒲。株高 2m 左右，叶片长 1.5m，宽 1～1.2cm，叶鞘长 40～70cm。分株较多，产品洁白、脆嫩，品质优良，为江苏省名产

4. 淮阳蒲菜　河南淮阳县地方品种。狭叶香蒲。株高 2.5m 左右，叶片长 1.6～1.7m，宽 1cm，叶鞘长 40～50cm。

5. 建水草芽　云南省建水县地方品种，现分布于云南省的建水、思茅、蒙自、开源等地。与狭叶香蒲品种相比，其植株明显较矮，而叶片明显较宽。株高 80～100cm，叶长仅 70cm，而宽达 1.5～2cm。抽生的地下匍匐茎多，匍匐茎长 20～30cm，粗 0.9～1.3cm，中心充实，幼时脆嫩。在当地周年无霜的气候条件下，一年四季陆续抽生匍匐茎和分株，故四季均可采收，一般全年可收 30～40 次。产品洁白鲜嫩，品质优良，是云南省名产。

三、栽培季节和方式

中国蒲菜多利用河、湖边缘地带和沼泽地区栽植，都行单作，春季栽植，夏、秋分次采收，栽植 1 次，连续采收 3 年，到第 2、3 年时，春、夏、秋三季分次采收，在全年基本无霜地区栽植草芽蒲菜可四季采收。第 4 年起植株衰老，已失去生产价值，当即耕翻换茬，另选地重新栽植。蒲菜常与莲藕或芦苇轮作，各自连收 3～4 年后轮换。

四、栽培技术

（一）**狭叶香蒲**

1. 水面和品种选择　选水位较浅，枯水期 10～30cm，汛期最大不超过 1.0m，土壤淤泥层或冲积层较厚，达 20cm 以上的河、湖边缘或沼泽地种植。就近选用品种。

2. 整地栽植　清除残茬和杂草。如土壤比较松软，可不用耕耙，只对高低不平处加以平整即可；如土壤比较坚硬，要尽量施入一定的有机腐熟肥料，进行耕耙和平整。一般在当地气温升达 15℃ 左右时，蒲菜种株萌芽生长后选苗栽植。多从优质的种蒲田中选具有所栽品种特征、生长健壮的分株作种株，挖苗多带根系，先切断其地下匍匐茎，然后挖苗，随挖、随运、随栽。行、株距一般均为 50cm，栽深 15～18cm，使根系全部入土，以不致倒伏或浮起为度。

3. 田间管理　栽后保持 10～15cm 浅水，严防干旱引起早花。随着植株的长大，水位逐渐加深到 50～60cm，最深不可超过 1m。如水位过浅，则假茎短，品质粗；过深则假茎细长，味淡，不香，均

非所宜。栽植成活后开始人工除草，一般除草 3 次，直到植株封行。栽后 30d 左右，植株开始旺盛生长，一般应追施 1 次腐熟的厩肥或粪肥，施肥量为 15～22.5t/hm²，先排去田水，后浇施或撒施，1d以后还水。往后每年早春土壤解冻后施入 1 次较重的有机肥。

（二）宽叶香蒲

1. 蒲田选择　建水草芽周年生长，四季采收，首先要选全年无霜或无霜期达 300d 以上的地区栽培，才有较好的经济效益；其次要选择水田，其要求除同假茎蒲菜外，还对土壤和水位有较严的要求，土壤要不沙、不黏，沙土匍匐茎易生锈斑，黏土匍匐茎难以伸长，均非所宜。水位要求变化在5～10cm 之间，浅而不干。

2. 整地、栽植　栽前应清除残茬和杂草，施入腐熟的厩肥或绿肥，一般 3.5～4.5t/hm²，耕耙整平。栽植最宜在 4～5 月，当地气温达 15℃以上时进行，先从种蒲田中选取具建水草芽品种特征、叶片较多、叶色较深，没有抽生花茎的壮苗，切断与母株相连的地下匍匐茎，连根挖起，随即运到新选、新整的田块栽植，株、行距均为 2m 左右，栽深 6～9cm，以栽稳为度，不宜太深。栽时注意植株叶片的展开方向必须一致朝向栽植行内，使将来展叶和抽生地下匍匐茎都在行内，人在行间行走和采收均不会踩伤匍匐茎，且采收省工。

3. 田间管理　栽时保持 5cm 左右浅水，栽后，雨季湿度大，可保持 6～7cm 的浅水，旱季加深到 10cm。冬季保持一薄层浅水或土壤充分湿润即可，但要防止受冻。生育期间，视植株生长势和采收量多少，每隔 1～2 个月追肥 1 次，一般每次施入复合化肥 225～300kg/hm²，或尿素 150～225 kg/hm²，均匀施入，防止沾叶。还要及时清除杂草。栽后第 2、3 年，每年早春应在行间沟施充足的腐熟有机肥 1 次。

五、采收和留种

（一）狭叶香蒲　狭叶香蒲采收结合间苗进行。栽植当年，一般在栽后 60d 左右，田内分株已较多，超过原栽苗的株数 1 倍时，即可间拔去过密处的较大分株，即株高达到 1m 以上者为宜。间拔后集中，切去根部和叶片，留下假茎部分，再剥除外层叶鞘，留下内层白嫩部分，理齐，捆扎成把，覆盖遮荫，即可运销上市。第 1 次采后约经 50d，可收第 2 次，当年共收 3 次，产量为 2 250～37 50kg/hm²。第 2、3 年，可提早和延迟各 1 个月采收，采收次数和单产均可比第 1 年增加 1 倍左右。第 4 年植株衰老，则应及时割除，耕翻，促根腐烂，下年改种莲藕等其他水生作物。

留种选优质、高产蒲田，除去少数品种性状不典型和生长不良的植株外，最后 1 年（第 3 年）下半年停止采收，以养护种株。越冬后选苗移栽新田，留种田种苗移栽新田，约可扩大面积 4～5 倍。

（二）宽叶香蒲　草芽在云南栽植成活后 20～30d 即可开始采收，以 4～8 月采收的产品质量最好，一般每周采收 1 次，用手在栽植行内摸取地下幼嫩的匍匐茎，每次约可采得 600～750kg/hm²。及至 9 月以后，天气转凉，约每隔 2 周采收 1 次，每次采收量减半。全年共可采 30～40 次，一般年产菜 22.5～30t /hm²。草芽生长快，萌生分株多，必须及时采收，以免匍匐茎萌生过多分株，互相拥挤，影响生长。采收时结合间拔除过多的分株，及已在地下由下而上，抽生过 3～4 层匍匐茎的衰老母株，以免其抽穗开花，影响邻近植株的生长。一般以保持田内每平方米有健壮植株 9～10 株为宜，拔去的植株即踩入行间土中沤肥。草芽连收 3 年后，第 4 年也失去生产价值，必须耕除和换田重栽。

留种方法基本同狭叶蒲菜，但第 3 年仍须采收，只在后期和第 4 年春季注意选留健壮的匍匐茎所萌生的分株作种。

（孔庆东　柯卫东）

（本章主编：赵有为）

◇ 主要参考文献

［1］浙江农业大学主编．蔬菜栽培学各论（南方本，第三版）．北京：中国农业出版社，2001

［2］赵有为主编．中国水生蔬菜．北京：中国农业出版社，1999

［3］赵有为．水生蔬菜栽培技术问答．北京：中国农业出版社，1998

［4］曹侃等．水生作物栽培．上海：上海科学技术出版社，1983

［5］林美琛等．水生蔬菜病虫害防治．北京：金盾出版社，1994

［6］屈小江，赵有为．无花类型莲藕品种产量形成与需肥特性的初步研究．园艺学报，1991，（4）：335～339

［7］陈学好等．荸荠生物学特性及高产栽培技术．长江蔬菜，1992，（1）：16～17、（4）：17～18

［8］曹碚生等．苏南两熟茭白生态学分类与栽培．江苏农学院学报，1987，（4）：31～32

［9］柯卫东．蒲菜资源及分类研究．长江蔬菜，1998，（5）：26～28

［10］蔬菜卷编辑委员会．中国农业百科全书·蔬菜卷．北京：农业出版社，1990

［11］李双梅，李峰，黄新芳．主藕、子藕和整藕作种繁殖的繁殖效果．中国蔬菜，2003，（5）：15～17

［12］张凤兰．两熟茭生长动态研究初报．中国蔬菜，1991，（2）：31～33、（3）：28～30

［13］梁家勉等．中国农业科学技术史稿．北京：农业出版社，1989

［14］张宝棣等．芡实斑腐病和炭疽病的发生与防治．广东农业科学，1995，（6）：42～43

［15］张宝棣等．广东芡实病虫螺鼠害初步调查．广东农业科学，1997，（1）：32～33

［16］吕佩珂，李明远，吴钜文等．中国蔬菜病虫原色图谱（第三版）．北京：中国农业出版社，2002

第二十章

多年生及杂类蔬菜栽培

中国栽培的多年生及杂类蔬菜种类很多，本章涉及的有笋用竹、芦笋、黄花菜、百合、香椿、枸杞、草莓、黄秋葵、蘘荷、菜用玉米、菜蓟（朝鲜蓟）、辣根及食用大黄计13种。除芦笋、菜蓟（朝鲜蓟）、辣根、黄秋葵、草莓外，中国是原产国，或是原产国之一，有着悠久的栽培历史。在漫长的栽培过程中，有些蔬菜在特定的生态环境下，逐步形成了若干优良品种和特产区，如浙江省、福建省等的菜用竹笋；湖南省邵东、邵阳及江苏省泗阳、陕西省大荔等地的黄花菜；兰州的百合等，其产品或加工品畅销国内外。不少多年生蔬菜产品除可供鲜食外，还可脱水、速冻、腌制和制罐，如百合干、金针菜、笋干、笋罐头、芦笋罐头、草莓酱等，为中国人民所喜爱，并出口外销。另一些蔬菜如黄秋葵、菜蓟（朝鲜蓟）、辣根、蘘荷等，各大中城市郊区及蔬菜生产示范园区正积极引种，扩大种植，以丰富蔬菜市场供应。

第一节 笋 用 竹

竹是禾本科（Gramineae）多年生常绿植物，约有6属21个种的种群能形成食用笋。竹原产中国。中国人食用竹笋的历史很久，两周初年至春秋时期黄河中下游地区诗歌总集《诗经》中已有记载。宋·赞宁《笋谱》（10世纪后期）记录的竹笋品种名称已有90余个，但一般食用的只有淡笋、甘笋、毛笋、冬笋及鞭笋等几种。《笋谱》还记载了竹笋的采收、食用、收藏及腌制、作脯等方面的技术，反映了当时人们对竹笋的利用已相当普遍。食用笋竹主要分布在长江中下游及珠江流域。竹笋除含一般营养物质外，还富含天冬素，对人体有滋补作用。在长江中、下游地区广泛栽培的毛竹和早竹类的春笋一般在4～5月收获，春笋上市，极受市民欢迎。在珠江流域和福建省、台湾省等栽培的麻竹和绿竹等，产笋盛期在7～8月，增加了当地高温期蔬菜供应，同时也远销到全国各地。

任何竹都能产笋，但可作为蔬菜食用的竹笋，必须组织柔嫩，无苦味或其他恶味，或虽稍带苦、涩味，经加工后除去，仍具有美好滋味。作为人工栽培的笋用竹种，还必须具有产量高，出笋期合适等性状。

一、生物学特性

（一）植物学特征

1. 竹笋的发生、生长和形态结构　竹笋是竹子的短缩肥大的芽。它的外表包着坚韧的笋箨（笋壳），内部有柔嫩的笋肉。在出土前笋体生长慢，出土后迅速长高，并展开枝叶成为新竹。从竹笋的纵切面可见它中部有紧密重叠的许多横隔，相当于竹秆的节隔，两隔之间就是竹秆的节间。从横隔的数目就可知道以后的竹秆节数。包裹在横隔周围的是肥厚的笋肉，它相当于竹秆的秆壁。包裹在笋肉外周的笋箨是一种变态叶。笋肉、横隔和笋箨的柔嫩部分，滋味鲜美，可供食用。

　　笋用竹中的毛竹、早竹、哺鸡竹等属于散生型的竹种，其竹笋都是由地下竹鞭上的侧芽发展成的。开始时竹鞭上的健壮侧芽逐渐膨大，与竹鞭成 20°～50°角向外向上生长，略成笋的雏形，称为笋芽。形成笋芽的时期依竹种而异，并受气候影响。毛竹在晚夏到初秋形成笋芽，早竹和哺鸡竹类在晚秋到初冬或来年初春形成笋芽。在笋芽分化形成阶段，若气候干旱或肥料不足，则笋芽形成少；若雨水充沛，肥料充足，则笋芽形成多。发展快的一部分毛竹笋芽到冬季已相当肥大，可从土中挖取就是冬笋。到春季随着温度上升，笋芽继续生长膨大，不久露出土面就是春笋。春笋刚出土露尖时采收的品质最好。笋体出土愈高，笋肉内粗纤维愈增多，品质随之下降，但单个重量则增加。早竹和哺鸡竹类在过冬时笋芽小，不能采收冬笋。

　　哺鸡竹笋形态见图 20-1。

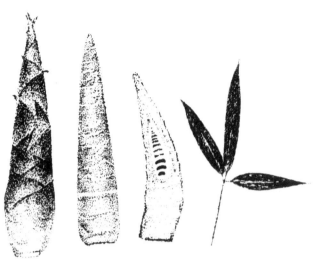

图 20-1　云和哺鸡竹笋（乌壳笋）
（引自：《中国蔬菜品种志》，2001）

　　麻竹和绿竹等属于丛生型的竹种，没有竹鞭。它们的竹笋是从母竹秆基部的大芽萌发后形成的。这类竹种的秆基部节上有 4～10 枚互生的大芽，排成相对的两列，称为笋目。最下位的一对叫"头目"，向上依次叫"二目"、"三目"等，最上一对叫"尾目"。一般头目先萌发成笋，二目次之，愈向上萌发愈迟。每株母竹在一年内通常只有 3～5 个笋目萌发成笋。迟萌发的笋目常因营养不良成为退笋。有的笋目不能萌发，称为"虚目"。笋目萌动后通常与母竹成 40°～70°角倾斜向上伸展，它的上端出土成笋，下部没在土中发根，并产生新大芽。麻竹和大头典竹等可由采笋后遗留在笋基部的新大芽再生新笋，故割笋时留桩不可过短，避免损伤新大芽。

　　丛生型竹种以二年生的竹子发笋力最强，三年生的次之，四年生以后很少发笋。因此，竹丛的产笋量，与丛内二、三龄竹秆所占比率有密切关系。

　　2. 竹笋与竹鞭及地上部的关系　毛竹、早竹、哺鸡竹等都是散生型竹种，植株的地下部有竹鞭，它是细长的地下茎，在土中横向呈波浪状起伏伸展。竹鞭的先端部分称鞭梢，有坚硬的鞭箨包裹着，其顶端尖锐，具有强大的穿透力。切取鞭梢可供食用，称为鞭笋。连接在鞭梢之后的部分称为鞭身，它是构成竹鞭的主体。鞭身之后与母鞭连接的一段较细小，称为鞭柄。上列三部分总称鞭段。鞭段上有许多节，除鞭柄外，每节有一个侧芽，并能发生许多鞭根。着生在鞭段中部的侧芽比着生在前、后两端的发育充实，多能发展成笋。

　　一般在母竹换叶后或新竹抽枝发叶后鞭梢开始生长，夏季为生长盛期，晚秋或冬季停止生长，这时鞭梢顶端常萎缩断脱。到来年初夏由断梢附近的侧芽萌发成新鞭梢抽生新鞭。若鞭梢被折断，则在断口附近的 1～2 个侧芽抽生岔鞭继续伸展。

　　初生的竹鞭淡黄色，侧芽未充实，不能发笋。壮龄鞭鲜黄色，含养分多，侧芽充实，发笋力最强。老龄鞭褐色到黑褐色，其上残留的侧芽已衰老，不能产笋。毛竹新鞭形成后的第 3 年开始产笋，第 4 年到第 6 年是产笋盛期。以后随着年龄增加，产笋逐渐减少直到停止。经 10 余年后死亡。早竹和哺鸡竹等的竹鞭产笋盛期是在第 2 年到第 4 年，经 6～8 年后死亡。

　　毛竹鞭主要分布在 15～40cm 深的土层内，以 15～25cm 土层处的生长最好，发笋最多。早竹和哺鸡竹等的竹鞭一般分布在 10～15cm 的土层中。因竹鞭在土中呈波浪状起伏伸展，着生在波峰处的

笋比着生在波谷处的笋早出土。据调查，毛竹鞭在波谷处与水平处的出笋数都比波峰处多约1.5倍。竹鞭的横切面为椭圆形，正常的竹鞭在土中是宽径与地面平行，鞭芽排列在鞭的左右两侧，这样的鞭称为排鞭。也有竹鞭宽径与地面垂直，它的芽分布在上下两侧的，称为棱鞭。排鞭产笋比棱鞭多而粗壮。

由侧芽发展成竹笋需要竹鞭供给养分，由竹笋再长高成新竹，它在枝叶展开前，要从竹鞭吸收更多的养分。竹鞭中的养分是靠母竹供应，只有母竹枝叶茂盛，光合产物多，才能有大量同化养分输送到竹鞭中去，供发笋和成竹所需。而且只有当竹鞭中养分充足时，它的侧芽才能发育成良好的笋芽，再继续发展成笋。所以，母竹好坏是决定竹笋产量的主要因素。

有些竹笋在生长中途死去，称为退笋。退笋在竹林中的分布情况是远离母竹处多，靠近母竹处少。这是由于后者比前者获得养分多。到出笋后期，退笋占出笋数的百分率特别高，这是由于前期出笋和长竹已消耗大量养分，以致后期出土的笋得不到足够营养的缘故。由此可见，造成退笋的原因主要是营养不足。也有一部分退笋是由于干旱、淹水、冻害、虫害和竹鞭受伤等原因所造成。

麻竹、绿竹和鱼肚腩竹等都是丛生型竹种，它们的竹笋是由着生在母竹秆基部的大芽发展而成。发笋和成竹所需养分，直接由其所连母竹供应（图20-2）。

一株母竹可抽生5～6条竹笋。一般仅早抽生的1～2条笋能发展成竹，其余的常因营养不良而萎缩死亡。早期长成的新竹往往在当年秋季就能从它的秆基部的大芽萌发成笋，称为二次笋。这时新竹的枝叶尚未展开，不能生产同化物质，而母竹又不能提供充足的养分，因此，二次笋由于养分缺乏，多数在生长中途萎缩死亡。

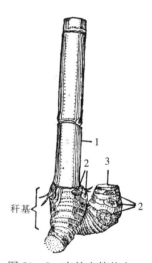

图20-2 麻竹出笋状态
1. 秆基 2. 大芽 3. 笋基部
（南京林产工业学院
竹类研究室，1974）

竹叶的盛衰对竹笋产量有重大影响，这在毛竹笋产量发生大小年的现象中明显地反映出来。毛竹林每两年中有一年出笋多称为大年，另一年出笋少称为小年。由于毛竹每两年换叶一次，换叶的一年出笋少。换叶后新叶茂盛，光合产物多，故竹鞭积累的养分充足，形成的笋芽多，次年出笋也多，成为大年。这年由于大量出笋和长竹，消耗养分多，故输送给竹鞭的养分少，形成的笋芽少，以致次年出笋少，成为小年。这是造成大小年的根本原因。

综上所述，散生型竹种的地上部和地下部的相互关系是：鞭生笋，笋成竹，竹养鞭；对丛生型竹种来说则是：芽生笋，笋成竹，竹养芽。因此，为了多产笋，必须使竹子枝叶茂盛，鞭、芽粗壮。

3. 竹的开花和衰败 竹类绝大多数是多年生一次开花植物。开花结实在生理上是竹株生长发育过程中达到性成熟后的正常现象。由于竹开花后植株死亡，故在生产上不希望它开花。竹子在开花前叶变黄脱落或换生的新叶短小变形，竹鞭停止伸展，很少出笋或不出笋。在竹株体内出现高的碳氮比值，接着在枝梢出现花芽。主要笋用竹种开花后大多结成颖果。毛竹开花后叶全部脱落，竹秆枯黄死亡，竹鞭发黑腐烂。早竹、淡竹、刚竹和哺鸡竹类等往往一面开花一面换叶，持续2～3年后才整株死亡。竹株开花致死的原因，主要是由于失去了叶子，不能进行光合作用制造养分，并且在开花结实过程中消耗大量养分，以致植株养分枯竭。此外，由于无叶，蒸腾作用几乎停止，以致水分不能上升，造成植株干枯死亡。

竹鞭系统达到性成熟是竹子开花的内因，外界环境条件对竹子的开花有延迟或促进作用。例如天气干旱或严寒、土壤瘠薄和病虫害严重等恶劣环境因素都会抑制竹子的营养生长，对已成熟的植株会促进花芽形成而开花。但对尚处于幼龄阶段的竹子，即使在干旱、瘠薄的环境中也不会开花。加强对竹林的抚育管理，采取合理的松土、施肥、灌水、防治病虫等措施，创造有利于竹子营养生长的环境条件，使其生殖生长受抑制，可推迟其生理成熟期，从而延迟开花。

（二）对环境条件的要求

1. 温度　竹原产热带、亚热带，喜温怕冷。故在中国南方竹林茂盛，而北方竹林稀少。散生型竹种的地下茎入土较深，它们的竹鞭和笋芽借土层保护，冬季不易受冻害。而且它们的出笋期主要在春季，笋出土后长成新竹的速度又较快，当年冬前新竹的组织已相当木质化，故抗寒力较强。丛生型竹种的地下茎入土浅，竹子的部分秆基及其笋芽露出土面，冬季易受冻害，而且它们是在夏秋季出笋，长成新竹的速度较慢，当年冬前新竹的木质化程度低而水分含量高，故抗寒力弱。所以麻竹、绿竹等丛生型竹种主要分布在温度较高的珠江流域和福建、台湾等省，而毛竹、早竹、哺鸡竹等散生型竹种主要分布在温度较低的长江以南到南岭以北地区。

毛竹生长的最适温度为年平均 16～17℃，夏季平均在 30℃以下，冬季平均在 4℃左右。麻竹和绿竹要求年平均温度 18～20℃，1 月平均温度在 10℃以上。慈竹要求年平均温度 16～18℃，1 月平均温度 2～4℃。不过各类竹种对温度的适应性可通过培育锻炼而发生改变。例如近来把毛竹引种到山东、山西、河南、河北、陕西等省都已成活，并已有成林的毛竹。同时把毛竹引种到海南省和广西壮族自治区、广东省的南部地区，也取得良好效果。

但不同竹种栽培在同样温度条件下，它们的出笋期是有明显差别的，这是由于各竹种对温度要求的遗传性不同之故。对出笋所需的最低旬平均温度大体是：早竹、毛竹为 9～10℃，石竹为 10～14℃，淡竹、哺鸡竹类为 14～16℃，水竹为 16～17℃，刚竹为 18～19℃。

2. 湿度　竹的枝叶茂盛，水分蒸腾量大，而根系不深，抗旱力弱，故要求较湿润的环境。这也是我国南方竹林多而北方少的一个原因。丛生型竹种的根系在土中分布的深度和广度都比散生型竹种小，故对水分的要求更严。这是麻竹、绿竹等主要分布在年降水量较多的珠江流域和福建、台湾等省的原因之一。

中国毛竹主要分布在年降水量为 1 000～2 000mm 的地区，以年降水量为 1 400mm 的地区生长最盛。麻竹、绿竹和菊竹要求年降水量在 1 400mm 以上。慈竹要求年降水量在 1 200mm 以上才能生长良好。竹鞭的伸展、笋芽的分化与形成、竹笋的膨大以及笋出土后长成新竹等一系列生长过程，都需有充足的水分。

毛竹、早竹等散生型竹种的鞭梢生长盛期是在夏季，而竹鞭上的笋芽分化与形成主要在秋季。倘若夏、秋间气候干旱，则不仅抽生的新鞭生长量小，生成的鞭段短，其侧芽发育也不良，而且还将阻碍壮龄竹鞭上的笋芽分化，大大地减少来年竹笋的产量；若夏、秋间雨量充沛，则生成较长而粗壮的新鞭，同时在壮龄鞭上形成的笋芽多，来年出笋也多。

在由竹笋长成新竹的过程中，生长速度快而生长量大，必须有大量水分和养分供应，才能满足居间分生组织细胞分裂和伸长、膨大的需要。倘若土壤过干，则竹笋出土少而生长慢，已出土的一部分笋会因缺水而萎缩死亡，称为"干退"。甚至有些笋在出土前死亡，成为"闷头退笋"。

麻竹和绿竹等是在夏、秋间高温季节出笋，影响笋芽发展增大的外界因素中，起主导作用的是湿度而不是温度。白天竹丛的蒸腾作用和地面的蒸发作用强，竹林内湿度较低。到夜间由于气温降低，蒸腾和蒸发量减少，而且空气的相对湿度增高，有利于居间分生组织细胞的分裂和伸长。所以这类竹种的竹笋体积和重量的增长，通常是夜间大于白天。

干旱抑制竹的营养生长而促进生殖生长，故大旱之后常会出现大片竹林开花。但土壤含水量过高以致土中空气缺乏，则也不利竹的地下茎和根系的呼吸代谢活动，在积水的地方会引起地下部腐烂。在出笋期间土中含水过多，则妨碍竹笋的正常生长，甚至造成竹笋死亡，称为"水退"。故在地下水位高的地区，尤宜选山坡地营造竹林。丛生型竹种有较强耐湿性，故主要种植在溪流岸旁和平地。

3. 土壤营养　竹需要土层深厚、土质疏松、肥沃、湿润、排水和通气性良好的土壤。土壤的酸碱度以 pH4.5～7 为宜。土层薄、石块和树桩多、土质黏重、地下水位高，以及含盐量在 0.1% 以上的盐渍土，都不宜栽竹。丛生型竹种的根系比散生型竹种浅而分布较集中，对水分和矿质养分的吸收

力较弱，故对土壤条件的要求比散生型竹种高。这是丛生型竹种的分布范围不及散生型竹种广泛的一个原因。

在疏松肥沃的土壤中，散生型竹种的竹鞭分布较深，起伏和扭曲少，岔鞭少，鞭段长，鞭径大，侧芽饱满，多着生在鞭的左右两侧，有利于发笋。在瘠薄、石块多、易板结和干燥或排水不良的土壤中，竹鞭分布浅，起伏大，经常折断发生岔鞭，以致鞭段短而扭曲，侧芽小，而且有的着生在鞭的上方或下方，不利于发笋长竹。

二、类型及品种

（一）类型 分布在长江中下游的笋用竹主要是散生型竹种，有刚竹属的毛竹、早竹和哺鸡竹等。分布在珠江流域和福建及台湾等省的笋用竹主要是丛生型竹种，有慈竹属的麻竹和绿竹，箣竹属的鱼肚腩竹等。近年受到关注的其他优良笋用竹还有酸竹属的黄甜竹、方竹属的金佛山方竹、业平竹属的四季竹等。各笋用竹种的学名，参见第二章。

笋用竹的主要竹种及分布地区见表20-1。

表20-1 主要笋用竹竹种分布

竹 种	分 布 区	竹 种	分 布 区
毛竹	长江中下游地区	曲秆竹	河南
早竹	浙江、江苏	水竹	浙江
石竹	浙江、江苏、安徽、湖南	麻竹	广东、广西、福建、台湾、贵州、云南
红哺鸡竹	浙江	绿竹	广东、广西、福建、台湾、浙江
白哺鸡竹	浙江、江苏	吊丝球竹	广东
乌哺鸡竹	浙江、江苏	大头典竹	广东、广西
花哺鸡竹	浙江	鱼肚腩竹	广东
尖头青竹	浙江	黄甜竹	福建
甜笋竹	浙江、湖南、广东		

（二）主要笋用竹种简介

1. 毛竹 也叫楠竹、江南竹、孟宗竹。原产中国，是中国栽培面积最大、经济价值最高的竹种。竹秆高10~15m，横径10~15cm。在江南于3月下旬开始产春笋，盛期在4月，可持续到5月上旬。春笋初为圆锥形，笋壳（箨鞘）底色淡黄，有淡紫褐色小斑点，密被淡棕色毛，单个重1~2kg。品质最好。笋体露出土面后，笋壳色泽转变成底色褐紫，有黑褐色大斑块及斑点；壳表面密被棕色小刺毛，通常称为"毛笋"。这时笋体呈长圆锥形到圆柱形，单个重2~3kg，大的5kg以上。冬笋笋壳淡黄，被浅棕色毛，笋体略呈纺锤形，单个重250~750g，质嫩，味极鲜美。鞭笋笋壳淡黄，被浅棕色毛，笋体细长，顶端尖锐，单个重100~200g。冬笋和春笋鲜品以及由春笋制成的玉兰片、清汁笋、罐头笋、干菜笋等除供国内消费外，还可出口外销。

2. 早竹 又名早园竹、雷竹，优良笋用竹种。竹秆高4~5m，横径约4cm。在杭州有紫头红与芦头青两个品种。前者在2月下旬开始出笋，约可持续2个月。笋壳底色淡紫，脉纹紫褐色，有褐色斑点和小斑块，表面光滑，边缘有稀疏白毛，无箨耳。箨片披针形，皱褶。笋上端出土初期为紫红色，以后转变为紫带绿色。适期采收的笋长16~19cm，基部横径3~3.5cm，单个重70~90g。芦头青笋壳底色淡青带紫，脉纹青紫色，有深紫褐色斑点和斑块，表面与边缘都无毛，无箨耳。箨鞘片青色带紫，披针形，皱褶。适时采收的笋长28~31cm，基部横径3.5~3.8cm，单个重180~205g。出笋日期比紫头红约迟 15d，持续期也较短。以上两个品种的春笋品质都很好。夏秋间可采收鞭笋。

3. 红哺鸡竹 其竹笋也叫红笋。竹秆高 5～6m，横径 6～7cm。出笋期 4 月中旬到 5 月中旬。笋壳底色褐红，脉浅紫褐，有很多黑色斑点和小斑块，表面无毛，边缘有很短的白毛，易脱落。无箨耳，无鞘口毛。箨舌紫黑色，顶端弧形，有灰白纤毛。箨片长披针形，中央约 1/3 青色带紫，两侧各约 1/3 淡赭黄色，外翻。笋顶箨片曲折。适时采收的笋长 28～35cm，基部横径 4～5cm，单个重 250～300g。

4. 乌哺鸡竹 又叫蚕哺鸡竹。竹秆高 5～6m，横径 4～8cm。在浙江于 4 月下旬开始出笋，5 月上旬盛产，5 月中旬终止。笋壳底色黄褐，密布黑褐色至黑微带古铜色的大斑块。先端的几片笋壳几乎完全被黑色大斑块掩盖。笋壳表面和边缘都无毛，无箨耳，无鞘口毛（唯近笋尖的鞘口有少数黑色遂毛，易脱落）。箨片小，长三角形至披针形，紫褐带青色。适时采收的笋长 23～30 cm，基部横径 4～5cm，单个重 250～400g。因这种竹抗寒力强，且能适应微碱性的土壤，故能在华北地区生长良好。例如河南永成县栽培的黄纹竹（*P. vivax* f. *huanwenzhu* J. L. Lu）就是它的一个变型，其笋品质好，为当地名产。

5. 尖头青竹 竹秆高 4～6m，横径 3～5cm。出笋期 4 月中旬到 5 月中旬。笋壳底色青带紫，有褐色小斑点及云纹状斑块。上部的箨鞘两侧褐紫色，中段的箨鞘两侧淡褐色似枯干状。壳表面无毛或有很稀疏的白色短毛，边缘有很短的白色短毛。无箨耳和鞘口毛。箨舌黑紫色，弧形较高，上缘有短纤毛，箨片长三角形至长披针形，外翻，青紫色，两侧青色。适时采收的笋长 35～40cm，基部横径 4～4.5cm，单个重 200～350g。肉厚味美。

6. 麻竹 又叫甜竹、大叶乌竹。竹秆丛生，高 20～25m，横径 10～20cm。出笋期 5～11 月，以 7～8 月最盛。笋壳黄绿色，被暗紫色毛。笋体圆锥形，长约 25cm，基部直径约 12cm，单个重 1 kg 左右，大的 3～4kg。肉质较粗，主要制笋干和罐头笋，畅销国内外。

7. 绿竹 浙江又名马蹄笋。竹秆丛生，高 6～10m，横径 5～8cm。出笋期 5～10 月。笋体为短圆锥形，向一侧弯曲，长 15～20cm，基部横径 7～8cm，单个重 150～600g，笋壳淡绿带黑，平滑无毛。肉质细嫩，味鲜美。

8. 吊丝单竹 竹秆丛生，高约 10m，横径 4～6cm。出笋期 5～11 月，以 7～8 月为盛期。笋体圆锥形。适时采收的长约 50cm，基部横径约 12cm，单个重 0.5～1.5kg，笋壳黄色带青，有毛，肉嫩质优。

9. 黄甜竹 别名甜竹。酸竹属竹种，新近发掘的笋用良种。地下茎复轴型，秆茎较密，胸径 3～6cm，高 5～12m。新秆被白粉，箨鞘密被褐色硬毛，三分枝，近等长。出笋率高，笋肉厚、色白，可食率 57.53%。可鲜食或制笋干，为笋中上品。是一个具有较高经济价值的笋用、材用、观赏三用良种。笋期 3 月中旬至 5 月上旬，出笋盛期 4 月中旬，高山区可延至 6 月。浙江杭州黄甜竹的笋期为 4 月中旬至 6 月中旬。

三、笋用竹林的营造

（一）毛竹笋用林的营造

1. 造林季节 竹子笋用林一次造林后，可连续几年至几十年采笋。造林季节，散生笋用竹类以春季 2 月最好，此时地温开始上升，竹子植株生理活动开始活跃，成活率高，栽种得好，当年 4 月就有新竹可长成。梅雨季节的 6 月、秋冬的 10～11 月也是栽竹的合适季节。但夏天高温时不易成活。丛生笋用竹类的造林季节为冬季至春季，尤以春季 3～4 月最好。

2. 竹种来源 散生笋用林竹种主要采用无性繁殖的母竹，也有采用竹蔸移植、移鞭、实生苗的。丛生笋用竹林的竹种来源主要采用截秆竹蔸移植。此外，也可采用竹秆压条、竹秆扦插、竹枝扦插、

鞭节育苗和播种育苗等。

（1）整株移植　这是生产上广泛应用的繁殖法。它的优点是易成活，以后新竹发展快，成林早。它的缺点是繁殖系数小，不能满足大面积造林的需要。而且整株竹体积大，搬运不便。

散生型竹种宜选用上年产生的幼龄竹做种竹。因为这类竹的繁殖主要靠竹鞭，种竹的竹鞭质量决定着以后新竹发展的好坏。竹鞭以 2～4 年生的活力最强。毛竹新鞭要到第 3 年才能出笋，故发生新竹的鞭至少是 3 年生的。因此以新竹发生的第 2 年冬季作为种竹移植最好。毛竹的种竹以竹秆胸径 3～6cm 的为宜。早竹和哺鸡竹等的种竹以胸径 2～3cm 的为宜。秆愈粗大的竹，挖掘和搬运、栽植等花费劳力愈多，故不宜选用。选择的种竹，还应该是生长健壮、分枝较低、竹秆整直和无病虫害的。挖掘时还要检查种竹所连竹鞭的好坏，一般壮龄鞭的色泽鲜黄，芽饱满，根发达，其生活力强。毛竹留"来鞭"（来自母体的竹鞭）30～50cm、"去鞭"（来自子竹的竹鞭）60～100cm 切断。早竹等中小型竹种留"来鞭"和"去鞭"的长度都可酌量减短，不可损伤竹鞭上的侧芽，尽量多带鞭根和宿土，尤其要保护竹秆基部的秆柄（母竹与竹鞭连结点，俗称螺丝钉），防止它与竹鞭裂开。种竹挖起后留枝叶 5～6 盘（节），用利刀在竹节上方 5～7cm 处切断。远途搬运的要进行包扎，防止竹鞭和秆柄受损伤，且不使宿土脱落。

（2）移蔸和移鞭　这两种繁殖法搬运较方便，移鞭还可增加繁殖系数。但由于截除了地上部，得不到由光合作用制造的养分，故所长出的新竹较细小，成林较迟。春季栽植后倘若当年不长新竹则竹鞭死亡。

竹蔸移植选用 1～2 年生的健壮种竹，在离地 50～80cm 处截断竹秆，然后按整株移植的方法留鞭挖起、包扎和搬运。

进行竹鞭移植时要选用侧芽饱满、鞭根发达的竹鞭。毛竹用 2～5 年生的鞭，早竹、哺鸡竹等用 2～4 年生的。竹鞭的长度，毛竹为 1～1.3m，早竹等为 0.6～1m。长途搬运的应进行包扎，以保护侧芽和须根，并保持宿土湿润。

（3）播种育苗　采用播种育苗，可在短期内繁育大量竹苗，供大面积造林用。实生竹苗生活力强，可塑性大，不仅栽植易成活，而且能适应不良的风土环境。中国把毛竹北移到黄河流域栽培已初见成效，采用播种育苗技术是成功的关键。实生竹苗体积小，运输和栽植方便，可大大降低造林成本，提高工作效率。

毛竹种子秋季成熟后即能发芽，种子在贮藏过程中易丧失发芽力。长江以南宜秋播，北方宜春播。春播于地温上升到 10～15℃ 以上，即可开始播种。播前先用清水洗去拌种的药粉，再用浓度为 0.3％ 的高锰酸钾水溶液浸 2～4h 消毒，用清水冲洗后即可播种。

苗圃地选排灌方便疏松肥沃的沙质壤土。深耕整地，施入腐熟栏肥。筑苗床宽 1～1.5 m，高 12～15cm，长按实际地形而定。床面耙平，按行、株距各约 30cm 开穴，穴径 5～6cm，深 2～3cm。每穴播种子 10～15 粒，均匀散开。种子上覆盖疏松细土，厚约 1cm，再盖草、淋水。注意保持床土的湿度和防止鸟、鼠等为害。

出苗后把覆盖的草揭开，铺在苗的行、株间，可抑制杂草生长和减少床土水分蒸发，还可防止下雨时溅起的泥浆沾污幼苗。随即搭荫棚高 50～60cm，透光度为 50％～60％。晴天早盖晚揭，阴雨天不盖。夏季高温期过后，逐渐减少遮荫时间，直到拆棚。当竹苗有 3～4 片叶时，在阴雨天从出苗多的穴中掘出一部分苗移补到缺苗穴中，补苗后即追施稀薄农家有机肥。以后再施追肥数次，促进分蘖，9 月以后不再施追肥。冬季在苗圃四周设风障，在苗丛周围铺栏粪和泥土，床面盖一层干草，于地冻前灌水防冻。苗床需种子约 22.5kg/hm²，可育成竹苗 120 000 丛左右。在育苗期除施追肥外，还要做好灌水、排水、中耕、除草和防治病虫害等工作。

春播的毛竹种子出苗后 40～50d 开始分蘖。在华南地区一年内可分蘖 4～6 次，在华中地区一年内分蘖 3～4 次。一年生苗每株（两株）分蘖 8～15 株，第二年春季开始出笋并于夏季抽生竹鞭。第

3 年春季从竹秆基部及竹鞭上都出笋。2～3 年生的实生苗都可分株出圃造林。利用实生幼苗有从秆基侧芽发笋的习性，可进行分株繁殖。春季把一年生实生苗整丛挖起，单株或双株从蔸部割开，剪除1/3 的枝叶，根部涂泥浆，按行、株距各约 30cm 移植。培育 1 年后，每株（或两株）又可分蘖出 10株左右幼苗。次年继续进行分株育苗。这样重复分株繁殖，就可生产大量竹苗。

3. 整地和种植

（1）选地和整地　为了不占平地和利于排水，宜在丘陵山坡开辟毛竹林。以坡度不过大、避风、土层深厚、土质疏松、排水良好、弱酸性的壤土最适宜。而底土以黏土为好，可避免肥料和水渗漏掉。在 20°以下的缓坡地，最好全面开垦，深翻约 30cm。在坡度为 20°～30°的地段，为了防止水土流失，宜采用带状整地。按等高线每隔 2～3m 开垦宽约 3m 的带状梯田。在 30°以上的陡坡地，宜采用块状整地，只开垦栽植点周围 2m 左右的地面。

（2）定植方法　用整株定植的，每公顷栽 300～375 株。移竹蔸、竹鞭和实生苗的株数加倍。定植前按行株距定点开穴。整株定植的穴长约 1.5m，宽约 1m，深约 0.5m。移鞭的穴长约 1.5m，宽0.6～0.7m，深 0.3～0.5m。栽实生苗的穴可缩小约 1/2。为了减少蒸发及被风吹动摇，把竹冠留5～6 盘枝叶砍去梢部，切口用竹箨包住，防止积水或干燥。穴内施入充分腐熟的栏粪或堆肥，拌入土中。竹鞭埋入土下约 30 cm，上面盖一层松土，并使盖的土略高于地面成馒头形，防止积水烂鞭。土面盖干草、枯叶等以减少水分蒸发。在干旱时要先适当灌水再盖松土。整株定植的为了防风，应设支架。

（二）早竹类笋用林的营造　早竹类笋用林的造林技术基本同毛竹笋用林，仅将其不同点说明如下：

1. 种竹的选择和掘取　春季造林宜选 2 年生秆基直径为 2～3cm 的竹做种竹。梅雨季节造林的采用当年新竹。常有几株竹靠近生长在同一竹鞭上，应选留强壮的 2～3 株（丛）作竹种。用这样的成丛种竹造林，定植后成活率高，以后繁殖快，可提早成林。

2. 栽种竹和留母竹的密度　采用母竹移栽造林的，每公顷栽 750～1 500 株，移鞭的 1 050～1 350 株。在早竹竹林中，一般每公顷宜经常保持立竹 9 000～15 000 株。成林后每年每公顷留养新竹2 250～3 750 株，同时砍去同数老竹。

（三）丛生型笋用竹的造林

1. 造林地点选择　丛生型竹最宜在溪流沿岸造林，其次是平地和缓坡地，不宜在山上造林。这是因为丛生型竹种的根系一般比散生型竹种的分布浅且范围狭，耐旱力弱，只能适应含水量较多的土壤。

2. 种竹的来源　整株定植造林宜选上年的新竹且尚未发笋的作种竹。以竹秆胸径 3～5cm 的为宜。挖取种竹时从秆柄处与母竹切离，不可撕裂秆柄，否则会引起腐烂死亡。必须不伤秆基的大芽，并要多留须根连蔸带土挖起，然后留枝 2～3 盘从节间中部切断，切口成马耳形。把竹秆截短是为了减少水分蒸腾和搬运方便，而且定植后不易被风吹动摇，可不必设立支柱。

丛生型竹采用整株移植法，造林要每公顷用种竹 450～600 株。采用竹秆压条繁殖，一株种竹可长出十多丛竹苗，每公顷造林只需 30～45 株种竹。采用侧枝扦插繁殖法，一株种竹可产生数十丛竹苗，繁殖系数比用压条繁殖的增大数倍，还可利用竹苗的分蘖特性，再连续进行分株繁殖，这样就为大面积发展竹林解决了种苗问题。而且竹苗的根群多，生长势旺，造林成活率高。又因体积小，重量轻，搬运方便，可减少造林费用。

（1）整株移植法　丛生型竹要选生长健壮、枝叶茂盛、无病虫害、秆基芽眼肥大充实、须根发达的 1～2 年生的幼龄竹做种竹。麻竹、绿竹、大头典竹应选用胸径为 3～5cm 的作种竹。挖掘时从离种竹约 25cm 的外围开始，向内逐渐深挖，防止损伤秆基的芽眼，尽量多保留须根。在靠近老竹的一侧，找到种竹秆与老竹秆基连接点，用利斧从种竹的秆柄处切断，必须不使秆柄、秆基破损，否则会

引起腐烂。多带土挖起，留 2～3 盘枝叶截短，以减少水分蒸发，且便于搬运和栽植。作长途搬运的，应用湿草包扎竹蔸，防止损伤芽眼和震落宿土。

（2）移蔸　移蔸繁殖法搬运较方便。由于截除了地上部，得不到由光合作用制造的养分，故新竹较细小，成林较迟。春季栽植后倘若当年不长新竹则竹鞭死亡。

竹蔸移植宜选用 1～2 年生的健壮种竹，在离地 50～80cm 处截断竹秆。然后按整株移植的方法挖起、包扎和搬运。

麻竹、绿竹、大头典竹等的竹秆和枝条上有隐芽，在适宜环境下能发笋和生根，长成竹苗。故可采用压条和扦插繁殖。

（3）竹秆压条　在竹秆养分积累多，竹液开始流动前进行压条繁殖。一般在 2～4 月间选 1～2 年生隐芽饱满的竹秆作压条。从竹秆基部向外开一水平直沟，深、宽各 15～20cm，长度与压条略相等。沟底填细土，施入腐熟栏肥与土拌匀。在竹秆基部背面砍一缺口，深度达竹秆直径的 2/3，然后把竹秆朝开沟方向缓慢压倒，留 20 节左右削去竹梢，保存最后一节的枝叶，以利光合作用和养分、水分的输导。其余各节枝条除留主枝 2～3 节和隐芽外，从基部剪掉所有二级侧枝。把竹秆压入沟内，枝（芽）朝向两侧，覆土厚 3～5cm，稍压实，露出末端一节的枝叶，浇水盖草。其后要经常浇水。约经 3 个月，各节隐芽可发笋和生根并长成竹苗。次年春挖起压条，逐节锯断成独立的竹苗供选用（图 20-3）。

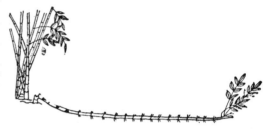

图 20-3　丛生竹竹秆压条育苗
（南京林产工业学院竹类研究室，1974）

（4）竹秆扦插　按作压条用的标准选定竹秆，从基部砍断，留 20 节左右锯去竹梢。每节枝条除留主枝一节和周围侧芽外，其余全部贴秆剪掉。用整条竹秆作为插材，平埋在苗床的沟中，以后与压条法同样处理。

采用截段扦插的，把竹秆照整条扦插同样处理后，从节间锯断成具有一节或两节的小段作为插材。要保持湿润。在扦插前用浓度为 100mg/L 的萘乙酸或 10mg/L 的吲哚乙酸浸 12h，可促进生根，提高成活率。先在苗床中按行距 25～30cm 开水平沟，深、宽各 10～14cm。然后在插材两端切口内塞满湿泥，双节段还要在两节之间凿一小孔，注水封泥。把插材放入沟中，一般双节段平放，单节段斜放或直放，各段相距约 15cm。覆土，使竹节埋入土下约 3cm，稍压实再盖草浇水。

截段扦插比整秆扦插的出苗率高，苗生长较快，一般经 7～8 个月苗即可造林。而整秆扦插的苗要经 1 年才可造林。

（5）竹枝扦插　苗圃建立和苗床管理等同竹秆扦插法。扦插竹枝以在 3～4 月份最适宜。从 2～3 年生的竹秆上选生长健壮、隐芽饱满并有根点的枝条，从基部砍下，并在第 3 节之上约 2cm 处剪断，最上位的一节适当保留些枝叶以利光合作用。中间一节上的侧枝留 1 节剪短，基部的侧枝全部剪掉。剥除枝箨使芽眼露出，即可扦插。在苗床以行距 25～30cm 开沟，按约 15cm 的株距把竹枝斜埋，使芽眼朝向两侧。覆土后使最下一节埋入土上下 3～6cm，露出最上一节的枝叶，然后盖草浇水。扦插后约 10d 内要适当遮荫，并保持土壤湿润。20d 后施一次速效氮肥。经 3～5 个月即可成苗。

在竹秆上每节只有一根枝条，为了多育苗，可利用粗壮的二级侧枝。于春季竹子开始萌动时，选生长强健的 1～2 年生竹秆，锯掉竹梢，剪除各节的主枝，并挖开竹蔸两侧的土壤，用刀划破秆基上的芽眼后仍用土覆盖。采用这些处理，可使竹秆上各节萌发大量粗壮侧枝。把选定的侧枝掰下，在第 3 节上方约 2cm 处切除枝梢，并把留下的枝叶剪去约 2/3，就可扦插。其他措施同主枝扦插法。

3. 定植　定植株数：麻竹为每公顷 375～450 株，绿竹为每公顷 450～600 株。定植穴深约 30cm，每穴施入腐熟的栏粪或堆肥 15～25kg，与土拌匀后盖一层表土，然后把种竹倾斜放入穴内，

使秆基的两列大芽都倾向水平位置，则发笋后长成的各新竹之间距离较大。马耳形切口向上，灌入稀泥浆防止竹竿干枯。种竹栽下后分层填土踏实，使根与土密切接触。灌水后盖松土，壅成馒头形以防积水烂蔸。

采用整株定植的最好在早春移栽造林，也可在雨季移栽。用竹苗造林的最好在雨季定植。由于竹苗生活力强，在其他季节移栽也易成活。

四、笋用竹林抚育管理技术

（一）毛竹笋用林抚育管理技术

1. 施肥　据分析，每生产 50kg 鲜笋，需从土壤中吸收氮素 250～350g，磷 50～75g，钾 100～125g。因为一般氮和钾的利用率约为 50%，磷的利用率约为 20%，故年产笋 15 000kg/hm² 的笋用林，每年最低施肥量应为氮 150～210kg/hm²，磷 75～112.5kg/hm²，钾 60～75kg/hm²。根据经验，多施有机肥料比用化肥好。

新栽的竹林于春夏间用稀释的农家有机液肥或氮素化肥分数次浇在竹株附近，有利于促进根系发展和发笋、发鞭。秋季可结合除草松土，撒施有机肥并翻入土中。

成林后每年春笋采毕立即用农家有机液肥每公顷约 15 000kg，施入挖笋留下的穴内，并在其他部位开穴施肥，使全林肥料分布均匀。最好是按等高线开沟施入肥料，可保持均匀的含水量，分解速度较一致，使林内各植株能均匀吸收肥料养分。秋季用栏粪或堆肥 15 000～22 500kg/hm² 均匀撒施，翻入土中，以促进竹鞭上笋芽的发展。冬季施栏粪或堆肥 15 000～22 500kg/hm² 或塘泥 75 000～150 000kg/hm²，不仅供给养分，并对竹子的地下部有保暖作用。

2. 除草和松土　一般每年要除草、松土两次。第 1 次在新竹枝叶展开后梅雨来临前进行。过早对新竹生长不利，过迟易伤鞭。第 2 次在 8 月进行，这时竹鞭上的笋芽正在形成过程中，松土时受损伤的机会较少。每年除草 1 次的，宜在 7～8 月间进行。在新竹附近松土应离开植株约 30cm，以免伤断新竹根系。松土宜较深，使耕土层增厚，降雨时土中可多积蓄水分，减少旱害。

3. 灌溉和排水　中国南方降雨量虽多，但全年分布不均匀。长江下游及东南沿海地区在梅雨期或夏秋间遇有台风暴雨时，都要做好排水工作，防止竹林低洼处积水烂鞭。遇到秋旱要及时灌水，防止土壤过干妨碍笋芽的形成和膨大。中国北方雨量少，尤须重视在春季出笋、夏季发鞭和冬季土壤封冻前灌水。

4. 埋鞭和培土　见有露出土面的竹鞭，要在其下面掘沟埋下。埋鞭宜及早进行，若稍延误，则从鞭的各节发根，处理就较费工。

因新鞭多数分布在老鞭上面的土层中，若任其生长则竹鞭在土层中逐年上移，以致鞭根吸收土壤养分和水分的范围缩小，影响鞭和整个植株生长。因此，在松土时要掘去衰老鞭和浅鞭，诱导新鞭向土壤深层发展，还需要铺土加厚耕土层，采用这些措施可使竹鞭粗壮，增加竹笋产量。筑成梯田的竹林，每年把梯壁的土削下一层，铺到下一级的梯面上，并把上下两级梯面邻接处的排水沟位置向内推进。浙江吴兴县的笋用竹林采用此法已有百年以上的历史。

5. 钩梢　新竹生长当年 10～11 月间，截去竹秆的先端，称为钩梢。这一措施不仅可减少风雪为害，而且由于钩梢后竹秆的顶端优势被抑制，可促进行鞭和发笋，故笋用竹林格外重视钩梢。为了使竹林具有合理的叶面积指数，对立竹数较少或土壤肥力较低的竹林，进行钩梢时保留的枝叶盘数应该比密度较大或土质肥沃的竹林多些，使竹林保持适宜的同化面积。在一般情况下，钩梢时保留枝叶 15～17 盘。

6. 母竹的选留和更新　新造竹林在出笋后的 5～6 年内，尽量保留健壮的笋让其长大成竹，使早日成林。毛竹笋用林每公顷留母竹 900～1 500 株。培养新竹要在出笋旺期选留粗壮而位置适宜的春

中国蔬菜栽培学

□□□□ [第二版] .... Olericulture in China □□□□

笋，使全林立竹分布均匀。

母竹数量满额后，每年春季每公顷只留生长健壮、位置适宜的新竹 300～450 株，当年冬季砍去同数的老竹，使林内立竹经常保持一定密度，而且壮龄竹占多数。毛竹的立竹年龄，可从竹秆的色泽识别：3 年生以前为绿色，4～5 年生为黄绿色，6～7 年生为绿黄色并有较厚的灰白色蜡质层，8 年以后逐渐转变成古铜色，而且蜡质层逐渐脱落。一般 7 年生以后的竹生长势减弱，可以砍伐。砍伐的老竹要选叶色发黄来年即将换叶的，不可砍仍枝叶茂盛、色泽浓绿的"孵笋竹"，否则会降低竹笋产量和新竹质量。

（二）早竹笋用林抚育管理技术 早竹的产笋期比其他各竹种早，上海市、杭州市一带通常 2 月开始出笋，3 月下旬到 4 月上旬为旺产期，直到 4 月下旬还有少量可收。早竹笋用林的常规栽培技术基本同毛竹笋用林。在 20 世纪 90 年代初研究出早竹早出笋的覆盖栽培技术，使竹笋的出笋期从原来的 3～4 月出笋，提前至上一年 11～12 月出笋。

在早竹之后产笋的有白哺鸡竹、红哺鸡竹、花哺鸡竹、乌哺鸡竹、石竹、水竹、尖头青竹、高节竹、黄甜竹等许多竹种，都是散生型的中小型笋用竹。尖头青竹、高节竹等生长势很强，虽栽培较粗放也可有相当高的产笋量，而且笋的品质良好。这些竹种的抚育管理技术大致与早竹笋用林相似，可参考应用。

1. 早竹幼林抚育管理

（1）及时补植　对于已死的母竹要及时补上，避免影响成林速度。

（2）除草松土　每年的 2 月、6 月、9 月进行除草松土。

（3）水分管理　若遇干旱要浇水，特别是 7～9 月竹鞭生长与笋芽分化期。

（4）合理施肥　可结合松土进行，每年 3 次，每丛 2 月施农家有机液肥 600～1 000kg，6 月施农家有机液肥 1 250～2 500kg，9 月施猪粪等。也可施化肥，但要用水冲稀。每年施肥量折合复合肥 750～1 500kg/hm²。

（5）合理留养　新造早竹林，第 2 年的竹笋应以留笋养竹为主。第 1 年每株母竹以保留 1～3 株竹笋成竹，第 2 年以保留 3～5 株竹笋成竹为宜，第 3 年要求基本满园。注意空档笋的保护，对于过多、过密的竹笋也要及时删去，以减少消耗，确保留养的竹笋更好地成竹。合理留养可概括为挖近留远，挖弱留强，挖密留稀，留好母竹，提早满园。

（6）竹林保护　钩梢留枝 12 盘（每节竹秆上着生的枝条称为一盘）左右，进行病虫害防治。

2. 早竹的成林抚育管理　早竹的成林抚育管理主要包括以下环节：

（1）林地的土壤改良　一般成林竹园每年 6 月深翻松土 1 次，深度 25～30cm，松土锄草 1～3 次，并结合增施有机肥。培土时间以冬季 11～12 月为好，每公顷加土量 225～375t。加土时可与施有机肥结合进行。

（2）立竹结构　调整竹林结构，保持合理的竹林密度，是获得竹笋高产的重要环节。早竹的丰产林立竹密度每公顷为 9 000～15 000 株，且分布均匀。一般立竹粗度（胸径）为 3.5cm 以上时，密度为每公顷 9 000～12 000 株；立竹粗度在 3.0～3.5cm 时，密度每公顷为 12 000～15 000 株。一般丰产林立竹粗度（胸径）应在 3.3cm 以上。

每年每公顷留养 2 250～3 000 株母竹，1～2 年生的母竹，应占 70％～90％以上。新竹要每年留养，老竹要每年删除，始终保持一定的竹林密度和年轻的竹株结构。6 年生以上的老竹应删去更新。删除老竹的时间以新竹成林后的 6 月最好，可结合松土连竹蔸一起挖去，不宜采用砍伐的方法。老蔸如不挖去，一时难以腐烂，会使土地利用率下降，影响竹鞭的延伸和竹笋的出土。

（3）施肥　根据早竹一年四季 4 个不同的生长期，施 4 次肥。以每公顷产竹笋 22 500kg 计，可施 N 675kg，P_2O_5 225kg，K_2O 450kg。

第 1 次施肥在 2 月份，称"笋前肥"，或"催笋肥"、"长笋肥"。此时气温逐渐回升，竹笋生长加快，陆续出土，是竹林大量消耗养分的时期，此期施肥可延长笋期，增加单株笋重，提高竹笋产量和质量，提高新竹成竹率。此期宜施尿素或农家有机液肥等以氮肥为主的速效肥。

第 2 次施肥在 5～6 月份，称"行鞭肥"，或"产后肥"、"长鞭肥"。这次施肥很重要，以速效肥为主，氮、磷、钾配合使用，施肥量应占全年施肥量的 50%～70%。一般施有机肥 37 500～75 000kg/hm²，化肥 750kg/hm²，将肥料撒于地表，然后深翻入土。

第 3 次施肥在 8～9 月份，称"孕笋肥"或"催芽肥"。此时竹林已大量行鞭，开始笋芽分化，又遇干旱天气。为减轻竹林旱情，宜用低浓度液体肥或固体化肥加水泼施，使竹林充分吸收，促进笋芽分化。可将农家有机液肥 1 000kg 冲水 2～4 倍，进行泼施。不宜深施体积大的厩肥、堆肥等有机肥料，也不宜将有机肥铺施在竹林地表，导致竹林翘鞭、浅鞭，对竹子生长不利。催芽肥占全年施肥量的 15%。

第 4 次施肥在 12 月份，称"发笋肥"或"保暖肥"。此时气温较低，竹林生长缓慢，为了促进地下竹笋的生长，为来年竹笋早出高产提供养分，此次施肥宜用厩肥、堆肥等。肥料直接铺施在竹林地表，不需要腐熟，以利用发酵热提高地温。

（4）水分管理　在干旱的秋、冬季节，要进行竹林灌溉或喷灌。在笋芽分化期和竹笋生长期，如果水分不足，会影响笋芽的分化和形成，使出笋数量减少，鲜嫩度下降，退笋数量增加。严重缺水时，会引起竹笋的萎缩死亡。在笋芽分化期及竹笋生长期，如果降水不足，应进行浇灌，浇水数量以浇透为宜。同时必须重视降低地下水位和开好排水沟排除积水。

（5）合理挖笋　在挖笋期间必须处理好挖笋与留养母竹的关系，做到既留好母竹，又多产竹笋。一般清明 5d 以前的竹笋，一经发现，要全部采挖。新母竹的留养时间以出笋高峰期稍后为好，一般宜在清明前后 1 周内，不宜过早或过迟。母竹留养的株数，以每公顷 3 000～4 500 株为好，宜每年留养一定的数量，不宜一年多留一年少留。

（6）合理钩梢　早竹秆壁薄易折断，钩梢可降低竹林高度，防止风刮雪压。钩梢可在 5 月初、6 月及 9 月进行。5 月初去梢，可剪去笋梢。去梢后，可控制顶端优势，减少竹梢养分、水分的消耗，促进地下鞭根的生长。但如果去梢过早，则会使竹子变脆，降低抗风雪的能力。6 月钩梢在新竹展枝放叶后进行。9 月钩梢在白露前后。钩梢一般以留枝 12～15 盘为宜。

3. 早竹冬季早出笋覆盖技术　成林后，一般每公顷立竹 9 000～15 000 株，母竹健壮，结构合理，每公顷产量达 11 250kg 以上时，即可进行覆盖。

（1）覆盖材料　覆盖材料一般为竹叶、谷壳、稻草、砻糠等。覆盖竹叶后，竹林地面增温明显，2 月 0℃以上积温 325℃，日平均温度 11.6℃，最低 10℃，最高 13℃，温度变化小，而露地竹林 0℃以上积温仅为 93℃，日平均 3.3℃，最高 8℃，最低 -2℃，温度变化大。覆盖竹叶比对照（不覆盖竹叶）日增地面温度 8.3℃。

（2）覆盖方法　采用双层覆盖法，即下层为发热层，上层为保温层。下层采用竹叶、杂草、稻草、新鲜猪牛厩肥等发热增温材料，上层采用木屑、谷壳等保温材料。覆盖选择在连续降雨 2～3d 后土壤湿度较大时进行。若天气干旱，覆盖前每公顷宜用 300～375kg 尿素与水混合泼浇，使林地湿润。

（3）覆盖时间和厚度　开始覆盖的最佳时间为 12 月上旬至中旬，厚度在 30cm 左右。覆盖后地表温度可达 10℃以上，并且可以保持 2 个月以上，在肥水条件适宜的情况下，30～40d 即开始出笋。在双层覆盖法中，发热层、保温层的覆盖厚度以各 15cm 为宜。

（4）施肥管理　竹子生长所需的营养元素很多，除氮、磷、钾肥外，一般都能从土壤中得到满足。因此施肥主要是施氮、磷、钾肥。近几年来，硅肥在竹林生产中应用渐广。氮、磷、钾的比例可采用 5：1：2，化肥与有机肥配合使用，一年分 4 次施。

第 1 次施肥在 5 月底至 6 月初，施尿素 750kg/hm²，厩肥 15 000kg/hm²。先撒于地表，然后结

合松土，深翻入土。

第 2 次施肥在 8 月底至 9 月初，以复合肥 1 500kg/hm²，冲水 75 000kg 浇施，或撒于地表，再进行浇水。

第 3 次施肥在 10 月底至 11 月初，施厩肥 60 000kg/hm²，浅翻入土中。这次施肥以有机肥料为主，保持土壤疏松湿润，提高地温，促进笋芽膨大，为早出高产打下基础。

第 4 次施肥在 12 月中旬覆盖保温时进行，施尿素 900kg/hm²，冲水 225～375t。

（5）挖笋和养竹　一般竹园 12 月进行施肥、浇水、覆盖后，40d 左右开始挖笋。初期可隔几天挖一次笋，然后逐渐缩短间隔天数。预计挖笋过半时，就可以减少覆盖物的厚度，或全部撤除覆盖物，以降低土层的温度和湿度，延长竹笋出土期，便于留养母竹。采用早出笋技术后，早竹可提早 2 个月出笋。产笋高峰期不宜留养母竹，应在出笋后期合理留养。或成条块状地提早除去部分林地覆盖物，保留部分笋芽，待气温回升时留养母竹。一般留养 2 250～3 000 株/hm²。

（三）麻竹类笋用林的抚育管理　麻竹类包括麻竹、绿竹和大头典竹等，都是丛生型的笋用竹种。它们的产笋盛期在夏季，统称为夏季竹笋。其抚育管理特点如下：

1. 母竹的选留和更新　麻竹和大头典竹等定植的当年和第 2 年每丛共留健壮新竹 7～8 株，第 3 年只割笋不留竹，从第 4 年起每丛每年选留 3～4 株新竹，其余竹笋都可采收，于当年冬季砍除 3～4 株老竹，使每个竹丛经常保持母竹 7～8 株。

绿竹和吊丝球竹等每丛经常保持 2～3 年生的母竹 7～10 株。每年留养和更新母竹 3～4 株，其余竹笋都可采收。

因新竹成长过程中要消耗竹丛大量养分，故早期出土的笋不宜留为新竹，以免妨碍后续笋的生长而影响产量。应从出笋盛期中选健壮而位置适当的留为新竹。

2. 竹丛的施肥和培土　每年早春扒开竹丛周围土壤，每丛施农家有机液肥或饼肥或堆肥、塘泥等，施肥后盖土。这次施肥能促进秆基大芽萌发，提高出笋数量。于出笋的初期和盛期再各施一次追肥，在竹丛附近开沟施入稀薄的农家有机液肥或硫酸铵、尿素等氮素化肥（要加水 100 倍稀释），施后盖土。这两次速效氮肥可促进竹笋长大，对提高产量有显著作用。

老竹丛的地下茎常向上耸起，以致根群分布在土壤浅层，吸收能力减弱。同时竹笋自浅土层发生，很快就露出土面，容易老化，品质不良。因此，需要培土，一般结合施肥进行。

五、病虫害防治

（一）主要病害防治

1. 竹笋纹枯病　病原：*Rhizoctonia solani*。主要为害嫩笋，以刚出土的幼笋较易感病。病斑初期呈椭圆形，扩大后成不规则形或不定型斑，边缘不明显，红褐色，中央颜色稍浅，有时病斑呈云纹状。剥开笋壳有时可见在笋壳间产生由菌丝扭结成的细小颗粒状菌核。幼笋病部呈浅褐色坏死，随病害发展致全部幼笋腐烂干缩。病土中菌核、病残组织中菌丝体是初侵染源。田间病害主要由病土、坏死的幼笋、脱落的病笋壳等传播。高温多雨、田间积水、土壤湿度过高时发病重。植株生长衰弱或偏施氮肥等有利于发病。防治方法：①选择地势较高燥的地块种植，避免偏施氮肥。②重病地块或培土后、出笋前，喷施 20% 萎锈灵乳油 2 000 倍液，或 5% 井冈霉素水剂 1 000 倍液，或 2% 春雷霉素水剂 800 倍液等，直到土壤湿润。出笋期避免田间积水，随时清除病株和病残组织。病穴用上述药液淋浇后用洁净土压实。

2. 竹笋基腐病　病原：*Fusarium* sp.。一般侵染幼笋，严重时也为害半成竹或幼竹。多从幼笋基部开始侵染，初期病部笋壳略显湿润状，后幼笋变褐坏死干缩，致最后干腐朽烂。在笋腔内壁可见病菌产生的白色至粉红色霉状物，有时在病笋表面出现不规则褐色坏死斑块。在田间其分生孢子借风、雨和灌溉水传播，农事操作活动亦可传病。多阴雨、空气湿润、林间积水、土壤贫瘠、害虫为害等均有利发病。防治方法：①收笋后清洁田园，从无病田块选择母竹；②避免林间积水；③减少人为传病途径；④用 50％多菌灵可湿性粉剂 300 倍液浸泡母竹或竹蔸 10～20min 后种植，或种植培土后浇灌 50％多菌灵可湿性粉剂 500 倍液，或 10％双效灵水剂 1 000 倍液，或 40％复方多菌灵可湿性粉剂 800 倍液等，每株浇灌药液 1～2L，待新笋萌发后、出土前再浇灌 1 次。

3. 竹秆锈病　病原：*Sterostratum corticioides*，又称竹褥病。发生普遍，为害严重。发病初期在竹秆基部或中下部出现菱形褐色黄斑，夏季和冬季病部先后产生黄褐色粉状物（夏孢子堆）、橙褐色垫状物（冬孢子堆）。5～6 月是夏孢子侵染的主要时期，一年仅此 1 次。被害林竹笋产量明显降低，甚至无收，严重时植株枯死，竹林衰败。防治方法：①秋末至翌年 3 月中旬，砍除为害度三级的重病竹集中烧毁。②对轻度受害的竹林，人工刮除冬孢子堆及其周边竹青，深至竹黄，切断菌源，或刮除病斑后涂药（柴油：1.5％三唑酮可湿性粉剂按 1：1 混合），只涂药不刮除病斑效果很差。当病株率超过 10％时，用多菌灵烟剂和三唑酮弥雾喷粉 3 次（间隔 7d）

4. 竹丛枝病　病原：*Balansia take*，俗称扫帚病、雀巢病等。发生普遍，为害严重。发病初期个别细弱枝条受害，节间缩短，叶片变小，退化成鳞片状。其后不断长出侧枝，密集成丛，形如雀巢。4～6 月和 9～11 月上旬病枝顶端、叶鞘内长出白色米粒状物（病菌子实体）。病竹从个别枝条发展到全部枝条丛枝，出笋减少甚至绝产，导致整株死亡。防治方法：①新造竹林严格选用无病母竹；②保持合理竹林结构，加强管理提高植株抗病性；③发现病株及时剪除丛枝、砍掉重病株集中烧毁，春季和秋季各清除 1 次，连续 2 次可有效控制病害；④当发病较普遍时，可从 3 月下旬开始直接喷洒 50％多菌灵或 25％三唑酮可湿性粉剂 500 倍液，每周 1 次，连续 3 次，防效明显。

（二）主要害虫防治

1. 竹广肩小蜂（*Aiolomorphus rhopaloides*）　保护寄生蜂天敌，发挥自然控制作用；在小年竹（当年换叶）秆基部，于 4 月下旬至 5 月上旬幼虫蛀稍为害时期，注射 80％敌敌畏或 40％乐果乳油 2ml/株；成虫盛发期常用药剂喷雾，坡地竹林或无水时，用 "741" 敌敌畏烟剂 15kg/hm² 熏烟。

2. 竹蚜虫类（*Melanaphis bambusae*、*Takecallis kakahashii*）　保护蚜虫天敌，如瓢虫、草蛉、食蚜蝇和竹蚜茧蜂等。坡地竹林或无水时，用敌敌畏烟剂，每公顷 15kg，也可用敌马烟剂，每公顷 15～30kg 熏杀，或用 10％吡虫啉可湿性粉剂 3 000～4 000 倍液等。

3. 贺氏绒盾介（*Kuwanaspis howardi*）　疏伐虫竹，抚育清林，全垦抽槽，压青施肥，控制虫害，促进竹林生长；打孔注药杀虫（同竹广肩小蜂）与保护利用天敌（寄生蜂、草蛉、寄生菌）结合。若虫期用特效菌巴马乳油，或 40％乐果乳油 800 倍液，或 2.5％高效氯氟氢菊酯乳油 2 500 倍液喷雾。

4. 刚竹毒蛾（*Pantana phyllostachysae*）　6～7 月人工刮卵灭茧；灯光诱杀；各代幼虫盛发期用 0.5％氯氰菊酯加马拉硫磷粉剂（川保 1 号）弥雾机喷雾，用量 15～22.5kg/hm²；或用烟剂防治。

5. 竹卵圆蝽（*Hippotiscus dorsalis*）　垦复除草施肥，破坏越冬场所；4 月上旬在竹秆上涂油环（黄油 2：机油 1）；4 月上旬若虫上竹前在竹秆基部喷 8％绿色威雷 150～200 倍液，成 50cm 宽药环。

6. 竹笋金针虫（*Melanotus* sp.）　毒死蜱拌土施入。

六、采　收

（一）毛竹笋的采收技术　
毛竹可在春季产春笋，夏季产鞭笋，冬季产冬笋。以春笋产量最高，经济收益最大。

春笋出土后随着笋体升高，笋肉中的粗纤维逐渐硬化，故采收愈迟的品质愈差。在笋头刚露出土

面时挖取的笋，肉脆嫩，纤维少，味鲜美，为优等品。采收刚露头的春笋，可先把笋周围的表土扒开，观察埋在土下的笋体形态，笋体略凹的一侧是竹鞭的位置所在，据此下刀切断笋的基部，可整株挖出，不伤竹鞭。掘笋后留下的穴随即施入肥料，用土填平。

冬笋是春笋的雏形，埋在土下不易找到。但只要仔细观察土面，找到土表泥块松动或有裂缝处挖掘，就可得到冬笋。挖取时从笋的基部切断，不可伤鞭。

切下竹鞭的先梢就是鞭笋。毛竹笋用林宜在 7 月下旬之后挖鞭笋。7 月以前留养新鞭，保证以后的竹笋产量。因鞭笋是在竹子生长旺期采挖，竹鞭切断后会发生大量伤流，造成养分损失。故鞭笋不可多挖。一般只从浅鞭挖取。

（二）早竹笋的采收技术　一般栽培的早竹，在竹笋一经露头就挖。挖时用笋锄或笋撬扒开笋周围的泥土，瞄准笋的基部切断，整株挖起。注意不损伤竹鞭。其出笋期在 3 月下旬至 4 月中旬。这期间可每天或隔天挖笋 1 次。除留养母竹以外，其余的笋全部采挖。

覆盖栽培的早竹，在覆盖后 30～40d，每天或隔天寻找覆盖物底下的竹笋，一经发现及时采收竹笋。

麻竹采笋时一般留下基部 3 对大芽。绿竹笋采割时保留 1 对大芽。早期出土的笋采收后，其基部留下的大芽可在当年萌发成笋；采收较迟的笋，其基部留下的大芽要到第 2 年才萌发成笋。

（汪奎宏）

第二节　芦　笋

芦笋是百合科（Liliaceae）天门冬属中能形成嫩茎的多年生宿根草本植物，学名：*Asparagus officinalis* L.；别名：石刁柏、龙须菜等。原产地中海东岸及小亚细亚地区，20 世纪初传入中国，现南、北各地都有栽培。以其嫩茎供食用，既可鲜食，也可制罐头。嫩茎营养丰富，除含有蛋白质、碳水化合物、维生素及矿物质外，还含有丰富的天门冬酰胺、天门冬氨酸及多种甾体皂甙物质，对心血管病、水肿、膀胱炎及白血病等有一定保健作用。

一、生物学特性

（一）植物学特征　芦笋是多年生草本雌雄异株植物。在中国大部分地区冬季休眠，地上部枯死，以地下茎和根系越冬。在热带或亚热带地区冬季地上部分不枯死，或无明显的休眠期。

芦笋植株地上部由茎、枝、拟叶、花、果组成；地下部由地下茎及其鳞芽群和根系组成。

1. 根　根系因由来不同分为定根和不定根两类。属于须根系。

（1）定根　由胚根发育而成的主根，及由主根上发生的侧根和各级分枝侧根组成。细小如线，垂直向下生长，一般长 13～15cm。它是芦笋幼苗最早的吸收器官，寿命较短，但在幼苗生长的初期起吸收作用，有人称其为：第 1 次根、初生根、种子根或临时根等。

（2）不定根　由地下茎的节上生出的丛生状根。粗而长，肉质，行使贮藏由茎叶形成的同化产物的功能，故称为贮藏根。成株贮藏根一般长 1～3m，直径为 3～7mm，从地下茎发出后，几乎呈 45°角向四周辐射生长，粗细均匀，上下差别不大，数量多。根数直接表现其生态条件和生长情况。在杭州定植后当年的芦笋贮藏根数即可达 600 余条，而在内蒙古高原流沙地（旱地）的根数仅 14 条（粗 3mm），河台地可达 85 条（粗 7mm）。

贮藏根的寿命长，一般可达 3～6 年。根据赵富宝等观察，芦笋贮藏根中没有维管形成层和木栓形成层，因此不能进行次生生长，也没有再生能力。当根尖受伤后，不再延伸。贮藏根主要起贮藏地上部茎叶的同化产物。但其尖端，当年生的幼嫩部位，也有根毛，并有吸收作用，因此是兼有贮藏和吸收两种功能的器官。

在贮藏根上发生许多纤细根，专行吸收养分和水分功能，称为"吸收根"。在北方春发新根，冬前枯萎。而在热带地区其寿命可达1年以上，冬季也可发生新的吸收根。

2. 茎 芦笋的茎包括初生茎（主茎）、地下茎和（地上）茎。

（1）初生茎（主茎） 由胚芽萌生，伸出地面发育而成。在适宜环境下，40d左右才会有第2枝茎出土，从第2枝茎开始，都是从鳞芽抽生的茎。在幼苗生长初期，初生茎生长旺盛，是唯一的同化器官。

（2）地下茎 是非常短缩的变态茎。有密集的节，节上着生鳞片。鳞片膜质，呈三角形的退化叶（或称变态叶）。叶腋有芽，芽由鳞片包裹，成为"鳞芽"。在地下茎先端的芽发育特别强壮，侧芽也发育成鳞芽，它们互相密集群生，称"鳞芽群"。随着植株的发育，地下茎不断发生分枝，其生长点随之增加，鳞芽群的数量也相应增加。幼年植株的地下茎，在适宜的土层中，以水平方向延伸。成年植株的地下茎分枝错综复杂，重叠而生。随着年龄的增长，向四周扩大，处于下部和中心部位的地下茎及其根的空气、水分和营养状况不断恶化，而使植株趋向衰退。芦笋地下茎形成初期的状况如图20-4，地下茎和茎根鳞芽的模式图如图20-5。

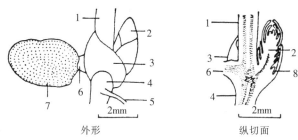

外形　　　　纵切面

图20-4 芦笋地下茎形成初期

1. 第1次茎 2. 第2次幼芽 3. 鳞片 4. 主根 5. 侧根
6. 子叶（吸器）基部 7. 种子残骸 8. 第3次茎初生突起

（浙江农业大学，1979）

地下茎上方的分生组织分生鳞芽群，多数鳞芽处于休眠状态，如条件适宜，则部分鳞芽萌动，向上抽生（地上）茎；同时，地下茎下方的分生组织，向下形成贮藏根。

地下茎在生长过程中，会发生断裂，使植株产生自然分株现象。

（3）（地上）茎 芦笋的茎直立，由地下茎上的鳞芽萌发后伸出地面而形成。茎和肉质根的形成相对应，幼苗时可以清楚地看出，地下茎向上形成一枝新的（地上）茎，就向下形成2枝贮藏根，抽生出的（地上）茎一枝比一枝更高、更粗、更强壮，但它和贮藏根一样没有维管形成层和木栓形成层，也不能进行次生生长。

成年芦笋株高（茎高）可达1.5～2.5m，从出土到茎停止生长大约30d，早春气温比较低时需50d。日生长量较大，达5～10cm。刚出土的嫩芽，顶端由互生的鳞片紧紧包裹，形似毛笔（又如古代兵器的"石刁"，因此得名石刁柏），称其为"笋头"。当嫩芽长到20～30cm，笋头尚未散开时采收食用。

如果不采笋，而令其生长成（地上）茎，茎上有1～2回分枝，呈总状。第1枝分枝的高度为40～50cm。常作为衡量品种性状和生长势的指标之一。茎的寿命3个月左右，每株成年芦笋大约可形成20枝的茎，丛生，形成繁茂的地上部。因此作为防风固沙和水土保持植物，有很好的阻止流沙和防止地表径流的作用。

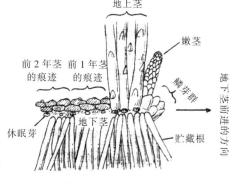

图20-5 芦笋地下茎和茎根鳞芽的模式图

（八锹，1978）

3. 叶（鳞片）与拟叶（叶状枝）

（1）鳞片 芦笋早期的主茎和分枝的节上均着生有淡绿色薄膜状的鳞片，是退化了的叶，基本不含叶绿素，随茎的生长而脱落。鳞片包裹茎尖起保护作用。它的大小、形态、包裹嫩茎顶端的顶尖形态及其松紧度，是区别嫩茎质量和品种的重要依据之一。

（2）拟叶（叶状茎）　簇生于叶腋的 6～9 条长 1～3cm 针形叶状枝，是由枝条变态而成的叶，称为"拟叶"。含丰富的叶绿素，是主要的同化器官。拟叶表面有蜡质层，蒸腾量小，是典型的旱生植物结构。

4. 花、果实及种子　芦笋为雌雄异株植物，分别只着生雌花或雄花，一般雌、雄花比为 1∶1（偶尔有 2％以下的雄性雌雄株）。花钟形，黄色，花被 6 片，雄花较雌花长而色深。鉴定雌、雄花最重要的是观察花中是否有黄色的花药。由昆虫传粉，雌花谢花后结成圆球形的浆果，成熟后红色，含糖量较高，子房 3 室，每室有 1～2 粒种子。种子黑色坚硬，略为半球形，稍有棱角，千粒重 20g 左右。种子发芽势弱，有休眠期。生产上北方宜用妥善贮藏 1～2 年的种子，南方宜用新种子。雌株发生地上茎的数量比雄株少，但较粗大。雌株比雄株早衰，雄株的芦笋产量比雌株高 20％～30％。

（二）对环境条件的要求

1. 温度　芦笋种子发芽的临界低温为 5℃，10℃ 条件下发芽缓慢。发芽最适温度为 20～25℃，10d 左右就可出苗。芦笋植株在 20～30℃ 生长最快，15℃ 以下生长开始缓慢，芦笋发生减少。5～6℃ 为植株生长的最低温度，10℃ 以上芦笋才会伸出土面；15～17℃ 时，芦笋数量和质量均较好，为采收期间最适温度。气温超过 30℃ 时，芦笋基部及外皮容易纤维化，笋尖鳞片易散开，品质低劣；超过 35℃ 芦笋生长几乎停止。在采收期间若温度突然下降，产量也立即降低（图 20-6）。

2. 土壤　种植芦笋的基地，应选择交通、灌溉和排水方便的地块，并以土层深厚、地下水位低、土质肥沃、疏松透气的沙壤土和壤土最为适宜。在雨水充沛的地区，沙土地也宜种植。芦笋对土壤的盐碱有较强的适应性，土壤含盐量不超过 0.2％，芦笋就可以正常生长。pH6.0～8.0 都可以生长，但以 pH6.5～7.5 为最适宜。

3. 水分　芦笋根系入土深而广，肉质根贮藏糖和水分，地上部蒸腾量小，颇能耐空气的干燥，不喜潮湿。东北地区纬度和温度均和西北相似，但雨量较多，湿度较大，病害较重。其原产地地中海式气候夏季干

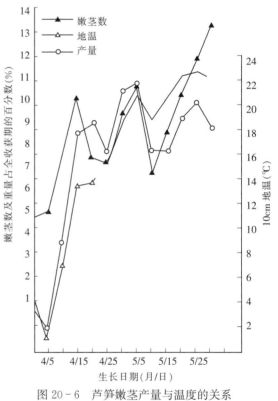

图 20-6　芦笋嫩茎产量与温度的关系
（林孟勇、郑云林，1978）

燥，但有高山融雪作水源，土壤湿度较大，所以芦笋根系虽庞大，其吸收根发育却较弱，土壤中不能长期缺水。但芦笋最不耐土中积水。如果排水不畅，土中积水时间过长，则肉质根系和地下茎、鳞芽都会因缺氧引起根腐病，重则引起腐烂死亡。

4. 光　芦笋属喜光作物。据泽田英吉 1961 年研究，芦笋每天每枝拟叶同化物重量在晴天为 26～32mg，阴天或雨天为 18～23.4mg，比晴天减少 19.26％～36.65％。说明光照强度对芦笋同化作用影响很大。在栽培上如种植过密，留茎数过多，套种不合理，造成荫蔽，都会导致芦笋生长差，出现早衰等现象。

（三）生长发育周期

1. 芦笋的一生发育周期

（1）幼苗期　从种子萌发出土到定植称为幼苗期，需 3～4 个月。种子在发芽过程中，最先由胚

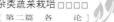

根向下长出幼根，并延伸成为第一次根，接着顺序发生各级侧根。当幼根长达 1cm 时，在其根基部出现小突起，这是将形成地下茎的最初标志。不久从此处长出第 1 次地上茎，其后地下茎向水平方向延伸，并在节的腹部长出又粗又长的不定根。随着地下茎的延伸，在其节的背部顺次发生地上茎，高度顺次升高，肉质根依次增粗。地下茎呈单列式，其上鳞芽初为单芽，至后期才发展到顶端出现鳞芽群，有时可有 2～3 个鳞芽群。

（2）幼年期（根株养育期）　自定植到采收初期的 1 年左右。肉质根已达固有粗度，地上茎高度和粗度都已达到品种特性所固有的程度，地下茎不断发生分枝，并在根部中心有少量重叠现象，嫩茎产量逐年提高，细茎逐渐减少，但易出现畸形笋。一般肉质根不会出现枯萎更新现象。此期植株处于旺盛生长状态，是重要的养根阶段。

（3）成年期（成园期）　此期内株丛较快地向四周扩展，地下茎重叠交错，早年发生的肉质根不断枯萎，但在老的地下茎上仍会发生新的肉质根。发生的新嫩茎粗细均匀，畸形笋大为减少。

从第 1 年采收到旺盛采收前，北方约需 3 年时间，每年采收期较上一年延长 2 周。此期处于边产笋，边生长，产量虽不大，但却需精心管理。

从采收第 4 年起至第 12 年，8 年左右是产量高峰期，需处理好采收嫩茎和养根的矛盾，不宜过量采收而消耗贮藏根中的养分。

（4）衰老更新期　此期内植株向四周的扩展速度减慢，而在中心部位的地下茎已上升至表土，出现大量细茎、细笋，继而出现衰亡，并逐渐向外围扩展，整个株丛的生长势明显减缓，嫩笋产量明显下降，最终丧失栽培价值。

上述各个时期的长短，因气候、土壤、病虫害及栽培管理水平的不同而有很大的差别。年有效生育期长，植株发育快，则经济寿命短。栽培管理得法，则可延长成年期和整个经济寿命。

2. 植株的年生育周期　在栽培中，习惯上将芦笋的年生育周期分为：嫩茎萌发期、采收期、地上茎伸长期、枝叶繁茂与开花结果期、养分积累期及休眠期。

（1）嫩茎萌发期　从春季 3～4 月嫩茎出土到开始采收的时期。春季 10cm 地温上升到 10℃ 左右时，芦笋开始出土，地温升到 15～17℃ 时，芦笋大量出土，不久即可采收。

（2）采收期　从开始采收到采收结束。采收期长短随当地气候条件和长势而定，一般不应超过 3 个月左右（4～6 月）。南方留母茎采收，到 9～10 月还可秋采 30d。此时芦笋的生长，几乎完全是消耗根中贮藏的糖分，地下茎和根的重量、根的含糖量明显下降。

（3）茎叶　生长期采收结束后，进入茎叶生长期。出笋后 20～30d，茎充分长高，拟叶充分展开，同化作用旺盛，养分开始积累，会有一批新嫩茎发生。因此，应根据植株生长状况，确定是否继续采收。如不影响根株素质和保证地上茎叶形成有足够的有效生育期，则适当延长采收期，反而更有利于促进根株和产量的提高，少收则可能适得其反，使地上茎生长过旺，影响通风透光，易遭受病虫为害。

（4）养分积累期　9 月份开始降温，日夜温差加大，嫩茎发生逐渐减少，进入养分积累期。根重及根中总糖分的 80% 以上在 8～11 月间积累。南北方这个时期长短相差很大，也就决定了来年产量相差很大。此时鳞芽进入休眠前准备阶段，鳞芽形成得多而充实肥大，明年的产量就高。

（5）休眠期（休停期）　秋末冬初遇霜冻后，芦笋茎叶枯死，直到第 2 年春鳞芽萌动之前称为休眠期。华北平原 4～5 个月，辽宁、内蒙古南部地区 6 个多月。幼龄根株的休眠期比成年根株短。鳞芽的鳞片包裹保护越冬。应当注意的是，在休眠前期，地上部或绿或黄，尚未完全枯萎时，茎叶向根中回送营养，切不可匆匆地除去茎叶，只要温度在 5℃ 以上，营养的"回根"作用就在进行。因此北方秋季不可进行"清园"。在亚热带、热带地区，秋季采笋后，温度下降，出笋少，地上部生长减缓，养分向地下部转移，直到第 2 年春 3 月中老茎枯黄，新笋出土以前。此期应停止采收，故成为"休停期"。

二、类型及品种

(一) 类型 按照嫩茎抽生的早晚，芦笋可分为早、中、晚熟 3 种类型。早熟类型嫩茎多而细，晚熟类型嫩茎少而粗。

(二) 品种 中国栽培的芦笋品种主要来自国外。中国开展芦笋新品种选育研究起步较晚，1994 年山东省潍坊市农业科学院芦笋研究所育成第 1 个芦笋新品种鲁芦 1 号。

1. 玛丽·华盛顿（Mary Washington） 美国诺顿等于 1913 年育成。植株高大，生长旺盛，抗锈病，丰产。萌芽性偏早，嫩茎粗大，较整齐，扁形笋少，茎顶鳞片紧密，不易受高温影响而散头。软化栽培嫩茎为黄白色或白色，一旦见光即为紫色，而后为绿色。

2. UC72 美国加州大学育成。萌芽较晚，植株高大，生长势强健。嫩茎粗大，头部鳞片紧密，色泽浓绿，大小整齐，空心笋少，丰产，但不耐高温。

3. UC157－F_1 美国加州大学选育而成的一代杂种。生长势中等，稍细，粗细均匀，整齐一致，顶部较圆，鳞片抱合紧密，高温时不易散头；分枝较晚，产量较高；易患茎枯病、褐斑病，既适宜作保护地栽培，也适宜留母茎一季或二季采收绿芦笋栽培。

4. 鲁芦 1 号（原代号 88－5） 山东省潍坊市农业科学院于 1994 年育成。植株生长旺盛，叶色深绿。白芦笋色泽洁白，笋条直，粗细均匀，质地细嫩，包头紧密，单枝笋重 23～25g。抗茎枯病能力较强。生育期 240d。一级笋率 92.5%，空心笋率 0.4%。适合于作白芦笋栽培。

5. 泽西巨人 美国埃利逊教授育成的全雄一代杂种。植株长势旺盛，耐干旱，适应性强，鳞片抱合紧密，不易散头，产量高，抗锈病力强，并耐根腐病。芦笋常带紫色。

6. 阿波罗（Apollo） 美国加利福尼亚芦笋种子公司最新选育出的一代杂种。生长势强，高抗叶枯病、锈病，耐根腐病和茎枯病。圆柱形，鳞芽包裹非常紧密。嫩茎平均直径 1.59cm，质地细嫩，纤维含量少。产品适宜作速冻出口。

7. 台南选 3 号 台湾省台南区农业改良场育成。植株高大，笋头鳞片紧密，芦笋中等，大小整齐，通体洁白，是白、绿芦笋兼用品种。枝叶浓绿，耐涝性强，对茎枯病、根腐病、褐斑病的抗病力中等。休眠期短，适合于保护地栽培。

8. 格兰蒂（Grand） 美国加利福尼亚芦笋种子公司最新选育出的一代杂种。芦笋肥大、整齐、多汁、微甜，质地细嫩，纤维含量少。第 1 分枝高度 53.2cm，顶部鳞片抱合紧密，在高温下，散头率也较低。芦笋色泽浓绿，外形与品质均佳，是出口的优良品种。抗病能力较强，对叶枯病、锈病高抗，对根腐病、茎枯病有较高的耐病性。生长势较强，抽茎多，产量高，质量好。

9. 特来蜜（Taramea） 新西兰一代杂种。芦笋肥大，有光泽，大小整齐，顶部鳞片抱合紧密，第 1 分枝高度 50.1cm，散头率较低。芦笋质地细嫩，风味鲜美。适应性好，抗性强，不易染病，对根腐病、茎枯病有较高耐病性。起产早，休眠期短，适合保护地栽培。定植后次年即可采笋。

10. 杰西奈特（Jersey Knight） 美国新泽西芦笋试验场育成，是绿、白笋兼用的全雄品种，作绿芦笋栽培更优。植株生长势强，枝丛活力较高。芦笋粗且均匀，整齐一致，顶端较圆，鳞片抱合紧密，第 1 分枝高度 56.4cm，散头率较低。起产较晚，抗病性较强，对叶枯病、锈病高抗，较耐根腐病、茎枯病。耐湿性好。芦笋质地细腻，略有苦味。

11. BJ98－$2F_1$ 北京市农林科学院芦笋研究中心选育而成。嫩茎长柱形，平均直径 1.45cm，质地细嫩，纤维含量少。笋尖鳞芽包裹紧密，不易散开。生长势强，对收获期的温度要求较宽。抗叶枯病，较抗锈病。

另外，还有金岭 85、紫色激情等品种。

□□□□Olericulture in China

第二十章　多年生及杂类蔬菜栽培□□□□
....[第二篇　各　　论]

三、栽培季节和方式

中国南北各地均可栽培芦笋，而以夏季温暖、冬季冷凉的气候最适宜。在这种气候条件下，一年中植株既有休眠期，又有较长的生长期，积累的养分多，嫩茎采收期长，产量高，质量也佳。

芦笋的栽培方式，除了露地栽培外，在北方地区可进行塑料小棚、大棚栽培以及温床假植栽培。通过多样化的栽培方式，延长了采收期，适应市场鲜销、出口及加工的需要。

四、栽培技术

（一）繁殖　芦笋的繁殖方法有分株繁殖和种子繁殖两种。分株繁殖是将优良健壮种株掘起，分割地下茎后栽于大田。其优点是株间性状整齐一致，但定植后生长势弱，产量低，寿命短，且费工时，运输量大，一般只在进行良种繁育时采用。用种子繁殖具有繁殖系数高、生长势强、产量高、寿命长等优点，且便于调运，是生产上常用的繁殖方法。种子繁殖又有直播和育苗移栽之分。直播法其株丛生长发育快，成园早，起产早，初年产量高，但用种量大，苗期管理较费工时，土地利用不经济，故生产成本较高，且植株根系分布浅，易倒伏。生产上常用育苗移栽法进行繁殖。组织培养法是为生产脱毒苗的繁殖方法，繁殖系数较高，但生产成本较高，一般应用于育种过程。

（二）品种选择　在选择露地栽培品种时，要求品种具有萌芽早、嫩茎粗、头部鳞片紧密、抗（耐）病虫为害、丰产等性状，而作保护地栽培的品种除具有上述特性外，还要求在低温条件下萌发快，嫩茎伸长迅速的特性。在进行保护地假植时，要求品种在株丛养成期具有生长发育快，积累养分多，休眠程度浅，加温后容易萌发等特性。

（三）播种育苗

1. 播种期　芦笋的播种期，因各地气候条件不同而异。无霜期短的高寒地区，应尽可能早播，当4～5cm处的地温达10℃以上时播种，或先行保护地育苗，再移植到苗圃地。在生长季长的地区，以芦笋苗生长3～4个月为定植苗标准，来推算播种期。长江中下游地区以4月播种为适期，北方5～6月播种。南方芦笋没有休眠期，除夏季暴雨期外，均可播种，但以春季3～4月、秋季9～10月为最适宜。

2. 苗圃选择　苗圃地宜选排水及透气良好的沙质壤土，其幼苗生长良好，易挖掘，断根少。播种床宽1.2～1.3m。播种前每公顷用腐熟厩肥30t撒于畦面，翻耕入土，另以尿素150kg，过磷酸钙240kg，氯化钾150kg施于播种沟内，与土拌匀。

3. 浸种催芽　为使种子发芽快并减少病害，可在播种前进行浸种，除去浮于水面不充实的种子，常用5%多菌灵或7%托布津50g加水12.5kg浸种12h，或0.1%高锰酸钾溶液浸种12h，再在20～25℃水中浸种36h，使种皮软化，促进发芽。在20～25℃条件下催芽5d左右，发芽30%以上即可播种。如果温度、湿度均适宜，也可干籽直播。

4. 播种及苗床管理　每平方米需用种子1.5～1.8kg，育成的苗可供20多平方米大田用。在畦面每隔10cm开横沟，深2cm。沟内每隔5～7cm播1粒种子，覆土厚约1cm，充分浇水，再在床土面盖稻草或地膜，经常保持床土潮湿，促进发芽。当苗床有八成出苗，即除去覆盖物。苗高约10cm时，追施腐熟的农家液态有机肥3 750kg/hm²，氯化钾375kg/hm²，或沼气池的发酵水，多加水稀释，避免伤苗。以后每月施追肥一次，苗株秋发时，需施一次较多肥料，促进株丛茂盛。最后一次追肥，须在当地芦笋停止生长前2个月左右，使生长后期能充分积累同化物质，准备休眠。

最好采用容器育苗。容器育苗主要分2种：一是直播于容器中，直到定植；另一种是先用育苗盘播种育苗，再分苗于营养钵等容器中。两种方法各有优点：前法省工，但所需保护地面积较大，在温

度等各方面条件适宜的场地和季节，常用此法育苗。在保护地面积较小的条件下，常用后一种方法。幼苗在苗盘中生长 40 多 d，当第 2 枝茎出土时分苗。分苗最主要的好处是可对幼苗进行一次全面的筛选，选大、中苗和好苗，淘汰劣苗、小苗。

（四）整地和定植

1. 整地 土地要深耕，打破原来的犁底层，撒施腐熟的厩肥，每公顷施 45 000kg，耕翻入土。地面整平后，依预定的行距开定植沟，一般白芦笋的沟距为 1.8～2m，绿芦笋为 1.5m，沟深 30～40cm，宽 50～60cm。开沟的目的一为深施肥，二为改良土壤。可用开沟犁开沟。在无机械、耕地条件又好的情况下，可开深、宽各 30cm 的沟，以腐熟的厩肥 30t/hm² 铺在沟底，再深翻 1 次，把肥土拌匀，踩实。酸性土壤应先撒施石灰，用量为 1 200kg/hm² 左右，视土壤的酸性而定，以中和土壤酸度。每公顷堆肥上撒施生物菌肥 750kg 或过磷酸钙 450kg、尿素 150kg，或磷酸二铵 300kg、氯化钾 150kg，并将肥与土均匀混合，再铺一层土，至距地面 7～10cm 处，浇水沉沟后栽苗。

2. 定植 芦笋的定植期：宜在休眠期进行。长江中下游地区宜秋末冬初，植株地上部枯黄时定植。北方冬季寒冷，为避免冻害，宜春栽。南方无休眠期，应避免高温多雨时定植，一般以 3～4 月或 10～11 月定植为好。北方可于 3 月保护地育苗，6～7 月定植。定植后应保证有 70～80d 的生长期。

芦笋苗健壮与否，对成活率及将来产量的影响极大。起苗时为减少断根，提高成活率，苗床土壤湿度要适度。起苗后，将苗逐株分开，按地下茎的大小和根数分级。鳞芽粗壮、肉质根 15 条以上的壮苗为大苗，15 条以下至 10 条根以上的为中苗，大、中苗分别定植。10 根以下的为小苗，留作贴苗，最后作补苗用。为提高成活率，分级后要立即蘸 0.1％磷酸二铵水泥浆，保护根毛再定植，在生长期定植的更要快速蘸浆栽植。对尚未栽下的苗要及时假植，以防枯萎。栽植时，肉质根切不可剪短。在茎枯病区，为减少植株上的病菌带至大田，可将残桩去净。用绿苗定植时，应将地上茎剪短，保留 20cm，并要剪齐，以便于掌握定植深度。

定植时按株距 25～30cm，将苗排列在沟内，舒展根系，把着生鳞芽群的一端，顺沟朝同一方向，以便于培土。然后覆土 5～6cm，使地下茎埋在土下 10～15cm。高寒地区地温低，地下茎定植深度只需 5cm。缓苗后随中耕同时培土 2 次。容器育苗只需按预定株距码好，然后覆土。

（五）田间管理

1. 定植当年的管理 秋末冬初栽植的芦笋地，当天气回暖后，首先进行中耕，使土壤疏松，提高地温，促进发新芽。当新幼茎高达 10cm 时，施生物菌肥 300kg/hm² 或施 1 次稀薄的农家有机肥，或沟施尿素 675kg/hm²，氯化钾 600kg/hm²，以后隔 2 个月施追肥 1 次，入秋后施较多肥料，至芦笋停止生长前 2 个月停止追肥。

春季新笋出土后，就要注意防治病虫害。8～9 月间枝叶繁茂，田间通风差，湿度大，温度高，更要加强防病治虫工作。

2. 施肥 芦笋的需肥特性，据布拉舍（Brasher，1954、1956）研究，在芦笋植株茎叶的干物质中，含 N 3.75％～3.80％，P_2O_5 0.20％～0.23％，K_2O 1.75％～1.90％，B 0.0109％～0.0174％时，芦笋产量最高。另据勒迈（Remy，1926）研究，当产芦笋 6 000 kg/hm² 时，全年植株对三要素的吸收量为：氮 105kg，钾 93kg，磷 27kg。一般每年于采收结束时，施腐熟厩肥 22.5～30t/hm²，埋入土中。

但实际施肥时，应根据植株的生长情况、土壤和气候条件而定。定植当年因苗小，植株的需肥量也少，一般第 1～2 年生的施肥量为成年期的 30％～50％，第 3～4 年生为成年期的 70％，第 5 年后按标准量施肥。

芦笋生长的各个时期吸肥的程度有很大差异。当嫩茎采收结束后，植株生长愈来愈旺，对矿物质元素需要也愈来愈多。故芦笋的施肥时期，应以地上茎形成时为重点，而采收期间可不必追肥。以长江中下游地区为例，一般在春季培土前施催笋肥，用农家液态有机肥 7 500kg/hm² 左右。采笋结束后，施腐熟厩肥 22.5～30t/hm²，或尿素 112.5kg/hm²，过磷酸钙 450 kg/hm²，氯化钾 225 kg/hm² 作复壮肥。8 月中旬施秋发肥，用量同前。

3. 中耕、排水及灌溉 雨后要及时中耕，保持土壤疏松。高温季节，地下茎及根的呼吸作用强，特别要注意排水和中耕，防止土壤中缺少氧气，而妨碍根系活动，甚至引起烂根缺株。在采收期间，要保持土壤有足够的水分，使嫩茎抽生快而粗壮。在选留母茎时，要适当控水，以防止倒伏。

4. 清园 清园是减少病虫害的重要措施。冬季地上茎枯萎时应首先拔除病株并移出田间烧毁，烧后埋于沟中相当于施入钾肥。在高寒地区，没有茎枯病发生的地块，宜让枯枝等留在地面过冬保暖，到初春土壤刚解冻时，再行清园。

在植株生长期间出现的枯老茎枝、病茎和细弱茎，应随时割除，并集中清除芦笋地外焚毁，以利田间通风透光。

5. 培土 如采收白芦笋，须在春季鳞芽萌动后、抽生前培土，使芦笋软化，成为白色柔嫩的产品。培土一般在开始采收前 10～15d，10cm 处的地温达 10℃ 以上时进行。培土过早，地温升高慢，出笋迟；培土过晚，有部分芦笋已抽出土面见光变色。培土须选择晴天土壤干湿适度时进行，要求土粒细碎。培成的土垄宽度要大，厚度以使地下茎埋在土下 40～50cm 为准。如为采收绿芦笋，也应适当培土，保持地下茎上有约 15cm 土层，可使芦笋生长粗壮。

芦笋采收结束，应立即扒开土垄，晒 2～3d 后重新整理畦面，恢复到培土前的状态。若不耙去土垄，则会影响地上茎和根系的呼吸和生长，地下茎还会逐渐上升，造成以后培土困难。

(六)"留母茎采收"栽培技术 留母茎采收栽培是根据笋龄和采笋要求，在每株丛上留一定数量的嫩茎不采，使其长成植株，其余嫩茎按标准采收的一种栽培方法。这种方法的形成在中国已有 70 多年。据林孟勇调查，早在 20 世纪 30 年代初，上海市北郊大场区菜农就用这种方法栽培芦笋，将产品供应外国侨民。50 年代台湾省彰化县伸港乡用这种方法的基本原理，形成留母茎春、秋两季采收栽培法，促进了台湾省芦笋生产的发展。

这种方法产量形成的主要特点是：产量形成的盛期晚，采收持续期长（一般为 2～4 个月），产量高，植株不会因采收期过长导致贮藏养分的消耗而早衰；产量的高峰期要待母茎形成 1 个多月后才出现，实际时间是在一般栽培法停止采收之后。所以，留母茎一季栽培，也称为夏季采收栽培法。若在高寒地区应用，则可叫秋季采收栽培法，或"抑制栽培法"。后者因采收结束后，不再有根株养育的时间，需要保留较多的母茎，使产量形成与根株发育和贮藏养分积累之间保持一定的平衡状态，使其下年仍然能维持原有的生长能力。但这种方法嫩茎形成的盛期正处于夏季高温季节，嫩茎组织极易纤维化，顶端鳞片包裹不紧密，易散开，嫩茎也细瘦，故其产品质量不及一般栽培法。在中国南方芦笋无休眠期的地区，普遍采用此法。在北方也可适当采用此法。

如在春初先让贮藏根中的养分用于母茎的生长，待母茎形成之后，不断采收嫩茎，直至盛夏母茎衰老停止采收；待至秋季再留母茎采割嫩茎，直至秋末为止。这种方法称为留母茎两季采收栽培法。两季采收的产量以春季为高，约占总产量的 2/3 强。因此，要加强秋季采收后 11 月至翌年 2 月的冬季田间管理，这是获取春季高产的基础。两季采收栽培只适用于中国华南地区芦笋植株无休眠或无明显休眠的地方，全年无霜期在 330d 以上。

1. 母茎的选留和更新 每株宜选留的母茎数量，因株龄、株丛大小、采笋种类而异。如为采收白芦笋，株龄在 1～2 年生的每株丛宜留母茎 2～3 枝，3～4 年生的留 3～5 枝，5 年生以上的留 4～6 枝。如采收绿芦笋，因行距较小，为了地面能照到更多阳光，使芦笋色泽深绿，母茎宜少留，一般 1～2 年生的每株丛留 2 枝，3～5 年生的留 2～3 枝，6 年生以上的留 3～4 枝。

留母茎的位置，应在地下茎的各生长点处，即出芦笋较多的地方，否则生长点逐渐萎缩，芦笋少

而细。培养作母茎的幼茎，必须健壮。

为防止母茎倒伏，方法有三：一是控水，二是立支架，三是摘心。立支架：在垄两端插高 1.0～1.5m，粗 1.5～2.0cm 的塑料杆或竹竿，每隔 3～5m 插一对。也可在幼茎长至约 1.2m 时摘心。雌株的花和幼果要早摘除，以免消耗养分。

一般全年留母茎 4 次：①春季 3 月初培土后抽生芦笋，立即选留母茎；②约至 6 月下旬母茎衰老，停止春采，施夏肥。当新茎发生后，割除老母茎；③夏季高温母茎容易衰老，到 8 月中旬又要培育新母茎，并施秋肥；④到 11 月初秋采结束，割除全部母茎，立即施冬肥，耙去培土垄，任其发生茎枝。

2. 施肥与其他管理 由于植株终年生长和多次换茎，吸收和消耗养料较多，不仅总的施肥量要大，而且施肥次数要多。每次换茎时都要施重肥，用腐熟厩肥配合速效的氮、磷、钾，或生物菌肥，或沼气液、农家有机液肥等施在畦沟中，即为春肥、夏肥、秋肥、冬肥。采收期间为防止母茎衰老，每隔半个月追施尿素 60 kg/hm²、氯化钾 30kg/hm²。每次施追肥时，应间隔一条畦沟不施，以后相互轮换。

7～8 月高温多雨，植株生长不良，应停止采收 40～50d。秋季采收应在 10 月底或 11 月初结束。冬季是植株恢复生长，培育地下茎和根系，促使翌年高产的关键时期，特别要加强肥水管理，促进早发冬茎，使植株生育茂盛。翌年 2 月间应控制肥水，使植株的同化物质转运积累到地下部。

（七）保护地栽培技术要点

1. 塑料小拱棚早熟栽培技术要点 ①早春进行土壤中耕除草，施催芽肥，准备搭棚架；②高 1.2m、宽 2.4m 的小棚扣两行芦笋根株，高 50cm、宽 80～90cm 的小棚扣 1 行芦笋根株。寒冷地区宜在春季气温回升到旬平均温度 3℃以上时开始覆膜保温。冬季不十分寒冷的地区，宜在终霜前 2 个月左右覆膜。长江流域覆膜时间约在 2 月上中旬；③一般在覆膜后的 10～15d 开始萌芽，应注意防冻害。可夜间加盖草苫保温。外界旬平均气温在 10℃以上，夜间最低气温稳定达到 5℃以上时可不必覆膜；④从覆膜保温至初次采收，一般不必浇水，以后随气温升高，采收量增加，需逐步加大浇水量；⑤其他管理基本与露地栽培相同，收获期一般比露地栽培早 20～40d。

2. 塑料大棚栽培技术要点 ①大棚的设置原则上应在成园时进行，一种为棚高 2.2m，宽 4.5m，长 20m 左右，也可以根据地形延长；另一种为棚高 2.5m，宽 6m，长 30m。两种棚可栽植芦笋根株 3 行或 4 行。②清除芦笋园残株，中耕，施催芽肥，向根株上培土 10cm。当外界平均气温达 0℃左右时开始覆膜保温。长江流域可在清园后开始。③鳞芽萌发之前应注意在大棚内加盖小棚、地膜保温，幼茎出土后即撤去。④通常将 25℃作为大棚通风的标准，温度过高时，幼茎伸长过快，茎顶鳞片容易散开，产品的商品性差。⑤大棚芦笋生产采收期长，产量高，应注意增加施肥量，其他管理与一般栽培相同。采收期比一般栽培早 2 个多月。

3. 温床假植栽培 冬季将事先培育好的芦笋根株挖出，假植在温床（温床建在塑料大棚里）中，利用电热线产生的热源，促使萌芽，抽生嫩茎。当根株中的贮藏物消耗殆尽后，更换新的根株继续生产，一个冬春可连续假植 3 茬左右。假植栽培的技术关键是培育根株。所以，应选择休眠浅、萌芽早、植株生育快的品种作假植栽培；培育根株的土壤必须肥沃、疏松，不能连作；种植密度要大，基本是 1 株挨着 1 株囤栽，以提高单位面积产量。

（八）异常嫩茎的种类及发生原因
异常嫩茎的发生是影响产品质量的重要因素。

1. 头部异常 常见的有嫩茎头部鳞片松散、弯头和头部发育不良等现象（图 20 - 7）。

嫩茎头部鳞片松散除与品种有关外，主要受温度、水分、营养等因素的影响。高温、干燥、水分供应不足时最易发生。所以遇高温时应即时采收，增加每天的采收次数，并及时灌水。株丛生长衰弱和采收后期因贮藏养分不足，也会使头部松散。

弯头是因多种伤害所致，如病虫为害、霜害、肥害及有害气体伤害等。此外，土壤偏酸或偏碱、

盐分含量过高以及植株生长衰弱、水分供应不足等，也易引起弯头。

头部发育不良为采收后期贮藏养分不足所致。留母茎采收时，与养分运转分配不足、水分供应不足也有关系。

2. 胴体异常　指嫩茎头部以下发生的异常现象，有细茎、弯曲、扁平、大肚、空心、开裂及锈斑等。

细茎的发生多因鳞芽素质低下，或因养分供应不足、环境温度较高而发生；嫩茎弯曲多和土壤质地有关，如遇有石砾土、黏质土，或土中混有石砾、坚硬土块等。此外，有病虫为害，或药害等也会引起弯曲。

扁平、大肚现象的出现，一般因土壤坚实，或土壤环境松、实不均，或偏施氮肥所致。鳞芽发育不全而产生联茎，是产生扁茎的原因之一。

图 20 - 7　头部异常
1. 正常　2. 开散　3. 弯曲　4. 发育不良
（引自：《芦笋高产栽培》，1993）

空心现象通常认为是偏施氮肥的结果：导致嫩茎生长和膨大过快，营养供应不上。空心现象还与土壤温度变化有密切关系，如华北地区早春发生空心现象较多。

土壤水分供应不均匀，易使嫩茎开裂。病虫为害、药害、有害气体为害等均可引起嫩茎产生锈斑。

以上出现的各种异常现象，应在栽培管理中，根据发生的原因针对性地采取措施加以防止。

五、病虫害防治

（一）主要病害防治

1. 芦笋茎枯病　病原：*Phomopsis asparagi*。芦笋的主要病害。在长江流域、华南及北方东部温带次湿润区为害严重，西北、内蒙古等干旱区发病少。为害茎秆、嫩茎、侧枝、拟叶、果实等，引起植株枯萎。茎秆在高温或低温时受害产生慢性型病斑；在中温高湿条件下出现急性型病斑，呈水渍状，长椭圆形或不规则形，浅褐色至深褐色，潮湿时病斑扩展迅速，边缘生白色绒状菌丝，中间密生小黑点。病斑处的茎秆中空易折，绕茎枝一周时，上部茎叶干枯。病菌以菌丝体及分生孢子器在病残体上越冬，分生孢子借风、雨传播，进行初侵染和再侵染。在温暖多雨时病害迅速蔓延。防治方法：①清洁田园。②对重病田在根盘表面和嫩茎及嫩枝抽薹期进行喷药保护。③做好开沟排水，中耕松土。④不偏施氮肥，多施钾肥，增强植株抗病力。⑤幼茎长出土后，即喷浓度为 0.5%～0.7% 的波尔多液，或 50% 的多菌灵可湿性粉剂 800～1 000 倍液，或 50% 异菌脲（扑海因）可湿性粉剂 1 500 倍液，或 50% 苯菌灵可湿性粉剂 1 000 倍液等。每隔 7～10d 喷药 1 次，连续喷 3～4 次。

2. 芦笋褐斑病　病原：*Cercospora asparagi*。发生普遍，为害茎秆、侧枝及拟叶。病斑椭圆形，边缘红褐色或紫红褐色，中央淡褐色，潮湿时病斑表面生灰黑色霉层。几个病斑可连成不规则形大斑，严重时侧枝枯黄，拟叶早落，植株早衰。病菌在病残体和病株上越冬，分生孢子借气流传播进行初侵染和再侵染。秋季发病重，高温多雨，笋田郁闭会加重病情。防治方法：参见芦笋茎枯病。

3. 芦笋根腐病　病原：*Fusarium moniliforme* 和 *F. solani* 为主，发生较普遍，可造成缺株断垄，甚至毁种绝收。该病常与茎枯病并发。根部受侵染后，植株生长衰弱，部分侧枝和拟叶变黄后枯死。冬季地下部根系腐烂加剧，翌年不能抽生嫩笋，最终根盘死亡。病菌在土壤或病残体中存活。植株长势衰弱、根系损伤、茎枯病发生田或老笋田、土壤黏重则发病重。防治方法：①清洁田园，防止过渡采笋，增施有机肥，提高植株抗性。②发病初期可用 50% 多菌灵可湿性粉剂 600 倍液，或 70%

甲基硫菌灵可湿性粉剂 800 倍液灌兜有效。

4. 芦笋病毒病 病原主要有芦笋病毒Ⅰ、Ⅱ和Ⅲ号（Asparagus virus 1、2、3），此外还有芦笋矮缩株系（ASV）和烟草条斑病毒等。株丛表现矮小、褪绿，拟叶扭曲或局部坏死等症状。病毒可通过种子、汁液或昆虫传毒。在高温、干旱条件下，害虫多或植株受损伤时发病较重。防治方法：①选用抗病毒病品种。②利用组培法培养脱毒种苗。③田间一旦发病要及时拔除病株并焚毁。④应注意在蚜虫发生期及时喷施杀虫剂。⑤收获时，注意刀具的消毒，防止通过汁液传毒。⑥在发病初期，可试喷 20％盐酸吗啉胍铜（毒克星·病毒 A）可湿性粉剂 500～600 倍液，或 0.5％菇类糖蛋白（抗毒剂 1 号）水剂 300～350 倍液，或 5％菌毒清可湿性粉剂 500 倍液等。隔 7～10d 喷 1 次，连用 3 次。采收前 5d 停止用药。

5. 芦笋稍萎病 症状是梢部失水萎蔫、弯曲，发黑枯焦，是一种生理性病害。在高温、干旱，积水或土层板结使根系呼吸及吸收机能受阻，以及土壤盐碱太重时易发生此病。根据病因采取相应措施改善芦笋栽培条件，提高抗病性。

（二）主要虫害防治

1. 十四点负泥虫（*Crioceris quatuordecimpunctata*） 别名：芦笋叶甲、细颈叶甲。成、幼虫啃食芦笋嫩茎或表皮，导致植株变矮、畸形或分枝，拟叶丛生，严重的干枯而死。天津等地 4 月下旬至 5 月上旬和 7 月中旬至 8 月中旬是成、幼虫的 2 次为害高峰期。防治方法：①冬前或翌年春及时清除笋田枯枝落叶，消灭越冬成虫。②于越冬代成虫出土盛期和全年为害高峰期，喷洒 2.5％杀虫双水剂 400 倍液，或 40％辛硫磷乳油 1 000 倍液，或 20％甲氰菊酯（灭扫利）乳油 4 000 倍液等。一般 1 年喷药 2～3 次即可控制为害。

2. 芦笋木蠹蛾（*Isoceras sibirica*） 分布于江苏、山东、山西等地，芦笋的主要害虫。北方 1 年 1 代，成虫具趋光性和趋化性，产卵于芦笋根茎附近土里。6 月上旬至 11 月中旬幼虫在地下蛀食茎髓和根部，使植株萎蔫或干枯，严重时成片死亡。防治方法：①在越冬幼虫化蛹前期，结合采笋可用铁耙扒土灭蛹；②设置频振式诱虫灯、黑光灯和糖醋饵液诱杀成虫；③及时拔除被害萎蔫株消灭幼虫。

3. 夜蛾类 包括甜菜夜蛾、斜纹夜蛾、银纹夜蛾、甘蓝夜蛾、烟草夜蛾、棉花大小造桥虫、棉铃虫等。它们的为害期相仿，一般盛发期在 7～9 月。幼龄幼虫主要啃食嫩枝、嫩叶、表皮，成龄幼虫食量很大，具有暴食性，也伤害幼茎，啃食老茎表皮，甚至将枝叶全部吃光。棉铃虫还蛀食茎秆。成虫具趋化性，幼虫有昼伏夜出和假死的习性及对糖醋味的趋化性。防治方法：用黑光灯或糖醋液诱杀成虫。在初龄幼虫未分散或未入土躲藏时喷药，根据虫情预报，一般在产卵高峰后 4～5d 喷药效果最佳；提倡清晨或傍晚喷药；可选用 90％敌百虫晶体 1 000 倍液，2.5％溴氰菊酯乳油 2 000 倍液，5％氟啶脲（抑太保）乳油或 5％氟虫脲（卡死克）乳油 2 000～2 500 倍液等。

为害芦笋的其他害虫还有地老虎、蚜虫、蓟马、金针虫、蛴螬、种蝇、蜗牛等。地下害虫防治应以有机肥腐熟为重点，堆沤时喷洒辛硫磷消灭蛴螬、种蝇，用黑光灯和糖醋诱杀地老虎、金龟甲、蝼蛄、夜蛾。防治蚜虫、蓟马、叶甲等可用吡虫啉、拟除虫菊酯类等杀虫剂。

六、采 收

采收芦笋嫩茎，其外观必须挺直、圆正、粗细适中、顶部鳞片包裹紧密、鲜嫩。绿芦笋的色泽鲜绿，白芦笋色泽洁白为上品。头部的色泽，除白色以外，各国消费绿芦笋的习惯有差异，有的国家喜爱带有淡红色或深红色。

（一）采收白芦笋 白芦笋是经培土软化的嫩茎，采收白芦笋时，应于每天黎明时巡视田间，发现土面有裂缝或湿润圈，即为有芦笋嫩茎上伸的标志，则可扒开表土，在嫩茎的一侧垂直下挖 1 个小洞，用特制的采收刀在笋头嫩茎着生点 3～4cm 处斜向切下，注意采割部位不要太低，切口不要太大，以利伤口愈合，也不可伤及附近地下茎及鳞芽。采收后应立即用土填平，防止附近的嫩茎见光。出笋盛期如气温高，适宜每天早、晚各采收一次。采收的芦笋应立即装入容器，用潮湿的黑布覆盖，防止见光着色。

（二）采收绿芦笋 绿芦笋是不经培土软化处理，任其在阳光下长成的色泽翠绿的嫩茎。收获绿芦笋可以用手将没有木质化的部分折断采收。此法采收速度快，品质优良，但往往留茬高，伤流多，易损耗根株体液，从而影响附近鳞芽萌发。也可以用刀具在近地面处割下。此法采收后的留茬已经木质化，造成的伤流少，新茎发生量多，生长快，一般产量较高。采割嫩茎的时间，可于每天早上进行，温度高时，每天应采收 2 次（9：00 前和 17：00 后）。绿芦笋适期采收标准主要看笋头是否散开。周倩（2003）认为：头部生长正常（图 20 - 7），鳞片间隙开始拉开，嫩茎高度一般品种不超过 30cm（有些优良品种可达 40cm），为采收适期。此时产品较耐运输。如采收过迟，笋头开始伸长，鳞片间可见米粒状小侧芽，或者笋头伸长，鳞片间可见柄长小于 10mm 的小侧枝，则产品只能就地鲜销或用于加工。有些嫩茎虽然还没有长到标准高度，但顶部鳞片已有散开的迹象，则应及早采收。一些生长纤细、畸形、有病斑、虫咬的嫩茎，都应一并割去，以免消耗营养。

芦笋一般以定植后 4～12 年为旺产期，13 年后逐渐衰老。植株的经济年限为 15 年左右。

七、采　种

采种圃应与大田隔离，以防止昆虫传播其他系统的花粉。在采种圃中，按雌、雄性别 10～15：1 的比例种植株雌、雄株，以后任其生长，待根株发育好以后开始采种。一般生长 3 年后的根株即可用于采种，在这以前可以采收嫩茎上市。采种应尽量选自春发的植株，因为这时大田生长处于采笋期，植株开花时可避开其他系统花粉传入。到秋季果实充分成熟，呈赤红色时采摘。如若果实成熟度不足，采后可后熟几天，随后将果实放在麻袋里，以脚踩麻袋，让种子从果实里脱离出来，再用水选法将果皮、果肉分离，取出种子，充分阴干，存放于干燥的容器中。如采得的种子留作自己的生产田用，应将潮湿的种子用湿润的细河沙进行层积贮藏，以促进种子完成休眠过程。

（周　倩　何媛媛　关慧明）

第三节　黄　花　菜

黄花菜是百合科（Liliaceae）萱草属（*Hemerocallis* L.）中能形成可供食用的肥嫩花蕾的 4 个栽培种的通称。别名萱草。原产亚、欧两洲，中国山地有野生种，自古栽培，在《诗经·卫风·伯兮》篇有"焉得谖草，言树之背"的记载，谖草即萱草。黄花菜是中国著名的特产蔬菜，南北均有栽培，其中甘肃省的庆阳、陕西省的大荔、山西省的大同、江苏省的泗阳、河南省的淮阳、湖南省的邵东、邵阳、祁东等地是著名的主产区，产品畅销国内外。黄花菜花蕾的干制商品名称金针菜。金针菜营养丰富，适炒、煮或做汤。鲜花蕾含有毒物质（秋水仙碱），必须经过沸水氽烫或蒸制加工后才能食用。

一、生物学特性

（一）植物学特征 黄花菜（图 20 - 8）植株在春季从短缩的根状茎上萌芽发叶，叶对生，叶鞘抱合成扁阔的假茎，叶片狭长。叶色的深浅、软硬、长宽等依品种而异。

每年 5～6 月间，从叶丛中抽生出花葶，顶端分生出 4～8 个花梗，每个花梗能发生 20～70 个花蕾。花葶抽生迟或早、高或矮、长或短及分枝状态、着生花蕾数等除因品种不同而有差异外，与栽培

技术有密切关系。

黄花菜的花冠基部连合成花被筒，上部分为 6 瓣，分成两层，外层 3 片较窄而厚，内层 3 片较宽而薄。雄蕊 6 枚，3 长 3 短。雌蕊 1 枚，柱头稍长于花药。花蕾一般呈黄色，少数为黄褐色。花蕾顶端（嘴部）色泽有黄绿、淡黄、褐紫色等，凡嘴部带有褐紫色或其他较深色泽的，加工后显黑嘴，不受市场欢迎。花蕾的色泽、长短、花被与花被筒的长短比例、嘴部色泽因品种不同有较大差异，常作为衡量品种优劣的标准之一。清晨花蕾表面有蜜汁，可溶性固形物可达 17% 左右。

开放的花朵受精后可以结实，从开花到种子成熟需 45～60d。果实为蒴果，成熟后呈暗褐色，从顶端裂开散出种子，每果有种子数粒至 20 多粒。种子成熟后黑色坚硬。

黄花菜根系发达，多分布在 30～70cm 的土层内，深的可达 130～170cm 以上。根从短

图 20-8　黄花菜（渠县黄花）
（引自：《中国蔬菜品种志》，2001）

缩茎的节上发生，分为肉质根和纤细根两类。初长出来的肉质根白色，到秋季外皮变为淡黄褐色。肉质根又分为长条形（筷子根）和块状两种。长条肉质根数量多而分布广，长的可达 230～260cm，是组成根系的主体。块状肉质根短而肥大，常在植株接近衰老或过分瘠薄的土壤中发生。纤细根是从肉质根上长出来的侧根，分权多而细长，分布在肉质根上和块状根的先端。每年春季从短缩茎的新生节上发生几条新的肉质根，随着短缩茎逐年向上生长，发生新根的部位也逐年提高。在栽培管理上宜用土培蔸。

（二）对环境条件的要求　黄花菜地上部不耐寒，遇霜即枯死。短缩茎和根在严寒地区的土中能安全过冬。叶丛生长适温为 14～20℃，花桵抽出和开花期间要求 20～25℃的较高温度。

根系发达，肉质根含水较多，耐旱力较强。花桵抽出前，因春季多雨而需水量较小，抽葶时需保持土壤湿润，盛花期需水量大，此时供水充足则花蕾发生多，生长速度快，花蕾开放时间也提早。若花期干旱缺水，小花蕾易脱落，常使采收期缩短，产量降低。干旱时浇灌可使产量显著增加，但地下水位高或土壤积水，会严重影响根系的生长，并易引起病害。

黄花菜对土壤适应性很广，瘠薄的土壤、酸性的红壤土及弱碱性土壤都能生长，故平原、山冈、土丘都可栽培，但以土质疏松、土层深厚的地块根系发育旺盛。

（三）生长发育特性　黄花菜为多年生宿根草本植物，既有多年生的生长发育特点，在一年内又有不同的生育时期。在长江流域发生两次青苗，第 1 次在 2～3 月间，长出的叶片称春苗。8～9 月花蕾采完后枯黄，割掉黄叶和枯桵后，不久即发生第 2 次新叶，称为冬苗。到霜降时地上部分枯死，地下部分在 -10℃ 以下较长时间也不致冻死，到第 2 年春季再萌发春苗。

春苗生长可分为苗期、桵期和蕾期。

1. 苗期　苗期是指从幼苗萌发出土 2～3cm 到花桵显露前的叶片生长期。一般旬平均温度在 5℃以上，幼苗开始出土，随着温度升高，叶片数目与叶面积迅速增长，春季每个分蘖叶片数为 16～20 片。

2. 桵期　一般将花桵露出心叶到花蕾开始采收的一个多月时间称为桵期。到采收前期花桵仍在继续生长。

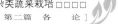

3. 蕾期 从花蕾开始采收到采摘完毕为蕾期。这一时期的长短决定着黄花菜产量的高低，除因品种差异外，受天气影响较大。

分蘖是黄花菜生长发育的主要特性之一。生长过程中植株的腋芽萌发形成新的分蘖，长成一个植株，经过数年，就能形成一丛植株。分蘖从春季开始到冬季均能发生，分蘖早的植株当年即能抽生出花葶。10月份以后产生的分蘖，由于当时气温下降，当年不能出苗，但已形成分蘖芽，到第2年春季，长出叶片形成新的植株。分蘖的强弱、多少决定着投产的年限、盛产期长短及老株更新的年限，这一习性与品种和栽培技术密切相关。

二、类型及品种

(一) 类型 在萱草属中，被通称为黄花菜的栽培种有4个，其中以黄花菜（*H. citrina* Baroni）栽培最为普遍。

1. 黄花菜（*H. citrina* Baroni） 植株较高大，根近肉质。花葶长短不一，一般稍长于叶，有分枝，花朵多。花梗较短，通常不到1cm。花被淡黄色，有时在顶端带黑紫色。蒴果钝三棱状椭圆形。该种内各品种的花多在午后2～8时开放，次日11时前凋谢。

2. 北黄花菜（*H. lilio-asphodelus* L.） 根大小变化较大，一般稍肉质，多为绳索状。花葶长于或稍短于叶，有分枝。花梗明显，一般长1～2cm。花被淡黄色。蒴果椭圆形。花期6～9月。该种和黄花菜很相近，区别是花被筒较短。

3. 小黄花菜（*H. minor* Mill.） 根一般较细，绳索状。花葶稍短于叶或等长。花被淡黄色，花被筒与裂片均较短。蒴果椭圆形或矩圆形。

4. 萱草（*H. fulva* L.） 别名鹿葱、川草、忘郁、丹棘等。根近肉质，中下部纺锤状膨大。叶较宽。花橘黄色，花被筒较粗短。在中国栽培历史悠久，但由于长期繁殖，因此变异大，类型多。

(二) 品种 中国各地栽培的品种很多，主要栽培品种有：

1. 荆州花 湖南省邵东县主栽品种。植株生长势强，叶片较软而披散。花葶高130～150cm。花蕾黄色，顶端略带紫色，长11～13cm。花被厚，干制率高，自6月下旬开始采收，可持续45～70d。叶枯病及红蜘蛛为害较轻。抗旱力强，7～8月干旱时落蕾少。分蘖慢，分株定植后要5年左右才进入盛产期。干制品色泽较差，品质中等。产量高。

2. 茶子花（杈子花） 湖南省邵东县主栽品种。植株分蘖多，分株栽植后4年即进入盛产期。花葶高100～130cm，采摘较方便。花蕾黄绿色，先端为绿色，干制后花淡黄色，品质较佳。花期可持续35～45d。植株抗性较弱，易发病和落蕾。产量不稳定。

3. 猛子花 湖南省祁东县主栽品种。植株紧凑，叶片浓绿较宽长。分蘖和抽葶能力较强。花葶高160～170cm，分枝及萌蕾能力都较强。花蕾黄绿色，内侧有褐色斑点，蕾嘴黑色，6月上旬开始采摘，可持续60～70d。蕾大，干制率高。较耐旱，抗病虫力较强，产量高，但加工后花蕾呈黄褐色。

4. 白花 湖南省祁东县优良品种。株型紧凑，叶色较淡，花葶高而粗壮，一般高150cm左右。分蘖快，分枝及萌蕾力均较强，花蕾黄白色，干制品金黄色，品质良好，6月中旬开始采摘，可持续80～90d。抗病性强，产量高。

5. 四月花 是较典型的早熟品种，在湖南省邵东县、祁东县均有栽培。叶片浓绿肥大，花葶高100～130cm，髓部中空。花蕾黄褐色，肉质较厚，花蕾嘴部黑褐色。6月初开始采摘，采摘期30d左右。

6. 沙苑金针菜 陕西省大荔县的主栽品种。植株生长势强。花葶高100～150cm，每花葶着生20～30个花蕾，多的可达50～60个。花蕾金黄色。6月上旬开始采摘，可持续40d。耐旱、抗病虫，

产量较高。

7. 大乌嘴　江苏省的主栽品种。植株分蘖较快，分株栽植后 3～4 年即进入盛产期。花葶粗壮，高 120～150cm。花蕾大，干制率高。一般 6 月上旬开始采摘，可持续约 50d。植株抗病性强，产量高。

8. 线黄花菜　甘肃省庆阳一带的栽培品种。每花葶一般着生 20～30 个花蕾，干花蕾长 11～12cm，肉质肥厚，色黄，品质优良。

除以上所述外，中国各地还有不少地方栽培品种，大都以地名作为品种名称，如山西大同花、浙江仙居花、四川渠县花等。

由于长期用无性繁殖，所以同一个丘田、同一品种之间往往良莠不齐，影响产量与品质。

三、栽培季节和方式

黄花菜从花蕾采收后到发冬苗前，或冬苗枯萎后到春苗萌发前都可栽植。秋季栽植的年内长冬苗，第 2 年可生出花葶结蕾。但由于 8、9 月常遇干旱，成活率低，因此，一般习惯于冬季秋苗凋萎后栽植。如用种子繁殖，则春、秋季都可播种。

四、栽培技术

(一) 繁殖方法　黄花菜可采用分株、切片、组织培养及种子等方法繁殖。

1. 分株繁殖　是传统的繁殖方法，通常是结合更新复壮进行。选需更新的田块，于冬苗萌发前，在株丛一侧挖出 1/3 左右，选生长旺盛、花蕾多、品质好、无病虫害的植株，从短缩茎处分割成单株。剪除其已衰老的根和块状肉质根，并将条状根适当剪短，即可定植。这样，本田仍能保持较高的产量。另一种情况是需要全部更新的田块，将老苑完全挖出，选其中健壮植株作种苗，重新整地、作畦、栽植。

2. 株丛切片繁殖　是近年各地通过大量试验，行之有效的加快繁殖方法。同上法将挖出的株丛，除去叶片及短缩茎周围已枯死的叶鞘残片，将根剪短到 5cm 左右，进行纵切，每株以切成 2～4 片较适宜。切片时的适宜温度为 20℃左右。一般在 8 月下旬或次年 4 月上旬进行，可用 1∶1∶100 的波尔多液处理切片，防止病菌感染。切片要栽植于苗床进行培育，行距 10cm，株距 5～7cm。待植株成活后即可在大田定植。

3. 组织培养　用叶片、花丝、花萼等外植体，通过组织培养均可获得植株。具有取材少、繁殖系数高的优点。湖南农业大学（1986）研究用 MS 培养基诱导，在 25～30℃有光照下培养，外植体可产生愈伤组织、不定芽、胚状体，并通过分化成苗，诱导分化根，形成小苗。经苗床培育 1 年左右即可定植。

4. 种子繁殖　选择盛产期的优良植株，每个花葶留 5～6 个粗壮花蕾，让它开花结实，其余花蕾摘除。待蒴果成熟，顶端微裂时摘下脱粒，晾晒后贮于干燥器皿中。春季浸种催芽后育苗。但因其形成的植株高大，花葶却极细弱。故一般除杂交育种外，很少用于繁殖。

此外，徐增辉等（1982）将具有饱满叶芽的花茎切成 10～15cm 的插条（每根插条上有 1 个叶芽），进行扦插育苗，当年培育出健壮的幼苗，翌年春移栽到大田即可开花。陈广礼（1983）用分芽繁殖法、王本辉等（2001）用根状茎芽块繁殖法繁殖黄花菜均获得成功。

(二) 整地　土壤耕作要求做到保水、保土、保肥。根据耕地情况规划好人行道与灌溉设施。栽植前一年的夏季要深耕，深度在 50cm 以上。平地、缓坡地按栽植的行距作畦，一般每 15 行左右作成一畦，两畦之间的沟宽 25cm，深 15～18cm。整地时，可用塘泥、菜园土等客土，整平。坡地要建梯田。土壤过酸的在整地前要撒施石灰。

（三）栽植

1. 选用良种 黄花菜一经栽植，可连续收获 10 余年，因此必须选择适合本地区种植的优质高产及抗性强的中熟种。为调节劳动力和满足市场需要，也可适当搭配 20%～30% 的早、晚熟品种。引进外地良种应注意其真实性，并通过栽培试验才可推广种植。

2. 栽植密度 黄花菜产量高低，取决于单位面积的总花葶数、总蕾数和单蕾重。栽植过密，总花葶数虽有增加，但花葶细瘦，花蕾数少，蕾重减轻，产量不高；栽植过稀虽然花葶和花蕾粗壮，但花蕾总数少，产量也低。一般平地、较肥的土壤，品种分蘖力强的，每公顷栽 24 000 丛为宜。坡地、瘦地、分蘖力较弱的品种，每公顷可栽 27 000～30 000 丛。

（四）定植 以往多采用丛植，现主张采用单株栽植，有单行和宽窄行两种方式。

1. 单行定植 行距 83cm，穴距 40～50cm，每穴栽 2～4 片（单株）。可用单片对栽、等边三角形或双片对栽，各片之间相距 10～13cm。

2. 宽窄行定植 宽行 100cm，窄行 65cm，穴距 40～50cm。栽法与种苗用量同单行栽植。能较好地利用光能，并便于采摘。

定植前把种苗主根上的黑蒂（老根茎）切去，肉质根留 5～7cm，地上部分留 7～10cm 剪短。大、小苗要分别栽植，栽植深度为 10～13cm。穴内施腐熟猪、牛栏粪，15 000～22 000kg/hm²，加过磷酸钙 750kg/hm² 作基肥。栽后用农家液态有机肥 1 500～2 200kg/hm² 加水稀释淋蔸。

（五）田间管理

1. 定植后的管理 秋季栽植的黄花菜，常因干旱影响生长发育，须用腐熟的农家液态有机肥或猪粪尿对水浇 2～3 次，既能保证成活，又能促进冬苗生长。立冬后，用农家液态有机肥 1 100～1 500kg/hm²，或猪粪尿 3 000～3 700kg/hm² 对水穴施。

2. 春苗的培育 春季出苗前浅耕，把冬季壅培的土打碎耙平，施尿素等速效氮素化肥150kg/hm²、钾肥 140kg/hm²，对水穴施，促使春苗生长粗壮，称为催苗肥。出苗后到抽出花葶，浅锄 3～4 次。花葶高 20～30cm 时，施速效氮素化肥 150kg/hm²、过磷酸钙 150～220kg/hm²，用水稀释开穴施下，使花葶粗壮，结蕾多。在花蕾采收 10d 后，用尿素等速效氮肥 150kg/hm² 对水穴施，也可进行根外追肥。

中、晚熟品种盛产期，常因干旱造成幼蕾大量脱落，或蕾少而短小，产量降低。因此在旱象露头时，要及时浇水，一般在下午 4 时以后进行。

3. 深耕晒土 黄花菜采摘期一般可持续 40～60d，其间每天都要进行。由于采收等作业长期踩踏行间，致使土壤板结，通透性差。为保证植株根系的健壮生长，在花蕾采摘结束后，选晴天土壤干燥时，割去花葶及叶丛，对病区及酸性土壤，撒施 600～750kg/hm² 石灰，然后在行间深挖 33cm 左右，要大块翻转土块，当时不宜打碎，有利于发新根，促使根系下扎，增强耐旱能力。

4. 冬苗的培育 冬苗是花蕾采毕，割去花葶和叶丛以后长出的叶片。此时植株恢复生长和积累养分，大部分须根发生。因此，培育好冬苗对提高来年产量关系很大。深耕后用腐熟农家液态有机肥 2 200～3 000kg/hm² 对水淋施。立冬后，追施腐熟农家液态有机肥 2 000～3 000kg/hm²，或以猪、牛栏的粪草施在株丛间，用量为 15 000～23 000kg/hm²。冬苗肥施后，可取肥沃的塘泥、河泥等进行培蔸。在坡度大的园地，可以就地挖取生土培蔸。客土培蔸只适于盛产期（栽后 3～4 年以上）的植株，幼龄株丛不要培蔸，以免影响分蘖。

（六）老株更新 根据黄花菜的生长情况，一般栽植后第 4 年进入盛产期，7～8 年产量最高，管理良好时，有些品种在 10～15 年时仍可保持高产稳产。通常超过 15 年后，生活力会显著衰退，根群密集成丛，根短而瘦，纺锤形根增多，地上部的无效分蘖也多，出现"毛蔸"现象，即叶片短而窄，花葶细瘦矮小，参差不齐，成葶率很低，花葶上的分枝明显减少且短瘦，花蕾萌发力弱，结蕾少，花

蕾瘦小，植株抗逆性减弱，易染病害，易受干旱威胁，产量极低，此时应分批进行更新复壮。更新复壮可采用部分更新或全部更新。部分更新是在花蕾采毕后，将老龄株连根挖出 2/3 或 1/2，可作为扩种的种苗。留下的株丛要及时增施优质肥料。更新的第 2 年还可保持一定的产量，2～3 年后产量会逐年上升，但要连续更新 2～3 次才能将老龄株丛全部改造好。全部更新是将老龄株丛全部挖出，重新选地块整地、分株栽植，这种方法虽会减少当前的产量，但新栽的植株生长健壮整齐，管理方便，总体效果较好。

五、病虫害防治

（一）主要病害防治

1. 黄花菜叶斑病 病原：*Fusarium concolor*。叶片初生淡黄色小斑，后扩大呈椭圆形大斑，边缘深褐色，中央由黄褐转灰白色，干时易破裂。湿度大时，病斑表面长出淡红色霉状物。多个病斑汇合使叶片枯死。本病也可为害花葶，影响生长或从病部折断。病菌在秋苗枯叶上越冬，一般 3 月中旬开始发病，5 月下旬最严重，6 月下旬停止蔓延。病菌在枯叶或花葶上越夏，侵染秋苗。防治方法：①选用抗病品种；②及时清除田间病残体；③春苗大量发新叶时追施氮肥不宜过多，并注意适时更新复壮老蔸；④发病初期可用 50％腐霉利（速克灵）可湿性粉剂 1 500 倍液，或 40％多·硫悬浮剂或 36％甲基硫菌灵悬浮剂 500 倍液，或 50％多菌灵可湿性粉剂 500 倍液等喷雾防治。

2. 黄花菜锈病 病原：*Puccinia hemerocallidis*。主要为害叶片，亦可为害花梗、葶、茎。春苗和秋苗均有受害。开始在叶片及花梗上产生泡状斑点，表皮破裂后散出黄褐色粉状夏孢子，植株生长末期产生黑色冬孢子堆，严重时整株枯死。翌年冬孢子萌发出担孢子侵染败酱草产生锈孢子，借气流传播进行初侵染和再侵染，一般 5 月上旬开始发病，6 月下旬至 7 月上旬发展最快。防治方法：①选用抗病或耐病品种；②不偏施氮肥；③清洁田园，尤其要清除田边的败酱草；④发病初期喷洒 15％三唑酮可湿性粉剂 2 000 倍液，或 25％敌力脱乳油 3 000 倍液，或 70％代森锰锌可湿性粉剂 1 000 倍液加 15％三唑酮可湿性粉剂 3 000 倍液等。

3. 黄花菜叶枯病 病原：*Stemphylium vesicarium*。主要为害叶片，有时也为害花梗。最初在叶片中段边缘产生水渍状褪绿小点，沿叶脉上下蔓延，成褐色条斑，严重时整个叶片枯死。花梗受害多在下部靠近地面处。4 月下旬开始发病，5～6 月份发展最快。雨水多、湿度大、排水不良的地块，或叶螨猖獗则发病严重。防治方法：①避免田间积水或地表湿度过大；②及时防治叶螨；③发病初期可用 75％百菌清可湿性粉剂 600 倍液，或 50％多菌灵可湿性粉剂 500 倍液喷雾防治。隔 7～10d 喷 1 次，连续防治 3～4 次。

4. 黄花菜白绢病 病原：*Sclerotium rolfsii*。又称茎腐病。主要在叶鞘基部近地面处发生。开始有水浸状褐色病斑，后扩大呈褐色湿腐状。湿度大时，病部长出白色绢丝状菌丝体，蔓延在植株基部或附近土壤中，后在菌丝层上长出许多黄褐色油菜子大小的菌核，植株叶片逐渐枯黄，严重时整株茎部变褐腐烂。一般在 6～7 月易发生。品种之间的抗病性有差异。防治方法：①选用抗病品种；②清洁田园；③使用腐熟的有机肥，土壤偏酸时，每 667m² 用生石灰 100～150kg 调节到中性；④发病初期用 20％甲基立枯磷乳油 800～900 倍液，或 50％代森铵水剂 1 000 倍液，或 50％苯菌灵可湿性粉剂 1 500 倍液喷洒。采收前 3d 停止用药。

（二）主要害虫防治

1. 红蜘蛛 主要在叶背面吸取汁液，受害叶片正背两面满布灰白色小点，叶片稍向下卷缩，严重时叶片枯黄，花蕾干瘪。5～6 月为害最烈。发生时可用 10％浏阳霉素乳剂 1 000 倍液，或 1.8％阿维菌素乳油 2 500～3 000 倍液防治。

2. 蚜虫 集中在花梗和花蕾上吸食汁液，受害严重时花蕾、花梗萎缩，影响产量和质量。可用乐果及吡虫啉等防治。

六、采 收

（一）采摘 黄花菜自 6 月初早熟品种开始采摘，到 9 月上旬的中、晚熟品种采摘完毕，时间长达 100d。不同熟性品种采摘时间长短不一，采摘的具体时间也不完全相同（表 20-2）。黄花菜花蕾在接近开放时生长最快，过早采摘不仅产量低，且蒸晒后色泽不佳；采摘过迟，蒸制时易形成开花菜，影响品质，降低商品等级，贮藏时易遭虫害。当花蕾饱满，颜色黄绿，达一定长度，花苞上纵沟明显时为成熟花蕾，应及时采收。一般在花开前 4h 内采摘，产量高，品质好。开花前 1～2h 采摘完毕。雨天花蕾生长较快，要适当提前采摘。若栽植多个品种则宜分别采摘。采下花蕾应摊放在阴凉处，避免花蕾裂口、松苞。

表 20-2 湖南黄花菜不同品种的采摘期

（周炳干等，1980）

品 种	始采期	每日采摘时间	总采摘天数（d）
四月花	6 月上旬	13～15 时	25～30
五月花	6 月中旬	11～14 时	50
茶子花	6 月 20 日左右	13～15 时	35～45
荆州花	6 月下旬	13～15 时	50～70
猛子花	6 月下旬	12～14 时	60～70
高龚花	6 月下旬	13～15 时	40
细叶子花	7 月 20 日左右	13～15 时	40

（二）蒸制 采下花蕾要及时蒸制，否则花蕾会开放，完全丧失商品价值。传统采用单锅独筛、蒸甑单锅多筛等蒸制方式，根据方法及数量的不同，蒸制时间为 10～20min。当花蕾色泽由黄绿转为淡黄色，从花被筒处略向下垂时，即取出摊放在晒席上，置于阴凉处摊晾，次日晒干。干燥方法除可采用阳光干燥外，还可用烘烤干燥及电热干燥法。一般用阳光干燥，阴雨天则需用烘烤或电热干燥。

干燥后的花蕾，捡出开花、裂嘴、生青等次劣花蕾，然后包装，放冷凉干燥处贮藏。

（沈美娟）

第四节 百 合

百合是百合科（Liliaceae）百合属（Lilium）中能形成肥大鳞茎的栽培种群，属多年生宿根植物。学名：*Lilium* spp.；别名：夜合、中篷花等。古名：䕌。由于其地下鳞茎是由许多鳞片抱合而成，所以，称之为"百合"。

中国栽培百合历史悠久。秦汉时期的《神农本草经》中已记载有百合的药用价值。其鳞茎营养丰富，是蔬菜中的珍品，又具补中益气、养阴润肺、止咳平喘等功效。观花百合的花朵硕大，花色鲜艳，观赏价值很高。中国是世界百合起源的中心，是百合种类分布最多的国家。甘肃省的兰州、平凉，江苏省的宜兴、吴兴和浙江省的湖州地区，湖南省的邵阳地区，江西省的万载、泰和及山西省的平陆等地均为百合的著名产地。

一、生物学特性

（一）植物学特征

1. 根　百合的根为须根，有肉质根和纤维根两种。肉质根着生于鳞茎盘下，较肥胖。一般成株鳞茎的肉质根约有 60 多条，分布在 17～40cm 深的土层中，最深可达 60cm。肉质根的根龄一般为 3 年。新根表皮光滑，白色鲜嫩。到第 2 年，根的皮色变暗淡，出现环状皱纹，中下部生出侧根和根毛。最后根的表皮转为暗褐色，并萎缩失水，变成枯黄空秕或囊状。肉质根具有吸收水分、矿物质养分和贮藏光合产物的功能。

纤维根着生在地上茎基部入土部分，较纤细，俗称"罩根"。主要分布在离地表 3～15cm 的土壤中。每年在百合苗出土约半月后开始发生，秋季随地上茎枯萎而干枯。纤维根除具吸收功能外，还有固定植株，避免倒伏等作用。

2. 茎和叶　百合的茎有鳞茎和花茎两种。鳞茎是茎基部膨大变化的部分，埋入地下 10～17cm 深处，呈球形、扁球形或卵形等，由鳞叶（即鳞片）层层抱合而成。鳞叶是叶鞘膨大长成的，其顶端存留的干膜状小叶才是已退化真叶叶片。鳞叶肥厚，扁平或呈匙形，颜色白或微黄，是贮藏器官，为主要的产品部分。着生鳞叶的短缩茎，称为鳞茎盘。盘上有顶芽，有的鳞叶叶腋间有腋芽。每个腋芽周围被鳞叶层层抱合成为鳞瓣。每个腋芽可抽生一条地上茎。鳞茎的大小和重量因品种与生长年限而异。一般成品百合鳞茎高 4～6cm，径周 15～24cm，单重 150～250g。

花茎由顶芽或腋芽伸长而成，直立不分枝，高 80～120cm，茎秆光滑或有白色茸毛，皮绿色或紫褐色。有的种类在花茎的叶腋间产生气生鳞茎，称为"珠芽"。有的种类在花茎基入土部分产生小鳞茎，称为"籽球"，珠芽和籽球可供繁殖用。有的种类不产生珠芽和籽球，可用鳞瓣或鳞片繁殖。

百合叶片条形或披针形、倒披针形，绿色、深绿或黄绿。叶脉平行，有的中脉明显，侧脉次之。叶互生或稀轮生，无柄或有短柄，全缘。叶片大小因品种、栽培条件而异，每株有叶片 50～300 枚。

3. 花、果实及种子　百合的花单生或成总状花序或成伞形花序，花下垂、平伸或向上。花形钟状、喇叭状或漏斗状，大而美丽，花被 6 片，排列两轮，颜色有红色、黄色、白色或绿色。开花后花瓣反卷或不反卷，雄蕊 6 枚，中部与淡绿色花丝相连，呈"T"形；花柱较细长，柱头头状，子房上位。

果实为蒴果，近球形或长椭圆形，三室裂，每室两列种子，每个蒴果有种子 200 多粒。种子片状，钝三角形，褐色，千粒重 2～4g。

（二）对环境条件的要求

1. 温度　百合对温度的适应性较广，中国南北均可栽培。生长期适宜月平均温度为 10～28℃。百合的鳞茎耐寒性很强，在 −8℃ 的冻土层中，也能安全越冬。早春 15cm 地温 5℃ 时幼芽萌动，12℃ 时开始出土，14℃ 以上大量出土。月平均气温 13～24℃，茎叶生长迅速。开花期适宜月平均气温为 17～18℃。鳞茎膨大增重期的月平均气温由 18℃ 逐步降为 12℃。

2. 土壤　百合要求疏松通气和排水良好的土壤，以沙质壤土为宜，许多百合主产区均属这种土壤。百合需要适宜的土壤湿度，忌水淹，长期积水会使鳞茎腐烂。虽然大多数百合适宜酸性土壤，但是兰州百合较耐碱，pH 在 7.8～8.2 仍然生长良好。

3. 营养　据买自珍等人研究结果，食用百合吸收氮有 2 个高峰期：一是在出苗后 25d 左右，即苗期至孕蕾期；二在出苗后 75d 左右，即现蕾期至开花期。对磷的吸收呈现 2 个高峰：一是在出苗后 25d 左右；二是出苗后 45d 左右，即现蕾初期。吸收钾的高峰期在出苗后 30～35d，即孕蕾期。氮、磷、钾的分布，幼苗期以叶片为主，茎秆次之，鳞茎最少。随着百合的生长，鳞茎的比重迅速上升，到枯萎期达 85%，而茎叶的比重很小。百合不同生育阶段吸收氮、磷、钾的比值虽有差异，但大致为 1∶0.6∶1。

4. 光照　百合喜光照，但略有遮荫对大多数百合更为合适，以自然日照的 79%～80% 为宜。百合是长日照植物，百合鳞茎形成要求有较长的光照，即每天日照时数在 12h 以上。

（三）生长发育特性　食用百合以鳞茎为产品。兰州百合从小鳞茎产生到长成商品百合大鳞茎需要 4～6 年。小鳞茎可用鳞片培育，或在茎基入土部分长出。在适宜的条件下，鳞片基部剥伤处维管束周围的细胞恢复分生能力，形成愈伤组织，半个月后出现突起物，1 个月左右，小鳞茎清晰可见。茎基长出的小鳞茎，一般在 4 月开始形成原始的小鳞茎胚体，并与母体的维管束连接，从母体吸取养分，不断增大。5 月小鳞茎宽约 0.5cm，高约 0.8cm，从其茎盘生长几条肉质根。6 月以后，小鳞茎中 1～3 个鳞片尖端延伸生长，穿出土面，长成 1～3 片披针形的基生叶。小鳞茎逐渐脱离母体，成为独立的个体。进入 9 月，气温下降，小鳞茎的生长点转而分生叶片幼体，形成次年的中心芽。柳状叶枯死，小鳞茎进入休眠，完成了一年的生长过程。这时小鳞茎重 3～8g。第 2 年早春幼芽萌发，长出地上茎，株高约 20cm，顶端可着生 1 朵花或不现蕾开花。其茎基入土部分开始产生纤维根和小籽球。鳞茎不断长大的同时，其鳞叶叶腋间开始产生腋芽，长成鳞瓣。秋末地上茎叶枯死，鳞茎原地休眠越冬。第 3 年春天，腋芽长成地上茎，植株较高大，鳞茎也继续迅速膨大。秋末地上茎枯死，鳞茎单重可达 25～50g，即达到种球标准，可挖出供播种用。种球播种后，经过连续 2～3 年生长即长为成品鳞茎，平均单重 150～250g。据观测，兰州百合 1～6 年生的鳞茎增重，前 3 年每年增重为上一年重量的 2～3 倍，后 3 年的每年增重为上一年重量的 0.8～1.8 倍。

宜兴百合（卷丹）采用鳞瓣繁殖。于秋季播种以后，自茎盘下生长肉质根，过冬后春天顶芽伸长出土成为地上茎。茎基入土部分产生纤维状根。随着地上茎的生长，在母体鳞叶的腋间产生 3～5 个侧芽，每个侧芽周围由鳞片包裹，逐步发育成鳞瓣。所以每个鳞茎包含 3～5 个鳞瓣。最后，旧鳞叶的养分由于地上茎叶消耗而萎缩腐烂，新鳞茎生长成熟，其产量约为播种量的 3～4 倍。

食用百合一年内的生育期一般可分：发芽出苗期、幼苗期、现蕾期、开花期、茎叶枯萎期及休眠期。现蕾以前是地下鳞茎失重阶段，现蕾到开花期是鳞茎补偿阶段，开花后是鳞茎增重阶段，地上茎叶开始枯萎后鳞茎重量迅速增加，进入休眠期后鳞茎重量趋于稳定。

二、类型及品种

（一）类型　中国有百合 48 个种 18 个变种，占世界百合总数的一半以上，其中 36 个种 15 个变种为中国特有种，但大多数为野生百合，食用栽培的百合只有几种，一般称为"家百合"。

1. 卷丹百合（*Lilium lancifolium* Thunb.）　鳞茎扁圆球形，鳞片白色微黄，外层有时带有紫色小斑点。鳞片质地绵软，略有苦味。地上茎高，质硬，紫褐色，间有绿色条纹，具白色茸毛。叶散生，披针形或矩圆状披针形，无柄，先端有白毛，深绿色。5 月上旬中上部叶腋产生紫褐色"珠芽"（即气生鳞茎），成熟后脱落，可供播种或加工制粉。花排列成总状，花梗长 6～9cm，花下垂，橙红色。花被片披针形，反卷，正面有紫黑色斑点。花不结实。

中国太湖流域为本种的主产区，主栽品种是宜兴百合（图 20 - 9）。江西省万载、湖南省邵阳、甘肃省平凉有零星栽培。华中、华北、东北、西北、西南及青藏高原海拔 400～2 500m 处均有野生种或栽培种。

2. 川百合（*Lilium davidii* Duch.）　鳞茎白色，球形或扁圆

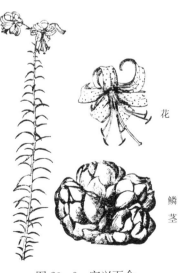

花

鳞茎

图 20-9　宜兴百合
（樊鸿修、李兴中，1982）

形，鳞片扁平肥大，味甜不苦。地上茎高约100cm，无茸毛，绿色，中下部带不明显的紫斑。入土部分产生小鳞茎，称为"籽球"，用以繁殖。叶着生较密，互生，带形，无柄，绿色。叶腋不生"珠芽"。总状花序。花下垂，花被火红色，近基部有褐色突起斑点，背面中肋明显突起，开放时花被反卷，接近花柄，花梗有小叶一枚。7月初开花，花期约10d。花具香味、美观，花蕾可供食用。此种生长期较长，需6～7年。本种主要分布于甘肃、四川、云南、陕西等省海拔850～3 200m处。

兰州百合 [*L. davidii* Duch. var. *unicolor*（Hoog）Cotton]（图20-10）属川百合的变种。

3. 龙牙百合（*Lilum brownii* F. E. Br. ex Miellez var. *viridulum* Baker）一般称白花百合。鳞茎球形，白色，抱合紧密，鳞片狭长肥厚。每个鳞茎含2～4个鳞瓣，无苦味，也不甜。地上茎高约100cm，光滑无茸毛，深绿。叶散生，倒披针形，着生较稀。生长势强，无"珠芽"和"籽球"，或偶有"籽球"。用鳞片培育"籽球"或用鳞瓣栽植。花单生或几朵排列成伞形；花朵喇叭形，长13～18cm，白色，无斑点，芳香。蒴果矩圆形。花期在5～6月，果实成熟期在8～10月。

该种主要分布于江西省（万载县、泰和县）、广西壮族自治区（资源县）及湖南、湖北、河北、浙江、河南、陕西等地海拔300～920m处，是湖南邵阳地区的主栽品种。

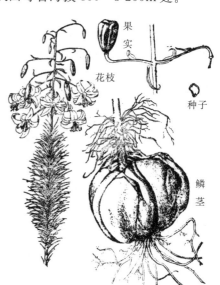

图20-10 兰州百合
（樊鸿修、李兴中，1982）

（二）品种

1. 宜兴百合 江苏省宜兴市地方品种。地上茎高0.8～1.0m，开展度20cm左右。鳞茎扁圆形。鳞片乳黄色，呈螺旋状排列。每一鳞茎有2～5个小鳞茎，抱合较松。鳞茎单个重100～120g。耐寒性中等，耐热性强，耐贮运，耐涝性弱。鳞茎质绵软，清香，稍有苦味，宜作鲜食和加工用。宜兴当地于8月下旬至9月上旬选30g重小鳞茎作种球，直播，株行距27cm×33cm。次年9月采收。

2. 兰州百合 甘肃省平凉市地方品种。在当地已有百年以上的历史。鳞茎扁圆或球形。鳞片扁平肥大，洁白。多数鳞茎有2～5个小鳞茎，抱合紧密。味甜质优，单鳞茎平均重150～250g。耐寒性、耐旱性强，耐热性中等，抗病。鳞茎含糖量高，粗纤维少，肉质细腻，香绵醇厚，品质优良，适宜鲜食及加工。

3. 万载百合 江西省万载县地方品种。植株直立，开展度27cm。鳞茎扁圆形，每个鳞茎有3～5个小鳞茎抱合，白色，肉粉质，品质优良。中晚熟。喜温暖干燥，较耐热，不耐寒，耐涝性差。当地多在10～11月播种，用种量3 000kg/hm²。

三、栽培季节和方式

（一）栽培季节 南方以种植宜兴百合、龙芽百合为主，一年收获1次。一般是8月下旬至10月中旬播种，当年在土中扎根越冬，翌年3月中下旬破土出苗，5、6月孕蕾，宜兴百合开始出现珠芽，7月开花，7月下旬至8月下旬茎叶枯萎，开始采收。北方以种植兰州百合为主，2～3年收获1次。一般于近冬或早春播种，每年3月下旬至4月上旬出苗，6月中下旬至7月上旬现蕾开花，9月中下旬茎叶开始枯萎，10月下旬进入休眠期或采收。

（二）栽培方式 南方主要采用高畦栽培百合。一般畦高12～25cm，畦宽1.2～2.4m。要求畦面平整，畦沟要保证宽度与深度，以利排水顺畅，不让畦面积水。北方旱地栽种百合，一般不作畦，只是根据地形挖好排水沟，防止低洼处渍水；同时在地边培地埂，以便拦截雨水。山坡地种百合栽植沟与等高线垂直，也是为了防积水。在有灌溉条件的地里，有3种栽培方式：一是平畦栽植，一般畦宽2～6m，畦埂宽30cm，或畦间挖沟（深10～15cm，宽30～40cm）。二是起垄栽植，垄埂底宽60cm，顶宽30cm，垄高15～20cm，垄沟宽20～30cm。三是地膜覆盖栽培，一般是在垄上覆盖地膜，较不覆盖地膜的能延长每年的生育期，并获得早熟增产增收的效果。

四、栽培技术

（一）地块选择　栽植百合应选择土层深厚、土质疏松、地力肥沃的土壤。山坡地的坡度不能大于15°。土壤酸碱度要求中性或微酸、微碱。前茬不要选葱、蒜类，以豆类、小麦或瓜类为宜。百合不宜连作，尤其是兰州百合连续生长2～3年，地力消耗大，连作障碍多，因此，宜间隔3～4年以后再种百合。

（二）整地与施肥　百合前茬收获后要及时翻耕，一般深度应在25～30cm。在伏天要多次翻耕，加厚熟土层。结合翻耕施用农药防治地下害虫。入秋后，进行耙耱收墒，要求耙平耱细。水地在入冬前进行冬灌后再耙耱。基肥应在栽植百合前均匀铺撒，或犁一遍，把肥料翻入土中。基肥用量因土壤肥力、肥料质量、预期产量等因素而定。据黄玉库等人的研究，兰州百合每公顷栽30万株，宜施优质农家肥37 500kg作基肥。兰州、平陆等地实际施用农家肥都达到了75 000kg/hm²。若基肥较少时，可集中施于栽植沟内。投资能力强的，除施足基肥之外，还可施种肥。一般施用碾细过筛堆制腐熟的羊粪、鸡粪或油渣1 500～3 000kg/hm²、磷酸二铵150kg/hm²。这些肥料必须于栽植沟内和土壤充分混合后再栽植百合。

（三）种球选择和栽植　栽培宜兴百合、龙牙百合，其种球为成品鳞茎的鳞瓣，鳞茎应选扁圆端正，无病虫害，每个含3～4个鳞瓣，单重100～150g。兰州百合种球的选择标准是，鳞片洁白肥厚，抱合紧密，只有1个鳞芽，无病虫害，种球大小均匀，单重25g左右。

南方栽植百合，先在畦面上开横沟，沟距（即行距）30cm，深15～20cm，沟内将种肥与土拌匀，再盖土厚2～3cm，按株距20～25cm栽种，上面覆土厚7～8cm。用种量3 000～3 750kg/hm²。兰州百合的栽植方法是，平畦按行距40cm开沟，在沟内每隔17～20cm挖穴，深15cm左右，将种球栽入穴中，种球扶正，顶芽垂直向上，根部压实，然后覆土、耙平，并在地块四周开排水沟。播种量约3 000kg/hm²。也可进行高垄栽植。

（四）田间管理

1. 追肥　北方百合在第2、3年，每年早春出苗前，撒施农家肥40 000～60 000kg/hm²，出苗后，将肥锄入土中。苗高7～10cm，用腐熟饼肥1 500～3 000kg/hm²，撒施行间，随即中耕培土。南方一般在苗高10～13cm时和摘蕾后进行2次追肥，多施用农家液态有机肥或沼气液，每次17 500～25 000kg/hm²。农家肥不足的也可少量追施复合肥，每次200～300kg/hm²。

2. 摘除花蕾及"珠芽"　为了节约养分，促进鳞茎膨大，要尽早摘除花蕾与"珠芽"。摘花蕾的时间以花茎伸出顶端1～2cm时为宜。

3. 地面盖草和覆土　江苏、浙江、江西等省栽种百合，在出苗前，用稻草7 500kg/hm²覆盖畦面，在收获前再收回用以沤肥。兰州百合平畦栽植，为了促使地上茎基部产生"籽球"，在开春出苗前，也可用稻草覆盖地面，厚4～5cm。

4. 灌溉　栽培兰州百合每年入冬前应普遍进行冬灌。开春后一般干旱少雨，可以结合追肥，在出苗齐全后轻浇1次水，其他时间一般不浇水。在干旱地夏季大雨时可将径流水拦截引入百合地里进行灌溉，俗称"洪水漫地"。南方降水多，百合很少灌溉，应注意清沟排水，防止畦面渍水。

五、病虫害防治

随着百合老产区种植年代增加，连作障碍愈来愈突出，病虫害日趋严重，因此，要重视病虫害防治工作。

（一）主要病害防治

1. 百合病毒病　病原：至今已见报道为害百合的病毒有 14 种，其中发生普遍、为害严重的主要病毒有 5 种，即百合花叶病毒（Lily mosaic virus）、百合丛簇病毒（Lily rosettle virus）、百合潜隐病毒（Lily symtomless virus）、黄瓜花叶病毒——百合株系（Cucumber mosaic virus-Lily strain）、郁金香碎病毒（Tulip breaking virus，异名 Lily mottle virus）。另外，很少发生但属于检疫对象的危险性病毒，如烟草环斑病毒、南芥菜花叶病毒，也不能忽视。病毒病的主要症状是扁茎、叶片黄化、坏死条纹、花叶、斑驳、叶和花扭曲，植株矮化，鳞茎小而平、开裂、腐烂等。防治方法：①实行 3～5 年轮作；②选健康植株的种球留种；③发现病毒病植株连同鳞茎拔除并烧毁；④加强田间管理，使植株健壮，提高抗病性。其次是采用脱毒苗，方法有两种：一是用种子繁殖；二是用茎尖或"珠芽"进行组织培养快速繁殖，脱毒苗必须在隔离条件下种植和防蚜。发病初期用药剂防治，可参见芦笋病毒病。

2. 百合灰霉病　病原：*Botrytis elliptica*。又称叶枯病，是造成百合地上部枯死的主要病害。病菌主要以菌丝体在寄主病部或菌核随病残体在土中越冬。以分生孢子进行侵染，5 月下旬开始零星发生，6～7 月现蕾开花期达到高峰。初期叶片上出现红褐色小点，以后逐渐扩大成圆形或椭圆形浅褐色病斑。盛发期叶片及花蕾变褐软腐，黏结在一起，干燥后花蕾干缩，叶片枯死，拧成黑线状垂挂茎上。茎秆受害出现红褐色长斑，易折断。潮湿时，各病部可长出灰褐色绒毛霉层，后期可见黑色菌核。防治方法：①选择排水良好的地块；②实行 3～4 年轮作；③土面用 40％甲醛（福尔马林）水剂 50ml/m² 熏蒸，鳞茎剥去外层变色鳞片后置于 50％多菌灵可湿性粉剂 500 倍液中浸泡 12h，再用清水冲洗后晾干播种；④加强田间管理，控制水分，发现病株立即清除烧毁；⑤零星发病时叶面喷施 1∶1∶500 倍波尔多液，消灭发病中心；⑥发病初期，用 50％腐霉利（速克灵）或异菌脲（扑海因）可湿性粉剂各 1 500 倍液，或 36％甲基硫菌灵悬浮剂 500 倍液，或 60％多菌灵盐酸盐（防霉宝 2 号）水溶性粉剂 700～800 倍液等，轮换交替或复配使用。

3. 百合基腐病　病原：*Fusarium oxysporum*。又称枯萎病。主要为害百合球茎基部和鳞片，产生褐色腐烂，沿鳞片向上扩展，染病鳞片常从基盘上脱落，有时在外层鳞片上出现褐色病斑。发病轻的球茎症状不明显，地上部基部叶片黄化，病株矮小。病菌以菌丝体在种球内，或以菌丝体及菌核随病残体在土中越冬。每年 4、5 月 5cm 深地温 12℃时开始发生，6～7 月现蕾开花期达到发病高峰。防治方法：①选好地块，深翻，防止连作；②生长期加强管理，搞好排水，促使植株生长健壮；③在上年已发病的地块，4 月中下旬在百合行间开沟（深 10cm 左右），用 50％多菌灵可湿性粉剂 500 倍液进行灌根，待药液下渗后及时盖土，每隔 10d 灌 1 次，连灌 2～3 次；④叶面喷施药剂与防治黄花菜叶斑病相同。

（二）主要害虫防治

为害百合的害虫有蚜虫、红蜘蛛以及蛴螬、金针虫、蝼蛄与根蛆等地下害虫，尤以蛴螬为害最重。防治方法：①结合翻地人工捡拾杀灭；②可用 50％辛硫磷乳油，按 7 500g/hm² 拌 225kg 过筛的细土，制成毒土处理土壤；③栽植时，可将辛硫磷用量减半配制毒土或毒饵，撒入栽植沟内，然后栽植百合；④生长期用辛硫磷或 80％敌百虫可溶性粉剂各 1 000 倍液浇灌于百合根旁，每株灌 150～250g。防治蝼蛄可在清晨在被害苗周围表土内捕捉。防治根蛆可用上述敌百虫 1 000 倍液等喷雾。

六、采　　收

北方地区多在百合地上茎、叶全部枯死到土地结冻前采收，也有在早春土壤刚解冻，百合萌发新芽新根之前收获。南方一般从大暑至秋分采收。要选择晴天收获。采收时用锄头刨挖，要从鳞茎侧旁深挖到鳞茎底部，避免损伤百合鳞茎。挖出的鳞茎和茎叶、大小种球连在一起，要立即清理，拔出枯萎的茎叶，摘下种球，将成品百合的泥土擦干净，剥去黄膜，剪短须根，分别按产品和种球进行分级装箱，运回贮藏。出土后的百合鳞茎不可在阳光下多晒，以防变红。

百合贮藏的方式很多，有土埋堆藏、地膜覆盖堆藏、塑料薄膜保鲜袋贮藏、真空包装及冷库贮藏等。目前农户常用的还是土埋堆藏。其方法是：在阴凉的房屋内地面铺清洁的田土厚5～7cm，将鳞茎摆放其上，排列整齐，再在上面覆一层土，厚3～4cm，其上再倒放一层鳞茎，再覆盖一层土。如此分层堆放，高达1.5m左右，四周用土封严，可藏至翌年春天。贮藏期间，应经常检查，防止堆内鳞茎发热霉烂。

七、留　　种

南方种植的宜兴百合、龙牙百合，一般是在成品百合中选留符合要求的中等大小的鳞茎留种。其标准是鳞茎扁圆球，保持原品种的色泽，无病虫为害，每个鳞茎单重80～100g，含有3～4个鳞瓣。贮藏前，先将鳞茎摆放在室内晾3～4d，降低其含水量，促进后熟，然后再按前面的土埋堆藏的方法贮藏。

兰州百合留种有两种方式：一是在成品百合采收时挑选一、二级籽球作种用；二是用三级籽球在母籽田进行培育使之达到一、二级籽球。一级种球重20～30g，横径4cm左右；二级种球重12～20g，横径在3cm以下。培育种球的方法是，在选好的地块整地施肥，开栽植沟，沟距35cm，沟深12～13cm，宽15cm，在沟内将三级籽球按株行距均3～4cm的要求，视籽球大小栽3～4行。栽时用拇指将小鳞茎的鳞茎盘及须根压入土中，栽完一沟后立即覆土耙平。母籽田的管理与大田基本相同，不同的是要勤除杂草。培育2～3年后，当籽球大部分达到一级"种球"标准时，即可收获。收获、贮藏方法与大田相同。收获的种球再进行分级，一、二级种球用于大田生产，三级籽球再入母籽田培养。

（邱仲华）

第五节　香　　椿

香椿是楝科（Meliaceae）香椿属中以嫩茎叶供食的栽培种。学名：*Toona sinensis* Roem.；别名：香椿树（山东、河北）、红椿（河南）、椿花（上海）、椿甜树（湖北、四川）。古名：杶、櫄。原产中国。多年生落叶乔木。中国栽培和食用香椿芽的历史悠久，最早始于汉朝，明、清以后普遍食用，至今仍受消费者欢迎。特别是山东、河南、江苏、安徽、河北及辽宁等省栽培较多。香椿芽香气浓郁，不仅脆嫩可口，而且营养丰富，除含一般营养物质外，还含有17种氨基酸。其中每100g鲜重含钙11 666.7μg、钾3 547.2μg、单宁441mg（许慕农等，1995）。据测定，香椿芽中硝酸盐含量较高。

香椿芽（图20-11）多生食，如凉拌，也可炒、炸，还可加盐腌渍，制成咸菜或酱菜，供四季食用。安徽省太和县著名的香椿"五香椿芽"，素来享有盛名。

一、生物学特性

（一）植物学特征

1. 主干　幼树主干光滑，淡褐色；大树主干挺直，树高 15～25m，胸径 25～70cm，树皮灰褐色至赭褐色，有不规则条状纵裂和片状剥落。1 年生枝暗黄灰色、红褐色或灰绿色，有光泽，皮孔明显，叶痕圆而大，留有 5 个维管束痕。

2. 叶　互生，羽状复叶，多为偶数，小叶 7～22 对，矩圆状披针形，先端尖，基部圆，叶缘有锯齿或全缘。小叶表面绿色，背面淡绿或红褐色。叶柄绿色或红色，有浅沟，基部肥大。叶有香气。刚萌发的芽和初生的幼叶多为黄红色、棕红色或红褐色，十分鲜艳、油亮。

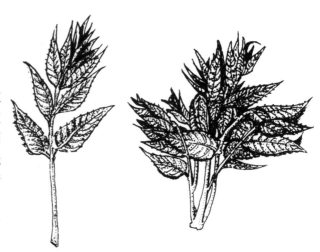

图 20-11　香椿芽（褐香椿）
（引自：《中国蔬菜品种志》，2001）

3. 花　两性花。圆锥花序顶生，长达 30cm，花白色，气味芳香；萼短小，花瓣 5 片，椭圆形；雄蕊 10 枚，其中 5 枚发育正常，5 枚退化，长度仅为前者之半；子房 5 室，卵形，每室有 2 枚胚珠。花期在 6 月。

4. 果实　木质蒴果，狭椭圆形或近卵圆形。果实成熟后 5 瓣裂开，果熟期在 10 月。

5. 种子　椭圆形，扁平，上端有木质长翅。新鲜种子的外皮及木质长翅为青黄色，种胚白色，有清香气味，常温下发芽力只能保持 6 个月。陈种子外皮和木质长翅呈棕黄色甚至是褐黄色，种胚半透明，颜色深，有轻微哈喇气味，无发芽力。

6. 香椿和臭椿辨认　苦木科（Simaroubaceae）臭椿属（*Ailanthus*）的臭椿［*Ailanthus altissima* (Mill.) Swingle］外部形态与香椿相似，物候期也相同，在香椿分布区内，臭椿也是常见树种，而且有些地方（如河北省太行山区）当地居民也习惯食用臭椿嫩芽幼叶（其实是臭椿的栽培品种——白椿的嫩芽幼叶，采摘后需经过处理，去掉臭味）；也有些地方（山东与江苏、安徽、河南交界处）的居民认为红色香椿芽是臭椿芽（臭椿的栽培品种——千头椿，也叫鸡爪椿），只购买绿色香椿芽。臭椿的大树树皮灰色，平滑，皮孔明显（白椿），或灰黑色浅纵裂，小枝短而钩曲如鸡爪；嫩芽幼叶为奇数羽状复叶；果实为聚合翅果。香椿的嫩芽幼叶、花、种子均有香气。因此，可以从形态和气味两方面区分香椿和臭椿。

（二）对环境条件的要求
香椿适于温暖湿润的环境，在中国地理分布比较广泛，北至辽宁省南部和内蒙古自治区南部，西达甘肃省东部、宁夏回族自治区南部，西南至四川、贵州、云南，南到广西、广东，东至河北、山东、江苏、浙江和福建省等，几乎遍及处于暖温带和亚热带的各省、自治区。

在自然分布区内，香椿都是散生树，生长在房前、屋后、溪沟两侧、河流沿岸、山麓和丘陵坡地。在梯田地边和平原农田中，多与大田作物、蔬菜、果树等间作。野生香椿也是散生在落叶阔叶林和常绿、落叶混交阔叶林中，不是森林群落的优势树种。

在自然分布区内，北界和西界大致与年平均气温 10℃等温线相一致，在年平均气温 12℃以上，1 月平均气温 −4℃以下，7 月平均气温 32℃，极端最低气温 −25℃，极端最高气温 35℃，年平均降水量 600mm 以上，阳光充足的长日照地方都能正常生长发育。

香椿对土壤的适应性较强，在中性土、酸性土和钙质土上都能生长，含盐量 0.2％的盐碱地也能生产出品质优良的香椿芽。香椿对土壤质地、结构、有机质含量、土层深度和肥沃程度有一定要求。

在土层深厚（60cm 以上）、有机质含量 0.8％以上、含磷量（40mg/L 以上）和含钙量高的湿润细沙土、沙壤土、壤土和结构良好的黏土，其地上部分生长旺盛，嫩芽品质优良。香椿在结构不良的粗骨质土、黏土、沙土上，生长缓慢，病虫多，椿芽品质低，产量也不高。

香椿不耐涝，地面短期积水，即能使叶片发黄、早落，严重时根系腐烂，植株死亡。在地下水位低于 1.0 m 的地方，香椿常受涝灾而呈衰弱状态。地下水位 1.5 m 以下的地方则较适宜香椿生长。

地形对香椿生长发育的影响极大，在背风向阳处，不仅香椿不受冻害，而且在春季早发芽，香气浓郁，色质艳丽，品质好，要比同地区平原地香椿芽早上市 5～7d。河流两岸早春冷空气沿河床流动，气温和地温都较低，椿芽上市也晚。阳光不足的山沟、山脊、风口、陡坡及林地都不适合栽种香椿。

（三）生长发育特性

1. 苗木生长发育特性 种子播入土中后，经过 12～14d，子叶即出土，此时日平均气温为 15～18℃，5～10 cm 深的土壤温度为 16～18℃。6 月初至 7 月底这 60d 期间为苗木速生期，月平均气温为 25～27℃，苗木高度达 0.6～0.8 m，9 月下旬苗木停止生长。此时日平均气温为 13～16℃，苗木高度已达到 1.4～1.8 m。如此时期气温居高不下，圃地水肥条件又好，苗木将继续生长，10 月中下旬"霜降"后，气温骤然急降，苗木嫩梢常受冻，顶芽不能长成。据张德纯等（1995）研究观察，华北地区 6～8 月是香椿苗木迅速生长期（图 20 - 12），此期间苗木生长量占总高度的 78.87％，茎粗增长量占 68.39％，叶片数占 66.31％。如植株生长期不足，

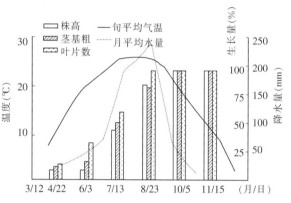

图 20 - 12 北京地区一年生香椿苗木不同时期的相对生长量

（张德纯等，1993）

在气温低于 10℃之前不能形成饱满的顶芽，树梢木质化程度低，髓心过大，则易遭受冻害。1 年生香椿苗木发生枯梢的原因有：①引种不当，有些品种耐寒性低；②播种过迟，生长期不足；③水肥管理不当，生长后期"贪青"；④栽植密度过大，植株发生徒长。因此，应在 8 月以后就要控制肥水，苗木在较干旱情况下，高度只有 0.6m 左右。这些苗木的特征是，主干粗壮，根系发达，顶芽大，有多个侧芽与顶芽挤生在一起。这类苗木呈自然矮化状态，是温室、塑料大棚栽培的理想苗木。根插（或埋根）繁殖的苗木，生长量大于播种苗。

2. 嫩芽和幼叶生长发育特性 散生的香椿和在农田中生长的香椿，树龄多在 5～10 年以上，日平均气温在 8～10℃时，芽苞开裂，露出红色幼芽；日平均气温 11～13℃时，嫩芽抽生；日平均气温在 14～16℃时，嫩芽生长速度渐快；日平均气温稳定在 18～20℃时，椿芽成形，此后复叶形成并很快生长，1 周内就能长出 4～6 片复叶。以山东省泰沂山区为例，清明节前 5～7d（约在 3 月底），芽苞开裂，谷雨节前（4 月 20 日），商品香椿芽大量上市，品质好，售价高。5 月 20 日以后，芽的中下部木质化严重，汁少渣多，而失去经济价值。

香椿芽的生长进程随着气温的升高，由南向北、由西向东渐次进入采摘期。例如山东省的枣庄、郯城、单县、曹县要比阳信、栖霞、文登地区早 7～10d。

塑料大棚（或温室）中的苗木，栽植后要有 40～50d 的休眠，棚内气温上升后开始发芽。气温 14～16℃时露出芽体，气温 18～22℃时幼芽快速生长，气温在 22℃以上时可长成商品芽，如果光照充足，芽体变为红色；光照不足，则全是绿色。

在塑料大棚中，细弱苗木最先发芽，但芽体纤细，商品价值低；矮化粗壮的苗木发芽晚，但芽体肥大，商品价值高。

二、类型及品种

（一）类型 袁正科（1989）认为香椿是一个生态幅度较广的树种，但它对于环境条件仍有着不同的要求。从香椿生长的分布区看，主要分布在亚热带至暖温带的广大地区内。在此区内，自然形成了3种生态类型：即华南生态型、华中生态型和华北生态型。

1. 华南生态型 主要分布在南岭山脉及其两侧延伸部分以南的区域，包括中亚热带南部和南亚热带北部。树干深红褐色，半落叶或近常绿，生长期240d以上（贵州省部分地区）。

2. 华中生态型 主要分布在南岭至秦岭间的地区，包括中、北亚热带。树干浅红褐色，落叶，生长期236d左右（湖南省常德地区）。

3. 华北生态型 主要分布在秦岭、淮河以北区域，包括暖温带南部。树干灰褐色至褐色，落叶，生长期217d左右（山东省平阴县）。

在这三个生态区内，香椿对所处的区域气候是适应的，但离开这一区域到另一区域时，则对生态条件的反映就出现了差异。如华南型香椿在本区域能形成冬芽并落叶，但从该地区收获的种子调入华中地区的洞庭湖平原育苗造林，则形不成冬芽，也不落叶，并有地上部分被冻死的现象。

（二）品种 香椿的品种有红香椿、红叶椿、黑油椿、红油椿和绿香椿等。据许慕农（1992）观察，主要性状如下：

1. 红香椿 芽初生时，芽及幼叶棕红色，鲜亮，长成商品芽需6～10d。芽基部叶片的两面均为绿色，随着气温升高和芽的生长，绿色部分逐渐扩大。立夏时节芽已全部长成，基部逐渐木质化，仅芽的尖端（约占芽体的1/4～3/4）仍为棕红色，复叶前端的小叶（约3～5对）表面淡棕红色，背面颜色更浓。有些苗木的复叶叶柄及小叶的主脉为棕红色。展叶后，小叶7～13对，椭圆形，先端长尖，基部宽圆，叶缘锯齿粗。嫩芽粗壮，脆嫩多汁，渣少，香气浓郁，味甜，无苦涩味，品质上等。每100g鲜芽叶含总糖4.32%，粗蛋白8.17%，维生素C 76.30 mg，维生素B_1和维生素B_2 0.94 mg。山东省各产芽区都有栽植，以沂水、沂南、临朐等最集中，河南省西部、江苏省江淮地区亦较多。

2. 红叶椿 芽初生时，芽及幼叶棕褐色，鲜亮，8～10d长成商品芽。外形与红香椿相似，只是鲜亮程度稍差，小叶背面深褐红色。立夏时节嫩芽前端（约占芽体的1/5～1/4）及复叶尖端4～5对小叶仍为棕褐色，其他部分变为绿色，但是小叶背面仍褐红色（有的颜色稍淡），一直延续到7、8月，大风吹动树冠，小叶翻转，全树冠红色色彩耀眼，故名。展叶后小叶7～12对，卵状椭圆形，先端尖楔形，有短尖，基部圆，向叶柄延伸成宽楔形，叶缘锯齿缺刻状，先端有小尖；复叶下端2～3对小叶的基部，一侧长，一侧短，相差0.3～0.5 cm。芽脆嫩多汁，香气和甜度略淡于红香椿，无苦涩味，品质上。每100g鲜芽叶含总糖3.7%，粗蛋白8.28%，维生素C 79.3mg，维生素B_1和维生素B_2 0.945mg。分布较广，河南、山东、安徽、江苏、河北等省都有栽培。山东省沿黄河各县、市也都有栽培，其中以博山、曹县、阳信及栖霞等县、区最集中。

3. 黑油椿 芽初生时，芽及幼叶紫红色，鲜艳油亮，8～13d后长成商品芽。复叶下部的小叶表面墨绿色，背面褐红色。嫩芽的向阳面紫红，阴面带绿色。小叶皱缩，较肥厚。立夏时节嫩芽上部（约占芽体的1/3）及该处的小叶都为紫红色。嫩芽肥壮，香气特浓，脆嫩多汁，味甜，无渣，品质上等。每100 g鲜芽叶含总糖3.69%，粗蛋白8.13mg，维生素C 69.40 mg，维生素B_1及维生素B_2 1.023 mg，单宁含量较高，为467.17mg。本品种是安徽省太和县颍河两岸的主栽品种，在当地市场上售价最高，甚受消费者喜爱。该品种已引种到山东省泰沂山区，也走俏于当地市场，现已在山东省推广。

4. 红油椿 形态与红香椿极相似，嫩芽和幼叶初生时为紫红色，有油光，比红香椿鲜亮。小叶较薄，整个叶缘都有细锯齿。嫩芽较粗壮，香气浓，多汁无渣，脆嫩味甜，品质上等。每100 g鲜芽叶含总糖 4.23 ％，粗蛋白 8.05％，维生素 C 61.20mg，维生素 B₁ 及维生素 B₂ 0.940mg，单宁 441.18mg。苗木和大树的形态与红香椿相似，适应性和生长量均强于黑油椿。本品种也是太和县主栽品种，但其嫩芽品质略次于黑油椿，鲜芽叶直接生食时苦涩味重，需先用开水速烫 1～3s，才能达到鲜美纯正的味道。本品种也引种到山东省泰沂山区，品质与原产地相近，已在山东省推广。

5. 绿香椿 嫩芽和幼叶初生时淡棕红色，鲜亮，5～7d 变为淡红色，以后下部逐渐变为淡黄绿色，6～10d 长成商品芽。立夏时节除芽尖及复叶尖端 3～4 对小叶为淡黄红色外，其余部分均为翠绿色。展叶后小叶 8～16 对，小叶长椭圆形，先端尖，基部圆，叶面略皱缩。嫩芽粗壮，鲜嫩，味甜，多汁，香气淡。腌渍品色泽绿。品质中上，各项营养含量均低于其他品种。每 100 g 鲜芽叶含总糖 2.81％，粗蛋白 7.71％，单宁 392.52 mg，维生素 C 54.70mg，维生素 B₁ 及维生素 B₂ 0.696 mg，但是含钙量是诸品种之冠（15 140μg/g）。绿香椿芽的产量在中国香椿芽总产量中占很大比重，在山东省约占 40％。

安徽省太和县的青油椿与本品种极相似，主要区别是：①芽尖及复叶前端的小叶褐红色，延续时间较长，一直到立夏节后；②小叶表面油亮，特别是芽尖及复叶前端的小叶尤为显著；③小叶较小；④树木的生长速度不及绿香椿。

三、栽培季节和方式

（一）栽培季节 栽植香椿的季节，在华北地区一年有两个：一是在春季 2 月 20 日至 3 月 20 日，另一个是 10 月中旬至 11 月中旬。由于中国从南到北各地气温不一样，同一个栽植季节，日期可能提前或后移，例如在江淮地区，春季栽植香椿可能提早到 2 月 10 日开始，秋季栽植可以延迟到 11 月下旬。但是按照习惯，大多数地方都是采用春季栽植。

（二）栽培方式

1. 散生栽植 栽植株数不定，受栽植地块的面积制约，不讲究成行，株距 3～5 m，采用 2～5 年生的幼树，一般第 2 年即可以采收椿芽。房前屋后和院内栽植的香椿都属于这种方式。

2. 成行栽植 路边和梯田边栽植香椿都是采用这种方式。路边栽植香椿，苗木的规格为：树龄 4～6 年生，高 3m 以上，胸径 5～7cm，株距 5～7m；梯田边栽植的香椿，大都用 1 年生苗木，高度 1.5 m 左右，根径粗 1.5～2.0 cm，株距 1.5～3.0 m。

3. 与农作物等间作栽植

（1）矮化密植 在农田中用 1 年生苗木成带状栽植，栽植后第 2 年在第 1 茬芽采摘后要将过高的主干及过长的枝条短截，疏去过密的细弱枝，培养矮化树形，提高椿芽的产量和品质。

（2）单行苗木间作的栽植 在平原地农田中早春用大苗（高 3m 以上，干粗 5cm 以上）单行栽植，株距 5m，行距 15～20m，需苗木 100～133 株/hm²。

栽植第 2 年采摘第 1 茬芽后，要定干（定干高度 2.5m），短截过长枝和适当疏去过密枝条，培养树形。如任其生长，以后采芽不便。

4. 塑料大棚（或温室）**中栽植**（囤栽） 用 1 年生苗木栽植，高度则根据温室或大棚内的允许高度而定。一般是 6 行为一带，带内行距 10cm，株距 5cm，带间距离 30cm（供步行和作业）。如大棚为 10m×30m（宽×长），则可安排 11 带，共需苗木 39 600 株。

5. 离体枝条水培技术 李锡志（1993）将已落叶的健壮枝条（长 20～25cm）在春节前 45～50d 插入罐头瓶内（每瓶 4 根），置于日光温室或塑料棚内的走道旁、畦埂上，或者吊挂在后墙、立柱上，可于春节期间采收新鲜椿芽供应市场，不失为一种提高温室、塑料棚利用率的有效方法。

6. 种芽香椿栽培法 是用香椿种子直接培育成供食用的香椿幼芽的一种栽培方法。

温室囤栽香椿芽和种芽香椿栽培技术，参见第二十二章"芽苗菜栽培"。

四、栽培技术

（一）育苗 香椿繁殖方法最常用的是播种育苗、插根育苗、插枝育苗和根蘖育苗。

1. 播种育苗

（1）采种 10月中下旬香椿果实的外皮由黄绿转为褐色、少数果实已开裂、种子未散落时抓紧时机采下果实，日晒数天，蒴果开裂，种子散出，除去杂质，得纯净种子，装入麻袋中干藏。种子发芽力只能保持6个月，凡是经过炎热夏季的种子都失去发芽率。

早采的果实种子不充实，发芽率低；晚采的果实，种子已散落，收获种子不多。

在大多数香椿芽产区，花芽尚未出现就已被采收完，所以不能开花结果。有些大树树高冠大，芽不被采收，可开花结实，但是种子的胚发育不全，最好从野生香椿树或是非香椿芽产区采种或购种。

（2）圃地准备 在秋冬季将确定育苗用的地块冬耕，早春施入腐熟的粪肥或绿肥及杀灭地下害虫的农药，然后翻地耙平，做成畦床，灌水后备用。

（3）催芽处理 播种前将种子（带翅或搓去翅）泡在30～40℃的温水中，凉后继续浸泡24h取出种子与细沙（种子的两倍）混合，装入袋（布袋、编织袋）中，将袋放在25℃左右地方催芽，每天察看1次，同时用温水冲洗种子1次，当部分种子露出小米粒大小的白色胚根时，即可取出播种。

（4）播种 多采用条播，1m宽的畦床播4行，每行播幅宽10cm，行距20cm。如床面干燥，播种前2～3d先浇1次水。土壤干湿适宜时开播种沟，深3～4cm，播种后用耙将沟用土盖上、耙平，轻轻镇压，最后在床面盖上草或塑料薄膜。每公顷用种量23kg（去翅）或30kg（带翅）。

2. 扦插育苗

（1）根插 秋季树木落叶后，在大树树冠外缘的垂直地面上按东西或南北方向（每年挖根的方向不同）由外缘向内挖宽30～50cm，深60cm以上，长1.5～2.0m的沟，将沟中的树根截断，取出直径0.8cm以上的根条，剪成长15～20cm，上口平、下口斜的根插条，按粗度分别捆成50根或100根一捆，埋在背阴处深1.0m沙坑中，沙与根插条完全接触，起催芽作用。2月下旬至3月上中旬也可以用此法挖取根穗，扦插前用生根粉液浸泡处理后扦插。

扦插前在圃地上按30cm开沟，沟深25cm，将根插条斜插入沟中，株距25cm，覆土10～15cm，或覆土5cm后再盖草。天冷的地方覆土要厚些。

（2）枝插 将1～2年生苗木主干或大树根部1年生萌蘖苗干剪下，粗度1.0cm以上，剪成长15～20cm的枝插条，上口平，下口斜。催根与根插相同。

3. 根蘖育苗 在春季2～3月间在大树树冠下面从主干50cm处向树冠外缘挖2～4条辐射状的沟，宽40cm，深60cm，长1.0～1.5m，截断沟中的根，但不翻动，更不取出，再用肥沃土壤（从沟中刨出的土，掺入一定量的腐熟粪肥）填入沟内，最后盖土耙平。6～7个月以后陆续长出一些根蘖苗，当年不刨出，培养1～2年，长成大苗后再刨出来栽植。

4. 苗木管理 采用播种育苗，播种后苗床上的苗木疏密不匀，需要在苗木稠密处间苗。当幼苗长到8～10cm高时，根系已长成，可将稠密苗木用移植铲带土移出（如土壤干燥可先浇一次透水），并栽植在断垄缺苗处，以增加苗木产量。一般多在下午傍晚移植。

苗木生长期中需肥水量较大。一般5～6月高温干旱，需及时浇水，到了8月就要控制供水，不使苗木旺长。在7～8月苗木需肥量大，要及时施磷酸二氢铵或复合肥，以促进苗木迅速生长和完成木质化。

（二）苗木定植

1. 散生树栽植 栽植在房前、屋后、院内和村旁空地的香椿，都称作散生树，特点是株行距不规范，苗木年龄和规格也不统一。但是它们栽植方法却大致相同。

首先在定植地挖坑，坑的大小为 50～80cm，深度 60～100cm，根据苗木的根幅和苗龄而定。栽植时施入定量的有机肥料，与土掺和后，将苗木根系整理舒展栽入坑内，分层填入土壤，当根系完全被土壤覆盖后，稍加镇压使根系与土壤紧密接触。栽植深度以主干原有土痕被埋土中 2cm 为准，不可太深，也不能露出原有土痕。栽植后要浇透水，水渗后将穴面盖上一层细土。无水可浇的地方，则将穴面土壤踩紧或压实，最后盖上一层松土。

2. 塑料大棚（或温室）**中的栽植**　先从塑料大棚（温室）的最南边挖一条沟，深度 15cm 左右，将土壤堆在沟的一侧。把苗木插入沟中，株距 10 cm，拉平根系，并压上土壤。再将苗木插在株间，这样株距就变成 5 cm。同法拉平根系、压土，最后将种植沟填平。按此法开沟、种植苗木、填平种植沟，6 行苗木栽完为一带。隔 30cm 再开第 2 带第 1 沟、第 2 沟……一直将各带的苗木在棚内种植完毕，耙平土壤，浇透水 1 次。

华北地区大都在 10 月下旬至 11 月上旬栽植完毕。前期多通风降温，使苗木逐渐适应大棚、温室环境，当气温低于 10℃时，再将塑料薄膜盖严。

温室、塑料大棚中苗木管理工作主要是提高温度和保温、喷水、透气。苗木入棚后，要经过 40～50d 的休眠，此时棚内的日平均气温达不到椿芽萌发和生长的要求，如果人工加温使日平均气温达到 14℃，夜间不低于 8℃，大约经过 30d，椿芽就开始成形。如果增温太快、太高，则芽体很短，复叶很长、很大，椿芽质量差。

另外，还要每隔 10～15d 在苗木上喷水 1 次，将芽叶和苗干淋湿。平时在晴天 12～14 时要多通风降湿，防止病害发生。

五、病虫害防治

（一）主要病害防治

1. 香椿锈病　病原：*Nyssopsora cedrelae*。主要为害叶片，初期在叶背面散生或聚生黄粉状小斑点，即病菌夏孢子堆。后在叶背面的橘红色病斑上生出黑色冬孢子堆，散生或丛生。在北方寒冷地区以冬孢子越冬，翌年靠夏孢子随气流传播使病害扩大蔓延。在热带和亚热带地区，夏孢子堆全年均可发生，周而复始，以夏孢子越冬和越夏。防治方法：①秋季彻底清除圃地的枯枝落叶，减少菌源。②发病初期喷洒 30％绿得保悬浮剂 400～500 倍液，或 1∶1∶200 倍波尔多液，或 20％三唑酮（粉锈宁）乳油 1 500～2 000 倍液，或 25％敌力脱乳油 3 000 倍液等。隔 15～20d 喷 1 次，连喷 1～2 次。

2. 香椿白粉病　病原：*Phyllactinia ailanthi*。主要为害叶片，病叶表面褪绿呈黄白色斑驳状，叶背、叶面现白色粉层状斑块。进入秋天其上形成颗粒状小圆点，黄白色或黄褐色，后期变为黑褐色，即病菌闭囊壳。病菌以闭囊壳在落叶或病梢上越冬，翌春条件适宜时，弹射出子囊孢子借气流传播。温暖、干燥有利于该病发生和蔓延。防治方法：①选用优良品种，如红香椿 1 号等。②秋季清除病落叶、病枝，以减少越冬菌源。③采用配方施肥，以低氮多钾肥为宜，以提高寄主抗病力。④春季子囊孢子飞溅时喷洒 30％绿得保悬浮剂 400 倍液，或 1∶1∶100 倍波尔多液，或 0.3 波美度石硫合剂，或 60％防霉宝 2 号水溶性粉剂 800 倍液等。

（二）幼树害虫的防治

1. 金龟子　①在苗圃中空隙地及周围栽蓖麻，诱使金龟子成虫取食，人工捕杀；②夜晚用黑光灯诱杀金龟子成虫及其他害虫的成虫；③在金龟子成虫盛发期，白天多次摇动树木，震落群集在树叶上的金龟子成虫，人工捕杀。

2. 盗毒蛾（*Porthesia similis*）　①秋末冬初在树干上绑缚草束，来年春季惊蛰节（3 月上旬）及时解下草束，消灭盗毒蛾等害虫的幼虫；②在秋冬季要彻底清除圃地及其周围的枯枝落叶和杂草，消灭草履蚧雌成虫和其他害虫的越冬幼虫。这个措施对于清除某些叶部病害也十分有效。

3. 刺蛾 剪去枝条上刺蛾等越冬虫茧，集中烧掉；将树干上的越冬茧用砖块或石头击碎。

（三）蛀干害虫的防治 香椿蛀斑螟（*Hypsipyla* sp.）、云斑天牛（*Batocera horsfieldi*）是蛀食香椿主干和大枝条的害虫，为害严重。香椿被害，大枝枯死，甚至整株死亡。防治方法：①用磷化铝片剂或用棉花球蘸上敌敌畏塞入新鲜虫孔洞口，再用黄泥封口。②在成虫产卵期及幼虫孵化期停止修枝或损伤树皮，不利成虫产孵和侵入木质部。成虫在树干上产卵后，有明显的刻槽，可人工击杀卵粒，同时用药剂毒杀幼虫。

六、采 收

在江苏省和安徽省北部、河南省沿黄河两岸地区、山东省、山西省南部及陕西渭河两岸地区，在4月上中旬香椿芽长度8～12cm，幼叶2～3枚，尚未完全展开，通体淡棕红色、紫红色、褐红色或黄红色，香气浓郁，脆嫩多汁，味甜无渣时即可采收。分别采摘主干的顶芽（苗木）、大枝顶芽（幼树）及树冠外围最上层的顶芽。采摘这些芽称第1茬芽或初生芽。第2茬是树冠中、下部细弱枝条的顶芽，或苗干上的侧芽、粗大枝条上的侧芽，成芽时期要比第1茬芽晚5～20d，通称第2茬芽、第3茬芽。

据王克娟的研究（1991），香椿侧芽萌发迟缓是受树体内的内源激素IAA的控制，IAA隐芽含量最大，比顶芽大184%～303%，这是香椿具备顶端优势和顶芽最早萌发的原因。顶芽被采摘后，隐芽的内源激素IAA即分散流动，隐芽很快萌发、生长。据试验，顶芽被整体采摘后，侧芽10d后即萌发生长；采摘顶芽时保留1～2片复叶，侧芽在采摘后第16d和第18d萌发；保留4片复叶的，则在采摘后第28d萌发。所以，很多椿芽产区的农民采摘香椿芽时都整芽采下，不留一片小叶。

采收最好在早晨太阳未出之前进行，此时芽体上露水未干，嫩芽幼叶坚挺，商品性好。如采收量大，则在下午5时开始采摘。采摘后在冷凉处包装，防止生热变质。一般宜竖苗存放，同时应快运出售。

（许慕农）

第六节 枸 杞

枸杞是茄科（Solanaceae）枸杞属中多年生灌木或丛生植物。学名：*Lycium chinense* Mill.；别名：枸杞菜、枸杞头等。枸杞在中国的利用历史悠久，《诗经·小雅》中就有"陟彼北山，言采其杞"的诗句。明·李时珍在《本草纲目》（1578）中对其药理及食疗有较为详尽的记载："窃谓枸杞苗叶味苦甘而气凉，乃天精。食之茎叶及子轻身益气，补五劳七伤，壮心气，去皮肤骨节间风，除风、明目。以饮代茶，止渴，消热烦，益阳事，解面毒"。其嫩茎叶可供蔬食，多凉拌、炖、煲汤，味甘鲜，有滋补、解毒之效。枸杞果实也是药膳的重要原料。

枸杞原产中国，分布于温带和亚热带的东南亚、朝鲜、日本以及欧洲的一些国家。多生于山坡、荒地、林缘、田边和路旁。中国栽培枸杞较早的地区在甘肃省的张掖一带，产品被称之为"甘枸杞"。宁夏回族自治区的中宁、中卫栽培枸杞历史悠久，其枸杞果实品质优良，是著名的特产区。20世纪50年代，河北、山东、青海、山西、内蒙古、新疆等省、自治区引种枸杞获得成功。作为菜用枸杞栽培，主要在广东省、广西壮族自治区以及台湾省。在长江流域的一些地区，枸杞多散生于田边、宅旁，于早春采摘嫩芽食用。进入20世纪90年代后期，叶用枸杞被引入北方保护地生产中进行示范推广。

一、生物学特性

（一）植物学特征

1. 根 主根长 30～40cm，侧根多条，须根密集、分布半径达 50～60cm。

2. 茎 直立或匍匐。丛生植株每丛 4～10 株。直立型植株主茎高可达 2m 以上，茎粗最大达 6～10cm,，具针刺。嫩茎绿色，成熟茎淡灰色。枝条弧垂、直垂或平展，节间短。

3. 叶 单叶全缘，互生或 2～4 枚簇生，卵形或长椭圆形，一般长 3～5cm，宽 1～2cm，绿色或深绿色。采收果实的品种叶形较细长，长 4～12cm，宽 0.8～2cm；菜用型品种叶形较宽大，长 5～10cm，宽 3～5cm。

4. 花 花在成熟长枝叶腋中单生或双生或簇生。两性花，花梗长 1～2cm，萼长 3～4mm，花冠漏斗状，长 9～12mm，紫色或淡紫色。雄蕊 5 枚，花药黄白色，纵裂。子房上位，2 室，花柱丝状，柱头头状，二浅裂，胚珠多数。自花授粉。

5. 果实 浆果成熟果红色，也有橙红色或橙黄色，卵形，长 7～15mm，直径 4～6mm。每果含种子 20～50 粒，种子扁肾脏形，浅黄色，千粒重 0.7g。

枸杞地上部形态见图 20 - 13。

（二）对环境条件的要求

1. 温度 野生或栽培枸杞的适生区域为 N15°～N45°。年平均气温 1～18℃，年有效积温在 2 500℃以上的地区，露地栽培枸杞均能良好地生长发育。

2. 光照 枸杞是强阳性植物，生长发育需要足够的光照，全年日照时数在 2 600 h 以上，日照百分率在 65％以上的光照条件下，均能满足露地栽培枸杞的正常生长。

3. 水分 枸杞的生长发育，水分是不可缺少的必备条件，需及时供水。但地下水位过高会阻碍根系的正常呼吸，易诱发根腐病，严重者会造成根株死亡。地下水位宜控制在 1.2m 以下，土壤含水量控制在 18％～22％为宜。

图20 - 13 枸 杞

（引自：《中国农业百科全书·蔬菜卷》，1990）

4. 土壤 枸杞对土壤的适应性强，在沙壤土、轻壤、中壤或黏土上都可正常生长。枸杞在植物生理学中被列为泌盐植物，在土壤全盐含量 0.5％以下，pH8.5 以下均能正常生长并获得高产。

（三）生长发育特性

当 20 cm 深处地温达到 0℃以上时，枸杞根系就开始活动并生长，到达 4℃以上时，新生吸收根开始加速生长；地温达到 8～14℃时，新生吸收根生长长度和密度达到最大值；夏秋季地温在 20～25℃之间，根系生长趋于稳定。当晚秋地温降至 10℃以下时，根系活动减弱，地温降至 5℃以下时，根系停止生长。

气温达 1℃时，株液开始流动；气温达 6℃以上时，芽开始萌动；气温到 10℃以上叶芽萌发同时开始放叶，气温 16℃以上时，新茎叶迅速生长；气温 22℃以上，新茎日生长量 2.5 cm 以上；气温降至 10℃以下时，嫩茎叶生长量逐渐降低并停止生长。在冬季寒冷地区，露地栽培植株进入休眠期。

枸杞植株基部的萌蘖能力较强，主根及粗侧根上生有不定根芽，其萌发力也较强。若任其自然生长，则易形成多茎枝丛生的灌木状，人为限制后，多呈丛生的低灌状。一般栽培，当年利用分根苗或硬枝扦插建园，第 2 年即可投入生产，直至约 20 年连续产菜之后，由于根系的主根出现心腐，生长衰退，植株进入衰亡期，需进行整株更新。

在南方枸杞可周年生长。如此循环往复，直至衰老死亡。若自然生长，其生命周期可达 30 年以上。在北方露地栽培枸杞的生育期是：在 3 月下旬根系开始活动，4 月上旬萌芽，4 月中旬放叶，4 月下旬新梢生长，9 月上旬现蕾，9 月中旬开花，10 月上旬果熟，10 月下旬落叶，11 月上旬开始休眠。在保护地内，菜用枸杞可以周年生长。

二、类型及品种

（一）类型 枸杞有两个栽培种，即宁夏枸杞（*Lycium barbarum* L.），别名：中宁枸杞、山枸杞。主要采收果实和根、皮作药用；枸杞（*L. chinense* Mill.），别名：枸杞菜、枸牙子、枸杞头。主要采收嫩茎叶作菜用。菜用枸杞又有细叶枸杞和大叶枸杞两个类型。

（二）品种 菜用枸杞的主要栽培品种：

1. 大叶枸杞 主产广东，生长旺，根系发达。茎长 15～35cm，粗 0.26～0.08cm，成熟枝条淡灰色，嫩茎绿色。叶质稍厚，卵形或长椭圆形；大叶长可达 10 cm 以上，宽达 4cm 以上，叶柄长 0.4～1.0cm，绿色或深绿色。由插条成活至初收嫩茎叶约 60d，可延续采收 5 个月左右。耐寒、耐风雨，不耐热，味较淡，产量高。

2. 细叶枸杞 主产于广东，生长势中等。不同于大叶枸杞之处是：叶长 5～10cm，宽 0.3～1.1cm，长披针形，顶端极尖，稍厚。茎有刺或无刺。味浓，品质优良。

3. 宁杞菜 1 号 宁夏回族自治区农林科学院枸杞研究所育成。该品种由野生枸杞与栽培的宁夏枸杞杂交育成，表现为生长量大，产菜量高。营养丰富，经宁夏回族自治区食品测试中心分析：含粗蛋白 35.16g/kg，脂肪 2.63g/kg，氨基酸总量 24.47g/kg，维生素 C 134.5 mg/kg，还含有锌、铁、硒等微量元素。茎高 15～20cm，粗 0.40～0.68cm，采菜部位茎高 8～12 cm，粗 0.27～0.36 cm，绿色或深绿色。叶披针形或长椭圆披针形，长 3.1～6.7cm，宽 0.8～2.3cm，叶脉明显，主脉紫红色，质地较厚。

三、栽培季节和方式

（一）栽培季节 露地栽培，春季多于 3～5 月间栽植建园；保护地栽培可周年栽植。在广州地区，一般作一年生绿叶蔬菜栽培。

（二）栽培方式

1. 露地栽培 规模建园，栽植的株、行距为 20cm×300cm，栽苗 16 700 株/hm²；小面积建园，株行株为 20cm×100cm，栽苗 50 000 株/hm²。北京地区于 5～6 月间产品可上市。

2. 保护地栽培 为了延长枸杞的供应时间，于 20 世纪 90 年代后期，北方的一些地区，如北京等地开始引进大叶枸杞品种进行保护地栽培，并取得成功。在日光温室里栽培，产品上市时间在 12 月中旬到次年 5 月中下旬；在改良阳畦内栽培，上市时间在 1～5 月。

四、栽培技术

（一）露地栽培

1. 建园 要求选用地势平坦，有排、灌条件，地下水位 1.2m 以下，有机质含量 1.0％以上的壤土，全盐含量 0.5％以下，pH 低于 8.5，活土层在 30cm 以上。

宜在上年秋季平整土地，深耕 25cm，耙耱后依 50～100m² 为一小畦，做好畦埂，灌冬水，以备翌年春季栽植建园。

2. 硬枝直插栽植 选优良品种采集健壮的成熟枝条，截成 15cm 长的插条，一般只截取枝条基部或中部的茎段作插条。用 100～150mg/L 萘乙酸（NAA）水溶液浸泡插条下端 5cm，经 3h 左右，在已准备好的园地按行距 60cm、株距 15cm 开沟，将插条直插入沟穴内，封湿土踏实，地上部留 1～2cm，外露 1～2 个饱满芽，上面再覆一层细土，并形成一土棱。如果土壤墒情差，可不覆细土，直接按行盖地膜。插入插条每公顷 12 万根左右。枸杞枝条容易发根，一般扦插后 10d 左右开始发出新根新芽，20d 左右便可发生 6～7 条新根，2～3 条新梢，健壮枝条可发生 10 条以上新根，4～5 条新梢。

3. 分根苗栽植　将原枸杞丛状株体切分出的分根苗放入泥浆中蘸根。在建园地上开沟，将苗木栽入，填土踏实后灌水。分根苗每公顷 9 万株左右。

4. 田间管理　幼苗生长高达 10cm 以上时，中耕除草，疏松土壤，深 5cm，在 6、7、8 月各进行一次，深 10cm。秋季施入油渣 7 500kg/hm² 或腐熟厩肥 15m³/hm²；4 月开沟追施 N、P 复合肥 1 150 kg/hm²，6 月开沟追施复合肥 1 150kg/hm²。采菜间隔期内喷洒叶面营养液肥 3～4 次。栽植当年的幼苗生长到 15～20cm 时灌第 1 次水，以后于 6、7 月各灌水 1 次。第 2 年进入生产采菜期间每 10d 左右浇水 1 次，浇水量为 600m³/hm² 左右。

（二）保护地栽培　利用节能日光温室等保护设施进行枸杞栽培，一般于 9～10 月扦插（或扦插育苗）。在正常条件下，扦插苗经过 20～25d 就可以进行移栽，但最迟不宜晚于 10 月中旬。

枸杞较喜肥，产品的采收期又较长，而且是多次连续采收，所以要求土壤肥沃，施肥量大。一般在温室前茬收获后，立即清洁田园、整地，每公顷施腐熟有机肥 45 000～75 000kg，三元复合肥 750kg，深耕，做成宽 1.5m 的平畦。然后开沟或挖穴栽植，栽植深度 6～7cm，行距 20～30cm，株距 15～20cm。定植后浇 1 次定植水，水后 2～3d 中耕，以促进缓苗，加速发根。为提高前期产量，也可将定植行距加密到 10～15cm，待采收几次嫩芽梢之后，田间显拥挤时，隔行移走 1 行，或每行隔 1 株移走 1 株。

华北地区 9 月底至 10 月上旬日光温室内的温、湿度条件有利于枸杞枝叶生长。因此，定植后 50～60d 新梢即可长至 20～30cm，便可以根据市场需求采收上市。在这期间，应注意中耕除草，每公顷追施硫酸铵约 225kg，并结合浇水。也可用 0.3% 磷酸二氢钾进行叶面喷肥，促进枝叶健壮生长。此后，每采收 1 次，应追肥 1 次。但在严冬季节应适当减少浇水次数和浇水量，注意加强保温。

进入夏季，枸杞生长逐渐缓慢，应停止采收，注意养好枝条安全越夏，并为培养健壮的扦插母枝打下良好基础。管理重点是进行 1 次缩剪，行间疏松土壤、施肥，加大通风量，炎夏时在温室骨架外加盖遮阳网，并注意排涝和防治病虫害。

9 月下旬至 10 月上旬，枝条芽苞生长充实，即可成为截取插条的母枝。

五、病虫害防治

（一）主要病害防治

1. 枸杞白粉病　病原：*Arthrocladiella mougeotii*。主要为害叶片。叶两面生近圆形白色粉状霉斑，后扩大至整个叶片被白粉覆盖，形成白色斑片。北方病菌以闭囊壳随病残体遗留在土壤表面越冬，翌春条件适宜时，弹射出子囊孢子，借气流传播进行初侵染，病部产生分生孢子进行再侵染。防治方法：①秋末冬初清除病残体及落叶。②田间注意通风透光，栽培密度不宜过大。③发病初期用 36% 甲基硫菌灵悬浮剂 500 倍液，或 50% 苯菌灵可湿性粉剂 1 500 倍液，或 60% 防霉宝 2 号水溶性粉剂 1 000 倍液，或 20% 三唑酮乳油 1 500～2 000 倍液，或 45% 晶体石硫合剂 150 倍液等喷洒。隔 10d 左右喷 1 次，连防 2～3 次。在对上述杀菌剂产生抗药性的地区，可改用 40% 福星乳油 8 000～10 000 倍液，隔 20d 喷 1 次，防治 1～2 次。

2. 枸杞根腐病　病原 *Fusarium solani*。主要为害根茎部和根部。发病初期病部呈褐色至黑褐色，逐渐腐烂，后期外皮脱落，只剩下木质部，剖开病茎可见维管束褐变，地上部枯萎。湿度大时，病部长出一层白色至粉红色菌丝状物，地上部叶片发黄或枝条萎缩，严重时枝条或全株枯死。一般于 4～6 月中下旬开始发病，7～8 月扩展。地势低洼积水、土壤黏重、耕作粗放的枸杞园易发病；多雨年份

光照不足、种植过密、修剪不当则发病重。防治方法：①选择地势高燥的沙壤土建园，发现病株及时挖除，并在病穴中施入石灰消毒。②发病初期喷淋 50％甲基硫菌灵可湿性粉剂 600 倍液，或浇灌45％代森铵水剂 500 倍液，或 20％甲基立枯磷乳油 1 000 倍液，经过 1 个半月即可康复。

（二）主要害虫防治

1. 枸杞蚜虫（*Aphis* sp.） 成、若蚜群集嫩梢、芽叶基部及叶背刺吸汁液，严重影响枸杞开花、结果和生长发育。年发生代数不清。以卵在枝条上越冬，在长城以北于 4 月间枸杞发芽后开始为害，5 月为盛发期，进入炎夏时虫口下降，入秋后又复上升，9 月出现第 2 次为害高峰。生产上使用氮肥过多，生长过旺，则受害重。主要天敌有瓢虫、草蛉、食蚜蝇等。防治方法：①加强枸杞园管理，实施配方施肥，合理浇水；②保护利用天敌；③如发现蚜虫增殖时应及时喷洒 50％辟蚜雾（抗蚜威）可湿性粉剂 2 000 倍液，或与 20％好年冬乳油 800 倍液混合喷洒；也可用 10％吡虫啉可湿性粉剂 2 000 倍液，或 35％硫丹乳油 1 000 倍液（采收前 21d 停用）喷防。注意交替用药。

在保护地枸杞生产中，主要通过栽培措施如培育无虫苗（插条），在门窗及通风口处采用隔离防蚜防护措施，调节好室内的温、湿度等，尽量不用或少用化学农药。

2. 枸杞负泥虫［*Lema*（*microlema*）*decempunctata*］ 别名：十点叶甲。以成、幼虫食害叶片，造成不规则的缺刻或孔洞，后残留叶脉，受害轻的叶片被排泄物污染，影响生长和结果；严重时叶片、嫩梢被害，影响产量和质量。年发生 5 代，4～9 月间在枸杞上可见到各种虫态。成虫喜栖息在枝条上，把卵产在叶背面，排成人字形。幼虫背负自己的排泄物，所以称负泥虫。幼虫老熟后入土吐白丝黏合土粒结成土茧，化蛹于其中。防治方法：参见芦笋十四点负泥虫。

3. 枸杞木虱（*Poratrioza sinica*） 成、若虫在叶背面刺吸叶片组织汁液，致使叶黄、枝瘦，树势衰弱，造成春季枝条干枯。北方年发生 3～4 代，以成虫在土块、树干、枯枝落叶层、树皮或墙缝处越冬，翌年春季枸杞发芽时开始活动，卵产于叶背或叶面，黄色，密集如毛，俗称"黄疸"。6～7月为盛发期，成虫常以尾部摆动，在田间能短距离快速飞跃，腹端能泌蜜露。防治方法：①秋末初冬时，或于 4 月中旬前灌水翻土，消灭越冬成虫。②4 月下旬成虫盛发期喷洒 25％噻嗪酮（扑虱灵）乳油 1 000～1 500 倍液，或 2.5％联苯菊酯（天王星）乳油 3 000～4 000 倍液，每 667m² 喷对好的药液100L，隔 10～15d 喷 1 次，防治 1～2 次。采收前 7d 停止用药。

六、采　　收

枸杞可进行多次、分批采收。北方地区一般是采长度为 8～15 cm 的嫩茎，每 7～8 天采摘 1 次。采后每 0.5kg 为 1 把，装入保鲜袋在低温（0～4℃）条件下贮运，并尽快进入市场。

广州地区一般扦插后 50～60d 便开始采收，先把生长最旺的枝条采收，留下其余的枝条继续生长，以后分次采收。采收时在枝条基部刈取。采收期在 11 月至次年 4 月。进入 4 月以后，气温上升到 20℃以上，枸杞枝叶生长缓慢，便可停止采收嫩茎叶，培育扦插用的母枝，其间一般不施肥，也不用灌溉，以避免植株疯长，促进枝条充实，芽苞饱满。

（李润淮）

第七节　草　　莓

草莓是蔷薇科（Rosaceae）草莓属中能形成浆果的栽培种群。多年生草本植物。学名：*Fragaria ananassa* Duch.；别名：地莓、菠萝莓。本属约 20 余种，分布于北半球温带至亚热带，亚洲、欧洲习见。公元前 200 年罗马人栽培 2 倍体野草莓（*F. vesca* L.），14 世纪传入英、法。中国约产 8 种。

草莓的基本染色体 n＝7，有 2、4、6 和 8 倍体。至今欧美日等国品种繁多，栽培甚盛。《本草纲目》（1578）内就有关于草莓的记载。19 世纪初先后从英、法、德、荷、美、日等国引进大果型品种，20 世纪 70 年代又先后从波兰等东欧诸国和美、日、法、比等国引进大量品种。中国适宜草莓种植的地区广泛，北至黑龙江，南至广东均有栽培。可以利用多种栽培形式做到周年供应。

草莓果实有特殊的芳香味，甜酸适度，维生素 C 含量较高，可鲜食、冷冻，或制成草莓酱、草莓汁、草莓酒、草莓罐头等产品。因含有丰富的果胶、有机酸和花青素，如果加工调配得当，可不必添加色素，而得到鲜艳的天然草莓红色。

一、生物学特性

（一）植物学特征

1. 根 由短缩茎上发生的初生根和初生根上发生的侧生根组成，主要分布在地表 20cm 深的土层内。一般健壮植株可发生 20～50 条初生根，直径 1～1.5mm。新萌发的初生根呈乳白色至浅黄色，随生长而颜色加深；老根呈黄褐色，最后变成黑色，失去吸收运转功能，被新根取代。根的寿命约 1 年。随着株龄增长，短缩茎延长，不断发生新根，根部亦逐年上移，易外露于地表。及时培土、追肥，能延长根的寿命。

2. 茎 草莓的茎有新茎、根状茎、匍匐茎 3 种。当年萌发的茎称为新茎，新茎上密生叶片，节间短，年生长量只有 1～2cm，生长非常缓慢，加粗生长较旺盛。新茎的顶芽到秋后形成花芽，然后形成顶花序，成为主茎的第 1 花序。草莓的腋芽具有早熟性，当年形成的腋芽大多数形成匍匐茎。

根状茎是指 1 年以上的地下茎。新茎在第 2 年叶片全部枯死脱落后，成为外形似根的根状茎，具有节和年轮，有贮藏营养物质的功能。新茎与根状茎的结构不同，前者内皮层中维管束状的结构较发达，生活力也较强，而后者木质化程度较高。

匍匐茎亦称地上茎，是草莓繁殖的重要器官，是由短缩茎上的芽萌发而来的。匍匐茎本来与花序是同源的，受内部因素和环境条件影响，二者可以相互转化。匍匐茎单数节不能形成子苗，偶数节才能形成子苗。匍匐茎发生的多少与品种、日照时间和温度有密切关系，日照时数 12～16h，气温在 14℃ 以上时，匍匐茎发生较多。在不同栽培条件下，匍匐茎发生的多少也不一样。塑料大棚晚熟栽培，由于苗本身已顺利通过生理休眠，所以匍匐茎发生多，生长快；日光温室条件下的促成栽培大都没有完全通过生理休眠，加之结果量大，消耗养分多，匍匐茎发生就少。在育苗时，一般不让母株结果，以减少营养消耗，1 年内每株能发生 30～150 株子苗。有的品种不发生匍匐茎。

3. 叶 草莓叶为三出复叶，叶柄细长，一般为 10～25cm，叶柄上着生许多绒毛，叶柄基部有托叶，叶柄的中下部一般长有两个耳叶，叶柄的顶端着生 3 片小叶，两片小叶对称，中间小叶形状规则，大多呈圆形、椭圆形、长椭圆形和倒卵形，叶缘有缺刻状锯齿。适温下每 8～9d 开展 1 片新叶，一年内每株约发生 20～30 片叶，部分叶具有常绿性。

草莓植株形态见图 20 - 14。

4. 花 草莓的花序为聚伞形花序，一个花序可着生

图 20 - 14 草 莓
1. 第一次花，幼果已形成 2. 第二次花，正在开花
3. 第三次花，花还未开放 4. 第四次花
（Darrow GM.，1928）

5～30朵花，一般在20朵左右。花瓣白色，花由5枚萼片、5枚花瓣和雌、雄蕊组成。雄蕊在花托周围达20～35个，雌蕊位于花托顶部，每花约有200～400个，雌蕊子房一室，受精后形成瘦果，通常称为种子。草莓花多是两性花，能自花结实。基部有蜜腺，也能吸引昆虫授粉，但也有少数品种没有雄蕊或雄蕊发育不完全，在生产上必须配置两性花品种，以便授粉（图20-15、图20-16）。

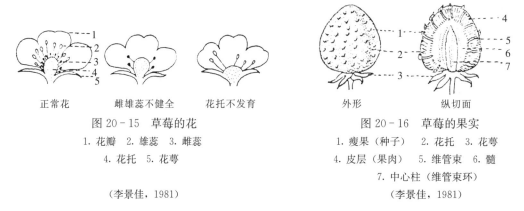

正常花　　　　雌雄蕊不健全　　　花托不发育　　　　外形　　　纵切面

图20-15　草莓的花

1. 花瓣　2. 雄蕊　3. 雌蕊

4. 花托　5. 花萼

（李景佳，1981）

图20-16　草莓的果实

1. 瘦果（种子）　2. 花托　3. 花萼

4. 皮层（果肉）　5. 维管束　6. 髓

7. 中心柱（维管束环）

（李景佳，1981）

5. 果实　草莓的果实是由花托膨大形成，植物学上叫聚合果，栽培上叫浆果。果实的表面附着许多受精后子房膨大形成的瘦果，这是真正的果实，内有1粒种子。种子数量因品种而异，有凹陷在果面，也有凸出或与果面相平。凹陷果面的品种，果表皮易损伤，不耐贮运。草莓果实柔软多汁，果面呈橙红至深红色。果形有圆锥形、锥形、纺锤形、扁圆形、圆球形、扁形、短楔形、长楔形、长锥形等。

（二）对环境条件的要求

1. 温度和光照　草莓植株不耐热，较耐寒。生长温度范围10～30℃，适温15～25℃。根生长最适地温17～18℃。匍匐茎发生适温20～30℃。35℃以上，或－1℃以下，植株发生严重生理失调，但越冬时根茎能耐－10℃的低温。露地栽培在适温下光饱和点为20～50klx，低于此限光合作用降低。光照过强并伴随高温时，生育不良。

2. 水分和土壤营养　草莓是浅根性作物，不耐旱，最适于保水、排水、通气性良好、富含有机质、肥沃的土壤。收果期多雨易引起果实腐烂。草莓适宜在中性或微酸性土壤中生长，pH以5.5～6.5为宜。沙性大及地下水位高的土壤不适合栽培草莓。

（三）生长发育特性

1. 花芽分化与发育　草莓的多数品种在低温、短日照条件下进行花芽分化，要求的温度范围是5～27℃，适宜温度为15℃左右，日照时数为8～10h。当温度达30℃以上或5℃以下，不论日照长短，均不能分化花芽。不同品种间，花芽分化需要的低温和日照长短有差异。适当断根、摘除老叶、遮光、减少氮肥用量及短期低温处理等皆可促进花芽分化。

2. 开花、授粉与果实成熟　草莓在日平均温度10℃以上开始开花，开花后2d花粉发芽力最高，花粉发芽适温25～27℃。开药时间一般从上午9时到下午5时，以上午9～11时为主。开药最适温度为14～21℃，临界最高相对湿度94%。温度过高过低、湿度过大或降雨均不开药，或开药后花粉干枯、破裂，不能授粉。雌蕊受精力从开花当日至花后4d最高，能延至花后1周。由昆虫、风和振动力传布花粉，授粉后花粉管到达子房时间24～48h。

果实发育成熟适宜日温17～30℃，夜间6～8℃，积温约600℃。从开花到果实成熟，日光温室约需50d，而露地草莓一般需25～30d即可成熟。在日照较强和较低温度的环境中，果实所含芳香族化合物、果胶、色素和维生素C均较高。如氮肥过多，植株过茂，授粉不良及通风较差，易使草莓果实发生异常果，雌蕊、雄蕊和花托变大或变形，结成鸡冠形、扁楔和蝶形等畸形果。

3. 休眠 草莓植株从秋至冬，受低温短日照的影响，叶中合成并逐渐积累休眠素类物质，促使全株矮化，叶柄缩短，叶片变小，其发生的角度由原来的直立、斜生，发展到与地面平行，呈莲座形匍匐生长，植株即进入休眠状态。休眠后需经过一定时期的低温（－5～8℃）才能恢复生长。休眠期长短依地区和品种而异。高寒地区的品种休眠程度深，温暖地区的品种休眠程度浅。四季莓等休眠浅的品种仅需 50h 以下，宝交早生等休眠中等品种需 400h 以上，而露地栽培休眠深的品种需 500～700h。植株经过一定时间休眠后，体内酶活化加强，产生解除休眠素物质而恢复生长。生理休眠解除后如仍处于低温短日照条件，则植株处于强制休眠状态，只有在温度升高，日照加长时，才能进入正常生长。

4. 生长发育周期 草莓的年生育周期可分为萌芽和开始生长期、现蕾期、开花和结果期、旺盛生长期、花芽分化期及休眠期。

（1）萌芽和开始生长期 地温稳定在 2～5℃时，根系开始生长，一般比地上部分早 7～10d。抽出新茎后陆续出现新叶，越冬叶片逐渐枯死。春季开始生长的时期在江苏省南部地区为 2 月下旬，华北地区为 3 月上旬。

（2）现蕾期 地上部分生长约 30d 后出现花蕾。当新茎长出 3 片叶，而第 4 片叶还未全部长出时，花序在第 4 片叶的托叶鞘内显露。

（3）开花和结果期 从现蕾到第 1 朵花开放约需 15d。由开花到果实成熟又需 30d 左右。整个花期持续约 20d。在开花期，根的延续生长逐渐停止，变黄，根茎基部萌发出不定根。到开花盛期，叶数和叶面积迅速增加。

（4）旺盛生长期 浆果采收后，植株进入迅速生长期。先是腋芽大量发生匍匐茎，新茎分枝加速生长，基部发生不定根，形成新的根系。匍匐茎和新茎大量产生，形成新的幼株，这一时期是草莓全年营养生长的第 2 个高峰期，可持续到秋末。

（5）花芽分化期 经旺盛生长后，在日均气温为 15～20℃和 10～12h 短日照条件下开始花芽分化。一般品种多在 8～9 月或更晚一些才开始分化，第 2 年 4～6 月开花结果。花芽分化一般在 11 月结束。在夏季高温和长日照条件下，只有四季草莓能进行花芽分化，当年秋季能第 2 次开花结果。

（6）休眠期 花芽形成后，由于气温逐渐降低，日照缩短，草莓便进入休眠期。休眠的程度因品种和地区而异，寒冷地区的品种休眠程度浅，温暖地区的品种休眠程度深。地温和短日照是决定草莓休眠的重要外界条件，其中短日照的时间长短影响最大。

二、种类及品种

（一）种类 中国产草莓有 8 种，即：东方草莓（*Fragaria orientalis* Lozinsk.）、西南草莓（山地草莓）[*F. moupinensis*（Franch.）Card.]、野草莓（森林草莓）（*F. vesca* L.）、黄毛草莓（淡味草莓）（*F. nilgerrensis* Schlecht. ex Gay）、五叶草莓（*F. pentaphylla* Lozinsk.）、纤细草莓（*F. gracilis* Lozinsk.）、西藏草莓 [*F. nubicola*（Hook. f.）Lindl. ex Lacaita]、裂萼草莓（锡金草莓）（*F. daltoniana* Gay）。中国目前广为种植的草莓（凤梨草莓）（*Fragaria ananassa* Duch.）是由美洲产弗州草莓（*F. virginiana* Duch.）与智利草莓 [*F. chiloensis*（L.）Duch.]杂交选育而成，为8 倍体种。

按对环境条件的适应性不同，可分为耐寒型和喜温型。耐寒型品种的休眠期长，短缩茎粗，叶片厚，有光泽，具常绿性，叶柄粗圆，花大。果色浅红，香味较差，适于寒冷地区和露地栽培；喜温型品种休眠期短，短茎细，叶片薄，无光泽，色淡绿，叶柄细长，有纵沟。花中等大，果实深红至绯红，味香，适于温暖地区或保护地栽培。

（二）品种 中国目前栽培的草莓品种多来自欧洲、美国及日本。引进后经多年栽培，已形成一

些地方品种。生产上曾经栽培和目前主栽的品种有：

1. 鸡心草莓　20 世纪 50 年代来自美国 Clark's seeding 品种。植株生长势强，匍匐蔓多。耐寒。5～6 月成熟。复合果短圆锥形，中等大小。成熟果深红色，肉质致密，富香味，品质优，丰产。曾分布于辽宁、河北等省。

2. 北京鸡心　株型较开张。叶圆形，托叶红色。复合果长圆锥形，中等大，单果重 14～22g，浅红色。果肉红色，质地紧密，有香味。瘦果黄绿色，深陷果面。在北京地区 5 月中下旬采收。

3. 四季草莓　由长白山野生草莓演变而来，曾分布于吉林、丹东等地。匍匐蔓少。耐寒、耐阴，休眠浅。叶圆形，有钝锯齿。聚合果长椭圆形或有棱，深红色。有香味，肉质软。瘦果黄白或浅褐色。采收期为 5～10 月。

4. 全明星　美国品种，1985 年引入中国。植株生长势强，株型直立。果实较大，平均单果重达 21g，圆锥形，鲜红有光泽，种子黄绿色，凸出果面。果肉淡红色，肉质致密，风味甜酸有香味，丰产性好。果实硬度大，耐贮运，为鲜食加工两用品种。

5. 丰香　日本品种，1987 年引入中国。植株生长势强，株型较开展。果实圆锥形，种子微凹于果面，果实较大，平均单果重 15.5g，果面鲜红有光泽，外观好。果肉白色，肉质细软致密，风味甜多酸少，香味浓。果实硬度中等，较耐贮运，非常适合鲜食而不宜加工。

6. 宝交早生　日本品种，20 世纪 60 年代引入中国。植株生长势强，匍匐茎发生多，容易繁殖。果实圆锥形，果皮红色光泽好，平均单果重 14g，外观漂亮。肉质细软，酸甜适中，香味浓郁，是优良的鲜食品种。但果实较软，不耐贮运。

7. 女峰　日本品种，1985 年引入中国。植株直立，生长势强，匍匐茎抽生能力强。果实为整齐的圆锥形，鲜红有光泽，平均单果重 17g，酸甜适度，香味浓，果皮韧性强，果较硬，耐贮运。该品种休眠浅，适于促成栽培。

8. 大将军　美国品种。植株大，生长强壮，匍匐茎抽生能力中等，抗旱、抗病，耐高温，适应性强。果实圆柱形，果个特大，一序果平均重 58g。果面鲜红色均匀，果实坚硬，特别耐贮运。果味香甜，口感好，丰产性强，日光温室栽培可以连续结果 3 次，适合保护地栽培。

9. 草莓王子　荷兰培育的高产型中熟品种，也是欧洲著名的鲜食主栽品种。植株大，生长强壮，匍匐茎抽生能力强，喜冷凉湿润气候。果实圆锥形，果个大，一序果平均果重 42g。果面红色有光泽，果实硬度好，贮运性能佳。果味香甜，口感好，产量高。此品种特别适合中国北方塑料棚和露地栽培，是目前产量最高的草莓品种。

10. 荷兰大草莓　果实特大，平均单果重 50.8g，一级序果 8～10 个约 500g，是目前中国草莓栽培中果个较均匀的大果型新品种。果面深红色有光泽，肉质细密，酸甜可口，硬度好，耐贮运。株型直立粗壮，抗寒，耐高温，适应性强，既适应露地栽培，更适应保护地栽培。

三、栽培季节和方式

在栽培方式上，除露地栽培外，还可以进行保护地栽培。其苗木逐步向无病毒苗方向发展。其栽培方式大致有下列几种：

（一）露地栽培　在田间自然条件下，经过春夏生长发育，秋季形成花芽，冬季自然休眠，翌年春暖长日下开花。4～6 月间采收，采收期 20～25d。宜选匍匐茎少、休眠深的大果型品种。

（二）保护地栽培　草莓保护地栽培形式多样，有地膜覆盖栽培、塑料小拱棚、塑料大棚、日光温室、加温温室栽培等。

1. 地膜覆盖栽培　是在露地栽培的基础上，于越冬前或早春萌芽前覆盖地膜，可使植株安全越冬，提早萌芽生长，采收期比露地栽培早 7～10d，总产量增加 20% 左右。生产上常选用 0.008～

0.015mm 厚的无色透明膜。近年黑色地膜也有采用，除具有增温保湿作用外，还有极好的除草效果，地温也较稳定。

2. 塑料小拱棚早熟栽培　小拱棚材料以竹木为架材，宽 1.5m，高 50cm，长 10～20m，棚架上覆盖 0.06mm 厚聚乙烯薄膜。可在秋季 10 月下旬或早春 2 月上旬扣棚，即在草莓满足一定低温时数，即将解除自然休眠前进行扣棚。扣棚后能显著提高棚内温度，使得开花期与采收期较露地栽培提早 20d 左右，单产可提高 15％。

3. 塑料大棚早熟栽培　塑料大棚架材可选用铁制棚架或竹木结构大棚架。由于大棚架高，跨度大，操作方便，热容量大，保温性能比小拱棚好，因此可大幅度提早果实成熟期，延长鲜果的上市时间，能较露地栽培的草莓成熟期提早 30d 左右。

4. 日光温室栽培　是利用日光温室在冬季进行生产，将收获期安排在严寒的冬季。温室栽培的品种一定要选用花芽分化早、休眠性浅、低温季节耐寒性好的品种。温室栽培一般可在元旦前后收获，采收期长达 5 个月。

四、栽培技术

（一）露地栽培技术

1. 繁殖方式　草莓的繁殖方式有匍匐茎繁殖、分株繁殖、种子繁殖和组织培养繁殖等方法。

（1）匍匐茎繁殖　这是草莓生产上最常用的育苗方法。当果实采收后，建立专用苗圃或在原畦，使母株保持 80～100cm×30～50cm 营养面积。耕松株行间空余土地并施肥整平。母株匍匐茎发生后将茎蔓引向空隙，培土于蔓节，使新苗扎根，至 2～4 叶龄，在距苗两则 2～3cm 处断茎，成为一株新苗。对于未生根或生根少的匍匐茎上的叶丛，也可一起剪下，于 7～8 月假植到苗床里，株行距为 12cm×15cm。栽后用草帘等覆盖遮荫，经 5～6d 成活后逐渐揭除，至秋季即可培养成壮苗（俗称假植育苗）。

（2）分株繁殖　母株分株繁殖又称分墩法。不发生匍匐茎的品种，植株衰老后，宜进行分株更新。摘除枯衰根茎，择取白根多、无病虫壮株，留 2～3 叶，直接栽于本圃或经苗圃分苗后定植。此法 1 丛母株只能分取 1～3 株定植苗，且栽后植株易早衰，故应用不广。

（3）种子繁殖　果实采下后经后熟，除肉洗净、晾干，于当年或春初播种于苗床，至 3～4 叶龄时分苗，9～10 月定植本圃。用种子繁殖，由于成苗率低和变异性大，生产上一般不采用，只限于杂交育种及远距离引种和某些难以获得营养苗的品种应用。

（4）组织培养繁殖　利用组织培养法育苗，是在无菌条件下将草莓匍匐茎顶端的茎尖，在人工培养基上诱导出幼苗，然后通过腋芽的增殖迅速扩大繁殖，幼苗经生根驯化培养后，可移植到田间栽培。这种方法培养出的苗，不仅能脱除病毒，保持品种原有特性，而且繁殖快，节省土地，可以迅速更新品种。目前中国已大面积推广应用组织培养育出的无毒（脱除主要致病病毒）草莓苗。

2. 田间管理

（1）整地作畦　定植前半月整地施基肥。草莓种植畦有两种：一种是平畦定植，适宜北方冬寒春旱地区。畦宽一般 1.3m，畦埂宽 25～30cm，畦埂高 15cm。平畦优点是便于灌水、中耕、追肥和防寒覆盖；缺点是灌水不匀，果实易被泥土沾污，引起腐烂。第二种是高畦（或高垄）栽培，较适宜南方地下水位高、多雨地区或有喷灌、滴灌设备的地区。高垄栽培要求垄高 25cm，垄面宽 50cm，垄底宽 70cm，垄沟宽 30cm。高畦栽培的优点是：排灌方便，通风透光，果实着色好、质量高，便于地膜覆盖和垫果；缺点是易受风害、冻害及水分供应不足。高畦、高垄同样适宜温室、塑料大棚栽培。

（2）定植　露地栽培的定植期在 7～10 月，北方早于南方。亦可于翌年 3～4 月定植，但当年产量低。平畦栽植一般是每畦栽 4 行，行距 30cm，株距 20cm，每公顷栽苗 135 000～150 000 株。高垄

如双行栽植，株距 15cm，每公顷栽苗 120 000～135 000 株。从苗圃起苗后，摘除老叶、病叶，选叶柄短、白根多、心叶充实、根颈粗和具 4～5 叶以上大苗，带宿土移栽。夏秋间宜选阴天或傍晚栽植。栽苗时使每株花序朝同一方向，便于以后垫果和采收。把根部土壤按紧，顶芽外露地表。栽后应立即浇水。如遇高温烈日要遮荫或喷水降温保湿。

（3）施肥　基肥以堆肥、畜禽肥、饼肥和绿肥等有机肥为主，栽植前结合耕翻整地，应施腐熟的优质有机肥 75 000kg/hm²，加硫酸钾、过磷酸钙各 375kg/hm²。草莓每年进行 3 次追肥。第 1 次在撤除防寒物以后，植株萌芽前施入，以促进植株生长。第 2 次在开花前施入，以满足开花结果的需要，第 1、2 次可用复合肥或草莓专用肥每次施 330～450kg/hm²。第 3 次在采收后施入，以保证植株健壮生长，并促进匍匐茎的发生。第 3 次可施腐熟的优质有机肥 30 000kg/hm²，方法是在植株两侧划浅沟撒入，施肥后覆土埋严。

（4）灌水、中耕及除草　草莓根浅，不耐干旱，定植后宜立即灌水，并保持土壤湿润至成活。灌水方法，一般习惯沟灌，但开花结果期易遭泥水污染，最好采取膜下沟灌或滴灌。遇大雨时要及时排水，防止土壤过湿，以利于草莓开花坐果和优质高产。定植后及每年萌发前后浅中耕 1～2 次。入冬前结合灌水再次浅中耕，并结合中耕进行培土，培土时不可埋没顶芽。田间发现杂草，尤其在夏季要及时拔除。

（5）植株管理

①培土。草莓根状茎不断产生分枝并逐渐上移。在多年生草莓园，根状茎常常长出地面裸露在外。因此每年果实采收后，初秋新根状茎大量发生之前，应及时对草莓植株茎基部进行培土。可结合中耕施肥，先在植株基部施优质厩肥，然后用土盖住，进行培土。

②防寒保暖。冬季温度降至 −7℃ 前，应及时覆盖防寒物保暖，如搭风障、盖草、覆膜、埋土或压盖厩肥等。在密植的草莓园，可每隔 10～15m 设风障 1 道，障高 2～3m。如采用覆草，材料可用麦秸、稻草、玉米秸、豆秸等，厚度 2～3cm，草上适当压些土。如用覆土，厚度一般为 2～3cm，土壤不宜过于黏重。用废旧塑料薄膜覆盖，对防寒和保持土壤水分效果显著。

③摘除匍匐茎。在生产园中，过多地抽生匍匐茎会严重消耗母株营养，因此需及时摘除多余的匍匐茎，一般 1 年中摘除 3～4 次。6 月下旬以后，匍匐茎大量发生，至少应每 3 周进行 1 次。对带状单行或带状宽窄行的草莓园，在结果植株周围应选留一部分匍匐茎苗，这样可增加结果株数，提高产量，其余一律摘除。

④疏蕾摘叶。由于草莓单株侧花枝与花蕾过多，常导致营养不足，植株生长衰弱而出现无效花、小果和畸形果。因此，从蕾期开始，每株仅保留 2～3 侧花枝，每花枝留果 3～5 个，单株 8～14 个，余者疏除。下位枯黄叶和病叶也应及时摘除。

⑤垫果和授粉。用地膜或麦秸等在开花前均匀铺垫在株行间，防止果实被泥沾染与腐烂，采收结束后撤除。花期可在草莓园附近和大棚温室内，放养蜜蜂或人工触动花枝辅助传粉，能提高授粉和坐果率，减少无效花及畸形果。

（二）保护地栽培技术　草莓在各种保护地中均能栽培，但应注意选择较耐低温、早熟、休眠性浅或易打破休眠、结果期集中的品种，如丰香、明宝、宝交早生、硕香等。

打破休眠的方法：除低温处理外，还可以人为采取措施，提早解除休眠甚至抑制休眠，以调节开花结果的时期。方法：①人工补光。对于宝交早生来说，当低温积累量达到 250h 后，即可开始保温，用灯光照明打破休眠。每天 16h，选用 40W 日光灯管，吊于栽培床上 1m 处，每隔 4m 吊挂 1 盏灯，中途不要中断补光；②用赤霉素处理。通常在开始保温的第 3～4d 后进行，浓度 10mg/L，每株喷 10ml，处理时的适宜温度为 25～30℃。

1. 塑料大棚早熟栽培技术　在浙江地区，宜 8 月中旬假植育苗。在棚内作 1.3m 宽的畦，沟宽 40cm，施入腐熟有机肥一般每公顷 30 000kg 或饼肥 2 250kg，复合肥 600kg。9 月下旬至 10 月上旬定

植，株距 13cm，行距 17cm，每畦 7 行，每公顷栽 240 000 株苗。在大棚内夜间最低气温在 5℃以上则可安全开花结果。如温度太低，可在大棚里加盖小棚保温，或覆盖黑色地膜，不但可以保温，而且能防止果实直接与土壤接触而遭受污染。在定植成活后进行第 1 次追肥，铺地膜前进行第 2 次追肥，均用复合肥，每公顷每次 150kg。分期摘掉全部腋芽和病叶、老叶。当地的采收时间是次年的 2 月上、中旬。

2. 日光温室栽培技术　日光温室栽培草莓的茬口可分为冬春茬、早春茬和秋冬茬，目前多数地区以冬春栽培最为普遍且效益较高。

采用假植育苗方法育苗，或在 8 月中旬剪取匍匐茎苗或叶丛，直接定植到温室栽培床里。也可以用营养钵压茎，促使发根成苗。黄淮地区冬春茬栽培一般于 9 月中旬定植，10 月中下旬扣膜保温，12 月始收，3 月结束；早春茬栽培，于 12 月上旬定植到温室，2～3 月为第 1 个采收高峰期，5 月还会出现第 2 个采收高峰期；秋冬茬栽培在夏秋季定植于温室，夜温低于 13℃时扣膜保温，栽后 60d 开始采收。

（三）无土栽培技术　草莓的无土栽培技术参见第二十六章。

五、病虫害防治

（一）主要病害防治

1. 草莓灰霉病　病原：*Botrytis cinerea*。主要侵染花器和果实。初在花萼上现水渍状小点，后扩展为近圆形至不定型，逐步蔓延及子房和幼果，直至果实出现湿腐。湿度大时，病部产生灰褐色霉状物。果实染病主要发生在青果上，形成淡褐色斑，并向果内扩展，致使果实湿腐软化，病部也产生灰褐色霉状物，果实容易脱落。天气干燥时病果呈干腐状。其分生孢子借风、雨、农事操作等传播。气温在 18～23℃，遇连阴雨或潮湿天气持续时间长、或田间积水、种植密度大、枝叶茂盛，则病情扩展迅速，为害严重。防治方法：①选用优良品种。②最好能和水生蔬菜或禾本科作物实行 2～3 年轮作。③定植前深耕，或每 667m² 撒施 25％多菌灵可湿性粉剂 5～6kg 并与土壤充分混合，防病效果良好；提倡高畦栽培，注意清洁田园、排水降湿。④在发病初期，喷洒 40％多·硫悬浮剂或 50％多菌灵可湿性粉剂或 60％防霉宝超微粉 600 倍液，或 70％甲基硫菌灵可湿性粉剂 500～600 倍液，或 50％腐霉利（速克灵）或异菌脲可湿性粉剂各 1 500 倍液等，隔 7～10d 喷 1 次。如对上述杀菌剂产生抗药性，可改用 65％硫菌·霉威（甲霉灵），或 50％多·霉威（多霉灵）可湿性粉剂各 1 000 倍液。

2. 草莓白粉病　病原：*Sphaerotheca aphanis*。主要为害叶片及果实。叶片感病时，于叶两面出现白色粉末状物，严重时病斑相互汇合致叶片坏死或幼叶上卷；染病果实上覆白色粉状物，即为病菌的分生孢子梗和分生孢子。分生孢子借气流、雨水传播。当高温、干旱与高温、高湿交替出现，又有大量菌源时，易发生大流行。防治方法：①选用抗病品种。②喷洒 2％抗霉菌素（农抗 120）或 2％武夷菌素（BO-10）水剂 200 倍液，隔 6～7d 喷 1 次。③采用 27％高脂膜乳剂 80～100 倍液，于发病初期喷于叶片上，形成保护模，防止病菌侵入，并可造成缺氧条件，使白粉菌死亡。一般隔 5～6d 喷 1 次，连喷 3～4 次。④在发病初期，可用 15％三唑酮（粉锈宁）可湿性粉剂 1 500 倍液，或 30％特富灵可湿性粉剂 1 500～2 000 倍液，或 40％多·硫悬浮剂 500～600 倍液等喷防。

3. 草莓芽枯病　病原：*Rhizoctonia solani*。主要为害蕾、新芽、托叶和叶柄基部。蕾和新芽染病后逐渐萎蔫，呈青枯状或猝倒，后变黑褐色枯死。托叶和叶柄基部染病时，叶倒垂，果数和叶片减少。在叶片和花萼上产生褐斑，形成畸形叶或果，后期易受灰霉病菌寄生。气温低及遇有连阴天气易发病，寒流侵袭或湿度过高则发病重。温室或塑料棚密闭时间过长，则发病早而重。防治方法：①采用充分腐熟的有机肥，培育无病壮苗；②加强田间和保护地栽培管理，浇水后注意及时通风、降湿；

③现蕾后可喷施 5％井冈霉素水剂 1 000 倍液，或 10％立枯灵悬浮剂 300 倍液，7d 左右喷 1 次，共防 2～3 次。如芽枯病与灰霉病混合发生，可喷施 50％腐霉利可湿性粉剂 1 500 倍液，或 65％硫菌・霉威可湿性粉剂 1 000 倍液，或 50％多・霉威可湿性粉剂 1 000 倍液等。

4. 草莓病毒病　病原：由多种病毒单独或复合侵染引起，中国产区普遍存有 4 种，即草莓斑驳病毒（SMoV）、草莓皱缩病毒（SCrV）、草莓轻型黄边病毒（SMYEV）、草莓镶脉病毒（SVBV）等，侵染率占 80％以上。草莓全株均可发病，多表现为花叶、黄边、皱叶和斑驳，病株矮化，品质变劣，结果减少，甚至不结果。病毒主要通过蚜虫、无性分株繁殖和根结线虫等传播。栽培年限越长，感染病毒种类越多，发病为害程度越重。品种间抗性有差异，但品种抗性易退化。防治方法：①选用抗病品种。②建立草莓无毒苗培养和生产体系，栽培无毒苗。③田间采用防蚜措施，发现病株要及时拔除。④发病初期进行药剂防治，可参见芦笋病毒病。

5. 草莓线虫病　为害草莓的线虫有多种，在中国南北各地常见的有草莓芽线虫（*Aphelenchoides besseyi*）、南方根结线虫（*Meloidogune incognita*，*M. hapla* 及 *M. javamica* 等）。草莓芽线虫主要为害芽和匍匐茎，严重时植株萎蔫，花芽停止发育，翌年不结果。其初侵染源主要是种苗携带，靠雨水和灌溉水传播。南方根结线虫为害根系，植株长势衰弱。线虫以卵或 2 龄幼虫随病残株在土壤中越冬，病土、病苗和灌溉水是主要传播途径。防治方法：①培育和使用无病苗。②选用抗线虫品种。③实行轮作。④秋季定植草莓的田块于盛夏进行高温土壤消毒，或用药剂防治，参见第十七章番茄根结线虫。⑤栽植休眠母株可于 35℃水中预热 10min，再放到 45～46℃热水中浸泡 10min，冷却后种植。在花芽分化前 7d 或定植前用 50％硫磺胶悬剂 200 倍液，或 90％杀虫丹 800～900 倍液。

（二）主要害虫防治　为害草莓的主要害虫种类较多，其综合防治方法：首先要采用农业和物理防治措施，如轮作，用黄板、灯光诱杀，清除田园，杜绝虫源，人工捕杀等。螨类防治可用 5％噻螨酮（尼索朗）或 20％哒螨灵乳油 2 000 倍液，或 10％阿维・哒螨乳油 1 500 倍液等。蓟马、斜纹夜蛾防治可用 2％多杀菌素（菜喜）1 000 倍液，或 5％氟氯氰菊酯（百树得）乳油 1 500 倍液等。蚜虫防治用 10％吡虫啉可湿性粉剂 3 000 倍液，及阿维・哒螨、百树得等。地下害虫蝼蛄、地老虎防治可用毒饵诱杀，金针虫用 40％毒死蜱（乐斯本）乳油 800 倍液喷洒土壤后耕翻，兼治蝼蛄、地老虎。

六、采　收

采收宜在清晨或傍晚进行。用拇指和食指折断果柄，勿伤萼片和果面。硬果品种和加工用果在充分着色后采收。软果品种和远销用果，在半着色成熟度时采收。采收后以 1～5kg 不等的纸盒、白色托盘、塑料盒等包装，在较低温度条件下贮运。

在 −25℃以下低温环境下，使果实在短暂的时间内急速冷冻，从而达到冷藏保鲜目的。该方法能保持果实的形状、新鲜度、自然色泽、风味和营养成分，而且工艺简单，清洁卫生。速冻后装袋密封，放入硬纸箱，送入 −18℃冷室中存放，贮藏时间可达 18 个月，可随时鲜销。

（高霞红）

第八节　蘘　荷

蘘荷是姜科（Zingiberaceae）姜属中以嫩茎叶及花穗可食的栽培种。学名：*Zingiber mioga* (Thunb.) Rosc.；别名：阳藿、野姜、蘘草、茗荷。原产中国南部。反映战国楚人辞赋的《楚辞》有"醢豚若，狗脍苴莼"。王逸注："苴莼，蘘荷也"。蘘荷分布于长江流域各省以及陕西、甘肃、贵州等省，现在山谷阴湿处仍有野生种。按花色分，蘘荷有黄花与白花两种。江苏省栽培黄花蘘荷较多。紫色嫩茎芽称"蘘荷笋"，穗状花序上的花蕾称"蘘荷子"，二者味香而甘，是主要的食用器官，可以凉拌、炒食。白花蘘荷以药用为主，它的根、茎、花序均可入药。近年引入中国北方种植。

一、形态特性

蘘荷的根是由地下茎发生的不定根构成的须根系。近茎处多肉质化。地下茎多横向匍匐生长，向下生根，向上抽生紫红色嫩芽，见光后变绿色，进而形成新株。地上茎高 0.5～1.0m。叶互生，披针形。花穗自地下茎抽生，长椭圆形，长 5～7cm。苞片覆瓦状排列。花冠淡黄色，唇瓣卵形，3 裂。蒴果紫红色，3 裂。种子圆球形，黑色，被白色假种皮（图 20-17）。

二、生长发育对环境条件的要求

蘘荷喜温暖，不耐霜冻，地上茎叶遇霜枯萎，地下茎在 0℃以下的温度条件下，也会被冻死。地温达 10℃以上时茎芽开始萌动，生长适温为 20～25℃，25℃以上条件下抽茎、开花、结实。气温降到 15℃以下时即停止生长。

蘘荷要求湿润的气候，不耐土壤干旱和水涝。在疏松、肥沃的微酸性或中性土中生育良好，需钾也较多。蘘荷还要求充足的光照条件，半阴地栽培的蘘荷抽生的花薹少，肉质也薄。

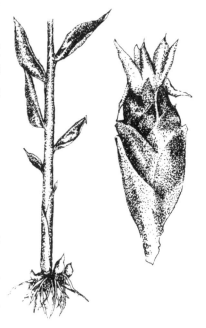

图 20-17　蘘荷（安徽黄花蘘荷）
（引自：《中国蔬菜品种志》，2001）

三、栽培技术

蘘荷为多年生蔬菜，一般 4 年更新 1 次。目前都是露地栽培。

栽培蘘荷的地块要深耕 25cm 以上，施足有机基肥，细耙平整，作高畦或平畦。其繁殖方法是在休眠期，选生长健壮的地下茎，切割成具有 2～3 个芽的茎段，按行距 60～70cm，株距 40cm 左右开穴，穴深 10cm，将茎段平放穴中，覆土，并浇水保持湿润。茎芽出土后，多中耕松土；视土壤干湿情况进行浇水，多雨季节注意排水；依地力分次追肥，尤其抽花穗前更要保证有充足的土壤营养，一般追复合肥 200kg/hm² 左右。对 3 年生以上的老株，借深中耕清除部分老根，以促进植株更新生长。茎芽出土及抽生花穗时，宜多盖些堆肥或稻草，促使嫩芽及花穗更柔软脆嫩。

蘘荷的病虫极少，一般不进行防治。在高温多雨季节易发生蘘荷腐败病，病原：*Pseudomonas zingibari*。发病后茎腐叶萎。防治的主要措施是轮作，选透水性好的土壤，雨季注意排涝和及时更新栽植。

蘘荷的食用器官是地下嫩茎、嫩茎芽及花穗三部分。栽植当年一般不采收地下嫩茎及嫩茎芽。通常是春季采收嫩茎芽 1～2 次，采收的标准是嫩茎芽长 13～14cm，叶鞘尚未散开。夏秋季采收花穗，其标准是花穗已充分长大，但还没有花蕾出现。晚秋采掘地下嫩茎。

第九节　菜蓟（朝鲜蓟）

菜蓟是菊科（Compositae）菜蓟属中能形成肥嫩花蕾供食的栽培种，为多年生草本植物。学名：*Cynara scolymus* L.；别名：朝鲜蓟、洋蓟、荷兰百合、法国百合等。是由刺苞菜蓟（*C. cardunculus* L.）演变而来。菜蓟原产地中海沿岸，南欧仍有野生种。19 世纪由法国传入上海。

目前在上海市、云南省、浙江省、湖南省有栽培，台湾省的栽培面积较大，是供出口的蔬菜之一。菜蓟花蕾中的总苞及花托富含维生素 A、B、C 等营养物质，多炒食、做汤或制酱、罐。经软化的嫩茎叶也可食，有助消化之功效。

一、形态特征

根系发达。成株茎高 1m 左右，径粗 4~5cm，有分枝 1~3 个。叶披针形，大而肥厚，羽状深裂，绿色，被白色茸毛。肥嫩花蕾着生在主、侧茎的顶端，主茎上花蕾最大称"王蕾"，侧茎上的花蕾较小。花蕾有绿或紫两种颜色，每花蕾有苞片 100 片左右。外层 60 片左右木质化不能食用，内层 40 片左右肥嫩，可与花托共同被食用（图 20-18）。

每蕾可食用部分重 20~40g。头状花序，开花后结种子。种子扁椭圆形，长约 7mm，棕褐色，千粒重 44g。

二、生长发育对环境条件的要求

菜蓟喜冬暖夏凉气候，地上部耐轻霜，遇霜冻则枯萎而亡。地下部较耐低温，适于在全年气候温和地区栽培。高温会使花蕾苞片开放，降低品质。菜蓟喜湿润忌干旱，但雨涝易诱发烂根。同时要求阳光充足。

图 20-18 菜蓟（上海朝鲜蓟）
（引自：《中国蔬菜品种志》，2001）

三、类型及品种

中国栽培的菜蓟有法国及意大利两个类型，目前还没有具体品种的报道。早年中国曾引种过刺苞菜蓟。此种可作观赏和菜用。

四、栽培技术

菜蓟为多年生蔬菜。每年春暖后发叶抽茎，形成花蕾，遇霜冻地上部死亡。生产中多 4~5 年更新 1 次。栽培当年不易形成花蕾。

菜蓟可用种子繁殖，但不易保持原品种性状，故生产中多用分株繁殖。在中国南部地区，多于 10 月前后掘取健壮母株的多余分蘖，大的分蘖苗带根直接定植于生产田，小的分蘖苗按 15cm 左右的间距栽入苗床，经培育于次年 3 月带土定植于生产田。菜蓟的生产田要选择保肥保水性好、排水通畅的肥沃土壤，施足有机基肥，耕细耙平，作成宽 100cm（连沟）、高 20~25cm 高畦。按穴距 60~80cm，挖深 20cm 的栽植穴。每穴栽 1 株健壮苗，栽后及时浇定植水。缓苗后及时中耕除草和追肥浇水，以保证幼苗健壮生长。每年生产田的管理工作有：①春暖后及时中耕除草，保持畦面疏松、整洁；②在叶片萌发后及花蕾形成前进行追肥，每次追复合肥 150kg/hm² 左右；③视土壤墒情及时灌溉，以保持土壤湿润，尤其花蕾形成期更应有充足的水分供应。多雨时要及时排涝；④高温季节宜盖草降低地温；⑤秋后或早春清除多余分蘖；⑥花蕾收割后，及时从土面下 10cm 处割除残留主茎；⑦定期清除残枝老叶，以利通风透光。⑧冬前培土防寒。

20 世纪 90 年代初，山东省临沂地区引种菜蓟，在自然状态或茎部培土 10cm 越冬，死株率在

20％以上。如封冻前覆盖碎草或草帘，其保苗率在95％左右，采蕾期提前10d左右，产量提高。如在塑料棚内越冬，则保苗率达100％，采蕾期比覆盖碎草或草帘的提前7d。

菜蓟的病虫害较少，有时发生烂根，防治措施是轮作，搞好田间排水及保持田间整洁等。

在长江下游地区，菜蓟多在5～6月间形成花蕾。当花蕾萼片青绿，基部外层萼片欲开未开，仍较紧密时，即总苞开放前1～2d为采收适期。花蕾收割后要及时分级包装，并应在冷凉条件下贮运。

第十节 辣 根

辣根是十字花科（Cruciferae）辣根属中能形成肉质根的栽培种。学名：*Armoracia rusticana* (Lam.) Gaertn.；别名：西洋山葵菜、山葵萝卜等。辣根原产欧洲东部土耳其，在原产地有2 000多年的栽培历史。中国上海市、青岛市栽培较早。辣根的肉质根有特殊辛辣味，含烯丙（基）硫氰酸（C_3H_5CNS），多作调味品用，也可代替山葵用作食用生鱼片、寿司等的佐料。中国自古将之入药，有利尿、兴奋神经的功效。东北地区有药用栽培。

一、形态特征

辣根的根有肉质根及吸收根两种。肉质根长圆柱形或长圆锥形，外皮黄白色，肉白色，肉质致密，具辛辣味。有侧根4列，易生不定芽。侧根及主根延长分枝形成吸收根。花茎粗壮，高60～70cm，多分枝。叶有基生叶及茎生叶，基生叶长圆状卵形，具长叶柄（图20-19）。茎生叶广披针形，无叶柄或有短柄。圆锥花序，小花白色，子房卵圆形，长约3mm。短角果椭圆形，长3～5mm，内含种子8～10粒。种子小，扁圆形，淡褐色，子叶缘倚胚根。

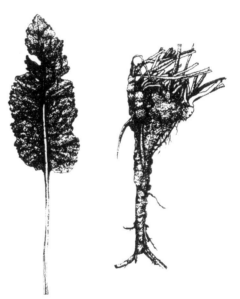

图20-19 辣根（西洋山葵菜）

（引自：《中国蔬菜品种志》，2001）

二、生长发育对环境条件的要求

辣根喜冷凉气候，但不耐霜冻，生长适温为17～20℃，28℃以上的高温会使生长受抑制，肉质根的品质下降。辣根较耐旱，不耐雨涝；较耐阴。对土壤适应性较广，但在土层深厚、肥沃湿润、微酸性（pH为6.0～6.5）沙质土壤中生育良好。

三、类型及品种

目前，尚未见辣根分化出不同类型及品种的报道。

四、栽培技术

辣根是多年生蔬菜，生产中多于栽后20个月时采收。目前都是露地栽培。

辣根的种子细小，而且不易收到种子，所以生产中都用根段繁殖。具体做法是：冬季，最好是早

春（3 月）采收时，把粗 1cm 左右的根，剪成长 15cm 左右的根段，上部切平、下部切成斜面，按 60cm 行距，30cm 株距，顶部向上插于生产田。插栽时可开沟，也可挖 1 个洞。插根深度以顶部低于畦面 5cm 为宜。同时要压实，使根与土壤密接，以利保湿和促发出不定芽。根段不能立即插栽时，可将其捆扎成束，贮于冷凉湿润的细沙中。需根段量为 100kg/hm² 左右。一般每采收 1 个单位面积的肉质根，其根段可栽 5 个单位面积。辣根栽培时要选土层深厚、疏松肥沃、从没种过辣根或种后 3～5 年的地块，施足有机基肥，耕细耙平，作成高 20～25cm、宽 1.5m（连沟）的高畦，栽两行。栽植后，如土壤墒情适宜，可不浇水。出苗后，多中耕除草，同时适当培土。视地力在苗高 15cm、30cm 时追肥，每次追复合肥 150kg/hm² 左右。当苗高 20cm 左右时，扒开根际土壤，除去肉质根周围的侧根。再覆土完整，以获得高质量的肉质根。辣根虽较耐旱，但生产中要保持土壤见干见湿，多雨时及时排涝。

辣根的主要病害有辣根黑斑病（病原：*Alternaria brassicae*）、辣根褐腐病（病原：*Rhizoctonia solani*）、辣根拟黑斑病（病原：*Alternaria brassicicola*）、辣根灰霉病（病原：*Botrytis cinerea*）等，目前对生产的影响较小，个别严重地块可影响植株正常生长，或对产量和品质有一定影响。防治方法：辣根黑斑病。辣根拟黑斑病防治方法可参见青花菜黑斑病。辣根褐腐病防治方法：根段栽插前用 40%甲醛（福尔马林）水剂 200 倍液等浸种 10min；增施钾肥。辣根灰霉病防治方法：参见青花菜灰霉病。

辣根的虫害有菜青虫及小菜蛾，防治方法：参见第 12 章白菜类有关部分。

辣根的肉质根虽可当年采收，但产量不高，一般栽后 20 个月时产量最高。如过期不采则易空心，品质降低。采收最好在冬初至早春的冷凉季节为好。掘取的肉质根应及时整理、分级、包装，并宜在冷凉（0～2℃）、湿润条件下贮存。

第十一节　食用大黄

食用大黄是蓼科（Polygonaceae）大黄属中以叶柄供食的栽培种，为多年生草本植物。学名：*Rheum rhaponticum* L.；别名：圆叶大黄。食用大黄的叶柄含琥珀酸，味酸清口，可取汁制酱，或作糕点馅。其根状茎及根入药有泻肠胃积热、下瘀血、外敷消痈肿等功效。食用大黄原产中国内蒙古自治区，湖北、陕西、四川、云南、贵州等省有野生种。现内蒙古自治区、台湾省有少量栽培。食用大黄不同于中国药用的掌叶大黄和鸡爪大黄，但又具有类似的功能。

食用大黄于 17 世纪传入欧洲，在欧洲和北美普遍栽培，但它所表现的性状却与原产地的类型相差甚远。因此某些大黄很可能起源于北美，或者是与其他种的杂交后代。

一、形态特征

食用大黄为多年生高大型草本植物，有地下茎及纤维状根。基生叶丛出，掌状浅裂，心脏形，绿色或淡红色。叶肉厚，叶柄肥厚，长 25～40cm，淡绿色，嫩叶柄鲜红色或绿色。夏季抽薹开花，花梗高 1m 左右，花绿白色或黄白色，无花冠。瘦果呈三角形并有膜状种翼，秋季成熟。种子千粒重 20g 左右。

二、生长发育对环境条件的要求

食用大黄喜冷凉气候，地下茎及根出叶耐寒性较强。根出叶遇－4～－3℃低温才受冻死亡。植株生长适温为 18～22℃。种子属低温发芽性，温度达到 25℃以上时发芽缓慢。高温条件下生育不良。

食用大黄耐旱性强，生长旺盛期需水较多，但不耐涝。较喜阴，苗期不宜强光照射。对土壤要求不严格，喜中性土壤。

三、类型及品种

食用大黄按叶柄的颜色分为绿叶及红叶两个类型。尚未见有品种形成的报道。

四、栽培技术

食用大黄是多年生蔬菜，除南方行秋季定植外，一般是春季定植或播种。10 年左右更新 1 次。目前多露地栽培，仅冬季在保护地内进行短期的软化栽培。

食用大黄虽可用种子繁殖，但生长慢，播种后 2～3 年才能采收，故生产中多用分株繁殖。定植前掘取根株上的分蘖芽，分级定植。定植地应选疏松肥沃排水良好的地块，施足有机基肥，耕细耙平，作 1.6～2.0m 的高畦（连沟），按行距 0.6～0.8m，株距 0.5m 栽植根株芽（或幼苗）。定植后及时中耕除草和保持土壤湿润。

每年的田间管理：①春季多中耕松土，发芽前适当培土；②视墒情及时浇水，多雨时注意排涝；③追肥多在发芽后及采收前进行，每次追复合肥 150kg/hm² 左右；④定期清除株间的残枝老叶及多余的分蘖苗，以利通风；⑤抽花茎后及时摘除花穗，以节约营养；⑥冬季可掘取根株密植于保护地内，保持 20℃的温度及土壤湿润，并遮光，经 30d 左右，可得到新鲜的软化叶柄供食用。如要得到红色叶柄，则还需适当见光，但光照不可过强，以防叶柄颜色又转为绿色。

食用大黄病虫害极少，一般不进行专门防治。

露地栽培的食用大黄，于 5～7 月间采收充分长大且鲜嫩肥厚的叶柄。采后要及时分级包装，并应在冷凉条件下贮运。采收时一次不宜过多，以保持植株有较强的生长势。

第十二节　黄　秋　葵

黄秋葵是锦葵科（Malvaceae）秋葵属中能形成嫩荚果的栽培种。学名：*Abelmoschus esculentus*（L.）Moench ［=*Hibiscus*（木槿属）*esculentus* Linn.］；别名秋葵、羊角豆。原产非洲，约 2 000 年前在埃及栽培，中国的《本草纲目》(1578) 中有记载。现世界各地都有栽培，其中美国栽培较多。黄秋葵的嫩荚肉质柔嫩质黏，多用于炒、煮、渍食或制罐，也可凉拌或油炸。种子含有丰富的矿物质及脂肪，可作咖啡的添加剂或代用品。花、种子及根可入药。

一、形态特征

黄秋葵的根为直根系，主根发达，入土较深。茎直立，圆柱形，高 1～2m，有侧枝，绿色或暗紫色。叶互生，有茸毛，叶柄细长，掌状 3～5 裂，叶缘缺刻浅。主茎第 3 节以上除生侧枝节外，各节均有 1 花，两性，黄色，花萼、花瓣各 5 枚。花都在上午 8～9 时开放，下午凋萎。果为蒴果，圆锥形或羊角形，羊角形多有 5 个棱角，或更多，果长 6～20cm，表面有茸毛，果嫩时浓绿色，后为深绿色，成熟后为黄色，最后成褐色，自然开裂，有种子 50～60 粒或更多。种子近圆球形，直径 4～6mm，皮灰绿色，发芽期限为 3～5 年，千粒重 55g 左右。

红果品种的果实外皮为红色，别名：南美红果黄秋葵，以采食嫩果为主，叶、花和芽也可供食。茎赤红，圆柱形，直立，分枝少。叶掌状 5 裂，叶面有硬毛，叶脉及叶柄紫红色。花形大，花瓣上部黄色，基部紫红色。其他性状基本与黄秋葵同。

二、对外界环境条件的要求

黄秋葵喜温暖，不耐霜寒，耐热力强。地温 15℃以上种子发芽，生育适温为 25～30℃，26～28℃为开花结果的适温，月均温在 17℃以下时，不能正常开花结果，夜温低于 14℃时生长不良。耐旱，不抗涝。生长期应保持土壤见干见湿。黄秋葵是喜光作物，在较强的日照条件下生长良好。属短日照植物。对土壤的要求不严格，但在肥沃、疏松、排水良好的壤土或沙壤土中生育良好（图 20 - 20）。

图 20 - 20　黄秋葵（上海黄秋葵）
（引自：《中国蔬菜品种志》，2001）

据陈贵林等（1993）观察，黄秋葵的生育周期可分为：

1. 发芽期　从播种到 2 片子叶展平，需 10～15d。适温下（25～30℃）播后 4～5d 即可发芽出土。露地直播时幼苗出土约需 1 周，采用地膜覆盖则可提前 2～4d 出土。

2. 幼苗期　从 2 片子叶展平到第 1 朵花开放止，需 40～45d。该期幼苗生长缓慢，尤其在温度过低、湿度过大的情况下，生长更慢。

3. 开花结果期　从第 1 朵花开放到采收结束，需 90～120d。第 1 朵花在主枝第 3～5 节处开放。一般早晨开放，10～11时完全开放，至下午 3～4 时完全闭合。植株在开花结果后生长速度加快，生长势增强。7 月高温期每 3d 即可展开 1 片叶。在正常情况下，播种后 70d 左右开始第 1 次收获；适温下（白天 28～32℃，夜间 18～20℃），开花后 4d 即可收获。河北省保定市黄秋葵 4 月下旬定植，6 月上旬收获，收获盛期在 6 月下旬至 9 月上旬，在良好的管理条件下，可延收到 10 月上旬。

三、类型及品种

按黄秋葵果皮的颜色分，有绿色和红色两种类型；按果实形状分，又可分为圆形果及棱角果，或长果与短果类型；以株高分，可分为矮株及高株两个类型。前者株高 1m 左右，分枝较少，节间短，叶片较小，早熟，宜密植；后者相反，但品质较优。

中国栽培的黄秋葵品种，如台湾省有南洋、五福及农友早生 1 号等。其他多从国外引进，如从日本引进的新东京 5 号等。

四、栽培技术

黄秋葵多露地栽培，露地栽培时是一年 1 茬，即终霜后播种，霜前收获完毕。也可在保护地内进行栽培。长江流域塑料小棚栽培，于 3 月上旬覆盖地膜，膜下直播，可提前到 5 月上市；在温室进行延后栽培，于 7 月播种，11 月开始加温，10～12 月采收；塑料大棚秋延后栽培，9 月上旬直播，10月上旬定植，11 月至翌年 7 月为采收期。

（一）露地栽培技术　黄秋葵不抗线虫，又忌连作，所以要选土层深厚、肥沃疏松、保肥保水的壤土生茬地为最好。结合秋深耕施足有机基肥，春季耕耙均匀平整。北方作平畦，南方作高畦。

栽培黄秋葵多采用直播，也可育苗移栽。直播时先浸种催芽，即浸种 12h 后，置 25～30℃处催芽，约 24h 后有 60%～70%种子露出胚根时播种。播种的行距 50～70cm，株距 30～40cm，播种沟（穴）深 3～4cm，湿播，覆土厚 2cm。播种量 10kg/hm² 左右。

黄秋葵在生育期较短地区，可先在保护地内育苗，断霜后再行定植。育苗时也先浸种催芽，后在苗床内按 10cm 株行距播种，或播种在直径 10cm 的营养钵内。每公顷定植田用种量约 3kg。播种后在保持地温 25℃时，经 4～5d 就可出土，苗龄 30d 左右。幼苗有 2～3 片叶时定植。定植的畦式及密度与直播时相同。

黄秋葵田间管理的要点是：①间苗、定苗。一般间苗 2 次，分别于第 1 片真叶显露及第 2～3 片真叶展开时进行，去弱留强，到第 3～4 片真叶开展时定苗；②中耕除草及培土。幼苗期宜多中耕，并清除杂草，开花结果期每次浇水追肥后也应中耕，至封垄前最后 1 次中耕时进行培土；③追肥浇水。视土壤干湿和气候状况及时浇水和排涝，其方法可喷灌、滴灌或沟灌。幼苗期适当控水，开花结果期要保持土壤湿润。追肥则依地力高低而行，一般是幼苗期追提苗肥，每公顷 250kg 复合肥，开花结果开始时追催果肥，每公顷 300kg 复合肥。以后可分次追少量速效氮肥；④植株调整。主要是在开花结果前对生长过旺的植株进行扭叶，即把叶柄扭成弯曲下垂，以限营养生长。同时设支架以防倒伏。开花结果后，随采收嫩果随清除嫩果以下的老叶，以利通风。主茎达到适当高度时摘心，以促侧枝结果或促留种株籽粒饱满。

（二）保护地栽培技术要点　黄秋葵保护地栽培的技术要点：①保护地的结构性能要达到最低温度不低于 8℃，生育期白天应达到 25～30℃，夜间在 13～15℃；②选用早熟、矮生类型品种；③华北地区宜 10 月中下旬播种育苗，育苗时每钵播发芽种子 2 粒，覆土 1cm。第 2 片真叶展开后选壮苗 1 株，定苗。出苗后适当降温到白天 22～24℃，夜间 13～14℃，以培育壮苗；④增施优质有机基肥。作 15～20cm 高的高垄，上盖地膜，并留灌水沟，以便膜下灌溉；⑤室温管理的要点是定植后保持较高温度，白天 28～30℃，夜间 18～20℃；缓苗后降到白天 25～28℃，夜间 15～18℃；结果后保持白天 25～30℃，夜间 13～15℃。在保持温度的条件下尽可能多通风、增加光照时间及强度；⑥追肥浇水要减少次数，但要保持肥水充足；⑦适当少留侧枝，及时摘心及清除老叶。⑧坐果不良时可用保果剂处理。

（三）病虫害防治　主要病害有黄秋葵花叶病毒病（Hibiscus manihot mosaic virus）。黄秋葵染病后全株受害，尤以顶部幼嫩叶片十分明显，呈花叶或褐色斑纹状，早期染病植株矮小，结实少或不结实。防治方法：①实行轮作、直播栽培，避免高温、干旱等。②发病初期试用 20%盐酸吗啉胍·铜（毒克星）可湿性粉剂 500 倍液，或 5%菌毒清可湿性粉剂 400～500 倍液，或 0.5%菇类蛋白多糖（抗毒剂 1 号）水剂 300 倍液，或 10%混合脂肪酸（83 增抗剂）水乳剂 100 倍液。隔 7～10d 喷 1 次，连防 3 次。主要虫害是蚜虫及蚂蚁，其防治措施是轮作、清洁田园。药剂防治用 50%辟蚜雾（抗蚜威）可湿性粉剂 2 000 倍液，或 20%氰戊菊酯乳油 200 倍液等喷雾。

（四）采收与留种　在适宜条件下开花后 4～5d，嫩果长 7～10cm 时即可采收。采收要及时，以确保嫩果品质。盛果期，每 2 天采收 1 次。采收要在清晨低温高湿时进行。采时剪齐果柄，即刻装袋入箱，并置 0～5℃处预冷 24h。

一般以立秋后结的果作种用。秋末冬初茎叶枯黄，蒴果变为灰褐色时，摘下老熟果荚晒干脱粒后留种。

（王贵臣）

第十三节　桔　　梗

桔梗为桔梗科（Campanulaceae）桔梗属多年生草本植物。学名：*Platycodon grandiflorus*（Jacq.）A. DC.；别名：地参、四叶菜、绿花根、铃铛花、沙油菜、梗草、道拉基（朝鲜语）等。以

嫩茎叶及根供食用。桔梗多生于山坡、草丛或沟旁，分布于中国、朝鲜和日本等地，中国主要分布在华北、华中、东北各省及广东、广西北部。桔梗在中国东北地区除药用外，还供食用，更是朝鲜族的特色食品。桔梗嫩茎叶可炒食、做汤；根可直接调味拌食、炒食或加工成朝鲜咸菜。桔梗的根还是著名的中药材，性平，味苦，具有发散风寒、开宣肺气、祛痰止咳、消肿排脓等功效。桔梗营养丰富，嫩茎叶含有较多的胡萝卜素、维生素 C 和钙、磷等矿物元素；鲜根含有较多的粗纤维、淀粉、蛋白质和胡萝卜素等。桔梗还含有多种氨基酸和人体必需微量元素以及大量亚油酸等不饱和脂肪酸，具有降压降脂、抗动脉粥样硬化等多种作用。

一、形态特征

根长圆锥形或圆柱形，长达 20cm 以上，肥大、肉质，有时有分枝，外皮黄褐色或灰褐色，内部白色。株高 30～120cm。茎直立，单生或分枝（常单生），光滑无毛。叶近无柄，茎中下部叶对生或 3～4 片轮生，茎上部叶互生；叶片卵状披针形，长 3～6cm，宽 1～2.5cm，顶端尖锐，基部楔形，边缘有锐锯齿。花单生于茎顶端或数朵呈疏生的总状花序，花冠钟形，上部 5 裂，蓝紫色或白色，直径 3～5cm；花萼钟形，裂片 5 枚；雄蕊 5 枚；花柱与花冠近等长；子房下位，柱头 5 裂。蒴果，近球形，成熟时顶端 5 裂，内含种子多数。种子椭圆形，扁平，黑褐色，极小。

二、生长发育对环境条件的要求

桔梗喜温暖湿润的环境条件，气温 20℃时有利于生长，耐寒，能耐−20℃的低温。桔梗喜光，但能耐微阴。对土壤要求不严格，一般土壤均能种植，但以土层深厚、肥沃、疏松、排水良好的沙壤土为宜。忌积水。

三、类型及品种

桔梗的类型很多，有白花、紫花、大花类型，又可分高秆、矮秆和半重瓣、斑纹类型等。一般用于蔬菜栽培的为紫花或白花品种，其中白花品种质地柔软，更适合于食用。

四、栽培技术

（一）**整地**　整地前施足基肥，一般施腐熟有机肥 30 000～45 000kg/hm²，过磷酸钙 300～450kg/hm²，深耕 20～30cm，耙细整平，作宽 1.2～1.5m 高畦。

（二）**播种**

1. 种子处理　桔梗种子保持发芽的时间为 1 年，在常温下采后 12 个月的种子发芽率只有 42%。故播种前一般先用温水浸种 24h，或用 0.3%～0.5%的高锰酸钾液浸种 12h，以提高发芽率。

2. 直播　宜采用直播，直播的好处是主根直、粗壮、分杈少。春季播种，一般不晚于 4 月中旬。在畦面开深 3～4cm 的浅沟，间距 15～25cm，将种子均匀撒入沟内，覆盖一薄层细土，稍加镇压，浇水，保湿。一般播后 10～15d 出苗。播种量为 7.5～15kg/hm²。

3. 育苗移栽　也可进行育苗移栽，播种前将苗床耙细、整平，条播或撒播均可，条播的行距为 10～15cm。播后覆土 1cm，浇水，保湿。

（三）**田间管理**

1. 定苗或定植　直播者于苗高 3cm 时开始间苗，6cm 时按株距 5～15cm 定苗。育苗移栽者在苗高 5cm 时按行距 15～25cm。株距 5～15cm 定植。

2. 中耕除草 桔梗苗期生长缓慢，易受杂草为害，齐苗后应及时中耕除草，为幼苗生长创造良好的环境。在开花前和盛花期再进行 2～3 次中耕，深度逐渐加深。

3. 肥水管理 桔梗较喜肥，多施磷钾肥有利于促进茎秆粗壮，防止倒伏，并可提高根的产量和品质。苗期可追施 1 次尿素，用量为 150kg/hm²，促进幼苗生长。7 月初追肥以施磷、钾肥为主，以促进根部生长，一般施复合肥 300～450kg/hm²。孕蕾期多施磷、钾肥。

播种后至幼苗期应保持土壤湿润，促进种子出土和幼苗生长。生长期间应根据气候和植株生长情况进行浇水。多雨季节需注意及时排水，以避免田间积水，减少根腐病的发生。翌春返青时要及时浇水。

4. 疏花 桔梗花多、花期长，常消耗大量营养物质，生产上需采用人工摘花、疏蕾或在盛花期喷 1 次 1 000mg/L 乙烯利，以抑制生殖生长，使根部能积累更多营养物质，并提高产量。

(四) 采收 春、夏季可采收嫩茎叶，秋冬季可采收鲜根。根刨出后，去净茎叶，洗净泥土，煮后剥皮即可食用。作为药材栽培时，一般在播后 2 年收获。如肥水充足、管理好，亦可当年采收，晒干、出售。

（刘厚诚 陈日远）

第十四节 菜用玉米

菜用玉米是禾本科（Gramineae）玉蜀黍属玉米种（*Zea mays* L.）中作菜用的类群，分别为：①玉米笋，别名玉笋、多穗玉米、珍珠笋及番麦笋等；②嫩玉米，别名：菜玉米、菜苞谷、青玉谷、御麦等；③糯玉米，别名：中国玉米、糯苞谷等；④甜玉米，别名：甜苞谷、甜玉蜀黍等。一般说来，凡是玉米均可鲜食，但品质差异很大。优良的菜用玉米有良好的口感，皮薄，渣少（或无渣），软黏细腻，有适度的甜味和清香味；外形美观，籽粒饱满，蒸煮后晶莹透亮。目前作菜用的多是玉米笋和甜玉米，是蔬菜中的佳品。玉米粒能"调中和胃"，玉米花丝有利尿清热的功效。玉米原产于南美洲的高海拔地区。约在明代（1511 年前）传入中国。目前，除粮用、饲用玉米已成中国主要农作物外，以青嫩果穗作菜用或加工的笋、嫩、糯、甜各类型的玉米在全国各地都有栽培。糯质玉米类型（变种）起源于中国，云南、广西一带为起源中心，云南省还有糯玉米变种的原始类型——四棱糯玉米，每一果穗上只有籽粒 4 行。

一、形态特征

这里叙述的是一般栽培玉米的特性，实际上各种类型的菜用玉米的生物学特性还是有一定差异的。

玉米的须根系发达，茎基部各节极易生不定根。茎秆直立，高 2m 左右，有分蘖。叶线状披针形，中脉发达，绿色，叶鞘具横脉。雌雄同株异花，雄花着生于茎顶端的分散圆锥花序上，风媒传粉，雌花密生于叶腋抽生的肉穗花序上，苞叶发达，花柱细长线形。颖果密生于果穗轴上，呈不规则扁圆形，有白、黄、紫各色。种子胚长为颖果的 1/2～2/3，有胚乳。

二、对外界环境条件的要求

玉米为喜温作物，种子在 12℃ 以上时才开始发芽，种子发芽适温为 25～28℃；根系生长的适温在 17～24℃ 之间，低于 10℃ 停止生长；茎叶生长的日平均适温在 20～24℃ 之间；开花结果的适温在 25～28℃ 之间；灌浆成熟的日平均适温为 20～24℃。玉米是短日照作物，对光周期和光强度要求严格，变种、类型及品种都分别有一定的适宜范围。对土质要求不十分严格，但不耐盐碱，最适的土壤 pH 为 6.5～7.0。玉米对肥水要求较高，只有在肥水充足的条件下才生长发育良好。玉米的生育周期可分为发芽期（种子萌动至出土真叶展开，10d 左右）、幼苗期（出土真叶展开至拔节开始，20d 左右）、茎叶生长盛期（拔节开始至开花，约 30d）及结果期（从开花至成熟，约 50d，从开花至乳熟需 25～30d），春播时历时较长，夏播时则较短。

三、类型及品种

栽培玉米种已被确定有 8 个类型或变种，在作菜用的 4 个类群中，糯玉米类型（变种）及甜玉米类型（变种）是明确的，而玉米笋及嫩玉米属哪个类型（变种）还没被确定。

1. 玉米笋　玉米笋的食用部位是肉质雌穗轴和尚未隆起的籽粒，其营养丰富，每 100g 鲜玉米笋含蛋白质 2.99g，糖 1.91g，脂肪 0.15g，维生素 C11mg，维生素 B_2 0.08mg，维生素 B_1 0.05mg，另外还含有铁、磷、钙及多种人体必需的氨基酸等。玉米笋炒食甜脆可口，加工成罐头更是国际市场上的畅销品。中国栽培的玉米笋品种有台湾玉米笋、烟罐 6 号及烟笋 1 号、冀特 3 号、晋甜玉米 1 号、烟笋 1 号等，其中冀特 3 号是石家庄地区农业科学研究所于 1986 年育成，属多秆多穗性专用品种，苗期有 1～3 个分蘖，以主茎采笋为主，每株着生果穗 3～4 个。生育期春播 70d 左右，夏播 60d 左右。适应性强，植株长势健壮，抗病性强，根系强大，抗倒伏。

2. 嫩玉米　这里专指云南省的"御麦"，除留种外，几乎全部采收乳熟期的嫩果供炒食或煮食。植株高 1.5～2.0m。根系较浅，但有发达的支持根，倒伏的不多。茎秆粗壮，节间较短，叶色浅绿。真叶 6、7 片时即出现雄花，雌花出现较迟。一般每株结果穗 1 个，少有结 2 个。果穗圆柱形或圆锥形，籽粒大小不一，互相镶嵌不成行，致使果穗面凸凹不平，是区别于一般品种的明显标志。籽粒淡黄色，圆形或扁圆形。基盘较小，脱粒容易。果皮和种皮薄而软，煮熟后甜味浓，鲜嫩可口。

3. 糯玉米　即糯质型（*Zea mays* var. *sinensis*）。植株的外形与一般硬粒型和马齿型玉米基本相同，但籽粒的胚乳全由支链淀粉所组成，表面无光泽，呈蜡状，不透明。成熟较早，果穗较小，产量不高。栽培品种中，北方曾有半仙糯、多穗白和历城黏等；云南省有巧家白糯、宜良白糯、永善糯苞谷等。目前栽培的品种有烟单 5 号（中国第 1 个糯玉米杂交种）、中糯 2 号、云南的保山糯苞谷等。

4. 甜玉米　即甜质型（*Zea mays* var. *rugosa* Bonaf.）。于 18 世纪才被发现和重视，是欧、美各国普遍种植的一种经济价值较高的菜用玉米。植株较矮小，分蘖力强，叶片也较多；果穗较小，包叶较长，籽粒有黄、白两种，几乎全部为角质胚乳所组成。胚较大。成熟后籽粒表面皱缩，半透明。乳熟期含糖量高，成熟后显著减少。早熟，产量不高。品质优，风味好，除供鲜食外，还可加工成罐头。栽培品种北方曾有黄甜、白甜等，云南省有楚雄甜苞谷等。目前中国栽培品种有台湾的蜜珍 2 号、楚雄甜苞谷、浙甜 1 号、华南 20 号等。

四、栽培技术

菜用玉米目前都是露地栽培，栽培季节的划分并不十分明显，在地温稳定在 12℃ 以上的季节，可随时播种。一般春季播种的称春玉米，夏季播种的称夏玉米，而秋季播种的称秋玉米。菜用玉米虽可育苗移栽，但一般都是露地直播栽培。

菜用玉米栽培首先要选择肥沃疏松、保肥保水性好的土壤，同时注意各类型间要隔离 300m 以上。整地时应先施足有机基肥，深耕 25～30cm，耕细耙平，作好排、灌水渠。播种时可条播或穴播，行距 50～70cm，株距 30cm，播深 2cm。穴播时每穴播种 3 粒，条播时均匀播种，需种量 16～20kg/hm²。播种时墒情不好的应造墒后播种。早春、晚秋或低温地区最好盖地膜垄栽。

　　菜用玉米田间管理的主要工作是：①间定苗，一般苗 3 叶期时间苗 1 次，每穴留 2 株，同时进行补苗，6 叶期时定苗；②中耕培土，玉米出土后宜多中耕保墒，拔节前后应及时培土，以利不定根的发展；③玉米的追肥多在拔节前、抽穗前及灌浆前期进行，每次追复合肥 150kg/hm² 左右；④玉米在幼苗期宜适当控水，促进根系发展，到开花授粉时要保证有充足的水分供应，蜡熟期又应适当控水，以利提高品质。多雨季节要注意排水；⑤隔行去雄，即玉米抽雄穗后宜隔行去掉雄穗，以节约营养，改善通风透光条件。授粉期宜行人工辅助授粉。

五、病虫害防治

（一）主要病害防治

1. 甜玉米大斑病　病原：*Exserohilum turcicum*（异名：*Helminthosporium turcium*）。主要为害叶片，严重时侵染叶鞘和包叶。发病初期表现为水渍状青灰色小点，后延叶脉间向两边扩展，形成中央黄褐色，边缘深褐色的梭形或纺锤形大斑，病叶多从中下部向上发展。湿度大时，斑上产生黑灰色霉状物，致病部纵裂或枯黄、萎蔫。病菌随病残体在土壤中越冬。种子也可带菌。分生孢子借助气流、雨水在田间传播。遇多雨、多雾或连阴雨天气，可引起该病流行。防治方法：①选用抗病或耐病品种，实行栽培品种搭配，防止单一种植。②发病初期用 50％多菌灵可湿性粉剂 600～800 倍液，或 50％敌菌灵可湿性粉剂 500 倍液，或 50％甲基硫菌灵可湿性粉剂 500 倍液等喷洒。隔 10d 左右喷 1 次，防治 1～2 次。

2. 甜玉米小斑病　病原：*Bipolaris maydis*（异名：*H. maydis*）。主要为害叶片，严重时侵染茎、穗、籽粒等。症状因品种不同而有三种类型：黄褐色病斑椭圆形或长方形，具明显深色边缘受叶脉限制；或者呈椭圆形或纺锤形，灰褐或浅黄褐色，无明显边缘，不受叶脉限制，有时病斑上具轮纹；或在高温高湿条件下，病斑出现暗绿色侵染区，不扩展，边缘具黄绿色晕圈。病菌传播途径及发病条件与大斑病菌相似，区别在于两菌菌丝发育和孢子萌发需要的适温略有不同，大斑病流行温度偏低，为 18～22℃，高于 25℃ 则对其有抑制作用，小斑病流行适温以高于 25℃ 和雨水多时发病重。防治方法：同甜玉米大斑病。

3. 甜玉米丝黑穗病　病原：*Sphacelotheca reiliana*。病株矮化，叶片密集。雌穗受害，外观短粗无花丝，除苞叶外果穗被病菌所破坏，其内部充满黑粉，成熟时苞叶破裂，黑粉大量散出，仅留寄主残余丝状维管束组织。雄穗亦可染病，使雄蕊花器变形，颖片增加，内现黑粉，成熟后飞散（病菌厚垣孢子）。病田土壤和厩肥中的厚垣孢子是主要侵染源。种子可带菌。玉米连作时间长、土温低、土壤含水量低，致使出苗时间延长，均有利于病菌侵入。在低温阴冷条件下田间发病重。防治方法：①选用抗病品种，播前用 25％三唑酮（粉锈宁）可湿性粉剂按种子重量的 0.8％～1.0％拌种，或用 12.5％烯唑醇（速保利）可湿性粉剂按种子重量的 0.24％～0.4％拌种。②重病区或地块实行 3 年以上轮作。③使用充分腐熟的有机肥。④播种期不宜过早。

4. 甜玉米黑粉病　病原：*Ustilago maydis*，又称玉米瘤黑粉病。在整个生育期，植株地上部位均可染病，尤其抽雄期表现明显。病部出现大小不一的瘤状物，初期瘤外包一层白色薄膜，后变为灰色，干裂后散出黑色粉状物即病菌的厚垣孢子。雄蕊上产生囊状瘿瘤，果穗全部或部分变成黑粉，茎秆和叶片形成成串的子瘤。厚垣孢子越冬后产生担孢子，借气流或雨水、昆虫传播，陆续引起幼苗和成株发病。高温干旱或偏施氮肥发病重。防治方法：参见甜玉米丝黑穗病。

（二）主要虫害防治

1. 亚洲玉米螟（*Ostrinia furnacalis*）　以末代老熟幼虫在作物和野生植物茎秆或穗轴内越冬。

成虫多在叶背中脉附近产卵，幼虫孵化后先群集在玉米心叶喇叭口处和嫩叶上取食，被害叶片出现成排小孔，造成"花叶"，稍大时即蛀茎、蛀果导致减产。防治方法：①在秋冬季处理玉米秸秆，消灭越冬虫源。②在产卵始期至盛期，人工释放赤眼蜂，或用 Bt 乳剂（1.5kg/hm²）制成颗粒剂撒在心叶中防治幼虫。③在抽雄穗前，向心叶内撒施 5％杀虫双颗粒剂 3.75～7.5kg/hm²，或向心叶喷洒 25％杀虫双水剂 800～1 000 倍液，或 5％氟氯氰菊酯乳油 2 000 倍液，也可用 50％杀螟丹可溶性粉剂 100g 对水灌心叶。

2. 黏虫（*Mythimna separata*）　幼虫食叶，大发生时可将玉米叶片全部食光。具群聚性、迁飞性、杂食性和暴食性。但其耐寒性较低，在北纬 33°以北地区不能越冬；在北纬 27°以南冬季幼虫为害小麦、玉米等，形成虫源基地。在上述地区间以幼虫及蛹在稻田越冬，或幼虫在麦地缓慢发育。北方春季出现的大量成虫是由南方迁飞所至。防治方法：①可用糖醋诱饵或杨树枝把（成虫白天荫蔽其中）或黑光灯等多种方法诱杀成虫，压低虫口。②在幼虫幼龄期，采用 25％灭幼脲悬浮剂 700～800 倍液，或 48％毒死蜱乳油，每公顷用量 600～900ml，对水 300～600kg 喷雾，一般防治 1 次即可。

六、采　收

菜用玉米的采收因食用目的不同而有较大的差别。上海地区甜玉米一般在雌穗抽丝后 19～21d、籽粒含水量 68％～72％时采收，或者在花丝变为紫褐色、籽粒达乳熟期，以指甲掐籽粒有乳浆溅出时采收。笋玉米要在出花丝（花柱）的当天采收。割苞取出雌穗、去净花丝，保持笋体完整，及时包装，防止日晒、失水。嫩玉米、糯玉米及甜玉米类型一般多在乳熟期末采收。采收后按市场要求包装贮运。

（王贵臣）

（本章主编：王贵臣）

◆ **主要参考文献**

[1] 蔬菜卷编辑委员会．中国农业百科全书·蔬菜卷．北京：农业出版社，1990
[2] 赵富宝．芦笋营养器官形态解剖的初步观察．内蒙古农牧学院学报，1990，(6)：2～6
[3] 林孟勇．芦笋留母茎秋采对植株生育的影响．中国蔬菜，1991，(4)：19～20
[4] 吴秀芳等．芦笋高产模式栽培技术．蔬菜，1999，(5)：25～26
[5] 梁洪斌．芦笋栽培．郑州：河南科学技术出版社，1984
[6] 龙雅宜等．百合——球根花卉之王．北京：金盾出版社，1999
[7] 刘建常等．兰州百合及其栽培．兰州：甘肃省科学技术出版社，2000
[8] 中国科学院植物志编辑委员会．中国植物志（第十四卷）．北京：科学出版社，1980
[9] 买自珍等．食用百合干物质生产和产量形成．中国蔬菜，1993，(3)：7～10
[10] 许慕农等．香椿丰产栽培技术．北京：中国林业出版社，1991
[11] 许慕农等．优良品种香椿芽营养成分的研究．山东农业大学学报，1995，26 (2)：137～143
[12] 李润淮等．采用枸杞新品种宁杞菜 1 号．中国蔬菜，2002，(5)：48
[13] 袁正科等．香椿栽培技术．长沙：湖南科学技术出版社，1989
[14] 王克娟．香椿栽培生物学特性及促芽措施初步研究．山东农业大学硕士生毕业论文，1987
[15] 吕佩珂，李明远，吴钜文等．中国蔬菜病虫原色图谱（第三版·无公害）．北京：中国农业出版社，2002
[16] 宋元林主编．稀特蔬菜周年多茬生产指南．北京：中国农业出版社，2000
[17] 王本辉，饶晓明．黄花菜根状茎芽块繁殖技术．中国蔬菜，2001，(6)：46
[18] 张德纯，王德槟，王远程．一年生香椿苗木枯梢原因及防止措施．中国蔬菜，1995，(2)：39～42
[19] 许慕农，王振凤，伊树勋等．香椿优良品种介绍．中国蔬菜，1992，(3)：48～51
[20] 陈贵林，任良玉．黄秋葵的生物学特性和栽培技术．中国蔬菜，1993，(2)：54～55

［21］曾三省．鲜食糯玉米的利用．中国蔬菜，2001，(6)：41～42

［22］郑建秋．现代蔬菜病虫鉴别与防治手册．北京：中国农业出版社，2004

［23］饶璐璐主编．名特优新蔬菜 129 种．北京：中国农业出版社，2000

［24］林孟勇编著．芦笋高产栽培．北京：金盾出版社，1993

［25］中国科学院植物志编辑委员会．中国植物志（第 37 卷）．北京：科学出版社，1985

［26］刘克均．芦笋高产栽培实用技术．北京：中国农业出版社，2001

［27］吴沧松，唐伟强，陈贵新等．笋用竹病虫害发生与防治的研究．竹子研究汇刊，2000，19（2）：68～71

［28］张立钦，方志刚，刘振勇等．竹秆锈病防治试验及其推广应用．竹子研究汇刊，2000，19（2）：72～75

［29］楼君芳，胡国良，俞彩珠等．笋用竹丛枝病的防治方法．浙江林学院学报，2000，18（2）：177～179

［30］刘军，周云娥，许岳冲等．笋用竹病虫害调查与研究．竹子研究汇刊，2001，20（2）：72～79

［31］周倩，赵丽芹，王若菁等．鲜绿芦笋采收分级标准的研究。长江蔬菜，2003，(8)：44～45

第二十一章

食用菌栽培

本章所论述的食用菌是一类子实体肉质或胶质可供人们作菜用的大型真菌，在分类学上属真菌门、异隔担子菌纲和层菌纲，通常也称为"菇"、"蕈"、"菌"、"耳"、"蘑"。中国食用菌资源丰富，开发利用的历史悠久。秦汉间的字书《尔雅·释草》（公元前2世纪）载："中馗、菌，小者菌。"郭璞注："地蕈也，似盖，今江东名为土菌，也曰馗厨，可啖之"。东汉·许慎撰《说文解字》（2世纪初）载："蕣、木耳也。"唐·苏恭等撰《唐本草》（7世纪50年代）中谈到"生桑、槐、楮、榆、柳等为五木耳，煮浆粥，安诸木上，以草复之，即生蕈尔。"这是以孢子水浸法接种培养木耳的较完整的记载。唐·韩鄂撰《四时纂要·三月》（9世纪末或稍后）记载："种菌子：取烂构木及叶，于地埋之。常以泔浇令湿，两三日即生。又法：畦中下烂粪，取构木可长六、七尺，截断碪碎，如种菜法，于畦中匀布，土盖，水浇，长令润。如初有小菌子，仰杷推之；明旦又出，亦推之；三度后出者甚大，即收食之。"这是人工培养食用菌方法的最早记载。自宋、元之后，中国利用食用菌的种类已很多，一批关于食用菌的专著相继问世，如宋·陈仁玉的《菌谱》、明·潘之恒的《广菌谱》、明·李时珍的《本草纲目》中菜部第二十八卷、清·吴林的《吴菌谱》等，表明了人们对大型真菌的观察和认识逐步深入和系统化。

中国是世界上香菇、草菇、黑木耳、银耳、金针菇、竹荪、茯苓等食用菌人工栽培的发祥地。但由于历史的原因，中国食用菌的开发利用在相当长的时间里，仍然囿于传统经验。20世纪50年代中期，加强了食用菌的研究，突破了双孢蘑菇和银耳菌种制作和代料栽培等关键技术，使双孢蘑菇、银耳生产在全国范围内得到了广泛推广。近年，各地加强了对食用菌资源的引进和利用，开发出不少新的栽培方法和产品，并逐步向产业化方向发展。

食用菌是一类腐生真菌，与植物不同，它不能进行光合作用，人工栽培时所需碳源来自木质素、纤维素，氮源和无机盐取自段木树皮或外加于木屑培养基的麸皮（米糠）等生长基质。

食用菌生长速度快，生物效率高。其营养成分大致介于肉类和果、蔬之间，具有很高的营养价值。蛋白质含量虽不及动物性食品丰富，但却不像动物性食品那样，在含高蛋白的同时，伴随着高脂肪和高胆固醇。一般菇类子实体所含蛋白质占干重的30%～45%，占鲜重的3%～4%，是结球白菜、番茄、白萝卜等常见蔬菜的3～6倍。同时还含有多种氨基酸与维生素以及多种化学成分，尤其是含磷和钾质较多，食用菌富含的真菌多糖对人体有很好的医疗和保健作用。

第一节 菌种分离、培养与鉴定

食用菌的菌种是菌丝体与培养料（基）所形成的联合体，一般是包装在一定的容器里，如试管、玻璃瓶、塑料袋等。目前人工栽培的食用菌都是从野生子实体经分离驯化而来的。通过分离，获得菌种，可进行食用菌的生理生化研究、遗传研究、资源调查和鉴定、优良品种的选育等。

食用菌菌种人为地分成 3 级：一级种（又称母种或试管种）；二级种（又称原种），是把培养好的一级种接种到以木屑、麦草、稻草、谷粒为主的培养基中所得到的菌种；三级种（又称生产种或栽培种），是为了适应大规模栽培（生产）的需要，将二级种作扩大培养而得到的菌种。一级种有三种来源：①通过各种育种手段得到；②直接从子实体本身（组织及孢子）或菇木（耳木）分离得到；③从国内外引进。通过②和③得到的一级种必须经过出菇试验证实性状优良者，方可应用于生产。

一、制种的设备

（一）装料设备 食用菌原种一般培养在玻璃瓶或塑料袋里，栽培种基本上是采用塑料袋包装。将以木屑、棉籽壳等为主的培养料装入瓶或袋中，可用手工装，但生产效率低，劳动强度大，培养料松紧也不易均匀，故有条件的最好使用机械。常用的机械设备有 ZDP - 3 型装瓶、装袋两用机、ZD 型香菇装袋机、转动式装袋机等，其中转动式装袋机工作效率高，每分钟可装 20～24 袋，且装袋质量好，装料高度、松紧度均匀一致。

（二）灭菌设备

1. 高压蒸汽灭菌器 是利用湿热空气灭菌的一种高效灭菌器。在 121～126℃下，杀灭菌物中的微生物。

2. 常压灭菌柜 适用于大型集约化生产的菇场，多采用双门隧道式（或称车厢式）常压灭菌柜。

3. 常压灭菌灶 一般可自制，材料可采用木质的或水泥砖砌，要求有较高的密闭度。

（三）接种设备

1. 接种室 接种室应是内外两个小房间，内间接种用，外间作缓冲室，用来放置菌种、消毒药品及接种前换戴衣帽。两室装拉门，且两门要错开，以减少污染。两室的地面和墙壁要光滑以便消毒。上方安装日光灯与紫外线杀菌灯。

2. 接种箱 是超净工作台尚未问世之前常用的接种设备，一般用木材和玻璃制成的小箱子，要求密闭，便于药物熏蒸，以杀灭并防止杂菌侵入。下层两面各开两个洞口，并装袖套，以便双手伸进箱内操作。箱内顶部安装日光灯和紫外线杀菌灯（图 21 - 1）。

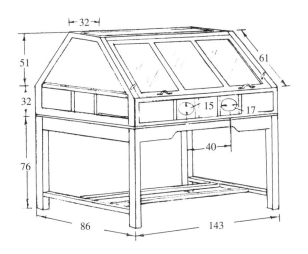

图 21 - 1 接种箱（单位：cm）

（引自：《银耳栽培技术》，1975）

3. 超净工作台 又称净化工作台，是一种局部流程装置（平行流或垂直流），能在局部形成高洁净度的环境。

4. 塑料接种袋（帐） 有两种不同结构的塑料接种袋，一是用无色透明薄膜拼接成的高 1.8m、袋底面积约 1m² 的方形塑料袋。在袋的一侧剪两个孔径 17cm、孔间距 30cm 的圆孔，供操作用。另取薄膜拼成直径 17cm 的圆筒，将筒的一端拼接在操作孔上，然后翻入袋内。工作时，将塑料袋平放在桌面上，从袋口放入菌种瓶和接种工具，扎紧袋口，取 4 个铁夹将袋的四角挂起即可；二是用铁丝或木条做框架，围上薄膜，并用铁夹固定，或将薄膜拼接成蚊帐状，然后罩在框架上，地面用铁夹等物压住薄膜即成。

（四）培养设备

1. 培养室 是用来培养菌种的房间，要求清洁、干燥、通风良好、保温性能好。室内安放木质、铁质等材料制成的培养架，用于放置菌种。床架要求坚固、平整。有条件的可在室内安装恒温加热设备或空调机等，自动控制温度。培养室内的空气湿度在 50%～75% 为宜。

2. 电热恒温培养箱 能调节不同温度，并自动控制。

3. 生化培养箱 是电热恒温培养箱的另一种形式，所不同的是装有制冷装置和照明设备，能调节低于室温的培养温度。

（五）容器

1. 试管 用于生产母种。规格有多种，常用的有 18～20mm×180～200mm。

2. 菌种瓶 用来生产原种、栽培种。一般用容量为 750ml、口径 3cm 的玻璃瓶，习惯叫蘑菇瓶。如没有这种规格的瓶，可用罐头瓶、盐水瓶等代替，但必须符合两个要求：一是能经受住高温、高压灭菌而不破裂；二是无色或浅色、透明，以便检查菌丝生长及被杂菌、虫害污染情况。

3. 塑料袋 一般用来生产栽培种，也可作原种容器。食用菌菌种生产多采用聚丙烯塑料薄膜袋。聚丙烯耐高温，能经受 150℃ 高温，透明度高，但质地较脆。

（六）孢子收集器 孢子收集器的装置包括直径 18～22cm 的搪瓷盘、培养皿、金属三脚架、有孔钟罩、纱布等（图 21-2）。

（七）菌种贮存设备

1. 电冰箱或冰柜 用电冰箱保存菌种时温度应调节在 4℃ 左右。

2. 菌种库 用来贮藏存放菌丝已长好，但一时用不完或销售不完的原种或栽培种。温度要求 4～10℃。

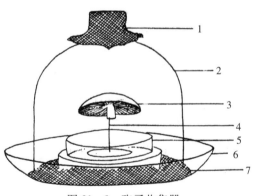

图 21-2　孢子收集器

（引自：《蘑菇栽培技术》，1973）

1. 包扎系口纱布　2. 玻璃钟罩　3. 种菇　4. 支架
5. 培养皿　6. 搪瓷盘　7. 纱布

二、纯菌种分离

（一）培养基及其制备

1. 培养基的概念 食用菌的培养基是把食用菌所需的基本营养物质如碳、氮、无机盐、水以及一些微量生长物质，按一定的比例人工配制成的营养基质。优良的培养基应该有平衡的营养，适宜的 pH 和渗透压，并经过灭菌处理。

2. 培养基的种类 常用于食用菌纯菌种分离的培养基是琼脂固化培养基，而用来作原种、栽培种的培养基则多为天然的固体培养基。

3. 母种培养基

（1）培养基的配比　马铃薯（去皮）200g，葡萄糖 20g，琼脂（洋菜）18～20g，水 1 000ml。该培养基简称 PDA 培养基。

（2）培养基的配制　称取 200g 去皮马铃薯，切成薄片，冲洗，加水 1 000ml 烧煮，煮沸 15min 左右，以马铃薯酥而不烂为度，用 4 层纱布过滤，取滤液 1 000ml 然后加入琼脂，烧至琼脂完全熔化，再用 4～6 层纱布过滤，在滤液中加入葡萄糖，充分搅拌，使葡萄糖迅速溶化，趁热分装试管。装入量为试管长度的 1/5～1/4。注意培养基不要黏在试管口，塞上棉塞灭菌。灭菌压力为 1.078×10^5 Pa，时间 30min，灭菌结束要趁热搁置斜面，斜面长度以顶部距离棉塞 3～4cm 为宜。

4. 原种、栽培种培养基

（1）培养基的配比：①木屑 78%，麦麸（米糠）20%，石膏 1%，糖 1%，水 110%～120%。该配方适用于多数木腐菌；②麦粒（熟）9kg，$CaCO_3$ 30g，石膏 120g，pH7.2；③棉籽壳 98.5%，石膏粉 1%，$CaCO_3$ 0.5%。该配方适用于平菇、金针菇、滑菇等；④稻草 90%，麦麸（米糠）9%，石膏粉 1%。

（2）培养基的配制　见本节"菌种的制作"。

（二）分离方法　菌种的分离方法一般有孢子分离、组织分离和耳木（菇木）分离 3 种。3 种方法各有特点，可根据不同的菌类分别采用。

1. 孢子分离法　孢子是食用菌的基本繁殖单位，用孢子来培养菌丝是制备食用菌菌种的基本方法之一。孢子分离法是利用子实体的孢子成熟后能自动从其子实层中弹射出来的特性，在无菌条件下使孢子在适宜的培养基上萌发，生长成菌丝体，从而得到纯菌种的方法。

（1）整菇插种法　将整个成熟度适当的优良种菇在无菌操作下插入无菌孢子收集器内，置适温下让其自然弹射孢子。以香菇为例：分离前准备好无菌孢子收集器，按要求选择种菇，八九分成熟度，切去部分菇柄约留 2cm，在无菌室内用 75% 酒精棉揩拭菌盖表面及菌柄，然后用医用镊子夹住菌柄插入孢子收集器的金属支架上，置 23～25℃下 24h，即可看到落下的白色孢子堆。在无菌条件下取出种菇与支架，盖好培养皿，用透明胶带封好备用。

（2）钩悬法　常用此法采集银耳、木耳等孢子。方法是在无菌箱内，把新鲜成熟的耳瓣用无菌水冲洗数次，然后用无菌纱布把水吸干，取一小片挂在钩子一端，另一端钩住三角瓶口，瓶内装有培养基厚约 1cm，耳瓣距培养基表面 2～3cm，置 23～25℃下培养，经 24h 后孢子会落到培养基上，无菌条件下取出金属钩及耳片，塞上棉塞，继续培养，银耳孢子萌发长成酵母状芽孢，木耳孢子则长出菌丝体。

2. 组织分离法　这是利用子实体内部组织（菌肉、菌柄）、菌核或菌索来分离获得纯菌种的方法。食用菌的子实体实际上就是双核菌丝的纽结物，它具有很强的再生能力，因此，只要切取一小块组织，把它接种到适宜的培养基上，适温培养，就能得到纯菌丝体。这是一种无性繁殖方法，具有操作简便、有利于保持原有品系的遗传特性、分离成功率高等特点。

（1）子实体组织分离方法

①伞菌类组织分离。以香菇为例：选取个体健壮、无病虫为害、特征典型的单生香菇。用 75% 酒精棉揩拭菌盖与菌柄，切去部分菌柄，留 2cm 左右柄，再用经火焰灭菌的解剖刀在菌柄中部纵切少许，然后用手撕开，取菌肉或菌柄组织一小块（注意不要碰到菌褶），接种到 PDA 培养基斜面上，将试管置（24±1）℃条件下培养，一般情况下组织块先转为黑褐色，经 3～5d 可看到组织块上产生白色绒毛状菌丝，并向培养基上生长，经过一次转管扩大培养，即得到香菇母种。

②胶质菌组织分离。以黑木耳为例：选取开片好、耳片厚、富有弹性、无病虫为害的健壮子实体耳片数片，用无菌水冲洗耳片数次，放无菌纱布上吸干水分，再用酒精棉揩擦消毒；用解剖刀将耳片两层分割开，取耳片内部组织少许（注意不要割破耳片）置 PDA 培养基上，每管少许。然后把试管置（27±1）℃下培养，数天后即能看见菌丝体并向培养基生长。

（2）菌核组织分离方法　以茯苓为例：茯苓、猪苓、雷丸等菌的子实体不易采集，常见的是其贮藏营养的菌核。用菌核分离同样可以获得纯菌种。

（3）菌索分离方法　以蜜环菌为例：蜜环菌、假蜜环菌一类的子实体不易得到，也没有菌核，可用菌索进行分离。

3. 耳木（菇木）**分离法**　耳木（菇木）分离法是利用耳木（菇木）中的菌丝，直接培养出纯菌种的一种方法。以银耳为例：分离用的耳木要选出耳整齐健壮且无杂菌的新鲜耳木。把采集到的耳木，取长子实体的部位两侧各 1～2cm 的木段，锯成 1cm 左右厚度的木片 3～5 片，置入无菌室，切取子实体生长部位周围的一个三角，把它浸在 0.1％升汞溶液中进行表面消毒，时间 30～60s 后取出，用无菌水反复冲洗数次，再用无菌纱布把水吸干，放到干净的无菌纱布上，用无菌的刀切去树皮，将它劈成薄片，再劈成小块，大小似火柴梗或略大，置 22～25℃ 条件下培养（图 21 - 3）。培养 3d 后，如看到小木块上长出白色纤细的菌丝，延伸到培养基上，约 5d 后培养基颜色变黄褐，以后逐渐加深至黑色，随着菌丝的生长，表面出现浅灰色斑纹，这是银耳伴生菌——"香灰"的菌丝。再经 7～10d，部分试管的小木块上出现白色短绒状菌丝，并分泌白色或浅黄色水珠，这主要是银耳菌丝。挑取这种菌丝，移接到另一试管中扩大培养 10d 左右，选取生长好的银耳菌丝，在木屑培养基中进行鉴定，从中选取出耳率高、生活力强的，即菌丝生长发育均匀，子实体原基大且成水晶状的作菌种。

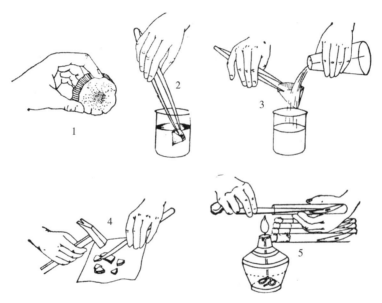

图 21 - 3　银耳、木耳分离法示意图

（引自：《银耳栽培技术》，1975）

三、菌种的制作与鉴定

食用菌的种类很多，其生育特性各不相同，因而选用的原材料和制种方法也不一样，这里以香菇、蘑菇、草菇为例介绍如下：

（一）香菇菌种　香菇属木材腐生菌，以锯木屑为主要原料。母种可从国外或国内具母种资源的单位引进。

1. 菌种的制作

（1）原种　培养基配比：木屑 78％（阔叶硬杂木屑），麦麸 20％，糖 1％，石膏 1％，水 110％～120％。具体操作为：

①袋瓶灭菌。按上述比例配置干料，拌匀，加入糖与水，翻拌均匀后装入瓶中，要求松紧适当且上下基本一致，揿平表面。含水量要求 55％～60％，以手紧握配料，指缝间有水珠渗出，但不滴下

为度。用清水洗净瓶外及瓶口处培养料，要求不使水进入料中，待瓶口干后塞上棉塞，灭菌 [1.47×10^5 Pa（1.5kg/cm^2），1.5h]。

②接种培养。待原种瓶冷却后即可接种，一般一支母种接 4～6 瓶原种，24～26℃培养。

（2）栽培种　香菇生产有段木栽培和代料栽培两种方式。不同的栽培方式所用的菌种形式也不相同。

①段木栽培用种。可用前述木屑菌种，也可用圆柱形木块和楔形木块制成的木塞种（图 21-4）。具体做法是：木块 50kg、木屑培养料 10kg（木屑 7.8kg、麦麸 2kg、糖 0.1kg、石膏 0.1kg），木块应先用 1% 糖水浸 1 夜，然后将木块和木屑培养料拌匀后装瓶，表面盖一薄层培养料，揿平，然后洗瓶，塞棉塞，灭菌，接种培养。

②代料栽培用种。香菇代料栽培一般采用人造菇木栽培（又称菌棒、菌筒）方式。培养基配比：木屑 78%，麸皮（米糠）20%，糖 1%，石膏 1%。操作：按比例配置好培养料，加水翻拌均匀，含水量 50%～55%。采用 15cm×53cm 低压聚乙烯袋（一端熨烫密封）。制种过程为：装袋→扎口→灭菌→冷却接种→培养。宜用装袋机装料。常压灭菌 9～12h，冷却后打洞接种，一根菌棒接种 3～4 穴，或贴胶布或套外袋培养。正常情况下，50～55d 菌丝可长满全袋。

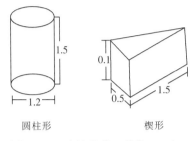

图 21-4　木块菌种（单位：cm）
（引自：《银耳栽培技术》，1975）

2. 菌种的鉴定　母种菌丝白色粗壮，呈绒毛状，镜检时菌丝粗细均匀，有锁状联合。木屑培养基中在生长后期会产生褐色的菌膜，同时分泌少量液体，有香菇菌丝特有的香味。

人造菇木成熟期应具特点：木屑培养料与塑料袋间出现一些零星的隆起物；培养料表面出现少量褐色色素，同时有淡黄色水珠分泌；手拿菌棒感觉重量有明显减轻，同时像面包那样稍有弹性。

（二）蘑菇菌种　蘑菇属腐生菌，以畜禽粪、稻、麦草、麦粒、棉籽壳等作主要原料。

1. 菌种的制作

（1）麦粒菌种　有两种制作方法：①取小麦 10kg，加水 15 L，煮沸 15min，再闷 15min，以麦子中心无白心种皮不开裂为度，稍摊凉，然后按配比拌匀后装瓶灭菌 [1.47×10^5 Pa（1.5kg/cm^2），2h]。②煮熟麦粒 90kg，湿牛粪（发酵晒干粉碎后再调湿）10kg，碳酸钙 0.3kg，石膏 1.2kg，石灰适量。将发酵干牛粪用石灰调至 pH 为 9，含水量掌握在 60%～62%。将熟麦粒、湿牛粪、碳酸钙和石膏按比例充分混合后装瓶，用常规粪草料在麦粒上覆盖 1cm 左右，可预防干燥。洗瓶、塞棉塞、灭菌、冷却接种，培养。

（2）棉籽壳菌种　把棉籽壳预湿 1d，加 2% 尿素，堆制发酵 12～15d，其中翻堆 2 次，发酵结束时棉籽壳手感已变软，呈红棕色，上面布满了大量的灰白色放线菌，且有一股特殊的甜香味。晒干备用。将上述晒干棉籽壳加 1% 石膏，用少量无污染的污泥浆加水拌料，要求当天拌料，当天装瓶，当天灭菌，冷却后接种培养。

2. 菌种的鉴定　优良菌种应具备的特征：①在培养料上菌丝生长清晰，粗壮，生活力强，无病、无虫、无杂菌；②菌种培养料应转为特有的颜色，如深褐色的粪草料长上蘑菇菌丝后呈桂皮色。③菌种培养料应具有菇类的特殊香味。

（三）草菇菌种

1. 菌种的制作　母种应从县级以上具相应资质的生产单位购买。

原种、栽培种的制作：培养基一：①配比：稻草 90%，麦麸 9%，石膏粉 1%。②操作：选取金黄色、无霉烂的干稻草，切成 3cm 长短，放清水中浸泡 12h 左右，捞起后挤掉多余的水分，按比例加入麦麸、石膏粉，充分翻拌，然后装入瓶中，松紧要均匀适中，洗净瓶口内外的污物，稍干后塞上棉塞，灭菌 [1.47×10^5 Pa（1.5kg/cm^2），1.5h]。冷却后接种，30～32℃下培养。培养基二：①配比：棉籽壳 94%，麦麸 5%，石膏粉 1%。②操作：将棉籽壳预湿后加入辅料，翻拌均匀，装瓶、灭

菌，接种培养。

2. 菌种的鉴定　菌丝呈淡黄色，透明，有较多厚垣孢子；全瓶菌丝分布均匀，健壮，生长势强，无杂菌虫害。

四、菌种保藏

通过适当的方法保藏菌种，可以延缓菌种的衰亡速度，保持菌种原有的优良性状。常用的保藏方法有下面几种：

（一）液氮超低温保藏法　该方法是将要保藏的菌种密封在装有保护剂的安瓿里，经控制速度预冻，再置于－196～－150℃液态氮超低温冰箱中保存。其原理是采用超低温手段，使生物的代谢水平降低到最低限度，在此条件下保藏，能保持其性状基本上不发生变异。

（二）低温定期移植保藏法　该法是将需要保藏的菌种置3～5℃低温干燥处或4℃冰箱、冷柜中保藏，一般每隔6个月左右移植转管1次。除草菇、巴西蘑菇、大白桩口蘑等菌种外，其他的食用菌菌种基本都能采用此法保藏。

（三）自然基质保藏法　这是利用食用菌自然生长的基质作保种用培养基来保藏菌种的方法。常用发酵粪草基质保藏蘑菇菌种，用木屑麦麸基质保藏木腐类食、药用菌，也可用枝条或木片加木屑麦麸培养基保藏木腐类食用菌。置4℃低温下保藏。

（四）生理盐水保藏法　采用无菌生理盐水（0.7％～0.9％氯化钠溶液）作基质来保藏菌丝球或孢子。置4℃保藏。

（五）蒸馏水保藏法　将无菌蒸馏水注入待保藏的菌种试管中，加至高出斜面顶端1～2cm处为宜，用橡皮塞封口以减少水分的蒸发。置4℃下保藏。保藏过程中要注意及时补充水分。

（汪昭月）

第二节　香　菇

香菇属侧耳科（Pleurotaceae）香菇属，学名：*Lentinus edodes*（Berk.）Sing.；别名：香蕈、冬菇。野生香菇资源主要分布于中国的浙江、福建、台湾、安徽、江西、湖南、湖北、广东、广西、四川、云南、贵州等省、自治区。日本、朝鲜、菲律宾、新西兰、俄罗斯、泰国、马来西亚等也有分布。香菇的人工栽培起源于中国。元·王祯著《王祯农书》（1313）中，已有关于香菇砍花栽培详细的记载。

香菇是中国著名的食用菌，营养丰富，每100g干品含蛋白质13g、脂肪1.8g。香菇所含的麦角甾醇在日光或紫外线的作用下，可转变为维生素D，故香菇为抗佝偻病的食物之一；香菇中含香菇多糖，能抑制小白鼠肉瘤S-180增生，因此在天然抗癌药物的开发上有一定的应用前景。香菇香味的主要成分是香菇酸分解生成的香菇精（Lentionine），将其在炭火上烤焙，香气尤浓。

一、生物学特性

（一）形态特征　香菇由菌丝体和子实体两大部分组成。

1. 菌丝体　菌丝由孢子萌发而成，白色，绒毛状，有横隔和分枝，粗2～4μm。菌丝相互结合，不断生长繁殖，结合成菌丝体，呈蛛网状。香菇的任何一部分组织均由菌丝体组成，挑取香菇的任何部分，在适宜的条件下，都可以萌发出新菌丝。菌丝不断地继续生长，逐渐发育分化成子实体——香菇。菌丝老熟后，形成黑褐色的菌膜，与香菇菌盖外部结构相同。

2. 子实体　香菇子实体是由菌盖、菌褶、菌柄 3 部分组成。

（1）菌盖　菌盖直径一般为 3～15cm。颜色和形状随着菇龄的大小及受光的强弱不同而有差异，幼时呈半球形，菌盖边缘初时内卷，后平展；过分成熟时则向上反卷。菌盖表面为淡褐色、茶褐色、黑褐色等，往往披有白色或同色的鳞片，干燥时还产生龟裂。幼时边缘有淡褐色棉毛状的内菌幕，后残留于菌盖的边缘。菌肉肥厚呈白色。

（2）菌褶　菌褶是孕育担孢子的部位，生于菌盖的下面，呈辐射状排列，白色，刀片状，上有锯齿，宽 3～4mm，菌褶表面被以子实体层，其上有许多担子，在担子上各生有 4 个担孢子。

（3）菌柄　菌柄起支持菌盖、菌褶和输送养料、水分的作用，生于菌盖下面的中央或偏中心的地方，坚韧，中实，圆柱形，或上扁下圆柱形。其粗细、长短因温度、养分、光线、品种的不同而异。上部白色，基部略呈红褐色，幼小时的表面披有纤毛（干燥时呈鳞片状），柄长 2～5cm。

（二）对环境条件的要求

1. 营养　香菇是一种高等木腐真菌，需要的主要营养成分是碳水化合物和含氮化合物，也需要少量的无机盐、维生素等。

（1）碳源　香菇能利用相当广泛的碳源，包括单糖类（如葡萄糖、果糖）、双糖类（如蔗糖、麦芽糖）和多糖类。单糖类最好，双糖类次之，淀粉再次。糖的浓度在 3％左右比较好，大多数有机酸中的碳源不被利用，相反的对香菇菌的生育有害。但是，培养基加糖后，再加柠檬酸、富马酸、酒石酸却有促进香菇菌丝生长的效果（估计与 pH 有关）。烃类化合物、乙醇、甘油也能利用。在天然的培养基中经常用麦芽浸膏、酵母浸膏或马铃薯、玉米可溶性淀粉作碳源。

（2）氮源　氮源用于香菇细胞内蛋白质和核酸等的合成。香菇菌丝能利用有机氮（蛋白胨、L-氨基酸、尿素）和铵态氮，不能利用硝态氮和亚硝态氮。在有机氮中，能利用氨基酸中的天门冬氨酸、天门冬酰胺、谷氨酸、谷氨酰胺，不能利用组氨酸、赖氨酸等。香菇生育的最适氮源浓度，因氮源的种类而有不同。例如硫酸铵和酪蛋白水解后的各种氨基酸为 0.03％，酒石酸铵为 0.06％。香菇菌丝利用菇木中氮源的能力，因香菇菌株而有不同，一般为段木含氮量的 1/3。

在香菇菌丝营养生长阶段，碳源和氮源的比例以 25～40 ∶ 1 为好。高浓度的氮会抑制香菇子实体的发生和原基的分化，子实体发育时期较高的碳氮比和较高浓度的糖反而有利。当蔗糖的浓度达8％时，子实体的发生非常好。

（3）矿质元素　除了镁、硫、磷、钾之外，铁、锌、锰同时存在能促进香菇菌丝的生长，并有相辅相成的效果。每升培养液中，各添加锰、锌、铁 2mg 可以促进香菇菌丝的生长。在这三种元素中缺少锰时，香菇菌丝的生长量明显减少。

（4）维生素类　香菇菌丝的生育需要外源的维生素 B_1。维生素 B_1 的适宜浓度大约是每升培养基 $100\mu g$。

2. 温度　菌丝生长温度范围为 5～32℃，生长适宜温度为 18～22℃，此时菌丝生长速度稍慢，粗壮，菌丝浓密；快速生长温度为 24～27℃。快速生长的菌丝较纤细，菌丝稀疏。0℃以下及 32℃以上生长不良，35℃停止生长。在 5℃以下经 8～10 周仍能生存，表明香菇菌丝耐寒力较强。

香菇是低温和变温结实性的菌类，当菌丝体达到生理成熟后，受到季节变换或人为制造的温差刺激，菌丝扭结成原基。香菇原基分化温度范围 8～21℃，最适 10～12℃，所需温差幅度视香菇不同品系而异，一般低温型品系原基分化温度为 5～15℃，发育温度为 10～15℃；中温型分化温度为 8～20℃，发育温度为 15～20℃；高温型分化温度为 15～25℃，发育温度 20～25℃。香菇原基形成之后，子实体的生长发育对温差的要求不高，一般情况下，气温高，子实体发育快，多出薄皮菇，质差；气温低，子实体发育缓慢，质优，肥厚浓香。生产实践中，要根据当地气温变化范围，选定所栽培香菇品系的温度类型。

3. 湿度　湿度对香菇子实体分化及发育至关重要，在出菇管理过程中主要就是通过调温和调湿

来控制子实体的形成发育。子实体分化所需菌棒含水量一般为 60％～65％，空气相对湿度一般为 85％～90％。子实体原基形成后，子实体健全发育的小环境相对湿度一般为 80％～85％。

4. 气体　香菇是好氧真菌，足够的新鲜空气是保证香菇正常生长发育的重要条件之一。发菌阶段供氧不足将使菌丝的呼吸受阻，营养消耗增大，长势变弱。出菇阶段缺氧将影响原基分化和生长发育，产生畸形菇（长菇脚、大菇脚、不分化）。因此，只有在通气良好的场所，才能得到优质高产的香菇。

5. 光线　菌丝可在黑暗条件下很好地生长，强光对菌丝生长有抑制作用。在完全黑暗的条件下，子实体不形成。光线不足出菇少、柄长、朵小、色淡、质差，但强烈的直射光对香菇尤其是幼小菇蕾有很大的伤害，因此适当的散射光对子实体发育十分重要。

6. 酸碱度　香菇喜欢在偏酸性培养基质中生长，一般 pH 为 5.5～6.5。在适宜的酸碱度范围内，不同的 pH 对香菇菌丝生长影响不大。

二、类型及品种

（一）类型　划分香菇类型及品种的方法很多，如可按适宜的栽培基质划分品种、按出菇时间长短划分品种、按产品适宜的销售形式划分品种、按菇体大小划分品种等。

1. 按适宜的栽培基质划分品种　香菇可用段木栽培、代料栽培，而代料又有若干种类，如木屑、蔗渣、玉米芯、稻草等。一般说来，凡在木屑上生长良好的品种可以用于段木栽培，而在段木上生长良好的品种，不一定适合在木屑基质中生长。

（1）段木种　较耐干旱，出菇周期较长，不适宜木屑栽培，较优良的段木品种有 241、8210 等。

（2）木屑种　多喜大水，出菇周期较短，如 Cr－04、Cr－63、L－66、L－26、856、939、135 等；也有个别品种较耐干旱，出菇周期较长，如 241－4。

（3）草料种　这类品种在加入一定比例的草本植物秸秆的木屑基质上很好生长，甚至完全可以在玉米芯、稻草粉基质中生长，如 Cr－04、L－66 等。

（4）两用型种　这类品种可以用于段木栽培，也可以用于代料栽培，常见的品种有 8001、241－4、7402 等。

2. 按出菇温度划分品种

（1）低温品种　低温种的出菇温度为 5～15℃，也称冬菇种。这类品种的子实体组织致密，菌盖厚而柄短，品质好，常见品种有 7402、241－4 等。

（2）中温品种　适宜出菇温度为 10～20℃，也称秋菇种。子实体组织致密，菇形圆整，菌盖较厚，柄短，品质好，如 939 等。

（3）高温品种　适宜出菇温度为 15～25℃，也称春菇种。这类品种的子实体质地较松，菌盖较薄，菌柄较长，品质较差。如 7405、79025、Cr－04、闽丰 1 号、武香 1 号、苏香 1 号等。

（4）广温品种　适宜出菇温度为 8～28℃，多为代料种。这类品种的子实体质地、菌柄长短及品质等多随温度的改变而有差异。如 L－66、Cr－33、Cr－02、82－2 等。

（二）常用代料菌种简介

1. 春栽迟生品种

（1）241－4　浙江省庆元县食用菌研究所育成，是中国第 1 个大量用于代料栽培的品种。子实体大叶型，朵形圆整，肉厚，菌盖直径 6～10cm，肉厚 1.8～2.2cm，柄短而细，品质优，属中低温型。从接种到出菇（菌龄）180d。抗逆性强，适应性广，在全国香菇产地均有应用。

（2）939　浙江省庆元县食用菌研究所育成，是目前栽培花菇的主栽品种。朵形圆整，盖大肉厚，产量高。菌盖直径 4～14cm，柄长 3.5～5.5cm，不易开膜，属中温型。菌龄 90d 左右，抗逆性强。

（3）135 系段木栽培品种，经代料栽培驯化成为栽培花菇的品种之一。菌盖大，肉厚，菇质优。菌盖直径 5～13cm，柄长 3～4cm，属低温型。菌龄 200d 以上。抗逆性较差。在菌棒培养期间光线要弱，以免菌膜色太深、太厚不易出菇。

2. 春栽夏生种

（1）武香 1 号 子实体大叶，菌肉肥厚，菌盖色较深。柄中粗，稍长。其最大的特点是在 28℃ 的高温下能大量出菇，最高至 34℃ 也能出菇，出菇温度范围 10～34℃。菌龄 60d。抗逆性强。产品适宜鲜销或保鲜销售。

（2）Cr - 04 福建三明真菌研究所育成的中高温型品种。子实体大叶，菌肉肥厚，菌盖为茶褐色，有鳞片。柄中粗，稍长。出菇温度范围 10～28℃，菌龄 70d。抗逆性强，适应性广。适于保鲜或脱水烘干销售。

（3）广香 47 广东省微生物研究所育成的高温型品种。子实体朵形圆整，盖大肉厚，菌盖黄褐色，柄中粗，稍长。出菇温度范围 14～28℃，菌龄 60d。适于烘干脱水和保鲜销售。

（4）8001 上海市农业科学院食用菌研究所育成的中高温型品种。子实体单生，中大叶形，朵形圆整，肉质肥厚，菌盖茶褐色或深褐色，柄粗，稍长。出菇温度范围 14～26℃，菌龄 60d 以上。适于保鲜或脱水烘干销售。

3. 秋栽早生种

（1）L82 - 8 上海市农业科学院食用菌研究所与浙江省庆元县食用菌研究所合作育成。子实体朵形圆整，中大叶型。单生或少有丛生。菌盖深褐色，柄较细，中等长，畸形菇少，菇质较好。适宜出菇温度 14～19℃，菌龄 60d，菌丝抗逆性强，宜在不同海拔高度的地区应用。适宜鲜菇或脱水烘干销售。

（2）865 福建省三明食品工业研究所引进筛选的早熟高产品种。朵形圆整，肉质肥厚，中叶，单生或少有丛生，菌盖茶褐色或黄褐色，柄稍长较细。适宜出菇温度 14～18℃，菌龄 55d。一般地区均可栽培，高海拔地区栽培更为理想。适于鲜菇或脱水烘干销售。

（3）L - 9612 浙江省庆元县食用菌研究所引进筛选而成。子实体朵形圆整，大叶型，菌肉肥厚，菌盖茶褐色至深褐色，菌褶较疏，柄短而细，菇质优，产量高而稳。适宜出菇温度 17～22℃，菌龄 55d。但在菌丝不成熟时脱袋畸形菇多。抗逆性强，一般地区均可栽培。适宜鲜菇或脱水烘干销售。

（4）Cr - 33 福建三明真菌研究所育成的早生型高产品种。子实体大叶，子实体朵形圆整，肉质肥厚，菇质较优。最适出菇温度 15～22℃，菌龄 60d。适应性广。适宜作普通鲜菇或脱水烘干销售。

4. 地栽品种

（1）L - 26 福建三明真菌研究所引进筛选而成。子实体朵形圆整，中大叶型，菌肉肥厚，菌盖深褐色或棕褐色，少有鳞片或纤毛，菌柄短而细，产量高，菇质优。最适出菇温度 18～22℃，菌龄 70d。抗逆性强，适应性广，适宜各菇区栽培，中高海拔地区更优，是覆土地栽的优良品种，也可用于秋栽。主要适于鲜菇或烘干销售。

（2）Cr - 04、Cr - 33 参见春栽夏生和秋栽早生品种简介。

三、栽培季节和方式

（一）香菇段木栽培 段木香菇栽培可充分利用森林砍伐后适宜树种枝丫材、间伐材，直径大于 6cm 段木都能用来栽培香菇。

段木砍伐一般在惊蛰以前。若过迟，大地回春，树皮下形成层日趋活跃，如此时砍伐，很容易造成树皮的脱落。树皮对香菇菌丝起着保温、保湿、防止污染和提供部分营养的作用。树皮一旦脱落，就不能长出香菇来了。在段木栽培中，木质组织较木屑坚硬，菌丝要经过漫长的春、夏两季才能充分蔓延，有的甚至要到第 2 年秋季，因此香菇段木栽培为冬、春砍树，秋、冬收获。

香菇生产一般已不用段木栽培。

（二）香菇代料栽培　利用农业、林业等产品或废弃物等为主要原料，添加一定比例的辅助材料制成的培养基或培养料生产香菇的方法。代料栽培可以广开培养料来源，充分利用自然资源，因而可以有效地扩大香菇的生产区域。

袋栽香菇是代料栽培的方法之一，又称袋式栽培法。是以木屑、甘蔗渣、棉籽壳、废棉、稻草等为主要材料，辅以麸皮、米糠、黄豆粉、蔗糖、碳酸钙、硫酸钙等营养物质，将其装入耐热塑料袋（聚丙烯塑料薄膜袋，又叫 PP 袋，或高密度聚乙烯塑料袋，又称 PE 袋）中，经高压蒸汽或常压消毒灭菌，接种，在一定温、湿度条件下，生产香菇的方法。利用袋式栽培法，可以进行荫棚露地栽培、不脱袋层架栽培、高海拔地区反季节栽培、低海拔覆土栽培、小棚大袋层架式栽培、半生料野外地栽等，综合运用上述各项栽培技术即可周年栽培，周年供应市场新鲜香菇。

四、栽培技术

（一）荫棚露地栽培技术

1. 生产季节安排　荫棚露地栽培季节必须根据当地的气候条件、海拔高度及其品种特征进行安排，浙江省荫棚露地栽培，一般安排在 8 月中下旬至 9 月上旬为投料接种，10 月中下旬到来年 5 月上旬出菇。

2. 培养基配方　常用配方有：①杂木屑 78%，麸皮 21%，石膏 1%，含水量 50%～55%；②杂木屑 60%，棉籽壳 21%，麸皮 18%，含水量 56%～58%。

3. 菌棒制作

（1）拌料　把称好的木屑、棉籽壳等原料与麸皮、石膏粉等反复拌匀，并做成中间凹形料堆，将清水泼于料上，使各种原料与水混合搅拌均匀。以手握料能成团，但指缝间无水溢出，落地即散，表明含水量适中。水分含量偏高，培养基通气性不良，菌丝生长缓慢，易引起杂菌污染。含水量过干，同样阻碍菌丝的生长。

（2）装袋　培养料配制后，必须立即装袋，以防料发热酸化。一般选用高 15cm、直径 55cm 的低压聚乙烯或聚丙烯膜（厚 0.005cm）作筒袋，每袋装湿料重 1.8～2.0kg。装料至袋口 6cm 为宜。装袋要求整个筒袋松紧一致。装袋结束立即搬到灭菌灶内进行灭菌。

（3）灭菌　一般采用常压灭菌，力求 3h 内使灶内温度到达 100℃，以控制这期间微生物的繁殖速度。菌棒叠放不能太紧，要留有适当的间隙，以达到彻底灭菌的效果。当菌袋间温度达到 100℃时，菌袋内中心温度应为 93℃ 左右，大约需经过 4～5h 湿热蒸汽才能透过料袋中心达到热平衡，所以灭菌需持续保温 14～16h 之后，才能达到彻底灭菌的目的。最后用旺火猛烧 40min，要防止"大头、小尾、中间松"的现象。

当灶内温度降到 95℃ 时就要及时地打开灶门，菌袋要在 2h 内搬卸完毕。然后通风冷却。菌袋冷却的场所事先要认真地做好清理、消毒工作。

（4）接种　菌袋料温降到 28℃ 以下时，在无菌条件下用打穴器在袋面等距离打 3 个接种穴，再翻至背面错开打 2 个穴，孔径 1.5cm，深 2cm。打穴后要立即接种。接种时用接种刀挖去菌种表层菌膜，同时挖去上层老菌丝，用接种器从菌种瓶内取出菌种，迅速通过酒精灯火焰，移入接种穴内，尽量接满穴。然后用 3cm×3cm 的胶布将穴口密封。一般每瓶（750ml）菌种可接 20～25 袋。打穴、接种、封口要连续进行，流水作业。接种完毕后，将菌袋运至培养室发菌。

（5）室内发菌培养　室内温度应控制在 27℃ 以下。菌棒入培养室常以每层 4 袋，高 10 层的井字形纵横堆叠法。接种后 10～15d，当菌丝从接种口向四周延蔓 4～5cm 时，进行第 1 次翻堆检查，剔除有杂菌污染的菌棒，改每层 4 袋为 3 袋，高 8 层。接种后 15～25d，当白色绒毛状香菇菌丝向接种口延蔓 8～10cm 时，进行第 2 次翻堆，并把胶布拉起一角拱成约 0.5～1cm 的小孔（不能太大），增加袋内的供氧量，接种口朝两侧。接种 20d 后要特别注意培养室及菌袋内的温度，若菌堆中的温度高于 28℃时，就必须采取打开门窗通风、减少菌袋排放数量等措施，将菌袋内的温度控制在 28℃以下。如果培养室确实无法降温，可将部分菌棒提前搬到野外菇棚中培养，这样能有效地达到降低温度的目的。香菇菌丝培养阶段应把空气相对湿度控制在 75％以下为宜。

室内发菌培养大约 80d 时间，菌棒即可达到生理成熟，转入到室外大田出菇管理阶段。

（6）出菇管理阶段　荫棚露地栽培香菇技术，主要包括室内发菌和野外菇棚出菇两个阶段。野外菇棚出菇是模仿香菇生态习性进行人工栽培管理。场地选择，要求阳光充足，冬暖夏凉，日夜温差大，避北风，防寒流，靠近水源，环境清洁，地势平坦，交通方便，土质微酸性，通气透水性能好，无病虫滋生地。一般选择水稻收割后的冬闲田最为理想。

野外菇棚一般用毛竹、木材、芒萁等材料搭成。搭好后的菇棚，净高约 2m，创造一个光照少、荫凉、潮湿、通气性好，适应香菇生长的环境。棚内两边设置栽培畦，面宽为 145cm，长度根据田块的形状而定，畦的两边为浸水沟，中间为走道，宽 55cm。整成龟背形的栽培畦。菌棒排场之前，在畦面上喷施敌敌畏、乐果等农药进行杀虫。每公顷水田可排放 15 万棒左右。

适时排场、脱袋是香菇栽培的关键环节。脱袋过早，菌棒没有达到生理成熟，抗逆性弱，极易遭受绿霉、根霉等杂菌的污染，同时受温差刺激影响，会引起早生畸形菇；脱袋过迟，棕褐色分泌物渗入培养料内易孳生杂菌，引起烂筒。在排场之前，必须掌握香菇菌丝生理的 3 个特征：瘤状隆起物占整个袋面的 2/3；手握菌袋时，瘤状物有弹性和松软感；菌袋四周出现少许的棕褐色分泌物。菌棒排场后，约经 1 周的环境适应，瘤状物基本长满菌棒，并有 2/3 转为棕色时，即可脱袋。脱袋后，菌棒随即排放到菇床的排架横架条上，斜靠与畦面成 60°～70°角。每行可排放 9～10 棒，棒之间距离 3～4cm。脱袋时间选择在阴天或晴天的早晨、傍晚，并避免菌筒的损伤。菌棒脱袋排架后，畦上拱棚随即覆盖薄膜，以防菌棒表面菌丝被吹干，影响出菇。

香菇属于变温结实性的菇类。菌棒脱袋，经 2～4d 的环境适应后，就应采取温差刺激诱导出菇。具体方法是：白天将盖膜盖紧，夜间将盖膜掀掉，结合喷 1 次大水，将日夜温差拉大 10℃以上，约经连续 3～5d 的温差刺激，菌棒表面产生原基，继而由原基分化为菇蕾。

香菇子实体形成初期，空气相对湿度应控制在 90％左右。随着菇蕾发育分化出菇柄，空气湿度控制在 80％～85％。香菇子实体生长阶段，氧气需求量较大，所以必须注意菇棚空气新鲜。如果氧气不充足，则香菇子实体分化不良，就会发生菇盖小、菇柄大而长的畸形菇，其产量低、质量次、效益低。当菌棒的含水量降到 35％～45％时就要进行补水，使菌棒的含水量恢复到 50％左右。菌棒补水的方法有浸水法、注水法、滴灌法等。现将浸水法介绍如下：

当香菇采收后的凹陷处菌丝发白时，说明菌丝已经恢复，此时便可进行补水。浸水前要在菌棒两端各打 1 个 5cm 深的洞，菌棒表面打 4～5 个约 2cm 深的洞孔，然后按顺序排叠于菇畦两边的浸水沟中，一般排 2 层。先浸下层，等底层菌棒的含水量达到要求时，再将上、下层换叠补水。浸水后的重量与发菌初期菌棒相近，以后每次浸水比前次减轻 100g 为宜。浸水达到要求后，捞起放回床畦，拉大日夜温差，经 3～5d 的培养又一潮菇蕾形成，此后，就可按出菇阶段的技术要求进行管理。秋季浸水时间控制在 4～6h，浸泡过久，易使菇筒腐解。相反，早春第 1 次浸筒补水因菌筒失水过甚，浸水时间增至 8～12h。

入冬后，管理上应以提高畦床温度、控制通风、保暖防寒为主。中、高温型菌株在 10℃以下低温几乎不再出菇，此时每日午后结合短暂通风、喷水，保持菇筒的湿润即可使之顺利越冬。中温或中温偏低的菌株，在冬季不明显的省份仍有出菇希望，可根据气象预报，避开寒流，利用短暂气温回升

间隙进行人为调节提高畦温。具体做法是：拆稀顶棚的覆盖物，罩紧膜罩，提高畦温，下午短暂通风，换气，同时喷水保湿。

春菇管理：日平均气温大于12℃时是室外香菇发生全盛期，其产量占全年30％～60％。应根据秋冬季失水状况进行补水。早春时节，菌筒补水靠架后应增加棚内温度及日照，增大昼夜温差，诱导原基形成。为了满足香菇发育对氧的需求，应将畦靠架上竹片弯拱提高0.3m，阴雨天甚至要将膜罩全打开，以利加强通风。惊蛰后，雨水频繁，要防止菇体淋水过度，给烘烤带来困难。晚熟品种大量香菇均在开春后发生，特别在3～4月份进入高峰期。每采收一批结束后，让菌丝恢复7～10d，再按照上述方法补水、催蕾、出菇，周而复始。晚春气温变化波动较大，要围绕防高温、高湿进行降温工作。低海拔菇场4月底或5月初（视各地气温）结束栽培，清场。高海拔山区栽培菌株常延续到6月。

（二）花菇栽培技术　花菇的菌盖表面具有龟裂的花纹，菌肉组织紧密而厚实，菇柄细短，口感脆嫩，营养丰富，香味极佳，有很高的营养和保健价值，是香菇中的珍品，在市场上商品价值也最高。

1. 花菇形成的原因　花菇是香菇在特定生长环境条件下形成的。当菇蕾长至2～3cm，若处于低温、干燥、一定光照、微风吹等特定环境条件下，菌盖表皮细胞因缺水而停止分裂生长，菌肉细胞则因水分和养分尚充足，只是由于低温分裂生长缓慢，在白天气温升高时，菌盖表层细胞在干燥条件下仍无法复苏，而菌肉细胞则因温度适宜，而大量分裂增殖。这样到了一定程度，菌肉胀破表层，其裂痕也逐渐加深，龟裂成不同的花纹。

（1）湿度　当空气相对湿度在60％～70％时，能够形成花菇。菇场空气相对湿度影响菌盖纹理的出现和开裂的深度。因此，菇场地面必须保持干燥和通风。场地的干燥程度，以控制菇木（菌棒）不失水为宜，保障花菇顺利生长。菇木含水量在60％～83％，均能正常形成花菇，以60％～70％为最适宜。

（2）温度　温差大小对花菇纹理和裂度的形成不起决定性作用。温度较低，相对湿度为75％～80％，就容易形成花菇，已形成的白色花纹也不致很快消失。

（3）光照　花菇多生长在光照充足的地方，光照强度影响着菌盖上花纹的颜色深浅。光线充足，花纹长得白，反之，花纹为乳白色。花菇在不同生长发育阶段，对光照强度有不同的承受力。只有当幼菇长到2cm以上，发育达到稳定状态，方可增加光照强度。光照强度与空气干燥程度成正比，增加强光，必然大幅度降低湿度，有助于菌盖表皮开裂，加深白色龟裂纹。日照时数提高，可使花菇发生增多，提高花菇质量。

2. 花菇栽培技术　中国南、北方气候的巨大差异决定了花菇栽培技术的不同：南方以荫棚层架式代料栽培花厚菇技术为代表，北方以香菇大袋、立体、小棚栽培技术为代表，形成了中国南、北方既有相似，又各具特色的花菇栽培技术。

（1）荫棚层架式代料栽培花厚菇技术　荫棚层架式栽培是把菌棒横放在室外高棚层架上出菇的栽培方式。要选择中、低温型或低温型，抗逆性强，子实体单生，组织致密，盖面鳞片多的香菇菌株。目前主栽品种有939、9015和135三个品种。选用9015和939菌株时，最适接种时间为4～5月；选用135菌株时，最适宜接种时间为2～4月，这样可避免7～8月炎夏接种，提高接种成功率。

花菇栽培场地应选择空气流通、冬季有西北风、日照时间长、地下水位低和近水源的山地、旱地及排水性好的田块。

需要特别指出的是，菇蕾发生和花菇形成所需的环境条件是不同的，催蕾和催花最好分场进行，搭建两个菇棚。催花棚长度不要超过15m，以利于通风。同时，另建一个6～10m²的催蕾小菇棚供低温干燥季节催蕾和育蕾用（催蕾棚管理同前述），直至菇蕾长至2cm左右，再置于催花棚中管理。

菌棒灭菌与接种方法，见前述有关内容。

发菌管理阶段要适时翻堆和刺孔，可分 3 次进行：第 1 次在接种后 10～20d，菌丝末端不整齐且蔓延缓慢时，距菌丝末端 2cm 处刺 4～5 个孔，深约 1cm；第 2 次在菌丝满袋后刺 3～4 排孔。刺孔后能有效地促使瘤状物软化和均匀转色，但要注意若选用 135 品种时不要让菌棒转色过重，应呈虎斑色最佳；第 3 次在出菇前 1 周或见小菇蕾生长气候适宜时，打 4～5 排孔，达到催蕾目的。

当菌棒内菌丝已达到生理成熟，气温降到出菇适宜温度时，对含水量不足的菌棒用水温比气温低 5～10℃ 的清水进行浸水。白天盖膜通蒸汽增温，夜间掀膜降温，人为拉大温差，调节棚内空气相对湿度到 85% 左右，保持 3～5d，菇蕾即可长出。当菇蕾长到 1～1.5cm 时，每只菌棒选择 5～8 只菇蕾留下，再用小刀将周围塑料袋割开 3/4 的口子，待其长出。当菇蕾长到 2～2.5cm 时，即可进入偏干培育花厚菇管理阶段。棚内空气相对湿度 55%～65%，有利于花厚菇形成。秋冬季出菇期间，遮阳物要稀疏，只要棚内温度不超过 20℃，尽可能增加光照，特别是冬季低温季节，光照能提高菇棚温度，加强蒸腾作用，使菇体表面水分蒸发，有利于花菇形成，连续几天后应能培育出优质花厚菇。

（2）香菇大袋、立体、小棚栽培技术　香菇大袋、立体、小棚栽培技术是河南省近年来研究成功的一项培育花菇的新技术，花菇率可达 80% 以上。

香菇大袋、立体、小棚栽培技术在中原地区既可春栽又可秋栽。春栽适宜海拔较高的地区，一般 3 月初到 4 月中旬开始栽培，经越夏管理，10 月下旬出菇；秋栽一般在 8 月中下旬到 9 月底开始栽培，但以偏早为好，配合早熟品种，一般 80～90d 就可出菇。菌种选择：要选择适应长江以北春、秋栽培的菌种，适宜的品种有 L26、L27、Cr02 等。

原料选择及配比、拌料、装袋、菌棒灭菌与接种等方法，见前述有关部分。

①菌丝体培养（发菌管理）。培养至第 10～20d 菌丝蔓延至 12cm，培养室温度应控制在 22～27℃，保持室内空气新鲜、干燥、适温、通风。第 20d 后菌丝蔓延基本相连，根据气温，将接种条拔掉或捣进深处，让氧气能直接进入菌袋深处，使菌袋中间也能像外部菌丝一样生长。通氧后菌袋温度 12h 内升高 8～12℃，能持续 7d 左右，管理重点是打开门窗，疏散菌袋，防止高温烧坏菌丝，这一阶段不应有瘤状物出现。第 30～45d 是瘤状物形成的阶段，30d 应再打第 2 次孔，以后每隔 10d 打 1 次孔。打孔用的钢棒或竹棒直径在 0.5～0.7cm，打孔多少、深浅，要根据气温而定，气温高要少打、浅打；气温低要多打。整个发菌期约打孔 5～6 次，约打 100～150 个孔。发菌 30d 开始出现瘤状物，45d 基本布满袋。第 45～60d 是营养转化高峰阶段，45d 左右出现转色，60d 左右转色结束。

催蕾是促使香菇原基发生并及时分化形成幼菇的过程，可以在菇棚里进行，也可以在室外进行。不论在什么场所进行，都必须达到原基发生和分化的条件，即温度在 10～18℃ 之间，既有低温刺激，又有温差刺激；菌袋内培养料含水量在 55% 左右；空气相对湿度在 85%～90%；有充足的氧气；有一定的散射光。

补水是催蕾的方法之一。经过越夏的菌袋水分失去较多，因此要进行浸水，使菌袋含水量达到 55% 左右。振动也是催蕾的有效措施。当其他条件均适宜时还不现菇，可用振动促其出菇。如越夏的菌袋，稍微碰一下即可冒出菇来。

护蕾有两个含义：一是在不脱袋的情况下要严防挤压菇蕾，现蕾后要及时将其周围的薄膜划开 2/3，使之露在空间；二是当菇蕾刚长出来时，要控制温度保持在 8～18℃，相对湿度在 85% 左右，适当通风，有散射光照射。

疏蕾：对长出的幼蕾进行选优去劣，疏蕾定位，菇蕾间距 5cm 左右，每袋留 6～8 朵，以提高香菇的质量。

蹲蕾：蹲蕾类似于农作物的蹲苗，低温培养 5～7d，目的在于让幼蕾缓慢生长，积累养分，以利催花。此时菇棚内温度稳定在 8～12℃，空气相对湿度应保持 85%～90%，可采用微喷雾增湿；用草帘等遮光，避免强光直射，引起幼蕾生长不良，萎缩夭折；不宜大通风及大温差刺激。

②初裂期的管理。蹲蕾后，菌褶已形成，适应性增强，每袋留 4～6 朵。棚内温度控制在 10～

15℃，空气湿度65％～75％，经7d左右，当菇盖长到3cm以上时，进入催花管理。

③催花管理。菇盖直径在3～3.5cm时进行催花。过早催花，易干枯或只能形成花菇丁；过晚催花，裂纹浅而窄，难以形成爆花菇。用手抚摸菇盖表面，感觉柔软有弹性，可催花。催花的具体措施：当冬春白天最高气温在15℃以下时，可在夜晚12h后加温，棚内温度升至28～35℃（袋内温度不能超过28℃），白天8～9h揭棚加大通风，短时间降温至15℃以下，形成大温差和较大干湿差，同时用光线刺激，促使菇盖开裂，形成爆花菇；在初秋、春末季节因白天温度较高，当超过15℃时，可采取白天增温，夜晚揭棚降温的方法催花。棚内香菇经3～4d的连续刺激，菇盖表皮就会迅速开裂，白色菌肉裸露，形成大量的优质爆花菇。

④保花期的管理。为使催花后的香菇菌盖增大、肉质增厚、裂痕加深增宽，形成天白花菇，还需15～25d认真、细致地培养管理。管理要求：棚内温度控制在8～20℃，湿度保持在55％～65％；遇晴朗干燥的天气，白天揭棚，加强通风和光照，此间若遇阴雨、雪雾天气，要封严棚膜，打开排湿孔，加温排湿，同时，可在棚内安装风扇，以便更有效地降低湿度，使之形成一个干燥环境。若在湿度持续稍低的情况下，经历30～40d，则形成的花菇质地坚实，朵大肉厚，成为花菇中质量上等的珍品——天白花菇。

五、病虫害防治

（一）主要病害防治

1. 香菇绿霉病　病原：常见的有绿色木霉（*Trichoderma viride*）和康氏木霉（*T. koningii*）。发生普遍，为害严重，香菇、平菇、金针菇、银耳、黑木耳等菌种、培养料、菌丝及子实体均可受害。香菇菌种被感染后，初期长出棉絮状或致密束丛状白色菌落，接着变成绿色霉层。在播种后污染培养料，香菇菌丝不能生长或逐渐消失死亡。若子实体生长后期染病，则出现水渍状斑块，组织变软腐烂，表面生出初为白色后渐变为绿色的霉状物。病菌在高温、高湿条件下发病重。防治方法：①选用无病菌种，接种作业无菌化、规范化，栽培中加强通风降温降湿。一旦发病，要局部挖除绿霉及其周围二层培养料；②对受侵染的菌袋可用70％的酒精或0.1％的多菌灵溶液注射入杂菌控制蔓延；③如发现脱袋的菌棒发生绿霉时，可在感染处及周围刷上石灰水，严重时可用多菌灵液涂刷。

2. 香菇青霉类竞争菌　青霉菌在自然界分布广泛，有圆弧青霉菌（*Penicillium cyclopium*）、产黄青霉菌（*P. chrysogenum*）和绳状青霉菌（*P. funiculosum*）等多种。多发生于香菇、平菇、真姬菇、黑木耳和毛木耳的代料培养基上。侵染初期料面出现白色绒状菌丝，1～2d后菌落渐变为青蓝色粉状霉层。菌落常交织形成一层膜状物，覆盖在培养料面阻隔空气，分泌毒素抑制食用菌菌丝生长，影响子实体形成，后期还可侵染子实体。菇房28～30℃，潮湿时发病重。防治方法：①加强通风，降低湿度及温度；②在培养料局部发生时，可用5％～10％的石灰水冲洗；③菌袋发病时可喷洒50％施保功可湿性粉剂1 000倍液除治。

3. 香菇链孢霉　病原主要有*Neurospora sitophila*和*N. crassa*，亦叫脉孢霉，俗称红霉菌。发病普遍，对香菇等多种食用菌生产常构成威胁。发病初期在培养料上出现白色菌丝，很快便产生大量分生孢子而变为淡红色或橘红色，在潮湿棉塞上霉层可厚达0.5～1.0cm，常使菌种报废。在高温条件下病菌传播蔓延快。防治方法：①培养室和培养料等要严格消毒灭菌，实行无菌操作接种；②发现链孢霉污染，不要轻易触动污染物，要用纸或塑料袋裹好后销毁；③降低培养室温度能显著抑制其繁殖生长；④制作菌袋时，可在培养料中加入占干料重0.2％的25％多菌灵可湿性粉剂，或0.1％的75％的甲基托布津可湿性粉剂防治；⑤如菌袋发菌初期受侵染，应尽早向发病处注射5％可湿性托布津。

4. 香菇病毒病　病原：主要为杆状病毒（20nm×100～200nm）、球状病毒（直径30和34nm）。

被病毒侵染的菌种，菌丝体内的代谢活动受到严重抑制，菌丝生长速度减缓或退化。菌种压块时，由于正常菌丝生长、带病毒菌丝停滞而出现不均匀的花斑俗称"奶牛斑"，部分菌丝体不能发生子实体或呈现畸形。该病在生产上呈发展趋势，初侵染源为带病毒的菌种，或带病毒的香菇担孢子落到菌块上而发病。防治方法：①严格检查母种、原种和栽培种，发现症状应及时剔除并妥善处理；②栽培结束后彻底消毒床架和菇房。

5. 香菇褐腐病 病原：*Pseudomonas fluoresens* 和另一种未知杆菌。细菌病害。福建省已有发生。段木上的香菇子实体停止生长，菌盖和菌柄组织以及菌褶变褐色，最后腐烂发臭。多发生于含水量较多的段木或菌筒上，气温 20℃ 发病明显，9 月下旬至 10 月气温高、湿度大易发病。防治方法：①搞好菇场的卫生，生产人员的手和工具做好消毒工作，使用清洁水喷洒。②做好菇场或菇棚的排水和通风工作。

(二) 主要虫害防治 为害香菇的主要害虫有螨类、蛞蝓、香菇蛾和甲虫类。

1. 螨类 常见的是害长头螨（*Dolichocybe perniciosa*）和腐食酪螨（*Tyrophagus putrescentiae*）。害长头螨年生多代，体细小扁平，大量个体群集时呈白色粉末状。该螨的雌螨出生后取食 1～2d，后半体渐膨大成膨腹体。腐食酪螨年生多代，体稍大，呈卵圆形，乳白色，发亮。害螨在香菇生长的各个时期均可发生为害，取食香菇菌丝、幼菇、成菇及干菇，常给制种、栽培和贮藏带来很大损失。防治方法：①搞好菌种室和菇场内外的环境卫生，菌种室要与菇场及培养料贮藏库保持一定的距离；②把好菌种质量关，感染害螨的菌种不能用于扩繁和作栽培用种；③培养料需进行高温灭螨或高温堆制发酵处理；④在菌种培养期间，可用保菇粉撒在菌种封口物上和堆放场地，每 500g 药粉可处理 200 瓶菌种或 20m² 培养场地，每 25～30d 处理 1 次。

2. 蛞蝓类 是有害软体动物，常见种类有野蛞蝓（*Agriolimax agrestis*）、黄蛞蝓（*Limax flavus*）、双线嗜黏液蛞蝓（*Philomycus bilineatus*）。身体裸露无外壳。成体和幼体白天多潜伏在阴暗潮湿的地方，黄昏后爬出取食，为害香菇等多种食用菌。子实体被害后留下明显的缺刻或凹陷斑块以及粪便，且带有白色的黏液带痕。发生数量多时，幼小的菇蕾常被掠食一空。防治方法：①保持菇房、菇场内外的环境卫生，在播种铺料前地面撒一层石灰或浇泼 0.3％ 五氯酚钠液；②菇床架下撒一圈石灰草木灰或一份漂白粉加 10 份消石灰，也可喷 5％～10％ 硫酸铜液，防止蛞蝓爬上菇床。在夜间进行人工捕杀。用 6％ 四聚乙醛（密达）颗粒剂诱杀。

3. 凹黄蕈甲（*Dacne japania*） 陕西年生 1～2 代，以老熟幼虫和成虫越冬。成虫将卵散产于菌褶上，幼虫蛀入香菇菌盖、菌柄或菌褶，取食菌肉残留表皮。也蛀食段木成纵横孔道，使菌丝不能正常生长，还可把仓储干香菇蛀食呈木屑状。成、幼虫喜食半干半湿的香菇。防治方法：菇木灭虫可用敌敌畏密封熏蒸 2～3d，贮藏期防治见干香菇害虫。

4. 干香菇害虫 主要有 3 种：麦蛾（*Sitotroga cerealella*），多以老熟幼虫在仓储库内越冬，成虫羽化后爬到固体外产卵，幼虫初期隐居菌褶内或包装物的碎菇屑中取食，成长后移转至菇盖并将其蛀成空壳；欧洲谷蛾（*Nemapogon granella*），以幼虫在干香菇、包装物等阴暗处作茧越冬。幼虫一般先从菌盖边缘或菌褶开始取食，逐渐蛀入菌肉内部，且边食边吐丝，香菇被蛀成粉末状，并与白色颗粒状粪便连在一起；大谷蛾（*Tenebroides mauritanicus*），成、幼虫在菇盖、菇柄内蛀食，还咬穿、破坏包装物。防治方法：①保持库房环境清洁卫生；②用 40％ 敌敌畏乳油对水 50 倍液空仓熏蒸消毒；③干香菇水分含量控制在 12％～13％，梅雨季节定期检查含水量，超过规定应及时复烘焙干；④夏季控制库温在 3～5℃；⑤一旦发现害虫，要及时用 55～60℃ 烘干机烘杀。

六、采 收

(一) 采收时间 香菇从出现菇蕾到长成熟需 7～10d，因温度、湿度条件的不同而有所差异。适

时采收也是香菇栽培中的重要一环，过迟或过早采收都会影响其产量和质量。采收时期根据销售鲜菇或干菇的不同来决定，一般干菇销售及鲜菇内销时，以子实体6～8分成熟时采收，即菌膜已经破裂，菌盖尚有少许内卷，这时采收的质量好、价值高。出口鲜菇的采收，以菇盖5～6分开伞，子实体5～6分成熟，菌膜未破至微破裂时采收为宜。

（二）采收方法　采摘时要保护好香菇菌丝，不能拔起；要保护好小菇蕾，同时应将残留在菌棒上的菌柄清除干净，以防腐烂而污染菌棒。采下的香菇要轻拿轻放，最好将出口的带柄鲜香菇放入垫有纱布的塑料筐内，及时运到冷库预冷，加工包装。

香菇采收后要及时烘晒，否则会使香菇腐烂。香菇的烤制方法有日晒、炭烤、电烤、蒸汽热能、远红外线及低温热风脱水等，但目前大部分皆采用低温脱水烘烤法进行干制。

（谭　琦　尚小冬）

第三节　双孢蘑菇

双孢蘑菇属蘑菇科（Agaricaceae）蘑菇属。学名：*Agaricus bisporus*（Lange）Sing.；别名：蘑菇、白蘑菇、双孢菇、洋菇。目前人工栽培的近缘种有大肥菇［*A. bitorquis*（Quel.）Sacc.］和美味蘑菇（*A. edulis* Vitt.）。双孢蘑菇栽培起源于法国。1910年，标准双孢蘑菇床式栽培菇房在美国建成，因菌丝生长和出菇管理在同一菇房内进行，称为单区栽培系统。1934年美国人兰伯特研究把蘑菇培养料堆制分为两个阶段，即前发酵和后发酵，极大地提高了培养料的堆制效率和质量。目前，国外许多菇场采用浅箱式多区栽培系统，将前、后发酵、菌丝培养、出菇阶段等分别置于各自最适的温、湿度条件下，并配有送料、播种、覆土等装置，年栽培次数一般可达6次。美国施尔丰公司在佛罗里达州的菇场年栽培达10次，极大地提高了工效与菇房设施的利用率。现今，双孢蘑菇在发达国家已发展成为周年生产的工业化栽培体系，并向集团化发展。

中国金陵大学胡昌炽先生于1925年引入双孢蘑菇，试种出蕾。上海的双孢蘑菇栽培始于1935年前后，此后向全国推广了床架式栽培技术、牛粪替代马粪栽培技术。1978年香港中文大学张树庭教授引进培养料二次发酵技术和优良法国品种等，促进了全国双孢蘑菇生产的发展。1992年，福建省轻工业研究所推出由杂交菌株As2796系列、节能二次发酵技术和标准化塑料菇房等组成的规范化、集约化栽培模式，进一步促进了全国双孢蘑菇生产的发展。

双孢蘑菇不仅肉质肥厚、味道鲜美，而且营养丰富、热能低。鲜蘑菇含蛋白质3%～4%，其可消化率达70%～90%。富含人体必需的赖氨酸、丰富的铁、磷、钾、钙等矿物元素、硫胺素（维生素B_1）、核黄素（维生素B_2）、烟酸（复合维生素B）、抗坏血酸（维生素C）等多种维生素及酶类。蘑菇中所含多糖类物质具有保健作用。

一、生物学特性

（一）形态特征　双孢蘑菇由菌丝体和子实体两部分组成。

1. 菌丝体　菌丝体是营养器官，由担孢子萌发生长而成，菌丝粗1～10μm，细胞多异核，细胞间有横隔，通过隔膜孔相连，经尖端生长、不断分枝而形成蛛网状菌丝体，主要作用是吸收和积累营养物质。培养菌落有白色绒毛型、白色紧贴绒毛型、紧贴索状等类型。

2. 子实体　双孢蘑菇子实体（图21-5）大小中等，初期呈半圆形、扁圆形，后期渐平展，成熟时菌盖直径4～12cm。表面白色、米色、奶油色或棕色，光滑或有鳞片，干时变淡黄色或棕色，幼时边缘内卷，菌肉组织白色，较结实。菌盖下面呈放射状排列的片状结构叫菌褶，初期为米色或粉红色，后变至褐色或深褐色，密、窄、离生不等长。菌褶两侧生长着许多棒状的担子，担子为单细胞，无分隔，通常生有 2 个担孢子。菌柄一般长 3～8cm，粗 1.0～3.5cm，白色，近圆柱形，内部结实至疏松。菌膜为菌盖和菌柄相连接的一层膜，随着子实体成熟，逐渐拉开，直至破裂。

图 21-5　蘑菇子实体的形态

1. 菌盖　2. 菌褶　3. 菌环
4. 菌柄　5. 根状菌束

（引自：《蘑菇栽培》，1982）

（二）对环境条件的要求　双孢蘑菇是喜温、喜湿性真菌。在双孢蘑菇整个生育阶段，从孢子萌发到子实体成熟都要在一定的环境条件下进行，这些条件包括满足生长发育所需要的营养、温度、水分、空气、酸碱度等环境因子。

1. 营养　双孢蘑菇是一种腐生菌，完全依赖培养料中的营养物质。它能利用各种碳源，如糖类、淀粉、半纤维素、树胶、果胶等各种碳水化合物。这些碳源主要存在于农作物的秸秆之中，依靠嗜热及中温微生物和双孢蘑菇菌丝分泌的各种酶，将其分解为简单的碳水化合物而为蘑菇所利用。蘑菇不能直接吸收蛋白质，但能很好地利用其水解产物。蘑菇的主要氮源有蛋白质、蛋白胨、肽、氨基酸、尿素、铵盐等。生产中常用牛、马、鸡粪和秸秆作为堆制培养料的原料，并添加适量菜子饼或碳酸氢铵、尿素等氮源。蘑菇生长最适碳、氮比是 17：1，根据这个要求，在配制培养料时，原料的碳：氮比应为 30～33：1。

2. 温度　温度是双孢蘑菇生长发育的一个重要影响因素。通常，双孢蘑菇担孢子释放时所需温度为 18～20℃，超过 27℃，即使子实体已相当成熟，也不能释放。蘑菇担孢子萌发的适宜温度为 24℃左右，温度过高或过低都会延迟担孢子的萌发。蘑菇菌丝生长的温度范围是 6～32℃，最适为 22～26℃。子实体发育温度范围是 6～24℃，最适为 13～16℃。

3. 水分　双孢蘑菇子实体含水量达 90％左右，菌丝体含水量 70％～75％。不同类型菌株以及不同生长发育阶段对水分或空气湿度的需求不完全相同。一般要求堆制好的培养料的含水量达 60％～70％，以 65％为宜。覆土的吸水量视不同材料来掌握，通常田土需调节至 20％～22％（手捏成团，掉地即散）。菇房相对湿度在菌丝生长阶段保持 75％～80％，出菇期应提高到 90％～95％。

4. 空气　双孢蘑菇是好氧性真菌，菌丝体和子实体都要不断地吸进氧气，呼出二氧化碳。适于菌丝生长的二氧化碳浓度为 1 000～5 000μl/L。空气中二氧化碳浓度减少到 300～1 000μl/L 时，可诱发菇蕾发生。覆土层中的二氧化碳浓度达 5 000μl/L 以上时就会抑制子实体分化，达 1 000μl/L 时子实体盖小，柄细长，易开伞。因此菇房要经常通风换气。

5. 酸碱度　双孢蘑菇菌丝生长的 pH 的较适范围为 6.0～8.0，最适 pH 在 7 左右。菌丝体生长过程会产生碳酸和草酸使生长环境逐渐偏酸，因此播种时，常把培养料 pH 调到 7～7.5，覆土层的 pH 可调到 7.5～8.0。

6. 光线　双孢蘑菇生长发育不需要光照。直射光会使菇体表面干燥发黄，导致品质下降。

二、类型及品种

（一）类型　世界各国栽培的双孢蘑菇有 3 个品系，即白色品系（又称法国种）、棕色品系（又称波希美亚种）和奶油色品系（又称哥伦比亚种）。

1. 白色品系　是世界上栽培面积最广的品系。色泽纯白，子实体圆整，形态优美，肉质脆嫩。生长时要求的温度较低。适宜鲜食或加工制罐。目前栽培面积较大的有 2796、152、163、U3、3003、176、111 等。

2. 棕色品系　菌盖淡褐色，有明显的褐色鳞片，子实体中等，柄粗，肉厚，香味浓。对不良环境的抗性强，产量高。菇体质地粗硬。因色泽不佳，所以不宜制罐。中国仅有零星栽培。近年国外栽培呈上升趋势。

3. 奶油色品系 子实体较白色品系大，菌盖发达，呈粉红色或淡褐色，产量高，但朵形不圆整。品质较差，不宜制罐。栽培不普遍。

（二）新菌株 20 世纪 80 年代以来，中国食用菌科技工作者通过引种筛选和杂交育种等方法，育成了一批新菌株应用于生产。如：

1. 浙农 1 号 浙江农业大学于 1987 年从法国引进的菌种，通过物理诱变而选育成的优良菌株。

2. 8211 福建省轻工业研究所 1984 年从法国引种后，重新筛选培育的高产菌株。

3. 152 上海市农业科学院食用菌研究所通过杂交育种育成的新菌株。出菇温度 15～17℃，属中温型。产量高，菇体中等，出菇期长。

4. 9501 上海市农业科学院食用菌研究所通过杂交育种育成的新菌株。出菇温度 15～17℃，属中温型。生长势强，品质优，潮次不明显。

三、栽培季节

双孢蘑菇栽培以秋季播种较好，其播种期在华北、东北、江苏和安徽等地以 8 月播种为宜，而上海、浙江和江西等地则以 9 月播种较适宜，福建、广东、广西等地以 10～11 月为播种适期。新疆、甘肃等地因秋冬季降温早，冬季寒冷且风大，则多建造半地下菇棚，于春季播种。

中国双孢蘑菇的生产场地有菇房、塑料棚、温室、人防地道、山洞及室外栽培等。

四、栽培技术

（一）菇房及设施

1. 菇房建造 菇房场地的选择原则应是：交通方便；靠近水源，水量充足，水质卫生，排水良好，远离污染源。菇房坐北朝南，每座菇房栽培面积 230m² 左右，要求菇房排列和堆料场地布局合理，菇房占地率约 60%。菇房要保湿、保温好，空气流通，无直射阳光，电灯照明度均匀，内部整洁。

2. 菇房设施 菇房形式可以多样，内部结构也不尽相同。栽培面积 230 m² 的标准化塑料薄膜覆盖菇房长 11.5m，宽 7.5m，边高 4.5m，中高 5.5m。床架排列方向与菇房方向垂直。床架长 6m，两侧操作的架宽 1.5m，4 架；单侧操作的架宽 0.9m，2 架，共 6 架。菇床分 5 层，底层离地 0.2m，层间距离 0.66m，顶层离房顶 1m 以上。床架间通道中间的屋顶设置拔风筒，筒高 1.0m 左右，内径 0.3m，共设置 5 个。拔风筒顶端装风帽，大小为筒口的 2 倍，帽缘与筒口平。

建造菇房选材应因地制宜。南方一般用毛竹、草帘、塑料薄膜以及木板条、砖块等。用毛竹搭菇房与菇床，外披塑料薄膜，再覆盖草帘。

（二）培养料堆制

1978 年以前，双孢蘑菇培养料只进行 1 次发酵，即把粪草料堆在室外，在自然条件下发酵 1 个月左右，其间经翻堆 5～6 次后装床播种，平均单产只有 3.6kg/m²。1978 年，香港中文大学张树庭教授引进双孢蘑菇培养料 2 次发酵工艺，单产提高到 4.5/m²。1979 年，福建省轻工业研究所开始研究节能 2 次发酵技术，1985 年获得成功并得到推广。其要点是：①缩短前发酵时间到 10～12d；②前发酵的料半集中堆放在床架中间三层（共五层）；③后发酵采用先控温培养（48～52℃，2d 左右），后进行巴氏消毒（60℃，6～8h），再控温培养（48～52℃，3～5d）的新工艺。其特点是能充分利用堆料中微生物发酵产生的热能，节约燃料；能促进堆料中有益微生物的生长，提高堆料的选择性和质量；能提高培养料巴氏消毒的效果。

1. 培养料配方 蘑菇培养料主要成分的碳、氮比见表 21-1。按照培养料营养配比的要求，发酵前，培养料的碳、氮比为 30～33∶1，含氮量：1.4%～1.6%，投料量：30～35kg/m²。

表 21-1 双孢蘑菇培养料主要成分的碳氮比（C/N）

物 料	C（%）	N（%）	C/N	物 料	C（%）	N（%）	C/N
稻 草	45.59	0.63	72.37	羊 粪	16.24	0.65	24.98
大麦秆	47.09	0.64	73.58	兔 粪	13.70	2.10	6.52
玉米秆	43.30	1.67	26.00	鸡 粪	4.10	1.30～4.00	3.15～1.03
小麦秆	47.03	0.48	98.00	花生饼	49.04	6.32	7.76
稻 壳	41.64	0.64	65.00	大豆饼	47.46	7.00	6.78
马 粪	11.60	0.55	21.09	菜子饼	45.20	4.60	9.83
黄牛粪	38.60	1.78	21.70	尿 素		46.00	
水牛粪	39.78	1.27	31.30	硫酸铵		21.00	
奶牛粪	31.79	1.33	24.00	碳酸氢铵		17.00	

栽培面积为 230m² 的推荐配方：①干稻（麦）草 4 500kg，干牛粪粉 3 000kg，过磷酸钙 70kg，石膏粉 110kg，豆饼粉 180kg，碳酸钙 90kg，尿素 60kg，碳酸氢铵 60kg，石灰粉 110kg；②干稻（麦）草 4 400kg，干牛粪粉 2 000kg，过磷酸钙 60kg，石膏粉 100kg，菜子粉 200kg，碳酸钙 80kg，尿素 60kg，碳酸氢铵 60kg，石灰粉 120kg；③干稻（麦）草 5 500kg，干鸡粪粉 1 600kg，过磷酸钙 60kg，石膏粉 200kg，豆饼粉 200kg，碳酸钙 160kg，尿素 80kg，石灰粉 200kg。

2. 培养料堆制 分为前发酵（一次发酵）和后发酵（二次发酵）两个阶段。

（1）前发酵 前发酵又分为预堆、建堆和翻堆。

①预堆。将新鲜无霉变的稻（麦）草切段，在 1% 的石灰水中浸泡充分预湿捞起随堆随踩成长方形；牛粪碾碎过筛均匀混入饼粉加水预湿堆成长方形，含水量掌握在手抓成团、放地松散即可。预堆时间 1～2d。

②建堆。以栽培面积 230m² 计，堆基宽 1.8m、总长 22m，周围挖沟，使场地不积水。底层铺 30cm 厚的稻（麦）草，然后交替铺上 3～5cm 厚的牛粪和 25cm 厚的稻（麦）草，这样交替铺 10～12 层，一直铺到料堆高达 1.5m 以上。铺放稻（麦）草时要求疏松、抖乱。第 3 层起开始均匀加水和尿素，并逐层增加，特别是顶层应保持牛粪厚层覆盖，呈龟背形。建堆后 3～4d 进行翻堆。

③翻堆。翻堆的目的是改变料堆各部位的发酵条件，调节水分，散发废气，增加新鲜空气，添加养分；促进有益微生物的生长繁殖，升高堆温，加深发酵。因此，翻堆时应上、下、里、外、生料和熟料相对调位，把粪草充分抖松，干、湿拌和均匀。在料堆中设排气孔。翻堆分 3 次进行。

第 1 次翻堆：一般建堆后的第 1d 料温上升，第 2～3d 料中心温度可达 70～75℃，至第 3～4d 即可进行第 1 次翻堆。这次翻堆改变堆形，前后竖翻堆基长度缩短 1.5m 左右，堆宽为 1.7m，堆高不变，要浇足水分，并分层加入所需的铵肥和过磷酸钙，水分掌握翻堆后料堆四周有少量粪水流出。

第 2 次翻堆：第 1 次翻堆 3d 后再进行第 2 次翻堆。翻堆时，料堆宽度缩至 1.6m，高度不变，长度缩短。尽量抖松粪草，把石膏分层撒在粪草上，有利于均匀发酵。这次翻堆原则上不浇水，较干的地方补浇少量水。

第 3 次翻堆：第 2 次翻堆后 2～3d 进行第 3 次翻堆。这次翻堆，堆宽 1.6m，高度不变，缩短长度，改变堆形；使粪草均匀混翻；将石灰粉和碳酸钙混合均匀后分层撒在粪草上。2d 后结束前发酵。

当培养料颜色呈咖啡色，生熟度适中（草料有韧性而又不易拉断），料疏松，含水量为 68%，pH 在 7.5～8.5 时，即可以进菇房。进房时调整含水量达 68%。

（2）后发酵 分为菇房消毒、进料、后发酵 3 个过程。

①菇房消毒。栽培面积 230m² 的菇房用甲醛 4kg、敌敌畏 1kg 熏蒸，密封 24h 后，打开门窗通

风，排除废气后即可进料。

②进料。将经前发酵的培养料迅速搬进菇房，堆放在中间 3 层床架上，厚度自上而下递增，分别为 30cm、33cm、36cm，堆放时要求料疏松、厚薄均匀。

③后发酵。培养料进房后，关闭门窗，让其自热升温，视料温上升情况启闭门窗促其自热达 48～52℃，培养 2d 左右（视料的腐熟程度而定），待料温趋于下降时再进行巴氏消毒。主要病菌的巴氏消毒杀灭温度为 55～60℃，时间 2～6h。主要害虫的杀灭温度为 55～60℃，时间 3～5h。每天小通风 1～2 次，每次通风数分钟。经后发酵的培养料，颜色呈褐棕色，腐熟均匀，富有弹性，禾秆类轻轻拉即断；培养料碳、氮比为 17：1，含氮量 1.6%～2.0%，含水量 65%～68%，氨含量 0.04%以下，pH7.5～7.8；具有浓厚的料香味，无臭味、异味；料内及床架上长满灰白色微生物菌落。

（三）菌种　双孢蘑菇菌种的选育、保藏及一、二、三级种的生产供应都必须严格按照中华人民共和国种子法的规定执行。经省一级有关部门登记或审定公布的菌株，才能用于生产。各级蘑菇菌种应向具有相应资质机构或单位购买。投入生产的各级菌种质量应符合国家标准 BG19171《双孢蘑菇菌种》的规范。

（四）栽培管理技术

1. 播种　二次发酵结束后打开门窗通风，当料温稳定在 28℃左右同时外界气温在 28℃以下时播种，每平方米栽培面积使用 1 瓶（750ml）麦粒种，撒播并部分轻翻入料面内，压实打平，关闭门窗，保温保湿，促进菌种萌发。

2. 发菌　播种后 2～3d 内，以保持高湿为主，促进菌种萌发。若料室温超过 28℃时，应适当通风降温。3d 后当菌种已萌发、且菌丝发白并向料表生长时适当增加通风量。播后 7～10d，菌丝基本封面，应逐渐加大通风量，促使菌丝整齐往下吃料，菇房相对湿度控制在 80%左右。一般播种后 18～20d 菌丝可发菌到料底。

3. 覆土　覆土后，菌丝爬土，其生长环境的营养条件、微生物种类、二氧化碳浓度、机械刺激强度都发生了改变，促使菌丝由营养生长向生殖生长转变。覆土的持水能力、保温保湿和机械支撑作用保证了子实体的发育生长。

覆土前，培养料表面应保持干燥。覆土调水后，菌丝很快恢复，爬土快，切忌在料面喷水。若料面仍较潮湿，应打开门窗进行大通风 2～3d，加速料面水分的蒸发。覆土前还应该用手将料面轻轻搔动，进行全面的"搔菌"，再用木板将培养料轻轻拍平。这样，料面的菌丝可以断裂成更多的菌丝片段，覆土调水以后，往料面和土层中生长更多的绒毛菌丝。

覆盖用的土壤有泥炭土、稻田土、菜园土等，主产区多选择当年未施用蘑菇废料的田地耕作层 15cm 以下的土壤。230m² 栽培面积取用土量 10m³。需将土块打成直径 1～1.5cm 的土粒，用石灰 100～150kg 与土粒均匀混合，调控 pH 在 7.5 左右，然后用 5%甲醛溶液 80kg 均匀喷洒土粒并覆盖薄膜消毒 24h 后，摊晾散发甲醛至无味。播种后 15～20d 菌丝基本走满料，即可覆土。覆土时，粗土粒放在下层，厚 2.5～3cm，细土粒放在上层，厚约 1cm，粗细土层总厚以 3.0～4.0cm 为宜。覆土后采取轻喷勤喷水的办法，逐步调至所需湿度，控制含水量在 75%左右（手捏成团掉地即散），菇房相对湿度控制在 90%左右。覆土 3d 后适当加大通风量，有利于菌丝爬土。

4. 菇房出菇管理　覆土 12d 左右，就可在覆土表面土缝中见到菌丝。当土缝中见到菌丝时应及时喷结菇水，以促进菌丝扭结，此时的喷水量应为平时的 2～3 倍，早晚喷，连续 2～3d，总喷水量 4.5kg/m² 左右，以土层吸足水分又不漏到土层下的培养料面为度。在喷结菇水的同时通风量必须比平时大 3～4 倍。遇气温高于 20℃时应适当减少喷水量，增加通风并推迟喷结菇水。喷结菇水后 5d 左右，土缝中出现黄豆大小的菇蕾，应及时喷出菇水，早晚喷，连续 2～3d，总喷水量同结菇水，一般 3d 后可采菇。菇房用水必须符合卫生标准。

5. 冬菇和春菇管理　双孢蘑菇出菇期长短随地域气候条件不同而异。一般福建、广东、广西等省、自治区的出菇期从第 1 年的 11～12 月开始至第 2 年的 4～5 月结束，可连续出菇。其中前 60d 大致可收 5 潮菇，占总产量的 65%～75%，称秋菇。接下来的一段时间温度较低，出菇较少，占总产量的 5%～10%，称冬菇。此后 40～50d，春天来临，天气回暖，可再收 2～3 潮菇，占总产量的 20%～30%，称春菇。在长江沿岸及其以北地区，冬季严寒（≤5℃）不出菇，需等到春天气温回升再出菇。因此只收获秋菇与春菇。

（1）越冬管理　其要点是借助低温停止出菇，恢复并保持培养料和土层中菌丝的活力，为春菇生产作准备。通常采取以下措施：①秋菇采收结束后在培养料的反面打洞，以散发废气，补充新鲜空气。②当气温低至 10℃ 左右时，虽仍有零星出菇，但基本不喷水，让菌丝开始进入冬季"休眠阶段"；降至 5℃ 左右时，每周可喷水 1～2 次，保持覆土不变白；低于 0℃ 时，每周喷水 1 次，每次大约 0.45kg/m²。③中午给予适当通风，保持菇房内空气新鲜又不结冰。④当气温回升达 10℃ 左右时，应该对覆土进行松动，清除死菇与老根，排除废气，恢复菌丝生长。此时需补充 1 次水分，称"发菌水"。约 2～3d，每天喷 1～2 次，总用水量约 3 kg/m²，喷水后适当通风。同时应注意菇房保温、保湿，保证菌丝恢复生长。

（2）春菇管理　当北方在 3 月份气温回升至 10℃ 以上时，便进入春菇生产期。春季的菌丝活力比秋菇有所降低，培养料养分减少，气温变化由低到高，不利于生产。因此，对生产管理要求较高。

北方春季干燥且温度变化大，在春菇生产的前期，菇房以保温、保湿为主，让菌丝充分恢复生长。随着气温升高，开始春菇调水，需轻喷勤喷，每天约 0.5 kg/m²，逐渐提高覆土的湿度（手捏成团，掉地即散）。气温低于 16℃ 时，中午通风；达 20℃ 左右时，早晚通风。此期间（北方大约在 4 月份）是春菇生产的黄金时间，出菇管理要根据气温变化，用水要准、要足，以保证产量。春菇生产中后期，气温偏高，需采取降温与病虫害防治措施，并及时调控出菇，保证春菇质量。

也有相当部分栽培者把秋菇和春菇栽培分开，分别制作培养料，投入虽然高些，但产量也高。

五、病虫害防治

（一）侵染性病害　双孢蘑菇栽培较常见的病害有疣孢霉病、轮枝霉病、绿霉病、细菌性斑点病等，蘑菇病毒病也有发生。

1. 疣孢霉病　又称湿泡病褐腐病、白腐病等。病原：疣孢霉菌（*Mycogone perniciosa*）。发生普遍，南方菇区发生较重。子实体原基和幼小菇蕾染病，形成马勃状组织块等畸形菇，表面长出一层白色绒毛状菌丝，逐渐变褐软腐，并渗出具臭味的暗褐色汁液。菌柄和菌盖分化后感病，则出现褐色斑块，尤以菌柄基部变褐明显，病斑下面的菌肉腐烂，病部长出绒毛状病菌菌丝。子实体发育末期被感染，病部出现角状淡褐色斑点，但见不到病菌菌丝，菌柄肿大成泡状。病菇上的分生孢子在喷水期间向四周传播，人、昆虫、螨类、气流等也可传播。当菇房温度连续几天高于 20℃，空气不流通，相对湿度在 90% 以上时发病重；温度低于 10℃ 时很少发生。防治方法：①消毒覆土是控制疣孢霉病发生的关键；②菇房位置应远离污染源；③按每立方米 10ml 的 40% 甲醛、2g 高锰酸钾的量熏蒸菇房 12h；④蘑菇覆土之后至出菇之前，在菇房均匀喷洒 50% 多菌灵可湿性粉剂、70% 甲基托布津可湿性粉剂 500 倍液等防治；⑤大面积发病时应立即停止喷水，挖掉菇床上的病菇及疣孢霉菌丝块，通风 2～3d，待菇床表面干燥，再使用上述药剂喷匀表层覆土及周围环境。

2. 轮枝霉病　又称干泡病、褐斑病等。病原：菌生轮枝霉（*Verticillium fungicola* Preuss.）、菌褶轮枝霉（*V. lamellicola*）和蘑菇轮枝霉（*V. psalliotae*）等较为常见。子实体原基和菇蕾受害后，形成灰色组织块，与疣孢霉引起的硬皮马勃状团块相似，但颜色偏暗，后逐渐扩大，并产生灰白色凹陷，表面长出菌丝及孢子。菌柄上的病斑同上，菌柄加粗变褐，外层组织剥裂。病菇常干裂，长大后菌盖歪斜畸形，菇体腐烂速度较慢，不分泌褐色汁液，无特殊臭味，是该病区别于疣孢霉病的特征之一。菇床发病后，可借助喷水传播孢子，昆虫、螨类、人和工具、气流也可传播。当菇房内气温高于 20℃，湿度较大，通风不良时，有利该病发生。防治方法：参见疣孢霉病湿泡病防治。

3. 绿霉病　病原及发病规律、为害状，可参见香菇绿霉病。病菌孢子易在偏酸性的培养料、没有萌发的菌种块、死菇及潮湿的菇房木架和菌种瓶棉塞上形成菌落。防治方法：①及时拣掉没有萌发的菌种块和死菇；②一旦发生绿霉，应及时将绿霉及周围一层培养料除掉，喷洒 50％多菌灵可湿性粉剂或 70％甲基托布津可湿性粉剂 500 倍液，或撒一层石灰粉。

4. 细菌性斑点病　又称细菌性褐斑病等。病原：*Pseudomonas tolaasii*，属假单胞杆菌，是香菇、平菇、金针菇等菇体上的常见病害。菌盖出现圆形或不规则形的黄色病斑，逐渐发展成暗褐色，病斑边缘整齐而明显，中间稍凹陷，潮湿时病斑表面有薄层菌浓，干燥后变成具光泽的菌膜。当斑点干后菌盖开裂，形成不对称子实体。菌柄上偶尔也发生纵向的凹斑，菌褶很少感染。菌肉变色部分很浅，一般不超过皮下 3mm。有时双孢蘑菇采收后才出现病斑，特别是在高温、高湿条件下，水分在菇盖表面凝结时，更易发生此病。在高温、高湿条件下几小时就能使菇体染病，菇蝇、线虫和栽培作业也可传播。防治方法：①控制菇房温湿度，高温时保持空气相对湿度不超过 90％；②加强通风，使菇表面不积水、土面不过湿；③用清洁水浇菇，及时清除病菇废料，保持菇房清洁；④发病时在菇床及周围环境喷施 600 倍漂白粉液。

5. 病毒病　病原：蘑菇病毒（Mushroom virus）1～5 号，其中以 MV 1 号发生普遍。该病分布较广。菌种染病后菌丝生长速度变缓，颜色变褐，菌落边缘不整齐，播种后发菌慢和发菌不均匀，出菇时子实体分布不匀或部分床面不出菇。染病子实体表现多种症状，包括菌盖小、菌柄上粗下细的"钉子菇"，菌柄细长并向一边歪斜生长的畸形菇，有的表现为菇形矮小或菇柄膨胀呈球形。菇房湿度过高时病菇表现为"水渍菇"或"水柄菇"，干燥条件下则出现子实体萎缩、颜色变褐的"橡皮菇"。病毒通过带毒的菌种、担孢子由空气传播侵入菇床。防治方法：①保持菇房清洁，清除病菇残留组织，菇房用 5％甲醛液消毒；②培养土、覆土、菇房用 70℃热蒸汽消毒 12h；③选用无毒菌种，播种后用地膜或旧报纸覆盖床面；④发病菇房在子实体开伞前采完，防止带毒孢子飘逸扩散；⑤菇房使用带空气过滤器的通风设备；⑥注意选用抗病、耐病品种。

6. 线虫病　病原：蘑菇堆肥滑刃线虫（*Aphelenchoides composticola*）和小杆线虫（*Rhabditis* spp.）。发生较普遍，老菇房和春菇受害较重。子实体染病后，生长瘦弱，颜色发黄或变褐，水分增多，菇床局部地方菌丝变细，进而萎蔫死亡，受害的面积逐步扩大，培养料开始发黑、湿润，料面下沉，并伴有刺鼻的腐败臭味为典型特征。菇床线虫为害主要由培养料、覆土和旧菇床存有线虫而感染。在干燥的环境中，寄生线虫可进入休眠而长期存活。防治方法：①培养料运进菇房进行后发酵处理，一般在 55℃下保持 24h；②覆土土粒使用甲醛熏蒸处理或用泥炭作覆土材料；③注意通风，保持菇房清洁和老菇房消毒。

（二）主要害虫防治

1. 闽菇迟眼蕈蚊（*Bradysia minpleuroti*）　分布于福建省等南方省、自治区，季节性发生，世代重叠。成虫具较强的趋光性，气温 18℃以上时活跃。卵多产在菇床料面或覆土表面，少量产在菌柄基部或菌褶处。幼虫取食菌丝和子实体。菌丝被害后培养料变黑发臭，不出菇或只零星出菇；子实体出现许多蛀孔，菌柄呈海绵状，失去食用价值。防治方法：①保持菇房、菇场及周围环境清洁，及时清理残菇及废菇料，减少虫源；②安装纱窗、纱门阻止成虫迁入菇房，室外利用灯光诱杀成虫；③提倡熟料袋栽；④播前于料面撒 0.3％保菇粉粉剂 20g/m²，或克虫螨灵 20g/m² 拌入料中 5cm；或在蘑菇覆土后、调水前喷洒菇净 1 000 倍液。

2. 嗜菇瘿蚊（*Mycophila fungicola*）　全国各地均有分布，是蘑菇、平菇、银耳等食用菌的主要害虫。一年发生多代，对秋菇、春菇为害重。幼虫蛆状，白色，老熟后橘红色或淡黄色。老熟幼虫在食料充足、气温 18～36℃、空气相对湿度 70％～86％的条件下，在短期内可繁殖大量幼虫造成严重

为害。幼虫捣烂菌丝或小菇蕾，取食其汁液。被害菌丝断裂、衰退、变色或腐烂，原基不能分化或很少分化，小菇蕾停止生长，干缩死亡。幼虫还可集聚在菇柄和菌盖间蛀入菌褶中取食为害。防治方法：①菇房四壁、床架、地面可喷洒10％氯菊酯乳油 2 000 倍液，或用硫黄（5g/m²）多点熏蒸菇房8h，1～2d 后再进培养料；②如早期发现幼虫为害，可用氯菊酯 2 000 倍液喷雾防治。其他措施参见闽菇迟眼蕈蚊防治的有关部分。

3. 蚤蝇　为害食用菌的蚤蝇有 10 余种，如普通蚤蝇（*Megaselia halterata*）、黑蚤蝇（*M. nigra*）、菇蚤蝇（*M. ugarica*）和黄脉蚤蝇（*M. flavinervis*）等。成虫为黑色小蝇，行动迅捷似跳蚤。老熟幼虫蛆状，白色或黄白色。分布于各地，寄主有蘑菇、香菇、平菇及木耳、银耳等。蚤蝇成虫性活泼，喜在潮湿的环境中活动，趋光性、趋化性均强。进入菇房后产卵于培养料或子实体上，幼虫取食子实体和菌丝，蛀食菌盖和菌柄，出现许多细小的孔道。菇体受害后很快变褐、腐烂。成虫不直接为害，但会携带大量病菌孢子、线虫、螨类，是菇房螨类的传播媒介。防治方法：①搞好菇房内外环境卫生，培养料进行后发酵处理，或用二嗪哝拌料；②灯光诱杀或在床面喷氯菊酯等。

4. 害螨　蓝氏布伦螨（*Brennandania lambi*）是蘑菇的重要害螨，分布于上海、江苏、浙江、四川等地，为害春菇。4月上中旬制作蘑菇原料和栽培菌种时人为携带或小型昆虫传播而被污染。害螨随菌种、人为携带和虫传等途径进入菇房，即在培养料中大量繁殖，吸取汁液，使蘑菇菌丝萎缩，不能形成正常的子实体，重者可以毁床。此外，矩形拟矮螨（*Pseudopygmephorus guadratus*）、费氏穗螨（*Siteroptes flechtmanni*）和食菌穗螨（*S. mesembrinae*）等在我国广泛分布，常大量发生于蘑菇床，但并不直接取食菌丝，而是传播多种杂菌，加剧病情而造成为害。防治方法：①保持生产环境清洁卫生，严格菌种消毒；②栽培时安装防护设备，阻止双翅目昆虫携螨传播；③利用其成螨在调水后栖息土表的习性，及时喷洒73％克满特乳油 1 000～1 500 倍液。

其他害螨和干菇害虫防治，参见香菇部分。

（三）生理性病害　引起双孢蘑菇生理性病害的原因有：高温、冻害、营养不良、水分失调、有害化学物质浓度过高、使用不适当的化学农药等。主要症状：

1. 死菇　菇房中经常发生小菇萎缩、变黄、死亡的现象，有时成批死亡。产生原因：①秋末温度过高或春季气温回升快，当小菇蕾形成后，菇房温度连续几天超过23℃，小菇蕾不能吸收养分继续生长，反而将养分向菌丝输送，造成死亡；②菇房通气不良，加上室温偏高，新陈代谢过程中产生的热量和 CO_2 不能很快散发；③喷结菇水量太少或太重会造成小菇干死或使米粒菇受水冲击太重而死亡；④出菇部位过高，在土表形成过密的子实体，由于养分供应不上，也会产生部分小菇死亡的现象；⑤第 1、2 潮菇较密，采菇时操作不慎导致死亡；⑥过量施用农药也会导致大量死菇。

2. 地雷菇　出菇初期，由于子实体着生部位低（在料内、料表或覆土下部），往往破土而出，菇柄长，菇形不圆整，栽培者称这种子实体为"地雷菇"或"顶泥菇"。这种菇质量差，出菇稀，并且在破土过程中常常损伤周围的幼小菇蕾，影响正常菇产量和质量。产生地雷菇的原因是培养料过湿或料内混有泥土，调水后菇房通风过多，温度偏低，土表面较干燥，不利菌丝生长，造成结菇早、部位低。

3. 硬开伞　硬开伞一般出现在秋末、冬初，其表现是子实体尚未成熟菌盖与菌柄就分离裂开，暴露出浅粉红色的菌褶。其形成原因是气温急剧下降或昼夜温差过大（10℃以上），造成料温和气温的较大温差，菌柄和菌盖生长不平衡而造成的。

4. 畸形菇　在出菇期间，子实体不能正常生长发育，易产生各种畸形菇。①机械性损伤。覆土土粒过大、土质过硬，导致第 1 潮子实体的菌盖形状不圆整；②菇房通风不良，CO_2 浓度超过 3 000 μl/L，会出现长柄小盖的畸形菇；③玫冠病。由某些化学物质，如汽油、柴油、酚类化合物、沥青、农药等污染引起菌盖边缘向上翻翘，菌褶密集地暴露在菌盖上面，有时菌盖边缘上翘后垂直而拥挤地竖立在菌盖上面，露出浅粉红色直立的菌褶，形状像玫瑰色的鸡冠，故名"玫冠病"。

中国蔬菜栽培学
　　　　[第二版]..

Olericulture in China □□□□

5. 空柄白心　蘑菇旺产期，菇房空气湿度过低，覆土层过干，生长的子实体得不到足量的水分，若这时重喷水，就会导致菌柄内外层细胞分裂不均衡，产生白色疏松的髓部，甚至中空，影响质量。

6. 水锈斑　出菇期喷水后未及时通风，空气湿度过大，菇体表面水分散发慢，菇盖上积聚水滴的部位容易出现铁锈色斑点。

7. 红根　出菇期遇到高温喷水过多，土层含水量过大，或追施葡萄糖过多，菇房通风不良，都会出现红根，甚至绿根现象；出菇后期气温低、水分过多时也会产生红根。

以上出现的各种生理病害的防治方法，可针对问题出现的原因，采取相应措施防治。

六、采　　收

当子实体长到标准规定的大小且未成薄菇时应及时采摘。若是柄粗盖厚的菇，当菇盖长到 3.5～4.5cm 未成薄菇时采摘；若是柄细盖薄的菇，则菇盖在 2～3cm 未成薄菇时采摘。潮头菇稳采，中间菇少留，潮尾菇速采。菇房温度在 18℃ 以上要及早采摘，在 14℃ 以下可适当推迟采摘；出菇密度大要及早采摘，出菇密度小适当推迟采摘。

采摘人员应注意个人卫生，不得留长指甲。采摘前，手、工具要经清洗消毒，保证菇盖不留机械伤、不留指甲痕，菇柄不带泥根。

在出菇较密或采收前期（1～ 3 潮菇）采摘时先向下稍压，再轻轻旋转采下，避免带动周围小菇。采摘丛菇时，要用小刀分别切下。后期采菇时采取直拔。采摘时应随采随切柄，切口平整，不能带有泥根，切柄后的菇应随手放在内壁光滑洁净的硬质容器中。为保证质量，鲜菇不得泡水。采菇前不要喷水，以免采菇时菌盖或菌柄变红。

（王泽生）

第四节　平菇（糙皮侧耳）

平菇属侧耳科（Pleurotaceae）侧耳属。子实体小或较大，菌柄有或无，一般侧生的菌盖近平展，呈扇形。菌柄偏生的菌盖呈杯状。菌褶通常延生。该属的种都是木生菌。由于菇柄侧生或偏生，所以分类学上称为侧耳。全世界大约有 50 个种，中国已知 20 个种，其中有的是优良栽培食用菌。比较广泛栽培的有：平菇 [*Pleurotus ostreatus*（Jacq：ex Fr.）Quèl]，又名：北风菌、青蘑、桐子菌；阿魏侧耳（*P. ferudoe* Lenzi）；凤尾菇 [*P. pulmonarius*（Fr.）Sing.]；黄白侧耳 [*P. cornucopiae*（Paul. ex pers.）Roll.]，又名：小平菇；金顶侧耳 *P. citrinopileatus* Sing.，又名：榆黄蘑、金顶蘑；鲍鱼侧耳 *P. systidiosus* O. K. Miller.，又名：盖囊侧耳、鲍鱼菇、台湾平菇等。通常指平菇实为糙皮侧耳。

平菇的适应性强，是世界性栽培的菇类。栽培较多的有德国、波兰、日本、韩国等。平菇也是中国主要栽培并出口的食用菌，近 20 年每年都有较大量的盐渍品出口日本。

一、生物学特性

（一）形态特征　平菇菌丝体白色、致密、绒毛状，生长均匀，有锁状联合。子实体（图 21 - 6）单生、丛生、叠生，菌盖直径 5～21cm，扇形。糙皮侧耳和黄白侧耳菌盖浅灰色、灰色、深灰色、铅灰色；凤尾菇菌盖棕褐色。菌柄侧生，菌褶延生，菌肉白色、肉质，孢子无色、透明、肾形或腊肠形。孢子印糙皮侧耳和黄白侧耳白色或淡紫色，阿魏侧耳和凤尾菇白色。

（二）对环境条件的要求

1. 营养　平菇是木生腐生菌，对木质纤维素有较强的分解能力，可以很好地利用多种阔叶树种的木屑和多种农作物秸秆皮壳，如棉籽壳、废棉、麦秸、稻草、甘蔗渣、豆秸、玉米芯。加入含氮量较高的麦麸、米糠、饼肥等，可有效提高产量。

2. 温度　平菇担孢子在 $13\sim28℃$ 大量形成，其中以 $13\sim24℃$ 为最多。孢子在 $13\sim28℃$ 萌发，$24\sim28℃$ 为最适萌发温度。菌丝生长温度范围 $5\sim35℃$，$24\sim30℃$ 为最适温度。菌丝体的耐高温能力远不及耐低温能力强，在 $40℃$ 高温下多数品种数小时即死亡，但在 $-30℃$ 低温气候条件下，在天然基质中仍能安全越冬。平菇子实体在 $3\sim30℃$ 范围内均可发生，$10\sim22℃$ 是绝大多数品种子实体发生的适宜温度。

图 21-6　平菇子实体形态图
（引自：《中国食用菌百科》，1997）

3. 水分和湿度　菌丝体生长的适宜基质含水量为 $58\%\sim65\%$，不同品种间有所差异。子实体原基形成的适宜空气相对湿度为 $90\%\sim98\%$，子实体分化和发育的适宜空气相对湿度为 $85\%\sim95\%$。空气相对湿度过低原基易干缩，分化成子实体的比例大大降低，加重菇质纤维化，口感变差；空气相对湿度过高菌盖变薄、菌柄加长，甚至畸形，菇香味变淡，生长期易发生病虫害。

4. 气体　平菇在生长发育中需要充足的氧气，特别是子实体形成期间。但是实验表明高浓度的二氧化碳有刺激菌丝体生长作用。

5. 光照　菌丝体生长不需要光照，但是子实体原基的形成需要一定的散射光，以 $50\sim300lx$ 为宜，光照过强反而抑制出菇。适量的光照可使子实体生长健壮、色泽加深，柄短肉厚，组织致密，口感良好；光照不足时出菇和分化推迟，菌盖薄，菌柄长，质地疏松。

6. 酸碱度　菌丝体可在 pH $3.5\sim9.0$ 范围内生长，适宜 pH 为 $5.5\sim7.0$。在栽培实践中常通过提高基质的 pH 抑制霉菌的孳生，通常 pH 在 $7.5\sim8.0$ 为宜。

7. 其他　平菇子实体发育对一氧化碳和二氧化硫敏感，子实体一氧化碳和二氧化硫中毒时，表现症状为菇体畸形、菌褶畸形、菌盖表面形成绒毛、色泽加深、菌盖停滞伸展。因此，出菇期采用煤炉加温时必须安装烟筒，以防一氧化碳和二氧化硫中毒。

二、类型及品种

平菇品种繁多，性状各异，划分品种的方法也较多。按生产需要，品种类别可按出菇温度划分、按子实体色泽划分、按孢子多少划分、按遗传特点和品种获得方法划分等。栽培者要根据栽培季节、栽培场所和市场需求选择使用适宜的品种。

（一）按出菇温度划分　按子实体形成所需温度的不同，平菇品种可以分为高温种、中温种、低温种和广温种四大基本类型，在各类型之间又有过度类型中高温种和中低温种。

1. 高温种　出菇适宜温度 $18\sim22℃$，出菇温度范围 $16\sim25℃$。这类品种属于凤尾菇种，如中国微生物菌种保藏管理委员会农业微生物中心（ACCC）保藏的 ACCC50082、ACCC50168、ACCC50713。

2. 中温种　出菇适宜温度 $12\sim22℃$，出菇温度范围 $8\sim25℃$。如 ACCC50618、ACCC50619。

3. 低温种　出菇适宜温度 $8\sim13℃$，出菇温度范围 $5\sim15℃$。如 ACCC50156、ACCC50163。

4. 广温种　出菇适宜温度 $15\sim25℃$，出菇温度范围 $7\sim30℃$。如 ACCC50429（原号西德33）、

ACCC50476（原号亚光1号）、ACCC50596（原号CCEF～89），这类品种为糙皮侧耳。

5. 中高温种 出菇适宜温度12～24℃，出菇温度范围8～28℃。如ACCC50035、ACCC50165。

6. 中低温种 出菇适宜温度10～18℃，出菇温度范围5～20℃。如ACCC50151、ACCC50249，多属于黄白侧耳种。

（二）按色泽划分 按色泽划分，平菇可分为深灰色种、灰色种、浅色种、乳白色种、白色种五大类型。

1. 深灰色种 这类品种多出菇温度较低，叶大肉厚，组织致密，耐贮存运输。如ACCC50272、ACCC50822。

2. 灰色种 这类品种多在中低温条件下出菇良好，叶大肉厚，组织致密，较耐贮存运输。如ACCC50596、ACCC50823。

3. 浅色种 这类品种多为中温出菇类型，出菇温度适应范围较深灰色种和灰色种宽，菇体中等，组织致密度一般，耐贮性一般。如ACCC50618、ACCC50619。

4. 乳白色种 这类品种出菇温度范围较广，较耐高温，在18℃以上和光照较弱的条件下为乳白色，在较低温度和光照较弱的条件下为浅棕褐色。

5. 白色种 这类品种是糙皮侧耳的突变株，出菇温度较低，适宜温度10～17℃，18℃以上时子实体很难形成，如ACCC50236（原号为白1号）。

（三）少孢、无孢和孢子晚释菌种 平菇的孢子过敏问题困扰了中国平菇发展多年。自20世纪90年代的少孢、无孢和孢子晚释菌株问世以来，一直备受栽培者青睐，目前广泛栽培的平菇多为孢子晚释品种，如ACCC50596、ACCC50838。

（四）杂交种 杂交育种是中国食用菌育种使用最为广泛的方法，也是平菇育种的最为有效的方法之一，目前平菇杂交育成品种有ACCC50238（原号宁杂1号）、ACCC50426（原号沔粮杂交1号）。

三、栽培季节和方式

由于平菇品种多样，适应性广，所以中国北方几乎可以周年栽培，只是不同季节需选择使用适宜的品种和场所。最适宜的栽培季节：华北、中原和华东地区在9月至次年4月；福建、广东、广西和江西等省、自治区在10月至次年3月；东北和西北部以8～11月和4～6月为宜。

平菇适合代料栽培，可以采用袋栽、柱式栽培、床架栽培和阳畦栽培。以袋栽和柱式栽培为优。

四、栽培技术

（一）栽培场所 可以栽培平菇的场所很多，空闲房屋、山洞，各类园艺设施，如塑料大棚、中棚、小棚、日光温室、阳畦、改良阳畦，荫棚、地下菇棚、半地下菇棚等。

（二）栽培基质及配方 可以用来栽培平菇的原料很多，除桉、樟、槐、楝等含有对食用菌有特殊不良影响的树种外，绝大多数阔叶树种的木屑都可使用；各种农作物秸秆、皮壳也都是平菇栽培的很好的原料；很多轻工业副产品，如酒糟、醋糟、废纸、废棉、粕籽棉、麦麸、米糠、饼肥、玉米粉等是平菇栽培很好的辅料。常用配方如下：①棉籽壳88%，麦麸或米糠10%（可用3%饼肥代替），石膏1%，石灰1%；②棉籽壳43%～45%，玉米芯40%，麦麸或米糠10%（可用3%饼肥代替），玉米粉3%～5%，石膏1%，石灰1%；③废棉或粕籽棉88%，麦麸或米糠5%（可用2%饼肥代替），玉米粉5%，石膏1%，石灰1%；④棉秆粉78%，麦麸或米糠15%，玉米粉5%，石膏1%，石灰1%；⑤麦秸或稻草73%，麦麸或米糠20%，玉米粉5%，石膏1%，石灰1%；⑥玉米芯73%，

第二十一章　食用菌栽培 □□□□

□□□□ Olericulture in China · [第二篇　各　　论]

麦麸或米糠 20%，玉米粉 5%，石膏 1%，石灰 1%；⑦甘蔗渣 43%，棉籽壳 40%，麦麸或米糠 10%（可用 3%饼肥代替），玉米粉 5%，石膏 1%，石灰 1%；⑧油菜秸或花生秸（粉碎）80%，酒糟 18%，石灰 2%。

以上各配方含水量均为 60%～65%。

（三）基质处理方法　平菇抗逆性强，适应性广，采用生料栽培、发酵料栽培和熟料栽培均可。作为栽培者，应选择哪种基质处理方法，应具体情况具体分析。一般说来，只有配方①可行生料栽培，其他各配方均需发酵或灭菌处理。熟料栽培时灭菌方法与其他熟料栽培的食用菌相同，可参考有关章节。平菇由于抗逆性强，基质的发酵过程与双孢蘑菇相比要短，也简单许多。具体方法简述如下：原料搅拌→堆积发酵→堆温升至 55～70℃保持 24h→翻堆→55～70℃保持 24h→散堆降温，当温度降至 30℃以下时即可播种。

（四）栽培方法　平菇的栽培工艺流程：①生料栽培的工艺流程为：培养料准备和配制→装袋或铺料→接种→发菌→出菇及采收；②发酵料栽培工艺流程为：培养料准备和配制→发酵→散堆散热→装袋或铺床→接种→发菌→出菇及采收；③熟料栽培工艺流程为：培养料准备和配制→装袋→灭菌→冷却→接种→发菌→出菇及采收。

1. 墙式袋栽　生料栽培的接种量为每 100kg 干料用菌种 15kg 左右。低温季节可将菌袋码成墙，以利增温，堆叠发菌。发菌期适当倒袋，以利发菌均匀和增加氧气供给。高温季节则恰恰相反，要疏散发菌，甚至单层发菌，发菌期间注意料中心最高温度不可超过 33℃。发菌期间要尽可能地创造避光、干燥、通风和适宜的温度等条件。在适宜环境条件下 20～35d 菌丝即可长满基质。菌丝长满后给予适量的散射光照、加大通风换气、提高空气相对湿度、加大昼夜温差并降温，刺激子实体原基形成。在适宜环境条件下，多数无需生理后熟的品种长满袋后 7d 左右即可见子实体原基形成；需生理后熟的品种长满袋后要 10～20d 才能形成原基。原基形成期要保持空气相对湿度 90%～95%。当原基充分膨大后，要增加通风和光照，保持空气相对湿度 85%～90%。在适宜环境条件下平菇子实体原基出现至八成熟可采收时需 7d 左右。墙式袋栽一般可采收 3～4 潮菇，相对生物学效率 100%～200%，栽培周期 3～4 个月。

2. 畦栽、床栽和架袋栽培　在适宜栽培期较短或相对高温的季节，为了充分利用自然条件，在较短时间内完成生产周期，多采用畦栽、床栽或架袋栽培。

畦栽：畦宽以 1～1.2m 为好，长短不限，以方便操作。畦做好后进行灭虫处理，灌水，待水完全下渗，地表无泥泞感后在地面撒一薄层石灰粉，进行地面消毒。畦栽均使用生料或发酵料。播种时将料直接铺于地面，1 层料 1 层种，一般料和种各 3 层，各占的比例分别为表层 50%，中层 30%，底层 20%。接种量以 15%左右为好，即每 100kg 干料用菌种 15kg 左右。

表面菌种撒播完毕后，撒少量培养料覆盖，在中间均匀扎些透气孔，盖好塑料薄膜。发菌期间适当掀开薄膜或打孔透气，促进菌丝生长。在适宜环境条件下 20～25d 即可长满菌丝，5～7d 后即有子实体原基形成，30～35d 可采收第 1 潮菇。畦栽一般采收 3 潮，栽培周期较袋栽短，多在 3 个月内。子实体形成和采收期间的注意事项与袋栽相同。与袋栽相比较，畦栽的优点在于周期短，菇潮整齐集中，返潮快，散热好，环境温度低，便于管理，劳动效率高。缺点是空间利用率低。但是，由于多在夏季和早秋菇市淡季采用这一方式，所以相对于适宜季节栽培效益更好。

床栽：床栽多在适宜栽培期较短的季节使用，以充分利用自然条件。在栽培场所搭建 4～5 层的竹（铁）架，架宽 1～1.2m，层距 40cm 左右。栽培工艺和具体方法与畦栽相同，只是铺料前需使用塑料薄膜。

架袋式栽培：这一方法多在高温季节使用，多为熟料栽培。一般塑料袋折径 14～15cm，两头接种，每瓶（750ml）栽培种接种 15～20 袋。发菌场所使用前要尽量干燥，发菌期要特别注意温度和空气相对湿度的控制，预防霉菌污染。发菌期菌袋要分散码放或井字形码放，不可堆叠。发菌完成

后，及时进行催蕾处理。出菇期要夜间通风，切忌高温时段菇体直接给水，喷水需选择在早晨或傍晚较凉爽的时间进行。架袋式栽培由于多在高温季节，因此出菇期的主要管理措施在于控温、排湿。夏季是菇市淡季，只要品种选择适宜，技术措施得当，栽培效益良好。

五、病虫害防治

由于生料和发酵料栽培的特点，平菇较其他大多数食用菌来说，病虫害发生较多。

（一）主要病害防治

1. 平菇细菌性锈（褐）斑病 病原：假单孢杆菌（*Pseudomonas tolaasii*）。是平菇的主要病害。子实体染病初期出现针头大小的黄斑，数个病斑连接发展成大病斑，浅黄、锈黄或黄褐色，严重时整个菇体全部变黄，甚至整个菇棚一片金黄，导致绝收。在进行生料栽培时，出菇期喷水过重、通风不良、菇体表面积水不能及时散发时极易发病，一旦发生蔓延则难以控制。防治方法：①出菇期切忌喷水过重，防止菇体表面积水；②采用熟料栽培，控制培养料的菌源也有较好的效果；③出菇期发病，要先摘除病菇，刮除染病发黄的菌丝表层，将菇棚湿度降低，然后喷洒 1% 石灰水或漂白粉液。

2. 平菇细菌性腐烂病 病原：荧光假单孢杆菌（*Pseudomonas fluoresens*）。局部发生，只发现子实体受害，使其丧失商品价值。菌盖发病产生淡黄色水渍状病斑，先从菌盖边缘出现，向内扩展后蔓延至菌柄；菌柄也可先发病，向上扩展到菌盖，最后菇体局部或全部腐烂，并散发出难闻的恶臭味。高湿环境和通风不良利于该病的发生蔓延。传播途径和预防方法与细菌性锈斑病相同。

3. 平菇软腐病 又称：菌被病，由束状指孢霉（*Dactylium dendroides*）侵染引起。发生普遍，为害平菇、蘑菇、金针菇等菇床和子实体，严重时培养料变质腐解。播种后菌丝生长阶段发病，培养料表面出现白色棉絮状菌丝层，高温潮湿时可覆盖整个床面，不能出菇或只零星出菇。侵染子实体时先从菌柄基部开始显症，或使子实体原基、幼菇也出现淡褐色水渍形软腐，严重可长出白色菌丝，后变为淡红色。病菇发育不良，外观呈污白色或污黄色。病菌可随喷水从土壤传播到料表面和子实体上引起发病，随溅水和病菇传播扩散。防治方法：①进行土壤消毒；②避免出菇期高温、高湿；③采用熟料栽培等；④除采用防治细菌性锈斑病的方法外，还可用 50% 多菌灵可湿性粉剂 1 000 倍液，或 50% 特克多可湿性粉剂 1 500 倍液喷洒培养料表面。

4. 平菇枯萎病 病原：由镰刀菌（*Fusarium oxysporum*、*F. solani* var. *martii* 等）侵染引起的平菇子实体干枯病。主要为害菌柄。幼菇开始发病，外观呈疲软状，色泽变淡变黄，剖视菌柄可见髓部褐变干缩。在潮湿的条件下菌柄基部生出白色菌丝和粉状物。也有的菇蕾呈黄褐色萎缩直至死亡；菌盖呈淡黄褐色干缩，外缘卷曲。该病原菌腐生能力较强，可长久地在土壤、有机物和多种农作物上生存，可通过培养料、土壤、空气和水流传播。湿度过大、通风不良有利于病害的蔓延。防治方法：①采用新鲜洁净的培养料；②生料栽培时用干料重的 0.2% 多菌灵拌料；③出菇期控制好空气相对湿度，加强通风。

5. 平菇白瘤线虫病 又名：小疣病、褶瘤病。子实体被害其组织分化异常，增生为白色瘤状，中空，单个散生或多个愈合成不规则的瘤块，严重时整个菌盖所有的菌褶长满白色小瘤，失去商品价值。学名未定，发生规律有待研究，可能风和菇蝇是传播媒介。防治方法：①平菇野外栽培时，用寒冷纱（网眼 1mm^2）覆盖段木有预防作用；②发现病菇立即摘除。

（二）主要害虫防治

1. 平菇厉眼菌蚊（*Lycoriella pleuroti*） 广泛分布，为害平菇、蘑菇、香菇、草菇及木耳等。1年 10 代左右。以老熟幼虫或蛹在废培养料中越冬，春季进入为害高峰。成虫具趋光性。卵多产于培养料表面或菌褶中。幼虫在培养料中穿行取食菌丝，引起发菌后的菌床出现"退菌"现象。子实体生长阶段蛀食菌盖、菌柄，开伞后则多在菌褶处取食，还分泌粪便污染菇体，幼菇及菇柄呈海绵状，子实体发黄萎缩直至腐烂。防治方法：参见本章双孢蘑菇部分闽菇迟眼蕈蚊等。

2. 大菌蚊（*Neoempheria sinica*）　分布在江苏、湖北、上海、北京等地，主要发生在春秋两季，为害平菇、香菇、金针菇、毛木耳及猴头等。幼虫食害菌丝，也可将原基、菌柄、菌盖蛀成孔洞，有时将菌褶吃成缺刻，还排泄黏液及虫粪污染菇体，影响产量和质量。防治方法：①栽培区保持清洁卫生，栽培设施安装防蚊纱网；②实行菇—菜、菇—粮轮作；③采菇后在料面捕捉老熟幼虫；④必要时喷洒10%氯菊酯乳油2 000倍液。

3. 平菇尖须夜蛾（*Bleptina* sp.）　各地广泛分布。以老熟幼虫和少量蛹越冬，5月上中旬第1代幼虫取食平菇，3龄后进入暴食期，可将子实体吃成明显的缺刻或孔洞，菌丝被害不能扭结结菇，影响产量和品质。防治方法：①隔绝虫源；②人工捕捉幼虫和喷洒氯菊酯等杀虫剂。

4. 跳虫　俗称烟灰虫、弹尾虫。为害平菇的常见种类有紫跳虫（*Hypogastrura communis*）、黑角跳虫（*Entomobrya sauteri*）、菇疣跳虫（*Achorutes armatus*）等。跳虫体小如蚤，善弹跳，喜阴湿，不耐干旱和高温，怕光。为害菌丝和子实体，可将基质表面菌丝吃光，也可潜入菌袋内或菌床底层取食菌丝，啃食原基使原基不能正常发育；为害子实体时，白天常钻到菌褶中取食，夜间也在菌盖表面为害，菌盖被为害处露出白色菌肉，下凹。跳虫由于体表具有蜡质层，药液不易附着，所以药物灭虫效果较差，关键在于预防。防治方法：①及时排除栽培场地的积水，改善菇场卫生条件；②培养料二次发酵杀灭虫源；③出菇期发生跳虫可喷洒5%鱼藤酮乳油1 500倍液等。

（三）生理性病害　平菇的生理性病害常见的是各类型的子实体畸形，如二度分化、大脚菇、纺锤菇、鸡爪菇等。二度分化、大脚菇的形成原因在于通风不良，氧气不足，二氧化碳浓度过高，其中大脚菇还有光照不足、空气相对湿度过高的影响。纺锤菇主要发生在凤尾菇生产中，原因是温度过低。造成鸡爪菇有两个原因：一是基质过干而空气湿度过高；二是对敌敌畏的过敏反应。生理性病害一旦病因解除，症状即可较快消失。

六、采　　收

采收平菇要及时，过度成熟品质会明显下降，采收时易破裂。丛生的菇体采收时要注意整丛采下，不留小菇，也不要带出成块的基质。应轻拿轻放，同时进行菇形修整，减少上市前的操作程序，减少破损。采收后要及时清理残渣和料面，以减少霉菌滋生的机会。

（冯志勇　张金霞）

第五节　草　　菇

草菇属光柄菇科（Pluteaceae）草菇属。学名：*Volvariella volvacea*（Bull. ex Fr.）Sing.；别名：兰花菇、美味包脚菇、秆菇（福建）、麻菇、中国蘑菇等。草菇原是热带和亚热带高温、多雨地区的腐生真菌，中国是最早将草菇驯化为栽培食用菌的国家，所以国外把草菇称作中国蘑菇（Chinese mushroom）。清·道光二年（1822）出版的《广东通志》上写道："南华菇，南人谓菌为蕈，豫章岭南又谓之菇，产于曹溪南华寺名南华菇，亦家蕈也……"广东省《英德县志》（1930）卷16又记有："秆菇又名草菇，稻草腐蒸所生，或间用茅草亦生……用牛粪或豆麸撒入，以稻草踏匀，卷为小束，堆置畦上，……半月后生出蓓蕾如珠，即须采取；剖开烘干……"在光绪元年（1875）出版的《曲江县志》上记载："贡菇产南华寺，国朝岁贡四箱"。贡菇或南华菇就是现今草菇。可见，在清·光绪之前中国已经形成了有关草菇的一套栽培方法。1934年，马来西亚和缅甸相继开始栽培草菇，是由华侨把菌种和种植技术带过去的，此后逐步传至菲律宾、印度尼西亚、日本等国家。

草菇在中国南方普遍栽培，盛产于广东、广西、福建、湖南、江西、台湾等省、自治区，长江流域以及北京、河北、山东等地也有栽培。

草菇鲜食，味道鲜美；烤制干菇更具有浓郁的香味，风味独特；制成罐头，色香皆存。鲜草菇含蛋白质 2.66％，每 100g 鲜草菇含维生素 C 206.28mg，具有较高的营养价值。

一、生物学特性

（一）形态特征 草菇形态可分菌丝与子实体两大部分。菌丝在显微镜下为透明、具分枝、有横隔，但无锁状联合。子实体刚形成时为白色小点，1～2d 就能形成如手指大小的菌蕾，再过 3～4d 生长为蛋形，再经 1～2d 后，由于菌柄的继续伸长，菌盖突破外菌膜而伸展出来，这就是成熟的草菇（图 21-7）。

草菇的子实体可分菌盖、菌柄、菌褶和脚包。菌盖鼠灰色或灰黑色，中心较深，边缘较浅，并有褐色条纹，其直径 5～19cm。菌柄白色，长 6～18cm，粗 0.8～1.5cm。菌托在菌蕾期包裹菌盖、菌柄，当被菌盖顶端突破后，残留于基部，上部灰黑色，下部色渐浅，甚至白色。菌褶初期白色，后成粉红或红褐色。菌褶两侧生棒状的担子，每个担子上生 4 个担孢子。担孢子椭圆形，成堆时红褐色。

图 21-7 草菇子实体形态图

（二）对环境条件的要求

1. 营养 草菇营养生长不能利用木质素，所需要的营养物质，主要是纤维素和半纤维素、氮素营养及多种矿物盐类。禾秆中及其他植物纤维或种子壳等含有丰富的纤维素和半纤维素等草菇可以吸收的碳源，以及钾、镁、铁、锌、硫、磷、钙等。

2. 温度 草菇属于喜温性真菌。菌丝生长适温为 30～39℃，最适温为 34℃，低于 15℃或高于 42℃，菌丝生长受到抑制；气温 28～32℃是子实体生长发育最适宜的温度。平均气温在 23℃以下，子实体难于形成。气温 20℃以下或 45℃以上及突变的气候，对小菌蕾有致命的影响。对温度的要求，品种间有差异。

3. 水分 草菇除了喜较高的温度外，还要求较高的湿度。只有在适宜的水分条件下，草菇的生长发育才能正常进行。空气相对湿度 80％～95％，草堆含水量 70％～80％是草菇生长的适宜湿度。

4. 氧气 草菇是好气性真菌，在进行呼吸时需要氧气。如果二氧化碳浓度达到 3 000～5 000μl/L，对菌丝体和子实体有抑制作用，故室内栽培草菇要注意及时通风换气。

5. 酸碱度 草菇在 pH4～10.3 均可生长，在偏碱的稻草培养料中，能获得较高的产量。

6. 光照 草菇属于草腐菌类，不能直接利用太阳光能制造所需要的营养物质，但在室内栽培，完全处于黑暗环境中，子实体难于形成，需要散射光。室外春末种菇，气温较低，日晒能提高气温和堆温，有利于草菇菌丝的生长和子实体形成。但长江流域在 7、8 月，气温高，日晒堆温过高，水分损失大，对草菇菌丝体和子实体的生长发育都有不良的影响。

草菇的子实体第 1 批发生后，待料内的营养再运到上部菌丝，才能形成第 2 批子实体，因此，草菇的出菇是有间歇性的。它的产量形成与栽培的环境关系很大，如在室内 50kg 稻草的菌堆，在温湿度比较稳定的条件下，6～7 月间生产有 2～3 个出菇高峰（图 21-8），而一般情况下只能有 1 个高峰。在广东省室外栽培的，稻草用量大，栽培季节长，可能出现多次菇峰。草菇前期产量高，后期产量低，这是因为前期菌丝生活力较强，菌堆的稻草发酵发热量和营养水平比较高，后期的菌丝生活力减弱，菌堆内稻草发热量和营养水平比较低。因此，在栽培期间，创造良好的环境条件，做好全期的管理工作，改善菌堆的温度、养分等条件，提高菌丝的生活力等，就有可能使前期菇峰更高，后期低产变高产。

在气温正常、菌种生活力较强的条件下，从始收到结束，约 1 个半月至两个月；室内栽培，一般约 1 个月。

二、类型及品种

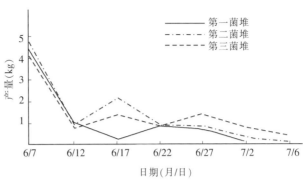

图 21-8 草菇产量形成过程"菇峰"出现情况
（湖南农学院，1963）

（一）**类型** 草菇在自然界中，由于长期的自然选择和人工选择，形成了很多品种。生产实践中常按子实体的大小划分为 3 个品种类型：

1. 大型种 个体大，鼠灰色，菌盖 9.2～19cm，单个平均重 30.6g。

2. 中型种 个体中等，淡灰色，菌盖 7～16cm，单个平均重 26g。

3. 小型种 个体较小，鼠灰色，菌盖 5.2～12cm，个体平均重 13.1g。

（二）**菌种** 草菇的品种很多，现将主要的几个栽培种介绍于下：

1. V23 个体大，属大型种。包被厚而韧，不易开伞，圆菇（未开伞的菇蕾）率高，最适合烤制干菇，也适合制罐头和鲜食。一般播种后 6～11d 出菇，子实体发育需 7d 左右，鼠灰色。产量较高，但抗逆性较差。对高、低温和恶劣天气反应敏感，生长期间如果管理不当，容易造成早期菇蕾枯萎死亡。现在各地所用品种，多数为其复壮种。

2. V37 个体中等，属中型种。包被厚薄及开伞难易，也均居于中等。一般播种后 5～10d 出菇，子实体发育需 6～7d，淡灰色。抗逆性较强，产量也较高。适于加工罐头、烤制干菇和鲜食。但味淡，圆菇率也不如 V23，仅为 80% 左右。同时，菌种较易退化，要注意复壮。

3. V20 个体较小，属小型种。包被薄，易开伞。一般播种后 4～9d 出菇，子实体发育需 5～6d，鼠灰色。抗逆性强，产量高。对不良的外界环境抵抗力较强，耐寒，且菌肉比大、中型种更幼嫩和美味可口，适于鲜食。不适宜制干菇，圆菇率也低，为 60% 左右。

4. V35 个体中等偏大，颜色灰白，肉质细嫩，香味较浓，口味鲜美，产量较高，生物学效率在 35% 以上。包被厚，开伞稍慢，商品性好。菌丝外观浅白色，粗壮，透明。但其对温度敏感，当气温稳定在 25℃ 以上时，才能正常发育并形成子实体，属高温型品种。中国北方地区栽培适期以 6 月中旬到 8 月上旬为宜。

5. V844 属中温中型种。菌丝体生长适温在 26～38℃ 之间，最适为 33～34℃；子实体发生温度在 24～30℃ 之间，最适为 26～27℃。抗低温性能强，菇形圆整、均匀，适合市场鲜销，商品性能中等。但抗高温性能弱，较易开伞。

6. V733 个体中等，属中型种。菇蕾灰色或浅灰黑色，卵圆形，单生或丛生，不易开伞。菌丝体生长温度范围为 20～40℃，最适为 30～35℃；子实体发生温度范围为 22～35℃，最适为 25～35℃，较耐低温。最适 pH7～9。高产、优质、抗逆性强。

三、栽培季节和方式

（一）**栽培季节** 广东、广西、福建和江西等省、自治区的南部 5～9 月是栽培草菇适宜季节，且可采用露地栽培方法进行大规模生产。上海、杭州、南京、天津、北京等地 6～8 月的平均温、湿度能满足草菇生长发育的要求，但由于温、湿度不够均衡，如果采用露地栽培，管理上比较费工，草菇的产量往往不高，故多采取室内栽培，人工调节温、湿度才能获得高产。6 月至 9 月上中旬是栽培的

适宜时期，如果利用温室栽培，可以提早或延迟，设备条件好的，甚至能达到周年供应。

（二）栽培方法　草菇可以采用大田栽培、塑料棚栽培及室内（泡沫板菇房）栽培等。

四、栽培技术

（一）大田栽培

1. 稻草培养料栽培草菇　培养草菇要求选用金黄色、无霉味的干稻草。早、中、晚稻稻草均可采用，其中以中稻草较好。露地栽培，种1公顷草菇，约需稻草11 250～15 000kg。室内栽培，畦长1.5～2m，每个菌堆的稻草用量一般为50～100kg。

（1）菌床基地选择　早期露地种菇应选避北风，南面宽敞、阳光充足的地方，这有利于防风增温，避免因春寒而造成菌蕾死亡；晚期种菇应选通风凉爽的地方，以防盛夏酷热时草菇大量死亡。土质要求疏松的沙壤土，既保湿、保肥，又通气良好，有利于草菇菌丝的生长和子实体的形成。菌床要设在靠近水源的地方。但地下水位高、排水不良的田地，则不宜选用。室内栽培要选择通风透气，并有散射光的场所。若不需要通风时，门窗又可以全部关闭，保温、保湿性能好，以利于草菇的生长发育。

（2）作畦　应在5～6d前做成。一般畦宽1.0～1.1m，畦高20～26cm，长度因菌堆用草量而定。四周沟宽0.7m左右。畦面龟背形。畦东西向，以便日照均匀，温、湿度一致。采用室内栽培的，如以50kg稻草为例，畦长1.5～2m即可。

（3）踩菌堆、播种及盖土　踩菌堆前，要使稻草吸足水分。将稻草扎成0.5kg左右的小把，2.5～5kg为1捆，浸水12～14h，在第2d上午捞起备用。也有将稻草浸入水中，边浸边踩，使稻草充分吸水，直至稻草变软便可使用。踩菌堆的方式很多，如轧草式、折尾式（长稻草适用的方法）、扭把式等。

（4）播种　踩菌堆与播种是交错进行的。菌堆第1层踩完后，在四周7～10cm的范围内播1层菌种，然后踩第2层，草把刚好压住菌种。第2、3层的播种方法同第1层。在第4层草上全面播种，每50kg稻草用种量4～5瓶（750ml瓶）。据湖北农学院蔬菜教研室试验研究（1963—1965年），如果每50kg稻草用种量10～15瓶（500ml瓶），产量显著提高，一般产菇7.5kg以上，高的达12.6kg。因此，在可能的情况下，应增加播种量。

复踩和堆顶盖土，复踩是菌堆不紧者水分不够时的补救措施。菌堆顶部盖土，能保温、保湿，是出好顶菇的重要技术环节，二者都在踩菌后第3天进行。首先检查堆内的干湿情况，若堆内稻草过干，应在复踩时淋水，以补足水分，用水量以流出黄水为度。如果稻草含水量已足，仅在堆顶反复踩紧一次，然后用较肥的园土薄盖一层。复踩需淋水的，只宜在踩菌堆后第3天进行。时间过迟，淋水后堆温骤然降低，最易损伤菌丝和幼蕾，影响产量。

（5）菌床管理

①控制菌堆温度。踩菌堆后，堆中温度逐渐升高，第4～6d即可达到最高温度（图21-9）。经稳定1～2d，再开始缓慢下降。在适宜的条件下，一般在播种后6～7d即可看到幼菇。如堆温过高（50℃以上），出菇期短，产量低，应及时降低堆温。

②调节湿度。踩菌堆后2d内，草菇菌丝刚开始生长，草被覆盖不动。到第3d复踩后，草被仍可盖上，有利于保温、保湿。到5～6d，若气温较高，菌堆外表干燥，可用喷雾器喷水，直接喷向菌堆，以及空中和地面。以后每天可以喷1次，喷后再盖草被。气候特别干燥时，每天喷2次，直到采收结束。

③通风换气。草菇是好气性真菌，在室内栽培的，既要保温、保湿，又要通风换气。一般每天开背风窗通风1～2次，排除室内二氧化碳气，增加新鲜空气，以利菌蕾形成。

2. 棉籽壳培养料栽培草菇　据分析，棉籽壳含多缩戊糖 22%～25%，纤维素 37%～48%，木质素 29%～32%，还夹杂有棉仁粉，是一种适合栽培草菇的培养料。湖南省君山农场自 1978—1980 年进行了试验研究，每 50kg 棉籽壳可收鲜菇 11.7～15kg。其栽培方法如下：

（1）栽培料配方　棉籽壳 75%，肥泥 10%，牛粪 10%，石灰 5%。

（2）菌堆的制作　将棉籽壳、肥泥、牛粪、石灰先拌和均匀，再加水调湿，使含水量达 60% 左右。菌堆宽 1m、高 0.3m，成梯形。当气温较高时，菌堆的宽度以 0.8m、高 16cm 为宜，菌堆的长度随用料量而定。菌堆做成后闷一夜即可播种。每 50kg 棉籽壳，播纯种 6～10 瓶（500ml 瓶装）。用条播或点播法均可。经 3～5d 后，取掉薄膜，经常保持菌堆表面湿润，其他管理与稻草培养料相同。

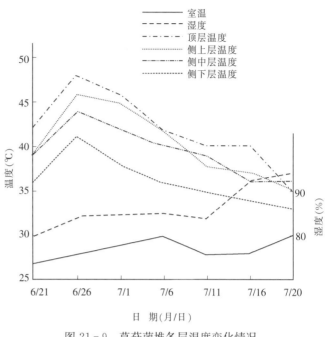

图 21-9　草菇菌堆各层温度变化情况
（湖南农学院，1963）

另外，棉纺屑也可作栽培草菇的培养料，产量比稻草高 1.5～3 倍。其栽培方法用菌堆或菌砖都可。栽培原理与棉籽壳作培养料栽培草菇相近。

（二）室内床式栽培　广东省的番禺及福建省的古田县，经长期实践，探索出了一套行之有效的室内床式栽培技术。一般是 10 月中旬制栽培种，11 月上旬开始堆料发酵，料好即上床栽培。

1. 菇房建造　菇房位置要坐北向南，一般长 3m、宽 2m、高 2.5m，每间菇房面积以 6～10m² 为宜，注意保温和密闭。菇房内安装 30～40W 日光灯 1 支及 12.3～20.3cm 排气扇一部，作增加室内光线和通风换气之用。菇房内搭建床架 4～5 层，床架宽 0.8～1m，每层相距 0.6～0.7m。

2. 栽培原料　最好采用棉籽壳、稻草等为主的合成料。现将主要配方列于表 21-2。

表 21-2　栽培草菇培养料主要配方（%）

配方	原　　　料						
	棉籽壳	稻草	麦麸	石灰	石膏	尿素	火烧土
1	70	20		6	3	1	另加 30%
2	30	58	10	2			

3. 稻草处理　将稻草打碎或铡成长 10cm 左右，这样的稻草，草菇菌丝易于分解其纤维素，菌丝生长快，菇的产量也能大大提高。

4. 堆料发酵　按照培养料配方，将碎稻草与棉籽壳分别湿水后，捞起沥干混合，然后加麦麸拌匀，堆料发酵。料堆要直，并用竹竿或木板隔开离地，进行好气发酵，用塑料薄膜覆盖保温。如果气温太低，堆料发酵初期可通入蒸汽辅助增温。每当料堆中心温度达到 60～70℃，保持 10h 后就要及时翻堆。一般应翻堆 3 次，堆料发酵时间大约为 5d。

5. 蒸汽消毒　将堆料已发酵的培养料，先调节 pH 至 7～8 后，趁热搬入菇房床架内，按每平方米 10kg 的用量铺平培养料，厚度以 10～12cm 为宜，松铺平压，面紧下松，以利菌丝生长和转潮，而且采菇时不易被松动。同时把准备覆盖床架料面的塑料薄膜也放入菇房，而后密闭门窗，立即通入

蒸汽进行巴氏消毒。当菇房内温度上升到 60℃时，保持 8～12h。蒸汽可用常压小型锅炉或几个油箱加热产生。

6. 播种 蒸汽消毒结束后，打开排气扇排湿降温。当料温降至 35～38℃时播种。可采用表面撒播法。750ml 瓶装稻草种或棉籽壳种每平方米用 1～2 瓶。播种人员进菇房播种前做好消毒工作，而后把菌种从瓶中掏出置于消过毒的盆或桶中，即可往床面上撒播。播种后将床面整平，并用木板稍加压实，使菌种与培养料紧密接触，以便于发菌生长。最后再盖上经过消毒的塑料薄膜，以保温、保湿。

7. 发菌管理 播种完毕，密闭菇房，室温控制在 35℃左右，让菌丝生长。播种 3d 后见菌丝徒长，或见到了菇点，就揭开覆盖的塑料薄膜。揭膜后，若能盖一层火烧土或草木灰更好。所盖土粒不能太坚硬，要不含粪肥，新鲜而保水，通气性好，每平方米用量 1.5kg，覆盖厚度应小于 1cm。草菇菌丝对二氧化碳很敏感，如氧气不足，尤其在低温季节栽培，通风差时，常常致使菌丝生长缓慢。

8. 出菇管理 草菇开始出菇后，菇房温度应降至 28℃左右，空气相对湿度要提高到 90%。如果房内湿度达不到，菇床表面即显干燥，此时可用 30℃左右的温水喷雾增湿。同样需每天定时开动排气扇 1～2min 通风换气。草菇子实体分化与成长需要足够的散射光线，反季节栽培时为了保温不好利用自然光线时，可用日光灯补光。

五、病虫害防治

（一）主要病害防治

1. 草菇褐痘病 病原：*Mycogone perniciosa*。子实体感病后变成膨大的畸形，无分化组织，菇体内部呈暗褐色，质软，且有臭味，最后呈湿性软腐坏死。菇体表面被一层密而柔软的白色菌丝覆盖，后期出现褐色水滴，病菇最终腐烂。在高温、高湿及通风不良的条件下极易发生，其分生孢子靠气流、昆虫或工具等传播。防治方法：①种植前清洁菇房，并对菇房及工具等进行消毒处理；②加强菇房通风换气管理。

2. 草菇菌核病 病原：*Sclerotium rolfsii*。子实体感病后，表面湿润，有黏性，继而腐烂、死亡。在罹病子实体上产生小黑点或颗粒，是病原菌产生的小菌核。病菌在植物性纤维材料上寄生、存活，主要借带菌栽培材料和分生孢子传播，低温、潮湿环境利于发病，高温、干燥、日光暴晒不利病菌成活。防治方法：①选用无病稻草作栽培材料，且所有栽培材料在使用前要暴晒 2～3d，然后用 1%～3% 石灰水浸一昼夜，捞出冲洗备用；②在发病重的菇床上，用 50 国际单位的井冈霉素喷雾。

3. 草菇干腐 为生理性病害。夏秋季在温室、塑料棚内栽培容易发生。草菇发生干腐主要表现为小菇和菇蕾停止生长，后呈革质状灰褐色至黄褐色干腐，严重时完全失去食用价值。菇床在出菇后浇水少，或通风时间过长、空气湿度长期低于 60%、气温较高时，使子实体过于干燥而引起。应针对发生干腐的原因，采取相应措施预防病害的发生。

4. 草菇软腐病 也是一种生理性病害。是由于空气湿度高，菇床温度长时间低于 20℃，或高于 40℃时所致。在采收期喷洒较多的凉水也容易发生子实体软腐。应针对发生软腐病的原因，采取相应措施预防病害的发生。

主要杂菌种类及防治方法，参见香菇部分。

（二）主要害虫防治 草菇折翅菌蚊（*Allactoneuta valvasceae*）是草菇、平菇的重要害虫之一，在北京、湖北等地为害严重。北京地区菇房 9 月为盛发期，露地栽培的草菇发生量最大。幼虫取食菌丝和培养料，影响菇蕾形成，子实体被咬食形成不规则孔洞，留下无色透明的黏液，干后呈光亮的叶迹，并在其上拉丝结网，严重影响产量和品质。防治方法：参见平菇尖须夜蛾。此外，菌蚊和害螨也常发生，可参见本章双孢蘑菇等防治部分。

六、采　　收

在适宜的温、湿度条件下，室外种菇一般播种后 6～10d 可见少量幼菇，11～15d 开始收菇；室内栽培 6～7d 见菇蕾，10d 左右收菇。当采收完第 1 潮菇后，隔 1～2d 第 2 潮小菇便开始出现，5～6d 后又可采收，每个草堆可采收草菇 4～5 次，采收期 30～40d。室内栽培草菇，第 1 潮菇产量可占整个收菇期产量的 70%～80%。由于草菇生长迅速，所以必须及时采收，最好早、中、晚各采收 1 次。当菇体由基部较宽、顶部稍尖的塔形变为卵形，质地由硬向软转变时采收最为适宜。

采收完第 1 潮菇后，如果没有鬼伞、绿霉等杂菌出现，就应加强管理，争取收好第 2 潮菇。如果有杂菌出现，要马上清料，并清洁消毒菇房。这样，既可避免杂菌出现而污染菇房，又可争取时间进行下次栽培。

（杨曙湘　夏志兰）

第六节　金针菇

金针菇属白蘑科（Tricholomataceae）小火焰菌属。学名：*Flammulina velutipes*（Curt. ex Fr.）Sing.；别名：毛柄金钱菇、冬菇、朴菇、朴菰等。中国古称构菌。据初步考证，金针菇是中国最早进行人工栽培的食用菌之一。唐·韩鄂撰写的《四时纂要》（9 世纪末或稍后）就记述了"种菌子"的方法："种菌子：取烂构木及叶，于地埋之，常以泔浇令湿，三两日即生。"这是中国最早栽培食用菌的记录。金针菇广泛分布于中国、前苏联西伯利亚和小亚细亚以及欧洲、北美洲、澳大利亚等地。在中国，北起黑龙江省，南至广东省，东起福建省，西到四川省的广大区域内均有金针菇分布。

金针菇是秋末、春初寒冷季节发生的一种朵形较小的伞菌。子实体由细长而脆嫩的菌柄和形似铜钱大小的菌盖组成，金黄色或黄褐色。因菌柄形状及色泽极似金针菜，故名金针菇。其盖滑、柄脆、味鲜，为古今中外著名的食用菌之一。

金针菇的营养丰富。每 100g 鲜菇中含蛋白质 2.72g，脂肪 0.13g，粗纤维 1.77g，维生素 B_1 0.29mg，维生素 B_2 0.21mg，维生素 C 2.27mg。上清液中含有 $5'$-磷酸腺苷（$5'$-AMP）和核苷类物质。金针菇中还含有朴菇素（Flammulin），是一种碱性蛋白质，对小白鼠艾氏腹水瘤 E_C（AS）和肉瘤 S-180 有抑制作用。经常食用金针菇也可以预防高血压和治疗肝脏及肠、胃道溃疡（刘波，1974）。

1928 年日本人发明了瓶栽法，利用木屑和米糠为原料，暗室里培养出菌盖、菌柄白色的优质金针菇，使金针菇的生产得到迅速的发展。20 世纪 30 年代，中国的裴维蕃、潘志农、余小铁等人曾进行过金针菇的瓶栽试验。1964 年福建三明真菌研究所开始在全国各地采集和分离野生金针菇菌株，于 1982 年在国内选育出第一个优良品种三明 1 号，同时研制出一套金针菇代料高产配方及塑料袋代料生产工艺。

一、生物学特性

（一）形态特征　金针菇的子实体丛生，菌盖直径 2～10cm，幼时球形至半球形，逐渐开展至平坦，淡黄色、中央淡茶黄色，光滑，表面有胶质的薄皮，湿时具黏性，盖缘由内卷后略成波状。菌肉近白色，中央厚，边缘薄。菌褶白色或淡奶油色，延生，稍密集。菌柄硬直，长 2～13cm，直径 2～8mm，上下等粗或上部稍细，成熟时菌柄上部色较淡，近白色或淡黄色，下半部褐色至暗褐色，且密被黄褐色至暗褐色的短绒毛。初期菌柄内部髓心充实，后期变中空。孢子印白色，孢子椭圆形或卵形，内含 1～2 个油球。菌丝非糊性，有锁状联合。粉孢子圆柱形或卵圆形。

（二）对环境条件的要求

1. 营养　金针菇是木腐菌，它能利用木材中的纤维素、木质素和糖类等化合物作为碳源。常用的碳素营养以淀粉为最好，其次是葡萄糖、蔗糖和麦芽糖。富含纤维素的农副产品下脚料几乎均能用来栽培金针菇，但是选用棉籽壳为主料，配合辅助材料，产量较高。木屑以阔叶树的木屑为好，不同树种的木屑对金针菇的产量有明显的影响。经堆积的、陈旧的木屑比新鲜木屑好。

氮在金针菇生长和繁育过程中起着重要的作用。金针菇可以利用多种氮源，其中以有机氮最好，无机氮中的铵态氮如硫酸铵也能被利用。在大面积生产中，以麦麸、细米糠、玉米粉、豆粉和饼肥为主要氮源，其碳氮比 30：1 为宜。

在金针菇生长发育中需要一定量的无机盐类，其中以磷、钾、镁最为重要。镁和磷对金针菇的菌丝生长有促进作用，特别对于粉孢子多、菌丝稀疏的品系，如添加镁、磷后，菌丝生长旺盛，速度加快。对促进子实体分化也有效果。磷是子实体分化不可缺少的物质。在生产中常添加硫酸镁、磷酸二氢钾、磷酸氢二钾或过磷酸钙作为主要的无机营养。除此之外，各种微量元素如铁、锌、锰、铜等也是需要的。

2. 温度　金针菇属于低温结实性菌类，其孢子在 $15\sim25℃$ 时大量形成并萌发成菌丝。菌丝一般能在 $3\sim34℃$ 范围内生长，最适生长温度为 $20\sim23℃$。$3\sim4℃$ 时菌丝生长缓慢。金针菇在 $-21℃$ 时经过 138d 后仍能生存（Pehrson S.O.，1948），但在 $34℃$ 以上菌丝就停止生长。金针菇子实体形成所需温度为 $5\sim20℃$，原基形成最适温度是 $12\sim15℃$，以 $13℃$ 时子实体分化最快，形成的数量也多。在 $21\sim23℃$ 时，只长几根细弱的子实体，容易干枯。子实体分化后，在 $3\sim20℃$ 范围内都能正常发育，低于 $3℃$ 子实体发育不良，菌盖变为麦芽糖色，还可能出现两个菌盖连成一起的畸形菇。

3. 湿度　金针菇为喜湿性菌类，抗干旱能力较弱。培养基的最适含水量为 $63\%\sim65\%$，这时菌丝生长最快。含水量过多，菌丝生长缓慢，甚至不能向基质伸展下去。但因金针菇不能在子实体上喷水，实际配料时含水量以 70% 为佳。菌丝培养室的空气相对湿度为 60% 左右，如果湿度太大，就会增加菌种瓶的污染率。菇房的空气相对湿度应控制在 $80\%\sim90\%$，一般在低温时，空气相对湿度可略高，高温时，空气相对湿度可降低，以免孳生杂菌和害虫。

4. 空气　金针菇是好气性菌类，必须在有充足氧气的条件下才能正常生长。氧气不足，菌丝体活力下降，菌丝呈灰白色。Plunkett（1956）指出，子实体形成后，菌盖直径随二氧化碳浓度（$600\sim49\,000\mu l/L$）的增加而变小，二氧化碳含量超过 $10\,000\mu l/L$ 就会抑制菌盖的发育，$30\,000\mu l/L$ 的二氧化碳也是不会影响菌柄的发育，相反，菌柄伸长迅速，菌盖却受到抑制。而且，菇的总重量增加，这正是栽培金针菇的目的。但是二氧化碳浓度太高，也会抑制菌柄的生长，一般以不超过 $50\,000\mu l/L$ 为限，二氧化碳浓度达 $50\,000\mu l/L$ 时就不能形成子实体。

5. 光照　金针菇是厌光性菌类，菌丝在黑暗条件下生长正常，而且幼小的原基也能形成。但是，光线是促进子实体的发生和成熟所必需的。只是在光照条件下，菌柄短，菌盖开伞快，子实体的颜色深；在暗室中栽培，子实体色泽浅，外观好。

6. 酸碱度　金针菇需要微酸性的培养基，在 pH$3\sim8.4$ 范围内，菌丝皆可生长。适宜的 pH 为 $4\sim7$，一般情况下，采用基质的自然 pH6 左右即可。

二、类型及品种

（一）类型　依照金针菇的色泽、质地以及对温度的要求等分为 3 种类型：

1. 黄色类型　子实体上部黄色，下部深黄至黄褐色。出菇温度范围较宽，出菇早，转潮快，后劲足，抗病力强，对光敏感，质脆嫩，口感好。

2. 淡色类型　子实体整体均为浅黄色，出菇温度较黄金针菇窄，质地更显脆嫩，纤维少，口感好。

3. 白色类型　子实体上下均为白色，适应温度较低，一般在18℃以下，最适为6～10℃，在接种后40～50d现蕾。对光的反应不敏感，产量较前两种稍低，抗性也差些。质地鲜嫩柔软，色泽好。

也有按照金针菇生长对温度的敏感性不同，将金针菇分为低温型（出菇温度一般在15℃以下，5～8℃最适）、中温型（出菇温度一般在4～23℃）和高温型（出菇温度一般在15～26℃）3种类型。

（二）菌种

（1）F-8909　福建三明食品工业研究所1991年从日本引进并重新选育而成的新品种。低温型。出菇温度在5～16℃，出菇季节在12月至翌年3月。菌丝洁白，粗壮。从接种到出菇45～50d。子实体丛生，分枝多，每丛160～250条，菇柄长17～18cm，菇盖内卷，不易开伞。整株子实体洁白有光泽，适于鲜销、盐渍或冷冻出口。

（2）FV-088　河北省科学院微生物研究所于1990年引进的低温型品种。出菇温度5～10℃，最适10℃左右，适于北方冬季栽培。子实体丛生，每丛200条以上，出菇整齐，菇柄长18～20cm，不易开伞，产量高。整株白色，质脆嫩，味鲜美，商品性好。

（3）三明1号　福建三明真菌研究所1984年从野生种分离驯化，经系统筛选培育出的优良品种。中温型，出菇温度4～23℃，出菇季节11月至翌年4月。菌丝生长快，从接种到出菇一般30～35d，栽培周期90d左右。子实体丛生，每丛100条以上，菇盖黄色，菇柄长10～15cm，产量高，质量好。

（4）万针8号　四川省平凉县科研所1997年从一特大野生金针菇分离驯化筛选出的菌株。菌丝在9～31℃范围内均能生长，以18～24℃为最适宜；子实体形成温度在5～18℃，属中偏低温型品种。子实体丛生白色，生长整齐，粗细均匀。已在四川、湖南、湖北、福建等省大面积栽培，表明该品种高产，抗杂菌污染。

（5）F$_4$　江西南昌大学生物工程系1997年育成。中温型。菇色纯白。抗逆性较强，适应多种原料栽培，出菇早，采收期长。

（6）F-8（昆研F-908）　是中华供销合作总社昆明食用菌研究所选育的一个较耐高温的菌株。高温型，能在15～26℃下正常出菇。在栽培上还具有出菇快、出菇早、产量高、抗逆性强等特点。子实体整齐，每丛120条以上，颜色金黄，质地嫩脆，纤维较少，菇质好。

从国外引进并经筛选的白色低温型优良品种还有F-98、F-99等，均在各地成为主栽品种之一。

三、栽培季节和方式

（一）栽培季节　中国南方地区栽培季节是每年的11月至翌年的4月。其中江苏、浙江、湖北、四川等省于10月上旬开始制种，11月中旬左右出菇；而福建、江西、广东等省于10月下旬制种，12月初出菇；北方地区栽培季节为秋末至冬初，冬末至夏初。具体栽培时间应据各地气温条件而定，制袋时间一般比计划出菇时间提前40d。如果在人防地道里栽培，从秋末到夏初均可进行。

（二）栽培方式　金针菇栽培有段木栽培和代料栽培两种方法。目前主要采用棉籽壳、木屑、蔗渣等加米糠（或麸皮）的代料栽培。主要栽培方式有袋栽和床栽两种。

四、栽培技术

（一）袋栽

1. 栽培材料　凡是富含纤维素和木质素的农副产品下脚料，如棉籽壳、废棉团、甘蔗渣、木屑、稻草、油茶果壳、甜菜废丝等都可以用来栽培金针菇。其中以棉籽壳营养丰富，蛋白质、脂肪含量较高，制作培养基通气效果好，是金针菇栽培的优良材料。纺织厂的废棉富含纤维素，并混有少量的棉

籽，营养丰富，栽培金针菇的产量高，也是一种很好的栽培材料。木屑以阔叶树的木屑较好，尤以拟赤杨的木屑栽培金针菇产量较高。不管采用哪一种木屑，都要把木屑堆于室外，经一定时间的日晒、雨淋，自然发酵，使其营养状态更利于金针菇分解利用。甘蔗渣的纤维素、半纤维素、木糖的含量高，栽培出来的金针菇色泽浅，菌柄脆嫩，也是一种较好的栽培材料。稻草、麦秆等也可以种植金针菇，但是，产量较低。木屑、蔗渣、稻草掺入部分棉籽壳栽培金针菇，可以提高近1倍的产量。

2. 培养基配方　栽培金针菇的培养基种类很多，常用配方有：①棉籽壳（或废棉团）78%、麸皮20%、糖1%、碳酸钙1%；②棉籽壳（或废棉团）80%、麸皮15%、玉米粉3%、糖1%、碳酸钙1%；③棉籽壳37%、木屑（或蔗渣等）37%、麸皮24%、糖1%、碳酸钙1%；④棉籽壳50%、木屑25%、麸皮23%、糖1%、碳酸钙1%；⑤木屑（或蔗渣等）70%、麸皮25%、玉米粉3%、糖1%、碳酸钙1%；⑥甜菜废丝73%、米糠25%、过磷酸钙1%、碳酸钙1%。

3. 拌料装袋　木屑和蔗渣要过筛。棉籽壳和废棉团需提前1d加水搅拌，堆积覆盖薄膜，使其吸水均匀，第2天再加入辅料，充分拌匀，含水量掌握在70%左右。料拌好后即可装袋（袋规格为40cm×17~18cm的聚丙烯薄膜筒制成）。装袋时要求装得光滑均匀，而且要装紧。培养基表面到塑料袋口必须留17~20cm作为套筒之用。再套上塑料环，并在培养基中间打洞，然后塞上棉花。

4. 灭菌、接种和培养　高压蒸汽灭菌要求1.5~2h，常压灭菌需温度达到100℃后维持6~8h。选择质量好，菌龄45d以内的菌种进行接种。接种时，塑料袋口朝下，除少量菌种接入洞内，大部分菌种分布在培养基表面，1瓶原种可接30~40袋。进行培养时，培养室的菇架上要垫上塑料薄膜或报纸，以防移动时刺破袋。当室温23℃时，25~30d菌丝即可长满袋。

5. 催蕾　菌丝满袋后要及时搬到适温的栽培室，去掉棉塞和套环，进行搔菌（即耙去老菌种块），再把塑料袋上端撑开成圆筒状，在袋口覆盖无纺布或报纸、薄膜，在覆盖物上喷水保湿，进行催蕾。在催蕾期间，栽培室的相对湿度要求85%~90%。每天上、下午各喷水1次，要注意覆盖物上不能有积水。1周后培养基上部就会出现琥珀色的水滴，有时还会形成1层白色的棉状物，这是现蕾的前兆。这时要结合上、下午喷水打开覆盖物1~2h。现蕾后，逐渐延长通气时间，促使菇蕾大量发生。一般原基发生快的菌株搔菌8~10d就会现蕾，慢的需12~15d才能现蕾。喷水时切不可直接喷到菇体上。

6. 出菇期管理　催蕾后，菇柄开始伸长，在这期间，最好有一段时间的低温抑制过程，可使子实体生长整齐、结实。相对湿度要求在90%左右，最高不可超过95%，否则子实体容易发生根腐病，基部也易变成为褐色。从菇蕾至子实体伸长到6cm的期间，主要的管理是要促使菇蕾能全部整齐地长成子实体。除适当提高湿度外，要注意通风。若发现1丛菇中有一至数朵长得特别快而粗壮，要用镊子把这几朵菇拔掉，但要注意不可伤害到其他的子实体。对开伞较快的菌株，覆盖物掀开的时间不可太长；而对菌盖开伞较慢，通风要求多的菌株，可以适当延长通风时间。当菌柄长到10~12cm接近采收时，空气相对湿度应控制在80%~85%。在子实体生长过程中，当气温升高至18~20℃时，就要加强通风。在一般情况下，当气温在3~10℃时，菇长得结实、整齐，管理也简便。一旦发现子实体生长缓慢，菌柄纤细，不形成菌盖，出现针尖菇时，一定要揭开覆盖物，提高袋内氧气浓度，使之逐步形成菌盖。

（二）床栽　这是中国北方和寒冷地区利用生料栽培金针菇的一种方式。

1. 栽培材料　床栽的培养料一般是用棉籽壳为主料。

2. 栽培场所　室内栽培要干净、卫生，通风良好。也可在庭院内建菇房和挖半地下菇房。用人防地道生产金针菇，要求有两个以上洞口，具一定高度差。栽培场所用2%敌敌畏和5%石灰水进行杀虫与消毒处理。在人防地道上方每隔5m左右需安装一个15W的灯泡，光照强度不要超过200 lx。有条件的地道还要安装一个高1m、宽0.6m的通风窗，以便调节二氧化碳含量。

3. 栽培季节　南方10月下旬至翌年2月上旬，气温要求稳定在15℃以下、5℃以上，最适合的温度是 7~10℃。北方最佳季节是春节前后，在人防地道生产可延到清明，温度超过 15℃时不能进行床栽。

4. 培养基配方　①棉籽壳 88%，麸皮 10%，糖 1%，碳酸钙 1%；②棉籽壳 95%，玉米粉 3%，糖 1%，碳酸钙 1%；③棉籽壳 94.65%，玉米粉 3%，糖 1%，酒石酸 0.1%，硫酸镁 0.25%，碳酸钙 1%；④棉籽壳 99.3%，尿素 0.7%。

上述配方的料、水比均为 1∶1.3~1.4。

5. 菌床消毒、播种

（1）灭菌消毒　床栽主要采用生料，杂菌污染是床栽的主要威胁，因而菌床制作时，所用的器具和塑料薄膜等要用来苏儿或清水冲洗干净，双手必须用酒精擦净，做好一切必要的消毒工作。

（2）使用优质菌种　必须选用抗霉能力强、菌丝生长旺盛、产量高的优良菌株，如三明杂交 19 号、三明 1 号等优良菌株。菌种的菌龄不要超过 2 个月。菌种用量为培养料的 15%~20%。若在温度接近 15℃时制作菌床，菌种用量应加大，采用层状覆盖播种和混合播种结合的方法。

（3）播种　菌床的宽度 80~100cm，长度不限。把消毒过的塑料薄膜铺在地上再铺培养料，分 3 层与四周进行播种。菌种分配量为底层、中层、表层、四周各占 1/4，料厚 10cm 左右。播种完后将菌床压实、压平，然后用薄膜盖严。但也不能盖得太紧。

6. 栽培管理

（1）发菌　菌床制好 7d 内不必掀动薄膜。经 40~60d 菌丝逐渐长满床面，只要菌丝体普遍长入培养料中 2~3cm，每天要揭膜通风 10mim，空气相对湿度保持 85%。在菌丝恢复生长过程中，如发现个别地方染上杂菌，要及时挖除。

（2）催蕾　菌床雪白并有大量琥珀色液滴时，把薄膜撑高 10~20cm，空气相对湿度保持在 85% 左右，气温控制在 12~14℃，每日通风 2~3 次，揭膜换气 1~2 次，每次 30min。揭膜需在通风后进行，如此持续 1 周后就可大量现蕾。在出菇前后，菌床始终要保持湿润，喷水要细、少、勤，如有积水要立即用布吸掉。室内栽培此时开始遮光，人防地道中尽可能避免光照。

（3）出菇管理　菌蕾长满床后，膜内空气相对湿度以 85%~90% 为宜，温度控制在 3~5℃，以抑制菌盖、菌柄的生长，培养优质菇。随着菌柄的伸长，逐渐把薄膜撑高。喷水切勿喷到菌床和子实体上，必要时可以在膜下垫一层纱布，把水喷到纱布上，这样既可保湿又可透气。在有条件的地方，自菇蕾产生后每天通风 1~2h，使菇体生长结实、整齐。子实体长至 3~4cm 时，是金针菇伸长迅速阶段，温度最好控制在 6~8℃，湿度控制在 85%~90%，二氧化碳浓度以 1 140~1 520μl/L 为宜，光照不能超过 2lx，并注意不可改变光源位置。经过 4~5d 管理，子实体可长到 15cm 高，再经 1 周左右可长到 20~25cm。

五、病虫害防治

由于金针菇出菇温度低，所以在生长发育过程中，常发生的虫害和杂菌不多。在发菌期间培养料和菌丝体易受毛霉、木霉、曲霉等杂菌的污染。

（一）主要病害防治

1. 金针菇软腐病　病原：*Cladobotryum varium*。主要为害子实体。早期染病，幼小子实体被菌丝体包裹，逐步变褐枯死。在通常情况下，染病后先在菌柄基部出现深褐色水渍状斑点，以后病斑逐渐扩大变软，直至腐烂，在病部表面产生一层白色絮球状分生孢子丛。病菌可通过气流、覆土、水滴和昆虫进行传播，生长最适温度为 25℃左右，10℃时亦正常生长。通常在温暖或高温潮湿时利于发病。防治方法：特别注意通分降湿。此外，可参见双孢蘑菇疣孢霉病防治方法。

2. 金针菇细菌性褐斑病　病原：*Pseudomonas tollasii*。主要为害子实体。发生在菌盖上的病斑

圆形至椭圆形，或不规则形，外缘深褐色，潮湿时中央呈灰白色，有乳白色黏液；菌柄上病斑梭形至长椭圆形，褐色，有轮纹，外圈颜色较深。条件适宜时，病斑迅速扩大连片，使菌柄全部变褐软化，病斑上亦有黏液。有时略有臭味。此病的发生与品种的抗病性有关。病菌通过气流、人工喷水传播，通过机械伤和虫口侵入体内。高温、高湿条件有利于发病和扩展。防治方法：①选用抗病品种，合理安排种植期，使子实体生长避开高温、高湿季节。②出菇温度控制在15℃以下，用温水喷洒，并控制喷水量。③减少机械伤及防治害虫，降低被侵染的机会。④发病后及时清除病菇，用含有效氯0.02%～0.03%的漂白粉液，或用新植霉素3 000倍液喷洒料面。

3. 金针菇褐腐病 病原：*Erwinia* sp.。为金针菇的重要细菌病害，偶有发生，一旦发病则对产量和质量造成严重影响。该菌主要侵染子实体，初期在菌盖和菌柄上形成浅褐色近圆形的小斑，后扩展成不定型深色坏死斑。随病情发展菌盖、菌柄全部变褐，最后软化腐烂，空气潮湿时亦可产生白色菌液。菌丝受侵染后可被病菌溶解，为害损失极大。防治方法不详，可参见金针菇细菌性褐斑病防治。

（二）主要虫害防治 金针菇易受平菇历眼菌蚊、闽菇迟眼蕈蚊、大菌蚊及害螨、跳虫等为害。防治方法：参见本章双孢蘑菇、平菇等防治方法。

在制种期间易受到印度谷蛾（*Plodia interpunctella*）的为害。其幼虫在初期取食菌种表层的菌丝，进而向菌种内部移动，出现浅黄色隧道，5d后进入暴食期，并吐丝结网，排出带臭味的红色粪便。防治方法：①菌种培养室应远离粮食仓库，门窗加装纱窗，防止印度谷蛾成虫进入；②在成虫盛发期，可喷洒氯菊酯等药剂防治。

六、采 收

金针菇主要的供食部分是菌柄，所以菇柄既长又嫩是优质品。当金针菇菌柄长到13～15cm长，菌盖内卷呈半球形、直径1～1.5cm时，即可采摘。采收方法：一手按住瓶（袋口或菇床），一手轻轻握住菇丛拔下，将基部切除干净，放在适合的容器里。

采菇后搔菌，耙去皮和其他杂质，养菌几天后，再盖上报纸喷水，以待第2批菇蕾形成。第2批菇管理方法与第1批菇相似。但从现菇蕾到收获的时间更短，产量也低。金针菇整个生长周期一般可收4批左右，产量集中在第1、2批菇。袋栽一般可收3～4批菇。以棉籽壳加木屑为培养基的栽培周期（从接种开始）3～4个月，每袋（培养料干重400～500g）产鲜菇400～500g；采用木屑、蔗渣培养基的栽培周期约70d，每袋（培养料干重350～400g）产鲜菇250g，产量主要集中在第1、2批，第1批的产量可占总产量的50%～70%。

（郭美英）

第七节 黑 木 耳

黑木耳属木耳科（Auriculariaceae）木耳属。学名：*Auricularia auricula*（L. ex Hook.）Underw.；别名：木耳、光木耳、云耳等。是中国栽培的主要木耳。其次是毛木耳，学名 *A. polytricha*（Mont.）Sacc.；别名：粗木耳、紫木耳、白背木耳、黄背木耳等。黑木耳是食用菌中最早被人类栽培驯化的种类，至今已有1 000多年的栽培历史。中国利用和栽培黑木耳历史悠久。南北朝·后魏贾思勰著《齐民要术》（6世纪30年代或稍后）记载了黑木耳羹汤的制作方法。唐·苏恭等撰《唐本草》（7世纪50年代）中就有关于黑木耳栽培和食用方法的记叙。

黑木耳主要分布在温带和亚热带的高山地区。中国是世界主要的木耳产地，主产区在湖北、四川、贵州、河南、陕西、吉林、广西、云南和黑龙江等省、自治区。

木耳不仅性糯、口感好、营养丰富，同时具有很高的保健价值。黑木耳干品中蛋白质含量高达8%～10.5%，脂肪含量0.2%，碳水化合物含量65.5%，粗纤维含量7%。木耳性平，味甘，可治痔，补气血，止血活血，有滋润、通便功能，一直是纺织、矿山工人的保健食品。此外，近代研究表明木耳对小白鼠肉瘤S-180的抑制率为42.5%～70%，对艾氏癌的抑制率为80%，长期食用可以软化血管、降低人体血液中胆固醇含量、降低血液凝块，缓和冠状动脉粥样硬化。

一、生物学特性

（一）形态特征　黑木耳属于胶质菌类。新鲜木耳呈胶质状，半透明，深褐色，有弹性，子实体直径一般为5～12cm，厚0.3～1.2mm。干后强烈收缩，泡松率8～22倍。背面（向上的一面）凸起，暗灰色，有短绒毛，不长担孢子。腹面向下，老熟后边缘朝上卷起，多皱曲，凹入的腹面漆黑色，光滑，有筋络般的脉纹，从这一面分化出担子并在担子上长出担孢子，是黑木耳有性繁殖的后代。阴雨过后，担孢子多的时候，密糊糊的一层；待木耳半干半湿收边时，担孢子就像一层白霜，铺在子实体凹入的腹面。

黑木耳的子实体是从朽木内的菌丝体发育而来。开始在树皮的裂缝中伸出圆锥形、深灰色而半透明的耳芽，逐渐长大，呈高脚杯状，最后呈耳状。当耳状的子实体拥挤在一起的时候，就形成菊花或牡丹花状。

黑木耳的菌丝纤细，有分枝，粗细不匀，常出现根状分枝。有锁状联合，但锁状联合没有香菇那样多而明显。

（二）对环境条件的要求

1. 温度　黑木耳属中温型菌类，菌丝在8～36℃之间都能生长，但以24～32℃为宜。在6℃以下和38℃以上受到抑制。但黑木耳菌丝对于短期的高温和低温都有较强的抵抗力。担孢子在22～32℃均能萌发。子实体在月平均气温16～32℃之间均能生长发育，最适宜的温度为20～28℃。据观察，在39～41℃时，子实体不能产生孢子。

2. 湿度　一般年降水量在800～1 200mm的地区，在自然条件下都能生产黑木耳。黑木耳在生长发育的不同阶段，对水分、湿度的要求有所不同。在菌丝体生长发育时期，耳木含水量以35%为宜，代料栽培的培养料的含水量以60%～70%为宜；在子实体形成和发育阶段，则要求高湿的环境。黑木耳子实体发育与其他多数食用菌不同的是，它不但要求较高的相对湿度，还需要干、湿交替的变化条件，否则会发生霉菌污染。栽培场的空气相对湿度以60%～75%和90%～95%交替为宜。

3. 营养　黑木耳是木生腐生菌，其主要营养来源是纤维素和木质素。黑木耳的菌丝体在分解、摄取养料的同时，能不断地分泌出多种酶，通过酶的作用来分解纤维素、木质素、淀粉及多种糖类（如葡萄糖、麦芽糖、蔗糖）。在黑木耳中还含有微量的无机盐类，如钙、磷、铁、钾、镁等，这些也是黑木耳生长发育过程中不可缺少的营养元素。长在土质肥沃、向阳山坡的耳树如花栎树，木质部比较疏松，用作耳木时结的耳子多，朵形大，肉厚。

4. 光照　黑木耳在不同发育阶段对光照的要求不同。在黑暗的环境中菌丝能够正常生长，但是子实体在黑暗的环境中很难形成。

5. 空气　黑木耳是好气性真菌，在整个生长发育过程中，必须创造良好的环境条件，使空气经常流通，保持清新。只有在人工接种与定植阶段，要对耳木加以覆盖，防止日光直射；一旦菌丝在木质部定植蔓延后，就要注意通风透光。

6. 酸碱度　在配制木屑及枝条种的培养基时，要加入少量的石膏和磷酸二氢钾，将pH调整到5.5～6.5之间，以满足黑木耳的营养要求。

二、类型及品种

（一）类型　木耳属（Auricularia）是一个比较小的属。按照 Lowyd 分类，木耳属仅分为 10 个种。中国（包括台湾省在内）已报道过的种有 9～10 种，主要栽培的是黑木耳［Auricularia auricula（L. ex Hook.）Underw.］和毛木耳［A. polytricha（Mont.）Sacc.］。

（二）菌种

1. 燕耳 K3　由华中农业大学选育而成。出耳温度范围 15～25℃，不流耳，产量高。袋栽每千克干料收干耳 100g 以上，适合段木或袋料栽培。

2. 单片 2 号　由华中农业大学选育而成的单片品种。出耳温度范围 18～30℃，抗逆性强，适合段木栽培，是出口的优良品种。

3. 冀诱 1 号　由河北农业大学通过诱变育种育成的品种。其特点是菇形整齐，簇生，黑褐色，耳片厚大，不流耳，产量高。

4. 黑耳 1 号（原 8808）　黑龙江省农业科学院育成。其特点是耐低温，抗污染，优质，产量稳定。袋栽每袋平均产 35g 以上。适合段木或代料栽培。

5. 黑耳 2 号（原黑 29）　黑龙江省农业科学院育成。其特点是耳黑，片大，根小，抗逆性强，耐高温，产量稳定。适合北方地区段木或代料栽培。

三、栽培季节和方法

代料栽培一年可生产两季：北方春季栽培在 4 月末、5 月初，当地气温稳定在 10℃以上；秋季栽培在 8 月中上旬。由于中国南北气候差异较大，所以段木栽培的季节也不相同，一般以气温稳定在 5℃以上即可。

四、栽培技术

（一）段木栽培

1. 耳场的选择　一般说，在海拔 300～1 000m 的地区，耳树资源丰富，温度和湿度都适合于木耳的生长和发育。在选择耳场时，最好选择向阳避风的山坳。在海拔 800～1 200m 的高山林区，最好实行"二场制"，即林内发菌，林外长耳。耳树砍倒之后，春季就地接种，以节省搬运劳力和减少杂菌感染，使菌丝生长发育良好。待菌丝分化为子实体原基时，搬至林外潮湿、肥沃的山坡上起架。实践证明，二场制的管理方法成本低，产量高。

2. 耳木的选择　能够生长黑木耳的树种较多，选择树种应根据当地的资源情况而定。一般选用当地资源丰富，容易长木耳，而又不是重要的经济林木。含有松脂、精油、醇、醚以及芳香性物质的松、杉、柏、樟等树种不适于作木耳树种。中国常用的耳树主要有：栓皮栎、麻栎、槲栎、棘皮桦、米槠、枫杨、榆树、柳树、槭树、悬铃木（法国梧桐）、黄连木等。

3. 耳木的砍伐　历史习惯是"进九"砍树。从老叶枯黄到新叶初发的期间内，都可以砍树，这叫砍"收浆树"。目前，湖北省许多耳场经过试验，改为叶黄"迎九"砍树，提早了砍树时间，相应的把点菌时间从 3 月份提早为 2 月份开始。这样，既解决了粮、耳抢季节争劳力的矛盾，也减少了杂菌的为害，提高了产量。

壳斗科的树木如花栎树、麻栎树、青冈栎等，砍伐的树龄以 8～9 年生者为适宜，胸高处的直径 10cm 左右为最好。要"抽茬"（即选择适龄的砍）砍伐，不要"扫茬"（即不分树大小，一扫光），这样有利于保护幼树，同时也有利于水土保持。

4. 耳木的处理　一般要求在砍倒后 10d 或半个月再进行剃枝。剃枝时要削成"铜钱疤"，但不能削得过深而使削口过大，增加杂菌入侵的面积。剃枝后，就将树干截断成 1～1.3m 长的段木（耳木截断后称段木）。段木要求整齐一致，排场或放倒时便于贴地吸潮，有利于菌丝的生长发育。两头的截面和伤口用新鲜石灰水涂刷，以预防杂菌污染。

截段后应进行架晒。将段木以"井"字形或三角形堆叠在地势高燥、通风、向阳的地方，堆高 1m 左右，以利干燥和细胞死亡。在架晒的过程中，最好每隔 10～15d 上下翻动一次，促使段木干燥均匀。一般在架晒后 30d 左右，段木有六七成干的时候，即比架晒前失去了 3～4 成水分，段木的两端截面改变颜色，并且出现明显的放射状裂纹（丝毛裂），敲击时声音变脆就可以进行接种。

5. 段木的人工接种

（1）接种时间　在秦岭以南及长江中下游山区，接种时间一般掌握在 3 月，或者稍早一些。目前，湖北省均县等耳场经过试验，采取叶黄"迎九"砍树，2～3 月接种，这时气温在 8～10℃ 之间，杂菌少，有利于黑木耳菌丝的定植、生长。

（2）接种方法　接种是黑木耳人工栽培中的关键环节。接种的密度应根据耳木的粗、细，材质的松、紧而定。细的段木只打 1 行穴，粗的段木两面打穴，或者打几行穴，每行穴位应在一条直线上，行与行的穴位交错成梅花形。一般掌握穴距 10cm，行距 7cm，较为合理。

接种的菌种类型有木屑种、枝条种、木塞种。现将常用的木屑种和枝条菌种的接种方法介绍如下：

①木屑种接种法。揭去菌种表面的菌膜和小子实体，然后将菌种自瓶中挖出，置于碗或盆里，挖出的菌种尽量保持块状，这样菌丝容易恢复生长，避免杂菌污染。按照密度要求，在段木表面垂直打孔，深 1.5～2.0cm。打孔后立即接种。将挖出的木屑种取一小块塞进孔内，以装满孔为止，轻轻按紧，使菌种与穴内壁接触。然后在穴口盖上事先准备的树皮盖，此盖的直径应稍大于穴口的直径，用锤敲打严实，树皮盖与段木表面平整。

②枝条种接种法。此接种法与木屑种接种法相同。由于枝条粗细长短不一，应选择规格一致的菌种接入。也可使用不同规格的打孔器，分别在不同段木上打孔，选用合适的枝条种接种。枝条种插入穴后，用锤敲紧实，使枝条与段木表面平贴，接种孔无空隙。

6. 段木的管理（露天栽培）

（1）上堆"发菌"　将接种好的段木以"井"字形分层堆成 1m 高的小堆，耳木之间应保持一定的空隙，上下四周用薄膜覆盖，堆脚不宜盖死，以利通气。堆温要求 20～28℃，堆内空气相对湿度 80% 左右较为适宜。上堆一周后将段木位置上下置换，以便菌丝发展均匀。翻堆后再覆盖薄膜，以后每隔一周翻堆 1 次。翻堆时如发现段木干燥，可喷少量清水。如果气温高，可每隔 5～6d，于中午揭开薄膜通气，喷少量的水。一般经 3～4 次翻堆后，段木上即可发生少量耳芽，这时可散堆排场。

（2）散堆排场　当段木上产生少量耳芽时，应及时散堆排场（单层贴地排放）。散堆排场的目的是使菌丝在段木中蔓延，使其从营养生长阶段逐渐进入到发育阶段，同时促使耳芽成长。在排场阶段，每 10d 左右要将段木翻动一次，使段木上下左右吸潮均匀。经过 1 个月左右的排场，耳芽大量发生，便可上架。

（3）起架及管理　当耳芽较大量发生时，便可起架。大量耳芽的发生标志着黑木耳基本完成了菌丝生长，进入到"结实"阶段。这个阶段黑木耳的生长发育需要"三晴两雨"和干、湿交替的环境条件。同时，也可以避免部分害虫和杂菌的为害。起架的耳场要求地势平坦，向阳避风，雨后不积水，水源方便。

耳木起架的形式有多种，但一般多采用"人"字架形，角度以 45° 为宜。雨少的耳场可斜些，雨多可陡些，每根耳木之间要有 7～10cm 的距离，以便于管理。木桩及横木须用石灰水涂抹，或先用

火焰烫焦，以防杂菌孳生。

耳木起架管理中以水分管理最为重要。起架后，栽培场的温度、光照、湿度和通风四者要协调好。最好选比较稀疏的幼栎树林建起架栽培场，也可搭简易荫棚。在海拔 300～600m 的地方，可排在小溪沟的岸旁；在 800～1 000m 的山坡上，由于雾气较大，则可将耳木架设在山旁的林地外侧。在干旱的情况下，应以人工浇水来解决湿度问题。夏季的晴天应在早晨和傍晚浇水。每次采收后，要停止浇水，让阳光照射耳木 3～5d，耳木的表面即干燥。干几天以后再进行喷水管理，数日后又可产生大量耳芽。在 5～9 月间，每隔半个月左右就可以收一茬黑木耳。

（二）代料栽培

1. 代料的种类与配制

（1）木屑为主料的配方　①杂木屑 78％，麦麸（或米糠）20％，糖 1％，石膏粉 1％；②杂木屑 80％，麦麸 10％，玉米粉 8％，糖 1％，石膏粉 1％；③杂木屑 65％，棉籽壳 25％，麦麸 8％，糖 1％，石膏粉 1％；④杂木屑 49％，玉米芯粉 49％，糖 1％，石膏 1％。

以上各配方的含水量均为 60％～63％。

（2）棉籽壳为主料的配方　棉籽壳 99％，石膏粉 1％。含水量 60％～65％。

培养料混合搅拌均匀后分装于塑料袋中，进行高压灭菌时，要求 121℃保持 2h；常压灭菌加热到 100℃保持 8h。待袋温下降到 32℃以下即可接种。接种后，放入培养室培养。

2. 代料栽培方式　代料栽培一般采用瓶栽、袋栽和块栽 3 种形式。袋栽时使用的塑料袋大小为 16～17cm×30～35cm。培养料混合均匀后，装入袋内，上端用塑料颈圈套住，塞上棉塞。灭菌后冷却接种，然后置于 20～28℃下培养。菌丝长满后，搬入出耳场所，用消毒过的解剖刀或刀片在袋表面划 1cm 左右深的"V"字形口，每袋开口 4 行，口间距 6～8cm。黑木耳代料栽培可以挂袋栽培，也可地栽。

3. 发菌和出耳管理

（1）温度　根据湖北省武昌县微生物站试验，进室前 10d，温度控制在 20～22℃之间，菌丝生长较慢，但粗壮，不易受杂菌污染。待培养料表面长满菌丝后，杂菌污染的机会少，这时温度可提高到 22～25℃，加速菌丝生长。当菌丝即将长满瓶（袋）时，温度下降到 20～24℃。如果这时的温度在 25℃以上，则不利于开片。在高温、高湿条件下，即使开片了，也易造成"流耳"。在高温、低湿条件下，耳芽干燥，不利于生长。

（2）含水量　培养料的含水量应控制在 65％左右。如果培养料含水量大，料的颜色常显黑褐色；通气不良，菌丝生长极为缓慢；含水量过小，菌丝生长缓慢，不易出耳。

在开袋出耳期间，空气相对湿度以 80％以下为宜，如果超过 80％，菌丝就会迅速生长，在培养料的表面形成一层白色菌皮，会影响耳芽的产生和生长发育。待耳芽出现后，空气相对湿度加大到 80％～90％之间；在耳芽大量出现后，空气相对湿度以 95％左右为宜。采耳后，应停止喷水，使培养料干燥，利于菌丝生长。3d 后，喷 1 次细水，使培养料湿润，待耳芽形成后，再继续喷水。

（3）光照　黑木耳子实体生长发育需要大量散射光和一定量的直射光。在有光照的条件下，耳片肥厚，色泽较深。

（4）通气　培养室必须通气良好，经常保持新鲜空气。

黑木耳室内代料栽培，因地制宜选择培养料，只要选用优良菌株，加强科学管理，每批料可收耳 2～3 茬。

五、病虫害防治

黑木耳段木栽培病虫害种类较多，如果管理粗放，害虫和杂菌就会大量发生，影响木耳的产量和质量。此外，木耳流耳病是主要病害，在栽培管理过程中应加强防治工作。

（一）侵染性病害 木耳流耳病，病原：*Pathogenic slime*。是一种黏菌，为害黑木耳和毛木耳。春秋出耳季节天气潮湿时，病菌的休眠孢子在树皮下朽木、落叶层萌发形成网状原生质体，在基质表面迅速扩展蔓延到耳基附近时，便从耳片边缘侵入子实体，其原生质体扩展很快形成网状菌脉，耳片表面产生一层胶样黏质物，呈乳白色、柠檬色或粉红色，最后耳木解体、腐烂呈黏液状。高温、高湿条件下发病重。防治方法：①适时早播，加强管理，避开出耳期高温、高湿条件；②清除耳场周围的枯枝、落叶等，减少菌源；③病区在采完木耳后用 0.1% 高锰酸钾溶液喷雾消毒。

（二）主要杂菌

1. 环纹炭团菌（*Hypoxylon annulatum*） 是一种子囊菌，为害壳斗科段木的主要杂菌。一般在段木纵裂处产生黄绿色分生孢子堆，短期内迅速繁殖成黑色颗粒状、质地坚硬炭质的子座，俗称黑疔，严重时黑色颗粒常连成一片。黑疔侵入后，段木的形成层变为灰黑色，成了"铁心"，吸不进水，也抑制了菌丝的生长，这种段木就不结木耳。此菌发生在 7～9 月高温、高湿季节，在段木含水量高、通风不良的阴暗处容易发生。

2. 韧革菌（*Stereum sp.*） 是一类革菌，其子实体贴在段木上，边缘翻起如檐状，贴着木头的不孕面呈灰红色，表面为黑色，似干了的木耳。它与黑木耳争夺营养，使其生长不良。

3. 牛皮箍（*Steleum sp.*） 是一类革菌，子实体有黑、白两种。白的为笋片色，黑的为栗壳色（边缘黄褐色），潮湿或连阴雨天容易发生。它紧贴在段木上，边缘不翘起，状似贴的膏药，严重时贴满了段木，引起木质部粉状腐朽。这种段木不出耳芽。

4. 朱红栓菌（*Trametes cinnabarina*） 俗称：红孔菌。此菌的子实体朱红色或橘红色，无柄，半月形，侧生在段木上，引起粉状腐朽并分泌黑褐色色素，影响木耳菌丝生长，结耳少。

5. 白菌子 其子实体与红孔菌形状相似，但个体较大，白色。有这种杂菌的段木结耳少，而在白菌子的子实体上易生蓟马若虫。

杂菌防治方法：①栽培场地应选择通风向阳、排水方便的地方；②保持耳场清洁，创造适宜黑木耳生长发育的环境条件；③接种前用火轻微燎烧段木，可杀死段木上的杂菌孢子，并在段木两头的横截面涂抹石灰水；④注意段木堆放的方式，及时进行翻堆，保持段木表面的干燥；⑤段木上如果发现有杂菌的子实体应及时刮去，并用石灰水、氯化锌涂刷消毒。

代料栽培在发菌和出耳期注意预防鼠害及霉菌污染。霉菌一旦发生则很难防治，因此，关键在于使用抗性强的优良品种；选用有利于黑木耳生长发育的选择性培养基，严格灭菌冷却和接种，洁净发菌和出耳场所；调整好出耳期间的温度、湿度、通风和光照之间的关系；一旦发生杂菌要立即清除。

（三）主要害虫防治

1. 子实体害虫

（1）黑腹果蝇（*Drosophils melanogaster*） 南方各地发生普遍，是黑木耳、银耳的重要害虫。腹末有黑色环纹，老熟幼虫蛆形，白色至乳白色。除本种外还有食菌大果蝇、布氏果蝇及二点果蝇等多种。该类害虫喜生活在腐烂果实及发酵物上，幼虫为害耳片，引起子实体萎缩或耳片胶化流耳，菌块呈水湿状腐烂，严重影响产量和品质。防治方法：①选择耳场应远离畜禽圈舍，清洁耳场；②培养料进行后发酵处理；③用糖酒醋加少许杀虫剂盛于盘中，每 2～4 耳架放 1～2 盘诱杀成虫；④用黄板诱杀成蝇；⑤床面喷洒氯菊酯等杀虫剂；⑥干藏木耳应放在 60～70℃ 的烘房中烘烤 2～4h 杀死其中幼虫。

（2）蓟马（*Haplothrips fungosus*） 黑木耳、香菇等的主要害虫之一。成虫体小，细长而略扁，深褐至黑色。世代重叠。一般以成虫在段木、耳穴等处越冬。成虫于早晨、黄昏及阴天在耳片、耳体上活动，爬行迅速，能飞翔或随气流扩散。成虫和 1、2 龄若虫吸取汁液，使耳片缢缩卷曲，严重时形成流耳。防治方法：①搞好栽培场地清洁卫生，减少虫源；②在栽培场门窗处悬挂并定期更换

敌敌畏棉球熏杀成虫；③试用黄板或蓝色黏板诱杀成虫；④初发期应暂停浇水，加大通风量，控制虫口数量发展；在若虫盛发期喷洒40％乐果乳油1 000倍液，或25％菊乐合剂乳油1 500倍液。

2. 段木害虫

（1）天牛类　段木最主要的害虫，以绿天牛（*Chloridopum viride*）、桑天牛（*Apriona germari*）和褐天牛（*Nadezhdiella cdntori*）为主。幼虫蛀食韧皮部，有的深入木质部，形成许多隧道或窟窿，影响木耳菌丝生长。防治方法：①清洁耳场；②在耳木表面、横断面和树皮伤痕处涂抹石硫合剂；③清除虫口处虫粪，塞入蘸敌敌畏药液的棉塞，或用大号注射器向虫道注入1∶20的敌敌畏与柴油的混合液。

（2）小蠹类　常见的有冷杉小蠹虫（*Xyleborus validus*）、日本桤木小蠹虫（*Xylebosandrus germanus*）等。成虫、幼虫蛀食段木形成许多隧道、虫孔，有利木霉等杂菌入侵；幼虫咬食菌丝使其发育不良。防治方法：清洁耳场，或喷施菊乐合剂等杀虫剂。

（3）白蚁类　常见的有黑翅土白蚁等，广东、广西、云南、四川等地均有发生。蛀入耳木、菌袋取食黑木耳、香菇、银耳等木质培养基，影响菌丝生长。防治方法：①捣毁蚁巢灭蚁；②在白蚁迁移交尾季节，设置黑光灯诱杀有翅白蚁；③严重时在其活动场所喷灭蚁灵等药剂。

（4）大黑伪步甲（*Setenis valgipes*）　分布于湖北、安徽、河南等地，为害木耳和香菇。低龄幼虫取食菌丝及钻蛀洞道，造成树皮与木质部脱离，影响子实体生长。成虫取食子实体，咬断菌柄或将菌盖咬成缺刻，其粪便污染耳片或菇体。防治方法：①在早晨或傍晚采收时翻动耳木捕杀成虫；②新老耳场隔离，保持适当遮荫条件和清洁环境；③在产卵盛期和幼虫孵化期对段木喷洒杀虫剂，或当采完一批木耳、气温在20℃以上时，将段木密封于塑料帐中，用磷化铝2片/m²熏蒸24～48h，杀死段木中的害虫，对子实体和菌丝无药害。但需有专门技术人员的指导，注意安全。

（5）黑光伪步甲（*Cerporia induta*）　分布在河南、湖北、四川等地，为害木耳。以成虫越冬。成虫不善飞翔，具假死现象。夜间活动取食。耳片受害后凸凹不平，大量成团的粪便与耳片相混，不易分离，影响产量和质量。防治方法：①冬春季清除耳场内残耳及枯枝落叶等；②在3～4月越冬成虫活动期喷洒杀虫剂；③人工捕杀成虫。

（6）四斑丽甲（*Eumorphus quadriguttatus*）　成虫鞘翅上布满不规则刻点，并有四个浅黄色斑点，俗称"花壳子虫"。幼虫黑褐色，体扁，两边侧生12对肉刺，肉刺上遍生细毛，形如蓑衣。分布于湖北、湖南、四川、陕西等黑木耳产区。成虫多在段木下部荫蔽处活动，成虫和幼虫均可钻入菌丝和耳片。触及成虫和幼虫，它们会射出白色的臭浆。防治方法：参见黑光伪步甲。

六、采　收

黑木耳生长季节长，不同季节采耳的方法也不同。入伏以前的耳子称为"春耳"，这时的耳子色深，朵大，肉厚，吸水量大，质量好；入伏到立秋期间的耳子称为"伏耳"，这时的耳子色浅，肉薄，质量差；立秋以后的耳子称为"秋耳"，朵形稍小，吸水量少，其质量次于"春耳"。采收"春耳"和"秋耳"要拣大留小，可让小耳再长大一些，下次再收。"伏耳"则要大小一起收。

采耳时间最好在雨后初晴、耳子收边时进行，也可在晴天的早晨、露水未干、耳子还是潮软的时候进行。采收时要注意留下耳芽。如遇连续阴雨，成熟的耳子也要在雨天来摘，以免造成烂耳。

新鲜黑木耳含水量很大，其重量约为干制品的10～15倍。为了防止其腐烂变质，采收后，应及时加工干制。晴天采回的耳子，可放在晒席上，在烈日下晒2d即可晒干。晒的过程中要勤翻动，以免形成拳耳。遇阴雨季节，可用烘干法微热（不可超过60℃）烘干。

（曹　晖）

第八节　银　　耳

银耳属银耳科（Tremellaceae）银耳属。学名：*Tremella fuciformis* Berk.；别名：白木耳。银耳生于温带和亚热带地区，是一种子实体呈白色的胶质食用菌。据资料记载，四川通江银耳发现于1832年，至今已有170多年的历史。据杨庆尧考察，中国人工栽培银耳始于清·光绪20年（1894）。早期的银耳栽培是"砍花"后依靠空气中孢子自然接种的半人工栽培。1941年杨新美采用担孢子弹射技术获得银耳纯种。1942—1945年间，在贵州省湄潭进行田间人工接种试验，证明了利用纯种作人工接种的要比天然感染不接种的或子实体碎片接种的产量提高1倍以上，并验证了中国农民银耳栽培的传统工序。1957年上海农业科学院食用菌研究所研究出银耳丝状木屑菌种；1962年以后福建省三明市真菌研究所对银耳的生活史、生物学特征及有实用价值的菌丝状菌种的生产工艺进行深入的研究，大大提高了银耳段木栽培的成功率，其后又推广了木屑栽培银耳和代料栽培银耳技术，使银耳生产不仅限于山区，而且遍及全国。中国银耳主要分布于四川、贵州、湖北、陕西、浙江、福建、台湾等省。"通江银耳"、"漳州雪耳"驰名世界。

银耳是一种用途很广、营养价值很高的食品，是中国传统的滋补品，有润肺、清热、生津、温补、强身等功能。每100g干品中含蛋白质5.0～6.6g，碳水化合物68～78.3g，粗纤维1.0～2.6g。尤其是含有的酸性异多糖能提高人体的免疫能力，起到扶正固本的作用。

一、生物学特性

（一）形态特征　银耳菌丝纤细，有分枝及分隔，有锁状联合。担孢子萌发形成菌丝或酵母状"芽孢"——分生孢子。酵母状的芽孢可以不断裂殖，也可形成纤细的菌丝，最后在基质上集结为菌丝块，条件适宜时发育为子实体。其子实体中的胶质可以吸收大量的水分（约合其干重的20～30倍）。干燥时，子实体干缩成黄白色，坚韧，呈角质状，体积大大缩小。银耳子实体的形态有两种：一种为菊花状，另一种为鸡冠状。它们是由于不同的生活环境引起的，并非不同的生理型。银耳子实体柔软洁白，呈半透明状，直径5～10cm。子实体的表层为一层担子，担子间夹杂有细长的侧丝，与担子组成子实层。担孢子无色透明，内含许多点状的内含物，近球形。担孢子大量成熟后，在子实体上呈现一层白色的粉末。银耳的酵母状分生孢子的来源有两个：一为担孢子的再生而来，二为菌丝体上长出扫帚状的分生孢子梗，梗上着生分生孢子。

（二）对环境条件的要求

1. 营养　银耳虽是一种木材腐生菌，但是几乎不能直接利用木质纤维类物质，只能利用其分解后的中间产物，这是它与其他木腐菌的最大不同点。在自然状态下，银耳总是与香灰菌共同生存于相同基质中。在银耳的养分利用中，香灰菌仅起先导分解作用。

葡萄糖、麦芽糖、蔗糖对菌丝生长有利，葡萄糖的用量以1％的浓度为好。马铃薯蔗糖琼脂培养基、麦芽酵母浸出液、玉米粉琼脂培养基、米粉琼脂培养基均对菌丝生长有利。银耳能在木屑、米糠培养基上生长，形成子实体。在代料栽培银耳的培养基中也常加入少量的硫酸镁和过磷酸钙。

2. 水分　人工栽培银耳，在不同的生长发育阶段，必须满足其对水分的要求。菌丝生长阶段，要求大量水分，空气相对湿度要在90％以上。

3. 温度　银耳为中温型真菌，其生长发育整个阶段都要求温暖的环境。孢子萌发和定植的最适温度为22～25℃，在2～3℃条件下可以保存数年而不丧失生命力。菌丝在 -17.7℃时经5h就会死亡。子实体生长的适温为20～25℃。

4. 空气　银耳是好气性真菌，在整个栽培过程中都需要通风透气的环境。在缺氧条件下，菌丝

生长缓慢；菌丝生长后期缺氧，则往往只形成子实体原基而不易开片。同时在长期暴露或菌丝衰老的情况下，易造成烂耳及受杂菌和害虫的为害。

5. 光照　银耳的生长发育需要一定量的散射光，强烈的日照影响子实体的分化，完全黑暗也不利于子实体的形成。

6. 酸碱度　银耳孢子萌发和菌丝生长的适宜 pH 为 5.2～5.8。混合菌丝木屑培养基上生长的最适 pH 为 5～6。

在银耳的人工栽培中，包含银耳与香灰两种菌丝。香灰菌是银耳的伴生菌。香灰菌生活力旺盛，能将木材中的木质素、纤维素等转化为银耳易于吸收和利用的营养物质，银耳菌丝可利用通过香灰菌分解木材后的中间产物来进行营养生长和生殖生长，从而完成整个生活史。

二、类型及品种

（一）类型　银耳属是银耳科中的一个重要的属，共约有 80 种，分布于世界各地，主要为热带、亚热带和温带地区。据湖南师范大学彭寅斌调查，中国银耳属真菌共 22 种，包括近缘种血耳（*Tremella sanguinea* Peng.）和金耳（*T. aurantialba* Bandoni et Zhang），称作银耳的仅为 1 种，即 *T. fuciformis*。这 3 种都是经济价值很高的食用菌和药用菌，均可以人工栽培。

（二）菌株　银耳的品种，一般分为段木种和代料种。其中段木种主要有两大品系，即鸡冠状银耳和菊花状银耳。从产地来源不同，又可分为四川种和福建种。

华中农业大学曾经于 1959—1965 年间在湖北、河南等省推广银耳菌株新耳 1 号、新耳 2 号、新耳 3 号效果良好。这些菌株均选自湖北省保康县天然产的菊花型银耳子实体。自 20 世纪 60 年代末，福建三明真菌研究所先后推广的优良菌株有 Tr.05、TR.52、Tr.76、Tr.19、Rp8、Rp9、Rp10、Rp11、Tr1994 等。福建省古田县食用菌协会选育的 RP-3、RP-5 等，接种后 15～18d 出耳，形似牡丹花，耳片肥厚，色百如雪，为速生高产品种。

三、栽培季节和方式

（一）栽培季节　银耳菌丝生长的适宜温度为 20～25℃。在长江流域各省、市利用自然气温栽培，春季可安排在 4 月中旬培养栽培种，5 月中旬进行栽培；秋季可安排在 8 月下旬培养栽培种，9 月下旬进行栽培。其他各省可根据各地的气温情况而定。如果室内有升温、降温条件的，则可周年生产，一年可以生产 4 次。

（二）栽培方式　人工栽培银耳有段木栽培和代料栽培（袋栽）两种方法。代料栽培已在全国各地推广应用，段木栽培几乎全部被代料栽培所替代。代料栽培不但可以节约大量的木材，而且代料资源丰富，银耳生长周期短，室内条件易于控制，生态效应和经济效应均明显高于段木栽培。

四、栽培技术

这里仅简要介绍代料栽培技术。

（一）培养基的配方　代料栽培银耳的主料以木屑和棉籽壳为好，具体配料比例如下：①木屑培养基：干木屑 71.5%，米糠或麸皮 25%，蔗糖 1%，石膏 1%，硫酸镁 0.5%，黄豆 1%。水适量，pH5～6；②棉籽壳培养基：棉籽壳 50kg，麸皮 15kg，石膏粉 1kg，黄豆粉 1kg，硫酸镁 0.35kg，蔗糖 0.75kg，水 50～60kg。

（二）灭菌　按常规方法灭菌，100℃灭菌 6h；高压灭菌 1.37×10⁵Pa，1.5h。

（三）**接种** 在无菌条件下操作，先将封口的胶布揭开，将菌种放入洞中，再用原来的胶布封口。

（四）**发菌** 接种后，立即将瓶（袋）搬到发菌室发菌。发菌室要先进行消毒，以保证干净、干燥、通风。温度保持在 25～28℃，空气湿度在 60％左右。

（五）**培养与管理** 袋栽银耳的生产周期为 35～40d，接种后 15d 进入出耳阶段，要认真控制耳房的温度，并注意观察菌丝的生长变化。在出耳阶段气温超过 25℃，就会出现吐黑水，低于 18℃ 则会吐白色黏液，就会造成失败。每天观察耳房温度变化，一旦温度聚增至 28℃ 以上，应排开菌袋，通风散热，加速空气对流，使银耳正常生长。冬季低温期间，耳房内保持 23～25℃ 银耳生长的最佳环境温度。出耳室的温度要求在 22～25℃，相对湿度在 80％左右，通风，保持新鲜空气。经过 3～5d 后出现了耳基，相对湿度要求 90％左右。耳片完全展开时采收，每袋平均产干耳 80～90g。

五、病虫害防治

（一）主要病害防治

1. 红银耳病 病原：浅红酵母菌 *Rhodotorula pallida*、*R. aurantiaca* 和 *R. rubra* 等。发生普遍，主要为害段木栽培的银耳子实体，生长受抑制，耳片和耳根初期成浅红色，随病情加重而红色加深，最后消解腐烂，出现流耳现象，亦污染斜面试管菌种。高温、高湿及段木长时间处于水湿状态有利此病发展。防治方法：①搞好段木架场地卫生，防止积水；②耳棚通风换气，避免高温高湿；③发病前喷新吉尔灭、土霉素有预防作用；④发病后喷 0.03％的 2，4 - 氧代赖氨酸液控制病害蔓延。

2. 银耳红粉菌病 病原：*Trichothecium roseum*。发生普遍，为害银耳、鸡腿菇、金针菇等。银耳子实体受害，颜色变暗，僵缩，耳片不能张开，失去光泽，后期在表面长出粉红色霉状物，子实体腐烂，不能形成新的耳基（根）。通风不良、湿度过高和较高的气温有利于此病发展。防治方法：参见鸡腿菇。

3. 银耳白粉病 病原不明。染病后耳片上出现一层白粉状真菌孢子，病耳不再长大，形成不透明的僵耳。病耳采收后，新长出的耳片仍会出现白粉样的病菌，严重影响产量和质量。病菌一般由工具接触传染，喷水也会促进孢子的传播。防治方法：①保持耳场清洁卫生；②段木接种后保温保湿，使银耳菌丝充分蔓延，发透；③出耳后加强通风；④对病耳喷施石硫合剂有一定作用。

（二）**主要害虫及杂菌防治** 在银耳代料栽培的整个生长过程中，注意场所消毒和灭菌，可有效预防害虫为害。出耳期要注意做好杂菌的预防工作。室内栽培银耳的发菌室和出耳室事先必须用福尔马林或敌敌畏熏蒸消毒，房间周围地面喷洒石灰，房间的门和窗户必须安装纱门、纱窗；改善耳场和培养室的温、湿度，因高温、高湿、通风不良易引起杂菌和害虫的孳生；袋栽的培养基上如发现杂菌应整袋清除掉。

六、采 收

采收银耳必须要掌握子实体的成熟度，采收过早影响产量，过迟容易引起烂耳。一般掌握在耳片完全展开，白色，半透明，柔软而有弹性时，不论朵子大小均要采收。

袋栽的银耳在采收前 1～2d 应适当多喷水，使子实体充分发育后再采收。采收时，应将老耳基挖去，留下白色的菌丝，放于干燥环境中进行培养，待菌丝恢复后，再提高空气湿度。

银耳子实体采下后，用清水进行漂洗，洗去朵子上的泥沙、培养基等杂质。洗后滤去水分，按照大小分开排放在晒席上，在太阳下晒 1～2d 即可干燥。在日晒的过程中要轻轻翻动银耳子实体，使干燥均匀、色白、保持应有的朵形。同时，在晒至半干时，结合翻耳修剪耳根。若采用烘房烘干，烘烤的温度一般应控制在 50～60℃，从低温逐步上升。烘烤时要注意通风排湿，所用的盛器（如竹帘等）

可事先薄涂一层麻油，以免粘牢。

银耳干燥后，应立即分级，装于塑料袋并封口，以免吸湿回潮。

（黄年来）

第九节　猴 头 菇

猴头菇属猴头菌科（Hericiaceae）猴头菌属。学名：*Hericium erinaceus*（Bull.）Pers.；别名：猴头蘑、刺猬菌。中国黑龙江、吉林、内蒙古等省、自治区是野生猴头菇的主产地，云南、贵州、山西、河南、湖北等山区也有生长，全国各地均有人工栽培。中国对猴头菇的人工驯化栽培始于1959年，1960年基本成功。猴头菇是中国著名的山珍之一，子实体或菌丝体含有猴头菇多糖、荠墩果酸、三萜类等各种成分，有修复溃疡、保护和促进损伤胃黏膜修复、提高肌体免疫力等作用。

猴头菇是一种木材腐生菌，生长于较寒冷的阔叶林和混交林中的各种枯死阔叶树树干或倒木上。

一、生物学特性

（一）形态特征　猴头菇子实体肉质，无柄，外形呈头状，上面着生下垂、针状的菌刺，状似猴子的头，故得此名。子实体新鲜时呈乳白色，干后表面常呈深米黄色至浅褐色，直径5～20cm，重50～500g（鲜重），亦有重500g以上的。菌刺长1～5cm，粗1～2mm，顶端尖锐，孢子长于菌刺的子实层上。孢子球形或近球形，光滑，无色，孢子大小为$6.5～7.5\mu m \times 5～5.5\mu m$。

菌丝壁薄，具横隔，有锁状联合，在PDA培养基上菌丝生长不均匀且生长缓慢。菌丝幼时乳白色，衰老时灰褐色。

（二）对环境条件的要求

1. 温度　猴头菇菌丝适宜生长温度22～25℃，28℃以上生长缓慢，35℃以上停止生长，长期超过37℃，菌丝很快死亡；子实体适宜生长温度16～20℃，高于25℃，子实体难以形成和发育，低于12℃生长缓慢，低于4℃，子实体不能形成。

2. 湿度　空气湿度对菌丝生长、子实体形成及产品的质量有较大的影响。菌丝生长阶段，因菌丝在基质内或培养容器中，不直接接触空气，所以空气相对湿度可低一些，为65%～70%。子实体形成和生长则要求85%～95%的空气湿度。

3. 空气　猴头菇是一种好气性真菌，对二氧化碳较敏感，过高的二氧化碳浓度不利子实体的形成和生长，空气中二氧化碳浓度超过$3\,000\mu l/L$时，子实体就不能形成，已形成的子实体也不能正常生长，从而形成畸形菇；空气中二氧化碳浓度低于$1\,000\mu l/L$时，子实体能良好生长。所以人工栽培猴头菇时，培养室要经常进行通风换气，以降低二氧化碳浓度。

4. 光照　猴头菇菌丝生长不需要光线，但子实体生长需要一定的光照，完全黑暗不能形成子实体，适宜的光照强度为100～200lx。

5. 酸碱度　猴头菇培养料适宜pH为5～6。猴头菇生长过程中会不断分泌有机酸，所以在培养后期，培养基常会过度酸化而抑制自身的生长。因此，在配置培养基时，常加少量石膏粉，用以缓冲培养料中的酸碱度变化，同时补充猴头菇生长所需的钙素营养。

二、类型及品种

（一）类型　猴头菇属常见的有珊瑚状猴头菇［*Hericium coralloides*（Scop. ex Fr.）Pers. ex

S. F. Gray]、猴头菇［*H. erinaceus*（Bull.）Pers.］、假猴头菇［*H. laciniatum*（Leers）Babker］3 个种。它们的主要区别是：猴头菇子实体块状，不分枝。假猴头菇子实体分枝，均匀悬于小树枝等下侧。珊瑚状猴头菇子实体分枝，刺成丛生。人工栽培的为猴头菇种。

猴头菇较易发生变异，在某一环境条件下经过较长时间的培养，就可能形成与亲本有一定差异的特征，如子实体形成的迟早、大小、幼子实体的不同颜色等。猴头菇菌种一旦发生变异，在其后的几次培养中，可以表现出稳定的结果。

（二）菌种

1. 常山 H-99　浙江省常山县食用菌厂于 1993 年选育的菌株。菌丝体生长发育最适温度为 24～26℃，子实体形成适宜温度为 10～15℃，营养生长期 18～25d 即转入生殖生长。是浙江省常山一带普遍栽培的优良菌种。

2. 猴丰 1 号　江苏省农业科学院蔬菜研究所于 1993 年选育的新菌品种。菌丝生活力强，生长快而浓密、粗壮，污染率低，出菇早，从接种到采头潮菇需 50～55d。菇形大，产量高。

3. H-1　福建三明市食用菌工业研究所于 1991 年选育成的新品种。属中温型。出菇温度在 12～25℃，适于在 3～5 月、9～11 月两季代料袋栽。子实体朵形较大，洁白，圆整，肉质肥厚细密，抗逆性强，产量高。

4. H 大球 1 号　福建省古田科协挺进食用菌场于 1993 年选育成的新品种。菌丝体在 25～28℃生长最适，子实体在 15～20℃最适。抗逆性较强，不易出现畸形菇。子实体圆球形，色泽乳白，菌刺粗细适中，分布均匀。产量高。

5. 苏猴 19　江苏省农业科学院蔬菜研究所和南京老山林场真菌厂于 1997 年用老山猴头菇与常山猴头菇杂交育成的新品种。菌丝浓密，发菌快，抗杂菌能力强。出菇温度在 15～25℃之间，属中温型。一年中春、秋可各种植 1 季。发菌期间不易出菇，需菌丝长满袋（瓶）后再出菇。菇形圆整，菇体结实，菌刺粗短，菇体大小中等，适于制罐和烘干加工。

三、栽培季节和方法

（一）栽培季节　1 年可栽 2 次。在黄河以南，于 2～3 月份接种，3～4 月份长子实体；9～10 月份接种，11 月份长子实体。在黄河以北地区，于 3～4 月份接种，5～6 月份长子实体；8～9 月份接种，10 月份长子实体。

（二）栽培方法　近两年猴头菇主要采用代料栽培法。

四、栽培技术

（一）培养料配制　常用培养料配方有下面几种：①木屑 78%，麸皮或米糠 20%，蔗糖 1%，石膏粉 1%；含水量 58%～60%。②玉米芯 80%，麸皮或米糠 18%，石膏粉 1%，蔗糖 1%；含水量 60%。③甘蔗渣或芦苇粉 78%，麸皮或米糠 20%，蔗糖 1%，石膏粉 1%；含水量 70%。④棉籽壳 84%，麸皮或米糠 15%，石膏粉 1%；含水量 60%。

（二）装袋　培养料按比例配好后，装入塑料袋，袋大小为长 33cm、直径 10～11cm，每袋装量为 14cm 左右高。培养料要压紧，表面压平，袋口扎紧，然后送入灭菌锅灭菌。

（三）灭菌接种　高压蒸汽灭菌，$1.96×10^5$ Pa 蒸汽压，保持 2h；常压灭菌 100℃保持 10h，冷却后送入接种室接种。

（四）发菌　培养条件应控制在温度 22～25℃或低于 30℃的自然温度，黑暗或弱光，室内清洁，空气湿度 65% 左右。

（五）开袋和子实体培养　塑料袋中菌丝长满后，培养室温度应降至 20℃以下，光照强度 100～200lx，90％左右的空气湿度。见到袋中有小菇蕾后，将一端袋口打开至 2cm 左右，让子实体从袋口长出，继续培养。

<h2 style="text-align:center">五、病虫害防治</h2>

在猴头菇的生产过程中，如果条件控制不好，可能受杂菌污染而影响产量和品质。其主要病害是猴头菌腐烂病，为一种细菌性病害，其病原有待进一步研究鉴定。主要侵害子实体。发病初期子实体少许软刺呈水渍状，后迅速扩展，使软刺呈浅黄褐色至褐色，腐烂瘫倒，短期内致整个子实体腐烂，溢出浑浊腐烂组织液，散出恶臭气味。高温、高湿、子实体受杂物或泥土污染、局部造成机械伤和长时间积水、子实体过熟等，均利于发病。防治方法：一般不需用药剂防治，只需针对病因采取相对措施，即可受到良好效果。防止其他杂菌的发生可采用降低空气湿度的方法：培养室及周围环境必须保持清洁卫生，干燥，降低杂菌孢子密度；一旦发现杂菌污染的瓶子应立即清除；选用新鲜培养料，即使短期贮藏培养料，也应保持干燥；母种菌龄以 30d 为宜，不超过 45d。菌龄过大，菌丝生活力易衰退，也易引起杂菌感染。

<h2 style="text-align:center">六、采　　收</h2>

猴头菇子实体菌刺长 1cm 左右，菌球不再长大时可开始采收。从子实体形成到采收要 7d 左右，采收后可继续培养，再长子实体。1 袋菌种可采 2～3 次。每 100kg 培养料（以干重计）可收猴头菇（以干重计）6kg 左右。子实体采收后，应及时清除培养料表面衰老的菌丝，并用高锰酸钾溶液消毒，以防生霉。

采下的鲜猴头菇可市销，或烘干以干品销售。也可及时切去有苦味的菌蒂，泡于 20％的盐水中，送工厂加工制罐。

猴头菇因含水量高（达 89％～91％），菇形大，故烘干时间长，需 10～12h。开始烘时温度应在 35～38℃，并充分通风排湿，切忌温度过高。此时若温度高，水分蒸发慢，会出现熟化现象，而失去商品价值。3～4h 后，烘温升至 45℃。烘干后放入双层塑料袋中，扎紧袋口贮存。

（陈国良）

<h2 style="text-align:center">第十节　毛头鬼伞（鸡腿蘑）</h2>

毛头鬼伞属鬼伞科（Coprinaceae）鬼伞属。学名：*Coprinus comatus*（Müll. ex Fr.）S. F. Gray；别名：鸡腿蘑。通称：鸡腿菇，是中国北方春末、夏秋雨后发生的野生的食用菌。鸡腿菇肉质细嫩，鲜美可口。据分析，每 100g 干菇中含粗蛋白 25.4g，脂肪 3.3g，总糖 58.8g，纤维 7.3g，灰分 12.5g，鸡腿菇含有 20 种氨基酸（包括 8 种人体必需氨基酸）。菌盖中的氨基酸以天门冬氨酸、天门冬酰胺、谷氨酸为主；菌柄中氨基酸以谷氨酰胺、甘氨酸、苏氨酸、乌氨酸、δ-氨基丁酸、缬氨酸、异亮氨酸和赖氨酸为主。鸡腿菇还有药用价值，中医认为其味甘性平，有益脾胃，清心安神，经常食用有助消化、增加食欲和治疗痔疮的作用。据《中国药用真菌图鉴》载，鸡腿菇热水提取物对小白鼠肉瘤 S-180 和艾氏癌抑制率分别为 100％和 90％。另据阿斯顿大学报道，鸡腿菇含有治疗糖尿病的有效成分。但有人在进食鸡腿菇时或进食前后两小时饮酒，易产生心悸、四肢麻木、颜面潮红、恶心呕吐症状。

栽培鸡腿菇生物学效率高，并能利用其他食用菌的废料栽培，且易栽培，产量高，近年来在国内外得到了较大面积的推广。鲜菇、干菇、盐水菇、罐头菇均深受欢迎。

一、生物学特性

（一）形态特征　子实体较大。菌盖呈圆柱形，开伞后边缘菌褶很快溶化成墨汁状液体。菌盖直径 3～5cm，高达 9～11cm，表面褐色至浅褐色，并随着菌盖长大而断裂成较大型鳞片。菌肉白色。菌柄白色，较细长，圆柱形并向下渐粗，长 7～25cm，粗 1～2cm，空心。菌环连接于菌盖边缘，常随着菌柄的伸长而移动。孢子黑色，光滑，椭圆形。鸡腿菇子实体形态见图 21 - 10。

（二）对环境条件的要求

1. 营养　鸡腿菇是一种适应能力极强的草腐土生菌，能够利用的碳源广泛。木糖、葡萄糖、半乳糖、麦芽糖、棉籽糖、甘露糖、淀粉、纤维素都能利用；秸秆（稻、麦、玉米）、棉籽壳、木屑以及食用菌栽培废料中的碳源都可被鸡腿菇利用。蛋白胨和酵母粉是鸡腿菇最好的氮源，鸡腿菇还能利用各种铵盐和硝态氨。因此，栽培中常添加麦粉、玉米粉、畜粪作为有机氮源。

2. 温度　鸡腿菇菌丝生长的温度范围在 3～35℃ 之间，最适生长温度在 22～28℃ 之间。鸡腿菇菌丝的抗寒能力相当强，冬季 −30℃ 时，土中的鸡腿菇菌丝依然可以存活。温度低，菌丝生长缓慢，呈稀、细、绒毛状。温度高，菌丝生长快，绒毛状气生菌丝发达，35℃ 以上菌丝发生自溶。鸡腿菇子实体生长温度范围在 8～30℃，最适生长温度在 12～18℃。温度低，子实体生长慢，个大、结实，品质优良，贮存期长；温度高，生长快，菌柄伸长，菌盖变小变薄，品质降低，极易开伞自溶。

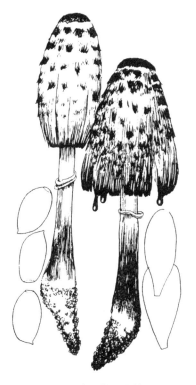

图 21 - 10　鸡腿菇子实体形态图
（引自：《中国食用菌百科》，1997）

3. 湿度　鸡腿菇培养料含水量以 60％～70％ 为宜。发菌期间空气相对湿度 80％ 左右。子实体发生时，空气相对湿度以 85％～90％ 为宜，低于 60％ 菌盖表面鳞片反卷，湿度 90％ 以上，菌盖易得斑点病。

4. 光照　鸡腿菇菌丝的生长不需要光线。菇蕾分化子实体发育长大时需要 500～1 000lx 的光照。

5. 空气　鸡腿菇菌丝生长和子实体的生长发育都需要新鲜空气。

6. 酸碱度　鸡腿菇菌丝能在 pH2～10 的培养基中生长，以 pH7 为最适。

7. 其他　鸡腿菇子实体形成，需要覆土及微生物代谢产物等刺激。

二、类型及品种

生产上应用的鸡腿菇品种多从国外引进，或从野生菇中分离驯化选育而来。

（一）昆研 C901　由中华供销总社昆明食用菌研究所用一野生鸡腿菇经子实体组织分离而获得的纯菌株。属中温型品种，菌丝生长最适温度范围 20～28℃，子实体发生最适温度范围 20～25℃。培养料最适含水量为 60％～65％，最适 pH 为 6.8～7.2。适于棉籽壳和多种禾本科作物秸秆上生长。可熟料栽培，也可生料栽培。

（二）鸡腿菇唐研 1 号　河北省唐山市农业科学研究所用一野生鸡腿菇经组织分离多年驯化栽培选育而成。子实体丛生，肥大。菌盖呈卵圆形，白色，上有鳞片，不反卷。菌丝生长适温 22～26℃，最适 pH7～7.5。最适出菇温度 16～20℃，培养料最适含水量为 60％～65％。

（三）鸡腿菇EC05　由湖北省宜昌市四〇三食用菌研究所从野生鸡腿菇中经分离驯化育成。固体硕大肥厚，洁白，味清香。菌丝生长最适温度22～28℃，子实体发生最适温度15～25℃。培养料最适含水量为65%左右，最适pH7～7.5。

三、栽培季节和方式

（一）栽培季节　中国从南到北大多数地区的秋季和春季均可栽培。秋季栽培鸡腿菇，一般于6～8月制种，9月下旬至11月下旬出菇；春季栽培，一般在11月至次年2月制种（需适当加温发菌），4～6月出菇。

（二）栽培方式　鸡腿菇栽培方式有熟料袋栽、发酵料袋栽和床栽3种。

四、栽培技术

（一）熟料袋栽技术

1. 熟料袋栽配方　①棉籽壳（发酵）90%，玉米粉8%，尿素0.5%，石灰1.5%；②棉籽壳（发酵）88%，麸皮11%，石灰1%；③食用菌废料45%，棉籽壳（发酵）45%，玉米粉9%，石灰1%。以上配方的培养料装袋前的含水量掌握在60%左右，可用17cm×33cm的聚丙烯塑料袋装料。

2. 灭菌要求　高压灭菌时，以$1.47×10^5$Pa的蒸汽压力保持1.5h；常压灭菌，要求100℃保持8～10h。

3. 发菌管理　接种后，将菌种置于培养室，培养室温度控制在22～28℃。高于30℃时，要采取降温措施，加大通气、降低培养室空气湿度等。低于20℃时，要采取加温措施。

4. 埋土出菇　发菌完成后，分别脱袋横放于地上，袋与袋间隔10cm左右，然后上覆2～3cm厚的土层。覆土后，将土层调湿，待子实体长到如黄豆大小时喷水。

（二）发酵料袋栽技术　发酵培养料经堆制发酵后装袋（17cm×33cm）接种，菌丝长满袋后埋土出菇。

1. 培养料配方　①平菇废料45%，棉籽壳38%，麸皮15%，尿素0.5%，石灰1.5%；②平菇废料50%，棉籽壳38%，玉米粉10%，尿素0.5%，石灰1.5%；③棉籽壳90%，玉米粉8%，尿素0.5%，石灰1.5%。

2. 培养料处理　培养料充分预湿后堆制发酵，料堆温度在60℃后维持12～24h，然后翻堆，共翻3次堆，要求料有酱香味，发酵后培养料含水量在55%～60%。最后一次翻堆后，在料堆表面喷洒敌敌畏溶液，然后用塑料薄膜覆盖密闭24h。

3. 接种　料温在28℃以下，用17cm×33cm塑料袋，底部先放一层菌种，装料至一半时放第2层菌种，装满后再放第3层菌种，用种量为培养料干重的10%。每袋料的干重在0.40kg，袋口用绳扎成活结，然后用针在菌种层各扎10～20个微孔，竖放于地上。

4. 发菌　接种后，置于22～28℃下发菌。高于30℃时，加大通气，降温排湿；低于20℃时，要采取加温措施。

5. 埋土出菇　埋土方法与上相同。

（三）发酵料床栽培技术

1. 培养料配方　栽培面积为110m²的配方：稻草1 750kg，鸡粪500kg（牛粪1 000kg），尿素15kg，硫酸钙15kg，过磷酸钙40kg，石膏75kg，菜子饼125kg，石灰50kg。

2. 培养料堆制及发酵　与双孢蘑菇相同。

3. 铺料和播种　将堆制发酵好的培养料平铺于地面或床面，培养料厚度15～20cm，然后把鸡腿菇菌种撒播在料面上，播种量为 1 500ml/m²。

4. 发菌管理 播种后前 3d，菇房湿度掌握在 85%～90%，温度在 22～28℃，早、晚通气 20～30mim。以后逐渐增加通风量，一般 15～20d 后，菌丝可长满培养料。

5. 覆土 菌丝长透料后，要及时覆土，覆土厚度为 2～3cm。

6. 出菇管理 出菇期间控制温度在 13～22℃，空气相对湿度在 85%～95%，并保持通风良好。

五、病虫害防治

（一）主要病害防治

1. 鸡腿菇红粉病 病原：*Trichothecium roseum*。是鸡腿菇的主要病害。在生产床面上生出白色纤细的絮状或蛛丝状菌丝，扩展迅速，后期转变成粉红色较稀疏霉层，即病菌的分生孢子。子实体受害，多从生长衰弱或未及时采收的子实体菌盖顶端或菌柄基部开始侵染。在病部产生初期为白色，后为粉红色霉层，随病害扩展致子实体腐烂坏死。病菌分生孢子靠气流、培养料、覆土传播，高温高湿条件易发病。防治方法：①在各生产环节做好消毒灭菌，选用新鲜、干燥、无霉变的培养料。②出菇前发病可用 70%甲基托布津可湿性粉剂 500 倍液，或 50%多丰农可湿性粉剂 800 倍液，或 25%炭特灵可湿性粉剂 500 倍液等喷洒灭菌。

2. 鸡腿菇干裂 属生理病害。主要症状是菌盖提前开伞，呈放射状开裂，或形成不规则形裂口；菌柄从基部沿纵向开裂，并向外破裂形成空腔。菇房通风太勤，空气过于干燥，温度偏高，使子实体组织快速失水收缩，最后发生干裂。防治方法：根据发病原因，针对性地采取措施即可预防。

（二）主要害虫防治 为害鸡腿菇的主要害虫有沟金针虫（*Pleonomus canaliculatus*），幼虫取食地栽鸡腿菇的菌丝体或钻蛀菇柄，造成不出菇或幼菇死亡，或成菇干瘪至湿腐。以幼虫和成虫在菇棚土中越冬，或随覆土和培养料传入。其雌成虫活动能力弱，所以多在原地为害。防治方法：做好种植之前培养土、培养料和覆土的灭虫处理工作，可有效控制该虫的发生与为害。

六、采 收

鸡腿菇子实体成熟的速度快，必须在菇蕾期，菌环尚未松动时采收。菌环一旦松动或脱离菌柄，则菌褶会自溶流出黑褐色的孢子液而完全失去商品价值。采收后的鸡腿菇要及时销售或冷藏。上市前可用小竹片将菌盖的鳞片刮掉，这样色泽洁白，外观好看。然后用透气保鲜膜包装，置于 4～6℃贮藏。

鸡腿菇也可脱水烘干，将整菇切成薄片，进烘房干燥。干片菇分装于塑料袋中。鸡腿菇还可以加工成盐渍品或罐头。

（黄建春）

第十一节 姬 松 茸

姬松茸属蘑菇科（Agaricaceae）蘑菇属。学名：*Agaricus blazei* Mürvill；别名：巴西蘑菇、巴氏蘑菇。姬松茸原产于北美南部和巴西、秘鲁等地的草场上，主要产于巴西圣保罗东南郊的皮耶达提，那里的居民自古以来就食用姬松茸。1965 年日本人在巴西采集野生种带回日本，开始了人工栽培研究，确立了菇房畦栽法，1978 年进行商业栽培。中国于 1992 年从日本引进姬松茸菌种，1994 年在福建省莆田、松溪、古田、南平等地开始栽培。目前，姬松茸已在浙江、江苏、山东、湖北等地成功栽培，其栽培面积也日益扩大。

姬松茸是一种食、药兼用的珍稀食用菌，不但菇体脆嫩滑爽，鲜美可口，而且营养丰富。据分析，每100g干菇中含粗蛋白40%~45%，碳水化合物38%~45%，纤维素6%~8%。含0.1%~0.2%麦角甾醇，经光照可在体内转化为维生素D。

姬松茸提取物中的主要成分，如甘露聚糖、活性核酸、活性甾醇类及外源凝集素（A、B、L）等具有很强的抗肿瘤活性，同时尚有降血脂、降胆固醇、抗血栓、调节肌体免疫功能的作用。

一、生物学特性

（一）形态特征 姬松茸子实体粗壮，菌盖半球形至平展形，直径5~12cm，表面覆淡褐色至栗褐色的纤维状鳞片，盖缘有菌幕碎片；菌肉厚，白色，受伤后呈橙黄色；菌褶离生，较密集，初时乳白色，受伤后变肉褐色；菌柄圆柱状，中实，柄基部稍膨大，柄长4~14cm，粗1~3cm；菌环以下的菌柄栗褐色；纤毛似鳞片；菌环着生于菌柄的上部，膜质白色；孢子印黑褐色，孢子暗黑色，光滑，宽椭圆形至球形。菌丝无锁状联合。

（二）对环境条件的要求

1. 营养 碳源来自于各种农作物秸秆、棉籽壳、玉米芯、木屑等。氮源则来自于畜禽粪便、菜子饼、麸皮、米糠等。

2. 温度 菌丝生长温度范围10~30℃，适温22~28℃，19℃以下生长慢，30℃以上生长弱，易老化；子实体发生温度范围20~30℃，适温20~26℃。

3. 水分 培养料最适含水量60%~68%；子实体发生时菇房相对湿度要求在80%~85%之间。

4. 气体 菌丝生长和子实体发生均需充足的新鲜空气。

5. 光照 菌丝生长不需要光；子实体发生时需漫射光刺激。

6. 酸碱度 pH4~8菌丝均能生长，最适pH为6.5~7.2，适当偏酸的环境更适合姬松茸的生长发育。

二、类型和品种

姬松茸常见有小粒种和大粒种两种类型，从商品价值和出口要求看，以子实体肥大、柄短、色浅为上品。

三、栽培季节和方式

（一）栽培季节 姬松茸出菇适温为20~26℃，从播种到出菇一般45~50d。春播在当地气温稳定在20℃之前45~50d，约在清明前后播种为宜，在此时期再往前推20~30d为培养料建堆发酵时间。江苏、浙江一带春季栽培3月下旬至4月上旬播种，5月中旬开始出菇，2月上中旬开始制备栽培种；秋季栽培7月中下旬或立秋前后播种，8月下旬至9月上旬采收第1潮菇，6月上中旬应着手制备栽培种。播种期应根据各地的气候和当地的海拔高度进行适当调整。

（二）栽培方式 姬松茸栽培常用的方法有发酵料栽培和熟料袋栽。

四、栽培技术

（一）菌种制备 各种菌种制备方法与双孢蘑菇相同，可参考有关部分。

（二）培养料配方 以110m²所需培养料为例，参考配方如下：①干稻草1 500kg，干牛粪

1 200kg，麸皮或菜子饼 100kg，尿素 18kg，石膏粉 50kg，过磷酸钙 50kg，石灰 25kg；②干稻草 750kg，杂木屑 500kg，干牛粪 500kg，麸皮或菜子饼 100kg，尿素 18kg，石膏粉 50kg，过磷酸钙 25kg，石灰 30kg；③干稻草 1 500kg，干牛粪 1 200kg，尿素 12kg，石膏粉 35kg，石灰 15kg；④干稻草1 300kg，杂木屑 1 000kg，过磷酸钙 16kg，硫酸铵 16kg，尿素 16kg，石膏粉 50kg，石灰 30kg；⑤稻草 1 800kg，菜子饼 65kg，硫酸铵 15kg，复合肥 60kg，石灰 40kg，石膏粉 40kg。

（三）发酵料栽培　姬松茸栽培料的制备、发酵与双孢蘑菇相同，可参考有关部分。

1. 播种及覆土　一般采用混播方法。用种量麦粒种每平方米 1.5～2 瓶，草粪种 3～4 瓶。播种时先将 2/3 菌种撒播后用手指抖动料层，使之落入料内，另 1/3 菌种封面。也可在床畦上先铺 1/3 厚培养料，撒播 1/2 菌种，然后再铺上 2/3 培养料，撒上 1/2 菌种封面。播后用手或木板压平实。播种后 3d 内，应关紧门窗，促进料面菌种吃料，随后，每天适当通风 30min 左右，控制料温在 30℃ 以下，防止菇房闷湿。一般发菌 15d 左右即可覆土。

2. 覆土　覆土材料用红黄壤或稻田深层土晒干、打碎，与砻糠以 7∶1 混合。覆土材料制法和消毒杀虫处理方法与双孢蘑菇相似，可参照进行。覆土前 pH 调至 7.0 左右，含水量为 60%，覆土厚 3～5cm。覆土后的管理以通风为主，严格控制喷水量。若土面过干，出现干裂或发白，可适当喷水，以中下层土粒湿润为宜。

3. 栽培管理　播种后 40d 左右发菌培养，菌丝发育粗壮，少量爬上层土，此时应在土面喷水，注意应轻喷勤喷，不让泥块发白，棚内要求相对湿度 90%，并保持适当通风。当土内出现许多白点且有菌丝连接，继而发育成幼菇时，特别当小菇蕾生长至直径 2cm 左右时，停止喷水。以后每采收 1 潮菇喷 1 次水，第 2 潮菇采收后应清理床面并注意补充水分，以促进后期多产菇。

出菇阶段温度要求 20～25℃ 生长最好。若早春播种的，出菇前期气温低，应注意增温。后期温度高，可在棚上加厚遮荫物，创造阴凉环境，在晚间加强通风。

（四）熟料袋栽技术

1. 常用配方　栽培料常用配方：①棉籽壳 46%，木屑 37%，麸皮 15%，石膏粉 1%，石灰 1%；②稻麦草 78%，麸皮 20%，石膏粉 1%，石灰 1%。

2. 拌料装袋　上述栽培料任选 1 种，主料与石膏、石灰充分拌匀，使含水量达 60%～65%，然后分装入 17cm×33cm 的聚丙烯袋内，装至近袋口时，用手将料面压平实，套颈圈、加棉塞。灭菌时采用常压 100℃ 保持 10h，或高压 121℃ 下保持 2h。灭菌后将料袋移入冷却室或接种室内冷却。

3. 接种培养　先挖去菌种表面 1cm 左右的老化部分，之后成块挖松菌料层备用，按无菌操作要求接种。然后移入培养室中进行培养，注意温度不要高于 28℃，防止烧菌。

4. 脱袋排放　菌丝长满料袋后，即可脱袋排放。脱袋排放之前，床、畦四周均需用杀虫剂、杀菌剂交叉杀虫、消毒，床畦上铺 1 层经石灰水浸泡处理的稻草，菌袋纵切破膜脱袋，将菌袋平行紧密地排放在稻草上，菌袋间填入碎菌块，并随即覆土 3～5cm，压平实。覆土材料及处理与前述方法相同，并根据气温、相对湿度覆盖稻草或报纸、薄膜。

5. 出菇管理　参照堆制发酵料栽培管理方法进行。

五、采　　收

用手触子实体有软感时就可采收，即在开膜之前采收。如菌膜破裂，菌褶上的孢子散发，烘干时菌褶会变成黑色，商品价值降低。采收时用手捏住菇柄中部轻轻旋转即可，要尽量避免带出太多的泥土。

姬松茸一般多制成干品销售，采收后应将柄下部用小刀削去泥土、杂质，置烘房内。从 35～40℃ 开始加温，每小时升温 2～3℃，至 50℃ 后延长时间直至干瘪，最后用 60℃ 烘干。也有的地方为

满足出口要求，采摘后先用清水洗刷除去鳞片，使色泽变浅，整菇或切成两半烘干。干制后含水量控制在 9%～11%，并按等级分装入具防虫剂和干燥剂的聚丙烯袋内。也可鲜销，或盐渍、冷冻处理后待销。

（郭　倩）

第十二节　茶薪菇（杨树菇）

杨树菇属粪锈伞科（Bolbitiaceae）田头菇属。学名：*Agrocybe cylindracea*（DC. ex Fr.）R. Maire［*A. aegerita*（Brig.）Sing.］；别名：柱状田头菇、柳环菌、茶树菇。杨树菇广泛分布于亚洲、欧洲和北美的温带地区，自然生长在杨、柳类和茶树等阔叶树的腐朽部和根部。在中国，主要分布于福建、贵州、云南、浙江、江西等省。20 世纪 50 年代法国开始用白杨等对杨树菇进行段木栽培。70 年代后期日本开始了有关杨树菇栽培及生物学特性方面的研究。1972 年在福建省分离到第一株中国野生的杨树菇纯种，以后又相继在中国南方如贵州、云南、四川、江苏、浙江省的一些地方分离得到当地的野生杨树菇纯种。自 80 年代初中国开始进行有关杨树菇的生物学特性及栽培技术方面的研究。目前杨树菇在福建、浙江、江西及上海等省、直辖市均有较大规模的栽培。

杨树菇菇形美观，口感脆嫩，菇汁有浓郁的松茸香味。据分析，杨树菇含有 18 种氨基酸，其中有人体必需的 8 种氨基酸，且含量高于香菇。杨树菇中赖氨酸的含量高达 1.75%。该菇干品风味独特，而且做汤或炒食，味纯且清香，菇质依然脆嫩。

杨树菇性平、甘温、无毒，有清热、平肝、明目之功，利尿、渗湿、健脾之效，民间还用于治疗腰酸痛，对肿瘤亦有较强的抑制作用，用其提取物多糖蛋白做动物实验，当投喂量为 300mg/kg 时，对小白鼠肉瘤 S-180 的抑制率为 90%，对艾氏腹水瘤的抑制率为 80%。

一、生物学特性

（一）形态特征　杨树菇为木腐菌，子实体单生、双生或丛生。菌盖直径 2～10cm，表面光滑，初为半球形，暗红褐色或褐色，后渐变为扁平，淡褐色或土黄色。成熟后，菌盖常上卷，边缘有破裂。菌肉污白色，略有韧性，中部较厚，边缘较薄。菌褶片状，细密，几乎直生，白色，后变为咖啡色（因着生孢子），孢子印褐色。孢子椭圆形，光滑，8～11μm×5～7μm。菌环膜质，生于菌柄上部。内菌幕膜质，淡白色，开伞后常留于菌柄上部或自动脱落。膜具细条纹，内面常布满孢子而成锈褐色。菌柄近白色，柄长 5～10cm，粗 0.5～1.2cm，上、下粗细相等或下粗上细，表面有纤维状条纹和纤毛状小鳞片，柄中实，纤维质脆嫩（图 21-11）。

图 21-11　杨树菇子实体形态图
（引自：《中国食用菌百科》，1997）

（二）对环境条件的要求

1. 营养　杨树菇菌丝体能够在较广的碳氮比范围内生长，对氮源的选择性不强。因杨树菇属木腐菌，漆酶活性很低，蛋白酶活性较高，故对含蛋白的物质及非木质纤维素类的物质利用能力最强，对纤维素的利用能力较强，对木质素的利用能力较差。

2. 温度　杨树菇对温度的适应范围很广，在 -14℃下经过 5d，40℃下 4d 亦不会死亡，菌丝在 5～30℃下均能生长，但菌丝体的最适生长温度为 24～26℃，子实体形成的温度为 16～28℃，最适为 20～22℃。出菇不需温差刺激。

3. 湿度　菌丝生长阶段培养料含水量在 46%～80% 之间均能正常生长，含水量为 65%～67% 最佳。子实体形成时，空气相对湿度需 88%～90%。湿度过高，容易开伞，且易发生细菌病害；湿度过低，子实体不易形成，可导致减产。

4. 酸碱度　菌丝体在 pH4～12 的范围内均可以生长，最适 pH 为 5～7。在栽培料配制时，可取自然 pH。也有研究表明，在培养料中加入 3%～5% 的石灰可缩短发菌时间 12d，使第一潮菇提早 4～5d 采收，同时能抑制部分竞争性杂菌的侵染，从而提高菌袋成品率及菇的产量。

5. 光照　菌丝培养过程通常不需要光照，但在子实体原基形成时需要散射光（150～250lx），子实体生长期需要 250～500lx 的光照。

6. 空气　杨树菇为好气菌，在菌丝生长阶段培养室要定时通风换气；出菇阶段，栽培房应勤通风，以保证室内空气新鲜。

二、类型及品种

按照杨树菇在形态上的差异，大致可分为 3 种品种类型。

（一）粗壮型　这类品种的菌柄较短，菌盖较大，色泽较深，子实体个数相对少些。

（二）柔小型　这类品种的菌柄相对较细且柔，子实体个数多，菌盖相对小些，色泽相对较浅。

（三）白色种　由福建省三明真菌研究所选育而成。个体适中，色泽乳白，子实体可耐 27℃ 高温。是北方夏季适宜的栽培品种。

三、栽培季节和方式

（一）栽培季节　中国大部分地区一年可栽培两季。福建、浙江和上海一般春菇在 3 月份完成二级种制作，4 月份制袋，5～6 月份出菇；秋菇在 8 月份完成二级种接种，9 月份制袋，10～11 月份出菇。北方要靠在荫棚内栽培，于 3～6 月和 9～11 月出菇为宜。

（二）栽培方式　主要以熟料袋栽为主。

四、栽培技术

（一）培养料配方　根据各地经验及研究的结果，推荐以下配方供选择：含水量应掌握在 65%～67%。①棉籽壳 50%，木屑 28%，麦麸 15%，玉米粉 5%，糖 1%，石膏 1%；②棉籽壳 60%，木屑 20%，麸皮 15%，玉米粉 3%，糖 1%，石膏 1%；③棉籽壳 50%，木屑 18%，小麦粉 15%，玉米粉 15%，糖 1%，石膏 1%；④棉籽壳 80%，米糠 12%，玉米粉 7%，石膏 1%；⑤蔗渣 34%，废棉 34%，米糠 27%，豆饼粉 3%，碳酸钙（$CaCO_3$）2%；⑥蔗渣 34%，木屑 34%，米糠 27%，豆饼粉 3%，碳酸钙 2%。

（二）菌种的制作　杨树菇需用熟料栽培，一般以 17cm×33cm 的聚丙烯塑料袋为容器。每袋装干料 300～350g。接种后置于 25℃ 下培养，尽量避光。一般 30d 左右即可长满菌丝。在菌丝培养时期，应保持室内暗而清洁，不必换气过勤。

（三）栽培过程的管理　待菌丝长满培养料后，应将菌袋移至出菇棚或出菇房内进行催蕾。菌袋在床架上排好后，去掉棉塞，打开菌袋口，将袋口向下折至距离料面 5cm 左右，盖上报纸或薄膜（不要过严，应留有间隙）催蕾。晴天，每天向空中和四壁喷雾 2～3 次；阴天，可不喷或少喷。注意勿将水直接喷到料面上，同时应保持地面潮湿及室内空气新鲜。栽培室内的温度应保持在 18～23℃，有不低于 150lx 的散射光，空气相对湿度应达到 85%～90%。

当料面上形成一丛丛小菇蕾时，可将报纸或薄膜掀掉，适当增加喷水次数，注意勿将水直接喷到菇体上，还应适当增强室内光照和通风换气。原基形成后 5～7d，当菌盖尚呈半球形、菌膜还未脱落时，即可采收，每袋可采 3 次左右。

五、病虫害防治

（一）**主要杂菌防治**　杨树菇在制种过程中因培养料含氮量相对较高，故较易感染杂菌，尤其是夏季制种，极易受链孢霉（*Neurospora sitophila* 和 *N. crassa*）污染。因此应先做好对菌种培养室的清理和消毒，再用甲醛和高锰酸钾进行熏蒸。培养过程中应注意适当通风换气，定期检查菌包的状况，及时将污染菌袋清理出去，深埋或烧掉，以免造成环境污染。在栽培过程中，应注意通风换气，保持室内空气新鲜，喷水时切勿将水直接喷到菇体上。

（二）**主要害虫防治**　杨树菇本身会散发出一种特殊的香味，所以非常容易引起食用菌生产上最具破坏性的害虫之一蘑菇眼蕈蚊（*Bradysia* sp.）的为害。眼蕈蚊的幼虫可钻入栽培袋中，为害培养料中的白色菌丝，使培养料变为深褐色，致使菇蕾无法形成，即使已形成菇蕾，也会萎缩腐烂。防治方法：①清洁菇房周围环境。在栽培袋移入出菇房前，应及时用 0.1% 的敌敌畏喷洒地面、墙壁，切断虫源。②在菇房内，尤其是老菇房，彻底清扫后用药剂熏蒸，闭门 2～3d，后通风换气。在有条件的地方，可在菇房的门窗上安装 60 目或更小的尼龙纱，阻止室外成虫飞入。也可安装高压静电灭虫灯诱杀害虫。

六、采　　收

待杨树菇的子实体长至近开伞时采收，此时菌盖仍呈半球形为最佳，但菌膜一定不能破，否则将失去商品性。因杨树菇成熟后容易开伞，并导致菌盖易于脱落，所以应及时采收，采后应尽快销售或加工。采收前不要喷水，此举有利于延长杨树菇的货架寿命。

采收后可定量装入浅盘，并用保鲜膜保鲜上市。也可用清水洗净，速冻或加工成清水罐头出售。还可以脱水、烘干，制成干品上市。杨树菇鲜品在 1～5℃ 的条件下，一般可保存 5～7d。

（王　南）

第十三节　真 姬 菇

真姬菇属白蘑科（Tricholomataceae）玉蕈属。学名：*Hypsizygus marmoreus*（Peck）Bigelow；别名：玉蕈、斑玉蕈、蟹味菇、胶玉蘑、鸿喜菇、海鲜菇等。真姬菇在日本于 1972 年进行人工栽培，20 世纪 80 年代进行大规模设施化生产，是日本菇类生产的主导产品之一。中国于 20 世纪 80 年代中期开始对真姬菇的生物学特性及栽培方法进行研究。

真姬菇味比平菇鲜，肉比滑菇厚，质比香菇韧，口感极佳，还具有独特的蟹香味，在日本有"香在松茸、味在玉蕈"之说。真姬菇货架期长，是一种低热量、低脂肪的保健食品。其子实体热水提取物和有机溶剂提取物有清除体内自由基的作用，因此，有抗衰老的功效。

一、生物学特性

（一）**形态特征**　真姬菇的菌丝白色，棉毛状，爬壁能力较差。子实体丛生，由菌盖、菌褶、菌柄三部分组成。菌盖肉质，幼时半球形，发育后期渐平展，菌盖直径 2～6cm 不等，在适宜的光线下，会在菌盖上形成鲜艳的大理石斑纹；菌褶白色，离生，大小与菌盖相对应；菌柄长度与栽培方式有关，袋栽较长，达 10～15cm 或更长，粗细较均匀，与国内大面积栽培的杨树菇相似；瓶栽则柄较短，仅 3～7cm，且上细下粗。

（二）对环境条件的要求

1. 营养　真姬菇属于木腐菌，对木质素的分解能力较强，可以木屑、玉米芯、棉籽壳为主料。木屑以阔叶树木屑栽培较好，使用针叶树木屑时要先对其进行堆制 3～6 个月。栽培辅料一般以米糠、麸皮、玉米粉、高粱粉为主，也有报道使用大豆皮及豆腐渣的。

2. 温度　真姬菇属于中、低温型菌类，菌丝生长的最适温度范围是 20～25℃，低于 5℃ 或高于 30℃，菌丝生长停滞，温度再高时会萎缩死亡或失去出菇能力。子实体分化的温度范围是 10～20℃，最适为 14～15℃，不同菌株要求不同。

3. 湿度　真姬菇属于喜湿性菌类。培养料的含水量 63%～65%，含水量的调节应以不影响发菌速度为标准，适当高的含水量对栽培后期的管理及产量都有一定的提高。菇蕾分化时要求空气湿度达 85%～95%，子实体分化完成后湿度可适当降低。

4. 光线　菌丝发菌时不需要光线，但是在菇蕾分化时需要一定的散射光（100～200lx），幼菇生长发育时光强的不同对菇盖花纹的分化影响较大。

5. 空气　菌丝生长、菇蕾分化和子实体伸展都需要新鲜空气。培养阶段的不同时期均要控制通风量，发菌期间二氧化碳浓度不要超过 4 000μl/L，菇蕾分化时应更低，在 1 500～2 500μl/L 之间；菇体成熟前可适当提高二氧化碳浓度，以促使菇柄适当拉长。

6. 酸碱度　真姬菇菌丝生长的适宜 pH 为 6.0～7.0，微偏酸性，不同菌株略有差异。

二、栽培季节和方式

（一）栽培季节　一些具有加温、降温的菇房可以周年栽培。因真姬菇适宜出菇温度范围窄，生理后熟期长，如果打乱生产季节，一味地追求反季节种植，将很可能导致大幅度减产甚至绝收。真姬菇属于中低温型菌类，普通地区的出菇季节应安排在秋末或初春。

（二）栽培方式　目前中国真姬菇的栽培模式以塑料袋栽培为主。而近年来上海从日本引进了真姬菇瓶栽的自动化生产线，在郊区奉贤对真姬菇进行了大规模的商业化生产，鲜菇日产量 1～2t，实现了真姬菇的周年化生产。

三、栽培技术

（一）培养料配方　常用的配方有：①棉籽壳 88%，麸皮 9%，玉米粉 2%，石膏 1。料水比为 1：1.4；②阔叶树木屑 78%，麸皮 20%，石膏 1%，过磷酸钙 1%。料水比为 1：1.4～1.5；③豆秸 95%，玉米粉 2.5%，硫酸镁 0.5%，石膏 1%，石灰 1%。料水比 1：1.4～1.5；④高粱壳 57%，棉籽壳 30%，麸皮 10%，磷酸二氢钾 0.2%，硫酸镁 0.1%，石膏 1.7%，石灰 1%。料水比 1：1.4～1.5；⑤甘蔗渣 40%，棉籽壳 40%，麸皮 18%，糖 1%，石膏 1%。料水比 1：1.4～1.5。

（二）原材料的灭菌　培养料装袋或瓶后要立即对其进行灭菌消毒。采用常压灭菌法，一般以袋或瓶中心温度升到 100℃ 后，继续保温 6～8h；采用高压灭菌法，一般是袋或瓶内温度达 118～121℃ 后保温 2～4h。

（三）接种与培养　灭菌结束后要待培养料温度下降到 25℃ 以下时进行接种。接种的一般原则是接种料要覆盖整个培养料表面。发菌要求相对湿度控制在 75% 左右，温度 20～25℃，最高不要超过 28℃。发菌期间不需光照，同时注意控制通风量，以确保室内二氧化碳浓度不超过 3 500μl/L。在适

宜条件下栽培菌袋或菌瓶 30～45d 发满。真姬菇栽培种发满后不能立即出菇，要继续培养 35～50d 完成生理后熟后才能搔菌出菇，否则出菇不整齐或产量极低。生理后熟期的培养条件要求与发菌期完全相同。

（四）搔菌与注水 真姬菇菌袋或瓶经过 2 个多月的培养后，菌丝的生长已由营养生长过渡到生殖生长。此时菌种富有弹性，菌丝纯白均匀，而且在袋或瓶的侧壁会出现一些星星点点的原基，菌种袋或瓶内的含水量也会上升到 73％左右，此时要进行出菇前处理。菌袋可以不搔菌，但为了整齐的出菇，要对菌瓶周缘进行处理。另外，因为真姬菇的培养周期较长，培养过程中由于呼吸作用及水分蒸发会使菌袋或瓶内丧失大量的水分，所以出菇前的水分补充工作是必不可少的。

（五）催蕾 栽培室要通风、透光，室内湿度至少保持在 90％～95％之间，温度控制在 14～18℃的范围，二氧化碳浓度在 1 500～2 500μl/L 。喷水时用细微的喷雾器，切勿造成覆盖的无纺布上有积水漏入袋或瓶内。这样维持 3～5d 的时间，瓶、袋料面由白转灰，再经过 2～3d 后在料面上会出现针尖大小的菌丝聚积物，继而形成原基，分化成菇蕾。在菇蕾初现时尤其要注意通风，保证空气清新，否则菇蕾容易萎蔫死亡。

（六）光照管理 幼菇长到 2～3cm 之前所需条件和管理要求与蕾期相同，但在光照上要注意，要保证有 1 000～1 500lx 的光照，每天 4～5h 。此时光照对菌盖的分化尤为重要，而且真姬菇菌盖将来能否形成大理石状的斑纹与此时的环境条件相对应。随着菇蕾的长大，直至采收时光线要求越来越严格。第 1 潮菇采收完后再进行处理，还可采收第 2 潮菇。

此后要注意对菇房内的双翅目害虫的防治工作，不要让蚊虫为害造成菌袋腐烂而失去出菇能力。

四、采　　收

真姬菇自针头状的原基形成至子实体长大约需 15～20d，采收标准袋栽与瓶栽两种模式相差较大。塑料袋栽培一般菇盖以 1～2cm，菌柄 8～15cm 为准，要求菌柄粗细均匀，实心，坚韧；瓶栽一般是一簇，菌盖同袋栽相同，但是菌柄较短，一般 5～9cm。采后去培养基，单只托盘包装鲜销。

（程继红）

第十四节　灰　树　花

灰树花属多孔菌科（Polyporaceae）树花菌属。学名：*Grifola frondosa*（Dicks. ex Fr.）S. F. Gray；别名：贝叶多孔菌、云蕈、栗蘑、舞茸、莲花菌、千佛菌等。灰树花是亚热带至温带森林中的大型真菌，在日本、俄罗斯、北美及中国均有分布。中国主要分布于吉林、四川、云南、浙江、福建、河北等省。由于灰树花对其生态环境较为敏感，所以自然界发生极少。1941 年日本学者发现了灰树花所含多糖能激活细胞免疫系统中的巨噬细胞和 T 细胞而产生抑制肿瘤的作用，这种抑癌多糖主要是 β-D-葡聚糖，含量占 8％以上，并于 1974 年将其驯化栽培成功。以后随着研究工作的深入，产量增长很快。现已成为日本主要食用菌之一。灰树花营养丰富，据中国预防医学科学院检测，每 100g 干品中含蛋白质 25.2g，维生素 B 和维生素 E 的含量是普通蘑菇的 20～30 倍。灰树花肉质细腻、柔软，是一种食用、保健功能突出的珍贵蕈菌。

一、生物学特性

（一）形态特征 灰树花子实体有柄或近似有柄，菌柄多次分枝。菌盖肉质或半肉质，扇形或匙形，宽 2～7cm，厚 2～7mm，灰色，覆瓦状重叠成丛，一丛最宽直径可达 40～60cm。有细纤毛或绒毛，渐变光滑。菌肉白色，厚 1～3mm。菌管淡黄色，管长 1～4mm，管口多角形，每毫米 2～3 个。孢子印白色，孢子无色，光滑，卵形至椭圆形，5～6μm×3.5～5μm。菌丝薄壁，多分枝，有横隔，无锁状联合（图 21-12）。

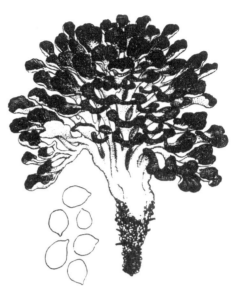

图 21-12 灰树花子实体形态图
（引自：《中国食用菌百科》，1997）

（二）对环境条件的要求 灰树花对其所生长的环境条件较为严格，在管理措施上将温、湿、气、光诸因素协调好，尽量满足其生长发育条件，以达到高产稳产。

1. 营养 灰树花属于木腐菌，碳源主要来自含纤维素、木质素的木屑（阔叶树）、棉籽壳等；氮源主要为麸皮、玉米粉等，与香菇、金针菇等其他木腐菌相近。

2. 温度 灰树花菌丝体生长温度范围为 5～35℃，菌丝体最适温度 25℃左右，原基形成期温度控制在 20℃左右，子实体生长温度在 19～22℃较好。

3. 水分 适宜的培养料含水量为 55%～65%，培养室的空气相对湿度为 60%～70%；子实体生长的适宜空气相对湿度保持在 85%～95%。

4. 光线 光线的强弱对菌丝体基本上没有影响，但对原基的形成和子实体的生长有一定的影响。一般在菌丝体生长阶段光照只需 50lx，在完全黑暗条件下培养的菌丝不易形成子实体。原基形成前至子实体生长阶段光照逐渐增强，一般光照为 200～500lx。子实体生长期的光照强弱是决定产量和品质的重要因素，如果光照过弱，则子实体颜色浅，并会产生畸形菇。

5. 酸碱度 菌丝体在 pH4.5～8.0 的条件下都能生长，最适 pH 为 6.0～7.0。但 pH 随着培养的继续而逐渐下降，至子实体生长阶段 pH 在 4.0～5.5 比较合适。

6. 气体 灰树花是好氧性菇类，对氧气的要求高于一般的食用菌，因此在子实体生长阶段菌袋不可码放过密，要经常注意通风换气。

二、类型及品种

目前中国栽培的灰树花从菌盖的颜色上分，一种是灰色种，菌盖的颜色呈灰白色或灰褐色，一般由野生种经驯化栽培选择而来，或从国外引进，为生产上普遍使用的品种；另一种是由福建农业大学从灰色种中筛选出的白色种 GF-8。该品种从子实体形成到成熟，其颜色均为白色。但菌株的生物学特性与灰色品种相比差异不大。

三、栽培季节和方式

（一）栽培季节 在长江以北地区栽培灰树花，一般于 1～3 月接种菌袋，4～6 月出菇；秋栽灰树花在 8～9 月制菌袋，10～12 月进行出菇管理。长江以南地区，春栽适当提前制菌袋，秋栽适当推后制菌袋。

（二）栽培方式 灰树花的栽培方式主要分室内栽培和室外栽培两种。室内栽培又分自然温度条件下栽培和设施栽培两种。由于灰树花对其所生长的环境较一般的食用菌敏感，因此在日本等国家均用设施栽培，以达到高产稳产。

四、栽培技术

（一）栽培袋的制作 常用灰树花栽培料配方为：①棉籽壳 30％，木屑（阔叶树）30％，麸皮 20％，玉米粉 5％，石膏粉 1％，糖 1％，细土 13％。一般用于不覆土栽培。塑料袋的尺寸为 17 cm× 37cm；②棉籽壳 35％，木屑（阔叶树）35％，麸皮 23％，玉米粉 5％，石膏粉 1％，糖 1％。一般用于覆土栽培。塑料袋的尺寸为 17cm×37cm。

栽培料含水量为 60％左右。装袋应在 6h 内完成，随即灭菌，以减少灭菌前微生物的繁殖。装袋时要轻装、轻拿、轻放，适度压实。袋内原料高 12～15cm。随后套上颈圈，塞上棉塞，按常规方法灭菌、冷却和接种。

（二）栽培袋的培养 培养室要求清洁、干燥、通风、弱光，室温尽量控制在 25℃。当菌丝长至大半袋时，室温要降至 20～22℃。特别是当菌袋有少量黄色水珠出现时，要及时采取降温措施。当温度偏高时，应疏散菌袋，以便散热降温。当菌丝长满菌袋表层并往下约 1cm 至半袋时，要去掉菌袋的棉塞、套环，袋口保持原状，以增加氧气进入量，使原基尽量在中间形成，有利于子实体发育。

（三）室内栽培的出菇管理 由于菌丝的生长速度的差异，导致原基形成时间的不同，所以菌袋搬至栽培房的时间是不一致的。应在原基形成初期将菌袋搬入栽培房。

栽培房要求通风、透气、保温、保湿性能好，有一定的散射光。当菌袋搬入栽培房后，室温要尽量控制在 19～22℃。当温度超过 23℃时，可向墙上或屋顶喷水，一般可降 2～3℃，或将门、窗打开加大通风量。由于灰树花属恒温结实性，所以温度的变幅要尽量小。室内的空气相对湿度控制在 85％～95％。当子实体生长后期过干时，轻轻喷水少许，但忌直接喷在子实体上。在子实体形成期，栽培房的光强度应在 200～500lx。当原基开始分化时，及时拔去棉塞、颈圈，当原基开片略大时，轻轻将袋拉大，以增加生长空间。

灰树花也可在荫棚、温室、塑料中棚中覆土栽培。

五、采 收

当灰树花子实体长至八成熟时，要及时采收。由于子实体较脆易碎，所以采收时动作要轻，以免影响商品性状。采收后如不能及时销售，可用保鲜膜包装后，在 4 ℃条件下冷藏。

（蔡令仪）

第十五节 滑 菇

滑菇属球盖菇科（Strophariaceae）鳞伞属。学名：*Pholiota nameko*（T. Ito）S. Ito et Imai.；别名：珍珠菇、光帽鳞伞、光帽黄伞、滑子蘑。1921 年日本开始栽培滑菇，1950 年已大规模用木段栽培，1961 年开始用木屑栽培。中国辽宁省于 1978 年开始人工栽培滑菇，现滑菇已成为中国东北地区食用菌出口换汇的主要品种。

滑菇营养丰富，味道鲜美。每 100g 鲜滑菇中含有：蛋白质 1.1g 脂肪 0.2g，碳水化合物 2.5g。矿物质以磷（33mg）、钙（3mg）为主。滑菇是菜肴中的珍品，经常食用可增强人体的免疫力。

一、生物学特性

（一）形态特征 滑菇的子实体丛生，菌盖初期呈半球形，随着生长，逐渐展平，中央凹陷，边缘波浪形，菌盖直径 3～8cm。菌盖为肉质，表面光滑，润湿时有蛋清状黏液。菌盖幼时红褐色或黄褐色，开伞后呈淡黄色。菌肉淡黄色。菌褶直生，密集，初为黄白色，成熟后为锈棕色。菌柄圆柱形，长 5～7cm，直径 0.5～1.5cm，有时基部略粗。菌环为膜质，着生于菌柄上部，黄色。孢子成熟时是深褐色，成堆时孢子印深褐色，孢子椭圆形、圆柱形到近卵形，5～6μm×2.5～3μm。

（二）对环境条件的要求

1. 营养 滑菇是异养型木质腐生菌，从外界吸收各种碳源、氮源、矿物质元素和生物素等作营养源。通常以木屑、秸秆等作主料，适当添加麦麸、米糠、石膏等就能满足滑菇栽培所需的各种营养。但值得注意的是，麦麸的添加比例要比其他菇少，通常在 10％～15％，而不能用无机氮（如尿素、硝酸铵等）作唯一的氮源栽培滑菇。菌丝生长阶段碳氮比（C/N）以 20：1 为好；出菇阶段，碳氮比（C/N）以 30：1 为好。

2. 温度 滑菇属低温、变温结实性菇类，不同发育阶段对温度要求不同。菌丝生长阶段，4～32℃均能生长，最适温度为 20～28℃，超过 40℃菌丝很快死亡。子实体形成需要有较大温差刺激。在恒温条件下，子实体原基难以分化成菇蕾。由于滑菇品系不同，其子实体生长发育对温度要求也有差异，极早熟种为 7～25℃，早熟种为 5～15℃，晚熟种为 5～12℃。

3. 湿度 滑菇菌丝生长所需培养料含水量为 60％左右，空气相对湿度以 60％～65％为宜。培养料内含水量多少与滑菇的产量和质量有密切关系。因为原基形成主要取决于培养料里含水量是否适宜，空气相对湿度只起辅助作用。出菇时培养料含水量以 75％左右为宜，空气相对湿度以 80％～90％为宜。

4. 酸碱度 滑菇菌丝可在微酸性环境条件下生长，酸碱度一般以 pH5～6 为宜。

5. 气体 滑菇是好气性菌类，如果通风不良，或培养料通透性差时，菌丝因缺氧而生长发育不良。子实体原基形成对氧气的需求比一般菇类略小，但子实体分化时需要一定量的氧气。

6. 光照 滑菇在菌丝生长阶段对光照要求不严格，在黑暗或散射光条件下均可生长。如果光照过强反而抑制菌丝生长。但在菌丝长透培养料后的中期育菌培养时，一定要有三分阳七分阴的光照条件，促成菌块外表面黄色菌皮的产生，有利提高产量。在完全黑暗条件下，菌丝不能形成子实体。在出菇阶段光照以 200～500lx 为宜，要均匀。

二、类型及品种

根据滑菇出菇时所需温度不同，可将其分为极早生系（5～25℃出菇）、早生系（15℃左右出菇）、中生系（10℃左右出菇）及晚生系（10℃以下出菇）。目前中国生产用滑菇菌种多数是从日本引进的，如奥羽 3-2、森 14、奥羽 2、C-3 等。近年来，黑龙江省林副特产研究所从日本引进菌种中经筛选育成早丰 1 号菌株。其出菇温度 4～20℃。菌丝粗壮，吃料快，抗逆性强，出菇早，菇丛生，菇质好，转潮快，已用于生产。

三、栽培季节和方式

（一）栽培季节 常规栽培是在早春气温稳定回升至 0℃时即可接种，度过夏季高温，在秋季开袋（盘）出菇，每年完成一个生产周期。为了合理利用菇棚，满足不同季节滑菇市场的需求，还可以秋季接种，在春季出菇。秋季在温度降至 18℃左右开始接种，依靠秋季凉爽环境或冬季室内低温培育菌丝，次年春季出菇。

（二）栽培方式 滑菇的栽培方式有箱栽和袋栽等。可利用空闲住房、仓房、塑料大棚等栽培滑菇，也可在自家房前屋后搭木结构菇棚进行栽培。

四、栽培技术

滑菇袋栽方法是将培养料经灭菌后，装在塑料袋（常用食品袋）中，培养菌丝，脱袋出菇。该法是在传统的箱、帘栽的基础上发展起来的栽培方法，是目前滑菇栽培最常用的方法。栽培工艺如下：配料 →蒸料→装袋接种整形→育菌→出菇管理→采收加工。

1. 培养料配制　栽培滑菇用的木屑是以阔叶树为主，针叶树木屑和农作物秸秆等不能单独用于栽培滑菇。其培养料配方：①木屑82%，麸子15%，豆饼粉2%，石膏或石灰1%；②木屑77%，稻糠20%，玉米粉2%，石膏或石灰1%；③木屑60%，秸秆28%，稻糠10%，豆饼粉1%，石膏或石灰1%。

以上培养料含水量以58%为宜。

2. 蒸料（灭菌）　采用大锅蒸料，操作时必须见汽撒料，切不能一次撒料过厚，以免出夹生料。料温达100℃以上持续2～3h。也可将料装在筐内放入锅内蒸料。

3. 装袋、接种、整形　降温后将培养料直接装入袋中，放入木框模具中压块，接种，整形包封袋口，制成盘形菌块，最后把菌块从模具木框中取出。搬运人员要轻搬轻放，运至菌场地进行菌块初期育菌。

4. 发菌　接种后的菌块集中垛放在室外地上或垛放在闲置的房屋内，每8个菌块叠垛在一起，温度保持在10℃以下。接种后5～7d，菌块开始萌发变白，在5～8℃条件下，经15～20d菌块表面布满白色菌丝，并开始向培养基内延伸。这时既要注意防冻、防雨，还要注意通风，避免"烧垛"。以后每隔7～10d提袋口倒垛一次。当菌块内菌丝长至培养基厚度2/3或菌丝长满菌块时即可上架。大约经50～60d，菌块表皮形成黄褐色皮膜。发育良好的菌块，用手指按有弹性；剖开看，内部白色菌丝充满料间，不干涸，有典型的蘑菇气味。

菌块越夏是极其重要的技术环节，此间要加大遮荫程度，防止日光直射菇棚（室），并使棚（室）内温度控制在27℃以下。

5. 出菇管理　靠自然温度养菌，要到秋季气温降到15～20℃才能出菇。在出菇前15～20d，要对皮膜过厚的菌块进行划面处理，即用刀片或专用挠菌耙，每隔3cm在菌块上纵横挠动，划破菌膜，深度为0.1～1cm。然后放在菇架上，调节室温至15～20℃。当划口处出现新菌丝时，立即浇水，使菌块含水量达到70%，促使菌丝扭结、现蕾。刚刚分化的原基呈褐色颗粒状，经1～2d变成黄褐色或红褐色，成为可辨出菌伞和菌柄的菇蕾。此时进入出菇管理阶段。

出菇期水分管理主要是根据菇体长势及菌块干湿状况，向菌块喷水。出菇时要创造三分阳七分阴的光照条件。如光线不足，菌柄细长向光弯曲，菇体色淡，瘦小开伞早，菌盖薄，质量差。但光照也不宜过强，过强菌块水分易散发，不利菇体正常生长，影响产量。温度是出菇期管理的关键因素，一定要根据不同品种对出菇温度的要求进行管理。

五、采　　收

滑菇要在开伞前采收。采收过迟菌盖张开变为锈褐色，商品价值降低。每次采收后，要及时清除菌块表面残根和3～4cm厚的老菌丝。经5～7d恢复生长，当培养料表面出现新原基时，打开塑料薄膜，经1～2d再浇水，促进子实体生长。在正常情况下，按每袋投料2kg湿料计，产3～4批，可收鲜菇0.8～1kg。

国内销售以鲜菇为主。置于1～5℃条件下可保存1周。滑菇目前出口多采用盐渍形式加工。盐渍好的滑菇色泽为棕褐色、红褐色或黄褐色，质嫩，有韧性，完整，无异味，无腐烂变质现象。

（郭砚翠）

第十六节 刺芹侧耳（杏鲍菇）

刺芹侧耳属侧耳科（Pleurotaceae）侧耳属。学名：*Pleurotus eryngii*（DC. Fr.）Quel；别名：雪耳、干贝菇等。通称：杏鲍菇。是欧洲南部、非洲北部以及中亚地区高山、草原、沙漠地带的一种品质优良的大型肉质伞菌，腐生或兼性寄生于伞形花科刺芹属植物茎的下部或根上。Kalmar（1958）第 1 次进行栽培试验，Henda（1970）首次在段木上进行栽培。20 世纪 90 年代初，中国台湾、泰国、美国有批量栽培试验。福建省三明市真菌研究所从 1993 年底开始进行杏鲍菇生物学特性、菌种选育和栽培技术的研究，选育出适应不同市场需要、不同气候特点的 3 种不同类型菌株及其配套栽培技术。目前，杏鲍菇已成为全国各地大面积栽培的主要食用菌。

杏鲍菇的菌肉肥厚，菌盖和菌柄质地都很脆嫩，具有杏仁味。而且外形美观，保存时间较长，适合加工和烹调。杏鲍菇的营养十分丰富，干菇中粗蛋白的含量达 25%，脂肪 1.4%，粗纤维 6.9%，氨基酸总量占 16.644%，且每 100g 鲜菇含维生素 E 7.6mg 及钙、磷、铁等矿物元素。杏鲍菇含有大量寡糖，是灰树花的 15 倍、金针菇的 3.5 倍、真姬菇的 2 倍，它与胃肠中的双歧菌协调作用，具有很好的促进消化、吸收功能。

一、生物学特性

（一）形态特征 杏鲍菇子实体单生或群生。菌盖宽 2～12cm，初呈拱圆形后逐渐平展，成熟时中央浅凹至漏斗形、圆形或扇形，表面有丝状光泽，平滑，干燥，细纤维状，幼时淡灰墨色，成熟后浅黄白色或土黄色，中心周围常有近放射状黑褐色细条纹，幼时盖缘内卷，成熟后平展成波浪状。菌肉白色，具杏仁味。菌褶延生，基部网状，密集，略宽，乳白色，边缘及两侧平滑，有小菌褶。菌柄 2～8cm×0.5～3cm，偏心生至侧生，罕见中央生，棍棒状至球茎状，横断面圆形，表面平滑，无毛，近白色到浅黄白色，中实，肉白色，肉质纤维状，无菌环或菌幕。孢子印白色（浅黄至青灰色）。孢子椭圆形至近纺锤形，平滑，9.58～12.50μm×5.0～6.25μm。双核菌丝，有锁状联合。

（二）对环境条件的要求

1. 营养 杏鲍菇是一种分解纤维素、木质素能力较强的食用菌，需要较丰富的氮源。在母种培养基中添加一定量的蛋白胨、酵母或麦芽汁可以使菌丝生长加快；在栽培材料中添加棉籽壳、棉籽粉、玉米粉可以提高子实体产量。以麦秆为主要原料，添加 5%～10%棉籽粉不但可提高产量，还可使子实体个体增大。

2. 水分 杏鲍菇既耐干旱，又需要水分。菌丝生长阶段培养料含水量以 60%～65%为宜，空气相对湿度要求 60%左右；子实体开始形成和发育阶段，相对湿度要求分别为 95%和85%～90%。

3. 温度 杏鲍菇菌丝生长最适宜的温度是 25℃左右。原基形成的最适温度是 10～15℃（台湾省报道为 16～18℃）。子实体发育的温度因菌株而异，一般适宜温度为 15～21℃。但有的菌株不耐高温，以 10～18℃为宜。

4. 光照 杏鲍菇菌丝生长阶段不需要光线。子实体形成和发育需要散射光，适宜的光照强度为 600 lx 左右。

5. 空气 杏鲍菇菌丝生长和子实体发育都需要新鲜的空气。但是在菌丝生长阶段积累的二氧化碳对菌丝生长有促进作用。原基形成阶段需要充足的氧气，二氧化碳浓度以小于 2 000μl/L 为宜。

6. 酸碱度 菌丝生长的最适 pH 是 6.5～7.5，出菇时的最适 pH 是 5.5～6.5。

中国蔬菜栽培学

［第二版］.. Olericulture in China

二、类型及品种

目前，中国栽培的杏鲍菇多从国外引进，并经改良筛选而成。按子实体的外观划分，有以下 3 种类型：

（一）大型种　在正常栽培条件下，菌柄长 6～12cm，直径 2～6cm，白色。菌盖直径 3～6cm，单菇重 50～200g，品质极佳。出菇对温度的适应范围是 10～16℃。这类菌株有中国微生物菌种保藏管理委员会农业微生物中心（ACCC）保藏的 ACCC50931、ACCC51331、ACCC51198 等（下同）。

（二）鼓槌种　子实体外形如鼓槌，菌盖小，子实体组织疏松，口感较绵软。出菇温度范围 8～20℃。如 ACCC51338。

（三）小型种　菌盖展开，较薄，单菇重 10～40g。子实体较紧密，口感好，有清淡的杏仁味。出菇温度 8～20℃。是近年出口量较多的品种之一，如 ACCC5075。

三、栽培季节和方式

（一）栽培季节　杏鲍菇出菇的最适温度是 12～16℃，因而必须按照出菇温度的要求安排好栽培季节，温度太低或太高都难于形成子实体。而且与平菇栽培不同的是，杏鲍菇的第 1 批菇蕾若未能正常形成，将影响到第 2 潮的正常出菇。一般南方地区安排在 10 月下旬或 11 月下旬出菇较为适宜，北方地区可根据具体温度安排好季节，总体上以秋末初冬和春季出菇较适宜。

（二）栽培方式　杏鲍菇可以在室外用段木进行栽培，但产量低。代料栽培周期短，产量高，效益好。具体有瓶栽、箱栽、柱形栽培和塑料袋栽等。近年多采用的是塑料袋栽培方式。

四、栽培技术

（一）培养料配方　常用配方有：①棉籽壳 76％，麦麸 20％，玉米粉 3％，石膏 1％；②棉籽壳 37％，木屑 37％，麸皮 24％，糖 1％，石膏 1％。

（二）栽培袋制作　将培养料混合均匀后，加水搅拌，至含水量达 60％～65％，分装于 16～17cm×33～35cm 的低压聚乙烯塑料袋中，每袋装料 350～400g，扎口后按常规方法灭菌，接种，于 22～26℃下发菌，直至菌丝长满。

（三）栽培场所　干净、通风的菇房、塑料棚、荫棚和温室等均可用于栽培杏鲍菇。

（四）栽培管理　菌丝长满袋后即可置于栽培场所出菇。打开菌袋，把塑料袋口翻转至靠近培养基表面，上面覆盖无纺布或薄膜，之后喷水保湿，促其出菇。也可待菌丝培养至 40～50d 后见到菇蕾时开袋出菇。催蕾时要特别注意保持湿度，一般相对湿度要求 90％～95％，经过 7～10d 就可形成原基。原基分化成菇蕾后，在 8～20℃的温度条件下，相对湿度保持在 85％～90％，菇蕾不断长大，成为正常的子实体。

1. 温度调控　杏鲍菇原基分化和子实体生长发育的温度略有差别，原基分化的温度低于子实体生长发育的温度。以较低的温度（12～15℃）刺激原基形成，然后控制在 15～18℃，利于子实体生长和发育。温度若低于 6～7℃时，子实体生长非常缓慢，几乎停止；温度若超过 20℃时，原基分化即停止，超过 22℃已形成的小菇蕾则萎缩死亡。有的菌株在气温超过 18℃时即会发生萎缩，即使能长成子实体，也很快开伞成熟。

2. 湿度调控　子实体发生和生长阶段，水分管理极为重要。原基发生期相对湿度要保持在 90％左右，而当子实体发育期间和接近采收时，湿度可控制在 85％左右，以利于延长子实体的货架寿命，

同时要注意尽量不要把水喷到菇体上，以防止子实体发黄，严重时还会感染细菌，造成腐烂。

3. 光照与空气调节　子实体发生和发育阶段均需要光照，以 600lx 左右为宜。气温升高时要注意不要让光线直接照射。

子实体发育阶段还要加大通风量。雨天时，空气相对湿度大，菇房需注意通风；当气温上升到 18℃以上时，在降低温度的同时，必须增加通风，避免高温高湿，造成子实体腐烂。

五、病虫害防治

低温时病虫害不易发生，气温升高时，子实体容易发生细菌、木霉污染。出菇期喷水后要加强通风，中午切忌喷水。空气湿度要小于 85％，以预防和调控病害的发生。

六、采　　收

杏鲍菇以菌盖初露菌褶，表面半球或半圆形，未展开时为采收适期。采收第 1 批菇后，要清洁床面，养菌 7～10d 后再进行出菇管理。一般可出菇 2～3 潮，生物学效率 50％～100％。

杏鲍菇在 4℃条件下，可保藏 10d；气温 10℃可放置 5～6d，15～20℃也可保存 2～3d。抽真空低温保藏，可放至 30d。

杏鲍菇适合烤干，干品风味极好，口感脆、韧、鲜。因菌盖、菌柄肉质厚，整朵很难烤干成为合格干品，所以烤干之前需切片，之后根据食用菌产品烤干要求进行。干品呈白至奶油黄色，外观好。

（郭美英）

第十七节　白灵侧耳（白灵菇）

白灵侧耳属侧耳科（Pleurotaceae）侧耳属。学名：*Pleurotus nebrodensis*（Inzenga）。也有专家认为百灵侧耳为阿魏侧耳的变种 [*Pleurotus eryngii*（DC.Fr）Quel. var. *nebrodensis* Inzenga]，称为白阿魏蘑或白阿魏菇、白阿魏侧耳。白灵侧耳的商品名称为白灵菇。

百灵侧耳春末夏初生于新疆伞形花科植物阿魏和刺芹等的茎基部或根部，与此相近的还有阿魏侧耳托里变种 var. *tuoliensis* Mou，在新疆和四川北部均有分布。亦为牟川静、曹玉清、陈忠纯（1987）从阿魏菇的菌株采集分离、培养、驯化并定名。

20 世纪 80 年代后期，白灵侧耳在新疆木垒哈萨克自治县食用菌开发中心开始进行较大面积栽培，此后，栽培面积迅速扩大，北京、山东、河南、山西、新疆、甘肃、青海等省、自治区、直辖市都有了规模化的栽培耳场。目前主要供鲜销，还有一定的罐头和干制品，并有一定量的出口。

白灵侧耳菇体硕大，色泽洁白，质地柔嫩，口感清爽，香味浓郁，风味独特。其蛋白质含量高于多数食用菌，含有 17 种氨基酸，特别富含谷氨酸和精氨酸。

一、生物学特性

（一）形态特征　白灵侧耳的子实体单生或丛生。菌盖初凸出，后平展或中央渐下凹成偏漏斗状或马蹄状，白色，直径 6～13cm 或更大，盖缘初内卷。菌肉白色，肥厚，中部厚 2～6cm。菌褶密集，不等长，延生，米黄色至浅肉粉色。菌柄偏生或侧生，长 2～14cm，粗 2～6cm，上下等粗或上粗下细，表面光滑，白色。孢子印白色。孢子无色，光滑，长椭圆形至椭圆形，有内含物。菌丝体白

色，有锁状联合。菌落舒展均匀。

（二）对环境条件的要求

1. 营养　白灵侧耳是具弱寄生性的兼性腐生菌，可以较好地利用木质纤维素作碳源，人工栽培可利用的主料有棉籽壳、玉米芯、阔叶树木屑、甘蔗渣等，其中以棉籽壳效果最佳。辅料有麦麸、米糠、玉米粉等。栽培中适量加入玉米芯可提早出菇，有效地缩短生产周期。

2. 温度　白灵侧耳属于中低温变温结实的食用菌。菌丝生长温度范围 5～35℃，适宜生长温度为 20～30℃，旺健生长温度 20～26℃。子实体形成需要温差刺激，温差以 10～15℃ 为最佳，子实体形成和分化的适宜温度 5～15℃，子实体分化后生长发育的适宜温度为 15～20℃，优质子实体生长的适宜温度为 12～16℃。

3. 湿度　白灵侧耳菌丝生长适宜的基质含水量为 60%～65%，空气相对湿度为 75% 左右。子实体形成适宜空气相对湿度稍低于多数食用菌，为 80%～90%，湿度过高时子实体易形成米黄色细斑纹，影响商品外观。

4. 酸碱度　白灵侧耳菌丝在 pH 5～7.5 的基质上都能很好地生长，栽培中培养料的自然 pH 完全可以满足生长发育的需要，但是在生产实践中为了避免杂菌污染，常加入石灰提高 pH 到 7.5。

5. 光照　白灵侧耳菌丝生长不需要光照，但是光可以刺激子实体形成。生理成熟的菌丝对光刺激敏感，微弱的光照每天数分钟就可诱导子实体形成。光还有抑制菌柄伸长、促进菌盖分化和伸展作用，光照不足时，子实体柄长盖小。因此，出菇期间要光照充足，光强以 200～600lx 为宜。

6. 通风　白灵侧耳是好气性真菌，生长发育需要充足的氧气，特别是子实体分化和发育阶段，氧气充足与否至关重要。通风不足时，生理成熟的菌袋很难出菇，已经出现的原基迟迟不分化，已经分化的菇蕾发育缓慢，柄长盖小而薄，商品质量大大降低。因此，菇房菌袋密度不可过大，出菇期要通风良好，二氧化碳浓度应控制在 1 000µl/L 以下。

7. 其他　白灵侧耳子实体的形成需要生理后熟，其时间以 30～60d 为宜，温度 18～24℃。因此，栽培中白灵侧耳长满袋后，不可直接搬入菇房出菇，而要原地进行后熟培养 30～40d。

二、类型及品种

白灵侧耳仅一个栽培种，栽培品种类型较少。中国现栽培白灵侧耳有 4 个菌株，其中 3 个为掌状，1 个为马蹄状。现以中国微生物菌种保藏管理委员会农业微生物中心的库号为据介绍菌株。

1. 掌状菌株　子实体单生或丛生。菌盖初凸出，后平展成掌状，白色，直径 5～20cm 或更大，盖缘初内卷。菌肉白色，肥厚，致密。这类菌株有 ACCC50589、ACCC51453、ACCC51454。掌状菌株一般出菇温度低于马蹄状菌株，在适宜温度下，较早分化形成菌盖和菌柄，柄短，菌盖较大，似掌状。这类菌株由于口感好，风味足，易烹调成形，成为外观与鲍鱼相差无几的"素鲍鱼"，所以较受市场欢迎。这类菌株生理后熟期较长，出菇要求温差刺激较强，温度较低，栽培周期长，北方出菇适宜季节在 11 月至翌年 3 月。在自然温差较小的长江以南地区难以获得理想的栽培效果，甚至不能出菇。

2. 马蹄状菌株　子实体单生或丛生。菌盖初凸出，后平展或中央渐下凹成偏漏斗状或马蹄状，白色，直径 4～13cm 或更大，盖缘初内卷。菌肉白色，肥厚。这类菌株最早由福建省三明市真菌研究所推出，无论环境条件多么适宜，子实体原基形成后，菌柄不断伸长，菌盖迟迟不分化，只有当菌柄长至足够长短后，才开始菌盖的分化，最终菌盖长成马蹄状或偏漏斗状。与掌状菌株相比较，马蹄状菌株生理后熟期短，子实体发生早，要求温差刺激小，出菇温度高，更易于栽培。但是子实体质地相对较疏松，口感欠佳。马蹄状菌株需要较早采收，以菌盖开始向四周生长时采收为宜，这时质地相对致密得多。这类菌株有 ACCC50160。

三、栽培季节和方式

（一）栽培季节　在适宜环境条件下，白灵侧耳从接种到采收第一潮菇，一般要 120d 左右。北方地区可以实现春、秋、冬三季栽培，出菇季节以 11 月至翌年 3 月为最佳。在海拔较高的冷凉地区 9～10 月和 4～5 月间也可出菇。栽培袋应提早 100d 左右接种。在南方沿海地区，最好选择在高海拔地区的冬季栽培，适宜出菇温度在 12 月至翌年 2 月；在中原和华北地区，适宜出菇季节在 11 月至翌年 4 月；在东北地区，适宜出菇的季节在 10 月至翌年 5 月；在西北地区，特别是 2 000m 以上的高海拔地区，是优质白灵侧耳生产的理想区域，9 月至翌年 6 月都可以出菇。

（二）栽培方式　白灵侧耳为熟料袋栽，可以采用地面畦式栽培出菇，也可采用菌墙式出菇，需要时还可以覆土出菇。

可以用来栽培白灵侧耳的园艺设施很多，除小拱棚外如中拱棚、日光温室、菇房等。可根据出菇季节的自然温度，选择和建造适宜的设施。

四、栽培技术

一般而言，在适宜环境条件下，百灵侧耳的发菌期为 50～60d，生理后熟期需 30～40d，催蕾 15d，子实体发育 15～20d，采收 1 潮菇理论上要 110～125d。生产实际中常在 130d 以上。

1. 原料及其准备　可以用来栽培白灵侧耳的原料种类很多，常用主料有阔叶树木屑、棉籽壳、玉米芯，常用辅料有麦麸、米糠、玉米芯等。此外，常加入石膏和石灰满足白灵侧耳对钙的需要，提高 pH，预防霉菌污染。在低温接种季节，为了促进菌丝萌发定植，还可加入 1％的食糖。

2. 培养基配方　虽然从理论上多种原料都可以用来栽培白灵侧耳，但是不同培养料和培养基配方栽培效果差异显著。常用培养基配方有：①棉籽壳 78％～80％，麦麸或米糠 15％，玉米粉 3％～5％，石膏 1％，石灰 1％。含水量 60％～62％；②棉籽壳 73％，麦麸或米糠 25％，石膏 1％，石灰 1％。含水量 60％～62％；③棉籽壳 65％～60％，玉米芯 10％～15％，麦麸 20％，玉米粉 3％，石膏 1％，石灰 1％。含水量 60％～62％；④棉籽壳 53％，阔叶树木屑 20％，麦麸 20％，玉米粉 5％，石膏 1％，石灰％。含水量 60％～62％。

培养料搅拌均匀后立即分装，并于 6h 内上锅灭菌。栽培白灵侧耳常用折径 16～17cm、长 33cm、厚 0.04～0.05mm 的低压聚乙烯膜折口塑料袋，每袋装干料 350～400g。装好后中间打一透气孔直至袋底。

3. 灭菌　可常压灭菌，也可高压灭菌，常压灭菌要求入锅后 2h 内底层蒸汽温度达到 100℃，并维持 8～10h；高压灭菌要求 1.372×10^5 Pa 维持 1～4h，视高压容器的容量而定。

4. 发菌　白灵侧耳菌丝体生长适宜温度范围在 20～30℃，发菌期间应保持这一温度。空气相对湿度保持 50％～70％。菌丝体生长不需要光，在适宜环境条件下，40～50d 即可长满袋。

5. 生理后熟　白灵侧耳菌丝长满后不能立即出菇，需要一定时间的生理后熟。这一时期对环境条件的要求与发菌期完全相同。生理后熟期以 30～40d 为好。

6. 催蕾　白灵侧耳子实体形成的适宜温度范围在 12～17℃。其催蕾措施为降温、增光和通风。在设施内栽培时，可采取白天早、晚开帘增温增光，夜间半开和全开帘降温，尽量拉大昼夜温差，同时每天通风 2～3 次，每次 1h 左右。有冷库条件的可以在冷库内进行 4～8℃低温处理 7d，然后移入菇房，堆叠码放使菌丝升温，并保持温度 15℃左右，空气相对湿度 85％～95％，给予适量光照，在数日下即可形成原基。形成原基后码成 6～7 层高的菇垛，实施出菇管理。菇垛各层袋口不可同一方向码放，以防子实体发育中后期的相互挤压，菇体畸形。

7. 出菇管理　原基形成和膨大期间要保持空气相对湿度在95％以上，否则原基易干缩死亡。因此，此期间只需将袋口放松，不可全部打开，便于保持小环境的适宜湿度，促进原基膨大。当原基分化出明显可见的菌柄和菌盖后应及时开袋增氧，促进菌盖生长。出菇期间应保持温度14～17℃，空气相对湿度85％左右，通风良好。

白灵侧耳的原基从分化到可采收要10～14d。1潮菇生物学效率一般在40％～60％。

8. 促生第2潮菇　影响白灵侧耳第2潮菇形成的主要原因是基质含水量。调查表明，在正常栽培条件下，1潮菇后基质含水量多在30％左右，在这一水分条件下，其他环境条件虽然适于出菇，但子实体仍不能形成。北京市农林科学院植保环保研究所采取浸水和覆土方法补水，可使基质含水量提高到52％～55％，在适宜环境条件下1个月后即可形成第2潮子实体。在北京地区，浸水处理不可晚于3月10日，否则，日后温度过高时难以出菇。第2潮菇的生物学效率一般为40％左右。

五、主要病虫害防治

由于白灵侧耳为低温菇类，出菇正值低温季节，在栽培过程中只要执行操作规程，病虫为害较少。但如管理不善，则容易发生百灵菇绿霉病，主要感染培养料。子实体受感染，在表面产生近圆形灰绿色霉斑，以后致病部凹陷腐烂。发病条件及防治方法，参见双孢蘑菇绿霉病。

六、采　　收

白灵侧耳要及时采收，以菌盖边缘微下卷、菌盖中央质地仍紧密结实时为好。采收过晚则质地疏松，口感下降，菇体微黄，质量显著下降。采收时应戴塑料手套，用小刀割取，一手持小刀操作，一手轻扶接住，以保持菌褶完好，保证商品质量。

采收后要及时修整，去除杂质，必要时剪柄修形，菇体个体包装，在2～6℃冷库保鲜贮藏。

（张金霞）

第十八节　阿魏侧耳（阿魏菇）

阿魏侧耳属侧耳科（Pleurotaceae）侧耳属，学名：*Pleurotus ferudoe* Lanzi。野生阿魏侧耳由于自然发生于新疆伞形花科植物阿魏的根茎上，所以通称阿魏菇。在南欧、中亚及北非也有分布。1974年法国利用纯培养菌丝栽培成功。1985年中国牟川静、陈忠纯均报道了人工培养驯化和人工栽培的方法，是一种很有开发价值的珍稀食用菌之一。

一、生物学特性

（一）形态特征　阿魏侧耳子实体中等至稍大，菌盖直径5～15cm，初期扁半球形，后渐平展，最后靠近基部下凹，扇形，表面光滑，初期褐色后变污白色，干时有龟裂花斑。菌肉白色，厚。菌褶延生，稍密，白色后呈淡黄色。菌柄长2～6cm，粗1～2cm，内实，向下渐细。孢子无色，光滑，长椭圆形至椭圆形，12～14μm×5～6μm。

（二）对环境条件的要求

1. 营养　阿魏侧耳具腐生和兼性寄生的生理特性，在人工栽培条件下，棉籽壳、阔叶树木屑、甘蔗渣、稻草均可作主料，麦麸、玉米粉是很好的辅料。

2. 温度　菌丝生长温度范围5～32℃，最适温度24～26℃；子实体形成和发育温度8～25℃，以

14～20℃时生长快，且品质好。

3. 湿度 基质适宜含水量 65％左右，子实体生长的适宜的空气相对湿度 80％～95％。

4. 酸碱度 菌丝生长的适宜 pH6.0～6.5，栽培中为了防止污染，常将培养基调高至 8.0 左右。

5. 光照 菌丝体生长不需光，子实体分化和发育需要散射光。在栽培条件下，光照度以 200～300lx 为宜。

二、类型及品种

目前阿魏侧耳使用较多的品种是以新疆野生种为亲本，选育的较耐高温的菌株 KH_2。其子实体大型，单菇重 50～500g 不等，多数为 100～300g，柄短盖大。菌盖直径 6～12cm，厚 2～4cm；菌柄长 2～6cm，粗 2～4cm。

三、栽培季节和方式

（一）栽培季节 中国南方沿海地区适宜出菇季节多在 11 月至翌年 4 月；中原地区适宜出菇季节在 11～12 月和 3～4 月；华北和东北地区适宜出菇季节在 10～11 月和 3～5 月；西北地区在 9～10 月和 3～7 月。

（二）栽培方式 以袋栽为主，各类菇房、菇棚、人防地道、地下室等均可用于栽培。

四、栽培技术

阿魏侧耳的栽培技术及病虫害防治等，可参照刺芹侧耳和百灵侧耳。

（黄年来 陈忠纯）

第十九节 盖囊侧耳（鲍鱼菇）

盖囊侧耳属侧耳科（Pleurotaceae）侧耳属中的一个种。学名：*Pleurotus cystidiosus* O. K. Miller.（*Pleurotus abalonus* Han，K. M. Chen et S. Cheng）；别名：台湾平菇。通称：鲍鱼菇。盖囊侧耳是一种夏季高温季节发生的菇类，常发生于柳树、榕树、刺桐、凤凰木、番石榴、法国梧桐等腐朽的树木上。台湾省于 20 世纪 70 年代开始栽培，已投入商业化生产，产品除以鲜品供应市场外，还制成罐头出口。福建三明真菌研究所首先在福建省的晋江采集并分离到鲍鱼菇的野生菌株，之后在泉州、厦门、同安、霞浦等地以及浙江省杭州市一带采集和分离多株的盖囊侧耳菌株进行驯化栽培试验。上海师范学院生物系等单位也分离了野外菌株进行栽培试验。

盖囊侧耳肉质肥厚，菌柄粗壮，脆嫩可口，营养丰富，风味独特，颇受人们的喜爱。可用棉籽壳、木屑、蔗渣、稻草等进行栽培，产品又较易保存和运输，因而有其广阔的发展前景。

一、生物学特性

（一）形态特征 鲍鱼菇的子实体单生或丛生。菌盖宽 5～12cm，表面干燥，暗灰褐色，中央浅凹。菌褶间距离稍宽、延生，有许多脉络，呈奶油色，成熟时菌褶边缘呈灰黑色，褶片下延，与菌柄交接处形成明显的灰黑色圈，往下延时成网络状。菌柄内实，致密，偏心生，长 5～8cm，宽 1～3cm，白色至淡灰白色。

盖囊侧耳的主要特征是双核菌丝在培养基上会形成黑头的分生孢子梗束。有时在成熟的子实体的菌褶和菌柄上边会产生大量的孢子梗束和分生孢子，分生孢子成链状发生。

（二）对环境条件的要求

1. 营养　盖囊侧耳是以能较快让菌丝直接吸收的葡萄糖、蔗糖为主要碳源。在实际栽培中，以棉籽壳、木屑、稻草、甘蔗渣、玉米芯等作为培养料，供给鲍鱼菇生长所需的碳源，以细米糠、麸皮、玉米粉、大豆粉、花生饼粉、棉籽粉为主要氮素营养来源。

培养料中氮源的多少，对盖囊侧耳的菌丝生长和子实体发育及产量有很大的影响。制作母种时，添加 0.2% 的蛋白胨比原马铃薯、蔗糖、琼脂培养基（PSA 培养基）菌丝生长速度每天加快 1.7mm；栽培时，在木屑、麸皮配方中添加 5%～10% 的黄豆粉或玉米粉，或用棉籽壳代替部分木屑，可比原配方增产 20%。

盖囊侧耳在生长过程中还需要一定量的无机盐，如 KH_2PO_4、$CaCO_3$ 等及 Ca、P、K、Mg、Fe 等矿质元素。同时还需要一定量的维生素。因马铃薯、米糠中含有较多的维生素，所以用这些原料配制培养基时不必再添加。但对于菌丝生长慢的盖囊侧耳菌株，添加一定量的硫胺素（维生素 B_1）和核黄素（维生素 B_2），可使菌丝生长加快、旺盛，缩短菌丝生长时间。

2. 温度　盖囊侧耳菌丝生长的温度以 20～30℃ 为宜，最适宜的温度是 25～28℃。在温度适宜的条件下，菌丝呈白色，浓密粗壮，常形成树枝状的菌丝束，并形成洁白的分生孢子梗束和墨状的分生孢子堆。温度过低或过高均会影响菌丝的生长。

不同温度对盖囊侧耳发育影响极为显著。子实体发生的温度范围为 20～32℃，25～28℃ 为最适宜温度。低于 20℃ 和高于 35℃ 完全不发生菇蕾。温度还会影响子实体的颜色，气温 25～28℃ 时子实体呈灰黑色，28℃ 以上时呈棕褐色至灰褐色；若气温下降至 20℃ 以下时，正在生长的子实体呈黄褐色，并逐渐萎缩。

3. 湿度　盖囊侧耳为喜湿性菌，抗干旱能力较弱。菌丝生长的最适含水量为 60%～65%。若培养基含水量太高，则菌丝难于生长；如含水量太低，会影响子实体形成。盖囊侧耳是夏季栽培的种类，因气温高，水分散失快，因而配制培养基时含水量以 70% 为宜（其中消毒时散发 4%，培养时瓶口蒸发 3% 左右）。

栽培室的空气湿度对菇蕾发生和成菇的影响极其明显。栽培室的空气湿度保持在 90%～95% 时，对菇体的发育最有利，若湿度太低，子实体发育不良而减轻重量，同时易发生龟裂而影响外观。

4. 气体　菌丝生长阶段对空气要求不甚严格，高浓度的二氧化碳能刺激盖囊侧耳菌丝生长，但二氧化碳积累过多时，菌丝生长骤然下降。一般培养室要定时通风。

子实体发育阶段需要充足的氧气，出菇期随着子实体不断生长，氧气需求量不断增加。如果通气不良，则子实体柄长、盖小或不发育，容易形成畸形菇。

5. 酸碱度　盖囊侧耳菌丝在 pH5.5～8 的培养基中均能生长，菌丝生长和子实体形成的最适 pH 为 6～7.5。

6. 光照　菌丝培养阶段不需要光照，而子实体生长阶段需要 500～1 000lx 的光照。在黑暗条件下，菌盖不分化。

二、类型及品种

目前生产上应用的盖囊侧耳品种多为菲律宾和泰国等引进，或从野生种驯化经选育而成。在中国微生物菌种保藏管理委员会农业微生物中心（ACCC）保藏的菌株有 ACCC50089、ACCC50164、ACCC50166。

三、栽培季节和方式

（一）栽培季节　中国南方地区以每年的 3 月初接栽培种（30d），4 月初接栽培袋（30d），5～10 月份栽培较为适宜；北方地区可根据盖囊侧耳在 25～30℃ 能正常出菇的要求，合理安排栽培季节。

（二）栽培方式　盖囊侧耳以袋式栽培为主。

四、栽培技术

（一）培养基配方　常用配方：①棉籽壳 40%，木屑（或蔗渣）40%，麸皮 18%，糖 1%，碳酸钙 1%；②棉籽壳（或废棉团）93%，麸皮 5%，糖 1%，碳酸钙 1%；③木屑 73%，麸皮 20%，玉米粉 5%，糖 1%，碳酸钙 1%；④稻草 37%，木屑 37%，麸皮 20%，玉米粉 4%，糖 1%，碳酸钙 1%。含水量掌握在 70% 左右。

（二）栽培袋的制作、灭菌　采用聚丙烯塑料袋，规格为 33cm×20cm 或 35cm×17cm，厚度为 0.04～0.05mm，塑料套环内径和高度 2～3cm。每袋装料量为 0.4～0.5kg。在培养基中间打洞，使菌丝生长加快，然后套上套环，塞上棉塞灭菌。

高压灭菌需 $1.4×10^5$Pa 维持 1.5～2h；常压灭菌 100℃ 维持 6～8h。无论是高压或常压灭菌，塑料袋下都必须垫纸。

一般接种后 2～3d，菌丝就开始恢复，应保持最适宜温度 25～28℃，空气湿度 60% 左右。菌丝长满培养基表面之前，要经常检查是否染上杂菌。菌丝长至培养基表面并下伸 1cm 左右时，一般不易再发生污染。在适宜的环境条件下，一般 25～30d 菌丝即长满。在培养过程中，要注意防止老鼠和蟑螂的为害。

（三）栽培场所　通风好、干净的房间都可以用来栽培盖囊侧耳。要注意附近场所的卫生，以不易感染杂菌为准。因夏季阳光照射强烈，气温高，因而栽培房要求搭荫棚，并通风良好，以利降温。

（四）栽培管理　菌丝长满后搬入出菇场所，拔掉棉花塞，脱掉套环，把塑料袋口卷至靠近培养基表面处，先清理培养基表面，把培养基上的小菇清除干净。之后每天喷水 3～4 次，一般经 5～7d 开始出菇，从菇蕾起至成熟需 4～6d。采收完第 1 批菇后，让菌丝恢复 2～3d 再喷水管理，转潮间隔需 12～15d。第 2 批菇采收后，第 3 批菇潮次不明显，发生的菇蕾也相对较少。

调控好温度是十分关键的，必须注意勤喷水，墙壁、地上均喷水以降低温度，促进菇蕾的发生。催蕾时掌握在 25～28℃，生长时 27～28℃。子实体接近成熟时，生长发育最快，需要的水分更多。气温高时，栽培房要保持潮湿。相对湿度偏低，子实体生长发育将受到很大影响，长出的原基不分化，小菇蕾干枯死亡，子实体颜色变棕褐色。如果相对湿度过高，同样会严重影响子实体的生长发育，出现只长菌柄、菌盖不易开伞的畸形菇。而且湿度大，培养基表面的分生孢子多，全部布满黑色的液滴，不能分化成菇蕾。盖囊侧耳原基分化需要光线，栽培房要有一定的散光线。但光线不可太明亮，更不能让阳光直射，强烈的阳光对子实体发育有不良的影响。

五、病虫害防治

盖囊侧耳是春夏栽培的品种，因而病虫害的预防非常重要。在炎热的夏季，一旦发生病虫害，则很难治理。首先在选择培养料时要求新鲜、无霉烂，配料前经过烈日曝晒 1～2d。每次栽培前，所有的接种箱、培养室、栽培房均应清洗，熏蒸灭菌，用药量为每立方米空间 10g 硫黄或 10ml 福尔马林溶液。熏蒸前用水喷湿，增强杀菌效果。因气温高，菇蝇容易发生，所以门窗应安装窗纱，以阻隔外

来虫源。

　　在菌丝培养阶段常见杂菌有根霉、青霉、木霉、脉孢霉等（参见香菇病虫害防治），发现后要及时进行销毁处理，以防蔓延。子实体生长期，若相对湿度过高，则易发生根霉、木霉，必须降低湿度，并把染菌的袋子及时处理。为害鲜菇的害虫有蛞蝓、菇蚊等，发现时也必须及时清除。

六、采　　收

　　盖囊侧耳子实体长到菌盖近平展，盖缘变薄但稍有内卷时，就要及时采收。如果让成熟的子实体继续生长，孢子弹射后采收，不仅商品价值低，而且还稍带有苦味。

　　盖囊侧耳栽培的生物学效率一般为70%左右，产量主要集中在第1、2批。

　　鲜售的子实体菌盖以3～5cm宽、柄长1～2cm为好。

（郭美英）

（本章主编：谭　琦）

◆ 主要参考文献

[1] 贾身茂. 中国平菇生产. 北京：中国农业出版社，2000

[2] 张金霞. 食用菌生产技术. 北京：中国标准出版社，1999

[3] 姜瑞波. 中国农业菌种目录. 北京：中国农业科学技术出版社，2001

[4] 郭美英. 中国金针菇生产. 北京：中国农业出版社，2000

[5] 黄年来主编. 中国食用菌百科. 北京：中国农业出版社，1993

[6] 黄年来，郭美英. 福建省一种野生食用菌的鉴定和人工栽培. 武夷科学，1982，（2）：55～57

[7] 郭美英. 鲍鱼菇的特性和栽培技术. 食用菌. 1985，（1）：28～29

[8] 黄年来. 18种珍稀美味食用菌栽培. 北京：中国农业出版社，1997

[9] 郑燮，韩又新. 栽培环境因子对鲍鱼菇发育影响之研究. 台湾洋菇，1977，2～10

[10] 杨新美主编. 中国食用菌栽培学. 北京：农业出版社，1988

[11] 黄年来. 杏鲍菇及其栽培. 江苏食用菌. 1995，（3）：2～3

[12] 郭美英. 珍稀食用菌杏鲍菇生物学特性的研究. 福建农业学报. 1998，（3）：44～49

[13] 郭美英. 杏鲍菇的特性与栽培技术研究. 食用菌. 1998，（5）：11～12

[14] 黄年来. 中国大型真菌原色图鉴 北京：中国农业出版社，1998

[15] 蔡令仪. 灰树花培养料配方筛选与菌株品比试验初报. 食用菌学报，2001，8（4）

[16] 上海农业科学院食用菌研究所. 中国食用菌志. 北京：中国林业出版社，1991

[17] 杨新美. 食用菌研究法. 北京：中国农业出版社，1998

[18] 汪昭月. 食用菌制种技术. 北京：金盾出版社，1996

[19] P. J. C. 维德. 福建省轻工业研究所译. 现代蘑菇栽培学. 北京：中国轻工业出版社，1984

[20] 黄年来. 自修食用菌. 南京：南京大学出版社，1987

[21] 孔祥君，王泽生. 中国蘑菇生产，北京：中国农业出版社，2001

[22] 贾身茂，冯文芸. 北方香菇栽培技术. 北京：科学出版社，1998

[23] 潘崇环. 食用菌优质高效栽培指南. 北京：中国农业出版社，2000

[24] 向华. 草菇金针菇猴头菌. 北京：中国农业出版社，1999

[25] 张金霞. 新编食用菌生产技术手册. 北京：中国农业出版社，2000

[26] 中国科学院植物研究所. 新编拉丁汉英植物名称. 北京：航空工业出版社，1996

[27] 张金霞主编. 食用菌安全优质生产技术. 北京：中国农业出版社，2004

[28] Zervakis G. I., Venturella G. and Papadopoulou. Genetics polymorphism and taxonomic infrastructures of the *Pleurotus eryngii* species-complex as determined by RAPD analysis, isozyme profiles and ecomorphological characters. Microbiology, 2001，（147）：3 183～3 194

□□□□ Olericulture in China 　　　　　　　　　　　　　　　　　　　　　　　第二十一章　食用菌栽培 □□□□
.... [第二篇　各　　论]

［29］ Venturella G. , Zervakis G. and Rocca SL. *Pleurotus eryngii* var. *elaeosklini* var. nov. from Sicily. Mycotaxon，
　　　 2000，（76）：419～427

［30］ 牟川静，曹玉清，陈忠纯. 阿魏侧耳的新变种及其培养特征. 真菌学报，1987，6（3）：153～156

［31］ 卯晓岚主编. 中国大型真菌. 郑州：河南科学技术出版社，2000

［32］ 黄年来. 食用菌病虫诊治（彩色）手册. 北京：中国农业出版社，2001

［33］ 丁锦华，徐雍皋，李希平主编. 植物保护辞典. 南京：江苏科技出版社，2001

［34］ 吴菊芳等编著. 新编食用菌病虫害防治技术. 北京：中国农业出版社，2003

第二十二章

芽 苗 菜 栽 培

　　中国是世界上生产、食用芽菜最早的国家。早在秦汉时期的《神农本草经》中已有："大豆黄卷，味甘平，主湿痹、痉挛、膝痛"的记载。这里的"大豆黄卷"就是晒干了的黄豆芽，当时主要作为药用。到宋代，就有了用大豆生产豆芽作为蔬菜食用的记载。北宋·苏颂著《图经本草》（1061）上说："菜豆为食中美物，生白牙，为蔬中佳品。"南宋·孟元老所撰《东京梦华录》（1147）中的豆芽菜条目，是生产绿豆芽的最早记载。

　　传统的芽菜除绿豆芽、黄豆芽、蚕豆芽之外，中国劳动人民在生产实践中认识到一些植物的芽及幼嫩器官可供食用，并将这一类食品冠以"头"、"脑"、"梢"、"尖"、"芽"、"苗"、"娃"等名称，以表示其食用部位之幼小、鲜嫩以及品位之佳良和精华等特点。如流行于民间的娃娃萝卜菜（萝卜苗，湖南）、豌豆苗（北京）、香椿芽（安徽）、柳芽（北京）、豌豆尖（四川）、南瓜梢（云南）、花椒脑（河北）、枸杞头（江苏）等。

　　芽菜的生产和食用尽管历史悠久，但发展缓慢。长期以来无论是在种类、品种上，还是在栽培技术上都没有开拓性的进展和突破。进入 20 世纪 70 年代后，日本、美国及中国台湾省先后在现代化温室中开展了芽苗菜商品化生产研究。此后，国内一些蔬菜科研单位在此基础上，相继开展了新型芽苗菜栽培技术的研究，有力地推动了芽菜科研和生产的迅速发展，期间所取得的新进展包括：

　　（1）对芽菜定义进行了适当的扩充和修订，给予芽菜一个确切、完整和更科学的定义。将芽菜主要来自豆科种源扩大到十字花科、菊科、禾本科等 20 个科、近 30 多个属。

　　（2）开始了规模化、集约化、工厂化芽苗菜生产。这种生产方式一般采用塑料大棚、温室或工厂厂房、民居作为生产场地，人工控制温度、湿度、光照等环境条件，严格按制定的工艺流程进行生产管理，使传统的芽菜生产开始向现代化的工业生产迈进。

　　（3）研究开发了豌豆苗、萝卜苗、荞麦苗、黑豆苗、向日葵苗等 10 余种可供大面积商品化生产的新型芽苗菜，并从国外引进一批适合中国人民饮食习惯的新的芽苗菜种类和品种，如菊苣芽球、独行菜芽、小扁豆芽、黄芥芽等。

　　（4）芽苗菜生产得到了进一步的普及，全国已有上百个大中城市及其郊区进行芽苗菜生产。广大消费者进一步了解了芽苗菜。芽苗菜在蔬菜分类中有了相应的地位。

第一节　种类与特点

　　随着芽菜生产的进一步发展和种类不断增多，芽菜的定义也随之不断拓展。1957 年出版的《中国蔬菜栽培学》（吴耕民）将芽菜定义为："使豆子或萝卜、荞麦等种子萌发伸长而作蔬菜，故名芽菜。"并指出："芽菜利用种子内所贮藏的养分，不必施用肥料，且一般不必播于土中即可进行弱光软化栽培。"1977 年日本《野菜园芸大事典》田村茂也将芽菜定义为："芽菜是豆类和荞麦等的种子在黑暗中发芽的产物"。1982 年出版的《软化·芽物野菜》（西垣繁一）一书中对芽菜作了如下的论述："温室栽培床栽培、密播，适当的温、湿度保证发芽，生产出柔软、多汁的植物幼芽、幼叶作为商品。"这段论述将芽菜的范围进一步扩展到植物除芽以外的幼嫩器官。1990 年《中国农业百科全书·蔬菜卷》将芽菜明确定义为："豆类、萝卜、苜蓿等种子遮光（或不遮光）发芽培育成的幼嫩芽苗。"1994 年，中国农业科学院蔬菜花卉研究所芽苗类蔬菜研究课题组在前人定义的基础上，根据生产技术和种类的发展对芽菜的定义又作了适当的拓展，并修订为："利用植物种子或其他营养贮存器官，在黑暗或光照条件下直接生长出可供食用的嫩芽、芽苗、芽球、幼梢或幼茎，均可称为芽苗类蔬菜，简称芽苗菜或芽菜。"

一、芽苗菜的种类

依照芽苗菜的定义，根据芽苗类蔬菜产品形成所利用营养的不同来源，可将芽苗类蔬菜分为种芽菜和体芽菜两类。前者系指利用种子中贮藏的养分直接培育成幼嫩的芽或芽苗（多数处于子叶展开或真叶"初露"期），如黄豆、绿豆、赤豆、蚕豆芽及香椿、豌豆、萝卜、黄芥、荞麦、苜蓿芽苗等。后者多指利用二年生或多年生作物的宿根、肉质直根、根茎或枝条中累积的养分，培育成芽球、嫩芽、幼茎或幼梢。如由肉质直根在遮光条件下培育成的菊苣芽球；由根茎培育成的姜芽；由植株、枝条培育的树芽香椿、枸杞头、花椒脑等。种芽菜又可按栽培过程中不同光照条件及其产品绿化程度分为绿化型种芽菜、软化型种芽菜和半软化型种芽菜 3 种类型。常见芽苗菜种类、培养器官及食用部分见表 22 - 1。

表 22 - 1　芽苗菜种类、培养器官及食用部分

（王德槟，2003）

产品名称	作物名称	培养器官	食用部分
绿豆芽	绿豆	种子	幼芽
黄豆芽	大豆	种子	幼芽
黑豆芽	大豆	种子	幼芽
青豆芽	大豆	种子	幼芽
红豆芽	大豆	种子	幼芽
蚕豆芽	蚕豆	种子	幼芽
红小豆苗	赤豆	种子	幼苗
豌豆苗	豌豆	种子	幼苗
花生芽	花生	种子	幼芽
苜蓿芽	苜蓿	种子	幼芽或幼苗
小扁豆芽	小扁豆	种子	幼芽或幼苗
萝卜芽	萝卜	种子	幼苗
菘蓝芽	菘蓝	种子	幼芽或幼苗
沙芥芽	沙芥	种子	幼芽或幼苗
芥菜芽	芥菜（子用芥菜）	种子	幼芽或幼苗
芥蓝芽	芥蓝	种子	幼芽或幼苗
白菜芽	结球白菜	种子	幼芽或幼苗
独行菜芽	独行菜	种子	幼苗
种芽香椿	香椿	种子	幼苗

（续）

产品名称	作物名称	培养器官	食用部分
向日葵芽	向日葵（油葵）	种子	幼芽
荞麦芽	荞麦	种子	幼苗
胡椒芽	胡椒	种子	幼芽或幼苗
紫苏芽	白紫苏	种子	幼芽或幼苗
水芹芽	水芹	根株	幼苗
小麦苗	小麦	种子	幼苗
胡麻芽	胡麻	种子	幼芽或幼苗
蕹菜芽	蕹菜	种子	幼苗
芝麻芽	白芝麻	种子	幼芽或幼苗
黄秋葵芽	黄秋葵	种子	幼苗
枸杞头	枸杞	枝条	嫩芽
花椒脑	花椒	枝条	嫩芽
芽球菊苣	菊苣	肉质根	芽球
菊花脑	菊花脑	枝条	幼稍
马兰头	马兰头	枝条	嫩芽
苦苣芽	苦苣	种子	幼芽或幼苗
佛手瓜梢	佛手瓜	藤蔓	幼稍
辣椒尖	辣椒	枝条	幼稍
豌豆尖	豌豆	枝条、藤蔓	幼稍
芦笋	芦笋	根茎	幼茎
树芽香椿	香椿	枝条	嫩芽
竹笋	竹（菜用竹）	根茎	幼嫩茎
姜芽	姜	根茎	幼茎
草芽	草芽	根茎	幼嫩假茎
碧玉笋	黄花菜	根茎	幼嫩假茎

二、芽苗菜生产的特点

各种芽苗菜在植物学分类上属于不同的科、属、种，其相互间亲缘关系也较远，各具不同的生物学特性，但按食用器官分类均属于芽苗类蔬菜，其产品生产有一些共同的特点。

（一）**产品较易达到无公害食品要求**　无公害蔬菜的环境质量标准、生产操作规程、产品质量和卫生标准以及产品包装标准构成了无公害蔬菜的一个完整的质量标准体系。芽苗类蔬菜多在房舍、日光温室等可控环境下生长，可以有效地控制环境污染；其生长过程主要依靠种子或根、茎等营养贮藏器官所积累的养分，一般不施用化肥，而且其中多数种类生长迅速，产品形成周期短，较少感染病虫害，也不需使用农药。因而芽苗类蔬菜与其他蔬菜生产过程相比，能较易达到无公害食品标准。

（二）**具有较高的生产效率和经济效益**　芽苗类蔬菜多数属于速生蔬菜，复种指数较高。生产中多采用无土立体栽培或密植囤栽技术，因而可充分利用空间，在单位面积上获取较高的产量。

芽苗类蔬菜是一种新兴蔬菜，生产周期短，生产成本较低，加之其产品清洁无污染，口感鲜嫩，

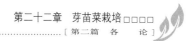

风味佳良，可以作为反季节产品上市，故经济效益较高。

（三）**适于采用多种方式生产**　芽苗类蔬菜所涉及的主要种类对环境温度要求多属于半耐寒、耐寒或适应性广的蔬菜，尤其在产品形成期，一般不需要很高温度即可满足其生长要求。因此，不仅适合于露地，也适合于严寒冬季在高效节能型日光温室、改良阳畦、民房及简易保护设施中，采用假植囤栽、软化栽培、容器栽培等多种方式进行无土或有土以及立体或平面的工厂化生产。

（张德纯）

第二节　软化型种芽菜——豆芽菜的培育

一、对培育条件的要求

豆芽菜是中国人民喜食的传统蔬菜，系由豆类种子培育而成，以鲜嫩的幼芽（下胚轴或胚根或未展开的子叶）供食，由于在黑暗环境下培育，因此幼芽呈乳白或乳黄色，属于典型的软化型产品。豆芽菜适宜在春、秋季进行生产，但若能配套加温或降温措施，也可做到四季生产，周年供应。

豆芽菜是利用豆类种子贮藏的营养物质，在适宜的水分、温度、空气和黑暗的环境条件下培育而成。

（一）**水分**　水分是豆类种子发芽过程中最主要的环境条件，其过程开始时首先是种子吸水，种皮膨胀，接着吸水增多，呼吸增强，种子内原生质水合程度增加，逐渐由凝胶状态变为溶胶状态，酶的活性增强，使种子内贮存的复杂有机物质分解成简单的可溶性化合物，以供豆芽萌发生长的需要。

豆类种子蛋白质含量高，而蛋白质具有很强的亲水特性，因此豆类种子吸水量多，吸水速度快（图 22-1）。豆类种子发芽时所吸取水分为本身重量的 1 倍以上，如大豆种子为本身重量的 120%～140%。一般豆芽产品含水量达 75%～95%，每千克黄豆种子培育成黄豆芽吸水量 4～5kg，绿豆芽约 8kg。

在豆芽菜培育过程中，需进行定时淋水，供给充足水分，以满足豆芽生长的需要。同时，淋水具有调节豆芽菜温度和气体环境以及排污等作用。但种子发芽后，水分过多或浸泡于水中会导致缺氧，影响豆芽生长甚至窒息而死亡。

（二）**温度**　黄豆、绿豆属于喜温作物，要求较高的温度，蚕豆则喜温和的环境条件。适宜温度是培育优质高产高效豆芽菜的重要条件。培育豆芽菜时的温度高低与豆芽菜品质以及所需培育

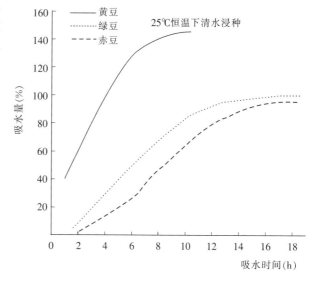

图 22-1　豆类种子吸水过程
（郑云林，1981）

天数密切相关。豆类种子发芽最适宜温度为 25℃，豆芽生长最适宜温度为 21～27℃。若温度过低，豆芽生长缓慢，需要天数长，产量较低；若温度过高，豆芽生长迅速，天数少，但豆芽胚轴细长，纤维多，品质差。为了满足豆芽菜生长所需的适宜温度，主要采用加温和定时淋水等方法进行控制和调节。

（三）**空气**　豆类种子吸水后，同时吸收空气中的氧气，开始了正常的生命活动。在其过程中，由于种子内部的呼吸作用而释放出 CO_2 和热：$C_6H_{12}O_6 + 6O_2 \rightarrow 6CO_2 + 6H_2O + 2\ 817J$。由此可见，氧气的多少在豆芽生育中起重要作用，充足的氧气会使豆芽菜呼吸加快，生长细弱，纤维多，品质下降。培育优质豆芽菜最适宜的空气成分为 O_2 10%、CO_2 10%、N 80%，即比一般空气成分要有较多

CO_2 和较少的 O_2，以降低呼吸作用，减少养分消耗，培育出胚轴粗壮、纤维少、质脆鲜嫩的优质豆芽菜产品。气体控制与调节，主要采用浇水和增减覆盖物等方法。

（四）光照 优质豆芽菜要求质脆洁白，子叶乳黄，不允许豆芽变绿。因此，豆芽菜培育必须采取避光措施，以创造有利产品软化的零光照环境条件。

二、豆芽生长过程中的物质转变

豆类种子贮有无机和有机两类物质。无机物含量少，主要是水和无机盐；有机物主要是碳水化合

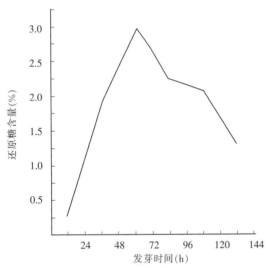

图 22-2　绿豆发芽时间与还原糖含量的关系
（冯吉、郑云林，1981）

物、蛋白质、脂肪。但各种豆类种子所贮藏物质含量不同（表 22-2）。由表 22-2 可见，大豆种子含蛋白质多，含脂肪、碳水化合物较少，而绿豆、蚕豆含碳水化合物多，含脂肪少。豆类种子在适宜环境条件下发芽后，种子内贮藏物质发生了变化，大豆种子中的脂肪，在脂肪酶作用下，降解为脂肪酸和甘油，再转变成糖。绿豆和蚕豆发芽后，种子贮藏的碳水化合物，在淀粉酶作用下，转变成糖，还原糖开始增加（图 22-2），多糖则相对地减少，约有一半脂肪及 2/3 淀粉消失，其中一部分养分消耗于胚轴的生长。其间有大量维生素 C（抗坏血酸）形成。据比斯科（Beeskow，1944）研究报道：绿豆发芽后维生素 C 开始增加，含量最高的时间是在发芽的第 2d，以后逐渐减少。如果在豆类种子发芽后 50h 采收，维生素 C 含量最高，但此时下胚轴未充分生长，产量低。因此，以下胚轴充分长成而真叶尚未伸出前采收为宜。另外，在豆芽生长过程中蛋白质的组成和质量变化不大，无新的氨基酸合成，只是谷氨酸稍有下降，天门冬氨酸有所增加。在豆类种子中存在妨碍人体食物吸收的凝血素和不能被人体吸收的棉子糖、鼠李糖、毛类花糖等 3 种寡糖，在豆芽生长中消失。

表 22-2　大豆、绿豆、蚕豆种子主要贮藏物质成分比较（每 100g 中含量）

品　种	碳水化合物（g）	蛋白质（g）	脂肪（g）
大　豆	25.3	36.3	18.4
绿　豆	61.8	22.9	1.2
蚕　豆	48.6	28.2	0.8

三、场地的选择与设备

豆芽菜培育场地的选择，必须按照无公害生产标准对环境条件的要求，考虑当地气候和地理位置及生产规模等综合因素，确定与建造培育豆芽菜的场所。

1. 场地的选择

（1）要有充足洁净的水源和良好的排水设施。因为豆芽生长过程中需要充足的水分供应，并要求频繁地定时浇水，故培育场地用水量大。培育优质无公害豆芽菜的水，要求洁净，达到国家生活饮用

水标准，即国家地下水质量标准Ⅲ类或地表水环境质量标准Ⅲ类的要求。生产上一般用井水或自来水，井水受外界气候变化影响少，冬暖夏凉，适宜豆芽生长，条件许可时可直接在培育场所打井。为了有利于豆芽菜培育场地排水和清洁消毒，需建有一定坡降的水泥地面和排水沟。

（2）由于豆芽菜生长是在黑暗环境下进行，因此培育场所必须避免太阳光直射，必须具备遮光设施。

（3）为保证适宜温度，在冬春季要配备加温设施，在夏秋季节要有通风降温等设备。

（4）因豆芽菜鲜嫩、不宜贮运，故培育场地应选择交通便利、离销售地较近的地方。

培育豆芽菜选用的容器，主要根据培育豆芽数量的多少而定，不能过大，也不能过小，过大则浇水不易均匀，温度易升高，不利于豆芽生长；反之，容器太小，不易保温，生产效率也低。据调查，杭州市等地豆芽培育场，每投放黄豆、绿豆干种子 1kg，需用容器体积分别为 0.026～0.027m³ 和 0.032～0.036m³。

2. 设施　培育豆芽可以选用的容器主要有：

（1）水泥池或地槽　上海、浙江等地豆芽菜培育场多采用水泥池，长、宽各为 100cm，高 70cm，池底一侧设有排水孔，孔径 6～7cm，用瓦片或塑料网纱堵塞排水孔，以调节排水量和防止豆芽外流。此规格水泥池，可一次投放黄豆种 25kg 或绿豆种 20kg。如果培育豆芽数量较大，可参照以上规格加大水泥池的长度，但每个水泥池最大容积，以不超过绿豆种 50kg 的投放量为度。

中国西北各地，在夏季培育豆芽时，在沙质土壤挖地槽或地沟，一般长 200cm、宽 50cm、深 40cm，每次可投放黄豆种 13kg、绿豆种 10kg。

（2）木桶　方形或圆形，其桶底部一侧设一个排水孔，孔长宽均为 4～5cm。方形木桶长与宽各为 65cm，高为 75cm，一次可投放绿豆种 10kg 或黄豆种 12.5kg。目前生产上多采用方形木桶作培育容器，方形容器有利于排列整齐、紧凑，并节省培育场地。圆形木桶，高和直径均为 70cm，一次可投放绿豆种 7.5kg 或黄豆种 10kg。

（3）陶土缸　上口直径和高分别为 80cm 和 60cm，缸底一侧设一个排水孔，直径为 4～5cm，一次可投放绿豆种 7.5kg 或黄豆种 10kg 左右。

培育豆芽所需其他设备和用具还有贮水池或贮水缸、覆盖物（草包或蒲包、棉毯）、竹淘箩、筛篮、竹篮、塑料盆、金属盆等，可以因地制宜，根据当地资源条件选用。

四、豆芽菜的培育技术

（一）绿豆芽的培育技术　绿豆芽是由绿豆种子培育而成，营养丰富，含有各种维生素和氨基酸，每 100g 鲜芽菜含维生素 C30～40mg，为人们所喜食。优质绿豆芽产品，芽身挺直、无弯曲、洁白、无病斑、无豆壳。绿豆芽较耐热不耐寒，因此，中国大部分地区都在 5～9 月温暖季节培育绿豆芽，但若采取加温措施，则低温季节也能进行生产，故一般均能做到周年供应。绿豆芽生长过程可分为四个时期：①胚根生长期。种子吸胀萌动后，胚根伸出种皮，芽体长为种子长度的 1/2；②下胚轴生长期。幼芽长为种子长度的 2～2.5 倍；③胚根伸长期；④胚轴、胚根同时生长期。

1. 豆种选择　培育绿豆芽的品种类型有明绿豆、毛绿豆和黑绿豆等。明绿豆种子色绿，有光泽，有蜡质层覆盖。豆芽色白，脆嫩，口味好。毛绿豆种子无光泽，有毛层，耐热，出芽快，品质好，产量高。黑绿豆种子种皮硬，怕热，出芽慢，质脆硬。绿豆种按籽粒大小又可分为大粒型、中粒型和小粒型 3 种。绿豆种籽粒大小与豆芽产量呈负相关，与豆芽胚轴粗呈正相关，豆种籽粒小，豆芽产量高，籽粒大，豆芽胚轴粗壮，生产上一般多选用中型和小型籽粒品种。如高阳小绿豆是培育绿豆芽优良品种之一，该品种为河北省高阳县农家品种。种子绿色，有光泽，百粒重 3.5g 左右。豆芽色白，清香脆嫩，高产。

在培育豆芽前，要进行绿豆种子发芽试验和种子纯度测定，以便准确地计算实际用种量。要挑选籽粒饱满、形状周整、色泽鲜艳的种子，剔除"硬实"、瘪豆、嫩豆、破碎及虫蛀的种子，忌用发芽势弱的陈旧种子。

2. 培育容器和用具消毒　绿豆芽生长期短，生长期间不允许施用农药防治病虫害，主要应创建一个豆芽生长的洁净环境，防止发生病虫危害。因此，在培育豆芽菜前，首先要对培育容器和操作用具进行消毒处理。其消毒方法有：用0.1%漂白粉或4%石灰水清洗消毒，并用清水冲洗干净；用开水烫洗；把洗净的容器及覆盖物在太阳光下暴晒。若用低毒低残留杀菌剂喷雾消毒，则在喷雾后30min，用清水冲洗，直到无药味为止。

3. 豆种处理

（1）漂洗豆种　把绿豆种子倒入塑料盆或陶瓷盆中，放清水冲洗，搓去豆种的泥土和杂质，捞出浮在水面上的瘪豆、嫩豆。

（2）烫豆　将经漂洗的绿豆种，用铁筛或竹筛把豆种沥干，然后进行烫豆消毒。将绿豆种置于55℃的热水中，不断地搅拌，保持恒温15min，然后让水温降到30℃浸泡。也可以把豆种放入90～100℃水中，热水量可与豆种重量相同，不停地搅拌3min，然后加凉水调至40℃左右浸泡。烫豆可以杀死黏附在豆种皮表面的病菌，同时可以提高发芽势，促进豆芽生长健壮。

（3）浸豆　种子经烫豆消毒后，即进入浸豆。注意浸豆的水量必须超过豆体1倍以上，水温宜控制在27～30℃，每小时兜底翻动一次，保证上下豆种浸透与膨胀均匀，一般浸豆时间为6～8h。当豆粒已吸水膨胀，表面无皱纹，极小部分豆粒种皮开始破裂时，就可结束浸豆，并用清水冲洗干净。浸豆所需时间长短与水温和种皮厚度密切相关，水温较低或豆粒种皮厚，浸豆时间要长，反之则短。如黑绿豆种子种皮厚，需浸豆时间长。为了加快豆种吸水速度，缩短浸豆时间，也可用40～45℃温水浸豆，浸豆时间可缩短至3～4h。

4. 催芽　把经浸泡清洗的豆种放入竹淘箩内，装豆数量为竹淘箩容积的30%～40%，或把豆种装入纱布袋里，再放入培育容器中，用草包或湿布覆盖，温度控制在25～30℃，每隔2～3h上下翻动和淋水1次。为防止豆芽腐烂病等的危害，促使绿豆芽脱壳，提高豆芽品质，当豆粒有80%以上胚根露出时，将豆种放入盛有3.5%～4.0%石灰水的缸中浸泡1min，随即用清水漂清。然后把发芽豆种轻轻平铺于培育容器中，厚度10～12cm，浇水，盖好覆盖物。

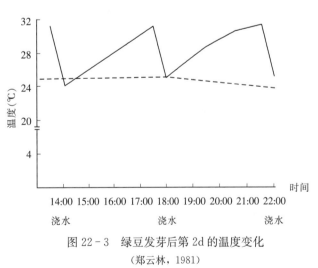

图22-3　绿豆发芽后第2d的温度变化

（郑云林，1981）

5. 管理　合理浇水是培育优质、高产绿豆芽的关键，浇水不仅供应豆芽生长所需要的水分，排除绿豆芽生长过程中新陈代谢所产生的废物，还对温度起调节作用。因绿豆芽生长适温为21～27℃，而豆芽生长过程中由于呼吸作用所释放出大量的热，可使温度迅速升高并超过适温。如绿豆在发芽第2d，培育容器内最高温度达到32℃，但浇水后可使温度降低6～7℃（图22-3）。因此，科学地掌握浇水的间隔时间（每天浇水次数）、水温和浇水量，对保证满足豆芽生长所需要的温度至关重要。每天浇水间隔时间，主要根据气温高低而定，一般夏季每隔3～4h浇一次，冬季每隔6～8h浇一次。浇水方法：采用淋浇，不能冲倒豆芽，要淋透、淋匀，淋水量应以容器中排出水的温度与未浇入水的温度达到一致时为度。所用水的水温以21～26℃为好，当低于20℃时，需要加入热水调到20℃以上，再进行浇水。每次浇完水后，要立即用覆盖物盖严，防止光线进入，影响豆芽品质。在严寒冬季，还要注意培育场所的防寒保温，不让寒风吹入，并应根据室内温度情况，生炉加温。夏季高温，则应注意加强通风，并增加浇水次数，以利降温。

当绿豆芽长到 1.5～2.0cm 时（称为扎根阶段），要特别注意防止温度的剧烈变化，温度过高，易发生烂根，温度过低，则生长速度慢，不利于扎根，也易发病。所以，此阶段更要精细管理，严格避免豆芽受热或受凉。

6. 采收　从浸豆到绿豆芽采收所需时间，主要取决于培育容器中温度高低和市场所需求的豆芽长度而定，一般为 5～7d。当下胚轴长到 8～10cm，子叶未展开时，即可采收。绿豆干种子 1kg 可产豆芽 8～10kg。采收方法：从培育容器中轻轻拔出，放入盛有清水的大缸或水池中，漂洗去种皮，注意不要折断下胚轴，包装好后，即可供应市场。

（二）黄豆芽的培育技术　黄豆芽由大豆种子培育而成，具有很高的营养价值，其蛋白质和矿物质含量均高于绿豆芽。优质黄豆芽产品芽身挺直，胚轴粗，质脆，鲜嫩。培育黄豆芽适宜温度为 21～23℃，若在高温季节培育黄豆芽则需要良好的降温设备，并应选用耐热性强的品种，如浙江梅青、常州牛皮黄等品种。为了便于黄豆芽的培育管理，生产上一般均避开高温季节，如上海、杭州等地培育黄豆芽时间主要是在 10 月至第二年 4 月。

1. 豆种选择　黄豆品种甚多，按籽粒大小可分为大粒种、中粒种和小粒种。用大粒种培育黄豆芽，胚轴粗壮，产量较低，品质较佳。小粒种则发芽率高，下胚轴较细，产量高。用中粒种培育的黄豆芽介于二者之间。因黄豆种子种皮薄，含蛋白质、油分丰富，吸湿能力强，若在高温高湿条件下贮藏，则易发生霉烂，且发芽率低、发芽势弱。因此，若不在当年使用，则必须把黄豆种子贮藏于通风条件好，温度 0～14℃，空气相对湿度在 65%～75% 之间的仓库。在培育黄豆芽前，需进行种子发芽率、发芽势及纯度的测定，为计算实际用种量和培育管理提供依据。为了培育优质高产的黄豆芽，应选用新收获的、色泽黄亮、籽粒鲜艳饱满、发芽率高和发芽势强的优质小粒豆种。

2. 豆种处理

（1）筛选与漂洗　去掉泥沙杂质和破碎或未成熟的种子，把豆种倒入塑料盆和陶瓷盆中，放入清水，搓洗种子，去掉泥土，捞出浮在水面的瘪豆、嫩豆及杂质。

（2）浸豆　黄豆的种皮薄而柔软，蛋白质含量高。豆种浸水后，种皮易皱缩，吸收速度比绿豆芽快，其吸水量为本身重量 82%，在 25℃ 水中浸泡 3h，吸收水量即达到干种子重量的 68.7%。因此，黄豆芽的浸豆时间不宜过长，只要种子吸水基本达到饱和发胀、豆嘴明显突出即可，否则会影响发芽率和发芽势。浸豆时间长短与水温密切相关，一般在 25℃ 水中浸豆 2～4h，在 20℃ 以下水中 6～8h 即可。

3. 催芽　把经过浸豆的种子冲洗净，捞起沥干，直接平铺于已经消毒的豆芽培育容器中，随即用覆盖物盖严。每个容器投放黄豆种数量较绿豆种数量增加 25% 左右。也可将种子用透气性较好的布袋或纱布袋包好，放入豆芽培育容器中催芽，温度控制在 25℃ 左右，每隔 3～4h 冲洗和翻动一次，当长出小芽 3～4mm 时，再轻轻平铺于容器中，然后盖好覆盖物。

4. 培育管理　黄豆芽培育管理技术与绿豆芽基本相同。在豆芽培育室内，要做好遮光，防止光线射入。因黄豆芽耐热性较弱，所以对浇水要求严格。每天淋水次数与温度密切相关，当室温在 21～23℃ 时，每天淋水 6 次，室温在 25～28℃ 时，每天淋水 8 次。在寒冷天气，水温低于 20℃ 时，需加热水调节，用温水冲淋。冲淋要均匀、淋透，要一直淋到容器排水口水温与进水口水温相近时止。每次冲淋水排干后，要立即堵好排水孔，用覆盖物盖严。另外，当黄豆芽长到 1.5cm 时，要特别注意防止受冷、受热或缺水，否则会引起伤芽，发生红根、腐烂和脱水。

5. 采收　当黄豆芽下胚轴长到 10cm 左右，真叶尚未伸出时，即可采收供应市场。在良好的培育管理条件下，培育豆芽所需时间与温度密切相关，当室温为 10～15℃、21～23℃、28～35℃ 时，培育黄豆芽所需时间分别为 10d、6d、4.5d。采收时要自上而下，轻轻将豆芽拔起，并放入水池或水缸漂洗，去掉种皮（豆壳）和未发芽及腐烂的豆粒，然后捞起沥干，包装上市。

（三）蚕豆芽的培育技术　蚕豆芽由蚕豆种子培育而成。优质蚕豆芽产品，芽长不超过 2.5cm，无"红眼"（红斑），芽脚（芽基部）不软，无烂豆粒，壳内（种皮内）无积水。

1. 豆种处理　按蚕豆形状和大小可分为大粒种：百粒重 120g 以上，粒形多为阔薄型；中粒种：百粒重 70～120g，粒形多为中薄型和中厚型；小粒种：百粒重在 70g 以下，粒形多为窄厚型。培育蚕豆芽的豆种：一是要选择小粒型或中粒型、绿色或白色、皮薄、发芽快、出芽率高、市场适销的品种；二是要选择籽粒饱满、芽嘴突出、发芽势强、产品口感与风味好的品种。生产上多采用上海市金山和浙江省嘉兴等地的地方品种红光青和浙江省上虞田鸡青等品种，这些品种粒小、青绿、饱满、皮薄、出芽快、产量高、口味香糯、质酥。此外，还有云南、四川的白皮豆品种，其皮薄、出芽率高、口味糯。

首先要进行选种，拣出虫蛀、破碎与烂豆。然后把豆种放入水中漂洗，捞出嫩种子和杂质，再将经漂洗的蚕豆种子泡于水中。当蚕豆种子有 70%～80% 浸胀、少数露出芽头时，即应结束浸豆。浸豆时间，在室温 20～30℃时，一般约需 48h，冬季宜适当延长，夏季可酌情缩短。浸豆过程中，每日需上下翻动和换水 3～4 次。

2. 培育出芽　把经过浸豆处理的豆种沥干，放入培育容器中。当有 50%～60% 豆种露芽时，取出用清水浸泡 1～2h，使已露芽豆种受抑，未充分涨透的豆种加速吸水，然后捞出沥干，重新置入培育容器，经 12～14h 后，芽已基本出齐。此时再淋一次透水，排干后，盖好覆盖物，此后每隔 6～8h，冲淋水一次，约经 24h，芽长即可到达 2.5cm 的收获标准。

3. 采收　蚕豆芽生产周期，在温度 20～30℃时约为 4.5d，在 7～15℃时为 6～7d。为了防止蚕豆芽过长，影响豆芽品质，必须及时采收。将蚕豆芽从培育容器中捞出，置入清水中，浸泡 4～8h 后及时出售。一般每千克蚕豆干种子可生产豆芽约 2.2kg。

（四）无根豆芽的培育与豆芽机的应用

1. 无根豆芽及其培育　无根豆芽是在豆芽培育过程中，用植物生长调节剂处理，抑制豆芽胚根生长，促进胚轴生长与增粗而形成的。无根豆芽根短、无须根，胚轴粗而洁白，感观和商品性好；在食用时，不需要摘根，可提高食用率 10%，从而提高了豆芽的品质。无根豆芽培育方法在中国已广泛应用。

关于无根豆芽培育的机理和应用技术，国内外有较多的研究。据 Ahmad 和 Mohamed（1988）研究表明：在豆芽生产中，用一些能产生乙烯的物质如乙烯利、对氯苯氧基乙酸（P - CPAA）等生长调节剂，在浸泡绿豆种子后的第 24～60h 处理，可使豆芽下胚轴膨大增粗，胚根长度减少。其机理是乙烯抑制胚轴及根部细胞伸长，促使细胞呈辐射状膨大。还有人认为植物的根、茎和芽等不同器官对植物生长调节剂浓度反应不同，一般根比较敏感，需要浓度较低，而促进芽和茎生长的浓度较高。因此，在培育豆芽过程中，选用促进豆芽下胚轴与芽生长适宜的植物生长调节剂浓度处理，就可抑制豆芽胚根的生长，减少子叶中养分消耗，把更多养分供给豆芽下胚轴生长。20 世纪 80 年代初，中国对培育无根豆芽专用植物生长调节剂进行了开发研究，如南京市蔬菜研究所、南京电化厂研制的 NE - 109 和浙江工学院黄岩精细化工厂制造、浙江农业大学监制的芽豆素等无根豆芽专用制剂，经中华人民共和国卫生部审定颁布为食品添加剂，使用范围为豆芽，其残留量低于 1 mg/L。严禁使用非法制剂以及有毒或高残留化学药品生产无根豆芽，以确保无根豆芽的无公害。

无根豆芽专用生长调节剂及使用方法：

（1）乙烯　为气体，经新陈代谢最终成为 CO_2，无残留，产品安全。可通过燃烧煤油炉等方法获取乙烯。把含有 35% 的乙烯空气通到培育豆芽容器内，改变容器中空气成分比例，提高 CO_2 浓度到 10%，降低 O_2 浓度到 10%，可培育出胚根短、下胚轴粗、质脆的优质豆芽。

（2）NE - 109　为白色粉剂，易溶于水，性质稳定。培育无根黄豆芽专用制剂有Ⅰ号粉剂和Ⅱ号粉剂两种。当豆芽长 1.8～2.0cm 时，用Ⅰ号粉剂配成溶液浸泡 1min；当豆芽长约 5cm 时，用Ⅱ粉剂配成溶液浸泡 2min。每次浸泡处理后要排干溶液，经 2～5h 后淋水。培育无根绿豆芽用 NE－109 专用粉剂，在培育过程中处理两次，分别在芽长 1.8cm 和 4cm 时，用专用粉剂配成溶液浸泡 1min，然后排干，经 2～5h 后淋水。使用 NE－109 制剂时要注意，当温度超过 25℃，豆芽生长发生异常时，需先淋水降低温度，并应降低 NE－109 制剂的使用浓度。

（3）芽豆素　为白色粉末，易溶于水。培育无根黄豆芽的专用芽豆素有 C－1 型和 C－2 型，培育无根绿豆芽的专用芽豆素有 D－1 型和 D－2 型。培育无根黄豆芽处理方法：当黄豆芽长到 0.5cm 和芽长 4cm 时，分别用 C－1 型和 C－2 型芽豆素配成溶液浸泡或淋浇 5～15min，经 3～4h 后淋水。培育无根绿豆芽的处理方法：当绿豆芽长到 0.5cm 和芽长 4cm 时，分别用 D－1 型和 D－2 型芽豆素配成溶液浸泡或淋浇 5～15min，经 3～4h 后淋水。

（4）AB 粉剂　A 为白色粉剂，B 为浅黄色粉剂。A 粉剂需用温水，加入 1% 稀盐酸数滴，使其溶解。B 粉剂用清水，加入酒精小许，使其溶解，随即将 A、B 液混合，再加水配成所需浓度溶液。然后把经过挑选和漂洗的豆种，放入 A、B 混合液中浸豆，每隔 2～3h 翻动 1 次，使豆种吸收溶液均匀，浸豆结束后即进入正常的培育管理。

2. 豆芽机及其应用　豆芽机是一种可自动控制小环境温度、水分、气体成分的豆芽菜培育装置。用豆芽机培育豆芽与中国传统手工操作培育豆芽相比，具有生产周期短（可比传统生产缩短 1～2d 以上）、不受外界气温变化限制、可四季生产周年供应，便于清洗消毒、减少病烂危害，利于提高豆芽产量与品质，操作简便，可节水、节省劳动力、降低生产成本等优点。日本于 20 世纪 60 年代初研制成功豆芽菜培育机。到 80 年代已有生产能力达 100t 的工厂化培育豆芽菜的成套设备，可连续完成从投料到成品自动包装的整个工序。

（1）豆芽机类型与结构　中国的豆芽机按其生产方式可分为水浸式和喷淋式两种；按产品产出量可分为单机式和装置式两类；按照日产量大小可分为家用、小型、中型、大型和超大型五大类型。目前生产上使用中、小型豆芽机较多，其日产量在 10～300kg 之间。主要豆芽机型号有：FH－1 型自动快速发芽机、DY－60 型自动豆芽机、ZYJ－200 型自控豆芽生长机、YJ 型自控豆芽机、ZYD 豆芽快速培育机等。豆芽机按其性能特点又可分为普通型、超高低温自动报警型、全功能温度数值自动显示报警型等。目前北京、河北、江苏等地均有豆芽机生产。如北京诚达机电设备有限公司生产的ZYD 系列 2000 新款全功能型控温控湿自动淋水豆芽机。主要技术参数：生产周期 2～3d，每次生产豆芽数量 150kg 以上；每千克干种豆可出豆芽 10～15 kg；电源电压：交流 220V、50Hz；在室温 20℃ 时，每生产周期耗电量小于 4kW·h，耗水量小于 0.3 t。

豆芽机主要由育芽箱、温度和淋水自动控制装置、气体控制装置及排水管装置等部件构成（图 22－4）。制作育秧箱的材料，要选用具有较好的强度、不易腐蚀、便于清洗的不锈钢板、防锈铝合金板、聚乙烯塑料板等。育秧箱的底部略带圆弧，钻有多个直径为 2.5～4mm 的排水孔，以利于排水。每只育秧箱大小，以培育豆芽 10～30kg 为度。温度自动控制装置由加热器和热感应器构成，通过热感器，接通或切断电源，来调节育芽箱温度，一般调节温度范围为 18～35℃。培育豆芽宜选温度为 21～27℃。淋水自动控制装置由水箱、淋水管、定时水控制系统等构成，豆芽培育期间每隔 2～4h 淋水一次，淋水均匀，每次淋水持续时间 2min。气体控制装置，中小型豆芽机一般没有专控装置，采用密闭豆芽机箱门，隔绝外界空气进入箱内，来提高箱内二氧化碳的含量，减少氧气的含量；大型豆芽机一般配装自动供气系统，可输入适量的二氧化碳或乙烯等气体。排水装置由排水管、排水孔构成，要求排水畅通、不积水。

（2）使用豆芽机的技术要求　使用豆芽机培育豆芽与传统方法培育豆芽对豆种选择、筛选、漂洗和浸种等环节的操作要求基本相同。此外，应注意做好下列工作：仔细做好育芽箱清洗与消毒，把经浸种处理的豆种放入豆芽机箱内。在豆芽机开机前，首先按规定标准要求，向水箱内加入洁净的自来

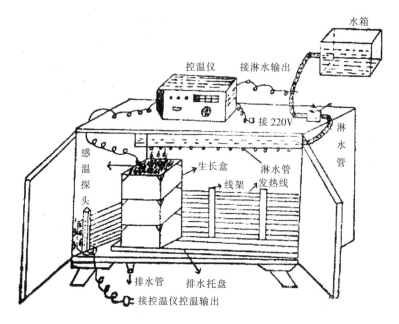

图 22 - 4 全功能型（自动控温、控湿、淋水）豆芽机示意图
注：（1）箱体容积 长×宽×高 1 200mm×650mm×1 050mm
（2）排水托盘 长×宽×高 1 000mm×500mm×30mm
（3）豆芽生长盒 长×宽×高 400mm×410mm×210mm

水，检查电源是否接通地线，以确保安全。然后调整各个旋钮，使控温、淋水、排水装置达到培育豆芽所要求的技术指标，并且能正常运转工作。最后关紧箱门，开机培育豆芽。在豆芽培育阶段，要加强检查管理，需十分注意各自动控制系统工作是否正常。当发现自控系统失灵，淋水管堵塞，排水不畅时，必须及时排除故障。在豆芽成熟后，必须及时采收，放入盛水容器中漂洗，除去种皮，及时出售。要做好豆芽机检查维修工作。

（郑云林）

第三节 半软化型种芽菜——绿瓣豆芽菜的栽培

绿瓣豆芽菜是 20 世纪 90 年代山东寿光菜农开发的新产品。采用大豆种子进行沙培，采收前在弱光下绿化，其产品类似传统豆芽菜，但子叶（豆瓣）浅绿色，下胚轴较长、乳白色，属半软化型产品。在保护设施中可周年进行生产。

一、场地的选择

绿瓣豆芽菜要求栽培场所温度白天能保持 20～30℃，夜晚 14～18℃，光照在生长中期以前保持黑暗，后期要求 200～1 000lx 的弱光，此外还要求栽培基质稳定地达到湿润，空气相对湿度经常保持在 80％以上，且具有良好的通风换气条件。通常多选择日光温室、塑料大棚或闲置房室作为生产场地。

二、栽培技术

（一）品种选择与种子播前处理 生产上普遍采用大豆中发芽快而整齐、较抗病烂、产品质优、产量又较高的褐色或黑色籽粒品种，如舒兰红豆、赶牛粒黑豆等。播前进行选种，剔去瘪粒、霉粒、虫蛀、破损或发过芽的种子，然后用 20～30℃清水浸种 18～24h，至种子不皱皮时捞出、稍晾、待播。

（二）畦床准备与播种　在温室大棚内作南北向畦床，宽 1.45～1.8m（含畦埂 25～30cm），深10cm。严寒季节可用砖砌埂，作成高畦，以提高地温。畦床不施肥，将床面整平压实，铺厚约 2cm过筛细河沙，搂平后平铺一层种子（以种子不重叠为度），播种量 4kg/m² 左右。然后覆盖厚约2.5cm 的过筛细河沙，随即浇（喷淋）一次透水。

（三）播种后管理　大豆发芽最适温度为 20～25℃。播种后棚室内气温白天应保持在 24～28℃，夜间 18～20℃，超过 30℃时应及时进行通风，严寒季节要注意防寒保温。绿瓣豆芽菜要求黑暗和弱光条件，播种后可根据棚室内光照强度在床面平盖或支矮拱架覆盖塑料编织袋、麻袋片或黑布，后期盖白布或双层遮阳网等。当播后 2～4d 种子已"定橛"拱土，河沙表面出现裂缝时，及时将覆盖的河沙起走，使豆芽子叶微露，然后浇（喷淋）1 次水，再盖上覆盖物。此后约每 2d（夏秋季）或 4d（冬季）浇（喷淋）1 次水，经常保持畦床湿润，直至收获。

（四）采收　在正常条件下，播种后一般经过 6～12d（冬季 10～12d，春秋季 8～9d，夏季 6～7d），当豆芽高 15～20cm，子叶微张开，真叶未露时即应及时收获。采收时可用花铲或特制铁铲轻轻将豆芽兜底铲起，抖净沙子后捆把上市。一般应在傍晚时收获，翌日早晨出售。每千克干大豆约可收产品 8～9kg。收获后将床底残留河沙起净，修整畦床，晾晒数天后便可再次播种。

（五）无根剂的使用　无根豆芽生长调节剂必须选购由卫生部审定颁布，允许作为食品添加剂使用的种类，一般应在豆芽长到高约 2cm 时，按其说明书所要求浓度随浇水（喷淋）施入畦床。

第四节　绿化型种芽菜的栽培

绿化型种芽菜多指于 20 世纪 80 年代后发展起来的采用苗盘纸床、立体无土栽培，在适宜光照（忌强光）条件下用植物种子培育而成的新型芽苗产品，如豌豆苗、萝卜芽、荞麦芽、黑豆芽、向日葵芽、种芽香椿等。其中的多数是以子叶微张或平展的芽苗供食，少数已具有真叶。子叶和真叶肥大，深绿色，下胚轴浅绿色或伴有红晕，属典型的绿化型产品。在保护设施中可周年进行生产。

一、场地的选择

绿化型种芽菜要求生产场地必须符合无公害蔬菜生产标准，能满足多种芽苗菜需求的温度。催芽期要求催芽室能经常保持 20～25℃的温度；芽苗生长期要求栽培室能调控在 16～30℃温度范围内，白天不低于 20℃，夜晚在 16～18℃之间。要求生产场地能忌避强光，除催芽期保持黑暗外，芽苗生长中后期应保持光照强度在 2 000～40 000lx 范围内。此外，还要求具有良好的通风条件，并具有能经常保持基质湿润的喷雾和喷淋系统，以及符合国家生活饮用水水质标准的水源条件。

为了延长产品的供应期，尽量做到周年供应，北方地区以采用温室为好，利于进行冬季生产，节约能源，降低成本。南方地区则以采用厂房或空闲房舍等生产为好，有利于降温或加温。为了能较好地调控温度，生产场地必须具有水暖、火炉、小锅炉等加温设施，以及强制通风、空中喷雾、水帘、空调等降温设施。以温室或日光温室作为生产场地者，在夏秋强光季节应具有遮光设施。以房室为生产场地者，一般要求坐北朝南、东西延长，南北进深（宽）不超过 20m（四周采光）或 8m（南面单向采光），四周采光者其所设窗户面积需占周墙的 30%以上；在冬季弱光季节，

室内呈生产状态时近南窗采光区光照强度应高于 5 000lx（此区域称强光区），近北窗采光区应高于 2 000lx（中光区），房屋中部远窗区应高于 200 lx（弱光区）。为保证供水，生产场地最好有自来水、贮水罐或备用水箱等水源装置，同时应设置好排水系统。此外，还要对生产场地的使用做好综合规划，考虑种子贮放室、播种作业区、苗盘清洗区、产品处理区、种子催芽室以及栽培室的合理布局和安排。

二、栽培设施

（一）栽培架与产品集装架　栽培架主要用于立体栽培。栽培架的设计必须有利于充分利用空间，提高生产场地利用率；有利于采光和芽苗生长整齐；有利于进行日常管理。一般栽培架的规格为：架高 160～210cm，每架 4～5 层，层间距 50cm，架长 150cm，宽 60cm，每层能放置 6 个苗盘（架的长宽要与栽培容器配套），每架共计 24～36 个苗盘。制作多采用 30mm×30mm×4mm 角钢，也可采用红松方木或铝合金等材料。制作时要求架高、层间距适当，整体结构合理、牢固不变形，每层相应横档高度一致，能使苗盘水平摆放。以日光温室作为生产场地者，由于栽培架必须南北向放置，因此需根据温室空间大小，将南端一架相应改为阶梯状。

产品集装架主要用于产品运送。产品集装架的设计必须以提高整盘活体销售效率，保证产品质量为前提。集装架的结构与栽培架基本相同，但层间距缩小为 22～23cm。此外，集装架的形状与大小应注意和箱式汽车等运输工具相配套。

（二）栽培容器　进行绿化型种芽菜立体无土栽培的容器不但要求结实牢固、耐用、不变形，而且要求可装容各种常用基质，能适度地保持水分，具有良好的通气状况。此外，还应具有较轻的自身重量以减少栽培架的负荷。生产上多选用蔬菜塑料育苗盘，其规格为长 60cm，宽 25cm，高 3～5cm，底部密布透气孔眼。一般不选用平底（无"拉筋"）、大孔眼蔬菜塑料育苗盘。

（三）栽培基质　适于绿化型种芽菜立体无土栽培的基质，必须具有洁净、无毒、质轻、吸水持水能力较强、透气性好、pH 适宜、使用后其残留物易于处理等性状和特点。目前生产上常使用的栽培基质有纸张、白棉布、无纺布、泡沫塑料片、珍珠岩等。以纸张作栽培基质主要用于种粒较大的豌豆、黑豆、向日葵、马牙豆（香草豌豆）及荞麦、萝卜等种芽菜栽培，是当前生产上使用最为广泛、用量最大的基质。以白棉布作栽培基质，其吸水持水能力较强，便于带根采收，但成本较高，虽可重复使用，然而也带来了处理残根、清洁消毒等麻烦。故一般仅限于产值较高、籽粒小且需带根收获的种类使用。使用无纺布，其效果类似于白棉布，但只能一次性使用，成本较高。采用泡沫塑料片（厚 0.3～0.5cm），其吸水、持水和通气性能优于纸张和白棉布，但成本也偏高，一般只用于苜蓿等种子极细小的种类。以珍珠岩作为栽培基质（在纸床上再铺垫厚约 1.5cm 的珍珠岩），其性能最优，尤其适用于发芽期较长的香椿等种芽菜的生产，近年使用已较普遍。珍珠岩粒径为 1.5～6mm（宜选中小粒径作基质），pH7～7.2，孔隙度约 97%。因珍珠岩用量较少，成本较低，故为生产者所喜用。但选购时应注意氧化钠含量不得超过 5%，否则不宜作栽培基质。

（四）浸种与清洗苗盘的容器　浸种与苗盘清洗容器的设置要和生产规模相配套，其总容纳量（一次浸种量和清洗量）应与最大生产量（每日播种量，即一个"批次"）相适应，并留有超过 30% 的余地，以便应付临时性生产量的增加。此外，还要考虑便于作业，有利于提高工作效率。容器忌用铁器，否则浸种时与其接触的豌豆等种子表面易呈黑褐色，常与栽培期间发生烂种时种子褐变相混淆。目前，生产上所选用的容器，除盆、桶、缸外，多采用砖砌的水泥池，宽不超过 2m，深约 1m，长度则以浸种量和苗盘清洗量大小而定。不管采用何种容器，应在底部设置可随意开关的出水口，口内装一个可防止种子流出的箅子，以减轻作业时多次换水的劳动强度。

（五）**喷淋器械** 由于绿化型种芽菜采用苗盘纸床、立体无土这一特殊的栽培方式，尤其是纸床基质，其吸水、持水能力有限，加之从种子萌发到芽苗形成需持续保持床面湿润，因此必须均匀、少量、频繁地进行浇水。另外，种子在发根着床前（尤其是小粒种子），易被浇水的水流冲跑，影响种子的均匀分布，使芽苗不能整齐生长，为此生产上需采用喷雾或喷淋，以少量勤喷（淋）的办法进行水分管理。为了在浇水时能达到雾喷或细淋的要求，生产上多根据芽苗菜的不同种类（种子大小）、不同生长阶段（芽苗大小）和不同季节（蒸发量大小），分别选用植保用喷雾器和喷枪（如工农－16型背负式喷雾器、丰收－3型踏板或手压式喷雾器等）或市售淋浴喷头等。有条件者也可安装微喷装置。

（六）**运输工具** 由于种芽菜栽培用种量大，产品形成周期短，而且进行四季生产、整盘活体销售，一般均每日播种、每日上市，因此其生产资料和产品的运输量远比一般蔬菜生产要大。所以，在配置运输工具时首先应考虑配备足够的运力（与每天生产量相应）；其次由于送运产品路程远近不同，为降低成本可考虑配备不同种类运输工具；再次中远程运输或冬夏季运输，应配备相应的防寒保温设施或制冷装置，以使运输途中产品不受损害。

三、主要种芽菜栽培技术

适用于绿化型种芽菜栽培的种类和品种仍在不断的开拓之中。但不论是蔬菜作物、经济作物，还是药用植物、野生植物，要开发成为种芽菜，则必须符合种子发芽快，芽苗产品形成周期短、生物效率及可食部分比例高，产品食用安全、外形美观、营养丰富、风味独特、具有一定保健功能、便于采收、易于进行采后处理等条件。据资料，目前已知具有生产开发利用价值的种芽菜大约有30余种，但已进行批量生产或大面积栽培的只有豌豆苗、马牙豆（香草豌豆）苗、萝卜芽、荞麦芽、向日葵芽、黑豆芽、苜蓿芽、种芽香椿等不到10种。上述各种绿化型种芽菜的栽培技术大致相同，但由于香椿等种子发芽较慢，需分两次进行催芽，并采用珍珠岩作为基质，栽培技术上略有不同，因此又可分为一段催芽（适用于发芽较快的种类）和二段催芽（适用于发芽期较长的种类）两种栽培管理模式。

（一）**豌豆苗、萝卜芽、荞麦芽等栽培技术** 豌豆苗、萝卜芽、荞麦芽分别由豌豆、萝卜和荞麦种子培育而成。豌豆苗富含氨基酸、纤维素，能通肠胃、消便秘；萝卜芽富含铁、胡萝卜素，可理气和中、消积食健胃；荞麦芽富含芦丁，具有降血脂、降血压等保健功效。其在栽培设施或保护地中一般均能做到周年生产和四季供应。

1. 品种与种子的选择 适于种芽菜生产的品种和种子，应选择籽粒较大，芽苗生长速度快，下胚轴或茎秆较粗壮，抗种苗霉烂、抗病，耐热或耐寒，生物产量高，产品可食部分比例大，纤维形成慢，品质柔嫩，货架期较长者。要求种子发芽率不低于95%，纯度达到95%～97%，净度在97%以上；价格便宜，货源充足，供应稳定且无任何污染。豌豆多采用抗逆性较强、较抗种苗霉烂的粮用豌豆和香草豌豆品种，如山西的青豌豆、灰豌豆，河北、内蒙古、宁夏的褐豌豆、麻豌豆以及马牙豆等，一般不用菜用豌豆品种。萝卜应选用种子籽粒较大、抗病性强的秋冬萝卜品种，如陕西的国光萝卜、河北的石家庄白萝卜、北京的大红袍萝卜以及从日本引进的贝割大根等，忌用四季萝卜（小萝卜）品种。荞麦可采用山西、内蒙古荞麦，以及种子籽粒较大的日本荞麦。向日葵宜选用籽粒较小的油葵（油用品种），黑豆可使用赶牛粒黑豆等。此外，在选择豌豆等豆类种子时，应注意"硬实种子"（俗称"铁籽"）的比例不得超过3%。否则不但影响生产，而且将加大种子成本。

2. 种子的清选与浸种 种子的质量对种芽菜生长整齐度、产量及商品合格率影响极大。因此必须选用优质种子，并在播种前进行种子清选，剔去虫蛀、破残、畸形、霉腐、已发过芽的以及特小粒

或瘪粒、未成熟种子，以提高发芽率、发芽势及抗霉烂能力。一般豌豆、向日葵、黑豆等大粒种子可进行机械或人工筛选；萝卜、苜蓿等中小粒种子可采用风选或人工簸选；荞麦则应提前1～2d进行晒种，并进行风选、簸选和盐水选种，汰去不饱满或成熟度较差种子。

清选后的种子即可进行浸种。先用清水将种子淘洗2～3遍，干净后用20～30℃的洁净清水浸泡种子，水量必须超过浸泡种子的最大吸水量，浸种时间冬季可稍长，夏季可稍短，通常在种子达到最大吸水量95％左右时结束浸种（表22-3）。浸种期间应根据当时气温的高低酌情换清水1～2次。结束浸种时再淘洗种子2～3遍，并轻轻揉搓、冲洗，漂去附着在种子上的黏液，注意切勿损坏种皮，然后捞出种子，沥水待播。

表22-3　几种种芽菜种子最大吸水量及适宜浸种时间
（引自：《芽苗菜及栽培技术》，1998）

种芽菜种类	种子最大吸水量（占干种子重量的百分比，%）	最适浸种时间（h）
豌豆苗	117.72	24
萝卜芽	76.63	6
荞麦芽	71.39	36
向日葵芽	122.49	24
黑豆芽	125.25	24
种芽香椿	133.40	24

3. 播种与叠盘催芽　播种和叠盘催芽的质量与种芽菜栽培过程中种苗霉烂、芽苗生长整齐度以及产品质量和商品率关系密切。

播种前首先要对苗盘进行清洗和消毒，在清洗容器中浸泡苗盘，洗刷干净后置入消毒池，在0.2％漂白粉溶液或3％石灰水中浸泡5～60min（视种苗霉烂情况酌定），捞出后用清水冲净残留消毒液。然后在苗盘上铺一层基质纸张（大小应与盘底相应），随即进行播种。通常都采用撒播，要求严格执行播种量标准（表22-4），保持盘间一致，撒种均匀，随播种随剔出不正常种子，播种后不要磕碰苗盘。

豌豆、萝卜、荞麦、向日葵、黑豆等芽苗菜栽培采取一段催芽模式，即于浸种后立即播种，播完后在催芽室将苗盘叠在一起，并置于栽培架上，每6盘为一摞，其上下各覆垫一个"保湿盘"（苗盘铺1～2层已湿透的基质纸，不播种）。也可置于平整的地面，但摞盘高度不应超过100cm，摞与摞之间宜留出2～3cm空隙，否则将影响摞盘间通风，引起发芽不均匀。其上可覆保湿盘，也可覆盖湿麻袋片或双层黑色遮阳网等。叠盘催芽时间约3d，期间应保持催芽室温度在18～25℃（表22-4），每天需进行一次倒盘和浇水，调换苗盘上下左右前后位置，同时均匀地进行喷淋（大粒种子）或喷雾（中小粒种子），喷水量一般以喷湿后苗盘内不存水为度。切忌过量喷水，否则极易引起种芽霉烂。此外，催芽室内应定时进行通风换气，避免室内空气相对湿度呈持续的饱和状态。叠盘催芽结束后，即可出盘，将苗盘移至栽培室进行绿化。

4. 出盘与出盘后的管理　当叠盘催芽的种子全部发芽，其种苗达到一定高度并已"定橛"后（表22-4），应及时出盘。出盘过迟，不但易引起种苗霉烂，而且易使下胚轴或茎秆细长、柔弱，导致芽苗后期倒伏并引发病害，进而影响产量和产品质量。但过早出盘，将会增加出盘后的管理难度，芽苗生长难于达到整齐一致。

表 22-4　几种种芽菜播种催芽主要技术指标

(引自:《芽苗菜及栽培技术》,1998)

种芽菜种类	千粒重(g)	播种量(g/盘)	催芽最适温度(℃)	出盘标准(芽苗高,cm)
豌豆苗	150.9	500	18~22	1.0~2.0
萝卜芽	13.2	75	23~25	0.5(种皮脱落)
荞麦芽	27.5	150	23~25	2.0~3.0
向日葵芽	99.4	150	20~25	1.5
黑豆芽	171.9	350~500	23~25	1.0~2.0
种芽香椿	11.4	100	20~22	0.5

初出盘时,为使种芽菜从黑暗高湿的催芽环境能安全地过渡到光照直射和相对干燥的栽培室环境,在苗盘移入栽培室时应放置在空气相对湿度较稳定的弱光区过渡一天,然后再逐步通过倒盘移动苗盘位置,渐次接受较强的光照;至产品收获前2~3d,将苗盘置于直射光下,加强绿化,使下胚轴或茎秆粗壮,子叶和真叶进一步肥大,颜色转为浓绿,以提高产品的商品品质。但为避免过分的强光照,采用温室和塑料大棚作为生产场地的,在6~9月份的夏秋高温强光季节,必须使用遮阳网进行遮光,一般宜采用活动式外遮阳覆盖形式,以便根据天气变化合理调节光照。

种芽菜出盘后所要求的温度环境虽不像叠盘催芽期间那样严格,但仍应根据不同种类对温度的不同要求分别进行管理(表22-5)。因此,栽培室最好能划分为单一种类栽培区,并能通过加温和降温设施进行温度调控。

表 22-5　几种种芽菜生长适宜温度

(引自:《芽苗菜及栽培技术》,1998)

种芽菜种类	最低温(℃)	适温(℃)	最高温(℃)
豌豆苗	14	18~23	28
萝卜芽	14~16	20~23	32
荞麦芽	16	20~25	35
向日葵芽	16	20~25	30
黑豆芽	16	20~25	32
种芽香椿	18	20~23	28

在各种不同种芽菜进行混合栽培时,则可将室内温度范围调控在16~30℃或最适温度20~25℃之间。但无论是单一种类还是混合栽培,在温度管理方面均应避免出现夜高、昼低的逆温差以及过低或过高温度,否则将会引起芽苗柔弱、生长周期延长或生长速度过快,并将严重影响均衡供应以及芽苗产量和产品品质。

为了经常保持栽培室的空气清新,降低室内空气相对湿度,减少种苗霉烂,并避免白天 CO_2 浓度过低,在栽培室温度适宜的前提下,每天应进行通风换气至少1~2次,即使在室内温度较低时,也应进行短时间的"片刻通风"。

由于绿化型种芽菜采用了不同于一般无土栽培的基质,基质吸水、持水能力较低,加之芽苗菜鲜嫩多汁,因此必须采取"小水勤浇"的措施,才能满足其对水分的要求。故生产上每天需用喷淋器械或微喷装置进行3~4次喷淋或雾灌(冬春季3次,夏秋季4次)。喷淋要均匀,先喷淋上层,然后渐次往下。浇水量切忌过大,一般以浇水后苗盘内基质湿润,苗盘底又不大量滴水为度。同时还要喷湿地面,以经常保持室内空气相对湿度在85%左右。此外,还要注意生长前期少浇水,中后期适当加

大水量；阴雨雾雪天温度较低，空气相对湿度较大时少浇水，反之酌情加大水量。水分管理对种芽菜生长和产品品质影响很大，水分不足，芽苗将很快老化并使产品品质下降；水分过多，则易引发种芽霉烂，并将严重影响产量。

种芽菜生产由于栽培环境较易调控，加之生长周期较短，因此较少发生病虫害。但叠盘催芽期和产品形成期易引发种苗霉烂，应注意采用抗病品种，提高栽培管理水平，严格进行水分和温度管理，并对栽培场所、栽培容器和种子进行严格消毒。栽培场所可用45%百菌清烟剂密闭熏蒸8～12h；栽培容器可用0.2%漂白粉溶液或5%的明矾或2%的小苏打溶液浸泡5～60min；种子可用0.1%漂白粉溶液浸泡（浸种吸胀后）10min或用3%石灰上清液浸泡5min进行消毒。

5. 采收与销售　绿化型种芽菜以幼嫩的芽苗为产品，其组织柔嫩，含水分多，极易脱水萎蔫，而产品本身又要求保持较高的档次。因此，为提高产品的鲜活程度、延长货架期，必须及时进行采收，并尽量缩短和简化产品运输、流通时间和环节。在中国蔬菜产品流通领域采后处理、冷链系统还不很完善的情况下，宜以整盘活体销售为主，剪割采收为辅，将产品直接送至宾馆、饭店、超市或菜市场。收获上市的产品要求周年均衡供应，芽苗子叶平展、茎叶粗壮肥大、颜色浓绿，整盘生长整齐，无烂根、烂脖（茎或下胚轴基部）、无异味，不倒伏，品质好，产量不低于标准（表22-6）。

表22-6　几种种芽菜采收时芽苗高度、产品形成周期和产量

（引自：《芽苗菜及栽培技术》，1998）

种芽菜种类	产品形成周期（d）	采收时芽苗高度（cm）	产量（g/盘）
豌豆苗	8～9	10～15	500
萝卜芽	5～7	6～10	500～600
荞麦芽	9～10	10～12	400～500
向日葵芽	8～10	10～12	1 500～2 000
黑豆芽	8～10	10～14	2 000～2 500
种芽香椿	18～20	7～10	350～500

注：产品形成周期指从播种至产品采收所需天数。

（二）种芽香椿的栽培技术　种芽香椿由香椿种子培育而成。由于香椿种子发芽慢，催芽时间长，为减少种芽霉烂，需提前进行常规催芽，然后播种已露芽的种子再进行叠盘催芽（二段催芽），并采用吸水、持水力强的珍珠岩作为基质，其栽培管理不同于采取一段催芽的豌豆苗等。

1. 品种与种子的选择　香椿种子发芽率较低，一般达到60%发芽率即为优良种子，但作为种芽菜栽培要求发芽率达到80%以上，纯度97%以上（不同品种苗期差异不大），净度达97%。另外，香椿种子不耐炎热，在常温、常湿条件下贮存，越夏后种子发芽率大幅度下降。因此，切勿采用隔年陈籽（低温低湿种子库贮存除外）。生产上多采用湖南、湖北武陵山红香椿、陕西秦岭红椿、河南商洛山红香椿，以及云南、山西红椿等品种。

2. 种子的清选与浸种　香椿种子具舌状膜质翅翼，种子清选时应搓去翅翼，进行簸选，并剔去果梗等杂物。种子最大吸水量为干种子重量的133.4%，浸种时间为24h。

3. 播种与叠盘催芽　播种前将种子进行常规催芽，最适催芽温度为20～22℃，催芽时间4～5d，当60%种子"露白"（露芽）时，即可进入第二段催芽。取已经清洗消毒的苗盘，在盘底铺一张基质纸，其上铺1.5cm厚湿润珍珠岩（珍珠岩加水和匀、挤干），刮平稍镇压后撒播已发芽的种子，播种量每盘100g左右（以干种子重量计），播完后移至催芽室进行叠盘催芽，催芽时间4～5d，期间应保持20～22℃，每天只需进行倒盘、检查即可。除非珍珠岩十分干燥，一般不需浇水（喷雾），否则易因透气不足导致种芽缺氧而沤根、烂种。

4. 出盘与出盘后管理　当香椿种苗已定橛，高约 0.5cm 时即可出盘。出盘后要浇一次透水（喷雾），至底层珍珠岩湿润时止。但浇水后基质珍珠岩不能"窝水"，盘底不得滴水。此后应每 2～3d 浇 1 次水，直至收获。栽培室温度最好控制在 20～25℃。注意前中期应将苗盘置在散射光下，促进下胚轴增高，以使芽苗产品达到预期高度。

5. 采收与销售　种芽香椿产品形成周期为 18～20d。当苗高达到 7～10cm，子叶平展、肥大，颜色深绿，心叶未长出时即应收获。多采取带根采收，小包装上市，每苗盘产量 350～500g。

（王德槟）

第五节　体芽菜的栽培

体芽菜是指利用除种子以外的植物营养贮存器官，在适宜环境条件下培育出的可供食用的嫩芽、芽苗、芽球、幼茎、幼梢等芽苗产品。体芽菜大多适于冬春季在保护设施中进行密植栽培或囤植栽培（密集囤栽）及软化栽培。但配合进行露地栽培，可延长产品供应期。

一、用于培育体芽菜的营养贮藏器官

（一）宿根　宿根是某些二年生或多年生草本植物累积养分的营养贮藏根，在进入寒冷季节，地上部茎叶枯萎后可在地下安全越冬，到第 2 年早春利用宿根贮藏养分重新发芽生长。宿根类植物的体芽菜生产，多采用冬前挖出老根，在日光温室中密植栽培进行冬春季生产，以嫩芽等产品上市，如马兰头、苦荬芽等。

（二）肉质直根　肉质直根是一种变态根，由直根膨大形成肉质变态器官，并贮藏大量的营养物质。肉质根类植物的体芽菜生产，多采用设施软化栽培，冬春季上市其嫩芽、芽球等产品，如芽球菊苣等。

（三）根状茎　根状茎蔓生于土壤中，肥大呈不规则状，贮有丰富的营养，具有明显的节和节间，叶腋处长有腋芽，顶端有顶芽。根状茎类植物的体芽菜生产，多采用设施软化栽培，在冬春季或夏秋季上市其幼茎（假茎），如姜芽、草芽、芦笋等。

（四）木本植物的茎和枝条　茎是植物地上部分的骨干，在茎的顶端和节上叶腋处都生有芽，人们便利用某些木本植物的茎、枝条自身贮藏的营养物质在一定的光照和温湿度环境下迅速萌芽的特性，进行体芽菜生产。多采取设施密集囤栽，于冬春季上市其嫩芽或幼梢。如树芽香椿、花椒脑、龙牙楤木芽、守宫木梢等。

（五）植株　一些用种子繁殖的植物，当其度过幼苗期，长成成株时，其植株的绝大部分由于纤维化而不堪食用，但这些植株生长点及其以上的一小部分，仍是柔嫩的可食部分，这一部分包括顶芽、未完全展开的幼叶、未老化的嫩叶及幼嫩的茎。这一类体芽菜一般都进行露地密植栽培（也可进行设施栽培），于冬春季和秋季上市其嫩尖（芽尖）、幼梢，如枸杞头、豌豆尖、菊花脑、佛手瓜梢等。

二、对环境条件的要求

体芽菜栽培需分两步进行：第 1 步是培育出壮硕的植物营养贮藏器官。这一生产环节一般是在露地田间进行。要求土壤肥沃、疏松，有机质含量高，通透性好，排水顺畅，并且有良好的浇灌、施肥条件，以促进营养贮藏器官充分发育，贮藏足够的营养，为第 2 步获得优质高产的体芽菜打下基础。在第 2 步体芽菜的培育过程中，尽管种类较多，其所利用的营养贮藏器官也各不相同，但对栽培环境

的要求仍有其共同性。

（一）温度　按体芽菜对生长温度的不同要求可将其分为喜温和喜冷凉两大类。喜温种类要求生长温度白天控制在 20～27℃，夜间控制在 15～20℃，如树芽香椿、花椒脑等。喜冷凉种类要求生长温度白天控制在 15～18℃，夜间则在 10～15℃，如枸杞头、马兰头等。对于在黑暗环境下进行软化栽培的体芽菜，则采用昼夜同一温度。如芽球菊苣 10～12℃，姜芽 20～25℃。

（二）光照　按体芽菜对光照的不同要求，可将其分为避光囤栽和见光囤栽二类。前者是将营养贮藏器官假植在黑暗条件下，进行软化栽培，如芽球菊苣、姜芽等。产品大多呈现白、白黄或浅绿色，其组织柔嫩鲜脆。后者是将营养贮藏器官密集囤栽或密植在正常的光照环境下，并保持良好的光照条件，其产品含有较多的叶绿素和花青素，大多数产品呈现鲜绿色或其他颜色。如树芽香椿、花椒脑、马兰头、枸杞头等。

（三）水、肥　对于利用肉质根或木本植物枝条进行软化栽培或密集囤栽的芽球菊苣、树芽香椿、花椒脑等体芽菜，由于其产品形成所需的养分，全部依靠营养贮藏器官提供，因此保证水分供应比一般蔬菜的栽培显得更为严格，同时又要避免棚室内持续过高的空气相对湿度，以减少密集条件下较易发生的产品病烂。假植软化和囤植栽培的体芽菜一般不需要再施用任何基肥或追肥，但必要时可以进行叶面追肥。

对于利用宿根等营养贮藏器官进行密植、多年生栽培的枸杞头、马兰头等体芽菜，由于生长期长，产品多次、连续采收，消耗养分多，因此除必须保证日常良好的水肥管理外，在栽植前以及每年越冬或早春返青前，必须施入充足的优质腐熟有机肥。

三、场地选择

根据体芽菜栽培对环境的不同要求，其生产场地的选择也有所不同。

避光软化栽培的场地可选择露地、塑料大棚、日光温室，但必须用土埋或在囤栽畦床上用遮光材料进行简易覆盖，创造黑暗条件。地下室、宽敞的山洞也可以用来作避光软化栽培的场地，但必须具备通风和温、湿度调控条件。房舍、厂房作为避光软化栽培场地，首先要考虑设置避光设施创造黑暗条件，同时还要考虑设置温、湿度调控装置及通风系统。

见光栽培（或囤栽）的体芽菜生产场地，根据各地不同的气候条件及不同季节，可选择日光温室、塑料大棚或露地。北方地区冬季多利用日光温室、早春多利用改良阳畦作为栽培（或囤栽）场地。夏季露地栽培，可采用遮阳网覆盖技术。

四、主要体芽菜的囤栽技术

（一）香椿芽（树芽香椿）的囤栽技术

1. 类型品种　根据香椿产品——嫩芽的特征，可将香椿品种作如下分类：据嫩芽的颜色可分为红椿和绿椿两类；按叶面是否有光泽可分为亮椿（油椿）和暗椿两类；依叶面和叶柄是否披有细茸毛又可分为毛椿和光椿两类。生产上应尽量选用嫩芽红（紫）色、香味浓郁、小叶和叶柄宽厚肥大、苗壮、无茸毛、有光泽、纤维少、质脆嫩、生长速度快、采收期早、侧芽萌发力强、单芽产量高的品种，如安徽太和红油椿、河南焦作红椿等。此外，香椿按生长期长短及地区适应性又有华南型、华中型、华北型之分。如华北地区采用华南型品种，则入冬时易抽条枯枝。故在选用品种时应予以注意。

2. 生长周期及囤栽季节　根据囤栽香椿的栽培特点，可将囤栽香椿生长周期划分为发芽期、幼苗期、苗木期、休眠及椿芽形成 4 个时期。发芽期：从种子萌动到胚根显露，在适宜温度下需经 4～5d；幼苗期：从胚根显露到平均苗高 10cm，茎粗 2.4cm，第 7～8 片真叶展开，在日光温室条件下需

60～70d；苗木期：从定植到苗木自然落叶，在华北地区气候条件下约需175d。这一时期是苗木枝条和芽苞等组织和器官逐渐充实，不断累积和贮藏养分的阶段（表22-7）；休眠及椿芽形成期：从苗木自然落叶至顶芽抽生，平均椿芽长度不超过15cm，在性能良好的日光温室中及时密集囤栽，需40～60d。从采收顶芽至采收侧芽，可持续120d以上。

表22-7　一年生香椿苗木生长状况
（引自：《芽苗菜及栽培技术》，1998）

项　目	幼　苗　期			一年生苗木形成期					
	幼苗期	定植期	缓慢生长期	迅速生长期			枝芽充实期		
调查日期（月/日）	4/2	4/22	5/12	6/3	6/23	7/13	8/3	8/23	9/14	10/5
茎高（cm）	6.1	8.5	10.0	10.5	21.6	57.2	103.1	112.8	129.4	129.7
茎粗（中茎，mm）	1.4	1.4	2.4	2.7	6.3	8.0	10.8	13.3	14.4	15.5
叶片数（枚）	2.0	4.0	7.0	9.4	13.0	16.8	27.9	27.9	27.9	27.9
最大叶柄长（cm）	—	—	—	7.1	14.7	32.5	48.1	48.1	49.0	49.0

注：品种属华中生态型的武陵山红香椿，温室育苗，3月13日播种，5月12日定植。表中数据为20株平均值。

一般囤栽用苗木的培育需在露地无霜期内进行。囤栽多于冬春季在性能良好的日光温室或加温温室中进行。

3. 栽培技术

（1）发芽期与幼苗期管理　选购上一年秋季采收的新种子，播种前搓去膜翅并进行清选，清选后的种子倒入50～55℃温水中，迅速搅拌至不烫手时止，即开始进行浸种，18～24h后捞出种子用清水淘洗，至水清澈时止。稍晾，待种子表面稍干后倒入容器中，上盖湿毛巾，置20～25℃下催芽。4～5d后，当发芽率达60%以上时即可播种。

香椿播种时要求苗床10cm地温稳定达到12℃以上，这对促进香椿幼苗迅速出土，保证苗齐、苗全、苗壮极为重要，否则极易导致育苗的失败。若采用日光温室、改良阳畦或塑料大棚育苗，一般可在终霜定植前60～80d进行播种。

香椿多采用"子母苗"育苗方式，即播种后不进行分苗，直接从播种床起苗定植到大田。播种香椿的苗床应施入足量的腐熟过筛有机肥，精细整平后采用密条播，即每隔10～15cm开4～5cm深浅沟，浇小水造墒，水渗下后播种、覆土。由于密条播，播种出苗后易于间苗、除草，比较省工，又便于控制密度和定植前起苗，因此生产上采用较多。在有条件的地区，若能采用纸筒或塑料钵播种育苗，则效果更好。

幼苗长有2～3片真叶时，应进行一次间苗，留苗株距5～10cm。育苗期间白天棚室内温度应控制在20～30℃，夜间在12～18℃。出苗时可稍高，齐苗后宜稍低。定植前7～10d进行幼苗低温锻炼，使幼苗适应定植后较低的露地气温条件。

（2）苗木期的管理　由于香椿幼苗不耐霜冻，因此必须在春季晚霜过后定植。华北地区可在4月中下旬至5月初，长江流域可在3月下旬至4月定植。培育香椿苗木的地块，宜选择地势高燥、肥沃的沙质壤土。幼苗定植前应结合耕耙每公顷施入腐熟有机肥60 000～75 000kg，磷酸二铵375～450kg，硫酸钾75～105kg。施底肥后整平畦面，做成1～1.5m宽平畦，每畦栽两行，行距50～75cm，株距20～26cm，每公顷栽苗75 000株。

定植前1～2d苗床先浇起苗水，然后起苗，一般起单株，带土移栽。栽植深度以稍深于茎干在原苗畦时的土痕为准。

定植后要连浇2～3次水，然后中耕。此后需经常浇水，以土壤"见干见湿"为度。雨季可根据

雨量酌情浇水，但要特别注意做好田间排涝工作。植株进入迅速生长前，约在 7 月初，应重施一次追肥，结合浇水每公顷施磷酸二铵或尿素 187.5～225kg。进入 9 月以后开始控制浇水，以促进枝条充实，芽苞饱满，避免"倒青"，并降低"抽条"（枯梢）率。

苗木期香椿主要病害有根腐病、白粉病、叶锈病等。防治根腐病关键在于及时排涝。当少数植株发病时可用 50％代森锰锌 800 倍液进行浇灌。白粉病可用 15％粉锈宁 600～800 倍液喷布防治。叶锈病可在发病初期用 15％粉锈宁 600 倍液喷布防治。主要虫害有茶黄螨，可用克螨特 2 000 倍液进行防治。

（3）囤栽及囤栽期管理　香椿苗木在入冬前叶片开始枯黄，进入 11 月后开始陆续落叶。可在苗木落叶后，土壤上冻前起苗。起苗前先浇一次透水，供苗木充分吸水。刨挖时尽量多保留粗壮侧根，并将根部泥土抖净，即可进行温室囤栽。

囤栽前温室应进行彻底消毒，一般每 100m³ 空间用硫黄粉 250g、锯末 500g 混合熏烟，密闭 12h 后通风。

囤栽时将刨挖出的苗木按高、中、矮三级分类，矮苗囤在温室前部，高苗囤入温室后部。按南北开沟码苗，囤栽深度以埋土至根颈部原土痕处或稍深为宜。囤栽时要注意保持畦面平整，以利浇水。囤栽香椿产品形成，主要依靠苗干内贮藏的养分，因此囤栽地块不要求施基肥。囤栽密度以每公顷 75 万～90 万株为宜。

苗木囤栽后要随即浇一次大水，以浇透为度，顶芽采收盛期前因外界气温低，应尽量不浇水或少浇水。温室温度应控制在白天 18～27℃，夜晚 10～18℃，在此温度范围内，囤栽后 45～60d 即可陆续采芽。

4. 采收　当椿芽长至 12～15cm，着色良好时即可采收。椿芽顶芽重量要比侧芽高 2 倍多，每株苗木除顶芽外，还能采收 2～5 个侧芽，大约每 50 株顶芽产量为 0.50～0.75kg，顶芽、侧芽产量合计为 1～1.5kg。

温室椿芽从春节前后开始采收，一直可以收到 4 月底露地椿芽上市，此时便应停止采收。5 月初可将苗木挖起，剪去苗干，只留 15～20cm 高的干基，按行距 75cm、株距 25cm 沟栽于露地，使其重新萌发一年生枝条，每株只保留一枝。田间管理同一年生苗木，至晚秋又重新形成二年生可囤栽苗木。每年依此法"平茬"更新，苗木存活率可达 90％左右，育一批香椿苗木，大致可连续使用 3～4 年。

（二）芽球菊苣囤栽技术

1. 类型品种　用于软化栽培的菊苣，一般多选用软化后芽球为乳白色或乳黄色的品种，也可选用红色的品种，以丰富市场芽球菊苣产品。此外，还可按生产技术和市场需要，选用早熟品种或中、晚熟品种。目前生产上多采用由中国农业科学院选育的中囤 1 号品种以及从国外引进的品种。

2. 生长周期及囤栽季节　根据芽球菊苣的栽培特点，可将芽球菊苣生长周期划分为发芽期、幼苗期、叶生长盛期、直根生长盛期和芽球形成期。发芽期：指从播种后种子萌动到子叶出土，在适宜温度下只需 3～4d；幼苗期：指从子叶出土到幼苗长有 6～7 片叶，直根开始加粗，初生皮层破裂，需 20～25d；叶生长盛期：也称莲座期，需 20～25d，此期叶片数不断增加并迅速生长，叶片簇生在短缩茎上形如"莲座"；直根生长盛期：也称直根迅速膨大期，约需 35～45d，此期叶片生长渐趋缓慢，直根迅速膨大并肉质化；芽球形成期：指从肉质直根形成，切去叶簇至重新形成芽球，在通常条件下约需 20～40d。

芽球菊苣由于春播易导致未熟抽薹，加之肉质直根形成需要冷凉的气候条件，因此一般都进行秋季或秋冬季栽培。肉质直根囤栽则多于冬春季，在日光温室、塑料大棚等保护设施内进行。但采用立体无土囤栽，其栽培期可根据市场需要而相应提前或延后。

3. 栽培技术　培育芽球菊苣囤栽用肉质直根一般采用干种子直播。应选择地势高燥，具有良好排涝条件，土质疏松、富含有机质、土层深厚的沙壤土或壤土地块种植。夏季及时收获前茬作物，净地后每公顷施 6 万～7.5 万 kg 腐熟有机肥，旋耕、整平后，按行距 40～50cm 做成小高垄待播。

播种期可参照当地晚秋萝卜播种时间，华北地区多在 7 月下旬至 8 月初播种。东北、西北地区可适当提早，南方各地宜相应推迟。种子应选上一年采收的新种子，一般采用条播。在垄背中央划 0.6～1cm 深的小沟，将种子均匀撒入沟中。每公顷播种量为 2.25～3.75kg。播种后覆土、踩实（镇压），立即在垄沟中灌水。

（1）水分管理　播后若未遇降雨天气，应在幼苗出齐前连浇 3 次小水，至定苗共浇 5 次水。连续浇水的目的是降低地温，保持土壤湿润，有利于促进苗齐、苗全、苗壮和减少苗期病毒病的发生。此后至肉质根迅速膨大前，应视雨量多少适当浇水，大致以土壤"见湿见干"为度，适当进行蹲苗。进入肉质直根迅速膨大期后，应增加浇水量和浇水次数，直至肉质直根充分膨大。收获前 1 周左右停止浇水。

（2）中耕间苗和定苗　菊苣进入 2～3 片真叶时应分别进行 1～2 次间苗，至 5～6 片真叶时进行定苗。定苗株距 20～27cm，每公顷留苗 9 万～10.5 万株。

（3）蹲苗和追肥　定苗后应进行一次施肥，在行间开深 12～15cm 的沟，每公顷施入 3 000～3 750kg 腐熟的饼肥或 1.5 万～2.25 万 kg 腐熟的优质有机肥。施肥后浇一次大水，水后进行中耕，耕深 6～7cm，此后控制浇水，进行蹲苗，直到肉质直根进入迅速膨大期为止。

（4）病虫害防治　菊苣较少发生病虫害，但临近温室、大棚地块多有白粉虱为害。可用黄板诱杀成虫，或用 25％扑虱灵可湿性粉剂 1 500～2 000 倍液，或 2.5％天王星乳油 2 000～3 000 倍液防治。

（5）肉质直根的收获与贮藏　肉质直根一般在晚熟大白菜收获后，开始刨收。北方地区大致在 11 月上中旬前，南方各地则稍晚。刨出的肉质直根切去地上部叶簇，留叶柄 3～4cm 长，注意不要将根颈部生长点切去。收获后可就地将肉质直根堆成小堆，用切下的叶片盖好，进行临时贮放。

北方地区可利用萝卜窖、白菜窖进行贮藏，也可挖宽 1～1.2m、深 1.2～1.5m，东西延长的土窖贮藏。贮藏温度控制在 0～4℃，适当通风。贮藏期间应保证肉质根不严重失水，不腐烂，不受冻，不长芽。为了延长芽球菊苣的生产供应期，也可将肉质直根用保鲜袋分装，放入纸箱后再置于－1～1℃的冷库中存放。

（6）芽球形成期的管理　根据各地不同的条件和不同的季节，选择在温度能稳定保持在 10～12℃的场地。北方地区冬季多利用日光温室、早春多利用改良阳畦，南方地区多以塑料大棚作为囤栽场地。囤栽前按 1.2～1.3m 宽筑囤栽畦床，畦埂宽 30～40cm，畦深约 30cm。将畦土挖松，不施底肥，整平，浇足底水待用。囤栽时可将肉质根分大、中、小三级分别一沟接一沟地码埋，码埋时要求根际均匀相距 2～3cm，埋入深度以露出根头部生长点为度，码埋要求整齐、平整。码埋后将水管软管通到畦底部，由底部阴灌，水量要充足。浇水后 2～3d 在畦床上插小拱架，覆盖不透光的黑色塑料膜，以造成软化栽培必需的黑暗环境。

囤栽后床内气温宜控制在 8～14℃的范围内。在囤栽期间，若发现畦床内因空气湿度过大而引发霉菌生长，可在夜晚将覆盖的黑色膜揭开，适当进行"拉缝"通风。

4. 芽球采收　通常平均温度在 12℃时，囤栽后 25～30d 即形成芽球产品。芽球呈炮弹形，长 8～12cm，最粗横径 4～5cm，上端鹅黄色，下端白色，抱球紧实，外叶长度不小于芽体长度的 1/2。收获时一手用小刀在根颈部与芽球交接处轻轻切割，另一手捏住芽球轻轻向另一侧推压即可。下刀时应注意切割部位不要过高，否则芽球就会散叶。芽球采收后宜及时进行修整，剥去有斑痕、破损的外叶，然后用塑料袋或塑料盒进行小包装上市。留下的残根可继续长出侧芽，但不再形成芽球，侧芽在长到 10～15cm 时采收上市。用上述方法进行软化栽培，一般只能在 11 月中下旬至翌年 4 月中旬进行分期囤栽，分批上市。

5. 芽球菊苣工厂化无土立体栽培技术　芽球菊苣除采用土壤囤栽外，目前在国内一些大城市中

已开始进行无土立体工厂化生产。

工厂化生产多以保温、隔热条件好，便于形成黑暗条件，并能良好通风的房舍、人防工事、冷库等作为生产场地。要求一年四季对温度具有一定的调控能力，设有加温和降温设备，常年能保持稳定的8~14℃的室内温度，此外还要求有供水、供电能力。进行立体无土软化栽培要有立体栽培架、塑料箱槽以及与箱槽配套的网板。

工厂化囤栽的方法与土壤囤栽稍在差异：一是必须将肉质直根从根头部以下留13cm，切去尾根，使根部具有相同一高度；二是将切好的肉质直根插入悬挂有网板的塑料箱槽内，然后往箱槽内注入洁净清水，水位高6~9cm。有条件者可设置水循环系统，则效果更佳。

（三）花椒脑囤栽技术　花椒（*Zanthoxylam bungeanum* Maxim）为芸香科花椒属灌木或小乔木，原产中国。供食用的花椒芽，俗称花椒脑、椒蕊。花椒脑含有挥发油和辛辣物质，具有特殊的麻辣香味，并含有丰富的钾、钙、磷等矿物质以及胡萝卜素，对人体有温中散寒、行气止痛之保健功效。

1. 花椒的主要特征特性　花椒主根不很发达，但侧根比较强大，吸收根主要分布在10~40cm土层内。一年生苗木一般不分枝。但顶端优势远比香椿弱，发枝力较强。叶为奇数羽状复叶，每一复叶着生7~11片小叶，叶色浓绿。花小，单性，为聚伞状或伞房状圆锥花序。果实为蓇葖果，圆形，果面密布疣状腺点，红色或紫红色。种子黑色或蓝黑色，有光泽，千粒重18.1g。

花椒在年平均气温8~16℃的地区均可栽培，但以10~14℃的地区最适生长。春季平均气温稳定在6℃以上时，芽开始萌动，10℃时开始伸展生长。当10cm地温达到8~10℃时，即可播种。生长期要求充足的光照。因根系分布较浅，栽培上多给予较好的土壤条件。

2. 类型品种　中国作为经济树种栽培的花椒均可用于花椒脑生产，比较著名的品种有大红袍、二红袍、小红袍、白沙椒、岩椒等。

3. 生长周期及囤栽季节　根据囤栽花椒的栽培特点，可将囤栽花椒生长周期划分为种子层积期、幼苗期、苗木期、休眠及椒芽形成期。种子层积期：指从土地封冻前开始进行层积处理直至种子萌动、露芽，在冬季自然低温下需120d左右；幼苗期：指从胚根显露到平均苗高7~8cm，有4~5片真叶展开，在日光温室等保护地育苗条件下需60d左右。苗木期：从定植后到苗木自然落叶，需150~170d。休眠及椒芽形成期：指一年生花椒苗木囤栽后至枝梢上部最大侧芽长至6~8cm，叶片数4~5片。在性能良好的日光温室或加温温室中及时囤栽约需60~70d。

4. 栽培技术　为促进种子发芽，生产上对花椒种子多进行层积处理。具体方法：在冬前，将花椒种子与5~6倍水洗细沙混合均匀置于木箱中，保持湿润，然后放在0℃左右的低温下（北方可根据冻土层深度埋入地下30~80cm深处），于第2年2月中旬至3月中下旬取出播种。

培育花椒苗应尽量选择背风向阳、排灌方便、肥沃疏松的壤土或沙壤土地块。播种前进行细致的土地翻耕，每公顷施入3.75万~7.5万kg腐熟有机肥，60~100kg草木灰，整平后做成宽1~1.2m的平畦，每畦开3~4条深5cm的小沟，将与河沙混合的种子撒入沟底，覆土镇压，畦面覆盖地膜，以保持苗床土壤湿润，每公顷用种量约为150kg。经层积处理过的种子播后10~20d陆续出苗，出苗后撤去地膜。幼苗长到4~5cm高时进行一次间苗（即定苗），株距保持10~15cm，每公顷留苗量在30万株以上。

幼苗期应注意除草和浇水，进入迅速生长期前可于6月上旬至8月上旬追施1~2次薄肥，每次每公顷施入磷酸二铵或三元复合肥225~375kg。施肥应与浇水相结合。雨季注意排水防涝。入秋后则应控制浇水，一般不再追肥，以免苗木后期贪青疯长，降低苗木抗寒性。

花椒幼苗和苗木期的病害主要为叶锈病，可喷洒65%可湿性代森锌500倍液进行防治。主要虫害为花椒蚜虫，可用40%乐果乳油1 000~1 500倍液喷洒防治。

一年生花椒苗木到11月中旬前后一般都已落叶，高度可达60~100cm，基部横径可达0.5~1.2cm，此时即可起苗进行囤栽。起苗前要浇足起苗水，以减少伤根。囤栽的苗木要求挺直、粗壮，主侧根完整，留有较多的须根。囤栽前剪去细弱的梢部，按约80cm、60cm、40cm高度分成大、中、小三级。

以日光温室为生产场地者，囤栽床多采用南北走向，床面宽100～120cm，床间留有50cm宽作业道。将囤栽床下挖10～15cm，把土堆放在作业道上。将较矮的苗木囤栽在畦床南部，较高的囤栽在畦床北部。苗木随囤放，随用土固定镇压。注意囤栽时要保持床面平整，以利管理。囤栽密度每公顷90万～120万株。囤栽后立即浇一次大水。为促使植株发芽，在10～15d内室温白天应保持在25～27℃，夜间15～20℃，空气相对湿度80%～90%。可在每天10：00～15：00向苗木枝干喷水雾1～2次，30～40d后发芽，发芽后白天室温宜保持在20～25℃，夜间10～18℃，空气相对湿度降至80%左右。在整个囤栽期间，一般不进行施肥，主要依靠树体贮藏的养分供给芽梢生长的需要。

5. 采收　当芽梢长有4～5片真叶，长10cm左右时即可采收。采摘芽梢时要保留基部第一片真叶，以利新芽再生。此时采收的芽梢品质柔嫩，芳香浓郁。一般每棵苗木可长4～10个芽梢，采收后留下的底叶腋芽处还可抽生出健壮的芽梢，每公顷收获量以囤栽90万株计，约可收花椒脑13 500kg。收获后的花椒脑要注意保鲜，可装入透明塑料盒小包装上市。

囤栽在温室的花椒最早可在春节前开始采收，一直采收到5月上旬。然后将苗木从根颈部以上10～15cm处缩剪，将苗木挖出栽于露地，每1m宽畦种两行，株距20cm左右，每公顷栽9万～10.5万株。栽培管理基本同一年生苗木。苗木损耗率约为15%，育一批苗木可使用3～4年。

（四）姜芽囤栽技术　姜为姜科姜属多年生草本植物，原产中国。通常以根茎供食，但幼嫩的姜芽可供鲜食或加工腌渍。姜芽因含有姜辣素、姜油酮、姜烯酚和姜醇而具特殊的芳香味，有健胃、去寒和发汗等保健功效。

姜块（根茎）的子姜和孙姜顶端均具有顶芽，茎节也有为数不等的侧芽，在囤栽条件下，都能形成姜芽产品。姜块的芽数越多，则姜芽产量越高。生姜喜温，姜芽形成期要求22～27℃的较高温度，并要求黑暗的光照条件。

1. 类型与品种　生姜可分为疏苗型和密苗型两种类型。疏苗型生姜植株分枝少，姜块肥大，姜块茎节少而稀；密苗型生姜植株分枝多，姜块茎节多而密。以获取姜芽为主要目的的囤栽，应选用密苗型品种，如山东莱芜小姜等。

2. 生长周期及囤栽季节　生姜的生长周期及栽培季节请见本书第十章第二节。姜芽囤栽一般均在地窖、山洞或避光的保护设施中进行，如能保证温度，则可四季生产周年供应。

3. 囤栽技术　为有效利用面积和空间，姜芽囤栽生产多采用立体无土栽培。场地内设立体栽培床，一般由钢材或木材制作。最简易的办法是用砖摞成立柱框架，框架上放制木槽或水泥板槽。槽深12～15cm，每层间距40～50cm，层数根据空间高度而定。

在培育姜芽的各个环节中，姜块选择是关键的一环。通常选择肥大、丰满、皮色光亮、肉质新鲜、不干缩、不腐烂、未受冻、质地硬、无病虫害的姜块作为姜芽生产的囤植材料。剔出瘦弱干瘪、肉质变褐及发软的姜块。为起到灭菌作用，可用生姜宝、绿霸等杀菌剂200倍液浸泡姜块10min。

挑选处理过的姜块竖着一块块码入铺有2cm厚湿润细河沙的箱槽内，码放时姜块之间要隔以细河沙，所用河沙要经过水洗，以去除泥土，保持清洁。每平方米面积可码放25～30kg姜块。码放后，上面再盖上湿润细河沙，厚度与槽平齐。河沙湿度以用手可捏成团，但不滴水为度。

囤栽后场地内气温应保持在22～25℃，低于15℃，姜芽不萌动，高于27℃时生长速度虽快，但姜芽徒长，芽体瘦弱细长。空气相对湿度宜控制在70%～80%。

姜芽形成需经历萌动、破皮、鳞片发生和成芽等过程。在适宜的温度、湿度条件下，10d左右幼芽即萌动，再经约10d幼芽可长至1～1.5cm高。其后姜芽迅速生长，至40～50d后，沙层上面姜苗可达30cm以上，此时即可收获。

4. 收获　将姜块及姜芽从囤栽床中取出，掰下姜芽，从姜芽基部往上12cm处将芽端切下，基部

断面直径最粗约 0.8～1.2cm，下端 4cm 长为可食部分，余 8cm 因纤维化不可食用。按每平方米囤码约 100 块姜种计，每平方米可收获姜芽 1 000～1 500 支。收获后的姜块仍可作为商品姜出售。

姜芽可鲜食，也可经腌渍制成软包装或罐装姜芽食品。目前姜芽产品多销往日本。

（张德纯　王德槟）

（本章主编：王德槟）

◆ 主要参考文献

［1］张健安等．黄豆芽、绿豆芽与蚕豆芽的操作工艺．上海调味品，1980

［2］龙静宜等．食用豆类作物．北京：科学出版社，1989

［3］程须珍．绿豆品种与豆芽产量关系的初步探讨．作物品种资源，1990

［4］叶自新．豆芽生产新技术．北京：金盾出版社，1993

［5］金波等．芽菜生产与芽菜烹调 100 例．北京：中国农业科技出版社，1993

［6］张德纯，王德槟等．芽菜种类特点及生产中应注意的问题．中国蔬菜，1994，（4）：42～44

［7］王德槟等．芽苗蔬菜工业化栽培技术．中国蔬菜，1996，（3）：17～21

［8］王德槟，张德纯．芽苗菜及栽培技术．北京：中国农业大学出版社，1998

［9］张田宝等．芽苗、苗菜生产技术．北京：金盾出版社，1999

［10］张德纯等．软化菊苣工业化生产技术．中国蔬菜，2000，（4）：36～39

［11］金东梅等．芽菜问答．北京：化学工业出版社，2000

第三篇

保护地蔬菜栽培

中 国 蔬 菜 栽 培 学

ZHONGGUOSHUCAIZAIPEIXUE

概　　述

中国人对蔬菜的消费习惯历来以鲜菜为主，而且要求周年均衡供应，花色品种多样。但是中国各地的气候类型复杂，一些地方难以实现蔬菜的周年生产。如在华北、西北和东北地区，那里无霜期短，像长春、北京、太原市等无霜期为 170～180d，而兰州、西宁以及内蒙古的牙克石市无霜期只有 100～120d。在漫长的冬春季节，人们吃菜只能依靠冬贮的大白菜、萝卜、马铃薯、洋葱等，是蔬菜供应的"淡季"；中东部及东南部地区夏季多高温天气，暴雨、台风频繁，蔬菜病、虫、草害猖獗，常给夏季蔬菜生产带来灾害，造成蔬菜市场严重的"伏缺"。还有每年冬春季来自西伯利亚的大风、寒流长驱侵袭西北、华北甚至波及东南的亚热带地区，常引起冬春季蔬菜的冻害、霜害和冷害。此外，冬春季连阴雨、雪天气带来的连续寡照、低温，也常严重危及这些地区露地蔬菜的生产安全。因此，人们在漫长的蔬菜生产实践中，很早就懂得怎样摆脱大自然的束缚，利用保护设施进行反季节生产，以延长新鲜产量和供应期，增加产量和花色品种。

一、保护地蔬菜栽培的发展时期

正如本书第一章所述，中国应用保护设施生产蔬菜已有悠久的历史。历代劳动人民在漫长的生产活动中，不断创新和改革了保护地设施，积累了丰富的栽培经验。不过，蔬菜保护地栽培的成果，却为少数人所享受，保护地生产得不到应有的发展。新中国建立以后，随着生产关系的改变，生产力和人民生活水平不断提高，市场对于周年供应多种类的新鲜蔬菜的要求越来越迫切，因此，蔬菜保护地生产的作用也就显得越来越重要。自新中国建立 50 多年来，中国保护地蔬菜生产大体经历了三个重要的发展时期。

（一）总结、提高传统保护地生产技术时期　自新中国成立至 20 世纪 60 年代末期。为了适应大规模经济建设的需要，蔬菜科学工作者广泛开展了对中国传统的蔬菜保护地生产的调查研究，总结菜农长期积累起来的栽培经验，深入大、中城市郊区和新兴工矿区帮助菜农发展生产，编辑出版了《北京、天津、旅大的蔬菜早熟栽培》、《北京市郊区温室蔬菜栽培》、《北京市郊区阳畦蔬菜栽培》等书籍，较系统地总结了上述城市郊区传统的一面坡温室、风障畦、阳畦等的类型、构造、施工、性能及其主要蔬菜的丰产栽培技术；《济南市郊区冬季蔬菜保护地栽培调查》一书介绍了济南郊区阳畦和苇毛苫覆盖栽培经验。这些调查研究工作，有效地促进了先进经验的迅速推广，对刚刚建立起来集体经济的巩固和发展，起到了很大的推动作用。此后，广大蔬菜科技工作者深入开展保护地蔬菜丰产栽培试验和相关理论研究，改进了一些保护设施，如改良阳畦、北京改良温室、鞍山日光温室等相继在东北、华北等地得到推广应用。东北和华北还试建了一批较大型的玻璃温室，起到一定的示范作用。与此同时，蔬菜保护地生产技术进一步提高，覆盖栽培的蔬菜品种逐步增加。至此，即到 20 世纪 60 年代末，中国大、中城市郊区已经基本形成了由简易地面覆盖、风障畦、阳畦、改良温室等构成的配套保护性生产设施，在露地不能正常生产蔬菜的秋、冬、春季生产出大量新鲜蔬菜，这对改善北方冬、春季蔬菜供应状况，起到了较大的作用。

（二）大力推广应用农用塑料薄膜覆盖栽培技术时期　从 20 世纪 60 年代末到 80 年代中期。由于中国塑料工业和化学工业的发展，塑料制品，特别是农用塑料薄膜广泛应用于蔬菜生产，使保护地设施的结构类型更趋多样化，建造成本进一步降低，生产水平进一步提高。

农用塑料薄膜在中国蔬菜生产上的试用，最早始于 20 世纪 50 年代中期。60 年代末至 70 年代初期，中、小型塑料棚开始在华北地区较大面积应用于蔬菜早熟栽培。如 1966 年吉林省长春市郊区率先建立了中国第一座简易塑料大棚，占地面积 600 余 m^2。此后，在短短的几年里，塑料大棚在华北、东北和西北以及长江流域的一些省份迅速发展。由于塑料薄膜具有许多优良特性，所以被普遍用来代替玻璃作为覆盖采光材料，使阳畦及一些简易覆盖设施逐步被性能更好的塑料棚所替代，改良温室也用塑料薄膜采光保温。到 70 年代后期，塑料薄膜地面覆盖栽培技术引入中国，因为具有增温、保墒效果良好。操作简单、投入低、经济效益显著等特点，首先在蔬菜生产上试验、示范，并应用成功，以后扩大到其他农作物。1980 年，全国蔬菜地膜覆盖栽培面积约 1 500 hm²，1981 年为 7 400 hm²，1985 年增加到 24 300 余 hm²（含西甜瓜地膜覆盖栽培面积 14 300 hm²）。这期间中国蔬菜保护地生产发展的特点是：形成了以塑料棚覆盖栽培、地膜覆盖栽培为主，与阳畦、风障畦和改良温室生产等相配套的保护地生产体系，使中国北方冬、春淡季蔬菜供应状况又有了明显的改善，蔬菜生产水平也有了明显的提高。

（三）日光温室等设施栽培迅速发展时期 从 20 世纪 80 年代中期至现今。1985—1986 年辽宁省鞍山市海城、大连市瓦房店等地在现有改良温室的基础上，创建了节能型日光温室，在北纬 40°～41°地区基本实现了不用人工补充加温进行越冬黄瓜栽培，产品可 1 月份上市，一般每公顷产黄瓜75 000kg，最高每公顷达 300 000kg。日光温室是具有中国特色的蔬菜栽培设施，它的设备完善程度虽远不如大型现代温室，但它具有结构简单、建造方便、建造成本低、采光保温性能良好等特点，深受菜农欢迎，适宜在中国北纬 32°～42°地区推广应用。它的出现，在很大程度上丰富了中国北方冬春季节喜温蔬菜短缺的淡季蔬菜和时令蔬菜的供应，为国家节省了大量的煤炭资源，降低了生产成本，也为广大菜农开辟了一条脱贫致富的途径。

中国主要蔬菜保护地面积见下表

中国主要蔬菜保护地面积（万 hm²）

年度	合计	塑料拱棚			塑料薄膜温室		
		小计	大棚	中小棚	小计	加温温室	日光温室
1981—1982	0.72	0.62	0.13	0.49	0.1	0.03	0.07
1982—1983	1.03	0.89	0.18	0.71	0.14	0.04	0.10
1983—1984	1.95	1.68	0.34	1.34	0.27	0.08	0.19
1984—1985	4.29	3.39	0.75	2.95	0.60	0.18	0.42
1985—1986	6.78	5.82	1.18	4.65	0.95	0.23	0.27
1986—1987	10.00	8.52	1.68	6.85	1.47	0.30	1.18
1987—1988	11.35	9.56	1.93	7.63	1.79	0.32	1.47
1988—1989	12.80	10.64	2.32	8.32	2.16	0.36	1.80
1989—1990	13.93	11.38	2.80	8.58	2.55	0.37	2.18
1990—1991	15.90	12.83	3.03	9.82	3.05	0.38	2.67
1991—1992	20.92	17.86	4.96	12.89	3.06	0.48	2.58
1992—1993	25.95	21.26	6.15	15.11	4.69	0.50	4.19
1993—1994	34.65	26.63	8.02	18.62	8.01	0.58	7.43
1994—1995	67.37	52.97	15.97	37.00	14.40	0.72	13.68
1995—1996	69.91	52.05	18.66	33.39	17.86	0.48	17.38
1996—1997	84.11	61.47	19.06	42.42	22.63	0.68	21.95

（续）

年度	合计	塑料拱棚			塑料薄膜温室		
		小计	大棚	中小棚	小计	加温温室	日光温室
1998—1999	139.50	102.80	46.00	56.80	36.70	—	
1999—2000*	178.9	138.3	69.9（大中棚面积）	68.4（小棚面积）	40.6	2.8	37.8
2001—2002*	183.8	146.7	75.3（大中棚面积）	71.4（小棚面积）	37.1	2.9	34.2
2003—2004*	244.3	192.9	103.9（大中棚面积）	89.0（小棚面积）	51.4	0.8	50.6

资料来源：中国农用塑料应用技术学会（不含台湾省、香港特区和澳门特区相关数据）。

＊　全国农业技术推广服务中心张真和。

　　这期间，正是中国经济走上快速发展轨道的重要阶段。经济的发展，人民生活水平的提高，要求蔬菜产业也加快发展的步伐，以优质、无公害、多种类、产品周年均衡供应市场。同期，国家在蔬菜产、销政策上进一步放开，经历了从"统购包销"—"放管结合"—市场"全面放开"的过程，从而极大地调动了农民发展蔬菜生产的积极性。同时，国家加大了对蔬菜科技发展的投入，包括蔬菜保护地栽培技术在内的许多重大科研课题被列入国家或地方的科研和推广计划，通过科技人员的协同攻关，取得了一大批研究成果在生产上推广应用，使中国蔬菜保护地栽培以更快的步伐进入更高层次的发展时期。具体体现在：

　　1. 大量工业技术和资材用于栽培设施，栽培设施及附属设备的结构、类型进一步优化，性能、功能全面提升

　　（1）日光温室的优化设计和建造　各地根据当地的自然及气候资源状况，加强了对日光温室的优化设计，以充分发挥其采光和保温性能，降低造价。同时在温室的灌溉、通风、降温和覆盖物的管理方面，也都引进和研制了新技术、新设备，如各种微喷、滴灌设备、补充二氧化碳设备、穴盘育苗设备、自动卷帘机等，以期加强对设施内栽培环境的调控能力，逐步实现高效和省力化管理。

　　（2）遮阳网和防虫网的使用　20世纪80年代，中国引进并研制出高强度、耐老化遮阳网，进行了较大面积的生产示范。1990年全国农业技术推广总站立项在全国推广，1991年全国遮阳网用量达到1 926.9万 m²，覆盖栽培面积约7 720hm²（茬次）。1997年遮阳网覆盖栽培面积达60 000hm²（茬次），遮阳网用量达到1亿 m²。在中国热带和亚热带地区的盛夏，应用遮阳网覆盖栽培蔬菜，可免受高温、烈日及暴雨的危害，改善了越夏蔬菜的生长和秋菜育苗条件。同期，防虫网也在蔬菜生产中得到应用，防虫效果显著，可以较大幅度地减少化学农药的施用量，成为生产无公害蔬菜的主要技术之一。1998年遮阳网覆盖栽培面积70 000 hm²，使用防虫网面积达300万 m²。

　　（3）大型连栋温室技术的引进和示范　1977年北京市玉渊潭公社建成了中国自行设计建造的第1座大型连栋式玻璃温室，面积4hm²，从而开始了对大型温室蔬菜生产及管理的探索。1979年，北京市四季青公社园艺场从日本引进2.2hm²聚丙烯酸树脂玻璃纤维强化板（FRA）连栋温室。在1979—1987年间，北京、哈尔滨、大庆、上海、深圳、乌鲁木齐、广州等地先后从日本、美国及东欧等国家引进了大型连栋温室，总面积19.2hm²。但由于只注重了温室设备的引进而忽视了种植技术的引进和消化提高，所以引进效果并不理想。在1996—2000年间，中国又先后从法国、荷兰、以色列、韩国、西班牙、日本等国家和地区引进了总面积为175.4 hm²的大型连栋温室及配套的加温、降温、灌溉、施肥、育苗、内外遮阳等设备，有的还引进了专用品种和环境调控专家系统，注重了结合中国的

国情，对温室技术进行消化吸收。这些先进的温室一般都建造在农业院校、科研单位或科技示范园区内，起到了一定的示范和展示作用，同时也推动了中国温室设计和建造业的发展。

（4）无土栽培技术的实用化改造　20世纪70年代初，山东农业大学开始进行蔬菜无土栽培的实用性试验。80年代初期，在山东胜利油田开始进行无土栽培的商业运行，面积6 670m²，以后逐步展开。中国较大面积的蔬菜无土栽培设备及种植技术的引进，几乎和90年代中后期大型连栋温室的引进同步。但在生产试验和生产实践过程中，发现从国外引进的无土栽培技术并不完全适合在目前中国农村使用，主要问题是一次性投资大，生产成本高，同时要求管理人员应具有较高的专业知识和管理水平，加之废弃营养液的回收和处理也难以解决。为此，研究人员开展了大量的研究，在植物秸秆、炉渣、菇渣、锯末、泥炭等栽培质基的选用、栽培床的改造、利用有机肥等固态肥替代营养液等方面，对引进的无土栽培技术进行了实用化改造，最终简化了操作程序，降低了生产成本，使之更适应现今中国农村的经济状况和农民的科技文化水平。80年代后期中国蔬菜无土栽培面积不足10hm²，1990年为15hm²，1995年超过100hm²，1999年约200hm²，2000年500hm²以上，2001年865 hm²，2003年1 030hm²。

2. 保护地生产向安全、优质、高效和品种多样化发展　保护地蔬菜生产不仅在解决中国北方冬、春蔬菜供应淡季方面显示出它的突出作用，而且在种植技术上，以无公害、优质为主要目标，发展国内外名、特、优蔬菜，基本满足市场对新鲜、时令蔬菜的多样化需求。同时研究、推广主要蔬菜的长季节高产栽培技术，以求进一步提高栽培设施的生产效率。

3. 保护地产业化水平进一步提高　在蔬菜设施栽培发展的过程中，为了适应激烈的市场竞争，山东、河北等省率先采取"区域分工，连片经营"的模式，将分散在一家一户的日光温室或塑料棚连片集中，由菜农分包种植，政府或企业提供基础设施、生产资料以及产、销信息等方面的服务；在产品营销方面，或采取订单直销的方式，或由农民组织自己的营销队伍负责销售，或通过农贸市场、批发市场集散，使蔬菜产、销两旺。在此基础上，一些地方的农民自发成立各种专业技术协会和经济合作组织，或采取"公司＋农户＋基地"的方式，组织产品生产、销售或加工出口，维护农民利益，推广先进科学技术，这虽然只是蔬菜保护地生产走向专业化、集约化的一种初级形式，但却是今后发展的方向。

二、保护地蔬菜栽培的特点

蔬菜保护地栽培，是指在不适宜蔬菜正常生长发育的寒冷或炎热季节或地区，利用防寒保温或遮阳、降温等设施及设备，人为创造一定的适于蔬菜生长发育的环境条件，从而获得高产、优质新鲜蔬菜产品的一种生产方式。

本书将较大型、具有一定的环境调控功能的日光温室、大型连栋（单栋）温室、塑料大棚栽培等，称为设施栽培。

中国保护地蔬菜栽培具有以下特点：

（一）充分利用光、热资源，发展节能型保护地生产　在保护地生产发展过程中，中国农民善于利用在农村易得而又廉价的材料，建造各种防寒保温、采光性能良好、功能独特的设施，充分利用太阳光热、有机肥发酵热、地热、工业余热、沼气等在中国北方，甚至在高寒地区或寒冷地区的冬季，生产种类多样的新鲜蔬菜，这是中国保护地蔬菜生产的突出特点。这种节能型保护地生产方式贯穿于中国保护地生产发展的各个历史时期，在中国蔬菜生产中，已经发挥了或正在发挥着重要作用。

（二）保护地类型多样，功能各异　中国保护地类型多样，功能各异，因而其种植方法也各具特色。按其改善栽培环境条件的作用和设施功能分，有能起到一定防寒、防风作用的风障、风障畦、简易地面覆盖、地膜覆盖设施；有以防寒保温为主的日光温室、温床、冷床、塑料棚等；有具备一定遮阳、防虫功能的遮阳网、防虫网覆盖、荫棚、荫障等越夏栽培设施；有以创造弱光或无光条件为主的软化栽培温室、窑洞、暖窖；还有可提供一定温度、湿度条件的用于假植栽培的阳畦、土温室；有具备较完善的小气候调控功能的大型温室等。通过上述各种保护地的配套，可将适宜蔬菜种植的时期大大延长，同时，巧妙地安排茬口及合理的间套作，可以周年生产，源源不断地向市场提供种类、品种多样的新鲜蔬菜。

（三）因地制宜，就地取材，造价低廉　　中国蔬菜保护地栽培设施，是各地农民根据各地的自然条件、气候资源、栽培季节、栽培目的等创造的。多采用在广大农村容易获得的材料，如作物秸秆、芦苇、蒲草、竹木、砂石、砖瓦、土等，再加上一般工业用材，如钢材、玻璃、塑料薄膜等，将一般民房、窑洞、贮藏窖、栽培畦等加以改造，增加了保温层或防风、防寒设施，适当加大采光面，或将其建在背风向阳之处，使其具有良好的保温和采光性能。因此，这些设施的建造一般比较容易，因陋就简，就地取材，价格低廉，很容易被农民接受。

目前中国蔬菜保护地生产仍存在一定的局限性，如抵御不良气候条件影响的能力差，生产效率不高，土地的利用率不高，在管理上较为费工时等，比较适合单个农户的小生产方式，难以实现大规模的工业化生产。中国蔬菜保护地生产发展到今天，虽然一些落后的生产设施和方式已经逐步被淘汰，有的经过改造还在被应用，有不少创新，也引进了国外先进的设施和种植技术，但就其总体发展来说，迫切需要进一步研究和利用新型、高效、低成本的栽培设施，提高蔬菜保护地生产的效率。同时，在对气候资源、自然资源调查的基础上，对全国蔬菜保护地生产发展进行区划，以更充分地利用自然资源，实现保护地蔬菜生产的可持续发展。

（祝　旅）

第二十三章

保护地的类型、结构、性能和应用

第一节 简易覆盖

简易覆盖栽培是保护地栽培中的一种比较简单的形式，即在蔬菜植株上或在栽培畦土面上，用作物秸秆、落叶、谷物皮、牲畜粪、芦苇花穗（苇毛）、砂石、泥盆、瓦盆等保护材料进行覆盖生产。由于覆盖后改变了地面及植株周围的小气候条件，使蔬菜作物能在一定的环境下生长发育，结合适当的栽培管理措施，使之达到比无覆盖露地栽培早熟、延长生长期、提高产量的目的。

由于简易覆盖具有取材容易、成本低廉、覆盖简便等优点，所以在中国蔬菜生产上长期被广泛应用，并创造了多种覆盖形式。

一、地面覆盖

即将保护材料直接覆盖土壤表面，目的是改变土壤表层的环境条件。由于覆盖材料、时期及覆盖方式的不同，其效果也不一样。

（一）秸秆及草、粪覆盖 主要在北方地区越冬蔬菜栽培上使用较多。即在大地封冻前，在畦面上盖上树叶、秸秆、马粪、稻壳、小麦糠等，以保护蔬菜安全过冬。通过覆盖可以使表层土冻结程度减轻，保护越冬植株不致由于温度过低而冻死，特别是由于覆盖可减少土壤水分的蒸发、保持土壤合适的墒情，避免因土壤缺水而造成越冬植株返青时枯死。同时覆盖以后，土壤解冻早，有利地温提高，植株返青生长早，生长健壮，可以达到提早收获和丰产的目的。

1. 秸秆覆盖 秸秆覆盖是在畦面上或垄沟及垄台上铺一层农作物（如稻草）秸秆，铺设厚度因目的不同而异，一般为 4～5cm，可保持土壤水分稳定，减少浇水次数，保持土壤温度稳定。由于秸秆疏松，导热率低，如南方地区覆盖稻草可减少太阳辐射能向地中传导，故可适当降低土壤温度；而北方地区秋冬季节覆盖稻草可减少土壤中的热量向外传导，从而保持土壤有较高的温度；防止土壤板结和杂草生长；由于覆盖稻草后减少了降雨时泥土溅到植株上，因此减少了土传病害的侵染机会。另外，还由于可以减少土壤水分蒸发，降低空气湿度，也可起到减轻病害发生的作用。

秸秆覆盖在中国南方地区夏季蔬菜生产中应用较多；北方地区主要在浅播的小粒种子（如芹菜、芫荽、韭菜、葱等）播种时，为防止播种后土壤干裂以及越冬蔬菜防止冻害而应用。

2. 草、粪覆盖 草、粪覆盖是初冬大地封冻前，一般在外界气温降至 $-5～-4℃$，于浇过封冻水的地面上已有些见干时，在畦面上盖 1 层 4～5cm 厚的碎草或土粪（马粪效果最好）。当初春夜温回升到 $-3～-2℃$ 时撤除覆盖物。如果过早撤除覆盖物，在覆盖物下已开始萌发的植株易受冻害；如

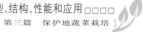

果过晚撤除覆盖物，已萌发的植株由于长期见不到光而叶片黄弱，湿度大时还会造成植株茎叶腐烂。草、粪覆盖可减轻表层土壤的冻结程度，保护越冬蔬菜不受冻害，同时可使土壤提前解冻，使植株早萌发生长，达到提早采收和丰产的目的。而且还可减少土壤水分蒸发，保持土壤墒情，避免春季温度回升时因土壤缺水而造成越冬植株枯死。

草、粪覆盖主要在中国北方越冬蔬菜上应用较多，但应用草、粪覆盖时还要与其他措施相结合，才能取得良好的效果。如草、粪覆盖配合风障，可大大提高地温，促进早熟；适时播种可增加植株的抗寒力；及时浇封冻水可避免第 2 年的春天由于土壤干裂而死苗等。

在台湾省，由于高温高湿，大白菜软腐病十分严重，采用高畦栽培结合畦面覆盖稻草，基本上避免了软腐病为害。河南省洛阳地区利用马粪发酵热进行韭菜软化栽培，也是一种民间流传的简易覆盖方式，参见本章第八节。

（二）瓦盆和泥盆覆盖 瓦盆及泥盆覆盖，是在早春夜间将瓦盆或泥盆扣在已定植的蔬菜幼苗上。这种覆盖必须是傍晚扣上，早晨揭开，并将盆放在幼苗的北侧，既可避免白天对幼苗遮光，还可防止西北风或北风吹苗，目前在中国西北地区一些地方还有应用。利用瓦盆进行韭菜软化栽培，则是白天将瓦盆扣严，夜晚揭开通风，就地软化。盖韭的瓦盆为长筒形，高 30～35cm，直径 15～20cm。此外，还有纸帽覆盖，即用纸折成帽状，上面涂油，覆盖时用树枝或竹片十字交叉，弯成弧形后插入土中。纸帽直径约 33cm，高 13～16cm，周围用土压住，防止被风吹跑。每罩扣一株苗，作用类似瓦盆。

（三）稻草垄覆盖 四川省成都市郊区生产韭黄的一种软化栽培方法。早春在韭菜垄的两侧用稻草栅子搭成三角形黑暗垄生产韭黄，也是一种简单易行、成本低廉的保护设施。参见本章第八节。

（四）苇毛覆盖 用芦苇未成熟的穗子（苇毛）编成苫，进行覆盖栽培。如苇毛不够也可掺入部分稻草编扎。所用苇穗必须适时采收，早收穗绒少，保温差；晚收种子成熟，绒毛易脱落，保温不好，且不易保存。寒冷季节每天傍晚 4～5 时左右或阴雪天将苇毛苫覆盖在菜苗上，白天早上 8～9 时气温回升后将其掀开，倾斜支立在植株北侧。苇毛苫有两种：苇毛向一个方向密排的为单面苇毛苫，宽 30～50cm，长 150～200cm，厚 3～4cm。单面苇毛苫多用于果菜类进行单行覆盖栽培。苇毛向两个方向密排的为双面苇毛苫，宽 83～100cm，长 150～200cm，多用作覆盖叶菜类蔬菜畦。目前在山东省一些地区仍在生产上应用。

双面苇毛全畦覆盖形式的效果比单行覆盖好，一方面覆盖材料的保温性能较好，同时白天掀起后可使土壤吸收一部分热量，日落前又盖上，在覆盖物下，热量散发缓慢。全畦覆盖还可增加覆盖下的相对湿度，有利于蔬菜生长，因此与单行覆盖形式相比，定植和收获时间还可提前。若这种覆盖形式和风障结合，效果则更好（表 23 - 1）。待天气回暖后去掉覆盖物和支架，以后的栽培管理与露地栽培相似。

表 23 - 1 覆盖畦与露地地表面温度比较（℃）

（聂和民，1967）

地　点	最低温度	2：00	20：00	日平均温度
覆盖畦	10.7	13.2	15.7	20.2
露地	2.5	7.4	11.0	17.4
增温	8.2	5.8	4.1	2.6

（五）沙石覆盖 在中国雨水较少的西北地区，如甘肃、青海、宁夏以及陕西、新疆等省、自治区气候干旱，水土流失和风蚀都比较严重，农民在长期的耕作中创造了用沙石覆盖的沙田栽培，以克服干旱和早春低温，是一种特有的抗旱耕作方法。沙田起源于甘肃省中部地区，至今已有四五百年的历史。

中国蔬菜栽培学
□□□□[第二版]..Olericulture in China □□□□

按有无灌溉条件划分，沙田可分为旱沙田和水沙田两种。旱沙田主要分布于无灌溉条件的高原或沟谷中，以种植粮食作物为主，铺沙厚度一般为10～16cm，寿命40～60年。水沙田分布于有水源的地方，以种植蔬菜、瓜类作物为主，驰名国内外的"白兰瓜"绝大部分就是在水沙田上栽培的。水沙田铺沙的目的主要是为提高地温，铺沙厚度5～7cm，其寿命为4～5年。

1. 沙石覆盖的方式　沙田是用大小不等的卵石和粗沙分层覆盖在土壤表面而成。在铺沙前要进行土壤翻耕，并施足基肥、压实，铺沙后一般土壤不再翻耕，但有时前茬作物采收后进行翻沙，以多积蓄雨水，有利于下茬作物生长。

铺设沙田是一项费时、费工的农田基本建设，一般每公顷沙田用沙量100 000～200 000kg。因沙田使用年限较长，因此必须注意质量。其具体要求为：底田要平整，并要做到"三犁三耙"，镇压，使其外实内松；施足基肥，一般每公顷施有机肥37 500～75 000kg，并需追施氮磷钾复合肥；选用含土少、色深、松散的沙子和表面棱角少而圆滑、直径在8cm以下的卵石，沙、石比例以6∶4或5∶5为宜；铺沙厚度要均匀一致，旱沙田或气候干旱、蒸发量大的地区铺沙应厚些，水沙田或气候阴凉、雨水较多的地区应适当薄些；整地时应修好防洪渠沟，使排水通畅。

2. 沙田的性能

（1）保水性能显著　因沙粒空隙大，降雨后雨水立刻渗入地下，减少了地表径流，增加了土壤含水量。据测定，沙田的水分渗透率比土田高9倍。同时也因为沙粒空隙大，不能与土壤的毛细管连接，因此土壤水分不能通过毛细管的张力而大量向外蒸发，从而起到了良好的保墒作用。据测定，沙田3～10月份的土壤含水量变化很少，而且沙田与土田相比，越是土壤表层，沙田比土田的含水量越多（表23-2）。

表23-2　不同月份沙田与土田土壤水分含量比较（％）

（甘肃省农业科学院，1979）

深度（cm）		3月	4月	5月	6月	7月	8月	9月	10月
0～10	沙　田	14.74	13.35	14.21	19.92	12.58	14.50	20.00	16.50
	土　田	5.93	4.43	6.50	7.50	6.50	7.50	9.00	16.00
10～20	沙　田	13.25	12.57	12.97	14.64	13.50	13.70	18.50	18.50
	土　田	6.63	7.13	7.50	8.30	9.30	8.00	10.60	13.30
20～30	沙　田	12.23	10.99	12.83	12.53	11.74	13.10	18.30	18.80
	土　田	7.80	7.07	7.40	8.00	10.50	10.10	10.10	19.90

（2）增加土壤温度　因沙、石凸凹不平，使地表面的受热面积较大，还因为沙、石松散，其内部有大量的空气，因此降低了沙、石整体的热容量，从而使白天沙、石增温较快。这些热量不断地传导到土层中，使土壤也增温较快。而且当外界降温时，由于沙、石疏松，土层中的热量又不容易传导到地表上来，因此减少了放热，所以沙田土壤温度要比土田高。据测定，3月份沙田土壤平均温度为8.52℃，土田则为5.32℃。

（3）具有保肥作用　因沙田地表径流很少，肥料被冲刷的也少，而且无机盐类挥发损失也少，又由于沙田很少翻耕，有机质分解较慢，因此具有一定的保肥作用。沙、石覆盖后，还可减少杂草的危害。

3. 沙田的应用　低温干旱地区可利用水沙田栽培喜温果菜类蔬菜，西北地区多栽培甜瓜、西瓜等瓜果类作物。

使用到一定年限的沙田要进行更新，以提高土壤的肥力。更新的方法是起去老沙，使土壤休闲

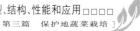

（或种植 1～2 年耐瘠作物）后按沙田铺沙的程序铺盖新沙。

沙田与地膜覆盖栽培相比，每公顷的产量见表 23-3。

表 23-3 　地膜覆盖栽培与沙田产量比较（kg）

作　物	地膜覆盖	沙田覆盖
黄　瓜	56 685	53 655
小辣椒	18 810	20 490
番　茄	13 455	4 050
白兰瓜	32 640	27 315
西　瓜	55 890	56 760
菜　豆	30 285	34 740
甘　蓝	54 690	63 150

从表 23-3 可知，蔬菜产量因作物种类不同有高有低，但差距不明显，而从降低成本和节约劳力方面来衡量，地膜覆盖栽培比沙田栽培降低成本 80% 以上，这也是沙田面积逐渐减少的主要原因。

（六）浮动覆盖　浮动覆盖亦称浮面覆盖，它不需要任何骨架材料支撑，将塑料薄膜等覆盖物直接覆盖在蔬菜上，依靠蔬菜植株撑起薄膜，薄膜等覆盖物随植株生长而"浮动"。

早在 20 世纪 70 年代后期，由于蔬菜塑料薄膜大棚覆盖栽培面积的较大发展，东北、华北、华东等地区的一些主要蔬菜产地，为了促进越冬和早春露地蔬菜的早熟、增产和增效，菜农就已经开始利用塑料大棚撤下的旧薄膜直接覆盖在菠菜、韭菜等越冬叶菜和白菜（油菜）、小萝卜、茴香等早春速生菜的表面，进行"平盖"栽培。进入 80 年代，随着塑料薄膜地面覆盖栽培技术的迅速推广普及，国产地膜的大量生产，生产上越来越多地将其直接覆盖在播种的畦面或栽培的作物上，这种"平盖"方式，实质上都属于浮动覆盖栽培范围。

1. 浮动覆盖的材料及利用

（1）普通农膜与地膜　以塑料薄膜大棚的旧棚膜，或未进行过作物地面覆盖的农用地膜作浮动覆盖的覆盖材料，可以提高棚膜和地膜的利用率，降低生产成本。一般在早春可提高地温 1～2℃，提高作物近地面气温 4℃ 以上。但是随着外界气温回升，白天膜下易出现高温，管理不善可能灼伤植株。同时，由于塑料薄膜不透气，膜下还易形成高湿环境可能诱发病害。

（2）无纺布　亦称不织布，用作蔬菜覆盖材料的无纺布原料，与塑料薄膜的原料大体相同，只是制造方法各异。根据纤维种类和制造工艺不同，无纺布分长纤维和短纤维两种类型。用于蔬菜浮动覆盖的长纤维无纺布，大多采用 15～20g/m² 、厚度为 0.10～0.15mm 的规格，有白色、黑色、银灰色、白底黑格等多种品种，其透光率根据颜色和厚度不同，为 50%～90%，透水率为 70%～95%，通气度为 130～350ml/（cm² · s）。

夜间土壤蒸发的水分被吸附在无纺布纤维的缝隙中，能使无纺布密闭性加强，因而能提高其保温、防寒和防霜效果。日出后，阳光首先使无纺布自身吸附的水分蒸发，使无纺布恢复其原有的通透性，因而白天不必人工揭开无纺布通风换气，即可使被覆盖的作物获得适宜的温、湿度和通风环境。无纺布是目前蔬菜生产上用于浮动覆盖最主要的材料。

（3）寒冷纱　是以维尼纶（PVA）、聚酯（PET）等合成树脂纤维的纱线，或以单丝维尼纶纤维、单丝聚酯纤维等纺织成的粗孔目网格状平织物。其孔隙率为 40%～80%，透光率为 70%～90%，重量为 30～50g/m²，有多种规格。寒冷纱主要用于夏季作物防暑、降温，以及防风和防虫、防鸟。

（4）遮阳网　是以聚乙烯（PE）或聚丙烯（PP）薄膜扁带编织成的网状物。其遮光率大，为 40%～65%。其颜色有黑色、银色、无色透明等种类。主要用于夏季作物遮光、防暑、降温。

2. 浮动覆盖的环境效应

（1）提高环境温度　对越冬和早春栽培的蔬菜作物进行浮动覆盖，可提高覆盖材料下部空间的气温和土壤温度。直接在露地进行浮动覆盖，白天覆盖下的气温受太阳辐射和风速的影响较大。在无风情况下，覆盖下的气温随着太阳辐射强度增加而提高。冬季午前浮动覆盖下的气温，可比露地气温高5℃以上，能够充分发挥浮动覆盖的增温效应，使被覆盖作物附近的空间保持温暖的环境。在夜间，土壤积蓄的热能释放到作物附近的空间，由于浮动覆盖材料的阻隔，热量不易散发到大气中去，所以浮动覆盖下的气温能够比露地高1～2℃。

（2）防霜冻　浮动覆盖能阻隔覆盖下的热量以长波辐射形式向大气中散热，夜间其长波的辐射率仅是露地的50%，因而能防止霜冻对作物的危害。特别是维尼纶长纤维和短纤维无纺布等是具有吸湿性的覆盖材料，能将霜、露吸附，更能有效地发挥防霜冻的效果。

（3）遮光降温　在强光、高温季节，采用寒冷纱、遮阳网、银色或黑色无纺布等网状和透气性材料进行浮动覆盖，可大大减少覆盖下的光照强度和降低温度，使作物获得适宜的光照和温度，促进其生长发育。网状覆盖材料，由于可透过雨水，作物和土壤都能受雨水浇淋，因而能使作物体温和地温下降，还可减轻病毒病。浮动覆盖材料的遮光率直接关系到降温效果，遮光率越高，降温作用越大。表23-4是不同遮光率的银色短纤维无纺布降温效果的比较。

表23-4　浮动覆盖材料遮光率与环境降温效果

（引自：《蔬菜薄膜设施栽培》，1992）

遮光率	温度下降（℃）
25%～30%	2～3
45%～50%	4～5
60%～65%	5～6
70%～75%	6～7

（4）保水和调节环境湿度　由于覆盖材料的阻隔，浮动覆盖下的土壤水分和作物叶面水分不易被蒸散到大气中，浮动覆盖下的空气湿度（夜间）几乎是100%。对于无纺布等通气性材料，白天由于太阳辐射加强，使覆盖材料本身吸附的水分蒸发后，下部空间的高湿、高温气体能从无纺布纤维之间的缝隙处向外部散发出来，但仍能保持一定的湿度，即使在中午仍能维持70%左右的相对湿度。

3. 浮动覆盖的形式及应用　浮动覆盖的主要形式有露地浮动覆盖、风障畦浮动覆盖、简易近地面支撑浮动覆盖、小拱棚内浮动覆盖和塑料大棚及温室内浮动覆盖等。

（1）露地浮动覆盖　是在露地播种后或蔬菜作物生长的畦面上进行覆盖的方式。对越冬菠菜、韭菜、芹菜，春播白菜、小萝卜、茴香等蔬菜作物，可起到防寒保温、促进早熟增产的作用。对夏播白菜、芥菜、大葱、萝卜、洋葱、甘蓝、莴苣等蔬菜作物，可降低夏季高温强光的伤害，还可防风、防虫害等。

（2）风障畦浮动覆盖　是露地浮动覆盖与风障并用的一种栽培方式。其目的是利用风障阻挡和减弱冷风，稳定气流，减少露地浮动覆盖畦面的热量流失。

（3）简易近地面支撑浮动覆盖　是在畦面上按一定的距离铺放稻草捆、麦秸捆或秫秸秆，借以支撑浮动覆盖材料的覆盖形式。菠菜、韭菜越冬覆盖，番茄、黄瓜的早春定植后覆盖均可采用这种形式。由于有稻草捆支撑覆盖物，蔬菜植株不直接与覆盖物接触，有利于防霜防冻；定植后的番茄、黄瓜幼苗，可避免覆盖材料压弯茎叶。

（4）小拱棚内浮动覆盖　适于芹菜、莴苣、莴笋等早春移栽秧苗的春菜覆盖，有利于防风、防霜，促进早熟增产。据试验，小拱棚内浮动覆盖栽培莴苣，环境温度比单纯塑料薄膜小拱棚内的最高

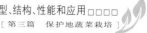

气温高 4.3℃，比露地最高气温高 15.2℃；夜间最低气温比单纯塑料薄膜小供棚内高 0.9℃，比露地高 2.4℃。

（5）塑料大棚、温室内浮动覆盖　塑料大棚内浮动覆盖，主要用于早春塑料大棚中提早定植的蔬菜秧苗，目的是提高秧苗微环境的气温、地温，防寒防冻，促进生长。温室内浮动覆盖，主要用于冬、春覆盖温室中播种育苗的畦面，目的是保温、保湿、提早出苗和出苗整齐。

塑料大棚、温室内进行浮动覆盖，因不受室外风速的影响，浮动覆盖的效果显著。在寒冷期，由于浮动覆盖材料把作为夜间热源的土壤连同秧苗一起覆盖起来，因此夜间秧苗附近的空间能获得接近地温的温度；白天由于植物体蒸腾的水分不易扩散，大棚、温室能保持较高的温、湿度，因此有利于秧苗移栽后的缓苗与生长。大棚、温室内浮动覆盖后的地温比无覆盖的高 1～2℃，可提早出苗 2～3d。

二、地膜覆盖

地膜覆盖是塑料薄膜地面覆盖的简称。它是用很薄的（专用）塑料薄膜紧贴在地面上进行覆盖的一种栽培方式，是现代农业生产中既简单又有效的增产措施之一。地膜种类较多，应用最广的为聚乙烯地膜，厚度多为 0.005～0.015mm。20 世纪中叶，一些发达国家如美国、日本、法国等就开始应用地膜覆盖技术，覆盖栽培番茄、芦笋、草莓、莴苣、厚皮甜瓜等取得良好效果。1978 年，中国从日本引进了地膜和地膜覆盖栽培技术，并试制成功生产地膜及覆盖机具。1979 年开始较大范围的推广应用。中国蔬菜和西瓜、甜瓜地膜覆盖栽培面积见表 23-5。

表 23-5　中国地膜覆盖栽培面积统计表（万 hm²）

年度	蔬菜	西瓜、甜瓜	年度	蔬菜	西瓜、甜瓜
1979	0.004	—	1991	34.46	46.69
1980	0.15	0.001	1992	41.99	50.67
1981	0.71	0.03	1993	44.69	61.33
1982	2.07	0.48	1994	53.33	57.13
1983	5.05	2.09	1995	76.72	60.87
1984	5.8	5.87	1996	74.34	59.96
1985	9.93	14.33	1997	159.64	72.19
1986	14.23	31.95	1998	194.95	98.93
1987	28.31	48.01	1999	239.55	109.41
1988	26.25	50.38	2000	268.41	114.76
1989	27.59	51.27	2001	302.79	124.23
1990	25.61	47.04			

资料来源：中国农用塑料应用技术学会（不含台湾省、香港和澳门特别行政区相关数据）。

（一）地膜覆盖的方式

1. 平畦覆盖　即在平畦的表面覆盖一层地膜。平畦覆盖可以是临时性的覆盖，在出苗后将薄膜揭去；也可以是全生育期的覆盖，直到栽培结束。平畦规格和普通露地生产用畦相同（畦宽 1.00～1.65m），一般为单畦覆盖，也可以联畦覆盖。平畦覆盖便于灌水，初期增温效果较好，但后期由于随灌水带入的泥土积聚在薄膜上面，而影响阳光射入畦面，降低增温效果（图 23-1A）。

2. 高垄覆盖　是在菜田整地施肥后，按宽 45～60cm、高 10cm 起垄，每一垄或两垄覆盖一地膜。高垄覆盖增温效果一般比平畦覆盖高 1～2℃（图 23-1B）。

3. 高畦覆盖　是在菜田整地施肥后，将其做成底宽 1.0～1.1m、高 10～12cm、畦面宽 65～70cm、灌水沟宽 30cm 以上的高畦，然后在每畦上覆盖地膜（图 23-1C）。

4. 沟畦覆盖　沟畦覆盖又叫改良式高畦地膜覆盖，俗称"天膜"。即把栽培行做成沟，在沟内

栽苗，然后覆盖地膜。当幼苗长至将要接触地膜时，把地膜割成十字孔将苗引出，使沟上地膜落到沟内地面上，故将此种覆盖方式称作"先盖天，后盖地"（图23-1D)。采用沟畦覆盖既能提高地温，也能提高沟内的气温，使幼苗在沟内避霜、避风，所以这种方式兼具地膜与小拱棚的双重作用，可比普通高畦覆盖提早定植5～10d，早熟1周左右，同时也便于向沟内直接追肥、灌水。

采取何种地膜覆盖方式，应根据作物种类、栽培时期及栽培方式的不同而定。如采用明水沟灌时，应适当缩小畦面，加宽畦沟；如实行膜下软管滴灌时，可适当加宽畦面，增加畦高，畦面越高，增温效果越好。

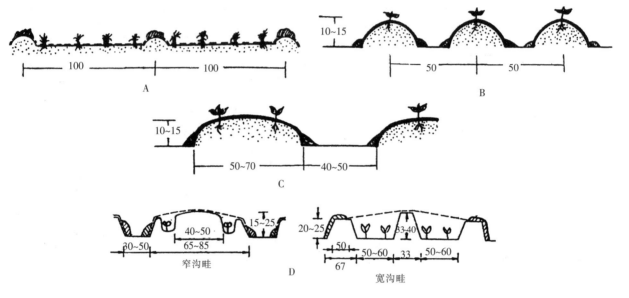

图 23-1　地膜覆盖示意图　（单位：cm）
A. 平畦覆盖　B. 高垄覆盖　C. 高畦覆盖　D. 沟畦覆盖
（引自：《设施园艺学》，2002)

（二）地膜的种类、特性及效应

1. 种类及特性　用于地面覆盖的塑料薄膜，由于栽培目的不同，所以应选用不同的种类。现较常见的有以下几种：

（1）普通地膜　是无色透明地膜，这种地膜透光性好，覆盖后可使地温提高2～4℃，不仅适用于中国北方低温寒冷地区，也适用于南方早春蔬菜作物的栽培。

①高压低密度聚乙烯（LDPE）地膜（简称高压膜）。厚度0.014±0.003mm，幅宽有40～200cm多种规格，每公顷用量120～150kg，主要用于蔬菜、瓜类、棉花及其他多种作物。该膜透光性好，地温增温效果好，容易与土壤附着紧密，适用于北方地区。

②低压高密度聚乙烯（HDPE）地膜（简称高密度膜）。厚度0.006～0.008mm，每公顷用量60～75kg，用于蔬菜、棉花、瓜类、甜菜等作物。这种地膜强度高，光滑，但柔软性差，不易附着土壤，故不适于沙土地覆盖。其增温保水效果与LDPE地膜基本相同，但透明性及耐候性稍差。

③线型低密度聚乙烯（LLDPE）地膜（简称线型膜）。厚度0.005～0.009mm，适用于蔬菜、棉花等作物。其特点除了具有LDPE地膜的特性外，机械性能良好，拉伸强度比LDPE地膜提高50%～75%，伸长率提高50%以上，耐冲击强度、穿刺强度、撕裂强度均较高。其耐候性、透明性均好，但易粘连。

（2）有色地膜　在聚乙烯树脂中加入有色物质，可以制得具有不同颜色的地膜，如黑色地膜、绿色地膜和银灰色地膜等。由于它们有不同的光学特性，对太阳辐射光谱的透射、反射和吸收性能不同，因而对杂草、病虫害、地温变化、近地面光照进而对作物生长有不同的影响。

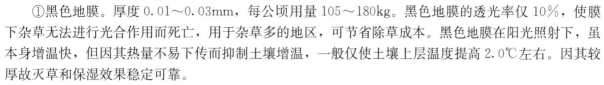

①黑色地膜。厚度 0.01～0.03mm，每公顷用量 105～180kg。黑色地膜的透光率仅 10%，使膜下杂草无法进行光合作用而死亡，用于杂草多的地区，可节省除草成本。黑色地膜在阳光照射下，虽本身增温快，但因其热量不易下传而抑制土壤增温，一般仅使土壤上层温度提高 2.0℃ 左右。因其较厚故灭草和保湿效果稳定可靠。

②绿色地膜。厚 0.015mm。绿色地膜可使光合有效辐射的透过量减少，因而对膜下的杂草有抑制和灭杀的作用。绿色地膜对土壤的增温作用不如透明地膜，但优于黑色地膜，有利于茄子、甜椒等作物地上部分生长。

③银灰色地膜。又称防蚜地膜，厚度 0.015～0.02mm。该地膜对紫外线的反射率较高，因而具有驱避蚜虫、黄条跳甲、象甲和黄守瓜等害虫及减轻作物病毒病的作用。银灰色地膜还具有抑制杂草生长，保持土壤湿度等作用，适用于春季或夏、秋季节防病抗热栽培。用以覆盖栽培黄瓜、番茄、西瓜、甜椒、芹菜、结球莴苣、菠菜等，均可获得良好效果。

④黑白双面地膜。是两层覆合地膜，一层呈乳白色，覆膜时朝上，另一层呈黑色，覆膜时朝下，厚度 0.02mm，每公顷用量 150kg 左右。向上的乳白色膜能增强反射光，提高作物基部光照度，且能降低地温 1～2℃；向下的黑色膜有除草、保水功能。该膜主要适用于夏、秋季节蔬菜、瓜类的抗热栽培。除黑白双面地膜外，还有银黑双面地膜，覆膜时银灰色膜朝上，有反光、避蚜、防病毒病的作用，黑色朝下，有灭草、保墒作用。

表 23-6 列出了透明地膜和各种有色地膜对可见光的反射率和透射率。

表 23-6 各种地膜对可见光的反射率和透射率

(引自：《设施园艺学》，2002)

地膜种类	反射率（%）	透射率（%）
透明地膜	17	70～81
绿色地膜	—	43～62
银灰色地膜	45～52	26
乳白色地膜	54～70	19
黑色地膜	5.5	45
白黑双面地膜	53～82	—
银黑双面地膜	45～52	—

由表 23-6 可知，无色透明地膜透光率最高，因而土壤增温效果最好，而黑色地膜和白黑双面地膜透光率最低，因而土壤增温效果最差。据江苏省农业科学院蔬菜研究所测试，不同地膜对 5～20cm 土层土壤日平均温度的增温值在 0.4～3.8℃ 范围内，以透明地膜增温值最高，其次是绿色地膜、银灰色地膜、乳白色地膜、黑色地膜、白黑双面地膜增温效果最差。由表 23-7 还可知，银灰色地膜、乳白色地膜、白黑双面地膜和银黑双面地膜反光性能好，可改善作物株行间的光照条件，尤其是作物基部的光照条件，这些地膜较普通地膜有一定的降温作用，适用于夏季栽培。银黑双面地膜、银灰色地膜对紫外线反射较强，可用于避蚜防病。黑色和绿色地膜，透光率低，有利于灭草。

不同颜色的地膜保水效应不同，黑色、银灰色、黑白双面等地膜保持土壤水分的能力较无色透明地膜强。

2. 地膜覆盖的效应

（1）对土壤及近地面小气候的影响

①提高地温。由于透明地膜容易透过短波辐射，而不易透过长波辐射，同时地膜减少了水分蒸发的潜热放热，因此白天太阳光大量透过地膜而使地温升高，并不断向下传导而使下层土壤增温。夜间土壤长波辐射不易透过地膜而比露地土壤放热少，所以地温高于露地。地膜覆盖的增温效果如表 23 - 7 所示，但也因覆盖时期、覆盖方式、天气条件及地膜种类不同而异。

表 23 - 7　地膜覆盖对不同深度土壤温度的影响（℃）

（东北农业大学园艺系）

时 间	项 目	土壤深度（cm）					
		0	5	10	15	20	平均
08：00	覆盖地膜	33.6	28.5	25.2	24.5	23.6	
	不覆盖膜	27.8	25.0	22.4	22.0	21.8	
	增温值	5.8	3.5	2.8	2.5	1.8	3.3
14：00	覆盖地膜	41.2	33.2	30.3	25.7	25.8	
	不覆盖膜	33.0	29.5	27.4	23.5	23.7	
	增温值	8.2	3.7	2.9	2.2	2.1	3.8
20：00	覆盖地膜	26.9	28.0	27.4	26.4	24.6	
	不覆盖膜	22.3	24.4	24.1	24.1	23.0	
	增温值	4.6	3.6	3.1	2.3	1.6	3.0

注：观测时间：1980 年 6 月 2 日、7 日、11 日、21 日、23 日。

春季低温期，覆盖透明地膜可使 0～10cm 地温提高 2～6℃，有时可达 10℃ 以上。夏季增温效果不如早春明显。高垄覆盖比平畦覆盖增温效果好，东西延长的高垄又比南北延长的增温效果好，无色透明膜比有色膜增温效果好。

②提高土壤保水能力。覆盖地膜后，切断了土壤水分向近地面空间的散发，土壤蒸发水遇冷凝结成水滴后，只能集于地膜上，又不断落入土壤，故可较长时间地保持土壤含水量的稳定。

据北京市农业局蔬菜处报道，覆盖地膜与不覆盖地膜的 0～20cm 土层中，17d 间隔（4 月 26 日至 5 月 13 日）含水量的变化明显不同，覆盖地膜的由 19.05％ 降至 17.93％，失水 1.12 个百分点；而不覆盖地膜的由 19.21％ 降至 15.21％，失水 4 个百分点。此外，在雨季覆盖地膜的地块地表径流量加大，能减轻涝害。据江苏省连云港市蔬菜试验站在降雨后调查（1981 年 6 月 9～10 日），地膜覆盖区土壤含水量为 16.43％，甜椒生长正常；而不覆盖地膜区涝害严重。

1979 年山东省农业科学院蔬菜研究所测定了地膜覆盖对土壤水分变化的影响，结果见表 23 - 8。

表 23 - 8　地膜覆盖对土壤水分变化的影响

土层（cm）	灌水后第 2 天（%）				灌水后第 5 天（%）				灌水后第 9 天（%）			
	0～10	10～20	20～40	平均	0～10	10～20	20～40	平均	0～10	10～20	20～40	平均
覆盖畦	26.4	26.8	20.8	24.7	19.4	18.8	19.2	19.3	16.9	18.6	18.8	18.1
不覆盖畦	28.6	28.4	23.4	26.8	13.6	17.5	17.8	16.3	12.4	15.2	11.6	13.0

③提高土壤肥力。由于膜下土壤中温、湿度适宜，微生物活动旺盛，养分分解快，因而速效氮、磷、钾等营养元素含量均比露地增加。据山东省农业科学院蔬菜研究所测定，覆盖区的速效氮含量为 165mg/kg 和 154mg/kg，较未覆盖区分别增加 50％ 和 27.9％。磷和钾的含量比不覆盖的也有所提高。

　　据黑龙江省伊春市农业技术推广站于 1979 年测定，地膜覆盖对土壤养分含量有较大影响，见表 23 - 9。

表 23 - 9　地膜覆盖对土壤养分的影响

覆盖日数	处　　理	土壤深度（cm）	NO_3^-（mg/L）	P_2O_5（mg/L）	K_2O（mg/L）	有机质（%）	pH
5 月 25 日 （覆盖后 30d）	覆盖畦	0～10	160	55	200	5.5	6
		10～20	86	35	200	5.5	6
		20～30	60	30	200	6.0	6
		平均	101.6	40	200	5.7	6
	对照	0～10	40	45	200	6.0	6
		10～20	43	35	200	6.0	6
		20～30	35	20	200	6.0	6
		平均	39.3	33.3	200	6.0	6
6 月 1 日 （覆盖后 65d）	覆盖畦	0～10	140	45	200	5.0	6
		10～20	125	40	200	5.2	6
		20～30	70	25	200	6.0	6
		平均	111.6	36.6	200	5.4	6
	对照	0～10	25	30	200	5.5	6
		10～20	35	30	200	6.0	6
		20～30	40	20	200	6.0	6
		平均	33.3	26.6	200	5.8	6

　　④改善土壤的理化性状。由于地膜覆盖后能避免因土壤表面风吹雨淋的冲击，减少了中耕、除草、施肥、浇水等人工和机械操作的践踏而造成的土壤板结现象，使土壤容重、孔隙度、三相（气态、液态、固态）比和团粒结构等均优于未覆盖地膜的土壤。覆盖地膜后，土壤总孔隙度增加 1%～10%，土壤容重减少 0.02～0.20g/cm² ，含水量增加，在固、液、气三相分布中固相下降，液相和气相提高。地膜覆盖能使土壤团粒增加，根据哈尔滨原种场测定，土壤水稳性团粒比覆膜的高 1.5%。

　　⑤防止地表盐分集聚。地膜覆盖由于切断了水分与大气交换的通道，大大减少了土壤水分的蒸发量，从而也减少了随水分带到土壤表面的盐分，能防止土壤返盐。据江苏省清江市蔬菜研究所试验证明，在 pH 为 7.8 的盐碱土条件下，地膜覆盖可抑制盐分上升，起到保苗增产的作用。天津市塘沽区梁子村在土壤含盐量较高的地块进行矮生菜豆地膜覆盖栽培试验，获得了较好效果，土壤含盐量降低，死苗减少，产量增加 17.7%。

　　地膜覆盖对土壤盐分的影响，见表 23 - 10。

表 23 - 10　塑料薄膜覆盖对土壤盐分的影响
（江苏省农林厅园艺处、江苏省农业科学院蔬菜研究所，1981）

土壤深度（cm）	土壤含盐量基数	对照区	与基础含盐量的差数	覆盖区	与基础含盐量的差数
0～5	0.454	0.533	0.079	0.054	−0.400
5～10	0.074	0.184	0.11	0.114	0.04
10～20	0.065	0.142	0.077	0.132	0.067

　　⑥增加光照。由于地膜具有反光作用，所以地膜覆盖可使晴天中午作物群体中下部多得到 12%～

14％的反射光，从而提高了作物的光合强度。据测定，番茄的光合强度可增加 13.5％～46.4％。另据北京市丰台区南苑科技站测定，覆盖地膜的番茄日平均反射光强度比不覆盖地膜的高 3 050lx。

⑦降低空气相对湿度。不论露地覆盖地膜还是栽培设施内覆盖地膜，都能起到降低空气湿度的作用。据北京市农业局测定，露地覆盖地膜时，5 月上旬至 7 月中旬期间内，田间旬平均空气相对湿度降低 0.1％～12.1％，相对湿度最高值减少 1.7％～8.4％。另据天津市蔬菜研究所对地膜覆盖与否的大棚内空气相对湿度测定，覆盖地膜的比不覆盖的低 2.6％～21.7％。由于地膜覆盖可降低空气湿度，故可抑制或减轻部分病害的发生。

（2）对蔬菜作物生长发育的影响

①促进种子发芽出土及加速营养生长。早春采用透明地膜覆盖，可使耐寒蔬菜提早出苗 2～4d，使喜温蔬菜提早出苗 6～7d，并能提高出苗率，起到苗齐、苗全、苗壮的作用。

②促进蔬菜作物早熟。地膜覆盖为作物创造了良好的生育条件，使蔬菜作物的生长发育速度加快，各生育期相应提前，因而可以提早成熟。据天津市农林局调查，黄瓜、矮生菜豆、甘蓝、芥菜、西葫芦、茄子等几种蔬菜地膜覆盖能提早 5～15d 采收。

③提高产量。蔬菜作物中的瓜类、茄果类、根菜类、葱蒜类、速生叶菜等覆盖地膜后都有不同程度的增产，其增产幅度在 20％～60％。

④提高产品质量。覆盖地膜的番茄、茄子、黄瓜、矮生菜豆、西瓜等早期收获的产品一般表现为单果重增加，外观好，品质佳。例如，番茄果实大小整齐一致，脐腐病果和畸形果减少。据山东省农业科学院蔬菜研究所测定，番茄地膜覆盖的果实含糖量比对照增加 1％，维生素含量比对照增加 58.6％。黄瓜地膜覆盖后果实的可溶性固形物含量增加 0.9％。

⑤增强作物抗逆性。因地膜覆盖后栽培环境条件得到改善，植株生长健壮，自身抗性增强，某些病虫及风等危害减轻，尤其是对茄果类和瓜类蔬菜病害的抑制作用明显。如地膜覆盖的黄瓜霜霉病发病率降低 40％，发病期推迟 12d。辣椒、番茄病毒病发病率减少 7.9％～18％，病情指数降低 1.7％～20.7％。乳白膜、银色反光膜有明显的驱蚜效果。

3. 地膜覆盖的应用

（1）露地栽培　地膜覆盖可用于果菜类、叶菜类、瓜类、草莓等蔬菜作物的春早熟栽培。

（2）设施栽培　地膜覆盖还用于大棚、温室果菜类蔬菜栽培，以提高地温和降低空气湿度。一般在秋、冬、春栽培中应用较多。

（3）蔬菜作物播种育苗　地膜覆盖也可用于各种蔬菜作物的播种育苗，以提高播种后的土壤温度和保持土壤湿度，有利发芽出土。

三、近地面覆盖

在地面覆盖的基础上，为使蔬菜作物地上部生长有较大的被保护空间，生产中创造出一些简易的近地面覆盖保护设施。

（一）朝阳沟　朝阳沟在石家庄郊区已有六七十年的应用历史，它具有保温性能较好、成本较低的特点。朝阳沟最初是利用温室、阳畦上淘汰的旧玻璃框，加盖特制的小草苫而成，主要用来种植西葫芦等瓜类蔬菜，可比露地栽培提早 1 个月上市。但由于旧玻璃框数量有限，所以栽培面积较小。自塑料薄膜朝阳沟代替玻璃朝阳沟后，面积迅速扩大，由城市郊区推向农村，栽培的蔬菜作物除西葫芦外，还有西瓜、芹菜、番茄、辣椒等。

1. 塑料薄膜朝阳沟的结构　朝阳沟由风障、土墙、支杆、塑料薄膜和草苫构成。土墙高 45cm，支杆长 40～50cm，支杆上覆盖塑料薄膜，栽培畦宽 40～50cm。

建造薄膜朝阳沟应选择地势平坦、便于排灌的地块。建造前先在场地东、北和西面夹设风障，俗称围障，高 1m 以上，再按东西向确定土墙位置，后墙间距离为 1.0～1.2m（图 23 - 2）。

建造朝阳沟前先洇水，待土壤湿度适宜时开始打土墙。土墙用背面的土打成（在 10 月下旬进行），厚 25～30cm，取土沟距后墙 20～25cm。先把表土取出备育苗用，后开沟取生土打墙。墙体打好后用铁锨将南、北和上面铲平，再在沟内架设小风障，小风障高 1m 即可。墙体必须在上冻以前干透，否则一冻一化，容易使墙体疏松而塌落。后墙打好后，立即开沟施肥，耙平后趁湿将支杆插牢，支杆可用竹竿，每 30cm 插 1 根；也可因地制宜采用树枝、玉米秸、高粱秸或棉花秸等。支杆一头插于后墙顶部，另一头插入土内，待秧苗定植前再扣薄膜及加盖草苫。

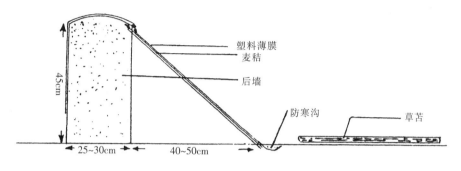

图 23 - 2 塑料薄膜朝阳沟示意图

（引自：《蔬菜薄膜设施栽培》，1992）

2. 塑料薄膜朝阳沟的性能及应用 塑料薄膜朝阳沟除有风障外，北面还有矮墙，可使风速减小，朝阳沟内的气流稳定，能减少热量损失。后墙用土打成而且较厚，白天充分吸收太阳辐射的热能，夜间还可向朝阳沟内散发。朝阳沟由于有地膜、棚模和草苫的覆盖，所以它的保温性能比地膜覆盖及塑料薄膜小拱棚要强。2 月份沟内地面温度，夜间可比露地提高 5～15℃；白天由于后墙的吸热，沟内增温没有塑料小拱棚那样剧烈。

朝阳沟主要用于西葫芦、西瓜、芹菜、番茄、辣椒等蔬菜作物的春季早熟栽培。

（二）沙培窖 在山东省淄博市（淄川区）的淄河上游，有大面积河滩地，地下泉水丰富，水温 13～16℃。早年间当地农民于冬季在河滩上挖坑建窖，利用流动的泉水保持窖内适宜的温湿度，生产优质沙培蒜黄。20 世纪 80 年代以后，此种生产方式得到大面积推广，生产的优质蒜黄不仅畅销省内，还远销东北、北京、天津等地。

沙培窖选择地下水位高于河床水位处，窖的方向与河流方向垂直。窖长 6～10m，宽 3～4m，墙高 1～1.2 m，墙厚 40～50cm。窖址选好后，先要挖池，池深至地下水位下 25cm 左右，再行筑墙。窖墙可用编织袋装沙石垒砌而成，比石砌墙坚固，保温性好且成本低廉。筑墙后于池底铺沙，沙粒直径 2～3mm，铺沙厚度 20～30cm，整平后做栽培床。靠河岸的一端，在窖池底部的一角留一进水口，高 15cm，宽 25cm。在窖池的另一端留一出水口，使窖池内始终有流水经过，保证温度和新鲜氧气供应。垒好墙后，排放檩条，可用不易腐烂的刺槐木杆，也可用水泥檩条，间距为 60～80cm。排好檩条后，于窖顶覆盖 30cm 厚玉米秸，其上再覆盖塑料薄膜保温保湿。以后随气温下降，上面可再加厚覆盖物。在窖池上端的一角，还需留一个 50cm 见方的洞口，供生产管理人员进出用。

每年 10 月下旬至翌年 3 月中旬为蒜黄生产季节，每 20d 左右生产 1 茬，整个生产季栽培 4～5 茬。此窖因建于河滩上，每年汛期之前（春末）要拆除，待秋季重建。

第二节 风 障 畦

风障是在冬春季节设置在菜畦与季候风方向垂直一侧的挡风屏障，设立风障的栽培畦被称为

风障畦。风障除作为阳畦栽培、覆盖栽培等保护地栽培的配套保护设施外，也可单独做成风障畦用于蔬菜栽培。通过选择耐寒的蔬菜品种及采用适宜的栽培技术，可以进行蔬菜越冬栽培及春季早熟栽培。

一、风障畦的结构

风障畦的结构简单，一般用芦苇或秫秸、竹竿做障材，沿着冬春季候风方向成90°角的畦边夹成篱笆。在中国北方地区，冬春季候风多为西北风或北风，因此多在菜畦北侧，沿东西方向夹设风障。一般先在畦的北侧开宽15cm、深30cm左右的风障沟，然后紧贴南沟帮均匀地散立障材，向沟内填土，用脚从北侧踏实，篱笆即自然稍向南倾斜地立在畦的北面。立完篱笆后即用竹竿或苇把子在篱笆中腰处前后夹紧，即成为横腰，使整扇篱笆连为一体，增强抗风能力。为了提高其防风效果，在风障后面可加"披风"，即在篱笆下部1/3处别一横杆，然后把稻草或草帘紧贴风障竖放，稻草外再放横竹竿，用绳捆扎固定。如果草短还可用同样方法叠放第2层，使草披风达1.3~1.7m高。现在不少地区都用稻草编成草帘作披风，这样捆拆方便，容易固定。最后在风障北侧基部用土培起土埂，并用脚踏实。土埂高17~20cm，目的是为了增强风障的抗风能力及保温效果。也可用塑料薄膜做"披风"，原北京农业大学园艺系用银灰色薄膜作披风，可以增加光照率13%~17.36%，比普通风障畦温度可提高0.1~2.4℃，种植菠菜可提早收获3~5d。

各排风障之间的距离没有严格限制，这要根据风障畦的使用目的和栽培方式而定。作为越冬栽培和早春早熟栽培时，冬季和早春的风力强、气温低，风障间隔可以小些，以提高防风保温效果，一般普通风障畦南北间隔为5~7m，每两道风障之间作四个畦，称为"并一畦"、"并二畦"、"并三畦"、"并四畦"。由于并一畦离风障最近，则温度较高，作物生长较快，最早收获上市，然后按并二畦、并三畦顺序收获，起到排开上市的作用。并四畦由于有前排风障遮荫，越冬蔬菜生长不如露地好，并且收获也晚，故并四畦多不利用。如果作为早春露地栽培用，此时气温已逐渐回升，只是为了防风夹设风障，因此每排距离为8~14m（最大可到15~25m），风障用材也可稍稀些，且不加披风。

风障向南倾斜角度依日照角度而定，从防风保温效果看，角度小则效果好，但角度过小会在风障南面产生阴影，降低畦温，影响使用效果。因此，一般在冬季与地平面呈75°角为适，在春分季节后太阳升高，应及时把风障向北推直。当外界日平均气温达到10℃以上时，在有披风的风障前，因通风不良，中午气温过高，对耐寒蔬菜的生长将产生不良影响，应当根据不同蔬菜的需要先后撤去披风。一般种植小萝卜的披风先撤，否则地上部分生长太快，影响肉质直根的生长。在气温进一步回升后，根据不同蔬菜种类依次及时拔掉风障。

风障的长度和排数，以长排风障比短排的防风效果好，可减少风障两头风的回流影响。在风障材料少时，夹多排风障不如减少排数延长风障长度。夹设长排风障时，单排风障不如多排的防风、保温效果好。

二、风障畦的类型

风障畦根据其使用效果、应用范围以及风障高低来分，基本上有两种类型，即大风障畦和小风障畦。

（一）大风障畦 大风障畦是在畦北边夹设大风障，一般障壁高2~3m。大风障畦又可分普通大风障畦（又名完全风障）及简单大风障畦（又名简易风障、迎风障）两种。普通大风障畦由篱笆、披风和土埂组成（图23-3），篱笆也比较密，防风保温效果较好，多作越冬及早春早熟栽培用。简单大风障畦所夹风障篱笆较稀疏，较直立，且不设披风和土埂，多作春季茄果类及瓜类蔬菜栽培用。

（二）小风障畦　多用小苇子、玉米秸等作材料，也有用谷草作障材的，一般高 1～1.5m，夹设和方向角度与大风障相同，唯一区别是小风障不加横腰。小风障畦一般栽培西瓜、黄瓜用，多每畦夹一道，间隔 1.7～2m。如栽培甜瓜及菜豆则可间隔 5m 夹一道。

为了增强风障的防风效果，除风障畦北面夹设风障外，可在风障畦群的东、西、南侧再夹设直立的围障，防止东、西、南风的吹袭。在障材不足的情况下，有的地方只在风障畦群的最南侧架设迎风障，防止南风侵袭，迎风障应直立而高大。

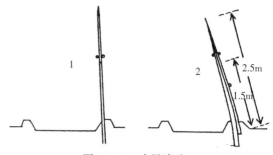

图 23-3　大风障畦
1. 简单风障畦　2. 普通风障畦
（引自：《蔬菜栽培学》（下卷），1961）

三、风障畦的性能及应用

（一）性能　风障畦可以减弱风速，稳定畦面的气流，利用太阳光热提高畦内的气温和地温，改善风障前的小气候环境。风障的防风、防寒保温的有效范围为风障高度的 8～12 倍，最有效的范围是 1.5～2 倍。风障的功能为：

1. 防风　风障减弱风速、稳定气流的作用较明显。风障一般可减弱风速 10%～50%。风力越大，防风效果越好。从表 23-11 可以看出，风障排数越多，风速越小；距离风障越远，风速越大，越能显示出风障的防风作用。这也说明风障的设置以多排的风障群为好。

表 23-11　各排风障前不同位置风速（m/s）比较

排数	与风障的距离（m）					障外
	1	2	3	4	5	
第一排障	0.61	0.91	1.18	1.30	1.67	
第二排障	0.30	0.64	1.00	0.84	0.40	3.83
第三排障	0.00	0.13	0.43	0.38	0.20	
第四排障	0.00	0.00	0.07	0.23	0.00	

注：原华北农业科学研究所园艺系观测。

2. 增温　风障能提高气温和地温。在 1～2 月份严寒季节，当露地地表温度为 −17℃ 时，风障畦内地表温度为 −11℃。风障增温效果以有风晴天最显著，阴天不显著；距风障越近温度越高，但随着距离地面高度的增加，障内外差异减小，50cm 以上的高度已无明显差异。障内/外地温的差异比气温稍大，如距风障 0.5m 处晴天地温高于露地 2℃ 多，而在阴天时只比露地高 0.6℃。风障前的温度来源于阳光辐射及障面反射，因此辐射的强度越大，畦温与地温越高；又由于障前局部气流稳定，并有防止水蒸气扩散的作用，因此可减少地面辐射热的损失。白天障前的气温与地温比露地要高（表 23-12）。在夜间，由于风障畦没有覆盖物保温，土壤向外散热，障前冷空气下沉，形成垂直对流，使大量的辐射热散失而温度下降，但障内近地面的温度及地温仍比露地略高。

表 23 - 12　风障内外空气温度的变化（℃）

测试高度（cm）	观测时间	障　内	障　外	障内外差	备　　注
15	1：00	6.53	5.39	+1.14	1960 年 4 月 11 日测试，风力 1～2 级
	5：00	2.12	2.34	+0.38	
	11：00	10.90	8.59	+2.31	
50	1：00	6.71	6.88	-0.17	
	5：00	2.53	2.33	+0.20	
	9：00	7.98	7.09	+0.89	
	13：00	13.26	13.16	+0.12	

注：北京大学地球物理系 1959—1960 观测。

3. 减少冻土层深度　由于风障的防风、增温作用，障前冻土层的深度比露地浅，距风障越远冻土层越深。风障后的冻土层，由于遮荫而比露地深，地温也比风障前、甚至比露地还低。入春后当露地开始解冻 7～12cm 时，风障前 3m 内已完全解冻，比露地提早约 20d，畦温比露地高 6℃ 左右，因而可提早播种或定植。风障的综合效应见表 23 - 13。

表 23 - 13　防风区与露地区比较
（引自：《设施园艺学》，2002）

位置	风速（m/s）	气温（℃）	地表温度（℃）	相对湿度（%）	蒸发量（g）
防风区	2.4	27.1	31.4	75	69.8
露地区	6.4	22.5	19.4	77.9	72.6

由于风障结构方面的原因，使风障在使用上也存在着一定的局限性。例如，白天虽能增温，并达到适温要求，但夜间由于没有保温设施，而经常处于冻结状态，因此生产的局限性很大，季节性很强，效益较低。加之风障的热源是光热，因此在阴天多、日照率低的地区不适用，在高寒及高纬度地区应用效果不明显。另外，在南风多或乱流风的地区也会影响使用效果。

（二）风障畦的应用

1. 保护幼苗安全越冬　一些蔬菜作物如葱、洋葱等秋季播种育苗，在露地越冬，翌春幼苗继续生长，利用风障保护可减少死苗，并可提早返青和生长，提早收获。

2. 保护蔬菜作物安全越冬　将秋天定植或播种的越冬蔬菜，利用风障加以保护，或加简单覆盖防寒，可以安全越冬，防止死苗，并可提早收获，如韭菜、大蒜、菠菜等。

3. 春播蔬菜提前播种　耐寒的生长期短的蔬菜利用风障可以提前播种，提前收获，并可减少抽薹，保证质量。如播种白菜、小萝卜、茴香、茼蒿等，豆类蔬菜也可比不夹风障的适当提早播种。

4. 育苗蔬菜春季可以提早定植　温室、阳畦育苗的蔬菜进行春季早熟栽培时一般需夹设风障，这样可以提早定植，提前收获，如甘蓝、番茄、辣椒、黄瓜、莴笋等。

第三节　冷床和温床

一、冷床（阳畦）

冷床又名阳畦、秧畦、洞坑，它是利用太阳的光热保持畦内的温度，没有人工加温设施，有别于温床，故名冷床。

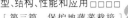
　　阳畦是由风障畦发展而成。就是把风障畦的畦埂加高、加宽而成为畦框，并进行严密防寒保温，即成阳畦。因此，阳畦的性能优于风障畦，应用范围更广泛。中国北方地区在晴天多、露地最低温度在-20℃以内季节里，阳畦内的温度可比露地高12～20℃，尚能种植一些耐寒性强的叶类蔬菜，或进行某些蔬菜的假植贮藏。

　　阳畦在华北、西北地区应用很广泛，华东、华南地区也用于育苗。北京、天津、太原等地利用阳畦进行早春栽培，可以比露地栽培的蔬菜提早成熟30～50d。

（一）阳畦（冷床）

　　1. 阳畦的结构　　阳畦是由风障、畦框、蒲席、玻璃窗四个部件组成。

　　（1）风障　　风障有直立形和倾斜形两种。其形式基本与前述风障畦的风障类似，高1.7～2.2m。

　　（2）畦框　　分为南北框及东西两侧框，有四框等高的和南框低、北框高、东西两侧成坡形的畦框两种。这是由于盖蒲席的方法不同而形成的两种类型阳畦。等高的畦框多采用卷席的管理方法，故称为"卷席式"；斜面畦框多采用拉盖席的管理方法，称为"拉席式"。

　　（3）覆盖物　　一般用蒲席或草苫。蒲席是用芦苇、蒲草、线麻绳（小经绳）、苘麻绳（大经绳）编织而成，长7.0～7.3m，宽2.2～2.6m，厚5～7cm。编成后一面为蒲草，另一面为芦苇，全席共有8条经绳，两头各有2个席爪（拉手）。

　　目前由于蔬菜保护地栽培面积的迅速增加，制作蒲席的原材料——芦苇大量用于造纸业，故农业用蒲席供应不足，因而许多地区用稻草代替，编成稻草苫，物美价廉，受到生产者欢迎。

　　（4）玻璃窗　　是畦面上的一种透明覆盖物。框的长度与阳畦土框的宽度相等或稍长，框宽60cm或宽1m，每扇窗框镶3块或6块玻璃。也可以架设木条支架，其上覆盖玻璃。覆盖的面积可根据季节和应用方式确定是全畦覆盖、半畦覆盖或局部覆盖等。覆盖玻璃再覆盖蒲席进行栽培者称之为"热盖"；只盖蒲席，不盖玻璃者称之为"冷盖"。由于玻璃易损坏，且价格较贵，故目前生产中已使用塑料薄膜代替玻璃制成薄膜窗，或用竹竿支成窗架覆盖薄膜，采光保温。

　　2. 阳畦的类型

　　（1）拉席式抢阳畦　　土框的北框比南框高而薄，北框高35～60cm，底宽30～40cm，顶宽13～15cm；南框高20～45cm，底宽30～40cm，顶宽25～30cm；东西两侧与南北两框相接，宽度与南框相同，如此做成长方形坡面向南的畦框。畦面下宽1.85m，上宽1.65m，长6m，或做成联畦。畦框的高度（畦深）依栽培方式、蔬菜种类及覆盖玻璃与否而定。畦框的南面也可以再做出一排畦框，形成并畦。风障夹设在北框的背后，夹成后向南与地面保持70°的角。蒲席是早上拉开，傍晚盖上。白天把席放在阳畦的南面晒席，用暖席覆盖。由于这种畦采光面向阳，故取名"拉席式抢阳畦"，或简称抢阳畦（图23-4）。

　　（2）卷席式槽子畦　　土框南北高度几乎相等，框高而厚。北框高40～60cm，宽35～40cm；南框高40～55cm，宽35cm；东西两侧框宽30cm。畦面宽1.65m，长11.65～12.65m，形成一个槽形畦框，故名槽子畦。风障夹在畦框北面，直立或稍向南倾斜，以不妨碍卷席为度。蒲席白天卷起放在侧框上，傍晚盖在畦面上，故又称卷席式。一般称为槽子畦（图23-4）。每排阳畦的距离：拉席式阳畦间隔5～7m，卷席式阳畦因风障比较直立，又不行晒席作业，可相隔4～5m。

　　3. 阳畦的性能　　阳畦除具有风障畦的性能以外，由于增加了土框和覆盖物，所以白天可吸收太阳热，夜间缓慢地辐射，可以保持畦内具有较高的畦温和土温。1～2月份露地气温在-15～-10℃时，畦内地表温度可比露地高13～15.5℃，热盖阳畦比冷盖高2～3℃。热盖阳畦如果保温严密，严寒季节白天畦温可达到15～20℃，夜间只有-4～-3℃，表土层会产生短时间的冻结，因此阳畦在冬季只能为耐寒性蔬菜进行防寒越冬。随着天气转暖，阳畦内的气温也随之升高，可比露地高10～20℃，可进行喜温蔬菜的育苗和栽培。北京地区阳畦温度季节变化见表23-14。阳畦内的空气湿度，因受露地空气湿度的变化和不同管理措施的影响，一般白天相对湿度较低，中午前后维持在10%～

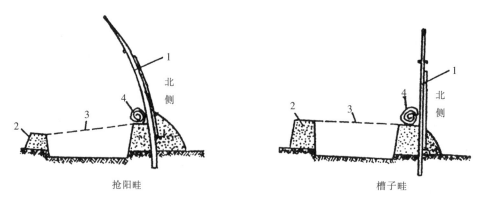

图 23 - 4　阳畦的类型
1. 风障　2. 床框　3. 透明覆盖物　4. 蒲席（稻草苫）
（引自：《设施园艺学》，2000）

20%，夜间湿度最高可达 80%～90%。

由于阳畦设备的局限性，因此造成阳畦季节温度变化较大；就一天来说，昼夜温差也大，一般在20℃左右，天气越冷，日较差越大。在晴天，畦内增温明显，畦温较高；阴雪天畦温降低，若遇连续阴雪，阳畦缺乏太阳热源，畦温则显著降低。

在阳畦内不同部位温度差异也很大，阳畦中部及靠近北框温度较高，靠近南框和东西两侧温度较低，距南框 20～30cm 处温度最低，有时出现冻土层。冬、春季在阳畦内育苗，易造成出苗和生长不齐，在栽培管理上应注意。

表 23 - 14　北京地区阳畦与露地温度（℃）的季节变化

月	旬	热盖阳畦				冷盖阳畦				露　　地	
		平均地表温		平均地中温		平均地表温		平均地中温		平均地表温	
		最高	最低	5cm	15cm	最高	最低	5cm	15cm	最高	最低
12	中	22.2	5.8	11.8	9.6	16.9	3.8	15.3	7.6	6.3	−5.1
	下	15.5	3.1	12.1	8.6	10.4	1.5	7.3	6.6	6.2	−10.0
	上	18.2	3.5	11.6	7.4	8.4	−1.2	4.6	4.0	7.7	−12.0
1	中	19.5	3.5	11.6	7.5	13.3	0.7	5.5	4.3	10.5	−12.0
	下	18.1	2.1	10.9	7.7	13.1	0.4	8.7	3.8	11.5	−12.0
	上	21.7	2.7	13.9	9.7	21.4	2.6	10.2	6.6	18.0	−11.0
2	中	19.5	0.7	9.1	7.3	21.0	0.7	10.6	6.2	13.8	−14.0
	下	20.2	—	7.5	6.0	23.5	—	10.3	6.3	—	−10.0
3	上	15.6	2.2	10.3	6.8	22.5	0.5	16.0	7.0	13.7	−12.0
	中	16.5	3.0	10.5	8.2	24.5	2.0	14.3	9.2	22.2	−7.0

注：北京农业大学观测，1961。

4. 阳畦的应用　普通阳畦除主要用于蔬菜作物育苗外，还可用于蔬菜的秋延后、春提前及假植栽培。在华北及山东、河南、江苏等一些较温暖的地区，还可用于耐寒叶菜，如芹菜、韭菜等的越冬栽培。

（二）改良阳畦　改良阳畦又名小洞子、小暖窖、立壕子、小型日光温室，它是在阳畦的基础上加以改良而成。

1. 改良阳畦的结构及类型　改良阳畦是由土墙（后墙、山墙）、棚架（柱、檩、椽）、土屋顶、玻璃窗或塑料薄膜棚面、保温覆盖物（蒲席或草帘）等部分组成。历史上改良阳畦多种多样（图23-5）。但生产上应用较多的主要有两种类型，如图23-5中的9和10，不同的是夜间在采光面外加盖草苫和土屋顶，更增强了阳畦的保温性能。这类改良阳畦的后墙高0.9～1.0m，厚40～50cm，山墙脊高与改良阳畦的中柱相同，中柱高1.5m，土棚顶宽1.0～1.5m。玻璃窗斜立于棚顶的前檐下，与地面成40°～45°角。每扇窗长2m，宽60cm或1m，镶嵌3或6块玻璃。如用塑料薄膜做透明覆盖物，则采光面成半拱圆形。栽培床南北宽2.7～3.65m，每3m长为一间，每间设一立柱，立柱上加柁，上铺两根檩（檐檩、二檩），檩上放秫秸，抹泥，然后再放土。前屋面晚上用草帘覆盖保温。畦长因地块和需要而定，一般10～30m。

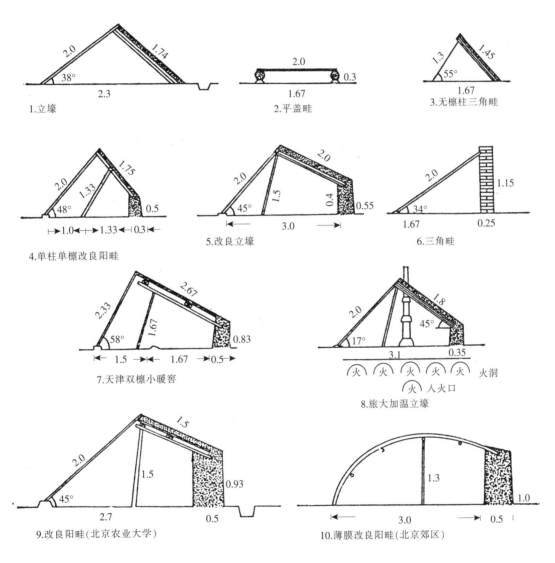

图23-5 多种类型的改良阳畦（单位：m）

（聂和民，1981）

2. 改良阳畦的性能 改良阳畦的性能与阳畦基本相同，但因改良阳畦的空间大，玻璃窗加大了角度，形成一面坡，因而光的透过率较高，保温性能较好。改良阳畦的畦温与地温一般比阳畦高4～7℃，光反射率为13.5%（阳畦为56.12%）。因改良阳畦的防寒保温性能比阳畦好，所以可在冬季种植耐寒性蔬菜（表23-15）。如果采用补充加温，更可提高改良阳畦的热效应。

表 23 - 15　改良阳畦气温的季节性变化状况

(引自:《蔬菜栽培学·保护地栽培》,1983)

节　气	气温（℃）			高低气温持续时间（h）			
	最高	最低	昼夜温差	<5℃	>10℃	>15℃	>20℃
小寒节前后	24.5	2.6	18～24	10.2	5.4	4.0	—
大寒节前后	21.8	2.3	16～26	10.6	6.9	4.7	—
雨水节前后	29.8	3.9	17～31	5.7	8.6	5.7	—
惊蛰节前后	25.7	5.5	14～27	1.0	8.6	5.4	—
春分节前后	21.8	5.8	13～19	—	12.3	6.9	2.5
清明节前后	29.9	12.1	13～25	—	22.7	14.2	7.8

注:北京农业大学园艺场观测,1956—1957。

3. 改良阳畦的应用　改良阳畦比普通阳畦的性能优越,主要用于耐寒蔬菜（如葱蒜类、甘蓝类、芹菜、白菜、小萝卜等）的越冬栽培,还可用于秋延后、春提前栽培喜温果菜,也可用于蔬菜的育苗。由于改良阳畦建造成本低、用途广、效益高,故发展面积超过阳畦。

二、温　床

温床是一种比较简易的育苗或栽培设备,除具有阳畦的防寒保温设备以外,还利用酿热物、电热线或水暖加温设备等来补充日光加温的不足。在寒冷季节或地区,或冬春光照条件较差的地区,可用作培育蔬菜幼苗和栽培蔬菜,中国南北各地均有应用。目前应用比较普遍的为酿热温床及电热温床两类。

1. 酿热温床

（1）酿热温床的结构　酿热温床主要由床框、床坑（穴）、玻璃窗或塑料薄膜及支架、保温覆盖物、酿热物等 5 部分组成。酿热温床依照透明覆盖物的种类可分为玻璃扇温床与薄膜温床;依照温床在地平面上的位置,可分为地上式、地下式和半地下式温床;依照床框所用的材料又可分为土框、砖框、草框和木框温床,常用的是半地下式土框温床（图 23 - 6）。温床建造场地要求背风向阳、地面平坦、排水良好,床宽 1.5～2.0m,长度依需要而定,床顶加盖玻璃或薄膜呈斜面以利透光。酿热物分层加入,每 15cm 1 层,踏实后浇温水。达到厚度（多为 30～50cm）即盖顶封闭,让其充分发酵,温度稳定后上面铺 5～10cm 土。

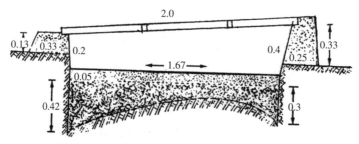

图 23 - 6　半地下式酿热温床示意图（单位:m）

(引自:《设施园艺学》,2002)

（2）酿热温床的酿热原理及温度调节　酿热温床是利用微生物分解有机物质时所产生的热量来进

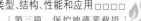
行加温的，这种被分解的有机物质称为酿热物。酿热物的酿热原理如下：

微生物
碳水化合物＋氧气──二氧化碳＋水＋热量↑

通常酿热物中含有多种细菌、真菌、放线菌等微生物，其中能使有机物较快分解发热的是好气性细菌。酿热物发热的快慢、温度高低和持续时间的长短，主要取决于好气性细菌的繁殖活动情况。好气性细菌繁殖得越快，酿热物发热越快、温度越高、持续的时间越短。相反，好气性细菌繁殖得越慢，则酿热物发热越慢、温度越低、持续的时间越长。而好气性细菌繁殖活动的快慢又和酿热物中的碳、氮、氧及水分含量有密切关系，因此碳、氮、氧及水分就成了影响酿热温床发热的重要因素。碳是微生物分解有机物质活动的能量来源；氮则是构成微生物体内蛋白质的营养物质；氧气是好气性微生物活动的必备条件；水分多少主要是对通气起调节作用。一般当酿热物中的碳氮比（C/N）为20～30：1，含水量为70%左右，并且通气适度和温度在10℃以上时微生物繁殖活动较旺盛，发热迅速而持久。若 C/N 大于 30：1，含水量过多或过少，通气不足或基础温度偏低时，则发热温度低，但持续时间长。若 C/N 小于 20：1，通气偏多，则酿热物发热温度高，持续时间短。可以根据酿热原理，以 C/N 比、含水量及通气量（松紧）来调节发热的高低和持续时间。

由于不同物质的 C/N 比、含水量及通气性不同，可将酿热物分为高热酿热物（如新鲜马粪、新鲜厩肥、各种饼肥等）和低热酿热物（如牛粪、猪粪、稻草、麦秸、枯草及有机垃圾等）两类。在我国北方地区早春培育喜温蔬菜幼苗时，由于气温低，宜采用高热酿热物作酿热材料。对于低热酿热物，一般不宜单独使用，应根据情况与高热酿热物混用。各种有机物质碳氮含量见表23-16。

表 23-16 各种酿热材料的碳氮比
（引自：《蔬菜栽培学·保护地栽培》，1980）

种　类	C（%）	N（%）	C/N	种类	C（%）	N（%）	C/N
稻　草	42.0	0.60	70.0	棉籽饼	16.0	5.00	3.2
大麦秸	47.0	0.60	78.0	菜子饼	16.0	5.00	3.2
小麦秸	46.5	0.65	72.0	松落叶	42.0	1.42	30.0
玉米秸	43.3	1.67	26.0	栎落叶	49.0	2.00	24.5
鲜厩肥（干）	25.0	2.80	27.0	马　粪*	22.3	1.15	19.4
速成堆肥（干）	56.0	2.60	22.0	牛　粪*	18.0	0.84	21.5
米　糠	37.0	1.70	22.0	羊　粪*	28.9	2.34	12.3
纺织屑	59.2	2.32	23.0	猪　粪*	34.3	2.12	16.2
大豆饼	50.0	9.00	5.5				

* 为换算数字。

（3）酿热温床的性能 酿热温床是在阳畦的基础上进行了人工酿热加温，因此与阳畦相比，明显地改善了床内的温度条件。但热效应较低，而且加温期间无法调控，因此，床内温度明显受外界温度的影响。床土厚薄及含水量也影响床温。因床内南北部位接受光热的强度不同，又因床框四周耗热的影响，因此床内存在局部温差，即温度北高南低，中部高周围低，生产上常通过调整填充酿热物的厚

中国蔬菜栽培学

□□□□〔第二版〕...

Olericulture in China □□□□

度来调节，一般酿热物的厚度是四周厚，中间薄，南面厚，北面薄。酿热物发热时间有限，前期温度高而后期温度逐渐降低，因此秋、冬季不适用。

（4）酿热温床的应用　主要用在早春果菜类蔬菜育苗。在日光温室冬季育苗为提高地温也可应用。

2. 电热温床

（1）电热温床的结构　电热温床是在阳畦、小拱棚以及大棚和温室中小拱棚内的栽培床上，做成育苗用的平畦，然后在育苗床内铺设电加温线而成（图23-7）。电加温线埋入土层深度一般为10cm左右，但如果用育苗钵或营养土块育苗，则以埋入土中1～2cm为宜。铺线拐弯处，用短木棍隔开，不成死弯。

（2）电功率密度、总功率和电热线条数的确定　苗床或栽培床单位面积上需要铺设电热线的功率称为功率密度。电功率密度的确定应根据作物对温度的要求、所设定的地温和应用季节的基础地温以及设施的保温能力而决定。根据孟淑娥等人试验（1984），早春电热温床进行果菜类蔬菜育苗时，其功率密度可在70～140W/m²（表23-17）。中国华北地区冬季阳畦育苗时电加温功率密度以90～120W/m²为宜，温室内育苗时以70～90W/m²为宜；东北地区冬季温室内育苗时以100～130W/m²为宜。

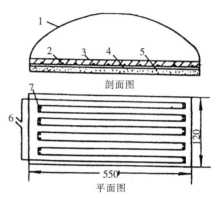

剖面图

平面图

图23-7　电热线的布线示意图
（单位：cm）

1. 薄膜　2. 电加温线　3. 床土　4. 细土层
5. 隔热层　6. 电加温线导线　7. 短木棍
（引自：《设施园艺学》，2002）

表23-17　电热温床功率密度选用参考值（W/m²）

（引自：《设施园艺学》，2002）

设定地温（℃）	基础低温（℃）			
	9～11	12～14	15～16	17～18
18～19	110	95	80	—
20～21	120	105	90	80
22～23	130	115	100	90
24～25	140	125	110	100

总功率是指育苗床或栽培床需要电热加温的总功率。总功率可以用功率密度乘以面积来确定，即：

$$总功率（W）＝功率密度（W/m²）×苗床或栽培床总面积（m²）$$

电热线条数的确定，可根据总功率和每根电热线的额定功率来计算，即：

$$电热线条数（根）＝\frac{总功率（W）}{额定功率（W/根）}$$

由于电热线不能剪断，因此计算出来的电热线条数必须取整数。

（3）布线方法　如图23-7剖面图所示，在苗床床底铺好隔热层，铺少量细土，用木板刮平，就可以铺设电加温线。布线时，先按所需的总功率的电热线总长，计算出或参照表23-18找出布线的平均间距，按照间距在床的两端距床边10cm远处插上短木棍（靠床南侧及北侧的几根木根可比平均间距密些，中间的可稍稀些），然后如图23-7平面图那样，把电加温线贴地面绕好，并把电加温线两端的导线（即普通的电线）部分从床内引出来，以备和电源及控温仪等连接。布线完毕，立即在上面铺好床土。电加温线不可相互交叉、重叠、打结，布线的行数最好为偶数，以便电热线的引线能在一侧，便于连接。若所用电加温线超过两根以上时，各条电加温线都必须并联使用而不能串联。

表 23-18　不同电热线规格和设定功率的平均布线间距（cm）

（引自：《设施园艺学》，2002）

设定功率（W/m²）	电　热　线　规　格			
	每条长 60m 400W	每条长 80m 600W	每条长 100m 800W	每条长 120m 1 000W
70	9.5	10.7	11.4	11.9
80	8.3	9.4	10.0	10.4
90	7.4	8.3	8.9	9.3
100	6.7	7.5	8.0	8.3
110	6.1	6.8	7.3	7.6
120	5.6	6.3	6.7	6.9
130	5.1	5.8	6.2	6.4
140	4.8	5.4	5.7	6.0

（4）电热加温原理　电热加温是利用电流通过阻力大的导体将电能转变成热能，从而使床土（或空气）加温，并保持一定温度的一种加温方法。一般 1kW·h 电可产生 3 599 960 J 的热量。由于电热线加温升温快，温度均匀，调节灵敏，使用时间不受季节的限制，同时又可自动控制加温温度，因此有利于蔬菜作物幼苗生长发育。

（5）电热温床的应用　主要用于冬春蔬菜育苗，尤以喜温果菜类育苗应用较为普遍。近年来也有少量用于塑料大棚黄瓜、番茄春早熟栽培。

3. 地上式温床　把温床框（土、木、草框）设置在地上者均称为地上式温床，床框可做成单斜面及双斜面两种。现以双斜面草框温床为例介绍其构造。草框温床是在平坦向阳的土地上，用竹竿搭成四框，框宽 1.65m，长度为框宽的数倍，边高 65cm，中间高 1m，形如起脊的屋顶，侧框如山墙。床架搭好后再用稻草围编四框，形成 10～15cm 厚的草框。床的中间用一根长竹竿搭在两个侧框的中央，形成中脊。夜间在床顶上覆盖"毛扇"（稻草席），席宽 1.1m，厚 6～7cm，长度酌定。毛扇上再覆盖一层竹席（宽 1.35m，长 1.65m），用以防雨。床内踩入酿热物，厚约 50cm，其上放置竹竿编成的"抬笆"（长、宽均为 1.45m），依温床的长度放置若干个。抬笆上铺一层薄的碎稻草，稻草上再铺 10cm 厚的培养土。酿热物的有效发热期为 15d 左右，床温最高可达 44℃。酿热物失效后，可以抬起"抬笆"，更换酿热物。中国西南地区常用这种温床于 1～2 月份培育茄果类幼苗（图 23-8）。

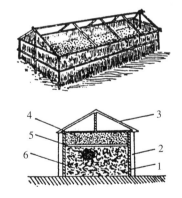

图 23-8　地上式草框温床

1. 支柱　2. 草框　3. 毛苫
4. 培养土　5. 抬笆　6. 酿热物
（引自：《农业生产技术基本知识·
蔬菜栽培》，1982）

4. 半地下式温床　半地下式温床的规格可参考温床构造一节。即把床框的一半埋入地下，以增强温床的保温能力。随着植株的长高，再把床框提高，以适应植株生长

的需要。北方地区利用这种温床于 1～2 月份培育果菜类幼苗，或于 2～3 月份种植蔬菜。

（张福墁　王耀林）

第四节　网纱覆盖

长期以来，中国蔬菜产与销存在着冬春和夏秋两个明显淡季。20 世纪 80 年代以后，随着塑料大、中、小棚和温室等增温保温型设施园艺，以及地膜覆盖栽培技术的大面积推广应用，基本上解决了由于低温造成的冬春淡季，然而 7～9 月夏秋淡季的蔬菜供需矛盾仍显得突出。形成夏秋淡季的主要原因是高温、暴雨、伏旱、台风等灾害性天气频繁，如长江流域及其以南地区 7～8 月份的平均气温在 30℃左右，短期可高达 35～40℃，地面温度可达 50～60℃，加上暴雨、伏旱、热带风暴、病虫害的侵袭，不仅使春夏茬蔬菜早衰形成季节性茬口空缺，而且致使夏播蔬菜生长不良，尤其是性喜冷凉的茎叶菜和根菜，造成 7～9 月份蔬菜产量低而不稳，菜缺、质次、价高。同时，夏秋育苗成苗率低，秧苗素质差，还威胁秋菜生产，成为蔬菜产销中久攻不下的难关。

采用传统的苇帘、秸秆覆盖，虽有明显的遮阳、降温、防暴雨效果，但操作不便，耗费工时，劳作强度大，且受自然资源限制，难以大面积推广应用，仅用于局部覆盖培育秋菜秧苗。20 世纪 80 年代初，曾有人从国外引进"凉爽纱"（遮阳网）进行小面积试验，取得了遮雨、防强光高温、防病虫的良好效果，但因缺乏高强度、耐老化、质地轻软的优质国产遮阳网，所以未能应用于大面积生产。1987 年，江苏省常州市武进第二塑料厂研制出能使用 3 年以上的优质农用塑料遮阳网，率先在江苏、上海、广州等地夏秋蔬菜生产上试用，显示出明显的优质增产效果。90 年代初，由全国农业技术推广总站组织南方各省、自治区、直辖市实施"遮阳网在蔬菜生产上的应用研究与推广"项目，取得了良好的效果，实现了茄果类夏菜延后供应，伏播普通白菜等速生叶菜稳产、高产、优质，早秋菜提前上市，使夏秋淡季蔬菜产量和花色品种大为增加，缓解了供、需矛盾，社会效益和经济效益十分显著。遮阳网覆盖栽培技术的开发，为解决夏秋淡季蔬菜供需矛盾和夏秋蔬菜育苗难题提供了技术保证，也促进了中国保护地栽培技术的发展和进步。

20 世纪 90 年代以来，以防虫网为隔离材料创建封闭空间生产蔬菜的技术，由于防虫效果好，大大减少了化学农药的用量而越来越受到重视。90 年代初，台湾商人首先投资创办防虫网制造厂，随后江苏、浙江省的一些遮阳网生产厂相继开发出防虫网产品。近年来，随着各地加大无公害蔬菜生产的推进力度，防虫网覆盖栽培技术推广工作得到了重视和加强。

一、遮阳网覆盖

遮阳网又称遮荫网，是以高密度聚乙烯、聚丙烯和聚酰胺等树脂为主要原料，经拉丝编织而成的一种网状农用塑料覆盖材料。普通遮阳网的主要功能是遮阳、降温、防暴雨，改善蔬菜作物生长发育环境，实现抗灾、减灾、稳产、高产。另外，还有具反光、保温和节能的遮阳网，主要用于大型连栋温室的内覆盖，白天可反光遮阳降温，夜间反射长波辐射保温，是一种节能覆盖材料。这种材料重量轻，强度高，耐老化，柔软，便于铺、卷，同时可以通过控制网眼大小和疏密程度使其具有不同的遮光、通风特性，以供用户选择。

（一）遮阳网的种类　目前中国生产的普通遮阳网按幅宽可分为 90cm、140cm、150cm、160cm、200cm 和 220cm 6 种。按颜色可分为黑色、白色、银灰色、绿色、蓝色、黑与银灰色相间等几种。按其纬编的稀密度不同，其规格又分为 SZW - 8、SZW - 10、SZW - 12、SZW - 14、SZW - 16 五种主要型号。目前国内生产的遮阳网其遮光率见表 23 - 19。可根据生产季节以及不同地区气候条件选用不同类型的遮阳网。

表 23 - 19　不同型号遮阳网的遮光率表

型　号	遮　光　率（％）	
	黑色网	银灰色网
SZW - 8	20～30	20～25
SZW - 10	25～45	25～40
SZW - 12	35～55	35～45
SZW - 14	45～65	40～55
SZW - 16	55～75	50～70

注：江苏省武进第二塑料厂产品型号。

此外，还有大型温室专用遮阳网，其强度要远高于普通遮阳网，常用的有密闭型和透气型两种。密闭型遮阳网常作为内遮阳材料，白天既有极好的反光作用，可降低室内气温，夜间又可避免对流热散失，减少向外的热辐射，保温效果好，能降低冬季加温费用。由于透气性好，即使在密闭的温室内也不形成冷凝水，保持无滴特性。主要用于温室的遮阳降温和夜间的保温，适用于北方严寒地区及不开顶窗的温室。透气型遮阳网主要用于开顶窗自然通风温室及炎热气候条件下温室的遮阳降温，透气性好，即使在系统闭合的情况下，也能保持良好通风效果，降低温室内温度。表 23 - 20 给出部分大型温室专用遮阳网参数及类型，可供使用时参考。

表 23 - 20　大型温室常用遮阳网参数

品　名	材　料	使用寿命（年）	遮阳率（％）	保温率（％）
LS 覆铝幕	聚乙烯/铝箔	4～6	30～50	30～50
LS 覆铝幕	聚乙烯/铝箔	4～6	30～70	20～40
Polysack Aluminet	浸铅乙烯编织幕	5～8	30～50	20
Polysack Aluminet	浸铅乙烯编织幕	5～8	60～70	30～40
Polysack 抗紫外遮阳网	黑色乙烯编织网	8	30～90	

注：引自：中瑞合资·上海劳德维森园艺设备公司关于斯文森遮阳保温幕产品的介绍。

（二）遮阳网覆盖方式及构造　遮阳网覆盖主要有浮面覆盖、矮平棚覆盖、小拱棚覆盖、大棚覆盖及温室覆盖等。

1. 浮面覆盖　俗称直接覆盖、飘浮覆盖或畦面覆盖（图 23 - 9）。是指用遮阳网直接覆盖在地面或植株上的覆盖形式。此方法在南方可周年使用，北方多在夏季使用，主要用于蔬菜自播种至出苗期的覆盖，出苗后揭开遮阳网。也可用于夏秋季节蔬菜自移植至缓苗的覆盖。一般采用白天盖、晚上揭的方法，以缩短缓苗期，提高成苗率。

图 23 - 9　露地浮面覆盖
（引自：《塑料薄膜设施栽培》，1992）

2. 矮平棚覆盖　是叶菜类的主要覆盖栽培方式，在华南地区应用普遍。用粗竹、木桩或水泥柱作立柱，上用小竹竿、尼龙绳或铁丝固定搭成平棚架，遮阳网固定于平棚上，架高、畦宽不一。广东、福建等地多为 80～100cm 高，160cm 宽。因有一定高度，早、晚阳光可直射畦面，有利于光合作用，防止徒长，亦可遮中午强光，防暴雨，多为全天候覆盖，可节省用工。广西等地多搭设 150～170cm 高的平棚，长度和宽度根据需要而定。依覆盖宽度可分为单畦小平棚和连片大平棚两种。矮平棚在华南地区普及很快，其覆盖的形式如图 23-10 所示。

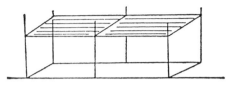

图 23-10　矮平棚覆盖形式示意图
（李式军，1993）

3. 拱棚覆盖　是指利用中、小拱棚的骨架作支撑物，在其上覆盖遮阳网的覆盖方式。主要用于育苗、移栽、夏菜、秋菜提前栽培等，是夏、秋高温季节蔬菜栽培中比较好的一种覆盖形式（图 23-11A）。

4. 大棚覆盖　大棚覆盖是指利用水泥预制件、钢材等为骨架材料搭棚覆盖遮阳网，或在塑料薄膜大棚上覆盖遮阳网的覆盖方式。主要用于育苗、夏秋季蔬菜延后或提早栽培，也可用于生育期较短的喜凉叶菜的全生育期覆盖。覆盖方式有顶盖法、棚内平盖法和一网一膜法。顶盖法是在棚的顶部覆盖，而四周近地面留 1m 高不盖遮阳网，或者在大棚的二重幕支架上覆盖遮阳网。棚内平盖法是利用大棚两侧最高处的纵向拉杆为支点，平行捆缚绷紧压膜线成为支撑层，再在上面平铺遮阳网。一网一膜覆盖方式是指将塑料大棚下部四周薄膜撤掉，只保留棚顶，其上再覆盖遮阳网。这几种覆盖形式如图 23-11 所示。

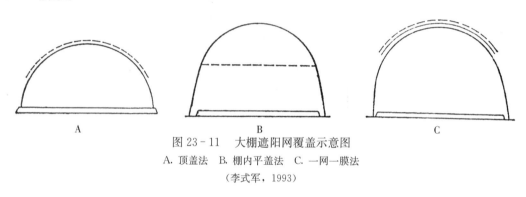

图 23-11　大棚遮阳网覆盖示意图
A. 顶盖法　B. 棚内平盖法　C. 一网一膜法
（李式军，1993）

5. 日光温室覆盖　是指在日光温室骨架上覆盖遮阳网。覆盖方式与大棚相似，以顶盖法和一网一膜两种方式为主，主要用于夏秋季节育苗、秋延后栽培和秋菜的提前栽培。

6. 大型温室覆盖　大型温室的遮阳网覆盖系统，由遮阳网和传动机构两部分组成。传动部分有绳轴传动和齿条副传动两种。根据遮阳网安装位置的不同分为外遮阳和内遮阳两种，外遮阳系统主要用于夏秋高温强光季节，而内遮阳系统除夏季遮阳降温外，还可用于冬季的保温和降湿。内、外遮阳系统对遮阳网的要求不一样，购买和使用时，要注意内用遮阳产品和外用遮阳产品的区别，要综合考虑遮阳、保温两种功能，根据需要合理选用。

（三）遮阳网覆盖的性能

1. 遮阳网覆盖后的光照特性　夏秋季节晴天中午外界光强一般均在 8 万～12 万 lx，而一般喜温果菜的光饱和点多为 3 万～7 万 lx，喜凉叶菜光饱和点为 2 万～3 万 lx，因此夏秋季节蔬菜生产会发生强光胁迫，遮阳网覆盖可降低强光对蔬菜的伤害。南京农业大学研究了大棚覆盖不同型号遮阳网在不同天气条件下的遮光率，结果如表 23-21。由表 23-21 可知，黑网较灰网、高密度较低密度、同型号者晴天较阴天的遮光率要大。但网孔大的黑 SZW-8 和灰 SZW-8 晴天透过直射光多，故遮光率与其他型号不同，晴天少于阴天。因此，晴热夏季使用遮光率为 70% 的黑色网，网下光强仍能满足喜冷凉叶菜的要求。但在多云或阴天时，如覆盖遮光率高的网型，则有光强不足，出现负效应的可能。

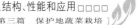

表 23 - 21　不同型号遮阳网的日平均遮光率和网下光强

（引自：《农业工程学报》，1995）

型　号	天气类型	遮光率（%）	照度（×10^4 lx）
CK	晴	0	5.40~9.32
	多云、阴	0	3.54~4.85
灰 SZW - 8	晴	33	3.64~5.92
	多云、阴	40	2.07~3.13
灰 SZW - 10	晴	45	2.84~5.56
	多云、阴	42	1.90~3.29
灰 SZW - 12	晴	48	2.39~5.18
	多云、阴	47	1.77~2.90
黑 SZW - 8	晴	57	1.72~4.19
	多云、阴	63	1.32~2.14
黑 SZW - 10	晴	67	1.76~3.26
	多云、阴	65	1.58~2.52
黑 SZW - 12	晴	70	1.34~2.97
	多云、阴	66	1.15~1.78

2. 遮阳网覆盖后的温度特性

（1）不同覆盖方式的降温效果　南京农业大学园艺系测试了遮阳网不同覆盖方式下的降温效果，结果如表 23 - 22。当外界最高气温为 38.6℃时，大棚覆盖黑网、灰网的降温效果最好，降温幅度为 4.6~5.6℃，浮面覆盖降温效果最差，降温幅度为 0.5~1.6℃；拱棚覆盖降温效果居中，降温幅度为 2.2~5.0℃。

表 23 - 22　不同覆盖方式降温效果

（引自：《农业工程学报》，1995）

种类型号	大棚覆盖（℃）	拱棚覆盖（℃）	浮面覆盖（℃）
黑 SZW - 10	5.5	5.0	1.6
灰 SZW - 10	4.6	2.2	0.5

（2）夏季不同最高气温条件下的降温效果　对不同气温、不同类型遮阳网大棚覆盖栽培条件下的温度效应的研究表明，遮阳网覆盖，显著降低了地面温度，进而影响地下、地上各 20cm 范围内的温度，不同气温条件下的地面降温效果不同，结果如表 23 - 23。当外界最高气温在 35~38℃时，露地地面最高温度的平均值为 48.6℃，大棚覆盖遮阳网的地面降温幅度为 8.2~12.9℃，以遮光率高的黑网降温效果最佳。

当外界最高气温为 30~35℃时，露地地面最高温平均为 39.1℃，各种类型遮阳网覆盖后地面最大降温幅度为 4.8~8.9℃，平均降温幅度为 2.8~5.6℃。当外界最高气温为 25~30℃时，露地地面最高温平均值为 34.1℃，各种类型遮阳网的地面平均降温效果为 3.1~4.7℃。

表 23－23　　露地不同最高气温下遮阳网的地面降温幅度

(引自:《农业工程学报》,1995)

最高气温（℃）	网型	平均降温值（℃）	最大降温值（℃）	最小降温值（℃）
35.1～38.0	灰 10	8.2	13.4	3.0
	黑 12	12.9	18.2	7.6
30.1～35.0	灰 8	2.8	4.8	0.8
	黑 12	5.6	8.9	1.2
25～30	灰 8	3.1	6.9	—
	黑 12	4.7	8.9	1.0

（3）冬季的增温效果　遮阳网与塑料薄膜一样，还具有良好的防寒、保温作用，可用于淮河以南长江流域晚秋防早霜、冬季防冻害和早春防晚霜覆盖。据安徽省淮北蔬菜研究所 1990—1993 年试验，大棚外覆盖遮阳网，棚内气温可比露地提高 2～2.5℃，且气温越低，增温效果越明显。江苏省镇江市气象研究所的调查结果表明，在 3 月上旬用遮阳网浮面覆盖，网下 5cm 地温、地表温度夜间均比露地分别高出 1.0～1.5℃、1～3℃；网下作物叶片上方、叶片和叶内温度，从 21 时至 0 时均高于未覆盖的作物。

3. 减轻暴雨对作物直接冲击　遮阳网覆盖后能把暴雨化为小雨，防止雨水对种子、幼苗、植株和土壤的直接冲击。遮阳网下雨水的冲击力可减弱 90% 以上，对植株叶片的破坏也相应减轻。遮阳网覆盖后可防止雨水直接冲刷土壤表面，因此防止了土壤板结，通气性好，利于根系生长。如果采用一网一膜覆盖法，其防雨效果更好。在平棚覆盖时，把棚架搭成倾斜状的斜平棚，防雨效果又好于普通平棚。

4. 防风、防日射害　遮阳网覆盖后还有防风作用。据镇江市气象研究所测定，在遮阳网覆盖下，风速为 6.6m/s 时，距离网下 10cm 处风速减弱为 2.2m/s，25cm 处减弱为 0.5m/s，超过 50cm，风速减为 0。在风速较大情况下，露地浮面覆盖的保温效果降低，而在大棚内对蔬菜进行浮面覆盖，保温效果比露地好。

冬季遇强寒流袭击，蔬菜作物在夜间受冷害，若第 2 天作物裸露在太阳光下而快速升温，则作物细胞因迅速脱水而受害死亡，植株呈溃烂状，称为“日射害”。遮阳网覆盖后，不论是地温、地表温或近地面气温与不覆盖相比，温度上升都比较缓慢。如灰网浮面覆盖，凌晨 6 时地表温度为－0.5℃，未覆盖的对照为－2.6℃；上午 8 时，覆盖下地表温度只上升了 3.1℃，而对照已上升了 5℃；到 9 时，覆盖的上升 5℃，而对照升到 10.3℃。从覆盖的植株叶面和叶内温度上升情况比较，未覆盖的从早晨 6 时到上午 9 时，分别从－3.4℃、－2.6℃迅速上升到 16.8℃和 13.6℃，远高于覆盖的。因此，遮阳网覆盖有效地控制了植株叶温的回升速度，从而显著减轻了蔬菜作物受低温冷害后又遇强日射所带来的危害。

5. 保墒防旱、调节土壤水分　遮阳网覆盖下地面蒸发量的减少率与网的遮光率基本同步，大棚覆盖遮光率在 45%～55% 的遮阳网，其土壤蒸发量比露地减少 1/3 强，而覆盖遮光率为 65%～75% 的遮阳网，其蒸发量比露地减少约 2/3，明显改善了覆盖下的土壤水分状况，比露地可相应节约灌溉用水 1/3～2/3。

6. 避虫防病　采用小拱棚覆盖灰色遮阳网栽培菜薹（心），避蚜效果高达 88.8%～100%，对由蚜虫引起的菜心花叶病毒病的防治效果达 89.9%～95.5%，平均增产 67%～143%。

（四）遮阳网覆盖在蔬菜生产中的应用

1. 夏秋蔬菜育苗　为促进高温季节出苗整齐，幼苗健壮，播种后可采用遮阳网浮面覆盖、平棚覆盖和大棚覆盖等方式。若采用浮面覆盖育苗，则播种覆土后即盖上遮阳网，并立即浇水，以提高出

苗率。出苗后及时升高遮阳网。在南方多暴雨地区，可改用小平棚覆盖。若采用大棚覆盖育苗，最好采用一网一膜覆盖方式。喜温果菜育苗以使用遮光率较低的灰网或密度较小的黑网（如 SZW‑8 型黑色遮阳网）为宜，喜凉作物可选用遮光率较高的遮阳网。

2. 蔬菜移栽后促进缓苗　在高温季节蔬菜移栽后为促进缓苗，常在定植时覆盖遮阳网，一般定植后覆盖 7～10d，幼苗缓苗后即可揭网。如果播期较早，定植后温度还很高，可适当延长覆盖时间。但喜温果菜多不进行全天覆盖，一般从上午 10 时至下午 3 时温度较高时覆盖，其余时间拉开，阴雨天不盖网。还应选用遮光率较低的网型，以遮光率 35％左右的银灰色网为好，既可遮光降温，又兼避蚜功能，可减轻病毒病发生。

3. 大棚喜温果菜越夏栽培　长江流域利用遮阳网覆盖栽培喜温果菜，能使其生长期延长。以番茄为例，通过遮阳网覆盖可使原来 6～7 月份结束采收的番茄，延长采收期到 8～9 月份。利用遮阳网的遮光、降温、防雨功能，使植株长势良好，可有效防止早衰，防止果实"日灼"，提高果实品质，增加产量。

4. 夏秋播喜凉蔬菜越夏栽培　南方炎夏季节市场急需的伏白菜（小青菜）、广东菜薹等喜凉蔬菜，在夏季高温逆境中难以正常生长，通过遮阳网覆盖，可有效地解决南方夏天种菜难，消费者吃菜难的状况。

5. 低温季节叶菜堵淡栽培　这一技术仅限于在长江中下游地区采用，一般年份耐寒性叶菜能够露地越冬，遮阳网浮面覆盖后能进一步改善小气候环境，增加产量。如在长江以南可用于越冬普通白菜、芹菜、菠菜、莴笋的防霜冻覆盖，也可用于夏菜提早定植防晚霜覆盖，从而做到一网多用及周年综合利用。

利用遮阳网覆盖越冬菜，一般可增产 15％～20％，净菜率提高 15％以上。浙江省金华婺城区栽培的芹菜，1 月 2 日至 2 月 7 日夜间采用遮阳网浮面覆盖，虽经霜雪但无冻害现象。南京市采用遮阳网浮面覆盖越冬普通白菜，比对照增产 30％。江苏省常州市 12 月 10 日采用遮阳网浮面覆盖露地大白菜，元旦上市腐烂率为零，薄膜覆盖腐烂率为 9％，并且比薄膜覆盖增产 32％。

6. 食用菌栽培　食用菌喜阴暗或弱散射光及温暖、湿润的生长环境，采用棚架式高遮光率黑色遮阳网与薄膜结合（膜在下，网在上，下同）覆盖栽培食用菌，可使食用菌生产从房舍内移至田园，而且操作管理方便，造价低廉。目前，夏季栽培草菇，9 月至翌年 5 月栽培香菇、蘑菇、平菇、金针菇、灵芝、猴头等均已取得成功。该项技术在浙江省萧山、磐安、丽水，江苏省镇江、无锡等地均有应用和发展。

7. 蔬菜制（采）种　夏季覆盖遮阳网进行茄果类蔬菜制种，可以防止花器早衰、花粉生活力下降，延长适宜授粉的时间，提高种子产量和质量，一般可增产 10％～15％，种子饱满，发芽率高。江苏省徐州市是全国辣椒制种规模大且集中的地区，采用遮阳网覆盖后，延长了制种时间，种子产量提高 30％以上。天津塘沽区用黑色遮阳网小拱棚覆盖茄子制种，采种产量增加 150kg/hm²，种子发芽率提高 35％～40％。

二、防虫网覆盖

防虫网是以高密度聚乙烯树脂为主要原料，经拉丝编织而成的一种高强度、耐老化的网纱状（似寒窗纱）的新型农用覆盖材料。防虫网覆盖栽培的目的，是以塑料网纱为隔离材料，阻止害虫进入为害蔬菜作物，实现不（少）用农药，达到防虫保收、稳产、高产、优质栽培之目的。在日本、以色列、美国、欧洲等国家和地区，在温室的门和通风口普遍安装了防虫网，一是可以阻止外部害虫进入，减少直接为害；二是可以减少害虫传布病毒的几率，减轻病毒病发生。1995 年，江苏省镇江市首先开始试验示范防虫网覆盖栽培。1996 年，全国农业技术推广服务中心将防虫网应用于南方保护

地蔬菜多样化生产新技术开发项目中。试验研究表明，在夏季采用防虫网覆盖生产速生蔬菜，防虫效果显著，基本不用打药。同时在其他蔬菜上应用也取得了很好的效果。已在浙江、上海、江苏等省、直辖市推广和应用。

（一）防虫网的作用

1. 防虫避蚜　生产上利用防虫网覆盖封闭空间，可以有效阻止害虫的幼虫、成虫进入直接为害或成虫产卵，切断了害虫和某些病害的传播途径，防虫防病效果十分明显。银灰色防虫网还有驱避蚜虫作用。据孙志鸿（1990）观察，覆盖防虫网后，菜心（菜薹）、芥蓝和花椰菜上的蚜虫、小菜蛾明显减少（表23-24）。

表23-24　防虫网对蚜虫、小菜蛾的防治效果

蔬菜	虫名	对照		覆盖	
		第1次观察	第2次观察	第1次观察	第2次观察
菜心	蚜虫株率（%）	80		20	
	蚜虫数（头/株）	19.6	74	2.2	0
芥蓝	小菜蛾（头/m²）	10		0	
花椰菜	小菜蛾（头/m²）	265		0	

2. 防病　由于防虫网能有效地防止虫害和风雨、冰雹的机械伤害，因此对由害虫传播的病毒病和由伤口侵入的软腐病也有显著的防治效果。据浙江省慈溪市植保站陈庭华等试验，25~32目白色防虫网、蓝色防虫网、银灰色防虫网覆盖雪里蕻，对病毒病的防效达到51.2%~73.3%。采用小拱棚防虫网覆盖栽培菜心（薹菜），可避免菜缢管蚜传播芜菁花叶病毒，降低光照强度，增加空气湿度，提高菜心的抗性，防虫效果显著（表23-25）。

表23-25　对菜心花叶病的防治及增产效果

（孙志鸿，1990）

栽培时间	处理	发病株率（%）	防效（%）	病情指数	产量（kg/hm²）	比CK±（%）
1987年11~12月	网棚	8.0	88.23	2.8	12 937.5	66.9
	对照	68.0	—	27.8	7 750.5	—
1988年9~11月	网棚	2.33	95.3	1.0	12 607.5	106.20
	对照	48.67	—	22.22	6 114.0	—
1989年9~11月	网棚	9.33	88.60	3.44	10 636.5	143.30
	对照	81.33	—	46.22	4 372.5	—

3. 防暴雨、雹灾　大、中型塑料棚加防虫网覆盖下，暴雨经过防虫网时约有20%的雨水沿网流入畦沟，排出田外，落入畦面的雨水，经过防虫网破碎后分散成细碎的水滴，大大减轻了对土壤的冲击力。

4. 防风灾　据江苏省镇江市测算，大棚用25目防虫网全封闭覆盖，风速比露地降低15%~20%，用30目防虫网全封闭覆盖，风速降低20%~25%。同时，由于防虫网具有通透性，也可防止被大风掀起，避免蔬菜秧苗受到损失。据浙江省慈溪市农业技术推广中心陈亚敏（1997）试验，6月14日播种的大白菜，露地由于受梅雨、暴雨影响，全部死亡；7月25日播种的大白菜，由于受台风的影响，露地菜叶破损率为75%，商品菜率仅为30%，而防虫网大棚覆盖栽培的，则因防虫网阻挡了暴雨和台风侵袭，菜叶完好无损。

5. 对小气候的影响

（1）对温度的影响　据江苏省镇江市试验，8月中旬，用25目白色防虫网全密闭覆盖的塑料大棚，晴天早晨、傍晚和阴天白天的气温与露地持平，而在晴天中午，防虫网内气温约比露地高1℃。6月中旬，同为白色防虫网大棚覆盖栽培，25目网的最高气温和日均温度均比30目的低0.6℃；而同为25目防虫网大棚覆盖栽培，银灰色网大棚的最高气温和日均温度分别比白色网大棚低2.9℃和1.2℃。3月下旬至4月上旬，用25目白色防虫网全密闭覆盖的塑料大棚内，气温比露地高1～2℃，5cm地温比露地高0.5～1℃，能有效防止霜冻。

据观测，1999年6月中旬，在防虫网大棚覆盖栽培条件下，10cm地温变化见表23-26。

表23-26　不同防虫网覆盖大棚与露地10cm地温（℃）比较

（江苏省镇江市防虫网协作组，1999）

时间	裸地温度	30目白色网		25目白色网		25目银灰网	
		温度	比露地	温度	比露地	温度	比露地
8：00	23.19	23.79	0.6	24.21	1.02	23.36	0.18
12：00	28.33	27.92	−0.41	28.26	−0.07	26.61	−1.72
17：00	27.50	27.60	0.1	27.60	0.1	26.78	−0.72

（2）对光照的影响　据江苏省镇江市1999年6月16日（晴天）测定，25目银灰色防虫网的遮光率最大，为37.9％；其次是30目白色防虫网，为27.1％；25目白色防虫网最低，为19.8％。

（3）对湿度的影响　据扬州大学农学院植保系王学明等试验，防虫网内距地面1m高处的相对湿度比网外高5％～10％。

6. 防虫网的栽培效果　防虫网覆盖栽培蔬菜的产量与防虫网的规格和颜色、覆盖设施的结构、栽培蔬菜的种类及气候状况等有关，有增产的，也有减产的，但由于防虫网覆盖生产的蔬菜用药少或不用药，优质优价，故一般都增收。据南京农业大学试验，在夏季高温季节，用30目白色防虫网全封闭覆盖小棚栽培白菜，地面日平均温度较露地高4～5℃，5cm和10cm土壤温度高2～3℃，不利于白菜生长，产量与露地不喷药的相当或较露地喷药处理的减产7％。另据浙江省慈溪市农业技术推广中心陈亚敏1997试验，7月25日播种的大白菜，由于受台风的影响，露地商品菜率只有30％。而用30目防虫网覆盖大棚栽培的则因防虫网显著地减弱了暴雨和台风的破坏力，叶片完好无损，增产233％。据江苏扬州大学农学院植保系王学明等1998年试验，在7～10月份，用25目防虫网覆盖塑料大棚栽培豇豆，比露地增产6％。

另外，由于防虫网覆盖的避虫防病效果显著，可实现不用或少用农药，因此节省用药和用工。与遮阳网一样，防虫网也具有防暴雨作用，可提高出苗率和成苗率，节省用种。

（二）防虫网的覆盖方式

1. 全封闭覆盖　按常规精整田块，施足基肥，将防虫网直接覆盖在塑料棚外、温室骨架上，四周用土压严压实，并用压膜线扣紧压牢，然后进行化学除草和土壤消毒。大中棚和温室的门必须安装防虫网，并注意进出及时关门。塑料小棚覆盖防虫网，实行全封闭覆盖，可直接在网上浇水，不到采收结束不撤网。

2. 通风口和门安装防虫网　按常规精整田块，施足基肥，同时进行化学除草和土壤消毒，然后将防虫网安装在大、中型塑料棚或温室的通风口和门上，用压膜线扣紧压牢。从门进入进行农事作业时，注意进出后立即关好门。

3. 防虫网帐覆盖　按常规精整田块，施足基肥，同时进行化学除草和土壤消毒，然后用粗竹竿或木桩搭平棚架，上用小竹竿、尼龙绳或铁丝固定防虫网，四周用土压严压实，并扣紧压牢。门必需

中国蔬菜栽培学
□□□□[第二版]..

Olericulture in China □□□□

安装防虫网，并注意进出后立即关好门。网帐的长、宽因地块而定，帐高以人进入能进行农事作业为宜。

（张真和　李建伟）

<h2 align="center">第五节　塑料薄膜棚</h2>

<h3 align="center">一、中、小型塑料薄膜棚的类型、结构、性能和应用</h3>

中、小型塑料薄膜棚是指以塑料薄膜作为透明覆盖材料的拱形或其他形式的棚。其规格尺寸虽然难以严格界定，但一般来说，小棚棚高大多在 1.0～1.5m，内部难以直立行走；中棚则就其覆盖面积和空间来说，介于小棚和大棚之间。

塑料薄膜中、小拱棚，尤其小拱棚在中国面积很大，约占保护地面积的 40％以上。小拱棚绝大部分生产蔬菜，少部分生产花卉和育苗。

（一）小型塑料薄膜拱棚

1. 小拱棚的类型和结构

（1）拱圆无支柱型小拱棚　此种小拱棚很矮小，俗称"小地龙"，高度与宽度多为 0.5m 左右，长度不限。由于棚体矮小，故不需设立支柱，多用荆条、细竹竿、竹片等做骨架。骨架交叉插入栽培畦两侧即可，其外覆盖农膜（图 23-12A）。此种棚骨架可就地取材，要求不严格，多为瓜类蔬菜提早定植用，待气候转暖植株长大后即拆除，只用于短期临时性覆盖。

（2）拱圆形小拱棚　拱圆形小拱棚是生产上应用最多的类型，主要采用毛竹片、竹竿、荆条或直径 6～8mm 的钢筋等材料，弯成宽 1～3m，高 1.0～1.5m 的弓形骨架。骨架用竹竿或 8# 铅丝连成整体，上覆盖 0.05～0.10mm 厚薄膜，外用压杆或压膜线等固定薄膜（图 23-12B）。小拱棚的长度不限，多为 10～30m。

通常为了提高小拱棚的防风、保温能力，除了在田间设置风障之外，夜间可在膜外加盖草苫、草袋片等防寒物。为防止拱架弯曲，必要时可在拱架下设立柱。拱圆形小拱棚在中国南北方都有较大面积应用。拱圆形小拱棚迎风一侧还可夹风障，成为圆拱加风障型（图 23-12C）。

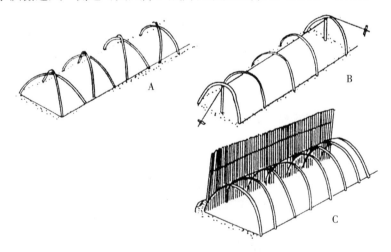

图 23-12　塑料薄膜小拱棚的种类

A. 圆拱无支柱型　B. 圆拱有支柱型　C. 圆拱加风障型

（引自：《蔬菜薄膜设施栽培》，1992）

（3）双斜面塑料棚　在覆盖畦的中央纵向设一排立柱，柱顶拉紧一道 8# 铅丝，用不易弯曲的芦

竹等作骨架，上面覆盖塑料薄膜，建成不等面的双斜面塑料
棚（图 23-13）。这种小棚因双斜面不易积雨水，适用于风少
多雨的南方。一般棚宽 2m，棚高 1.5m。可以在平畦上建棚，
也可以做成畦框后再建棚。

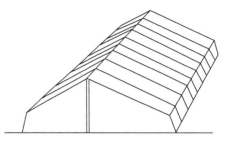

图 23-13 双斜面塑料薄膜小拱棚

2. 塑料薄膜小拱棚的性能

（1）光照 塑料薄膜小拱棚的透光性能比较好，春季棚
内的透光率最低在 50% 以上，光照强度达 5 万 lx 以上。据原
北京农业大学园艺系测定，塑料小拱棚覆盖初期无水滴和无
污染时的透光率达 76.1%，但是薄膜附着水滴或被尘土等污
染后，其透光率会大大降低，有水滴的为 55.4%，被污染的为 60%。一般拱圆形小拱棚光照比较均
匀，但当作物长到一定高度时，不同部位作物的受光量则有明显的差异。

（2）温度

①气温。一般条件下，小拱棚内的气温增温速度较快，最大增温能力可达 20℃ 左右，在高温季
节容易造成高温危害。但降温速度也快，据天津市农业科学院蔬菜研究所安志信等人测定，在小拱棚
外覆盖草苫的情况下，棚内温度的下降幅度主要取决于棚内外温差，二者呈显著的正相关。

因为小拱棚的热源是阳光，因此棚内的温度随着外界气温的变化而变化，即棚内温度也存在着季
节变化和日变化。从季节变化看，冬季是小拱棚温度最低时期，春季逐渐升高；从日变化看，小拱棚
温度的日变化趋势与外界基本相同，只是昼夜温差比露地大。此外，小拱棚内气温分布很不均匀，据
安志信等人测定，在密闭的情况下，棚内中心部位的地表附近温度较高，两侧温度较低，水平温差可
达 7~8℃（图 23-14），而从棚的顶部放风后，棚内各部位的温差逐渐减小。

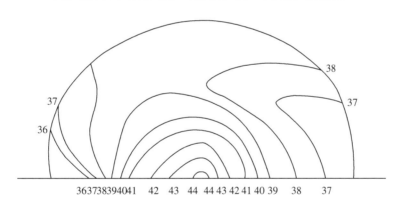

图 23-14 小拱棚内的温度（℃）分布
（引自：《设施园艺学》，2001）

②地温。小拱棚内地温变化与气温变化相似，但不如气温剧烈。从日变化看，白天土壤吸热增
温，夜间放热降温，其日变化是晴天大于阴（雨）天，土壤表层大于深层，一般棚内地温比露地高
5~6℃。从季节变化看，据北京地区测定，1~2 月份 10cm 日平均地温为 4~5℃，3 月份为 10~
11℃，3 月下旬达到 14~18℃；秋季地温有时高于气温。

（3）湿度 由于塑料薄膜的气密性较强，因此在密闭的情况下，地面蒸发和作物蒸腾所散失的水
汽不能逸出棚外，从而造成棚内高湿，一般棚内相对湿度可达 70%~100%。白天通风时，相对湿度
可保持在 40%~60%，平均比外界高 20% 左右。棚内的相对湿度变化随外界天气的变化而变化，通
常晴天湿度降低，阴天湿度升高（图 23-15）。

3. 小拱棚的应用

（1）耐寒蔬菜春提前、秋延后或越冬栽培 由于小拱棚可以覆盖草苫防寒，因此与大棚相比早春

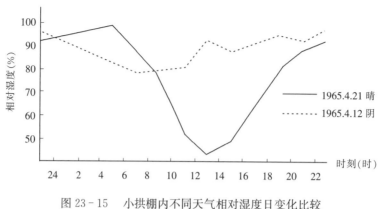

图 23－15　小拱棚内不同天气相对湿度日变化比较
（引自：《设施园艺学》，2002）

栽培可更加提前，晚秋栽培可更为延后。耐寒蔬菜如芹菜、青蒜、白菜（青菜、油菜）、香菜、菠菜、甘蓝等，可用小拱棚保护越冬。

（2）果菜类蔬菜春季提早定植　主要栽培的蔬菜作物有番茄、辣椒、茄子、西葫芦、矮生菜豆、草莓等。

（3）早春育苗　用于塑料薄膜大棚或露地栽培的春茬蔬菜及西瓜、甜瓜等育苗。

二、中型塑料薄膜棚的类型、结构、性能和应用

中型塑料薄膜棚（中拱棚）的面积和空间比小拱棚大，人可在棚内直立操作，是小棚和大棚之间的中间类型。

（一）中拱棚的结构　常用的中型塑料薄膜棚主要为拱圆形结构，一般跨度为 3～6m。在跨度为 6m 时，以棚高 2.0～2.3m、肩高 1.1～1.5m 为宜；在跨度为 4.5m 时，以棚高 1.7～1.8m、肩高 1.0m 为宜。长度可根据需要及地块形状确定。按建筑材料的不同划分，拱架可分为竹木结构、钢架结构，以及竹木与钢架混合结构。近年也有一些镀锌钢管装配式中棚，如 GP－Y6－1 型和 GP－Y4－1 型等。

1. 竹木结构　按棚的宽度插入 5cm 宽的竹片，将其用铅丝上下绑缚一起形成拱圆形骨架，竹片入土深度 25～30cm。拱架间距为 1m 左右。其构造参见竹木结构单栋大棚。竹木结构的中拱棚，跨度一般为 4～6m，南方多用此棚型。

2. 钢架结构　钢骨架中拱棚跨度较大，拱架有主架与副架之分。跨度为 6m 时，主架用 ϕ4cm（4 分）钢管作上弦、直径 12mm 钢筋作下弦制成桁架，副架用 ϕ4cm 钢管制成。主架 1 根，副架 2 根，相间排列。拱架间距 1.0～1.1m。钢架结构也设 3 道横拉杆，用直径 12mm 钢筋制成。横拉杆设在拱架中间及其两侧部分 1/2 处，在拱架主架下弦焊接，钢管副架焊短截钢筋与横拉杆连接。横拉杆距主架上弦和副架均为 20cm，拱架两侧的 2 道横拉杆，距拱架 18cm。钢架结构不设立柱。

3. 混合结构　其拱架也有主架与副架之分。主架为钢架，用料及制作与钢架结构的主架相同。副架用双层竹片绑紧做成。主架 1 根，副架 2 根，相间排列。拱架间距 0.8～1.0m，混合结构设 3 道横拉杆，横拉杆用直径 12mm 钢筋做成，横拉杆设在拱架中间及其两侧部分 1/2 处，在钢架主架下弦焊接。竹片副架设小木棒与横拉杆连接，其他均与钢架结构相同。

（二）中拱棚的性能与应用　中拱棚的性能介于小拱棚与塑料薄膜大棚之间，不再赘述。中拱棚可用于果菜类蔬菜的春早熟或秋延后生产，也可用于采种。在中国南方多雨地区，中拱棚应用比较普遍，因其高度与跨度的比值比塑料薄膜大棚要大，有利雨水下流，不易积水形成"雨兜"，便于管理。

三、大型塑料薄膜棚的类型、结构、性能和应用

大型塑料薄膜棚,生产上简称塑料大棚,它是用塑料薄膜覆盖的一种大型拱棚,和温室相比,它具有结构简单、建造和拆装方便,一次性投资较少等优点;与中小棚相比,又具有坚固耐用,使用寿命长,棚体空间大,有利作物生长,便于环境调控等优点。由于棚内空间大,作业方便,且可进行机械化耕作,使生产效率提高,所以是中国蔬菜保护地生产中重要的设施类型。

(一)大型塑料棚的类型

1. 单栋大棚 生产上绝大多数使用的是单栋大棚,棚面有拱形和屋脊形两种。它以竹木、钢材、钢筋混凝土构件等作骨架材料,其规模各地不一。竹木棚一般面积667m²左右,超过1 000m²以上的很少;钢结构棚面积有大有小,单栋镀锌薄壁钢管棚面积多为333~667m²。厚壁钢管棚面积可根据生产者需要确定。根据中国各地情况,单栋面积以每个棚667m²为好,便于管理。棚向一般南北延长、东西朝向,这样的棚向光照比较均匀。

2. 连栋大棚 由两栋或两栋以上的拱形或屋脊形单栋大棚连接而成。单栋宽度8~12m,一般面积为0.133~0.667hm²。

连栋大棚虽然有覆盖面积大、土地利用较充分、棚内温度变化较平稳、便于机械耕作等优点,但往往因通风窗难以设置而导致通风不良,而且在不加温的情况下,天沟积雪也不易清除。但在一些春季雨雪较少的地区,建造单栋宽度小一些、两栋或三栋相连的大棚还是可以的。塑料大棚的主要类型见图23-16。

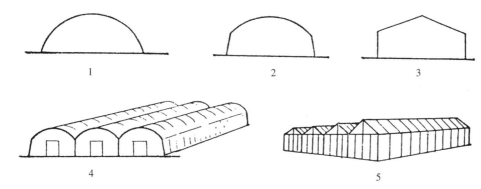

图23-16 塑料大棚的类型
1. 落地拱大棚 2. 柱支拱大棚 3. 屋脊形大棚 4. 半拱圆形连跨大棚 5. 屋脊形连跨大棚

(二)大型塑料棚的结构 塑料薄膜大棚应具有采光性能好、光照分布均匀、保温性好、较有利于环境调控和蔬菜作物生长发育和人工作业、土地利用率高等特点。

塑料薄膜大棚的骨架是由立柱、拱杆(拱架)、拉杆(纵梁、横拉)、压杆(压膜线)等部件组成,俗称"三杆一柱"。这是塑料薄膜大棚最基本的骨架构成,其他形式都是在此基础上演化而来。大棚骨架使用的材料比较简单,容易造型和建造,但大棚结构是由各部分构成的一个整体,因此选料要适当,施工要严格。

1. 竹木结构单栋大棚 这种大棚的跨度为8~12m,脊高2.4~2.6m,长40~60m,每栋面积333~667m²。由立柱(竹、木)、拱杆、拉杆、吊柱(悬柱)、棚膜、压杆(或压膜线)和地锚等构成(图23-17)。

(1)立柱 立柱起支撑拱杆和棚面的作用,纵横成直线排列。原始型的大棚,其纵向每隔0.8~1.0m设1根立柱,与拱杆间距一致,横向每隔2m左右1根立柱,立柱的直径为5~8cm,中间最高,一般2.4~2.6m,向两侧逐渐变矮,形成自然拱形。这种竹木结构的大棚立柱较多,使大棚内遮

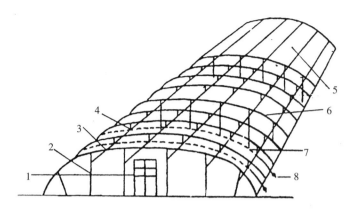

图 23 - 17　竹木结构大棚示意图

1. 门　2. 立柱　3. 拉杆（纵向拉梁）　4. 吊柱　5. 棚膜
6. 拱杆　7. 压杆（压膜线）　8. 地锚
（引自：《设施园艺学》，2002）

荫面积大，作业也不方便，因此逐渐发展为"悬梁吊柱"形式（图 23 - 17），即将纵向立柱减少，而用固定在拉杆上的小悬柱代替。小悬柱的高度约 30cm，在拉杆上的间距为 0.8～1.0m，与拱杆间距一致，一般可使立柱减少 2/3，大大减少立柱形成的阴影，有利于光照，同时也便于作业。

（2）拱杆　拱杆是塑料薄膜大棚的主骨架，决定大棚的形状和空间构成，还起支撑棚膜的作用。拱杆可用直径 3～4cm 的竹竿或宽约 5cm、厚约 1cm 的毛竹片按照大棚跨度要求连接构成。拱杆两端插入地中，其余部分横向固定在立柱顶端，成为拱形，通常每隔 0.8～1.0m 设 1 道拱杆。

（3）拉杆　起纵向连接拱杆和立柱，固定压杆，使大棚骨架成为一个整体的作用。通常用直径 3～4cm 的竹竿作为拉杆，拉杆长度与棚体长度一致。

（4）压杆（压膜线）　压杆位于棚膜之上、两根拱架中间，起压平、压实、绷紧棚膜的作用。压杆（线）压膜后应稍低于拱杆，使棚面压紧后成瓦垄状（波浪式），以利抗风和排水。压杆两端用铁丝与地锚相连，固定后埋入大棚两侧的土壤中。压杆可用光滑顺直的细竹竿为材料，也可以用 8# 铅丝或尼龙绳（直径 3～4mm）代替。目前有专用的塑料压膜线。压膜线为扁平状厚塑料带，宽约 1cm，带边内镶有细金属丝或尼龙丝，既柔韧又坚固，且不损坏棚膜，易于压平绷紧。

（5）棚膜　棚膜可用 0.1～0.12mm 厚的聚氯乙烯（PVC）或聚乙烯（PE）薄膜，以及 0.08～0.1mm 的醋酸乙烯（EVA）薄膜。这些专用于覆盖塑料薄膜大棚的棚膜的耐候性及其他性能均比较好。薄膜幅宽不足时，可用电熨斗加热黏接。为了以后放风方便，也可将棚膜分成几大块，相互搭接在一起（重叠处宽要≥20cm，每块棚膜边缘烙成筒状，内可穿绳），便于从接缝处扒开缝隙放风。接缝位置通常是在棚顶部及两侧距地面约 1m 处。若大棚宽度小于 10m，顶部可不留通风口；若大棚宽度大于 10m，难以靠侧风口对流通风，就需在棚顶设通风口。棚膜四周近地面处至少要多留出 30cm 的长度，埋入土中以固定棚膜用。

除了普通聚氯乙烯和聚乙烯薄膜外，生产上还使用无滴膜、长寿膜、耐低温防老化膜等多功能膜作为覆盖材料。

（6）铁丝　用于捆绑连接固定压杆、拱杆和拉杆。

（7）门、窗　大棚两端各设供出入用的门，也兼有通风作用。门的大小要考虑作业方便，太小不利于进出，太大不利保温。还可设活动门，早春需通风时，可将门取下横在门框下部挡风又通风，寒冷节季可将迎风面的门封死，保温防寒。在高寒地区塑料薄膜大棚顶部也可设出气天窗，两侧设进气侧窗，以便通风。

2. 钢架结构单栋大棚　这种大棚的骨架是用钢筋或钢管焊接而成。其特点是坚固耐用，中间无柱或只有少量支柱，空间大，便于蔬菜作物生长和人工或机械作业，但一次性投资较大。这种大棚因骨架结构不同可分为：单梁拱架、双梁平面拱架、三角形（由三根钢筋组成）拱架。通常大棚宽10～15m，高2.8～3.5m，长度50～60m，单栋面积多为667～1 000m²。钢架结构大棚如果单栋面积＞667m²时，其高度与跨度（棚宽）也相应增加。拱架多采用平面拱架与三角拱架相结合的方式，每3～5排平面拱架加设一道三角拱架，以增加整体结构的强度，利于抗风、抗雪。

钢架大棚的拱架多用直径12～16mm圆钢或直径相当的金属管材为材料。双梁平面由上弦、下弦及中间的腹杆连成桁架结构。三角形拱架则由三根钢筋及腹杆连成桁架结构（图23-18）。这类大棚强度大，钢性好，耐用年限可长达10年以上，但用钢材较多，成本较高。钢架大棚需注意维修、保养，每隔2～3年应涂防锈漆，防止锈蚀。

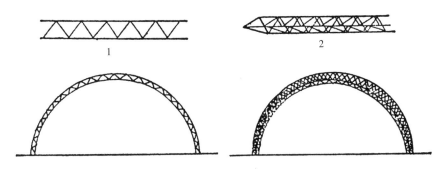

图 23-18　钢架单栋大棚的桁架结构

1. 平面拱架　2. 三角拱架

（引自：《设施园艺学》，2002）

平面拱架大棚是用钢筋焊成的拱形桁架，棚内无立柱，跨度一般在10～12m，棚的脊高为2.5～3.0m，每隔1.0～1.2m设一拱形桁架。桁架上弦用直径14～16mm钢筋，下弦用直径12～14mm钢筋，其间用直径10mm或8mm钢筋作腹杆（拉花）连接。上弦与下弦之间的距离在最高点的脊部为25～30cm，两个拱脚处逐渐缩小为15cm左右，桁架底脚最好焊接一块带孔钢板，以便与基座上的预埋螺栓相互连接。拱架横向每隔2m用一根纵向拉杆相连，拉杆为直径12～14mm钢筋，拉杆与平面桁架下弦焊接，将拱架连为一体。在拉杆与桁架的连接处，应自上弦向拉杆处焊一根小斜撑，以防桁架扭曲变形。单栋钢骨架大棚扣塑料棚膜及固定方式，与竹木结构大棚相同。大棚两端也有门，同时也应有天窗和侧窗通风。

3. 钢竹混合结构大棚　此种大棚的结构为每隔3m左右设一平面钢筋拱架，用钢筋或钢管作为纵向拉杆，约每隔2m一道，将拱架连接在一起。在纵向拉杆上每隔1.0～1.2m焊一短的立柱，在短立柱顶上架设竹拱杆，与钢拱架相间排列。其他如棚膜、压杆（线）及门窗等均与竹木或钢结构大棚相同。

钢竹混合结构大棚用钢量少，棚内无柱，既可降低建造成本，又可减少立柱遮光，改善作业条件，是一种较为实用的结构。

4. 镀锌钢管装配式大棚　自20世纪80年代以来，中国在引进、消化、吸收国外同类产品的基础上，研制出了定型设计的装配式钢管大棚。这类大棚采用热浸镀锌的薄壁钢管为骨架建造而成，虽然造价较高，但由于它具有强度好、耐锈蚀、重量轻、易于安装拆卸、棚内无柱、采光好、作业方便等特点，同时其结构规范标准，可大批量工业化生产，所以在经济条件较好的地区，有较大面积推广应用。

（1）GP系列镀锌钢管装配式大棚　该系列由中国农业工程研究设计院研制成功（图23-19），并在全国各地推广应用。骨架采用内外壁热浸镀锌钢管制造，抗腐蚀能力强，使用寿命10～15年，

抗风荷载 $31\sim35$kg/m²，抗雪荷载 $20\sim24$kg/m²。代表性的 GP－Y8－1 型大棚，其跨度 8m，高度 3m，长度 42m，面积 336m²。拱架以 1.25mm 薄壁镀锌钢管制成，纵向拉杆（纵梁）也采用薄壁镀锌钢管，用卡具与拱架连接。薄膜采用卡槽及蛇形钢丝弹簧固定，还可外加压膜线，作辅助固定薄膜之用。该棚两侧还附有手摇式卷膜器，取代人工扒缝放风。

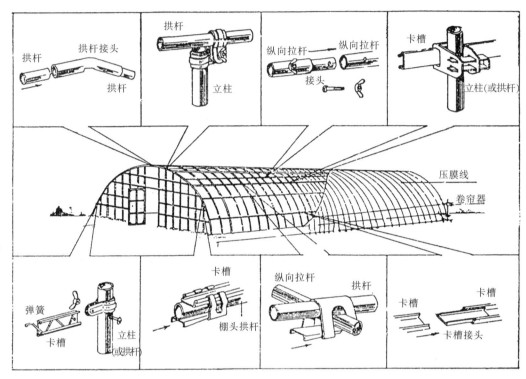

图 23－19　薄壁镀锌钢管装配式大棚及连接件

（王惠永，1981）

为了适应不同地区的气候条件、农艺条件等特点，使产品系列化、标准化、通用化，中国农业工程研究设计院还在 GP－Y8－1 型的基础上，设计出了 GP 系列产品（表 23－27）。

表 23－27　GP 系列塑料薄膜大棚骨架规格

（引自：《设施园艺学》，2002）

型　号	结构尺寸（m）					结　构
	长度	宽度	高度	肩高	拱架间距	
GP－Y8－1	42	8.0	3.0	0	0.5	单拱，5 道纵梁，2 道纵卡槽
GP－Y825	42	8.0	3.0	—	0.5	单拱，5 道纵梁，2 道纵卡槽
GP－Y8.525	39	8.5	3.0	1.0	1.0	单拱，5 道纵梁，2 道纵卡槽
GP－C1025－S	66	10.0	3.0	1.0	1.0	双拱，上圆下方，7 道纵梁
GP－C1225－S	55	12.0	3.0	1.0	1.0	双拱，上圆下方，7 道纵梁，1 道加固立柱
GP－C625－I	30	6.0	2.5	1.2	0.65	单拱，3 道纵梁，2 道纵卡槽
GP－C825－I	42	8.0	3.0	1.0	0.5	单拱，5 道纵梁，2 道纵卡槽

（2）PGP 系列镀锌钢管装配式大棚　该产品由中国科学院石家庄农业现代化研究所设计，其性能特点是结构强度高，设计风荷载为 $36\sim37.5$kg/m²，棚面拱形，矢跨比为 $1：4.6\sim15.5$，棚面坡

度大，不易积雪。PGP 系列大棚用钢量少，比一般钢筋大棚每公顷耗钢量少 1.5～2.5t。防锈性好，钢管骨架及全部金属零件均采用热浸镀锌处理，拱管落地部分用热收缩聚氯乙烯薄膜套管保护，可避免土壤中酸、碱、盐对管架的腐蚀。薄膜用塑料压膜线和 Ω 型塑料卡及压膜扣 3 种方式固定，牢固可靠，装拆省工、方便。附有侧部卷膜换气天窗和保温幕双层覆盖保温装置，便于进行通风、换气、去湿、降温和保温等环境调节管理。其系列产品规格见表 23－28。

表 23－28　PGP 系列塑料大棚规格

（引自：《设施园艺学》，2002）

型　号	长度（m）	宽度（m）	高度（m）	肩高（m）	拱架间距（m）	拱架管径（m）
PGP－5－1	30	5.0	2.1	1.2	0.5	20×1.2
PGP－5.5－1	30	5.5	2.6	1.5	0.5	20×1.2
PGP－7－1	50	7.0	2.7	1.4	0.5	25×1.2
PGP－8－1	42	8.0	2.8	1.3	0.5	25×1.2

（3）除上述两种系列镀锌钢管装配式大棚之外，还有山西太原生产的 GG－7.5－2.6B 型、江苏产的 WX－6 型、JGP－6 型等多种定型产品，均已在不同地区推广应用。

（三）大型塑料薄膜棚的性能　塑料大棚内的光照强度、气温、地温、湿度、气体等受棚外的气象状况、大棚的方位和结构以及覆盖采光材料的种类和质量等因素的影响，因此，存在着明显的棚内外差异、棚内垂直和水平差异、日变化和季节变化等，参见第二十五章。

（四）塑料大棚的应用　塑料薄膜大棚在中国蔬菜生产中应用非常普遍，全国各地都有很大面积。主要用途如下：

1. 早春果菜类蔬菜育苗　在大棚内设多层覆盖，如加保温幕、小拱棚、小拱棚上再加防寒覆盖物，或采用大棚内加温床以及育苗畦安装电热线加温等办法，于早春进行果菜类蔬菜育苗。

2. 蔬菜春季早熟栽培　这种栽培方式是早春利用温室育苗，大棚定植，一般果菜类蔬菜可比露地提早上市 20～40d。主要栽培的蔬菜作物有黄瓜、番茄、辣椒、茄子、菜豆等。

3. 蔬菜秋季延后栽培　大棚秋延后栽培也主要以果菜类蔬菜为主，一般可使果菜采收期延后 20～30d。主要栽培的蔬菜作物有黄瓜、番茄、菜豆等。

4. 蔬菜春到秋长季节栽培　在气候冷凉的地区可以采取春到秋的长季节栽培，这种栽培方式其早春定植及采收与春早熟栽培相同，但蔬菜作物可在大棚内越夏，其采收期可延续到 9 月末至 11 月中旬。栽培的蔬菜作物种类主要有黄瓜、茄子、辣椒、番茄等。

塑料大棚多茬利用方式见表 23－29。

表 23－29　塑料薄膜大棚蔬菜多茬利用的方式

（引自：《设施园艺学》，2002）

茬次	作　物	播种期（月/旬）	定植期（月/旬）	始收期（月/旬）	终收期（月/旬）
一年多茬	芹菜（菠菜或香菜等）	9/中至10/下	—	3/上至3/下	4/上
	黄瓜（或番茄）	1/上至2/中	3/上至4/中	4/下至5/中	7/上
	番茄（或黄瓜）	6/中至7/上	7/中至8/上	9/中至10/上	10/下至11/下
	速生叶菜	1/下至3/上	—	3/中至4/上	4/中
	黄瓜（或番茄）	1/中至2/中	3/中至4/中	5/上至5/下	7/上
	番茄（或黄瓜）	6/中至7/上	7/中至8/上	9/中至10/上	10/下至11/中
	菠菜	9/下至10/中	—	2/下至3/上	3/下至4/上
	黄瓜	1/中至2/中	3/中至4/中	4/下至5/中	7/上
	菜豆	7/下至8/下	—	10/上至10/中	10/下至11/中

（高丽红）

第六节 温 室

温室是各类蔬菜保护设施中结构、性能较为完善的类型，在寒冷地区唯有温室可以进行蔬菜冬季生产。尤其是大型连栋温室由于有各种先进设备和技术保证，所以基本上可以不受自然气候的限制，进行全天候生产。

一、中国温室的发展和演化

（一）温室生产的发展 中国的温室生产具有悠久的历史，早在西汉时期就有利用温室生产韭菜等的记载。但温室生产的发展一直受到限制，直到 20 世纪的 50 年代，也未能大面积推广应用。

20 世纪 50 年代中后期，农业部组织了一批科技工作者，对当时中国温室生产状况进行了广泛深入的调查研究，在总结农民生产经验的基础上，重点推出了北京改良式温室、鞍山改良式温室和哈尔滨改良式温室等一批具有中国特色的单屋面温室。

70 年代中国制造的农用塑料薄膜的问世，大大推动了温室生产的发展，各地设计建造了一批新型单屋面温室。如呼和浩特市建成前加温无柱温室，辽阳市建成全光温室（不加温）；玻璃温室空间向高大改进，如天津市建成三折式单屋面温室。与此同时，中国首次自行设计建造成功北京玉渊潭大型连栋玻璃温室，可谓之中国温室发展历程中一次质的飞跃。

随着国民经济的飞速发展和科学技术的进步，80 年代中国温室也进入快速发展期。这一时期主要发展了以塑料薄膜为采光、覆盖材料的日光温室，这种温室日光作为唯一（或主要）热源，在中国北方高寒地区，冬季不需加温可生产喜温果菜，且低投入、高产出的特点符合中国国情，深受生产者欢迎，不到 20 年其面积由 0.1 万 hm² 增至 2.7 万 hm²，增加了 26 倍。由于改革开放，这一时期还从国外引进了一批大型连栋温室，如北京四季青园艺场引进的日本温室、哈尔滨市蔬菜研究所引进的荷兰温室、北京琅山苗圃引进的美国温室、黑龙江省大庆油田引进的保加利亚温室、中国农业科学院蔬菜花卉研究所引进的罗马尼亚温室等。这些大型连栋温室的引进和利用，展示了中国蔬菜保护地生产的发展前景。但由于这批引进的大型温室多数只注意了硬件设施的建设，没有注意品种和栽培技术的配套，加之大型温室能耗大，运行费高，不适合当时的国情，所以绝大多数没有经济效益，难以为继。

进入 90 年代，随着农业现代化高潮的到来，不仅温室面积增加迅猛，而且温室的结构性能也不断改进完善。90 年代初期开始大面积推广具有中国特色的第一代节能型日光温室。90 年代后期又研制出了第二代节能型日光温室，并大面积推广。90 年代中期，以北京中国—以色列示范农场为开端，于 1995 年引进了以色列连栋温室，同时引进了花卉、蔬菜品种和全套栽培技术，并请外国专家指导生产，引起全国同行的关注。此后在上海、浙江、广东、江苏等经济发达地区，陆续引进了一批大型连栋温室，其中一些温室实行企业化经营管理，生产效益明显改观，进一步推动了温室产业的发展与进步。在加大对引进温室技术消化吸收的基础上，中国自行设计建造了一批如华北型连栋塑料温室、上海智能型温室、华南型温室等现代型温室，使温室结构和生产性能有了明显提高。

进入 21 世纪，温室技术得到进一步发展，尤其是日光温室也朝着大型化、管理自动化、机械化、规范化和科学化的方向发展，为日光温室生产实现现代化奠定了基础。

（二）温室的演化 中国温室的演化，大体可分为从原始型温室→土温室型温室→改良型温室→发展型温室→现代型温室几个发展过程（图 23 - 20）。

1. 原始型温室 原始型温室又名土洞子、暖洞子、火室、暖窖等。中国北方农民将房舍前窗加大，用桐油处理过的窗户纸采光，冬季在房内生火生产韭菜、葱、蒜等，这种简易的暖房就是现今一

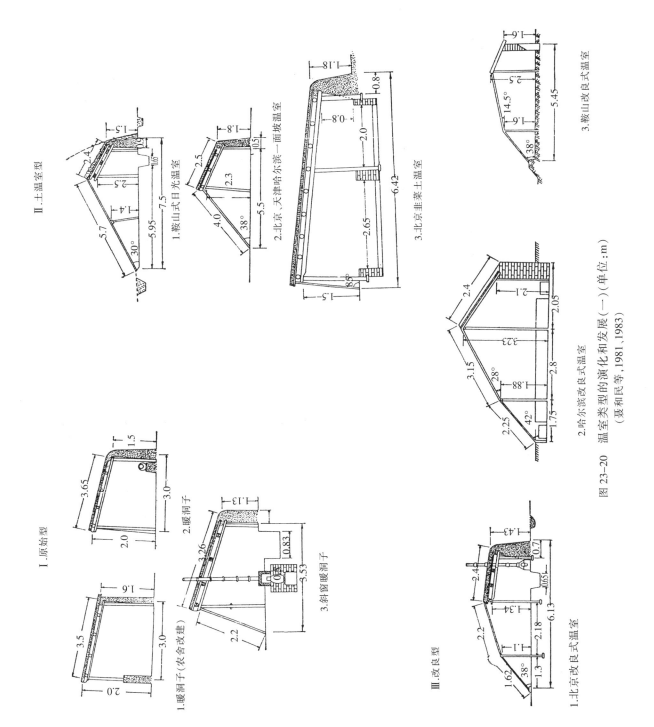

图23-20　温室类型的演化和发展（一）（单位：m）
（裴和民等，1981，1983）

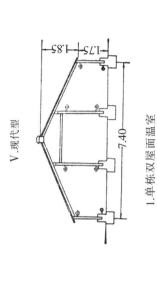

V.现代型

1.单栋双屋面温室

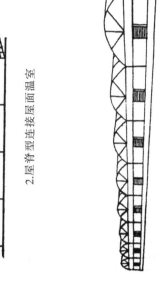

2.屋脊型连接屋面温室

3.拱圆形连接屋面温室

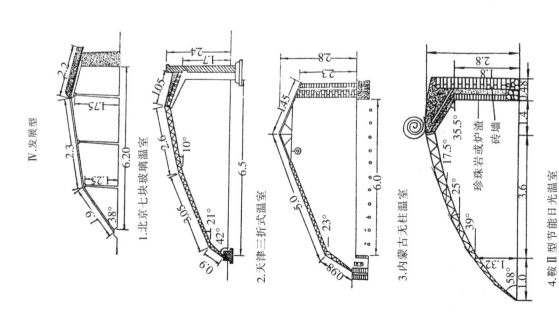

IV.发展型

1.北京七卦玻璃温室

2.天津三折式温室

3.内蒙古无柱温室

4.鞍Ⅱ型节能日光温室

图23-20 温室类型的演化和发展（二）（单位：m）

（聂和民等，1981，1983）

面坡温室的雏形。以后把直立的纸窗向北倾斜，更有利于纸窗接收阳光。这种温室的跨度只有2.7～3.5m，建有火炉补充加温，夜间在纸窗外可以覆盖蒲席保温。原始型温室空间小，保温容易，但可供栽种蔬菜作物的面积过小。温室每年于秋季（雨季过后）打墙建造进行生产，次年夏季拆除转为露地生产，如此建、拆重复，故又称"浮洞子"。

2. 土温室型温室　由于原始型温室是采用直立窗或稍向北倾斜，采光效果仍然有限，而且限制了栽培面积的扩大。因此，把直立窗改为斜立窗并加长，又由纸窗改为玻璃窗，同时又把后屋顶加长，火道由后墙向前移，将后墙附近处做成栽培畦，而成为土温室型温室，用于种植香椿、青蒜、韭菜等。土温室的栽培面积、高度比原始型温室更大，采光效果也有了提高。因此，冬季不需人工补充加温，也能生产出优质的青韭。

3. 改良型温室　由于土温室的高度较矮，跨度较小，整体的空间和面积都很小，因此田间作业和栽培条件均较差。为了改变这种状况，人们逐步对土温室进行了改造，因而产生了北京改良温室、鞍山一面坡立窗温室和哈尔滨温室。这类温室进一步加大了温室的空间和面积，改善了采光和保温条件，方便了作物栽培和田间作业，提高了作物产量。到20世纪50年代末至60年代中期，在原有北京改良温室的基础上，又使温室进一步加宽、加高，把玻璃屋面分成天窗和地窗两段。以后又根据天窗和地窗上镶嵌的玻璃块数的多少，建成五块玻璃温室、六块玻璃温室、七块玻璃温室等。

4. 发展型温室　为了进一步扩大温室的栽培面积，改善室内光照、温度、通风条件，按不同地理纬度确定温室屋面角度，研究设计了高跨比适宜的钢骨架无柱式温室，更加适合作物的生育和田间作业，建造了发展型温室。如20世纪70年代天津市建成的钢骨架无立柱三折式（玻璃屋面）温室，以及80年代发展起来的日光温室，均属于发展型温室。该类型温室的跨度和脊高明显加大，改善了作业条件，可进行小型机械耕作。有的用水暖加温取代炉火加温，使温度和光照条件得以改善。特别是日光温室经过90年代的两次改进和提高，在中国北方冬季，基本不加温可生产喜温果菜，节能、成本低、效益好，很受生产者的欢迎，目前已在中国北方地区推广了30多万hm²。

5. 大型连栋温室　大型连栋温室具有结构合理、设备完善、性能良好、调控技术先进等特点，可实现作物生产的机械化、自动化、标准化，是一种比较完善和科学的温室。这类温室可创造作物生育最适的环境条件，能使作物高产优质。设施园艺发达的荷兰、日本、以色列、法国等国家，均是以大型连栋温室为主要类型。中国于20世纪70年代曾在学习借鉴国外经验的基础上，在北京玉渊潭乡自行设计建造了第一座面积为4 hm²的大型连栋温室。80年代初，又从荷兰、保加利亚、罗马尼亚、日本等国引进了少量大型连栋温室；90年代以后大型连栋温室的引进达到高潮，并大力进行消化、吸收，同时研究开发出了国产大型连栋温室。截止到2002年，中国大型连栋温室的面积已近1 000hm²。

二、温室的分类

温室分类方法多种多样，常见的如下述。

1. 按温室透明屋面的形式划分　按照此种方法可将温室分为单屋面温室、双屋面温室、连接屋面温室、多角屋面温室等。其中，单屋面温室又分为一面坡温室、立窗式温室、二折式温室（北京改良式）、三折式温室、半拱圆形温室；双屋面温室又分为等屋面温室、不等屋面温室（3/4温室、马鞍形屋面温室）、拱圆屋面温室；连接屋面温室又分为等屋面连栋温室、不等屋面连栋温室、拱圆屋面连栋温室；多角屋面温室又分为四角形屋面温室、六角形屋面温室和八角形屋面温室等（表23-30）。

2. 按温室骨架的建筑材料划分　按温室骨架的建筑材料的不同，可将温室分为竹木结构温室、钢筋混凝土结构温室、钢架结构温室、铝合金温室等。

3. 按温室透明覆盖材料划分　按温室透明覆盖材料的不同，可将温室分为玻璃温室、塑料薄膜温室和硬质塑料板材温室等。

表 23 - 30　按温室透明屋面的形式划分的温室类型和式样

(引自：《设施园艺学》，2002)

类　　型	式样	代表型	主要用途
单屋面	一面坡	鞍山日光温室	蔬菜作物生产、育苗
	立窗式	通辽日光温室	蔬菜作物生产、育苗
	二折式	北京改良温室	蔬菜作物生产、育苗
	三折式	天津无柱温室	蔬菜作物生产、育苗
	半拱圆式	鞍Ⅱ型日光温室	蔬菜作物生产、育苗
双屋面	等屋面	大型全光温室	蔬菜作物生产、科研
	不等屋面	3/4 式温室	蔬菜作物生产、育苗
	马鞍形屋面	试验用温室	科研
	拱圆式	塑料加温大棚	蔬菜作物生产、育苗
连接屋面	等屋面	荷兰"芬洛"温室	蔬菜作物生产、育苗
	不等屋面	坡地温室	蔬菜作物生产、育苗
	拱圆屋面	华北型连栋温室	蔬菜作物生产、育苗
多角屋面	四角形屋面	各地植物园或	观赏植物展示
	六角形屋面	公园	
	八角形屋面		

4. 按温室能源划分　按温室加温与不加温的不同，可分为加温温室和日光温室。加温温室按能源的特性又分为燃煤（天然气、重油等）加温温室、地热加温温室、工厂余热加温温室等。

5. 按温室的用途划分　按温室的用途可分为栽培温室、软化栽培温室、育苗温室等。

三、节能型日光温室的结构、性能及应用

日光温室在中国的发展有近百年的历史，但真正大面积的推广应用还是在 20 世纪 80 年代以后。80 年代中期，辽宁省农民建造了海城式日光温室和瓦房店式日光温室，并在北纬 40°～41°地区冬季不加温生产黄瓜和番茄等喜温果菜获得成功，取得了很好的社会和经济效益，这一成功是中国温室发展史上的重大突破。这种温室通过有关专家的总结、研究、提高、推广，很快在北方地区得以大面积发展，目前已成为中国温室的主要类型。

节能日光温室不仅白天的光和热来自于太阳辐射，而且夜间的热量也基本上依靠白天贮存于温室内的太阳辐射能来供给，所以日光温室又叫做不加温温室。这种温室因其结构的不同，其性能的差异很大，并直接影响作物的生长发育。

（一）节能日光温室的结构

1. 节能型日光温室结构的特点　节能型日光温室与普通日光温室的结构相比（表 23 - 31），由于温室的长、宽、脊高和后墙高、前屋面和后屋面等规格尺寸比例适当，因而具有良好的采光屋面角，能最大限度地透过阳光；保温和蓄热能力强，能够在温室密闭的条件下，最大限度地减少温室散热，温室效应显著；温室的结构抗风压、雪载能力强；具备易于通风换气、排湿、降温等环境调控功能，整体结构有利于蔬菜作物生育和人工作业。

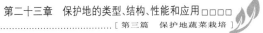
表 23 - 31　节能型日光温室与普通型日光温室的主要差别

(引自:《设施园艺学》,2002)

结构	普通型日光温室	节能型日光温室
跨度	5～9m	6～8m
脊高	2.0～2.2m	2.8～3.5m
后墙	1. 高度一般在1.5m左右; 2. 厚度在50cm左右; 3. 散热多,贮热少,保温力差	1. 高度多为1.8～2.5m; 2. 厚度多为1.5m以上(或夹心墙); 3. 散热少,贮热多,夜间向室内放热,保温好
后屋面(后坡)	1. 较薄,30cm左右,保温力差; 2. 从室内看,后坡的仰角较小,冬季白天接受不到直射阳光,故反射光少,贮热少,夜间向室内放热也少	1. 较厚,多用秫秸或草垫子、炉渣、珍珠岩、聚苯板等为材料,厚度多为50cm左右,保温性能好; 2. 后坡仰角大(多在30°以上),冬季白天可接受到直射阳光,反射光多,贮热多,夜间向室内放热也多
防寒沟	无防寒沟。土壤热量自室内向室外导热量大,地温低	有防寒沟。土壤热量自室内向室外导热量少,地温较高
前屋面	1. 屋面角度不够合理(光线的入射角偏小),进入室内的光热较少; 2. 薄膜选用不够合理,透光保温性能差; 3. 夜间保温覆盖差,散热多,不利室内保温	1. 屋面角度合理,进入室内的光热较多; 2. 选用透光、保温力强的无滴薄膜,室内光温条件好; 3. 夜间采用多层覆盖,散热少,夜间室内温度高

2. 日光温室的几种优型结构　根据不同地区的太阳高度角和优型日光温室应具备的特点,将不同纬度地区优型日光温室纵断面规格归纳于表 23 - 32,供参考。

表 23 - 32　不同纬度地区优型日光温室纵断面尺寸规格(m)

(引自:《设施园艺学》,2002)

地理纬度	温室类型	跨度	脊高	后墙高	后屋面水平投影长
43°	I	7.5	3.7～4.0	2.2～2.5	1.6～1.7
	II	7.0	3.5～3.8	2.2～2.5	1.5～1.6
	III	6.5	3.3～3.6	2.0～2.3	1.4～1.5
	IV	6.0	3.0～3.4	1.8～2.1	1.3～1.4
41°～42°	I	7.5	3.6～3.9	2.3～2.6	1.5～1.6
	II	7.0	3.4～3.7	2.1～2.4	1.4～1.5
	III	6.5	3.2～3.5	2.0～2.3	1.3～1.4
	IV	6.0	3.0～3.3	2.0～2.3	1.2～1.3
38°～40°	I	8.0	3.7～4.0	2.5～2.8	1.4～1.5
	II	7.5	3.5～3.7	2.4～2.7	1.3～1.4
	III	7.0	3.3～3.5	2.3～2.5	1.2～1.3
	IV	6.5	3.1～3.3	2.2～2.3	1.1～1.2
	V	6.0	3.0～3.2	2.0～2.2	1.0～1.1

(二)日光温室的性能

1. 光照　日光温室的小气候具有其独特的特点:由于可见光通过温室透明屋面时一部分被反射,一部分被覆盖材料吸收,因此进入日光温室内的可见光明显减少,室内的光照强度远低于室外自然光,甚至会低于50%以下,致使冬季温室内光照不足,且分布不均匀,往往成为喜光蔬菜生产的限

制因子。日光温室在寒冷季节多采用草苫和纸被等不透明覆盖材料保温，覆盖物多在日出以后揭开，在日落之前盖上，从而减少了日光温室内的光照时数，常常影响冬季和早春日光温室内蔬菜作物的生产。

2. 温度 日光温室内气温虽然一年四季均比露地高，但它仍然直接受外界气候条件的影响。保温性能好的优型日光温室几乎不存在冬季，可以四季生产蔬菜；日光温室内气温的日变化规律与外界基本相同，即白天气温高，夜间气温低；日光温室内的气温分布存在着严重的不均匀现象，这与光照分布不均匀是一致的；日光温室内的地温虽然也存在着明显的日变化和季节变化，但与气温相比，地温比较稳定。

3. 空气湿度 日光温室内空气的绝对湿度和相对湿度一般均高于露地。空气湿度大会减小作物蒸腾量，作物不易缺水，从而有利于蔬菜的生长发育。但空气湿度过高，会引起蔬菜营养生长过旺，易发生徒长，影响开花结实，且易诱发病害。因此，应特别注意防止空气湿度过高。

4. 二氧化碳的变化状况 日光温室内如果不进行通风换气，其 CO_2 浓度的日变化非常显著，在日出之后至通风之前，二氧化碳的亏缺现象明显。

5. 土壤环境 日光温室内土壤养分转化和有机质分解速度快，且日光温室内的土壤一般不受雨淋或较少受雨淋，其土壤水分因蒸发作用而经常是由下层向表层运动；又由于温室连年过量施肥，使残留在土壤中的各种盐分随水分向表土积聚。因此，温室内表层土壤常常出现盐分积聚而浓度过高，致使作物生育发生障碍。还有，由于日光温室连作栽培十分普遍，加之温室一年中栽培时间很长，因此导致了土壤中病原菌的大量繁殖和集聚，造成蔬菜土传病害的大量发生。

日光温室的小气候特点，参见第二十五章。

（三）日光温室的应用

1. 日光温室在蔬菜生产中的应用

（1）蔬菜育苗 可以利用日光温室为塑料大棚、小棚、露地及日光温室果菜类蔬菜栽培培育幼苗。

（2）蔬菜周年栽培 目前利用日光温室栽培蔬菜已有几十种，其中包括瓜类、茄果类、绿叶菜类、葱蒜类、豆类、花菜类、食用菌类、芽菜类等蔬菜的冬茬、冬春茬、春茬、秋茬、秋冬茬栽培。各地还根据当地的特点，创造出许多高产高效益的栽培茬口，如一年一大茬、一年两大茬、一年多茬等。

华北地区日光温室主要蔬菜栽培季节及茬口安排见表 23-33。

表 23-33 日光温室主要蔬菜茬口安排
（引自：《淡季蔬菜高产栽培新技术》，1995）

茬口	蔬菜种类	播种期（月/旬）	苗龄（d）	定植期（月/旬）	收获期（月/旬）	结束期（月/旬）
冬春茬	黄 瓜	10/中至 11/上	35	11/下至 12/初	1/上中	5/下至 7 上
	西葫芦	10/上至 11/上	35	11/上至 12/上	12/上至翌年 1/上	5/上至 6/上
	茄 子	9/上至 10/中	60～70	11/中至 12/中	1/上至 2/下	6/下至 7/上
	辣 椒	8/下至 9/上	70～80	11/中下	1/上	6/下至 7/上
	番 茄	9/上中	50～60	11/上中	1/上	6/中下
	韭 菜	4/下至 6/初		1/初至 2/上	3/上中	
	芹 菜	7/中下	50～60	9/上中	11/下	5 月
	甜 瓜	10/下至 11/上	30	11/下至 12/上	2/上中	

（续）

茬口	蔬菜种类	播种期（月/旬）	苗龄（d）	定植期（月/旬）	收获期（月/旬）	结束期（月/旬）
春茬	番 茄	11/中下	60～70	1/中至2/初	3/下至4/上	6 中
	茄 子	9/上至10/中	70～100	11/上至12/上	1/中下至2/下	6 月
	辣 椒	10/下至12/上	80～100	2/初至2/中下	3/中下	5 月以后
	黄 瓜	12/中下	40	1/中至2/初	2/中下	6 月下
	西葫芦	1/上	35	2/上	3/中	5/中至6/中
	芹 菜	11/中下	60～70	1/中下至2/初	4/上中	5/中
	甜 瓜	12/下至翌年1/上	30	1/下至2/上	4/上中	
秋冬茬	番 茄	7/下	20	8/中	11/中	1/中至2/中
	黄 瓜	9/中	30	10/中	11/中	1/中下
	辣 椒	7/中下	25～30	8/中下	10/下	2/中下
	甜 瓜	8/下至9/上	30	9/下至10/初	2/上中	

2. 日光温室的效益　日光温室生产解决了长期困扰中国北方高寒地区的蔬菜冬、春淡季问题，增加了农民收入，促进了农业产业结构的调整，带动了相关产业发展，节约了能源，避免了温室加温造成的环境污染。

（1）丰富了城乡菜篮子，解决了长期困扰中国北方地区的冬春淡季蔬菜供应问题　根据有关资料，全国设施蔬菜产品的人均占有量：1980—1981 年度只有 0.2kg，1998—1999 年度增加到 59kg，平均每年增加 3.11kg。其中，有近 40% 是由日光温室提供的。而且冬季设施蔬菜的 90% 以上是日光温室生产的。这些蔬菜不仅满足了中国北方地区蔬菜市场，丰富了城乡的菜篮子，解决了长期困扰中国北方地区的蔬菜冬春淡季问题，而且部分产品已经出口。

（2）大幅度提高了农民的收入，为调整农业产业结构提供了重要途径　日光温室的发展，大幅度提高了农民的收入。据调查，20 世纪 90 年代初期至中期，每公顷日光温室可获产值 22.5 万～60.0 万元，其中去除成本，可获 10.5 万～37.5 万元效益（含人工费）。这一效益是大田作物的 70～250 倍，是露地蔬菜的 10～15 倍。

（3）光能的充分利用，节约了大量能源　日光温室使中国北方地区蔬菜作物不能生长的冬季变成了生产季节，是充分利用光能的结果。据测算：与大型连栋温室相比，每公顷日光温室可节约煤炭 750t 左右（北纬 35°地区节省 450～600t，北纬 40°地区节省 600～750t，北纬 45°地区节省 900～1 050t），同时也减少了由于温室加温燃煤所造成的环境污染。

（4）高投入和高产出的生产方式，带动了其他产业的快速发展　日光温室生产是一个高投入和高产出的生产，一般日光温室的设施结构建筑投资每公顷需要 18 万元（竹木土墙结构）至 150 万元（钢架砖墙保温板结构）不等，生产投资每年每公顷需要 7.5 万～12.0 万元。按现有日光温室 46 万 hm² 计算，每年生产费用投入可达 400 亿元以上，因而带动了建材、塑料薄膜、肥料、农药、种苗、架材、环境控制设备、小型农业机械、保温材料等行业的快速发展。

四、大型连栋温室的结构、性能及应用

大型连栋温室是指覆盖面积较大（多为 1hm² 或以上），温室环境基本不受自然气候的影响，可进行自动化管理调控，能全天候进行园艺作物生产的连接屋面温室，是园艺设施中最高级的类型。

（一）大型连栋温室的类型　大型连栋温室按其屋面结构特点，主要分为屋脊形连接屋面温室和拱圆形连接屋面温室两种类型。屋脊形连栋温室主要以玻璃作为透明覆盖材料，其代表类型为荷兰的芬洛（Venlo）型温室，此类温室主要分布在欧洲，以荷兰面积最大，居世界之首。近年来出现的硬质塑料板材（PC板）的屋脊形连栋温室，多分布在美国和日本等地。拱圆形连接屋面温室主要以塑料薄膜为透明覆盖材料，该类温室在法国、以色列、西班牙、日本、韩国等广泛应用。

在中国，大型连栋温室以塑料薄膜为覆盖材料的拱圆形连栋温室居多，近年来硬质塑料板材的连栋温室面积增加较快。以玻璃为覆盖材料的屋脊形连栋温室主要分布在中国南方，面积较小。

（二）大型连栋温室的结构

1. 屋脊形连接屋面温室 荷兰温室（芬洛温室）是屋脊形连接屋面温室的典型代表。这种温室的骨架采用钢架和铝合金构成，透明覆盖材料为4mm厚平板玻璃，温室屋顶形状和类型主要有多脊连栋型和单脊连栋型两种（图23-21）。

多脊连栋型玻璃温室的标准脊跨为3.2m或4.0m，单间温室跨度为6.4m、8.0m、9.6m，大跨度的可达12.0m和12.8m。早期温室柱间距为3.00～3.12m，目前以采用4.0～4.5m较多。该型温室的传统屋顶通风窗宽0.73m，长1.65m；玻璃宽度为1m左右，最常用的是1.25m。以4.00m脊跨为例，通风窗玻璃长度为2.08～2.14m，脊高3.5～4.95m，玻璃屋面角度为25°。单脊连栋型温室的标准跨度为6.40m、8.00m、9.60m、12.80m，其基本规格如表23-34所示。

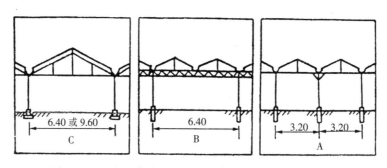

图 23-21　荷兰芬洛型连栋玻璃温室示意图（单位：m）

（引自：《设施园艺学》，2000）

表 23-34　屋脊形连栋温室的基本规格

（引自：《设施园艺学》，2002）

温室类型	长度（m）	跨度（m）	脊高（m）	肩高（m）	骨架间距（m）	生产或设计单位
LBW63型	30.3	6	3.92	2.38	3.03	上海农业机械研究所
LHW型	42	12	4.93	2.50	3.0	日本
普通型	42	12	5.75	2.70	2.625	日本
SRP型	42	8	4.08	2.5	3.0	日本
SH型	42	10	4.75	2.5	2.0	日本
荷兰芬洛A型		3.2	3.05～4.95	2.5～4.3	3.0～4.5	荷兰
荷兰芬洛B型		6.4	3.05～4.95	2.5～4.3	3.0～4.5	荷兰
荷兰芬洛A型		9.6	3.05～4.95	2.5～4.3	3.0～4.5	荷兰

连栋温室的框架结构由地下基础部分和地上钢架部分组成。框架结构的设计和制造直接影响到进入温室的光照强弱、太阳辐射能的多少、可供作物生长的空间大小、作业的方便与否和温室的坚固性和耐用年限。

① 基础部分。基础是连接结构与地基的构件，由预埋件和混凝土浇注而成。它必须将所有的载

荷，如风载、雪载和作物载荷等安全地传到地基，因而温室的基础设计和制造从根本上决定了温室的质量和使用寿命，它必须根据当地的气候、土壤特性等条件来设计、制造。通常在风、雪大，土层松软，温室自身重，所承受的设施及作物载荷重的情况下，温室基础需深，强度需高。如玻璃温室，由于其选用的覆盖材料和钢结构构件都较薄膜温室重，因而其基础就较为复杂，且必须浇注边墙和端墙的地固梁。

②钢架结构。钢架结构是温室的主体部分，其设计是否科学、制造是否精良，都直接影响到连栋温室的质量和使用效果。通常在设计温室钢架结构时，必须考虑以下因素：

一是尽可能多地使太阳光线进入温室内。这就要求在设计制造温室时，要尽量减少柱子、横梁、屋脊等结构件的遮光。

二是温室内有较大的作业区域。由于机械化和自动化耕作、栽培、收获及内部运输等需要较大的作业区域，因而在设计制造温室时，都必须根据当地的作业条件和使用的设备，留足跨度和柱间距。

三是温室内有合适的自由空间高度。温室的高度会直接影响温室的通风、透光条件，也会直接影响蔬菜作物的生长发育，尤其是无限生长的果菜类蔬菜，更需要温室有足够的空间高度。然而，温室的空间高度越高，它所承受的各种负载越大，制造成本越高，因此在设计、制造温室时必须考虑栽培的蔬菜作物的高度及分枝习性，既要满足作物生长，又要考虑温室的建造成本。

四是必须考虑雨水、冷凝水的排除和收集。在设计钢架结构时，必须掌握当地的最大降雨量，以正确设计排水槽的断面形状、坡度、长度，同时有必要在排水槽的下面安装半圆形的冷凝水排水槽。为节约水资源和保证灌溉水的质量，应将排出的雨水和冷凝水蓄积起来，供灌溉蔬菜作物使用。

连栋玻璃温室的结构件主要有两类：一类是柱、梁或拱架，多用矩型管、槽钢等制成，并经热浸镀锌的防锈处理；另一类是门窗架、屋脊等，为铝合金型材，并经抗氧化处理。这种门窗轻便美观，密封性好，且推拉开启省力。但也有用薄壁钢来制作窗架、屋脊等，这种薄壁钢的外层是用复合材料涂镀，该构件结合了铝合金型材耐腐蚀性强、钢镀锌件强度高的优点。

③排水槽。排水槽又叫天沟，在温室结构中有两个作用：一是作为承重和连接的构件；二是收集和排放雨水。通常多脊连跨型温室的温室屋面，玻璃大约占覆盖面积的89%，排水槽约占5%。由于排水槽是铝合金型材构件，因而其占有的覆盖面积对光照是一个较大的损失，应考虑在保证结构强度的前提下，尽可能减少对光照的影响。排水槽下面应安装半圆形的冷凝水回收槽，将冷凝水收集或排放。

2. 拱圆形连接屋面温室

目前中国引进和自行设计的拱圆形连接屋面温室比屋脊形连栋温室要多，这种温室的透明覆盖材料采用塑料薄膜，因其自重较轻，所以在降雪较少或无降雪的地区，可大量地减少结构安装件的数量，增大构件的间距。如内部柱间距为4.00m或5.00m时，拱杆间距分别为2.00m或2.50m。跨度也有6.40m、7.50m、8.00m、9.00m等多种规格（表23-35）。从侧边起0.50m处的自由空间高度可达到1.70m以上，进一步方便了栽培作业。由于框架结构比玻璃温室简单，因此用材量少，建造成本降低。

表 23-35　拱圆形连接屋面温室的基本规格

（引自：《设施园艺学》，2002）

温室类型	长度（m）	跨度（m）	脊高（m）	肩高（m）	骨架间距（m）	生产或设计单位
GLZW-7.5型	30	7.5	4.9～5.2	3.2～3.5	3.0	上海农业机械研究所
GLW-6型	30	6.0	4.0～4.5	2.5～3.0	3.0	上海农业机械研究所
GLP732	30～42	7.0	5.0	3.0	3.0	浙江省农业科学院
华北型	33	8.0	4.5	2.8	3.0	中国农业大学

(续)

温室类型	长度（m）	跨度（m）	脊高（m）	肩高（m）	骨架间距（m）	生产或设计单位
韩国	48	7.0	4.3	2.5	2.0	韩国
WSP-50 型	42	6.0		2.2	3.0	日本
SRP-100 型	42	6.0~9.0		2.2	3.0	日本
SP 型	42	6.0~8.0		2.1	2.5	日本
INVERCAC 型	125	8.0	5.21		2.5	西班牙
以色列温室		7.5	5.5	3.75	4.0	以色列 AZROM
以色列温室		9.0	6.0	4.0	4.0	以色列 AVI
法国温室		8.0	5.4	4.2	5.0	法国 RICHEL

　　由于塑料薄膜较玻璃保温性能差，因此提高薄膜温室保温性能的一个重要措施是采用双层充气薄膜。同单层薄膜相比较，双层充气薄膜的内层薄膜内外温差较小，在冬季可减少薄膜内表面冷凝水的数量。同时外层薄膜不与结构件直接接触，而内层薄膜由于受到外层薄膜的保护，可以避免风、雨、光的直接侵蚀，从而可分别提高内外层薄膜的使用寿命。为了保持双层薄膜之间的适当间隔，常用充气机进行自动充气（图23-22）。但双层充气膜的透光度较低，因此在光照弱的地区和季节栽培喜光蔬菜作物时不宜使用。

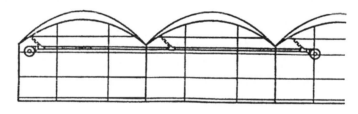

图 23-22　双层薄膜充气系统示意图

(引自：《设施园艺学》，2002)

　　华北型连栋塑料温室，其骨架由热浸镀锌钢管及型钢构成，透明覆盖材料为双层充气塑料薄膜。温室单间跨度为8m，共8连跨（可任意增加），开间3m，天沟高度最低2.8m，拱脊高4.5m，建筑面积为2 112m²。东西墙为充气卷帘，北墙为砖墙，南侧墙为进口PC板。温室的抗雪压每平方米为30kg，抗风能力为28.3m/s。

　　这种温室还设有完善而先进的附属设备，如加温系统、地中热交换系统、湿帘风机降温系统、通风、灌水（施肥）、保温幕以及数据采集与自动控制装置等。自动控制系统可以实现温室的自动和手动相互切换，可进行室内外的光照、温度和湿度的自动调控。

　　3. 连栋温室的覆盖材料　覆盖材料是整个温室的重要组成之一，理想的覆盖材料应是使用寿命长、透光、保温性好、强度高、质地轻、价格便宜、便于安装。目前广泛使用的覆盖材料主要有玻璃、塑料薄膜和塑料板材等。

　　（三）大型连栋温室的生产系统

　　1. 加热系统　大型连栋温室因面积大，没有外覆盖保温防寒，只能依靠加温来保证寒冷季节蔬菜作物正常生产。加温系统采用集中供暖分区控制，有热水管道加温和热风加温等多种方式。

　　热水管道加温主要是利用热水锅炉，通过加热管道对温室加温。该系统由锅炉房、锅炉、调节组、连接附件及传感器、进出水主管、温室内的散热管等组成。温室内的散热管排列有以下要求：①保证温室内温度均匀。一般水平方向的温度差不超过1℃；②热源温度能根据温室作物生长的变化而变化，从而保证作物生长的温度；③保证热水在管道内循环流畅。根据温室内作物生长的变化，温室内散热管有可移动的升降式管道和固定式管道；按管道的位置则可分为垂直排列和水平排列管道。热水管道采用燃煤进行加热，其特点是温室内温度上升速度慢，室内温度均匀，在停止加热后温室内温度下降的速度也慢，因此有利于作物生长。加热管道可兼作高架作业车的轨道，便于温室生产的日常管理。但所需的设备和材料多，安装维修费时、费工，一次性投资大，且需另占土地修建锅炉房等附属设施。温室面积大时，一般采用热水管道加温。

热风加热主要是利用热风炉，通过风机将热风送进温室加热。该系统由热风炉、送气管道（一般用聚乙烯薄膜做成送风管道）、附件及传感器等组成。热风加热采用燃油炉或燃气炉进行加热，其特点是温室内温度上升速度快，但在停止加热后，温度下降也快，加热效果不及热水管道。但设备和材料较热水管道节省，安装维修简便，占地面积小。热风加温适用于面积比较小的连栋温室。

2. 降温系统 在炎热的夏天，温室必须降温。降温功能由以下几种设施来完成：①室内外的遮阳帘、幕系统；②侧窗和顶窗的自然通风或强制通风系统；③水帘—风扇冷却系统（Pad-fan cooling system）；④高压喷雾降温系统；⑤屋顶喷淋系统。

水帘—风扇冷却系统 通常在温室的一侧设置水帘，而另一侧设置排风扇，水分通过蒸发，吸收热量而汽化，通过排风机排出，从而达到降温之目的。在设计、安装和使用时，必须保持空气的循环畅通。在使用水帘—风机降温系统时，必须关闭顶窗和侧窗，防止风流断路而降低降温效果。同时，水帘和排风扇的侧墙（或走廊）应与作物种植行向垂直，使风能从水帘沿着作物行间通过排风扇排放到室外，否则高大的作物将阻挡室内空气排出室外，严重影响降温效果。

3. 通风系统 温室必须及时地与外界交换空气，以更好地利用外界的自然气候条件来调节温室内温度、湿度和二氧化碳浓度，从而改善温室内的小气候环境。

通风系统分自然通风和强制通风两种。

自然通风系统有侧窗通风、顶窗通风或两者相结合三种类型。侧窗通风又有转动式、卷帘式和移动式三种。屋顶通风设施根据通风窗的方向有单向窗、双向窗之分；根据开窗部位有屋脊处开窗和排水槽处开窗之别；根据连续性特征有连续开窗、间隔开窗之分等。

通风窗面积是自然通风系统的重要参数。实践表明，温室内的空气交换速率取决于室外风速和开窗面积的大小。通风窗的面积越大，空气交换速率越快，但承受的风载也越大。因此，如何将通风面积、结构强度、运行可靠性和空气交换效果等方面兼顾起来，是温室结构设计、制造者们需共同探讨的问题。实践证明，顶窗或顶窗加侧窗的通风效果要好于只用侧窗的温室。

强制通风，即在温室的一个侧墙（高温期间与主风向相反方向）设置一排大功率的排风扇，在高温高湿时启动，进行强制通风。考虑到自然通风和强制通风的影响力最大距离在35m左右，因而设置侧窗和强制通风的温室的宽度以35m左右为宜，最大不得超过40m，同时在启动强制通风时，应关闭所有通风顶窗，防止风流断路，以确保通风效果。

高压喷雾降温的原理与水帘—风机降温原理相同，不同的是用高压喷雾的喷头取代了水帘，以节约投资，但应注意喷出的水滴必须雾化而且均匀地分布在温室内空间，利用自然通风或强制排风把温室内的空气排放到室外。

4. 帘、幕系统 帘、幕系统具有双重功能，即在夏季可遮挡阳光，降低温室内的温度，一般可遮荫降温7℃左右；冬季可增加保温效果，降低能耗，提高能源的有效利用率，一般可提高室温6～7℃。

帘、幕系统可分为室内帘、幕系统和室外帘、幕系统。室外帘、幕系统仅起遮阳作用，主要适用在夏季高温、阳光强烈地区；室内帘、幕系统则具有双重功能，即在夏季用于遮阳，冬季用于保温。

用于制作帘、幕的材料有多种，较常用的一种采用聚酯纤维纱线编织而成，并按保温和遮阳的不同要求，嵌入不同比例的铝箔和聚酯薄膜。帘、幕组成材料、编织技术是帘、幕保温和遮阳降温效果的决定因素。中国常用的帘、幕种类如表23-36。

表 23 - 36　XLS 系列保温遮阳幕特性
（引自：《现代蔬菜设施和管理》，2000）

类　　型	直射光透过率（%）	散射光透过率（%）	节能率（%）
XLS10	85	78	47
XLS13	70	65	49
XLS14	56	53	52
XLS15	46	43	57
XLS16	36	34	62
XLS17	25	24	67
XLS18	18	17	72
XLS14F	59	56	20
XLS15F	50	47	20
XLS16F	39	37	25
XLS17F	27	27	30
XLS18F	19	19	35

注：瑞典劳德维森（LS svensson）公司生产。

　　保温帘、幕的驱动系统会直接影响其运行的稳定性、可靠性、保温和遮阳降温的效果及其使用寿命。

　　目前保温帘、幕驱动系统主要有两种形式：一种形式是齿轮—齿条传动，由发动机带动驱动轴转动，经过齿轮箱、驱动轴的转动转换为推拉杆的水平移动，从而实现帘、幕的展开和收拢。另一种是钢丝绳牵引式驱动机构，由减速电机、传动管轴、钢丝绳、滑轮、链轮和链条等组成。当传动轴旋转时，依靠摩擦力带动钢丝绳运动，从而牵引帘、幕。通过电机的正、反向转动实现帘幕的展开和收拢。

　　5. 灌溉和施肥系统　灌溉和施肥系统要确保作物能及时获得适宜的水分和养分。系统通常有手动、电动和自动三种工作方式，采用滴灌、喷灌或微灌，准确、均匀地将水和肥料送至作物根区或作物冠层。

　　完善的灌溉、施肥系统通常包括水源、贮液及供给设施、水处理设施、灌溉施肥设施、田间网络管道、灌水器等，并设置肥水排放或收集系统。

　　（1）水质　灌溉水质的优劣不仅会影响作物的生育，而且会影响灌溉设备的使用寿命，因而对各种水源的水通常需经物理处理、化学处理或生物处理。一般使用最多的是物理处理，即灌溉水通过过滤去除各种颗粒物质。常用的过滤器有沙石过滤器、网式过滤器、叠片过滤器、旋流过滤器等几种类型，用户应根据不同水质、不同的灌溉设备、不同的灌溉用途选择相应的过滤器。

　　（2）灌溉首部　在整个灌溉和施肥系统中，灌溉首部配置决定了该系统能否完善和可靠的执行其灌溉和施肥功能。

　　灌溉首部设施有以下几个特点：一是设置 A、B 两个肥料罐，分别盛放 A、B 母液，避免肥料化学成分之间相互作用而产生沉淀，同时设 C 罐盛放酸、碱溶液，以调节 pH；二是设置混合罐，使灌溉水和肥料在混合罐中均匀混合，并达到系统设定的 pH 和 EC 范围。进行实时检测，当 EC、pH 未达到设定值时，田间网络的阀门关闭，灌溉水和肥料又返还到混合罐进行混合；三是在肥水混合之前有二级过滤，肥水混合之后也有 1～2 级过滤，能有效防止滴灌系统堵塞。

　　（3）滴灌管线和滴头　滴头或滴灌管线的性能对灌溉系统的高效、可靠运行十分重要。灌溉的管道通常可分成干线、分线和支线，由不同管径的 UPVC 管道组成。滴灌管线则由 PE 管组成，其尺寸大小可按设计流量而定，较常用的管径为 16～25mm。选择滴灌管时应注意管壁的厚薄。如管壁过薄，则易受热胀冷缩影响而造成管线伸长而变形或管线收缩而使接口脱裂。

滴头按结构类型可分成针箭式滴头、插接式滴头和内嵌式滴头等。在袋培或分离式槽式栽培中，采用针箭式滴头较为方便灵活，而在土壤垄作栽培或连通式槽式栽培中则可选用插接式滴头或内嵌式滴头。无论哪种滴灌管线和滴头都要求其出流均匀性好、可靠性高，并具有良好的防堵塞性能。

6. 二氧化碳补充系统 该系统由二氧化碳源、电磁阀、鼓风机和输送管道组成。温室中较常用的二氧化碳源有两种：一种是将煤油、天然气或沼气通过二氧化碳发生器充分燃烧而释放二氧化碳；另一种是购买工业用二氧化碳并注入二氧化碳储气罐中备用。

二氧化碳发生器通常悬挂在温室内的钢架结构上，其构造包括燃烧器、点火装置、鼓风机及自动测控装置。供油或供气系统则包括电磁阀、过滤器、喷油或喷气嘴等。供油或供气系统通过高压喷油或天然气喷成均匀的气雾状，点火装置同时按照开机信号发出火花，点燃油雾或天然气。鼓风机启动后，一方面将新鲜空气供给二氧化碳发生器的燃烧室，用来助燃，另一方面将产生的二氧化碳气体均匀混合后输入温室，并通过温室内循环风扇，使二氧化碳均匀分布在温室空间的各个部位。而自动测控装置则是按一定的时间程序或额定浓度自动开机或关机。

二氧化碳储气罐通常放置在温室外，并配备相应的电磁阀、鼓风机和输送管道等。输送管道可分干管、分管和支管，支管通常为多孔塑料管，沿作物行间放置，根据实际情况可以每一行或几行作物放置一根支管，以补充温室内的二氧化碳。

为及时地检测温室内二氧化碳的浓度，需在室内设置二氧化碳气体分析仪。二氧化碳分析仪将测得的信号传至计算机，计算机将根据实测值和设定值及相关条件，发出关闭或打开输送装置的信号。

7. 计算机环境控制系统 计算机环境控制系统是现代大型连栋温室的核心部分，温室的各个结构和设施的运行及其功能发挥都是通过计算机控制系统来实现，并通过温室计算机控制系统来尽可能满足作物生长和发育所需的最佳环境条件。

完整的环境控制系统包括控制器（包括控制软件）、传感器和执行机构。

计算机控制系统主要控制两大方面：环境控制和营养及水分控制。环境控制的气候目标参数包括光照、温度和二氧化碳浓度等；营养控制的参数包括营养液的浓度、酸碱度、灌溉量和灌溉频率，计算机通过灌溉首部的泵和阀门来达到其控制目的。

为了控制不同的气候目标参数，计算机必须通过控制不同的设备和设施来达到其控制目标，如计算机通过控制加热系统、通风系统、帘幕系统、喷淋、喷雾系统或水帘—风扇冷却系统来达到控制温度之目的。又如要控制温室内的湿度，则必须通过调节加热系统、通风系统、降湿系统以及喷淋、喷雾系统等。

温室气候的目标参数都采用闭环控制系统，要完成温室环境的闭环控制，需对室内外温度、湿度及控制设备的运行状态，如通风窗的开度等进行实时测量，并配置数据存储、输出、报警等功能。

8. 温室内常用作业机具

（1）土壤和基质消毒机 因温室长年使用，蔬菜作物连作较多，土壤中有害生物容易积累，影响作物生长，甚至使作物发生严重病虫害。无土栽培的基质在生产和加工的过程也常会携带各种病菌，因此采用土壤消毒方法，消除土壤中的有害生物十分必要。土壤和基质的消毒方法主要有物理方法和化学方法两种。

物理方法包括高温蒸汽消毒、热风消毒、太阳能消毒、微波消毒等，其中高温蒸汽消毒较为普遍。采用土壤和基质蒸汽消毒机消毒，在土壤或基质消毒之前，需将待消毒的土壤或基质疏松好，用帆布或耐高温的厚塑料薄膜覆盖在待消毒的土壤或基质表面，四周要密封，并将高温蒸汽输送管放置到覆盖物之下。每次消毒的面积同消毒机锅炉的能力有关，要达到较好的消毒效果，每平方米土壤每小时需要 50kg 的高温蒸汽。

中国蔬菜栽培学

□□□□[第二版]...Olericulture in China □□□□

采用化学方法消毒时，土壤消毒机可使液体药剂直接注入土壤到达一定深度，并使其汽化和扩散。

（2）喷雾机械　在大型温室中，使用人力喷雾难以满足规模化生产需要，故需采用喷雾机械防治病虫害。荷兰温室多采用 Enbar LVM 型低容量喷雾机，可定时或全自动控制，无需人员在场，安全省力。每小时用药液量为 2.5 L，每台机具一次可喷洒面积达 3 000～4 000m²，运行时间约 45min。为使药剂弥散均匀，需在每 1 000m² 的区域内安装一台空气循环风扇。

大型连栋温室的生产系统的组成，与温室类型、使用地区、栽培方式和生产目的等均有关系，并不是每座连栋温室的生产系统都必须具备上述各项内容。例如采用常规栽培方式而不是无土栽培，对其灌溉和施肥系统的要求就比较简单。冬季气候寒冷地区对加温系统要求完备，而夏季不十分炎热的地区就可以简化降温系统。

（四）大型连栋温室的性能

1. 光照　大型连栋温室全部由透明覆盖材料构成，透光率高，光照时间长，且光照分布比单屋面温室均匀，为蔬菜作物尤其是喜温或喜光的果菜如番茄、甜椒、黄瓜等，提供了良好的光环境，即使在日照时间最短的冬季，仍能进行生产，且高产优质。

双层充气塑料薄膜连栋温室，比单层薄膜覆盖的连栋温室透光率要低得多，比玻璃温室更低。冬季该温室内光照较弱，对喜光的果菜生长不利。有条件的地区应配备人工补光设备，在光照不足时用人工光源补光，以保证蔬菜作物正常生长发育。

2. 温度　现代化温室有热效率高的加温系统，在最寒冷的冬春季节，不论晴好天气还是阴雪天气，都能保证作物正常生长发育所需的温度，夜间最低温不低于 12～15℃。地温也能达到作物要求的适温范围和持续时间。在炎热的夏季，采用内、外遮阳系统和湿帘风机降温系统，可保证温室内达到蔬菜作物对温度的要求。北京市顺义区台湾三益公司建造的 PC 板连栋温室，1999 年 7 月，在夏季室外温度高达 38℃时，室内温度不高于 28℃，保证了作物的良好生长，高产优质。

采用热水管道加温或热风加温，加热管道可按蔬菜作物生长区域合理布局，除固定的管道外，还有可移动升降的加温管道，因此温度分布均匀，作物生长整齐一致。此种加温方式清洁、安全，可以基本摆脱自然气候的影响，可一年四季全天候进行生产。但温室加温能耗很大，燃料费昂贵，大大增加了生产成本。双层充气薄膜温室夜间保温能力优于玻璃温室。中空玻璃或中空聚碳酸酯板材（PC板）导热系数最小，故保温能力最优。

3. 湿度　在塑料薄膜连栋温室内，由于薄膜的气密性强，尤其双层充气结构，气密性更强，因此空气湿度和土壤湿度均比玻璃连栋温室高。连栋温室空间高大，蔬菜作物生长势强，代谢旺盛，叶面积指数高，通过蒸腾作用释放出大量水汽进入温室空间，水蒸气经常达到饱和。但因温室有完善的加温系统，加温可有效降低空气湿度，比日光温室因高湿环境给作物生育带来的负面影响小。

夏季炎热高温时，大型连栋温室内有湿帘风机降温系统，使温室内温度降低，而且还能保持适宜的空气湿度，为一些不适合高温干旱条件的蔬菜作物创造了良好的生育环境。

现今的温室越来越多地采用无土栽培技术，即使土壤栽培也都采用喷灌、滴灌、渗灌等先进技术，取代传统的平畦漫灌，不仅节水，还减少了温室的空气湿度和土壤湿度，对减轻病害有利。

4. 气体　大型连栋温室的 CO_2 浓度明显低于露地，不能满足蔬菜作物的需要，白天光合作用强时常发生 CO_2 亏缺。据上海测定，引进的荷兰温室中，白天 10：00～16：00，CO_2 浓度仅有 240 $\mu l/L$，不同种植区有所差别，但总的趋势一致，所以需补充 CO_2，可显著地提高作物产量。

大型连栋温室多用暖气而不是明火加温，又有强制通风系统，且多采用无土栽培技术，因此温室内不易产生有害气体。

5. 土壤　为解决温室土壤的连作障碍、土壤酸化、土传病害等一系列问题，国内外越来越普遍地采用无土栽培技术。果菜类蔬菜生产多用基质栽培，水培主要生产叶菜，以生菜面积最大。无土栽

培克服了土壤栽培的许多弊端，同时通过计算机自动控制，可以为不同蔬菜作物及其不同生育阶段，在不同的天气状况下，准确地提供蔬菜作物所需的大量营养元素及微量元素，为其根系创造良好的营养及水分环境。

（五）大型连栋温室在生产中的应用　　大型连栋温室主要应用于高附加值的园艺作物的生产。如荷兰的大型连栋温室的 60％ 用于花卉生产，40％ 用于蔬菜生产，而且蔬菜生产中又以生产番茄、黄瓜和辣椒等蔬菜为主。在生产方式上，荷兰温室基本上全部实现了环境控制自动化，作物栽培无土化，生产工艺程序化和标准化，生产管理机械化、集约化。因此，荷兰温室黄瓜产量大面积可达到 $800t/hm^2$，番茄可达到 $600t/hm^2$。不仅实现了高产，而且优质，产品行销世界各地。大型连栋温室主要蔬菜茬口安排见表 23 - 37。

表 23 - 37　大型连栋温室主要蔬菜茬口安排

作　物	播种期（月/旬）	定植期（月/旬）	始收期（月/旬）	结束期（月/旬）
黄瓜	9/上	10/上	11/上	5/下至 6 中
番茄	8/中	9/中	11/下至 12/上	6/下至 7/上
甜椒	7/下至 8/上	9/上	12/中	7/中

中国引进和自行建造的大型连栋温室，绝大部分也用于园艺作物育苗和栽培，其中用于蔬菜生产的面积与花卉生产面积相当。生产蔬菜的温室采用无土栽培的生产技术也很先进，如深圳和北京引进加拿大 HYDRONOV 公司深池浮板种植技术，进行水培莴苣生产，已经实现了温室蔬菜生产的工业化，莴苣产量比一般温室提高 10～20 倍。

（李天来　蔡象元）

第七节　无土栽培的类型和设备

无土栽培是利用营养液和疏松物质（基质），代替自然土壤培养植物的一种种植方法。在早期，无土栽培被称为营养液栽培、水培、水耕等。即不用天然土壤，而是将植物生长发育所需要的各种矿质元素配制成营养液供给作物根系，使之正常完成整个生命周期的种植技术。随着无土栽培生产的发展和研究工作的深入，作为植物生长发育所需要的营养物质的供给方法有了改变，所以，将无土栽培定义为：是指不用天然土壤，而用营养液或营养液加基质，或有机肥加基质栽培植物，使之正常完成整个生命周期（获得产品）的种植技术。

在人类历史上，中国、古埃及、巴比伦、墨西哥等国都曾有文字记载了原始无土栽培方法，属于一种无意识产生的生产活动。19 世纪中叶，科学家开始把无土栽培作为研究植物营养和生理的一种手段。1929 年美国科学家格雷凯（W. F. Gericke）成功地用营养液培育出番茄、萝卜、胡萝卜、马铃薯等蔬菜，被认为是无土栽培由试验转向实用化的开端。至 1935 年，在 Gericke 的指导下，首次把无土栽培发展到商业规模，面积为 $0.8hm^2$。此后，无土栽培技术在世界许多国家发展开来。目前，世界上有 100 多个国家和地区掌握了无土栽培技术，应用于蔬菜、花卉、果树及药用植物生产。荷兰是世界上无土栽培面积最大的国家，2000 年达到 10 000 hm^2 以上，主要种植番茄、黄瓜、辣椒等蔬菜。

中国蔬菜无土栽培历史悠久。西晋·嵇含撰《南方草木状》（304）载："蕹，叶如落葵而小，性冷味甘。南人编苇为筏，作小孔，浮于水面，种子于中，则如萍根浮水面，及长，茎叶皆出苇筏孔中。随水上下，今南方之奇蔬也。"这是中国南方劳动人民创造的利用水面种菜的无土栽培技术。到了宋代，人们又发明了豆芽菜的无土生产方式。

现代无土栽培技术的研究及应用，中国起步于 20 世纪 70 年代后期，由山东农业大学园艺系率先

开展了相关研究，并将研究成果应用于生产。80 年代初期，在胜利油田建成中国第一个蔬菜无土栽培生产基地，面积约 6 700m²。此后，国内许多单位在引进国外先进技术的同时，结合中国农村现阶段的实际情况，对无土栽培的一些关键技术进行了研究和改造，建立了管理简便、低成本、实用的蔬菜无土栽培技术体系，并迅速在全国应用推广。

无土栽培和土壤栽培比较，前者为植物根系生长创造了更加良好的环境条件，如供气、供水及矿质营养、根际温度、pH、电导度等，使根系的代谢功能大为提高，从而奠定了作物稳产、高产的基础。无土栽培与土壤栽培相比其优点是能克服土壤连作障碍，栽培作物的产量高、品质好，省水、省肥、省工，病虫害少，能充分利用各种自然资源，栽培场所的选择受土壤、地形等的限制少，可以在空闲荒地、河滩地、盐碱地以及其他不适宜于一般农业生产的地方进行作物栽培，有利于蔬菜生产向自动化、现代化方向发展。但其中无基质无土栽培的缺点是一次性设备投资大，不仅用电多，肥料费用高，而且营养液配制、调整与管理等都要求具有一定专业知识的人才能完成。因此，在经济不发达的地区难以推广，而且某些叶菜类蔬菜产品中硝酸盐含量较高、废弃营养液难于进行无害化处理等，必须引起关注。

（一）无土栽培的类型　无土栽培的方式大体有两种：一是按综合营养物质供给方式划分，可分为营养液基质栽培和有机肥基质栽培（亦称有机生态型无土栽培）；二是按有、无栽培基质来划分，可分为有基质无土栽培和无基质无土栽培。

按有、无基质划分无土栽培，见图 23-23。

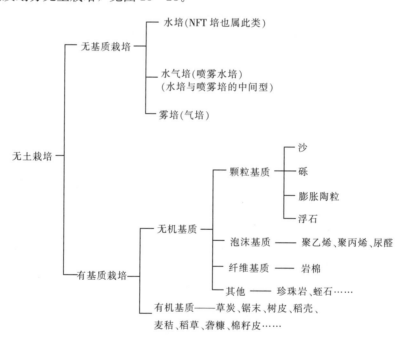

图 23-23　无土栽培方式的分类
（引自：《设施园艺学》，2002）

1. 无基质栽培及设备

（1）水培

①营养液膜法（nutrient film technique，简称 NFT）。该系统由营养液贮液池、泵、栽培槽、管道系统和调控系统构成。营养液在水泵的驱动下从贮液池流出经过作物根系（0.5～1.0cm 厚的营养液薄层），然后又回到贮液池内，形成循环式供液体系。根据栽培需要又可以分为连续性供液和间歇式供液两种类型。间歇式供液可以节约能源，也可以控制植株的生长发育，它的特点是在连续供液系统的基础上加一个定时器装置。根据 NFT 水耕栽培原理又研制开发出多种 NFT 改良水耕装置，如

水泥固定槽栽培、可移动式塑料槽栽培和A型架管式栽培等。这些改良后的设施为工厂化大规模生产提供了便利条件，也给提高单位面积的利用效率，稳产高产提供了可能。NFT水耕系统对速生性叶菜的生产较理想，如果加强管理，可获高产。适当扩宽栽培槽也可以栽培番茄、甜瓜等高蔓作物。这项技术在欧洲被广泛应用，得到了迅速发展。营养液膜栽培技术促进了无土栽培在欧洲的应用与发展，但营养液膜无土栽培的缺点是：栽培系统不能长时间停电，而且营养液温度受外界气温的影响较大。国内主要在江苏、浙江等地曾有应用（图23-24）。

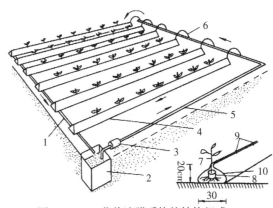

图23-24　营养液膜系统的结构组成

1. 回水管　2. 贮液池　3. 泵　4. 栽培槽　5. 出水管　6. 注入管
7. 植物　8. 育苗钵　9. 固定夹　10. 黑白双面薄膜

（引自：《Nufrient Film Technique》，1982）

②深液流法（deep flowing technique，简称DFT）。即深液流循环栽培技术。这种栽培方式与营养液膜技术（NFT）相似，不同点是流动的营养液层较深（5~10cm），植株大部分根系可浸在营养液中，其根系的供氧是靠向营养液中加氧来解决。这种系统的主要优点是解决了在停电期间NFT水耕系统不能正常运转的困难，并且减缓了营养液温度受外界环境温度的影响。该系统的基本设施包括：营养液栽培槽、贮液池、水泵、营养液自动循环系统及控制系统、植株固定装置等部分（图23-25）。深液流法在广东省曾有一定推广面积。

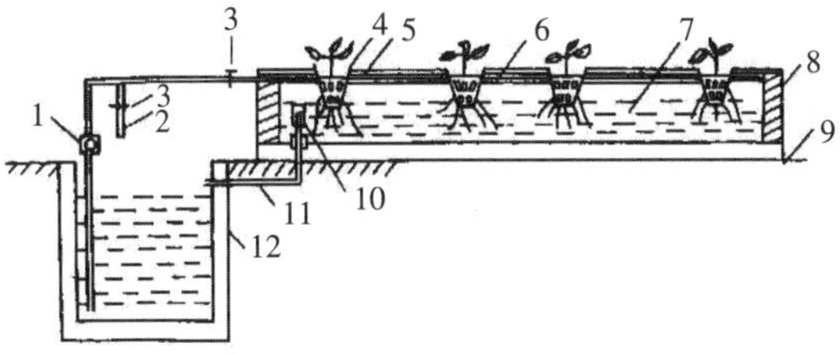

③动态浮根法（dynamic root floating system，简称DRF）。是指栽培作物在栽培床内进行营养液灌溉时，根系随着营养液的液位变化而上下浮动。灌满8cm的水层后，由栽培床内的自动排液器，将营养液排出去，使水位降至4cm的深度。此时上部根系暴露在空气中可以吸收氧气，下部根系浸在营养液中，不断吸收水分和营养，解决了夏季高温使营养液温度上升而导致作物根系缺氧的问题。动态浮根系统的主要结构是：栽培床、营养液池、空气混入器、排液器与定时器等（图23-26）。

④浮板毛管法（floating capillary hydroponics，简称FCH）。浮板毛管水培法由栽培床、贮液池、循环系统和控制系统四部分组成。栽培槽由聚苯乙烯板连接成长槽，一般长15~20m，宽40~50cm，高10cm，安装在地面同一水平线上（图23-27）。内铺0.8mm厚的聚乙烯薄膜。槽内营养液深度为3~6cm，液面中间飘浮1.25cm厚、宽度为12cm的聚苯乙烯泡沫板，板上覆盖亲水性无纺布（密度为50g/m²），两侧延伸入营养液内，通过毛细管作用，可使浮板始终保持湿润状态。秧苗栽在有孔的定植钵中，然后置于栽培槽上定植板的固定孔内，浮板位于两列苗的中间，根系从育苗钵孔中伸出

图23-25　深液流水培系统纵切面示意图

1. 水泵　2. 分液管　3. 阀门　4. 定植孔和定植杯
5. 定植板　6. 供液管　7. 营养液　8. 栽培槽　9. 地面
10. 液位调节装置　11. 回流管　12. 地下贮液

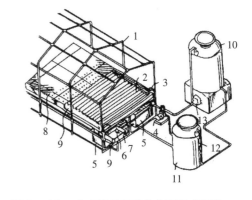

图23-26　动态浮根系统的主要组成部分

1. 管结构温室　2. 栽培床　3. 空气混入器　4. 水泵
5. 水池　6. 营养液液面调节器　7. 营养液交换箱
8. 板条　9. 营养液出口堵头　10. 高位营养液罐
11. 低位营养液罐　12. 浮动开关　13. 电源自动控制器

（引自：《蔬菜花卉无土栽培技术》，1990）

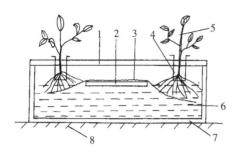

图 23-27 浮板毛管水培系统平面布置图

1. 定植板 2. 浮板 3. 无纺布 4. 定植杯
5. 植株 6. 营养液 7. 栽培槽 8. 地面

时，一部分根就伸到浮板上，产生气生根毛吸收氧，另一部分根系从营养液中吸收营养。栽培床一端安装进水管，另一端安装排液管，进水管处顶端安装空气混合器，增加营养液的溶氧量，这对刚定植的秧苗很重要。贮液池与排水管相通。营养液的深度是通过排液口的垫板来调节。一般在幼苗刚定植时，栽培床营养液深度为 6cm。育苗钵下半部浸在营养液内，以后随着植株生长，营养液深度逐渐下降到 3cm 左右，这种设施使吸氧和供液矛盾得到很好的协调。

浮板毛管法有效地克服了 NFT 系统的缺点，根际环境条件稳定，液温变化小，供氧充分，不怕临时停电影响营养液的供给。该系统已在番茄、辣椒、芹菜、生菜等蔬菜作物上应用，效果良好，曾在江苏、浙江和广东等省推广应用。

⑤鲁 SC 系统。鲁 SC 无土栽培系统是山东农业大学研究开发的无土栽培系统，在山东胜利油田、新疆维吾尔自治区等地用于蔬菜生产。该装置是采用在栽培槽中填入 10cm 厚的基质，用营养液循环灌溉作物。因此也称为"基质水培法"。该系统由栽培槽体、营养液贮液池、供排管道系统和供液时间控制器、水泵等组成。栽培槽体有土壤制槽体和水泥制槽体两种，槽体长 2～3m，呈倒三角形，高与上宽各 20cm。土制槽内铺 0.1mm 聚乙烯农膜一层，槽中部放一垫箅，铺棕皮等作衬垫，然后在其上填基质一层，厚 10cm，基质以下空间供根系生长及营养液流动，槽两端分设供液槽头及排液槽头。鲁 SC 栽培槽系统的设置见图 23-28。栽培槽距 1～1.2m，果菜株距 20cm。时间控制器为 VK-3 型，电泵为 TWB-

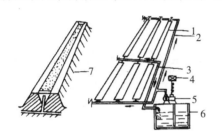

图 23-28 鲁 SC 栽培槽设置及结构图

1. 栽培槽 2. 供液管 3. 排液管 4. 时间控制器
5. 电泵 6. 贮液池 7. 栽培槽结构图

20 型单相电泵或农用潜水泵。每天定时供液 3～4 次。贮液池由砖与水泥砌成，每立方米容积可供 80～100m² 栽培面积使用。

这种无土栽培系统由于有 10cm 厚的基质，可以比较稳定地供给水分和养分，因此栽培效果良好，可以种植瓜果蔬菜，但一次性投资成本略高。

（2）喷雾栽培 喷雾栽培也叫做雾培或气培，它是利用喷雾装置将营养液雾化，直接定量、定时喷至在黑暗条件下悬空生长的植物根系上，植物根系可以同时获得氧气、水分和营养。例如用 1.2m×2.4m 的聚苯乙烯泡沫塑料板来栽培莴苣，先在板上按一定距离打直径 2cm 的小孔作为定植孔，然后将泡沫板制成"A"字形，在温室内置于地面密封呈三角形（图 23-29）。

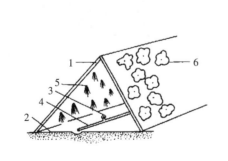
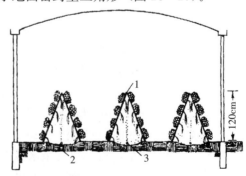

图 23-29 喷雾栽培示意图

1. 泡沫塑料板 2. 塑料薄膜 3. 喷头 4. 供液装置 5. 根系 6. 植物

（引自：《蔬菜花卉无土栽培技术》，1990）

喷雾管设在封闭系统内靠地面的一边，在喷雾管上按一定的距离安装一个喷头。喷头的工作由定时器控制，每隔 3min 喷 30s，将营养液喷成气雾状。由于采用立体式栽培，空间利用率比一般栽培方式提高 1～2 倍，栽培管理自动化。但因为立体栽培，需要补充光照，成本较高，国外多作为旅游观光设施，供游客观赏。

2. 基质栽培及设备　在基质无土栽培中，固体基质的主要作用是支持作物根系，及提供一定量的营养元素，同时为根系营造一个通透性良好的生长环境。可应用于无土栽培的基质种类很多，如草炭、岩棉、蛭石、珍珠岩、树皮、锯末、刨花、炭化稻壳、棉籽壳、沙、砾石、陶粒、甘蔗渣、菇渣、炉渣树脂及各种泡沫塑料，因而无土栽培生产者可根据材料来源的难易、基质的理化特性和价格等条件，选择适合本地区适用的无土栽培基质。

（1）营养液基质栽培　营养液基质栽培的方式有槽培、袋培、岩棉培等，其营养液的灌溉方法有滴灌、上方灌溉和下方灌溉，以滴灌最为普遍。基质系统有开放式和封闭式两种，这取决于是否回收和重新利用用过的营养液。在开放系统中营养液不进行循环利用，而在封闭系统中营养液则进行循环利用。由于封闭式系统的设施投资较高，而且营养液管理较为复杂，因而在中国目前的条件下，基质栽培多采用开放式系统。

①槽培。槽培就是将基质装入一定容积的栽培槽中栽植蔬菜等作物。目前应用较为广泛的是在温室地面上直接用砖砌栽培槽。为了降低生产成本，各地也可就地取材，采用木板条、竹竿、铁丝等制成栽培槽。总的要求是在作物栽培过程中能把基质牢固的固定在栽培槽内。为了防止渗漏并使基质与土壤隔离，通常在槽的底部铺 1～2 层塑料薄膜。

栽培槽的大小和形状，应根据栽培作物和方便作业而设置。如栽培番茄、黄瓜等蔓生性作物，每槽栽植二行留出行道，便于进行整枝、绑蔓和收获等田间操作，槽宽一般为 0.48m（内径宽度）。对某些矮生植物可设置较宽的栽培槽，进行多行种植。栽培槽的深度以 15cm 为适宜，为了降低成本也可采用较浅的栽培槽。但栽培槽的长度应根据塑料棚或温室面积走向及采用的注水装置等合理配置，并应充分考虑到水压和滴灌供水、供液均匀。为保证营养液流通顺畅，槽的坡度至少应为 0.4％，如有条件，还可在槽的底部铺设一根多孔的排水管利于排水。

栽培常用的基质可为沙、蛭石、锯末、珍珠岩、草炭与蛭石混合物、草炭与炉渣混合物，以及草炭或蛭石与沙的混合物等。一般在基质混合之前，应加一定量的肥料作为基肥。例如：

草炭	0.4m³	磷酸二铵	1.0kg
炉渣	0.6m³	消毒鸡粪	10.0kg
硝酸钾	1.0kg		

混合后的基质不宜久放，应立即装槽布设滴灌管。否则一些有效营养成分会流失，pH 和 EC 也会发生变化。

营养液可由水泵供给植株（图 23-30），也可利用重力供给植株。

②袋培。袋培除了基质装在塑料袋中外，其他与槽培相似。袋子通常由抗紫外线的聚乙烯薄膜制成，可以使用两年。在光照较强的地区，塑料袋表面以白色为好，可反射阳光防止基质升温；相反，在光照较弱地区，则以黑色为好，以利于冬季吸收热量，保持袋中的基质温度。

袋培的方式有两种：一种为开口桶式袋培，每袋装基质 10～15L，种植 1 株番茄或黄瓜；另一种叫做枕头式袋培，每袋装基质 20～30L，种植两株番茄或黄瓜。

常用作袋培的塑料薄膜为直径 30～35cm 的桶膜。桶式袋培是将桶膜剪成 35cm 长，用塑料薄膜

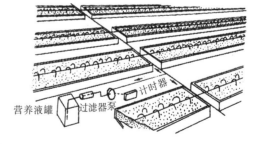

图 23-30　槽培系统和滴灌装置
（引自：《蔬菜花卉无土栽培技术》，1990）

封口机或电烫斗将桶膜一端封严后，将基质装入袋中，直立放置，即成为一个桶式袋。枕头式袋培是将桶膜剪成 80～90cm 长，封严桶膜的一端，装入 20～30L 基质，再封严另一端，依次摆放到栽培温室中。定植前先在袋上开两个直径为 10cm 的定植孔，两孔中心距离为 40cm。

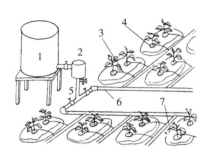

图 23 - 31　番茄袋培滴灌系统示意图
1. 营养液罐　2. 过滤器　3. 水阻管
4. 滴头　5. 主管　6. 支管　7. 毛管
（引自：《蔬菜花卉无土栽培技术》，1990）

在温室中排放栽培袋以前，温室的整个地面应铺上乳白色或白色朝外的黑白双色塑料薄膜，以便将栽培袋与土壤隔开，同时有助于冬季生产增加室内的光照强度。定植完毕即可布设滴灌管，每株设置一个滴头。滴灌系统的安装如图 23 - 31 所示。

无论是开口桶式袋培还是枕头式袋培，袋的底部或两侧都应该扎 2～3 个直径为 0.5～1cm 的小孔，以便多余的营养液能从孔中渗透出来，防止沤根。

③岩棉栽培。岩棉是工业保温材料，农用岩棉在制造过程中加入亲水剂，使之易于吸水。将岩棉用于无土栽培是在 1969 年由丹麦人发明，目前应用面积最大的国家则是荷兰、英国、比利时等。世界无土栽培中，岩棉栽培的面积居第一位。

岩棉基质具有许多优点，干燥时重量较轻，作物根部温度较高，废弃的岩棉可以撒到土壤中作为土壤改良物质。另外，开放式岩棉栽培使营养液灌溉均匀、准确，并且一旦水泵或供液系统发生故障对作物所造成的损失也较小。

作物种类不同，用于育苗的岩棉块大小也不同。一般番茄、黄瓜采用 7.5cm 见方的岩棉块，除了上、下两面外，岩棉块的四周应该用黑色塑料薄膜包上，以防止水分蒸发和盐类在岩棉块周围积累，冬季还可提高岩棉块温度。种子可以直播在岩棉块中，也可将种子播于育苗盘或较小的岩棉块中，当幼苗第 1 片真叶开始显现时，再将幼苗移到大岩棉块中，如图 23 - 32 所示。由于岩棉不含作物需要的营养物质，因而种子出芽以后就要用营养液进行灌溉。育苗期间营养液的电导度应控制在 1.5mS/cm 以内，如幼苗徒长，则可适当提高电导度到 2.0mS/cm。

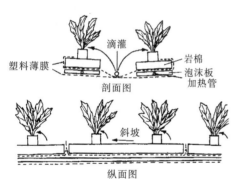

图 23 - 32　岩棉育苗与栽培示意图
（引自：《蔬菜花卉无土栽培技术》，1990）

定植用的岩棉垫一般长 70～100cm，宽 15～30cm，高 7～10cm。每个岩棉垫种植 2 株番茄或黄瓜。为了增加冬季温室的光照强度，可在地上铺设白色塑料薄膜，以利作物吸收反射光及避免土壤病害的侵染。

岩棉栽培最好的灌溉系统是滴灌。对于小规模岩棉栽培，滴灌系统可设计得简单一些，系统中只需要营养液罐、上水管、阀门、过滤器、毛管和滴头等简单设备即可。营养液罐架设到离地面 1m 的高处，营养液靠重力滴灌到岩棉中去。而对于大规模岩棉栽培来说，就需要增设 pH 传感器和控制仪、电导度传感器和控制仪、浓酸和浓液注入泵、电磁阀等设备。

岩棉垫里营养液的电导度一般控制在 2.5～3.0mS/cm。当电导度超过 3.5mS/cm 时，就应该停止滴灌，而采用滴灌清水进行"洗盐"。当电导度达到正常标准后，再恢复滴灌营养液。

④沙培。1969 年，美国人开发了一种完全使用沙子作为基质的、适用于沙漠地区的开放式无土栽培系统。在理论上这种系统具有很大的潜在优势：沙漠地区的沙子资源极其丰富，不需从外部运入，价格低廉，沙子不需每隔 1～2 年进行定期更换，是永久性的基质。

沙子可用于槽培，然而在沙漠地区，一种更方便、成本又低的做法是：在温室地面上铺设聚乙烯塑料膜，其上安装排水系统（直径 5cm 的 PVC 管，顺长度方向每隔 45cm 环切 1/3，切口朝下），然后再在塑料薄膜上填大约 30cm 厚的沙子。用于沙培的温室地面要求水平或者稍有坡度。除灰泥沙等非常细的沙子外，一般基质中沙子颗粒的大小与分布是不重要的，但对栽培床排出的溶液须经常测试，若浓度大于 3 000mg/L 时，栽培床必须用清水进行"洗盐"。主要用于番茄和黄瓜的栽培。

⑤垂直柱状栽培。垂直柱状栽培也称立体栽培，主要种植生菜、紫背天葵、普通白菜、草莓等。依其所用材料是硬质的还是软质的，又分为柱状栽培和长袋状栽培。

柱状栽培：采用石棉水泥管、硬质塑料管或聚苯乙烯发泡板围成柱状体，其内添加栽培基质，在管四周按螺旋位置开孔，植株种植在孔中并与基质密接。也可采用专用的无土栽培柱，栽培柱由若干个短的模型管构成。每一个模型管上有几个突出的杯状物，用以种植植物。

长袋状栽培：长袋状栽培是柱状栽培的简化。这种装置除了用聚乙烯袋代替硬管外，其他同柱状栽培。栽培袋采用直径为 15cm，厚 0.15mm 的聚乙烯膜筒，长度一般为 2m，内装栽培基质，底端结紧以防基质脱落，下端置排水孔，上端结扎，然后悬挂在温室中，袋子的周围按一定距离开 2.5～5cm 直径的孔，以种植植物（图 23 - 33）。水和营养液从顶部滴入，通过整个栽培袋向下渗透，再从排水孔中排出营养液不循环利用，每月要用清水洗盐一次，以清除可能集结的盐分。

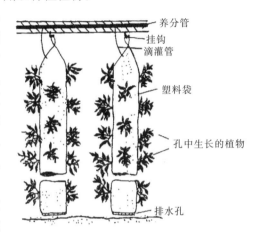

养分管
挂钩
滴灌管
塑料袋
孔中生长的植物
排水孔

图 23 - 33　悬挂袋状栽培示意图
（引自：《蔬菜花卉无土栽培技术》，1990）

（2）有机肥基质栽培　有机肥基质栽培技术（有机生态型无土栽培）打破了无土栽培必须使用营养液的传统做法，而以有机肥为主的固态肥代替营养液，不但有效降低了无土栽培的一次性投入成本、运转成本，而且大大简化了无土栽培的操作管理，一般农民也容易掌握。有机肥基质栽培系统与深液流栽培系统（DFT）、营养液膜栽培系统（NFT）、袋培、岩棉培系统相比，一次性投资节省 40%～60%；与传统的营养液无土栽培相比，每年的肥料成本节省 60%，可充分利用农业废弃物作为基质的来源配制成混合基质。混合基质的成本较岩棉降低 50%。

据蒋卫杰（1998）资料，有机肥基质栽培的排出液中，硝酸盐含量为 1～4mg/L，而岩棉营养液栽培的排出液中，硝酸盐含量高达 212mg/L，对地下水可能造成污染。

有机肥基质栽培系统采用基质槽培的形式（图 23 - 34）。在无标准规格的成品槽供应时，可选用当地易得的材料建槽，如用木板、木条、竹竿，甚至砖块等建造槽的边框，所以不需特别牢固，只要能保持基质不散落即可。槽框建好后，在槽的底部铺一层 0.1mm 厚的聚乙烯塑料薄膜，以隔离土壤，防止土壤病虫传染。槽边框高 15～20cm，槽宽依不同栽培作物而定。如黄瓜、甜瓜、番茄等作物的栽培槽标准宽度定为 48cm（内径），可供栽培两行作物，栽培槽距 0.8～1m；如种植生菜、白菜、草莓等植株较为矮小的作物，栽培槽宽可定为 72～96cm，栽培槽距 0.6～0.8m。槽长应依大棚或温室建筑状况而定，一般为 5～30m。

在有自来水或水位差 1m 以上储水池的条件下，以单个棚室建成独立的供水系统。除管道用金属管外，其他器材均可用塑料制品以节省资金。栽培槽宽 48cm，可铺设滴灌带 1～2 根；栽培槽宽72～96cm，可铺设滴灌带 2～4 根。

（二）基质种类和特性　可应用于无土栽培的基质种类很多，生产者应根据材料来源的难易、基质的理化特性和价格等条件，选择适合本地区需要的栽培基质。无土栽培对基质理化性质的基本要求是：具有适宜的酸碱度、良好的通气性能和保水能力。无机基质在栽培作物过程中不变形，化学性质稳定。

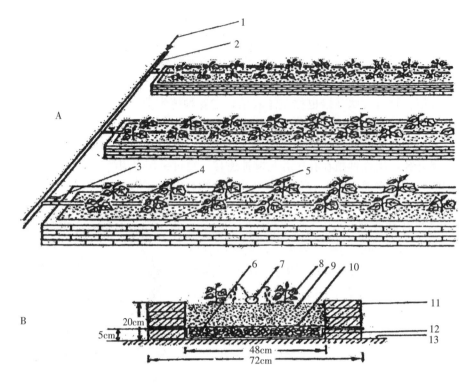

图 23 - 34　有机肥基质栽培设施构造示意图

A. 示意图　1. 水源　2. 主管　3. 阀门　4. 滴灌管　5. 栽培槽

B. 剖面图　6. 粗基质　7. 滴灌管　8. 植株　9. 栽培基质

10. 防根布　11. 砖　12. 厚塑料布　13. 地面

(引自:《中国蔬菜》,1997)

1. 草炭　来自泥炭藓、灰藓、苔草和其他水生植物的分解残留体。到目前为止,许多国家仍然认为草炭是园艺作物最好的基质。草炭具有高的持水量和阳离子交换量,具有良好的通气性。能抗快速分解,pH 常小于 4。每立方米加入 4～7kg 白云石粉,能使 pH 升至作物栽培的适值范围。草炭可以单独用,如与其他基质混合使用,其用量为总量的 25％～75％(体积)。

2. 蛭石　是由云母类矿物加热至 800～1 100℃时形成的。园艺上用其做育苗和栽培基质,效果都很好。蛭石很轻,每立方米重约为 80kg,呈中性或碱性反应,具有较高的阳离子交换量,保水保肥力较强。使用新的蛭石时,不必消毒。蛭石的缺点是当长期使用时,结构会破碎,孔隙变小,影响通气和排水。

3. 珍珠岩　由硅质火山岩在 1 200℃下燃烧膨胀而成,其容重为 80～180kg/m³。珍珠岩易于排水,易于通气,物理性状和化学性质比较稳定。珍珠岩可以单独用作基质,也可和草炭、蛭石等混合使用。

4. 岩棉　岩棉的制造原料为辉绿岩、石灰岩和焦炭经 1 600℃熔化后,喷成直径 0.005mm 的纤维,冷却后,加上黏合剂压成板、块,即可切割成各种所需形状。其容重为 70～100kg/m³。用它来作园艺基质不必消毒,不含有机物,岩棉压制成形后在整个栽培季节里保持不变形。岩棉在栽培的初期呈微碱性反应,所以进入岩棉的营养液的 pH,最初会升高,经过一段时间,即呈中性,在酸碱度上,岩棉可以认为是惰性的。

5. 沙　是沙培的基质。用沙作无土栽培基质,主要优点是价格便宜,来源广泛,栽培应用的效果也很好;缺点是比较重,搬运和更换基质时比较费工。沙具有易于排水的特性,利于通气,但不易保存水分和养分。作为栽培基质,沙粒不能是石灰岩质的,因为石灰岩质的沙会影响营养液的 pH,

还会使一些养分失效。沙粒是惰性的，应用于无土栽培基质的沙粒直径大小范围为 0.5～3mm。

6. 砾石　砾和沙一样均为惰性基质，颗粒直径大于 3mm，其保存水分和养分的能力均低于沙，但通气性优于沙。砾的原材料应不含石灰岩，否则和石灰质沙一样，会影响营养液的 pH 和养分供给。

7. 火山岩　火山岩由火山爆发、熔岩凝固而成。它和珍珠岩基本相似，但较重，也不易吸水。在物理和化学性质上，是惰性的，一般呈红褐色，常用它和草炭或沙混合种植盆栽植物，也可单独用作无土栽培基质，应用的效果均较好。

8. 陶粒　陶粒是大小比较均匀的团粒状火烧页岩，约在 800℃时烧成。从切面看，内部为蜂窝状的孔隙构造，容重为 500kg/m³，能漂浮在水上，通气好，可单独用，也可与其他材料混合使用。

9. 锯末　锯末来源于木材加工，是一种便宜的无土栽培基质。使用时应注意树种：红木锯末应不超过 30%，松树锯末应经过水洗或经 3 个月发酵以减少松节油的含量。其他树种一般都可用。加拿大的无土栽培广泛应用锯末，效果良好。锯末可连续使用 2～6 茬，但每茬使用后应进行消毒。

10. 树皮　随着木材工业的发展，世界各国都注意树皮的利用。它是一种很好的园艺基质，价格低廉，易于运输。树皮有很多种大小颗粒可供利用，从磨细的草炭状物质到直径 1cm 颗粒。在盆栽中最常用的大小范围为 1.5～6mm 直径的颗粒。一般树皮的容重接近于草炭，与草炭相比，它的阳离子交换量和持水量比较低，碳氮比则较高。在树皮中，阔叶树皮较针叶树皮具有高的碳氮比。新鲜树皮的主要缺点是具有高的碳氮比和开始分解时速度快，但腐熟的树皮则无此问题。

11. 刨花　刨花在组成上类似锯末，体积较锯末为大，能提供良好的通气，但持水量和阳离子交换量较低。刨花和锯末一样，具有高的碳氮比。含 50% 刨花的基质，能种植出良好的作物。

12. 稻壳　稻壳为稻米加工的副产品，无土栽培上通常先行炭化后使用，称为炭化稻壳。未经水洗的炭化稻壳 pH 常达 9.0 以上，应经过水洗或用酸调节后使用，这样对作物生长比较安全。稻壳使用时应加入适量的氮，以调节其碳氮比。在盆栽基质中的用量，不能超过 25%（体积）。

13. 棉籽壳（菇渣）　棉籽壳是食用菌生产的重要培养料，一般种过一茬食用菌后就不再用了。废弃的菇渣可以用作无土栽培基质。棉籽壳菇渣的容重约为 240kg/m³，使用时应进行堆沤消毒。

14. 炉渣　炉渣来源广泛，炉渣的容重为 700kg/m³，pH6.8。但未经水洗的炉渣 pH 较高。使用时炉渣必须过筛，选择适于无土栽培的颗粒，方可使用。炉渣不宜单独用作基质，在基质中的用量也不宜超过 60%（体积）。

15. 蔗渣　即甘蔗渣，在南方蔗区易于获得。充分腐熟的蔗渣具有高的持水量，可用作无土栽培基质。缺点是碳氮比高，所以在使用时要额外增加氮，以供植物和微生物活动的需要。

16. 聚苯乙烯珠粒　聚苯乙烯珠粒为塑料包装材料的下脚料，容重小，几乎不吸水，抗压强度大。用于无土栽培铺在栽培床的下层，是比较理想的排水层材料。

（三）营养液及其配制

1. 配制营养液的依据

（1）营养液必须含有蔬菜作物生长发育所需要的全部营养元素　现已明确高等植物必须营养元素有 16 种，其中碳主要由空气供给，氢、氧由水与空气供给，其余由根部从土壤溶液中吸收，所以营养液均是由这 13 种营养元素的各种化合物组成。

（2）含各种营养元素的化合物必须是蔬菜作物根部可以吸收的状态　这些营养元素必须是可以溶于水的化合物，通常都是无机盐类，也有一些是有机螯合物。

（3）营养液的电导度（简称 EC）和氢离子浓度（pH）　电导度是溶液含盐量的导电能力。由于无土栽培所用的营养液含盐量的浓度很低，导电能力也低，因此电导度常用其千分之一来表示，单位为毫西门子每厘米（mS/cm）其数值可由电导仪测定。

在开放式无土栽培系统中，营养液的电导度一般控制在 2～3mS/cm。在封闭式无土栽培系统中，

中国蔬菜栽培学
［第二版］.. Olericulture in China □□□□

绝大多数作物其营养液的电导度不应低于 2.0mS/cm。当电导度低于 2mS/cm 时，营养液中就应补充足够的营养成分使其电导度上升到 3.0mS/cm 左右。这些补入的营养成分可以是固体肥料，也可以是预先配制好的浓溶液（即母液）。营养液的电导度太低时，应加入已配制好的母液，反之 EC 值太高，则应加清水进行调整。

营养液的酸碱度通常采用 mol/L 来表示。当溶液呈中性时，则溶液中 H^+ 浓度和 OH^- 浓度相等，此时的氢离子浓度为 100mol/L（pH＝7.0）；当 OH^- 占优势时，氢离子浓度小于 100mol/L（pH＞7.0），溶液呈碱性；当 H^+ 占优势时，氢离子浓度大于 100mol/L（pH＜7.0），溶液呈酸性。

大多数蔬菜作物的根系在 pH5.5～6.5 的弱酸性范围内生长最好，因此无土栽培的营养液 pH 也应该在这个范围内。在营养液膜栽培系统中，营养液的 pH 通常应保持在 5.8～6.2 的范围内，绝不能超出 pH5.5～6.5 的范围。pH 过高（大于 7.0）会导致铁（Fe）、锰（Mn）、铜（Cu）和锌（Zn）等微量元素沉淀，使作物不能吸收。pH 过低（小于 5.0），不仅会腐蚀循环泵及系统中的金属元件，而且易使植株过量吸收某些元素而导致中毒。pH 不适宜，植株的反应是根端发黄和坏死，然后叶子失绿。

通常在营养液循环系统中每天都要测定和调整 pH；在非循环系统中，每次配制营养液时应调整 pH。常用来调整 pH 的酸为磷酸或硝酸；常用的碱为氢氧化钾。在硬水地区如果用磷酸来调整 pH，则不应该加得太多，因为营养液中磷酸超过 50mg/L 会使钙开始沉淀，因此常将硝酸和磷酸混合使用。

目前，世界上主要有 3 种配方理论，即日本园艺试验场提出的园试标准配方、山畸配方和斯泰纳配方。

园试标准配方是日本兴津园艺试验场经过多年的研究而提出的，其根据是从分析植株对不同元素的吸收量，来决定营养液配方的组成。

山畸配方是日本植物生理学家山畸肯哉以园试标准配方为基础，以果菜类蔬菜为材料研究而提出的。其根据是以作物吸收的元素量与吸水量之比，即吸收浓度（n/w 值）来决定营养液配方的组成。

斯泰纳配方是荷兰科学家斯泰纳依据作物对离子的吸收具有选择性而提出的。斯泰纳营养液是以阳离子（Ca^{2+}、Mg^{2+}、K^+）之摩尔和与相近的阴离子（NO_3^-、PO_4^{3-}、SO_4^{2-}）之摩尔和相等为前提，而各阳、阴离子之间的比值，则是根据植株分析得出的结果而制订的。根据斯泰纳试验结果，阳离子之比值为：K^+：Ca^{2+}：Mg^{2+}＝45：35：20，阴离子比值为：NO_3^-：PO_4^{3-}：SO_4^{2-}＝60：5：35 时为最恰当。其配方参见第二十六章第五节。

目前世界上已经发表了很多营养液配方，1966 年在相关的专著中已收集到的配方就有 160 多个，其中美国植物学家霍格兰氏（Hoagland D. R.）研究的配方和日本兴津园艺试验场研制的"园试配方"的均衡营养液，均被广泛运用（表 23-38，表 23-39）。

表 23-38　霍格兰配方

（引自：《设施园艺学》，2002）

化合物名称		化合物用量		元素含量（mg/L）		大量元素总计（mg/L）
		mg/L	mmol/L			
大量元素	$Ca(NO_3)_2 \cdot 4H_2O$	945	4	N 112	Ca 160	N 210，P 31，K 234，Ca 160，Mg 48，S 64
	KNO_3	607	6	N 84	K 234	
	$NH_4H_2PO_4$	115	1	N 14	P 31	
	$MgSO \cdot 7H_2O$	493	2	Mg 48	S 64	

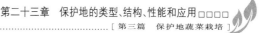

（续）

化合物名称		化合物用量		元素含量（mg/L）		大量元素总计（mg/L）
		mg/L	mmol/L			
微量元素	$0.5\%FeSO_4+0.4\%$ $H_2C_4H_4O_2$（溶液）	$0.6ml\times3/$ （L•周）		Fe 3.3mg/（L•周）		
	H_3BO_3	2.86		B 0.5		
	$MnCl_2\cdot4H_2O$	1.81		Mn 0.5		
	$ZnSO_4\cdot7H_2O$	0.22		Zn 0.05		
	$CuSO_4\cdot5H_2O$	0.08		Cu 0.02		
	$(NH_4)_6Mo_7O_{24}\cdot4H_2O$	0.02		Mo 0.01		

表 23-39 日本园试配方

（引自：《设施园艺学》，2002）

化合物名称		化合物用量		元素含量（mg/L）		大量元素总计（mg/L）
		mg/L	mmol/L			
大量元素	$Ca(NO_3)_2\cdot4H_2O$	945	4	N 112	Ca 160	N 243，P 41，K 312，Ca 160，Mg 48，S 64
	KNO_3	809	8	N 112	K 312	
	$NH_4H_2PO_4$	153	4/3	N 18.7	P 41	
	$MgSO\cdot7H_2O$	493	2	Mg 48	S 64	
微量元素	$Na_2Fe-EDTA$	20		Fe 2.8		
	H_3BO_3	2.86		B 0.5		
	$MnSO_4\cdot4H_2O$	2.13		Mn 0.5		
	$ZnSO_4\cdot7H_2O$	0.22		Zn 0.05		
	$CuSO_4\cdot5H_2O$	0.08		Cu 0.02		
	$(NH_4)_6Mo_7O_{24}\cdot4H_2O$	0.02		Mo 0.01		

2. 营养液的制备 营养液的制备，应注意有一些容易与其他化合物起作用而产生沉淀的盐类，在配制浓溶液时不能混合在一起，但经过稀释后就不易产生沉淀，此时才可以在一起混合。

在制备营养液的盐类中，以硝酸钙最易和其他化合物起化合作用，如硝酸钙和硫酸盐混在一起容易产生硫酸钙沉淀，硝酸钙的浓溶液与磷酸盐混在一起，也容易产生磷酸钙沉淀。

在大面积生产时，为了配制方便，以及在无土栽培系统中自动调整营养液，一般都是先配制浓液（母液），然后再进行稀释，因此就需要两个溶液罐，一个盛硝酸钙溶液，另一个盛其他盐类的溶液。此外，为了调整营养液的 pH，还要有一个专门盛酸的溶液罐。在营养液自动循环中，这三个罐均用 pH 仪和 EC 仪自动控制，当栽培槽中的营养液浓度下降到标准浓度以下时，浓液罐会自动将营养液注入营养液槽。此外，当营养液中的 pH 超过标准时，酸液罐也会自动向营养液槽中注入酸。在非循环系统中，也需要 3 个罐，从中量取一定数量的母液，按比例进行稀释后灌溉植物。

浓液罐里的母液浓度，一般比作物能直接吸收的营养液浓度高出 100 倍，即浓液与稀液比为 1∶100。

3. 营养液的调整 在封闭式无土栽培系统中，营养液能进行循环利用。由于蔬菜作物在生长发

育过程中，根系吸收营养元素，同时也会释放一些有机酸和糖类物质，使营养液的酸碱度和成分发生变化，必须及时加以调整，才能满足作物正常生长的需要。电导度（EC）的测量比较简单，但电导度表示的是溶液的总盐浓度，而不表示当时溶液中各个大量元素和微量元素的浓度。因此，要定期进行化学分析，一般大量元素（N、P、K、Ca、Mg、S）是每 2～3 周分析一次，微量元素（Cl、B、Cu、Fe、Mn、Mo、Zn）是每 4～6 周分析一次，然后根据分析结果进行调整。

一些缺乏化学分析手段的无土栽培生产者，也可采用以下方法来管理营养液：第 1 周使用新配制的营养液，在第 1 周末添加原始配方营养液的一半，在第 2 周末把营养液罐中所剩余的营养液全部倒掉，从第 3 周开始再重新配制新的营养液，并重复以上过程。这种管理方法非常简单，可参照应用。

尽管开放式无土栽培系统中营养液不需进行监测，但栽培基质则需进行监测。当灌溉水中盐度较高或无土栽培系统设置在高温、强日照地区时，生长基质的监测就尤其重要。为了防止基质中盐的累积，每次灌溉时都应有一小部分（20%）的营养液从栽培床中排出。如果从栽培床中排出液的盐浓度达到 3 000mg/L 或更高时，则必须利用清水来灌溉栽培床进行洗盐。

4. 营养液的增氧措施　蔬菜作物根系发育需要有足够的氧气供给，虽然无土栽培显著地改善了作物的根系环境条件，但在纯营养液栽培时，如处理不当，也易产生缺氧，影响根系和地上部分的正常生长发育。

在营养液循环栽培系统中，根系呼吸作用所需的氧气主要来自溶解于营养液中的氧。增氧措施主要是利用机械和物理的方法来增加营养液与空气的接触机会，增加氧在营养液中的扩散能力，从而提高营养液中氧气的含量。

常用的加氧方法有水位落差、喷雾、搅拌、输入压缩空气四种。

夏天气温高，可以将营养液池建在地下来降低营养液的温度以增加溶氧量。另外，也可以降低营养液的浓度来增加溶氧量。有试验证明，每降低电导度 0.25mS/cm，约可增加氧量 0.1mg/L。

在固体基质的无土栽培中，为了保持基质中有充足的空气，除了应选用合适的基质种类外，还应避免基质积水。通常应保持基质湿度在 6～40kPa 范围内，以利根系的正常生长。

（蒋卫杰）

第八节　软化设施和场地

中国蔬菜软化栽培设施或场地的类型，依据建筑物的不同，可以概括为地上式场地和地下式场地两种。

地上式设施、场地：蔬菜作物生长的前期，是在露地条件下生长，到了生长后期，或进行软化时，就地进行培土，或利用瓦盆、草帘、黑色薄膜、稻草、马粪等物覆盖遮光进行软化栽培。利用的设施有塑料棚、阳畦、温床、改良阳畦、稻草垄、马粪槽、温室、暖窖等。

地下式设施、场地：大多是把露地培养的健壮的蔬菜植株、根株、鳞茎掘起，进行整理之后，密集地囤栽在地下井窖、地窖、菜窖、窖洞内，利用其较稳定的温度，或补充加温，在黑暗环境下进行软化栽培。

上述各种软化场地多数是历代中国农民因地制宜创造、利用的，曾为增加市场蔬菜供应，尤其是冬春季节的供应起到重要作用，有一些软化栽培设施至今仍有应用。目前，生产软化蔬菜产品的设施主要是塑料棚和日光温室。

（一）覆土软化　秋季阳畦芹菜或早春风障、阳畦韭菜的栽培期间，随其植株生长，分期进行覆土。当植株达到一定高度后，每生长 3～4cm 高时，即覆土 2～3cm 厚，覆土 3～5 次，使韭菜具有 10cm 左右长度的韭白（白色叶鞘），芹菜具有 15～20cm 长度的白色叶柄。大葱的培土软化，亦属此类。

（二）风障草苫软化　风障栽培的韭菜，在冬春覆盖草苫或苇毛苫 7～8 层。白天晴天时揭苫，并在行间翻土、晒土增加土温，促进韭菜生长。晚间要盖苫保温、防寒。阴天、雪天不揭苫。韭菜盖苫后要分期覆土，每当韭菜叶长出地面 2～3cm 时覆土 1 次，逐渐使韭菜行成为小土垄，全期共培土 4 次，最后韭菜长出垄面 3～4cm 时收割，韭菜的总长度为 13～18cm。

山东寿光等地冬季曾利用风障草苫覆盖生产"四色韭菜"（叶鞘白色，叶片下部黄色，上部绿色，顶尖紫色），青嫩鲜美，风味浓厚，很受市场欢迎。

北京市南苑瀛海庄历史上曾盛行栽培的"敞韭"，是于小雪节前后在风障保护下的韭菜畦面上覆盖 30～50cm 厚的麦糠。由冬至节开始，白天风障前气温不低于 5℃ 时，敞开麦糠晒韭菜。夜间再把麦糠覆盖在畦面上。当麦糠外气温为 −17～−8℃ 时，麦糠内地表温度为 4～7℃。因此，韭菜可以在麦糠下生长，到春节时可以收获。这种栽培方式称为敞韭栽培，产品名为"五色韭"，色美、味香。但栽培管理费工，目前已少有栽培。

（三）马粪槽软化　于初冬将已经开始发酵的马粪平铺在韭畦表面上，用以提高畦温，促使韭菜根株萌芽。然后在韭菜垄的两侧培成马粪槽，槽顶上扣瓦片，并用马粪密封，使韭菜软化生长成叶片卷曲的韭黄。河南省洛阳市郊区，在立冬开始铺粪，使畦内土温提高到 20℃，经 3～4d 后，培槽子，扣瓦片，槽内温度在 15～25℃ 之间，经过 20 多 d 即可收割（图 23-35）。

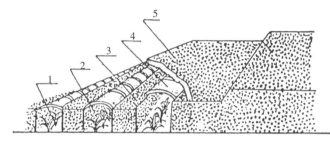

图 23-35　马粪槽软化韭菜
1. 韭黄　2. 槽子　3. 马粪　4. 盖瓦　5. 瓦上覆盖的马粪
（洛阳市农业科学研究所，1982）

（四）瓦盆软化　春、夏两季将一丛丛的韭菜根株用长筒形瓦盆（高 30～35cm、直径 15～20cm）白天严密扣盖，夜晚揭开通风，就地软化。天津、河南、甘肃等地曾有栽培。河南省洛阳市郊区，自立夏开始用瓦盆扣韭，经 20 多 d 可以收割一次韭黄，能够连续收割 2～3 次（图 23-36）。

（五）稻草垄软化　四川省成都市郊区，早春在韭菜垄的两侧用稻草栅子搭成三角形黑暗垄生产韭黄（图 23-37）。

图 23-36　瓦盆软化韭菜
（引自：《蔬菜栽培学》，1961）

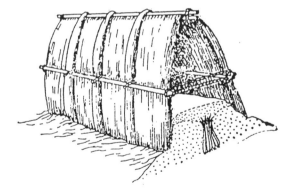

图 23-37　稻草垄软化韭菜
（引自《蔬菜栽培学》，1961）

（六）假植软化　北京、天津市郊区秋冬季利用阳畦进行假植软化栽培。秋季在露地栽培的白菜、花叶生菜（苦苣）等，于小雪前后将植株掘起，密密的囤集在阳畦内，保持 0℃ 以上的低温，夜晚盖席防寒，使成株在阳畦贮存的条件下缓慢生长，并借助密集的条件进行软化，故称假植软化。经过一个多月而长成叶绿、帮白、心黄的白菜或淡绿、黄、紫花心的花叶生菜，不但成品鲜艳美观，而且风味浓厚。把成捆的干葱紧密地囤集在阳畦内，返青后，由于盖席遮光，生长成的产品称为"羊角葱"。其叶呈黄色，叶鞘呈白色，风味更佳。

（七）窖式软化 即利用井窖、地窖、窑洞等场地生产韭黄、蒜黄等。

1. 井窖 在地下水位低、土质黏重的地区，可以挖成圆筒形或长方形井窖，用窖底做栽培床，囤栽韭菜、蒜等。有些地区可利用枯水井或甘薯窖及贮存窖等进行生产。河北省保定市的井窖温度可达 10℃以上，栽培韭菜、大蒜后，经过一个多月的时间即可收获韭黄或蒜黄。

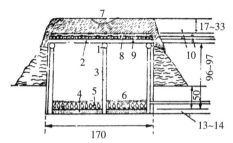

图 23 - 38 地窖（单位：cm）

1. 梁 2. 檩条 3. 柱子 4. 园田土 5. 蒜种
6. 覆土 7. 马粪 8. 稻草 9. 高粱箔
（引自：《蔬菜栽培学》，1961）

2. 地窖 大面积生产韭黄、蒜黄，可用地下式或地上式的地窖，以及半地下式的地窖。地窖的式样类似白菜窖、甘薯贮藏窖（图 23 - 38）。

地窖的顶部要密封，并在顶部加盖一些防寒物，如麦秸、豆秸、碎稻草等，使窖内温度能保持 15～25℃，促使窖内韭菜根株、大蒜鳞茎栽培后 20～25d 后能够开始收割韭黄和蒜黄。为使窖内温度、湿度容易控制，必须注意选择窖址，夏、秋季宜选阴凉高燥之地，冬、春季宜选背风向阳、地下水位较高的地方。窖顶覆盖的防寒物的厚度应依当地的气候条件而定。

3. 窑洞 在黄土高原、丘陵地带，利用山坡、断崖等地形，借助深厚的黄土挖成拱圆形窑洞，生产韭黄、蒜黄。山西、陕西等省均有栽培。

窑洞冬季栽培韭菜，由于窑洞处在深厚的黄土层下，容易保温、遮光，洞内温度变化小，便于保持湿度，适于韭菜软化栽培。窑洞的构造比温室简单，设备也简易，建造很省工，能够使用 60～70 年，因此生产成本较低。

为使窑洞坚固，必须选择土层厚、质地黏重的土壤。为避免西北风侵袭而影响洞内温度，窑洞宜坐北朝南，或坐西朝东。

窑洞挖成拱圆形，高和底部的宽度要有一定比例，洞身才能坚固不塌。一般窑洞的洞口既高又宽，洞身要低和窄，这样窑洞更牢固，洞内有煤气也容易排出。一般窑洞底宽 2.65～3.3m，拱高 1.65～2.35m，洞身长度依地势和需要而定，一般短的 10～13m，长则 30 多 m。窑洞只留一个门出入，窑口用砖泥砌起，不使透光。进入洞口内是管理室，靠洞口的一角是火炕，紧接火炕用砖砌成火炉，火炉的烟筒通过火炕，由洞口的烟道排出洞外。在管理室与栽培床之间用砖砌成 1m 高的矮墙，防止开洞门时冷风直接吹入。洞内地面的中央留出一条 30～35cm 宽的走道（作业道），两边为栽培床，床约低于走道 10cm，四周用砖砌成池。为便于栽培管理，栽培床每间隔 1.6～2.0m 砌成一个小池，各为一个栽培小区。栽培床底应铺 25～30cm 厚的炉灰渣，以利灌水、排水。炉渣要夯实，才能够使用多年。

窑洞内温度容易保持，温度变化较小，洞内气温经常在 15℃左右，地温在 16℃左右。一般囤韭后 25d 左右即可开始收割，一茬韭根可以收割 4 次以上。

（八）温室软化 传统用于软化栽培的温室为土温室，可栽培青韭、韭黄和蒜黄。近年，日光温室已成为生产蒜黄、青蒜、青韭等产品的主要设施之一。

1. 土温室的构造 土温室三面是土墙（或砖墙），南面是直立的纸窗（或玻璃、薄膜窗），窗子用蒲席直立覆盖。屋顶为土屋顶。一般三间为一栋，坐北朝南。门设立在中间。门内中间室设炉灶一个，多为明火加温，不设烟囱。每间温室东西长 3.0～3.3m，南北宽 5～6.3m。温室的高矮依栽培的蔬菜种类不同而有区别。如蒜黄软化需要的温度较高，为便于保温，温室宜矮，一般前柱高 1.8m，后柱高 1m 左右，屋顶向北倾斜，南面窗子直立。为了操作方便，韭菜温室一般前檐较高，屋顶坡度较大。前柱高 2.0～2.5m，后柱高 1.0～1.2m。

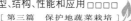
但目前多采用蒜黄温室的构造，既可生产青蒜、蒜黄，也可以生产青韭、韭黄。

2. 土温室的效应　土温室的热源主要依靠人工加温，因为室内不需要强光，甚至不要光，所以窗子多采用不透明或半透明的纸窗，因而，土温室的防寒、保温尤为重要。屋顶、土墙都应加厚。为防止漏雨，屋顶应铺设油毡或旧薄膜。土墙的厚度应不少于 60cm，在寒冷地区更应加厚。因为土温室的明火炉灶多设在温室的中部，如果北墙薄，则靠近北墙的韭菜根株由于温度低而生长缓慢。同时，韭菜叶片上结露后，不易干，容易腐烂。土温室宽而矮，栽培床设在地表下，室内气温、地温比较稳定，温差较小，容易保温。北京地区土温室的气温经常保持在 25℃左右，为了促进生长，夜间温度还要比白天高 1～3℃；地温保持在 16℃左右，不宜高于 20℃，否则由于温度升高极易烂根。当地温超过适温时，应及时灌水降温。室内空气相对湿度应保持在 75％～80％。湿度过高容易腐烂，过低容易干叶或干尖。利用土温室栽培韭黄、蒜黄，应在栽培床上覆盖不透明的覆盖物进行遮光。生产青韭、青蒜则不需覆盖。

近年，韭黄、蒜黄生产已多在日光温室内进行，但必须采取相应的遮光措施。

（祝　旅）

（本章主编：张福墡）

◆ **主要参考文献**

［1］ 北京农业大学．蔬菜栽培学·保护地栽培（第二版）．北京：农业出版社，1987

［2］ 蔬菜卷编辑委员会．中国农业百科全书·蔬菜卷．北京：农业出版社，1990

［3］ 张福墡主编．设施园艺学．北京：中国农业大学出版社，2002

［4］ 王瑞环．蔬菜薄膜设施栽培．石家庄：河北科学技术出版社，1992

［5］ 安志信等．蔬菜的大棚建造和栽培技术．天津：天津科学技术出版社，1989

［6］ 李式军．蔬菜遮阳网无纺布防雨棚覆盖栽培技术．北京：农业出版社，1993

［7］ 张真和，李建伟．遮阳网覆盖技术的开发与推广．中国蔬菜，1992（3）：38～40

［8］ 许一鸣等．遮阳网在夏季小白菜生产上的应用．中国蔬菜，1992（3）：44～45

［9］ 张振武等．保护地蔬菜栽培技术．北京：高等教育出版社，1995

［10］ 孙可群．温室建筑与温室植物生态．北京：中国林业出版社，1982

［11］ 张真和等．高效节能日光温室园艺．北京：中国农业出版社，1995

［12］ 安志信等．蔬菜节能日光温室的建造及栽培技术．天津：天津科学技术出版社，1994

［13］ 李天来等．日光温室和大棚蔬菜栽培．北京：中国农业出版社，1997

［14］ 陈贵林等．大棚日光温室稀特蔬菜栽培技术．北京：金盾出版社，2000

［15］ 安志信等．温室发展进程初释．农业工程学报，1990（2）：22～25

［16］ 王惠永．我国设施园艺生产概况．农业工程学报，1995（增刊）：120～125

［17］ 冯广和．我国设施农业的现状与发展趋势．农业工程学报，1995（增刊）：115～119

［18］ 张福墡等．面向 21 世纪的中国设施园艺工程．农业工程学报，1995（增刊）：109～114

［19］ J. J. 哈南等．郑光华等译．温室管理．北京：科学出版社，1984

［20］ 贡月玲等．几种不同形式的温室保温覆盖卷帘机．农村实用工程技术．2000（4）：10～11

［21］ 张真和等．我国设施蔬菜产业的发展态势及可持续发展对策探讨．沈阳农业大学学报，2000（1）：4～8

［22］ 李天来．论我国设施蔬菜产业可持续发展中应注意的几个问题．沈阳农业大学学报，2000（1）：9～14

［23］ 杨延杰等．番茄长季节栽培日光温室内 CO_2 浓度变化的分析．沈阳农业大学学报，2000（1）：82～85

［24］ 蔡象元主编．现代蔬菜温室设施和管理．上海：上海科学技术出版社，2000

［25］ 郭世荣主编．无土栽培学．北京：中国农业出版社，2003

［26］ 郑光华，汪浩，李文田．蔬菜花卉无土栽培技术．上海：上海科学技术出版社，1990

［27］ A. Cooper. Nufrient Film Technique. London：Grower Books

［28］ 蒋卫杰，郑光华，刘伟．有机生态型无土栽培技术．中国蔬菜，1997（3）：53～54

第二十四章

温室和塑料棚设计

第一节　总体设计

　　温室、塑料棚与一般的工业及民用建筑不同，有它特殊的要求。一方面，它必须基本满足蔬菜作物生长、发育对环境条件的要求，并能获得优质、高产。这就要求建筑结构和材料的选用能保证白天充分利用太阳光能，获取最大量的光和热，夜间具有良好的保温性能，并在其环境条件不适合蔬菜生长发育时，温室、塑料棚的结构及具有的设备能不同程度地起到调节作用；另一方面，又要求温室、塑料棚具有一定的抗御风、雪、冰雹、暴雨等自然灾害的能力；第三，温室、塑料棚的生产主体是农民，生产的又是农产品，所以，要求尽量降低建造费用和生产费用。由此看来，在建造温室和塑料棚之前，尤其是建造大型连栋温室之前，必须在明确功能定位的基础上，根据当地的气候条件、市场需求及资金状况等，在立项前进行广泛的调查研究，经过多种方案的比较，方可选定温室或塑料棚的类型、规模、覆盖材料以及内部各种设备的配置等。

　　对基本确定采用的方案要提出总体方案设计，写出可行性论证报告，请专家进行论证，认为可行后，再进行工程设计和施工。

　　温室、塑料棚是蔬菜保护地栽培中的一项基本建设工程设施，其一次性投资和建成后的运行费用较高，应着重在市场需求预测、服务半径、人才资源、能源、成本测算、利润测算、环境调控水平等方面进行周密调研，以求工程建成之后，体现社会效益与经济效益的协调。

　　如前所述，温室、塑料棚蔬菜的生产过程，是农业建筑设施、蔬菜作物和设施内小气候环境三者之间的协调统一的过程。因此，在进行工程设计时，必须做到工程设计人员与蔬菜种植技术人员、农业气象专家三方之间的密切配合和协调，并根据所在地区的自然条件、地理位置和周围环境，选择适宜的场地，进行合理的布局和设施选型，尽力做到既能满足作物生长发育所需要的环境条件，又能降低建设投资，减少风、雪、雨、雹等危害，节约生产费用。

一、场地的选择

　　光是植物进行光合作用的必要因素，也是温室、塑料棚所需热能的主要来源。为了获得最佳的光照条件，建造温室、塑料棚的场地应该是平坦或坡度在10°以下、向南的缓坡地，且开阔。这些地方每天的受光时间早，日照时间长，早春季节地温回升快。

　　建造温室、塑料棚应选择肥沃、土层较厚、地下水位较低、排水良好的沙壤土地块。地下水位高、排水困难、土壤盐碱化程度较高的黏土地则不宜建造温室、塑料棚。至于无土栽培，则另当别论。

温室、塑料棚的栽培面积一般都比较大而集中，用水量较大，尤其是灌溉用水，应提倡采用节水灌溉技术；大型连栋温室的供热系统用水量也比较大，而且对水质有一定要求；降温系统用水，要求水中矿物质含量少，水硬度低。因此，场地应选择在水资源比较丰富，水质良好的地方，否则，需有集水措施和水处理设施。

温室、塑料棚的形体都比较大，而且有一定的规模。它们的结构多为轻钢结构，容易遭受灾害性气候的袭击而受损。应选择避风或迎风面有屏障的地形，确保温室、塑料棚的安全生产，但必须以不影响温室、塑料棚的采光为前提。此外，自然界的风对温室、塑料棚内的小气候影响很大，适宜的风速有利于通风换气，降低室内湿度，补充二氧化碳；而在寒冷季节，风又会增加温室、塑料棚表面的散热速度，增加燃料消耗或对蔬菜作物造成冻害。因此，应调查当地的气象资料，对其风向、风速的季节性变化作全面的了解，并提出对策和解决措施。如避免在山口、峡谷、风口地区建设温室、塑料棚；沿海地区避开易受台风袭击的地方，以减少损失。在可能的情况下，还要考虑避开冰雹带。

不能在高压走廊下建造温室、塑料棚，以保障人身和设施安全。

场地的选择必须考虑到土壤、水源、空气受污染的情况。因此，在有污染物排放且没有得到有效治理的工矿企业附近（如化工厂、金属制造厂、造纸厂、水泥厂、电镀厂等），特别是这些工厂的下风地带或河道下游，不能建造温室、塑料棚。

由于温室、塑料棚属于常年使用的生产设施，生产者几乎每天要在温室、塑料棚内进行生产管理，为了便利生产、方便生活，温室、塑料棚宜建在居住区的附近；为便于生产过程中大量的物料和产品的运输，周围应有良好的交通进出通道；在生产产品的服务半径内要有便捷的交通网络（包括公路、铁路、航空或海上运输等），但又必须远离主要交通干道100m以上，避免遭受机动车尾气污染。

温室、塑料棚的用电必须给予足够的重视，尤其是大型连栋温室。要考虑电力供给和线路架设；附近若已有供电设施，要考虑其容量必须满足温室、塑料棚的最大需电量。在可能的情况下，要准备双路供电，以防在关键时刻由于停电造成夏季降温系统和冬季供暖系统停止运转，导致生产严重受损。自备临时发电设备有时是必要的。

在有条件的地方，应充分利用当地的自然资源，如利用风力资源、地热资源或工厂余热等给温室供热，以最大限度地降低温室的运行能耗费用，降低温室产品的生产成本，提高市场竞争力。但地热水的利用要注意废水的排放，因一些地热水中含氟量较高，不要由此对地表水产生新的污染。风力资源的利用也要与温室的结构承载和加温能耗通盘考虑，不可偏废。

从宏观考虑，严寒地带不宜建造温室。这是因为一方面要增加保温与加温设施的投资，另一方面，将大幅度提高生产运行时的能耗，使经济效益下降。所以，应根据国家或地方制定的农业生产区域规划，选择温室生产适宜地带发展设施农业，利用资源优势，协调好当地生产与外地产品调入的关系，达到社会资源的合理分配和利用。

对于大型连栋温室，还必须注意场地的地基基础、土壤承载能力的调查和勘测，将温室建设在地基承载能力较好的地段，一方面可降低基础建设成本，另一方面也可防止温室建成后由于基础下沉、滑坡或局部坍塌导致整个结构破坏，造成难以弥补的损失。

二、布　　局

生产性建筑与辅助性建筑的布局合理与否，主要体现在既能较好地满足生产所需的功能要求，又能比较合理地利用土地资源。对温室、塑料棚的布局，主要是考虑采光和通风。南北延长的温室或塑料棚左右间的距离大致为檐高的 0.8～1.5 倍，纬度越高，采用的倍数越大。东西延长的日光温室或塑料棚的前后排间距以不产生主要采光时段遮光为准，其间距（x）应在脊高或后墙高（h）的投影

处，即 $x=hctg\theta$，这里的 θ 是冬至时当地中午的太阳高度角。在高纬度地区，x 值大致为脊高＋草苫卷高的 2～2.5 倍，或墙高的 3 倍以上。

大型连栋温室的布局需综合考虑，既有生产性建筑，又有辅助性建筑，诸如栽培温室、育苗温室、管理间、作业间、化验室、配电室、锅炉房、泵房、储藏室、冷藏库、包装车间、水处理间等。在现代化育苗温室中，还设有组培室、播种车间、催芽室、基质处理车间、化学药品库（化肥、农药、消毒药剂、组织培养基）等。可采取以种植区为中心的对称式排列，也可采取平行式排列。也有将种植区放在南部，辅助间设在北侧的布置方式，要因地制宜，但育苗温室应尽量居中建造。

锅炉房的设置不要离温室太远，以减少管路的建设投资，降低热损失。还要避免将锅炉房建在上风口，造成烟尘对温室、塑料棚采光面的污染。锅炉房旁边要有足够的堆煤和存放灰渣的场地，并要有遮盖设施，以免污染周围环境。

运输路线应尽量避免从温室之间穿梭。主干道路宽一般为 6m 左右。路的两边可种植灌木、草坪等，以改善环境，但不得在邻近温室周围种植太高大的树木，以免影响温室采光。

三、方　　位

方位是指温室、塑料棚的屋脊延长的方向（或走向）。

方位与采光有着密切的关系。温室、塑料棚内光照的强弱、其平面分布和空间垂直分布，除了与温室、塑料棚结构形式及覆盖材料的不同有关以外，主要取决于方位。根据模型计算，中高纬度地区冬季温室透光率的排序依次为：东西单栋＞东西连栋＞南北单栋＞南北连栋。在中纬度地区的冬季，东西延长的温室，其透光率比南北延长的高 12％左右；在北纬 52.5°的高纬度地区，自 10 月上旬至翌年 3 月中旬，东西延长的透光率较南北延长的高 5％～25％。

但是，南北延长的温室、塑料棚，其透光率的分布是床面中央高，东西侧墙附近低约 10％。上午东部受光较好，下午西部受光较好，就日平均而言，受光基本相等，温室、塑料棚内不产生"死阴影"。东西延长的温室，由于屋脊、天沟等主要水平结构在温室内会有阴影弱光带，透光率最大与最小的差值可能达到 40％。在纬度较高地区建造温室、塑料棚时，宜采用东西方向延长，特别是单屋面温室更应如此。对于连栋温室，南北延长与东西延长的温室没有明显差异，它的朝向主要根据所在地块的具体条件来决定。以春、夏、秋季生产为主的塑料棚，则以采用南北向延长为好。

中国节能日光温室主要分布在北纬 33°～43°之间和北纬 44°～46°的山区逆温带，多在秋、冬、春三季使用，其中关键是 11 月至翌年 3 月，其光照和温度条件必须符合喜温蔬菜生长发育的需要。北方地区冬季太阳高度角低，光照时间短，这对蔬菜生产是非常不利的。为了更多地获得阳光，所以温室均坐北朝南，东西走向延长。当太阳光线与温室东西延长线垂直时，投入室内的光线最多，强度最大，温度上升也最快，对作物光合作用最有利。作物上午的光合作用较强。温室方位如向南偏东 5°～10°，即可在上午提早 20～40min 接收到太阳的直射光，无疑对蔬菜生长有利。但在高纬度地区（北纬 40°以北）冬季早晨外界温度很低，日出后不能立即揭开草苫见光，温室的方位可采用南偏西方位，以更多地利用下午的阳光蓄热。对于冬季不太冷的地区，温室方位应采用南偏东方位，以充分利用上午的阳光。温室方位可偏东或偏西 5°～10°，不宜超过 10°。

四、结构和总体尺寸的确定

温室、塑料棚的结构、类型众多，性能各异，采用何种类型、结构及尺寸需根据用途而定。

（一）单屋面温室　单屋面温室，尤其是日光温室仍是中国现时占主导地位的温室类型。这里重点介绍节能日光温室的结构和总体尺寸。

1. 宽度 温室的宽度，又叫跨度，指温室前底脚至后墙内侧之间的距离，它的大小涉及一系列问题。适宜的宽度和温室脊高相结合，可以保证屋面有较合理的采光角度。如宽度过大，虽然栽培面积增加，但会影响通风效果，夏天不易降温，也使温室南北向水平温差加大，屋架和覆盖保温用的草苫也需增长，加大重量，造成卷放不便。过大的宽度和脊高，使保温比（室内水平面积/覆盖表面积）变小，不利于保温且增加温室造价。温室宽度的确定与温室所在地的纬度有关，在北纬40°以上及冬季最低气温经常在$-20℃$以下的地区，一般以$5.5\sim6m$为宜；北纬$35°\sim40°$地区为$6\sim7m$；北纬35°以南地区，可在$7\sim8m$以上，但不宜超过10m。

2. 南北屋面角度 一般所说的南屋面角，是指塑料薄膜采光面与地平面的夹角。选择一个适宜的屋面角度，对于光的吸收具有重要意义。当温室前屋面角度增大到与太阳直射光垂直时，即入射角为0°时，温室的透光率最高，此时的温室前屋面角度称理想屋面角（α_0）。正午时刻温室前屋面的理想屋面角可用$\alpha_0=\varphi-\delta$来计算（φ为地理纬度，δ为太阳赤纬）。实验证明，只要直射光线的入射角小于40°，就可以保证温室有较大的透光率。在一定范围内，增大这个角度会增加温室的透光率。阳光照射到温室的采光面上，有一部分被采光材料吸收，一部分被反射掉，大部分透过塑料薄膜进入室内。而光线的透过率大小，直接与光线和采光面的入射角有关。实际上，太阳光线与温室采光面的法线构成的入射角既决定于太阳的高度角，又决定于屋面角的大小。而太阳高度角是随着纬度、季节和时间时刻变化着的，所以，入射角是随时变动的。设计日光温室的南屋面角度时，以使透入室内的阳光最多为目的，计算出优化的屋面角度。徐师华、罗中岭（1974）计算了向南倾斜不同角度的平面在冬至、夏至、春分、秋分日的日射（太阳辐射）系数，指出：向南倾斜角度大的，冬季接收辐射较多且最佳倾角随纬度升高而加大。也就是说，高纬度地区冬季利用的日光温室倾角较大时受热最多。另据测定，温室前屋面角度在合理的范围之内（即$\alpha\geqslant90°-H-40°$，α为温室前屋面角度，H为太阳高度角），对透光率的影响不大。但当温室前屋面角度小于合理角度时，其角度每减小1°，透光率可减少$0.5\%\sim1.0\%$。而且当冬至日光温室前屋面角度在$30°\sim40°$之间时，每减小1°，日光温室前屋面上日平均太阳辐射减少$1.0\%\sim1.2\%$；而当温室前屋面角度在$20°\sim30°$之间时，每减小1°，则太阳辐射能减少$1.4\%\sim1.7\%$。一般温室跨度为6m时，每增加1m，温室前屋面角度大致减小4°。当温室前屋面角度不合理时，跨度每增加1m，透光率就会减少$2\%\sim4\%$，太阳辐射能会减少$6\%\sim7\%$。但是，屋面角也不是愈大愈好，如在其他条件相同的情况下，屋面角愈大，则栽培床面积相对愈小；如要加大栽培床的面积，就要加高温室高度。所以，要结合温室的整体结构、造型以及使用面积、空间大小等因素综合考虑。一般来说，在北纬40°以南地区，一斜一立的日光温室采光屋面角度应保持$23°\sim25°$；北纬40°以北地区应保持25°以上。拱圆形日光温室南屋面底脚处的切线角应保持30°，拱架上段南端起点处切线角应保持20°左右。可供参考的合理屋面角设计参数见表24-1。

表24-1 不同纬度合理采光屋面角设计

北纬	H_0	h_{10}	α_0	$50°-h_{10}$	α	$\alpha-\alpha_0$
32°	34.5°	27.53°	15.5°	22.47°	26.19°	10.69°
33°	33.5°	26.67°	16.5°	23.33°	27.21°	10.71°
34°	32.5°	25.81°	17.5°	24.19°	28.24°	10.74°
35°	31.5°	24.94°	18.5°	25.05°	29.27°	10.77°
36°	30.5°	24.09°	19.5°	25.91°	30.30°	10.80°
37°	29.5°	23.22°	20.5°	26.78°	31.35°	10.85°
38°	28.5°	22.35°	21.5°	27.65°	32.40°	10.90°
39°	27.5°	21.49°	22.5°	28.51°	33.45°	10.95°

（续）

北纬	H_0	h_{10}	α_0	$50° - h_{10}$	α	$\alpha - \alpha_0$
40°	26.5°	20.61°	23.5°	29.39°	34.52°	11.02°
41°	25.5°	19.74°	24.5°	30.26°	35.58°	11.08°
42°	24.5°	18.87°	25.5°	31.13°	36.65°	11.15°
43°	23.5°	17.99°	26.5°	32.01°	37.74°	11.24°

注：1. 表中的 H_0 为冬至日太阳高度角；h_{10} 为冬至日上午 10 时太阳高度角；α_0 为合理采光屋面角；$50° - h_{10}$ 为修正冬至日上午 10 时太阳高度角降低后的合理屋面角；α 为合理采光时段屋面角；$\alpha - \alpha_0$ 为合理采光时段屋面角与合理采光屋面角之差。

2. 引自张真和主编《高效节能日光温室——蔬菜、果蔬、花卉新技术》，1995。

对于冬季日照百分率较高的地区，如东北、西北和华北北部地区，为了提高日光温室对光的利用率，其采光屋面角只要比合理采光屋面角大 5°～7°即可，不一定非要求达到合理采光时段屋面角大小。

日光温室后屋面的角度，决定于屋脊和后墙的高差及后屋面水平投影的长度。若脊高和后屋面的水平投影长度已定，则后墙愈矮的，后屋面角度愈大，反之则愈小。后屋面角度大于当地冬至日太阳高度角时，可使其在冬至前后中午阳光直射，这样的后屋面及后墙既可吸收、贮存热量，又可向温室北部地面和作物反射光线，增加光照。为了能够在冬至前后较长时间内起到这种作用，后屋面的仰角最好大于当地冬至日太阳高度角 7°。

3. 高度　温室高度是指屋脊到地面的垂直高度。宽度相等的温室，高度不同，将直接影响到采光性能、室内空间的大小和保温比。高度越高，则温室空间越大，热容量也加大，可增加前屋面的采光角度，有利于采光。但空间过大，则保温比变小，保温效果差。高度偏矮首先使前屋面角度变小，减少了太阳光的入射量，冬季温度上不去，虽然保温比增加，但若无温可保，那么这种温室的使用效果就很不理想。各地的经验证明，对于 6m 宽日光温室的脊高，以 2.8～3.0m 为宜，7m 宽度的日光温室脊高以 3.3～3.5m 为宜。

4. 长度　温室的长度以 50～60m 为宜，过长易造成通风不良，同时也给管理带来不便。

5. 墙体和后屋面的厚度　高效节能日光温室的墙体和后屋面的作用除了承重和隔热外，还能蓄热，即白天蓄热，夜间放热，使室内空气和土壤保持较高的温度，从而提高了温室的使用效率。

墙体和后屋面的保温、蓄热能力与建筑用材及厚度有关。墙体一般设计、构筑异质复合墙壁，内层要选择蓄热系数大的建筑材料，同时依据当地的建材、冬季外界温度状况、蔬菜作物需要的室温等因素，确定后墙的厚度。据陈端生（1990）调查测定，北京市平谷县 50cm 厚"干打垒"后墙，白天和夜间均为吸热体，而在辽宁省鞍山地区总厚度为 48cm 的空心夹层砖墙（自室内向外顺序为：砖12cm－充填珍珠岩 12cm－砖 24cm），白天为吸热体，而在温室的降温阶段，墙体内侧向室内释放热量。张振武等（1990）在辽宁省瓦房店对当地琴弦式（属于一斜一立式）日光温室后墙体不同水平位置所作的观测结果证明：厚度为 50cm 毛石砌体与 1.5m 厚的外培防寒土构成的异质复合墙壁，自内表至 50cm 以内的墙体白天吸热，夜间放热，对温室蓄热、放热作用明显。防寒土外测 50cm 厚土层的温度，昼夜变化也很明显；其中间 1m 左右部分，昼夜温度几乎恒定不变。这表明墙体加厚，热阻加大确能减少贯流放热量，且内墙体因选用蓄热能力强的材料，白天可以大量蓄热而成为夜间的热源。据调查，在北纬 35°左右的江淮平原和华北平原南部，土墙厚度以 0.8～1.0m 为宜；北纬 40°左右的华北平原北部和辽宁省南部地区，墙体厚度（包括防寒土）以 1.0～1.5m 厚为宜。

关于后屋面的厚度，也因使用的建筑材料的不同而有差异。对于高效节能日光温室来说，若采用保温性能好的秸秆、草泥、稻壳、高粱壳、玉米皮等组成的异质复合后屋面，则总厚度宜在 40～70cm 之间，低纬度地区可以薄些，高纬度地区应厚些。

6. 后屋面水平投影长度 在日光温室设计中，后屋面是必须引起注意的，它的作用不仅仅是为保温，而且也有一定的蓄热和放热的作用。因为后屋面的长度与其倾角有关，因此，多用后屋面的水平投影长度来作为设计的依据。由于后屋面的传热系数远比前屋面小，所以后屋面较长的温室白天升温较慢，夜间降温也较慢，清晨揭开草苫前的温度稍高些；反之，短后屋面的温室，白天升温较快，夜间降温也快，揭开草苫前的温度稍低些。因此，北纬 40°以北地区 6m 宽度的日光温室，后屋面不宜太短，其水平投影长度不宜少于 1.5m；北纬 40°以南地区 7m 宽度的日光温室一般不宜少于 1.2m。

（二）塑料大棚 生产上应用的多为单栋塑料大棚，每个大棚的面积为 340～670m²。建造大棚的材料差异较大，材料的质量好，可以建得高大一些，材料差则小一些。较高的大棚，棚内的小气候条件相对比较低的大棚要好些，也便于生产管理和机械化作业，但是受风寒威胁也较大，早春升温较慢。高度低了，管理不便，通风换气困难，不利于作物生长。

1. 高度 在棚内，蔬菜作物生长的最高点距棚顶应有 60cm 的间距，以利于空气流通，不易形成滞留的热气团而促使作物早衰或发生病害。竹木结构的大棚，棚高一般为 1.8～2.5m；焊接钢结构大棚，棚高为 2.8～3.0m；热浸镀锌钢管装配式大棚，棚高为 2.5～3.0m。塑料大棚的肩高一般不应小于 1m，否则对种植高秧蔬菜有影响，作业也不方便。如肩高太高，则棚顶较平坦，对棚架受力不利。大棚肩部拐弯处要形成自然弧形，切忌出现棱角，否则不但易造成骨架在此处断裂，而且此处薄膜易破裂。

塑料大棚的高度和宽度应有一定的比例，如棚的宽度过大，高度就要相应增加。竹木结构有柱大棚各排立柱的高差为 20～30cm，使拱杆保持较大弧度，有利排水和加强拱杆的支撑力。

2. 长度和宽度 塑料大棚的全长以 40～60m 为宜，最长不超过 100m，太长了管理不便。

塑料大棚的宽度是设计建造大棚的一个关键问题。在棚的高度已确定的情况下，如宽度太大，大棚棚面宽，则棚顶平坦，通风不良，易结存雪或雨水，增加了棚顶荷重，易引发倒塌事故。此外，宽度太大，高宽比则小，骨架拱杆受力情况变坏，抗载能力会明显下降。不然，就要增加棚内立柱而影响操作管理和光照。根据多年的经验及设计计算表明，大棚的宽度一般为高度的 2.5～4 倍。焊接钢结构大棚，一般宽度为 8～13m；热浸镀锌钢管装配式大棚，宽度为 6～12m。

（三）双屋面连栋温室 双屋面连栋温室又称双屋面连跨温室。按覆盖材料的不同可分为塑料连栋温室和玻璃连栋温室。这类温室有两连栋、三连栋和多连栋等不同类型，它改善了单栋温室土地利用率低，温室表面积大，冬季散热量大，能源消耗高，室内温度均匀性差等缺点。

加温的温室使用热水供暖，其供热能力强，室内设备、设施配套齐全，能有效地控制温室内的小气候。用于生长蔬菜的温室以 3 000～5 000m² 为一个生产单元的居多，但也有大到 1～2hm² 或甚至更大的。用于科研的温室则小一些，一般温室建设规模在 1 000m² 以下，温室内每个隔间的面积在 100m² 左右。

大型连栋温室多采用热镀锌轻钢结构或铝合金承重，覆盖材料常用专用铝合金型材镶嵌，每跨之间用天沟（排水沟）连接，由立柱支撑。室内有供热保温、风机湿帘降温、室内外遮阳、灌溉施肥、营养液供给、CO₂施肥等设施，可采用自动化或半自动化管理。

连栋温室的每一单栋的宽度，为 3.2m 或 3.2m 的倍数，最大宽度为 12.8m。

温室开间规格尺寸为 3.0m、4.0m、4.5m 或 5.0m。

温室檐高规格尺寸为 3.0m、3.5m、4.0m 或 4.5m。

温室单体建筑尺寸应遵照上述跨度和开间模数，以及种植计划和栽培方式确定。自然通风温室，通风（跨度）方向尺寸不宜大于 40m，长度方向尺寸宜为 50～100m；机械通风温室进排气口之间的距离（温室宽度）宜在 30～50m，长度方向距离宜在 50～100m。

双坡面温室的屋面坡度一般为 1∶2 或 1∶2.5。

温室的总体结构尺寸，是根据单元结构尺寸，沿跨度和开间方向的组合。

（王松涛）

第二节　温室、塑料棚设计荷载

一、设计荷载类型

温室结构设计荷载是指施加在温室结构上的各种作用力，包括风、雪荷载，温室、塑料棚结构和覆盖材料自重、内部各种配套设备自重、作物荷载及施工荷载等。

有关温室荷载种类的界定，在欧洲、日本及美国等温室业发展较早的国家和地区，都在其温室荷载标准中给出了明确的分类，但彼此不尽相同。中国大型连栋温室蔬菜生产起步较晚，目前尚未形成温室结构荷载规范，有关荷载分类可参考国外相应规范并结合《建筑结构荷载规范》实施。

温室结构荷载按其时间上的变异性和出现的可能性可以划分为三大类，即永久荷载（恒载）、可变荷载（活载）和偶然荷载。

（一）永久荷载 G　又叫恒载，系指温室使用过程中其值不随时间而变化或其变化与均值相比可以忽略不计的荷载，主要包括：温室结构（包括柱、梁、屋架、檩条等）、屋面及墙面覆盖材料自重和永久性设备（包括加热设备、降温设备、遮阳系统、灌溉与施肥设备、通风设备、补光设备等）的自重。

（二）可变荷载 Q　又叫活载，系指温室使用过程中其值随时间而变化，且其变化与均值相比不能忽略的荷载，主要包括：作物荷载 Q_1、施工荷载 Q_2、可变设备荷载（室内吊车、屋面清洗设备等）Q_3、风载 Q_4 和雪载 Q_5。

对于可变荷载，美国 NGMA 标准将风载、雪载与其他可变荷载进一步区分开来。温室一般采用轻型钢结构，风载作用往往在温室设计中需要重点考虑。另外，由于温室一般配备加热系统，其外覆盖材料传热系数远大于一般的工业与民用建筑，因此其雪载往往有减小的趋势。以上是进行结构设计时温室与一般工业与民用建筑显著不同的地方。基于这几点，为突出重点和表述方便，在本节中也将风载和雪载分别从可变荷载中单列出来。

（三）偶然荷载　指在设计基准期内不一定出现，而一旦出现，其量值很大且持续时间很短的荷载，如地震、爆炸、撞击等。根据中国现阶段的社会经济状况，对于温室这种农业生产性建筑，在设计中一般可不考虑偶然荷载的作用。

二、荷载效应组合

温室结构设计应根据温室使用过程中在结构上可能同时出现的荷载，按承载力极限状态和正常使用极限状态分别进行荷载效应组合，并取各自的最不利组合进行设计，一般需要考虑以下几种基本的荷载组合工况：

（1）恒载 G；

（2）恒载 G＋活载（$Q_1＋Q_2＋Q_3$）；

（3）恒载 G＋风载 Q_4；

（4）恒载 G＋雪载 Q_5；

（5）恒载 G＋活载（$Q_1＋Q_2＋Q_3$）＋风载 Q_4；

（6）恒载 G＋活载（$Q_1＋Q_2＋Q_3$）＋雪载 Q_5；

（7）恒载 G＋风载 Q_4＋雪载 Q_5。

三、恒　载

作用在温室、塑料棚结构上的恒载包括温室结构或非结构材料自重、永久设备荷载。

（一）结构自重 G_1　温室结构自重主要指屋架、梁、柱、檩条、椽条等结构或构件的重量，其作用方式为按照屋面投影面积垂直向下作用。在已知构件截面的情况下，这部分荷载可以通过精确的计算得出。不过，由于结构设计本身是一个不断优化构件截面的过程，因此在设计中往往需要采用简化处理的方法。比如可以参考已有的同类型温室计算；也可以根据大多数温室钢结构单位面积耗钢量进行估算，如玻璃及 PC 板覆盖的温室单位面积耗钢量一般为 $10\sim15\text{kg/m}^2$，塑料膜覆盖的温室单位面积耗钢量为 $7\sim10\text{kg/m}^2$。这里推荐日本《设施园艺结构安全标准》的计算方法：

$$恒载\ G_1\ (\text{kN/m}^2)＝0.06＋0.009\times温室跨度（m）$$

（二）屋面自重 G_2　屋面自重指温室屋面上透光覆盖材料的自重。这部分荷载的作用方式是沿屋面垂直向下。

（三）墙面自重 G_3　墙面自重指温室四周透光覆盖材料的自重。这部分荷载的作用方式是沿墙面垂直向下。

温室墙面自重和屋面自重都要通过计算外覆盖材料重量得出，温室、塑料棚上常用的透光覆盖材料及其固定材料的密度如表 24-2。

表 24-2　温室常用覆盖材料密度
（引自：《钢结构设计规范》）

序号	名称与规格	密度或重量
1	4mm 厚玻璃	$100\ \text{N/m}^2$
2	5mm 厚玻璃	$125\ \text{N/m}^2$
3	铝合金	$27\ \text{kN/m}^3$
4	8mm 厚双层中空 PC 板	$15\ \text{N/m}^2$
5	10mm 厚双层中空 PC 板	$17\ \text{N/m}^2$
6	1mm 厚 PC 浪板	$12\ \text{N/m}^2$
7	聚乙烯膜（0.2mm）	$2\ \text{N/m}^2$
8	双层中空玻璃	$250\ \text{N/m}^2$

（四）永久性设备荷载 G_4　永久性设备荷载指任何长期安装在温室结构上的设备的重量。如加热设备、通风降温设备、补光系统、遮阳系统、灌溉系统等。美国 NGMA 标准认为任何连续作用于温室结构上超过 30d 的设备均应视为永久性设备荷载，如吊篮、种植器等。

（1）加热系统设备荷载为设备及管道自重，当采用热水供暖时，供回水管的荷载标准值取水管装满水后的自重。

（2）通风降温设备荷载直接采用设备供应商提供的设备自重，对于采用蒸发降温的系统，供回水管的荷载标准值取水管装满水后的自重。

（3）补光灯自重由产品手册可直接查得。

（4）遮阳系统水平方向最小作用力为：托幕线/压幕线：500N/根；驱动线：1 000N/根。

（5）灌溉系统当采用活动式喷灌机时，设备自重可由产品手册查得；当采用水平钢丝绳悬挂时，水平方向最小作用力为 2 500N/根。

在进行温室结构设计时，有时往往无法确定室内配套设备，或者有些设备自重查阅不到。针对这

种情况，美国 NGMA 标准规定可以按照 70N/m² 考虑温室永久性设备荷载。

四、活　载

活载主要包括作物荷载、温室安装或维修荷载、移动设备荷载等。

（一）作物荷载 Q_1　作物荷载指由结构支撑的作物所产生的荷载。作物荷载标准值可参考表 24-3。当作物采用水平钢丝网支撑时，水平作用力的标准值可根据钢丝的极限承载力确定。

表 24-3　作物荷载标准值

（引自：《轻型钢结构设计手册》，1996）

作物种类	番茄、黄瓜	轻质容器中的作物	重质容器中的作物
荷载标准值（kN/m²）	0.15	0.30	1.00

（二）施工荷载 Q_2　施工荷载是指施工人员在温室安装或维修过程中作用在温室结构上的荷载。这种荷载按照垂直集中力考虑。对温室主要受力构件（如梁、柱、天沟等）要考虑 1kN 的施工荷载。对于檩条、椽条等次要构件，可参考美国 NGMA 标准采用 450N 的施工荷载。

（三）移动设备荷载　温室内的移动设备主要有轨道悬挂于结构上的活动式灌溉（喷农药）设备、支撑在天沟上的屋面清洗设备、安装于温室结构上的轨道运输设备等。

根据荷兰 NEN3859 标准，安装于温室结构上的小型输送轨道，活载取 1.25kN；如果运送肥料，则活载增加 1kN，且要考虑刹车动力效应。对于轨道安装在温室结构上的大型吊车，则要参照工业厂房内考虑吊车运输的工况进行计算。

至于活动式灌溉设备、屋面清洗设备等其他移动设备活载的标准值应根据供应商提供的有关参数确定。

五、风 荷 载

风荷载是指垂直作用于温室表面的风压力。根据其作用方向不同，风荷载可以是正压力或负压力（吸力）。风荷载标准值应按照下式计算：

$$W_k = W_0 \mu_z (\mu_s - C_{pi})$$

式中：W_k——风载标准值，kN/m²；

　　　W_0——基本风压，kN/m²；

　　　μ_z——风压高度变化系数；

　　　μ_s——风荷载体型系数；

　　　C_{pi}——温室风荷载内部压力系数。

（一）基本风压 W_0　基本风压参照《建筑结构荷载规范》（GBJ9—1987）全国基本风压分布图的规定采用，但不得小于 0.25kN/m²。中国地域辽阔，气候区域性差别大，各地基本风压差别很大，基本风压最小值仅 0.25 kN/m²，最大则高达 1.1kN/m²。各地的基本风压可从全国基本风压分布图上查得。

如果温室建设地点基本风压值未在全国基本风压分布图上给出，其值可以按下列方法确定：

（1）当地有 10 年以上年最大风速资料时，可通过对资料的统计分析确定；

（2）当地年最大风速资料不足 10 年时，可通过与有长期资料或有规定基本风压的附近地区进行对比分析后确定；

（3）当地没有风速资料时，可通过对气象和地形条件的分析，并参照全国基本风压分布图上的等值线用插值法确定。

如果在山区和海岛建设温室，当缺乏实际资料时可按相邻地区的基本风压乘以调整系数确定。对于山间盆地，调整系数取 0.75～0.85；与大风方向一致的谷口，调整系数取 1.2～1.5；海岛距离海岸线 40km 以内，取 1.0；距离海岸线 40～60km，取 1.0～1.1；距离海岸线 60～100km，取 1.1～1.2。

（二）风压高度变化系数 μ_z　由于基本风压是基于空旷平坦地面上 10m 高处风速统计所得，因此在计算风荷载标准值时需要引入风压高度变化系数来反映高度和地面粗糙度对风荷载的影响。

地面粗糙度表示温室建设地点周围的粗糙程度，包括自然地形、植被情况以及现有建筑物等。地面粗糙度分为 3 类：

A 类：指近海海面、海岛、海岸、湖岸及沙漠地区；

B 类：指田野、乡村、丛林、丘陵以及房屋比较稀疏的中、小城镇和大城市郊区；

C 类：指有密集建筑群的大城市市区。

风压高度变化系数与离地高度和地面粗糙度有关，见表 24-4。

表 24-4　风压高度系数

（引自：《轻型钢结构设计手册》，1996）

离地面高度（m）	地面粗糙度分类		
	A	B	C
5	1.17	0.80	0.54
10	1.38	1.00	0.71
15	1.52	1.14	0.84
20	1.63	1.25	0.94

温室的参考高度与温室的高度和形状有关，一般取天沟和屋脊高度的平均值（自室外地面算起），且不低于屋脊高度的 0.75 倍。

（三）风荷载体型系数 μ_s　风荷载体型系数反映了不同形状的温室对风载作用的不同反应。双坡屋面温室和拱形屋面温室风荷载体型系数不同，单跨温室和连栋温室的风荷载体型系数也不同。不同类型温室的风荷载体型系数 μ_s 和风荷载内部压力系数 c_{pi} 参见：中华人民共和国国家标准《钢结构设计规范》（GBJ17—88）、《轻型钢结构设计手册》（1996）。

六、雪　荷　载

雪荷载是指作用在温室屋面上的雪压。温室与一般的工业与民用建筑不同，其屋面透光覆盖材料的热阻相对较小，采暖温室屋面积雪容易融化。此外，在基本雪压较大的地区，为保证积雪及时融化排出，温室天沟下一般设置加热的化雪管。由此可见，温室屋面雪荷载的计算要计入采暖因素的影响。

雪荷载标准值可按照下列方法计算：

$$S_k = S_0 C_t \mu_r$$

式中：S_k——雪荷载标准值，kN/m^2；

S_0——基本雪压，kN/m^2，按 GBJ9—1987 查取；

C_t——加热影响系数；

μ_r——积雪分布系数。

（一）基本雪压　基本雪压指当地一般空旷平坦地面上统计所得 30 年一遇最大积雪的自重确定。基本雪压参照《建筑结构荷载规范》（GBJ9—1987）全国基本雪压分布图采用。

如果温室建设地点基本雪压值未在全国基本雪压分布图上给出，其基本雪压值可以按下列方法确定：

（1）当地有 10 年以上年最大雪压资料时，可通过对资料的统计分析确定；

（2）当地年最大雪压资料不足 10 年时，可通过与有长期资料或有规定基本雪压的附近地区进行对比分析后确定；

（3）当地没有雪压资料时，可通过对气象和地形条件的分析，并参照全国基本雪压分布图上的等值线用插值法确定。

如果在山区建设温室，当缺乏实际资料时，可按当地空旷平坦地面的基本雪压值乘以 1.2 的系数采用。

（二）加热影响系数 C_t　加热影响系数代表了温室屋面透光覆盖材料的热阻和温室加热条件对雪载的影响。对于加热温室，温室屋面热阻值越大，通过屋面向外的热流越小，积雪融化越少，加热影响系数就越小。加热影响系数详见表 24 - 5。

表 24 - 5　加热影响系数 C_t

（引自：《轻型钢结构设计手册》，1996）

覆盖材料	单层玻璃	双层中空玻璃	单层塑料	双层充气膜	中空 PC 板
加热温室	0.6	0.7	0.6	0.7	0.9
不加热温室	1.0	1.0	1.0	1.0	1.0

表 24 - 5 中"加热温室"指加热系统处于自动控制状态或正在加热的温室，其他情况下无论温室是否配备加热系统均视为"不加热温室"。双层充气温室当积雪较大时会压迫外层塑料膜与内层塑料膜相贴近，实质上变成单层膜使积雪迅速融化。

（三）积雪分布系数 μ_r　雪载不仅与基本雪压有关，而且与温室屋面的形状和坡度有很大关系。温室屋面坡度越大，积雪滑落越多，雪载越小。拱形屋面温室雪载与两面坡屋面温室雪载不同。此外，连栋温室天沟处容易积聚降雪，因此其雪载也不同于单栋温室。

对于温室屋面结构和构件，在进行荷载组合计算时，要考虑雪载不均匀分布的最不利情况。雪荷载的不均匀分布与双坡面屋面坡度和拱形屋面矢跨比有关。其中，对于单跨双坡面温室，当屋面倾角 α 满足 $20°{\leqslant}\alpha{\leqslant}30°$ 时，要考虑雪荷载的不均匀分布；对于多跨双坡面温室，当屋面倾角 α 满足 $\alpha{\leqslant}25°$ 时，只考虑雪荷载均匀分布。对于单跨拱形屋面温室，不考虑雪荷载的不均匀分布；对于多跨拱形屋面温室，当矢跨比满足 $f/L{\leqslant}1.0$ 时，只考虑雪荷载均匀分布的情况。

第三节　温室、塑料棚结构设计

温室在施工与使用过程中会受到各种荷载的作用。温室结构是由檩条、屋架、梁、天沟、柱等共同组成的承受荷载作用的受力体系。结构的各组成部分称为构件。温室结构设计是在经济性和可靠性之间选择合理的平衡，使得所建造的温室结构能满足各种预期的功能需要。温室结构形式多种多样，结构所采用的材料种类也较多，有钢结构、竹木结构及混合结构等，其中钢结构应用较为广泛。本节主要按钢结构阐述温室结构设计的基本方法。

一、结构设计基本要求与规定

（一）温室结构的功能要求　温室结构设计的目的是要保证所设计的结构安全、适用、经济合理，并具有足够的可靠性，即在设计基准期内，在规定的条件（正常设计、施工、使用和维护）下结构能发挥预定的各项功能。温室结构的基本功能包括：

1. 安全性　温室结构能够承受正常施工、正常使用时可能出现的各种荷载，不发生在荷载作用下超过材料强度极限或结构丧失稳定性的情况。

2. 适用性　温室结构在正常使用荷载作用下具有良好的工作性能，不发生影响正常使用的过大变形。

3. 耐久性　温室结构在正常使用和维护条件下，在规定的使用期限内具有足够的耐久性，不发生因腐蚀等因素而影响结构的使用寿命。

满足以上 3 条要求即认为温室结构具有可靠性。很显然，在设计中采用提高安全余量的办法总是能够满足结构可靠性要求的，但是这肯定会降低结构设计的经济性。结构的可靠性和经济性往往是相互矛盾的。因此科学的设计要求在保证结构可靠性的基础上力求结构经济合理。

温室结构设计期限应根据温室类型与用途确定，一般为 15 年、10 年或 5 年。玻璃温室的最低设计使用年限不应小于 15 年。

（二）温室钢结构的极限状态设计法　温室结构应以不超过某种极限状态进行设计。极限状态指整个结构或结构的一部分超过某一特定的状态就不能满足设计规定的某一功能要求，此特定状态称为该功能的极限状态。结构的极限状态分为两类：即承载力极限状态和正常使用极限状态。

1. 承载力极限状态　结构或构件达到最大承载能力或达到不适于继续承受荷载的巨大变形状态。当结构出现下列情况之一，即认为超过了承载力极限状态。

（1）整个结构或结构的一部分作为刚体失去平衡。如无柱式日光温室后墙发生倾覆。

（2）结构构件或其连接超过材料强度发生破坏。如温室外遮阳骨架斜拉筋在遮阳驱动系统作用下受拉断裂；温室屋面梁与柱连接板受挤压破坏。

（3）结构变为机动体系。如两端铰接的山墙抗风柱截面超过其允许抗弯强度使结构变为机动体系（三铰位于一条线上）而丧失承载能力。

（4）结构或构件丧失稳定性。如立柱达到临界荷载而失稳；在风载作用下拉杆受压失稳等。

2. 正常使用极限状态　指结构或构件虽然保持承载能力，但其变形使结构或构件已不能满足正常使用要求或耐久性要求的状态。当结构或构件出现下列状态之一时，即认为超过了正常使用极限状态。

（1）影响正常使用或外观的变形。如玻璃温室构件产生过大变形造成玻璃开裂或密封性能很差；温室结构产生过大变形引起使用者不安等。

（2）影响正常使用或耐久性的局部损坏。如温室外露钢结构部分发生明显腐蚀，影响构件寿命。

（3）影响正常使用的振动。

（4）影响正常使用的其他特定状态。

在结构设计中，应根据温室类别和具体的构件确定采取承载力极限状态或正常使用极限状态进行设计。对于外覆盖材料不能承受由于设计荷载产生的位移的温室（如玻璃温室、硬质塑料板温室、密封性要求非常高的试验温室等），应按照上述两种极限状态进行设计。通常是按承载力极限状态进行设计，再按照正常使用极限状态对构件进行校核。对于覆盖材料能够承受由于设计荷载产生的位移的温室，只需按照承载力极限状态进行设计，如塑料薄膜温室。

（三）温室钢结构设计的基本规定　温室一般采用轻型钢结构，因此本节所涉及的基本规定主要参照《轻型钢结构设计手册》。

1. 结构的强度设计值 钢材的设计强度 f 以其强度标准值 f_k（屈服点 f_y）除以相应的抗力分项系数得出，它与钢材的型号、钢材尺寸分组及结构安全度有关。对于温室结构而言，所用钢材厚度一般较小（≤10mm），不必考虑钢材尺寸分组的影响；温室结构的安全等级可参照一般工业与民用建筑统一定为二级。考虑结构受力状况及工作条件的不同，在有些情况下对结构要提高安全余量，因此对于钢材的强度设计值要进行折减。

2. 连接强度设计值 焊缝的强度设计值、普通螺栓的强度设计值采用的数据参见相关书籍。

3. 结构的允许变形条件 对温室而言，受弯构件的允许挠度 $[v]$ 为：屋面檩条 $[v]=L/200$；立柱 $[v]=L/400$；玻璃温室墙体横梁、墙柱 $[v]=L/200$。式中 L 为温室跨度。

正常使用条件下，连栋温室在天沟高度处的位移不得大于柱高的 0.02 倍。柱高指基础顶面到天沟下沿的高度。

二、基本结构及其作用

（一）桁架 桁架是由若干杆件在两端采用铰连接而成的结构，当只有节点荷载时，杆件只产生轴力。桁架结构在温室上应用广泛。比如温室屋架常用的三角屋架往往可以视为桁架，塑料棚也经常采用弧线弦桁架作为屋面的支撑体系，Venlo 型温室采用桁架支撑自天沟传下的上部荷载。

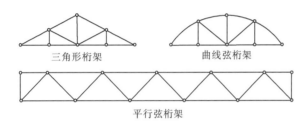

三角形桁架　　　　曲线弦桁架

平行弦桁架

图 24-1　典型的平面桁架类型

温室上所采用的桁架一般为平面桁架，主要有平行弦桁架、三角形桁架、曲线弦桁架等，见图 24-1。桁架与梁相比，由于所有杆件主要受轴力作用，任意截面上的应力均匀分布并能同时达到极限应力，因此材料应用较为经济，自重轻，能跨越较大的跨度。

桁架上弦节间长度根据弯矩大小确定，一般上下弦节间长度取 400～800mm。桁架腹杆根据制造条件和受力状况，可以采用连续弯折的蛇形圆钢和单根圆管。荷载较大时可以采用角钢。斜腹杆与弦杆的夹角一般为 40°～60°。

桁架构件截面的构造要求见表 24-6。

表 24-6　桁架构件截面的最小厚度或直径（mm）

（程勤阳，2003）

截面形式	上下弦杆	主要腹杆	次要腹杆	备 注
角钢	4	4	4	
圆钢	$\phi14$	$\phi14$	$\phi12$	圆钢不宜作上弦杆
薄壁方管	2.5	2	2	
薄壁圆管	2.5	2	2	

（二）檩条 檩条是钢结构中连接屋面覆盖材料和屋架并将屋面荷载传递给屋架的构件，在结构中属于梁这一类。檩条的形式有实腹式、空腹式和桁架式等几种。温室常用的檩条为实腹式。檩条截面类型常见的有槽钢、内卷边 C 型钢、外卷边 C 型钢、卷边 Z 型钢等。

槽钢檩条取材方便，但因材料厚度较大，用钢量较大，强度不能得到充分发挥。内卷边 C 型钢、外卷边 C 型钢、卷边 Z 型钢均为薄壁型钢，用钢量省，加工安装方便，是温室普遍采用的檩条形式。

（三）刚架 刚架是由梁和柱单元构成的组合体，其形式、种类繁多。温室中常用的刚架多为单跨或多跨双坡面门式刚架，此外还有组合式刚架等，如图 24-2。门式刚架与屋架结构相比，整个构件截面尺寸较小，构件刚度较好，其平面内外的刚度差别小，利于制造、安装与运输。

门式刚架的结构形式多种多样，就温室而言，一般采用等截面实腹式刚架。钢架横梁的截面高度一般取其长度的 1/30～1/45，钢架柱的截面参照横梁的高度选用，可以与横梁等截面或不等截面。

（四）拱 拱是指杆轴通常为曲线，且在竖向荷载作用下支座将产生水平反力的结构。这种水平反力常称为推力。拱与曲梁从外形上相似，其根本区别在于是否有水平推力。由于水平推力的存在，使得拱的弯矩较相应的简支梁要小，因此与梁相比能节省材料，自重轻，能跨越较大的跨度。

温室常用的拱结构有两铰拱和三铰拱，如图 24-3。

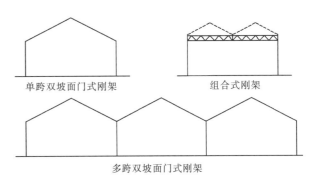

图 24-2 典型的门式刚架温室结构

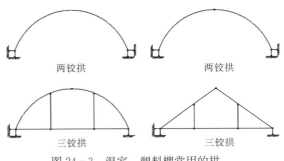

图 24-3 温室、塑料棚常用的拱

三、温室、塑料棚结构支撑体系

支撑是联系温室、塑料棚屋架、天沟、柱、檩条等主要构件，保证温室整体刚度的重要组成部分。温室、塑料棚结构支撑体系按照分布位置分为柱间支撑、天沟高度水平支撑、屋面支撑、墙面支撑等四种类型。

（一）柱间支撑

1. 作用

（1）和立柱组成纵向框架，保证温室的纵向刚度。一般立柱在平面外的刚度要远小于平面内的刚度，因此在安装或使用过程中容易产生侧移。而采用柱间支撑后的几何不变体系抗侧移刚度较单柱平面外的刚度大约 20 倍，因此设置柱间支撑（图 24-4）对提高温室纵向刚度十分有效。

（2）减小立柱平面外的计算长度。柱间支撑为立柱在平面外提供了可靠支撑，因而减小了立柱在平面外的计算长度。

（3）传递纵向荷载。山墙承受的风荷载、作物荷载及遮阳保温系统产生的水平荷载都将通过柱间支撑传递给温室基础。

2. 布置位置 确定柱间支撑位置时，应避免支撑部分阻碍天沟热胀冷缩而产生的次应力。为了尽可能减小其影响，支撑最好布置在温室中部，即温室主干道旁边或附近。这样天沟

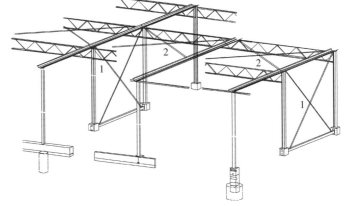

图 24-4 Venlo 型温室结构与支撑

1. 柱间支撑 2. 天沟高度水平支撑

沿开间方向的膨胀将不受影响。当采用钢制天沟时，斜撑或龙门架的最大作用距离为 100 m，对 50 m 长的温室可设在任一侧。大于 100 m 长的温室应按两个温室单元按上述原则设置斜撑或龙门架，温室单元之间用连续的伸缩缝连接。

为保证水平荷载能通过柱间支撑均匀地传递给基础，柱间支撑必须达到最少数量要求。柱间支撑的最小数量要求与温室开间方向的长度有关，见表 24 - 7。

表 24 - 7　垂直斜撑数与温室长度的关系

温室长度 d（m）	最少柱间斜撑数量（组）
$d \leqslant 50$	2
$50 < d \leqslant 75$	3
$75 < d \leqslant 100$	4

（二）天沟高度水平支撑

1. 作用　保证温室在跨度方向的稳定性，与柱间支撑一起在温室中部形成空间的几何不变体系，从而保证温室结构的整体稳定性。

2. 布置位置　该斜撑安装在天沟下紧邻天沟，与温室柱间支撑相对应（如图 24 - 4）。

（三）屋面支撑

1. 作用

（1）保证温室钢结构在安装和使用过程中的整体稳定性。无论屋架与立柱采用刚接或铰接，屋架在纵向均属于几何可变，在安装过程中可能发生侧倾。采用屋面支撑，将天沟、所有檩条和屋脊牢固固定在一起，就使得支撑所在的屋盖体系成为空间几何不变体系，其他屋架再通过檩条、系杆与之相连，就可保证所有屋盖体系在安装和使用过程中始终不偏离设计位置，不产生水平位移。

（2）减小上弦杆在屋架平面外的计算长度。如果没有屋面支撑，上弦杆在平面外的自由长度为屋架跨度 L（图 24 - 5）；设置屋面支撑后，两屋架上弦杆与支撑系统组成具有足够刚度的几何不变平行弦桁架，上弦杆平面外自由长度由 L 减小为支撑节点之间的距离 L_1。

（3）将山墙上纵向风荷载传递给基础。山墙上承受的纵向风荷载通过屋面支撑传递给与支撑相连的屋架，从而通过立柱传递给基础。

2. 布置位置　屋面支撑一般布置在温室两端或温度伸缩缝区段两端的第一个开间内，因为如果将屋面支撑设置在温室中部，纵向水平荷载通过檩条传递给斜撑时，传力檩条将成为压杆。如山墙不设置屋架，为安装方便，屋顶斜撑一般设置在离开山墙的第二个开间，见图 24 - 6。

（四）墙体平面内支撑　墙体平面内支撑包

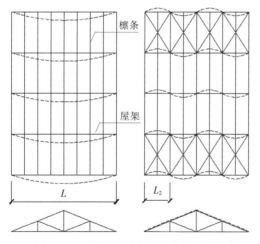

图 24 - 5　屋架上弦在平面外的失稳情况

（程勤阳，2003）

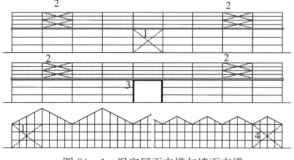

图 24 - 6　温室屋面支撑与墙面支撑

1. 侧墙平面支撑　2. 屋面支撑　3. 龙门架　4. 山墙平面支撑

（程勤阳，2003）

括温室侧墙平面内支撑和山墙平面内支撑，见图24-6。

侧墙平面内支撑的作用是保证侧墙平面内的稳定性，减少立柱平面外的计算长度，其布置位置与柱间支撑相对应。

山墙平面内支撑的作用是保证山墙平面内的稳定性，布置位置一般在山墙两端温室拐角处。

（五）支撑的构造要求　为保证其可靠性，每组斜撑至少要用两根拉杆。

温室上支撑体系杆件均可按照拉杆设计，由于杆件一般受力较小，因此通常按照拉杆长细比确定即可。当支撑采用圆钢或钢丝绳时，必须保证其处于正常的张紧状态。

（程勤阳）

第四节　温室、塑料棚建筑材料

温室、塑料棚与一般建筑的最大区别在于对采光的要求不同，属于植物生产性建筑。所以，最大限度满足蔬菜作物对光的要求是温室、塑料棚建筑的最基本的要求。为此，在建筑材料使用和选择上，除了普通建筑材料如木材、竹材、钢材、水泥和砖、石、沙等外，大量使用的是玻璃、塑料薄膜、PC板等透光覆盖材料及其固定和镶嵌用材料，如铝合金和橡胶条等。此外，还有用于光、温等环境调节的遮阳、保温、遮光等材料。除上述特殊用材外，由于温室建筑承力小、结构轻巧，因此大量选择轻钢结构型材，以尽量减少结构耗材。而且由于温室、塑料棚室内高温高湿，对金属材料的表面防腐要求一般也比较高。

一、主体结构用材

温室主体结构包括基础垫层、基础、承重墙体、承重骨架等。构成这些结构的材料大多为常规材料。基础垫层常用3∶7灰土（3份石灰，7份黏土）、C10水泥砂浆。基础有条形基础和独立基础之分。一般温室的周边基础和隔断墙基础多采用条形基础，室内立柱下采用独立基础。条形基础和承重墙体的材料常用红机砖、空心砖或水泥砖等，宽度为200mm、240mm或370mm，依据基础用材的建筑模数和对基础保温性能的要求确定。独立基础一般采用钢筋混凝土基础，基础截面有方形和圆形两种，方形截面多为120mm×120mm、150mm×150mm和200mm×200mm，圆形截面尺寸多为Φ100mm、Φ150mm和Φ180mm，根据温室的类型和建设地点的土地耐力确定。一般钢筋混凝土的强度要求在C25以上。承重骨架除简易日光温室和部分塑料大棚还采用竹木材料外，其他形式温室、塑料棚基本上都采用钢筋、钢板或钢管焊接结构，轻钢结构是温室承重骨架的主体。铝合金材料大量应用于透光覆盖材料的镶嵌，但也有直接用于屋面兼作承重结构材料的。

（一）钢材　温室用钢材主要为满足国家现行标准GB700—1988《普通碳素结构钢技术条件》的热轧型钢、冷弯薄壁型钢，有时也采用圆钢或无缝钢管等。特别是冷弯薄壁型钢，由于其具有截面合理、重量轻、型号多样等特点，而成为温室结构的主要钢材品种。

温室结构中采用的钢材主要为沸腾钢（Q235），这种钢材是按照机械性能（力学性能）供应，即保证钢材的抗拉强度和伸长率满足国家规定的标准，硫、磷含量满足相同钢号乙类钢规定的标准。同时，由于这种钢在使用、加工、焊接等方面性能均较好，非常符合温室对结构钢的要求。这种钢材也大量应用于工业与民用建筑的结构中，因此，还具有生产量大、取材容易的特点。虽然特类钢和普通低合金钢（如16Mn钢）也偶尔应用在温室的某些部位，但因其价格高、机械加工能力差等原因而无法大量采用。

1. 热轧钢板　钢板有厚钢板、薄钢板、扁钢（或带钢）等，在温室结构中，主要采用薄钢板和扁钢。其主要规格如下：

薄钢板：厚度 0.35～4mm，宽度 500～1 500mm，长度 0.4～5m。

扁钢：厚度 4～60mm，宽度 12～200mm，长度 3～9m。

薄钢板主要用于梁、柱构件的加工、制作，扁钢可作为组合梁的腹板、翼板及节点板和零件等。

2. 热轧型钢　热轧型钢主要有工字钢、槽钢、角钢等，温室主要采用普通工字钢和普通槽钢。主要规格如下：

普通工字钢：钢号主要为 10～63 号，长度 5～9m。

普通槽钢：钢号主要为 5～40 号，长度 5～19m。

角钢：等边角钢肢宽 20～200mm、肢厚 3～24mm，不等边角钢肢宽 25mm×16～200mm×125mm、肢厚 3～18mm，角钢长度一般为 3～19m。

3. 薄壁型钢　薄壁型钢由薄钢板模压或冷弯制成，其截面形式及尺寸可按照要求合理确定。由于其能充分利用钢材的强度，节约钢材，减小端面尺寸，因而在温室结构中得到广泛的应用。薄壁型钢主要有方钢管、矩形钢管、槽钢、内卷边槽钢、外卷边槽钢、Z 型钢、卷边 Z 型钢、角钢、卷边角钢、焊接薄壁钢管等形式。厚度一般为 1.5～5mm，一般开口端面厚度不小于 1.5mm，其他构件厚度不小于 2.0mm。

4. 无缝钢管　无缝钢管由于回转半径较大、风阻较小，用在露天以承受风力为主的结构（遮阳设施）较为适宜。无缝钢管外径一般为 50～300mm，厚度一般为 4～14mm。

用于温室结构的钢材应保证其抗拉强度、伸长率、屈服点、冷弯试验和硫、磷的极限含量合格。对于焊接结构，尚应保证含碳量合格，成型后的型材不得有裂纹。

5. 温室结构用钢材的构造要求　对于温室用钢材，当构件厚度小于 3mm 时，必须进行可靠的防腐处理（如热浸镀锌等）；温室结构的主要构件采用闭口管材时，壁厚应大于 1.5mm；采用开口冷弯构件时的壁厚应大于 2mm。当购买钢材的质量没有可靠保证时，上述壁厚宜分别增加 1mm。

6. 钢材的表面防腐　由于温室、塑料棚是一种高温、高湿易腐蚀环境，所以，使用钢材必须充分考虑其表面防腐处理。目前处理钢材表面防腐常用的方法有表面刷漆和表面镀锌两种，其中表面镀锌又分为电镀（冷镀）和热浸镀锌两种。

电镀锌镀层厚度在 0.01～0.02mm，表面光滑，镀层薄，锌层与钢材结合力不强，一般只在大棚连接件上使用。热浸镀锌的镀层厚度可达 0.1～0.2mm，是电镀锌的 10 倍，锌层在热镀的过程中分子可以渗透到钢材表面，形成与钢材牢固的结合层，因而，热浸镀锌具有很强的表面防腐能力，是国内外现代温室主要使用的钢材防腐措施。传统的热浸镀锌表面处理是将构件焊接完成后整体镀锌，这种镀锌方法镀锌质量好，不存在漏镀现象。但近来在塑料温室上，为了降低成本，多采用热浸镀锌管材或板材直接加工，一次成型，加工面不处理或进行补漏处理。这种加工方法应特别注意选择加工工艺，使材料在加工过程中不致破坏材料的表面镀层。此外，在温室构件的运输和安装过程中，不得碰撞、切割和焊接镀锌表面，以免镀层被破坏，影响构件的使用寿命。

（二）铝材　铝材主要用于温室的椽条（即覆盖材料的镶嵌条）或直接用作温室屋面梁、天沟等。

温室用铝型材主要选用锻铝 LD31-RCS，这种铝材主要用于诸如温室等制造强度较低、耐腐蚀性能好、外形光滑美观的情况下，使用温度介于-70～50℃之间，其合金经过特殊机械处理后有较高强度和导电性能。

（三）钢筋混凝土

1. 基础及圈梁　除单坡面温室外，钢筋混凝土主要用于温室基础和基础圈梁，混凝土采用C10～C25，钢筋采用Ⅰ、Ⅱ级钢筋。

2. 钢筋混凝土骨架　在日光温室结构中，钢筋混凝土也用于骨架和温室立柱。因结构要求构件截面尽可能小，因此骨架所用钢筋混凝土主要是细石混凝土，钢筋主要是 6mm、8mm 钢筋或 4mm冷拔钢丝。混凝土主要是 C20 或 C25，钢筋为Ⅰ、Ⅱ级钢筋（冷拔钢丝主要是Ⅰ级钢）。在温室设计

中，由于构件断面尺寸太小，因此设计值应按 0.8 进行折减。

（四）木材　传统的单屋面温室建造用木材较多，如门、窗框、柱、檩、桁等，多用松、杉木。塑料棚多用松、杉为拱杆，杂木为柱。这类木材质地松软，容易加工，不易变型，使用年限一般可达 8～9 年。木材使用中的最大问题是建筑物宽度不能太大，而且遮光面积较大，易造成较大的阴影，对蔬菜作物生长不利，其抗腐能力也较弱。木结构的温室、塑料棚已经越来越少。

（五）竹材　中国竹资源较为丰富。竹子具有相当的强度，尤其是抗拉强度，它还具有一定的韧性和弹性，在潮湿的环境下不易腐烂。在塑料棚建造中，一般作拱架、立柱使用。同时还因为竹材价格便宜，质地轻，便于运输，所以在中国塑料棚生产发展过程中曾起到重要作用，现在竹木棚仍有一定的面积。

二、透光覆盖材料

（一）对透光覆盖材料的基本要求　透光覆盖材料是温室、塑料棚的主要用材，也是影响温室、塑料棚运行性能的核心因素。在此基础上，根据温室建设地区的气候条件和蔬菜作物的要求，应重点考察覆盖材料的保温性能、流滴性能、强度、使用寿命、价格、抗化学污染性能、安装条件及重量等。

1. 透光性能　对温室透光覆盖材料透光性能的要求：一是透光率高；二是透光的光谱分布适合种植蔬菜作物的生长发育要求。

衡量材料透光性能的透光率包括四方面的含义：①材料对光线垂直入射的透光率。它是不同材料性能相互比较的最直接的参数，一般实验室测定或厂家提供的数据多为这层意义的透光率。②材料在光线不同入射角下的不同透光率变化。由于太阳辐射不可能总是垂直入射，而且温室、塑料棚建筑每个部位又处在太阳入射的不同位置，单凭垂直入射透光率难以衡量在不同入射角下的透光性能，同样材料在大入射角下的透光率高，其透光总量必然多。③透光率随时间的衰减。温室材料一般要使用多年，如果透光材料的透光率不随时间衰减或衰减很小，这种材料的透光性能就更好。④透过光线中散射光与直射光的比率，一般散射光比率越大，室内光照越均匀。

对材料透光性能的光谱要求，主要是根据所种植蔬菜作物光合作用和器官形成要求的光谱来选择，参见本书第二十五章。理想的透光光谱分布应该是波长小于 350nm 的近紫外区域和波长大于 3 000nm 的红外线区域透光率低，中间区域透光率高。

2. 保温性能　选择保温性能好的透光材料对降低温室、塑料棚的运行能耗有重要的作用。通常温室、塑料棚透光覆盖材料厚度都很薄，其传导热阻很小，而对流换热的强度大小又主要取决于室外风速和室内空气流动状况，所以，辐射性能是衡量材料保温性的重要依据。材料对长波辐射的透过率越低，说明材料的保温性能越好。材料阻隔长波辐射在温室中起到保温作用的表现形式主要体现在能阻止室内地面、作物等低温物体辐射长波透出室外和阻挡夜间冷辐射进入室内两个方面。为达到这一目的，在制造过程中常添加红外线阻隔剂，来提高有机塑料材料对长波辐射的阻隔性能。

3. 使用寿命　透光覆盖材料的使用寿命直接关系到温室的建设和运行成本，是温室、塑料棚设计中应重点考虑的问题之一。透光覆盖材料长期直接暴露于自然条件下，会受到光、热、氧、水等许多因素的影响，尤其是太阳紫外线破坏和空气中氧气的氧化。光降解作用将引起高分子材料发生结构、颜色、透明度、机械强度等随时间的延长而逐渐老化，从而使材料失去使用功能，亦即达到了使用寿命。温室、塑料棚透光覆盖材料使用寿命包括三个方面的含义：①材料达到机械强度而破坏，指材料在风、雪、温度等各种荷载作用下其承载能力达到或超过其极限承受能力或变形允许值；②材料透光率衰减到不能满足蔬菜作物生育需要，虽然机械强度没有破坏，但其透光总量已无法满足室内作物生育要求，其时材料也失去了使用寿命；③材料的环境适应能力，尤其是

高温、低温和高紫外线条件下材料的机械性能，也即耐候性，这些指标在高原、寒冷或高温等特殊气候条件下非常重要。

不同材料使用强度的指标不同，柔性材料如塑料膜常用撕裂强度和撕裂拉伸率来表示材料的强度指标，而像玻璃等刚性材料则用抗压强度、抗拉强度、弯曲强度和抗冲击强度等指标来衡量。材料热胀冷缩性能对其安装构造设计和日常保养管理都是重要的技术参数。

用透光率衰减作为材料使用寿命的指标是温室、塑料棚建筑特有的，因为它直接影响到室内作物的光照和室内温度。绝大多数有机材料随时间的推移，透光率总会有所降低，这主要是太阳辐射中的紫外线破坏材料分子结构和空气中氧气的氧化作用所致。为了延长材料的使用寿命，有机材料合成中常将抗紫外线剂或（和）抗氧化剂混入母料树脂中或在材料表面复合，吸收紫外线，抑制聚合物的光氧降解，以延长材料使用寿命。

4. 防雾滴性能 在生产条件下，温室、塑料棚内常处于一种高湿环境，到夜间，随着室外温度的降低，覆盖材料的表面温度也随之下降，当其表面温度下降到室内空气的露点温度以下后，室内高湿空气在接触到覆盖材料表面时将出现结露现象，空气中饱和水汽将从高湿空气中析出而集聚到温室覆盖材料的表面形成露滴。这种汽—水变化对降低室内空气相对湿度、提高室内温度等有非常有利的一面。但其中可能含有大量的尘埃、微生物、病菌、农药等对植物生长有害物质，如果不能及时排除，一方面对材料本身的透光率会形成负面影响（主要表现在表面结垢、形成微生物菌落、化学腐蚀等），另一方面如果滴落到蔬菜作物表面还很容易引起作物病害，影响温室的正常生产。

（二）常用透光覆盖材料及其性能 玻璃是温室、塑料棚常用的透光覆盖材料，随着高分子材料的发展，为温室、塑料棚透光覆盖材料的选择提供了更多的机会。目前，塑料覆盖材料有上百个品种，但就总体而言，可分为两大类：一类是柔性卷材，主要指塑料薄膜；另一类为硬质板材，如聚碳酸酯板、玻璃纤维增强聚酯板等。表24-8列出了温室、塑料棚常用透光覆盖材料的种类。

表24-8 温室、塑料棚常用覆盖材料分类
（引自：《农业生物环境与能源工程》，2002）

覆盖材料分类	种 类
柔性卷材	聚氯乙烯薄膜（PVC）、聚乙烯薄膜（PE）、乙烯—醋酸乙烯（PE-EVA）多功能复合膜、聚酯薄膜、聚氟乙烯薄膜
硬质板材	玻璃纤维增强聚酯板（FRP）、玻璃纤维增强丙烯板（FRA）、聚碳酸酯板（PC）
玻璃	普通平板玻璃、浮法玻璃、园艺玻璃、钢化玻璃、红外吸收玻璃

1. 玻璃 在大多数地处寒冷气候的国家，目前玻璃仍然是常用的透光材料。荷兰90%的温室采用玻璃覆盖。作为温室覆盖材料，玻璃经常选用4mm和5mm厚两种规格。欧美等地区常用4mm玻璃，仅在多雹地区选用5mm的规格。中国温室多以5mm玻璃覆盖。

玻璃温室建造最常用的玻璃为浮法平板玻璃，它具有表面质量好、规格大、品种多的特点。中国自行生产的浮法玻璃板宽2~3.6m。有关浮法玻璃的技术要求，在GB11614—1989标准中有具体的规定。

玻璃的特点是：①透光性能优异。在波长为330~4 000nm的波段范围内，洁净玻璃透光率约可达到90%，且入射光基本以直射光为主，散射光所占比例甚少，不足10%。玻璃透光率在入射角45°以内几乎没有多大变化；入射角大于45°后，透光率明显下降；超过60°后，透光率急剧下降。所以，在温室设计中温室屋面的倾斜角度要尽量使太阳光线的入射角保持在45°以内，最大不得超过60°。②保温性能良好。玻璃几乎不透过超过4 000nm以上的长波辐射，室内各表面发射的长波辐射能被玻璃屋面阻挡于室内，室内向室外散失的热量少，因而保温效果好。这是塑料覆盖材料无法媲美的性

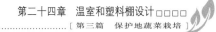

能。③由于对小于310nm的紫外线基本不能透过，所以玻璃的耐老化性能好，透光保持率高，即透光率随时间的变化很小，使用寿命可达30年以上。④热胀冷缩系数低，结构系数可靠。玻璃表面的亲水性好，防雾滴能力强。

但是，玻璃比重大（2 500kg/m³），对骨架承重要求严格，而且受到加工尺寸和承载能力的限制，玻璃镶嵌材料的用量较多，建造和维修难度大，费用相对较高。此外，玻璃的抗冲击性能差，易碎，在冰雹多发地和人员流动密集的商业性温室上要慎重使用。

2. 柔性塑料覆盖材料　农用塑料覆盖材料由于用途广泛，使用方便，价格便宜，近半个世纪以来，在中国温室、塑料棚蔬菜生产中应用极为广泛。同时，温室、塑料棚蔬菜生产水平的提高又对塑料覆盖材料提出各方面的性能要求，也推动了塑料材料的开发与创新。目前，用于制造温室、塑料棚透光覆盖材料的树脂原料达10余种，且因其所用助剂种类、数量、质量、厚薄、均匀程度及其制造方法等的不同，塑料覆盖材料的透光率、抗老化等性能也有很大差别。

（1）单一材料塑料薄膜

①聚氯乙烯薄膜（PVC）。聚氯乙烯薄膜是以聚氯乙烯树脂为原料，加入增塑剂、稳定剂、着色剂、填充剂等各种助剂，按一定比例配制而生产出的薄膜。配制料经高温塑炼，然后再用压延机压延成膜，或用吹塑机吹塑成膜。聚氯乙烯薄膜无色透明，一般厚度为0.09～0.13mm，强度较大，抗张力达27.5MPa（表24-9）。用于塑料大棚的厚度为0.10～0.15mm。由于聚氯乙烯对红外线透过率较小（20%）（表24-10），所以它的保温性较好，并且耐酸、耐碱、耐盐。

表24-9　几种单一材料塑料薄膜的机械性能指标

（引自：《园艺设施学》，2002）

机械性能指标	PVC	PE	EVA
拉伸强度（MPa）	19～27.5	≤18	18～19
伸长率（%）	250～290	493～550	517～673
直角撕裂强度（N/cm）	810～877	312～615	301～432
抗冲击强度（N/cm）	14.5	7.0	10.5

表24-10　塑料薄膜与玻璃的分光透光率比较（%）

（引自：《设施栽培工程技术》，1999）

波长（nm）		0.1mmPE膜	0.1mmPVC膜	0.1mmEVA膜	3mm普通玻璃
紫外线	280	55	0	76	0
	300	60	20	80	0
	320	63	25	81	46
	350	66	78	84	80
可见光	450	71	86	82	84
	550	71	87	85	88
	650	80	88	86	91
	1 000	88	93	90	91
	1 500	91	94	91	90
红外线	2 000	90	93	91	90
	5 000	85	72	85	20
	9 000	84	40	70	0

聚氯乙烯薄膜的缺点：一是由于表面增塑剂的析出，聚氯乙烯薄膜易吸灰尘，导致透光性大幅度下降。新膜使用 1 年后，透光率可下降 30％。高温强光更加速增塑剂向膜表面迁移，故 PVC 薄膜不宜做越夏连续覆盖栽培。二是聚氯乙烯薄膜密度较大（1.4g/cm³），单位重量的薄膜覆盖面积小，使得覆盖成本较高。相同面积的温室，采用 PVC 薄膜的覆盖成本比 PE 薄膜约增加 50％。

②聚乙烯薄膜（PE）。聚乙烯薄膜以聚乙烯树脂为原料，采用吹塑法直接生产。聚乙烯薄膜多呈乳白色半透明，幅面较宽，最宽可达 17m。质地柔软，气温影响不明显，天冷不发硬；耐酸、耐碱、耐盐；不易产生有毒气体，对蔬菜作物安全；不易黏灰尘，透光性好；密度小（0.92g/cm³），在气候适中的地区，聚乙烯薄膜是最常见的温室、塑料棚透光覆盖材料。用于长江中下游地区的塑料大棚的 PE 膜一般厚度为 0.05～0.08mm。

普通聚乙烯薄膜的缺点：一是对红外线透过率很高（可达 80％），保温性能较差（见表 24 - 10）。在晴朗无风的早春夜间，温室内可能出现"逆温"现象，使作物遭受冻害；二是对紫外线的透过率高，紫外线对其分子结构的破坏力也大，影响其使用寿命；三是强度较差，回弹性不好，易撕裂，抗张强度为 17.7MPa（见表 24 - 9），仅是 PVC 薄膜的 64％。

（2）功能性薄膜

① 长寿膜。高性能的长寿膜取决于基础树脂和抗老化剂的选择。生产 PE 长寿膜必须选用熔体流动速率 MFR＝0.3～0.8 的重包装级树脂，再配上高效受阻胺光稳定剂，才能达到长寿的目的。一般安全使用年限由 6 个月（普通膜）提高到 12～18 个月。

② 无滴膜。聚氯乙烯、乙酸—醋酸乙烯均系极性分子，与防雾滴助剂的相容性好于聚乙烯，防雾滴持续期长，而聚乙烯是非极性分子，结晶度高，排异性强，与防雾滴助剂相容性差，防雾滴助剂向表面迁移速度快，防雾滴持效期短。国产无滴膜采用自行开发的聚多元醇酯类防雾滴剂或胺类复合型无滴剂，产品 PE 无滴膜流滴持效期一般只有 2～4 个月，PVC 无滴膜为 4～6 个月，PE—EVA 无滴膜也不过 8 个月左右。先进国家采用含有卤素的非离子表面活性剂，其无滴膜的防雾滴性能优良，流滴持效期可达 1～5 年，基本上与防老化同步。另外，对于硬质塑料覆盖，还可用无滴喷剂直接在材料表面喷抹，持效期可达 1～3 年。

③ 保温膜。塑料材料对长波辐射都有一定的透过率，保温性能较差。在塑料薄膜中添加保温助剂，可以吸收或阻隔长波辐射，阻挡室内通过薄膜向外界散失长波辐射热量，有一定保温隔热作用。

保温助剂有无机和有机两种类型。有机保温剂用于生产高透过直射光薄膜，无机保温剂则用来生产高透过散射光薄膜。中国目前的保温膜几乎都用无机保温助剂，直射光透过率较低。

④ 复合功能膜。随着设施园艺水平的发展，现代温室、塑料棚要求塑料薄膜是集高保温、防雾滴、高耐候和高强度于一体的复合功能膜。为了减少不同助剂间的相互干扰或反协同效应，近年来国内多层共挤的复合工艺设备从无到有，正在改进中发展。复合功能膜通过配方设计，将有效助剂置于最为关键有效的层次中：外表层为抗紫外线助剂，中间层采用保温性好的助剂材料，内层则为表面活性剂，从而获得综合的优异性能。

三层共挤 PE/EVA/EVA 复合功能农膜为中国新开发的第 3 代农膜。由于各种功能助剂的合理配制及 EVA 树脂的合理搭配，不仅降低了成本，而且最大限度地发挥了外层 PE 树脂的耐候性和内层 EVA 树脂的保温、防滴性。日本开发的 PO 系列膜也是一种 PE/EVA 复合膜，伸缩率小，强度大，用后可直接进行燃烧处理，不产生有害气体。

⑤ 有色膜。前已叙及，太阳光线中对光合作用起主导作用的为波长 400～700nm 的可见光，称为光合有效辐射，这是对大部分作物而言的。某些特殊作物对特定波段的光谱比较敏感，为此，在普通塑料薄膜中加入不同颜料制成有色薄膜，对可见光的不同波长产生吸收，使入射光质发生变化，达到改善品质，增加产量的效果。例如，蓝色薄膜可提高芫荽中维生素 C 的含量，紫色薄

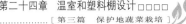

膜对菠菜和茄子的生长起促进作用等。国外新近研制了一种转光薄膜，可以把不需要的波长部分的光能转变成光合有效辐射，从而提高作物的光合作用，促进生长。但是，有色膜试验结果往往年份间的重复性差，对有些作物还会减产。只有当透入的光量接近或大于作物光饱和点时，改变光质的作用才能发挥。因此，在光照充足的地区或光照较强的季节，使用有色膜来调节室内光质是可行的。

3. 硬质塑料覆盖材料 在雨雪很多或常有冰雹危害的地区，使用软质柔性塑料薄膜覆盖的温室、塑料棚承受过大的雨雪荷载，将有坍塌的危险。冰雹更会对薄膜产生直接的破坏。此时，采用硬质塑料薄膜或硬质塑料板，将改善温室的受力状况，提高温室的安全度。温室常用硬质透光覆盖材料及其主要性能参数如表 24-11。

表 24-11 硬质透光覆盖材料性能比较

(引自：《现代温室工程》，2003)

性能参数		PC 浪板	FRA 板	FRP 板	MMA 板	PVC 板	玻璃
厚度（mm）		0.8	0.7	0.7	1.3	0.8	3.0
相对密度（kg/cm³）		1.2	1.3	1.45	1.2	1.4	2.5
重量（kg/m²）		1.1	1.1	1.1	1.8	1.2	7.5
透光率（%）		88	90	88	92	89	91
变黄指数		2.5	2.7	11	2.0	变黑	—
机械强度	抗冲击强度（kg/m）	10	1~2	1~2	0.5	4.0	0.1
	抗拉强度（MPa）	70	85	110	75	60	55
	抗弯曲强度（MPa）	90	160	180	110	85	60
正常使用极限温度（℃）		110	90	130	85	60	250
导热系数［W/(m·℃)］		0.20	0.21	0.21	0.20	0.16	0.76
传热系数［W/(m²·℃)］		6.98	6.98	6.98	6.98	6.86	6.86
线性膨胀系数（×10⁵/℃）		6.5	5.0	3.0	7.0	7.0	1.0

注：表中变黄指数系指经过光照风化试验 3 000h 的测定值。

（1）玻璃纤维增强聚酯板（FRP） FRP 板以聚酯树脂为主，加入玻璃纤维以提高强度。FRP板具有不燃烧、耐腐蚀、拉伸强度高、光学性能好等优点。有特殊保护层的 FRP 板，使用寿命可达 20 年。新的 FRP 板的透光率与玻璃接近，但使用几年之后，纤维开始脱离，透光率下降，板开始变黄。近年由于其他性能优异塑料材料的开发应用，FRP 板的应用已非常有限。

（2）聚碳酸酯板（PC） PC 板是目前塑料应用中最先进的聚合物之一。它是一种无定形的、无毒、无味、无臭、透明无色或微黄色热塑性工程塑料，具有较好的机械性能，尤其是抗冲击韧性为一般热塑性塑料之冠。其蠕变性相当小，尺寸稳定性很好，耐热性较好，可在 −60~120℃ 下长期使用，机械强度的耐低温性能远远优于其他材料。热变形温度大于 310℃，可燃性规格属自熄性树脂，极性小，吸水率低，对光稳定，耐候性好。PC 板是采用改进的共挤成形技术制造，具有聚碳酸酯树脂的各种特性和优点，透光率可达 89%，使用寿命长达 10 年以上。

国际市场上开发生产的 PC 板有平板、浪板和多层中空板三种类型。平板厚 0.7~1.2mm。浪板（波纹形板）覆盖的温室内光照比较均匀，平均透光率略有提高。双层或三层聚碳酸酯中空板厚 3~16mm，具有优良的保温效果，其传热系数可降低到 1.6~2.2W/(m²·℃)，比玻璃温室节能30%~60%。但由于其昂贵的价格，目前仅应用于一些高档花卉温室或展览温室。

（3）聚氟乙烯薄膜（PVF） PVF 是一种硬质薄膜，厚 0.06~0.1mm。它具有强度大、耐老

化的性能，是目前使用寿命最长的塑料薄膜，可连续覆盖12～15年。由于氟本身具有毒性，聚氟乙烯薄膜在制造过程中，需将氟夹在中间层，避免使用时对环境造成污染，用后需回收进行专门处理。

三、覆盖保温及建筑保温材料

（一）覆盖保温材料

1. 草苫（帘）　早期的单屋面温室保温被主要使用稻草苫（帘）、蒲草苫加芦苇及其他山草编制而成，近年各地日光温室多用稻草苫覆盖保温。为防止草苫在卷放过程中扎破塑料薄膜，一般在草苫下面还增加2～6层牛皮纸，也使保温被的保温性能得到进一步提高。草苫的保温效果一般为5～6℃，但实际效果则因草苫厚度、疏密、干湿程度等不同而有所差别。沈阳市在日平均气温−13.4℃时，盖草苫的温室可比不盖草苫的增温7.8℃。辽宁省瓦房店市琴弦式日光温室盖双层草苫的，室外温度为−12℃时，温室采光面草苫与薄膜之间的平均温度为2.5℃，室内为11℃，说明双层苫的保温能力约为14.5℃。

草苫的特点是保温效果好，取材方便。但编制较为费工，一般只能使用3年，且遇雨、雪后吸水增重较大，即使在平时卷放也很费时费力。

2. 保温被　保温被是日光温室专用保温材料，也是随着日光温室的发展而提出并发展起来的。由于日光温室对夜间的保温要求高，所以保温被一般都较厚，10mm左右，而且保温热阻较大，单层保温被的热阻基本可达到$0.2m^2 \cdot K/W$以上。

但随着中国北方地区日光温室数量的不断增加，对保温被数量的要求激增，早期的保温草苫来源不足和质量下降的问题日渐突出，而且卷放草苫劳动强度大、花费时间长，要求机械化卷被的呼声越来越高。近年来，一些工业产品的保温被开始在市场上流行，并得到用户的认可。

就保温被的使用功能来讲，除满足保温要求外，保温被还必须有一定的防水、防潮、耐老化性能和强度性能。

为满足上述性能要求，目前商用保温被都做成多层复合形式，将轻质、松散的保温材料放置在两层具有防水功能材料的中间。保温被的内层（朝温室内侧）材料有的还选用了高反射性能的铝箔材料，以期达到阻隔长波辐射的效果。

常用的轻质保温材料有无纺布、针刺毡、棉花、羊毛和发泡聚乙烯等材料。虽然在生产中有多种保温被应用，但就整体保温性能而言，保温能力能超过单层草苫的材料还为数不多，有待进一步研究开发。

在中国西北等高寒地区，日光温室保温覆盖常采用棉被，其保温性能可达10℃。虽然棉被造价较高，一次性投资加大，但可使用多年。

（二）建筑保温材料

建筑保温材料主要指日光温室的后墙、后屋面保温材料和温室、大棚的基础保温材料。这些保温材料中以黏土红机砖最为常见，一般墙体砌筑厚度多为240mm或370mm，日光温室中还用600～1 500mm厚的土坯或夯土墙。为进一步增强墙体的保温性能，日光温室常采用复合保温墙体，即在2个240mm厚墙体之间加60～120mm厚松散保温材料，如炉渣、珍珠岩、聚苯板等，或在单层240mm厚砖墙外贴50～100mm厚聚苯板。为了提高这种结构的抗冲击能力，在聚苯板外再增加保护层。保护层的做法有在聚苯板表面外挂编织膜沥青黏结，也有用挂钢丝网水泥黏结的，还有用玻璃钢保护的。

温室后屋面板既是承重板又是保温板，为增强其强度，降低其重量，近来多用钛白板，即在聚苯板的两侧挂钢丝网后用水泥黏结，形成整体。另一些新的材料，如铝镁材料或苦菱板等也有应用，但保温能力最强的还属聚苯板。温室常用保温材料的保温性能如表24-12。

表 24-12　温室常用保温材料的保温性能

（引自：《设施农业技术》，1998）

材料名称	干容重（kg/m³）	导热系数［W/（m·K）］
重砂浆砌筑黏土砖砌体	1 800	0.81
夯实黏土	2 000	1.16
加草黏土	1 600	0.76
土坯墙	1 600	0.70
锅炉炉渣	1 000	0.29
膨胀珍珠岩	120	0.07
膨胀珍珠岩	80	0.058
干土（20℃）	1 500	0.23
木屑	250	0.093
稻草	150	0.09
干草	100	0.047
聚乙烯泡沫塑料	100	0.047
钢筋混凝土	2 500	1.74
碎石、卵石混凝土	2 300	1.51
加气、泡沫混凝土	700	0.22
水泥砂浆	1 800	0.93

（三）遮阳保温材料　遮阳是温室、塑料棚调节温度和光照的常用手段。温室遮阳的方式有室内遮阳和室外遮阳两种，在相应材料选择上也有区别。室外遮阳材料功能单一，以降低进入温室内光照强度为主要目的，除要求具有一定的遮阳率外，还要求有足够的强度以抵抗室外风雪荷载和太阳辐射的照射。室内遮阳材料没有抗风要求，但一般要将白天遮阳和夜间保温相结合，使其具有夏季遮阳降温、冬季保温的双重作用。

1. 室外遮阳网　室外遮阳网的颜色多为黑色，但也有银灰色、绿色、黄色等其他颜色，可根据使用要求不同选择。同样编织结构的材料，黑色网遮阳率一般最高。同种颜色材料遮阳率根据材料的编织疏密决定，从 20%～80% 不等。材质有聚乙烯、聚丙烯和聚酰胺等。编织线有扁丝和圆丝两种，编织方式有经纬线编织和扣接编织两种方式，后者强度要远高于前者。网眼的排列有均匀布置的，也有疏密间隔排列的。为了减少遮阳网在收拢后对温室采光造成的阴影，最新研发的遮阳网采用可折叠式，这种结构网 3～4m 行程收拢后的厚度在 5cm 之内，比传统的平面型遮阳网减少阴影一半以上。表 24-13 为国产黑色遮阳网的规格参数与技术性能。

表 24-13　国产黑色遮阳网规格与性能

（引自：《设施园艺学》，2001）

型　号	遮阳率（%）	拉伸强度（500mm 宽试样）（N）	
		经向（含一个密区）	纬向（含一个密区）
SWZ-8	20～25	≥250	≥250
SWZ-10	25～45	≥250	≥300
SWZ-12	35～55	≥250	≥350
SWZ-14	45～65	≥250	≥450
SWZ-16	55～75	≥250	≥500

2. 室内遮阳网 室内遮阳网安装在温室内部，如果采用与室外相同的黑色遮阳网，虽然也能起到降低室内光照强度的作用，但进入温室内的太阳辐射被遮阳网吸收后转化为热能而集聚在温室内，使温室内的温度进一步提高，给温室降温带来额外负担。采用缀铝箔遮阳网，利用铝箔的反光特性，将进入温室的太阳辐射直接反射出室外，不仅起到降低光照强度的作用，还同时起到了降温的作用，因此，近年来，室内使用遮阳网多采用缀铝箔遮阳网。

瑞典 LS 公司生产的缀铝箔遮阳网将 4mm 宽的条形材料通过聚酯线编织在一起，条形材料分别是透光型聚酯膜和高反射性的铝箔，这些材料通过一定的方式和比例编织在一起，从而形成具有不同遮阳效果的遮阳网。

室内遮阳网根据其使用功能可大体上分为 3 类：遮阳通风型、遮阳保温型和遮光型。此外，还有一种不带铝箔的专门用于温室保温的透光材料，也一并归类到遮阳材料中，称为节能型材料，如表 24 - 14。

表 24 - 14　缀铝箔遮阳保温幕规格与性能

（引自：《现代蔬菜温室设施与管理》，2000）

类型	型　号	遮阳率（%）	节能率（%）	类型	型　　号	遮阳率（%）	节能率（%）
遮阳保温型	SLS14	40	50	遮阳通风型	XLS14F	41	20
	SLS15	50	55		XLS15F	50	20
	SLS16	65	60		XLS16F	61	25
	SLS17	75	65		XLS17F	73	30
	SLS18	85	70		XLS18F	81	35
	LS56	55	43		PH55O	75	30
	XLS10	15	47		PH66O	65	25
	XLS14	44	52		PH77O	75	30
	XLS15	54	57		LS100	99.95	43
	XLS16	75	62	遮光型	SLS ObscuraA/B+B	99.99	75
	XLS17	82	67		SLS ObscuraA/B+B/W	99.99	75
	XLS18	18	72		ULS ObscuraA/B+B	99.99	75
	PH44	45	52		ULS ObscuraA/B+B/W	99.99	75
	PH55	55	58		PH1	96	40
	PH66	65	63		PH98+PH1	99.9	78
	PH77	75	68		PH98+EV - 1/p	99.99	78
	PHL55	59	65	节能型	SLS10	20	45
	PHL66	65	70		SLS10Ultra	15	43
	PHL77	78	75		ULS10	20	45
					PH20	20	45
					PHL	20	50
					PHORMLUX	13	45

（1）遮阳通风型材料　其铝箔条之间的透光条不加任何材料，形成通气条带，室内热空气可直接通过该条带排出室外。这种结构材料一般与自然通风温室相匹配，主要用于冬季室外气温较高的地区。由于为开孔型结构，其保温节能性能较差。

（2）遮阳保温性材料　其反光铝箔条之间编织的是具有高透光特性聚酯塑料膜，这种结构透光，但不透气，是一种封闭结构。遮阳网展开后，室内遮阳网上下的空气不能自由流动，因此，在温室中起到了二道保温幕的作用，所以称其为遮阳保温性材料。在北方寒冷地区，同一种材料可同时用作夏季的遮阳和冬季的保温，提高了材料的利用率。在夏季使用时，如果与风机湿帘降温系统相结合，能提高温室降温系统的降温效率。因此，这种类型的材料在温室中的使用比例较大，南北方都可以采用。

（3）遮光型材料　是专门为作物进行光周期调节而设计的，其遮光率可达到 99.99％。在夏季长日照季节生产短日照作物时必须采用这种类型的遮阳网。

（周长吉）

第五节　温室、塑料棚通风与降温

一、通风设计的要求

（一）通风的方式　按通风系统的工作动力不同，可分为自然通风和机械通风两种方式。

自然通风是借助温室内外的温度差产生的"热压"或室外自然风力产生的"风压"促使空气流动。自然通风系统投资省且不消耗动力，是一种比较经济的通风方式，日光温室和塑料大棚多采用这种通风方式。大型连栋温室一般也设置自然通风系统，并往往在运行管理中优先启用。但自然通风的能力有限，并且其通风效果多受温室所处地理位置、地势和室外气候条件（风向、风速）等因素的影响。

自然通风系统由通风窗（屋面窗、侧窗等）及相应的开窗机构组成。当其开闭采用电动或自动控制时，还包括电机及减速装置、控制器等。日光温室和塑料大棚多采用揭开棚膜的方法进行自然通风。

机械通风又称强制通风，是依靠风机产生的风压强制空气流动，其作用能力强，通风效果稳定。可以根据需要采用合适的通风量和一定数量的风机，调节控制方便，并可通过风机和通风口的布置组织室内气流，便于在空气进入温室前进行加温或降温的处理。但是风机需要一定的投资和维修费用，运行需要消耗电能，将增大运行成本。此外，风机等设备要占据一定的室内空间，还有遮光和运行中产生噪音等问题。大型连栋温室的室内面积大、空间大、环境调控要求高，仅靠自然通风不能完全满足生产要求，通常需设置机械通风系统。

温室的机械通风系统多采用负压排风方式，即采用风机向室外排风，并在适当的部位设置进风口。风机一般采用低压大流量轴流式风机，可适当分组控制开停，以满足各种条件下对不同通风量的要求。在温室要求设置降温系统时，通常在进风口处安装降温湿帘等降温设备，使室外空气进入室内前得到降温处理。

（二）通风设计要求　根据温室通风换气的目的，其设计的基本要求是通风系统应能够提供足够的通风量，有效调控室内气温、湿度和 CO_2 浓度，达到满足蔬菜作物正常生长要求的条件。温室、塑料棚通风换气的要求随栽培植物的种类、生育阶段、栽培地区和栽培季节的不同，以及一日内不同的时间、不同室外气候条件而异，因此要求通风量能够根据不同需要在一定范围内有效调节。

为保证植物具有适宜的叶温和蒸腾作用强度以及有利 CO_2 扩散和吸收，室内要求具有适宜的气流速度，一般应为 0.3～0.5m/s 左右，高湿度、高光强时气流速度可适当提高。通风换气系统的布置应使室内气流尽量分布均匀，冬季避免冷风直接吹向作物。

此外，从经济性方面考虑，通风换气系统的设备投资费用要低，设备耐用，运行效率高，运行管理费用低。在使用和管理方面，要求通风换气设备运行可靠，操作控制简便，遮阳面积小，并且不妨碍室内的生产作业。

二、设计通风量

合理确定设计通风量是温室、塑料棚通风设计的一项重要工作内容。

温室的设计通风量 Q，或称设计换气量，是依靠通风系统的能力，在单位时间内交换的室内外空气体积，其单位为 m^3/s 或 m^3/h。

根据控制室内气温、湿度和 CO_2 浓度等方面需要确定的温室通风量称为必要通风量。设计通风量一般应大于必要通风量，二者概念是有区别的。但在一般不致产生混淆时，二者采用同一符号和单位表达。

在温室环境调控工程中还常采用换气次数来表示通风量的大小，其单位为次/h，或次/min，与通风量的关系为：

$$换气次数＝通风量÷温室室内容积$$

确定温室设计通风量的依据是其必要的换气量，后者需根据温室所在地区的气候条件、使用季节和栽培植物的要求等进行计算确定。

温度条件常是环境调控中首要的调控目标，当通风量满足抑制高温方面要求时，也能够相应地满足排湿与补充 CO_2 等方面的要求。但在寒冷季节，温室内将没有通风抑制高温的要求，这时应根据排湿与补充 CO_2 等方面要求确定合适的通风量。

（一）控制室温的必要通风量　控制温室的必要通风量，是指在夏季炎热时期，正午日照最强，气温接近最高值的时刻，为了使室内维持一定的温度，排除室内多余热量所需要的通风量，可根据该时刻温室的热量平衡关系得出。

温室的必要通风量与其本身传热特性及室外气象条件有关，还与室内外温差有关，即还取决于室内设定的热环境条件。

温室的通风率与室内外温差为双曲线函数关系，即室内外温差随通风率的增大而减小，通风率较小时，通风率的较少增加即可显著减少室内外温差（降低室内气温）。随着通风率逐渐增大，室内气温的降低速率逐渐减缓。当通风率达到 $0.10m^3/(m^2 \cdot s)$（室内空间平均高度为 3m 左右时，相当于换气次数约为 2 次/min）左右时，室内外气温差已减少至 $1\sim2℃$。如继续增加通风率时，则室内气温降低很小，却使风机的运行耗能与运行费用不必要地增加。因此，从经济性的角度考虑，一般通风率应在 $0.08m^3/(m^2 \cdot s)$ 以下，或换气次数低于 1.5 次/min（90 次/h）。

遮阳措施对抑制室内高温有着非常显著的作用，有遮阳与无遮阳的情况相比，控制同样室内外温差所需通风率大为减少。

但是，仅靠遮阳和单纯通风换气对室内气温的降低是有一定限度的，即不可能将室内气温降到低于室外气温的水平。在炎热的夏季，室外气温原本已较高，即便采用较大的通风率并辅以遮阳措施，室内气温仍略高于室外，将不能满足一些作物要求的温度条件，这时应考虑采用对空气进行降温处理的措施。

（二）维持 CO_2 浓度的必要通风量　日出后作物进行光合作用将从温室内空气中大量吸收 CO_2，使其浓度急剧降低。虽然室内土壤中微生物的呼吸和有机物质分解将释放出 CO_2，使室内得到 CO_2 少量补充，但远远满足不了需要。为维持蔬菜作物继续进行正常光合作用的需要，在日出后即应考虑进行通风，以从室外空气中得到 CO_2 的补充。

维持室内 CO_2 浓度的必要通风量与室内外空气 CO_2 浓度差呈双曲线函数关系，因此，利用通风换气来提高 CO_2 浓度也是有一定限度的，室内 CO_2 浓度最多只能达到比室外略低的水平。由于为维持室内 CO_2 浓度的必要通风率远低于抑制高温的必要通风率，因此，在为抑制室内高温进行通风时，室内 CO_2 浓度容易达到接近室外 CO_2 浓度的极限水平。而在室外气温较低的时期，靠增大通风率来提高

CO_2浓度不仅效率低，而且使热量损失增大，所以应综合考虑、合理确定通风率。或为提高温室产品产量和质量水平，采用温室、塑料棚密闭管理，补充CO_2，可以达到室内CO_2浓度高于室外的水平，并且可避免因通风损失室内的热量。

（三）控制温室内湿度的必要通风量　温室、塑料棚通风换气是通过引入室外相对干燥的空气、排出较高湿度的室内空气达到降低室内湿度的目的，其必要通风量需能够排除室内设定气温和相对湿度条件下植物蒸腾与土壤蒸发所产生的水汽量。因此确定控制温室、塑料棚内湿度的必要通风率需考虑室内、室外空气的含湿量、室内空气的密度、温室或塑料棚内单位面积产生的水汽量等因素。

三、自然通风

自然通风因投资省、运行不消耗动力、经济，所以在温室通风中得到广泛采用。其设计工作是根据其通风原理，依据温室通风的要求，合理确定通风窗的位置和大小。

（一）热压作用下的自然通风　热压通风是利用温室内外气温不同而形成的空气压力差促使空气流动。如图 24-7 所示，温室下部和上部分别开设了通风窗 A_1 与 A_2，两通风窗中心相距高度 h。图中（a）所示天窗关闭、侧窗开启的情况下，无空气流动，根据流体静力学原理，侧窗内外空气压力相等时，即 $p_{i1}＝p_{o1}$。天窗内外存在压力差。

天窗内侧空气压力高于室外一侧压力，这个压力差即为热压。可见只要打开天窗如图 24-7 中（b），空气就要从内向外流动，使得室内空气压力降低，下部侧窗内空气压力随之降低，使得 $p_{i1}＜p_{o1}$，室外空气从侧窗外向室内流动。只要温室内外存在温差和通风口的高差，就存在热压。通风口高度差越大，热压越大。因此，进行热压自然通风设计时，应尽可能增大进出风口高差。在实际工程中，也有仅在一个高度上开设通风窗口的情况，但只要有内外温差，仍能进行热压通风，这时通风窗口上部排气，下部进气，如同上下两个窗口连在了一起，只是高差较小。

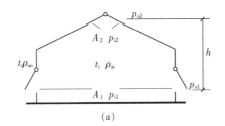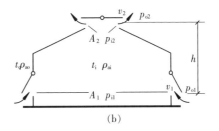

图 24-7　热压作用下的自然通风

（马承伟，2003）

（二）风压作用下的自然通风　在室外存在自然风力时，由于温室的阻挡，气流发生绕流，在温室、塑料棚四周呈现变化的气流压力分布。温室迎风面气流受阻，流速降低，静压升高，而侧面和背风面气流流速增大和产生涡流，静压降低。这种空气静压的升高和降低使室内外出现空气压力差，称为风压。由于风压的作用，温室迎风面室内空气压力小于室外，侧面和背风面室内气压大于室外，外部空气便从迎风面温室墙面上的通风口进入室内，从侧面或背风面通风口流出。

风压以气流静压升高为正压，降低为负压，其大小与气流流动压成正比。风压在温室各表面的分布与温室外形、部位、室外风向等因素有关。

（三）热压和风压同时作用的自然通风　实际情况下，温室同时存在风压与热压两种自然通风。这时通风量的计算较为复杂，实用上可采用如下方法估算通风的效果，通风量为：

$$Q＝\sqrt{Q_w^2＋Q_t^2}$$

式中：Q_w，Q_t——分别为按风压和热压单独作用情况下计算的通风量，m^3/s。

中国蔬菜栽培学
□□□□[第二版]..Olericulture in China □□□□

由于室外自然风力和风向有不断变化的特点，同时受地形、附近建筑物及树木等障碍物的影响，所以利用风压的自然通风效果具有较大的不确定性。在设计中，为保证温室具有足够的通风能力，只考虑热压作用进行计算，据此设计自然通风系统，确定通风窗口面积。但是，自然通风系统的设计布置方案以及生产中的运行管理等，也必须同时考虑风力对自然通风的影响。

（四）自然通风系统设置　温室中自然通风系统的设置，要求有足够的通风能力的同时，室内气流应合理分布，通风系统还应能够方便调节。

常见的几种自然通风系统设置见图 24-8 所示。由前述内容可知，为保证热压通风具有良好的效果，应使通风的进、排风口的高差尽可能大，一般在侧墙下部设置进风窗口，而在屋面上（或塑料大棚的肩部）设置排风窗口，可获得较大的通风窗高差。天窗设在屋脊处时（图 24-8a、b、e），可获得最高的排风口位置，但在覆盖塑料薄膜的温室中，从减少屋面覆盖薄膜的接缝和方便开窗机构布置等方面考虑，也较多地将天窗设在谷间（图 24-8c、d）。

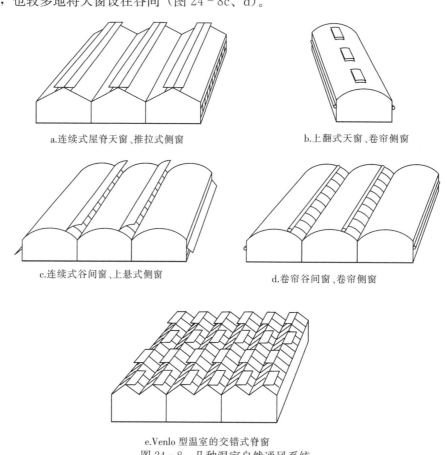

a.连续式屋脊天窗、推拉式侧窗　　　　　　　　b.上翻式天窗、卷帘侧窗

c.连续式谷间窗、上悬式侧窗　　　　　　　　d.卷帘谷间窗、卷帘侧窗

e.Venlo 型温室的交错式脊窗
图 24-8　几种温室自然通风系统
（马承伟，2003）

为了获得较大的通风窗面积，侧窗和天窗较多采用通长设置的方法。窗洞口宽度适当宽一些可增加通风口面积，但也会增加关闭时周边密封的难度，对窗扇和开闭机构的要求也较高。推拉式侧窗较为美观，但开启时窗扇重叠处减少了过风面积。覆盖薄膜的温室通常采用卷帘式通风窗，容易获得较大的通风面积，且卷膜机构简单，造价低廉。

为使有风时利用风压增大自然通风量，通风窗口的设置应尽可能使风压通风和热压通风的气流方向一致。应使天窗排风方向位于当地主导风向的下风方向，避免风从天窗处倒灌。屋脊天窗要能对两侧天窗的开闭分别控制，以适应不同的风向。

塑料棚和日光温室的通风主要采用自然通风方式。简便的通风方法是在覆盖薄膜上"扒缝"，或揭开部分棚膜。扒缝通风，在室外气温较低时，为防止室外冷空气直接吹向作物，扒缝高度宜在离地1m以上，或在棚顶（肩部）。日光温室为通风需要，可在后墙上开设通风窗口。

四、机械通风

机械通风利用风机作为动力，强制实现室内外通风换气。虽然要消耗一定的能源，但其通风效果可靠，且便于按需要进行调节和控制，因此在较大型的以及对环境调控要求较高的温室中得到普遍采用。

机械通风系统的设计，需确定通风系统的形式和布置方案，计算所需通风量和通风阻力，据此选择风机，确定进排风口的面积与形状，需要时还要对送风管道进行设计。

（一）温室机械通风的基本系统与布置 机械通风一般有进气通风系统、排气通风系统和进、排气通风系统三种基本系统。

1. 进气通风系统 又称正压通风系统，是采用风机将室外新鲜空气强制送入室内，使室内空气压力形成高于室外的正压，迫使室内空气从排气口流出。这种通风系统的优点是对温室的密闭性要求不高，且便于在需要对进风进行加温处理时，在风机进风口加装加温设备（暖风机）。但由于风机出风口朝向室内，风速较高，大风量时易造成吹向作物的过高风速，室内气流分布不均，因此也难以采用较大的通风量，这是其最大的缺点。为使气流在室内均匀分布，往往在风机出风口连接塑料薄膜风管，通过风管上分布的小孔，将气流均匀分配输送入室内（图 24 - 9a）。

2. 排气通风系统 又称负压通风系统，是将风机布置在排风口，通过风机向室外排风，使室内空气压力形成低于室外的负压，室外空气从温室的进风口被吸入室内。排气通风系统易于实现大风量的通风，因气流速度较高的风机出风口一侧是朝向室外，而面向室内的风机进风口处，气流流速较大的区域仅限于很小的局部范围，不会产生如正压通风时吹向作物的过高风速。适当设置风机和进风口的位置，可使室内气流达到较均匀的分布。在温室有安装降温设备方面要求时，便于在进风口安装湿帘等降温设备。因此，排气通风系统在目前温室中使用最为广泛。但排气通风系统运行时要求温室有较好的密闭性，尤其是在靠近风机处，不能有较大的漏风，以免造成气流的"短路"，保证室外空气从设置的进风口处进入，流经全室，使室内气流合理分布，避免室内出现气流死角。

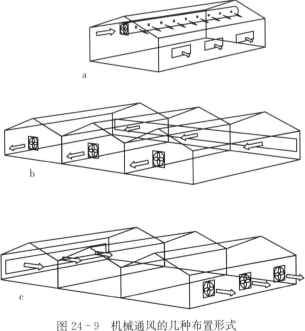

图 24 - 9 机械通风的几种布置形式
（马承伟，2003）

排气通风系统的布置一般是将风机安装在温室的一面侧墙或山墙上，而将进气口设置在远离风机的相对墙面上，如图 24 - 9b、c。风机安装在山墙时与风机安装在侧墙的情况相比，因室内气流平行于屋面方向，通风断面固定，通风阻力较小，室内气流分布均匀，因此较多采用这种布置方式。另外应使室内气流平行于室内植物种植行的方向，以减小植物对通风气流的阻力。

排气通风系统的风机和进风口间的距离，一般应在 30～60m 之间，过小不能充分发挥其通风效率，过大则影响通风效果。

当温室与其他温室或建筑物相邻时，要注意风机排风口与邻近温室或建筑物以及其他障碍物间的距离一般应不小于风机直径的1.5倍。当相邻温室安装风机排风口的侧墙相面对时，二者间距离应不小于5m，否则应使风机位置错开。当一温室的风机排风口与另一温室的进风口相面对时，二者的距离应不小于15m，以避免一温室的排气直接进入另一温室。

3. 进排气通风系统 又称联合式通风系统，是一种同时采用风机送风和风机排风的通风系统，室内空气压力接近或等于室外压力。因使用设备较多、投资费用较高，故实际生产中应用较少，仅在有较高特殊要求而以上通风系统又不能满足时采用。

（二）通风机的类型、性能与选择 通风机是机械通风系统中最主要的设备。通风系统对风机的要求，除了应有足够的风量外，还要求能够克服通风系统的通风阻力，使空气经过风机后压力升高，建立起风机前后稳定的压力差，这个压力差称为风机的静压。其大小应等于通风系统的通风阻力，一般也可近似地认为等于温室内外空气压力差。此外，风机的耗能（功率）与效率、噪音大小也是选用时考虑的性能指标。对于确定的风机，其实际使用时的风量与通风系统的阻力大小有关，一般情况下阻力增大时风量减小。风机在不同阻力（或静压）下可达到的通风量可由风机生产厂家提供的风机特性曲线或风机性能表中了解。选用风机时应根据通风系统的阻力大小，从风机特性曲线或风机性能表中查算出风机所能提供的通风量大小。

通风机一般有轴流式和离心式两种基本类型，均主要由叶轮和壳体组成。

离心式风机的特点是提供的风压大而空气流量相对较小。适用于采用较长的管路送风，或通风气流需经过加热或冷却设备等通风阻力较高的情况。在温室通风系统中实际应用相对较少。

用于温室的轴流风机通常在其外侧设有防风雨的活页式百叶窗。轴流式风机的特点是流量大而压力低。温室通风系统一般通风阻力较小，而要求通风量大，因此，轴流风机的特性正好能满足温室通风系统的要求。并且轴流式风机在低静压下耗能少，具有较高的效率。此外其价格便宜，也容易安装和维护，因此轴流式风机在温室通风系统中得到了广泛应用。

五、降温技术与设施

中国大部分地区的气候属于大陆性季风气候，冬冷夏热，尤其是夏季风影响面广，多数地区夏季气候炎热。在长江流域及其以南，除少数地区（如地处高原的昆明市等）外，7～8月平均气温多达到28℃左右，最高气温≥30℃日数平均每年在2个月以上，不少地区最高气温≥35℃的酷热天气的日数平均每年在15d以上。在黄河流域及其以北，也有不少地区7～8月平均气温达到25℃以上，一些地区最高气温≥30℃的日数和最高气温≥35℃的日数也分别达到每年近2个月和15d以上。中国夏季气温与国外一些设施园艺发达国家如荷兰、加拿大、日本等国相比要高出许多。近年引进的如荷兰和加拿大的一些在原产地可以周年较好使用的温室，已证明在中国夏季条件下使用降温能力不足，因此温室夏季生产中降温是非常突出的问题。

鉴于太阳辐射热能大量进入温室内是形成室内气温远高于室外的主要原因，因此阻止太阳辐射热能大量进入温室是抑制室内高温的首要措施。采用各类遮阳网可有效减少进入温室的太阳辐射热能。

由于在夏季气候条件下，很多时候室外气温已高于作物生长适宜的气温条件，因此即使采用大风量机械通风结合使用遮阳网，室内气温也往往高于室外2～3℃。要将温室内气温控制在作物生长的适温范围，必须采用降低空气温度的技术和设施。人工降温措施一般有机械制冷、冷水降温和蒸发降温等。

机械制冷是利用压缩制冷设备进行制冷。由于压缩制冷设备投资费用高，同时温室内需排除的多余热量很大，故制冷负荷和运行费用将很高。因此机械制冷在温室降温中一般不予采用。

冷水降温是利用远低于空气温度的冷水，使之与空气接触充分地进行热交换，以降低空气的温度。但水与空气热交换后将升温，必须源源不断排走温度已升高的水和提供新的冷水。因此冷水降温需消耗大量的低温水，除当地有可以利用的丰富的低温地下水外，一般不宜采用。

蒸发降温是利用水蒸发需要吸收潜热的特性，通过水在空气中蒸发，从空气中吸收蒸发潜热，使空气温度得到降低。由于水的蒸发潜热很大，在常温 25℃时，水的蒸发潜热量为 2 442kJ/kg，仅消耗较少的水量即可吸收较大量的热量，因此远比冷水降温节水。同时，不同温度的水其蒸发潜热相差不大，所以用于蒸发降温的水可以采用常温水，而不像冷水降温那样需专门获取低温水。

蒸发降温的不足之处主要有两点：一是在降温的同时，空气的湿度也会增加，因此会产生温室内空气高湿度；二是降温效果要受气候条件的影响，在湿度较大的气候条件下不能获得好的降温效果。尽管蒸发降温存在以上不足，但由于它能解决温室夏季生产中的高温这个主要矛盾，而且设备简单、运行可靠、维护方便、省能、经济，因此仍不失为夏季生产的有效降温技术。

具体实现蒸发降温的技术有湿帘与雾化两种方式。前者为用水淋湿特殊纸质一类吸水材料，水与流经材料表面的空气接触而蒸发，从空气中吸热；后者多采用雾化的方法向要降温的空间直接喷雾使之蒸发冷却空气。

（一）遮阳　采用遮阳的办法，大幅度减少进入温室的太阳辐射热能，对于抑制室内高温具有显著的作用。作为抑制室内高温的技术措施，遮阳的优点在于，在使用中基本不消耗能源，运行管理方便，费用低。

遮阳按设置部位的不同分为室外遮阳与室内遮阳两种类型，可参见本章第四节。

（二）蒸发降温　蒸发降温的极限是空气的湿球温度，即在最理想的情况下可将空气温度降低至等于空气湿球温度。实际经蒸发降温设备处理后，空气能够达到的温度越接近湿球温度，说明其降温过程进行越充分。通常采用降温效率作为评价蒸发降温技术和设备的降温性能优劣的指标，其定义为：

$$\eta = \frac{t_a - t_b}{t_a - t_w}$$

式中：t_a，t_b——降温前、后的空气温度（干球温度），℃；

　　　t_w——空气的湿球温度，℃。

式中，$t_a - t_w$ 为空气的干球与湿球温度差，是理想情况下蒸发降温可以达到的最大降温幅度，而 $t_a - t_b$ 为空气经蒸发降温处理后实际达到的降温幅度。可见降温效率是反映蒸发降温技术或设备的降温能力与理论最大可能降温能力接近程度的评价指标，其值小于 1。

从历年的气象资料分析，中国长江流域及以南地区一般夏季空调室外计算湿球温度为 27～28.5℃，考虑蒸发降温设备的降温效率，则室外空气在经过蒸发降温处理后，气温约可降低至 28～30℃，加上空气进入温室后的升温，室内气温可控制在 29～32℃以下，基本可满足设施内生产多数情况的要求。而对于黄河流域及以北的北方地区，由于气候较干燥，一般夏季空调室外计算湿球温度在 27℃以下，蒸发降温有比在南方使用更好的效果，温室内气温可控制在 28～30℃以下。

（三）湿帘风机降温系统　湿帘是温室中使用最广泛的蒸发降温设备。与机械通风相结合的湿帘风机降温系统由轴流风机、湿帘、水泵循环供水系统以及控制装置组成。

目前最为常用的是纸质湿帘。纸质湿帘采用树脂处理的波纹状湿强纸层层交错黏结成蜂窝状，并切割成 80～200mm 厚的厚板状。使用中竖直放置在温室的进风口，湿帘顶部不断供给喷淋水，使其通体表面保持湿润。当温室另一段风机向外排风时，室外空气通过湿帘，湿帘纸表面的水分蒸发吸热，使空气降温后进入温室内。为使湿帘纸表面保持充分湿润，顶部供水通常远大于蒸发水量，多余未蒸发的水分从湿帘下部排出后，集于循环水池，再由水泵重新送到湿帘顶部喷淋。湿帘通风阻力小，降温效率高，工作稳定可靠，安装使用简便。目前国内外都已有成熟的产品可供温室工程使用。

湿帘的缺点是在长期使用时空气中尘垢与水中盐类在纸帘上的沉积将降低其效率，并增大通风阻

力；纸帘使用后易产生收缩与变形，使用寿命还有待提高。

湿帘的技术性能参数主要有降温效率与通风阻力，具体数值应由生产厂家提供。二者主要取决于湿帘厚度与过帘风速 v_p（＝通风量/湿帘面积）。湿帘越厚、过帘风速越低，则降温效率越高；湿帘越厚、过帘风速越高，则通风阻力越大。为使湿帘具有较高的降温效率，同时减小通风阻力，过帘风速不宜过高，但也不能过低，否则使需要的湿帘面积过分增大，导致设备费用增加。一般过帘风速取 $1\sim2m/s$。

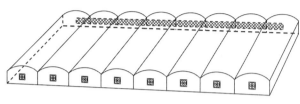

图 24-10　湿帘风机通风降温系统

(马承伟，2003)

湿帘布置如图 24-10 所示。

（四）雾化降温系统　雾化降温有室内细雾降温与集中雾化降温等多种方式。

1. 室内细雾降温　是在温室内直接喷雾的方法。为使雾滴在喷出后，能在下落地面的过程中完全蒸发，防止其落下淋湿作物或造成地面积水，使室内湿度过高，因此要求雾滴高度细化。根据不同环境和使用条件，一般应使雾滴直径在 $50\sim80\mu m$ 以下。这往往需要高质量的雾化设备以及采用较高的喷雾压力。

室内细雾降温的蒸发降温效率比湿帘低，一般室内平均降温效率仅为 $20\%\sim60\%$。因为细雾在室内空间的分布不能保证完全均匀，在那些雾滴没有到达或分布稀少的空间，空气不能有效得到降温，从而降低了室内空气的总平均降温效率。在使用中往往采用间断运行的办法，一般喷雾 $1\sim2min$，停歇 $3\sim30min$（根据天气情况确定），同时注意进行通风，以避免室内出现过高的湿度。

细雾降温系统的优点是投资较低，安装简便，使用灵活，自然通风与机械通风时均可使用，喷雾设备还可兼用于喷洒农药。

细雾降温系统的关键在喷雾设备，有液力雾化、气力雾化和离心式雾化几种。气力雾化设备采用高速空气流进行雾化，需要压缩空气设备，投资较高，实际应用很少。

液力雾化采用高压水泵产生高压水流，通过液力喷嘴喷出雾化。雾滴粒径的大小取决于喷嘴和喷雾压力，压力越高雾滴越细，通常采用 $0.7\sim2MPa$ 的喷雾压力。液力式雾化设备雾化量大，设备费和运行费用低，但对于雾滴直径小于 $50\sim80\mu m$ 的要求难于完全满足。一般雾化质量较好的喷嘴，其产生的雾滴直径分布在 $10\sim100\mu m$ 之间。注意雾化设备标称的雾滴粒径多指体积中径，不是产生的雾滴的最大粒径。例如一种雾化质量较好的喷嘴，其标称的雾滴粒径为 $60\mu m$，即是指的体积中径，经实际测定其最大粒径为 $100\mu m$，其产生的雾滴中，$60\sim100\mu m$ 粒径的雾滴体积占 50% 的比例。选用喷嘴时应充分注意这一点。液力式雾化喷嘴一般喷孔较小，使用中容易发生堵塞，应在供水管路上采用水过滤装置。为使雾滴喷出后有足够在空气中漂移的时间，以便与空气充分接触蒸发，喷嘴高度一般宜高一些，一般安装高度在 $2m$ 以上。

离心式雾化是将水流送到高速旋转的圆盘，当水从圆盘边缘高速甩出时与空气撞击而被雾化。其优点是产生的雾滴粒径小，不需高压水泵，不会产生堵塞。离心式雾化器往往做成和轴流风机组合成一体的设备——喷雾风机，利用轴流风机排风口的射流输送雾滴和控制雾滴撒布的方向。

图 24-11　集中雾化降温系统示意图

(马承伟，2003)

2. 集中雾化降温　为解决室内细雾降温中未蒸发雾滴淋湿作物、地面积水和造成室内过高湿度的问题，研究开发了其他形式的雾化降温系统。图 24-11 为集中雾化降温系统，该系统布置方案与湿帘风机降温系统相仿，喷雾设备布置在温室的进风口，而不是布置在室内。

在集中雾化降温系统中，室外的空气在温室的进风口处经过喷雾降温后进入室内。由于所有室外空气进入室内前都经过这一处理过程，所以对空气的降温是完全和均一的，在设计合理的情况下，降温效率可达到80%左右，与湿帘降温相近。

3. 雾帘降温　雾帘降温系统主要由喷雾装置与水帘构成（图24-12）。喷出的雾滴限制于屋面与水帘间的夹层空间中，空气由天窗吸入，在夹层中经过水蒸发降温后进入温室。未蒸发的水滴由水帘承接并汇入水槽回收，完全阻止了水滴淋湿作物与地面，被水湿润的水帘表面还是一个很大的蒸发表面。夹层还具有阻挡辐射热进入的作用。

雾帘降温效果较好，能避免高湿度的产生，对各部分装置无特殊要求，因此设备简单。但水帘有冬季挡光的问题。

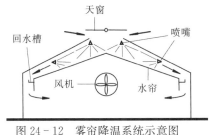

图24-12　雾帘降温系统示意图
（马承伟，2003）

（马承伟）

第六节　温室加温设备

晴朗的白天，温室吸收太阳光照，保持了较高的温度；但在阴天或晚上，由于温室的散热，室温就会逐步下降。在寒冷地区的夜间和早晨，温室的散热更多，甚至降到低于蔬菜作物生长发育的临界温度而使作物受冻。为了使室温能够满足蔬菜作物生长发育的需要，就要在防寒保温的基础上用人工加温的方式对温室供热。本节将介绍进行供热计算的原理和基本方法。

一、能量平衡原理

温室是一个相对封闭的能量交换系统，其内部及与其周围环境时刻都在发生着能量交换。作为一个完整的能量平衡系统，温室的能量平衡包括太阳辐射能及其通过透光覆盖材料的透射、通风换热、冷风渗透热损失、与地面的热交换、作物生理生化能量的交换、长波辐射、工作人员和设备产生的热量、冷热物料进出温室带来和带走的热量、空气中水分蒸发和冷凝吸收与放出的热量以及加温系统的供热量等。其总的能量平衡可用下式表示：

$$\triangle E = q_1 + q_2 + q_3 + q_4 - Q_1 - Q_2 - Q_3 - Q_4 - Q_5 - Q_6 - Q_7$$

式中：Q_1——经过屋顶、地面、墙、门窗等围护结构传导和辐射传出的热量，W；

　　　Q_2——加热经门、窗、围护结构缝隙渗入空气所需的热量，称为冷风渗透热损失，W；

　　　Q_3——经过温室地面传导出的热量，W；

　　　Q_4——由于温室内水分蒸发所消耗的热量，W；

　　　Q_5——通风耗热量，W；

　　　Q_6——作物生理生化转化交换的能量，W；

　　　Q_7——加热进入温室内冷物料所需要的热量，W；

　　　q_1——进入温室的太阳辐射热量，W；

　　　q_2——进入温室的人体、照明、设备运行的散热量，W；

　　　q_3——进入温室的内热物体的散热量，W；

　　　q_4——进入温室的加温系统的供热量，W。

如果维持温室温度不变，则要求$\triangle E=0$，即：

$$q_1 + q_2 + q_3 + q_4 - Q_1 - Q_2 - Q_3 - Q_4 - Q_5 - Q_6 - Q_7 = 0$$

温室加温系统供热量为：

$$q_4＝Q_1＋Q_2＋Q_3＋Q_4＋Q_5＋Q_6＋Q_7－q_1－q_2－q_3$$

但由于温室设计热负荷的计算是基于冬季凌晨的特定时刻，其中的许多因素都可以考虑忽略。

选择冬季凌晨作为设计热负荷的时刻，主要是考虑温室在周年运行期间，其供热设备的供热能力能够满足最冷时刻的供热需要，由于通常室外温度要高于设计值，因此温室实际运行中不可能也不要求供暖负荷一直在设计负荷的情况下运行。

对于这样一个非常时刻，没有太阳辐射、通风系统不工作、作物生理生化能量转换相对而言微不足道、现场一般不会有工作人员、没有物料的出入，及夜间由于温室内温度是由高逐渐降低，温室内水分的冷凝量一般大于蒸发量，理论上应该是温室得热，还有除加热系统外，照明或其他设备也均不运行。但辐射换热，主要指红外长波辐射，是覆盖材料和结构透明度的函数，应在结构总传热系数中加以考虑。

这样，设计热负荷便简化为以平衡温室通过围护结构的传热、冷风渗透热损失和地面传热三部分热损失的能量需求。即温室的热平衡为：

$$Q＝Q_1＋Q_2＋Q_3$$

式中：Q—— 温室供暖热负荷，W；

Q_1、Q_2、Q_3—— 分别为围护结构传热热损失、冷风渗透热损失和地面传热热损失，W。

二、采暖热负荷计算

（一）温室采暖室内外设计温度　根据传热学原理，温室散热量的大小与室内外温差成正比，温差越大，散热量越多。因此，合理选择温室采暖的室内外设计温度，对正确确定温室的供热负荷有至关重要的作用，是进行供热计算时首先必须确定的参数。

1. 温室采暖室内设计温度　温室采暖室内设计温度主要根据蔬菜作物正常生长发育所需要的最低温度来确定。一栋温室，如果没有特定种植种类的计划，那么采暖室内设计温度应该以喜温作物为设计对象。如果温室设计已经特定了某一品种，则应按照这一种类正常生长发育所要求的温度确定。各种种植作物采暖要求的最低温度，可咨询蔬菜专家或有关咨询服务机构。

同样是喜温蔬菜，但所要求的最低气温可能不同，如黄瓜和番茄，其最低生长发育温度要求在12～16℃，有些喜温蔬菜可能要求18℃。一般可将室内设计温度设定为15℃比较适宜。

2. 温室采暖室外设计温度　温室供暖要跨越整个冬季。作为温室透光覆盖材料的玻璃、塑料薄膜或PC板等其热惰性都很小，保温能力较差，当室外温度发生变化时，室内温度跟随其波动的响应时间很快，如果温室的供暖负荷没有足够的适应能力，将会造成室内温度的剧烈变化，给温室生长作物带来危害。因此，确定温室采暖室外设计温度，应按多年最低温度的平均值考虑。一般计算应按近20年气象资料年最低气温的平均值考虑。如果气象资料不足，至少也应有近10年的气象数据。按最低气温的平均值考虑，排除了极端最低温度，可以减小温室的采暖设计负荷。由于在确定室内采暖设计温度时已考虑到一定的安全度，所以即使外界气温下降到极端最低温度时，室内作物也不致受冻，况且，极端最低温度的持续时间不会太长，因此不至于严重影响作物的生长和发育。

（二）通过围护结构传热　通过温室围护结构的传热量包括基本传热量和附加传热量两部分。基本传热量是通过温室各部分围护结构（屋面、墙体等），由于室内外空气的温度差，从室内传向室外的热量。附加传热量是由于温室结构材料、风力、气象条件等的不同，对基本传热量的修正。

1. 基本传热量　围护结构的基本传热量是根据稳定传热理论进行计算：

$$q＝kA（t_n－t_w）$$

式中：k——为围护结构的传热系数；

　　　A——围护结构的传热面积，m^2；

　　t_n、t_w——室内、外采暖设计温度，℃。

整个温室的基本传热量等于它的各个围护结构基本传热量的总和（具体计算方法略）。

2. 附加传热量　按照稳定传热理论计算出的温室围护结构的基本传热量，并不是温室的全部耗热量，因为温室的耗热量还与它所处的地理位置和它的现状等因素（如高度、朝向、风速等）有关。这些因素是很复杂的，不可能进行非常细致的计算。工程计算中，是根据多年累积的经验按基本传热量的百分率进行附加修正。对温室工程，这些附加修正主要包括结构形式修正和风力修正。通常采用结构形式附加传热量进行修正。

风对温室的传热量影响较大，这是因为温室外围护结构的传热主要由对流和辐射两部分组成，其中对流换热与室外风速有关。所以在冬季加温期间风力持续较大的地区，必须在供热计算中考虑风力影响因素。一般随风速变化采用风力附加修正系数来考虑风速对温室基本传热量的增量。

（三）冷风渗透热损失　冬季，室外冷空气经常会通过镶嵌透光覆盖材料的缝隙、门窗缝隙，或由于开门、开窗而进入室内。这部分冷空气从室外温度被加热到室内温度所需的热量称为冷风渗透热损失。具体计算时，需考虑空气的定压比热、冷风渗透进入温室的空气重量、温室与外界的空气交换率（亦称换气次数，以每小时的完全换气次数为单位）、温室内部体积、空气的容重等因素。

（四）地面传热热损失　温室地面的传热情况与墙、屋面有很大区别。室内空气直接传给地面的热量不能用 $q = kA\Delta t$ 来计算，因为土壤的厚度无法计算，向土壤深处传热位置的温度也是一个未知数，土壤各层的传热系数 k 就更难确定。

分析温室空气向土壤的传热温度场发现，加温期间温室地面温度稳定接近室内空气温度，温室中部向土壤深层的传热量很小，只有在靠近温室外墙地面的局部传热较大，而且越靠近外墙，温度场变化越大，传热量也越多，这部分热量主要是通过温室外墙传向室外，如图 24 - 13。

由于上述温度场的变化比较复杂，因此要准确计算传热量是很困难的。为此，在工程上采用了简化计算方法，即假定传热系数法。

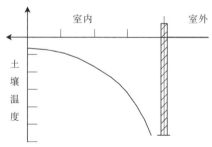

图 24 - 13　地面靠近外墙温度分布

假定传热系数的含义是：温室通过地面传出的热量等同于一个假定传热系数条件下，室内外空气温差通过地面面积传递的热量。依此概念，温室地面的散热量就可以采用与温室围护结构相同的公式来计算。

鉴于外界气温对地面各地段传热影响不同，该传热系数也随之各异，靠近外墙的地面，由于热流经过的路程较短，热阻小，所以传热系数就大，而距外墙较远的地方传热系数就小。根据实验知道，在距外墙 6m 以内的地面，其传热量与距外墙的距离有较显著的关系，6m以外则几乎与距离无关。因此，在工程中一般采用近似计算，将距 6m 以内的地段分为每 2m 宽为一个地带，如图 24 - 14。在地面无保温层，土壤传热系数大于温室外围护基础墙体传热系数的条件下，各带的传热系数如表24 -15。

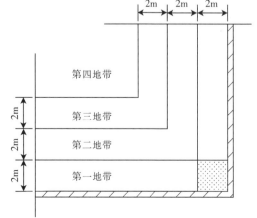

图 24 - 14　室内地面传热面的划分

表 24-15　地面分段及假定传热系数 [W/(m²·℃)]

地面分段	Ⅰ	Ⅱ	Ⅲ	Ⅳ
距外墙内表面距离	0～2m 区域	2～4m 区域	4～6m 区域	>6m 区域
假定传热系数 k	0.47	0.23	0.12	0.07

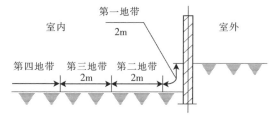

图 24-15　半地下式温室地面传热区域划分

需要说明的是位于墙角第一个 2m 内的 2m×2m 面积的热流量是较强的（图中阴影地段），应加倍计算。

如果温室采用半地下式，则上述地面的分段按图 24-15 执行，即将室外地坪以下的墙体作为地面，顺序推进。

三、温室供暖方式

用于温室的采暖方式主要有热水采暖、蒸汽采暖、热风采暖、电热采暖和辐射采暖等。实际应用中应根据当地的气候特点、温室的采暖负荷、当地燃料的供应情况和投资与管理水平等因素综合考虑选定。

（一）热水采暖　以水为热媒的采暖系统称为热水采暖系统。热水采暖系统由提供热源的锅炉、热水输送管道、循环水泵、散热器以及各种控制和调节阀门等组成。该系统由于供热热媒的热惰性较大，温度调节可达到较高的稳定性和均匀性，与热风和蒸汽采暖相比，虽一次性投资较多，循环动力较大，但热损失较小，运行较为稳定。一般冬季室外采暖设计温度在-10℃以下且加温时间超过 3 个月者，常采用热水采暖系统。中国北方地区大都采用热水采暖。

（二）蒸汽采暖　以蒸汽为热媒的采暖系统称为蒸汽采暖系统。该系统的组成与热水采暖系统相近，但由于热媒为蒸汽，温度一般在 100～110℃，因而要求输送热媒的管道和散热器必须耐高压、耐腐蚀，密封性好。由于温度高、压力大，相比热水采暖系统，散热器面积就小，亦即采暖系统的一次性投资相对较低，但管理的要求比热水采暖更严格。一般在有蒸汽资源的条件下或有大面积连片温室群供暖时，为了节约投资，才选用蒸汽采暖系统。

（三）热风采暖　通过热交换器将加热空气直接送入温室提高室温的加热方式。热风采暖加热空气的方法可以是热水或蒸汽通过换热器换热后由风机将热风吹入室内。也可以是加热炉直接燃烧加热空气，前者称为热风机，后者称为热风炉。热风机有电热热风机、热水热风机、蒸汽热风机，根据加热热媒的不同而有区别；热风炉也有燃煤热风炉、燃油热风炉和燃气热风炉，根据燃烧的燃料不同而分类。输送热空气的方法有采用管道输送和不采用管道输送两种方式，前者在输送管道上均匀开设送风孔，使室内气温比较均匀。

热风采暖系统由于热风干燥，温室内相对湿度较低。此外，由于空气的热惰性较小，加温时室内温度上升速度快，但在停止加温后，室内温度下降也比较快，加温效果不及热水或蒸汽采暖系统。相比热水加温系统，运行费用较高。但热风加温系统一次性投资小，安装简单。主要使用在室外采暖设计温度较高（-10～-5℃以上）、冬季采暖时间短的地区，尤其适合于小面积单栋温室。在中国主要使用于长江流域以南地区。

热风采暖系统设备的选型主要根据采暖热负荷和热风机或热风炉的产热量大小确定。一般要求热风采暖供暖热负荷应大于温室计算采暖热负荷 5%～10%。选择热风机（炉）台数时，应考虑热风炉运行台数的组合能够满足几种工况的供暖要求，尽量避免采用一台风机供暖。

目前国内外有关热风采暖的设备和规格都较多，表 24－16 是目前国内燃油（气）热风炉的常用规格及其耗能参数。具体设计中可直接与生产厂家联系，以获得其准确的性能参数。

表 24－16　燃油（气）加温机主要技术指标

（引自：《现代温室工程》，2003）

额定发热量		设计风温	煤柴油	天然气	液化气	城市煤气
kJ/h	kW	（℃）	（kg/h）	（Nm³/h）	（Nm³/h）	（Nm³/h）
2.09×10^5	60	60	4.9	5.85	2.27	11
4.18×10^5	120	60	9.8	11.70	4.54	22
8.36×10^5	230	60	19.6	23.40	9.10	44

中国传统的单屋面温室大都采用炉灶煤火加温，基本属于热风加温性质。也有用小型简易锅炉水暖加温或地热水加温的。塑料大棚大多没有加温设备，少数使用热风炉短期加温，促使蔬菜提早上市，提高产量和质量。用液化石油气经燃烧炉辐射加温方式，对大棚防御低温冷害也有显著效果。

单屋面温室的加温炉灶主要由炉坑、炉身、爬火沟、火道及烟囱五部分组成。炉灶紧靠温室内北墙建造。炉坑应比温室走道低 70cm，以免炉身过高使靠近炉子附近的蔬菜受到高温伤害；炉身用砖砌炉壁，泥塑炉膛，是燃煤产生热量的部分；爬火沟是连接炉身和火道的部分，目的是使炉身的火力尽量被抽到火道中去，充分发挥散热能力，以维持温室一定的温度；烟囱由数节泥瓦管相连而成，它的作用不仅仅为了排烟，而且对于加强热气对流，增加火炉的抽力也是很重要的。

（四）电热采暖　利用电流通过电阻大的导体将电能转变为热能进行空气或土壤加温的方式，主要为电加热线。温室中使用的电加热线有空气加热线和地热加热线两种。加热线的长度是采暖设计的主要参数。其值取决于采暖负荷的大小，由加温面积、加热线规格（材料、截面面积和电阻率大小）以及所用电源和电压等条件确定。表 24－17 是国产电加热线的主要规格及其主要参数。

表 24－17　电加热线的主要规格及其主要参数

（引自：《现代温室工程》，2003）

型号	电压（V）	电流（A）	功率（W）	长度（m）	包标	使用温度（℃）
DV20410	220	2	400	100	黑	≤45
DV20406	220	2	400	60	棕	≤40
DV20608	220	3	600	80	蓝	≤40
DV20810	220	4	800	100	黄	≤40
DV21012	220	5	1 000	120	绿	≤40

采用电热采暖不受季节、地区限制，可根据蔬菜作物的要求和天气条件控制加温的强度和加温时间，具有升温快、温度分布均匀、稳定、操作灵便等优点。缺点是耗电量大，运行费用高。多用于育苗温室的苗床加温和实验温室的空气加温等。

（五）辐射采暖　温室辐射采暖技术是 20 世纪 70 年代初首先在美国开始应用的一种加热技术，它是利用红外线加热器释放的红外线直接对温室土壤和作物进行加热。在照射到物体后由光能转换为热能使其表面温度升高，进而通过对流和传导将物体及周围空气温度提高。由于空气对红外线来说是透明体，不能吸收辐射，因此辐射能量是直接作用在作物和地面等对红外线不透明的物体之上。辐射采暖的特点是物体表面的温度要高于空气温度，这一点对植物生长很有利。辐射加温管可以是电加热，也可以是燃烧天然气加热。辐射源的温度可高达 420～870℃。辐射采暖其优点是升温快（直接加热到作物和地面的表面）、效率高（不用加热整个温室空间），设备运行费用低，温室内作物叶面不易结露，有利于防治病虫害，对直接调节作物体温、光合作用及呼吸、蒸腾作用有明显效果。但设备要求较高，设计中必须详细计算辐射的均匀性，对反射罩及其材料特性要慎重选择。对单栋温室由于侧墙辐射损失较大，使用不经济。目前国内还没有专门的厂家生产温室专用的辐射采暖器。

四、热水采暖系统

热水采暖系统的组成较为复杂，但都离不开三个最基本的组成要素，即散热器、供热锅炉和供热管道。

（一）散热器选择　温室所需的供热量是通过安装在温室内的散热器散热得到的，因此，要根据所需的热量算出所要安装的散热器的数量。其计算公式如下：

$$F = Q/K(t_1 - t_2) \cdot \beta$$

式中：F—— 所需散热器的表面积，m^2；

Q—— 温室计算热负荷，W；

K—— 散热器的传热系数，$W/(m^2 \cdot ℃)$；

t_1—— 散热器内热水的平均温度（℃），按进水温度加回水温度除以2计算，温室热水采暖常用95～70℃供水，故 $t_1 = 82.5℃$。但对于温室群供暖或锅炉房距离温室较远时，由于外线沿程损失较大，温室入口处95℃热水可能很难保证，在这种情况下应根据实际条件具体计算；

t_2—— 温室室内采暖设计空气温度，℃；

β—— 修正系数，与散热器的类型和安装方式有关。温室中散热器一般采用明装，$\beta = 1.0$；只有在散热器安装在封闭的栽培床下而影响散热时，采用 $\beta = 0.75$。此外，同样类型的散热器，如果采用多层布置，由于散热器的相互影响，其周围温度较高，会在一定程度上影响整体的散热效率，为此，也必须对其散热量进行修正。关于这部分散热量修正，将根据不同散热器类型直接在传热系数中给出。

知道了所需散热器的总表面积，则可根据单位长度散热器的表面积计算出需要散热器的总长度。

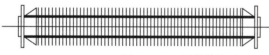

图 24-16　圆翼散热器

温室热水采暖系统采用的散热器有许多种类，但大量使用的主要是光管散热器和圆翼散热器两种。

圆翼散热器分铸铁圆翼散热器和热浸镀锌钢制圆翼散热器两种（图 24-16）。前者单位长度散热面积小，造价便宜，但在温室高湿环境中易生锈，需要经常性地做好表面防腐处理，运输和安装过程中也容易裂损；后者则是专门为温室采暖设计的专用散热器，由于经过热浸镀锌表面处理，而且钢制绕片韧性好，不易断裂，其使用寿命可达20年以上，是目前温室中最常用的散热器之一。

（二）采暖系统的布置

1. 散热器的布置　温室供暖的目的是使温室维持适宜的温度以满足蔬菜作物的需要，因此散热器的安装要考虑能使温室内温度均匀，同时还要尽量避免遮挡太阳光照。为了达到这些要求，散热器常常布置在温室内柱间和温室四周。将圆翼散热器和光管散热器混合布置仍是温室采暖系统常见的事例，在这种情况下，往往是将圆翼散热器布置在沿温室开间方向的柱间和温室周边，而将光管散热器布置在室内种植作物的垄间和冠层上部，且冠层顶部散热器要求设计为活动式，能根据作物的生长高度调节安装高度，使散热器始终能最接近作物冠层，最大限度地发挥散热器的散热效率。布置在作物垄间的光管散热器还可以同时兼作室内作业车辆的交通轨道，起到一举两得的作用。

对于室内种植作物农艺比较复杂，要求室内空间空旷的温室，加温系统采用光管散热器可悬挂在空中。空中加热管道可兼作温室灌溉系统、光照系统以及植物或花盆悬挂的支撑结构。但空中加热大量热量集聚在温室上部，不利于提高温室的加热效率。此外，加热管在温室中所造成阴影，影响作物的采光。

光管散热器除了布置在室内加热空气外，还可以布置在地下加热地面，起到直接加热作物根部土壤，提高作物根区温度的作用。值得提出的是采用地面加热后散热器的传热系数将有别于加热空气的传热系数。

温室采暖散热器双排或多排布置时，光管散热器的间距应该大于200mm，圆翼散热器间距应该大于25mm，以减少散热器间的相互影响。并且应该将供水管道布置在上方，回水管道布置在下方，形成上供下回的形式，避免形成下供上回，降低传热效率。

2. 加温供水系统的布置 要保证温室加温的均匀性，除要求均匀布置散热器外，对供热热水的流向也必须做出相应的考虑。因为随着热水在散热器内的流动，管道内热水温度在不断下降，同样散热器由于传热温差的下降，将使其实际散热量减少，造成供水端温度高，回水端温度低的现象，因此应该尽量考虑热水的循环布置，即一供一回，减少由于供水温度的沿程变化，造成温室温度的失衡。如果由于条件限制不能做到循环布置时，应该由温室的北侧向南侧、西侧向东侧或双侧向中间安排供水方向。

在供热管路设计上，平衡各管道的阻力，避免各个管道内热水流量不一致，常采用同程式布管原理，尽量使温室各组散热器内热水流量相同。所谓同程式就是温室内所有散热器中水流的路径长度是相同的，如图24-17。

3. 化雪加热管及其布置 在冬季降雪量较大的地区，为了减小雪荷载对温室主体结构的压力和尽快清除温室屋面积雪便于室内作物采光，建设永久性温室时一般要单设化雪系统。化雪系统常采用光管散热器，沿温室天沟方向布置在紧贴天沟的位置。这种加温化

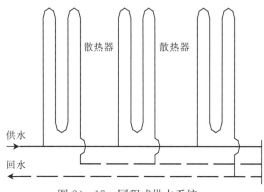

图24-17 同程式供水系统

雪系统简称为化雪（加热）管。化雪管的设计没有精确的理论计算方法，一般根据经验设计。对于降雪量较小的地区，每个天沟下设单根化雪管，布置在天沟的下方或一侧；对于降雪量较大的地区，尤其是有暴雪的地区，多采用双根化雪管，布置在天沟的两侧。化雪管一般采用Dg32～Dg76的钢管。

化雪管供热要求与温室采暖系统的供热在供热首部就分开处理，而且化雪管的供热量也不得计入温室的采暖负荷。对化雪管供热控制常采用手动控制，对有室外降雪传感器的温室也可以采用自动控制。化雪管的供热负荷按化雪管的实际长度另行计算，并考虑在温室锅炉设计的热负荷中。

（三）锅炉设备选择与配置 锅炉的选型应与当地长期供应的煤种相匹配，锅炉的额定效率一般应达到70%以上。锅炉的装机容量：

$$Q_B = Q/\eta$$

式中：Q_B——锅炉房总装机容量，W；

　　　　Q——锅炉负担的采暖设计热负荷，W，包括所有采暖温室和其他生产、生活及办公用房的采暖负荷；

　　　　η——室外管网输送效率，一般 $\eta=0.9$。

新建锅炉房选用锅炉一般应在2台以上，以便在不同的季节根据供热需要启动相应规模的锅炉数

量，以达到最大限度节约能源。

（周长吉）

第七节　温室、塑料棚灌溉与施肥设备

温室、塑料棚内灌溉方式除传统的采用沟灌和用皮管（塑料管）浇水外，主要采用微灌设备和技术。施肥还以人工方法为主，必要时用喷雾器进行蔬菜作物的叶面追肥。在使用微灌设备时，通过向压力管道内注入可溶性肥料进行追肥。

一、微灌的种类

（一）微灌的种类　微灌是将有压水输送分配到田间，通过灌水器以微小的流量湿润作物根部附近土壤的一种局部灌水技术。用于温室、塑料棚的微灌系统主要有滴灌和微喷灌两种。

1. 滴灌　滴灌是利用安装在末级管道（称为毛管）上的滴头，或与毛管制成一体的滴灌带（管）将压力水以水滴状湿润土壤的一种灌水技术。通常将毛管和灌水器放在地面，也可以把毛管和灌水器埋入地面以下 $30\sim40cm$。前者称为地表滴灌，后者称为地下滴灌。每个灌水器的流量一般为 $2\sim12L/h$。

2. 微喷灌　微喷灌是利用直接安装在毛管上或直接在毛管上，或通过 $\phi4mm$ 塑料管与毛管连接的微喷头将压力水以喷洒状湿润土壤的一种灌水技术。微喷头有折射式和旋转式两种，前者喷射范围小，水滴小，是一种雾化微喷灌；后者喷射范围较大，水滴也大。微喷头的流量通常为 $20\sim250L/h$。

（二）微灌的优缺点　温室、塑料棚采用微灌与传统地面灌溉（畦灌）相比，具有以下优点：

1. 可降低室内空气湿度　由于微灌除了作物根部湿润外，其他地方始终保持干燥，因而大大减小了地面蒸发，一般情况下室内空气相对湿度可下降20%左右，因而可使与湿度有关的病虫害得以大幅度减轻。

2. 灌水均匀　微灌系统能够做到有效地控制每个灌水器的出水流量，因而灌水均匀度高，一般可达80%～90%。

3. 节省劳力　微灌是管网供水，操作方便，而且便于自动控制，因而可明显节省劳力。同时微灌是局部灌溉，大部分地表保持干燥，减少了杂草的生长，也就减少了用于除草的劳力。因而即使是灌溉的同时，也可以进行其他农事活动，减少了灌溉与其他农作物的相互影响。

4. 微灌可以结合施肥　可适时、适量地将水和营养液直接送到作物根部，提高水和肥料利用率。

5. 提高农作物产量　微灌可以给作物提供更佳的生存和生长环境，使作物产量大幅度提高。一般增产幅度达30%～80%。使用微灌系统，一般可早应市15～30d。

6. 节水节能　微灌比地面畦灌可减少灌溉水量50%～70%，因而可降低抽水的能耗；同时微灌地温下降小，可减少或免去提高地温所需的能耗，一般能耗可下降30%左右。

但是，微灌是利用压力管道输水并需要有过滤设备，其系统投资一般要远高于地面灌溉；灌水器出口很小，易被水中的矿物质或有机物质堵塞，减小系统水量分布均匀度，严重时会使整个系统无法正常工作，甚至报废。由于微灌是局部小流量灌溉，常因湿润部位的土壤水分大量蒸发而导致在湿润区的边缘出现返盐现象，必须在微灌管上配合铺设地膜以抑制土壤水分的大量蒸发。

二、微灌与施肥系统的组成

微灌系统由水源、首部枢纽、输配水管网和灌水器以及流量、压力控制部件与量测仪表等组成。

（一）水源 河流、湖泊、水库、井、泉等均可作为微灌水源，但其水质需符合微灌要求。

（二）首部枢纽 首部枢纽包括水泵、动力机、肥料和化学药品注入设备、过滤设备、控制阀、进排气阀、压力流量量测仪表等。其作用是从水源取水增压并将其处理成符合微灌要求的水流送到系统中去。

微灌常用的水泵有潜水泵、深井泵、离心泵等。动力机可以是柴油机、电动机等。

对供水量需要调蓄或含沙量较大的水源，常要修建蓄水池和沉淀池。沉淀池用于去除灌溉水源中的大固体颗粒。为了避免在沉淀池中产生藻类植物，应尽可能将沉淀池或蓄水池加盖。

过滤设备的作用是将灌溉水中的固体颗粒滤去，避免污物进入系统，造成系统堵塞。过滤设备应安装在输配水管道之前。

肥料和化学药品注入设备的作用，用于将肥料、除草剂、杀虫剂等直接施入微灌系统。注入设备应设在过滤设备之前。

流量压力量测仪表用于测量管线中的流量或压力，包括水表、压力表等。水表用于测量管线中流过的总水量，根据需要可以安装于首部，也可以安装于任何一条干、支管上；压力表用于测量管线中的内水压力，在过滤器和密封式施肥装置的前后各安设一个压力表，可观测其压力差，通过压力差的大小能够判定施肥量的大小和过滤器是否需要清洗。

控制器用于对系统进行自动控制，一般控制器具有定时或编程功能，根据用户给定的指令操作电磁阀或水动阀，进而对系统进行控制。

阀门是直接用来控制和调节微灌系统压力流量的操纵部件，布置在需要控制的部位上，其型式有闸阀、逆止阀、空气阀、水动阀、电磁阀等。

（三）输配水管网 输配水管网的作用是将首部枢纽处理过的水按照要求输送分配到每个灌水单元和灌水器，输配水管网包括干、支管和毛管三级管道。毛管是微灌系统的最末一级管道，其上安装或连接灌水器。

（四）灌水器 灌水器是微灌设备中最关键的部件，是直接向作物施水的设备，其作用是消减压力，将水流变为水滴或细流或喷洒状施入土壤。

三、微灌设备

（一）灌水器

1. 灌水器分类 灌水器质量的好坏直接影响到微灌系统的寿命及灌水质量的高低，其种类繁多，适用条件各有差异。按结构和出流形式可将灌水器分为滴头、滴灌（管）带、微喷头三类。

（1）滴头 通过流道或孔口将毛管中的压力水流变成滴状或细流状的装置称为滴头。其流量一般不大于 12 L/h。按滴头的压力补偿与否可把它分为如下两种：①非压力补偿型滴头，是利用滴头内的固定水流流道消能，其流量随压力的提高而增大；②压力补偿型滴头，其流量不随压力而变化。在水流压力的作用下，滴头内的弹性体（片）使流道（或孔口）形状改变或过水断面面积发生变化，当压力减小时，增大过水断面面积，压力增大时，减小过水断面面积，从而使滴头出流量保持稳定。压力补偿型滴头同时还具有自清洗功能。

（2）滴灌带（管） 滴头与毛管制造成一个整体的带（管），兼具配水和滴水功能。按滴灌带（管）的结构可分为两种：①内嵌式滴灌带（管），是在毛管制造过程中，将预先制造好的滴头镶嵌在毛管内的滴灌带（管）内。内嵌滴头有两种：一种是片式，另一种是管式（图 24-18）。②薄壁滴灌带为在制造薄壁管的同时，在管的一侧热合出各种形状的流道，灌溉水通过流道以滴流的形式湿润土壤（图 24-19）。

目前，在日光温室和塑料棚蔬菜生产中，多使用双微孔黑色塑料软管滴灌带。这种双微孔黑色塑

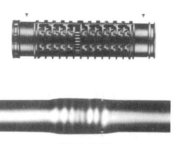

管式内嵌滴头

片式内嵌滴头

图 24-18　内嵌式滴灌带（管）

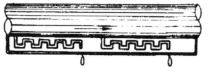

图 24-19　薄壁滴灌带

料软管滴灌带使用方便，对灌溉水质无特殊要求，如某个滴孔被堵塞，可在其附近再扎孔，且成本低，一般可使用 2～3 个生长周期。

（3）微喷头　是将压力水流以细小水滴喷洒在土壤表面的灌水器。单个微喷头的喷水量一般不超过 250L/h，射程一般小于 7m。

温室、塑料棚使用的微喷头主要有旋转式和折射式两种（图 24-20）。① 旋转式微喷头，一般由 3 部分零件构成，即折射臂、支架、喷嘴。旋转式微喷头有效湿润半径较大，喷水强度较低。由于有运动部件，加工精度要求较高，并且旋转部件容易磨损，因此使用寿命较短，在温室、塑料棚内很少使用。② 折射式微喷头，又称为雾化微喷头，主要部件有喷嘴、折射锥和支架。水流由喷嘴垂直向上喷出，遇到折射锥即被击散成薄水膜沿四周射出，在空气阻力作用下形成细微水滴散落在四周地面上。折射式微喷头的优点是水滴小、雾化程度高、结构简单、没有运动部件、工作可靠、价格便宜。

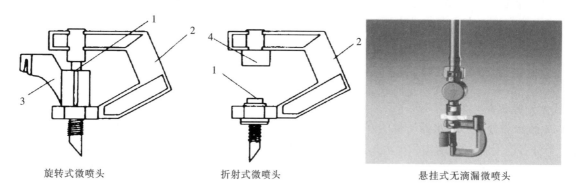

旋转式微喷头　　　　折射式微喷头　　　　悬挂式无滴漏微喷头

图 24-20　微喷头
1. 喷嘴　2. 支架　3. 折射臂　4. 折射锥

2. 灌水器选型　选择灌水器时，应注意以下几点：
（1）制造偏差小。一般要求灌水器的制造偏差系数 Cv 值应控制在 0.1 以下；
（2）流态指数较小；
（3）孔口流道大，抗堵塞性能强；
（4）结构简单，便于安装、清洗；
（5）坚固耐用，价格低廉。

（二）管道与连接件　管道是微灌系统的主要组成部分，各种管道与连接件按设计要求组合安装成一个微灌输配水管网，按蔬菜作物需水要求向田间和作物输水和配水。管道与连接件在微灌工程中用量大、规格多、所占投资比重大，所用的管道与连接件型号规格和质量的好坏，不仅直接关系到微灌工程费用大小，而且也关系到微灌能否正常运行和寿命的长短。

1. 对微灌用管与连接件的基本要求

（1）能承受一定的内水压力　微灌管网为压力管网，各级管道必须能承受设计工作压力，才能保证安全输水与配水。因此，在选择管道时一定要了解各种管材与连接件的承压能力。

（2）耐腐蚀抗老化性能强　微灌系统中灌水器孔口很小，因此，微灌管网要求所用的管道与连接件应具有较强的耐腐蚀性能，以免在输水和配水过程中因发生锈蚀、沉淀、微生物繁殖等堵塞灌水器。

（3）规格尺寸与偏差必须符合技术标准　管径与壁厚偏差应在技术标准允许范围内，管道内壁要光滑平整清洁，管壁外观光滑、无凹陷、裂纹和气泡，连接件无飞边和毛刺。

（4）价格低廉，安装、施工容易。

2. 微灌管道的种类　微灌系统常用塑料管作为输配水管道，塑料管具有抗腐蚀、柔韧性较好、能适应较小的局部沉陷、内壁光滑、输水摩擦阻力小、密度小、重量轻和运输安装方便等优点，是理想的微灌用管。塑料管的主要缺点是受阳光照射时易老化。塑料管埋入地下时，塑料管的老化问题将会得到较大程度的克服，使用寿命可达 20 年以上。

（1）聚乙烯管（PE 管）　聚乙烯管分为高压低密度聚乙烯管和低压高密度聚乙烯管两种。低压高密度聚乙烯管为硬管，管壁较薄。高压聚乙烯管为半软管，管壁较厚，对地形的适应性比低压高密度聚乙烯管要强。

高压聚乙烯管具有很高的抗冲击能力，重量轻、韧性好、耐低温性能强、抗老化性能比聚氯乙烯管好，但不耐磨，耐高温性能差，抗张强度低。

为了防止光线透过管壁进入管内，引起藻类等微生物在管道内繁殖，以及减少吸收紫外线，减缓老化的进程，要求聚乙烯管为黑色。外管光滑平整、无气泡、无裂口、沟纹、凹陷和杂质等。

（2）聚氯乙烯管（PVC 管）　聚氯乙烯管是以聚氯乙烯树脂为主要原料，与稳定剂、润滑剂等配合后经挤压成型的。它具有良好的抗冲击和承压能力，刚性好。但耐高温性能差，在 50℃ 以上时即会发生软化变形。聚氯乙烯管属硬质管，韧性强，对地形的适应性不如半软性高压聚乙烯管道。

微灌中常用的聚氯乙烯管一般为灰色。为保证质量，管道内外壁均应光滑平整、无气泡、裂口、波纹及凹陷，对直径为 40~200mm 的管道的挠曲度不得超过 1%，管道同一截面的壁厚偏差不得超过 14%，聚氯乙烯管按使用压力分为轻型和重型两类。微灌系统中多数使用轻型管，即在常温下承受的内水压力不超过 600kPa。每节管的长度一般为 4~6m。

3. 微灌管道连接件的种类　连接件是连接管道的部件，亦称管件。管道种类及连接方式不同，连接件也不同。微灌系统中常用的管件有接头、三通、弯头、堵头、旁通、插杆、密封紧固件等。

（三）控制、测量与保护装置　为了控制微灌系统或确保系统正常运行，系统中必须安装必要的控制、测量与保护装置，如阀门、流量和压力调节器、流量表或水表、压力表、安全阀、进排气阀等。其中大部分属于供水管网的通用部件，这里只对微灌中使用的特殊装置作一介绍。

1. 进排气阀　进排气阀能够自动排气和进气，而且压力水来时又能自动关闭。在微灌系统中主要安装在管网系统中最高位置处和局部高地。当管道开始输水时，管中的空气受水的"排挤"向管道高处集中，当空气无法排出时，就会减少过水断面，还会造成高于工作压力数倍的压力冲击。在这些制高点处应安装进、排气阀，以便将管内空气及时排出。当停止供水时，由于管道中的水流向低处逐渐排出，会在高处管内形成真空，进排气阀将能及时补气，使空气随水流的排出而及时进入管道。

2. 压力调节器　压力调节器是用来调节微灌管道中的水压力，使之保持稳定的装置。安全阀实

际上是一种特殊的压力调节器。用于微灌支管或毛管进口处的压力调节器的工作原理是利用弹簧受力变形，改变过水断面而调节管内压力，使压力调节器出口处的压力保持稳定。

（四）水质处理设备

1. 水源与水质　微灌系统中灌水器出口孔径一般都很小，灌水器极易被水源中的污物和杂质堵塞。因此对灌溉水源进行严格的净化处理是微灌中必不可少的首要步骤，是保证微灌系统正常运行、延长灌水器使用寿命和保证灌水质量的关键措施。

灌溉水中所含污物及杂质分为物理、化学和生物等三类。物理污物及杂质是悬浮在水中的有机或无机的颗粒。无机杂质主要是黏粒和沙粒。化学污物或杂质主要指溶于水中的某些化学物质，如碳酸钙和碳酸氢钙等，在一定条件下，这些物质会变成不可溶的固体沉淀物，造成灌水器的堵塞。生物污物或杂质主要包括活的菌类、藻类等微生物和水生动物等，它们进入系统后可繁殖生长而造成管道断面减小或使灌水器堵塞。

消除水中化学杂质和生物杂质的方法是在灌溉水中注入某些化学药剂以中和有碍溶解的反应，或加入消毒药品将微生物和藻类杀死，称为化学处理法。最常用的化学处理方法有氯化处理和加酸处理两种。氯化处理是将氯加入水中，当氯溶于水时起着很强的氧化剂的作用，可以杀死水中藻类、真菌和细菌等微生物，是解决由于微生物繁殖生长而引起的灌水器孔口堵塞问题的有效而经济的办法。加酸处理可以防止可溶物的沉淀（如碳酸盐和铁等），酸也可以防止系统中微生物的生长。

2. 水处理的物理方法　微灌系统中对物理杂质的处理设备与设施主要有：拦污栅（筛、网）、沉淀池、过滤器（水沙分离器、沙石介质过滤器、筛网式过滤器）。选择净化设备和设施时，要考虑灌溉水源的水质、水中污物种类、杂质含量，同时还要考虑系统所选用灌水器种类规格、抗堵塞性能等。生产上可供选用的有：

（1）旋流水沙分离器　又称离心式过滤器或涡流式水沙分离器。常见的结构形式有圆柱形和圆锥形两种。

（2）沙过滤器　又称沙介质过滤器，它是利用沙石作为过滤介质。其中又可分为单罐反冲洗沙过滤器和双罐（或多灌）反冲洗沙过滤器。

（3）筛网过滤器　是一种简单而有效的过滤设备，它的过滤介质是尼龙筛网或不锈钢筛网。这种过滤器的造价较为便宜，在国内外微灌系统中使用最为广泛。

筛网过滤器的种类繁多，如果按安装方式分类，有立式与卧式两种；按制造材料分类，有塑料和金属两种；按清洗方式分类又有人工清洗和自动清洗两种类型；按封闭与否分类则有封闭式和开敞式（又称自流式）两种。

滤网过滤器主要用于过滤灌溉水中的粉粒、沙和水垢等污物，尽管它也能用来过滤含有少量有机污物的灌溉水，但当有机物含量稍高时过滤效果很差，尤其是当压力较大时，大量的有机污物会"挤出"过滤网而进入管道，造成微灌系统与灌水器的堵塞。

（4）叠片式过滤器　是用数量众多的带沟槽薄塑料圆片作为过滤介质，工作时水流通过叠片，泥沙被拦截在叠片沟槽中，清水通过叠片的沟槽进入下游。

（五）施肥、施药装置　微灌系统中向压力管道内注入可溶性肥料或农药溶液的设备及装置称为施肥（药）装置。常用的施肥装置有以下几种：

1. 压差式施肥罐　压差式施肥罐一般由储液罐、进水管、出水管、调压阀等组成。

压差式施肥罐的优点是，加工制造简单，造价较低，不需外加动力设备。缺点是在注肥过程中罐内溶液浓度逐渐变淡，罐体容积有限，添加化肥次数频繁且较麻烦。输水管道因设有调压阀调压而造成一定的水头损失。

2. 文丘里注入器　文丘里注入装置可与敞开式肥料箱配套组成一套施肥装置（图24-21）。其构造简单，造价低廉，使用方便。文丘里注入器的缺点是如果直接装在骨干管道上注入肥料，则水头损失较大。这个缺点可以通过将文丘里注入器与管道并联安装来克服。

3. 注射泵　根据驱动水泵的动力来源又可分为水驱动和机械驱动两种形式。机械驱动活塞施肥泵，优点是在整个注肥过程中肥液浓度稳定不变，施肥质量好，效率高。

为了确保微灌系统施肥时运行正常并防止水源污染，必须注意以下3点：第一，化肥或农药的注入一定要放在水源与过滤器之间，保证肥液先经过过滤器之后再进入灌溉管道，保证未溶解化肥和其他杂质被清除掉，以免堵塞管道及灌水器。第二，施肥和施农药后必须用清水把残留在系统内的肥液或农药全部冲洗干净，防止设备被腐蚀。第三，在化肥或农药输液管出口处与水源之间一定要安装逆止阀，防止肥液或农药流进水源。

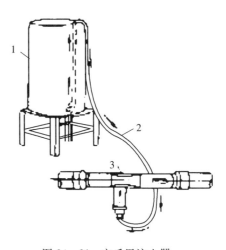

图 24-21　文丘里注入器
1. 开敞式化肥器　2. 输液管　3. 文丘里注入器

四、微灌系统的布置

（一）日光温室内滴灌系统布置　日光温室内蔬菜种植行一般为南北向。整个栽培床为东西向长，南北向短，滴灌支管一般东西向布置，其长度与日光温室的长度相同；毛管南北向布置（与种植方向一致），其长度一般为 6～8m。

日光温室内一般每畦种植两行作物，可布置一条毛管。如两行作物间距较大或土壤沙性较大时，可布置两条毛管。如果畦面覆盖地膜时，毛管一般布设于地膜下。

（二）塑料大棚内滴灌系统布置　塑料大棚内蔬菜种植行一般为东西向，但整个栽培床为南北向长，东西向短，滴灌支管仍为南北向布置，其长度与大棚的长度相等；毛管东西向布置，其长度与大棚的宽度相等。毛管间距依据作物行距和土壤质地及灌水器流量而定，一般为 60～100cm。

（三）育苗温室塑料棚内微喷灌系统布置　大棚的田间首部与日光温室内的田间首部相同，由于支管长度较短，因而常用 φ40 聚乙烯塑料管。考虑到育苗的特殊要求，宜采用止漏雾化微喷头。系统可采用固定式或自动行走式。

（四）供水系统　保护地灌溉水源多为井水，蔬菜种植种类、品种繁多，需水规律和施肥的规律各异，各个用户用水的时间和流量也不统一，下面介绍几种常见的供水方式：

1. 压力罐集中供水　对于面积较大、保护地集中的地块，水井为单一水源的情况下，一般采用水泵加压，压力罐调压。除首部安装过滤设施外，在温室、塑料棚内还需安装二级网式过滤器。

2. 供水塔供水　有条件的地方，可在温室、塑料棚群附近修建一个供水塔，也可实现随机供水。

3. 蓄水池供水　在塑料棚附近挖一个贮水窖或蓄水池，用于贮存灌溉用水。在灌溉时再用小水泵来加压，在地下水位较浅的地方，可在温室、塑料棚附近打一浅井，利用微型离心泵或潜水泵提供有压水。

（李光永）

第八节　温室光环境调节设备

一、人工补光设备

（一）人工光源的选择标准　在选择人工光源时，一般参照以下的标准来进行选择。

1. 人工光源的光谱性能　　根据蔬菜作物对光谱的吸收性能，其进行光合作用主要吸收 400～500nm 的蓝紫光和 600～700nm 的红光，因此要求人工光源光谱中富有红光和蓝紫光。

2. 发光效率　　光源发出的光能与光源所消耗的电功率之比，称为光源的发光效率。光源的发光效率越高，所消耗的电能越少，这对节约能源、减少经济支出都有明显的效益。光源所消耗的电能，一部分转变为光能，其余的转变为热能。

表 24-18 给出了部分常用人工光源的发光效率 η。由此可以看出：白炽灯的发光效率最低，而低压钠灯的发光效率最高。

表 24-18　部分常用人工光源的发光效率

光源名称	发光效率		
	lm/W	mW/W	μmol/W
白炽灯	17	6	0.34
荧光灯	70	19	0.95
金属卤化物灯	87	26.5	1.06
高压钠灯	106	26.1	1.22
低压钠灯	143	27.6	1.35

3. 其他因素　　在选择人工光源时还应考虑到其他一些因素，如光源的寿命、安装维护以及价格等。

（二）温室常用人工光源　　目前，作为补光用的光源有白炽灯、卤钨灯、高压水银荧光灯、高压钠灯、低压钠灯及金属卤化物灯等。

1. 白炽灯和卤钨灯　　白炽灯和卤钨灯的发光原理是在抽成真空的灯泡或灯管中利用电流通过钨丝发光。卤钨灯是在灯泡或灯管中充入少量的卤素，如碘或溴的蒸气制成碘钨灯或溴钨灯。在白炽灯温度下钨丝蒸发形成碘化钨或溴化钨，蒸气中的钨会在钨丝上沉积，从而防止玻壳黑化，寿命比真空白炽灯提高 1 倍以上。白炽灯的平均寿命为 1 000h，卤钨灯的平均寿命为 2 000h。从光谱来看，白炽灯的辐射能主要是红外线，可见光所占比例很小，发光效率最低。但是，白炽灯构造简单，价钱便宜，可以在 0～220V 电压范围内随意增减供电电压以获得不同照明效果，因此尽管白炽灯发光效率低，目前温室低照度补光仍有广泛应用。

2. 荧光灯　　荧光灯是一种低压气体放电灯，内壁涂有荧光粉，管内充有水银蒸气和惰性气体，其光色随管内所涂的荧光材料而异。

采用卤磷酸钙荧光粉制成的白色荧光灯其发射波长范围为 350～750nm，峰值为 580nm，较接近太阳光；采用混合荧光粉制成的植物生长灯，在红橙光区有一个主峰值，在紫光区还有一个峰值，与叶绿素吸收光谱吻合。荧光灯光谱性能好，发光效率高，寿命长。

3. 高压水银灯　　高压水银灯是一种高强度放电灯，其核心是放电管。管内装有主电极、副电极，并充有 202～405kPa 的水银蒸气和少量的氩气，气体放电中水银原子增加，由于电子冲击引起激发、电离产生辐射。在可见光区域有 5 条辐射谱线，分布在 405～559nm 的蓝绿光波段，光色呈浅蓝绿色，红色光谱成分极少。此外，还有 3.3% 左右的紫外辐射。由于高压水银灯光色差，较少使用。

高压水银荧光灯是在高压水银灯的玻璃外壳的内壁上涂荧光材料，使紫外辐射转变为可见光。根据所涂材料不同，红光成分增加，光色得以改善。

高压水银荧光灯的发光效率为 40～60 lm/W，寿命一般在 5 000h，园艺栽培补光一般采用高压

水银荧光灯，其发光效率略低于荧光灯，但其功率可做得很大，最大功率可达 1 000W，光通量可达 50 000 lm。

4. 金属卤化物灯及高压钠灯 金属卤化物灯是在高压水银荧光灯基础之上，在放电管内添加了各种金属卤化物。灯点燃后，金属卤化物形成蒸气，在放电过程中，元素激发产生不同波长的辐射，使灯的发光效率和光色得以改善。

高压钠灯结构与金属卤素灯相似，在灯泡内充高压钠蒸气，添加少量汞和氙等金属卤化物。灯泡寿命约在 2 400h。低压钠灯放电管内充以低压钠蒸气，只有 589nm 的发射波长，发光效率最高，是目前国内外园艺栽培中应用最广泛的人工光源。

（三）人工光源的配置 在不同的光源的比功率下，所有植物干物质的积累是不相等的，因为它们的形态（丛叶型、茎型）不同，对辐射光谱成分的反应也不同。

由于丛叶型蔬菜作物的叶子大致排列在同一平面上，故只要光源置于作物之上的一定高度，它们就可以受到均匀的光照。栽培番茄、黄瓜和其他具有多层枝叶的作物时情形就不同了。这些作物置于光源之下时，实际上不可能受到均匀的光照。只有上部叶子得到充分的光可以正常地执行其功能，下部叶子则处于暗中。在这种情况下，光源的最好位置是在作物的行间呈垂直面（三维空间）。辐射源这样配置时的比功率可以比把光源放在作物上面时大好几倍。在某一条件下如何具体地处理灯的位置，决定于作物特性、植株高度、密度及排列等。

（滕光辉）

第九节 温室环境控制系统设计

一、控制系统设计的要求和特点

（一）温室环境控制系统设计的要求 温室控制系统设计应满足以下要求，即能根据温室内外环境条件和蔬菜作物生长情况，自动控制温室内的温度、湿度、光照、二氧化碳浓度、肥水供应等参数，以满足各类蔬菜周年高产、优质栽培的需要。

控制系统可由室外气象站和室内各种传感器提供数据，控制天窗、侧窗、遮阳/保温幕、二氧化碳施肥系统、化学熏蒸器、轴流风机强制通风系统、喷雾或湿帘系统、加温设施、人工补光、肥水供应设施等。这些设施采用先进、合理、可行的控制方法，便于减少运行成本。上述设施均可实现电脑全自动控制或人工手动控制，用户可根据要求进行合理选配和组合。

系统还应具有自动控制和人工手动控制方便切换、防止频繁启动、防干扰、节能控制等功能。

（二）温室环境自动控制系统的特点 国外从 20 世纪 60 年代末、70 年代初即开始研究计算机在温室管理中的应用，微型计算机的问世，大大加快了这一进程。据 1983 年资料统计，荷兰已有 1 000 多台、日本有 200 多台微机用于温室管理。日本东京大学 1978 年研制出微机控制装置 1 号，其设计适用范围要求大小温室群都可使用，并在当年用于全国 8 个大的温室生产群，各种控制软件逐步形成。据统计，日本以计算机控制作物生长环境为核心的农业自动化，带来了 10% 的增产效果。

微型计算机强大的软、硬件逻辑功能及高可靠性，弥补了传统温室控制系统的缺陷，为实现温室管理的定量化、标准化、自动化奠定了基础。温室环境自动控制系统具有以下主要特点：

1. 功能强 借助各种传感器，计算机可以快速、精确、连续地对环境因素、生物指标及作物生长状况进行监测，采集数据，高速准确地对所采集的数据及其他信息进行处理，并根据一定的标准及时控制外部调节设备，以改变环境条件。因此，环境控制精度和稳定性相应提高。通过控制程序，可实现不同要求的最佳环境组合，实现对作物生长自然环境的人工模拟。利用对各种因素的综合控制，可为作物提供最佳生长环境。

2. 效率高 由于微机优越的性能，使整个系统自动化程度大大提高，从而节省了劳力，提高了劳动生产率。

3. 节能 微机控制具有"实时性"，可随时根据环境条件及要求实施控制，保持环境始终处于最佳状态，排除盲目性。同时，通过对能源转换装置进行实时控制，使其工作在最佳状态，从而可减少能耗，降低运行成本。

二、控制设备设计

（一）温室控制设备组成 温室控制设备及环境控制系统如图 24 - 22 和图 24 - 23 所示。它包括温室及配套设施、各种传感器、工业控制机系统、各控制执行机构等。按控制功能分，又可分为温度控制系统、湿度控制系统、光照控制系统、CO_2 控制系统、营养液供液系统。

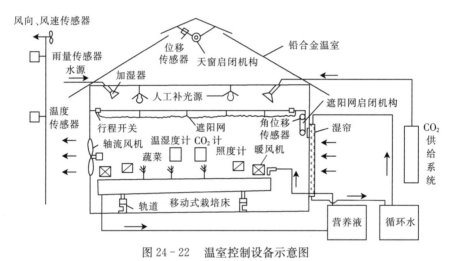

图 24 - 22 温室控制设备示意图

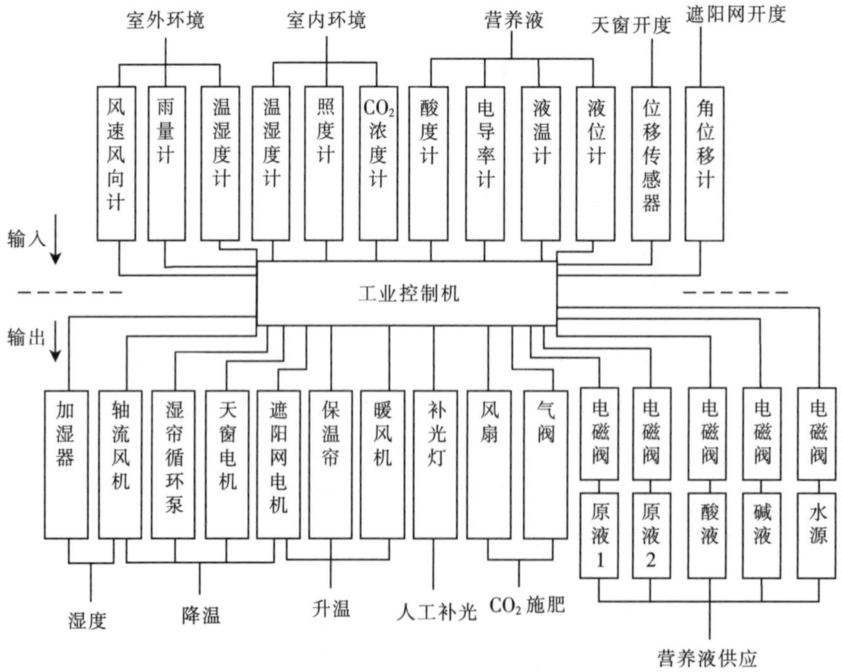

图 24 - 23 环境自动控制系统

信号输入部分采用风速、风向、雨量、温度、湿度等传感器检测室外环境参数；用温度、湿度、光照、CO_2 浓度传感器检测室内环境参数；用酸度计、电导率计、液温计检测营养液参数；用位移传感器检测天窗开度，由行程开关确定遮阳网状态参数。将各路控制参数传感器的模拟量，通过 D/A 转换输给控制机，在将输入量与设定比较后，输出开关量启动各执行机构。

（二）控制子系统设计

1. 温度控制系统　温度是温室最主要的控制因子之一。温度控制系统由温度传感器检测温室内温度，并于计算机设定值比较，启动升降温系统。

2. 湿度控制系统　由湿度传感器检测，通过控制天窗开度和强制通风、加湿装置，调节湿度。依靠增加自然通风面积、风机强制通风来降低湿度；通过微雾加湿和湿帘—风机系统装置可以降温，同时使湿度保持在适宜范围。

3. 二氧化碳浓度控制系统　CO_2 浓度控制系统由红外线 CO_2 浓度计检测室内 CO_2 浓度，并通过计算机控制 CO_2 气源，调节 CO_2 浓度。

4. 光照控制系统　光照强度由光照计检测，通过配电装置，调节人工光源的光照强度。

5. 营养液循环供应系统　营养液 pH 和 EC 值是影响蔬菜作物生长的两个较为重要的因素。蔬菜作物大多在 pH 为 5.5～6.5 的营养液中生长最好。同时，pH 也关系到盐类的溶解度和植物细胞原生质膜对矿质盐类的透过性。pH 通过加酸液或碱液进行调控，EC 值通过加水或原液进行调控。由于蔬菜作物对不同元素的吸收量不同，以及水分被植物吸收，营养液的 pH 和 EC 值在使用过程中会发生变化。用电导率传感器测定营养液的浓度，并实时调整营养液浓度；通过 pH 计，监控 pH；由于作物不断地吸收养分和水分，导致营养液在使用过程中不断减少，用液位传感器检测营养液体积的变化，及时补充营养液。

三、环境计算机控制系统设计

（一）温室环境参数检测系统　温室环境参数检测系统是温室环境控制系统的"感觉器官"，实时地为控制系统提供温室内外的有关参数。主要由直接传感各参数的传感器、变送器、信号隔离器、A/D 转换器和信号处理软件组成。

1. 温度传感器　温度参数的检测技术非常成熟，检测的原理和器件非常多。主要有热电偶型、测温电阻型、PN 结型、集成型、谐振型、热释电型、热噪声型、热辐射型和光纤等。其中前面几种应用非常广泛。

（1）热电偶型　热电偶温度传感器是基于塞贝克（Seebeck）发现的热电效应来工作的。所谓热电效应，是将两种不同材料的导体组成一个闭合回路，如果两个结点的温度不同，则回路中将产生一定的电势，其大小与材料性质及结点温度有关。

热电偶型温度传感器的主要特点是：测量精度高，测温范围宽，结构简单，使用方便，输出信号便于远传。按结构型式可分为普通热电偶、铠装热电偶、薄膜热电偶、表面热电偶和浸入式热电偶等。WRNK、WRPK、WRE、WREK 等即属于这类传感器。

（2）电阻型　测量电阻型温度的传感器是基于其电阻值与温度的对应关系而工作的，可分为热电阻和热敏电阻两大类：①热电阻，热电阻温度传感器是利用导体的电阻率随温度变化而变化的原理制成的。②热敏电阻，热敏电阻是用半导体材料制成的热敏器件。在测温用途中，NTC 热敏电阻应用较为普遍。

NTC 热敏电阻测温的特点是电阻温度系数大，灵敏度高；结构简单，体积小，可测量点温度；电阻率高，热惯性小，适宜动态测量；易于维护和进行远距离控制；制造简单，使用寿命较长。缺点是互换性差，非线性严重。MF‐5E 系列、CWF 系列和 MF5A 等即属于这类温度传感器。

（3）PN 结型　这种传感器是利用 PN 结的伏安特性与温度之间的关系研制成的一种温度传感器，

具有灵敏度高、线性好等特点。PN 结型温度传感器有 2DWM、WM 等系列。

（4）集成型　集成型温度传感器实质上是一种半导体集成电路。集成型温度传感器线性好，精度适中，灵敏度高，体积小，使用方便。集成型温度传感器可分为电压输出和电流输出两种输出型式。电压输出型集成温度传感器有 AN6701S、LM35、LM135、XC616A、LX5600 等；电流输出型集成温度传感器有 AD590、LM134、SLT - 1 等。

2. 湿度传感器　习惯上湿度常用绝对湿度和相对湿度来表示。湿度的检测可间接地用干湿球法（仅适用于相对湿度）检测，也可直接用湿度传感器进行检测。

直接检测湿度的湿度传感器种类很多，常用的主要有电解质系、半导体及陶瓷系和有机物及高分子聚合物系三大系列的湿度传感器。

（1）电解质系湿度传感器　电解质系湿敏元件主要包括无机电解质和高分子电解质湿敏元件两大类。其中无机电解质湿度传感器的典型元件是氯化锂湿敏元件。特点是灵敏、准确、可靠。但不适用于低湿和高湿测量，器件重复性不理想，使用寿命短。

（2）半导体及陶瓷湿敏传感器　半导体及陶瓷湿敏传感器是湿度传感器中最大的一类，常见的属于半导体及陶瓷湿敏传感器有 $MgCr_2O_4$ 系、$ZnO - Cr_2O_3$ 系、Fe_2O_4 和 Al_2O_3 膜状湿度传感器等。

（3）有机物及高分子聚合物湿度传感器　有两大类：①胀缩性有机物湿敏元件的体积随环境湿度变化而变化，感湿材料的电阻亦发生变化，碳湿敏元件即属于这类湿敏元件；②高分子聚合物薄膜湿敏元件的感湿传感器，MSR - Ⅰ、DBS - Ⅰ、DBS - Ⅲ、HIH - 3605 - A/B 和 HIH - 3602 - L 等即属于这一类湿度传感器。

3. 光照传感器　光照检测的方法较多，根据探测器件对入射光响应的原理可分为内光电效应、外光电效应和热电效应三大类型。

近地面太阳辐射光谱范围约为 300～3 000nm，而绿色植物对太阳辐射的吸收是有选择性的，对低于 400nm 和高于 700nm 的光吸收很少，而对 400～700nm 的光有固定的吸收率（约为 60％～90％），故对光照的检测只需检测波长为 400～700nm 范围内的光强。目前应用最广泛的是光生伏特器件中的硅光电池。

4. 二氧化碳浓度检测　CO_2 浓度的检测方法较多，有阻抗型压电 CO_2 传感器、电化学 CO_2 传感器和红外 CO_2 浓度检测仪等。其中，电化学 CO_2 传感器又包括电势型、电流型和电量型三类。

5. pH 检测　pH 是表示酸碱性的尺度，是氢离子浓度的函数。因此，检测 pH，就是对氢离子浓度的检测。目前对 pH 的检测一般采用离子敏感元器件，包括离子敏选择性电极（ISE）和离子敏场效应晶体管（LSFET）。由玻璃电极和参比电极组成的 pH 测量仪的产品有 871PH、PHS - 91 系列和 PHGF - 28 等型号传感器。

6. EC 检测　EC 指的是电导率，是电阻的倒数。在营养液中，养分是以离子的形式存在，养分浓度越大，离子浓度越高。根据电化学原理，溶液中离子浓度越高，导电性越强，EC 值越大；反之，EC 值越小。EC 检测正是基于这一原理进行。EC 测量传感器主要有 DDC 系列、DDD 系列、871FT 系列和 8701TEC 系列等型号产品。

7. 风速和风向检测技术　风速和风向是两个重要的室外气象参数，对于温室的温度和湿度控制，以及温室的自我保护有非常重要的意义。

风速的检测有电晕离子式、射线路子式、热敏电阻式、热线式和风杯式等风速传感器。最常用的是风杯风速传感器。风向的检测有射线路子式、电晕离子式和电位器式等风向传感器。电位器式结构简单，较常采用。这方面的产品有 Ey1A 电传风速风向仪、DEM6 三杯轻便风向风速仪和 EL 电接风向风速仪等。

8. 变送器和信号隔离器

（1）变送器　传感器输出的信号有电流（如 AD590）、电压（如 LM35）、电势（如热电偶）、电阻（如热敏电阻）、电容（高分子薄膜电容式湿度传感器）和频率（如风杯式风速传感器）等，而数据采集卡的输入要求是电流或电压信号，需采用变送器进行信号转换。此外，一般传感器离计算机的距离比较远，故也需用变送器进行信号远程传输。

由此可见，变送器的主要作用是进行信号放大、转换和远程传输。注意选用变送器应根据传感器的输出信号类型和数据采集卡的输入要求来确定。通用的变送器有 XTR101、XTR103 和 XTR104 等型号。

（2）信号隔离器　信号隔离器的作用主要是：① 防止传感器的输出信号影响数据采集卡的正常工作；② 防止传感器的输出信号在输入数据采集卡时相互影响；③ 防止计算机影响传感器；④ 实现传感器与计算机的隔离，避免出现意外时损坏全部仪器的情况。

信号隔离器通常采用光电耦合器件来实现电的隔离。

（二）温室自动控制系统设计　前已叙及了以微机（含工业控制机）为核心的计算机控制系统，以下将另外介绍两种常用的控制系统。

1. 单片机控制系统　以单片机为控制核心，控制系统的成本较工控机要低，运行可靠，便于大批量推广。这里介绍一种用于温室灌溉的单片机控制系统。

营养液供液系统布局如图 24-24 所示。水源为河水时，因含泥沙及其他各种杂质，故灌溉水进入灌溉系统之前先需沉淀，为此设置一沉淀池。离心泵及两个隔膜泵分别从沉淀池、肥液池、pH 调节液池向灌溉干管注入水、肥液、pH 调节液，混合形成灌溉液。此时，水中未沉淀杂质及肥液中未溶颗粒进入灌溉系统，需在灌溉主管上设置过滤器。为便于观察系统是否正常工作，还需在管路上接压力表。另外由于过滤器用久之后会发生堵塞，造成管网压力下降，也需对其工作状况进行观察。可将两只压力表分别接于过滤器的两端，当两者读数相差较大时，即说明过滤器堵塞严重，需要清洗。在主管与两传感器并联段，设置一闸阀，以形成压差，迫使灌溉液的一部分进入传感器。整个温室分4 个区，每次只灌溉一个区。灌溉干管进入温室后，在每一灌溉区与支管相连，连接处设置电磁阀，由控制系统决定其通断。

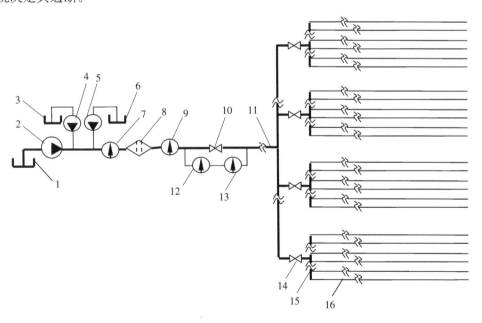

图 24-24　施肥灌溉系统布置图

1. 灌溉水沉淀池　2. 离心泵　3. 肥液池　4. 肥液隔膜泵　5. pH 调节液隔膜泵
6. pH 调节液池　7. 压力表　8. 过滤器　9. 压力表　10. 闸阀　11. 干管
12. pH 传感器　13. EC 传感器　14. 电磁阀　15. 支管　16. 毛管（滴灌）

单片机体积小，安装方便，可靠性高，一般可以放置于现场。在温室这种特殊的工作环境中，为保证系统正常运行，在单片机及其扩展电路的硬件设计和软件设计时，要求有各种抗干扰措施。

利用营养液的几种元素在某种特定作物某生长期及生长环境相对稳定的一段时间内其酸碱度（pH）和离子浓度（EC 值）相对比较稳定的关系，用 pH、EC 值来衡量营养液的配比，用供液时间作为衡量营养液的量的指标。该系统硬件要求能够实现各区的循环、独立供液、EC 值、pH 的采集和平滑调节。

因此，硬件设计时要考虑以下几点：① 有 2 路以上的模拟输入通道，用于采集营养液 EC 值、pH；② 有 2 路模拟量输出，用于控制酸液电机控制器和母液电机控制器的电压；③ 有 6 路开关量输出，实现电机和电磁阀的启/停。根据要求，硬件组成框图如图 24 - 25 所示。

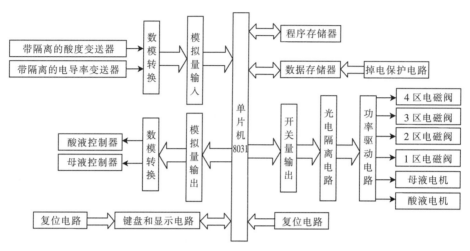

图 24 - 25　硬件组成框图

放置在管道的酸度变送器（即 pH 计）和电导率变送器（即 EC 计）将营养液的浓度和酸度转变成 1～5V 电压信号值，单片机即可通过模/数转换电路（即 A/D 转换器）采集得到 pH 和 EC 值，并与设定值进行比较、处理，输出控制相应的执行机构（酸液电机、母液电机、1/2/3/4 区电磁阀等）的启、停。两路数模转换电路（即 D/A 转换器）将单片机输出控制数字量转换为 1～5V 电压给酸液控制器和母液控制器，从而实现了电机平滑的无级调速，同时也提高了控制调节精度。由于现场电机和水泵等大电流、大功率负载的启/停会产生各种干扰，如电磁辐射、电压冲击等，扰乱控制系统，造成危害。为此，在开关量输出电路中加入了光电隔离，将控制电路和执行机构实现电气隔离，有效的抑制各种干扰，提高系统工作的稳定性。功率开关驱动电路采用 7406 加继电器，每路触点的最大容量可达直流 24V、3A 或交流 220V、3A，较好地解决了 8031 引脚输出小电流带动接触器、电磁阀等负载的问题。32 个键盘和 8 位显示电路连接在一起，是操作人员与控制系统的联系纽带，可以方便地查询和修改控制参数。

2. 温室群集散控制系统设计　要提高规模生产效益，可建立温室群生产基地，将多栋温室的单独控制变为温室群的智能化集散控制，以降低控制系统的成本。这就需要采用先进的计算机技术，开发功能强、效率高、操作方便的软件系统和人机界面，而智能化集散控制系统能较好地满足以上要求。

（1）系统硬件结构　控制系统是由一台微机为上位机，多台单片机作为下位机组成的温室群集散控制系统，其硬件结构如图 24 - 26 所示。下位机 1 完成整个温室群营养液配制和供应，下位机 2 和 3 分别实现对温室 1 和温室 2 的环境参数的测控。下位机把传感器采集的有关参量如温度、湿度、CO_2 浓度、光照度、营养液浓度（EC）和酸碱度（pH）等转换为数字信号，并把这些数据暂存起来，然后与给定值进行比较，给出相应的控制信号进行调控，同时经过串行通信接口将数据送至上位机。上位机主要完成数据管理、智能决策、历史资料统计分析，并对数据进行显示、编辑、存储和打印输出。

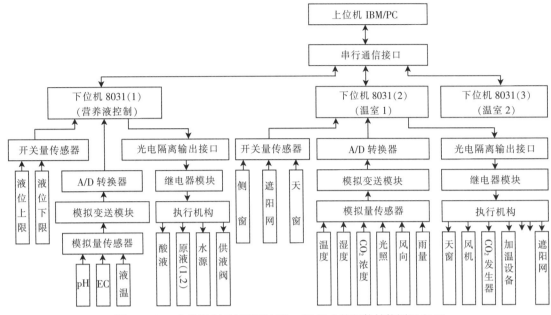

图 24-26　集散控制系统硬件结构（温室 2 的硬件结构同温室 1）

　　PC 机的串行通信接口为 RS232。但 RS232 采用非平衡方式传输数据，传输距离短、速度慢、抗干扰能力差，不适合于分散的多栋温室中的单片机与主机之间远距离通信。而 RS422 采用平衡传输方式，传输距离长、抗干扰能力强。因此控制系统应采用 RS422 接口。要实现单片机和 PC 机的通信，就必须进行 RS232/RS422 信号电平转换。将通信接口制成一块符合 PC 总线标准的通信卡，并将其插入计算机的总线即可。

　　（2）控制算法及实现　温室环境是一个多变量、多耦合、非线性、大滞后的复杂动态系统，很难建立精确的数学模型。因此，可采用模糊控制，并利用模糊控制器本身的解耦特点，在控制器结构上实现解耦，即将一个多输入、多输出的模糊控制器分解成若干个多输入、单输出的模糊控制器。对单个模糊控制器来说，根据实验结果和经验总结出模糊控制规则，再经模糊推理得到模糊控制表，将该控制表存入单片机中。在实际控制中，单片机根据模糊化后的输入变量值，直接查询控制表以获得控制量的模糊值，再经反模糊化后作为输出去控制被控量。

四、环境调控技术及控制软件设计

（一）温室环境调控技术

1. 开关控制　在开关控制中分单级开关控制和多级开关控制，单级开关控制过程最为简单。如喷淋系统就是一个典型的单级开关控制，但其缺点是控制精确度较低。为此，强制通风系统、遮阳/保温幕系统目前都采用多级开关控制。如在强制通风系统的降温控制过程中，可按温室内外温差的大小启动一组或多组风机。不论是单级还是多级开关控制，缺点是控制设备在设定值附近会频繁地开关，加速对控制设备的损坏。如在人工补光时，频繁地开关会缩短照明设备的使用寿命。同时，会带来环境的较大波动和对温室生态环境不利影响。如燃油或燃气热风炉每次启动，因不完全燃烧所产生的有害气体会污染温室生态环境。

　　为了解决上述问题，通常采用延时、上下限设置或参数测量多次进行平均三种方法。采用延时技

术时，就是在某一控制设备停止之后，人为地设定延时一定时间方可使设备运转。这一方法适用于屋顶喷淋系统、热风炉以及帘幕系统的自动控制。而上下限设置技术在温室设备开关控制中采用较普遍，其原理是在设定值附近规定上、下限。例如加热控制时，当实测值低于下限时，加热设备启动，一直运转到大于等于上限时才停止运转。平均值技术适合于瞬时状态急剧变化的环境参数，如光照、风速、风向、降雨等室外气候因子。实际应用中测量间隔通常为每分钟 1 次，以每 5～15min 测量的平均值用来作为温室环境控制的依据。

2. 比例控制　目前引进的温室多采用比例调节原理控制通风窗的开度，进而控制温室内的温度。在具体实施中，设有比例调节的温度设定参数 P。其含义是指对应着通风窗全开位置时所超出通风温度的数值。例如，设定通风温度 20℃，P 值设定为 10℃。超出设定温度 10℃时，对应通风窗开度为 100%。在这个范围内，温度每升高 1℃，对应的顶窗开度增幅为 10%。调节 P 值可以调整通风窗开度的步长（图 24-27）。P 值较大时，通风窗开度步长较小。通风效果正比于通风窗的面积和室外风速。温室内的热量和水分散失在低温、强风的冬季，要比高温、微风的夏季快得多。这就要求在室外不同温度条件和风速条件时选择适合的 P 值，以达到良好的控制效果（图 24-28）。

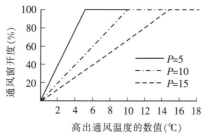

图 24-27　P 值大小对开度步长的影响

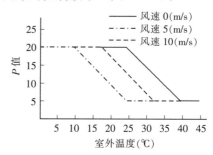

图 24-28　P 值同室外温度和风速的关系

无论是开关控制还是比例控制，都存在以下几个方面的缺点：要实行控制，测量目标值和实际值一定会有偏差；由于温室本身的热容，实际供热时间要迟于加热过程的时间；由于温室本身的热容量，传感器的实测值要迟滞于环境空间的实际温度值。

3. 温室环境综合控制技术　温室系统环境调控具有以下特点：①为多输入多输出控制系统。②各控制变量之间相互影响，相互耦合。例如，阴雨天需要人工补光，补光又带来环境温度的升高；夏天用湿帘降温，又会引起湿度增加。对某一个环境参数，要达到拟定的控制效果，又要涉及几个执行机构。③不确定性，即作物生长和环境因子关系的模糊性。④多目标，有产量、品质、经济等多重目标。对于这种复杂的控制系统，应该着眼于整个生产系统，把作物生长模型、环境控制模型、经济模型置于一个系统中加以研究，以寻求最佳的环境控制管理技术，提高温室生产效益。

（1）建立蔬菜作物光合速率子模型　测定出温度、光强、CO_2 浓度、湿度与作物相应的净光合速率，并得出光合速率与温度、光强、湿度之间的多元函数关系。

（2）温室环境控制子模型　测定出在各种外界气候条件下控制机构的状态及相应的环境控制效果，控制效果指温度、光强、湿度在控制前后的变化，提出温度、光强、湿度的控制模型。

（3）环境控制成本子模型　主要是给出温室中各控制机构运行成本的综合表达式。

（4）综合动态模型　上述 3 个子模型以及它们之间的关系就构成了综合模型。将 3 个子模型所对应的 3 个子系统，置于一个系统下加以研究，求解系统的全局最优化问题，就得出同时满足控制效果较好和控制成本较低的最优环境控制方式，如图 24-29 所示。

（二）温室环境调控有关技术措施

1. 有关设定

（1）盲区设定　一般来说，每种蔬菜作物只有一个最适温度，但在控制的时候如果只设定一个温

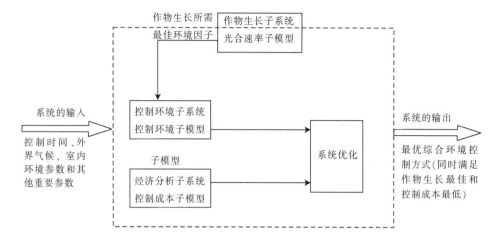

图 24 - 29　温室环境综合控制系统的结构及输入输出参数

度，即一个加热温度、通风温度和降温温度，那将使加热系统、通风系统和降温系统频繁启闭，造成能源的浪费和系统的不稳定控制。因此，通常给出一个上、下限，通过试验确定合理的盲区值为 2℃。

（2）时间设定　由于蔬菜作物于阳光下需要在较高的温度进行光合作用，因此希望当太阳出来时，室内温度就已达到所设定的白天温度值。

2. 通风控制　当温室气温高于通风温度后，环境计算机就要控制天窗进行通风，以达到所需要的通风温度值。通风控制的调节方式与加热控制相同。

正确的设定值对温度控制相当重要，可以获得一个平缓的控制效果。如果设定值太小，则一个小的温差就会导致天窗过度打开，使热量大量流失而造成温度急剧下降，随之又会使天窗关闭，温度上升，天窗又打开，这就造成了控制的不稳定性；如果设定值太大，过度的热量聚集在温室内得不到及时排出，就会使温度始终高于设定值，造成控制的静态偏差。

在通风调节中有许多限制因素，如下雨、霜冻、暴风等。遇到这种情况，计算机将优先考虑限制因素，保护温室结构和作物，而不再通过通风调节温湿度。但为了满足通风需要，在下雨时可关闭主风向侧窗。

塑料大棚的通风方式很多，包括天窗、侧墙卷帘窗和轴流风机等通风方式。各机构的通风温度设定应稍有差异，开窗顺序一般是天窗→南侧卷帘窗→北侧卷帘窗→两侧卷帘窗，即设定打开温度一个高于一个，但在同一设定温度关闭。轴流风机一般在高温情况下使用。

3. 湿度控制　温室是一个半密闭的生态系统，经常处于高湿环境。过高的空气湿度易使作物生理失调，导致病虫害的发生，因此必须对温室湿度进行合理控制。温室内的湿度控制主要是通过通风和加温来实现的。特别是采用底部管道加热系统提供持续的低热量输出而使植株周围的空气运动，热湿空气上行，带走作物周围的湿气，从而改善植株周围及温室内的小气候环境。

当室外温度低，室内湿度很大时，可修正加热温度短期超过通风温度的方法，在加热的同时部分开窗，将水蒸气置换出去，以降低湿度。当室外温度合适，但光照弱、湿度高时，通过设定最低管道温度，以降低植物周围的湿度。也可通过轴流风机强制通风，以降低湿度。

温室内温度和空气湿度是相互影响的。温度是由加热和通风来控制的，而加热和通风又同样可降低温室内的湿度。在控制中，采用湿度影响加热温度和湿度影响通风温度来加以调节；如果相对湿度太低，那么通风温度设定就应相应提高或加热温度设定相应降低；如相对湿度太高，则相反。

4. 遮阳保温幕控制　遮阳保温幕在温室中主要的功能是遮阳和节能。

（1）遮阳　在炎热的夏季，会遇到日照太强，引起温室内气温和植株叶温太高的情况，可采用帘幕系统进行遮阳，以降低进入温室的光照并降低叶温。一般在蔬菜栽培中使用的控制指标为室内气温高于30℃，且室内总辐射照度大于650W/m²。

应该注意的是，在展开室内具有遮阳和保温双重作用的帘幕时，由于限制了通风，一般会导致帘幕下的气温和相对湿度升高。在使用透气型帘幕的情况下，气温和相对湿度升高较小；而当采用以节能为主的帘幕时，这种情况就比较严重。为解决这一问题，软件控制中常在夏季调整帘幕展开时间，在帘幕展开时，留出一定的缝隙。

（2）保温　保温幕的使用可以减少温室内的热损耗，节约能源。但是在白天使用保温幕会减少进入温室的光照，因此在光照较弱时应尽量避免在白天使用。在保温幕控制中要注意以下几个问题：①保温幕的使用应与太阳辐射、室内外温差、风速等相配合；②如果温室湿度太高，可对帘幕设置10～30cm的缝隙。

5. 肥水管理　随着植株的长大，对水分和养分的需求也不断增加，因此随着生长发育期的延长，灌溉量也应该逐渐增加。在作物生长比较旺盛时，需要吸收的水分和养分也较多，因此在确定灌溉量时所有这些因素都应考虑。

影响作物需水量的环境条件包括季节、光照强度、室外温度、空气相对湿度以及风速等。在夏季，作物蒸腾需要消耗大量水分，灌溉量也应适当增加；冬季则相反，应适当减少灌溉量。在晴天光照较强时，作物进行光合作用的能力强，根系活力也强，需要吸收的水分和养分也多，因此要增加灌溉量；而在阴雨天，光照较弱，根系活力低下，对水分和养分的需求也要少得多，因此要减少灌溉量。

室外温度、空气相对湿度以及风速等对灌溉量的影响与光照类似，在温度高、空气相对湿度低、风速较大时，作物蒸腾量大，水分散失快，需要适当增加灌溉量。

（三）温室环境控制的软件设计　温室环境系统的可控环境参数包括：温度、湿度、CO₂浓度、光照度、营养液浓度（电导率EC值）、酸碱度（pH）及营养液供应泵的启、停时间。它具有显示室内外环境状态及变化趋势、显示控制参数、修改控制参数、打印等功能，并能随时调用显示1年内某一天的环境参数变化曲线，能根据不同季节、不同作物方便地修改控制参数，以满足最佳生产要求。在对菜单项进行选择之后，可完成参数设定、温度、湿度、光照度、营养液供应等的控制。

系统软件本着方便用户的原则，采用人机交互方式，中文菜单，热键操作，控件引导，错误屏蔽等技术，最大限度地方便用户操作，主要模块流程如图24-30所示。系统软件一般可由九大模块组成，即综合控制决策模块、数据采集和处理模块、实时数据显示模块、历史数据处理模块、数据库处理模块、参数设定模块、参数修正模块、传感器标定模块和系统参数设定模块。

综合控制决策模块是系统软件的核心，它能根据综合环境调控模型，以调控效益最高为目的，实时决策，输出最适的调控方法，实现前馈和反馈控制。

数据采集和处理模块，它能实现对传感器定时采集回来经放大、转换后的数据进行数字滤波、分时保存处理。

实时数据显示模块，它能定时（每隔1s）把传感器实时采集的室内环境因子值（室内温度、湿度、光照强度、CO₂浓度、肥液pH、EC值等）、室外环境因子值（室外温度、湿度、光照强度、风速风向、降雨等）和各类调控装置状态显示在屏幕上。同时它还能以曲线形式显示最近6h的室内外环境因子变化趋势等。

历史数据处理模块，它能根据数据分析研究的需要，查询和打印过去任意1个月的某一时刻（每隔30min）或某一天的所有数据等功能，并且数据的显示和打印可以以表格或曲线的形式记录。常用的如求最大值、最小值、总和平均值以及有一定计算公式的计算如积温、平均温度、平均湿度、日照

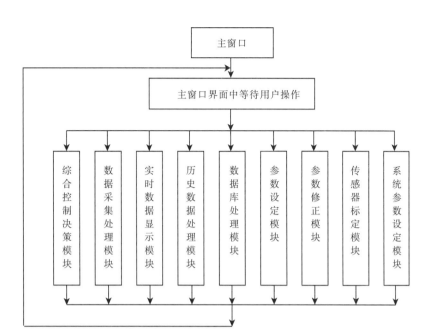

图 24 - 30　主模块流程图

量等都可以进行统计分析。

数据库处理模块，它主要负责数据的更新、增减功能，根据温室环境分析的需要，所有数据统一以每 30min 保存一次。

参数设定模块，它主要负责作物极端环境参数、天窗和卷帘打开参数和温室遇意外环境时自我保护等参数的设定以及作物生长最适环境区间的设定。

参数修正模块，它能根据当前室内外气候环境状况实现对室内环境因子（主要是温、湿度）的预测，以及根据作物生长的不同阶段对作物最适环境区间的修正。

传感器标定模块，它能对各类不同传感器的不同输出范围进行标定，有利于提高系统软件对不同硬件的适应性。

系统参数设定模块，主要完成一些系统运行所必需的、与硬件系统密切相关的，以及一般操作人员不必涉及的参数设定，如 I/O 卡地址、通道的分配、定时器的定时参数及密码的设定等。

1. 温度控制模块　一般说来，为达到增产和节能的目的，温度控制以变温控制方式为佳，即按作物生理特点，把一天时间分为光合适温阶段、促进输送阶段、抑制呼吸阶段等设定温度范围，进行以时段为基准的变温管理。也可以以室外日射量为基准进行变温管理，这样可使室内气温、液温适应日射量的变化予以调控，达到有效地利用日射量进行光合作用和节约能源的目的。或者以经验值进行恒温管理，即系统默认一个经验值范围，需要时可在程序运行过程中由键盘输入新值进行修改。可参照图 24 - 31 所示的方式进行温度上下限值的设定。

温度控制包括升温和降温控制两部分。若以耗能的多少来划分，升温控制等级由低到高分别是：关闭天窗保温→室内小环境围护保温→暖风机加温等。降温控制等级由低到高依次为：开启天窗，通风换气降温→遮阳网张开→开风机，强制通风换气降温→关窗，水帘降温。显然，控制过程中应尽可能选用最低的控制等级，在达到控制要求的条件下消耗尽可能少的能量。因此，软件在控制过程中总是由低到高地进行巡查，保证只有当低一级的控制机构不能达到调控要求时才启动高一级的控制系统。

在自动控制过程中，有时存在机构频繁启动的问题，这尤以夏天降温控制为甚。这是因为夏天天

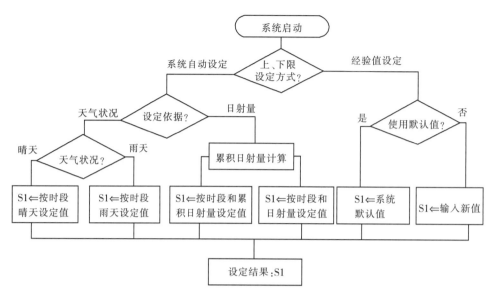

图 24-31　温度上下限值的设定

气晴朗的时候，温室内气温升得相当快。因此，控制时若只是机械地以设定范围为界，则控制机构必将频繁地出现启动—停止—启动的过程。在软件中，通过检测到温度超标后的判断"是否经过延时且延时到否？"，来防止因偶然误差（如外界干扰等因素）导致读数失真，从而产生误动作而设置的。因此，系统只有在连续的一段延时时间内都检测到温度超标时才会确认并启动温度控制系统，从而避免错误动作的发生。

到达调控要求的含义是：若温度超过设定范围，则启动控温系统后，使系统停止工作的条件将更严格。如原设定上限是 32℃，则降温系统启动后，系统只有在检测到室内温度为 30℃（或更低）时才停止工作。这样环境温度就不会在设定高限处波动，造成机构的频繁启动。

2. 光照度控制模块　光照度对作物生长发育有着较大的影响。其控制机构是遮阳网及人工光源。夏季光照强度过高时，应张开遮阳网；冬季光照强度不足时，应打开人工光源，进行补光。

光照度控制时有一个比温度控制更严重的外界干扰问题，这体现在光照强度值读取的时候。如人在温室内作业时挡住测光探头，或少云天气时云彩移动暂时挡住阳光等情况都可能使某一瞬时检测到的光照强度低于设定范围，如果系统对这种短时的缺光状态予以调控，显然是不必要的。因此，在检测到光照强度超标后应有一个较长的延时动作过程。只有当系统在整个延时时间内都检测到光照强度超标后才能启动光照强度控制执行机构。

3. 营养液循环供应控制模块　pH 和 EC 值的控制要求是类似的。在对它们进行控制时，必须保证只有当系统处于供液状态，才能启动控制执行机构。这是因为 pH 和 EC 值的传感变送器安装在供液回路上，若系统不是处于供液状态，则检测到的 pH 和 EC 值都不是真正有意义的值。因此，系统停止供液时应将打开的执行机构关闭，实现供液回路与 pH、EC 检测回路的连锁，否则若在即将停止供液前检测到 pH 或 EC 值超标，系统开启相应的电磁阀后，有可能在结束供液前仍不能将参数调控到所需范围之内，从而在营养液泵停止工作的时间之内电磁阀一直开启，造成控制失误。

pH 和 EC 值的控制过程，以 pH 的控制为例，可采用图 24-32 所示的程序框图来实现。它可满足上述控制要求，且不会产生频繁启动的问题。

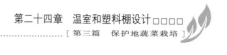

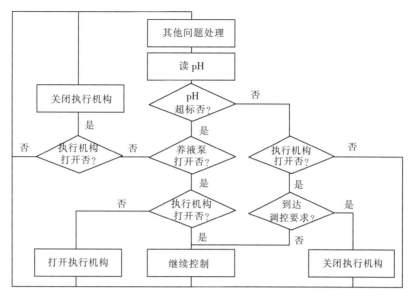

图 24 - 32　营养液 pH 的控制过程

（毛罕平）

第十节　建筑施工与维修

一、建筑施工

蔬菜保护地设施的类型多样，建筑施工要求、程序不尽相同，但应与工业和民用建筑规范相近。不论建造何种类型的保护地设施，尤其是温室、塑料棚的建造，都要制定一个合理可行的建筑施工计划，以保证施工质量和进度，避免盲目性。

（一）施工前的准备　温室、塑料棚的建造，不论是现场制作、安装，还是工厂制作、现场安装，负责建设的人员首先必须认真地熟悉设计图纸或产品安装使用说明书，对图纸或说明书中的各项要求、条件、说明等进行研究、分析，并力争满足施工所需。有不明确的地方或疑难问题，应及时与设计单位或制造厂家研究解决办法，绝不能草率施工。其次，要根据实际情况制定一个较详细的工程计划。工程计划主要分为一般计划、临时工程计划和施工计划。

一般计划主要包括：工程概况（结构比率及主要材料数量表）、工程施工进度（施工进度、劳动力使用计划），现场编制及业务分工；临时工程计划包括：施工中临时使用的各种设备、设施、工具以及相近、相邻周围环境的临时保护措施；施工计划主要包括：主体工程计划（基础工程、主体工程）、施工设计图（主要是实际施工中必要的操作、拼装、安装、加工方法等）；装修设备安装工程计划（内、外装修，水、电、暖、空调等安装、调试）。

施工中按照计划进行可以避免忙乱和差错，当然，在施工中这个计划也可以根据具体情况加以补充、修订。另外，对于施工中的安全生产措施也要作出规定并派专人管理。

按照施工计划，对于施工场地要进行测量、钻探、清除垃圾、废土、淤泥等并同时进行平整、放线、开挖基坑、回填夯实等基础施工准备。并对施工中的道路、堆料、电力、供水、排水、临时工棚等一系列施工用品、用物做好充分准备。有了以上的各种准备就可以进行施工了。

（二）基础工程　基础工程是建筑物的关键，它的质量优劣对温室、塑料棚的使用寿命影响极大。基础处理不好，将造成温室、塑料棚倾斜、沉陷，甚至倒塌。无论是哪种形式的基础都必须严格按照设计要求进行施工，绝不能马虎从事。

基础的类型很多，但在保护地建筑中主要有以下几种：

1. 灰土基础 灰土基础的灰、土体积比一般为 3∶7 或 2∶8，每步高 15cm。宽度及步数根据设计要求决定，但宽度最小不小于 60cm，不低于两步。灰土基础宜埋置在地下水位以上，并且底面应设于冰冻线以下。

2. 砖基础 砖基础适用于地基土质较好且地下水位在基础底面以下的地方。砖基础底面应铺 2cm 厚的沙垫层。砖基础一般采用 50 号水泥砂浆，100 号或 75 号机砖，宽度按设计要求施工。

3. 混凝土基础 在地下水位较高或严寒地区多用混凝土基础。一般混凝土标号不低于 75 号，高宽根据设计要求决定。

（三）墙体工程 保护地建筑中墙体工程比较少。温室主要是地面以上 25～50cm 的围护墙或北立面墙，侧墙及部分寒冷地区的塑料棚北墙，多用砖砌筑。

砖墙砌筑根据设计要求而定。砂浆一般采用 25 号或 50 号混合砂浆，不超过 3m 高的墙也可用石灰砂浆或石灰黏土砂浆。

砖的标号、外观、几何尺寸应该符合设计要求，砌筑前一天或半天应浇水润湿，以免在砌筑时因干砖吸收砂浆中的大量水分，使砂浆流动性降低，砌筑困难，并影响砂浆的黏结强度。但也不能太湿，一般要求砖湿润到半干湿状态（即水从砖浸入 1cm 左右）为宜。

砖墙的砌筑方法与一般工业与民用建筑没有区别。

（四）钢筋混凝土工程 钢筋混凝土工程中除了钢筋、混凝土外，还有一个模板问题，施工中可根据具体条件而定。不管采用何种模板，都要求模板平整，合乎尺寸要求，接缝良好，便于混凝土养护。

钢筋混凝土的施工工艺要求：

1. 模板、钢筋的检查 钢筋混凝土浇灌前，首先要检查模板的位置、接缝是否严密，预埋件位置和数量是否与图纸相符，木模板需浇水湿润。标高、截面尺寸、垂直度是否正确，支撑是否牢固，并清除模板内的杂物。另外，检查钢筋的规格、数量、位置、接头是否正确，如有不符要立即修正。

以上检查完毕，确实无误方可浇捣。

2. 混凝土的搅拌 混凝土搅拌前对原材料最好用重量法进行称量，称量时的重量偏差不得超过以下规定。

水泥和干燥的掺和料	±2%
砂石	±5%
水，潮湿的掺和料	±2%

混凝土搅拌时要求混和均匀，颜色一致，应尽量用机械搅拌。

3. 混凝土的浇捣 混凝土浇捣是影响混凝土质量的关键。因此，浇捣必须密实，不产生蜂窝、麻面以及外露钢筋，以保证构件的强度和耐久性。

4. 混凝土的养护 混凝土浇捣后，要及时养护才能使其强度不断增大。

一般养护分为自然养护和蒸汽养护两种。自然养护主要应用浇水养护。浇水养护是在自然条件下（5℃以上）用湿草帘或湿麻袋覆盖，并经常浇水养护。普通水泥的养护时间不少于 7 昼夜。浇水次数以能保证混凝土足够的湿润状态为宜，在一般气候条件下（15℃）浇捣后最初 3d 内，白天应间隔 2h 浇一次水，夜间最少浇 2 次水。在以后的养护期中，每 24h 至少浇 4 次水，在气候干燥的情况下，浇水次数应适当增加。

（五）轻型钢结构工程

1. 轻型钢结构的加工制造 温室、塑料棚建筑多为轻型钢结构，而轻型钢结构的加工工艺与普通钢结构并无很大区别。

焊接是轻型钢结构的主要连接方法，因杆件截面较小，厚度较薄，容易产生焊接变形和烧穿。轻型钢结构的焊点较多，焊点分散，焊接完后要特别注意检查有无漏焊和错位等现象。

2. 轻型钢结构的堆放和安装　轻型钢结构的堆放场地应平整，屋架应采取垂直排列的堆放方法。这样可以防止构件弯曲变形，便于进行安装前的检查和涂刷油漆。圆钢、小型轻型钢结构刚度较差，容易碰弯，运输时应采用防止变形的措施。

轻型钢结构由于构件轻，因此安装方便、速度快，只需用简易的起重设备或土法吊装即可。但必须注意吊点的位置并采取必要的临时加固措施。

3. 钢结构的除锈和油漆

（1）除锈　钢材除锈的好坏，是直接影响涂料能否获得良好防护效果的关键。除锈不彻底，将严重影响涂料的附着力，并使漆膜下的金属表面继续生锈并扩展，因此，必须彻底清除金属表面的铁锈、油渍、水垢和灰尘等，使金属表面光亮，呈现出金属光泽。

一般圆钢、小型轻型钢结构多采用手工除锈。手工除锈，应尽量做到认真、细致，以严格保证质量。

（2）油漆　油漆是钢结构制造加工的最后一道工序，不得与焊接、拼装等工序交替进行。涂油漆时要在空气干燥和通风良好、灰尘较少的场所进行，钢材表面的温度应在露点以上，漆膜干燥前不得淋雨或结露。底漆的施工要在制造厂进行，面漆的施工一般应在结构安装完成后进行。在运输和安装过程中底漆被损坏的部分应予补涂，然后再涂面漆。

油漆的操作方法有刷涂和喷涂。

二、建筑维修

温室、塑料棚的合理设计，精心施工固然十分重要，而对其正确使用和维修也是不可忽视的。

经常监督、观察结构的正确使用，及时地进行检查、维护和修理，是保证温室、塑料棚安全、适用和耐久的重要措施，也是每个用户的基本职责。

为保证结构的正常受力，应避免在结构的屋面、梁、柱等受力构件上施加未经设计计算的任何荷载。在生产使用中要尽量防止对温室、塑料棚的碰、撞、磨、振动等机械的或人为的动力作用。

遇有灾害性气候变化时，应提前做好预防工作。灾后要及时检查各种构件、部件、维护结构等是否完好。

要经常检查天沟、落水管、排水沟是否畅通。定期检查检修基础、墙体、门、窗等，及时处理各种隐患。

对木结构的防潮防腐、钢结构的防锈、砖石结构的防潮、防冻等都要采取有效的预防措施。对镀锌构件、铝合金构件要防止腐蚀性物质的侵蚀和机械创伤。对于镀锌结构件，如发现锈斑出现，应及时用砂纸打磨干净，涂以防锈漆保护。

钢结构要定期涂刷防锈漆。在重新油漆时，如果原漆面完好，只需将表面灰垢清除干净，有条件时可用含 $1\%\sim2\%$ 去垢剂的温水清洗，即可重新油漆。如果旧漆面锈蚀面积大或者脱落，附着力低，则应彻底清除旧油漆和铁锈，将其打磨干净，然后再进行油漆。

（祝　旅）

（本章主编：周长吉　王松涛）

◆ **主要参考文献** ─────────────────────────────────

[1] 美国温室制造业协会．周长吉，程勤阳译．温室设计标准．北京：中国农业出版社，1998

[2] 日本设施园艺协会著．叶淑娟译．设施园艺结构安全标准．北京：农业出版社，1989

[3] 中华人民共和国建设部．建筑结构荷载规范．北京：中国建筑工业出版社，2002

［4］周长吉．大型连栋温室设计风雪荷载分级标准初探．农业工程学报，2000，16（4）：103～105

［5］周长吉．日光温室设计荷载探讨．农业工程学报，1994，10（1）：161～166

［6］齐飞．圆拱形屋面连栋温室雪荷载取值方法初探．农业工程学报，1998，14（增）：83～88

［7］杨天祥主编．结构力学（上册）．北京：高等教育出版社，1990

［8］钟善桐主编．钢结构．北京：中国建筑工业出版社，1991

［9］孙德发等．非连续加温温室结构设计中雪荷载取值方法．农机化研究，2002（4）：49～51

［10］宋占军．三连跨温室受风雪荷载时的结构计算．中国农业大学学报，1997，2（6）：101～106

［11］郑金土等．连栋塑料温室连栋数对结构体系安全性和稳定性的影响．浙江大学学报，2000，26（3）：280～282

［12］崔引安，姚维祯，周允将等．农业生物环境工程．北京：中国农业出版社，1994

［13］徐昶昕，王卫星，苏永亮等．农业生物环境控制．北京：中国农业出版社，1994

［14］日本设施园艺协会．设施园艺ハンドブック．东京：园艺情报センター，1998

［15］日本植物工场学会．ハイテク农业ハンドブック．东京：东海大学出版会，1992

［16］李天来，何莉莉，印东生．日光温室和大棚蔬菜栽培．北京：中国农业出版社，1997

［17］中国有色金属工业总公司．采暖通风与空气调节设计规范（GBJ19—87）．北京：中国计划出版社，1991

［18］Albright L D. Environment Control for Animals and Plants. ASAE Textbook

［19］章熙民，任泽霈，梅飞鸣．传热学．北京：中国建筑工业出版社，1993

［20］杨邦杰主编．农业生物环境与能源工程．北京：中国农业科学技术出版社，2002

［21］尚书旗，董佑福，史岩主编．设施栽培工程技术．北京：中国农业出版社，1999

［22］蔡象元主编．现代蔬菜温室设施与管理．上海：上海科学技术出版社，2000

［23］冯广和，齐飞等编著．设施农业技术．北京：气象出版社，1998

［24］张福墁主编．设施园艺学．北京：中国农业大学出版社，2001

［25］邹志荣主编．园艺设施学．北京：中国农业出版社，2002

［26］周长吉主编．现代温室工程．北京：化学工业出版社，2003

［27］Robert A. Aldrich and John W. Bartok, Greenhouse Engineering, NRAES‐33, 1994

［28］荣秀惠，肖兰生，隋锋贞编．实用供暖工程设计．北京：中国建筑工业出版社，1987

［29］彦启森，赵庆珠．建筑热过程．北京：中国建筑工业出版社，1994

［30］张真和．高效节能日光温室蔬菜、果树、花卉栽培新技术．北京：中国农业出版社，1995

第二十五章

保护地的环境及调节

保护地环境调节是根据蔬菜作物对环境条件的不同需求，对影响蔬菜作物正常生长和发育的主要环境因子包括温度、光照、水分、养分和空气等进行调节和控制的过程，目的是力求创造适合蔬菜作物生长发育的环境条件，以最大限度地发挥其生产潜力，实现蔬菜的优质和高产。

农作物的生长发育及产品器官的形成，一方面取决于作物本身的遗传特性，另一方面又取决于生长发育所处的环境条件。遗传决定着农作物品种的生产潜力，而环境决定着这种潜力在多大程度上得以实现。影响蔬菜作物生长发育的环境因子不是单独与作物的生育发生关系，而是诸因素彼此关联，综合地对作物产生影响。

在中国漫长的蔬菜保护地栽培发展历史中，人们很早就利用炉火加温生产瓜菜，利用温泉热生产韭黄。人们之所以首先关注温度因子在蔬菜生产中的作用，是为了能在露地不能生产蔬菜的冬季吃到新鲜蔬菜。随着蔬菜生产的发展，中国传统的风障畦、阳畦（冷床）、温床、简易温室等相继出现，并在蔬菜促成栽培中发挥了重要作用。这些简易的保护性栽培措施，是用在农村唾手可得的作物秸秆、泥土、木材、竹材、砂石等作防寒保温材料，充分利用太阳光能、有机肥发酵热等，为蔬菜生长发育创造了良好的环境条件。与此同时，菜农逐渐懂得了在简易的保护地设施内进行温、光、水、气及养分调节的技术，积累了丰富的经验。

自17世纪温室在荷兰出现以来，环境调节技术经历了从单项环境因子的调节向多项环境因子的综合智能化控制方向发展的过程。

温度作为保护地蔬菜栽培的首要环境因子，随着保护地设施的构造、规模、内部设备的不断发展，设施内的温度管理也在不断地发生变化。美国学者Went（1944）提出了作物生育需要一定的昼夜温差，即所谓的"温周期"的理论；日本学者土歧（1970）通过研究发现，夜间变温管理比恒温管理不但可提高果菜产量和品质，还可节省能源。随后，"变温管理"理论开始在设施温度调节方面得到广泛应用。20世纪80年代以后，Royal Heins等人还针对温度对植物生长发育与器官形成的密切关系，提出了"差温管理"的理论，通过调节昼间（平均）温度与夜间（平均）温度的差值，来实现对植物生长的调节和花期的控制。与此同时，保护地栽培的温度调节仪器、设备也得到了快速发展。

光环境是保护地栽培的最重要因素之一，光环境研究一直是保护地研究的重要课题。研究取得重大进展是在20世纪中叶以后，大致经历了试验观测—物理模拟—数学模拟—指导工程设计等几个阶段。50年代末期英国科学家通过观测后发现，在阴天条件下温室内的光照比较均匀，而在晴天时情况却相反，无论随时间还是随空间的变化均很大。还发现，在冬季东西走向的温室有更好的透光率，透光率可达55%～65%，而南北走向温室仅为48%。

光环境调节一直是保护地环境调节的重要内容，19世纪下半叶人工光源出现以后，人工补光技术开始在保护地环境下加以应用。20世纪80年代后期，由于化学工业的发展，各类新型覆盖材料纷

纷出现，如聚乙烯、聚氯乙烯、丙烯酸酯、聚碳酸酯等材料开始应用于保护地生产中。同时随着计算机技术的发展，开始应用计算机进行温室光学特性的模拟研究，使温室光环境的研究更加深入、全面。

湿度调节作为保护地环境控制的重要内容，总是与温度调节共同产生作用的。湿度调节的措施包括：采用通风换气、加温、地膜覆盖、控制灌水量、使用除湿机等降低湿度；采用喷雾、喷灌、地面洒水和加湿器等增加湿度。

实际上保护地设施内的温、光、水、气、肥等环境因子总是相互交织、相互影响的，因此，综合环境调控对现代保护地生产极为必要。1949 年美国著名植物生理和园艺学家 F. W. Went 在美国加利福尼亚州帕萨迪纳创建了世界上第一座能控制光、温、湿和气体组分的人工气候室。自 20 世纪 70 年代以来，随着现代工程技术、新型材料和微电子技术向农业的渗透，以荷兰为代表的欧美等发达国家实现了对温室内温、光、水、气、肥的计算机管理与调控，番茄、黄瓜等蔬菜作物产量可达 $50 \sim 70 kg/m^2$。近年来，保护地栽培环境的智能化、网络化管理技术也得到了较快的发展。日本明星电器公司开发的农业气象信息网络系统可同时连续检测温度、湿度、光强度、日照时间、降雨量等 15 种环境要素，并将测量数据实时连接到计算机或因特网上，通过计算机对设施内部环境如温、光、水、气、肥等因子进行监测和调控，生产效率可提高几倍至十几倍。

温室作物的高效生产管理模型的研究近年来受到世界各国园艺专家的高度重视。荷兰通过对环境调控和栽培管理理论与技术的研究，建立了主导蔬菜栽培的专家系统——Hortsim 模型，模拟包括整枝方式、栽培密度、针对天气和植株生育状况的环境管理指标、不同生育阶段的水肥管理指标、病虫害预防和控制技术等，1973 年到 1993 年黄瓜产量从 $220t/hm^2$ 提高到 $450 t/hm^2$。

中国保护地环境调节技术进行较系统的研究起步于 20 世纪 80 年代初期。20 多年来，中国学者对各种保护地设施的方位、结构、构造、选材、应用技术等因素与内部环境条件变化之间的关系进行了观察、分析和比较，基本明确了各种保护地类型的环境特征及与蔬菜作物生长发育之间的关系，并进行了温室作物生长与温、光、湿、气等单项环境因子及其交互作用规律的研究。与此同时，研究、改进了各种保护地环境调控技术及其调控设施与设备、仪器，并进行了有效的推广和应用。进入 90 年代之后，在引进国外大型现代温室的同时，又针对性地引进了相应的现代环境调控技术，并结合中国蔬菜栽培及气候特点进行及时消化、吸收，对提高中国保护地设施的环境调控研究和应用水平，起到了较大的促进作用。但是，目前中国蔬菜保护地设施的环境调控管理主要还是靠经验；对其环境调控的研究基本上还处于对单项环境因子的调节，而对温、光、水、气、肥等诸因子进行综合调控则尚处于初始阶段；保护地蔬菜作物生长与环境之间交互作用规律的研究相当薄弱；在规范温室建筑、控制设备标准和网络通讯协议标准等方面尚需进行深入研究。

各种保护地类型的建筑结构、设备及环境工程技术所创造的环境状况特点是不一样的。蔬菜保护地设计者、建造者、生产者只有深入了解各种保护地类型的环境特点、各个环境因子分布及变化规律、蔬菜作物对环境因子的需求，才能有效地采用相关的调控手段，尽可能地使环境条件与蔬菜作物的需求相和谐而统一。

（孙忠富）

第一节　光环境及其调节

一、蔬菜生长发育对光环境的要求

蔬菜保护地生产所需的光照，是以利用自然光，也即太阳光为主。太阳辐射能中的可见光部分波长为 $390 \sim 760 nm$，这一波段的能量约占太阳辐射总能量的 50%。太阳辐射能还包括紫外光（波长为

290～390nm，占 1％～2％）和红外光（波长＞760nm，占 48％～49％）。紫外光和红外光对蔬菜作物的生长发育都有重要的影响。

　　保护地内的光量应该适合作物的生长发育并且分布均匀。各种蔬菜作物对光照强度的要求不同，大致可分为：喜强光照、对光强要求中等及对光强要求较弱 3 种类型。主要蔬菜的光补偿点、光饱和点及光合速率各不相同，具体可参见第五章。

　　光照时数的长短也影响蔬菜作物的生长和发育，即通常所说的光周期现象。光周期是指一天中受光时间的长短，主要受季节、纬度、天气状况等影响。蔬菜作物对光周期的反应可分为长光性、中光性、短光性及限光性蔬菜 4 类，参见第五章有关部分。

　　一年四季中，光的组成有着明显的变化，而保护地内，由于覆盖采光材料的不同，进入的光质也有较大的差别，同时，光质也随天气、季节等因素而发生着变化，这种光质的变化，可以直接影响蔬菜作物的产量和品质。各种光谱成分对蔬菜作物的影响，参见第五章。

　　若光照不足，作物就会出现茎叶徒长。光合产物不足会造成花芽发育不良、开花延迟、坐果率降低、果实膨大不良等危害，并导致产量及商品价值降低。其危害的程度也因温度、湿度及发育期不同而异，但危害显著的光照强度在一定期间的平均值大致为 $630J/(cm^2 \cdot d)$。对于喜弱光或中光的蔬菜，如果保护地内的光照过强，则常会发生叶灼等危害，因此需用苇帘、遮阳网、寒冷纱等适当的遮光材料加以适当的调节。

　　一般作物通过光合作用生产碳水化合物，通过光形态形成反应而使植株生长成一定的形态。大部分的种子发芽，花芽的形成与发育，叶片的伸展与厚度的发育，胚轴及茎或节间的伸长，都是对光的反应，而叶绿素的生成、积累及分解过程也与光有关。即使是代谢过程，也是由于光的作用而影响大多数酶的活性，并影响其在活体中的含量。通过光还能控制叶片的张合及上下运动、气孔的开闭、左右叶片的趋光性等。

二、光环境的特点

　　保护地设施内的光照强度，决定于室外太阳光照强度和设施的透光率。其特点是：

　　（一）光照强度　保护地内部的光照强度一般比自然光弱。塑料薄膜温室（简易塑料薄膜大棚）干洁薄膜的透光损失为 20％，水滴和尘染一般透光损失 20％，塑料表面反射损失 10％，设施构件遮荫损失约 5.3％。设外界自然光为 I_0 时，温室内的光照强度 I 应为：

$$I = I_0 \times (1 - 20\%) \times (1 - 20\%) \times (1 - 10\%) \times (1 - 5.3\%)$$
$$= I_0 \times 54.5\%$$

　　即室内光照强度为室外自然光照强度的 54.5％，再加上多年使用的塑料薄膜不断老化，对光的损失可能达到 60％，那么室内的光照强度还有可能达不到露地的 40％。一般塑料薄膜温室的透光率参考值多采用 50％。而玻璃温室透光率较塑料薄膜温室透光率为强，其透光率参考值为 70％左右。自然光照强度是一个气候因素，主要随地理纬度、季节、天气条件而变化（图 25-1），因此，保护地内的光照强度也随之变化。

　　（二）光照时数　保护地内受光照时间的长短，因设施类型而异。塑料棚和玻璃温室因全面透光，其光照时数与室外基本相同。单屋面温室内部的光

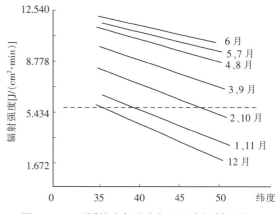

图 25-1　不同纬度各月中午温室内辐射强度

（华北农业大学农业气象专业，1975）

照时数要比室外短，因为在寒冷季节要覆盖草帘或蒲席保温，1d 内的光照时间一般为 7～8h，在高
寒地区甚至不足 6h，远远不能满足蔬菜作物生长发育的需要。北方冬季蔬菜生产使用的塑料小棚和
改良阳畦，夜间也要用草帘等覆盖保温，因此同样存在日照时间不足的问题。

（三）光质　保护地内的光质（光组成）也与自然光不同，这是因为受不同覆盖采光材料的影响。参见第二十四章。

（四）分布　保护地内光照分布的均匀性与设施类型有关。但以单屋面温室内光照分布差异较明显，因为其后屋面及东、西、北三面均为不透光部分。因此，栽培床的前、中、后排的光照强度有较大的差异。前排光照好，产量高；后排光照差，产量最低；中排的产量居中。白天光照在作物群体内部削减很快，作物冠群上部光照强，下部明显不足（表 25-1），显然，在单屋面温室蔬菜种植中，栽培密度不可过大。

表 25-1　日光温室光照分布

（刘克长、卢育华，1999）

日　期		1995 年 1 月 23 日									1995 年 1 月 24 日			
时　间		9：00	10：00	11：00	12：00	13：00	14：00	15：00	16：00	17：00	9：00	10：00	11：00	12：00
有效辐射*	上层	324	386	585	589	640	510	308	137	38	147	270	395	464
	中层	66	120	160	293	310	180	121	30	7	40	52	180	210
	下层	31	50	93	130	135	70	38	17	3	23	37	48	98
有效辐射透过率（%）	中层—上层	20.4	31.1	27.4	49.7	48.4	35.3	39.3	21.9	18.4	27.5	19.3	45.6	45.3
	下层—中层	47.0	41.7	58.1	44.4	43.5	38.9	31.4	56.7	42.9	57.5	71.1	26.7	46.7

注：由冠层顶部向下 40cm 为 1 层，下层总厚度为 80cm。

* 有效辐射单位：$\mu E/(m^2 \cdot s)$。

三、保护地的光环境

（一）保护地透光率的季节及日变化　如以 10 时至 14 时为作物光合作用旺盛时段，分析其平均透光率的季节变化。玻璃温室冬季透光率低于 45%，夏季高于 70%；春秋季节为 45%～56%。冬季晴天室内最大辐射强度为 1.0～1.5J/(cm² · min)，相当于 18～27klx，低于黄瓜、番茄的光饱和点；春秋季为 2.6～3.5J/(cm² · min)，相当于 47～63klx，达到光饱和点；夏季为 4.2J/(cm² · min) 左右，相当于 75klx。就日变化而言，早晚透光率低，中午最高，随着太阳高度角的升高，透光率加大。东西延长的双屋面温室，北屋面的太阳入射角大于南屋面，所以透过南屋面的光比北屋面为强，相差 5%～9%。温室内部的上部光优于下部光。晴天的差异大于阴天，风沙过境后，玻璃附尘透光率减少约 5%。

日光温室一天当中截获阳光最多的时间是晴天中午，透光率最高时接近 70%（表 25-2）。早晨和傍晚截获阳光则有所减少。随着使用时间的延长，薄膜老化，薄膜上积累和吸附的灰尘越来越多，透光率则越来越低。

表 25 - 2　日光温室透光情况

(刘克长、卢育华，1999)

日期		1995 年 1 月 23 日									1995 年 1 月 24 日			
时间		9：00	10：00	11：00	12：00	13：00	14：00	15：00	16：00	17：00	9：00	10：00	11：00	12：00
总辐射 (W/m²)	室内	347	450	573	723	663	543	381	288	39	128	320	427	523
	室外	179	308	337	450	454	273	154	103	18	78	170	252	294
	透过率 (%)	51.6	64.8	58.8	62.2	68.5	50.3	40.4	35.8	46.2	60.9	56.3	59.0	56.2
有效辐射*	室内	566	785	916	1148	1312	885	542	365	77	246	50.4	681	816
	室外	324	386	585	589	640	510	308	137	38	147	270	395	464
	透过率 (%)	57.2	49.2	63.9	51.3	48.8	57.6	56.8	37.5	49.4	59.8	53.6	58.0	56.9

*　有效辐射单位：$\mu E/(m^2 \cdot s)$。

　　根据观测，东西延长的大型玻璃温室比北京改良式温室冬季接受光照时间多 1.5～2h，但由于屋面排水沟、屋脊构件、暖气片等的遮光也造成一定的影响。阴影有季节和日变化，并且季节变化比日变化大。一天之内阴影位移不大，在脊高、檐高和跨度的较好配比下，即使在光照最弱、日照最短的冬季，三者的阴影基本重叠于散热排管附近不栽植作物的地方，而栽培床上全天均能受到阳光照射，这对寒冷季节的温室栽培是有利的。

　　由于不同季节的太阳高度角不同，因此塑料大棚内的光照强度和透光率也不同。一般南北延长东西朝向的大棚内，光照强度由冬—春—夏的变化是不断增强，透光率也不断提高（表 25 - 3）；而随着季节由夏—秋—冬，其棚内光照则不断减弱，透光率也降低。

表 25 - 3　大棚内地表光照的季节变化

(引自：《设施园艺学》，2002)

项　目	清明	谷雨	立夏	小满	芒种
绝对照度 (lx)	15 732	22 200	20 624	30 800	31 920
透光率 (%)	49.9	46.6	52.5	59.3	59.3

　　塑料大棚内光照存在着垂直变化和水平变化，从垂直方向看，越接近地面光照度越弱，越接近棚面光照度越强（图 25 - 2）。另据测定，距棚顶 30cm 处的照度为露地的 61%，中部距地面 150cm 处为 34.7%，近地面为 24.5%。从水平方向上看，南北延长的大棚同一高度观测，大棚两侧靠近侧壁处的光照较强，中部光照较弱，上午东侧光照较强，西侧光照较弱，午后则相反。

　　（二）保护地结构与透光率　就天空散射光而言对温室透光率的影响不是主要问题。但在屋面上太阳直射光的入射角与温室的方位和屋面的坡度有很大关系。

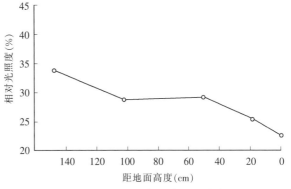

图 25 - 2　塑料大棚垂直光照梯度

(引自：《塑料大棚蔬菜栽培》，1979)

1. 采光屋面上直射光的入射角对透光率的影响　在屋面上太阳直射光的入射角不同，对玻璃的吸收率影响不大。当玻璃上太阳光的入射角为 $0°\sim40°$ 时，玻璃表面的反射率只有 8.0% 左右。当入射角增加时，玻璃表面的反射率明显增加（表 25-4）。

表 25-4　直射光在玻璃上的入射角与透光率的关系

（引自：《塑料薄膜温室小气候》，1975）

入射角（°）	透光率（%）	反射率（%）	吸收率（%）
5	87.69	7.82	4.48
20	87.54	7.86	4.58
40	86.23	8.81	4.95
50	83.84	10.87	5.27
60	78.04	16.08	5.87
70	64.38	28.09	6.30
80	35.00	52.00	6.50

塑料大棚的结构不同，其骨架材料的截面积（粗细）不同，因此形成阴影的遮光程度也不同，一般大棚骨架的遮荫率可达 5%～8%。据测定：单栋钢材及硬塑管材结构大棚的受光较好，其透光率仅比露地减少 28 个百分点，单栋竹木结构则减少 37.5 个百分点（表 25-5）。从大棚内光照来考虑，应尽量采用坚固而截面积小的材料做骨架，以尽量减少遮光。

表 25-5　单栋大棚不同结构的受光量

（引自：《蔬菜栽培学》，1980）

大棚类型	光照强度（klx）	透光率（%）
钢材结构	76.7	72.0
硬塑结构	76.5	71.9
竹木结构	66.5	62.5
露地对照	106.4	100

注：1974 年 5 月 31 日，长春市。

2. 建筑方位与透光率　在中高纬度地区，如果为了适应冬季生产的需要，温室的方位以东西延长（东西栋）为好。这样，在一天当中太阳照射的主要时间，朝南温室内可以得到较强的太阳光。东西栋和南北栋两种连栋温室相比，应用计算机进行数学模拟计算的结果见表 25-6。而随着纬度的增高而使东西栋与南北栋温室的透光率差值增大（图 25-3），但栽培床上的光分布，南北栋比东西栋均匀。

温室内各部位的光强因各部位的透光率不同而有差异，东西栋的双屋面温室，南部透光率优于北部，室内平均透光率南部比北部增加 20% 以上。

表 25-6　不同方位温室透光率差值比较

（引自：《温室的建造方位与采光》，1980）

纬度	地点	温室最佳屋面倾角（东西栋）	东西栋南北栋的透光率之差（%）
31°12′	上海	35°	5.48
36°01′	兰州	30°	6.79
39°57′	北京	26°34′	7.40
45°45′	哈尔滨	20°	9.71
50°12′	黑河	16°	11.1

　　塑料大棚的方位不同，太阳直射光线的入射角也不同，因此透光率不同。一般东西延长南北朝向（东西栋）的大棚比南北延长东西朝向（南北栋）的大棚透光率要高（表 25-7），但南北栋大棚比东西栋大棚的光照分布要均匀。据测定：南北栋大棚尽管上午东侧的光照强，西侧的光照弱，而下午西侧的光照强，东侧的光照弱，但如果将一天内 7 时、9 时、11 时、13 时、15 时、17 时距地面 0cm、20cm、50cm、100cm 高度所测的透光率平均来看，东侧为 29.1%、中部为 28%、西侧为 29%，南北差异也不大。而东西栋大棚尽管东西两头的透光率相差不大，但南部透光率为 50%，中部和北部为 30%，南北相差 20%。

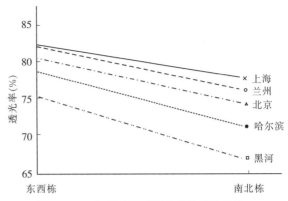

图 25-3　冬至时不同纬度直射光日总量
平均透光率（计算值）
（引自：《温室的建造方位与采光》，1980）

表 25-7　大棚不同方位与透光率间的关系（%）
（引自：《设施园艺学》，2002）

方　位	清明	谷雨	立夏	小满	芒种	夏至
东西栋大棚	53.14	49.81	60.17	61.37	60.50	48.86
南北栋大棚	49.94	46.64	52.48	59.34	59.33	43.76
差　值	3.20	3.17	7.69	2.03	1.17	5.1

　　3. 屋面坡度与透光率　在北京地区（39°57′），冬季东西栋连栋温室的透光率比南北栋高 7% 左右，所以东西栋连栋温室屋面坡度 α=26°34′ 的较为合适。表 25-8 为北京地区斜面日射量。

表 25-8　北京地区斜面日射量 [J/(cm² · d)]
（徐师华，1974）

	角　度	0°	5°	10°	15°	20°	30°	40°	50°
冬至	北	672	521	370	231	101	0	0	0
	西北（东北）	672	563	470	378	302	185	122	84
	西（东）	672	676	680	685	689	701	706	701
	西南（东南）	672	781	882	974	1 063	1 214	1 327	1 420
	南	672	823	970	1 109	1 235	1 462	1 646	1 785
春（秋）分	北	1 478	1 361	1 243	1 105	966	659	336	55
	西北（东北）	1 478	1 399	1 315	1 226	1 138	958	811	680
	西（东）	1 478	1 478	1 474	1 470	1 462	1 441	1 407	1 352
	西南（东南）	1 478	1 550	1 617	1 672	1 722	1 785	1 802	1 777
	南	1 478	1 579	1 684	1 747	1 814	1 898	1 928	1 898
夏至	北	2 218	2 218	2 201	2 167	2 113	1 961	1 751	1 953
	西北（东北）	2 218	2 218	2 197	2 163	2 113	1 970	1 793	2 041
	西（东）	2 218	2 213	2 201	2 184	2 155	2 087	1 991	1 873
	西南（东南）	2 218	2 209	2 197	2 171	2 138	2 045	1 915	1 764
	南	2 218	2 205	2 201	2 146	2 096	1 957	1 768	1 541

在太阳光入射到玻璃面时有以下关系：

$$Q+\alpha+h=90° \tag{1}$$

式中：Q——日光入射角；

α——屋面坡度；

h——太阳高度角。

对于东西栋温室来说，太阳正南时有：

$$\alpha_0=90°-Q_0-h_0 \tag{2}$$

式中：α_0——南屋面坡度；

h_0——太阳正南时的高度角；

Q_0——太阳正南时的入射角。

$$h_0=90°-\varphi+\delta \tag{3}$$

式中：φ——地理纬度；

δ——赤纬。

（3）代入（2）式：

$$\alpha_0=\varphi-\delta-Q_0$$

当 $Q_0=0$ 时透光率最高，即：

$$\alpha_0=\varphi-\delta$$

以北京改良温室为例，根据冬、春不同季节生产的要求，考虑选择温室南屋面最优和较优入射角（表 25-9）。

从最大透光率来说，要求屋面角度大，但在其他条件相同的情况下，α 越大则栽培床面积相对越小。如果要加大栽培床面积，就得加高温室高度，增加材料设备，容积加大冬季燃料消耗也加大，因此在入射角 $Q<45°$ 的情况下应尽量选小的 α。

表 25-9 北京改良温室屋面坡度 α 的选择
（引自：《温室的建造方位与采光》，1980）

栽培季节	中 午 时 刻		8：00～16：00平均状态	
	最优 （入射角＝0°）	较优 （入射角＜45°）	最优 （平均入射角＝0°）	较优 （平均入射角＜45°）
冬　季	$\alpha=63°21'$	$\alpha\measuredangle18°21'$	$\alpha=74°$	$\alpha\measuredangle29°$
春　季	$\alpha=39°54'$	$\alpha>0°$	$\alpha=53°30'$	$\alpha\measuredangle8°30'$

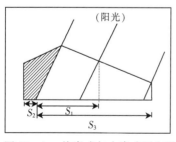

图 25-4 偏脊式与中脊式温室强光带与弱光带之比

（引自：《温室的建造方位与采光》，1980）

4. 高跨比与采光 在相同脊高和侧高条件下，双屋面偏脊式温室的栽培床面上的强光带与弱光带之比要比中脊式等屋面温室的大（图 25-4）。$S_1：S_2=3：1$（中脊式）而 $S_3：S_2=6：1$，（偏脊式）对冬季栽培喜光的蔬菜来说，以采用东西栋偏脊式的温室为宜。

5. 结构比与采光 在太阳高度角低的情况下，东西栋温室不透光的构件在栽培床面上形成白天位置移动不大的密集阴影，使温室床面平均透光率减少。因此，为了减少其遮光面积，应设计结构比小而强度大的温室结构。在用材上也要注意，如一般木结构温室屋面结构比为 0.25，侧墙为 0.50，平均 0.375。而大型金属结构温室屋面结构比为 0.20，侧墙为 0.18，平均 0.19。一般钢架玻璃温室骨架的遮光率在 20% 左右，大型塑料温室在 15%，金属管钢架塑料薄膜温室为 5%。

（三）温室间距与遮光 以北京改良式温室为例，欲使南排温室不遮挡北排温室的受光，则要求满足以下条件：

$$P=ab \geqslant ctgh_0 \cdot cb = tg(90°-h_0) \cdot H$$

冬至日北京太阳中午时的高度角 $h_0=26°34'$，代入上式 $P \geqslant tg63°26' \times H$，即 $P \geqslant 2H$。实际上，午前、午后太阳高度角均比 h_0 小，因此要求 P 值必须大于 $2H$，纬度越高，则 P 值越大，即相邻温室的南北间距也要越大（图25-5），从充分利用土地来说，单屋面温室不如连栋温室的利用率高。但从采光考虑，不论是东西栋或是南北栋，单栋都比连栋的透光率高，特别是东西栋透光率最高，所以种植喜光作物最好是建东西向延长偏脊式单栋温室。而东西向连栋温室的连栋数越多，则平均透光率减少越显著。

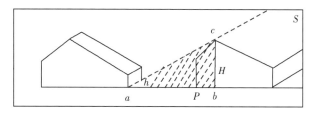

图25-5 相邻温室间距示意图
（引自：《温室的建造方位与采光》，1980）

四、光环境的调节

（一）保护地内光照调节 光照是作物生长发育的能量源泉，又是某些作物完成生活周期的重要信息。在自然条件下，光照度与光照时间因季节、纬度、天气状况而异。在中、高纬度地区，冬季光照弱、低温伴随着短的日照；夏季光照强、高温伴随着长的日照。无论是弱光、短日照或强光、长日照，都可能成为某些温室作物生长、发育的限制因子。因此，对温室作物的光照度和光照时间进行一定的调节和控制是十分必要的。除采用适当的温室结构与朝向外，还应选择透光率高、耐老化、无滴防尘、散光性强的覆盖材料，以尽量增大栽培床面的光照强度。保护地内的光照调节主要包括补光与遮光调节。

1. 自然光照光合补光 作物进行光合作用需要的照度一般为数千至数万勒克斯。中、高纬度地区冬季光照不足时，可考虑利用太阳光照进行人工补光。日光温室与反射光温室，就是利用自然光照进行人工光合补光的设施。日光温室为东西走向，冬季太阳入射角小于50°，白天为单层膜，可以获得最大的透射率，又无屋脊、天沟阴影，北墙面还可反射一部分光照，起到自然的补光作用。如图25-6所示，在东西走向温室的北墙内表面上加装反射板，可增强自然光照光合补光。反射板一般由反射率80%以上的镀铝膜制成。跨度为5～8m的东西走向单栋温室，在内墙面上加装反射板后，晴天栽培床面光照度可达室外自然光照度的110%～120%，为普通玻璃温室内栽培床面光照度的2倍。中、高纬度地区反光温室，冬季不仅可以大大提高光合强度，而且还可提高室内气温和夜温，在良好的保温设施下，可节省30%～40%的采暖费用。

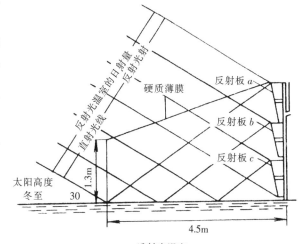

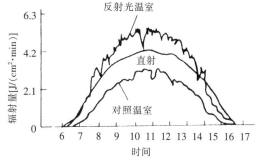

图25-6 反射光温室增光效应
（引自：《农业生态环境工程》，1994）

通过改变栽培管理措施，可以有效地提高保护地的透光率。①经常清扫采光物外表面染尘，通过通风换气等措施减少内表面结露（水珠凝结），提高透光率。②在保温的前提下，尽可能早揭晚盖外保温物（草苫、保温被等）和内层保温幕，增加光照时间。在阴、雪天，应尽量在中午气温较高的时段揭开外保温物，以增加散射光的透光量。③保护地内的种植密度应比露地栽培的密度小。在种植行向上以南北行向较好，如采用东西行向，则要适当加大行距。单屋面温室的栽培床高度应做成南低北高的阶梯式，以防止前后排遮荫。④及时进行植株调整，如及时整枝打杈、吊蔓，摘除病、老、黄叶，减少株间相互遮荫。⑤覆盖地膜，增加植株下层光照。

2. 人工光照光合补光　在蔬菜作物育苗、栽培、制种过程中，当自然光照远不能满足光合作用所需光照时，亦可考虑人工光照进行补光。目前使用的人工光源仅限于电光源一种。常用的人工光源有荧光灯、钠灯、氙灯及植物效应灯等。在考虑灯具选择时，首先应选择发射光谱与需用光谱接近的产品，必要时亦可考虑多种光源组合进行光谱互补。另外，应选择发光效率高、灯具寿命长、价格低廉的产品，以设备折旧与运行费用最低为原则。栽培床面的光照度、光照时间，除对作物光合作用、光周期产生影响外，还将对作物温度、蒸腾量和周围环境产生影响。自然光照温室栽培是利用廉价太阳能以获取作物群体最大光合强度为目标，在人工光合补光中，还有一个耗电的经济性问题。人工光合补光，在满足一定产品数量和质量的基础上，应以最少的电耗获得最大的经济效益。

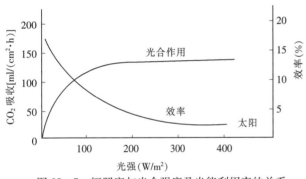

图 25-7　辐照度与光合强度及光能利用率的关系

通常作物光合强度 P、光能利用率 η、辐照度 Ee 的关系如图 25-7 所示。低辐照度时，光合强度较低，但光能利用率却很高。所以，在考虑人工光合补光的光照度与光照时间时，应通过试验以单位产品经济效益最大时必要的光照度及光照时间为依据。一般采用较低的光照度、延长光照时间较为经济。

3. 人工光周期补光　对光周期敏感的蔬菜作物，特别是光周期的临界期，当黑夜时间过长而影响作物的生长发育时，应对作物进行人工光周期补光。人工光周期补光是作为调节作物生长发育的信息提供的，即抑制或促进花芽分化，调节花期等，需用的照度较低，一般大于 $22lx$，最好是 $54lx$。光谱能量分布最好是在 $660\sim665nm$ 一带为好，可用富含红光的白炽灯。一般长日照作物要求连续暗期短于 7h，通常由早晚补光使连续黑夜短于 7h。如北京地区冬季，光照时间为 9h，黑夜为 15h。一般用 $54lx$ 需补充光照 8h。为了节省电能，可用 $54lx$ 光照在午夜补光 4h，连续暗期变为两段 5.5h，可节电 50％。据研究，在午夜补光的 4h 中，若用 $110lx$ 照度，每 30min 补光 6min，或用 $220lx$ 照度每 1 分钟中补光 3s，均可收到同样的光周期补光效果，还可节电 $60％\sim80％$。不同蔬菜作物光周期反应差异很大，同一种作物，光周期反应也因温度、营养状况不同而异。光周期补光参数应通过试验确定。

关于各种光源的特点和选择，参见第二十四章。

4. 光合遮光调节　夏季强光、高温会使某些作物光合强度降低，对某些阴生作物或幼苗，甚至产生叶片灼烧伤现象，因此需要进行光合遮光。光合遮光的目的是削减一部分光强，减小一部分太阳热负荷。遮光材料应具有一定的透光率、较高的反射率和较低的吸收率。光合遮光主要是遮挡午间的直射光，四周不需严密搭接。常用的有在温室屋面上方铺设竹（苇）帘、白色聚乙烯纱网、黑色遮阳网等。也可在室内设置无纺布或透明膜与镀铝膜相间编织的内遮阳网，遮光率可在 $40％\sim70％$ 中选择。另外还可在温室的采光屋面涂白以遮挡部分阳光。

据测定，苇帘的遮光率为 $94.3％$，比无覆盖苇帘的温室内减少光量 $52.3％$。即如果按平均透光率计算，则温室再加苇帘遮光后其内部的实际透光率为 $50％$。市售塑料窗纱遮光率为 $51.5％$，比对照减少 29.5％。即加塑料窗纱遮光后温室内的实际透光率为 35.25％。盖苇帘的温室内最高气温比室外低 2.2℃（温室内有生长植物的蒸腾和土壤的蒸发，液态水被汽化消耗热能所致），比对照降低温度 3.9℃，白天 11 时至 16 时平均室内气温，苇帘覆盖的温室内气温比对照降低 3.8℃。保护地内使用的遮光材料不织布具有吸湿性能好、渗水性强、不形成水滴、质轻耐用、高温不粘连等优点，冬季可保温，夏季可遮光降温。

5. 光周期遮光调节　光周期遮光的目的是延长暗期，保证短日照作物对连续暗期的要求。常用的材料有黑布与黑色塑料膜两种，在温室屋面及四周铺设，严密搭接，使室内光照降到临界光周期照度以下，一般不高于 22 lx。遮光的时间应使连续暗期大于 14.5h，通常向傍晚和清晨两头延长。

（王志刚　滕光辉）

第二节　温度环境及其调节

在保护地内的环境中，温度对蔬菜作物的生育影响最显著。温度特别是气温的调节，往往关系到栽培的成败。保护地的温度条件，要求经常保持适温，并且温度分布均匀。蔬菜作物的生育适温，既随着蔬菜作物种类、品种、生育阶段的不同和生理活动的变化而变化，也随着光照条件变化而变化。因而，必须用保温、加温、通风和降温等调控技术，不断满足作物对温度的需要。

保护地内的热量主要来源于太阳辐射。不加温的保护地设施依靠白天太阳辐射而增温，加温温室也主要在夜间或阴、雪天太阳辐射热不足时进行补充加温。白天太阳光热通过采光屋面入射到地表面上，使地面获得太阳光热而增温，并通过传导作用使土壤温度升高。当保护地内的气温低于地温时，地面释放热量，通过辐射、传导、对流或乱流等，使气温得以提高。在夜间，保护地的保温设施可以减缓内部气温的下降速度，从而在一定程度上保持了蔬菜作物生长发育所需的温度条件。

近年来保护地的温度管理日趋科学化，从保温向加温，从恒温向变温再向环境条件的综合调控发展。

一、温度环境与蔬菜生长发育的关系

（一）变温积温管理原则和模式　对于气温环境，温特（Went）在 1944 年提出，作物生育要求一定的昼夜温差即所谓"温周期"的理论。土岐等研究表明（1970），夜间变温管理比恒温管理可提高果菜的产量和品质，并节省燃料。据此提出将昼夜分为白天增进光合作用时间带，傍晚至前半夜促进光合产物运转时间带和后半夜抑制呼吸消耗时间带，分别确定不同时段的适温，实行分段变温管理法。王瑞环等试验（1979）证明，适当提高昼温和降低夜温的大温差育苗法能够提高果菜幼苗素质促进雌花发育。吴毅明试验（1978）表明，若把温度×该温度持续时间（小时数）的日积温值称为"当天的日积温"，则黄瓜、番茄的逐次采收量与果实形成期（尤其是果实迅速肥大期）的平均日积温在一定范围内呈显著正相关。20 世纪 80 年代后期，美国的 Heins 等人研究表明，若把温室中一天的白昼平均气温与夜间平均气温之差值称为差温（DIF），则大多数花卉和一些蔬菜如番茄、食荚菜豆、西瓜、甜玉米等对差温反应敏感。差温的正负与大小，可影响节间的伸长和株高、叶片倾角、叶面积和叶绿素含量，还能影响花芽分化及雌雄花比例，通过控制差温的正负和大小，可以调节植株的形态、生育速度和品质，即所谓差温管理法。可见，温度对蔬菜作物各种生理活动有显著影响。随着昼夜光照时间变化，作物的生理活动中心将不断转移，作物要求的适温和适温持续的适宜时间相应发生变化，在栽培中应按照特定的昼夜变温和积温进行温度管理。

设计变温管理的目标温度，是以白天适温的上限附近作为上午和中午增进光合作用时间带的适宜温度，下限附近作为下午的气温，16～17 时比夜间适温上限提高 1～2℃以促进运转，其后以下限为夜温，最低界限温度为后半夜抑制呼吸消耗时间带的目标温度。有条件时可在日出前 30min 开始进行加温，黄瓜、西瓜增加到 18℃，番茄 15℃，以促进光合作用。黄瓜变温管理模式见图 25-8。

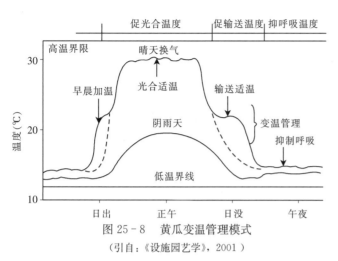

图 25-8　黄瓜变温管理模式
（引自：《设施园艺学》，2001）

适温的具体指标，根据作物种类、品种和生育状况以及白天光照强弱应有所不同，但各时间带的长度及时间分界点，仍需深入研究。当设备条件不能维持适温时，要注意不要超越高、低界限温度。白天高温不要超过 35℃，以免花器受害，阴雨天温度也不要低于夜间高温时间带的设定温度。夜间气温不要低于低温界限。采用低夜气温栽培时要相应提高地温，并适当变更苗龄、密度、灌水和施肥。

邢禹贤（1980）指出，白天适温时间的长短对蔬菜作物生长的影响极为显著，如西瓜结果期间适温应在 25～35℃，白天适温不少于 10h（不同季节时间略有差异），同时夜间温度不宜高，如果白天适温时间少于 10h，夜间温度过高或过低，则生长表现不良。白天适温不足 5h 者，则植株明显地发生生理障碍。据中国农业科学院农业气象研究室对塑料大棚黄瓜栽培温度管理的分析，从定植到收获根瓜这一阶段，能够正常生长、结瓜的棚内温度，白天气温以 20～35℃为宜，适温持续时间每日至少应在 6.5h 以上，持续 8h 以上的生长势最好，少于 5h 则生长不良。夜间温度保持在 13～15℃为最好，不能低于 10℃。低于 10℃的低温时间越长，对生长越不利。

阴、雨、雪天光照弱，作物光合产物比晴天少 1/5～1/3，昼夜适宜气温都应比晴天的夜温降低。如黄瓜，当昼温降为 20～23℃时，夜温则应比晴天的夜温降低 2～3℃。

地温对果类蔬菜的生长发育以及根系的发育与伸长、产品质量、产量都有影响。适宜的地温能促进根系对养分、水分的吸收及花芽分化和土壤微生物的繁殖。从某种意义上说，地温在保护地栽培中的作用比气温更为重要，往往冬季生产上不去，其根本原因在于地温不适宜。喜温果菜的适宜地温多在 18～20℃左右，西瓜对地温要求更严格，其适温范围为 18～25℃。在保护地栽培中，从 12 月至翌年 2 月是全年温度最低的月份，往往出现地温不足的问题。一般说来，果菜类生长前期地温应略高（番茄要稍低）。一般在 13℃以下则根系生长发育不良，25～28℃以上的高地温会使光合产物向根运转受阻，根的老化加快，根系易受损伤而不利于生长发育。

地温与气温之间要有一定的温差，气温高时地温可适当低些，气温低时地温要高些。当地温低又无地中加温时，以昼夜气温高的生育好。如番茄，最低气温界限为 8℃时，地温达到 13～15℃即可；而为 5℃时，地温要确保 15～18℃（因品种而异）才能正常生长。黄瓜后半夜气温 10℃（阴天可低 1～2℃）是经济界限温度，但夜间地温要确保 15～18℃（品种间差异大），即老农所说的"头寒脚暖"状态。

（二）不同生育阶段的温度管理　在蔬菜作物整个生育期中，对温度的要求随生育阶段的不同而不同，因此在温度管理上应有所区别。

多数果类蔬菜的种子发芽适温比叶菜、根菜类蔬菜的种子发芽适温高，为 20～32℃（如茄子要求白天 30℃、夜间 20～25℃），低于 10℃或高于 35℃则不发芽。从出芽到子叶展开，地温应比发芽适温低 5℃，同时气温要稍低一些。真叶展开后，渐渐进入花芽分化期，此时温度对花的着生位置和花的素质影响很大，要实行有温差的变温管理，白天气温要比地温高，夜间要比地温低。

开花授粉期的适温随着果菜种类而异，温度过高或过低便不能正常开花授粉以至落花。如番茄开花要在 15℃ 以上，花粉发芽在 20～30℃，低于 15℃ 或高于 35℃ 则花粉发芽不良。

温度对果实膨大、成熟影响很大。以番茄为例，一般在 25～28℃ 较高温度下果实膨大和成熟过程快，但果实不大；在 10～15℃ 低温下成熟迟缓，但果实较大。另外，温度过低或过高都会出现生理障碍，产生畸形果，产量显著下降。几种果菜的生育适温和界限温度见表 25－10。

表 25－10　几种果菜生育适温和界限温度
（三原义秋，1980）

蔬菜种类		白天气温（℃）		夜间气温（℃）		地　温（℃）		
		最高界限	适温	适温	最低界限	最高界限	适温	最低界限
茄科	番茄	35	25～20	13～10	5	25	18～15	13
	茄子	35	28～23	18～13	10	25	20～18	13
	青椒	35	30～25	20～15	12	25	20～18	13
葫芦科	黄瓜	35	28～23	15～10	8	25	20～18	13
	西瓜	35	28～23	18～13	10	25	20～18	13
	甜瓜	35	30～25	23～18	15	25	20～18	13

（三）以日照为基准的综合调控　冬天日照少，光照成为作物生育的限制因子。如以日照量为基准调节温度，按光量的强弱进行生育调整，就能更有效提高生产效率。一般可按一天的日照量的多少分成若干等级，按级改变夜温设定值，或改变促进运转时间带的幅度，进而改变白天 CO_2 的补给标准，并控制早晨加温、通风、换气、保温幕开闭和灌水、施肥、地中加温等条件。这种将两个以上环境要素有机地组合起来合理调控的做法，称为综合环境调控。

从变温管理新近发展起来的综合环境调控，仍需进行三方面的基础研究：一是环境因子的最佳组合标准，包括不同时期日照量的分级标准；与日照等级相适应的不同生育阶段的适温标准；CO_2 的补给标准和施用方法等；二是蔬菜作物各个生育阶段的最佳指标，反映作物生长发育状况的"长相"情报极难数量化，不能简单地根据作物的生长量和光合作用就作决定，而要靠栽培者的观察判断，适时变更设定值，这在进行果菜类栽培光照调节时尤其应该考虑；三是设备问题，容易操作、价格便宜、装备轻巧的控调装置，环境自动监测传感器及计算机的调控程序等尚需加强研究和发展。

二、温度环境的特点

（一）保护地设施热量平衡

1. 热平衡原理　温室、塑料棚是一个半封闭系统，在蔬菜生产过程中，不断与外界进行着能量与物质的交换。保护地内热量主要来自太阳辐射，此外还有人工加温等。而热量的支出则包括：①地面、覆盖物、作物表面的有效辐射散热；②土壤表面与空气之间、空气与覆盖物之间以对流方式进行热量交换，并通过覆盖物外表失散；③保护地内土壤表面和覆盖物表面蒸发、作物蒸腾，以潜热形式失散热量；④保护地内通风、排气将显热和潜热排出；⑤土壤传导失热；⑥其他。保护地内热量平衡原理，参见第二十四章。

图 25－9 表示了日光温室一天内的热收支状况，热量只来源于太阳辐射的入射部分。

2. 热支出（放热）　保护地散热有三种传热方式，即透过覆盖材料的透射传热；通过缝隙换气传热；与土壤热交换的地中传热。三原义秋（1980）测定透射传热量占总传热量的 70%～80%，换气传热约占 10%～20%，地中传热占 10% 以下。

（1）透射传热　从温室内透过覆盖材料传到室外的热量，统称透射传热量。传热过程首先是从室

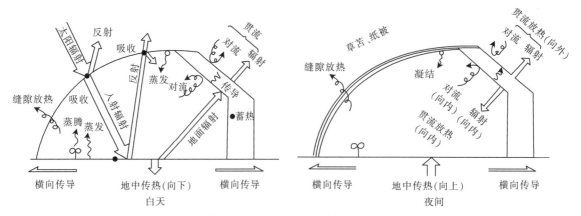

图 25 - 9　日光温室热平衡示意图

（引自：《设施园艺学》，2002）

内的物体表面通过辐射和空气对流传热给覆盖内表面，经覆盖材料内部热传导之后，从覆盖外表面再次通过辐射和对流逸散到大气中去。

当温室内外气温差接近 0℃时，尽管覆盖外表面因辐射散热使温度低于外界气温，对流传热量亦为负值，会由大气获得热量，但外表面的净辐射传热量为较大的正值，因此两者之和即透射传热量仍为正值，继续散热。为便于计算，设透射传热量（Q_t）与温室内外气温差成正比，则比例系数（h_t）称为总传热系数 ［又称热透射率、热贯流率，单位：kJ/(m²·h·℃)］。它表示内外气温差 1℃时，每单位覆盖面积单位时间内的透射散热量。总传热系数与室内外气温、覆盖材料内外表面温度以及对流传热系数、覆盖材料的厚度和热传导率、覆盖材料内外表面相对的周围物体表面温度等有关，计算比较困难，一般由实验求得。当内外气温差小于 10℃时，上述比例关系不成立，不用总传热系数来表示。由实验能求得的总传热系数，是内外气温差在 10～25℃范围的数值，一般为 21～25。其值随覆盖材料的辐射特性而异，并随外界风速和地面净辐射的增加而增大。

（2）透气传热　由温室表面各种缝隙换气逸散的热量即透气传热量（Q_v），它与室内外的热焓差和缝隙换气量成正比。为简化计算，设透气传热量与内外气温差成正比，则比例系数（h_v）称为透气传热系数 ［单位为：kJ/(m²·h·℃)］，它表示内外气温差 1℃时，每单位表面积单位时间内的透气传热量，一般单层玻璃或塑料板温室的 h_v 值为 1.3～2.1，塑料大棚为 0.8～1.7，加保温覆盖的为 0.8以下，并有随室外风速增加而成比例增大的趋势。

（3）土壤传导失热　土壤传导失热包括土壤上、下层之间垂直方向上的传热和水平方向的横向传热，以及夜间土壤向空气中传热，其传热热损失的情况均比较复杂。垂直方向上的传热损失可以用土壤传热方程表示，即：

$$Q = -\lambda \frac{\partial T}{\partial Z}$$

式中：$\frac{\partial T}{\partial Z}$ 表示某一时刻土壤的垂直变化。其中：T 表示土壤温度，Z 表示土壤深度，λ 为土壤的导热率。土壤垂直方向的热传导仅发生在一定的深度，温室内 40～45cm 深处土壤温度的变化已很小。

土壤水平方向上的横向传热在保护地设施中具有一定的特殊性，因为保护地设施内外冬季土壤温度差异较大。所以，在设施的建造和栽培中均应对土壤水平方向上的横向传热问题引起注意。参见第二十四章。

冬季不加温温室夜间从地中向空气的传热量与温室的散热量有关，一般每单位床面积传热量为42～84kJ/(m²·h)。加温温室夜间室温高于土温时，地中传热变成向下。

（二）温度环境的特点

1."温室效应"显著　玻璃、薄膜等透明覆盖材料具有能大量透进太阳辐射热，阻止部分反方向的长波辐射散热的"温室效应"特性，能够使保护地增温，而覆盖物的不透气性使内部被加热的空气不散失，也起到增温的作用。因此，透明覆盖物的透光率越高，长波辐射透过率越低和气密性越高，其增温、保温作用就越大。

白天玻璃温室的热收支，如果以日射量为100％，其中由玻璃面反射约19％，被吸收12％，余下69％透进室内。温室内土壤表面或作物表面被反射14％，其余的55％当中有38％变成蒸发潜热，17％变成显热而提高室内气温（高仓直等，1968）。当进入室内的能量不变，而室内的反射或潜热量变大时，则显热部分减少，室内气温上升也变小。在没有作物的密闭温室内，土壤干燥时白天气温可达室外的2倍以上。而充分灌水和有大量作物时，室内气温上升明显减少。为防止温度过高需要通风，通风量越大，防止升温的效果也越好。

2.存在"逆温现象"　夜间温室主要通过$3\sim30\mu m$的长波辐射和乱流热交换散热，在不加温和无其他保温覆盖时，室内一般只比外界气温高$2\sim4℃$，因此昼夜温差也大。温室越小保温比（保护地面积/覆盖物表面积）也小，温度下降越快、越低，昼夜温差也越大。

使用聚氯乙烯或聚乙烯薄膜覆盖时，在$3\sim10$月份夜间往往出现"温度逆转"现象（简称逆温），即棚内气温低于露地的气温。这种现象多发生在晴天的夜晚，天上有薄云覆盖，薄膜外面凝聚少量的水珠时。据国内一些单位观察，在阴晴天，雨雾，有云时都会出现，而且逆转持续的时间越长温度逆转的差度也越大。"逆温"的成因有不同的观点，一般认为晴天大棚内昼夜温差大，塑料薄膜尤其是聚乙烯薄膜的长波辐射透过率高，所以大棚内气温下降很快。当夜间天空有薄云时，露地的长波辐射还受到大气反辐射的影响，上下层气流的运动，可以使地面损失的热量得到一定补充，密闭的塑料大棚内就没有这种气流的运动，致使棚内气温低于露地。但据山西农业大学赵鸿钧观测，"逆温"发生时，大棚内地温始终高于露地，所以不会很快出现冻害。

从热收支分析，覆盖材料外表面的净辐射和温室内的净辐射越大，逆温表现越强；来自地中的传导热量越多，保温比越大，逆温现象就越难出现。所以，小型温室容易出现逆温。

3.温度分布不均匀，昼夜温差大

（1）气温　保护地内气温的空间分布复杂。在保温条件下，垂直方向的温差可达$4\sim6℃$以上，水平方向的温差较小。导致温度分布差异的原因，主要受光入射量分布的不均匀、加温降温设备的种类和安装位置、通风换气的方式和换气口的设置，外界风向、内外气温差和保护地结构等多种因素的影响。这种气温分布上的不均匀，尤其在不加温的保护地内较为突出。图25-10所示为单、双屋面温室气温分布状况。

一般来说，保护地空间越小，不仅边缘低温带增大，而且温度水平分布也不均匀。外界气温越低，或是室内热源效率高而维持较大的内外温差时，室内水平温差也大。

无论温室的方位如何，密闭温室内部往往在上风一侧形成高温区，在下风一侧形成低温区。这是因为在屋顶部分上风一侧形成负压，向外抽吸室内空气，下风一侧形成正压，向室内压入空气，使室内形成贴地面气流与风向相反的小环流，被加热的空气沿地面流向上风一侧所致。因此加温温室内在盛行风向的下风一侧应多配置散热管道。

日光温室内的气温昼夜变化明显，而且变化幅度很大。在寒冷的冬季，一昼夜之内低温时间较长，约有1/3的时间处于15℃以下，约有1/4的时间处于10℃左右。图25-11。

塑料大棚的覆盖材料——塑料薄膜具有易于透过短波辐射和不易透过长波辐射的特性，塑料薄膜大棚又是一个半封闭的系统，在密闭的条件下，棚内空气与棚外空气很少交换，因此晴好天气下大棚内白天的温度上升迅速，而且晚间也有一定的保温作用，是大棚内的气温一年四季通常高于露地的原因所在。但是尽管如此，它仍然受外界气温和光照的影响，存在着明显的日变化和季节变化。

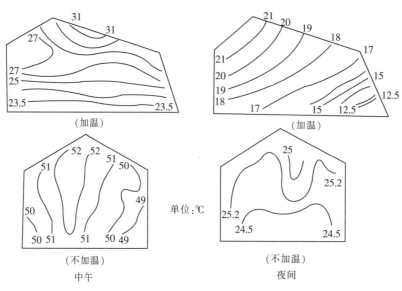

图 25-10　单、双屋面温室气温分布

（引自：《设施园艺学》，2002）

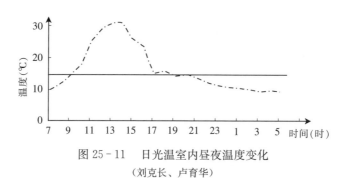

图 25-11　日光温室内昼夜温度变化

（刘克长、卢育华）

塑料大棚内气温的日变化规律与外界基本相同，即白天气温高，夜间气温低。每天日出后 1～2h 棚温迅速升高，7～10 时气温回升最快，在不通风的情况下平均每小时升温 5～8℃。每日最高温出现在 12～13 时。15 时前后棚温开始下降，平均每小时下降 5℃ 左右。夜间气温下降缓慢，平均每小时降温 1℃ 左右。大棚的增温能力在早春低温时期，通常棚温只比露地高 3～6℃，阴天时的增温值仅 2℃ 左右；一般增温值为 8～10℃，外界气温升高时增温值可达 20℃ 以上，说明大棚内仍存在有低温霜冻和高温危害的危险。例如，外界气温在 -4～-2℃ 时棚内会出现轻霜冻；外界气温 -8～-5℃ 或棚内出现 -3～-2℃ 时会造成冻害；当外界气温在 -14℃ 时，棚内气温会降至 -6℃ 以下。大棚内气温在一昼夜中的变化比外界气温剧烈（图 25-12），大棚内昼夜温差依天气状况而异，天气阴晴相差很大，例如北京地区 3 月中旬晴天的昼夜温差为 35.5℃，阴天为 15℃。晴天时棚内最低气温出现在日出之前，比最低地温出现的时间早 2h 左右。

中国北方地区，大棚内存在着明显的四季变

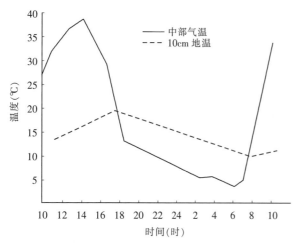

图 25-12　大棚温度日变化（1973 年 3 月，北京）

（引自：《北京市蔬菜生产技术手册》，1976）

化（图25-13）。

如果根据气象上的规定：以候平均气温≤10℃，旬平均最高气温≤17℃，旬平均最低气温≤4℃作为冬季指标；以候平均气温≥22℃，旬平均最高气温≥28℃，旬平均最低气温≥15℃作为夏季指标，其冬季和夏季指标之间作为春、秋季指标，大棚的冬季天数可比露地缩短30~40d，春、秋季天数可比露地分别延长15~20d。因此，大棚主要进行园艺作物春提早和秋延后栽培。

根据对北京地区塑料大棚的测定，一年中的温度变化可分为4个阶段：第1阶段11月中旬至翌年2月中旬为低温期，月均温在5℃以下，棚内夜间经常出现0℃以下低温，喜温蔬菜

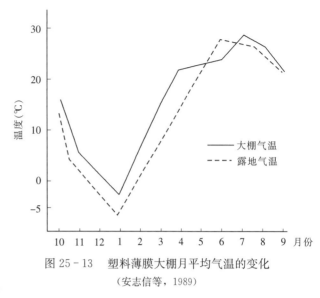

图25-13　塑料薄膜大棚月平均气温的变化
（安志信等，1989）

发生冻害，耐寒蔬菜也难以生长。第2阶段2月下旬至4月上旬为温度回升期，温度逐渐回升，此时月均温在10℃上下，耐寒蔬菜可以生长，在本期后段则生长迅速，但前期仍有0℃低温，因此果菜类蔬菜多在中期（3月中下旬至4月初）开始定植，但此时生长仍较慢。第3阶段4月中旬至9月中旬为生育适温期，此时棚内月均温在20℃以上，是喜温蔬菜的生育适期，但要注意7月份可能出现的高温危害。第4阶段9月下旬至11月上旬为逐渐降温期，温度逐渐下降，此时月均温在10℃上下，喜温蔬菜可以延后栽培，但此阶段后期最低温度常出现0℃以下，因此应注意避免发生冻害。以上所分四个时期及每一时期的温度状况，不同地区及不同结构的大棚均有差异，要因地制宜安排生产。

塑料大棚内的温度分布：塑料大棚内的不同部位由于受外界环境条件的影响不同，因此存在着一定的温差。一般白天大棚中部气温偏高，北部偏低，相差约2.5℃。夜间大棚中部略高，南北两侧偏低（表25-11）。在放风时，放风口附近温度较低，中部较高。在没有作物时，地面附近温度较高；在有作物时，上层温度较高，地面附近温度较低。

表25-11　大棚内不同位点的温度分布（℃）
（安志信等，1989）

大棚位点			西	中偏西	中1	中2	中偏东	东
			3.7m	1.9m	1.5m	1.9m	3.7m	
					走道			
北	0.7m	白天	26.7	26.3	25.4	25.4	26.4	27.4
		夜间	10.8	11.7	12.0	12.3	11.8	11.2
		日平均	18.8	19.0	18.8	18.8	19.1	19.3
中	11.5m	白天	26.5	27.9	27.8	28.1	26.9	27.3
		夜间	11.4	13.3	13.3	13.1	13.0	11.3
		日平均	19.0	20.6	20.6	20.6	20.0	19.3
南	11.9m / 0.7m	白天	28.1	30.3	29.2	29.8	30.0	28.9
		夜间	11.1	12.0	12.7	12.4	12.0	10.4
		日平均	19.6	21.2	21.0	21.1	21.2	19.7

（2）地温　在冬季最冷的一段时间里，日光温室土壤温度较低，在15℃左右。整个日光温室土温分布不均匀，南侧土温低于北侧。表层土温日变化比较大，昼高夜低（图25-14）。表层土温的日变化也是南侧比内侧大。土壤温度日变化无论南侧还是北侧，昼夜相差6～7℃。深层土壤（20cm）昼夜变化幅度很小，仅1～2℃。

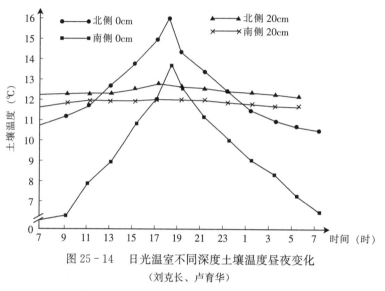

图25-14　日光温室不同深度土壤温度昼夜变化

（刘克长、卢育华）

尽管日光温室内的气温和地温在冬季难以完全满足蔬菜作物生长发育的需要，但它的保温能力仍然达到了相当高的程度。卢育华（1996）测定了日光温室5：00和18：00北墙内外、南墙内外5、10、15、20cm土层的温度，结果表明，日光温室内、外土层温差一般在15～25℃范围内，严寒的冬季能够维持蔬菜作物的生长。

塑料大棚内的地温虽然也存在着明显的日变化和季节变化，但与气温相比，地温比较稳定，且地温的变化滞后于气温。从地温的日变化看，晴天上午太阳出来后，地表温度迅速升高，14时左右达到最高值；15时后温度开始下降。随着土层深度的增加，日最高地温出现的时间逐渐延后，一般距地表5cm深处的日最高地温出现在15时左右，距地表10cm深处的日最高地温出现在17时左右，地表20cm深处的日最高地温出现在18时左右，距地表20cm以下深层土壤温度的日变化很小。阴天大棚内地温的日变化较小，且日最高温度出现的时间较早。从地温的分布看，大棚周边的地温低于中部地温，而且地表的温度变化大于地中温度变化，随着土层深度的增加，地温的变化越来越小。从大棚内地温的季节变化看，在4月中下旬的增温效果最大，可比露地高3～8℃，最高达10℃以上；夏、秋季因有作物遮光，棚内外地温基本相等或棚内温度稍低于露地1～3℃。秋、冬季则棚内地温又略高于露地2～3℃（图25-15）。10月份土壤增温

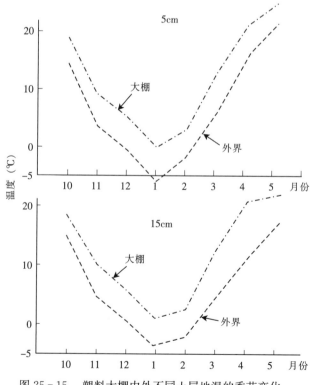

图25-15　塑料大棚内外不同土层地温的季节变化

（引自：《设施园艺学》，2002）

效果减小，仍可维持 10～20℃ 的地温。11 月上旬棚内浅层地温一般维持在 3～5℃。由于外界气温降低，棚内气温及地温均已降至植株能生长的低温界限。当棚温出现低温霜冻时，地温仍可维持在 2～3℃，地温高于气温。到露地封冻时，密闭的大棚地温仍可维持在 0～3℃。1 月上旬至 2 月份是棚内土壤冻结时期，地温一般 －7～－3℃。

三、温度环境的调节

保护地温度环境的调节和控制包括保温、加温和降温 3 个方面。温度调节和控制，要求尽可能地达到蔬菜作物生育的适宜温度，并且空间分布均匀，变化平稳。

（一）保温　保温对于不加温的保护地设施尤其重要。在不加温的情况下，夜间保护地内的空气温度来源于地中散热、后墙及屋面内侧散热，热量的散失是贯流放热和换气放热。所以，保温的途径有下述 3 方面：①减少贯流放热和通风放热量；②增大保温比；③增大地表热流量。采用的措施包括：

1. 覆盖保温　覆盖保温的目的，是为减少保护地内表面的对流传热和辐射传热、覆盖材料自身的热传导散热、保护地外表向大气的对流传热和辐射传热、覆盖物缝隙漏风引起的换气散热。覆盖保温的方法：采用隔热性好的保温覆盖材料，增加覆盖保温层、提高建筑设施的气密性。中国传统的保护地覆盖材料是以植物秸秆、蒲草、芦苇等为主，编织成蒲蓆、草帘等覆盖在采光材料的外面，用于夜间保温；用砂石、土、砖等筑墙保温。进入 20 世纪 60 年代，塑料薄膜开始应用于保护地蔬菜生产，成为主要的覆盖采光、保温材料，此后，各种塑料复合板材、保温被等也在保护地蔬菜生产中得到应用。在蔬菜生产中，菜农将各种传统的、现代的覆盖保温材料和方式进行多种组合，如在塑料大棚里套小棚、加地膜覆盖；稻草帘加纸被覆盖等，使覆盖保温效果得到进一步提高。有关玻璃、塑料薄膜、保温被等保温材料的种类、性能等，参见第二十四章。

覆盖保温能有效地抑制上述各种散热。据观测，不加温的聚氯乙烯薄膜覆盖的大棚，当外界气温为 －3℃ 时，棚内气温约为 0℃，外面加盖草帘的比单层膜的提高 5～7℃，双层薄膜比单层的提高 3～5℃，三层薄膜的提高 5～6℃（图 25-16）。

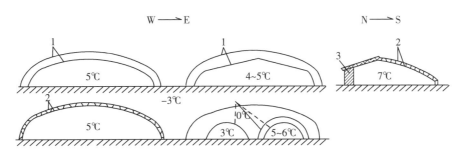

图 25-16　春秋季各种覆盖抗低温能力比较

（北京，1974）

1. 聚氯乙烯薄膜　2. 薄膜或玻璃＋草帘　3. 土墙

加温温室有保温覆盖后，供暖负荷减少的比例称为保温覆盖的"热节省率"。保温覆盖的方式和材料不同，热节省率也不同，一般为 25%～60%（三原义秋，1980）。如果室内活动保温幕不严密，其热节省率减半，温室总散热量可相应增加 10%～20%。

2. 增大保护设施的透光率　选用透光率高的覆盖材料，正确选择保护地的方位和屋面坡度，尽量减少建筑构件遮光，经常保持采光材料的清洁。进入保护地内的光照强度增加，可有效增加空气温度；增施有机肥，采用地面覆盖栽培，日光温室设防寒沟等均可有效地提高土壤温度。

（二）加温　在中国北方地区，自深秋至春季，如进行蔬菜作物的越冬栽培，在严寒的冬季为了保持保护地内一定的温度水平，以满足蔬菜作物生育的需要，应进行补充加温；而室外无覆盖物保温的大型温室，则在上述时段里需全程加温。在进行加温设备的设计时，必须考虑以下几方面的问题：①其热负荷必须能达到设定温度要求；②加温成本尽量减少；③保护地空间温度分布均匀；④占地少，遮荫少，便于耕作。

温室加温方式有：热风、热水、蒸汽、电热、辐射、太阳能蓄热采暖等。其中太阳能蓄热采暖又有转化为热水、化学物质潜能、地中热交换等不同途径。另外，由于热源在室内各部位的配热方式的不同，对温室内气温的空间分布影响很大，应根据配热的特点择优选用（表25-12）。温室加温的方法参见第二十四章。

表 25-12　配热方式的种类和特点

（三原义秋，1980）

配热方式	方式要点	所用采暖方式	气温分布	作业性能	其　他
上位吹出	从热风机的上部吹出热风	热风采暖	水平分布均一，但垂直梯度大，上部形成高温	良好	由于上部高温，热损失增大
下位吹出	从热风机的下部吹出热风		垂直分布均一，但水平分布不均一	良好	通常用开放型的管道
地上管道	在垄间和通道等处设置塑料管道吹出热风	热风采暖 热水交换 蒸汽交换	可用管道的根数、长度、位置而自由地调节温度分布	必须注意保护管道	通常用开放型的管道
上部管道	一般在2m以上高度设置塑料管道吹出热风			良好	管道末端封闭，在下侧开小孔，向下方吹出热风的方式较理想
垄间配管	在垄间和试验台下地上10～30cm高处配置管道	热水采暖 蒸汽采暖	若散热管配置不当，会产生固定的不均匀	较难	兼有提高地温效果
周围叠置配管	在温室四周和天沟下面集中配置几根管道		离管道10cm以内距离处，水平、垂直温度分布都比较均匀	良好	管道层叠，散热效率下降，高温空气沿覆盖面上升，热损失变大
上部配管	在顶上（一般2m以上的高处）配置管道		管道的上部形成高温，下部形成低温	良好	为消除上部高温，必须与周围配管、垄间配管组合。热损失最大。有辐射加温效果

（三）降温　保护地内降温的最简单而有效的方法是通风。但夏季利用自然通风换气降温，不能满足蔬菜作物生育要求时，可选用下列各种降温方法，以减少进入温室的太阳辐射，增大室内的潜热消耗，增大保护地的通风换气量。

1. 遮光降温法　一般情况下，遮光20％～30％，室温可降低4～6℃。在室外屋顶上以适当间距挂起遮光幕，可有效地降低室内温度。遮光幕的质地以温度辐射率越小越好。室内白色不织布保温幕，可兼作遮光幕，也可在屋顶表面喷涂白色遮光物如白灰等，但遮光效果略差。在室内挂遮光幕的降温效果更差一些。

2. 屋顶流水降温法　流水可吸收太阳辐射8％左右，并能冷却屋面，室温可降低3～4℃。采用此法时需考虑安装费和清除玻璃表面的水垢污染问题。

3. 喷雾法　在通风换气时直接向作物喷雾，由叶面水分蒸发降低植物体温。

4. 蒸发冷却法　即空气经水的蒸发冷却降温后送入室内，达到降温目的。具体又分：

（1）湿帘降温法　在进风口内设10cm厚的纸质湿帘或其他用白杨刨花、棕丝、多孔混凝土板等

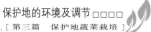

疏松材料制成的湿帘，不断用水淋湿，由风扇送入的外界空气通过湿帘时被冷却，可降温至湿球温度，但凉气通过距离过长时室温分布常常不均匀。

（2）喷雾降温法　在吸气口外侧设置喷雾室代替湿垫，可减少通风阻力，但要防止雾滴落入室内，且温度分布不均匀。

（3）细雾降温法　在强制通风的气流中，喷以直径小于 0.05mm 的浮游性细雾，使全室蒸发冷却，喷雾适当可均匀降温。

（4）屋顶喷雾法　在整个屋顶外面不断喷雾湿润，使屋面降温而接近室外湿球温度，在屋面下使冷却了的空气向下对流，降温效果不如上述换气与蒸发冷却相配合的好。

（5）冷水冷却法　夏季用 20℃ 以下的地下水与进风口空气接触冷却，但需水量大，只限于小规模温室采用，具有除湿冷却的优点。

（6）冷冻机降温法　使用氨和氟利昂等进行蒸发冷却的冷冻机也可用作温室降温，但白天使用不经济。在部分育苗室和培育经济价值高的作物温室中，可用于夜间降温。

1L 水的冷却力，采用蒸发降温法比凉水降温法吸收热量多 57 倍以上，所以无需增设冷却装置来给湿垫和喷雾提供凉水，否则是不合算的。

（吴毅明）

第三节　湿度环境及其调节

保护地的湿度环境，包括空气湿度环境和土壤湿度环境两个方面。水是蔬菜作物体的主要组成部分，一般蔬菜作物的含水量高达 80%～95%，所以，水在保护地环境调节中非常重要。

一、蔬菜生长发育对湿度环境的要求

水是蔬菜作物进行光合作用的重要原料，水分不足导致叶片气孔关闭，影响对 CO_2 的吸收，使光合作用显著下降。缺乏水分，新陈代谢也无法进行。在高温季节，保护地内气温上升速度很快，温度高，与露地环境大不相同，会引起蔬菜作物萎蔫过程加剧。但是空气湿度过高对蔬菜作物也不利，会导致番茄、黄瓜叶片缺钙和缺镁，叶片失绿，光合效率下降，从而使产量下降。

温室和塑料大棚等保护地内的湿度环境与室外贴近地面空气层的湿度环境相差很大，主要是由于室内外空气交换受到抑制的原因。保护地内的蔬菜作物体与土壤内的水分收支与露地有所区别，蒸腾量与蒸发量根据土壤水分多少一般为 40%～70%。

蔬菜的需水特性，主要决定于根系的吸水特性和叶片的水分消耗特性两个方面。参见第五章。

（一）蔬菜生长发育对空气湿度环境的要求　多数蔬菜作物光合作用的适宜空气湿度为 60%～85%，低于 40% 或高于 90% 时，光合作用受到阻碍。不同蔬菜种类或品种以及不同生育时期对湿度要求不尽相同，但其基本要求如表 25-13。

表 25-13　蔬菜作物对空气湿度的基本要求
（引自：《设施园艺学》，2002）

类型	蔬菜种类	适宜相对湿度（%）
较高湿型	黄瓜、白菜类、绿叶菜类、水生蔬菜	85～90
中等湿型	马铃薯、豌豆、蚕豆、根菜类（胡萝卜除外）	70～80
较低湿型	茄果类	55～65
较干湿型	西瓜、甜瓜、胡萝卜、葱蒜类、南瓜	45～55

保护地内湿度的昼夜变化也是不同的，夜间室内空气湿度高，植物蒸腾与土壤蒸发少，体内水分保持饱和状态，植株挺拔；日出后室内接受了太阳辐射，气温上升，空气湿度逐渐下降。

日本东近农事试验场（1970）曾就空气湿度对蔬菜作物干物质增加及器官干物质的分配影响进行了研究，其结果如表 25-14 所示。

表 25-14 空气湿度对干物质增加及对各器官干物质分配的影响

蔬菜种类	空气湿度（%）	土壤水分	干物质增加量（g）	干物质分配（%）				净同化率 $[g/(m^2 \cdot d)]$
				叶	茎	果	根	
菜豆	低（60）	少	15.4	29.1	28.1	30.3	12.5	5.13
		多	25.0	27.1	28.1	35.1	9.7	6.85
	中（80）	少	20.5	24.9	32.1	32.6	10.4	6.17
		多	33.0	22.5	33.8	35.0	8.7	7.73
	高（90）	少	18.0	13.9	29.4	49.5	7.1	6.90
		多	32.5	16.7	35.4	39.4	8.5	8.02
黄瓜	低（60）	少	20.0	24.0	24.4	27.0	14.6	3.2
		多	24.6	29.2	21.3	35.7	13.8	3.8
	中（80）	少	21.5	32.1	26.5	26.5	14.9	2.8
		多	25.3	31.3	23.0	32.8	12.9	3.2
	高（90）	少	24.0	32.8	24.6	28.4	14.2	3.2
		多	29.7	30.6	22.6	33.3	13.6	3.6

布赖斯（Brix，1962）也曾以番茄为材料研究了叶内水分负压与光合成、呼吸等的关系，证明当叶内水分的负压超过几个大气压，光合作用就急剧下降，在 $1.42 \times 10^6 Pa$（14 个标准大气压）压力下，光合作用接近于 0，呼吸作用也同样急剧下降，充分说明了由于番茄体内水分张力的减少与光合成、呼吸的衰退（图 25-17）。

（二）蔬菜生长发育对土壤湿度环境的要求 保护地内的土壤水分变化，随灌水量大小、土壤水分通过毛细管上升量大小、蔬菜作物体的蒸腾和土壤蒸发而变化，受外界太阳辐射量的影响明显，其变化量与辐射强度呈线性关系。进入到保护地内的辐射量有 55% 用于植物的蒸腾和土壤蒸发所消耗的汽化潜热上。太阳辐射强时，平均 1d 蒸散 2～3mm 的水量。夏季温室内太阳辐射总量为 $8.37MJ/(cm^2 \cdot d)$，则温室内蒸散量为 2.2mm 水量。鸭田（1974）曾对茄子的光合成与蒸散速度与土壤水分的关系进行了研究，其结果如图 25-18。

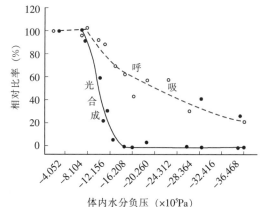

图 25-17 番茄体内水分张力的减小与光合成、呼吸的衰退
（Brix，1962）

土壤湿度直接对植株体内饱和水分不足度有明显的影响。当土壤干旱（pF 值大）时，植物体内"饱和水分不足度"便明显增大，反之则小，当然，土壤湿度的大小也直接影响到空气湿度的大小。当土壤水分不足呈现十分干旱的状态时，土壤蒸发即受到抑制，植株蒸腾就小，必然会影响到空气湿度。当保护地内空气湿度与土壤湿度都小的情况下，会直接影响到蔬菜作物生育状况。位田藤久太郎（1961）曾就黄瓜叶内水分不足度进行研究，如图 25-19 所示，其结果充分说明了空气湿度与土壤湿度都对黄瓜叶内饱和水分不足度有影响。此外，土壤湿度直接影响蔬菜根系的生长和对肥料的吸收，也影响植株上部的生育，如产量、色泽和风味等。蔬菜的需水量是生产 1g 干物质需要 400～800g 的水分，土壤水分减少时，因蒸腾失水易造成植株体内水分不平衡，根的表皮木质化，生育衰退，甚至坏死。反之，水分过多生育和成熟推迟，土壤水分高还易引起落花落果、裂果等生理障碍。

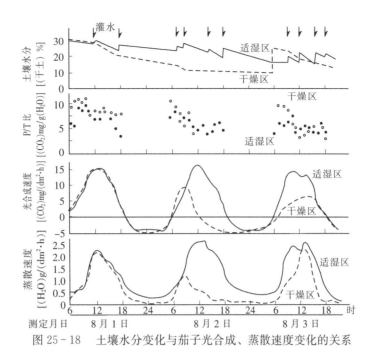

图 25 - 18　土壤水分变化与茄子光合成、蒸散速度变化的关系

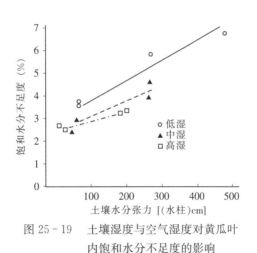

图 25 - 19　土壤湿度与空气湿度对黄瓜叶
内饱和水分不足度的影响

（位田藤久太郎，1961）

注：饱和水分不足度：指植株体内含水量达到饱和状态，当出现干旱时植物体内水分丧失，丧失的水分称饱和水分不足度，一般以％表示。

（三）湿度环境与病虫害发生的关系　保护地内湿度控制不当，是引起病害发生的原因之一。保护地内虫害与湿度关系不及病害与湿度的关系那样紧密，但是，一旦发生虫害，其防治的难度也不亚于病害的防治。

保护地内为害蔬菜的病虫害的种类及发病条件，参见本书有关章节。

二、湿度环境的特点

（一）空气湿度环境的特点

1. 保护地内水分的移动特点　白天随着塑料棚温度迅速上升（约 9：00 以后）棚内水汽量（绝对湿度）成倍增加，中午水汽量最高可为清晨的 2～3 倍，这是由于土壤水分大量蒸发和植物蒸腾作

用加强的结果，经过通风至16～17时，随着气温迅速下降，水汽量大幅度减少。夜间随着降温，水汽在薄膜上凝结成"水滴"下落地面，空气中绝对湿度因而继续减少。因此通过适当控制土壤水分、

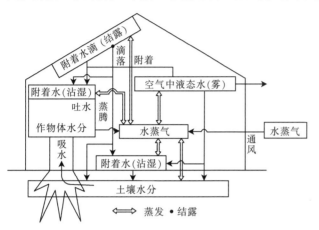

图 25 - 20 温室内水分移动模式

（矢吹万寿，1985）

抑制蒸发和白天加强通风换气，即可有效地调节棚内湿度。在蔬菜作物生长后期大通风的情况下，棚内相对湿度可降至20％以下，在夜间湿度升高后，适当通风可使棚内相对湿度由91％以上降至60％～70％，能有效防止叶面结露，对抑制黄瓜霜霉病的发生有积极作用。

白天换气时设施内的水分移动路线为土壤—作物体—室内空气—室外空气，如图 25 - 20 所示。早晚未通风换气时，室外气温低，辐射弱，室内雾汽发生，这个"雾汽"附着在内壁屋面，冷却后就产生雾滴，造成室内湿度过大，从而会影响蒸散与光合速度，还会导致病害的发生与发展。

2. 空气湿度的日变化和季节变化大 保护地内空气湿度的日变化受天气、加温及通风换气量的影响，阴天或降水后室内空气湿度几乎都在90％以上。晴天在傍晚关窗至次日晨开窗前维持在高湿度。室内湿空气遇冷后凝成水滴附着在薄膜或玻璃的内表面上，待到加温或日出后，室内温度上升，湿度逐渐下降，附着在屋顶上的水滴随之消失。设施内相对湿度大，尤其是塑料大棚变化更为明显，其变化幅度可达20％～40％，与气温变化呈相反趋势，气温上升，湿度下降，气温降低，湿度上升。

保护地内空气湿度变化与保护地面积大小有关，一般情况下，面积大、空间大的设施空气湿度小些，但往往在局部地方湿度差大，反之，在设施小的空间内湿度大些，而局部湿度差小，其日变化以后者急剧，这样对蔬菜生育是不利的，容易引起植株的凋萎或叶面结露现象，只有通过开窗通风来调节。

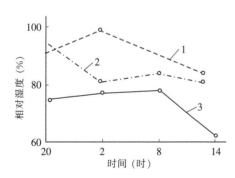

图 25 - 21 不同结构温室内空气湿度状况比较

1. 塑料大棚 2. 加温塑料中棚 3. 玻璃温室

保护地的类型不同，其内部空气湿度状况也不同。密闭性好的塑料大棚，棚内没有加温设备，处于高湿状态，特别是在夜间湿度常常维持在95％以上。钢架或木、混凝土结构的玻璃室内因密封不严，往往通过缝隙进行水汽交换，同时玻璃温室内有加温设备，室内温度一般能维持蔬菜作物的需要，室内湿度偏小（图 25 - 21）。

保护地内湿度调节要根据蔬菜作物生育需要、季节及室内的湿度状况来进行，既要防病又要争取高产。玻璃温室与塑料大棚的湿度分布各不相同。由于塑料薄膜的不透气性，使棚内外空气不能交换，棚内空气绝对湿度比棚外高3～4倍，变化亦较大，以中午最高，清晨最低，相对湿度的变化则相反，白天最低，夜间最高。

日光温室内空气相对湿度的日变化比露地大得多。白天中午前后温室内的气温高，空气相对湿度较小，通常在60％～70％；夜间由于气温迅速下降，空气相对湿度也随之迅速增高，通常可

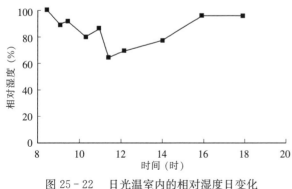

图 25 - 22 日光温室内的相对湿度日变化

（辽沈Ⅰ型温室）

（引自：《设施园艺学》，2002）

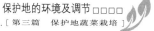
达到饱和状态（图 25-22）。

塑料大棚内的空气湿度也存在着季节变化和日变化，早晨日出前大棚内相对湿度往往高达100%，随着日出后棚内温度的升高，空气相对湿度逐渐下降，12～13 时为 1d 内空气相对湿度最低的时刻，在密闭的大棚内达 70%～80%，在通风条件下，可降到 50%～60%；午后随着气温逐渐降低，空气相对湿度又逐渐增加，午夜后又可达到 100%。大棚内的绝对湿度则是随着午前温度的逐渐升高，棚内蒸发和作物蒸腾的增大而逐渐增加，在密闭条件下，中午达到最大值，而后逐渐降低，早晨降至最低（表 25-15）。

表 25-15　大棚内外的空气湿度日变化

(引自：《设施园艺学》，2002)

项　目	场所	时　间　（时）												
		2	4	6	8	10	12	14	16	18	20	22	24	日平均
绝对湿度	露地	4.5	4.3	4.3	2.7	2.0	1.6	3.7	2.6	5.7	4.7	4.7	4.5	3.8
（g/m²）	大棚	8.2	7.5	6.7	8.8	18.5	22.3	19.8	19.0	13.7	11.1	10.5	8.8	12.9
相对湿度	露地	87	100	100	41	15	10	27	19	55	66	71	77	55.7
（%）	大棚	99	100	94	99	89	71	90	94	95	96	100	96	93.7

从大棚湿度的季节变化看，一年中大棚内空气湿度以早春和晚秋最高，夏季由于温度高和通风换气，空气相对湿度较低。阴（雨）天棚内的相对湿度大于晴天。一般来说大棚属于高湿环境，作物容易发生各种病害，生产上应采取放风排湿、升温降湿、抑制蒸发和蒸腾（覆盖地膜、控制灌水、滴灌、渗灌、使用抑制蒸腾剂等），采用透气性好的保温幕等措施，降低大棚内空气相对湿度。

3. 局部湿差大　日光温室内的局部湿差比露地大，但这种局部湿差依温室空间大小不同而异。设施越高大，其容积也越大，使得空气相对湿度及其日变化较小，但局部湿差较大；反之，空气相对湿度不仅易达到饱和，而且其日变化也剧烈，但其局部湿差较小。

4. 作物易沾湿　由于空气相对湿度大、作物表面结露、吐水、日光温室覆盖物表面水珠凝结下滴以及室内产生霭等原因，作物表面常常沾湿，即产生所谓"濡湿"现象，易引发多种病害。

（二）土壤湿度环境的特点　在一般情况下，保护地设施内土壤水分的主要来源一般不依靠降雨，故土壤湿度只能由灌溉水量、沿土壤毛细管上升水量、土壤蒸发量和蔬菜作物蒸腾量的大小来决定。

地面覆盖是最简单的保护地栽培形式，地面覆盖了透水、透气性较差的材料后，蔬菜作物根部接受到的降水量以及土壤蒸发量都比较小，所以土壤耕作层的含水量是由灌溉水（通过覆盖物下的灌溉水管）、土壤毛细管上升水和由覆盖物边缘（或定植穴）流入的水量决定的。

塑料薄膜覆盖下的土壤蒸发和作物蒸腾的水分在塑料薄膜内层结露，不断地顺着塑料薄膜流向两侧土壤中，引起局部湿润。

由于降水受到阻隔，空气交换受到抑制，所以保护地内水分收支与露地不同。其收支关系可用下列公式表示：

$$Ir+G+C=ET$$

式中：Ir——灌水量；

　　　G——地下水补给量；

　　　C——凝结水量；

　　　ET——土壤蒸发与作物蒸腾，即蒸散量。

保护地设施内的蒸发量和蒸腾量均为露地的 70% 左右，甚至更小。其水分收支状况决定了土壤湿度，最终影响到蔬菜作物根系对土壤水分和养分的吸收。

三、湿度环境的调节

（一）空气湿度的调节

1. 降湿 降湿主要是为防止蔬菜作物沾湿和降低空气湿度。防止沾湿是为抑制病害发生和发展。实际上如能减少作物沾湿 2～3h 以上，即可抑制大部分病害。

降湿的方法：

（1）通风降湿 保护地内造成高湿原因是密闭所致。为了防止室温过高或湿度过大，在不加温的温室里进行通风其降湿效果显著，可通过调节通风口大小、通风时间和位置（天窗、侧窗或门、"扒缝"等），达到降低室内湿度的目的，但通风量不易掌握，而且室内降湿不均匀。

（2）加温降湿 在有加温条件的保护地内，加温是调节保护地内的空气湿度的有效措施之一。当空气温度高时，空气的相对湿度就低，相反空气温度低时，空气相对湿度就高。保护地栽培，特别是冬季栽培，有时室外寒冷不允许开窗通风，采用加温降湿是有效的措施。

（3）覆盖地面降湿 在保护地地面覆盖植物秸秆、锯末、地膜等，可有效降低空气湿度。据测定，覆盖地膜前，夜间保护地内湿度高达 95％～100％，而覆盖地膜以后，夜间湿度降到75％～80％。

（4）采用滴灌或地中灌溉 采用这些灌溉方法既能满足各种蔬菜作物对水分的要求，又能节约用水，减少土壤水分蒸发，提高地温，降低空气湿度。

（5）强制通风降湿 国外利用氯化锂等吸湿性材料通过除湿机消除室内的湿度，一般都在小型种植花卉和甜瓜等经济价值高的温室内进行，但投资较大。近年一种除湿型热交换通风装置已经研究成功。该装置主要是采用强制通风和除湿型热交换器相结合的方法降低空气湿度，同时还能防止通风而产生的室温下降。

2. 加湿 在设施内有时出现空气湿度过低现象，特别是在干燥天气条件下，通风量大时常出现保护地内相对湿度低于 40％的情况，对蔬菜作物生育十分不利，此时要在设施内加湿，其方式有：

（1）喷壶洒水 这是保护地内常用的方法，可以增加温室内地面和空气中的含水量，使室内能维持较好的湿度环境，以利作物生长发育。但这种喷壶洒水只能在短暂时间内起到调节湿度环境的作用，且喷壶洒水费时、费工，故只宜在局部或苗期采用。

（2）喷雾加湿 这种加湿方式是喷壶洒水的一种改进，即将人工操作改为电动操作，试验证明，在（7×21）m² 面积上用 1 台 103 型三相电动喷雾加湿器，只需半小时可使室内充满粒状很细的雾滴，空气湿度很快上升到 60％以上，效果明显。

（3）湿帘加湿 湿帘是在空气流入温室的部位，设置用水淋湿的湿帘，在温室的另一侧设置排风扇，利用风机产生的负压迫使室外空气流过比表面积较大的湿帘时，由于水分蒸发带走大量潜热而降低空气自身的温度。较好的湿帘风机降温系统能将室内空气温度降至略高于室外湿球温度 1～2℃，这样的效果，必然使室内在降低温度的同时，也达到增加室内湿度的目的。

近年来新型加湿机械产品不断推出，如喷灌机有悬挂式、支撑式等类型，可远距离控制，自动折返。还有可切换的扇面喷洒和锥面喷雾系统等，可根据温室大小及要求选用。

（二）土壤环境的调节

在保护地设施内的湿度环境调节中，土壤湿度的调节最为重要，难度也较大。在保护地栽培条件下，为了避免灌水过多、过勤，导致空气湿度过高，因而诱发病害，通常应严格控制灌水量。一般依据蔬菜作物种类及其不同生育期的需水量、土壤水分状况等来决定。

中国目前保护地栽培的土壤湿度调控仍然主要依靠经验，但在一些主要蔬菜作物的水分管理上，已经将接近某些发育期受阻碍的水分指标及其所处的时间，作为适宜灌水的时期和指标。只要在栽培床内插上负压计，每天观察其变化值，根据水分变化和作物生长状况，就可以确定灌水时间。

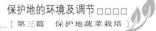

保护地内蔬菜作物的灌水量，随蔬菜作物种类的不同而异，通常在作物上部叶位安装一个小型蒸发器，由水面蒸发量来推算水分的消耗量，并将此次灌水到下次需要灌水的水分消耗量作为确定一次灌水量的依据。

具体的灌溉设备、技术和方法，参见第七章、第二十四章。

（徐师华）

第四节　气体环境及其调节

一、气体环境

保护地内的气体环境不如光照环境和温度环境那样直观地影响着蔬菜作物的生长发育，所以往往被人们所忽视。但随着保护地环境调节技术的不断完善，保护地内的气体成分和流通状况对蔬菜作物生长发育的影响，已愈来愈受到关注。保护地内空气流通不但对温度、湿度有调节作用，而且能够及时地排除有害气体，补充二氧化碳，增强光合作用。所以，为了提高蔬菜作物的产量和品质，必须重视对保护地内气体环境（成分、浓度）进行调节。

（一）氧（O_2）　蔬菜作物的生命活动需要氧气，尤其在夜间，呼吸作用需要充足的氧气。蔬菜作物地上部分所需要的氧气来自空气，而地下部分根系的形成，特别是侧根及根毛的形成，需要土壤中有足够的氧气，否则根系会因为缺氧而窒息死亡。此外，在种子萌发过程中也必须有充足的氧气。

（二）二氧化碳（CO_2）　光合作用是绿色植物利用光能，同化 CO_2 和水，制造有机物并释放氧气的过程。在作物吸收 CO_2 的饱和限度内，光合强度随空气中 CO_2 含量的增高而增强。由于大气中 CO_2 的平均浓度只有 $330\mu l/L$ ［$0.65g/m^3$（空气）］，这个浓度远不能满足光合作用最大值的需要，例如一般种植黄瓜和番茄的温室，CO_2 浓度以维持在 $1\,000\sim1\,500\mu l/L$ 比较合适。

气流运动对于栽培环境的改善和对蔬菜作物的光合作用影响很大，保护地内、外气流因受覆盖物等的阻碍，白天蔬菜作物进行光合作用时，常出现 CO_2 浓度低于 $300\mu l/L$，在冬、春严寒季节通风少或不通风时，CO_2 浓度会降到 $100\mu l/L$ 以下，接近 CO_2 补偿浓度的临界值，出现 CO_2 严重亏缺，阴雨天也不例外，所以要特别注意通风换气，或人工补充 CO_2。

1. 二氧化碳含量与蔬菜生长发育

（1）二氧化碳含量与蔬菜作物光合强度　张昌安等（1985）在人工气候箱内，对黄瓜苗（从 5 叶至 9 叶期）进行了生态环境试验，测定了黄瓜苗单叶（上数第 3 叶）的净同化量，同时测定环境因子，光强（单位为：W/m^2）与净光合速率［单位为 $mg/(dm^2 \cdot min)$］的关系。

在相对湿度 $50\%\pm10\%$ 条件下，不同 CO_2 处理水平以及在同一浓度水平上和在不同温度条件下，黄瓜单叶净光合速率随光强的变化而变化（图 25-23）。当 CO_2 浓度为 $400\mu l/L$ 时，在不同温度水平上光合速率随光强增加而增强，当光照强度达到 $280\sim350W/m^2$ 时，净光合速率达到最大值，即达到光饱和点。CO_2 浓度在 800、$1\,200$ 和 $1\,600\mu l/L$ 时都可以看到在各温度水平上，随着光照强度的增加，净光合速率也随之增加。根据观测资料分析，CO_2 浓度在 $400\mu l/L$ 下，22℃时光饱和点在 280 W/m^2，当温度上升到 26℃时，光饱和点为 $330W/m^2$，温度再上升到 30℃时光饱和点为 $360W/m^2$，且仍有上升趋势，可是当温度上升到 34℃时，光饱和点为 $320W/m^2$，并有下降趋势。从以上观测资料证明，当空气中 CO_2 浓度为 $400\mu l/L$，黄瓜苗处在 $26\sim30$℃时，有较高的光饱和点。

试验资料还证明，在其他几个 CO_2 水平上，光饱和点也有升高趋势，在 $1\,600\mu l/L$ 水平时，在本试验光强的范围内，没有测得饱和点，这种随 CO_2 浓度增加，光饱和点也有所提高的趋势见图 25-24。用限制因子学说进行解释，当光照强度达到一定水平时，CO_2 扩散到叶绿体中的速度受到限制，致使净光合速率再不随光照强度的增加而增加。

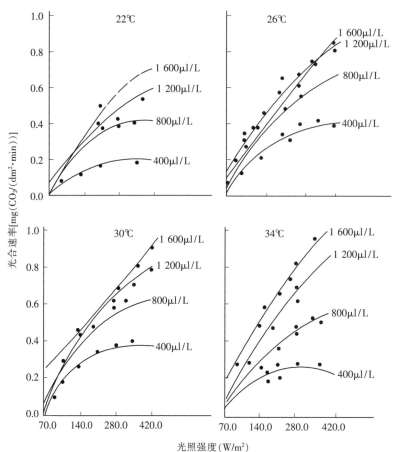

图 25 - 23　不同 CO_2 浓度在同一温度条件下单叶不同光合速率与光强的关系

（张昌安，1985）

（2）二氧化碳含量与生长发育　大量实验资料表明，保护地内补充 CO_2 加速了蔬菜作物的生长和发育，新叶早发、叶片数增多、叶面积增大，株高增长，光合产物和干物质积累增加。表 25 - 16 为不同 CO_2 浓度下蔬菜作物株高（H）、鲜质量（FW）、干质量（DW）、叶面积（S）相对于对照（不施 CO_2）的增长率。随着 CO_2 浓度的增加，蔬菜作物的 H、FW、DW 和 S 逐渐增长，但番茄在 1 800μl/L 浓度下 FW 增长幅度下降，可能与接近 CO_2 光饱和点有关，而萝卜在 4 000μl/L 浓度下 FW 和 DW 仍有明显增长。

表 25 - 16　补充 CO_2 对作物生育性状的影响

作物	CO_2（μl/L）	H（%）	FW（%）	DW（%）	S（%）	资料来源
番茄	600～1 000	3～24	43		38	滕井（1965）、汪永钦（1994）、肖进（1996）
番茄	1 800	89	23			滕井
黄瓜	600～1 000	13～83	46～77		15	滕井、肖进
黄瓜	1 200	75	94			滕井
萝卜	4 000		110	100		滨填（1957）
茄子	600～1 000	10			15	今津（1967）、肖进
茄子	3 000				23	今津
辣椒	600～1 000	18～23			54	肖进
西葫芦	600～1 000	19	39			肖进
大白菜	700		76	31	86	王修兰（1996）

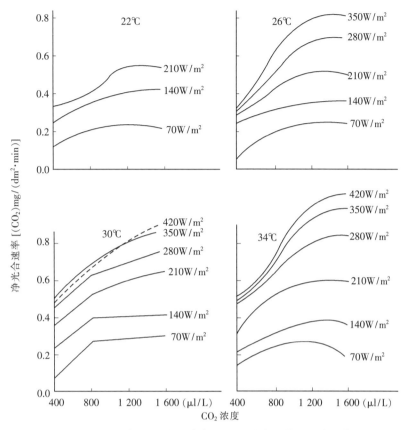

图 25-24   在相同温度和光照条件下 CO_2 浓度对黄瓜光合速率的影响
(张昌安，1985)

（3）二氧化碳含量与产量   补充 CO_2 可促使蔬菜作物生育期提前，开花坐果提早，雌花和果实数量增加，采收期提前。在 $900\mu l/L$ CO_2 浓度下生长的辣椒坐果数增加 28.9%（王兴民，1990）；用 $CO_2 800\mu l/L$ 浓度处理的黄瓜结果数增加 36%（Heij，1984）；用 $1500\mu l/L$ 处理黄瓜，单株瓜条数增长 51.7%（徐师华，1983）；番茄单株果数在 $CO_2 600\sim1000\mu l/L$ 浓度下增加 13.3%（滕井，1956）；用 $700\sim1000\mu l/L$ 处理番茄，单株果数增加 44.5%（汪永钦，1994）；在 $900\mu l/L$ 浓度下黄瓜采收期提前 $4\sim7d$（王兴民、肖进，1996），莴苣提早 $1\sim2$ 周（Vijverberg，1977）。

补充 CO_2 的增产效果非常明显。表 25-17 列出了主要蔬菜在不同 CO_2 浓度下相对于对照产量的增长率，其增产的幅度因作物种类、CO_2 浓度、施肥方法及其他调控技术的不同有很大的差异（13%$\sim$209%）。Bolin 等综述指出，$660\mu l/L CO_2$ 浓度下黄瓜、茄子、黄秋葵、辣椒、番茄等平均增产 21% 左右，甘蓝、莴苣、白三叶草等和大豆、菜豆、豌豆等增产 17%$\sim$19%。肖进等在全国 20 多个省、自治区、直辖市，对蔬菜、水果、花卉施用 CO_2（浓度在 $1000\mu l/L$ 左右），平均增产约 50%。

表 25-17   补充 CO_2 对蔬菜产量的影响

作物	CO_2（$\mu l/L$）	增产（%）	资 料 来 源
番茄	$600\sim1000$	$13\sim63$	Kimball（1979）、吉玉铃（1991）、滕井（1964）
黄瓜	$700\sim2000$	$23\sim61$	王兴民（1990）、肖进（1996）、Heij（1984）、郭秀媛（1985）
辣椒	$800\sim900$	45	蔡恒（1990）
甜椒	1000	33	Vijverberg（1979）

（续）

作物	CO_2（$\mu l/L$）	增产（%）	资 料 来 源
芹菜	700~1 500	31~52	徐师华（1979）、汪永钦（1984）
莴苣	800~900	30~50	Moe（1984）
马铃薯	800~900	51~76	Moe，Jennifer（1986）
甘薯	700	83	Jennifer
西葫芦	400~1 000	27~49	肖进
芥菜	1 500	23	徐师华
茄子	900~3 000	100~200	户刈义次（1979）

（4）二氧化碳含量与蔬菜品质　有关增加 CO_2 对蔬菜品质的影响研究甚少，各实验结果也不尽相同。表 25-18 为 Madsen（1994）的实验结果，表中数据为各种 CO_2 浓度相对 $300\mu l/L$ 的增长率。增加 CO_2 可使番茄的葡萄糖、果糖、抗坏血酸、pH 有所提高，而灰分、含 N、P 量有所下降。滕井（1965）得出 CO_2 施肥后番茄 pH 下降，可溶性固形物、比黏度、柠檬酸和水溶性糖含量增加，果味更加浓郁。邓纯宝（1979）对番茄的试验结果与滕井的结果大体相同，并进一步指出其谷氨酸含量有所增长。肖进（1996）实验表明补充 CO_2，番茄和黄瓜总糖量和抗坏血酸含量增加，番茄有机酸含量下降。

表 25-18　补充 CO_2 对番茄品质的影响

CO_2（$\mu l/L$）	葡萄糖（%）	果糖（%）	抗坏血酸（%）	pH（%）	灰分（%）	N（%）	P（%）
300	0	0	0	0	0	0	0
650	19	15	3	3	−5	−4	−12
1 000	9	8	7	6	−10	−8	−4
1 500	9	8	10	6	−16	−16	−4
2 200	16	15	11	6	−15	−19	−7
3 200	0	15	11	6	−15	−24	2

（5）二氧化碳含量与蔬菜作物的抗逆性　补充 CO_2 可提高蔬菜作物光合速率和抗高温胁迫能力。郑光华（1984）指出，光合作用的适宜温度在高 CO_2 浓度下可提高 3%~4%。增加 CO_2 使辣椒花叶病、番茄蕨叶病发病率和病情指数明显下降（王兴民，1990）。使黄瓜霜霉病发病率由对照 20.4% 减至 $1 000\mu l/L$ 浓度的 4.5%（赵文华，1988）。肖进（1996）在北京市、天津市、唐山市、黑龙江省等地塑料大棚中增施 CO_2（$1 000\mu l/L$ 左右），黄瓜霜霉病、白粉病，西葫芦白粉病、病毒病，番茄病毒病等发病率大大减弱或不再发生，农药用量降低 50% 左右。由于 CO_2 浓度增高，使植株生长健壮，引起叶片气孔开度减少，气孔阻力增大，从而减少了病菌侵染的几率而导致发病率降低。

2. 保护地内二氧化碳的浓度　保护地内的 CO_2 还来自于土壤中有机肥料的分解发酵、加温及植物的呼吸作用。主要的消耗是被作物光合作用所吸收。保护地内 CO_2 浓度的变化，因保护设备的结构、管理方法、栽培作物和天气情况的不同而有差异，但经过通风后 CO_2 浓度大致可与外界维持平衡。

酿热温床在密闭的情况下，最初几天 CO_2 浓度能达 $22\ 200\mu l/L$，以后逐渐下降，到第 5 个月还有 $400\mu l/L$。而一般塑料薄膜小棚内，幼苗移植后 2~3d，CO_2 浓度就降到 $300\mu l/L$ 以下，所以白天 CO_2 已显不足。

CO_2 浓度的变化与作物的吸收作用关系很大，如夜间（或阴天）的含量比白天（或晴天）高，出现最高值的时间是在日出之前。如有作物生长的塑料小棚在密闭情况下，CO_2 浓度能达到 $1\,000\sim 5\,000\mu l/L$，日出后数小时便能降到 $300\mu l/L$ 以下。大型连栋玻璃温室在种植番茄的情况下，CO_2 浓度变化见图 25-25。

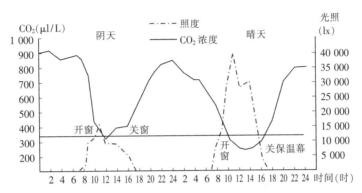

图 25-25　温室内 CO_2 浓度日变化
（中国农业科学院蔬菜研究所，1981）

据北京农业大学园艺系 1992 年 11 月至 1993 年 4 月测定，冬季日光温室内早 8 时以前 CO_2 浓度最高，为 $850\sim 980\mu l/L$。10 时左右开始下降，至 13 时最低，约为 $185\mu l/L$。到了 16 时又开始回升（温室闭风所致），高于 $330\mu l/L$。春季日光温室内，由于通风时间比冬季早，闭风晚，通风量也逐渐增加，所以 CO_2 日变化比较平稳，为 $300\sim 500\mu l/L$，没有明显的峰或谷。温室空间和土壤的 CO_2 收支模式如图 25-26。

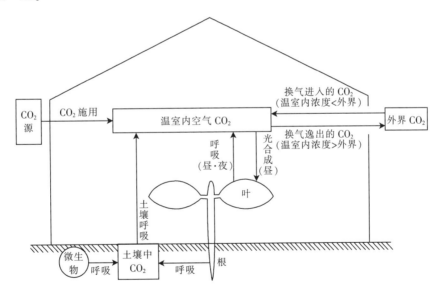

图 25-26　日光温室内和土壤中 CO_2 收支模式图
（引自：《设施园艺学》，2002）

1999 年对山东省寿光市五台镇高产日光温室（黄瓜产量为 $375t/hm^2$）和一般产量日光温室（黄瓜产量为 $225t/hm^2$）内 CO_2 浓度进行连续测定，结果表明：高产日光温室日出前 CO_2 达到 $800\mu l/L$ 以上，日出后迅速下降，午后下降到 $500\mu l/L$。一般产量日光温室日出前 CO_2 则为 $500\mu l/L$，下午仅在 $400\sim 500\mu l/L$。随着气候转暖，温度升高，放风时间延长，日光温室内的 CO_2 浓度越来越低（表 25-19）。

表 25-19　寿光高产日光温室和一般日光温室 CO_2 浓度变化

（山东省农业科学院蔬菜研究所，1999）

日光温室类型	时间	CO_2 浓度（$\mu l/L$）		
		1月	3月	5月
高产日光温室	上午	800	700	600
	下午	500	600～700	400
一般日光温室	上午	500	600	600
	下午	400～500	500～600	400

在中等肥力条件下，日光温室 CO_2 浓度的季节变化见表 25-20。由表 25-20 可见，1 月份虽然早晨 CO_2 浓度最高，但由于未进行通风，黄瓜光合作用消耗的大量 CO_2 得不到及时补充，导致室内 CO_2 浓度快速下降，一天中 14：00、18：00 的日均值较低。11 月和 3 月由于及时通风，并加大了通风量，所以一天中 CO_2 变化幅度较小，日均值较高。5 月份天气转暖，白天通风口始终开放，CO_2 浓度基本与外界值相似，均值最低。

表 25-20　日光温室内 CO_2 浓度的季节变化（$\mu l/L$）

（何启伟等，2002）

时　期	时　间			日　均　值
	8：00	14：00	18：00	
11 月	986	522	587	673
1 月	1 100	310	483	614
3 月	954	508	541	650
5 月	580	442	462	471

在保护地内 CO_2 的分布是比较复杂的。据矢吹万寿等人（1985）调查，在株高 2m 的甜瓜温室里，夜间地表附近 CO_2 浓度为 $300\mu l/L$，上部为 $400\mu l/L$。而种植生菜的温室 CO_2 浓度最低部位在 $60\sim100cm$ 处，最高浓度在 $150cm$ 以上的地方，这可能是由于室内气体对流所引起的。白天甜瓜株间 CO_2 浓度为 $135\mu l/L$，通道处是 $200\mu l/L$，夜间则株间 CO_2 浓度比通道处高，可见保护地内的空气有一定的流速，对作物生长发育是很重要的。

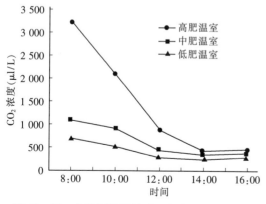

图 25-27　有机肥施用量对温室内 CO_2 浓度的影响

（何启伟等，2002）

测定时间：1 月 28 日，放风时间为 11：30～14：00

塑料大棚内 CO_2 的浓度分布也不均匀，白天气体交换率低且光照强的部位，CO_2 浓度低。据测定：白天作物群体内 CO_2 浓度可比上层低 $50\sim65\mu l/L$，但夜间或光照很弱的时刻，由于作物和土壤呼吸作用放出 CO_2，因此作物群体内部气体交换率低的区域 CO_2 浓度高。在没有人工增施 CO_2 的密闭大棚内，如果土壤和作物呼吸放出的 CO_2 量低于作物光合吸收的 CO_2 量，棚内的 CO_2 浓度就会逐渐降低；相反，如果土壤和作物呼吸放出的 CO_2 量高于作物光合吸收的 CO_2 量，棚内的 CO_2 浓度就会逐渐升高。

有机肥用量对日光温室内 CO_2 浓度的影响很大（图 25-27），高肥温室早晨 8：00 的 CO_2 浓度高达 $3\ 121\mu l/L$，中午 12：00 尚有 $891\mu l/L$，通风之后才

降至 $453\mu l/L$。中、低肥温室 CO_2 的浓度比高肥温室都低。尽管温室内施用的鸡粪用量不同使 CO_2 浓度差异较大，但其日变化趋势基本相同。

（三）有害气体 除 O_2、CO_2 气体外，设施内还有其他有害气体，如一氧化碳（CO）、二氧化硫（SO_2）、氨（NH_3）、氟化氢（HF）以及塑料制品挥发的有害气体（农用聚氯乙烯膜中的增塑剂和稳定剂）、化学农药挥发的气体等都可能使蔬菜受害。

1. 一氧化碳（CO）、二氧化硫（SO_2） 在温室生产中冬季使用火炉加温时，常产生 CO 与 SO_2 气体，过量的 CO 使作物呼吸困难，发生中毒现象。SO_2 会使蔬菜幼苗叶子变白，凋落，当浓度达到 $300\mu l/L$，经 2h 就会使蔬菜全株死亡。

2. 氨气（NH_3）和亚硝氨（NH_2） 肥料在分解过程中产生氨气（NH_3）和亚硝氨（NH_2），由气孔进入蔬菜植物体内而产生碱性损害。番茄、紫苏在 $40\mu l/L$ 浓度下接触 1h 就会出现受害症状，在 $17\mu l/L$ 下接触 4h 在叶的周边出现轻度损伤，在 $8\mu l/L$ 下接触 5h 会出现轻度危害。关于氨气的产生，是由于施用肥料不当，特别是过量施用尿素等肥料而产生，主要侵害植株的幼芽，使叶片周围呈水浸状，其后变成黑色而逐渐枯死。当温室内壁或覆盖物上附着的水滴 pH4.5 以下时，说明室内产生了对蔬菜作物有毒的亚硝酸气。亚硝酸气一般不侵害新芽，而是使中、上部叶片背面发生水浸状不规则白绿色斑点，有时全部叶片发生褐色小粒状斑点，最后逐渐枯死。

3. 氟化氢（HF） 在蔬菜保护地栽培中，如使用含氟的水灌溉，尤其是使用地热水（有的含氟量较高）增温的温室，可能受氟化氢的危害。氟化氢主要从蔬菜作物的叶面气孔侵入，经过韧皮细胞间隙到达导管，使同化、呼吸、蒸腾等代谢功能受到影响；或转化成有机氟化物而影响酶的合成，导致叶面发生水渍斑，后变枯呈棕色。氟化氢对蔬菜作物危害症状表现在叶尖和叶缘，呈环带状，然后向内发展，严重时引起全叶枯黄脱落。

4. 乙烯（C_2H_4）和氯气（Cl_2） 保护地内乙烯来源于有毒的塑料薄膜或管材。当 C_2H_4 浓度达到 $0.05\mu l/L$ 并经 6h 后，黄瓜、番茄、豌豆等敏感蔬菜作物开始受害。如达到 $0.1\mu l/L$ 时，2d 之后番茄叶片下垂弯曲，叶片发黄褪色，几天后变白而死。黄瓜的受害症状与番茄相似。由于塑料薄膜的原料不纯，可能含有氯，比 SO_2 的毒性大 $2\sim4$ 倍。如 Cl_2 的浓度达到 $0.1\mu l/L$ 经 2h 后，十字花科蔬菜就可能受害。Cl_2 也能分解叶绿素，使叶子变黄。Cl_2 对蔬菜作物的危害症状和 C_2H_4 的相似。

二、气体环境的调节

保护地内进行气体环境调节的目的，不仅仅是为了调节温度，而且也为调节湿度、CO_2 浓度、排出有害气体以及保持保护地内一定的空气流速，因此，气体调节是保护地栽培管理中的重要技术措施之一。

（一）自然通风 自然通风的效果主要取决于通风窗的位置和面积。不同通风窗的位置决定空气流动的方向和速度。

1. 门、侧窗通风 指通过温室的边窗、门，塑料大棚的"围裙"进行通风。从门和侧窗进入温室、塑料棚的气流沿着地面流动，大量冷空气随之进入室内，形成不稳定气层，把内部的热空气顶向温室顶部而形成一个高温区，如图 25－28。而早春如采用温室底部和门通风，则常受外界近地面凉风（俗称"扫地风"）危害，所以在实际生产中，初春时要避免通过侧窗或门通风，必要时，可在门或侧窗的下部用 $30\sim50cm$ 的塑料薄膜挡住，防止"扫地风"伤苗。待外界气温升高后，

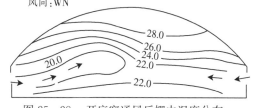

风向：WN

图 25－28 开底窗通风后棚内温度分布

（徐师华，1973）

则通过开启侧窗、门、"围裙"的通风效果最好。

2. 天窗通风 天窗通风包括温室的天窗和在塑料棚顶部（或两肩）扒缝通风。天窗的主要作用是排气，其开窗的方向与当时的风向有关，顺风开启时排气效果好，逆风开启时虽增加进风量，但排气的效果就差。

采用天窗通风后的温度分布如图 25 - 29 所示。热空气从天窗排出，而室外较冷空气从天窗中部进入室内。由于热空气都汇聚在顶部，所以在这个部位设置通风窗，有利于降温排湿。但在温室或塑料棚的两侧肩部易出现范围不大的高温区，需要设置侧窗来进行调节。

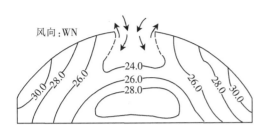

图 25 - 29 开天窗后棚内温度分布（℃）
（徐师华，1973）

3. 侧窗、天窗通风 冷空气通过侧窗进入室内，将热空气向上顶，由天窗将室内气体排出室外，所以气体交换效果特别明显，如图 25 - 30。

（二）强制通风 也称机械通风。即在通风的出口和入口处增设动力扇，使室内外产生压力差，形成冷热空气的对流，从而达到通风换气的目的。强制通风一般有温度自控调节器，它与继电器相配合，排风扇可以根据室内温度自动开关。通过温度自动控制，当室内温度超过设定温度时即进行通风。强制通风的方式有三种：

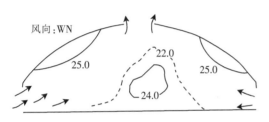

图 25 - 30 开天窗、底窗后棚内气温分布（℃）
（徐师华，1973）

1. 低吸高排 即吸气口在温室下部，排风扇在上部，这种通风方式风速较大，通风快，但是温度分布不均匀，在顶部及边角常出现高温区，如图 25 - 31（a）。

2. 高吸高排 即吸气口和排风扇都在温室上部，这种配置方式往往使下部热空气不易排出，常在下部存在一个高温区域，对作物生长不利，如图 25 - 31（b）。

3. 高吸低排 吸气口在上部，排气扇位置在下部，室内温度分布较均匀，只有顶部有小范围的高温区如图 25 - 31（c）。

强制通风的效果。尽管各种强制通风都存在不同程度的高温区，然而能在较短的时间内使室内温度、湿度下降到设定值，比自然通风效果明显。

（三）人工补充二氧化碳

1. 二氧化碳补充量的计算 补充二氧化碳量的大小要考虑作物与土壤表面的吸收和向室外逸散的程度，常用下式决定：

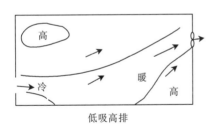

低吸高排

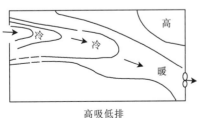

高吸高排

高吸低排

图 25 - 31 进风口与排风口位置对室内温度的影响
（位田藤久太郎，1961）

$$q = \frac{V}{A} \cdot N (C_i - C_0) + P - S$$

式中：C_i——补充 CO_2 的浓度指标（g/m^3）；
　　　C_0——大气的 CO_2 浓度，$C_0 = 0.54$（g/m^3）；

N——温室换气率（次/h）；

P——单位面积和时间上作物的光合量 $[g/(m^2 \cdot h)]$；

S——相当于 $1m^2$ 的土壤吸收量 $[g/(m^2 \cdot h)]$；

A——温室土地面积（m^2）；

V——温室容积（m^3）；

q——CO_2 补充量 $[g/(m^2 \cdot h)]$。

2. 二氧化碳浓度的控制 补充 CO_2 达到的最适浓度与作物种类、品种、生育期有关，也因天气、季节、光照强度、温室结构而有所不同。

补充后的 CO_2 浓度一般不应超过 CO_2 饱和点。如浓度过高，非但不能提高光合速率、浪费气源，还可能对作物造成危害而减产。

二氧化碳饱和点不是固定不变的，它随作物发育期、营养条件、光照和温度而变化。辐射较强的晴天，饱和点明显提高。关于补充二氧化碳的适宜浓度问题，目前国内外大量文献中的说法并不一致，客观上是由于这个问题与作物种类、品种、光照强度、温度、湿度等多种因素有关，不能简单地确定，但比较一致的看法是，当二氧化碳达到 $700 \sim 800 \mu l/L$ 时，即可取得明显的增产效果；当达到 $1\,000 \mu l/L$ 时，几乎适用于各种作物。在温室栽培中，一般施用浓度以 $1\,500 \sim 3\,000 \mu l/L$ 较为适宜，若考虑经济成本，可施用 $1\,000 \mu l/L$ 浓度左右的 CO_2，就可获得较好的增产效果。另外还要根据光照和温度情况进行调整，如在晴天时补充多些，阴天时补充少些或不补。

二氧化碳补充的量与作物光合速率密切相关，表 25-21 列出了几种蔬菜作物的光合速率。对于光合速率较高的作物，应增加 CO_2 补充量。通常，在作物生育旺盛期（叶面积指数较大，光合速率较高）和太阳辐射较强、温度较高、温度日较差较大的晴天，应多增加 CO_2。

表 25-21 主要蔬菜作物的光合速率 $[mg/(dm^2 \cdot h)]$

作 物	番茄	茄子	辣椒	黄瓜	南瓜	甘蓝	白菜	甜瓜
光合速率	31.7	17.0	15.8	24.0	17.0	11.3	11.0	17.1
作 物	马铃薯	豌豆	芹菜	莴苣	菜豆	西瓜	芜菁	
光合速率	16.0	12.8	13.0	5.7	12.0	21.0	13.5	

3. 补充二氧化碳的时间 补充 CO_2 的时间应视作物种类、栽培方式、生育状况及环境条件而定。一般情况下叶菜、根菜前期补充效果较好，有利于茎叶生长。果类蔬菜在雌花着生、开花结果期等光合作用最旺盛的时期补充，能促进果实肥大，若过早补充，将促使茎叶繁茂，增产效果反而不明显。冬季通风换气少，CO_2 浓度低，可适当提早补充。

作物具有一定的叶面积后才增大 CO_2 的吸收量。一般当番茄苗期有 $2 \sim 3$ 片真叶展开，黄瓜有 1 片真叶展开时开始少量补充 CO_2。定植或嫁接后应暂停补充，待缓苗结束后继续补充。

一天之中，一般作物上午的光合产物占全天的 $3/4$，下午占 $1/4$，对黄瓜、番茄进行不同时间的补充 CO_2 实验表明，上午效果好（产量高）。在温室内，晴天早晨天亮 $30 \sim 40 min$ 以后，光照强度达到 $2\,000 \sim 3\,000 lx$ 后作物开始急剧吸收 CO_2，如不增加 CO_2，其浓度会降低到 $80 \sim 100 \mu l/L$，因此每天补充 CO_2 $2 \sim 4 h$，就可以取得较好效果。

一般 CO_2 补充的时间以日出后 $1 h$ 开始为宜，至通风换气前 $0.5 h$ 停止较为经济。补充 CO_2 时间的长短需根据作物的长势、栽培目标和环境条件进行调节。一般在补充 CO_2 的始期和末期，每天补充的时间可短些，以便蔬菜作物逐步适应新的 CO_2 环境。

温室、塑料棚补充 CO_2 后，蔬菜根系的吸收能力提高，生理机能改善，施肥量应适当增加，以防植株早衰，但应避免肥水过量，否则极易造成植株徒长。应注意增施磷、钾肥，适当控制氮肥用量，

还应注意用激素点花保果，促进坐果，加强整枝打叶，改善通风透光，减少病害发生。

给温室、塑料棚补充 CO_2 最关键的是要有经济、方便和安全的来源。目前国内外开发利用的有以下几种：①钢瓶装压缩 CO_2（液态）。使用方便，较纯净，易于控制使用时间和用量，但成本较高。②燃烧法。燃烧煤炭、天然气、石油液化气等产生 CO_2。但受资源和价格方面的限制，一般难以推广应用。③化学反应法。用硫酸＋碳酸氢铵反应等产生 CO_2。此法原料价格较廉，时效较短，应注意防止某些原料杂质及余液对环境的污染和对人体健康的损害。④有机物发酵法。此法简便易行，成本低，但释放量不易控制。⑤微生物颗粒气肥。该产品以碳水化合物为基质，添加好氧酵母菌生长所需的各种营养成分而生产出的白色颗粒状物。在土壤中一定的温、湿度条件下，酵母菌再次发酵产生 CO_2 气。对人、农作物和环境安全，还能改善土壤团粒结构，培肥地力。

（四）有害气体危害的预防和控制　关于保护地内有害气体危害的预防和控制措施，目前尚未见成熟的研究结果。保护地内的有害气体除采用通风排气的方法排出外，可以从生产管理及栽培技术方面加以注意。

限制使用某些残留期较长（残留期在 15～30d 以上）的化学农药；改进施药方法，应用颗粒剂或缓解剂，一些挥发性较强的农药应适当深施、深埋，防止化学农药挥发污染。

保护地设施应远离某些可能排放有毒气体的工厂、矿山等建造，防止大气中的有害气体污染。

采用指示植物检测有害气体，及早采取预防措施避免蔬菜受害。如荷兰检测二氧化硫用菊、莴苣、苜蓿、三叶草、荞麦等植物；检测氟化氢用唐菖蒲、洋水仙。日本检测氯用水稻，检测甲烷用兰草等。宫国辉等（2001）进行了黄瓜苗期二氧化硫危害及花叶莴苣的生物指示作用试验，结果指出：当黄瓜幼苗叶缘内卷，但未达到叶片边缘脱水萎蔫时，说明温室内二氧化硫浓度较高，可能对长春密刺黄瓜幼苗产生危害，必须及时通风换气。

（徐师华　肖进　周长吉）

第五节　土壤环境及其调节

一、蔬菜作物生长发育对土壤环境的要求

（一）蔬菜作物需水肥量大　和其他农作物相比，蔬菜作物需水、肥量大。据专家试验，蔬菜作物需要的氮肥浓度比水稻高 20 倍，磷肥高 30 倍，钾肥高 10 倍。一些设施栽培技术发达国家十分重视培肥土壤，温室土壤的有机质含量高达 8%～10%，而中国只有 1%～3%，相差悬殊，说明保护地蔬菜要获得高产、优质，有机肥必须要有充足的保证。

（二）蔬菜作物要求土壤耕层深厚　一般要求土壤耕层在 20～40cm。地下水位不宜太高，否则在进行保护地栽培时，土温不易上升，最好在 100cm 以下。土壤质地最好为壤土，通透性适中，保水保肥能力强，而且有机质含量及温度稳定。

（三）不同的蔬菜作物对土壤酸碱度的适应性不同　大多数蔬菜作物为喜中性（pH7.0 左右）。如番茄、芹菜的最适土壤酸碱度为 6.0～7.5，黄瓜为 6.3～7.0，菜豆、萝卜为 6.5～7.0，茄子为6.5～7.3，冬瓜为 6.0～7.5，莴苣为 6.0～7.0（《设施园艺学》，2001）。

（四）蔬菜作物根系的盐基代换量一般比较高　蔬菜作物，如黄瓜、茄子、甘蓝、莴苣、菜豆、大白菜等的根系盐基代换量都高于 40～60mmol/[L・g（干根）]，葱蒜类蔬菜小于 40mmol/[L・g（干根）]，而水稻的根系盐代换量只有 23mmol/[L・g（干根）]，小麦、玉米则更低，所以蔬菜作物的根系吸收能力一般都较强。蔬菜作物喜硝态氮肥而对氨态氮肥比较敏感，使用量过多时，会抑制对钙和镁的吸收，从而导致蔬菜生育不良，产量下降。中国日光温室蔬菜生产基本不加温，土温低。在土壤低温条件下，硝化细菌的活性较弱，土壤中有机质矿化释放出的氨态氮及施入土壤中的氨态氮肥

不能被及时氧化成硝态氮。氨态氮的大量积累容易导致蔬菜作物铵中毒，其毒害比常温下更明显。

（五）一些蔬菜作物的根系需氧量高　当土壤的透气性差而缺氧时，易发生烂根、沤根，导致死亡。如黄瓜、菜豆、甜椒等都对土壤缺氧敏感。

（六）土壤中盐类对蔬菜作物生育的影响　土壤中盐类对蔬菜作物生育的影响依蔬菜作物种类和土壤种类的不同而异。一般用电导和生育的关系来表示。乔田用 1∶2 浸出液测定结果如表 25–22 。

表 25–22　蔬菜的生育障碍和土壤浸出液 EC 值（1∶2）的关系
（引自：《蔬菜栽培学·保护地栽培》，1987）

单位：mS/cm

土　壤	生育障碍临界点			枯死临界点		
	黄瓜	番茄	辣椒	黄瓜	番茄	辣椒
沙　土	0.6	0.8	1.1	1.4	1.9	2.0
冲积壤土	1.2	1.5	1.5	3.0	3.2	3.5
腐殖质壤土	1.5	1.5	2.0	3.2	3.5	4.8

二、土壤环境的特点

保护地设施内温度高、空气湿度大，光照较弱，而且蔬菜种植茬口多，几乎周年栽培，所以一般施肥量大，蔬菜作物根系残留量也多，使得土壤环境与露地很不相同。

（一）土壤水分和盐分的运动方向与露地不同　由于温室（含塑料薄膜覆盖的连栋温室）是一个封闭、半封闭状态的栽培空间，自然降水受到阻隔，土壤受雨水自上而下的淋溶作用几乎没有，使土壤中积累的养分不能被淋溶到地下水中；由于温度高，蔬菜作物生长旺盛，土壤水分自下而上的蒸发和植物蒸腾作用比露地强，也加速了土壤表层盐分的积累。所以，在一般情况下，露地土壤养分流失多，被称为淋溶型土壤；保护地土壤盐分积累多，被称为积聚型土壤。

（二）施肥量大，养分残留量高，土壤盐类浓度高，易产生次生盐渍化　保护地栽培的复种指数高，单位面积产量也比露地高，再加上蔬菜作物的产品器官一般鲜嫩多汁，喜肥喜水，个体硕大，所以要求土壤肥水充足。

保护地蔬菜生产多在冬、春季进行，此时土壤温度低，施入的肥料不易被分解和被根系吸收，因而造成土壤养分的残留；生产者盲目大量施肥，尤其是大量施用氮肥，易对蔬菜作物的生长发育产生危害。由于保护地内土壤培肥反应比露地明显，养分积累快，再加上多年连作，所以容易发生土壤次生盐渍化。

研究表明：不同地区、不同的保护地类型，其产生土壤次生盐渍化的情况不一样。童有为等（1991）对上海市郊区温室土壤次生盐渍化的形成和治理途径进行了研究，认为玻璃和塑料温室（大棚）耕层土壤（0～25cm）积盐均较明显，全盐分别是露地的 11.8 倍和 4.0 倍，硝酸根含量分别是露地的 16.5 倍和 5.9 倍。在阴离子组成中硝酸根又分别占到 56.2% 和 63.3%。因此，硝酸根是土壤盐渍化过程中增加最多的组分，它的陡增使土壤固相中的钙离子等被交换出来形成各种硝酸盐，因而提高了土壤溶液的浓度和渗透压。温室土壤次生盐渍土水提液的电导（EC）值与全盐和硝酸根含量间有极显著的直线相关（图 25–32）。盐分的动态变化因保护地类型而异，全年覆盖的温室土壤盐渍快，盐害发生早，一般种植 2～3 年即出现盐害；季节性覆盖的塑料温室（冬春覆盖，夏秋揭膜）土壤盐分全年有明显的消积过程，随着使用年限的增长，土壤盐分有明显的累积趋势（图 25–33）。李先珍等（1993）研究了北京市郊区塑料大棚土壤盐离子积累状况，指出：种植 10 年以上的塑料大棚土壤盐离子积累并不严重。这可能和每年7、8月京郊塑料大棚基本上都揭膜有关，而这一段时间正好是北京的雨季，大量的雨水将土壤表土层的盐分淋洗到深层土壤，所以表土层和耕层土壤盐分积累极少。吴凤芝等（1998）采用面上调查和定点观测的方法，分别对哈尔滨地区不同连作年限的塑料大棚土壤主要养分含量状况、酶活性、水稳性团粒分级及盐分积累状况进行了分析研究，结果认为：随着连作年限的增加，土壤主要养分有增加的趋势，土壤脲酶活性、中性磷酸酶、酸性磷酸酶活性也有增加的趋势，2～0.25mm水稳性团粒增加，土壤物理结构性能有所改善；土壤化学性质变劣，出现了盐类积累；土壤次生盐渍化的形成，可能与长期不合理施肥及当地大棚土壤长期或季节性覆盖薄膜得不到雨水充分淋洗有关。

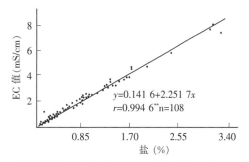

图25-32　玻璃温室次生盐渍土的EC值与含盐量的关系
（童有为等，1991）

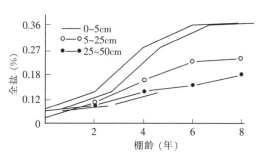

图25-33　塑料温室土壤盐渍与棚龄的关系
（童有为等，1991）

（三）土壤中N、P、K浓度变化与露地不同　由于温室、塑料棚内土壤有机质矿化率高，氮肥用量大，淋溶又少，所以残留量高，导致土壤酸化。沈阳农业大学园艺系定位试验证明，其总残留量＞NO_3^-N淋溶量＞NH_3挥发量＞吸收量。土壤全P的转化率比露地高2倍，对P的吸附和解吸量也明显高于露地，其富集量可达1 000mg/kg以上，最后导致K的含量相对不足，造成N/K失衡，这些都对蔬菜作物生育不利。

（四）土壤生物环境特点与露地不同　由于保护地内的环境比较温暖潮湿，为土壤中的某些病虫害提供了越冬场所，土传病、虫害严重，如根结线虫，温室内一旦发生就很难消灭。黄瓜枯萎病的病原菌孢子是在土壤中越冬的，保护地环境为其繁衍提供了理想条件，发生后也很难根治。

三、土壤环境的调节

（一）土壤耕作　经过机械对土壤进行翻耕，创造良好的土壤表面状况及适宜的耕层结构，建立土壤中水、热、气等因素与外界环境的动态平衡，控制土壤微生物的活性，调节有机质的分解和积累。参见第四章、第七章。

（二）合理施肥　在保护地内施用有机肥，因其肥效缓慢，腐熟的有机肥不易引起盐类浓度上升，对改善土壤的理化性状以及对根系发育都非常有利；作物秸秆在被微生物分解的过程中，同时也同化土壤中的氮素。据研究，1g未腐熟的稻草可固定12～22mg无机氮。在次生盐渍化不太严重的土壤中，1hm²施用4 500～7 500kg稻草较为合适。

实施平衡施肥。根据土壤营养成分及种植蔬菜作物的种类，制定施肥量和施肥方式，不可偏施化肥，避免多年施用同一种化肥，施肥时应采用沟施或穴施。配方施肥是保护地蔬菜栽培的关键技术之一，是减少土壤中的盐分积累，防止土壤次生盐渍化的有效途径。参见第七章。

（三）以水排盐　在夏季可拆除保护地上的覆盖物，任雨水淋洗土壤中盐分，也可用大水浇灌，并在周边挖排水沟，使土壤中的盐分随水排走。

（四）轮作倒茬　在保护地内尽量避免连作，注意轮作倒茬。夏季保护地休闲，种玉米等吸收土壤中多余肥料，可降低土壤中的盐分含量。参见第四章。

（五）采用地面覆盖，膜下灌水　在栽培畦上覆盖地膜，或在畦间覆盖麦秸、稻草等，可改变土壤水分运动方向，减少水分蒸发；采用膜下微滴灌或微喷灌代替漫灌或沟灌，对防止土壤发生次生盐渍化能起到很好的作用。

（六）土壤消毒　参见本章第八节。

（徐师华）

第六节　设施环境的综合调节和控制

目前，日本、荷兰、以色列、美国等发达国家现代化温室中应用计算机进行管理与控制已非常普遍。例如可以根据温室作物的要求和特点，对温室内光照、温度、水、气、肥等诸多因子进行自动调控。美国和荷兰利用差温管理技术，实现对花卉、果蔬等作物的开花和成熟期进行控制，以满足市场的需要。日本和荷兰等还研究了能完成植物组织增殖、嫁接、育苗、采收等作业的机器人等，大大提高了劳动效率。另外，美国、日本等国家目前建造了一些世界上最为先进的植物工厂，采取完全封闭式生产、人工补充光照，全部采用电脑控制和采用机器人或机械手进行播种、移动作业、采收等。同时，采用互联网技术，不仅能为用户提供各类信息服务，如产品购销、市场信息、技术支持与服务、气象信息等，还通过互联网进行温室远程控制与管理诊断、实时环境监测等。日本的一些温室安装了视频监测系统，管理者或消费者能通过网络实时监测果实的长势或状态，以便决定合适的采摘时间，有的甚至是为了消遣观赏。为了实现硬件生产的标准化和信息共享，日本还制定了相关的标准，如温室控制设备标准和网络通讯协议标准等。

一、环境综合调控与蔬菜作物生长发育

现代温室生产过程是在十分复杂的系统中运行的，是技术和知识高度集成的产业。从系统角度看涉及土壤、植物、大气；从工程角度看涉及材料与结构、电子与信息、生物与能源等；从管理角度看还包括生产、运营和销售。这些组件在软、硬件各方面相互配合的优劣决定了系统的成败。从生产全过程看包括：内部配置，物料搬运，环境控制，栽培管理及产品经营5部分，温室环境控制工程为其中重要的一环，同时了解影响作物生长发育的主要因素及对这些因素的动态监测，也是环境控制中重要组成部分。

（一）作物生长发育与主要环境参数　从生理的角度看，几乎所有绿色植物的生长发育都遵循一条最基本的原理，即通过叶绿素吸收太阳辐射能量、同化 CO_2，产生干物质，该过程称之为光合作用。植物在生长发育过程中不仅形成干物质，同时还有呼吸作用。光合作用仅在光子数量达某一程度以上才会进行，呼吸作用则日夜都在进行。

光、二氧化碳、水等是光合作用必不可少的因素；温度、光质、水、营养元素等皆会影响植物的生长与发育；土壤电导度与酸碱度则影响植物体根系吸收养分的能力。就植物本身的生长过程而言，要加速植物生长，就必须加大光合作用、减少呼吸作用，并将光合作用产物尽可能地进行运输和积累。由此可见，光、水分、温度、二氧化碳、营养元素等都是保护地环境控制中必需的环境要素。

在温室环境监控过程中，一般将可以直接测量出的参数定义为一级参数。有的参数不能直接测量，但可通过一级参数推导出，称之为二级参数，常见的二级参数包括：水蒸气压力、水蒸气压差、露点温度、绝对湿度、湿度比、干湿球温差、叶片内外温差、蒸发速率、显热通量、系统热熔值、系统净能量通量、二氧化碳通量、作物周围湍流通量大小等。实际上一级参数和二级参数之区分并非绝

对，随着传感技术的发展，如作物叶面积仪、气孔阻力传感器（porometer）及光合作用速率测量仪器等相继出现，一些原来不能直接测出的参数，现在已经可以直接测出而成为一级参数。

（二）环境综合调控与作物生长发育

1. 温室环境综合调控的基本原理和内涵　在规划和设计温室控制系统时有二个基本法则是必须要考虑的：①最小因子限制法则。该法则被形象地比喻为水桶原理，即当水桶顶端边缘高低不齐时，该水桶之盛水量只受最短边的限制。这个原理应用在环境要素对作物的影响的关系上，其含义是非常清楚的。例如，当光照不足已明显影响光合作用时，无论怎样增加其他要素（加温、提高二氧化碳浓度等），对提高作物光合作用均无济于事，因为此时光照已成为限制性因子。对于温度因子也具有同样道理，当温度低于某临界值时，提高其他要素值则仍然达不到预期效果。这个现象告诉我们，作物对环境的依赖是综合的，各要素之间相互作用和制约，这也从另外一个角度说明为什么复合因子控制比单因子控制更重要。②投入与回报的渐减原理。这个原理是说，将某种有利于生长的因子持续增加（增加是需要投入的）时，所产生的效益增长率不可能与投入增长率呈正比，因为温室是一个以生物体为生产对象的复杂非线性系统。这里又有二层含义：一是对任何要素而言即使缓慢增加也终有饱和之时，超过该饱和值时不仅造成浪费有时甚至对作物造成伤害；二是某些要素到达一定程度时如再持续增加，则其需要的投入可能大于产出。因此掌握好这个平衡点是非常重要的，如人们经常说高产低效，就有这方面的原因。例如某作物在一定温度条件下提高5℃平均单位面积产量可增加15％，但不能片面地认为如果提高10℃可使产量提高30％。

对温室环境进行控制的本质是按经营管理者设计的目标，为植物生长发育提供适宜的环境条件。作物的基本需要为所有环境控制系统设计的基础，以作物本身需求条件为该作物在成长期间或其整个生命周期内所需的环境控制参数设定基准值。这些设定值与许多因素有关，其中包括：植物种类、植物本身发育阶段及其生育年龄、植物本身最终用途、地区性气候、特定作物生产系统及生产者经验等。其他如控制设定点、设定点附近所容许的变化范围、每一个环境控制参数变化时间等均必须有所决定。一个能够在合理的精度下，实时监控微型气候条件的环境控制系统应能调节或整合整个系统所需各项动作，诸如：加热、冷却、辅热、灌水等。同时必须能发展一套控制方法以精确、合理一致性与均匀空间性获得所期望的环境控制条件，并能由此生产高品质产品。

环境控制的对象不仅包括空气温、湿、光度及二氧化碳浓度，还有土壤或其他生长介质的含水率，营养液酸碱值及电导度等。前述各环境调节设备包括升、降温度，增、减湿度，补光、遮荫，二氧化碳产生，营养液调制与循环等。想控制的因子愈多、精度愈细微，则所需投资的金额也愈庞大，控制策略的复杂化导致研发成本的提高姑且不计，光硬件上的投资也将相当可观。一个生产者在作业方面若要获得良好的报酬或利润，其产品的数量及品质是重要影响因素，其最初投资的固定成本更是需要考虑。目前常见者也仅数项环境控制参数可以作适当调节，如温度（包括植物体附近的空气、根部及叶部的温度等）、湿度、光度（包括强度、光质及照射期长短）、大气二氧化碳含量及水分。

2. 环境综合调控策略　环境监控系统为诸多软、硬件的组合。硬件包括各类传感器、传输线路、计算机适配卡、驱动器等，甚至也包括一些机械与传动装置，如开窗机构、加温与制冷设备等；软件则为协调与管理上述系列硬件发送指令，并对整个控制系统提供监控策略。如何协调计算机软件与硬件系统，并与作物生长发育模式进行整合，是温室环境控制系统的核心技术。对温室控制系统来说，就其硬件技术而言和工业等领域相比差异并不大，也比较容易实现。但整个环境监控系统之成败，则最终依赖其监控软件即环控策略是否能因地制宜，能否与作物系统有效结合，即软件部分必须要考虑栽培作物种类、当地气候条件、设施构成的档次、环境参数之感测等因素，在具有智能化功能的高档次控制系统中甚至还要根据市场和经济效益分析进行决策。

所谓控制策略从根本上说是通过对各种因素的综合分析，根据所具备的条件和所确定的目标制定出优化的控制管理策略。控制策略大体可以从两个方面考虑：一是温室环境由许多不同种类的要素组成的，如光、温、水、气等，这些要素对作物生长发育不仅有主次之分，而且又有交互作用，对作物的影响十分复杂；二是温室控制系统也是由许多硬件机械设备组成的，各种设备的启动/停止的次序、时间等均需进行优化决策。除此之外，为了适应市场或某种特殊需要，也需要制定特殊的策略。

由于蔬菜作物间对各种环境条件的反应极复杂，因此，综合环控装置的设计及控制策略的制定显得尤其重要。如果仅针对多种环境因子的复合环控，其控制策略的规划并不复杂，这主要是进行各种环境调节设备的选择，属于简易的逻辑控制，可根据经验或相关知识加以解决。然而，真正所谓的"复合、综合控制"，必须建立在对作物生育状况的充分认知基础上才能得以实现，这就是所谓作物生长模式的应用。作物生长模式一旦发展完成即可与实际操作中的环控策略相结合，将原只是反馈式（feed back）的环控策略进一步扩展为包含正馈与预授（feed back and feed forward）的环控策略。人工智能技术与作物模型的结合将成为解决此问题的主要途径。

二、温室环境优化控制的重要基础

环境要素参数是影响作物生长发育的最重要因素，温室设施的根本作用是为作物提供适宜的生长环境，提高作物的产量和品质。但究竟什么是"适宜"以及如何实现"适宜"并非易事，因为作物对环境的反应是十分复杂的过程。依赖简单的经验和主观臆测，只能实现低级的控制管理，不可能真正实现优质高效高产的目标。研究作物与环境间的定量化关系是深入了解作物生长发育规律，从而实现优化控制管理的重要途径。

（一）温室作物模型的概况　作物生长模拟系统是应用系统科学的观点，把作物生产看成一个由作物、环境、技术、经济四要素构成的整体系统，综合作物生理学、生态学、栽培学、农业气象学、土壤肥料学、植物保护学、农业经济学和计算机科学等相关学科的理论和成就，通过建立数学模型来描述作物生长发育、器官和产量形成等生理生态过程与环境之间的数量关系，并在计算机上实现，并模拟作物生产全过程的软件系统。它是农业多学科基础性研究的结晶，体现了系统工程的思想方法，把农业科学和计算机技术紧密结合，定量而系统地描述作物生长发育及其和农业环境相互作用的关系。

20世纪60年代，现代系统分析理论的建立和计算机技术的发展为作物生长发育的定量化分析研究提供了强有力的方法和工具，推动了作物模型研究及模拟技术的迅速发展。70年代末至80年代初，随着世界范围内设施园艺的快速发展，园艺作物模型研究逐步兴起，涉及的作物品种逐渐增多，其研究成果对设施农业的发展起到了重要的推动作用。

在园艺作物模型研究方面，总体上荷兰保持了领先的地位，较有代表的研究成果有 HORTISIM（Horticultural Simulator）、TOMSIM 等模拟系统。美国与荷兰、以色列等国进行合作研究以外，还开展了大量的工作。如卡罗莱纳州立大学进行了常见温室作物栽培模型的研究开发工作；加利福尼亚州立大学和美国 Computer Associates 软件开发公司合作开发了常见温室花卉栽培管理模型；密歇根州立大学研制开发了温室花卉决策支持系统——Greenhouse CARE System，该系统通过温差对花卉的株高进行精准控制，达到定时上市的目标，是一个比较成功的作物模型。

在作物模型的研究方面，中国的研究工作相对于国外起步晚了将近20年。直到20世纪70年代初期，农业气象学科率先将统计学方法应用于植物与环境相关性的研究中。80年代初主要是引进、修改和验证国外的作物模型，并在参考国外模型的基础上根据国内作物生产的实际和研究工作建立了一些模型。中国以往的研究主要集中在粮、棉等作物模型的研究，对蔬菜等作物的模型研究还较为少见，需要开展大量的工作。

（二）温室作物模型与环境控制管理　农业生产的特点决定了与工业上某些环控技术的不同。温室内微气候的控制是所有环境控制中较困难的，这可以从以下几个方面说明：①因为一般建筑物的环

控受阳光的扰动较小，在控制中几乎可忽略。而温室则不然，最大限度利用太阳能恰恰是温室环境优化控制的最重要内容，而太阳辐射的不稳定性（如天空阴晴的不确定性，大气透明度及温室透光率的变化等）大大增加了环境控制的难度。②作物生长发育赖以综合环境，而不是单一要素。各种环境要素相互制约相互影响，关系错综复杂。③温室环控的对象种类繁多，不同蔬菜种类品种的喜好大多不同，就是同一品种，在不同成长阶段之喜好也常有所不同，也就是说不可能遵循"永恒"的控制管理模式。④植物不可能像人或动物那样直接表达对不良环境的"反抗"、并主动快速地进行调节等。从上述的几个方面可以看出温室环控的复杂性。从另一个角度来看，只要有一定的经济投入，建造一个温室并不困难，但要真正建立起一个可靠的作物生长发育模式，并按照该模式建立控制系统，并非在短时期内完成，需要进行大量的研究才能完成。综上所述，要对如此复杂的系统进行有效的控制，首先必须要对系统的结构、功能与机理进行全面的把握，这也正是开展作物模型研究的目标所在。

建立温室作物模拟系统，其作用可以简单归结为两个方面：

1. 开展科学研究的需要 模型的最大优点是可以通过系统模型的输入输出，全面认识和了解复杂系统的特征和结构，并对科学假设进行推理验证；另一方面，由于模拟实验可以快速地改变和重组输入条件（这些条件有时在物理上是难以实现和难以遇见的），所以很有可能发现新的知识和规律。从这个意义上说，模型是开展研究和深入揭示系统结构与功能关系的强有力工具。除此之外，应用作物模拟系统可以直观形象地开展教学活动，通过虚拟技术，形象逼真地描述整个作物生长发育过程和活动机理，发达国家如荷兰瓦赫宁根大学利用作物模拟系统开展教学活动，收到了良好的效果。

2. 生产应用的需要 尽管在建立作物模型的不同阶段其目标和应用范围有可能是不同的，但归根结底，实用性必然是所有模型建立的最终目标，特别是随着信息技术在农业领域的大量应用，作物模型将作为连接农业与信息技术的桥梁和纽带，对模型的需求将日趋明显，没有相关模型的支持，很多农业信息系统的开发将成为无本之木、无源之水。

（孙忠富）

第七节　生理障碍

在保护地蔬菜栽培中，设施内的小气候环境常常因为管理不当或设施本身存在的问题而造成短时期的低温、盐分积累、高温等不利条件而使蔬菜生长发育产生生理性障碍。

一、低温障碍

（一）低温危害 低温危害分为冷害和冻害，而冷害又称寒害，是指作物在0℃以上的低温环境中所受到的损害。喜温蔬菜作物和耐热蔬菜如番茄在苗期（1～20叶）遇到10℃以下的低温，即导致花芽分化异常，并在以后形成畸形果。冻害是指0℃以下的低温造成作物体内结冰而引起的部分细胞或全株死亡。蔬菜保护地类型多样，其中一些简易保护地设施和不加温的温室、塑料棚等，仅依靠太阳光热和夜间保温设备来维持蔬菜生长发育所需要的最基本的条件，不能完全满足蔬菜生长发育的需要，因此，低温冷害问题时有发生。蔬菜作物的冻害常发生于秋、冬和春季，涉及多种露地生长的蔬菜作物，在保护地内，只要保温措施得当，管理到位，一般不会发生冻害问题。

同一种蔬菜作物受冷害的严重程度和致死温度并非是固定不变的，而是与低温冷害发生前正常温度及降温幅度、降温速度有关。长期在低温条件下生长的蔬菜耐低温能力强；降温速度快或降温幅度大，则受害严重。

黄瓜是不耐低温的蔬菜，发芽时遇到低温，种子不萌发或发芽缓慢；幼苗期低温，幼苗生长缓慢，节间短缩，颜色浓绿；幼苗如突遭短时间低温侵袭，可导致叶片局部，特别是叶缘组织白色干

枯，通常称为"闪苗"；开花结果期遇到低温，其植株生长明显受到抑制，节间短粗，果实生长缓慢，严重时发生化瓜现象。

土壤低温是保护地生产中经常遇到的问题。低土温下幼苗根系活动受阻，甚至发生烂根和锈根，幼苗也往往出现"花打顶"。当然，出现"花打顶"的原因很多，根系环境低温只是原因之一。地温过低，影响蔬菜作物吸收矿质元素，钙元素的吸收最容易受到低温的抑制。钙元素不足，黄瓜蔓梢叶缘变白，叶片死亡。黄瓜苗期遇低温，如土壤湿度又大，则根系表皮层变褐（锈根）或腐烂（烂根）。

低温对蔬菜作物产生的生理障碍，主要是光合作用受到抑制，光合速率降低，光合产量减少，所以表现为生长迟缓；温度低时根细胞的原生质流动缓慢，呼吸也减弱，造成养分和水分，尤其是水分吸收量减少；但在低温下叶的蒸腾作用并不显著减弱，因而造成水分供求不平衡，使植物体受到损害。

低温影响番茄花粉发芽率而又直接影响坐果率。在 8℃ 低温处理下，6h 左右花粉开始萌发；在 12℃ 处理下，花粉经 2～3h 开始萌发，萌发率比 8℃ 时有所提高，其萌发率在 8%～43%；15℃ 处理下的花粉经 1h 左右开始萌发；25℃ 处理的花粉经 20min 左右就开始萌发，发芽率最高。不同温度条件下，不同品种的发芽率及坐果率见表 25－23。

表 25－23　不同温度处理番茄花粉发芽率与人工授粉后的坐果率
（王孝宣等，1996）

品种	花粉发芽率（%）				坐果率（%）			
	25℃	15℃	12℃	8℃	25℃	15℃	12℃	8℃
B1	0.65 b AB	0.51 c C	0.43 a A	0.08 a A	90.9	88.6	82.3	60.6
B2	0.71 a A	0.65 a A	0.42 a A	0.06 b BC	94.2	91.7	84.3	84.4
B3	0.59 c C	0.52 c BC	0.41 a A	0.05 b B	85.3	81.3	58.8	44.7
B4	0.61 c BC	0.55 bc BC	0.08 c C	0.002 c C	92.8	70.7	26.2	12.2
B5	0.58 c C	0.57 b ABC	0.20 b B	0.005 c C	89.3	89.7	46.1	29.7
B6	0.67ab AB	0.59 b AB	0.18 b B	0.002 c C	90.5	89.1	45.3	22.7
r	0.3684	－0.2072	0.9238**	0.9054*				

注：＊显著；＊＊极显著。

（二）低温障碍的预防及治理　如前所述，保护地蔬菜生长中出现低温危害，常因设施结构不尽合理或栽培管理不善而引起。因此，首先应注意采取积极的预防措施，待冷害发生后再行治理，其损失就难以挽回了。

1. 规范保护地设施设计和建造　规范保护地设施设计和建造，为蔬菜作物创造安全、有效的生长发育条件。中国目前用于蔬菜生产的保护地设施多数是不加温的，依靠太阳光热增温和覆盖防护设备保温。所以，在保护地设施的布局、设计和建造、防护及覆盖用材选择等方面，必须在充分调查研究的基础上，根据不同地区的气候资源及蔬菜生产的需求，进行规范设计和建造。

2. 掌握不同保护地内的小气候特点　深入研究、掌握不同保护地内的小气候特点，如气温和土温的分布状况、日较差和季节较差等；了解不同蔬菜作物生长发育对温度环境的要求；在蔬菜作物生长期间，适时了解当地天气变化情况，以便采取综合措施预防低温对蔬菜作物产生障碍。

3. 采用合理的栽培技术　①适时种植，包括适时播种、移苗及定植，避开不利天气的影响，减少或不发生低温对幼苗的伤害；也不要单纯为了抢早而盲目提早播种育苗或移栽，以免导致某些蔬菜未熟抽薹。②增施有机肥，尤其是植物秸秆，为蔬菜作物的根系生长创造良好的环境条件，也可以疏松土壤，有利于土温的提高。③根据蔬菜作物的生长及外界天气状况科学浇水，如早春应避免因大量

浇水而使土温下降；浇水应选择晴天进行，水后适当提高室温，2～3d 内要及时中耕松土。④合理安排蔬菜种植茬口，将结果期与保护地内的低温期交错开，或者将育苗期安排在低温期。采光和保温性能较差的日光温室不宜安排秋—冬—春长季节栽培，以安排秋冬茬及冬春茬两季栽培为好。⑤在保护地内增加临时加温设备，在遇到寒流袭击时，短期加温防寒效果显著。

二、盐类浓度和有害气体障碍及其防治

保护地栽培施肥量比露地高，一般为露地施肥量的 2～4 倍甚至还多；保护地是一个封闭或半封闭系统，温度高，土表水分蒸发激烈，致使地下水沿毛细管上升，肥料也随水向地表运动，最终聚积在浅层土壤或地表。高浓度的盐分会损伤蔬菜的根系，妨碍对养分的吸收。

土壤吸附肥料成分的比例因土壤种类和肥料的不同而有差别。例如沙性土吸肥量大，比黏土和腐殖质少的土壤容易发生盐类积聚危害。硝酸钾、硝酸钙、硝酸铵、氯化钙、硫酸钙、氧化镁、硫酸镁、硫酸铵等肥料容易溶解在土壤水分中，被土壤吸附的比例少，所以土壤溶液浓度容易增高；过磷酸钙、磷酸钾等肥料被土壤吸附的比例大，土壤溶液浓度不易增高。

由于盐类积聚而使蔬菜作物的生长发育过程发生障碍，主要是因为作物根系周围土壤溶液的渗透压加大，造成根系吸收水分和养分困难，甚至产生养分和水分从根由内部向根外部渗透的异常现象。

不同种类的蔬菜作物对土壤溶液浓度的忍耐能力不同。耐盐类浓度较强的是甘蓝、萝卜、菠菜等；在甜椒、番茄、黄瓜、茄子等果菜中以茄子对盐类浓度抗性强，其次是甜椒，番茄和黄瓜抗性最弱。

受盐类浓度过高而发生生理障碍的作物一般生长矮小，叶色变成深绿，叶片的边缘有波浪状的枯黄色斑痕；根毛变成褐色而腐烂，有的表现整株凋萎。在多年种植蔬菜作物的温室、大棚里更易因盐类浓度过高而发生生理障碍。

为了防止和减轻土壤盐类高而引起的障碍，重要的是对土壤进行物理和化学的分析，而且必须在作物的生长发育过程中定期地进行。首先是根据土壤分析的结果和作物的需要，正确选择肥料的种类，确定施肥量、方法和位置，调节土壤溶液的酸碱度；其次是增施有机肥或其他疏松物质，如稻壳、锯木屑、麦草等，它不但能改善土壤的物理性质，而且能对土壤溶液浓度变化起缓冲作用；第三是深翻土地，加强中耕松土，以切断土壤毛细管，防止表层土壤盐分积累等。雨季可拆除塑料棚、温室的覆盖物使土壤接收雨淋，可以起到洗盐的作用。

在保护地内覆盖地膜可有效减轻土壤盐分积累。童有为等（1991）测定，温室内 0～5cm 土层覆盖地膜的含盐是不盖地膜的 57%，25～50cm 土层是不覆膜的 35%，而 5～25cm 土层却是不覆膜的 160%，说明覆膜后，土壤水分蒸发受到抑制，同时又受地膜回流水滴的影响，使土层间盐分含量分布发生变化，土表含盐量明显降低。

此外采用客土栽培或定期迁移塑料棚或温室（单屋面温室），对防止盐类危害也很有效，但此法要花费较多的劳力和费用。

由于土壤含水量不同，土壤溶液浓度也发生变化，所以根据施肥量调节灌水量也是防止盐类浓度上升的一个重要措施。

保护地栽培，除了因施肥不当造成盐类浓度过高而发生的生理障碍外，还常常发生由肥料产生的有害气体对作物的危害，参见本章第四节。

三、高温障碍

中国保护地蔬菜生产季节大多在秋—冬—春三季，待到夏季高温到来时，冬春这一茬的生产也就结束了，所以，保护地内出现高温而使蔬菜作物生长发育产生高温障碍，要比低温障碍出现的几率

少。但在春季晴天中午，塑料棚内的温度升高到35℃以上是经常出现的；蔬菜作物的越夏栽培，包括日光温室或塑料大棚的越夏栽培、遮阳网覆盖栽培等，也可能遇到高温而产生障碍。有强制通风降温设备的温室，一般不会发生高温障碍。

当气温升高到蔬菜生长的最适温度以上时，呼吸作用增强，但光合作用和养分吸收并不因温度高而增加，因此消耗将大于营养的积累，对蔬菜作物生育不利。若温度超出了适宜生长发育最高或最低的范围，蔬菜作物的生理活动就会停止，甚至全株死亡。不同蔬菜种类、品种对高温的反应不一样。同一蔬菜种类品种在不同发育阶段对高温的反应也不同。从蔬菜生理的角度看，过高的昼温和夜温对蔬菜作物生长也都不利。

不同温度对黄瓜生殖生长有很明显的影响，试验证明，高温处理的植株虽然营养生长旺盛，但它所制造的营养物质多用于茎叶生长，不能充分供应瓜条生长。虽然花数比适温处理为多，但成瓜率低，化瓜多、化瓜率达60%，比适温处理的高27.3%（表25-24）。

表25-24　不同温度对黄瓜生殖生长的影响

（王泛妹等，1978）

处理（℃）	雌花数（朵）	成瓜数（条）	成瓜率（%）	化瓜数（条）	化瓜率（%）	平均产量（g/株）
40～45	6	2.4	40	3.6	60	515.1
35～37	5.2	3.5	67.3	1.7	32.7	795.9

在适宜温度范围内，光合作用的速率随着温度的上升而提高，但随着温度的升高，植株的呼吸强度也相应增高。当温度超过光合作用最适温度的上限时，光合强度逐渐降低，而呼吸强度也相应高。当温度超过光合作用最适温度的上限时，光合强度逐渐降低，而呼吸强度仍增强。当塑料大棚内气温在20～30℃时，黄瓜叶片光合强度和呼吸强度同时增高，光合强度大于呼吸强度，光合作用 CO_2 吸收量为 $12mg/(dm^2 \cdot h)$，但当温度由30℃升高到40℃时，光合作用中 CO_2 吸收速率则逐渐降低，而呼吸强度由 $10mg/(dm^2 \cdot h)$ 上升到 $16mg/(dm^2 \cdot h)$。

韩笑冰等（1996）研究了热胁迫（45℃）对辣椒花粉形成、发育、生活力、萌发率的影响，发现辣椒不同耐热品种在高温胁迫下，花粉、花药发育过程出现异常，花粉生活力只能达到25℃下花粉生活力的一半，45℃处理后的萌发率几乎为零，花粉管生长延迟，正在生长的花粉管伸长停滞。当花粉在柱头上生长受到热胁迫时，花粉管的延迟生长无疑会使精子错过胚囊的最佳受精时间，从而不能形成种子或导致单性结实，并使落花、落果增加。这些影响感热品种比耐热品种表现更为明显。

保护地高温障碍的治理主要采用加强通风换气、遮阳、蒸发等措施来实现，参见本章第二节和第二十四章。

第八节　温室消毒

温室消毒的目的主要是消灭温室内的病原微生物和害虫，以防止由于温室一年四季连续应用造成的病原微生物和害虫大量积累而引发的病虫害。温室消毒包括温室墙体、骨架、覆盖物、地表、架材等表面及空气消毒和栽培基质及土壤消毒。消毒的方法主要有化学药物消毒和物理消毒两类，其中化学药物消毒又分为化学熏蒸剂消毒、化学烟剂、粉剂消毒等方法；物理消毒又可分为蒸汽消毒、太阳能消毒、超声波消毒等方法。

一、化学药物消毒法

（一）化学药物的种类　用于温室消毒的常用化学药物主要有以下几种：

1. 溴甲烷 纯品在常温下为无色气体。工业品（含量 99%）经液化装入钢瓶中。按中国农药毒性分级标准，溴甲烷属高毒熏蒸剂。人急性吸入 LD_{50} 为 60 000μl/L（2h）。在试验条件下，未见致癌作用。溴甲烷杀虫和杀菌广谱，药效显著，扩散性好。该药渗透性受被熏蒸物表面、温度以及不同种类的害虫和病原微生物等因素的影响，使用剂量需因环境变化而调整。

2. 硫黄 原药为黄色固体粉末。按中国农药毒性分级标准，硫黄属低毒杀菌剂。人每日口服 500～750mg/kg 未发生中毒。硫粉尘对眼结膜和皮肤有一定的刺激作用。

硫黄作用特点是一种无机硫杀菌剂，具有杀菌和杀螨作用。用硫黄与锯末 1∶2 比例可配制成硫黄烟剂。

3. 棉隆（必速灭） 原粉为灰白色针状结晶，纯度为 98%～100%，常规条件下贮存稳定，但遇湿易分解。

按中国农药毒性分级标准，棉隆属低毒杀菌、杀线虫剂。棉隆作用特点是一种广谱的熏蒸性杀线虫剂，并兼治土壤真菌、地下害虫及杂草。易于在土壤及其他基质中扩散，杀线虫作用全面而持久，并能与肥料混用。该药使用范围广，能防治多种线虫，不会在植物体内残留。但对鱼有毒性，且易污染地下水，南方应慎用。制剂为必速灭 98%～100% 微粒剂（Basamid G），外观为白色或近于灰色，具有轻微的特殊气味，不易燃。常温条件下，在未开启的原包装中贮存稳定性至少两年。

4. 五氯硝基苯 不溶于水，残效期长，其制剂为 40% 五氯硝基苯粉剂，外观为土黄色粉末，常温下贮存稳定。按中国农药毒性分级标准，五氯硝基苯属低毒杀菌剂，用于土壤处理和种子消毒，无内吸性。对甘蓝根肿病、多种蔬菜作物白绢病等也有效。

此外，还可用甲醛、恶霉灵（又名土菌消、立枯灵）、多菌灵、代森铵、波尔多液、石灰粉等药剂消毒。

（二）化学药物消毒方法

1. 熏蒸剂消毒方法 熏蒸剂主要用于土壤消毒。用溴甲烷消毒土壤对于黄瓜疫病防止效果最好，对消灭杂草种子、线虫效果也较好。溴甲烷气化时的温度比氯化苦低，所以能够在低温时使用。温室或大棚土壤要全面消毒，可在翻地整碎土块后，于地面上放上圆木或竹竿，上铺薄膜以便不使之漏气。将充有溴甲烷的钢瓶放在室（棚）外，瓶嘴接上软管，并引入室内膜下，打开瓶嘴，按每平方米 40g 充入溴甲烷。用溴甲烷消毒少量床土时，可将床土堆好，扣上小拱棚，床土上放一钉头朝上的带钉木板，将装有溴甲烷的小药罐放在钉子上面，从小拱棚的膜外向下按药罐，使钉子戳破罐底，溴甲烷气体便泄漏散在拱棚内，从而起到消毒的作用。为了防止气体外泄，应将拱棚四周密封好。覆盖时间冬季 7d，其他季节 3d 左右即可。

2. 烟剂消毒方法 烟剂主要用于温室骨架、墙体、架材、覆盖材料表面、地面等的表面消毒。

采用硫黄粉消毒，要在作物定植前先密闭温室；然后按硫黄比锯末 1∶2 比例配置硫黄烟剂，每 100m^3 温室空间用硫黄烟剂 0.75kg，在温室内分成若干堆；最后点燃熏蒸一夜，再放风 2d 方可定植。

采用速克灵烟剂或百菌清烟剂消毒，要在作物定植前先密闭温室；然后每公顷用速克灵烟剂或百菌清烟剂 7 500g，在温室内分成若干堆；最后点燃熏蒸一夜，放风后定植。

3. 农药水剂或粉剂消毒方法

（1）甲醛（福尔马林）消毒方法 甲醛多用于育苗床土消毒，每平方米苗床用 50ml 甲醛加水 6～12L，播种前 10～12d 用细眼喷壶或喷雾器喷洒在播种床上，用塑料薄膜覆盖，密封。播前一周揭开塑料薄膜，使药液挥发。或每立方米培养土中均匀撒上稀释为 50 倍的 40% 的福尔马林 400～500ml，然后把土堆积，上盖塑料薄膜，密闭 24～48d 后去掉覆盖物并把土摊开，待气体完全挥发后便可使用。也可将 0.5% 福尔马林喷洒床土，拌匀后堆置，用薄膜密封 5～7d，揭去薄膜待药味挥发后使用。

（2）硫黄粉消毒方法 在翻耕后的土地上，按每平方米 25～300g 的剂量撒入硫黄粉并耙地进行

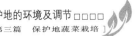
土壤消毒，或每立方米培养土施入硫黄粉 80～90g 并混匀。用硫黄粉进行土壤消毒，既可杀死病菌，又能中和土壤中的盐碱，使其呈酸性反应。因此多在北方偏碱性土壤中使用。

（3）石灰粉消毒方法　在翻耕后的土地上，按每平方米 30～40g 的剂量撒入石灰粉进行消毒。或每立方米培养土中施入石灰粉 90～120g，充分拌匀进行消毒。用石灰粉进行土壤消毒，既可杀虫灭菌，又能中和土壤的酸性，因此多在南方针叶腐殖质土中使用。

（4）采用多菌灵、甲霜灵、代森锰锌、恶霉灵等进行苗期土壤消毒的方法参见第六章。

二、物理消毒法

（一）太阳能消毒　利用太阳能消毒土壤是一种无污染和经济的土壤消毒措施。这种方法是在光照最充分、气温最高的 7～8 月份进行，一般可使土壤 0～20cm 土层温度达到 50℃以上，从而直接杀灭土壤中的病菌、线虫、杂草等，还能促进土壤中有机质的分解，提高土壤肥力。适合中国北方地区连年种植草莓、西瓜、果类蔬菜的大棚、温室应用。具体消毒方法如下：

1. 肥料施用　在处理前一般每 1 000m² 温室（大棚）土壤一次施入碎稻草 1t、干牛粪或猪粪（鸡粪）3t，石灰氮 100～150kg，各种肥料均匀施于土表后，用耕耘机将其与耕作层土壤混合均匀。

2. 起垄　基肥施入后，每 60～70cm 宽做一条高 30cm 的瓦背形垄，以提高土壤对太阳能的利用率。同时，因大棚或温室周边地温较低，应尽量将土移到中间。

3. 塑料薄膜覆盖　覆盖材料以 0.5mm 厚的聚乙烯薄膜为宜，新旧均可，旧膜在用前应洗净晾干。先在垄上将薄膜铺平拉紧，四周用细土压严，再将大棚或温室所有门窗密闭。

4. 灌水及管理　消毒期间土壤含水量要保持在田间饱和持水量的 60% 以上。薄膜覆盖后，垄背和垄沟内要达到充分湿润。根据水分渗透状况，每隔 6～7d 充分灌水一次。在完全密封的条件下，20～30d 即可达到土壤彻底消毒的目的。

（二）蒸汽热消毒　蒸汽热消毒土壤需先翻耕土地，用特制的橡胶布覆盖地面，四周用沙石袋等重物压住，将蒸汽锅炉产生的 $2.026 \times 10^5 Pa$ 压力的 132℃ 高温蒸汽通过导管送到橡胶布中，处理 8h 使土壤温度升高至 50～90℃，即可杀死病原菌，以达到防治土传病害的目的，一般每隔 4 年进行一次。也可在地下 15cm 深处，每隔 30cm 间隔铺设临时加热管道，这样可使距离加热导管 10cm 范围内，不到 1h 土壤温度即可达到 90℃，几乎可杀灭土壤中所有的生物。但这种消毒方法要求设备比较复杂，只适合经济价值较高的蔬菜作物使用。

（三）其他消毒方法

1. 微波消毒机消毒　用 30kW 高波发射装置和微波发射板组成的微波消毒机，可对保护地内的床土消毒。

2. 火焰土壤消毒机消毒　该机以汽油作为燃料加热土壤，可使土壤温度达到 79～87℃，既能杀死各种病原微生物和草籽，也可杀死害虫，但并不使土壤有机物燃烧，效果比较理想。

（徐师华）

（本章主编：徐师华　孙忠富）

◆ **主要参考文献**

[1] 王志刚等译. 设施园艺环境控制标准资料

[2] 王修兰等. 二氧化碳气候变化与农业. 北京：气象出版社，1996

[3] 张福墁主编. 设施园艺学. 北京：中国农业大学出版社，2001

[4] 李天来等. 日光温室和大棚蔬菜栽培. 北京：中国农业出版社，1997

[5] 何启伟，卢育华主编. 山东新型日光温室蔬菜系统技术研究与实践. 济南：山东人民出版社，2002

［6］韩笑冰，利容千，王建波等．热胁迫对辣椒花粉发育及其生活力的影响．园艺学报，1996，23（4）：359～364

［7］童有为，陈淡飞．温室土壤次生盐渍化的形成和治理途径研究，园艺学报，1991，18（2）：159～162

［8］何启伟，艾希珍，孙小镭等．日光温室黄瓜栽培 CO_2 浓度的消长规律初探．中国蔬菜，2002（1）：7～10

［9］王孝宣，李树德，东惠茹等．低温胁迫对番茄苗期和花期若干性状的影响．园艺学报，1996，23（4）：349～354

［10］山东农业大学．蔬菜栽培学总论．北京：中国农业出版社，2000

［11］安志信等．蔬菜的大棚建造和栽培技术．天津：天津科学技术出版社，1989

第二十六章

保护地蔬菜栽培技术

第一节　地膜覆盖栽培技术要点

　　用地膜覆盖地面后，土壤中的温度、水分、养分等发生了显著的变化，因而对蔬菜作物的生长发育产生影响。这种影响则依据不同作物种类、作物不同的生育阶段、栽培方式、栽培时期有所不同。比如，地膜覆盖能较明显地促进作物营养生长，但如果使用不当，果类蔬菜的营养生长和生殖生长失调而影响产品产量和品质。又由于地膜覆盖有促进种子发芽的作用，如果播种期过早，出苗后就可能遇到晚霜危害。地膜覆盖栽培的效果，一般地说，早熟品种比中、晚熟品种好；蔬菜作物本身经济价值高、产量高的则增效更为突出；喜温性蔬菜的覆盖效果一般比耐寒性蔬菜的效果好；水肥条件较差的地块比水肥条件较好的效果要明显；在温室、塑料棚等设施内结合覆盖地膜是节水、降低室内空气湿度、抑制病虫害发生的有效措施。所以，必须在了解不同蔬菜作物对覆盖地膜环境适应性的基础上，采取不同于常规的栽培技术和方法，才能充分发挥地膜覆盖的作用。

（一）春播蔬菜地膜覆盖栽培

　　1. 品种选择　简单地说，地膜覆盖栽培就是在原有的栽培方法基础上，加盖一层极薄的塑料薄膜，因此，原来某一种栽培方法采用什么品种，一般的都可在此基础上覆盖地膜进行栽培。但是，选用不易早衰的早熟、中早熟品种，则更能达到早熟、丰产的效果。

　　2. 育苗　蔬菜地膜覆盖栽培可直播或育苗移栽，如果采用移栽方法，其育苗方法、时期和步骤上，大体与一般不覆盖地膜栽培的育苗技术相同，但是为了充分发挥地膜覆盖栽培的作用，更要求培育健壮的幼苗。在育苗方法上，可采取快速育苗法和电热温床育苗法，最好采用营养土方、营养钵育苗、穴盘育苗等方法，以保护根系不受损伤。在苗期管理上，应该满足幼苗对光照、水分和营养的需要，而通过温度的调节来控制幼苗的生长速度。

　　3. 定植前的田间准备　定植前的田间准备是地膜覆盖栽培的关键之一，它包括整地、施肥、作畦、镇压、铺膜、开挖定植穴等一系列操作过程，以创造一个耕层深厚、水分充足、肥沃、疏松的土壤环境。

　　（1）施肥　在整地过程中要全面铺施和垄条施或畦条施肥相结合。将定量的有机肥或迟效性化肥作基肥，一次施入到 15～20cm 深的土层中去，以确保作物生长中各个时期的需要。根据土壤肥力水平及栽培作物的不同，在高肥地块一般应比无地膜覆盖的减少 20％～30％氮肥的用量，并适当增施磷、钾肥。

　　（2）整地和作畦　整地质量是地膜覆盖栽培的基础。在充分施用有机肥的前提下，提早进行灌溉、翻耕、耙地、起垄（作畦）、镇压等项作业。耕地前先清除前茬秸秆及其他杂物，如墒情不好则

应进行灌溉，待地表见干后进行翻耕，碎土耙平，紧接着起垄或作畦，经过轻镇压后，随即铺盖地膜。

关于垄或畦的高度，因土壤质地和蔬菜作物种类不同而有差异，一般以不超过15cm为宜。畦或垄过高会影响灌水，不利于水分横向渗透；过低则影响地温的增温效果。

垄或畦面中央应略高，两边呈缓坡状，这样的畦式铺盖地膜容易绷紧，薄膜与地表接触紧密。畦向或垄向一般以南北方向延长为宜，东西向的垄（畦）不仅光照不匀，而且膜下地表温度北侧比南侧低而更加容易滋生杂草。但夏季地膜覆盖栽培则最好采用东西向延长的垄（畦），定植时，将苗子栽植在畦的北侧，因北侧的土温要比南侧低些。

（3）铺膜　整地作畦完成之后，要紧跟着进行铺膜作业，这样有利于保住土壤水分。人工铺膜作业，最好3人一组。首先将畦（垄）的一头的薄膜用土压紧，以后由1人将薄膜逐渐展开，拉紧薄膜使其紧贴地面，另外2人将膜的两侧用土压严封实，这样才能充分发挥地膜保水、增加地温、抑制杂草生长的作用。

畦沟或垄沟一般不覆盖薄膜，留作灌水和追施化肥用，因此一块地中，覆盖地膜的面积占60%～70%。在铺盖薄膜之前，要根据畦或垄的宽度，选择适宜幅宽的薄膜，以避免浪费。

应用地膜覆盖机覆盖地膜，可以一次完成碎土、作畦、覆膜、封盖压土等多项作业，工效比手工作业提高5～10倍，适用于大面积覆盖作业。

4. 播种或定植　蔬菜的种植方法一般分为直播法和育苗移栽法两种，因此在地膜覆盖栽培中，其操作方法有很大的不同。

（1）直播法　一些蔬菜，例如豆类蔬菜、绿叶菜类、大蒜等，多采用直播法种植。在具体操作程序上，又有先播种后铺膜和先铺膜后开播种穴播种之分。采用先播种后铺膜的方法固然便于机械作业，但是幼苗出土后，如果不及时将苗上方的薄膜切口让苗伸出膜外，则幼苗容易在膜下被烤晒而死。目前，专门生产一种叫"切口膜"的薄膜，就是按播种带宽度的要求，在膜上事先开成相互交错的切口，待种子萌动出土后，幼芽可以从附近任何一个切口伸出薄膜之外，这样就省去了人工逐棵切口的用工。国内生产上采用地膜覆盖直播种植的蔬菜主要是菜豆（也有育苗移栽的），覆盖栽培的绿叶菜类很少。叶菜类蔬菜仅在播种至幼苗出土后作短期地面覆盖，以后便撤去地膜。直播菜豆则多采用先铺膜后播种的方法，就是在铺好薄膜的畦上，按所需的株行距用刀片划十字形切口，然后手工播种。种子播下之后，要用细干土将播种孔周围的薄膜压住，以保持膜下的温度和湿度，防止薄膜被风刮坏。如果覆盖有孔膜，并使用小型点播器播种，则省工得多。

（2）育苗移栽法　茄果类、瓜类、甘蓝类蔬菜等一般都采用育苗移栽法进行栽培，也有先定植后铺盖薄膜和先铺盖薄膜后定植幼苗之分。采用先定植后铺盖薄膜的方法，就是在苗子定植以后，按苗子位置的需要，将薄膜切成十字形的定植孔，然后把苗子从定植孔处套过，薄膜再铺平在畦面上，膜边用土压严。用这种方法种植的速度较快，但容易损坏苗子的叶片，也不容易保持畦面平整；另一种方法是定植孔或者在工厂里事先开好，或者临时用刀片划开，铺好薄膜后将定植孔下的土挖出，栽苗，再将挖出的土覆回，压住定植孔周围的薄膜即可。

关于定植期的确定，必须注意的是地膜覆盖并不能避免晚霜或者低气温对作物幼苗的危害。因此，无论是在露地条件，还是保护地条件下，有地膜覆盖或无地膜覆盖的幼苗定植期都应该是一样的，只在安全的定植期内，可先定植覆膜的幼苗，后定植不覆膜的幼苗。

5. 定植后的管理　塑料薄膜地面覆盖栽培，定植后的田间管理与无薄膜覆盖的相比，有许多不同之处，如果仍然应用原来的一套栽培管理方法来进行地膜覆盖栽培管理，就不能达到理想的效果。

（1）水分管理　地膜覆盖可以抑制土壤水分的蒸发。因此，在定植后，也就是蔬菜作物生长的前期，灌水量应比无地膜覆盖的小。但是由于覆盖地膜后，促进了蔬菜作物器官的生长和发育，特别是叶面积必然要大于不覆盖地膜栽培的，从而加大了水分的蒸腾量。到作物生育的中期以后，其地膜覆盖栽培的灌水量和次数应该稍大于无地膜覆盖栽培，否则，将更容易遭到旱害，促使作物早衰。

（2）肥料管理　在蔬菜作物的生长期中，因为地面覆盖了塑料薄膜，一般不便于追肥，所以，基肥应施足，确保整个生育期对营养的需要。在生育后期，也可以用磷酸二氢钾、尿素等进行叶面追肥，或者随灌溉水追施少量化肥，以弥补蔬菜作物生长后期因地力之不足而影响产量。

（3）中耕除草　地膜覆盖栽培一般可不进行中耕除草，因而可以省去不少用工。如果能够保证作畦和覆膜质量，那么膜下土壤表面温度可达 40～50℃，大部分双子叶杂草如马齿苋、灰菜、野舌草等幼芽出土后生长缓慢，叶色变黄，然后陆续枯死，其他如旱稗、野苏子等生长也受到抑制。为了彻底消灭杂草，可使用除草剂或杀草膜。除草剂的种类应根据蔬菜作物种类有选择地使用，以防发生药害。如果畦面不平整，覆膜不严，膜下会杂草丛生，要揭开地膜及时拔除，然后再将地膜覆盖好。

（4）病虫害防治　地膜覆盖栽培虽然能使蔬菜作物生长旺盛，提高其抗病虫害的能力，但也要和一般栽培一样，对病虫害采取必要的防治措施。

降雨时，地膜可以防止泥土飞溅，从而减轻一些土传病害的侵染。银灰色地膜对有翅蚜虫的驱避作用在作物生长前期比较显著，生长后期作物枝叶茂盛，驱避作用也就减弱了。

另外，应该注意一些土壤害虫对地膜覆盖栽培作物的为害可能提前或加重，应该注意地膜覆盖栽培病虫消长规律，并有针对性地采取防治措施。

（5）搭架支撑　部分蔬菜，如甜椒、茄子等，覆盖地膜后由于地上部分生长旺盛，地面覆盖畦的土壤疏松，对作物的支撑力弱，因而往往容易发生倒伏，应该及时搭架支撑。在栽培上应适当控制氮肥施用量，适当增施磷、钾肥，控制灌水量，以防作物地上部徒长。

（6）薄膜的保护　幼苗定植后，覆盖在畦面上的薄膜常常因风、雨及田间作业等原因使其遭到破坏，有的膜面出现裂口，有的畦四周跑风漏气，造成土壤水分蒸发，地温下降，从而失去地膜覆盖的作用。因此在进行整枝、搭架、收获、打药等田间作业时应注意不损坏地膜，发现破裂口要及时用土压严。在多大风地区应设风障等防风。

（二）夏秋蔬菜地膜覆盖栽培

1. 品种选择　由于夏秋季高温、多雨，导致病虫害严重，杂草生长迅速，易发生渍涝，所以作为地膜覆盖栽培，应选用耐热、耐涝、抗逆、抗病性强的品种。适宜夏秋地膜覆盖栽培的蔬菜种类有瓜类、豆类、茄果类、根菜类、大白菜等。

2. 整地、起垄　夏秋季蔬菜栽培因日照强、地温高，所以畦（垄）高度不应超过 10cm，同时要做好排水沟，以利排水。例如地膜覆盖大白菜栽培，畦宽可为 70cm，沟宽 50cm，用 90～100cm 宽的地膜覆盖；如采用垄作栽培大白菜，则垄宽 25～30cm，垄沟宽 40～50cm，覆盖 50cm 宽地膜。其他蔬菜地膜覆盖栽培，可根据当地条件和栽培习惯调整起垄、作畦的规格。

3. 地膜选择　根据夏秋季的气候特点，应选择使用银灰色地膜、黑白双面膜、银灰色带膜，有降温、驱避蚜虫等作用；在多草地区可选用黑色膜或黑、银灰相间的配色膜。日本专门用于降低地温的纤维素多孔膜，透气不透水，可较裸地降低地温 3～5℃，比黑白双面膜降低 4～10℃，已在露地或设施栽培中推广应用。

4. 播种期的确定及种植方法　夏秋季蔬菜地膜覆盖栽培的播种期应比不覆盖地膜的播种期晚 3～5d，因为覆盖地膜后加快了幼苗出土的速度。如北京、天津等地秋季大白菜播期在立秋前后 3～5d 为宜，呼和浩特、长春等地的适宜播期在 7 月 15 日左右，郑州、西安等地的适宜播期为 8 月中旬，地膜覆盖栽培的适宜播期应在上述适宜播期延后 4～5d。

种植方法有直播或育苗移栽两种方法，基本和春播蔬菜相同。不同之处是应将种子或幼苗播（栽植）于畦或垄的侧面半坡处，以利灌水及种子萌发出土。

5. 田间管理　播种后或栽植后，要根据天气状况及时灌水，保持土壤湿润，降低地温，以利出苗及幼苗生长。水量不宜过大，宜在早晚气温较低时进行。

中国蔬菜栽培学
□□□□ [第二版] .... Olericulture in China □□□□

（三）残留废弃地膜的清除与回收 经过整个栽培期间的耕作，埋在土壤中的薄膜碎片，可在耕翻时人工捡出，也可以用专门的拾膜机械完成。这些废膜可在回收后集中处理，以避免污染环境。

从 20 世纪 80 年代初开始，大连市塑料研究所等单位开展了可降解地膜的研究，重点研究了生物降解和光降解地膜的应用效果。通过大量应用试验，虽取得一定进展，但其中的一些难点尚未解决，如降解诱导期如何准确调控，埋于土中的部分残膜与地上部分能否同步降解，作物封行后遮光部分的降解速度等问题。因此，目前降解膜尚未进入大面积的实际应用阶段。

应用耐候性易清除地膜是目前较好地解决废地膜污染问题的途径。1983 年中国与日本进行了耐候性易清除地膜的合作研究与开发，以后，该项研究又被列入国家"八五"攻关项目。结果认为：采用厚度为 0.007mm 的耐老化、易回收地膜，覆盖蔬菜作物 100d，回收率达 100%。

（王耀林）

第二节 网纱覆盖栽培技术

一、遮阳网覆盖栽培

（一）遮阳网覆盖的应用效果

1. 对蔬菜生长、产量与品质的影响

（1）提高成苗率和秧苗素质 据调查，与不覆盖相比，使用遮阳网覆盖育苗，在江苏省甘蓝的出苗率提高 1.28 倍，比传统的苇帘覆盖高 50.7%；花椰菜的成苗率比露地高 1.1 倍；芹菜的出苗率比覆盖芦苇帘的高 56.5%；蒜苗的出苗率比不覆盖的高 44.5%。采用遮阳网覆盖培育的蔬菜秧苗，株高、叶片数、单株鲜重等秧苗素质综合指标比对照高 30%～50%，对于保证夏秋菜面积和增加秋冬菜产量的间接效益明显。

（2）对蔬菜生长的影响 不同的遮阳网对蔬菜作物的生长影响是有差异的。由表 26-1 可见，在晴日型的夏季，露地栽培白菜生长慢，矮小瘦弱，而大棚覆盖黑色遮阳网明显高于对照露地，表现商品性好。

表 26-1 露地与覆盖遮阳网的白菜茎叶生长状况比较
（引自：《蔬菜遮阳网 防虫网 防雨棚覆盖栽培》，2000）

处　　理	年份	株高（cm）	叶片数	开展度（cm）	最大叶长×宽（cm×cm）	茎粗（mm）
黑网覆盖	1992	16.6	5	16.5	8.0×6.7	4.8
	1993	20.6	3.4	17.6	15.9×6.4	—
露地栽培	1992	8.4	4	8.8	5.1×3.8	2.9
	1993	22.1	3.7	17.9	18.4×6.4	—
银灰网覆盖	1993	24.3	4	17.9	18.9×7.5	—

（3）对蔬菜产量的影响 夏季覆盖不同颜色的遮阳网、采用不同的覆盖栽培方式栽培夏白菜，其效果不尽相同。试验证明，晴热型的夏季 7～8 月份白菜不覆盖栽培的产量很低，而不论采用哪种遮阳网、哪种覆盖方式，均有增产效果，黑色网覆盖的效果优于银灰色网，大棚覆盖优于小棚覆盖。但冷夏型的 7～8 月份阴雨天气多，只有银灰色网（遮光率为 42%～45%）大棚栽培增产 28.9%，其余覆盖形式均减产，尤其以黑色网覆盖减产幅度大，达 37% 左右。可见，夏季采用遮阳网覆盖栽培，应依据天气状况选择网型，而且不可一盖到底，应灵活采用揭、盖遮阳网管理技术，否则会产生负面效果。

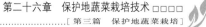
（4）对蔬菜品质的影响 遮阳网覆盖栽培的产品外观鲜嫩，含水量高，粗纤维含量低，显示出较高的商品性。但叶绿素、维生素C、蛋白质含量覆盖栽培均不及不覆盖栽培的高，而且硝酸盐含量也高于露地栽培。从揭开遮阳网当天、揭开网后5d、7d的3次测定结果可以看出：揭网5d后除叶绿素含量稍低于对照外，上述其他品质指标均达到或超过不覆盖栽培的产品水平，硝酸盐含量也下降到对照水平（硝酸还原酶属光诱导酶）。揭网7d后，叶绿素、蛋白质含量进一步提高，但维生素C含量下降。因此，在采收前5d揭开遮阳网处理，能有效地克服由于遮光对产品营养品质带来的不良影响（表26-2）。

表 26-2 遮阳网覆盖不同处理对夏白菜品质的影响

（引自：《蔬菜遮阳网 防虫网 防雨棚覆盖栽培》，2000）

测定项目	测定时间	露地栽培（不覆盖）	小棚覆盖		大棚覆盖	
			银灰色网	黑色网	银灰色网	黑色网
含水量（%）	1992	90.0	93.5	92.1	92.1	91.5
	1993-1	95.0	95.5	95.8	96.0	95.7
	1993-2	93.3	93.9	92.5	93.7	93.4
	1993-3	91.3	91.9	91.4	91.9	91.6
每100g鲜重维生素C含量（mg）	1992	78.1	64.0	60.3	71.0	86.6
	1993-1	75.4	56.2	65.5	54.9	60.8
	1993-2	69.6	77.5	80.2	70.8	75.5
	1993-3	54.8	52.7	52.7	64.0	58.2
每100g鲜重蛋白质含量（mg）	1992	264.3	462.2	194.1	219.7	236.8
	1993-1	149.7	125.4	145.1	114.1	123.7
	1993-2	133.9	147.8	144.7	160.6	151.4
	1993-3	148.5	213.0	184.1	205.8	171.9
粗纤维 [mg/g（干重）]	1992	127.7	53.6	72.4	85.1	94.3
	1993-1	71.8	63.6	62.1	63.4	597
	1993-2	83.8	77.2	84.7	79.2	75.0
硝酸盐 [mg/g（干重）]	1992	37.4	102.1	61.2	89.8	55.9
	1993-1	46.4	86.7	67.3	71.9	57.6
	1993-2	48.0	57.2	38.3	64.3	43.6
硝酸还原酶活性 [μmol/g（鲜重）]	1993-1	122.93	75.65	87.54	82.20	90.26
	1993-2	96.67	122.08	132.85	86.96	107.23
叶绿素 [mg/g（鲜重）]	1993-1	0.63	0.60	0.63	0.56	0.56
	1993-2	0.63	0.57	0.56	0.58	0.57
	1993-3	0.64	0.66	0.66	0.68	0.68

注：1993-1、1993-2、1993-3 为揭网当时、揭网后5d、揭网后7d的测定值。

2. 缓解夏淡季蔬菜供应 遮阳网覆盖栽培属夏季保护地栽培，其覆盖栽培的更大意义体现在能有效地增加夏淡季蔬菜的供应。辣椒、茄子等夏菜覆盖遮阳网，可以防止早衰，延后供应到8～9月份；遮阳网覆盖还能使早秋芹菜、秋莴苣、秋番茄、早花椰菜、早甘蓝、夏秋黄瓜、生菜、西芹、青花菜等30多种秋菜提前到8～9月份上市，既增加了淡季上市量，又丰富了花色品种。

3. 节省生产成本 据大面积生产调查，与传统的苇帘覆盖栽培比较，因塑料遮阳网牢固耐用，

质地轻软，揭盖方便，减少了揭盖、浇水、喷药用工，每公顷省工 120 个；春季夜间网膜结合保温覆盖与传统的草帘保温覆盖相比，节省盖、揭草帘用工 75％。江苏省常州市红梅乡红菱二场对比试验结果表明，苇帘覆盖每公顷用量 9 000m²，一次性投资 18 000 元，2 年平均折旧费 9 000 元/(hm²·年)；遮阳网覆盖每公顷用量 9 000m²，一次性投资 9 000 元，4 年平均折旧费 2 250 元/(hm²·年)，遮阳网覆盖的折旧成本比苇帘低 6 750 元/(hm²·年)。

（二）遮阳网覆盖栽培技术要点

1. 遮阳网的选择

（1）芹菜、芫荽以及葱蒜类等喜冷凉的中、弱光蔬菜夏秋季生产，以选用遮光率为 55％～65％ 的黑色遮阳网覆盖为好。

（2）番茄、黄瓜、茄子、辣椒等喜温的中、强光性果菜类夏秋季生产，宜选用遮光率为 35％～45％ 的黑色遮阳网覆盖；在蚜虫、病毒病发生严重的地区，最好选用遮光率为 35％～45％ 的银灰色遮阳网或黑、灰色配色遮阳网覆盖。

（3）夏秋季育苗或移栽蔬菜缓苗期覆盖，宜选用黑色遮阳网覆盖；蚜虫迁飞期育苗，为预防病毒病，应选用银灰网或黑、灰配色遮阳网覆盖。

（4）用于全天候覆盖栽培的遮阳网，遮光率不宜超过 40％，或采用遮光率差异明显的黑、灰配色遮阳网覆盖；也可采用遮光率较高的遮阳网单幅间距 30～50cm 覆盖，或搭设 1.5～1.6m 的窄幅小平棚覆盖。

（5）菠菜、莴笋、乌塌菜等耐寒、半耐寒叶菜冬季防霜冻覆盖，为了提高保温防霜冻效果，宜采用银灰色遮阳网覆盖。

（6）为了防止叶菜类蔬菜内在品质的下降，遮阳网不宜一盖到底，应于在采收前 5～7d 撤网锻炼。为提高秧苗移栽成活率，缩短缓苗期，应于定植前 7～10d 撤网炼苗。

2. 遮阳网覆盖的栽培技术要点

（1）夏秋菜高温期育苗　采用大、中型塑料棚上覆盖黑色遮阳网和薄膜结合，盖顶留肩，网遮阳，膜防雨，降温效果好，一般 6m 跨度的棚架，需用幅宽 1.8m 的遮阳网 4 幅拼接覆盖，用压膜线固定。

当晴天气温在 30～35℃时，于 9 时覆盖遮阳网，16 时揭开；气温高于 35℃时，于 8 时覆盖，17 时揭开。晴天覆盖，阴天不覆盖；自播种至齐苗、分苗、缓苗期应全天候覆盖；齐苗和缓苗后视天气情况适时揭、盖。

覆盖遮阳网育苗，可比不覆盖的减少播种量 30％左右，适当减少浇水次数。采用深沟高畦育苗，沟渠配套，能排能灌，防止雨涝渍害。其农艺技术与常规育苗相同。

（2）伏（夏）菜栽培　应用遮阳网覆盖栽培伏菜秧，自播种至齐苗多采用全天候浮面覆盖，网上喷水。3～5d 后，用棚架支起做小拱棚或平棚覆盖，或利用大（中）棚架覆盖栽培，晴天上午阳光强烈时覆盖，下午阳光较弱时揭开，阴天不盖网；暴雨前盖，雨后揭；为节省用工，可采用 45％遮光率的遮阳网小平棚全天候覆盖，采收前 5～7d 应撤除遮阳网。

（3）越冬菜栽培　以银灰色遮阳网作浮面覆盖为好。覆盖期一般在 12 月至翌年 2 月间，选择叶色淡绿、植株柔嫩、耐寒力差的先盖；植株健壮、叶色浓绿老健、耐寒力强的后盖，当气温稳定回升到 5℃以上时撤除遮阳网。通常白天气温在 5℃以上时揭开遮阳网见光，利于光合作用，夜晚覆盖遮阳网以利保温、防霜冻。

冬季育苗用 4 层遮阳网加一层农膜代替草帘保温防寒。覆盖方法及揭盖管理等与传统的草帘覆盖相同。

（4）春菜提前、秋菜延后栽培　视覆盖的蔬菜作物高、矮，选用浮面覆盖、小拱棚、平棚以及大、中型塑料棚等方式覆盖，遮阳网的揭、盖管理同前。

（5）食用菌覆盖栽培 选用 80％以上遮光率的黑色遮阳网，覆盖于塑料大、中型塑料棚膜上进行全封闭覆盖，按照各种食用菌生物学特性进行常规管理。

二、防虫网覆盖栽培

（一）防虫网在蔬菜生产上的应用 防虫网在蔬菜栽培上的应用基本和遮阳网相同。

（二）防虫网覆盖栽培应注意的问题

1. 合理选用防虫网 选择防虫网要考虑纱网的目数、颜色和幅宽等。如果目数太少，网眼偏大，则起不到应有的防虫效果；而目数若是过多，网眼太小，虽能防虫，但通风不良，导致温度偏高，遮光过多，则不利于作物生长。一般宜选用 22～24 目的防虫网。春秋季节和夏季相比，温度较低，光照较弱，宜选用白色防虫网；夏季为了兼顾遮阳、降温，宜选用黑色或银灰色防虫网；在蚜虫和病毒病发生严重的地区，为了驱避蚜虫、预防病毒病，宜选用银灰色防虫网。

2. 灭虫处理 种子、土壤、塑料棚或温室骨架、架材等都有可能带有害虫和虫卵。在防虫网覆盖后至种植蔬菜前，一定要对种子、土壤、棚室骨架、架材等进行灭虫处理，这是确保防虫网覆盖栽培效果的关键环节。

3. 确保覆盖质量 防虫网要全封闭覆盖，四周用土压严实，并用压膜线固定牢固；进出大、中棚和温室的门，必须安装防虫网，并注意进出时随即关好。小拱棚防虫网覆盖栽培，棚架高度要明显高于作物，避免菜叶紧贴防虫网，以防害虫由网外采食或产卵于菜叶。用于放风口封闭的防虫网，与透明覆盖物间不能留有缝隙，以免给害虫留出进出通道。随时检查、修补防虫网上的孔洞和缝隙。

（张真和　李建伟）

第三节　塑料棚栽培技术

一、塑料薄膜中、小棚主要蔬菜栽培技术

塑料薄膜中、小棚内部空间较小，温度变化较剧烈，农耕作业不够方便；但因其具有不需大量建材、拱架构造简单、一次性投资少和便于使用防寒保温设备等特点，故此中国目前中、小棚的面积仍约占塑料棚、温室总面积的一半左右。

（一）番茄栽培技术 塑料中、小棚栽培是番茄周年生产和供应中不可缺少的环节。利用中、小棚进行番茄春早熟和秋延后栽培属于低投入高产出的栽培方式，经济效益和社会效益都十分显著。

1. 品种选择 利用中、小棚进行春季早熟或秋季延迟栽培，由于棚内空间和性能的局限和尽量避免与露地栽培采收期的重叠，宜选用早熟或极早熟的有限生长型品种。如果受消费习惯的制约或其他因素的影响必须采用无限生长型的中、晚熟品种时，则应选留 2～3 穗果摘心，进行小架栽培。现仅择其代表品种介绍如下：

（1）苏抗 5 号、东农 704 参见第十七章。

（2）齐研矮粉 黑龙江省齐齐哈尔市蔬菜研究所于 1989 年育成的常规品种。株高 43～52cm，3 穗果封顶。果实粉红色、高圆球形，平均单果重 100g，不易裂果。耐病毒病但不抗疫病。

（3）吉农早粉 吉林农业大学于 1991 年育成的常规品种。有限生长型，果实粉红色、多心室，单株结果 8～10 个，单果重 125～150 g，从幼苗出土至始收约 105d。整枝作业简便，定植后稍整底权即可。

（4）西粉 3 号 西安市蔬菜研究所 1991 年育成的一代杂种。有限生长型，株高 50～60cm，株幅45～55cm，3～4 穗封顶。果实圆整、粉红色有青肩，果径 7～8cm，单果重 115～132g。低温下生长

良好。高抗 ToMV、耐 CMV。

（5）兰优早红 甘肃省兰州市农业科学研究所于 1991 年育成的一代杂种。株高 40～50cm，株幅 35～45cm，2～3 穗果封顶。果实红色圆球形而稍扁，单果重 130～150g。开花至成熟 40～50d。高抗 ToMV，耐寒性强。

（6）河南 5 号 河南省农业科学院园艺所于 1991 年育成的一代杂种。有限生长型，株高 50cm 左右。果实红色，扁圆球形，有绿肩。耐热性较强但不抗早疫病。

另外，适宜品种还有皖红 1 号、渝抗 4 号、杂优 3 号、苏抗 9 号（苏粉 1 号）等。

2. 春季早熟栽培

（1）培育壮苗 秧苗素质对未来的产量和产品质量关系十分密切。应当根据育苗场所（北方和中原地区多利用日光温室，南方则利用塑料大棚或温床）的条件结合品种特性来确定播种期和苗龄。有限生长型品种苗龄一般为 60～70d，如苏粉 1 号、苏抗 5 号等品种第 1 花序着生节位偏高 1～2 节，苗龄可再延长 10d 左右。杜绝长龄老化苗是谋求丰产的一项关键。

①播种前的准备。育苗用的营养土是培育壮苗的基础，应具备：有机质丰富、质地疏松、保水保肥力强、微酸性或中性并基本杜绝病原和害虫存活。茄果类一般要求固相占 45％～50％、液相占 20％～30％、气相占 20％；有机质不低于 5％，氮（N）、磷（P_2O_5）、钾（K_2O）的全量分别不低于 0.2％、1.0％和 1.5％。可根据当地的资源本着就地取材的精神进行肥、土搭配。

种子用凉水预浸 3～4 h，而后用 10％磷酸三钠溶液浸种 20～30min，经淘洗后再用 50～54℃温水，投入种子后急加搅拌约 30min，立即掺入凉水；如系未曾用磷酸三钠处理的干燥种子，可再浸 3～5h。当种子吸水后的重量比干燥种子增加 90％，即已基本完成了吸水过程，放在 20～25℃ 的条件下催芽，当种子露白（胚根刚突破种皮）即可播种。另据东北农业大学园艺系研究，在催芽 24h 后种子已萌动但尚未发芽时在 0～2℃ 的低温下处理 1 周（每天要淘洗）可提高耐低温能力。

②播种。可用苗床或播种箱，采取撒播营养面积不小于 5cm²。播种后土壤温度白天保持 25℃，夜间不低于 20℃。为确保出苗整齐，可采取分次覆土、在苗床（或播种箱）上覆盖地膜等措施来提高土壤温度。当幼苗即将出土（拱土）时撤掉地膜并降低设施内的温度。齐苗后要进行间苗，淘汰长势不良、无生长点及子叶畸形的劣苗和过密的小苗。

③移植。为保证番茄幼苗生有健全的根系和避免定植前起苗伤根，应采用容器育苗（塑料育苗钵等），容器要有足够的体积以利根系发展和持有足够的水分以供日后幼苗生长。第 2 片真叶初展是移植适期。移植后一旦发生萎蔫要临时进行遮荫，使之在 2～3d 内完成缓苗过程。

④肥水管理。在播种前（或后）和移植时都要浇水，容器育苗因土壤（基质）体积有限，在缓苗后应根据情况适量进行供水。若有缺肥症状可在水中添加 0.2％ 尿素和 0.2％ 磷酸二氢钾，也可试配营养液来补充肥水。番茄育苗参考专用营养液配方（表 26-3）。

表 26-3 番茄育苗专用营养液配方（g/t）

大 量 元 素		微 量 元 素
配方一	配方二	
硝酸钙 354	尿素 226	螯合铁 24～41（或硫酸亚铁 15～22.5）
硝酸钾 404	磷酸二氢铵 89	硫酸锰 1.7～2.0
磷酸二氢铵 76	草木灰 515	硫酸锌 0.2～0.27
有水硫酸镁 246	有水氯化钙 313	硼酸 3.0
	有水硫酸镁 246	钼酸铵 0.27
		硫酸铜 0.13

⑤防止徒长。番茄在生有 4 片真叶以后要分次逐步加大育苗钵间的距离，并适度降温。另外也可

在缓苗后在叶面喷洒矮壮素，浓度为 200～250mg/L 及 10～15d 后再用 500mg/L 处理 1 次，不仅能有效控制徒长，而且有增产作用。

⑥温度管理和适龄壮苗的形态。整个育苗期间温度管理参考指标见表 26 - 4。

表 26 - 4　番茄育苗温度管理参考指标（℃）

（安志信等，2000 年）

生育时期	白天最高温度	下午盖苫时的温度	次日揭苫时的温度（最低温度）	备　注
播种至出苗	27～30	18～20	10～12	密闭不通风
出苗至吐心	22～25	15～17	10～8	出苗后逐渐通风
吐心至 1 叶放展	25 左右	18	10～8	从播种至吐心需 20～25d
1 叶放展至 2 叶前期（移植）	23～25	14～16	6～8	移植前 7～8d 进行锻炼
移植至缓苗	30 以上	20	10	密闭不通风
缓苗至炼苗前	23～25	14～16	10 以上	自缓苗以后，如夜温长期偏低可能发生畸形花或主茎生长点失活
炼苗至定植	20～15	14～12	5～7	

适龄壮苗应无老化症状、无病虫害、株型匀称、整体轮廓呈长方形或顶部稍宽的梯形；株高 20～25cm，茎粗 5～6mm，具 7～9 片真叶，下部节间长 5～6cm、上部小于 5cm；叶片绿色、舒展，叶柄与茎成 45°角；第 1 花穗已现蕾；根系发育良好，侧根量多且呈鲜白色；在育苗钵中没有发生严重的盘根现象。

（2）定植前的准备　番茄中、小棚春季早熟栽培最好在冬灌前尽量结合秋耕铺施基肥，每公顷施农家肥 50 000～60 000kg，附加过磷酸钙 750kg，或磷酸二铵 225 kg，经过耕翻、化冻改善土壤结构。小棚在春季尽早插拱架，中棚可在冬前插好拱架。在早春 20cm 土层解冻时再行耕地、整地并覆棚膜、盖草苫等进行蓄热（俗称"烤畦"），在华北、中原等地烤畦时间不宜少于 15d。另外，定植前在棚内的东西两端和南侧用旧膜绑好高约 30cm 的"围裙"，为日后通风时保持幼苗不受"扫地风"危害。

在定植前 7～10d 逐步降温进行炼苗。定植前 1d 浇起苗水，使定植脱钵时不散坨、少伤根。

（3）定植　不同地区由于气候影响使定植期有相当差异，例如西安市定植期为 3 月上中旬，兰州市为 3 月下旬至 4 月上旬，西宁市则为 5 月上旬。因番茄在 9～10℃ 根毛停止生长，所以棚内 10cm 土壤温度稳定在 10℃ 以上才能定植。

关于密植定额应根据品种特性和土壤肥力具体掌握，一般株高不超过 60cm、株型紧凑的品种如齐研矮粉、兰优早红等每公顷栽植 67 500～75 000 株；苏粉 1 号、杂优 5 号等株型较高大的品种每公顷可栽 52 500～60 000 株。

定植作业要选择在一次天气过程之后进行，争取定植后有几个晴天以利缓苗。具体方法：覆盖地膜的先在植穴内坐好底水，然后栽苗并用细土压膜封严定植穴；不覆盖地膜则在定植沟内浇半沟水，将秧苗浅栽进行少量覆土，经过 3～5d 已经缓苗后先浇一小水再将定植沟覆平。有的地方在定植后才覆地膜，采取用刀拉口掏苗的方法，在秧苗四周也要用细土封严刀口。

（4）环境调节　在定植后的 5～7d 是缓苗阶段，一般不进行通风，一旦在中午发现萎蔫可采取临时、间隔盖苫遮荫，植株恢复后立即揭苫。夜间最低温度力争不低于 15℃。完成缓苗后在第 1 花穗开花期白天最高温度掌握在 25℃，夜间最低温度不宜低于 12℃。结果期白天最高温度掌握在 25～28℃，夜间最低温度保持 15℃ 左右，可参照白天情况使昼夜温差保持 10～12℃。晴天中午棚内温度

在35℃以上若超过1h即会产生不良影响，必须在25～28℃时及时进行调节。阴天或雨雪天气白天温度偏低，夜间温度也要相应下调。

调节棚内部气温的方法是通风。初期采取打开东西两端薄膜进行通风，随着天气转暖仅靠两端通风已感不足时，可在南侧将棚膜支起进行通风，并逐步加大通风量。当夜间最低温度稳定在12℃以上可不再盖苫，稳定在15℃时夜间也应适当通风。此后可以逐渐向露地环境过渡，棚膜可以不盖，但不必急于撤掉，以防止寒流的侵袭。

番茄对光照要求较高，应争取多见光，随着天气转暖逐渐延长见光时间，即便是雨雪天气也要坚持揭苫见光。

（5）浇水和追肥　沟栽方式在定植和缓苗时的浇水已如前项所述；覆膜穴栽也应同时浇缓苗水。此后在第1花穗开花期和结果初期要适当控水，直到幼果果径约3cm、土壤20cm土层相对湿度约60%、土壤负压在0.05MPa（即pF 2.7）再行浇水。此后茎、叶、果实不断生长，需水量多在土壤相对湿度降到70%（土壤负压计0.03MPa或pF 2.5）即行补水。直到最末穗果实已充分膨大生长，进入栽培过程的后期再适当控水。

番茄对氮、磷、钾的需求特点是：基肥中要增施磷肥，中小棚属于短期栽培，进入收获期再追施磷肥则为时已晚。氮肥在初期如过量会使营养生长过盛，反而不利早熟。钾肥在进入采收期仍需不断供给。故此在第1穗幼果直径约3cm时结合浇水进行第1次追施磷酸二铵150～200kg/hm²、硫酸钾（或氯化钾）200～225kg/hm²。第1穗果开始采收时结合浇水再进行第2次追施尿素150～200 kg/hm²、硫酸钾（或氯化钾）150kg/hm²。

（6）植株调整　利用中、小棚栽培番茄应采取单干整枝，在缓苗后每株直插1根架材并进行绑缚，随着植株的生长还要再绑1～2次。在第1穗坐果后主茎上萌发的侧芽要摘除。如果发生个别缺苗现象，可在其相邻植株上保留第1花穗下的侧枝，在侧枝的第1花穗前保留2叶进行摘心。如果秧苗老化，长势较弱在萌发的侧枝上摘心时保留1～2片真叶借以增加叶面积。

为了维持整株长势的均衡和提高产品质量，还应进行疏花、疏果，如有畸形花应尽早摘除；一般大果型品种每穗留果3～4个为宜。中果型品种每穗留果5个为宜。

（7）保花保果　目前保花、保果的措施主要是用植物生长调节剂处理花器。常用的种类和浓度：防落素20mg/L、2，4-D 10mg/L。使用方法：用毛笔或微型喷雾器处理花梗和萼片基部，最好在1个花穗上已开和将开的花朵达到了3个时进行一次性处理，这样同一穗上的果实膨大生长比较均衡。另外还要避开高温，最好在15时以后进行处理。

（8）采收与催熟　一般在果实由顶部着色开始向果实中部扩展，即可以采收上市。这样一方面好运输，同时也可有适当的货价期。如果为了提早上市，可进行人工催熟，催熟的方法是：当果实顶端开始着色时，正是进行催熟的理想时期。前期产品应将果实摘下放在800～1 000 mg/L的乙烯利稀释液中浸泡3～5min，捞出稍晾待果面干后装筐并用塑料薄膜封严，放在20℃的条件下进行催熟；中期产品的催熟方法是，带上棉织手套在800～1 000 mg/L的乙烯利稀释液中浸湿后，对植株上已进入白熟后期即将着色的果实轻轻抚摸；采收后期可用800 mg/L乙烯利稀释液喷洒整个植株，这样可促使叶片褪绿、果实变红，提早7～10d结束生产。

3. 秋季延迟栽培　在无霜期200d左右的地区可以进行这种由露地栽培过渡到保护地的秋季延迟栽培。其技术难度和风险性都比春季早熟栽培大；但果实采收后通过贮藏保鲜，经济效益比较显著。

（1）遮荫育苗　一般多在8月上中旬进行育苗，苗龄约30d，在育苗期间应力争做好防强光、防高温、防雨、防雹、防徒长、防伤根和防蚜虫传毒。

播种用育苗土，按容积配制，洁净田土占40%，腐熟过筛的马粪（或堆肥＋草炭）40%、细沙（或细炉灰）20%。移植用育苗土用田土的比率可增加10%，细沙减少10%；另外每立方米添加充分腐熟过筛的鸡粪15kg、过磷酸钙3kg和草木灰10kg或尿素、硫酸钾各2kg。

利用塑料育苗钵育苗可以直播，也可在子叶平伸、真叶未现时提早移植以免伤根。至3～4叶期随着植株生长要适当加大苗间距离。亦可按前文所述喷洒矮壮素防止徒长。

防止病毒侵染非常关键，首先操作人员不能接触烟草；种子要用磷酸三钠浸种；苗床上悬挂银灰薄膜或反光幕的细条进行驱蚜；采取黄板诱杀或喷药灭蚜。

（2）整地和施基肥　关于基肥施用量和整地作业的要求可参照春季早熟栽培。因定植初期要防雨涝，高地势可做平畦，否则可起垄或做成高畦。高畦一般高15cm左右，两畦之间为灌、排两用的水沟；高畦的宽度必须根据当地的土质使沟灌后能横渗到畦中央，一般1～1.2m即可。

（3）保护设施的准备和使用　定植缓苗后尽早架设中小棚拱架。秋分前后根据农活情况提早将风障沟掘好，保证在降霜前能及时加设完毕。在外界最低温度低于15℃或植株结露较重时即可在夜间覆盖棚膜；白天最高气温低于20℃时白天不再揭膜，利用通风来调节棚内温度。在覆膜的情况下夜间内部最低温度低于12℃时则覆盖草苫进行保温。

（4）定植　应选阴天或在下午进行定植，定植密度要比春季早熟栽培高10％左右，以备淘汰早期感染病毒的秧苗。另外高温期育苗往往比较徒长，但定植深度仍不可过深，必要时可以斜栽。定植时随定植、随浇水，应浇足定植水和缓苗水，以免秧苗过度萎蔫延长缓苗期。

（5）浇水和追肥　在秋季延迟栽培当中气候变化正和春季早熟栽培相反。定植初期不能缺水，尤其在第1花穗的结实过程如受干旱胁迫则利于病毒病的发生和发展，应根据降水情况采取小水勤浇的方式进行浇水。当第2花穗坐果以后天气已渐凉爽，供水也要相应核减。

追肥以第1穗果实膨大生长期为重点，追肥量应大于春季早熟栽培的数量。第2次追肥则应少于春季早熟栽培。如果土壤肥力充足也可仅进行一次追肥。

（6）其他管理　秋季延迟栽培的开花期因当时气温较高，使用植物生长调节剂的浓度要略低些。至于整枝、中耕等诸项管理和春季早熟栽培基本相同。

（7）适时采收　当棚内最低温度降到8℃时，虽然从外表看不到冷害症状，但应及时进行全部采收。

4. 病虫害防治　为害番茄的主要病虫害及其防治方法参见本章塑料大棚栽培。

（二）西葫芦春季早熟栽培技术　利用中、小棚从事西葫芦春季早熟栽培甚为普遍；西葫芦中、小棚秋季延迟栽培并非不可行，而是因露地栽培的产品可以进行贮藏，加之近年节能型日光温室的西葫芦秋冬茬栽培相当普遍，使西葫芦中、小棚秋季延迟栽培受到限制。

1. 品种选择　西葫芦短蔓型品种具有早熟性，中、小棚的空间基本能满足其生长发育的需要。主要品种如下：

（1）阿尔及利亚　1966年引进的常规品种。矮生、节间短、分枝性弱，多不发生侧蔓。株高60～70 cm，叶片着生银色角斑。第6～7节着生第1雌花，幼瓜浅绿色有明显深绿色条纹，成熟后果皮黄褐色。在北方广泛栽培。

（2）9号葫芦　新疆石河子兵团试验站育成的常规品种，亲本为当地一窝蜂和阿尔及利亚品种。植株矮生、分枝性弱、耐低温。第1雌花着生在第5～6节，播种后约50d开始采收。嫩瓜外皮浅绿色，有绿色网状花纹，果实有10条纵棱。丰产性好。现已是新疆地区主栽品种。

（3）长青1号　山西省农业科学院蔬菜研究所育成的一代杂种。属短蔓直立型品种，生长势强，主蔓结瓜，侧枝结瓜很少。极早熟。该品种瓜码密，连续结瓜能力强，丰产性好。商品瓜皮色为淡绿色网纹，呈长筒形，粗细均匀。适合各种保护地栽培。

（4）寒玉、中葫3号等　参见第十六章。

2. 培育壮苗　供中、小棚定植的秧苗可在日光温室、大棚或阳畦中培育。苗龄30～40d，即在3叶1心时定植。

（1）种子处理和播种　西葫芦比较饱满的种子千粒重近200g，备种时按需种量再增加10％～

15％的安全系数。用55～65℃的热水浸种可对病毒起钝化作用。将种子投入热水中要急速搅拌，当水温降到50℃时将种子立即投入冷水中浸泡2h捞出，1h后再投入20～30℃水中浸泡2～3h后催芽。西葫芦种子发芽的最低温度为15℃，适宜温度为25～30℃，采取变温催芽一般2～3d即可露白。

育苗土的配制及播种，可参考本节番茄的内容。

（2）温度的调节 播种后出土前不通风，白天气温可维持25～30℃，夜间18～20℃，土壤温度在15℃以上，一般经过3～5 d即可出齐。幼苗一出土应立即降低温度，白天最高温度控制在23～25℃，于16时前后保持20℃，凌晨最低温度为13～14℃。当第1片真叶开始放展应适当提高温度，白天最高温度控制在25～28℃，凌晨最低温度维持12～15℃。这种大温差夜冷育苗的方式可促进雌花早出。直到定植前7d左右进行降温炼苗，即中午最高温度由22℃缓降到18℃，夜间最低温度从13℃缓降到8～10℃。

（3）肥水管理 因育苗土比较肥沃，播种前已浇足底水，所以在一般情况下育苗前、中期不需追肥浇水。如果幼苗在中午发生萎蔫，到14时前后仍不能恢复，则适量补水。若发现叶子有脱肥现象而生长点色淡时，可以用含有0.2％尿素和0.2％磷酸二氢钾的溶液喷洒幼苗，这样既向土中补充了肥、水，又起到叶面补肥的效果。另外肥、水的补充应在晴天上午进行。

（4）适龄壮苗生长状态 幼苗子叶完好颜色正常，生有3～4片真叶，自然株高10～15cm、主茎小于8cm，茎粗约0.8cm，刺毛硬。叶柄的长度和叶片的宽度基本相等。叶色深绿，根系健全。

3. 定植前的准备和定植 西葫芦根系发达，吸肥力强，苗期不宜过量施肥。基肥应以农家肥为主，每公顷铺施60 000～75 000kg；中型棚内部空间比小棚宽敞，可按定植位置掘30cm的深沟，在沟内每公顷施充分腐熟的鸡粪3 000kg，或磷酸二铵225kg，与沟底土壤混匀后填平。这样做是待根系生长到施肥部位时再产生肥效，故简称"待肥"。至于整地、作畦和覆膜蓄热等各项准备工作均和番茄相同。

西葫芦根系伸长的最低温度为6℃，根毛发生的最低温度为12℃。所以适期定植的温度指标为：棚内10cm的土壤温度必须稳定在10℃以上，最低气温不低于6℃。

在长江下游地区适宜定植时间是2月下旬至3月中旬。华北地区棚外盖草苫时，定植时间为2月下旬至3月中旬，棚外不盖草苫的定植时间为3月中下旬。

定植方式：一般1m窄畦定植1行、1.5m宽畦定植2行，株距50～60cm，定植位置两行应互相错开（吊墩）。选晴天上午采取坐水稳苗的方法进行定植；秧体较小的幼苗要靠南侧定植。定植深度以土坨和畦面相平为准。覆盖地膜栽培的，应在定植后将定植穴四周壅土封严。定植工作应在14时前后结束作业，以便有足够时间来提高棚内温度。

4. 定植后的管理

（1）环境调节 在定植3～5d内暂不通风，如发现萎蔫可临时间隔盖苫，恢复后再揭苫，促使缓苗。缓苗后至开始开花，当棚内气温达到20℃开始通风，通风量由小到大，按中午最高温度为25～26℃进行掌握，下午内部气温降到20℃停止通风，降到15℃左右时盖苫使次日凌晨能保持12℃。始花期3～5d后即进入结果期，这时植株生长较快，应适当控制茎叶生长。在温度调节上，虽然仍以中午最高温度25℃为限，次日凌晨最低温度12℃为宜，但应适当增加通风量和延长通风时间，草苫等覆盖物也应根据天气情况早揭晚盖。进入采收期后随着天气转暖，可逐渐延长通风时间和加大通风量，为逐步向露地栽培过渡做好准备。当外界最低气温稳定在10～12℃时不必再覆盖草苫，外界最低气温稳定在15℃时也可不盖薄膜。另外，西葫芦需要较多的光照，在保证温度达标的情况下要尽量增加见光时间。

（2）肥水管理 西葫芦适于土壤湿度较高而空气湿度较低的环境，故覆盖地膜更为有利。高畦和平畦都可将畦面盖严，结合浇水进行追肥，平畦可从定植穴渗入，高畦在畦沟两侧扎孔也能顺利渗入畦中。

定植后如底墒充足，在坐瓜前不必浇水。据河北农业大学研究，5cm 土壤绝对湿度为 20.36％、10cm 为 22.36％或在现蕾期应少量补水。当幼果长到 6～8 cm 时，结合浇水进行每公顷追施磷酸二铵或尿素 150～225 kg，此后每采收 1～2 次浇 1 次水，每隔 1～2 次水追 1 次肥。高畦可采取化肥和有机肥交替使用的方法，即在畦沟结合浇水冲施农家有机液肥，或鸡粪、豆饼加水发酵制成的液体。据山东和北京有关配方施肥的研究，每收获 1 000 kg 果实需氮（N）3.92～5.74 kg、磷（P_2O_5）2.13～2.22 kg、钾（K_2O）4.09～7.92 kg。

（3）中耕及植株调整　　不覆盖地膜的则应在缓苗后精细中耕直到现蕾期在行间开沟追肥，浇水后结合平沟进行最后一次浅耕并按行培成高约 10cm 的高垄，日后再追肥、浇水时可减少根颈部直接接触肥水。

西葫芦矮生品种每节或隔 1～2 节即可出现雌花，甚至一节着生两朵雌花，应及早疏掉过多或生长较弱的雌花。另外，萌发的侧蔓和中期以后基部黄化的老叶应及时摘除。

（4）化控保果和辅助授粉　　西葫芦不具有单性结实的性状。在短日照下育苗前期缺少雄花，可利用植物生长调节剂处理花器，如用 2，4-D 处理的适宜浓度为 30～40mg/L，坐果率可达 80％～100％；用防落素的适宜浓度为 50mg/L。对当天开放的雌花在清晨及早进行处理，在 9 时前结束此项作业。如处理子房的同时也处理雌蕊，这比单纯处理子房的结果率和果实平均重均有明显提高。处理子房时要使全部均匀受药，以免因受药不匀发生畸形。用毛笔涂抹的方法每朵雌花的用量为 1～2ml。另外，在进行辅助授粉后再用植物生长调节剂涂抹子房，对促进幼果膨大生长更为有利。

进行 A 级绿色食品生产，规定不得使用植物生长调节剂，可以考虑单独进行诱雄育苗。具体方法是：利用陈旧种子播种；育苗土不施肥而且控制浇水进行相对饥饿和干旱胁迫处理；在第 1 真叶放展后用 5～10 mg/L 的赤霉素喷洒叶片促使早现雄花。西葫芦的雌花在开花当天的上午 5～6 时受精能力最高，至 8 时已明显下降，故此辅助授粉要在清晨尽早进行。

（5）采收　　一般在定植后 55～60d 即可进入采收期。第 1 雌花的幼果长到 200～300g 时须及时采收，如果拖延将会"坠秧"。此后随着瓜秧的生长和市场价格的变化逐渐延迟采收时间，只有后期才收获充分生长的果实。生食品种黄色"香蕉西葫芦"要及时早采收。

（6）病虫害防治　　西葫芦常见而多发的病害是白粉病和病毒病；主要虫害为蚜虫、白粉虱和叶螨，防治方法基本和日光温室冬春茬黄瓜的病虫害防治方法相同。

（三）芹菜栽培技术　　利用中、小棚进行芹菜春早熟、秋延后栽培已十分普遍，在冬、春蔬菜供应上发挥了较大的作用。

1. 品种选择　　一般情况下凡能在露地栽培的品种，在中、小棚内也可选用。要求品种耐寒性强，叶柄充实，不易纤维化，品质脆嫩。用于春季早熟栽培的，还要求不易先期抽薹。以下芹菜品种可供选用：

（1）时村无丝芹菜　　河北省河间市地方品种。株高 80cm，开展度 40cm。叶色浅绿。叶柄长 50cm，宽 1.5cm，黄绿色，横断面为实心。中熟，耐寒，较抗斑枯病。春季不易抽薹，风味浓，品质好，纤维含量少。

（2）大连实心芹菜　　大连市地方品种。株高 65cm，开展度 14cm。叶柄长 40cm，浅绿色，实心。单株重 500g。中熟，定植至采收 50～80d。耐寒性及耐热性中等，耐贮藏性强，抗病性中等。风味浓，肉质细腻，纤维少，品质好。

（3）岚山芹菜　　山西省岚县地方品种。株高 70～80cm，开展度 38cm。叶柄绿色，腹沟浅而宽。横断面为实心。单株重 325g 左右。中晚熟，生长期 90～110d。适应性强，较耐热、耐旱，不耐贮藏。风味浓厚。叶柄内维管束纤维组织发达。

（4）上海早青芹（早黄心）　　上海市郊区地方品种。株高 45cm，开展度 15cm。叶柄长 30cm 左右，中空，浅绿色。最大单株重 500g 左右。早熟，播后 70d 左右即可采收。抽薹较早，品质较差，香味浓，可作软化栽培。

（5）北京细皮白、津南实心芹、四季西芹、尤他、意大利冬芹等　参见第十五章。

此外还有黑龙江双城空心芹菜，南京蒲芹，湖北沙市、湖南长沙、四川自贡和福建福州的白梗芹菜，浙江仙居黄心芹菜，广西柳州新云芹菜，以及西芹脆嫩、文图拉和康乃尔等。

2. 春季早熟栽培

（1）培育壮苗　芹菜春季早熟栽培要在冬季育苗，比较寒冷的地区利用日光温室，黄河以南冬季较暖可以利用阳畦或温床育苗。覆盖草苫的中、小棚采取提前烤畦蓄热措施，在晚霜前30～40d棚内10cm土壤温度稳定在8℃时即可定植。本芹苗龄60～70d、西芹苗龄80～90d。不同地区可以据此确定播种期。苗床面积是栽培面积的6%～7.5%。

播种前要先进行1～2d晒种，然后用48～50℃温水浸种15～30min（并不停搅拌）；或用1‰高锰酸钾溶液浸种10～20min。在清水中搓洗后浸泡一昼夜，晾晒至种子互不黏着时在15～20℃的条件下催芽。次日再进行淘洗、晾种，连续进行3d以满足芹菜发芽需光的要求；也可结合浸种用5mg/L的赤霉素溶液浸泡12h然后再行催芽。大约有50%的种子已经露白即可播种。

育苗床的基肥施用量按每平方米施腐熟过筛的农家肥5kg和磷酸二氢钾或磷酸二铵30～50g。要求肥、土混合均匀、细碎、疏松，并经轻踩镇压，然后再精细整平。芹菜种子粒身虽小但扎根较深，在子叶期刚出侧根时，扎根深度已达5～6cm，所以强调精细整地。

播种量稀播时为1.5～2.5 g/m²，密播则为5g/m² 左右。播后浅覆土，次日再行覆土，共厚约0.5cm。在第1次覆土后轻轻镇压以利出苗。

播种后不通风，如土壤温度达不到芹菜发芽的适温范围（15～20℃）可临时覆盖地膜。当拱土时揭除地膜后土壤温度要下降2～3℃。此后白天最高温度不宜超过20℃、夜间最低温度保持7～10℃，土壤温度15～18℃。当幼苗生出第2片真叶时进行间苗。当幼苗生有4～5片真叶即可定植。

西芹在3叶期按5cm×6cm进行移植。在5叶期用85%B₉的400倍稀释液处理植株防止徒长。6叶期栽植在直径12cm育苗钵中。当有12～15片真叶时即可定植。白天最高温度不超过25℃，夜间最低温度按15℃掌握，绝不能低于13℃，定植前炼苗温度也不应低于11℃，以防花芽分化。土壤温度则以20℃为基准。

（2）定植前的准备和定植　应在冬前翻耕土地铺施基肥，农家肥的施肥量为75 000 kg/hm²。提前插好拱架，根据当地土层冻结情况提前覆膜和草苫进行烤畦和整地。当畦内10cm土层稳定在8℃时方可定植。华北地区一般在1月下旬定植，4月中下旬收获。

定植前1～2d先在苗床浇水，然后起苗，起苗时尽量少伤根。定植作业最好在14时前后结束。如不盖地膜可采取开沟摆苗的方法，如栽双棵（每撮2～3株）株、行距为14cm×14cm，如栽单苗则为10cm×10cm。意大利冬芹植株一般比本芹大，可采取14cm×10cm或10cm×10cm摆单苗。随栽随浇水。如覆地膜应在定植前1d浇一次透水，渗下后喷施除草剂后覆地膜。定植方法是按预定株行距用竹签扎孔插苗，再于植株基部壅土固定。栽苗适当深度是"浅不露根、深不淤心"。

如培养西芹大型单株，则行距50～60cm、株距40～50cm，可参照番茄覆地膜后用打孔器挖定植穴的方法进行定植。

（3）定植后的管理　定植后为促使缓苗将棚膜盖严不通风。缓苗后如底墒不足可再浇一次小水。此后不覆盖地膜，进行2～3次中耕。在定植后约20d，株高15cm时植株开始发棵，可结合浇水追施氮素化肥（硫酸铵300～450kg/hm²或尿素150～225 kg/hm²）。据山东省的研究资料：生产1 000kg芹菜需氮（N）4kg、磷（P₂O₅）1.4 kg、钾（K₂O）6kg，而且在后期需钾量大；故此在第1次追肥后再过15～20d进行第2次追肥时除仍施用氮素化肥外，可根据土壤肥力本底酌情增施硫酸钾150～225kg/hm²。芹菜对水分要求高，如果缺水对产量和质量都有很大影响，要求土壤相对湿度经常保持在80%左右。

在进行温度管理时，中午棚内最高温度不宜超过 25℃、夜间最低温度保持 8～10℃。春季随着转暖草苫要尽量早揭晚盖争取多见光。当外界最低温度高于 8℃时夜间可以不盖草苫，稳定在 10℃以上时可以逐步锻炼向露地环境过渡，但棚膜不要撤除，以便抵御灾害性天气。西芹的温度管理白天可比本芹高 1～2℃，夜间最低温度不能低于 13℃，以防花芽分化。西芹的全生长期在 180～210 d。

（4）采收　春季早熟栽培宜提早上市；到 5 月前后已多有花薹，因此不宜擗叶进行多次采收，一般都整株进行一次性收获。

3. 秋季延迟栽培

（1）遮荫育苗　育苗场所一定要选地势高、排水好的地段。如计划定植 1 000m²，北京地区育苗畦的面积为 90～105m²，天津地区为 63～68m²，河北南部育小苗为 50m²、育大苗为 100 m²。育苗畦上面要架设苇帘或银灰色遮阳网等遮阳降温。

河北东部、京津地区和辽宁南部多于 7 月上旬播种，河北南部、山东、河南和陕西西安等地则于 7 月中下旬播种。苗龄一般 50～60d，种植西芹培育大苗播种期要相应提早 20～30d。

浸种、晾种等各项种子处理工作和春季早熟栽培相同，但催芽场所应在阴凉的地方（机井房、地下室、土井等）或放置在冰箱的保鲜柜内进行，经过 6～7d 即可发芽。

播种前的准备、播种方法和步骤等与春季早熟栽培相同，但播种量应稍小些。出苗后遮荫的覆盖物要逐渐撤减或在早晚掀开防止徒长。幼苗出土后到第 1 真叶放展前床土保持湿润，过干容易造成死苗。在第 1 真叶放展后及 2～3 叶期在进行间苗后应当浇水。直到第 4 真叶放展后才可适当减少供水。幼苗长到 5～6cm 高时结合浇水少量追施氮素化肥。此外，在幼苗期要参照本节番茄秋季延迟栽培有关内容对蚜虫和病毒病进行防治。

（2）定植及定植后的管理　秋季延迟栽培基肥应以农家肥为主，每公顷施肥量 75 000kg，如肥源不足可酌情增加磷酸二铵或氮磷钾三元复合肥。经过耕翻与土壤混合均匀后再精细整地。北方采用平畦，要求整成畦面稍向排水沟倾斜的"跑水畦"以防雨涝。

华北地区的定植期一般在 8 月上旬至 9 月下旬。本芹栽单苗行距 10～15cm、株距 3～5cm；西芹品种行距 20～25cm、株距 10～15cm。定植后随即浇定植水，过 2～3d 浇缓苗水。此后适当控水并进行中耕。当幼苗株高已达 15cm 时先按行进行培土，然后结合浇水追施硫酸铵 500～600kg/hm²。此后植株生长较快，当植株达到 30cm 以后则不能缺水，一般 5d 左右浇一水使畦面见湿、见干。在露地环境下仍要注意防治蚜虫和预防病毒病。

外界最低温度低于 5℃ 时可在夜间覆盖棚膜，到入冬（露地大白菜收获）开始整天覆盖棚膜，夜间盖苫。扣棚初期要注意通风、调温、控湿，白天棚内不宜超过 20℃。随着气温下降则以保温调湿为主，白天保持 15～20℃、夜间 5～8℃。根据天津的天气状况，小雪节气（11 月下旬 39 年旬平均温度为 2.1℃）棚内芹菜生长缓慢，到大雪节气基本停止生长。主要做好保温防寒，如果一旦发现受冻，不要马上揭苫见光，应等植株逐步解冻恢复后再揭苫。

（3）采收　从元旦至春节可根据市场需要一次性收获上市。

4. 病虫害防治

（1）芹菜斑枯病　此病的发生和发展与湿度有很大关系，其症状及防治方法参见第十五章第三节，药剂防治可用 5％百菌清粉尘剂，每公顷每次 15kg 防治。

（2）芹菜菌核病　病原：*Sclerotinia sclerotiorum*。保护地冬春生产较常见，为害茎、叶柄及叶片。受害部位初呈褐色水渍状，湿度大时形成软腐，表面生出白色菌丝，后形成鼠粪状黑色菌核。菌丝的侵染和蔓延，一是脱落的带病组织与叶片、茎秆；二是病叶和健叶、茎秆直接接触。防治方法：应实行 2～3 年轮作，从无病株上选留种子或播前用 10％盐水选种，采用地膜覆盖栽培等。药剂防治方法同莴苣菌核病。

（3）芹菜干烧心病　为获取高产对氮素化肥的用量日益增加而引起矿质营养失衡，从而发生缺钙

性生理病害（干烧心）。芹菜保护地栽培干烧心病的发生在一些地区已不容忽视。防治方法：对酸性土壤要施入石灰，调节酸碱度到 pH 中性；可在生长盛期用 1% 过磷酸钙滤液或 0.1% 有水氯化钙的稀释液喷洒植株和心叶，5～7d 1 次，连续喷洒 2～3 次进行预防。

（4）虫害　芹菜主要害虫是蚜虫，在扣棚前一定要彻底治蚜。蚜虫与病毒病的发生有关，高温和干旱是发病的诱因，苗期是防治病毒病的关键。故从苗期开始应加强管理，在防蚜治蚜的基础上定期喷洒病毒 A 或植病灵等进行防治。参见第十五章第三节。

（四）叶用莴苣栽培技术

1. 品种选择

（1）登峰生菜　广州市郊区地方品种。叶全缘或锯齿状，叶匙形，直立。叶多丛生，中肋宽大，白色居多。叶柔软。

（2）广州软尾生菜　广州市郊区地方品种。株高 25cm，开展度 30cm，叶近圆形，叶面皱缩，黄绿色，叶缘波状，心叶微内弯，叶柄长 1.8cm，白色。生长期 60～80d，较耐寒，不耐热。叶质软滑，微苦，品质中等。

（3）绿波生菜　辽宁省沈阳市农业科学院于 1982 年从日本引进的生菜品种中经筛选而成。株高 25cm，开展度 45cm。叶簇半直立，叶片大多数有皱褶，叶缘成波浪形，浅裂。叶色深绿，有光泽。单株重 0.25～1.0kg。早熟，定植至采收约需 30d。耐寒、耐热，不易抽薹。抗病。味清甜脆，品质好。适应性强。

（4）大湖 366　20 世纪 70 年代末至 80 年代初自美国、日本引进。株高 18cm，开展度 38cm。叶绿色，微皱，叶缘波状。叶球高 14.4cm 左右，横径 14.2cm，黄绿色，包球紧，质脆嫩，品质好。单球重 500g。中晚熟，定植至收获约需 50d。抗病性较强。

（5）皇帝　参见第十五章。

2. 春季早熟栽培

（1）育苗　春季早熟栽培的播种期幅度较宽，早茬在 1 月上中旬利用日光温室育苗，晚茬可在 3 月中旬利用日光温室或阳畦育苗。种子应先用 45～50℃温水浸种 10min 后即加冷水使水温降至 20℃再浸泡 5～6h。也可用冷水预浸后再用 300mg/L 的赤霉素溶液浸 3min 后再用清水淘洗干净，在 15～20℃ 条件下催芽。

莴苣种子小（千粒重 0.9g）、根系不够发达，育苗用土一定要疏松、肥沃（田土和腐熟堆肥各占 50%）。播种前浇足底水，每平方米播种 2～3g；栽培 1 000m² 一般用种量 30～50g。播后覆土 1～2mm。如苗床土壤温度达不到 15～18℃，可在床面覆盖地膜，当开始拱土时及时撤掉。幼苗 1 叶 1 心期进行间苗，株距 2～3cm。2 叶期是移植（分苗）适期，株、行距 6～8cm。用直径 6cm 或 8cm 的育苗钵进行移植。定植适期为 5～6 片真叶时。

苗期温度管理：播种后土壤温度达到 15～18℃为宜。出齐苗后白天棚内最高温度 20℃、夜间最低温度 10～12℃为宜。在子叶出土至第 1 真叶初现（破心）期间最易徒长可以掌握偏低些。移植至缓苗期白天和夜间均可比移植前提高 2～3℃。缓苗后仍按移植前的温度进行管理。定植前 1 周要加强通风炼苗，白天最高温度掌握在 15℃ 以下但不低于 10℃，夜间最低温度在 5℃ 以上，并使昼夜能有 5℃ 左右的温差。

（2）定植前的准备和定植　莴苣根系主要分布在 20 cm 土层中。每公顷基肥铺施农家肥 60 000 kg 左右，如有机肥源不足可适当增施磷酸二铵 150～225 kg。早春当棚内地表最低温度稳定在 8℃ 时方可定植。

选晴天在 10～14 时定植。定植方法不论是否覆盖地膜最好采取先掘穴坐底水然后栽苗的方法，这样可诱使根系向纵深发展。结球品种行株距为 40cm×30cm 或 30cm×30cm。散叶品种可以采取间拔分期收获，因此行株距可缩小一半。

（3）定植后的管理　定植后 3～5d 浇缓苗水。缓苗后 15 d 左右，即植株生有 7～8 片真叶时每公顷结合浇水追施磷酸二铵或尿素 150 kg，或硫酸铵 225 kg，为莲座叶（第 9～15 片叶）的生长创造必要的条件。如不覆盖地膜则要精细中耕适当进行蹲苗，但不可过分控制而影响根系的发展。到结球前期再按第 1 次的追肥量结合浇水进行第 2 次追肥。此后则根据植株生长情况酌量供水。在结球期还可用尿素和磷酸二氢钾各 0.2％的溶液进行叶面补肥。

散叶品种在蹲苗后也要结合浇水进行追肥，此后每当间拔采收后的 2～3d 内晴好天气进行浇水、追肥。

此期间温度管理：结球前白天最高温度控制在 25℃，结球期 22℃左右，夜间最低温度不低于 5℃。注意适当通风降湿。

（4）采收　采收莴苣的标准并不严格。结球品种一般单叶球达到 400g 左右即可，散叶品种在植株长到 100g 后如市场需要即可开始间拔进行分期采收。

3. 秋季延迟栽培　叶用莴苣秋季延迟栽培育苗必须躲开伏热。不同地区可根据生产设施性能和气候条件在 8 月上旬至 9 月下旬播种育苗，于 10 月下旬至翌年 1 月上中旬收获，现仅将其与春季早熟栽培不同之处分述如下。

（1）露地遮荫育苗　秋季延迟栽培育苗，当时气温尚高，可参照芹菜遮荫设施进行育苗。将经过浸种处理的种子包裹好后放在阴凉处进行催芽。另外秋播密度要稀于春播，播种后浅覆土。出苗后的管理和春播基本相同。为不伤根、保成活最好用育苗钵育苗。秋季育苗的重点是防高温、防干旱、防雨涝和防立枯病。

（2）肥水管理　追肥应以结球前期为主，因到结球中后期气温较低，不仅肥效不能充分发挥，而且棚内湿度大容易招致病害发生。施肥参考指标为：氮（N）13.3～15.3kg/hm²、磷（P₂O₅）15.0～18.0kg/hm²、钾（K₂O）17.0～20.0kg/hm²。如有必要也可进行叶面补肥。

（3）合理密植　结球品种应比春季早熟栽培稀，每公顷定植 67 000～71 000 株。不结球品种也应适当稀植或提早分期采收。

（4）温度管理　中棚的保温效果明显高于小棚。当外界日平均气温降到 8℃左右时先覆盖棚膜，此后随着天气转冷再陆续加盖草苫等防寒物。

温度管理参考指标：在结球期以前棚内最高温度 25℃、结球期按 22℃，夜间最低温度在 5℃以上。在 9～14 时进行通风，阴冷天气也要坚持短时、少量通风。

（5）收获　进入收获期的标志是外叶发生弯曲，顶部和叶球顶部相平，下部外叶的叶缘附近开始由绿色转为淡绿。如收获延迟可能发生中肋突出或裂球。收获时要保留 1～2 片外叶，收获后要晾 2～3h 后再行分级包装。

4. 病虫害防治　苗期立枯病在播种前用 50％多菌灵按每平方米用 8g 药与 10 kg 育苗土拌匀后进行土壤处理。如发现病株立即拔除，同时用 50％速克灵或 50％扑海因 1 000 倍稀释液，或 75％百菌清 800 倍稀释液，或 50％多菌灵 600 倍稀释液喷洒床面或灌根。防治结球莴苣灰霉病的用药和防治立枯病基本相同，但百菌清和多菌灵的稀释倍数分别为 600 倍和 1 000 倍。结球莴苣霜霉病的防治方法，参见第十五章第二节。

另外，近年因氮素化肥施用过量而造成生理性缺钙，使结球品种发生干烧心病。可在莲座期和结球前期用 0.5％～0.6％的有水氯化钙稀释液喷洒外叶和心叶进行预防。

为害莴苣的害虫主要是蚜虫，防治方法可参见第十五章。

（五）白菜栽培技术

1. 品种选择　在塑料棚内栽培较多的品种有北京青帮油菜、南京矮脚黄、苏州青、上海三月慢、四月慢等具不同熟性的地方优良品种。自 20 世纪 80 年代以来许多科研院所和农业院校又培育出一批新品种可供选用。参见第十二章第二节。

2. 季节和茬口　在冬季比较温暖的地区，春季早熟栽培在 12 月上、中旬利用日光温室或阳畦育苗，1 月下旬至 2 月上旬定植于覆盖薄膜和草苫的中、小棚；比较寒冷的地区则在 1 月上、中旬育苗，2 月下旬至 3 月上旬定植于中、小棚。定植后 30～40d 即可收获。秋季延迟栽培在露地栽培育苗，苗龄 30d 左右，各地多以冬贮结球白菜的收获期为定植期，定植后 50d 左右进行收获。

3. 育苗　苗床面积一般为定植面积的 20％。按每 10 m² 铺施充分腐熟过筛的优质粪肥 25～30kg，撒肥后耕翻深度达 20cm 以上。播种前灌足底水，底水渗下后覆底土，即可播种。砂质壤土或砂土地区可在播种后浇两次"蒙头水"以利出苗。每 10m² 的育苗畦播种量为 25～30 g，撒播种子要力求均匀。冬季育苗若床土温度偏低可在畦面临时覆盖地膜。幼苗有 2 叶 1 心时进行第 1 次间苗，3～4 片真叶时进行第 2 次间苗，株行距 6cm×6cm。当苗高 10cm 以上，有 5 片真叶时为定植适期。

4. 定植前的准备和定植　定植前基肥施用量可比育苗增加 30％～40％。春季早熟栽培在棚内 10 cm 土壤温度稳定在 5℃以上即可定植。定植行距一般为 18～20cm、株距 5～6cm 或行距 15～20cm、株距 10～15cm。定植深度以子叶距畦面约 1cm 为宜。

5. 定植后的管理　白菜生长期短，一茬约浇 4 次水。定植时浇水后在缓苗过程不浇水或在 3～4 d 后浇次小水。当幼苗长出新叶后结合浇水进行追肥，追肥硫酸铵 225 kg/hm² 和硫酸钾（或氯化钾）150 kg/hm²。增施钾肥对降低植株硝酸盐含量有一定作用。秋延后栽培在覆膜以后应尽量减少供水。

春季定植后在缓苗期间不通风，内部气温可掌握在 25℃以上，借以提高土壤温度以利发根缓苗；如果发现萎蔫或内部气温超过 30℃时，可临时间隔盖苫进行遮荫。在缓苗后白天最高温度掌握在 20℃、夜间最低温度掌握 8～10 ℃。阴雪天气必须坚持见光和形成昼夜温差。秋季延迟栽培在外界最低温度降到将近 0 ℃时开始覆盖棚膜，刚开始覆膜的前几天要注意做好通风工作。当外界最低气温降到－3℃时覆盖草苫或其他防寒物。

6. 病虫害防治　白菜主要虫害是蚜虫，秋季露地育苗为防止仔苗期受到侵染，可在播种前先撒上用炉灰细形颗粒和 50％乐果乳油按 100∶1 制成毒土，可以起到治蚜效果。春季早熟栽培的苗床在定植前、秋季延迟栽培在覆盖棚膜以前应混喷拟菊酯类农药 1 000～1 500 倍液、75％百菌清 500～600 倍液、磷酸二氢钾（按 0.2％稀释）。白菜保护地栽培主要病害是白菜类黑斑病，低温、高湿利于发病，通风排湿是防病关键。参见第十二章白菜类蔬菜栽培。

7. 收获　白菜的收获期不严格，北方市场尤其欢迎单株在 50g 以下的商品，只要能捆扎成把即可根据需要收获上市。

（六）韭菜栽培技术

1. 品种选择　作为保护地栽培的韭菜在品种选择上应从产量、质量、抗性和不同休眠期等方面综合考虑，一般利用休眠期短的品种，当年即可收获。现将主要适用品种简介如下。

（1）竹竿青　黑龙江佳木斯市地方品种。株高 42～55cm，植株直立性强不倒伏，叶片宽 0.7～1.0 cm、深绿色、微着蜡粉。商品性好、品质优。休眠早、萌动迟，抗寒、抗病，分蘖力中等。

（2）大黄苗　天津市郊区地方品种。株高约 40cm，叶片柔软，宽 0.7～1.0cm，叶尖钝，中肋不明显。单株（单蘖，下同）重 9～14g，晚熟，分蘖力强，受韭蛆（迟眼蕈蚊幼虫）为害后恢复力强。品质优，适于保护地栽培。

（3）扁担韭（大叶韭）　分布于安徽淮河与长江之间的地区。植株较直立，叶呈宽条带状，扁平、宽大、肥厚、翠绿色，叶鞘粗壮较圆、品质好。耐寒，耐热，不耐涝，分蘖力较弱。

（4）犀蒲韭　四川成都地方优良品种。叶色浓绿，纤维少，辣味浓。株高 50cm 以上，最高可达 70cm，叶宽 0.4～0.6cm。分蘖多。休眠期短，耐寒。

（5）阜丰 1 号（代号 8901）　辽宁省农业科学院园艺研究所利用雄性不育系石汉 3A 与自交系洛 87-3-3-4-2 配制的一代杂种，1997 年育成。株型直立，高约 40cm，叶片最宽可达 1.5cm，浅绿色。

分蘖力强，单株重可达 10g。抗寒力强。属于休眠型韭菜，不适于秋延后栽培。

其他如铁丝苗、791 韭菜、寿光马蔺韭、杭州宽叶雪韭、汉中冬韭等参见第十一章。

2. 播种和育苗　韭菜中、小棚栽培可以直播也可育苗定植。直播操作简便；育苗后定植可以选用壮苗而且栽植密度有保证，可为今后连年稳产、增产打下良好基础。

（1）播种前的准备

①整地施基肥。育苗应选地势较高、含盐量小于 0.2％ 且比较肥沃的地段，直播的韭田也应基本具备相同的条件。冬前将腐熟的农家肥按 45 000～60 000 kg/hm² 的标准施入，秋耕深翻，入冬土壤结冻前浇足冻水，为来年备足墒情。如果育苗，则先浇底水（水层深 7～9 cm，可直到幼苗长到 6～7 cm 高时再浇水），水渗后撒布底土再行播种。

夏、秋季播种，为防止烧苗和招致"蛆害"，基肥改用磷酸二铵 225kg/hm²，而且要和土壤充分混合，不要与种子直接接触。

②浸种催芽。浸种用低于 40℃ 的温水，水温降低后再浸泡 20～24 h 后放在 15～20 ℃ 的条件下催芽，经过 3～5 d 即可露白出芽。当出芽率达到 70％ 即可播种。如将催芽温度上调至不超过 25℃，优质种子经 36～48h 即可有 80％ 左右的种子发芽露白。

（2）播种　中、小棚韭菜栽培一般采用直播，汉中冬韭和杭州宽叶雪韭播种量为 60～75 kg/hm²，791 品种则为 45～60 kg/hm²。如采用条播，则在 1m 宽的畦内开 5 条宽 10 cm、深 3～5cm 的浅沟，将已催芽的种子均匀撒入沟中，在沟内覆土厚约 1cm，使种子和土壤密切结合；如用丛（簇）点播，则在沟内以 10～12 cm 的距离每丛播种 30～40 粒，这种方式比条播用种量可节约 1/3。播后用地膜将畦面盖严，增温、保墒促使早日齐苗。按丛点播的苗分蘖多而且苗壮，产量不会比条播低。

春季育苗采取平畦撒播，播种后覆土，盖地膜。当韭菜子叶刚拱土时，在下午及时将塑料薄膜撒掉。夏播育苗多在 6 月中下旬或入伏后播种，并在畦面用苇帘等进行遮荫，待幼苗拱土时再行撒掉覆盖物以利出苗。

（3）苗期管理　韭菜萌芽出土和幼苗生长缓慢，容易滋生杂草，应及时除草。锄草可结合中耕作业进行，或用化学除草剂除草。进行芽前处理的可用 33％ 除草通乳油 1 800～1 900ml/hm²，对水 750kg（即稀释 400 倍）喷洒表土，或 48％ 地乐胺乳油 3 000ml/hm² 稀释 200 倍喷洒表土。

幼苗在子叶伸直之前不能缺水，播种后若底墒不足则需补水，直到幼苗长到 7～8cm 时再行浇水，此后若无雨则每隔 5～7d 浇一次水，当株高达到 12～18cm 时结合浇水追施尿素 150kg/hm²。当株高已达 20cm 时应适当控水促使发根。在多雨地区注意疏通排水沟渠，以免发生"塌秧"和"沤根"。

（4）定植　韭菜幼苗在达到 6 片真叶以上时即可定植。秋播苗在翌年春季即已达到定植标准；春播苗要在雨季前定植并完成缓苗阶段。定植韭菜的本田要普施有机粪肥 60 000～75 000kg/hm² 为基肥，如粪肥不足可掺混磷酸二铵 300kg/hm²。

育苗畦在定植前 3～4 d 浇水，剔除弱苗。传统的经验是于定植前对韭菜进行剪根、剪叶，虽然此项措施对缓苗不利，并造成伤口，植株新根发生数减少 20％ 左右，平均根长减少 43％，但是因为定植时气温已经较高，缓苗已不是主要问题，剪根、剪叶的目的是为使定植深度保持一致，便于收割，同时也可减少植株对水分的蒸发量。如果丛（簇）栽要按预计株数（20～40 株）分成小把，并在 50％ 辛硫磷 1 500 倍稀释液中浸根。

定植方法：丛（簇）栽按行距 40cm 开沟，在沟中按 20～25cm 距离定植。定植深度以叶鞘顶部（五杈股）不埋入土中为准。单株密植的，可按宽 20cm 为一垄，垄间相隔亦为 20cm，每畦插栽 4 行，株距 3～5cm。

（5）定植后至覆膜前的管理　在浇定植水后可再浇 1 次水并进行中耕促使缓苗发根。此后进入雨

中国蔬菜栽培学
□□□□□［第二版］..　Olericulture in China □□□□

季要停止浇水，并做好排水工作。进入秋季气温逐渐下降，当日平均温度在 25℃ 以下时可每隔 6～7d 浇 1 次水；当日平均温度为 23～15℃ 时正是韭菜生长适期，要给予充足的水分并结合浇水进行 3～4 次追肥，每次可施尿素或磷酸二铵 225～300 kg/hm²，也可追施腐熟的农家有机液肥。休眠期短的品种在 10 月上旬停水、停肥；休眠期长的品种可延迟到 10 月下旬停水、停肥。

临近覆盖棚膜时，单株密植的休眠期长的品种要将韭菜已枯的地上部清除掉；休眠期短的品种须进行收割，然后再用 50%辛硫磷乳油 1 000 倍稀释液进行灌根；如是丛（簇）栽植，在清除已枯的地上部或进行收割后，顺行将土扒开然后用竹签按簇（撮）剔松四周使鳞茎裸露，并清除簇内已枯的叶鞘等杂物，然后施药灌根经过 1～2d 晾根后再壅土、紧撮，并从行间取土培垄。若表土已结冻则须在覆盖棚膜促使土壤解冻后再行扒土、晾根、紧撮和施药。

（6）覆盖棚膜、地膜　休眠期短的品种应在 10 月下旬收割后覆盖棚膜和草苫，保证有 50～60d 的生长期以便元旦供应市场；休眠期长的品种必须在地上部枯萎以后才能覆盖棚膜和草苫。

在塑料中、小棚内结合覆盖地膜，可以取得更好的栽培效果。据观测：丛（簇）栽韭菜覆盖地膜，在 12 月下旬至翌年 2 月中旬这段时间棚内 10cm 的土壤温度可以提高 1.3～0.4℃。虽然它的增温效果不如春季，但对韭菜的增产作用却为显著，同时还有降低棚内湿度的作用。据安志信等（1987）试验，12 月 30 日第 1 次收割，棚内加盖地膜比不覆膜的韭菜产量增产 43.6%；1 月 27 日收割其产量增加 6.8%，第 3 次收割产量则减少 2.3%，合计增产 14.1%。

（7）覆膜后的管理　在刚覆盖棚膜初期可以不通风，中午有时可达 30℃，借以提高土壤温度。对休眠期长的品种可以一直维持到幼叶出土；休眠期短的品种则在心叶生出 1～2cm 后即应降温。

韭菜在萌发出土后，白天保持 18～22℃，最高温度不超过 25℃，夜间以 10℃ 为目标最低温度通常可上、下浮动 2℃。在大风和阴雪天气可以晚揭苫、早盖苫，但必须坚持每天都要见光。

变温管理法：丛（簇）栽不盖地膜的韭菜，在培土时期采取偏高的温度，当经过 3～4 次培土后转向以叶片生长为主时再适当降低温度；单株密植的韭菜则以 5～7d 为周期，采取偏高、偏低互相交替的方法进行温度管理，但在临收割前 5d 左右必须适当降低白天的温度，以防收割后过早萎蔫而影响商品质量。

（8）采收　韭菜收割期并不严格，长到 30cm 左右即可收割。从扣棚到第 1 次收割休眠期长的品种需 55～60d，休眠期短的品种也要 40d 以上。此后再过 30d 左右再行收割。收割时下刀不要过深，刀口要平而齐，这样才不致影响下次产量。

中、小棚韭菜可收割 3～4 次。1 年生如为养根也可收割 2 次即转入露地栽培后可再收割 1 次。经过数次收割后，韭菜长势见衰，如长势旺盛对越夏反而不利。

（9）后期管理　1 年生韭菜收割 2 次后同样要经过 5～6d 的炼苗，然后拆除保护设施，在畦面用稻草、麦秸等加以覆盖，当气温继续回升后再去掉覆盖物。

转入露地栽培首先要中耕松土。为适应韭菜"跳根"的特性须撒施农家肥和田土，结合治蛆浇一次小水。此后控水、控肥不使生长过旺。丛（簇）栽的韭菜还应按行扒沟将土壅在行间以便晾茬和雨季排水。在雨季到来之前如长势仍旺，为防止倒伏（塌秧）可将叶片顶梢部分割去 1/3～1/2。幼嫩韭薹可以采收上市。开花期间应及早摘花，更不宜采种，以免影响冬季生产。至于入秋后的肥水管理和前文介绍相同。

（10）病虫害防治　韭菜的主要病害是韭菜灰霉病（病原：*Botrytis squamosa*）。发病初期叶片上发生白色或灰褐色斑点，严重时病斑相连成片，使部分叶片或全叶枯死。冬春低温高湿，日照不足，浇水不当是病害发生流行的重要条件。防治方法：培育壮苗，多施有机肥；注意通风排湿；控制浇水；收割后及时清除病残株；选用抗病品种；发病初期，可轮换喷施 50%多菌灵或 70%甲基硫菌灵可湿性粉剂 500 倍液，每次收获后、盖土前都要喷。参见第十六章黄瓜灰霉病。

主要害虫是韭菜迟眼蕈蚊（*Bradysia odoriphaga*，又名：韭蛆）和葱地种蝇（*Delia antigua*，

又名：葱蛆），各地构成比例不同，均以前种为主。该虫在保护地可周年发生。北京、天津等地一般不加温塑料棚韭菜9月上旬、翌年1月中旬扣棚后株高长到2 cm及3月中旬至5月上旬蛆害较重；加温的塑料棚韭菜9月上旬、扣棚后11月下旬及翌年1月中旬蛆害严重。如普发时应随灌水施药杀灭幼虫，每公顷用40%毒死蜱（乐斯本）乳油3.6～4.5kg，或50%辛硫磷乳油7.5～9kg，也可用5%毒死蜱颗粒剂22.5～36kg撒施。若蛆害局部发生，可用上述药剂（乳油）800倍液喷淋。同时，结合韭菜管理晒土晾根；用黄色塑料板（40 cm×28 cm）两面涂黏虫胶（40份聚丙烯增黏剂与60份机油在30℃的恒温水浴锅中搅拌均匀）在田间悬挂于50～80 cm高处，每公顷设置90块诱杀成虫，或用拟菊酯类农药在上午9～10时杀灭成虫。

二、塑料大棚主要蔬菜栽培技术

（一）黄瓜栽培技术　塑料大棚黄瓜栽培的基本茬口有春季早熟栽培和秋季延后栽培。高寒地区因夏季不太炎热，黄瓜可在棚中顺利越夏，进行从春早熟到秋延后的一茬栽培。

1. 春季早熟栽培

（1）品种选择　要求品种早熟、丰产、抗病，多在主蔓4～6节着生第1雌花，雌花数量适中，单性结实率高。株型紧凑，侧枝不宜过多，叶片较小适于密植。耐寒、耐弱光。对霜霉病、白粉病、疫病、枯萎病、细菌性角斑病等有较强的抗性。近年来市场对鲜食用的小果型黄瓜需求量增加，也适合大棚春早熟栽培。

①中农19。中国农业科学院蔬菜花卉研究所育成的雌性型一代杂种。生长势和分枝性强。第1雌花始于第1～2节。连续结果性强。果实短筒形，果面光滑，亮绿，无花纹。果实长15cm左右，一般单瓜重100g。口感脆甜。抗枯萎病、黑星病、白粉病、霜霉病等。耐低温，耐弱光性强。

②宁丰3号。江苏省南京市蔬菜研究所于1991年育成的一代杂种。生长势强，以主蔓结瓜为主。第1雌花始于第2～3节。果实长棒形，多有白刺，微棱，瘤稀，浅绿色，具黄条纹。瓜长约39cm，横径4cm。肉脆，味淡。较抗霜霉病、白粉病和炭疽病。

③津杂1号。天津市蔬菜（黄瓜）研究所于1987年育成的一带杂种。植株生长健壮。第1雌花着生于第3节。主侧蔓结瓜。瓜条棒状，绿色，白刺，棱、瘤较明显。瓜长37.4cm，横径3.5cm。一般单瓜重250g左右。抗霜霉病、白粉病和枯萎病。品质佳。

④长春密刺、新泰密刺等。参见第十六章。

生产中常用的品种还有津春3号、农大14、鲁黄瓜6号和7号、戴多星、抗青2号、华早1号、早丰1号等。

（2）育苗　多在日光温室内育苗，也可在大棚内建造电热温床（或酿热温床）育苗。育苗方式多用营养土方、塑料钵、纸袋等填装培养土育苗。也可采用穴盘育苗，但要求用孔径大的穴盘（不能多于72孔），否则苗距过小，易徒长，难以育成壮苗。

适宜苗龄为40～50d，穴盘育苗则为30d左右，应根据各地气候条件，确定适宜定植期，并推算出播种期。在东北、西北、华北北部高寒地区，安全定植期为4月下旬；华北平原、辽东半岛、中原地区北部多在3月下旬至4月上旬；华中地区多在3月上中旬定植；但长江流域的江苏、浙江等地因早春多阴雨天气，安全定植期还会晚一些。

①苗床准备。塑料大棚春黄瓜栽培密度为每公顷50 000～60 000株，以此推算苗床播种面积约为600m²，用种量为1.5～2.25kg。营养土配制多用清洁田土与腐熟有机肥混合配制，土、肥比例为2：1或3：2（体积比）。寒冷地区有机肥比例可高一些，以利提高地温。在营养土中每立方米还可加入尿素250g、过磷酸钙1～2kg（或磷酸二铵1.5kg），南方地区还可加入草木灰5～10kg。为防病虫害，还可加入50%多菌灵粉剂80～100g，25%敌百虫60g。育苗土必须疏松、肥沃。

②播种。选择饱满种子，用55℃温水浸种15～20min，转入28～30℃水中继续浸种8～10h，捞出后可用40％甲醛溶液浸泡种子10～20min，或用50％多菌灵600倍液浸种30min，洗净后置28～30℃条件下催芽，约24h后，70％以上种子的芽（胚根）长1mm时即可播种。选择晴天上午播种为好，每个育苗钵或营养土方播1粒种子，播种深度1cm左右，不可太深。播后覆土（或细沙）1～1.5cm。为保湿苗床上也可加盖地膜，但出苗后需及时揭开薄膜。

在高寒地区或重茬多的大棚内，也可采用嫁接育苗，以增强根系的抗逆性、抗病性。砧木多选用黑籽南瓜，常用靠接法或插接法嫁接，具体管理见表26-5、表26-6。

表26-5　黄瓜靠接育苗技术管理要点

(李天来等，1999)

天数	0～5	12～15	17～20	20～23	30→		
作业	播种黄瓜	播种南瓜	嫁接适期	掐伤黄瓜下胚轴	黄瓜断根	南瓜去头	叶面追肥喷药　准备定植

表26-6　黄瓜插接作业日程及管理要点

天数（d）	0	3	9～10	16	18	21	23	30	40
作业项目	黑籽南瓜浸种催芽	黑籽南瓜播种	黄瓜播种	嫁接后移入小棚	早晚开始见散射光	开始通风并注意保湿	早晨小棚内气温保持13～15℃，以防徒长	锻炼秧苗	定植

嫁接后天数（d）（作业进程天数）	中午（℃）		夜间（℃）		附　注
	地温	气温	地温	气温	
0～3（16～19）	23～25	22～25	22～23	22～18	小棚内气温在27℃以上则养分消耗多，易生病害，成活率低，必须注意
4～7（20～23）	22～24	23～25	18～22	17～14	
8～12（24～28）	22～23	22～25	17～18	15～13	
13～20（29～36）	22～23	23～27	16～18	12～10	
21～24（37～40）	22～23	20～23	16～18	10左右	

③苗期管理。幼苗出土后下胚轴迅速生长时期把夜间温度降低，前半夜维持16～17℃，后半夜降到10～12℃，凌晨前再下降1～2℃，使夜间平均气温经常保持比土壤温度约低3℃的水平，而白天最高温度不宜超过35℃，通过加大昼夜温差可以防止徒长。在第2片真叶展开以后，为了适应幼苗的生长和发育，也必须采取适当加大昼夜温差的变温管理方法，以达到促进光合作用、利于养分运输、减少呼吸消耗的目的。掌握的温度指标和前一阶段基本相同。当第3片真叶展平后进行"倒方"（移动土方），倒方后3～5d（缓苗过程）温度可略有提高以促进根系生长，此后随着天气的逐渐转暖而逐步加大通风和延长光照时间并降低气温。在定植前7～10d进行低温锻炼以适应大棚的环境条件。定植时5～10cm土壤温度以12℃为下限。如果低温维持的时间过长，轻则幼苗生长缓慢，严重时则造成黄叶、花打顶，对早期产量产生不良影响。在育苗过程中夜间室内最低温度可降到8～10℃；连续阴天时白天最高温度要保持20℃左右，夜间仍以10～12℃为宜。

黄瓜苗期土壤水分含量不能过大，以25％～28％为适，偏高的土壤水分能促使幼苗徒长，但如果土壤水分不足，轻则影响生长速度，严重时会影响幼苗素质。

育苗期间温室的光照强度在11～13时约为露地的50％，9时以前和15时以后均在25％以下。因此，除了育苗后期之外，在一天当中的最高值很难超过20klx，在9时以前和15时以后，一般多在5 000lx以下，如有条件在苗期进行人工补光是培育壮苗和早熟丰产的有效措施。

（3）定植　在定植以前必须把施基肥、翻耕整地、作畦或起垄和覆盖地膜等准备工作做好，使土壤温度尽早回升，待 10cm 地温不低于 12℃，气温不低于 5～7℃并能稳定 3～5d，方可定植。选晴天的 9～15 时定植，此时地温、气温较高，有利缓苗。定植深度以苗坨和畦面相平为准。定植水不要太大，以免降低土壤温度。栽培密度应根据品种、整枝方式、栽培目的等而定，一般以每公顷定植52 500～60 000 株。

（4）定植后的管理

①缓苗期。缓苗阶段的管理要点是提高气温和地温，促进根系生长和缓苗。可进行多重覆盖，如覆盖地膜、保温幕、扣盖小拱棚、棚侧设置围裙或采取临时加温措施。缓苗后大棚内白天保持在25～30℃，夜间 10～15℃。下午 25℃关闭通风口。苗期要控制浇水，可中耕松土促根壮秧。

②结瓜期。从根瓜坐住到采收，在管理上要注意夜间防寒，同时加强大棚通风管理，调节温、湿度，满足黄瓜生长发育需要。结瓜期白天气温保持在 25～30℃，最高 32℃，夜间最低 10℃。白天棚温达到 30℃时开始通风，下午降至 26℃时关闭通风口，以贮存热量，使前半夜气温能维持在 15℃左右，后半夜不低于 10℃。原北京市农林科学院农业气象研究室对塑料大棚黄瓜产量形成的光温环境进行调查和实地观测，结果如表 26-7 所示。

表 26-7 大棚黄瓜产量形成的光热条件指标

产量类别	正常产量	产量高峰	明显减产
产量水平 [kg/(hm² · d)]	2 250 左右	3 750 左右	<2 250
平均日积光能 [MJ/(m² · d)]	≥16.75	20.93～25.12	<12.56
平均光照强度（klx）	≥40	40～60	<35
平均日照时数（h）	>6	10±	<5
平均日积温（℃）	≥400	500±	<360
平均白天>20℃日积温（℃）	>200	300±	<200
平均夜间>10℃日积温（℃）	>160	200±	<160
平均最高气温（℃）	30±	≥30	<30
平均最低气温（℃）	13～15	≥15	<10
>28℃时数（h/d）	5±	6±	—
<10℃时数（h/d）	—	—	4～5
低温变幅（℃）	16～23	17～22	15～23

注：光照或热量条件单一不足，均可造成减产。

黄瓜的根系对土壤温度很敏感，土温过低则影响根系的生长和对水分、养分的吸收。一般认为35℃为上限、12℃为下限，适宜温度为 20～30℃。春季早熟栽培，在定植初期土壤温度是影响根系发育和早期产量的关键，如果因此而发生"花打顶"现象，它的前期产量将减少 15％甚至更多，即或采取摘除主蔓顶部雌花，并加强日常管理使之恢复正常，也要经过 20d 以上时间，这就难以达到早熟的目的。

塑料大棚内空气相对湿度很高，夜间可达 100％的饱和状态，与露地湿度环境很不相同。空气湿度过高易使叶片结露从而引发病害，所以应注意降低过高的空气湿度。

肥、水管理。黄瓜根系表皮木栓化程度低，皮层的细胞间隙小而且呼吸量比番茄、茄子都大，因此，它既不耐涝，又容易受土壤中通气不良的影响。在养分吸收方面它容易吸收 2 价的钙、镁等离子，而对 1 价的钾吸收少。根据以上生理特点，大棚黄瓜的肥、水管理应强调施基肥。基肥施用量多以每公顷 75t 为基准，基肥种类应以粗质有机肥为主。据国外研究认为，施用干猪粪可以提高土壤放线菌活性，加强土壤的净菌作用，对控制枯萎病有一定效果。为了不断满足黄瓜生长发育的需要，还

需结合灌水进行追肥。黄瓜的施肥方法和数量是一个复杂问题，中国目前在这方面的研究还不够系统和深入，现有的丰产典型多是大水大肥，这样虽不会在当年发生不良影响，但连续几年以后则会因盐分积累过量而减产。黄瓜的水分管理，除以生长发育为依据之外，还应考虑土壤温度，并且要和追肥密切配合。定植当时必须适量浇水，防止地温下降，以后灌一次缓苗水。缓苗以后到采收之前是水分管理的关键时期，土壤含水量会影响黄瓜的雌雄花数，进而影响产量。进入采收期后，视灌水的方式一般沟灌每公顷每次灌水量为 $225\sim300m^3$，滴灌每公顷每次 $120\sim150m^3$。当土壤含水量 22％左右或土面见干时即可灌水。

（5）植株调整　黄瓜的植株调整应在及时绑蔓（或绕茎）的基础上，根据品种的结果习性进行。主蔓结瓜为主的品种侧蔓很少，主蔓要在第 20 节以上进行摘心。若黄瓜品种的生长势强，侧蔓多，则根瓜以下的侧蔓要一律摘除，根瓜以上的侧蔓，在第 1 雌花前面留 1～2 片叶及时摘心。黄瓜的卷须也应及时摘除，以节约养分。

（6）采收　果实的采收标准常因品种特性、消费习惯和生长阶段的不同等原因而有所差异，生长异常的畸形幼果应尽早摘除，采收初期宜收嫩瓜，防止"坠秧"而影响到总产量。采收盛期植株长势旺盛，果实可以长至商品成熟期再收，以增加产量。"迷你"型小黄瓜，多为主侧蔓同时结瓜，除基部侧枝可少量摘除外，其余侧枝应保留，否则会影响总产量。

（7）病虫害防治　塑料大棚黄瓜栽培的常见病害有霜霉病、白粉病、细菌性角斑病、炭疽病、黑星病、枯萎病等，参见第十六章。但是，在塑料大棚内应更注意采取合理的栽培管理措施以及一些适合在保护地内应用的防治方法：

①黄瓜枯萎病。选用抗病砧木进行嫁接育苗栽培，防病增产效果明显。

②黄瓜霜霉病。利用黄瓜与霜霉病生长发育对环境条件要求不同，实行三段变温或四段变温管理，尽量缩短叶缘"吐水"及叶面结露的持续时间和数量，以减少发病；在发病初期，每公顷用45％百菌清烟剂 3 000g，分放在棚内 60～75 处，发烟熏治一夜，次晨通风，隔 7d 熏 1 次；或用 5％百菌清粉尘剂，或 5％春·王铜（加瑞农）粉尘剂，每公顷用 15kg，隔 9～11d 喷 1 次。

③黄瓜白粉病。于定植前几天将棚密闭，每 $100m^3$ 空间用硫黄粉 250g、锯末 500g 掺匀后，分装在小塑料袋内，于傍晚燃熏一夜（黄瓜生长期禁用）。用 45％百菌清烟剂，见霜霉病。

④黄瓜细菌性角斑病。防治方法参见黄瓜霜霉病；须用药剂防治时，可用 5％春·王铜粉尘剂，或 10％脂铜粉尘剂，每公顷用 15kg。

⑤黄瓜炭疽病。控制大棚空气湿度在 70％以下，减少叶面结露和吐水；采用 45％百菌清烟剂每公顷每次 3 750g，或 6.5％甲霉灵超细粉尘。或 5％春·王铜粉尘剂每公顷每次用 15kg。

⑥黄瓜黑星病。加强通风管理，降低空气湿度，减少叶面结露；定植前 10d，每 $100m^3$ 空间用硫黄粉 0.24kg，锯末 0.45kg 混合，密闭大棚燃熏消毒；10％多百粉尘剂，或 5％防黑星粉尘剂每公顷 15kg，或 45％百菌清烟剂每公顷用药 3 000g，连续防治 3～4 次。

⑦黄瓜菌核病。病原：*Sclerotinia sclerotiorum*。为真菌病害。在大棚、温室、露地均有发生，以早春大棚、越冬温室为害较重。受害叶片形成灰绿至淡褐色、圆形湿腐大病斑，边缘不明显，其上生长薄薄的白色菌丝层；茎基部形成褐色病斑，逐渐软腐，病部长出菌丝集结成菌核，植株萎蔫至枯死。瓜条受害多由顶部的残花染病引起，初呈水渍状，后腐烂长出白色菌丝集结形成黄白色菌核，后变成黑褐色鼠粪状。病菌遗留田间和随种子越冬，借助气流传播，种子为远距离传播途径。发生为害适温 15～25℃，空气相对湿度 85％以上。防治方法：实行 2～3 年轮作；结合整地，深翻地 20cm 以上，用 10％盐水漂浮混杂于种子间的菌核，再用 50℃温水浸种 10min，后催芽播种；棚内定时放风，发现病株及时拔除，并控制浇水；发病初期可用 10％速克灵烟剂，或 45％百菌清烟剂熏棚，每公顷 3.75～4.5kg。隔 8～10d 熏 1 次，连续熏 3～4 次。病情严重时，除正常喷药外，还可将上述药剂对水成 50 倍液涂抹瓜蔓病部。

⑧黄瓜灰霉病。病原：*Botrytis cinerea*。为真菌病害。主要为害幼瓜、叶、茎。花瓣受害易枯萎脱落，幼瓜受害，花蒂部呈水渍状软化，表面密生灰色霉层至暗褐色霉层。病瓜呈现黄褐色、萎缩、腐烂。病花落于叶片或茎上，引起发病。叶片病斑近圆形或不规则形，灰褐色霉层。在茎节处发病，呈灰白色病斑，潮湿时密生灰霉。病部以上茎叶常发生萎蔫至枯死。病菌主要随病残体落于土中越冬，靠气流和水流传播。属低温高湿病害，发病适温 20℃ 左右，空气相对湿度 90％℃ 以上。主要在南方梅雨季节的塑料棚、温室内更严重。光照不足、降温或露点时间过长、大水浸灌、植株生长势弱等，都易于诱发此病。防治方法：培育壮苗，采用高畦覆膜栽培，并实行膜下灌溉；在秋冬和冬春茬黄瓜严格控制湿度，增加温度；及时摘除病花果及其他病残组织，清洁田园，防止病源积累；在苗棚或生产棚种植前用 5％腐霉利烟剂每公顷 15kg 闭棚熏烟 24h，或 50％异菌脲可湿性粉剂 800 倍液，或 70％福美双可湿性粉剂 300 倍液等全方位喷洒。

主要虫害有蚜虫、害螨、粉虱、斑潜蝇、蓟马等。防治方法参见本章日光温室栽培和第十六章。

2. 秋季延后栽培

（1）品种选择　大棚黄瓜秋延后栽培的气候特点是前期高温多雨，后期低温寒冷，所以不必强调早期产量，关键是要求选用抗病、丰产、生长势强，而且苗期比较耐热的品种。切忌用春黄瓜品种进行秋季延后栽培。

①秋棚 1 号。原北京农业大学园艺系于 1991 年育成的一代杂种。植株生长势强，有分枝。雌花始于第 5～8 节。瓜长 30～35cm，棒状，一般单瓜重 300～400g，瓜色深绿，刺瘤适中，无明显条纹。品质佳。抗霜霉病、白粉病、炭疽病能力与津春 4 号相近。

②津杂 1 号。参见本节春大棚栽培。

目前生产上常用的品种还有宁丰 4 号、夏青 4 号、津春 4 号等。参见第十六章。

（2）育苗技术

①播种期的确定。大棚秋延后栽培黄瓜的播种期不能太早。如播种过早，苗期处在炎热多雨的夏天，育苗比较困难；但也不能太迟，因为中国北方每逢霜降节后，气温便急剧下降，黄瓜难以继续正常生育，严重影响产量。所以据此推算，华北地区的播种适期为 7 月下旬至 8 月上旬，南方的适宜播期为 8 月下旬至 9 月上旬，而高寒地区则宜在 6 月下旬至 7 月上旬，或将春茬延续生长到秋季一茬到底。

②播种方式。大棚黄瓜秋季延后栽培，可以育苗移栽，也可以在棚内直播，生产中多采用直播。如采用育苗移栽，则育苗畦要选择地势高、排水好的地块，并要搭阴棚降温、防雨。苗龄为 20d 左右、具 1 叶 1 心时即可定植。

（3）定植前的准备和定植　在大棚的前茬作物拉秧后，及时清除残茬和整地施肥。秋延后黄瓜生育期短，以华北地区为例，从播种至拉秧后仅有 90～100d，为获得较高产量，提高植株抗性，增施基肥是必要的，并且，在生长中期要适量施肥。秋延后大棚黄瓜因前期环境条件有利于黄瓜的营养生长，若密度较高，进入冬季后会因枝叶茂盛而致叶片互相遮荫，使叶层间光照条件变劣，群体光合效率下降，造成大量化瓜，产量下降。所以栽植密度可比春茬黄瓜稀一些，对提高群体产量有利。

（4）温、湿度调节　北方地区 8 月初至 9 月中旬气温较高，要求除棚顶外四周敞开通风并应遮阳降温。9 月中旬前后，当外界夜间气温降至 15℃ 左右时，要及时关闭风口。9 月下旬至 10 月中旬是秋大棚黄瓜生育旺盛的阶段。这一个月的时间棚内外温度适中，符合黄瓜的生育要求，是形成产量的关键时期。在这一阶段，白天棚温调节在 25～30℃，夜间 15～18℃，只要不低于 15℃，通风口就不要关严。这一阶段的管理既要注意白天的通风换气，降低空气湿度、防病害，又要注意夜间的防寒保温。10 月中旬以后到拉秧气温下降快，黄瓜生长速度减慢，收瓜量减少。这一阶段的温、湿度调节，应着眼于严密防寒保温，尽可能地延长瓜秧的生育期，防止瓜秧受冻害，并利用中午气温较高时，进行通风换气，尽可能使棚内相对湿度降至 85％ 以下。

（5）水、肥及其他管理　秋延后的大棚黄瓜，在水分管理上的特点是苗期利用傍晚小水勤灌以降低地温，也要防止高温高湿造成幼苗徒长。自结瓜期到盛果期，水量要充足，不可缺水，过分控水使叶片少，生长慢，畸形瓜多。盛瓜期以后，天气渐渐变凉，为保温起见，不能再进行大通风，所以不能再经常浇水和追肥。后期全棚扣严不能再通风时，就停止浇水追肥。

大棚黄瓜秋季延后栽培，如果底肥施得充足，则追肥可不必太多，太勤，只在盛瓜期时，结合灌水进行追肥。中期气温开始下降，追施有机肥可以提高地温，增强根系的吸收能力。如果不施用底肥时，必须加强追肥，也可在定植（或定苗）时，追施有机肥和化肥。

（6）收获　秋大棚黄瓜开始采收时，露地黄瓜也还在生长，为了排开上市，提高经济效益，可将产品收获后进行短期贮藏，陆续投放市场。秋大棚黄瓜生育期短。第1条瓜不宜采收过迟，否则会影响第2瓜及侧蔓瓜的发育，增加化瓜率。

（7）病虫害防治　大棚黄瓜秋季延后栽培的病虫害种类及防治方法与春大棚栽培基本相同，其中黄瓜疫病较春茬加重。在栽培管理上应采用嫁接育苗、用药剂进行苗床和栽培床处理；适当控制浇水，在保温的前提下，尽量通风换气，降低空气和土壤湿度。苗期注意防涝排水；发现中心病株应及时拔除，参见第十六章。

（二）番茄栽培技术

1. 春季早熟栽培

（1）品种选择　大棚番茄春季早熟栽培应选择抗寒性强、抗病、分枝性弱、株型紧凑、适于密植的早中熟丰产品种。其第1、2穗果实数目较多，果型中等大小者对增加早期产量更为有利。生产中常用的品种有：

①早丰。西安市蔬菜研究所于1983年育成的一代杂种。有限生长类型。主茎第6～7片叶着生第一花穗，第1～3穗花后自行封顶。株高60～65cm，果实红色，圆整，果脐很小，单果重150～200g。品质好。早中熟，耐寒。抗烟草花叶病毒，对早疫病和青枯病也有一定的抗性和耐性。

②沈粉3号。沈阳市农业科学研究所于1991年育成。无限生长类型。中熟种。主茎第9～10节出现第1花穗。果实扁圆球形，粉红色，单果重200g左右，品质好。较抗叶霉病。耐运输。

③L-402。辽宁省农业科学院园艺研究所于1990年育成的一代杂种，无限生长类型。第1花着生于主茎第8节。果实扁圆球形，成熟果粉红色，稍有绿果肩，单果重200～250g。中熟种，收获期集中，前期产量高。商品性好，耐贮运。耐低温少光照，抗病毒病，耐青枯病。

④西粉3号。参见本节塑料中、小棚栽培。

⑤早魁、双抗2号、佳粉15号、中蔬4号、东农704、毛粉802、中杂9号等。参见第十七章第一节。

（2）播种育苗　塑料大棚春番茄北方多在日光温室育苗，也可以在温室播种出苗后移植（分苗）到小拱棚或大棚内成苗。南方多在塑料大棚内搭建小拱棚播种育苗。在大拱棚内育苗时，为了解决地温低的矛盾，多采用电热线育苗，可按80W/m²埋设电热线，效果很好。

①播种期确定。应根据当地的定植期来推算播种期。大棚春番茄定植时，要求幼苗株高20cm左右，有6～8片叶，第1花序显蕾，茎粗壮、节间短、叶片浓绿肥厚、根系发达、无病虫害。按常规育苗方法，苗龄需65～70d，温床育苗50～60d，穴盘育苗只需45d，可由此推算播种期。

②育苗准备。可采用地床营养方育苗或营养钵育苗。用清洁的大田土与腐熟有机肥按5∶5或4∶6或6∶4（高寒地区应肥多土少）的比例混合配制营养土，并用65%代森锌可湿性粉剂，或50%多菌灵可湿性粉剂，按每立方米40～60g施入，充分混匀，用塑料薄膜覆盖2～3d进行消毒。也有用0.5%福尔马林液喷洒床土，拌匀后盖膜封闭5～7d之后。每平方米播种量为10～15g。

③浸种催芽与播种。播种前可用50～55℃热水进行温汤浸种15～30min，置于25～30℃下催芽。需用药剂消毒，则可用10%磷酸三钠液浸种20～30min，捞出洗净后再浸种催芽，可预防烟草花叶病

毒；用 1‰甲醛液浸泡 15～20min 后再用清水浸种催芽，可防早疫病；用 1‰高锰酸钾溶液浸种 10～15min 后浸种催芽，可防溃疡病及病毒病。当催芽的种子有 50％以上发芽时，要及时播种。

幼苗出土前，白天保持 25～28℃，夜间 20℃以上，3d 左右即可出苗。幼苗出土后，应增加光照，适当降低床温，轻覆土一次保墒，以防止形成"高脚苗"。白天保持 20℃左右，夜间 12～15℃即可。当幼苗出现第 1 片真叶时，可适当降温，白天 20～25℃，夜间 13～15℃。分苗前 3～4d，再适当降温，白天 20℃左右，夜间 10℃左右。温度适宜时，从播种至分苗需 17～20d。

④分苗。一般应在番茄幼苗 2 叶期分苗，此时第 1 花序开始花芽分化。分苗的株、行距为 10cm×10cm，也可分入塑料钵。分苗应选择晴天上午进行，分苗后立即浇水，底水要充足。

分苗后至缓苗前要保持白天 25～28℃，夜间 15～18℃。缓苗后白天 20～25℃，夜间 12～15℃。地温不低于 20℃，可促进根系发育。番茄营养生长与生殖生长的速度与转化，受幼苗基础强弱的影响很大，而幼苗健壮与否，与苗期温度关系尤为密切，必须给予充分保证（表 26‐8）。

表 26‐8　昼夜温度高低对番茄着花的影响
（引自：《蔬菜栽培学·保护地栽培》第二版，1989）

白天（℃）	夜间（℃）	着花数（朵）	开花数（朵）	落花数（朵）	落花（％）
35.8	27.4	41	42	10	23.9
24.3	16.7	83	81	10	12.4
35.8	10.0	104	79	1	1.3
35.8	5.0	115	87	3	3.5

大棚番茄育苗时若配制的营养土比较肥沃，可以不必追肥，但可进行根外追肥，浓度为 0.2％～0.3％的尿素和磷酸二氢钾喷洒叶面。若用电热线育苗，苗期需补充水分，但浇水量宜小不宜大，以免降低地温；若为冷床育苗，原则上用覆湿土的办法保墒即可。

（3）定植　塑料大棚番茄春早熟栽培的定植期应尽量提早，但也必须保证幼苗安全，不受冻害。要求棚内 10cm 最低地温稳在 10℃以上，气温 5～8℃，若定植过早，地温过低，迟迟不能缓苗，反而不能早熟。

定植前应结合深翻地每公顷施入腐熟有机肥 75～105t，磷酸二铵 300kg，硫酸钾 450～600kg。栽培畦可以是平畦，畦宽 1.2～1.5m。也可为高畦（南方多为高畦），畦高 10cm，宽 60～70cm。北方地区早春寒潮频繁，应选择寒潮刚过的"冷尾暖头"的晴天定植。定植密度一般早熟品种每公顷 75 000 株左右，中熟品种 60 000 株左右较为适宜。定植深度以苗坨低于畦面 1cm 左右为宜。定植后立即浇水，并覆盖地膜。

（4）定植后管理

①结果前期管理。从定植到第 1 穗果膨大，关键是防冻保苗，力争尽早缓苗。定植后 3～4d 内不通风，白天棚温维持在 28～30℃，夜温 15～18℃，缓苗期需 5～7d。缓苗后，开始通风，白天棚温 20～25℃，夜温不低于 15℃，白天最高棚温不超过 30℃，对番茄的营养生长和生殖生长都有利。定植缓苗后 10d 左右，番茄第 1 花序开花，这时要控制营养生长，促进生殖生长，具体措施是适当降低棚温，及时进行深中耕蹲苗。切忌正开花时浇大水，避免因细胞膨压的突然变化而造成落花。待到第 1 穗果核桃大小，第 2 穗果已经基本坐住，结束蹲苗，及时浇水追肥，水量要充足；灌水过早易引起生长失衡，植株过大郁蔽，影响果实发育和产量提高。早熟栽培多采用单干整枝，留 2～3 穗果摘心。每穗留花 4～5 朵，其余疏除。为保花保果，常用 2，4‐D 处理，浓度为 12～15mg/kg；也可用番茄灵 20～30mg/kg 喷花，但一定不要喷在植株生长点上，否则易发生药害。每花序只喷 1 次，当花序有半数花蕾开放时处理即可。由沈阳农业大学研制的"沈农番茄丰产剂 2 号"是一种比较安全无害的生长调节剂，使用浓度为 75～100 倍液，每花序有 3～4 朵花开放时，用喷花或蘸花的方法处理。

②盛果期与后期管理。结果期棚温不可过高，白天适宜的棚温为25℃左右，夜间15℃左右，最高棚温不宜高于35℃，昼夜温差保持10～15℃为宜。盛果期适宜地温范围为20～23℃，不宜高于33℃。盛果期要加大通风量，当外界最低气温不低于15℃时，可昼夜通风不再关闭通风口。

盛果期要保证充足的水肥，第1穗果坐住后，并有一定大小（直径2～3cm，因品种而异），幼果由细胞分裂转入细胞迅速膨大时期，必须浇水追肥，促进果实迅速膨大。每公顷追施氮、磷、钾复合肥225～375kg。当果实由青转白时，追第2次肥，早熟品种一般追肥2次，中晚熟品种需追肥3～4次。盛果期必须肥水充足，浇水要均匀，不可忽大忽小，否则会出现空洞果、裂果或脐腐病。结果后期，温度过高，更不能缺水。大棚番茄在结果期宜保持80％的土壤相对湿度，盛果期可达90％。但总的灌水量及灌水次数较露地为少，灌水后应加强通风，否则因高温高湿易感染病害。塑料大棚番茄的产量与环境因子之间的关系如表26-9所示。

表26-9　大棚番茄产量与气象指标

（王耀林、吴毅明，1979）

时期	坐果膨大期		果实迅速膨大期						着色红熟期
	最低气温 （℃）	土壤负压 （Pa）	日照时数 （h/d）	平均气温 （℃）	日积温 （℃）	最低气温 （℃）	土壤负压 （Pa）		最低气温 （℃）
丰产	>10	24 000±1 330	9±1	23±3	500	15±2	17 330±2 660		>17
低产	<10	<21 330 >26 600	<7 >10	<20 >26	<400 >600	<12 >20	<13 300 >26 600		<15

大棚内高温、高湿、光照较弱，极易引起番茄营养生长过旺，侧枝多、生长快，必须及时整枝打杈。在一年可种两茬的地方，春季早熟栽培，不主张多留果穗，以争取早熟和前期产量为主，争取较高的经济效益。高寒地区无霜期短，一年只种一茬，可以多留果穗，放高秧，以争取丰产。缚蔓（或吊蔓）随植株生长要不断进行，当第1穗果坐果后，要将果穗以下叶片全部摘除，以减少养分消耗，有利于通风透光。

大棚春番茄常常出现畸形果、空洞果、裂果等现象，其形成的原因及防治方法，可参见第十七章第一节。

（5）采收　塑料大棚春番茄比露地栽培收获期可提早30～50d，因地区而异，第1穗果要及时采收，以免影响上面的果实膨大和红熟。

（6）病虫害防治　塑料大棚春番茄栽培的常见病害有番茄叶霉病、灰霉病、早疫病、病毒病、晚疫病及南方地区的枯萎病和菌核病等，参见第十七章。但在塑料大棚内更应注意采取合理的栽培管理措施以及一些适合在保护地内应用的防治方法。

①番茄叶霉病。适当控制浇水，适时通风，降低空气湿度，抑制病菌发展；定植前用硫黄粉熏蒸24h灭菌，每100m³空间用硫黄0.24kg，锯末0.46kg；发病初期用45％百菌清烟剂每公顷每次用量3 750g，每110～130m²设1点熏烟防病；或用7％叶霉净粉尘剂，或5％加瑞农粉尘剂，或6.5％甲霉灵超细粉尘剂等，每公顷每次15kg。

②番茄早疫病。调整好棚内的温、湿度，防止叶片结露和温度过高，可减缓病情蔓延；于发病初期用45％百菌清烟剂熏烟，或10％腐霉利烟剂每公顷每次3～3.75kg。

③番茄灰霉病。塑料棚白天保持20～28℃，相对湿度60％～70％，夜间15℃以上，不利于病菌发育和侵染；采用小高畦地膜覆盖栽培和滴灌、暗灌，降低湿度；番茄坐果后可摘除残留花瓣；发病初期用15％腐霉利（速克灵）烟剂3～3.75kg/hm²，或3.3％噻菌灵（特克多）烟剂5.25kg/hm²熏烟；5％灭克或万霉灵粉尘剂喷粉，每次用量15kg/hm²。

④番茄斑枯病。采用高畦覆膜滴灌栽培；其他措施参见第十七章番茄。

⑤虫害。最常见的有桃蚜、白粉虱、B-生物型烟粉虱、侧多食跗线螨、美洲斑潜蝇和棉铃虫等。防治方法可参见本章日光温室黄瓜栽培及第十七章番茄栽培。

2. 秋季延后栽培　塑料大棚秋季延后栽培的番茄，其产品弥补了露地番茄拉秧后的市场空缺，由于生产投入较低，栽培技术又不复杂，产量可达 $30\sim45t/hm^2$，所以受到生产者的欢迎。大棚番茄秋季延后栽培主要在华北地区和长江流域的江苏、浙江等地较普遍。

（1）品种选择　大棚番茄秋季延后栽培针对前期高温、多雨、后期气温又急剧下降的气候特点，要求品种抗热又耐寒，抗病毒病的大果型中、晚熟品种。生产中常用的品种有：

①中杂 11 号。中国农业科学院蔬菜花卉研究所于 2000 年育成的一代杂种。无限生长型，中熟。果实圆球形，幼果无绿肩，粉红果，单果重 $170\sim360g$，畸形果和裂果少，糖酸比 5.7：1，果实可溶性固形物含量 5.1％，商品性好。抗烟草花叶病毒、番茄叶霉病、枯萎病、脐腐病、筋腐病；中抗黄瓜花叶病毒。

②鲁番茄 6 号（春粉 1 号）。山东济宁农业学校于 1996 年育成的一代杂种。株高 $60\sim65cm$，主茎第 6～7 节着生第 1 穗花序。2～3 穗花封顶。果实粉红色，略有绿肩，多心室。单果重 $170\sim190g$，耐运输，综合抗病性强。果实可溶性固形物含量 5.1％。

③浦红 6 号。上海市农业科学院园艺研究所育成的一代杂种。

另外，适宜的品种还有早丰、西粉 3 号等，可参见本节有关部分；中杂 9 号、毛粉 802、佳粉 15、早魁、苏抗 5 号、美味樱桃番茄等，可参见第十七章第一节。

（2）播种育苗　大棚番茄秋延后栽培必须严格掌握其播种期，如播种过早，则因高温、多雨，使根系发育不良，易发生病毒病；如播种过晚，则生育期短，后期果实因低温不能充分发育影响产量。适宜的播种期，一般于当地初霜期前 $100\sim110d$ 播种。华北地区多在 7 月上中旬，长江中下游地区一般在 7 月下旬至 8 月上旬，高纬度地区在 6 月中下旬至 7 月初。

播种方式目前以育苗的较为普遍。育苗床要选地势高燥、排水顺畅的地块，苗床上要搭阴棚，可用遮光率50％～75％的黑色或灰色遮阳网，晴天于 10～16 时覆网遮荫降温，减轻病毒病发生。播种前种子处理及消毒的方法同春大棚早熟栽培。播种量为 $450\sim600g/hm^2$（直播的用种量多）。苗期管理的重点是降温、防雨、防暴晒、防蚜虫。

出苗后若只间苗不分苗的，要及时间苗，防幼苗拥挤而徒长。若进行分苗，当幼苗长出 1～2 片叶时分苗，苗距 8～10cm 见方。若幼苗弱小可喷施 0.3％尿素和 0.2％的磷酸二氢钾水溶液。

移栽时的日历苗龄为 20～30d，苗高 15cm 左右，3～4 片叶。

（3）定植　定植前进行整地，施肥、做畦，基肥用量为有机肥 $75t/hm^2$，过磷酸钙 $375\sim600kg/hm^2$。秋延后栽培可做平畦，也可做小高畦。

移栽宜选阴天或傍晚凉爽时进行，有利缓苗。定植后要立即浇水，水量要充足，2～3d 后浇 1 次缓苗水。缓苗后及时中耕。定植密度视留果穗数而不同，留 2 穗果的为 60 000～75 000 株/hm²，留 3 穗果的为 45 000～60 000 株/hm²。

（4）定植后管理

①结果前期管理。此时为夏末初秋，外界气温高、雨季尚未结束，应注意通风、防雨、降温。定植缓苗后随植株生长要及时支架、绑蔓（或吊蔓）、打杈，由于结果前期高温多湿，也易造成落花落果，可用生长调节剂处理，激素种类及处理方法同春早熟栽培，浓度切不可过高。每个花序留 3～4 个果。9 月中旬以后及时摘心。

秋延后栽培结果前期浇水不宜过多，因温度高、土壤水分过大易引起徒长。在第 1 花序开花前及时浇 1 次大水，开花时控制浇水。第 1 穗果坐住后，及时浇水追肥，每公顷施硫酸铵 225～300kg，或尿素 225kg。

②结果盛期及后期管理。大棚番茄秋延后栽培全生长期只有 100～110d，因此留果穗数只有 2～

3 穗，进入 9 月下旬以后，气温逐渐下降，为保证果实发育成熟，要加强水肥管理。第 2 穗坐果后，每公顷再施尿素 150kg 或硫酸铵 225kg，天气转凉后宜追有机肥。后期为防寒保温通风量大大减少，不能再进行浇水追肥，否则会因湿度太大而引发病害。当第 1 穗果膨大后，应将下部病枯黄老叶除去，有利通风和透光。

9 月中旬后白天保持 25～28℃，夜间不低于 15℃。进入 10 月中旬气温骤降，当外界夜温低于 15℃时，夜间要关闭所有通风口，只在白天中午适当通风降湿。当最低气温低于 8℃，要在大棚四周围草苫、防止冻害。

（5）采收　大棚番茄秋季延后栽培，要及时采收，尤其是最后一穗果若采收不及时，遭遇冻害会造成损失。当外温降至 3～5℃，棚温降至 8℃左右，如有未能红熟的果实，也要及时一次性成穗剪取采收，在日光温室内平放贮藏，使其自然红熟，可供应到元旦。

（6）病虫害防治　秋延后大棚番茄的病害主要有病毒病、晚疫病、叶霉病、灰霉病及南方地区常发的枯萎病、青枯病和菌核病等，防治方法：参见本章日光温室番茄春季早熟栽培及第十七章。害虫及其防治同前。

（三）茄子栽培技术　在塑料大棚内多进行茄子的春季早熟栽培。东北、西北、华北北部高寒地区因夏季比较凉爽，大棚春早熟栽培的茄子可安全越夏，秋季继续生长可延迟到初冬拉秧，成为由春到初冬的一年 1 茬长季节栽培。大棚茄子春季早熟栽培高产棚产量可达 112 500kg/hm²，上市期最多可比露地提早 40～60d。

1. 春季早熟栽培

（1）品种选择　要求选用比较耐弱光、耐低温、抗逆性强、生长势中等、门茄节位低、易于坐果的早熟和中早熟品种。常用的品种如：

①鲁茄 1 号。山东省济南市农业科学研究所于 1987 年育成的杂交种。生长势稍弱，株高 70～80cm，茎较细，黑紫色。主茎第 6～7 片叶着生第 1 花序。果实长卵形，果形指数为 2～2.5，黑紫色，油亮，果肉嫩软。单果重 200～250g。抗病性一般。

②辽茄 5 号（绿色）。辽宁省农业科学院园艺研究所于 1998 年育成。中早熟。株高 70cm，开展度 60cm，第 1 花着生于主茎第 7～8 节。植株绿色，花冠浅紫色。果实长椭圆球形，纵径 18cm，横径 6.5cm，平均单果重 300g，果皮油绿色，果肉白色，品质好。较抗黄萎病和绵疫病。

③丰研 1 号。北京市丰台区农业科学研究所育成。株高 80cm 左右。门茄着生于第 9 叶节上方。果实圆球形或稍扁，深黑紫色，有光泽。果肉较致密、细嫩，浅绿白色，品质佳。中晚熟，耐热，抗涝。较抗绵疫病、黄萎病、病毒病及茶黄螨。

④圆杂 2 号。中国农业科学院蔬菜花卉研究所育成的一代杂种。中早熟，植株生长势强。果实圆球形，纵径 9～11cm，横径 11～13cm，紫黑色，有光泽，单果重 400～750g，品质佳，商品性好。

⑤苏州牛角茄。江苏省苏州市地方品种。株高 70cm，开展度 60cm，茎紫黑色，茸毛中等，叶长卵圆形，绿色，有密集紫晕，主茎第 8～10 片叶着生第 1 花。果实细长，弯如牛角，果皮、果柄、萼片均为黑紫色，果肉白绿色，微黄。早熟，较耐寒，较抗绵疫病，不抗褐斑病。

⑥北京六叶茄。参见第十七章。

（2）育苗

①播种前准备。育苗场地最好建在日光温室内，有条件时采用电热温床育苗。定植时壮苗指标为株高 18～20cm，6～7 片叶，茎粗壮，节间短，根系发达，第 1 花蕾有 70% 以上显蕾。要达到这一标准，若用冷床育苗苗龄长，多在 90～100d，温床育苗苗龄 70～80d。各地可以此推算其播种期。苗床准备可参考大棚春番茄或甜椒。采用电热温床育苗时，华北地区功率以 100W/m² 为宜（高寒地区可适当提高一些）。

②种子处理及播种。在浸种催芽前，应晒种 6～8h。用 50～55℃ 的热水浸种，水温降至 30℃时，

再浸 6～8h，捞出后催芽。或用 1‰福尔马林液浸种 15～20min，清水洗净后，再浸种 6～8h 后进行催芽。为防止茄子褐纹病和绵疫病，可将种子浸入 70～80℃热水中，不停地搅拌，使水温降至 30℃左右时，继续浸种 6～8h 后洗净催芽。采用变温处理催芽，即白天 30℃，夜间 16～18℃，一般经 5～7d 即可出齐芽。种植 1hm² 茄子需要播种 600～750g 种子。播后覆土 1～1.5cm。

③苗期管理。出苗前如白天保持 28～30℃，夜间 16～20℃，地温不低于 16℃，5～7d 可出苗。幼苗出土后，应适当降低温度，防止幼苗徒长。白天保持 25℃，夜间 15℃。幼苗 1～2 片真叶时进行分苗，分苗前 3～4d 适当降温，白天 20℃，夜间 15℃。选晴天上午分苗，株、行距为 10cm×10cm。分苗后及时浇水，白天保持 25～28℃，夜间 18～20℃，以促进缓苗。5～7d 缓苗后，白天控制在 25℃左右，夜间 15～18℃。播种前浇足苗床底水，分苗时再浇足分苗水，此外应尽量减少浇水次数。若用穴盘育苗，则采取控温不控水的办法，经 60～65d 即可定植。由于用常规方法育苗茄子苗龄达 80～100d，可向叶面喷施 0.3%磷酸二氢钾或尿素追肥，交替进行。

④嫁接育苗。茄子连作重茬容易引起黄萎病、枯萎病、青枯病及根结线虫等土传病虫害，一直是栽培中不易解决的问题，可通过嫁接换根育苗栽培加以解决。

嫁接方法一般多用劈接法，也可斜接。劈接方法及嫁接后的管理，可见本书第六章有关部分。常用的砧木品种有托鲁巴姆、赤茄、茄砧 1 号、北农茄砧、金理 1 号等。经北京市农业技术推广站生产试验，认为北农茄砧和托鲁巴姆表现得生长势更强，产量更高，是比较理想的砧木品种。

砧木一般要比接穗提早播种，提前天数因品种而异，如托鲁巴姆出苗缓慢，一般要提前 20～25d，而赤茄和北农茄砧只需提前 7～10d 播种。

（3）定植　因茄子根系深，定植前要深翻地，嫁接幼苗生长势强、根系发达更要求深翻，且要施足基肥，每公顷要求施优质有机肥 75～120t，外加磷酸二铵和硫酸钾各 450 kg。茄子栽培畦多为平畦，南方也可做成小高畦，畦高 15～20cm。种植密度早熟品种为 45 000～49 500 株/hm²，中熟品种为 37 500～40 500 株/hm²。茄子要求棚内气温不低于 10℃，10cm 地温达 12℃以上时方可定植。宜选在晴天上午定植，应带土坨，避免伤根，定植深度比番茄和甜椒略深一些，覆土厚度要在原土坨之上，即所谓"茄子没脖"。定植后立即浇水，水渗下后封沟，将土坨埋好，应尽量提高塑料大棚内的温度，促进早缓苗。

（4）定植后的管理

①环境控制。在定植缓苗阶段的管理重点是保温、防寒以促进缓苗。白天气温保持在 25～30℃，夜间 15～20℃，棚温不低于 35℃可不通风。棚内最低气温不要低于 10℃。同时还应加强中耕，促进发根。缓苗后白天维持到 20～30℃，其大于 28℃的棚温，最好能维持 5h 以上。中午当棚温超过 30℃时，要进行通风换气降低温度和湿度，下午当棚温接近 25℃时应关闭通风口。进入结果期后，外界温度已明显上升，应加大通风量，当外界最低气温稳定在 15℃左右时，不再关闭通风口，昼夜大通风，使植株白天多接受自然光照，有利于开花坐果和果实着色。

②水肥管理。茄子定植要浇足定植水，3～4d 后根据墒情可再浇一次缓苗水，以后基本不再浇水，直到门茄幼果直径 2.5～3cm（长茄达 3～4cm 长）、第 1 果坐住（俗称"瞪眼"）时才可浇水，并结合第 1 果实的膨大进行追肥。以后每隔 15～20d 追肥 1 次，每公顷可追施 3 000～7 500kg 腐熟有机肥，也可追尿素 150～250kg，或磷酸二铵 150 kg，或复合肥 150～225kg 等，交替使用。门茄采收后，进入盛果期，此时已进入春末夏初，气温越来越高，要保证水分充足，一般每 6～7d 浇水 1 次。

③植株调整。当门茄开始膨大时，应将基部 3 片叶子打掉，以后随着植株不断生长，逐渐打掉下层叶片，以利通风透光。

茄子枝条的生长和开花结果的习性一般很有规律，露地栽培多不行整枝，只是去除门茄以下的侧枝。大棚栽培应进行整枝，以避免"四门斗"茄子（第 3 层果实）形成后出现枝叶茂盛、通风不良的现象。整枝方式较多，但以下列两种方式较好：

双干整枝法：即在"对茄"形成后，剪去两个向外的侧枝，只留两个向上的双干，打掉其他所有侧枝，待结到 7 个果实后摘心，以促进果实早熟。

改良双干整枝：即"四门斗"茄形成后，将外侧两个侧枝果实上部留 1 片叶后打掉生长点，只留 2 个向上的枝，此后也一直留 2 个枝，把所有外侧枝去掉。到 6～7 月份，大棚春早熟茄子拉秧前 20d，每株保留 1～2 个已开放的花，在花上部留 1～2 片叶摘心，抑制植株生长，促进结果。

④防止落花落果。茄子在低温或高温条件下均会出现落花或果实不发育现象，因此生产上需采用坐果激素蘸花。目前常用的几种坐果激素有：沈农番茄丰产剂 2 号，每瓶对水 350～500g 喷花或蘸花；防落素，用量为 40～50mg/kg，处理方法与沈农番茄丰产剂 2 号相同；2，4-D，用量 20mg/kg，可供蘸花用。

（5）采收　茄子为嫩果采收，采收早晚不仅影响品质，也影响产量。特别是门茄，如果不及时采收，就会影响"对茄"发育和植株生长。茄子萼片与果实相连处的白色或淡绿色的环状带非常明显，则表明果实正在迅速生长，不宜采收，如果这条环状带已趋于不明显或正在消失，则表明果实已停止生长，应及时采收。通常，早熟品种开花 20～25d 后就可采收。采收时间在早晨或傍晚为宜。

（6）病虫害防治　塑料大棚茄子栽培的常见病虫害有茄子菌核病、绵疫病、茄子黄萎病、茄子褐纹病等，可采用嫁接育苗等方法防治；常见害虫有蚜虫、红蜘蛛、茶黄螨等。

茄子菌核病。病原：*Sclerotinia sclerotiorum*。保护地栽培常发病，多在茎基部表现症状，初生淡褐色病斑，潮湿时生有白色絮状菌丝体或白色颗粒状菌核，严重时病株皮层腐烂，植株枯死，茎中空有黑色鼠粪状菌核。叶片、花和果实也可染病。低温（15～20℃）、高湿（相对湿度 90％以上）发病重。防治方法：覆盖地膜，注意通风排湿，适当提高夜间温度减少结露；做好田园清洁；定植前每公顷用 40％五氯硝基苯粉剂 15kg，加细土 225kg 拌匀撒入畦面，耙入土内 10cm 处。发现中心病株后，及时进行药剂防治，参见番茄灰霉病。其他病虫害防治参见第十七章第二节。

此外，近十余年来棕榈蓟马分布区域逐步扩大，为害程度呈现上升趋势，在华南、华东等地夏秋季为害大棚、温室茄子较重。防治方法：参见第十六章节瓜部分；在大棚、温室的通风口、门窗增设防虫网阻断蓟马成虫迁入；悬挂蓝色或黄色黏板诱杀成虫。

2. 茄子长季节栽培　在夏季较凉爽的西北、东北、华北北部等地区，对春早熟栽培的大棚茄子，于 7 月下旬至 8 月上旬进行整枝修剪，更新复壮，经过 1 个月左右，即可采收秋茄子。具体做法：先将棚内茄子的残枝、老叶、枯叶清理干净，将植株"四门斗"处的枝条剪断，除去上部老的枝叶，并清理出棚。在植株两侧挖一条沟，沟深 20cm，在沟内施肥，每公顷施复合肥或磷酸二铵 450kg，然后进行大水灌溉浇足浇透，促发新枝新叶，使其继续生长。只要管理得当，秋延后的大棚茄子可采收至初冬。

（四）辣椒栽培技术　北方广大地区大棚多行辣（甜）椒春季早熟栽培，其成熟期一般比露地甜椒提早 30～40d，如果栽培管理技术好，植株健壮，还可以在棚内越夏，一直生长到初冬，或者撤棚后在露地条件下越夏生长，秋季扣棚继续生长，比露地栽培的拉秧时间后推 20～30d。长江下游地区多进行秋冬茬延后栽培。

1. 春季早熟栽培

（1）品种选择　根据塑料大棚的小气候特点，要求辣（甜）椒品种的适应性强，抗寒、耐热、早熟、丰产，果实品质好。目前栽培表现较好的品种有：

①甜杂 2 号。北京市农林科学院蔬菜研究中心于 1987 年育成的甜椒一代杂种。植株生长势强，连续结果性好。主茎第 11 节着生第 1 果。果绿色，灯笼形。单果重 50g 左右，果肉厚 0.35～0.4cm。早熟，对烟草花叶病毒抗性较强。

②中椒 7 号。中国农业科学院蔬菜花卉研究所于 1994 年育成的一代杂种。植株生长势强，保护地栽培株高 70cm，开展度 70cm。始花节位在第 7～8 节。果实灯笼形，纵径 9.6cm，横径 7cm，肉

厚 0.3～0.45cm，味甜。3～4 心室，胎座小。单果重 100～120g。果实深绿色，果皮薄，早熟。中抗烟草花叶病毒、黄瓜花叶病毒和疫病。

③农大 99－23。中国农业大学农学与生物技术学院蔬菜系育成的一代杂种。中早熟。果实大牛角形，纵径 16～20cm，横径 4～6cm，肉厚，单果重 90g 左右，味辣，脆嫩，商品果绿色。抗烟草花叶病毒，耐黄瓜花叶病毒。

④新丰 4 号。安徽省萧县新丰辣椒研究所于 1998 年育成的微辣型品种。株高 60cm 左右，始花节位第 9～11 节，果实粗牛角形，深绿色，皮薄肉厚。平均单果重 60g 左右。较抗炭疽病、灰霉病和疫病。

⑤辽椒 4 号。辽宁省农业科学院园艺研究所于 1990 年育成的微辣型一代杂种。中早熟。株高 55～65cm，开展度 65cm，果实方灯笼形，肉较厚，平均单果重 130g。抗病性强。

另外，较好的品种还有中椒 5 号、海花 3 号、早丰 1 号、苏椒 5 号、中椒 6 号、湘研 16、湘研 1 号、保加利亚以及黄玛瑙、红水晶、玛祖卡等彩色甜椒，可参见第十七章第三节。

（2）播种育苗　为争取早熟，要求大棚辣（甜）椒定植时幼苗 80% 左右已显花蕾，株高 20cm 左右，叶片数 10～12 片，茎粗 0.4～0.5cm，根系发达，因此应当适当早播种。

采用大棚进行温床育苗，早熟品种的适宜苗龄为 75～85d，中、晚熟品种需 80～90d。如在华北大部分地区，大棚采用多层覆盖栽培的，可于 12 月上中旬育苗，3 月上中旬定植。如果冷床育苗、苗龄多为 90～110d。高寒地区多在日光温室内采用电热温床（或酿热温床）育苗。其营养土配制选用未种过茄果类蔬菜的园田土，过筛并加入 40% 腐熟有机肥（最好用腐熟马粪，若用鸡粪则用量要减半），每立方米营养土中加入过磷酸钙 1kg，草木灰 5～10kg，混匀后铺床，厚度 10cm。

种子用温汤浸种 4～6h，置于 28～30℃ 的条件下催芽，5～6d 种子露白，即可播种。播种应选寒潮刚过"冷尾暖头"的晴天上午进行。播种前先浇水，水渗下后先覆底土，后均匀播种，每平方米用种 7～8g。播后覆土 1cm 厚。播种完毕立即覆盖塑料薄膜，夜间加盖草苫子，促进出苗。

出苗前苗床温度控制在 25～28℃。幼苗出齐后，可适当通风降温，白天的适温为 20～25℃，夜间 16～18℃，防止幼苗徒长。第 1 片真叶显露后，应当减少通风量，适当提高床温，白天保持在 23～28℃，夜间 16～20℃，不低于 15℃。3～4 片真叶时进行分苗，辣（甜）椒一般进行双株分苗，每双株的两棵苗大小要相近。分苗后一般畦温宜稍高，白天保持在 23～28℃，夜间不低于 15℃，苗床达不到这一要求时，要少通风，促苗快长。定植前 10～15d 浇水切营养土块，并逐渐加大通风量，白天 20℃ 左右，夜间可降至 10～12℃，进行低温炼苗。定植前还可叶面喷布 0.2%～0.3% 尿素和 0.2% 的磷酸二氢钾溶液，有利壮苗。

（3）定植　当大棚内 10cm 深处地温稳定在 12℃ 以上，棚内最低气温不低于 5℃ 时，即可定植。采用大棚内加盖小拱棚的栽培方式时，其定植的时间可适当提前。定植前应提前 15～20d 扣好棚膜，以利于提高棚温和地温。

在定植前应深翻地 2～3 次，以利提高地温。每公顷 75～120t 优质有机肥作基肥。辣（甜）椒定植可以沟栽，也可以平畦栽或垄栽。垄栽有利提高地温。定植深度以封沟后，土面稍高于营养土方即可。定植密度每公顷 52 500～60 000 穴，每穴双株。甜椒一般行距约 50cm、株距 30cm 较适宜。大棚栽培时，植株生长旺盛也可以单株定植，单株栽培时株、行距为 25cm×40cm。

（4）定植后的管理

①温、湿度的调节。甜椒的生长适温为 20～28℃，气温低于 15℃ 时，生长极为缓慢，35℃ 以上授粉受精不良，而造成落花落果。定植后为促进缓苗，5～7d 内不通风，使棚温维持在 30～35℃。缓苗后，开始用天窗通风，棚温降至 25～30℃。随着外界气温的升高，要不断加大放风量。当外界夜间最低温不低于 15℃ 时，可以昼夜通风。由于大棚内温度高、湿度大，容易感病，过于干燥则对授粉和受精不利，影响坐果。据原北京农业大学蔬菜教研组观测得出，在北京郊区大棚甜椒的生育期

间，5～6月初是光合速率最高的时期，叶面积迅速扩大，温、湿度条件也是最适宜甜椒生长的阶段，此阶段光合产物向果实分配的比率逐渐增加，但茎叶所占比率仍为45%～50%。营养生长和生殖生长都很旺盛。到6月中旬，光合率便开始迅速下降，7月份光合率出现低谷，干物质的累积及叶面积的扩大，在此时都有明显的停顿，产量也出现相应的低峰，这是由于高温所致（图26-1）。

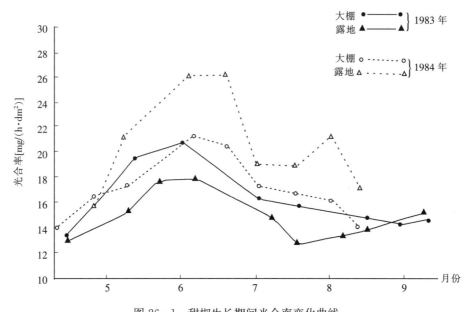

图26-1 甜椒生长期间光合率变化曲线

（引自：《蔬菜栽培学·保护地栽培》第二版，1989）

塑料大棚内过高的空气相对湿度不利于辣（甜）椒的开花坐果，要通过增强通风加以调节。可以看到，在棚内通风良好的部位，秧苗生长矮壮、节间短、结果数也多，不同部位植株的生长势和结果状况是不同的（表26-10）。所以大棚甜椒进入开花坐果时期，要及时放侧风（边风），大棚甜椒适宜的空气相对湿度为60%～80%。

表26-10 大棚不同部位的甜椒生育状况

（引自：《蔬菜栽培学·保护地栽培》第二版，1989）

项 目	大棚中部	大棚两侧
株高	100～130cm	94～100cm
每穴结果数	34个	40个
植株上部结果数及重量	16个果，1kg	20个果，1.25kg
植株中部结果数及重量	8个果，1.2kg	10个果，1.25kg
植株下部结果数及重量	10个果，0.55kg	10个果，0.55kg

②水肥管理。定植后经过5～7d幼苗开始长新根缓苗，浇缓苗水后，及时中耕、培土、扶苗。根据墒情可以浇1～2次缓苗水，深中耕蹲苗，在门椒坐住前，不再浇水。蹲苗期间可中耕2～3次，第1次宜浅，第2次中耕要深，促进根系生长。辣（甜）椒根系较弱，蹲苗不宜过度。待门椒开始膨大时，正是辣（甜）椒生长最旺盛的时期，要及时浇水追肥，每公顷追施复合肥300kg，一般每15～20d追肥1次。多追有机肥，增施磷、钾肥，不仅能提高产量，还可改进品质。第2次追肥多在门椒开始采收时进行，在这以后进入盛果期，更需保证充足的水肥，土壤要经常处于湿润状态，相对湿度保持70%～80%为宜，一般5～6d浇1次水。

③整枝。甜椒第1果（门椒）坐住后，及时把分杈以下的侧枝全部摘除。如枝叶过密时，可摘除

下部的枯、黄、老叶，以利通风透光。辣（甜）椒在大棚中由于生长势比露地强，植株比露地高大，为防倒伏，除加强培土外，需要在每个栽培行间架设简单支架，或用尼龙绳吊株，这样做不但有利于植株间通风透光，还能提高中下部坐果率。

④保花、保果。为防止落花，提高坐果率，在门椒开花后，可用 10～15mg/kg 的 2，4-D 或 20～30mg/kg 的番茄灵涂抹花柄。用沈农番茄丰产剂 2 号 75～100 倍液处理大棚辣（甜）椒防落花效果也很好。

（5）采收　大棚辣（甜）椒春早熟栽培以采收嫩果为主。只要果实的果肉肥厚、颜色浓绿、皮色发光，达到品种的果形大小即应采收。一般第 1 个果实（门椒）从开花到采收约需 30 d，第 2 层果实（对椒）需 20d 左右，第 3 层果实（四门斗）需 18d 左右。第 1 个果实应适当早收，这不仅可早上市，提高经济效益，还可防止坠秧，影响植株生长发育。

（6）病虫害防治　塑料大棚辣椒春季早熟栽培主要病害有疮痂病、炭疽病、疫病等。疫病防治可每公顷棚用 45％百菌清烟剂 3.75～4.50kg 熏烟，或每公顷用 5％百菌清粉尘剂 15kg 防治。药剂灌根和喷雾宜交替使用，每隔 7～10d 防治 1 次，连续防治 2～3 次。参见第十七章第三节。主要害虫及其防治方法参见本章日光温室栽培部分。

2. 秋季延后栽培

（1）品种选择　要求品种耐热又抗寒，抗逆性强，生长势强，结果期比较集中，果肉厚等。

①皖椒 1 号。安徽省农业科学院育成的一代杂种。株高 80cm，开展度 85cm，果实深绿色，果面浅皱，单果重 30g 以上，牛角形，果长 14.7cm，果径 3.4cm，味微辣。早熟，连续结果性好，适应性较强，较抗病毒病和炭疽病。

②中椒 3 号。中国农业科学院蔬菜花卉研究所于 1990 年育成。株高 60cm 左右，开展度约 50cm。第 1 花着生节位平均为第 7～9 叶节。果实为灯笼形，果绿色，单果重 80g。早熟。较抗烟草花叶病毒病、黄瓜花叶病毒病。

③新丰 4 号。参见本节辣椒春季早熟栽培。

另外，较适宜的品种还有洛椒 4 号、湘研 1 号、湘研 4 号、苏椒 5 号、早丰 1 号、保加利亚辣椒等，可参见第十七章第三节。

（2）育苗　选择地势高燥、排水顺畅的地段做苗床，也可在大棚内育苗。苗床要有遮荫、防雨、防虫设备，以减少病虫为害。

种子处理可只浸种，或浸种又催芽，也可干籽直播。种子也应消毒，处理方法同春季早熟栽培。

播种前苗床浇透水，水渗下后播种，覆土 1cm，并及时扣防虫纱网，苗床土要见湿见干，不能缺水。苗出齐后 2～3 叶期结合浇水可适当追肥，还要及时拔除苗床的杂草。苗龄 30～40d 即可定植。

（3）定植　定植前整地施肥，应将前茬残株清理干净，整地要细致，以利根系生长。每公顷施腐熟有机肥 60～75t。定植宜在下午高温过后，或选在阴天进行、防阳光暴晒烤苗。定植密度可比春早熟栽培稍大，因秋延后栽培气温后期下降，植株生长势较春季弱。

（4）定植后的管理　定植水要大，3～4d 后浇缓苗水。定植初期外界气温尚高，土壤蒸发量大，故要经常浇水，防止高温干旱引起病毒病。追肥随浇水进行。进入秋季，气温逐渐下降，随着棚膜通风口的减小，逐渐减少浇水次数，一般 10d 左右浇 1 次，根据土壤墒情掌握。在早霜来临前，当外界最低温达 15℃左右，需扣严棚膜，夜间不再通风，此时停止浇水追肥，以防降低地温和增加空气湿度引发病害。秋延后栽培后期加强防寒很重要，以尽量延长生长期而获得高产。当大棚内最低温度 ≤10℃时，及时采收，防止果实受冻害。秋延后栽培因植株生长期短，宜采收青果，通过贮藏使鲜果延长供应期。

（5）病虫害防治　大棚辣（甜）椒病虫害防治同春早熟栽培。

（五）菜豆栽培技术　菜豆是塑料大棚栽培最为普遍的豆类蔬菜。对日照长短要求不严格的品种

在大棚中可以进行春季早熟栽培，也可以进行秋季延后栽培。

1. 春季早熟栽培 菜豆春季早熟栽培的时期与黄瓜基本相同，只是它的生育期比黄瓜短，育苗期也短。生产中春季早熟栽培比较普遍。

（1）品种选择 菜豆的蔓生品种及矮生品种均适于作大棚春季早熟栽培。矮生品种早熟性好，一般可在大棚周边低矮处种植，或作间套种用；蔓生品种高产，生长期长，早熟性不如矮生品种。大棚空间高大，生产中多选用蔓生品种，但要求品种株型紧凑，节间短、叶片小、结荚率高、品质好、耐贮运等。生产中应用较多的品种有：

①双季豆。辽宁省锦州市地方品种。植株蔓生，生长势中等，每株约2个分枝，花白色，始花节位在第3～4节。嫩荚浅绿色，长约18cm，宽约1.2cm。荚近圆棍形，肉厚，纤维少，品质较好。每荚有种子6～7粒，种子褐色，肾形。早熟，耐热性较强。

②春丰4号。天津市农业科学院蔬菜研究所选育的品种，为春丰2号的姊妹系。植株蔓生，株高约3m，有侧枝2～3个。花白色，每花序结荚2～4个，单株结荚数30～40个。嫩荚绿色，荚长18～22cm，宽1.3cm。单荚重15～20g。嫩荚近圆棍形，稍弯曲。肉厚，纤维少。早熟，耐盐碱力强。

③老来少。天津市郊县地方品种。蔓生，荚扁平，白绿色，长20cm左右。中熟。粗纤维少，品质好。

④哈菜豆1号。哈尔滨市蔬菜研究所以地方品种青刀豆为材料经系统选育而成。植株蔓生，分枝2～3个，花白色，每花序结荚4～6个。嫩荚绿色，扁条形，荚长22cm，宽1.7cm。纤维少，品质好。早熟，全生育期80余d。

⑤新西兰3号。北京市种子公司于1980年从新西兰引进。植株矮生，株高约50cm，有5～6个分枝。花浅紫色，每花序结荚4～6个，嫩荚圆棍形，略扁，先端略弯，青绿色，长约15cm，宽1.1cm，平均单荚重10g左右，肉较厚。纤维少，品质较好。每荚有种子5～7粒。较早熟，适应性强，较抗病。

另外，较适宜的品种还有绿龙（碧丰）、芸丰、丰收1号、超长四季豆、供给者、嫩荚菜豆等，参见第十八章第一节。

（2）播种育苗 菜豆壮苗的植株形态为：株丛矮壮，叶色浓绿，茎粗壮，叶柄短。矮生菜豆日历苗龄一般需20～25d，幼苗具2～3片真叶；蔓生菜豆日历苗龄为30～40d，具4～6片真叶。

菜豆育苗所用床土与黄瓜相同，种子一般直播于育苗钵（塑料钵或纸筒、塑料袋）内或营养土方内，而不采用先播在育苗盘而后移植的方法。生产中也有的采用直播而不行育苗。

播前种子浸种2～4h，放在20～25℃的条件下催芽。经1～2d后出芽，即可播种。育苗钵内先浇透水，水渗下后，每钵放种子4～5粒，上覆细土2～3cm厚。

育苗方法是：先将种子进行短期浸泡，然后密铺于经开水消毒的锯末或细沙中，覆盖锯末或细沙2cm厚，经过3～5d，幼苗长出胚根后播种。

播种后立即覆盖薄膜小拱棚，夜间盖草苫。出苗前不通风，以提高气温和地温，气温以28～30℃为宜。苗出齐后适当通风，白天保持18～20℃，夜间12～15℃，以防幼苗徒长形成"高脚苗"，小拱棚白天揭开，晚上盖上。第1片真叶展开到定植前10d，提高温度，白天控制在20～25℃，夜间15～20℃，以利花芽分化，促进根和叶的生长。定植前3～5d，进行低温锻炼，白天保持15～20℃，夜间10～20℃。

菜豆幼苗较耐旱，在不十分干旱的情况下不浇水，以促进根系发育。

（3）定植 定植前15～20d，应提早扣棚，将塑料薄膜扣严，夜间在大棚周围加盖草苫，尽量提高塑料大棚内的温度。每公顷施腐熟的有机肥45～75t，结合施用复合肥或过磷酸钙225～300kg。深翻，耙平，做成平畦或起垄。

定植时要求棚内最低气温稳定在5℃以上，10cm深处地温13℃以上，方可定植。尽量保持土坨不散，少伤根系。定植深度与苗坨入土深度一致。定植后立即浇水，但水量不能太大，以免降低地温影响缓苗。定植密度为：蔓生种行距 50～60cm，穴距 25～30cm；矮生种行距 35～40cm，穴距 30～33cm，每穴 4～5 株。

（4）定植后的管理

①幼苗期。定植后尽可能提高棚内温度，促进早缓苗。白天棚温保持在 25～30℃，夜间 15～20℃。缓苗后适当降温，白天 20～25℃，夜间 15℃左右。到了春末气温急剧回升阶段，大棚晴天中午气温可高达 40℃，要及时通风降温，控制棚温不要高于 30℃以上，否则花芽分化不良，致使开花数少且易落花。待外界最低夜温稳定达到 15℃时，可昼夜通风。

定植后 2～3d，待定植水稍干即进行中耕，疏松土壤以提高地温。以后每 7～10d 中耕 1 次，直到开花，开花后为避免伤根应停止中耕。定植后到开花前尽量少浇水，土壤干旱也应浇小水，防止大水大肥造成茎蔓徒长，影响开花结荚。

②抽蔓期。此时应追施化肥，每公顷追尿素 150kg，随浇水追肥。临近开花及开花时不能再浇水，以防止落花。为防止蔓生种抽蔓后互相缠绕和矮生种倒伏，要及时搭架，矮生种只需搭 40～60cm 高的篱式立架即可。

③开花结荚期。此生育阶段对温度光照敏感，是水肥管理的关键时期。当嫩荚坐住后，结合浇结荚水每公顷追尿素 150～225kg，10～15d 以后追第 2 次肥，追尿素或复合肥均可，用量同第 1 次。进入采收期以后，蔓生菜豆追肥 2～3 次，矮生菜豆追肥 1～2 次，以防植株早衰。菜豆结荚期要经常浇水，保持土壤湿润，浇水追肥一直进行到拉秧前半个月左右。大棚春菜豆的水肥管理如图 26-2 所示。蔓生菜豆生育后期应及时摘除植株下部的病叶、老叶及黄叶，以利通风透光。

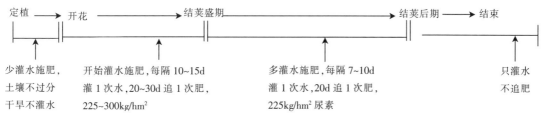

图 26-2　春茬菜豆定植后的肥水管理

（李天来等，1999）

菜豆不同品种的结荚率不同，但不论什么品种，其花芽的量很大，而能正常开放结荚的花仅有 20%～30%，因此菜豆结荚率很低，落花、落荚现象严重。当白天温度大于 30℃或夜间温度长期小于 15℃，空气相对湿度过高或过低，都会影响授粉受精，从而引起落花。若水、肥不足，植株营养差，或水肥过多使营养生长过盛，都会使营养物质向花序分配减少，从而造成落花。大棚内若光照太弱加之通风不良，会引起植株徒长而影响开花结荚。所以为了防止落花落荚，一定要调控好大棚的光、温、湿及土壤水、肥，使之营养生长和生殖生长平衡，有利菜豆开花结荚。

（5）采收　菜豆的产品为嫩荚，矮生品种从播种到采收需 50～60d，蔓生品种需 60～70d。一般在谢花后 10～15d 为采收适期，采收过迟会影响品质，因此要掌握适期采收。进入盛荚期后 2～3d 采收 1 次，防止结荚过量坠秧而引起植株早衰。

2. 秋季延后栽培

（1）品种选择　进行秋延后栽培时，菜豆苗期正值高温多雨季节，而结荚期气温下降，日照变短，因此秋延后栽培宜选用适应性强，前期抗病、耐热，生长后期耐寒、丰产、品质好的品种。

①秋抗 6 号。天津市农业科学院蔬菜研究所育成。植株蔓生，有侧枝 3～4 个，始花节位在第 5～6 节，每花序 2～6 荚。嫩荚绿色，近圆棍形，稍弯曲，荚长 17～20cm，宽 1.2cm，单荚重 12～14g，肉厚，纤维少，每荚有种子 6～9 粒，种皮黄色，肾形。中熟，采收可持续 30d。耐热、耐盐

碱。抗枯萎病、疫病、病毒病能力较强。

②秋抗 19。天津市农业科学院蔬菜研究所用丰收 1 号和灰籽弯子杂交育成。植株蔓生，株高约 2.8m，有侧枝 2～3 个。花白色，初花节位在第 3～4 节，每花序坐荚 2～4 个，单荚重 15g，荚长约 20cm，宽 1.3cm，嫩荚深绿色，近圆形，稍弯曲，肉厚，纤维少。

③青岛架豆。山东省青岛市地方品种，原名黑九粒。植株蔓生，高约 3m。花紫红色，嫩荚淡绿色，近圆棍形，长 20cm，宽 1.2cm。及时采收的嫩荚肉厚、细嫩、品质上中等。中熟，较耐热，抗病，可二次结荚。

④黄县八寸。山东省龙口市地方品种。植株蔓生，蔓长约 2.6m。花冠白色。荚长扁条形，荚面较平。荚长 20cm，宽 1.8cm，单荚重 14g。嫩荚绿色，纤维少，品质好，不易老。每荚有种子 7 粒左右。早熟，较耐热，耐低温，较抗病毒病、根腐病。

还有丰收 1 号、老来少等品种。

（2）播种　在前茬作物拉秧后，及时清理残枝枯叶，用硫黄粉熏蒸消毒后，每公顷施有机肥 45～60t，深翻做成平畦。如土壤干旱应浇水，使土壤墒情能保证菜豆播种后顺利出苗。

确定适宜的播种期是秋季延后栽培的关键。播种过早，温度过高，菜豆生长不良；播种过晚，则在低温天气来临前，生长期太短，致使菜豆产量低、效益差。如华北地区及长江中下游地区一般在 8 月中旬至 9 月上旬播种，东北地区多在 6 月下旬至 7 月下旬播种。一般采用干籽直播法，蔓生种行距 60～70 cm，穴距 20～25cm，每穴 3～4 粒种子，播后覆土 2～3cm 即可。

如果前茬作物拉秧太迟，为不影响菜豆的适期播种，也可提前进行育苗，育苗方法同春早熟栽培。此期育苗外界温度较高，应在育苗畦上用竹帘或遮阳网进行遮光、降温，防止大雨冲苗。苗龄 20～25d 为宜。

（3）田间管理　大棚菜豆秋季延后栽培在播种出苗阶段，外界气温较高，应注意降温、降湿防徒长，大棚四周和顶部风口要全部打开，还可用遮阳网遮阳、降温。9 月下旬以后随着气温下降，天气渐凉，要逐步封闭通风口。白天棚温保持 20～25℃，夜间 10～15℃为宜。当外界最低气温达 15℃ 时，夜间可不再通风，10 月中下旬以后，气温明显下降，应加强防寒保温，棚内气温尽量保持在 8℃ 以上，防止受冻。当夜间棚内气温低于 5℃ 时，应将茎蔓落下，覆盖薄膜及草苫，进行活体贮存，延长供应期。

菜豆出苗后要及时中耕保墒，土壤较干时可适当浇水，但浇水以后要再行中耕松土，土壤疏松有利于根系的生长。植株抽蔓期应尽量少浇水，控制秧苗发生徒长，以加强中耕保墒为主。抽蔓后开始浇水追肥，每公顷追复合肥 150～225kg。植株开花时要控制浇水，以免引起落花。当嫩荚坐住后，要及时进行第 2 次浇水追肥，以后每 5～7d 浇 1 次水，15d 左右追 1 次肥。进入 10 月中下旬，当全棚扣严不再通风时，也不再浇水追肥。

（4）采收　菜豆秋延后栽培，采收越推后，经济效益越高，当棚内最低温达 5～7℃ 时，应将达到商品成熟的豆荚全部采收，以防冻害。北方地区，大棚菜豆秋延后栽培的采收期为 1.5～2 个月。

（5）病虫害防治　塑料大棚菜豆栽培的常见病害有菜豆炭疽病、菜豆锈病、菜豆细菌性疫病、菜豆病毒病等；常见虫害有蚜虫、红蜘蛛等，防治方法可参见第十八章。

（六）嫩荚豌豆栽培技术

1. 春季早熟栽培

（1）品种选择

①晋软 1 号。山西农业大学选育而成。蔓生，蔓长 2.0～2.5m，节间长，分枝性强，侧枝多，晚熟，从播种到采收需 85～90d。荚爽脆清甜，产量高。

②中豌 4 号。中国农业科学院畜牧研究所于 1986 年育成。株高 55cm 左右，单株结荚 6～8 个，荚长 7～8cm，宽 1.2cm，品质中上。茎叶浅绿色，花白色。单荚粒数 6～7 粒，未成熟的嫩荚和青豌

豆为浅绿色。早熟，盛花期早，花期集中，结荚整齐、品质好。适应性强，耐寒、抗旱，抗白粉病。

③蜜珠。北京市农林科学院蔬菜研究中心从欧洲引进。矮生，株高 60～80cm，始花节位在第8～10节，花白色，每株结荚 10～15 个，荚果形似粮用豌豆，圆棍形，淡绿色，肉厚质嫩，荚果在豆粒饱满时仍能保持优良品质且味甜。

另外，适宜品种还有大荚豌豆、台中 11 等，参见第十八章。

(2) 播种育苗　嫩荚豌豆忌连作，应与非豆科作物实行 3 年以上轮作。春季早熟栽培可干籽直播，也可育苗。直播的要在播种前每公顷施腐熟有机肥 45 000～52 500kg，过磷酸钙 225～300kg，硫酸钾 150kg 或草木灰 750kg 做基肥，肥土掺和均匀后整地做畦。单行密植畦宽 1m，双行密植畦宽1.5m。播种前种子可用 20℃ 温水浸种 2～3h，待种子吸胀后播种。播种前要浇足底水，播种沟深度 4cm 左右，按穴距播种。蔓生种每公顷用种量 125～150kg，矮生种 225～300kg，每穴播 2～4 粒种子。

如采用育苗，可用育苗钵或营养土方，苗床准备可参考菜豆育苗，每穴（钵）播种 2～3 粒。出苗后白天温度可控制在 15～18℃，夜间 5～10℃。定植前 5d 要低温锻炼，白天 10～15℃，夜间 2～5℃。苗期只要床土不十分干旱则无需浇水。嫩荚豌豆的壮苗标准为具有 4～6 片真叶，茎粗，节间短。山东省的一些地区也有用 1～2 片真叶的小苗移栽，苗龄为 15～20d。

当大棚 10cm 深处地温稳定在 4℃ 以上即可播种，可根据当地气候条件及设备条件推算安全播种期。如北京地区多在 3 月上中旬，东北地区多在 4 月上中旬播种。

(3) 田间管理　育苗定植的或直播至现蕾前，这一阶段棚温尚低，应采取一切措施保温防寒，白天棚温保持 18～20℃，高于 25℃ 及时放风，夜间保持 10～12℃。进入开花结荚期白天保持 15～18℃，夜间 12～16℃。3 月份以后外界夜温稳定在 12℃ 左右时，可昼夜大通风，严防高温危害。在水肥管理方面，直播的在播种时浇足底水，只要土壤不干旱就无需浇水。育苗的定植时浇足水分的也不必再浇水，只需加强中耕保墒。苗出齐后中耕 1～2 次，当苗高 10～15cm，可浇水追肥 1 次，每公顷追复合肥 105～150kg，并进行中耕培土。之后插架或吊蔓，疏去过密的或细弱枝条，以保持良好的通风透光条件。嫩荚豌豆在显蕾期第 2 次追肥，每公顷施复合肥 225～300kg，促使植株健壮。结荚盛期进行第 3 次追肥，每公顷施 300kg 复合肥。在结荚期每 5～7d 浇 1 次水，保持土壤湿润。结荚期土壤干旱或缺肥，均易落花落果。

(4) 采收　一般在开花后 8～10d，荚已充分长大，豆粒即将膨大时采收。但有的品种如蜜珠，在豆粒膨大后采收，产量最高，品质仍属上乘，具体的始收期可因品种而异。

2. 秋季延后栽培

(1) 品种选择　要求品种耐热、抗逆性强，对日照要求不严格的品种。常用的品种有：

①中豌 4 号。参见本节春季早熟栽培。

②食荚大菜豌 1 号。四川省农业科学院作物研究所用复合杂交法选育而成。株高 70～80cm，茎粗节密。白花，单株结荚 11～20 个，嫩荚翠绿色，扁长形，荚长 12～16cm，宽 3cm 左右，单荚重 7～8g。中早熟种，采收期 30～40d。嫩荚味美，香甜，籽粒皮薄，商品性好。

另外，还有广州二花、美国小白花等品种。

(2) 播种　秋延后栽培嫩荚菜豆一般采用直播。华北大部地区在 7 月中旬至 8 月中下旬播种，长江流域及淮河以南多在 8 月中下旬至 9 月上旬播种。秋延后栽培播种期正值高温多雨季节，不利于嫩荚豌豆通过春化阶段而迅速开花结实，为促使其通过春化，达到高产和适期成熟目的，在播种前应进行低温处理。具体做法是用冷水浸种 2h 左右，捞出洗净后每隔 2h 用井水投洗 1 次，经 20h 左右种子开始萌动，当出芽后放在 0～5℃ 低温条件下处理 10 余 d，即可播种。

播前整地、施肥及播种方法等同春季早熟栽培。在雨水多的地区可做高畦，雨水少的地区可做平畦。

（3）田间管理　出苗前应及时浇水保持土壤湿润，促进出苗。出苗后每5～7d浇1次水，土壤要见湿见干。此时高温多雨，大棚要大通风降温防雨。蔓生种出现卷须即将甩蔓时，要及时插架或吊蔓。植株显蕾之前追肥并浇大水，每公顷施复合肥225kg。开始结荚第2次追肥，结荚盛期第3次追肥。9月下旬以后，气温逐渐下降，通风只在白天进行，白天棚温保持15～20℃，夜间10～12℃。大棚嫩荚豌豆秋季延后栽培，不宜采收太早，应根据市场需求，适期采收。待棚温下降至0℃时，及时拉秧。也可落架进行活体贮存，以延长供应期。

（4）病虫害防治　塑料大棚豌豆栽培常见的病虫害有豌豆白粉病、豌豆锈病、豌豆潜叶蝇等，防治方法：参见第十八章第四节。其中豌豆锈病（病原：*Uromyces pisi*）为害叶片和茎部，发病初期呈现圆形赤褐色肿斑，以后病斑破裂散出锈褐色粉末。严重时病斑密布，影响产量。防治方法：注意通风降湿；发病初期用50％硫黄悬浮剂200～300倍液，或50％萎锈灵乳油800倍液，或15％三唑酮可湿性粉剂1 000～1 500倍液，隔7d喷1次，连喷3次。

（七）豇豆栽培技术　豇豆在大棚中既可作春提前和秋延后栽培，也可作春夏恋秋冬一茬到底栽培。其春提前和秋延后栽培在江苏和安徽省北部、河南及山东省均有发展，12月至翌年2月播种，3～4月收获上市。但由于春提前和秋延后期间有菜豆上市，所以目前豇豆多作夏秋栽培，北方一般7月直播，或6月下旬至7月上旬育苗，7月中下旬定植，8月上中旬开始收获。收获期80～120d。

现介绍大棚豇豆夏秋栽培技术。

1. 品种选择

（1）宁豇3号　南京市蔬菜种子公司和南京市蔬菜种子站育成。早熟。植株蔓生，生长势强，茎叶绿色。主侧蔓同时结荚。主蔓第2～3节始花，侧蔓第1节始花，单株结荚平均18.4根。嫩荚绿白色，荚面平整，红嘴。荚长70cm左右，横径0.9cm左右，单荚重26g左右。嫩荚耐老，品质好。耐热、耐涝。抗逆性强。

（2）之豇特长80　浙江省农业科学院园艺研究所育成。植株蔓生，生长势旺盛，分枝少，以主侧蔓结荚为主。全生育期80～100d，主蔓第3～4节位出现初荚。荚条淡绿色，平均荚长70cm，种子枣红色，肾形。抗病毒病。熟性比之豇28-2早1～4d。

2. 播种育苗　大棚豇豆夏秋栽培既可直播，也可育苗移栽。为提早上市和便于茬口安排，采用育苗移栽较好。直播常用于前茬作物生长后期，植株基本衰弱时在行间套种。

（1）直播　在前茬作物浇水后，当湿度适宜时，在深3～4cm的穴中播种，每穴4粒种子，随后覆土，但不浇水，等到出齐苗后中耕蹲苗。子叶展开后到1片真叶展开前，立即拔除前茬作物，清除残株废叶，再全面深锄，同时向株旁培土，直到抽蔓前不再浇水施肥。

（2）育苗　一般在前茬拉秧前30～40d时开始育苗。用营养土方或苗钵育苗，其营养土的配制及育苗方法与菜豆相同。育苗可在塑料棚里进行。因此时正值夏季，所以应注意通风、降温，防止苗子徒长。白天温度不超过35℃，适宜温度为25～30℃。子叶展开后温度可降至白天20～25℃，夜间15～25℃较为理想。适宜苗龄为25～30d。此时应具有3～4片真叶，叶厚色浓，茎粗，株高20～25cm，土方外布满根系。

3. 定植　可在前作物收获之后进行深耕，日晒3～5d，每公顷施腐熟有机肥60 000～75 000kg，过磷酸钙750～900kg，深翻耙平，做成宽1.3～1.5m的畦，每畦开两条深12～15cm的沟待播。

定植时先引水入沟，顺水栽苗，间距15～18cm，每公顷75 000～82 500个钵（土方）。栽后立即覆土，覆土厚3～4cm。豇豆在大棚内水肥条件充足的情况下极易徒长，加之棚内光照较弱，往往容易落花，影响结荚。如采用和矮生蔬菜隔畦间作的方法种植，可使透光良好，从而避免上述问题发生。

4. 定植后的管理

（1）前控后促　豇豆定植后，如定植水浇得合适，一般不再浇缓苗水，但必须连续深中耕2～

3 次，同时适当培土。目的是促进根系向纵深发展，抑制枝叶徒长。否则第 1 花序节位上升，影响前期结荚，促使下部侧枝早发而形成中、下部不结荚的空蔓。水分一直控制到第 1 花序开花结荚及其后几节花序出现时，才浇第 1 次肥水。第 2 次肥水应在第 1 荚果收获前，第 2、3 荚果已开始伸长，中、下部花序出现时进行。两次的浇水可施入硝酸铵 150～225kg/hm²。至开始收获豇豆后，停止控水，一般每隔半月左右浇水 1 次，间隔加入农家液态有机肥或化肥。

（2）植株调整，打杈促荚　待豇豆茎蔓抽出之后开始支架。采用双行密植或隔畦种植的，可搭成人字形架，单行密植的可搭成单排直立形架。第 1 花序以上的叶芽应及早全部打去，以促进花芽发育。须注意的是：第 1 花序以上各节侧芽多为混合芽，既有花芽，又有叶芽，二者的区别是：花芽肥大，包叶皱缩粗糙，内藏 2 个并生花朵；叶芽细长，包叶平展光滑。摘除叶芽时不应伤及花芽。当主蔓长到架顶时，应及早摘除顶芽。如肥水充足，植株生长旺盛时，可任其生长，各子蔓的每个节位都有花序而结荚；如子蔓上的侧芽生长势较弱，一般不会再生孙蔓，可以待子蔓伸长到 3～5 节后，即应摘心。

5. 秋延后管理　大棚夏秋栽培豇豆在 7 月至 8 月上旬为盛果期。8 月中旬后，主蔓荚果和子蔓大多数荚果都已采收。此时植株生长显弱，应适当深锄结合每公顷施腐熟有机肥 22 500～30 000kg，草木灰 750kg 埋入土内，施肥后浇水再浅中耕 1 次，促进新根发生。立秋后加强管理对促进植株恢复生长非常重要，因为有利于潜伏芽开花结荚，9 月后又形成第 2 个盛果期。

到 9 月中旬以后，气温逐渐降低。白天最高温度注意保持在 30℃左右，夜间不低于 16℃。10 月下旬以后要注意夜间温度骤降，应注意加强保温，使收获期延长至 11 月上中旬。

6. 病虫害防治　为害塑料大棚夏秋茬豇豆的病害主要有豇豆锈病和豇豆红斑病等；主要害虫有蚜虫、花蓟马、豆野螟等。

（1）豇豆锈病、豆野螟等防治方法，可参见第十八章。

（2）豇豆红斑病　病原：*Cercospora canescens*。又称叶斑病等。一般多在老叶上先发病。初期形成受叶脉限制的多角形病斑，紫红色或红色，边缘灰褐色。后期病斑中央变为暗灰色，叶背生有灰色霉状物。以菌丝和分生孢子在种子或病残体中越冬。高温、高湿有利于该病的发生和流行，尤以秋季多雨连作地区或保护地栽培发病重。防治方法：选无病株留种，播前用温汤浸种消毒处理；实行轮作；发病初期可用 50％多霉·威（多菌灵加万霉灵）可湿性粉剂 1 000～1 500 倍液，或 75％百菌清可湿性粉剂 600 倍液，或 1∶1∶200 倍式波尔多液等，隔 7～10d 喷洒 1 次，连续防治 2～3 次。采收前 7d 停止用药。

（3）花蓟马（*Frankliniella intonsa*）　成虫和若虫为害豇豆花器，影响开花结实，也为害幼苗、嫩梢和嫩荚，严重影响产量和质量。防治方法：清除棚内杂草和残株；避免与瓜类、豆科、茄科蔬菜连作、套种；采用地膜覆盖栽培，阻止若虫入土化蛹挂蓝板或黄板诱杀成虫；害虫发生前或初期，选用 2.5％多杀菌素（菜喜）悬浮剂 3 000～4 000 倍液，或 25％噻虫嗪（阿克泰）水分散粒剂 3 000～4 000倍液、1.8％阿维菌素乳油 3 000～4 000 倍液等，主要针对花器和幼嫩部分喷雾。

7. 采收　大棚夏秋栽培的豇豆自播种后 60～80d 开始采收，育苗移栽的只需 30～40d 即可采收。从开花到收获嫩荚需 10～12d。整个采收期自 8 月上中旬至 11 月上中旬，长达 80～120d。

（安志信　张福墁）

第四节　温室栽培技术

一、日光温室主要蔬菜栽培技术

日光温室栽培是一项高投入、高产出的集约化生产方式，要求技术水平较高。蔬菜栽培季节的确

定，应把其产品器官的正常生长发育期安排在温、光等条件较适宜时段里，要根据当地技术水平安排栽培难度适宜的蔬菜种类和茬口，不能一味追求淡季栽培难度大的瓜果蔬菜或效益高的蔬菜，否则可能达不到应有的效果。

（一）黄瓜栽培技术 日光温室黄瓜栽培的茬口主要有冬春茬、秋冬茬和春茬几种类型。现将主要栽培技术要点分述如下。

1. 冬春茬黄瓜栽培 指秋末冬初在日光温室种植的黄瓜，一般于10月中旬至11月上旬播种，苗龄35d左右，5～7月上旬拉秧。初花期处在严寒冬季，翌年1月开始采收，采收期跨越冬、春、夏三季，采收期达150d以上。

（1）品种选择 选用的品种要具有较强的耐低温、弱光性能，同时还要求雌花节位低，节成性高，生长势旺盛，抗病，商品性好。

①鲁黄瓜4号。山东省农业科学院蔬菜研究所于1991年育成的一代杂种。生长势强，主蔓结瓜多，第1雌花始于第2～3节，瓜长35cm，长棒形，白刺，瘤刺密，无纹，浅绿色。早熟，抗霜霉病、白粉病、枯萎病能力强于长春密刺。

②龙杂黄8号。黑龙江省农业科学院园艺研究所于1996年育成的一代杂种。生长势较强，第1雌花始于第2～4节。主侧蔓均能结瓜。瓜棒形，长约30cm，绿或深绿色，白刺，质地脆嫩，清香。早熟，抗枯萎病、疫病、角斑病、黑星病等。

③津春4号、长春密刺等。参见第十六章。

④中农19。中国农业科学院蔬菜花卉研究所于1998年育成的一代杂种。第1雌花始于主蔓第1～2节，其后节节为雌花，连续坐果能力强。瓜短筒形，瓜色亮绿，无花纹，果面光滑。瓜长15cm左右，单瓜重约100g。丰产，抗枯萎病、黑星病、霜霉病和白粉病等。具有较强的耐低温弱光能力。适宜日光温室越冬茬及春秋保护地栽培。

⑤小天使2号（以色列454类型）。山东省农业科学院蔬菜研究所育成。全雌性系品种，单性结实性好，瓜长14～16cm，暗绿色，表面光滑无刺。早熟，采果期较集中。对白粉病抗性较强。植株生长旺盛，即便低温下也坐果良好。产量高。适于春秋保护地栽培。

⑥春光2号。中国农业大学北京裕农蔬菜园艺研究所于2001年育成一代杂种。植株生长健壮，叶片大小适中。以主蔓结瓜为主。强雌型，雌花节率60%～70%。短侧蔓结瓜性好，可多条瓜同时膨大。瓜鲜绿色，有光泽，长棒形。果面光滑、肉厚、皮薄，质脆。耐寒不耐热，较抗枯萎病、角斑病、霜霉病等。适宜温室及大棚栽培。

适宜品种还有山东密刺、津优30、津优20、中农13、保丰、北京102、戴多星等。

（2）育苗方法 可采用营养土方或营养钵育苗，有条件的可采用电热温床育苗、穴盘育苗，并对育苗设施进行消毒处理。电热温床按8cm的行距铺设电热线，边行为7cm，平均线距8～10cm，其上覆盖10cm左右细土。土温可控制在18～20℃。

黄瓜以黑籽南瓜为砧木进行嫁接育苗，既可防止枯萎病、疫病等土传病害，又是提高黄瓜植株生长势，增强对土壤营养吸收能力的增产措施，应用范围日益广泛。黄瓜嫁接育苗的方法很多，常用靠接法、插接法。具体的嫁接方法可参见第六章。

冬春茬黄瓜育苗最好在专用的育苗温室中进行，培养无病、无虫的健壮幼苗，避免与其他蔬菜成株交叉感染病虫害。

（3）营养土配制及消毒 黄瓜根系要求育苗床土（营养土）疏松透气。应选用无病、无虫源的园田土、腐熟农家肥、草炭、蛭石、草木灰、复合肥等，按一定比例配制营养土，要求孔隙度约60%，pH6～7，速效磷含量100mg/kg，速效钾100mg/kg以上，速效氮150 mg/kg，疏松、保肥、保水性能良好。将配制好的营养土均匀铺于播种床上，厚度10cm。营养土可参考下列方法配制：

①蛭石50%、草炭50%。每立方米基质加三元复合肥1kg，加烘干消毒鸡粪5kg。

②肥沃园田土 50％、腐熟马粪 30％、腐熟厩肥 20％。每立方米营养土加三元复合肥 500g。

育苗床土消毒方法：每平方米播种床用福尔马林 30～50ml，加水 3L，喷洒床土，用塑料薄膜闷盖 3d 后揭膜，待气体散尽后播种；或用 72.2％普力克水剂 400 倍液，或 30％苗菌敌可湿性粉，每 20g 对水 10kg 随底水浇施床土；也可用 50％多菌灵与 50％福美双按 1∶1 混合，按每平方米用药 8～10g 与 15～30kg 细土混合均匀撒在床面。

（4）种子处理　用 50％多菌灵可湿性粉剂 500 倍液浸种 1h，或用福尔马林 300 倍液浸种 1.5h，捞出洗净催芽；或将种子用 55℃的温水浸种 20min，不停地搅拌，待水温降至 30℃时，继续浸种 4～6h，用清水冲净黏液后晾干再催芽。

（5）播种　黄瓜种子催芽后，当胚根长出种皮 1mm 左右时，选籽粒饱满、发芽整齐一致的种子及时播种。每平方米苗床再用 50％多菌灵 8g，拌上细土均匀薄撒于床面上防治猝倒病。育苗床面上覆盖地膜，待 70％幼苗顶土时撤除床面覆盖地膜，防止烤苗。如用地床育苗，则需要进行分苗。分苗的适宜时期为播种后 10～12d，2 片子叶展开，第 1 片真叶显露时。分苗基质的配制比例和方法，可参考播种床基质的制作；如用营养土方或育苗钵育苗，则在浇透水后覆一层细土，将种子放入定植孔中，覆土；也可在土方或苗钵上平放种子，然后覆 2～4cm 厚、直径 5cm 左右的小土堆。根据定植密度，栽培面积育苗用种量 1.8～2.3kg/hm²，播种床的播种量 25～30g/m²。

（6）苗期管理

①温度管理。冬春茬黄瓜幼苗出土至第 1 片真叶平展，应适当提高白天温度，最高温度保证在 25℃以上，尽量延长 25℃以上的时间，最低气温在 15℃左右。据安志信观察，长春密刺和津研 2 号黄瓜的下胚轴伸长量最大的时期，是种子出土后 10～15d，即第 1 片真叶展平时，此后生长速度减慢。所以，这时期的管理必须控制夜温不能超过 15℃，以防止徒长。第 2 片真叶展平后，无论是白天还是夜间，温度要比子叶期下降。白天给予充足的光照；夜间控温，减少营养物质的消耗，才能有利于培育壮苗。

育苗过程中常会遇到阴、雪天气，昼夜温度下降，甚至可能出现昼夜温度持平，在管理上应尽可能避免。此时的昼夜温差不应小于 8～10℃，如果白天难以增温，可适当通过降低夜温来实现。

冬春茬黄瓜育苗的温度管理见表 26-11。

表 26-11　冬春茬苗期温度调节

（引自：《无公害食品 黄瓜生产技术规程》，2002）

时　　期	白天适宜温度（℃）	夜间适宜温度（℃）	最低夜温（℃）
播种至出土	25～30	16～18	15
出土至分苗	20～25	14～16	12
分苗或嫁接后至缓苗	28～30	16～18	13
缓苗到定植前	25～28	14～16	13
定植前 5～7d	20～25	13～15	10

②光照管理。冬春茬黄瓜栽培育苗期光照不足和光照时间短是影响育苗质量的限制因素之一，尤其以每天 9～15 时的光照极为重要。在管理上要保持塑料薄膜的清洁，在外界温度许可的情况下，尽量早打开草苫，晚盖草苫，或采用反光幕或补光设施等增加光照强度，延长光照时间。

③肥水管理。这一茬黄瓜育苗期对水分的蒸发量小，因此浇水要适度。播种和分苗时底水要浇足，以后视育苗季节和墒情适当浇水，防止培养土过湿或干旱。一般选晴天进行喷水，每次喷水以喷透培养土为宜。在秧苗长至 3～4 片叶时，可根外追施 0.2％～0.3％的尿素加磷酸二氢钾溶液。

冬春茬栽培因生长期较短，不适宜采用大苗龄，一般以 3 叶 1 心、株高 10～13cm 为宜，从播种到嫁接，经 35d 左右育成。

（7）定植

①整地施基肥。定植前 20～30d 清理前茬残枝枯叶，深翻地 30cm。白天密闭温室提高温度至 45℃以上进行高温灭菌 10～15d。目标产量为 90 000kg/hm² 时，推荐施肥总量为尿素 39kg，过磷酸钙 100kg，硫酸钾 60kg。钾肥总量的 75％和氮肥总量的 30％用作基肥。每公顷施优质农家肥 120 000kg 以上。基肥可以铺施，也可以开沟深施。农家肥中的养分含量不足时用化肥补充。温室土壤适宜肥力全氮 0.10％～0.13％，碱解氮 200～300mg/kg，磷（P_2O_5）140～210mg/kg，钾（K_2O）190～290mg/kg，有机质 2.0％～3.0％。

②温室消毒。温室在定植前要进行消毒，每公顷温室用 80％敌敌畏乳油 3.75kg 拌上锯末，与 30～45kg 硫黄粉混合，分 150 处点燃熏蒸，密闭一昼夜，通风后无味时即可定植。

③定植。冬春季黄瓜一般采用小高畦栽培，小高畦宽 70cm，高 10～13cm，畦上铺设滴灌（管），覆盖地膜，畦间道沟宽 60cm，采用大小行栽培或在高畦上开沟，株距 20～25cm，覆盖地膜，进行膜下暗灌。在 10cm 土温稳定通过 12℃后定植。一般每公顷定植 52 500～55 500 株。

（8）定植后的管理

①温度管理。定植后的缓苗期为 5～7d，这期间白天争取多蓄热，室内温度控制在 28～30℃，晚上不低于 18℃，10cm 地温为 15℃以上；初花期以促进根系发育，控制地上部分生长为主，使植株生长健壮，促进雌花形成。缓苗期至结瓜期采用四段变温管理：8～14 时，室温控制在 25～30℃，促进光合作用，以形成更多的光合产物；14～17 时，室温控制在 20～25℃，以抑制呼吸消耗；17～24 时，室温控制在 15～20℃，促进光合产物的运输；24 时至日出，室温为 10～15℃，抑制呼吸消耗。这期间的地温保持 15～25℃为宜。

外界最低气温下降到 12℃时，为夜间密封温室的临界温度指标；外界最低气温稳定在 15℃时，为昼夜开放顶窗通风的温度管理指标。

②光照管理。可采用透光性好的耐候功能膜作温室覆盖采光材料，同时在冬春季节始终保持膜面清洁。在日光温室后墙张挂反光幕，以增加室内北侧光照强度。白天只要温度许可，应提早揭开保温覆盖物，以延长光照时间。

③湿度管理。根据黄瓜不同生育阶段对湿度的要求和控制病害的需要，最佳空气相对湿度的调控指标是缓苗期为 80％～90％，开花结瓜期 70％～85％。可通过地面覆盖、滴灌或暗灌、通风排湿、温度调控等措施将湿度控制在最佳指标范围内。

④肥水管理。冬春茬黄瓜栽培，一般采用膜下滴灌或暗沟灌。定植后应及时浇足浇透水，3～5d 后再浇 1 次缓苗水。缓苗后至根瓜采收期的水肥管理目的在促根控秧，土壤绝对含水量以 20％为宜。根瓜坐住后，结束蹲苗，开始浇水追肥，整个盛果期一般每隔 10～20d 灌水 1 次，水量也不宜太大，否则会降低土壤温度和增加空气湿度。结果后期，外界气温已经升高，为防止早衰，应增加浇水次数，每 5～10d 浇水 1 次，土壤水分的绝对含量可提高到 25％左右。

追肥和灌水结合进行。第 1 次追肥在蹲苗结束时，即根瓜谢花开始膨大时。结瓜前期追肥 1 次，盛瓜期 10～15d 追施 1 次，整个生育期 8～10 次。追肥量为三元复合肥每公顷 150～225kg，或磷酸二铵 150～225kg，叶面追肥一般可喷施 0.2％～0.5％尿素和 0.2％磷酸二氢钾。

⑤植株调整。定植缓苗后应及时支架或吊线引蔓。以主蔓结瓜的品种在进入结果期后，要及时摘除侧蔓；对于主、侧蔓同时结果的品种，在侧蔓结瓜后，于瓜前留 1 片叶摘心。冬春茬黄瓜植株生长势一般较弱，其生长点不宜摘除，可保持较强的顶端优势持续结瓜。当植株生长接近温室屋面时，要往下落蔓 50cm 左右，并摘除下部老叶。落下的茎蔓沿畦方向分别平卧在畦的两边，同一畦的两行植株卧向应相反。

⑥补充二氧化碳。日光温室黄瓜补充二氧化碳的时间一般从黄瓜开花时开始，一天当中的施用时

间是从早晨揭苫后半小时开始施放，封闭温室 2h 左右，至通风前 30min 停止施放。一般使温室内二氧化碳的浓度保持在 $800\sim1\,200\mu l/L$。阴天不施放。

⑦异常天气条件下的管理。在北方冬春季节，温室生产常会遇到寒流或连续阴、雪（雨）天气，对日光温室冬春季黄瓜生产带来威胁。在这种异常天气条件下，往往不能正常打开草苫或保温被，使温室内得不到阳光，温度又得不到补充，导致室内气温和地温下降，造成植株受寒害或冻害。克服方法是一定要选用能充分采光并具有良好的防寒保温能力的日光温室；在阴天外界温度不太低时（保证温室内气温 5～8℃以上）于中午前后要揭苫见散射光；注意控水和适当放风，防止室内湿度过大而发病；如久阴后天气暴晴，不能立即全部揭开草苫或蒲席，因为打开草苫后阳光射入后使温室内温度骤升，黄瓜叶片蒸腾量加大而发生萎蔫。在管理上应特别注意在发现黄瓜叶片萎蔫时放下草苫（回苫），待叶片恢复正常后，再打开草苫见光，经过几次反复后，叶片即不会再发生萎蔫现象。

（9）采收 冬春茬黄瓜生长势较弱，所以根瓜采收要及时，以免影响上部瓜条生长。严冬季节瓜条生长缓慢，一般 4～5d 采摘 1 次。入春之后瓜条生长速度加快，采收间隔天数也减至 3～4d 或 2～3d，甚至每天都要采收。

（10）病虫害防治 日光温室黄瓜生产中常见的病虫害及其防治方法，参见本章第三节大棚黄瓜栽培。

主要害虫有瓜蚜、朱砂叶螨、侧多食跗线螨、温室白粉虱、B-生物型烟粉虱、美洲斑潜叶蝇、烟蓟马和棕榈蓟马等。其中，近年来烟蓟马（*Thrips tabaci*）对温室、大棚春茬黄瓜的为害明显加重。日光温室春茬黄瓜生产，还是春棚和露地蔬菜的重要虫源基地之一。防治方法：减少春棚和露地蔬菜的虫源。将育苗室与生产温室分开，培育无虫苗；定植前清除残株败叶和杂草，消灭虫源。在通风口、门（窗）加设尼龙纱阻断多种害虫侵入，室内张挂黄色黏板诱捕成虫，监测虫情和控制害虫种群数量增长，为利用天敌创造有利条件。在粉虱零星发生时，于植株叶柄上挂丽蚜小蜂（*Encarsia fomosa*）蜂卡，每公顷寄生伪蛹群数 45 000～60 000 头，间隔 7～10d，共放蜂 3～4 次。利用捕食螨防治红叶螨参见本节茄子部分。利用斑潜蝇姬小蜂防治斑潜蝇的试验已获成功，应加强天敌商品化生产与应用。此外，尚无条件开展生物防治时，应在害虫处于点片发生阶段时，提倡局部有针对性喷雾即挑治，药剂种类见第十六章黄瓜害虫防治部分。还可用 22％敌敌畏烟剂熏烟除治，药量为每公顷 6 000～6 750g。

2. 秋冬茬黄瓜栽培 日光温室秋冬茬黄瓜栽培是以深秋和冬初供应市场为主要目标，既要避开塑料大棚秋黄瓜产量高峰期，又是衔接日光温室冬春茬黄瓜的茬口安排。具体的播种期为 9 月中旬前后，10 月中旬定植，11 月中旬始收，翌年 1 月中下旬结束生产。

（1）品种选择 秋冬茬栽培应选择既耐高温又耐低温、生长势强、抗病、高产、品质好的品种。

①津杂 2 号。天津市黄瓜研究所于 1989 年育成的一代杂种。生长势较强，主侧蔓结瓜。第 1 雌花始于第 3～4 节。瓜长棒形，长 35～40cm。瓜深绿色，白刺，棱瘤明显，瓜头有黄色条纹。品质优。抗霜霉病、白粉病、枯萎病、疫病。

②夏丰 1 号。辽宁省大连市农业科学研究所于 1985 年育成。生长势较强，主蔓结瓜为主。中早熟。第 1 雌花始于第 4～6 节。雌花节率31％～44％，侧枝上节节有瓜。瓜长棒形，长 33～38cm，深绿，无棱、无瘤，白刺密。品质优。较抗霜霉病、白粉病。

③秋棚 1 号、津杂 1 号。参见本章有关部分。

（2）育苗 秋冬茬黄瓜幼苗期正处在高温季节，容易造成幼苗细弱，又同时要定植在温室中，所以不宜在露地育苗。可在育苗钵、营养土方中直播，也可播于播种床，在子叶期移栽。具体方法同冬春茬。

（3）苗期管理 在出苗或子叶期移栽后，应保持土壤见干见湿，浇水宜在早晨或傍晚时进行，主要为湿润土壤和降低土温。为抑制幼苗徒长，促进雌花形成，可在第 2 片真叶出现时喷施乙烯利，浓

度为 100µl/L。在第 4 片真叶展开时喷 100～200µl/L 的乙烯利。

（4）定植及定植后的管理　定植前施优质有机肥每公顷 75 000～90 000kg 作基肥，做成 50cm 小行、80cm 大行的垄，或 1.3m 宽的畦。垄栽的在垄台上开沟，畦栽的在畦面上按 50cm 间距开两条沟。每公顷栽苗 41 000～45 000 株。播种后 10d 左右、幼苗长至 3 片真叶时为定植适期。

①温度管理。秋冬茬黄瓜的定植期温度较高，光照较强，因此这期间的温度管理应以通风降温为中心。温室需昼夜通风。进入 10 月后，外界气温逐渐下降，当外界最低气温降到 12℃时，夜间就必须关闭通风口，白天通风，保持白天 25～35℃，夜间 13～15℃。进入严冬季节，应加强保温，有条件的可加盖纸被或采用双层覆盖。

②肥水管理。这一茬黄瓜在定植后也应进行蹲苗，以促进根系发育，适当控制地上部分生长。在根瓜开始膨大时，开始追肥灌水，每公顷追施尿素 150～225kg，追肥后灌大水，并加强通风。结果期温室白天温度仍然较高、光照较强，所以灌水宜勤，以土壤见干见湿为原则。灌水在早晨或傍晚时进行。随着气温逐渐下降，光照减弱，应逐渐减少灌水次数，遇阴雨天气不宜浇水。结果盛期再追肥 2 次，每次每公顷施硝酸铵 300～450kg。结果后期不再追肥，土壤不旱就不浇水。

③植株调整。秋冬茬黄瓜的整枝，摘除病、老、黄叶以及畸形瓜的要求与冬春茬相同。但因其生长期较短，可在茎蔓长到 25 节时摘心，如植株生长健壮，温光及水肥条件较好，则可通过促进回头瓜的生长发育来增加产量。

（5）病虫害防治　主要病虫害及其防治方法，参见冬春茬黄瓜栽培。土壤高温消毒是防治土传病害、克服日光温室连作障碍的有效措施，可在盛夏进行高温闷棚处理。此外，近年用石灰氮日光消毒土壤的试验取得了进展。每公顷用 40％氰氨化钙颗粒剂 1 000～1 500kg，与 10～20 t 稻草或麦秸（铡成 4～6cm 小段）等有机质混匀，撒施土表，用旋耕机深翻至土中 30～40cm，整平土面做畦（高约 30cm，宽 60～70cm），用透明塑料薄膜将全室畦面封严，从膜下灌水至畦面湿透为止。然后密闭温室 20～30d，使 20～30cm 土层保持 40～50℃，可有效杀灭土壤中的真菌、细菌、地下害虫及杂草，对根结线虫也有良好防治效果。还具有增加土壤肥力、改善土壤结构等功效。在消毒作业过程中须遵守操作规程，做好安全防护。

（6）采收　根瓜应及早采收，防止坠秧。在结瓜前期，瓜条生长速度快，每隔 1～2d 采收 1 次，有时甚至每天采收 1 次。后期瓜条生长速度变慢，同时市场黄瓜也已短缺，在不影响质量的情况下，可尽量延迟采收，以增加收益。采收结束后，及时拔除茎蔓、杂草，清洁温室环境，并进行消毒处理，准备种植下茬蔬菜。

如将秋冬茬黄瓜栽培的播种期提前到 7 月中旬，8 月定植，8 月下旬开始收获，延缓拉秧至翌年 7 月，即成为生长期为 1 年的一大茬栽培，黄瓜产量每公顷可达 30 万 kg 左右。

3. 春茬黄瓜栽培技术　日光温室春茬栽培，是传统的栽培方式。它的上茬可以栽种芹菜、韭菜及其他绿叶菜或生产秋茬番茄。在北纬 41°以北地区有辅助加温设备的日光温室早春茬黄瓜栽培比较普遍。

春茬栽培适宜的品种、浸种催芽的方法、播种和育苗方法、苗期管理、定植及定植后管理等与冬春茬相比有许多共同之处，也有其不同点。

（1）播种期与定植期　播种期一般在 11 月中下旬至 12 月上中旬，具体的播种期应根据当地气候条件和前茬作物的倒茬时间来确定。定植期在 1 月中旬至 2 月初，而拉秧时间和冬春茬相差不多，或略早一些。因此，如何提早采收，延长采收期，便成为春茬黄瓜栽培的关键。其措施之一是培育大龄壮苗。适宜的苗龄指标为：5～6 片真叶，16～20cm 高，45～50d 育成。

（2）苗期管理　育苗期的管理，以防止徒长、促使雌花早分化、节位低、数量多、提高抗逆性为目标。所以在管理上要既不过于控制水分，也不浇水过多，即采取控温不控水的方法培育壮苗。

在苗期管理上要随着苗子生长，逐渐加大苗间距，使黄瓜苗全株见光。同时按大、小苗分类摆放，把较大的苗子放在温室温度较低的位置，把较小的苗子放在温度较高的位置，适当浇些水，促使加快生长，使育出的苗大、小基本一致。

（3）定植后管理　在定植后的缓苗期密闭温室保温，遇到寒流可在温室内加盖塑料小棚，白天揭开薄膜使幼苗见光，夜间覆盖薄膜保温。缓苗后进行变温管理，方法与冬春茬相同。

从初花期到结瓜盛期约 90d，外界温度开始升高，光照强度增加，可于根瓜开始膨大时追肥灌水。但是此期间常有寒流袭击，所以这一次灌水应选择寒流刚过、晴好天气刚刚开始时灌水，水量不要太大。追肥量每公顷施硝酸铵 225～300kg。

在春茬黄瓜生长的中、后期应随着外界温度的升高，逐渐加大通风管理，室外的草苫由早揭晚盖，到最后全部撤除草苫。雨天要关闭通风口，防止雨水侵入。当外界温度不低于 15℃ 时，可揭开薄膜昼夜通风。茎蔓长到第 25 节后摘心。生长后期除了加强水肥管理外，还应注意加强对病虫害的防治。追肥以钾肥为主，每公顷追施硫酸钾 150～225kg。

主要病虫害及其防治方法，可参见冬春茬黄瓜栽培。

（二）番茄栽培技术　日光温室番茄栽培的茬口主要有春茬、冬春茬以及秋冬茬栽培 3 种类型，以春茬和冬春茬的栽培效果最好。近年来，日光温室番茄越冬长季节栽培获得成功。该茬口正处在前期高温、中后期低温寡照的时期，栽培难度较大，但若温室环境管理良好，冬季日光温室内最低气温控制在 8℃ 以上，外界平均日照百分率在 60% 以上，每公顷产量可达 30 万 kg 左右。

1. 冬春茬番茄栽培　冬春茬番茄多在 9 月上、中旬播种，苗龄 50～60d。12 月下旬至翌年 1 月上旬采收，6 月中下旬拉秧。其主要技术关键是：选用适宜品种，培育适龄壮苗，增施有机肥，垄作覆盖地膜，暗沟灌溉，变温管理，张挂反光膜，改进整枝技术等。

（1）品种选择　适宜日光温室栽培的番茄品种应具有质优、耐热、耐低温和弱光、能抗多种病害、植株开展度小、叶片疏、节间短、不易徒长等特点。冬春茬栽培可选择：

①佳粉 1 号。北京市农林科学院蔬菜研究中心于 1984 年育成。无限生长类型，第 1 穗果着生于主茎第 7～9 节上。果实扁圆球形，粉红色果脐较大，多心室，品质好。单果重 200～300g。中熟。

②西粉 3 号。苏抗 9 号（苏粉 1 号）、L402。参见本章第三节。

③毛粉 802、东农 704、双抗 2 号、圣女等。参见第十七章。

（2）播种育苗

①播种前准备。播种床按每平方米播种 600～700 粒计，每栽种 1hm² 温室番茄需 120～150m² 播种床。移栽床每株秧苗的营养面积不能小于 10cm×10cm，育苗株数应比实栽株数增加 10%～20%，所以每栽种 1hm² 温室番茄需移栽床 750～1 050m²。

冬春茬栽培的番茄播种期室内外气温比较适宜，在室内做育苗畦即可育苗。如利用营养钵或营养土方（规格 5cm×8cm）直播育苗，做宽 1m、长 5～6m 的畦，然后把营养钵摆放在畦内，一般可直播 30g 左右的种子。也可以育苗移栽，即在温室内做宽 1～1.5m、长 5m 的畦，畦埂高 10cm，每畦撒施优质有机肥 100kg，翻耕后耙平畦面，待播。

②种子处理。在播种前用 10% 磷酸三钠浸种 20min，用清水洗净后在 55℃ 水中浸泡 10min，再在 3℃ 水中浸种 6～8h。也可以先用 52℃ 水浸泡 20min，沥干水分，放入 1% 高锰酸钾溶液中浸泡 10～15min，用清水洗净，再进行浸种催芽。

番茄播种可以催芽播种，也可以不催芽播种。如需催芽，可将浸好的种子放在 28～30℃ 条件下催芽，每天用温水淘洗 1 次，48～60h 后种子发芽，即可播种。

③播种。番茄种子的千粒重为 2.5～4g，按每公顷种植 60 000～75 000 株计算，则需种量为 450g。如考虑到种子的发芽率、间苗、选苗等损耗，还应增加 30% 以上的种子量。采用育苗盘（钵）直播育苗的，应先向育苗钵内浇足水，将配好药土量的 1/3 撒在苗钵上，再在每钵内播放 1 粒种子，种子上面再覆其余 2/3 的药土（约 1cm 厚，按每平方米苗床用纯农药混合剂 8g），最后在钵上盖一层

报纸保湿。如采用育苗移栽，可先向育苗畦浇透10cm左右深土层，待水渗后将番茄种子均匀播在畦面上，一般每平方米播25～30g种子，覆1cm左右的过筛细土，再铺好地膜保温、保湿。

北方地区当幼苗长到具2～3片真叶、花芽分化即将进行时移苗。如采用营养钵或营养土方育苗，则只需适当加大间距，以增大幼苗的受光面积，防止徒长。

日光温室冬春茬番茄栽培可以采用嫁接育苗技术。一般砧木为野生番茄，嫁接方法可采用靠接、插接等。嫁接苗应放在遮荫的塑料棚中，保持气温为20～23℃，空气相对湿度90％以上。嫁接后第3d开始见弱光，此后的3～4d内逐渐加强光照强度以恢复光合作用。当接口完全愈合后，即可撤除遮光覆盖物，进行正常管理。

④苗期管理。温度管理上，冬春茬番茄在播种至出苗前白天温度控制在25～28℃，夜间12～18℃，以促使出苗整齐。出苗后可将温度降为白天15～17℃，夜间10～12℃。第1片真叶展开后，白天温度为25～28℃，夜间20～18℃，土壤相对湿度保持在80％左右。试验证明，加大昼夜温差，对控制茎叶生长，增加根系重量而降低根冠比有一定作用（表26-12）。

表26-12　昼夜不同温差对番茄幼苗的影响
（引自：《蔬菜节能日光温室的建造及栽培技术》，1994）

昼温/夜温（℃）	温差（℃）	干物重百分比（%）			根冠比（T/R）
		叶	茎	根	
15/15	0	46.5	37.6	15.9	5.2
20/15	5	47.6	35.5	16.9	4.9
20/20	0	48.9	36.3	14.8	5.8
25/15	10	41.4	40.9	17.7	4.6
25/20	5	42.0	41.4	16.6	5.0
25/25	0	43.6	42.4	14.4	6.1
30/15	15	35.9	44.7	19.4	4.2
30/20	10	36.6	45.1	18.0	4.6
30/25	5	37.8	46.7	15.5	5.5
30/30	0	38.5	49.9	16.6	6.9

遇阴雪天气，中午苗床最高气温不应低于15℃，夜间最低气温不低于10℃。到定植前7～10d内的前半期夜间最低气温可降到12～10℃，后半期可降到10℃以下，使幼苗能够适应定植后偏低的温度。

苗期的水分管理对培育壮苗非常重要，一般在播种时浇1次透水后，至出苗前不再浇水。出苗后至分苗期间尽量少浇水，但每次浇水必定要浇足。如苗床育苗采取开沟坐水后移苗，可维持相当长的时间不必补水，直到定植前起苗时才浇水；如采用营养钵或营养土方育苗，一般是幼苗出现轻度萎蔫时才补水。

在育苗中、后期，如植株生长迟缓，叶色较淡或子叶黄化，则要及时补充养分。叶面追肥可用0.2％磷酸二氢钾和1％葡萄糖喷雾。

在光照管理上，尽可能延长温室受光时间，覆盖高光效塑料薄膜，随时清洁温室屋面，增加透光性能；在温室后墙张挂反光幕等。在有条件的地方，可采用人工补光措施，提高秧苗的质量。

（3）定植　在中等土壤肥力条件下，每公顷施腐熟优质有机肥150m³。结合深翻地先铺施有机肥总量的60％作基肥，再按1.4m畦间距开宽50cm、深20cm的沟，施入其余有机肥并与土混匀，在其上做成60cm宽、10cm高的小高畦，畦间道沟宽80cm。在畦上铺设1道或2道塑料滴灌软管，再用 90～100cm 宽银黑两面地膜覆盖，银面朝上。

日光温室冬春茬番茄定植时的适宜苗龄，依品种及育苗方式不同而有差别，一般早熟品种为 50～60d，中熟品种为 60～70d。从生理苗龄上看，苗高 20～25cm，具 7～9 片真叶，茎粗 0.5～0.6cm，现大蕾时定植较为合适。

定植时间一般在 11 月上中旬。定植密度与整枝方式有关。采用常规整枝方式，小行距 50cm，大行距 60cm，株距 30cm，每公顷保苗 52 500 株；如采用连续摘心多次换头整枝方式，小行距为 90cm，大行距 1.1m，株距 30～33cm，每公顷保苗 27 000～30 000 株。定植时在膜上打孔定植，苗坨低于畦面 1cm，然后再用土把定植孔封严。定植后随即浇透水。

（4）定植后的管理

①温度管理。定植后 5～6d 内不通风，给予高温、高湿环境促进缓苗。如气温超过 30℃ 且秧苗出现萎蔫时，可采取回苫遮荫的方法，秧苗即可恢复正常。缓苗期适宜气温白天 28～30℃，夜间 20～18℃，10cm 地温 20～22℃。缓苗后，控制室内气温白天 26 ℃，夜间 15 ℃；花期白天 26～30℃，夜间 18 ℃；坐果后，白天 26～30 ℃，夜间 18～20℃。外界最低气温下降到 12℃时，为夜间密封棚的温度指标。

②肥水管理。在浇定植水和缓苗水时，要使 20～30cm 土层接近田间持水量，可维持一段时间不浇水。当第 1 穗最大果直径达到 3cm 左右时，浇水结束蹲苗。第 1 穗果直径 4～5cm 大小，第 2 穗果已坐住时进行水肥齐攻，可在畦边开小沟每公顷追施复合肥 225kg 或随滴灌施尿素 150kg，每公顷的灌水量 225m³ 左右。但是此时浇水还需依据 20cm 土层的相对湿度，如接近 60％时才应浇水（土壤负压为 0.05MPa）。此后番茄生长速度不断加快，当土壤相对湿度降到 70％时（土壤负压 0.03MPa）即行浇水。在番茄结果盛期需水量大，当土壤相对湿度达到 80％时（土壤负压为 0.02MPa）即需要补水。到生长后期，主要是促进果实成熟，所以不再强调补水。

③光照调节。番茄生长发育需光量较高，光的饱和点是 70klx，冬季日光温室难以达到这样的强度，因此必须重视尽量延长光照时间和增加光照强度。调节的措施有：清洁屋面塑料薄膜；选用适合温室栽培的专用品种，这种专用品种的植株开展度小，叶片疏，透光性好；在温室后墙张挂反光幕，增加温室后部植株间光照强度；适当加宽行距，减小密度，以改善通风透光条件。如日本采用高畦单行种植，行距 1.4m，株距 30cm，每公顷栽 23 800 株，留 6 穗果，产量为 126 000kg。

④植株调整。日光温室番茄整枝方式很多，除单干整枝外，还有：

一次摘心换头：主蔓留 3 穗果摘心，选留 1 个健壮的侧枝再留 3 穗果摘心。两次摘心都要在第 3 花序前留 2 片叶。摘心宜在第 3 花序开花时进行。

二次摘心换头：即进行两次换头，留 9 穗果，具体方法同一次摘心换头。

连续摘心换头：当主干第 2 花序开花后留 2 片叶摘心，留下紧靠第 1 花序下面的 1 个侧枝，其余侧枝全部摘除；第 1 侧枝第 2 花序开花后用同样的方法摘心，留下 1 个侧枝，如此可进行 5 次，共留 5 个结果枝，10 穗果。每次摘心后都要进行扭枝，造成轻微扭伤，使果枝向外开张 80°～90°。通过摘心换头整枝，人为降低了全株高度，有利于养分运输。但扭枝后植株开展度加大，故需减少种植密度，依靠增加单株结果数和果实重量来提高总产量。

⑤补充二氧化碳。补充二氧化碳的时间在第 1～2 花序的果实膨大生长时，浓度以 700～1 000mg/L 为宜。一般在晴天日出后施用，封闭温室 2h 左右，放风前 30min 停止施放，阴天不施放。

⑥异常天气管理。可参照日光温室冬春茬黄瓜栽培进行。

（5）病虫害防治　日光温室冬春茬番茄栽培中番茄病毒病为害较轻；番茄早疫病、晚疫病、灰霉病、菌核病、叶霉病、枯萎病等为害较重。防治方法：参见第十七章、本章第三节。番茄根结线虫发生为害日趋严重，防治方法参见第十七章第一节。主要害虫种类及其防治方法与大棚番茄基本相同，但由于日光温室番茄集约化管理程度较高，培育无虫苗、覆盖防虫网等措施，对预防和控制害虫微黄

子有主要意义。室内悬挂黄色黏虫板诱杀蚜虫、粉虱、斑潜蝇、蓟马成虫效果良好，也为释放丽蚜小蜂寄生粉虱提供了有利条件。

2. 秋冬茬番茄栽培　秋冬茬番茄播种期应根据当地气候条件具体确定，产品主要与塑料大棚秋番茄及日光温室冬春茬番茄产品相衔接，即避开大棚秋番茄产量高峰，填补冬季市场供应的空白，所以，其播种期一般比塑料大棚秋番茄稍晚，华北地区的播种期一般在 7 月下旬，苗龄 20d 左右。11 月中旬始收，翌年 1 月中旬至 2 月中旬拉秧。

（1）品种选择　可选用无限生长类型的晚熟品种，要求栽培品种抗病，尤其是抗病毒病，耐热，生长势强，大果型。如：

①中杂 4 号。中国农业科学院蔬菜花卉研究所于 1988 年育成的一代杂种。无限生长类型。株高 80cm 左右。第 1 花序着生在主茎第 7～9 节。果形圆整，果肩绿色，平均单果重 143g 左右，粉红色果。中熟。可溶性固形物含量 5.3%。抗烟草花叶病毒，耐黄瓜花叶病毒病和晚疫病。

②佳粉 10 号。北京市农林科学院蔬菜研究中心于 1987 年育成的杂交种。无限生长类型。第 1 花序着生在主茎第 7～9 节。果形扁圆球形，果肩绿色，果面粉红、光滑。平均单果重 150～200g。苗期遇低温易出现畸形花。中熟。抗烟草花叶病毒病。

③毛粉 802、双抗 2 号、中杂 9 号。参见第十七章。

④沈粉 3 号、L-402。参见本章第三节。

（2）苗床准备　日光温室秋冬茬番茄的育苗期正值高温多雨季节，苗床必须能防雨涝、通风、降温，最好选择地势高燥、排水良好的地块做育苗畦。畦上设 1.5～2m 高的塑料拱棚，棚内做 1～1.5m 宽的育苗畦，施腐熟有机肥每平方米 20kg，肥土混匀，耙平畦面。在拱棚外加设遮阳网，或覆盖其他遮荫材料，如苇帘等。

（3）播种及苗期管理　播种方法和冬春茬栽培基本相同。但在管理上，要注意避免干旱，保持见干见湿，及时打药防治蚜虫，以防传播病毒病。此时土壤蒸发量大，浇水比较勤，昼夜温差小，因此幼苗极易徒长，可喷施 0.05%～0.1% 的矮壮素。

秋冬茬番茄定植时的苗龄以 3～4 片叶、株高 15～20cm、经 20d 左右育成的苗子较为合适。

（4）定植　在定植前应在日光温室采光膜外加盖遮阳网，薄膜的前底脚开通风口。每公顷施有机肥 75 000kg。按 60cm 大行距、50cm 小行距开定植沟，株距 30cm。定植方法同冬春茬栽培，可在株间点施磷酸二铵每公顷 600kg。每公顷保苗 55 500 株。

（5）定植后的管理　定植后 2～3d，土壤墒情合适时中耕松土 1 次，同时进行培垄。缓苗期如发现有感染病毒病的植株，要及时拔除，将工具和手消毒处理后再行补苗。

现蕾期适当控制浇水，促进发根，防止徒长和落花。不出现干旱不浇水。浇水要在清晨或傍晚进行。开花时用番茄灵或番茄丰产剂 2 号处理，浓度为 20～25mg/L。处理方法同冬春茬番茄栽培。

当第 1 穗果长到核桃大小时，结束蹲苗，开始追肥浇水。每公顷随水追施农家液态有机肥 4 500kg 或尿素 300kg。第 2 穗果实膨大时喷 0.3% 磷酸二氢钾。

整枝用单干整枝法。第 1 穗果达到绿熟期后，摘除下面全部叶片。第 3 花序开花后，在花序上留 2 片叶摘心。上部发出的侧枝不摘除，以防下部卷叶。一般每果穗留 4～5 个果，大果型品种留 3～4 个果。

（6）采收　日光温室秋冬茬番茄的产品，要在保证商品质量的前提下，尽量延迟收获。如采用留 4 穗果的整枝方法，则拉秧时会有一部分果实刚达到绿熟期和转色期，可用筐装起来，放在温室中后熟，陆续挑选红熟果上市。

3. 春茬番茄栽培　进行春茬番茄栽培，必须选用具有较好的采光及保温性能的日光温室，同时，最好准备临时补充加温设备，以提高生产的安全性。日光温室春茬番茄栽培的适宜栽培品种基本与冬春茬栽培相同。播种期在 11 月中下旬，定植期在翌年的 1 月中下旬，收获期在 2 月下旬、3 月上旬，约 6 月中下旬结束栽培。

（1）育苗及苗期管理　这一茬番茄的育苗期已是冬初，在北纬 40°以北的地区，要用温床或电热温床育苗。浸种催芽方法、播种方法和冬春茬栽培相同。播种后尽量提高温度，以促进出苗。

当 70％番茄出苗后，撤去覆盖在畦面上的地膜，白天保持 25℃左右，夜间 10～13℃。第 1 片真叶出现后提高温度，白天 25～30℃，夜间 13～15℃，随外界气温逐渐下降，应注意及时覆盖温室薄膜或在育苗畦上加盖小拱棚保温。

当第 2 片真叶展开时进行移苗，移栽方法与冬春茬栽培相同；如采用营养钵育苗，应在幼苗长至 5～6 片叶时，拉大苗钵间的距离，避免幼苗相互遮光，防止徒长。移栽缓慢后，在温室后墙张挂反光膜，改善苗床光照条件。定植前 5d 左右，加大防风量，除遇降温外，一般夜温可降至 6℃左右。

（2）定植　春茬番茄的定植适宜苗龄为 8～9 片叶，现大蕾，约需 70d。定植温室每公顷施腐熟有机肥 75 000kg，深翻 40cm，掺匀肥、土、耙平畦面。按大行距 60cm、小行距 50cm 开定植沟待播。

定植株距 28～30cm，株间点施磷酸二铵每公顷 600～750kg。每公顷保苗 55 500～60 000 株，覆盖地膜。

（3）定植后的管理　定植后，温室温度管理应以保温为主，不超过 30℃不放风。缓苗后及时进行中耕培土，以提高地温。白天保持 25℃左右，超过 25℃即可通风。下午温度降到 20℃左右时，关闭通风口。前半夜保持 15℃以上，后半夜 10～13℃。

在定植水充足的情况下，于第 1 穗果坐住前一般不浇水，当其达到核桃大时，开始浇水施肥，每公顷随水施硝酸铵 300～375kg。第 2 穗果膨大时再随水施入相同量的磷酸二铵。第 3 穗果膨大时每公顷追施 300kg 硫酸钾。经常保持土壤相对含水量在 80％左右。果实膨大期不能缺水，可隔 7～10d 选晴天浇 1 次水。浇水后加大通风量，降低温室湿度。

春茬番茄采用单干整枝。若留 4 穗果，可在第 4 果穗以上留 2 片叶后摘心，自这 2 片叶腋中长出的侧枝应予保留。每穗留 3～4 个果。

（4）病虫害防治　春茬番茄栽培中主要病、虫害及其防治方法，参见冬春茬番茄栽培。

4. 长季节番茄栽培　日光温室番茄长季节高产栽培，在北京地区于 7 月中旬播种，8 月中旬定植，采收期自 11 月初至翌年 7 月底结束栽培。应选用连续结果能力强，耐低温、弱光，抗逆性强，抗病等品种。

（1）品种选择

①卡鲁索（Caruso）。荷兰德鲁特种子公司育成的一代杂种。无限生长类型，连续结果性强。果实红色，圆形，表面光滑，单果重 150g 左右。畸形果少，商品率达到 95％以上。抗烟草花叶病毒、番茄叶霉病、黄萎病、枯萎病。耐低温，在 13～23℃条件下仍能正常开花结果。耐弱光。

②Graziella。从以色列引进种植。无限生长类型。单果重 120～180g，扁圆球形，无绿色果肩。抗烟草花叶病毒病、枯萎病及叶霉病。低温坐果能力强。货架期长。

③浙杂 7 号。浙江省农业科学院园艺研究所于 1990 年育成的杂交种。自封顶类型。株高 70～80cm，早熟，红色，单果重 130g 左右，幼果有浅绿色果肩，果形近圆球形，商品性好。高抗烟草花叶病毒病。可溶性固形物含量 5.0％。

④中杂 9 号、西粉 3 号。参见本章第三节。

⑤毛粉 802、L402。参见第十七章。

（2）播种育苗　北京地区的播种期一般为 7 月 5～15 日。采用育苗盘（钵）育苗。自播种至出苗，白天温度为 30～32℃，夜间 20～25℃。基质温度为 20～22℃。出苗至 2～3 片真叶期，白天保持 20～25℃，夜间 18～20℃，基质温度为 20～22℃。注意应用遮阳网调节光照和温度。苗期防止基质干旱，一般隔 3～5d 向基质喷 1 次水。

（3）整地施肥与定植　定植前清洁温室环境，深翻地 30cm，封闭温室进行高温灭菌。每公顷施入腐熟优质厩肥 150m³。厩肥的 60％结合翻地先行铺施，其余厩肥和鸡粪及复合肥沟施。沟上做畦，畦宽 60cm，高 10cm，畦间距 80cm。定植密度：行距 40cm，株距 31cm，每公顷保苗 45 000 株。

（4）定植后管理　缓苗期温室内温度保持在白天 28～30℃，夜间 20～18℃，10cm 地温 20～22℃；缓苗后室内气温白天 26℃，夜间 15℃；花期白天 26～30℃，夜间 18℃；坐果后白天 26～30℃，夜间 18～20℃。外界最低气温下降到 12℃时，为夜间密闭温室的临界温度。

定植后，外界气温较高，宜用小水勤浇以降低地温，一般每公顷灌水 105m³ 左右；第 1 穗果直径达 4～5cm，第 2 穗果已经坐住后，进行催果壮秧，每公顷追施复合肥 225kg，或随水追施尿素 150kg，灌水量为 225m³ 左右。以后每 7～10d 浇水一次，每公顷灌水 120～150m³。10 月中旬后应控制浇水。

采用单干整枝，花期用 30～50mg/L 防落素喷花保果，同时注意疏花、疏果，每穗留果 3～5 个。喷花后 7～15d 摘除幼果残留的花瓣、柱头，以防止灰霉病菌侵染。当茎蔓长至快接近温室顶部时，应及时往下落蔓，每次落蔓 50cm 左右，将下部茎蔓沿种植畦的方向平放于畦面的两边，同一畦的两行植株卧向相反。病虫害防治方法同一般温室栽培。

（5）采收期管理　在正常情况下，番茄果实可在 10 月下旬至 11 月上旬开始采收。越冬期注意防寒保温。阴天室内温度应比正常管理低 3～5℃。翌年 4 月气温逐步升高，应注意加大通风量，外界气温达 15℃时，应昼夜开放顶窗通风。进入 5 月后，进行大通风，并根据气温情况开始进行遮阳降温。进入 11 月后减少浇水量，每 20～30d 浇一次水，每公顷每次浇水 150～225m³。翌年进入 4 月后，随着气温回升，应加大浇水量，一般 7d 左右浇一次，每公顷每次浇水 150m³ 左右。自定植到采收结束，共计浇水 20～25 次，每公顷总浇水量 4 500～5 100m³。

（三）茄子栽培技术　日光温室茄子栽培分早春茬和冬春茬栽培两种类型，其中早春茬栽培一般在 11 月播种，2 月中旬定植，此时的温度及光照条件均比冬春茬栽培好，所以栽培比较容易；冬春茬栽培的播种期一般在 10 月中旬，1 月中下旬定植，2 月下旬后开始收获，一直收获到 6 月上旬。在华北地区冬季不太寒冷的地区，可以 9 月中旬播种，11 月上旬至 12 月定植，1 月上旬至 2 月下旬收获，直到 6 月下旬至 7 月上旬结束。

1. 品种选择　一般选用早熟、抗病、植株开展度较小的露地品种。目前基本适应日光温室栽培的茄子品种有：

（1）辽茄 3 号　辽宁省农业科学院园艺研究所于 1988 年育成的杂交种。株高 80cm 左右，开展度 50cm 左右。茎秆、叶紫色，叶柄及叶脉深紫色。第 1 花着生在第 8 节。果实椭圆球形，果纵径 18cm，横径 9.5cm，果皮紫色，有光泽，平均单果重 250g。抗黄萎病、绵疫病和褐纹病。

（2）西安绿茄　陕西省西安市地方品种。株高 60cm，开展度小。果实灯泡形，果皮嫩绿色，平均单果重 400g。中早熟，从播种到收获 110d。

（3）六叶茄　参见第十七章。

（4）鲁茄 1 号、园杂 2 号等　参见本章第三节。

2. 育苗

（1）营养土的配制与消毒　培育茄子苗的床土可采用 50％肥沃园田土、30％腐熟马粪和 20％炭化谷壳（体积比）或腐熟有机肥过筛、混匀。采用营养钵或塑料穴盘育苗，可用草炭与蛭石各 50％，加少量氮、磷、钾专用复合肥，一般每 1 000kg 培养土加 1～2kg。

培养土的消毒可用甲醛配成 100 倍的稀释液喷洒床土，1kg 甲醛配成的稀释液可处理床土 4 000～5 000kg，或用 50％代森铵药剂，加水 200 倍配成稀释液，1kg 药剂的稀释液可以处理床土 7 000～8 000kg。

（2）种子处理　对一些当年收获的茄子种，常有一段时间的休眠期。为了及时播种和促进出苗整齐，必须打破休眠。常用的方法是在浸种前，先用赤霉素处理，其浓度 200～500mg/L，处理时间 8～12h；对于先年采收的种子在浸种前最好先进行高温干燥。其方法是：将种子日晒 2～3d，或置烘箱中保持 70℃左右，经 72h 可杀死附着于种子表面的病菌；对于一般用种，可用温水浸 6～7h，再在 40％甲醛 100 倍液中浸 20min，取出后密闭 2～3h，最后用清水充分洗净，或先用清水浸种 1h，再用 50％多菌灵 500 倍液浸种 7h，后用清水冲洗干净。

茄子宜采取变温催芽，控制 25～30℃催芽 16～18h，16～20℃催芽 6～8h。待有 70％～80％的种破嘴时可进行播种。

（3）播种　播种量每公顷需要种子 600g。根据不同茬口，在育苗时，如果采取一次成苗，则宜适当稀播，即每 10m² 苗床的种量应控制在 50g 左右。若在育苗过程中需分苗 1 次，则可以加大播种密度，即 10m² 的苗床可以播种 150g。

播种方法：播种的前 1d 要将苗床浇足底水，播种宜采取撒播法。播种后要及时覆上 1cm 厚的培养土，再根据外界气温的高低覆盖地膜或塑料遮阳网。如果外界气温低于 12℃，还应有塑料膜小拱棚覆盖。

（4）嫁接育苗　茄子嫁接育苗根系发达，生长快，长势强，抗逆性增强，不仅能有效地防治黄萎病、枯萎病、青枯病及根结线虫等，克服连作障碍，还能加速茄子生长形成大的植株，生长期长，不早衰，早熟高产，一般比自根苗增产 20％～30％。

生产上常用的砧木品种主要有赤茄、CRP 和托鲁巴姆等。砧木播种后 60～70d，苗茎粗 0.4～0.5cm，6～8 片真叶，5～7 片真叶为嫁接适期，嫁接苗适宜苗龄 80～90d。

冬春茬温室栽培 8 月中下旬播种，10 月末嫁接，12 月中旬定植，一般砧木要按要求早播 20d 左右，赤茄早播 10d。秋茬茄子温室栽培可于 6 月上旬育苗，8 月上旬嫁接，9 月中旬定植。嫁接方法可采用劈接法（参见第六章）、斜切接等方法。斜切接法即先用刀片在砧木两片真叶上面的节间斜切 30°左右，斜面长 1.0～1.5cm。然后将接穗保留 2～3 片真叶，用刀片削成与砧木相反的斜面，去掉下端，斜面的大小与砧木斜面一致，再将接穗的斜面与砧木的斜面贴合在一起，用专用嫁接夹固定。

（5）移栽（分苗）　一般在 2～3 片真叶期进行移栽。移栽苗的营养面积如按 10cm×10cm 计算，再加上安全系数，每公顷需移栽床面积 600～750m²。移苗床营养土配制和播种床营养土配制基本相同。床土应进行消毒，用甲醛消毒方法与播种床土消毒相同。

（6）苗期管理　幼苗出土后要向床面上覆两次干营养土，以防止幼苗"带壳出土"，当第 1 片真叶顶心时进行间苗，淘汰弱苗，苗间距 3cm 左右即可。

播种后覆盖塑料薄膜，白天气温控制在 28～30℃，促使土温提高。夜间气温 20℃，最低地温不低于 13℃。幼苗大部分出土后撤去育苗畦上覆盖的塑料薄膜，白天气温保持 20～25℃，夜间 15～17℃。如遇阴雨天气，白天气温应该掌握在 20℃左右，适当减少通风量和通风时间，但必须坚持短期通风。移栽后的缓苗阶段应尽量不通风，使白天气温达到 30℃，夜间温度达 15℃左右，给予高温、高湿条件，加快发根缓苗。定植前 5～7d 进行低温锻炼，白天最高温度降到 25℃以下，夜间最低温度降到 10℃左右，以使幼苗适应定植后的环境。

茄子的苗龄一般较长，因此，苗期容易出现脱肥现象，可采用叶面喷洒 0.3％磷酸二铵和 0.5％尿素的方法进行根外追肥。

3. 定植　茄子自播种至定植的日历苗龄为 80～100d，生理苗龄的指标为 8～9 片真叶展开，株高 18～20cm，茎粗 0.5～0.7cm，叶片肥厚深绿，80％现蕾，根系发达，无病、虫为害。

（1）定植前的准备　定植前密闭温室，提高室内温度，并进行温室消毒，或每立方米用硫黄 4g 加 80％敌敌畏 0.1g 及锯末 3g，混匀后点燃熏蒸，密闭一昼夜，再进行通风。每公顷施腐熟农家肥 75 000kg，将其 2/3 的肥料作铺施，深翻使粪土混匀，其余的 1/3 深施于定植沟中。做 60～65cm 宽、10～15cm 高的高畦（垄），而后在高畦上开 2 行浅沟，提前浇好底水，经过 1～2d 后，使土壤温度回升，以备定植。

（2）定植　定植要选择晴天，或阴天过后刚刚转晴时进行，温室内 10cm 平均地温应稳定达到 12℃ 以上。定植时在预先浇好底水的浅沟中挖穴点水栽苗，两行间的植株相互交错（吊坨）栽植，株距 38～40cm。每公顷栽培床定植株数，如采取单干整枝，应栽 49 500～52 500 株；如采用双干整枝，则栽 37 500～40 500 株。

4. 定植后的管理

（1）温度管理　定植后 5～7d 不通风或少通风，或在室内加设塑料小拱棚，白天气温尽量保持在 30～32℃，以促进缓苗；进入寒冷季节，白天气温以 25～30℃ 为宜，夜间气温保持 15℃ 左右；进入开花坐果期，白天温度保持在 25～30℃，上半夜 18～24℃，下半夜 15～18℃，土壤最低温度不宜低于 13℃。阴雨天温度管理可比常规管理低 2～3℃。如遇久阴骤晴天气，注意中午回苫遮荫防止植株发生萎蔫。以后随着气温升高，逐渐加大通风量，延长通风时间。当外界最低气温达到 15℃ 以上时，应逐渐放夜风。

（2）肥水管理　定植水要浇足。浇缓苗水后要控制浇水追肥，进行蹲苗。在门茄"瞪眼"（长至直径为 3～4cm）时，开始浇水、追肥，但只能在薄膜下沟灌。以后在每层果实发育的始期、中期及采收前几天，都按此要求及时浇水，以保证果实生长发育的连续性。

当土壤水分含量相当于田间持水量的 70% 时（相当于 0.009 8～0.02MPa）就应浇水，如浇水不及时，产量就会受到不同程度的影响（表 26-13）。

表 26-13　不同灌水点对茄子生长和产量的影响
（引自：《日光温室高效节能蔬菜栽培》，1993）

灌水点	土壤负压（MPa）				
	0.009 8	0.018	0.032	0.051	0.078
茎叶鲜重（g）	1 296	1 106	976	941	908
茎叶干重（g）	284.6	302.1	228.4	226.3	210.8
单株产量（g）	1 845	1 834	1 963	1 241	898
结果数（个）	19.6	21.0	15.5	16.5	10.2
单果平均重（g）	213	219.5	149.2	118.0	84.2

在蹲苗后，结合浇水追 1 次农家液态有机肥，或含氮量偏高的速效性复合肥。进入结果期后，尤其在门茄开始膨大时，可每公顷追施腐熟有机肥 22 500kg 或复合肥 450～600kg，以后每隔 15d 左右追肥一次。每次追肥的时间应抢在前批果已经采收、下批果正在迅速膨大的时候，抓住这个追肥临界期，能显著提高施肥效果。

应重视叶面追肥，追肥种类可选用磷酸二氢钾和尿素的混合液，前者浓度 0.2%，后者浓度 0.1%，能起到促秧、壮果的双重作用。

（3）整枝　日光温室茄子栽培自四门斗长成以后，易出现因枝叶茂盛而影响通风、透光，所以要及时进行整枝。整枝方式可以采用单干整枝、双干整枝法，其方法参见本章塑料大棚茄子栽培。

如果要延长茄子的收获期，可采用剪枝再生技术，即在收获 7 个茄子后，在主干距地面 10cm 处剪断，然后松土、追肥、浇水，促进侧枝萌发，选生长健壮的枝条再进行双干整枝，1 个月后又可以收获果实。

（4）保花保果　为了防止茄子落花，应根据其发生的原因，有针对性地加强田间管理，改善植株的营养状况，并加强通风排湿。此外，使用生长调节剂也能有效地防止落花。目前，常用的生长调节剂有 2，4-D 和番茄灵（PCPA）。处理方法是在花蕾肥大、下垂、花瓣尖刚显示紫色到开花的第 2 天之间涂抹花萼或花柄，浓度为 2，4-D 为 30～40mg/L，PCPA 为 25～40 mg/L。注意不要将药液碰到枝叶上，以免引起药害。

5. 病虫害防治

（1）茄子猝倒病　病原：*Pythium aphanidermatum*。称瓜果腐霉，是该病的病原之一。茄子猝倒病是育苗前期易发生的主要病害之一。常见症状有烂种、死苗和猝倒3种。防治方法：对苗床和营养土要严格消毒；采用嫁接苗；尽量控制土壤温度在15℃以上，创造表层干燥、下层湿润潮湿的土壤环境；药剂防治见十七章番茄猝倒病部分。

（2）其他病虫害　其他病害有茄子绵疫病、茄子黄萎病、灰霉病、菌核病、根结线虫等；主要害虫有红叶螨、侧多食跗线螨等，防治方法参见第十七章第二节。在红叶螨发生密度较低时，按叶螨与捕食螨20：1的比例，每10d释放1次拟长毛钝绥螨共3～4次，捕食螨可控制害螨为害。棕榈蓟马防治参见大棚茄子栽培。

6. 采收　门茄要适当早采，以免影响植株生长。对茄以后达到商品成熟时采收。

（四）辣椒栽培技术　日光温室辣（甜）椒栽培茬口有秋冬茬、冬春茬、早春茬以及甜椒的长季节栽培等。

1. 早春茬辣椒栽培　早春茬一般是10月下旬至12月上旬播种育苗，苗龄110d左右，2月初定植，3月中旬前后始收，5月以后结束采收。这茬辣椒的育苗期在寒冷季节，可以通过保温或加温措施育成壮苗，风险较小，定植后气温又逐步回升，所以栽培比较容易，在北纬40°地区多采用这种茬口。在品种选择上要选择早熟品种，或根据市场需要选择一些微辣品种，其育苗及栽培方法，请参考冬春茬栽培。

2. 冬春茬辣椒栽培　冬春茬是目前日光温室辣（甜）椒栽培中最主要的生产茬口。华北地区于8月下旬至9月上旬播种，11月中下旬定植，1月上旬始收，6月下旬至7月上旬采收结束，其产品可以供应元旦、春节市场。

（1）品种选择　利用日光温室进行冬春茬辣（甜）椒生产，应选用产量高、耐低温弱光、抗逆性强、坐果率高、抗病性好的品种。如：

①辽椒2号。辽宁省农业科学院园艺研究所于1986年育成的常规品种。直立，分枝性强。主茎第8～9节着生第1花。果实长羊角形，绿色，果肉较薄，味辣，单果重150～200g。中早熟，生育期约110d。种子千粒重6.5g。抗病，适应性强。

②哈椒1号。黑龙江省哈尔滨市蔬菜研究所于1989年育成的常规品种。株高55～60cm，开展度50cm。节间短。果实灯笼形，味甜，有皱褶，果长9～11cm，横径8～9cm，平均单果重150～200g。种子千粒重7～8g，中熟。抗病毒病。

③马里波（Maribel）。荷兰德奥特公司育成的甜椒品种，无限生长型，生长势强。苗期55～60d，定植后至绿果采收期50～55d，至变色果熟期75～80d。大果长方灯笼形，长16～20cm，直径8cm，平均单果重300g，果色后期绿转红色。对烟草花叶病毒、马铃薯Y病毒有抗性。适于温室、大棚高产栽培，密度每公顷栽培30 000株左右。

④紫晶。北京市农业技术推广站选育成的一代杂种。果实方灯笼形，横径8～10cm，果肉厚，单果重150～200g。果实初为深紫色，生理成熟时转为深红色，口感甜脆。耐低温弱光，较抗病毒病。单株结果20个以上。

⑤橙水晶。北京市农业技术推广站选育成的一代杂种。果实方灯笼形，横径8～10cm，果肉厚，单果重150～200g。果实生理成熟时由绿色转为橙黄色，口感甜脆。耐低温弱光，较抗病毒病。单株结果20个以上。

⑥中椒4号、中椒5号、湘研16号、中椒6号、湘研1号、苏椒5号、新丰4号、Mazurka、黄玛瑙等。参见本章第三节辣椒春季早熟栽培及第十七章第三节。

（2）育苗　育苗用的营养土配制，可用肥沃葱茬菜园土60％，腐熟有机肥或草炭土40％。每平

方米育苗床加入三元复合肥 10kg。也可按草炭∶蛭石 2∶1（或 3∶1）的比例配制，每立方米基质加入 5kg 膨化鸡粪和 1.5kg 复合肥，充分搅拌。

床土消毒常用 40％福尔马林 200～300ml 对水 20～30kg，可消毒床土 1 000kg；或用 50％福美双或 65％代森锌可湿性粉剂等量混合施用，每平方米苗床用混合药剂 8～9g，与半干细土 3～15kg 拌匀，播种时作为垫籽土和盖籽土。

（3）种子处理　将辣（甜）椒种子放入 50～55℃温水中浸 15～20min，在水温降至 30℃后，浸泡 4～6h；药剂拌种可用 90％乙磷铝 1 份和 50％福美双 1 份混合成粉剂或 70％代森锰锌粉剂，按种子重量的 0.2％～0.3％拌种。采用药剂浸种消毒时，在种子浸入药液前，要用清水预浸 4～6h，浸过药液后，要立即用清水冲洗掉种子表面药液。常用的药液有：10％磷酸三钠水溶液浸种 15～25min，或 1％硫酸铜溶液浸种 5min；也可以将完全干燥的种子置于 70℃的恒温箱内进行干热处理 72h，可杀死病菌，而不降低种子发芽率。

（4）催芽、播种　通常是将经过处理的辣（甜）椒种子至 25～30℃条件下进行催芽，经过 3～5d，待有 50％～60％的种子胚芽露白时即可播种。

播种前，需先浇透苗床，选择晴天上午或中午进行播种。待苗床中水渗下后，在苗床中覆一薄层过筛细土，随后均匀撒播发芽的种子，也可干粒播种。播种后覆土，厚度为 1cm 左右，避免种壳"戴帽"出土，使子叶不能正常展开，影响幼苗生长。

如采用育苗盘育苗，其播种方法同苗床；如采用穴盘育苗，要在每穴中部用竹竿或手指压一深 1cm 左右的小坑，然后每穴放入一粒种子。播完后，在穴盘上均匀撒一层过筛细土或营养土，用手或小木条、竹竿找平，使细土更均匀地覆盖在种子上。覆土后，在苗床土或育苗盘上覆盖一层地膜并封严，保持苗床温度和湿度，随时检查苗床，待有 60％～70％出苗时，揭去地膜。

播种后苗床温度白天可保持在 30℃左右，夜间 20℃左右，床面应保持湿润状态，一般播后 4～5d 即可出苗。当幼苗子叶展平后，要及时进行间苗，将拥挤的、长势不良的幼苗拔除，间苗后再进行覆土护根。

（5）分苗及分苗后的管理　在幼苗长到 2 片真叶带 1 片心叶时进行分苗。将幼苗分到分苗苗床或育苗钵中，苗间距 8～10cm。在日光温室栽培中，应当做到 1 钵 1 苗，以确保幼苗质量。

分苗后 1 周内，白天气温要求达到 30～32℃，根系适温为 18～20℃。约 1 周后逐步适当通风降温，以防幼苗徒长，日温保持 20～25℃，夜温 10～15℃。定植前 10～15d 要对幼苗进行低温锻炼，白天控制温度在 15～20℃，夜间温度 5～15℃。

分苗后，在幼苗未长出新根之前，一般不宜浇水。在新根、新叶开始生长后，采用地苗床的，要及时浇一次小水，水后中耕，以利增温、透气、保墒。采用育苗钵分苗的，应掌握干了就浇水的原则，控温不控水。无论苗床还是育苗钵分苗，都应避免苗床积水，湿度过大，特别在冬春育苗时，若遇低温，则极易发生苗期病害，如猝倒病、炭疽病等。苗床土肥力不足时，应随水施入复合肥，以保证幼苗对营养物质的吸收利用，或采取叶面追肥，喷施 0.2％～0.4％浓度的尿素、磷酸二氢钾或其他叶面肥料。

辣（甜）椒幼苗对光照要求较高，应尽量延长幼苗的受光时间，具体方法参见本节茄子栽培技术。

（6）定植及定植后的管理　定植的适龄壮苗一般标准是：株高 15～20cm，茎粗 0.5～0.7cm，8～10 片叶，子叶及底部叶片未脱落，叶色深绿，有光泽，无病斑、虫口，出现花蕾。在定植前按温室空间每立方米用硫黄 4g 加 80％敌敌畏 0.1g 和锯末 8g，均匀混合后，分装成小包，点燃密闭一昼夜消毒。每公顷日光温室施腐熟的有机肥 75 000～150 000kg 作基肥，使肥料与土壤充分混合，做成 70cm 宽、10～15cm 高的南北向小高畦，并在畦面中间开一条深 10cm、宽 20cm 的小沟，以便于进行"膜下暗沟浇水"或铺设滴灌管进行滴灌。

定植时温室内 10cm 深土壤的温度不要低于 15℃。定植宜在晴天进行，栽植深度以苗坨的高度为准，株距 20～30cm，行距 50cm。可先铺膜再定植，也可先定植再扣膜。一般每公顷定植 60 000～67 500 株。

定植之后为了促进缓苗，要保持高温、高湿环境，但最高温不宜超过 30℃。5～7d 后，幼苗缓苗，即可进行正常管理。白天气温保持在 25～30℃，中午前保持 26～28℃，夜间 15～20℃，地温在 20℃左右，下午温度低于 25℃时则要逐步关闭通风口保温。进入 11 月份后，常有寒流侵袭，应根据天气状况及时加盖草苫。进入开花坐果期后，外界温度逐渐降低，应以保温为主进行管理，白天温度应保持在 20～25℃，夜间温度为 13～18℃，最低气温应控制在 8℃以上，特别在严冬季节，要尽量保持较高的夜温，以促进开花坐果。进入春季后，随着天气转暖要逐渐加大通风量和延长通风时间。当外界夜间温度上升到 20℃以上时，则不需再覆盖草苫，并可进行昼夜通风。

辣（甜）椒定植前要浇底墒水，定植时浇定植水。缓苗后，根据土壤墒情，可浇 1 次小水，然后进行蹲苗，直到门椒膨大生长后再选择晴暖天气结合追肥进行浇水，此后根据植株生长情况和天气变化，采取小水勤浇的方法进行浇水。辣（甜）椒不宜大水漫灌，也不宜浇水干湿不均，否则会导致落花落果。

日光温室冬春茬辣（甜）椒栽培，多采用高垄膜下暗沟浇灌或软管滴灌，这样可有效避免因大水漫灌而造成的土温降低、增大室内空气湿度。进入寒冷的 12 月至翌年 2 月份，要尽量减少灌水的量和次数，做到不干不浇、浇而不多，防止低温高湿的出现。浇水时，还要选择晴暖的天气进行，并于浇水后，适当进行通风排湿。进入 3～4 月份后，随着气温的升高和通风量的增大，可增加灌水次数和灌水量，结合施肥，促进出现又一个结果高峰。

当门椒长到 3cm 左右长时，要追一次肥水，每公顷可施尿素 105～150kg 或硫酸铵 375kg，结合浇水，使肥料溶于水中随水进行膜下沟施，或溶于水中利用施肥罐进入滴灌系统，结合滴灌施肥。以后，每采收 2～3 次追肥 1 次。生长中后期随着气温的回升，生长发育加快，采收 1～2 次就应追肥 1 次。为防止植株早衰，可采用 0.2％的磷酸二氢钾或 0.3％的尿素进行叶面喷施。

冬季外界的光照强度较低，日光温室内的光照管理，可参见本节番茄光照管理方法。

在植株进入采收盛期后，枝叶长势茂密，株行间通风透光性降低，从而影响开花坐果，要适当疏去些过密的徒长枝、弱枝或侧枝及底部的已衰老叶片。为防止植株倒伏，还应设立支架来加以保护。此时在温室内使用防落素等可提高坐果率，常用的有番茄灵 30～40mg/L、2，4-D 15～20mg/L 等，于开花期对花器进行喷施或蘸花，注意不要滴到枝叶上。

彩色甜椒植株要保持每株一定的坐果率，随着采摘，每株宜保留 6 个左右果实，并摘除畸形果，采用双干整枝法。

（7）采收　一般进入 12 月后就可采收上市。门椒、对椒要适当早收，以免赘秧影响植株及果实的后期生长。此后在果实充分长大，果色较深时采收。

彩色甜椒在果实着色期采收，以充分表现品种特色。嫩果色为紫色、白色的品种，从坐果到采收为 25～30d；成熟果色为橙色、黄色、红色的品种，从坐果到采收为 50～60d。要求着色泽均匀、光滑坚硬、发育完全的果实。采摘时以早晨为宜。

（8）病虫害防治

①辣椒疫病。参见第十七章。其防治方法还可在发病初期用 45％百菌清烟雾剂，每公顷每次 3 750～4 500g，或 5％百菌清粉尘剂，每公顷每次 15kg，隔 9d 左右喷 1 次，连续防治 2～3 次。

②辣椒灰霉病。病原：*Botrytis cinerea*。主要为害辣椒幼苗、茎、叶、花器和果实。幼苗染病，子叶先端变黄，后扩展到幼茎，致茎缢缩变细，由病部折断而死；叶片病部腐烂，或长出灰色霉状物，严重时植株上部叶片可全部烂掉；成株期茎上初生水渍状不规则斑，后变为灰白色或褐色，病斑绕茎一周，其上端枝叶萎蔫枯死，病部表面生灰白色霉状物；枝条病斑亦呈褐色或灰白色，具灰霉；

花器染病，花瓣呈褐色，水渍状，上密生灰色霉层。病菌在土壤或病残体上越冬，借气流、灌溉水或农事操作传播蔓延。防治方法：在前茬收获后，彻底清理病残株；进行床土和种子消毒，育苗时要提高苗床温度，降低湿度，注意通风排湿；控制浇水量和时间；采用地膜覆盖等；用10%腐霉利烟剂熏烟，每公顷温室用药3.75～4.5kg，隔7d熏1次，或喷施5%百菌清可湿性粉尘剂或6.5%甲霜灵超细粉尘剂，每次每公顷15kg，隔9d喷1次，连续或交替防治3～4次。

③辣椒炭疽病。是辣椒的常见病害，多发生于日光温室冬春茬、早春茬辣椒生产的中、后期，也即在温室的温度较高时为害。辣椒炭疽病、病毒病的防治方法参见第十七章。

④害虫。日光温室辣椒栽培的主要害虫有红蜘蛛、蚜虫、侧多食跗线螨等，其防治方法基本和番茄、茄子冬春茬栽培相同。防治烟青虫、西花蓟马的方法参见第十七章。

3. 秋冬茬辣椒栽培 辣椒秋冬茬栽培是指自深秋至春节前供应市场的栽培方式。其育苗方式可以育苗移栽，时间是7月中下旬育苗，苗龄25～30d，8月中下旬定植，10月上旬始收，翌年2月结束栽培。育苗期正值高温、强光、多雨、病虫害猖獗的季节，育好苗有一定难度。第一要搭荫棚覆盖遮阳、防雨；第二要采用育苗钵育苗，保护好辣椒根系；第三要特别注意防治蚜虫为害，以避免病毒病发生；第四要注意随着气温的下降，做好保温管理。

要选择早熟、耐贮运的品种，如：①三道筋。吉林省吉林市地方品种。株高50～60cm，分枝多。果实圆锥形，果面有三道纵向突起钝棱。果皮绿色，有光泽。果长8cm。单果重120～150g。定植后50～55d开始采收。易发生日灼病。不耐低温、不耐涝。②辽椒4号，参见本章第三节辣椒春季早熟栽培。

4. 长季节辣椒栽培 辣椒长季节高产栽培是近年研究开发的种植技术，目的是为更好地提高日光温室的利用率和产量。北京地区一般于7月中旬播种育苗，8月定植，9月始收，于翌年6月结束生产，生长期达12个月，每公顷产量可达123 000kg。

（1）品种选择 选用品种应具有耐低温、生长势旺、抗逆性强等特点。

①中椒11。中国农业科学院蔬菜花卉研究所于2000年育成的一代杂种。植株生长势强。始花节位平均为第8.6节。中早熟，连续结果性强。果实长灯笼形，纵径10.9cm左右，横径5.9cm左右，肉厚0.5cm左右。果实绿色，果面光滑。单果重100g左右。味甜质脆，品质佳，商品性好。抗病毒病。在广东地区主要作秋冬季栽培，华北地区可作保护地栽培。

②甜杂7号。北京市农林科学院蔬菜研究中心于1999年育成的一代杂种。植株生长势强。第1果着生于主茎的第12节左右，花冠白色。果实灯笼形。果柄下弯，果面光滑。商品果绿色，老熟果红色，单果重100～150g。果肉厚0.45cm，味甜，质脆，品质优良。耐病毒病。中熟。

③卡地特（Cadete）。荷兰德奥特公司育成甜椒品种，无限生长型，植株生长势强，直立型分杈少。秋冬季温室育苗苗期55～60d，定植后至绿果采收期50d左右，至变色果熟期70～75d。大果长方灯笼形，长15～18cm，直径10cm，平均单果重250g，果色后期绿转黄色。对烟草花叶病毒、马铃薯Y病毒有抗性。每公顷栽培密度30 000株左右。

④桔西亚。荷兰诺华先正达公司（S&G育成的）杂交一代甜椒。无限生长型，植株生长旺盛，适于温室栽培。冬春栽培育苗期50～60d，定植后至采收45d左右。果实方灯笼形，4心室，平均单果重200g。果实成熟时果色由绿转为鲜艳的橘黄色，对烟草花叶病毒等病毒病有抗性，每公顷栽培密度30 000株左右。

（2）播种育苗 越冬长季节甜椒苗龄30d左右。育苗应在设有防虫网的设施内进行，畦上方1.5m处覆盖遮光率50%～70%的黑色遮阳网，以控制苗床气温在30℃以下。壮苗指标为株高8～10cm，茎粗0.2～0.3cm，株幅6～8cm，子叶及底部叶片未脱落，4～5片真叶，叶色深绿，有亮泽，无病虫害。

（3）定植 一般采用槽式基质栽培法，即在温室内挖沟然后铺上废旧棚膜，或垒砖建栽培槽。栽培槽宽 0.5m，高 0.2m，长 6m，将腐熟秸秆、腐熟有机肥、洁净大田土按 2：1：1 比例混合均匀后装入栽培槽。每公顷共需栽培基质 600m³ 左右。采用滴灌系统灌溉。铺好滴灌管后，浇透水在槽上覆透明地膜，密闭温室高温处理 7d 后，进行通风降温便可定植。

定植期在 8 月中旬。采用双行、单干整枝，行距 0.65m、株距 0.35m，每公顷保苗 42 000～45 000 株；若采用双行、双干整枝，则株距 0.40m、行距 0.65m，每公顷保苗 38 400 株。

（4）田间管理　长季节栽培一般应疏掉门椒来保证植株营养生长旺盛。当门椒膨大到 3cm 左右时，开始追肥，水肥齐攻，催果壮秧。可在槽内行间追施复合肥 225kg/hm²、干鸡粪 675kg/hm²、灌水 225m³/hm² 左右。

花期可采用敲击吊绳的方式辅助授粉，或用 20～30mg/kg 的防落素喷花。有条件的地方可采用熊蜂进行辅助授粉，以提高坐果率，促进果实快速膨大。

（5）采收　正常情况下，甜椒果实可在定植后 30～50d，即 9 月底至 10 月初开始采收，按市场需要及时采收青椒。彩色甜椒品种除紫椒（紫焰）、多米等少数品种幼嫩果显色外，其余红、橙、黄等色均在后期变色后采收。

收获结束后，及时把秧蔓清理出温室外作无害化处理。按比例补充栽培槽的基质，与原有基质混匀后，浇透水并覆盖新地膜，经日晒对基质进行高温消毒 20d 左右，便可用于下茬蔬菜栽培。

（五）西葫芦栽培技术　日光温室西葫芦栽培的茬口安排有早春茬、秋冬茬和冬春茬 3 种，但以早春茬和冬春茬栽培居多。

1. 冬春茬西葫芦栽培　一般在 10 月初至 11 月初播种，苗期 35d 左右，11 月上旬至 12 月上旬定植，12 月上旬至翌年 1 月上旬收获，5 月上旬至 6 月上旬结束。

（1）品种选择　选择抗病、早熟、耐低温、耐弱光、产量高的品种。

① 春玉 1 号。西北农林科技大学园艺学院蔬菜花卉研究所于 2002 年育成的一代杂种。矮秧，生长势较强。生长中后期叶面有白色花斑。第 1 雌花始于第 5～6 节，节成性高。果长棒形，淡绿色。主蔓结果。一般单果重 250～500g。对病毒病、白粉病的抗性略高于早青一代品种。耐低温、弱光性较强。

②早青一代、绿宝石、寒玉等。参见第十六章。

（2）播种育苗　播前将种子放在 55℃ 水中浸种，至水温降到 30℃，经 4h 后，再用 10％ 磷酸三钠溶液浸种 20～30min 捞出，于 25～30℃ 条件下催芽。

营养土配制：用腐熟的马粪 30％、牛粪 20％、炒过的锯末或炉灰 30％、园田土 20％ 混合均匀后，再在每立方米营养土中加入硫酸铵 1kg、过磷酸钙 10kg、草木灰 10kg 即可。用 50％ 多菌灵可湿性粉剂与 50％ 福美双可湿性粉剂按 1：1 混合，或 25％ 甲霜灵与 70％ 代森锰锌按 9：1 混合，按每平方米用药 8～10g 与 15～30kg 细土混合，播种时 1/3 铺于床面，其余 2/3 盖在种子上。

播种方法有两种：一是播于营养土方。选晴天，在苗床内浇足底水。水渗后，用画线板在畦面上划成 10cm 见方的格子，在每个方格中间播 1 粒种子，覆盖薄土后，上覆过筛细土成 2～3cm 高小土堆，再在整个畦上覆盖 1cm 细土，畦上覆盖薄膜保墒。一直到出苗之前，白天保持在 25～30℃，夜温 14～16℃。二是播于苗钵中，具体方法与黄瓜苗钵播种相同。每公顷需西葫芦种子约 6kg，需苗床 300m²。

（3）苗期管理　从出齐苗到第 2 片叶展开，白天温室内温度保持 20～24℃，夜间 8～10℃。定植前 4～5d，白天 15～18℃，夜间 6～8℃。长有 4 叶 1 心，苗高 10cm 左右，茎粗 0.4～0.5cm，叶柄长度等于叶片长度，叶色浓绿，此为壮苗，即可定植。

冬春茬栽培西葫芦一般用黑籽南瓜作砧木培育嫁接苗，具体嫁接方法与管理同黄瓜基本相同，但如采用靠接法时，其接穗和砧木要同时播种；采用插接法时，接穗应晚播 4～5d。

（4）定植　定植前每公顷用优质农家肥 75 000kg、磷酸二氢钾 750～1 050kg、硫酸钾 750～

1 125kg作基肥，基肥的 2/5 铺施，3/5 开沟集中施用。施肥整地宜在定植前 7～10d 完成。

每公顷日光温室用硫黄粉 30～45kg，加敌敌畏 3.75kg 拌上锯末分堆点燃，然后密闭一昼夜进行消毒。定植行距 70～80cm，或大行 80～100cm、小行 50～60cm，株距均为 40～50cm。每公顷栽苗 30 000～45 000 株。

（5）定植后管理　定植后至缓苗前温室内温度一般不超过 30℃不通风。缓苗后保持白天 20～25℃，降到 25℃以下即闭风，15℃左右时放下草苫，夜温控制在 12～15℃，早晨揭苫时温度降到 8～10℃。第 1 雌花开放后，根瓜开始膨大时，可适当提高温度，白天保持 22～25℃，夜间最低温度保持 11～13℃。随着外界温度升高，要逐步加大放风量，延长通风时间，当外界温度稳定在 12℃以上时，可昼夜通风。

定植后浇一次缓苗水，及时中耕，进行两次蹲苗。到第 1 个瓜长到 10～12cm 时开始浇水追肥，浇水过早易引起疯秧并化瓜。进入结瓜盛期，每隔 5～7d 浇一次水。在第 1 个根瓜坐住时，结合浇水每公顷追施腐熟农家有机液肥 15 000kg。在根第 2 条瓜正在膨大时，进行第 2 次追肥，每公顷施硝酸铵 300kg，并结合浇水。结果盛期结合浇水每公顷追施腐熟农家有机液肥 15 000kg 或复合肥 10～14kg，浇一次水追一次肥，需追肥 2～3 次。每次进行水肥管理后，要及时通风降湿。

定植缓苗后，在温室可墙张挂反光膜，以增加后排株间光照强度。经常清除塑料薄膜上的尘土。阴天只要揭开草苫后室内气温不降到 5℃以下，就要揭开草苫见光。

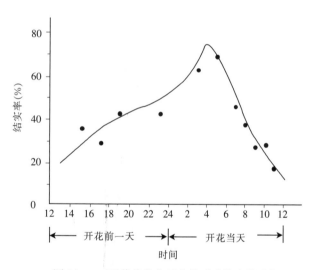

图 26-3　西葫芦雌花开花前后受精力的消长
（引自：《蔬菜节能日光温室建造及栽培技术》，1994）

人工授粉和激素处理。西葫芦开花时间主要集中在清晨 4：00～5：30，该时间也是雌花受精力最高的时间（图 26-3）。因此，在日光温室揭开草苫后就要进行人工授粉。促使西葫芦产生雄花的方法：利用同品种的陈籽提早播种在花盆或木箱中，不施肥，少浇水促使雄花早出现，或者在苗期喷施 5～10mg/L 赤霉素，则更有利于雄花出现。为促进西葫芦雌花早出现和保果，常用浓度为 30～40mg/L 的 2，4-D，于 8：00～9：00 对刚开和即将开花的雌花进行蘸花，其坐果率可达 80%～100%。如在处理子房的同时也处理雌蕊，则比单纯处理子房其结果率和果实平均重量均有明显提高，处理子房时要使子房全部均匀着药，以免因受药不均而产生畸形果；避免重复处理；每朵花的用药量为 1～2mg；如既进行人工授粉，又用激素处理则效果更好。如在用 2，4-D 处理时，同时加入 0.1% 的速克灵可湿性粉剂，可防治灰霉病。

在栽培半蔓生和蔓生种西葫芦时，可采用吊蔓栽培，利用主蔓结瓜。随着下部瓜的采收，及时落蔓，并及时摘除下部老叶和除去侧芽。

（6）病虫害防治　在日光温室西葫芦的生长过程中，主要的病虫害有：白粉病、灰霉病、霜霉病、病毒病、蚜虫、温室白粉虱、红蜘蛛等。具体防治方法，基本和温室冬春茬黄瓜的病虫害防治方法相同。

（7）采收　冬春茬西葫芦在开花后 10d 即可采收嫩瓜上市。第 1 雌花形成的果实长到 250～300g 要及时采收，适时采收不但能促进茎叶生长，而且还有利植株上层幼瓜发育。此后再收获的果实要掌握单果重在 500g 左右，随着植株生长和市场价格的变动，应延迟采收时间，只有后期才采收充分长成的果实。

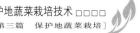

2. 早春茬西葫芦栽培　日光温室早春西葫芦栽培的前茬作物一般为韭菜、芹菜等耐寒叶菜,在春节前后收获完毕。在北纬43°以北的地区,冬季在日光温室内不加温的情况下难以生产果类蔬菜,或者因为日光温室结构不太合理,保温性能差,只能进行早春茬栽培。这茬西葫芦栽培的效益虽不如冬春茬,但因前茬的产值较高,所以从总体上看也是合适的。

(1) 品种选择和播种期　适宜作早春茬西葫芦栽培的品种一般与冬春茬栽培相同。其播种期要依据苗龄、定植期以及前茬蔬菜作物的倒茬时间来确定。一般苗龄30d左右,华北地区温室栽培的倒茬时间多在立春(2月上旬)左右。因此这一茬西葫芦的播种期以1月上旬为宜。

(2) 育苗　采用温床育苗,或在加温温室内育苗,具体方法可参照日光温室黄瓜育苗方法和管理技术。浸种催芽、播种方法基本与冬春茬栽培相同。苗期温度和水分管理,可参照日光温室早春茬黄瓜栽培进行。定植前3～5d进行低温炼苗,使幼苗逐步适应温室环境。

(3) 定植　定植前要清除前茬作物残株及杂草,提前深翻晒土,并进行温室环境消毒处理,所用消毒药剂及方法,与冬春茬栽培相同。西葫芦根系强大,吸肥能力强,所以需肥量大,每公顷施优质有机肥75 000kg。一般采用高垄之间宽、窄相间的方法,即窄垄间距50cm、宽垄间距70cm开定植沟,垄高20cm。沟内再施磷酸二铵每公顷600～750kg。垄上覆盖地膜以提高地温。

按照上述垄距定植,如果株距为35cm,则每公顷可栽苗约48 000株;如株距为40cm,则每公顷可栽苗约42 000株。

(4) 定植后的管理　早春茬西葫芦的生育期比冬春茬短,但收获结束的时间基本一致,所以在管理上应尽量促进西葫芦的生长发育,才能获得高产。定植后的缓苗期和缓苗后到根瓜坐住之前的管理,基本与冬春茬栽培相同。进入结果期后,要提高温度,白天掌握在25～28℃,夜间最低温度要保持在13～15℃。到隆冬季节,中午最高温度可掌握在30℃左右,应尽量多蓄热以备夜间消耗。

西葫芦喜较强的光照,可以采取与冬春茬栽培相同的增加光照的措施。对于半蔓生品种要进行吊蔓栽培来改善光照。对于矮生品种栽培,要及时摘除植株底部老叶、病叶、侧枝、卷须等。

使用激素或人工授粉的要求和方法,均与冬春茬栽培相同。

(六) 甜瓜栽培技术　在日光温室栽培甜瓜,一般可以安排春茬、秋冬茬和冬春茬栽培,但以春茬栽培为主。秋冬茬栽培于8月上旬至9月上旬播种,苗龄30d左右,定植期为9月下旬至10月初,翌年2月上中旬开始采收;冬春茬栽培的播种期在10月下旬至11月上旬,定植期在11月下旬至12月上旬,翌年2月上中旬始收。

现主要介绍日光温室春茬栽培技术。在华北地区,日光温室春茬栽培一般在12月下旬到翌年1月中旬播种,采用日光温室育苗,苗龄30～35d。1月下旬至2月上旬定植,4月上旬始收。

1. 品种选择　日光温室春茬栽培甜瓜一般以早熟或中早熟品种为主。

(1) 伊丽莎白、状元、中密1号　参见第十六章。

(2) 新蜜21(金雪莲)　新疆农业科学院园艺研究所于1998年育成。蔓长1.5m左右。主蔓第3节上的第1子蔓可出现雌花。果实高圆球形,果皮金黄色,光皮,果肉白色。单果重1.2kg左右。果实发育期约38d。耐湿、耐弱光。果实中心折光糖含量16.5%,边糖含量11%。质地细软、清香、风味好。

2. 育苗

(1) 营养土的制备　营养土最好选用比较肥沃而未种过瓜类作物的大田沙壤土或前茬为豆类、葱、蒜类蔬菜作物的地块,掘取13～17cm土层的土壤,肥料可用经充分腐熟的有机肥。营养土的配制比例约为肥∶土=2∶1,混合过筛,每立方米加100g甲基托布津和100g敌百虫(或500倍浓度喷洒混匀),同时加1kg磷酸二铵或复合肥。有条件的也可用草炭与蛭石混合配置,混配比例为1∶1,每立方米基质可加1kg复合肥和5kg经高温膨化的消毒鸡粪。常用直径为10cm、高10cm的塑料钵育苗。装钵时注意上松下紧,整齐地排入育苗畦中,育苗畦铺塑料地膜,使苗钵与土壤隔离。

中国蔬菜栽培学

□□□□[第二版]...Olericulture in China □□□□

（2）播种育苗　甜瓜播前对种子应进行浸种、催芽，其方法可参考黄瓜的浸种催芽和播种方法。

春茬甜瓜栽培的育苗时间正值寒冬季节，应在加温温室里育苗，在日光温室内要用温床育苗。其育苗方法亦与黄瓜相同。

日光温室春茬甜瓜栽培也可以培育嫁接苗，砧木选择缩面南瓜、黑籽南瓜或 90-1 等。采用靠接或插接法，嫁接技术基本与黄瓜嫁接相同。苗床上扣塑料小拱棚增温、保湿。嫁接苗床的温度要比黄瓜高 1～2℃，其他管理同黄瓜。

（3）苗期管理　在甜瓜幼苗出土前，白天要求温度保持在 25～35℃，夜间 18～20℃，2～3d 后开始出苗。70％营养钵出苗后白天温度控制在 20～25℃，夜间保持在 15～20℃。此阶段既要防止徒长，又要避免冷冻伤苗，并给予充足光照条件。整个苗期注意肥水管理，可适当少量施肥或叶面喷肥。夏秋季育苗要注意遮阳、降温。

定植前 5～7d 开始加大苗床通风量，控制水分。在苗龄 30～35d、幼苗长到 3～4 片真叶时定植。

3. 定植

（1）整地施肥　前茬作物腾地后，清除残株、杂草，进行温室消毒。深翻土地，每公顷施腐熟有机肥 60t，采用小高畦栽培，畦高 10～15cm，畦面宽 80cm，沟宽 80cm。

（2）定植　定植时要求温室内 10cm 深土壤温度稳定在 15℃以上，如果加盖小拱棚或其他增温设施，定植期可适当提前。每畦栽 2 行，行距 60cm，株距 35～40cm。每公顷种 22 500～33 000 株。定植应在晴天进行。定植多采用"暗水定植法"，即先挖穴，穴里灌足水，栽苗。栽苗深度以刚埋住土坨上层表面土为准，待水渗后用土将穴填满。覆土时注意将地膜上的定植口封严，一是可保湿，二是防止膜下热气通过定植口烤苗，并可以防止杂草生长。

4. 定植后的管理

（1）温度管理　定植后白天应保持 27～30℃，夜间不得低于 20℃，地温 20～22℃。缓苗后逐渐降温，营养生长期白天 25～30℃，夜间不低于 15℃，地温 20℃。果实膨大期白天 27～30℃，夜温 15～20℃，地温 20～23℃。

（2）肥水管理　定植水的水量要足。定植后 4～7d 浇缓苗水，一直到植株抽蔓均不需浇水。在茎蔓迅速生长时浇一次水，以促进茎蔓伸长，然后控制浇水，直到第 1 瓜开始膨大时，再浇水促进果实迅速膨大，以后一般不再浇水。棚内湿度应控制在 50％～70％，以减少病害的发生。

到伸蔓期应浇小水，同时施肥，以氮肥为主，适当配合磷、钾肥。尿素和磷酸二铵（或复合肥、硫酸铵）1∶1 比例，每公顷施 600～750kg。施肥可在距根部 10～15cm 远、深 10cm 处挖穴施入，施肥后立即浇水。开花前 1 周控制水分，防止植株徒长，以利于坐果。

当幼瓜长到鸡蛋大小时即进入膨瓜期，此时是甜瓜生长需肥水最多的时期，也是追肥的关键时期。该期应适当控制氮肥，重施磷、钾肥，一般每公顷施磷酸二铵 450～600kg，硫酸钾 150～225kg。施肥在距瓜根部 20～30cm 处，挖穴或开沟施入。网纹甜瓜开花后 14～20d 进入果实硬化期，果实开始有裂纹形成，如果网纹形成初期水分过多，则容易产生较粗的裂纹，网纹不美观，因此在网纹形成前 7d 左右减少水分，待网纹逐渐形成后再逐渐增加水分，以促进果实肥大并形成均匀、美观的网纹。如果土壤太干旱，则果实的网纹很细且不完全，外观亦不美。果实近成熟时控制水分，有利于提高品质。

（3）光照管理　每天揭苫后应清洁屋面塑料薄膜，争取更多阳光进入温室。在温室后墙张挂反光膜，增加温室内中后部光照强度，提高地温和气温。

（4）植株调整与授粉　日光温室栽培甜瓜采用吊绳固定秧蔓，即用吊绳缠在主蔓两片子叶以下，然后顺时针缠瓜秧，同时摘去卷须和已开放的雄花。早熟栽培一般都采用单蔓整枝法，也可采用双蔓整枝法。

①单蔓整枝。主蔓长至 25～30 叶时摘心，选留主蔓第 11～16 节上的子蔓作结果预备蔓。一般留

3～5条子蔓，每条子蔓上留1个瓜，瓜前留2片叶摘心。结果蔓以上再发出的子蔓全部摘除，最顶部子蔓留3～5片叶摘心。结果后主蔓基部的老叶可摘掉3～5片。

②双蔓整枝。幼苗第3～4片真叶展开时摘心，各叶腋均能发出子蔓，待子蔓长15cm左右时，留强健发育整齐的子蔓2条，其余摘除，子蔓长到20～25叶时摘心。因每蔓1个果，果实较大而均匀，虽然比单蔓整枝的少栽500株苗，但产量并不低。

不管用何种整枝方法，必须经常调节茎蔓的高度，使其生长点在温室南北方向上处于同一高度，留瓜的高度也应尽量一致，这样做不但整齐美观，而且也有利受光。

日光温室栽培甜瓜要进行人工授粉。授粉于晴日上午9～10时进行。1朵雄花可为2～4朵雌花授粉，或将花粉采集于小玻璃器皿内，用干燥毛笔蘸花粉往柱头上涂抹。

5. 病虫害防治　为害甜瓜的主要病害有霜霉病、炭疽病、枯萎病、白粉病、病毒病、蔓枯病等。主要害虫有蚜虫、白粉虱等。

(1) 霜霉病　甜瓜生长发育的各个时期较易发生的主要病害之一，主要为害叶片。温室内空气湿度太大时发病重。农业防治方法基本与日光温室春茬黄瓜霜霉病的防治方法相同。药剂防治可用64%噁霜锰锌（杀毒矾）可湿性粉剂500～600倍液，或25%甲霜灵（瑞毒霉）可湿性粉剂700～800倍液喷施，每隔7d喷施一次。

(2) 甜瓜枯萎病　病原：*Fusarium oxysporum* f. sp. *melonis*。全生育期都可发生。开花坐果期和果实膨大期为发病高峰。成株发病叶片由下向上萎蔫下垂，叶缘变褐或产生褐色坏死斑，最后全株枯死。空气潮湿时病部产生白色至粉红色霉层，最后病茎基部腐烂纵裂，维管束变褐。病菌主要以菌丝体、厚垣孢子在土壤、病残体或未腐熟的肥料中越冬。条件适宜时病菌从根部伤口，或直接从根尖细胞间侵入。菌量高、土质黏重、土性偏酸、排水不良，或施肥不当，瓜苗瘦弱均易诱发病害。防治方法：采用无土栽培，与瓜类作物实行5年以上轮作；嫁接育苗栽培，选用耐病品种；增施石灰中和土壤酸性；采用高畦宽垄覆膜栽培；清洁田园；未包衣种子用50%多菌灵可湿性粉剂1 500倍液，或高锰酸钾水剂1 000倍液浸种30min；在结果期间或发病始期用70%甲基托布津可湿性粉剂600～800倍液，或2.5%适乐时悬浮剂1 000倍液等灌根，每株250～500ml，也可结合在根颈部喷雾。

其他病虫害的防治方法，基本与本章塑料大棚黄瓜相同。

6. 采收　授粉后挂上纸牌，标明授粉日期，以便确定采收期，或者在同一授粉期的果实挂上同一颜色的纸牌，以便在确定1个瓜成熟后，即可采收挂有同样颜色纸牌的瓜。植株结果后5～10d，当幼果如鸡蛋大时，选择果形端正者留果，同时去掉花痕部的花瓣。在进行单蔓整枝时，大果品种每蔓留1果，小果品种最多每蔓留2果。留果后用细绳吊住果梗，或在果实长到250g左右时，用稻草做成草圈托吊幼瓜。

甜瓜果实成熟后，表皮有光泽，花纹清晰，脐部有该品种特有香气。采收甜瓜时果梗应剪成T字形为宜，果肩贴商标，并用泡沫网套包好，装箱。

（七）西瓜栽培技术

1. 茬口安排　西瓜生长发育对光照、温度的要求较高，同时也要求有较大的昼夜温差和较低的空气湿度。所以，在日光温室里冬季生产西瓜有一定的难度，而大部分地区采用结构性能良好的日光温室作早春栽培，于4～5月上市。秋季栽培于7月下旬至8月上旬播种，定植时较合适的日历苗龄为15～20d。

2. 品种选择　日光温室应选择较耐低温弱光和耐湿的品种，抗病性强，优质高产，也可栽培小型西瓜和无籽西瓜。

(1) 金冠1号　中国农业科学院蔬菜花卉研究所于1999年育成的一代杂种。植株长势较弱，结瓜能力强。苗期叶柄基部呈黄色，可作为鉴别真假杂种的标志性状。成株期茎、叶柄、叶脉及幼果呈黄色。果实高圆至短椭圆形，皮色深金黄色。单果重2.5kg左右。果肉红色，肉质细爽多汁，略带香味。

折光糖含量11%～12%。果皮薄，有韧性，耐运输。早熟，冬春保护地栽培生育期100d左右。

（2）新1号　台湾农友种苗公司育成。植株生长旺盛，分枝性强。第1雌花节位着生在第7～8节，着果节位在第15节左右。果实圆形，果皮青绿色，上覆黑色条纹。皮厚1.2cm，果肉深红色。单果重7kg左右。全生育期90～110d。果实中心糖度12度左右，肉质细腻爽口，不易空心。耐运输、耐寒。对炭疽病、蔓割病、病毒病的抗性较强。

（3）红小玉、特小凤、京欣1号、西农8号等　参见第十六章。

适用的西瓜品种还有早春红玉、黄小玉、郑杂9号等。

3. 育苗

（1）营养土配制　按园田土5份、厩肥3份、堆肥2份的比例混合，肥料必须充分腐熟过筛，每立方米营养土另加复合肥1kg和磷肥3kg。营养土水分要保持60%左右，即以手捏能成团，落地能散。在配制营养土时，可用1 000倍辛硫磷和500倍凯克星均匀喷洒营养土消毒，以防止根蛆、蛴螬等害虫和苗期病害。育苗时应在苗床内铺设电热线加温，或采用酿热温床，用10cm×10cm塑料苗钵育苗。

（2）浸种催芽　浸种之前先要晒种，用55℃的温水浸种西瓜种子15min，再用清水浸种6～8h，放入30～32℃条件下恒温催芽约2d，种子露白色胚根后即可播种。无籽西瓜种子种壳较厚，发芽率通常只有30%～40%，可采用人工破壳的方法，使发芽率提高到95%以上。将具有三倍体种子特征（种胚不充实，种壳上有较深的木栓质纵裂，珠眼突起）的优良种粒选出后，温汤浸种2～3h，然后嗑种，嗑开部分为种子长度的1/3左右即可。

西瓜种子可和湿沙混合催芽。具体做法是：取清洁河沙晾至半干，湿度以手捏成团，指缝间无水滴流出，手松即散为度。湿沙约为种子体积的2～3倍，把种子与河沙均匀混合，置于28～30℃条件下催芽。

（3）播种　春茬日光温室西瓜栽培于1月上旬至2月上旬播种时每钵播1粒种子，平放在基质中，播后覆盖3cm左右厚的基质。无籽西瓜幼苗出土后种壳不易脱落，易"戴帽"出土，必须及时用人工辅助去壳。如果种壳过于干燥，先喷少量水，将种壳湿润再除壳。

（4）苗期管理　播种后搭小拱棚保温，春季育苗采用"二高二低"的温度管理原则：播种至出齐苗期间白天温度控制在30℃，夜间25℃左右；齐苗至真叶展开，白天22～25℃，夜间15～18℃；真叶展开至移栽前7d，白天25～28℃，夜间18～20℃；移栽前7d开始降温炼苗，白天20～25℃，夜间12～15℃。苗期一般不追肥，应尽量控水，掌握见干见湿的原则，防止小苗徒长。苗期注意猝倒病、立枯病的防治，定植前喷1次甲基托布津防病。

（5）嫁接育苗　日光温室春茬西瓜栽培普遍采用嫁接育苗，砧木可选用瓠砧1号或西砧1号，也可选用云南黑籽南瓜。接穗比砧木提早播种5d左右，播种和嫁接方法与黄瓜嫁接相同。

4. 定植及管理

定植前施足底肥。按1m行距开沟，每公顷沟内施入45 000kg腐熟优质农家肥、150kg饼肥、过磷酸钙750～1 125kg，充分混匀，深翻耙平，做底宽50cm、上宽35cm、高10cm的垄，整平垄台，覆盖地膜。

定植时期春茬西瓜苗龄应掌握在35～40d，于2月中旬至3月上旬选晴天定植。定植株距50cm。大型西瓜品种每公顷栽植8 250～12 000株，小型西瓜每公顷栽24 000株左右。

（1）温度管理　定植后5～7d一般不通风，白天温室内气温28～30℃，夜间不低于15℃，以促进缓苗。伸蔓期白天保持25～28℃，夜间不低于15℃，有利于坐瓜。坐瓜期白天28～32℃，夜间17℃以上。成熟期白天室内气温保持30～35℃，夜间15℃左右，以利糖分的形成与积累。如遇寒流要增加覆盖物保温，最低气温不低于10℃。

（2）肥水管理　一般定植后浇3～4次水，追肥2次。前期适当控水，促根系生长。当蔓伸至

30cm 后开始浇水，同时每公顷施三元复合肥 225～300kg。开花坐果期一般不浇水施肥，以防"化瓜"。坐果后要肥水齐促，当 80％植株幼瓜长至苹果大小时，要浇一次定瓜水。1 周后瓜迅速膨大，再浇一次水，同时每公顷追尿素 75kg，三元复合肥 375～450kg。

（3）光照管理　西瓜为喜光作物，日光温室西瓜栽培所应采取的增加光照强度及光照时间的措施，与甜瓜栽培相同。

（4）整枝引蔓、打顶　大型瓜品种采用"一主两侧"或"一主三侧"整枝方法，即当瓜蔓长至 30～50cm 时进行压蔓，瓜前轻压，瓜后重压，促使瓜蔓粗壮。小果型品种多采用单蔓整枝。实施双蔓整枝时，在主蔓第 5～7 节叶腋处选留一条粗壮的子蔓。坐果节位以上保留 18～20 片叶打顶，顶部保留 2 个侧枝，基部的老叶、病叶应及时剪去。

西瓜主蔓的第 1 雌花坐果多为畸形，个小，皮厚，商品价值低，第 4 雌花以后结的瓜因水肥供应差，也常出现偏头瓜。因此，一般应选留第 2～3 雌花所结的瓜。双蔓整枝可在主蔓和子蔓上各留 1 个瓜（子蔓上可留第 1 雌花结的瓜），以后根据生长发育状况选留 1 个瓜。

（5）人工授粉、定果　一般于每天上午 7～9 时进行人工授粉。无籽西瓜取授粉品种当天开放的雄花授粉。对于授过粉的雌花，应标明授粉当日时间，以便确定适宜的采收日期。也可以采用和甜瓜授粉时挂不同颜色的纸牌的方法，以标记成熟与否。

果实发育到鸡蛋大小选择果形圆整的留瓜，春季选择坐果节位在第 18～20 节前后的果实定果，秋季可适当提高坐果节位，每株留 1 果，疏去多余果实。当果实膨大到 1.0kg 左右时，应及时用尼龙丝网袋或用草圈托起，防止坠秧和伤瓜。

5. 病虫害防治　西瓜病虫害及防治方法可参考甜瓜病虫害防治内容。

6. 采收　西瓜成熟度的鉴定可参见第十六章。另外还可以采用下列方法鉴别：

（1）测定比重　用大盆或大缸装清水，把西瓜放入水中，西瓜浮起露出水面 1/4 是熟瓜，露出 1/3 以上的是过熟瓜，露出 1/4 以下的是未熟瓜。

（2）标记日期　同一授粉期的果实，挂上同一种颜色的纸牌。

用以上几种方式鉴别后，切开果实验证，确定是成熟瓜后，即可采收挂同一颜色纸牌的西瓜。

（八）芹菜栽培技术

1. 茬口安排　芹菜在日光温室内可周年生产，但北方地区一般多作秋冬茬栽培。在高纬度或高寒地区，多进行越冬一大茬栽培，或春芹菜栽培。不论是秋冬茬还是越冬茬，其播种期均在当地初霜期前 70～80d 开始播种育苗，苗龄 50～60d 时定植，定植后 60d 左右即可视市场需要采收上市。春茬芹菜栽培于 11 月在温室中育苗，苗龄 60～70d，翌年 1 月中下旬至 2 月初定植，4 月上中旬开始采收。

2. 品种选择　选用高产优质、抗病虫、抗逆性强、适应性广、商品性好、适合当地种植的优良品种。目前日光温室生产选用的品种有：

（1）文图拉西芹　北京市特种蔬菜种苗中心于 1987 年从美国引进。株高 80cm 左右，叶柄白绿色，实心，腹沟浅而平，质地脆嫩。叶柄包合紧凑。无分蘖。单株重 750g 左右。从定植到收获约需 80d。抗枯萎病，对缺硼症抗性较强。

（2）意大利夏芹　20 世纪 70 年代由中国农业科学院从意大利引入。株高 90cm，开展度 40cm 左右。叶柄绿色，长 44cm，宽 2.1cm 左右。实心，质地脆嫩，纤维少。平均 1 棵分 1～2 个蘖。晚熟，从定植到收获约需 120d。苗期生长缓慢，6～7 片叶定植后生长迅速。抗热、耐寒，抗病。但能在较高温度条件下通过春化阶段。

（3）开封玻璃脆　河南省开封市南郊顺成大队于 1990 年从西芹天然杂交变异株中选育而成。株高 100cm 左右。单株重 0.35～0.49kg，每株分蘖 0.8～2.9 株。叶柄长 42.7～45.6cm，中下部黄白色，腹沟较深，棱线明显，实心率 93.9％左右。质地脆嫩，纤维少。中熟。抗病性强，适应性广。

其他适用品种还有实秆芹、意大利冬芹、犹它 52-70 等，可参见第十五章。

3. 播种、育苗 进行种子处理时先将种子在 50～55℃热水中浸 30min 后，放在 5～10℃条件下处理 3～5d，每天用清水冲洗 1～2 次，再进行催芽。芹菜最适宜的发芽温度为 18～20℃；也可将种子用湿布包好吊入井中，使种子离水面 50cm 左右，每天翻动种子 1～2 次；也可用 1 000mg/L 硫脲或 500mg/L 赤霉素液浸种 12h 左右，有代替低温催芽的作用。待种子发芽率达 70％左右，即可播种。

苗床要选择保水、保肥性好的肥沃沙壤土，播种时将催过芽的种子与细沙混匀，在苗床浇水下渗后，即可均匀撒播于苗床上，每平方米苗床播种 5～6g，然后覆盖 0.3～0.5cm 厚细土。夏秋季育苗应覆盖遮阳网或苇帘等遮阳、降温。

出苗前主要是土壤湿度管理，如湿度减小，可用喷洒补水。出苗后，逐渐揭除遮阳网，同时保持土壤湿润。要及时除去杂草。当苗长至 2 片叶时间苗，去弱留强，去病留壮，留苗间距 3cm。当苗长至 4～5 片叶时，要适当控水，防止徒长。

4. 定植 定植前深翻晒土，每公顷施优质腐熟有机肥 75 000～105 000kg、磷酸二铵和尿素各 225kg，然后耕耙均匀、平整，做成宽 100～120cm 的畦，准备定植。

幼苗具 5～6 片真叶时即可定植。定植依不同品种而密度不同，西芹一般每畦栽两行，株距为 25cm 左右。定植前 1d 将苗床浇透水，易于起苗，少伤根系。栽时大、小苗分开栽。栽时不要埋没生长点。栽后要及时浇水。

5. 定植后的管理

（1）温度管理 10 月份最低气温 12～15℃时应及时盖膜。在盖膜初期，注意于白天温度较高时放风降温、降湿，以后随温度下降可逐渐减少放风次数和时间。入冬后温室外要加盖草苫保温，白天室内温度 20℃左右，夜间温度 15℃左右，有利芹菜生长。

（2）肥水管理 定植后 3d 左右应浇缓苗水。苗高 15cm 左右，一般每周浇水追肥 1 次，每次每公顷追施 225kg 尿素，75kg 硫酸钾。随温度降低，应减少浇水次数和数量，保持地温。

（3）中耕除草 缓苗水后应及时进行中耕锄草 2～3 次。中耕宜浅，避免伤根。

一些芹菜品种易产生侧芽。侧芽消耗大量养分，影响植株产量和质量。可在生长期间结合培土及时除去侧芽，提高产量和品质。

6. 病虫害防治 主要防治病毒病、斑枯病、叶斑病、美洲斑潜蝇、蚜虫等。通过种子处理、培育壮苗、加强温室管理、降低温度和湿度并辅助以药剂防治控制病虫害的发生。参见第十五章第三节、本章第三节塑料棚芹菜栽培。

7. 采收 日光温室栽培的芹菜一般在定植后 70d 左右开始采收。可以一次性采收，即连根将植株拔起，除去外部老、黄、病叶后上市；多次采收是 20～30d 左右收 1 次，一次每株劈收 2～3 个大叶，然后加强管理，连续采收。

二、大型连栋温室主要蔬菜栽培技术

大型连栋温室栽培要求蔬菜品种除了具有优质、高产的特性外，还应耐低温弱光，这对大型连栋温室的节能，具有特别的意义；抗病性强，尤其抗土传病害，如抗根结线虫的能力强，以减轻连作危害；大型连栋温室栽培番茄、辣椒等多采用 1 年 1 茬的长季节栽培方式，要求品种的连续结果能力强，不易早衰，以获取高额产量和节省因多次播种育苗用工和生产资料的开支等；产品耐贮运，以适应出口长途运输的需要。

大型连栋温室由于长时间处于封闭状态，土壤无法受到雨水的冲淋，加之温室内温度相对较高，施肥量大，所以使土壤很容易盐渍化，在地下水位较高的地区盐渍化危害尤为明显。从另一方面看，

　　为了更有效地实现温室蔬菜栽培管理的自动化、规范化，也需要寻找一种高效种植方法，以节省昂贵的劳动力费用，因此，从设施园艺持续发展的角度考虑，大型温室比较适宜采用无土栽培，可有效地防止土壤病害及其他生理障碍的发生。

　　20 世纪 80 年代，由于市场需要和价格差价方面的原因，中国大型温室蔬菜栽培并不以获取高额的总产量为目标，而以冬、春早熟栽培为主，主要供应当地冬、春季，尤其是供应元旦、春节的市场需要，夏季休闲或种植绿肥养地，以及温室设备整修、消毒、土壤翻耕、施肥等，也可以种植一茬夏黄瓜和夏番茄。北京和兰州地区双屋面连栋温室蔬菜栽培简况见表 26‐14 和表 26‐15。在种植密度上，与国外同类型温室栽培有较大的差别。如冬茬黄瓜的种植密度为每公顷 60 000 株，春茬黄瓜为每公顷 75 000 株；春茬番茄每公顷 54 000～55 500 株，冬茬番茄每公顷 60 000 株。而荷兰、前苏联、日本等国家黄瓜每公顷栽植 15 000～19 500 株，番茄每公顷栽植 27 000～36 000 株。在种植方式上，中国主要采用土壤种植。

表 26‐14　北京地区双屋面连栋温室蔬菜栽培简况

(阮雪珠，1982)

茬　口	播种期	定植期	收获期
冬茬番茄	8 月上旬	8 月下旬至 9 月上旬	12 月上旬至翌年 2 月上旬
冬茬黄瓜	10 月上旬	11 月上旬	12 月中旬至翌年 2 月下旬
夏茬黄瓜	6 月中旬至 7 月上旬（直播）		8 月中旬至 10 月上旬
春茬番茄	12 月上旬	翌年 1 月上旬	3 月下旬至 5 月下旬
春茬黄瓜	12 月上旬	翌年 1 月上旬	2 月中旬至 4 月下旬

表 26‐15　兰州地区双屋面连栋温室蔬菜栽培简况

(吴远藩，1982)

茬　口	播种期	定植期	收获结束期
春茬黄瓜	1 月中下旬	2 月下旬	6 月下旬
春茬番茄	11 月中旬	12 月底至翌年 1 月中旬	6 月
春茬西葫芦	12 月下旬	1 月中旬	6 月
秋茬甜椒	5 月中旬	6 月下旬	11 月下旬
秋茬芹菜	7 月中旬（直播）		11 下旬

　　当时，中国自行设计建造的大型温室由于仪器设备方面的原因，对环境条件的自动化调节能力较低，基本上是将传统温室栽培技术略加改进应用于大型温室；一些地方虽然从国外引进了全套大型温室设备，但未能认真吸收国外先进的种植和管理技术，因此总体生产和管理水平不高。

　　进入 20 世纪 90 年代，北京、上海市等在引进大型温室成套设备的同时，注意了将先进的种植和经营管理技术配套引进，同时采用更切合中国农村实际的有机肥基质栽培技术，使生产水平有所提高，番茄最高年产量达到每公顷 300 000kg，黄瓜 270 000 kg，辣椒 180 000 kg。

　　以下主要介绍上海地区大型连栋温室主要蔬菜栽培技术。

（一）黄瓜栽培技术

　　1. 茬口安排　在环境控制设备齐全的大型温室中，一年四季均可栽培黄瓜，但由于黄瓜植株较易衰老，因此一般不采用长周期栽培方式，而一年种植 2～3 茬，视市场行情安排种植茬口。

　　2. 品种选择　选择品种必须考虑生长势旺、持续结果能力强，以充分利用大型温室的空间及有

中国蔬菜栽培学
口口口口［第二版］......

Olericulture in China 口口口口

限的能源；具有耐低温、弱光或抗高温的能力；抗病虫害的能力强等。因此，必须采用适宜大型温室栽培的专用黄瓜品种，或经过试种证明比较适合大型温室栽培的品种。可供选用的品种如：

（1）Nevada　荷兰品种，雌性系一代杂种。瓜长 38cm，圆柱形，有棱。不抗霜霉病及病毒病。

（2）Printo　荷兰品种，雌性系一代杂种。瓜长 14～16cm。抗病毒病、细菌性角斑病、黑星病，耐白粉病，不抗霜霉病。

（3）Virginia　荷兰品种。瓜长 36～38cm，圆柱形，有棱无刺。适应性广，长势极强，植株开展。果实品质好，风味佳。

（4）戴多星（Deltastar）　荷兰品种。瓜长 16～18cm，深绿色。耐病毒病。货架寿命长，适于长周期栽培。

（5）Ilan　以色列品种。瓜长 18～20cm，绿色。每节 2～3 个瓜。适于晚秋、冬季及早春栽培。

（6）北京 101　北京市农林科学院蔬菜研究中心育成的品种。早熟丰产型，耐低温弱光，坐果率高，抗霜霉和白粉病强于长春密刺，品质好，味甘甜。

3. 育苗　大型温室栽培的黄瓜苗，一般在专用育苗温室内培育，采用工厂化育苗技术或机械穴盘育苗技术、岩棉育苗技术等培育适龄壮苗。参见第六章。

（1）基质穴盘育苗　黄瓜育苗穴盘一般采用 72 孔的穴盘。育苗基质的 pH 应调节在 6.5～7.0。可选用蛭石＋泥炭或珍珠岩＋泥炭($V/V=1:1$)等混合基质。

如果选用的是干净基质一般不用消毒，但用过一次后最好要进行消毒。方法是每立方米基质用甲醛 1kg，加水 40～100kg，均匀喷洒药剂后将基质堆起，密闭 2d 后摊开，经 15～20d，药剂挥发后即可使用。另外，也可用蒸汽进行消毒，效果也比较好。

①播种前的准备及播种。播种前的准备工作主要包括种子消毒、浸种催芽（同普通育苗）、育苗盘和操作工具的消毒、基质的选配等。常用的工具消毒方法有：多菌灵 400 倍液，甲醛 100 倍液，或 10 倍的漂白粉液浸泡育苗工具，在催芽室、绿化室喷雾消毒或用硫黄熏烟消毒。

播种前种子必须消毒，进口种子大都经过 T. M. T. D 或 Thiram（福美双）处理，可不需再行消毒；国产种子可用 50～55℃ 温水浸种 15min，或用 0.1%～0.5% 的高锰酸钾溶液浸种处理。播种时在每个穴孔中间点一个洞，深 1.5～2.0cm，每穴播 1 粒种子，然后用珍珠岩或蛭石在整个穴盘上薄薄盖一层，最后用温度 20～25℃、电导率 1.5mS/cm 的完全营养液均匀喷洒。

催芽室在育苗盘放入之前 4d 应保持室内温度为 20～25℃，之后使温度保持在 25～30℃，空气相对湿保持在 90% 以上。在出苗阶段如果基质干燥，应喷水 1～2 次，特别是当有 50%～60% 的种子破土时，应喷水 1 次，以有助于种皮脱壳，防止黄瓜秧苗戴帽出土。喷水时最好用 20～25℃ 温水。

②绿化。当育苗盘内幼苗 60% 以上开始破土出苗时，即可将育苗盘从催芽室移至绿化室进行秧苗绿化。

绿化室内有加温设备，一般是采用保温、采光性能良好的温室。出苗期基质最适温度为 24℃，采用在温室内加盖小拱棚覆盖保温、保湿。在种子露芽期间，打开小拱棚一端以利通风，子叶展开后揭膜。催芽、绿化的环境温度指标如表 26－16。

表 26－16　黄瓜育苗温度指标
（引自：《现代蔬菜温室设施和管理》，2000）

	夜温（℃）	昼温（℃）	基质温度（℃）
催芽期	25	25	23
绿化期	18～20	26～27	18
炼苗期	16	25～26	18

・1276・

此期间，如条件许可，每天可补光到 18～24h（2 500lx），补充二氧化碳浓度到 700～800μl/L，可获得壮苗。

（2）岩棉育苗　黄瓜种子先在珍珠岩或蛭石中发芽。选择发芽良好的种子放在大小为 10cm×10cm×6.5cm 的岩棉块上，再用珍珠岩或蛭石覆盖，盖上塑料膜保温、保湿，温度管理指标同上。育苗期间用高压钠灯补光。在种子出苗前，一般只浇清水以促进发芽。出苗后则开始浇 EC 为 1.8mS/cm 的营养液，成分配方同成株期一样。根据天气及幼苗生长情况酌情提高电导率。但岩棉价格较高，使用过的岩棉块难以进行无害化处理。

4. 定植　定植前要对温室环境及有关设备进行消毒，包括生长架、加热管道、空气、基质等，以杜绝可能存在的病菌、虫源。平整栽培床时，要保持栽培床面有 0.5% 的坡度，以利多余营养液排出温室。

定植前用清水浇透基质，以淋洗基质，然后用配方营养液（电导率 2.5mS/cm）浇灌基质。栽培方式和密度见表 26-17。

表 26-17　不同跨度温室的黄瓜种植方式
（引自：《现代蔬菜温室设施和管理》，2000）

温室跨度（m）	栽培系统	每跨行数	株距（m）	栽培密度（株/m²）
6.4	V 系统	4	0.43～0.5	1.25～1.34
7.5	双行垂直系统	4×2	0.4	2.5
9.0	双行垂直系统	5×2	0.45	2.35

栽培密度一般为 1.2～2.5 株/m²。春季栽培推荐使用 1.4 株/m²，秋季栽培推荐使用 1.2 株/m²。也可选择从植株第 5 节开始留一侧枝成双杆，以节约用种量。高透光率的新的玻璃温室可适当提高栽培密度。

5. 定植后的管理

（1）植株调整　黄瓜整枝方式应根据种植目的和需要，一般采用单蔓垂直整枝、伞形整枝、单蔓坐秧整枝和双蔓整枝等（图 26-4）。

长果形黄瓜品种一般采用伞形整枝。从茎基部至生长支架横向缆绳采用单干，越过生长线后留 1 片叶在生长线上部，然后摘心。用绳子在该叶片下将主蔓与生

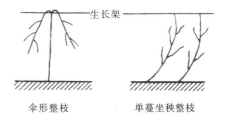

图 26-4　黄瓜植株整枝示意
（引自：《现代蔬菜温室设施和管理》，2000）

长线系在一起，留两条侧枝继续生长。在侧枝越过横向缆绳后牵引其向下生长，待侧枝长至离地面 1m 时，摘除其顶芽，留二级侧枝继续生长。以此类推，其形状类似伞形。也可留用三侧枝，但在生产上很少使用。

对于早熟品种，一般在主蔓第 9～12 节上开始留果，留 4 个果（每节 1 果）。这阶段留果情况可控制以后侧枝和果实的生长平衡。如果因光照弱而植株长势差，则主蔓留 0～3 个果以利于侧枝的生长；晚熟品种的主蔓可在第 9 节后留 8～10 个果。在留双分枝前，在主蔓上应打干净所有侧枝和卷须，留侧枝的节上不能留瓜。

短果形黄瓜品种主蔓上每节有 2～3 朵雌花，节成性很强，一般从第 4 节开始留果。对于侧枝生长较旺的品种，从第 4 节开始，侧枝也可留 1～2 果后再摘心，其整枝方法采用单蔓伞形。对于侧枝生长较弱或基本无侧枝的品种，采用单蔓株型，主蔓结瓜，在第 5 节开始留瓜，每节留 1～2 个瓜。当主蔓生长接近横向缆绳采用坐秧，或者越过横向缆绳后牵引主蔓下行，使主蔓继续结瓜。

中国蔬菜栽培学

□□□□［第二版］..Olericulture in China □□□□

在夏季栽培时，为提高作物蒸腾，充分利用夏季光热资源，可采用双蔓整枝。即在主蔓第4～5节以下摘除所有花芽和侧枝，从第5或第6节留一侧枝作为第2主茎，形成双蔓，以后一直保留双蔓。采用双蔓整枝产量基本同单蔓整枝，但用种量节省了一半（Straver，1989）。但改用双蔓整枝后，单株需营养量增高，应提高营养液氮、磷浓度，否则在坐果早期的1～8d，基质内的氮、磷可能出现小于10mg/L的严重亏缺情况（Schon & Compton，1997）。

长果形黄瓜品种的株高长至约10cm（2～3片真叶）时，开始将黄瓜攀绳扎住植株的基部（最好扎在子叶以上、第1片真叶以下部位）。株高20～30cm时，开始将黄瓜蔓缠绕在攀绳上，同时除去所有卷须、侧芽及基部（1m以下）所有花芽；当植株长到1m以上（12～13片叶）时，开始留瓜，每节留1个瓜；当植株长到2m以上（20～21片叶）时，开始摘除基部老叶；当植株长到生长架处（2.5m高，25～26片叶）时，开始摘除顶芽，从打顶后的顶部开始，第1到第3节位除去所有卷须、花芽，仅保留叶片。第3节以后的侧芽长成后，绕过生长线垂下，以后不再除去卷须、花芽及侧芽，只是经常将侧蔓拉下，使其下垂。

过多的叶片造成了营养生长过旺，从而抑制了果实的生长。在枝蔓越过生长线后，要注意摘除老叶、病叶，每平方米土地面积保留5m² 功能叶片较合适。当顶部叶片较多而果实又不很多时，适当摘除顶部叶片，以减少叶片的遮荫，改善光照条件。待侧蔓长到离地面约1m高时，再摘除侧蔓的顶芽，让侧蔓上再长出二级侧蔓，如此反复下去。

一般每周整枝2～3次（打老叶及侧枝、疏果），于上午进行，以利于伤口干燥，减少病菌侵染。绑蔓（绕头）每周3次，宜在下午进行，因上午植株水分含量较高，茎蔓易被折断。

（2）温度管理　这阶段的温度管理指标见表26-18。

表26-18　黄瓜的温度管理（℃）

（引自：《现代蔬菜温室设施和管理》，2000）

生长阶段	白天	夜晚	通风
定植到结果	21	19	27
结果以后	19	16	24

在低温季节一定要注意加温与保温。冬春季节的晴天，白天由于有太阳辐射热，温室内能保持较高的温度，无需加热。傍晚时分，随着温度的下降需采取相应的保温或加温措施，以保证黄瓜生长温度不低于12℃。春季及秋季，天气变化无常，是管理的难点，需更加注意。在低温季节的阴雨天，白天同样要采取保温或加温的措施，白天温度应维持在18℃以上。在温度管理上需要有一定的昼夜温差，夜间低温可以减少呼吸消耗，抑制徒长。

国内外很多试验和实践证明，黄瓜在阴天日照不足的情况下，室内保持较低的温度比较高的温度产量高。在冬春低温季节，影响温室内温度状况的环境控制措施主要是内层保温幕的开启时间、加温的效果及加温的时间，需根据具体情况灵活掌握。保温幕的打开时间应以温室内温度不下降为度。在12月至翌年2月这段时间，一般是上午8时左右打开保温幕，3月以后适当提早，阴雨（雪）天气应适当晚1～2h，但不能不打开。因为即使阴天的散射光线也可以使温室内温度上升。如果不打开保温幕，温室内温度只有下降，且黄瓜容易产生生理饥饿引起化瓜。保温幕启用的时间以温室内温度下降到15～18℃为度。在12月至翌年2月这段时间，一般是16时左右启用；3月以后5时左右启用；阴雨（雪）天气应适当早启用。

温室内相对湿度应尽量维持在70%～80%，目的是减少病害的发生，湿度不能低于50%，否则不能正常坐果。

冬季，温室长期处于密闭状态，植株的蒸腾量大，温室内的湿度经常维持在90%以上。为防止

病害的发生，需通过通风或加热降低湿度，在严冬，温室内温度一直处于较低，通风、降湿反而有害于黄瓜生长发育，加温是严冬降湿的有效措施。

（3）肥水管理　灌溉与否及灌溉量的大小，应看天气变化情况及基质的干湿状况、瓜蔓叶片的生长状态，或测试基质含水量，观察负压指示表等，以便进行综合判断，采取相应的灌溉措施。中国南方冬春季节日照弱，当温室内温度较高时，植株容易发生生长过旺而坐果不良的情况。国内外以前普遍采用减少浇水量来控制营养生长，而现在则普遍使用提高营养液浓度的方法，黄瓜营养液 EC 应一直保持在 $2.0\sim2.5mS/cm$。提高营养液浓度有两种方法，一是增加基本配方的大量元素的使用量；二是添加氯化钠，基本配方不变。

黄瓜基质栽培营养液配方见表 26-19。

表 26-19　黄瓜基质栽培营养液配方
（引自：《现代蔬菜温室设施和管理》，2000）

生长期	N (mg/L)	P (mg/L)	K (mg/L)	EC (mg/L)	pH
营养生长期	100～120	80～100	120～150	1	6.5
开花坐果期	120～150	60～80	150～200	1.5	6.5
成熟采摘期	120～180	60～80	170～220	1.5～2	6.5

每天每隔 $90\sim120min$ 或根据光照强度滴灌 $5\sim8min$，供液量为 $250\sim350ml/株$。多余的营养液则从栽培床切口处流掉，一般多余量为供液量的 20%。生育前期，夜间一般不灌液。在中后期，夜间则要供液 $1\sim2$ 次，以促进夜间营养元素吸收运转。

（4）补充二氧化碳（CO_2）　关于补充 CO_2 的适宜浓度，国内外有关报道不尽一致。不同蔬菜作物种类、不同生长发育阶段、不同温度、湿度等诸多因素，对 CO_2 浓度的要求也不一致。从经济角度考虑，一般黄瓜栽培补充 CO_2 的浓度以 $1\,000\sim1\,200\mu l/L$ 为宜。

关于 CO_2 的来源，参见本书第二十五章。温室内 CO_2 的施用时期，既要考虑经济合算，又要在黄瓜进入光合盛期时补充，所以一般在日出后 $0.5\sim1h$，温度 26℃ 时为好，通风前半小时停止施用。一般一次施用 $2\sim3h$ 基本可满足光合作用的需要。施用量上午可多些，下午可适当减少。

6. 病虫害防治　大型连栋温室黄瓜生产过程中的主要病虫害有：根结线虫、枯萎病、疫病、霜霉病、白粉病、灰霉病、菌核病、病毒病、蚜虫、害螨、粉虱、蓟马、斑潜蝇等，甜菜夜蛾、斜纹夜蛾和瓜螟也有发生。这些病虫害的发生为害程度与管理水平及环境条件等有密切关系。

大型温室黄瓜的病害一般发生在 $4\sim5$ 月及 $10\sim11$ 月，如果发病条件适宜，霜霉病、白粉病、疫病都能严重为害黄瓜，造成减产 30%～40% 以上。连栋温室内的害虫为害期也主要在 $10\sim11$ 月间。

黄瓜疫病在土培、水培和无土基质栽培中均可发生，特别在水培条件下，该病一旦发生可迅速蔓及全田。温室重茬、基质或水培设施未经消毒灭菌处理，在室温 $28\sim32℃$，土壤或基质过于潮湿时利于该病流行；黄瓜霜霉病一般在结瓜的初盛期，室温 $15\sim24℃$，相对湿度 83% 以上，植株叶片持续 $3h$ 以上有水膜、水滴存在，则该病容易发生流行；黄瓜白粉病在寄主长势衰弱和生长季节后期田间郁闭、高温高湿或高温干旱时均可发生，两者交替出现时则易于流行；黄瓜灰霉病、菌核病在不同地区、茬口发生期有所差异，但均在温度低、湿度高的季节发病重。防治方法：采用无土基质栽培，产前对基质和栽培设施进行消毒灭菌处理，夏季高温季节可进行高压蒸汽消毒土壤；采用换根嫁接栽培等；及时清除温室内的杂草、病残植株，严格执行生产操作规程，杜绝人为传播病害的途径；选用抗病优质丰产品种，培育无病壮苗；利用温室调温、控湿技术和畦面覆膜等措施，将昼夜温差控制在 10℃ 以内，空气相对湿度控制在 85%；加设防虫网，在温室内张挂黄板诱杀瓜蚜、美洲斑潜蝇、白粉虱、烟粉虱、蓟马等成虫，张挂蓝色粘板诱杀蓟马效果更好；在害虫种群密度较低时释放食蚜瘿蚊

防治瓜蚜，应用黄瓜钝绥螨、智利小植绥螨等防治叶螨、蓟马等，利用寄生蜂丽蚜小蜂防治白粉虱、烟粉虱；加强虫情监测，及时发现鳞翅目食叶害虫，可用 Bt 及几丁质合成抑制剂进行局部施药防治。此外，应根据病虫发生为害情况，应用高效安全的杀菌剂，对环境友好、害虫高效、天敌安全的杀虫剂，可参见本章其他节相关内容。

7. 采收　黄瓜果实由淡绿色转为深绿色后即可采收。短果形黄瓜在盛瓜期一般每天采收 1 次；长果形黄瓜在盛瓜期一般每 2d 采收 1 次。黄瓜必须适时采收，采摘太早，果实保水能力弱，货架期短；而如果采摘太迟，则果实变老，品质变差，而且消耗太多养分，会造成作物生长失去平衡、后续果实畸形或化瓜。

一般采收都必须在上午进行，在高温季节更应该如此，因为下午温度太高，水分散失快，既损失产量，又影响品质。采好的产品应避免在阳光下暴晒，必须及时运至冷库进行预冷。

（二）番茄栽培技术

1. 茬口安排　目前，上海地区大型连栋温室番茄栽培多采用一年一大茬的栽培制度，于 8 月上中旬播种，秧苗 2 叶 1 心时定植，自播种后 80d 左右开始采收，次年 7 月下旬采收结束。

2. 品种选择　适宜大型温室番茄栽培的品种应选择无限生长类型、生长势及连续结果能力强、品质好、耐贮运的品种，还要求果实大小均匀，且果实切片后无汁流现象；在低温弱光下能正常生长和坐果；畸形果少，以适应冬春季节的弱光照；具有较强的抗病性，特别是抗 ToMV、叶霉病、枯萎病、黄萎病等。

近年来，从荷兰、以色列等国家引进一批优良品种，可供在大型化温室中试种。

（1）Roman　从荷兰引进的一代杂种。单果重 150g，无限生长类型，未成熟果稍有绿肩，耐贮藏，抗 ToMV、枯萎病、线虫病，不抗叶霉病。

（2）Daniela　从以色列引进的一代杂种。单果重 120～180g，扁圆球形。无限生长类型。抗 ToMV 及枯萎病。未成熟果有绿色果肩，果实较硬，货架寿命长。低温坐果能力特强，适于秋冬及早春栽培。

（3）Graziella　从以色列引进的一代杂种。单果重 130～180g，扁圆球形。无限生长类型。抗 ToMV、枯萎病及叶霉病。无绿色果肩，货架寿命长。低温坐果能力特强。

（4）Coruso、Trust、Apollo　从荷兰引进的一代杂种。参见本章日光温室栽培部分。

还有樱桃番茄品种 Favorita（红色）、Goldita（黄色）等。

目前中国尚未育成适于大型温室栽培的专用番茄品种，但经过栽培筛选，较适宜的品种有中杂 9 号、佳粉 15、毛粉 802（参见第十七章）、L-402（参见本章第三节）等。

3. 育苗　育苗的基本方法同黄瓜。番茄苗期温、湿度管理指标见表 26-20。

表 26-20　番茄苗期温、湿度管理
（引自：《现代蔬菜温室设施和管理》，2000）

阶　段	温度（℃）		湿度（%）	
	白天	夜间	空气相对湿度	基质持水量
种子发芽期	25～30	25～30	＞90	75～85
出苗至破心	20～25	15	70～80	55～65
破心至成苗	20～25	15～20	70～80	45～55

4. 定植　定植前对温室环境、配套设施以及栽培系统进行认真消毒处理，清除前茬的残枝落叶，具体方法同黄瓜栽培。

采用基质袋培或槽培的栽培方式，基质可选用珍珠岩、泥炭、蛭石、煤渣等，单用或混用。栽培

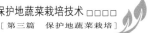

袋可采用枕头式或开口桶式，前者每袋种 2～3 株，后者每袋种 1 株。槽培可用砖砌制而成，每槽内宽 60cm，深 15cm，内铺塑料薄膜使基质与土壤隔绝。栽培槽须有 1％的坡度，以利排水。

定植前 3～4d 将栽培袋或栽培槽全部灌足营养液。定植当天将秧苗浇适量的营养液，选生长旺盛、根系洁白发达、无病虫害的秧苗定植。直接将穴盘苗栽于定植穴，定植深度以接近子叶为宜，定植密度见表 26-21。定植后 2 周内应大量灌溉，以利缓苗和根系生长。

表 26-21　不同跨度温室的番茄种植方式
（引自：《现代蔬菜温室设施和管理》，2000）

温室跨度（m）	栽培系统	每跨行数	株距（m）	栽培密度（株/m²）
6.4	V 系统	4	0.25	2.5
7.5	双行垂直系统	4×2	0.4	2.5
9.0	双行垂直系统	5×2	0.45	2.35

5. 定植后的管理

（1）温度管理　冬春季节的晴天，白天由于有太阳辐射热，温室内能保持较高的温度，因此无需开启加热系统。但在晴天要求 15 时以前启动加热系统，在 16 时以前锅炉出水温度要求达到 70℃以上，逐渐加热到 90℃，才能使夜间保持 15～18℃。阴、雨天气，白天也需要加温（温度设定在16℃，比晴天夜间降低 4℃）。夏季白天气温过高，可通过开启天窗、屋顶喷淋、挂遮阳网、喷雾排湿等，将室内温度降至 32℃以下。番茄定植后各生长阶段对温度的要求见表 26-22。

表 26-22　番茄定植后各生长阶段对温度的要求（℃）
（引自：《现代蔬菜温室设施和管理》，2000）

生长阶段	最低温度	最适温度	最高温度
营养生长期（日/夜）	18/8	21～24/14～17	32/20
果实成熟期（日/夜）	18/10	23～26/14～17	30/20

（2）湿度管理　温室内相对湿度应尽量控制在 70％～80％，目的是减少病害的发生，湿度不能低于 50％，否则不能正常坐果。高温、高湿易造成生理障碍，如对钙的吸收差。当室外湿度高或温度太低，则必须开启加热系统，使植株周围的空气运动，在植株周围小环境内创造一个适宜的湿度环境，同时通过通风，降低整个温室的相对湿度，防止病害的发生。

（3）光照管理　冬春季节温室内光照常显不足。因此要保持采光屋面的清洁；用黑白双色膜或乳白色地膜铺地，可以增加反射光而提高早期产量；应选择株型紧凑型番茄品种。在夏季光照太强时，需用遮阳网降低光照强度。

（4）肥水管理　在浇水过程中，使用洁净的水很重要，贮水容器需盖严，以防藻类植物滋生，堵塞滴灌管道。浇水时需结合施肥，营养液配方见表 26-23 和表 26-24。

表 26-23　番茄各生长阶段营养液配方
（引自：《现代蔬菜温室设施和管理》，2000）

生长阶段	N（mg/L）	P（mg/L）	K（mg/L）	Ca（mg/L）	Mg（mg/L）	EC（mS/cm）	pH
营养生长期	100～200	40～50	150～180	100～120	40～50	1	6～6.5
开花坐果期	15～180	40～50	220～270	100～120	40～50	1.5～2.5	6～6.5
成熟采摘期	180～200	40～50	270～300	100～120	50～60	2.0～3.0	6～6.5
炎热季节	130～150	35～40	200～270	100～120	40～50	1.5～2.0	6～6.5

表 26 - 24　肥料种类及配方

（引自：《现代蔬菜温室设施和管理》，2000）

元素种类	浓　度　（mg/L）						肥料种类	生长发育时期及备注
	N	P	K	Ca	Mg	Fe		
低氮	150～200		225～300	80			KNO_3 $Ca（NO_3）_2$	定植到第 1 穗坐果
中氮	200～225		400～450				KNO_3 NH_4NO_3	第 1 穗坐果到第 4 穗收获前
高氮	225～300		450～600				NH_4NO_3 KNO_3	第 4 穗果以后
磷		50					H_3PO_4	用来调节灌溉水 pH
镁					30		$MgSO_4$	
铁						3～10	EDTA-Fe	叶片含量低于 100mg/kg
硼							HBO_3	叶片含量低于 50mg/kg
钙				150				需水量大时不断使用

　　定植后充分浇水以确保基质湿润。当植株尚小时，每天浇水 1 次，以不使植株萎蔫。植株开始长大后，每天应增加浇水次数，烈日下更应增加浇水次数。浇水以浇到水微溢出栽培袋（栽培槽）为宜，或当栽培袋侧排水缝处有水溢出时，表示浇水适度。在晚春和夏季，充分生长的番茄每天每株需要 3L 的营养液。

　　冬春季节浇水时应用 18～30℃的温水能保证根系不断生长和正常代谢。如浇水水温低，致使基质温度低于 14℃时会显著阻碍根系发育及其功能。

　　生产实践中，在营养生长期采用的 A 罐加入（20/20/20＋ME）的复合肥（Polyfeed，以色列产）和硫酸镁，B 罐加入硝酸钙，C 罐用磷酸调节灌溉水的酸碱度；开花结果期后，使用加入（14/10/34＋ME）的复合肥和硫酸镁的 A 罐，B 罐加入硝酸钙和硝酸镁。

　　营养液和整个灌溉系统 pH 的稳定对于防止肥料起化学反应非常重要。因此，在栽培过程中，pH 保持在 5.6～6.5。如 pH 为 6.4 或更高，则会导致磷酸钙的沉淀，且易产生碳酸盐。营养液 pH 低于 3.0 时，则产生磷酸铁及其他的沉淀物，堵塞滴灌管道导致浇水不均，甚至无水滴出。营养液中 pH 的测定是灌溉系统中非常关键的。值得注意的是，pH 低于 4 时易伤根。

　　番茄不同时期的灌溉量差异较大（图 26 - 5）。如上海市孙桥现代农业园区现代温室中，1999 年 9 月至 2000 年 1 月番茄营养生长期和采收初期营养液灌溉量为 2L/(m² · d)。2000 年 2 月后随气温的回升、光照增强和植株生长，灌溉量也有很大的增加，最大灌溉量可达 10L/(m² · d)。随灌溉量的增加，回收液总量也有了很大增加，1999 年 9 月至 2000 年 1 月回收液量为 771～1 340ml/(m² · d)，占灌溉量的 49% 左右。2000 年 2～7 月回收液量为 1 725～4 897ml/(m² · d)，占灌溉量的 40% 左右。

　　番茄在整个生育阶段使用的营养液浓度变化不是太大，其 EC 变化范围为 2.5～3.0 mS/cm。营养液浓度调节主要划分 3 个阶段，即 1999 年 11 月到 2000 年 3 月 EC 在 2.9mS/cm 左右。1999 年 9～10 月和 2000 年 4～7 月 EC 在 2.6mS/cm 左右。回收液浓度随着灌溉液浓度的变化而变化，其 EC 在 3.1～4.4mS/cm，比灌溉液平均高约 1.0mS/cm，最大值相差达 1.5mS/cm（图 26 - 6）。

　　上海市孙桥现代温室番茄无土栽培配方由荷兰专家提供（表 26 - 25），在营养生长期氮、钙、镁含量较高，钾含量低，生殖生长期和采收期氮、钙、镁含量比例相对降低，而营养液中钾含量提高。第 12 花序以后番茄基本上处于营养生长和生殖生长平衡状态，钾含量又有所降低，钙镁含量增加。

大量元素磷、硫以及微量元素调配在整个番茄生育期没有变化。番茄在整个生长季节，生长势好，叶色浓绿，Trust 番茄品种每茬产量为 38kg/m²。

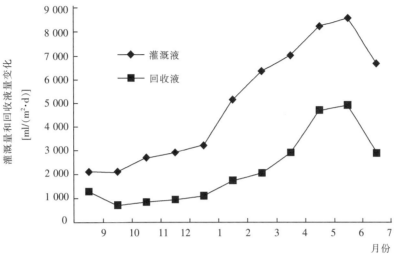

图 26-5　番茄不同生长期灌溉量与回收液量的变化

（吕卫光等，2000）

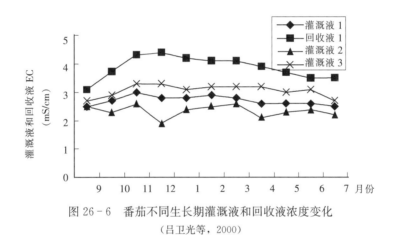

图 26-6　番茄不同生长期灌溉液和回收液浓度变化

（吕卫光等，2000）

表 26-25　番茄不同生育期营养液配方的调整

项目	NH_4^+	K	Ca	Mg	NO_3^-	SO_4^{2-}	$H_2PO_4^-$	Fe	Mn	Zn	B	Cu	Mo
	（mmol/L）							（mmol/L）					
湿润基质	0.75	5.50	5.25	3.00	13.75	3.75	1.25	15	10	5	40	0.75	0.5
开花前	1.25	8.75	4.25	2.00	13.75	3.75	1.25	15	10	5	30	0.75	0.5
第 1～3 花序	1.25	7.75	4.25	2.00	14.75	3.75	1.25	15	10	5	30	0.75	0.5
第 3～5 花序	1.25	9.25	3.00	1.88	13.75	3.75	1.25	15	10	5	30	0.75	0.5
第 5～10 花序	1.25	10.50	3.63	1.38	13.75	3.75	1.25	15	10	5	30	0.75	0.5
第 10～12 花序	1.25	9.25	3.00	1.88	13.75	3.75	1.25	15	10	5	30	0.75	0.5
第 12 花序后	1.25	8.75	4.25	2.00	13.75	3.75	1.25	15	10	5	30	0.75	0.5

无土基质栽培不仅要考虑到作物对酸碱度的要求，同时也要考虑到营养液中营养元素的有效性，

各种营养元素的有效性的 pH 适宜范围为 6.0～7.0，而番茄适宜生长的 pH 为 6.5 左右。因此番茄根际生长的酸碱环境也应该维持在这一范围内，这就要求营养液最适 pH 的调节值为 5.5 左右，从而使回收液或番茄根际酸碱范围在 6.0～7.0 的范围内。

　　灌溉量可以根据日照强度以及每天检测回收液的 EC 来确定。作物在生长盛期和高温季节，对养分和水分的需求量加大，同时由于珍珠岩吸水保水性能差，因此供液次数要增多。回收液量也反映了番茄利用肥水的情况，一般认为回收液量占灌溉量的 10%～30% 为宜。因此应根据回收液量对灌溉量进行调整，防止过多的肥水浪费和对环境造成污染。

　　营养液的浓度调整可根据温度、光照等的变化加以调节，因此番茄营养液浓度调节大体上可划分3 个阶段，即 9～10 月和第 2 年 3～7 月的 EC 范围为 2.0～2.5mS/cm 左右，冬天 EC 可适当提高，其范围在 2.5～3.0mS/cm。总之要掌握这样一个原则，温度高、光照强时，可适当降低 EC；温度低、光照弱时，可适当增加灌溉液的 EC。

　　（5）补充二氧化碳（CO_2）　番茄可在雌花着生、开花或结果初期开始补充 CO_2，而在开花坐果前不宜施用，以免营养生长过旺造成落花、落果。冬季光照较弱、作物长势较差、室内 CO_2 浓度又较低时，可提早补充。番茄补充 CO_2 的浓度以 800～1 000μl/L 为宜。补充方法基本同黄瓜。

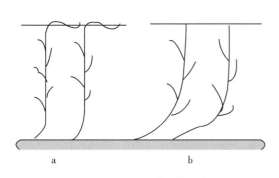

图 26-7　番茄整枝示意
（引自：《现代蔬菜温室设施和管理》，2000）

　　（6）植株调整　在大型连栋温室中，长季节栽培的番茄可长到 8～10m，因此，需要一种特殊的整枝方式，以便于人工操作。

　　温室番茄均采用单干整枝的方式，常见的整枝方法有两种，如图 26-7 所示。一种整枝方法是当植株长到生长架横向缆绳时，沿着缆绳横向生长（a）；另一种整枝方法是当植株长到生长架横向缆绳时，放下挂钩的绳子，使整个植株下坐，该方法又称坐秧法（b）。其中坐秧整枝系统的产量高，栽培管理方便。生长架高度2.7m，采用植株单干整枝时，用绕绳挂钩将塑料绳一端固定于横向缆绳上，另一段将其绑在第 1 片真叶以下部位，并按顺时针方向将茎蔓缠绕在塑料绳上，把茎蔓吊起。当 50% 植株长到挂钩处时，开始放绳坐蔓，每次放绳长度不超过 34cm，坐蔓时要防止根部被拉起。这种管理系统可以使植株上部保持直立生长，有较好的生长空间。

　　要及时摘除畸形果、分杈和腋芽，侧枝应从基部将其抹掉。当植株长到一定高度后，应摘除下部叶片，保证植株下部有 35～40cm 高的空间，以利于通风透光。

　　（7）辅助授粉　在大型连栋温室中，除采用熊蜂授粉外，用电动授粉器授粉是目前效果最好的方法。5、6 月份光强增加时，花粉很易飘落，种植者常通过摇动番茄植株或摆动支持绳以达到辅助授粉的目的。但这种方法只能是作为电动授粉器的补充，并且仅在阳光充足的条件下应用。

　　辅助授粉必须每天进行，最有效的时间是 10～15 时。阴天花粉的散落大大减少，在这种情况下需更加仔细，以保证所有的花能得到充分的振动，否则坐果率很低。

　　6. 病虫害防治　大型连栋温室番茄生产中根结线虫常具有毁灭性，其发生为害特点可参见第十七章第一节黄瓜部分。其他病虫种类与大棚番茄相同。通常一段时期内连栋温室内温度与相对湿度分别持续在 15℃ 与 85% 以上番茄就会发生病害。害虫为害主要取决于虫源和温度，温度在 18～32℃ 有利于害虫繁殖和大发生。其次，蚜虫和烟粉虱传播病毒病。人为的农事操作等也是病害发生、发展的重要因素。如果环境条件适宜，春季番茄的病害一般发生在 3～6 月，如早疫病、灰霉病、叶霉病、晚疫病等都能严重为害番茄；秋季番茄的病虫害一般发生在 9～11 月，如叶霉病、病毒病、晚疫病、斑潜蝇、粉虱、侧多食跗线螨及夜蛾类幼虫等。防治方法：严格执行生产操作规程，包括做好温室内

框架、滴灌系统、加温系统、栽培基质、器具、工具、车辆等的消毒工作；及时清除大温室内杂草、病虫害残株叶，要加强栽培中的田间巡查和观察，及时发现温室中的病虫害并进行防治等。参见第十七章及本章其他节的番茄栽培。

7. 采收　大型连栋温室番茄自播种起约 80d 后开始采收，至翌年 7 月下旬采收结束。采收时应轻拿轻放。采收后进行预冷及分级。

（三）甜椒栽培技术　在国外大型连栋温室蔬菜生产中，栽培者对甜椒栽培愈来愈感兴趣，如荷兰在 1986 年的温室甜椒栽培面积超过 380hm²，比 1979 年增加了 65%，年产量达 50 000t；而到了 1991 年，甜椒栽培面积已达 750hm²，年产量达 150 000t。近 10 年来，荷兰甜椒的平均单产也提高了 50%，其中优良品种起了较大的作用。

1. 品种选择　适宜大型连栋温室栽培的甜椒可参照选用以下国外品种：

（1）Polka　荷兰育成的设施专用品种。株型紧凑，生长势强，大果型，坐果性好，果实风味佳。

（2）Nassau　荷兰育成的设施专用品种。生长势强，坐果性好，果实橙色，果型好，品质佳，产量高。抗烟草花叶病毒。

（3）Sirtaki　荷兰育成的设施专用品种。果实黄色，大小一致，货架期长。抗褐腐病、灰霉病及烟草花叶病毒。

（4）Mazurka　参见第十七章。

2. 育苗　大型温室甜椒栽培育苗可用穴盘育苗法。育苗的基质一般采用泥炭、珍珠岩混合基质。如肥水喷灌自动化，因能保证及时且均匀地供应肥水，可用 70%～80% 的珍珠岩与 20%～30% 的泥炭混合；如采用人工喷施肥水，则用泥炭、珍珠岩 1：1 的混合基质，以提高基质的保水保肥的能力，避免基质的过干过湿。

育苗前首先配制混合基质，加适量水将基质混合均匀，然后装盘，播种前浇透水，再配制营养液喷洒基质，营养液为 500L 水中加入 200g 硝酸钙和 100g 硝酸钾，EC 为 1.0mS/cm，育苗盘的穴孔中央播种穴直径约 0.5cm。把甜椒籽播于穴中，盖一层混合基质，再浇一次水，然后盖一层薄膜保温、保湿。

3. 定植　甜椒幼苗 3～4 片真叶时定植，定植密度：每公顷 24 000 株，每畦双行，行距 50～60cm，株距 40～50cm。定植方式基本同番茄。

4. 定植后的管理

（1）温度　通过改变温度，可以对甜椒的营养生长和生殖生长进行调节。为了生产果形大而标准的果实，必须获得好的花朵。只有良好的营养体才有可能生长出良好的花朵。所以要求将植株 40cm 以下的花朵摘除以利植株进行营养生长。在温度管理方面，可以通过高温，特别是高夜温管理（夜间 20～21℃，白天 24～25℃），达到疏花的效果。特别是花尚小时，很容易落花而不是坐果。高温管理持续 1～2 周。

一旦植株高度达到 40cm，为达到营养生长与生殖生长的平衡，必须将温度降至常规水平，即夜间 18～19℃，白天 24～25℃，室内温度达到 27℃时进行通风。如果发现花太小，则可以将夜温降至 16℃，但只能持续 3～4d，这样可以使花变大，坐果增加，维持生长平衡。最适合甜椒坐果的夜温是 16～17℃，但这种较低的温度在生产上必须注意防止坐果太多而影响以后的生产。

（2）湿度　甜椒适宜的相对湿度应维持在 76%～80%。空气太干将导致落花，所以温室内最好能安装喷雾系统以增加湿度。但如空气湿度太高，则容易引起病害的发生，特别是灰霉病。在通风不良的温室内，灰霉病可能成为毁灭性的病害，在空气湿度过高的情况下，启动植株下的管道加热系统使空气流通，防止植株叶片和果实上的结露是一项必要措施。

（3）光照　甜椒喜光但又忌强光直接照射。夏季光照太强时，需用遮阳网减少光照，保护植株。

（4）肥水管理　甜椒幼苗期需肥量不大，主要集中在结果期。整个结果期吸氮量占 57%，磷、

钾则分别占61%和69%。从第1果实坐果后至采收前不仅植株不断生长，而且第2、第3层果实也在膨大生长，还要形成新枝叶和陆续开花结果，所以此期是施肥的关键时期。甜椒无土栽培营养液配方见表26-26。

表26-26　甜椒无土栽培营养液配方

(引自：《现代蔬菜温室设施和管理》，2000)

肥料名称	用量（mg/L 水）
硝酸钙 Ca（NO$_3$）$_2$	910
硝酸钾 KNO$_3$	238
磷酸二氢钾 KH$_2$PO$_4$	185
硫酸镁 MgSO$_4$·7H$_2$O	500

注：微量元素参照番茄栽培部分。

（5）补充二氧化碳（CO_2）　温室内 CO_2 主要来自施用的有机肥料发酵分解和作物呼吸。晴天上午10时以后，由于温室内 CO_2 不足，即使在外界温度不高的情况下，也应适当通风或人工补充 CO_2，以满足植株的需求。补充 CO_2 适宜的浓度为800～1 000 μl/L。

（6）整枝　甜椒栽培有两种基本的整枝方法：

①垂直吊绳法（双行栽培）。每株只留2～3个枝条，而其他侧枝都在留1～2片叶后打顶。栽培密度以单位面积所留的枝条数定，一般为5～7枝/m^2，光照强的环境或透光率高的温室留枝条多，反之则少。采用3枝/株的整枝方法可以节省种子，但栽培管理特别困难，而且据荷兰资料，产量可能比2枝/株的低10%。

原则上40cm以下的花芽应全部打掉，一般是除去第1和第2层花。在主枝或侧枝上留果或主侧枝全留的产量相似。当前期坐果多时，后期则会有一段时间坐果极少甚至不坐果，在生产上表现为产量有剧烈波动。

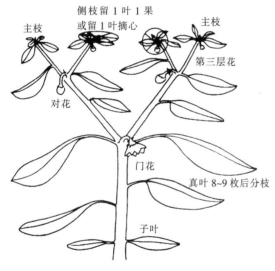

图26-8　甜椒坐果整枝示意图

(引自：《现代蔬菜温室设施与管理》，2000)

②双杆V形整枝法。一般每株留两枝。当甜椒长到8～10片真叶时，产生3～5个分枝，当分枝长到2～3片叶时开始整枝，除去主茎上的所有侧芽和花芽，选择2个健壮对称的分枝成V形作为以后的两个主枝，除去其他多余的分枝、门花及第3节位以下的所有侧芽及花芽，从侧枝主干的第4节位开始，保留主干上的花芽，侧枝保留1叶1花，依此类推。主干继续生长以后每周整枝1次，整枝方法不变。每株上坐住5～6个果实后，其上的花开始自然脱落。待第1批果实开始采收后，其后的花又开始坐果。这时除继续留主枝上的果实外，侧枝上也留1果及1～2叶打顶（图26-8）。甜椒整枝不宜太勤，2～3周或更长时间整枝1次。

（7）辅助授粉　利用熊蜂进行辅助授粉有利于果实快速膨大，可以获得优质高产。在没有熊蜂时，可采用敲击生长架的方式振动植株进行辅助授粉。

5. 病虫害防治　大型连栋温室甜椒生产过程中，主要病虫害种类有：疫病、菌核病、病毒病、灰霉病、蚜虫、叶螨、侧多食跗线螨、美洲斑潜蝇、夜蛾类幼虫。发生为害特点及防治方法，可参见

本章黄瓜和番茄、辣椒病虫害防治。

6. 采收 采收要在当天温度比较低的时段进行。采收时要做到轻拿轻放，不伤及果柄和花萼，还要防止扎破或碰伤果实。同时，按果实的大小分级，细心剔除病果、虫果、伤果、烂果。采收后不要立即包装，要进行预冷。

如果绿熟后的果实仍留在植株上则会逐渐转成红色或黄色。一旦果实开始转色，则必须将果实留待转色均匀后才可采收，否则果实表面着色不均，影响其商品价值。果实从绿熟到红熟需4周左右的时间。

冬春季节尽量采收绿熟果，一是市场价格高，二是可以维持植株较强的生长活力。到了夏季甜椒价格下降时，可多留一些红熟或黄熟甜椒，以提高其商品价值。

（张志斌　余纪柱）

第五节　无土栽培技术

本节主要介绍目前中国保护地栽培中常用的主要蔬菜的无土基质栽培技术要点。这些蔬菜的种子处理及播种、育苗技术，基本同于一般土壤栽培。

（一）番茄

1. 营养液基质栽培 番茄的营养液基质栽培，可采用袋培、槽培、鲁-SC等无土栽培系统。基质可用岩棉、草炭和蛭石、锯末等。

番茄袋培可以用筒式或枕头袋，每株需基质8～10L，枕头袋（70cm×30cm×12cm）每袋装20L基质，可以栽2株番茄。基质可以用草炭和蛭石各一半混合，或者锯末和草炭各一半混合，定植前3～4d就应该把基质袋装，让基质吸足水分。种植密度为2～2.5株/m²。适于番茄无土栽培的营养液如表26-27。

表 26 - 27　番茄栽培营养液配方

（引自：《蔬菜无土栽培新技术》，1998）

大量元素（肥料）	用量（mg/L 水）	微量元素（试剂）	用量（mg/L 水）
硝酸钙	680	螯合铁（10%Fe）	15
硝酸钾	525	硫酸锰（28%Mn）	1.78
磷酸二氢钾	200	硼酸（17.48%B）	2.43
硫酸镁	250	硫酸锌（36%Zn）	0.28
		硫酸铜（25%Cu）	0.12
		钼酸钠（39%Mo）	0.128

番茄植株定植以后，就可以开始用营养液滴灌。每株安装一个滴头，如果基质中已混合肥料，则定植后第1周只浇清水就可以了，开始时每天每株浇300～400ml，具体用量视植株大小和天气情况而定。植株长大以后，结果多，叶面积大时，最多每株每天浇营养液1.5L。定植后营养液的电导度控制在2.0～2.5mS/cm，pH一般控制在5.8～6.0，如pH降到3.0则磷酸铁盐开始沉淀，从而使滴灌系统堵塞，作物也会产生营养缺乏症。

2. 有机肥基质栽培（俗称有机生态型无土栽培） 番茄的基质有机肥无土栽培采用槽培的形式，栽培槽的规格和基质的种类参见第二十三章的有关部分。

在定植前必须在每立方米基质中混入 10kg 消毒鸡粪、3kg 豆饼、10kg 葵花秆粉作为基肥，施入时间最好能提前 1 周以上，浇透水，盖上薄膜，加速分解，降低基质碳氮比例，以免定植后发生竞氮现象，影响番茄生长。或者按每立方米基质混入 10～12kg 有机生态型无土栽培专用肥作为基肥。

在定植前 1～2d 对栽培槽中基质用喷淋方式大量浇水，让基质充分吸水。当栽培槽中的水分被基质充分吸收，栽培槽基质底部无积水时，即可以定植。定植株距约 25cm，每个栽培槽种植两行，相互交错定植。定植后要立即浇定植水。

有机生态型无土栽培采用滴灌带（黑色塑料软管）作为配套灌溉设备。一般每个栽培槽安装 1～2 条滴灌带，滴灌带上再覆一层宽约 30cm、厚 0.1mm 的薄膜，以免灌溉水喷射到栽培槽以外。

有机生态型无土栽培的水分管理（灌溉）是日常管理的主要工作之一，即便偶尔浇水时间太长，也一般不会出现涝害现象，因为栽培基质本身的缓冲能力较强。

春茬番茄定植初期适当控制长势是有好处的。根据基质的水分情况，可控水 5～7d，但不宜使基质过度缺水，视情况也可隔 1～2d 少量浇一次水，此后视植株的大小和天气情况进行灌溉。当植株坐果以后，就不再控水，以促为主，如果阴天，则每天 10 时左右浇水一次，时间为 15～20min；如果是晴天，则 9 时左右浇水一次，14 时左右一次，时间均为 15～20min。到 5 月份盛果期，外界气温较高，光照较强，可适当延长灌溉时间，增加灌溉次数。试验表明，在 17 时左右增加一次浇水，有利于番茄果实的膨大，提高单果重和产量。

番茄一般在定植后 20d 左右开始追肥，此后每隔 10d 追施一次，均匀地撒在离根 5cm 以外的周围（撒施），滴灌带的水滴能喷洒在肥料周围，保持肥料周围湿润的环境，以利于养分的分解释放。也可以将肥料拌入基质中（穴施）。增加基质与肥料的接触面积。每次追肥量可按如下标准执行：①每立方米基质使用 2.5kg 混合肥（10 份消毒鸡粪：3 份豆饼：10 份葵花秆粉）；②每立方米基质使用 1.5kg 有机生态型无土栽培专用肥。

具体在施肥时可把每立方米的总施肥量折算成每株植株的肥料使用量。先计算出每立方米基质上栽培番茄的株数，如：有机生态型无土栽培番茄的栽培槽的规格为高 15cm（实际栽培基质厚度为 10cm），宽 48cm（内径），则每立方米栽培基质可填满栽培槽的长度为 20m。

如番茄定植的株距为 25cm，每槽定植 2 行，则 20m 栽培槽可定植 160 株。再用总施肥量除以株数即可得出每株每次所需施用量。一般在采收前 30d 停止追肥。

无土栽培番茄的其他田间管理，如：植物调整与授粉、疏果、摘叶、掐尖、授粉、保花保果、环境（如光照、温度、湿度和 CO_2）控制方法以及采收等可参见温室番茄土壤栽培。

（二）黄瓜

1. 营养液基质栽培　可采用袋培、槽培、鲁-SC 等无土栽培系统。基质可用岩棉、草炭和蛭石、锯末等。这里以营养液槽栽培为例进行介绍。

黄瓜的营养液槽栽培采用滴灌系统，滴灌营养液的时间，可依据作物的大小和栽培季节不同而异，一般采用间歇供液法，即定时、定量浇灌营养液。刚定植的黄瓜具有 3～4 片真叶，每天每株可浇 200～300ml。随着黄瓜植株的长大，叶片增多，到气温高，结果多时，每天每株需要浇营养液 2～2.5L。营养液主要在白天浇灌 1～2 次到 3～4 次，灌溉时允许多出 10% 营养液从系统中流出，以避免基质中盐类积累。也可以每 10～15d 浇 1 次清水洗盐。灌溉以保持基质湿润为原则，浇水过多，则根系缺氧，植株正常生理功能会受到损害。适于黄瓜无土栽培的营养液配方如表 26－28。

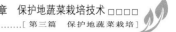

表 26 - 28　黄瓜栽培营养液配方

(引自：《蔬菜无土栽培新技术》，1998)

	肥料 名称	肥料成分 N—P$_2$O$_5$—K$_2$O	浓度（mg/L）	用量（mg/L 水）
大 量 元 素	硝酸钙	(15.5-0-0)	N 140、Ca 160	900
	硫酸镁	(0-0-0)	Mg 25	250
	磷酸氢二钾	(0-53-34)	P 46、K 56	200
	硝酸钾	(13-0-44)	N 45、K 127	350
	硫酸钾	(0-0-50)	K 50	120
微 量 元 素	螯合铁	(10%Fe)	Fe 1.0	10
	硫酸锰	(28%Mn)	Mn 0.3	1.07
	硼	(20.5%B)	B 0.7	3.40
	硫酸锌	(36%Zn)	Zn 0.1	0.276
	硫酸铜	(25%Cu)	Cu 0.3	0.120
	钼	(54%Mo)	Mo 0.5	0.092

2. 有机肥基质栽培（俗称有机生态型无土栽培）　一般采用槽培形式。栽培槽的规格和基质的种类参见第二十三章的有关部分。

黄瓜定植前必须先将基肥均匀施入，再将基质浇透水，并覆盖好地膜。定植苗龄为 20～30d。每个标准栽培槽种植 2 行，两行植株相互交错，株距为 25cm，每公顷种植株数控制在 42 000～45 000株；定植后对每株黄瓜浇一次定植水。然后过 3～5d 左右，缓苗后进行正常生产管理。

滴灌带的安装可参考前述番茄栽培。温室黄瓜除春茬外，秋冬茬、冬茬、冬春茬及秋季育苗的长季节栽培，进入结瓜期后都处于低温、寡照的寒冷季节，水分管理至关重要，要根据天气变化和植株生长状况灵活掌握。

定植时浇透定植水后，3～5d 内不需要浇水，5d 后视情况隔 1～2d 浇一次。在根瓜采收前，注意促根控秧，严格控水，每天或隔天浇 1 次，浇水时间为 10～15min。根瓜采收后，进入盛果期，需水量增加，一般每天浇水 1～2 次，9 时左右和 14 时左右，每次 15～20min，阴天少浇，晴天多浇。进入 3 月份后，外界气温逐步上升，植株也日益长大，需水量明显加大，为保持植株旺盛生长，增加后期产量，要适当增加浇水次数或时间，晴天高温天气，每天 2～3 次，时间选择上午 9 时左右、14 时及 17 时左右，每次浇水时间不超过 20min，浇水次数及灌水量视天气阴晴而定。

追肥一般每 10～15d 一次，施在地膜下距黄瓜根部 5cm 以外的部位，每次追肥量按下列方式确定：每次用量按每立方米基质用 1.5kg 有机生态型无土栽培专用肥计算，每立方米基质大约可定植160 株，按此折算出每株的用肥量，进行定量追肥。

在结束栽培的前 1 个月停止追肥。必要时，可进行根外追肥，使用尿素或磷酸二氢钾浓度为 0.2%～0.3%。

黄瓜的植株调整、授粉、环境控制以及采收等均可参照黄瓜保护地土壤栽培。

（三）甜瓜　进行甜瓜无土栽培定植时的苗龄一般为 35d，此时约有 4 片真叶。

1. 营养液基质栽培　甜瓜可采用袋培、槽培、鲁-SC 等无土栽培方式。基质可用草炭、蛭石、锯末等，栽培槽或基质袋的规格可参考番茄和黄瓜栽培。

甜瓜营养液的 pH5.5～6.5 较适宜。偏酸则烂根，偏碱营养液易产生沉淀。由于营养元素和根分泌物的累积，营养液中总盐量会增加，需要在甜瓜生长过程中定期调整和更新，以保证甜瓜正常生

中国蔬菜栽培学

[第二版]...Olericulture in China □□□□

长。适合厚皮甜瓜的营养液配方如表 26 - 29。

表 26 - 29　甜瓜栽培营养液配方（mg/L 水）
（引自：《蔬菜无土栽培新技术》，1998）

肥料名称	日本园试配方	山崎甜瓜配方	静岗大学配方
硝酸钙 Ca (NO$_3$)$_2$ · 4H$_2$O	945	826	944
硝酸钾 KNO$_3$	808	606	
磷酸二氢铵 NH$_4$H$_2$PO$_4$	153	152	114
硫酸钾 K$_2$SO$_4$			522
硫酸镁 MgSO$_4$ · 7H$_2$O	493	369	492

注：表内为大量元素配方，其微量元素通用配方（单位：mg/L 水）如下：

FeSO$_4$ · 7H$_2$O + Na$_2$EDTA 13.9 + 18.6；H$_3$BO$_3$ 2.86；MnSO$_4$ · 4H$_2$O 2.13；ZnSO$_4$ · 7H$_2$O 0.22；CuSO$_4$ · 5H$_2$O 0.08；(NH$_4$)$_6$Mo$_7$O$_{24}$ · 4H$_2$O 0.02。

2. 有机肥基质栽培（俗称有机生态型无土栽培）　一般采用槽培的形式。栽培槽的规格和基质的种类参考第二十三章的有关部分。有机肥基质甜瓜栽培的固态肥料的配比和使用，与番茄和黄瓜有一定的差别，主要是增大基肥的比例，而追肥次数相应减少。

基肥按每立方米基质 15kg 有机生态型无土栽培专用肥料，或按 10kg 有机生态型无土栽培专用肥＋3kg 豆饼的量施入。

在基肥充足的情况下只需在坐果后追肥一次，按每立方米基质 3kg 有机生态型无土栽培专用肥的量撒施或穴施在植株间即可。

甜瓜在各个生长发育阶段对水分的要求是不同的，幼苗期需水量少，伸蔓期、坐果期至膨大期大量需水，应充足供水，果实发育后期对水分的需要逐步减少。一般每天 10 时左右，浇灌 10min 左右即可，但在高温，强日照以及果实迅速膨大期应加强水分管理，满足水分需要，可在 14 时左右增加一次灌溉。而在雨雪及连阴天，可每 2d 浇一次或缩短灌溉时间。采收前 10d 减少浇水。

（四）西瓜

1. 营养液基质栽培　西瓜营养液基质栽培可采用袋培、槽培、鲁 - SC 等无土栽培方式。基质可用草炭、蛭石或锯末等。栽培槽和基质袋的规格可参见番茄和黄瓜栽培。

适合于西瓜栽培的营养液，山崎肯哉（1984）采用的是 N 172mg/L、K 240 mg/L、P 50mg/L、Ca 160mg/L、Mg 47mg/L、Fe 0.6mg/L、Mn 0.5mg/L、B 0.2mg/L、Cu 0.3mg/L、Mo 0.05mg/L，电导度 1.6mS/cm 效果良好。另外，还有斯泰奈营养液配方，见表 26 - 30。

表 26 - 30　斯泰奈营养液配方
（引自：《蔬菜无土栽培新技术》，1998）

大量元素	每 1 000L 水中加入量（g）	微量元素	每 1 000L 水中加入量（g）
磷酸二氢钾	135	EDTA 铁钠	400ml
硫酸钾	251	硫酸锰	2
硫酸镁	497	硼酸	2.7
硝酸钙	1 059	硫酸锌	0.5
硝酸钾	292	硫酸铜	0.08
氢氧化钾	22.9	钼酸钠	0.13

根据西瓜不同生育阶段的需肥特点，营养液配方可适当进行调整。苗期以营养生长为中心，对氮

素的需要量较大，而且比较严格，应增加营养液中的氮量。其比例可为：N：P_2O_5：K_2O＝3.8：1：2.76；结果期以生殖生长为中心，氮量应适当减少，磷、钾成分应适当增加，其比例应为 N：P_2O_5：K_2O＝3.48：1：4.6。

冬季日照短，光照弱，温室无土栽培西瓜容易徒长，营养液中应适量增加钾元素。

无土栽培营养液在循环过程中，植株对水分的吸收量比对无机盐的吸收量相对较快，循环后的营养液浓度增加，会使叶片皱缩，顶芽不伸展。为了保持营养液的有效成分，营养液使用 10～15d 后，应重新配制，或调整浓度。

2. 有机肥基质栽培（俗称有机生态型无土栽培） 一般采用槽培的形式。栽培槽的规格和基质的种类参见第二十三章的有关部分。

基肥按每立方米基质 12kg 有机生态型无土栽培专用肥的比例施入，或按每立方米基质 10kg 有机生态型无土栽培专用肥＋3kg 豆饼的量施入。

追肥采用有机生态型无土栽培专用肥。定植后 20d 左右开始追肥，追肥时间为每 15～20d 一次，每次追肥量为每立方米基质 2kg 有机生态型无土栽培专用肥。追肥可采用撒施或穴施法。在采收前 1 个月停止追肥，坐瓜后也可以适当进行根外追肥，每 10d 左右追施 0.3％磷酸二氢钾和 0.3％尿素混合液。

西瓜的灌溉量随植株大小、天气情况不同而不同，每天浇灌 1～2 次，时间为 10 时和 14 时，每次浇水时间为 10～15min，注意膨瓜期增加水分供应，开花授粉适当增加空气湿度，以提高花粉萌发力。

温室无土栽培西瓜的植株调整与授粉，西瓜的温度、湿度、光照管理、茬口安排以及日常管理方法（如绑蔓、整枝打杈、产品收获等）可参照西瓜保护地土壤栽培法。

（五）草莓 入冬前将无病毒苗定植于苗床，株行距 20cm×20cm，覆盖防虫网，防止蚜虫传播病毒。3～4 月将苗定植到采苗圃，行距 1.5～1.8m，株距 60～70cm，使大量发生匍匐茎形成小苗。7～8 月采小苗定植到苗钵或育苗床，株行距 20cm×20cm。9～10 月定植于棚室中，成苗每株重 30～40g。

1. 营养液基质栽培 草莓可在槽式基质培及袋式基质培中均可种植。

槽式基质栽培草莓时可按 20cm×20cm 的株行距直接把草莓幼苗定植到基质中。栽培槽的宽度可达 100～150cm，以充分利用温室面积。营养液以滴灌的方式滴入，不能用喷灌的方式来供应营养液或水，因为营养液喷灌时会造成草莓果实的湿度大而腐烂，同时也不利于草莓果实的清洁。

各种形式的草莓无土栽培营养液配方都可以使用，如日本的园试配方和山崎配方等。用日本园试配方在草莓种植过程中 pH 会有所升高（一般 pH 不会超过 8.0），但山崎配方的 pH 较稳定。

草莓的耐肥能力较弱，营养液浓度过高会导致根系衰老加快，寿命缩短，进而影响养分的吸收、地上部的生长以及产量的提高。但不同品种的耐肥性有一定的差异。在草莓种植过程中营养液浓度的控制方法，一般采用在开花前控制较低的浓度，这样可以控制以后畸形果的发生。开花后由于开花、结果消耗养分较多，应增加营养液的浓度，以防止植株生长势较弱而早衰的现象。

由于草莓的生长期长达 8 个月（当年的 10 月至翌年的 5 月），在刚定植后的 2～3 个月内可用电导仪来测定其浓度以确定是否补充养分，而在这段时间以后，再依靠电导仪来测定其浓度可能并不能真实反映营养液中含有的营养物质的数量，这是由于生长期较长，有部分根系死亡、腐烂以及根系的分泌物积累在营养液中，并且加入营养物质时所带入的植物需求量少的或不需要的物质的积累所致，因此，应通过化学分析测定营养液中氮、磷、钾等主要营养元素的含量而进行养分的补充，必要时可将原有的营养液更换掉。

草莓最适的 pH 范围为 5.5～6.5，但在 pH5.0～7.5 范围内均可生长正常。如果 pH 不是过分偏离最适的范围，则不需要对营养液进行调节。如果营养液的 pH 超出了最适的 pH 范围，可用稀酸或

稀碱溶液来调节。

采用固体基质种植草莓，应根据天气和植物长势把基质中的含水量控制在最大持水量的70%～80%；可用定时器控制水泵定时供液。

2. 有机肥基质栽培（俗称有机生态型无土栽培） 一般采用槽培的方式。栽培槽的高度15cm，宽度可达100～150cm，不仅可以充分利用温室面积，又不影响田间操作。基质的种类参见第二十三章的有关部分。

基肥按每立方米基质6kg有机生态型无土栽培专用肥的比例施入，或按每立方米基质5kg有机生态型无土栽培专用肥＋2kg豆饼的量施入。

追肥采用有机生态型无土栽培专用肥。定植后30d左右开始追肥，追肥间隔时间为每20d一次，每次追肥量为每立方米基质加1kg有机生态型无土栽培专用肥。追肥可采用撒施的方法。在采收结束前1个月停止追肥。

草莓的灌溉量随天气情况不同，每天浇灌1～2次，时间为10时和14时，每次浇水时间为10～15min，也可以根据单株草莓日最大耗水量0.3～0.6L来确定供水量。

草莓无土栽培的其他田间管理，如摘除枯叶和老叶、疏花疏果、病虫防治和温度、光照等环境调控可参考草莓保护地的土壤栽培。在保护地内定植前，可用硫黄熏蒸消毒，每100m³用硫黄粉250g，锯末500g掺匀。生产中可用45%百菌清烟剂，每667m²温室用药200～250g防治白粉病。采收前7d停止用药。

（六）生菜

1. 营养液基质栽培 生菜的育苗期一般20～30d。定植到收获需35～45d，但依品种和环境条件而异。如果温室里有降温设备，夏季也可种植。由于生菜的生长期短，采用各种类型的无土栽培系统都比较合适。生菜一般都采用槽培的形式，其栽培槽的结构和规格可参考草莓栽培。

适合于生菜生长的营养液配方如表26-31。电导度控制在1.4～1.7mS/cm，pH6.0～6.3最适合于生菜生长。营养液循环利用时，每天都应测定电导度和pH，如有变化，应予以调节。如果条件允许，冬季应对营养液进行加温，夏季则应降温，营养液的适宜温度为18℃。

表26-31　生菜栽培营养液配方

（引自：《蔬菜无土栽培新技术》，1998）

肥料名称	用量（mg/L水）	肥料名称	用量（mg/L水）
硝酸钙	1 122	螯合铁	16.80
硝酸钾	910.0	硫酸锌	1.20
磷酸二氢钾	272	四硼酸钠	0.28
硝酸铵	40	硫酸铜	0.20
硫酸镁	247	钼酸钠	0.10

2. 有机肥基质栽培（俗称有机生态型无土栽培） 为了充分利用土地面积，栽培槽内径宽度可比果菜的增加一倍为120cm，高度15cm。由于生菜植株之间基本不存在互相遮光的问题，所以栽培槽之间的距离（走道）也可缩小，原则是：既要方便田间操作，又要充分利用温室面积。

每个栽培槽内应安装3～4条滴灌带，可栽植4～6行生菜，株、行距大约为25cm见方。栽培基质可采用草炭：炉渣＝4：6，或草炭：珍珠岩＝1：1，或草炭：沙＝1：1等。

由于生菜的生长周期较短，在定植前基肥充足的情况下，一般不需进行追肥。生菜的基肥用量为：每立方米基质中配入8～12kg有机生态型无土栽培专用肥。定植后，只需灌溉清水，直至收获。

采用有机肥基质栽培可有效地降低生菜产品中硝酸盐的含量（表26-32）。

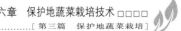

表 26-32　生菜硝酸盐含量（1996）

（引自：《蔬菜无土栽培新技术》，1998）

	半成株（mg/kg）	成株（mg/kg）
有机生态型无土栽培	1 804	1 330
营养液栽培	2 852	2 028

生菜无土栽培的其他田间管理，如病虫防治和温度、光照等环境调控、采收等可参见生菜的保护地土壤栽培。

（七）蕹菜　蕹菜栽培方法与生菜相似。

蕹菜主要有子蕹和藤蕹两类，无土栽培一般选用子蕹。蕹菜种子发芽最低温度 15℃，最适温度 20～30℃。蔓叶生长的适温为 25～30℃。成熟期 20～30d。在长日照环境下，生育较好，不定芽发生的数目多，产量高。因为蕹菜是喜肥水作物，对肥水要求的数量很大，尤其是对氮肥的需要量最大。适合蕹菜无土栽培的营养液配方参见表 26-33。

表 26-33　蕹菜栽培营养液配方

	肥料名称	用量（mg/L 水）
大量元素	硝酸钙 [Ca（NO₃）₂·4H₂O]	590
	硝酸钾（KNO₃）	1 010
	硫酸镁（MgSO₄·7H₂O）	308
	磷酸二氢铵（NH₄H₂PO₄）	143
微量元素	螯合铁（Fe-EDTA）	20
	硼酸（H₃BO₃）	1.2
	氯化锰（MnCl₂·4H₂O）	0.72
	硫酸铜（CuSO₄·5H₂O）	0.04
	硫酸锌（ZnSO₄·7H₂O）	0.09
	钼酸钠（Na₂MoO₄·2H₂O）	0.01
	EC（mS/cm）2.0	pH 6.0

蕹菜的有机生态型无土栽培可参考生菜栽培。但应注意适当加大氮肥用量。每次收获 2～3d 后，需要进行一次追肥，追肥配比按每立方米基质加 2.0kg 有机生态型无土栽培专用肥；也可在适宜时期增施叶面肥。

蕹菜无土栽培的其他田间管理，如病虫防治和温度、光照等环境调控、采收等可参考生菜保护地土壤栽培。

（蒋卫杰）

第六节　软化栽培技术

蔬菜软化栽培是保护地栽培的一种特殊栽培方法，即在蔬菜生长到一定阶段后，利用自身贮存的养分在弱光或无光的条件下生长，生产出各种嫩芽、嫩叶、嫩梢、芽球、嫩茎、芽苗等产品。在其生长的过程中，不形成叶绿素或很少形成叶绿素，颜色呈淡黄、黄白或淡绿色，同时组织变得柔软、脆嫩，营养丰富，且有的产品风味独特。

中国蔬菜软化栽培有悠久的历史和丰富的栽培经验，两千多年前的《汉书》、元代的《农书》中

就有韭菜软化栽培设施和方法的记载了。历代农民为了充分利用自然资源，创造了独特的软化栽培方法，因而形成了许多蔬菜软化栽培的特产区。各地主要的软化产品有韭黄（又名黄芽韭）、青韭、蒜黄、葱黄（羊角葱）、豆芽菜、豌豆苗、油菜心、软化薹菜、白芦笋、姜芽、芽球菊苣、黄心瓢菜、软化水芹、软化芹菜、软化食用大黄、葱白等。本节仅简要介绍韭黄、青韭、蒜黄、薹菜芽的栽培技术，其他软化产品如芽苗菜、软化水芹、葱白、软化芹菜等的栽培技术参见第二十二章以及其他相关章、节。

一、韭　黄

（一）品种选择　适于中国各地冬春生产韭黄的韭菜品种有宽叶类型的马蔺韭、钩头韭、大黄苗、马鞭韭等。适于密集囤韭栽培及夏季软化栽培的品种有窄叶类型的大青苗、铁丝苗、红根韭、犀蒲韭、立苗青、小铁杆儿等。它们的各自特征、特性见本书第十一章。

（二）育苗　韭菜软化栽培用的是韭菜肥大的鳞茎（根株），所以要求培育出分蘖多、粗壮、具有发达根系的根株，以贮存大量的营养物质供软化生长的需要。

韭菜软化栽培有两种育苗方式，一种是直播育苗，另一种是育苗移栽。直播育苗是在软化场地上直接育苗，就地软化。中国北方的播种期在清明至谷雨节气之间，南方在春分前后。因育苗期长达7～8个月之久，所以应选择排水良好的地块精细整地，施足基肥，每公顷施用腐熟有机肥75 000kg以上。每公顷播种量75kg，一般采用宽垄密播或穴丛密播。这种播种方式后期通风采光条件好，中耕除草方便。移栽育苗是在育苗畦内育成可供软化栽培的幼苗，然后在软化场地定植。播种期应比直播的早播数日，播种方式多为窄垄条播，也有采用撒播的，但除草费工。每公顷播种量75～80kg。

韭菜软化栽培可以用1年生的根株，也可以用2年或2年以上的根株，后者根株粗大，分蘖多，更适合作软化栽培。

关于韭菜软化栽培的前期管理，基本与露地韭菜栽培相同，在此不再赘述。

（三）韭黄栽培技术　中国传统的韭黄特产地很多，各地采用不同的软化栽培设施生产出优质的韭黄，如山西太原的窑洞韭黄、陕西西安的温泉韭黄、河南洛阳的马粪槽韭黄、四川成都的草篷韭黄、天津和南方各省的花盆韭黄、北京的温室韭黄以及台湾的草席隧道韭黄和竹筒、瓦钵韭黄等。自塑料薄膜应用于蔬菜生产之后，利用节能日光温室、塑料棚加盖黑色薄膜或草苫生产韭黄技术得到逐步推广。现列举几种主要的韭黄栽培技术。

1. 窑洞韭黄栽培技术　在中国北方黄土高原地区，许多农民利用土窑洞栽培韭黄，其中以太原市荻村窑洞韭黄最有代表性。荻村位于太原市南郊，是唐朝宰相狄仁杰的故乡，当地的窑洞栽培韭黄已有200多年的历史，当时这种鲜嫩的韭黄曾远销到河北省石家庄市和湖北省武汉市。

（1）韭根的贮藏　窑洞栽培韭黄，一般采用2年生韭根。为了将韭根分期囤入窑洞，必须妥善贮藏。贮藏的方法是将韭根平铺在露地地面约33cm厚，其上覆盖7～10cm厚的园田土，一方面促进养分回根，同时韭根进入休眠期。

（2）囤韭根　窑洞韭黄栽培一年四季都可以进行，但主要是供应冬、春季市场。于10月下旬，在囤入韭根的前2d，将经过贮藏的韭根运到窑洞内"暖根"，使其解冻并打破休眠。囤栽韭根前必须将鳞茎的须根理顺，剪去过长的须根，整齐地码放在栽培床内。

（3）浇水与温度管理　在窑洞黑暗的条件下，韭菜主要靠水分和温度来促进根株贮存的营养物质转化，生长成鲜嫩的韭黄。因此，韭根囤完之后要立即浇水，同时给予一定的温度。但是浇水间隔时间长短与水量的大小，要根据韭根发育的强弱，生长过程对水分的要求及窑洞内温度的高低而定。一般每隔2d浇1次水，在1.7m×1.4m的栽培床内，囤韭后的第1次浇水量为30kg，韭黄生长到10～13cm时，浇水90～120kg。又因第1茬韭黄生长旺盛，所以浇水量最大；第2、3茬韭黄生长逐步减弱，以后浇水量逐渐减少。如果韭黄的尖端出现水珠时，表明水分尚足，无需浇水。在低温多水的条件下，容易烂根烂叶。窑洞的保温保湿性良好，在有炉灶加温的情况下，窑洞内温度可控制在25℃左右，地温比气温高2℃，湿度保持在90％以上。每孔窑洞（3.7m×20m×2m）每天用煤5kg。惊蛰（3月上旬）节后，地温上升，可停止加温。

（4）收获　当韭黄高达30cm时要及时收获，从囤韭根到第1次收获需时16d左右，每床产量25kg。第2茬只需14d左右，产量20～25kg。第3茬又需16d左右，产量10～15kg。2年生韭根每公顷净重11 250～15 000kg，可产韭黄5 625～7 500kg。

窑洞韭黄色泽金黄鲜艳，尤以第2茬的韭黄质量最佳，叶宽、粗壮、整齐。如在每茬收割之前几天酌量见光，使韭黄稍带绿色，则更惹人喜爱。

2. 温泉韭黄栽培技术　中国有丰富的地热资源，地热水水温可达40～90℃。菜农充分利用这些热源，将温泉水引进蔬菜畦内，进行蔬菜的早熟栽培或软化栽培。其中，栽培历史最悠久的是西安市临潼温泉韭黄。秦汉时期临潼南郊的骊山脚下有温泉，著名的"华清池"即利用此泉泉水，水温43℃左右。菜农将温泉水引入韭菜根株的行间沟内，提高地温，在冬季生产韭黄。该产品叶宽、品质好，曾为当时西安的特产。

在冬至至立春开始软化栽培之前，先在韭畦的第1行与第2行、第3行与第4行、第5行与第6行的行间，挖通泉水沟，并在畦头挖分水沟，在畦尾挖排水沟。一般水沟深17～20cm、宽4～6cm，沟壁垂直光滑，沟底有一定坡度，沟沟相通，以便泉水畅通无阻。沟上覆盖瓦片，瓦片之间相互衔接，其上再覆盖细土进行保温。

为了遮光保温，促进软化，应在韭菜萌芽出土之前，在近地面覆盖谷草把，每个草把的直径13～17cm，将草把与畦向垂直平放在畦埂上，每公顷需谷草82 500kg。

为促进韭黄生长，还必须培两次土。第1次在开始软化栽培20d后，韭菜地上部分高4～7cm时进行。选晴天10时至16时之间，先将草把揭开，再扒开韭丛周围的畦土，进行剔苗紧撮（即扶苗），以便于收割。用畦内第2～3行、第4～6行的细土向韭丛培土，培土后立即盖好草把。当韭菜长至14～17cm时，进行第2次培土，方法大致和第1次培土相同。

温泉韭黄的收获一般在第2次培土后的7～8d即可进行。选择晴天中午，先将沟内泉水全部放出，揭开草把，培土放回原处，在鳞茎以上1cm处收割，每公顷可产韭黄6 000～7 500kg。如在收割前数日，选晴天中午前后，揭开草把通风见光数小时，使产品呈金黄色则更佳。

3. 草篷韭黄栽培技术　中国长江流域一带，气候温和，霜期短。在旺盛生长的韭菜垄上，先分期培土3～5次，使韭菜叶鞘部分形成20cm的韭白，然后加盖人字形草篷来遮光降温或保温，即可一年四季生产鲜嫩的韭黄。现以四川成都草篷韭黄栽培为例，简介其栽培技术要点。

草篷韭黄栽培所用的韭根以2～3年生的产量最高。移栽时可采用宽垄高平畦密植，垄距34cm，丛距、行距4cm×4cm，每丛2～3株。草篷是用麦秸、稻草和竹竿组成的人字形覆盖物，外层为麦秸，内层为稻草，厚15cm。

当韭菜长至17～20cm时，选择晴天早晨，将韭菜的绿色叶片割去，以利扣篷后立即萌发新叶，然后在韭垄上覆盖草篷。注意草篷要盖严，防止透光。夏季扣篷注意防止漏雨，雨后要及时排水。

草篷韭黄的收获期依季节不同而异。春、秋两季扣篷后大约20d即可收获，夏季仅12～14d，冬季则需要40d。当韭黄的叶尖变圆时为收获适期。每次每公顷可收割韭黄12 000～22 500kg。收割韭黄的第2天，要将韭菜的刀口晾晒1～2d。夏季遇雨，要用防雨设备遮盖割口，防止韭根腐烂。

20世纪80年代中后期，在成都市郊区仍可见到草篷韭黄的生产。

4. 马粪槽韭黄栽培技术　在韭菜垄的两侧，各竖一块木板，其内侧用木楔卡住，在外侧用正在发酵的马粪垒成粪槽，用垄背形的瓦片覆盖在槽顶上，再覆盖7～13cm的热马粪，使槽内形成黑暗的湿热环境，在严冬时生产出鲜嫩、叶肥、色黄、味浓的韭黄。

在进行软化栽培前，需准备足够的马粪。生产 67m² 韭黄，需要准备新鲜马粪 100m³。将准备好的马粪与一定量的人粪尿混合，堆成圆堆，使其发酵。堆内温度达到 60～70℃时，即可用于软化栽培。

软化栽培开始 7d 内，马粪槽内温度保持在 25～27℃，生长中期保持在 20℃左右，韭黄收割前 5～6d 槽内气温逐渐下降到 10～15℃。主要通过调节马粪层的厚度或揭、盖瓦片来控制槽内的温度。

从垒马粪槽算起 18～20d，韭黄长至 35cm 左右，即可收割，每公顷产韭黄 15 000～22 500kg。

河南省洛阳市是中国有名的九朝古都，马粪槽韭黄生长有着悠久的历史。随着近代城市郊区马粪量逐步减少，这种软化栽培方式已经很难见到了。

（四）青韭栽培技术　青韭栽培是在冬、春季的保护地内，将在露地栽培的韭菜回根和休眠后的根株密集地假植（囤植）在栽培床内，创造高温、多湿和弱光的条件，使韭菜快速生长，其产品为组织细嫩、颜色淡绿的青韭，可做馅或炒食。

青韭栽培的场地有阳畦（冷床）、温床、土井、土窖、温室等，其中以北京土温室囤韭栽培的历史最为悠久。

用于囤韭栽培的韭根要求生长直立、分蘖多、鳞茎肥大、根系粗长，因此，铁丝苗、红根韭等是适宜作囤韭栽培的优良品种。一般以采用早春密条播的 1 年生根株为好。

囤韭栽培需要大面积育苗畦，每个 45m² 的栽培床生产 3 茬青韭（可收割 9 次）需要 3 335m² 育苗田。生产囤韭和生产韭黄一样，韭根需要有一个低温贮藏和根株整理的过程。囤韭根的方法一般采用铁钎挤紧囤法，即用双手将一大把韭根垂直竖立在栽培床内，再用铁钎子紧靠根株插入床底，使根株挤紧稳定，然后逐步一大束、一大束用铁钎子挤紧囤满全床。

浇水管理是囤韭软化栽培的关键技术，在温室内温湿度适宜的条件下，由囤韭根到青韭收获需要 18～20d。青韭生长全过程大致可分为 3 个生长期：①生长前期。在全床囤满韭根之后即浇第 1 次水，水量要大，一般以淹没根株、在根株以上仍有 4～5cm 的水层为宜。等水下渗后覆盖苇席。3～4 d 后韭芽萌发时浇第 2 次水，水量不可太大，不可淹没鳞茎。青韭长至 12cm 时，再浇第 3 次水，水量应比第 2 次水大，以促进生长。第 3 次水后即可把苇席撤除。在这之前，要注意苇席的管理，一般在每天 15 时阳光偏西时揭开苇席，使青韭稍见光，即可形成一段鹅黄色。②生长盛期。青韭生长速度加快，浇水和培土结合进行。揭席的第 2 天进行一次培土，培土的厚度 3cm。然后随着青韭的生长，进行第 2 次、第 3 次培土，培土量逐渐减少，3 次培土厚度 7cm。培土用细沙土，要经过充分过筛，除去杂质备用。培土要在晴天 13 时以后，青韭叶片上没有结露时进行。每次培土后，各浇一次水。③生长后期。青韭临收割的前几天，植株高达 30cm 以上，株间通风较差，往往因浇水不当而造成韭叶腐烂，一般每 3d 浇一次水。

总之，从囤根到第 1 刀收割共浇 7～8 次水。浇水量大小，除要考虑韭菜生长速度外，还要根据温室内的温湿度大小，相应的增减浇水量。每收割一次青韭，不要立即浇水，待上一刀收割的刀口愈合后，青韭长出 3cm 高时才能浇水，以免从收割处腐烂。

传统的温室囤韭加温设备是没有烟道的明火炉灶，燃烧无烟煤加温，把温室空间烘暖，同时尽可能地保持昼夜温度相对恒定，夜间温度稍大于白天温度，阴天室温也不比晴天的低，以利于青韭迅速生长。①生长前期。从囤根到揭席是萌芽期，在大量浇水的前提下，必须提高温度，促进萌芽，因此白天室内气温为 23～25℃，夜间 25～28℃。如果温度过低，不仅萌芽慢，还可能烂根。②生长盛期。此期正当分期培土，要求比前期要降低温度 3～4℃，白天室内气温 19～23℃，夜间 23～25℃，但不能因低温而使叶尖结露，使覆土困难。③生长后期。此期要适当控制浇水量和降低室温，以防止青韭倒苗。白天室内气温控制在 17～20℃，夜间 20～22℃。

温室囤韭栽培管理的另一项工作是通风换气管理，目的是将有害气体（煤燃烧后放出的一氧化碳、二氧化硫等）排出室外，还可使温室的温、湿度降低。所以，不论昼夜或外界冷暖，必须在每次

加煤后的半小时内，把温室门半开或留一小缝通风。随着外界气温回升，要逐步加强通风换气管理，适当延长通风时间，甚至全天开窗。需要注意防止冷空气直接袭入温室，致使青韭受冷（冻）害。

青韭生长高达 30～50cm 时，即可收割一刀。每个栽培床（约 9m²）第 1 刀可收 60～75kg，最高 100kg；第 2 刀可收 45～75kg；第 3 刀可收 30～35kg。三刀共需 70d 左右。

收割三刀以后，韭根内的养分已经消耗完毕，可将原有根株丢弃，重新囤植新根株。

二、青　蒜

以整蒜头或蒜瓣密植于温床、日光温室、冷床、塑料小棚等保护地设施内，不需施肥或施以少量肥料，在一定的温度、湿度和光照条件下，主要靠蒜瓣自身贮存的养分进行生长，其产品为绿色的青蒜苗，主要供应冬、春市场。现以温室栽培为例，介绍青蒜的栽培技术。

（一）品种选择　适于温室青蒜栽培的品种为白皮蒜种。

（二）蒜种处理

1. 蒜种选择　栽培青蒜应选择个大、均匀、紧实、颜色白亮的蒜头。大蒜头可收 1.14kg 蒜苗；1kg 小蒜头只收 0.8kg 蒜苗。

蒜瓣的层数有一层、二层、三层的。一层瓣的蒜头长出的蒜苗茎粗，质量好；二层瓣的蒜头长出的蒜苗细高，产量高；三层瓣的蒜头长出的蒜苗矮而细。以选择二层瓣的蒜头为好。

2. 蒜头栽植前的处理　栽植蒜头前，剥去蒜头的外皮，用凉水浸泡一昼夜，浸泡后约增重 30%。再用铁钉或其他尖形工具将蒜头中部干枯的蒜薹和茎盘挖去，保持蒜头完整，以便于栽植和发根。

（三）栽培管理　栽蒜前，先在栽培畦上均匀地平铺上一层干净的细沙，厚度 13～17cm。栽蒜时，把蒜头一头一头地摆放在沙土上，凡有孔隙的地方，用散瓣填满。栽蒜时要求蒜头上齐下不齐，这样在割蒜时可保证割口高度一致。每平方米需蒜种 15～20kg。

栽好蒜头后，盖沙土约 1cm 厚，然后浇透水。浇水后沙土要下沉，必须再盖一层沙土，务必不可透风，否则保温保湿性差，蒜苗生长慢而不齐。

栽后第 5～6d，发生的新根会把蒜头往上顶，要用一块较厚的木板压上，再用脚踩一遍，然后再盖细沙。

温室里的温度管理应根据蒜苗的生长时期和外界气温变化情况灵活掌握。栽好蒜头后，白天室温应保持在 25℃ 左右，苗高 3.3cm 后再降至 20℃；苗高 17cm 后为 18℃，至收获前 5d 左右再降至 10～12℃。

出苗 8～9d 后，每昼夜可长 3cm 左右。苗高 10cm 至"打旋"时，需水较多，要隔 1d 浇 1 次水，浇水量要大。当蒜根布满沙子时，水不易渗透，故浇水量要小，每隔 2d 浇 1 次水。

蒜苗生长初期，多在上午浇水。12～13d 后，苗已长高，宜在下午浇水。

（四）采收　青蒜苗长至 30cm 以上时，即可收获，一般需要 20～26d 的时间。每平方米产量为 15～20kg。

（五）注意防止烟害　传统的加温温室蒜苗常遭受烟害，一般经 3d 即可使叶尖变黄，影响产量和商品质量。温室加温用的是砖砌炉灶容易发生烟道的回烟或漏烟，所以要预先维修好烟囱和火道。若发现室内有烟时，应及时打开门窗排烟，并及时喷水，以减轻烟害。

三、蒜　黄

蒜黄是中国特有的一种软化蔬菜产品，它是在避光或半遮光的条件下栽培，产品色泽黄绿，质地柔嫩。蒜黄的栽培场地可以利用温室、窑洞、井窖等，或者建造专用的蒜黄窖，目前以日光温室栽培

居多。

（一）品种选择　以选用多瓣种或小瓣种为宜。因大瓣紫皮蒜生产出的蒜黄纤维多，辣味重，生长慢，产量低。

（二）栽前对蒜的处理　栽蒜前对蒜的处理与栽种青蒜苗的栽前处理相同。

（三）栽培管理

1. 栽蒜　将蒜头一头接一头地摆放在栽培床上，孔隙初用散瓣填满，尽量密植而使蒜头顶部齐平，上盖厚 2～5cm 的细沙，然后用喷壶喷水，使床土潮湿而不积水。每平方米需蒜头 15～20kg。

2. 温度管理　温室在栽蒜前 1～2d 开始加温，囤蒜初期为使休眠蒜早日萌发，应提高室温，日平均温度掌握在 25～27℃。室内空气湿度保持在 85％～90％。随着蒜黄的生长，室温逐渐降至 18～22℃，晚上不低于 18℃。

为提高产品质量，收获前室内湿度保持在 75％～80％，以减少产品失水萎蔫。

3. 浇水　栽蒜后每天早晚各浇 1 次小水，待苗高 3～4cm 时，浇 1 次大水，2d 后仍早晚浇 1 次小水。当苗高 17cm 时，再浇 1 次大水，以后就停止浇水。在蒜黄窖、井窖、窑洞内栽培的，因密闭性好，浇水量要少，每茬浇水 2 次即可。

4. 遮光　温室栽培蒜黄时，待蒜苗长到 17cm，就不再浇水了，即进行覆盖遮光黄化，覆盖物可用蒲席、黑色塑料薄膜等。如在井窖、窑洞、蒜黄窖内栽培，就不必再增设遮光覆盖物。

5. 采收　遮光 10～12d 后，苗高 30～40cm 时，即可收获上市。1kg 蒜头可产 1.3kg 蒜黄。

四、薹菜芽

薹菜主要分布在黄河、淮河流域，叶、薹、根均可供食用。鲁西南地区普遍栽培，除秋冬季、早春露地栽培外，还可在冬季进行软化栽培，其产品色泽鲜黄，质地柔嫩，品质优良。

适宜作软化栽培的薹菜品种以花叶薹菜中的黄花品系为好。山东省的适宜播期为 8 月上旬。播前于平畦内浇水，水下渗后播种，每公顷用种 3 750～4 500g。为播种均匀，常掺 5～6 倍的细土。播后覆 1～1.5cm 的细土，并稍加镇压。

幼苗出土后浇一次水，出苗后 3～4d 进行第 1 次间苗，苗距 3～4cm。苗高 6～10cm 时定苗，株距 8～10cm 见方。定苗后进行第 1 次追肥，每公顷施硫酸铵 150～225kg。苗高 20～25cm 时进行第 2 次追肥，每公顷施硫酸铵 225～375kg，每次追肥后随即浇水。整个生育期要中耕 2～3 次，促使土壤疏松透气和湿润，并及时去除田间杂草。

薹菜软化栽培采取假植囤栽的方法。假植畦一般为东西向平畦，宽约 150cm。畦做好后，在畦内挖一条 30～40cm 深的假植沟，每公顷施腐熟有机肥 22 500～30 000kg、磷酸二铵复合肥 225～375kg，然后细翻整平。10 月上旬，选生长健壮、无病虫害、株高 40cm 左右的薹菜连根拔出，去掉老、黄叶后穴栽于假植沟中，穴距 20cm，每穴栽 3～4 株，随栽随覆土，深度以露出心叶叶尖为准。

假植后要及时浇水，水要浇透，但不要过量。11 月上旬在假植沟北用玉米秸夹设一道高 150cm 的风障，以利保温防寒。12 月上旬后，夜间用草苫覆盖假植畦，在草苫上再平盖一层薄膜。当畦内温度超过 25℃时适当通风，以防高温烂菜。

元旦至春节期间，可根据市场需要，随时将薹菜挖起，去掉老叶、外叶，只剩下鲜黄的薹菜芽和粗壮白嫩的根，洗净泥土后，捆小把上市。

油菜心、黄心瓢菜的生产方法基本和薹菜芽的生产方法相同。

（祝　旅）

（本章主编：王耀林）

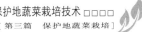

◇ 主要参考文献

［1］郭素英等．设施蔬菜栽培．太原：山西科学技术出版社，2001

［2］何忠华，孙杨保等．蔬菜优新品种手册．北京：中国农业出版社，1998

［3］山东省农业科学院主编．山东蔬菜．上海：上海科学技术出版社，1997

［4］冯光宇，冯健雄．新法种韭菜．天津：天津科学技术出版社，1995

［5］宋元林，焦民赤．蔬菜多茬立体周年栽培手册．北京：中国农业出版社，2000

［6］李天来等．棚室蔬菜栽培技术图解．沈阳：辽宁科学技术出版社，1999

［7］李式军．南方保护地蔬菜生产技术问答．北京：中国农业出版社，1998

［8］吴蔚．保护地特菜栽培技术．北京：中国农业大学出版社，1998

［9］沈善铜．棚室蔬菜高效栽培技术．南京：江苏科学技术出版社，1995

［10］吴国兴．保护地蔬菜生产实用大全．北京：农业出版社，1992

［11］王瑞环．蔬菜薄膜设施栽培．石家庄：河北科学技术出版社，1992

［12］安志信，张福墁，陈端生等．蔬菜的大棚建造和栽培技术．天津：天津科学技术出版社，1989

［13］北京农业大学主编．蔬菜栽培学·保护地栽培．修订第2版．北京：农业出版社，1989

［14］张福墁主编．设施园艺学．北京：中国农业大学出版社，2001

［15］农业部全国农业技术推广总站．日光温室高效节能蔬菜栽培．北京：农村读物出版社，1993

［16］李天来，何莉莉，印东生．日光温室和大棚蔬菜栽培．北京：中国农业出版社，1997

［17］浙江农业大学主编．蔬菜栽培学各论（南方本）．北京：农业出版社，1981

［18］王化，森下昌三．上海蔬菜种类及栽培技术研究．北京：中国农业科技出版社，1994

［19］邢禹贤．无土栽培原理与技术．北京：农业出版社，1990

［20］张志斌．淡季蔬菜高产栽培新技术．北京：中国农业出版社，1995

［21］魏文铎等．工厂化高效农业．沈阳：辽宁科学技术出版社，1999

［22］马德伟等．蜜瓜西瓜设施栽培与制种．北京：中国农业出版社，2000

［23］吕卫光，赵京音，姚政等．上海市现代温室番茄规范化栽培技术．中国蔬菜，2003（6）：48～50

［24］尹旭彬，纪效云，李刚．薹菜的软化栽培．中国蔬菜，1998（6）：42

［25］夏春森，何星石．蔬菜遮阳网、防虫网防雨棚覆盖栽培．北京：中国农业出版社，2000

［26］全国农作物品种审定委员会．中国蔬菜优良品种（1980—1990）．北京：农业出版社，1992

［27］王素，王德槟，胡是麟．常用蔬菜品种大全．北京：北京出版社，1993

［28］蔡象元主编．现代蔬菜温室设施和管理．上海：上海科学技术出版社，2000

［29］全国农业技术推广服务中心编．全国农作物审定品种（1996—1998）．北京：西苑出版社，2001

第四篇

采后处理及贮藏保鲜

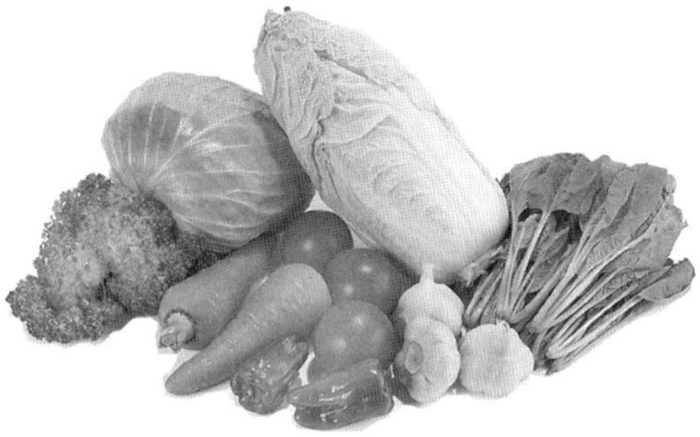

第二十七章

蔬菜采后处理

蔬菜采后是指新鲜蔬菜产品从采收到消费者手中的整个过程，是连接生产、市场并最终实现生产效益和生产目的的重要技术环节。在经济不发达、蔬菜生产处于自给自足的小农经济阶段，这时的蔬菜商品生产所占比例较小，采后流通距离、时间都很短，采后保持质量比较容易，因此，人们比较重视生产而较少注意采后。而当社会经济发展了，社会分工逐渐强化，蔬菜进入商品化生产阶段，蔬菜流通也逐渐形成了大市场、大流通的格局，并已进入国际市场，蔬菜由产地到销地要跨越不同地区甚至要走出国门，这就拉长了蔬菜流通的距离和时间，使得蔬菜采后保持数量和质量的工作显得越来越重要。

采后处理技术包括：采收、清洁、愈伤、分级、包装、预冷、防腐、贮藏、运输及销售过程中为保持蔬菜质量所涉及的方法与措施。采后技术的好坏直接影响到蔬菜产品腐烂等损耗的多少和蔬菜商品品质的好坏，并最终影响蔬菜生产的效益。

第一节　蔬菜采后生理

蔬菜产品收获之后，在贮藏、运输和销售过程中的腐烂、败坏、失鲜、变色、变味等，都是其内部生理、生化变化的反映和表面症状。无论采取何种措施以保持蔬菜的原有品质、风味和新鲜度，都将通过调节其生理生化活动来实现。因而，研究蔬菜产品收获后的生理生化特性和变化规律即采后生理，是做好蔬菜贮、运及销售工作的根本。

（一）蔬菜的呼吸作用

1. 呼吸的基本概念　收获后的新鲜蔬菜虽脱离了母体或不能再获得水分和营养物质的供应，但仍然是活的有机体，还在进行着生命活动，其主要代谢过程是呼吸作用。呼吸是呼吸底物（即呼吸基质）在一系列酶参与的生物氧化下，经过许多中间环节，将生物体内的复杂有机物分解为简单物质，并释放出能量的过程。由于呼吸作用同蔬菜的生理生化过程有着密切的联系，并制约着生理生化变化，因而，也必然会影响他们采后的品质、成熟、耐藏性、抗病性以及整个贮藏寿命。呼吸作用越旺盛，各种生理生化过程进行得越快，蔬菜产品采后的寿命就越短。在蔬菜产品采后贮藏和运输过程中要设法抑制其呼吸作用，但又不可过分地抑制，应该在维持产品正常的生命过程前提下，尽量使呼吸作用进行得缓慢一些。

呼吸类型包括有氧呼吸和无氧呼吸两种。以己糖作为呼吸底物时，两种呼吸的总化学反应式为：

有氧呼吸　　　$C_6H_{12}O_6 + 6O_2 \rightarrow 6CO_2 + 6H_2O + 2.82 \times 10^6 J$
　　　　　　葡萄糖

无氧呼吸　　　$C_6H_{12}O_6 \rightarrow 2C_2H_5OH + 2CO_2 + 1.00 \times 10^5 J$
　　　　　　葡萄糖　　　　　　乙醇

2. 糖的有氧降解和能量的释放　有氧呼吸是主要的呼吸方式，它是在氧的参与下，将糖、有机酸、淀粉等其他物质氧化分解为二氧化碳和水，同时放出能量的过程。这种生物氧化过程释放的能量并非全部以热量的形式散发，而是一步步借助于能量载体——高能磷酸键来传递，同时释放出热量。下列反应式概括了活细胞中有氧呼吸的化合物及能量的变化：

$$C_6H_{12}O_6+6O_2+38ADP+38H_3PO_4 \xrightarrow{\text{酶}} 6CO_2+38ATP+6H_2O+\text{约}1.54\times10^6J$$

葡萄糖　　　　　　　　二磷酸腺苷　　　　　　　三磷酸腺苷　　　　　能量

糖的生物氧化分解成二氧化碳和水要经过多个化学反应步骤，每个步骤都需要一种专门的酶催化。所有的步骤可以分为两个部分：第1部分叫做糖酵解，是糖的磷酸化衍生物形成的过程，将己糖转化为两个分子丙酮酸，其反应式如下：

$$C_6H_{12}O_6+2H_3PO_4+2NAD^++2ADP \longrightarrow 2CH_3\cdot CO\cdot COOH+2ATP+2NADH+2H^++2H_2O$$

葡萄糖　　　　　　　　辅酶Ⅰ　　　　　　　丙酮酸　　　　　　　　　还原型辅酶Ⅰ

由于每摩尔的 $NADH+H^+$ 产生 $3mol$ ATP，$1mol$ 的葡萄糖，通过糖酵解氧化为丙酮酸时，可以释放出 $8mol$ ATP 的能量。以后植物以分裂磷酸盐键的方式利用能量，其反应式如下：

$$ATP \longrightarrow ADP+Pi+\text{能量}$$

无机磷酸盐

糖酵解途径的反应程序简图见图 27-1。

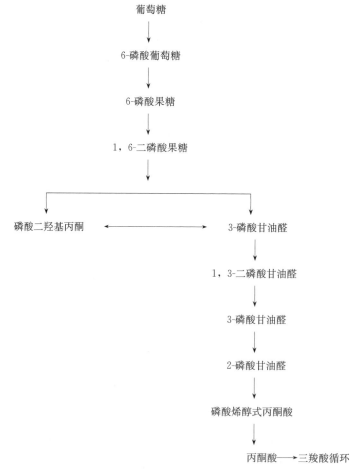

图 27-1　糖酵解途径

(引自：《果蔬贮运学》，1998)

第2部分叫做三羧酸循环，把丙酮酸氧化为二氧化碳和水，其反应式如下：

$$CH_3 \cdot CO \cdot COOH + 5/2 \, O_2 \rightarrow 3CO_2 + 2H_2O$$

每氧化 1mol 丙酮酸可得到 15mol 的 ATP，2mol 的丙酮酸共得到 30mol 的 ATP，加上糖酵解部分得到的 8molATP，因此每分解 1mol 的葡萄糖总共可得到 38molATP。

完全氧化 1mol 葡萄糖可以释放 2 818kJ 热量，每个 ATP 最少可以释放出 33.5kJ 的热，38molATP 最少可以将 1 273kJ 能量贮存起来，占总释放能量的 45.2%，其余的 1 545kJ 能量以热的形式散发出来，约占总释放能量的 54.8%，这部分热量就叫呼吸热。

上面谈的是葡萄糖酵解后在有氧情况下，蔬菜组织中丙酮酸所经历的三羧酸循环，然而在无氧或其他不良条件下（如果皮透性不良，组织内的氧化酶缺乏活性）丙酮酸就进行无氧呼吸或分子内呼吸，亦即发酵，此时丙酮酸脱羧生成乙醛，再被 NADH 还原为乙醇或直接还原为有机酸（乳酸）。其反应的第 1 步是丙酮酸脱羧为乙醛：

$$CH_3 \cdot CO \cdot COOH \xrightarrow{\text{丙酮酸脱羧酶}} CH_3 \cdot CHO + CO_2$$
$$\text{丙酮酸} \qquad\qquad\qquad \text{乙醛}$$

第 2 步反应是将乙醛还原为乙醇：

$$CH_3 \cdot CHO + 2NADH + H^+ \xrightarrow{\text{乙醇脱氢酶}} CH_3 \cdot CH_2OH + 2NAD^+$$
$$\text{乙醛} \qquad\qquad\qquad\qquad\qquad \text{乙醇}$$

无氧呼吸至少有两个缺点：

(1) 释放的能量比有氧呼吸少，1mol 葡萄糖无氧呼吸只能产生 87.9kJ 的热，为有氧呼吸的 1/32，因此为了获得能量将会消耗更多的呼吸底物。

(2) 在无氧呼吸过程中，乙醇和乙醛及其他有害物质会在细胞里累积，并输导到组织其他部分，使细胞中毒。

普通空气中氧是充足的，但是在蔬菜的气调贮藏和塑料薄膜包装中，如果操作管理不当，供氧不足，则将不能保证蔬菜的有氧呼吸，组织就开始进行无氧代谢，所以要注意通风换气，避免无氧呼吸。至于各种蔬菜开始无氧呼吸时的 O_2 浓度，则因蔬菜的种类、品种、成熟度及温度而异，因此，气调贮藏时要注意 O_2 的临界值。除了葡萄糖以外，其他碳水化合物也可以作为呼吸基质，而蛋白质和脂肪则要经过水解后，才能作为呼吸基质。

3. 呼吸强度和呼吸系数

(1) 呼吸强度　呼吸强度是衡量呼吸作用强弱的一个指标，在一定的温度下，用单位时间内单位重量产品吸收的 O_2 或放出的 CO_2 的量表示，常用单位为 CO_2 或 O_2 mg(ml)/(kg·h)。以 CO_2 或 O_2 的容积（ml）计时，可称为呼吸速率。呼吸强度是表示组织新陈代谢的一个重要指标，是我们估计产品贮藏潜力的依据，呼吸强度越大说明呼吸作用越旺盛，营养物质消耗得越快，并将加速产品衰老，缩短贮藏寿命。

(2) 呼吸系数　呼吸系数也称呼吸商，它是植物呼出的 CO_2 与吸入 O_2 之容积比，用 RQ 表示，在一定程度上可以根据呼吸商来估计呼吸的性质和基质的种类。各种呼吸底物有着不同的 RQ 值。

以糖为呼吸底物，完全氧化时：

$$C_6H_{12}O_6 + 6O_2 \rightarrow 6CO_2 + 6H_2O$$

$$RQ \xrightarrow{\frac{6molCO_2}{6molO_2}} = 1$$

当有机酸（苹果酸）作为呼吸底物，完全氧化时：

$$C_4H_6O_5 + 3O_2 \rightarrow 4CO_2 + 3H_2O$$

$$RQ \xrightarrow{\frac{4molCO_2}{3molO_2}} = 1.33$$

以脂肪、蛋白质为呼吸基质时，由于它们分子中含碳和氢比较多，含氧较少，呼吸氧化时消耗氧

较多，所以 $RQ<1$，通常在 $0.2\sim0.7$ 之间。

例如硬脂酸氧化时：

$$C_{18}H_{36}O_2 + 26O_2 \longrightarrow 18CO_2 + 18H_2O$$

$$RQ \xrightarrow{\frac{18\text{mol CO}_2}{26\text{mol O}_2}} = 0.69$$

如果被氧化的物质含氧比糖类多时其氧化反应如下：

$$2C_2H_2O_4 + O_2 \longrightarrow 4CO_2 + 2H_2O$$

草酸

$$RQ \xrightarrow{\frac{4\text{mol CO}_2}{1\text{mol O}_2}} = 4$$

从上述例子看出，呼吸系数越小，需要吸入的氧气量越大，在氧化时释放的能量也越多，所以蛋白质和脂肪所提供的能量很高，有机酸能供给的能量则很少。呼吸类型不同时，RQ 值的差异也很大，以葡萄糖为呼吸基质，进行有氧呼吸时 $RQ=1$，若供氧不足，缺氧呼吸和有氧呼吸同时进行，则产生不完全氧化，其反应式如下：

$$2C_6H_{12}O_6 + 6O_2 \longrightarrow 8CO_2 + 6H_2O + 2C_2H_5OH$$

$$RQ \xrightarrow{\frac{8\text{mol CO}_2}{6\text{mol O}_2}} = 1.33$$

由于无氧呼吸只释放 CO_2 而不吸收 O_2，故 RQ 值增大。无氧呼吸所占比重越大，RQ 值也越大，因此根据呼吸系数也可以大致了解缺氧呼吸的程度。

然而，呼吸是一个很复杂的过程，它可以同时有几种氧化程度不同的底物参与反应，并且可以同时进行几种不同方式的氧化代谢，因而测得的呼吸强度和呼吸系数只能综合反映出呼吸的总趋势，不可能准确表明呼吸的底物种类或无氧呼吸的程度，而且有时所测得的数据常常不是 O_2 和 CO_2 在呼吸代谢中的真实数值。由于一些理化因素的影响，特别是 O_2 和 CO_2 的溶解度和扩散系数不同，因而会使测定数据发生偏差。

4. 呼吸温度系数 Q_{10}、呼吸热和呼吸高峰

（1）呼吸温度系数　在生理温度范围内，温度升高 $10℃$ 时呼吸速率与原来温度下的呼吸速率的比值即为呼吸温度系数，用 Q_{10} 来表示。温度每提高 $10℃$，化学反应的速率将增大 1 倍左右：$Q_{10}=(R_2/R_1)\ 10/t_2-t_1$，约等于 2，$t_2$ 和 t_1 是摄氏温度，R_2 和 R_1 是反应速率，用这个公式可以计算出任何温度差的 Q_{10} 或某一未知速率。但是，对于生物学过程，Q_{10} 并不是在整个生理学范围内都保持恒定，而是温度的函数（表 27-1）。

表 27-1　温度系数 Q_{10} 在不同温度范围内的变化

（引自：《果蔬贮运学》，1998）

温度范围（℃）	增加倍数	Q_{10}值
0～10	1.2～2	2.5～4.0
10～20	1.0～1.2	2.0～2.5
20～30	0.75～1.0	1.5～2.0
30～40	0.5～0.75	1.0～1.5

Q_{10} 值在 $0\sim10℃$ 范围内最高，可达 7，温度 $10℃$ 以上时，Q_{10} 一般降低到 $2\sim3$。

（2）呼吸热　前面已经提到蔬菜在呼吸作用中会有一部分能量以热的形式散发出来，这种释放的热叫做呼吸热，它会使贮藏环境的温度增高。在蔬菜贮运过程中，为了降低库温或车温，必须计算出呼吸热，以便用适当的制冷设备加以排除，从而保持蔬菜所需要的适温。

呼吸热通常以 Btu（1Btu＝1 055.056J）表示。呼吸热的计算方法：每天（24h）产品释放出的 Btu 应该等于每千克产品每小时所放出的二氧化碳的毫克量乘以 220 [由 2.55×86.3 得来，86.3 是一个常数，它把 cal/(kg·h)转换为英制热单位 Btu/(t·d)] 这个系数。用这个简单方法计算的呼吸热与用热量计测定的呼吸热很接近（表 27-2）。如果要换算成千焦耳，则乘以 1.053，或直接用每千克产品每小时所释放出的二氧化碳的毫克量乘以 231.74，就得到呼吸热的千焦耳数。

每天每吨蔬菜呼吸热的千焦耳数的计算方法为：用蔬菜的呼吸强度乘以 256.11（2.553×244.18），已知 1mlCO$_2$ 的质量＝1.96mg，可以把呼吸强度中 CO$_2$ 的毫升数换算成毫克数进行计算。例如甘蓝在 5℃ 的呼吸强度为 24.8mg（CO$_2$）/(kg·h)，则 1t 甘蓝的呼吸热为 256.11×24.8＝6 351.53kJ，如果这些热能全部积蓄而不散失，那么会使甘蓝的体温在 24h 内升高 1.7℃（甘蓝的比热按 0.9 计算）。

表 27-2 实测呼吸热和计算的呼吸热

（摘引自：《果蔬贮运学》，1998）

种　类	温　度（℃）	呼吸释放的能量 [J/(kg·h)]	放出的热 [J/(kg·h)]	放出热占计算呼吸能的比例 范围（%）	放出热占计算呼吸能的比例 平均（%）
胡萝卜	7.2	155.66	173.85	—	111
莴苣	7.2	311.70	327.67	103～106	105
马铃薯	7.2	52.04	50.95	95～100	98
	18.3	52.96	57.93	—	109

主要蔬菜在不同温度条件下产生的呼吸热见表 27-3。

表 27-3 蔬菜的呼吸热 [kJ/(t·d)]

蔬菜种类	0℃	5℃	15℃	20～21℃	25～26℃
番茄（绿熟）	—	1 170～1 181	3 804～6 521	6 521～9 572	8 026～11 788
番茄（完熟）	—	1 379	5 601～6 730	5 601～10 199	4 849～12 122
黄瓜	—	—	3 469～7 691	3 260～11 161	4 431～12 749
青椒	—	1 170～4 932	4 640～13 292	5 267～15 048	8 318～17 180
豌豆	7 064～10 868	12 749～17 681	41 382～46 858	56 890～83 725	79 545～87 320
扁豆	5 810～9 489	9 698～11 997	33 816～46 440	47 819～55 845	—
甜玉米	6 939～11 913	18 350～22 530	35 070～40 462	62 157～72 063	65 292～100 905
花椰菜	3 804～4 431	4 431～5 058	9 907～11 370	17 389～19 897	19 479～32 437
青花菜	4 305～4 932	8 026～37 077	40 253～78 793	64 456～79 002	129 789～203 942
抱子甘蓝	2 299～4 849	5 058～11 161	14 839～31 517	19 897～39 835	—
甘蓝	1 045～1 463	1 797～2 842	4 305～6 019	64 372～11 370	11 286～14 755
生菜	1 379～3 887	3 051～4 640	7 357～10 450	11 788～13 919	16 971～21 193
菠菜	4 431～5 183	8 026～1 338	31 057～51 832	39 919～66 587	—
芹菜	1 672	2 508	8 653	14 964	—
洋葱	627～752	752～836	2 424～2 633	3 051～4 431	6 312～6 730
大葱	961～3 260	209～7 691	3 260～6 730	10 660～22 029	—
胡萝卜	2 215～4 723	2 968～6 103	6 019～12 414	10 660～22 029	—
根用芥菜	2 006	2 215～2 299	4 932～5 601	5 601～5 810	

资料来源：U.S.D.A. AGRICULTURE HANDBOOK. NO.66，1968。

（3）呼吸高峰　以果实为产品的蔬菜，在果实发育过程中，其呼吸作用的强弱并不是始终如一的，根据呼吸曲线的变化模式不同，可以将果实分为两类，一类叫做跃变型果实，其幼嫩果实的呼吸旺盛，随着果实细胞的膨大，呼吸强度逐渐下降，开始成熟时呼吸强度突然上升，果实完熟时达到呼吸高峰，此时果实的风味品质最佳，然后呼吸强度下降，果实衰老死亡。如番茄、甜瓜、甜椒。另一类果菜发育过程中却没有呼吸跃变现象，这类果实叫做非跃变型果实，如黄瓜、豌豆、辣椒、茄子、草莓、瓠瓜、西瓜、黄秋葵。

5. 呼吸与抗病性　蔬菜作物对病菌有一定的抵抗能力，在受到创伤和微生物侵害时，不同的蔬菜作物所表现出的抗病性不同，20世纪40年代苏联学者曾提出保卫反应一说，但有人认为这一学说缺乏足够的证据。该学说主要是指蔬菜作物处于逆境、受到伤害或病虫害时机体所表现出来的一种积极的生理机能：激发细胞内氧化系统的活性，抑制由蔬菜作物和侵染微生物所分泌的水解酶引起的水解作用，氧化破坏病原菌分泌的毒素，防止其积累，并产生一些对病原菌有毒的物质如绿原酸、咖啡酸和一些醌类化合物，恢复和修补伤口，合成新细胞所需的物质。蔬菜采后在正常的环境条件下，其体内的新陈代谢将保持相对稳定状态，不会产生呼吸失调，不易出现生理病害，因此有较好的耐贮性和抗病性，并保持较好的品质。

但是随着蔬菜组织的衰老，代谢活动不断降低，呼吸的保卫反应必然削弱，就容易感染病害。蔬菜组织受伤时的愈伤能力，也是保卫反应的体现，创伤部位的呼吸作用将增强，并加速氧化还原过程的进行，以恢复自身结构的完整，这种比正常组织加大的呼吸称为"伤呼吸"，它加快了呼吸基质的消耗和呼吸热的释放，会对蔬菜带来不利的影响。

（二）乙烯对蔬菜成熟、衰老和品质的影响　乙烯是一种最简单的链烯，在正常的条件下为气态，是一种调节生长、发育和衰老的植物激素。1965年，Lieberman、Mapson和Kunish提出乙烯是由蛋氨酸转变来的，但并不了解其反应的中间步骤，直到1979年Adams和Yang才发现了乙烯的生物合成途径是：蛋氨酸→S-腺苷蛋氨酸→ACC（1-氨基-1-羧基环丙烷）→乙烯。

1. 乙烯的生理作用

（1）乙烯与呼吸高峰　根据蔬菜果实生长发育和成熟过程中的呼吸曲线，可以将果实分为高峰型和非高峰型（或跃变型和非跃变型）两类。这两类果实对乙烯的反应不同，乙烯可以促进高峰型未成熟果实呼吸高峰的提早到来和引起相应的成熟变化，但是乙烯浓度的大小对呼吸高峰的峰值没有影响，乙烯对高峰型果实呼吸作用的影响只有一次，而且必须是在果实成熟以前，一旦经外源乙烯处理，果实内源乙烯便有自动催化作用，可加速果实的成熟。然而对非高峰型果实施用乙烯时，在一定的浓度范围内，乙烯浓度与呼吸强度成正比，而且在果实的整个发育过程中每施用一次乙烯都会有一个呼吸高峰出现（图27-2）。

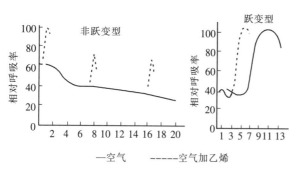

图27-2　跃变型果实和非跃变型果实对乙烯的反应
（仿Biale和Young，1972）

对于高峰型果实，当乙烯浓度不低于$100mg/m^3$时，其呼吸强度表现为所施乙烯浓度的函数（图27-3）。乙烯的浓度在$10mg/m^3$以下呼吸作用与乙烯浓度成正比，大于$10mg/m^3$这种比例则不明显。而非跃变型果实，乙烯在果实发育的任何阶段处理呼吸强度都会提高（图27-4），而且在很大的范围内乙烯浓度都与呼吸强度成正比。高峰型果实用外源乙烯处理后内源乙烯有自动催化增加的作用，而非高峰型果实则无此催化作用。

（2）乙烯与成熟　许多蔬菜的果实在发育期间都能产生乙烯（表27-4），然而，在成熟期间高峰型果实产生的乙烯量要比非高峰型的多得多。

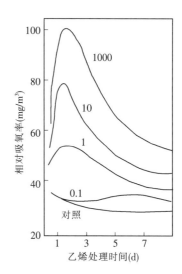

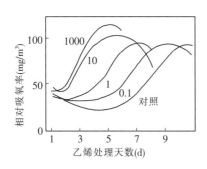

图 27-3　跃变型果实在不同浓度的外源乙烯
　　　　　下吸氧率的变化

（Biale，1964）

图 27-4　非跃变型果实在不同浓度的外源乙烯
　　　　　下吸氧率的变化

（Biale，1964）

表 27-4　一些蔬菜产品的乙烯生成量

（Kader，1992）

类　型	乙烯生成量	产　品　名　称
非常低	<0.1	朝鲜蓟、芦笋、花椰菜、结球甘蓝、草莓、菠菜、芹菜、洋葱、大蒜、胡萝卜、豌豆、菜豆、甜玉米、葱、萝卜
低	0.1~1.0	黄瓜、青花菜、茄子、黄秋葵、甜椒、南瓜、西瓜、马铃薯
中等	1.0~10.0	白兰瓜、甜瓜（蜜王、蜜露等品种）、番茄

　　高峰型果实在发育期和成熟期的内源乙烯含量变化很大，在果实未成熟时乙烯含量很低，通常在果实进入成熟和呼吸高峰出现之前乙烯含量开始增加，并且出现一个与呼吸高峰相类似的乙烯高峰，与此同时果实内部的化学成分出现一系列的变化，淀粉含量下降，可溶性糖含量上升，有色物质增加，水溶性果胶含量增加，果实硬度下降，叶绿素含量下降，果实特有的香味出现。对于高峰型的果实来说，只有在果实的内源乙烯达到起动成熟的浓度之前，采用相应的措施才能够延缓果实的后熟，延长果实的贮藏寿命。果实对乙烯的敏感程度与果实的成熟度密切相关，许多幼果对乙烯的敏感度很低，要诱导其成熟，不仅需要较高的乙烯浓度，而且需要较长的处理时间，随着果实成熟度的提高，对乙烯的敏感度越来越高（表 27-5）。有人提出调节乙烯生物合成有两个系统，系统Ⅰ乙烯可由未知原因引起，浓度很低，只起控制、调节衰老的作用，系统Ⅰ乙烯可以起动系统Ⅱ乙烯产生，使果实内的乙烯含量大大增加，产生跃变，只有高峰型果实才有系统Ⅱ乙烯。而非高峰型的果实只有系统Ⅰ乙烯，在整个发育过程中乙烯的含量几乎没有什么变化。

表 27-5　番茄成熟度对果实完熟所需天数的影响[①]

（J. M. Lyons，1964）

至收获成熟时天数	完熟所需要的天数（d）	
（开花后的天数，d）	用乙烯处理	对　照
17	11	—[②]
25	6	—

（续）

至收获成熟时天数 （开花后的天数，d）	完熟所需要的天数（d）	
	用乙烯处理	对 照
31	5	15
35	4	9
42	1	3

注：①测定成熟度所需时间是从开花到初次出现红色之间，在此期间果实用 1 000mg/m³ 浓度乙烯连续处理；②"—"为不成熟。

现在已有足够的证据说明乙烯是致熟因素。乙烯是一种自然代谢的产物，排除乙烯就可延缓成熟。例如用气密性塑料袋包装青番茄，在袋内放置用饱和高锰酸钾处理过的砖块或珍珠岩吸收乙烯，可以延缓番茄的成熟。用减压贮藏提高乙烯的扩散率，降低果实内乙烯的分压，也可以延缓果实的成熟。

（3）乙烯的其他生理作用　乙烯不仅能促进蔬菜的成熟，而且还有许多其他的生理作用，如乙烯可以加快叶绿素的分解，使蔬菜转黄，促进蔬菜的衰老和品质下降。甘蓝在温度为 1℃ 下，用 10～100mg/m³ 的乙烯处理，5 周后甘蓝的叶子变黄；抱子甘蓝在 1℃ 下，用 4mg/m³ 的乙烯处理可使叶子变黄，引起腐烂；在 25℃ 下，0.5～5mg/m³ 的乙烯就会使黄瓜褪绿变黄，增加膜透性，瓜皮呈现水渍状斑点；0.1mg/m³ 的乙烯可使莴苣叶褐变。乙烯还会促进植物器官的脱落，0.1～1.0mg/m³ 的乙烯可以引起结球白菜和甘蓝的脱帮。

乙烯可引起蔬菜质地变化，在温度为 18℃ 下用 5、30、60mg/m³ 的乙烯处理黄瓜 3d，可使黄瓜的硬度下降，因为乙烯加速了果胶酶的活性；乙烯处理可以使甘薯变软，但风味不好。用 100mg/m³ 的乙烯处理芦笋 1h，会使嫩茎变老。

2. 乙烯的作用机理

（1）乙烯与膜的关系　乙烯是脂溶性的，在油脂中的溶解度比水中大 14 倍，细胞内许多种膜都是由蛋白质与脂质构成的，因此这些脂质是乙烯最可能的作用点。乙烯作用于膜的结果必然会引起膜的变化，尤其是透性上的变化。

（2）乙烯与酶的关系　乙烯可以促进酶的活性，Albeles（1971）提出外源乙烯能控制纤维素酶的合成，并调节该酶从细胞质向细胞壁移动。将甘薯块根的薄片切块置于乙烯中，过氧化物酶、多酚氧化酶、绿原酸酶及苯丙氨酸解氨酶（PAL）的活性都有所增加。

（3）乙烯与蛋白质及核酸合成的关系　乙烯对成熟和未成熟的果实都有加强蛋白质合成的作用，但对衰老组织则会加速其分解。

（4）乙烯与其他激素的关系　乙烯具有调节蔬菜成熟和衰老的作用，但是植物的生长发育、成熟衰老还与其体内的整个激素平衡有关，Vendrell（1970）指出，吲哚乙酸（IAA）是成熟的抑制剂，同时又是乙烯生物合成的促进剂，在幼嫩组织中，乙烯的合成与 IAA 有关。

乙烯处理也可促进脱落酸（ABA）含量上升。Abdel 等（1975）报道，ABA 可以促进番茄红素的产生和酶的活性，促进果实转色。

果实成熟过程中脱落酸增多，吲哚乙酸、赤霉素（GA）、细胞激动素明显降低，如果增加这 3 种激素的外源用量则可抑制乙烯的产生，但是如果乙烯已经产生，那么这 3 种激素中只有细胞激动素可以起抑制乙烯的作用，这说明细胞激动素与乙烯之间存在特殊的对抗关系。

（三）蔬菜产品的蒸腾与失水

1. 失水对蔬菜的影响　新鲜蔬菜的含水量可达 65%～96%，蔬菜采收后因蒸腾作用失水引起组织萎蔫，从而造成一系列变化和不良影响。

（1）失重和失鲜　蔬菜采后离开了土壤，只有水分的蒸腾而失去了水分的补充，因此在贮藏和运输中会失水萎蔫，含水量不断降低，使蔬菜的重量不断减少，这种失重通常称为"自然损耗"，包括水分和干物质两方面的损失。但主要是失水，它与商业销售直接相关，会造成经济损失。此外，失水还会引起产品失鲜，即质量方面的损失。在一般情况下，易腐蔬菜失水 5％就出现萎蔫和皱缩，通常在温暖、干燥的环境中几小时，大部分蔬菜都会出现萎蔫。有些蔬菜虽然没有达到萎蔫程度，但是失水会影响蔬菜的口感、脆度、颜色和风味。

（2）破坏正常代谢过程　萎蔫会引起蔬菜代谢失调。萎蔫时，水解酶活性提高。块根、块茎类蔬菜中的大分子物质加速向小分子转化，呼吸基质的累积会进一步刺激呼吸作用。如风干的甘薯变甜，是因为脱水引起淀粉水解为糖的结果。蔬菜严重脱水时，细胞液浓度增高，有些离子如铵离子和氢离子浓度过高会引起细胞中毒，甚至破坏原生质的胶体结构。有研究指出，组织过度缺水会引起脱落酸含量增加和刺激乙烯合成，加速器官的衰老和脱落。因此，应该注意在蔬菜的采后处理及贮藏、运输过程中尽量控制失水，保持产品品质，延长蔬菜的贮藏寿命。但是也有一些例外情况，如洋葱、大蒜在贮藏前要进行适当晾晒，加速鳞片的干燥，促进产品休眠；结球白菜收获后也要进行适度的晾晒，使叶片轻度失水，以降低冰点，提高抗寒能力，同时由于细胞脱水膨压下降，组织较柔软，有利于减少贮运过程中造成的机械伤和产品内部水分蒸发，但过度晾晒会加重贮藏中的脱帮。尽管失水会对产品造成损失，但是含水量过大也会促进腐败微生物的生长，有时还会引起产品的开裂。

（3）降低耐贮性和抗病性　失水萎蔫破坏了蔬菜作物的正常代谢，水解过程加强，细胞膨压下降造成机械结构特性改变，进一步影响蔬菜的耐藏性和抗病性。

2. 与失水有关的一些基本概念

（1）相对湿度　相对湿度（RH）是人们用来表示空气湿度的常用名词术语，它表示空气中的水蒸气压与该温度下饱和水蒸气压的比值，用百分数表示。因此，饱和空气的相对湿度就是 100％。蔬菜处于空气中时，空气中的含水量会因产品的失水而增加或因产品吸水而减少，当进出空气的水分子数相等时，湿度达到平衡，此时的相对湿度叫做平衡相对湿度，纯水的平衡相对湿度为 100％。

蔬菜作物细胞中由于渗透压作用，含水量很高，大部分游离水容易蒸发，小部分结合水不易蒸发，同时蔬菜的水中含有不同溶质，所以蔬菜体内的水蒸气压不是 100％。因此，新鲜蔬菜不能使周围的空气变得饱和，大部分蔬菜与环境空气达到平衡的相对湿度为 97％。

（2）饱和湿度及饱和差　饱和湿度是空气达到饱和时的含水量，它随温度的升高而增大。饱和差是饱和湿度与绝对湿度的差值，它直接影响蔬菜的蒸腾作用。饱和差越大，空气从产品中吸水能力就越强。在生产实践中常以测定相对湿度来了解空气的干湿程度，由于相对湿度不能单独表明饱和差的大小，还要看温度的高低，所以测定相对湿度的同时，还应该测定空气温度，这样才能正确估计出蔬菜在该温度下蒸腾作用的大小。例如，$1m^3$ 容积的空气中含有 7g 水蒸气，当温度为 15℃时，空气要达到饱和的水蒸气为 13g，那么该空气在 15℃时的相对湿度（RH）＝$7/13×100％＝54％$，如果空气中的含水量不变，而温度由 15℃降至 5℃，此时空气达到饱和只需要 7g 水蒸气，那么空气的相对湿度就变为 $7/7×100％＝100％$ 了。

（四）休眠

1. 休眠类型及休眠期　植物在生长发育过程中遇到不良条件时，有的器官会暂时停止生长，这种现象称作休眠。如种子、芽、鳞茎、块茎类的蔬菜，在发育成熟后，体内积累了大量营养物质，原生质发生变化，代谢水平降低，生长停止，水分蒸腾减少，呼吸作用减缓，一切生命活动都进入相对静止的状态，以便增加对不良环境的抵抗能力。这是植物在长期的自然进化过程中形成的一种适应能力，借助休眠来渡过高温、干旱、严寒等不利环境条件。

实际上所谓"休眠"有两种类型，一种是内在原因引起的，即使产品在适宜发芽的条件下也不会发芽，称为"自发"休眠；另一种是由于外界环境条件不适如低温、干燥所引起的，一旦遇到适宜的发芽条件即可发芽，称为"被动"休眠。

2. 休眠期间的生理生化变化　蔬菜作物休眠可分为 3 个阶段，第 1 阶段称作休眠前期，也可以叫做准备阶段。此阶段是蔬菜作物从生长向休眠的过渡阶段，蔬菜刚刚收获，代谢旺盛，呼吸强度大，体内的物质由小分子向大分子转化，同时伴随着伤口的愈合，木栓层形成，表皮和角质层加厚，或形成膜质鳞片，使水分蒸发减少。在此期间，如果条件适宜可诱发幼芽生长，推迟休眠。第 2 阶段叫生理休眠期，也可称深休眠或真休眠，在此阶段蔬菜的新陈代谢下降到最低水平，外层保护组织完全形成，水分蒸发减少，在这一时期即使有适宜的条件也不会发芽，深休眠期的长短与蔬菜作物种类和品种有关。第 3 阶段为复苏阶段，也可以称为强迫休眠阶段，此时蔬菜由休眠向生长过渡，体内的大分子物质又开始向小分子转化，可以利用的营养物质增加，为发芽、伸长、生长提供了物质基础。此阶段我们可以利用低温强迫其休眠，以延长蔬菜的贮藏寿命。

许多研究结果表明，酶与休眠有直接关系，休眠是激素作用的结果。休眠过程中 DNA、RNA 都有变化，休眠期中没有 RNA 合成，打破休眠后才有 RNA 合成。赤霉素（GA_3）可以打破休眠，促进各种水解酶、呼吸酶的合成和活化，促进 RNA 合成，并且使各种代谢活动活跃起来，GA_3 能促进 α-淀粉酶的活性，为发芽作物质准备。脱落酸（ABA）可以抑制 mRNA 合成，促进休眠。休眠实际上是 ABA 和 GA_3 维持一定平衡的结果，当 ABA 和各种抑制因子减少时，GA_3 起作用。ABA 和 GA_3 含量与日照有关，长日照促进 GA_3 生成，短日照促进 ABA 生成。

第二节　影响蔬菜采后品质变化的因素

一、影响蔬菜采后品质变化的因素

为了延长蔬菜的采后寿命，即尽量保持蔬菜产品采后的数量和品质，就要尽量控制和延缓影响采后品质变化因素的发生和发展。采后的蔬菜产品如呼吸强度、蒸腾作用越大，乙烯释放得越多，则蔬菜产品的成熟衰老就越快，各种生理伤害发生得越严重，其品质下降得也越快，影响它们的因素包括自身的和环境的，有采前的也有采后的。

（一）影响呼吸强度的因素

1. 蔬菜作物自身因素

（1）种类、品种　在相同的温度条件下，不同种类、品种的蔬菜呼吸强度差异很大，这是由它们本身的特性所决定的（表 27-6）。菠菜的呼吸强度是 21mg（CO_2）/（kg·h）；番茄的是 18.8mg（CO_2）/（kg·h）；马铃薯的是 1.7～8.4mg（CO_2）/（kg·h）。一般说来，夏季成熟的蔬菜比秋季成熟的呼吸强度要大，南方生长的比北方生长的呼吸强度大，而早熟品种的呼吸强度又大于晚熟品种。贮藏器官，如根和块茎类蔬菜的萝卜、马铃薯呼吸强度较小；而营养器官，如叶和分生组织（花）的新陈代谢旺盛，呼吸强度最大，菠菜和其他叶菜呼吸强度的大小与其易腐性成正比。芦笋、青花菜、葱的呼吸强度也很大。果菜的呼吸强度介于根菜类和叶菜类蔬菜之间。

表 27-6　一些蔬菜产品的呼吸强度

（Kader，1992）

类　型	呼吸强度 [5℃，mg（CO_2）/（kg·h）]	产　品
低	5～10	芹菜、西瓜、白兰瓜、洋葱、马铃薯、甘薯
中等	10～20	白菜、根芹菜、黄瓜、西葫芦、芦笋头、番茄、胡萝卜、萝卜
高	20～40	花椰菜、韭菜、莴苣叶
非常高	40～60	朝鲜蓟、豆芽、抱子甘蓝、食荚菜豆、青葱、甘蓝、花茎甘蓝
极高	>60	芦笋、蘑菇、菠菜、甜玉米、豌豆、欧芹

（2）发育年龄与成熟度　在蔬菜作物个体和器官发育过程中，幼龄时期呼吸强度最大，随着年龄的增长，呼吸强度逐渐下降。幼嫩蔬菜处于生长旺盛时期，各种代谢过程都很活跃，表皮保护组织尚未发育完善，组织内的细胞间隙也较大，便于气体交换，内层组织能获得较充足氧，因此呼吸强度较高，很难贮藏保鲜。老熟的瓜果蔬菜，新陈代谢缓慢，表皮组织和蜡质、角质保护层加厚，呼吸强度降低，较耐贮藏；有些果菜，如番茄在成熟时细胞壁中胶层分解，组织充水，细胞间隙因被堵塞而变小，因此阻碍气体的交换，使呼吸强度下降。块茎、鳞茎类蔬菜在田间生长期间呼吸强度不断下降，进入休眠期呼吸降至最低点，休眠结束呼吸再次升高。跃变型果实的幼果呼吸旺盛，随果实的增大，呼吸强度下降，果实成熟时呼吸强度增大，高峰过后呼吸强度又下降，因此，如果在跃变期前采收果实，设法推迟呼吸高峰的到来，就可以延长其贮藏寿命。

2. 环境因素

（1）温度　在一定温度范围内，随温度升高，酶活性增强，呼吸强度增大。当温度超过35℃时，一些酶的活性受到抑制或破坏，则呼吸强度反而下降。温度升高蔬菜呼吸加快时，会使得外部的氧向组织内扩散的速度赶不上呼吸消耗的速度，而导致内层组织缺氧，同时呼吸产生的二氧化碳又来不及向外扩散，累积在细胞内干扰代谢，这说明高温不仅引起呼吸的量变，还会引起呼吸的质变。对于跃变型果实，高温将促进其呼吸高峰的到来。蔬菜在贮藏过程中的呼吸强度与其所消耗的营养物质是紧密联系着的，呼吸强度越大所消耗的营养物质越多。因此，在不妨碍蔬菜正常生理活动的前提下，应该尽量降低它们的呼吸强度，以减少营养物质的消耗，这是关系蔬菜贮藏成败的关键。但是为了抑制呼吸强度，也不是将温度降得越低越好，应该根据各种蔬菜对低温的忍耐性不同，既要尽量降低贮藏温度，又要不致使蔬菜产生冷害。

贮藏环境的温度波动会刺激蔬菜中水解酶的活性，促进呼吸（表27-7），增加消耗，缩短贮藏时间。如将马铃薯置于20℃/0℃/20℃中变温贮藏，其呼吸强度在低温一段时间后，再升温到20℃时，其呼吸强度会比原来在20℃下增加许多倍，因此贮藏蔬菜时要尽量避免库温波动。

表27-7　在恒温和变温下蔬菜的呼吸强度 $[mg(CO_2)/(kg \cdot h)]$

（摘引自：《果蔬贮运学》，1998）

温　　度	洋　葱	胡萝卜
恒温5℃	9.9	7.7
2℃和8℃隔日互变，平均5℃	11.4	11.0

（2）气体成分　空气中的氧和二氧化碳对蔬菜的呼吸作用、成熟和衰老有很大的影响，适当降低氧浓度，提高二氧化碳浓度，可以抑制蔬菜呼吸，但不会干扰正常的代谢。

①当氧浓度低于$100\,000\mu l/L$时，蔬菜的呼吸强度明显降低，氧浓度低于$20\,000\mu l/L$时有可能产生无氧呼吸，使乙醇、乙醛大量积累，造成缺氧伤害。氧和二氧化碳的临界浓度取决于蔬菜的种类、温度和在该温度下的持续时间。例如在20℃时，菠菜和菜豆氧的临界浓度为1%，豌豆、胡萝卜为4%。据有关资料表明，胡萝卜在浓度为$50\,000\mu l/L$的氧气体中的呼吸强度是正常空气中的70%～75%，在浓度为$10\,000\mu l/L$氧的气体中的呼吸强度是空气中的20%。当氧的含量由$50\,000\mu l/L$下降到$10\,000\mu l/L$时，其呼吸系数由0.82增加到3.5。诱发蔬菜无氧呼吸的氧浓度，还与蔬菜的发育阶段有关，在$30\,000$～$40\,000\mu l/L$氧浓度下幼嫩的果实就开始无氧呼吸。

②提高空气中的二氧化碳浓度，也可以抑制呼吸。对于大多数蔬菜来说比较合适的二氧化碳浓度为$10\,000$～$50\,000\mu l/L$，二氧化碳浓度过高会造成中毒。有人报道，当二氧化碳浓度达到$100\,000\mu l/L$时，有些果实的琥珀酸脱氢酶和烯醇式磷酸丙酮酸羧化酶的活性会受到显著的抑制，有人认为所有的脱氢酶对二氧化碳都比较敏感，由于二氧化碳过高时会抑制呼吸酶活性，从而引起代谢失调。二氧化

碳浓度大于 200 000μl/L 时，无氧呼吸明显地增加，乙醇、乙醛物质积累，对组织产生不可逆的伤害，它的危害甚至比缺氧伤害更加严重。其损伤程度取决于蔬菜周围二氧化碳和氧的浓度、温度和持续时间。氧和二氧化碳之间有拮抗作用，二氧化碳伤害可因提高氧浓度而有所减轻，在低氧中，二氧化碳的伤害则更严重，在氧浓度较高时，较高的二氧化碳对呼吸仍然能起到抑制作用。在氧耗尽的情况下，提高二氧化碳就会抑制正常呼吸的脱羧反应，使三羧酸循环减慢，但由于对 ATP 能量供给的不断需求，就会刺激糖酵解，使丙酮酸逐渐积累起来，当丙酮酸被还原为乙醇时，则产生 NAD（辅酶Ⅰ）。

③乙烯气体可以刺激跃变型果菜提早出现呼吸跃变，促进成熟。一旦跃变开始，再加入乙烯就没有任何影响了。用乙烯来处理非跃变的果菜时也会产生一个类似的呼吸高峰，而且有多次反应。其他的碳氢化合物如丙烷、乙炔等具有类似乙烯的作用。

（3）湿度　湿度对呼吸的影响还缺乏系统的研究，但是贮藏环境的空气湿度也会影响蔬菜的呼吸强度，例如结球白菜采后要稍稍晾晒，因为产品轻微的失水有利于降低呼吸强度；低湿贮藏洋葱不仅有利于洋葱的休眠，还可抑制其呼吸强度。然而有些薯芋类蔬菜却要求高湿，干燥会促进呼吸，产生生理伤害。

（4）机械伤和微生物浸染　物理伤害可刺激呼吸，例如擦伤的番茄在 20℃ 下成熟时将增加呼吸强度和产生乙烯，呼吸强度的增加与擦伤的严重程度成正比。蔬菜受伤后，造成开放性伤口，其可利用的氧增加，导致呼吸强度增加。蔬菜表皮上的伤口，不仅给微生物的侵染开辟了方便之门，微生物在蔬菜上生长发育，还促进了呼吸作用，不利于蔬菜的贮藏。因此，在采收、分级、包装、运输、贮藏各个环节中，应尽量避免蔬菜受机械损伤。

（5）一些胁迫条件或逆境如冷害、缺氧等也都会刺激呼吸强度增高。

（二）影响蒸腾和失水的因素

1. 蔬菜作物的自身因素

（1）表面积比　表面积比是蔬菜的表面积与其重量或体积之比。当表面积比值高时，蔬菜蒸发失水较多，叶子的表面积比大，失重要比果实快，而小个的果实、根或块茎要比那些个大的蔬菜表面积比大，失水较快，在贮藏过程中更容易萎蔫。

（2）种类、品种和成熟度　蔬菜作物水分蒸发主要是通过表皮层上的气孔和皮孔进行的，气孔蒸腾的速度比表皮快得多。不同种类、品种和成熟度的蔬菜作物的气孔、皮孔和表皮层的结构不同，失水快慢不同。叶菜极易萎蔫是因为叶片是同化器官，叶面上气孔多，保护组织差，成长的叶片中90% 的水分是通过气孔蒸发的。幼嫩器官表皮层尚不发达，主要为纤维素，容易透水，随着器官的成熟，角质层加厚，失水减慢。许多果实和贮藏器官只有皮孔而无气孔，皮孔是一些老化了的、排列紧凑的木栓化表皮细胞形成的狭长开口，它不能关闭，因此水分蒸发的速度就取决于皮孔的数目、大小和蜡质层的性质。在成熟的果实中，皮孔被蜡质和一些其他的物质堵塞，因此水分的蒸发和气体的交换只能通过角质层扩散。

蔬菜作物表面蜡质的结构比蜡质的厚度对防止失水更为重要，那些由复杂的、有重叠片层结构组成的蜡层要比那些厚但是扁平、无结构的蜡层有更好的防水透过的性能，因为水蒸气在那些复杂、重叠的蜡质层中要经过比较曲折的路径才能散发到空气中去。

（3）机械伤　蔬菜产品受机械损伤会加速产品失水，组织表面擦伤后，会有较多的气态物质通过伤口，表皮上的切口破坏了表面的保护层，使皮下组织暴露在空气中，因而更容易失水。虽然在组织生长和发育早期，伤口处可形成木栓化细胞，使伤口愈合，但是产品的这种愈伤能力随植物器官成熟而减弱，所以收获和采后操作时要尽量避免损伤。有些成熟的产品也有明显的愈伤能力，如块茎和块根的愈伤速度在适当的温度和湿度下可加快进行。表面组织在遭到虫、病为害时也会造成伤口，因而增加水分的损失。

（4）细胞的保水力 细胞中可溶性物质和亲水性胶体的含量与细胞的保水力有关，原生质较多的亲水胶体，可溶性物质含量高，可以使细胞具有较高的渗透压，因而有利于细胞保水，阻止水分向外渗透到细胞壁和细胞间隙。洋葱的含水量一般比马铃薯高，但在相同的贮藏条件下失水反而比后者少，这与其原生质胶体的保水力和表面保护层的性质有很大的关系。

2. 环境因素

（1）温度 温度可以影响饱和湿度，温度越高空气的饱和湿度越大，当环境中的绝对湿度不变而温度升高时，产品与空气之间的饱和差增加，空气中可以容纳的水蒸气量增加，蔬菜的失水也会增加。相反，在绝对湿度不变而温度下降时，饱和差减小，当温度下降到饱和蒸气压等于绝对蒸气压时，就发生结露现象，此时产品上会出现凝结水，即所谓"发汗"。在一般蔬菜贮藏冷库中，空气湿度已经很高，温度的波动很容易出现结露现象。当我们将蔬菜产品从冷库中拿到温暖的地方时，其表面很快出现水珠。当块茎、鳞茎、直根类等蔬菜在贮藏运输中大堆散放时，可以观察到在堆表层下约20cm处的产品表面潮湿或有凝结水珠，这是因为散堆过大，不易通风，堆内温度高、湿度大，热气向外扩散时遇到表层温度较低的产品或表层冷空气达到露点所致。用自然通风库贮藏蔬菜，当外界气温剧烈变化时，在库顶或窖顶上，也往往形成水滴或结霜，水滴落在产品上容易引起腐烂。

（2）风速的影响 蔬菜失水与风速有关。空气流动会改变空气的绝对湿度，在温度不变的情况下，使饱和差加大，促进蒸腾作用。空气在蔬菜产品表面上流动，可将产品的热量带走，但同时也会增加产品的失水，因为蔬菜产品周围空气的持水量与产品本身的含水量几乎达到平衡，空气流动时会将这一层湿空气带走，空气的流速越大，这一层空气的厚度就减少得越多，失水量也增加。风在产品的表面流动得越快，产品失水就越多，在贮藏过程中限制产品周围的空气流动，就可以减少产品失水。

（3）空气湿度的影响 蔬菜产品处于空气中时，空气中的含水量就会因产品失水增加或因产品吸水而减少，直到达到平衡为止。在蔬菜作物的细胞中，由于渗透压作用，含水量很高，大部分为游离水，小部分为结合水，结合水因结合得比较牢固和稳定，不易失去。当新鲜的蔬菜放到一个环境中时，周围的空气不会变得完全饱和，因为蔬菜中有溶质和结合水存在，大部分的新鲜蔬菜与周围环境达到平衡时的相对湿度至少为97％。如果空气中的湿度高，与蔬菜中的含水量达到平衡，那么蔬菜就不会失水。如果空气干燥，湿度较低，蔬菜就容易失水。

（三）影响蔬菜冷敏性的因素 冷害的发生及其严重程度取决于蔬菜的冷敏性、低温的程度和在冷害温度下的持续时间。冷敏性或冷害的临界温度常因蔬菜种类、品种和成熟度的不同而异。热带、亚热带起源的果菜类、地下根茎菜类冷敏性高，一般都比较容易遭受冷害，而叶菜类的冷敏性较低。例如，未红熟的番茄，以及黄瓜、菜豆等的贮藏适温为10～12℃，甘薯、山药、芋、姜等的贮藏温度不宜低于10～15℃。此外，蔬菜品种间也存在着冷敏性的差异。品种间的冷敏性差异还与栽培地区气候条件有关，温暖地区栽培的产品比冷凉地区栽培的对寒冷更敏感，夏季生长的比秋季生长的冷敏性要高。另外，提高蔬菜的成熟度可以降低其冷敏性。有研究表明，将粉红色的番茄置于0℃下6d，然后放在22℃中，果实仍然可以正常成熟而无冷害；但是绿熟番茄在0℃下贮藏12d则完全不能成熟并丧失了风味。低温的程度和持续时间与冷害之间也有密切关系，如绿色番茄在0℃和4℃下8d，升温到20℃后果实仍然可以正常转红，但是在0℃下超过16d果实不能正常成熟或完全不能成熟。

冷敏感性差异与蔬菜中脂肪酸的不饱和程度有关，脂肪酸的不饱和程度越高，对低温的忍耐性就越强，脂肪酸的不饱和程度越低，对寒冷越敏感。

除了干燥的种子以外，冷敏性蔬菜或其部分器官在生长发育的各个阶段都可能发生冷害，而且在生长发育过程、贮藏及采后流通环节中受到的冷害损伤会累积表现出来。例如绿熟番茄采前在田间受到5d冷害温度的影响，采后又处于冷害温度下6d，其所表现的症状与采后受冷害11d的相类似。

　　低温贮藏又是保存大部分蔬菜质量的最有效方法，通过控制温度可以降低许多代谢过程的速度，如呼吸强度、乙烯释放率等，从而减缓产品品质下降和腐败。可是冷敏蔬菜在低温下贮藏不当时，却会迅速败坏，缩短贮藏寿命。需要注意的是，大部分冷害症状在低温环境或冷库内不会立即表现出来，而是在产品被运输到温暖的地方或销售市场时才显现出来。因此，冷害所引起的损失往往比我们所预料的更加严重。

　　（四）采前因素对采后品质的影响　影响蔬菜产品采后品质和耐贮性的采前因素很多，如蔬菜的种类和品种、生长环境条件、所采用的农业技术措施等都会影响产品的采后品质和寿命。只有生长发育良好、健康、品质优良的产品才有可能贮藏得好，因此我们切不可忽视采前因素对产品采后寿命的影响。在选择作为长期贮藏的产品时，一定要考虑下列诸因素的影响。

　　1. 产品本身因素

　　（1）种类　蔬菜的可食部分来自于植物的根、茎、叶、花、果实和种子，由于它们的组织结构和新陈代谢方式不同，因此其耐贮性也有很大的差异。叶菜类耐贮性最差，呼吸和蒸腾作用旺盛，采后容易萎蔫和黄化，特别是幼嫩叶菜表层的保护组织尚未发育完全，最难贮藏。叶球为营养贮藏器官，是在营养生长停止后才收获的，新陈代谢已经有所降低，所以比较耐贮藏。花和果实新陈代谢也比较旺盛，成熟过程中还会释放乙烯，所以，花菜类很难贮藏，如新鲜的黄花菜，花蕾采后 1d 就会开放，并很快腐烂，因此必须干制。花椰菜是成熟的变态花序，蒜薹是花茎，它们都较耐寒，可以在低温下作较长期的贮藏。果菜类食用部分大多为幼嫩果实，其新陈代谢旺盛，表层保护组织尚不完善，容易失水和遭受微生物侵染。采后由于生长和养分的转化，果实容易变形和组织纤维化，如黄瓜变成大头瓜，豆荚变老，因此很难保持品质不变。另一些瓜类蔬菜是在充分成熟时采收的，如南瓜、冬瓜，其表层保护组织已充分发育，表皮上形成了厚厚的角质层、蜡粉或茸毛等，所以比较耐贮藏。块茎、球茎、鳞茎、根茎类蔬菜都属于植物的营养贮藏器官，有些还具有休眠期，所以比较耐贮藏。

　　（2）品种　蔬菜的品种不同其耐贮性也有差异，例如结球白菜中，直筒形比圆球形的耐贮藏，青帮系统的比白帮系统的耐贮藏，晚熟的比早熟的耐贮藏，如小青口、青麻叶、抱头青、核桃纹、北京新 1 号、北京 106 等的生长期都较长，结球坚实，抗病耐寒。又如天津的白庙芹菜、陕西的实秆绿芹、北京的棒儿芹都很耐贮，而空秆类型的芹菜贮藏后容易变糠，纤维增多，不堪食用。菠菜中尖叶菠菜耐寒性强，适宜贮藏，圆叶菠菜虽叶厚高产，但耐寒性差，不耐贮藏。

　　2. 生长环境条件

　　（1）温度　温度高蔬菜生长快，产品组织柔嫩，可溶性固形物含量低。昼夜温差大，蔬菜生长发育良好，可溶性固形物高。同一种类或品种的蔬菜，秋季收获的比夏天收获的耐贮藏，如秋末收获的番茄、甜椒较夏季收获的容易贮藏，夏天采收的甜椒比秋季采收的对低温更敏感，常较早发生冷害。不同年份生长的同一蔬菜品种，耐贮性也不同，因气温条件不同，会影响蔬菜组织结构和化学成分变化。例如马铃薯块茎中淀粉的合成和水解与生长期中的气温有关，淀粉含量高的耐贮性强。北方栽培的大葱可露地冻藏，缓慢解冻后可以恢复新鲜状态，而南方生长的大葱，却不能在北方作露地冻藏。甘蓝的耐贮性在很大程度上取决于生长期间的温度和降雨量，低温下（10℃）生长的甘蓝，戊聚糖和灰分较多，蛋白质较少，叶片的汁液冰点较低，故较耐贮藏。

　　（2）光照　光照强度直接影响植株的光合作用及形态结构，如叶的厚薄、叶肉的结构，节间的长短、茎的粗细等，从而影响蔬菜产品的品质和耐藏性。光照不足会使果实含糖量低，叶片生长得大而薄，贮藏中容易失水萎蔫和衰老。西瓜、甜瓜光照不足，含糖量下降。但是，光照过强也有危害，如番茄和辣椒在炎热的夏天受强烈日照后会产生日灼病，不能进行贮藏。

　　光照强度对蔬菜干物质累积也有影响，例如结球白菜和洋葱在不同的光照下，含糖量和鳞茎大小明显不同，如果生长期间，阴天多，日照时间少，日照强度弱，则蔬菜的产量下降，干物质含量低，贮藏期也较短。

光质（红光、紫外光、蓝光和白光）对蔬菜生长发育和品质都有一定的影响，许多水溶性色素的形成都要求有强红光，紫外光有利于维生素C的合成，温室中栽培的黄瓜和番茄果实因缺少紫外光，维生素C的含量往往没有露地栽培的高；光质还制约着甘蓝花青素苷的合成速度，紫外光对其形成最为有利。日照长短也影响贮藏器官的形成，如洋葱、大蒜等要求有较长的日照，才能形成肥大的鳞茎。

（3）降雨量和空气湿度　降雨会增加土壤湿度、空气的相对湿度和减少光照时间，因此对蔬菜的化学成分和组织结构有影响。在干旱缺水的年份或轻质土壤上种的萝卜，贮藏中容易糠心，而在水分充足和黏质土中栽培的萝卜糠心较少，糠心出现的时间也较晚。黄瓜的生育期中如冷凉多雨的天气较多，则耐贮性降低，因为空气湿度高时，蒸腾作用受阻，从土壤中吸收的矿物质减少，致使有机物的生物合成、运输及其在果实中的累积受到阻碍。

（4）地理条件　山地或高原地区生长的蔬菜所含糖、色素、维生素C、蛋白质等都比平原地区生长的要高，表面保护组织也比较发达，在海拔1529m高山上生长的番茄含糖为干重的77.7%～88.4%，而在海拔674m生长的番茄含糖为干重的63.7%～70.3%；在高处生长的甘蓝，抗坏血酸和过氧化氢酶都增加，有利于贮藏，因为耐藏品种抗坏血酸的损失比不耐贮藏的要缓慢。生食洋葱的含糖量随着海拔高度的增高而增加，蛋白质含量下降，鳞茎重量增加。

（5）土质　土质会影响蔬菜的成分和结构，轻沙土可增加西瓜皮的坚固性，使它的耐贮性和耐运输能力增强。在盐碱土上生长的甜椒中可滴定酸和抗坏血酸含量均低，而在非盐碱土上生长时抗坏血酸含量每100g高达335～343mg。在pH5.8、不加任何微量元素的土壤上生长的菠菜，含磷较多，而在pH7.8、加微量元素的土壤中生长的菠菜含磷较少，但氧化钙含量高。在含硫高的土壤中生长的洋葱，香精油含量高，其挥发物杀菌能力加强，所以抗病、耐贮；在黑钙土状黏土中生长的洋葱，其含糖量为干重的75%，而在富含碳酸盐的亚黏土类的黑钙土中生长的洋葱的含糖量只占干重的58%，但干物质含量高。

3. 农业技术措施

（1）施肥　蔬菜作物生长的速度快，生长期短，应该注意增施有机肥和合理施用化肥，只有在适宜营养条件下生长的蔬菜作物，才有优良的品质，并且耐贮藏和运输，否则容易发生采后生理失调。氮肥对蔬菜的生长发育很重要，但是过量施用氮肥，蔬菜的耐贮性和抗病性会明显降低。蔬菜产品的氮素含量高，会促进产品呼吸，使其容易衰老和败坏，而钙含量高时可以抵消含氮高的不良影响。氮肥过多会降低番茄果实的品质，减少干物质和抗坏血酸的含量。

（2）灌溉　要进行贮藏的叶菜，生长期应避免因灌水太多引起植株徒长，含水量太高的蔬菜不耐贮藏。结球白菜、洋葱和菜薹采前1周不要浇水。如果洋葱生长中期过分灌水则将加重贮藏中的颈腐、黑腐、基腐和细菌性腐烂。在多雨年份，蔬菜作物蒸腾小，根吸水多，促使果肉细胞迅速膨大，从而引起果实开裂。在干旱缺雨的年份或轻质土壤上栽培的萝卜，贮藏中容易糠心，而在黏质土上栽培的，以及在水分充足年份或地区生长的萝卜糠心较少，出现糠心的时间也较晚。在结球白菜的蹲苗期，如土壤干旱缺水，会引起土壤溶液浓度增高，阻碍钙的吸收，易发生干烧心病。

（3）田间病虫为害　病虫害是造成蔬菜采后损失的重要原因之一。贮藏病害可以分为因田间因素不适诱导的生理病害和微生物病害两种。那些采收时有明显症状的产品容易被挑选出来，但症状不明显或者发生内部病变的产品却容易被人们忽视，它们常在贮藏中发病、扩散，造成损失，因此，应当选择适宜的自然条件和良好的农业技术来减少病虫害的发生。

（4）生长调节剂处理　用植物生长调节剂处理蔬菜，对其内在和外观品质都有影响。采前喷洒生长调节剂，是增强蔬菜产品耐贮性和防止病害的辅助措施之一。蔬菜生产中经常使用的植物生长调节剂种类很多，依其使用后对蔬菜采后品质的影响不同，可概括为以下四种类型：

①促进生长和成熟。生长素类的吲哚乙酸、萘乙酸、2，4-D等，能促进蔬菜作物的生长，减少

落花落果，同时也能促进果实的成熟。如用浓度为 $10\sim25\mu g/L$ 的 2，4-D 喷洒番茄和茄子植株，可防止早期落花落果，促进果实生长膨大，形成少籽或无籽果实，番茄的成熟期提早 10d 左右。花椰菜采前 $1\sim7d$ 用 $100\sim500\mu l/L$ 的 2，4-D 处理可以避免或减少贮藏过程中叶片的脱落。

②促进生长而抑制成熟衰老。细胞分裂素可促进植物细胞分裂和诱导细胞膨大，赤霉素可以促进细胞的伸长，二者都有促进蔬菜作物生长和抑制成熟衰老的作用。结球莴苣于采前喷洒 10mg/kg 的卞基腺嘌呤（BA），在低温下贮藏，可明显延缓叶子变黄；用 $20\sim40\mu l/L$ 的赤霉素浸蒜薹基部，可以防止薹苞膨大，延缓衰老。

③抑制生长促进成熟。如乙烯利、矮壮素（CCC）等。乙烯利是一种人工合成的乙烯发生剂，与乙烯的作用相同，有促进果实成熟的作用，使呼吸高峰提前出现，促进成熟和着色，常用于番茄的催熟和柿子的脱涩，但是用乙烯利处理过的果实不能作长期贮藏。矮壮素是一种生长抑制剂。番茄和黄瓜等无限生长类型的蔬菜在多肥水条件下容易徒长，应用 $250\sim500mg/L$ 矮壮素进行土壤浇灌，每株用量 $100\sim200ml$，处理 $5\sim6$ d 后茎的生长减缓，叶色变绿，植株变矮，其作用可持续 $20\sim30$ d，此后又恢复正常。茎的生长减缓和叶片变厚有利于开花结实，也增加了植株抗寒、抗旱能力。

④抑制生长延缓成熟。青鲜素（MH）、多效唑（PPP$_{333}$）等是一类生长延缓剂，在洋葱、大蒜收获前 2 周左右，即植株外部叶片枯萎，而中部叶子尚青绿时喷 0.25% 青鲜素，能使收获后的洋葱、大蒜的休眠期延长 2 个月左右。喷药浓度低于 0.1% 或在收获后用青鲜素处理，则抑芽效果不明显。青鲜素对马铃薯也有类似洋葱、大蒜的抑芽效果。

（五）主要化学组成与变化对采后品质的影响 蔬菜具有特殊的色、香、味和营养，这是由于它们的化学成分及其含量的不同而决定的，在贮藏和运输过程中要最大限度地保存这些化学成分，使其接近新鲜产品。蔬菜的主要化学成分及其采收以后的变化如下。

1. 水分 蔬菜的含水量很高，大多数为 85%～95%，白菜的含水量都在 90% 以上，马铃薯的含水量为 85%，大蒜的含水量较低为 65%。一般来说，凡是幼嫩的、生长旺盛的器官或组织含水量高。水分不仅是物质完成生命活动的必要条件，而且对蔬菜的新鲜度和风味有重要影响，含水量高的蔬菜外观饱满挺拔、色泽鲜亮、口感脆嫩。产品的实际含水量是由收获时组织中的原有水分决定的，如果采收时气温较高，产品的含水量就较低，因此，我们应该在清晨或傍晚采收，使产品具有较高的含水量，特别是叶菜受环境条件的影响最大，极易失水萎蔫。

采后的蔬菜失去了水分的来源，随贮藏期的延长而发生不同程度失水，造成产品萎蔫、失重，鲜度下降，使其商品价值受到影响；失水严重时会造成代谢失调，贮藏期缩短。因此，失水常作为衡量蔬菜新鲜度的一个重要指标。当然，由于蔬菜的含水量高，而其本身的保护组织又差，因此蔬菜采收、采后处理、运输和销售过程中很容易受机械损伤。

2. 碳水化合物 在蔬菜所含的干物质中，碳水化合物是主要的成分，包括低分子量的糖和高分子的多聚物，其中又以可溶性糖最重要，通常也称可溶性固形物。

（1）糖类 蔬菜的含糖量一般较低，含糖量较高的有叶荙菜、甜玉米、嫩豌豆，主要为葡萄糖、果糖和蔗糖。蔬菜的含糖量虽然不高，但作为呼吸基质却可提供蔬菜维持生命活动的能量。在蔬菜贮藏期间，糖会被消耗而逐渐减少，如糖分消耗慢，则说明贮藏条件适宜。

（2）淀粉 主要存在于根茎类蔬菜中，马铃薯的淀粉含量为 14%～25%，藕为 12%～19%，豌豆为 6%。在蔬菜产品贮藏过程中，淀粉逐渐转化为糖。马铃薯在 0℃ 中贮藏，淀粉会转化为糖，吃时味甜，不易煮烂，加工时产品易褐变。

（3）纤维素 半纤维素和果胶物质是构成细胞壁和中胶层的主要成分，与蔬菜质地密切相关。幼嫩植物组织的细胞壁中是含水纤维素，食用时口感细嫩；贮藏中组织老化后，纤维素则木质化和角质化，使蔬菜品质下降，不易咀嚼。果实后熟时纤维素水解和果胶物质的变化会影响果实的硬度。在未成熟果实中，果胶物质以原果胶的形式存在于细胞壁中，并与纤维素和半纤维素结合，不溶于水，将

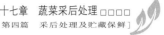

细胞紧密连接，使组织变得坚硬；成熟时原果胶在酶的作用下逐渐水解而与纤维素分离，转变成果胶渗入细胞液中，细胞间即失去连接，造成组织松散，硬度下降。

3. 有机酸 在不同蔬菜中因所含有机酸的种类、数量及其存在的形式不同，而构成了蔬菜的独特风味。蔬菜中常见的有草酸、琥珀酸、α-酮戊二酸。叶菜中，常是有机酸盐占优势，其酸含量也少，果菜成熟时一般含酸量增加，长期贮藏后由于呼吸作用而减少，使风味变淡，品质下降。

4. 色素 多种色素共同构成蔬菜特有的颜色，色泽是决定蔬菜采收期和鉴定蔬菜品质的重要指标。

（1）花青素 是一类糖苷型非常不稳定的水溶性色素，一般在果实成熟时才合成，存在于表皮的细胞液中。花青素在酸性溶液中呈红色，因此，许多有酸味的果实都有红色；在中性溶液中为淡紫色，在碱性中为蓝色，与金属离子结合时会呈现各种颜色，从而使食用的水果、蔬菜色彩缤纷。一般含糖量多时花青素也多，因此红色果实色越深味越甜。花青素可抑制有害微生物，因而红色品种的苹果比黄色或绿色品种的抗病力更强，着色好的果实通常也较耐贮藏。

（2）类胡萝卜素 是类异戊二烯多聚体，不溶于水，分为胡萝卜素类和叶黄素类两种，包含胡萝卜素、番茄红素、叶黄素、椒黄素和椒红素，使蔬菜等园艺产品呈现红色、黄色、橙红色。而类胡萝卜素常与叶绿素并存，当叶绿素分解时，它们才显示出各自的颜色。β-胡萝卜素在人体内可转化为维生素 A。

（3）叶绿素 有叶绿素 a 和叶绿素 b，两者一般以 3∶1 比例存在，叶绿素 a 呈蓝绿色，叶绿素 b 呈黄绿色。未成熟的果实和叶菜都含有大量叶绿素，含叶绿素的部位同时含有维生素 C，因而含叶绿素多的蔬菜一般含维生素 C 也较多。采收后的蔬菜等园艺产品中叶绿素在酶的作用下易分解，在氧存在和在日光下极易破坏，从而使它失去绿色。

（4）维生素和矿物质 蔬菜是人体所需维生素的主要来源之一。人体所需的 90％的维生素 C 和约 40％的维生素 A 和维生素 B 均来自蔬菜。蔬菜成熟阶段维生素 C 含量增加，贮藏阶段易被氧气分解，失去生理活性；在温度高和氧供给充足的条件下均会使维生素 C 损失加快。蔬菜中含有的许多矿物质，如钙、磷、铁、硫、镁、钾、铜等也是人体所必需的营养成分，其含量变化对蔬菜采后品质造成一定影响。

此外，在一些蔬菜中含有单宁和多种挥发性芳香物质，分别构成了涩味及不同品种特有的香味。蔬菜中还含有许多酶，它们均参加蔬菜采后的生命活动。

二、防止蔬菜采后品质变化的措施

蔬菜是一种易腐的鲜活商品，因为它营养丰富、含水量高，表皮保护组织脆弱，容易受损伤和招致微生物侵染，加上采后的呼吸和蒸腾作用，不断消耗呼吸基质同时释放热量，在生长发育过程中释放的乙烯促进着成熟和衰老，所以防止蔬菜采后品质变化和延长贮藏期是一项技术性很强的工作，包括从采收期的掌握、采收方法、分级、包装、预冷等采后商品化处理到低温运输贮藏、低温气调贮藏及物理、化学处理等众多环节。防止蔬菜采后、贮运中品质变劣，主要要解决蔬菜产品因水分蒸散、呼吸、后熟衰老、发芽、机械损伤等所造成的鲜度下降、品质变劣，即"保鲜"；还要解决因病原菌侵染及病害蔓延所造成的腐败变质，即"防腐"。

（一）低温降低呼吸强度 将采后的蔬菜尽快降温并置于适当的低温下，可以降低呼吸强度，减少各种营养物质和色香味的损耗，减少热量的释放。低温还能够减少失水和抑制微生物活动。要避免贮藏温度波动，因为温度的变化会刺激呼吸同时改变环境中的饱和湿度，引起蔬菜表面结露，增加腐烂发生的机会。适当的低温可以最好地保持蔬菜的颜色、质地和营养品质。

（二）抑制乙烯的生成 为了减缓蔬菜采后的成熟和衰老，要尽量控制乙烯释放。从前面所提到的乙烯生物合成途径可知，提高贮藏环境中二氧化碳的浓度、降低氧气的浓度或在不致造成蔬菜冷害和冻害的低温下贮藏，都可以抑制乙烯的生成及抑制乙烯的生理活性。而机械伤、病害虫侵染都会刺

激乙烯产生，因此在蔬菜的采收、分级、包装、运输和销售过程中要轻拿轻放，避免损伤。但是，不管如何小心地避免损伤和控制乙烯的生成，蔬菜采后总还是会有乙烯释放出来，加上乙烯具有自身催化作用，所以，及时除去贮藏环境中的乙烯是十分必要的。

（三）防止蔬菜采后失水

1. 包装、打蜡或涂膜 通过改变蔬菜组织结构来控制失水是不大可能的，但可以在蔬菜产品的周围加一些物理屏障，或在产品表面进行防水处理，以减少空气直接接触产品表面，减少失水，最简单的方法是用塑料薄膜或其他防水材料将蔬菜产品进行包装。包装降低失水的程度与包装材料对水蒸气的透性有关，聚乙烯薄膜是较好的防水材料，它们的透水速度比纸或纤维板要低。蔬菜装在网眼袋中也有减少失水的效果，因为袋中的蔬菜挤得较紧。需要注意的是包装在限制蔬菜产品周围空气流动的同时也降低了产品本身冷却速度。此外，包装材料的吸水能力也不可忽视，一个重为 4kg 的干燥木箱在 0℃时可吸水 500g。因此，可用复合蜡或松香防止包装材料吸水，或在产品表面打蜡或涂料，然后再加上适当的包装，防止产品失水。

2. 增加空气湿度 减少蔬菜失水的另一个有效方法是增加贮藏设施内的空气相对湿度，降低蔬菜和空气间的水蒸气压差，减少空气从产品中夺取的水分。然而高湿又对霉菌生长有利，易造成产品腐烂，可在采后配合使用杀菌剂来克服这一矛盾。加湿的方法可以用自动加湿器向库内喷迷雾或喷蒸汽、也可以在地面洒水或在库内挂湿草帘增加空气的湿度，或者提高蒸发器冷凝管的温度，并且迅速将产品冷却到贮藏温度，将蒸发器温度维持在低于贮藏温度 2~3℃的范围内，将库内的相对湿度保持在 95%左右，产品失水就可以避免。

3. 适当通风 机械冷库和自然通风库中还必须有足够的通风量，将库内的热负荷带走和防止库内温度不均，但是要尽量减低风速，0.3~3m/s 秒的风速对产品水分蒸发的影响不大。

4. 使用夹层冷库 夹层冷库的库体由两层墙壁组成，中间有冷空气循环，外层墙既隔热又防潮，内层墙不隔热，将蒸发器放置在两层墙之间，通过传导作用与库内进行热交换。由于蒸发器不在库内，不会夺取产品中的水分而结霜，库内的湿度很高，可防止产品失水。

5. 使用微风库 微风库内的冷风是经过库顶上的多孔送入库内或使冷空气先经过加湿再送到库中，可以有效地防止失水。

（四）防止和减轻冷害、冻害 参见本章第七节。

（五）控制休眠 蔬菜通过休眠期后，在适宜的温度条件下很快就会发芽，并使蔬菜的重量减轻，品质下降，如马铃薯通过休眠期发芽后，不仅薯块表面皱缩，而且产生一种生物碱（龙葵素），食用后对人体有害；洋葱、大蒜发芽后鳞茎肉质会变空、变干，失去食用价值。因此必须设法控制休眠，防止发芽，延长贮藏期。

温度是控制休眠的重要因素，高温干燥对马铃薯、大蒜和洋葱的休眠有利。

气体成分对马铃薯的抑芽效果不明显，50 000μl/L 的氧和 100 000μl/L 的二氧化碳对抑制洋葱发芽和蒜薹薹苞的膨大有一定的作用。

化学药剂处理有明显的抑芽效果，氯苯胺灵（CIPC）是一种在采后使用的马铃薯抑芽剂，应该在薯块愈伤后再使用，因为它会干扰愈伤。美国戴冠公司生产的 CIPC 粉剂使用量为 1.4g/kg，使用 CIPC 可以防止薯块在常温下发芽。使用方法为将 CIPC 粉剂分层喷在马铃薯中，密封覆盖 24~48h，CIPC 汽化后，打开覆盖物。要注意的是，这种药物不能在种薯上应用，使用时应与种薯分开。萘乙酸甲酯（MENA）也可防止马铃薯发芽，它具有挥发性，薯块经其处理后 10℃下一年不发芽，在 15~21℃下也可以贮藏好几个月，它不仅能抑芽而且可以抑制萎蔫。MENA 的用量为 0.1~0.15mg/kg。

青鲜素（MH）是用于洋葱、大蒜等鳞茎类蔬菜的抑芽剂，采前应用时，必须将 MH 喷到洋葱或大蒜的叶子上，药剂吸收后渗透到鳞茎内的分生组织中并转移到生长点，起到抑芽作用。一般是在采前 2 周喷洒，药液可以从叶片表面渗透到组织中，喷药过晚叶子干枯，没有吸收与运转 MH 的功能，过早鳞茎还处于迅速生长过程中，MH 对鳞茎的膨大有抑制作用，会影响产量。MH 的浓度以 0.25％为最好，每公顷的用药量为 450kg 左右。

辐射处理对抑制马铃薯、洋葱、大蒜和生姜发芽都有效，抑制洋葱发芽的 γ-射线辐射剂量为 33.6～84Gy，在马铃薯上的应用辐射剂量为 67.2～84Gy。

（冯双庆）

第三节　蔬菜采收与分级、包装

蔬菜采收是蔬菜生产的最后一环，又是蔬菜采后的最初一环。蔬菜采收成熟度的决定以及采收的一切操作是否适当都直接影响将来的贮运损耗和加工品质，采收过早不仅产品的大小和重量达不到标准，而且风味、品质和色泽也不好；采收过晚，产品已经成熟衰老不耐贮藏和运输。因此采收工作一定要做好，否则即使在很好的技术条件下进行贮运和加工，也不会得到良好的结果。

分级与包装是实施蔬菜采后商品化的重要措施。分级可将不同质量、大小的蔬菜分开，不仅大大提高了蔬菜的整齐度，而且可将不同档次的蔬菜投放不同市场实现优质优价，提高产品的效益；包装不仅可对蔬菜进行保护，防止失水、避免机械损伤、减少腐烂等，而且还可提高搬运效率，减少销售过程的污染；同时包装材料上还可携带各种信息：包装产品的特色、质量等级、数量、保质期、产地、商标、品牌、联系方式等，不仅是生产与市场、生产与消费者联系的领地，而且也是实施市场现代化商品管理、市场准入的基础。因此，做好分级包装对实现优质优价、实现蔬菜流通现代化市场管理、建立良性市场竞争机制具有重要意义。

一、蔬菜的采收及修整

（一）采收　在本书"各论"的各章节中都讲到了蔬菜采收的问题，在此只涉及与采后保持品质有关的内容，不作全面阐述。蔬菜采收应注意：蔬菜成熟度、采收时间、采收方法等因素。确定这些因素时应考虑到蔬菜的特点、采后用途、运输时间长短及运输方式、贮藏时间长短及贮藏方式、销售时间长短及销售方式等。

由于蔬菜供食用的器官不同，贮运加工对材料的要求也不同，因此对采收成熟度所要求达到的标准也各有差异。对于商品蔬菜采后贮藏和运输、保鲜，一般就地销售的蔬菜，可以适当晚采收；长期贮藏和远距离运输的蔬菜则要适当早采；冬天收获的蔬菜可适当晚采，夏天收获的蔬菜要适当早采；有冷链运输系统的蔬菜可适当晚采，常温运输的蔬菜要适当早采；一些有呼吸高峰的果菜，宜在呼吸高峰到来之前采收，可延长贮藏和运输过程中的保鲜时间。

作为长期贮藏及一次性采收的一些绿叶菜，要根据不同种类、品种在收获前一定时间适当停止浇水，一般控水 3～7d，可有效增强其耐藏性，减少腐烂，延长蔬菜采后保鲜期。

尽量在一天中温度最低的清晨采收，可减少蔬菜所携带的田间热，降低菜体的呼吸，有利于采后品质的保持。最好不要在高温、暴晒时采收。

不要在雨后和露水很大时采收，这种条件下采收的蔬菜很难保鲜，极易引起腐烂。

采收时要轻拿轻放，严格防止机械损伤。机械损伤是采后贮藏、流通保鲜的大敌。机械损伤不仅可引起蔬菜呼吸代谢升高、降低抗性，品质变劣，还会引起微生物的侵染导致腐烂。

（二）修整　修整主要针对叶菜和根茎类蔬菜，通常指对其产品的净菜过程。叶菜修整，是要将不能食用的根、叶去掉；根茎菜是要清除须根、泥土和其他不符合商品质量要求的部分。叶菜和根茎菜的修整过程最好与收获同时进行，对叶菜只采收符合商品质量标准要求的部分，将其他部分弃去；对根茎菜收获时也要清除须根、外叶等不符合要求的部分。这样一方面可以减少蔬菜再修整对菜体造

成的机械损伤，又可将所有垃圾留在产地，并可直接进入下一道工序实施包装，提高效率。

二、分级与包装

（一）分级 把同一品种、同一批次中不同质量、不同大小的蔬菜产品，按照蔬菜质量标准的要求，进行分级，使同级蔬菜中质量、大小基本一致。使产品达到整齐一致，为产、供、销各环节提供共同的贸易语言，便于实现同种蔬菜不同市场的异地交易、信息交换，合理定价，同时也是市场规范化、现代化管理的标志之一。

1. 分级标准 等级标准是评定产品质量的准则，是生产者、经营者、消费者之间互相促进、互相监督的客观依据。中国《标准化法》根据标准的适应领域和有效范围把标准分为四级。蔬菜标准有：国家标准、行业标准、地方标准和企业标准四个等级。国家标准是由国家标准化主管机构批准发布，在全国范围内统一使用的标准。行业标准是由主管机构或专业标准化组织批准发布，并在某个行业范围内统一使用的标准，农业部颁发的"中华人民共和国农业行业标准 NY无公害食品"等即属此类。地方标准是由地方制定、批准发布，并在本行政区域范围内统一使用的标准。企业标准是由企业制定、发布，并在企业内统一使用的标准。

蔬菜由于供食用的部位不同、成熟标准不一致，所以没有一个固定、统一的标准，只能按照各种蔬菜品质的要求制定个别的标准。中国"七五"期间对部分蔬菜制定了国家和行业标准。有蒜薹、结球白菜、花椰菜、辣椒、黄瓜、番茄、菜豆、芹菜、韭菜等。依据生产和市场的发展，"十五"期间，农业部组织各方专家正在制定和修订主要蔬菜商品质量标准。

中国制定的蔬菜商品分级标准较多是按外形、新鲜度、颜色、品质、病虫害和机械伤等综合品质标准分等，每等再按大小或重量分级；有些标准则是兼顾品质标准和大小，重量标准仅提出分级。

2. 分级方法及设备 分级是实施蔬菜采后商品化处理最重要的环节。蔬菜产品的分级方法有人工分级和机械分级。国外茄果类蔬菜、马铃薯、洋葱等已实现机械化分级，其他大多数蔬菜产品主要借助一些简单设备，但仍以人工分级为主。国内大部分蔬菜产地尚未进行分级，出口蔬菜基地、高科技示范园区等已开始进行分级，有些基地还使用了选果分级设备，但绝大部分地区使用简单的工具、按大小或重量进行人工分级。

蔬菜产品分级依据蔬菜种类不同，其使用的设施也有所不同。一些容易产生机械损伤的叶菜类、花菜类（如花椰菜、青花菜）和果菜（如草莓）等蔬菜，为减少机械损伤，一般在收获同时进行分级。在收获时，按照分级标准的要求，将不同等级蔬菜分别放置在相应的包装箱内。在收获同时进行分级，一般多以目测分级或使用简单的分级设备，这些简单设备主要用于区分大小。生产量较大又适宜机械化分级的蔬菜，如番茄、洋葱等，可使用机械分级，分级机械有各种不同档次：简单的分级机只能进行大小分级；较先进的分级机除将大小分级外，还可依据不同色泽、光泽进行外观分级；更先进的分级机还可依据蔬菜的不同内在品质进行分级。使用分级机械要配套建造蔬菜采后处理车间。

国外蔬菜产品商品化处理设备有大、中、小3种类型，自动化程度较高的机器可以自动清洗、吹干、分级、称重、装箱，并可以用电脑鉴别产品的颜色、成熟度，剔除受伤和有病虫害的蔬菜。

（二）包装

1. 包装的作用 蔬菜包装是防止蔬菜机械损伤、保持蔬菜品质、方便蔬菜搬运、保证安全贮藏、减少运输、贮藏损耗的重要措施，是实施蔬菜商品化、市场管理现代化的重要体现。

合理的包装可使蔬菜在流通过程中保持良好的状态，减少搬运过程中因互相摩擦、碰撞、挤压而造成的机械损伤，减少病虫害蔓延和水分蒸发，避免蔬菜呼吸热及有害气体的积累而引起的腐烂变质。

包装容器具有容纳和保护蔬菜的作用。蔬菜包装又分为内包装（小包装）和外包装（大包装）。内包装的主要作用是创造和维持适宜保鲜蔬菜的湿度和气体条件，同时也兼有防止病虫害蔓延、减少选购时带来的污染，保持蔬菜卫生的作用。规范的外包装将同级产品包装在一起，为蔬菜装卸、运输提供保护，为流通搬运提供方便，为市场交易提供标准规格单位，免去了交易过程中的产品过秤或逐个计数。

2. 对包装材料的要求　包装材料应具有清洁、卫生、无污染、无异味、内壁光滑、美观、重量轻、成本低、便于取材、易于回收及处理等特点。

3. 包装方法及包装材料　内包装（也称小包装）一般使用 0.01～0.03mm 厚的塑料薄膜或塑料薄膜袋、包装纸，超市小包装较多使用塑料托盘外包透明自粘塑料膜，或将自粘膜直接贴菜包装。内包装要注意包装的透气性，尤其是温度较高时，包装内蔬菜透气不良，常会造成无氧呼吸，促使其加快败坏腐烂。常用的方法是：用透气好的薄膜，或在包装薄膜上扎眼。内包装材料的规格尺寸要依据不同蔬菜的大、小而定。

外包装要适宜搬运，防止蔬菜受机械损伤。外包装使用材料有：纸箱、塑料箱（高密度聚乙烯、聚苯乙烯）、钙塑箱（聚乙烯和碳酸钙）、板条箱、竹筐、柳条筐、塑料网、塑料袋等。国外蔬菜外包装较多使用纸箱，日本要求纸箱的耐压强度要大于 300kgf。目前有些外包装纸箱还兼有防水保湿、防腐的作用。蔬菜在产地收获处理后直接放入外包装箱，运到销售地，销售之前再进行小包装，这在远距离运输时较多采用。

目前，国内蔬菜运输的外包装应用较多的是纸箱、塑料周转箱（应符合国家标准要求）、塑料网、袋等。纸箱、塑料周转箱较多用于果菜，塑料网和塑料袋较多用于结球叶菜和根茎菜。

外包装容器的规格除满足不同蔬菜的需要外，还要符合 GB/T4892—2008《硬质直立体运输包装尺寸系列》的有关规定。包装箱的设计还要考虑不同蔬菜特性的要求，对包装需要后再预冷的蔬菜，包装箱要设计通风孔，要有足够的通风面积保证预冷效果；不耐压的蔬菜包装箱设计不要太高，还可在容器中增加支撑物（瓦楞插板等）和衬垫物（纸、泡沫塑料等）；易失水蔬菜的包装箱应在箱的内壁设有防水层或在包装箱内加塑料薄膜衬垫，防止失水，但温度高时应注意蔬菜通风，可在衬垫薄膜上打眼，既能保水又能透气。

蔬菜在包装容器内存放，依据不同蔬菜的特点，分别有一定的排列形式，既要防止它们在容器内相互碰撞，又要注意蔬菜的通风透气，还要充分利用容器的空间。蔬菜包装和装卸时应轻拿轻放，避免机械损伤。

4. 蔬菜品牌的建立　蔬菜包装物既是蔬菜贮、运过程中的保护体，又是蔬菜产品信息（产品品种、等级、数量、生产日期、保质期等）、蔬菜产地信息的载体，可登载蔬菜品牌、商标、特色、产地地址、联系方式等信息。蔬菜包装为蔬菜产地建立品牌、注册商标并扩大影响、占领市场提供了媒介，蔬菜品牌的建立又架起了生产与消费者连接的桥梁，使生产能更好地以市场为导向，调整结构发展生产。同时蔬菜规范化包装还为蔬菜异地交易、结算创造了有利的条件。因此蔬菜包装将有效地加快蔬菜品牌的建立，而蔬菜品牌的建立又将进一步促进蔬菜商品化和流通管理现代化的进程。

第四节　蔬菜产品的预冷

预冷是对刚采收的蔬菜产品在运输、贮藏以及加工以前迅速除去田间热，冷却到预定温度的过程。蔬菜采收以后，特别是高温天气下采收，往往带有大量田间热，再加上采收作业对产品的刺激，使呼吸作用加强而释放出大量呼吸热，对蔬菜保持品质十分不利。为了保持蔬菜采后品质，所以需要对产品进行预冷。

一、预冷的作用

蔬菜采收以后，通过呼吸维持其生命活动，呼吸产生 1g 二氧化碳约产生 10.45kJ 的热量，同时蒸发 0.4g 的水。适宜的蔬菜预冷可以最快的速度除去大量田间热和呼吸热，有利于最大限度地保持蔬菜采前的鲜度和品质，减少蔬菜的腐烂。主要蔬菜在不同温度条件下产生的呼吸热见表 27－3。预冷是蔬菜采后创造良好温度条件的第一步，从采收到预冷时间越短，采后运输、贮藏保持品质的效果越好。

预冷对蔬菜保持品质的效果，要与随后的冷链流通和冷藏有机结合。如预冷后的蔬菜进入常温条件贮运（尤其是夏天），则不能有效发挥预冷的作用，甚至个别蔬菜还会出现加快腐烂的现象，因为预冷后菜体温度较低，进入常温贮运后，菜体很快结露，有利于病原菌的繁殖。

二、预冷方式及其特点

蔬菜产品预冷的方法有：自然降温预冷、水预冷、冷风预冷（冷库预冷、差压预冷）、真空预冷、接触冰预冷（包装中加冰）等。不同预冷方式有各自的特点，预冷产品所需时间也不相同。无论哪种预冷方式，其产品的冷却速度都会受到以下因素的影响：①制冷介质与产品接触的程度；②产品和介质间的温差；③制冷介质的周转率；④制冷介质的种类。

（一）自然降温冷却　自然降温冷却是用自然风作为预冷介质的预冷方式，是将采收的蔬菜产品放在阴凉、通风的地方，使产品的田间热自然散去。其方法简便易行、成本最低。但由于受自然温度的影响，降温速度较慢，而且不能将蔬菜温度降到适宜的预冷温度。在没有更好预冷条件的地方，仍是中国菜农普遍采用的方法。

采用自然冷却方法应注意：选择好阴凉通风的场地，可先在放置蔬菜的场地浇水，水渗下后再码菜，以减少蔬菜失水；将蔬菜产品散开，或使用通风良好的包装容器；产品要及时处理，放置时间不宜超过 12h。

（二）水冷却　水冷却是用冷水作为制冷介质，用冷水冲、淋蔬菜产品，或将产品浸在冷水中的一种却冷方式。中国自古就有利用地下水或井水预冷蔬菜的做法，如将西瓜、黄瓜浸入井水，使其降温。现代水预冷所用冷水均是用机械方法产生的冷却水。冷却水的水温在不使产品受害的前提下要尽量低，一般在 1℃左右。冷却时间可在 20～45min 内，能将 25～30℃ 的蔬菜体温降至 4℃ 上下。为节省能源和水源，水冷却器中的水一般是循环使用的，这样会导致水中腐败微生物的积累，使产品受到污染。在冷却水中一般应加入次氯酸盐等化学药剂，以减少病原微生物的交叉感染。另外冷却器也要经常清洗消毒。

水冷却依据冷却蔬菜与水接触的形态可分为：洒水式、喷雾式、浸水式等。洒水式是将产品堆放在传送带上或装在容器中，利用冷水槽内的冷水向蔬菜洒水，进而使蔬菜降温的方式；喷雾式是由传送带载着预冷蔬菜进入喷淋冷水的封闭装置，加压冷却水以 $6.86 \times 10^4 \sim 9.8 \times 10^4$ Pa 的压力喷出，将蔬菜产品冷却；浸水式是将产品装入网袋或塑料箱、木箱中，浸入流动的冷水中进行冷却。各种水冷方式均要按照各种蔬菜所需预冷时间，确定预冷蔬菜与冷却水的接触时间。

水的热传导率是空气的 20 倍以上，因此，水预冷较空气预冷冷却速度快、效率高，预冷设备费和维持费也较低；但经冷水处理后蔬菜产品易导致腐烂，因此叶类蔬菜不宜采用水预冷；预冷循环水的污染，是使用此方法时应着重注意和考虑的问题，预冷以后的蔬菜还需要有配套的贮藏库存放。

（三）冰冷却　冰冷却是在装有蔬菜产品的容器内加入细碎的冰屑，利用冰融化带走热量的原理进行预冷。一般将冰放在蔬菜的顶部。如果将蔬菜产品的体温从 35℃ 降到 2℃，所需加冰量应为蔬菜重量的 38％。因冰融化带走热量有限，在需要降温幅度较大时，需加冰量较多（占蔬菜重量的 1/3 左右），会大大增加蔬菜的贮运成本，因此冰预冷常作为其他预冷方式的辅助措施，或用于预冷后在蔬菜运输过程中的保温措施之一，既有利于保持运输中蔬菜的温度又能保持环境的湿度。

冰冷却时，可采用人工定量加冰，也可采用机械加冰。采用高压加冰屑机加冰冷却青花菜，一次可处理 20～30 箱。

（四）冷风冷却　冷风冷却是在预冷库中，利用低温冷风进行预冷的方法。大部分的冷库设计是专门用来贮藏产品的，它们的制冷量和通风量都不足以使产品迅速冷却。预冷库与贮藏库相比有两点重要的区别：一是预冷库冷冻机的制冷量远高于贮藏库，相当于贮藏库制冷量的 2～3 倍。单纯贮藏库（存放预冷后的蔬菜产品）制冷量的设计主要考虑：贮藏蔬菜的呼吸热、机械运转热负荷、库体能量的泄露等。而预冷库除考虑以上因素外，还需重点考虑在几到十几小时内将蔬菜体温降低到适宜温度，除去大量田间热所需的制冷量；二是预冷库通风量较贮藏库高。冷风的冷却速度取决于蔬菜的体温、冷风的温度、空气的流速、蔬菜产品的表面积以及形状、质地、包装情况等。风冷时产品与冷风的接触面积越大，冷却速度越快，因此，冷风冷却要特别注意蔬菜的堆积方法。依据预冷库通风量和通风方式的不同，冷风冷却可分为冷库冷却和差压冷却（或强制通风冷却）两种。

1. 冷库冷却　冷库冷却蔬菜，只需用预冷库而不需要其他设备，预冷库内湿度要保持在 90％～95％，库内空气以 1～2m/s 的流速循环冷却效果较好（一般冷藏库内风速 0.1～0.5m/s）。冷却所需时间因蔬菜种类、蔬菜在冷库的堆积方法、包装容器的通气性和冷库的冷却能力不同有很大差异。

裸放冷却时，降温速度较快，但菜堆上、下冷却不均匀，菜堆表面蔬菜容易失水。因此，冷却量大时要注意菜堆不要堆积过大、过厚。大面积堆放高不要超过 100cm；成批码放的垛宽不要超过 100cm，同时还要根据不同蔬菜堆码后造成的空隙度不同而灵活掌握。

包装后冷却时，包装物要具有足够的通气面积，产品的堆码要注意库内空气的流通，不要堵塞库内的通风道，要顺着通风道方向码垛，垛高要低于冷风机。包装后冷却降温速度较慢，其降温速度与包装容器的透气性有直接关系，采用透气性较好的塑料周转箱、竹筐、柳条筐，其降温速度与裸放相近。

冷库冷却的优点：对蔬菜种类、品种的适应性广；对蔬菜的堆积方式限制较少，操作较容易；预冷库可兼做贮藏库，蔬菜贮量较小时可不用再建贮藏库；设施建造成本较低。

冷库冷却的缺点：依据不同蔬菜和不同包装，冷库冷却需要的时间较长，一般为 12～20h，有时甚至还要长，因此收获当天不能出售；预冷不均匀而且易失水，解决前者要靠合理科学堆码，解决后者要靠保证库内有足够的湿度，通常是在预冷库内安装加湿装置。

冷库冷却的技术要点：

（1）尽可能使预冷蔬菜有较低的体温　冷库预冷所用时间与蔬菜预冷的最初温度有很大关系，一天中高温时采收的蔬菜体温高，所需预冷时间较长，低温时间采收的蔬菜体温低，所需预冷时间较短。因此，最好在体温较低的清晨采收，并且收获后要尽快预冷。

蔬菜预冷前要进行分级。不同大小的蔬菜预冷需要的时间差异很大，要保证一批预冷的每棵蔬菜都能达到一致预冷标准，就要使冷却的蔬菜产品的规格保持整齐一致。另外对扎捆的蔬菜，扎捆不要太大，最好在 0.5kg 以下。

（2）包装　采用不同形状、规格的包装容器冷却，所需时间差异较大。采用透气塑料箱、编筐等预冷速度较快，冷却效率高；采用纸箱尤其是没有打孔的纸箱冷却效率最低，用严格密封的纸箱包装后冷却，可能需要 2～3d 的时间，如果再加小包装，则需要更长时间。因此使用纸箱包装预冷时，纸箱一定要有足够的通气面积。

（3）堆码　要使进入预冷库的蔬菜很快降温，热传导量一定要足够大。热传导量与温差、传热面积成正比，与移动距离成反比，因此，冷却蔬菜在库内的堆码要尽可能增加传热面积，菜箱间的距离

最小要保持5cm，菜箱堆码太密会影响库内冷风对流。同时，入库时也要注意同一种蔬菜预冷，要将不易冷却的体积大的先入库，并放置通风较好的地方，体积小点的晚入；不同种类、品种的蔬菜产品同时冷却，要将不易冷却的种类、品种提早入库并放置在通风较好的位置，从而与易冷却的产品达到较为接近的冷却速度。

（4）冷库温度　依据热传导量与温差的关系，库温与菜温相差越大，降温速度越快，但温度太低，蔬菜又会出现冻害和低温伤害，因此一般耐寒类蔬菜预冷冷风温度要在（2±2）℃，果菜类易出现冷害，冷风温度要在7～10℃范围内。

2. 差压冷却　差压冷却是为解决冷库冷却存在的问题而发展起来的预冷方式，采用强制库内的冷气进入包装箱内蔬菜产品之间的间隙，导出蔬菜的热量，其预冷速度可比冷库冷却快2～6倍，一般蔬菜的冷却时间只需3～6h。但比水预冷和真空预冷所用的时间至少长2倍。差压冷却的成本与冷库冷却相近，包装后的蔬菜预冷最好用此方法。

差压冷却包装箱要有一定通风面积，一般用开孔塑料箱或开孔纸箱。为保证纸箱的强度和足够的通风面积，纸箱长、宽之比不大于2.5：1；高、宽之比不大于2：1，不小于0.25：1；日本纸箱开孔面积一般为纸箱表面积的2％～3％，澳大利亚规定不小于纸箱表面积的4％。另外蔬菜种类、品种不同，最适通气面积也有所不同。为了使有限的开孔面积更有效通风，风孔的多少、形状、大小、位置都要进行科学计算，一般横面1～2个孔，长面2～3个孔。横竖颠倒堆码时，横面和长面的通气孔要能很好对齐。差压预冷要在预冷库中增加一套差压冷却通风系统，并将蔬菜产品间的间隙列为这个通风系统的组成部分。蔬菜按要求码放在差压预冷通风机风道的两侧，菜垛码好后，用苫布把菜垛风道的顶部和侧面封严。差压冷却风机开启时，在风道形成负压，使菜垛两侧形成压力差，迫使库内冷风进入蔬菜产品间的间隙，将产品体热带走。

如果进行差压冷却的是蔬菜包装箱，则应将箱垛码放在预冷库中，在风机的作用下，蔬菜箱垛两侧的空气产生一定的压力差，从而驱动预冷库中的冷空气以一定的流速通过蔬菜箱垛，快速冷却蔬菜。为使冷风均匀进入每一个菜箱，有效将蔬菜体热带走，进行差压预冷时，流过蔬菜的风速要远大于冷库冷却，因此要求差压预冷的库温要较冷库预冷高1～2℃。

差压冷却的优点：比冷库预冷的冷却速度快，只相当冷库冷却时间的1/6～1/2，一般早晨采收的蔬菜当天就可以出售，而设施建造费、冷却费与冷库冷却相近；冷却较均匀，可使整个差压冷却库内的每个菜箱的蔬菜均匀降温。

其缺点是：同样大的预冷库，一次处理量较冷库冷却要小，一般为冷库冷却处理量的60％～70％，但由于其预冷时间短，所以在一定时间内的总处理量不会减少；包装后预冷的包装箱要有足够透气面积；预冷时对菜箱的码放要求严格。

（五）真空冷却　真空冷却是利用水分蒸发带走热量进而降低温度的原理，将蔬菜产品放置在坚固、气密的真空罐中，迅速抽出罐中的空气和水蒸气，使蔬菜表面的水在真空负压下蒸发而冷却降温。水在标准气压下（1.01×10⁵Pa）100℃沸腾。气压下降，沸点也随之下降。当气压下降到664.5Pa时，水的沸点降为1℃。1℃的水蒸发1kg，可以带走2 500kJ的蒸发潜热。

当容器中的压力减少到611.34Pa时，蔬菜就可能连续蒸发冷却到0℃。真空冷却过程中蔬菜的失水在1.5％～5％，大约温度每降低5.6℃，失水量为1％。为减少真空冷却蔬菜的失水，有些真空冷却器中增加了加湿装置。美国的一些生菜（叶用莴苣）产地，在进行真空预冷前要往生菜上洒水，来减少预冷生菜的失水。

真空冷却降温速度依据不同蔬菜种类、品种而有较大差异，从真空冷却原理可以了解，在减压条件下，水分蒸发越容易的蔬菜降温速度越快；比表面积大的叶菜，降温速度最快，如菠菜只需10～15min，不易失水的番茄冷却20min才从25℃降到22℃。因此比表面积较大、水分蒸发快的叶类蔬菜适宜用真空预冷，根茎菜、果菜不宜用真空预冷。

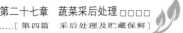

真空冷却是国外商业冷却生菜的标准方法，纸箱包装的生菜在25～30min内蔬菜体温可以从21℃下降到2℃。但是结球紧实度不同的生菜，需要冷却的时间不同，包心不紧的生菜需要15min，包心紧实的生菜可能需要50min或更长时间。

真空冷却需要透气包装，一般透气包装箱的空隙度对冷却时间几乎没有影响，但用完全密封的容器包装的蔬菜，几乎不能冷却。具有不同表面积和体积比的蔬菜产品，在不同的包装中，真空冷却的效果见表27-8。

表 27-8　具有不同表面积/体积比蔬菜的真空预冷效果

（摘自：《果蔬花卉苗木商业贮藏手册》，1990）

产品的表/体比	包装类型	真空冷却时间（min）	产品的温度	
			初温（℃）	终温（℃）
表/体比大的				
抱子甘蓝	夸脱圆筐	20	20	3
苦苣	板条箱	20	20	2
团叶生菜	纸板箱	13	22	2
菠菜	筐	10	19	3
表/体比中等				
菜豆		20	27	16
菜花	板条箱	20	24	7
芹菜	板条箱	13	21	8
甜玉米	板条箱	20	28	6
表/体比小的				
去顶胡萝卜	板条箱	45	19	16
黄瓜	筐	20	26	23
马铃薯		30	18	14
番茄	隔窝盘	20	25	22

真空冷却的优点是：冷却速度快、冷却死角少、降温均匀。缺点是：设施费用高。其设施费用相当于同样处理能力的冷库预冷的3～4倍，而且还要有贮藏库配套。

三、预冷方式的选择

一种预冷方式可以适用不同种类蔬菜，一种蔬菜也可适用几种预冷方式。应依据蔬菜的种类和产地、市场的具体情况选择预冷方式，并建造预冷设施。

（一）不同种类蔬菜适宜的预冷方式　一些蔬菜预冷温度、适宜预冷方式及预冷时间见表27-9。

表 27-9　一些蔬菜适宜预冷温度、预冷方式及预冷时间

蔬菜种类	预冷温度（℃）		预冷时间		
	冷库温度	蔬菜体温	冷库预冷（h）	差压预冷（h）	真空预冷（min）
番茄（绿熟）	10～13	<15	15～24	4～6	
青椒	7～10	<15	10～20	3～4	

（续）

蔬菜种类	预冷温度（℃）		预冷时间		
	冷库温度	蔬菜体温	冷库预冷（h）	差压预冷（h）	真空预冷（min）
茄子	9～10	<15	15～24	4～6	
黄瓜	10～13	<15	15～20	4～5	
蒜薹	1～5	<5	20～24	3～4	15～20
菜豆	9～10	<15	20～24	3～4	15～20
豌豆	1～2	<5	20～24	3～4	15～20
荷兰豆	1～2	<5	20～24	3～4	15～20
南瓜	7～10	<15	1～2	6～7	
西瓜	10～13	<15	2～3	6～8	
甜瓜	3～5	5～6	1～2	4～6	
白菜	1～2	<5	1～2	5～6	
甘蓝	1～2	<5	1～2	4～6	
抱子甘蓝	1～2	<5	15～20	3～4	15～20
芦笋	1～2	<5	15～20	3～4	15～20
花椰菜	1～2	<5	15～20	4～5	
青花菜	1～2	<5	15～20	4～6	15～20
菠菜	1～2	<5	15～20	3～4	15～20
芹菜	1～2	<5	15～20	3～4	15～20
油菜	1～2	<5	15～20	3～4	15～20
羽衣甘蓝	1～2	<5	15～20	3～4	15～20
生菜	1～2	<5	20～24	4～6	15～20
大葱	1～2	<5	15～20	3～4	15～20
大蒜	1～2	<5	15～20	3～4	15～20
菊苣	1～2	<5	15～20	3～4	15～20
姜	10～13	<15	15～20	3～4	
芋	7～10	<15	20～24	4～6	
胡萝卜	1～2	<5	20～24	3～5	
白萝卜	1～2	<5	24～28	7～10	
草莓	1～2	<5	15～20	3～4	
甜玉米	1～2	<5	20～24	6～8	15～20
蘑菇	1～2	<5	15～20	3～4	15～20

（二）预冷方式的应用　在蔬菜生产种类较多、规模较小时，宜采用冷库预冷或差压预冷，此预冷方式可适宜所有的蔬菜类型，且预冷量可多可少，使用灵活，预冷成本较低。但差压预冷对预冷蔬菜包装及预冷时的堆码有一定要求；蔬菜生产种类较单一，生产规模较大且又适宜真空预冷时，可采用真空预冷。

1. 生菜预冷　生菜（叶用莴苣）最适宜的预冷方式是真空预冷。一般要求预冷目标温度（4±1)℃，真空预冷如最终到达压力控制在 664.5～797.4Pa，预冷时间大概需要 20min。真空预冷时生菜表面温度要比中心温度低 1～2℃，为防止表面受冻，减压时要特别注意压力、湿球温度。

生菜用冷库预冷时，预冷库温度设定在 0～1℃；用差压预冷时，预冷库温度设定在 2～3℃。冷库预冷需 15～20h，差压预冷需 5～6h。

2. 菠菜预冷 采收以后的菠菜，高温很易引起叶绿素的损失，因此要尽量缩短收获到预冷的时间。菠菜极易失水，因此要防止预冷处理过度，并可进行适度包装。真空预冷，最终温度到 5℃，需 20min 左右，失水在 3％～4％；差压预冷需 2～3h，但直接用冷风吹，易引起失水，为避免过分失水，可用塑料薄膜袋套装后再预冷，塑料薄膜包装后差压预冷需 8～12h；也可先用差压预冷 1～2h 再套塑料薄膜包装袋。

3. 番茄预冷 番茄不适用真空预冷，适宜用差压预冷或冷库预冷。完熟番茄体温 25℃，用差压预冷 4～6h 可预冷到 5℃；用冷库预冷，需 20～24h。完熟番茄在高温条件下很易软化，收获后要尽快预冷。

4. 青花菜预冷 青花菜是采后极易黄化的蔬菜，因此采后要及时预冷。可用真空预冷、差压预冷、冷库预冷、冰预冷。个体较大的青花菜用真空预冷常常会出现预冷不彻底的情况，茎中心温度降不下来，可采用在包装容器内加冰或放置预冷库继续预冷；利用差压预冷需 4～6h；用冷库预冷需 15～20h。

5. 甜玉米预冷 甜玉米采后在高温下糖迅速减少，品质下降。在 10℃下糖分损失为 0℃时的 4 倍，在 30℃下，一天有 60％的糖转化为淀粉，在 0℃下只有 6％的糖转化为淀粉。因此收获后迅速预冷对甜玉米尤为重要。用真空预冷 30min 左右，其体温可从 30℃降到 5℃；用水预冷，将甜玉米浸在 0～3℃的水中，从 30℃降到 5℃需要 1h；用差压预冷需 6～8h；用冷库预冷需 20～24h。

6. 胡萝卜预冷 胡萝卜适宜用水冷、差压预冷、冷库预冷。水预冷只需要 20～30min。可先用冷水浸 20～30min，再用少量冷水冲淋，这样既保证了预冷效果，又减少了对胡萝卜的污染。采用差压预冷需 3～5h；冷库预冷需 20～24h。

第五节　蔬菜产品的运输

蔬菜产品运输是连接生产和市场，实现生产最终价值的重要环节。蔬菜产品流通是指蔬菜由生产产地到消费者手中的整个流动过程。只有通过运输才能调剂蔬菜市场供应，互补余缺，促进蔬菜生产的发展。只有具备良好的运输设施和技术，才能保证蔬菜产品流通应有的社会、经济效益。

运输可以看做是动态的贮藏。运输过程中的振动程度、环境温度、湿度、空气成分等都对运输效果产生影响。如前所述，蔬菜产品含水量大，采后生理活动旺盛，易破损，易腐烂。因此，为了达到理想的运输效果，确保运输安全，要求做到：快装、快运，缩短运输时间；轻装、轻卸，减少机械损伤；防热、防冻，延缓衰老，防止腐烂和低温伤害。

一、运输方式和工具

蔬菜产品的运输可采用公路运输、铁路运输、航空运输和水上运输。蔬菜从产地到销地的运输，需要依据蔬菜种类、运输距离和消费市场的质量要求及能付出的成本确定一种运输方式或多种运输方式。各种运输方式均有各自的长处和不足，充分发挥各种运输方式的优势达到优势互补，也是设计运输路径时应充分考虑的。

（一）公路运输 公路运输是最基本的运输方式。短距离从产地到市场的运输主要依靠公路运输。从事铁路、航空和水上运输时，其中从产地到铁路、机场、码头和从铁路、机场、码头到销售市场都需要公路运输作为补充。公路运输的优点是：时间灵活，可随时启程，短途运输蔬菜送达速度快；方

便，可深入到生产和生活的任何已通公路的地区；可进行门对门服务，中途无须换装送达；另外投资较少，包装要求相对较为简易等。其不利因素主要有：运量小、相对能耗大，远距离运输速度慢、成本高。

主要运输工具有：

1. 普通运货车　普通运货车大、小运量各有不同，其共同的特点是：只有运输功能，没有温度控制条件。其所运蔬菜产品受自然气温、湿度影响大，车内温度靠堆码通风、冬季运输采用加盖草席或棉被等保温、夏天加冰等方法进行调节。此方法适宜运程短，运输成本相对较低，但蔬菜产品损耗大。

2. 保温车　保温车的车体具有保温作用，但无机械制冷设备，在蔬菜运送过程中主要靠保温车体的保温作用阻断内外气体的交换，以保证蔬菜在运输过程中保持一定温度范围。此方法受环境温湿度影响较小，但不能调节由于蔬菜自身代谢和车体渗漏对车内温度的影响，因此其保温范围有限。不同蔬菜可保温运输的时间有所不同，一般夏季运输预冷以后的蔬菜，其运输距离在8h以内能够达到的，可用保温车运输；运输未预冷的蔬菜用保温车运输，需要有较好的通风条件，以调节车内的温度、湿度和气体条件。保温车运输具有投资少、造价低、能耗少和运营费用低等优点，目前在中国蔬菜运输中的应用正逐渐增加。

3. 冷藏车　冷藏车具有保温和机械制冷功能，可以调节蔬菜产品运输所需的温度，为蔬菜产品运输提供最佳的温度条件，因而大大提高了蔬菜的运输质量。冷藏车在气温低的季节也可作为保温车和加温保温车应用。一般冷藏车的制冷量是根据保证蔬菜产品运输过程制冷的要求设计的，因此产品要在产地经过预冷后再装冷藏车运输。如将不经预冷的产品用冷藏车运输，则需要较长时间才能将蔬菜体温降到适宜温度，会大大降低运输质量。

（二）铁路运输　铁路运输具有载运量大、运价低、运达速度快等优点，铁路运输的运价相当于汽车平均运输成本的1/15～1/20。最适宜大量蔬菜的远距离运输。但铁路运输不及公路运输灵活，需按铁路的运行时间和车组组合装货运送。另外铁路运输两头都需要公路运输作为辅助，货物需要换装转运才能送达，因此难以保证全程运输的质量。

铁路运输工具有：

1. 普通篷车厢　普通篷车厢与公路运输卡车厢的特点和性能相似。这种车厢适宜在较适合的季节运送较易保存的蔬菜，如马铃薯、洋葱等。在气温高和低的季节运输蔬菜的损耗很大，甚至可达40%～70%。

2. 通风隔热车厢　通风隔热车厢与公路运输保温车的特点和性能相似。

3. 加冰保温车厢　加冰保温车厢简称冰保车，它是在保温车厢的基础上增加了贮冰箱，一个车厢有6～7个贮冰箱。以冰箱作为冷源，保证车内温度维持在一定范围。由于冰箱的贮冰量是有限的，为保证冷源不断，在铁路沿线定点设置加冰点，使车厢能在一定时间内得到冰的补充，维持较为稳定的温度。在严寒季节可用加温设备增温，以防低温伤害。

4. 冷藏车厢　冷藏车厢与公路运输冷藏车特性和性能相近。

（三）水上运输　水上运输具有载运量大、运价低等优点，但运送速度远比公路和铁路慢，并且受自然条件影响较大，有时待港时间过长，也影响蔬菜运输质量。此方式适宜大量耐运输蔬菜产品的长距离运输。水上运输蔬菜的货舱有普通、保温和冷藏货舱之分。

（四）航空运输　航空运输速度最快，但运费高、运量小，只能运送高档、不易保鲜和一些特殊需要的蔬菜。航空运输一般需将蔬菜在产地预冷以后再保温运输。航空运输最大的问题是换装送达途中环节多，有时也受天气影响。

集装箱是一种便于机械化装卸和运输的大型货箱，把小型蔬菜包装箱集中装载在较大的集装箱中，便于集中装卸和转运。由于集装箱运输显示了明显的优越性和经济效益，所以发展很快，在公路、铁路、水运、航空运输上都有应用。

二、蔬菜运输应注意的问题

蔬菜运输除应考虑与贮藏相同的温度、湿度、气体条件外，还要考虑运输过程的振动以及包装和堆码。

（一）温度　温度是保证运输蔬菜质量的基础，尤其是远距离、长时间运输的蔬菜保持适宜温度更为重要。预冷和冷链运输是现代蔬菜流通中所能达到的最佳温度状态，产地预冷是运输冷链的开始，产地预冷可使蔬菜采后很快进入利于保鲜的适宜温度，除去大量田间热和呼吸热，并可大大降低对运输工具制冷量的要求，降低运输成本。不同种类的新鲜蔬菜有不同的低温运输温度要求（表27－10）。

表 27－10　新鲜蔬菜在低温运输中的推荐温度
（国际制冷学会，1974）

蔬菜种类	冷链运输（℃）		蔬菜种类	冷链运输（℃）	
	1～2d	2～3d		1～2d	2～3d
辣椒	7～10	7～8	芦笋	0～5	0～2
黄瓜	10～15	10～13	花椰菜	0～8	0～4
菜豆	5～8	未推荐	甘蓝	0～10	0～6
食荚豌豆	0～5	未推荐	蔓菜	0～8	0～4
南瓜	0～5	未推荐	莴苣	0～6	0～2
番茄（未熟）	10～15	10～13	菠菜	0～5	未推荐
番茄（成熟）	4～8	未推荐	洋葱	－1～20	－1～13
胡萝卜	0～8	0～5	马铃薯	5～10	5～20

短距离运输的蔬菜对温度要求可稍微放宽一些，运输时间超过 3d 的蔬菜产品要与低温贮藏的适温相同。

中国目前产地预冷和冷链运输设备和技术的发展还远不能满足国内外蔬菜市场对蔬菜运输保鲜的要求，出口蔬菜产地预冷和冷链运输设备和技术体系已基本建立，但设备和技术还需进一步完善，预冷效率和运输质量尚需进一步提高；国内蔬菜大部分是在常温条件下运输、销售。在常温运输中，不论采用何种运输工具，其货箱和蔬菜的温度都受环境温度的影响，尤其是盛夏和严冬对运输蔬菜质量影响更为突出。

（二）湿度　蔬菜适宜保鲜的湿度在 90% 以上。在运输过程中，因其包装方式、方法、材料、运输条件的不同，其环境湿度有较大的差异。因此在蔬菜运输过程中要采取有效方法保持蔬菜的环境湿度，减少失水萎蔫。常用的方法有：

（1）采用具有保湿作用的包装箱　常在纸箱的制作中加入防水、保湿材料。采用此种纸箱包装时，纸箱密封不要太严，要有一定通气面积，用以调节箱内温度和气体。但这种包装箱的成本较高，因此常在运输出口蔬菜产品时采用。

（2）在包装容器内部衬垫塑料薄膜　作衬垫的薄膜厚度一般为 0.01～0.03mm。这种包装容器对保持蔬菜的水分效果很好，但同时也影响了容器内外的气体交换，并且产品的热量也难以扩散，因此运输这种包装箱的蔬菜产品一定要经过预冷，或是在气温、蔬菜体温较低的季节使用。注意包装箱上部的薄膜不要密封过严，要依据运输蔬菜的具体情况留出适量缝隙，用于通气、散热。

（3）用塑料薄膜袋包装　塑料薄膜袋所用薄膜厚度一般为 0.03～0.05mm，其大小依据所装蔬菜

种类不同而有所不同，一般每袋可分装 5kg 左右。

（三）气体 除气调运输外，新鲜蔬菜在运输过程中由于自身呼吸代谢和包装容器材料、性能的不同，容器内气体成分也会有相应的变化。尤其采用防水保湿包装箱，或是用塑料薄膜做衬垫、塑料薄膜袋包装，均会因蔬菜产品代谢过程中二氧化碳气体积累，氧含量下降，所以在运输过程中都要注意适量通风，在高温季节常温运输时更要注意。

（四）包装 蔬菜产品运输对包装的要求有以下几点：

（1）包装容器易于搬运 单件包装不宜过大，一般 20kg 左右；包装容器要有搬运把手。易于产生机械损伤、价值较高的要实施小件包装，一般 1 件的重量为 2.5～5kg。

（2）包装容器要有一定的强度和缓冲作用 瓦楞纸箱的缓冲作用较好，一般纸箱易吸湿降低强度，采用防水纸箱较好。对有些易产生机械损伤、价值较高的蔬菜可在包装容器内垫一些包装纸或碎纸屑，还可用包装纸、聚苯网套进行单体包装；还可在包装箱内用纸板做成间隔，对产品都能起到很好的保护作用。

（3）包装材料要轻、软、洁净 包装中的衬垫及填充包装材料要求柔软、质轻、清洁卫生。

（五）堆码与装卸 运输蔬菜的装车方法是否正确，直接关系到蔬菜运输的成功与否。装车方法直接影响产品是否容易遭受机械损伤、运输中的环境温度、气体条件，最终影响蔬菜的运输质量。因此蔬菜装卸要注意轻拿、轻放，严禁野蛮装卸。在堆码时，要留出通风间隙，纸箱有井字形、品字形装车法，菜筐有筐口对装法。货箱与车壁间留出空隙，在每个包装个体之间也要留出适当的间隙，以使车内空气能顺利流通。

（高丽朴）

第六节　蔬菜的其他采后处理

（一）愈伤处理 蔬菜在采收和运输过程中很难避免各种损伤。愈伤指蔬菜产品表面轻微受伤部分，在适宜环境条件下自然形成愈合组织的生物学过程。愈合组织包括受伤组织细胞栓质化或木质化，以及其下细胞分裂形成伤周皮组织，可阻止病菌侵染，减轻水分蒸散和氧化变质。愈伤时组织细胞内的一些化学物质会表现出一系列水解过程的加强，例如甘薯的伤口愈伤时部分淀粉转变成糊精和蔗糖，原果胶转变成可溶性果胶，部分蛋白质分解，使非蛋白氮增加。有些蔬菜组织受伤会诱导产生乙烯、赤霉素等激素物质，会使受伤组织发生包括活化有关酶的次级效应。生产中也有应用 2，4-D 等植物生长调节剂促使受伤的蔬菜组织愈伤。愈伤组织的形成可使产品恢复表面保护结构和内部组织正常生理机能，对其贮藏作用很大。经愈伤的马铃薯比没愈伤的贮藏期可延长 50%，而且腐烂减少。为此，须在贮藏前进行愈伤处理。

愈伤的完整性和速度受环境温度、湿度和空气成分的影响，愈伤处理一般要求高温、高湿和一定的通风条件。多数蔬菜的愈伤条件为 25～35℃、相对湿度 85%～95%、氧含量超过 10%、二氧化碳含量低于 5%。愈伤温度对愈伤速度影响最大，27℃时马铃薯块茎伤部形成完整木栓层和伤周皮需 3～4d，20℃时需 5～7d，10℃时需 9～16d，5℃下 28d 仍不能愈伤。愈伤所需的温度、湿度因蔬菜种类而有所不同。马铃薯愈伤最适条件为 21～27℃、相对湿度 90%～95%；甘薯为 32～35℃、相对湿度 85%～90%，而山药在温度 38℃、相对湿度为 95%～100%的条件下，1d 就可愈合伤口；洋葱、大蒜等蔬菜愈伤要求高温、低湿条件，以利鳞茎部伤口愈合和外部鳞片形成干膜。而受伤表面的干萎收缩，并非真正的愈伤。

蔬菜的愈伤能力因其种类差异很大。一般块根、根茎、鳞茎类蔬菜如萝卜、芋、薯芋、甘薯、马铃薯、洋葱和大蒜等具有较强的愈伤能力，而果菜、叶菜类蔬菜的愈伤能力较差，所以，愈伤处理仅对愈伤能力较强的蔬菜有效。愈伤也受蔬菜成熟度的影响，刚收获成熟的蔬菜产品伤口的愈伤能力较强，经过短暂时间贮存或贮藏已进入完熟或衰老阶段的产品则愈伤能力显著减弱，一旦受伤，则伤口很难愈合。愈伤处理虽能使某些蔬菜伤口愈合，但这绝非意味着在蔬菜采收、包装、运输等操作中可以随意造成损伤。另外，愈伤处理虽然可以愈合、修复伤口，但指的是轻微的小伤口，严重损伤的大伤口则很难形成愈伤组织，且愈合过程中可能会腐烂变质。还有，愈伤处理一旦完成，应尽快进入贮藏环境，并应避免造成新的创伤。

愈伤处理场所应有加温设施，也可在通风良好的仓棚和贮库内进行。在生产实践中，蔬菜采收后的晾晒处理，就包含着愈伤过程。

（二）化学物质处理 通过化学物质处理对蔬菜产品的生理活性进行调控，是采后处理不可缺少的。所用的化学物质一类是生理活性调节剂，另一类是防腐剂。

1. 生理活性调节剂 对蔬菜产品的生理活性能产生刺激和调节的化学制剂是生理活性调节剂，即通常所称的植物激素。植物激素有生长素类、赤霉素类、细胞分裂素类、脱落酸及乙烯五大类。根据其性质和使用量不同，可分别具有促进或抑制生理活性的作用。在蔬菜采后贮运中应用的主要是保绿防衰、抑制呼吸和后熟、抑制生根和发芽、抑制离层和器官脱落、防止生理病害的化学制剂。

（1）延缓叶绿素降解，防止黄化的物质 主要是苄基腺嘌呤（BA）和激动素（KT），属细胞分裂素类物质。对芹菜、莴苣、甘蓝、青花菜、结球白菜、辣椒、黄瓜、菜豆等蔬菜有延缓叶绿素降解，保持细胞内较高蛋白质水平，防止组织黄化等作用。这类物质多含有腺嘌呤基团。Salunkne 等指出，作物收获后常导致可溶性 RNA 解体，从而使蛋白质合成受到干扰，可溶性 RNA 分解的第一步就涉及末端腺嘌呤基团，BA 等处理可提供必要的腺嘌呤，并重新组合到 RNA 分子上，因而保持蛋白质合成，故使处理过的产品延长保鲜时间。BA 使用浓度为 5～20mg/kg，须在采前 1d 田间喷洒或采后当即浸渍处理。如用 20mg/kg BA 溶液浸渍处理叶菜类蔬菜，能抑制其呼吸代谢，对在 5℃、相对湿度 95％下贮藏的结球莴苣，可延长保鲜期 7d，对甘蓝可延长保鲜期 8d。用 10mg/kg 的 BA 溶液浸渍芹菜，常温下贮藏 5～10d，呼吸释放的二氧化碳仅为对照的一半。Silva 等（1997）用 100mg/kg BA 处理芦笋，降低其呼吸强度，延缓叶绿素降解速度，延缓了蔗糖分解，保持了较好的外观质量。KT 也有类似作用，用 KT 处理莴苣，对延缓衰老效果比 BA 更好。BA 处理后不易在组织内转移，处理时须全面喷布或浸渍，否则会部分形成脱绿斑。BA 与 2，4 - D 混合使用，对延迟花椰菜黄化效果显著，如果单一用 BA 处理则无效。

（2）推迟后熟的物质 主要是赤霉素（GA₃）。一些学者指出，番茄等果实采后用 GA₃ 处理，可明显推延其后熟，表现为呼吸强度降低，呼吸跃变期和叶绿素分解后延，从而延长了保鲜期。

（3）抑制离层形成、防止脱落的物质 主要是生长素类，常用 2，4 - 二氯苯氧乙酸（2，4 - D）、吲哚乙酸（IAA）、萘乙酸（NAA）等。可抑制采后蔬菜产品的离层形成，保持组织新鲜，使之不易脱落，并增强抗病力，减少腐烂，延长贮藏寿命。有报道指出：花椰菜和甘蓝在采前 1～7d 喷施 100～500mg/kg 2，4 - D，可减少贮藏中脱帮（外叶脱落），用含 50～100mg/kg NAA 的纸条填充在产品中也可减少失重和脱帮。许多研究报道，采前或采后用 25～50mg/kg 2，4 - D 喷施结球白菜，可显著防止结球白菜在贮藏中脱帮。

（4）抑制发芽和抽薹的物质 主要是青鲜素（MH）。中国于 20 世纪 70 年代研究报道，用 MH 可防止常温下贮藏的洋葱、大蒜、马铃薯、甜菜等发芽，并可防止夏甘蓝、结球白菜和胡萝卜等采后抽薹。MH 处理后可能使糖的正常呼吸代谢途径受阻（RQ 值小于对照，并小于 1），有效能量释放少，从而发生抑制作用。一般洋葱、大蒜在采收前 2 周（管状叶 50％倒伏）用 2 500mg/kg MH，马铃薯在采收前 2～4 周用 2 500～3 000mg/kg MH，甜菜、胡萝卜等在采收前 2～3 周用 1 000～2 500mg/kg MH 进行田间叶面喷洒，对抑制发芽均有良好的效果。也有将洋葱、大蒜采后用 2 000mg/kg MH 浸渍抑芽的报道。但浸渍后贮藏会增加腐烂。使用 MH 抑制发芽，处理比较方便，费用也不高，但生产上应用尚不广泛，主要原因是 MH 具有神经性痉挛毒性的报道。除 MH 外，还

有用萘乙酸甲酯（MENA）、氯苯胺灵（CIPC）、吲哚乙酸（IAA）和四氯硝基苯（TCNB）等处理采后马铃薯抑制发芽的报道。

2. 防腐剂 蔬菜是易腐产品，腐烂占采后贮运期间损失的很大比例。造成其腐烂的主要病原菌是由灰霉属（*Botrytis*）、青霉属（*Penicillium*）、交链孢霉属（*Alternaria*）、根霉属（*Rhizopus*）、色二孢霉属（*Diplodia*）拟茎点霉属（*Phomopsis*）等真菌和欧氏杆菌属（*Erwinia*）和假单胞菌属（*Pseudomonas*）等细菌侵染引起。大多数与蔬菜采后有关的病原菌是弱病原体，只能侵染受伤组织。所以，在采收和采后处理及贮运中应尽量避免造成各种人为或机械损伤，以减少因致病菌侵染受伤组织而引起的腐烂。在此基础上可使用化学药剂作防腐处理，这些化学药剂统称为防腐剂。

对蔬菜采后可能造成污染的库房、容器、工具等，在使用前都应进行消毒处理。常用的消毒剂有：

（1）氧化性消毒剂　包括氯气、漂白粉、漂粉精、次氯酸钠（安替福民）、臭氧等。这些药剂在使用时均可放出原子态氧或氯，用以杀菌（漂白粉和漂粉精有效成分是次氯酸钙，它们吸收二氧化碳会形成次氯酸，再分解出原子态氧来杀菌）；氯气使用时应加入水中，调成弱碱性溶液，使之形成次氯酸盐；漂白粉应用10％溶液，漂粉精可用5％溶液。

（2）甲醛类消毒剂　有甲醛、聚甲醛等。甲醛应用1％～2％溶液喷洒墙面和贮架。聚甲醛应加热使其产生气态甲醛来熏蒸消毒，使用时人应避开，以免中毒。

（3）二氧化硫类消毒剂　有硫黄、二氧化硫等。二氧化硫为还原型杀菌剂，对各种真菌作用强烈，对酵母菌作用差。可直接用钢瓶装二氧化硫消毒，生产中通常用$10～15g/m^3$硫黄，多点分布燃烧熏蒸消毒。二氧化硫遇水汽易形成亚硫酸，对库内金属器件具腐蚀性。

蔬菜产品采后病害防治是由采前病害防治发展而来的，因此，采后用药是采前用药的延伸。防腐剂按其能否透过产品表皮而分为能透过的内吸性药剂和不能透过的非内吸性或保护性药剂。内吸性的可在施药后渗入产品组织内，杀菌作用强，即使再出现伤口也不易被侵染，但残留量高，食用前不易被洗掉。而非内吸性药剂则起一种保护性作用，在产品表面，特别是伤口处（这类药剂多呈碱性，产品伤口均呈酸性，对药剂具明显吸收能力），会形成高浓度药剂保护层，但再出现伤口时，仍会被侵染。这类药剂食用前可被清洗掉，残留量低。

目前中国应用的蔬菜采后防腐剂有四大系列产品：

（1）仲丁胺系列（2-氨基丁烷，简称2-AB）　属高效、低毒防腐剂，具强挥发性，对真菌病害效果明显。生产中主要有克霉灵、敌霉灵、保果灵等；克霉灵为50％仲丁胺熏蒸剂，适用于不宜洗涤的蒜薹、黄瓜等蔬菜防腐保鲜。使用时将其蘸在棉花球、布条或纸条上，与产品一起密闭12h以上，使之自然挥发。保果灵是一种含仲丁胺制剂，适用于黄瓜、番茄、菜豆等洗果防腐保鲜，一般用100倍稀释液，浸果30～50s，晾干后入贮。

（2）苯并咪唑系列　该系列药剂都有苯并咪唑基本化学结构，属内吸性广谱、高效、低毒防腐剂，可防治蔬菜真菌性病害。生产中主要有托布津、多菌灵、苯莱特、特克多（噻菌灵TBZ）等。使用浓度：托布津为0.05％～0.1％，多菌灵、苯莱特为0.025％～0.1％，特克多为0.066％～0.1％（以100％纯度计），多用于洗果。这类防腐剂若与2，4-D混合使用，可起到防腐、保鲜双重作用。

（3）二氧化硫系列　二氧化硫是一种强杀菌剂，当浓度达0.01％时可抑制各种细菌性病害，达0.15％时可抑制真菌性病害。二氧化硫可用于熏或浸果，也可做成不同形式的缓释剂（市售保鲜片）。使用二氧化硫制剂必须低残留，其产品内残留量应≤20mg/kg。并应注意二氧化硫的漂白作用，对花青素的影响较大。

（4）二氧化氯系列　为世界卫生组织（WHO）指定的AI级无毒、无残留安全防腐剂，具有抑菌防腐、保鲜（消除环境中乙烯等有害气体）、除臭等多种功效，属表面保护性防腐剂，生产中主要使用稳定性二氧化氯（2％浓度），一般用 100 倍溶液浸、喷番茄等产品。

蔬菜采后应用防腐剂提倡熏蒸施药（库内密闭燃烧、烟熏或施药纸、药片、药粉在薄膜袋、帐内缓释），使用方便，利于生产单位采用。浸渍施药比较麻烦，生产单位往往不愿采用，有条件可与冷水预冷结合进行，并注意浸渍后，须待产品晾干后再入贮，否则产品会因潮湿而引致病腐。

蔬菜采后使用化学物质防腐除应根据不同产品、不同病情选用不同药物处理外，还应注意选择适宜的处理浓度、处理时间和处理次数；且必须符合国家有关食品卫生法规，并逐步减少使用量，保证消费者食用安全；出口产品必须采用进口国法律允许的处理药物和方法，严格控制药物残留限量。

（三）物理方法处理

1. 涂膜　涂膜处理是在蔬菜产品表面人工涂被一层透明薄膜，可以减轻机械损伤，减少失水蒸散（涂膜后失水速度可减缓 30％～50％）和因蒸发而引起的失水萎蔫和皱缩；涂膜可将其与环境气体适当隔开，阻碍气体交换，减少蔬菜产品对环境中 O_2 的吸收和 CO_2 向外释放，提高体内 CO_2 和 O_2 的比值，降低呼吸消耗，推迟呼吸高峰到来，延缓后熟衰老；在涂膜液中添加杀菌剂或防腐剂，兼有防腐作用；涂膜液中若加入抑芽剂，则可以抑制某些蔬菜发芽；涂膜处理还可显著地增强产品表面光泽度，改善外观质量，提高其商品价值。

涂膜处理也称打蜡，国外在这方面研究较早，1924 年已有相关报道。20 世纪 30～50 年代该项研究迅速发展，成为商业竞争的手段之一，在番茄、辣椒、黄瓜等蔬菜上已广泛采用。中国在这方面的研究起步较晚，60 年代引进设备，70 年代研究涂膜液配方，但在蔬菜产品的贮藏中应用较少，目前仅在部分出口果、蔬产品上应用。

涂膜剂种类很多，新鲜蔬菜涂膜主要选用脂类涂膜剂。脂类涂膜剂具有一定的透 O_2 和透 CO_2 性，可防止缺 O_2 和高 CO_2 伤害。生产中使用的涂膜剂都以水溶性石蜡（矿物蜡）和巴西棕榈蜡（植物蜡）混合作为基础原料。石蜡的阻湿性远高于其他脂质或非脂质薄膜，可以减少产品失水。巴西棕榈蜡能使产品表面产生诱人的光泽，增加其光亮度。近年来研制的用聚乙烯、合成树脂、乳化剂和润湿剂调配并复合有防衰老、抑制发芽、杀菌剂等化学物质的水溶性涂膜剂已逐渐得到开发应用。美国戴科公司生产的可食性果蔬涂膜剂——果亮，用它处理果、蔬产品，不仅可提高产品外观质量，还可防治由青霉菌和绿霉菌引起的腐烂；日本生产的 OED（Oxyethylend dowsanol）是一种用于蔬菜的涂膜剂，用 20～60 倍液涂被蔬菜表面，可防止失水和病菌侵入；另外一种用蜜蜡：胨胳：蔗糖脂肪酸以 10：2：1 比例配成的涂膜剂，涂在番茄果柄上，常温下可显著减少失水，延缓衰老；20 世纪 70 年代以来中国林业科学院林产化工研究所、南京林产化工研究所等单位研制的紫胶、果蜡、虫胶 2 号、虫胶 3 号等涂料在果、蔬上应用，取得了良好效果；1989 年化工部北京化工研究院研制的 CFW 果蜡（又称吗啉脂肪酸盐水溶性果蜡），可作为多种果、蔬的涂膜保鲜剂。

蔬菜涂膜方法有浸涂、刷涂和喷涂法三种。浸涂法较简便，把涂料配以适当浓度溶液，将产品整个浸入一定时间，取出放到一个垫有泡沫塑料软垫的倾斜槽内，徐徐滚下，晾干后装箱包装。但此法较耗费蜡液，且不易浸涂均匀。刷涂法即用细软毛刷蘸上配好的涂料液，涂刷产品表面或使产品在涂蜡机毛刷间辗转擦刷上一层薄膜。喷涂法是使产品经喷雾机喷涂一层涂液薄膜。国外大型包装场都使用机械涂蜡。机械涂蜡多与洗果、干燥、分级、包装等工序联合配套进行。中国许多地方仍采用手工涂蜡。但湖南省邵阳、山东省栖霞等地研制的涂蜡机在果、蔬商品化处理生产中得到应用。

涂膜处理后的产品不宜贮放太久，主要用于蔬菜短期贮运或上市前的商品化处理，只能在一定期限内起辅助保鲜作用，并受产品种类、品种、成熟度、伤损、病害及贮藏温、湿度等因素的影响。

2. 辐射处理　辐射处理应用于食品保鲜研究开始于 20 世纪 30 年代。1958 年苏联首次批准用 100Gy γ 射线辐射处理（辐照）抑制马铃薯发芽；1972 年和 1973 年匈牙利和意大利先后批准辐照抑制大蒜发芽。经过各国广泛研究、开发，到 1976 年为止，已经有 18 个国家对 25 种辐射食品作为商品销售予以"无条件批准"或"暂时批准"，其中包括马铃薯、洋葱、大蒜、蘑菇、芦笋等蔬菜食品。

中国于1958年开始研究辐射处理对食品贮藏的效果。1971年上海市蔬菜公司研究最先提出用33.6Gy γ射线辐照抑制大蒜发芽；紧接着1973、1975、1977年郑州、天津、济南等蔬菜公司均研究报道了用辐照方法抑制大蒜发芽。1983年11月30日中国政府正式批准辐照抑芽应用于大蒜商业化生产。由此上海原子核研究所和上海市蔬菜公司1985年始建造用于商品蔬菜辐照处理的钴源（^{60}Co）。目前全国可用于辐照大蒜的生产性辐照中心有30余家，每年可辐照处理大蒜约20万t。

目前各国主要应用钴^{60}（^{60}Co）或铯^{137}（^{137}Cs）作为γ射线源，^{60}Co能量比^{137}Cs大，所用的剂量低，照射时间较短，所以常用^{60}Co发射的γ射线。γ射线是穿透力极强的电离射线，当它穿透生物机体时，会使机体中的水和一些物质发生电离作用，产生游离基和离子，从而影响其代谢方式和过程。照射剂量过大时，会杀死组织细胞，造成辐射伤害；但一般用于蔬菜贮藏抑制块茎、鳞茎类发芽的辐照均为低剂量处理，不会造成辐射伤害，且不影响产品感官特性和风味。

辐射处理低剂量（1.0kGy以下）可影响蔬菜代谢，抑制块茎、鳞茎类蔬菜发芽，杀死寄生虫。中剂量（1.0～10.0kGy）可抑制蔬菜代谢，延长其贮藏期，并控制真菌活动，起部分杀菌（沙门氏菌）作用。高剂量（10.0～50.0kGy）可彻底杀菌。

在一定辐照剂量范围内，辐射效应同剂量成正相关；当辐照剂量相同时，辐射效应还与剂量率成正相关。辐照剂量率是指单位时间内（分和小时）的照射剂量。用相同剂量照射时，剂量率高，照射时间短；剂量率低，照射时间长。一般对食品辐照多使用较高剂量率进行，但使用高剂量率辐照要求有高强度放射源和极好的防护设备。菲律宾原子能委员会1967年研究结果表明，在相同辐照剂量下，50Gy/h的剂量率照射洋葱，其辐射保藏效果更加明显。辐射效应还同蔬菜产品的生理状态和年龄有关；抑制发芽要在生理休眠结束前照射，抑制后熟要在跃变期前照射；辐照抑制洋葱发芽，要在鳞芽尚未活动时处理，这样可使因辐照杀死鳞芽生长点细胞而引致的细胞褐变限制在最小限度。辐射处理某一种蔬菜，达到某一效应，有其临界剂量，如抑制马铃薯发芽需50～150Gy，30Gy无效；1kGy辐照草莓可保鲜5d，2kGy可保鲜9d。李志隆等（1980）发现，42Gy可抑制胡萝卜发生不定根，84Gy完全不发根，但似乎用672Gy处理还不能完全抑制其发芽。

辐射处理已在一些国家商业生产上应用；其中辐射处理主要用作抑制葱蒜类、薯芋类和根菜类蔬菜发芽；如用100～150Gy剂量的γ射线辐照可抑制洋葱和大蒜发芽，用50～150Gy剂量辐照可抑制马铃薯发芽，用20Gy剂量辐照可抑制生姜发芽，用50～100Gy剂量辐照可抑制胡萝卜发芽。另外辐射处理可干扰某些蔬菜的代谢过程，延缓其成熟和衰老；如用500～700Gy的γ射线辐照可延迟番茄成熟；用50～500Gy的γ射线辐照可使辣椒果梗保持绿色，并有一定的抑制完熟效果；用30～300Gy或100Gy剂量辐照黄瓜，可抑制瓜条完熟老化和种子膨大；用950Gy剂量辐照蒜薹，可抑制薹苞膨大。辐射处理还有一个效应是杀虫和部分灭菌；如用1～15Gy剂量辐照可杀死绿豆的害虫；用30～40Gy剂量辐照可防止番茄霉菌引起的腐烂。

辐射处理也可能加重腐烂，李志澄等（1985）观察到，经辐照处理的绿熟番茄、辣椒、黄瓜等在贮藏中由青霉、交链孢霉、镰刀菌等引起的腐烂损失反而加重。这可能是辐射引起了损伤（也称辐射损伤），削弱了蔬菜自身抗病性所致（尤其是未成熟的）。辐射损伤最常见的是引起产品变色（组织褐变）和变味（称辐射味）。辐射处理能否起到保鲜作用，一要看蔬菜及主要致病菌对辐射的敏感性；二要看致病菌能否重复侵染，以及致病规律和时间。为避免造成辐射伤害，辐照时只能采取低剂量和低剂量率，且要注意蔬菜种类、品种和处理后的贮藏管理。

辐射处理需要探索合适的辐照剂量、剂量率、辐照时间、蔬菜产品呼吸类型及成熟度，否则会影响辐照效果，或产生不良影响；如剂量过高，会使产品发生褐变、维生素受破坏、营养物质降解等感官特性和品质改变。采后蔬菜要尽快进行辐照处理；对跃变型的果菜要在呼吸高峰前辐照；辐射处理可与预冷、轻度加热或真空处理结合进行，以提高辐射处理效果，或减轻不良影响。

关于辐射处理的食用安全问题，国内外极其重视。根据大量试验研究和理论探讨认为，辐射处理的食品是安全的。根据联合国粮食及农业组织（FAO）和世界卫生组织（WHO）等联合专家委员会的认证结论，总体吸收剂量小于 10kGy 辐射的食品没有毒理学上的危险，因而用此剂量处理的食品不需要进行毒理学试验，在营养学和微生物学上也是安全的，对忍受力强的产品感官特性影响不大。但为了确保人体健康，对每种新的、尚未通过试验认证的辐照食品，必须进行必要的动物试验和测试分析，证实其安全无害后，方可由政府以法律形式批准用于生产。

（四）其他处理

1. 电磁处理　生物体都是天然生物蓄电池，虽整体上处于电荷平衡状态，但各个局部则带有不同质和量的电荷。在电磁力作用下，必然发生种种理化变化，进而改变组织器官的生理功能和代谢机制。有报道认为，一些果、蔬产品经电磁处理后，有抑制呼吸、推迟后熟、减少腐烂等作用。电磁处理主要有以下 3 种类型：

（1）高压电场处理　将果、蔬产品放入或通过由两块平行金属极板组成的高压电场中，调节加在极板上的电压，使极板间产生所需剂量的场强。这种综合作用，一是电场的直接作用；二是高压放电形成的离子空气和臭氧（O_3）作用。高压电场包括高压交流和高压直流两种，研究认为两者均可降低果、蔬产品的生理活性，延长保鲜期，但高压直流处理比高压交流处理为好。中国农业大学方胜、李里特（1997）对番茄进行静电场处理，结果表明，以电场强度 150kV/m、时间每天 60min 或每 4d 60min 处理番茄，比对照呼吸高峰推迟 14d 出现，且有效保持了番茄的硬度，延长了贮期。

（2）磁场处理　磁场处理是让果、蔬产品从一个电磁线圈内穿过，通过控制磁场强度和产品移动速度，使之受到一定剂量磁力线的切割作用，或产品不动，而磁场不断改变方向（S、N 极交替变换）的处理过程。据日本公开特许公报介绍，经磁场处理可提高果、蔬生命力，增强抗病力。果、蔬在磁场中运动，其组织生理上会产生变化，虽磁化效应不大，但可在果、蔬组织中测出这种电磁场现象。Boe 和 Salunkhe（1963）曾试验，将番茄放在强度很大的永久磁铁的磁极间，发现果实后熟加速，靠近 S 极的比靠近 N 极的果实成熟快。

（3）离子空气和臭氧处理　是蔬菜产品接受由高压放电而形成的离子空气和臭氧的处理（借助风机将其吹向产品）。通过不同方式高压放电（空气放电），可得到不同组分的放电生成气：有 O_3（臭氧）、I^-（负离子空气）、I^+（正离子空气）、O_3^-（臭氧＋负离子空气）、O_3^+（臭氧＋正离子空气）等。

①负离子保鲜作用。离子空气有正、负两种，视接地电极的正负而定。据研究报道，正离子空气对生物代谢起促进作用，而负离子空气则起抑制作用。从生物蓄电池角度看，蔬菜采后一系列生理生化变化，可认为是电荷不断积累和释放过程。蔬菜贮藏中要避免或减少有机物质的消耗，就必须中止或减少这个过程，而负离子的作用在于中和了蔬菜体内积累的正电荷，降低植物电势，抑制其代谢酶活性和电子传递系流，减缓营养物质的转化，从而降低产品的呼吸强度，起到减缓代谢、延衰保鲜作用。

②臭氧防腐保鲜作用。臭氧（O_3）是极强的氧化剂，又是良好的消毒剂和杀菌剂；O_3 很不稳定，易分解产生新生态单原子氧（即 [O]），它的氧化能力比氧大 1.65 倍，具有很强的杀菌防腐作用，能破坏微生物的细胞膜，对细菌和病毒杀伤力更强；高浓度 O_3 对霉菌具有杀灭作用，低浓度能抑制其生理活性，特别是对青绿霉和交链孢霉。O_3 除具极强的杀菌防腐作用外，还能氧化许多饱和及不饱和有机物质，能氧化蔬菜贮藏环境中的乙烯，使其失去生理活性作用，阻止乙烯对蔬菜的催熟，从而起到保鲜作用。O_3 与负离子共同处理，可以起到保鲜的增效作用。

诸多研究报道，对供试的绝大多数果、蔬用 O_3 处理，均有一定的防腐保鲜效果，但不同种类、品种的果、蔬对 O_3 处理的反应不同；多数报道认为，O_3 处理需适宜浓度、适宜处理时间，并需适宜的间隔时间；处理浓度过大，处理时间过长，可能会对果蔬组织造成伤害，使产品组织褐变。试验表明，引起莴笋损伤的 O_3 浓度不足 $10\mu l/L$。O_3 处理浓度、处理时间的选择，伤害阈值浓度的确定，受

果、蔬种类、品种、成熟度等多种因素影响，而这些一直是一些科研院所对 O_3 用于蔬菜保鲜的研究重点，同时，也一直影响着 O_3 在蔬菜保鲜中的开发应用。O_3 处理可以和机械冷库、通风贮藏库或塑料棚帐等结合使用。处理方法是定期开启 O_3 发生器，保持一定时间密闭后通风即可。一般情况下，延长贮藏期所用浓度在 $1\sim10\mu l/L$，防腐杀菌所用浓度为 $10\sim20\mu l/L$。

2. 等离子体处理 等离子体是物质的第四态。通过特定电场实现无声放电，产生低温等离子体气体。在此过程中，高能电子与工作气体分子碰撞，发生一系列物理、化学反应，并将气体激活，产生多种活性基，可用该气体处理果、蔬产品。低温等离子体对果蔬保鲜和降解农药残毒有明显效果，表现为清除果蔬贮藏中有害代谢产物乙烯、乙醇等，诱导果蔬气孔缩小，降低果、蔬呼吸强度等作用；对细菌、真菌类病害有较强的防除作用，对病毒也有一定抑制和防治作用。这些均是等离子体气体对果蔬的生理调控作用。

3. 紫外光照射 短波紫外光（UV）照射蔬菜产品既可起到杀菌作用，又可起到诱导其抗病作用。紫外光毒物兴奋效应是一个新概念，该效应在果、蔬组织中能诱导对采后贮藏腐烂的抵抗能力，并通过推迟完熟过程而延长货架寿命。"毒物兴奋效应指的是由低剂量试剂，如化学抑制剂或物理胁迫因子刺激得到的植物有益反应"。蔬菜产品短时暴露在 UV 光下可减少其采后由病原菌侵染引起的贮藏腐烂。这种现象伴随着皮内诱导的拮抗能力出现，而不单是 UV 光的杀菌效应。该技术尽管远没开发用于生产，但 UV 的杀菌和拮抗诱导的双重效应作为对某些蔬菜产品的采后处理已引起人们重视。

4. 低能和高能电子辐照 即利用高能电子束辐照对蔬菜产品进行采后灭菌和保鲜。它是用高能脉冲破坏其细胞 DNA 和细胞分裂，从而达到杀菌目的，这样可减少防腐剂的使用，延长蔬菜的保鲜期，使农产品食用更安全，并能延缓成熟，抑制蔬菜发芽。用一种装置产生名为"软电子"的微弱电子辐照蔬菜产品表面，可有效抑制或杀灭微生物，这种电子波最深只能深入产品表面 $50\sim150\mu m$ 处，在杀灭表面附着微生物的同时，并不会使产品内部结构和营养成分遭到破坏。

5. 热激处理 果、蔬采后用 $35\sim55℃$ 热水或热空气进行短时处理是近年来国内外广泛研究开发应用于贮藏保鲜，且颇具前景的贮前处理技术。据研究，热激处理对果、蔬生理及品质的影响方面有如下一些作用：

（1）影响果、蔬呼吸强度及乙烯释放率 许多果、蔬经 $35\sim40℃$ 短时高温处理，再放回室温下贮藏时，都表现呼吸强度降低，乙烯产生近乎停止，从而推迟其成熟过程。

（2）影响果实软化速度 番茄采后经 $30\sim40℃$ 热处理后，贮期其软化速度可能减慢。

（3）影响果实色泽、风味 一些果、蔬热处理后，对其色泽和可溶性糖、可滴定酸、芳香物质等产生有利影响，改善了感官色泽和风味。

（4）影响果、蔬对冷害的忍受力 番茄于 $38℃$ 热空气中放置 $2\sim3d$，可降低对低温的敏感性，使其在 $2℃$ 低温下贮藏 1 个月而不发生冷害，这种对低温的抵抗性可能与组织中热激蛋白的合成有关。

（5）防治果、蔬病害 果、蔬采后热激处理可有效控制病害和腐烂的发生。Mcdonald 等（1997）用 $42℃$ 热水处理绿熟番茄 $1h$，可减少贮藏期间果实腐烂。

（马延松）

第七节 蔬菜产品采后病害

蔬菜产品采后病害是指在产品收获、分级、运输、贮藏、进入市场销售等许多环节中发病、传播、蔓延的病害，包括在田间已被感染，但尚无明显症状，只在贮藏、运输期间发病或继续为害的病害。有些病害在田间为害很大，但在贮运过程中基本不再传播、扩展为害，严格来说，这些病害不属于采后病害之列，如白菜白斑病等。

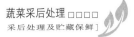

蔬菜采后病害和田间病害一样，其病因可分为两大类：一类是非生物因素造成的非侵染性病害（即生理病害）；另一类是寄生物侵染引起的传染性病害。

（一）蔬菜的冷害和冻害

1. 冷害

（1）冷害的定义及症状　冷害是指蔬菜作物的组织在冰点以上的不适低温下造成的生理伤害。易产生冷害的产品称为冷敏感（chilling sensitive）产品。许多起源于热带的蔬菜作物在温度低于12.5℃、但高于0℃的温度下会发生冷害，例如菜豆、黄瓜、茄子、甜瓜、辣椒、西葫芦、番茄等。在低于冷害临界温度时，其组织不能进行正常的代谢活动，抵抗能力降低，产生多种生理生化失调，最终导致各种各样冷害症状出现，如产品表面出现凹陷、水渍斑；种子或组织褐变、内部组织崩溃；果实着色不均匀或不能正常成熟；产生异味或腐烂等。冷害的具体表现症状常随蔬菜种类而异，表27-11概括了一些蔬菜作物遭受冷害而产生的症状及它们的最低安全温度。

表 27-11　一些果菜的冷害症状

（引自：《果蔬贮运学》，1998）

产　品	最低安全贮藏温度（℃）	冷害症状
黄　瓜	13	果皮上出现水渍状斑
茄　子	7～9	表皮褐斑
甜　瓜	7～10	凹陷斑，表皮腐烂
番　茄	7～12	凹陷斑，交链孢霉腐烂

（2）冷害的发生机制　产生冷害时的温度首先影响细胞膜。细胞膜主要是由蛋白质和脂肪构成的，脂肪正常状态下呈液态，受冷害后，变成固态，使细胞膜发生相变。这种低温下细胞膜由液相变为液晶相的反应称作冷害的第一反应。膜发生相变以后，随着产品在冷害温度下时间的延长，有一系列的变化发生，如脂质凝固黏度增大，原生质流动减缓或停止。膜的相变引起膜吸附酶活化能增加，加重代谢中的能负荷，造成细胞的能量短缺。与此同时，与膜结合在一起的酶活性的改变会引起细胞新陈代谢失调；有毒物质积累，使细胞中毒。酶的作用及酶合成的动力受温度的影响，而各种酶的活性都有自己最适温度，因此在一定的温度下，有些酶被活化了，有的酶却无变化。冷害发生时，组织变软可能是果胶酯酶活性增加的结果，它导致了不溶性果胶的分解。膜的相变还使得膜的透性增加，导致了溶质渗漏及离子平衡的破坏，引起代谢失调。Plank（1938）和Murata等的试验都证明，在受冷害的产品中，乙醛和乙醇的含量随冷害的发展而增加。有研究表明，矿物质的累积，也会影响酶的活性，Mattoo和Modi（1969）发现，受冷害的组织中有较高的矿物质（Ca^{2+}、K^+、Na^+）含量，K^+和Ca^{2+}可激发转化酶的活性，抑制淀粉酶的活性。K^+和其他阳离子是一些互不相关的酶促反应所需要的，在受冷害的组织里，矿物质累积的关键作用很可能是它们对某些酶蛋白有特殊效应。总之，膜的相变使正常的代谢受阻，刺激乙烯合成和呼吸强度增高，如果组织短暂受冷后升温，可以恢复正常代谢而不造成损伤，如果受冷的时间很长，则组织崩溃，细胞解体，就会导致冷害症状出现。

（3）冷害产生的不良影响　冷害引起细胞结构的破坏，代谢产物的渗漏，氨基酸、糖和无机盐等从细胞中流失出来，给致病微生物，特别是给真菌的生长提供了良好的条件。因此在冷敏蔬菜采收、运输、销售和贮藏过程中，冷害造成的腐烂是一种潜在的危机，热带、亚热带蔬菜产品在不良低温下贮藏后，常见腐烂率增高，尤其是升温以后腐烂更加迅速。冷害的另一个影响是会引起风味失调或产生异味。

上述的各种复杂的冷害症状表明，在冷害的发展过程中有若干个因素在起作用，因此在同样的低温条件下，生长在不同地区的蔬菜会有不同的表现，甚至同种蔬菜不同品种的反应也完全不相同。

2. 冻害 在一般情况下，凡是处于贮藏温度在 0℃ 上下的蔬菜容易发生冻害，例如结球白菜、花椰菜、萝卜等，蔬菜长时间处于其冰点以下的温度，会发生冻害。轻微的冻伤，不至于影响产品品质，但是严重的冻害不仅使产品完全失去食用价值而且会造成严重的腐烂。

（1）蔬菜的冰点 蔬菜的含水量很高，细胞的冰点只稍低于 0℃，一般在 −1.5～−0.7℃ 范围内，如果贮藏或运输环境的温度长时间低于细胞冰点，蔬菜组织的游离水就会结冰。冰点的高低随蔬菜种类、细胞内可溶性物质含量及环境温度的差别而异。

（2）产生冻害的机制 蔬菜作物体内结冰首先是细胞间隙中的水蒸气和水生成冰晶，少量的水分子按一定的排列方式形成细小的晶核，然后以它为核心，其余的水分子逐渐结合上去，冰晶便不断长大，由于固相冰的水蒸气压低于液相水的水蒸气压，因此促进了细胞内水蒸气向外扩散。冰晶在细胞间隙内长大的过程，也就是细胞脱水的过程，严重脱水会造成细胞的质壁分离。冻害的发生需要一定的时间，如果受冻的时间很短，细胞膜尚未受到损伤，则细胞间结冰危害不大，通过缓慢升温解冻后，细胞间隙的水还可以回到细胞中去。但是，如果细胞间冻结造成的细胞脱水已经使膜受到了损伤，即使蔬菜外表不立刻出现冻害症状，而其本身就会很快败坏。上面已经提到冻结过程伴随着细胞的脱水过程，脱水必将引起细胞内氢离子、矿质离子的浓度增大，对原生质发生伤害，脱水本身对原生质也有直接影响，它们最终都会导致原生质的不可逆变性，细胞间隙的冰晶也会对细胞产生一定的压力，使细胞壁受伤、破裂，最终导致细胞的死亡。

3. 防止和减轻冷害的措施

（1）适温下贮藏 各种蔬菜作物都有适宜的贮藏温度，低于临界温度，就会有冷害症状出现，因此，防止冷害的最好方法是掌握蔬菜作物的冷害临界温度，不要将其产品置于临界温度以下的环境中。

（2）温度调节和温度锻炼 将蔬菜放在略高于冷害临界温度的环境中一段时间，可以提高蔬菜的抗冷性，有些蔬菜在临界温度以下经过短时间的锻炼，然后置于较高的贮藏温度中，也可以防止或减轻冷害。

（3）间歇升温 间歇升温是用一次或多次短期升温处理来中断其冷害，有许多报道说黄瓜、番茄、甘薯、黄秋葵贮藏中用间歇升温的方法可延长其贮藏寿命和增加对冷害的抗性。黄瓜每 3d 从 2.5℃ 温度中间歇升温至 12.5℃、18h，可降低贮后置于 20℃ 下乙烯的产生、离子的渗出，并减少出现凹陷和腐烂。间歇升温能够起到减轻冷害的作用机制可能是升温期间使组织代谢掉冷害中累积的有害物质或者使组织恢复冷害中被消耗的物质。Moline（1976）、Niki（1979）证明冷害损坏的植物细胞中细胞器超微结构在升温时可以恢复。

（4）变温处理 如果蔬菜采前已经受到冷害温度的影响，采后立即放到温暖处可以减轻损伤，例如将甘薯采后放在 29.5℃ 温度中 8d，可以抵消田间 1℃ 下 1d 或 7.2℃ 下 4d 的低温伤害；番茄在 20℃ 温度下 2～3d 可以消除它在 0℃ 下 2～3d 的低温不良影响。

（5）调节贮藏环境的气体成分 气调是否有减轻冷害的效果还没有一致的结论。据报道，气体组成的变化能够改变某些蔬菜对冷害温度的反应，有利于减轻黄秋葵、西葫芦的冷害。但是也有一些试验表明，气调贮藏会加重黄瓜、芦笋和甜椒的冷害。又如番茄在 0℃ 或 5℃ 温度下和氧含量为 25000～50 000μl/L，及二氧化碳含量为 5～20μl/L 条件下经 10～15d，与空气中的相比，其高二氧化碳引起的伤害与冷害症状极为相似。因此，气调贮藏对减轻冷害的作用是不稳定的，而气调贮藏减轻冷害症状依赖于蔬菜种类和氧、二氧化碳浓度，甚至与处理时期、处理的持续时间及贮藏温度也有关系。

（6）湿度的调节 接近 100% 的相对湿度可以减轻冷害症状，相对湿度过低会加重冷害症状。Morris（1938）等观察到黄瓜和辣椒在 100% 的相对湿度下凹陷斑减少。另据观察，辣椒在 0℃ 及相对湿度 88%～90% 的环境中贮藏 12d，凹陷斑的百分率为 67%，而在同样温度和时间及 96%～98% 的相对湿度中，凹陷斑的百分率下降为 33%。用塑料袋包装也可减少冷害发生，其原因是袋内的温度

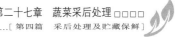

较高，也可能是袋内湿度较高的缘故。实际上高湿并不能减轻低温对细胞的伤害，高湿并不是使冷害减轻的直接原因，只是降低了蔬菜产品的蒸腾作用，同样，打蜡的黄瓜凹陷斑之所以降低也是因为抑制了水分的蒸发。

（7）化学处理　有一些化学物质可以通过降低水分的损失、修饰细胞膜脂类的化学组成和增加抗氧物的活性来增加蔬菜对冷害的忍受力，有效地减轻冷害。贮藏前氯化钙处理可以减轻番茄、黄秋葵的冷害，但不影响成熟。Wang 等（1979）发现，乙氧基喹啉和苯甲酸钠都有自由基清除剂的作用，用它们处理黄瓜和甜椒，使细胞膜极性脂类中十八碳脂肪酸有较高的不饱和度，从而减轻黄瓜和甜椒的冷害。

（8）激素控制　生长调节剂会影响蔬菜作物各种各样的生理和生化过程，而一些生长调节剂的含量和平衡还会影响蔬菜作物组织对冷害的抗性。用 ABA 进行预处理可以减轻南瓜所受的冷害。ABA 减轻冷害的机制可能是由于它们具有抗蒸腾剂的活性及对细胞膜降解的抑制作用，ABA 还可以通过稳定微系统，抑制细胞质渗透性的增加及阻止还原型谷胱甘肽的丧失，使蔬菜不受冷害。将 Honey Dew 甜瓜在 20℃温度和含有 1 000mg/m^3 乙烯的环境中放置 24h，可以减轻其随后在 2.5℃下贮藏期间的冷害。南瓜在冷藏之前，用外源多胺处理可增加内源多胺含量及减少冷害。据推测，多胺可与细胞膜的阳离子化合物相互作用，稳定双层脂类的表面，此外，多胺还可以作为自由基清除剂，保护细胞膜不受过氧化。

4. 防止冻害及缓冻方法　将产品放在适温下贮藏，严格控制环境温度，避免蔬菜产品长时间处于冰点以下的温度中。冷库中靠近蒸发器一端温度较低，在产品上要稍加覆盖，防止产品受冻。用通风贮藏库贮藏蔬菜时，要注意外界气温过低时的保温防寒，通风换气的次数要相对减少，应该在中午气温较高时进行通风换气。长途运输最好用机械保温车或冰保温车，将蔬菜置于适当的温度中。若使用无冷源车辆运输，途经南方炎热地区时要加冰降温，而途经北方寒冷地区时要注意加强覆盖保温措施。一旦管理不慎，蔬菜发生了轻微冻害时，最好不要移动，以免损伤细胞，应就地缓慢升温，使细胞间隙中的冰晶融化成水，回到细胞内去。

（二）其他生理伤害

1. 气体伤害　气体伤害主要是指气调或限制气调贮藏过程中，由于气体调节和控制不当，造成氧气浓度过低或二氧化碳浓度太高，导致蔬菜发生的低氧和高二氧化碳伤害。此外，贮藏环境中的乙烯及其他挥发性物质的累积，或冷库中漏氨也都可能造成蔬菜产品受到的生理伤害。蔬菜组织内的各种气体是否会达到有害水平，取决于组织内的气体交换速度。气体在细胞间隙内沿着各部位不同分压形成的气体浓度梯度，从高分压向低分压扩散。扩散速度受细胞间隙大小及其占组织体积的比例、扩散距离（产品大小、厚薄）、产品表面结构和通透性、蔬菜产品的呼吸代谢的性质和速度以及环境温度等因素的影响。

（1）低氧伤害　低氧伤害的主要症状是蔬菜产品表皮组织局部塌陷、褐变、软化，不能正常成熟，产生酒精味或其他异味。

蔬菜周围 10 000～30 000μl/L 的氧浓度一般是安全浓度，但产品种类或贮藏温度不同时，氧的临界浓度可能不同。如菠菜和菜豆进行无氧呼吸的氧临界浓度为 10 000μl/L，芦笋为 25 000μl/L，豌豆和胡萝卜为 40 000μl/L，马铃薯在 10℃下、10 000μl/L 的氧对薯块有害。据研究，当蔬菜周围的氧浓度为 10 000～30 000μl/L、细胞中溶解的氧浓度可达到 5×10^{-6}mol/L 时，细胞色素 C 能够得到它所能利用的大部分 O$_2$，可维持正常的呼吸。

抱子甘蓝在 2.5℃和 5000μl/L 氧浓度中 2 周，其心叶变成铁锈色，煮熟后有一种特殊苦味；甘蓝在上述条件下，分生组织褐变；花椰菜在 5℃、2 500μl/L 或 5 000μl/L 氧浓度下贮藏 8d，然后在 10℃下 3d，会出现低氧伤害，其块状花序凹陷，小花呈浅褐色。当伤害不严重时，只有在煮熟后才表现出症状。

（2）高二氧化碳伤害　二氧化碳伤害的症状与低氧伤害的症状相似，主要表现为蔬菜表面或内部组织或两者都发生褐变，出现褐斑、凹陷或组织脱水萎蔫甚至形成空腔。伤害机制主要是抑制了线粒体和琥珀酸脱氢酶的活性，对末端氧化酶和氧化磷酸化作用也有抑制作用。各种蔬菜对二氧化碳的敏感性差异性很大，结球莴苣在二氧化碳 10 000～20 000μl/L 浓度中短时间就可受害，芹菜、青花菜、菜豆、胡萝卜对二氧化碳也较敏感，青花菜、洋葱、蒜薹等较耐二氧化碳，短时期内二氧化碳超过 100 000μl/L 也不致受害。

2. 营养失调　蔬菜采后经常出现不同程度的褐变，这种现象主要是由于缺乏某些矿物质引起的。许多研究表明，作物生长期间或采收以后施用一些特殊无机盐可以防止或减轻褐变，但是无机盐类防止生理失调的机理目前还不很清楚。蔬菜在生长发育过程中所吸收的无机盐必须保持平衡状态，缺乏任何一种必要的矿物质都会导致整个机体或局部组织的正常发展，从而产生失调。

蔬菜作物因缺少矿物质而引起的失调，如缺钙失调、缺硼失调、缺钾失调等，可参见第五章"蔬菜栽培的生态生理基础"。

（三）侵染性病害　蔬菜贮藏、运输过程中的微生物病害是导致采后商品腐烂与品质下降的重要原因之一。在生产实践中，微生物病害普遍发生。相互传染，有侵染过程，称为侵染性病害，属于植物病害的一部分。其特点是：①病原菌属于真菌或细菌病毒；②除了相当多的病害是田间感病（带病）外，一部分是采后感染的；③采后感染的病害比采前感染的病害较易控制。

1. 病害的侵染过程　病原菌通过一定的传播媒介到达蔬菜产品的感病点上，侵入寄主体内获取营养，建立寄生关系，并在寄主体内进一步扩展使寄主组织被破坏或死亡，最后出现症状。这种接触、侵入、扩展并出现症状的过程，称为侵染过程。

病原菌接触到蔬菜产品一定感病部位（感病点），在适当的环境条件下才能进行侵染。从病原菌侵入寄主开始，到与寄主建立寄生关系的这一段时期，称为侵入期。病原菌侵入的途径有被动侵染和主动侵染两种。

（1）被动侵染　指病原菌通过产品的伤口、自然孔口入侵到体内的过程。伤口包括贮、运过程中造成的各种机械伤、擦伤、压伤及低温冷害的伤冻等，低温和冻伤常常加速贮藏期间各种腐烂病的发生；自然孔口是指产品表面的气孔、皮孔、毛孔、水孔等。

（2）主动侵染　主动侵染又叫直接侵染，是病原真菌借助自主的力量进入寄主细胞的过程。所谓自主力量是：①许多病原菌靠自身产生的一些特殊的酶或分泌毒素来破坏寄主细胞壁而侵入寄主；②借助于包在囊内的游动孢子直接产生的吸附器（haustoria）或侵染栓（penetration pegs）完成侵染；③在孢子萌发的芽管前长出一个附着孢（appressorium），通过它长出菌丝侵入寄主体内。

（3）病原菌的传播　病原菌的传播主要有 4 条途径：

①接触传播。蔬菜产品在堆积、装箱、运输、加工过程中的互相接触，把病原菌自带病产品传播到健康产品上。

②振动传播。蔬菜产品在贮运过程中，不断受到振动，由振动造成的局部气流使患病产品上的病菌孢子大量飞溅，迅速传播。

③昆虫传播。隐藏在包装容器中的一些昆虫，其口器、足部可以附着细菌和部分真菌，可以传播病害。

④水滴传播。蔬菜产品在贮藏过程中，产生的一些冷凝水滴，可以将带病产品上的病原菌传播到健康产品上去。

⑤土壤及其他杂物传播。如产品，尤其是块茎、块根类产品，如处理不干净，表面上附着的泥土等杂物可将病原菌传播到健康产品上。

2. 病害的潜育期和发病期

（1）潜育期　从病原物侵入与寄主建立寄生关系开始，直到表现明显的症状为止的一段时间称为

潜育期。潜育期是病原菌在寄主体内吸收营养和扩展的时期，也是寄主对病原菌的扩展表现不同程度抵抗性的过程。病原菌在寄主体内吸收养分和水分的同时，分泌酶、毒素、有机酸和生长刺激素，扰乱寄主正常的生理代谢活动，使寄主细胞和组织遭到破坏，发生腐烂，最后导致症状出现。症状的出现表明潜育期结束。有许多病原菌是在田间或在生长期间就侵入蔬菜产品体内的，长期潜伏并不表现任何症状，直到果实成熟或采收，或环境条件适合时才显症。如洋葱灰霉病菌（*Botrytis allii*）就是在田间侵入洋葱叶内，随着洋葱的采收，病菌自上而下侵入鳞茎表皮，在贮藏期间大量发病。

（2）发病期　蔬菜作物被病原菌侵染后，经过潜育期开始出现症状，便进入发病期。此后，症状愈加严重，真菌在产品的受害部位产生大量的无性孢子，成为新的侵染源，引起再度侵染，使病害迅速蔓延扩大。

3. 发病原因　传染性病害的发生是寄主和病原菌在一定的环境条件下相互斗争，最后导致寄主发病、扩大和蔓延的过程。所以，病害的发生和蔓延，主要受病原菌的致病力、寄主的抵抗力及环境条件是否适宜3个因素的影响或制约。只有认识了病害的发生和发展规律，了解病害发生、发展的各个环节，并深入分析病原菌、寄主和环境条件三因素在各个环节中的相互作用，才能有效地制定防治措施。

（1）病原菌　引起蔬菜产品采后腐烂变质的病原菌（真菌和细菌）属于异养生物，它们自己不能制造营养物质，必须依靠寄主（蔬菜产品）供给有机化合物来生活。按获得营养物质的方式分，异养生物有腐生生物和寄生生物两种。引起蔬菜产品采后腐烂的重要病原物属于非专性寄生物，它们既有寄生性，也有腐生性，但寄生性的强弱有很大的差别。如果某寄生物的寄生性较弱，那么只有从产品的伤口侵入，引起发病腐烂。

（2）寄主的抗性　植物对病原菌侵入的抵抗能力叫抗病性或耐病性。其抗病性或耐病性强弱与植物的种类、品种、自身的组织结构、生理代谢、生理病害等有关。蔬菜产品的抗性同样与其种类、品种、生理代谢能力以及采后的成熟度、有无伤口等因素有关。一般来说，尚未成熟的果实，其抗性较已经成熟的果实强，但随着成熟度的增加，其感病性也增强。伤口是病原菌侵入蔬菜产品体内的重要途径，有伤口的产品极易感病腐烂。蔬菜产品发生生理病害后（如冻害、冷害、低氧或高二氧化碳伤害等），对病菌的抵抗力下降，也易感病而发生腐烂。

（3）环境条件　影响蔬菜产品采后发病的环境条件主要有温度、湿度和气体成分。

①温度。病原菌孢子的萌发能力和致病力与温度条件极为相关，其生长的一般适宜温度为20～25℃，如温度过高或过低，均对病原菌有抑制作用。另一方面，温度也影响着寄主的生理代谢活动和抗病力，从而制约病害的发生与发展。一般来说，较高的温度会加快蔬菜产品的衰老，降低其对病害的抗性，有利于病菌的侵染、繁殖和扩展；较低的温度可延缓蔬菜产品的衰老，保持对病害的抗性，不利于病菌的侵染、繁殖。因此，蔬菜产品的贮藏温度选择一定要以不利于引起产品发生冷害的最低温度为宜，这样才能够最大限度地抑制病害的发生和发展。

②湿度。湿度也是影响蔬菜产品采后发病的重要条件。如果温度适宜，则较高的湿度将有利于病菌孢子的萌发和侵染。在蔬菜产品的实际贮藏过程中，虽贮藏库内的相对湿度达不到饱和，但在产品表面还会产生自由水，另一方面，产品自身也会因蒸腾作用而使库内湿度增加。所以，在产品入库前要进行预冷，并注意充分除湿。

③气体成分。低氧和高二氧化碳对病菌的生长有明显的抑制作用。当空气中的氧含量低于5%或以下时，对抑制果实呼吸、保持品质和抗性非常有利。空气中氧的浓度为2%时，对灰霉病菌、褐腐病菌、青霉菌等的生长有明显的抑制作用。高二氧化碳浓度（含量为10%～20%），对许多采后病菌的抑制作用也非常明显，当二氧化碳浓度大于25%时，病菌的生长完全停止。需要注意的是用高浓度二氧化碳处理的时间不能太长，否则会对产品本身产生毒害。蔬菜产品贮藏过程中由于呼吸作用而产生的挥发性物质，如乙醇等，对病菌的生长也有一定的抑制作用。

4. 采后主要微生物病害及防治方法

（1）番茄茎枯病　病原：*Alternaria alternata*。又称黑霉病。该病在成熟的番茄和甜椒贮藏中极为常见，在黄瓜上亦有发生。在番茄等遭受冷害的情况下尤其容易并发。一般是从遭受冷害后引起的凹陷部位侵入，进而引起腐烂。

（2）番茄绵疫病和辣椒疫病　番茄绵疫病病原：*Phytophthora nicotianae*；辣椒疫病病原：*Phytophthora capsici*。番茄果实受害后，病部呈水渍状并迅速扩大，上生茂密的白色棉絮状菌丝，有时可见残缺不全的轮纹，病果果肉极苦。辣椒果实被侵染后，造成果实腐烂，表面生有稀疏白霉。该病发展极为迅速，2～3d 即可使整个果实腐烂。

（3）瓜类炭疽病　病原：*Colletotrichum orbiculare*。受害果实先出现暗绿色水渍斑，再扩大为圆形或近圆形凹陷的深褐色病斑，凹陷处常龟裂。在潮湿的环境下，病斑上产生粉红色黏状物，即病菌的分生孢子堆。幼果被害则全果变黑、皱缩、腐烂。后期在病斑中央产生黑色小粒点，即该菌的分生孢子盘。未熟黄瓜不易发病，而多在留种期受害。

（4）黄瓜和冬瓜疫病　病原：*Phytophthora drechsleri*。黄瓜受害果实先出现暗绿色近圆形凹陷水渍斑，很快扩展至全果实。病果皱缩、软烂，表面长有稀疏的灰白色霉状物；冬瓜多为害成熟瓜。先在近地面部位出现黄褐色水渍斑，进而病部下陷，其上密生白色绵状霉层，腐烂，发臭。

（5）甘蓝类、大白菜软腐病　病原：*Erwinia carotovora*。白菜和甘蓝在田间发病，多从包心期开始。病菌先侵入外叶边缘或心叶顶端，然后逐渐向下、向内蔓延。当病原菌侵入体内后，使柔软多汁的组织呈浸润半透明状，后变为褐色。由于该病菌能分泌果胶酶，可水解感病组织细胞中胶层的果胶物质，使细胞离解而表现为黏滑软腐状并发出恶臭味。贮藏期的情况与之相似，严重时全株内、外烂透。

（6）胡萝卜菌核病　病原：*Sclerotinia sclerotiorum*。田间发病，地上部枯死，地下部肉质根变软，外部缠有大量白色绵状菌丝体和鼠粪状菌核。引起胡萝卜肉质根腐烂的病原菌还有黑腐病、灰霉病、细菌性软腐病等。在高湿条件下，极易从伤口侵入而发病。

（7）黄瓜绵腐病　病原：*Pythium aphanidermatum*。在黄瓜贮藏过程中被害果实表现为较大的水渍状斑，病部变软，有时果皮破裂。表面生出较纤细而茂密的白霉，潮湿时，外观为湿水棉花状，造成腐烂。

防治采后微生物病害的方法是：①注意采前病害的综合防治。对于田间侵染的病害，单靠采后处理很难达到理想的效果，必须在收获之前就注意综合防治措施，消灭或减少入贮产品带菌，有利于提高采后防治效果。如对整个生育期均可发生，或在花期、幼果期染病的病害，应抓住关键盛期进行药剂防治，对于在成熟期为害的病害，可在采收前喷药或结合进行产品浸药处理等。②严格挑选入贮产品。在进入贮藏场所之前，对入贮蔬菜产品进行严格挑选，剔除病虫果、机械伤果。一切操作应遵循"轻拿、轻放、轻装"的原则。③优化采后、贮藏、运输环境。这是防治采后处理、贮藏、运输期间病害的最有效的措施，其作用是杀灭病原菌，提高产品对病原菌的抗性。具体的防腐处理方法，参见本章第二节。④化学防治。所采用的防腐剂有保护性的杀菌剂和内吸性的杀菌剂两类。其作用是预防、保护、抑制、杀灭病原菌，减少数量，起到预防和治疗病害的作用。常见的防腐剂及其使用方法参见本章第七节。

（冯双庆）

（本章主编：高丽朴）

◆ **主要参考文献**_____

[1]［日］大久保增太郎．蔬菜的鲜度保持，1983

[2]［日］新鲜果蔬预冷贮藏设施协会．园艺农产品的鲜度保持，1991

[3] 周山涛主编．果蔬贮运学．北京：化学工业出版社，1998

[4] 冯双庆，孙自然编译．果蔬花卉苗木商业贮藏手册．北京：北京农业大学出版社，1990

［5］华中农学院主编 . 蔬菜贮藏加工学 . 第 2 版 . 北京：农业出版社，1991

［6］刘兴华 . 果品蔬菜贮运学 . 西安：陕西科学技术出版社，1998

［7］赵丽芹主编 . 园艺产品贮藏加工学 . 北京：中国轻工业出版社，2001

［8］杜玉宽 . 水果蔬菜花卉气调贮藏及采后技术 . 北京：中国农业大学出版社，2000

［9］周瑞英 . 辐照保藏食品的今天 . 北京：中国轻工业出版社，1985

［10］李家庆 . 果蔬保鲜手册 . 北京：中国轻工业出版社，2003

［11］罗云波，蔡同一主编 . 园艺产品贮藏加工学·贮藏篇 . 北京：中国农业大学出版社，2002

［12］赵华，胡鸿 . 主要果菜采后真菌病害的发生与防治 . 中国蔬菜，1991（6）：42～46

第二十八章

蔬菜贮藏保鲜

蔬菜产品的贮藏是蔬菜生产的延续和补充。进入 20 世纪 90 年代，中国蔬菜生产逐步形成了大中城市近郊、远郊和农区 3 个层面上的商品菜基地，还有一些中国名、特、优蔬菜产区及特殊气候条件下的蔬菜产区。与此同时，蔬菜市场全面开放，积极建立市场机制，多渠道经营并存。这时期蔬菜生产和消费急速发展，各地建立和完善与之相适应的市场流通体系，发展以批发交易市场为中心，批发市场、农贸市场与零售商业相结合的市场网络。在这种产、销形势下，蔬菜产品在各个流通环节的中、长期贮藏保鲜就显得非常重要。所以，蔬菜产品贮藏保鲜的作用已不是过去单纯为以旺补淡的概念。除了那些一季生产、全年供应，又不便于保护地栽培的蔬菜种类，需要采用贮藏保鲜技术以延长产品的供应期，调节市场的淡旺季外，对于那些可通过保护地栽培和消费者对种类多样化需求的蔬菜种类，需要在各个流通环节采用实用、低成本、安全的贮藏保鲜技术，以减少损失，保证产品质量。

贮藏是利用采后生理学原理，通过控制贮藏环境的最适条件（主要是温度、湿度和气体成分），延缓蔬菜采后的后熟和衰老，减少腐烂变质，保持品质，以延长蔬菜商品的供应期。

中国蔬菜贮藏技术发展有着悠久的历史。西周初年至春秋时期黄河中下游地区的诗歌总集《诗经·邶风·谷风》（约公元前六世纪中期编辑成书）中有贮藏蔬菜的记载："我有旨蓄，亦以御冬。"东汉·郑玄笺释："旨蓄，蓄聚美菜者。亦以御冬，以御冬月乏无时也。"南北朝后魏·贾思勰《齐民要术·作菹藏生菜法第八十八》首次著录了藏鲜菜的具体方法："藏生菜法：九月、十月中，于墙南日阳中掘作坑，深四、五尺。取杂菜，种别布之，一行菜，一行土，去坎一尺许，便止。以穰厚覆之，得经冬。须即取，粲然与夏菜不殊。"这和现在的埋藏法有些类似。明·李时珍《本草纲目·菜部·菘》（1578）说："南方元菘畦内过冬，北方者多入窖。"明·徐光启撰《农政全书·树艺》："欲避冰冻，莫如窖藏。吾卿窖藏，又忌水湿，若北方地高，掘土丈余，未受水湿，但入地窖，即免冰冻，仍得发生。故京师窖藏菜果，三冬元月，不异春夏。"此外，中国北方地区冰窖贮藏蔬菜，也有500 多年的历史。

中国劳动人民在长期生产实践中，根据各地的生产和自然条件，创造了多种多样经济有效的蔬菜贮藏方式，如堆藏、埋藏（沟藏）、窖藏、假植贮藏和微冻贮藏等。这些现今可通称为简易贮藏或土法贮藏。其共同特点是利用自然低气温和土温来调节和维持比较适宜的贮藏温、湿度和气体条件，设施结构简单，投资少，至今仍在广泛应用。但与现代贮藏技术比较，贮藏损耗较大，花费劳力较多，受自然条件限制，需要进一步总结提高。

20 世纪 50 年代以来，随着农业生产的发展和人民生活需求的扩增，在以往小规模棚窖贮藏的基础上，将窖顶及窖墙涂抹青灰麻刀石灰，天窗加挡雨设备，变过去年年秋建春拆更换地点的棚窖为较大规模的半固定式菜窖，后来在北方地区大、中城市和上海、南京等地又进一步改用砖木水泥结构，成为固定式大型通风贮藏库。因为设置了较完善的通风系统和隔热结构，降温和保温效果都比棚窖大大提高了一步，这是我国目前蔬菜产区大量应用的贮藏方式。20 世纪 70 年代，人工降温的蔬菜专用机械冷藏库已经开始在各地建造和应用，上海的第一座蔬菜用冷藏库于 1973 年建成投产，北京 1979—1980 年建设了供蔬菜用的冷库，其他城市也相继建设了一大批冷库。

气调贮藏是通过对贮藏环境中气体成分的调节和控制，适当增高 CO_2 分压和降低 O_2 分压，并保持适宜的温度，以减缓植物体的新陈代谢和抑制微生物的活动，延长贮藏时期和保持质量，是一种较新的贮藏方法。国际上关于气调贮藏技术的研究（主要是 O_2 和 CO_2 气体组成对果、蔬贮藏影响的科学研究），始于 19 世纪初叶。但正式应用于商业生产则又经历了 100 多年时间。气调贮藏最先应用于果品，主要是苹果。到 20 世纪 60～70 年代，国内、外对蔬菜气调贮藏的研究非常广泛，有多种蔬菜作物的贮藏成功地应用了这种新技术。中国的气调贮藏起始于 20 世纪 70 年代，广泛研究了多种气调方式，并选择经济实用、操作简便易行的塑料薄膜大帐封闭和袋封式的气调贮藏法，主要应用于番茄、蒜薹等蔬菜的贮藏。具有中国特色的蒜薹气调冷藏法，在北方地区迅速推广，在促进蒜薹的周年供应方面，起到很大作用。同时，在自行研究设计、建造各种规格中、小型气调库，用于果品、蔬菜产品的贮藏保鲜方面，取得了良好的效果。

综上所述，中国蔬菜贮藏虽历史悠久，经验丰富，但在贮藏理论和贮藏新技术的研究和应用方面，需继续探索提高，应结合中国国情努力研究开发成本低廉、实用、简单易行的贮藏保鲜方法。

第一节 蔬菜贮藏保鲜设施和方法

蔬菜产品贮藏的方式方法很多。就冷源而言，可分为自然降温和人工控温两类。前者主要包括民间传统贮藏法，如埋藏、沟藏、窖藏、棚藏、假植贮藏等；后者指冰窖贮藏和机械冷藏法。

一、民间传统贮藏

（一）民间传统贮藏的设施和方法

1. 堆藏 是将蔬菜产品直接堆放在地面或地面预先放置的垫板上，堆成长方形或圆形的菜垛，其上覆盖苇席等，用以维持适宜的温、湿度，防止风吹雨淋。如大白菜的地面堆藏。洋葱的垛藏等。

2. 埋（沟）藏 是将蔬菜产品放在沟内或坑内，上面一般用秸秆、土覆盖，如萝卜、菠菜、大白菜的埋藏等。沟的宽度为 1～1.5m，深度由南到北逐渐加深，北京地区沟深 1～1.2m。沟的走向为东西方向延长，并将挖出的土堆在沟的南侧，以形成遮蔽阳光的屏障（图 28-1）。

3. 窖藏 贮藏窖内空间较大，便于检查和管理，适于贮藏多种蔬菜。

（1）棚窖（活窖） 按窖身入土深浅有地下式和半地下式两种窖，在冬季较温暖的地区，多用半地下式棚窖。窖顶一般用木料、秸秆、土等作成棚盖，顶上开设天窗，供通风和人员出入之用。随着生产的发展，人们对活窖的结构进行了改良，即增强了隔热保温性能，完善了通风系

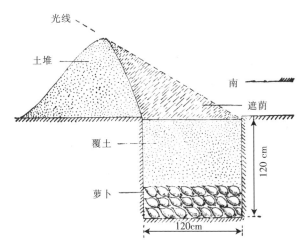

图 28-1 萝卜埋藏（北京）
（引自：《蔬菜贮藏加工学》，1981）

统，使其贮藏效果得到很大提高。这种窖被称为通风贮藏窖，是 20 世纪 70 年代北方地区普遍采用的贮藏窖。此类棚窖多用于贮藏大白菜、萝卜和马铃薯等，是一种临时性设施，秋建春拆，建造成本较

低（图 28-2）。

（2）井窖和窑窖　井窖一般在地下水位较低、土质较黏重、坚实的地区修建。井筒直径 1m 左右，深 3~4m。再从井底向周围挖一至数个高 1.5m、长 3~4m、宽 1~2m 的贮藏窖洞，供贮藏蔬菜产品用（图 28-3）。窑窖多建在丘陵山坡处，要求土质坚实。一般挖成拱顶形，窖门多朝北或东。井窖和窑窖坚固耐用，可连续使用多年（图 28-4）。

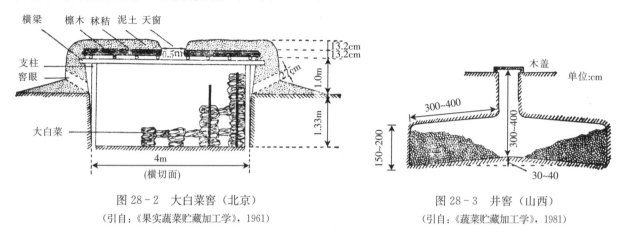

图 28-2　大白菜窖（北京）

（引自：《果实蔬菜贮藏加工学》，1961）

图 28-3　井窖（山西）

（引自：《蔬菜贮藏加工学》，1981）

4. 微冻贮藏　主要用于贮藏耐寒性较强的叶类蔬菜产品，如菠菜、普通白菜、芫荽等。具体方法是：上冻时将收获的蔬菜产品放在浅沟内，一般沟宽 30cm 左右。在沟南侧加设荫障，避免阳光直射。利用冬季自然低温使产品在贮藏期间始终保持轻微冻结状态。食用前经过缓慢解冻即可。

菠菜的微冻贮藏参见图 28-5。

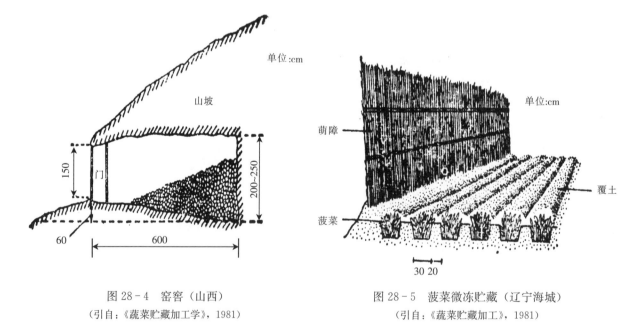

图 28-4　窑窖（山西）

（引自：《蔬菜贮藏加工学》，1981）

图 28-5　菠菜微冻贮藏（辽宁海城）

（引自：《蔬菜贮藏加工》，1981）

5. 假植贮藏　将某些蔬菜连根收起，单株或成簇密集假植在沟、窖、冷床中，株行间适当留通风间隙，植株可以继续从土壤中吸取水分，有的还可以进行微弱的光合作用，使其处于缓慢的生长状态。假植用的沟、窖、冷床等要进行必要的温度管理，使蔬菜不致受冻，缺水时要进行补水。这种方法主要用于芹菜、花椰菜、普通白菜、莴苣、小萝卜等。待市场行情较好时，随时收获上市。

6. 冰窖　是利用冬季采集的自然冰来降低或维持窖内温度而延长蔬菜产品贮藏期的贮藏方法，

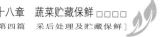

属于人工降温贮藏法。建造冰窖，应选择地下水位低、土质坚实、接近冰源。便于运输的地方。冰窖深3~4m，宽5m。窖底和立面墙铺厚约0.5m的冰块，在冰块上码放蔬菜产品，冰块间充填碎冰。以后1层产品1层冰块，最上层加盖稻壳等隔热材料。此法多用于贮藏耐寒性强的蔬菜，可贮藏到翌年二、三月，如蒜薹、芫荽、菠菜等的贮藏。

（二）民间传统贮藏法的原理和管理要点

1. **气温和土温的变化**　气温和土温度随季节和昼夜而变化。从秋到冬，气温和土温都在下降，但气温变化快、幅度大，土温变化慢而缓和。气温的昼夜温差大，土温则较小，且入土越深变化越缓，越趋于稳定。开春后，气温和土温都逐渐上升，也是气温上升快、变动剧烈，土温上升慢而变动缓和。冬季气温很低，土温却较高，入土越深温度越高。这些变化特点，给各种形式和规格的贮藏以不同的影响。堆藏产品放在地面上，主要受气温的影响，受土温的影响较小，秋末容易降温，而冬季保温较困难，所以适用于冬季温暖地区。埋（沟）藏则相反，秋末降温效果较差而冬季保温效果较好，沟越深这一特点越明显，所以适用于冬季寒冷地区，并且越冷的地区挖的沟也须越深。微冻贮藏多用浅沟，是为了便于初期迅速降温冻结，但在土壤解冻时就要结束，不能续贮。棚窖在地面以下，受土温的影响很大，又因有通风口，受气温的影响也很大。这两种影响的相对程度，依窖的深度、地上部分的高度以及通风口的面积和通风效能而有变动。由于人们在不同时期巧妙地掌握和利用气温和土温的变化特点进行调节，所以棚窖的贮藏期比其他简易贮藏方法为长。井窖入土很深，主要受深层较高土温的影响，所以多用以贮藏姜、甘薯等喜温蔬菜。

2. **宽度和贮量**　气温和土温作用面积的比例，随沟和窖的宽度而改变。如增大堆藏的宽度，气温作用的比面减小，土温作用比面增大，结果是降温性能减弱而保温性能增强；沟藏则相反，加大宽度则在一定程度上会增加气温的影响，降低保温性能。所以各自应有一定的宽度。另一方面，贮藏沟、窖内部的温度变化，还受蔬菜本身释放的呼吸热影响。这种不断释放的呼吸热，在贮藏初期必须及时排除以防内部温度过高，在严寒时期又应加以保存，防止产品受冻。所以采用较宽的堆和沟贮藏时，常须设置通风道以加强初期的通风散热作用，在入冬后便逐渐堵塞并增加覆盖以防降温过低。为了防止严寒时温度过低，贮藏沟、窖内还应保持产品有一定的贮量和密集度，以提供足够的呼吸热，这对喜温蔬菜更为重要，如姜窖要求贮量不少于2 500kg，否则难以维持要求的温度。又如在较温暖地区用浅沟埋藏大白菜，用贮量少的窄沟较贮量大的宽沟为好，如用宽沟则以在底部加设通风沟的为佳。

3. **覆盖和通风**　覆盖的作用在于保温，即限制气温的影响，提高土温的影响，蓄积产品的呼吸热不使迅速散逸。通风的作用正好相反。实践中是将两者结合运用，以适应气温和土温的变动。秋季开始贮藏时，蔬菜体温高，呼吸作用强，贮藏沟、窖内温度一般都高于贮藏适温，应以通风降温为主，但仍要有适当的覆盖，以防温度剧烈波动和风吹雨淋，又不能覆盖太厚，以免影响降温。气温不断下降后，覆盖逐渐转为以保温为主，要分次增加覆盖物，不可一次覆盖过厚，以防产品伤热。有通风口的贮藏方式，此时应逐渐缩小通风口面积，最后完全堵塞或缩短与改变通风时间。覆盖和通风除了起调节温度的作用外，还有调节内部空气湿度和气体成分的作用。堆藏、沟藏、井窖和冰窖的通气性能较差，内部的湿度较高，易积累一定量的CO_2，形成自发的保藏条件。棚窖的通风性能较好，受土壤湿度的调节，内部的湿度和气体成分均较正常。

4. **风障和荫障**　各种民间传统贮藏方法，常在北侧或四周设置风障，阻挡冬季冷风吹袭，以利保温。也有在南侧设置荫障，遮蔽直射阳光，以利降温和保持已获得的低温，这多用于微冻贮藏。这两种屏障调节温度和光照的作用是不可忽视的。

总之，各种民间传统贮藏设施的结构设备简单，秋建春拆基本不影响耕作栽培，覆盖物可就地取材，费用少，管理得当时，温度比较稳定适宜，并可保持较高而稳定的相对湿度和较适宜的气体环境，获得较好的贮藏效果。贮藏用的蔬菜应选用耐藏性较强的品种、适宜的栽培方法和采收成熟度。

供贮产品应严格挑选，凡病、虫、伤、烂的都不能贮藏。不同品种及不同成熟度的最好分别贮藏，还要根据气候情况和各种蔬菜对温度的要求适期入贮。果菜类及其他喜温蔬菜一般应在霜前收获入贮，叶菜类和根菜类可在经几次轻霜后到上冻前收获，微冻贮藏菜的入贮期可更晚些。收获后如外温尚高，可将产品在田间或荫凉处稍加覆盖预贮，待温度下降后再入贮。

二、机械冷藏

机械制冷是指利用制冷剂的相变特性，通过制冷机械循环运动产生冷量，并将其导入有良好隔热效能的库房中，根据不同贮藏产品的要求，控制库房内的温、湿度，并适当进行通风换气的一种贮藏方式。机械冷藏技术产生于 19 世纪后半叶，到 20 世纪 40 年代发展较快。中国的蔬菜机械冷藏业始于 20 世纪 70 年代，由于产销发展的需要，蔬菜冷藏日益受到重视，北京、上海等地陆续兴建了一批较大规模的蔬菜专用冷藏库，许多地区还将原有的通风贮藏库改建成过渡型冷库，在调节市场蔬菜淡旺季供应上发挥了作用。

（一）机械冷藏库的组成和设计要求 冷藏库是永久性建筑组群，由主体建筑即冷藏库和辅助建筑两部分组成。建设时要考虑到库址的选址，通常应选在交通便利、地势高而干燥处，并要考虑与蔬菜产区、市场集散供应地距离。冷藏库的容量、形式、隔热材料的选择；热负荷计算、制冷系统的选择；主体与附属建筑的布局及机械设备等都应根据使用性质进行总体设计。如在货源较集中的产区，除考虑库容量外，每间贮藏室可大些，以供集中贮藏和周转使用。如果是在销区，主要用于市场供应为目的的短期贮藏或中转暂存，考虑多种类之需，容量不宜过大但需建若干个库房更为适宜。近年来在大中城市，随着保护地生产水平的提高，一年四季均有新鲜蔬菜供应，所以多数蔬菜种类的贮藏期限不会太长，以周转性短贮为主，冷库建设应以多间小库容为好，这样既便于管理，又可降低成本。建造冷藏库的选址，通常应具备以下条件：靠近蔬菜产品产地或销地；交通方便，有良好的水源、电源；大环境卫生条件良好。至于冷藏库的总体设计，可参照《中华人民共和国冷库设计规范》。

机械冷藏库房的设计要求：①满足冷库规定的使用年限，符合生产流程要求；②运输线路（物流、冷流）要尽可能短，避免迂回和交叉；③冷藏间应有不同设计温度分区（分层）；④冷藏间大小和高度应适应建筑模数、产品包装规格、码放方式等规定。⑤尽量减少建筑物的外表面积。大中型冷库大都采用多层、多隔间的建筑方法，小型冷藏库采用单层多隔间的方法。

上述各类冷藏库在承重和围护结构上虽有不同，但都要有适当的隔热结构，以防外界气温干扰库内温度，节约制冷能源。通常是在外围护结构内侧及各室之间设置隔热层，使用如软木板、泡沫塑料材料等各种隔热材料。

隔热材料应具有导热系数小，不易吸水或不吸水，质量轻，不易变型，不易燃烧，不易腐烂、虫蛀、鼠咬，对人和产品安全，价廉的特性。常见的隔热材料及特性参见表 28-1。

表 28-1 常见隔热材料的特性

（引自：《园艺产品贮藏加工学》，2002）

材料名称	导热系数 λ [W/(m·K)]	防火性能
软木	0.05~0.058	易燃
聚苯乙烯泡沫塑料	0.029~0.046	易燃，耐热70℃
聚氨酯泡沫塑料	0.023~0.029	离火即灭，耐热140℃
稻壳	0.113	易燃
炉渣	0.15~0.25	不燃
膨胀珍珠岩	0.04~0.10	不燃
蛭石	0.063	难燃

（二）机械制冷设备及其性能 机械制冷是利用制冷剂从液态变为气态时吸收热量的特性，将制冷剂封闭在制冷机系统中，在高压的情况下通过膨胀阀后，由于压力骤然减小，致使制冷剂从液态变为气态。在这过程中，吸收热量而使周围介质冷却，从而降低贮藏库内的温度。气化了的制冷剂重新被加压，气化、冷却，液化，如此循环（图28-6）。

制冷剂有多种，目前最常用的是氨、氟利昂12、二氧化硫。氨的主要优点是沸点低（标准压力下为-33.4℃），汽化热（125.6kJ/kg）比其他制冷剂大得多，且价廉易得，但要求不能泄露，否则对人、产品和环境均不安全。氨遇水呈碱性，能腐蚀金属管道，而且蒸发比容积较大，要求制冷设备的体积要大。氟利昂是一系列卤代烷类化合物的总称，氟-12（F-12）是二氯二氟甲烷，是应用最普遍的一种。

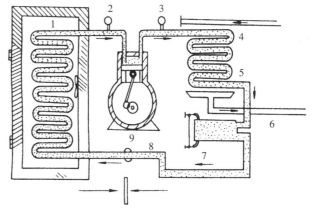

图28-6　机械制冷原理示意图
1. 冷柜　2. 吸气压力表　3. 排气压力表
4. 进水口　5. 冷凝器　6. 出水口　7. 贮液器
8. 膨胀阀　9. 制冷压缩机
（引自：《蔬菜贮运保鲜及加工》，2002）

这类物质大都无臭、无毒，安全可靠，但其汽化热小，制冷能力低，价格较贵，泄露不易被发现，一般适于中小型制冷机组使用。制冷剂的选用要考虑对自然环境的损害，如氟利昂对大气臭氧层的破坏作用。

制冷机械由实现循环往复所需的各种设备和辅助装置所组成，其中压缩机、冷凝器、膨胀阀、调节阀和蒸发器是核心部分。辅助设备包括贮液器、电磁阀、过滤器、空气分离器，以及相关仪表、管道等。

制冷系统产生的"冷"导入冷库的方式有直接式和间接式两种方式。前者是蒸发器直接安装在冷藏室内，后者是蒸发器集中在盐水槽内，另用管道使冷盐水在冷藏室与盐水池之间循环流动。蒸发管或盐水管在冷藏室内的安装也有两种方式：一种是将管道吊挂在天棚或墙壁上，利用空气自然对流使冷空气扩散到各处，必要时还可辅以吹风机加速空气流动。这种方式冷却效果较差，目前已不大应用。另一种是冷却管集中在冷风柜内，由鼓风机将冷空气经吊顶风道吹到室内各处，室内暖空气由柜底流经冷却管重行冷却。这种方法冷却速度快，室内温度分布均匀，并可通过在冷却器内增设加湿装置而调节空气湿度，因而为现代蔬菜贮藏库普遍采用。还有一种微孔送风法，在冷藏室室顶下面加一层带有很多小孔的板，从冷风柜出来的空气进入顶和板层间，再经各小孔进入冷藏室，可使冷空气在室内分布得更为均匀。夹套式冷藏库的特点是在库房的外围护和隔热结构的内侧再加一个内夹套层，使贮藏室的上下四周有一个封闭的夹套间隙。制冷系统产生的冷空气在夹套间隙内循环，阻绝漏热继续向贮藏室内传递，还可使一部分冷空气经内夹套层传入室内以维持室内恒温。因贮藏室内的空气不与冷却管接触，不致发生结霜现象，故可保持高湿度，减轻产品水分蒸失。

制冷系统的功率应与冷库的需冷量（热负荷）相适应。冷库的热负荷包括从外围护透入库内的"漏热"和通风换气时带进的热，产品带来的"田间热"和产生的呼吸热，以及操作管理中机械和人员释放的热。田间热相当大，但只是刚入库时一时性的，所以产品最好先经预冷。产品入库时也会侵入大量外热，操作机械和人员产生的热也相当多。所以，入库期是冷库热负荷的一个高峰期。漏热随外界气温（它决定着库内外的温差）而变动，所以高温季节也是冷库热负荷的高峰期。确定冷库的装机总容量和机组型号、台数，要充分考虑到不同时期热负荷的变动情况，使其既满足各时期的需冷要求，又节约能源。

压缩式制冷是最常见的制冷机械，此外还有其他类型的制冷机，如吸收式制冷机，其利用的制冷

剂易为某种溶剂溶解吸收，又易加热挥发，在吸收—挥发过程中使系统内压力发生变化，其他部件与上相同。所以压缩式制冷消耗的是机械能，而吸收式制冷机消耗的是热能。如二氧化硫吸收式制冷系统，用二氧化硫作制冷剂，水作溶剂，低温下水溶解吸收二氧化硫，加热时二氧化硫挥发并在密闭系统内形成高压，再经冷凝器液化，从蒸发器中出来的气态二氧化硫重新为水所吸收，所以压力降低。二氧化硫的溶液可利用工厂余热加温，节约能源。

（三）机械冷藏库的使用和管理

1. 产品准备和入库　冷藏蔬菜的品种、成熟度应适宜，要剔除病虫伤害者，并按质量标准分级，进行某些理化处理，用一定规格的容器包装，产品包装后便于堆叠码垛，增加库容量。包装容器可根据产品种类和特性不同，选用网袋、筐、箱、薄膜袋等。机械化程度高的冷库，还可将已包装或散堆蔬菜装在大箱或活动菜架上，用铲车搬运、码垛。堆码时应使货垛稳定，货垛与库墙之间、各垛之间以及垛顶与冷风道间都应留出适当的走道和通风隙道。

为减轻冷库的热负荷及产品在高温下的损失，产品在入库或装冷藏船、车前最好先行预冷。常用的有风冷（空气冷却）、水冷和真空冷却等预冷方式。风冷是使冷空气迅速流经产品周围而使产品冷却。因空气的热容量小，故冷却速度较慢。但成本低，且适用于各种蔬菜。风冷有时会引起产品较重的脱水。水冷是将产品淹浸或漂浮在流动的冷水中，或用冷水喷淋。水的热容量大，冷却效果好，除太柔嫩或不宜水湿的蔬菜外都可应用。冷却水可循环应用，但须经消毒处理，以防病原菌传播。真空冷却是使产品在低气压中迅速蒸发掉一部分水而使体温降低。真空冷却的效果很大程度上受制于产品的表面积比，故最适用于叶菜类。

冷藏库及其菜架、包装物、托盘、用（工）具等，在每年或每批产品入贮前、贮藏结束后，都应进行一次清洗和消毒。消毒方法：点燃硫黄熏蒸，用量为每立方米10g。关闭门窗熏蒸24～48h。还可用4%的漂白粉澄清液或有效氯含量0.1%的次氯酸钠溶液喷洒四壁及用具，密闭24～48h后通风使用。

蔬菜产品入库的堆放方式是否正确，对贮藏效果影响很大，为了保证库内各处空气流通，不留死角，也为了便于管理人员检查产品入贮质量，防止靠近冷风管受冻害或冷害，应该注意：各种蔬菜产品入贮前都应装在容器中，或有包装物，便于码垛堆放。货垛或菜架应离墙壁30～40cm，距顶棚或冷风管80cm，垛（架）之间相隔50cm，垛不能直接码放在地上，可铺设架空的垫板。同时要做到分等、分级、分批存放，避免混贮。

2. 温、湿度管理

（1）温度　温度是蔬菜产品贮藏中的重要条件。在适宜的低温条件下，蔬菜的呼吸作用受到明显的抑制，同时也抑制了微生物的繁殖。所以冷藏既可以保持蔬菜的品质，还可减少因微生物繁殖而造成的腐败损失。各种不同蔬菜产品贮藏适宜温度是有差别的（表28-2），即使同一种类蔬菜的不同品种，适宜贮藏温度也存在差异。甚至成熟度不同，也会对贮藏效果产生影响。在设定最适贮藏温度的基础上，要维持库房中温度的稳定。如果温度波动过大，使贮藏环境出现结露，易造成产品失水、萎蔫。一般波幅最好控制在±0.5℃以内。库房内各部位的温度要均匀一致。此外，当库内、外有5℃以上的温差时，产品出库前要有升温过程，防止"出汗"现象发生。升温过程最好在专门的升温间或者在库房过道中进行。

（2）湿度　由表28-2可见，绝大多数蔬菜产品的适宜贮藏空气相对湿度应控制在90%～95%。一般认为较高的相对湿度对于蔬菜产品贮藏有利。水分损失除直接减轻重量外，还影响新鲜度和外观质量，促进衰老和病害的发生。相对湿度也要尽量保持稳定。调节相对湿度的措施有地面洒水、喷雾等；或对产品进行包装，以创造高湿的微环境。少数蔬菜如洋葱、大蒜、冬瓜等则要求较低的湿度，一般可采用生石灰、草木灰等吸湿；或通过加强通风换气降湿，或加设除湿机。

（3）通风换气　机械冷库应经常保持空气清新，排除产品释放的二氧化碳、乙烯及其他有害气体，不得有霉味，因此需常通风换气。通风换气的频率视具体蔬菜种类和入贮时间的长短而有所不同。一般入贮初期，可 10～15d 换气 1 次，待建立起稳定的贮藏条件后，一般每月通风换气 1 次。通风时要注意充分均匀。具体通风换气的时间，可选择在每天温度相对最低的晚间到凌晨的时段进行，以尽量减少因通风换气而导致库内温度上、下过大的波动。

三、气调贮藏

气调贮藏是调节气体成分贮藏的简称，是人为地改变贮藏产品周围的大气组成，维持氧气和二氧化碳于一定水平的贮藏方法。这是继应用机械冷藏之后果蔬贮藏技术上的又一次重大变革。

（一）气调贮藏的种类及作用

1. 种类　气调贮藏主要是降低正常空气中的 O_2 含量和增高 CO_2 含量。为避免外界空气的干扰，贮藏产品必须封闭起来。因管理方法的不同，气调基本上有两种方式：

（1）"人工气调"（controlled atmosphere storage-CA）　CA-贮藏中的气体调控，要求将 O_2 和 CO_2 浓度控制在变化幅度较小的最佳范围内，同时又不局限于 O_2 和 CO_2 的单独或组合调节，还包括对乙烯（C_2H_2）的调节，因此可以取得更好的贮藏效果，但需增加脱除乙烯的设备。

（2）"自发气调"（modified atmosphere storage-MA）　MA-贮藏是指利用贮藏产品自身呼吸作用降低贮藏环境中的 O_2 含量，同时提高 CO_2 浓度的一种贮藏方法。如蒜薹简易气调贮藏法、硅橡胶窗贮藏等。在不导致生理病害的前提下，O_2 和 CO_2 浓度可有较大幅度的变动。此法比较简单，但要达到设定的 O_2 和 CO_2 浓度水平所需时间较长，难以维持它们之间的设定比例，因而贮藏效果不如 CA-贮藏。气调贮藏与适宜的贮藏温度（即冷藏）相配合，能取得更佳的贮藏效果。

2. 作用　气调贮藏的作用机理就是基于低浓度 O_2 和适当含量 CO_2 的气体组成，在贮藏原理部分已有论述。主要作用表现如下：

（1）抑制后熟老化　气调贮藏可抑制呼吸代谢和其他许多生理过程，因而能起到抑制贮藏产品后熟老化的作用。如番茄、甜椒在气调中后熟变红显著变慢，气调明显抑制黄瓜种子发育和瓜条黄化，抑制蒜薹薹苞膨大，抑制洋葱发芽等。许多果菜不适应低温贮藏，而在临界温度以上又不能有效地控制其后熟衰老和微生物活动，而应用气调贮藏则可起到贮藏保鲜的作用。

许多蔬菜都要求保持绿色以显其新鲜度，脱绿黄化是蔬菜衰老的最明显的征状。CO_2 有抑制叶绿素水解酶活性从而起到保绿的作用，所以许多绿色蔬菜也常应用气调贮藏。蔬菜老化的另一常见征状是硬化——淀粉或纤维增多，气调贮藏也有抑制硬化的作用。如有人指出，芦笋和青花菜在约 10% CO_2 中可以延缓组织硬化，甚至变得比采收时更柔嫩。低 O_2 也有抑制蔬菜黄化和硬化的作用，但不如 CO_2 的作用大。

（2）减轻腐败变质　高 CO_2 能抑制病原微生物活动，从而减轻产品腐败变质。草莓能适应高达 20% 的 CO_2，在此条件下可抑制败坏，贮期比同温度的普通空气贮藏延长 50%。芦笋在 CO_2 含量为 5%～7% 的环境中可以减轻细菌性软腐病。袋封气调冷藏的蒜薹贮期长达 8 个月以上，这与 CO_2 平均浓度较高（通常在 6%～8%）密切相关。气调还可能减轻或避免某些蔬菜随衰老而来的生理病变。结球莴苣在普通冷藏（2～5℃）中，球叶的中肋往往会出现赤褐色或橄榄色斑点，这是一种生理障碍，低 O_2（2%～6%）可使之减轻。

（二）气调设备　是指为气调贮藏环境创造适宜条件的设备。其功能是降低贮藏环境中氧气浓度，清除过高的二氧化碳和乙烯。降低氧浓度主要采取向贮藏的密闭环境中注入氮气，清除过高的二氧化碳和乙烯主要采取化学吸附的方法。20 世纪 70～80 年代中国使用的气调设备工作原理大致相同，主要有以下两种，可供选择。

1. 燃烧式气调设备　该设备的工作原理是将丙烷等燃料引入氮气发生器中，经催化剂作用下燃

烧消耗空气中的氧气,从而获得氮气。再将氮气充入气调库或气调大帐中达到降氧至设定的适宜比例的目的。由于燃烧式气调设备及贮藏环境中蔬菜呼吸作用都释放出二氧化碳,过多的二氧化碳会对蔬菜产生危害,应及时脱除。目前国内已有二氧化碳脱除装置,其原理为使用活性炭吸附。燃烧式气调设备示意见图 28-7。

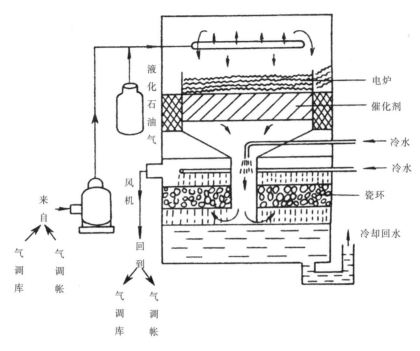

图 28-7　催化燃烧降氧机示意图
(引自:《蔬菜贮运保鲜及加工》,2002)

2. 碳分子筛气调机　该设备的工作原理是根据碳分子筛对不同分子吸附力的大小不同,对气体成分进行分离。如图 28-8,当高压空气被送进吸附塔,并通过塔内的碳分子筛时,直径较小的氧分子先被吸附到分子筛的孔隙中,而直径较大的氮分子被富集并送入气调库或气调帐内,进行置换空气而降氧;当第一个吸附塔内的碳分子筛吸附饱和以后,另一个塔就会启动工作,第一个吸附塔内的氧分子即会被真空泵减压脱附。

碳分子筛气调机较燃烧式气调设备的投资虽然大一些,但这种设备不但可以降低气调贮藏环境中的氧含量,而且可以脱除多余的二氧化碳和乙烯,不需要另设二氧化碳脱除装置,并且对所设定的气体指标可以严格控制,贮藏效果较好。

碳分子筛气调机流程示意见图 28-8。

(三) 气调贮藏方法

1. 封闭　气调贮藏产品必须封闭起来。自塑料工业发展以来,日益广泛地应用了塑料薄膜封闭法。气调库通常都作 CA-贮藏;薄膜封闭既可作 CA-贮藏,也可作 MA-贮藏,且便于在运输和零售中应用。

气调库的结构与一般的冷藏库相似,仅多加一层气密结构,以阻止室外空气的干扰。气调库的气密层多用金属板焊接或用聚氨酯泡沫塑料现场喷涂在外围护结构内侧,兼有良好的隔热和气密作用。库门和管道穿过墙壁处很易漏气,建库时要密切注意。

薄膜封闭又有垛封(帐封)和袋封之分。垛封是将用容器装的产品码成垛,或产品放在菜架上,将垛或菜架的上下四周用薄膜包封起来。这种方式实际上相当于一个夹套式贮藏库。垛封小的贮菜500～1 000kg,大的 5 000kg 以上。封闭地点在冷藏库或通风库均可。袋封即所谓"小包装",产品装在一定大小的薄膜袋内，袋口折叠、扎绳或热封，袋在库内置于货架上。贮藏或运输时一般用大袋，每袋 5kg，1 小袋装 100～1 000g，主要用于零售短贮。封闭薄膜一般都用聚乙烯薄膜。薄膜厚度：帐封者应在 0.15～0.2mm，不易破裂漏气；大袋的塑料薄膜厚一般为 0.04～0.08mm；零售小包装则越薄越好，不仅节约原料，而且可以充分利用薄膜良好的透气性能。

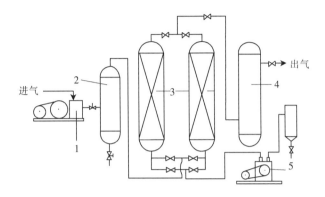

图 28-8　碳分子筛气调机流程示意图
1. 空压机　2. 除油塔　3. 吸附塔　4. 贮气塔　5. 真空泵
（引自：《蔬菜贮运保鲜及加工》，2002）

2. 气体指标和调节　气调贮藏关键在于控制气体成分于适宜的水平。最佳气体组成因作物种类、品种、成熟度、产地条件、贮藏温度、贮藏阶段而异，要经过具体试验来确定。为便于操作管理，气体成分指标应允许有一定的变动幅度。可以根据产品能够适应（忍受）的低 O_2 和高 CO_2 限度，向上或向下延伸一定的幅度。

主要蔬菜的最适贮藏条件及可能贮藏期见表 28-2。

表 28-2　主要蔬菜的最适贮藏条件及可能贮藏期
（引自：《园艺产品贮藏加工学》，2002）

种　类		最适贮藏条件				可能贮藏时间（d）	
		温度（℃）	相对湿度（%）	O_2（%）	O_2（%）	冷藏	气调贮藏
番茄	绿熟	12.8～21.1	85～90	2～5	2～5	10～21	20～45
	红熟	7.2～10	85～90	2～5	2～5	4～7	7～15
黄瓜		12～13	90～95	2～5	0～5	10～14	20～40
茄子		12～13	90～95	2～5	0～5	7	20～30
青椒		9～11	90～95	2～8	1～2	20～30	30～70
青豌豆		0	90～95			7～21	
甜玉米		0	90～95			4～8	
菜豆		8～12	85～95	6～10	1～2	20～30	20～50
花椰菜		0	90～95	3～5	0～5	15～30	30～90
青花菜		0	95～100	1～2	0～5	10～14	20～40
甘蓝	春天收	0	90～95	2～5	0～5	20～50	60～90
	秋天收	0	90～95	2～5	0～5	90～120	60～150
大白菜		0	90～95	1～6	0～5	60～90	120～150

（续）

种 类	最适贮藏条件				可能贮藏时间（d）	
	温度（℃）	相对湿度（%）	O_2（%）	O_2（%）	冷藏	气调贮藏
莴苣	0	95			14～21	
菠菜	0	90～95	11～16	1～5	10～14	30～90
芹菜	0	90～95	2～3	4～5	60～90	60～90
洋葱	0	65～75	3～6	0～5	60～180	90～240
大蒜	-3～-1	65～75			180～300	
蒜薹	0	85～95	2～5	0～5	90～150	90～250
胡萝卜	0	90～95	1～2	2～4	60～100	100～150
萝卜	0	90～95			30～60	
蘑菇	0	90	0～1	＞5	3～4	7～10
莲藕	10～15	95～100			30～60	
姜	12.8	65			30～150	
南瓜	10～12.8	70～75			60～90	
马铃薯	2～3	85～90			150～240	

注：表中数据仅作为参考，具体贮藏条件应根据品种、栽培条件等因素而试验确定。

CA-贮藏的气体指标，目前大都是 O_2 和 CO_2 两者之和小于 21%（正常空气的含 O_2 量）。从正常空气改变到要求的组成，有一个降 O_2（和增 CO_2）的过程，分自然降 O_2 和人工降 O_2 两种方式。前者是封闭后产品自然呼吸消耗 O_2 和积累 CO_2，用吸收剂除去过多的 CO_2，以期 O_2 降至要求的水平。此法降 O_2 较慢，产品在高 O_2 环境中时间较长，所以贮藏效果不及后者。人工降 O_2 是封闭后当即充入大量 N_2，使 O_2 稀释到要求的浓度，并充入适量 CO_2，或使封闭容器与除 O_2 机联通，进行闭路气体循环，使 O_2 迅速降低。速度快，效果好。

降 O_2 结束后进入稳定期，此后的管理主要是经常补充产品呼吸消耗的 O_2 和除去多余的 CO_2。补 O_2 只需充入适量空气，CO_2 可用碱性物质如 NaOH、消石灰等中和吸收，或用活性炭吸附分离。活性炭可以再生使用，还可吸附空气中积累的乙烯和其他有害气体。

MA-贮藏多用小包装，通常是封闭后任气体自然变化，只在 O_2 太低或 CO_2 太高时打开放风。MA-贮藏的特点是：O_2 和 CO_2 两者之和接近 21%，无法控制总和低于 21% 的指标，采用放风管理，在每个放风周期内 O_2 和 CO_2 都会有一次大幅度的变动。因此，MA-贮藏只适用于能适应气体组成大幅度的变动，特别是对低 O_2 和高 CO_2 忍受性强的蔬菜作物。

3. 封闭薄膜的透气性和自动调气 薄膜封闭为气调贮藏提供了诸多方便，但也出现了新的问题。问题之一是每个封闭单位的贮量较少，大批量贮藏时封闭单位数目多，经常逐一测气、调气花费劳力很多。这就提出了能否自动调气以简化管理的问题。

聚乙烯为高分子聚合薄膜，有一定的透气性。薄膜的透气性有这样一些特点：①薄膜的透气率与膜厚度成反比，而与膜两侧气体的分压差成正比；②各种气体对同一薄膜的渗透方向和速度各自独立，互不干扰；③薄膜对各种气体的渗透系数决定于薄膜材料的理化特性和气体种类，与膜厚度及两侧气体压差无关，但一般随温度升高而增大。聚乙烯膜不能满足一般果蔬贮藏的自动调气要求。日常调气方法大致有两种：

一种方法是松扎袋口，或袋口折转而不封闭，或应用打孔薄膜（膜上按一定密度开许多小孔），使内外气体通过袋口孔隙或小孔进行自由扩散。由于气体的内外交换是自由扩散而不是通过膜的选择渗透，因此只能维持内部总和为 21% 的 O_2 和 CO_2 浓度，而不可能自动形成总和低于 21% 的气体组成。另一途径是应用一种透气性极强（比聚乙烯膜高 200～300 倍）并且 CO_2 对 O_2 的渗透比较大（约为 6）的硅酮橡胶薄膜，以一定面积比做成"硅橡胶透气窗"（简称硅窗），镶嵌在普通封闭薄膜袋上，基本上可以自动维持适于一般蔬菜产品的低 O_2、低 CO_2 气体组成。硅窗与封闭膜的面积比视产品的呼吸强度（关系到种类、品种、成熟度、贮藏温度等）和贮量而定。

4. 薄膜封闭中的温、湿度动态 薄膜封闭气调冷藏的另一个问题是：不论垛封或袋封，薄膜内外两侧以及内部的四周与中心、上部与下部都会有一定程度的温差，这种温差必然要引起内部空气相对湿度的变动。薄膜封闭不同于气调库，产品与冷源之间为薄膜所阻隔，产品一侧的温度总要高些，所以封闭膜内侧面上不可避免地总会有一定程度结露，一方面密闭环境内相对湿度降低，促进产品的蒸发脱水，另一方面结露水浸润产品，易造成产品腐烂。

解决温差和凝水问题，主要应保持库温恒定。同时，袋封产品不要装得太满太紧，垛封时要在垛内多留较宽的通风隙道，使封闭容器内空气较易流动，则可缩小各部位之间的温差。

四、其他贮藏设施和方法

（一）减压贮藏 20 世纪 50 年代，有人注意到一些果品、蔬菜在冷藏和低气压条件下，由于呼吸进一步降低及产品自身释放的乙烯减少而显著延长了贮藏寿命。到 60 年代中期，Burg 夫妇首先提出了减压贮藏技术。减压贮藏又称低压贮藏，是指在冷藏的基础上，将密闭环境中的正常气体压力减至负压，用以贮藏新鲜蔬菜的方式。减压的程度依贮藏产品的不同而有所不同，一般为正常大气压的 1/10 左右。Saluhke 等（1973）的试验表明，在 0.01MPa 和 0℃ 条件下杏的贮藏期达到 90d，而对照仅为 53d。当贮藏环境气压比常压下降 1/10 左右时，芹菜、莴苣等蔬菜的贮藏期可延长 20%～90%。

减压贮藏的主要优点是：①在 0.01MPa 的低压条件下，真菌形成孢子受到抑制，气压越低，抑制效果越显著；②降低 O_2 的供应量从而降低了蔬菜产品的呼吸强度和乙烯产生的速度；③产品释放的乙烯随时被排除，减缓了成熟和衰老过程；④排除了产品释放的 CO_2、乙醛和乙酸乙酯等，有利于减少生理病害的发生。

减压贮藏法对库房建设提出了更严格的要求，比如要求一定的气密度、结构强度等。在减压贮藏中，产品水分极易丧失，导致重量减轻，因此要增加增湿设备，从而增加了建筑费。所以限制了在实际生产上的广泛应用，目前仅在某些新鲜园艺产品的预冷中应用了该技术。

（二）辐射处理贮藏 电离辐射是指物质直接或间接受电离的辐射，它包括不受电场影响的电磁辐射和粒子辐射两类。电离辐射自 20 世纪 40 年代开始在食品上应用。经过广泛的研究，至 70 年代逐步走向实用阶段，其中进入商业化贮藏的有马铃薯、洋葱、大蒜、蘑菇、菠菜、番茄、芦笋、草莓等蔬菜。中国已经批准进行辐射处理保鲜的蔬菜有马铃薯、洋葱、大蒜、蘑菇、番茄等。

可用于辐射处理的电离辐射种类有 γ 射线、β 射线和 X 射线及电子束等。用于园艺产品辐射以 γ 射线为主，且以 ${}^{60}Co$ 辐射源应用最为普遍。

γ 射线穿透力极强。当其穿透活的机体组织时，会使机体中的水和其他物质发生电离作用产生自由基，从而影响机体的新陈代谢，甚至会杀死机体细胞、组织、器官。辐射处理的射线剂量不同，所起的作用不同：

低剂量：1 000Gy 以下，影响植物代谢，抑制块茎、鳞茎发芽；杀死寄生虫。

中剂量：1 000～10 000 Gy，抑制代谢，延长果品、蔬菜的贮藏期；阻止真菌活动，杀死沙门氏菌。

高剂量：10 000～50 000Gy，彻底灭菌。

用于园艺产品辐射处理的剂量一般较低，不超过10kGy。根据FAO和WHO等联合专家委员会的认证结论，认为总体吸收剂量小于10kGy辐射的食品是安全的，在营养学和微生物学上也是安全的，对耐受力强的产品器官特性影响不大。

辐射处理的作用包括：抑制呼吸作用和过氧化酶等活性及内源乙烯产生而延缓成熟衰老；抑制发芽，杀灭虫害和寄生虫；抑制病原微生物的生长活动等，从而减少采后损失和延长贮藏寿命。如辐射剂量为0.05～0.15kGy时，可抑制马铃薯、洋葱、大蒜、姜等发芽；剂量为0.5～1.0kGy时，可延缓芦笋、食用菌等成熟衰老。

进行辐射处理时，必须考虑不同蔬菜作物种类间对射线耐受力的差异，超过其耐受力的辐射及剂量处理，不仅不能达到预期效果，反而会导致产品褐变加剧、变味、物质分解、营养损失增加，最终加重腐烂。所以，在商业应用时，要与其他商品化处理技术相结合，才能达到理想效果。并且辐射的剂量必须遵循国际或国内相关法规和标准。

（三）臭氧及其他处理 臭氧（O_3）是一种强氧化剂，也是一种消毒剂，可用专门装置对空气进行电离处理获得。但O_3很不稳定，容易分解产生原子氧而具有氧化作用。新鲜蔬菜产品经过O_3处理后，表面细胞膜和微生物被破坏而死亡，达到灭菌，减少腐烂的效果。另外，O_3还能氧化分解产品释放出来的乙烯气体，减轻乙烯对产品的不良影响；抑制细胞内氧化酶活性，阻碍新陈代谢的正常进行，从而达到延长新鲜产品贮藏期的目的。

O_3的处理效果，与贮藏环境的O_3浓度、温度和相对湿度关系较大。不同蔬菜作物对O_3的耐受力不同，一般皮厚的强于皮薄的，肉质致密的强于疏松的。引起莴苣和草莓损伤的O_3浓度均不足10μl/L。延长贮藏期所用浓度一般为1～10μl/L，防腐杀菌所需浓度为10～20μl/L；温度高时，O_3分解快，处理效果差，当环境温度低于10℃时，防腐效果显著增加。O_3处理时适宜的相对湿度为90%～95%。

O_3处理可与机械冷藏、通风贮藏库或塑料大帐气调贮藏等方法结合，其效果更好。方法是定期开启O_3发生装置，保持一定时间密闭后通风即可。

第二节　蔬菜贮藏保鲜技术

一、大白菜贮藏

大白菜是北方地区冬季市场上的主要蔬菜，栽培面积大，贮藏量大，贮藏时间长。在贮藏过程中的损失一般可达30%～50%，主要问题是脱帮、腐烂和失重。因此在贮藏过程中要严格控制温度和湿度，适当通风换气，减少乙烯的释放与积累。

大白菜贮前要经过晾晒、整修和预贮3个步骤：晾晒一般在田间进行，使直立的外叶失水下垂不折，以减少运输过程中的损失，也可增强叶球一定的抗寒能力。整修是摘除黄帮烂叶，撕掉外叶叶耳和超过叶球的"过头叶"。预贮是将经过整修的大白菜运至菜窖（库）的背阴处，自然降低体温至1～2℃时，即可入窖（库）。

适宜的贮藏条件：温度0℃，空气相对湿度95%，O_2浓度1%～6%，CO_2浓度0%～5%。冷藏可贮藏60～90d，气调贮藏可贮藏120～150d。

（一）堆藏 长江中下游和华北南部常采用此种方法。在露地或室内将大白菜堆成倾斜的两列，其底部相距1m左右，逐层向上堆叠时缩小距离，最后使两列合在一起成尖顶。堆高约1.5m，堆菜时每层菜间交叉斜放一些细架杆，以便支撑菜体使两列菜能达到稳固的倾斜状（图 28-9）。堆外覆盖苇席，两头也挂上席帘，通过启闭席帘来调节堆内的温湿度。

华北地区采用另一种堆藏法来短期贮藏大白菜。即将大白菜根对根，叶球向外双行堆码在露地、空屋内，两行间留约半棵菜长的通风道。根据天气变化，或用苇席遮盖，或用菜棵把通风道两端堵上以防寒。

（二）沟藏　将已经晾晒、修整的大白菜根向下直立排列入沟，排满后在菜上加盖 1 层草即可。以后随气温下降逐渐在沟上覆土保温。埋藏沟应尽早挖好，经充分干燥后方可贮菜，且大白菜的包心程度不宜超过 70%～80%。此法不易检查大白菜贮藏情况，贮藏损失较大，已经很少采用。

（三）窖藏　将备贮菜入窖，码成高 1.5m、1～2 棵菜宽的条形垛，垛与垛之间留有一定距离，以便操作和通风。日常管理在于适度通风和倒菜（拆垛和重新码垛）。利用菜窖门、窗和通气管排除库内湿热气和污浊空气，调节窖内温度和湿度。倒菜可排除垛

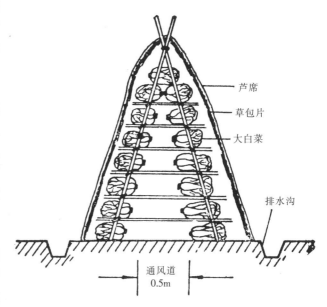

图 28-9　马架式堆藏大白菜
（上海市蔬菜公司，1980）

内呼吸热和内源乙烯，又能检查产品贮藏情况，及时剔除黄、烂帮叶和病叶（株）。

1. 前期管理　即 11～12 月份。此时外界气温、窖温、大白菜体温都较高，其管理以加大通风量防热为主，可以昼夜开启全部通风窗口，每隔 3～4d 倒 1 次菜，逐步延至 1 周倒 1 次菜。

2. 中期管理　从 12 月下旬至第二年 2 月上旬。此阶段为全年最冷时期，菜体的呼吸强度也下降，管理应以保温防冻为主，故需将通风口堵塞，控制天窗的通风面积，缩短通风时间，仅在白天适度通风换气。倒菜时间延长至隔 10～15d 进行 1 次。

3. 后期管理　2 月中旬之后。外界气温逐渐回升，菜体自身也已渐衰，易受病菌侵染，管理应尽量保持低温，以防止烂菜。可在夜间通风换气，使窖内低温趋于稳定。倒菜可 1 周进行 1 次。如管理得当，可贮藏至 4 月上市。

（四）冷库贮藏　在冷库内贮藏大白菜可用装筐码垛或用活动菜架存放，每筐装 20～25kg，码 10～12 只筐高，贮藏量可在 800～1 000kg 以上。筐装大白菜宜分期分批入库，每天入库量不超过总容量的 1/5，目的是防止短期内库温骤升而影响贮藏质量。要随时检查筐各层面、各部位的温度变化，适时调整库温；20d 左右倒 1 次菜，注意变换上下层筐的位置。在筐垛四周覆盖塑料薄膜，以减少菜体失水。一般可贮藏至次年 6 月。

二、花椰菜和青花菜贮藏

花椰菜和青花菜两者亲缘极近而气调特性迥异。花椰菜在 5%CO_2 或 2%O_2 的环境中就会受损，这种伤害食用前看不出，煮熟便变黄灰色，极度软烂并强烈走味。青花菜对高 CO_2 和低 O_2 则抵抗力极强，CO_2 含量可达 10%，但在 10%～15% 下经 15 天左右可有伤害。Lipton（1977）指出，虽 CO_2 高达 15%～20%，或 O_2 低至 0.25%，青花菜也不会受害，并可保持绿色和良好的质地。认为青花菜同花椰菜的这种差别可能与叶绿素含量密切有关。Werner 等指出，O_2 低至 2% 以下对青花菜才有明

显的保绿作用，与低 O_2（小于 2%）相比较，高 CO_2（10%）保绿效果更好。

两种蔬菜都易脱水萎软，故要求高湿度，薄膜封闭可起较好的保湿作用，但必须防止凝水滴落到花球上引起烂斑。两者都是变态的花序，植物的繁殖器官都能产生较多的乙烯，乙烯在空气中积聚会引起花球黄化，气调贮藏时应予注意。

用于贮藏的花椰菜应选取充分长大、洁白、花枝致密、无病虫害、边缘花蕾未散开的花球。雨天不宜采收，以免受微生物污染。收获时，留花球下 3～5 片叶以保护花球。待贮花球应置于通风阴凉处，以散去田间热和呼吸热，有条件的应在预冷库中预冷。

贮藏中的问题：湿度过低，会使花球失水萎蔫而松散；贮藏温度过高或受机械损伤会使花球变色，影响贮藏时间和质量。主要贮藏病害是黑斑病、霜霉病、菌核病等，在采收和运输过程中，应避免机械损伤，采用 3 000mg/L 苯莱特、多菌灵或托布津喷洒，待晾干后入贮。在贮前用蘸有克霉灵保鲜剂的布条或吸水纸，均匀地摆放在筐、架之间熏蒸 24h，可有效抑制菜体表面的病原菌。其用量为每千克花椰菜用药 0.1ml。熏蒸应在密闭库房或塑料帐内进行，注意药剂不能与菜体接触。

青花菜花球的适收期很短，耐贮性比花椰菜差。青花菜采收后呼吸旺盛，不耐贮藏运输。在 15～28℃室温下放置 24h 花蕾即开始变黄，48h 后花蕾开放，叶绿素下降为采收时的 50%，72h 后花球全黄而失去食用价值。采收应在清晨或傍晚进行。采收时连同 10～12cm 长花茎一起割下，宜附带 3～4 片叶以保护花球。顶、侧花球兼收品种在侧花球直径达 3～5cm 时收获，也可用于贮藏。采收要轻拿轻放，用塑料袋和纸箱包装。

入贮青花菜产品的质量要求：花球紧实，花球表面花蕾紧密平整，边缘花球略有松散，花球有一定大小时为采收适期。

适宜的贮藏条件：

花椰菜：温度为 0℃，空气相对湿度 90%～95%，O_2 浓度 3%～5%，CO_2 浓度 0%～5%。冷藏可贮藏 15～30d，气调贮藏可贮藏 30～90d。

青花菜：温度为 0℃，空气相对湿度 95%～100%，O_2 浓度 1%～2%，CO_2 浓度 0%～5%。冷藏可贮藏 10～14d，气调贮藏可贮藏 20～40d。

（一）假植贮藏 入冬前将尚未成熟的小花椰菜连根挖起，假植于棚窖、冷床、贮藏沟内，每棵花球外叶拢起捆扎护住花球。假植后及时浇水，覆盖防寒物，中午温度较高时打开覆盖物通风换气。进入冬季后注意防冻，及时浇水。贮藏期间植株的营养物质继续向小花球运转，贮后小花球可长至 0.5kg 左右。

（二）窖藏 备贮的花椰菜可装筐码垛或放在活动菜架上，其上覆盖塑料薄膜，但无需密闭。每天轮流揭开薄膜一侧通风，调节温、湿度至适宜状态。注意及时擦去塑料薄膜内的冷凝水，以防引起花球霉变。

（三）冷库贮藏 花椰菜冷库贮藏产品的码放方法及贮藏管理基本同窖藏。如与气调方法相结合，则可以有大帐贮藏和单花球套袋贮藏两种方法。

1. 大帐贮藏 依据菜架大小，用 0.23mm 厚聚乙烯薄膜做成大帐，套放在菜架上，菜架上码放花椰菜。大帐底部可以不密封，任其与外界进行通风换气；也可在产品入帐后封闭底部，任其自然降氧，每天或隔天掀帐通风换气 1 次。随着呼吸减弱，可隔 2～3d 掀帐通风。一般隔 15～20d 检查 1 次贮藏情况，剔除黄、病叶。此法管理简便易行，商业应用较多。

2. 单花球套袋贮藏 用 0.015mm 厚的聚乙烯薄膜做成长、宽分别为 40cm、35cm 的袋，每袋套装 1 个花球，折叠袋口，再装筐或码放在菜架上贮藏。此法可有效地抑制因失水而导致散花现象，避免花球间相互碰撞致伤和病菌相互感染。贮藏期 1.5～2 个月，好花率 85% 以上，明显优于大帐贮藏法。

青花菜在冷库中采取架、大帐、单花球套袋方法贮藏，其中以单花球套袋贮藏效果最佳。库温可控制在（0±0.5）℃，贮藏 30～40d，好花球率可达 85％以上。单花球套袋贮藏方法同花椰菜。

三、萝卜和胡萝卜贮藏

萝卜和胡萝卜均以秋冬茬肉质根的耐藏性强，可贮藏至第二年 3～4 月，其间可陆续上市。欲贮的萝卜和胡萝卜必须在收获前 1 周停止浇水，以防肉质根因水分含量太高而开裂。收获贮藏用萝卜和胡萝卜还应在霜冻到来之前进行。收获过晚易受冻害，贮后易糠心。收获时除去叶片，或削去茎盘，堆成小堆待贮，但应覆盖菜叶，防止失水或受冻。在贮藏过程中，如条件控制不当，则可能造成肉质根失水萎蔫、出芽、糠心、腐烂、风味变淡、品质变劣，甚至失去商品价值。入贮萝卜和胡萝卜产品的质量要求：肉质根充分膨大，根形整齐，无分叉，无病虫害，无冻害，无裂痕，无机械伤，无皱缩。

适宜的贮藏条件：

萝卜：温度 0℃，空气相对湿度 90％～95％。冷藏可贮藏 30～60d。

胡萝卜：温度 0℃，空气相对湿度 90％～95％，O_2 浓度 1％～2％，CO_2 浓度 2％～4％。冷藏可贮藏 60～100d，气调贮藏可贮藏 100～150d。

萝卜和胡萝卜的贮藏方法基本相同。

（一）沟藏 将产品散放在贮藏沟内，厚度不超过 0.5m，上面覆盖 1 层薄土或干净的细沙。土（细沙）层上面再堆放 1 层萝卜，如此 1 层萝卜、1 层沙，共计堆放 3 层。土（细沙）层的作用是为了防止机械损伤和阻断病菌在层间传染蔓延。表层覆土以看不见萝卜为度，以后根据气温下降情况逐步增加土层厚度，但以底层萝卜不受热、表层萝卜（胡萝卜）不受冻为原则，共覆土 3 次。覆土总厚度原则上不少于当地冻土层的深度。

为保持萝卜（胡萝卜）贮藏环境湿润，除使用潮土或湿润细沙外，一般在堆放萝卜后需往沟内灌水。灌水次数和数量，要根据萝卜品种、土壤含水情况而定。贮藏生食品种，土壤干燥或保水性能差的可多灌水。灌水前，应将表层覆土整平、压实，灌水后水能均匀下渗。要注意的是灌水量不宜过大，否则会造成底层积水，导致萝卜腐烂。

（二）堆藏 利用棚窖、通风贮藏窖进行堆藏。萝卜（胡萝卜）收获后，应在露地晾晒 1d，削去叶片和顶芽，堆放在库内，堆高 1.2～1.5m，长度视窖内具体情况而定。在堆内每隔 1.5～2.0m 设 1 个通风筒，以散去堆内萝卜（胡萝卜）的呼吸热。贮藏环境温度通过贮藏库通风窗调节，如温度过低，可在萝卜（胡萝卜）堆上加盖草帘防冻；湿度不足，可喷水加湿。于贮藏过程中，一般不翻动萝卜。进入 2 月，气温逐渐回升，应进行 1 次全面检查，剔除腐烂、有病害的萝卜（胡萝卜）。

沈阳地区在萝卜堆藏的基础上，加盖塑料薄膜大帐进行半封闭贮藏。方法是：于萝卜入库开始，或从初春萝卜萌芽前，在萝卜堆上罩塑料薄膜大帐，但大帐不密闭，于贮藏过程中掀帐通风。此法可在一定程度上降低 O_2 含量，提高 CO_2 含量，并保持湿度。贮藏期可达 6～7 个月，保鲜效果好。

（三）塑料薄膜袋贮藏 将削去叶片和顶芽的萝卜（胡萝卜）装入 0.07～0.08mm 厚的聚乙烯薄膜袋中，每袋重 25kg 左右，折袋口或扎袋口贮藏。在适宜的贮藏温度下，效果良好。

四、番茄贮藏

用于贮藏的番茄应选用耐贮品种，不同品种间耐贮性差异较大。一般早熟品种和薄皮品种不耐贮藏。耐贮品种一般不易裂果，肉质致密，干物质含量高，果型中等大小或较小；遇雨不宜立即采收，否则容易烂果；入贮果实应剔除畸形果、过熟果、裂果、有病果，果实不带果柄和萼片。

不同成熟度的番茄果实对温度的敏感性不同。用于较长时间贮藏的番茄，应选用绿熟果；用于鲜

中国蔬菜栽培学
□□□□[第二版]..Olericulture in China □□□□

食或短期贮藏的番茄，可选用红熟果实。

适宜的贮藏条件：

绿熟果：温度 12.8～21.1℃，空气相对湿度 85%～90%，O_2 浓度 2%～5%，CO_2 浓度 2%～5%。冷藏可贮藏 10～21d，气调贮藏可贮藏 20～45d。

红熟果：温度 7.2～10℃，空气相对湿度 85%～90%，O_2 浓度 2%～5%，CO_2 浓度 2%～5%。冷藏可贮藏 4～7d，气调贮藏可贮藏 7～15d。

（一）常温贮藏 利用土窑洞、地下室、防空洞、常温库、通风贮藏库等设施，将待贮番茄装浅筐或木箱中，于地面铺垫物或菜架上码 2～4 个筐（箱）高，上下层筐（箱）之间应交错叠放，以便于通风、散热。贮藏环境温度通过门、窗等调节，采用喷水增湿。要经常检查贮藏情况，随时剔除已红熟或不宜继续贮藏的果实上市。用此法可贮藏 20～30d。

（二）气调贮藏 将欲贮番茄入帐，每帐贮量为 1 000～2 000kg。封帐后，采用快速降氧方法，如利用制氮机制氮或用工业氮气通入帐内调节气体，使 O_2 和 CO_2 达到适宜的浓度。用制冷机调节温度，可以达到理想的贮藏效果。如无机械制冷条件，则采用快速降氧法，控制贮藏条件下的 O_2 浓度达到 2%～4%，CO_2 5% 以下，一般可贮藏 25～30d。也可在番茄进帐后，待帐内 O_2 浓度由果实自行吸收到 3%～6% 或 2%～4% 时，再采用人工调节方法，使氧含量不再继续下降并保持在这一范围，湿度力求维持在适宜水平。

为了防止或减少腐烂，可用漂白粉进行消毒。方法是：漂白粉用 4 层纱布包好，每袋 20～30g，均匀挂放在帐内，有效期为 10～15d。漂白粉的总用量一般按番茄贮量的 0.05%～0.1% 计算。

（三）塑料薄膜袋贮藏 番茄果实用防腐药剂处理后，装入保鲜袋贮藏。保鲜袋用 0.03mm 聚乙烯薄膜制成，长 35cm，宽 25cm，容量 1.5kg，或者将番茄果实装箱，每箱贮量 10kg 左右，单箱套袋扎口贮藏。此法可贮藏 15～25d。

用甲基乙烯橡胶薄膜制成 0.08mm 厚的硅窗保鲜袋，袋内 O_2 含量维持在 6% 左右，CO_2 含量在 4% 以下，贮藏效果良好。

五、甜椒贮藏

甜椒主要以鲜果供食，是较耐贮的蔬菜之一，通过贮藏调剂市场供应，效果明显。用于贮藏的甜椒必须选用果肉厚、皮坚、表皮光亮、无病虫害、色泽浓绿的晚熟品种的果实。高温、多雨季节采收的产品田间带病多，易引起腐烂；凉爽季节采收的产品较耐贮藏，但必须在霜前采收。在保护地内栽培的甜椒，11 月采收，可贮藏至春节上市。收获前 1～2d 停止浇水，采后勿在田间暴晒，需及时放置在阴凉处，或在高于适贮温度 2～3℃ 的条件下预贮 1～2 昼夜。贮藏中的主要问题是失水萎蔫和腐烂。

挑选表皮光亮、果肉丰厚的绿熟果实，剔除带病虫、机械伤或幼嫩果及微红不耐贮藏的果实。入贮前，用 0.1% 的漂白粉溶液浸果 3～5min，浸后晾干，可防止或减轻果实腐烂。

适宜贮藏条件：温度 9～11℃，空气相对湿度 90%～95%，O_2 浓度 2%～8%，CO_2 浓度 1%～2%。冷藏可贮藏 20～30d，气调贮藏可贮藏 30～70d。

（一）沟藏 西北、华北、东北地区都有应用。在沟底先铺 1 层厚 6.5～10cm 的沙子或秸秆，将甜椒果柄朝上码于其上，厚度 20～30cm，上面覆盖 10～13cm 的沙子或秸秆。这样一层沙子或秸秆，一层甜椒，可以码放 3～5 层。也有将甜椒装筐（八成满），再放入沟内，盖上蒲包，覆盖秸秆和草帘进行贮藏。入贮后前期注意防热，白天用草帘覆盖贮藏沟，夜间揭开草帘以降低沟内温度。入贮后 10d 左右检查 1 次贮藏效果，剔除烂果、病果。贮藏沟还需有防雨雪设备，以免雨雪进入沟内，引起果实腐烂。

（二）窖藏　窖宽、深均为 2.3m，长度视贮藏量而定。每隔 2～3m 留一通风孔，孔径 15cm，用 1m 长的塑料管或瓦管做通风眼。窖底先铺 1 层细沙或秸秆，秸秆上再铺 1 层纸，纸上堆放待贮甜椒，厚 1.2m。刚入贮时每隔 3～5d 翻倒 1 次椒堆，剔除不宜续存的甜椒。以后隔 7～10d 翻倒 1 次。

（三）通风库贮藏　在通风库内如装筐贮藏甜椒，则需先用 0.1%～0.5% 漂白粉液对筐内铺垫物（如蒲包、牛皮纸等）进行消毒，沥水至半湿状。装入甜椒至八成满，筐码成垛，垛表面覆盖湿蒲包片。贮藏过程中通过揭、盖蒲包片调节温、湿度。入贮后 10d 左右检查 1 次。还有一种方法是单果包装用箱或筐贮藏。一般用包装纸或 0.015mm 厚的聚乙烯薄膜单果包装，置箱或筐中贮藏。此法保鲜效果好，可延缓果实萎蔫，但需防止袋内凝结水累积，导致腐烂。

（四）气调贮藏　气调贮藏法与番茄相似，O_2 含量可稍高一些。关于 CO_2 浓度，李志澄等认为约与 O_2 相等较好，CO_2/O_2 值在 1 左右，不宜超过 2。张维一等则认为甜椒耐 CO_2 力较强。Ityall 等指出，O_2 低于 2%，结合 10% CO_2，在温度 12.8℃ 情况下会使甜椒受伤。宜选用秋季采收的甜椒贮藏。

六、菠菜贮藏

供应冬春季上市的应选用较耐寒的尖叶菠菜品种。采收前 1 周停止浇水，以增强菠菜的耐寒性。在地面刚刚结冻而未冻实时将菠菜连根挖起，留根长 3～4cm。选择根粗棵大、叶片肥厚的菠菜用于贮藏。抖掉附着的泥土，摘除病、黄叶片，整修捆把，每捆重 1.5～2kg。将待贮菠菜置于阴凉处，散去水分，降低体温，待体温下降到适宜贮藏温度时入贮。菠菜耐低温能力强，在忍受 −9℃ 低温后，经过缓慢解冻，仍可恢复新鲜状态。

适宜贮藏条件：温度 0℃，空气相对湿度 90%～95%，O_2 浓度 11%～16%，CO_2 浓度 1%～5%。冷藏可贮藏 10～14d，气调贮藏可贮藏 30～90d。

（一）微冻藏　把捆好的菠菜直立码入贮藏沟内，其上覆盖 1 层湿润细土，以不露叶片为度。前期覆土不宜太厚，为保湿；后期随气温下降，分 2～3 次覆土，总厚度在 25cm 左右，使沟内温度保持在 −8～−6℃。入贮的菠菜必须迅速冻结，并保持冻结状态，不宜忽冻忽化，或冻结温度过低，否则影响商品品质。此为普通微冻贮藏法。如在沟底设通风道，把待贮菠菜置于通风道上，再覆土贮藏，利用通风道将外界冷空气引入沟内，调节沟内温度，此为通风微冻贮藏法。当外界气温过低时，可将通风道堵塞，待春季地温回升，再打开通风道口。通风微冻贮藏法比普通微冻贮藏法的贮藏损耗低 15% 左右。

经微冻贮藏的菠菜上市前，需提前 3～4d 将菠菜从沟内取出，轻轻放到室内或棚内，在 0～2℃ 的低温下缓慢解冻。如在较高温度下迅速解冻，则细胞间的冰晶融化后不能及时被细胞吸收而外流，使菜体变软，或引起腐烂，失去商品价值。

（二）冷库贮藏　一般采用"自发气调法"贮藏。将预冷后的菠菜用保鲜袋包装，每袋 12～13kg，平放于库内菜架上，库温 −1～0℃，敞开袋口一昼夜后，一种方法是扎紧袋口贮藏，1 周后袋内 O_2 下降到 11%～12%，CO_2 上升到 5%～6%，此时要开袋口换气 2～3h。当袋内 O_2 含量升到 18% 以上，CO_2 含量接近大气正常含量时，扎袋口贮藏。此后每隔 1 周需开袋口换气 1 次。另一种方法是松扎袋口贮藏，即袋口不扎紧，既可防止水分蒸发，又有一定的调节袋内气体组成的作用。贮藏初期每月检查 1 次，以后每 15d 检查 1 次。冷库贮藏春菠菜可贮藏 1 个月，秋菠菜可贮藏 2～3 个月。

七、芫荽贮藏

芫荽在中国各地均有栽培，可春播、秋播、越冬栽培。东北地区 4～8 月随时都可播种。长江流域秋季可在 8～11 月陆续播种。芫荽的采收标准不严格，一般播后 50～60d，最大叶长达 30～40cm

为采收适期。芫荽一般多以秋播者作贮藏。用于贮藏的芫荽播期和收获期应比采后即上市的晚3～5d。收获时应带1.5～2.0cm长的根挖起，抖去附着的泥土，摘除黄叶、病叶、烂叶，预贮在阴凉处，上面覆盖1层薄土，以便保湿。

芫荽的耐寒性强，适宜贮藏条件：温度0℃，空气相对湿度95％以上。

（一）微冻藏 东北地区应用较多。一般采用通风沟微冻藏法，方法基本与贮藏菠菜相同。于11月下旬前后将预贮的芫荽取出，摘除黄叶、病叶、烂叶，捆成1～1.5kg的捆，根朝下码入沟中。其上的覆土层总厚度20～25cm，严冬时加盖草苫，使沟内温度保持在－5～－4℃，以叶片冻结而根部不冻为原则。贮期可延至翌年2月。挖出芫荽，经缓慢解冻后，再次修整上市。

（二）冷库贮藏 在冷库中贮藏芫荽，亦用"自发气调法"贮藏。选择棵大、色泽鲜绿、无病虫害的芫荽，捆成0.5kg的捆，装入厚0.08mm、长1m、宽0.85m的塑料薄膜袋中，每袋装8kg左右，整齐地码放在菜架上，松扎袋口或折叠袋口冷藏。装袋前，要预冷至0℃左右，以免入库后袋内产生冷凝水。库温如稳定在－1.5～1.0℃，则可贮藏至次年3～4月。

八、茎用莴苣贮藏

茎用莴苣即莴笋，中国各地均有栽培。其茬口安排有春播、秋播及保护地栽培等，其中以秋播莴笋耐寒性较强，适于贮藏。莴笋成熟时，心叶的高度与外叶的最高叶片相等，即所谓"平口"。此时嫩茎长足，品质最佳。供贮藏的莴笋应适当晚播，上冻前收获。选择无病虫害、无裂口、未抽薹的健壮植株用于贮藏。收获方法与鲜销上市的不同：先在田间仔细除去嫩茎下部叶片，避免表皮受损伤而导致褐变，上端留完好的7～8片小叶。次日贴近地面割取地上茎，放置阴凉通风处预贮4～6d待贮。贮藏莴笋的温度如果太低，则会产生冻害；温度高时又会导致空心、褐变。

适宜的贮藏条件：温度0℃，空气相对湿度95％左右。冷藏可贮藏14～21d。

（一）沟藏 沟藏的方法与贮藏萝卜类似。将莴笋根朝下贴沟壁稍倾斜码成一排，用湿润细土覆盖其茎部后再码第二排，再覆土……直至码满沟，其上再覆土。随着气温下降，土壤冻结，逐次加厚覆土层，总厚度不超过30cm，沟内温度维持在－2～0℃。顶部叶片微冻，嫩茎不冻。依据市场需要，随时挖出莴笋，除去烂叶，抖去泥土，修整干净上市。

（二）假植贮藏 一般选取莴苣嫩茎尚未充分长大的植株用于假植贮藏。其预贮处理方法同沟藏。在冷床内开10cm深的沟，然后将莴笋直立。上部稍向北倾斜排列于沟中，株间留有空隙，行间距10cm左右。排好后覆土至嫩茎的2/3处，踩实。如土壤较干，可灌一次水，但不宜太多，否则会造成腐烂。假植初期防止温度过高，后期保温防冻。通过增减覆盖物，使床内温度稳定在0～1℃。在假植过程中，莴笋嫩茎会缓慢生长、变粗，可适期拔取上市。

（三）冷库贮藏 将待贮莴笋装入塑料薄膜（0.03mm厚）袋中，每袋3～5棵。袋码放于菜架上，在适宜的温湿度条件下，可贮藏3周左右。

九、大蒜贮藏

大蒜耐寒，耐贮运。其鳞茎（蒜头）和蒜薹是中国蔬菜贮藏业中贮量最大、贮藏供应期最长、经济效益较显著的一种蔬菜。大蒜一般可秋播或春播，春播2～4月播种，6～7月收获蒜头；秋播8～10月播种，经露地越冬，于次年5～6月收获蒜头。其间，可适期采收蒜薹，经贮藏后常年供应市场。

（一）蒜头贮藏 当蒜薹收获后20d左右，全株叶片约有1/2或2/3变黄，鳞茎充分肥大时，为大蒜的适宜收获期。收大蒜时宜选择晴天，收后在田间晾晒数日，并切除根须，编辫或捆把待贮。

大蒜鳞茎具有明显的生理休眠期，一般为 2～3 个月。休眠期过后，环境温度高于 5℃时易发芽，高于 10℃时易腐烂。控制 0℃以下低温及干燥的贮藏条件，也可抑制萌芽、生根。鳞茎的冰点为 −0.83℃。

适宜的贮藏条件：温度 −3～−1℃，空气相对湿度 65%～75%。冷藏可贮藏 180～300d。

1. 挂藏 大蒜晾干后，挑选无机械伤、腐烂或皱缩的大蒜编成辫，夏秋季放在临时凉棚、房屋或通风贮藏库内。冬季较寒冷的地区，最好挂藏于通风贮藏库内，防止受潮、受冻；冬季不太寒冷的地区，可悬挂于通风保温处，让蒜头自然风干。

2. 窖藏 在窖底铺 1 层蒜头（可用编织袋或网袋包装），上覆 1 层草，草上再铺 1 层蒜头，如此堆放 3 层蒜头左右，太高了不便于通风。贮藏期间要定期检查，随时剔除腐烂变质的蒜。此法适合在东北寒冷地区使用。

3. 冷库贮藏 入库前先将蒜头进行预冷，待体温降至 0℃左右时，便可入库贮藏。用编织袋或网袋包装的蒜头要放在菜架上，以便通风。要保持库内温度均匀一致。此法贮藏蒜头最长可近 1 年。

（二）蒜薹贮藏 中国蒜薹历来用冰窖贮藏，20 世纪 70 年代初研究成功了袋封式气调冷藏法，目前已被广为应用。蒜薹采收后，新陈代谢旺盛，表面缺少保护层，所以在常温下易失水、老化和腐烂。在 25℃以上条件下放置 15d，则总苞明显增大、变黄，形成小蒜，花薹自下而上脱绿、变黄、发糠，蒜味消失，失去商品价值。

不同大蒜品种、不同产区的蒜薹，在贮藏性能上有差异。山东、安徽、江苏北部的蒜薹耐藏性较好，江苏太苍一带的蒜薹耐藏性差一些。蒜薹采前的气象条件也影响贮藏性。采前 1 个月左右雨水充足，气温正常，或晨雾天气少，或采前无雨，采收及时，则蒜薹耐藏性好，反之则差。

入贮蒜薹产品的质量要求：色泽鲜绿，脆嫩，成熟适度，无明显虫伤，薹苞不坏死。

适宜的贮藏条件：温度 0℃，空气相对湿度 85%～95%，O_2 浓度 2%～5%，CO_2 浓度 0%～5%。冷藏可贮藏 90～150d，气调贮藏可贮藏 90～250d。

1. 冷藏 待贮蒜薹应经过预冷处理，后装筐或装入板条箱，亦可直接码放在冷库内菜架上，然后将库温调至适宜的温、湿度即可。

2. 小包装气调贮藏 小包装袋规格：长 100～110cm，宽 70～80cm，用厚 0.06～0.08mm 的聚乙烯塑料薄膜制成。每袋贮量为 15～20kg。装入蒜薹后，扎紧袋口，放于菜架上贮藏。在贮藏过程中，应及时抽样检查袋内的气体状况。当 O_2 含量下降到 1%～3%，CO_2 高于 14% 时，就要打开袋口通风换气。当 O_2 含量增至 18% 以上，CO_2 降到 2% 时，再将袋口扎紧。一般贮藏前期，开袋换气时间约 10d 进行 1 次，后期则隔 1 周开袋 1 次。注意随时将不宜继续贮藏的蒜薹剔除。

3. 大帐气调贮藏 用聚乙烯塑料薄膜制成大帐，其大小依菜架大小而定。蒜薹入贮前要进行预冷，待蒜薹体温降到 0℃时入帐。将蒜薹总苞向外，均匀地码放在菜架上，码放厚度 30～35cm，每立方米可码放 150～180kg 蒜薹。罩帐前一天，加入消石灰，加入量以总贮量的 5% 为宜。密闭大帐，只在两端各留 1 个取气孔，同时两端另设空气循环口。封帐后，使帐内 O_2 含量降到 1%～6%，CO_2 含量控制在 5% 以内，库内气温控制在 −1℃左右。

采用气调贮藏方法，贮藏期可达 7～10 个月。

十、洋葱贮藏

洋葱耐贮运，夏季收获后有较长的休眠期。因此，经过贮藏后，可周年供应市场新鲜洋葱。收获前 1 周要停止浇水，当洋葱基部第 2、3 片叶开始枯黄、假茎逐渐失水变软开始倒伏、鳞茎外层鳞片呈革质时即可收获。收后即将葱头排放在田间畦埂上晾晒，用另一排的叶片覆盖前一排的葱头，呈覆瓦状排列，使葱头不受阳光直射。每 2～3d 翻动 1 次，直至叶片变软发黄，鳞茎的外层鳞片干缩成膜

状才能用于贮藏。为防止洋葱抽芽而影响贮藏商品质量，可在收获前 2 周向叶片喷洒 0.25％青鲜素（MH）水溶液，或者用 α、γ 射线处理。

适宜贮藏条件：温度 0℃，空气相对湿度 60％～75％，O_2 浓度 3％～6％，CO_2 浓度 0％～5％。冷藏可贮藏 60～180d，气调贮藏可贮藏 90～240d。

（一）堆藏　将充分晾晒的洋葱除去叶片，装入木箱或筐内，然后堆放到贮藏窖或普通贮藏库内。一般堆放 3～5 层，并保持经常通风、干燥。冬季最低温度不要低于−1℃。

（二）简易气调贮藏　将选择好的鳞茎装入用 5％的漂白粉消过毒的筐内，码放在凉棚内预贮。至 7 月下旬选地势高燥、通风良好的地方建荫棚，铺设垫木，搭木架，将筐（箱）码放成垛。垛高 3～4 层，宽 1.2m，每垛贮量约 1 000kg。垛上覆盖塑料薄膜大帐，成全封闭状态。在大帐四周离地面 0.6m 以上处，安装直径为 0.2m 的通风管，以备检查贮藏质量使用。注意在大帐四周挖排水沟排水。

利用自然降氧调节帐内气体状况，应每天测量 1 次垛内气体含量并进行调节。通常帐内 O_2 含量在 5％左右，CO_2 含量应控制在 13％左右。一般不开帐检查，如需开帐，则在重新封帐时，必须充入 CO_2，以快速降氧。在贮藏期间，每周向帐内充氯气消毒 1 次，充氯量 4 000ml。白天避免大帐被阳光直射，并注意大帐防风，保护薄膜。

（三）冷库贮藏　将待贮洋葱装入筐或编织袋内，放置在冷库的菜架上贮藏。保持洋葱所需的适宜温、湿度，一般可贮藏至翌年 3～4 月。

十一、马铃薯贮藏

马铃薯块茎在收获后有明显的生理休眠期，一般为 2～4 个月。不同品种、不同大小、不同成熟期的薯块的休眠期长短不同，栽培条件也影响休眠期的长短。在贮藏过程中，温度是影响休眠期长短的重要因素，特别是贮藏初期的低温对延长休眠期十分有利。

在马铃薯植株枯黄时，地下块茎进入休眠期，应及时收获。收获后应将薯块放在通风的室内，堆放 10～15d 进行预贮，目的是愈合薯块的伤口，使之更加耐贮。预贮温度 10～20℃。堆高不高于 0.5m，宽度不超过 2m。注意堆内要预留通风道。定期检查堆内情况，剔除病、烂薯块。贮藏过程中要避光，光能促使发芽，并使薯块产生茄碱苷而变绿，人畜食用后均有毒害作用。

适宜的贮藏条件：温度 2～3℃，空气相对湿度 85％～90％。但用于加工炸片（条）的晚熟品种适宜贮藏温度为 10～12℃。冷藏可贮藏 150～240d。

（一）沟藏　辽宁大连于 7 月收获马铃薯，预贮于荫棚下或空房内，至 10 月下旬沟藏。贮藏沟深 1～1.2m，宽 1～1.5m，长度不限。沟内薯堆堆至距地面 0.2m，上面覆土保温。随气温下降分期覆土，至总厚度为 0.8m 左右。

（二）窖藏　马铃薯可采用井窖、窑窖贮藏，每窖可贮藏马铃薯 3 000～3 500kg。井窖和窑窖利用窖口通风调节温度和湿度。气温低时，窖口可覆盖草帘防寒。

（三）棚窖贮藏　东北地区常用此法。此种棚窖深 2m，宽 2～2.5m，长 8m，窖顶覆盖秫秸和土，厚度 0.3m。天冷时再覆盖 0.6m 秫秸保温。窖内马铃薯堆高 1.5～2.0m，每窖可贮藏 3 500kg。

（四）通风库贮藏　马铃薯在通风库内堆高 1.3～2.0m，堆内每隔 2～3m 垂直放一个通风筒。通风筒用木片或竹片制成栅栏状，横断面 0.3m×0.3m。通风筒下端接触地面，上端伸出堆外，以便通风。贮藏期内要检查 1～2 次贮藏情况，剔除病、烂薯块。

十二、姜 贮 藏

姜的根茎由母姜和多个分枝形成的姜球组成。母姜质地粗糙，辣味浓郁，耐贮藏；嫩姜组织柔嫩，含水量多，辣味淡，宜鲜食或加工用。华北地区一般在霜降至立冬收获，注意不能受冻。收获时避开晴天暴日和雨天。收获后一般不需晾晒，应立即入库。如果根茎过湿，可稍阴干，不可过夜。姜入贮初期，为促进伤口愈合，增厚外皮以增加耐藏性，温度要求较高，以 18～20℃为宜。后期温度以 12～13℃为宜，低于 10℃以下，易受冷害。姜有休眠期，贮藏期间可强制休眠，所以姜的贮藏期可达 5～6 个月，甚至 1～2 年。

适宜贮藏条件：温度 12.8℃，空气相对湿度 65％。冷藏可贮藏 30～150d。

（一）井窖贮藏　山东莱芜、泰安等地多采用井窖贮藏。井窖深 3m，井底横向挖两个贮藏室，高约 1.3m，长宽各约 1.8m，贮藏量为 750kg。入贮时，一层沙，一层姜，最后用沙封顶。

（二）坑窖贮藏　浙江省地下水位高，多采用坑窖贮藏姜。杭州、嘉兴等地的坑窖为圆形，窖底直径 2m，窖口直径 2.3m，其地面以下部分深 0.8～1.0m，以不出水为度。挖出的土在窖口围成土墙，使窖深达 2.3m。一般贮量不低于 2500kg，否则冬季难以保温，贮量过多则不便管理。

（三）土窖贮藏　在丘陵山区，可利用避风朝阳的山坡挖成坑洞型土窖贮藏姜。窖长 5～10m，其大小视贮量而定。土窖要经过除湿、消毒。方法是：用秸秆、树枝等燃烧熏蒸消毒、除湿，亦可用生石灰消毒。贮前在窖底铺离地 30cm 高的姜床，在床上铺稻草，把姜分层摊放在床上，姜上覆盖河沙或沙土 15～20cm 厚，以防止姜块结水珠或失水。

姜入窖后，由于呼吸旺盛，窖内温度容易上升，CO_2 含量积累较多，人不可入窖检查，否则会有危险。所以，窖口不能封死，要保持正常通风。

刚入贮的姜块组织脆嫩，易脱皮。入贮 1 个月后逐渐老化，而茎叶脱离后形成的疤痕也逐渐长平，顶芽处长圆，称为"圆头"。在这个过程中姜的耐贮性逐渐增强。此阶段窖内温度要保持在 18～20℃。以后姜堆出现下沉，覆土层出现裂缝，必须保持姜窖严密，防止冷空气侵入，维持窖内部自然形成的贮藏环境。贮藏过程中应定期检查贮藏情况，剔除不宜继续贮藏的姜块；注意窖底是否积水，并及时排除。

贮藏的姜于第二年可随时上市，但一旦开窖，必须一次出完。

十三、南瓜、笋瓜、西葫芦贮藏

老熟的南瓜、笋瓜、西葫芦均较耐贮藏，要求的贮藏条件不高，民间常用简易的贮藏方法延长其供应期。贮藏用的南瓜在花谢后 50～70d 即可收获。老熟瓜果皮坚硬，果粉增多，果柄变黄。笋瓜在花谢后 40～60d 即可采收。西葫芦在花后 10～15d 采收嫩瓜，用于贮藏的则采收期要后延，待外皮变硬、种子变硬时再采收。

适宜的贮藏条件：南瓜、笋瓜：温度 5～10℃，空气相对湿度 70％～75％，温度低于 0℃发生冻害；西葫芦：温度 10～15℃，空气相对湿度 70％～75％。贮期 2～3 个月。

（一）堆藏　先在地上铺 1 层沙子或稻草、麦秸等，其上码放南瓜，堆高为 2～3 层。

（二）架藏　将南瓜码放在菜架上，码放高度 2～3 层。

以上贮藏方法的场地，可用较干燥的空房或窖。随着外界气温变化，随时通过门窗开闭调节温度；湿度过低时，通过喷水增湿。

十四、菜豆贮藏

菜豆嫩荚脆嫩，纤维少，肉厚，较不耐贮藏。在常温下，易失水萎蔫、褪绿，荚皮硬化，籽粒膨大老化，失去食用价值。但只要采取适当的贮藏方法，控制贮藏条件，亦可贮藏 30～40d。

适宜贮藏条件：温度 8～12℃，空气相对湿度 85％～95％，O_2 浓度 6％～10％，CO_2 浓度 1％～

2%。冷藏可贮藏 20～30d，气调贮藏可贮藏 20～50d。

（一）农家简易贮藏　天津市有用水窖在大白菜中包埋菜豆贮藏。吉林部分地区将秋茬菜豆收获后装筐窖藏。辽宁有些地区将秋茬菜豆在霜前连根拔起，埋藏在塑料大棚或地沟中，严冬时加以覆盖，也能贮藏 2 个月左右。

（二）简易气调贮藏　菜豆装筐，筐内衬蒲包或牛皮纸等，贮量约为筐容积的一半，10～15kg。筐外罩 0.1mm 厚的聚乙烯薄膜袋，袋口扎紧。通过换气孔输入氮气或氧气，调节袋内气体组成至合适的比例。亦可用 0.08mm 的聚乙烯薄膜制成 30cm×40cm 小袋装入菜豆，用折口方法贮藏。在适宜的温度条件下，袋内可维持较适宜的气体条件。此法可贮藏 30d 左右，商品率可达 90%。

十五、双孢蘑菇贮藏

双孢蘑菇，又称白蘑菇，是世界上栽培地域最广、生产规模最大的一种食用菌。鲜菇含水量高，组织幼嫩，各种代谢活动非常活跃，采后如不及时进行处理，则水分大量蒸发，子实体萎蔫，经 1～2d 就会变成暗褐色，菌柄伸长，菌盖开伞，失去食用价值和商品价值。双孢蘑菇的组织结构特点也决定其容易遭受病菌、害虫和机械伤害，由此而引起腐烂变质。

当子实体长到标准规定的大小且未成薄菇时应及时采摘，采收后剪去菇柄。如菇色发黄或变褐，可放入 0.5% 的柠檬酸溶液中漂洗 10min，捞出沥干，再将蘑菇迅速预冷待贮。采收用具和包装容器在使用前要进行消毒处理。

适宜的贮藏条件：温度 0℃，空气相对湿度 90%，O_2 浓度 0%～1%，CO_2 浓度大于 5%。冷藏可贮藏 3～4d，气调贮藏可贮藏 7～10d。

（一）气调贮藏　将经过预冷的双孢蘑菇装入 0.025mm 厚的聚乙烯塑料薄膜袋中，每袋装量约 1kg，密闭袋口后放入气调库中贮藏。要在 4～5h 内将蘑菇体温降到 0～3℃，使蘑菇的呼吸作用逐渐减弱，袋中的 O_2 浓度缓慢下降，CO_2 浓度缓慢上升。贮藏 1～2d 后，即可用针在袋上刺孔，可基本保持袋中 O_2 和 CO_2 浓度相对恒定。此后，还需对贮藏环境增湿，以保持袋内有较高的湿度。

在贮藏过程中，不适宜的 O_2 和 CO_2 浓度对双孢蘑菇生长有刺激作用。如 4% 的 O_2 可刺激菇盖的生长，造成开伞；5% 的 CO_2 能刺激菇柄伸长。所以应控制好贮藏期间的适宜的气体指标。

（二）辐射贮藏　辐射处理可以有效延长双孢蘑菇的贮藏期，且处理方便、快捷。试验表明：用 1～10Gy 处理可以推迟蘑菇开伞 10～14d；在 15℃ 条件下，用 γ 射线 20～25Gy 处理可抑制开伞和菌柄伸长；15～20℃ 时，50Gy 处理可有效抑制褐变，从而可使在 15℃ 条件下贮藏 36d 的蘑菇有相应的货架期。

（祝　旅）

（本章主编：常　敏　冯伯谊）

◆ **主要参考文献**

[1] 罗云波，蔡同一主编．园艺产品贮藏加工学·贮藏篇．北京：中国农业大学出版社，2002
[2] 张平真主编．蔬菜贮运保鲜及加工．北京：中国农业出版社，2002
[3] 赵丽芹主编．园艺产品贮藏加工学．北京：中国轻工业出版社，2001

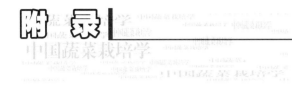

附录1 蔬菜作物中英文对照表

类别	中名	英名
根菜类蔬菜	萝卜	radish
	胡萝卜	carrot
	芜菁	turnip
	芜菁甘蓝	swede
	根恭菜	garden beet
	美洲防风	parsnip
	牛蒡	edible burdock
	根芹菜	root celery
	婆罗门参	salsify
	山葵	eutrema
	菊牛蒡	black salsify
薯芋类蔬菜	马铃薯	potato
	姜	ginger
	芋	taro
	魔芋	giant-arum
	山药	Chinese yam
	豆薯	yam bean
	葛	thunberg kudzu bean
	甘露子	Chinese artichoke
	菊芋	jerusalem artichoke
	菜用土圞儿	groundnut
	焦芋	edible canna
葱蒜类蔬菜	韭菜	Chinese chive
	大葱	welsh onion
	分葱	shallot
	洋葱	onion
	大蒜	garlic
	胡葱	shallot
	薤	chiau tou
	韭葱	leek

（续）

类别	中　名	英　名
白菜类蔬菜	大白菜	Peking cabbage
	普通白菜	Chinese cabbage
	乌塌菜	Wuta tsai
	菜薹	flowering Chinese cabbage
	薹菜	Tai-tsai
	紫菜薹	zicaitai
芥菜类蔬菜	叶芥	leaf mustard
	茎芥	stem mustard
	根芥	root mustard
	薹芥	flowering mustard
甘蓝类蔬菜	结球甘蓝	cabbage
	球茎甘蓝	kohlrabi
	花椰菜	cauliflower
	青花菜	broccoli
	芥蓝	Chinese kale
	抱子甘蓝	brussels sprout
	羽衣甘蓝	kales
叶菜类蔬菜	菠菜	spinach
	莴苣	lettuce
	芹菜	celery
	蕹菜	water spinach
	苋菜	edible amaranth
	叶恭菜	leaf beet
	菊苣	common chicory
	冬寒菜	Chinese mallow
	落葵	vinespinach
	茼蒿	garland chrysanthemum
	芫荽	coriander
	茴香	common fennel
	菊花脑	vegetable chrysanthemum
	荠菜	Shepherd's purse
	菜苜蓿	California burclove
	番杏	New Zealand-spinach
	苦苣	endive
	紫背天葵	suizen jina
	罗勒	basil
	马齿苋	purslane
	紫苏	common perilla
	榆钱菠菜	garden orach

(续)

类别	中 名	英 名
叶菜类蔬菜	薄 荷	mint
	莳 萝	dill
	鸭 儿 芹	Japanese hornwort
	蕺 菜	heartleaf houttuynia
	蒲 公 英	Mongolian dandelion
	苣 荬 菜	field sowthisle
	马 兰	Indian kalimeris
	桔 梗	balloon flower
	香 芹	parsley
	珍 珠 菜	ghostplant wormwood
瓜类蔬菜	黄 瓜	cucumber
	冬 瓜	Chinese waxgourd
	节 瓜	chieh-qua
	南 瓜	China squash
	笋 瓜	winter squash
	西 葫 芦	summer squash
	西 瓜	water melon
	甜 瓜	melon
	越 瓜	oriental pickling melon
	菜 瓜	snake melon
	丝 瓜	luffa
	苦 瓜	bitter gourd
	瓠 瓜	calabash gourd
	佛 手 瓜	chayote
	蛇 瓜	edible snake gourd
茄果类蔬菜	番 茄	tomato
	茄 子	eggplant
	辣 椒	pepper
	酸 浆	alkekengi
豆类蔬菜	菜 豆	kidney bean
	长 豇 豆	asparagus bean (yard long bean)
	大 豆	soybean
	豌 豆	garden pea
	蚕 豆	broad bean
	扁 豆	lablab (hyacinth bean)
	莱 豆	lima bean (sieva bean)
	刀 豆	sword bean
	多 花 菜 豆	scarlet runner bean
	四 棱 豆	winged bean
	藜 豆	velvet bean

（续）

类别	中 名	英 名
水生蔬菜	莲 藕	lotus
	茭 白	water bamboo
	慈 姑	Chinese arrowhead
	水 芹	water dropwort
	荸 荠	Chinese water chestnut
	菱	water caltrop
	豆 瓣 菜	water cress
	芡 实	cordon euryale
	莼 菜	watershield
	蒲 菜	common cattail
多年生及杂类蔬菜	竹	bamboo shoots
	芦 笋	asparagus
	黄 花 菜	day lily
	百 合	lily
	香 椿	Chinese toon
	枸 杞	Chinese wolfberry
	草 莓	strawberry
	蘘 荷	mioga ginger
	辣 根	horse-radish
	食用大黄	garden rhubarb
	菜蓟（朝鲜蓟）	globe artichoke
	黄 秋 葵	okra
	玉 米	sweet corn
食用菌	香 菇	shii-take
	双 孢 蘑 菇	white mushroom
	平 菇	oyster mushroom
	草 菇	straw mushroom
	黑 木 耳	Jew's-ear
	银 耳	jelly fungi
	金 针 菇	velvet foot
	猴 头 菇	madusa fungi
	毛头鬼伞（鸡腿菇）	shaggy cap
	姬 松 茸	sun mushroom
	刺芹侧耳（杏鲍菇）	The king oyster mushroom
	杨 树 菇	columuar agroc
	灰 树 花	hen of the woods
	滑 菇	nameko
	白灵侧耳（阿魏菇）	ferula mushroom
	盖囊侧耳（鲍鱼菇）	the abaione mushroom

（续）

类别	中　名	英　名
芽苗菜类	绿豆芽	mung bean sprouts
	黄豆芽	soybean sprouts
	蚕豆芽	broad bean sprouts
	豌豆苗	garden pea seedling
	萝卜芽	radish sprouts
	荞麦芽	common buckwheat sprouts
	向日葵芽	sunflower sprouts
	黑豆芽	wild soybean sprouts
	种芽香椿	Chinese toon seedling
	香椿芽	Chinese toon sprouts
	菊苣芽球	chicory sprouts
	花椒脑	prickly ash sprouts
	姜　芽	ginger sprouts

（王贵臣　刘广树）

◇ **主要参考文献**

[1] 中国科学院植物研究所编. 新编拉汉英植物名称. 北京：航空工业出版社，1996

[2] 全国自然科学名词审定委员会公布. 农学名词. 北京：科学出版社，1993

[3] 张立民等编. 简明英汉农业词典. 北京：农业出版社，1985

附录2　各种蔬菜每100g食用部分所含营养成分表

蔬菜名称	产地	热量(kJ)	热量(kcal)	水分(g)	蛋白质(g)	脂肪(g)	膳食纤维(g)	碳水化合物(g)	灰分(g)	胡萝卜素(μg)	硫胺素(mg)	核黄素(mg)	尼克酸(mg)	抗坏血酸(mg)	维生素E(mg)	钾(mg)	钠(mg)	钙(mg)	镁(mg)	铁(mg)	锰(mg)	锌(mg)	铜(mg)	磷(mg)	硒(μg)
萝卜（白萝卜）		84	(20)	93.4	0.9	0.1	1.0	4.0	0.6	20	0.02	0.03	0.3	21	0.92	173	61.8	36	16	0.5	0.09	0.30	0.04	26	0.61
萝卜（卞萝卜）		109	(26)	91.6	1.2	0.1	1.2	5.2	0.7	20	0.03	0.04	0.6	24	1.80	167	68.0	45	22	0.6	0.10	0.29	0.04	33	1.07
萝卜（青萝卜）		130	(31)	91.0	1.3	0.2	0.8	6.0	0.7	60	0.04	0.06		14	0.22	232	69.9	40	12	0.8	0.12	0.34	0.02	34	0.59
萝卜（心里美）		88	(21)	93.5	0.8	0.2	0.8	4.1	0.6	10	0.02	0.04	0.4	23		116	85.4	68	34	0.5	0.08	0.17	0.06	24	1.02
萝卜（水萝卜）		84	(20)	92.9	0.8		1.4	4.1	0.8	250	0.03	0.05	0.4	45			9.7				0.05	0.49	0.01		
萝卜（小水萝卜）		79	(19)	93.9	1.1	0.2	1.0	3.2	0.6	20	0.02	0.04	0.4	22	0.78	286	33.5	32	17	0.4	0.09	0.21	0.03	21	0.65
胡萝卜（红）		155	(37)	89.2	1.0	0.2	1.1	7.7	0.8	4130	0.04	0.03	0.6	13	0.41	190	71.4	32	14	1.0	0.24	0.23	0.03	27	0.63
胡萝卜（黄）		180	(43)	87.4	1.4	0.2	1.3	8.9	0.8	4010	0.04	0.04	0.2	16		193	25.1	32	7	0.5	0.07	0.14	0.03	16	2.80
胡萝卜（脱水）	甘肃兰州	1339	(320)	10.9	4.2	1.9	6.4	71.5	5.1	17250	0.12	0.15	2.6	32		1117	300.7	458	82	8.5	0.75	1.85	0.81	118	4.06
芜菁（蔓菁）	北京	134	(32)	90.5	1.4	0.1	0.9	6.3	0.8	10	0.07	0.04	0.3	35				41		0.5				31	
芜菁甘蓝（洋蔓菁）	湖南	84	(20)	92.9	0.9	0	1.1	4.0	1.1			0.07	0.3	38	1.85	239	5	45	38	0.9	0.86	0.31	0.15	30	0.29
根蒜菜	美国	314	(75)	74.0	1.0	0.1	5.9	17.6	0.6	(30IU)	0.05	0.04	0.2	8		254	20.8	56		0.9				18	
美洲防风		318	(76)	79	1.7	0.5		17.5		390000						541	12	50		0.7					
牛蒡	美国	159	(38)	87	4.3	0.1	1.4	6.7	1.4	(10IU)	0.30	0.50	1.1	25				240	130	7.6				77	
婆罗门参		54	(13)	78	2.9	0.6		18.0	2.4	6540	0.04	0.04	0.3	11		380		47		1.5				106	
菊牛蒡（鸦葱）				78	3.1		3.2						1.0	51										66	
根芹菜					1.5	0.3		3.5	3.2		0.05	0.06		8				43		0.7				115	
马铃薯		318	(76)	79.8	2.0	0.2	0.7	16.5	0.8	30	0.08	0.04	1.1	27	0.34	342	2.7	8	23	0.8	0.14	0.37	0.12	40	0.78
马铃薯薯丝（脱水）	甘肃兰州	1435	(343)	10.1	5.2	0.6	3.3	79.2	1.6		0.14	0.05	1.0	17		80	21.1	41	39	3.4	0.28	0.39	1.54	38	2.17
姜		172	(41)	87.0	1.3	0.6	2.7	7.6	0.8	170	0.02	0.03	0.8	4		295	14.9	27	44	1.4	3.20	0.34	0.14	25	0.56
芋头		331	(79)	78.6	2.2	0.2	1.0	17.1	0.9	160	0.06	0.05	0.7	6	0.45	378	33.1	36	23	1.0	0.30	0.49	0.37	55	1.45
山药		234	(56)	84.0	1.9	0.2	0.8	11.6	0.7	20	0.05	0.02	0.3	5	0.24	213	18.6	16	20	0.3	0.12	0.27	0.24	34	0.55
山药（干）	河北安国	1356	(324)	15.0	9.4	1.0	1.4	69.4	3.8		0.25	0.28				269	104.2	62		0.4	0.23	0.95	0.63	17	3.08
魔芋精粉（鬼芋粉）		155	(37)	12.2	4.6	0.1	74.4	4.4	4.3	微	微	0.10	0.4		0.44	299	49.9	45	66	1.6	0.88	2.05	0.17	272	350.15

（续）

蔬菜名称	产地	热量 (kJ)	热量 (kcal)	水分 (g)	蛋白质 (g)	脂肪 (g)	膳食纤维 (g)	碳水化合物 (g)	灰分 (g)	胡萝卜素 (μg)	硫胺素 (mg)	核黄素 (mg)	尼克酸 (mg)	抗坏血酸 (mg)	维生素E (mg)	钾 (mg)	钠 (mg)	钙 (mg)	镁 (mg)	铁 (mg)	锰 (mg)	锌 (mg)	铜 (mg)	磷 (mg)	硒 (μg)
豆薯		230	(55)	85.2	0.9	0.1	0.8	12.6	0.4		0.03	0.03	0.3	13	0.86	111	5.5	21	14	0.6	0.11	0.23	0.07	24	1.25
菊芋	甘肃张掖	234	(56)	80.8	2.4	微	4.3	11.5	1.0		0.01	0.10	1.4			458	11.5	23	24	7.2	0.21	0.34	0.19	27	1.31
甘露子（酱腌）		155	(37)	75.6	2.2	0.3	1.9	6.3	13.7	1 410	0.03	0.08	0.7	5	0.83	260	2 839.0	54	59	6.4	0.86	0.64	0.17	52	1.96
韭菜		109	(26)	91.8	2.4	0.4	1.4	3.2	0.8	260	0.02	0.09	0.8	24	0.96	247	8.1	42	25	1.6	0.43	0.43	0.08	38	1.38
韭芽（韭黄）		62	(22)	93.2	2.3	0.2	1.2	2.7	0.4	60	0.03	0.05	0.7	15	0.34	192	6.9	25	12	1.7	0.17	0.33	0.10	48	0.76
大葱（鲜）		126	(30)	91.0	1.7	0.3	1.3	5.2	0.5	20	0.03	0.05	0.5	17	0.30	144	4.8	29	19	0.7	0.28	0.40	0.08	38	0.67
洋葱		163	(39)	89.2	1.1	0.2	0.9	8.1	0.5	30	0.03	0.03	0.3	8	0.14	147	4.4	24	15	0.6	0.14	0.23	0.05	39	0.92
葱头（白皮脱水）	甘肃高台	1 381	(330)	9.1	5.5	0.4	5.7	76.2	3.1	20	0.16	0.16	1.0	22		740	31.7	186	49	0.9	0.62	1.02	0.45	78	3.91
大蒜（紫皮）		569	(136)	63.8	5.2	0.2	1.2	28.4	1.2	280	0.29	0.06	0.8	7	0.68	437	8.3	10	28	1.3	0.24	0.64	0.11	129	5.54
蒜苗（蒜薹）		155	(37)	88.9	2.1	0.4	1.8	6.2	0.6		0.11	0.08	0.5	35	0.81	226	5.1	29	18	1.4	0.17	0.46	0.05	44	1.24
薤	广西			87	1.6	0.6		8.0		1 460	0.2	0.12	0.8	14				64		2.1				32	
分葱（小葱）		100	(24)	92.7	1.6	0.4	1.4	3.5	0.4	840	0.05	0.06	0.4	21	0.59	143	10.4	72	18	1.3	0.16	0.35	0.06	26	1.06
胡葱（红皮葱）	甘肃高台	192	(46)	86.2	2.4	0.1	1.3	8.9	1.1	50	0.01	0.12	0.5	8		329	3.4	24	18		0.10	0.13	0.34	53	6.86
细香葱	上海	142	(34)	90	2.5	0.3	1.1	5.4	0.7	460	0.04	0.04	0.5	14				54		2.2				61	
韭葱	美国	217	(52)	85	2.2	0.3		11.2		(40IU)	0.11	0.06	0.5	17		347	5	52		1.1				50	0.39
大白菜（青白口）		63	(15)	95.1	1.4	0.1	0.9	2.1	0.4	80	0.03	0.04	0.4	28	0.36	90	48.4	35	9	0.6	0.16	0.61	0.04	28	1.17
小白菜（青菜、油菜）		63	(15)	94.5	1.5	0.3	1.1	1.6	1.0	1 680	0.02	0.09	0.7	28	0.70	178	73.5	90	18	1.9	0.27	0.51	0.08	36	0.50
乌塌菜		105	(25)	91.8	2.6	0.4	1.4	2.8	1.0	1 010	0.06	0.11	1.1	45	1.16	154	115.5	186	24	3.0	0.36	0.70	0.13	53	6.68
菜薹（菜心）		105	(25)	91.3	2.8	0.5	1.7	2.3	1.4	960	0.05	0.08	1.2	44	0.52	236	26.0	96	19	2.8	0.41	0.87	0.18	54	8.43
红菜薹	湖北武汉	121	(29)	91.1	2.9		0.9	4.3	0.8	80	0.05	0.04	0.9	57	0.51	221	1.5	26	15	2.5		0.90	0.12	60	0.70
叶用芥菜		100	(24)	91.5	2.0	0.4	1.6	3.1	1.4	310	0.03	0.11	0.5	31	0.74	281	30.5	230	24	3.2	0.42	0.70	0.08	47	0.53
大叶芥菜（盖菜）		59	(14)	94.6	1.8	0.4	1.2	0.8	1.2	1 700	0.02	0.11	0.5	72	0.64	224	29.0	28	18	1.0	0.70	0.41	0.10	36	
茎用芥菜（青菜头）	重庆	21	(5)	95.4	1.3	0.2	2.8	0	0.7	280		0.02	0.3	7	1.29	316	41.1	23	5	0.7	0.10	0.25	0.05	35	0.95
根用芥菜（大头菜）		138	(33)	89.6	1.9	0.2	1.4	6.0	0.9		0.06	0.02	0.6	34	0.20	243	65.6	65	19	0.8	0.15	0.39	0.09	36	0.95

（续）

蔬菜名称	产地	热量(kJ)(kcal)	水分(g)	蛋白质(g)	脂肪(g)	膳食纤维(g)	碳水化合物(g)	灰分(g)	胡萝卜素(μg)	硫胺素(mg)	核黄素(mg)	尼克酸(mg)	抗坏血酸(mg)	维生素E(mg)	钾(mg)	钠(mg)	钙(mg)	镁(mg)	铁(mg)	锰(mg)	锌(mg)	铜(mg)	磷(mg)	硒(μg)
结球甘蓝		92(22)	93.2	1.5	0.2	1.0	3.6	0.5	70	0.03	0.03	0.4	40	0.50	124	27.2	49	12	0.6	0.18	0.25	0.04	26	0.96
球茎甘蓝		126(30)	90.8	1.3	0.2	1.3	5.7	0.7	20	0.04	0.02	0.5	41	0.13	190	29.8	25	24	0.3	0.11	0.17	0.02	46	0.16
花椰菜		100(24)	92.4	2.1	0.2	1.2	3.4	0.7	30	0.03	0.08	0.6	61	0.43	200	31.6	23	18	1.1	0.17	0.38	0.05	47	0.73
青花菜	广东	138(33)	90.3	4.1	0.6	1.6	2.7	0.7	7 210	0.09	0.13	0.9	51	0.91	17	18.8	67	17	1.0	0.24	0.78	0.03	72	0.71
芥蓝		79(19)	93.2	2.8	0.4	1.6	1.0	1.0	3 450	0.02	0.09	1.0	76	0.96	104	50.5	128	18	2.0	0.53	1.30	0.11	50	0.88
抱子甘蓝	美国	188(45)	85	4.9	0.4		8.3		(550IU)	0.10	0.16	0.9	102		390	14	36		1.5		0.85		80	
羽衣甘蓝	美国	222(53)	83	6.0	0.8		9.0		(1万IU)	0.16	0.26	2.1	186		378	75	249		2.7				93	0.97
菠菜	甘肃兰州	100(24)	91.2	2.6	0.3	1.7	2.8	1.4	2 920	0.04	0.11	0.6	32	1.74	311	85.2	66	58	2.9	0.66	0.85	0.10	47	0.97
菠菜（脱水）		1 184(283)	9.2	6.4	0.6	12.7	63.0	8.1	3 590	0.20	0.18	3.9	82	7.73	919	242.0	411	183	25.9	1.61	3.91	2.08	222	7.02
牛利生菜（油麦菜）	广东	63(15)	95.7	1.4	0.4	0.6	1.5	0.4	360	微	0.10	0.2	20	0.19	100	80.0	70	29	1.2	0.15	0.43	0.08	31	1.55
莴笋		59(14)	95.5	1.0	0.1	0.6	2.2	0.6	150	0.02	0.02	0.5	4	2.21	212	36.5	23	19	0.9	0.19	0.33	0.07	48	0.54
芹菜（白茎）		59(14)	94.2	0.8	0.1	1.4	2.5	1.0	60	0.01	0.08	0.4	12	1.09	154	73.8	48	10	0.8	0.17	0.46	0.09	103	
蕹菜		84(20)	92.9	2.2	0.3	1.4	2.2	1.0	1 520	0.03	0.08	0.8	25	0.36	243	94.3	99	29	2.3	0.67	0.39	0.10	38	1.20
苋菜（青）		105(25)	90.2	2.8	0.3	2.2	2.8	1.7	2 110	0.03	0.12	0.8	47		207	32.4	187	119	5.4	0.78	0.80	0.13	59	0.52
冬寒菜		126(30)	89.6	3.9	0.4	2.2	2.7	1.2	6 950	0.15	0.05	0.6	20	1.66	280	14.0	82	30	2.4	2.50	1.37	0.13	56	2.41
落葵		84(20)	92.8	1.6	0.3	1.5	2.8	1.0	2 020	0.06	0.06	2.2	34	0.92	140	47.2	166	62	3.2	0.43	0.32	0.07	42	2.60
茼蒿		88(21)	93.0	1.9	0.3	1.2	2.7	0.9	1 510	0.04	0.09	0.6	18	0.80	220	161.3	73	20	2.5	0.28	0.35	0.06	36	0.60
芫荽		130(31)	90.5	1.8	0.4	1.2	5.0	1.1	1 160	0.04	0.14	2.2	48	0.94	272	48.5	101	33	2.9	0.28	0.45	0.21	49	0.53
茴香（小茴香）		100(24)	91.2	2.5	0.4	1.6	2.6	1.7	2 410	0.06	0.09	0.8	26	1.01	149	186.3	154	46	1.2	0.31	0.73	0.04	23	0.77
茉菜		113(27)	90.6	2.9	0.4	1.7	3.0	1.4	2 590	0.04	0.15	0.6	43		280	31.6	294	37	5.4	0.65	0.68	0.29	81	0.51
菜百菖	甘肃临夏	251(60)	81.8	3.9	1.0	2.1	8.8	2.4	2 640	0.10	0.73	2.2	118		497	5.8	713	61	9.7	0.79	2.01		78	8.53
番杏			94.0	1.5	0.2		0.6		4 400(IU)	0.04	0.13	0.5	30				58		0.8				28	
马齿苋			92.0	2.3	0.5		3.0		2 230	0.03	0.11	0.7	23				85		1.5				56	
紫苏																								

（续）

蔬菜名称	产地	热量 kJ(kcal)	水分(g)	蛋白质(g)	脂肪(g)	膳食纤维(g)	碳水化合物(g)	灰分(g)	胡萝卜素(μg)	硫胺素(mg)	核黄素(mg)	尼克酸(mg)	抗坏血酸(mg)	维生素E(mg)	钾(mg)	钠(mg)	钙(mg)	镁(mg)	铁(mg)	锰(mg)	锌(mg)	铜(mg)	磷(mg)	硒(μg)
榆钱菠菜			82.0	5.1	1.0		7.0										280		22.0				100	
薄荷									1 440		0.09		46				105		450				2.8	
蕺菜				2.2	0.4	18.4	6.0		2 590		0.21		56				74		40				53	
蒲公英						5.4	4.6		4 200		0.60		52				12.1		223				4.0	
苦菜	山东青岛	146 (35)	85.3	2.8	0.6	1.6	3.0	1.3	540	0.09	0.11	0.6	19	2.93	180	8.7	66	37	9.4	1.53	0.86	0.17	41	0.50
茼蒿	江苏			3.6	0.4		2.4	1.5	1 400				49				730		2.9				102	
马兰头		105 (25)	91.4	2.4	0.2		1.6	1.2	2 040		0.13	0.8	26				67	14	2.4				38	
桔梗					0.2		1.9	0.3	8 400		0.62	0.2	216	0.72	285	15.2	27.7	15	135	0.44	0.87	0.13	2.3	0.75
黄瓜		63 (15)	95.8	0.8	0.2	0.5	2.2	0.4	90	0.02	0.03	0.3	9	0.46	102	4.9	24	8	0.5	0.06	0.18	0.05	24	0.38
黄瓜（温室）	北京	46 (11)	96.9	0.6	0.1	0.3		0.2	130	0.04	0.04	0.3	6	0.08	78	1.8	19	7	0.3	0.03	0.07	0.07	29	
冬瓜		46 (11)	96.6	0.4	0.1	0.7		0.3	80	0.01	0.01	0.4	18	0.27	40	0.2	19	8	0.2	0.10	0.08	0.02	12	0.22
节瓜	广东	50 (12)	95.6	0.6	0.2	1.2	2.7	0.4		0.02	0.05	0.4	39	0.36	145	0.8	4	9	0.1	0.08	0.14	0.03	13	
南瓜		92 (22)	93.5	0.7	0.1	0.8	4.5	0.3	890	0.03	0.04	0.2	8	0.34	92	5.0	16	8	0.4	0.04	0.12	0.03	24	0.46
西葫芦		75 (18)	94.9	0.8	微	0.6	2.4	0.4	30	0.01	0.03	0.6	6	0.43	152	0.9	15	7	0.3	微	0.17	0.04	17	0.28
金瓜	上海	59 (14)	95.6	0.5	0.1	0.7	3.5	0.3	60	0.02	0.02	0.4	2	0.29	96		17	11	0.9	0.05	0.09	0.03	10	0.28
笋瓜	安徽合肥	50 (12)	96.1	0.5	0.1	0.7	3.6	0.2	100	0.04	0.02	0.3	5	0.03	79	4.2	14	11	0.6	0.05	0.10	0.02	27	0.08
西瓜（京欣1号）		142 (34)	91.2	0.5	0.2	0.2	7.9	0.4	80	0.02	0.04	0.2	7	0.47	139	8.8	10	19	0.5	0.04	0.09	0.04	13	0.40
甜瓜（香瓜）		109 (26)	92.9	0.4	0.2	0.4	5.8	0.5	30	0.02	0.03	0.4	15	0.03	190	26.7	14	15	0.7	0.01	0.13	0.01	17	1.10
哈密瓜	北京	142 (34)	91.0	0.5	0.1	0.2	7.7	0.3	920	0.02	0.01		12		136		4	11	0.5	0.03	0.10	0.03	19	0.63
越瓜		75 (18)	95.0	0.6	0.1	0.4	3.5	0.3	20	0.02	0.01		12		115	1.6	20		0.4	0.06	0.21	0.06	14	0.86
丝瓜		84 (20)	94.3	1.0		0.6	2.7	0.3	90	0.03	0.04		5	0.22		2.6	14	18	0.7	0.16	0.36	0.06	29	0.36
苦瓜		79 (19)	93.4	1.0		1.4	3.2	0.6	100	0.02	0.03	0.4	56	0.85	256	2.5	14	7	0.4	0.08	0.14	0.04	35	0.49
瓠瓜		59 (14)	95.3	0.7		0.8		0.4	40	0.01	0.01	0.4	11		87	0.6	16						15	
佛手瓜	山东崂山	67 (16)	94.3	1.2	0.1	1.2	2.6	0.6	20	0.01	0.10	0.1	8		76	1.0	17	10	0.1	0.03	0.08	0.02	18	1.45

（续）

蔬菜名称	产地	热量 (kJ)	热量 (kcal)	水分 (g)	蛋白质 (g)	脂肪 (g)	膳食纤维 (g)	碳水化合物 (g)	灰分 (g)	胡萝卜素 (μg)	硫胺素 (mg)	核黄素 (mg)	尼克酸 (mg)	抗坏血酸 (mg)	维生素E (mg)	钾 (mg)	钠 (mg)	钙 (mg)	镁 (mg)	铁 (mg)	锰 (mg)	锌 (mg)	铜 (mg)	磷 (mg)	硒 (μg)
蛇瓜	山东崂山	64	(15)	94.1	1.5	0.1	2.0	1.7	0.4	20	0.10	0.03	0.1	4		763	2.2	191	47	1.2	0.16	0.42	0.04	14	0.30
番茄		79	(19)	94.4	0.9	0.2	0.5	3.5	0.5	550	0.03	0.03	0.6	19	0.57	163	5.0	10	9	0.4	0.08	0.13	0.06	2	0.15
番茄（温室）	北京	71	(17)	95.2	0.6	0.2	0.3	3.3	0.4	310				12				55	15	0.3				22	
长茄子		79	(19)	93.1	1.0	0.1	1.9	3.5	0.4	180	0.03	0.03	0.6	7	0.20	136	6.4	24	13	0.4	0.14	0.16	0.07	2	0.57
茄子		88	(21)	93.4	1.1	0.2	1.3	3.6	0.4	50	0.02	0.04	0.6	5	1.13	142	5.4	12	13	0.5	0.13	0.23	0.10	2	0.48
茄子（绿皮）		105	(25)	92.8	1.0	0.6	1.2	4.0	0.4	120	0.02	0.20	0.6	7	0.55	162	6.8	37	16	0.1	0.07	0.24	0.05	2	0.64
辣椒（红小）		134	(32)	88.8	1.3	0.4	3.2	5.7	0.6	1390	0.03	0.06	0.8	144	0.44	222	2.6	14	12	1.4	0.18	0.30	0.11	95	1.90
灯笼椒（柿子椒）		92	(22)	93.0	1.0	0.2	1.4	4.0	0.4	340	0.03	0.03	0.9	72	0.59	142	3.3	8		0.8	0.12	0.19	0.09	2	0.38
酸浆				93.0	1.1	0.1		4.3		38 000	0.15	0.03	3.5	4						0.3				34	
菜豆		117	(28)	91.3	2.0	0.4	1.5	4.2	0.6	210	0.04	0.07	0.4	6	1.24	123	8.6	42	27	1.5	0.18	0.23	0.11	51	0.43
长豇豆		121	(29)	90.8	2.7	0.2	1.8	4.0	0.5	120	0.07	0.07	0.8	18	0.65	145	4.6	42	43	1.0	0.39	0.94	0.11	50	1.40
毛豆（青豆）		515	(123)	69.6	13.1	5.0	4.0	6.5	1.8	130	0.15	0.07	1.4	27	2.44	478	3.9	135	70	3.5	1.20	1.73	0.54	188	2.48
豌豆		439	(105)	70.2	7.4	0.3	3.0	18.2	0.9	220	0.43	0.09	2.3	14	1.21	332	1.2	21	43	1.7	0.65	1.29	0.22	127	1.74
蚕豆		435	(104)	70.2	8.8	0.4	3.1	16.4	1.1	310	0.37	0.10	1.5	16	0.83	391	4.0	16	46	3.5	0.55	1.37	0.39	200	2.02
扁豆		155	(37)	88.3	2.7	0.2	2.1	6.1	0.6	150	0.04	0.07	0.9	13	0.24	178	3.8	38	34	1.9	0.34	0.72	0.12	54	0.94
菜豆（干豆）	江苏				18.1	4.3	1.8	4.4			0.56	0.14	1.0					139		7.7				454	
刀豆		146	(35)	89.0	3.1	0.2	1.6	5.3	0.6	220	0.05	0.07	1.4	15	0.31	209	5.9	48	28	3.2	0.45	0.84	0.09	57	0.88
多花菜豆	哈尔滨	92	(22)	92.2	2.4	0.3		2.3	1.2	160	0.07	0.08	0.3	11	2.39	240	3.3	69	35	1.9	0.12	0.38	0.61	56	1.10
四棱豆	山东				2.4			3.5			0.14	0.07	0.5	19	(0.1)										
莲藕		293	(70)	80.5	1.9	0.2	1.2	15.2	1.0	20	0.09	0.03	1.6	44	0.73	243	44.2	39	19	1.4	1.30	0.23	0.11	58	0.39
荸荠		96	(23)	92.2	1.2	0.2	1.9	4.0	0.5	30	0.02	0.03	0.7	5	0.99	209	5.8	4	8	0.4	0.49	0.33	0.06	36	0.45
慈菇		393	(94)	73.6	4.6	0.2	1.4	18.5	1.7		0.14	0.07		4	2.16	707	39.1	14	24	2.2	0.39	0.99	0.22	157	0.92
水芹	北京	84	(20)	93.9	2.2	0.3	0.6	2.0	1.0			0.02		7				160		8.5				61	
茅芋		247	(59)	83.6	1.2	0.2	1.1	13.1	0.8	20	0.02	0.02			0.65	306	15.7	4	12	0.6	0.11	0.34	0.07	44	0.70

（续）

蔬菜名称	产地	热量 (kJ)	热量 (kcal)	水分 (g)	蛋白质 (g)	脂肪 (g)	膳食纤维 (g)	碳水化合物 (g)	灰分 (g)	胡萝卜素 (μg)	硫胺素 (mg)	核黄素 (mg)	尼克酸 (mg)	抗坏血酸 (mg)	维生素E (mg)	钾 (mg)	钠 (mg)	钙 (mg)	镁 (mg)	铁 (mg)	锰 (mg)	锌 (mg)	铜 (mg)	磷 (mg)	硒 (μg)
菱	北京	481	(115)	69.2	3.6	0.5	1.0	24	1.7	10	0.23	0.05	1.9	5				9		0.7				49	
豆瓣菜	广东	71	(17)	94.5	2.9	0.5	1.2	0.3	0.6	9 550	0.01	0.11	0.3	52	0.59	179	61.2	30	9	1.0	0.25	0.69	0.06	26	0.70
芡实	北京	602	(144)	63.4	4.4	0.2	0.4	31.1	0.5	微	0.4	0.08	2.5	6				9	3	0.4				110	
莼菜(瓶装)	浙江杭州	84	(20)	94.5	1.4	0.1	0.5	3.3	0.2	330		0.01	0.1		0.90	2	7.9	42	3	2.4	0.26	0.67	0.04	17	0.67
蒲菜	北京	50	(12)	95.0	1.2	0.1	0.9	1.5	1.3	1.0	0.03	0.04	0.5	6		389	0.4	53	1	0.2				24	
竹笋	上海	79	(19)	92.8	2.6	0.2	1.8	1.8	0.8		0.08	0.08	0.6	5	0.05	610	59.2	9	85	0.5	1.14	0.33	0.09	64	0.04
黄花菜		833	(199)	40.3	19.4	1.4	7.7	27.2	4.0	1 840	0.05	0.21	3.1	10	4.92	213	3.1	301	10	8.1	1.21	3.99	0.37	216	4.22
芦笋		75	(18)	93.0	1.4	0.1	1.9	3.0	0.6	100	0.04	0.05	0.7	45		510	6.7	10		1.4	0.17	0.41	0.07	42	0.21
百合	甘肃兰州	678	(162)	56.7	3.2	0.1	1.7	37.1	1.2		0.02	0.04	0.7	18	2.99	170	29.8	11	74	1.0	0.35	0.50	0.24	61	0.20
枸杞	广东	184	(44)	87.8	5.6	1.1	1.6	2.9	1.0		0.08	0.32	1.3	58	0.99	172	4.6	36	36	2.4	0.37	0.21	0.21	32	0.35
香椿(香椿头)	北京	197	(47)	85.2	1.7	0.4	1.8	9.1	1.8	700	0.07	0.12	0.9	40	1.03	95	3.9	96	29	3.9	0.35	2.25	0.09	147	0.42
黄秋葵		155	(37)	86.2	2.0	0.1	3.9	7.1	0.7	310	0.05	0.09	1.0	4				45		0.1	0.28	0.23	0.07	6	0.51
菜玉米(笋)	山东				3.0	0.2		1.9			0.05	0.08		110				37		0.6				50	
菜蓟(朝鲜蓟)	北京			84	2.8	0.2	2.3	2.0		100(IU)	0.08	0.04	0.8	10				44		1.4				80	
辣根		385	(92)	73.1	3.2	0.2		19.3	1.9	100(IU)	(0.06)	(0.03)	(0.5)	(95)				160		0.7				59	
食用大黄	北京				0.6	0.1		3.7			0.03	0.07		9				96		0.8				18	
黑木耳		858	(205)	15.5	12.1	1.5	29.9	35.7	5.3	100	0.17	0.44	2.5		11.34	757	48.5	247	152	97.4	8.86	3.18	0.32	292	3.72
银耳	福建晋江	837	(200)	14.6	10.0	1.4	30.4	36.9	6.7	50	0.05	0.25	5.3		1.26	1 588	82.1	36	54	4.1	0.17	3.03	0.08	369	2.95
双孢蘑菇		92	(22)	92.4	4.2	0.1	1.5	1.2	0.6		0.19	0.27	3.2			307	2.0	2	9	0.9	0.10	6.60	0.45	43	6.99
香菇(干)	北京	883	(211)	12.3	20.0	1.2	31.6	30.1	4.8	20	微	1.26	20.5	5	0.66	464	11.2	83	147	10.5	5.47	8.57	1.03	258	6.42
香菇(鲜)	上海	79	(19)	91.7	2.2	0.3	3.3	1.9	0.6		0.08	0.08	2.0	1		20	1.4	2	11	0.3	0.25	0.66	0.12	53	2.58
草菇	广东	96	(23)	92.3	2.7	0.2	1.6	2.7	0.5		0.06	0.34	8.0		0.40	179	73.0	17	21	1.3	0.09	0.60	0.40	33	0.02
平菇(鲜)		84	(20)	92.5	1.9	0.3	2.3	2.3	0.7	10	0.01	0.16	3.1	4	0.79	258	3.8	5	14	1.0	0.07	0.61	0.08	86	1.07
猴头菇(罐装)		54	(13)	92.3	2.0	0.2	4.2	0.7	0.6			0.04	0.2	4	0.46	8	175.2	19	5	2.8	0.03	0.40	0.06	37	1.28

（续）

蔬菜名称	产地	热量(kJ)	热量(kcal)	水分(g)	蛋白质(g)	脂肪(g)	膳食纤维(g)	碳水化合物(g)	灰分(g)	胡萝卜素(μg)	硫胺素(mg)	核黄素(mg)	尼克酸(mg)	抗坏血酸(mg)	维生素E(mg)	钾(mg)	钠(mg)	钙(mg)	镁(mg)	铁(mg)	锰(mg)	锌(mg)	铜(mg)	磷(mg)	硒(μg)
金针菇		109	(26)	90.2	2.4	0.4	2.7	3.3	1.0	30	0.15	0.19	4.1	2	1.14	195	4.3		17	1.4	0.10	0.39	0.14	97	0.28
金针菇（罐装）	浙江	88	(21)	91.6	1.0		2.5	4.2	0.7		0.01	0.01	0.6		0.98	17	238.2	14	7	1.1		0.34	0.01	23	0.48
绿豆芽		75	(18)	94.6	2.1	0.1	0.8	2.1	0.3	20	0.05	0.06	0.5	6	0.19	68	4.4	9	18	0.6	0.10	0.35	0.10	37	0.50
黄豆芽		184	(44)	88.8	4.5	1.6	1.5	3.0	0.6	30	0.04	0.07	0.6	8	0.80	160	7.2	21	21	0.9	0.34	0.54	0.14	74	0.96
蚕豆芽		577	(138)	63.8	13.0	0.8	0.6	19.6	2.2	30	0.17	0.14	2.0	7				109		8.2				382	
豌豆芽		130	(31)	91.9	4.5	0.7	0.9	1.6	0.4	262	0.12	0.33		12.0	0.74	161	8.5	2.8	4.1	3.9	0.13	0.39	0.44	68	0.61
萝卜芽		109	(26)	92.9	2.5	0.5	0.9	2.8	0.4	356	0.10	0.11		12.3	0.83	84	10.3	10.0	14.8	6.2	0.31	0.23	0.54	91	1.06
荞麦苗		96	(23)	93.6	1.7	0.6	0.9	2.8	0.4	674	0.16	0.14		10.2	0.37	41	10.4	2.2	15.4	1.5	0.40	0.11	0.13	64	0.13
向日葵苗		96	(23)	93.3	2.5	0.7	1.2	1.7	0.5	191	0.26	0.32		8.3	0.66	67	4.8	1.6	18.8		0.19	0.25	0.28	64	0.53
黑豆芽		184	(44)	88.6	6.2	1.2	1.1	2.2	0.7	143	0.08	0.02		9.2	0.65	235	18.6	1.6	12.4		0.36	0.24	0.29	112	1.26
香椿苗		109	(26)	91.1	4.3	0.7	1.2	2.0	0.7	255	0.08	0.06		28.2	0.60	126	20.4	21.5	23.3		0.23	0.28	0.21	85	0.68
树芽香椿		197	(47)	85.2	1.7	0.4	1.8	9.1	1.8	700	0.07	0.12		40	0.99	172	4.6	96	36	3.9	0.35	2.25	0.09	147	0.42
菊苣芽球		71	(17)	94.8	1.7	0.1	0.4	2.9	0.6	230				13		245	2.9	17	16	0.6	0.19	0.24	0.08	32	
花苣脑		272	(65)	81.4	6.0	0.5	1.8	9.0	1.3	3 100				45		448	16.4	98	60	2.4	0.52	1.36	0.42	109	
姜芽		79	(19)	94.5	0.7	0.6	0.9	2.8	0.5			0.01		2		160	1.9	9	24	0.8	3.38	0.17	0.03	11	0.10

（王贵臣）

◇ **主要参考文献**

［1］中国预防医学科学院营养与食品卫生研究所编著.食物成分表.北京：人民卫生出版社，1991

［2］中国医学科学院卫生研究所.食物成分表.北京：人民卫生出版社，1981

［3］吕家龙编著.吃菜的科学.北京：农业出版社，1990

［4］李式军，刘风生编著.珍稀名优蔬菜.北京：中国农业出版社，1997

［5］王德槟，张德纯编著.芽苗菜及栽培技术.北京：中国农业大学出版社，1998

［6］Oscar A. Lorenz. Kontt's Hand Book for Vegetable Growers，1980

附录 3　主要野生蔬菜简介

名称	学名	别名	主要性状	分布	食用价值
蕨菜	*Pteridium aquilinum* (L.) Kuhn var. *latiusculum* (Desv.) Underw.	蕨萁、鹿蕨菜、龙头菜、蕨儿菜、龙须菜、如意菜、狼萁、拳头菜等	凤尾蕨科多年生草本蕨类植物。地下根状茎匍匐生长。新生叶向内卷曲呈拳头状，被革质，叶柄长；以后叶缘向里卷曲，着生有大量的孢子。孢子囊群含有褐色孢子囊群，子体产生精子器和颈卵器，并由受精卵形成胚，由胚发育成新的植株。喜温和湿润气候，喜光，适应性强	中国西北、华北、东北、西南各地均有分布。辽宁、吉林、黑龙江、内蒙古、河北等地为主要产地	未展开的幼嫩叶和叶柄可供菜用。富含碳水化合物、蛋白质、胡萝卜素等，具清热解毒、补气升阳、驱风利尿等保健功效。蕨菜及其加工品还是重要的出口蔬菜。此外，其地下根状茎还可提取淀粉（蕨粉）
薇菜	*Osmunda cinnamomea* L. var. *asiatica*	紫萁、牛毛蕨、牛毛广、猫儿蕨、蓝萁台、水爬菜等	紫萁科多年生草本蕨类植物。根状茎短粗，被有黄褐色或紫色茸毛，新生叶向内卷曲呈拳头状，有营养叶和孢子叶之分。孢子叶片较短且瘦弱，叶背着生暗褐色的孢子。喜温和湿润气候，宿根可越冬，适应性广	中国东北的吉林、黑龙江，西南的四川、贵州、云南，东南的台湾、福建、安徽、广东、广西及华中的湖南等地均有分布	未展开的嫩叶和叶柄可供菜用。营养丰富，含有多种维生素、蛋白质、碳水化合物、脂肪、铁、钙等矿物质，以及鞣酸、皂苷和黄酮类物质，具有清热利湿、活血祛瘀、平肝明目等保健功效
发菜	*Nostoc commune* var. *flagelliforme* Born. et Flah.	头发菜、发藻、地毛菜、千苔、仙菜、净地毛、龙须菜等	念珠藻科陆生藻类植物。由多细胞着生藻丝个体组成的群体，丝状体呈不规则圆柱形或扁圆形，一般不分枝（偶尔有2~3分枝），爬附于荒漠地面。藻体富含胶质，晴天时干燥失水呈暗黑色，雨天湿度大吸水膨胀呈蓝绿色或褐色。藻体长20~30cm，粗不足1mm，可自行分裂。对高温、严寒、干旱等不良环境条件具有极强的适应性	中国西北的宁夏、甘肃、陕西、青海、新疆，华北的内蒙古、山西、河北等地均有分布	胶质藻体可供菜用。富含蛋白质、碳水化合物、维生素E以及钙、铁等矿物质，营养价值高。具清热消滞、软坚化痰、理肠防癌等保健功效，因大量采集破坏草原生态，已被政府严令禁挖，现正研究人工栽培的方法
芝麻菜	*Eruca sativa* Mill.	臭菜、臭芥、火箭生菜、香油罐、芸芥等	十字花科一年生草本植物。主根锥状。茎直立，上部多分枝。基生叶簇生，大头羽状分裂，波浪状叶缘，上部叶椭圆至长圆形，有1~3对裂片，有黑褐色纵脉。花白色或黄色，角果，种子近圆球形，褐色，千粒重1.8g左右。喜温和湿润气候	中国甘肃、新疆、四川、云南等地均有分布	嫩茎叶可供菜用。富含维生素C及钾，钙等矿物元素，并具有浓郁的芝麻香味
蔊菜	*Rorippa indica* (L.) Hiern	野油菜、碎米菜等	十字花科两年生草本植物。株高10~30cm，茎柔弱，基部有分枝。下部叶片有叶柄，羽状浅裂，顶端裂片宽卵圆形，侧裂片小；上部叶片无叶柄，宽披针形或卵圆形，端部渐尖，基部渐窄，略抱茎，叶缘齿牙状或不整齐锯齿状，稍有毛。总状花序，花淡黄色，长角果，种子细小，卵形，褐色。喜温暖湿润气候	中国主要分布于长江流域及其以南的潮湿地区	幼苗及嫩茎叶可供菜用。营养丰富，并具有清热解毒、活血通络、止咳化痰等保健功效

（续）

名称	学名	别名	主要性状	分布	食用价值
沙芥	Pugionium cornutum（L.）Gaertn.	山萝卜、沙盖、山羊沙芥等	十字花科两年生草本植物。主根粗大，侧根稀少。茎直立，多分枝，株高50～100cm。叶缘或有2～3个缺刻，深裂，全缘或有，上部叶披针形，中下部叶羽状深裂。总状花序，花白色或黄色。短角果，种子扁长圆形，黄褐色。生长旺盛，适应性强，耐干旱，能抗风固沙，少有病虫害	中国西北的陕西、宁夏、甘肃、内蒙古等地沙丘附近以及长城沿线的毛乌素沙漠均有分布	幼苗、嫩株、嫩叶可供菜用。有芥辣味、清香、具行气、消食、止咳、解毒及清肺等保健功效
诸葛菜	Orychophragmus violaceus（L.）O. E. Schulz	二月兰、菜子花等	十字花科诸葛菜属一、二年生草本植物。株高30～50cm。茎直立、光滑，表面具白色粉霜。基生叶近圆形，叶缘具不规则粗锯齿，茎下部叶为羽状裂形，顶端具三角状卵形或圆形，无叶柄。总状花序，顶生，花浅紫色至紫色。角果，长条形，种子卵圆形，黑褐色。耐寒、耐阴，对土壤要求不严	中国东北、华北等北方地区均有分布	嫩株和嫩茎叶可供菜用
少花龙葵	Solanum photeinocarpum Nakamura et Odaehima		茄科一年生草本植物。植株较高大。叶卵圆形或长卵形，叶缘有波纹。伞形花序，有花3～4朵，花小、白色。浆果，果实黑色，果皮光滑，故也称光果龙葵。种子细小。干粒重0.23g。喜温暖、湿润和光照充足的气候，不耐霜冻	中国台湾及云南等地均有分布	嫩茎叶可供食。富含维生素A、维生素C和钙等矿物元素，具有抗炎、消肿、镇咳祛痰以及利尿等保健功效
菊芹	Erechtites valerianaefolia（Wolf）DC.		菊科一年生草本植物。根系发达。抽薹开花后株高50～80cm。基部叶片为羽状裂叶，叶缘有不规则锯齿，常成串顶生，弯曲下垂，开细瘦的管状花，红褐色。瘦果，长约2mm，深褐色至紫色。种子干粒重0.19g。喜温暖湿润气候，遇霜冻即枯萎	中国台湾及东南沿海地区均有分布	嫩茎叶可供菜用。富含维生素A及钾、铁、磷等矿物元素，具有类似茼蒿的香味
野苋菜	Amaranthus viridis L.（皱果苋）	绿苋、细苋、白苋等	野苋菜包括苋属、反枝苋、凹头苋、刺苋等苋科野苋属多种野生苋菜，为一年生草本植物。株高40～80cm。茎直立，分枝少。叶互生，卵形至卵状矩圆形，绿色。花单性或杂性，雌雄同株或异株，集成腋生穗状花序，或再集成大型顶生圆锥花序，扁圆球形。胞果，种子小，扁圆，黑色，表面光泽，不耐涝	中国南北各地均有分布，尤以华北、华东、华中等地分布较广	嫩株、嫩茎叶可供菜用。含有较多的胡萝卜素、维生素C等，具清热、降火、解毒、明目等保健功效
青葙	Celosia argentea L.	青葙子、野鸡冠、野冠冠、笔鸡冠、土鸡冠、昆仑草等	苋科一年生草本植物。株高30～100cm。叶互生，卵状披针形，叶面光滑，全缘，穗状花序，着生花序，种子小，扁圆形，棕黑色至枝端，花绿色或紫红色。胞果，有光泽，干粒重0.78g。喜温暖气候，耐热、不耐霜冻。黑色，干粒重0.72g。喜温暖气候	中国陕西、河北、河南、山东及长江流域及其以南各省均有野生分布	嫩株或嫩茎叶可供菜用。含有较多的胡萝卜素、维生素C以及钾、磷等矿物元素。其种子可入药，具有清肝、明目、散风湿、降血压等保健功效

（续）

名称	学 名	别 名	主 要 性 状	分 布	食用价值
裂叶荆芥	*Schizonepeta tenuifolia* (Benth.) Briq.	假苏、线荠等	唇形科多年生草本植物。株高60～150cm。茎四棱形，基部稍带紫色，上部多分枝。叶对生，无柄，叶片羽状3～5深裂，裂片条形或披针形，多集生于枝顶。穗状轮伞花序，唇形花，微红白色。坚果，椭圆形至卵形，棕色有光泽。喜温暖气候	中国江苏、浙江、江西、河北、湖北、湖南、北京等地均有分布	嫩梢、嫩叶可供菜用。含多种维生素、矿物质和芳香性挥发油，具特殊的香味，具去腥膻、增进食欲、祛风解表、透疹、清利头目等保健功效
土人参	*Talinum carassifolium* Willd.	假人参、参草、参仔草（叶）、台湾参、土高丽参、野参、洋参、东洋参等	马齿苋科多年生草本植物。根肥大，肉质似人参。株高30～70cm。茎直立或半匍匐。叶互生，全缘，常集生于枝端。全株表面光滑无毛。伞房状聚伞圆锥花序，顶生，花小，粉红色。蒴果，圆球形至椭圆形。种子细小，扁圆球形至肾形，黑色，喜光，又重0.25～0.3g。喜温暖湿润气候，较耐热、耐湿、较耐阴	中国台湾和东南沿海地区均有分布	嫩茎叶和肉质根可供菜用。营养丰富，尤其富含钾等矿物元素，具有补中益气、润肺生津、滋补强壮等保健功效
藤三七	*Anredera cordifolia* (Ten.) Steenis	落葵薯、洋落葵、马地拉落葵、藤子三七、川七、热带皇宫菜等	落葵科多年生藤本植物。茎蔓生，断面圆形，浅绿色（嫩茎绿色。地下块茎不规则，外皮黄褐色，肉质。叶互生，心脏形，叶面光亮无毛。肥厚，肉质，叶腋着生褐色瘤块状珠芽（初为绿色。穗状花序，花小，绿白色。一般不结实。喜温暖湿润气候，耐热、耐湿、不耐霜冻	中国台湾及云南、四川、湖北等地均有分布	嫩梢和种片可供菜用。含有丰富的维生素A，具滋补、保肝、强壮腰膝、消肿散瘀、活血止疼等保健功效
车前草	*Plantago major* L. var. *asiatica* Decne.	车轮菜、官司草、牛舌草、牛甜菜、猪耳朵等	车前科多年生宿根性植物。须根系。根茎短，叶簇生、广卵圆形，全缘或具浅齿，锯刻，叶面无毛或具短柔毛，叶柄细长，穗状花序，叶柄长圆形，花小。蒴果，绿白色。种子长圆形，黑棕色，千粒重1.19g。喜温和气候，也较耐旱	中国各地均有分布	嫩株可供菜用。含有丰富的钙、磷等矿物质以及胡萝卜素、蛋白质等，具清热利湿利尿通淋等保健功效
费菜	*Sedum aizoon* L.	土三七、景天三七、血见散等	景天科景天属多年生草本植物。直立，无分枝。基部常带紫色。叶互生，披针形或倒披针形，叶缘不整齐锯齿，肉质，花黄色。聚伞花序，膏葖果，种子倒卵形或椭圆形，棕褐色或褐色，略呈囊状，千粒重0.1g。耐寒，可在华北和华东地区露地安全越冬	中国东北以及河北、甘肃、陕西、宁夏、山东、江西、江苏、浙江、四川、湖南等地广泛分布	幼苗和嫩茎叶可供菜用。富含多种维生素，具有散瘀止血、安神镇痛等保健功效

（续）

名　称	学　　名	别　　名	主　要　性　状	分　　布	食用价值
败酱草	Patrinia scabiosaefolia Fisch. ex Trev.	黄花龙牙、黄花苦菜、山芝麻、苦菜、苦荬、苦芝、苦枝花等	败酱科多年生草本植物。株高30～60cm，半匍匐生长。茎紫红色或绿色，基部常有气生根，断面圆形。基生叶丛生，长卵圆形，叶柄长；茎生叶对生，羽状浅裂或深裂，顶生小叶披针形，叶缘具锯齿。伞房状圆锥花序，顶生，花黄色或乳白色。瘦果，三棱状椭圆形，黄褐色或黄棕色。种子椭圆状倒卵形，浅黄色，千粒重0.7g。耐寒性强，宿根可耐短时间零下5～8℃，也较耐旱，耐湿	中国东北、华北、华东、华南地区及四川、贵州等地均有分布	嫩梢可供菜用。味略苦，具有清热利湿、解毒排脓、活血祛瘀等保健功效
地肤	Kochia scoparia (L.) Schrad	扫帚苗、绿扫、落帚等	藜科一年生草本植物。株高70～150cm，具细条纹。多分枝。叶互生，具短柔毛，无叶柄。花簇着生于叶腋，花小。胞果，扁球形，黑褐色，扁平，千粒重1.09g。种子倒卵形，黑褐色。喜温暖，喜光。适应性强，耐旱，对土壤要求不严	中国各地均有分布	嫩茎叶可供菜用。含有较多的胡萝卜素、维生素C等，具清湿热、利尿等保健功效
银柴胡	Stellaria dichotoma L. var. lanceolata Bunge	银胡、山菜根、山马踏菜、山马子菜、土参等	石竹科多年生草本植物。主根圆柱形。株高20～40cm，总状分枝。茎下部化较大。披针形，全缘。二歧聚伞花序，近圆球形，绿花。喜温暖气候。耐瘠薄，干旱，怕涝	山东等地丘陵地带均有分布	嫩梢、嫩叶可供菜用。经常食用对高血压、糖尿病有一定的预防功效
酸模	Rumex acetosa L.	水乔菜、遏蓝菜、莫菜、土大黄等	蓼科多年生草本植物。株高50～100cm，茎伴有紫红色。通常不分枝。基生叶矩圆形，先端急尖或钝尖，基部箭尾状，有长叶柄。全缘。茎上部叶披针形，无叶柄，托叶鞘膜质化，抱茎。圆锥花序，花小。瘦果，椭圆形具三棱，暗褐色，有光泽。喜温暖气候	中国主要分布在东北的吉林、辽宁，西北的陕西、新疆，华东的江苏、浙江、江西，西南的四川、云南，以及河北、湖北等地	嫩茎叶可供菜用。果实晒干脱粒磨细可作点心。含有较丰富的钙、磷等矿物质及胡萝卜素、维生素C
酸模叶蓼	Polygonum lapathifolium L.	水红花、旱苗蓼、酸不溜、大马蓼、马蓼等	蓼科一年生草本。株高1～2m，茎紫红色，有分枝。叶互生，披针形或宽披针形，叶缘常有短硬毛，全缘，叶柄有短毛刺，浅绿色。圆锥花序，花淡红色或白色，浅褐色。瘦果，扁平、黑褐色，有光泽。喜温温暖多湿环境	中国主要分布在东北的黑龙江、辽宁，西北的青海、华北的河北、山西，华东的山东、广东、安徽，以及湖北等地	

注：本表所列野菜，有的已小面积人工栽培。

（王德槟）

附录4　主要野生食用菌简介

名称	学名	别名	主要特征与特性	产地与分布	食用价值
松口蘑	Tricholoma matsutake	松蕈、松蘑、松茸、鸡丝菌（西藏）、松茸（日本）	菌盖直径5～20cm，扁半球形至近平展，污白色，表面干燥，具黄褐色至栗壳色平伏的丝毛状鳞片。菌肉白色，厚。菌褶白色或稍带乳黄色，密，不等长。菌柄长6～13.5cm，中实，圆柱形，上下等粗或下部略有膨大。菌环以上污白色并有粉粒，菌环以下具栗褐色纤毛状鳞片。菌环生菌柄的上部，丝膜状，上面白色，下面同菌柄色。孢子印白色，光滑，宽椭圆形至近球形，6.5～7.5μm×4.5～6.2μm。主要与赤松共生	黑龙江、吉林、四川、西藏、山西、安徽、湖北、贵州、云南、广西、台湾	菌肉肥厚，香气浓郁，风味绝佳
美味牛肝菌	Boletus edulis	白牛肝菌、大脚菇	菌盖直径5～15cm，黄褐色，土褐色或赤褐色，扁半球形或稍平展，光滑，边缘钝。菌肉白色，厚，受伤不变色。菌管初期白色后呈淡黄色，直生或近弯生，或在柄之周围凹陷，管口幼时有有填充物，每毫米2～3个。柄长5～12cm，粗2～3cm，近圆柱形或基部稍粗膨大，淡褐色或黄褐色，内实，柄表有细网纹，平滑，淡黄色。孢子印橄榄色，孢子黄色10～15.2μm×4.5～5.7μm。常与栎、松等树木发生共生关系	吉林、辽宁、黑龙江、山东、河南、安徽、江苏、湖北、四川、西藏、新疆、甘肃、云南、贵州、福建、广东、台湾	菌肉肥厚，香气浓郁，味道鲜美
鸡枞	Termitomyces albuminousus	桐菇、鸡菌、三大菇（四川）、鸡肉丛菇（闽、台）	担子果大型、单生，成熟后菌盖达5～20cm，中央部分呈篷状突起，长度通常超过15cm，不呈膨大。菌柄粗细较均匀，不呈明显膨大，直接生于白蚁巢之菌圈上。具明显假根，假根逐渐变细，深入土表以下，基部呈吸盘状，不呈急缩式延长，色与菌盖同或稍白，孢子无色，光滑，孢子印粉红色。鸡枞与白蚁共生，是在长期的自然选择过程中形成的互惠互利的关系	福建、广东、广西、云南、贵州、四川、湖南、湖北、海南、江苏、浙江、江西、西藏、台湾	肉嫩味鲜，气味香浓，自古以来就是名贵高誉重的厨珍
鸡油菌	Cantharellus cibarius	鸡蛋黄、杏菌、黄栀子菇、黄菌、黄丝菌	菌盖直径2.5～9cm，幼时扁平，后下凹，呈喇叭形，杏黄色至蛋黄色，光滑，边缘波状或瓣裂，较厚。菌褶与菌盖同色，稍稀疏，狭窄，有横脉与分叉，近于网状交织，向下延伸至柄部。菌柄圆柱形，色与菌盖同或稍细，长2～8cm，上下大小一致或基部稍细，光滑，椭圆形或卵圆形，7～10μm×5～6.5μm，带微黄。孢子无色，光滑，孢子印乳酪白色而有尖突，内含一至数个油滴。土生菌，与某些植物可能有共生关系	中国大部分地区	味鲜美，有杏香

（续）

名称	学名	别名	主要特征与特性	产地与分布	食用价值
粉紫香蘑（花脸蘑的一种）	*Lepista personata*		菌盖直径5～20cm，半球形至近平展，藕粉色或淡粉紫色，较快退至带污白色或蛋壳色，幼时边缘具絮状物。菌肉白色带紫色，较厚，具明显的淀粉气味。菌褶淡粉紫色，密，弯生，不等长。菌柄长4～15cm，粗0.5～3cm，圆柱形，紫色或淡青紫色，上部色淡，具白色絮状鳞片，肉实至松软。孢子印淡粉红色。孢子无色，椭圆形，具小麻点，7.5～8.2μm×4.2～5μm，基部稍膨大。常形成条带或蘑菇圈。子实体夏秋或放牧过的草原地带群生或单生，盛期为8～9月季发生。	黑龙江、辽宁、吉林、甘肃、新疆	鲜、干食用皆可。肉厚、味香、味道鲜美
口蘑	*Tricholomata mongolicum*	白蘑菇、蒙古口蘑、珍珠蘑（商品名）、白片蘑（商品名）、白蘑	菌盖直径5～17cm，半球形至平展，白色，光滑，初期边缘内卷。菌肉白色，厚。菌褶白色，稠密，弯生，不等长。菌柄长3.5～7cm，粗1.5～4.6cm，白色，肉实，基部稍膨大。孢子印白色，孢子无色，光滑，椭圆形，6～9.5μm×3.5～4μm。子实体发生期为7～8月，8月上旬为盛产期。	内蒙古、河北张家口以北地区、辽宁、吉林、黑龙江	菌肉肥厚，质地细嫩，具香味、味鲜美
虫草	*Cordyceps sinensis*	冬虫夏草、冬虫草、雅杂滚卜（藏名）	子座单生，稀分枝，由昆虫幼虫头部与虫体平行生出，紫褐色，咖啡色至深褐色，全长5～7cm。柄色的长短根据虫体埋入土中的深度而异，一般长4～5cm，粗2～2.5mm，头部长棒形，长3～4cm，阔5mm，尖端具1.5～3mm的不孕顶端。髓部白色，子囊壳生于子座子实体表面或微凹陷，子囊壳狭卵锥形或长卵形，子囊细长，240～485μm×12～16μm，子囊孢子长线形，160～477μm×5～6.5μm，具多数横隔。寄生于蝙蝠蛾的幼虫体上。	四川、云南、西藏、甘肃、青海、湖北、贵州等地	食用菌上品，有滋补作用，为我国传统补品
干巴菌	*Thelephora ganbajun*		子实体托高5～14cm，阔4～14cm，丛生、珊瑚状、多次分枝，由基部较厚的干片向上依次裂成扇形至帚状小分枝，灰白色或黑色。基部的干片高2～2.5cm，阔2.5～4cm，无纹毛，下端具根状菌丝，中部的枝片高2～5cm，阔2.5～4.5cm，肉厚0.2～0.4cm，顶端的小枝片高3～9cm，阔0.5～2cm。子实层干燥，灰白色或成灰褐色。担孢子7～12μm×6～8μm，多角形，非淀粉质。担孢子长卵形、油滴一枚，壁有刺突，挺直，囊状体长棒状或长腹鼓状52～80μm×7～14μm，25～35μm×9～12μm	云南、中国特有种	菌肉坚韧，纤维质细嫩，全株可食，味美清香

（续）

名称	学名	别名	主要特征与特性	产地与分布	食用价值
羊肚菌	Morchella esculenta	羊肚菜、羊肚蘑、编笠菌、阳雀菌、美味羊肚菌、地羊肚子、羊肚子、圆顶羊肚菌、可食羊肚菌	菌盖长4~6cm，直径4~6cm，不规则圆形。表面形成许多回坑，淡黄褐色。柄长5~7cm，柄外部有浅纵沟，基部稍膨大，白色。子囊200~320μm×18~22μm，子囊孢子8个，单行排列，宽椭圆形，20~24μm×12~15μm，侧丝顶端膨大。多生长在800~1000m以栋、桦为主夹有松树的阔叶林中，下层多为蔷薇科小灌木及草木植物。子实体大多发生在4、5月间	山西、云南、贵州、四川、甘肃、青海、新疆、吉林、河北、河南、江苏、陕西、台湾	鲜、干食用皆可，味道鲜美
牛舌菌	Fistulina hepatica	肝色牛排菌、猪舌菌（福建）、牛排菌（英、美）、肝脏菌（日本）	子实体肉质，软而多汁，羊圆形、匙形或舌形，暗红至红褐色。柄极短。菌盖黏，有辐射状条纹及短柔毛，宽9~10cm。菌肉厚，剖面可见条纹，子实层生菌管内，菌管可各自分离，无共同管壁，密集排列在菌肉下面。管口土黄色后变褐色，光滑，球形有歪头，孢子无色，中间含一油滴，4~5μm×3.5~4.5μm	河南、广西、四川、福建、云南、广东、贵州	据报道，牛舌菌子实体热水浸出液中的某一组分对小白鼠肉瘤S-180有较强抑制作用，其菌丝发酵液中含有一种抗真菌抗菌素-牛舌菌素（fistuliu）

（汪昭月）

附录5　主要香草蔬菜简表

名称	学名	别名	主要性状	分布	应用价值
薰衣草（狭叶薰衣草）	Lavandula angustifolia Mill. (L. spica L.)	普通薰衣草、真薰衣草等	唇形科薰衣草属多年生常绿小灌木。茎直立。叶片狭窄、灰绿色。穗状花序，白色或紫色。每果有种子4粒，千粒重0.77～1.2g。喜温暖湿润气候，较耐寒，不耐高温，喜光，耐旱。适于在中性和微碱性沙质壤土上种植	原产地中海沿岸地区。法国、英国、南斯拉夫、俄罗斯等国均有栽培。中国台湾等地也有种植	具有特殊香味，并具有镇静、缓和消化不良、抑制细菌、清新空气等保健功效。可用于烹调、烘焙糕饼、制作香草茶、香包等饮品和小工艺品等。从薰衣草中所提炼的精油，被广泛应用于香水、香料工业及药业
迷迭香	Rosmarinus officinalis L.	艾菊等	唇形科迷迭香属多年生常绿小灌木。茎直立、木质，断面呈正方形。叶狭长、针状、草质，着生于叶腋。花冠白色、花绿反卷、蓝紫色或粉红色。卵圆形或倒卵圆形坚果，黄褐色，千粒重0.88～1.0g。生育适宜温度为5～25℃，抗旱力中等，怕多雨潮湿。适于在排水良好的沙质壤土上种植，pH为6.5～7.5	原产地中海盆地。西班牙北部及葡萄牙、西班牙、法国、北非以及中国、南非、澳大利亚等地均有栽培	具有强烈的芳香，有提神醒脑、消除疼痛、帮助入眠等保健功效。可用于烹调及烘焙糕饼、面包等。还可用作香草茶、酒、醋等的制作和酿造。从迷迭香中所提炼的精油，被广泛应用于化妆品工业化妆品及保健医药业
药鼠尾草	Salvia officinalis L.	普通鼠尾草、洋苏叶、山艾等	唇形科鼠尾草属多年生草本植物或小灌木。株高30～90cm。茎断面呈正方形。叶对生、长椭圆形、肥厚，被细软的银灰色茸毛。灰绿色，呈穗状。花冠紫蓝色，也有白色或深紫蓝色、暗褐色，千粒重8.3g。喜温暖气候，温度在20～25℃时种子发芽率高。15～25℃时植株生长良好。忌高温多湿，怕涝，对土壤适应性较广。在pH5～8，排水良好的土壤上均可种植	原产地中海沿岸，环绕亚得里亚海岸附近地区。南斯拉夫、阿尔巴尼亚、西班牙、意大利等欧洲国家及美国、中国均有栽培	具有特殊的芳香，并具有杀菌、滋补、消除胀气等保健功效。可用于烹调，或用于沐浴及添加于洗发液、牙膏中。其精油可用于医学
百里香	Thymus vulgaris L.	普通百里香、麝香草、麝香菜等	唇形科百里香属多年生小灌木。株高20～45cm。茎木质，多分枝。叶片小而尖、椭圆形、叶面绿色、叶背灰色、对生。轮伞花序顶生。花冠淡紫色或白色、球形、褐色。种子细小，千粒重0.25～0.3g。喜温和气候，较耐寒，也耐热，在5～30℃温度下均能生长。喜光，较耐旱。对土壤适应性较广，在pH4.5～8，排水良好的土壤上均可种植	原产地中海沿岸和小亚细亚、法国、西班牙、葡萄牙、希腊等南欧国家栽培较多。中国东北、华北、西北等地主要作观赏植物种植	具有特殊芳香，有镇静、止咳、抑菌、促进食欲等保健功效。多用于鱼肉类烹调，也可用于香草茶、酒的制作或庭园观赏栽培。其精油可用于医学

（续）

名称	学名	别名	主要性状	分布	应用价值
牛至	*Origanum vulgare* L.	俄力冈、花薄荷、滇香薷等	唇形科牛至属多年生草本植物。植株丛生，株高30~60cm，茎断面呈方形，绿色。叶片较小，长卵形，深绿色，对生。全株被细柔毛。花序穗状。花冠白色或微带粉红色。种子极小，椭圆形，黑褐色或微带红色，千粒重0.22~0.26g。喜温和气候，在10~25℃温度下生长良好。喜光，耐旱，耐寒。对土壤适应性广，宜在排水良好，pH为6~8的微碱性土壤上种植	原产西亚、欧洲至北非环地中海沿岸一带。广泛栽培于欧洲、美国、南美洲、北非洲、尤以南美哥、英国、南美部分地区及希腊栽培较多。中国有野生资源，分布于华北、西北及长江以南各地	具有特殊芳香，有防腐、消炎、祛痰、助消化等保健功效。多取其嫩茎叶作肉类菜肴调味用，也可作沙拉、煲汤或醋渍。其精油可用于医学
马郁兰	*Origanum majorana* L.	马脚兰、茉乔栾那等	唇形科牛至属多年生草本植物。株高30~60cm，具匍匐性，茎断面呈圆形，顶端绿色，下端绿色。叶卵形至圆形，灰白色或灰色革毛，干被白色或灰色革毛。花序通常有3~5个球形或卵形小花穗聚集着生于分枝上部同一节位上，花冠白色至淡粉红色。种子细小，近圆球形或长椭圆形，暗褐色，千粒重0.18~0.29g。喜温和气候，在10~25℃温度下生长良好，4℃以下易受寒害。喜光，怕涝。对土壤适应性广，宜在沙质壤土上种植	原产于西亚的塞浦路斯和土耳其南部。美国、欧洲中南部的德国、法国以及突尼斯、埃及等国家多有栽培。中国台湾等地有栽培	具有木质樟脑香味，有防腐、消炎、促进消化等保健功效。干叶可用于调味，多作沙拉、肉汤调味、烘烤食品的佐料。其精油可用于化妆品工业及医学用途
香蜂花	*Melissa officinalis* L.	香蜂草、柠檬香、水薄荷、蜜蜂花等	唇形科蜜蜂花属多年生草本植物。株高20~150cm，茎断面呈方形。叶对生，近心脏形，面呈凹凸皱纹状。花序轮伞状，顶生或腋生。花冠黄色至白色或带桃红色。种子为小坚果，近圆球状，干粒重0.5~0.66g。喜温暖气候，也较耐寒，不耐涝。宜在排水良好，pH为5.0~7.5的沙质壤土上种植	原产于南欧、欧洲和美洲等国家栽培。中国台湾等地也有种植	具柠檬香味，有镇静、抗氧、抗病毒等保健功效。嫩茎叶可凉拌生食或作沙拉配料，肉汤调味，也可作为酒、果汁的香精料
藿香	*Agastache rugosa* (Fisch. et Mey.) O. Kuntze	合香、山薄荷、山茴香等	唇形科藿香属多年生草本植物。株高可达1.5m，茎断面方形。叶对生。叶卵形至披针状卵形，叶缘具粗锯齿，稍部被疏毛。花序假穗状，顶生，花冠淡紫色。叶面被柔毛和腺点。小坚果倒卵形或矩圆形，污白色或淡棕黄色，种子暗棕褐色，千粒重0.29g。适应性强，耐寒、耐热，对土壤要求不严	朝鲜、俄罗斯、日本及北美洲均有分布。中国南北各地均有零星种植	具有特殊蒙香味，有解暑化湿、行气和胃等保健功效。嫩茎叶可凉拌、做汤，也可炸食。其茎叶可入药

（续）

名称	学名	别名	主要性状	分布	应用价值
琉璃苣	*Borago officinale* L.	滨莱香菜等	紫草科琉璃苣属一年生草本植物。株高30～100cm，茎中空。叶互生，长椭圆形。茎叶均被白色刺毛。花冠伞状，顶生，花冠星状或圆形，淡蓝星状。种子为小坚果，长方形，棕褐色，千粒重13.7～20g。喜温和气候，在温度5～21℃，年降水量300～1300mm条件下，均能良好生长。喜光，耐旱，喜干燥。对土壤适应性较广，但最好在pH5.8～6.5、肥沃、容易排水的微酸性沙质壤土上种植	原产地中海地区及西亚。广泛栽培于欧洲、美国、加拿大（西部）、智利、新西兰以及北非等地。近年中国从意大利、法国等地引进，也有少量种植	具有小黄瓜味，有利尿等保健功效。多作调味用，取其嫩茎叶的汁液或花朵拌沙拉，或食用于凉菜和泡菜的配菜和配料。此外，作为香料还用于制葡萄酒等工业
果香菊	*Chamaemelum nobile* (L.) All.	春黄菊、洋甘菊、罗马洋甘菊等	菊科果香菊属多年生草本植物。株高10～30cm。多分枝，匍匐生。叶片2～3次羽状深裂，裂片窄长条形，先端尖。枝端着生头状花序，舌状花银白色，管状花黄色。瘦果细小，黑褐色，千粒重0.6g。喜温暖湿润气候。较耐寒，也较耐热，在10～30℃温度条件下均能良好生长，但以最适温度为18～25℃。喜充足光照。对土壤要求不严，富含有机质、排水良好、pH为7的土壤栽培为好	原产于西欧的北部、北爱尔兰等地。欧洲各国有栽培，中国台湾等地也有种植	具有苹果香味，有杀菌消炎、镇静等保健功效。花瓣可作沙拉，做汤、泡茶。其精油可用于医学
欧当归	*Levisticum officinale* W. J. D. Koch	独活草、拉维纪草等	伞形花科欧当归属多年生草本植物。茎短缩。叶片大，羽状，2～3裂。叶基部深裂呈楔形，上部浅裂。花小，黄绿色。种子船形，千粒重3.3g左右。喜温暖湿润气候。耐寒性强，成株能耐-8℃低温。种子发芽最适温度20～25℃，生长最适温度20～22℃。生长初期要求光照严格，并要求水足水分。喜肥沃土壤	原产欧洲南部及伊朗南部高山地带。中国有少量引种	具有类似当归的香味，有增进食欲、利尿等保健功效。叶柄可作沙拉生食，也可炒食。其地下部可入药
香茅	*Cymbopogon citratus* (DC. ex Nees) Stapf	柠檬香茅、柠檬草等	禾本科香茅属多年生草本植物。株高可达200cm。从基部长出多数长100cm，宽1.25～2.5cm，扁平，狭长的叶片。花序呈复生、疏散圆锥状。顶端稍下垂，小花穗淡黄色。分株繁殖。喜温暖湿润气候，在18～38℃温度下生长良好，不耐霜冻。喜光。宜在排水良好的沙质壤土上种植	原产于南印度、斯里兰卡。南亚地区广泛栽培。中国广东、海南、云南、台湾等地均有种植	具有柠檬香味，有祛风除湿、祛疼、清热、消肿止疼等保健功效。多取其鲜嫩叶鞘或干品上作为烹制的米粉、蔬菜、鱼肉、果冻、蛋糕等可调制茶、蛋糕等。其精油可用于医学

（王德槟）

《 蔬菜生产

大白菜生产田　　　　　　　　　　　　（张淑江）

胡萝卜生产田　　　　　　　　　　　　（王德槟）

马铃薯生产田　　　　　　　　　　　　（金黎平）

结球甘蓝生产田　　　　　　　　　　　（王德槟）

普通白菜生产田

（王德槟　侯喜林）

扁豆栽培 　　　　　　　　　　　　　　　（祝　旅）

豇豆栽培 　　　　　　　　　　　　　　　（祝　旅）

日光温室黄瓜栽培 　　　　　　　　　（徐师华）

大型连栋温室番茄栽培 　　　　　　　（张志斌）

温室甜瓜栽培 　　　　　　　　　　　（朱德蔚）

塑料大棚西瓜栽培 　　　　　　　　　（孙小武）

2

营养土方育苗　　　　　　　　　　　　（王德槟）

阳畦播种（20世纪中叶）
（中国农业科学院蔬菜花卉研究所）

岩棉块育苗　　　　　　　　　　　　（张德纯）

塑料钵育苗　　　　　　　　　　　　（王德槟）

黄瓜幼苗　　　　　　　　　　　　（王德槟）

黄瓜嫁接苗　　　　　　　　　　　　（任华中）

遮阳网蔬菜育苗 （祝　旅）

机械化（工厂化）穴盘育苗生产线——精量播种 （朱为民）

日光温室苗床行走式喷水装置 （葛晓光）

置于育苗床架上的穴盘蔬菜幼苗 （曹　华）

《《 蔬菜运销

1953年北京吕家营菜市场 （中国农业科学院蔬菜花卉研究所）

苏州河上运菜忙 （引自：《中国农业百科全书·蔬菜卷》）

4

山东寿光蔬菜批发市场 　　　　　　（引自：《山东蔬菜》）

待出售的冬瓜 　　　　　　　　（王德槟）

农贸市场一瞥
　（引自：《中国农业百科全书·蔬菜卷》）

20世纪80年代北京市西单菜市场一瞥
　　　　（引自：《中国农业百科全书·蔬菜卷》）

超市蔬菜货架 　　　　　　　　　（王耀林）

超市蔬菜货架（冷藏） 　　　　　　（胡　鸿）

间作　　　　　　（引自：《中国农业百科全书·蔬菜卷》）

间套作　　　　　　　　　　　　（方智远）

温室间套作　　　　　　　　　　（陆同鑫）

套种
（引自：《中国农业百科全书·蔬菜卷》）

麦—瓜套作　　　　　　　　　　（马跃）

西瓜—玉米套种　　　　　　　　（孙小武）

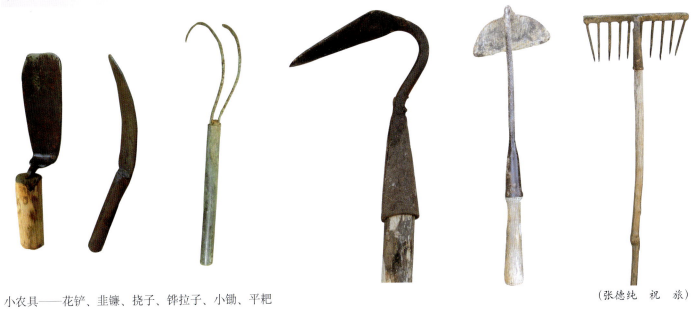

小农具——花铲、韭镰、挠子、铧拉子、小锄、平耙

（张德纯　祝　旅）

畜力双行起垄机
　　　（中国农业科学院蔬菜花卉研究所）

畜力双行菜豆播种机
　　　（中国农业科学院蔬菜花卉研究所）

双行起埂作畦机
　　　（中国农业科学院蔬菜花卉研究所）

四行开沟起垄播种机
　　　（中国农业科学院蔬菜花卉研究所）

地膜覆盖机 （王耀林）

植保机械 （张洪光）

蔬菜起垄播种机 （葛晓光）

牛蒡定植穴打洞机
（李锡香）

大型行走式喷灌机 （谢开云）

马铃薯收获机 （金黎平）

≪ 根菜类

心里美（草白瓤，秋冬萝卜）　　　　（林欣立）

潍县青（绿皮秋冬萝卜）　（王淑芬）

红皮秋冬萝卜　　　　（王德槟）

黑萝卜（黑皮秋冬萝卜）　　　　　（张宝海）

白皮秋冬萝卜

（青岛市农业科学研究所）

水萝卜（春夏萝卜）　　（李锡香）

夏秋萝卜　　　　　　　　　　　　（王德槟）

樱桃萝卜（四季萝卜）　　　　　（张宝海）

各种类型胡萝卜　　　　　　　　　　　（庄飞云）

圆柱形胡萝卜　　　　　　　　　　　（吴肇志）

圆锥形紫色胡萝卜　　　　　　　　　　（陆同鑫）

指形与短圆柱形胡萝卜　　　　　　　　（王德槟）

根荙菜——紫菜头　　　　　　　　　　（吴肇志）

牛蒡　　　　　　　　　　　（祝　旅　魏垂敬）

芜菁　　　　　　　　　　　（张宝海）日本小芜菁　　　　　　　（司力珊）

芜菁甘蓝　　　　　　　　　（吴肇志）根芹菜　　　　　　　　　（张宝海）

≪ 白菜类

直筒型大白菜　　　　　　　　　　　　　　　　　　　（钮心恪　张淑江等）

炮弹形大白菜
（钮心恪　张淑江等）

近圆球形大白菜
（钮心恪　张淑江等）

头球形大白菜
（钮心恪　张淑江等）

短筒形大白菜
（钮心恪　张淑江等）

平头型大白菜
（钮心恪　张淑江等）

花心大白菜（黄心）
（章时蕃）

北京菊红心大白菜
（徐家炳）

微型大白菜（娃娃菜）
（祝　旅）

青梗类型普通白菜　　　　　　　　　　　　（徐家炳）　　白梗类型普通白菜　　　　　　　　　　　（徐家炳）

瓢儿菜 （吴肇志）

鸟塌菜 （王德槟）

薹菜 （吴肇志）

菜薹 （王德槟）

紫菜薹
（晏儒来）

≪ 甘蓝类

牛心型结球甘蓝 （王德槟）

圆头型结球甘蓝 （方智远）

13

平头型结球甘蓝　　　　　　　　（方智远）　紫甘蓝（赤球甘蓝）　　　　　　　　（王德槟）

皱叶甘蓝　　　　　　　　　　　　（张宝海）

花椰菜　　　　　　　（祝　旅）

黄色花椰菜　　　　　　（引自：《中国蔬菜》）

14

紫红色花椰菜　　　　　　　　　（韩亚钦）　青花菜　　　　　　　（韩亚钦）珊瑚花椰菜　　　　　　　　（李锡香）

绿球茎甘蓝　　　　　　　　　（祝　旅）　紫球茎甘蓝　　　　　（引自：《中国农业百科全书·蔬菜卷》）

芥　蓝　　　　　　　　　　　　（王德槟）　抱子甘蓝　　　　　　　　　　　　（任华中）

15

绿色羽衣甘蓝 （曹　华）

彩色羽衣甘蓝 （王德槟）

≪ 叶菜类

圆叶菠菜 （吴肇志）　尖叶菠菜 （吴肇志）

西　芹　　　　　　　　　　　　　（天津市蔬菜研究所）

本　芹
（王德槟）

紫　芹　　　　　　　　　　　　　（霍学荣）白　芹　　　　　（北京特菜种苗公司）

茎用莴苣（莴笋）　　　（周立端）叶用莴苣　　　　　　　　　　　　（张合龙　张宝海）

17

结球莴苣 　　　　　　　　（祝　旅）　紫色叶用莴苣 　　　　　　　　　（张合龙）

苦苣 　　　　　　（祝　旅）　油麦菜 　　　　（祝　旅）　芫荽 　　　　　　（王德槟）

小茴香 　　　　　　　　　（祝　旅）　球茎茴香 　　　　　　　　　（张宝海）

蕹菜（圆叶） （祝　旅）　蕹菜（尖叶） （吴肇志）

紫落葵 （张德纯）

绿落葵
（吴肇志）

红苋菜 （张宝海）彩色苋菜 （李锡香）绿苋菜 （李锡香）

19

荠 菜
（祝 旅）

冬寒菜 （张宝海）番 杏 （王德槟）

鸭儿芹 （引自:《台湾蔬菜彩色图说》）薄 荷 （王德槟）榆钱菠菜 （吴肇志）

蒿子秆 （王德槟）大叶茼蒿 （王德槟）菊花脑 （王德槟）

紫红色叶莙荙菜　　（王德槟）　红梗叶莙荙菜　　（王德槟）　黄梗叶莙荙菜　　（祝　旅）　青梗叶莙荙菜　　（吴肇志）

紫　苏
（王德槟）

绿紫苏　　　　　　　　　　　　　　　　　（王德槟）

罗勒　　　　　　　　　　　　　　　（王德槟）

紫罗勒
（王德槟）

21

叶用黄麻 　　　　　　　　　　　　　　（张宝海）

马兰 　　　　　　　　　　　　　　（王德槟）

紫背天葵 　　　　　　　　　　　　　　（王德槟）

珍珠菜 　　　　　　　　　　　　　　（王德槟）

鱼腥草

（祝　旅）

22

佛手瓜——绿皮类型与白皮类型　　　　　　　　　　　　　　　　　　　　（任华中　周梅仙）

花皮西瓜　　　　　　　　　　　　　　（龚一帆）

黑皮西瓜　　　　　　　　　　　　　　（龚一帆）

黄皮红瓤西瓜　　　　　　（中国农业科学院蔬菜花卉研究所）

黄皮黄瓤西瓜　　　　　　（中国农业科学院蔬菜花卉研究所）

马齿苋　　　　　　　　　　　　　（王德槟）

芽球菊苣田间植株　　　　　　　　（王德槟）

芽球菊苣
（张宝海）

结球菊苣　　　　　　　　　　　　（王德槟）

香芹菜　　　　　　　　　　　　　（韩亚钦）

桔　梗　　　　　　　　　　　　　（司力珊）

23

蒲公英及软化栽培产品

（王德槟　张宝海）

圆形红色樱桃番茄　　　　　　　　　　　　　（韩亚钦）　圆形黄色樱桃番茄　　　　　　　　　枣形樱桃番茄

（上海市农林科学院园艺研究所）　　（北京市农林科学院蔬菜研究中心）

24

大果型红色番茄　　　　　　　　　　　（张振贤）　　大果型粉红色番茄　　　　大果型橙黄色番茄

（沈阳农业大学）　　　　　　　　　　　　（韩亚钦）

小果型黄色番茄　　　　　　　　　　（宋　燕）　　加工用番茄　　　　　　　　　　　　　（王德槟）

黑紫色圆茄　　　　　　　　　（刘富中）　　白色圆茄　　　　　　　　　　　　　（刘富中）

绿色卵圆茄　　　　　　（刘富中）

绿色长茄　　　　　　　　　　　　（吴肇志　刘富中）

白色长茄　　　　　　（刘富中）

黑紫色长茄

（隆平高科湘研蔬菜种苗公司）

紫红色长茄

（浙江省农业科学院蔬菜研究所）

灯笼形甜椒　　　　　　（张宝玺）

彩色甜椒

（司力珊）长灯笼形彩色甜椒　　　　（司力珊）

短圆锥形辣椒
（高凤菊）

牛角形紫色辣椒
（安徽省农业科学院园艺研究所）

羊角形辣椒
（隆平高科湘研蔬菜种苗公司）

线　椒　　　　　　　　　（马艳青）

长圆锥形辣椒　　　　　　　　　　　（吴肇志）

酸浆　　　　　　　　　　　　（任华中）

红果酸浆　　　　　　　　　　（王　鑫）

华北型黄瓜

（中国农业科学院蔬菜花卉研究所．任华中）

华北型秋黄瓜

（青岛市农业科学研究所）

华南型黄瓜

（北京市农林科学院蔬菜研究中心．陆同鑫）

小型黄瓜

（中国农业科学院蔬菜花卉研究所）

早熟冬瓜　　　　　　　　（陆同鑫）　晚熟冬瓜　　　　　　　　　　　（成都市第一农业科学研究所．王德槟）

节瓜　　　　　　（广州市蔬菜研究所）　黑籽南瓜　　　　　　　　　　　　　　　　　（戚春章）

矮生南瓜
（戚春章）

圆南瓜　　　　　　　　　　　　　（苏州市蔬菜研究所．王德槟）

长南瓜　　　　　　　　　　　　（康心怡）　花盘南瓜　　　　　　　　　　　　（肖　祥）

笋　瓜　　　　　　　　（苏州市蔬菜研究所　青岛市农业科学研究所　陆同鑫　王德槟）

花皮西葫芦　　　　　　　　　　　（王德槟）　绿皮西葫芦　　　　　　　　　　　（王长林）

白皮西葫芦 （陆同鑫　王德槟）　黄皮西葫芦（香蕉西葫芦）

（中国农业科学院蔬菜花卉研究所）

西葫芦（飞碟瓜） （陆同鑫　王德槟）

普通丝瓜 （引自：《中国农业百科全书·蔬菜卷》）

普通丝瓜——肉丝瓜　　普通丝瓜——圆丝瓜　　有棱丝瓜　　　　　（广东省农业科学院蔬菜研究所）
　　　（祝　旅）　　　（引自:《台湾蔬菜彩色图说》）

长圆锥形绿皮苦瓜　　　　　　（祝　旅）长棒形白皮苦瓜　　（祝　旅）纺锤形成熟苦瓜　　（任华中）

瓠瓜　　　　　　　　　　　　　　　　　　　　　　　　　　　　　　　　　　　（王德槟）

瓠瓜（细腰葫芦）（王德槟）　瓠瓜（长颈葫芦）　　　　　　　　　（引自:《台湾蔬菜彩色图说》. 王德槟）

长果类型蛇瓜　　　　　（吴肇志）短果类型蛇瓜　　　　　　　　　　　　（王德槟）

越瓜　　　　　　　　　　（张万清）菜　瓜　　　　　　　　　　　　　（张万清）

绿皮西瓜 （祝　旅） 无子西瓜 （孙小武）

厚皮甜瓜（哈密瓜） （王怀松） 厚皮甜瓜 （王怀松　张志斌　伊鸿平）

薄皮甜瓜 （王怀松　王德槟）

浅绿荚长豇豆 （张合龙）

绿荚长豇豆 （祝 旅）

紫荚长豇豆 （吴肇志）

矮生紫荚长豇豆
（浙江省农业科学院园艺研究所）

蔓生菜豆 （吴肇志 祝 旅）

矮生菜豆 （吴肇志 祝 旅）

软荚豌豆 （吴肇志）

多花菜豆 （祝 旅） 不同类型软荚豌豆 （祝 旅）

菜用大豆 （王德槟） 蚕豆 （江鲜增 任华中）

白荚扁豆 （吴肇志） 紫边荚扁豆 （张合龙） 紫荚扁豆
（引自：《台湾蔬菜彩色图说》）

大莱豆 （张宝海） 小莱豆 （张宝海）

四棱豆 （肖祥） 刀豆 （祝旅）

抱子芥　　　　　　　　　　（周光凡）笋子芥　　　　　　　　　（周光凡）

大叶芥　　　　　　　　　　（周光凡）小叶芥　　　　　　　　　（周光凡）

宽柄芥　　　　　　　　　　（周光凡）叶瘤芥　　　　　　　　　（周光凡）

长柄芥　　　　　　　　　　（周光凡）

花叶芥
（周光凡）

凤尾芥 （周光凡） 白花芥 （周光凡）

卷心芥 （周光凡） 结球芥 （周光凡）

分蘖芥 （周光凡） 大头芥 （周光凡）

薹芥 （周光凡） 茎瘤芥 （刘佩瑛）

40

韭 菜　　　　　　　　　　（王德槟）　根 韭　（引自:《中国蔬菜品种志》）　韭 薹　　　　　　　　（祝 旅）

紫皮洋葱　　　　　　　（引自:《中国蔬菜品种志》）　黄皮洋葱　　　　　　　　　　（祝 旅）

大 葱　　　　　　　　　　　　　　　　　　　　　　　　　　　　　　　　（王德槟）

紫皮大蒜 （祝　旅） 白皮大蒜 （王德槟）

独头蒜 （祝　旅） 蒜薹 （张德纯）

细香葱 （王德槟） 薤 （汪炳良　吴肇志）

马铃薯　　　　　　　　　　　　　　　（金黎平　谢开云）　水培微型马铃薯　　　　　　　　　　　　　　（祝　旅）

姜（嫩姜和老姜）　　　　　　　　　　　　　　　　　　　　　　　　　　　　　　（张振贤　王德槟）

芋　　　　　　　　　　　　　　　　　　（王德槟）　荔蒲芋　　　　　　　　　　　　　　　　　（王德槟）

山药　　　　　　　　　　　　（赵　冰）

山药植株与零余子　　　　　　（祝　旅）　扁块种山药　　　　　　　　　（杜武峰）

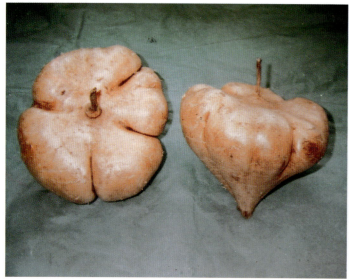

豆　薯　　　　　　　　　　　　（广　西）

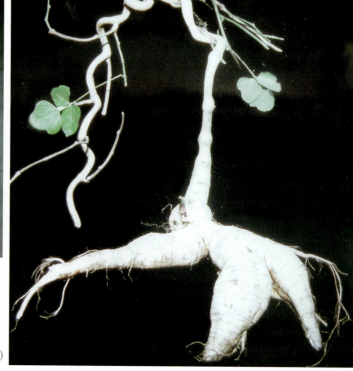

葛
（王贵臣）

菊 芋

（祝　旅　王德槟）

甘露子

（引自：《中国蔬菜品种志》. 王德槟）

菜用土圞儿　　　　　（顾　绘）魔 芋　　　　　（张盛林）蕉 芋　　　（王德槟　张德纯）

双孢蘑菇 （张金霞）　香　菇 （张金霞）　草　菇 （张金霞）

黑木耳 （王德林）　银　耳 （张金霞）　鲍鱼菇 （谭　琦）

阿魏菇 （黄年来　陈忠纯）　白灵菇 （张金霞）

杏鲍菇　　　　　　（张金霞）鸡腿菇　　　　　　（张金霞）金针菇　　　　　　（谭　琦）

真姬菇　　　　　　（张金霞）茶树菇　　　　　　（张金霞）滑　菇　　　　　　（张金霞）

猴　头　　　　　　（张金霞）

竹　荪　　　　　　　　　　　　鸡　枞

（引自：《中国农业百科全书·蔬菜卷》）　　　（引自：《中国农业百科全书·蔬菜卷》）

47

香椿芽　　　　　　　　（王德槟）　黄花菜　　　　　　　（引自：《台湾蔬菜彩色图说》）

百　合
（邱中华　祝　旅）

紫芦笋　　　　　　　　（张宝海）　绿芦笋　　　　　　　　　　　（祝　旅　王德槟）

枸杞嫩茎 (李润淮)

枸 杞 (吴肇志)

黄秋葵 (王德槟) 黄秋葵 (张宝海)

菜蓟 (曹 华 任华中)

49

食用大黄

（任华中　张德纯）

玉米笋

（张善勇）

草　莓　　　　　　　　　　　　（韩亚钦）

甜质型玉米　　　　　　　　　　（张德纯）

竹　笋

（张健康　王德槟）

蕨　菜　（引自：《中国蔬菜品种志》）

50

霸王花　　　　　　　　　　　　　（卓齐勇）襄　荷　　　　　　　　　　　　　　（殷琳毅）

莲　藕　　　　　　　　　　　　　　　　　　　　　　　　　　（柯卫东　祝　旅）

茭　白

（柯卫东　王德槟）

菱的采收　　（引自：《台湾蔬菜彩色图说》）

两角菱　　（引自：《中国水生蔬菜品种资源》）

水红菱　　　（柯卫东）

芡　实
（江鲜增　祝　旅）

慈　姑
（江鲜增）

荸荠
（王德槟）

莼菜
（柯卫东．《中国农业百科全
书·蔬菜卷》）

水芹菜
（王德槟）

豆瓣菜
（引自：《中国蔬菜品种志》）

宽叶香蒲
（柯卫东）

狭叶香蒲根状茎
（张春震）

绿豆芽　　　　　　　　　（祝　旅）

黄豆芽　　　　　　　　　（祝　旅）

萝卜苗（绿色）　　　　　（王德槟）

萝卜苗（红色）　　　　　（王德槟）

豌豆苗　　　　　　　　　（王德槟）

姜芽生产及姜芽　　　　　（张德纯）

花椒芽　　　　　　　　　（王德槟）

芽球菊苣

（王德槟）

简易覆盖（秸秆覆盖） （蒋卫杰）

风障畦 （聂和民）

阳畦（槽子阳畦） （聂和民）

地膜覆盖 （张淑江）

近地面覆盖——防风罩 （引自：《西瓜栽培管理》（台湾））

小拱棚 （章　泳）

小拱棚生产田 （姜黛珠）

小拱棚 （王耀林）

改良阳畦

（聂和民）

苇毛苫覆盖 （王耀林）

塑料大棚 （王耀林）

地上式草框温床 （中国农业科学院蔬菜花卉研究所）

原始型温室——斜窗暖洞子 （中国农业科学院蔬菜花卉研究所）

改良型温室——北京改良温室 　　　　　　　　（聂和民）

北京改良温室加温炉灶
（王德槟）

北京改良温室群 　　　　　　　　　　　　　　（中国农业科学院蔬菜花卉研究所）

发展型日光温室——节能型日光温室 　　（陆同鑫）

日光温室群 　　　　　　　　　　（陆同鑫）

57

地膜覆盖和大棚栽培 　　　　　　　　　　（祝　旅）

西藏拉萨日光温室 　　　　　　　　　　（王耀林）

大型连栋温室 　　　　　　　　　　（胡　鸿）

科技园区日光温室 　　　　　　　　　　（司力珊）

大型连栋温室甜瓜栽培 　　　　　　　　　　（朱德蔚）

大型连栋温室有机肥基质栽培 　　　　　　　　　　（蒋卫杰）

大型连栋温室藤三七栽培　　　　　　　　　（司力珊）　　大型连栋温室柱状立体栽培　　　　　　　　（朱为民）

泥筒韭黄　（引自：《中国　北京韭黄生产土温室内景及产品收获　　（中国农业科学院蔬菜花卉研究所）
农业百科全书·蔬菜卷》）

草蓬盖韭　　　　　　　　　　　　　　　　（王耀林）　　草蓬盖韭　　　　　　　　（引自：《中国农业百科全书·蔬菜卷》）

遮阳网拱棚覆盖　　　　　（蒋卫杰）矮平棚遮阳网覆盖　　　　　　　　　　　（蒋卫杰　司力珊）

日光温室遮阳网覆盖　　　　（陆同鑫）日光温室保温幕覆盖　　　　　　　　（徐师华）

≪ 病虫害防治

田间喷施农药　　　　　　　　　　　（祝　旅）使用烟雾剂防治保护地蔬菜病害
　　　　　　　　　　　　　　　　　　　　　　　　　（中国农业科学院蔬菜花卉研究所）

熏烟器 （姜黛珠） 诱虫灯 （司力珊） 黄板诱虫 （张志斌）

防虫网平棚 （司力珊） 防虫网大棚 （张友军）

防虫风窗 （张友军） 释放丽蚜小蜂防治温室白粉虱 （张友军）

大蒜晾晒　　　　　　　　　　　　　　　　　（朱德蔚）

茎瘤芥晾晒　　　　　　（引自：《中国农业百科全书·蔬菜卷》）

生姜埋藏　　　　　　　　　　　　　　　　　　（祝　旅）

萝卜窖藏
（韩亚钦）

蔬菜通风贮藏库　　　　　　　　　　　　　　　（胡　鸿）

大白菜强制通风库　　　　　　　　　（引自：《中国大白菜》）

机械制冷库蔬菜贮藏 （欧 阳）

蒜薹冷库贮藏
（胡 鸿）

贮藏马铃薯γ射线处理抑制发芽 （胡 鸿）

贮藏洋葱γ射线处理抑制发芽 （胡 鸿）

黄花菜加工 （朱德蔚）

蔬菜分选机 （王德槟）

蔬菜采后处理　　　　　　　　　　　　　　　（王耀林）

蔬菜小包装作业　　　　　　　　　　　　　　（王德槟）

蔬菜小包装

（胡　鸿　吴肇志）

食用菌小包装　　　　　　　　　　（胡　鸿）

甘蓝包装　　　　　　　　　　　　　　　　（方智远）